26년 기술사강의 노하우 합격의 정석!!

건축시공 기술사

용어해설

+ 동영상 교재

건축시공기술사
조 민 수 저

이 책의 특징

- 과년도 단답형(용어설명) 기출문제와 법규 및 신기술 문제 추가 수록
- 표준시방서(KCS), 구조설계기준(KDS), 법령 등 정확한 표기
- 중요 부분에 대한 컬러 마킹
- 이해를 돕기 위한 현장 사진 첨부
- 차별화된 답안 방법 제시

한솔아카데미 www.qna24.co.kr
YouTube (조민수원장의 건축시공연구소)

머리말

Preface

변화는 위기의 인식에서 비롯된다. 위기를 극복하는 과정에서 변화와 혁신이 나타났으며, 변화와 혁신에 대처하기 위해 자기계발이 요구된다. 이러한 시련과 고통을 이겨낸 자만이 새로운 세상의 주인이 되고 미래를 준비할 수 있는 기회를 얻게 된다.

코로나19 등으로 현장에 많은 어려움을 겪고 있는 우리 건설산업에서 무한경쟁의 세계에서 살아남고 리더십을 갖춘 인재(人財)가 되기 위한 첫 번째 조건이 바로 기술능력을 갖추는 것이며 이를 위해서는 기술사(Professional Engineer) 취득이 필수적이다.

건축시공기술사는 1교시 단답형(용어설명), 2~4교시 주관식 논문형으로 건축시공분야에 관한 고도의 전문지식과 실무경험에 입각한 현장 위주의 문제를 접목시켜 출제하는 경향으로 변하고 있다. 하지만 건축시공기술사 자격시험을 준비하는 수험자가 다 경험하듯 시험에 응시하기까지 현장경험의 부족으로 인한 애로사항이 많다. 이를 해결하기 위해 각종 도서와 인터넷 자료 등을 통해 정보를 얻고 있으나, 단편적이고 일반적인 내용들로서 체계적인 공부가 되지 못한다는 문제점이 있다.

건축시공기술사 자격시험 중 당락을 좌우하는 1교시 단답형(용어설명)은 60% 정도가 과년도 기출문제에서 출제되며, 나머지 각 공종별 공법, 법규 및 신기술 등에서 출제되고 있다. 용어설명은 정확한 개념과 내용설명이 없으면 고득점이 될 수 없다. 이에 1985년 이후 용어설명의 모든 과년도 기출문제를 포함하여 다양한 문제를 표준시방서 등에 입각하여 수록 하였다.

이 책의 특징

① 과년도 단답형(용어설명) 기출문제와 법규 및 신기술 문제 추가 수록
② 표준시방서(KCS), 구조설계기준(KDS), 법령 등 정확한 표기
③ 중요 부분에 대한 컬러 마킹
④ 이해를 돕기 위한 현장 사진 첨부
⑤ 차별화된 답안 방법 제시

이 책을 집필하는 데 많은 도움을 준 참고자료의 저자들에게 일일이 양해를 구하지 못함을 죄송스럽게 생각하며 우선 지면으로 감사의 뜻을 전한다.

또한 책의 출판을 위해 함께 애써준 한솔아카데미 한병천 사장님, 이종권 전무님, 안주현 부장님 이하 편집부 직원들께 깊은 감사를 드립니다.

저자 조 민 수

본서의 특징

❶ 시험 개요

건축의 계획 및 설계에서 시공, 관리에 이르는 전과정에 관한 공학적 지식과 기술, 그리고 풍부한 실무경험을 갖춘 전문인력을 양성하고자 자격제도 제정

❷ 진로 및 전망

- 일반건설회사와 전문건설회사, 감리전문회사에 취업할 수 있으며, 이밖에 건축구조관련 연구소 및 유관기관으로 진출할 수 있다.
- 건축시공기술사의 인력수요는 증가할 것이다. 건설경기 활성화 대책에 공공건설의 투자확대, 주택자금의 지원, 세제지원, 국민임대주택의 건설 및 각종 법령의 개정 등 정부의 정책적 지원과 국내 대형 건설사들의 경영상태가 부채비율 감소, 자기자본 비율 증가 등의 영향으로 건전해지고 향후 부동산 경기회복이 본격화될 것으로 보고 아파트공급량을 대폭 확대할 계획이며, 해외건설공사 수주현황을 보면 중동 및 아시아 지역을 중심으로 전년동기 대비(금액) 증가하는 등 증가요인이 작용하여 건축시공기술사의 인력수요는 증가할 것이다.

❸ 수행직무

건축시공 분야에 관한 고도의 전문지식과 실무경험에 입각한 계획, 연구, 설계, 분석, 시험, 운영, 시공, 평가 또는 이에 관한 지도, 감리 등의 기술업무 수행

❹ 취득방법

① 시 행 처 : 한국산업인력공단

② 관련학과 : 대학 및 전문대학의 건축공학, 전기공학, 건축시공학 관련학과

③ 시험과목

- 건축시공, 공정관리 및 적산에 관한 사항

④ 검정방법

- 필기 : 단답형 및 주관식 논술형(매교시당 100분, 총400분)
- 면접 : 구술형 면접시험(30분 정도)

⑤ 합격기준

- 100점 만점에 60점 이상

❺ 실시기관명

한국산업인력공단

❻ 실시기관 홈페이지

http://www.q-net.or.kr

❼ 변천과정

`74.10.16. 대통령령 제7283호	`91.10.31. 대통령령 제13494호	현 재
건축기술사(건축시공)	건축시공기술사	건축시공기술사

❽ 시험수수료

- 필기 : 67,800
- 실기 : 87,100

목차

가설공사

01. 규준틀 ··· 3
02. GPS 측량기법 ··· 4
03. 기준점 ··· 5
04. 현장 가설출입문 설치 시 고려사항 ··· 6
05. 가설방음벽 ··· 7
06. 현장사무소 ··· 8
07. 통로의 구조 ··· 9
08. 강관비계의 구조 ··· 10
09. 비계 벽이음재 ··· 12
10. 외부비계용 브래킷 ··· 13
11. 시스템비계 ··· 14
12. 강관틀비계 ··· 16
13. 추락 및 낙하물에 의한 위험방지 안전시설 ··· 17
14. 추락방호망 ··· 19
15. 낙하물방지망 ··· 20
16. 초고층건축물의 낙하물방지망 설치방법 ··· 21
17. 수직형 추락방망 ··· 22
18. 안전대 부착설비 ··· 23
19. 안전난간의 구조 ··· 24
20. 작업발판 ··· 26
21. 가설계단의 구조 기준 ··· 27
22. 이동식비계 ··· 28
23. 말비계 ··· 29
24. 승강로 ··· 30
25. 개구부 수평보호덮개 ··· 31
26. 엘리베이터 홀의 추락방지시설 ··· 32
27. 와이어로프, 달기체인 및 섬유로프 사용금지 기준 ··· 34
28. 와이어로프 사용금지 기준 ··· 35
29. 보호구 지급 ··· 36
30. 강관비계면적 산출방법 ··· 37
31. 가설기자재 품질시험 기준 ··· 38
32. 가설공사의 Jack Support ··· 40
33. 고층건축물 가설공사의 Self Climbing Net ··· 41
34. 건설작업용 리프트 ··· 42
35. 석면지도 ··· 43
36. 건축물석면조사 대상 건축물 ··· 45
37. 석면건축물의 기준, 관리기준 및 석면해체·제거업자의 석면의 비산 정도 측정 ··· 46
38. 석면조사 대상 및 해체·제거 작업 시 준수사항 ··· 47
39. 석면건축물의 위해성 평가 ··· 49

토공사

01. 표준관입시험 ··· 53
02. N치 ··· 54
03. Vane Test ··· 55
04. 피에조콘 관입시험 ··· 56
05. 스웨덴식 콘관입 시험 ··· 57
06. Boring ··· 58
07. 토질주상도(시추주상도) ··· 59
08. 암질지수 ··· 60
09. 예민비 ··· 62
10. Thixotropy 현상(강도회복현상) ··· 63
11. 토공사 지내력시험의 종류와 방법 ··· 64
12. 평판재하시험 ··· 66
13. 건축공사의 토질시험 ··· 68
14. 흙의 물성 ··· 70
15. 흙의 간극비 ··· 71
16. 흙의 함수비 ··· 72
17. 흙의 전단강도 ··· 73
18. 지반투수계수(수리전도도) ··· 74
19. 흙의 투수압(透水壓) ··· 75
20. 간극수압(공극수압) ··· 76
21. 부력 ··· 77
22. 부력과 양압력 ··· 78
23. 액상화 현상 ··· 80
24. 흙의 연경도 ··· 81
25. 다짐과 압밀 ··· 82
26. 흙의 압밀침하 ··· 84
27. 압밀도와 시험방법 ··· 85
28. 들밀도시험 ··· 86
29. 샌드벌킹 ··· 87
30. 팽윤 현상 및 비화 현상 ··· 88
31. 약액주입공법 ··· 89
32. JSP ··· 90
33. LW ··· 91
34. SGR 공법 ··· 92
35. Sand Drain 공법 ··· 93
36. Pack Drain 공법 ··· 94
37. PVD 공법 ··· 95
38. Pre-loading 공법 ··· 96
39. Sand Mat ··· 97
40. Surcharge 공법 ··· 98
41. Well Point 공법 ··· 99
42. 배수판 공법 ··· 100
43. De-watering 공법 ··· 101
44. PDD 공법 ··· 102
45. 상수위제어 공법 ··· 103
46. 진공배수 공법 ··· 104
47. 콘크리트 진공배수 공법 ··· 105
48. 동결공법 ··· 106
49. 동치환 공법 ··· 107
50. SCF 공법 ··· 108
51. 개착 공법 ··· 109
52. 소단 ··· 111
53. Island Cut 공법 ··· 112
54. Trench Cut 공법 ··· 113
55. 토압(주동토압, 수동토압, 정지토압) ··· 114
56. 정지토압이 주동토압보다 큰 이유 ··· 115
57. 토질별 측압분포 ··· 116
58. 흙막이 벽체의 Arching 현상 ··· 117
59. PPS 흙막이 지보공법 버팀방식 ··· 118
60. PS 공법 ··· 119
61. Raker 공법 ··· 120
62. 타이로드 공법 ··· 121

목차

63. Earth Anchor 공법 ··· 122
64. Earth Anchor 천공 시 검토사항 ··· 124
65. Earth Anchor 공법 그라우트 품질관리방안 ··· 126
66. 슬러리월과 Earth Anchor 공법 홀 방수처리 ··· 127
67. 제거식 U-Turn 앵커 ··· 128
68. Removal Anchor ··· 129
69. Jacket Anchor 공법 ··· 130
70. Soil Nailing 공법 ··· 131
71. 압력식 Soil Nailing 공법 ··· 132
72. IPS ··· 133
73. Rock Bolt 공법 ··· 134
74. Rock Anchor 공법 ··· 135
75. 지하연속벽 ··· 136
76. Guide Wall의 역할 ··· 137
77. Slurry Wall의 안정액 ··· 138
78. 토공사에서 피압수 ··· 139
79. 지하연속벽 공사 중 일수 현상 ··· 140
80. 트레미관 ··· 141
81. 트레미관을 이용한 콘크리트 타설공법 ··· 142
82. 슬라임 ··· 143
83. Desanding ··· 144
84. Slurry Wall 공법의 Count Wall ··· 145
85. Slurry Wall 공사의 조인트방수 ··· 146
86. Slurry Wall 시공 후 처리 ··· 147
87. Cap Beam ··· 148
88. 역타공법 ··· 149
89. NSTD 공법 ··· 150
90. BRD 공법 ··· 151
91. Top Down 공법에서 철골기둥의 정렬 ··· 153
92. Top Down 공법에서 철골기둥과 RC 보의 접합 ··· 154
93. 역타설 Joint 처리방법 ··· 155
94. Top Down 공법에서 Skip 시공 ··· 156
95. DBS 공법 ··· 157
96. SPS ··· 158
97. CWS ··· 159
98. Heaving 현상 ··· 160
99. Boiling 현상 ··· 161
100. Piping 현상 ··· 162
101. 토공사의 계측관리(정보화 시공) ··· 163
102. Tilt Meter와 Inclinometer ··· 165
103. 간극수압계 ··· 166
104. Underpinning 공법 ··· 167
105. 토량환산계수에서 L값과 C값 ··· 168
106. 토사 안식각 ··· 169
107. 흙의 동상 ··· 170
108. 동결심도 결정방법 ··· 171
109. Dam Up 현상 ··· 172
110. 토목섬유 ··· 173
111. EPS 공법 ··· 174

Chapter 3

기초공사

01. 복합기초 ········· 177
02. 무리말뚝 ········· 178
03. Pile의 부마찰력 ········· 180
04. 기초에 사용되는 파일의 재질상 종류 및 간격 ········· 181
05. PHC 말뚝 ········· 182
06. Autoclave 양생 말뚝 ········· 184
07. 복합파일 ········· 185
08. Caisson 기초 ········· 186
09. 부력기초 ········· 188
10. 팽이말뚝기초 공법 ········· 189
11. Barrette 기초공법 ········· 190
12. 우물통 기초 ········· 191
13. Pre-boring 공법 ········· 192
14. SIP 공법 ········· 193
15. Water Jet 공법 ········· 195
16. 중공굴착공법 ········· 196
17. DRA 공법 ········· 197
18. 현장타설 선단확대 말뚝 ········· 199
19. 볼트체결식 선단확대말뚝 ········· 201
20. 경사지층 시 Pile 시공 ········· 202
21. 기성콘크리트 말뚝이음 종류 ········· 203
22. 기성콘크리트 말뚝의 지지력 판단방법 ·· 204
23. 정재하시험 ········· 206
24. 동재하시험 ········· 208
25. 시험말뚝 ········· 209
26. Rebound Check ········· 211
27. 파일의 시간경과 효과 ········· 212
28. 기성콘크리트 말뚝 두부정리 ········· 213
28. Micro Pile 공법 ········· 215
30. 헬리컬 파일(Helical Pile) ········· 216
31. 기초공사에서의 PF 공법 ········· 217
32. Earth Drill 공법 ········· 219
33. Benoto 공법 ········· 220
34. RCD 공법 ········· 221
35. PRD 공법 ········· 222
36. Koden Test ········· 223
37. 현장타설 콘크리트말뚝의 두부정리 ·· 224
38. 양방향 말뚝재하시험 ········· 225
39. 현장콘크리트 말뚝의 공내재하시험 ·· 226
40. 현장타설 콘크리트말뚝의 건전도시험 ·· 227
41. 파일의 Toe Grouting ········· 228
42. 현장타설 말뚝공법의 공벽붕괴 방지방법 ·· 229
43. CIP 공법 ········· 231
44. PIP 공법 ········· 232
45. MIP 공법 ········· 233
46. Soil Cement Pile ········· 234
47. SCW ········· 235

목 차

철근 · 거푸집공사

1 철근공사

01. 철근콘크리트용 봉강 식별기준 ········ 241
02. 철근의 공칭 단면적 ········ 243
03. 철근의 응력-변형률 선도 ········ 245
04. 고강도 철근 ········ 247
05. 내진 철근 ········ 248
06. 에폭시 도막철근 ········ 250
07. 철근 부동태막 ········ 251
08. 철근 보관 및 가공장 관리 ········ 252
09. 철근가공 ········ 253
10. 철근의 벤딩 마진 ········ 254
11. 배력철근 ········ 256
12. 기둥철근에서의 Tie Bar ········ 257
13. 스터럽 ········ 259
14. 굽힘철근 ········ 261
15. 스파이럴 철근 ········ 262
16. 철근 정착 ········ 263
17. 초고층 건물 시공 시 사용하는 철근의 기계적 정착 ········ 265
18. 철근 정착위치 ········ 266
19. 보 철근 정착 ········ 267
20. 철근 이음 ········ 269
21. 철근콘크리트 기둥철근의 이음위치 ·· 271
22. 벽체 철근 정착 및 이음 ········ 272
23. 가스압접 ········ 273
24. Sleeve Joint ········ 275
25. 강관압착이음 ········ 276
26. 편체이음 ········ 277
27. 나사이음 ········ 278
28. 볼트이음 ········ 279
29. 그라우팅이음 ········ 280
30. 철근 피복두께 ········ 281
31. 철근 피복두께의 목적 ········ 282
32. 철근 피복두께 기준과 피복두께에 따른 구조체의 영향 ········ 283
33. 철근의 부착강도에 영향을 주는 요인 ·· 285
34. 철근 Prefab 공법 ········ 286
35. 구조용 용접철망 ········ 287
36. PAC ········ 288
37. 철근콘크리트 보의 개구부 보강 ········ 289
38. 벽 개구부 철근보강 ········ 290
39. 보 표피철근 배근 ········ 291
40. 계단시공 시 유의사항 ········ 293
41. Dowel Bar 시공방법 ········ 294
42. 수축 · 온도철근 ········ 295
43. 가외철근 ········ 296
44. 헌치보 ········ 297
45. 균형철근비 ········ 298
46. 철근 부식허용치 ········ 299
47. 강재 부식방지 방법 중 희생양극법 ·· 301
48. 포와송비 ········ 302
49. 하이브리드 FRP 보강근 ········ 303
50. 철근 결속선의 결속기준 ········ 304

2 거푸집공사

01. 거푸집 전용계획 ··· 307
02. 강제틀 합판 거푸집 ··· 308
03. Gang Form ··· 309
04. Climbing Form ··· 311
05. RCS Form ··· 312
06. ACS Form ··· 314
07. Shuttering Form ··· 316
08. Table Form ··· 317
09. Tunnel Form ··· 319
10. 터널 폼의 모노 쉘 공법 ··· 320
11. Sliding Form ··· 321
12. 트래블링폼 ··· 322
13. 무지보공 거푸집 ··· 323
14. Waffle Form ··· 324
15. Aluminum Form ··· 325
16. 알루미늄 거푸집공사 중 Drop Down System 공법 ··· 326
17. 거푸집 공사에서 드롭헤드 시스템 ··· 327
18. 철재 비탈형 거푸집 ··· 328
19. W식 Form ··· 329
20. 거푸집공사에서 Stay-in-place Form ··· 330
21. Metal Lath 거푸집 ··· 331
22. 무폼타이 거푸집 ··· 332
23. 고무풍선 거푸집 ··· 333
24. 섬유재 거푸집 ··· 334
25. 데크플레이트의 종류 및 특징 ··· 335
26. 데크플레이트 설치 및 구조에 따른 접합방법 ··· 337
27. Composite Deck Plate ··· 338
28. Ferro Deck ··· 339
29. Power Deck ··· 340
30. Super Deck ··· 341
31. 거푸집 및 동바리 설계 시 고려하중 ··· 342
32. 고정하중과 활하중 ··· 344
33. 거푸집에 고려하중 및 측압 ··· 345
34. 콘크리트 타설 시 거푸집에 작용하는 측압 ··· 347
35. 콘크리트 헤드 ··· 348
36. 벽체두께에 따른 거푸집 측압 변화 ··· 350
37. 거푸집의 해체 및 존치기간 ··· 352
38. 콘크리트 거푸집의 해체시기 ··· 354
39. 콘크리트 슬래브의 거푸집 존치기간과 강도와의 관계 ··· 355
40. 시스템 동바리 ··· 357
41. 컵록 서포트 ··· 359
42. 강관동바리 ··· 361
43. 거푸집 수평연결재와 가새 설치방법 ··· 363
44. Jack Support ··· 364
45. 동바리 바꾸어 세우기 ··· 366
46. 지하구조물 보조기둥 ··· 367
47. 철근콘크리트 공사 시 캠버 ··· 368
48. 박리제 ··· 369
49. 거푸집 처짐 허용기준 ··· 370
50. 발코니 시공 ··· 372
51. 기둥 밑잡이 ··· 373

목차

콘크리트공사

01. 철근콘크리트 구조의 원리 및 장·단점 ··· 377
02. 수화반응 ··· 379
03. 시멘트 수화반응의 단계별 특징 ··· 381
04. 콘크리트 수화열 ··· 382
05. 헛응결 ··· 383
06. 콘크리트 응결 및 경화 ··· 385
07. 콘크리트에서 초결시간과 종결시간 ··· 386
08. 콘크리트의 모세관 공극 ··· 387
09. 시멘트 종류별 표준 습윤 양생기간 ··· 389
10. 팽창 시멘트 ··· 390
11. 초속경 시멘트 ··· 391
12. MDF 시멘트 ··· 392
13. 페로 시멘트 ··· 393
14. 고로슬래그 시멘트 ··· 394
15. 플라이 애시 시멘트 ··· 395
16. 포졸란 시멘트 ··· 396
17. 시멘트의 강열감량 ··· 397
18. 흙의 강열감량 시험 ··· 398
19. 표준사 ··· 399
20. 혼화재료 ··· 400
21. 혼화재 ··· 401
22. 혼화제 ··· 402
23. 계면활성제 ··· 403
24. 갇힌 공기와 AE 공기 ··· 404
25. AE 공기 ··· 405
26. CfFA ··· 406
27. 석회석 미분말 ··· 407
28. 콘크리트용 유동화제 ··· 408
29. 콘크리트 배합 시 응결경화 조절제 ··· 409
30. 내한촉진제 ··· 410
31. 실리카 퓸 ··· 412
32. 포졸란 ··· 413
33. 레미콘 호칭강도 ··· 414
34. 레미콘 호칭강도와 설계기준강도의 차이점 ··· 416
35. 물-결합재비 ··· 418
36. 콘크리트 골재 입도 ··· 420
37. 굵은 골재 최대치수 ··· 421
38. 골재 함수량 ··· 422
39. 골재의 흡수율 ··· 423
40. 잔골재율 ··· 424
41. 콘크리트 시험비비기 ··· 425
42. Dry Mixer ··· 426
43. 애지데이터 트럭 ··· 427
44. 레미콘 공장의 선정 및 발주 ··· 428
45. 레디믹스트 콘크리트 납품서 ··· 429
46. 레미콘 반입 시 확인사항 ··· 430
47. Remixing과 Retempering ··· 431
48. 콘크리트 타설 전 확인사항 ··· 432
49. 콘크리트 펌프타설 시 검토사항 ··· 433
50. 분배기 ··· 434
51. CPB ··· 435
52. 펌프 압송 시 막힘현상의 원인과 대책 ··· 437
53. 콘크리트 타설 ··· 438
54. 강우 시 콘크리트 타설 ··· 439
55. 어려운 조건에서의 콘크리트 타설 ··· 440
56. 콘크리트 부어넣을 때 주의사항 ··· 442
57. 운반시간이 초과된 콘크리트의 처리 443
58. 콘크리트 다지기 ··· 444
59. 콘크리트 타설 시 하자유형 ··· 445

건축시공기술사

60. 콘크리트 양생 ····· 446
61. Pre-Cooling ····· 447
62. 콘크리트 공시체의 현장봉합 양생 ··· 449
63. 피막양생 ····· 450
64. 온도제어양생 ····· 451
65. 촉진양생 ····· 452
66. 현장시험실 규모 및 품질관리자 배치기준 ····· 453
67. 다중이용 건축물 ····· 455
68. 콘크리트 품질관리와 품질검사 ····· 456
69. 콘크리트 도착 시 현장시험 ····· 458
70. 레미콘 압축강도 검사기준, 판정기준 ·· 460
71. 구조체 관리용 공시체 ····· 461
72. 콘크리트 강도가 작게 나오는 경우 조치방안 ····· 463
73. 콘크리트 조기강도 추정방법 ····· 465
74. Slump Test ····· 466
75. 초유동화 콘크리트 유동성 평가방법 ·· 468
76. 굳지 않은 콘크리트의 공기량 ····· 470
77. 콘크리트 배합의 공기량 규정목적 ··· 472
78. 콘크리트 내구성 시험 ····· 473
79. 콘크리트의 비파괴검사 ····· 475
80. Schumit Hammer ····· 477
81. 슈미트해머의 종류와 반발경도 측정방법 ·· 478
82. 콘크리트 조인트 종류 ····· 479
83. 시공 이음 ····· 482
84. 콜드 조인트 ····· 484
85. 시공줄눈의 위치 및 방법 ····· 485
86. 콘크리트 이어붓기면의 요구되는 성능과 위치 ····· 487
87. 콘크리트 이어치기 및 Cold Joint ···· 488
88. 구조체 신축이음 또는 팽창이음 ····· 491
89. Control Joint ····· 492
90. 콘크리트 균열 유발줄눈의 유효 단면 감소율 ····· 493
91. Slip Joint ····· 494
92. Sliding Joint ····· 495
93. Delay Joint ····· 496
94. 콘크리트 자기수축 ····· 497
95. 소성수축균열 ····· 498
96. 소성수축균열 발생 시 현장 관리방안 ·· 499
97. 콘크리트 침하균열 ····· 500
98. 콘크리트 타설시 발생하는 침하균열의 예방법과 콘크리트 타설 시 진동다짐방법 ·· 501
99. 콘크리트 건조수축균열 ····· 503
100. 사인장 균열 ····· 504
101. 철근콘크리트 할렬균열 ····· 506
102. 블리딩 ····· 507
103. Water Gain 현상 ····· 508
104. 레이턴스 ····· 509
105. 콘크리트의 수분 증발률 ····· 510
106. 콘크리트 염해 ····· 511
107. 콘크리트 염분 함량기준 ····· 512
108. 해사의 제염방법 ····· 513
109. 콘크리트의 중성화 ····· 514
110. 알칼리 골재반응 ····· 515
111. 동결융해 ····· 516
112. 콘크리트 동해의 Pop Out 현상 ···· 517
113. 콘크리트 표면층박리 ····· 518
114. 콘크리트 타설 시 굵은 골재의 재료분리 ····· 520
115. Channeling과 Sand Streak 현상 ··· 521

목차

116. 스크린 현상 ····· 523
117. 콘크리트의 전기적 부식 ····· 524
118. 화학적 침식 ····· 525
119. 콘크리트 표면에 발생하는 결함 ····· 526
120. 콘크리트 블리스터 ····· 527
121. 콘크리트 공사의 시공 시 균열방지대책 ·· 528
122. 탄소섬유시트 보강법 ····· 530
123. 굳지 않은 콘크리트의 성질 ····· 531
124. 시공성에 영향을 주는 요인 ····· 532
125. Creep 현상 ····· 533
126. 저탄소 콘크리트 ····· 534
127. 경량골재 콘크리트 ····· 535
128. 순환골재 콘크리트 ····· 537
129. (강)섬유보강 콘크리트 ····· 539
130. 폴리머시멘트 콘크리트 ····· 540
131. 폴리머 콘크리트 ····· 541
132. 폴리머 함침 콘크리트 ····· 542
133. 지오폴리머 콘크리트 ····· 543
134. 팽창 콘크리트 ····· 544
135. 수밀 콘크리트 ····· 546
136. 유동화 콘크리트 ····· 547
137. 고유동 콘크리트 ····· 548
138. 고유동 콘크리트의 자기충전 ····· 550
139. 고강도 콘크리트 ····· 551
140. 고강도 콘크리트의 제조 ····· 552
141. 고내구성 콘크리트 ····· 553
142. 고성능 콘크리트 ····· 555
143. 초고성능 콘크리트 ····· 556
144. 초고내구성 콘크리트 ····· 557
145. 방사선 차폐용 콘크리트 ····· 558
146. 한중콘크리트 ····· 559
147. 한중 콘크리트의 적용범위 ····· 561
148. 한중 콘크리트의 양생 ····· 562
149. 한중 콘크리트의 적산온도 ····· 564
150. 서중 콘크리트 ····· 565
151. 서중 콘크리트의 적용범위 ····· 567
152. 서중 콘크리트의 양생 ····· 569
153. 매스 콘크리트 ····· 571
154. Mass Concrete 온도구배 ····· 572
155. 매스 Concrete 온도충격 ····· 573
156. 매스 콘크리트 온도균열 ····· 574
157. Mass Concrete 타설 시 온도균열 방지대책 ····· 575
158. 매스 콘크리트의 수화열 저감방안 ·· 576
159. 온도균열지수 ····· 578
160. 온도균열제어 양생방법 ····· 579
161. 균열유발줄눈 ····· 580
162. 수중 콘크리트 ····· 581
163. 해양 콘크리트 ····· 583
164. 프리플레이스트 콘크리트 ····· 584
165. 숏크리트 ····· 586
166. 프리스트레스트 콘크리트 ····· 588
167. 프리텐션 방식 ····· 590
168. Pre-Stress 공법 중에서 Long Line 공법 ····· 591
169. 포스트텐션 방식 ····· 592
170. Unbond Posttension 방식 ····· 594
171. PS 강재의 Relaxation ····· 595
172. 외장용 노출 콘크리트 ····· 596
173. 동결융해작용을 받는 콘크리트 ····· 597
174. 간이 콘크리트 ····· 598
175. 비폭열성 콘크리트 ····· 599

176. 콘크리트 폭렬 현상 ······ 600
177. 식생 콘크리트 ······ 601
178. 다공질 콘크리트 ······ 603
179. 진공탈수 콘크리트 ······ 604
180. 기포 콘크리트 ······ 605
181. 균열 자기치유 콘크리트 ······ 606
182. 자기응력 콘크리트 ······ 607
183. 스마트 콘크리트 ······ 608
184. 루나 콘크리트 ······ 610
185. 노출 바닥콘크리트 공법 중 초평탄 콘크리트 ······ 611
186. 방오 콘크리트 ······ 612
187. 조습 콘크리트 ······ 613
188. 전기전도성 콘크리트 ······ 614
189. 장수명 콘크리트 ······ 616
190. 내식 콘크리트 ······ 617
191. Flat Slab ······ 618
192. Flat Plate Slab ······ 620
193. Flat Slab와 Flat Plate Slab 차이점 ·· 622
194. Punching Shear Crack ······ 624
195. Flat Slab의 전단보강 ······ 626
196. Stud Strip ······ 627
197. V·H 분리타설 공법 ······ 628
198. Concrete Kicker ······ 630
199. 단면 2차 모멘트 ······ 631
200. 무근콘크리트 슬래브 컬링 ······ 633
201. MPS 보 ······ 634

PC · CW · 초고층공사

1 PC공사

01. PC공법 중 골조식 구조 ······ 639
02. 합성슬래브 공법 ······ 640
03. 합성슬래브 공법 채용 시 유의할 점 ·· 641
04. Shear Connector ······ 643
05. 합성슬래브의 전단철근 배근법 ······ 645
06. 덧침 콘크리트 ······ 646
07. Wire Mesh Half Slab 공법 ······ 647
08. Lift Slab 공법 ······ 648
09. Lift Up 공법 ······ 649
10. PC 개발방식 ······ 650
11. Open System ······ 651
12. 습식접합공법 ······ 652
13. 건식접합공법 ······ 653
14. PC 접합부 방수 ······ 654
15. Spreader Beam ······ 655
16. 복합화공법 ······ 656
17. 이방향 중공슬래브 공법 ······ 658
18. Preflex Beam ······ 660
19. 모듈러 시공방식 중 인필 공법 ······ 661

목차

2 CW공사

01. 커튼월의 스틱 월 665
02. 커튼월의 유닛 월 667
03. 금속 커튼월의 요구 성능 669
04. 프리캐스트 콘크리트 커튼월의 요구 성능 672
05. 커튼월의 층간변위 675
06. 커튼월 패스너 접합방식 676
07. 회전방식 패스널 678
08. 커튼월의 비처리방식 679
09. Closed Joint System 680
10. 커튼월의 등압이론 681
11. 풍동실험 682
12. 커튼월의 모형시험 683
13. 커튼월의 필드테스트 685
14. 건물 기밀성능 측정방법 687
15. 건물 수밀성능 시험방법 689
16. 창호의 성능평가방법 690
17. 금속커튼월의 발음 현상 692
18. 커튼월 공사에서 이종금속 접촉부식 693
19. 커튼월의 결로 방지대책 694
20. 커튼월의 창호성능 개선 기술 696
21. 외벽마감재 화재 확산방지구조 698

3 초고층공사

01. 초고층건물 703
02. 초고층 건물의 구조형식 704
03. 고층건물의 지수층 706
04. Column Shortening 707
05. Core 선행공법 708
06. 충전강관콘크리트 709
07. 충전강관콘크리트 기둥의 콘크리트 타설 방법 711
08. 전단벽 712
09. 횡력지지 시스템 713
10. Belt Truss 714
11. 제진, 면진 715
12. 제진에서의 동조질량감쇠기 717
13. TLD 718
14. 건축구조물의 내진보강공법 719
15. 초고층빌딩 시공 시 중점관리사항 721
16. 막구조 722
17. 공기막구조 723
18. 케이블구조 725
19. 연돌효과 727

강구조공사

01. Reaming ········· 731
02. 가조임 볼트 ········· 732
03. Mill Sheet ········· 733
04. 기둥의 수직도 허용오차 ········· 734
05. 고장력 Bolt ········· 735
06. TS Bolt, TC Bolt ········· 737
07. 고장력볼트 현장반입검사 ········· 738
08. 고장력볼트의 취급 ········· 739
09. 고장력볼트 접합부 ········· 740
10. 고장력볼트 조임방법 ········· 742
11. T/S형 고력볼트의 축회전 ········· 744
12. Torque Control법 ········· 745
13. 고장력볼트 인장체결 시 1군의 볼트갯수에 따른 Torque 검사기준 ········· 746
14. 철골공사에서의 용접절차서 ········· 748
15. 철골 예열온도 ········· 749
16. 철골용접 전 예열 방법 ········· 750
17. 철골의 피복 Arc 용접 ········· 751
18. 철골의 CO_2 아크 용접 ········· 753
19. 철골의 Submerged 아크 용접 ········· 754
20. 일렉트로 슬래그 용접 ········· 755
21. 맞댐용접 ········· 756
22. 모살용접 ········· 758
23. Box Column 현장용접순서 ········· 760
24. 철골 Stud Bolt의 정의와 역할 ········· 761
25. Stud 용접 ········· 762
26. 철골공사의 Stud 품질검사 ········· 764
27. 철골용접에서 Weaving ········· 766
28. 철골부재 변형교정 시 강재의 표면온도 ········· 768
29. 용접 시 재해예방 ········· 769
30. 라멜라 티어링 현상 ········· 770
31. Under Cut ········· 772
32. Blow Hole ········· 774
33. Fish Eye 용접불량 ········· 776
34. 철골용접의 각장부족 ········· 778
35. 철골용접 결함 중 용입부족 ········· 779
36. 철골공사의 엔드탭 ········· 781
37. 용접검사방법 ········· 782
38. 철골 용접의 비파괴시험 ········· 784
39. 방사선 투과검사 ········· 785
40. 용접부 비파괴검사 중 초음파탐상법 ········· 786
41. 자분탐상검사 ········· 787
42. 용접부 비파괴검사 중 자분탐상법의 특징 ········· 788
43. 침투탐상검사 ········· 789
44. 와류탐상검사 ········· 790
45. 용접변형 ········· 791
46. 용접용어 ········· 792
47. 철골공사의 앵커볼트 매입방법 ········· 796
48. 앵커볼트 고정방법 ········· 797
49. 철골공사에서 철골기둥하부의 기초상부 고름질 ········· 798
50. 철골 앵커볼트 콘크리트 타설 ········· 799
51. 철골N공법 ········· 800
52. 철골 세우기 수정 ········· 801
53. 철골 수직도 관리 ········· 803
54. 지하층공사 시 강재기둥과 철근콘크리트 보의 접합방법 ········· 805
55. 철골 방청도장 시공 ········· 806
56. 철골 내화피복 ········· 807
57. 철골피복 중 건식내화피복공법 ········· 809
58. 내화도료 ········· 810

목차

59. 철골 내화피복검사 ······ 812
60. 내화도료 검사 ······ 814
61. 내화피복 공사의 현장품질관리 항목 ·· 815
62. 메탈 터치 ······ 817
63. Scallop ······ 818
64. 스티프너 ······ 819
65. 매립철물 ······ 820
66. 무도장 내후성강 ······ 821
67. TMCP 강재 ······ 822
68. Hybrid Beam ······ 823
69. LC Frame 공법 ······ 824
70. Hi-beam 공법 ······ 825
71. Composite Beam ······ 826
72. Honey Comb Beam ······ 827
73. Bee-Hive Truss 공법 ······ 828
74. 철골 Smart Beam ······ 829
75. 하이퍼 빔 ······ 830
76. Ferro Stair ······ 831
77. Taper Steel Frame ······ 832
78. Super Frame ······ 833
79. Space Frame 공법 ······ 834
80. 강재의 취성파괴 ······ 835
81. 강재의 기계적 성질에서 피로파괴 ··· 836
82. 탄소당량 ······ 837
83. 건축자재의 연성 ······ 838
84. 좌굴 현상 ······ 839
85. 데크플레이트 위 콘크리트 타설 시 균열 원인과 대책 ······ 840

Chapter 8 마감 · 기타공사

1 마감공사

01. 콘크리트벽돌의 종류별 품질기준 ····· 845
02. 점토벽돌의 종류별 품질기준 ······ 847
03. ALC 블록의 품질기준 ······ 849
04. ALC 블록 ······ 851
05. 조적벽체의 영식 쌓기 ······ 852
06. 조적벽체의 미식 쌓기 ······ 853
07. 공간쌓기 ······ 854
08. Weep Hole ······ 855
09. 보강블록구조 ······ 856
10. 방습층 ······ 858
11. 인방보 ······ 860
12. Wall Girder ······ 862
13. 조적벽체의 테두리보 설치위치 ······ 863
14. 테두리보와 인방보 ······ 864
15. Bond Beam ······ 865
16. 벽량 ······ 866
17. Bearing Wall ······ 867
18. 조적조의 부축벽 ······ 869
19. 점토벽돌의 백화발생 Mechanism과 백화의 종류 ······ 870
20. 점토벽돌의 백화발생 원인과 방지대책 ·· 871
21. 점토벽돌의 백화 후 처리방법 ······ 872
22. 사용부위를 고려한 바닥용 석재표면 마무리 종류 및 사용상 특성 ······ 873

23. 석재가공 시 결함 원인과 대책 ········ 875
24. 버너마감 ········ 876
25. 석공사의 건식공법 중 Anchor 긴결공법 ·· 877
26. Non-Grouting Double Fastener 방식 ·· 878
27. 석재 건식공법 중 GPC ········ 880
28. 석재 건식공법 중 강제 트러스 지지공법 ·· 881
29. 석공사의 Open Joint ········ 882
30. 석공사 양생방법 ········ 883
31. 타일 떠붙임 공법 ········ 884
32. 타일 개량 떠붙임 공법 ········ 885
33. 타일 압착 공법 ········ 886
34. 타일 개량 압착 공법 ········ 887
35. 동시줄눈 공법 ········ 888
36. 타일 접착 공법 ········ 889
37. 타일 거푸집 선부착공법 ········ 890
38. 타일 시트 공법 ········ 891
39. 타일 PC판 선부착 공법 ········ 892
40. 전도성타일 ········ 893
41. 타일분할도 ········ 894
42. 모르타르 Open Time ········ 896
43. 타일의 동해방지 ········ 898
44. 타일접착 검사 ········ 899
45. 지하구조물에 적용되는 외벽 방수재료의 요구조건 ········ 900
46. 콘크리트 지붕층 슬래브 방수의 바탕처리 방법 ········ 902
47. 방수 바탕면의 건조 ········ 904
48. 아스팔트 방수 ········ 905
49. 아스팔트 재료의 침입도 ········ 906
50. 개량 아스팔트시트 방수 ········ 907
51. 합성고분자계 시트 방수 ········ 908
52. 자착형 시트 방수 ········ 909
53. 도막 방수 ········ 910
54. 우레탄 도막방수 ········ 912
55. 폴리우레아 방수 ········ 913
56. 복합방수 공법 ········ 914
57. 시멘트 모르타르계 방수 ········ 916
58. 폴리머 시멘트 모르타르 방수 ········ 918
59. 무기질 탄성도막 방수 ········ 919
60. 규산질계 도포 방수 ········ 920
61. Sylvester 방수법 ········ 921
62. 금속판 방수 공법 ········ 922
63. 벤토나이트 방수 공법 ········ 924
64. 실링 방수 ········ 926
65. 지하구체 외면 방수 ········ 927
66. 점착유연형 시트 방수 ········ 928
67. 단열 방수 ········ 930
68. 옥상녹화 방수 ········ 931
69. Bond Breaker ········ 933
70. 지수판 ········ 934
71. 수팽창 고무 지수재 ········ 935
72. 화장실 방수 전 확인사항 ········ 936
73. 신축줄눈의 설치 ········ 937
74. 방수층 시공 후 누수시험 ········ 938
75. 옥상드레인 설계 및 시공 시 고려사항 ·· 939
76. 후레싱 ········ 941
77. 공동주택 세대욕실의 층상배관 ········ 942
78. 단열 모르타르 ········ 943
79. 내식 모르타르 ········ 944
80. Dry Packed Mortar ········ 945
81. 수지미장 ········ 946
82. 얇은 바름재 ········ 947
83. 셀프 레벨링 모르타르 ········ 948
84. 콘크리트 바닥강화재 바름 ········ 949
85. 지하 램프의 조면마감 ········ 951
86. 방바닥 온돌미장 ········ 953

목 차

87. 경량기포 콘크리트의 종류 ··· 955
88. 바닥온돌 경량기포 콘크리트의 멀티폼 콘크리트 ··· 956
89. 코너비드 ··· 957
90. 마감공사에서 게이지 비드와 조인트 비드 ··· 958
91. 바닥 배수 Trench ··· 959
92. 도장 바탕면 처리 ··· 961
93. 도장재료에서 요구되는 기능 ··· 963
94. 수성페인트 ··· 964
95. 천연 Paint ··· 965
96. 건축공사의 친환경 페인트 ··· 966
97. 에폭시 도료 ··· 967
98. 본타일 ··· 969
99. 금속용사 공법 ··· 970
100. 기능성 도장 ··· 971
101. 유제 ··· 973
102. Creosote ··· 974
103. 도장공사의 미스트 코트 ··· 975
104. 지하주차장 천장뿜칠재 시공 ··· 977
105. 도장공사에서 발생되는 결함 ··· 978

2 기타공사

01. 목재의 함수율 ··· 981
02. 수장용 함수율과 흡수율 ··· 982
03. 섬유포화점 ··· 983
04. 목재건조의 목적 및 방법 ··· 984
05. 목재의 품질검사 항목 ··· 985
06. 목재의 방부처리 ··· 986
07. 목재의 내화공법 ··· 988
08. 유리 운반·보관 및 보양 ··· 990
09. 접합유리 ··· 991
10. 복층유리 ··· 993
11. 복층유리의 단열간봉 ··· 994
12. 진공복층유리 ··· 995
13. 열선반사유리 ··· 996
14. 로이유리 ··· 997
15. 배강도유리 ··· 999
16. 유리블록 ··· 1001
17. 이중외피 ··· 1002
18. SSG 공법 ··· 1003
19. SPG ··· 1005
20. 유리공사에서의 SSG 공법과 DPG 공법 ··· 1006
21. 유리공사에서의 Sealing 작업 시 Bite ··· 1008
22. 세팅 블록, 실란트, 개스킷, 측면블록, 백업재, 유리 고정철물의 기준 ··· 1010
23. 유리의 열파손 방지대책 ··· 1011
24. 유리의 영상현상 ··· 1012
25. 유리공사에서 판유리의 수량산출방법 ··· 1014
26. Access Floor ··· 1015
27. 드라이월 칸막이의 구성요소 ··· 1016
28. PB ··· 1017
29. MDF ··· 1018
30. PW ··· 1019
31. 주방가구 상부장 추락 안정성 시험 ··· 1020
32. 시스템 천장 ··· 1022
33. 방화문 구조 및 부착 창호철물 ··· 1024

건축시공기술사

34. 갑종방화문(60분 방화문) 시공상세도에 표기할 사항 ··· 1025
35. 건축용 방화재료 ··· 1026
36. 방화용 실란트 ··· 1028
37. 창호의 지지개폐철물 ··· 1029
38. 창호공사의 Hardware Schedule ··· 1031
39. 거멀접기 ··· 1033
40. 열관류율 ··· 1035
41. 열관류율과 열전도율 ··· 1037
42. 건축공사의 진공 단열재 ··· 1039
43. 투명단열재 ··· 1040
44. 단열의 원리와 시공법 ··· 1041
45. 열교 현상 ··· 1043
46. 결로방지 단열재 ··· 1045
47. 외단열 미장마감 공법 ··· 1046
48. 표면결로 ··· 1048
49. 건축물 벽체의 내부결로 ··· 1050
50. 결로 방지대책 ··· 1052
51. 공동주택 결로 방지 성능기준 ··· 1054
52. Trombe Wall ··· 1056
53. 바닥충격음 차단 인정구조 ··· 1057
54. 뜬바닥 구조 ··· 1059
55. 층간소음 방지재 ··· 1061
56. 층간 소음방지 ··· 1063
57. Bang Machine ··· 1064
58. 차음계수와 흡음률 ··· 1066
59. VOC ··· 1068
60. VOCs 저감방법 ··· 1069
61. 새집증후군 해소를 위한 베이크 아웃 ··· 1071
62. 베이크 아웃, 플러쉬 아웃 실시 방법과 기준 ··· 1072
63. 공동주택 라돈 저감방안 ··· 1073
64. Clean Room ··· 1075
65. 건설산업의 제로에미션 ··· 1077
66. 봉투 붙임 ··· 1078
67. 해체공사의 위험방지 및 공해방지 ··· 1079
68. 해체공사 시 고려해야 할 안전대책 ··· 1080
69. Tower Crane ··· 1081
70. 러핑 크레인 ··· 1083
71. 타워크레인 설치 계획 시 고려사항 ··· 1085
72. 타워크레인의 기초 및 보강 ··· 1086
73. 타워크레인 마스트 지지방식 ··· 1088
74. Telescoping ··· 1091
75. 타워크레인의 텔레스코핑 작업 시 유의사항 및 순서 ··· 1093
76. 곤돌라 운용 시 유의사항 ··· 1094
77. 더블데크 엘리베이터 ··· 1096
78. 건설기계의 경제수명 ··· 1098
79. 건설기계의 작업효율과 작업능률계수 ··· 1099
80. Robot화 작업분야 ··· 1100
81. MCC System ··· 1101
82. Lease ··· 1102
83. 개산견적 ··· 1103
84. 적산에서의 수량개산법 ··· 1104
85. 부위별 적산내역서 ··· 1105
86. 실적공사비 적산제도 ··· 1106

목차

계약제도

01. 정액도급 1109
02. 실비정산 보수가산식 도급 1110
03. 정액 보수가산 실비계약 1111
04. 원가정산 방식 1112
05. 공동도급 1113
06. 공동이행방식과 분담이행방식 1114
07. 주계약자형 공동도급제도 1116
08. Paper Joint 1117
09. 공동도급과 컨소시엄 1118
10. Turn Key 방식 1119
11. 고속궤도방식을 이용한 턴키수행방식 1121
12. CM 1122
13. CM 방식과 Turnkey 방식의 차이점 1123
14. 건설사업관리의 주요업무 1125
15. CM 계약의 유형 1127
16. 프리콘 서비스 1128
17. 통합 발주방식 1130
18. CM at Risk의 프리컨스트럭션 서비스 1131
19. CM at Risk에서의 GMP 1133
20. XCM 1135
21. BOO와 BOT 1136
22. BTL 1137
23. BOT와 BTL 1138
24. BTO-rs 1140
25. Partnering 1141
26. 제한경쟁입찰 1142
27. 내역입찰제도 1143
28. 순수내역입찰제도 1144
29. 물량내역 수정입찰제도 1146
30. 최고가치 낙찰제도 1147
31. 기술제안입찰제도 1148
32. 입찰제도 중 TES 1149
33. 적격심사제도 1151
34. 건설공사 입찰제도 중에서 종합심사제도 1152
35. 입찰참가자격사전심사제도 1153
36. 전자입찰제도 1155
37. Fast Track Construction 1156
38. 대안입찰제도 1157
39. 성능발주방식 1158
40. 장기계약공사 1159
41. Cost Plus Time 계약 1160
42. Lane Rental 계약방식 1162
43. 인센티브 · 벌칙금 방식 1164
44. 계약 의향서 1166
45. 제안요청서 1167
46. NSC 방식 1168
47. 코스트온 발주방식 1169
48. 기술개발 보상제도 1170
49. 신기술 지정제도 1171
50. 직할시공제 1173
51. 건설공사 직접시공 의무제 1175
52. 시공능력평가제도 1176
53. 총사업비관리제도 1177
54. 추정가격과 예정가격 1179
55. 건축공사 원가계산서 1181
56. 표준시장단가제도 1182
57. 건설공사비지수 1184
58. 물가변동 1185
59. 계약금액의 조정 1187
60. 공사계약기간 연장사유 1188
61. 단품(單品) 슬라이딩 제도 1189
62. 건설산업기본법 상 현장대리인 배치기준 1190

총 론

1 공정관리

01. 공정관리에서 바나나 형 S-Curve를 이용한 진도관리 방안 …… 1195
02. PERT …… 1196
03. 3점 추정 …… 1197
04. CPM …… 1198
05. PERT와 CPM의 차이점 …… 1199
06. PDM …… 1200
07. 공정관리의 Overlapping 기법 …… 1202
08. LOB …… 1203
09. TACT 공정관리기법 …… 1204
10. Node Time …… 1205
11. Network 공정표에서의 간섭여유 …… 1206
12. 공정표에서 Dummy …… 1207
13. Critical Path …… 1208
14. 공기단축과 공사비의 관계 …… 1209
15. MCX 기법 …… 1210
16. Cost Slope …… 1211
17. 공정관리의 급속점 …… 1212
18. 자원배분 …… 1213
19. 인력부하도와 균배도 …… 1214
20. 진도관리 …… 1216
21. 건설공사의 진도관리방법 …… 1218
22. EVMS …… 1220
23. EVM에서의 Cost Baseline …… 1222
24. EVMS 주체별 역할 …… 1224
25. SPI …… 1226
26. CPI …… 1227
27. 시공속도 …… 1228
28. 최적시공속도 …… 1229
29. 총비용 …… 1230
30. 시공속도와 공사비 …… 1231
31. 공정관리의 Milestone …… 1232
32. Lead Time …… 1233
33. Lag Time …… 1234
34. 동시지연 …… 1235
35. 건설공사 공기지연 중에서 보상가능지연 …… 1237
36. 공정관리의 Last Planner System …… 1238
37. 초고층공사의 Phased Occupancy …… 1240

2 품질관리

01. 품질관리 7가지 관리도구 …… 1243
02. Pareto도 …… 1245
03. 히스토그램 …… 1246
04. 산포도 …… 1248
05. 품질특성 …… 1249
06. 품질비용 …… 1250
07. TQC …… 1251
08. TQM …… 1252
09. TQC와 TQM의 차이점 …… 1253
10. 품질보증 …… 1254
11. 품질관리 중 발취검사 …… 1256
12. 6-시그마(Sigma) …… 1257
13. 데이터 마이닝(Data Mining) …… 1258
14. ISO 9001(ISO 9000~9003 통합) …… 1259
15. 품질관리비 …… 1260

목차

3 원가관리

01. 건설원가 구성체계 ···· 1263
02. 간접공사비 ···· 1265
03. 건축표준시방서상의 현장관리 항목 ·· 1266
04. 실행예산 ···· 1268
05. 원가절감의 방안 ···· 1270
06. VE ···· 1272
07. VECP 제도 ···· 1274
08. FAST ···· 1276
09. 브레인스토밍의 원칙 ···· 1278
10. LCC ···· 1279

4 안전관리

01. 재해율 ···· 1283
02. 안전관리의 MSDS ···· 1285
03. 지하안전영향평가 ···· 1286
04. 안전관리계획서 수립대상 공사 ···· 1288
05. 건설공사의 유해위험방지계획서 수립대상 공사 ···· 1289
06. 건설기술진흥법 상 안전관리비 ···· 1290
07. 건설기술진흥법상 가설구조물의 구조적 안전성 확인 대상 ···· 1291
08. 산업안전보건관리비 ···· 1292
09. 안전점검의 종류 ···· 1293
10. 건설업 기초안전보건교육 ···· 1295
11. 근로자의 안전보건교육 ···· 1296
12. 설계의 안전성 검토 ···· 1297
13. Tool Box Meeting ···· 1299
14. 밀폐공간보건작업 프로그램 ···· 1300

5 총론

01. 시방서의 종류 및 포함되어야할 주요사항 ·· 1305
02. 성능시방과 공법시방 ···· 1307
03. 시공도와 제작도의 차이점 ···· 1309
04. 관리적 감독 및 감리적 감독 ···· 1310
05. SCM ···· 1312
06. 건설사업관리에서의 RAM ···· 1313
07. BIM ···· 1314
08. BIM LOD ···· 1316
09. 5D BIM 요소기술 ···· 1318
10. 개방형 BIM과 IFC ···· 1319
11. 작업표준 ···· 1320
12. 건설자재 표준화의 필요성 ···· 1321
13. 시공실명제 ···· 1322
14. 재개발과 재건축의 구분 ···· 1323
15. 부실공사와 하자의 차이점 ···· 1324
16. 건설기술진흥법의 부실벌점 부과항목 (건설업자, 건설기술자 대상) ···· 1326
17. 건설기술진흥법의 부실벌점 부과항목 (건설사업관리용역사업자, 건설사업관리기술인 대상) ···· 1327
18. 공동주택성능등급제도 ···· 1328
19. 아파트 성능등급 ···· 1330

건축시공기술사

20. 생태면적 ··· 1332
21. CO_2 발생량 분석기법 ··· 1333
22. 탄소포인트제 ··· 1335
23. 건축물 에너지효율등급 인증제도 ··· 1337
24. 제로에너지건축물 인증제도 ··· 1339
25. 녹색건축물 조성의 활성화 대상 건축물 및 완화기준 ··· 1341
26. 건축물 에너지성능지표 ··· 1343
27. 건물 에너지 관리시스템 ··· 1345
28. 건강친화형 주택 건설기준 ··· 1347
29. 장수명 주택 인증기준 ··· 1349
30. 장수명 주택 건설기준 ··· 1351
31. 에너지절약형 친환경주택의 설계조건 ··· 1352
32. 그린 홈 ··· 1354
33. 건축산업의 정보통합화생산 ··· 1355
34. 지능형 건축물 ··· 1356
35. PMIS ··· 1357
36. 건설 CALS ··· 1359
37. WBS ··· 1360
38. UBC ··· 1361
39. 전문가 시스템 ··· 1362
40. 건설정보 분류체계 ··· 1363
41. 의사결정 나무 ··· 1364
42. Order Entry System ··· 1365
43. 건설기술진흥법에서 규정하고 있는 환경관리비 ··· 1366
44. 환경영향평가제도 ··· 1368
45. ISO 14000 ··· 1370
46. 벽면녹화 ··· 1371
47. 환경친화건축 ··· 1373
48. 친환경건축물 인증대상과 평가항목 ··· 1374
49. Passive House ··· 1375
50. 제로에너지빌딩 ··· 1376
51. BIPV ··· 1378
52. 신재생에너지 ··· 1379
53. 프로젝트 금융 ··· 1380
54. 건설위험관리에서 위험약화전략 ··· 1382
55. 경영혁신 기법으로서의 벤치마킹 ··· 1383
56. 시공성 ··· 1384
57. MC ··· 1385
58. 린 건설 ··· 1386
59. 적시생산 ··· 1387
60. 건설클레임 ··· 1388
61. 타당성 평가방법 ··· 1389
62. 건설공사의 생산성 관리 ··· 1390
63. 도심지공사의 착공 전 사전조사 ··· 1391
64. 강도의 단위로서 Pa ··· 1393
65. 건축현장에서 시험시공 ··· 1394
66. 건설공사대장 통보제도 ··· 1396
67. 공공지원민간임대주택 ··· 1397
68. FM ··· 1399
69. Smart Construction 요소기술 ··· 1400
70. 3D 프린팅 건축 ··· 1401
71. 사물인터넷 ··· 1402
72. 무선인식기술 ··· 1403
73. 근로시간 단축의 기대효과, 건설업에 미치는 영향 및 대응방안 ··· 1404
74. PL ··· 1406
75. 건설근로자 노무비 구분관리 및 지급확인제도 ··· 1408

Professional Engineer
Architectural Execution

CHAPTER-1

가설공사

제1장

01 규준틀

KCS 10 30 05/KCS 41 34 02

Ⅰ. 정의

규준틀은 건물의 위치나 시공범위를 표시하는 기준의 것으로 정확한 위치에 바르고 튼튼하게 설치하고, 이동이 없도록 유지관리에 주의하여야 한다.

Ⅱ. 시공도

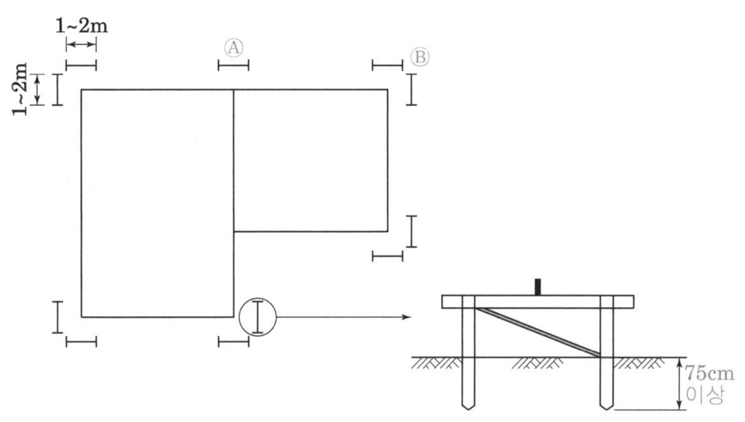

Ⅲ. 규준틀의 종류

① 수평 규준틀 : Ⓐ

② 귀 규준틀 : Ⓑ

③ 세로 규준틀 : 벽돌이나 돌 등을 쌓을 때 사용

[수평규준틀]

Ⅳ. 시공 시 유의사항

① 규준틀 말뚝은 통나무 끝마구리 지름 7.5cm 또는 6cm 각목으로 길이 1.5m 이상

② 밑둥박기는 75cm 이상으로 하고 말뚝머리를 엇빗으로 자른다.

③ 수평띠장은 두께 1.5cm, 너비 12cm 이상의 각재를 사용

④ 경미한 공사는 말뚝길이 90cm 이상, 밑둥박기 30cm 이상, 수평띠장은 두께 1.2cm, 너비 9cm 이상의 것을 사용

⑤ 규준틀에 표시된 규준선은 수시로 검사하여 잘못된 것은 즉시 수정한다.

⑥ 규준틀은 이동 및 변형이 없도록 견고히 설치한다.

⑦ 규준틀의 배치는 흙파기 및 측량을 고려하여 시공이 원활하도록 설치한다.

⑧ 세로규준틀은 비계발판 및 거푸집, 기타가설물에 연결·고정해서는 안 된다.

[세로규준틀]

02 GPS(Global Positioning System) 측량기법 (초고층공사에서의 GPS)

Ⅰ. 정의

인공위성을 이용하여 정확한 위치를 알고 있는 위성에서 발사한 전파를 수신하고 관측점까지의 소요시간을 관측하여 관측점의 위치를 구하는 범지구 위치 결정 체계이다.

[GPS 측량 1]

[GPS 측량 2]

Ⅱ. GPS 장, 단점

장점	단점
• 기상조건에 무관 • 야간에도 관측이 가능 • 관측점 간의 시통이 불필요 • 장거리도 측정 가능 • 3차원 측량을 동시에 가능 • 24시간 상시 높은 정밀도 유지 • 실시간 측정 가능	• 우리나라 좌표계에 맞게 변환할 것 • 위성의 궤도 정보가 필요 • 전리층 및 대류권에 관한 정보 필요 • 임계고도각이 15 이상 • 고압선이나 고층건물은 피할 것

Ⅲ. GPS 측량기법

1. 단독 위치 결정(절대관측방법): 1점 위치 결정

4개 이상의 위성으로부터 수신한 신호 가운데 C/A코드(SPS: Standard Positioning System)를 이용해서 실시간으로 수신기의 위치를 결정하는 방법

2. 상대 위치 결정(상대관측방법)

1) 정적 측량
 ① 1대는 기지점에 설치, 다른 한 대는 미지점에 설치
 ② 기준점측량에 주로 사용

2) 이동 측량
 ① 수신기 1대는 기지점에 설치하고 다른 수신기는 많은 미지점상에 세워 일정시간동안 수신
 ② 지형측량에 사용

3) 신속 정지 측량
 - 기준점 측량에 주로 이용

4) 실시간 이동 측량
 - RTK(Real Time Kenetic)측량이라고도 하며, 수신기를 이동시켜 실시간으로 위치파악하는 측량

[GPS 오차]
- 위성 시계 오차(0~1.5m): GPS 내장 시계의 부정확성으로 발생.
- 위성 궤도 오차((1~5m): 위성궤도 정보의 부정확성으로 인해 발생.
- 전리층 굴절 오차(0~30m): 약 350km 고도상에 집중적으로 분포된 자유전자와 신호와의 간섭 현상으로 발생. 고의 잡음 제거 이후 가장 큰 오차 요인
- 대류권 굴절 오차(0~30m): 고도 50km 까지의 대류층에서 위성 신호 굴절 현상으로 발생. 측정값 및 반송파 위상 측정값 모두 지연형태로 발생.
- 다중 경로 오차(0~70m): 직접 수신된 전파 이외에 부가적으로 지형지물에 의해 반사된 전파로 인해 발생하는 오차. 차분기법에 의해 상쇄되지 않는 오차다.
- 사이클 슬립: GPS 반송파 위상 추적 회로에서 반송파 위상값을 순간적으로 놓침으로 인해 발생

03 기준점(Bench Mark, 건축공사에서의 Bench Mark)

Ⅰ. 정의

건물 높이의 기준이 되는 표식이므로 건물의 위치결정에 편리하고 잘 보이는 곳에 이동의 위험이 없도록 설치하며, 건물 부근에 2개소 이상 설치하고 Transit을 설치하기 좋은 위치로 한다.

Ⅱ. 시공도

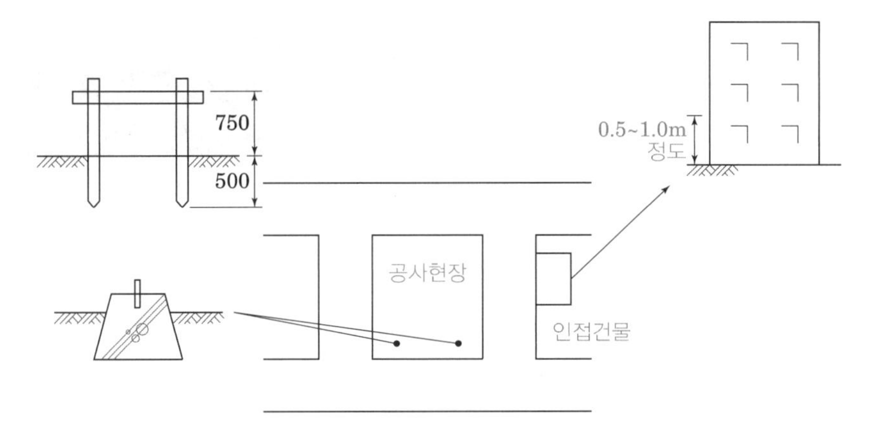

[Bench Mark(바닥)]

[Bench Mark(벽체)]

Ⅲ. 용도

① 지반고의 결정
② 터파기의 기준점
③ 건물 높이의 기준 설정
④ 지하 부분의 침하 검측용

Ⅳ. 설치 시 유의사항

① 바라보기 좋고 공사에 지장이 없는 곳에 설치한다.
② 공사 중 이동할 우려가 없는 곳에 설치한다.
③ 지반에서 0.1~0.3m 위치에 설치한다.
④ 2개소 이상 설치하고 보호조치를 반드시 하여야 한다.
⑤ 이동 및 변형이 없도록 조치한다.
⑥ 오차를 방지하기 위한 기준 벤치마크(G.B.M)를 정하고 수시로 체크한다.
⑦ 벤치마크와 관련된 사항을 도면화하거나 사진으로 남겨 분쟁시에 대비한다.

04 현장 가설출입문 설치 시 고려사항

Ⅰ. 정의

가설출입문은 대지 내 차량 및 작업자 동선의 시작점이므로 선정에 유의하여 사전검토를 철저히 하여야 한다.

Ⅱ. 가설출입문의 종류

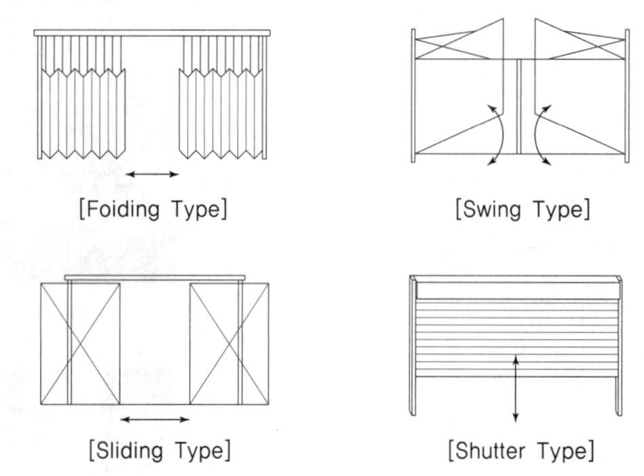

[가설출입문]

Ⅲ. 가설출입문 설치 시 고려사항

1. 위치선정

① 대지 내에 진입이 용이하고 자재 야적이 유리한 곳

② 도로에 설치되어 있는 전주, 가로등, 가로수, 전화박스 등이 진출입에 지장을 주지 않는 곳

③ 인접도로의 차량 흐름에 영향을 적게 주는 곳

2. 규격

① 유효폭 : 차량의 회전범위를 고려하여 결정(최소 4.5m 이상)

② 유효높이 : 화물차량 중 가장 높은 것이 통과할 수 있도록 결정(일반적으로 4m 이상)

3. 안전조치

① 경비원을 배치하여 차량유도 및 차량의 출입을 알리는 부저 또는 경고등을 설치

② 효율적인 인원 출력관리를 위한 별도 출입문 또는 보안 가설출입문을 설치

③ 출입 시 세차시설을 이용하도록 하고, 가설출입문 주위에 물청소를 할 수 있는 시설 설치

④ 개폐 사용에 따른 변형이 발생하지 않도록 충분한 강성 확보

05 가설방음벽

KCS 21 20 05

Ⅰ. 정의

건설현장의 발파작업 및 공사장비 가동 시 공사소음을 저감할 수 있도록 설치하는 임시방음벽을 말하며, 가설방음벽이 가설울타리 기능을 겸할 수 있는 구간에는 가설울타리를 설치하지 않을 수 있다.

Ⅱ. 현장시공도(RPP 방음벽)

안전관리계획서 승인받은 대로 설치할 것

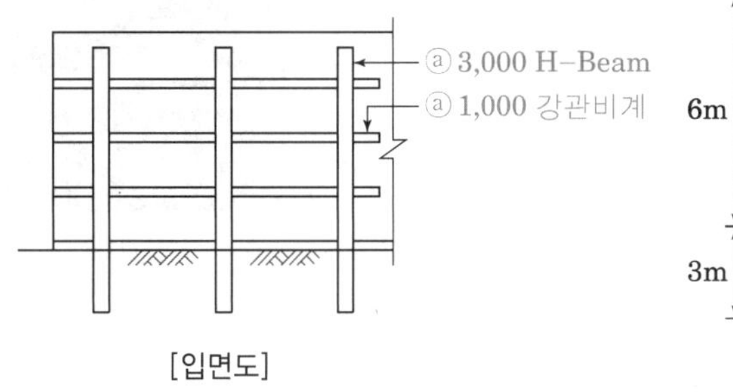

[입면도]

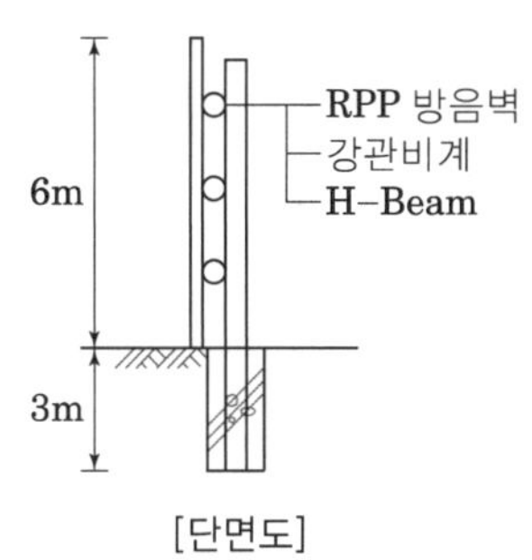

[단면도]

[RPP가설방음벽]

[접합부]

Ⅲ. 가설방음벽 기준

1) 가설방음벽의 설치위치 및 높이는 수음점의 위치와 소음 발생량에 따라 결정
2) 설치위치와 높이를 변경할 경우에는 시공계획서를 공사 착공 전에 제출하여 공사감독자의 승인을 받을 것
3) 소음·진동관리법 시행규칙의 생활소음·진동의 규제기준

① 생활소음 규제기준 [단위 : dB(V)]

대상 지역	시간대별 / 소음원	아침, 저녁 (05:00 ~ 07:00, 18:00 ~ 22:00)	주간 (07:00 ~ 18:00)	야간 (22:00 ~ 05:00)
주거지역	공사장	60 이하	65 이하	50 이하

② 생활진동 규제기준 [단위 : dB(V)]

시간대별 / 대상 지역	주간 (06:00 ~ 22:00)	심야 (22:00 ~ 06:00)
주거지역	65 이하	60 이하

4) 특정공사(항타기, 항발기, 천공기, 브레이커, 굴착기, 발전기, 다짐기계, 콘크리트 펌프 등)를 시행할 때 본 공사 착공 전에 특정공사 사전신고서를 해당 관청에 제출
5) 일반적으로 지반의 윤곽선을 따라 평탄작업을 할 것
6) 가설방음벽 설치구간에는 지하매설물 등의 유무를 확인

[수음점]
소음의 영향을 가장 크게 받는 위치로서 방음시설의 설계목표가 되는 지점을 말한다.

06 현장사무소

KCS 21 20 05

Ⅰ. 정의

현장사무소는 천후의 영향을 직접 받지 않도록 지붕 및 벽체가 있는 밀폐된 공간으로서, 조명설비, 전기설비, 환기설비, 냉·난방설비, 기타 보안 및 안전 방재시설 등을 설치하고 실내마감을 하여야 한다.

Ⅱ. 현장시공도

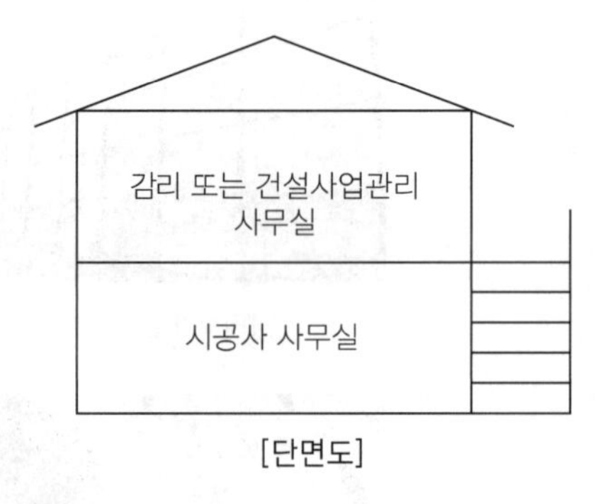

[단면도]

[1층 평면도]

[현장사무소]

Ⅲ. 현장사무소의 기준

① 공사감독자 현장사무소는 별도로 설치
② 상주 인원당 1개의 책상 및 의자가 준비, 공사회의실 또는 상황실을 설치
③ 계약도서에 명시된 바닥 면적을 확보
④ 지정한 위치에 승인된 도면에 따라 설치하고, 견고한 구조로 설치
⑤ 수급인의 현장사무소는 상황판과 승인 받은 견본을 보관할 수 있는 선반을 마련, 현장관리직원 및 하도급 업체 직원용 사무실도 설치
⑥ 현장사무소와 가설창고는 신설하는 구조물에서 10m 이상 떨어져 설치
⑦ 현장사무소 설치 및 철거를 위하여 관계 기관의 인·허가를 받을 것
⑧ 현장사무소 내 비품에 대하여 공사가 완료될 때까지 유지관리와 수선
⑨ 현장사무소 주위는 배수가 원활하고 물이 고이지 않도록 조치
⑩ 현장사무소 내에 별도의 오수정화시설을 설치 또는 설치한 오수정화시설을 변경할 경우에는 관련 지자체의 허가를 받을 것

[107회]

07 통로의 구조

산업안전보건기준에 관한 규칙

Ⅰ. 정의

사업주는 근로자가 안전하게 통행할 수 있도록 통로를 설치하고 항상 사용할 수 있는 상태로 유지하여야 한다.

Ⅱ. 종류 및 기준

1. 가설통로 기준[제23조]

[가설통로]

① 견고한 구조
② 경사는 30도 이하로 할 것. 다만, 계단을 설치하거나 높이 2m 미만의 가설통로로서 튼튼한 손잡이를 설치한 경우에는 그러하지 아니하다.
③ 경사가 15도를 초과하는 경우에는 미끄러지지 아니하는 구조
④ 추락할 위험이 있는 장소에는 안전난간을 설치
⑤ 수직갱에 가설된 통로의 길이가 15m 이상인 경우에는 10m 이내마다 계단참을 설치
⑥ 건설공사에 사용하는 높이 8m 이상인 비계다리에는 7m 이내마다 계단참을 설치

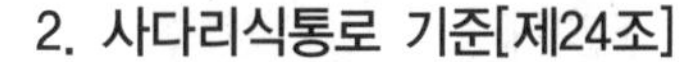

2. 사다리식통로 기준[제24조]

[사다리식통로]

① 견고한 구조
② 심한 손상·부식 등이 없는 재료를 사용
③ 발판의 간격은 일정하게 할 것
④ 발판과 벽과의 사이는 15cm 이상의 간격을 유지
⑤ 폭은 30cm 이상
⑥ 사다리가 넘어지거나 미끄러지는 것을 방지하기 위한 조치
⑦ 사다리의 상단은 걸쳐놓은 지점으로부터 60cm 이상 올라가도록 할 것
⑧ 사다리식 통로의 길이가 10m 이상인 경우에는 5m 이내마다 계단참을 설치
⑨ 사다리식 통로의 기울기는 75도 이하 다만, 고정식 사다리식 통로의 기울기는 90도 이하로 하고, 그 높이가 7m 이상인 경우에는 바닥으로부터 높이가 2.5m 되는 지점부터 등받이울을 설치
⑩ 접이식 사다리 기둥은 사용 시 접혀지거나 펼쳐지지 않도록 철물 등을 사용하여 견고하게 조치

08 강관비계의 구조 KCS 21 60 10

Ⅰ. 정의

공사용 통로나 작업용 발판 설치를 위하여 구조물의 주위에 조립, 설치되는 가설구조물로서 안전하고 단단하게 설치하여야 한다.

Ⅱ. 현장시공도[산업안전보건기준에 관한 규칙]

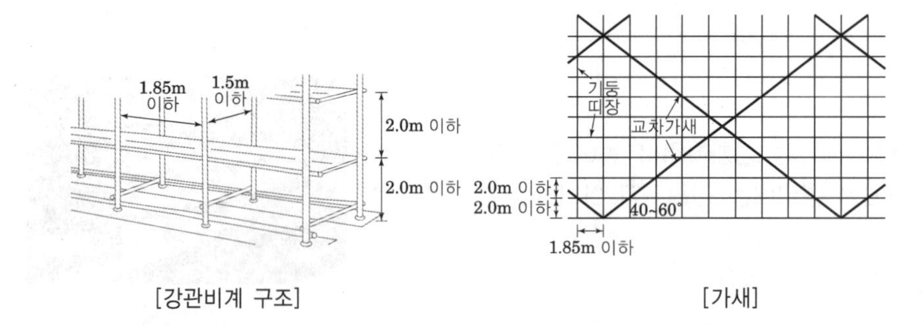

[강관비계 구조] [가새]

Ⅲ. 강관비계의 구조[KCS 21 60 10 3.3]

1. 비계기둥

① 비계기둥은 수평재, 가새 등으로 안전하고 단단하게 고정

② 비계기둥은 기초기반의 지내력을 시험하여 적절한 기초처리

③ 비계기둥의 밑둥에 받침 철물을 사용하는 경우 인접하는 비계기둥과 밑둥잡이로 연결할 것. 연약지반에서는 소요폭의 깔판을 비계기둥에 3본 이상 연결되도록 깔아댄다.

④ 비계기둥의 간격은 띠장 방향으로 1.5m 이상 1.8m 이하, 장선방향으로 1.5m 이하

⑤ 기둥 높이가 31m를 초과하면 기둥의 최고부에서 하단 쪽으로 31m 높이까지는 강관 1개로 기둥을 설치하고, 31m 이하의 부분은 좌굴을 고려하여 강관 2개를 묶어 기둥을 설치

⑥ 비계기둥 1개에 작용하는 하중은 7.0kN 이내

⑦ 비계기둥과 구조물 사이의 간격은 추락방지를 위하여 300mm 이내

[강관비계 구조]

2. 띠장

① 띠장의 수직간격은 1.5m 이하. 다만, 지상으로부터 첫 번째 띠장은 통행을 위해 2m 이내로 설치할 수 있다.

② 띠장은 겹침이음으로 하며, 겹침이음을 하는 띠장 간의 이격거리는 순 간격이 100mm 이내가 되도록 하여 교차되는 비계기둥에 클램프로 결속. 다만, 전용의 강관조인트를 사용하는 경우에는 겹침이음한 것으로 본다.

③ 띠장의 이음위치는 각각의 띠장끼리 최소 300mm 이상 엇갈리게 할 것.
④ 띠장은 비계기둥의 간격이 1.8m일 때는 비계기둥 사이의 하중한도를 4.0kN으로 하고, 비계기둥의 간격이 1.8m 미만일 때는 그 역비율로 하중한도를 증가할 수 있다.

3. 장선

① 장선은 비계의 내·외측 모든 기둥에 결속
② 장선간격은 1.5m 이하
③ 작업 발판을 맞댐 형식으로 깔 경우, 장선은 작업 발판의 내민 부분이 100mm~200mm의 범위가 되도록 간격을 정하여 설치
④ 장선은 띠장으로부터 50mm 이상 돌출하여 설치

4. 가새

① 가새는 비계의 외면으로 수평면에 대해 40°~60° 방향으로 설치하며, 비계기둥에 결속할 것. 가새의 배치간격은 약 10m 마다 교차하는 것으로 한다.
② 가새와 비계기둥과의 교차부는 회전형 클램프로 결속
③ 수평가새는 벽 이음재를 부착한 높이에 각 스팬(Span)마다 설치하여 보강

[가새]

5. 벽 이음

① 벽 이음재의 배치간격은 수직방향 5m 이하, 수평방향 5m 이하로 설치
② 벽 이음 위치는 비계기둥과 띠장의 결합 부근으로 하며, 벽면과 직각이 되도록 설치하고, 비계의 최상단과 가장자리 끝에도 벽 이음재를 설치

[벽 이음]

Ⅲ. 강관비계의 구조[산업안전보건기준에 관한 규칙]

① 비계기둥의 간격은 띠장 방향에서는 1.85m 이하, 장선(長線) 방향에서는 1.5m 이하
② 띠장 간격은 2.0m 이하
③ 비계기둥의 제일 윗부분으로부터 31m되는 지점 밑부분의 비계기둥은 2개의 강관으로 묶어 세울 것. 다만, 브라켓(Bracket, 까치발) 등으로 보강하여 2개의 강관으로 묶을 경우 이상의 강도가 유지되는 경우에는 그러하지 아니하다.
④ 비계기둥 간의 적재하중은 400kg을 초과하지 않도록 할 것

09 비계 벽이음재 KCS 21 60 05

Ⅰ. 정의

강관, 클램프, 앵커 및 벽 연결용 철물 등의 부재를 사용하여 비계와 영구 구조체 사이를 연결함으로써 풍하중, 충격 등의 수평 및 수직하중에 대하여 안전하도록 설치하는 버팀대를 말한다.

Ⅱ. 현장시공도

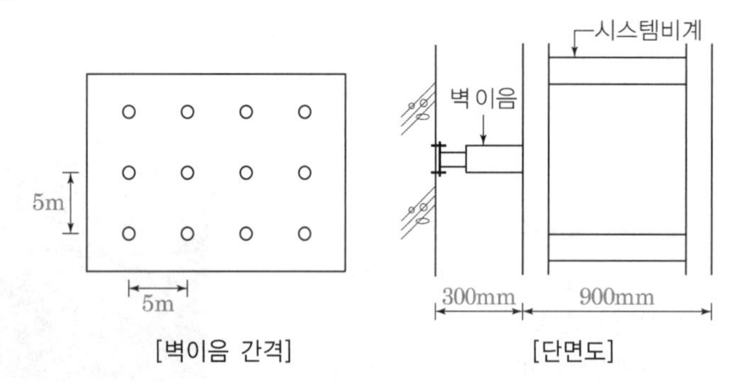

[벽이음 간격] [단면도]

[벽 이음]

Ⅲ. 벽이음재 기준

① 간격은 벽 이음재의 성능과 작용하중에 의해 결정

강관비계의 종류	조립간격(단위: m)	
	수직방향	수평방향
단관비계	5	5
틀비계	6	8

② 수직재와 수평재의 교차부에서 비계면에 대하여 직각이 되도록 하여 수직재에 설치

③ 벽 이음재는 전체를 한 번에 풀지 않고, 부분적으로 순서에 맞게 풀 것

④ 띠장에 부착된 벽 이음재는 비계기둥으로부터 300mm 이내에 부착

⑤ 벽 이음재로 사용되는 앵커는 비계 구조체가 해체될 때까지 남겨둘 것

⑥ 벽 이음재의 배치는 보호망의 설치 유무와 벽 이음재의 종류를 고려할 것

[벽 이음재 종류]

- 박스형 벽 이음재(Box Ties) : 건물의 기둥과 같은 부재에 강관과 클램프를 사용하여 사각형 형태로 결속하는 방식
- 립형 벽 이음재(Lip Ties) : 박스형 벽 이음재 설치가 불가능한 경우 건물 전면의 형상과 조건에 따라 강관과 클램프를 갈고리 형태로 조립하여 건물에 결속하는 방식
- 관통형 벽 이음재(Through Ties) : 건물 개구부 내부의 바닥 및 천장에 지지되도록 설치된 강관 또는 강재 파이프 서포트에 개구부를 가로지르는 강관을 클램프로 결속하는 방식
- 창틀용 벽 이음재(Reveal Ties) : 건물 전면에 앵커를 설치할 수 없는 경우, 건물 구조물의 성능을 확인 할 수 없는 경우, 또는 창틀 등의 개구부에 강관과 클램프로 벽 이음을 할 수 없는 경우에 사용하는 방식으로 마주보는 창틀면에 강관, 쐐기 또는 잭 등을 사용하여 지지한 후에 비계 구조물에 결속하는 방식

10 외부비계용 브래킷

방호장치 자율안전기준 고시 별표8

Ⅰ. 정의

공동주택 공사의 외부 등에 강관비계 조립을 목적으로 본 구조물에 볼트 등으로 부착하는 쌍줄형 브래킷을 말한다.

Ⅱ. 외부비계용 브래킷의 재료

① 외부비계용 브래킷의 재료는 아래 표의 사항에 적합하거나 이와 동등 이상의 기계적 성질을 가진 것을 사용

구성 부분		재 질
수평재, 수직재, 경사재		KS D 3568(일반구조용 각형강관)의 SPSR400 또는 KS D 3503(일반구조용 압연강재)의 SS330
부착철물	볼트, 너트, 핀 등	KS D 3503(일반구조용 압연강재)의 SS330
	기타의 부분	KS D 3501(열간압연 연강판 및 강대)의 SPHD

② 외부비계용 브래킷의 각 부분은 현저한 손상, 변형 또는 부식이 없을 것.

[외부비계용 브래킷]

Ⅲ. 외부비계용 브래킷의 구조

① 외부비계용 브래킷은 수평재, 수직재 및 경사재와 부착철물로 구성, 벽용 브래킷 설치간격은 수평방향 1.8m 이내

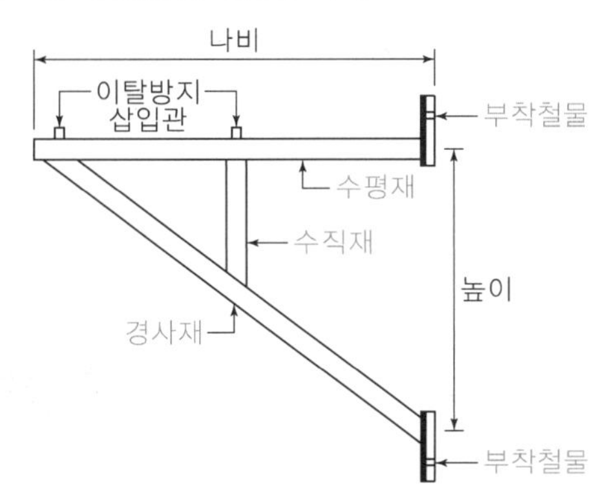

[측벽용 브래킷의 시험성능 기준]

항 목	시험성능기준
수직처짐량	10mm 이하
최대하중	52,800N 이상

② 측벽용 브래킷의 수평재 나비 및 높이는 900mm 이상, 1,200mm 이하

③ 부착철물의 강판의 두께는 6.0mm 이상

④ 부착철물의 볼트지름은 나사산을 포함하여 16mm 이상

⑤ 수평재에는 강관비계 기둥재의 탈락을 방지하기 위한 이탈방지 삽입관이 있어야 하며, 삽입관의 높이는 30mm 이상

11 시스템비계

KCS 21 60 10

Ⅰ. 정의

수직재, 수평재, 가새재 등 각각의 부재를 공장에서 제작하고 현장에서 조립하여 사용하는 조립형 비계로 고소작업에서 작업자가 작업장소에 접근하여 작업할 수 있도록 설치하는 작업대를 지지하는 가설 구조물을 말한다.

Ⅱ. 현장시공도

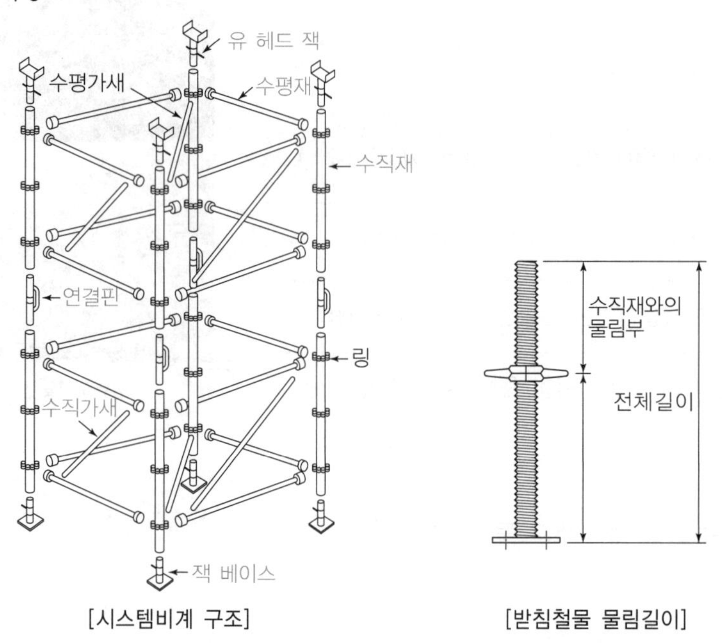

[시스템비계 구조]

[받침철물 물림길이]

Ⅲ. 시스템비계의 구조

1. 수직재

① 수직재와 수평재는 직교되게 설치, 체결 후 흔들림이 없을 것

② 수직재를 연약 지반에 설치할 경우에는 수직하중에 견딜 수 있도록 지반을 다지고 두께 45mm 이상의 깔목을 소요폭 이상으로 설치하거나, 콘크리트, 강재표면 및 단단한 아스팔트 등의 침하 방지 조치

③ 시스템 비계 최하부에 설치하는 수직재는 받침 철물의 조절너트와 밀착되도록 설치하여야 하며, 수직과 수평을 유지. 이 때 수직재와 받침 철물의 겹침길이는 받침 철물 전체길이의 1/3 이상이 되도록 할 것

④ 수직재와 수직재의 연결은 전용의 연결조인트를 사용하여 견고하게 연결하고, 연결 부위가 탈락 또는 꺾어지지 않도록 할 것

[시스템 비계]

2. 수평재

① 수평재는 수직재에 연결핀 등의 결합 방법에 의해 견고하게 결합되어 흔들리거나 이탈되지 않도록 할 것

② 안전 난간의 용도로 사용되는 상부수평재의 설치높이는 작업 발판면으로부터 0.9m 이상이어야 하며, 중간수평재는 설치높이의 중앙부에 설치(설치높이가 1.2m를 넘는 경우에는 2단 이상의 중간수평재를 설치하여 각각의 사이 간격이 0.6m 이하가 되도록 설치) 할 것

3. 가새

① 대각으로 설치하는 가새는 비계의 외면으로 수평면에 대해 40°~60° 방향으로 설치하며 수평재 및 수직재에 결속

② 가새의 설치간격은 시공 여건을 고려하여 구조검토를 실시한 후에 설치

[가새]

4. 벽 이음

① 벽 이음재의 배치간격은 제조사가 정한 기준에 따라 설치

[연결부]

Ⅳ. 시스템비계의 조립 작업 시 준수사항

① 비계 기둥의 밑둥에는 밑받침 철물을 사용하여야 하며, 밑받침에 고저차가 있는 경우에는 조절형 밑받침 철물을 사용하여 시스템 비계가 항상 수평 및 수직을 유지

② 경사진 바닥에 설치하는 경우에는 피벗형 받침 철물 또는 쐐기 등을 사용하여 밑받침 철물의 바닥면이 수평을 유지

③ 가공전로에 근접하여 비계를 설치하는 경우에는 가공전로를 이설하거나 가공전로에 절연용 방호구를 설치하는 등 가공전로와의 접촉을 방지하기 위하여 필요한 조치

④ 비계 내에서 근로자가 상하 또는 좌우로 이동하는 경우에는 반드시 지정된 통로를 이용하도록 주지시킬 것

⑤ 비계 작업 근로자는 같은 수직면상의 위와 아래 동시 작업을 금지

⑥ 작업발판에는 제조사가 정한 최대적재하중을 초과하여 적재해서는 아니되며, 최대적재하중이 표기된 표지판을 부착하고 근로자에게 주지시키도록 할 것

12 강관틀비계

KCS 21 60 10

Ⅰ. 정의

강관 등으로 미리 제작한 틀을 현장에서 조립하여 세우는 형태의 비계를 말한다.

Ⅱ. 강관틀비계 기준

1. 주틀

① 전체 높이는 원칙적으로 40m를 초과할 수 없으며, 높이가 20m를 초과하는 경우 또는 중량작업을 하는 경우에는 틀의 높이를 2m 이하, 주틀의 간격을 1.8m 이하

② 주틀의 간격이 1.8m일 경우에는 주틀 사이의 하중한도를 4.0kN으로 하고, 주틀의 간격이 1.8m 이내일 경우에는 그 역비율로 하중한도를 증가 가능

③ 주틀의 기둥 1개당 수직하중의 한도는 24.5kN

④ 연결용 통로, 출입구 및 개구부 등에서 내력상 충분히 안전한 경우에는 주틀의 높이 및 간격을 전술한 규정보다 크게 가능

⑤ 주틀의 기둥재 바닥은 받침 철물을 사용하거나, 견고한 기초 위에 설치. 다만, 주틀의 바닥에 고저 차가 있을 경우에는 조절형 받침 철물을 사용, 연약지반에서는 받침 철물의 하부에 적당한 접지면적을 확보할 수 있도록 깔판 사용

⑥ 주틀의 최상부와 다섯 단 이내마다 띠장틀 또는 수평재를 설치

⑦ 비계의 모서리 부분에서는 주틀 상호간을 비계용 강관과 클램프로 견고히 결속하고 주틀의 개구부에는 난간을 설치

[강관틀 비계]

2. 교차가새

① 교차가새는 각 단, 각 스팬마다 설치하고 결속 부분은 진동 등으로 탈락 방지

② 작업상 부득이하게 일부의 교차가새를 제거할 때에는 그 사이에 수평재 또는 띠장틀을 설치하고 벽 이음재가 설치되어 있는 단은 해체 금지

3. 벽 이음

벽 이음재의 배치간격은 수직방향 6m 이하, 수평방향 8m 이하로 설치

4. 보강재

① 띠장방향으로 길이 4m 이하이고, 높이 10m를 초과할 때는 높이 10m 이내마다 띠장방향으로 유효한 보강틀을 설치

② 보틀 및 내민틀(캔틸레버)은 수평가새 등으로 옆 흔들림을 방지할 수 있도록 보강

13 추락 및 낙하물에 의한 위험방지 안전시설

산업안전보건기준에 관한 규칙

Ⅰ. 정의

사업주는 작업장의 바닥, 도로 및 통로 등에서 추락 및 낙하물이 근로자에게 위험을 미칠 우려가 있는 경우 보호망을 설치하는 등 필요한 조치를 하여야 한다.

Ⅱ. 추락에 의한 위험방지 안전시설 [KCS 21 70 10]

1. 추락 방호망

① 설치 높이는 10m를 초과 금지
② 처짐은 추락 방호망의 짧은 변 길이의 12%~18%
③ 추락 방호망의 길이 및 나비가 3m 이내마다 달기로프로 결속
④ 추락 방호망의 짧은 변 길이가 되는 내민 길이는 3m 이상
⑤ 추락 방호망과 이를 지지하는 구조체 사이의 간격은 300mm 이하
⑥ 추락 방호망의 이음은 0.75m 이상의 겹침

[추락방호망(철골)]

2. 안전난간

① 상부 난간대는 바닥면 등으로부터 0.9m~1.2m 이하
② 발끝막이판은 바닥면 등으로부터 100mm 이상
③ 100kg 이상의 하중에 견딜 수 있는 강도

[안전난간]

3. 개구부 수평보호덮개

① 근로자, 장비 등의 2배 이상의 무게를 견딜 수 있도록 설치
② 개구부 단변 크기가 200mm 이상인 곳에는 수평보호덮개를 설치
③ 철근을 사용하는 경우에는 철근간격을 100mm 이하의 격자모양

[개구부 덮개]

4. 리프트 승강구 안전문

① 출입구 바닥은 평평하게 설치
② 리프트 승강구 안전문 측면에는 안전 난간 및 위험표지판을 설치
③ 여닫이문일 경우에는 여닫이 방향을 건물 내측으로 설치

5. 엘리베이터 개구부용 난간틀

① 난간대는 2단 이상으로 설치
② 난간틀의 아래에는 100mm 이상의 발끝막이판을 설치
③ 상부 난간대는 바닥면 등으로부터 0.9m~1.5m 이하의 높이를 유지
④ 중간 난간대는 순 간격이 0.45m 이내

[EV앞 방호선반]

6. 수직형 추락방망

[수직형 추락방지망(외부)]

① 수직(높이)방향으로 0.75m 이내마다 고정
② 바닥에는 길이방향으로 3m 이내마다 고정
③ 양끝을 240kg 이상의 힘으로 잡아당겨 견고하게 고정
④ 수직방향으로 1.5m 이상 설치

7. 안전대 부착설비

[안전대]

① 높이 2m 이상인 경우 안전대를 걸어 사용할 수 있는 부착설비를 설치
② 높이가 낮은 장소인 경우 안전대 로프 길이의 2배 이상의 높이에 있는 구조물 등에 부착설비를 설치
③ 부착설비의 위치는 반드시 벨트의 위치보다 높을 것
④ 안전난간을 지지로프의 지지대로 이용 금지

Ⅲ. 낙하물에 의한 위험방지 안전시설 [KCS 21 70 15]

1. 낙하물 방지망

[낙하물 방지망]

① 내민길이는 비계 또는 구조체의 외측에서 수평거리 2m 이상
② 수평면과의 경사각도는 20° 이상 30° 이하로 설치
③ 설치높이는 10m 이내 또는 3개 층마다 설치
④ 낙하물 방지망과 비계 또는 구조체와의 간격은 250mm 이하
⑤ 낙하물 방지망의 이음은 150mm 이상의 겹침

2. 방호 선반

① 방호장치 자율안전기준에 적합하거나 15mm 이상의 판재로 방호 선반을 설치
② 근로자 등의 통행이 빈번한 곳의 첫 단은 낙하물 방지망 대신에 방호 선반을 설치
③ 방호 선반의 설치 높이는 지상으로부터 10m 이내
④ 내민길이는 구조체의 최외측에서 수평거리 2m 이상으로 하고 수평면과의 경사각도는 20° 이상 30° 이하 정도로 설치. 다만, 방호 선반의 끝단에 수평면으로부터 높이 0.6m 이상의 방호벽을 설치

3. 수직 보호망

[수직 보호망]

① 수직 보호망을 구조체에 고정할 경우에는 350mm 이하의 간격
② 수직 보호망의 지지재는 수평간격 1.8m 이하로 설치

4. 낙하물 투하설비

① 높이가 3m 이상인 장소로부터 물체를 투하하는 경우 투하설비를 설치
② 이음부는 충분히 겹치도록 설치

14 추락방호망

KCS 21 70 10

Ⅰ. 정의

고소작업 중 근로자의 추락 및 물체의 낙하를 방지하기 위하여 수평으로 설치하는 보호망을 말한다. 다만, 낙하물방지 겸용 방망은 그물코 크기가 20mm 이하일 것

Ⅱ. 추락방호망 기준

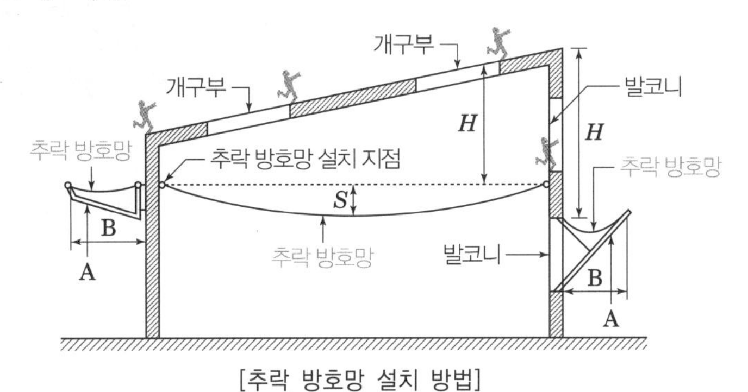

[추락 방호망 설치 방법]

[건축물 외부, 내부에 설치한 추락 보호망]

[추락방호망(철골)]

[추락방호망(동바리)]

① 추락 방호망은 KS F 8082에 적합할 것. 다만, 테두리로프를 섬유로프가 아닌 와이어로프로 하는 경우에는 인장강도가 15kN 이상

② 설치 높이(H)는 10m를 초과금지

③ 설치 형태는 수평으로 설치하고 처짐(S)은 추락 방호망의 짧은 변 길이(N)의 12%~18%가 될 것

④ 추락 방호망의 길이 및 나비가 3m를 넘는 것은 3m 이내마다 같은 간격으로 테두리로프와 지지점을 달기로프로 결속

⑤ 추락 방호망의 짧은 변 길이(N)가 되는 내민 길이(B)는 3m 이상일 것

⑥ 추락 방호망과 이를 지지하는 구조체 사이의 간격은 300mm 이하

⑦ 추락 방호망의 이음은 0.75m 이상의 겹침을 두어 망과 망 사이에 틈이 없도록 할 것

15 낙하물방지망

KCS 21 70 15

Ⅰ. 정의

작업도중 자재, 공구 등의 낙하로 인한 피해를 방지하기 위하여 개구부 및 비계 외부에 수평방향으로 설치하는 망을 말한다.

Ⅱ. 현장시공도

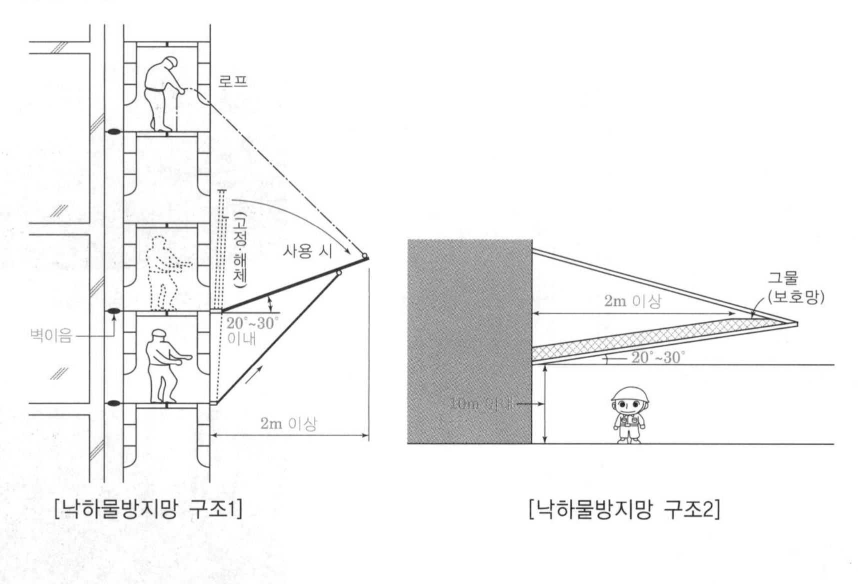

[낙하물방지망 구조1] [낙하물방지망 구조2]

[낙하물방지망]

Ⅲ. 낙하물방지망 기준

① 낙하물 방지망은 KS F 8083 또는 KS F 8082에서 정한 그물코 크기가 20mm 이하의 추락 방호망에 적합

② 낙하물 방지망의 내민길이는 비계 또는 구조체의 외측에서 수평거리 2m 이상으로 하고, 수평면과의 경사각도는 20° 이상 30° 이하로 설치

③ 낙하물 방지망의 설치높이는 10m 이내 또는 3개 층마다 설치

④ 낙하물 방지망과 비계 또는 구조체와의 간격은 250mm 이하

⑤ 벽체와 비계 사이는 망 등을 설치하여 폐쇄

⑥ 낙하물 방지망의 이음은 150mm 이상의 겹침

⑦ 버팀대는 가로방향 1m 이내, 세로방향 1.8m 이내의 간격으로 강관 등을 이용하여 설치하고 전용철물을 사용하여 고정

[구조체 간격]

16 초고층건축물의 낙하물방지망 설치방법

Ⅰ. 정의

작업도중 자재, 공구 등의 낙하로 인한 피해를 방지하기 위하여 개구부 및 비계 외부에 수평방향으로 설치하는 망을 말하며, 초고층의 경우 낙하물이 비산하여 넓은 범위에 떨어질 수 있으므로 설치 단수를 늘리거나 내민길이를 크게 한다.

Ⅱ. 현장시공도

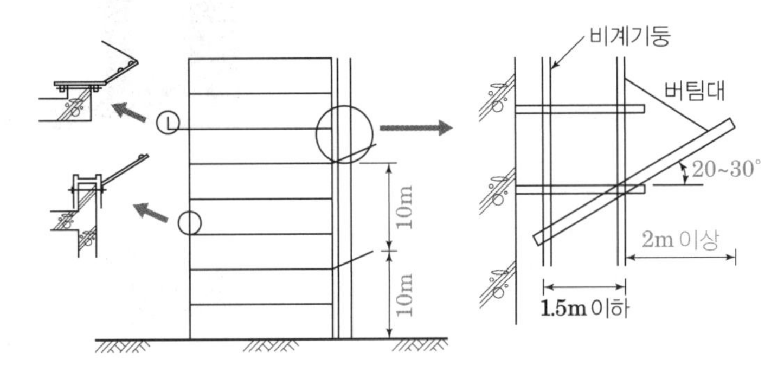

[낙하물 방지망]

Ⅲ. 낙하물방지망 기준

① 낙하물 방지망은 KS F 8083 또는 KS F 8082에서 정한 그물코 크기가 20mm 이하의 추락 방호망에 적합

② 낙하물 방지망의 내민길이는 비계 또는 구조체의 외측에서 수평거리 2m 이상으로 하고, 수평면과의 경사각도는 20° 이상 30° 이하로 설치

③ 낙하물 방지망의 설치높이는 10m 이내 또는 3개 층마다 설치

④ 낙하물 방지망과 비계 또는 구조체와의 간격은 250mm 이하

⑤ 벽체와 비계 사이는 망 등을 설치하여 폐쇄

⑥ 낙하물 방지망의 이음은 150mm 이상의 겹침

⑦ 버팀대는 가로방향 1m 이내, 세로방향 1.8m 이내의 간격으로 강관 등을 이용하여 설치하고 전용철물을 사용하여 고정

17 수직형 추락방망 KCS 21 70 10

Ⅰ. 정의

건설현장에서 근로자가 위험장소에 접근하지 못하도록 수직으로 설치하여 추락의 위험을 방지하는 방망을 말한다.

Ⅱ. 현장시공도

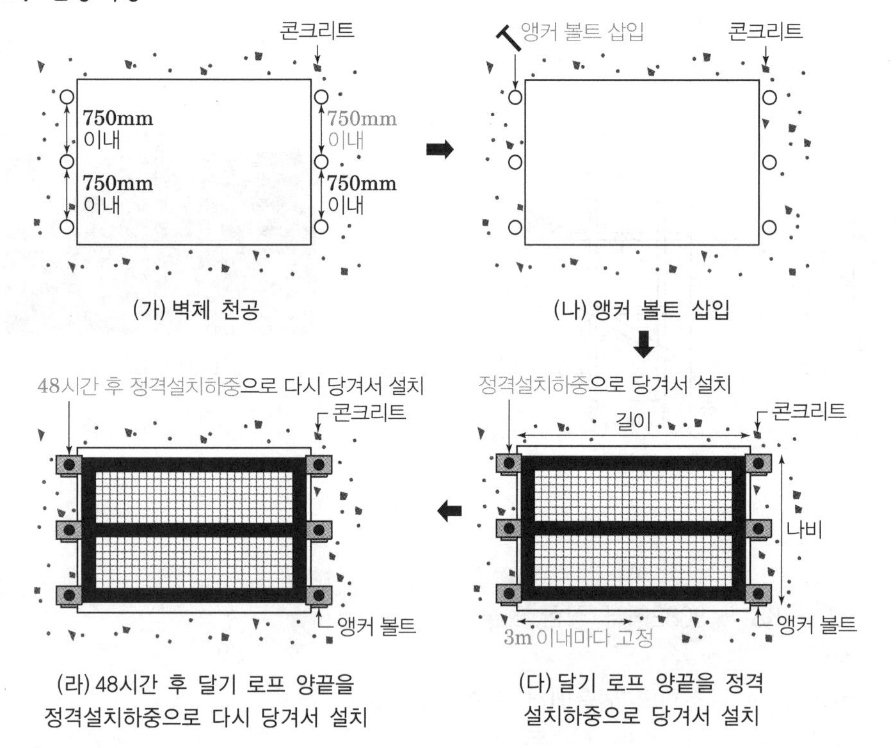

[수직형 추락방망(외부)]

[수직형 추락방망(내부)]

Ⅲ. 수직형 추락방망 기준

① 앵커, 버클 등을 이용하여 건축물의 벽체나 기둥에 견고하게 설치

② 달기로프 등 연결부를 이용하여 벽체 등의 수직(높이)방향으로 0.75m 이내마다 고정

③ 바닥에는 길이방향으로 3m 이내마다 고정

④ 양끝을 240kg 이상의 힘으로 잡아당겨 견고하게 고정

⑤ 수직방향으로 1.5m 이상 설치될 것. 다만, 발코니 치켜올림부가 300mm 이상인 경우에는 1.2m 이상으로 설치할 수 있다.

⑥ 수직형 추락방망은 설치 후 정기적으로 인장력을 보정

⑦ 수직형 추락방망은 용접작업 등으로 인해 불티 또는 화재가 발생할 우려가 있는 장소에서는 사용을 금지

18 안전대 부착설비 KCS 21 70 10

Ⅰ. 정의

추락할 위험이 있는 높이 2m 이상의 장소에서 근로자에게 안전대를 착용시킨 경우 안전대를 안전하게 걸어 사용할 수 있는 설비를 말한다.

Ⅱ. 안전대 개념도

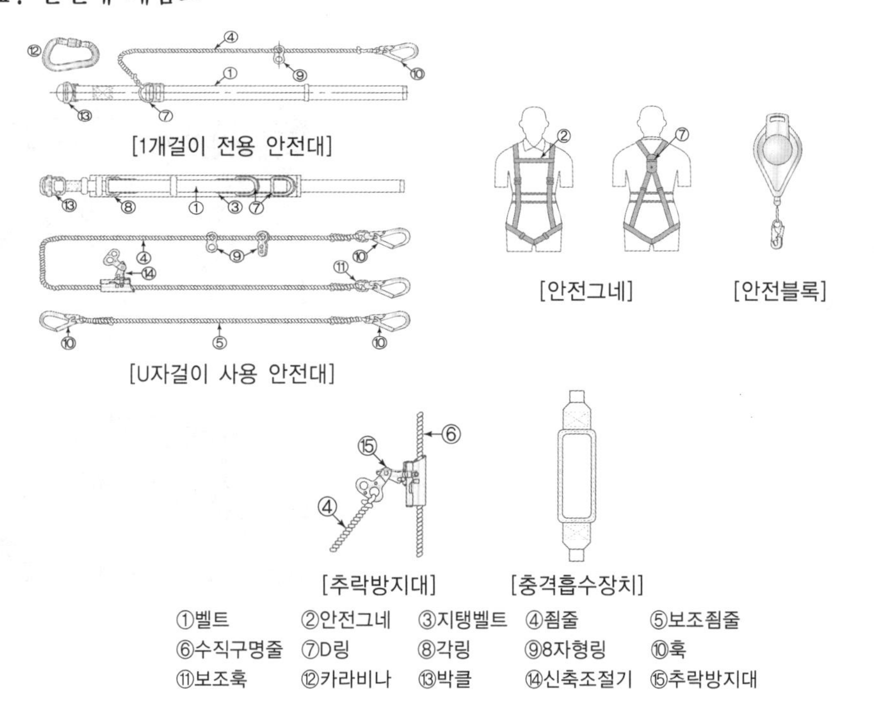

[안전대]

Ⅲ. 안전대 부착설비 기준

① 추락할 위험이 있는 높이 2m 이상의 장소에서는 부착설비를 설치
② 부착설비에는 건립 중인 구조체, 전용철물, 지지로프 등으로 할 수 있다.
③ 높이 1.2m 이상, 수직방향 7m 이내의 간격으로 강관 등을 사용하여 안전대걸이를 설치하고, 인장강도 14,700N 이상인 안전대걸이용 로프를 설치
④ 바닥면으로부터 높이가 낮은 장소(추락 시 물체에 충돌할 수 있는 장소)에서 작업하는 경우 바닥면으로부터 안전대 로프 길이의 2배 이상의 높이에 있는 구조물 등에 부착설비를 설치
⑤ 안전대의 로프를 지지하는 부착설비의 위치는 반드시 벨트의 위치보다 높을 것
⑥ 한 줄의 지지로프를 이용하는 근로자의 수는 1인으로 할 것
⑦ 안전난간을 지지로프의 지지대로 이용하여서는 안 된다.

19 안전난간의 구조

KCS 21 70 10/ 산업안전보건기준에 관한 규칙
KOSHA GUIDE C-11-2012

Ⅰ. 정의

추락의 우려가 있는 통로, 작업발판의 가장자리, 개구부 주변 등의 장소에 임시로 조립하여 설치하는 수평난간대와 난간기둥 등으로 구성된 안전시설을 말한다.

Ⅱ. 현장시공도

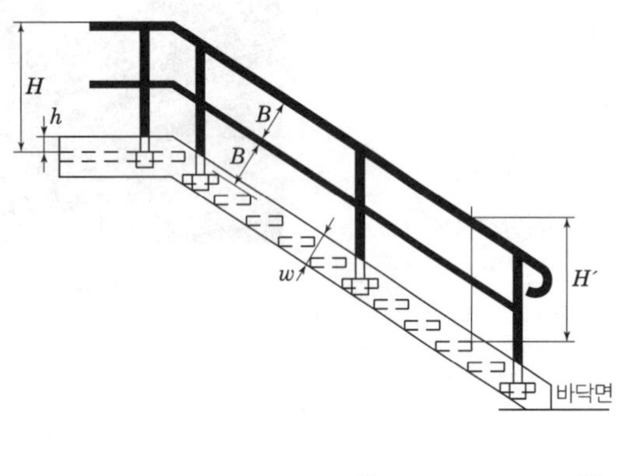

H : 난간 높이
h : 발끝막이판 높이
B : 난간사이 공간 폭
w : 보강재 폭

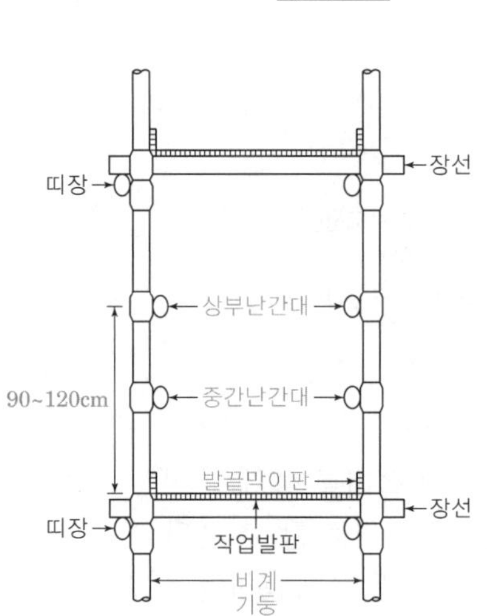

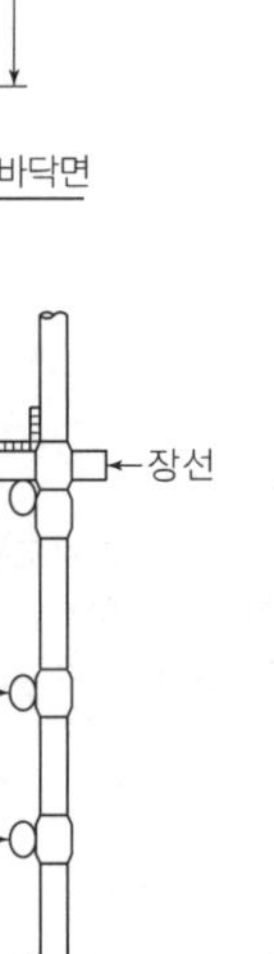

[안전난간1]

[안전난간2]

Ⅲ. 안전난간의 기준[KCS 21 70 10]

① 근로자가 추락할 우려가 있는 통로, 작업 발판의 가장자리, 개구부 주변, 경사로 등에는 안전난간을 설치

② 비계에 설치하는 안전난간은 비계기둥의 안쪽에 설치하는 것을 원칙

③ 안전난간의 각 부재는 탈락, 미끄러짐 등이 발생하지 않도록 견고하게 설치하고, 상부 난간대가 회전하지 않도록 할 것

④ 상부 난간대는 바닥면, 발판 또는 통로의 표면으로부터 0.9m 이상
⑤ 상부 난간대의 높이를 1.2m 이하로 설치하는 경우에는 중간 난간대는 상부 난간대와 바닥면 등의 중간에 설치하여야 하며, 1.2m를 초과하여 설치하는 경우에는 중간 난간대를 2단 이상으로 균등하게 설치하고 난간의 상하 간격은 0.6m 이하
⑥ 발끝막이판은 바닥면 등으로부터 100mm 이상 높이로 설치
⑦ 안전난간은 구조적으로 가장 취약한 지점에서 가장 취약한 방향으로 작용하는 100kg 이상의 하중에 견딜 수 있는 강도
⑧ 상부 난간대와 중간 난간대는 난간길이 전체를 통하여 바닥면과 평행을 유지
⑨ 난간기둥의 설치간격은 수평거리 1.8m를 초과하지 않는 범위에서 상부 난간대와 중간 난간대를 견고하게 떠받칠 수 있도록 적정 간격을 유지
⑩ 안전난간을 안전대의 로프, 지지로프, 서포트, 벽 연결, 비계, 작업 발판 등의 지지점 또는 자재운반용 걸이로서 사용하지 않을 것
⑪ 안전난간에 자재 등을 기대두거나, 난간대를 밟고 승강하지 않을 것
⑫ 안전난간에는 근로자의 작업복이 걸려 찢어지거나 상해를 방지하기 위하여 돌출부가 외부로 향하거나, 매립형 또는 돌출부에 덮개를 설치
⑬ 상부 난간대와 중간 난간대로 철제 벤딩이나 플라스틱 벤딩을 사용하지 말 것

Ⅳ. 안전난간의 기준[산업안전보건기준에 관한 규칙]

① 상부 난간대, 중간 난간대, 발끝막이판 및 난간기둥으로 구성
② 상부 난간대는 바닥면·발판 또는 경사로의 표면으로부터 90cm 이상 지점에 설치하고, 상부 난간대를 120cm 이하에 설치하는 경우에는 중간 난간대는 상부 난간대와 바닥면등의 중간에 설치하여야 하며, 120cm 이상 지점에 설치하는 경우에는 중간 난간대를 2단 이상으로 균등하게 설치하고 난간의 상하 간격은 60cm 이하가 되도록 할 것. 다만, 계단의 개방된 측면에 설치된 난간기둥 간의 간격이 25cm 이하인 경우에는 중간 난간대를 설치하지 아니할 수 있다.
③ 발끝막이판은 바닥면등으로부터 10cm 이상의 높이를 유지
④ 난간기둥은 상부 난간대와 중간 난간대를 견고하게 떠받칠 수 있도록 적정한 간격을 유지
⑤ 상부 난간대와 중간 난간대는 난간 길이 전체에 걸쳐 바닥면등과 평행을 유지
⑥ 난간대는 지름 2.7cm 이상의 금속제 파이프나 그 이상의 강도가 있는 재료
⑦ 안전난간은 구조적으로 가장 취약한 지점에서 가장 취약한 방향으로 작용하는 100kg 이상의 하중에 견딜 수 있는 튼튼한 구조

20 작업발판

KCS 21 60 15/산업안전보건기준에 관한 규칙

Ⅰ. 정의

비계 등에서 작업자의 통로 및 작업공간으로 사용되는 발판으로서

① "작업대"란 비계용 강관에 설치할 수 있는 걸침고리가 용접 또는 리벳 등에 의하여 발판에 일체화되어 제작된 작업발판을 말한다.

② "통로용 작업발판"이란 작업대와 달리 걸침고리가 없는 작업발판을 말한다.

Ⅱ. 작업발판 개념도

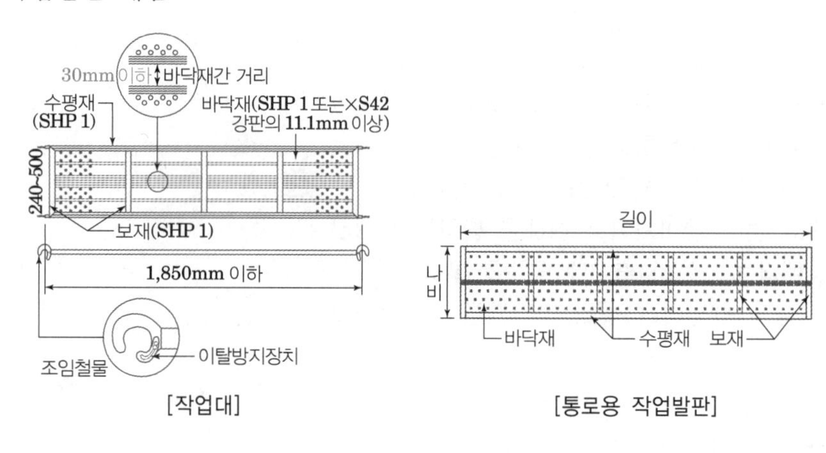

[작업대] [통로용 작업발판]

[작업발판1]

[작업발판2]

Ⅲ. 작업발판 기준

① 높이가 2m 이상인 장소

② 비계의 장선 등에 견고히 고정

③ 전체 폭은 0.4m 이상, 재료를 저장할 때는 폭이 최소 0.6m 이상, 최대 폭은 1.5m 이내

④ 이탈되거나 탈락하지 않도록 2개 이상의 지지물에 고정

⑤ 발판 사이의 틈 간격이 발판의 너비를 넓히기 위한 선반브래킷이 사용된 경우를 제외하고 30mm 이내

⑥ 작업발판을 겹쳐서 사용할 경우 연결은 장선 위에서 하고, 겹침 길이는 200mm 이상

⑦ 중량작업을 하는 작업발판에는 최대적재하중을 표시한 표지판을 비계에 부착

⑧ 작업이나 이동 시의 추락, 전도, 미끄러짐 등으로 인한 재해를 예방할 수 있는 구조로 시공

⑨ 작업발판 위에는 통행에 유해한 돌출된 못, 철선 등이 없앨 것

⑩ 작업발판 위에는 통로를 따라 양측에 발끝막이판을 설치(100mm 이상, 비계기둥 안쪽에 설치)

⑪ 작업발판에는 재료, 공구 등의 낙하에 대비할 수 있는 적절한 안전시설을 설치

21 가설계단의 구조 기준

KCS 21 60 15/산업안전보건기준에 관한 규칙
KOSHA GUIDE C-11-2012

Ⅰ. 정의

공사장의 출입 및 각종 자재 운반을 위한 임시로 만든 계단을 말한다.

Ⅱ. 현장시공도

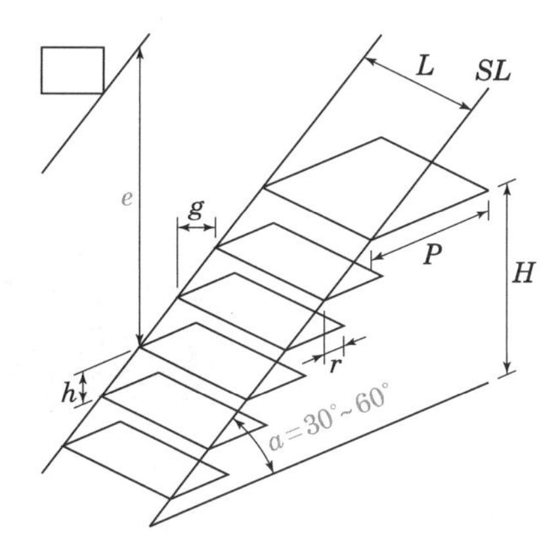

SL : 경사선
H : 계단 높이
L : 발판 폭
P : 계단참
g : 발판 너비
h : 발판 높이
r : 겹침
e : 발판위 머리공간
a : 경사각

[가설계단]

Ⅲ. 가설계단의 구조 기준

① 계단의 지지대는 비계 등에 견고하게 고정

② 계단 및 계단참을 설치하는 경우 매 m^2당 500kg 이상의 하중에 견딜 수 있는 강도를 가진 구조, 안전율은 4 이상

③ 계단 폭은 1m 이상

④ 발판 폭(L) 350mm 이상, 발판 너비(g) 180mm 이상, 발판 높이(h) 240mm 이하로 각각 너비와 높이는 같은 크기

⑤ 높이 7m 이내마다와 계단의 꺽임 부분에는 계단참을 설치(높이가 3미터를 초과하는 계단에 높이 3m 이내마다 너비 1.2m 이상의 계단참을 설치: 산업안전보건 기준에 관한 규칙)

⑥ 디딤판은 항상 건조상태를 유지하고 미끄럼 방지효과가 있는 것이어야 하며, 물건을 적재하거나 방치하지 않을 것

⑦ 계단의 끝단과 만나는 통로나 작업발판에는 2m 이내의 높이에 장애물이 없을 것.

⑧ 높이 1m 이상인 계단의 개방된 측면에는 안전난간을 설치

⑨ 수직구 및 환기구 등에 설치되는 작업계단은 벽면에 안전하게 고정될 수 있도록 설계하고 구조전문가에게 안전성을 확인한 후 시공

⑩ 계단에 손잡이 외의 다른 물건 등을 설치하거나 쌓지 말 것

⑪ 발판의 겹침(r)은 평면상 발판 : $r \geqq 0$cm, 판모양발판 : $r \geqq 1$cm

22 이동식비계

Ⅰ. 정의

이동식 비계용 주틀의 하단에 발바퀴를 부착하여 이동할 수 있도록 조립한 비계를 말한다.

Ⅱ. 현장시공도

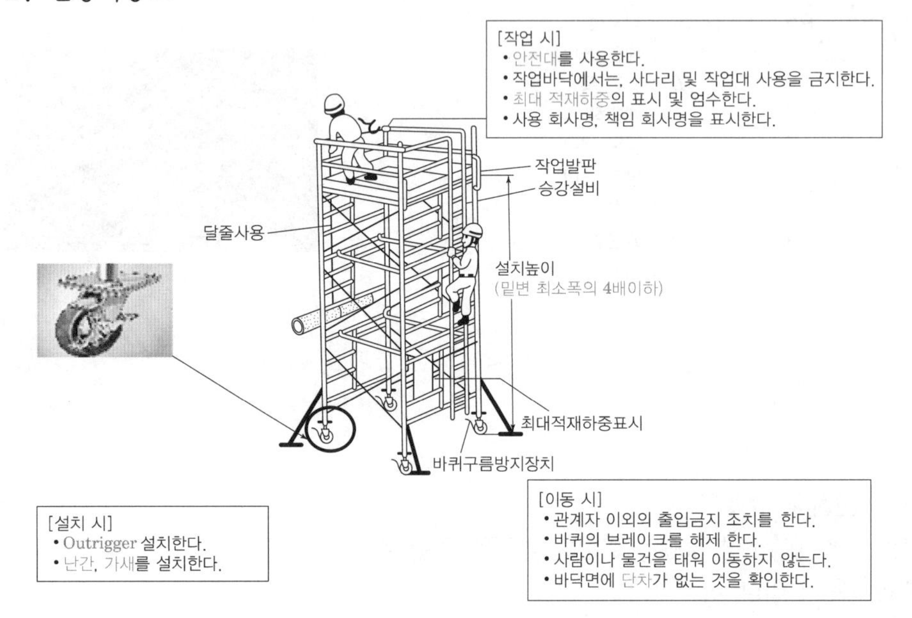

[이동식비계]

Ⅲ. 이동식비계 기준

① 비계의 높이는 밑면 최소폭의 4배 이하

② 주틀의 기둥재에 전도방지용 아웃트리거(Outrigger)를 설치하거나 주틀의 일부를 구조물에 고정하여 흔들림과 전도를 방지

③ 작업이 이루어지는 상단에는 안전 난간과 발끝막이판을 설치하며, 부재의 이음부, 교차부는 사용 중 쉽게 탈락하지 않도록 결합

④ 발바퀴에는 제동장치를 반드시 갖추어야 하고 이동할 때를 제외하고는 항상 작동시켜 둘 것

⑤ 경사면에서 사용할 경우에는 각종 잭을 이용하여 주틀을 수직으로 세워 작업바닥의 수평이 유지

⑥ 작업바닥 위에서 별도의 받침대나 사다리를 사용 금지

⑦ 작업발판의 최대적재하중은 250kg을 초과 금지

[아웃트리거]

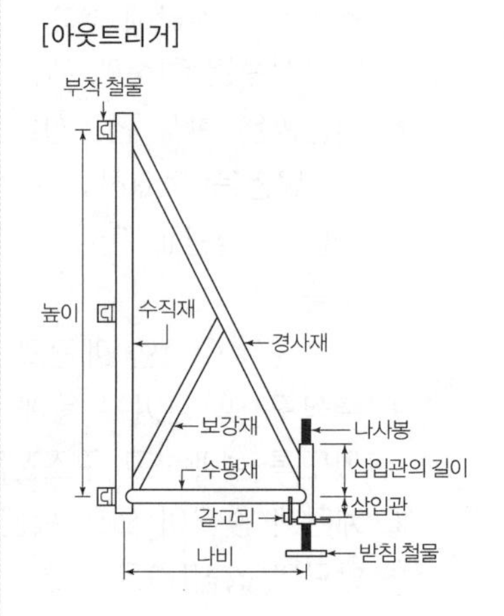

23 말비계

KCS 21 60 10/산업안전보건기준에 관한 규칙

Ⅰ. 정의

주로 건축물의 천장과 벽면의 실내 내장 마무리 등을 위해 바닥에서 일정높이의 발판을 설치하여 사용하는 비계를 말한다.

Ⅱ. 현장시공도

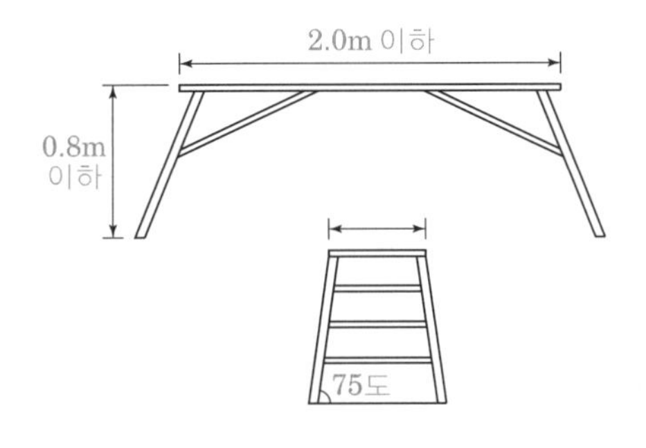

[말비계]

Ⅲ. 말비계 기준

① 말비계의 각 부재는 구조용 강재나 알루미늄 합금재 등을 사용
② 말비계의 설치높이는 2m 이하(말비계의 높이가 2m를 초과하는 경우에는 작업발판의 폭을 40cm 이상: 산업안전보건기준에 관한 규칙)
③ 말비계는 수평을 유지
④ 말비계는 벌어짐을 방지할 수 있는 구조이며, 이동하지 않도록 견고히 고정
⑤ 말비계용 사다리는 기둥재와 수평면과의 각도는 75° 이하, 기둥재와 받침대와의 각도는 85° 이하
⑥ 계단실에서는 보조지지대나 수평연결 등을 하여 말비계가 전도되지 않을 것
⑦ 말비계에 사용되는 작업 발판의 전체 폭은 0.4m 이상, 길이는 0.6m 이상
⑧ 작업 발판의 돌출길이는 100mm~200mm 정도로 하며, 돌출된 장소에서는 작업을 금지
⑨ 작업 발판 위에서 받침대나 사다리를 사용 금지
⑩ 지주부재(支柱部材)의 하단에는 미끄럼 방지장치를 하고, 근로자가 양측 끝부분에 올라서서 작업 금지

24 승강로(Trap, 철골공사의 트랩)

산업안전보건기준에 관한 규칙

Ⅰ. 정의

① 승강로는 철골 작업 시 근로자가 수직방향으로 이동하기 위해 철골기둥에 사다리 형태의 가설통로를 말한다.

② 가설통로 종류

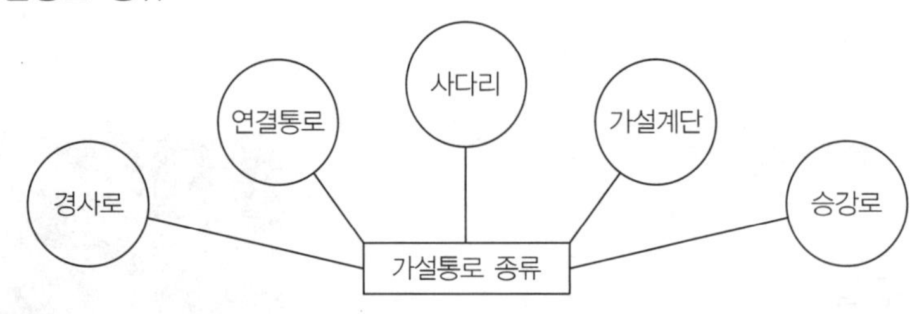

Ⅱ. 승강로(Trap)의 구조

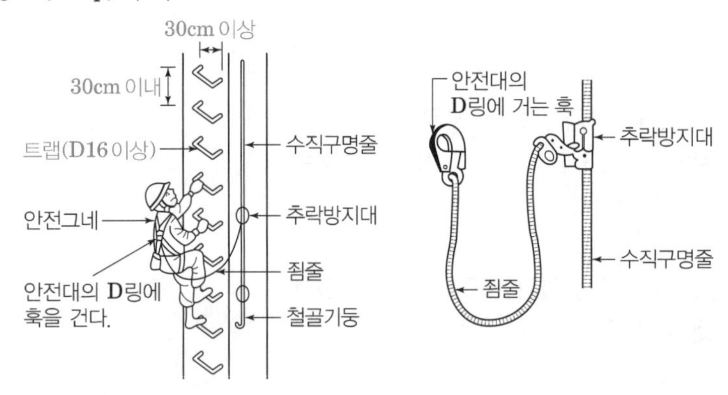

[승강로]

Ⅲ. 승강로 설치 시 유의사항

① 승강트랩은 지상 작업을 원칙으로 한다.

② 수직방향으로 이동하는 철골부재에 고정된 승강로를 설치한다.

③ 기둥에 16mm 철근 등을 이용하여 제작한다.

④ 수직 이동용 트랩은 각 기둥마다 설치한다.

⑤ 답단간격 30cm 이내, 폭 30cm 이상으로 승강로를 설치한다.

⑥ 안전대 부착설비는 지상 조립으로 한다.

⑦ 수직구명줄을 병설하여 승강 시 안전대의 부착설비로 사용한다.

⑧ 설계에 철골계단이 있는 경우 타공정에 우선하여 조기 설치하여 통로로 이용한다.

25 개구부 수평보호덮개

KCS 21 70 10

Ⅰ. 정의

근로자 또는 장비 등이 바닥 등에 뚫린 부분으로 떨어지는 것을 방지하기 위하여 설치하는 판재 또는 철판망을 말한다.

Ⅱ. 현장시공도

[개구부 방호조치]

[개구부 덮개]

Ⅲ. 개구부 수평보호덮개 기준

① 수평개구부에는 12mm 합판과 45mm × 45mm 각재 또는 동등 이상의 자재를 이용하거나, 슬래브 철근을 연장하여 배근하고 개구부 수평보호덮개를 설치

② 차도 및 운송로 등에 위치한 수평보호덮개는 해당 현장에서 가장 큰 운송수단의 2배 이상의 하중을 견딜 수 있도록 설치

③ 수평보호덮개는 근로자, 장비 등의 2배 이상의 무게를 견딜 수 있도록 설치

④ 개구부 단변 크기가 200mm 이상인 곳에는 수평보호덮개를 설치

⑤ 상부판은 개구부를 덮었을 경우 개구부에 밀착된 스토퍼로부터 100mm 이상을 본 구조체에 걸쳐져 있을 것

⑥ 철근을 사용하는 경우에는 철근간격을 100mm 이하의 격자모양

⑦ 스토퍼는 개구부에 2면 이상을 밀착시켜 미끄러지지 않을 것

⑧ 자재 등을 개구부에 덮어놓거나, 자재 등으로 개구부가 가려지지 않도록 할 것

26 엘리베이터 홀의 추락방지시설

Ⅰ. 의의

엘리베이터 홀에서의 추락은 중대재해로 직결되므로 안전시설에 대하여 사전계획을 철저히 하여 안전에 만전을 기하여야 한다.

Ⅱ. 추락방지시설

1. 개구부의 방호

① 기성재 방호선반 사용
② 바닥에 발판턱 설치
③ 작업을 위해 해체 시는 작업 후 즉시 복구할 것

[방호선반]

[수직보호망]

2. Sleeve 매입 후 강관 파이프 설치

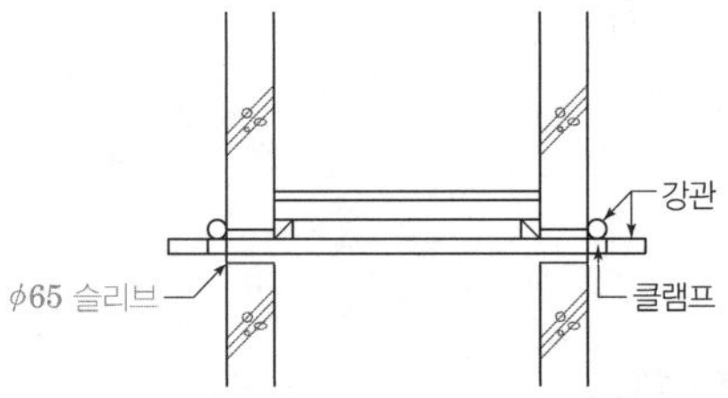

① ϕ65 슬리브 매입 후 강관 파이프 설치
② 상부 각재 및 합판 깔기

3. 콘구멍을 이용한 Bracket 설치

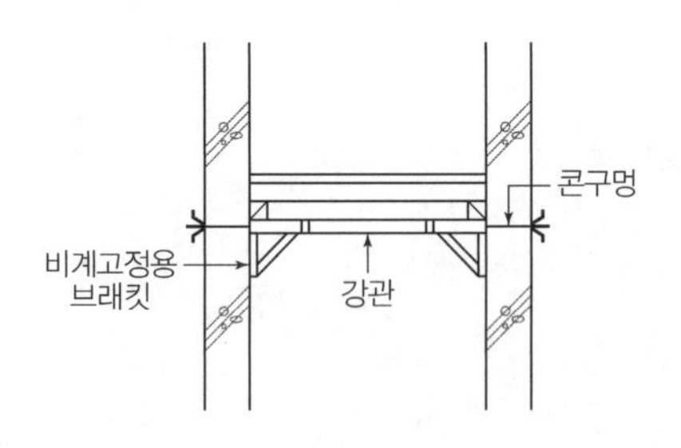

비계고정용 Bracket 구조검토

4. Slab 철근 이용

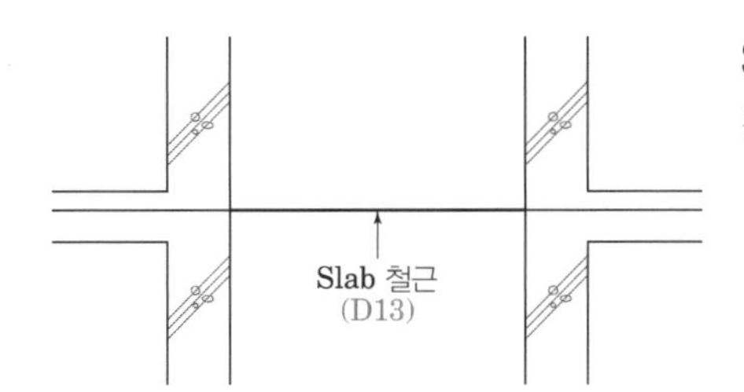

Slab 철근을 Pit내로 연장 후 콘크리트 타설

[슬래브 철근사용]

5. 경사선반설치

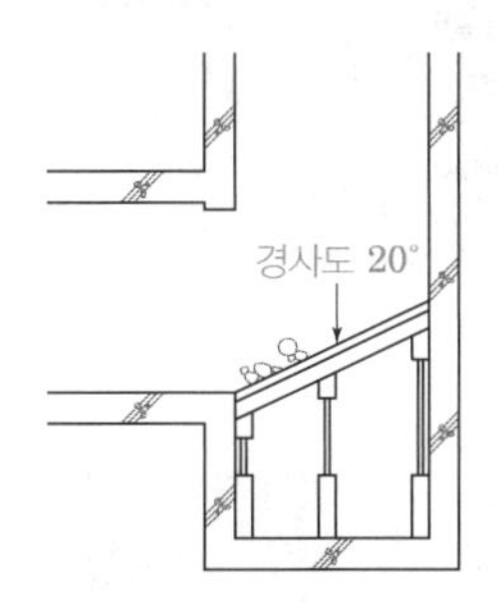

① 엘리베이터 Pit 하부 추락방지를 위한 경사선반 설치
② 쓰레기 채워짐을 방지

27 와이어로프, 달기체인 및 섬유로프 사용금지 기준

KCS 21 60 10
산업안전보건기준에 관한 규칙

Ⅰ. 정의

바닥에서부터 외부비계 설치가 곤란한 높은 곳에 작업공간을 확보하기 위한 달비계를 설치하기 위하여 와이어로프, 달기체인 및 섬유로프를 사용하여야 한다.

Ⅱ. 사용금지 기준

1. 와이어로프

① 이음매가 있는 것
② 와이어로프의 한 꼬임의 수가 10% 이상인 것(와이어로프의 한 꼬임에서 끊어진 소선의 수가 10% 이상 : 산업안전보건기준에 관한 규칙)
③ 지름의 감소가 공칭지름의 7%를 초과하는 것
④ 변형이 심하거나, 부식된 것
⑤ 꼬인 것
⑥ 열과 전기충격에 의해 손상된 것

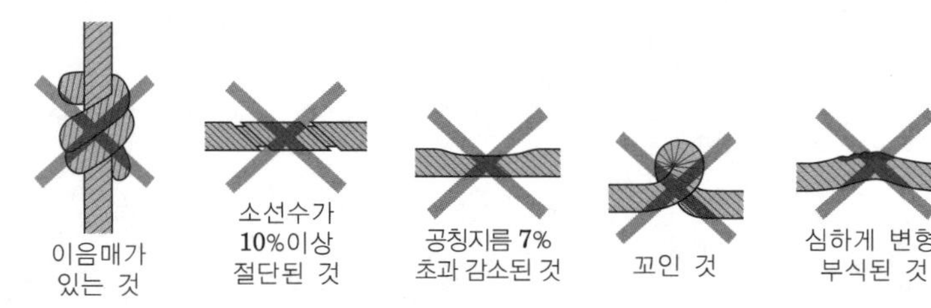

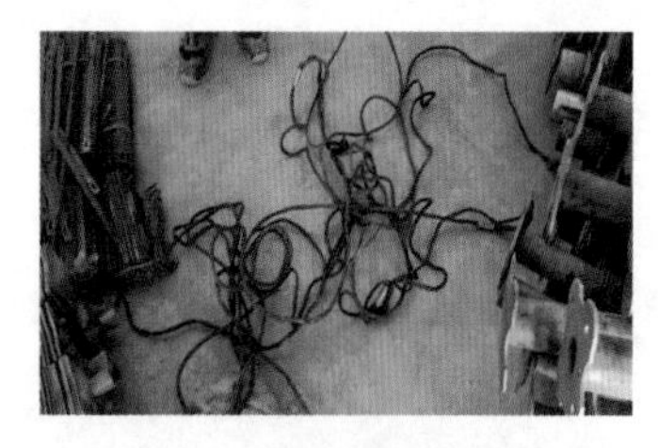
[와이어로프]

[달비계용 와이어로프]

2. 달기체인

① 체인의 길이가 제조되었을 때보다 5%를 초과한 것
② 링 단면의 직경이 10%를 초과하여 감소한 것(링의 단면지름이 달기체인이 제조된 때의 길이의 10%를 초과하여 감소한 것 : 산업안전보건 기준에 관한 규칙)
③ 균열이 있거나 심하게 변형된 것

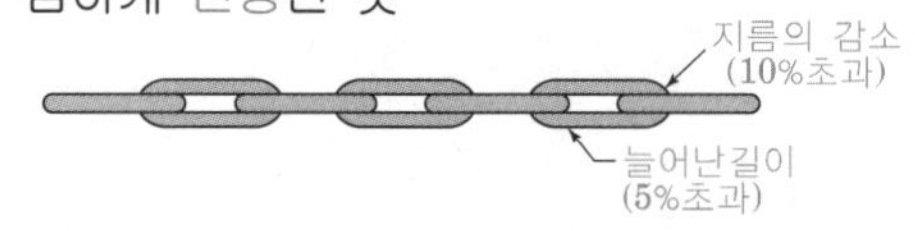

3. 섬유로프

① 가닥이 절단된 것
② 심하게 손상 또는 부식된 것

[섬유로프]

28 와이어로프(Wire Rope) 사용금지 기준

KCS 21 60 10/KCS 21 20 10

Ⅰ. 정의

바닥에서부터 외부비계 설치가 곤란한 높은 곳에 작업공간을 확보하기 위한 달비계를 설치하는 경우와 타워크레인 등 건설장비에 사용하는 와이어로프의 사용금지 기준에 맞게 철저히 이행하여야 한다.

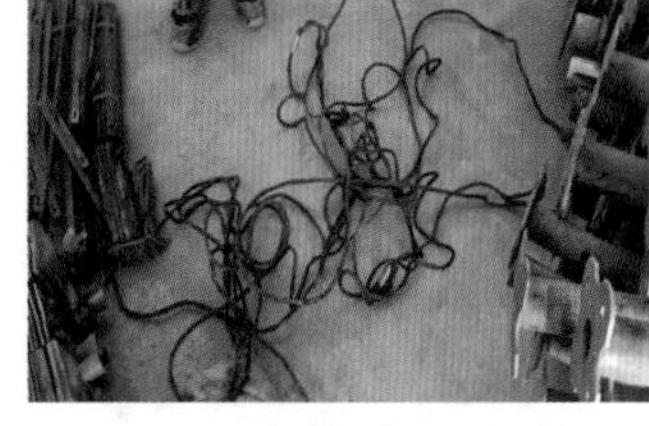

[와이어로프]

Ⅱ. 달비계의 사용금지 기준

① 이음매가 있는 것
② 와이어로프의 한 꼬임의 수가 10% 이상인 것
③ 지름의 감소가 공칭지름의 7%를 초과하는 것
④ 변형이 심하거나, 부식된 것
⑤ 꼬인 것
⑥ 열과 전기충격에 의해 손상된 것

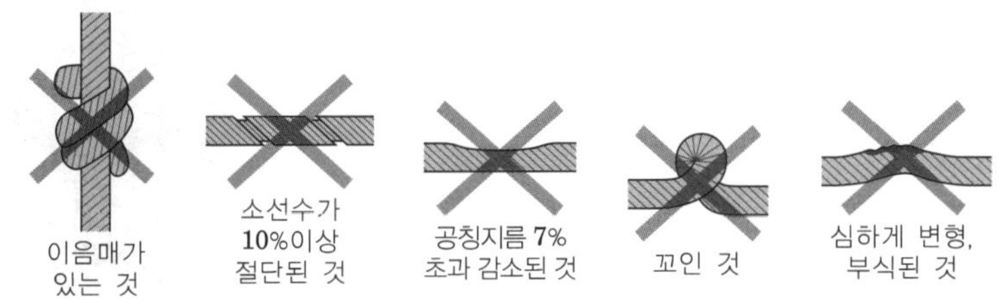

Ⅲ. 타워크레인 등 건설지원장비의 사용금지 기준

① 와이어로프 한 꼬임의 소선파단이 10% 이상인 것
② 직경감소가 공칭지름의 7%를 초과하는 것
③ 심하게 변형 부식되거나 꼬임이 있는 것
④ 비자전로프는 끊어진 소선의 수가 와이어로프 호칭지름의 6배 길이 이내에서 4개 이상이거나 호칭지름 30배 길이 이내에서 8개 이상인 것

29 보호구 지급

산업안전보건기준에 관한 규칙

Ⅰ. 정의

사업주는 해당 작업을 하는 근로자에 대해서는 그 작업조건에 맞는 보호구를 작업하는 근로자 수 이상으로 지급하고 착용하도록 하여야 한다.

Ⅱ. 보호구 지급

① 물체가 떨어지거나 날아올 위험 또는 근로자가 추락할 위험이 있는 작업: 안전모
② 높이 또는 깊이 2m 이상의 추락할 위험이 있는 장소에서 하는 작업: 안전대(安全帶)
③ 물체의 낙하·충격, 물체에의 끼임, 감전 또는 정전기의 대전(帶電)에 의한 위험이 있는 작업: 안전화
④ 물체가 흩날릴 위험이 있는 작업: 보안경
⑤ 용접 시 불꽃이나 물체가 흩날릴 위험이 있는 작업: 보안면
⑥ 감전의 위험이 있는 작업: 절연용 보호구
⑦ 고열에 의한 화상 등의 위험이 있는 작업: 방열복
⑧ 선창 등에서 분진(粉塵)이 심하게 발생하는 하역작업: 방진마스크
⑨ 섭씨 영하 18도 이하인 급냉동어창에서 하는 하역작업: 방한모·방한복·방한화·방한장갑

[안전모]

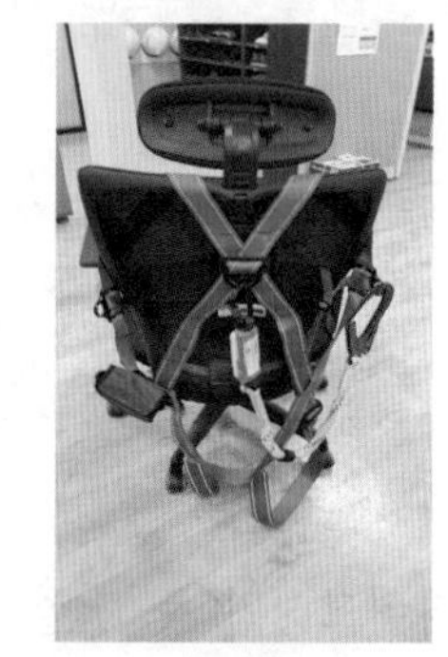
[안전대]

[안전화]

Ⅲ. 보호구 관리

① 사업주는 보호구를 지급하는 경우 상시 점검하여 이상이 있는 것은 수리하거나 다른 것으로 교환해 주는 등 늘 사용할 수 있도록 관리하여야 하며, 청결을 유지하도록 할 것.
② 사업주는 방진마스크의 필터 등을 언제나 교환할 수 있도록 충분한 양을 갖추어 둘 것
③ 사업주는 보호구를 공동사용 하여 근로자에게 질병이 감염될 우려가 있는 경우 개인 전용 보호구를 지급하고 질병 감염을 예방하기 위한 조치를 할 것

30 강관비계면적 산출방법

Ⅰ. 정의

공사용 통로나 작업용 발판 설치를 위하여 구조물의 주위에 조립, 설치되는 가설구조물을 말한다.

Ⅱ. 현장시공도[산업안전보건기준에 관한 규칙]

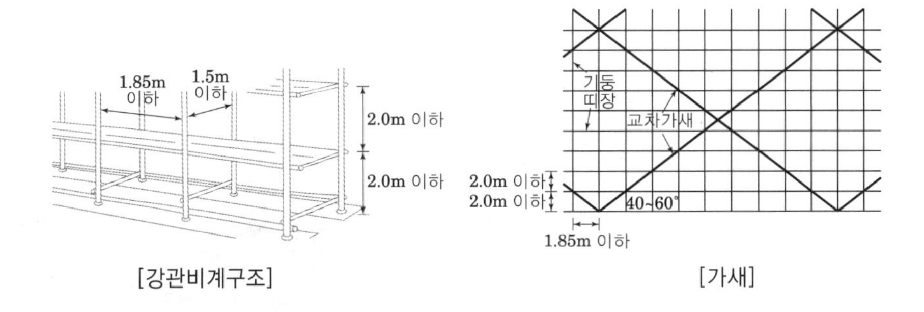

[강관비계구조] [가새]

Ⅲ. 강관비계면적 산출방법

1. 통나무비계

① 외줄비계면적(m^2)=비계외주길이(m)×높이(m)
=[건물외주길이(m)+0.45m×8]×높이(m)

② 쌍줄비계면적(m^2)=비계외주길이(m)×높이(m)
=[건물외주길이(m)+0.9m×8]×높이(m)

2. Pipe비계(강관비계)

- 강관비계면적(m^2)=비계외주길이(m)×높이(m)
=[건물외주길이(m)+1.0m×8]×높이(m)

[강관비계]

Ⅳ. 강관비계의 구조[산업안전보건기준에 관한 규칙]

① 비계기둥의 간격은 띠장 방향에서는 1.85m 이하, 장선(長線) 방향에서는 1.5m 이하

② 띠장 간격은 2.0m 이하

③ 비계기둥의 제일 윗부분으로부터 31m되는 지점 밑부분의 비계기둥은 2개의 강관으로 묶어 세울 것. 다만, 브라켓(bracket, 까치발) 등으로 보강하여 2개의 강관으로 묶을 경우 이상의 강도가 유지되는 경우에는 그러하지 아니하다.

④ 비계기둥 간의 적재하중은 400kg을 초과하지 않도록 할 것

31 가설기자재 품질시험 기준

건설공사 품질관리 업무지침

Ⅰ. 정의

① "가설기자재"란 어떤 작업 또는 공사를 수행하기 위해서 설치했다가 그 작업이나 공사가 완료된 후에 해체하거나 철거하게 되는 가설구조물 또는 설비와 이들을 구성하는 부품, 재료를 말한다.

② 가설기자재는 건설공사 품질시험 기준에 맞도록 공사 시공 전에 품질시험을 하여야 한다.

Ⅱ. 가설기자재 품질시험 기준

종별		시험종목	시험방법	시험빈도	비고
강재 파이프서포트		평누름에 의한 압축 하중	KS F 8001 또는 산업안전보건법에 따른 안전인증기준	• 제품규격마다 (3개) • 공급자마다	최대사용 길이가 4000㎜를 초과하는 제품과 알루미늄합금재 제품은 「방호장치 안전인증 고시」의 시험방법 적용
강관 비계용 부재	비계용 강관	인장 하중	KS F 8002	• 제품규격마다 (3개) • 공급자마다	
	강관 조인트	휨 하중			
		인장 하중			
		압축 하중			
조립형 비계 및 동바리 부재	수직재	압축 하중	KS F 8021 또는 산업안전보건법에 따른 안전인증기준	• 제품규격마다 (3개) • 공급자마다	안전인증기준의 종별 명칭은 시스템비계 또는 시스템동바리 임
	수평재	휨 하중			
	가새재	압축 하중			
	트러스	휨 하중			
	연결 조인트	압축 하중			
		인장 하중			
일반 구조용 압연 강재 (KS D 3503) * 흙막이용 자재로 제한		치수	KS D 3503	• 제품규격마다 • 공급자마다	• 공사시방서(또는 설계도서)에 명시된 제품과 동등 이상 여부 확인 • 치수는 두께만 시험
		인장 강도			
		항복 강도			
		연신율			

[강재파이프서포트]

[강관비계]

[조립형 비계]

[구조용 압연 강재]

종별	시험종목	시험방법	시험빈도	비고
용접 구조용 압연강재 (KS D 3515) * 흙막이용 자재로 제한	겉모양, 치수, 무게	KS D 3515	• 제품규격마다 • 공급자마다	• 공사시방서(또는 설계도서)에 명시된 제품과 동등 이상 여부 확인 • 치수는 두께만 시험
	항복점 또는 항복강도			
	인장강도			
	연신율			
일반구조용 용접 경량 H형강 (KS D 3558) * 흙막이용 자재로 제한	치수	KS D 3558	• 제품규격마다 • 공급자마다	• 공사시방서(또는 설계도서)에 명시된 제품과 동등 이상 여부 확인 • 치수는 평판부분의 두께만 시험
	인장 강도			
	항복 강도			
	연신율			
일반구조용 각형강관 (KS D 3568) * 거푸집 및 동바리 구조물에 사용하는 멍에 또는 장선용 자재로 제한	치수	KS D 3568	• 제품규격마다 • 공급자마다	• 공사시방서(또는 설계도서)에 명시된 제품과 동등 이상 여부 확인 • 치수는 평판부분의 두께만 시험
	인장 강도			
	항복 강도			
	연신율			
열간압연강 널말뚝 (KS F 4604)	인장 강도	KS F 4604	• 제품규격마다 • 공급자마다	• 치수는 평판부분의 두께만 시험
	항복 강도			
	연신율			
	모양, 치수, 단위질량			
복공판	외관상태 및 성능	공사시방서에 따름	• 제품규격별 200개 마다 (단, 200개 미만은 1회) • 공급자마다 • 설치 후 1년 이내 마다	• 국가건설기준 코드의 설계하중 기준에 만족
콘크리트 거푸집용 합판 (KS F 3110)	겉모양 및 치수	KS F 3110	• 제품규격별	강재틀 합판 거푸집 (KS F 8006)제외
	휨강성 변형량			
	도막 및 피복재와 바탕합판의 접착성 (표면가공 거푸집용 합판에 한함)			
	함수율	KS F 3110	• 필요시	
	밀도			
	접착성			
	폼알데하이드방출량	KS M 1998		

[각형강관]

[열간압연강 널말뚝]

[복공판]

[거푸집용 합판]

32 가설공사의 Jack Support

Ⅰ. 정의

지하구조물을 시공하고 불가피하게 1층 슬래브바닥을 사용할 경우 과다한 하중 및 진동으로 인한 균열, 붕괴의 위험을 방지하기 위해 구조검토 후 지하층 보 및 슬래브에 세워 구조물에 가해지는 과다한 하중을 분산하는 역할을 한다.

Ⅱ. 구조검토 후 Jack Support 설치

- 설계하중(Dead Load+Live Load) 〈 슬래브 자중+시공하중

⇒ Jack Support 보강

[슬래브 보강 방법]

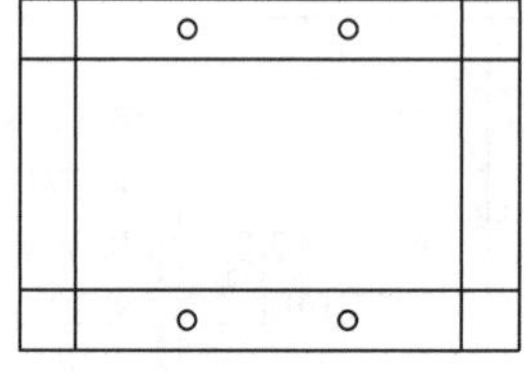

[보 보강 방법]

[Jack Support]

Ⅲ. Jack Support 특징

① Jack Support 높이 조절부가 하부에 있어 설치·해체 용이

② 보 및 슬래브 하부에 설치하여 재하 하중을 분산

③ 높이조절을 300mm 정도 할 수 있어 높낮이 조절이 용이

④ 허용압축하중이 커서 중하중을 지지

Ⅳ. 설치·해체 시 주의사항

① 자재야적 구간 및 작업차량 이동구간에는 Jack Support 구조보강을 할 것 (펌프카 아웃트리거 부위 보강)

② 지하구조물이 복층인 경우 하부층부터 올라오면서 설치하고, 해체 시에는 반대의 순서로 할 것

③ Jack Support를 설치할 경우 슬래브의 균열방지를 위해 반드시 고무판 또는 침목 및 각재 등을 설치할 것

④ 지하 2개 층 이상 구조물에는 반드시 동일한 위치에 수직열이 맞도록 설치할 것

⑤ Jack Support 설치 시 무리하게 감아올리면 슬래브 및 보에 부모멘트 및 Punching Shear가 발생함으로 주의할 것

⑥ Jack Support 설치가 어려운 부분은 차량통행을 제한하거나 시스템동바리 등으로 보완할 것

⑦ 지게차, 설비, 전기 및 배관공사 시 Jack Support 이동에 대한 관리를 철저히 할 것

33 고층건축물 가설공사의 Self Climbing Net(이동식 보호막)

Ⅰ. 정의

건물 외부에 설치하는 보호망의 일종으로 요크나 Jack 등으로 자동 상승하며, 분진망이나 방풍망을 덧붙여 사용할 수 있다. 또한 콘크리트 양생 시에도 사용한다.

Ⅱ. 시공도

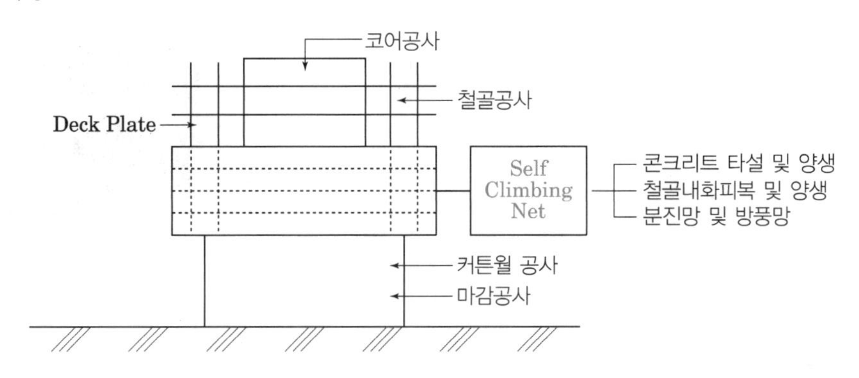

[Self Climbing Net]

Ⅲ. 적용 시 검토사항

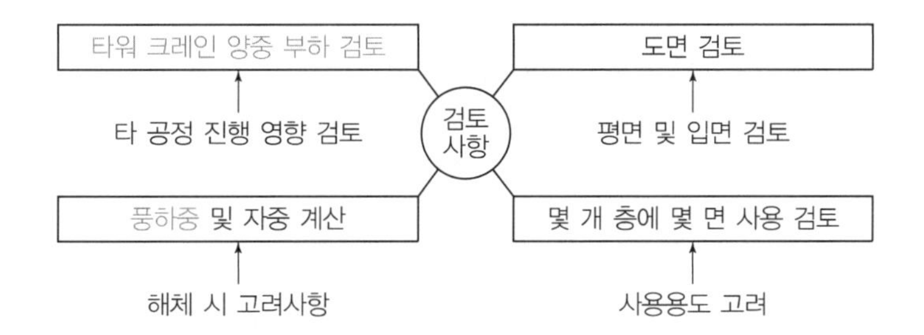

Ⅳ. 설치 및 해체 시 고려사항

① 타워크레인 사용 여부
② 해체 시 풍하중의 변화 확인
③ 추락방지망과 슬래브 사이 밀실하게 설치
④ 해체 시 해체장비의 진입로 및 위치 확인
⑤ 자재 진·출입로 및 적재장소 확인
⑥ 양중 시 타 공정과 간섭 확인

34 건설작업용 리프트 KCS 21 20 10

Ⅰ. 정의

동력을 사용하여 가이드레일을 따라 상하로 움직이는 운반구를 매달아 사람이나 화물을 운반할 수 있는 설비로 건설현장에서 사용하는 것을 말한다.

Ⅱ. 건설작업용 리프트 준수사항

1. 리프트의 사용 중

① 사용 중 근로자에 의한 임의조작을 금지
② 운반구에는 비상연락망을 부착하고 제어반은 시건을 실시하며 관계자 외 조작을 금지
③ 적재하중을 초과하여 과적 금지
④ 순간풍속이 10m/s 초과 시에는 점검을 금지하고 15m/s 초과 시는 운행 금지
⑤ 순간풍속이 35m/s 초과하는 바람이 불어올 우려가 있는 경우 붕괴 등을 방지하기 위한 조치

[리프트]

2. 리프트의 설치 · 인상 · 해체 작업 중

① 설치·인상·해체작업에 대한 절차를 준수
② 마스트와 구조물을 연결하는 월타이(Wall-Tie) 고정볼트를 사전에 매입하는 엠베드(Embed)방식을 원칙으로 하고 불가 시 타공 방식으로 할 것
③ 관리감독자는 작업방법과 근로자의 배치를 결정하고 당해 작업을 지휘하며 작업 중 안전대 등 보호구의 착용상태를 감시
④ 작업구역 내 관계근로자 외 출입을 금지하고 보기 쉬운 장소에 출입금지 표시
⑤ 순간풍속 10m/s 초과 시에는 설치·인상·해체 작업 금지
⑥ 리프트 부품의 재사용 시에는 이상유무를 확인하고 사용
⑦ 벽체 지지대는 최하단으로부터 최초 6m 이내에 설치하고, 중간 지지대는 매뉴얼을 기준으로 설치

3. 안전장치가 작동유무 확인

과부하방지장치, 상·하한 리미트스위치, 삼상전원차단장치, 출입문 연동/인터록 스위치, 낙하방지장치(Governor) 등의 작동유무를 확인

[과부하방지장치]
운반구에 적재하중의 110% 이상 하중을 적재 시 경보음이 발생하고 리프트의 작동을 정지시키는 장치

[상 · 하한 리미트스위치]
운반구의 과상승 · 과하강 시 리미트스위치에 의해 자동적으로 정지하는 장치

[출입문 연동/인터록 스위치]
출입문 개방 시 리미트스위치에 의해 운반구의 승강을 정지시키는 장치

[낙하방지장치(Governor)]
운반구가 정격속도를 초과하여 하강 시 기계적으로 정지하여 주는 장치

35 석면지도

석면안전관리법 시행규칙

Ⅰ. 정의

건축물석면지도란 건축물의 천장, 바닥, 벽면, 배관 및 담장 등에 대하여 석면 함유물질의 위치, 면적 및 상태 등을 표시하여 나타낸 지도를 말한다.

Ⅱ. 석면지도 그리기

① 환경부의 건축물 석면관리 정보시스템의 석면지도 작성 프로그램 또는 그 이상 수준의 품질에 도달할 수 있는 프로그램을 사용하여 층별로 도면을 작성한다.

② 석면이 검출된 시료의 위치 및 균질부분(동일 물질 구역)은 붉은색 실선으로 굵게 지도에 표시한다.

③ 석면조사 결과에 근거하여 채취한 시료의 위치 및 자재 종류, 석면 함유를 동시에 알 수 있는 건축자재 인식표를 작성한다.

④ 석면확인물질 시료인 경우, 시료 채취 지점 등에 대한 사진을 결과에 첨부한다.

[석면]

Ⅲ. 채취시료 관련 정보 작성

시료 번호	시료 채취 위치	건축 자재	동일 물질 구역	길이(m)/ 면적(m^2)/ 부피(m^3)	석면 종류	석면 함유량 (%)	위해성 평가 점수	위해성 등급	관리 방안

Ⅳ. 석면지도 구성

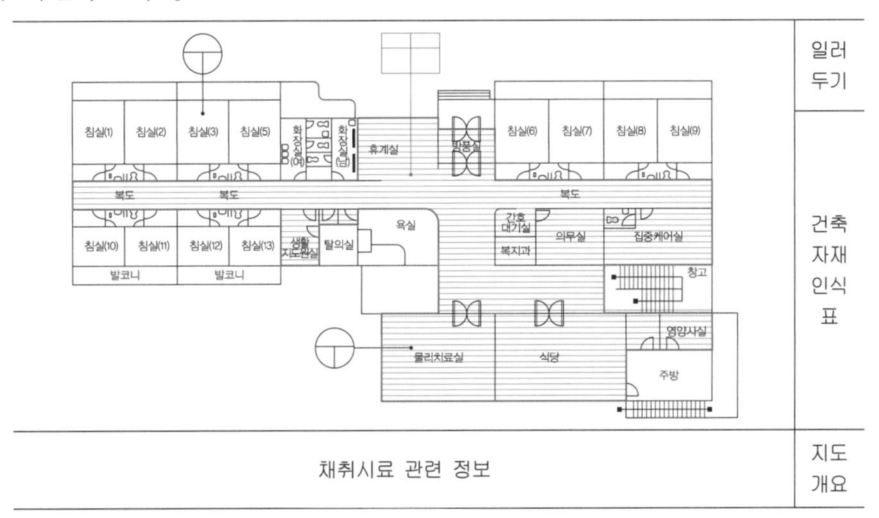

그림	건축자재명	그림	건축자재명	그림	건축자재명	그림	건축자재명
	지붕재		바닥재		배관재 (보온)		칸막이
	천장재		분무재 (뿜칠재)		배관재 (연결)		비석면
	벽재		내화피복재		기타물질		

[일러두기]

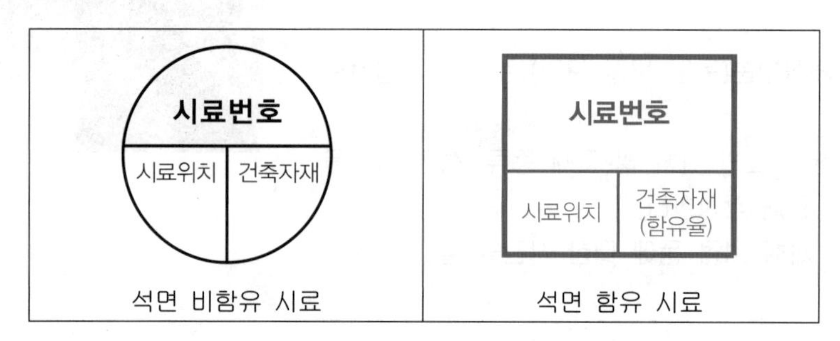

[건축자재 인식표]

※ 지도 개요란에는 건축물명, 건축물 소재지, 석면조사·분석기관, 도면번호, 조사일을 적는다.

36 건축물석면조사 대상 건축물

석면안전관리법 시행령

Ⅰ. 정의

대통령령으로 정하는 건축물의 소유자는 사용승인서를 받은 날부터 1년 이내에 석면조사기관으로 하여금 석면조사를 하도록 한 후 그 결과를 기록·보존하여야 한다.

Ⅱ. 석면조사 대상 건축물

1. 연면적이 500m² 이상인 다음의 건축물

① 국회, 법원, 헌법재판소, 중앙선거관리위원회, 중앙행정기관 및 그 소속 기관과 지방자치단체가 소유 및 사용하는 건축물
② 공공기관이 소유 및 사용하는 건축물
③ 특수법인이 소유 및 사용하는 건축물
④ 지방공사 및 지방공단이 소유 및 사용하는 건축물

[석면조사 대상 건축물]

2. 어린이집, 유치원, 학교

3. 불특정 다수인이 이용하는 시설로서 다음의 건축물

① 지하역사 건축물
② 지하도상가로서 연면적이 2,000m² 이상인 건축물
③ 철도역사의 대합실로서 연면적이 2,000m² 이상인 건축물
④ 여객자동차터미널의 대합실로서 연면적이 2,000m² 이상인 건축물
⑤ 항만시설의 대합실로서 연면적이 5,000m² 이상인 건축물
⑥ 공항시설의 여객터미널로서 연면적이 1,500m² 이상인 건축물
⑦ 도서관으로서 연면적이 3,000m² 이상인 건축물
⑧ 박물관 또는 미술관으로서 연면적이 3,000m² 이상인 건축물
⑨ 의료기관으로서 연면적이 2,000m² 이상이거나 병상 수가 100개 이상인 건축물
⑩ 산후조리원으로서 연면적이 500m² 이상인 건축물
⑪ 노인요양시설로서 연면적이 1,000m² 이상인 건축물
⑫ 대규모점포인 건축물
⑬ 장례식장(지하에 위치한 시설로 한정)으로서 연면적이 1,000m² 이상인 건축물
⑭ 영화상영관(실내 영화상영관으로 한정)인 건축물
⑮ 학원으로서 연면적이 430m² 이상인 건축물
⑯ 전시시설(옥내시설로 한정)로서 연면적이 2,000m² 이상인 건축물
⑰ 인터넷컴퓨터게임시설제공업의 영업시설로서 연면적이 300m² 이상인 건축물
⑱ 실내주차장으로서 연면적이 2,000m² 이상인 건축물
⑲ 목욕장업의 영업시설로서 연면적이 1,000m² 이상인 건축물

4. 다음의 건축물

① 문화 및 집회시설로서 연면적이 500m² 이상인 건축물
② 의료시설로서 연면적이 500m² 이상인 건축물
③ 노인 및 어린이 시설로서 연면적이 500m² 이상인 건축물

37 석면건축물의 기준, 관리기준 및 석면해체·제거업자의 석면의 비산 정도 측정 석면안전관리법 시행령

Ⅰ. 정의

석면건축물이란 자연적으로 생성되며 섬유상 형태를 갖는 규산염(硅酸鹽) 광물류로서 석면이 포함된 건축물을 말하며, 이에 대한 기준, 관리기준 및 비산 정도 측정을 철저히 지켜야 한다.

Ⅱ. 석면건축물의 기준

1) 석면건축자재가 사용된 면적의 합이 50m² 이상인 건축물
2) 석면건축자재를 사용한 건축물
   ① 건축자재(지붕재, 천장재, 벽체재료, 바닥재, 단열재, 보온재, 분무재, 내화피복재, 칸막이, 배관재 등)에 석면이 1% 초과하여 함유된 건축자재
   ② 석면의 종류: 악티노라이트석면, 안소필라이트석면, 트레모라이트석면, 청 석면, 갈석면, 백석면

Ⅲ. 석면건축물의 관리기준

① 석면건축물의 소유자는 석면건축물안전관리인을 지정하여 석면건축물을 관리할 것
② 석면건축물의 소유자는 석면건축물에 대하여 6개월마다 석면건축물의 손상 상태 및 석면의 비산 가능성 등을 조사하여 필요한 조치를 할 것
③ 석면건축물의 소유자는 실내공기 중 석면농도를 측정하도록 한 후 그 결과를 기록·보존하고, 측정 결과 석면농도가 cm³당 0.01개를 초과하는 경우에는 보수(補修), 밀봉(密封), 구역 폐쇄 등의 조치를 실시할 것
④ 석면건축물의 소유자는 전기공사 등 건축물에 대한 유지·보수공사를 실시할 때에는 미리 공사 관계자에게 건축물석면지도를 제공하여야 하며, 공사 관계자가 석면건축자재 등을 훼손하여 석면을 비산시키지 않도록 감시·감독하는 등 필요한 조치를 할 것

Ⅳ. 석면해체·제거업자의 석면의 비산 정도 측정

1) 측정기관: 다음 각 목의 어느 하나에 해당하는 기관
   ① 석면환경센터
   ② 다중이용시설 등의 실내공간오염물질 측정대행업자
   ③ 석면조사기관
2) 측정 지점: 사업장 부지경계선 및 그 밖에 필요한 지점
3) 측정 시기: 석면해체·제거작업 기간의 시작일부터 완료일까지

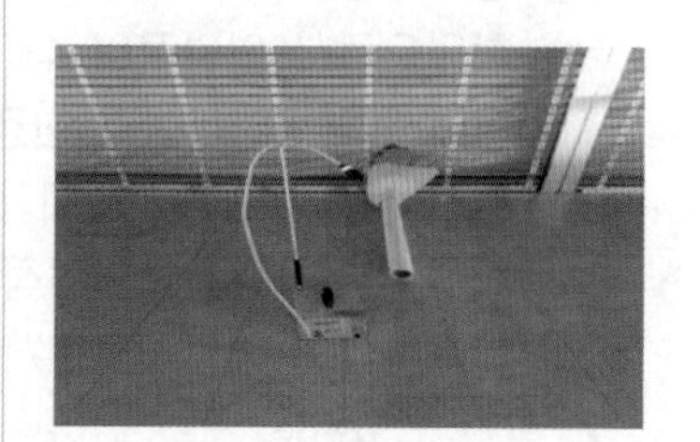

[석면 비산 정도 측정]

38 석면조사 대상 및 해체·제거 작업 시 준수사항

석면안전관리법 시행령

Ⅰ. 정의

대통령령으로 정하는 건축물의 소유자는 사용승인서를 받은 날부터 1년 이내에 석면조사기관으로 하여금 석면조사를 하도록 한 후 그 결과를 기록·보존하여야 하며, 해체·제거 작업 시 비산 정도 측정 등을 철저히 하여야 한다.

Ⅱ. 석면조사 대상

1) 연면적이 500m² 이상인 다음의 건축물
   ① 국회, 법원, 헌법재판소, 중앙선거관리위원회, 중앙행정기관 및 그 소속기관과 지방자치단체가 소유 및 사용하는 건축물
   ② 공공기관이 소유 및 사용하는 건축물
   ③ 특수법인이 소유 및 사용하는 건축물
   ④ 지방공사 및 지방공단이 소유 및 사용하는 건축물
2) 어린이집, 유치원, 학교
3) 불특정 다수인이 이용하는 시설로서 다음의 건축물
   ① 지하역사 건축물
   ② 지하도상가로서 연면적이 2,000m² 이상인 건축물
   ③ 철도역사의 대합실로서 연면적이 2,000m² 이상인 건축물
   ④ 여객자동차터미널의 대합실로서 연면적이 2,000m² 이상인 건축물
   ⑤ 항만시설의 대합실로서 연면적이 5,000m² 이상인 건축물
   ⑥ 공항시설의 여객터미널로서 연면적이 1,500m² 이상인 건축물
   ⑦ 도서관으로서 연면적이 3,000m² 이상인 건축물
   ⑧ 박물관 또는 미술관으로서 연면적이 3,000m² 이상인 건축물
   ⑨ 의료기관으로서 연면적이 2,000m² 이상이거나 병상 수가 100개 이상인 건축물
   ⑩ 산후조리원으로서 연면적이 500m² 이상인 건축물
   ⑪ 노인요양시설로서 연면적이 1,000m² 이상인 건축물
   ⑫ 대규모점포인 건축물
   ⑬ 장례식장(지하에 위치한 시설로 한정)으로서 연면적이 1,000m² 이상인 건축물
   ⑭ 영화상영관(실내 영화상영관으로 한정)인 건축물
   ⑮ 학원으로서 연면적이 430m² 이상인 건축물
   ⑯ 전시시설(옥내시설로 한정)로서 연면적이 2,000m² 이상인 건축물
   ⑰ 인터넷컴퓨터게임시설제공업의 영업시설로서 연면적이 300m² 이상인 건축물
   ⑱ 실내주차장으로서 연면적이 2,000m² 이상인 건축물
   ⑲ 목욕장업의 영업시설로서 연면적이 1,000m² 이상인 건축물

[석면조사대상]

4) 다음의 건축물
① 문화 및 집회시설로서 연면적이 500m² 이상인 건축물
② 의료시설로서 연면적이 500m² 이상인 건축물
③ 노인 및 어린이 시설로서 연면적이 500m² 이상인 건축물

Ⅲ. 해체·제거 작업 시 준수사항

1) 창문, 벽, 바닥 등은 비닐 등 불침투성 차단재로 밀폐
2) 해당 장소를 음압(陰壓)을 $-0.508mmH_2O$로 유지(작업장이 실내인 경우에만 해당)
3) 작업 시 석면분진이 흩날리지 않도록 고성능 필터(HEPA 필터 등)가 장착된 석면분진 포집장치를 가동하는 등 필요한 조치
4) 석면의 비산 정도 측정
① 측정기관: 다음 각 목의 어느 하나에 해당하는 기관
- 석면환경센터
- 다중이용시설 등의 실내공간오염물질 측정대행업자
- 석면조사기관
② 측정 지점: 사업장 부지경계선 및 그 밖에 필요한 지점
③ 측정 시기: 석면해체·제거작업 기간의 시작일부터 완료일까지
④ 측정 결과: 석면농도가 cm^3당 0.01개 이하
5) 물이나 습윤제(濕潤劑)를 사용하여 습식(濕式)으로 작업
6) 탈의실, 샤워실 및 작업복 갱의실 등의 위생설비를 작업장과 연결하여 설치
7) 석면 해체 시 한 장씩 제거
8) 외부의 지붕 슬레이트는 한 장씩 제거하여 하부로 운반
9) 해체된 자재(슬레이트 포함)를 지정폐기물 봉지에 담아 지정 장소에 운반
10) 석면 해체를 위한 근로자는 특수 건강검진을 받을 것
11) 석면 해체 근로자는 위생설비 출입 시 방호복을 규정에 맞게 착용

[PE필름 밀폐]

[고성능 필터]

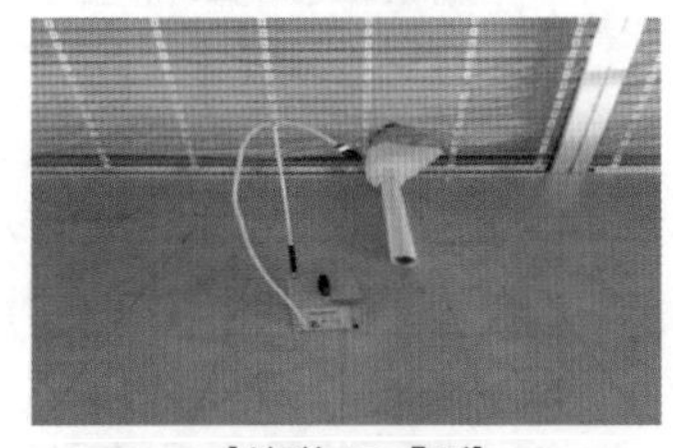
[석면농도 측정]

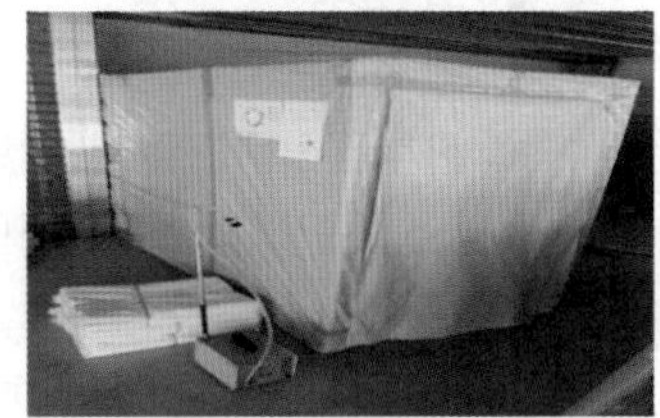
[위생설비]

39 석면건축물의 위해성 평가

석면건축물의 위해성 평가 및 조치 방법

Ⅰ. 정의

「석면안전관리법」에 따라 건축물 소유자 등은 석면건축자재에 대한 위해성 평가를 실시하고 평가 결과에 따라 적절한 조치를 취하여 석면건축물을 체계적으로 유지·관리하여야 한다.

Ⅱ. 석면건축물의 위해성 평가

위해성 평가항목	물리적 평가			잠재적 손상 가능성 평가			건축물유지보수 손상 가능성평가		인체노출 가능성 평가		
세부항목	손상 상태	비산성	석면함 유량	진동	기류	누수	유지 보수 상태	유지 보수 빈도	사용 인원 수	구역의 사용 빈도	평균 사용 시간
점수범위	0/2/3	0/2/3	1/2/3	0/1/2	0/1/2	0/2	0/1/2/3	0/1/2/3	0/1/2	0/1/2	0/1/2

① 위해성 평가 점수: 총 1~27점
② 물리적 평가: 1~9점
③ 잠재적 손상 가능성 평가: 0~6점
④ 건축물 유지보수 손상 가능성 평가: 0~6점
⑤ 인체노출 가능성 평가: 0~6점

Ⅲ. 위험성 등급

위해성 등급	평가 점수
높음	20 이상 또는 손상이 있고 비산성 평가항목이 "높음"의 경우
중간	12~19
낮음	11 이하 또는 손상이 없는 경우

Ⅳ. 위해성 평가 후 조치 방법

위해성등급	평가점수	조치방법
높음	20 이상	<석면함유 건축자재의 손상이 매우 심한 상태> • 해당 건축자재를 제거. 다만, 제거하지 않고도 인체영향을 완벽히 차단할 수 있다면 해당 구역 폐쇄 또는 해당 건축자재 밀봉 • 보온재의 경우, 보온재를 완벽하게 보수할 수 있다면 보수 • 제거가 아닌 폐쇄, 밀봉 또는 보수를 한 경우에는 해당 건축자재를 지속적으로 유지 · 관리 • 석면함유 건축자재의 해체 · 제거 시 석면의 비산방지 및 격리 조치
중간	12 ~ 19	<석면함유 건축자재의 잠재적인 손상 가능성이 있는 상태> • 손상에 대한 보수 • 손상위험에 대한 원인제거 • 석면함유 건축자재의 해체 · 제거 시 석면의 비산방지 계획 수립 • 보수하여도 잠재적인 석면노출 위험이 우려될 경우 제거 조치
낮음	11 이하	<석면함유 건축자재의 잠재적인 손상 가능성이 낮은 상태> • 석면함유 건축자재 또는 설비에 대한 지속적인 유지관리 • 석면함유 건축자재 또는 설비가 손상되었을 경우 즉시 보수 • 석면함유 건축자재를 인위적으로 손상시키지 않도록 함 • 전기공사 배관공사 등 건축물 유지보수 공사 시 석면함유 설비 또는 자재가 훼손되어 석면이 비산되지 않도록 작업수행

CHAPTER-2

토공사

01 표준관입시험(Standard Penetration Test)

KCS 10 20 20/EXCS 10 20 20
KS F 2307

Ⅰ. 정의

질량(63.5±0.5)kg의 드라이브 해머를 (760±10)mm 자유 낙하시키고, 보링로드 머리부에 부착한 노킹블록을 타격하여 보링로드 앞 끝에 부착한 표준관입 시험용 샘플러를 지반에 300mm 박아 넣는 데 필요한 타격횟수(N값)를 구함과 동시에 시료를 채취하는 관입시험방법이다.

Ⅱ. 시험장비 및 N값

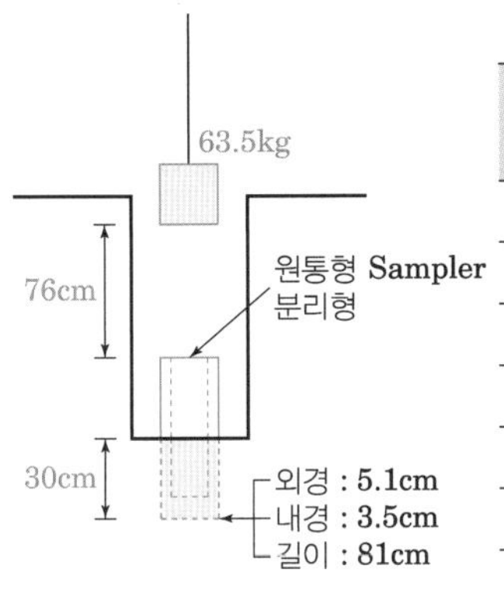

사질지반의 N치	상대밀도	점토지반의 N치	컨시스턴시
0~4	대단히 느슨	0~2	대단히 연약
4~10	느슨	2~4	연약
10~30	보통	4~8	보통
30~50	조밀	8~15	단단
50이상	대단히 조밀	15~30	대단히 단단
		30 이상	견고

[표준관입시험]

Ⅲ. 시추공 굴착

① 표준관입시험을 위한 시추공은 65~150mm
② 소정의 깊이까지 시추공을 굴착하며, 굴착수는 지하수위 상단을 유지
③ 시추공 바닥의 슬라임을 제거
④ 굴착 및 슬라임 제거 시 지반교란 금지

Ⅳ. 시험방법

① 점성토지반에서는 실시하지 않는 것이 원칙
② 사질토지반에서는 시추공 내 수위를 최소지하수위 이상으로 유지하고, 표준관입시험은 케이싱(Casing) 하단에서 실시
③ 매 150mm 관입마다 3회 연속적으로 타격수를 기록
④ 드라이브 해머 타격 시 150mm의 예비타격, 300mm의 본타격
⑤ 본타격의 타격횟수는 50회를 한도로 하고, 그때의 누계 관입량을 측정
⑥ 예비타격에서 50회에 도달한 경우는 그때의 누계 관입량을 측정하여 N값으로 한다.
⑦ 본타격 300mm에 대한 타격횟수를 N값으로 기록

02 N치

KS F 2307

Ⅰ. 정의

질량(63.5±0.5)kg의 드라이브 해머를 (760±10)mm 자유 나하시키고, 보링로드 머리부에 부착한 노킹블록을 타격하여 보링로드 앞 끝에 부착한 표준관입시험용 샘플러를 지반에 300mm 박아 넣는 데 필요한 타격횟수를 말한다.

Ⅱ. 시험장비 및 N치

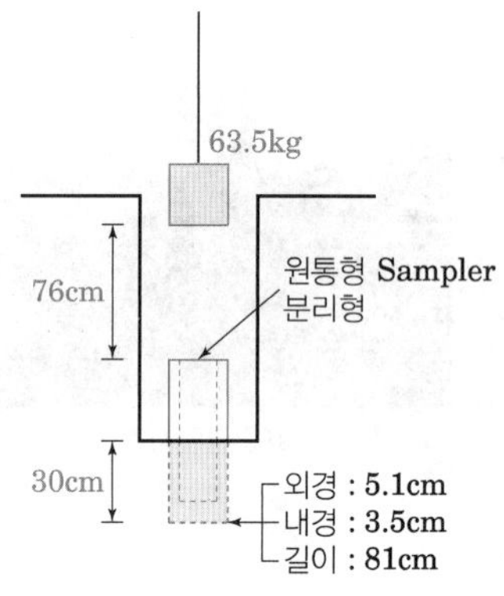

사질지반의 N치	상대밀도	점토지반의 N치	컨시스턴시
0~4	대단히 느슨	0~2	대단히 연약
4~10	느슨	2~4	연약
10~30	보통	4~8	보통
30~50	조밀	8~15	단단
50이상	대단히 조밀	15~30	대단히 단단
		30 이상	견고

[내부마찰각]
흙 속에 작용하는 수직응력과 전단저항의 관계를 표시하는 직선과 횡축이 이루는 각

Ⅲ. 경험식에 의한 지반 정수 산정

[모래의 내부마찰각(ϕ)과 N치 관계]

명 칭	내부 마찰각	입경의 모양
Dunham식	$\phi = \sqrt{12N} + 15$	토립자가 둥글고 균일한 입경
	$\phi = \sqrt{12N} + 20$	토립자가 둥글고 입도분포 좋은 때 토립자가 모나고 균일한 입경일 때
	$\phi = \sqrt{12N} + 25$	토립자가 모나고 입도가 좋을 때
Peck식	$\phi = 0.3N + 27$	
오자끼식	$\phi = \sqrt{20N} + 15$	

$$\tau = C + \bar{\sigma}\tan\phi$$

τ : 전단강도
C : 점성토 점착력
$\bar{\sigma}$: 유효응력
$\tan\phi$: 마찰계수
ϕ : 사질토 내부마찰각

(1) 점토(사질토 내부마찰각 Zero)
: $\tau ≒ C$
(2) 모래(점토점착력 Zero)
: $\tau ≒ \bar{\sigma}\tan\phi$

Ⅳ. N치 기록

① 예비타격 및 본타격의 시작깊이와 종료깊이를 기록 또는 출력
② 타격 1회마다 관입량을 측정한 경우, 필요에 따라 타격횟수와 누계 관입량의 관계를 도시 또는 출력
③ 본타격 300mm에 대한 타격횟수를 N값으로 기록
④ 드라이브 해머 장비효율에 대하여 60% 장비 효율값으로 환산한 N_{60}을 산정하여 기록

03 Vane Test

KCS 10 20 20/EXCS 10 20 20/KS F 2342

Ⅰ. 정의

연약한 점성토 지반에서 4개의 날개가 달린 베인을 자연지반에 꽂아서, 표면으로부터 회전시키면서 베인에 의한 원주형 표면에 전단파괴가 일어나는 데 소요되는 회전력을 측정하는 시험이다.

Ⅱ. 시공도

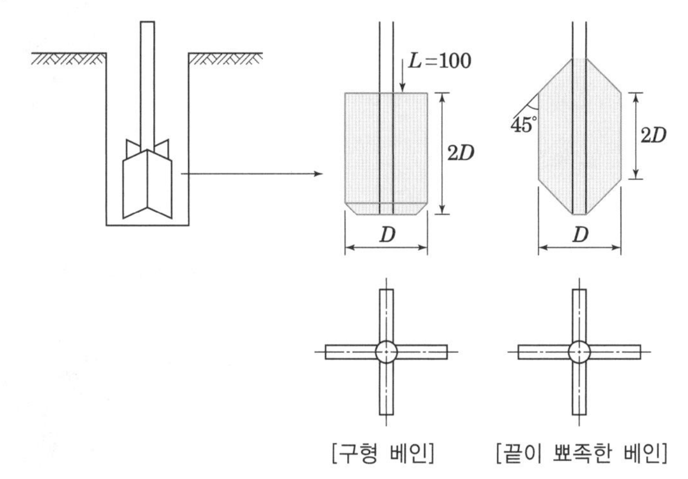

[구형 베인] [끝이 뾰족한 베인]

[Vane Test]

Ⅲ. 측정방법

① 베인 삽입 전에 시추공 청소
② 베인은 50~100mm 크기의 베인을 사용하는 것을 원칙
③ 베인 날개를 고정시켜 베인을 멈추지 않고 한 번에 삽입
④ 삽입완료 후 로드를 상부장치에 고정하고 검력계 등을 조사
⑤ 회전시킬 때는 최대 6°/min 이상 금지
⑥ 베인 틀을 사용할 경우 베인 단부를 베인 틀 지름의 5배 이상을 자연지반까지 관입
⑦ 베인 틀을 사용하지 않을 때에는 베인 단부를 구멍지름의 5배 이상을 자연지반까지 관입
⑧ 베인의 회전속도가 0.1deg/s 이상 금지
⑨ 최대 회전력을 결정한 다음에는 베인을 최소 10회 이상 빨리 회전
⑩ 재성형한 시료의 강도 결정은 재성형 작업을 끝낸 다음 보통 1분에 한다.
⑪ 자연지반과 재성형한 시료의 베인시험은 76cm 간격으로 흙 단면 중에 베인시험이 가능한 깊이까지 실시
⑫ 섬유질(유기질)을 많이 함유한 이탄 등에 적용 금지

04 피에조콘 관입시험

KCS 10 20 20/EXCS 10 20 20/KS F 2592

Ⅰ. 정의

① 전자식 콘 관입 시험기를 이용하여 지반의 원위치에서 선단저항력과 주면마찰저항력을 함께 측정하여 콘 관입 저항값과 간극수압 등을 구하는 시험방법이다.

② 밀도가 높은 사질토층, 자갈층 등에는 사용하기 어렵고, 매우 연약한 지반에는 자중에 의한 침하로 신뢰성 있는 측정이 어렵다.

[콘 하부와 상부 기구]

Ⅱ. 시험장비 및 목적

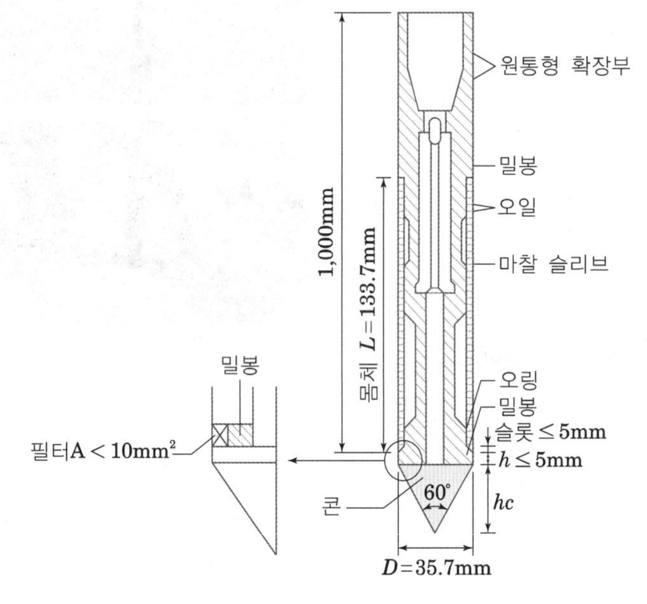

①흙의 연경도
②다짐 상태
③토층 구성의 검토
④기초 지지층의 분포
⑤흙의 역학적 성질
⑥간극 수압

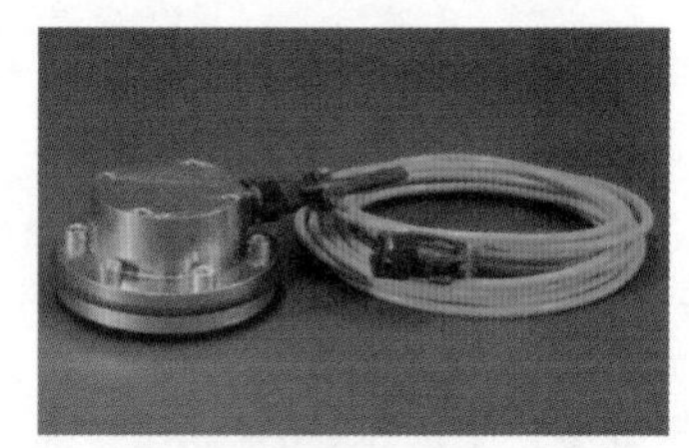

[신호 착신기]

[심도 측정기]

Ⅲ. 시험방법

1) 콘의 선단부 각도는 60°, 콘의 단면적은 $0.001m^2$인 것을 사용
2) 시험에 사용되는 콘의 영점 조정 실시
3) 지반의 간극수압을 측정할 때에는 시험 전에 완전히 포화시킨 피에조콘을 사용
4) 관입 및 측정
   ① 콘을 20mm/s의 일정한 속도로 관입
   ② 콘 관입시험 동안 선단저항력, 주면마찰력, 간극수압을 매 3cm의 간격으로 기록
   ③ 콘 관입시험이 종료된 후에는 영점 하중 조정을 한 후에 초기값과 비교
   ④ 콘 시험이 종료된 후 콘 관입으로 생긴 구멍은 지반오염 방지를 위해 시멘트, 벤토나이트 슬러리 등을 이용하여 구멍을 채운다.

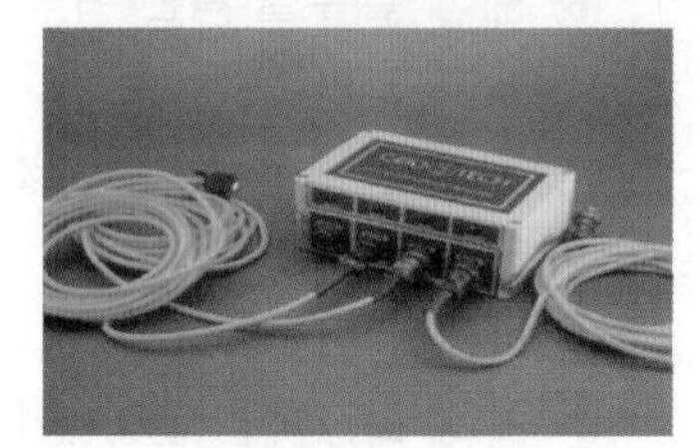

[데이터 변환 장치]

05 스웨덴식 콘관입 시험

EXCS 10 20 20

Ⅰ. 정의

스웨덴식 콘관입 시험기를 이용하여 지반의 관입저항을 측정하여 지반의 연경, 다져진 정도 및 토질층의 구성을 판정하는 시험이다.

Ⅱ. 시공도

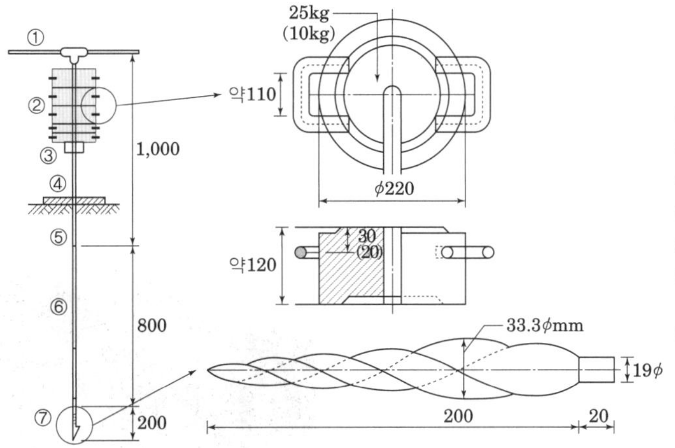

① 핸들
② 추(10kg×2.25kg×3)
③ 재하크램프(5kg)
④ 밑판
⑤ 롯드(φ19mm, 100cm)
⑥ 스크류포인트용 롯드 (φ19mm, 80cm)
⑦ 스크류포인트

[스웨덴식 콘관입 시험]

Ⅲ. 시험방법

① 길이 0.8m의 롯드의 끝에 스크류 포인트를 연결하고 연직으로 세운다.

② 하중의 단계는 5, 15, 25, 50, 75, 100kg의 추를 재하용 크램프에 얹고 하중을 가하여 관입량을 기록한다.

③ 재하용 크램프가 밑판에 달하면 롯드를 연결하여 크램프를 50cm 올려 고정한다.

④ 관입속도가 갑자기 증대하는 경우는 회전을 정지하고 100kg 하중만으로 관입 여부를 확인한다.

⑤ 관입속도가 갑자기 감소하는 경우는 회전을 정지하고 거기까지 관입량에 대한 반회전수(180° 회전수)를 기록한 후 측정을 계속한다.

⑥ 관입량이 5cm당의 반회전수가 50회 이상일 때 측정을 그친다.

⑦ 측정이 끝나면 스크류포인트의 이상 유무를 조사한다.

06 Boring

KCS 21 20 05

Ⅰ. 정의

Boring이란 지중에 철관을 꽂아 천공하여 그 안의 토사를 채취, 관찰할 수 있는 지반 조사의 일종이다.

Ⅱ. Boring의 목적

① 토질의 관찰
② 토질 시험용 Sample 채취
③ 점착력 파악
④ 지하수위 확인

Ⅲ. Boring의 종류

1. 오거식 보링(Auger Boring, 간단한 보링)

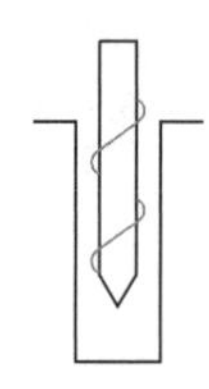

① 핸드 오거를 사용하여 보통 여러 사람이 행한다.
② 깊이 10m 이하 정도의 점토층에 사용

[오거식 보링]

2. 수세식 보링(Wash Boring)

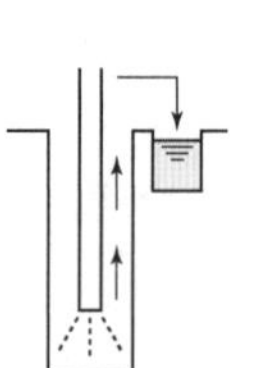

① 선단에 충격을 주어 이중 관을 박은 후 물을 분사시켜 흙과 물을 함께 배출
② 배출된 흙탕물을 침전시켜 지층의 토질을 판별

3. 회전식 보링(Rotary Type Boring)

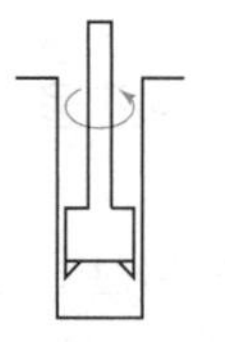

① 드릴 로드 선단에 첨부된 Bit를 회전시켜 천공
② 케이싱을 사용하거나 드릴로드를 통하여 안정액 투입 및 슬라임 제거
③ 조사속도는 1일 3~5m, 굴진만을 할 경우는 약 10m 정도

[회전식 보링]

4. 충격식 보링(Percussion Boring)

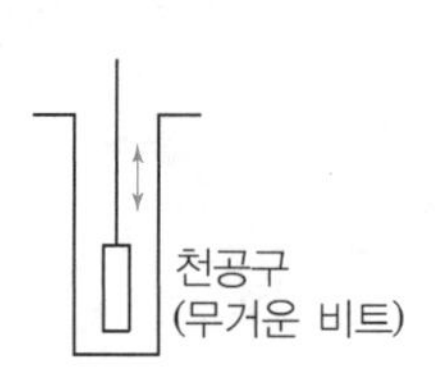

① Percussion Bit의 상하작동에 의한 충격으로 토사나 암석을 파쇄하여 파괴된 토사는 Bailar로 배출시키면서 천공
② 토사의 공벽붕괴를 방지할 목적으로 안정액 또는 케이싱을 사용

07 토질주상도(시추주상도)

Ⅰ. 정의

보링공에서 채취한 시료를 현장에서 살펴보고, 판별 분류 후 토질기호를 사용하여 지층의 층별, 포함 물질 및 층 두께 등을 그림으로 나타낸 것을 말한다.

Ⅱ. 토질주상도 개념도

심도	주상도	지층명	N치 10 20 30 40 50
2m	○ ○ ○	퇴적층	
6m	○ ○ ○	풍화토	
10m	+ / + / +	풍화암	

→ 공사명, 위치, 날짜, 공번, 지반표고, 공내수위, 감독자, N치 등 기록

Ⅲ. 목적(필요성)

1. 지층의 확인

주요 위치의 토질주상도를 연결하여 지층의 분포(지질단면도)를 확인

2. 공내지하수위 확인

공내에 물을 채운 후 24시간 후 수위 측정

3. N값 확인

① 지층별 N값의 확인

② N값으로 사질토의 상대밀도, 점성토의 전단강도 등을 확인

③ 흙의 지지력 산정

④ 기초설계 및 기초의 안정성 여부 확인

[시추 전경]

4. 시료 채취

① 채취된 시료로 실내 토질시험 실시

② 흙의 물리적, 역학적 성질을 확인

[시료 채취]

Ⅳ. 암질지수 확인

① RQD(Rock Quality Designation): 암질지수

$$RQD = \frac{\sum(10cm\ 이상의\ 코어의\ 길이)}{굴진길이} \times 100(\%)$$

② TCR(Test Core Recover): 코어 회수율

$$TCR(\%) = \frac{회수된\ 코어의\ 길이의\ 합}{총\ 시추한\ 암석의\ 길이}$$

08 암질지수(Rock Quality Designation)

Ⅰ. 정의

암석의 품질을 나타내는 지수로서, 시추코어 중 100mm이상 되는 코어편 길이의 합을 시추 길이로 나누어 백분율로 표시한 값으로 암질의 상태를 나타내는 데 사용한다. 이때 코어의 직경은 NX규격 이상이어야 한다.

Ⅱ. 개념도

$$RQD = \frac{\sum(10cm\ \text{이상의 코어의 길이})}{\text{굴진길이}} \times 100(\%)$$

암질지수	암질
0~25	매우 불량
26~50	불량
51~75	보통
76~91	양호
91~100	매우 양호

[시추 전경]

[시료 채취]

Ⅲ. 적용

① RMR 분류
② Q 분류
③ 지지력 추정
④ 변형계수
⑤ 지보방법

Ⅳ. 기타 암반 분류방법

1. TCR(Test Core Recover) – 코아 회수율

1) 개요 : 코어 채취기로 시료 채취 시 파쇄되지 않는 상태의 회수정도

2) $TCR(\%) = \frac{\text{회수된 코어의 길이의 합}}{\text{총 시추한 암석의 길이}}$

3) 적용
① 암석강도 추정, RQD 판정, 절리·층리의 간격 파악, 절리 상태 파악, 함유물 판정
② 회수율이 적을 때 : 암질 불량(균열, 절리가 많음, 파쇄대지역, 풍화등)
③ 회수율이 클 때 : 암질 양호

2. RMR(Rock Mass Rating) 분류

암반의 정량적인 분석 방법의 하나로 암석강도, RQD, 불연속면의 간격, 불연속면의 상태, 지하수 등의 5가지 요소에 대한 암반의 평점을 합산한 후 절리의 방향에 따라 조정하여 암반을 Ⅰ, Ⅱ, Ⅲ, Ⅳ, Ⅴ의 5가지로 분류하는 암반 분류 방법

1) RMR값 : 각 평가인자별 점수의 합(0~100)
   ① 암석강도(0~15)
   ② RQD(3~20)
   ③ 불연속면 간격(5~20)
   ④ 불연속면 상태(0~30)
   ⑤ 지하수 상태(0~15)
   ⑥ 불연속면 방향의 보정(0~(-)12)
2) 특징
   ① 암석강도 및 불연속면의 방향성 반영
   ② 10m폭의 마제형 터널을 기준해서 등급별 굴착방법과 지보패턴 제시
   ③ NATM 공법 적용한다.

3. Q 분류(Q-System)

1) 터널, 대규모 동굴 등의 지질학적 조건 상태를 6가지로 구분하여 정량적으로 암반을 분류하는 방법
2) 평가인자별 점수
   ① 암질지수 : RQD(10~100)
   ② 절리군수 : Jn(0.5~20)
   ③ 절리면의 거칠기 : Jr(0.5~4)
   ④ 절리면의 변질도 : Ja(0.75~24)
   ⑤ 지하수 상태 : Jw(0.05~1)
   ⑥ 응력감소계수 : SRF(0.5~20)
3) 특징
   ① 평점 산정방법 Q값 : $\left(\frac{\mathrm{RQD}}{\mathrm{Jn}}\right) \cdot \left(\frac{\mathrm{Jr}}{\mathrm{Ja}}\right) \cdot \frac{\mathrm{Jw}}{\mathrm{SRF}} \fallingdotseq (0.001 \sim 1000)$
   ② 특성 : 터널 입구부와 교차부에서는 평점을 하향조정한다.
   ③ 분류 등급수 9등급
   ④ 굴착 및 지보패턴의 결정 : 터널의 용도와 크기에 따른 지보패턴 제시

09 예민비(Sensitivity Ratio)

KCS 21 60 05

Ⅰ. 정의

점토의 자연시료는 어느 정도의 일축압축강도가 있으나 그 함수율을 변화시키지 않고 재성형(Remolding)하면 강도가 상당히 감소하는 성질을 예민비라고 한다.

$$\text{예민비} = \frac{\text{자연시료의 압축강도(불교란 시료의 압축강도)}}{\text{이긴 시료의 압축강도(교란 시료의 압축강도)}}$$

Ⅱ. 특성

① 점토지반 : 예민비가 1~8 정도

St	St <2	St =2~4	St =4~8	St >8
예민성	비예민성	보통	예민	초예민성

② 모래지반 : 예민비가 1에 가깝다.

③ 흙의 예민비

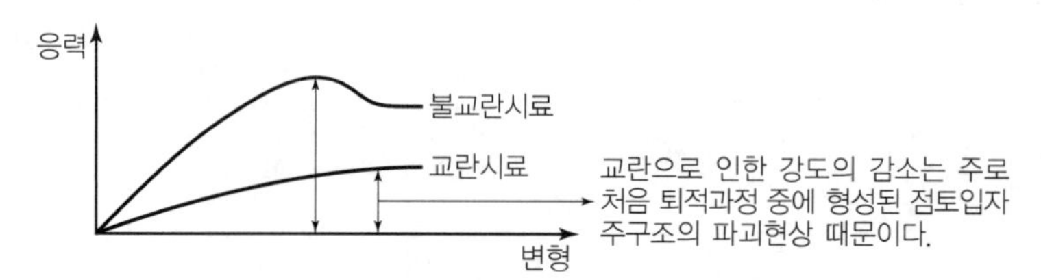

Ⅲ. 시공 시 유의사항

① 예민비가 큰 지반은 전단강도가 불리하다.

② 점토지반에서는 자연상태를 유지하는 것이 좋다.

③ 사질지반에서 다짐공법 선정 시에는 진동다짐을 선정하는 것이 좋다.

④ 점토지반에서는 진동다짐을 피해야 한다.

10 Thixotropy 현상(강도회복현상)

Ⅰ. 정의

점토를 계속해서 뭉개어 이기면 강도가 저하하지만 그대로 방치하면 강도가 회복되는 현상이다.

Ⅱ. 개념도

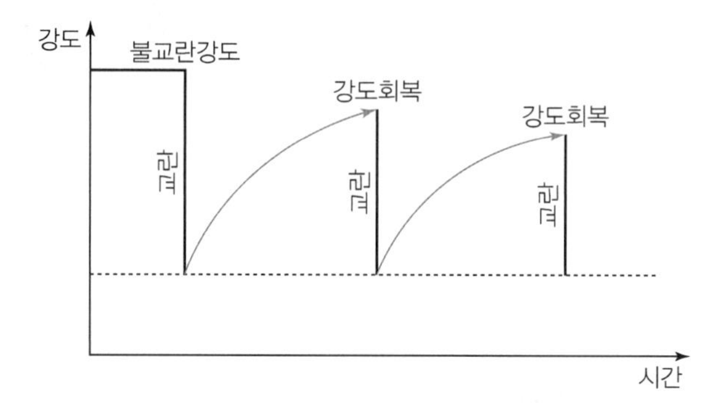

Ⅲ. 발생요인

① 점토지반에서 말뚝박기 시 발생
② 점토지반의 진동충격에 의해 발생
③ 도로 및 활주로 노상 다짐 시 하부노상지반에서 발생
④ 점토지반 위에서 장비 많이 이동 시 발생
⑤ 진동공법을 이용 Sheet Pile 타입 시 발생

Ⅳ. 대책

① 점토지반의 개량공법 시행
② 터파기 주변 차수벽 설치로 지하수 유입 차단
③ 진동을 최소화한 공법 사용
④ 기초파일 시공 시 Pre-boring 공법 사용
⑤ 장비이동 통로의 임시도로 개설 및 사용

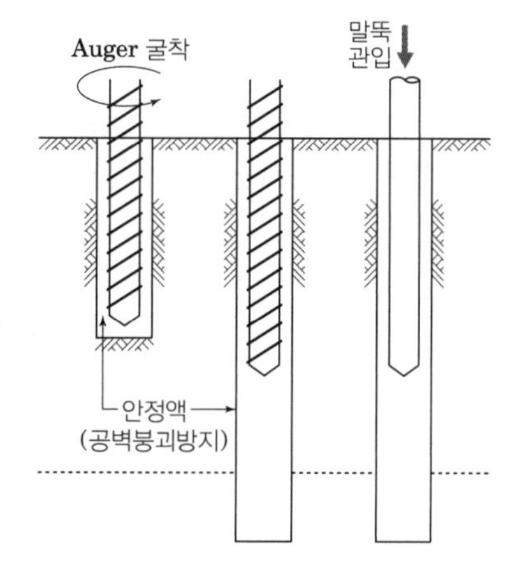

[Pre-boring 공법]

11 토공사 지내력시험의 종류와 방법

KCS 11 50 40/KS F 2444/KS F 2445
KS F 2591/KS F 7003

Ⅰ. 평판재하시험

1. 정의

구조물을 설치하는 기초저면 위에 재하판을 통해 단계별 하중을 가하여 그때의 침하량의 관계에서 하중-침하량 곡선을 통해 지반의 지지력을 산정하는 시험이다.

[평판재하시험]

2. 시험방법

1) 시험 위치

최소한 3개소에서 시험을 하며, 거리는 최대 재하판 지름의 5배 이상

2) 재하판 설치 및 재하 준비

① 재하판 설치 전에 기초바닥까지 굴착하고, 표준사를 깔고 수평 조절

② 재하판은 두께 25mm 이상, 지름 300mm, 400mm, 750mm인 강재 원판

③ 재하판은 35kN/m^{2}의 초기 접지압을 가한 상태로 안정시킨다.

3) 하중증가

계획된 시험 목표하중의 8단계로 나누고 누계적으로 동일 하중을 흙에 가한다.

4) 재하 시간 간격

각 단계별 최소 15분 이상 하중을 유지해야 하며, 침하가 정지하거나 침하 비율이 일정하게 될 때까지 하중을 유지

5) 침하 측정

① 정밀도 0.01mm의 다이얼 게이지 또는 LVDT로 침하량을 측정

② 침하량 측정은 15분까지는 1,2,3,5,10,15에 각각 침하를 측정하고 이 이후에는 동일 시간 간격으로 측정

③ 15분까지 침하 측정 이후에 10분당 침하량이 0.05mm/min 미만, 15분간 침하량이 0.01mm 이하, 1분간의 침하량이 누적침하량의 1% 이하가 되면 침하의 진행이 정지된 것으로 본다.

6) 시험 종료

① 시험하중이 허용하중의 3배 이상, 누적 침하가 재하판 지름의 10%를 초과하는 경우에는 시험 정지

② 재하 하중을 제거하고 탄성거동이 더 일어나지 않을 때까지 계속 기록

[표준사]
수경성 시멘트의 압축강도 시험방법, 시멘트 관련 모르타르 시험 및 들밀도 시험에 사용하는 모래로 주문진사 모래를 사용

[표준사]

Ⅱ. 정재하시험

1. 정의

정적하중에 대한 말뚝의 지지능력을 하중-침하량의 관계로부터 구하는 시험을 말하며 적재하중이나 마찰말뚝 또는 지반앵커의 반력 등을 통해 재하 하중을 얻는다.

[정재하시험]

2. 시험방법(단계재하방식)

하중단계수	8단계 이상	
사이클 수	1사이클 혹은 4사이클 이상	
재하속도	하중증가 시 : $\frac{\text{계획최대하중}}{\text{하중단계수}}$ /min	
	하중감소 시 : 하중 증가 시의 2배 정도	
각 하중단계의 하중유지시간	신규하중단계	30min 이상의 일정시간
	이력 내 하중단계	2min 이상의 일정시간
	0하중단계	15min 이상의 일정시간

Ⅲ. 동재하시험

1. 정의

말뚝머리 부분에 가속도계와 변형률계를 부착하고 타격력을 가하여 말뚝-지반의 상호작용을 파악하고 말뚝의 지지력 및 건전도를 측정하는 시험법을 말한다.

[동재하시험]

2. 시험방법

① 시험 말뚝은 지상 부분의 길이가 3D(D: 말뚝의 지름) 정도

② 말뚝 두부는 편심이 걸리지 않도록 표면에 요철이 없는 매끈하게 절단

③ 게이지는 변형률계와 가속도계가 분리되어 있는 것과 일체로 된 것이 있으며 같은 형태의 것을 선정

④ 게이지는 말뚝에 1쌍씩 대칭(180°)으로 말뚝 두부로부터 최소 1.5D 이상 (D : 말뚝 지름 또는 대각선 길이) 이격

⑤ 게이지는 움직이지 않도록 안전하게 부착

⑥ 게이지는 볼트로 조이거나 아교로 붙이거나 용접된 장비 가능

⑦ 말뚝 타격을 통하여 응력, 속도, 관입량, 낙하고 등으로 항타관리시험 (PDA: Pile Driving Analysis) 분석하여 지지력을 파악

12 평판재하시험

KS F 2444

Ⅰ. 정의

구조물을 설치하는 기초저면 위에 재하판을 통해 단계별 하중을 가하여 그때의 침하량의 관계에서 하중-침하량 곡선을 통해 지반의 지지력을 산정하는 시험이다.

Ⅱ. 시험장치도

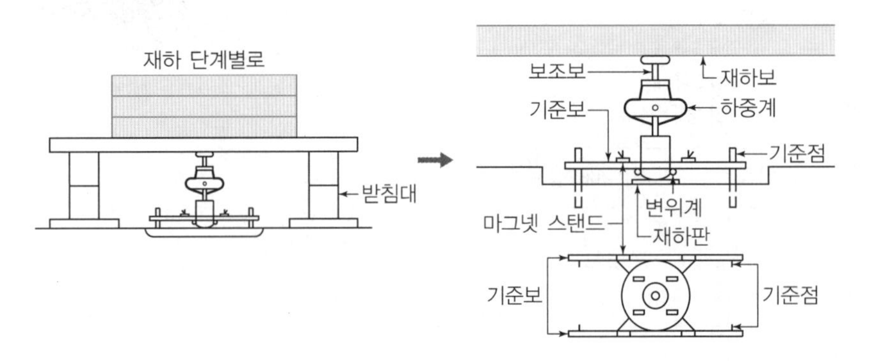

[평판재하시험]

Ⅲ. 시험방법

1. 시험 위치

최소한 3개소에서 시험을 하며, 거리는 최대 재하판 지름의 5배 이상

2. 재하판 설치 및 재하 준비

① 재하판 설치 전에 기초바닥까지 굴착하고, 표준사를 깔고 수평 조절

② 재하판은 두께 25mm 이상, 지름 300mm, 400mm, 750mm인 강재 원판

③ 재하판은 35kN/m^{2}의 초기 접지압을 가한 상태로 안정시킨다.

[표준사]

3. 하중증가

계획된 시험 목표하중의 8단계로 나누고 누계적으로 동일 하중을 흙에 가한다.

4. 재하 시간 간격

각 단계별 최소 15분 이상 하중을 유지해야 하며, 침하가 정지하거나 침하비율이 일정하게 될 때까지 하증을 유지

5. 침하 측정

① 정밀도 0.01mm의 다이얼 게이지 또는 LVDT로 침하량을 측정

② 침하량 측정은 15분까지는 1,2,3,5,10,15에 각각 침하를 측정하고 이 이후에는 동일 시간 간격으로 측정

③ 15분까지 침하 측정 이후에 10분당 침하량이 0.05mm/min 미만, 15분간 침하량이 0.01mm 이하, 1분간의 침하량이 누적침하량의 1% 이하가 되면 침하의 진행이 정지된 것으로 본다.

6. 시험 종료

① 시험하중이 허용하중의 3배 이상, 누적 침하가 재하판 지름의 10%를 초과하는 경우에는 시험 정지

② 재하 하중을 제거하고 탄성거동이 더 일어나지 않을 때까지 계속 기록

13 건축공사의 토질시험

EXCS 10 20 20/KS F2306/KS F2314

Ⅰ. 흙의 함수비 시험

1. 정의

흙 속에 있는 물 질량을 흙 입자의 질량으로 나눈 값을 백분율로 나타낸 것이다.

$$\text{함수비} = \frac{\text{물 질량}(m_w)}{\text{흙 입자의 질량}(m_s)} \times 100(\%)$$

2. 시험방법

① 용기의 질량 m_c를 측정

② 시료를 용기에 넣고 전체 질량 m_a를 측정

③ 시료를 항온 건조로에 넣고 (110±5)℃에서 일정 질량이 될 때까지 노 건조, 단 유기질토의 경우에는 (60±3)℃로 노 건조

④ 노 건조 시료를 데시케이터에 옮기고, 거의 실온이 될 때까지 식힌 후 전체 질량 m_b를 측정

[노 건조 시간]
18~24시간 정도

3. 계산

$$w = \frac{m_a - m_b}{m_b - m_c} \times 100$$

여기서,

w : 함수비

m_a : 시료와 용기의 질량(g)

m_b : 노 건조 시료와 용기의 질량(g)

m_c : 용기의 질량(g)

4. 유의사항

① 시료는 함수비 변화가 없는 부분에서 대표적인 시료를 채취

② 시험실에 운반된 시료는 맨 먼저 자연함수비를 측정

③ 함수비 측정을 위한 저울은 동일한 것을 계속 사용

④ 방사선을 활용한 급속함수비를 측정할 때 수급인은 시험 전에 장비의 안전성을 확인

Ⅱ. 흙의 일축압축 시험

1. 정의

구속압을 받지 않는 상태에서 자립하는 시험체의 일축압축 강도를 구하는 시험이며, 주로 흐트러지지 않는 점성토를 대상으로 한다.

2. 제어식 일축압축 시험기

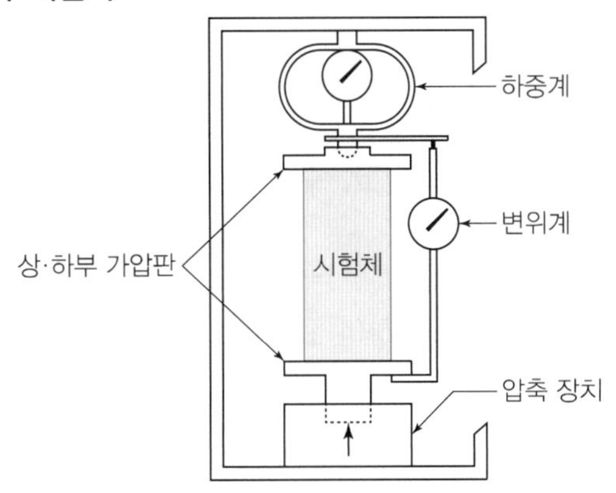

3. 시험방법

① 시험체를 시험기의 하부 가압판 중앙에 놓고 상부 가압판에 밀착시킨 후 변위계, 하중계의 영점을 조정
② 매분 1%의 축방향 변형이 생기는 비율로 연속적으로 시험체를 압축
③ 압축 중에는 압축량 ΔH와 압축력 P를 측정
④ 압축력이 최대 후 변형이 2% 이상, 압축력이 최대값의 2/3 정도로 감소 또는 변형률이 15%에 도달하면 압축을 종료
⑤ 시험체의 변형, 파괴 상태 등을 관찰하여 기록

4. 계산

$$\sigma = \frac{P}{A_o} \times \left(1 - \frac{\varepsilon}{100}\right) \times 1,000$$

$$A_o = \frac{\pi D_o^2}{4}, \quad \varepsilon = \frac{\Delta H}{H_o} \times 100$$

여기서,

σ : 압축응력(kPa)
P : 압축변형이 ε일 때 시험체에 가해진 압축력(N)
A_o : 압축하기 전의 시험체의 단면적(mm^2)
D_o : 압축하기 전의 시험체의 지름(mm)
ε : 시험체의 압축 변형률(%)
ΔH : 압축량(mm)
H_o : 압축하기 전의 시험체의 높이(mm)

5. 유의사항

① 시험기는 변형제어형(Strain-Controlled Type)기기를 사용
② 압축력이 최대가 되고 나서 계속해서 변형이 2% 이상, 압축력이 최대값의 2/3 정도로 감소, 압축 변형이 15%에 도달하면 압축을 종료
③ 재성형한 시료는 비닐로 포장하여 함수비 변화가 없도록 하고, 시험대 위에 놓고 조금씩 회전시키면서 손으로 책상 위에서 되반죽(300 이상) 한다.

14 흙의 물성

Ⅰ. 정의

① 흙은 흙입자를 중심으로 그 사이에 물과 공기로 구성되어 있고, 구성 요소의 체적과 중량에 따라 성질이 크게 달라진다.

② 흙의 구성요소 상호관계는 체적과 중량으로 나타내며, 체적관계는 간극비·간극률·포화도를 사용하며, 중량관계는 함수비·함수율을 사용하여 표시한다.

Ⅱ. 흙의 구성

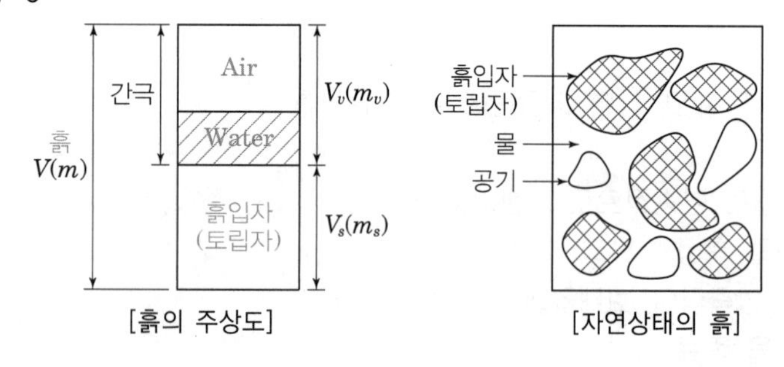

[흙의 주상도] [자연상태의 흙]

Ⅲ. 흙의 물성

① 간극비(e) : 흙입자의 체적에 대한 간극의 체적의 비 $e = \frac{V_v}{V_s}$

② 간극률(n) : 흙 전체의 체적에 대한 간극체적의 백분율 $n = \frac{V_v}{V} \times 100(\%)$

③ 포화도(S_r) : 간극 속 물의 체적비율로서 흙이 포화상태에 있으면 S_r=100%이며, 완전히 건조되어 있으면 $S_r = 0$이다.

$$S_r = \frac{V_w}{V_v} \times 100\%$$

④ 함수비(w) : 흙입자의 질량에 대한 물질량의 백분율 $w = \frac{m_w}{m_s} \times 100(\%)$

⑤ 함수율(w') : 흙 전체 질량에 대한 물질량의 백분율 $w' = \frac{m_w}{m} \times 100(\%)$

15 흙의 간극비

Ⅰ. 정의

간극비란 흙을 역학적으로 취급하는 경우, 흙은 무수한 입자가 겹쳐 쌓여 있으며 그 입자와 입자 사이는 물과 공기로 채워져 있다. 이 간극의 체적과 흙입자의 체적의 비를 말한다.

$$\text{간극비} = \frac{\text{간극의 체적}}{\text{흙입자의 체적}}$$

Ⅱ. 개념도

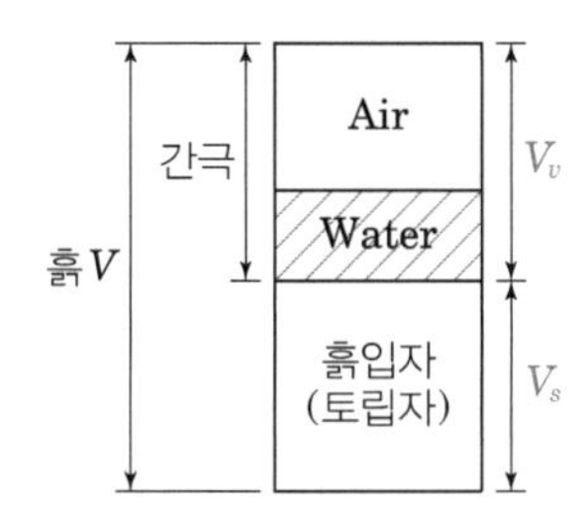

$$e = \frac{V_v}{V_s}$$

e : 간극비
V_v : 간극의 체적
V_s : 흙입자의 체적

Ⅲ. 간극비의 성질

① 간극비가 크면 전단강도는 적어진다.
② 간극비가 크면 지지력은 적어진다.
③ 간극비가 크면 압축성은 커진다.
④ 간극비가 크면 Boiling 현상이 발생한다.
⑤ 간극비가 크면 압밀침하가 커진다.
⑥ 간극비가 크면 투수성은 커진다.

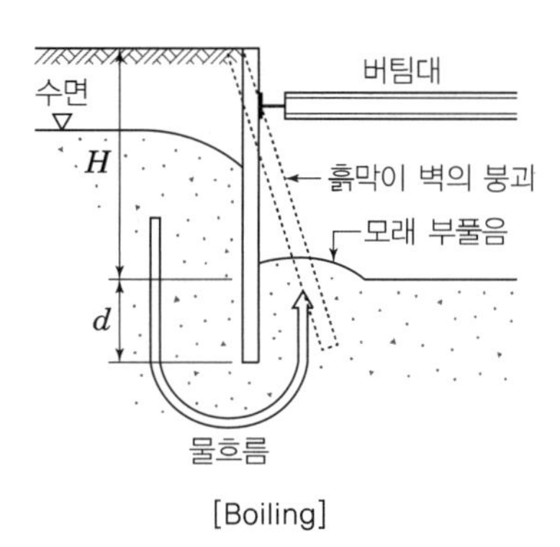

[Boiling]

Ⅳ. 감소대책

① 연약지반을 개량
② 탈수 및 배수공법으로 지하수위 저하
③ 압밀공법으로 지하수를 제거
④ 약액주입공법으로 지반 개량

16 흙의 함수비

Ⅰ. 정의

흙은 흙입자와 물과 공기로 이루어져 있으며, 흙 가운데 물의 질량(m_w)과 흙 입자의 질량(m_s)에 대한 백분율을 흙의 함수비라 한다.

$$함수비 = \frac{물\ 질량(m_w)}{흙\ 입자의\ 질량(m_s)} \times 100(\%)$$

Ⅱ. 흙의 주상도

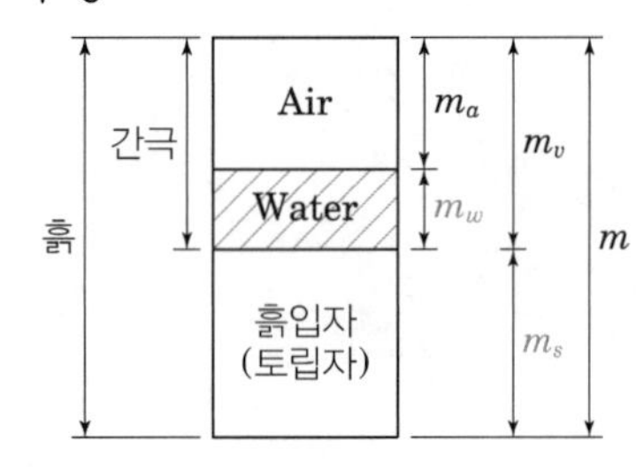

$$함수비 = \frac{m_w}{m_s} \times 100(\%)$$

$$함수율 = \frac{m_w}{m} \times 100(\%)$$

Ⅲ. 함수비의 영향

① 함수비가 크면 액상화 발생
② 사질지반에서 Boiling 현상 발생
③ 점토지반에서 Heaving 현상 발생
④ 모래지반에서는 내부마찰력 감소
⑤ 점토지반에서는 점착력 감소

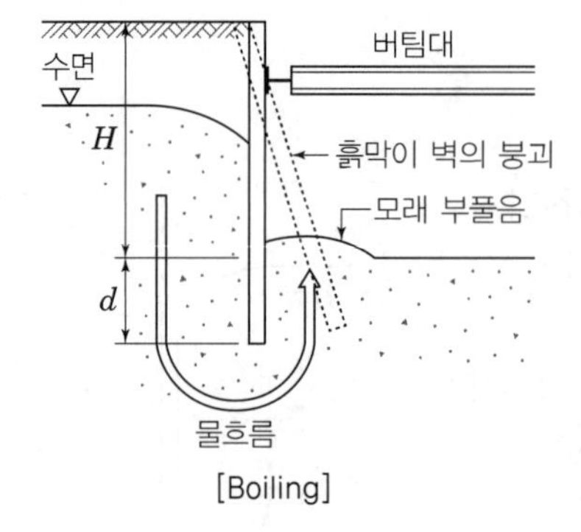

[Boiling]

Ⅳ. 함수비 감소대책

① 배수공법 : 자연배수, 강제배수
② Sand Drain 공법
③ Pack Drain 공법
④ Paper Drain 공법

17 흙의 전단강도(Shearing Strength of Soil)

Ⅰ. 정의

지반이 전단응력을 받아 현저한 전단변형을 일으키거나, 활동면을 따라 전단활동을 일으킨 경우 지반이 전단파괴 되었다고 말하며, 이때 활동면상의 최대 전단저항력을 전단강도라 말한다.

Ⅱ. 전단강도(Coulomb의 법칙)

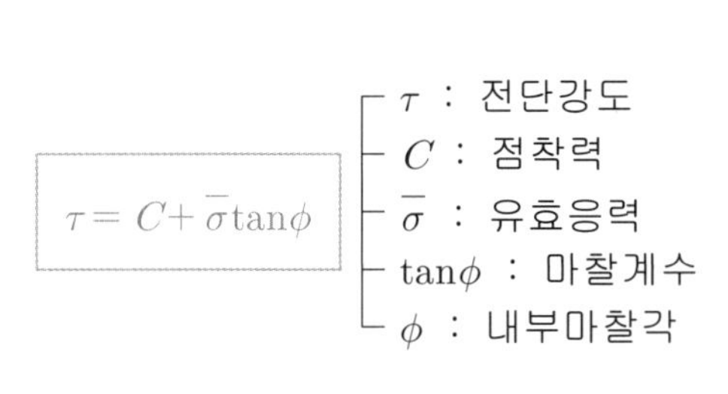

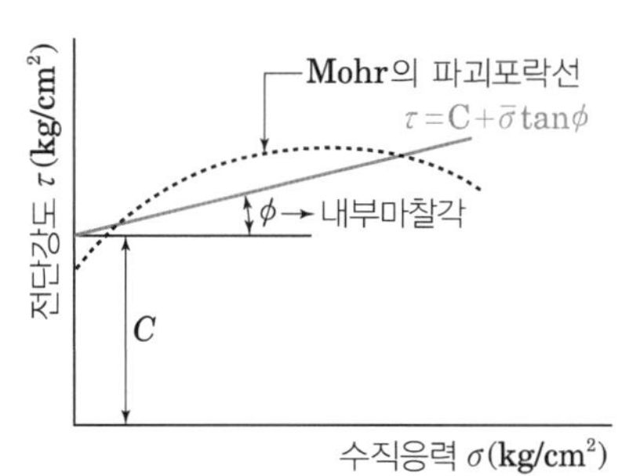

① 점토(사질토 내부마찰각 Zero) : $\tau \fallingdotseq C$

② 모래(점토점착력 Zero) : $\tau \fallingdotseq \bar{\sigma}\tan\phi$

Ⅲ. 전단시험

구분	도해	설명
1면전단 시험	수직력, 투수반, 흙시료, 전단력, 전단상자	• shear box에 흙시료를 담아 수직력의 크기를 고정시킨 상태에서 수평력을 가하여 시험한다.
일축압축 시험	수직력, 불교란시료의 공시체, 압축판, 2~2.5D, 3~7cm	• 불교란 공시체에 직접 하중을 가해 파괴시험을 하며 흙의 점착력은 일축압축강도의 1/2로 본다.
삼축압축 시험	수직력, 물압밀, 원통형 공시체, 가압판, 시료	• 원통형의 공시체에 등방 구속압을 가하고 피스톤으로 상하에 축하중을 가하여 공시체를 전단시키는 시험(점성토의 비압밀, 비배수 강도시험) - 간극수압은 측정 안함

18 지반투수계수(수리전도도)

Ⅰ. 정의

흙, 암반 또는 기타의 다공성 매체에 대한 물의 투과특성을 속도의 단위로 표시한 값을 말하며, 투수계수의 기호는 K로 표시되며, 단위로 cm/sec, m/sec, m/day 등을 사용한다.

Ⅱ. 투수계수

토질	투수계수(cm/sec)	투수도
깨끗한 자갈	1×10^{2} ~ 1×10	아주 높음
굵은 모래	1×10 ~ 1×10^{-2}	높음
가는 모래	1×10^{-2} ~ 1×10^{-3}	보통
실트질	1×10^{-3} ~ 1×10^{-5}	낮음
점토	1×10^{-5} 이하	아주 낮음

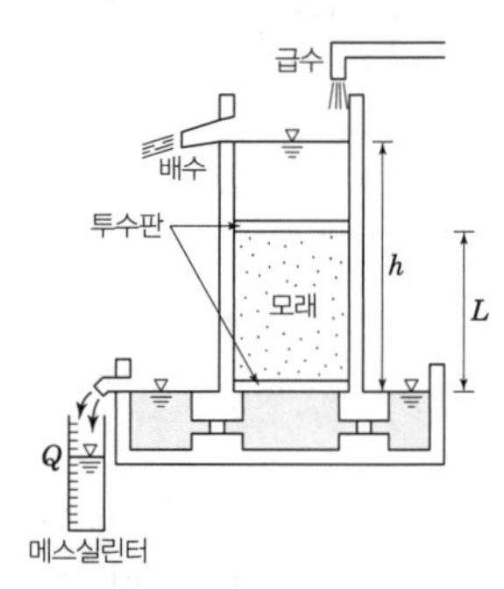

[정수위 투수시험기]

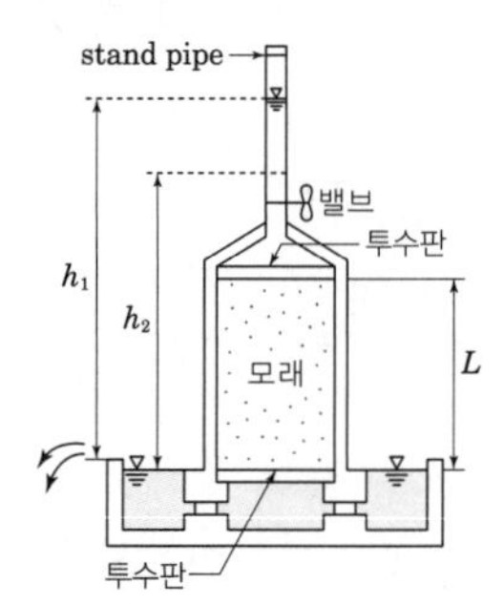

[변수위 투수 시험기]

Ⅲ. 흙의 투수성과 배수성

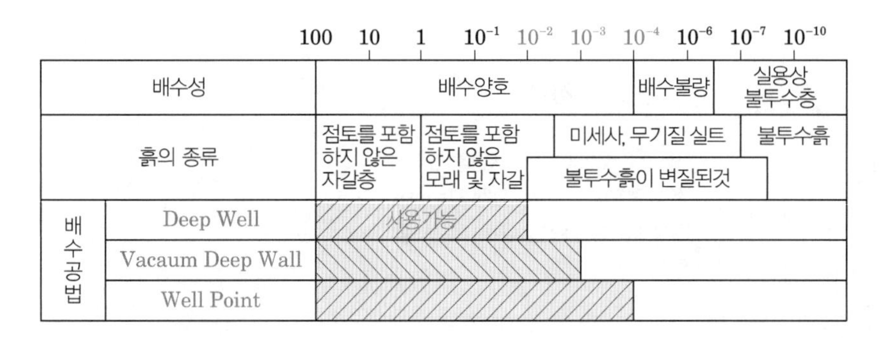

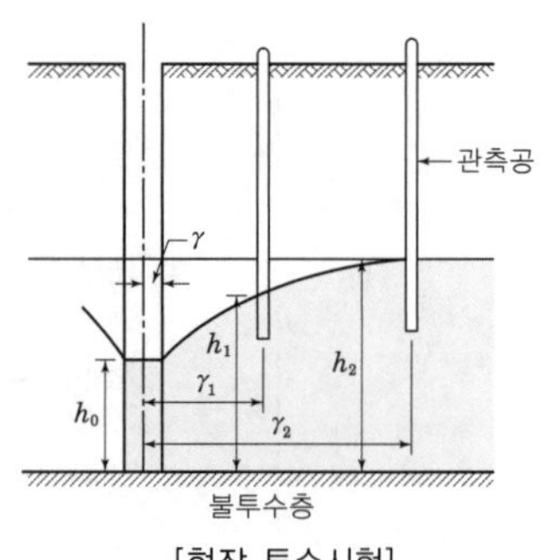

[현장 투수시험]

Ⅳ. 투수계수의 성질

① 투수계수가 큰 것은 투수량이 크고 모래는 점토보다 투수계수가 크다.

② 투수계수는 실내투수시험과 현장투수시험으로 구할 수 있다.

③ 투수계수에 영향을 주는 요인은 입자의 모양과 크기, 공극비, 포화도 등이 있다.

④ 투수계수는 모래에서 평균입자 지름의 제곱에 비례하고 간극비의 제곱에 비례

19 흙의 투수압(透水壓)

Ⅰ. 정의

투수계수가 큰 모래 지반에서 동수구배로 침투수가 흐를 때 침투수가 다공성 물질에 침투했을 때 가해지는 압력을 말한다.

Ⅱ. Dracy 법칙

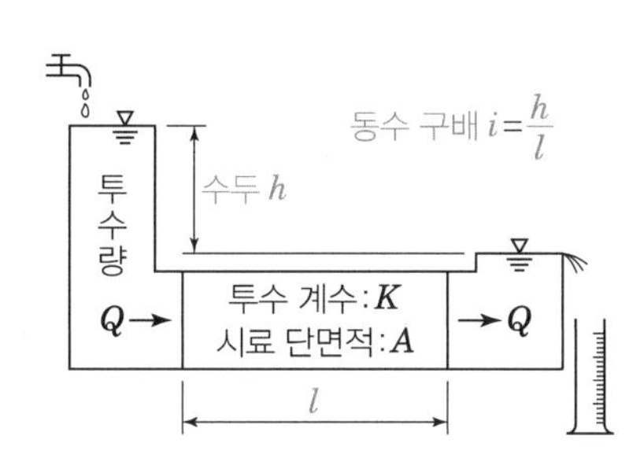

$$Q = KiA = K\frac{h}{l}A$$

여기서 Q : 투수량(cm^3/sec)

K : 투수계수(cm/sec)

i : 동수구배

A : 단면적(cm^2)

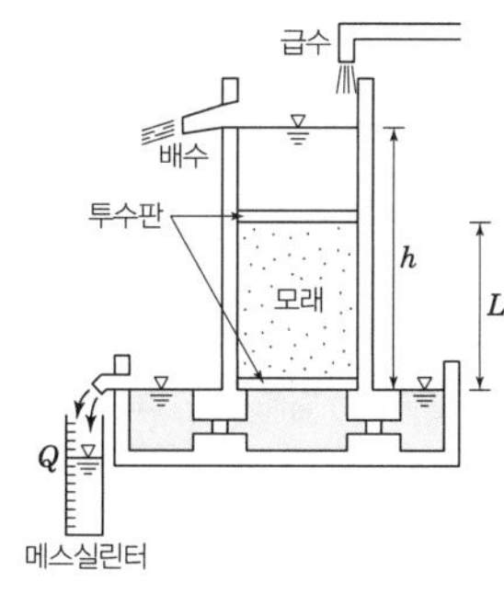

[정수위 투수시험기]

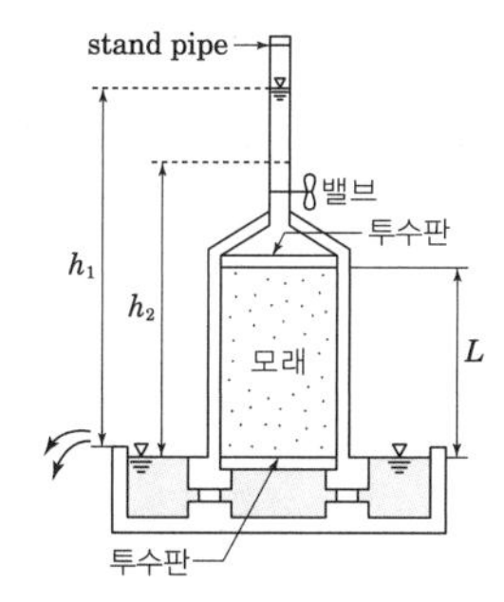

[변수위 투수 시험기]

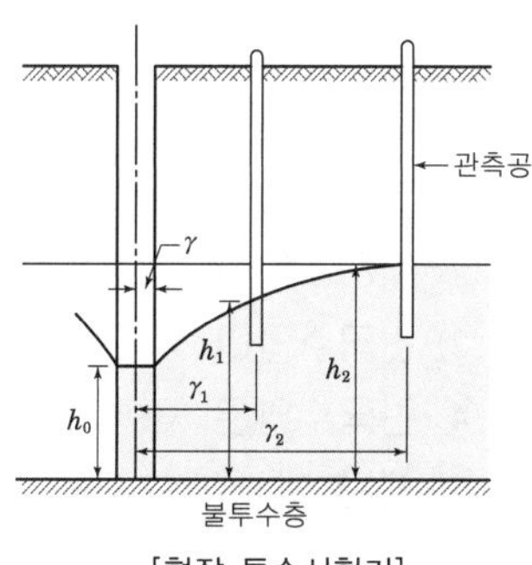

[현장 투수시험기]

Ⅲ. 투수압

$$S = r_w iz = r_w\frac{h}{l}\cdot l = r_w\cdot h$$

여기서, S : 투수압(침투압)

r_w : 물의 단위중량

i : 동수구배

h : 수두차

l : 심도

Ⅳ. 투수압의 용도

① 양압력 산정 기준

② Piping 판정 기준

Ⅴ. 투수압의 성질

① 지반 터파기 시 투수압은 공사에 중대한 영향을 주므로 굴착 시 지하수의 처리가 중요하다.

② 점토지반의 투수성은 압밀침하의 시간을 지배한다.

③ 투수성과 관련 깊은 공법은 샌드 드레인공법과 웰 포이트공법이 있다.

20 간극수압(공극수압)

Ⅰ. 정의

① 흙입자에 압력이 가해졌을 때 물과 흙의 입자부분은 부피가 축소하지 않으므로 간극 내에 있는 물이 유출되지 않는 한, 물이 가해진 압력의 일부를 받게 된다. 이 때 물의 압력을 간극수압이라고 한다.

② 간극수압의 크기

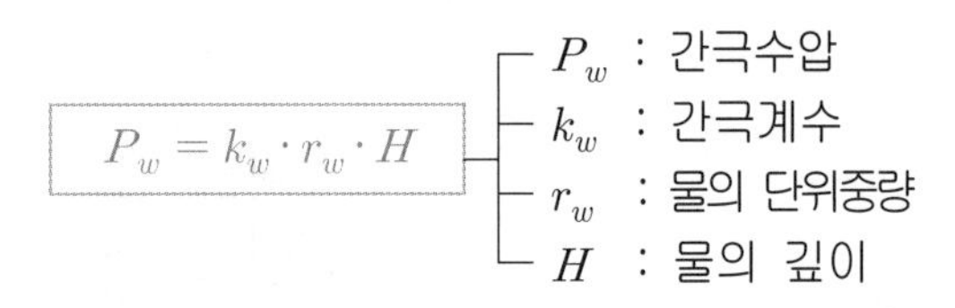

Ⅱ. 간극수압 개념도

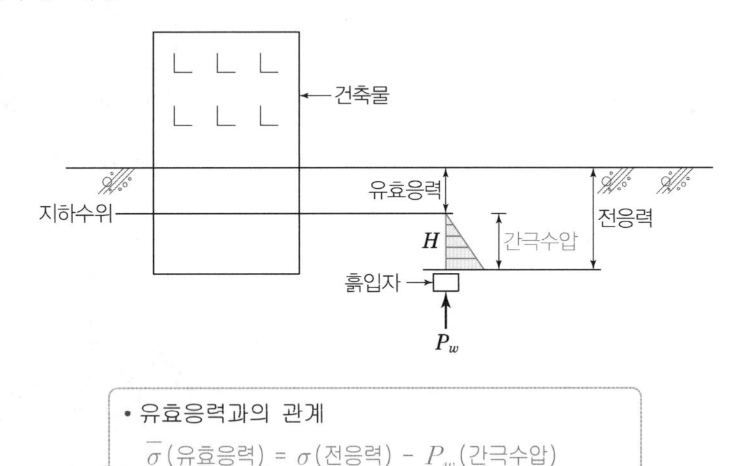

Ⅲ. 간극수압의 특징

① 간극수압이 커지면 유효응력이 작아져 지표면에 액상화가 일어난다.

② 지하수위가 깊을수록 간극수압은 커진다.

③ 간극수압이 커지면 건축물의 부력 또한 커진다.

④ 간극수압은 지반 내 전단강도를 저하시킨다.

⑤ 지반 내 유효응력을 감소시킨다.

Ⅳ. 간극수압 측정

① 지반 내 Piezometer로 측정된다.

② 흙파기(터파기) 시공 시 토사층 내부의 간극수압을 측정키 위해 지중에 설치한다.

21 부력(Up-Lifting Force)

Ⅰ. 정의

부력이란 유체 중에 있는 유체에 작용하는 연직 상향의 힘을 말하며 건물의 자중이 부력보다 적으면 건물은 부상하게 된다.

Ⅱ. 부력에 저항하는 기구 및 안전율

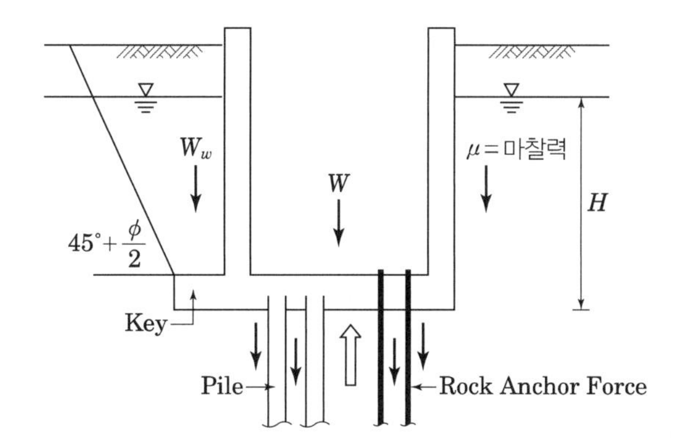

① 수압(pw) = $kw \cdot rw \cdot H$

② 양압력(u) = 수압 중 상향으로 작용하는 수압

③ 부력(V) = $\Sigma A \times Pw$

④ 안전율(Fs) = $\dfrac{W + Ww + \mu + \text{Anchor force or pile 인발저항력}}{V}$

$W \geq 1.25\,V$

Ⅲ. 부력방지대책

① 구조물 상부에 화단을 만들어 흙을 쌓아 건축물 고정하중 부가

② Rock Anchor 시공

③ 우수유입구 설치

④ 영구배수공법 및 배수판공법

⑤ 지하기초에 2중 Slab 사이에 모래나 잡석 채움

⑥ 지하수위 저하공법 및 Bracket 설치

22 부력(浮力)과 양압력

Ⅰ. 정의

① 부력은 수중에 있는 물체는 그것이 차지하고 있는 부피만큼의 물의 무게와 같은 힘에 의해 위쪽으로 밀어 올리는 힘을 말한다.

② 양압력은 지하수면과 바닥슬래브의 수두차에 의해 바닥면에 작용하는 상향 수압을 말한다.

Ⅱ. 부력과 양압력 Mechanism

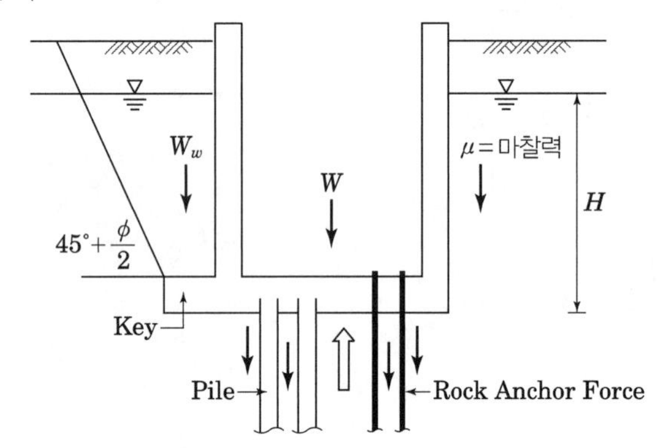

① 수압(pw) = $kw \cdot rw \cdot H$

② 양압력(u) = 수압 중 상향으로 작용하는 수압

③ 부력(V) = $\Sigma A \times Pw$

④ 안전율(Fs) = $\dfrac{W + Ww + \mu + \text{Anchor force or pile 인발저항력}}{V}$

$$W \geq 1.25\,V$$

Ⅲ. 부력과 양압력의 발생원인

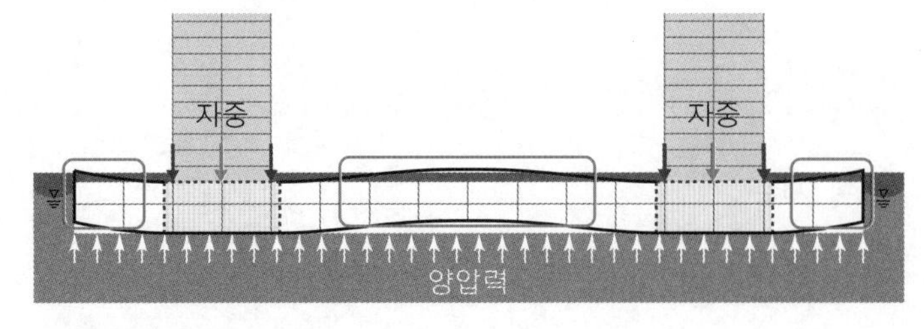

① 지하수위의 상승

② 강우로 인한 일시적인 수위의 변동

③ 구조물 자체의 자중이 적은 경우

④ 불투성 지반의 파괴로 피압수 상승

⑤ 지진동에 의한 액상화 현상

Ⅳ. 부력과 양압력의 방지대책

① 건물의 부상방지대책 강구(마찰말뚝, 강제배수, 구조물의 자중증대 등)
② 영구배수공법, 상수위제어공법 등 지하수위 유지
③ 철근 등의 구조검토로 Mat 기초 두께 및 철근배근 확보
④ 가설 흙막이 근입장 확보 및 차수대책 철저
⑤ 터파기 시 피압수 처리에 대책 강구

23 액상화(Liquefaction) 현상

Ⅰ. 정의

포화된 느슨한 모래나 실트층이 충격이나 진동을 받아 순간적으로 발생한 과잉 간극수압에 의해 전단강도를 잃고 액체처럼 거동하는 현상을 말한다.

Ⅱ. 개념도

① 점토지반 $\tau = c$

② 사질지반 $\tau = \bar{\sigma}\tan\theta$

③ Coulomb의 법칙에 의한 유효 응력 상실시 액상화

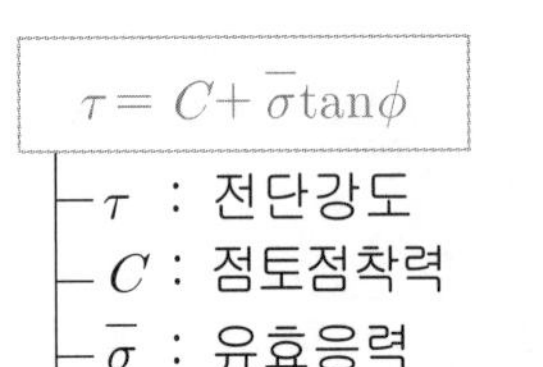

$\tau = C + \bar{\sigma}\tan\phi$

- τ : 전단강도
- C : 점토점착력
- $\bar{\sigma}$: 유효응력
- ϕ : 사질토 내부마찰각

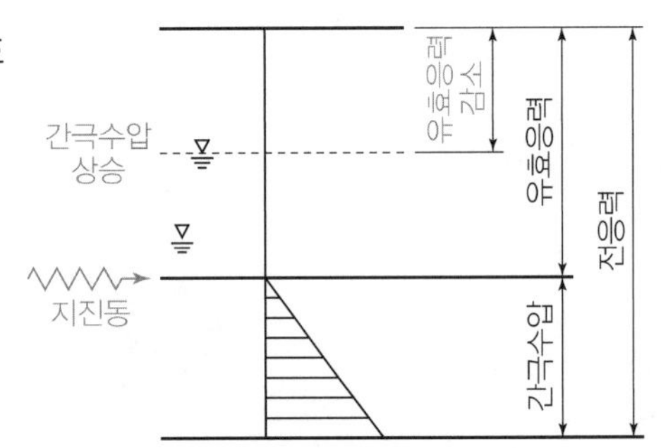

Ⅲ. 액상화 원인

① 침투수 : 사질지반으로 흐르는 침투수에 의해 Boiling 현상으로 모래가 지상으로 분출

② 정적전단 : Quick Sand 현상

③ 반복작용 : 매립지반에 다져지지 않는 모래지반에 진동을 줄 때(지진 등)

④ 내적요인 : 모래의 밀도(입자간의 공극률, 상대밀도 등), 지하수면의 깊이, 모래의 입도분포 등

Ⅳ. 액상화 대책

① 지반강도 증대

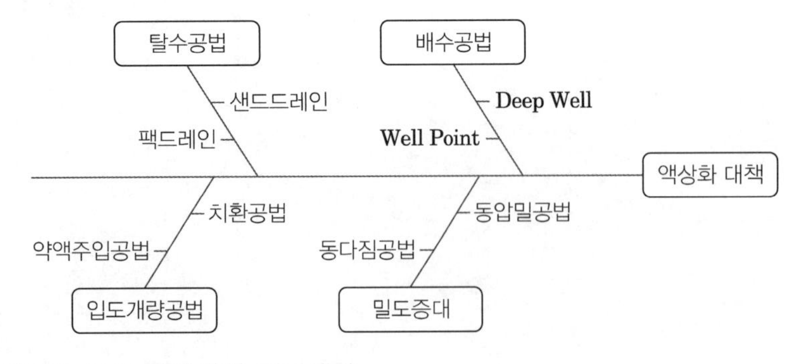

② 액상화 지도 제작하여 지반개량

24 흙의 연경도(Consistency of Soil)

Ⅰ. 정의

함수비에 따라 다르게 나타나는 흙의 특성을 구분하기 위하여 적용되는 함수비를 기준으로 한 값들로서 특히 흙의 소성적 거동에 대한 함수비 범위를 정의하는 데 사용한다. 일반적으로 액성한계, 소성한계, 수축한계를 말한다.

Ⅱ. Atterberg 한계

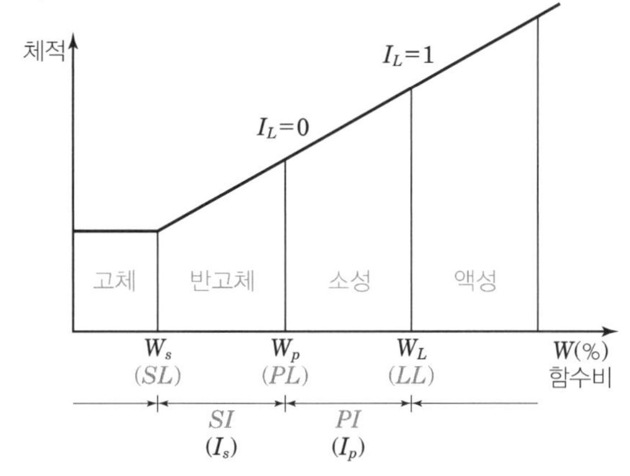

1. **수축한계**(Shrinkage Limit : SL or W_s) [KSF 2305]
   ① 흙이 반고체에서 고체로 변하는 한계 함수비
   ② 어느 함수량이 되면 수축이 정지하여 용적이 일정하게 될 때의 함수비

2. **소성한계**(Plastic Limit : PL or W_p) [KSF2304]
   흙이 소성에서 반고체로 변하는 한계 함수비

3. **액성한계**(Liquid Limit : LL or W_L) [KSF 2303]
   흙이 액성에서 소성으로 변하는 한계 함수비

Ⅲ. 연경도의 지수

1. **소성지수**(Plastic Index : PI or I_P)

$$PI(I_p) = LL - PL = w_L - w_p$$

2. **액성지수**(Liquidity Index : LI or I_L)

$$LI(I_L) = \frac{w - PL}{PI} = \frac{w_n - w_p}{I_p}$$

- LL 〉 20 동해우려
- LL 〉 50 토공 재료로 부적합

[비소성(NP)]
액성, 소성, 한계 시험이 불가능한 흙

[액성한계 시험기]

- $I_L \leqq 0$ 고체 또는 반고체 상태, 안정
- $0 < I_L < 1$ 소성 상태
- $I_L = 1$ 액성 상태, 불안정

[소성지수]
흙이 소성상태를 유지할 수 있는 함수비 범위

[액성지수]
소성한계화의 비
- w : 함수비
- $(w-PL)$: 소성한계에 대한 과잉 함수량
- w_n : 자연함수비

25 다짐과 압밀

Ⅰ. 정의

① 다짐이란 사질지반에 하중에 의한 응력이 작용할 때 간극 내의 공기가 제거되면서 사질층이 수축하는 현상이다.

② 압밀이란 시간경과에 따라 점성토 지반의 물이 배수되면서 장기간에 걸쳐 점진적인 체적변화로 압축되는 현상을 말한다.

Ⅱ. 개념도

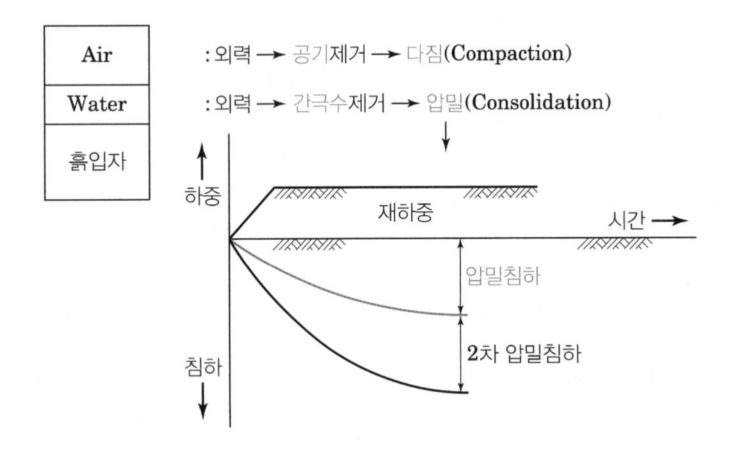

[압밀침하]
과잉공급수압이 없어지면서 빠져나간 물의 부피만큼 흙이 압축되어 발생하는 침하

[2차 압밀침하]
외부하중에 의하여 발생한 과잉 공급수압 · 소산과 무관하게 발생하는 의존적 침하

Ⅲ. 다짐(Compaction)

1. 정의

다짐이란 사질지반에 하중에 의한 응력이 작용할 때 간극 내의 공기가 제거되면서 사질층이 수축하는 현상이다.

2. 특징

① 사질지반에서 발생한다.
② 흙 속의 공기(공극)를 제거한다.
③ 진동다짐공법이 다짐을 이용한 것이다.
④ 지반의 밀도 및 지지력을 증가시킨다.
⑤ 비교적 작은 하중에도 압축침하 발생.

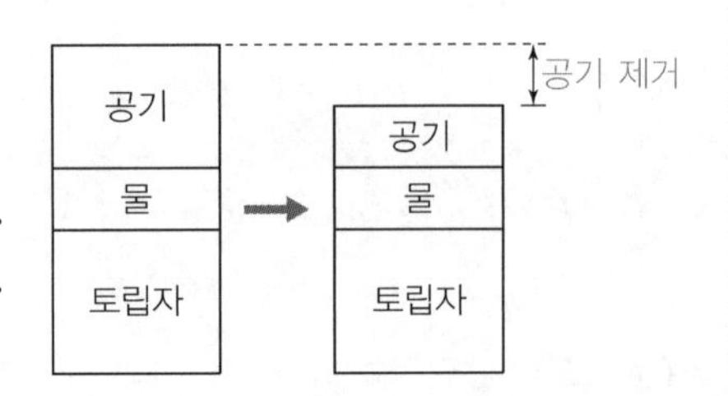

Ⅳ. 압밀(Consolidation)

1. 정의

압밀이란 시간경과에 따라 점성토 지반의 물이 배수되면서 장기간에 걸쳐 점진적인 체적변화로 압축되는 현상을 말한다.

2. 특징

① 점토지반에서 발생한다.
② 샌드드레인 공법이 압밀을 이용한 것이다.
③ 흙 속의 간극수를 제거한다.
④ 장기간에 걸친 침하를 해야 한다.
⑤ 침하량이 비교적 크다.

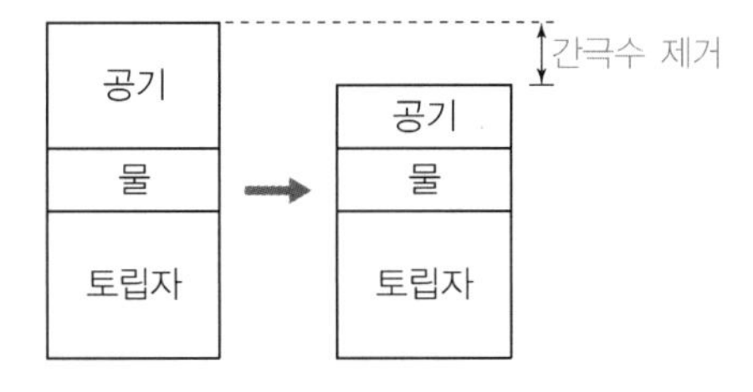

26 흙의 압밀침하

Ⅰ. 정의

점토질 토층에 하중응력이 작용할 때 간극 내의 간극수가 제거되면서 점토층이 수축하는 현상을 압밀이라 하며, 이때 침하를 압밀침하라고 한다.

Ⅱ. 개념도

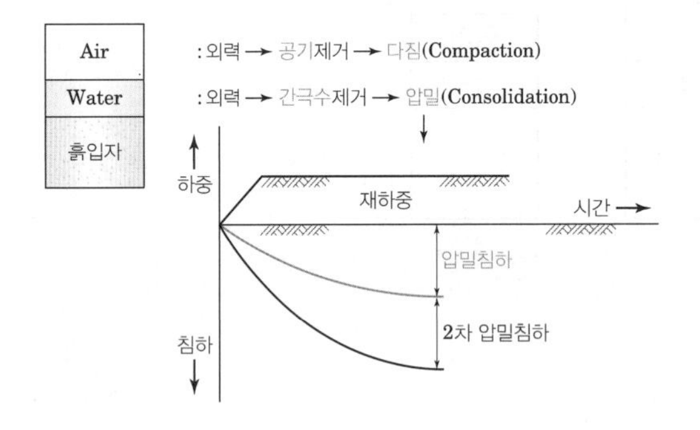

[압밀침하]
과잉공급수압이 없어지면서 빠져나간 물의 부피만큼 흙이 압축되어 발생하는 침하

[2차 압밀침하]
외부하중에 의하여 발생한 과잉 공급수압 · 소산과 무관하게 발생하는 의존적 침하

Ⅲ. 특성

① 점토질 지반에서는 투수성이 나쁘므로 압밀침하가 장기간 계속된다.
② 사질지반은 침하가 적고, 체적변화가 적으므로 압밀침하는 무시되고 즉시 침하만을 고려한다.
③ 압밀시간은 투수성과 압축성에 좌우한다.

Ⅳ. 압밀시험[KS F 2316]

① 투수성이 낮은 포화된 세립토를 대상으로 단계재하(8단계)로 실시한다.
② 압밀시험을 통하여 압밀정수(압밀계수, 체적압축계수, 선행압밀하중)를 구한다.
③ 압밀정수를 이용하여 점성토 지반이 하중을 받아서 지반 전체가 1차원적으로 압축되는 경우에 발생되는 침하특성을 밝힐 수 있다.
④ 연약지반 위에 구조물을 축조할 경우 압밀로 인한 최종침하량과 침하 비율, 소요 시간의 추정, 성토의 높이를 결정하고 공사기간의 추정이 가능하다.

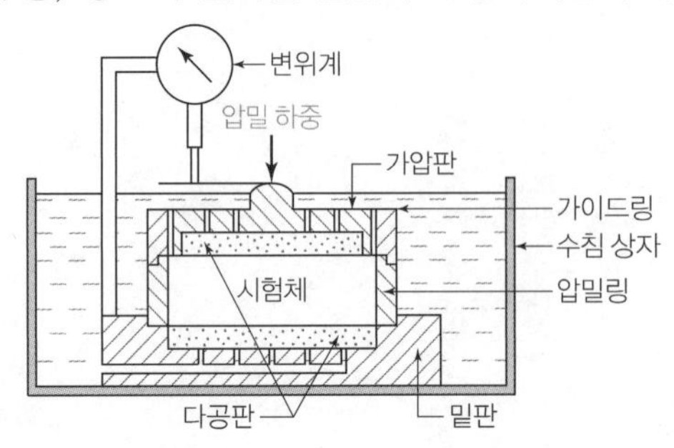

27 압밀도와 시험방법

KS F 2316

Ⅰ. 정의

압밀의 진행정도를 나타내는 지수로서 예상 최종 압밀침하량에 대하여 한 시점의 압밀침하량의 비 또는 최초 발생 과잉간극수압에 대한 소산된 과잉간극수압의 비를 말한다.

Ⅱ. 압밀시험기

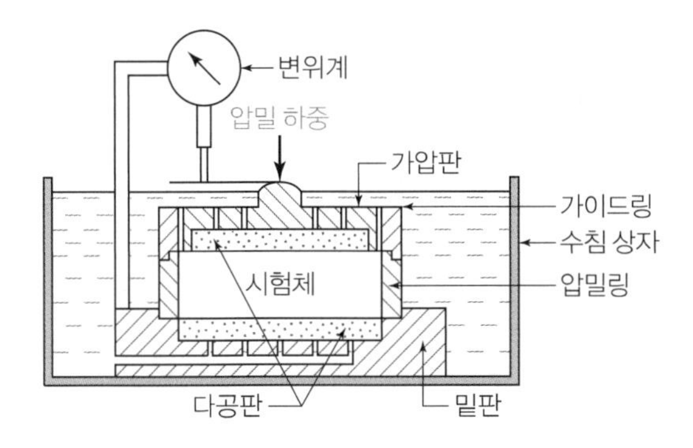

Ⅲ. 압밀도 시험방법

1. 준비

① 시험체가 들어간 압밀링을 압밀 상자의 밑판 위에 놓고 가이드링을 압밀링에 부착하고, 가압판을 시험체 윗면에 놓고 압밀 상자를 조립

② 압밀 상자를 빈 수침 상자에 넣어 재하 장치에 설치하고 변위계를 부착

2. 재하 및 측정

① 압밀 압력P(kPa)의 하중 증분비를 1로 한다.

② 재하단계는 8단계로 하며, P(kPa)의 범위는 5~1,600 kPa

③ 압밀 압력은 단시간에 재하

④ 하나의 재하단계에서 24시간 압밀한 후 다음 재하단계로 이동

⑤ 각 재하단계의 재하 직전의 변위계 눈금을 기록

⑥ 변위계의 눈금을 경과 시간마다 기록

3. 해체

최종 재하단계의 측정이 종료한 후 시험체를 꺼내서 110±5℃에서 노 건조하고, 시험체의 노 건조 질량을 측정

[노 건조시간]
18~24시간 정도

28 들밀도시험

KS F 2311

Ⅰ. 정의

모래 치환법에 의한 흙의 밀도를 시험하는 방법으로서 현장에서 건조밀도를 측정하여 상대 다짐도를 KS F 2311에 의하여 검사할 수 있다. 시료는 현장에서 최대입자 지름이 53mm 이하인 흙을 사용한다.

Ⅱ. 현장 시험장치도

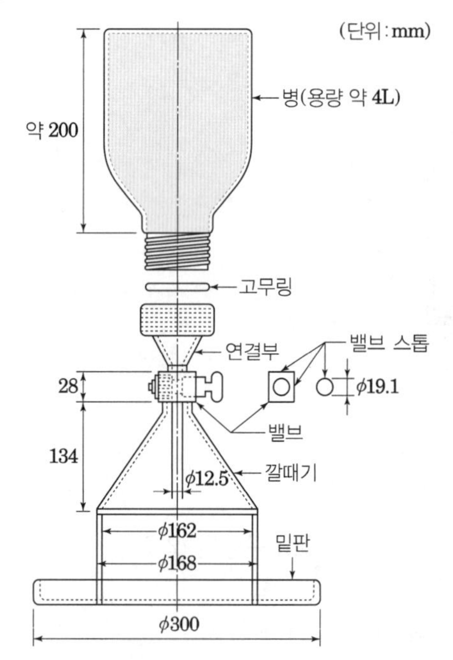

[들밀도시험]

Ⅲ. 시험순서

① 밀도 측정기와 용기를 측정

② 평평한 바닥에 밑판을 고정시키고 밑판 안의 구멍을 파낸다.

③ 밑판 구멍에서 파낸 흙의 질량을 측정

④ 밑판 구멍에 깔때기를 맞추고, 병 안의 모래 이동이 멈출 때까지 밸브를 연다.

⑤ 병 안의 남은 모래의 질량을 측정

Ⅳ. 다짐기준

노체	90% 이상
노상	95% 이상
동상방지층	95% 이상
보조기층	95% 이상

29 샌드벌킹(Sand Bulking)

Ⅰ. 정의

① Sand Bulking이란 건조한 모래에 적당량의 물을 가하여 수분이 균일해지도록 혼합하면 체적이 처음의 건조한 상태보다 증가하는 현상이다.

② 모래 내에 물이 흡수되면 모래입자 간의 표면장력으로 인하여 모래 부피가 증가하고 함수율이 6~12%에서 체적팽창이 최대가 된다.

Ⅱ. 개념도

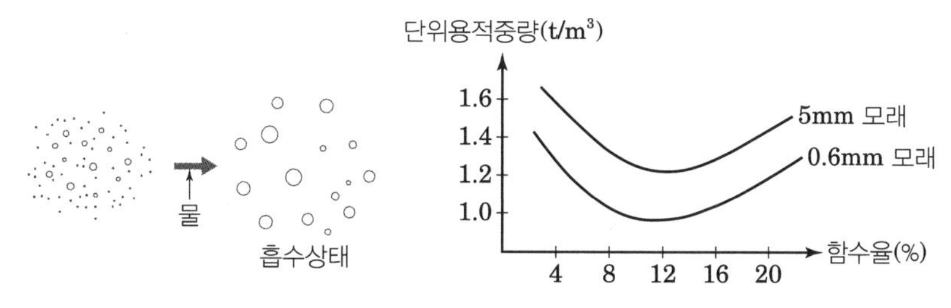

[Sand Bulking 구조]

Ⅲ. Sand Bulking이 지반에 미치는 영향

① 계절에 의한 지반의 수축팽창으로 도로면 침하

② 터파기 저면의 지반팽창으로 융기됨

③ 기초하부면 지반의 팽창으로 기초판의 융기 및 균열

Ⅳ. 대책

① 입도분포가 양호하도록 입도조정

② 동다짐 등 다짐을 철저히 한다.

③ 약액주입공법으로 지반개량

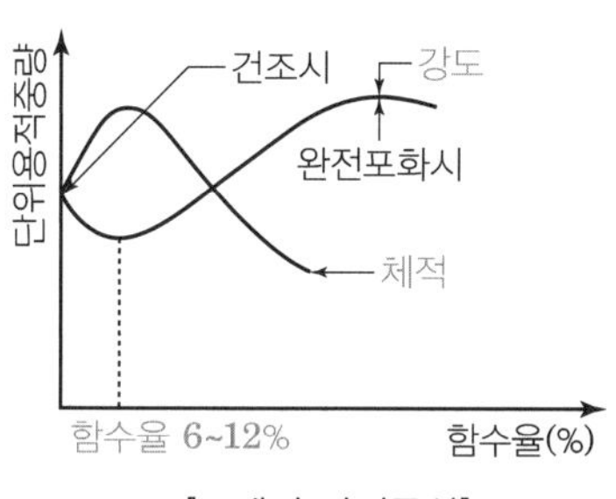

[모래의 다짐곡선]

30 팽윤(Swelling) 현상 및 비화(Slacking) 현상

Ⅰ. 팽윤(Swelling)현상

1. 정의

① 점토광물의 결정 층 사이로 물이 흡수되어 체적이 증가하는 현상
② 점토 토립자의 흡착이온의 종류에 따라 팽창정도가 다르고 최대 10배까지 팽창

2. 지반에 미치는 영향

① 계절적인 수축과 팽윤에 따라 지반의 침하 발생
② 기초의 융기 및 건축물의 균열
③ 기초설계 시 깊은 기초 고려(방지대책)

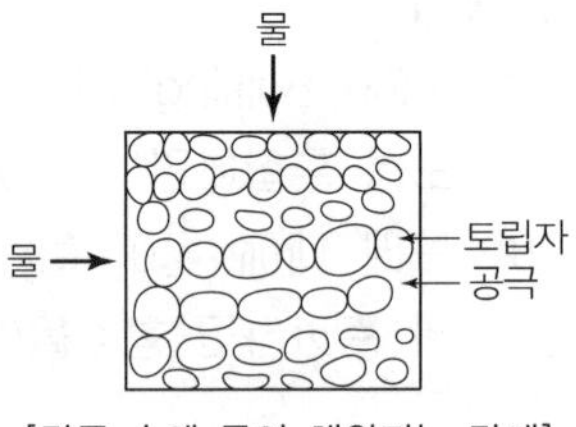

[간극 속에 물이 채워지는 단계]

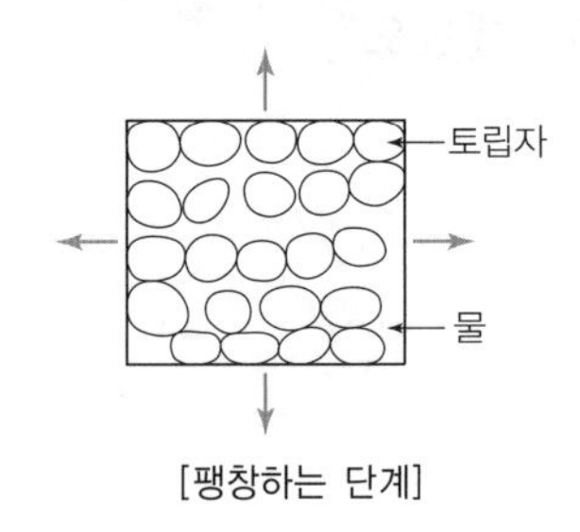

[팽창하는 단계]

Ⅱ. 비화(Slacking) 현상

1. 정의

연한 암석의 경우, 암석을 건조시킨 후 침수하면 체적이 팽창하며 소입자 간의 결합력이 저하되어, 차츰 부스러지는 현상을 말한다.

2. Slacking(비화현상)의 원인

① 지하수위의 이동
② 지반굴착에 따른 암석의 흡수팽창
③ 자연적인 풍화현상

3. 지반에 미치는 영향

① 절토면의 표면탈락
② 지반굴착 시 암반 돌출
③ 산사태

Ⅲ. Swelling, Bulking, Slacking

구분	지반	힘	현상	영향
Swelling	점토	용매결합	체적팽창	융기, 균열
Bulking	모래	표면장력	체적팽창	융기, 균열
Slacking	연암석		체적팽창	표면탈착, 산사태

31 약액주입공법

KDS 11 30 05

Ⅰ. 정의

지반 내에 주입관을 삽입하여 적당한 양의 약액(주입재)을 압력으로 주입하거나 혼합하여 지반을 고결 또는 경화시켜 강도증대 또는 차수효과를 높이는 공법이다.

[약액주입공법]

Ⅱ. 약액 주입방식

구분	1.0 Shot 방식	1.5 Shot 방식	2.0 Shot 방식
도해	시멘트 물 약액	중간노즐 A액 B액 연약지반	A액 B액
설명	지하수 유속이 적을 경우	지하수 유속이 크고 용수가 많을 때	각각 다른 주입관을 삽입 압송하여 지반 고결

Ⅲ. 약액의 분류

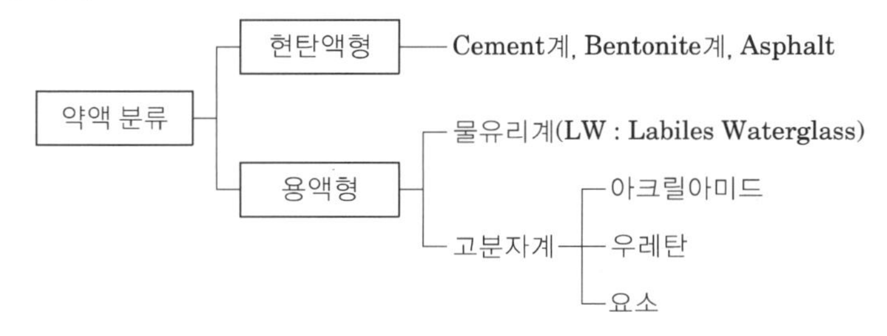

Ⅳ. 기대효과

① 지표수 및 지하수 유입차단
② 흙막이 저면의 Heaving 방지
③ 흙막이 벽면 및 하부 Piping 방지
④ 지반(기초)의 지지력 보강
⑤ 장소가 협소한 곳에서 사용이 가능
⑥ 인접 건물의 Underpinning
⑦ 흙막이벽(토류벽)의 토압 경감

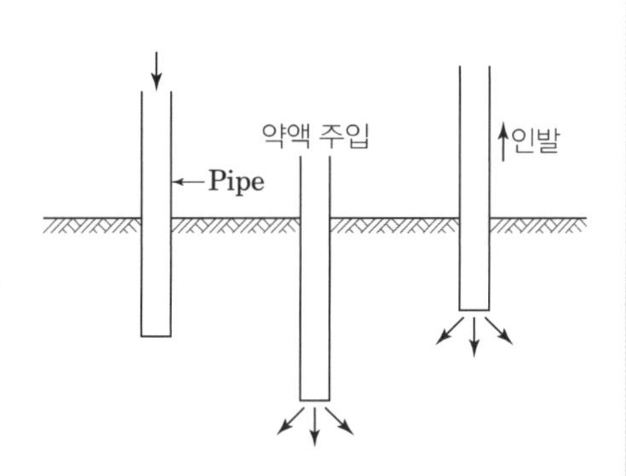

32 JSP(Jumbo Special Pile)

KCS 21 30 00

Ⅰ. 정의

연약지반 개량공법으로 이중관 로드 선단에 부착된 제트노즐로 시멘트 밀크 경화제를 초고압(20MPa)으로 분사시킴으로써 원지반을 교란 혼합시켜 지반을 고결시키는 지반고결제의 주입공법이다.

Ⅱ. 현장순서 및 주입

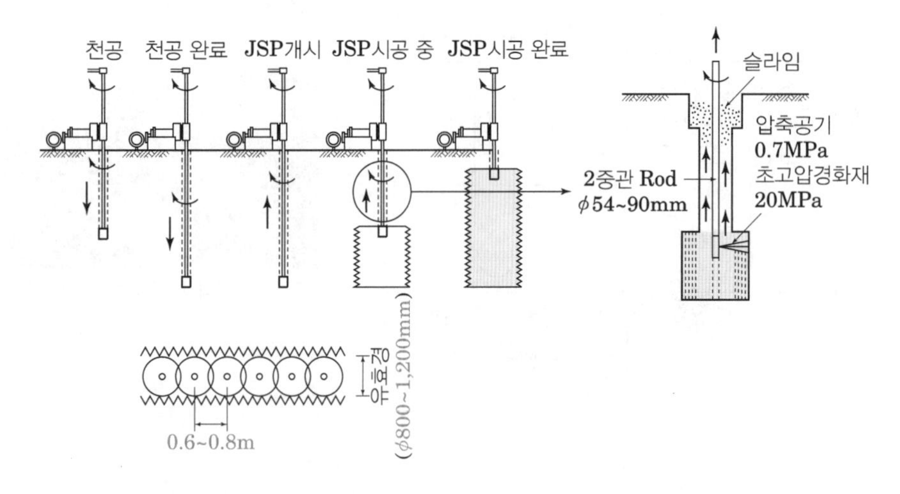

[JSP 공법]

① 공삭공에 사용하는 공사용수는 압력이 4MPa 이하

② 시멘트 밀크 토출압을 서서히 20MPa까지 높인 후, 0.6~0.7MPa 압력의 공기를 병행 공급하면서 작업을 시작

③ 로드의 분해 및 조립 시에는 시멘트 밀크 주입을 중지

④ 시멘트 밀크의 분사량은 (60±5)ℓ/min를 기준

⑤ 고압분사 시 토출압은 (20±1)MPa

Ⅲ. 적용범위

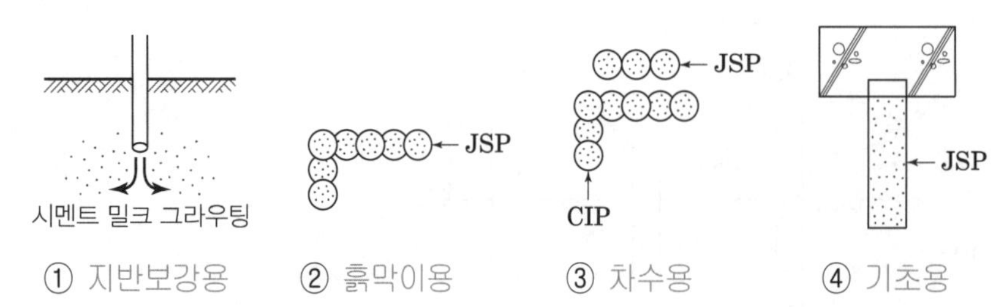

33 LW(Labiless Wasser glass)

KCS 21 30 00

Ⅰ. 정의

L.W 공법이란 규산소다 수용액과 시멘트 현탁액을 혼합하여 지상의 Y자관을 통하여 지반에 주입시키는 공법으로서, 지반의 공극을 시멘트입자로 충진시켜 지반의 밀도를 높여 지반강화 및 지수성을 향상시키는 저압(0.3~2MPa) 침투 공법이다

[LW 공법]

Ⅱ. 시공순서 및 주입

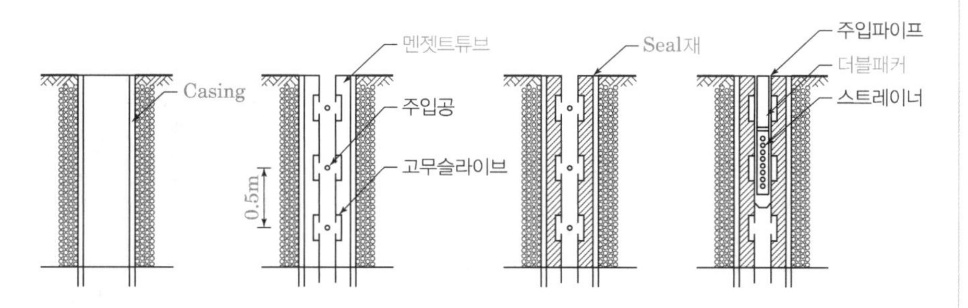

① 천공 직경은 100mm, 주입방법은 1.5shot 방법으로 실시
② 멘젯튜브(40mm)를 300~500mm 간격으로 구멍(7.5mm)을 뚫어 고무슬리브로 감고 케이싱 속에 삽입
③ 케이싱과 멘젯튜브 사이의 공간을 실(Seal)재로 채운 후 24시간 이상 경과 후에, 굴진용 케이싱을 인발
④ 주입관의 상하에는 패커 부착
⑤ 주입관을 멘젯튜브 속으로 삽입하여 굴삭공의 저면까지 넣고 일정 간격으로 상향으로 올리면서 그라우팅재를 주입하며, 주입압력은 0.3~2MPa 정도로 하고, 주입 토출량은 8~16ℓ/min 범위로 하되, 원 지반을 교란 금지
⑥ 주입이 완료되면 패커 장치만 회수하고 멘젯튜브는 그대로 둔 후 다음 공으로 이동

Ⅲ. 시공 시 유의사항

① H-pile에 근접 → 완전채움 및 다짐
② 시공상한선은 지하수위로 한다.
③ 시공하한선은 풍화암인 경우 → 근입깊이 0.5m
④ 고결체는 수직이며 균일하게 혼합
⑤ Slime은 즉시 제거
⑥ 지표면에 가까울수록 Gel Time이 짧은 배합 Grout 사용(40초~2분 내외) → 지표면으로 역분출방지

34 SGR(Space Grouting Rocket) 공법

KCS 21 30 00

Ⅰ. 정의

이중관 Rod에 특수선단장치(Rocket)를 부착시켜 대상지반에 급결성과 완결성의 주입재를 저압(0.3~0.5MPa)으로 복합주입하는 공법이다.

Ⅱ. 시공순서 및 주입

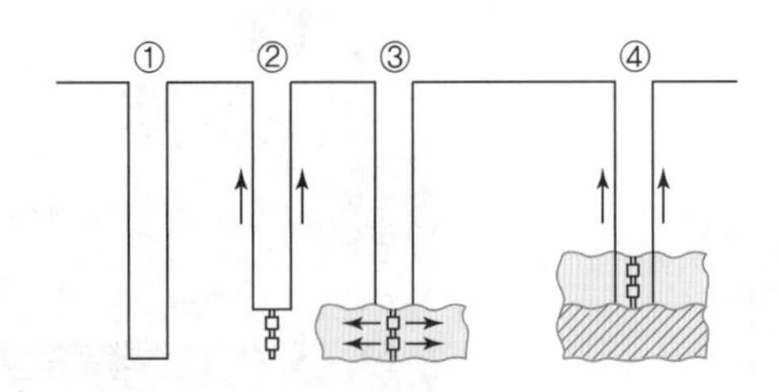

① 주입관 설치
② 주입관 인발
③ 악액주입
④ **50cm** 상승하면서 ②, ③작업 반복

[SGR 공법]

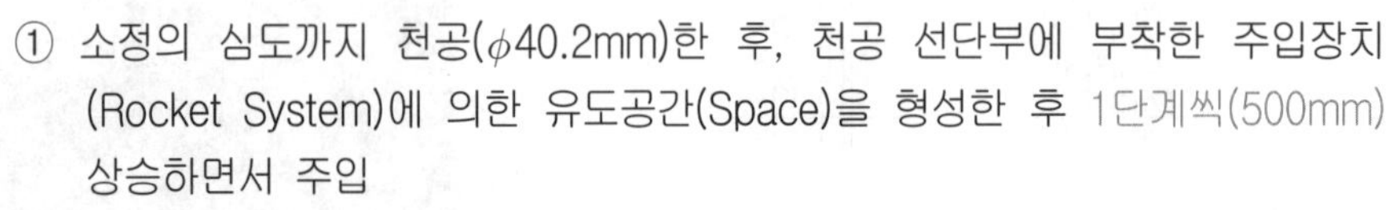

① 소정의 심도까지 천공(ϕ40.2mm)한 후, 천공 선단부에 부착한 주입장치(Rocket System)에 의한 유도공간(Space)을 형성한 후 1단계씩(500mm) 상승하면서 주입
② 주입방법은 2.0shot 방법으로 실시
③ 급결 그라우트재와 완결 그라우트재의 주입비율은 5:5를 기준으로 하고, 지층 조건에 따라 5:5~3:7로 조정 가능
④ 주입압은 저압(0.3~0.5MPa)

[배합표]

Ⅲ. 특징

① 차수효과 기대
② 급결재의 Packing효과로 주입효과 우수
③ 장비가 비교적 복잡

[배합장비]

Ⅳ. 시공 시 유의사항

① 주입재 구성: 시멘트+규산소다+SGR 약품+물
② 현장배합 후 주입재의 특성시험(Gel Time)을 측정 후 실시
③ 급결 주입재(Short Gel Time): 6~9초
④ 완결 주입재(Middle Gel Time): 60~90초
⑤ 천공간격은 계획된 위치에서 공간거리 0.4m로 천공

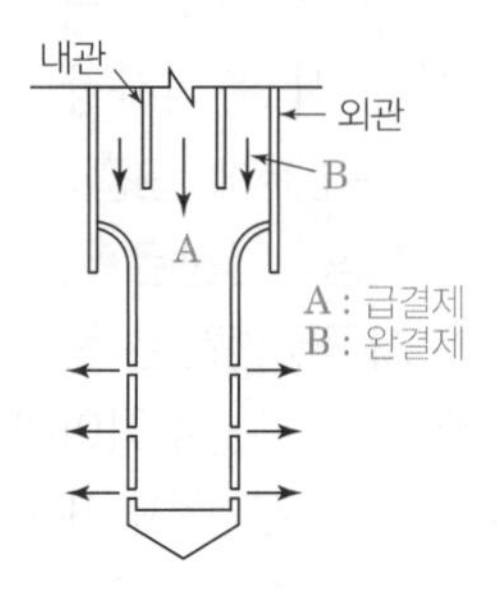

35 Sand Drain 공법

KCS 11 30 20

Ⅰ. 정의

연약지반의 간극수를 빠른 속도로 배출시키기 위하여 지중에 연직방향으로 배수기둥(Sand Pile)을 설치하여 간극수를 지표면으로 배출시킴으로써 압밀에 의한 지반을 개량하는 공법으로서, 점성토지반에 적용한다.

Ⅱ. 시공도

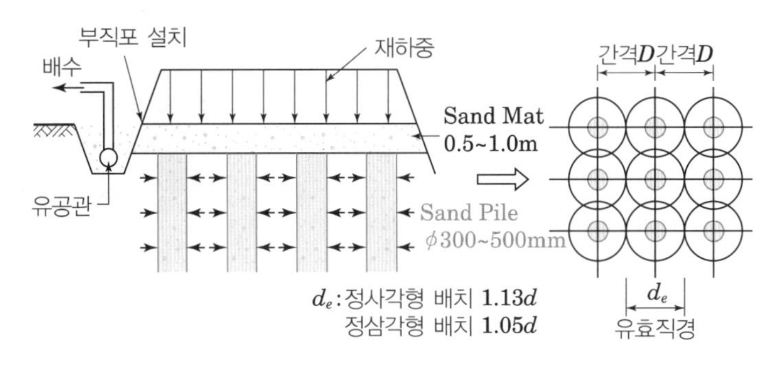

[Sand Drain 공법]

Ⅲ. 샌드드레인용 모래 기준

① 0.075mm 통과량(#200체): 3% 이하
② D15: 0.1mm~0.9mm(입경가적곡선 통과중량 백분율이 15%에 해당하는 입경)
③ D85: 1mm~8mm(입경가적곡선 통과중량 백분율이 85%에 해당하는 입경)
④ 투수계수: 1×10^{-3}cm/sec 이상
⑤ 샌드드레인에 사용하는 모래는 사용 전에 입도시험을 실시

Ⅳ. 시공 시 유의사항

① 모래말뚝의 위치 허용오차는 300mm 이하, 허용 경사각은 2° 이하
② 다음의 경우에는 시정 및 보완대책을 수립
- 시공 중 예기치 못한 지층의 변화가 확인된 경우
- 배수재의 타설 위치 및 경사가 허용범위를 초과한 경우
- 배수재가 절단된 경우 또는 재료 투입량이 부족한 경우

③ 시공 위치는 측량을 실시하여 선정
④ 케이싱의 관입을 촉진시키기 위하여 준비한 워터젯(Water-jet)은 상부 모래층에 대해서만 사용
⑤ 샌드드레인의 타설방향은 후진 진행
⑥ 샌드드레인의 타설은 횡방향 타설 루프를 1사이클(Cycle)로 한다.

36 Pack Drain 공법

KCS 11 30 20

Ⅰ. 정의

모래 기둥의 절단된 단점을 보완하기 위해 합성섬유 마대(Pack)에 모래를 채워 넣어 연약지반 속에 연속된 배수 모래기둥을 형성함으로써 성토하중에 의한 압밀배수를 촉진시키는 방법이다.

Ⅱ. 시공도

① 시공도

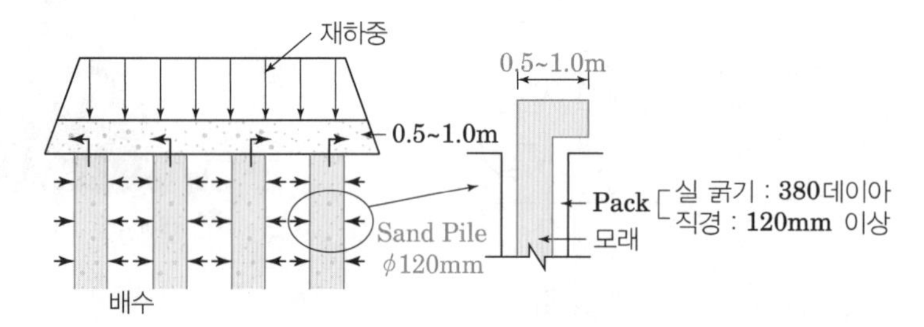

② 시공순서

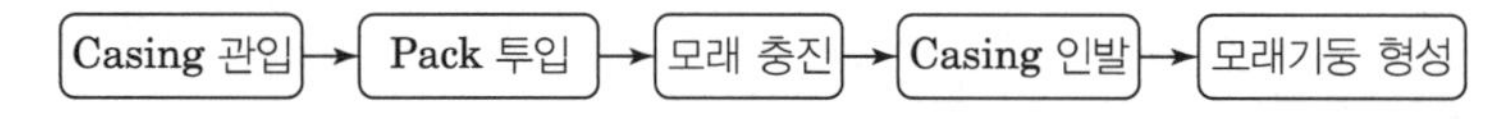

Ⅲ. 시공 효과

① 배수효과 증대 : 연속된 모래기둥 유지
② 시공관리 용이 : Pack이 지면에 노출되도록 육안품질 확인
③ 시공기간 단축 : ϕ120mm－4본을 동시 시공
④ 공사비 절감 : 모래량 절약

Ⅳ. 시공 시 유의사항

① 팩의 원사는 폴리에틸렌을 100%로 하고, 실의 굵기는 380데니아(Denier)를 기준(허용범위 ±7%)
② 팩의 직경은 120mm 이상
③ 타설 위치의 허용오차는 300mm 이하, 허용 경사각은 2° 이하
④ 팩드레인의 타설은 후진을 하면서 실시
⑤ 다음의 경우에는 시정 및 보완대책을 수립
- 시공 중 예기치 못한 지층의 변화가 확인된 경우
- 배수재의 타설 위치 및 경사가 허용범위를 초과한 경우
- 배수재가 절단된 경우 또는 재료 투입량이 부족한 경우

[Pack Drain]

37 PVD(Prefabricated Vertical Drain, 토목섬유 연직배수) 공법 KCS 11 30 20

Ⅰ. 정의

연약지반의 간극수를 빠른 속도로 배출시키기 위하여 지중에 연직방향으로 배수기둥(토목섬유)를 설치하여 간극수를 지표면으로 배출시킴으로써 압밀에 의한 지반을 개량하는 공법이다.

Ⅱ. 시공도

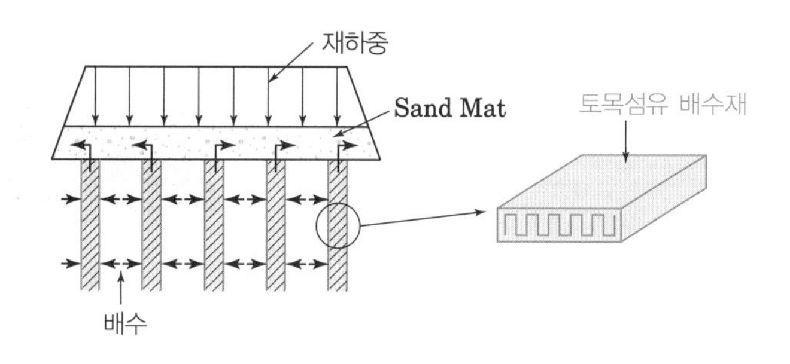

[PVD 공법]

Ⅲ. 재료

① 토목섬유 배수재 1롤(Roll)의 길이는 200m 이상
② 압밀침하에 대한 순응성이 양호하고 절곡 시 배수로의 절단과 막힘 금지
③ 필터재는 충분한 투수계수 확보, 드레인재 내부로 토립자의 혼입(Clogging)을 방지
④ 토목섬유 코어재는 재생 제품을 사용 금지

Ⅳ. 시공 시 유의사항

① 토목섬유 연직배수공은 맨드렐방식의 타입기로 시공
② 케이싱의 선단은 소단면의 폐단면 앵커판을 사용
③ 토목섬유 연직배수재는 과잉간극수압 발생위치까지 설치
④ 수평배수층 상단에서 300mm 이상의 여유를 두고 절단, 타설시 수직도 2° 이하
⑤ 사용 중 잔여길이를 연결할 때는 1공 당 1회에 한하여 500mm 이상 포켓 방식으로 겹치도록 하며, 포켓식 연결이 불가능할 경우 잔여길이는 제거
⑥ 다음의 경우에는 시정 및 보완대책을 수립
- 시공 중 예기치 못한 지층의 변화가 확인된 경우
- 배수재의 타설 위치 및 경사가 허용범위를 초과한 경우

38 Pre-loading 공법

KCS 11 30 20/EXCS 11 30 20

Ⅰ. 정의

연약 지반상에 구조물을 만드는 경우 미리 그 지반에 흙쌓기 등에 의해 재하를 함으로써 압밀 침하를 촉진시켜 안정시키고 난 다음 흙쌓기를 다시 제거하고 구조물을 축조하는 방법을 말한다.

Ⅱ. 시공도

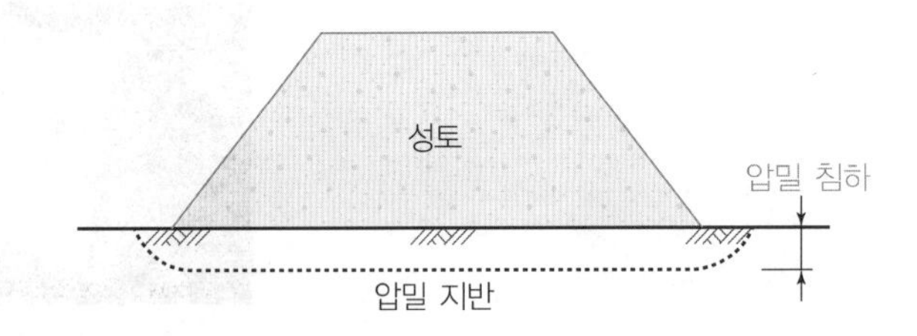

[Pre-loading 공법]

Ⅲ. 특징

① 압밀 촉진 증가
② 연약지반 개량 가능
③ 압밀효과가 크고 경제적
④ 재하에 따른 공기가 길어진다.
⑤ 적용지반이 한정적

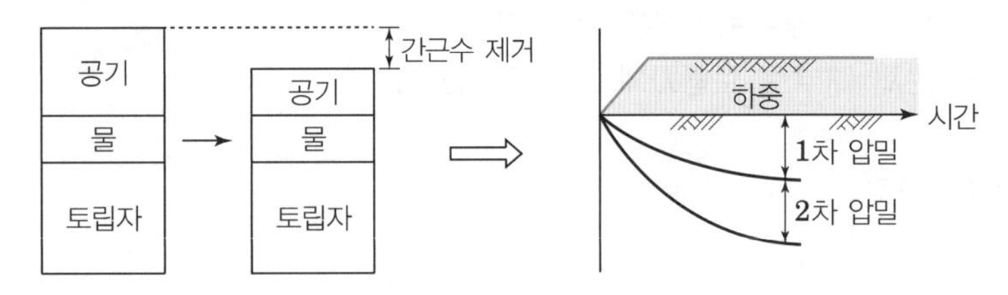

Ⅳ. 시공 시 유의사항

① 과재쌓기 재하 시 흙쌓기의 1층 두께를 300mm 이하
② 일정두께의 초기성토 방법은 현장에서의 시험시공(초기복토 또는 성토체 시공두께 변경)을 통해 결정
③ 과재쌓기 높이는 활동에 대한 안정성 분석과 압밀해석 결과에 의해 결정
④ 우기 시에는 흙쌓기 작업을 중단하고 우수의 침투를 최소화
⑤ 구조물 설치를 위하여 터파기 작업을 할 때에는 원지반을 이완 및 교란시키지 않도록 유의
⑥ 흙쌓기 작업 중에는 항상 주변 지반의 융기와 쌓기 제체의 붕괴 등을 관찰
⑦ 재하공정은 계측결과를 이용한 침하관리와 안정관리를 통해 안정적인 시공 요망
⑧ 급속 재하에 의한 연약지반 상 측방유동이 발생되지 않도록 유의

39 Sand Mat(부사)

Ⅰ. 정의

시공장비 주행성(Trafficability)과 지중수 배수를 위한 통수단면 확보를 목적으로 연약지반 위에 포설하는 모래층을 말한다.

Ⅱ. 시공도

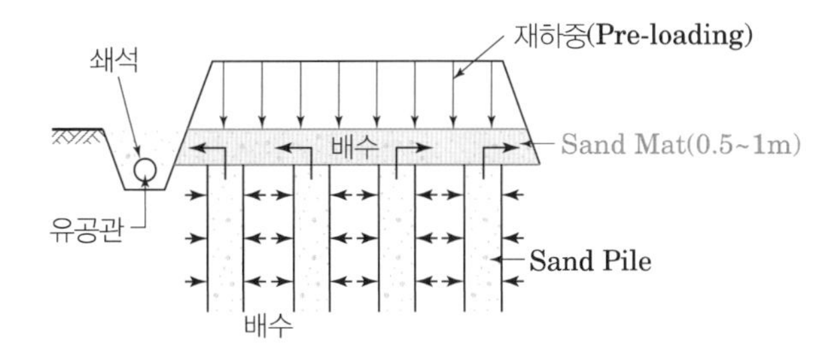

Ⅲ. 목적

① 장비의 주행성(Trafficability) 확보 및 전도방지
② 배수층의 역할
③ 연약층이 얇은 경우 Sand Pile 없이 Sand Mat로만 지반처리가 가능
④ 배수층 역할로 인한 지하수위 저하

Ⅳ. Sand Mat의 두께 결정

① 배수기능의 적정성 여부
② 수평배수의 거리
③ 배수량과 재료의 투수성
④ Sand Pile의 시공 여부

Ⅴ. 시공 시 유의사항

① Sand Mat에 흙이 들어가지 않도록 상하부에 부직포를 설치한다.
② 배수층의 형성과 기능을 확보할 수 있도록 한다.
③ 장비의 전도방지 및 주행성 확보를 한다.
④ 물의 이동통로 유지를 위한 유공관을 설치한다.

40 Surcharge(과재하중, 압성토) 공법

KCS 11 30 20

Ⅰ. 정의

본체성토 흙의 측면에 소단 모양의 흙을 성토하여 흙의 활동에 대한 저항모멘트를 증가시켜 성토지반의 흙의 활동파괴를 예방하는 공법이다.

Ⅱ. 시공도

① 넓은 용지 필요
② 충분한 성토재료 필요

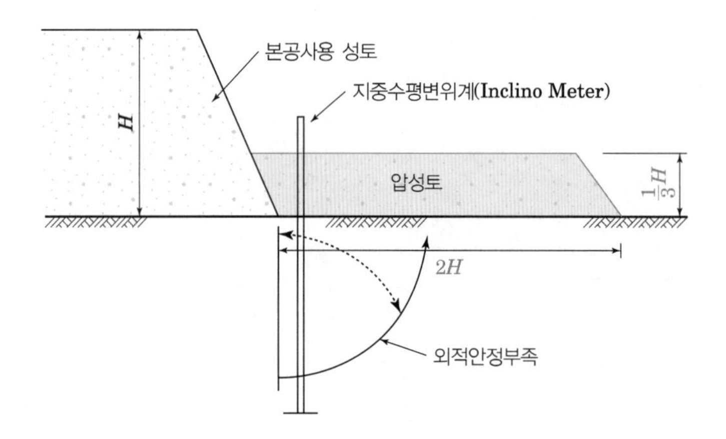

Ⅲ. 특징

① 신뢰성이 높으며, 방법이 간단하다.
② 설계가 간단하고 시공이 용이하다.
③ 주변지반의 안정을 기한다.
④ 넓은 부지와 성토재료가 필요하다.

Ⅳ. 압성토공법의 효과

① 현장과 주변지역의 완충지대역할이 가능
② 공사용 가설도로로 이용 가능
③ 성토지반 흙의 활동파괴 예방이 가능
④ Heaving 방지의 효과

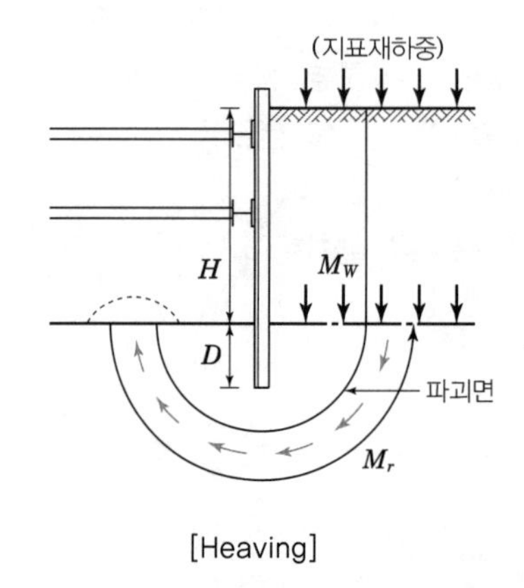

[Heaving]

41 Well Point 공법

Ⅰ. 정의

① 파이프 선단에 여과기를 부착하여 지중에 1~2m 간격으로 설치하고 흡입펌프를 이용하여 지하수위를 저하시키는 공법이다.

② 투수계수가 1×10^{-4}cm/sec 정도의 모래지반에 유효하다.

Ⅱ. 시공도

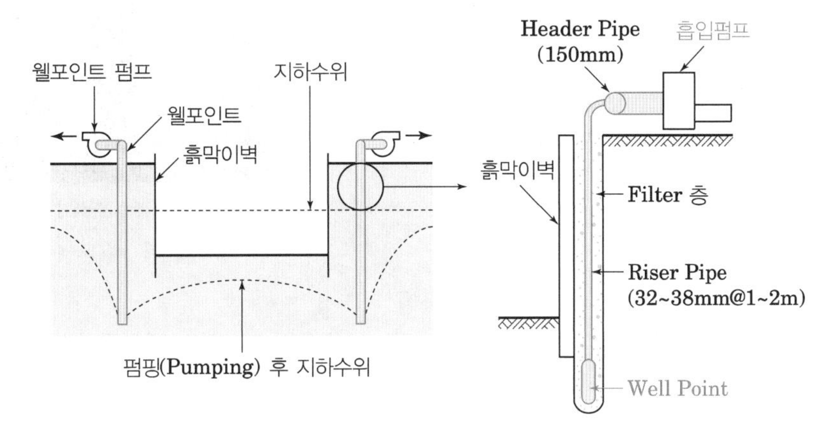

[Well Point 공법]

Ⅲ. 특징

① 투수층이 비교적 낮은 사질 실트층까지 강제배수 가능

② 흙의 안전성을 대폭 향상시킴

③ 진공도를 감안 시 4~6m 정도의 높이에 사용

Ⅳ. 시공 시 유의사항

① Well Point와 연결된 Riser Pipe(양수관)를 대수층까지 관입할 것

② 주변은 Filter 층(모래)을 형성할 것

③ 지하수위를 깊이 강하시키기 위해서는 다단식 Well Point를 고려할 것

④ 지하수위 저하에 따른 지반침하 등 주변의 변화와 피해에 유의할 것

42 배수판(Plate) 공법

Ⅰ. 정의

건물 내부 벽과 바닥에 공간을 두어 그 공간 속에서 물이 이동하여 집수정으로 모이게 하여 지하수를 처리하기 위해 많이 이용되고 있으나 원래는 방습(결로 등)의 목적으로 만들어진 것이다.

Ⅱ. 현장시공도

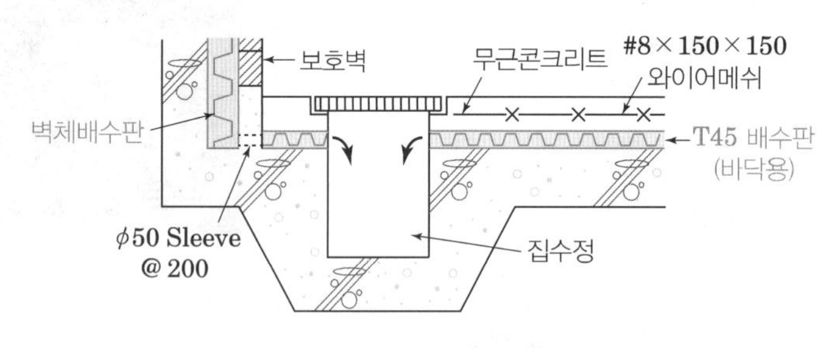

[배수판공법]

Ⅲ. 특징

① 시공성 용이
② 지하수가 많은 곳에서 사용
③ 결로 방지

Ⅳ. 시공 시 유의사항

① 바닥구배 형성(1/100~1/50정도)
② 10cm 이하로 되지 않도록 나누기 할 것
③ 이음부 Taping 철저
④ 벽체 배수판과 바닥배수판 연결 철저
⑤ 콘크리트 타설시 배수판 파손 주의
⑥ 무근 콘크리트 타설 후 Control Joint 시공
⑦ 설치 전 천장고 확인

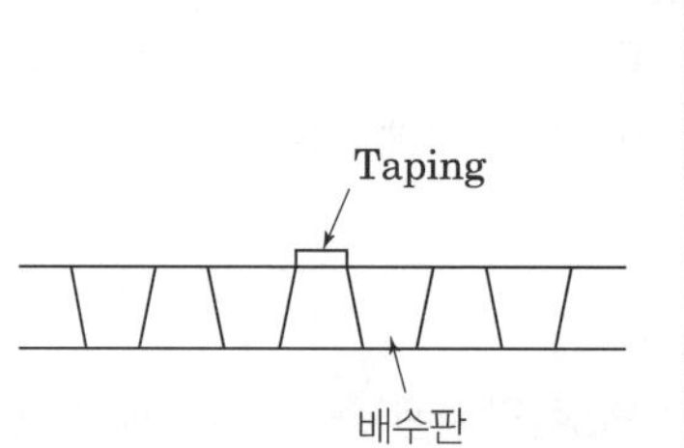

※ 주차장과 연결된 E/V 홀 바닥 시공 → 결로방지

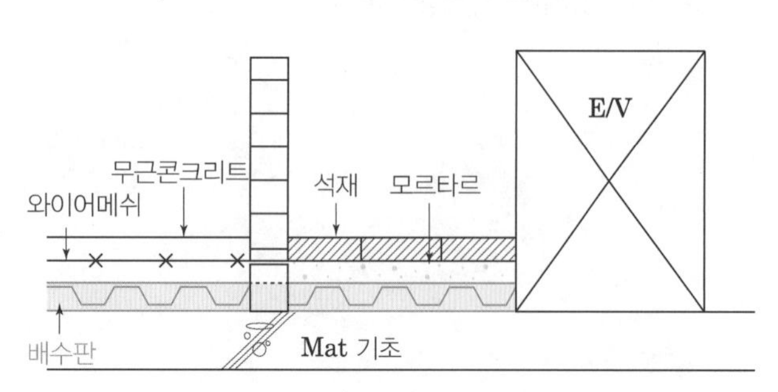

43 De-watering 공법(영구배수공법, 드레인매트 배수시스템) KCS 41 80 03

Ⅰ. 정의

영구배수공법은 건축물의 기초 바닥에 작용하는 지하수의 양압력을 저감시켜 구조물의 부상을 방지하고 지하수위의 안정적 관리를 위해 굴착이 완료된 최하층 바닥면에 인위적인 배수시스템을 형성, 기초바닥에 유입되는 지하수를 집수정으로 유도 강제배수하는 공법이다.

Ⅱ. 현장시공도 및 시공순서

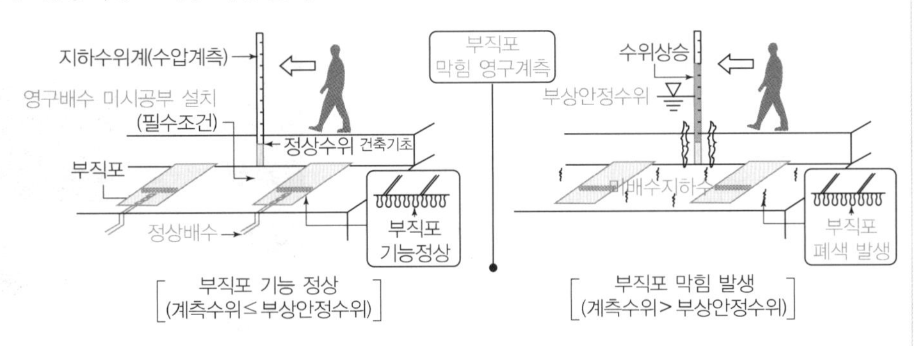

기초면 바닥면 정지 → 집수정 설치 → 정지면 상부다짐 → 유도수로재 설치 → 시스템배수로재 설치 → PE필름 깔기 → 버림콘크리트 타설

[영구배수공법]

Ⅲ. 특징

① 주변침하 및 편수압발생
② 영구적인 펌핑비용 발생
③ 부직포 막힘 발생 가능성이 크다.
④ 수평방향 중력 배수에 의한 기초판 저면 토립자 유실로 지지력 저하 우려

Ⅳ. 시공 시 유의사항

① 기초 시공 기준면까지 굴착한 후 부지를 평탄하게 정지
② 토목섬유 및 드레인보드의 겹침이음은 100mm 이상 확보하고, 반드시 보호(Taping)처리하여 이물질 유입 방지
③ 주배수관은 50m 이내마다 집수정으로 연결
④ 기설치된 주배수관 및 드레인 보드 위에 폴리에틸렌 필름(두께 0.08mm 이상, 2겹)을 사용하고, 연결부는 보호(Taping) 처리
⑤ 집수정 내부 유입량의 조절 수위는 유효고를 넘지 않도록 관리

44 PDD(Permanent Double Drain) 공법

Ⅰ. 정의

건축물의 기초 바닥에 작용하는 지하수의 양압력을 저감시켜 구조물의 부상을 방지하고 지하수위의 안정적 관리를 위해 굴착 완료 후 굴착면에 설치한 드레인보드로 집수한 후 이중배수관인 PDD관을 통해 집수정으로 배수하는 공법이다.

Ⅱ. 현장시공도 및 시공순서

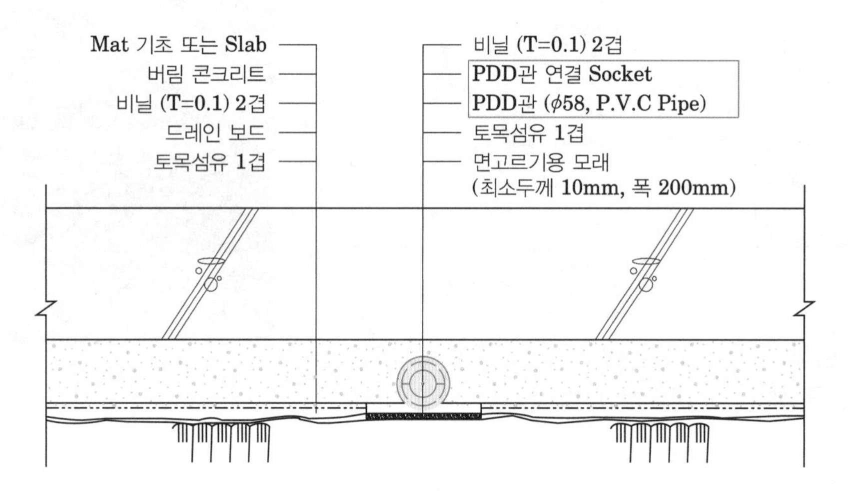

[PDD 공법]

기초면 바닥면 정지 → 집수정 설치 → 정지면 상부다짐 → 토목섬유 및 드레인보드 설치 → 토목섬유 및 PDD관 설치 → PE필름 깔기 → 버림콘크리트 타설

Ⅲ. 특징

① 트렌치를 굴착하지 않기 때문에 굴착공정 생략
② 드레인보드와 PDD관의 표준화로 시공성 우수 및 공기단축 가능
③ 모든 지층에 적용 가능

Ⅳ. 시공 시 유의사항

① 토목섬유 및 드레인보드의 겹침이음은 100mm 이상 확보하고, 반드시 보호(Taping)처리하여 이물질 유입 방지
② PDD관 연결 Socket으로 이음 철저
③ 기설치된 주배수관 및 드레인 보드 위에 폴리에틸렌 필름(두께 0.08mm 이상, 2겹)을 사용하고, 연결부는 보호(Taping) 처리

45 상수위제어 공법

Ⅰ. 정의

건축물의 기초 바닥에 작용하는 지하수의 양압력을 저감시켜 구조물의 부상을 방지하고 지하수위의 안정적 관리를 위해 굴착 완료 후 기초하부 집수시스템을 설치하고 수평관 및 상수위 연직관을 통해 집수정으로 배수하는 공법이다.

Ⅱ. 현장시공도 및 시공순서

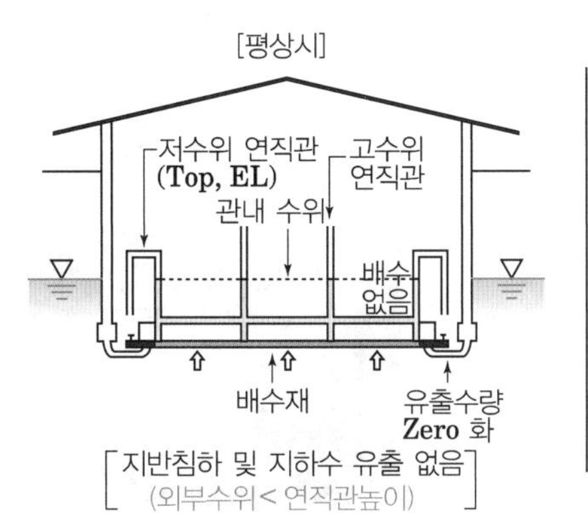

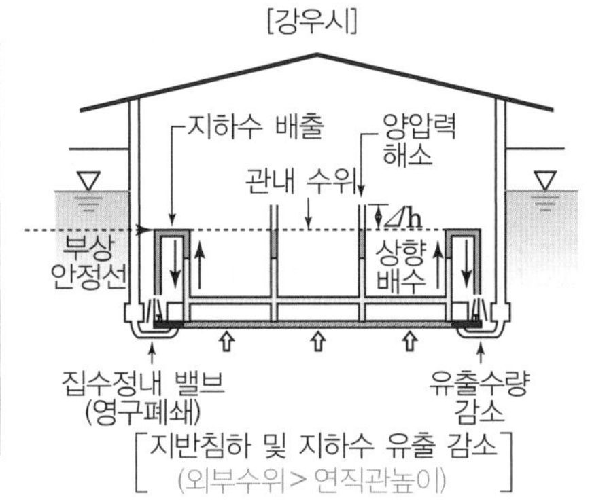

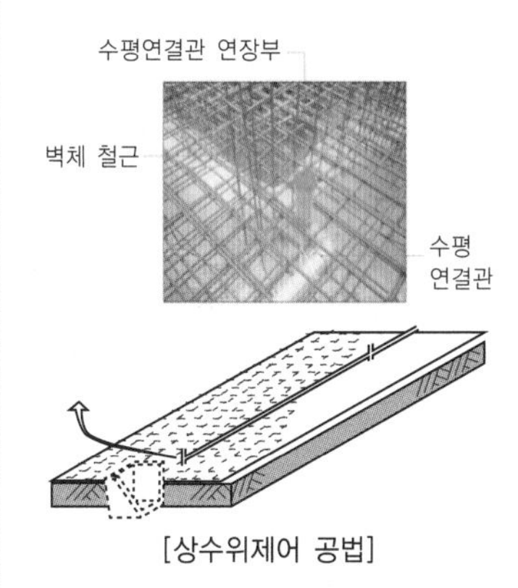

[상수위제어 공법]

1차 공사(기초하부 집수시스템) → 2차 공사(수직 및 수평연결관) → 3차 최종공사(상수위 연직관 및 제어밸브 설치)

Ⅲ. 특징

① 지반 침하 및 지하수 유출량 최소화
② 주변 구조물·공공 관로 등의 침하·싱크홀 예방
③ 하수도 및 전기 사용료 60% 절감
④ 상향배수에 의한 기초저면 토립자 유실방지

Ⅳ. 시공 시 유의사항

① 기초 시공 기준면까지 굴착한 후 부지를 평탄하게 정지
② 토목섬유 및 드레인보드의 겹침이음은 100mm 이상 확보하고, 반드시 보호(Taping)처리하여 이물질 유입 방지
③ 집수정 설치간격은 150m 내외 설치
④ 기설치된 주배수관 및 드레인 보드 위에 폴리에틸렌 필름(두께 0.08mm 이상, 2겹)을 사용하고, 연결부는 보호(Taping) 처리

[상수위제어공법과 영구배수공법의 비교]

구분	상수위제어 공법	영구배수 공법
펌핑량	제한적 선택배수	연중무휴 지속배수
소요 집수정	건축집수정 병용	집수정 추가설치
배수형식	연직관에 의한 압력배수	수평관에 의한 중력배수
지반침하	침하량 미비	장기침하 우려
시스템 기능	반영구적 유지	집수정 필터 눈막힘 우려

46 진공배수(진공압밀, 대기압, Vacuum Consolidation) 공법

Ⅰ. 정의

연약지반의 지표층에 배수를 위한 샌드 매트(Sand Mat)를 시공하고 그 위에 외부와의 차단막을 설치하여 지반을 밀폐시킨 뒤, 진공압을 가하여 지반 내의 물과 공기를 배출시켜 압밀을 촉진시키는 공법이다.

Ⅱ. 현장시공도 및 시공순서

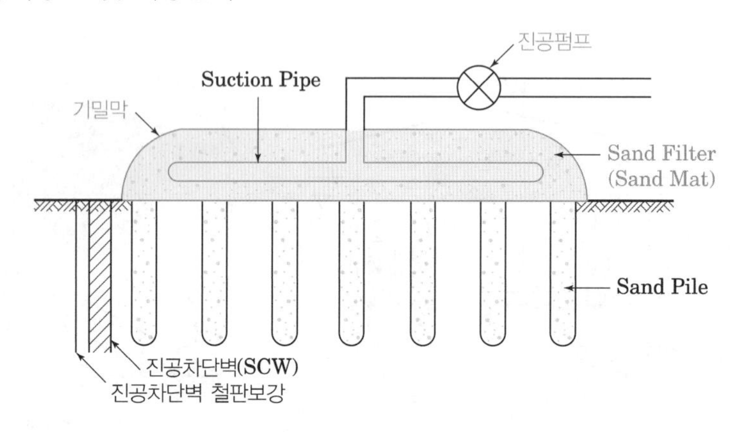

[진공배수 공법]

Sand Filter 시공 → 수직배수관(Sand Pile) 과 수평배수관(Suction Pipe) 설치 → 진공차단거, 지중공기차단벽 및 표면기밀막 설치 → 진공펌프 설치 → 흡입 및 배수

Ⅲ. 특징

① 재하토사 및 사토량 절감
② 공기단축
③ 성토하중에 의한 수직배수관의 전단파괴 방지 및 압밀지연 방지
④ 공사비 다소 고가

Ⅳ. 시공 시 유의사항

① 지반조사 철저: 주상도상에 Sand Seme이 있다면 진공압이 새어나가므로 공법의 적용이 불가함
② 드레인보드 배치: 드레인보드 한 개당 진공효과 영향 범위를 파악
③ 기밀성 유지를 위해 트렌치 부분에 Sealing을 철저하게 시공
④ 시공 후 침하발생으로 변형될 경우 지중배수 기능의 저하로 압밀효과 저하
⑤ 계측관리 철저

47 콘크리트 진공배수(진공탈수콘크리트, Vacuum De-watering) 공법

Ⅰ. 정의

콘크리트를 타설한 직후 진공매트 또는 진공거푸집 패널을 사용하여 콘크리트 표면을 진공상태로 만들어 표면 근처의 콘크리트에서 수분을 제거함과 동시에 기압에 의해 콘크리트를 가압 처리하는 공법을 말한다.

Ⅱ. 현장시공도 및 시공순서

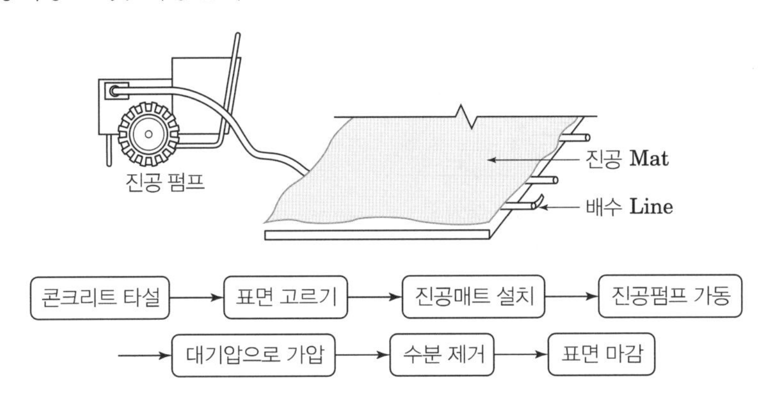

[콘크리트 진공배수 공법]

Ⅲ. 특징

① 물-결합재비의 감소로 콘크리트 강도 증진
② 콘크리트 28일 압축강도의 조기강도 발현
③ 표층의 잉여수 제거로 내동해성 향상
④ 내마모성 증가로 내구성 향상
⑤ 콘크리트 잉여수 제거로 건조수축 저감
⑥ 조직이 치밀해지고 수밀성 증가

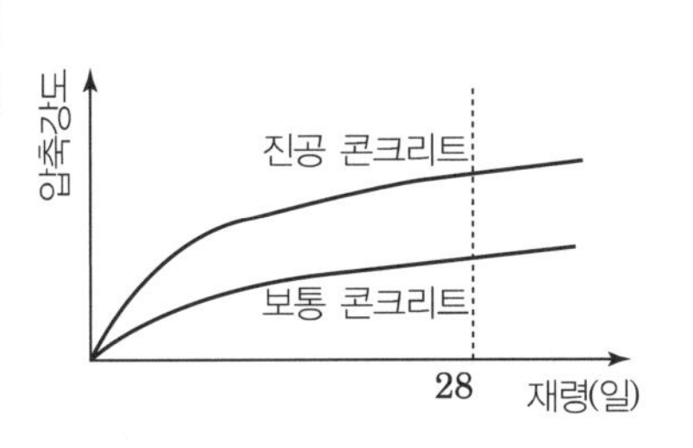

Ⅳ. 시공 시 유의사항

① 콘크리트 타설량(면적)을 고려하여 장비용량 결정
② 콘크리트 배합: 미세분말이 많으면 흡입능력 저하
- 단위시멘트량 350kg/m^3 이하
- 슬럼프 150mm 이하

③ 정 공기량: 5% 이상 시 흡입능력 저하

48 동결공법

Ⅰ. 정의

① 지중에 액체질소 등 냉동가스를 주입하여 지중의 수분을 일시적으로 동결시켜 지반강도와 차수성을 높이는 지반개량공법이다.

② 종류에는 저온액화가스방식과 브라인(Brine) 방식이 있다.

Ⅱ. 시공도

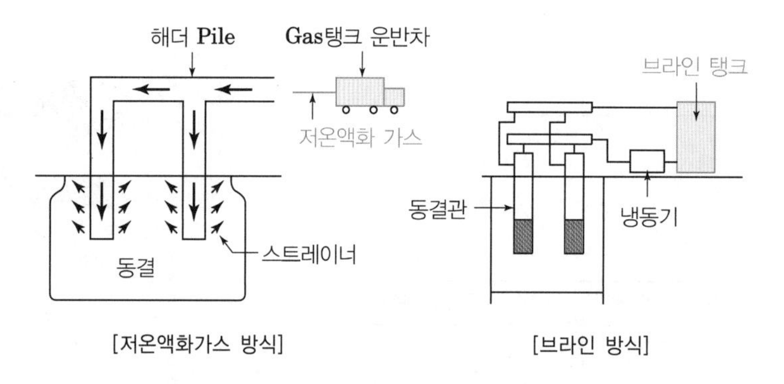

[저온액화가스 방식] [브라인 방식]

Ⅲ. 특징

구분	내용
장점	① 시공관리가 용이하고 신뢰성이 높다. ② 동결된 지반의 강도가 매우 우수하고 차수성이 크다. ③ 지반에 상관없이 시공이 가능하다. ④ 공기단축 및 안전시공이 가능하다.
단점	① 동결 해제 시 팽창한 지반이 수축되어 침하가 발생한다. ② 지반 동결 시 9% 팽창하여 인접건물에 영향을 미친다. ③ 시공비가 많이 든다.

Ⅳ. 시공 시 유의사항

① 보링 등의 방법에 의해 소정의 위치까지 동결관을 설치해야 한다.

② 동결장비의 진·출입로 및 위치를 사전에 선정한다.

③ 저온액화가스 및 염화칼슘 주입 시 사전에 주입량을 선정한다.

④ 동결토가 융해되지 않도록 주의한다.

⑤ 동결토가 해제되기 전에 구조물 등을 축조한다.

⑥ 지하수의 유속이 클 때 동결이 곤란하므로 지양한다.

49 동치환 공법(Dynamic Replacement Method)

Ⅰ. 정의

① 동치환 공법이란 Crane에 7~20ton의 해머를 연약지반에 미리 포설하여 놓은 쇄석, 모래, 자갈 등의 골재를 타격하여 쇄석기둥을 형성하는 공법이다.(근입깊이를 고려하여 선행 굴착도 가능)

② 적용지반은 심도가 낮은 연약지반, 점성토 지반

Ⅱ. 시공도

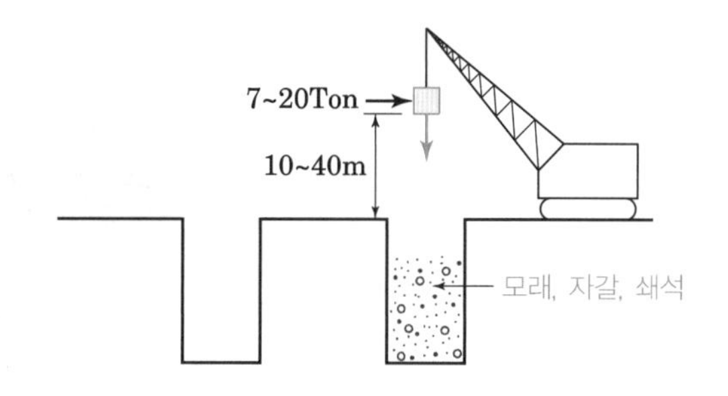

[동치환 공법]

Ⅲ. 특징

구분	내용
장점	① 전단강도 및 지반강도가 커진다. ② 지하수 배출통로가 형성된다. ③ 압밀촉진효과가 크다. ④ 공사비가 적게 든다.
단점	① 진동 및 소음이 크다. ② 연약층 심도에 따라 보조공법을 병용해야 한다. ③ 비산먼지 등이 많이 발생하여 환경조건이 취약하다.

Ⅳ. 시공 시 유의사항

① 공사 중 소음 및 진동에 대한 대책수립 → 계측관리 철저

② 쇄석, 모래, 자갈 등 자재수급계획 관리 철저

③ 진입로 확보 및 Trafficability 검토

50 SCF(Soil Cement mixing Foundation) 공법

Ⅰ. 정의

페이스트(고화재+물)와 원지반을 교반하는 연약지반 개량공법으로 페이스트를 고압(20MPa)/저압 동시 분사에 의한 지반을 굴착 하여 Soil-Cement의 구근을 만들어 우수한 개량효과로 균질한 기초를 형성하는 공법을 말한다.

Ⅱ. 현장시공도 및 시공순서

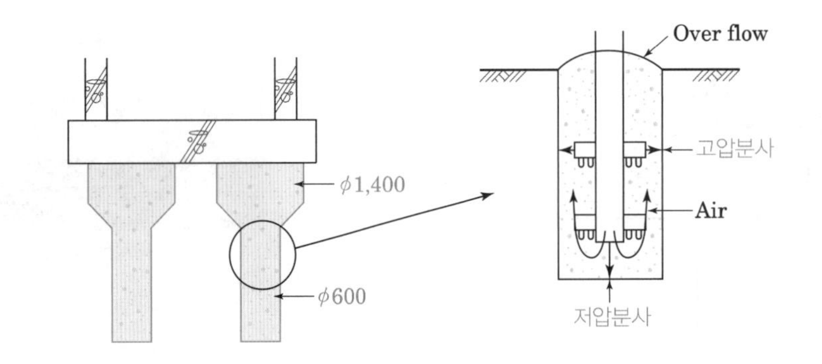

[SCF 공법]

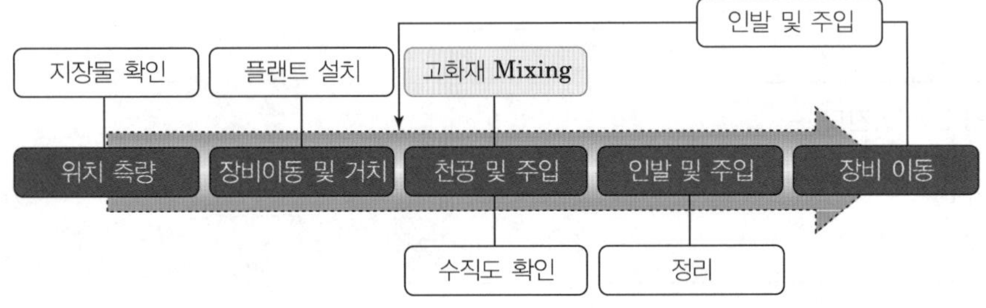

Ⅲ. 장점

① 원지반과 고화재 교반으로 시공성 우수 및 경제적
② 지층에 따른 개량직경 조절로 안전성 확보
③ 지반의 특성에 관계없이 설계강도 이상확보 가능
④ 친환경적인 공법(무소음/무진동/비산먼지 無)
⑤ 슬라임 발생량 적음

Ⅳ. 단점

① 현장 배합비 관리 필요
② 호박돌층 존치 시 시공성 저하

51 개착(Open Cut) 공법

Ⅰ. 의의

개착공법이란 자연비탈면 터파기, 흙막이, 물막이 등을 사용하여 지표에서 굴착하고 현장타설, 프리캐스트, 파형강관 등 구조물을 구축한 후 되메움 하는 일반적인 공법을 말한다.

Ⅱ. 비탈면 Open Cut

1. 정의

흙파기 하는 비탈면에 흙의 전단강도에 의해 사면안정을 형성하고 흙을 파내는 공법이다.

[비탈면 Open Cut]

2. 시공도

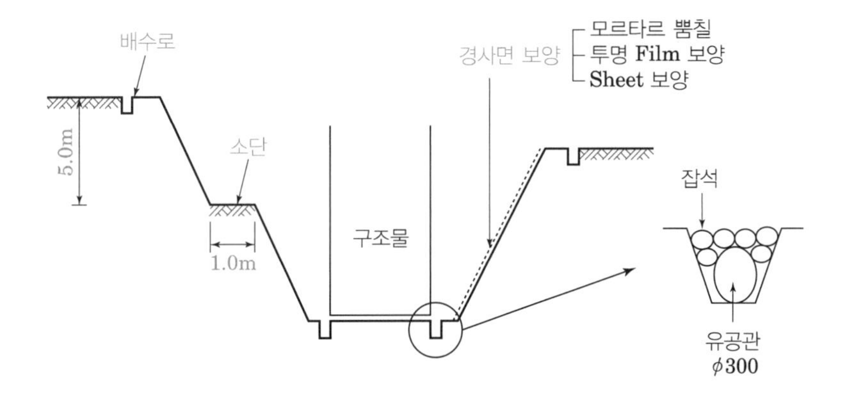

3. 비탈면 안정조치사항

① 상부 배수구 설치
② 상부 과하중 방지(설계하중 이하 적재)
③ 경사면 보양(모르타르 뿜칠, 투명 Film, Sheet 보양)
④ 5.0m마다 1.0m 소단 설치
⑤ 하단부 배수구 설치(유공관 ϕ300)
⑥ 하단부 가로널말뚝 설치
⑦ 배수공법으로 지하수위 저하(Well Point)

Ⅲ. 흙막이 Open Cut 공법

1. 정의

도심지 등 장소가 협소한 곳에서 경사면 Open Cut 공법을 사용하지 못할 경우 붕괴하고자 하는 흙을 흙막이에 의해 지지시키면서 굴착하는 공법이다.

2. 특징

① 흙파기 면적이 감소하여 현장 대지의 활용도 양호
② 비탈면 공법보다 반출토사가 적다.
③ 흙막이 지보공으로 작업의 장애 발생

3. 종류

구분	시공도	설명
자립공법	흙막이	토압을 흙막이 벽의 저항으로 흙의 붕괴를 방지하면서 흙을 파내는 공법
버팀대 공법	흙막이 버팀대	토압을 흙막이벽, 버팀대, 멍에, 지보공으로 버티게 하면서 흙을 파내는 공법
당김줄 공법 (Tie Rod 공법)	당김줄 흙막이	흙막이벽 바깥쪽 지반에 Tierod Anchor를 설치하여 인발저항을 이용하여 토압에 견디게 하는 공법
어스 앵커 공법	어스앵커	흙막이벽 면을 천공 후 그 속에 인장재를 삽입하고 그라우팅하여 인장재에 인장력을 가하여 흙막이벽을 지지하는 공법

[흙막이 Open Cut]

52 소단(Berm)

KCS 11 10 05/EXCS 11 72 00
KCS 11 40 30/KDS 44 30 00

Ⅰ. 정의

절토, 성토 및 지하굴착 시 비탈면으로 법면을 마무리할 때 비탈면의 안정성을 높이고 유지관리의 편의를 위하여 비탈면 중간에 설치한 좁은 폭의 수평면을 말한다.

Ⅱ. 시공도

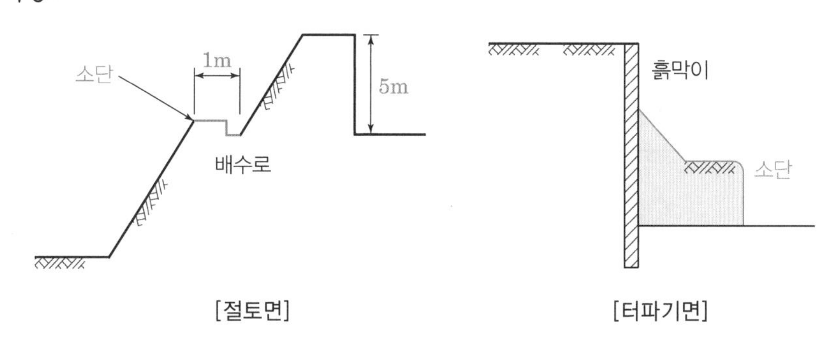

[절토면] [터파기면]

[소단]

Ⅲ. 소단 시공

① 비탈면에는 소단을 설치
② 소단은 비탈면 높이 5.0m 마다 폭 1.0m로 설치
③ 소단은 통수거리가 길어 비탈면의 침식이 발생될 우려가 있는 경우, 비탈면의 침식 방지를 위하여 횡단 배수시설을 설치
④ 소단 어깨와 양단부는 원형의 라운딩 처리
⑤ 비탈 높이에 관계없이 투수층과 불투수층과의 경계에는 필요에 따라 종방향으로 일정한 높이에 소단을 설치하며, 소단의 횡단기울기는 4.0%로 한다.
⑥ 땅깎기 비탈면의 높이가 10m 이상인 비탈면에서는 비탈면 유지관리를 위한 점검, 배수시설의 설치공간으로 활용하기 위하여 소단을 설치하며, 비탈면 중간에 5~20m 높이마다 폭 1~3m의 소단을 설치

Ⅳ. 소단배수로 및 측구 시공

① 배수 구조물의 터파기 시 최소 단면으로 시공
② 콘크리트는 재료분리가 일어나지 않도록 하고, 일체가 되도록 시공
③ 바닥과 벽을 분리 시공할 때에는 접속부에 16mm 이상의 철근을 적정길이로 300mm 간격으로 설치
④ 콘크리트 양생은 콘크리트는 14일 이상 양생
⑤ 표면수는 비탈면을 따라 설치한 산마루 측구를 통하여 배수

53 Island Cut 공법

Ⅰ. 정의

흙막이벽이 자립할 수 있는 깊이까지 비탈면을 남기고, 중앙부분의 흙을 파고 구조체를 구축하고 외주부분을 굴착하여 외주부분 구조체를 완성하는 공법이다.

Ⅱ. 시공도

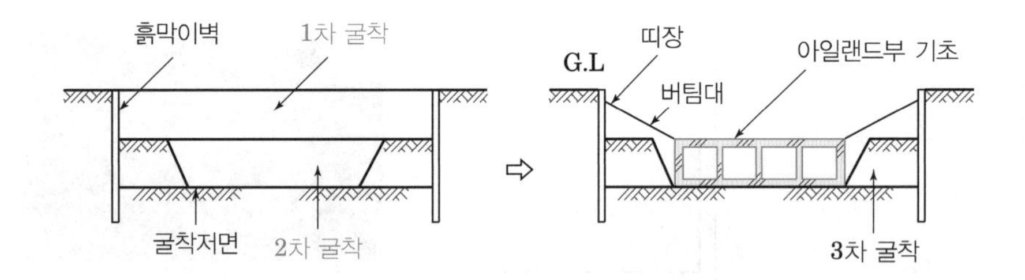

Ⅲ. 시공순서

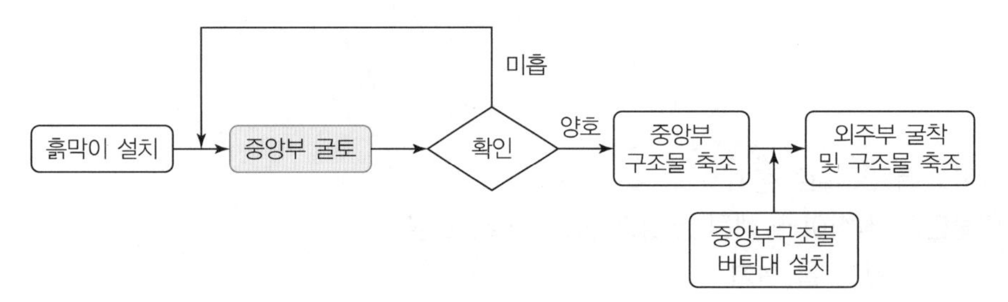

Ⅳ. 시공 시 유의사항

① 굴착 깊이가 10m 이상이면 공법적용이 어렵다.
② 흙막이 근입장 깊이를 충분히 해야 한다.
③ 지하수가 있을 시 자연 및 강제 배수시설물 설치
④ 지하수량이 많을 경우 차수공법으로 보강
⑤ 버팀대가 경사로 설치되므로 변위를 측정하여 시공관리를 실시
⑥ 1차 흙파기 면적과 2차 흙파기 면적의 비는 1:2 정도
⑦ 중앙부 굴착 후 외주부의 토압에 의한 Heaving 고려
⑧ 경사면의 보호 철저

54 Trench Cut 공법

Ⅰ. 정의

이중으로 흙막이벽을 설치하고 외주부를 굴착 후 구조체를 완성한 다음 중앙부분의 구조체를 완성하는 공법이다.

Ⅱ. 시공도

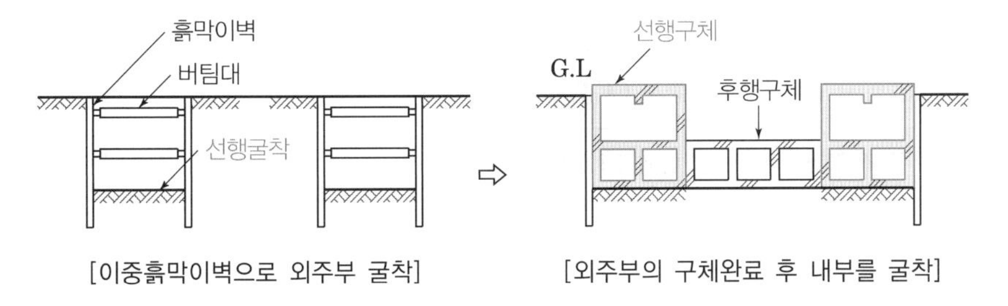

[이중흙막이벽으로 외주부 굴착] [외주부의 구체완료 후 내부를 굴착]

Ⅲ. 시공순서

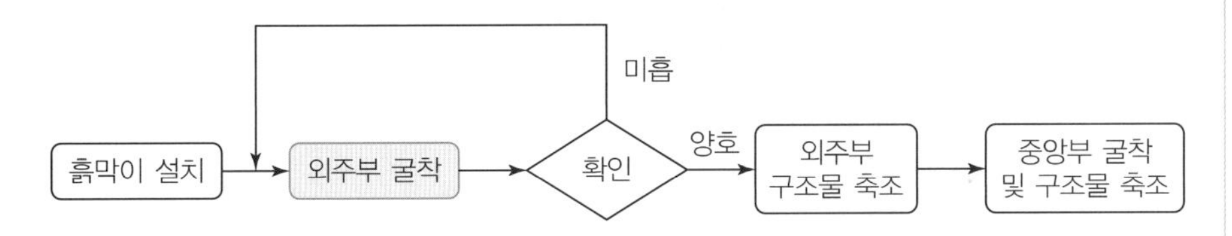

Ⅳ. 공법의 적용

① 지반이 극히 연약하여 온통파기를 할 수 없는 경우
② 점성토의 Flow 파괴가 대단히 예민할 경우

Ⅴ. 공법의 특성

① 공사기간이 길어지고 널말뚝을 이중으로 박는 결점이 있다.
② 중앙부를 작업장으로 사용 가능하다.
③ 버팀대의 변형에 의한 영향이 적다.
④ 주변의 지반침하를 최소화할 수 있다.

55 토압(주동토압, 수동토압, 정지토압)

Ⅰ. 정의

흙과 접하는 지하벽, 옹벽, 널말뚝 등의 면에 미치는 흙의 압력을 토압이라 하며, 흙의 구조, 함수율, 입도에 따라 변화한다.

Ⅱ. 토압의 종류

종 류	설 명
주동토압(P_A)	벽체가 뒷면의 흙으로부터 전면으로 변위가 생길 때 흙의 압력
수동토압(P_P)	벽체가 흙 쪽으로 향해 움직일 때 흙이 벽체에 미치는 압력
정지토압(P_0)	벽체의 이동이 없을 때 흙이 벽체에 미치는 압력

Ⅲ. 개념도

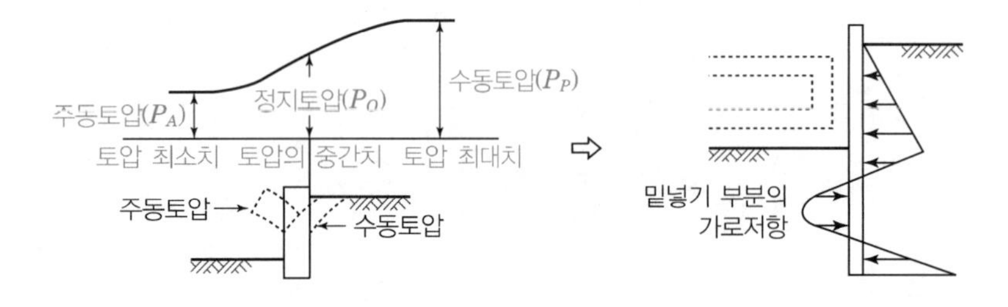

Ⅳ. 흙막이 벽에 작용하는 토압분포도

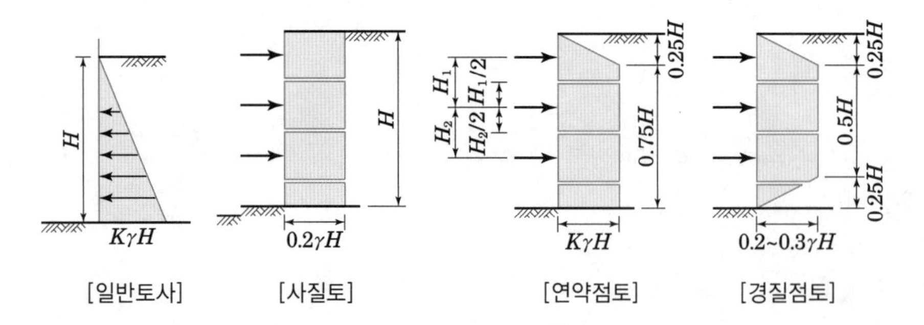

K : 측압계수, r : 습윤토의 단위체적 중량(t/m^3), H : 터파기의 깊이

56 정지토압이 주동토압보다 큰 이유

Ⅰ. 정의

흙과 접하는 지하벽, 옹벽, 널말뚝 등의 면에 미치는 흙의 압력을 토압이라 하며, 정지토압이 주동토압보다 크다.

Ⅱ. 토압의 종류

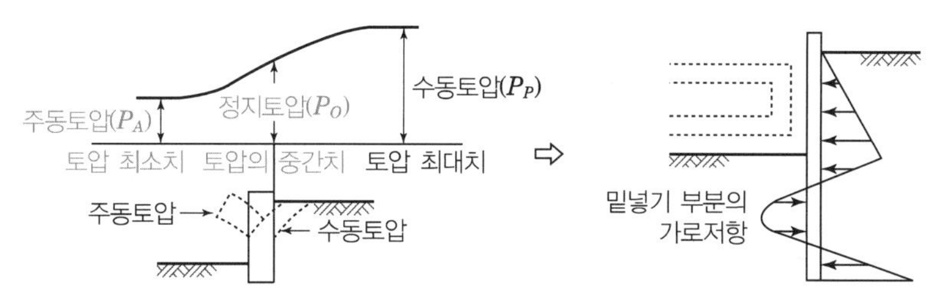

종 류	설 명
주동토압(P_A)	벽체가 뒷면의 흙으로부터 전면으로 변위가 생길 때 흙의 압력
수동토압(P_P)	벽체가 흙 쪽으로 향해 움직일 때 흙이 벽체에 미치는 압력
정지토압(P_0)	벽체의 이동이 없을 때 흙이 벽체에 미치는 압력

Ⅲ. 토압의 크기

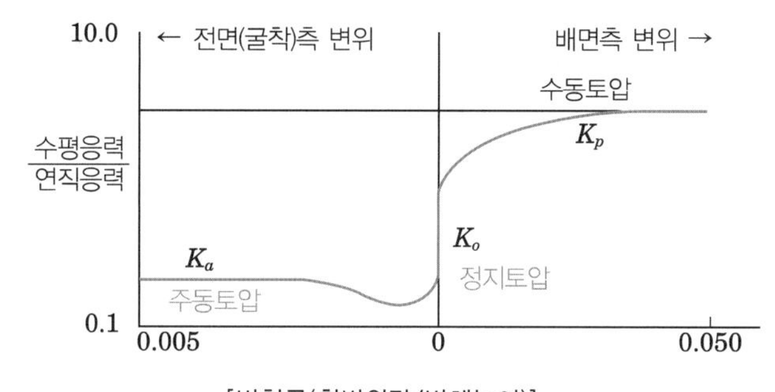

[변형률(횡변위량/벽체높이)]

1) 수평응력에 대한 연직응력의 비는 토압계수를 의미함
2) 주동 및 수동토압은 구조물의 변형을 허용하고 있다는 것을 알 수 있음
3) 극한수동토압이 발현될 때의 변위는 주동토압 변위의 10~50배
4) 토압
   ① 주동토압=$1/2rH^2\tan^2(45-\phi/2)$
   ② 수동토압=$1/2rH^2\tan^2(45+\phi/2)$
   ③ 정지토압=$1/2rH^2(1-\sin\phi)$
   ⇒ 주동토압 < 정지토압 < 수동토압

57 토질별(모래, 연약지반, 강한점토) 측압분포

Ⅰ. 정의

흙과 접하는 지하벽, 옹벽, 널말뚝 등의 면에 미치는 흙의 압력을 토압(측압)이라 하며, 흙의 구조, 함수율, 입도, 토질별에 따라 변화한다.

Ⅱ. 토질별 측압분포

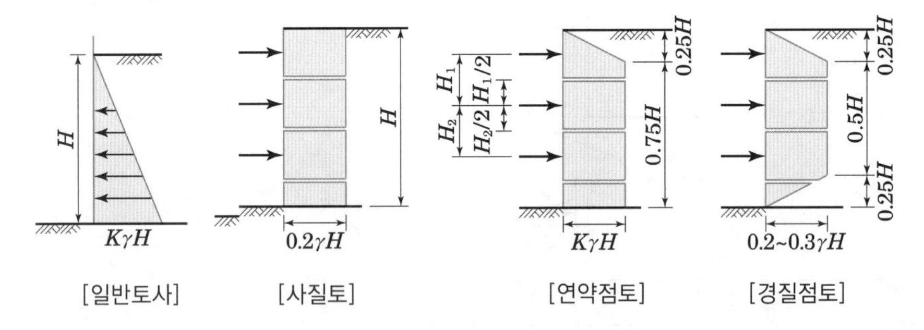

[일반토사] [사질토] [연약점토] [경질점토]

K : 측압계수, r : 습윤토의 단위체적 중량(t/m^3), H : 터파기의 깊이

Ⅲ. 측압의 크기

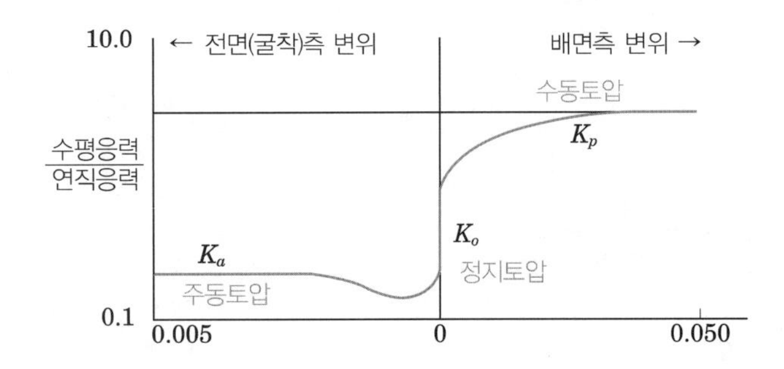

[변형률(횡변위량/벽체높이)]

1) 수평응력에 대한 연직응력을의 비는 토압계수를 의미함
2) 주동 및 수동토압은 구조물의 변형을 허용하고 있다는 것을 알 수 있음
3) 극한수동토압이 발현될 때의 변위는 주동토압 변위의 10~50배
4) 토압
   ① 주동토압=$1/2rH^2\tan^2(45-\phi/2)$
   ② 수동토압=$1/2rH^2\tan^2(45+\phi/2)$
   ③ 정지토압=$1/2rH^2(1-\sin\phi)$
   ⇒ 주동토압 < 정지토압 < 수동토압

58 흙막이 벽체의 Arching 현상

Ⅰ. 정의

흙막이벽에 지반 변형이 발생되면 변형하려는 부분과 안정된 지반의 접촉면 사이에 전단 저항이 생기게 되는데 전단저항은 파괴하려는 부분의 변형을 억제하기 때문에 파괴되려는 부분의 토압은 감소하게 되고 이에 인접한 부분의 토압은 증가하게 된다. 이와 같이 파괴하려는 부분의 토압이 인접부의 흙으로 전달되는 압력의 전이현상을 Arching 현상이라고 한다.

Ⅱ. 옹벽 및 토류벽의 Arching 현상

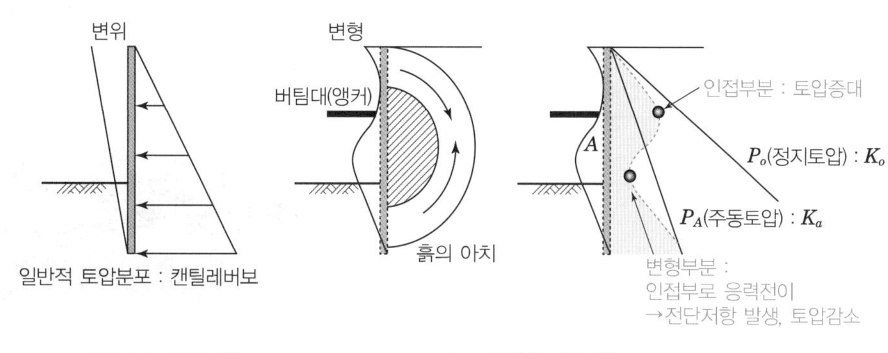

[옹벽(강성벽체)] [토류벽(연성벽체)]

[흙막이 배면보양]

① 변위가 크게 허용되면 토압은 적게 되고, 변위가 억제되면 토압은 크게 작용한다.
② 강성벽체는 옹벽 하단을 중심으로 변위가 발생(주동상태)한다.
③ 토압분포는 대체로 포물선 형태가 일반적이며, Arching의 영향을 크게 받아 정지토압에 근접하며 변위가 커짐으로 주동 상태보다 적게 될 수 있다.
→ 전체 토압력은 토압의 재분포로 크기는 동일하다.

Ⅲ. Arching의 효과

① 실트나 점토질보다 모래에서 더 크다
② 느슨한 모래보다 조밀한 모래에서 더욱 크다
③ 구조물의 변형부에 작용하는 토압의 감소효과
④ 변형하려는 지반의 인접부 토압의 증대효과

59 PPS(Pre-stressed Pile Strut) 흙막이 지보공법 버팀방식

Ⅰ. 정의

PPS(Pre-stressed Pile Strut) 공법은 대형강관(φ800~1,200)을 적용하고 선행 가압으로 압축력을 강화하여 중간파일 없이 적은 수의 지보로 흙막이 벽체의 수평변위와 주변의 침하를 최소화할 수 있는 공법을 말한다.

Ⅱ. 현장시공도

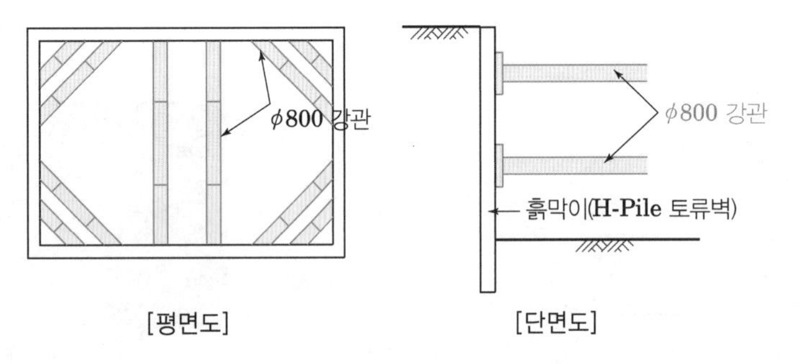

[평면도] [단면도]

[PPS 공법]

Ⅲ. 특징

① 공사비 절감 가능
② 공사기간 단축
③ 넓은 수직 및 수평 간격 가능
④ Post Pile 삭제 가능
⑤ 대형 크레인이 필요

Ⅳ. 시공 시 유의사항

① 충분한 강도와 강성을 확보할 수 있는 구조검토
② 계측관리 철저(Load Cell, Strain Gauge 등)
③ 띠장과 Strut간 밀착될 수 있도록 시공
④ 대형강관 설치 시 안전에 유의

60 PS(Prestressed Strut) 공법

Ⅰ. 정의

띠장에 케이블 또는 강봉을 정착한 겹띠장을 설치하여 양단부에 소정의 Prestress를 가하여 발생하는 Prestress Moment를 이용하여 토압에 저항하도록 하는 공법을 말한다.

Ⅱ. 현장 시공도

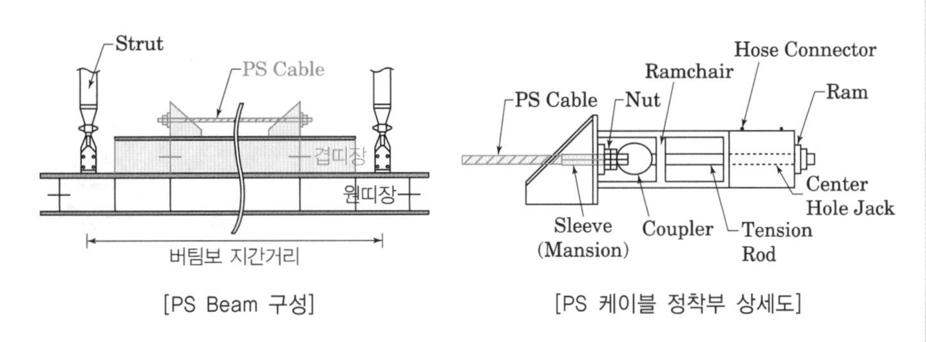

[PS Beam 구성]

[PS 케이블 정착부 상세도]

[PS 공법]

Ⅲ. 시공순서

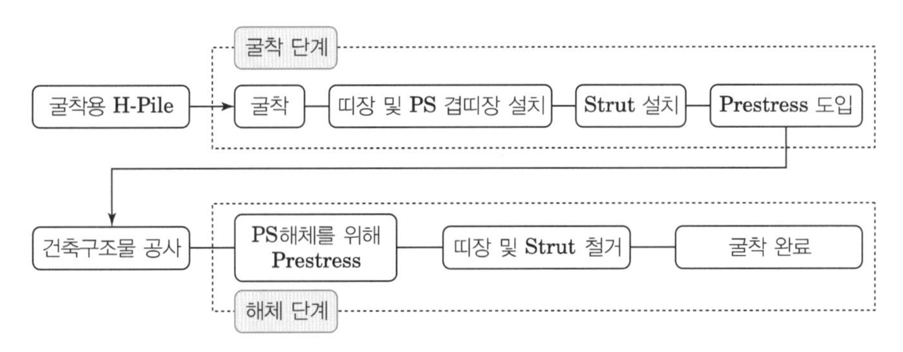

Ⅳ. 특징

① 기존의 흙막이 공법에 비해 주변지역의 변형을 최소화

② 공장제작으로 현장에서 볼트조립만 실시하므로 품질관리 및 시공성 우수

③ 중간파일 설치 후 띠장의 반입 및 설치 어려움

④ 용접이 불가능한 지하연속벽의 홈메우기 곤란

61 Raker 공법

Ⅰ. 정의

흙막이벽 배면에 Earth Anchor, Soil Nailing 등의 지보공을 설치할 수 없고 Strut를 설치하기에는 대경간으로 적용이 곤란할 때 지지블럭 또는 파일에 버팀보를 설치하여 토압을 지지하는 공법을 말한다.

[Raker 공법]

Ⅱ. 현장 Raker 설치 상세도

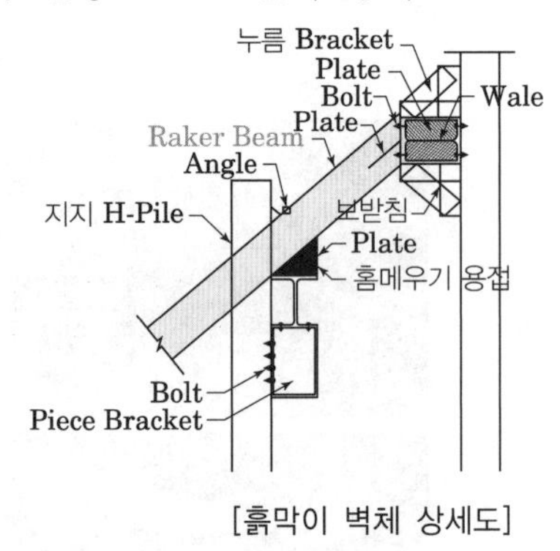

[흙막이 벽체 상세도]

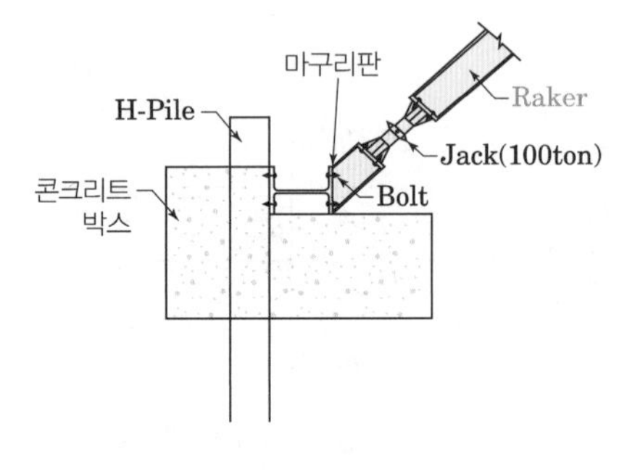

[Kicker Block 상세도]

Ⅲ. 시공순서

1단 콘크리트 박스 타설 → 1단 Wale 설치 → 1단 Raker 설치 → 2단 Wale 설치 → 2단 콘크리트 박스 타설 → 2단 Raker 설치

Ⅳ. 공법 특성

구분	내용
적용조건	• 양질지반 • 버팀대로 지지하기에 안정성이 불리한 경우 • 부지공간이 넓은 경우 적용 • 굴착평면이 넓고, 굴착깊이가 얕을 때 유리(10m 전후)
장점	• 버팀보가 짧으므로 버팀대의 수축, 접합부 유동영향이 적음 • 굴착폭의 제한이 없음
단점	• 연약지반 또는 굴착심도가 깊은 경우 벽체 변형 발생 • 10m 이상의 굴착심도일 경우 많은 버팀대가 요구되므로 시공성 불량 • 합벽의 1개층 층고가 클 경우 Raker 간섭으로 인해 2회 이상 시공하므로 공기지연 및 시공성 저하 • 비합벽 시 Raker와 지하외벽 골조와의 간섭으로 인해 골조를 Box Out으로 시공성 불량 • 굴착심도가 깊은 경우 안정성 저하 • 굴착단계별로 지지점을 이동시켜야 하므로 시공성 저하

62 타이로드(Tie Rod) 공법

KCS 21 30 00

Ⅰ. 정의

흙막이 배면지반에 앵커체를 형성하고 이 앵커체에 강봉이나 케이블을 연결하여 흙막이를 고정시킴으로써 안정을 도모하는 앵커형식의 공법을 말한다.

Ⅱ. 현장시공도

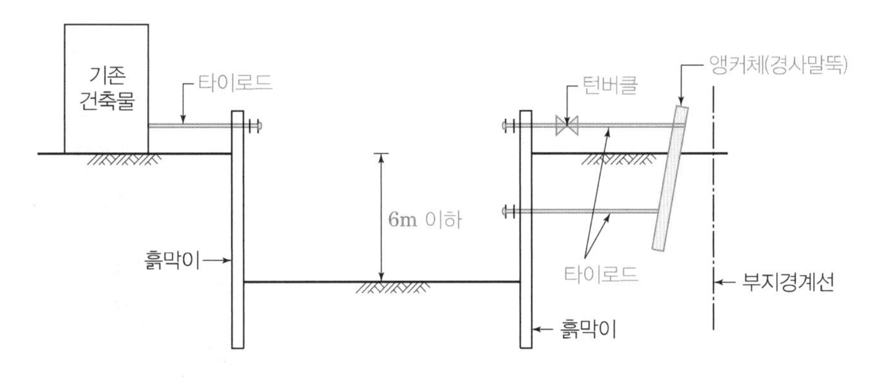

Ⅲ. Tie Rod 공법의 시공

① 타이로드는 힘의 작용방향, 작용효과, 시공성 등을 고려하여 선정하며, 원형 또는 각형의 구조용 봉강이나 강선을 사용

② 영구적으로 설치되는 타이로드에는 강선을 사용 금지

③ 모든 타이로드에는 턴버클을 부착하여 길이 조절을 할 수 있게 하고, 부지와 토지경계를 침범 금지

④ 타이로드로 지지할 수 있는 흙파기 깊이는 6m 이내

⑤ 타이로드를 지하수면 아래에 설치하는 경우에는 방청조치

⑥ 타이로드는 지지능력과 부지조건에 따라 앵커판, 경사말뚝, 강널말뚝 또는 기존 구조체에 정착 가능

⑦ 설치된 타이로드는 설계도면에 명시된 시험하중까지 가하여야 하며, 하중의 5% 이상 금지

⑧ 앵커판은 부지조건과 지지능력에 따라 단일 또는 연속으로 설치할 수 있으며, 성토 지반에 설치 금지

⑨ 앵커판이 위치한 수동영역은 벽체 배면의 주동영역을 침해하지 않는 위치

⑩ 앵커판 높이가 지표면에서 앵커판 하단까지 깊이의 1/2보다 크면, 이 앵커는 앵커판 하단 깊이에서 주동토압을 발생시키는 것으로 보고 주동토압을 고려

63 Earth Anchor 공법

KCS 11 60 00

Ⅰ. 정의

흙막이벽 면을 천공 후 그 속에 인장재를 삽입하고 그 주위를 시멘트 그라우팅으로 고결시킨 후 인장재에 인장력을 가하여 흙막이 벽 등을 지지하는 공법이다.

Ⅱ. 시공도

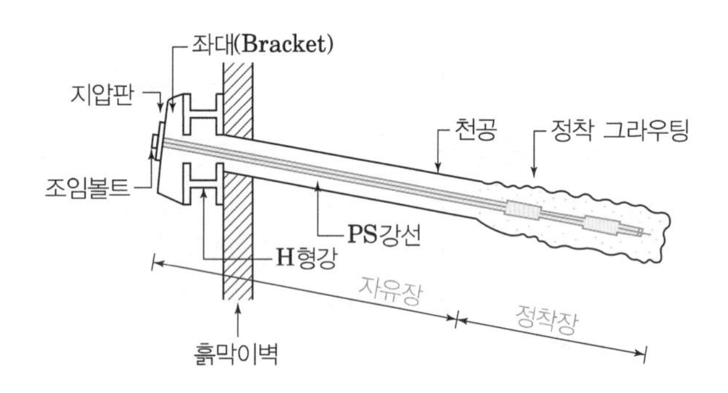

[Earth Anchor 공법]

Ⅲ. 용도

① 가설 토류벽의 지보공 및 영구앵커 토류벽

② 송전탑 기초

③ 댐의 보강

④ 지하구조물의 부력 앵커 및 사면보강

Ⅳ. 특징

1. 장점

① 작업 지장물이 없어 작업능률이 좋다.

② 토공사 범위를 한 번에 시공할 수 있다.

③ 기계화 시공이 가능하므로 공기가 빠르다.

④ Anchor의 국부적 파괴가 흙막이 전체 벽체의 파괴로 되지 않는다.

2. 단점

① 비교적 고가이다.

② 인근 구조물이나 지중매설물에 따라 시공이 곤란한 경우도 있다.

③ 정착지반이 연약한 경우 적합하지 않다.

④ 인근 건축주 및 도로관리자에 대해 동의를 얻어야 한다.

Ⅴ. 시공순서

Ⅵ. 시공 시 유의사항

① 그라우트의 블리딩률은 3시간 후 최대 2%, 24시간 후 최대 3% 이하
② 유기질점토나 실트 등 강도가 매우 적은 지반에서는 앵커를 설치 금지
③ 앵커체 선단이 인접 토지경계 침범 금지(침범한 경우에는 토지소유주의 동의 취득)
④ 전반적인 거동상태를 장기적으로 점검, 관측 및 계측 실시
⑤ 인장재 절단은 산소절단기를 사용하지 않고 커터 실시
⑥ 천공지름은 도면에 표시된 지름을 표준(앵커지름보다 최소 40mm 이상)
⑦ 토사붕괴가 우려되는 구간에는 케이싱을 삽입
⑧ 천공깊이는 소요 천공깊이보다 최소한 0.5m 이상
⑨ 앵커가 후면의 기존 구조물을 통과할 때 앵커체는 기초저면에서 최소 3m 이상 이격
⑩ 천공 후 바로 앵커공 내부를 청소하여 슬라임을 제거
⑪ 혼합된 그라우트는 90분 이내에 주입
⑫ 동절기의 주입은 그라우트의 온도가 10℃~25℃ 이하를 유지
⑬ 계획 최대시험하중은 설계하중의 1.2배 이상, 긴장재의 항복하중의 0.9배 이하
⑭ 인장시험은 최소 3개, 전체 그라운드 앵커의 5% 이상 실시

64 Earth Anchor 천공 시 검토사항

Ⅰ. 정의

버팀대 대신 흙막이벽을 어스드릴(Earth Drill)로 구멍 뚫은 뒤 그 속에 PC강선 등의 인장재를 넣고, 그 주위를 모르타르로 그라우팅하여 굳힌 다음 외부에서 PC강선 등에 인장력을 가해 정착시키는 흙막이공법으로 타이백앵커공법(Tie-Back Anchor Method)이라고도 한다.

Ⅱ. 천공 시 검토사항

1. 천공 전 확인사항

① 지중장애물 조사

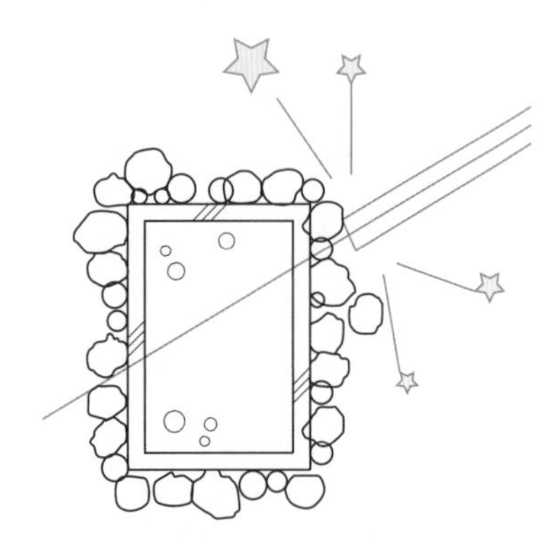

② 투수계수 확인

[투수계수 확인]

[지하수위 확인]

③ 지하수위 확인

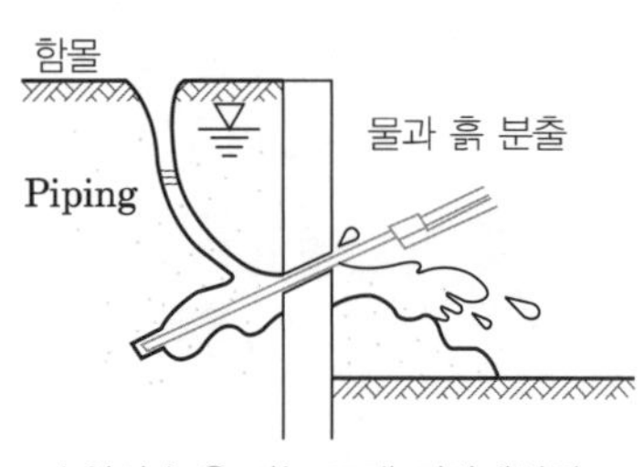

④ 작업공간 확보

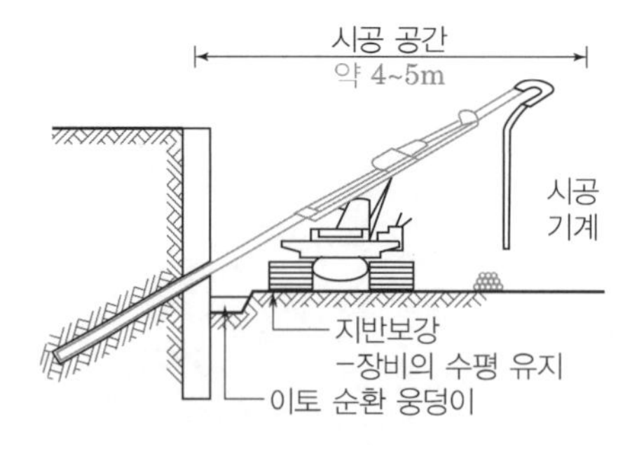

[장비 작업공간]

2. 천공 시 유의사항

① 천공 시 주변지반의 교란이 일어나지 않도록 주의하고 공벽붕괴 방지
② 천공지름(앵커체 지름+40mm)은 규정치수 이하가 되지 않도록 유의
③ 천공 여유길이는 0.5m 이상
④ 천공위치의 오차한계: 100mm
⑤ 천공 중의 공벽의 휘어짐, 단면의 변화가 발생하지 않도록 주의
⑥ 설계축과 시공축의 허용오차: ±2.5°

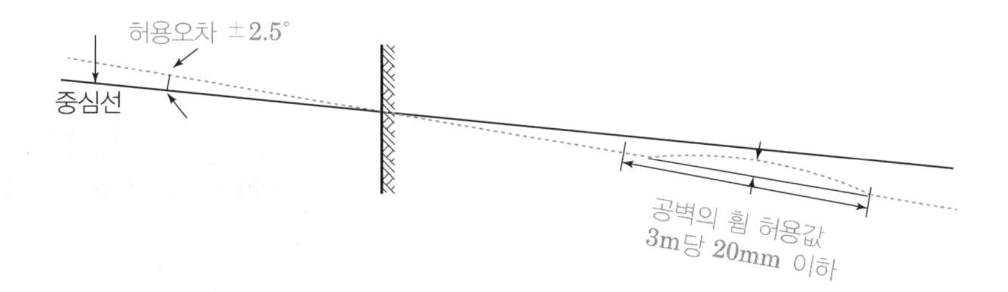

65 Earth Anchor 공법 그라우트 품질관리방안

Ⅰ. 정의

흙막이벽을 어스드릴(Earth Drill)로 구멍 뚫은 뒤 그 속에 PC강선 등의 인장재를 넣고, 그 주위를 모르타르로 그라우팅 시 정착장 및 자유장에 Over Flow 되도록 하여 굳힌 다음 외부 PC강선 등에 인장력을 가할 때 정착이 되어야 한다.

Ⅱ. 모르타르 주입순서

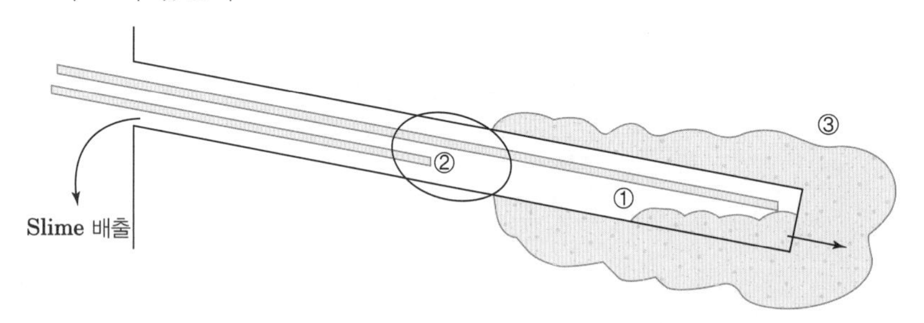

[E/A 그라우팅]

① 저압주입: 천공 후 공벽 내에 있는 슬라임을 제거하기 위해 모르타르 주입
→ 육안으로 슬라임이 토출되지 않을 때까지 주입

② Packer 주입: 정착부 상단의 패커(Packer)에 고압으로 모르타르 주입

③ 정착부 주입: 주입 압력 0.5~1.0MPa 정도

Ⅲ. 품질관리방안

1. 표준배합

[단위: 중량비]

구분	시멘트	물	모래
Cement Paste	1.0	0.55±0.3	-
모르타르	1.0	0.55±0.3	0.5~1.0

2. Consistency의 계측

① 깔대기를 받침대에 연직으로 받치고 물로 축인다.

② 시료의 모르타르를 깔대기 안에 유출관으로 소량의 모르타르를 유출시킨 후 손끝으로 유출구를 막고, 깔대기 윗면까지 채운 다음 고르기를 한다.

③ 손끝을 놓아 연속적으로 유출하고 있는 모르타르가 처음 끊어질 때까지의 시간을 측정하여 기록한다.

3. 시공 시 유의사항

① 천공 후 인장재 삽입과 그라우트재의 주입은 연속적으로 실시

② 주입량의 파악을 위해 사용 시멘트 투입량을 반드시 확인

③ 모르타르의 소요강도를 얻기 위해 배합을 준수

66 슬러리월과 Earth Anchor 공법 홀(Hole) 방수처리

Ⅰ. 정의

슬러리월 시공 후 어스앵커 시공 시 어스앵커 홀의 시공 전, 후의 누수 경로를 파악하여 시공단계별 철저한 조치가 필요하다.

Ⅱ. 누수경로

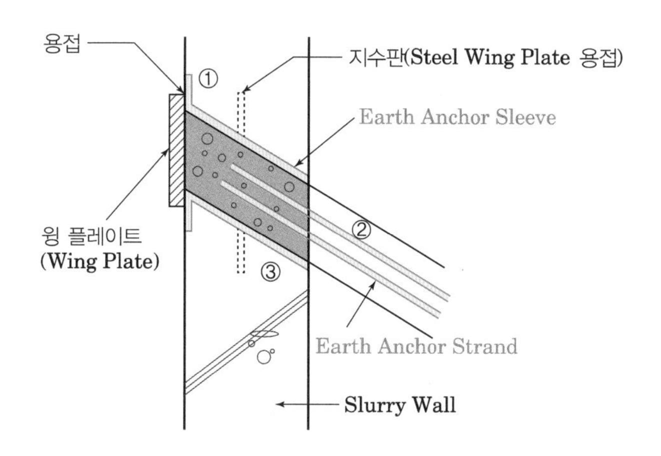

① 어스앵커 슬리브(Sleeve)와 슬러리월(Slurry Wall) 접합부
② 어스앵커 스트랜드(Strand)
③ 어스앵커 슬리브(Sleeve) 내부

Ⅲ. 홀(Hole) 방수처리

1. 어스앵커 슬리브(Sleeve)와 슬러리월(Slurry Wall) 접합부

① 지수판 설치
② 철근 간섭으로 지수판 설치가 어려운 경우에는 수팽창 지수 코킹재 시공

2. 어스앵커 스트랜드(Strand)

① 제거식 어스앵커는 스트랜드 철저히 제거
② 영구식 어스앵커는 스트랜드를 가능한 짧게 절단하고 자유장과 정착장 경계부위의 자유장 피복과 스트랜드 접합방수 철저

3. 어스앵커 슬리브(Sleeve) 내부

① 슬리브 내부를 방수 모르타르로 충전 → 누수여부를 1개월 이상
② ① 확인한 후 슬리브 입구에 철판을 용접 한 후 방청도장

67 제거식 U-Turn 앵커

Ⅰ. 정의

언본드 PC강연선을 U Type으로 굽힘가공하여 선단의 내하체에 하중을 지지하고, 사용성이 끝나면 강연선을 크레인이나 윈치 등으로 인발하여 강연선을 제거하는 공법이다.

Ⅱ. 시공도

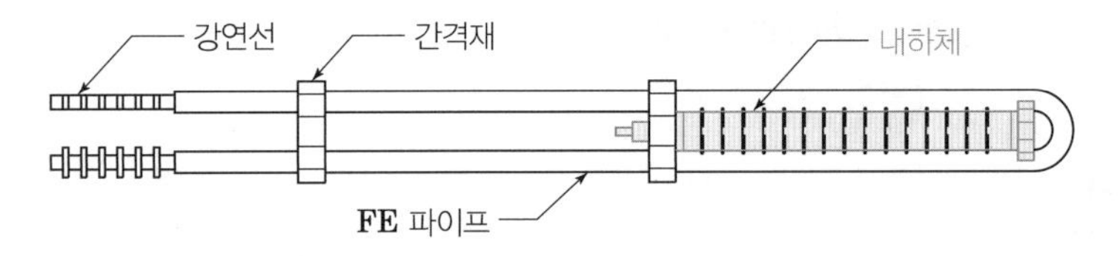

Ⅲ. 특징

① 강선이 반경 3cm 정도의 U자 형태로 제거가 잘 안됨
② 강선해체를 위한 장비가 필요
③ 그리스로 인한 환경오염이 발생
④ 강선의 가닥수 조정이 어렵다.

Ⅳ. 제거방법

강연선 한쪽 편을 절단하고 강연선을 잡아당겨 강연선을 직접 제거한다.

Ⅴ. 시공 시 유의사항

① 물-시멘트비(W/C)는 40~50% 이내
② 그라우트 배합 후 90분 이내에 사용
③ 천공 시 지반을 흐트러 뜨리는 일이 없도록 주의
④ 앵커는 본 시공 전 인장시험 및 인발시험을 원위치에 실시
⑤ 앵커의 여유장은 두부에서 최소 1.5m 이상
⑥ 앵커체 이동 시 내하체부에 토사가 붙지 않도록 주의
⑦ 앵커체 삽입 즉시 Grouting을 실시하며 충분히 Over Flow를 시킨다.
⑧ 천공부에 Grouting할 때 압력은 0.5MPa 이상을 유지
⑨ 천공홀 내부까지 충분한 압력으로 전달될 수 있도록 한다.

68 Removal Anchor(제거용 앵커)

Ⅰ. 정의

흙막이벽 면을 천공 후 그 속에 앵커체를 삽입하고 그 주위를 시멘트 그라우팅으로 고결시킨 후 인장재에 인장력을 가하여 흙막이벽을 지지하고, 목적 달성 후 지중에 앵커체의 잔재물을 남기지 않고 제거하는 공법이다.

Ⅱ. 공법의 종류

1. 나사공법

① 지지방법: 앵커체와 이형강봉이 하중을 지지

② 제거방법: 앵커체 제거 시에는 이형강봉을 역회전하여 앵커체의 나사 연결부로부터 분리

2. 쐐기공법

① 지지방법: 앵커체의 쐐기와 PS강선에 의해 Prestress가 도입

② 제거방법: 앵커체 제거 시에는 중앙부의 이형강봉을 타격하여 쐐기의 맞물림을 이완시킨 후 PS강선을 제거

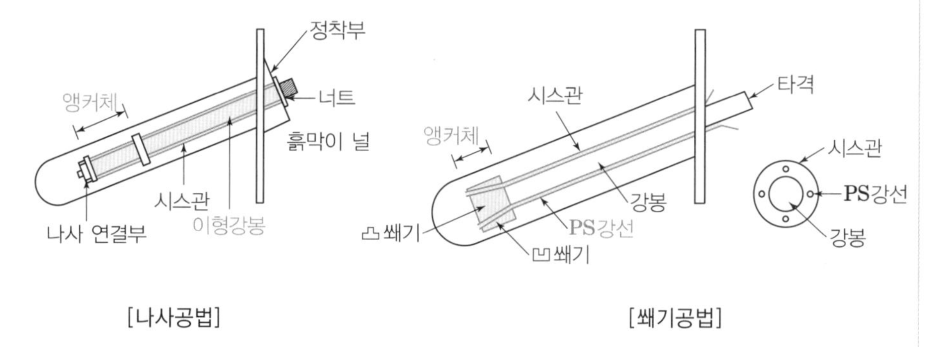

[나사공법] [쐐기공법]

Ⅲ. 특징

① 앵커체의 제작이 간단 및 가격이 저렴

② 제거가 간편하고 제거율이 우수

③ 앵커력의 확보가 용이하며 인장력 손실이 적음

④ 지중에 잔재물을 남기지 않음

Ⅳ. 시공 시 유의사항

① 천공 후 인장재 삽입과 그라우트재의 주입은 연속적으로 실시

② 주입량의 파악을 위해 사용 시멘트 투입량을 반드시 확인

③ 모르타르의 소요강도를 얻기 위해 배합을 준수

69 Jacket Anchor 공법

Ⅰ. 정의

대상지반이 자갈층이나 균열이 많은 지층일 경우 정착부를 Jacket Pack으로 보호하고 그라우트 앵커체를 형성하는 공법이다.

Ⅱ. 시공도

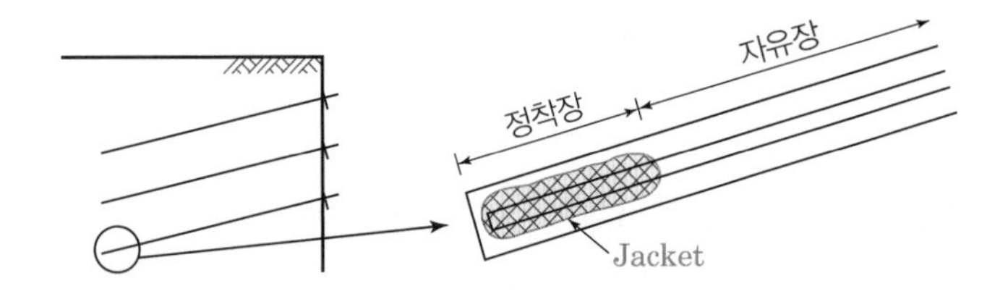

Ⅲ. 특징

① 일반 앵커보다 지반 마찰력 두 배 정도 증가
② 탈수효과에 의한 강도 증가
③ 인장에 의한 크랙발생을 최대한 억제
④ 그라우트 주입량 감소
⑤ 경량으로 유연성과 시공성 양호

Ⅳ. 시공 시 유의사항

① All Casing 방법으로 수세식 천공 실시
② 주상도 일치하는지 Slime으로 정착층 확인
③ Grouting은 Over Flow할 때까지 주입
④ Grout재는 물-시멘트비 40~50% 이내
⑤ 혼합된 그라우트는 90분 이내에 주입
⑥ 천공 시 지반이 흐트러뜨리는 일이 없도록 주의

70 Soil Nailing 공법

KCS 11 70 05

Ⅰ. 정의

원지반 보강공법으로 인장응력, 전단응력, 휨모멘트에 저항할 수 있는 보강재를 프리스트레싱 없이 촘촘한 간격으로 삽입하여 중력식 옹벽에 의해 원지반의 강도를 증진시켜 안정성을 확보하는 공법이다.

Ⅱ. 시공도

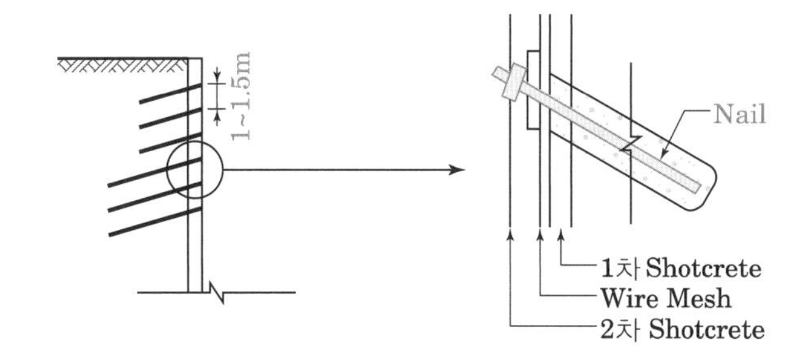

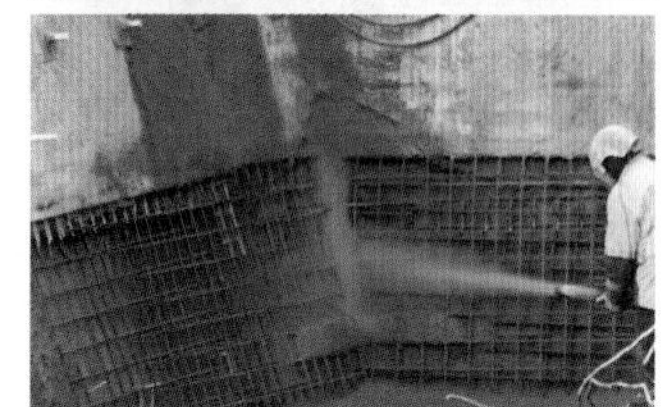

[Soil Nailing 공법]

Ⅲ. 시공순서

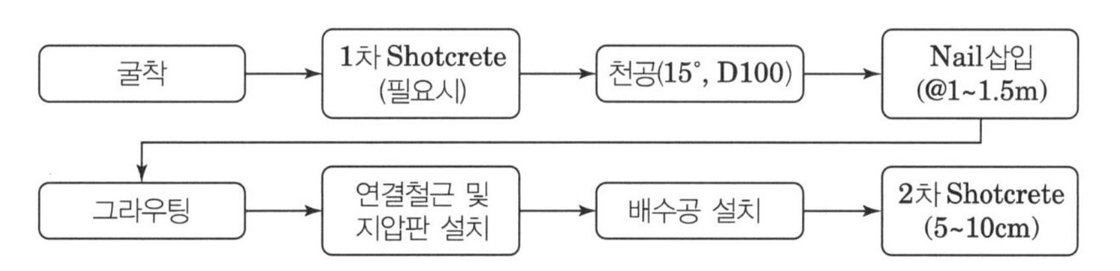

Ⅳ. 시공 시 유의사항

① 정착판의 면적은 150mm×150mm 이상, 정착판의 두께는 9mm 이상
② 그라우트는 약 24MPa, 물-시멘트비(W/C)가 40%~50% 범위 이내
③ 연직 깎기깊이는 최대 2m로 제한하고 그 상태로 최소한 1~2일간 자립성을 유지할 수 있는 범위
④ 천공시 공벽이 유지되지 않을 경우 케이싱을 사용
⑤ 네일은 삽입 시에 천공장의 중앙에 위치하도록 하기 위하여 스페이서를 사용(설치 간격은 2.5m 이내로 하며, 최소 2개 이상)
⑥ 네일을 설치하고 그라우트 주입을 시행
⑦ 주입호스는 최소 2개 이상을 설치
⑧ 시공허용오차: 천공각도는 ±3°, 천공위치는 0.2m 이내
⑨ 인발시험
- 시험용 네일: Pull-out Test, 시공네일: Proof Test
- 800m^{2}까지는 최소 3회, 300m^2 증가 시마다 1회 이상 추가

[Earth Anchor와 Soil Nailing 공법 비교]

구분	Earth Anchor	Soil Nailing
구조원리	앵커체에 의한 벽체 지지	중력식 옹벽에 의한 지반의 강도 증진으로 벽체 지지
강재 (삽입재)	PS강선	이형철근(D29)
역할	흙막이 버팀대	굴착면 안전성 확보
제한 지반조건	원칙적으로 제한이 없음	사질토

71 압력식 Soil Nailing 공법

Ⅰ. 정의

압력식 Soil Nailing 공법은 Soil Nail 두부에 급결성 발포우레탄약액을 주입하여 패커를 형성하고 Soil Nail 정착부에 압력그라우팅(0.5~1.0MPa)으로 유효지름 및 인발 저항력을 증가시킨 공법을 말한다.

Ⅱ. 개념도

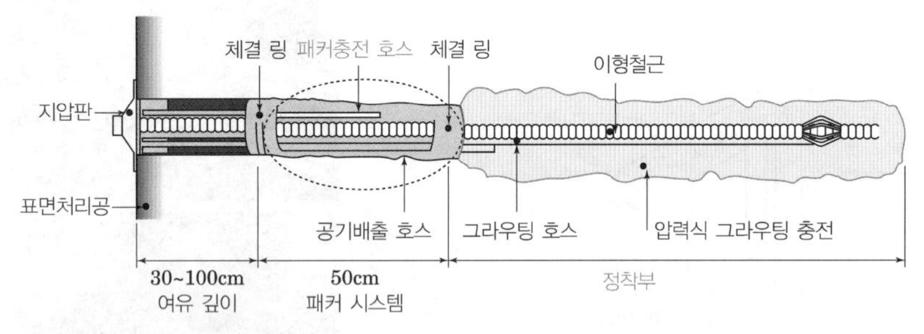

① 발포우레탄 패커: 정착부 완전밀폐하여 압력그라우팅 수행가능
② 압력그라우팅: 1회 정압주입으로 공정 단순화 및 품질향상

Ⅲ. 공법의 특징

① 밀폐성: 패커와 주변지반의 밀폐성이 우수하여 압력그라우팅 가능
② 시공성: 1회 압력 그라우팅
③ 보강력: 인발저항력 증가
④ 경제성: 인발저항력 증가로 네일의 소요개수 감소

Ⅳ. 효과

① 그라우팅 품질우수
② 시공속도가 빠르며, 초기강도 우수
③ 토사지반 유효 지름 증가
④ 토사: 유효경 약 20% 증가로 인발저항력 증가
⑤ 파쇄가 발달한 연암 및 풍화암: 불연속면 충전으로 인발저항력 증가
⑥ 공사비 감소
⑦ 공기단축

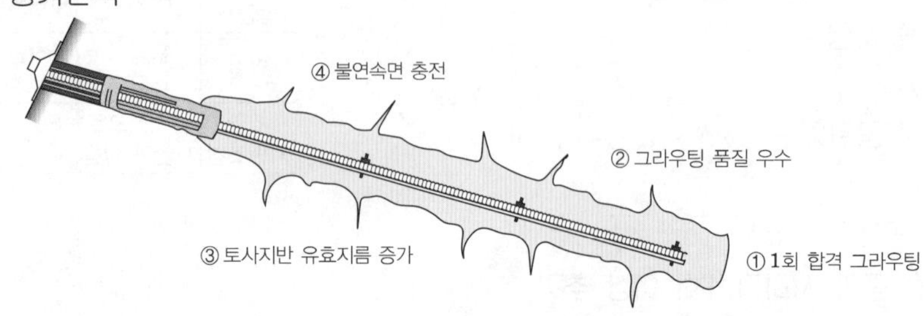

72 IPS(Innovative Prestressed Support)

Ⅰ. 정의

흙막이 띠장에 프리스트레스를 가하여 흙막이 벽체지지 가시설물(Strut 및 Post Pile 등)의 설치 없이 본 구조물 시공을 가능할 수 있도록 하여 기존 흙막이 가시설물의 설치상문제점(본 구조물과 간섭문제, 작업공간 협소 등)을 개선한 공법이다.

Ⅱ. 현장시공도 및 시공순서

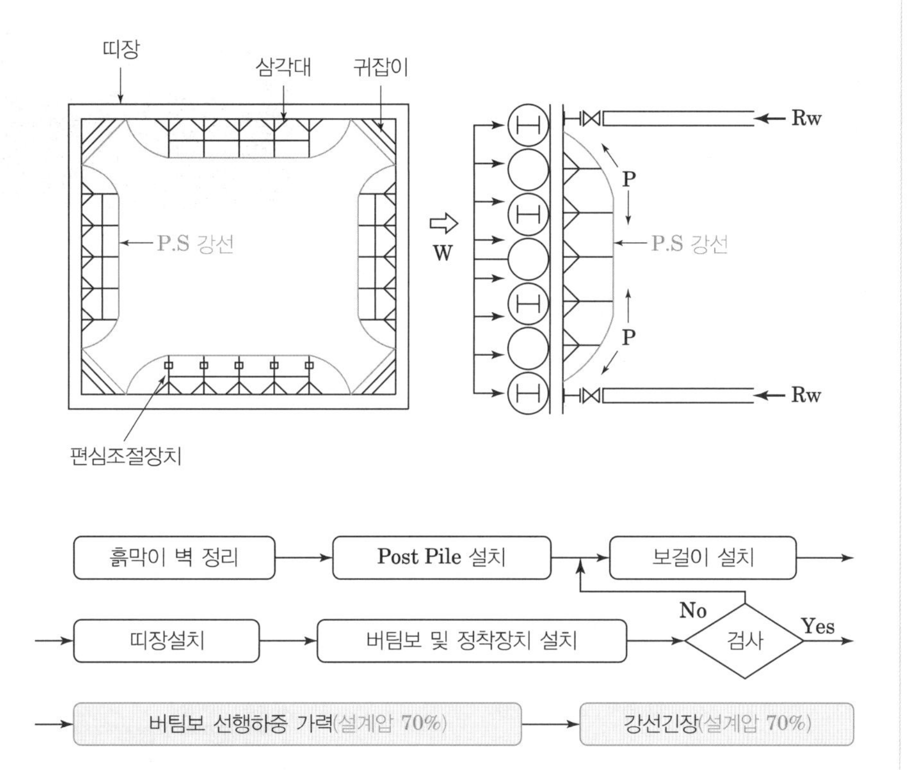

[IPS 공법]

Ⅲ. 시공 시 유의사항

① 토압에 의한 띠장의 상대적 휨변위 측정 등 계측관리 철저
② 강선긴장: 설계압의 70%
③ Zoning 하여 토파기 구간 및 IPS 설치구간 구분
④ 흙막이 벽체 수직도의 시공오차 고려하여 흙막이 벽체와 IPS 띠장 사이의 여유공간 충분히 확보
⑤ PS 강선끼리 겹침 현상 발생에 유의

73 Rock Bolt 공법

Ⅰ. 정의

벽면에 구멍을 뚫고 그 속에 볼트를 끼운 다음 너트를 단단히 죔으로써 굴착 시 발파 등으로 인하여 연약해진 암반을 견고하고 안정된 암반에 고정하는 공법을 말한다.

Ⅱ. 공법 종류

1. 선단 정착형

① Rock Bolt 선단부를 부착쐐기나 주입재를 사용하여 정착시킨 후 프리스트레스를 주어 지반의 붕락을 방지하는 공법
② 비교적 절리나 균열이 적은 곳에 사용
③ 사면보강보다는 터널보강에 주로 사용

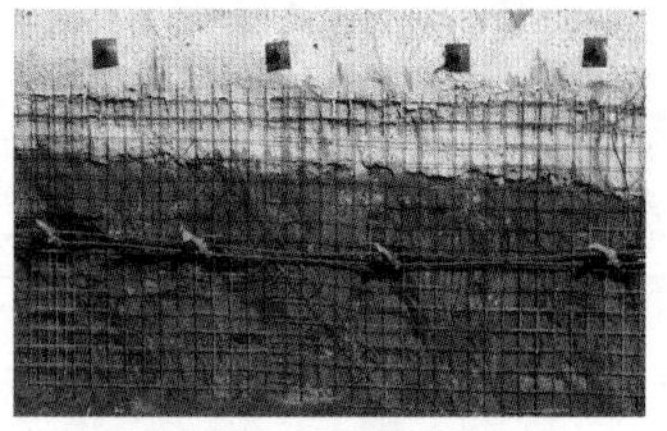

[Rock Bolt 공법]

2. 전면 접착형

① 천공경과 볼트 사이를 접착재를 충전하여 지반에 접착시키는 방식
② 레진형과 시멘트 모르타르형으로 구분
③ 레진형이 시멘트 모르타르형보다 고가이며, 시멘트 모르타르형이 일반적으로 사용됨

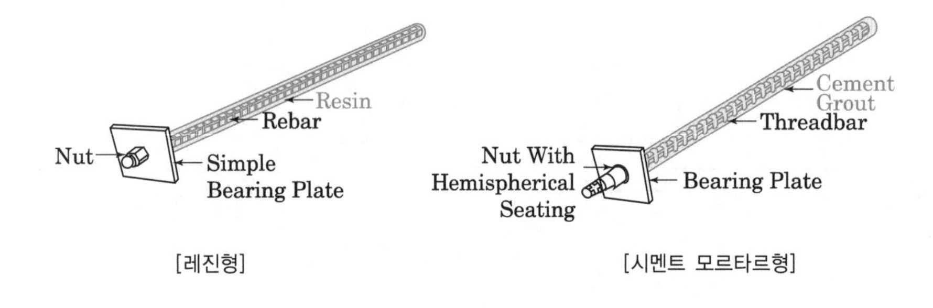

[레진형] [시멘트 모르타르형]

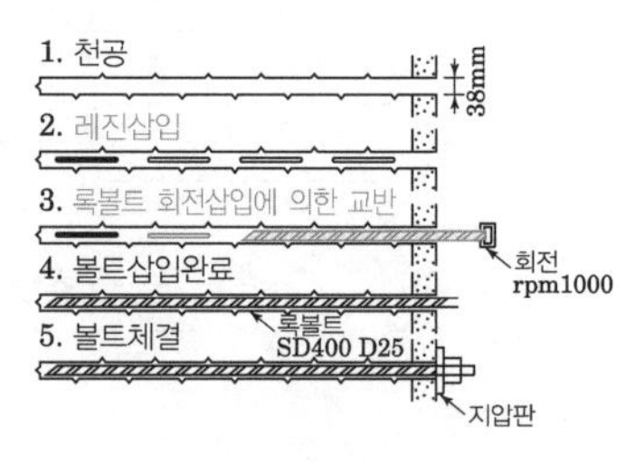

[Resin 식 시공순서]

Ⅲ. 시공법

① 볼트 직경: 19~38mm 사용
② 볼트 길이: 볼트간격의 2배 이상, 조인트 간격의 3배 이상
③ 볼트 간격: 길이의 1/2 이하
④ 가급적 수직으로 시공하고, 경사지게 천공할 때에는 45°를 넘지 않도록 함

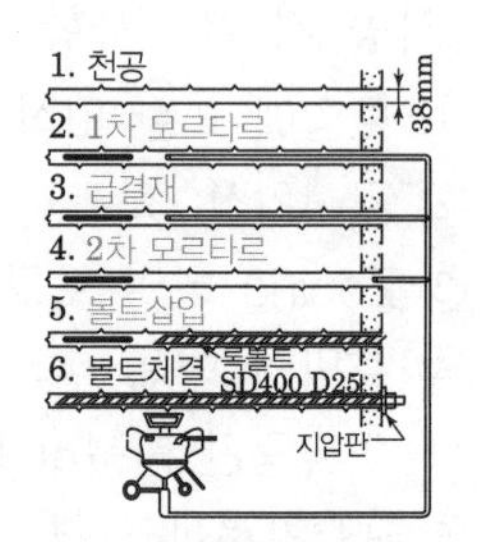

[Cement 모르타르 식 시공순서]

74 Rock Anchor 공법

Ⅰ. 정의

앵커체를 지반에 정착시킨 다음 앵커케이블에 Pre-stress를 부여하여 앵커체 두부에 작용하는 하중을 정착지반에 전달하여 암반의 거동을 억제하는 공법이다.

Ⅱ. 시공도

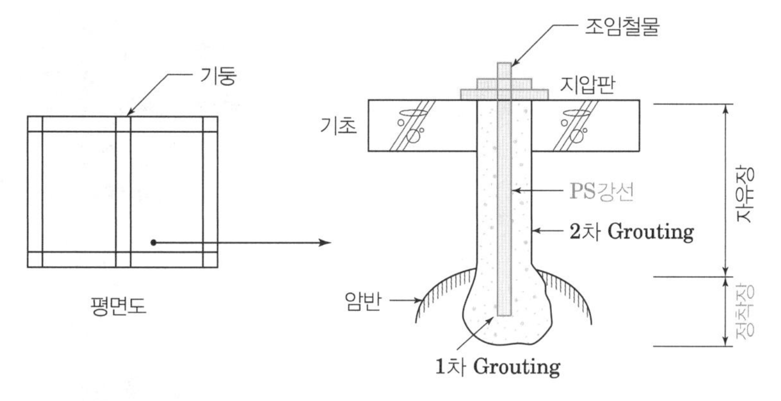

[Rock Anchor 공법]

Ⅲ. 시공 Flow Chart

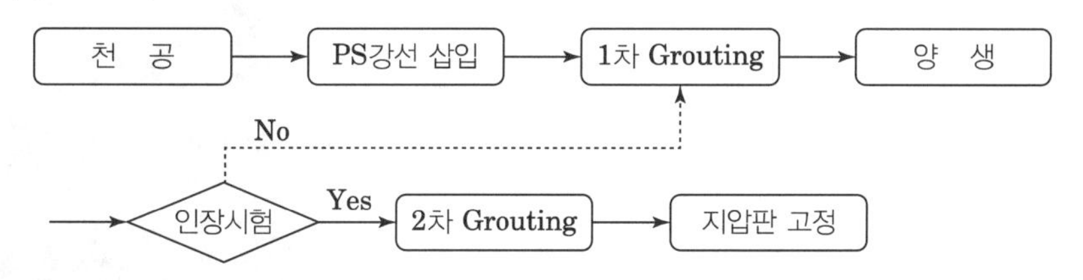

Ⅳ. 용도

① 부력에 의한 부상방지용
② 옹벽의 수평저항용
③ 암반부 기초 설치 시 Sliding 방지

Ⅴ. 시공 시 유의사항

① 착암기로 천공하고 공내의 슬라임은 완전히 제거한다.
② 천공지름은 지지력 확보를 위하여 볼트와 구멍차가 8mm 정도 되게 한다.
③ 인장재 삽입은 정착에 안전하게 삽입되도록 암반에 깊이 삽입한다.
④ Grouting 양생 시 진동, 충격 파손에 주의한다.
⑤ 토크렌치를 사용하여 설정된 토크에 도달할 때까지 너트를 죈다.

75 지하연속벽(Slurry Wall, Diaphragm Wall)

KCS 21 30 00

Ⅰ. 정의

벤토나이트 안정액을 사용하여 지반을 굴착하고 철근망을 삽입한 후 콘크리트를 타설하여 지중에 시공된 철근 콘크리트 연속벽체로 주로 영구벽체로 사용한다.

Ⅱ. 현장시공도

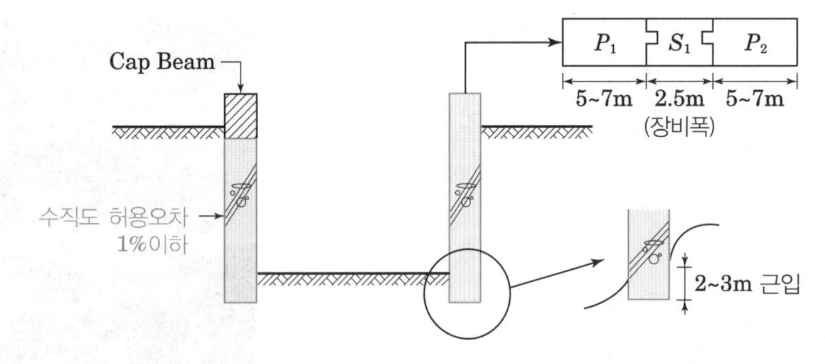

[Slurry Wall 공법]

Ⅲ. 특징

특징	내용
장점	① 저진동, 저소음으로 공사가 가능하다. ② 벽체의 강성이 높다. ③ 지수 및 연속성이 높다. ④ 영구지하벽이나 깊은 기초로 활용한다.
단점	① 굴착 중 공벽의 붕괴가 일어난다. ② Element 간의 이음부 처리가 어렵다. ③ 공사비가 비싸다.

Ⅳ. 시공 시 유의사항

① 최종 굴착면 아래로 충분히 벽체를 근입장 확보

② 1차 패널(Primary Panel) 폭은 5~7m, 2차 패널(Secondary Panel) 폭은 굴착장비의 폭으로 제한하여 시공하는 것을 원칙

③ 비중, 점성, PH, 사분율시험으로 안정액 관리 철저

④ 굴착 구멍은 연직으로 하고, 연직도의 허용오차는 1% 이하

⑤ 굴착 중에는 수시로 계측하여야 하며, 굴착 공벽의 붕괴에 유의

⑥ 철근망과 트랜치 측면은 80mm 이상의 피복 유지

⑦ 콘크리트 타설은 굴착이 완료된 후 12시간 이내에 시작하고, 콘크리트는 트레미관을 통해서 바닥에서부터 중단 없이 연속하여 타설

⑧ 트레미관 선단은 항상 콘크리트 속에 1m 이상 관입

[지하연속벽의 재료]

- 골재 치수는 13~25mm를 표준
- 공기 함유율은 (4.5±1.5)%를 표준
- 단위시멘트량은 350kg/m^3 이상, 물-시멘트 비는 50% 이하
- 슬럼프값은 180~210mm를 표준
- 배합강도는 설계강도의 125% 이상
- 슬러리는 천연산의 분말 벤토나이트로서 입도는 90%가 0.850mm보다 가늘고, 0.075mm보다 가는 것은 10% 미만

76 Guide Wall(안내벽)의 역할

Ⅰ. 정의

지하 연속벽 시공시 굴착작업 전에 굴착구 양측에 설치하는 콘크리트 가설벽을 말하며, 굴착입구 지반의 붕괴를 방지하고 굴착기계와 철근망 삽입의 정확한 위치 유도를 목적으로 설치한다.

Ⅱ. Guide Wall(안내벽)의 역할

1. 구조도

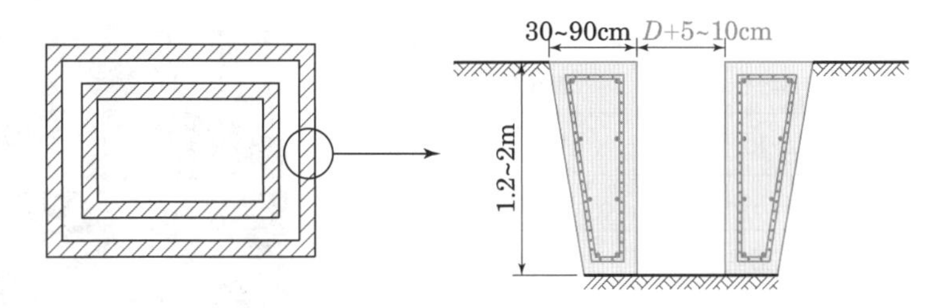

[Guide Wall]

2. 표토층 보호

굴착 시 굴착기 충격에 견딜 수 있도록 무너지기 쉬운 표토층 보호 및 충격방지

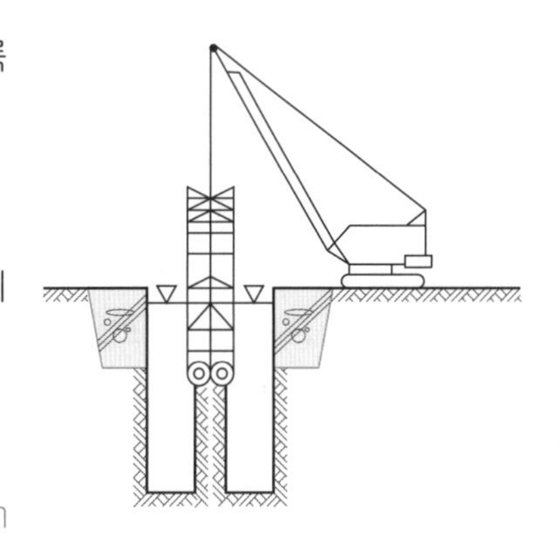

3. 수직정밀도 확보(굴착위치)

① Slurry Wall 계획보다 1~1.5m 상단에 위치
② Guide Wall 상단이 지하수보다 1.5~2m 이상이 되도록 한다.
③ Guide Wall 내측은 벽두께 +5~10cm 여유 치수 확보

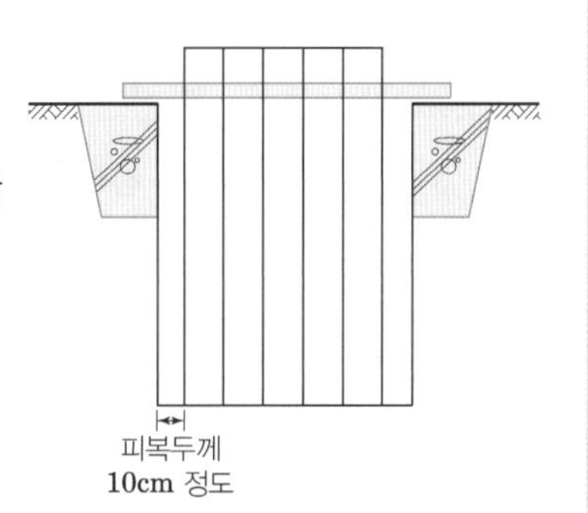

4. 철근망 및 트레미관의 받침대

① 철근망 및 트레미관 관입 시 받침대 역할
② End Pipe 인발 시 지지대로 사용

5. 벽두께 유지

77 Slurry Wall의 안정액(Stabilizer Liquid, Bentonite) KCS 21 30 00

Ⅰ. 정의

액성한계 이상의 수분을 함유한 흙을 대상으로 공벽을 굴착할 경우 물을 흡수하면 팽창하여 공벽의 붕괴 방지를 목적으로 사용하는 현탁액으로 벤토나이트(Bentonite)를 사용한다.

Ⅱ. 안정액 관리시험

종목	기준치		시험기기
	굴착 시	Slime 처리 시	
비중	1.04~1.2	1.04~1.1	Mud Balance
pH	7.5~10.5	7.5~10.5	전자 pH미터기
사분율	15% 이하	5% 이하	사분측정기
점성	22~40초	22~35초	점도계

[안정액]

Ⅲ. 안정액의 요구성능

① 안정액을 만들 설비시설을 갖추고, 기계적 교반으로 안정된 부유 상태 유지
② 슬러리를 회수하여 사용하는 경우에는 슬러리에 섞여있는 유해물질을 제거
③ 회수된 슬러리는 연속적으로 트랜치에 재순환시킴
④ 슬러리는 철저한 품질관리를 통하여 분말이 부유 상태 유지
⑤ 슬러리는 굴착과 콘크리트 타설 직전까지 순환 또는 교반을 지속 유지
⑥ 파낸 트랜치의 전 깊이에 걸쳐서 슬러리를 순환 및 교반할 수 있는 장비 유지
⑦ 슬러리를 압축공기로 교반 금지

Ⅳ. 안정액의 역할

① 공벽 붕괴 방지
② 부유물(Slime) 침전방지
③ 굴착토사 배출 용이
④ Mud Film 형성
⑤ 굴착 시 안정성 확보

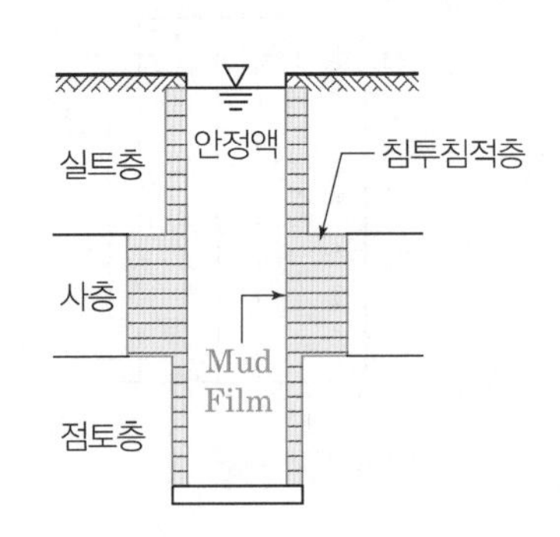

78 토공사에서 피압수

Ⅰ. 정의

불투수층 사이에 끼여 있는 투수층에서 대기압보다 높은 압력을 받고 있는 지하수면을 갖지 않는 지하수를 말한다.

Ⅱ. 현장시공도

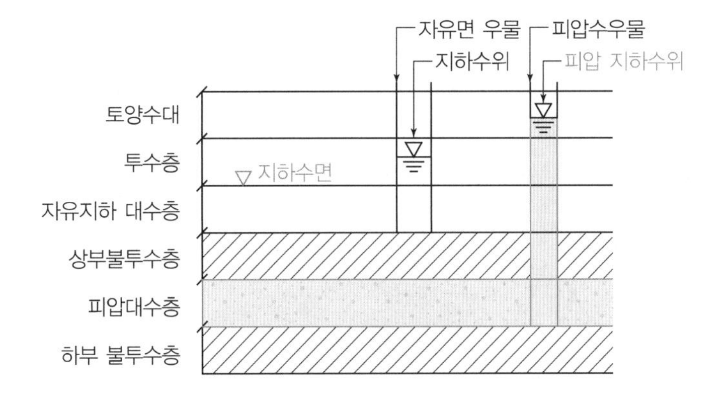

[지하수면]
대수층에 관정을 설치한 후 지하수가 가진 에너지로 인해 상승하는 지하수위의 높이

Ⅲ. 피압수의 문제점

① 불투수층 터파기 시 용출현상
② 굴착벽면의 피압수 부풀음으로 공벽붕괴
③ 압력 수두차에 의한 건물의 부력발생
④ 흙막이 근입장 부족으로 Heaving 현상

Ⅳ. 피압수의 대책

① 지반조사 시 피압대수층을 파악하여 철저한 사전대책 수립
② 흙막이벽의 근입장을 불투수층 이하까지 근입하여 피압대수층의 피압수에 의한 흙막이벽의 붕괴 방지
③ 강성 흙막이(Slurry Wall, Sheet Pile 등)를 시공하여 차수대책 수립
④ 약액주입공법(LW, SGR 등)에 의한 차수대책 수립
⑤ 중력배수 및 강제배수, 영구배수공법 등 배수공법에 의한 피압지하수위 저하로 수압 저하

79 지하연속벽 공사 중 일수(逸水) 현상

Ⅰ. 정의

지하연속벽 공사 중 투수성이 양호한 사질토나 자갈층이 있는 경우 안정액이 공벽 외부로 일시에 빠져나가 공벽붕괴 및 콘크리트가 유실되는 현상이다.

Ⅱ. 개념도

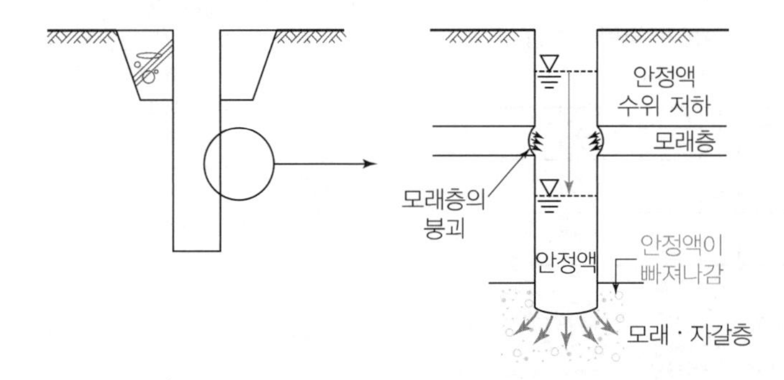

Ⅲ. 원인

① 투수성이 큰 지반 (1×10^{-2}cm/sec)
② 지하수위가 높은 지반
③ 굴착주변에 지하매설물이 존재할 경우

Ⅳ. 방지대책

① 안정액의 공내 수위 유지 철저(지하수위보다 2m 높게)
② 계측관리 철저
③ 토질조사에 따른 적정 흙막이 시공
④ 지하매설물, 지하구멍 등 사전조사 철저

80 트레미관(Tremie Pipe)

Ⅰ. 정의

수중콘크리트 타설용의 수송관으로, 상부에 콘크리트를 받는 호퍼를 가지며, 관 끝에 역류방지용의 마개 또는 뚜껑이 있다. 관하단을 콘크리트 속에 관입한 상태를 유지하면서 점차 관을 끌어올려서 타설한다.

Ⅱ. 시공도

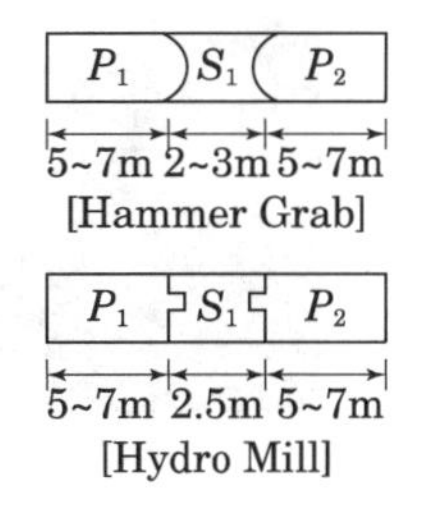

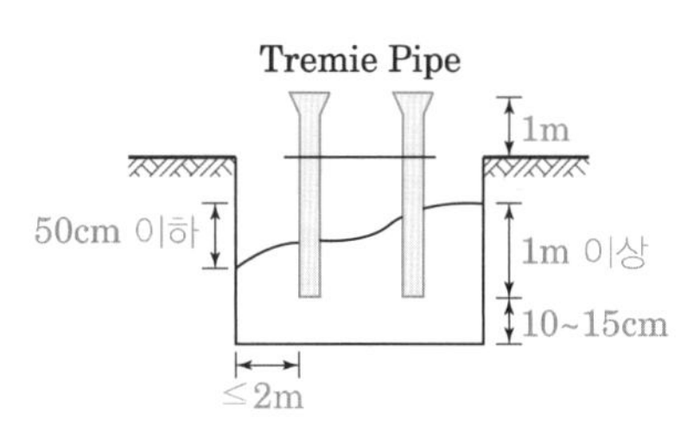

[트레미관]

Ⅲ. 종류

① 저개식
② 플런저(Plunger) 식
③ 개폐식

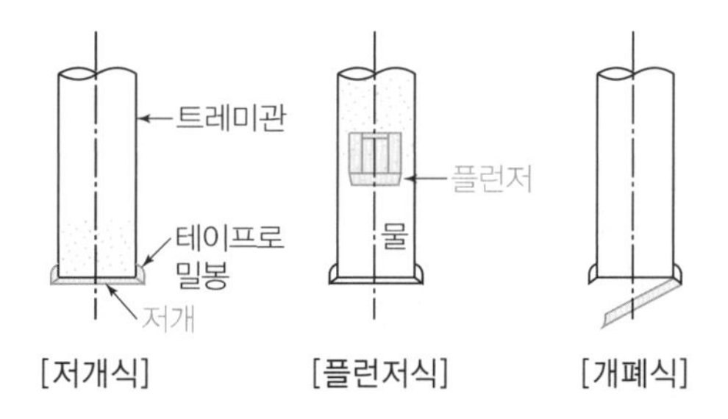

Ⅳ. 트레미관 연결방식

1. 플랜지(Flange) 연결식

① 연결부위가 견고하여 신뢰성이 높다.
② 수심이 깊은 곳에 사용한다.
③ 타설 시 연결부위로 물이 들어오는 것을 방지한다.

2. 소켓(Socket) 연결식

① 수심이 얕을 때 사용한다.
② 소량의 콘크리트를 타설할 때 사용한다.

81 트레미관을 이용한 콘크리트 타설공법

Ⅰ. 정의

수중콘크리트 타설용의 수송관으로, 상부에 콘크리트를 받는 호퍼를 가지며, 관 끝에 역류방지용의 마개 또는 뚜껑이 있다. 관하단을 콘크리트 속에 관입한 상태를 유지하면서 점차 관을 끌어올려서 타설한다.

Ⅱ. 현장시공도

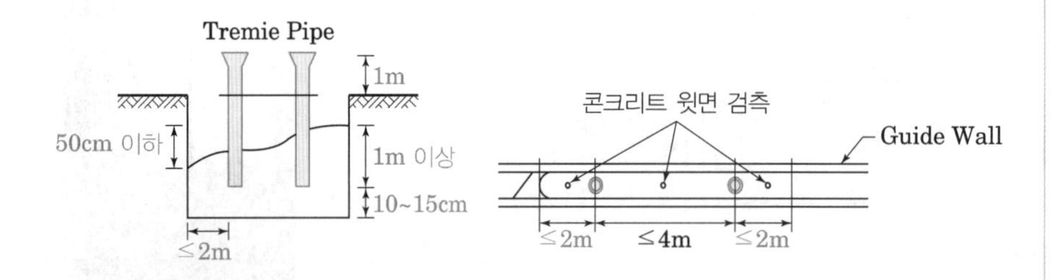

[트레미관 콘크리트 타설]

Ⅲ. 트레미관의 종류

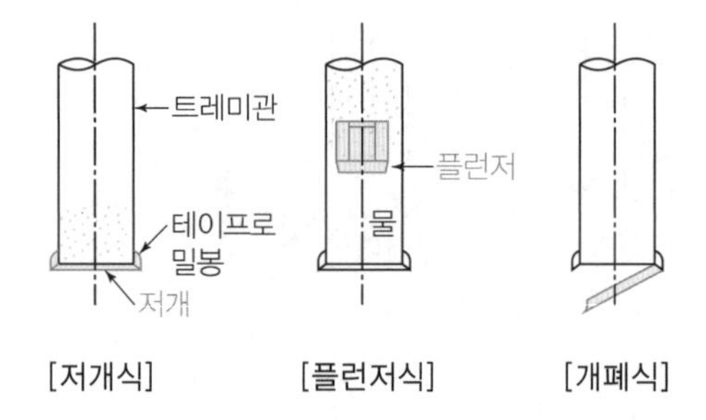

Ⅳ. 트레미관을 이용한 콘크리트 타설방법

① 콘크리트 타설 개시 시 바닥에서 10~15cm 정도 띄워 Slime의 패널 내 잔존 방지

② 콘크리트 타설은 굴착이 완료된 후 12시간 이내에 시작하고, 콘크리트는 트레미관을 통해서 바닥에서부터 중단 없이 연속하여 타설

③ 콘크리트 타설 중단은 1시간 이내가 되도록 계획

④ 트레미관 선단은 항상 콘크리트 속에 1m 이상 관입

⑤ 콘크리트 윗면 레벨차는 50cm 이하

⑥ 2본 이상의 트레미관으로 시공하는 경우, 균등하고 연속적인 타설이 이루어지도록 유도

82 슬라임(Slime)

Ⅰ. 정의

보링, 현장타설 말뚝, 지하연속벽 등에서 지반 굴착 시에 천공 바닥에 생기는 미세한 굴착 찌꺼기로서 강도와 침하에 매우 불리한 영향을 주는 물질을 말한다.

Ⅱ. Slime의 영향

① 콘크리트 타설 시 벽체하부 잔류 → 지하벽의 지지력 저하, 벽체의 침하
② 벽체하부 지수성 저하 → Boiling 현상의 원인
③ 콘크리트 내부로 혼입 → 콘크리트 강도 저하
④ 콘크리트 타설 시 Panel 이음부로 집중 → 이음부 지수성 저하
⑤ 콘크리트 유동성 저하 → 타설속도 저하, 철근망 부상
⑥ 안정액의 물성 저하
⑦ 다량의 Slime → 소정위치에 철근망 근입 불가능

Ⅲ. Slime 처리 방법

① 1차(Desanding) : 안정액을 플랜트로 회수하여 모래성분을 걸러내고 소정의 Bentonite와 재혼합하여 다시 투입
② 2차(Cleaning) : 굴착공사 후 부유토사분 침강완료 시 실시
③ 종류

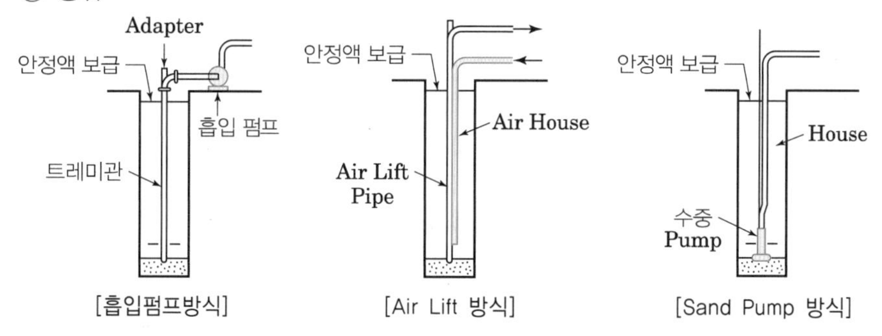

[흡입펌프방식] [Air Lift 방식] [Sand Pump 방식]

Ⅳ. Slime 처리 시 안정액 관리

종목	기준치	시험기기
비중	1.04~1.1	Mud Balance
pH	7.5~10.5	전자 pH미터기
사분율	5% 이하	사분측정기
점성	22~35초	점도계

83 Desanding

Ⅰ. 정의

Slime이 콘크리트 타설 시 치환되지 않아 콘크리트 강도 저하, 지지력 저하, 지수성 저하 등의 문제가 발생하므로 이에 신선한 안정액으로 교체시켜 주는 작업이다.

Ⅱ. 현장시공도 및 목적

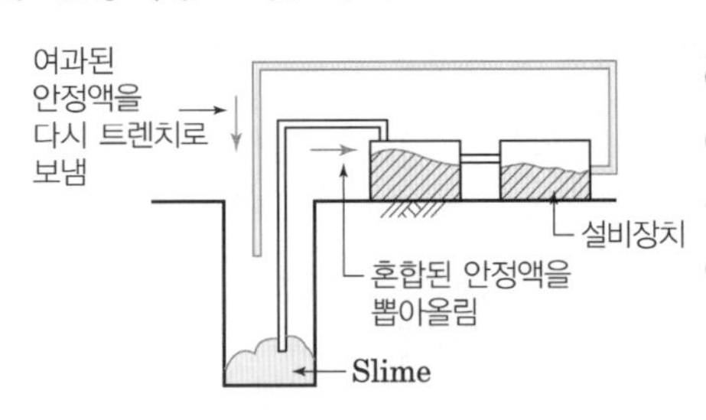

① 모래 등의 혼입에 따른 슬라임 제거
② 콘크리트 타설시 치환능력 저하방지
③ 패널 조인트 부위의 Clearing 효과
④ 패널 조인트 누수방지

[Desanding]

Ⅲ. Slime 처리방법

1. 1차(Desanding)

① 안정액을 플랜트로 회수하여 모래성분을 걸러내고 소정의 Bentonite와 재혼합하여 다시 투입
② 이때, 안정액 회수 시 회수량만큼의 여유 안정액이 동시에 공급되어 안정액 수위는 일정하게 유지되어야 함
③ 회수되는 안정액의 품질검사를 실시하여 일정수준 이상의 안정액이 채취되면 Desanding이 완료된 것으로 본다.

2. 2차(Cleaning)

① 굴착공사 후 부유토사분 침강완료 시 실시
② BC Cutter기의 경우 흡입펌프가 장비에 정칙되어 있으므로 공벽 내로 장비를 재투입하여 저부의 슬라임 제거

3. 토사와 안정액 분리방법

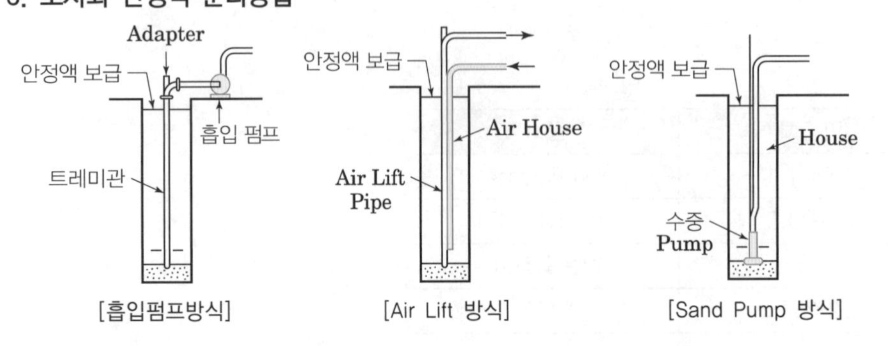

[흡입펌프방식] [Air Lift 방식] [Sand Pump 방식]

[안정액의 관리시험]

종목	기준치		시험기기
	굴착 시	Slime 처리 시	
비중	1.04 ~1.2	1.04 ~1.1	Mud Balance
pH	7.5 ~10.5	7.5 ~10.5	전자 pH미터기
사분율	15% 이하	5% 이하	사분측정기
점성	22 ~40초	22 ~35초	점도계

84 Slurry Wall 공법의 Count Wall

Ⅰ. 정의

Slurry Wall 하단부 토층이 굴착불가능하거나 경암인 경우 Underpinning 시공으로 예정깊이까지 순차적으로 굴토하여 지하벽체를 구축하는 공법이다.

Ⅱ. Count Wall 시공순서

Soldier Pile 시공 → 1차 굴토 및 슬래브 타설 → 2차 굴토 및 Underpinning 시공 → 1차 Count Wall 시공 → 2차 Count Wall 시공

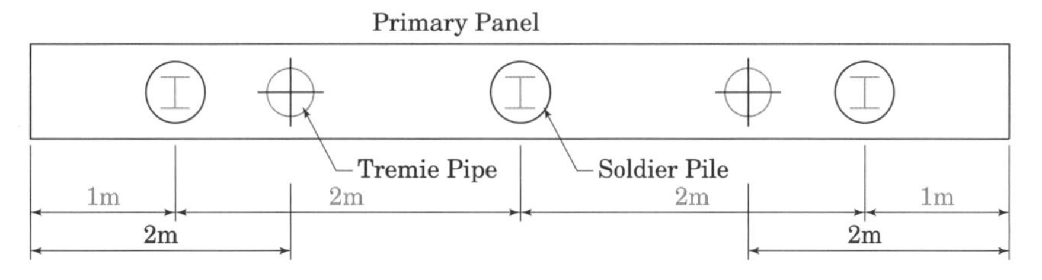

[Soldier Pile]

[Soldier Pile]

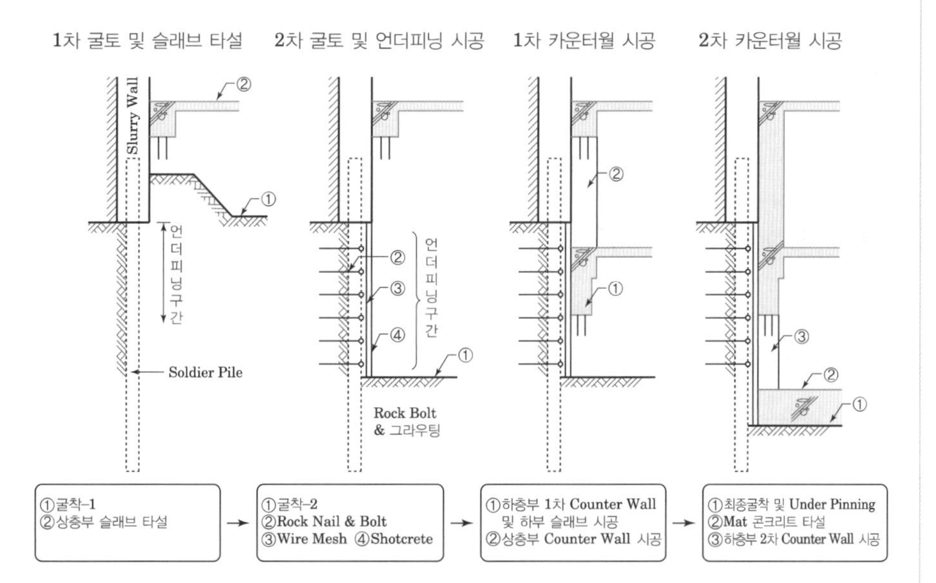

Ⅲ. 시공 시 유의사항

① 지하수가 유입될 경우 배수공 설치

② Rock Bolt 길이가 5m 이상 시 Resin 대신 시멘트 밀크 그라우팅 사용

③ Wire Mesh는 가급적 암반에 밀착 : Shocrete 낭비 방지

④ 시공오차 고려 : 50~100mm 정도 Set Back 시공

85 Slurry Wall 공사의 조인트방수

Ⅰ. 정의

Slurry Wall 각 Panel은 Cold Joint 없이 일체로 타설되어 있으므로 타설결함 부분만 보수하는 것이 바람직하다.

Ⅱ. 시공도

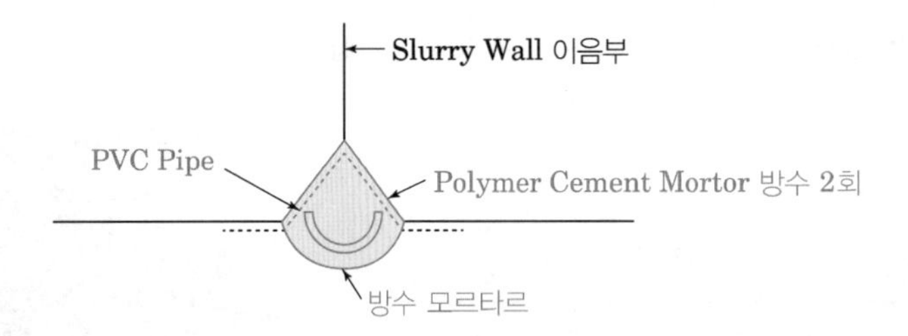

Ⅲ. 시공순서

① Slurry Wall Joint를 V자로 커팅
② Polymer Cement 방수 2회
③ PVC Pipe(반원) 설치 – 탄성에폭시 실링재로 고정

Ⅳ. 시공 시 유의사항

① 각 층 Slab 시공 전에 Joint 방수 실시
② PVC Pipe는 지하수위 해당층부터 최하층까지 연속적으로 설치
③ 최하층에서 배수판 등에 의해 배수방안 마련
④ 지하수의 유입을 완전 차단하여야 할 부위(아쿠아리움 등)
→ Joint 부위를 방수 등으로 철저히 할 것

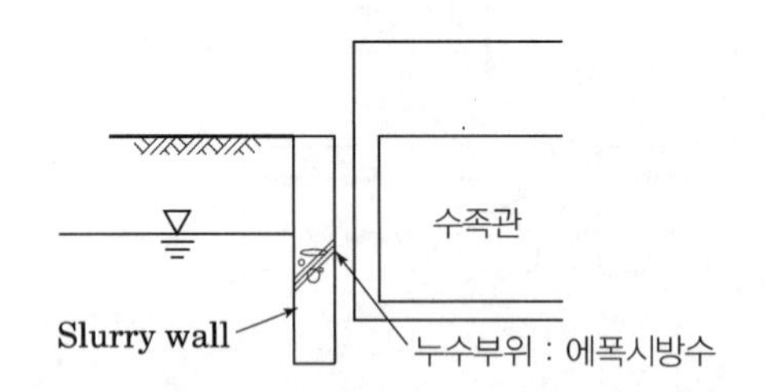

86 Slurry Wall 시공 후 처리

Ⅰ. 정의

콘크리트 타설 시 Slime 혼입에 따른 강도저하를 방지하고 슬래브와의 연결 철근을 철저히 하여야 한다.

Ⅱ. 시공 후 처리

1. Guide Wall 철거

내·외벽을 철거하는 것을 원칙으로 하나, 현장여건에 따라 내부만 철거하는 경우도 있다.

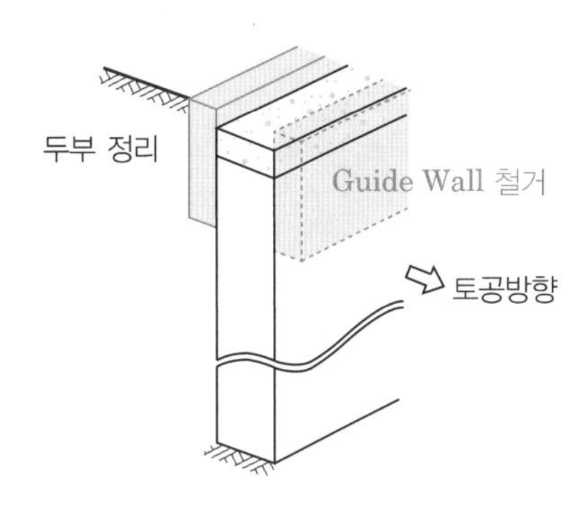

2. 두부정리

① Slime이 섞여있는 상단부분 콘크리트를 파쇄하고, 신선한 콘크리트를 노출시켜 벽체와 연결 (30~50cm)

② Cap Beam 공사를 위한 Level 유지

③ 철근 녹을 방지하기 위한 보양 처리

3. Cap Beam 공사

① Panel의 연속성 유지

② Slab 시공계획 Level 고려

③ Slurry Wall 상부 지수처리 실시

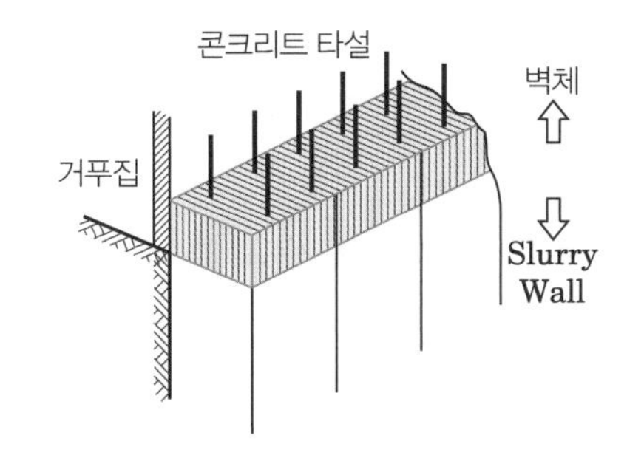

[Cap Beam]

4. Dowel Bar 처리

① 스티로폼을 확실히 제거하고 면정리 철저

② Slab와의 연결을 위해 철근을 편다.

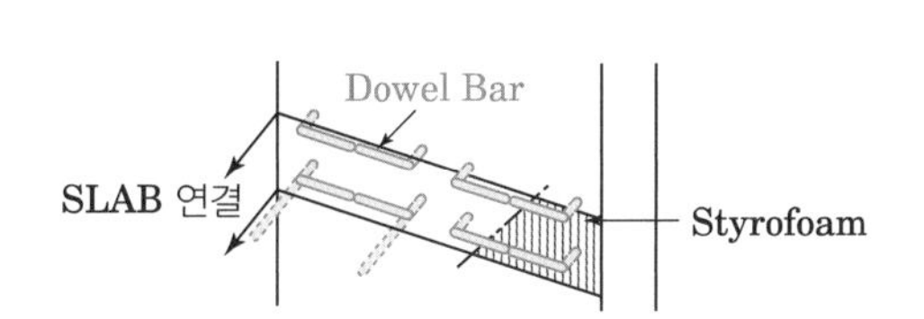

[Dowel Bar]

87 Cap Beam

Ⅰ. 의의

Cap Beam이란 Slurry Wall 및 흙막이용 현장타설말뚝의 상부 마무리를 위하여 테두리 모양으로 콘크리트를 타설하여 Panel과 Panel을 일체화시키는 Beam을 말한다.

Ⅱ. 종류

1. Slurry Wall 상부 Cap Beam

1) 정의

토공사 전 두부정리가 된 연속벽 상단을 각 Panel의 연속성을 가질 수 있도록 서로 연결해 주는 공사이다.

2) 특성

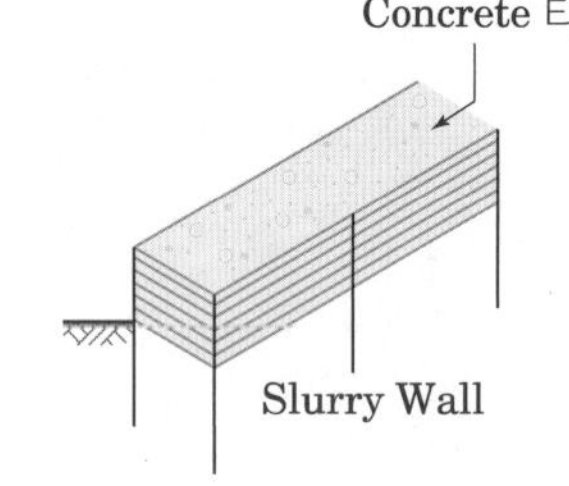

① Slab 시공계획 Level과 연결상태를 고려
② Slurry Wall 상부에 반드시 지수처리 실시
③ Panel과 Panel의 연결

[Slurry Wall Cap Beam]

[CIP Cap Beam]

2. 흙막이용 현장타설말뚝 상부 Cap Beam

1) 정의

Pile 폭의 1.5~2.0배 정도의 폭으로 철근 배근 후 콘크리트를 타설하는 공사이다.

2) 특성

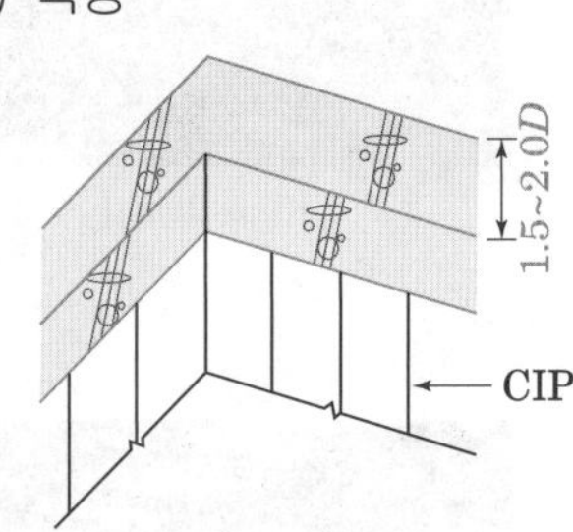

① 불균일 침하방지의 목적
② Tie Beam 역할
③ 건물의 지지력 향상 도모

88 역타공법(Top Down Method)

Ⅰ. 정의

지하외벽과 지하기둥을 터파기하지 않은 상태에서 구축하고 1층 바닥구조체를 완성한 후 그 밑의 지반을 굴착하고 지하바닥구조의 시공을 하부층으로 반복하여 진행하면서 상부도 동시에 시공하는 공법이다.

Ⅱ. 시공도

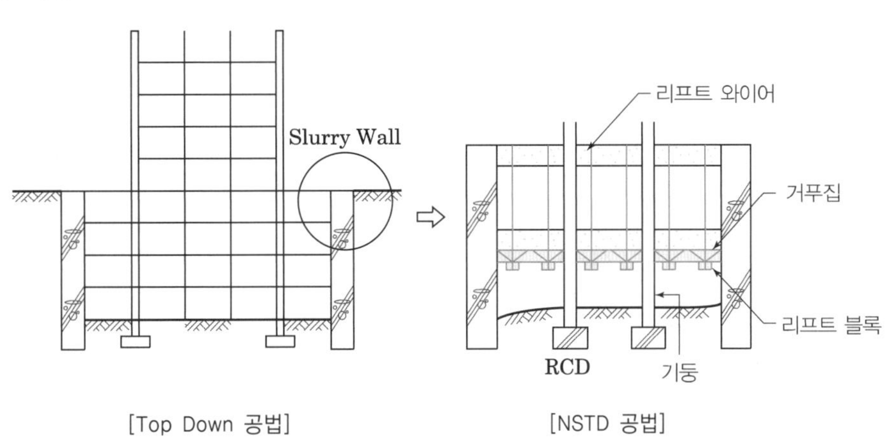

[Top Down 공법] [NSTD 공법]

[Top Down 공법]

Ⅲ. 공법의 종류

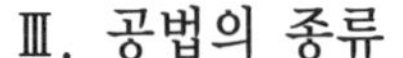

공법 종류	설명
완전역타공법	지하 각층 슬래브를 완전히 시공하는 방법
부분역타공법	지하 바닥 슬래브를 부분적으로 시공하는 방법
Beam & Girder식 역타공법	지하 철골구조물의 Beam과 Girder를 시공하여 지하연속벽을 지지한 후 굴착하는 방법

Ⅳ. 시공 시 유의사항

① 수직부재의 역 Joint 시공 철저
② 지하연속벽 시공 시 Panel Joint와 Slime 제거 철저
③ 지하연속벽과 지하층 테두리보를 연결하는 연결철근 정밀시공
④ 기둥 및 기초공사 시 기둥의 수직도 확보
⑤ 지하수위 유동과 지반변위를 철저히 조사하여 합리적 시공관리

[특징]
- 지하, 지상의 동시 시공으로 공기단축이 용이하다.
- 1층 바닥이 먼저 타설하여 작업공간으로 활용가능하다.
- 주변 지반 등 환경적 영향이 적다.
- 기둥, 벽 등의 수직부재에 역 Joint가 발생한다.

89 NSTD 공법(Non Supporting Top Down, 무지보 역타공법)

Ⅰ. 정의

Top Down 공법에서 지하바닥 슬래브의 콘크리트 양생기간 문제점을 해결하기 위해 철골틀을 이용하여 동바리 및 거푸집의 반복적인 설치, 해체, 운반, 인양 등의 공정을 단순화시킨 공법이다.

Ⅱ. 시공도

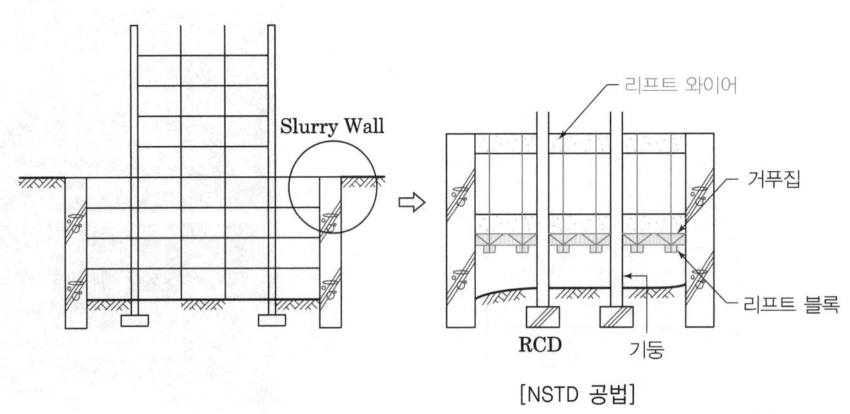

[NSTD 공법]

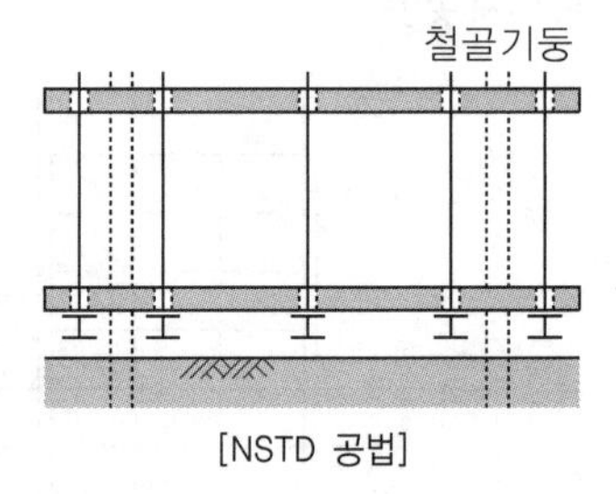

[NSTD 공법]

Ⅲ. 특징

① 슬래브 콘크리트 타설 시 동바리가 필요 없다.
② 지하굴착 시 대기시간을 단축한다.
③ 소형공사에 적합하지 못하다.
④ 공기단축 및 비용절감효과가 기대된다.

Ⅳ. 시공순서 Flow Chart

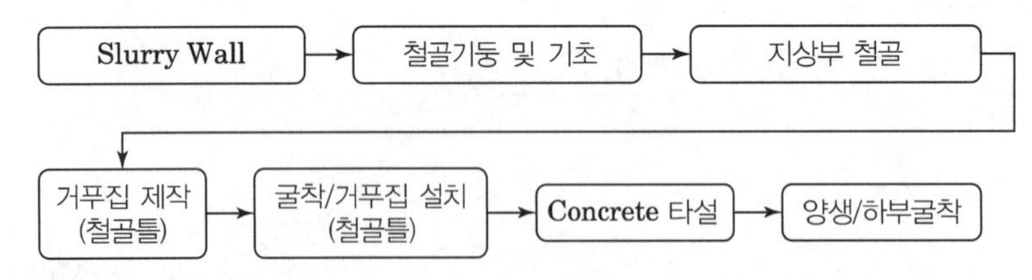

Ⅴ. 시공 시 유의사항

① 상부 구조물의 보강이 필요하다.
② 구조검토 등의 충분한 Pre-Engineering이 필요하다.
③ 리프트 와이어의 지지중량을 확인한다.
④ 지하굴착 시 리프트 와이어에 의한 장비 간섭을 확인한다.
⑤ 리프트 블록 위치를 정확히 하여 설치한다.

90 BRD(Bracket Supported R/C Downward) 공법

Ⅰ. 정의

Wide 보 및 Deck 슬래브 사용하여 거푸집을 최소화시키고, 브래킷 및 거푸집 지지틀을 설치하고 현수 하강하여 동바리 없이 무지보 시공이 가능한 공법으로 콘크리트 양생 후 재사용함에 따라 시공성 및 경제성을 향상시킨 공법이다.

Ⅱ. 현장시공도 및 시공순서

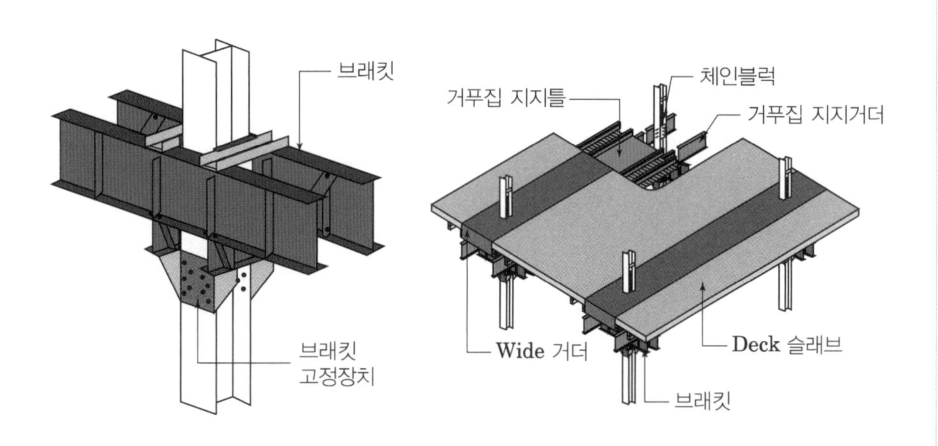

[BRD 공법]

브래킷 고정장치 설치 → 브래킷 설치 → 거푸집 지지틀 설치 → 거푸집 작업 및 Deck 시공 → 콘크리트 타설, 양생 후 지지틀 하강 → 1개층 바닥 골조 시공완료

Ⅲ. 특징

① 굴토 작업과 골조 작업 병행으로 굴토 작업성 유리

② 보춤이 낮아 공간 활용 우수 및 콘크리트 사용으로 재료비 저감

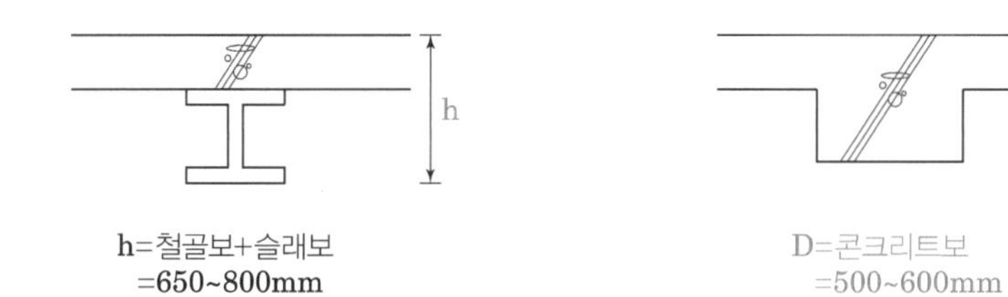

③ 동바리 설치 및 해체 작업 불필요로 공기단축
④ 거더 거푸집 단순화 및 반복 재사용으로 경제성 및 시공성 향상
⑤ Deck 시스템에 따른 작업 단순화
⑥ 최하층 층고가 낮을 경우 지지틀 및 브래킷 해체 시 어려움

Ⅳ. 시공 시 유의사항

① 거푸집 및 지지틀 현수 하강 시 균형유지
② 지지틀 계획 철저
③ 흙막이 벽체와 접한 부위 시공 철저(경우에 따라 RC로 시공)

91 Top Down 공법에서 철골기둥의 정렬(Alignment)

Ⅰ. 정의

Top Down 공법은 지하구조물의 원활한 시공과 구조적 안정성을 확보하기 위해서는 철골기둥의 수직도 확보가 중요하며, 지하기둥(철골)을 터파기하지 않은 상태에서 구축한 철골기둥이 정위치에서 벗어난 경우 이를 조정하는 작업을 Alignment라 말한다.

Ⅱ. 철골기둥의 수직도

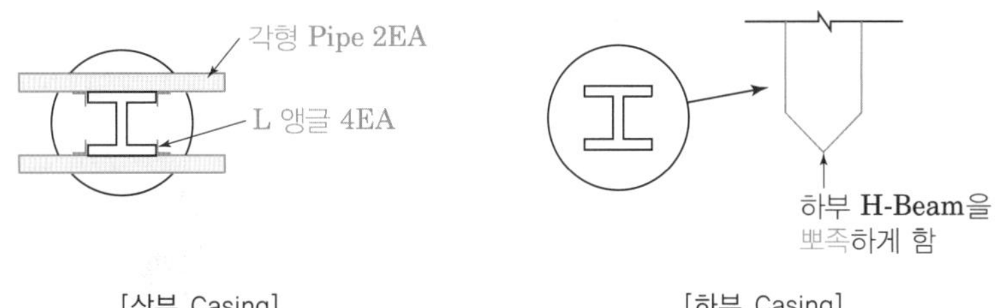

[상부 Casing] [하부 Casing]

① 상부 : Transit 또는 광파기로 정확히 계측하고 각형 Pipe와 L앵글로 고정
② 하부 : Koden Test로 수직도 Check, H-Beam 하부를 뾰족하게 만듦

[철골기둥 정렬]

Ⅲ. 철골기둥의 정렬(Alignment)

1. 굴토 방법

정위치를 벗어난 경우 3m까지 굴토하여 철골기둥을 밀었을 때 이동이 용이하게 할 것.

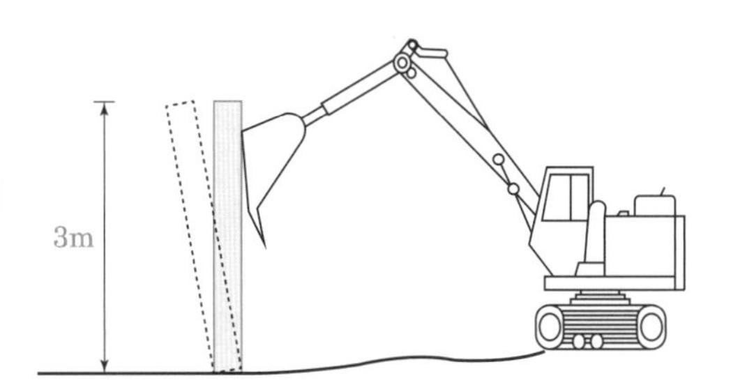

2. 고정 방법

굴착장비를 사용하여 철골기둥 단부의 위치를 고정
- 조정가능 범위: 100mm 이내
- 연결 철골부재
  ① 1층 바닥보가 RC조: 앵글+턴버클
  ② 1층 바닥보가 S조: 본 구조물을 이용하여 고정

[철골기둥의 Deviation]
- Deviation 범위 : 천공 깊이 30~40m인 경우 Deviation 범위는 일반적으로 ±50~±70mm 내외
- 시공 오차를 반영한 건축계획 : 기둥과 기둥 사이가 주차용도인 경우 시공 오차를 흡수할 수 있도록 건축계획에 반영

92 Top Down 공법에서 철골기둥과 RC 보의 접합

Ⅰ. 정의

역타 시공되는 철근의 이음, 철근과 철골보의 간섭부 등을 정밀시공하여 구조적 성능이 확보되도록 철저히 하여야 한다.

Ⅱ. 철골기둥과 RC 보의 접합

1. 철근 통과하는 방법

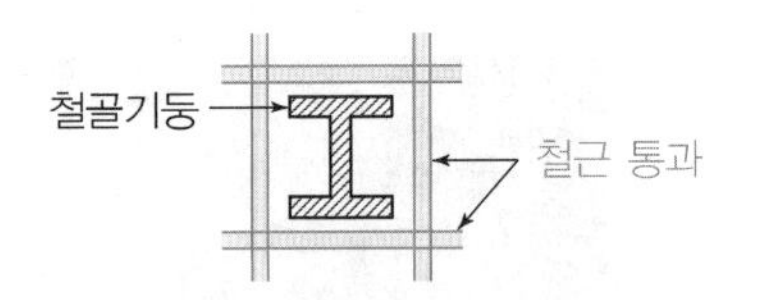

보의 폭을 넓게 하여 보의 주근을 통과하게 처리

2. 철근 용접 및 갈고리 방법

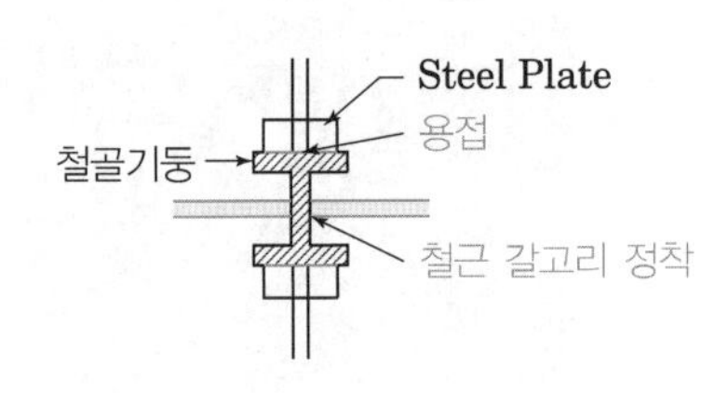

① Flange와 만나는 상부철근은 Steel Plate와 용접(용접길이 5d 이상)
② Web와 만나는 상부철근은 갈고리 정착
③ 하부철근은 콘크리트 기둥면+150mm 이상 묻힘길이 확보
④ Steel Plate는 공장용접

[Steel Plate]

3. H-Beam Bracket 방법(철근 절단)

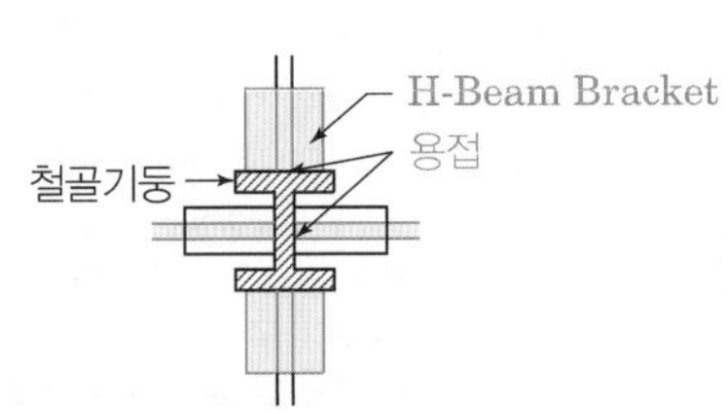

① Flange, Web에 H-Beam Bracket을 현장 전면용접(Bracket 길이는 보 철근 이음길이)
② Flange, Web와 만나는 상부철근은 철골 기둥면에서 절단
③ 하부철근은 콘크리트 기둥면+150mm 이상 묻힘길이 확보

4. Steel Channel 방법(철근절단 및 철근 갈고리)

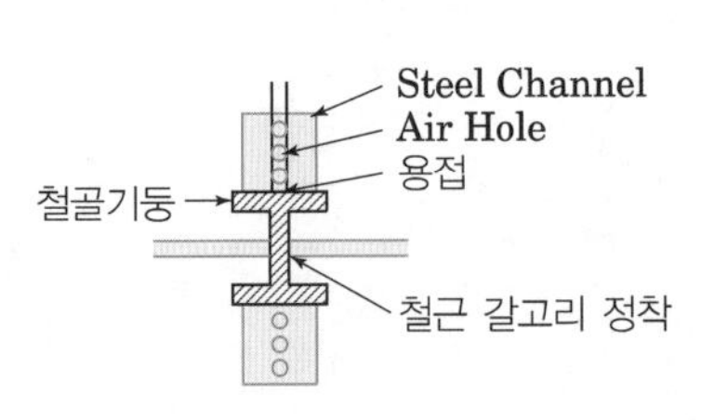

① Flange와 만나는 상부철근은 철골 기둥면에서 절단
② Web와 만나는 상부철근은 갈고리 정착
③ 철골에 정착되는 Steel Channel은 현장 용접(Channel 길이는 보 철근 이음길이)
④ 하부철근은 콘크리트 기둥면+150mm 이상 묻힘길이 확보
⑤ Steel Channel에 Air Hole 설치

93 역타설 Joint 처리방법

Ⅰ. 정의

Top Down 공법에서 슬래브 콘크리트 타설 후 벽체 및 기둥을 후 타설 하므로 슬래브와 벽체 및 기둥이 만나는 곳에 Joint가 발생하므로 철저하게 Joint 처리를 하여야 한다.

Ⅱ. Joint 처리방법

1. 직접법

① 이음 타설부에 45° 두고 15~20cm 호퍼로 타설 후 증타부 제거

② 현장에서는 호퍼 대신에 상부 기둥에 Sleeve 매입

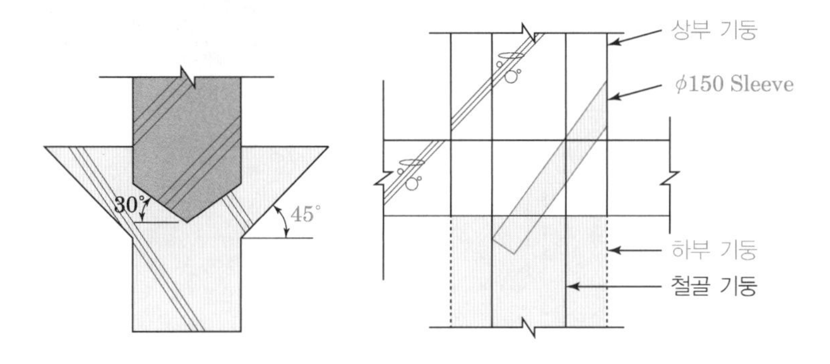

[직접법]

2. 충전법

① 후타설 콘크리트를 5~10cm 낮게 타설 후 콘크리트면 청소하고 충전재를 채움

② 충전재는 무수축 모르타르, 팽창성 모르타르 사용

③ 충전재는 콘크리트와 동등 이상 강도일 것

④ 거푸집은 리브라스+모르타르를 사용하기도 함

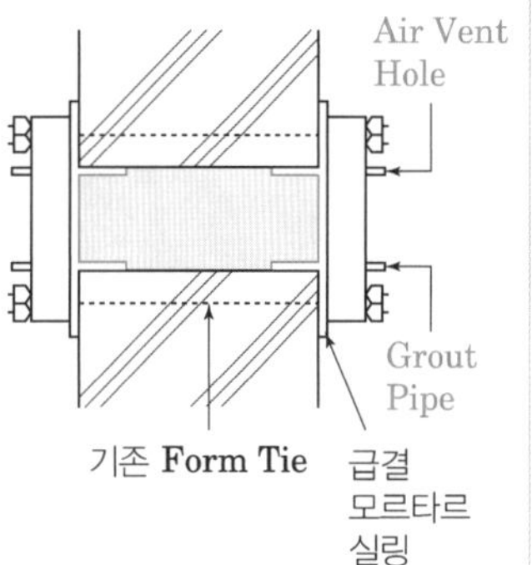

3. 주입법

① 직접법에 의해 발생된 조인트에 시멘트계, 수지계 주입재를 주입

② 1mm 이하의 간경에 주입은 곤란

③ 수지계 주입재는 0.1mm 이하 공극에 사용

④ 조인트의 외주에 실런트 철저

⑤ 주입공: 기둥은 4개소, 벽은 1m 간격 이내

⑥ 주입압은 0.4~0.8MPa

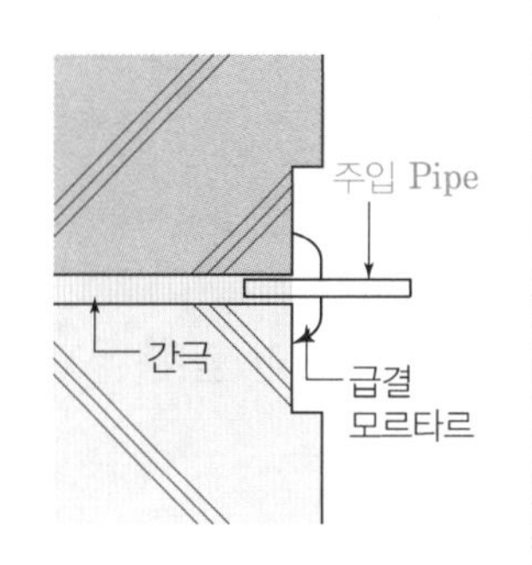

94 Top Down 공법에서 Skip 시공

Ⅰ. 정의

Top Down 공법의 지하공사 시 2개층을 동시에 굴착하여 슬래브를 설치하고 슬래브를 중심으로 아래층 굴착와 상부의 슬래브 타설을 동시에 진행하여 공기단축 시키는 공법을 말한다.

Ⅱ. 현장시공도 및 시공순서

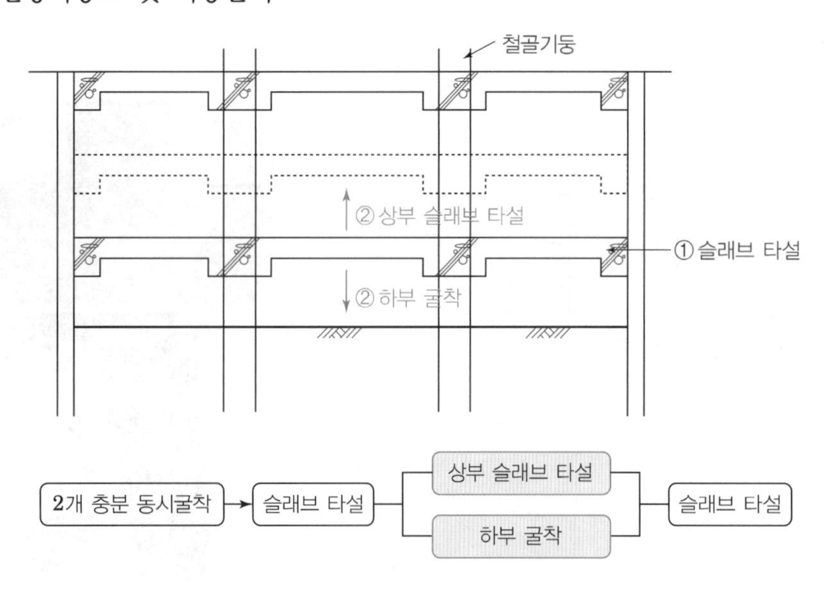

[Skip 시공]

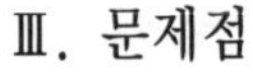

Ⅲ. 문제점

① 지하연속벽 지점 길이증가로 토압증가
② 철골기둥의 좌굴 증가로 철골기둥 단면적 증가
③ 자재반입 시 안전사고 위험 증대
④ 토공 및 철근콘크리트 공정 간섭

Ⅳ. 시공 시 유의사항

① 투입인력 및 자재계획 수립 시 사전 검토 철저
② 토압에 대비한 지하연속벽의 두께 검토
③ 철골기둥의 좌굴에 대한 단면적 검토
④ 자재 반입 시의 안전사고 대책 마련
⑤ 역타 시공층 슬래브 거푸집 해체에 대한 검토 철저
⑥ 작업데크의 설치 고려

95 DBS(Double Beam System) 공법

Ⅰ. 정의

① 지하층을 이중격자 철골보와 드롭패널로 설계하여 기존 철골구조 대비 부재 크기 및 층고를 절감하여 경제성을 높이는 공법을 말한다.

② 공법의 종류에는 DBS Ⅰ과 DBS Ⅱ가 있다.

Ⅱ. DBS Ⅰ의 시공도

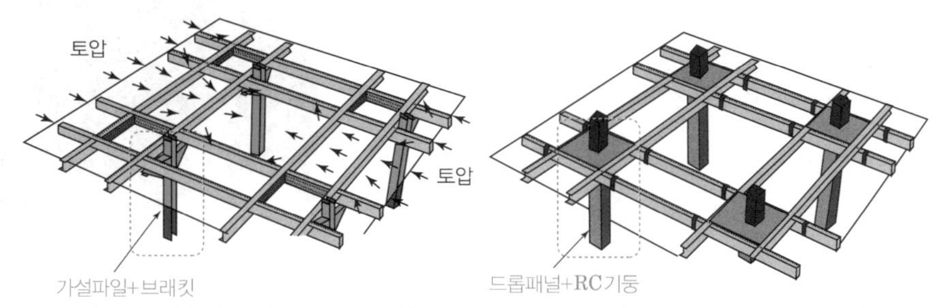

[가설 시(슬래브 하부 토공사 중)] [지하구조물 시공완료 상태]

[DBS 공법]

Ⅲ. DBS 공법 종류 및 특성

구분	DBS Ⅰ	DBS Ⅱ
정의	• PRD 없이 드롭패널 주변에 가설 센터파일을 시공하여 중력하중을 지지하고 드롭패널 주변 슬래브를 타설하여 토압을 지지하는 방법으로 기초타설 후 기둥 및 드롭패널을 순타로 시공	• PRD 시공 후 드롭패널 및 슬래브를 시공하여 토압을 지지하며 굴착하는 공법
장점	• PRD 공사비 절감 가능 • Double Beam 사용으로 부재 크기가 줄고 지하층 층고도 낮출 수 있음 • 철골보와 기둥은 드롭패널로 연결되며 드롭패널 타설 전 브래킷의 연결로 오차흡수 기능	• Double Beam 사용으로 부재 크기가 줄고 지하층 층고도 낮출 수 있음 • PRD 시공으로 Down-Up뿐만 아니라 여러 공법 적용가능
단점	• 기둥 및 드롭패널의 후 시공으로 Down-Up만 적용가능 • 하중이 크거나 지하층이 많거나 스팬이 넓은 경우 가설 센터파일이 많이 소요되어 시공성 저하 • 가설 센터파일 제거를 위한 Opening 발생 • 현장접합이 많아 시공성 및 작업성 저하	• PRD 시공으로 DBS Ⅰ에 비해 공사비 증가 • 현장접합이 많아 시공성 및 작업성 저하
경제성	아주 우수	우수
시공성	저하	우수

96 SPS(Strut as Permanent System)

Ⅰ. 정의

흙막이지지 Strut를 가설재로 사용하지 않고 영구구조물(철골구조체)을 이용하여 굴토공사 중에는 토압에 대해 지지하고 슬래브 타설 후에는 수직하중에 대해서도 지지하는 공법을 말한다.

Ⅱ. 특징

① 가설 지지체의 설치 및 해체 공정 생략
② 가설 Strut 해체 시 발생하는 응력불균형 현상 방지
③ 슬래브 타설로 작업공간 확보 유리
④ 폐기물 발생 저감
⑤ 공기 단축 가능
⑥ 토질 상태에 관계없이 시공 가능

[SPS 공법]

Ⅲ. 공법 종류 및 Flow Chart

① Down-Up 공법

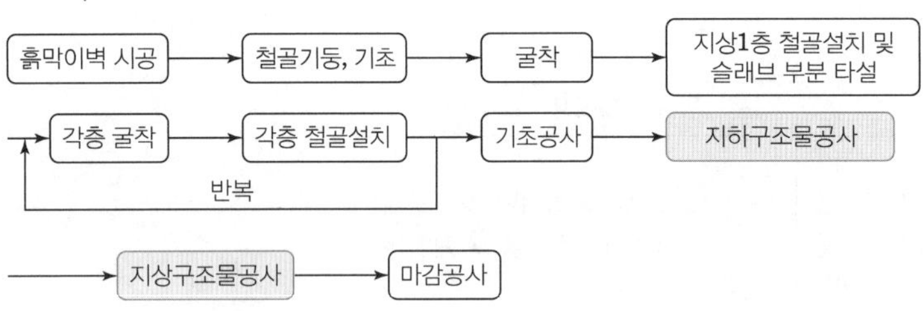

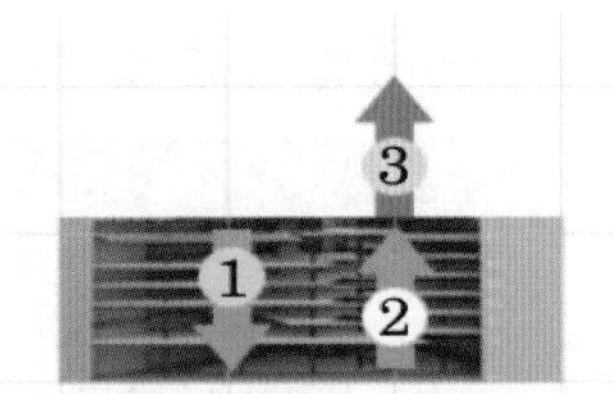

[Down-Up 공법]

② Up-Up 공법

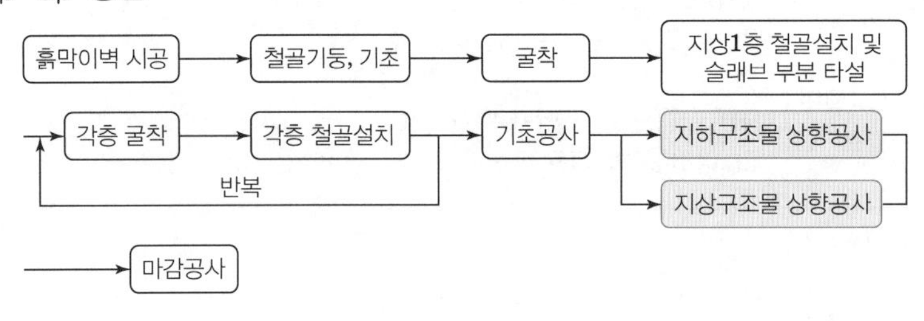

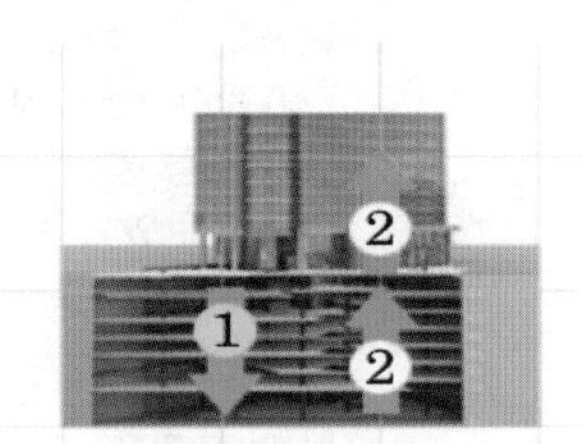

[Up-Up 공법]

③ Top Down 공법

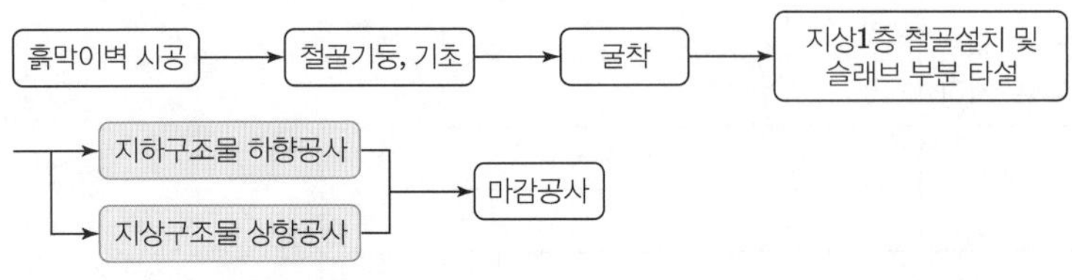

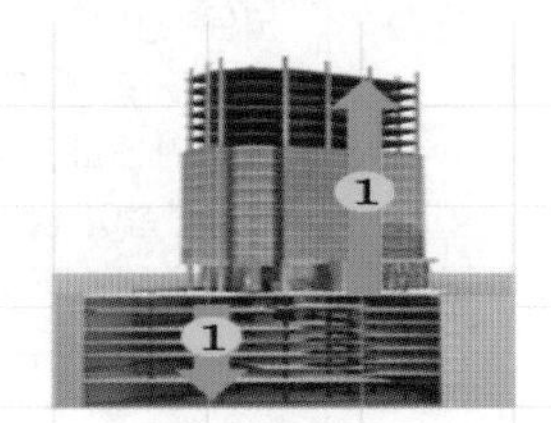

[Top Down 공법]

97 CWS(Continuous Wall Top Down System)

Ⅰ. 정의

① 굴착공사 진행에 따라 매립형 철골띠장, 보 및 슬래브를 선시공하여 토압 및 수압에 대해 슬래브의 강막작용으로 저항하고 굴착공사 완료 후 지하외벽의 연속시공이 가능한 공법을 말한다.

② 기존 RC 테두리보 공법을 개선하여 철골띠장 설치 및 지하외벽 일체타설 등을 통하여 시공성을 향상 시킨다.

Ⅱ. 현장시공도

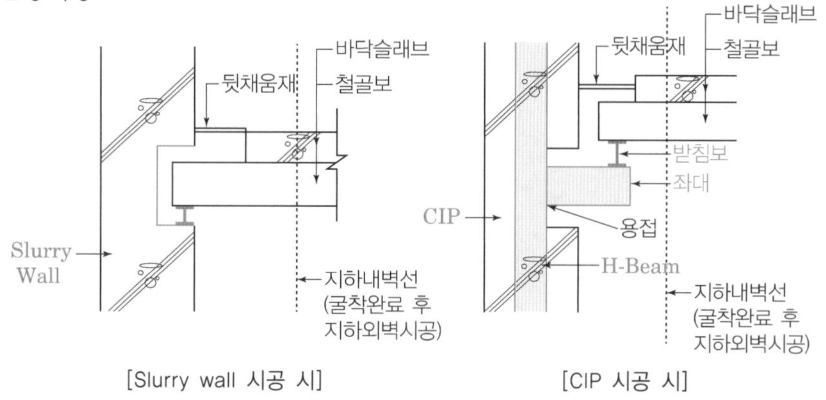

[Slurry wall 시공 시] [CIP 시공 시]

[Slurry wall 시공 시]

[CIP 시공 시]

Ⅲ. CWS 적용

① 장경간, 비정형, 고하중인 경우 적용성 향상
② 공정혼선 최소화(철골 단일공정 및 접합 최소화)로 공기단축 가능
③ 지하외벽 연속시공으로 안정성 및 시공성 향상
④ 지하외벽 연속배근 및 연속타설로 경제성, 품질확보 가능
⑤ 보 설치 시 용접작업이 없으므로 수평부재 설치가 용이

Ⅳ. 시공 시 유의사항

① CIP의 H-Pile 노출 시 CIP 콘크리트 제거 최소화
② 좌대와 흙막이 H-Pile 용접 철저

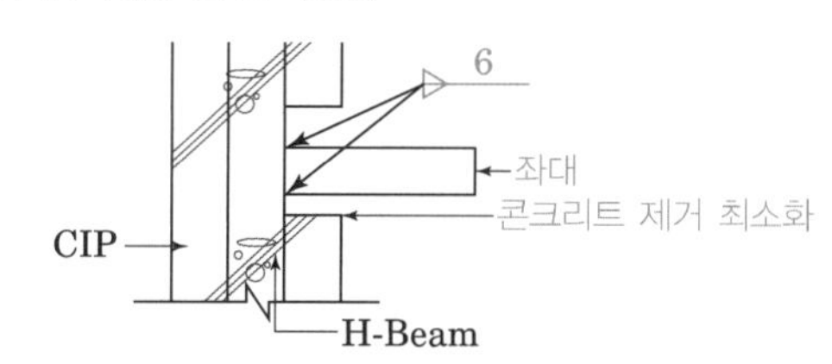

③ 좌대와 받침보 레벨 철저히 관리
④ 지하외벽 연속시공 시 철근배근 철저 및 콘크리트 밀실 타설

98 Heaving 현상

Ⅰ. 정의

연약한 점성토 지반의 굴착공사 시 흙막이벽 뒷면의 흙의 중량이 굴착 밑면의 지반 지지력보다 커져서 흙막이벽 뒷면의 흙이 안으로 미끄러져 기초 밑면이 부풀어오르는 현상을 말한다.

Ⅱ. 개념도

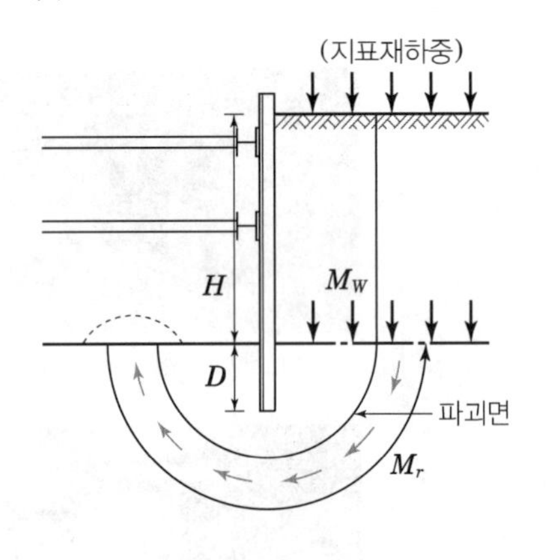

$$F_s = \frac{\text{저항모멘트}(M_r)}{\text{활동모멘트}(M_w)} \geq 1.2 \sim 1.5$$

Ⅲ. 원인

① 흙막이벽 근입장 부족
② 흙막이벽 내외의 흙의 중량차가 클 때
③ 지표면 중량물 재하
④ 지표수 유입 및 지하수위 변위

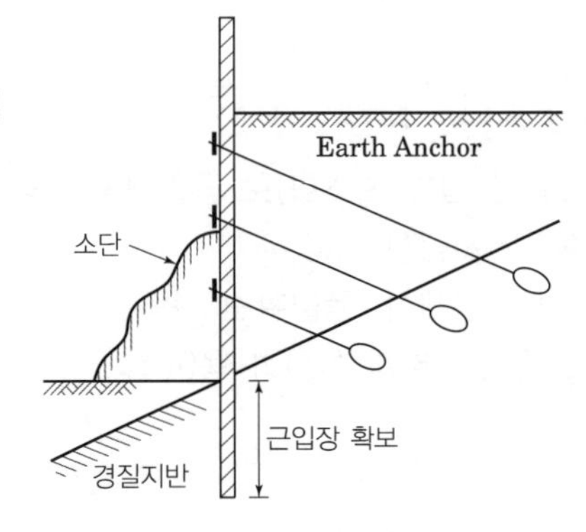

Ⅳ. 방지대책

① 근입장을 경질지반까지 박는다.
② 강성이 큰 흙막이를 설치한다.
③ 흙막이 배면 Earth Anchor 설치
④ 굴착면에 하중을 가한다.
⑤ 양질재료로 지반 개량한다.
⑥ 부분굴착으로 굴착지반의 안전성을 높인다.

99 Boiling 현상

Ⅰ. 정의

사질지반의 굴착공사 시 흙막이벽 뒷면의 지하수위와 굴착저면과의 수위차로 인해 내부의 흙과 수압의 균형이 무너져 굴착저면으로 물과 모래가 부풀어 오르는 현상을 말한다.

Ⅱ. 개념도

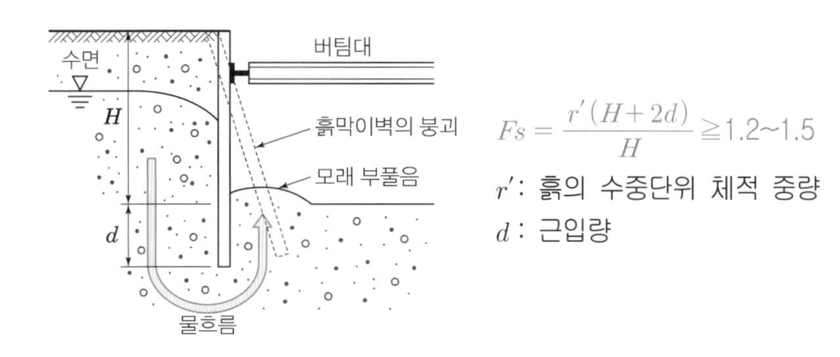

$$Fs = \frac{r'(H+2d)}{H} \geq 1.2\sim1.5$$

r' : 흙의 수중단위 체적 중량

d : 근입량

Ⅲ. 원인

① 흙막이 근입장 깊이가 부족할 때

② 흙막이벽 배면의 지하수와 굴착저면의 수위차가 클 때

③ 굴착하부에 투수성이 큰 사질층이 있을 때

Ⅳ. 대책

① 지하수의 배수대책을 수립한다.

② 근입장 깊이를 확보한다.

③ 지하수위를 낮춘다.

④ 흙막이 주변 차수공법 시행(LW, JSP)

⑤ 지반개량공법을 시행한다.

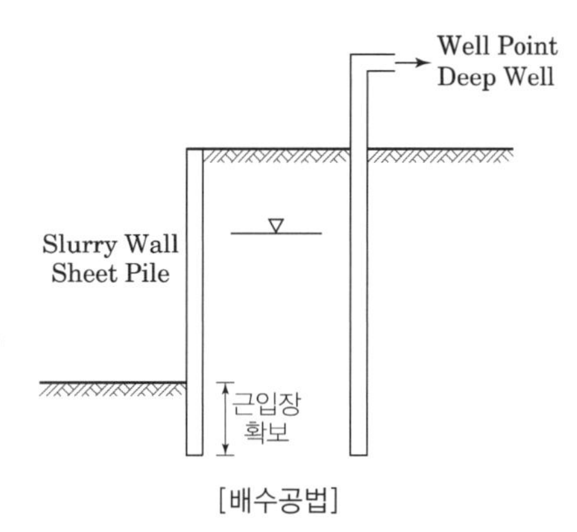

[배수공법]

100 Piping 현상

Ⅰ. 정의

① Piping 현상이란 수위차가 있는 지반 중에 파이프 형태의 수맥이 생겨 사질층의 물이 배출되는 현상이다.

② 흙막이 벽에서 Piping 현상은 흙막이 배면의 발생과 굴착저면의 발생이 있다.

Ⅱ. 개념도

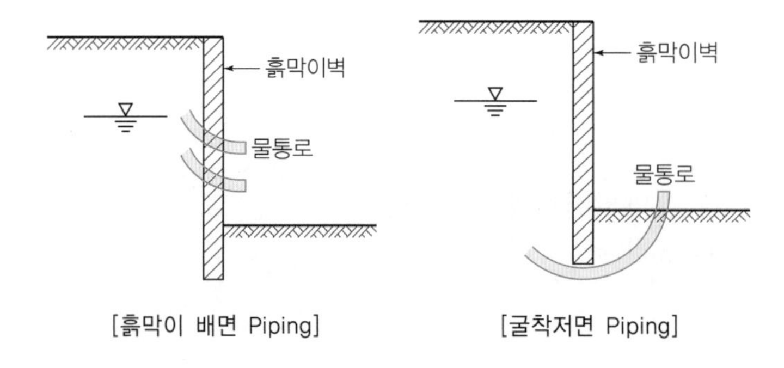

[흙막이 배면 Piping] [굴착저면 Piping]

Ⅲ. 원인

① 지하수 과다 발생

② 흙막이 배면의 피압수 존재

③ 흙막이벽 차수성 부족

④ 흙막이벽 근입장이 부족할 경우

⑤ Boiling 현상 발생 시

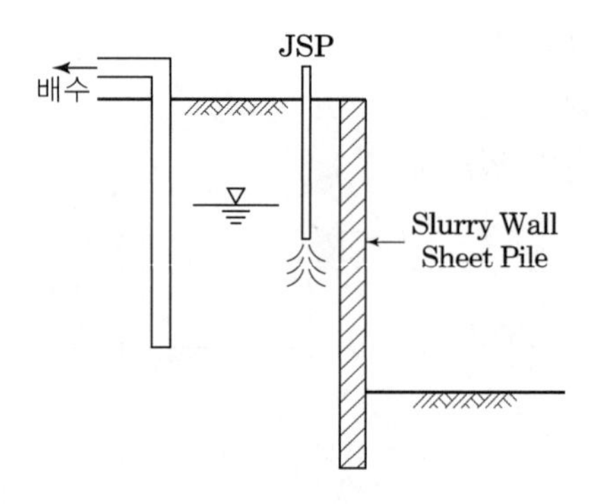

Ⅳ. 대책

① 차수성이 큰 흙막이를 시공한다.

② 흙막이 벽을 밀실하게 시공한다.

③ 지하수위를 낮춘다.

④ 주변 지반을 고결시킨다.

⑤ 흙막이벽을 불투수층까지 근입한다.

[44,69,99회]

101 토공사의 계측관리(정보화 시공) KCS 21 30 00

Ⅰ. 정의

계측관리란 Strut, 토압, 인근건물 및 지반의 변형, 균열 등에 대비하여 미리 발견, 조치하기 위한 계측기를 설치 관리하는 것이다.

[계측관리 케이스]

Ⅱ. 계측기 배치도

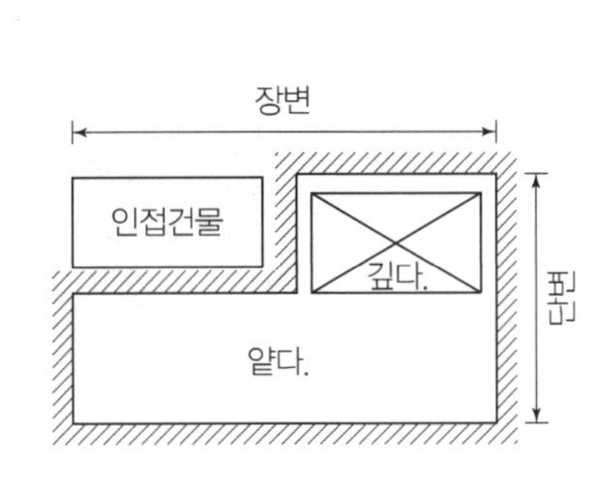

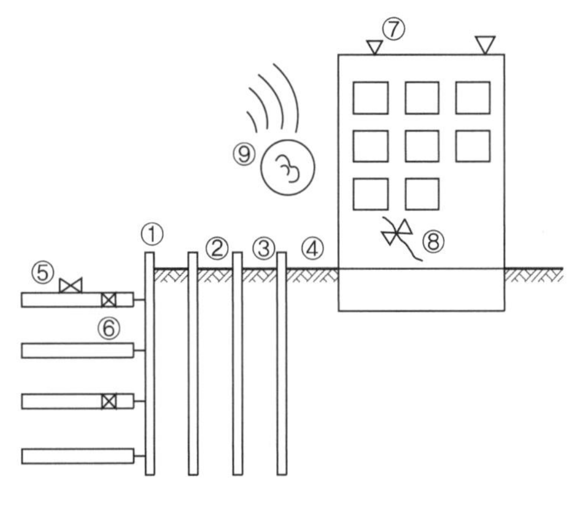

[우선배치 원칙]

① 인접건물(위험건물)
② 깊은 곳
③ 우각부
④ 장변쪽
⑤ 가운데서 가장자리로 배치

[계측위치 선정]

① 지반거동을 파악할 수 있는 곳
② 지반조건 파악되고, 구조물을 대표하는 곳
③ 공사에 따른 영향이 예상되는 곳
④ 교통량 많은 곳
⑤ 지하수가 많고 수위변화가 심한 곳
⑥ 시공시 계측기의 훼손이 적은 곳

① 지중수평변위측정계(Inclinometer)
② 간극수압계 또는 지하수위계 (Pizometer or Water Level Meter)
③ 지중수직변위측정기(Extensometer)
④ 지표침하계(Measuring Settlement of Surface)
⑤ 변형률계(Strain Gauge)
⑥ 하중측정계(Load Cell)
⑦ 인접건물기울기측정기(Tilt Meter)
⑧ 균열측정기(Crack Meter)
⑨ 진동소음측정기(Vibration Monitor)

[Tilt Meter]

[Crack Gauge]

Ⅲ. 계측항목

1. 지상구조물 계측

① 기울기 측정 : Tilt Meter
② 균열 측정 : Crack Gauge

2. 흙막이 계측

① 변형률계 : Strain Gauge
② 하중계 : Load Cell

[Load Cell]

3. 지하수위 계측

① 수위계 : Water Level Meter
② 간극수압계 : Piezo Meter
③ 경사계 : Inclino Meter
④ 침하계 : Extenso Meter

4. 주변지반계측

① 소음측정계 : Sound Level Meter
② 진동측정계 : Vibro Meter
③ 지표면 침하계 : Level

5. 공공매설물 계측

우수, 오수, 수도, 전기, 전화, 맨홀 등 계측

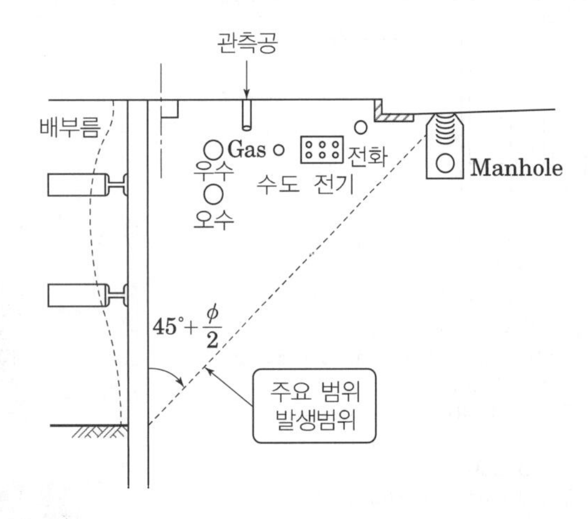

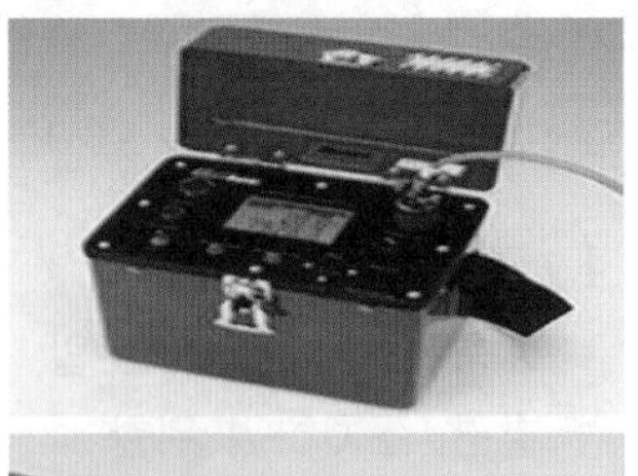

[Piezo Meter]

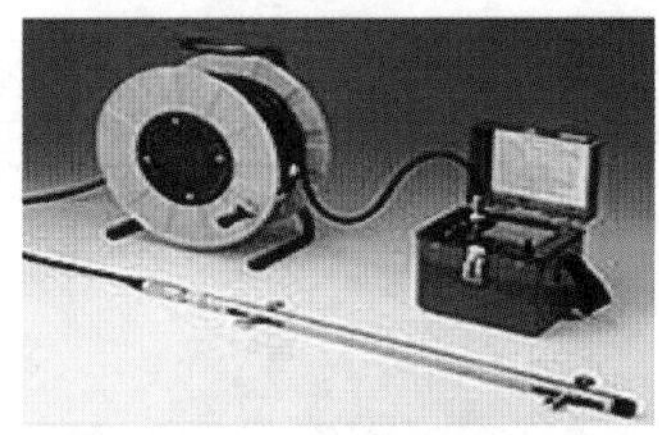

[Inclino Meter]

Ⅳ. 계측 시 유의사항

① 계측기를 지중에 매설할 경우 지하매설물 유무 및 설치의 안전문제 고려
② 계측기의 설치 및 초기화 작업을 굴착하기 전, 부재변형이 발생하기 전에 완료
③ 계측관리는 한눈에 볼 수 있도록 기록관리(굴착기간 : 2회/1주 이상, 굴착 완료 후 : 1회/1주 이상)
④ 빠짐없이 매일매일 정해진 시간에 측정
⑤ 계측결과는 측정 후 즉시 기입 관리
⑥ 계측기 검사증 여부 확인

102 Tilt Meter와 Inclinometer

KCS 11 10 15

Ⅰ. 정의

① 계측관리란 Strut, 토압, 인근건물 및 지반의 변형, 균열 등에 대비하여 미리 발견, 조치하기 위한 계측기를 설치 관리하는 것이다.

② Tilt Meter는 토공사시 주변 건물의 기울기를, Inclinometer는 흙막이 횡변위와 지중변위를 계측하기 위한 기기이다.

Ⅱ. 계측기 배치도

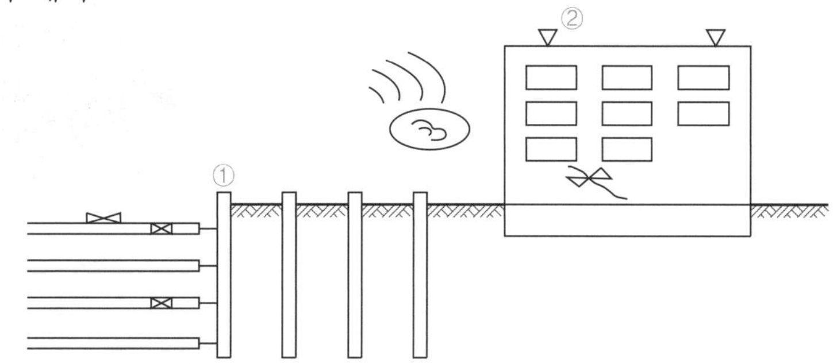

①지중수평변위측정계 : Inclinometer
②건물경사측정계 : Tilt Meter

Ⅲ. Tilt Meter

1. 적용

① 굴착공사로 인한 지반변위의 영향범위 내에 위치한 건물

② 구조물의 부등침하 발생에 기인된 구조물의 기울기 변화를 측정하는 것

2. 설치방법

Tiltmeter Plate의 1~3축의 1축이 현장방향으로 향하게 하고, 수평을 유지하도록 조정

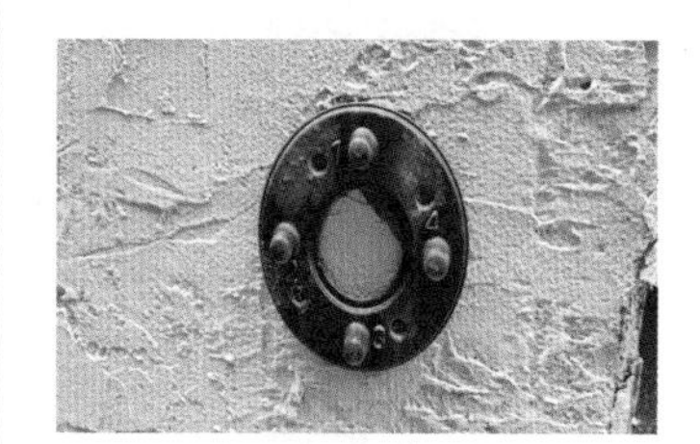

[Tilt Meter]

Ⅳ. Inclinometer

1. 적용

① 지반이 연약하여 지반변위가 예상 되는 곳

② 공사로 인해 영향을 주는 범위 내에 중요한 구조물이 있는 경우

2. 설치방법

① 보링 내경 86~116mm 이상의 설치 공을 지지층까지 천공

② 천공 후 맑은 물로 깨끗하게 세척하여 슬라임을 제거

③ 최초에 삽입되는 케이싱 단부는 엔드캡(End Cap)을 써서 이물질 침투방지

④ 케이싱 하부에서 상부방향으로 0.5m마다 측정

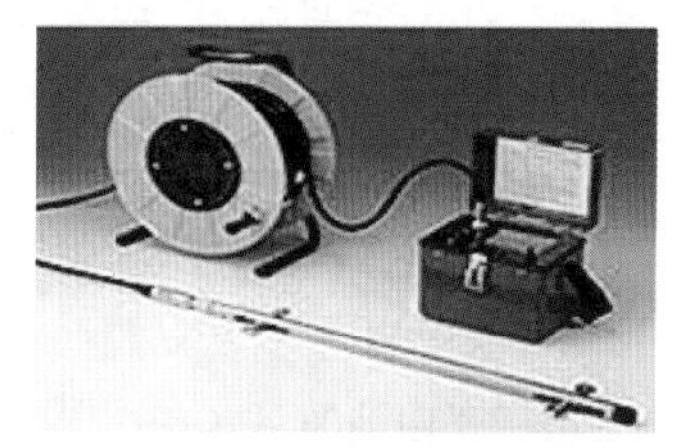

[Inclinometer]

103 간극수압계(Piezometer)

KCS 11 10 15

Ⅰ. 정의

계측관리란 Strut, 토압, 인근건물 및 지반의 변형, 균열 등에 대비하여 미리 발견, 조치하기 위한 계측기를 설치 관리하는 것으로 간극수압계(Piezometer)는 굴착에 의한 지반내의 간극수압을 측정하는 계측기기 이다.

Ⅱ. 계측기 배치도

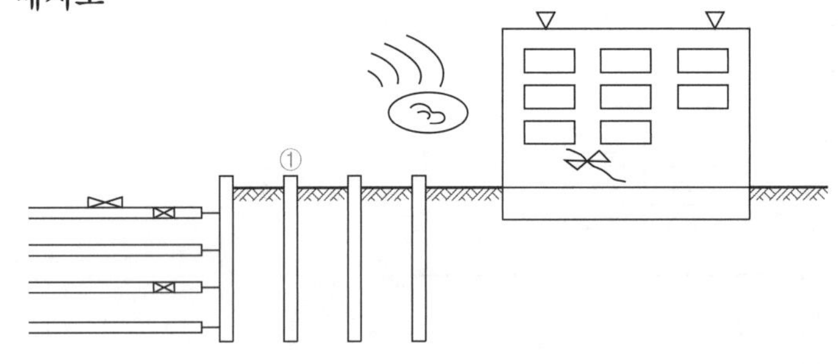

① 간극수압측정계 : Piezometer

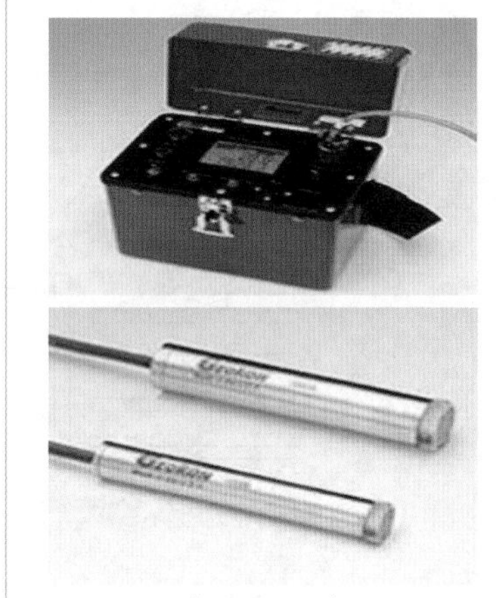

[Piezometer]

Ⅲ. 설치방법

① 회전 수세식으로 보링 내경 86mm~116mm 이상의 설치 공을 계획심도까지 케이싱을 설치하면서 천공하며, 크롤러 드릴을 사용 금지

② 피에조미터 팁을 설치할 부근의 공벽 케이싱을 제거한 후 슬라임이 없도록 맑은 물로 깨끗이 세척(공기 청소 금지)

③ 모래를 피에조미터 팁 아래에 20cm 이상 채운다.(모래의 입경은 75μm 이상)

④ 간극수압계 팁을 24시간동안 물로 포화시켜 팁에 있는 기포를 제거하고 계측기 카탈로그에서 제시하는 방법으로 초기 값을 읽어 기록

⑤ 물속에 잠겨있는 간극수압계 팁을 물에 잠겨있는 채로 현장에 운반하여 포화된 Package나 Filter Bag에 넣어 소정의 심도에 간극수압계를 설치

⑥ 피에조미터 상부 20cm 이상 모래를 채우고 다져 투수층을 형성

⑦ 모래층 상부에 두께 100cm의 벤토나이트 펠렛을 투입하고 다져서 벤토나이트 Plug를 만든다.

⑧ 그라우팅액의 양생이 완료되고 벤토나이트 펠렛을 투입한지 최소 72시간 이상 경과한 후 초기치를 측정

⑨ 지표면에서 케이블 Snaking을 한 후 보호관에 넣어 성토작업에 따른 케이블의 손상을 방지

Ⅳ. 측정방법

간극수압계에서 연결되어진 케이블을 Readout과 연결하여 계측치를 읽은 후 초기치와 계기의 상수를 환산공식에 적용하여 수압을 산정

104 Underpinning 공법

Ⅰ. 정의

① 기존 구조물이나 기초를 변경 혹은 확대하거나 인접공사 등으로 보완이 필요한 경우 기존 구조물을 보강 또는 지지하는 공법을 말한다.

② Flow Chart

Ⅱ. 시공도 및 공법 종류

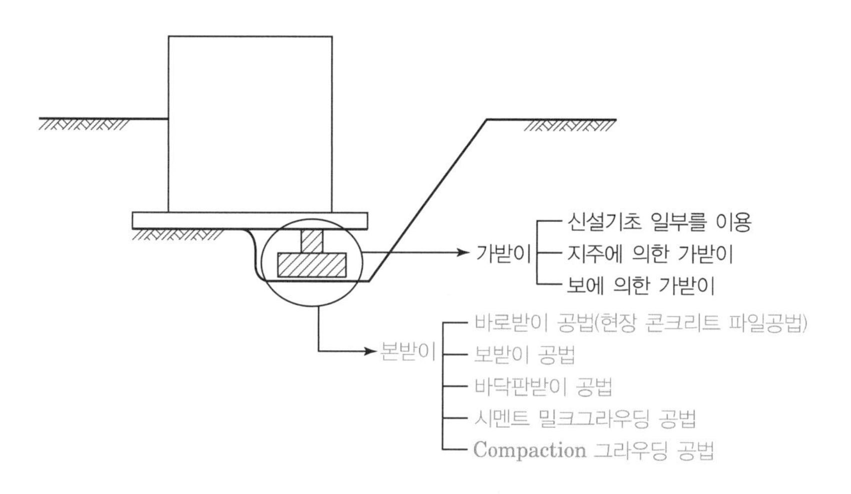

[시멘트 밀크그라우딩]

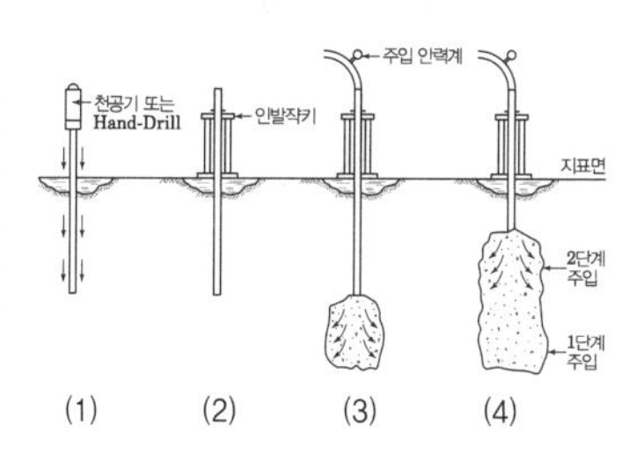

(1) 소요깊이까지 천공
(2) 주입장비 설치 및 주입준비 작업
(3) 1단계 주입 후 1step(33cm) 인발
(4) 주입, 인발 반복

[CGS]

Ⅲ. 언더피닝 적용 시점

① 건물의 침하나 경사가 생겼을 때 이것을 복원하는 경우
② 건물의 침하나 경사를 미연에 방지할 경우
③ 건물을 이동할 경우
④ 부적당한 기초(지하연속벽이 암반에 도달하여 소정 깊이까지 굴착이 어려운 경우 등)
⑤ 굴착 등 시공에 의해 주변 안정성에 영향을 줄 우려가 있을 때

Ⅳ. 시공 시 유의사항

① 흙막이 및 주변상황 조사
② 하중에 관한 조사를 실시
③ 기초형식은 기존의 것과 동일하게 한다.
④ 시공 시의 부동침하는 허용치 이내로 관리
⑤ 계측관리를 하여 안전에 대비

105 토량환산계수에서 L값과 C값

KDS 34 20 20/KCS 51 60 05

Ⅰ. 정의

① 흙의 자연 상태의 체적에 대한 흐트러진 상태 또는 다져진 상태의 체적의 비율을 토량변화율이라고 토량변화에는 L값과 C값이 있다.

② 토량환산계수는 기준토의 변화율에 대한 구하고자 하는 토의 변화율 말한다.

Ⅱ. L값과 C값

1. L값

① L=흐트러진 상태의 토량(m^3)/자연 상태의 토량(m^3)

② 일반 토사인 경우 1.1~1.4 정도

③ 토공사에서 운반 토량 산출 시에 이용

2. C값

① C=다져진 상태의 토량(m^3)/자연 상태의 토량(m^3)

② 일반 토사인 경우 0.85~0.95 정도

③ 성토 시공 시 반입 물량 산출 시에 이용

3. 토질별 변화율

① L값: 모든 흙에 대해 증가

② C값: 암: 1.2~1.5(증가), 토사: 0.85~0.95(감소)

Ⅲ. 토량 변화율 시험법(L값, C값)

① 대규모 공사: 실제 현장시험 적용

② 소규모 공사: 건설표준품셈에 제시된 토량변화율을 적용

Ⅳ. 토량환산 계수표

구분	자연상태의 토량	흐트러진 상태의 토량	다져진 후의 토량
자연상태의 토량	1	L	C
흐트러진 상태의 토량	1/L	1	C/L
다져진 후의 토량	1/C	L/C	1

Ⅴ. 토량환산계수 적용

① 토공량 산출

② 토공사 시 운반거리 산출

③ 토공 공사비 산출: 장비작업량 산정($Q = 60 \cdot q \cdot f \cdot \mathrm{E}/\mathrm{Cm}$, f: 토량환산계수)

106 토사 안식각(휴식각, Angle of Repose)

Ⅰ. 정의

건조된 토사를 지반에 쌓으면 어느 정도 흘러내리다가 정지하는데 이때 토사의 표면과 원지반이 이루는 각도를 말한다. 비탈면의 각도는 휴식각보다도 완만하게 한다.

[안식각]

Ⅱ. 개념도

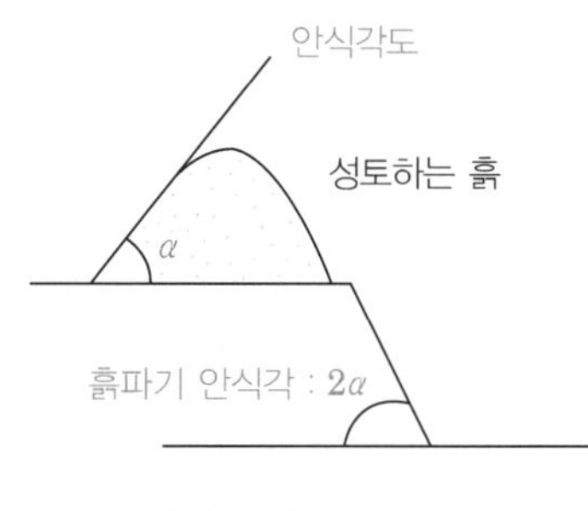

[성토 시 안식각]

$$\tau = C + \overline{\sigma}\tan\phi$$

τ : 전단강도
C : 점토 점착력
$\overline{\sigma}$: 유효응력
$\tan\phi$: 마찰계수
ϕ : 사질토 내부마찰각

① 점토(사질토 내부마찰각 Zero) : $\tau \fallingdotseq C$
② 모래(점토 점착력 Zero) : $\tau \fallingdotseq \overline{\sigma}\tan\phi$

Ⅲ. 토사종류별 안식각

흙의 종류	상태	안식각
모래	습윤상태	30~45°
흙	습윤상태	25~45°
진흙	습윤상태	20~25°

Ⅳ. 특징

① 토사의 안식각은 토사의 종류 및 함수상태에 따라 다르다.
② 성토의 경사면보다 절토의 경사면 각도가 크다.
③ 절토면의 안식각은 성토의 2배이다.

107 흙의 동상

KDS 44 30 00

Ⅰ. 정의

① 흙 속의 간극수가 동결하여 토층에 빙층이 형성되어 지면을 들어올리는 현상을 흙의 동상이라 한다.

② 동상을 지배하는 3요소 : 토질(Silt), 온도, 간극수

Ⅱ. 발생조건

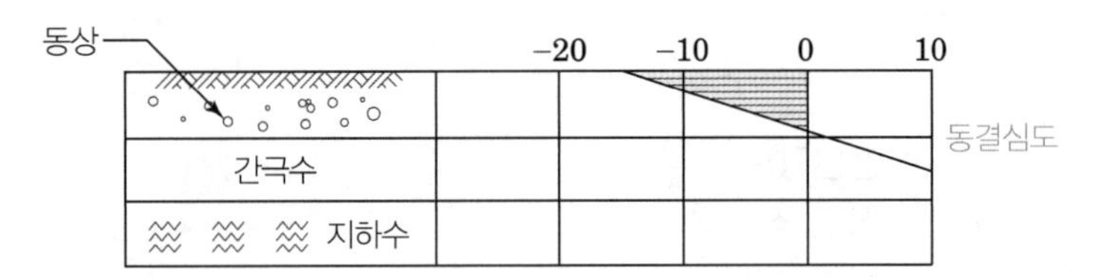

Ⅲ. 동결심도 구하는 법

① 현장조사

동결심도계 이용

② 동결심도 : $Z = C\sqrt{F}$

F : 동결지수, C : 정수(3은 햇빛 많고 배수 양호, 5는 햇빛이 적고 배수 불량)

③ 동결지수

지반이 +온도에서 -온도로 변화하는 달부터 -온도에서 +온도로 변화하는 달까지의 평균온도

Ⅳ. 동상방지대책

① 동상현상의 토질, 온도, 간극수 중 이들 조건의 하나 이상을 제거 또는 개선

② 동상 발생조건을 고려하여 가장 효과적이고 경제적인 방법을 선택.

③ 동결심도 내에 있는 동상성 노상토는 비동상성 재료로 치환

④ 동결심도가 깊거나 노상이 연약한 경우, 양질의 치환 재료를 입수하기 곤란한 경우는 안정처리공법, 단열공법, 차수공법 및 기타 보조적인 방법을 이용

⑤ 치환공법을 적용할 때의 치환깊이는 동상 피해와 융해 피해를 동시에 방지할 수 있도록 결정

⑥ 동상방지용 재료는 쇄석, 하상골재 슬래그 또는 이들의 혼합물로서, 점토질·실트질·유기불순물 등을 포함하지 않는 재료

108 동결심도 결정방법

KDS 44 30 00

Ⅰ. 정의

흙 속의 간극수가 동결하여 토층에 빙층이 형성되어 지면을 들어 올리는 현상을 흙의 동상이라 하며, 동결심도 이하로 기초를 축조하여야 한다.

Ⅱ. 동상의 발생조건

토질(Silt), 온도, 간극수

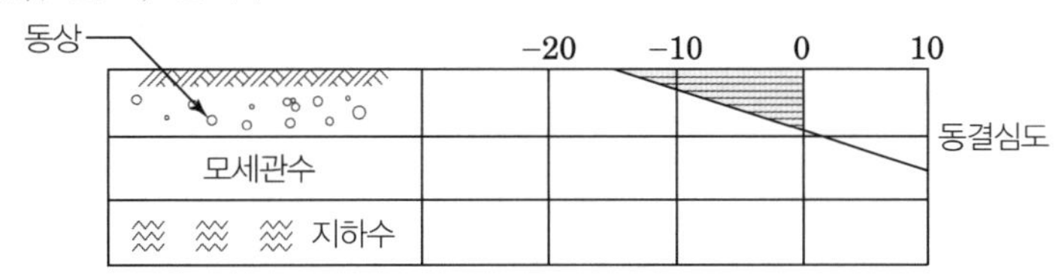

Ⅲ. 동결심도 결정

1) 노면으로부터 지중 온도가 0℃인 지점까지의 깊이를 동결심도라 하고, 동상대책공법을 검토하는 경우 기준이 되는 동결심도를 이론최대동결심도라 한다.
2) 설계노선의 동결지수는 대상지역 인근의 측후소에서 관측한 값을 토대로 설계노선의 표고 차이에 의한 보정을 하여야 한다.
3) 최대 동결심도
   ① 미 공병단 관련기준(TM 5-852-6) 안내서 동결깊이
   ② 설계 동결지수 상관도표
   ③ 국립건설시험소에서 제시된 산정식
   ④ 현장관측자료를 적용
4) 토피가 비교적 얇은 암거나 배수관에서 되메움 재료 또는 뒤채움 재료는 횡단구조물 내부에서 차가운 공기를 고려하여 동결깊이를 결정하여야 한다.
5) 옹벽 등 구조물의 기초를 설계할 때 기초 저면의 최소 근입깊이는 동결심도 이상이어야 한다.

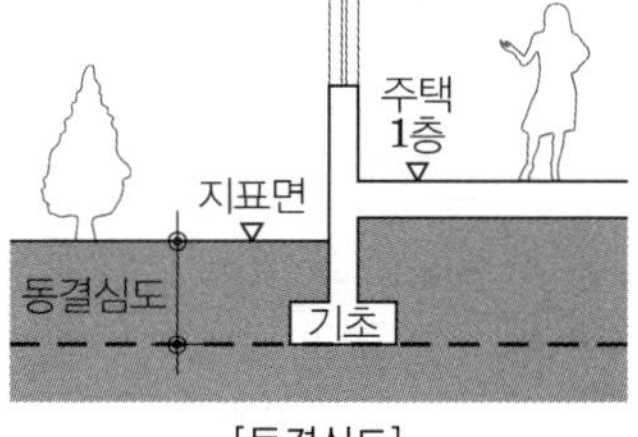

[동결심도]

Ⅳ. 동결심도 구하는 법

① 현장조사
   동결심도계 이용
② 동결심도 : $Z = C\sqrt{F}$
   F : 동결지수, C : 정수(3은 햇빛 많고 배수 양호, 5는 햇빛이 적고 배수 불량)
③ 동결지수
   지반이 +온도에서 −온도로 변화하는 달부터 −온도에서 +온도로 변화하는 달까지의 평균온도

109 Dam Up 현상

Ⅰ. 정의

지하수가 흐르고 있는 곳에 구조물(건축물, 옹벽 등)을 차단할 때, 하류 쪽의 지하수위는 낮아지고 상류 쪽의 지하수위는 상승하는 현상을 말한다.

Ⅱ. 시공도

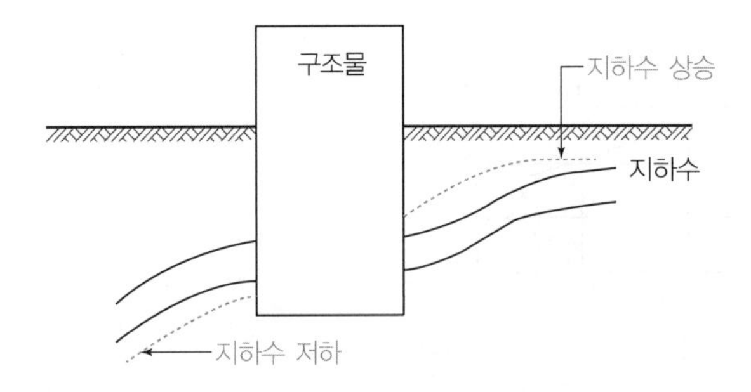

Ⅲ. 문제점

① 구조물의 균열발생 및 강도저하
② 균열에 의한 누수현상 발생
③ 수압상승으로 지하측압의 증대로 구조물 붕괴
④ 구조물의 Sliding 현상으로 균열, 누수 및 붕괴현상 발생

Ⅳ. 대책

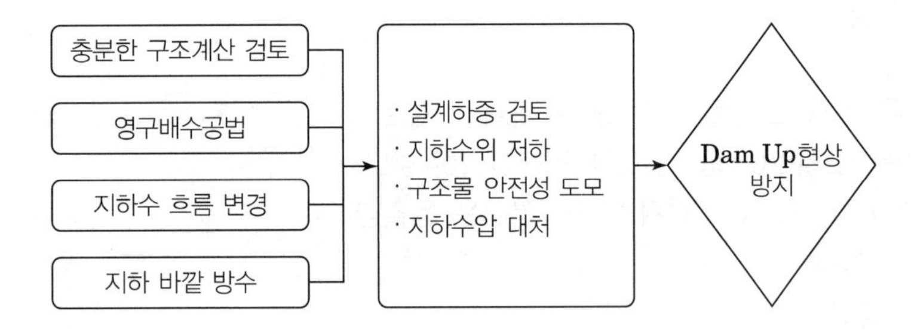

110 토목섬유(Geotextile)

Ⅰ. 정의

토목섬유는 고분자 합성섬유를 제조하여 형성된 건설재료로 보강, 필터, 배수, 분리 및 침식방지용 등으로 사용된다.

[Geotextile]

Ⅱ. 토목섬유의 종류

- 지오텍스타일 : 직포형, 부직포형
- 지오멤브레인 : Flat Type, Blow Type
- 지오그리드 : 판상, 직물상
- 지오웨브
- 지오매트
- 지오컴포지트 : 보강용, 차수용, 배수용, 침식방지용

Ⅲ. 주요기능

① 보강기능
섬유의 인장강도에 의해 흙 구조물의 안전성 증진

② 배수기능
투수계수가 큰 토목섬유를 지중에 포설하여 배수증진

③ 필터기능
지중에 수직으로 설치하여 물만 통과시키고 흙 입자의 이동을 방지

④ 분리기능
세립토, 모래, 자갈 등을 외부 하층으로부터 분리상태를 유지하는 기능

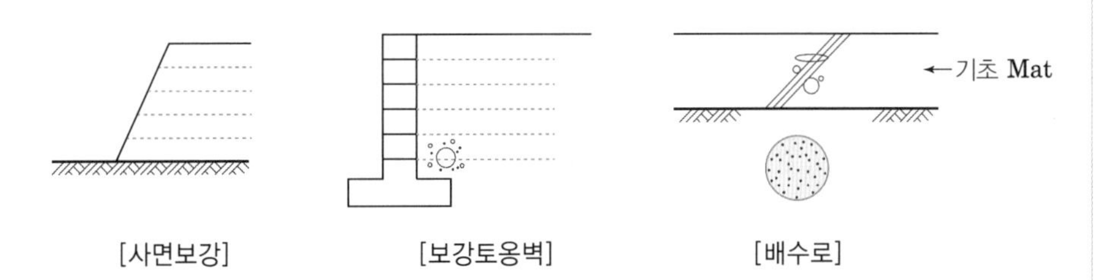

[사면보강] [보강토옹벽] [배수로]

111 EPS 공법

Ⅰ. 정의

기초판 사이에 흙채움 대신 사용하거나 토압을 줄이거나 자중을 줄이기 위해 사용하는 스티로폼 블록이다.

Ⅱ. 시공도(나의 시공사례)

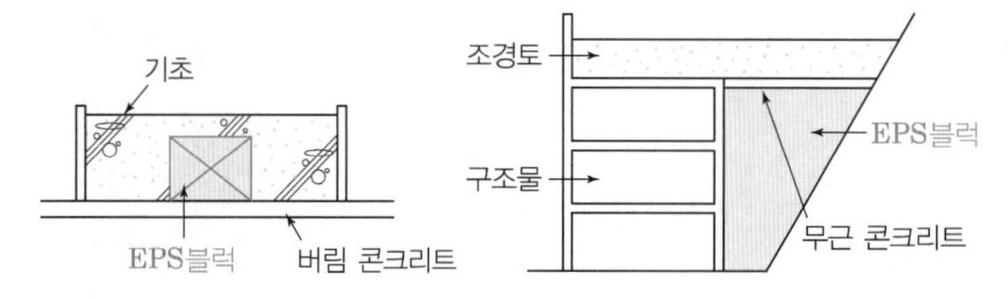

[EPS 공법]

Ⅲ. 특징

① 공기단축 및 장비비 절감
② 품질향상
③ 측압 및 토압 절감, 자중 절감

Ⅳ. 시공 시 유의사항

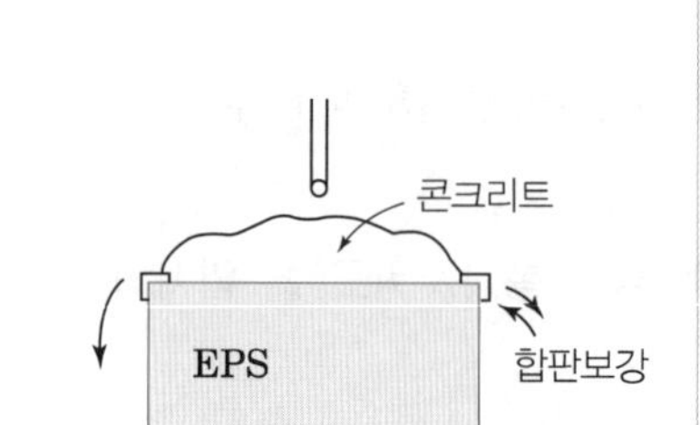

① 구조계산 철저(용도별 비중 철저)
② 전용연결 철물 사용. 이음부 Taping 처리
③ 절단 시 열선 사용
④ 코너부 합판 보강
⑤ 단열재용 스페이서 사용
⑥ 타설 시 부상 및 밀림방지
(EPS상부로만 타설 후 좌우로 균등하게 콘크리트가 흘러가게 타설)
⑦ 시공 전 바닥수평유지철저
⑧ EPS 외측에 콘크리트 30cm 이상 선 타설 : 부상방지

CHAPTER-3

기초공사

01 복합기초

KDS 41 20 00/KDS 11 50 10

Ⅰ. 정의

2개 또는 그 이상의 기둥으로부터의 응력을 하나의 기초판을 통해 지반 또는 지정에 전달토록 하는 기초를 말한다.

Ⅱ. 현장시공도

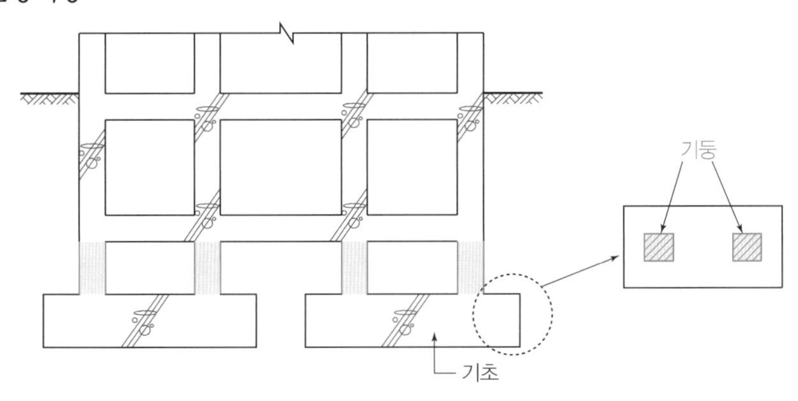

Ⅲ. 복합기초의 접지압

$$\sigma_{\varepsilon} = \alpha \cdot \frac{\Sigma P}{A_f} \leq fe$$

여기서, σ_{ε} : 설계용접지압 (kN/m^2)

α : 하중의 편심과 저면의 형상으로 정해지는 접지압계수

ΣP : 기초자중을 포함한 연직하중의 합 (kN)

A_f : 기초판의 저면적 (m^2)

fe : 허용지내력 (kN/m^2)

Ⅳ. 시공 시 유의사항

① 기초 하부의 압력은 가급적 균등하게 분포하도록 설계

② 근입깊이: 기초가 흐르는 물속에 위치한 경우에는 예상 최대세굴깊이보다 최소한 600mm 아래에 설치

③ 흐르는 물에 노출되지 않는 기초는 동결선 아래 단단한 지반 위에 설치

④ 기초가 경사지고 매끄러운 암반 표면에 설치되는 경우에는 록앵커, 록볼트, 다우얼(Dowel), 키(Key) 또는 다른 적절한 공법으로 정착

⑤ 설계 지하수위는 예상 최고수위로 지정

⑥ 양압력을 받는 기초는 인발저항력과 구조적 강도 모두에 대하여 그 영향을 검토

02 무리말뚝

KDS 41 20 00/KDS 11 50 20

Ⅰ. 정의

두개 이상의 말뚝을 인접 시공하여 하나의 기초를 구성하는 말뚝의 설치형태를 말한다.

Ⅱ. 무리말뚝의 효율

$$\eta = \frac{Q_{R(u)}}{\Sigma Q_u}$$

여기서, η : 무리말뚝효율
$Q_{R(u)}$: 무리말뚝의 극한지지력
ΣQ_u : 외말뚝들의 지지력 합

Ⅲ. 무리말뚝의 부마찰력

$$P_{FNf} = \beta_i \times P_{FN}$$

여기서, P_{FNf} : 무리말뚝의 부마찰력
P_{FN} : 부마찰력에 따라 중립점에 생기는 말뚝의 최대축력(kN)
β_i : 각 말뚝의 부담면적과 A_s와의 비(A_{GPi}/A_s)
A_{GPi} : 각 말뚝의 부담면적(m^2)
As : 말뚝의 중심에서 이웃 말뚝의 중심간 거리를 반경으로 하는 원의 면적(m^2)

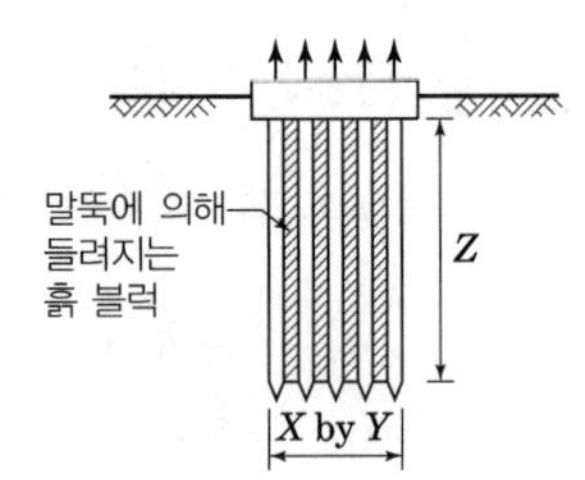

[점성토에 설치된 무리말뚝의 인발]

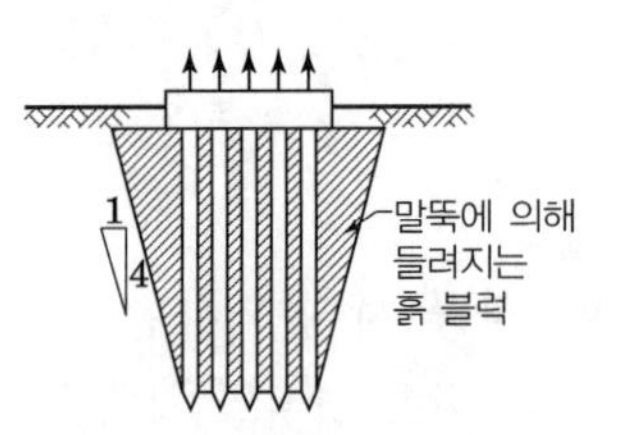

[사질토에서 말뚝 사이의 간격이 작은 무리말뚝의 인발]

Ⅳ. 무리말뚝의 축방향 지지력

1. 점성토

① 말뚝캡이 지반과 밀착된다면 효율을 감소시킬 필요는 없다.
② 캡이 지반과 밀착되지 않으나 지반이 단단한 경우는 효율을 감소시킬 필요는 없다.
③ 캡이 지반과 밀착되지 않고 지표면 흙이 연약한 경우, 각 말뚝의 지지력에 적절한 효율계수를 적용
④ 무리말뚝의 지지력은 다음 중 작은 값으로 한다.
- 무리말뚝 내의 각 말뚝의 수정 지지력의 합
- 등가피어(Pier)의 지지력

2. 사질토

① 무리 내에 있는 모든 말뚝 지지력의 합과 같다.

② 효율계수는 말뚝캡의 지반과 밀착 여부와 상관없이 1.0으로 고려한다.

3. 연약 또는 압축성 지반 위의 단단한 지반에 설치된 무리말뚝

① 단단한 지반에 근입된 경우, 연약 층의 말뚝선단의 관입파괴(Punching Failure)에 대한 가능성을 고려

② 연약한 압축성 흙으로 이루어져 있는 경우에는 이들 지층 때문에 많은 침하가 발생할 가능성을 고려

Ⅴ. 무리말뚝의 횡방향 지지력

① 무리말뚝의 설계 수평지지력

$$Q_R = \phi\, Q_{La} = \eta \phi_L \Sigma Q_L$$

여기서, Q_R : 수평지지력

Q_L : 외말뚝의 공칭 수평지지력(N)

Q_{La} : 무리말뚝의 공칭 수평지지력(N)

ϕ_L : KDS 11 50 10(2.5) 표 2.5-2규정된 무리말뚝에 대한 저항계수

η : 무리말뚝의 효율계수(점성토의 경우 0.85, 사질토의 경우 0.75)

② 무리말뚝의 횡방향 지지력은 효율계수를 적용한 외말뚝의 수정된 지지력의 합으로 구한다.

03 Pile의 부마찰력(Negative Friction)

구조물기초설계기준. 1986

Ⅰ. 정의

점토층을 관통하여 지지층에 근입된 말뚝에 새로운 성토를 한다거나 지하수가 저하된다거나 하여 점토층에 압밀이 생기면 주위 지반이 침하하여 말뚝 주면에 하향으로 작용하는 마찰력을 말한다.

Ⅱ. 개념도

H : 압밀층의 두께

n : 지반에 따른 계수

① 마찰말뚝, 불완전 지지말뚝 = 0.8

② 보통모래, 모래자갈층의 지지말뚝 = 0.9

③ 암반, 굳은 지지층에 지지말뚝 = 1.0

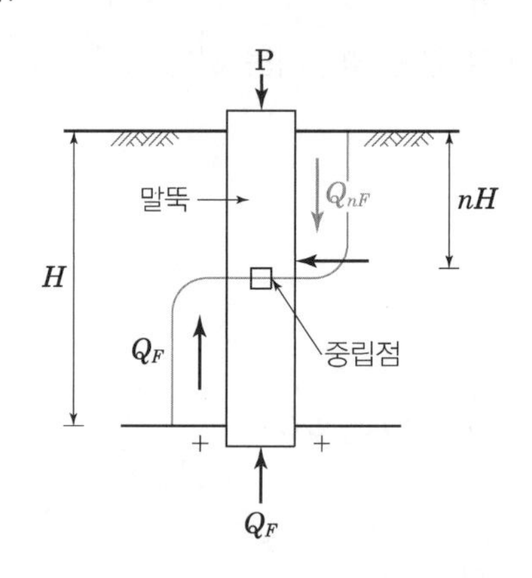

→ 외말뚝에 작용하는 부마찰력의 크기

$$Q_{nF} = fn \times As$$

여기서 Q_{nF} : 부마찰력

As : 부마찰력이 작용하는 부분의 말뚝 주면적

fn : 단위면적당 부마찰력($fn = \beta$(계수)$\times \sigma' v$(유효상재압))

β : 점토(0.20~0.25), 실트(0.25~0.35), 모래(0.35~0.50)

[주면마찰력]
말뚝의 표면과 지반과의 마찰력에 의해 발현되는 저항력을 말한다.

[중립점]
압밀층대의 한 점에서 지반침하와 말뚝의 침하가 같아서 상대적 이동이 없는 점

Ⅲ. 발생원인

① 연약층 위에 새로운 성토하중 부과

② 지하수위 저하

③ 지반 압밀 침하

④ 연약지반 주위 말뚝 타설

⑤ 과잉간극수압 소산

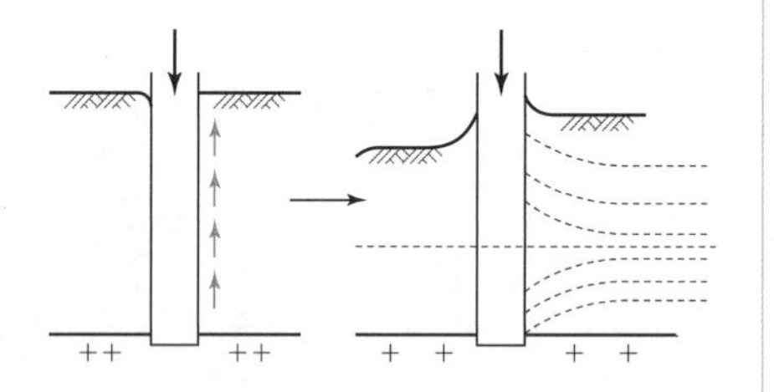

Ⅳ. 부마찰력을 줄이는 방법

① 표면적이 작은 말뚝(H-형 말뚝)을 사용하는 방법

② 말뚝을 박기 전에 말뚝직경보다 큰 구멍을 뚫고 벤토나이트 등의 슬러리를 구멍에 넣고 말뚝을 박아서 마찰력을 감소시키는 방법

③ 말뚝직경보다 약간 큰 케이싱을 박아서 부마찰력을 차단하는 방법

④ 말뚝표면에 역청재를 칠하여 부마찰력을 감소시키는 방법

04 기초에 사용되는 파일의 재질상 종류 및 간격

KDS 41 20 00

Ⅰ. 정의

파일은 기초판으로부터의 하중을 지반에 전달하도록 하기 위하여 기초판 아래의 지반 중에 만들어진 기둥 모양의 지정지반에 전달하도록 하는 형식의 기초를 말한다.

Ⅱ. 파일의 재질상 종류

① 나무말뚝: 생나무로 다듬어 만든 말뚝
② 기성콘크리트말뚝: 공장에서 미리 제작된 콘크리트말뚝
③ 현장콘크리트말뚝: 지반에 구멍을 미리 뚫어놓고 콘크리트를 현장에서 타설하여 조성하는 말뚝
④ 강재말뚝: 강관말뚝 또는 H형강말뚝

[PHC 파일]

[강관말뚝]

Ⅲ. 파일의 간격

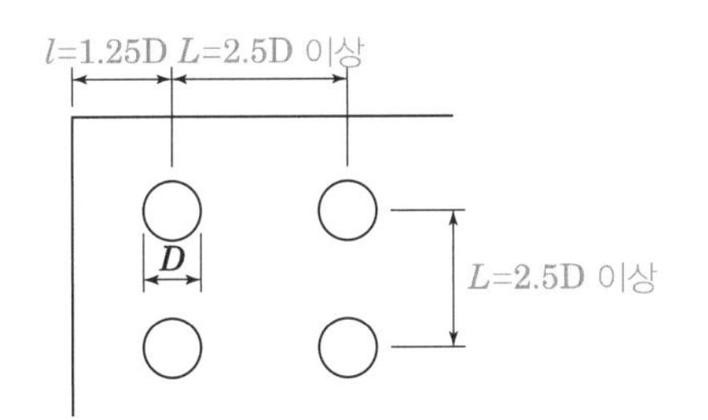

L : 말뚝중심 간격
l : 기초측면과 말뚝중심 간의 거리

① 말뚝중심 간격(L)의 기준

설계기준	말뚝종류	말뚝간격(L)
KDS 11 50 15	타입, 매입, 현장타설말뚝	• 2.5D 이상
건축구조기준 (2016. 대한건축학회)	타입말뚝	• 2.5D 및 75cm 이상
	매입말뚝	• 2.0D 이상
	현장타설말뚝 (선단확대말뚝)	• 2.0D 및 D+1m 이상 • ($d+d_1$ 및 d_1+1m 이상) (d: 축부분 지름 d_1: 확대부분 지름)

② 기초측면과 말뚝중심 간의 거리(l) 기준

구분	타입말뚝	현장타설말뚝
KDS 11 50 15	1.25D	
건축구조기준 (2016. 대한건축학회)	1.2D	

05 PHC 말뚝(Pretensioned spun High strength Concrete Pile) KS F 4306

Ⅰ. 정의

원심력을 응용하여 만든 콘크리트의 압축강도가 78.5MPa(=N/mm^2) 이상의 프리텐션방식에 의한 고강도 말뚝을 말한다.

Ⅱ. 모양, 치수 및 치수의 허용차

① 모양

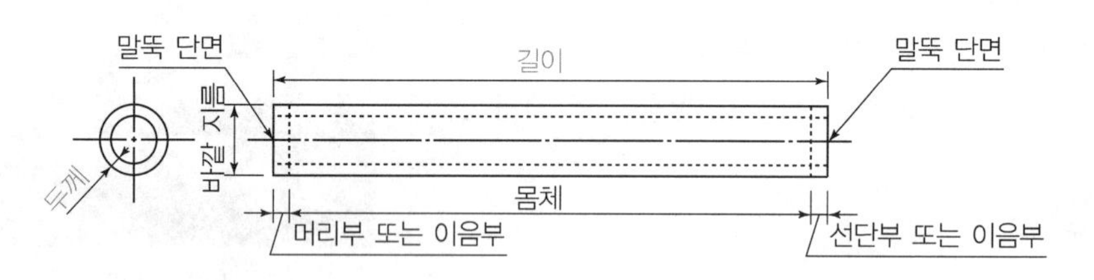

[PHC 말뚝]

② 치수의 허용차 [단위 : mm]

바깥 지름	허용차		
	길이	바깥 지름	두께
300~600	길이의 ±0.3(%)	+5 −2	+ 규정하지 않는다 0
700~1,200		+7 −4	

Ⅲ. 제조공정

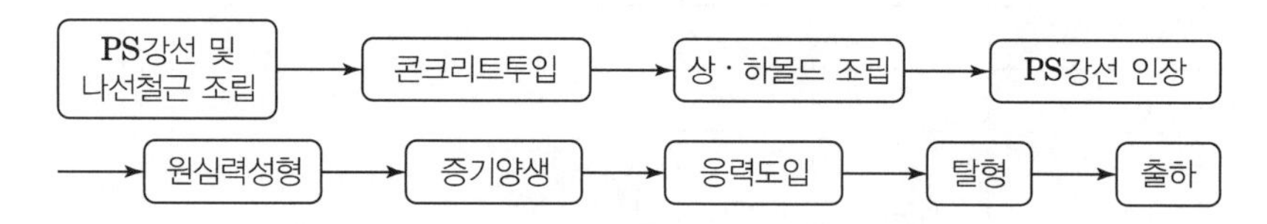

① 합계 단면적에 의한 철근비가 0.4% 이상, 개수는 6개 이상
② PC 강재 및 철근의 간격은 지름의 1배 이상, 굵은골재 최대치수의 4/3배 이상
③ 나선형 철근은 선지름 3mm 이상, 피치는 110mm 이하
④ PC 강재 및 철근의 피복두께는 15mm 이상

Ⅳ. 검사 방법

1. 겉모양 및 모양
전수 검사하여 적합하면 합격

2. 치수
① 1로트의 말뚝에서 임의로 샘플링한 것이 적합하면 그 로트 전부 합격
② 1개라도 적합하지 않을 때는 그 로트 전수에 대하여 검사하여 적합하면 최초 불합격제품을 제외하고 합격

3. 몸체 및 이음부의 휨 강도
1) 몸체의 휨 균열 강도
① 1로트의 말뚝에서 임의로 2개의 PHC 말뚝을 시험하고 2개 모두 적합하면 그 로트 전부 합격
② 2개 모두 적합하지 않으면 그 로트 전부 불합격
③ 1개만 합격하지 않을 때는 그 로트에서 다시 4개를 시험하고 4개 모두 적합하면 최초 불합격품을 제외하고 그 로트 전부 합격, 다만 1개라도 적합하지 않을 때는 그 로트 전부 불합격

2) 몸체의 휨 파괴 강도
몸체의 휨 균열 강도 시험한 2개 중 1개에 대하여 실시하고 적합하면 그 로트 전부 합격

3) 이음부의 휨 강도
몸체에 준하여 검사

4) 몸체의 축력 휨 강도
대표 바깥지름 400mm 및 800mm에 대하여 2개씩의 형식을 검사하고, 그 시험성적서를 보관

5) 몸체의 전단 강도
대표 바깥지름 400mm 및 800mm에 대하여 2개씩의 형식을 검사하고, 그 시험성적서를 보관

6) 배근
① PC 강재 및 철근 배치 검사는 파괴 검사한 PHC 말뚝에 대하여 실시하고 적합하면 합격
② 피괴한 부분에서 말뚝의 두께도 검사한다.

06 Autoclave 양생 말뚝

Ⅰ. 정의

① 기성콘크리트 Pile 양생 시 강철제의 용기 속에서 시멘트 제품을 고압 증기양생 하는 것을 말한다.

② 단시간(12시간) 내에 고강도, 동결융해에 대한 저항성이 크고 휨강도가 우수한 말뚝을 제조할 수 있다.

Ⅱ. 시공도

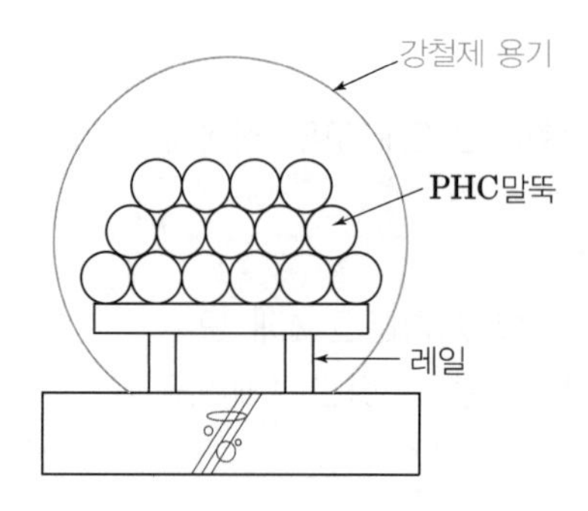

Ⅲ. 특징

① 압축강도 78.5MPa 이상의 고강도 콘크리트 Pile을 만들 수 있다.

② 휨에 대한 저항력이 크다.

③ 동결융해에 대한 저항력이 크다.

④ 양생기간이 짧아서 단시간에 제조가능하며 재령 1일에도 사용 가능하다.

⑤ Creep 및 Shrinkage가 극히 적다.

⑥ 일반적으로 특수 선단부를 채용하고 있다.

⑦ 허용 축하중이 크므로 경제성을 확보할 수 있다.

⑧ 강도가 커서 타격에 강하다.

Ⅳ. Autoclave 양생방법

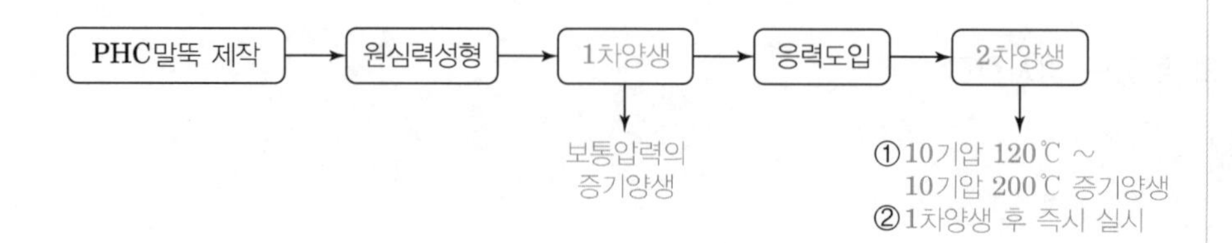

07 복합파일(합성파일, Steel & PHC Composite Pile)

Ⅰ. 정의

강관파일과 기성 PHC파일을 결합구로 결합하여 모멘트 및 전단력은 상부의 강관파일이 저항하고, 축하중은 하부의 PHC파일이 저항하도록 만든 파일을 말한다.

Ⅱ. 개념도

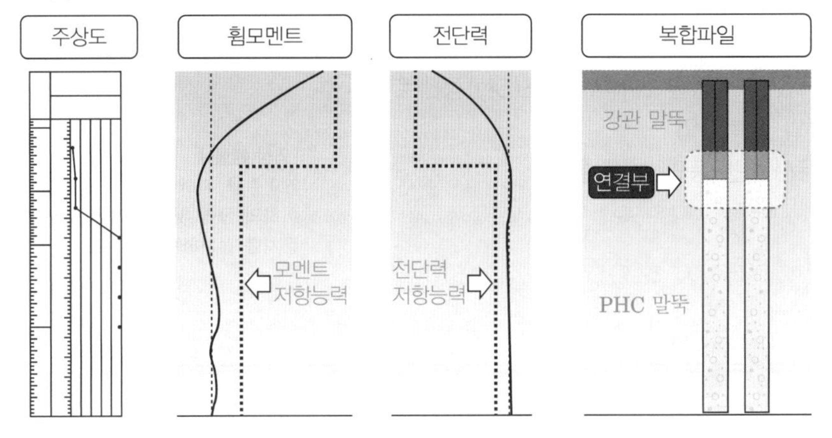

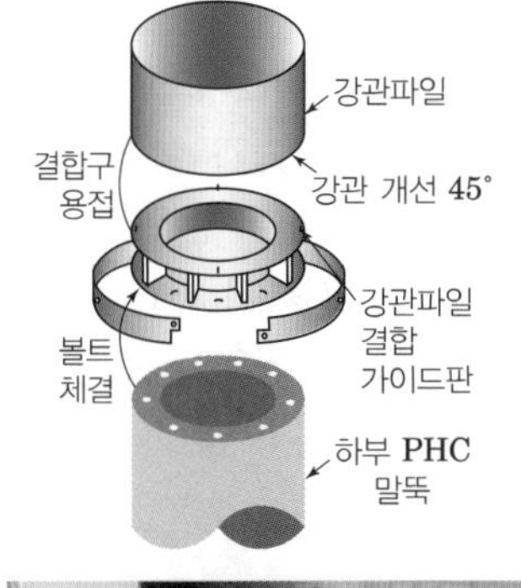

[복합파일]

Ⅲ. 시공순서

강관말뚝과 결합구 공장용접 및 검사 → 강관말뚝+결합구 현장반입 → PHC 말뚝 자재 현장반입 → 하부 PHC 말뚝 근입 → 상부 강관말뚝과 하부 PHC 말뚝 볼트결합 →볼트 토크치 검사 → 외부링 체결 및 결합완료 → 복합말뚝 매입

Ⅳ. 특징

① 15m 이상의 말뚝에 적용 시 경제성 우월
② PHC파일 길이에 비례하여 경제성 확보
③ 1차 공장용접 및 용접검사 후 현장반입 및 볼트체결로 공기단축 가능
④ 현장 볼트체결로 작업 시 기후변화의 영향없이 시공 가능
⑤ 강관파일과 결합구 공장용접으로 품질성 향상

Ⅴ. 시공 시 유의사항

① 구조해석으로 요구된 강관 필요길이 확보 필수
② 복합말뚝 시공은 세밀한 현장관리 필요
→ 복합말뚝 전문가 현장 상주
③ 시공 시 지지층 변화로 말뚝심도 변화 발생할 경우 적절하게 대응

08 Caisson 기초

구조물의 기초설계기준
KDS 41 20 00/KDS 11 50 15

Ⅰ. 정의

지하부분의 중공대형 구조물(케이슨)을 지상에서 구축한 다음 케이슨을 지반 굴착하면서 지지층까지 침하시킨 후 그 저부에 콘크리트 쳐서 설치하는 기초 형식을 말한다.

Ⅱ. Cassion 기초의 종류

1. 공기 케이슨기초(Pneumatic Caisson)

① 지상작업과 함께 압축공기 상태에 있는 작업실 내에서 건조(Dry)상태로 굴착을 하며 본체의 구축, 굴착 침설의 반복작업

② 송기(送氣), 의장(艤裝), 굴착 및 통신수단 등의 설비 철저

③ 특수장비와 전문인력이 필요

④ 공사비가 많이 소요

[의장(艤裝)]
케이슨을 지하수위까지 침설한 후 그 이하의 굴착 및 침설에 필요한 일체의 장치를 설치하는 것

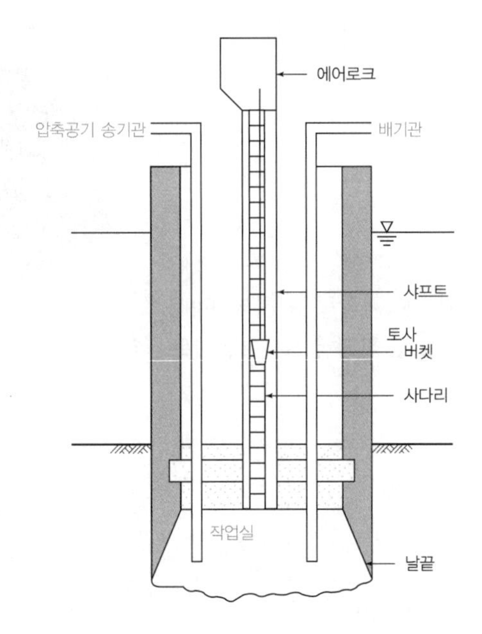

2. 오픈 케이슨기초(Open Caisson, Well Caisson)

① 우물통이라고 하며, 연약한 점토, 실트, 모래 또는 자갈층 등 지반 내부로부터 흙을 퍼 올리고 침하

② 전석이나 호박돌이 섞인 지층은 부적당

③ 지지암반이 경사진 경우 유의

④ 작업기압에 의한 양압력이 없어 급격한 침하나 경사가 발생할 우려가 있으므로 이에 대한 사전 예방대책을 마련
⑤ 콘크리트 타설은 트레미 또는 콘크리트 펌프를 사용하는 것을 원칙으로 하고 수중콘크리트는 반드시 연속적으로 타설

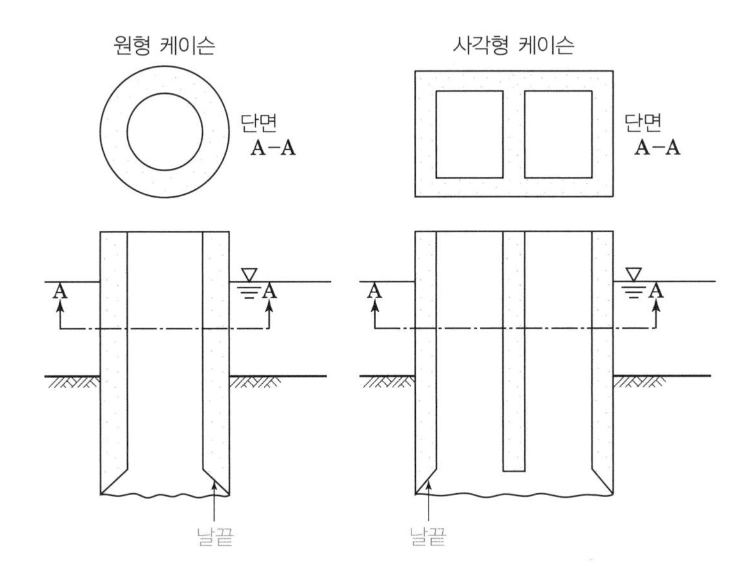

Ⅲ. Caisson 기초의 고려사항

① 케이슨은 상부구조로부터의 응력, 토압, 수압 외에 시공 중의 각 조건에 대해 충분히 안전한지 검토
② 케이슨기초의 지지력은 선단지지력만으로 설계
③ 케이슨기초의 연직지지력은 거의 저면에서 부담하기 때문에 지내력이 확보되는 지지층에 지지시키도록 공사 착수 전에 지지지반 확인을 위한 지반조사 철저
④ 수평하중은 전면 지반의 수평지반반력 및 저면 지반의 전단지반반력으로 저항

09 부력기초(Floating Foundation)

Ⅰ. 정의

연약한 지반에 건축물을 구축하는 경우 배토한 흙의 중량과 건축물의 중량이 균형을 이루어 침하를 방지하는 기초공법으로, 안전을 고려하여 건축물의 중량을 배토한 흙의 중량의 2/3~3/4 정도로 한다.

Ⅱ. 개념도

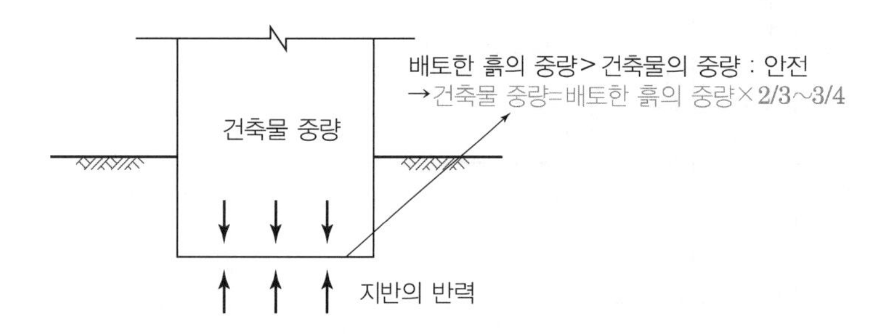

Ⅲ. 시공 시 유의사항

① 설계 시 기초의 깊이, 하중의 분포, 건물의 형상 및 건물의 중량배분 등을 검토할 것

② 기초하부의 지내력기초가 유지되도록 철저히 관리할 것

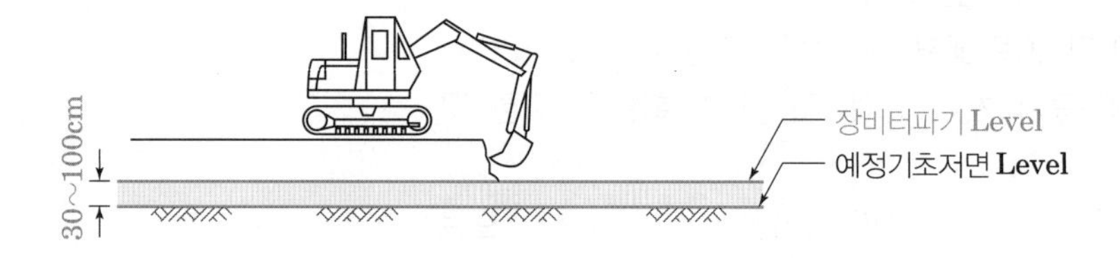

→ 장비 터파기 시 기초저면보다 30~100cm 높게 작업할 것

→ 장비 터파기 후 인력 또는 특수 Bucket으로 마무리할 것

③ 지하수위에 의한 압밀침하가 되지 않도록 유의할 것

④ 기초는 매트기초로 시공한다.

⑤ 기초저면의 레벨을 철저히 관리하여 건물중량에 대한 기초저면의 접지압이 같도록 한다.

10 팽이말뚝기초(Top Base) 공법

Ⅰ. 정의

연약기초지반에 팽이형 콘크리트파일을 설치하고 주변을 쇄석으로 채워 다짐한 후 팽이말뚝 상부를 Mat기초 철근으로 연결하여 콘크리트를 타설하는 공법이며, 지지력 증대 및 침하감소 효과가 크다.

Ⅱ. 시공도

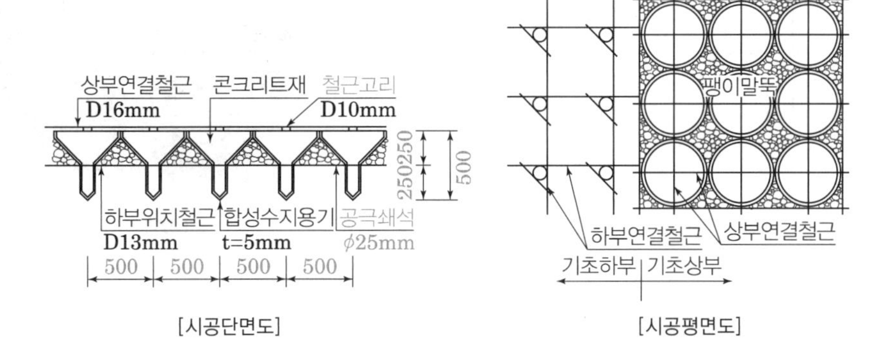

[시공단면도] [시공평면도]

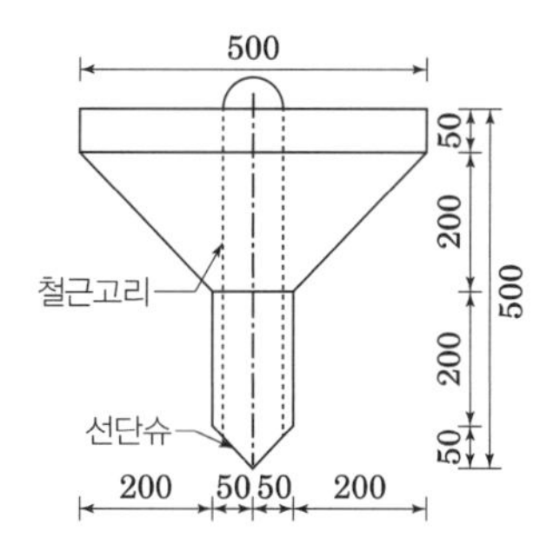

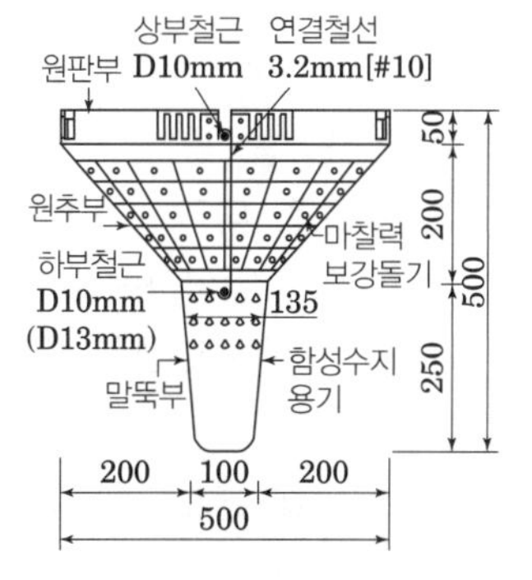

[팽이말뚝기초]

Ⅲ. 시공순서

① 위치철근의 포설
② 팽이용기의 압입부설
③ 레미콘의 용기충전
④ 공극쇄석의 충전다짐
⑤ 연결철근의 배근결속
⑥ 기초 Mat 콘크리트 타설

Ⅳ. 시공 시 유의사항

① 배수처리를 철저히(종·횡)하고 잡석채움 시 터파기면을 건조시킬 것
② 팽이말뚝 채움골재의 입도 선정 철저(특히 콘크리트 다짐용 진동기 사용할 때 굵은 골재만 표면에 남게 된다.)
③ 측구부와 중앙부(팽이가 없는 부분)의 다짐 철저
④ 팽이말뚝은 도착 시 자재검사가 용이하지 않다(야적되어 있으므로). 시공 시 수시로 체크하여 불량자재 반출
⑤ 팽이말뚝 슈 고정철근 확인
⑥ 구조물기초 두께변화부의 팽이말뚝시공 철저(계단식)
⑦ 터파기 및 팽이말뚝 완료 시 Level 측량 철저

11 Barrette 기초공법

Ⅰ. 정의

보통의 현장타설말뚝이 원형인 데 반해 Barrette 기초는 기본적으로 직사각형 형태로 수직 및 횡하중에 저항하여 Hydro Fraise와 같은 회전식 굴착기로 설계심도까지 굴착하고 철근망과 철골부재를 설치한 후 콘크리트를 타설하여 완성하는 공법이다.

Ⅱ. 종류

[Hydro Mill]

Ⅲ. 특징

① 깊은 심도의 시공이 가능하며 연암층까지 굴착이 가능하다.
② 직사각형, H자형, 십자형 등 원하는 단면크기로 시공이 가능하다.
③ 저소음, 무진동 공법이다.
④ RCD 파일공사에 비해 수직도 관리가 용이하다.
⑤ Bentonite 안정액 속에서 굴착 시공되므로 별도의 Casing이 필요치 않다.

Ⅳ. 시공순서 Flow Chart

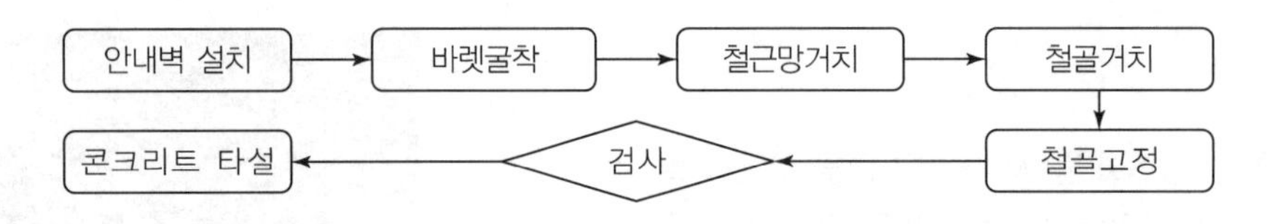

Ⅴ. 시공 시 유의사항

① 장비이동 및 굴토 시 손상방지를 위해 현장 내 측량기점을 표시
② 굴착 시 수직도를 수시로 체크하여 수직도 유지
③ 안정액 관리를 위해 Desanding을 철저히 함
④ 철근망 및 철골 검측 철저
⑤ 콘크리트 품질관리에 유의

12 우물통 기초(Well 공법)

Ⅰ. 정의

설치장소에서 상·하부가 개방된 철근콘크리트조 우물통(지름 1~2m)을 지상에서 만들어 내부를 굴착하여 소정의 위치에 침하시킨 후 콘크리트를 타설하여 기초기둥(Pier)을 구축하는 공법이다.

Ⅱ. 시공도

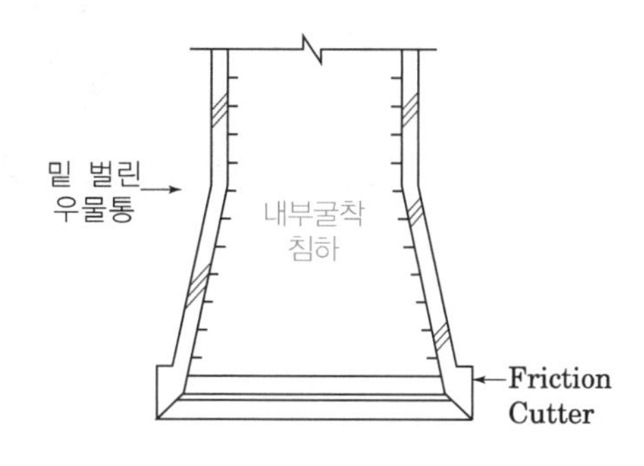

굴착장비
- 점토층 : 클램셸
- 자갈층 : Orange Fill
- 사질층 : 흡입 Pump

[우물통기초]

Ⅲ. 특징

1. 장점

① 소음 및 진동이 적다.
② 협소한 장소에도 시공이 가능하다.
③ 지지층 확인이 가능하다.
④ 지지층까지 정착되므로 신뢰도가 높다.

2. 단점

① 준비작업이 대규모이며 공사비가 고가이다.
② 우물통 침하 시 주위지반의 영향으로 인접건물 피해 우려
③ 침하를 위한 재하작업이 필요함

Ⅳ. 시공 시 유의사항

① 굴착은 중앙부에서 주변부로 하고, 주변과 대칭이 되게 한다.
② 굴착은 침하시킬 만큼만 하고 밑창날의 여굴파기에 주의한다.
③ 재하 시 우물통 상부에서 균등하게 서서히 침하시킨다.
④ 침하 시 수평침하가 되도록 한다.

13 Pre-boring 공법

Ⅰ. 정의

오거장비나 대구경 시추기로 지반을 지지층까지 굴착하여 기성콘크리트 말뚝 또는 강관말뚝을 압입이나 경타하여 지지층에 설치하는 공법이다.

Ⅱ. 시공도

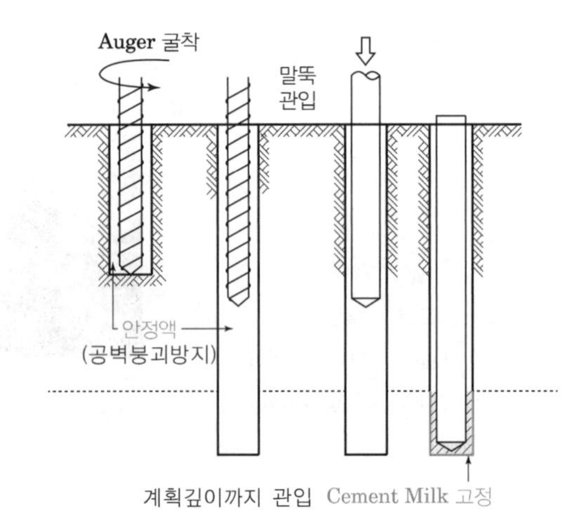

[Pre-boring 공법]

Ⅲ. 특징

① 말뚝박기 시공 시 발생하는 소음, 진동이 적다.
② 도심지 공사에 적합하다.
③ 타입이 어려운 전석층도 시공이 가능하다.
④ 타격이 적어 말뚝머리 파손이 적다.
⑤ 말뚝이 부러질 위험이 없다.
⑥ 다소 공기가 길어질 수 있다.
⑦ 정확하게 굴착을 하지 않을 경우 선단에 지지할 수 없다.

Ⅳ. 시공 시 유의사항

① 굴착공 직경을 말뚝지름보다 100mm 정도 크게한다.
② 굴착 시 공벽보호 및 수직도 확보를 철저히 한다.
③ 선단지지력에 의해 지지되는 말뚝이므로 말뚝의 허용지지력 계산 시 유의한다.
④ 선단부 부배합에 의한 선단지지력 확보를 철저히 한다.

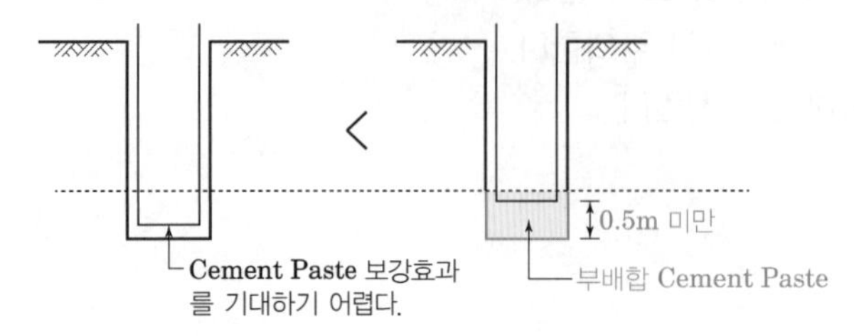

14 SIP(Soil Cement Injected Precast Pile) 공법 KCS 11 50 15

Ⅰ. 정의

지반에 굴착공을 천공한 후 시멘트 페이스트를 주입하고 기성말뚝을 삽입한 다음 필요에 따라 말뚝에 타격을 가하여 지지지반에 말뚝을 안착시키는 공법을 말한다.

Ⅱ. 현장시공도 및 시공순서

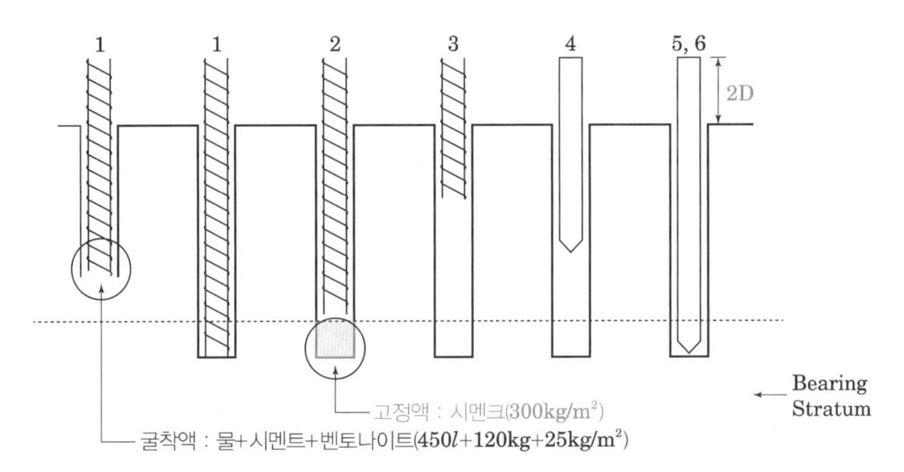

[SIP공법]

선단지지층까지 오거로 굴착 완료 → 선단 및 주면고정액 주입 → 오거로 선단부 교반 후 오거 회수 → 말뚝삽입 → 최종 경타 실시 → 설계지반면까지 주면고정액 주입

Ⅲ. 특징

① 무소음, 무진동 공법으로 도심지역에 작업 가능
② 다양한 종류의 지층에 사용이 가능하며 공정이 단순하여 공기단축 가능
③ 굴진과 교반작업의 구분 시공이 용이
④ 토층에 따라 Auger를 선택하여 사용 가능

Ⅳ. 시공 시 유의사항

1) 굴착 시 공벽보호 및 수직도 확보 [KCS 11 50 15]
① 굴착 후 구멍에 안착된 말뚝은 수준기로 수직상태를 확인한 다음 말뚝 경타
② 말뚝의 연직도나 경사도는 1/50 이내
③ 평면상의 위치로부터 D/4(D는 말뚝의 바깥지름)와 100mm 중 큰 값 미만

2) 근입 심도 확인

3) 선단지지력 저하여부 확인

① 지지층 미달 여부

② 선단부 과도한 슬라임 발생여부

③ 선단부 고정액 유실여부(지하수 유속이 빠른 경우에는 부배합 또는 급결제를 사용)

4) 말뚝선단부를 굴착선보다 2D만큼 위에서 경타에 의한 삽입
경타용 해머로 두부가 파손되지 않도록 박고, 말뚝선단이 천공깊이 이상 도달

[D]
말뚝의 바깥지름

5) 주면마찰력 발현의 저해요소 확인

① 시멘트 페이스트면이 한 쪽에만 형성 여부

② 시멘트 페이스트가 주변으로 유실 여부

③ 토사와 시멘트가 섞여 시멘트 페이스트 강도저하 여부

15 Water Jet 공법(수사법)

Ⅰ. 정의

모래층, 모래 섞인 자갈층 또는 진흙 등에 고압으로 물을 분사시켜 수압에 의해 지반을 느슨하게 만든 다음 말뚝을 박는 공법이다.

Ⅱ. 특징

① 관입이 곤란한 사질지반에 유리
② 소음 및 진동이 적다.
③ 말뚝두부의 파손이 없다.
④ 배출토사의 분석으로 지층 파악
⑤ 자갈층과 암반층을 제외한 모든 지층에 적용
⑥ 재하를 목적으로 하는 말뚝기초에 사용금지
(지반 복구가 곤란)

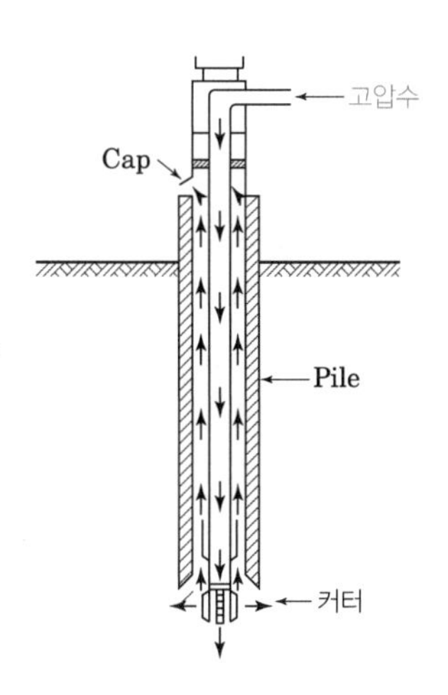

Ⅲ. 시공 시 유의사항

① 지내력의 확인
말뚝의 선단을 느슨하게 하므로 지내력 확인이 요구된다.
② 지내력 확인방법
최종단계에서 타입공법에 의해 말뚝을 마무리하고, 침하량에 의한 지지력을 확인한다.
③ 수원의 확보
수량이 200~1,000ℓ/min 필요하므로 별도의 수조가 요구된다.
④ 진흙물 및 배출토사 처리
현장 내로 배출토사가 유입되지 않도록 별도의 침전 설비가 필요하다.
⑤ 말뚝 항타 시 수직도를 확보한다.

16 중공굴착공법

Ⅰ. 정의

말뚝의 중공(中空)부에 스파이럴 오거를 삽입하여 굴착하면서 말뚝을 관입하고 최종 단계에서 말뚝선단부의 지지력을 크게 하기 위해 시멘트 밀크 등을 주입하는 공법이다.

Ⅱ. 특징

① 대구경 말뚝에 적합한 공법이다.
② 배출토사를 통해 지질을 판단할 수 있다.
③ 스파이럴 오거로 굴착하기 때문에 경질층의 제거가 용이하다.
④ 중공 굴착으로 소음 및 진동이 적다.
⑤ 타격을 하지 않아 말뚝 파손이 적다.

Ⅲ. 시공도 및 시공순서

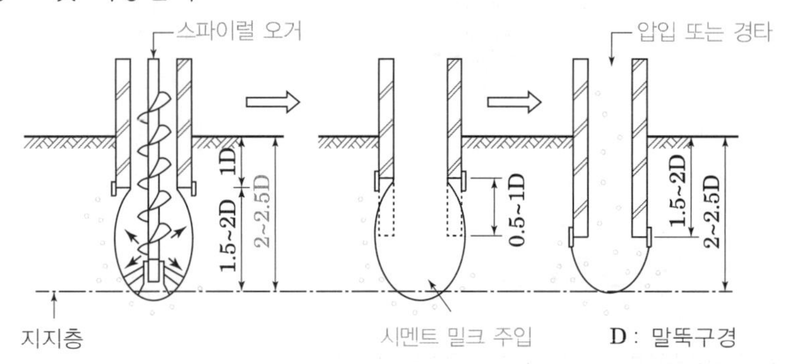

① 기계를 설치하고 2~3m 깊이로 터파기 한다.
② 보조 크레인으로 말뚝을 세운다.
③ 말뚝의 중공부에 오거를 삽입하여 굴착하면서 말뚝을 관입한다.
④ 지지층까지 굴착하여 시멘트 밀크 등을 주입한다.
⑤ 압입장치 또는 경타에 의해 말뚝을 설치, 완료한다.

Ⅳ. 시공 시 유의사항

① 말뚝 선단부의 교란으로 지지층 도달 및 지내력 확인을 한다.
② 말뚝 항타 시 수직도를 확보한다.
③ 배출 토사 처리를 철저히 한다.
④ 시멘트 밀크 주입에 의한 선단지지력을 확보한다.

17 DRA(Double Rod Auger, SDA(Separated Doughnut Auger)) 공법

KCS 11 50 15

Ⅰ. 정의

상호 역회전하는 상부 오거스크류와 말뚝 직경보다 5~10cm 큰 하부 케이싱 스크류에 의한 독립된 2중 굴진식 공법이다.

Ⅱ. 현장시공도 및 시공순서

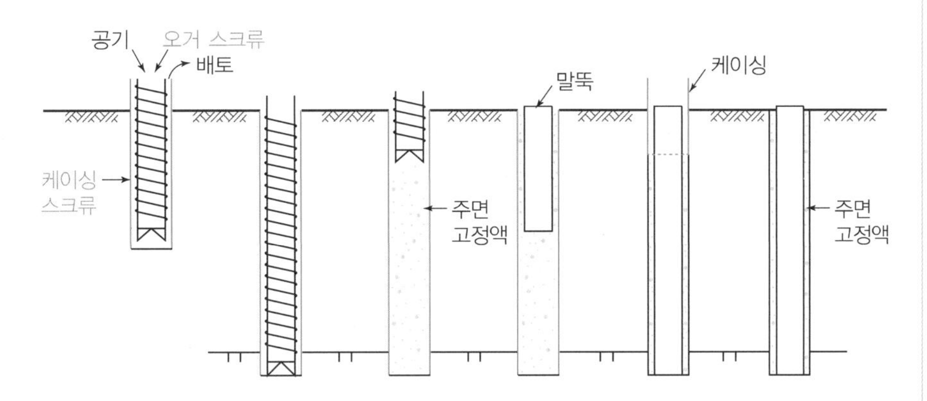

[DRA 공법]

내부 오거와 외부 케이싱을 상호 역회전하며 선단지지층까지 굴착 완료 → 선단 및 주면고정액 주입 → 오거로 선단부 교반 후 오거 회수 → 말뚝 삽입 → 케이싱 인발 → 최종압입 또는 최종 경타 실시 → 설계지반면까지 주면고정액 주입

Ⅲ. 적용대상

① 소음, 진동 등 건설공해가 문제될 수 있는 현장
② 실트나 점토 등 연약층
③ 모래, 자갈 및 호박돌의 퇴적토층(T-4 장비로 굴착)
④ 지하수가 많고 높은 곳

Ⅳ. 시공 시 유의사항

1) 굴착 시 공벽보호 및 수직도 확보 [KCS 11 50 15]
① 굴착 후 구멍에 안착된 말뚝은 수준기로 수직상태를 확인한 다음 말뚝 경타
② 말뚝의 연직도나 경사도는 1/50 이내
③ 평면상의 위치로부터 D/4(D는 말뚝의 바깥지름)와 100mm 중 큰 값 미만

2) 근입 심도 확인

3) 선단지지력 저하여부 확인
   ① 지지층 미달 여부
   ② 선단부 과도한 슬라임 발생여부
   ③ 선단부 고정액 유실여부(지하수 유속이 빠른 경우에는 부배합 또는 급결제를 사용)
4) 말뚝선단부를 굴착선보다 2D만큼 위에서 경타에 의한 삽입
   경타용 해머로 두부가 파손되지 않도록 박고, 말뚝선단이 천공깊이 이상 도달
5) 주면마찰력 발현의 저해요소 확인
   ① 시멘트 페이스트면이 한 쪽에만 형성 여부
   ② 시멘트 페이스트가 주변으로 유실 여부
   ③ 토사와 시멘트가 섞여 시멘트 페이스트 강도저하 여부
6) 말뚝이 밀려오지 않도록 하부오거는 말뚝을 누른 상태에서 케이싱 인발

[D]
말뚝의 바깥지름

18 현장타설 선단(先端)확대 말뚝 KDS 11 50 20/KCS 11 50 10

Ⅰ. 정의

현장타설 콘크리트말뚝에서 말뚝 선단부의 단면을 확대시켜 지반과 접촉되는 면적을 넓게 하여 선단 확대부를 기초로 이용하는 말뚝이다.

Ⅱ. 특징

① 선단지지력 증대
② 기초 굴착토량 감소
③ Pile 침하량 감소
④ 적용지반의 한계성

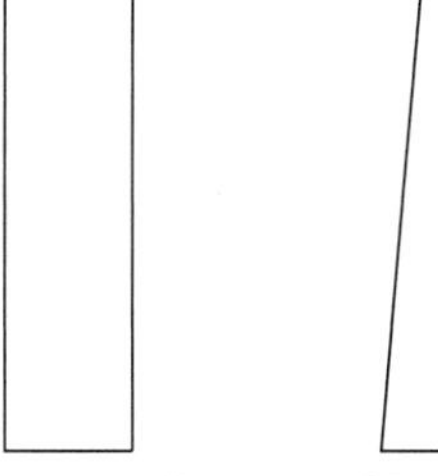
[균일단면말뚝]

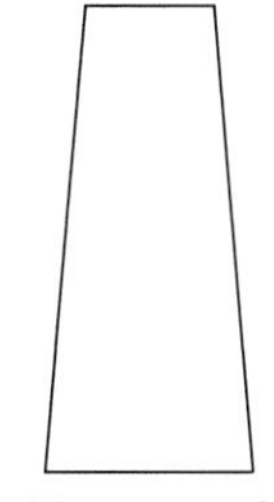
[측면경사말뚝]

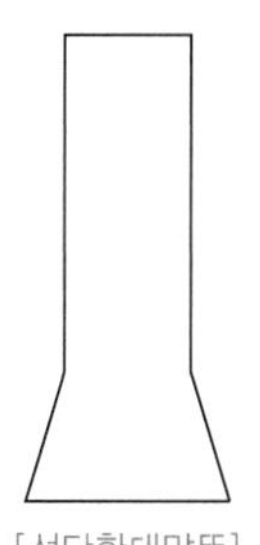
[선단확대말뚝]

Ⅲ. 시공방법

구분	도해	설명
상부힌지 버킷방식	드릴로드 Casing 힌지 열리는 방향 버킷	① 버킷상단에 힌지 설치 ② 드릴로드에 의한 구동 ③ 굴착 흙 버킷으로 제거 ④ 굴착단면 원뿔형
하부힌지 버킷방식	드릴로드 Casing 힌지 열리는 방향 버킷	① 버킷 바닥에 힌지 설치 ② 굴착단면이 종모양 ③ 안전적 측면에서 상부힌지 보다 불리
인력굴착 방식		① 안정적이고 건조한 흙 또는 암반지역 적용 ② 인력에 의한 확대굴착작업

Ⅳ. 시공 시 유의사항

1) 주면 마찰력 미고려 부분
   ① 선단확대말뚝에서 확대선단부
   ② 선단확대말뚝에서 확대선단부의 상단에서 위로 말뚝지름 만큼

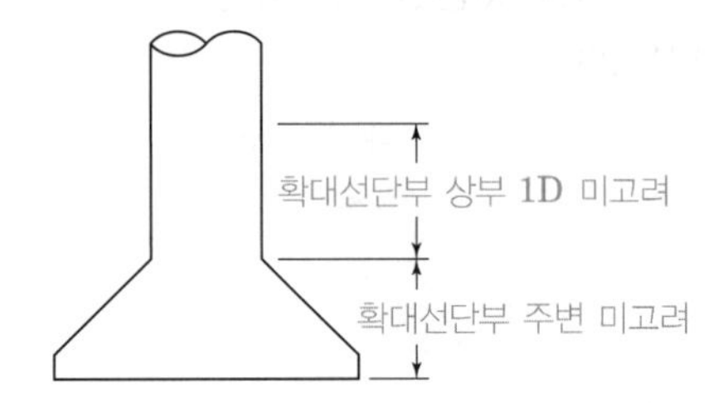

2) 확대선단부는 무근 콘크리트에 과도한 응력이 발생되지 않도록 설계
3) 확대선단부는 30° 이하 시공
4) 확대선단부 바닥면의 지름은 말뚝지름의 3배 이하
5) 확대선단부의 바닥 가장자리 두께는 150mm 이상
6) 허용오차
   ① 지면에서 잰 중심위치의 변동: 75mm 미만
   ② 바닥면 지름: 0mm~150mm
   ③ 수직축의 변동: 1/40 미만
   ④ 바닥표고 변동: ±50mm 미만
7) 말뚝중심간격은 수직갱 지름의 5배 이내의 확대기초를 완성하고, 24시간 이내에는 인접하는 확대 기초 금지

19 볼트체결식 선단확대말뚝

Ⅰ. 정의

기성 PHC말뚝의 선단보다 단면적을 확장시킨 확장판을 말뚝 선단에 볼트로 장착하는 방법을 통해 말뚝 선단의 지지력을 증가시켜는 말뚝을 말한다.

Ⅱ. 현장시공도

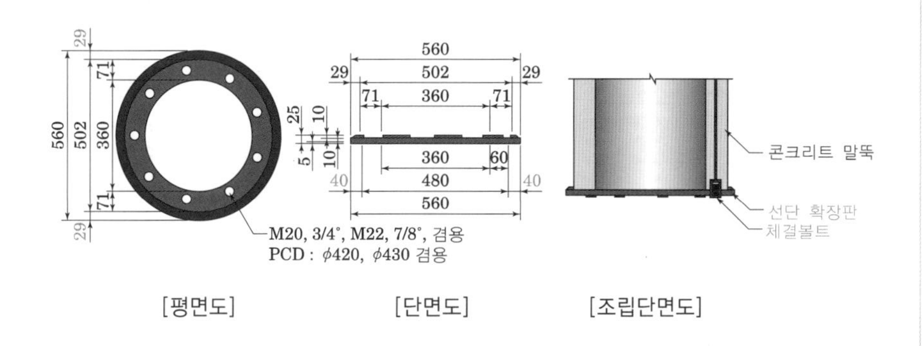

[평면도] [단면도] [조립단면도]

[E · H · P선단확대말뚝공법 (Earthquake-Proof Steel Pile)]
강관말뚝의 선단부를 확장 보강하고 강관 내 · 외부를 콘크리트로 충진한 강성말뚝

사시도(상면) 사시도(하면)
[선단확대말뚝]

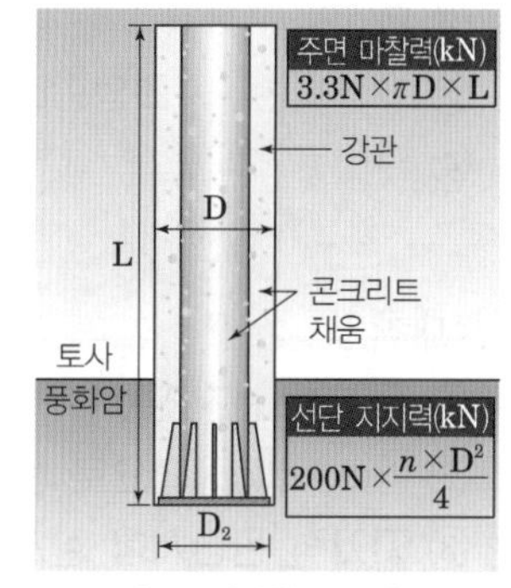

[EHP선단확대말뚝]

Ⅲ. 특징

① 선단의 단면적이 증가하여 선단 응력 집중이 완화되고 선단 지지력이 증가

② 말뚝 수량이 감소되어 공기가 단축

③ 부착이 간편하고 선단 고정액 주입이 생략

④ 항타 시 말뚝 근입 깊이가 절감되어 말뚝 재료비가 절감

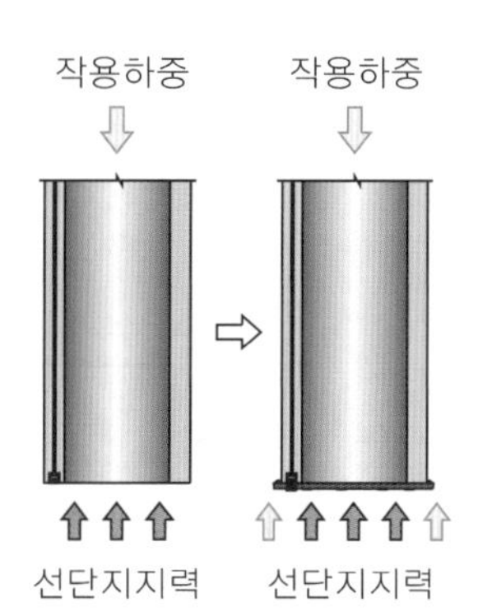

Ⅳ. 재하시험[KDS 11 50 15/KDS 41 10 10]

① 압축정재하시험
- 전체 말뚝 개수의 1% 이상(말뚝이 100개 미만인 경우에도 최소 1개) 실시
- 시설물별로 전체 말뚝 개수의 1% 이상(말뚝이 100개 미만인 경우에도 최소 1개) 실시하거나 구조물별로 1회 실시

② 시공 중 동재하시험(End of Initial Driving Test): 전체 말뚝 개수의 1% 이상(말뚝이 100개 미만인 경우에도 최소 1개)을 실시

③ 재항타 동재하시험(Restrike Test): 전체 말뚝 개수의 1% 이상(말뚝이 100개 미만인 경우에도 최소 1개)을 실시

[현장 시공안전성능 검증시험 결과]
- 확장판 선단에서 영구변형이 유발되어 원형을 유지하지 곤란
- 확장판 선단에 부착된 PHC말뚝에서 보수불가능 한 수직균열
- 말뚝 하단부 파괴
- 하부 보강밴드 손상 및 콘크리트 손상
- 하부 보강밴드 상단 콘크리트 일부 탈락
- 말뚝과 하부밴드 사이 벌어짐 등의 손상 유발

⇒ 이런 현상이 발생되지 않도록 철저한 관리가 요구됨.

20 경사지층 시 Pile 시공

Ⅰ. 정의

지지층의 분포가 경사를 이루고 있을 때 Pile의 Sliding과 수직도 불량의 문제를 일으킬 수 있다.

Ⅱ. 개념도

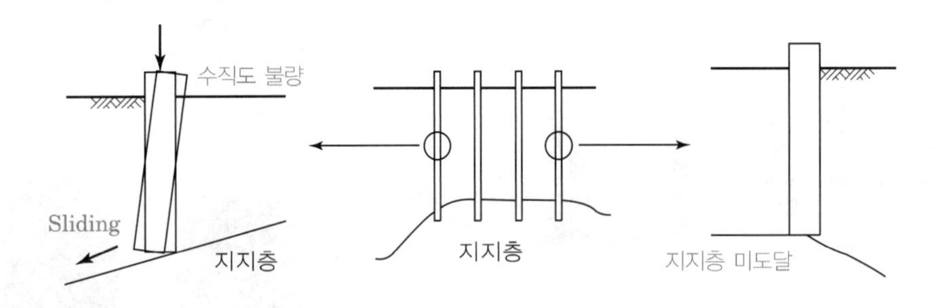

Ⅲ. 문제점

① 항타 시 Pile Sliding 발생
② Pile의 지지층 미도달 → 선단지지력 부족
③ 두부파손 → 과잉항타
④ 수직도 불량

Ⅳ. 대책

① 철저한 사전조사
② Preboring공법으로 변경
③ 지지력 판단시험 실시
④ 수직도 관리 철저

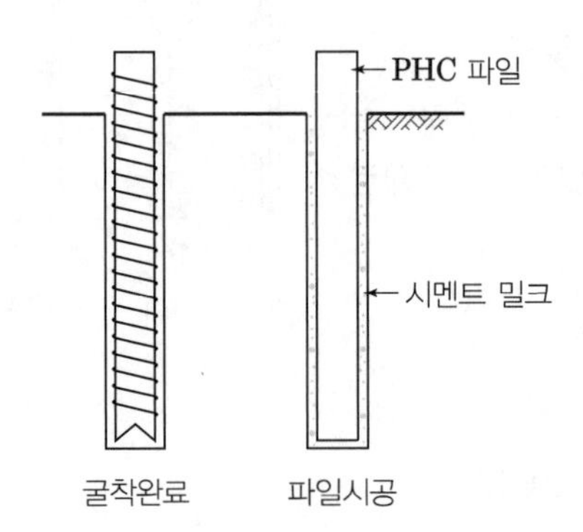

21 기성콘크리트 말뚝이음 종류

Ⅰ. 정의

기성콘크리트말뚝은 운반과 사용빈도 등의 이유로 15m 이하로 제한되고 있으며 그 이상의 말뚝길이가 필요한 경우 이어서 사용하게 된다.

Ⅱ. Pile의 이음공법

구분	도해	설명
용접식	용접	① 상하부 말뚝의 철근을 용접한 후 외부에 보강철판을 용접하여 이음하는 공법 ② 내력전달 측면에서 가장 좋음 ③ 용접부분의 부식 우려가 있다.
볼트식	볼트	① 말뚝이음부분을 Bolt로 조여 시공하는 방법 ② 이음내력이 우수하나 고가이다. ③ 부식의 문제
충전식	3D 이상 콘크리트 충전	① 이음부의 철근을 용접하고 이음부를 콘크리트로 타설하는 방법 ② 콘크리트 경화 후 압축, 부식성에 유리 ③ 콘크리트 경화시간, 이음부의 시공이 어렵다.
장부식		① 이음부를 장부형식으로 따내고 연결시키는 방법 ② 구조가 간단하고 경제적이다. ③ 인장내력이 약하며, 타입 시 구부러지기 쉽다.

[용접식]

[볼트식]

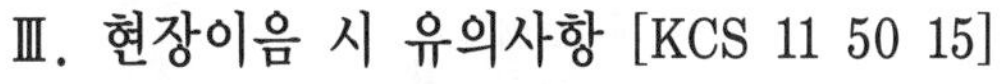

Ⅲ. 현장이음 시 유의사항 [KCS 11 50 15]

① 현장용접은 수동용접기 또는 반자동 용접기를 사용한 아크용접 이음을 원칙
② 현장용접 시 용접시공 관리기술자를 상주하며, 양호한 용접이 되도록 관리, 지도, 검사
③ 이음부 상·하 말뚝의 축선은 동일한 직선상에 위치하도록 조합
④ 강관말뚝연결 용접부위 25개소마다 1회 이상 초음파 탐상 시험 시행
⑤ PS콘크리트말뚝 연결 용접부위는 20개소마다 1회 이상 자분 탐사 시험 시행
⑥ 강관말뚝과 PS콘크리트말뚝을 조합한 복합말뚝의 용접은 PS콘크리트 기준에 따른다.

22 기성콘크리트 말뚝의 지지력 판단방법

Ⅰ. 정의

말뚝의 지지력 판단은 각각 말뚝의 허용지지력과 말뚝의 침하가 과다하지 않고 부동침하에 대하여 안전하여야 하며, 말뚝의 지지력은 말뚝선단지지력과 주면마찰력에 의하여 구한다.

Ⅱ. 지지력 판단방법

1. 말뚝재하시험

1) 정재하시험

① 하중과 침하, 시간과 하중, 시간과 침하곡선 등으로부터 말뚝의 지지력을 산정하는 방법

② 지지말뚝, 마찰말뚝에 사용

③ 신뢰도는 크나 시간과 비중이 소요

④ 지지력 산정

R=2r

- R : 장기하중에 대한 말뚝지지력
- r : 재하시험에 의한 항복하중의 1/2이나 극한 하중의 1/3중 적은 값

[정재하시험]

2) 동재하시험

① 항타 시 말뚝 몸체에 발생하는 응력과 충격파 전달속도를 분석하여 말뚝의 지지력을 측정하는 방법

② 소요시간의 단축

③ 말뚝 Shaft의 손상 유무의 확인이 가능

④ 지지력 산정

- Case 방법
  항타와 동시에 시험말뚝의 지지력을 즉시 계산
- CAPWAP 방법
  말뚝에 측정된 힘과 시간, 가속도와 시간과의 관계를 이용하여 지지력을 예측하는 방법

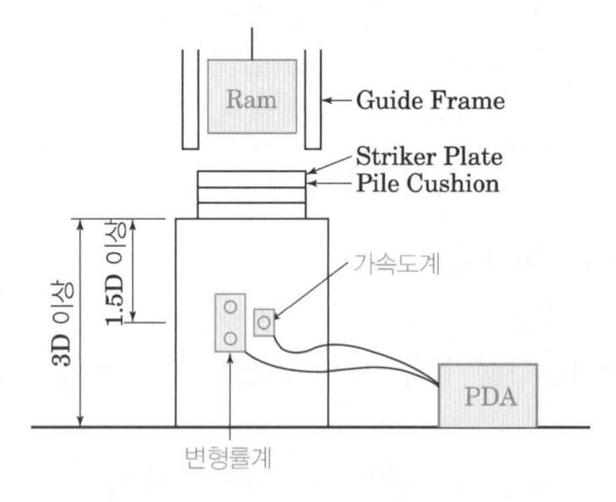

[동재하시험]

2. 말뚝박기시험(시험말뚝)

① 말뚝박기 시의 타격에너지와 관입량, Rebound량으로부터 말뚝의 지지력을 산정하는 방법

② 지지말뚝에 사용

③ 비용과 시간을 절약하고 작업관리가 용이

④ 재하시험에 비하여 지지력의 신뢰도가 떨어진다.

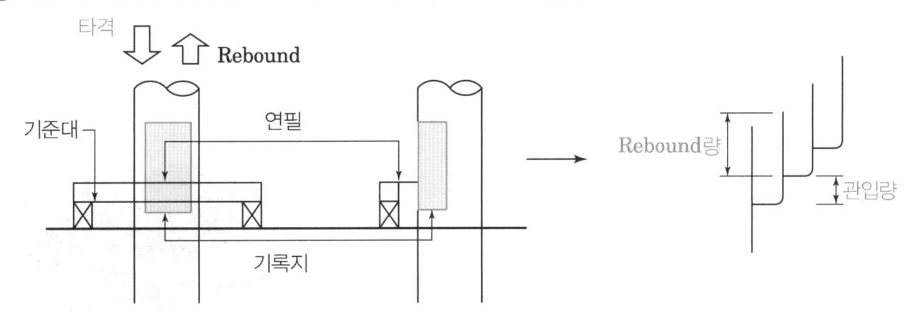

[시험말뚝]

⑤ 지지력 산정

$$R = \frac{F}{5S + 0.1}$$

$$R' = 2R$$

- R : 장기하중에 대한 말뚝지지력
- R': 단기하중에 대한 말뚝지지력
- F : 타격에너지(t·m)
- S : 최종관입량(m)

3. 표준관입시험에 의한 방법

① 지지말뚝에 사용　② 지지력 산정

$$R = \frac{40}{3} \cdot N \cdot A$$

$$R' = 2R$$

- A : 말뚝선단부의 유효단면적(m^2)
- N : N치(75를 넣을 시 75로 계산)

4. 지반의 허용응력도에 의한 방법

① 지지말뚝에 사용　② 지지력 산정

$$R = q \cdot A$$

$$R' = q' \cdot A$$

- q : 말뚝단부의 장기 허용응력도
- q' : 말뚝단부의 단기 허용응력도

5. 토질시험에 의한 방법

① 마찰말뚝에 사용　② 지지력 산정

$$R = \frac{1}{3} \cdot B \cdot C$$

$$R' = 2R$$

- B : 말뚝매입부분의 표면적
- C : 지반의 2축 압축강도의 1/2

23 정재하시험

KCS 11 50 40/KS F 2445
KDS 11 50 15/KDS 41 10 10

Ⅰ. 정의

정적하중에 대한 말뚝의 지지능력을 하중-침하량의 관계로부터 구하는 시험을 말하며 적재하중이나 마찰말뚝 또는 지반앵커의 반력 등을 통해 재하 하중을 얻는다.

Ⅱ. 재하방법의 종류

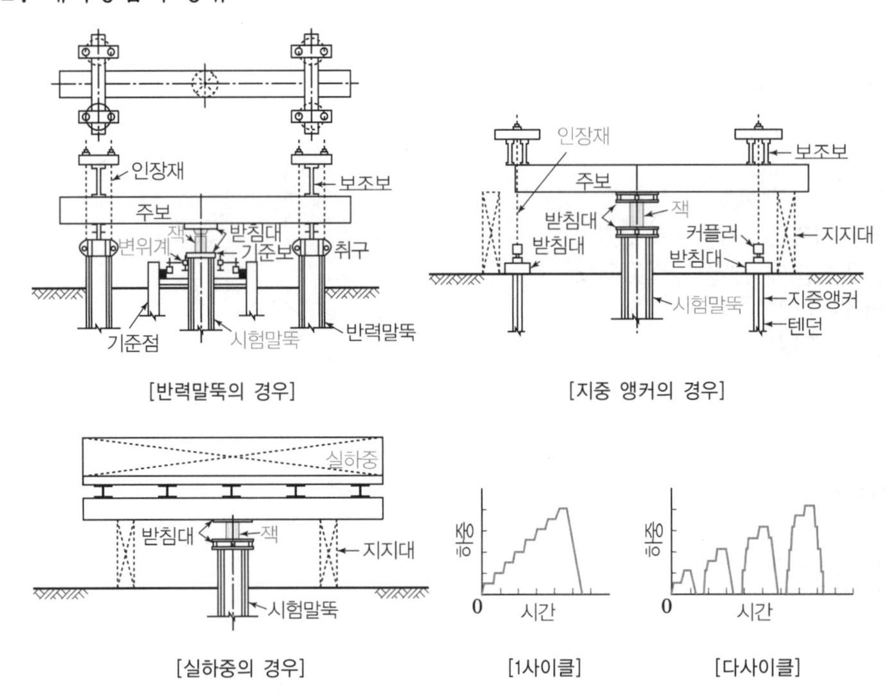

[반력말뚝의 경우] [지중 앵커의 경우]

[실하중의 경우] [1사이클] [다사이클]

[정재하시험]

Ⅲ. 재하방법

① 단계재하방식에 의한 재하방법

하중단계수	8단계 이상	
사이클 수	1사이클 혹은 4사이클 이상	
재하속도	하중증가 시 : $\frac{\text{계획최대하중}}{\text{하중단계수}}$ /min	
	하중감소 시 : 하중 증가 시의 2배 정도	
각 하중단계의 하중유지시간	신규하중단계	30min 이상의 일정시간
	이력 내 하중단계	2min 이상의 일정시간
	0하중단계	15min 이상의 일정시간

[단계재하방식]
하중을 단계적으로 일정시간 지속시키면서 하중을 증가시키는 재하방식

② 연속재하방식의 경우 시험의 목적에 따른 적절한 사이클 수로 하고 원칙적으로 일정 재하속도로 연속해서 하중을 증가

[연속재하방식]
하중을 유지시키지 않고 연속적으로 하중을 증가시키는 방식

Ⅳ. 시공 시 유의사항(축방향 정적 압축재하시험) [EXCS 11 50 40]

① 반력말뚝을 이용하여 재하시험을 하는 경우 설계하중의 2.0배까지 재하
② 시험말뚝은 연직으로 설치
③ 반력말뚝은 인발하중에 저항하도록 필요할 때에는 보강
④ 말뚝재하시험에 사용된 반력말뚝은 손상을 입지 않고, 3mm 이상 상향 이동되지 않았다면 본말뚝으로 활용 가능
⑤ 손상된 시험말뚝과 반력말뚝은 뽑아내어 제거하거나 기초하단에서 1.0m 아래부분까지 절단하여 제거
⑥ 기성말뚝의 정재하시험은 말뚝을 타입한 후 30일 이상 경과한 후에 실시
⑦ 현장타설말뚝이 소정의 양생과정을 거친 후에 정재하시험을 실시
⑧ 하중은 설계하중의 25, 50, 75, 100, 125, 150, 175, 200% 되도록 최소 8단계로 증대하여 재하
⑨ 각 단계별 하중재하 후 시간당으로 환산한 말뚝의 침하율이 0.25mm/h 미만이 되면 다음 단계의 하중을 증대
⑩ 최대시험하중이 200%에 도달하기 이전이라도 급격한 파괴현상이 발생되거나 말뚝 지름의 10%에 해당하는 총 침하량이 발생하면 말뚝의 재하시험을 중단 가능
⑪ 최대시험하중 200%에 도달하여도 말뚝의 극한지지력이 확인되지 않는 경우 200%의 하중을 장시간 유지하면서 침하량을 측정
⑫ 최대시험하중 재하 후에는 말뚝설계하중의 25%씩 1시간 간격을 두고 하중을 제거
⑬ 본말뚝이 되는 반력말뚝은 소요지지력의 70% 보다 큰 인발하중을 받지 않을 것

Ⅴ. 압축정재하시험의 수량 [KDS 11 50 15/KDS 41 10 10]

① 전체 말뚝 개수의 1% 이상(말뚝이 100개 미만인 경우에도 최소 1개) 실시
② 시설물별로 전체 말뚝 개수의 1% 이상(말뚝이 100개 미만인 경우에도 최소 1개) 실시하거나 구조물별로 1회 실시

24 동재하시험

KCS 11 50 40/KS F 2591/KDS 11 50 15

Ⅰ. 정의

말뚝머리 부분에 가속도계와 변형률계를 부착하고 타격력을 가하여 말뚝-지반의 상호작용을 파악하고 말뚝의 지지력 및 건전도를 측정하는 시험법을 말한다.

[동재하시험]

Ⅱ. 시험장치도

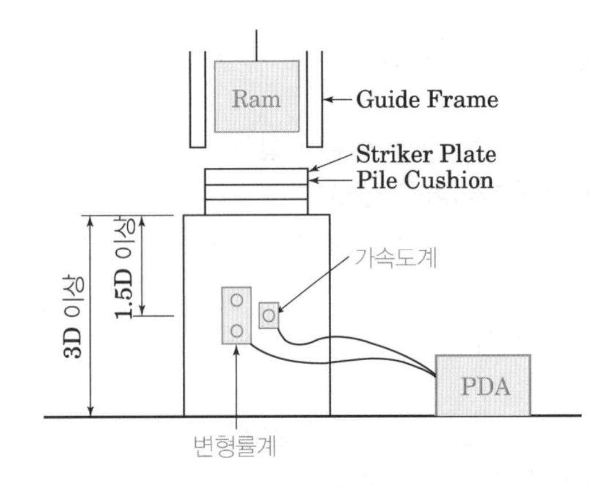

Ⅲ. 두부정리 및 게이지 부착

① 시험 말뚝은 지상 부분의 길이가 3D(D: 말뚝의 지름) 정도
② 말뚝 두부는 편심이 걸리지 않도록 표면에 요철이 없는 매끈하게 절단
③ 게이지는 변형률계와 가속도계가 분리되어 있는 것과 일체로 된 것이 있으며 같은 형태의 것을 선정
④ 게이지는 말뚝에 1쌍씩 대칭(180°)으로 말뚝 두부로부터 최소 1.5D 이상(D : 말뚝 지름 또는 대각선 길이) 이격
⑤ 게이지는 움직이지 않도록 안전하게 부착
⑥ 게이지는 볼트로 조이거나 아교로 붙이거나 용접된 장비 가능

Ⅳ. 동재하시험의 수량[KDS 41 10 10]

① 시공 중 동재하시험(End of Initial Driving Test): 전체 말뚝 개수의 1% 이상(말뚝이 100개 미만인 경우에도 최소 1개)을 실시
② 재항타 동재하시험(Restrike Test): 전체 말뚝 개수의 1% 이상(말뚝이 100개 미만인 경우에도 최소 1개)을 실시
③ 시공 완료 후 본시공 말뚝에 대해 재항타 동재하시험: 전체 말뚝 개수의 1% 이상(말뚝이 100개 미만인 경우에도 최소 1개)을 실시

[항타관리시험(PDA: Pile Driving Analysis)]
항타 중 말뚝에 발생하는 압축/인장응력, 전달되는 최대에너지, 관입저항 등을 연속적으로 측정하여 항타 중 말뚝의 건전도 확인, 해머 선정의 적정성과 지반의 관입저항을 측정하여 말뚝의 항타관입성 등을 확인하는 시험, 파동방정식에 의한 항타관리기준을 확인/검증 하거나 새로운 항타관리기준을 만드는 시험

[초기항타 (EOID : End of Initial Driving)]
항타직후에 실시된 동재하 시험

[재항타 (Restriking)]
말뚝 시공 후 일정한 시간이 경과한 후 실시되는 동재하시험

[정재하시험과 동재하시험 비교]

구분	정재하시험	동재하시험
시험방법	복잡하다.	간단하다.
소요시간	시험시간이 길다.	시험시간이 짧다.
정확도	우수하다.	보통이다.
소요비용	비싸다.	저렴하다.

25 시험말뚝

KCS 11 50 15/KCS 11 50 10/KS F 2445

Ⅰ. 정의

설계의 적정성을 확인하고 시공성이나 시공 시의 소음 및 진동영향, 말뚝 설치 종료조건 등을 파악하고 설계변경 및 시공관리에 필요한 자료를 얻기 위하여 공사착수 전에 기초부지 인근에 하는 말뚝시험을 말한다.

Ⅱ. 시험말뚝

1. 기성콘크리트말뚝

[기성콘크리트말뚝]

1) 목적

① 해머를 포함한 항타장비 전반의 성능확인과 적합성 판정

② 설계내용과 실제 지반조건의 부합 여부

③ 말뚝재료의 건전도 판정 및 시간경과 효과(Set-Up)를 고려한 말뚝의 지내력 확인

2) 조건

① 시험말뚝은 원칙적으로 사용말뚝 중 대표적인 말뚝과 동일 제원으로 함

② 동재하시험을 실시

③ 기초부지 인근의 적절한 위치를 선정하여 설계상의 말뚝길이보다 1.0~2.0m 긴 것을 사용

④ 시험말뚝의 시공결과 말뚝길이, 두께, 말뚝본수, 시공방법 또는 기초 형식을 변경할 필요가 생긴 경우는 공사감독자의 승인을 받은 후 시공

⑤ 시공자는 시험말뚝 박기와 말뚝의 시험이 완료된 후 7일 내에 시험말뚝 자료를 공사감독자에게 제출

2. 현장타설 콘크리트말뚝

[현장타설 콘크리트말뚝]

1) 목적

① 설계의 적정성 및 시공성 확인

② 굴착에 적용할 방법과 장비의 적합성을 시험

2) 조건

① 공사착수 전에 시험말뚝을 시공하는 것을 원칙

② 시험말뚝의 개수는 공사감독자와 협의하여 정함

③ 명시된 굴착 깊이 중에서 가장 깊은 선단 표고까지 굴착

④ 설계하중뿐만 아니라 지반 또는 말뚝의 능력을 확인할 수 있도록 재하시험을 실시

Ⅲ. 재하, 반력, 측정장치(정재하시험)

① 유압잭은 시험말뚝에 대하여 편심이 없도록 설치
② 재하판의 크기는 말뚝 머리와 유압잭 밑면보다 커야 함
③ 반력저항체는 시험말뚝에 대하여 대칭으로 설치
④ 시험말뚝과 반력말뚝의 중심 간격 또는 시험말뚝과 지반앵커의 중심 간격, 혹은 시험말뚝중심과 받침대의 간격은 시험말뚝 최대직경의 3배 혹은 1.5m 이상을 원칙
⑤ 하중계는 Load Cell을 사용하며 0.01 이하의 정밀도를 가진 것으로 함
⑥ 변위계는 작용 스트로크 길이가 50mm 이상이고, 0.01mm의 정밀도를 가진 LVDT를 사용
⑦ 사용말뚝을 기준점으로 하는 경우 시험말뚝 및 반력말뚝으로부터 각 말뚝 직경의 2.5배 이상 떨어진 위치의 것을 이용하는 것을 원칙
⑧ 가설말뚝을 기준점으로 하는 경우 시험말뚝으로부터 그 직경의 5배 이상 혹은 2m 이상, 반력말뚝으로부터 그 직경의 3배 이상 떨어진 위치에 설치하는 것을 원칙
⑨ 기준점은 지반앵커, 지반앵커의 재하판, 실하중 및 재하대의 받침대 등으로부터 2.5m 이상 떨어진 것으로 함
⑩ 최대하중은 원칙적으로 말뚝의 극한지지력 또는 예상되는 설계하중의 3배

26 Rebound Check

Ⅰ. 정의

리바운드란 기성말뚝의 1회 타격 시 순간적으로 생긴 최대 침하량에서 그 후의 정지 상태로 되었을 때의 침하량을 뺀 양을 말하며, 말뚝의 지지력을 구할 때 말뚝과 지반의 탄성변형량을 측정하는 방법이다.

Ⅱ. 시공도

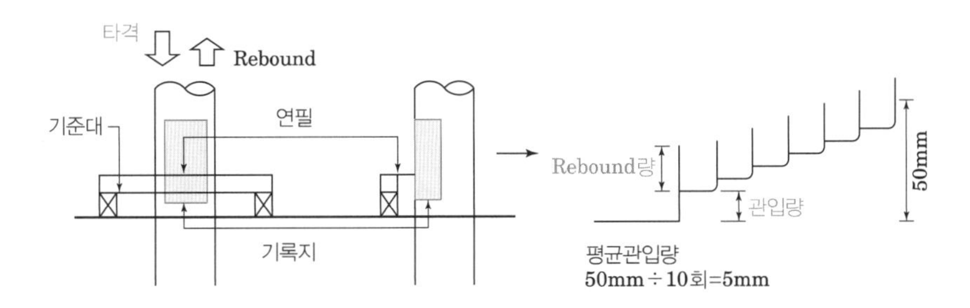

[Rebound Check]

Ⅲ. 목적

① 허용지지력 산출
② 말뚝의 허용지지력 판정기준
③ 말뚝길이 및 이음 여부 확인
④ Hammer의 중량 및 낙하고 산정

Ⅳ. 시험 시 유의사항

① 말뚝에 Graph(모눈종이)지를 견고히 부착한다.
② 연필(펜)을 꽂는 장치 설치 시 Pile 항타에 영향이 없도록 설치
③ 지반에서 말뚝이 최소 50cm 이상 되도록 한다.
④ 기준대를 수평으로 설치한다.
⑤ 측정용 펜을 말뚝과 직각이 되게 설치하여 측정한다.

27 파일의 시간경과 효과(Time Effect)

Ⅰ. 정의

말뚝 설치시점으로부터 시간이 경과함에 따라 지지력이 변화하는 현상으로 지지력이 증가하는 경우(Set-Up), 지지력이 변화하지 않는 경우, 지지력이 감소하는 경우(Relaxation) 로 나타난다.

Ⅱ. 말뚝 지지력 발생 Mechanism

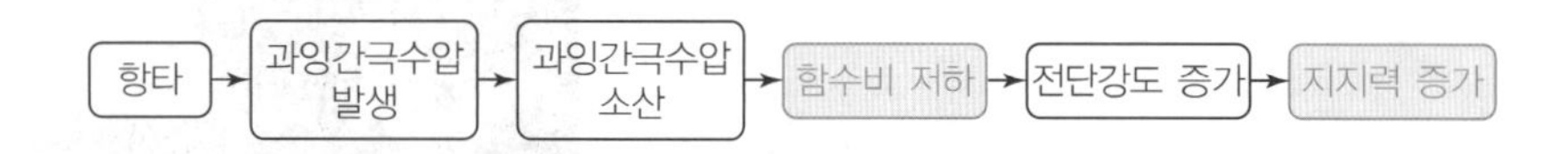

Ⅲ. 시간경과 효과의 활용성

1) 현장시공의 합리적인 관리기준
   ① 지질 조건에 따라 말뚝의 시간경과에 따른 개략적 거동 예측 가능
   ② 화강암 풍화토의 경우 시간경과 효과가 거의 없음
2) 말뚝의 과소설계방지 및 경제적 설계 가능
   시간경과 효과를 정확히 예측할 수 있어야 함.
3) 재하시험 시 적절한 시험 결정의 기준으로 활용

Ⅳ. Set-Up과 Relaxation

1. Set-Up

① 시간경과 효과에 따라 지지력이 증가하는 현상
② 느슨한 모래, 정규압밀 점토에서 발생
③ 과다설계 및 공사비 증가 요인으로 작용
⇒ 시간경과 효과를 고려한 항타 시공기준 작성

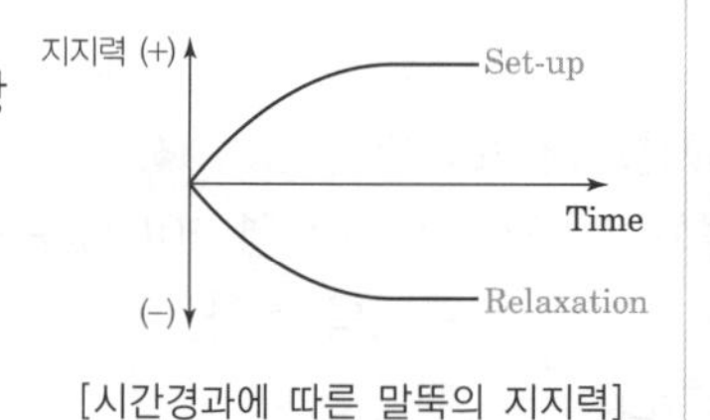

[시간경과에 따른 말뚝의 지지력]

2. Relaxation

① 시간경과 효과에 따라 지지력이 감소하는 현상
② 세암, 조밀한 모래, 과압밀 점토에서 발생
③ 지지력 감소에 의한 불안정 설계의 요인으로 작용
⇒ 설계하중 조정 또는 시공방법 변경 검토

[동재하시험]

28 기성콘크리트 말뚝 두부정리

Ⅰ. 말뚝이 길 경우 두부 정리

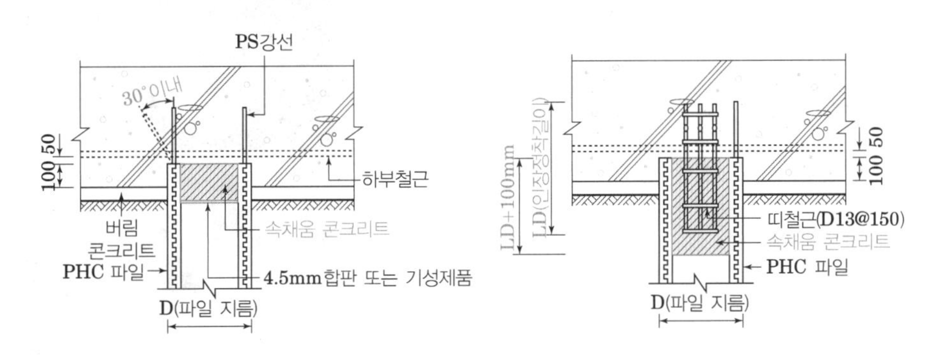

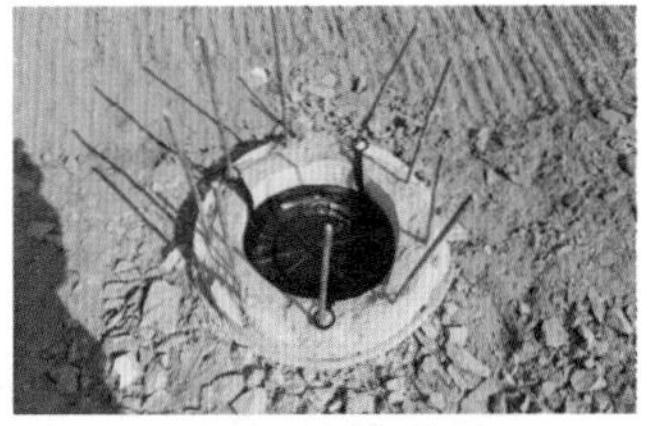
[기성콘크리트 말뚝]

[강관말뚝]

① 버림 콘크리트 위 10cm 부위에 말뚝의 균열방지를 위한 Band 조임 후, 잔다듬으로 말뚝 파취한다.
② PS강선을 두부정리 면에서 30cm 남긴다.
③ 속채움 콘크리트는 무근 또는 기초용 콘크리트로 채운다.
④ PS강선이 없는 경우(One Cutting 방법)는 철근으로 보강한다.
(Ld(인장정착길이) +100지점에 내부 받이판을 설치한다.)

Ⅱ. 말뚝머리가 짧을 경우 두부 정리

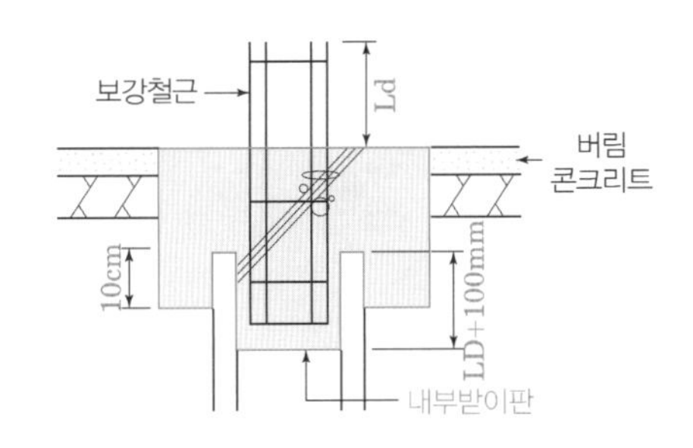

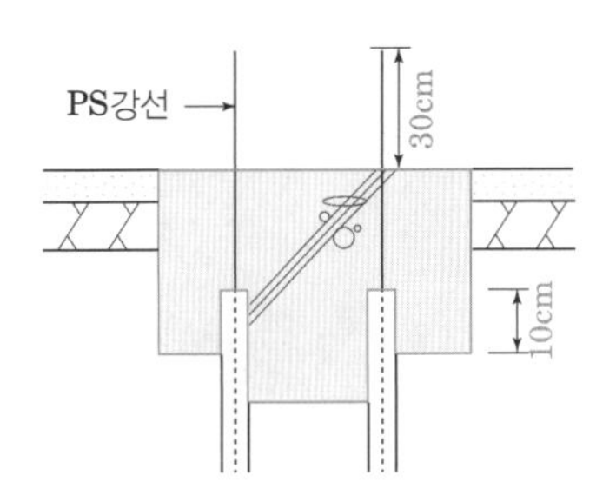

① Ld(인장정착길이) + 100mm 지점에 내부받이판 설치한다.
② 버림 콘크리트 위 30cm 이상 되게 PS강선을 설치한다.
③ 말뚝 상부 아래로 10cm까지 기초보강 콘크리트 타설을 한다.

Ⅲ. 두부 보강 철근캡을 이용한 One Cutting 공법

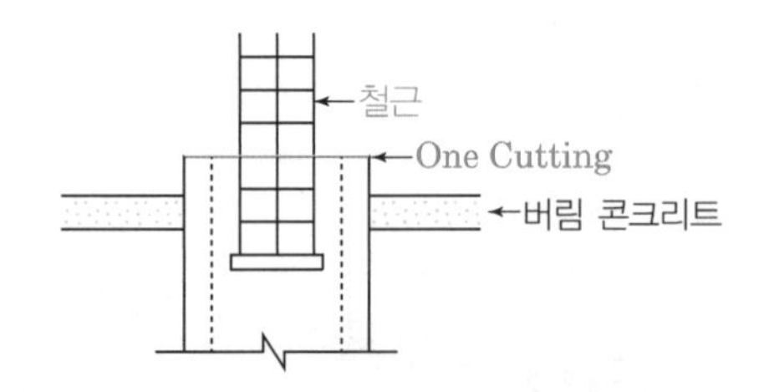

① 다이아몬드 블레이드를 이용하여 내부강선까지 한 번에 절단하는 공법
② 기존파쇄공법에 비해 공정이 간단하여 시간 및 경비절감 가능
③ 절단면이 양호
④ 철근으로 보강
⑤ 시공순서

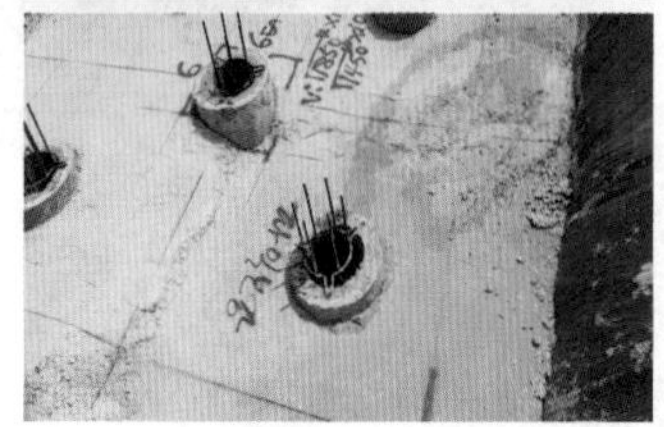

[One Cutting 공법]

29 Micro Pile 공법

Ⅰ. 정의

① 직경 300mm 이하의 작은 구경으로 천공하여 Steel Bar 또는 Thread Bar를 설치하고 Cement Mortar를 충전하여 큰 주면마찰력(Skin Friction)을 얻도록 만든 말뚝이다.

② 적용토질 : 일반토질 및 암반층

Ⅱ. 시공도

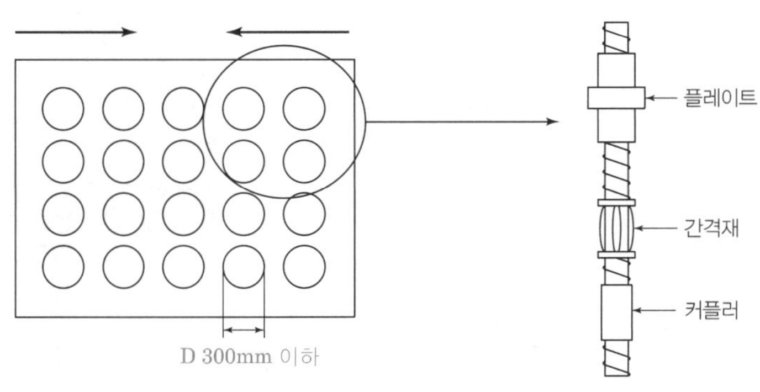

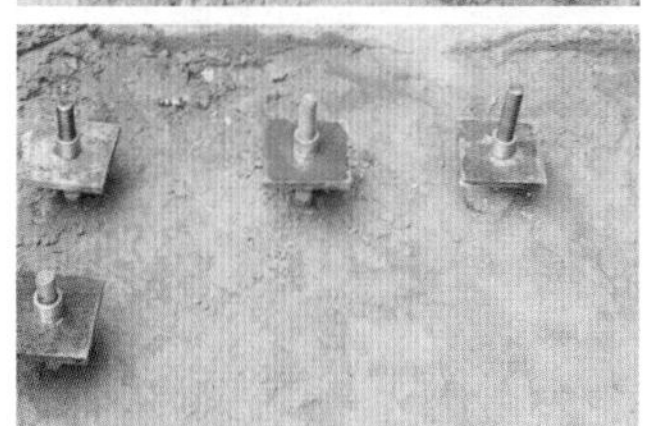

[Micro Pile 공법]

Ⅲ. 특징

① 작업공간이 협소하거나 제한된 지역에서도 시공 가능

② 소음과 진동이 비교적 적다.

③ 소요되는 어떠한 길이도 운반, 시공가능

④ 인장과 압축 동시에 저항가능

⑤ 경사 시공도 가능

⑥ 고압 Post Grout 실시 가능(확실한 주면마찰력 확보)

Ⅳ. 시공순서

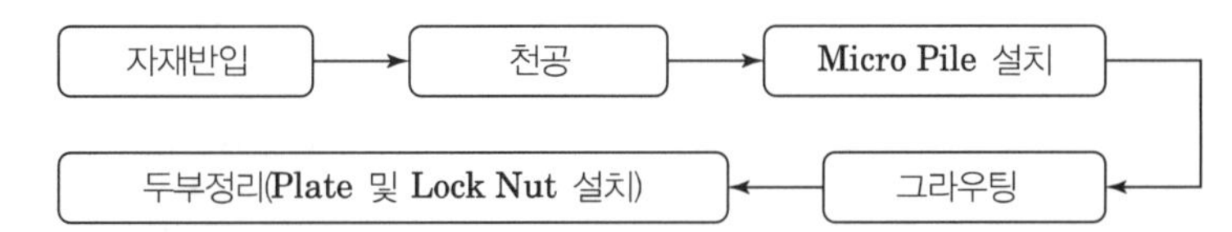

Ⅴ. 시공 시 유의사항

① 천공 후 일정시간까지 천공벽면이 교란되지 않도록 한다.

② Micro Pile체의 설치는 천공완료 후 즉각 실시하며 중앙에 위치하도록 한다.

③ 그라우팅 작업 시 밀실하게 하고 Over Flow 될 때까지 수행한다.

④ 두부정리 시 Micro Pile체에 충격이 없도록 관리한다.

30 헬리컬 파일(Helical Pile)

Ⅰ. 정의

고강도 소구경말뚝(50~120mm)을 이용 Helix가 부착된 선단부와 연결부를 Coupler로 결합, 비배토 자천공(회전+압입)시켜 그라우팅으로 보강하는 파일 공법으로 관입부(Lead), 연결부(Extension), 나선형 지지날개(Helix), 말뚝두부(Pile Cap)로 구성된다.

Ⅱ. 현장시공도 및 시공순서

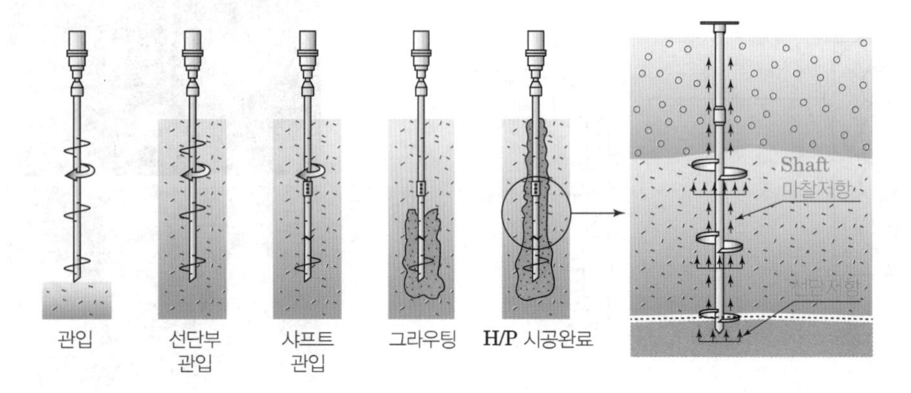

장비 및 자재 반입 → 선단부 파일 관입 → 선단부와 샤프트(중단부) 연결 → 그라우팅 → 두부정리 → 재하판 용접 → 동재하시험 → 완료

Ⅲ. 특징

① 굴삭기와 특성화된 장비 결합으로 공정절차가 간단
② 소규모 장비 사용으로 협소한 공간 및 열악한 장소에도 시공이 가능
③ 무소음, 무진동공법
④ 비배토 공법으로 슬라임 발생이 없어 친환경적
⑤ 어떤 각도에서도 시공이 가능하므로 경사시공에 용이

Ⅳ. 시공 시 유의사항

① 장비에 의해 심도별 토크를 측정하여 선단지지력 확보
② 시멘트밀크 그라우팅 시 말뚝 선단부로 Over Flow할 때 까지 주입
③ 동재하시험으로 지지력 확인

[Helical Pile]

[Helical Pile과 Micro Pile의 비교표]

구분	Helical Pile	Micro Pile
시공성	소형장비 (굴삭기) /단순공정	소형장비 (크롤러 드릴) /공정복잡
안정성	선단지지력 + 주면마찰력	주면마찰력
경제성	파일소요 길이 감소 (공사비 절감)	파일 길이 증가 (공사비 증가)
환경성	비배토 (슬라임 無)	배토시공 (슬라임 有)

31 기초공사에서의 PF(Point Foundation) 공법

Ⅰ. 정의

중저층 구조물, 연약지반 구조물에 지반 침하제어 및 지내력 확보를 위해 현장 발생토와 고기능성 고화재인 바인더스를 재료로 특수 제작된 교반장치를 이용하여 원위치에서 교반, 침하 제어 및 지내력을 확보하는 공법이다.

Ⅱ. PF지지 Mechanism

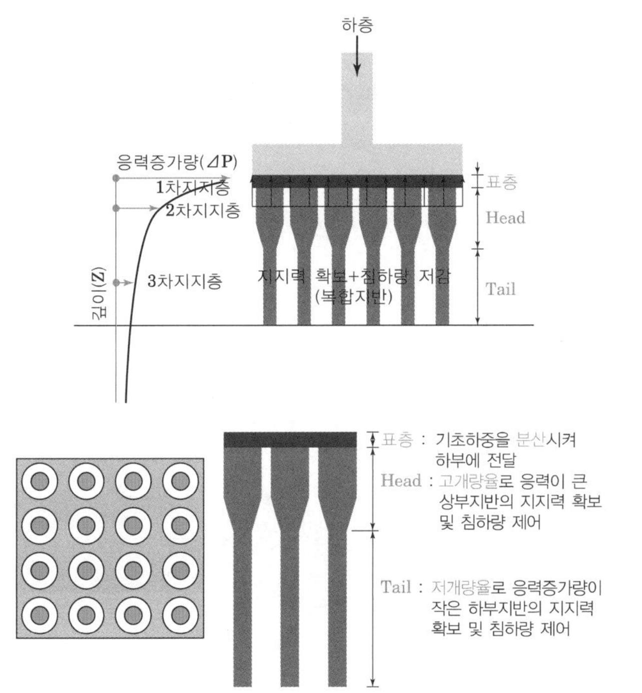

[PF 공법]

Ⅲ. PF공법의 종류

종류	적용심도 및 방법	적용대상범위
표층(PF-S) 처리	0~3m까지 굴착하여 100% 치환	구조물기초, 중층처리 상단, 구조물 뒷채움, 도로,주차장 등
중층(PF-M) 처리	3~11m까지 연약지반에 PF구근체를 형성하여 개량	구조물기초, 지하주차장 기초, 물류창고 및 공장기초, 연약지반 처리
심층(PF-D) 처리	30m까지 연약지반에 PF구근체를 형성하여 개량	

Ⅵ. 특징

① 연약지반개량을 통한 지내력 확보
② 현장 지질 조건을 감안 최적화 기초 시공 가능: 표층/중층/심층 구분 가능
③ 하중 부담이 적은 건축물의 과다설계 문제점 해결
④ 파일기초 대비 시공 심도 감소: N치 20~30인 견고한 지지층까지만 시공
⑤ 기초공사의 약 20%의 공기단축 및 약 30% 정도의 원가절감 효과

Ⅴ. 시공 시 유의사항

① 바인더스와의 실내배합시험을 진행하여 적정한 강도값 및 실내배합량을 확인
② 착공 시에는 시험시공을 진행하여 재료의 건전성에 문제가 없는지 재확인
③ 시공 완료 후에는 구근의 상태에 문제가 없는지 확인
④ 평판재하시험을 통해 설계지지력을 확인

32 Earth Drill 공법(Calweld 공법)

Ⅰ. 정의

Drilling Bucket으로 굴착하고, Slime 제거와 응력재 삽입 후 Concrete를 타설하여 지름 0.6~2m의 대구경 제자리 말뚝을 만드는 공법이다

Ⅱ. 시공도 및 시공순서

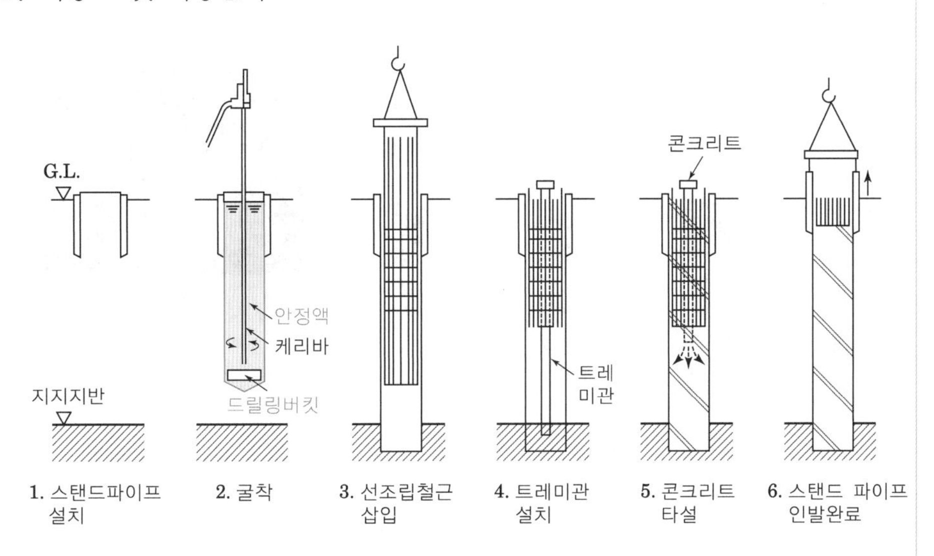

[Earth Drill 공법]

Ⅲ. 특 징

① 지하수가 없는 점성토에 적합

② 붕괴되기 쉬운 모래층, 자갈층 및 견고한 지반에 부적합

③ 지름 0.6~2m, 심도 20~50m까지 말뚝 형성

④ 제자리 현장타설말뚝 중 진동, 소음이 가장 적음

⑤ 비교적 소형으로 굴착속도가 빠름

Ⅳ. 시공 시 유의사항

① 지표면 붕괴방지를 위해 4~8m까지 스탠드 파이프 설치

② 안정액 관리를 철저히 하여 공벽붕괴 방지

③ Slime 처리를 철저히 하여 지지력 확보

④ Concrete 타설 시 강도 유지와 재료 분리 방지

⑤ 폐액처리를 철저히 하여 환경공해 방지

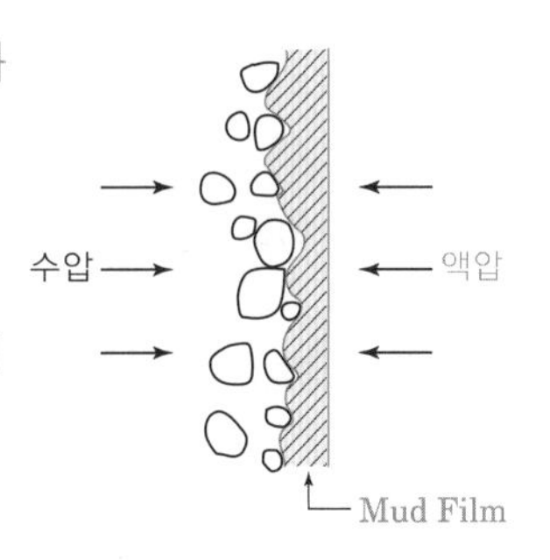

33 Benoto(All Casing) 공법

Ⅰ. 정의

케이싱튜브를 요동장치(Osillator)로 왕복 회전시켜 유압잭으로 경질지반까지 관입시키고 그 내부를 해머 그래브로 굴착하여 철근망을 삽입 후 Concrete를 타설하여 현장 타설 말뚝을 축조하는 공법이다.

Ⅱ. 시공도 및 시공순서

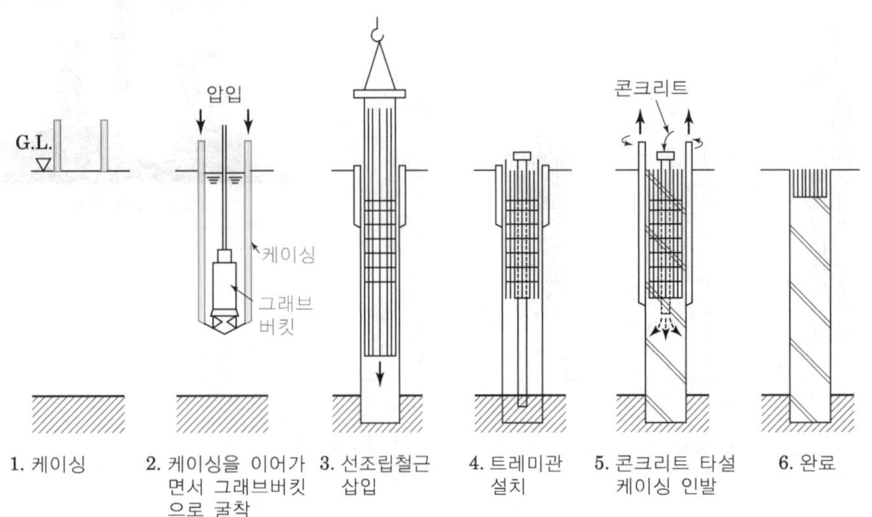

[Benoto 공법]

Ⅲ. 특징

① 퇴적층 및 매립토 지반에 적합(적용 지층이 넓음)
② 지름 0.8~2m, 심도 20~50m까지 말뚝 형성
③ 굴착 중 지지층 확인이 용이
④ 굴착속도가 느림
⑤ 사질토가 두꺼울 경우(5m 이상) Casing 인발이 어려움

Ⅳ. 시공 시 유의사항

① 장비가 중량이므로 지반안정에 특히 유의
② Casing Tube 간의 확실한 연결
③ Casing의 삽입을 선행 삽입 및 유지: Heaving 및 Boiling 방지
④ 하부 Slime의 확실한 처리
⑤ 공내수압 유지: 말뚝선단 및 주변의 지반이완 방지

34 RCD(Reverse Circulation Drill, 역순환) 공법

Ⅰ. 정의

상부 8~10m 정도 스탠드 파이프를 설치하고 그 이하는 2m 이상의 정수압(0.02MPa)에 의해 공벽을 유지하고, Drill Rod 끝에서 물을 빨아올리면서 굴착하고 철근망 삽입 후 콘크리트를 타설하여 제자리 콘크리트 말뚝을 형성하는 공법이다.

[RCD 공법]

Ⅱ. 시공도 및 시공순서

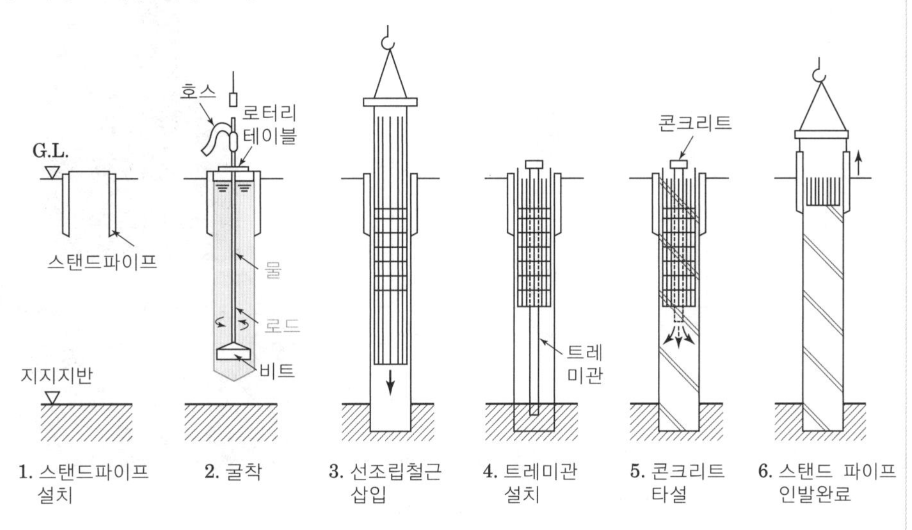

Ⅲ. 특 징

① 세사층 굴착이 가능하나 호박돌 또는 자갈층이 존재할 경우 굴착이 곤란
② 지름 0.8~3.0m, 심도 60m 이상의 말뚝 형성
③ 장비가 상대적으로 경량임
④ 수상(해상) 작업 가능
⑤ 다량의 물이 필요함

Ⅳ. 시공 시 유의사항

① 지하수위보다 2m 이상 물을 채워 0.02MPa의 정수압을 유지
② 철근망과 H형 철골은 X, Y 방향으로 정확히 측정하여 콘크리트 타설 시 움직임이 없도록 확실히 용접
③ 이수처리를 위한 설비시설을 철저히 설치
④ 기초부분까지 Concrete를 타설 시 콘크리트 Top Level을 정확히 Check

35 PRD(Percussion Rotary Drill) 공법

Ⅰ. 정의

대구경 말뚝굴착장비로 지반굴착 후 철근망을 삽입하여 현장 타설 말뚝을 시공하는 공법으로 일반적으로 도심지 Top Down 현장에 적용되고 있다.

Ⅱ. 시공도 및 시공순서

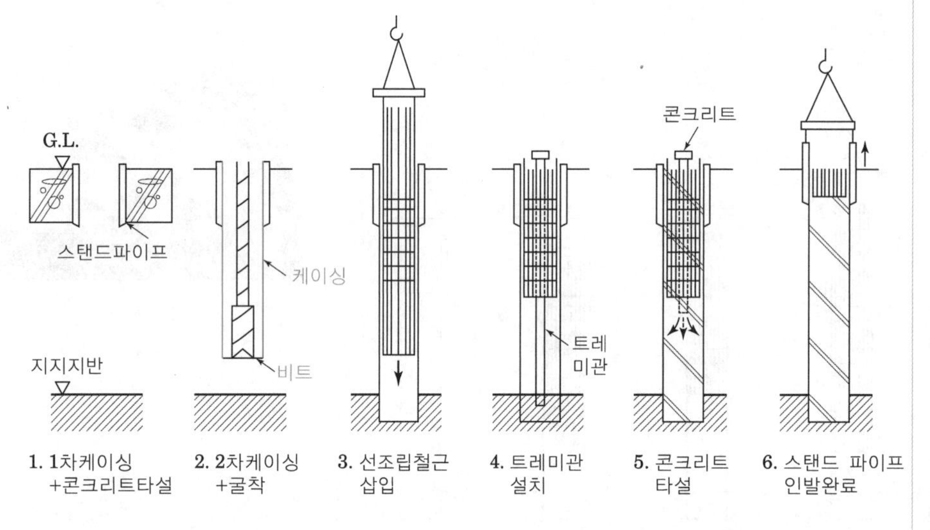

[PRD 공법]

기둥중심선 측량 → 1차 케이싱(Out Casing) 위치 굴착 → 1차 케이싱 주변 콘크리트 타설 → PRD 굴착장비 Setting → 2차 케이싱(In Casing) 설치 → 천공 → 천공완료 → 슬라임 배출 → 철근망 삽입 → 콘크리트 타설 후 케이싱 인발

Ⅲ. 특징

① 지름 0.8~1.2m
② 시공효율이 높고 시공속도가 비교적 빠름
③ 저압 및 저소음장비를 사용하므로 민원발생이 적음
④ 저압 Air를 사용하여 지반교란이 적음
⑤ Casing 내부 토사를 Air로 배토 시키므로 선단지지층을 육안으로 확인 가능

Ⅳ. 시공 시 유의사항

① 기둥중심선 측량 시 수직정밀도 확보: H/300 이내
② 굴착 시 Casing 수직도 확인
③ 천공완료 후 슬라임 배출관리
④ 선단지지력 저하여부 확인

36 Koden Test

Ⅰ. 정의

초음파 측벽측정 장치로 굴착공의 중심에 센서유닛을 매달아 상하로 이동시키면서 초음파를 발사하여 정확한 수직 단면을 기록하는 장치를 말한다.

Ⅱ. 현장시공도

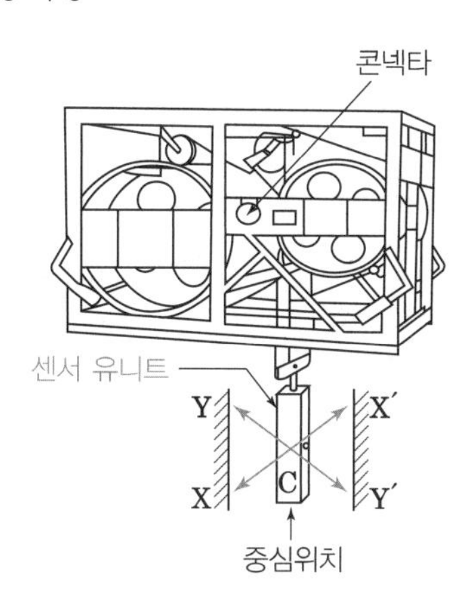

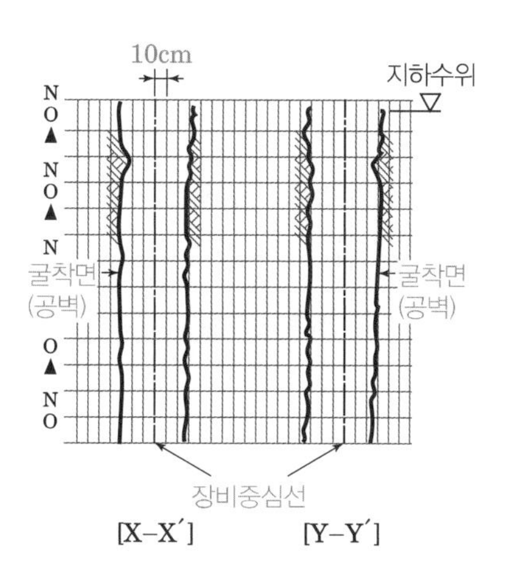

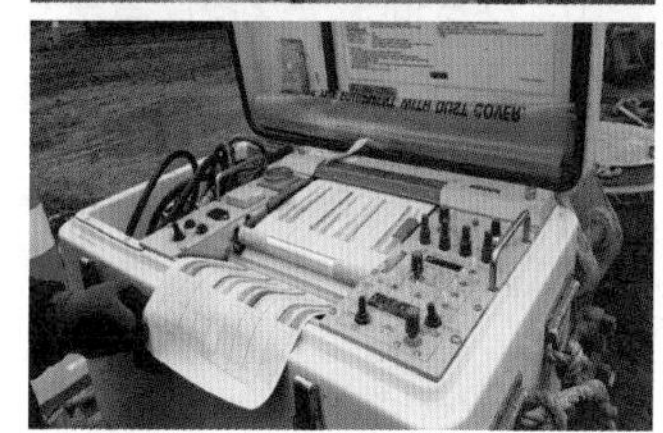

[Koden Test]

Ⅲ. 시험방법

① 기기 설치: 윈치는 센서가 측정 홀의 중심에서 하강하도록 수평으로 설치하고 기록지는 물에 닿지 않도록 주위와 수평으로 설치

② 윈치와 기록지의 접속케이블을 전원케이블과 연결하여 작동유무 확인

③ 전원 110V 이하 시 움직이지 않고 작동을 멈출 수 있으니 주의

④ 메다의 바늘은 90~110V로 표기 될 것

Ⅳ. 특징

① 최대 100m까지 측정 가능

② 1회 측정으로 정확한 데이터 산출, 출력 및 이미지화 가능

③ 케이블 감는 부와 센서가 감겨들어가는 부가 일체화되어 취급이 용이

④ 굴착공 4방향의 벽면상태 측정하여 연직성과 단면형상 측정 및 표시

Ⅴ. 시공 시 유의사항

① 장비의 작동상태 확인

② 굴착토사 붕괴대책 수립

③ 기록 벽면이 기록지에 좌, 우로 흔들리지 않도록 하강 속도 유지

37 현장타설 콘크리트말뚝의 두부정리

Ⅰ. 정의

현장타설 콘크리트말뚝 공법은 지반에 천공하고 콘크리트를 타설하여 완성하는 말뚝을 말하며 정지 Level에 따라 정확하게 말뚝두부를 처리하여야 한다.

Ⅱ. 말뚝 두부정리

1. 정지 Level이 지상에 위치하는 경우

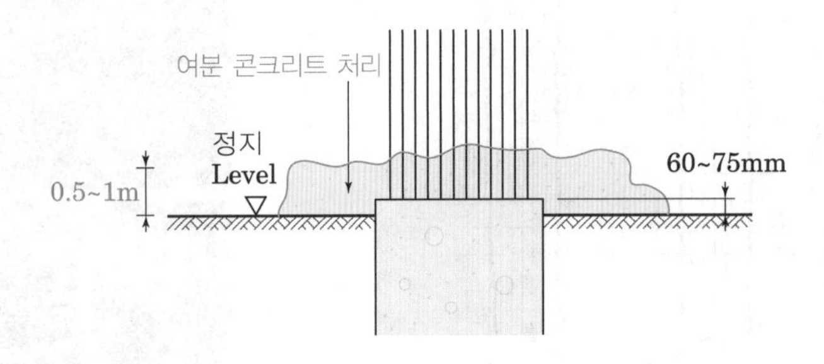

① 정지 Level 보다 0.5~1.0m(현장에서는 0.3~0.5m) 정도 여분콘크리트 타설
② Breaker 파쇄가 불필요
③ 기초 철근배근 전에 여분콘크리트 처리 및 상부 Level 정리

2. 정지 Level이 지중에 위치하는 경우

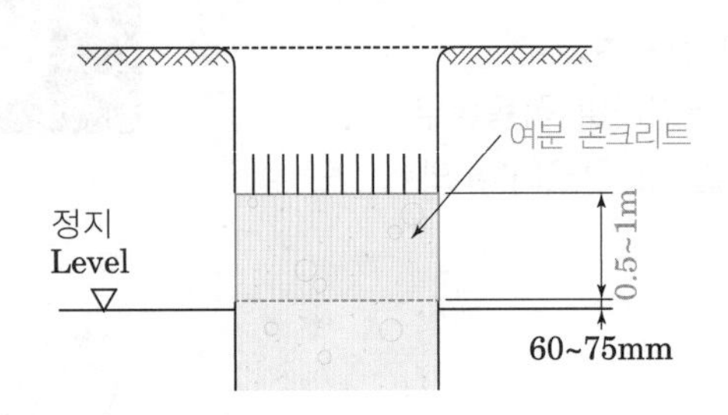

[말뚝 두부정리]

① 정지 Level 보다 0.5~1.0m(현장에서는 0.3~0.5m) 정도 여분콘크리트 타설
② Breaker 파쇄
③ 큰 소음 발생
④ 느린 작업속도

Ⅲ. 시공 시 유의사항

① 두부정리 시 세로균열이 생기지 않도록 주의
② 두부 Cutting 후 표면강도 확인
③ Pile 건전도 시험 준비

[85,101회]

38 양방향 말뚝재하시험

KCS 11 50 40/KS F 7003

Ⅰ. 정의

특수하게 제작된 유압식 잭이나 셀을 말뚝선단부근에 설치하여 지상에서 설계지지력의 200% 이상의 하중을 가하면 하부는 선단지지력을, 상부는 주면마찰력을 일으켜 시험하는 방법이다.

Ⅱ. 개념도 및 시공순서

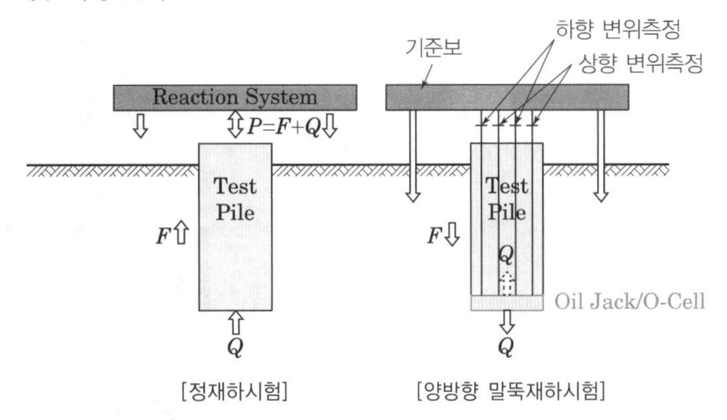

[정재하시험] [양방향 말뚝재하시험]

철근망과 재하장치 조립 → 철근망 근입 → 연결전선 및 유압호스 정리 → 철근망 근입 완료 → 트레미관 설치 → 레미콘 타설 → 양방향 말뚝재하시험

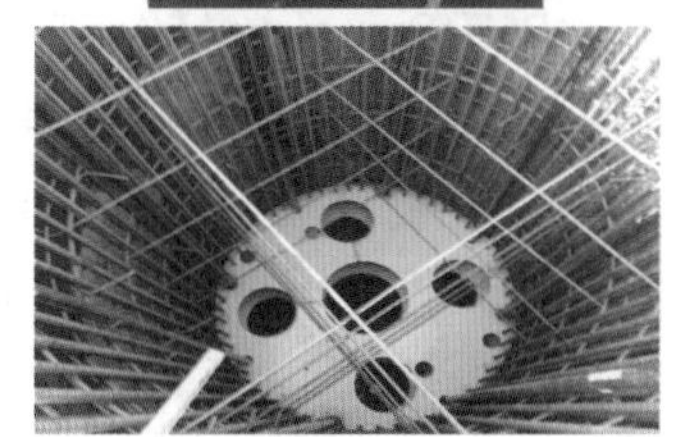

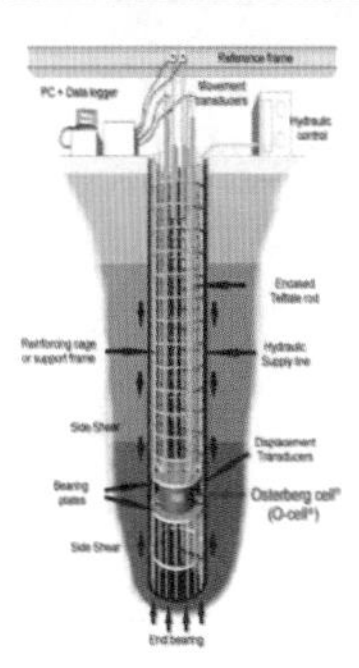

[양방향 말뚝재하시험]

Ⅲ. 측정장치 및 기준점

① 변위량 측정의 경우 상향 및 하향 변위는 각각 2개소 이상, 그리고 말뚝두부 변위도 2개소 이상을 측정

② 본말뚝을 기준점으로 하는 경우 시험말뚝 중심으로부터 시험말뚝 직경의 2.5배 이상 떨어진 위치에 설치

③ 가설말뚝을 기준점으로 하는 경우 시험말뚝 중심으로부터 시험말뚝 직경의 5배 이상 혹은 2m 이상 떨어진 위치에 설치

Ⅳ. 반복재하방법

① 총 시험하중을 설계지지력의 200% 이상으로 8단계 재하

② 재하하중단계가 설계하중의 50%, 100% 및 150%시 재하하중을 각각 1시간 동안 유지한 후 단계별로 20분 간격으로 재하

③ 침하율이 0.25mm 이하일 경우 12시간, 그렇지 않을 경우 24시간 동안 유지

④ 최대시험하중에서의 재하하중은 설계지지력의 25%씩 각 단계별로 1시간 간격을 두어 재하

⑤ 시험 도중 최대시험하중까지 재하하지 않은 상태에서 말뚝의 파괴가 발생할 경우, 총 침하량이 말뚝머리의 직경 또는 대각선 길이의 15%까지 재하

[표준재하방법]
하중을 단계적으로 증가시키며, 임의 하중단계에서는 일정 시간 지속하면서 하중을 재하하는 방법

[반복재하방법]
하중을 주기별로 재하(Loading) 및 제하(Unloading)하는 방법

39 현장콘크리트 말뚝의 공내재하시험(Pressure Meter Test)

Ⅰ. 정의

보링 실시 후 시추공 공벽의 수평방향으로 압력을 가하여 그때의 공벽면 변위량을 측정하여 암반분류의 기준, 지반의 강도와 변형특성을 측정하는 시험을 말한다.

Ⅱ. 공내재하시험의 기기별 종류

1. LLT(Lateral Load Test)

① 프로브를 시추공에 넣고 질소가스 압력을 이용하여 Membrane에 물을 주입시켜 Membrane을 팽창시켜 이때 작용 압력과 Membrane의 팽창 값으로 지반 변형특성을 파악

② 주로 토층 및 연약지반에 실시

③ 시험 전에 Membrane 고무반력을 측정하여 보정

2. PMT(Pressure Meter Test)

① 시추공 공벽에 하중을 가했을 때 나타나는 변형량을 측정하여 변형특성 및 한계 압력 등을 파악

② 매립층, 모래, 자갈층, 점토 등에 실시

③ 시험 전에 Pressure Loss 및 Volume Loss 보정

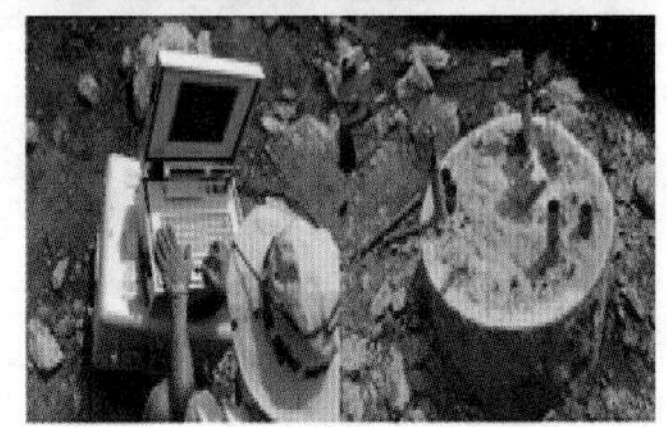

[공내재하시험]

Ⅲ. 시험순서

시추 → Probe 삽입 및 위치(수압 확인) → Calibration(가압, 감압, 기포제거) → 한계압에 도달 시까지 반복 실시 → 변위 압력곡선을 작성 후 변형계수와 탄성계수를 산출

[시험의 목적]
- 지반 및 암반의 탄성계수 확인
- 응력 변형률 관계를 통한 소성 영역, 항복점 확인
- 정지토압계수 산정
- 비배수 전단강도 측정에 이용
- 기초설계 시 허용지지력 추정 및 침하량 산정

Ⅳ. 시험 시 유의사항

① 천공작업 중 공벽이 교란 붕괴되지 않도록 주의

② 시험구간 상부 붕괴가 되기 쉬우므로 상부 Casing 사용

③ 프로브 공내 삽입 전 공벽세척으로 슬라임 제거

④ 시험 전 프로브 내의 기포제거

⑤ Calibration 확인

⑥ Stand Pipe 최초 수위측정

⑦ 계획심도에 프로브 설치하고 정수압 측정

⑧ 압력은 30MPa을 넘지 않도록 주의

40 현장타설 콘크리트말뚝의 건전도시험

KCS 11 50 10/KS F 2388

Ⅰ. 정의

현장타설 콘크리트말뚝에서 말뚝의 두부정리 전 검사용 튜브에 발신자와 수신자를 삽입하여 초음파 속도를 통해 말뚝의 품질상태와 결함 유무를 확인하는 시험이다.

Ⅱ. 현장시공도

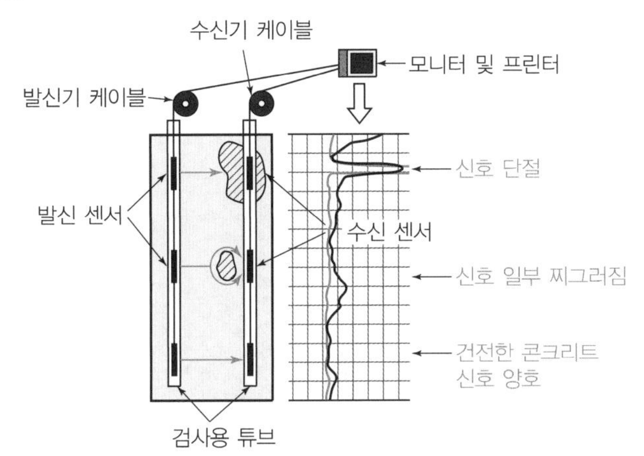

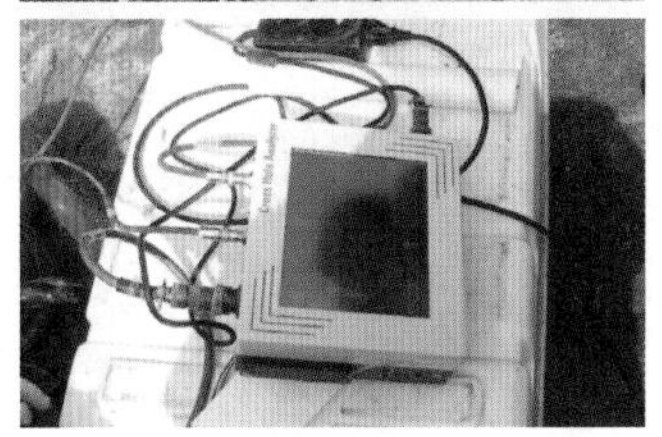

[건전도시험]

Ⅲ. 현장관리사항

① 내부 발신자와 수신자 센서 위치는 수평을 유지하면서 설치

② 말뚝의 선단부로부터 발신자와 수신자 센서를 동시에 끌어올리면서 연속적으로 측정

③ 말뚝 심도에 따른 검측간격은 50mm 이내

[검사용 튜브]

말뚝의 지름(D) m	검사용 튜브
D≤1.2	3개 이상
1.2<D≤1.5	4개 이상
1.5<D≤2.0	5개 이상
2.0<D≤2.5	7개 이상
2.5<D	8개 이상

- 연결 부위는 커플링에 의한 나사연결 방식으로 완전방수
- 검사용 튜브의 하단부는 철근망 하부면과 가능한 일치

Ⅳ. 현장타설 콘크리트말뚝의 건전도 평가기준

등급	평가기준
A	• 초음파 프로파일의 신호 왜곡이 거의 없음 • 속도 저감률 10% 미만
B	• 초음파 프로파일의 신호 왜곡이 다소 발견 • 속도 저감률 10% 이상~20% 미만
C	• 초음파 프로파일의 신호 왜곡 정도가 심함 • 속도 저감률 20% 이상
D	• 초음파 신호가 감지되지 않음 • 전파 시간이 초음파 전파 속도 1,500m/s에 근접

[검사 수량 및 시기]

초음파 검사는 콘크리트를 타설하고 7일 이상~30일 이내 실시

평균말뚝길이(m)	시험수량(%)
20 이하	10
20~30	20
30 이상	30

41 파일의 Toe Grouting

Ⅰ. 정의

Toe Grouting 이란 RCD 말뚝 등의 기초 하부의 Slime 등으로 인한 결함을 보강하기 위해 시멘트 밀크로 그라우팅하는 작업을 말한다.

Ⅱ. 현장시공도

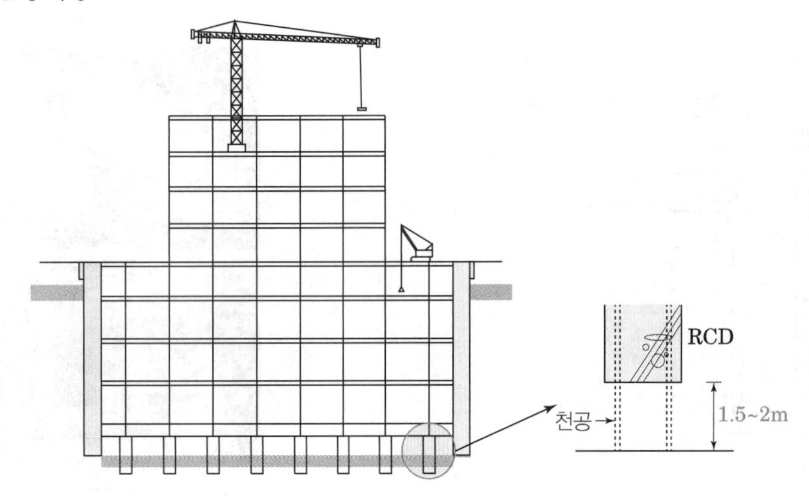

Ⅲ. Toe Grouting의 시공순서

① 말뚝(예: RCD) 기초 시공 시 2개의 Post Pipe 설치
② Mat기초 하단부 까지 굴착
③ 말뚝(예: RCD) 하부에서 1.5~2m까지 2개공 천공
④ 고압으로 1개공에 물을 압입해 다른 공으로 이수 배출: 맑은 물로 바뀔 때 중단
⑤ 1개공에 시멘트 밀크로 그라우팅하여 다른 공으로 배출

Ⅳ. 목적

① 파일 선단부 슬라임, 파쇄암 등에 Toe Grouting으로 침하방지
② 파쇄암, 슬라임, 절리 등으로 말뚝저면과 기반암이 분리된 부분을 보강
③ 말뚝의 선단지지력 감소에 대한 보강

Ⅴ. 시공 시 유의사항

① 말뚝 하부 슬라임 제거 철저
② 말뚝의 설계강도 이상의 무수축 재료로 그라우팅 실시
③ 그라우팅 시 Over Flow 되도록 할 것

42 현장타설 말뚝공법의 공벽붕괴 방지방법

Ⅰ. 정의

현장타설 콘크리트말뚝 공법은 지반에 천공하고 콘크리트를 타설하여 완성하는 말뚝을 말하며 천공 시 공벽붕괴가 발생되지 않도록 철저히 하여야 한다.

Ⅱ. 공벽붕괴 방지방법

1. 안정액에 의한 방법

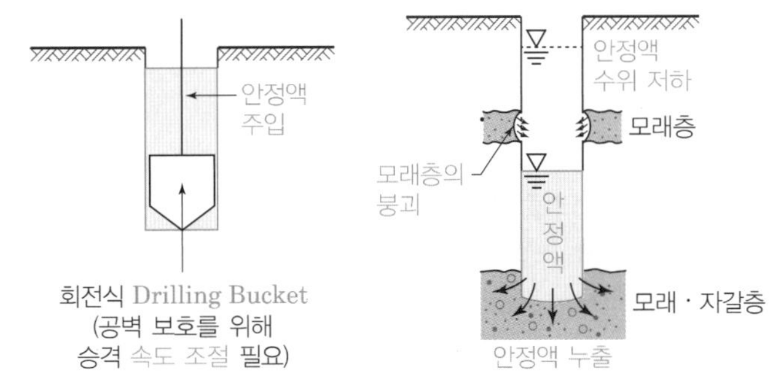

[안정액]

① 지표부에 Stand Pipe 4~8m 정도 설치하여 연약지반 붕괴방지
② 공벽보호를 위해 안정액을 사용
③ 안정액 성능저하(Gel화), 모래자갈층으로 유출, 모래층과 점토층간 부위에 Mud Cake 형성 미비로 공벽붕괴가 발생될 수 있으므로 안정액관리 철저
④ 지하수 없는 점성토에 적합
⑤ Drilling Bucker의 속도 조절 필요

2. Casing에 의한 방법

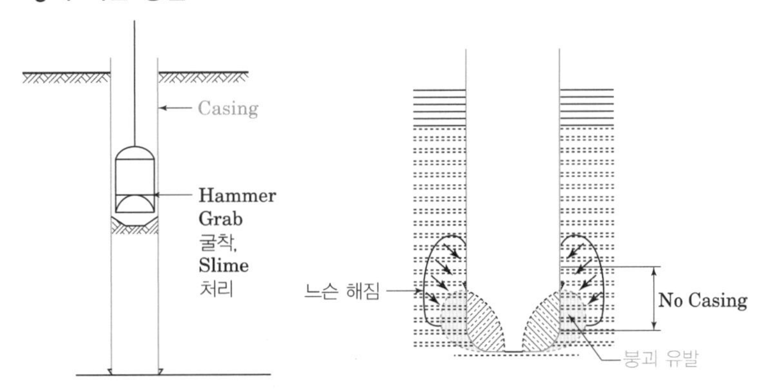

[Casing]

① 공벽보호를 위해 굴착 깊이까지 Casing을 관입
② Boiling, Heaving에 의해 선단부 지반이 붕괴될 수 있으므로 Casing의 선단을 굴착공 저변보다 선행시공
③ 퇴적층 및 매립토 지반에 적합
④ Casing Tube간의 확실한 연결

3. 정수압에 의한 방법

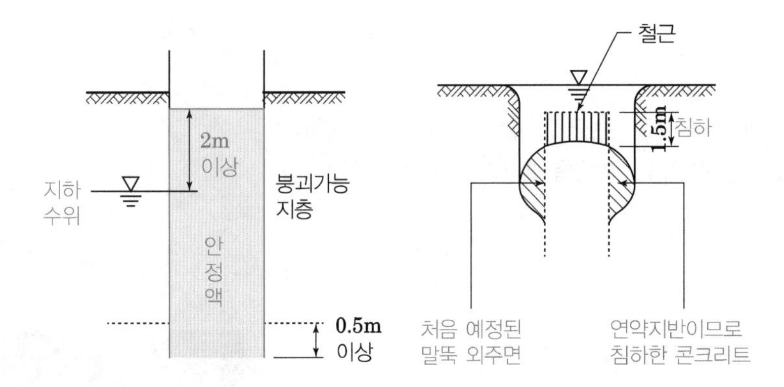

① 지표부에 Stand Pipe 4~8m 정도 설치하여 연약지반 붕괴방지
② 공벽보호를 위해 정수압(0.02MPa)을 이용
③ 공벽수위를 지하수위보다 높게 하여 선단 지반의 교란을 방지
④ 연약지반에서 케이싱 인발 시 붕괴될 수 있으므로 트레미관을 남겨두고 2차 충전 또는 Casing 매설 검토

4. 배수공법

배수공법으로 피압수의 압력을 저하

43 CIP(Cast In Place Pile) 공법

KCS 21 30 00

Ⅰ. 정의

지반을 천공한 후 철근망 또는 필요시 H형강을 삽입하고 콘크리트를 타설하는 현장타설말뚝으로 주열식 현장벽체를 말한다.

Ⅱ. 현장시공도 및 시공순서

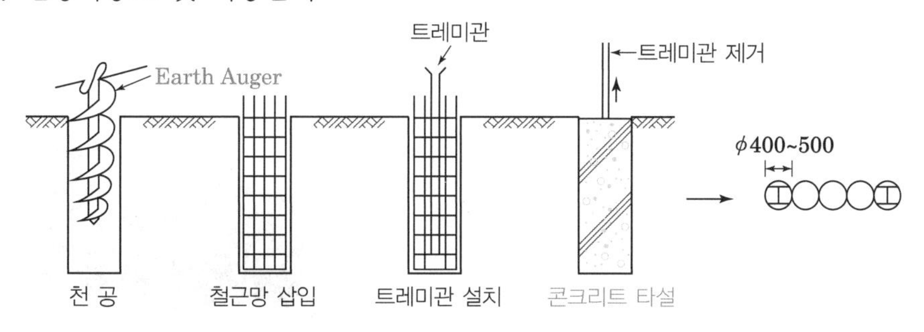

[CIP 공법]

Ⅲ. 시공 시 유의사항

① 차수가 필요한 경우에는 별도의 차수대책을 세움
② 말뚝의 연직도는 말뚝 길이의 1/200 이하
③ 시공의 정확도와 연직도 관리를 위해 안내벽을 설치
④ CIP 벽체와 띠장 사이의 공간은 전체 또는 일정간격으로 Plate 용접쐐기 설치 또는 콘크리트채움 등으로 채움
⑤ 콘크리트 타설 전에는 반드시 슬라임 처리 철저
⑥ 천공 및 슬라임 제거 시에 발생하는 굴착토는 주변에 환경오염이 되지 않도록 즉시 처리
⑦ H형강 말뚝 및 철근망의 근입 시 공벽 붕괴 방지 및 피복 확보를 위하여 간격재를 부착

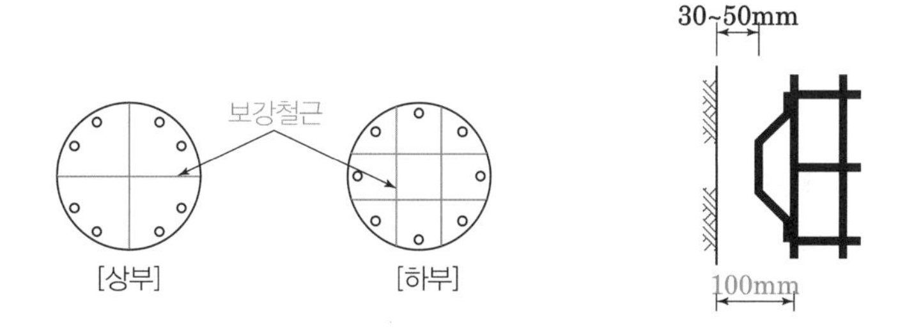

⑧ 콘크리트는 연속 타설하며, 트레미관을 이용하여 공내 하단으로부터 타설
⑨ 트레미관의 하단은 콘크리트 속에 1m 정도 묻힌 상태를 유지
⑩ CIP 벽체 시공이 완료되면 두부정리를 하고, 캡빔을 설치한 후, 안내벽을 제거

44 PIP(Packed In Place Pile) 공법

Ⅰ. 정의

어스오거(Earth Auger)로 소정의 깊이까지 파고, 오거를 뽑아올리면서 오거의 샤프트(속빈 구멍)를 통하여 프리팩트 모르타르를 주입하고 오거를 뽑아낸 후 곧 조립된 철근 또는 형강 등을 모르타르 속에 삽입하여 만드는 현장타설 모르타르 말뚝을 말한다.

Ⅱ. 시공순서

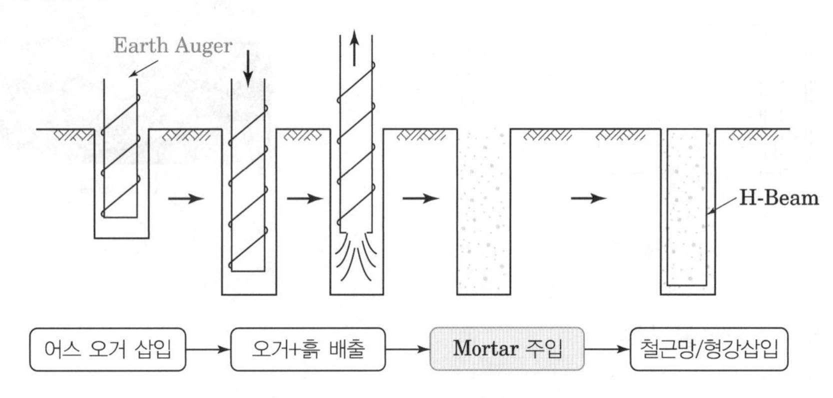

[PIP 공법]

Ⅲ. 특징

① 사질층 및 자갈층에 적용이 용이
② Auger만으로 굴착하므로 소음, 진동이 적음
③ 지하수가 많은 곳에서 사용이 가능(주열식 흙막이 지수벽으로 이용)
④ 장치가 간단하며, 취급이 용이
⑤ 굴착 후 공벽이 붕괴될 위험이 있음

Ⅳ. 시공 시 주의사항

① Auger의 굴착속도

지질	굴착속도(m/분)
실트, 점토, 묽은 모래	50 이하
단단점토, 약간조밀모래	40 이하
조밀한 모래, 자갈	30 이하

② 피복두께 100mm 이상 확보
③ 수직정밀도 확보를 위해 밸런스 프레임 사용
④ 철근망 변형방지

45 MIP(Mixed In Place Pile) 공법

Ⅰ. 정의

Rotary Drill 선단에 윙커터(Wing Cutter)를 장치하여 흙을 뒤섞으며 지중을 굴착한 다음, 파이프 선단으로 시멘트 페이스트를 분출시켜 흙과 시멘트 페이스트를 혼합시켜 말뚝을 만드는 공법이다.

Ⅱ. 시공순서

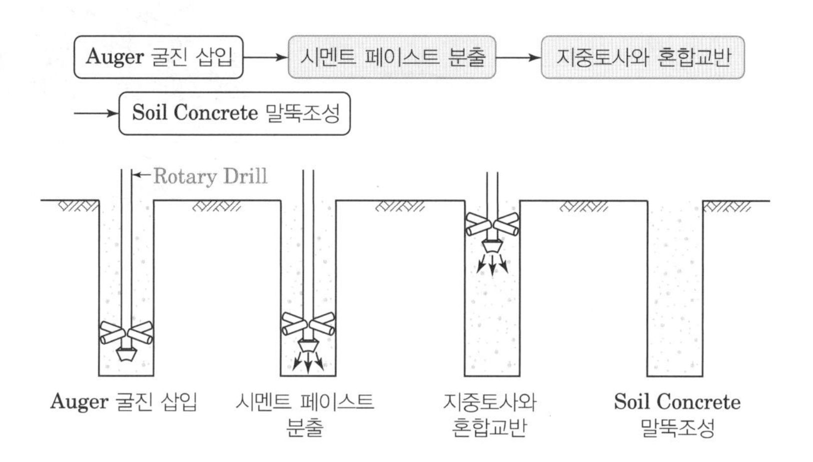

[MIP 공법]

Ⅲ. 특 징

① 비교적 연약지반에 사용
② 지하 흙막이벽으로 사용 가능
③ 현장토사를 이용하므로 발생이토가 적음
④ 흙을 골재로 이용하므로 경제적임
⑤ 지중에 형성되므로 지지층 확인이 곤란

Ⅳ. 시공 시 유의사항

① 굴착 시 공벽붕괴 방지에 유의
② 굴착 시 수직도를 철저히 유지
③ 토사에 맞는 시멘트량을 결정
④ 시험주입 후 본주입을 실시

[72회]

46 Soil Cement Pile

Ⅰ. 정의

오거 형태의 굴착과 함께 원지반에 시멘트계 결합재를 혼합, 교반시키고 필요시에 H-형강 등의 응력분담재를 삽입하여 조성하는 주열식 현장 벽체의 말뚝을 말한다.

Ⅱ. 현장시공도 및 시공순서

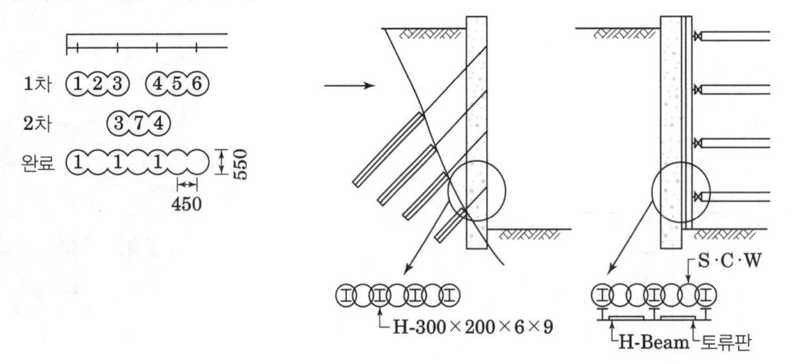

[Soil Cement Pile]

오거 천공 → 시멘트계 결합재 혼합교반 → 인발, 재굴진 혼합교반 → H-형강 삽입

Ⅲ. 특징

① 3축 오거 사용의 주열벽을 조성하기 때문에 차수성이 우수
② 현장토사를 골재로 이용하기 때문에 발생이토가 적어 경제적임
③ 연약지반이나 물이 많은 지역에 유리함
④ 소음, 진동 및 주변 피해가 적음

Ⅳ. 시공 시 유의사항

1) 시멘트 밀크 혼합 압송장치의 충분한 성능을 보유
2) 시공위치를 정확히 설정하고, 이를 기준으로 안내벽을 설치
3) 강재의 삽입은 삽입된 재료가 공벽에 손상을 주지 않도록 하고 소일시멘트 기둥 조성 직후, 신속히 수행
4) SCW 벽체와 띠장 사이의 공간은 전체 또는 일정간격으로 Plate 용접쐐기 설치 또는 콘크리트채움 등으로 채움
5) SCW의 교반
   ① 교반속도: 사질토(1m/분), 점성토(0.5~1m/분)
   ② 굴착완료 후: 역회전교반
   ③ 벽체하단부: 하부 2m는 2회 교반 실시
   ④ 인발: 롯드를 역회전하면서 인발

47 SCW(Soil Cement Mixed Wall)

Ⅰ. 정의

오거 형태의 굴착과 함께 원지반에 시멘트계 결합재를 혼합, 교반시키고 필요시에 H-형강 등의 응력분담재를 삽입하여 조성하는 주열식 현장 벽체를 말한다.

Ⅱ. 현장시공도 및 시공순서

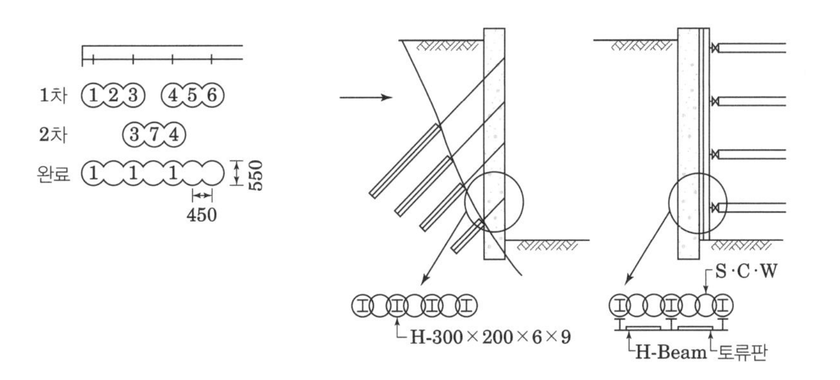

[SCW]

오거 천공 → 시멘트계 결합재 혼합교반 → 인발, 재굴진 혼합교반 → H-형강 삽입

Ⅲ. 특징

① 3축 오거 사용의 주열벽을 조성하기 때문에 차수성이 우수
② 현장토사를 골재로 이용하기 때문에 발생이토가 적어 경제적임
③ 연약지반이나 물이 많은 지역에 유리함
④ 소음, 진동 및 주변 피해가 적음

Ⅳ. 시공 시 유의사항

1) 시멘트 밀크 혼합 압송장치의 충분한 성능을 보유
2) 시공위치를 정확히 설정하고, 이를 기준으로 안내벽을 설치
3) 강재의 삽입은 삽입된 재료가 공벽에 손상을 주지 않도록 하고 소일시멘트 기둥 조성 직후, 신속히 수행
4) SCW 벽체와 띠장 사이의 공간은 전체 또는 일정간격으로 Plate 용접쐐기 설치 또는 콘크리트채움 등으로 채움
5) SCW의 교반
   ① 교반속도: 사질토(1m/분), 점성토(0.5~1m/분)
   ② 굴착완료 후: 역회전교반
   ③ 벽체하단부: 하부 2m는 2회 교반 실시
   ④ 인발: 롯드를 역회전하면서 인발

CHAPTER-4

철근 · 거푸집공사

제 4 장

Professional Engineer
Architectural Execution

4.1장

철근공사

01 철근콘크리트용 봉강 식별기준 KS D 3504

Ⅰ. 정의

이형 봉강은 1.5m 이하의 간격마다 반복적으로 롤링(Rolling)에 의해 식별할 수 있는 마크가 있어야 한다. 다만, D4, D5, D6, D8 및 나사 모양의 철근(D22 이하)은 롤링 마크에 의한 표시 대신 도색에 의한 색 구별 표시를 적용한다.

Ⅱ. 이형 봉강의 모양

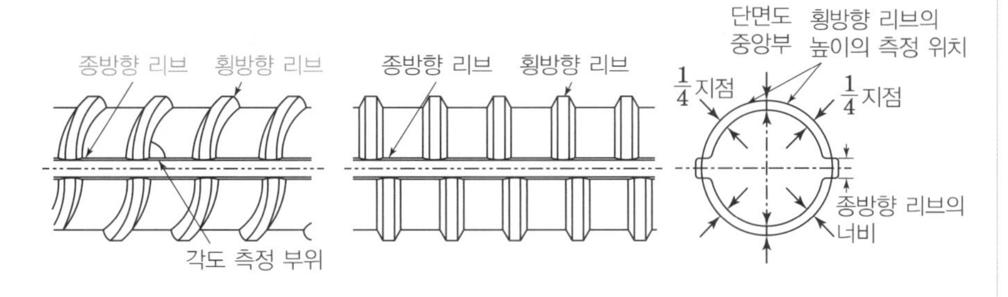

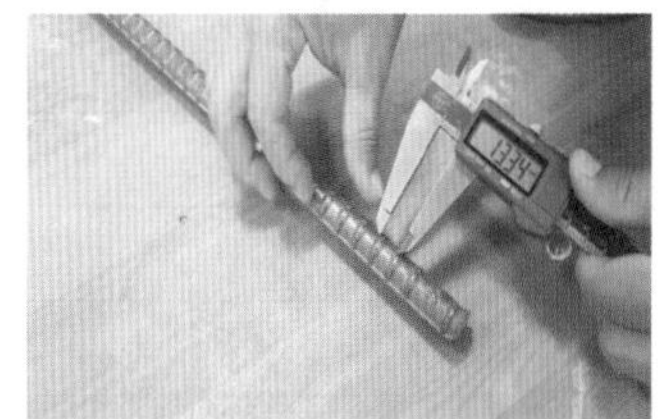

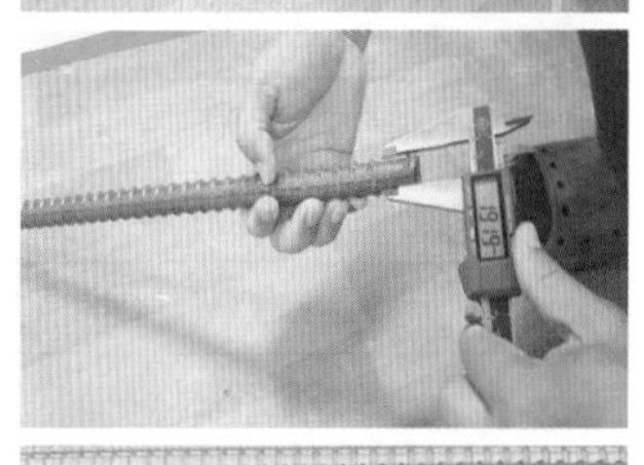

[이형봉강의 모양]

[이형철근(deformed reinforcement)] 콘크리트와의 부착을 위하여 표면에 리브와 마디 등의 돌기가 있는 봉강으로서 KS D 3504에 규정되어 있는 철근

Ⅲ. 식별기준

1. 제품 1개마다의 표시

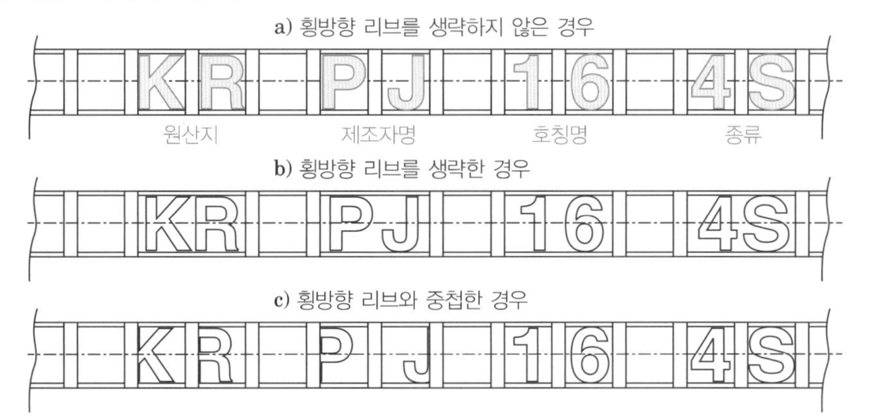

① 원산지: ISO 3166-1 Alpha-2(예:Korea: KR, Japan: JP 등)에 따라 표시

② 제조자명 약호(예: 표준제강(주): PJ)는 2글자 이상 조합으로 구별

③ 호칭명(예: D25: 25)은 숫자로 표시

④ 종류 및 기호(예: SD300: 표시 없음, SD400: 4 또는 ⋆⋆, SD500: 5 또는 ⋆⋆⋆, SD400W: 4W, SD500W: 5W, SD400S: 4S, SD500S: 5S)를 표기(용접용 철근은 원산지 표기 앞에 ⋆)

⑤ 종방향 리브가 없는 나사 모양의 철근(호칭 D25 이상)은 횡방향 리브의 틈에 표시

⑥ 표시방법은 a), b)를 혼용할 수 있다.

2. 1묶음마다의 표시

① 종류의 기호

② 레이들 번호

③ 공칭지름 또는 호칭명

④ 제조자명 또는 그 약호

⑤ D4, D5, D6, D8 및 나사 모양의 철근(D22 이하)와 1묶음마다의 표시 다음 표에 따른다. 다만, 제품 1개마다의 표시를 한 경우에는 색 구별 표시를 생략할 수 있다.

종류의 기호	종류를 구별하는 표시 방법
	도색에 의한 색 구별 표시
SD300	녹색
SD400	황색
SD500	흑색
SD600	회색
SD700	하늘색
SD400W	백색
SD500W	분홍색
SD400S	보라색
SD500S	적색
SD600S	청색

[1묶음 표시 태그]

02 철근의 공칭 단면적

Ⅰ. 정의

공칭 단면적이란 원형철근과 이형철근의 비교차원에서 이형철근을 동일한 길이의 원형철근과 같은 단면적으로 보는 환산단면적이다.

Ⅱ. 개념도

구분	원형철근(Round Bar)	이형철근(Deformed Bar)
치수	• 지름의 치수 앞에 ϕ 를 붙여 호칭함	• 지름의 치수 앞에 D를 붙여 호칭하고 지름의 근사값을 mm 단위로 나타냄
특징	• 단면이 원형인 봉강임 • 콘크리트와의 부착성능이 낮기 때문에 거의 사용치 않음	• 콘크리트와 부착성을 개선시키기 위한 철근임 • 길이방향의 돌출부를 리브, 단면방향의 돌출부를 마디라 함
형태		리브(종방향리브) 마디(횡방향리브)

$$공칭단면적 = \frac{단위\ 길이의\ 이형철근의\ 중량(g/cm)}{철재의\ 단위용적용량(g/cm^3)}$$

[공칭단면적]

Ⅲ. 공칭 단면적의 용도

① 이형철근의 인장강도 산출 시 적용

② 이형철근의 항복점 산출 시 적용

③ 구조설계 적용 시 철근계산에 사용

Ⅳ. 이형철근의 치수 및 공칭 단면적

호칭명	단위무게 (kg/m)	공칭지름 (mm)	공칭단면적 (mm^2)	공칭둘레 (mm)	마디의 평균 간격최대치(mm)
D6	0.249	6.35	31.7	20.0	4.4
D10	0.560	9.53	71.3	30.0	6.7
D13	0.995	12.7	126.7	40.0	8.9
D16	1.56	15.9	198.6	50.0	11.1
D19	2.25	19.1	286.5	60.0	13.4
D22	3.04	22.2	387.1	70.0	15.5
D25	3.98	25.4	506.7	80.0	17.8
D29	5.04	28.6	642.4	90.0	20.0
D32	6.23	31.8	794.2	100.0	22.3
D35	7.51	34.9	956.6	110.0	24.4
D38	8.95	38.1	1140.0	120.0	26.7
D41	10.50	41.3	1340.0	130.0	28.9
D51	15.90	50.8	20247.0	160.0	35.6

03 철근의 응력-변형률 선도

Ⅰ. 정의

인장시험 실시 후 철근의 응력과 변형률의 관계를 직각좌표에 나타낸 곡선을 응력-변형률 선도이라 한다.

Ⅱ. 응력- 변형률 선도

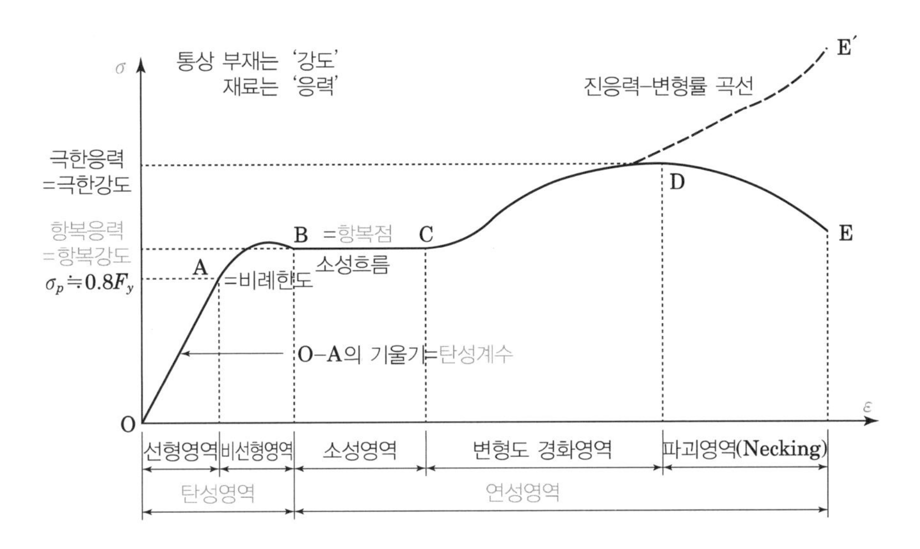

1. A: 비례한계점
   ① 철근의 응력과 변형이 서로 비례하는 한계점이다.
   ② O-A의 기울기는 직선이며 탄성계수(E)이다
   - 탄성계수가 크면 변형이 적다.(강성이 크다)
   - 탄성계수가 적으면 변형이 크다.(강성이 적다)
   - 탄성계수와 응력의 변화와는 무관하다.

2. O-D 구간
   철근의 전체 변형이 일어나는 영역

3. B: 항복점
   ① 응력의 증가가 없음에도 변형이 점차로 진행되는 점
   ② 철근의 항복강도(항복응력)

4. C: 항복종료점
   응력에 비해 변형이 큰 종료점

5. D: 최대점
   ① 철근의 인장강도 또는 인장응력
   ② 철근의 극한강도(극한응력)

6. E: 파괴점

철근의 단면 일부가 가늘어지면서 파괴가 된다.

7. O-B(탄성영역)

B점에서 가해진 외력을 제거 하였을 때 원상태로 돌아오는 영역

8. B-C(소성영역)

C점에서 가해진 외력을 제거 하였을 때 원상태로 돌아오지 못하는 영역

9. C-D(변형도 경화영역)

소성영역을 지나 강재의 재 배열을 하여 추가하중이 있을 때 변형률이 증가하는 영역

10. D-E(파괴영역)

Necking으로 연성 재료를 잡아당기면 파괴되기 직전에 국부 수축이 일어나는 영역

11. B-E 구간(연성)

① 연성으로서 항복 이후 에 파괴 시까지의 변형 능력이다.
② 철근 항복강도가 클수록 연성이 적다.
③ 철근 항복강도가 작을수록 연성이 크다.
④ 철근 항복강도가 클수록 취성파괴가 쉽다.

04 고강도 철근

Ⅰ. 정의

일반적으로 철근의 항복강도가 400MPa(SD400) 이상의 철근, 탄소강에 소량의 Sr, Mn, Ni 등을 첨가한 강도가 큰 철근을 말하며 최근에는 철근의 항복강도 500MPa(SD500) 이상의 철근을 고강도철근으로 부르기도 한다.

Ⅱ. 철근의 응력-변형률 선도

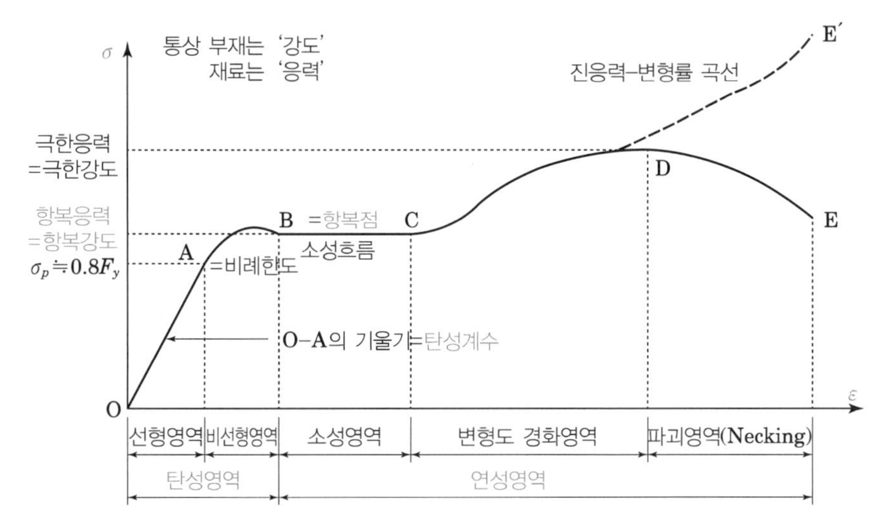

① 고강도 철근배근 시에는 정착길이 및 이음길이 확보 등에 주의
② 고강도 철근과 일반 철근의 탄성계수는 같음
③ 고강도 철근은 소성흐름 구간(연성)이 작기 때문에 취성파괴에 주의
④ 긴장재를 제외한 철근의 설계기준의 항복강도는 600MPa 초과 금지

[철근의 표시]
- SD (f_y = 300MPa)
  = Steel Deformed-bar
- HD(f_y = 400MPa)
  = High-tension Deformed-bar
- SHD(f_y = 500MPa)
  = Super High-tension Deformed-bar
- UHD(f_y = 600MPa)
  = Ultra High-tension Deformed-bar

Ⅲ. 철근의 식별기준

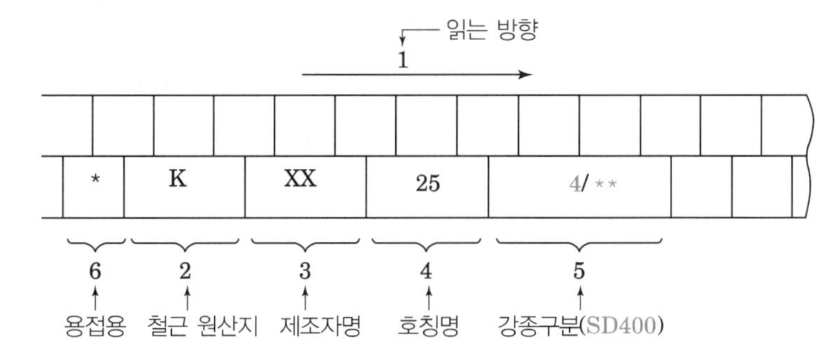

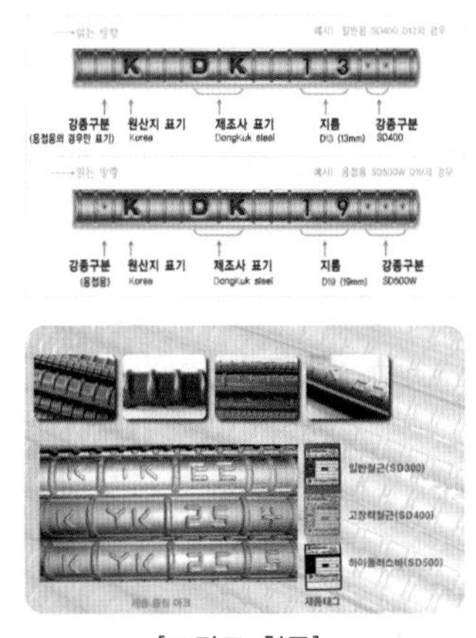
[고강도 철근]

Ⅳ. 고강도 철근 사용 효과

① 철근 사용량 감소
② 고강도 콘크리트 적용
③ 철근콘크리트 단면 감소
④ 고층화, 대형화 건물에 유리

05 내진 철근(Seismic Resistant Steel Deformed Bar)

KDS 14 20 80/KDS 41 17 00

Ⅰ. 정의

일반적으로 철근의 항복강도가 400MPa(SD400) 이상의 철근에 특수내진용 S등급 철근을 사용하여 지진저항력을 증가로 중연성도와 고연성도가 요구되는 구조형식의 구조물에 사용된다.

Ⅱ. 내진용 철근의 기계적 특성

구분		화학성분				
		항복강도 (N/㎟)	인장강도 (N/㎟)	시험편	연신율 최소값	굽힘각도
내진용 철근	SD400S	400~520	항복강도 1.25배 이상	2호	16%	180°
				3호	18%	
	SD500S	500~620	항복강도 1.25배 이상	2호	12%	180°
				3호	14%	
	SD600S	600~720	항복강도 1.25배 이상	2호	10%	90°
				3호		

Ⅲ. 철근의 식별기준

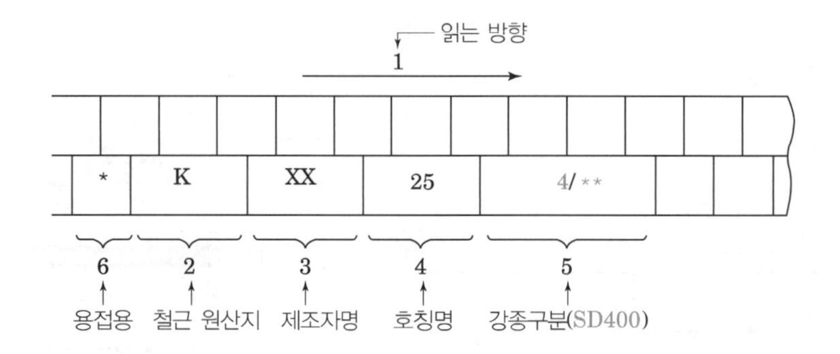

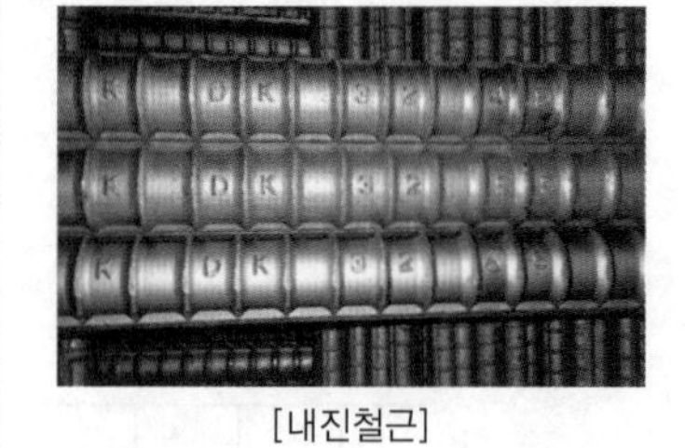
[내진철근]

Ⅳ. 특징

① 신뢰성: 항복강도 상·하한치 제한(120MPa 이내)
② 유연성: 높은 소성능력 확보(인장강도=항복강도 1.25배)
③ 가공성: 500MPa 강도 180° 굽힘 보장(내진갈고리 시공가능)

V. 내진용 철근의 적용 기준

① 지진력에 의한 휨모멘트 및 축력을 받는 중간모멘트골조와 특수모멘트골조, 그리고 특수철근콘크리트 구조벽체 소성영역과 연결보에 사용하는 철근은 설계기준항복강도가 600MPa 이하. 또한, 주철근은 다음 ② 또는 ③을 만족해야 함

② 골조나 구조벽체의 소성영역 및 연결보에 사용하는 주철근은 특수내진용 S등급 철근을 사용

③ 일반구조용 철근이 아래 성능조건을 만족할 경우, 골조, 구조벽체의 소성영역 및 연결보의 주철근으로 사용 가능

- 실제 항복강도가 공칭항복강도를 120MPa 이상 초과하지 않을 것
- 실제 항복강도에 대한 실제 인장강도의 비가 1.25 이상

④ 전단철근의 f_y는 선부재의 경우 500MPa 이하, 벽체의 경우 600MPa 이하

⑤ 필로티 기둥에서는 전 길이에 걸쳐서 후프와 크로스타이로 구성되는 횡보강근의 수직 간격은 단면최소폭의 1/4 이하이어야 하나 150mm보다 작을 필요는 없다.

⑥ 횡보강근에는 135° 갈고리정착을 사용

⑦ KS규격에서 정하는 철근 규격별로 요구되는 연신율 이상

06 에폭시 도막철근(Epoxy Coated Rebar)

KCS 14 20 11

Ⅰ. 정의

철근의 부식인자를 차단하고 콘크리트의 균열을 방지할 목적으로 철근의 표면에 에폭시 수지를 도장하여 도막을 입힌 코팅철근을 말한다.

Ⅱ. 특성

① 막 두께 200μm 이상 코팅할 경우 내식성 우수
② 부착성은 일반 철근과 차이가 별로 없다.
③ 내약품성, 내알칼리성의 특성을 가진다.

Ⅲ. 에폭시 도막철근의 저장

① 운반 및 저장 시 에폭시 도막이 손상되지 않도록 취급 주의
② 받침대에 올려서 운반 및 저장하고 철근 묶음을 쌓아 올릴 경우 나무 또는 고무 등의 완충재를 둘 것
③ 실외에 저장할 경우 불투명 폴리에틸렌 시트 또는 보호재로 덮고 통풍이 잘 되도록 저장

[에폭시 도막철근]

Ⅳ. 에폭시 도막철근의 시공

1. 가공

① 에폭시 도막이 손상되지 않도록 가공 하며 휨 가공은 5°C 이상에서 작업
② 가급적 현장 가공 금지
③ 가스 절단 금지

2. 조립

① 충격 금지 및 철근 상호간의 충돌 및 접촉에 의한 손상을 방지
② 결속재료는 에폭시 도막에 손상을 주지 않는 재료를 사용

3. 손상된 에폭시 도막 보수

① 콘크리트 타설 전 모두 보수
② 에폭시 도막이 손상된 경우, 300mm 길이 당 보수해야 할 표면적이 2% 초과 금지
③ 300mm 길이 당 보수해야 할 표면적이 2%를 초과한 경우 사용 금지
④ 손상된 에폭시 도막에 덧댄 보수재의 면적은 300mm 길이 당 5% 초과 금지

4. 조립 후 유의사항

① 에폭시 도막철근은 조립이 끝난 후 에폭시 도막 손상에 대하여 검사 철저
② 콘크리트의 밀실화를 위해 사용되는 내부 진동기는 에폭시 도막철근의 손상을 방지하기 위해 비금속 헤드를 장착

07 철근 부동태막

Ⅰ. 정의

콘크리트 경화 시 세공(細孔, Pore) 중에는 포화 수산화칼슘용액과 약간의 수산화나트륨을 포함한 용액이 존재하며 이에 콘크리트는 강알칼리성(pH 약 12.5)이 되며, 이런 환경에서 철근에 막이 형성되는 것을 부동태막이라고 한다.

Ⅱ. 중성화에 따른 부동태막 파괴

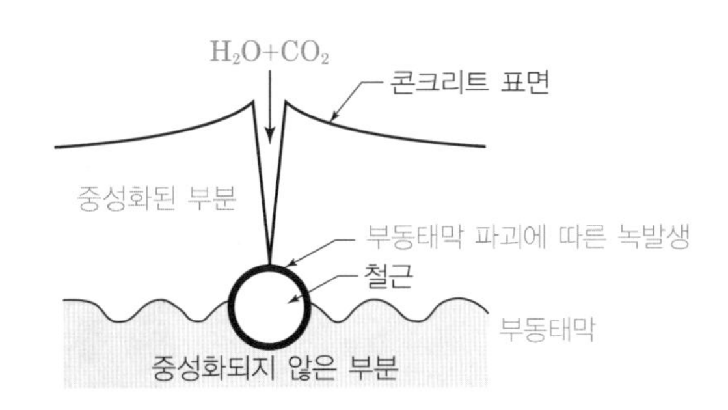

$$Ca(OH)_2 + CO_2 \rightarrow CaCO_3 + H_2O$$

OH⁻ OH⁻ Fe(OH)₂ Fe(OH)₃ Fe⁺⁺

철근 부동태막

[철근 부동태막 파괴]

Ⅲ. 부식의 주요원인

1. 해양구조물의 증가

각종 공장시설, 산업도로, 공항 등이 해안 접경지로 이전함에 따라 가혹한 해양환경에 의해 구조물이 노출됨

2. 도시환경 악화

각종 교통공해, 도시Gas공해 등으로 콘크리트 구조물의 악화

3. 해사(海沙) 이용의 증가

0.3~0.5%의 염분이 포함된 해사를 사용

Ⅳ. 부동태막 파괴 시 피해

① 철근의 부식 및 콘크리트 균열발생
② 균열로 인하여 물과 공기의 침입이 가속화됨
③ 건축물 내구성 저하로 붕괴위험

08 철근 보관 및 가공장 관리

Ⅰ. 철근 보관

① 작업동선 및 차량진입이 유리한 위치로 선정
② 규격별, 길이별로 구분 → 수량 파악 용이
③ 표지판 설치 운영 → 규격 및 수량 파악 용이
④ 가공철근도 규격별로 분리보관
⑤ 바닥에서 20cm 이상 높여서 적재
⑥ 배수가 원활할 것
⑦ 바닥에 방습처리
⑧ 천막지 PP로프 등으로 고정

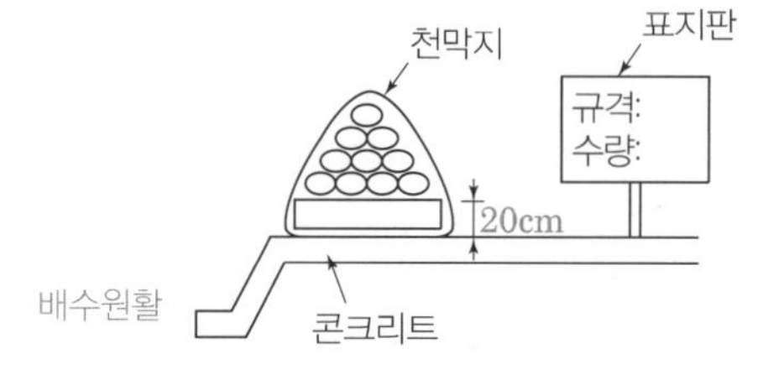

[철근 보관]

Ⅱ. 가공장 관리

① 가공장 관리를 위해 바닥 콘크리트 타설
② 가공 규격별로 분류
③ 가공도 비치 : 철근의 이음, 정착길이, 구부림 각도 등
④ 견본품 비치 : 각종 띠철근, 폭고정근, 보조띠철근, 스페이서(벽체용, 바닥용, 규격별 등)
⑤ 작업 종류 후 보관 철저-천막지 보양
⑥ 과도한 가공금지
⑦ 양중시 전용 Bucket 사용(띠철근, 폭고정근, 보조띠철근 등)

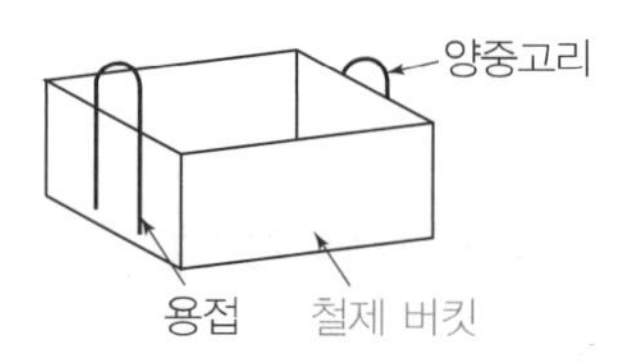

[가공장]

09 철근가공

Ⅰ. 정의

최근에는 철근가공을 현장가공보다 공장가공을 거의 하고 있지만 가공불량은 철근 강도저하 및 조립을 어렵게 하여 구조의 강도를 저하시키므로 철저한 Shop Drawing이 요구되고 있다.

Ⅱ. 가공치수의 허용오차

철근의 종류		부호	허용오차
스터럽, 띠철근, 나선철근		a, b	±5mm
그 밖의 철근	D25 이하 이형철근		±15mm
	D29 이상 D32 이하의 이형철근		±20mm
가공 후의 전 길이		L	±20mm

① 철근의 가공은 철근상세도에 표시된 형상과 치수가 일치하고 재질을 해치지 않는 방법

② 철근은 상온에서 가공하는 것을 원칙

[구부림의 최소 내면 반지름]

(1) 주철근의 180° 표준갈고리와 90° 표준갈고리

철근 크기	최소 내면 반지름
D10 ~ D25	3*db*
D29 ~ D35	4*db*
D38 이상	5*db*

(2) 스터럽과 띠철근용 표준갈고리

- D16 이하의 철근을 스터럽과 띠철근으로 사용할 때는 2*db* 이상
- D19 이상의 철근을 스터럽과 띠철근으로 사용할 때는 주철근과 동일
- 표준갈고리 외의 모든 철근의 구부림 내면 반지름은 주철근의 값 이상

Ⅲ. 표준갈고리

1. 주철근

① 180°표준갈고리는 구부린 반원 끝에서 4*db* 이상, 또한 60mm 이상 더 연장

② 90°표준갈고리는 구부린 끝에서 12*db* 이상 더 연장

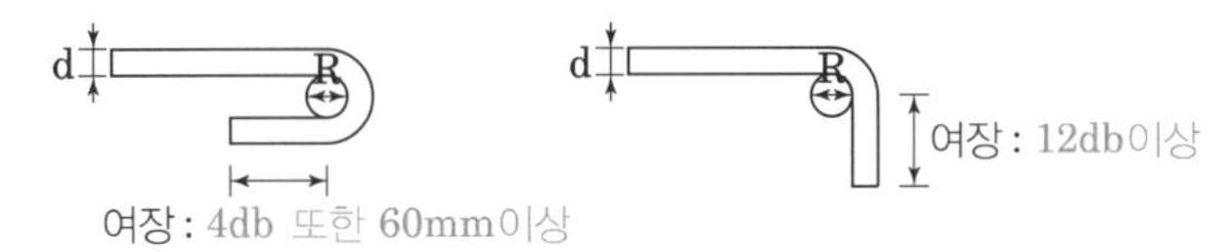

[90° 표준갈고리]

2. 스터럽과 띠철근

① 90°표준갈고리

- D16 이하의 철근은 구부린 끝에서 6*db* 이상 더 연장
- D19, D22 및 D25 철근은 구부린 끝에서 12*db* 이상 더 연장

② 135°표준갈고리

- D25 이하의 철근은 구부린 끝에서 6*db* 이상 더 연장

[135°, 90° 표준갈고리]

10 철근의 벤딩 마진(Bending Marjin)

Ⅰ. 정의

철근의 벤딩 마진은 철근 가공 구부림 시 철근의 인장으로 인해 기존의 철근보다 늘어나는 길이를 말하며, 이를 고려하여 절단길이를 결정하여야 하며 실소요 총길이보다 짧지 않게 하여야 한다.

Ⅱ. 표준갈고리

1. 주철근

① 180°표준갈고리는 구부린 반원 끝에서 4*db* 이상, 또한 60mm 이상 더 연장

② 90°표준갈고리는 구부린 끝에서 12*db* 이상 더 연장

2. 스터럽과 띠철근

① 90°표준갈고리

- D16 이하의 철근은 구부린 끝에서 6*db* 이상 더 연장
- D19, D22 및 D25 철근은 구부린 끝에서 12*db* 이상 더 연장

② 135°표준갈고리

- D25 이하의 철근은 구부린 끝에서 6*db* 이상 더 연장

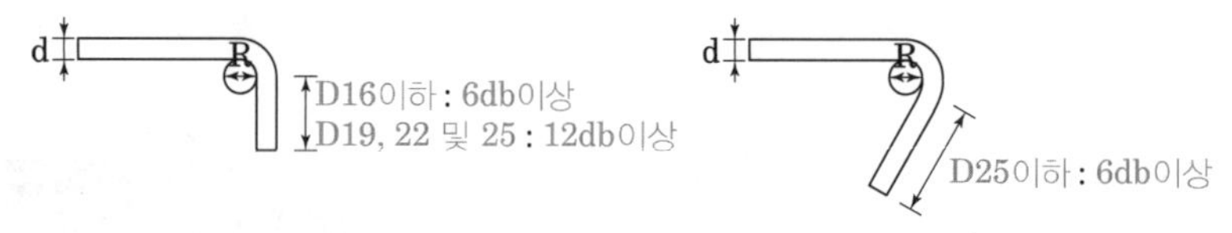

[135°,90° 표준갈고리]

Ⅲ. 구부림의 최소 내면 반지름

1. 주철근의 180° 표준갈고리와 90° 표준갈고리

철근 크기	최소 내면 반지름
D10~D25	3*db*
D29~D35	4*db*
D38 이상	5*db*

[내면 반지름]

2. 스터럽과 띠철근용 표준갈고리

① D16 이하의 철근을 스터럽과 띠철근으로 사용할 때는 2*db* 이상

② D19 이상의 철근을 스터럽과 띠철근으로 사용할 때는 주철근과 동일

③ 표준갈고리 외의 모든 철근의 구부림 내면 반지름은 주철근의 값 이상

Ⅳ. 철근 벤딩 마진 산정 기준

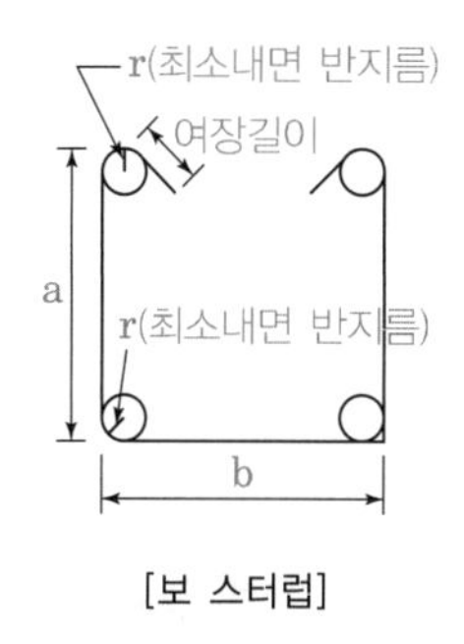

[보 스터럽]

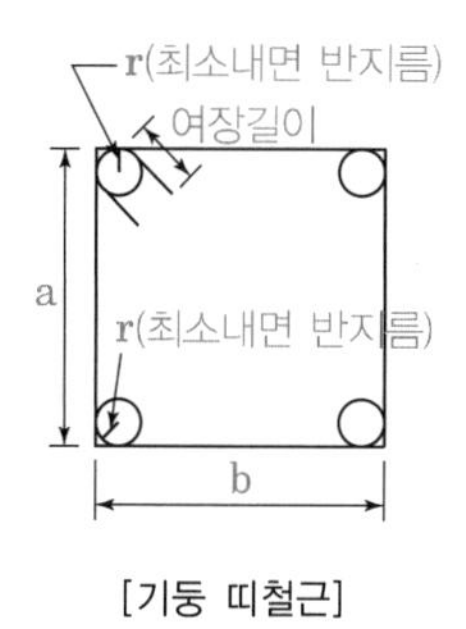

[기둥 띠철근]

1. 보 스터럽

(여장길이 + 최소내면 반지름 + a + 최소내면반지름 + $b/2 - db$) × 2

2. 기둥 띠철근

(여장길이 + 최소내면 반지름 + a + 최소내면반지름 + $b - 2db$) × 2

11 배력철근(Distributing Bar)

Ⅰ. 정의

하중을 분산시키거나 균열을 제어할 목적으로 주철근과 직각 또는 직각과 가까운 방향으로 배치한 보조철근을 말한다.

Ⅱ. 배력철근의 개념도

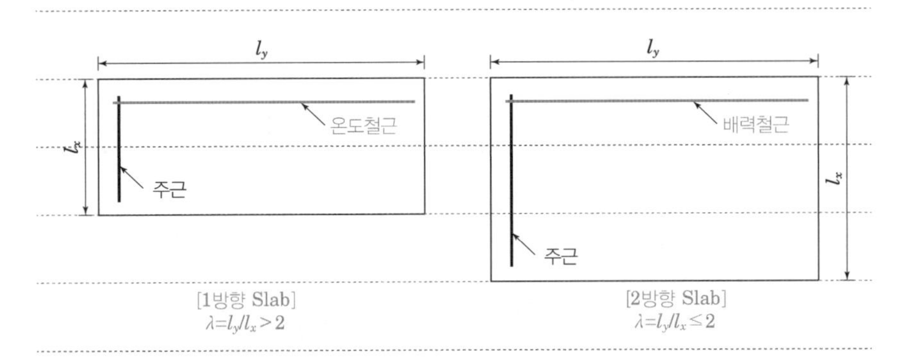

[배력철근]

Ⅲ. 목적

① 하중을 분산
② 균열을 제어
③ 주철근의 간격 유지
④ 콘크리트 건조수축 저감

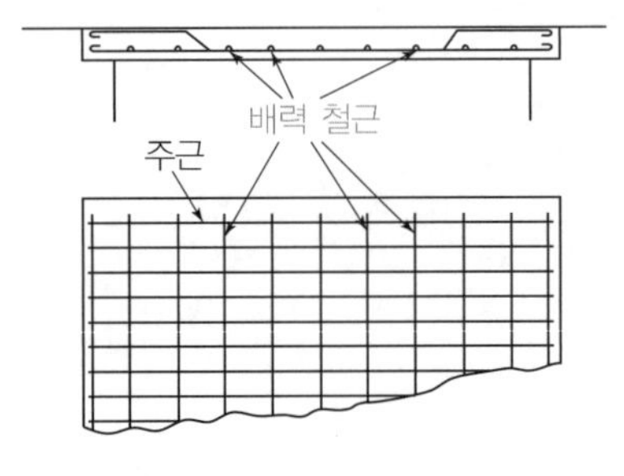

Ⅳ. 온도철근과 배력철근 비교표

구분	온도철근	배력철근
적용	1방향 슬래브	2방향 슬래브
변장비	$\lambda=l_y/l_x>2$	$\lambda=l_y/l_x\leq 2$
단변	주근	주근
장변	온도철근	배력철근
배근 목적	건조수축, 온도균열 제어	하중 분산

12 기둥철근에서의 Tie Bar(띠철근)

KBC 2016 건축구조기준

Ⅰ. 정의

기둥에서 종방향 철근의 위치를 확보하고 전단력에 저항하도록 정해진 간격으로 배치된 횡방향의 보강철근 또는 철선을 말한다.

Ⅱ. Tie Bar의 목적

① 주근의 간격 유지

② 주근의 좌굴 방지

③ 기둥의 압축변형 방지

- 기둥 축소 시 폭 증가 방지
- 포아송비 저감: 콘크리트(압축) = 0.1~0.2, 강재 = 0.27~0.3

④ 기둥의 취성파괴 방지

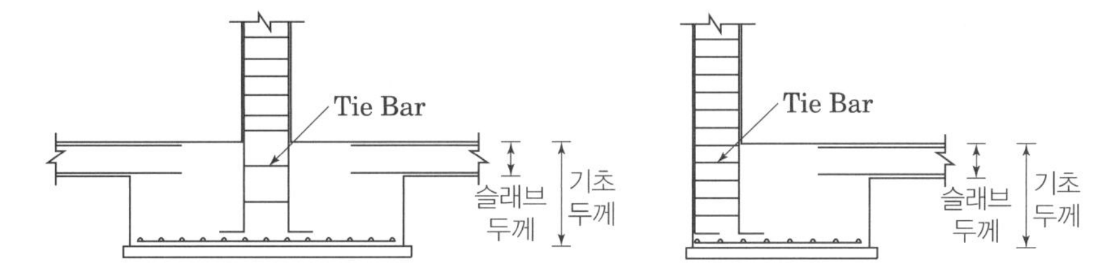

Ⅲ. Tie bar(띠철근) 치수 및 간격

1. 비 내진구조

① D32 이하의 축방향 철근은 D10 이상의 띠철근, D35 이상의 축방향 철근과 다발철근은 D13 이상의 띠철근 설치

② 수직간격

- 축방향 철근지름의 16배 이하
- 띠철근이나 철선지름의 48배 이하
- 기둥단면의 최소 치수 이하

③ 모든 모서리 축방향 철근과 하나 건너 위치하고 있는 축방향 철근들은 135° 이하로 구부린 띠철근을 설치

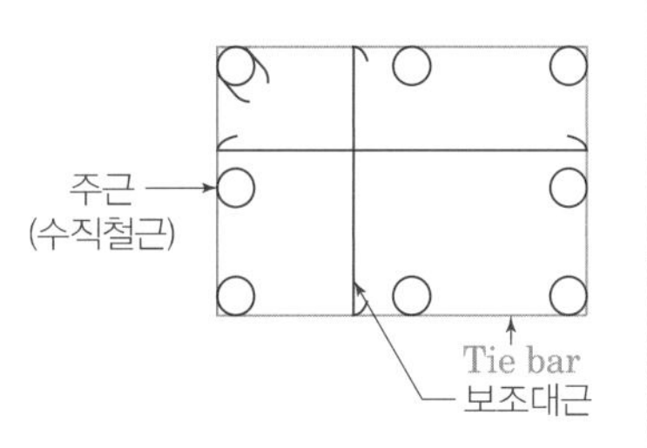

[Tie bar]

2. 내진구조

① 양단부에는 후프철근을 접합면부터 길이 l_o구간에 걸쳐서 S_o이내 간격으로 배치

② 간격
- 종방향 철근의 최소지름의 8배
- 띠철근 지름의 24배
- 골조 부재 단면의 최소 치수의 1/2
- 300mm 중에서 가장 작은 값 이하

③ 길이
- 부재의 순경간의 1/6, 단면의 최대 치수, 450mm 중 가장 큰 값 이상

④ 첫 번째 후프철근은 접합면으로부터 거리 $S_o/2$ 이내

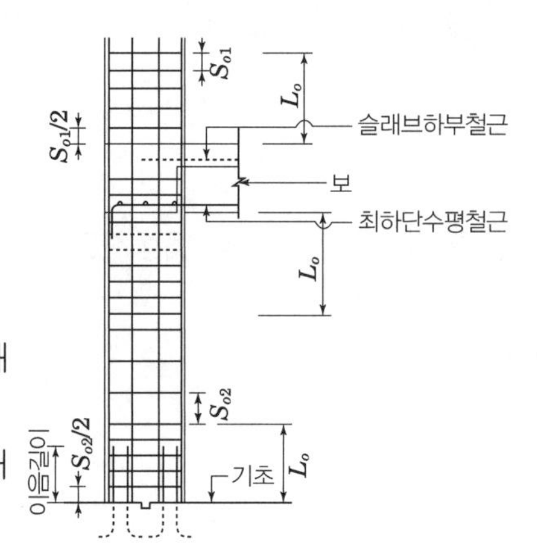

[보조대근(브이타이)]

Ⅳ. Tie Bar(띠철근)의 표준갈고리

① 90°표준갈고리
- D16 이하의 철근은 구부린 끝에서 $6db$ 이상 더 연장
- D19, D22 및 D25 철근은 구부린 끝에서 $12db$ 이상 더 연장

② 135°표준갈고리
- D25 이하의 철근은 구부린 끝에서 $6db$ 이상 더 연장

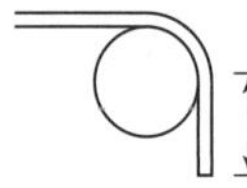

Ⅴ. 시공 시 유의사항

① 수직철근에 밀착시공
② 표준갈고리에 의한 여장길이 확보
③ 수직철근 결속 철저
④ Tie Bar 간격 준수

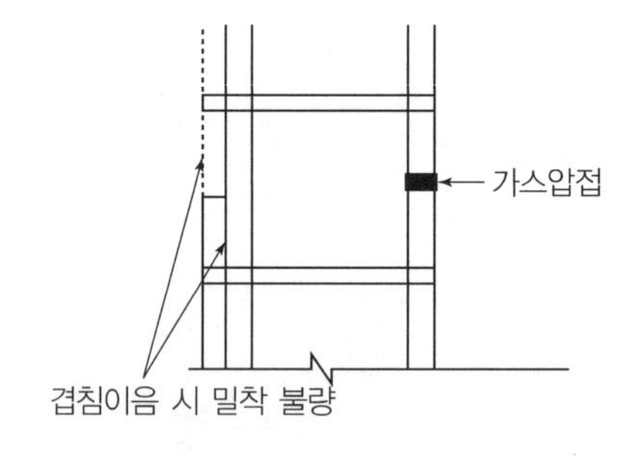

[밀착불량]

13 스터럽(Stirrup, 전단철근)

KBC 2016 건축구조기준

Ⅰ. 정의

보의 주철근을 둘러싸고 이에 직각되게 또는 경사지게 배치한 복부 보강근으로서 전단력 및 비틀림모멘트에 저항하도록 배치한 보강철근을 말한다.

Ⅱ. 시공도

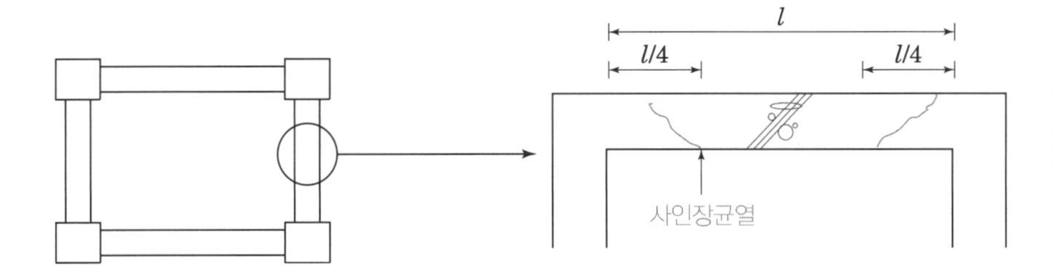

Ⅲ. 스터럽의 배근방법

1. 폐쇄형 스터럽

적용기준 : ① 전단과 비틀림을 동시에 받는 보
② 내진설계 적용대상인 경우

	한쪽만 슬래브가 있는 보	양쪽에 슬래브가 있는 보	양쪽 모두 슬래브가 없는 보	깊은 보
형태				인장철근 겹침이음길이

2. 개방형 스터럽

적용기준 : ① 덮개 철근(Cap Tie)가 필요없는 보
② 비틀림의 영향이 없고 전단에 의하여 배근이 되는 보
③ 내진설계 적용대상이 아닌 경우

형태	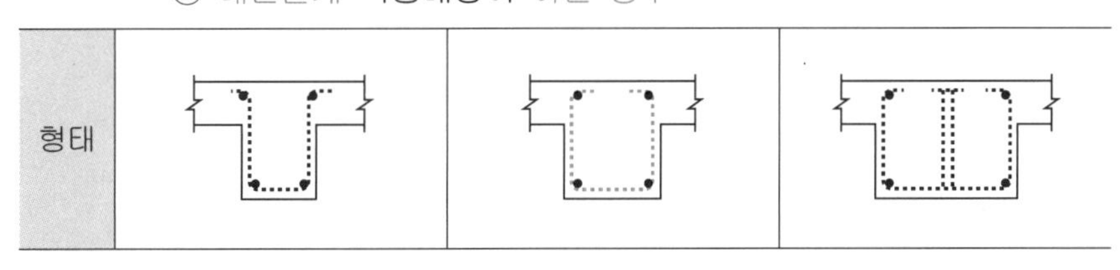		

[스터럽]

Ⅳ. 스터럽의 배치간격

1. 비 내진구조

① 철근콘크리트부재인 경우 $d/2$ 이하

② 프리스트레스트콘크리트 부재일 경우 $0.75h$ 이하

③ 어느 경우이든 600mm 이하

2. 내진구조

① 보 부재의 양단에서 지지부재의 내측 면부터 경간 중앙으로 향하여 보 깊이의 2배 길이 구간에는 후프철근을 배치

② 첫 번째 후프철근은 지지 부재면부터 50mm 이내의 구간에 배치

③ 후프철근의 최대간격

- $d/4$
- 감싸고 있는 종방향 철근의 최소 지름의 8배
- 후프철근 지름의 24배
- 300mm 중 가장 작은 값 이하

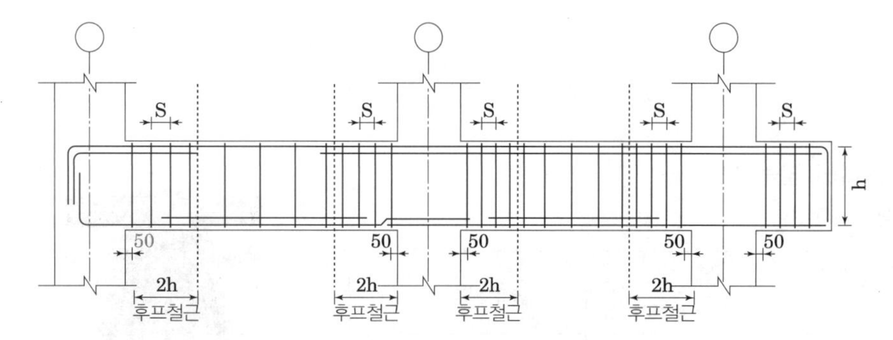

[중간모멘트골조(내진구조) 내부보 또는 테두리보]

14 굽힘철근(Bent-up Bar, 절곡철근)

Ⅰ. 정의

굽힘철근은 정철근 또는 부철근을 경사방향(斜方向)으로 휘어올리거나 휘어내린 사인장 철근을 말하며 절곡철근이라고 한다.

Ⅱ. 위치 및 방법

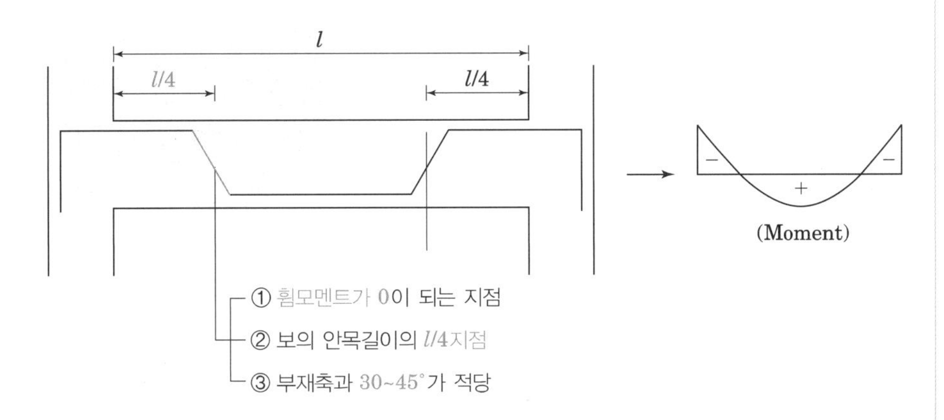

[굽힘철근]

Ⅲ. 굽힘철근의 역할

① 상하 주근간격 및 피복을 정확히 유지
② 보단부의 사인장 균열 방지
③ 보의 전단보강효과에 유리
④ 휨응력에 대한 저항

Ⅳ. 시공 시 유의사항

① 현장 가공 시 경사방향(30~45°)을 철저히 유지시킨다.
② 현장조립 시 스터럽과 결속을 철저히 하여 정확히 경사를 유지할 수 있도록 하여야 한다.
③ 보 춤이 60cm 이상일 때는 상하 주근의 중간에 보조근을 넣는다.
④ 굽힘철근의 이음 및 정착을 시방기준에 따라 철저히 한다.

15 스파이럴 철근(Sprial Bent, 코일(Coil)형 철근)

Ⅰ. 정의

기둥과 보의 주근을 이음 없이 나선상으로 감아 후프 또는 스터럽으로 한 철근을 나선근 또는 스파이럴철근이라 한다.

Ⅱ. 종류

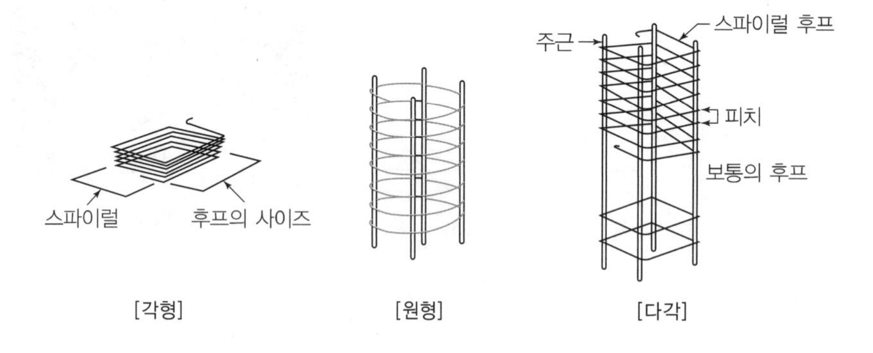

[각형] [원형] [다각]

[스파이럴 철근]

Ⅲ. 특징

① 일반적인 후프보다도 전단보강효과가 크다.
② 주근 내의 코어부에서 콘크리트의 파괴탈락을 방지한다.
③ 압축력의 좌굴방지에 효과적이다.
④ 내진설계에 유리하다.
⑤ 철근재료비 및 가공비가 비싸다.

Ⅳ. 말단부처리 및 겹이음

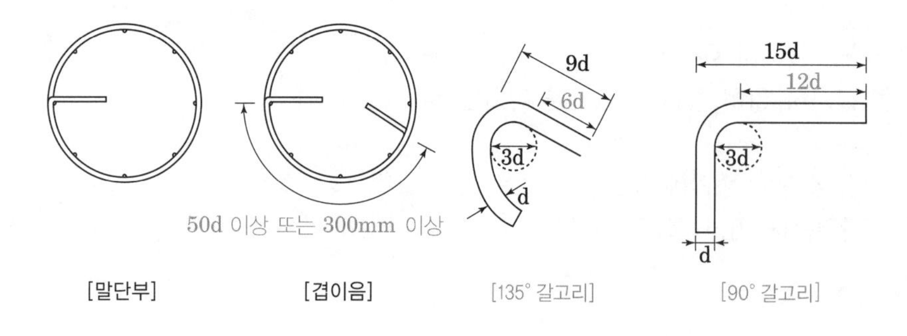

[말단부] [겹이음] [135° 갈고리] [90° 갈고리]

16 철근 정착

KDS 14 20 52

Ⅰ. 정의

철근의 정착길이는 콘크리트에 묻혀 있는 철근이 힘을 받을 때 뽑히거나 미끄러짐 변형이 생기는 일이 없이 항복강도(f_y)에 이르기까지 응력을 발휘할 수 있게 하는 최소한의 묻힘 깊이를 말한다.

Ⅱ. 철근의 정착

1. 이형철근의 정착길이

- 압축
  - ld=기본정착길이(ldb)×보정계수
  - $ldb = \dfrac{0.25 \cdot db \cdot f_y}{\lambda \sqrt{f_{ck}}}$ 다만, ldb는 $0.043 \cdot db \cdot f_y$이상
  - 최소 : 200mm 이상
- 인장
  - ld=기본정착길이(ldb)×보정계수 또는 $ld = \dfrac{0.9db \cdot f_y}{\lambda \sqrt{f_{ck}}} \times \dfrac{\alpha \beta r}{(c + K_{tr}/db)}$
  - $ldb = \dfrac{0.6 \cdot db \cdot f_y}{\lambda \sqrt{f_{ck}}}$
  - 최소 : 300mm 이상

[이형철근 정착]

2. 표준갈고리를 갖는 이형철근의 정착길이

- 압축 : 갈고리는 압축을 받는 경우 철근정착에 유효하지 않은 것으로 봄
- 인장
  - ldh=기본정착길이(lhd)×보정계수
  - $lhd = \dfrac{0.24 \cdot \beta \cdot db \cdot f_y}{\lambda \sqrt{f_{ck}}}$
  - 최소 : $8db$ 이상 또한 150mm 이상

[표준갈고리 정착]

3. 확대머리 이형철근 및 기계적 인장 정착길이

① 확대머리의 순지압면적(A_{brg})은 $4A_b$ 이상

② 경량 콘크리트에 적용 불가

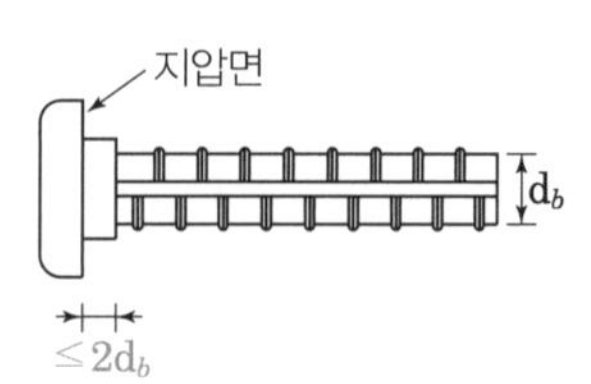

③ 최상층을 제외한 부재 접합부에 정착된 경우

$$l_{dt} = \frac{0.22\beta dbf_y}{\psi\sqrt{f_{ck}}}$$

- ψ(측면피복과 횡보강 철근에 의한 영향 계수) : 1.0db
- 철근 순피복두께는 1.35db 이상
- 철근 순간격은 2db 이상
- 확대머리의 뒷면이 횡보강철근 바깥 면부터 50mm 이내에 위치

④ ③외의 부위에 정착된 경우

$$l_{dt} = \frac{0.24\beta dbf_y}{\sqrt{f_{ck}}}$$

- 순피복두께는 2db 이상
- 철근 순간격은 4db 이상

⑤ 최소 8db 또한 150mm 이상

⑥ 압축력을 받는 경우에 확대머리의 영향을 고려할 수 없다.

Ⅲ. 철근 정착방법

1. 인접부에 정착

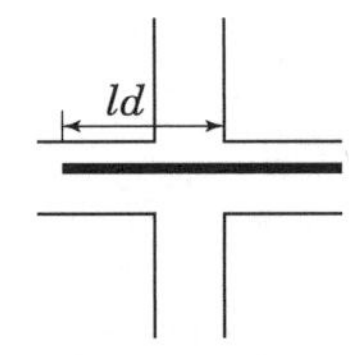

[인접부 정착]

2. 단부에 정착

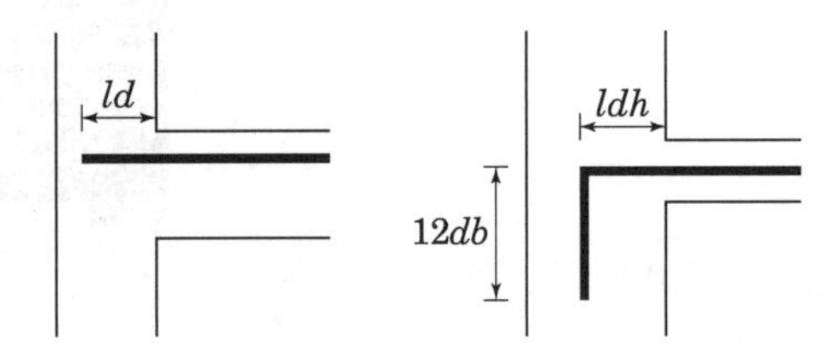

[단부 정착]

$$ld = \text{기본정착길이}(ldb) \times \text{보정계수} \quad ldb = \frac{0.6 \cdot db \cdot f_y}{\lambda\sqrt{f_{ck}}}$$

$$ldh = \text{기본정착길이}(lhd) \times \text{보정계수} \quad lhd = \frac{0.24 \cdot \beta \cdot db \cdot f_y}{\lambda\sqrt{f_{ck}}}$$

17 초고층 건물 시공 시 사용하는 철근의 기계적 정착 KDS 14 20 52

Ⅰ. 정의

철근의 정착길이는 콘크리트에 묻혀 있는 철근이 힘을 받을 때 뽑히거나 미끄러짐 변형이 생기는 일이 없이 항복강도(f_y)에 이르기까지 응력을 발휘할 수 있게 하는 최소한의 묻힘 깊이를 말한다.

Ⅱ. 확대머리 이형철근 및 기계적 인장 정착

1) 인장을 받는 확대머리 이형철근(기계적 인장 정착)의 정착길이

① 최상층을 제외한 부재 접합부에 정착된 경우

$$l_{dt} = \frac{0.22\beta dbf_y}{\psi\sqrt{f_{ck}}}$$

$$\psi = 0.6 + 0.3\frac{c_{so}}{d_b} + 0.38\frac{K_{tr}}{d_b} \leq 1.375$$

- β : 에폭시 도막 혹은 아연-에폭시 이중 도막 철근;1.2, 아연도금 또는 도막되지 않은 철근 ;1.0
- ψ : 측면피복과 횡보강철근에 의한 영향계수
- c_{so} : 철근표면에서의 측면 피복두께
- K_{tr} : 확대머리 이형철근 횡구속 ($1.0d_b$)

② 다음 조건을 만족하아야 한다.

- 철근 순피복두께는 $1.35db$ 이상
- 철근 순간격은 $2db$ 이상
- 확대머리의 뒷면이 횡보강철근 바깥 면부터 50mm 이내에 위치
- 확대머리 이형철근이 정착된 접합부는 지진력저항시스템별로 요구되는 전단강도를 가질 것.
- d/l_{dt}>1.5인 경우는 인장력을 받는 앵커의 콘크리트 브레이크아웃강도에 따라 설계한다.

- d는 확대머리 이형철근이 주철근으로 사용된 부재의 유효높이

2) 1)외의 부위에 정착된 경우

$$l_{dt} = \frac{0.24\beta dbf_y}{\sqrt{f_{ck}}}$$

- 단, K_{tr} 값이 $1.2db$ 이상

다음 조건을 만족하여야 한다.

- 순피복두께는 $2db$ 이상
- 철근 순간격은 $4db$ 이상

3) 1), 2)에서 구한 정착길이는 다음 조건을 만족하여야 한다.

① 1), 2)에서 구한 정착길이 l_{dt}는 항상 $8db$ 또한 150mm 이상

② 확대머리의 순지압면적(A_{brg})은 $4A_b$이상

③ 확대머리 이형철근은 경량콘크리트에 적용할 수 없으며, 보통중량콘크리트에만 사용

4) 압축력을 받는 경우에 확대머리의 영향을 고려할 수 없다.

18 철근 정착위치

Ⅰ. 정의

정착길이는 위험단면에서 철근의 설계기준 항복강도를 발휘하는데 필요한 최소 묻힘 깊이로서 정착길이 확보와 정착위치가 매우 중요하다.

Ⅱ. 철근정착위치

· A : 철근 갈고리가 있는 인장철근 길이(ldh)
· B : 90° 표준 갈고리

1. 기둥철근

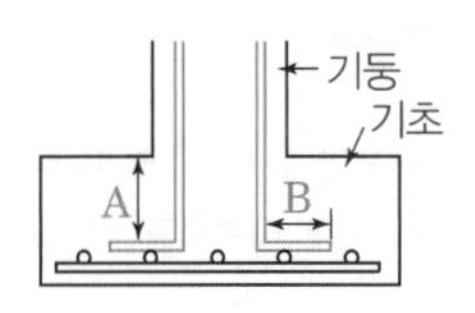

2. 슬래브철근

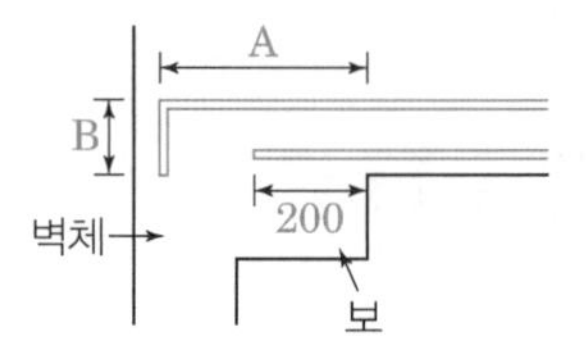

3. 벽체철근

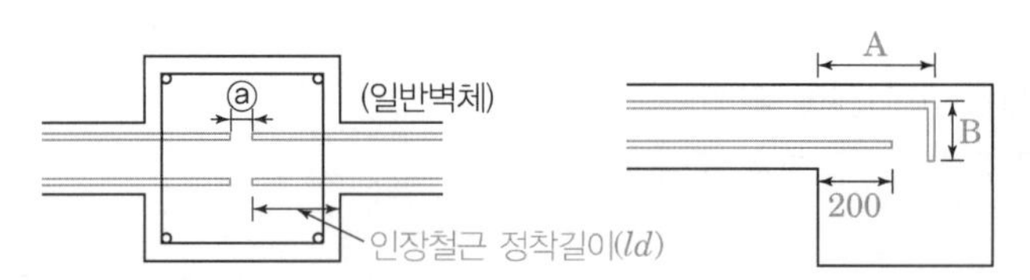

① 기둥-보에 정착
② ⓐ는 연속배근 가능

[측압이 작용하는 벽체]

4. 보철근

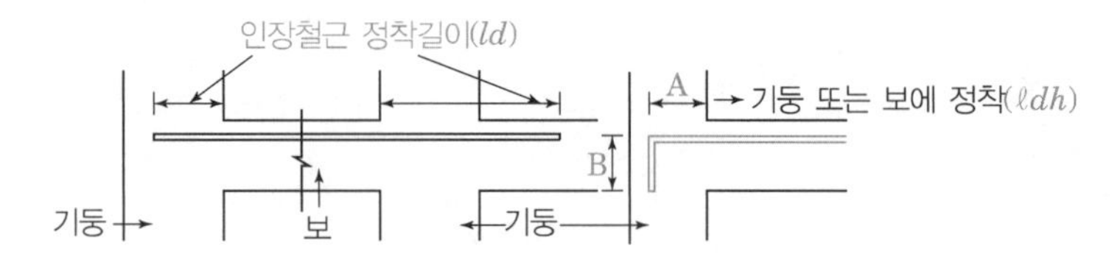

기둥

슬래브

벽체

보

[철근 정착]

19 보 철근 정착

Ⅰ. 정의

철근의 정착길이는 콘크리트에 묻혀 있는 철근이 힘을 받을 때 뽑히거나 미끄러짐 변형이 생기는 일이 없이 항복강도(f_y)에 이르기까지 응력을 발휘할 수 있게 하는 최소한의 묻힘 깊이를 말한다.

Ⅱ. 내진상세 비적용+폐쇄형 스터럽 사용

일반층	최상층
표준갈고리를 갖는 인장철근 정착길이 90° 표준갈고리 200mm	표준갈고리를 갖는 인장철근 정착길이 90° 표준갈고리 200mm

[폐쇄형 스터럽]

Ⅲ. 내진상세 비적용+개방형 스터럽 사용/내진상세 적용 또는 테두리보+폐쇄형 스터럽 사용

일반층	최상층
표준갈고리를 갖는 인장철근 정착길이 90° 표준갈고리 90° 표준갈고리	표준갈고리를 갖는 인장철근 정착길이 90° 표준갈고리 90° 표준갈고리 200mm

Ⅳ. 기타 적용조건

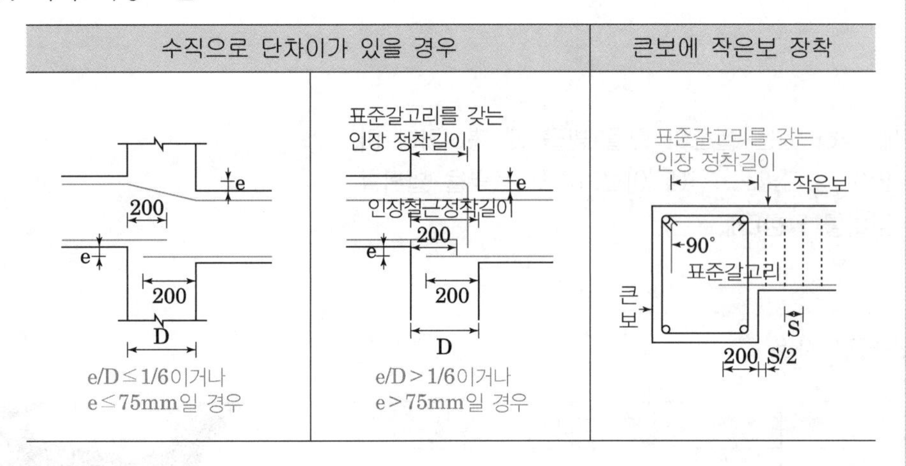

수직으로 단차이가 있을 경우
큰보에 작은보 장착
e
200
e
200
D
e/D≤1/6이거나
e≤75mm일 경우
표준갈고리를 갖는
인장 정착길이
e
인장철근정착길이
200
e
200
D
e/D>1/6이거나
e>75mm일 경우
표준갈고리를 갖는
인장 정착길이
작은보
90°
표준갈고리
큰
보
S
200
S/2

20 철근 이음

KDS 14 20 52/KCS 14 20 11

Ⅰ. 정의

연속적인 철근을 위한 접합이며, 콘크리트와의 부착강도에 의해 형성되므로 부착력을 확보하기 위한 소정의 이음길이 확보가 중요하다.

Ⅱ. 이형철근의 이음

① D35 초과: 겹침이음 불가

② 용접이음: 용접철근을 사용하며 철근의 설계기준항복강도 f_y의 125% 이상

③ 기계적이음: 철근의 설계기준항복강도 f_y의 125% 이상

④ 이음길이

- 압축
  - $l_s = \left(\frac{1.4 \cdot f_y}{\lambda\sqrt{f_{ck}}} - 52\right) \cdot db$에서
  - $f_y \leq 400\text{MPa}: 0.072 f_y \cdot db$보다 길 필요가 없다.
  - $f_y > 400\text{MPa} \rightarrow (0.13 f_y - 24)db$ 보다 길 필요가 없다.
  - 최소 300mm 이상
  - f_{ck}가 21MPa미만 : 겹침 이음길이 1/3 증가
- 인장
  - A급 이음 : $1.0ld$ 이상
  - B급 이음 : $1.3ld$ 이상
  - 최소 : 300mm 이상
  - ld=기본정착길이(ldb)×보정계수 또는 $ld = \frac{0.9db \cdot f_y}{\lambda\sqrt{f_{ck}}} \times \frac{\alpha\beta r}{(c + K_{tr}/db)}$

    $ldb = \frac{0.6db \cdot f_y}{\lambda\sqrt{f_{ck}}}$
  - A급 이음 : 배치된 철근량이 이음부 전체 구간에서 소요철근량의 2배 이상이고 겹침이음된 철근량이 전체 철근량의 1/2 이하인 경우
  - B급 이음 : A급 이음에 해당되지 않는 경우
  - 인접철근의 이음은 750mm 이상 엇갈리게 시공

[기호 정의]

- f_y : 인장철근의 설계기준항복강도
- db : 철근 공칭지름
- λ : 경량콘크리트 계수
- f_{ck} : 콘크리트 설계기준압축강도
- α : 철근배치 위치계수
- β : 철근 도막계수
- γ : 철근 크기에 따른 계수
- c : 철근 간격 또는 피복두께에 관련된 치수
- K_{tr} : 횡방향 철근 지수

Ⅲ. 이음공법

1. 겹침이음

① 이음 단부를 겹치게 배치하여 결속선으로 고정하여 이음

② 철근과 콘크리트의 부착력으로 이음효과 발휘

③ 부재에서 서로 직접 접촉되지 않게 겹침이음된 철근은 횡방향으로 소요 겹침이음길이의 1/5 또는 150mm 중 작은 값 미만

[겹침이음]

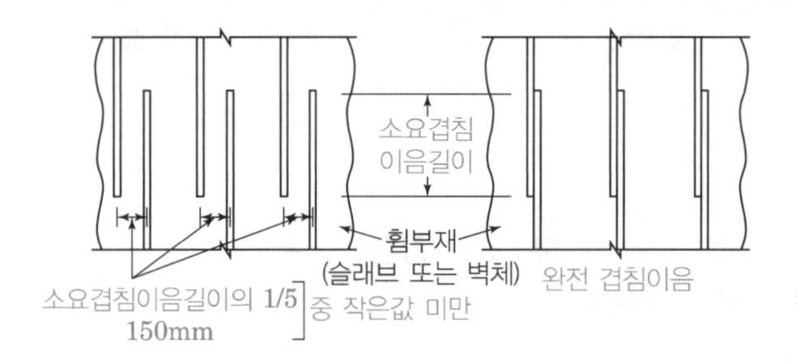

2. 용접이음

① 이음부위를 맞대거나 겹쳐서 또는 보강재를 덧대어서 용접봉의 용착 금속으로 이음

② 용접이음은 용접용 철근을 사용

③ 완전용입용접 적용

[용접이음]

3. 가스압접

산소와 아세틸렌의 혼합가스 불꽃으로 이음단면을 가열 및 가압하여 철근을 이음하는 공법

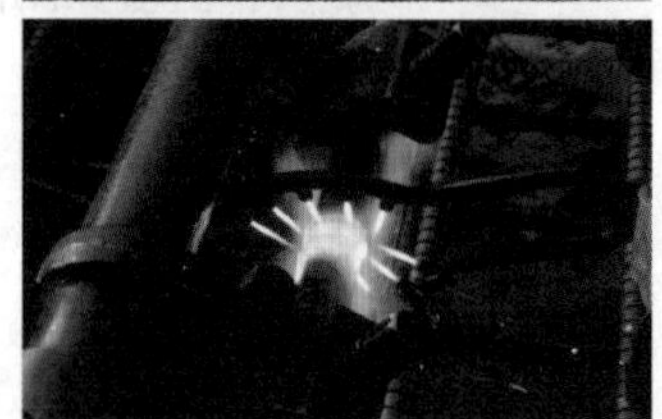
[가스압접]

4. Sleeve Joint(기계적 이음)

① 강관압착 이음(Grip Joint)

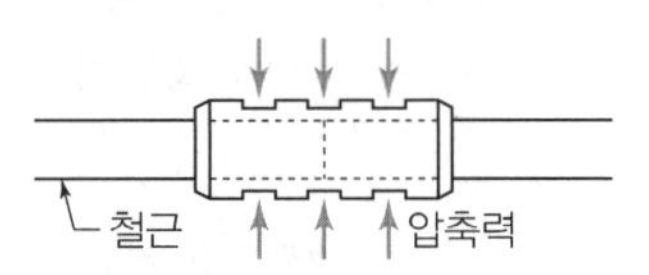

② 편체이음

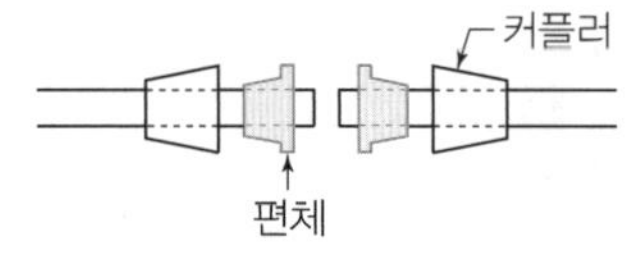

③ 나사 이음

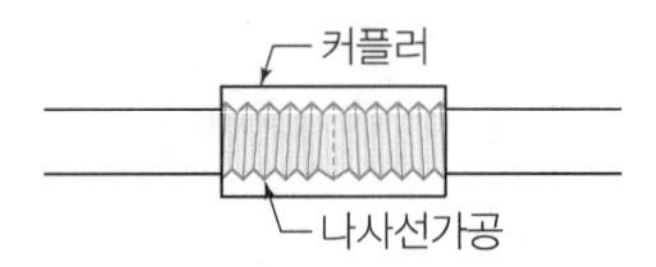

④ 볼트 이음

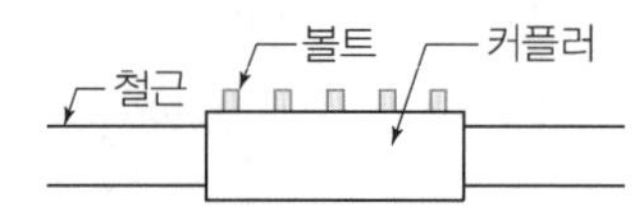

⑤ 그라우팅 이음

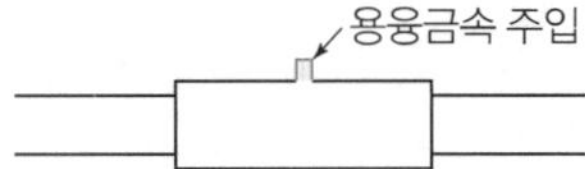

[편체이음]

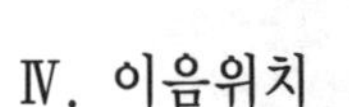

Ⅳ. 이음위치

① 응력이 적은 곳, 콘크리트 구조물에 압축응력이 생기는 곳

② 한 곳에 집중하지 않고 서로 엇갈리게 배치(이음부 분산)

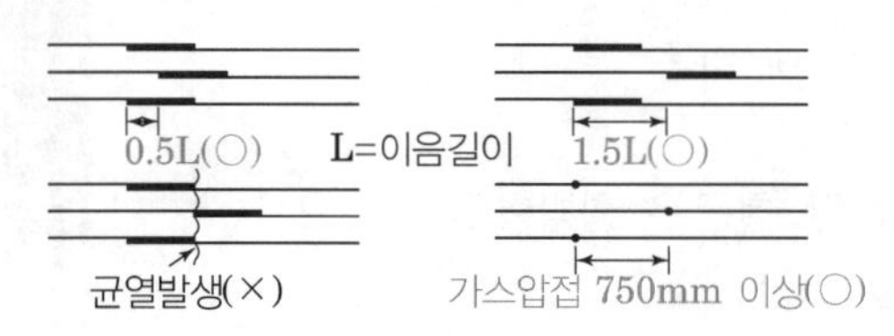

[나사이음]

21 철근콘크리트 기둥철근의 이음위치

Ⅰ. 정의

이음은 연속적인 철근을 위한 접합이며, 콘크리트와의 부착강도에 의해 형성되므로 부착력을 확보하기 위한 소정의 이음길이 확보가 중요하다.

Ⅱ. 이형철근의 이음

① D35 초과: 겹침이음 불가

② 용접이음: 용접철근을 사용하며 철근의 설계기준항복강도 f_y의 125% 이상

③ 기계적이음: 철근의 설계기준항복강도 f_y의 125% 이상

[기둥철근 이음]

Ⅲ. 기둥철근의 이음위치

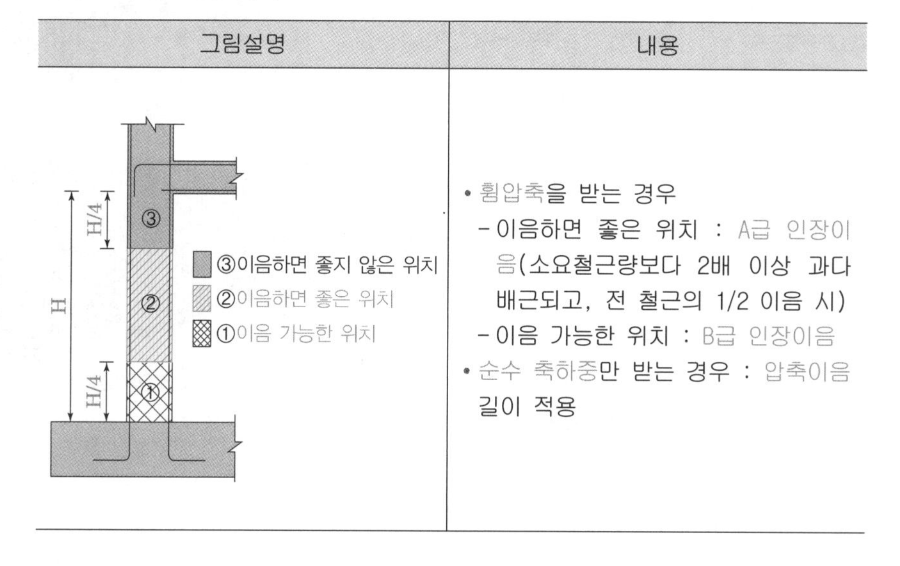

그림설명	내용
	• 휨압축을 받는 경우 - 이음하면 좋은 위치 : A급 인장이음(소요철근량보다 2배 이상 과다 배근되고, 전 철근의 1/2 이음 시) - 이음 가능한 위치 : B급 인장이음 • 순수 축하중만 받는 경우 : 압축이음길이 적용

[겹침이음]

Ⅳ. 이음공법

1. 겹침이음

이음 단부를 겹치게 배치하여 결속선으로 고정하여 이음

2. 가스압접

산소와 아세틸렌의 혼합가스 불꽃으로 이음단면을 가열 및 가압하여 철근을 이음하는 공법

[가스압접]

3. 나사이음

철근 단부에서 절삭(전조)로 나사선 가공 및 암나사가 가공된 커플러 이음

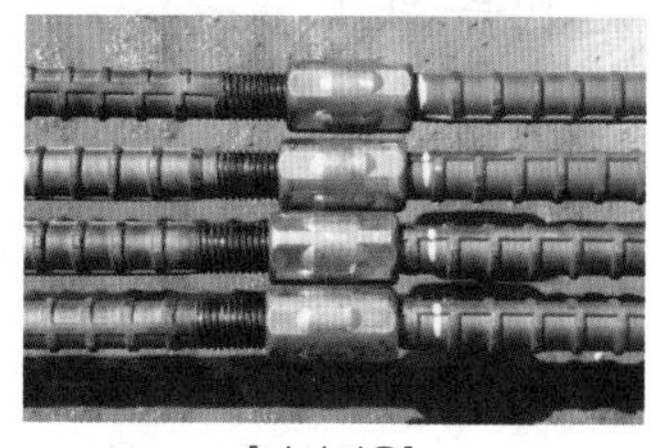

[나사이음]

22 벽체 철근 정착 및 이음

Ⅰ. 정의

철근의 정착은 항복강도(f_y)에 이르기까지 응력을 발휘할 수 있게 하는 최소한의 묻힘 깊이로 하고, 이음은 콘크리트와의 부착강도에 의해 형성되므로 부착력을 확보하기 위한 소정의 이음길이 확보가 중요하다.

Ⅱ. 정착위치 및 길이

1. 기둥, 보에 정착

일반벽체	측압이 작용하는 벽체	
인장철근 정착길이 ⓐ 인장철근 정착길이	표준갈고리를 갖는 인장철근 정착길이 200 90° 표준갈고리	200 ⓐ 200
• 기둥 · 보 중앙에 정착 • ⓐ부위는 연속배근해도 됨	• 기둥 · 보 코너에 정착	• 기둥 · 보 외측에 정착 • ⓐ부위는 연속배근해도 됨

[벽체 철근 정착]

[벽체 철근 이음]

2. 벽과 벽의 접속

단배근의 경우	복배근의 경우

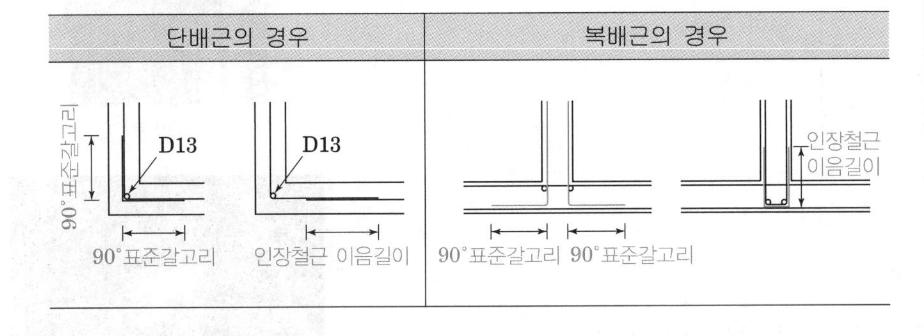

[일반벽의 경우]

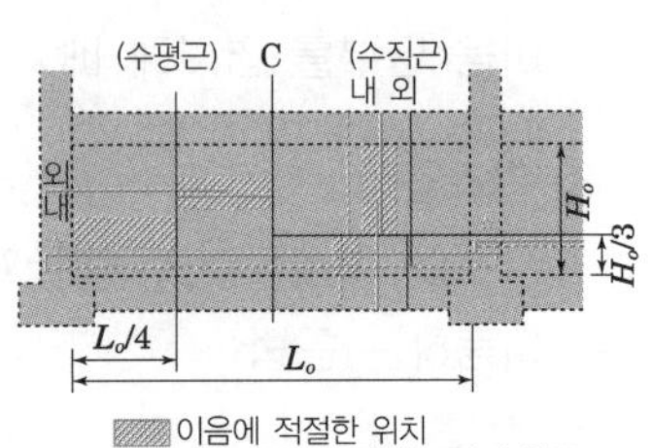

[토압을 받는 지하 외벽]

Ⅲ. 이음 위치

① 보나 기둥, 직교하는 벽체 내에서는 이음하지 않도록 할 것
② 수평근의 경우는 한 스팬마다 기둥에 정착해도 됨
③ 철근의 이음 위치는 가능하면 한 곳에 집중되지 않도록 할 것

23 가스압접

LHCS 14 20 11 10

Ⅰ. 정의

8구 이상의 화구선을 가진 화구로 산소-아세틸렌 불꽃 등을 사용하여 가열하고, 기계적 압력을 가하여 용접한 맞대기 이음을 말한다.

Ⅱ. 시공순서

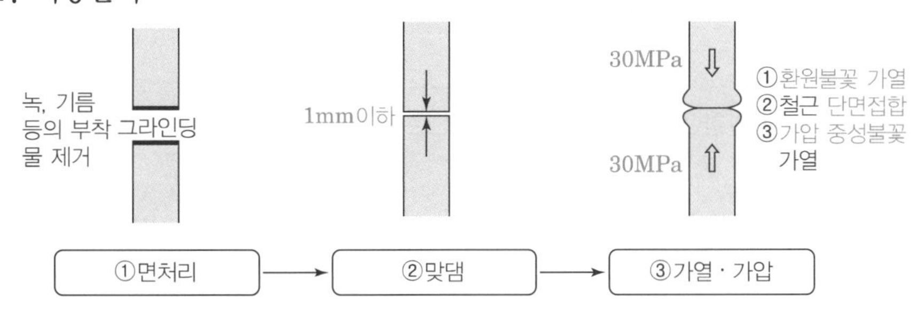

[환원불꽃]
중성불꽃 보다 연료가스 과잉상태의 불꽃으로 탄화불꽃이라고도 함

[중성불꽃]
화구 앞 끝부분에 형성되는 흰색 깃털 모양의 불꽃이 수축하여 불꽃 내부의 흰색 광채를 가진 부분(흰 심)과 일치하였을 때의 불꽃

Ⅲ. 압접부의 형상기준

① 압접 돌출부의 지름은 철근지름의 1.4배 이상
② 압접 돌출부의 길이는 철근지름의 1.2배 이상
③ 압접부의 철근 중심축 편심량은 철근 지름의 1/5 이하
④ 압접 돌출부의 최대 폭의 위치와 철근거리는 압접면의 철근 지름의 1/4 이하

[가스압접]

Ⅳ. 시공 시 유의사항

① 산소의 작업 압력은 0.69MPa 이하로 유지
② 아세틸렌 작업 압력은 0.98MPa 이하로 유지
③ 아세틸렌 용기는 40℃ 이하로 유지
④ 압접 위치는 응력이 작게 작용하는 부위 또는 부재의 동일단면에 집중 금지
⑤ 철근지름이 7mm가 넘게 차이가 나는 경우에는 압접 금지
⑥ 맞댄 면 사이의 간격은 1mm 이하로 하고, 편심 및 휨이 생기지 않는지를 확인
⑦ 압접면의 틈새가 완전히 닫힐 때까지 환원불꽃으로 가열
⑧ 압접면의 틈새가 완전히 닫힌 후 철근의 축 방향에 30MPa 이상의 압력을 가하면서 중성불꽃으로 철근의 표면과 중심부의 온도차가 없어질 때까지 충분히 가열
⑨ 철근 축방향의 최종 가압은 모재 단면적당 30MPa 이상
⑩ 가열 중에 불꽃이 꺼지는 경우, 압접부를 잘라내고 재압접(압접면의 틈새가 완전히 닫힌 후 가열 불꽃에 이상이 생겼을 경우는 불꽃을 재조정하여 작업 계속 가능)

Ⅴ. 압접부 검사

종별	시험종목	시험방법	시험빈도
외관검사	위치	외관 관찰, 필요에 따라 스케일, 버니어 캘리퍼스 등에 의한 측정	전체 개소
	외관검사		
샘플링검사	초음파탐사검사	KS B 0839	1검사 로트[1)]마다 30개소
	인장시험	KS B 0554	1검사 로트[1)]마다 3개소

주1) 검사로트는 원칙적으로 동일 작업반이 동일한 날에 시공한 압접개소로서 그 크기는 200개소 정도를 표준으로 함

Ⅵ. 외관 검사 결과 불합격된 압접부의 조치

① 철근 중심축의 편심량이 규정값을 초과했을 때는 압접부를 떼어내고 재압접한다.

② 압접 돌출부의 지름 또는 길이가 규정 값에 미치지 못하였을 경우는 재가열하여 압력을 가해 소정의 압접 돌출부로 만든다.

③ 형태가 심하게 불량하거나 또는 압집부에 유해하다고 인정되는 결함이 생긴 경우는 압접부를 잘라내고 재압접한다.

④ 심하게 구부러졌을 때는 재가열하여 수정한다.

⑤ 압접면의 엇갈림이 규정값을 초과했을 때는 압접부를 잘라내고 재압접한다.

⑥ 재가열 또는 압접부를 절삭하여 재압접으로 보정한 경우에는 보정 후 외관검사를 실시한다.

24 Sleeve Joint

Ⅰ. 정의

철근 접합부를 각종 Sleeve를 이용하여 이음하는 공법을 Sleeve Joint라고 한다.

Ⅱ. 종류별 특징

1. 강관압착 이음(Grip Joint)

① 슬리브 표면에 압축력을 가해 접합
② 철근의 직경이 같아야 한다.

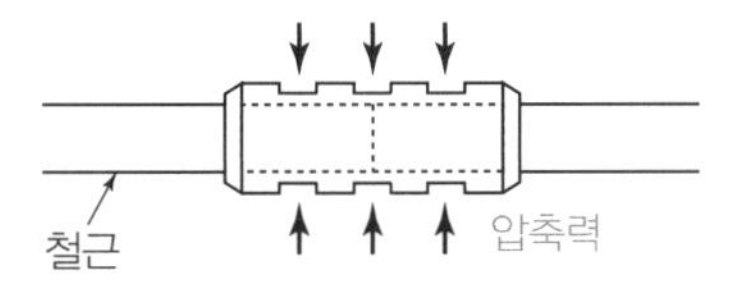

2. 편체이음

① 커플러로 편체고정하여 접합
② 철근 단면적이 가장 크다.

[편체이음]

3. 나사이음

① 철근단부를 나사선 가공 후 접합
② 나사선 관리 철저

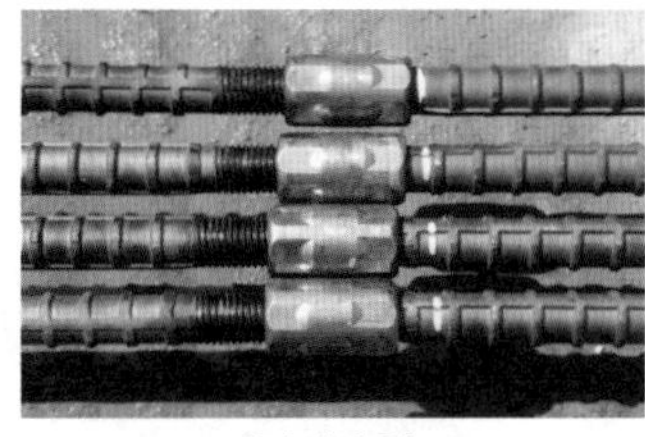
[나사이음]

4. 볼트이음

철근의 마디를 볼트로 눌러서 이음

5. 그라우팅 이음

① 접합 시 철근의 신축이 없다.
② 대형의 가열장치 필요

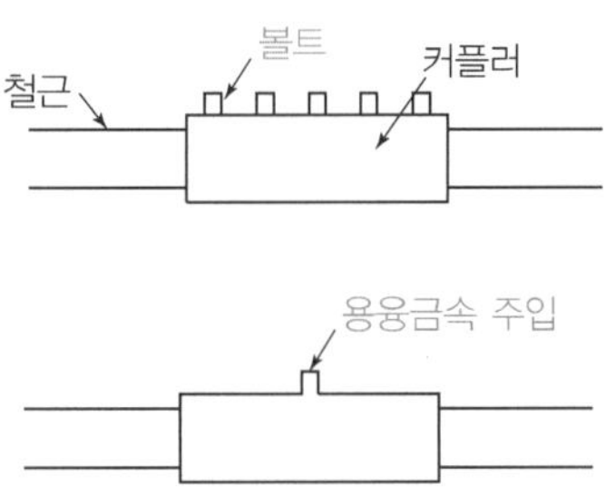

25 강관압착이음(Bar Grip Joint)

Ⅰ. 정의

맞댐이음되는 두 개의 이형철근에 슬리브를 체결한 후 슬리브 표면에 압축력을 가하여 슬리브와 철근이 밀착되도록 하는 방식으로 부분압착과 전체압착이 있다.

Ⅱ. 시공도

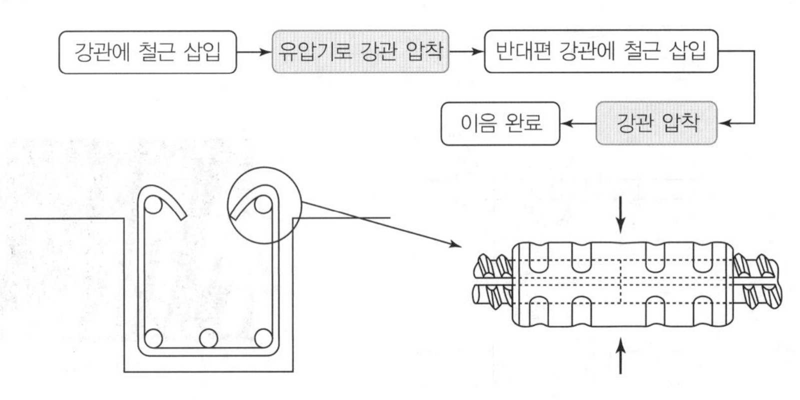

Ⅲ. 사용부위

① 보나 기둥
② 겹이음이나 압접이 어려운 부위

Ⅳ. 장점

① 철근 손실이 적다.
② 철근 메이커가 달라도 압착이 가능하다.
③ 기둥의 이음에 적당하다.

Ⅴ. 단점

① 부분압착방식은 압착시간이 많이 걸린다.
② 유압잭이 무거워 운반이 불편하므로 최근에는 사용치 않는다.
③ 철근직경이 같아야 하고 접합 시 철근이 다소 늘어난다.
④ 원형철근은 시공이 불가능하고 불량부분을 찾기가 어렵다.

26 편체이음(Screw Joint)

Ⅰ. 정의

특수 제작된 편체를 사용하여 맞댐이음되는 두 개의 이형철근 마디에 연결시킨 다음, 나사선이 가공된 이음장치(커플러)로 편체를 고정하여 철근을 연결하는 방식이다.

Ⅱ. 시공도

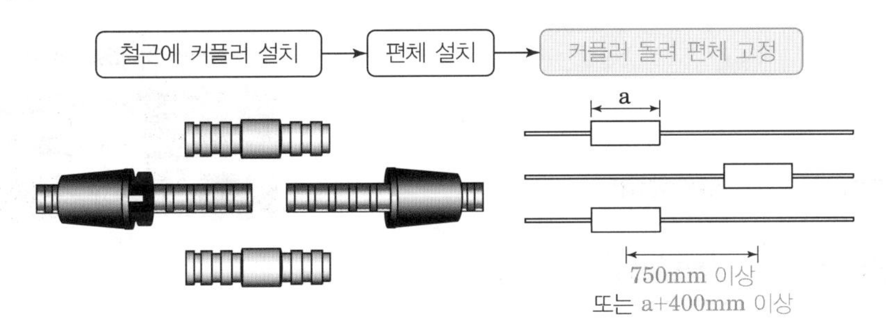

[편체이음]

Ⅲ. 사용부위

① 기둥이나 보
② 기 시공된 철근의 겹이음이 미달될 때
③ 개구부 오픈 등 양단부를 접합할 때

Ⅳ. 장점

① 철근 손실이 적다.
② 철근단부 가공없이 사용이 가능하다.
③ 이음길이가 부족할 때 사용이 가능하다.

Ⅴ. 단점

① 철근 메이커에 따라 편체가 다를 수 있다.
② 수직 장철근의 시공이 어렵다.
③ 철근의 단면적이 가장 크다.
④ 원형철근은 사용이 불가능하다.

27 나사이음(Tapered－End Joint, 나사형 철근)

Ⅰ. 정의

맞댐이음되는 두 개의 이형철근 단부에 나사선을 가공한 후 이음장치(커플러)를 이용하여 연결하는 방식이다.

Ⅱ. 시공도

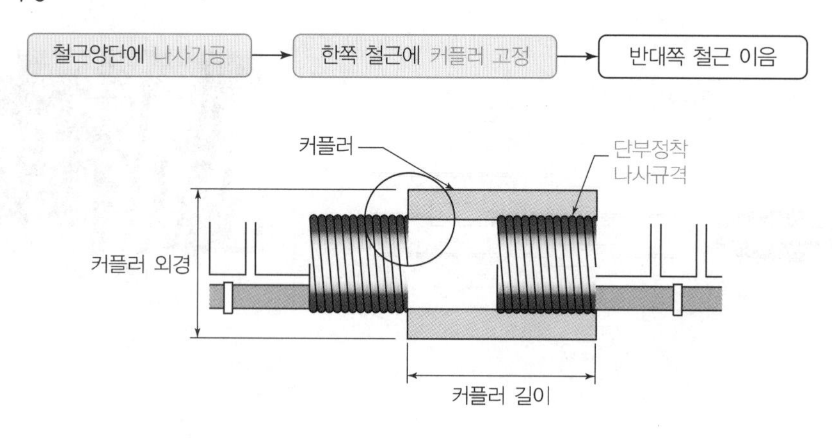

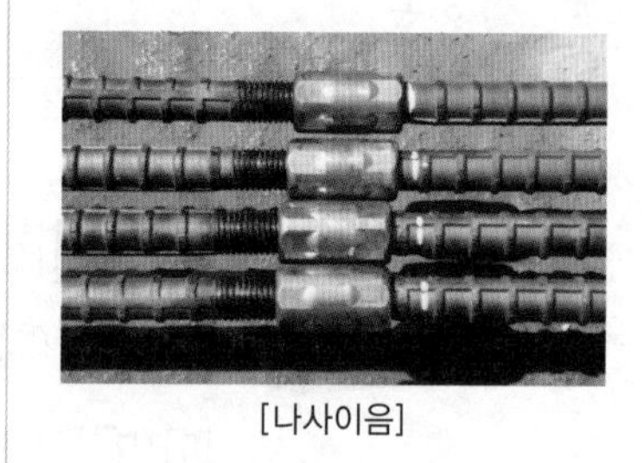
[나사이음]

Ⅲ. 사용부위

① 기둥, 보, 슬래브, 매입용의 이어치기 부위
② 철근 양단이 자유단일 때 사용

Ⅳ. 장점

① 철근 손실이 적다.
② 철근이음이 비교적 쉽다.
③ 가장 경제적이다.

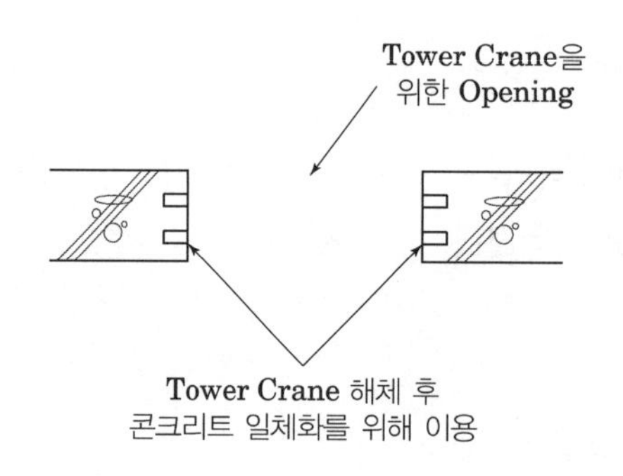

Ⅴ. 단점

① 철근의 단부를 가공하여야 한다.
② 철근의 단면손실이 발생한다.
③ 공장가공에 따른 철근의 물류비용이 발생한다.

28 볼트이음(Bolt Joint)

Ⅰ. 정의

두 개의 이형철근을 특수 제작된 슬리브에 끼운 후 다수의 볼트를 이용하여 철근의 마디를 볼트로 눌러서 철근을 이음하는 방식이다.

Ⅱ. 시공도

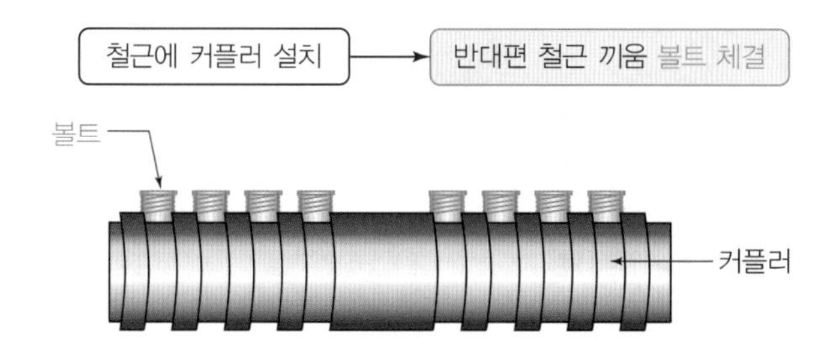

Ⅲ. 사용부위

① 기둥이나 보
② PC구조물에 주로 사용

Ⅳ. 장점

① 철근 손실 없이 사용
② 철근 단부 가공 없이 사용 가능
③ 이음길이 부족 시에 사용 가능

Ⅴ. 단점

① 철근 마디에 볼트 단면이 눌리므로 슬립에 의한 탈착 우려가 있다.
② 단가가 비싸다.

29 그라우팅이음(Grout－filled Joint)

Ⅰ. 정의

이음용 슬리브에 철근을 삽입하고 모르타르나 금속 용융재를 주입하여 철근을 이음하는 방식이다.

Ⅱ. 시공도

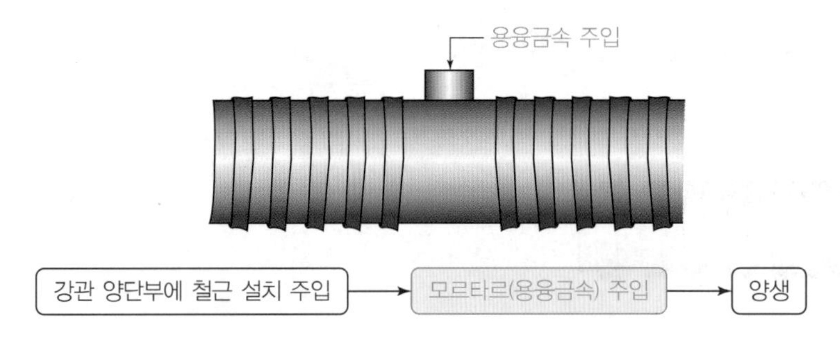

Ⅲ. 사용부위

① 기둥이나 보
② PC구조물에 주로 사용

Ⅳ. 장점

① 철근 손실 없이 사용
② 용융금속 충진이음의 성능이 가장 좋다.
③ PC부재의 보 이음에 유리하다.
④ 접합 시 철근의 신축이 없다.
⑤ 서로 다른 메이커의 이형철근도 접합이 가능하다.

Ⅴ. 단점

① 금속을 용융하는 대형의 가열장치가 필요하다.
② 단가가 비싸다.
③ 무수축 고강도 모르타르가 필요하다.

30 철근 피복두께(Covering Depth)

KDS 14 20 50

Ⅰ. 정의

철근을 보호하기 위한 목적으로 철근(횡방향 철근, 표피철근 포함)의 표면과 그와 가장 가까운 콘크리트 표면 사이의 거리를 말한다.

Ⅱ. 시공도

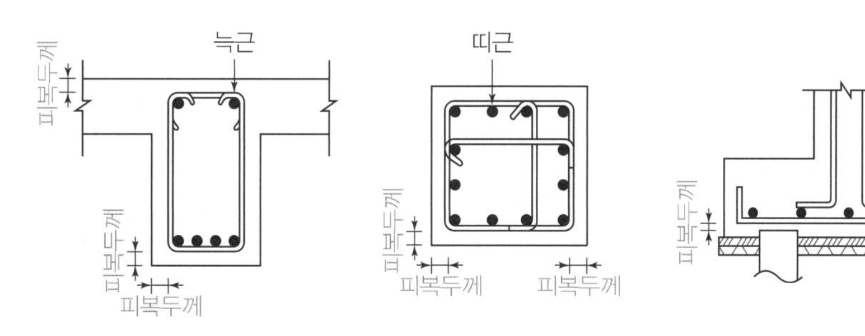

Ⅲ. 최소 피복두께

구분			최소 피복두께	
			프리스트레스 하지 않는 부재	프리스트레스 하는 부재
옥외 공기나 흙에 직접 접하지 않은 콘크리트	슬래브, 벽체, 장선	D35 초과	40	20
		D35 이하	20	
	보, 기둥		40	주철근: 40
				띠철근, 스터럽, 나선철근:30
	쉘, 절판 부재		20	D19 이상: d_b
				D16 이하: 10
흙에 접하거나 옥외 공기에 직접 노출되는 콘크리트	D19 이상		50	벽체, 슬래브, 장선: 30
	D16 이하, 지름16mm 이하 철선		40	기타 부재: 40
흙에 접하여 콘크리트 친 후 영구히 흙에 묻혀 있는 콘크리트			75	75
수중에서 치는 콘크리트			100	-

[철근 피복두께]

[철근피복두께용 스페이셔]

31 철근 피복두께의 목적

Ⅰ. 정의

철근 피복두께란 철근을 보호하기 위한 목적으로 철근의 외측면으로부터 콘크리트 표면까지의 거리를 말한다.

Ⅱ. 철근 피복두께의 목적

1. 철근의 부식 방지

피복두께가 부족하면 철근에 힘이 가해지므로 콘크리트에 균열 발생 → CO_2, H_2O 침투 → 철근 부식

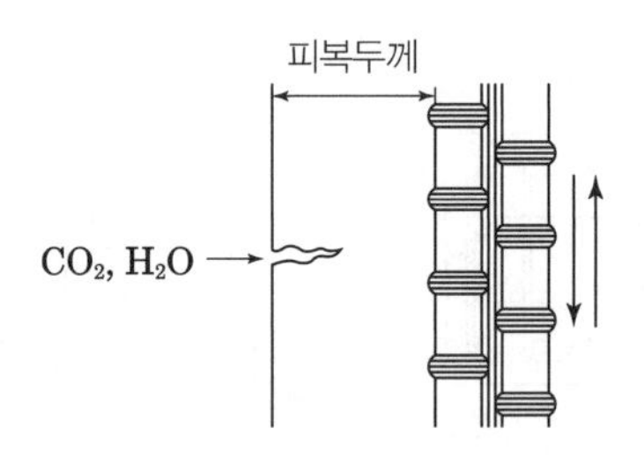

2. 내화성 확보

① 콘크리트 단열작용으로 철근 소성변형 방지
② 화재만 발생한 철근 콘크리트 구조물은 덧개 콘크리트로 보수하여 사용 가능

3. 콘크리트와 부착력 확보

① 피복두께 확보 시 철근과 콘크리트는 부착강도가 크다.
② 부착력이 두 재료 사이의 활동을 방지하여 일체성을 확보한다.
③ 철근지름의 1.5배 이상 필요
④ 대경근 사용 시 주의

4. 내구성 확보

설계 시 콘크리트 균열폭 제한 → 철근부식 방지 → 내구성 확보

5. 콘크리트 충전성 확보

철근 피복두께가 유지되면 콘크리트가 밀실하게 충전됨

6. 시공 시 유동성 확보

적정 피복두께가 유지되면 굵은골재가 철근에 걸리지 않고 유동성이 확보됨

[철근 피복두께]

32 철근 피복두께 기준과 피복두께에 따른 구조체의 영향

Ⅰ. 정의

철근 피복두께란 철근의 외측면으로부터 콘크리트 표면까지의 거리를 말하며. 피복두께에 따른 구조체의 영향으로는 철근의 부식 방지 등 여러 요인이 있다.

Ⅱ. 철근 피복두께 기준

구분			최소 피복두께	
			프리스트레스 하지 않는 부재	프리스트레스 하는 부재
옥외 공기나 흙에 직접 접하지 않은 콘크리트	슬래브, 벽체, 장선	D35 초과	40	20
		D35 이하	20	
	보, 기둥		40	주철근: 40
				띠철근,스터럽,나선철근 :30
	쉘, 절판 부재		20	D19 이상: db
				D16 이하: 10
흙에 접하거나 옥외 공기에 직접 노출되는 콘크리트	D19 이상		50	벽체, 슬래브, 장선: 30
	D16 이하, 지름16mm 이하 철선		40	기타 부재: 40
흙에 접하여 콘크리트 친 후 영구히 흙에 묻혀 있는 콘크리트			75	75
수중에서 치는 콘크리트			100	-

[철근 피복두께]

[철근피복두께용 스페이서]

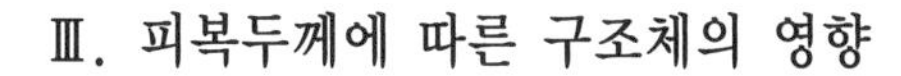

Ⅲ. 피복두께에 따른 구조체의 영향

1. 철근의 부식 방지

피복두께가 부족하면 철근에 힘이 가해지므로 콘크리트에 균열 발생 → CO_2, H_2O 침투 → 철근 부식

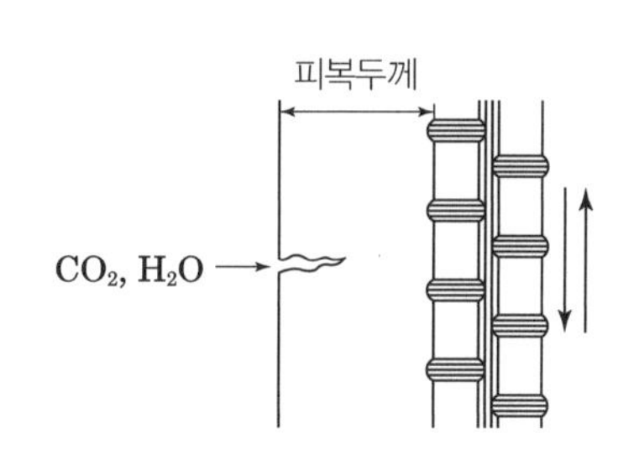

2. 내화성 확보

① 콘크리트 단열작용으로 철근 소성변형 방지
② 화재만 발생한 철근 콘크리트 구조물은 덮개 콘크리트로 보수하여 사용 가능

3. 콘크리트와 부착력 확보

① 피복두께 확보 시 철근과 콘크리트는 부착강도가 크다.
② 부착력이 두 재료 사이의 활동을 방지하여 일체성을 확보한다.
③ 철근지름의 1.5배 이상 필요
④ 대경근 사용 시 주의

4. 내구성 확보

설계 시 콘크리트 균열폭 제한 → 철근부식 방지 → 내구성 확보

5. 콘크리트 충전성 확보

철근 피복두께가 유지되면 콘크리트가 밀실하게 충전됨

6. 시공 시 유동성 확보

적정 피복두께가 유지되면 굵은골재가 철근에 걸리지 않고 유동성이 확보됨

33 철근의 부착강도에 영향을 주는 요인(철근과 콘크리트의 부착력)

Ⅰ. 정의

철근과 콘크리트의 경계면에서 철근의 Movement가 발생하지 않도록 방지하는 성능이 부착강도이다.

Ⅱ. 철근의 부착강도에 영향을 주는 요인

1. 철근의 표면상태(보정계수 β)

① 이형철근 〉 원형철근

② 철근에 녹이 있을 경우 부착강도 증가

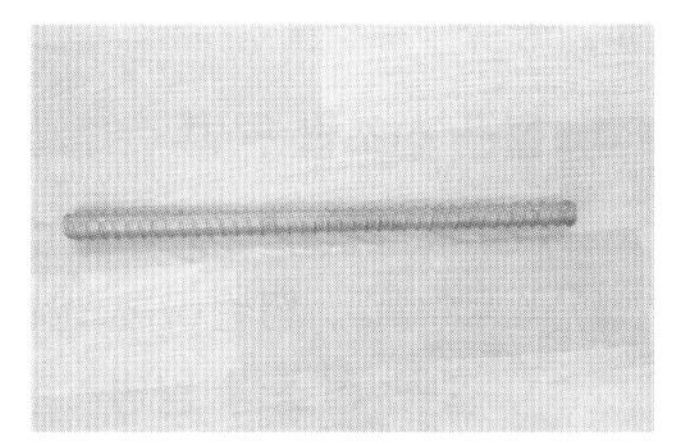
[철근 표면상태]

2. 콘크리트의 강도(보정계수 a)

압축강도나 인장강도가 클수록 커진다.

3. 철근의 묻힌 위치 및 방향(보정계수 α)

① 연직철근 〉 수평철근

② 하부 수평철근 〉 상부 수평철근

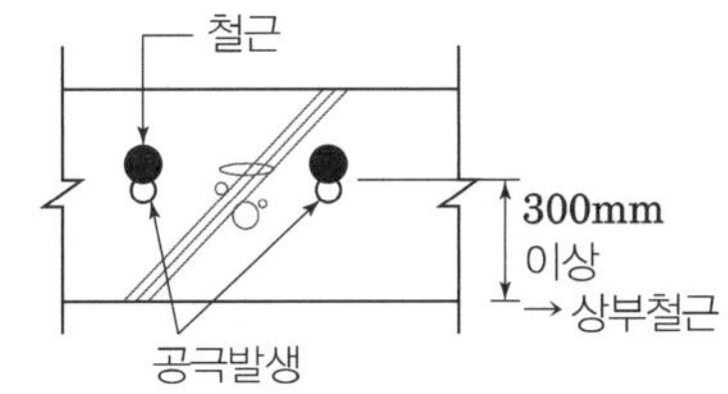
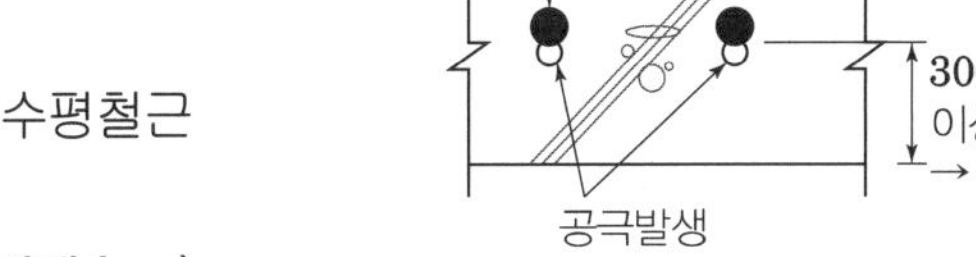

4. 철근 간격 및 피복두께(보정계수 c)

① 부착강도에 미치는 영향이 매우 크다.

② 피복두께가 부족하면 콘크리트의 할렬로 인해서 부착파괴 유발

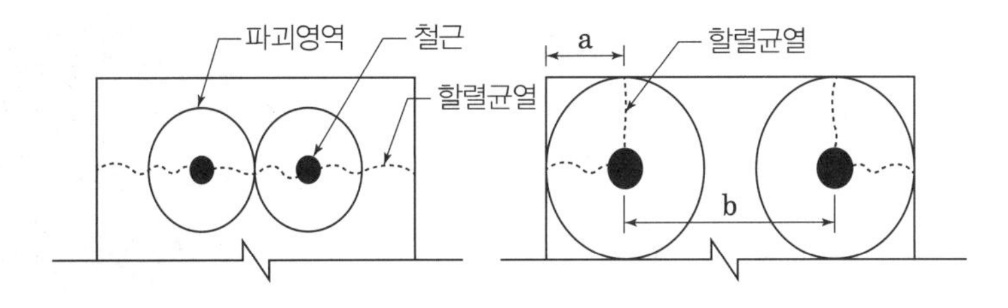

[철근 피복두께]

5. 철근의 크기(보정계수 r)

지름이 작은 철근이 부착에 유리

6. 다지기 및 철근부식

① 다지기를 잘할수록 부착강도 증가

② 철근부식이 클수록 부착강도는 저하

[철근부식]

7. 물-결합재비

물-결합재비가 낮을수록 부착강도 증가

34 철근 Prefab 공법

Ⅰ. 정의

재래식 공법인 철근운반, 가공 및 조립방식을 탈피하여 기둥, 보, 벽, 바닥 등을 미리 조립(공장 또는 현장)하여 현장에서 각종 크레인 등을 이용하여 조립하는 공법이다.

Ⅱ. 종류

1. 철근 선조립 공법

철근을 기둥, 보, 바닥, 벽 등을 부위별로 미리 절단, 가공, 조립해 두고 현장에서 접합, 연결하는 공법이다.

① 철근 선조립 공법 : 철근을 먼저 배근하는 공법
② 철근 후조립 공법 : 거푸집공사 후 철근을 배근하는 공법

[철근 선조립 공법]

2. 구조용 용접철망공법

냉간압연 또는 신선된 고강도 철선을 사용하여 가로와 세로선을 직각으로 배열하여, 교차점을 전기저항용접하여 접합하는 공법이다.

① 원형 구조용 용접철망 : 우리나라, 일본
② 이형 구조용 용접철망 : 미국, 유럽

3. 철근, 거푸집 조립 일체화공법(Ferro Deck 공법)

입체형 철근과 거푸집 대용 아연도강판을 공장에서 일체화한 공법이다.

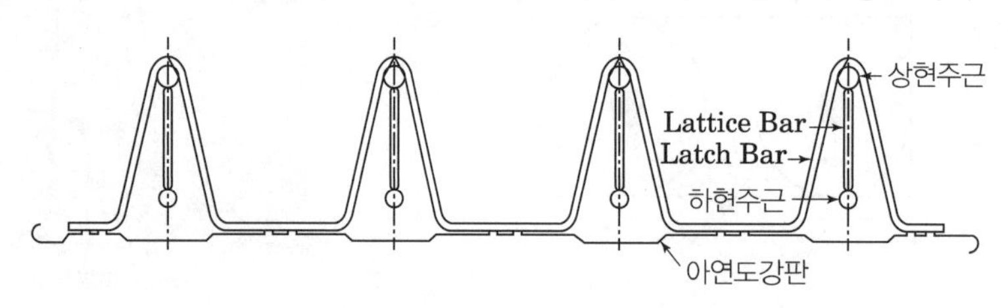

[Ferro Deck 공법]

Ⅲ. 도입효과

① 시공정도 향상과 구조적 안정성 확보
② 철근공사기간의 단축 및 생산성 향상
③ 품질관리의 용이성
④ 기능인력 절감 및 작업의 단순화
⑤ 구체공사의 시스템화

35 구조용 용접철망(철근 격자망)

Ⅰ. 정의

구조용 용접철망은 냉간압연 또는 신선된 고강도 철선을 사용하여 가로와 세로선을 직각으로 배열하여, 교차점을 전기저항용접으로 접합한 철망으로 시트철망과 롤철망이 있다.

Ⅱ. 용접철망 분류

1. 원형 용접철망(Smooth Wire Fabric)

① 각 철선 교점에서 확실한 기계적인 정착에 의하여 콘크리트에 부착
② 원형철근 사용
③ 우리나라, 일본에서 사용

2. 이형 용접철망(Deformed Wire Fabric)

① 용접된 교차뿐만 아니라 철선의 이형성능도 콘크리트의 부착 및 정착에 우수성으로 구조용으로 사용
② 이형철근 사용
③ 미국, 유럽에서 사용

Ⅲ. 도입효과

① 강재량 절감
② 공기단축 및 인건비 절감
③ 정밀시공 가능

Ⅳ. 원형 용접철망의 겹침이음 및 정착

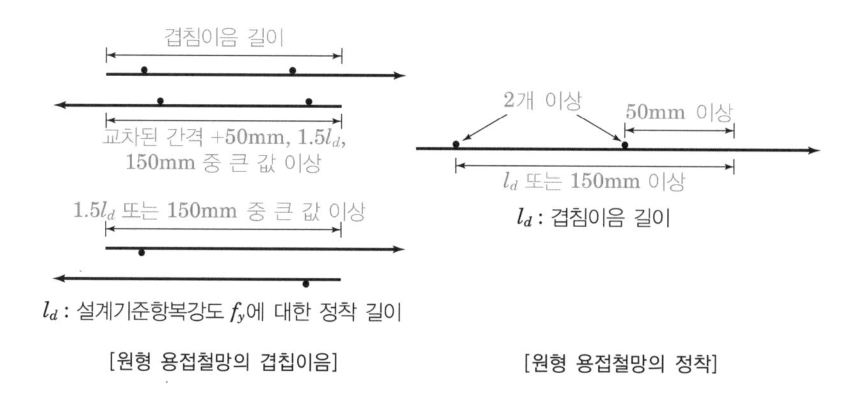

[원형 용접철망의 겹칩이음] [원형 용접철망의 정착]

36 PAC(Pre-Assembled Composite)

Ⅰ. 정의

기존의 기둥철근배근에 사용된 HD19~25 철근대신 대구경 철근(HD32~41)이나 앵글을 이용하여 공장 Pre fab 제작하여 현장 타워크레인을 이용하여 철근 Cage를 단순 조립하여 철근배근을 완료하는 공법을 말한다.

Ⅱ. 현장시공도 및 시공순서

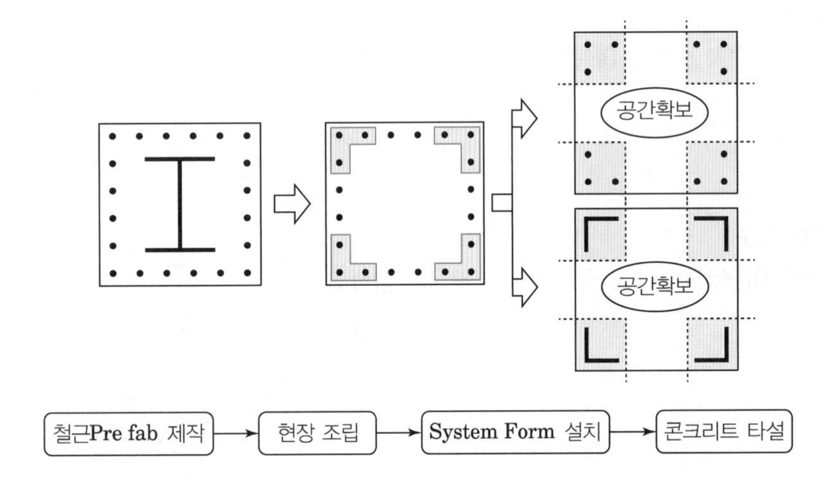

철근Pre fab 제작 → 현장 조립 → System Form 설치 → 콘크리트 타설

Ⅲ. 특징

① VH분리 타설로 거푸집 전용성 향상
② 공업화, 기계화에 의한 노무인력 절감
③ 대구경 철근 및 고강도 콘크리트에 의한 기둥단면 축소
④ 철근의 공장 Pre fab로 공기단축
⑤ 층고가 높은 현장에 적용이 용이

Ⅳ. 시공 시 유의사항

① 거푸집은 System Form 사용으로 작업 용이하게 할 것
② 현장타설 콘크리트의 강도를 30~60MPa 사용 할 것
③ 대구경 철근 이음은 기계적 이음으로 할 것
④ 콘크리트 타설 시 앵글의 이동이 없도록 타설 할 것

37 철근콘크리트 보의 개구부 보강

Ⅰ. 정의

일반적으로 철근콘크리트는 재료의 균질성에 있어서 철골에 비하여 그 성질이 많이 취약하므로 철근콘크리트 보에는 개구부를 설치하지 않는 것이 상례이나 부득이하게 관통구를 설치할 경우 개구부의 크기에 따른 보강방법을 강구하여야 한다.

Ⅱ. 개구부의 위치와 크기

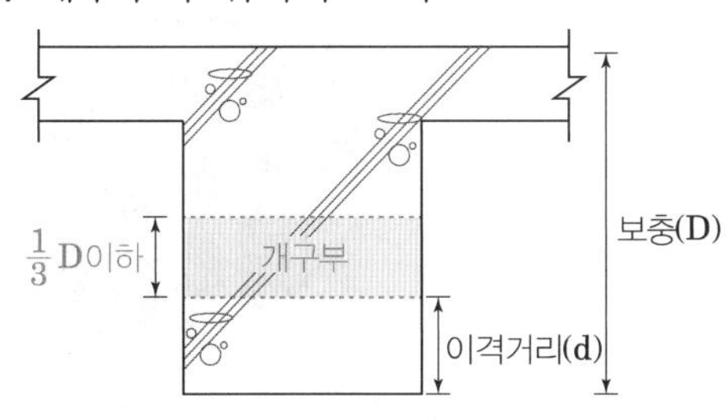

보춤(D)	이격거리(d)
500~700mm	d≥150mm
700~900mm	d≥200mm
900mm 이상	d≥250mm

Ⅲ. 개구부 설치 시 제한사항

1. 개구부의 설치범위

① 전단력이 크게 작용하는 곳을 피하여 설치
② 집중하중이 떨어지는 지점이나 보의 단부에는 피한다.
③ 보의 중앙을 기준으로 양쪽으로 경간의 1/4 구간 내 설치

2. 개구부의 위치

보춤의 중심 부근에 설치

3. 개구부의 직경

① 보춤의 1/3 이하
② 개구부의 직경이 보춤의 1/10 이하일 때는 보강하지 않음

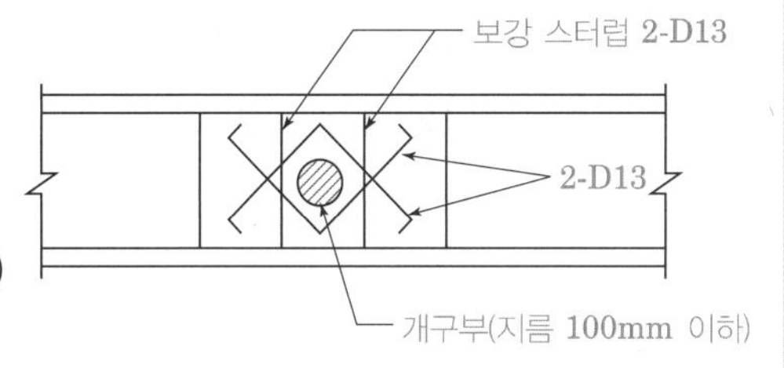

4. 개구부의 간격

① 병렬되게 설치하지 않는 것이 원칙
② 부득이한 경우 개구부 직경의 3배 이상 간격 유지

5. 보강철근은 D13 이상의 이형 철근 사용

6. 알루미늄 및 도장 피복을 하지 않은 Pipe를 매립해서는 안 된다.

38 벽 개구부 철근보강

Ⅰ. 정의

벽 개구부는 부재가 부분적으로 없는 상태이므로 기존 부재의 효과적인 보강 및 균열 방지를 위해 철근보강을 철저히 하여야 한다.

Ⅱ. 벽 개구부의 보강

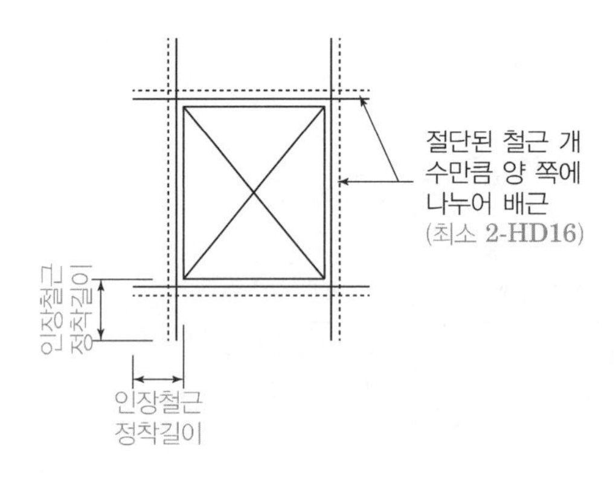

① 철근 보강 시 개구부로부터 피복두께 유지: 3cm

② 벽 두께가 250mm 이상일 때는 개구부 각 모서리에 45° 경사로 정착길이의 2배 길이로 보강

[개구부 철근보강]

Ⅲ. 보강을 생략할 수 있는 경우

① 개구부가 기둥, 보에 접하는 경우

② 개구부 최대지름이 250mm 이하이고 철근을 완만하게 구부림으로써(구부림 기울기 ≤ 1/6) 개구부를 피하여 철근배근을 할 수 있는 경우

Ⅳ. 거푸집 개구부의 보강

① 개구부 하부는 콘크리트 충전의 어려움
- 개구부가 작은 경우에는 거푸집 하부에 공기구멍 설치
- 개구부가 큰 경우에는 개구부 설치

② 콘크리트 타설 시 고무망치를 이용하거나 진동기로 충분히 다짐 후 확인

③ 개구부 주위는 콘크리트 타설 시 Form 변형이 발생하기 쉬우므로 반드시 고정상태 확인

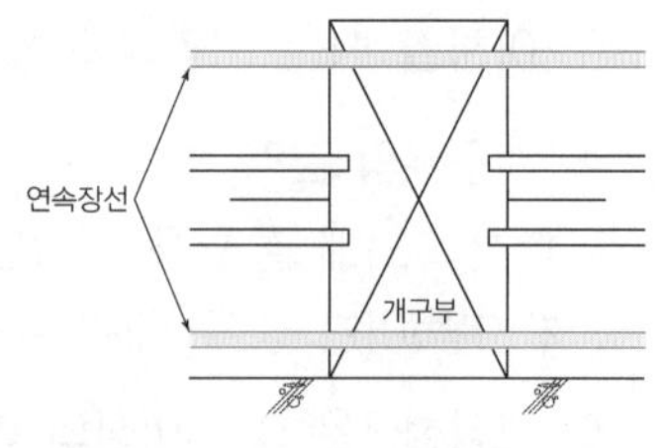

[벽체 개구부 보강]

39 보 표피철근(Skin Reinforcement) 배근

KDS 24 14 21

Ⅰ. 정의

주철근이 단면의 일부에 집중 배치된 경우일 때 부재의 측면에 발생 가능한 균열을 제어하고 피복의 박리를 방지 위한 목적으로 보의 깊이가 900mm를 초과할 경우 주철근 위치에서부터 중립축까지의 표면 근처에 배치하는 철근을 말한다.

Ⅱ. 현장시공도

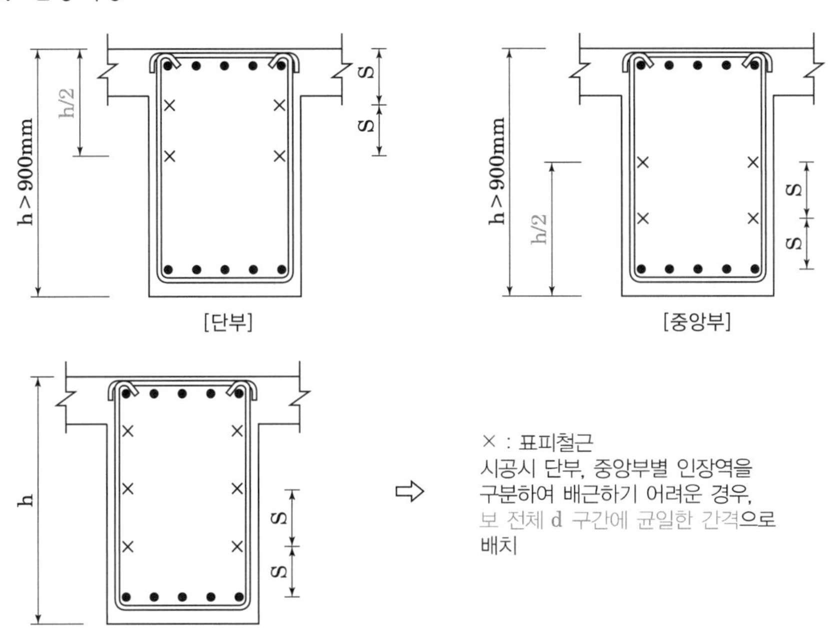

Ⅲ. 표피철근의 기준

구분	내용	
적용대상	• 보의 깊이(h)가 900mm를 초과하는 경우	
배근범위	• 인장연단으로부터 h/2 지점까지 부재양쪽 측면을 따라 균열 배치	
철근중심 간격(S)	• 다음 중 작은 값 이하 $S=376\left(\frac{210}{f_s}\right)-2.5C_c$ $S=300\left(\frac{210}{f_s}\right)$	C_c: 표피철근의 표면에서 부재 측면까지 최단거리 f_s: 사용하중 상태에서 이장연단에서 가장 가까이에 위치한 철근응력, 근사값으로 $2/3\times f_y$ 사용

Ⅳ. 피복박리에 저항하기 위한 표피철근

① 주철근 지름이 32mm보다 큰 경우

② 등가 지름이 32mm보다 큰 다발철근이 주철근으로 사용된 경우 표피철근은 철망 혹은 작은 지름의 철근망으로 구성하여야 하며 횡방향 철근의 바깥쪽에 배치

③ 보에서 표피철근량(A_{s-skin})는 인장 철근과 평행한 방향과 수직한 방향의 양방향에 대해서 $0.01A_{ct-est}$ 이상

④ 피복두께가 70mm를 초과하는 경우 내구성을 증진시키기 위한 표피철근이 사용되어야 하며, 이때 표피철근량은 각 방향으로 $0.005A_{ct-est}$ 이상

⑤ 표피철근의 피복두께는 최소피복두께 이상

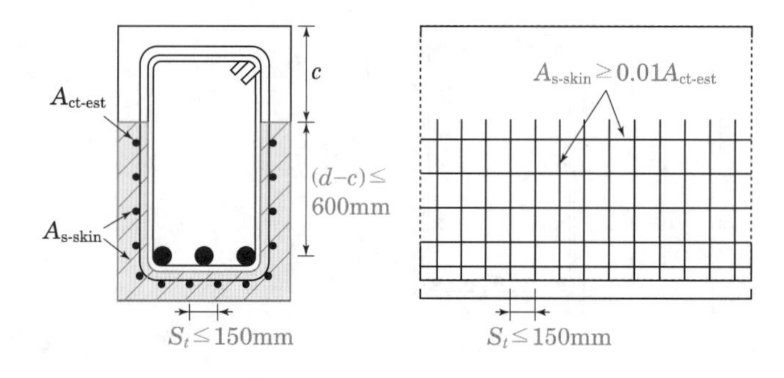

d : 보의 유효깊이

c : 극한 한계상태에서 중립축 깊이

A_{ct-est} : 횡방향철근 외측의 인장콘크리트 면적

40 계단시공 시 유의사항

Ⅰ. 정의

계단은 전체 골조공사 중 가장 까다로운 부위 중 하나이므로 계단의 치수 조정, 연결부위의 철근정착, 계단 꺾이는 부분의 철근배근 및 이음부위의 콘크리트 타설을 철저히 하여야 한다.

Ⅱ. 계단 꺾이는 부분의 철근배근

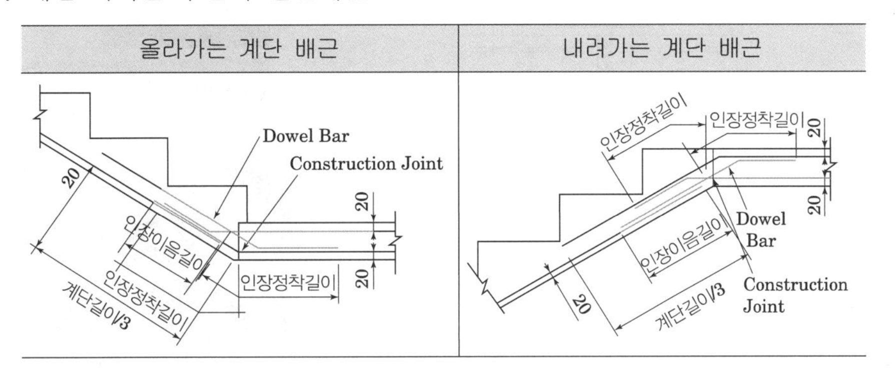

[계단 철근배근]

Ⅲ. 계단 수직면의 고정

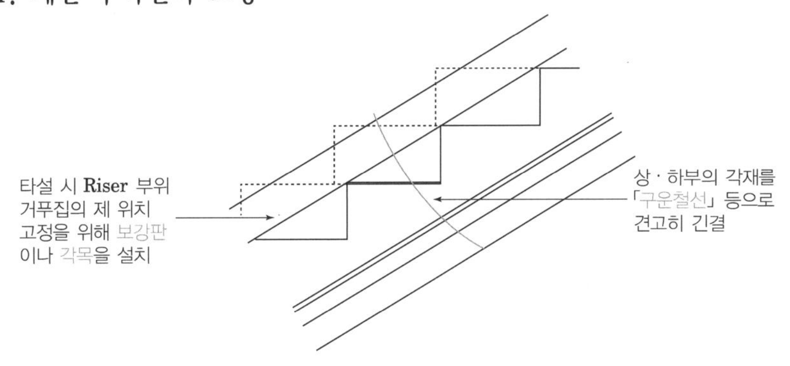

[계단 수직면 고정]

Ⅳ. 기타 동바리, 스페이셔 등 유의사항

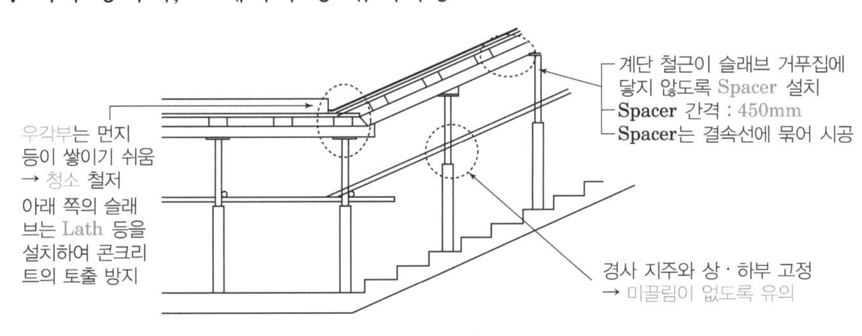

[계단 동바리]

41 Dowel Bar 시공방법

Ⅰ. 정의

신축이음부위에 전단저항이 필요한 곳 또는 턱이 생길 위험이 있는 곳에 설치하는 원형철근이다.

Ⅱ. 개념도

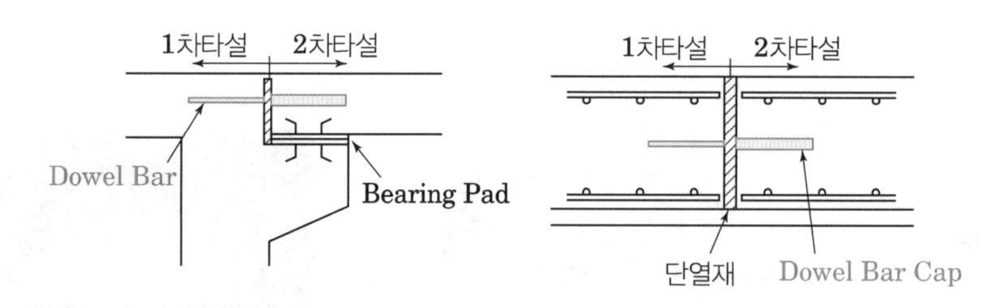

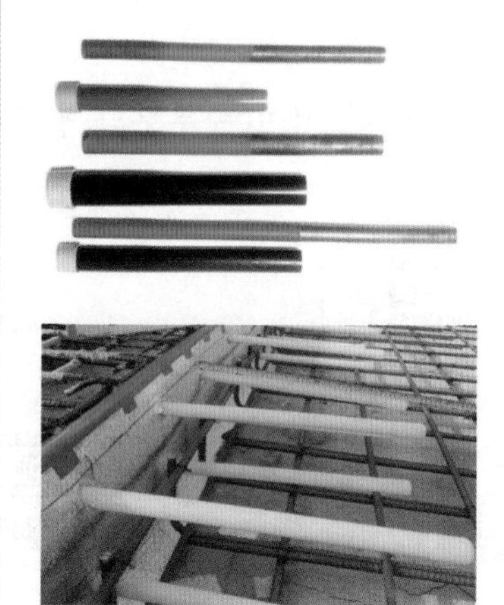
[Dowel Bar]

Ⅲ. Dowel Bar 크기 및 간격(mm)

Slab 두께	지름	길이	간격
120 ~ 150	20	460	300
180 ~ 200	25		
230 ~ 280	35		

Ⅳ. 시공 시 유의사항

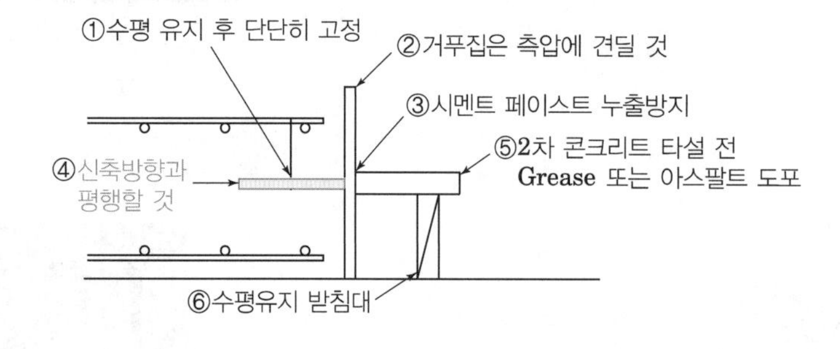

42 수축 · 온도철근(Shrinkage and Temperature Reinforcement) KDS 14 20 50

Ⅰ. 정의

① 건조수축 또는 온도변화에 의하여 콘크리트에 발생하는 균열을 방지하기 위한 목적으로 배치되는 철근을 말한다.

② 슬래브에서 휨철근이 1방향으로만 배치되는 경우, 이 휨철근에 직각방향으로 수축·온도철근을 배치하여야 한다.

Ⅱ. 현장시공도

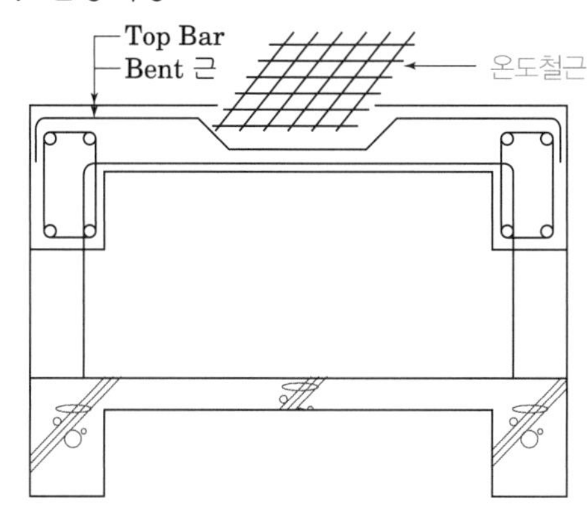

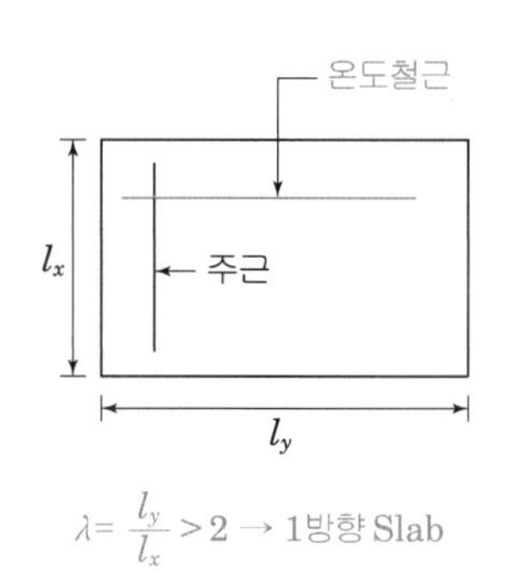

$\lambda = \frac{l_y}{l_x} > 2 \rightarrow$ 1방향 Slab

Ⅲ. 수축 · 온도철근의 목적

① 온도변화에 의한 콘크리트 균열저감

② 콘크리트 수축에 의한 균열저감

③ 1방향 슬래브의 주근간격 유지

④ 응력을 분산

Ⅳ. 1방향 철근콘크리트 슬래브

1) 수축·온도철근으로 배치되는 이형철근 및 용접철망의 최소철근비

① 설계기준항복강도가 400MPa 이하인 이형철근을 사용한 슬래브: 0.0020 이상

② 설계기준항복강도가 400MPa을 초과하는 이형철근 또는 용접철망을 사용한 슬래브 : $0.0020 \times \frac{400}{f_y}$ 이상

③ 어떤 경우에도 0.0014 이상

2) 수축·온도철근 단면적을 단위 폭 m당 1,800mm^{2}보다 크게 취할 필요는 없다.

3) 수축·온도철근의 간격은 슬래브 두께의 5배 이하 또한 450mm 이하

4) 수축·온도철근은 설계기준항복강도 f_y를 발휘할 수 있도록 정착

[수축 · 온도철근비]
콘크리트 전체 단면적에 대한 수축 · 온도철근 단면적의 비

43 가외철근

Ⅰ. 정의

가외철근이란 Concrete의 건조수축, 온도변화, 기타의 원인에 의하여 Concrete에 일어나는 인장응력에 대비하여 가외로 넣는 보조적인 철근을 말한다.

Ⅱ. 시공도

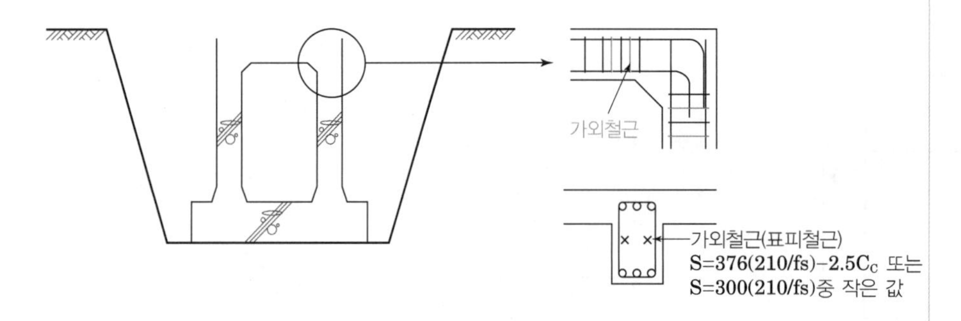

Ⅲ. 배치목적

① 콘크리트 건조수축에 따른 변형방지
② 온도변화에 따른 콘크리트 균열을 예방
③ 구조적 취약부위의 보강

Ⅳ. 가외철근 배치

1. 시공 Joint부

구콘크리트와 신콘크리트의 온도 및 건조수축 차이로 인한 인장응력에 대비하여 배치

2. 공동구 등 바닥판의 Hunch부

Post−tension을 위한 Sheath관 내 PS강선 긴장 시 인장응력에 따른 콘크리트 파손에 대비하여 배치

3. I형 PC 보

I형 보의 상부의 중앙

4. 콘크리트 보

현장타설 콘크리트 보의 복부 양측면의 축방향

44 헌치보

Ⅰ. 정의

헌치보는 수직부재와 수평부재가 접하는 부위에 구조적 보강을 위하여 구조물의 단면을 크게 한 부분을 말한다.

Ⅱ. 시공도

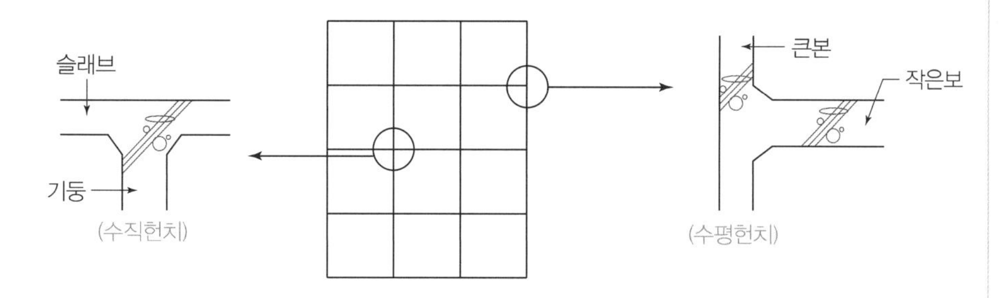

Ⅲ. 설치 목적

① 하중의 응력집중 방지
② 응력집중에 따른 구조물의 균열방지
③ 구조물의 전단보강효과

Ⅳ. 헌치보의 정착방법

① 보의 하부근을 절곡위치에 정착시킨 경우로서 일반적으로 사용되는 방법임
② 역학적으로 특별한 문제는 없으나 보 하부근과 스터럽 사이에 틈새가 생길 수 있는 단점이 있음
③ 헌치보 절곡부위 보강방안
→ 절곡부위의 균열제어를 위해 스터럽과 관계없이 달아올림 철근(2-D13)을 추가 배근함

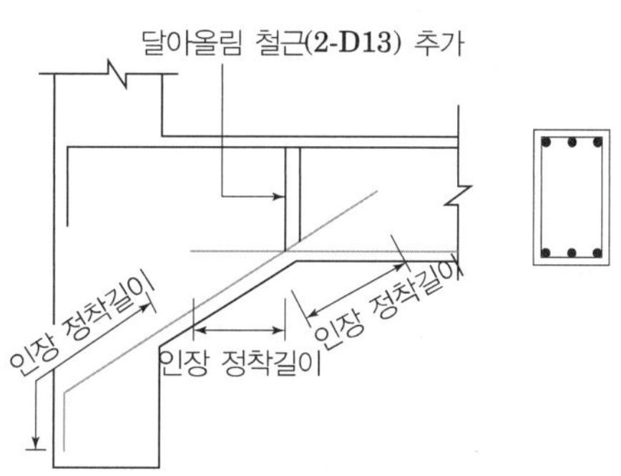

45 균형철근비(Balanced Steel Ratio)

Ⅰ. 정의

균형철근비란 인장철근이 설계항복강도에 도달하는 동시에 압축연단 콘크리트의 변형률이 극한변형률에 도달하는 단면의 인장철근비이다.

Ⅱ. 철근비에 따른 중립축 위치관계

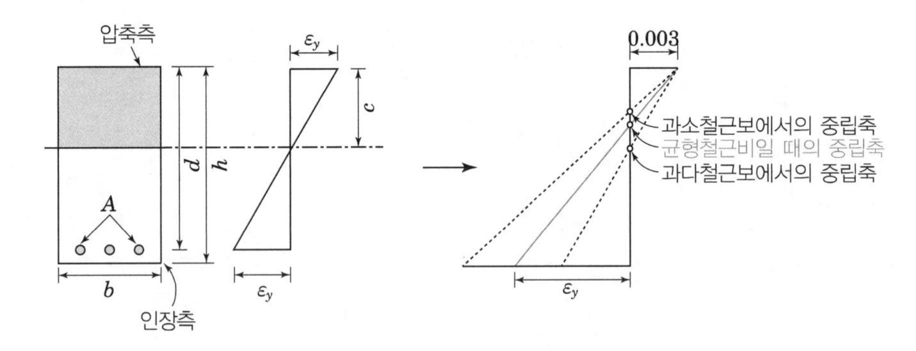

Ⅲ. 철근비의 상호관계

1. 균형철근비(Balanced Steel Ratio)

① 콘크리트가 극한변형률에 도달함과 동시에 철근이 항복하는 경우
② 철근과 콘크리트가 동시에 파괴됨
③ 가장 최적의 상태

2. 과소철근보(Underreinforced Beams)

① 콘크리트가 극한변형률에 도달했을 때 철근이 이미 항복하도록 설계된 보
② 하중 증가 시 철근이 먼저 항복상태가 됨
③ 철근이 항복하면 보에 처짐과 균열이 발생하는 징후를 감지하게 됨
④ 인장파괴 또는 연성파괴가 일어남
⑤ 중립축이 압축 측으로 상향됨

3. 과다철근보(Overreinforced Beams)

① 콘크리트가 극한변형률에 도달했을 때 철근이 항복하지 않도록 설계된 보
② 하중 증가 시 콘크리트가 먼저 극한변형률에 도달됨
③ 콘크리트가 극한변형률 도달 시 갑자기 붕괴됨
④ 취성파괴가 일어남
⑤ 중립축이 인장 측으로 하향됨

46 철근 부식허용치

KCS 14 20 11/KS D 3504

Ⅰ. 정의

철근의 표면상태는 콘크리트와의 부착력을 위해 중요하며 녹이 과다할 경우 부착력 감소 및 내력저하를 초래할 수 있으므로 주의 하여야 한다.

Ⅱ. 철근부식 Mechanism

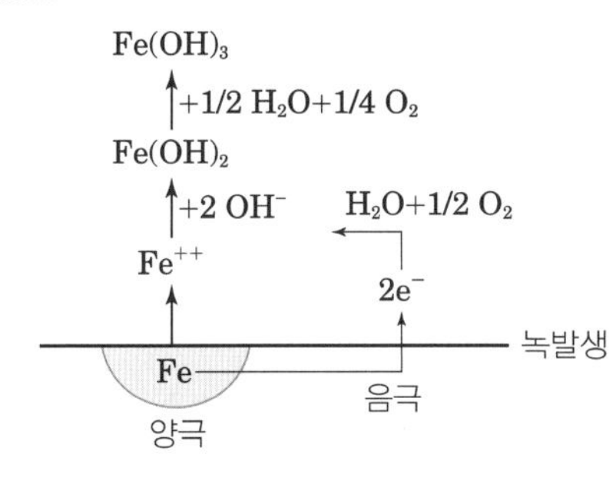

[철근부식의 Mechanism]

Ⅲ. 철근 녹에 대한 규정[KCS 14 20 11]

① 철근의 표면에는 부착을 저해하는 흙, 기름 또는 이물질 제거

② 경미한 황갈색의 녹이 발생한 철근은 일반적으로 콘크리트와의 부착을 해치지 않으므로 사용 가능

③ 녹이 과다할 경우 마디높이가 낮아져 부착력 감소

④ 녹이 과다할 경우 단면적 감소로 내력 저하

[철근부식]

Ⅳ. 철근 녹에 대한 규정[KS D 3504]

① PS강재를 제외하고 철근의 녹이나 가공부스러기 또는 그 조합은 KS D 3504에서 요구하고 있는 마디의 높이를 포함하는 철근의 최소 치수와 중량에 미달하지 않는 한 특별히 제거할 필요는 없다.

② 횡방향 리브의 평균높이

치수(호칭명)	횡방향 리브의 평균높이	
	최소	최대
D13 이하	공칭지름의 4.0%	최소값의 2배
D13 초과 D19 미만	공칭지름의 4.5%	
D19 이상	공칭지름의 5.0%	

③ 이형 봉강 1개의 무게 허용차

치수(호칭명)	무게의 허용차	적용
D10 미만	+규정하지 않음, -8%	시험재 채취방법 및 허용차 산출방법은 KS D 3504 9.4의 규정에 따른다.
D10 이상 D16 미만	±6%	
D16 이상 D29 미만	±5%	
D29 이상	±4%	

④ 이형 봉강 1조의 무게 허용차

치수(호칭명)	무게의 허용차	적용
D10 미만	±7%	시험재 채취방법 및 허용차 산출방법은 KS D 3504 9.4의 규정에 따른다.
D10 이상 D16 미만	±5%	
D16 이상 D29 미만	±4%	
D29 이상	±3.5%	

[1조]
1톤 이상을 채취하여 1조로 한다.

⑤ 녹에 대한 제한규정은 실험에 근거하고 있으며, 이형철근에서 적당량의 녹과 가공부스러기(Mill Scale)는 부착력을 증가시킨다는 것이 실험으로 확인되었다. 일반적인 철근의 운반, 가공 및 설치작업만으로도 콘크리트와 철근 사이의 부착을 저해하는 느슨한 녹은 제거한다.[콘크리트 구조기준 해설]

47 강재 부식방지 방법 중 희생양극법

KCS 31 85 70

Ⅰ. 정의

지중 또는 수중에 설치된 양극금속과 매설배관을 전선으로 연결해 양극금속과 매설배관 사이의 전지작용으로 부식을 방지하는 것을 말한다.

Ⅱ. 매몰배관의 방식시공

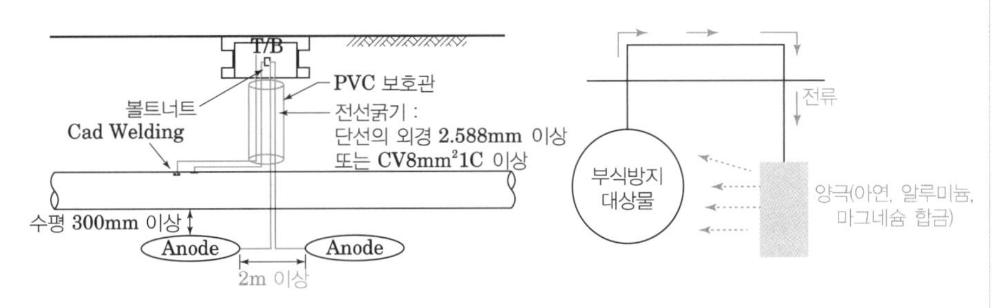

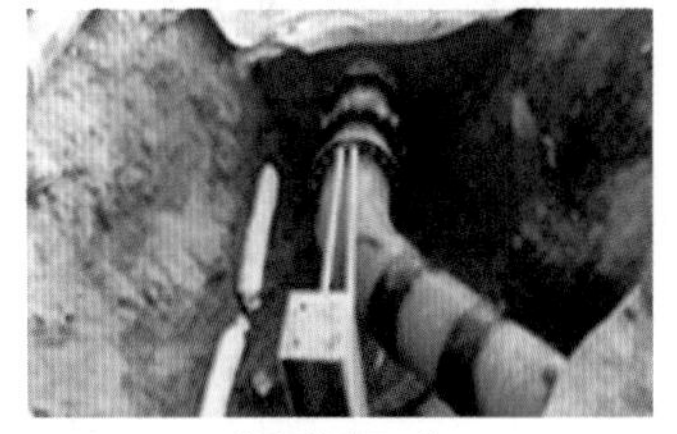
[희생양극법]

Ⅲ. 장점

① 전원의 이용이 어려운 장소에서 적용가능
② 소규모 또는 피복관로에 적합
③ 시공이 간단하고 유지관리가 적다

Ⅳ. 단점

① 방식 효과범위가 적다
② 양극이 소모되므로 일정기간 마다 보충하여야 한다.
③ 방식전류의 조절이 곤란하다

Ⅴ. 시공 시 유의사항

① 양극은 재료가 고체화되지 않도록 습기에 주의
② 지하에 매설되는 전선관은 합성수지관을 사용
③ 양극은 마그네슘 양극을 사용
④ 양극은 피 방식 부분에서 0.3m 이상 떨어진 지점에 수평으로 설치하고, 한 곳에 2개 이상 설치하는 경우, 양극 사이의 간격은 2m 이상 유지하여 설치
⑤ 양극과 피 방식 부분은 측정함 내부에서 리드선으로 서로 연결
⑥ 선정된 양극(마그네슘양극 등)을 시공 도면에 따라 매설하고 양극보호관과 양극 사이를 채움재로 되메우기를 하여야 한다.

48 포와송비(Poisson's Ratio)

Ⅰ. 정의

재료 내부에 생기는 수직 응력에 의한 수직 방향으로 변형이 일어날 때 수평 방향으로도 변형이 일어나며, 이때 수평 방향의 변형률을 수직 방향의 변형률로 나눈 것을 말한다.

Ⅱ. 개념도(콘크리트)

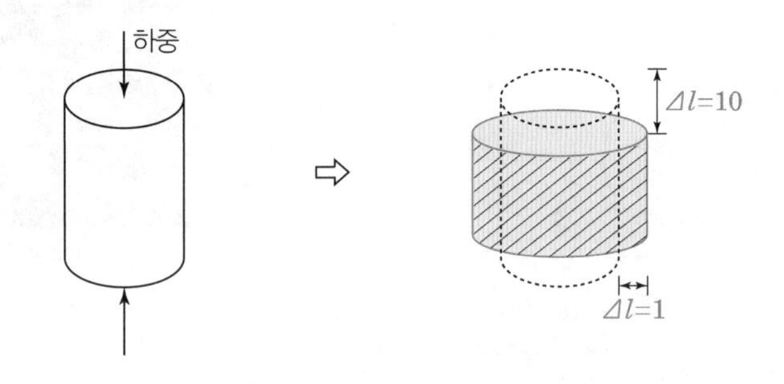

$$\text{포와송 비 } v = (-)\frac{\text{횡방향 변형률}}{\text{종방향 변형률}} = (-)\frac{\Delta\epsilon_x}{\Delta\epsilon_y}$$

① 콘크리트(압축): 0.1~0.2
② 강재: 0.27~0.3

Ⅲ. 특성

① 일반적으로 포와송비는 $0 < v < 0.5$이다.
② $v = 0.5$는 변형이 일어나도 체적이 일정하다.
③ 포와송비가 클수록 팽창하기 쉽다.
④ 포와송비에서 음의 부호(−)는 종방향 변형률이 양수일 경우, 즉 인장일 경우 횡방향 변형률은 항상 음수이고, 종방향 변형률이 음수일 경우, 즉 압축일 경우 횡방향 변형률은 항상 양수이므로 횡방향 변형률을 종방향 변형률로 나눈 값은 항상 음수이기 때문에 최종적인 값을 양수로 만들어주기 위한 것이다.
⑤ 탄성계수 E와 전단계수 G는 포와송비(v)를 하나의 식으로 표현할 수 있다.
⑥ $G = E/2(1+v)$

49 하이브리드 FRP(Fiber Reinforced Polymer) 보강근

Ⅰ. 정의

고내구성 및 비부식 재료인 하이브리드 FRP로 기존 철근 역할을 대체할 수 있는 비부식 보강근으로 구조물의 내구성 확보 및 수명 연장과 유지보수비 절감 효과를 발현할 수 있다.

Ⅱ. 하이브리드 FRP Bar

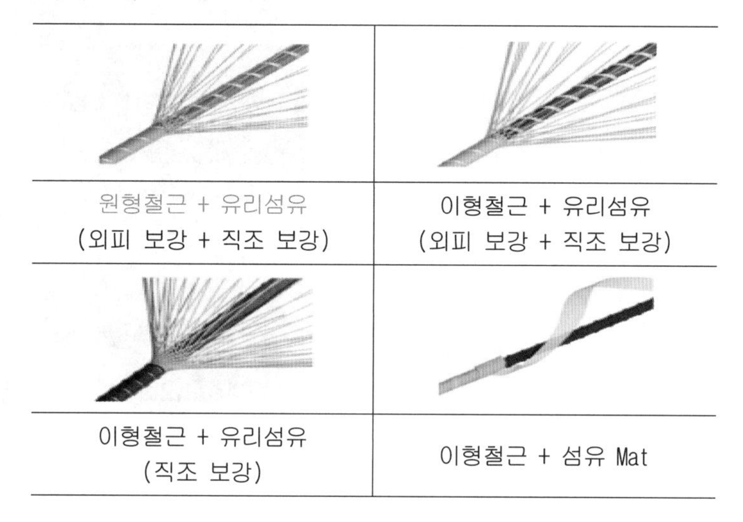

원형철근 + 유리섬유 (외피 보강 + 직조 보강)	이형철근 + 유리섬유 (외피 보강 + 직조 보강)
이형철근 + 유리섬유 (직조 보강)	이형철근 + 섬유 Mat

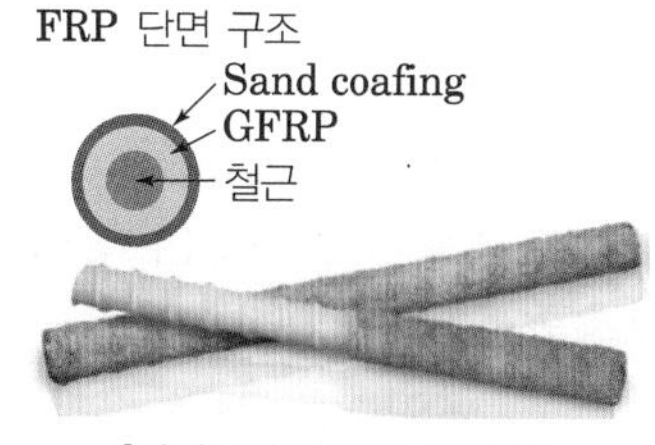

[하이브리드 FRP 보강근]

① 재료의 하이브리드 효과로 탄성계수 향상

② 하이브리드 FRP Bar의 최대 인장강도는 철근보다 우수

Ⅲ. 차별성 및 효과

1) 신개념 하이브리드 FRP Bar 제안 및 개발
   부식의 우려가 없는 FRP와 철근을 결합한 하이브리드 FRP Bar 개발

2) 재료적 한계점 상호 보완
   고탄성계수 재료와 FRP의 하이브리드화로 탄성계수 개선

3) 신뢰성 있는 성능 데이터 확보
   내구연한에 상응하는 장기성능 검증

Ⅳ. 특징

① 초기공사비 측면에서는 철근콘크리트 부재에 비해 FRP 보강근 콘크리트 부재가 불리

② LCC 비용 측면에서는 FRP 보강근 콘크리트가 유리

③ 유지관리의 증대되는 현 시점에서는 그 사용가치가 우수

50 철근 결속선의 결속기준 KS D 3552/KS B 0801/EXCS 14 20 11

Ⅰ. 정의

철근 결속선은 KS D 3554에 적합한 선재에 냉간 가공을 한 다음, 연화를 위하여 어닐링한 단면 모양이 원형인 철선(어닐링 철선)으로 조립한 철근이 콘크리트 타설 완료할 때까지 바른 위치를 유지할 수 있도록 철근의 교차부위에 철저히 결속하여야 한다.

Ⅱ. 결속선 종류 및 시험

1. 규격 종류

① 철선 직경에 따라 0.9, 1.0, 1.1, 1.2mm 등 4개 종류로 분류

② 결속선 절단길이: 350mm, 450mm 등

2. 주요 시험

① 인장 시험

② 굽힘 시험

③ 비틀림 시험

[철근 결속]

Ⅲ. 결속선의 결속기준

1. 시방서 기준[KCS 14 20 11/EXCS 14 20 11]

① 철근은 바른 위치에 배치하고, 콘크리트 칠 때 움직이지 않도록 충분히 견고하게 조립해야 한다.

② 철근은 제자리에 놓고, 간격을 맞추고, 명시된 위치에 있는 모든 접합점, 교차점, 겹치는 점에서 단단하게 결속하거나 철선을 감는다.

③ 현재 상태에 맞추기 위해서 작업장에서 철근을 다시 굽혀서는 안 된다.

④ 결속선의 끝은 거푸집 표면에서 떨어지게 하여야 한다.

⑤ 철근의 겹이음은 소정의 길이로 겹쳐서 0.9mm(#20번선) 굵기 이상의 풀림 철선으로 여러 곳을 긴결하여야 한다.

2. 현장 기준

① 공사시방서에 따라 결속간격 유지

② 일반적으로 기초는 100% 결속, 그 외는 2~3 교점마다 결속

③ 벽, 기둥 철근 결속은 콘크리트 타설시 충격 및 다짐기구 등에 의한 철근 유동이 되지 않도록 긴결 철저

④ 바닥슬래브 철근 결속은 보행자, 타설 작업원, 타설기구 등에 의한 철근 흐트러짐이 되지 않도록 긴결 철저

⑤ RCD 말뚝 철근, Slurry Wall 패널용 철근 등의 선조립 철근의 양중으로 인한 변형에 유의

Professional Engineer
Architectural Execution

4.2장

거푸집공사

01 거푸집 전용계획

Ⅰ. 정의

거푸집 전용계획은 품질에 부담을 주지 않는 범위 내에서 새로 구입하는 재료를 최소로 하고, 가능한 많이 전용하여 재료 낭비와 소모방지를 하여야 한다.

Ⅱ. 전용계획

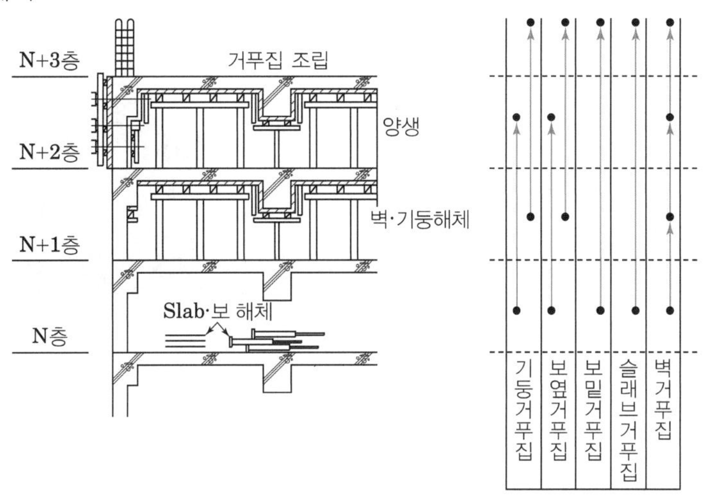

1. 경제성 확보

   콘크리트 품질에 영향을 미치지 않는 범위 내에서 최대한 전용

2. 전용 가능 횟수 최대

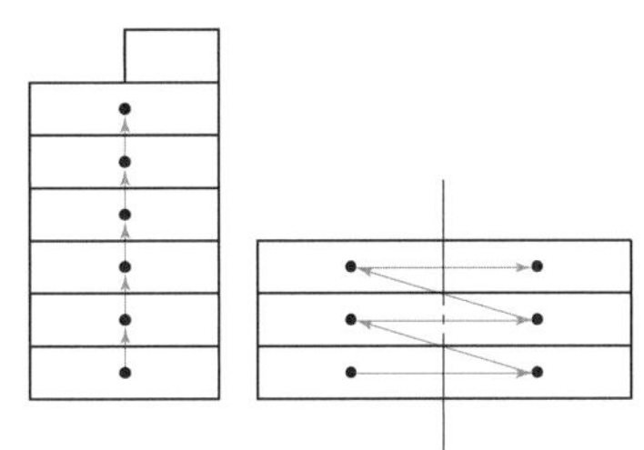

   건축물의 형상, 크기에 따라 전용 Pattern 결정

3. 거푸집 재료의 존치기간

   콘크리트 배합조건과 계절영향 고려

4. 소요량 확정 및 발주

   실무책임자와 반드시 협의

5. 전용예정 공정표 작성

   운반효율을 감안하여 수평이동 적게, 수직이동 위주

02 강제틀 합판 거푸집(유로폼)

I. 정의

① 모듈식 거푸집(Modular Form)으로 철재 장선과 라미네이트 코팅합판으로 제작된 거푸집 패널이며 건물의 평면 형상이 규격화된 표준타입의 거푸집이다.

② 최대 사용 측압은 40.0kN/m^{2}이다.

Ⅱ. 시공도

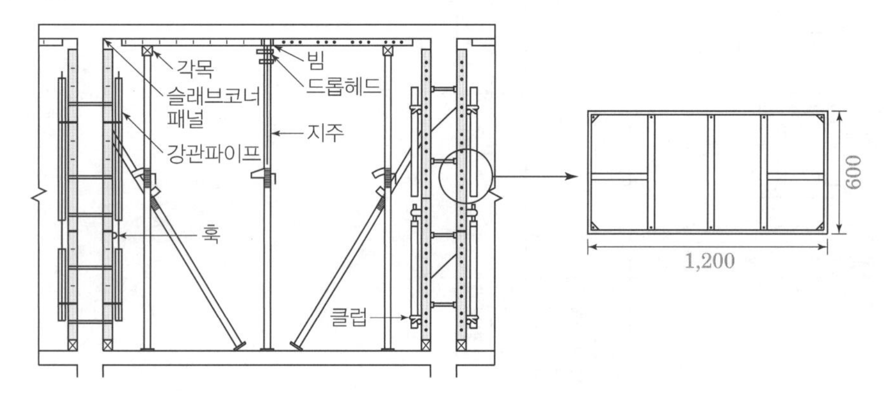

[유로폼]

→ 공장제작하여 일정횟수 사용 후 합판 교체 및 프레임 교정 등의 보수작업은 현장에서도 가능하다.

Ⅲ. 장점

① 일반 합판 거푸집에 비하여 시공 시 정밀도가 높다.

② 타 거푸집 시스템과의 조합이 쉽다.

③ 초기 투자비가 적고 거푸집 손료가 싸므로 경제적이다.

④ 아파트, 사무실 등 거의 모든 구조물에 적용 가능하다.

⑤ 장비가 불필요하다.

Ⅳ. 단점

① 부재의 크기가 작고 해체, 조립을 반복하므로 인력소모가 많다.

② 부재조립, 해체, 운반을 인력에 의존하므로 시공속도가 늦고 인력수급상황에 민감하다.

③ 곡면 시공이 어렵다.

④ 거푸집 이음부위가 많아 시멘트 페이스트의 누출이 많고, 이음부위 면처리 비용이 많이 든다.

⑤ 높은 측압에는 약하다.

⑥ 시공품질이 작업자의 기능도와 작업성실도에 크게 좌우된다.

03 Gang Form KCS 21 50 10

Ⅰ. 정의

① 평면상 상·하부 동일 단면 구조물에서 외부벽체 거푸집과 작업발판용 케이지(Cage)를 일체로 제작하여 사용하는 대형 거푸집을 말한다.

② 현장에서는 외부 벽체 거푸집 설치, 해체 및 미장, 면손보기 작업을 위한 케이지를 일체로 제작하여 사용하는 것을 말한다.

Ⅱ. 시공도

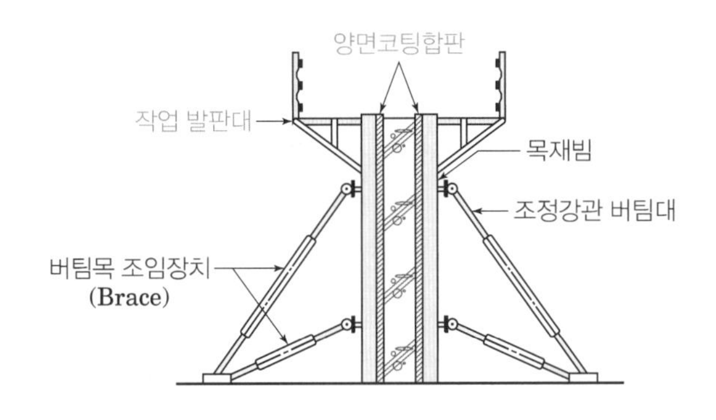

[Gang Form]

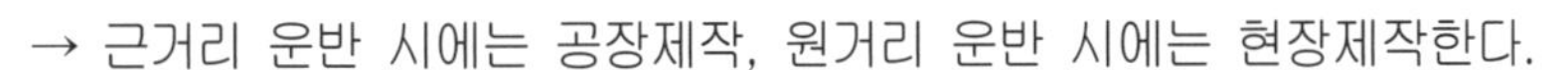
→ 근거리 운반 시에는 공장제작, 원거리 운반 시에는 현장제작한다.

Ⅲ. 장, 단점

① 조립, 해체가 생략되고 설치와 탈형만 하므로 인력절감
② 콘크리트 이음부위 감소로 마감 단순화 및 비용절감
③ 1개 현장 사용 후 합판 교체하여 재사용 가능하나 대부분 처분함
④ 초기 투자비 과다
⑤ 기능공의 교육 및 숙달기간 필요

Ⅳ. 적용 대상 및 전용횟수

① 고층아파트, 병원 등 대부분의 건축구조물에 적용
② 벽식 구조의 건물이 적용효과가 큼
③ 수직적, 수평적으로 동일 모듈이 15개 정도 이상이면 적용 가능
④ 경제적인 전용횟수는 30~40회 정도

V. 시공 시 유의사항

① 설치 및 해체작업은 사전 작업방법, 작업순서, 점검항목, 점검기준 등에 관한 안전작업 계획을 수립

② 거푸집의 외관상 휨이나 변형이 없는지, 설계도면의 치수와 잘 맞는지 점검한 후 정확히 조립

③ 근로자가 작업발판으로 출입, 이동할 수 있도록 작업발판의 연결, 이동 통로를 설치

④ 작업자는 갱 폼 및 작업발판에 충격을 가하지 않도록 주의

⑤ 설치 후 거푸집 설치상태의 견고성과 뒤틀림 및 변형여부, 부속철물의 위치와 간격, 접합정도와 용접부의 이상 유무를 확인

⑥ 피로하중으로 인한 갱 폼의 낙하를 방지하기 위해 앵커볼트는 주기적으로 점검하여 상태에 따라 교체

⑦ 타워크레인으로 갱 폼을 인양하는 경우 갱 폼 하중 및 인양장비의 단계별 양중하중에 대한 사전검토를 수행하여야 하며 보조 로프를 사용하여 갱 폼의 출렁임을 최소화

⑧ 갱 폼의 해체작업은 콘크리트 타설 후 충분한 양생기간이 지난 후 시행

04 Climbing Form

KCS 14 20 12

Ⅰ. 정의

Gang Form에 거푸집 설치를 위한 비계틀과 기 타설된 콘크리트의 마감작업용 비계를 일체로 조립하여 한 번에 인양시켜 거푸집을 설치하는 벽체용 거푸집이다.

[Climbing Form]

Ⅱ. 시공도

① 클라이밍 시스템을 분해상태로 현장에 운반하여 공정진척에 따라 조립

② 경제적 전용횟수는 80~100회 정도

올라간 콘크리트
유니버설브래킷
거푸집부재
정지된 거푸집

Ⅲ. 장, 단점

① 거푸집작업 및 마감작업을 위한 비계틀이 일체로 제작되어 있으므로 비계설치가 필요없다.

② 고소작업 시 안전성이 높다.

③ 거푸집 해체 시 콘크리트에 미치는 충격이 적다.

④ 장비를 이용하여 설치, 해체하므로 인력이 절감되고 시공속도가 빠르다.

⑤ 콘크리트 면의 품질이 양호하다.

⑥ 초기 투자비가 크다.

Ⅳ. 시공 시 유의사항

① 낙하물방지망 등 안전시설물 설치 및 점검 철저

② 타워크레인 등 양중장비 고장 시 대책 마련

③ 이동 시 거푸집의 변형방지를 위한 충분한 장선 및 멍에의 보강

④ 매회 박리제 도포 및 관리 철저

⑤ 순간풍속이 10m/sec 이상, 돌풍이 예상될 때에는 작업중단

⑥ 클라이밍 폼은 전용횟수를 고려하여 충분한 강성과 강도 확보

⑦ 층당 사이클에 적합한 양중방법 고려

⑧ 크레인을 사용하여 클라이밍 폼 인양할 경우 최대인장하중 및 크레인의 양중 능력 고려

05 RCS(Rail Climbing System) Form

KOSHA GUIDE

Ⅰ. 정의

벽체 거푸집용 작업발판으로서 거푸집 설치를 위한 작업발판, 비계틀과 콘크리트 타설 후 마감용 비계를 일체로 제작한 레일 일체형 시스템이며, 특히 Rail(레일)과 Shoe(슈)가 맞물려 크레인 없이 유압을 이용하여 자립으로 인상 작업과 탈형 및 설치가 가능한 시스템 폼을 말한다.

Ⅱ. 현장시공도

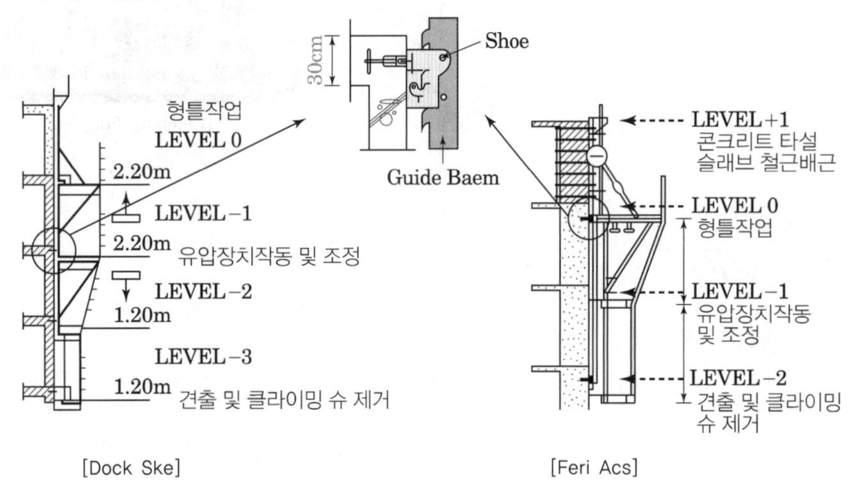

[Dock Ske] [Feri Acs]

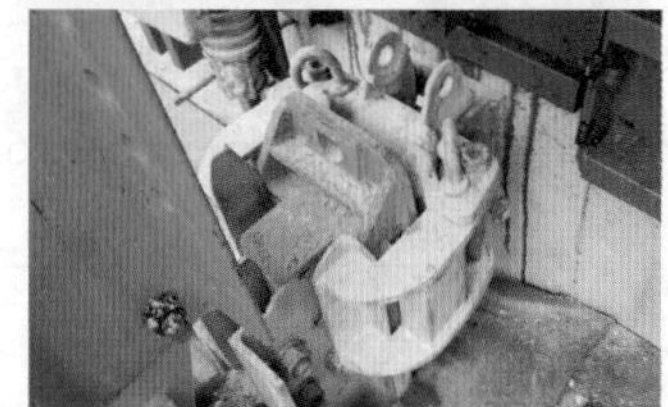

[RCS Form]

Ⅲ. 앵커의 종류

- 관통형
  - 월 앵커
  - 슬래브 앵커
- 매립형(스크류온콘 타입)
  - 월 또는 슬래브 단부 앵커
  - 슬래브 앵커
- 매립형(글라이밍콘 타입) : 월 또는 슬래브 단부 앵커

[디비닥 타이로트 체결]

Ⅳ. 앵커 및 슈 설치 시 주의사항

① 디비닥 타이로드 체결위치까지 클라이밍 콘과 스레디드 플레이트를 돌려서 체결

② 모든 앵커 자재, 특히 디비닥 타이로드는 용접 및 화기 접촉을 금지

③ 클라이밍 슈와 월 슈를 설치할 때 구조체와 유격이 없이 확실하게 조여졌는지 반드시 확인

④ 관통형의 앵커는 반대쪽의 카운트 플레이트가 정확히 체결되었는지 확인

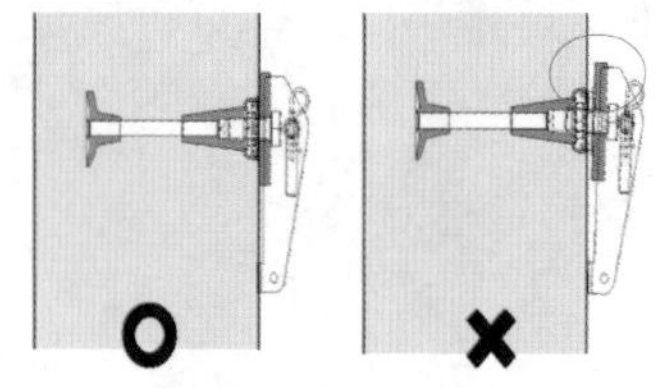

[클라이밍 슈 체결]

Ⅴ. 시공 시 유의사항

① 벽부형 앵커인 경우 슬래브 두께가 30cm 이상
② 콘크리트강도가 10MPa 이상일 때 거푸집 인양
③ Shoe 장치보양 → 시멘트 페이스트 유입방지
④ 유압장치 확인 철저
⑤ Sliding Joint 등 Shoe 장치와 간섭을 확인
⑥ 구조체와 작업발판 틈새처리 철저
⑦ 1Set ACS Form 인양 시 측면 안전난간 설치
⑧ 클라이밍폼을 지지하는 앵커는 고정하중, 활하중, 풍하중 등의 하중에 대한 안전성을 확보하여야 하며 앵커가 정착되는 구조체의 안전성을 검토
⑨ 구동 장치의 상승 능력을 초과하지 않도록 시스템을 고려
⑩ 상승 중 시스템의 안전성에 대하여 검토
⑪ 구조물의 단면변화로 인한 단면축소 혹은 경사진 경우 시스템의 상승 시 발판을 수평으로 유지할 수 있는 기능 갖출 것
⑫ 100m 이상의 고층구조물에 거푸집의 설치 및 해체와 무관하게 별도의 철근 조립용 및 콘크리트 타설용 작업발판이 고정될 것
⑬ 전체의 외곽에 안전난간대와 안전망을 폐합 설치할 수 있도록 설계
⑭ 순간풍속이 10m/sec 이상, 돌풍이 예상될 때에는 작업중단

06 ACS(Auto Climbing System) Form

KOSHA GUIDE

Ⅰ. 정의

RCS폼과 비슷하고 레일이 분리되어 있으며 브래킷 타입의 거푸집 인상작업과 탈형 및 설치가 가능한 자동 유압 상승식 시스템 작업발판을 말한다.

Ⅱ. 현장시공도

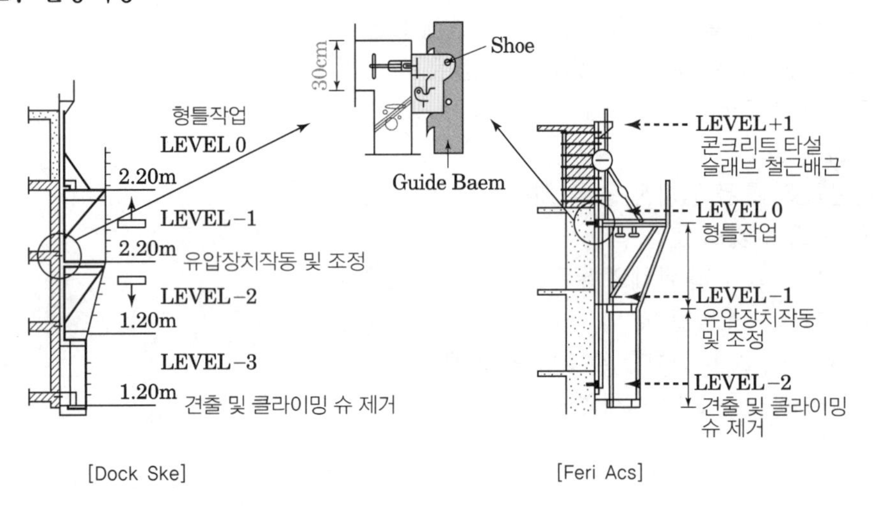

[Dock Ske] [Feri Acs]

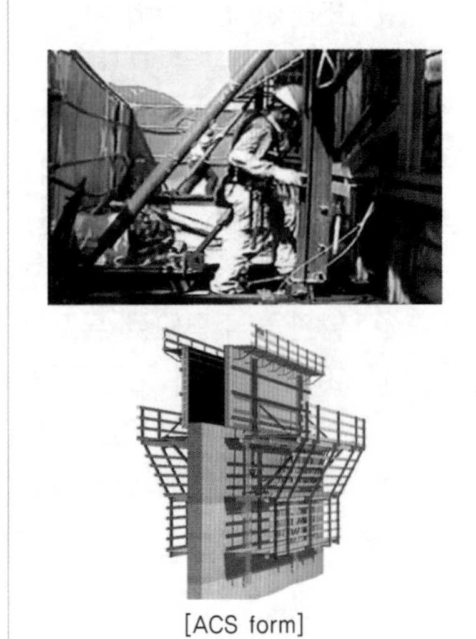

[ACS form]

Ⅲ. 앵커의 종류

- 관통형
  - 월 앵커
  - 슬래브 앵커
- 매립형(스크류온콘 타입)
  - 월 또는 슬래브 단부 앵커
  - 슬래브 앵커
- 매립형(글라이밍콘 타입) : 월 또는 슬래브 단부 앵커

Ⅳ. 앵커 및 슈 설치 시 주의사항

① 디비닥 타이로드 체결위치까지 클라이밍 콘과 스레디드 플레이트를 돌려서 체결

② 모든 앵커 자재, 특히 디비닥 타이로드는 용접 및 화기 접촉을 금지

③ 클라이밍 슈와 월 슈를 설치할 때 구조체와 유격이 없이 확실하게 조여졌는지 반드시 확인

④ 관통형의 앵커는 반대쪽의 카운트 플레이트가 정확히 체결되었는지 확인

[디비닥 타이로트 체결]

Ⅴ. 시공 시 유의사항

① 벽부형 앵커인 경우 슬래브 두께가 30cm 이상
② 콘크리트강도가 10MPa 이상일 때 거푸집 인양
③ Shoe 장치보양 → 시멘트 페이스트 유입방지
④ 유압장치 확인 철저
⑤ Sliding Joint 등 Shoe 장치와 간섭을 확인
⑥ 구조체와 작업발판 틈새처리 철저
⑦ 1Set ACS Form 인양 시 측면 안전난간 설치
⑧ 클라이밍폼을 지지하는 앵커는 고정하중, 활하중, 풍하중 등의 하중에 대한 안전성을 확보하여야 하며 앵커가 정착되는 구조체의 안전성을 검토
⑨ 구동 장치의 상승 능력을 초과하지 않도록 시스템을 고려
⑩ 상승 중 시스템의 안전성에 대하여 검토
⑪ 구조물의 단면변화로 인한 단면축소 혹은 경사진 경우 시스템의 상승 시 발판을 수평으로 유지할 수 있는 기능 갖출 것
⑫ 100m 이상의 고층구조물에 거푸집의 설치 및 해체와 무관하게 별도의 철근 조립용 및 콘크리트 타설용 작업발판이 고정될 것
⑬ 전체의 외곽에 안전난간대와 안전망을 폐합 설치할 수 있도록 설계
⑭ 순간풍속이 10m/sec 이상, 돌풍이 예상될 때에는 작업중단

07 Shuttering Form

Ⅰ. 정의

대형 Panel Form을 보강하고자 멍에재인 각재 대신에 철재의 Shuttering Beam을 덧붙여 강성을 높이고, 강지보공 및 비계를 Unit화시킨 수직부재용 거푸집이다.

Ⅱ. 시공도

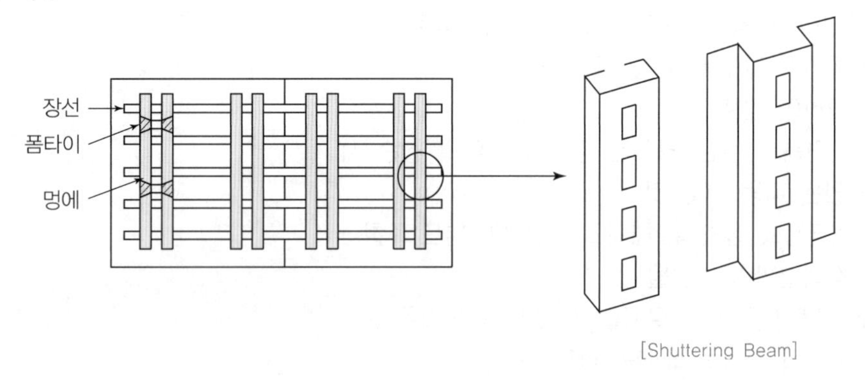

[Shuttering Beam]

Ⅲ. 특징

① 거푸집에 종방향 테두리의 강성을 높이고 연결개소 최소화 도모
② 작업의 안전성 확보
③ Unit화로 제품의 정밀도 향상
④ 단순반복작업을 통한 공기단축

Ⅳ. 시공 시 유의사항

① 거푸집 조립 및 해체 시 Shuttering Beam의 변형방지에 유의
② 측압에 견딜 수 있는 Shuttering Beam의 보강
③ 거푸집 중량 및 양중장비의 용량을 철저히 파악
④ Shuttering Beam의 적정규격을 사용하여 변형방지

08 Table Form(Flying Form)

Ⅰ. 정의

① 바닥 슬래브의 콘크리트를 타설하기 위한 거푸집으로서 거푸집널, 장선, 멍에, 서포트 등을 일체로 제작하여 부재화하여 크레인으로 수평 및 수직 이동이 가능한 거푸집이며, 일명 Flying Form 이라고도 한다.

② 수직, 수평으로 반복 모듈을 가진 초고층 또는 아주 넓은 지하층 구조물에 적용한다.

[Table Form]

Ⅱ. 현장시공도

① 공장제작을 원칙으로 하되 근거리인 경우 공장제작도 가능

② 경제적인 전용횟수는 30~40회 이상

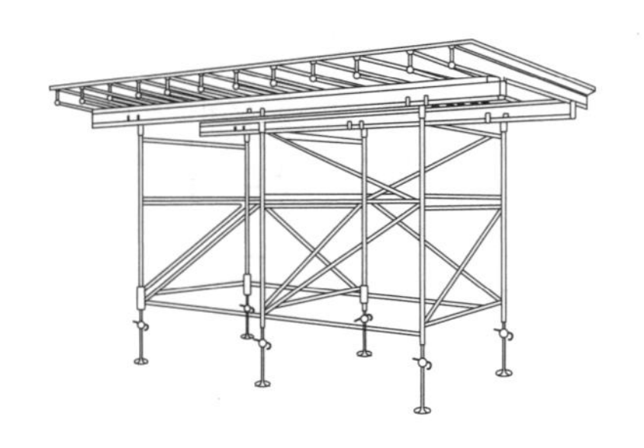

Ⅲ. Truss 형

1. 개념

① 거푸집 중량이 무거워 타워크레인 부하가 크므로 양중계획이 중요

② 1개 층을 2~4개 Zone으로 구획하여 순환적인 공정관리가 필요

2. 테이블 폼 해체

① Truss Table 거푸집 해체 장비를 이용하여 Drop Down 준비

② Lowering Device Truss Table 하단에 설치 → Extension Staff를 안으로 밀어 넣어 Screw Jack 고정

③ Lowering Device를 이용 Truss Table를 Down 시킴 → 수평이동 장비(Landing Dolly) 위해 안착시킨 후 이동

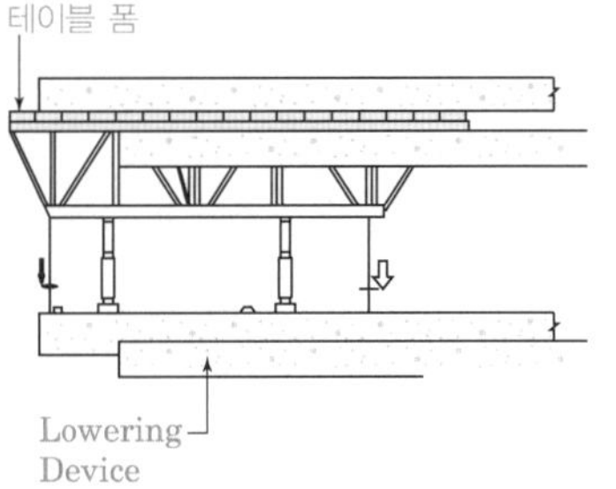

3. 테이블 폼 수평 이동 및 수직 상승

① 전면에 T/C Wire 결속 후 슬래브 밖으로 서서히 밀어냄

② Wire가 인장을 받은 상태에서 후면에 T/C Wire 결속

③ Compensating Cylinder에 의해 자동으로 균형이 유지 되면 슬래브 밖으로 완전히 밀어내어 상층부로 이동

④ 새로운 설치 지점으로 이동 설치

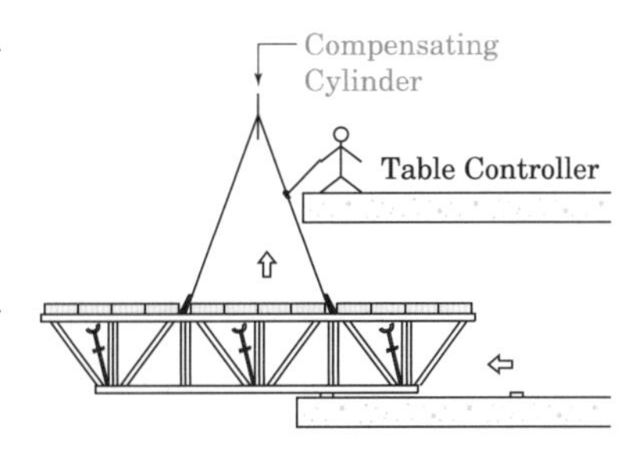

[TC]
타워크레인

Ⅳ. Support 형

1. 개념

① 기둥과 테이블 폼 사이에 Filler 합판을 설치하여 보, 기둥, 슬래브 동시 타설이 용이

② 폼 분할은 지게차 용량, T/C 양중능력, 차량 수송성을 고려

2. 테이블 폼 해체

지게차를 이용하여 해체틀을 떠서 해당 거푸집 하부에 배치하고 동바리를 제거

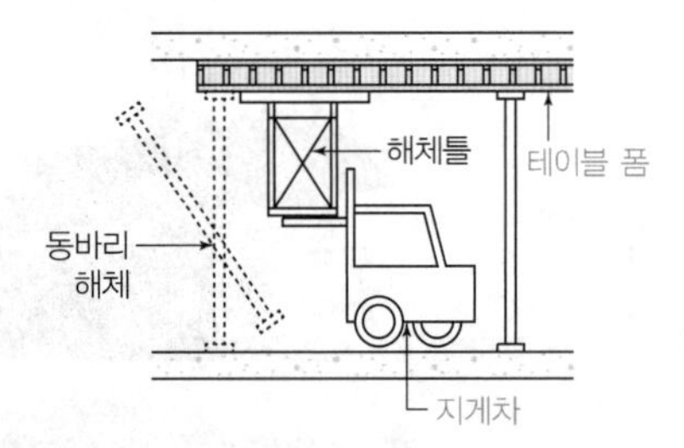

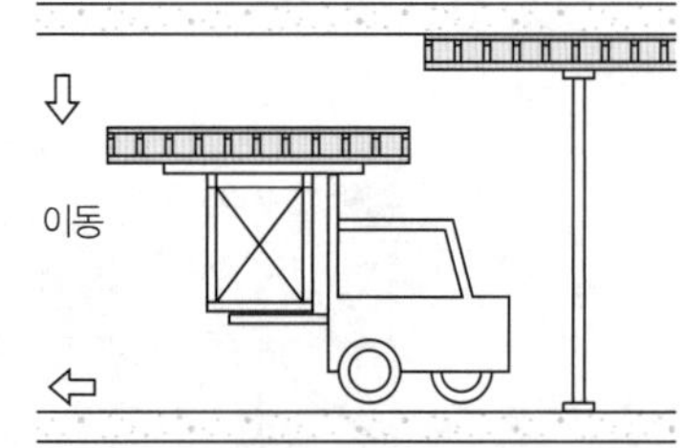

3. 테이블 폼 수평 이동 및 수직 상승

① 해체된 거푸집을 지게차를 이용 상승용 데크에 올림

② 상승용 데크에 부착된 레일을 밖으로 이동

③ T/C Wire 결속 후 상층부로 이동, 배치

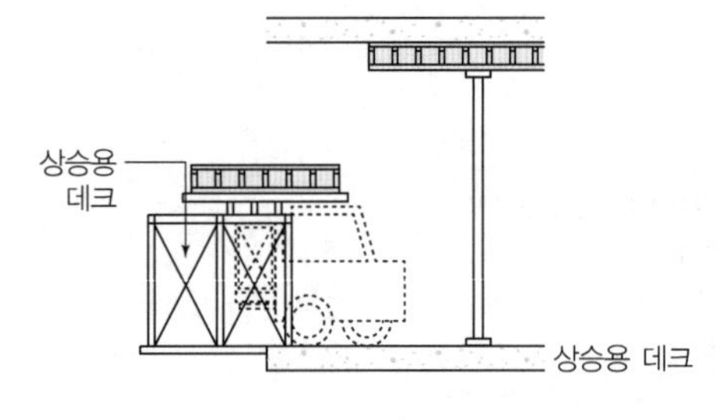

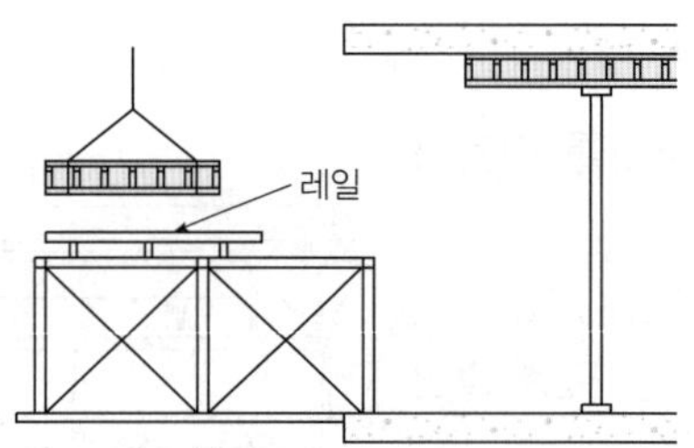

09 Tunnel Form

Ⅰ. 정의

Tunnel Form이란 벽식 철근콘크리트 구조를 시공할 경우 벽과 바닥의 콘크리트 타설을 한 번에 가능하게 하기 위하여, 벽체용 거푸집과 슬래브 거푸집을 일체로 제작하여 한 번에 설치하고 해체할 수 있도록 한 거푸집이다.

Ⅱ. 종류

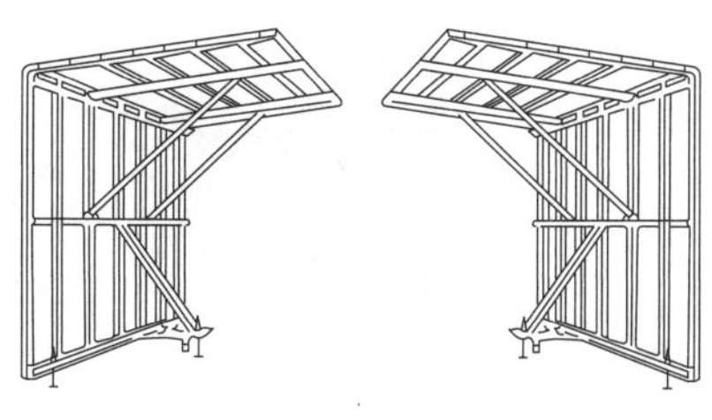

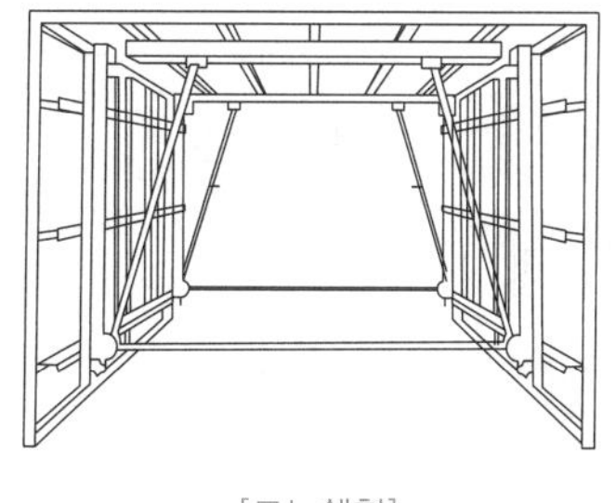

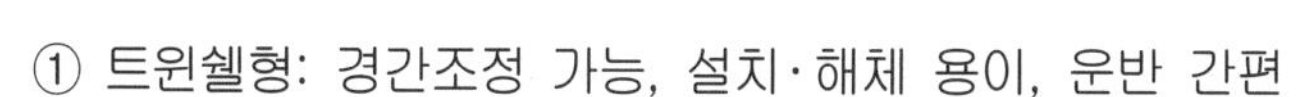

[트윈쉘형]

[모노쉘형]

[Tunnel Form]

① 트윈쉘형: 경간조정 가능, 설치·해체 용이, 운반 간편

② 모노쉘형: 모듈화 시공 용이, 설치 용이, 수평·수직조정 작업이 어려움

Ⅲ. 특성

① 공장에서 제작하여 운반거리가 단거리일 때는 반조립 상태로, 장거리일 때는 사용현장에서 조립

② 현장 사용 후에는 콘크리트 제거 및 기름칠을 실시하고 필요 시 녹막이 도장을 한다.

③ 경제적인 전용횟수는 100회 정도

④ 1m^2당 50~80kg 정도

Ⅳ. 시공 시 유의사항

① 트윈쉘형의 Joint 응력 확보

② 거푸집 중량 및 양중장비의 용량을 철저히 파악

③ 양중 및 해체 시 거푸집 변형에 유의

④ 거푸집 이음부 시멘트 페이스트 유출방지

10 터널 폼(Tunnel Form)의 모노 쉘(Mono Shell) 공법

Ⅰ. 정의

벽식 철근콘크리트 구조를 시공할 경우 벽과 바닥의 콘크리트 타설을 한 번에 가능하게 하기 위하여, 벽체용 거푸집과 슬래브 거푸집을 일체로 제작하여 한 번에 설치하고 해체할 수 있도록 한 거푸집이다.

Ⅱ. 터널 폼의 종류

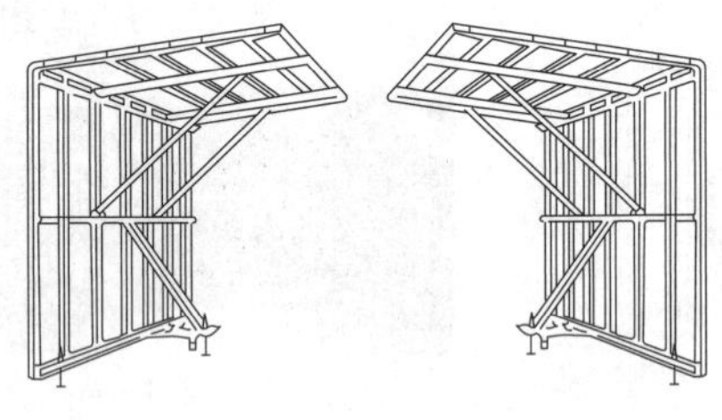

[트윈쉘형]

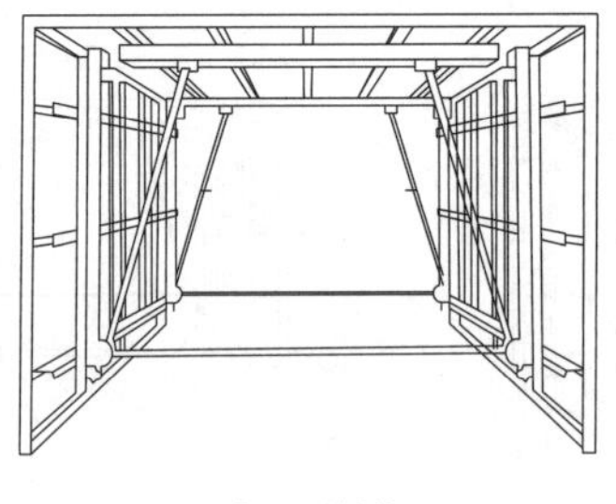

[모노쉘형]

[Tunnel Form]

① 트윈쉘형: 경간조정 가능, 설치·해체 용이, 운반 간편
② 모노쉘형: 모듈화 시공 용이, 설치 용이, 수평·수직조정 작업이 어려움

Ⅲ. 특 성

① 공장에서 제작하여 운반거리가 단거리일 때는 반조립 상태로, 장거리일 때는 사용현장에서 조립
② 현장 사용 후에는 콘크리트 제거 및 기름칠을 실시하고 필요 시 녹막이 도장 실시
③ 경제적인 전용횟수는 100회 정도
④ $1m^2$당 50~80kg 정도

Ⅳ. 시공 시 유의사항

① 거푸집 중량 및 양중장비의 용량을 철저히 파악
② 양중 및 해체 시 거푸집 변형에 유의
③ 설치 시 수평 및 수직에 유의
④ 거푸집 이음부 시멘트 페이스트 유출방지
⑤ 거푸집 운반시 변형에 유의

11 Sliding Form(Slip Form)

KCS 14 20 12 / KCS 21 50 10

Ⅰ. 정의

Sliding Form은 Slip Form이라고 불리기도 하는데, 수직적으로 반복된 구조물을 시공이음이 없이 균일한 형상으로 시공하기 위하여 거푸집을 연속적으로 이동시키면서 콘크리트를 타설하여 구조물을 시공하는 거푸집공법이다.

Ⅱ. 시공도

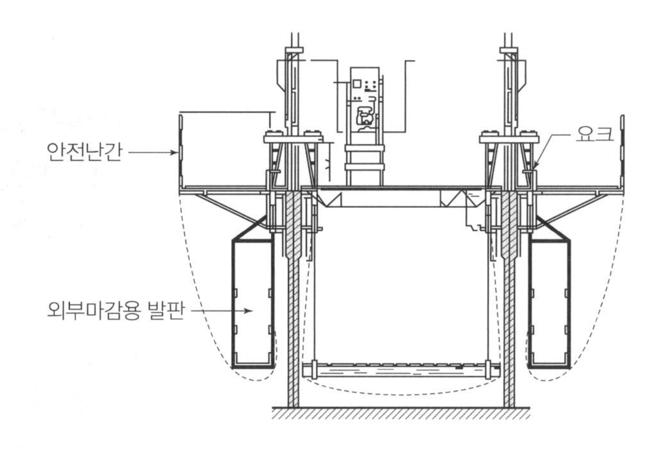

[Sliding Form]

[적용 대상]
- 사일로(Silo), 곡물창고, 전단벽(Diaphram Wall) 건물, 유틸리티코어, 굴뚝, 교각 등과 같이 수직적으로 연속된 구조물
- 원자력 격납용기와 같이 시공이음이 없이 시공되어야 하는 구조물

Ⅲ. 특성

① 구조물의 성능향상: 시공이음이 없으므로 수밀성 높은 구조물에 시공이 가능
② 공사기간 단축: 1일 3~10m 정도 시공가능
③ 원가절감: 자재의 소모량이 적다.

Ⅳ. 시공 시 유의사항

① 슬립폼은 구조물이 완성될 때까지 또는 소정의 시공 구분이 완료될 때까지 연속해서 이동시켜야 하므로 충분한 강성 유지
② 슬립폼에 의한 시공에 있어서 구조물의 내구성을 확보하기 위한 적절한 조치
③ 슬립 폼은 인양을 시작하기 전에 거푸집의 경사도와 수직도를 검사하여야 하며, 시공 중에는 최소 4시간 이내마다 실시
④ 슬립 폼은 콘크리트를 타설하기 이전에 뒤틀림을 방지하기 위하여 가새를 설치하여야 하고 수평을 유지
⑤ 거푸집 널의 높이는 최소 1.0m 이상

12 트래블링폼(Traveling Form)

Ⅰ. 정의

트래블러라고 불리는 비계틀 또는 가동골조(可動骨造, Movable Frame)에 지지된 이동거푸집 공법으로서, 한 구간의 콘크리트를 타설한 후 거푸집을 낮추고 다음에 콘크리트를 타설하는 구간까지 수평으로 이동하여 연속적으로 구조물을 완성하는 것이다.

Ⅱ. 분류

1. 토목분야

① 토목분야에 많이 적용
② 터널전반, 배수암거, 호안, 방파제, 사방제, 옹벽, 교량, 지하철 등

2. 건축분야

① 채용빈도가 낮음
② 쉘, 아치, 돔과 같은 지붕구조 또는 바닥의 절판구조 등

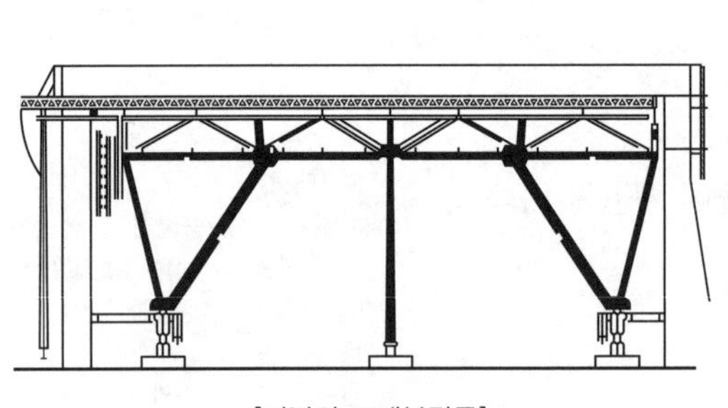

[터널의 트래블링폼]

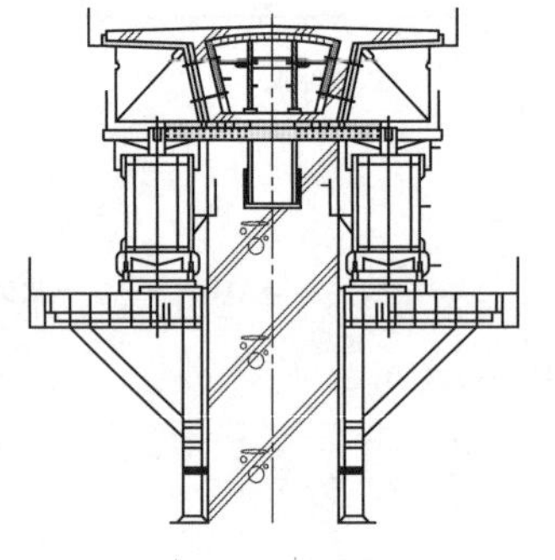

[교량의 트래블링폼]

→ 기성품화된 것은 없고 구조물의 형상에 따라 공장에서 제작하여 현장에서 조립한다.

[Traveling Form]

Ⅲ. 목적 및 장단점

① 최대한 거푸집 전용이 가능하다.
② 공기단축이 가능하다.
③ 시공정밀도의 향상이 기대된다.
④ 관리의 용이성 및 안전성 제고가 도모된다.
⑤ 공사비의 절감이 된다.

13 무(無)지보공 거푸집(무지주공법, 수평지지보)

Ⅰ. 정의

서포트가 없이 바닥 거푸집을 시공하기 위한 시스템으로서 트러스 형태의 빔(Beam)을 보 거푸집 또는 벽체 거푸집에 걸쳐놓고 바닥판 거푸집을 시공하는 거푸집이다.

Ⅱ. 종류

Bow Beam	스판이 일정한 경우에 사용
Pecco Beam	안보가 있어 스판의 조절이 가능하다.

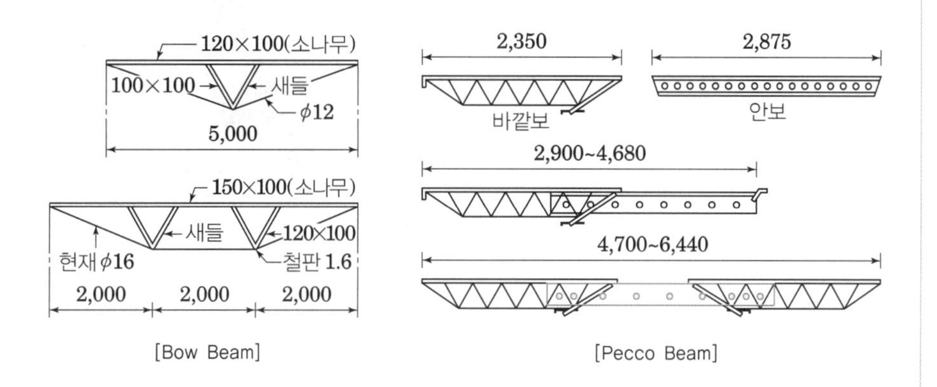

[Bow Beam] [Pecco Beam]

[무지보공 거푸집]

Ⅲ. 목적

① 하층의 작업공간 확보가 가능하다.
② 연속반복작업으로 인한 공기단축이 가능하다.
③ 서포트를 사용하지 않으므로 기능인력의 절감효과가 있다.
④ 인건비 절감 및 안전사고의 예방이 가능하다.

Ⅳ. 시공 시 유의사항

① 보 단부의 지지점이 튼튼해야 하므로 시공 전에 점검을 철저히 하여야 한다.
② 지주가 없는 경우 수평력에 대하여 약하므로 충분히 보강할 필요가 있다.
③ Pecco Beam은 천장이 높은 건축에 유리하고, 최대허용모멘트는 15N·m, 단부의 허용전단력은 0.013MPa으로 한다.
④ 단면결손의 보강－고강도 무수축그라우트 사용

14 Waffle Form

Ⅰ. 정의

특수상자 모양의 기성재거푸집(철판제 또는 합성수지판제)을 연속적으로 늘어 놓은 형태의 특수거푸집으로 격자천장형식의 바닥판을 만드는 거푸집공법이다.

Ⅱ. 시공도

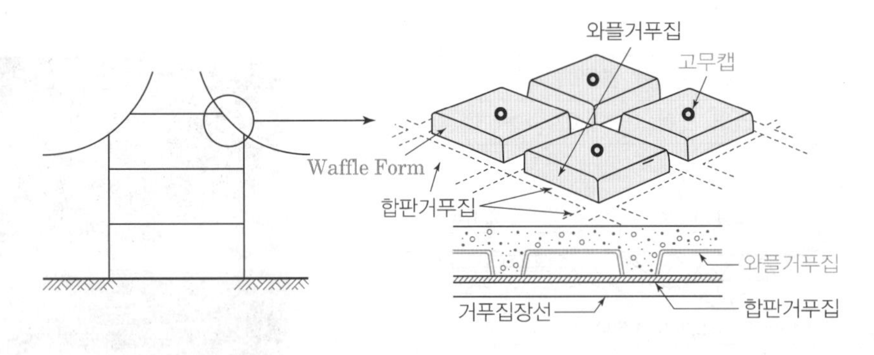

[Waffle Form]

Ⅲ. 장점

① 슬래브의 장스판이 가능하다.
② 층 높이를 줄일 수가 있다.
③ 거푸집 작업과 철근배근 작업이 용이하다.
④ 거푸집과 콘크리트 사이에 압축공기를 주입하는 것으로 탈형이 간단하다.
⑤ 재료가 합성수지판재인 경우에 경량이고 콘크리트 골변이 매끈하다.

Ⅳ. 단점

① 초기투자비가 높다.
② 슬래브의 설계 시 Waffle Form Unit의 사이즈를 고려해야 한다.

Ⅴ. 시공 시 유의사항

① 의장상 설계단계에서 나누기도를 결정한다.
② 설치 시 규칙 바르게 고정하여 움직이지 않도록 한다.
③ 사전에 적재하중에 대한 강도 검토를 철저히 한다.
④ 해체가 용이할 수 있도록 박리제를 도포한다.
⑤ 압축공기 주입구의 고무캡이 콘크리트에 잠식되지 않도록 주의한다.

15 Aluminum Form

KDS 21 50 00

Ⅰ. 정의

알루미늄 폼은 거푸집 널, 측면보강재, 면판보강재 등이 알루미늄으로 이루어진 규격화된 거푸집을 말하며 벽, 슬래브, 기둥 등에 주로 사용되며, 일반적으로 폭은 300~600mm와 높이 1,200~2,400mm 규격품이 사용되고 있다.

Ⅱ. 현장시공도

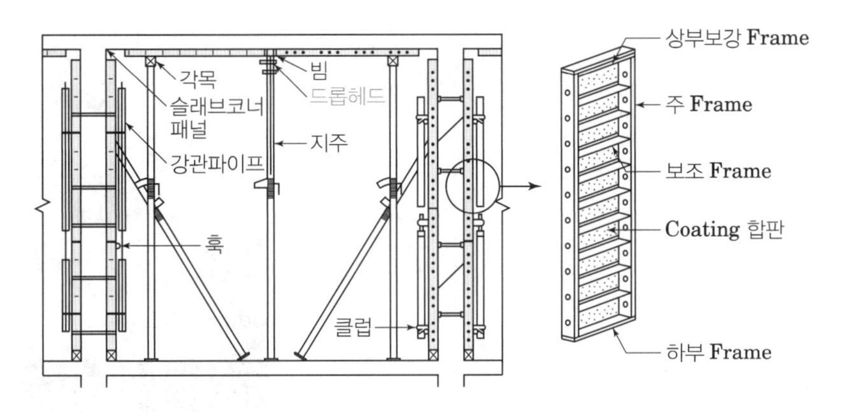

[Aluminum Form]

Ⅲ. 알루미늄 합금의 재료특성

구분	단위중량 (KN/m³)	탄성계수 E(MPa)	허용휨응력 f_b(MPa)	허용전단응력 f_s(MPa)	포아송비 (v)
알루미늄 합금재 (A6061-T6)	27	7.0×10^4	125	72.2	0.27~0.30

Ⅳ. 장, 단점

① 걸레받이 및 몰딩 주위 등 수직, 수평 정밀도 우수
② 면처리(견출) 감소
③ 초기투자비 증가
④ 다름 폼과 호환성 저하

Ⅴ. 시공 시 유의사항

① Joint부의 Cement Paste 유출방지 조치
② 박리제의 도포 및 콘크리트 잔재 제거 철저
③ 알루미늄 패널이 다른 금속과의 전식작용(Galvanic Action)이 발생할 우려가 있는 경우에는 피복된 알루미늄 패널로 시공

[거푸집 구성 특징]
- Slab Conner 폼을 이용하여 벽체와 슬래브를 일체로 조립
- 벽체 레벨조정목은 Rocker라고 하는 알루미늄 앵글을 사용
- 정밀도 향상을 위해 원형 Hole을 가공한 Pin 체결방식
- 슬래브 필러 역할은 Prop Head를 이용

[전식작용]
서로 다른 종류의 금속물이 해수와 같은 전해질 용액 속에 있을 때, 전기적으로 양성인 금속에서 음성인 금속으로 전류가 흐른다. 이로 인하여 양성인 금속의 표면이 이온화하여 전기 화학적인 부식이 일어나는 작용

16 알루미늄 거푸집공사 중 Drop Down System 공법

Ⅰ. 정의

슬래브 거푸집 부재를 해체와 동시에 떨어뜨리지 않고 2단계(1단계: 슬래브 거푸집 부재 하강, 2단계: 하강된 거푸집 해체)에 걸쳐서 해체하는 공법을 말한다.

Ⅱ. 개념도 및 구성요소

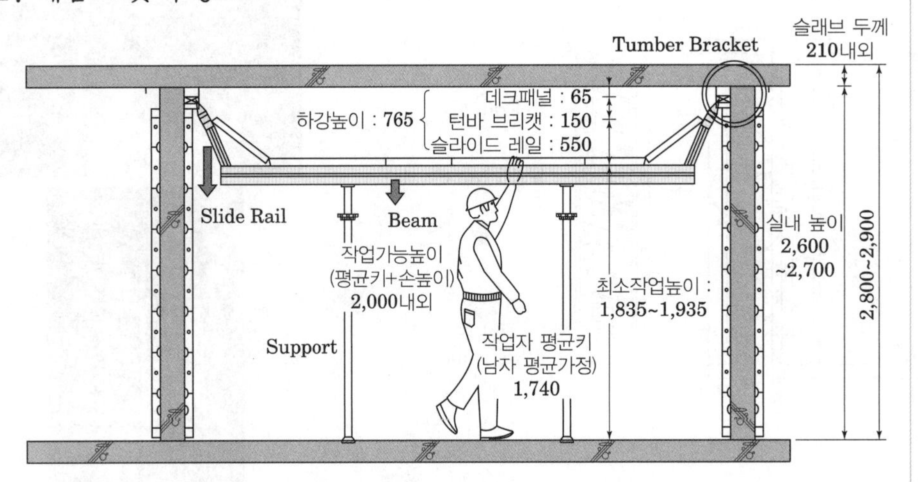

[Drop Down System]

→ 슬래브 Panel 해체 시 작업자의 손높이 까지 Beam과 Panel을 동시에 하강시켜 작업자가 작업대 없이 해체

Ⅲ. 시공순서

1. 설치

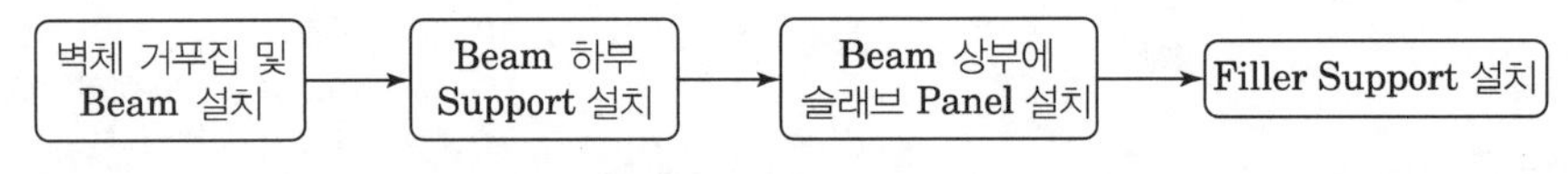

2. 해체

벽체 Panel 해체 및 슬래브 Panel Pin 제거 → 슬래브 Panel 탈형 및 레벨기어 고정(Beam과 슬래브 Panel을 한 번에 하강) → 슬래브 Panel 해체 및 정리 → Support 해체 및 Beam 해체(Filler Support 존치)

Ⅳ. 기대효과

① 거푸집 해체 시 소음 저감 및 민원 감소
② 해체 작업 시 안전성 향상
③ 해체 시 파손이 최소화됨에 따른 자재 전용성 향상
④ 알루미늄 폼 대비 슬래브 연결핀 체결 수량 감소로 작업속도 향상

17 거푸집 공사에서 드롭헤드 시스템

Ⅰ. 정의

슬래브 거푸집[Panel(AL Frame+Wood Panel)+Beam+동바리(지주+Drop Head)]을 일정하게 모듈화하여 설치하고, 슬래브 콘크리트 타설 후 동바리를 제거하지 않고 슬래브 거푸집만 제거할 수 있도록 사용하는 Drop Head을 이용한 시스템이다.

Ⅱ. 현장시공도

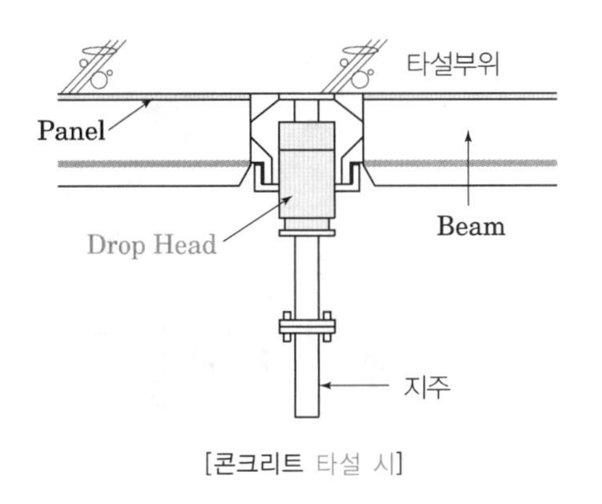

[콘크리트 타설 시]

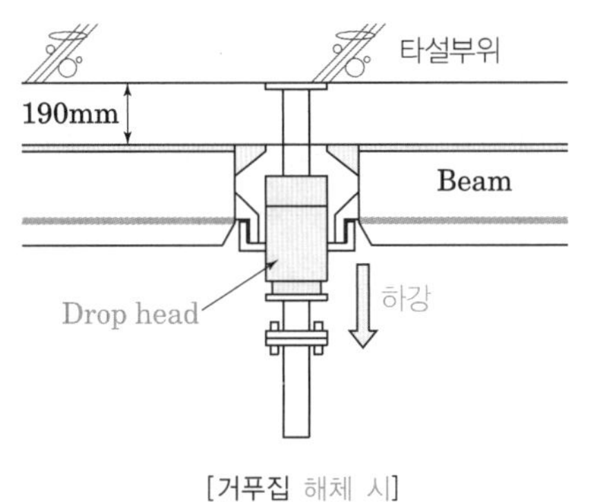

[거푸집 해체 시]

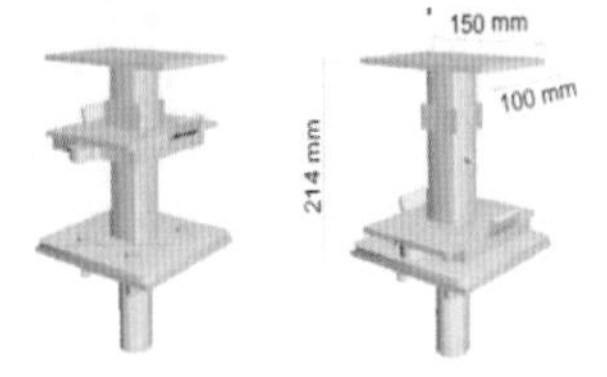

[드롭헤드]

Ⅲ. 특징

① 자재 전용의 극대화
② 공사관리가 용이
③ 거푸집의 시스템화로 안전시공 가능
④ 공기단축이 가능
⑤ 한번 제작하면 가변성이 적음
⑥ 정방향이 아닌 곳은 이형패널 증가로 단가 상승 및 시공 난해

Ⅳ. 시공 시 유의사항

① 거푸집 탈형 용이를 위해 패널의 합판면의 코팅상태 확인
② 1개층 분의 패널과 3개층 분의 동바리 확보
③ 모듈화된 자재 인양 장비의 확보: 최대양중량 확인
④ 최대 층고 약 7m 이상 시공 금지

18 철재 비탈형 거푸집

Ⅰ. 정의

공장에서 아연도금 Steel Panel로 거푸집 제작(공장에서 보 스터럽 부착) 및 현장 설치 및 철근배근하여 콘크리트 타설 후 탈형 없이 본 구조체로 이용하는 거푸집을 말한다.

Ⅱ. 현장시공도 및 시공순서

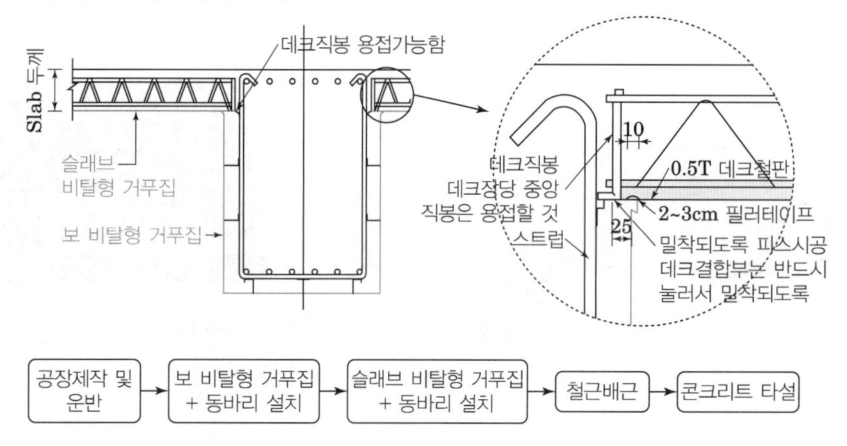

[철재 비탈형 거푸집]

Ⅲ. 특징

① 현장거푸집 제작의 최소화
② 현장제작 공간 불필요
③ 무해체 거푸집으로 공기단축 및 현장환경 개선
④ 보 스터럽 간격 오류제작 시 현장대처가 어렵다
⑤ 콘크리트의 밀실 충전을 알 수 없다
⑥ 누수 시 정확한 위치를 알 수 없다

Ⅳ. 시공 시 유의사항

① 프로젝트 별 보 단면 타입을 단순화 하는 것이 경제적
② 보 스터럽 간격을 설계도면과 일치되게 정확하게 공장제작 필요
③ 운반 시 찌그러짐 및 변형방지 계획 수립
④ 현장설치 1주일 전에 제작완료가 되도록 공정계획 수립
⑤ 현장자재 반입 후 설치가 바로 될 수 있도록 시공 계획에 반영
⑥ 비탈형 거푸집이 노출인 경우 내화뿜칠 또는 10~20mm 마감뿜칠 실시
⑦ 안전을 위해 사다리 운영계획을 철저히 준수

스터럽
보 비탈형 거푸집

19 W식 Form

Ⅰ. 정의

가설받침대는 철골조로 만들어진 Lattice Beam으로 하고, 그 위에 아연도 골판을 설치한 거푸집으로 바닥판 거푸집공법의 일종이다.

Ⅱ. 시공도

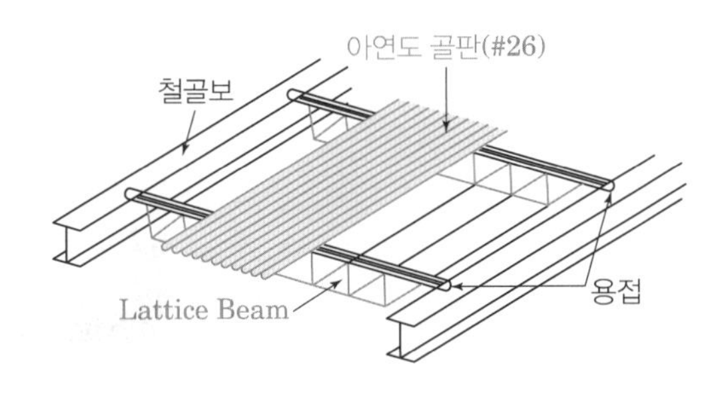

[W식 Form]

Ⅲ. 특징

① 큰 Span(8~9m)까지 서포트 없이 사용 가능하다.
② 서포트가 없으므로 하층작업공간이 좋다.
③ 공기단축이 가능하다.
④ 서포트 등의 가설재가 절약된다.
⑤ 여러 개 층의 콘크리트 타설이 동시에 가능하다.
⑥ 층고가 낮은 건물에는 부적당하며, 높은 건물에 적용이 가능하다.
⑦ Lattice Beam의 높이만큼 천장활용의 불합리를 초래한다.

Ⅳ. 시공 시 유의사항

① 바닥자중, 작업하중을 고려한 Lattice Beam의 강도를 검토한다.
② Lattice Beam의 단부는 철골보에 용접을 철저히 하며, Lattice Beam의 휨좌굴이 발생되지 않도록 한다.
③ Lattice Beam의 연결재 검토를 철저히 한다.
④ 아연도 골판 위에 집중하중을 제거한다.

20 거푸집공사에서 Stay-in-place Form

Ⅰ. 정의

일반거푸집에 미리 단열재를 붙인 거푸집으로서, 콘크리트 타설 후 거푸집 제거 시 단열재는 콘크리트 구조체에 영구적으로 그대로 남겨 놓는 공법이다.

Ⅱ. 시공도

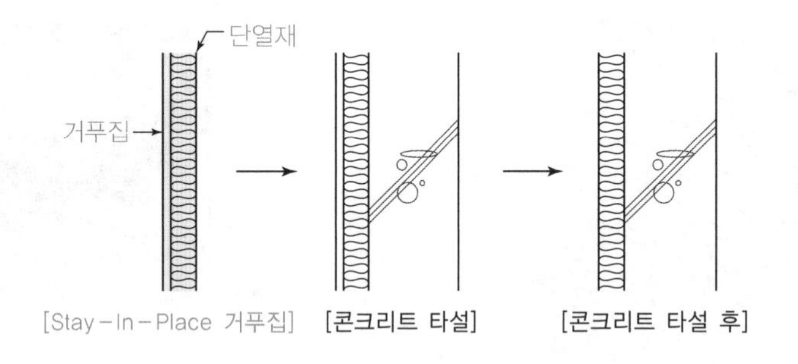

[Stay-in-Place Form]

Ⅲ. 목적

① 단열재가 콘크리트 타설과 동시에 부착됨으로써 공기단축을 초래할 수 있다.
② 단열재가 콘크리트 타설과 동시에 부착됨으로써 인력절감을 도모할 수 있다.
③ 단열재의 밀실한 부착으로 냉·난방비를 절약하고 단열효과가 좋다.
④ 공기나 물의 침투를 막아 콘크리트 강도를 높일 수 있다.

Ⅳ. 시공 시 유의사항

① 거푸집 설치 시 틈새가 발생되지 않도록 철저히 하여야 한다.(특히 모서리 및 돌출부위 시공 시 유의한다.)
② 거푸집 탈형 시 단열재의 파손에 유의한다.
③ 거푸집과 콘크리트가 밀실하게 될 수 있도록 한다.
④ 거푸집 저장 및 설치 시 오염물질이 묻지 않도록 한다.

21 Metal Lath 거푸집

Ⅰ. 정의

콘크리트의 Construction Joint를 위하여 합판 대신에 Metal Lath를 사용하여 콘크리트 이어치기하는 부위에 설치하는 거푸집이다.

Ⅱ. 시공도

[보·슬래브]

[수직부재강도 > 1.4×수평부재강도]

[Metal Lath 거푸집]

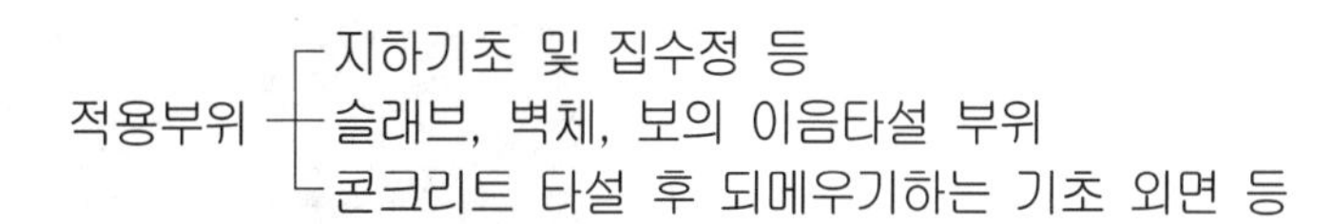

Ⅲ. 장점

① 공기단축이 가능
② 거푸집의 해체 품이 생략된다.
③ 인력절감이 가능
④ 어느 부위나 사용이 가능

Ⅳ. 단점

① 신·구콘크리트의 일체화가 되지 않을 수 있다.(전단파괴 발생)
② 콘크리트 타설 후 녹 발생 초래
③ 콘크리트 타설 시 시멘트 페이스트의 유출

Ⅴ. 시공 시 유의사항

① 콘크리트 타설 시 변형되지 않도록 철저히 고정한다.
② 시멘트 페이스트의 유출방지를 위해 슬럼프는 150mm 이하로 한다.
③ 수직부재강도>1.4×수평부재강도일 때 콘크리트 측압을 고려하여 3겹 정도 겹침 - Lath의 일체성 확보
④ 콘크리트 타설 후 돌출된 Metal Lath 제거를 철저히 한다.

22 무(無)폼타이 거푸집(Tie-less Form work)

Ⅰ. 정의

벽체 거푸집을 양면에 설치하기 곤란한 경우 폼타이 없이 콘크리트의 측압을 지지하기 위한 브레이스프레임을 사용하는 공법이며, 일명 브레이스프레임(Brace Frame) 공법이라고도 한다.

Ⅱ. 시공도

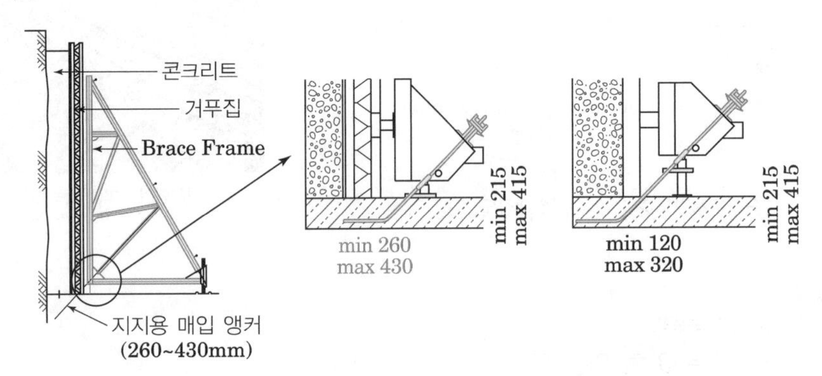

[무폼타이 거푸집]

Ⅲ. 특징

① 폼타이를 설치할 필요가 없다.
② 폼타이에 의한 누수가 방지된다.
③ H-Pile 토류벽 등 합벽콘크리트에 주로 사용된다.
④ Anchor 매입을 위한 하부 지지층이 필요하다.
⑤ 거푸집의 설치, 해체가 용이하며 노무품이 절약된다.
⑥ 벽체의 수직 정밀도가 우수하다.
⑦ 벽체의 배부름현상이 적다.

Ⅳ. 시공 시 유의사항

① Anchor 매입 길이는 콘크리트에 260~430mm 정도 매입한다.
② Anchor 매입 시 콘크리트 측압에 대한 구조검토가 필요하다.
③ Anchor 매입 후 인발시험을 실시하여 요구지지력이 나오는지 확인한다.

23 고무풍선 거푸집

Ⅰ. 정의

고무풍선을 이용하는 거푸집으로, 1차 타설한 콘크리트 위에 원형인 고무풍선을 설치하고 2차 콘크리트를 타설하여 고무풍선거푸집 내부에 콘크리트가 들어가지 않는 거푸집이다.

Ⅱ. 시공도

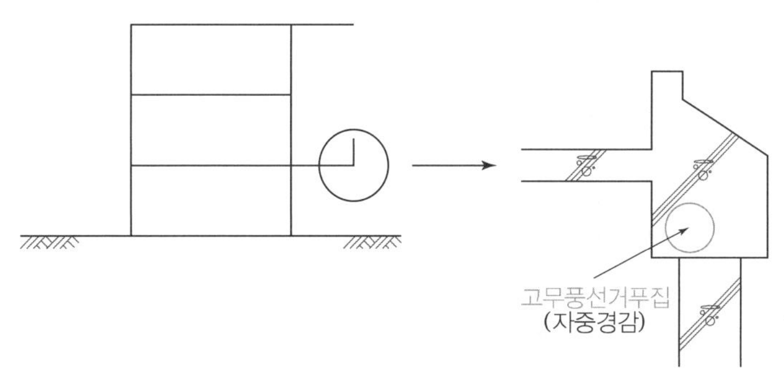

[고무풍선 거푸집]

Ⅲ. 적용 부위

① 지하층 이중 슬래브
② 지하 배수로
③ 돔(Dome) 구조
④ 기타 중량감소로 인한 콘크리트가 불필요한 부위

Ⅳ. 장점

① 공기단축이 가능
② 서포트가 필요 없다.
③ 자재 및 인력낭비 제거로 원가절감을 도모
④ 이음부가 없이 시공이 가능하여 누수 등을 방지
⑤ 작업의 용이성

Ⅴ. 시공 시 유의사항

① 콘크리트 타설 시 적정 공기압 유지
② 고무풍선거푸집 상부를 합판으로 설치하여 사각형 유지
③ 중량감소의 목적으로 한 번에 타설 시 부상에 유의
④ 이음부 처리를 철저히 할 것

24 섬유재(Textile) 거푸집(투수 거푸집)

Ⅰ. 정의

거푸집에 3~5mm 직경의 작은 구멍을 뚫고, 그 위에 섬유재를 부착시켜 통기 및 투수성을 갖도록 제작된 거푸집이다.

Ⅱ. 시공도

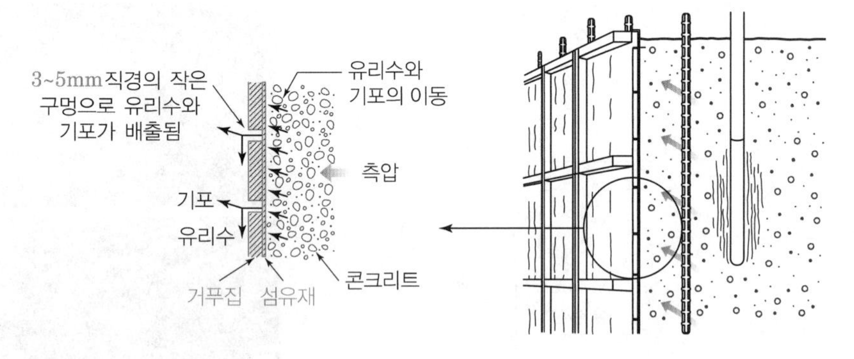

Ⅲ. 효과

① 경화시간의 단축
② 표면강도의 증가
③ 동결융해 저항성의 향상
④ 중성화 속도의 지연, 염분 침투성의 저감 등 내구성 향상
⑤ 물곰보 방지로 미관 향상 등

Ⅳ. 시공 시 유의사항

① 못, 철근 등으로 인해 섬유재가 손상되지 않도록 유의한다.
② 배수된 물의 처리를 철저히 하여야 한다.
③ 종래의 거푸집 방식보다 측압이 크므로 장선 및 지보공의 설치를 충분히 한다.
④ 접착본드가 부착된 섬유재를 거푸집에 밀실하게 밀착시킨다.

[118회]

25 데크플레이트의 종류 및 특징

Ⅰ. 정의

데크플레이트는 구조물의 바닥 및 거푸집 등의 용도로 사용되기 위해 만들어진 철판이며, 기존의 거푸집과 비교해 하중이 가벼워지는 만큼 이동 및 사용이 간편하고 설치하는 방법 역시 간편하며 공기단축에도 효과적이다.

Ⅱ. 데크플레이트의 종류

1. 용도에 따른 종류

1) 일반 데크플레이트

① 거푸집용 데크플레이트

콘크리트 경화 전 액성상태의 콘크리트 자중 및 시공 시 하중을 견디는 역할을 하며, 콘크리트 경화 후의 바닥하중은 콘크리트 바닥이 지지한다.

② 구조용 데크플레이트

콘크리트 경화 후에도 데크플레이트 자중과 바닥전체에 가해지는 전체 하중을 데크플레이트가 지지한다.

2) 합성구조 데크플레이트

데크플레이트와 슬래브 콘크리트가 일체화된 것을 말하며, 이를 위해 엠보싱이나 도브테일 등의 삽입형 단면형상을 가지고 있다.

[데크플레이트]

2. 설치방법에 따른 분류

구분	도해	설명
일반 데크 플레이트		① 철골 보 위에 데크 플레이트를 설치하는 방법 ② 일반적 사용공법
슬림 데크 플레이트		① 바닥 구조체의 두께를 줄이기 위해 개발 ② 철골 보의 하부 플랜지에 설치하는 데크 플레이트를 말한다.
세미슬림 데크 플레이트		① 구조체의 보 유효깊이가 큰 경우 사용 ② 보 웨브 중간에 데크 플레이트를 설치할 수 있도록 별도의 플랜지를 설치

[집데크]

Ⅲ. 데크플레이트의 특징

번호	구분	설 명
1	경량화	• 강재의 특성을 살린 중량대비 고강도 실현 • 경량으로 운송, 시공, 관리비용 절감 및 공기단축 가능
2	공기 단축	• 슬래브 하부 동바리가 필요 없어 거푸집 설치시간 단축 • 철골공사와 동시에 Ferro Deck를 설치함으로써 재래식 거푸집 설치기간에 후속 공정 진행 • 철골조의 경우 별도의 연결근이 필요 없어 공기단축, 자재절감이 가능
3	공사비 절감	• 아연도 강판은 거의 Flat하므로 Deck Plate에 비해 콘크리트의 Loss가 없다. • 철근의 피복두께를 위한 Spacer가 불필요 • 설치가 용이하여 성력화에 따른 공사비 절감
4	안전 확보	• 거푸집공사의 생략(조립·해체)으로 안전사고 절감
5	미적 요소	• 데크플레이트 표면을 코팅하면 강재 자체의 아름다움이 나타남
6	전천후 시공	• 데크플레이트는 날씨에 관계없이 시공이 가능 • 기후에 따른 공기지연의 우려가 적다.
7	품질관리	• 공장 생산으로 균일한 품질 확보
8	시공 용이	• 전기, 통신, 배관, 공기조화, 덕트시공 등을 단순화시켜 시공성 용이 • 시공 중 필요물품의 야적이나 보행이 가능한 작업대의 역할 가능 • 경량으로 인력취급 가능(약 0.00017MPa 내외)
9	깨끗한 공사환경 유지 (폐자재 감소)	• 규격화된 공장생산으로 자재의 Loss가 적다. • 동바리 등이 필요 없이 시공현장에서 폐기물 발생 우려가 적다.
10	정밀시공 가능	• 철근 Truss를 사용하므로 배근의 간격 및 피복두께가 일정하게 유지되어 고정밀도의 슬래브 시공이 가능 • 제품에 캠버(Camber)를 부착하여 슬래브의 처짐방지 및 콘크리트 Loss 감소

26 데크플레이트 설치 및 구조에 따른 접합방법 KCS 14 31 70

Ⅰ. 정의

데크플레이트는 구조물의 바닥 및 거푸집 등의 용도로 사용되기 위해 만들어진 철판이며, 기존의 거푸집과 비교해 하중이 가벼워지는 만큼 이동 및 사용이 간편하고 설치하는 방법 역시 간편하며 공기단축에도 효과적이다.

Ⅱ. 데크플레이트 구조에 따른 접합방법

접합 위치	데크플레이트 구조		
	데크합성슬래브	데크복합슬래브	데크구조슬래브
① 데크플레이트와 강재보의 접합	전용접, 드라이빙핀, 용접(필릿용접, 플러그용접, 아크스폿용접 등), 볼트 또는 고장력볼트	전용접, 드라이빙핀 또는 용접(필릿용접, 플러그용접, 아크스폿 용접 등)	전용접, 드라이빙핀, 용접(필릿용접, 플러그용접, 아크스폿 용접 등), 볼트 또는 고장력볼트
② 데크플레이트 상호의 접합	용접(아크스폿용접, 필릿용접), 터빈나사, 감합, 가조립	용접(아크스폿용접, 마찰용접), 터빈나사, 감합, 가조립 또는 겹침	용접(아크스폿용접, 마찰용접), 터빈나사, 감합, 가조립 또는 겹침
③ 바닥슬래브와 강재보의 접합	스터드볼트, 전용접, 드라이빙핀, 용접(필릿용접, 플러그용접), 볼트 또는 고장력볼트	스터드볼트	별도, 가닥 가새가 필요

① 데크복합슬래브에서는 데크플레이트와 콘크리트의 일체화를 위해 통상 스터드볼트 접합을 실시

② 스터드볼트를 이용하는 경우 스터드볼트 접합으로 데크플레이트를 고정 금지

③ 데크플레이트를 강재보에 접합할 때에는 반드시 데크플레이트를 보에 밀착시키고, 빈틈이 2mm 이하가 되도록 밀착

④ 스터드볼트의 접합은 아크 스폿 용접 혹은 필릿용접 등으로 접합

⑤ 플랫 데크는 아크 스폿 용접 또는 필릿용접 등으로 접합

⑥ 데크 관통 용접 시 데크플레이트의 제약
- 홈 높이 H_d는 75mm 이하
- 홈의 평균폭 b_d는 스터드 직경 d의 2.5배 이상

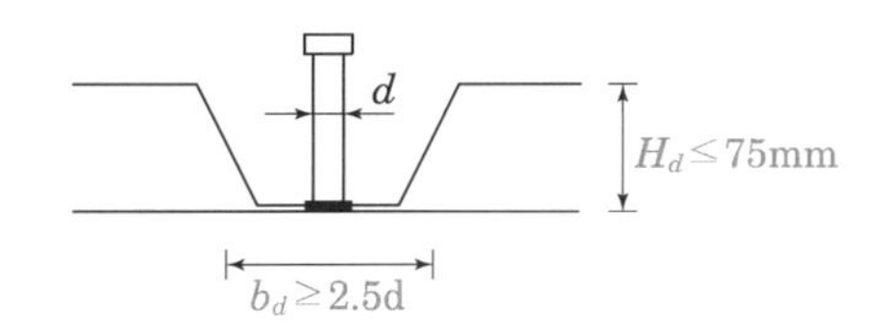

[설치 및 가고정]
- 설치 전 강재 보 표면 청소를 실시하여 수분 및 유분을 제거
- 강재 기둥 주위, 보 접합부의 데크 받침재가 강구조 도면대로 장착되어 있는지 확인
- 데크 받침재는 판두께 최소 6mm 이상
- 기둥 주위 및 보 접합부는 데크 받침재에 올려 필요한 개소를 절단
- 용접은 아크 스폿 용접 또는 필릿용접으로 실시

[데크합성슬래브]

27 Composite Deck Plate(합성데크)

KCS 14 31 70

Ⅰ. 정의

Composite Deck Plate는 철골보에 전단연결재(Shear Connector)로 연결하고 거푸집 대신에 구조용 Deck Plate를 설치하여 콘크리트와 일체가 되어 압축응력은 콘크리트가 부담하고 인장응력은 Deck Plate가 부담하는 구조를 말한다.

Ⅱ. 현장시공도

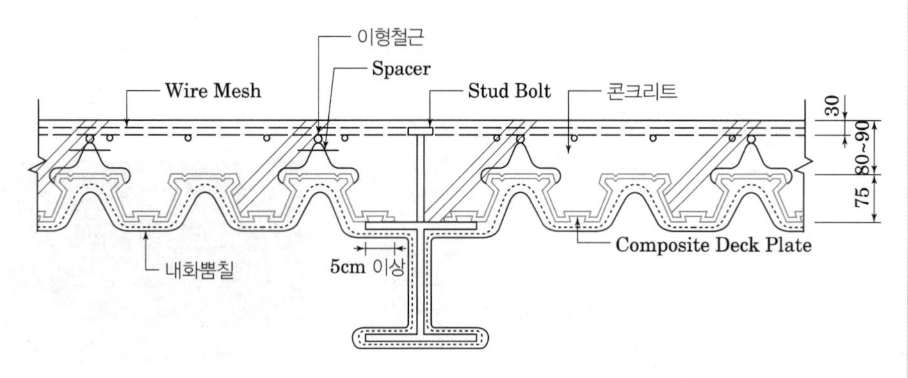

Ⅲ. 접합방법

1. 데크플레이트와 강재보의 접합
   전용접, 드라이빙핀, 용접(필릿용접, 플러그용접, 아크스폿용접 등), 볼트 또는 고장력볼트
2. 데크플레이트 상호의 접합
   용접(아크스폿용접, 필릿용접), 터빈나사, 감합, 가조립
3. 바닥슬래브와 강재보의 접합
   스터드볼트, 전용접, 드라이빙핀, 용접(필릿용접, 플러그용접), 볼트 또는 고장력볼트

[특징]
- 작업의 단순화로 인력절감
- 공장제품으로 품질 우수
- 공기단축 가능
- 여러 층의 연속작업 가능
- 휨응력에 대한 저항성 우수

Ⅳ. 시공 시 유의사항

① 구조적으로 안전성을 확인하여 경간길이, 허용하중 등을 고려하여 합성데크 부재 선정
② 골 방향으로 설치할 때는 보의 걸침은 50mm 이상
③ 폭 방향으로 설치할 때는 보의 걸침은 30mm 이상
④ Wire Mesh 설치 시 피복두께 유지
⑤ 구조재로 내화피복 철저

28 Ferro Deck

Ⅰ. 정의

① 거푸집 대용인 0.5mm 아연도 절곡강판과 입체형 철근 트러스와 ϕ5 및 ϕ6의 철선을 점용접(Spot Welding)으로 일체화시켜, 공장에서 생산한 후 현장에서 조립하는 공법이다.

② S조, RC조, SRC조, PC조, 이중슬래브, 벽식 등 폭넓게 이용할 수 있다.

Ⅱ. 시공도

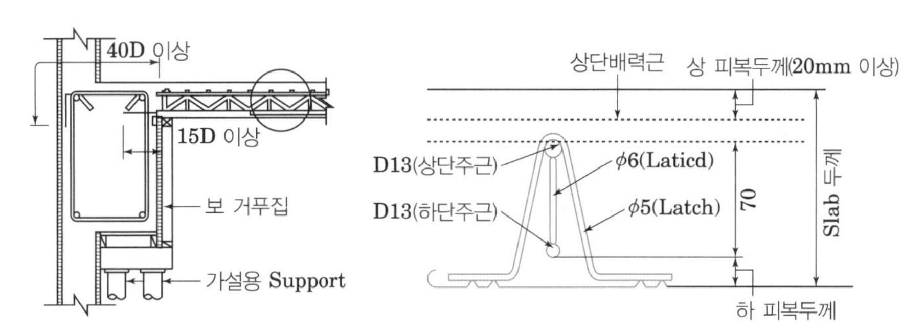

[Ferro Deck]

Ⅲ. 특징

① 정밀시공 및 공기단축이 가능

② 시공이 간단하며 현장관리가 용이하다.

③ 폐자재 감소

④ 공사비 절감

⑤ 설계범위가 넓다.

Ⅳ. 시공순서(RC 조) 및 유의사항

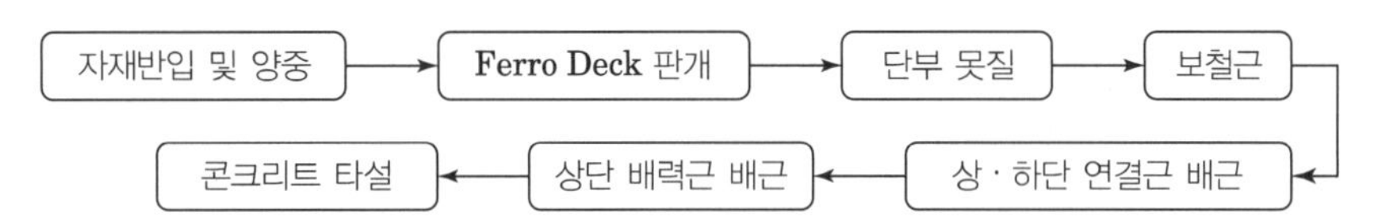

① 보 형틀의 폼타이 및 서포트 작업상태 확인 철저

② 크랭크(Crank)가 거푸집 주위로부터 10mm 이내에 들도록 한다.

③ 접합부는 반드시 겹침부를 맞물리게 한다.

④ 겹침부가 운송, 양중 시 손상이 있을 때는 바로 펴서 시공한다.

⑤ Ferro Deck 설치 후 양단부에 못을 @300 이하로 못질한다.

29 Power Deck

Ⅰ. 정의

공장에서 철근 없이 아연도 강판으로만 절곡하여 주철근 기능까지 포함한 철근, 거푸집 일체형으로 현장에서는 배력근 또는 보강철근만 시공하여 콘크리트를 타설하는 방법이다.

Ⅱ. 개념도

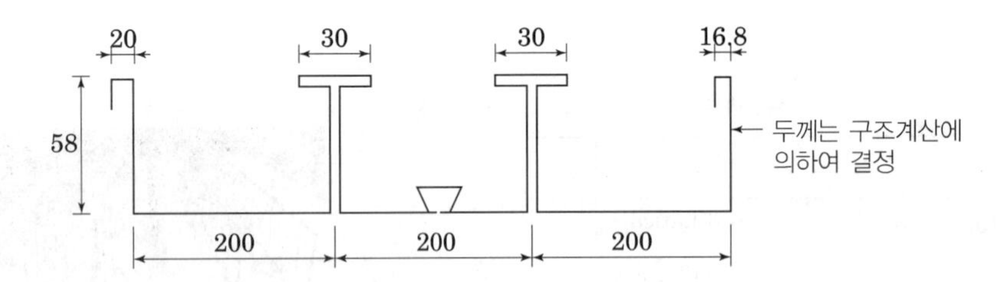

Ⅲ. 특징

① 다른 공법에 비해 철근량이 현저히 감소된다.
② 시공정밀도 및 생산성이 향상된다.
③ 공장생산으로 구조내력이 확실하다.
④ 현장작업이 감소되어 노무비가 절감된다.
⑤ 콘크리트 타설에 관계없이 Deck 설치만으로 천장공사가 가능하다.
⑥ Deck 높이가 낮아 전선관 등의 매입이 용이하다.
⑦ 철근 사용량이 적어 가격경쟁력이 좋다.
⑧ Span이 넓은 경우에는 별도의 보강이 필요하다.

Ⅳ. 시공 시 유의사항

① 보 형틀의 폼타이 및 서포트 작업상태 확인 철저
② 접합부는 반드시 겹침부를 맞물리게 한다.
③ 겹침부가 운송, 양중 시 손상이 있을 때는 바로 펴서 시공한다.

30 Super Deck(Speed Deck)

Ⅰ. 정의

아연도 강판과 슬래브용 철근주근을 공장에서 일체화시켜 제작하고 현장에서 배력근과 연결근만 시공하는 방법으로 철근공사와 거푸집공사를 Prefab한 공법이다.

Ⅱ. 개념도

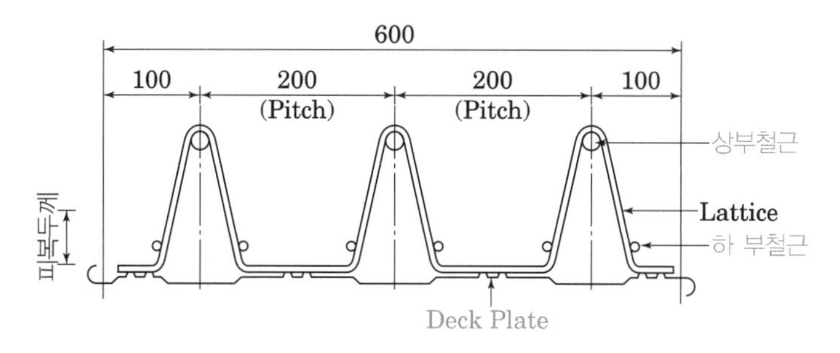

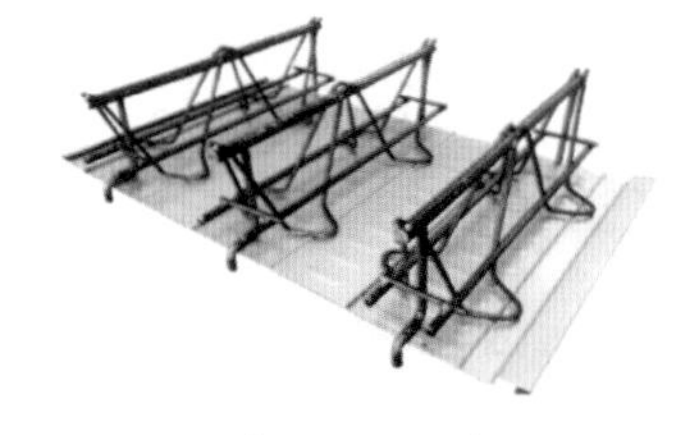
[Super Deck]

Ⅲ. 특징

① 철근강도가 Ferro Deck에 비해 커서 철근량이 감소
② 시공정밀도 향상
③ 공기단축 및 생산성 향상
④ 시공이 단순하여 공사비 절감
⑤ 안전성이 높고 설계(적용) 범위가 넓다.
⑥ Span 길이에 관계없이 내화피복 불필요

Ⅳ. 시공 시 유의사항

① 보 형틀의 폼타이 및 서포트 작업상태 확인 철저
② 크랭크(Crank)가 거푸집 주위로부터 10mm 이내에 들도록 한다.
③ 접합부는 반드시 겹침부를 맞물리게 한다.
④ 겹침부가 운송, 양중 시 손상이 있을 때는 바로 펴서 시공한다.
⑤ Super Deck 설치 후 양단부를 철저히 고정한다.

31 거푸집 및 동바리 설계 시 고려하중 KDS 21 50 00/KCS 14 20 12

Ⅰ. 정의

거푸집 및 동바리는 콘크리트 시공 시에 작용하는 연직하중, 수평하중, 콘크리트 측압 및 풍하중, 편심하중 등에 대해 그 안전성을 검토하여야 한다.

Ⅱ. 설계 시 고려하중

1. 연직하중

- 연직하중 = 고정하중(D) + 작업하중(L_i)
- 콘크리트 타설 높이와 관계없이 최소 5.0kN/m^2 이상(전동식카트: 6.25kN/m^2 이상)

1) 고정하중

① 고정하중 = 철근 콘크리트하중 + 거푸집하중

② 철근 포함 콘크리트의 단위중량

- 보통 콘크리트 24kN/m^3
- 제1종 경량 콘크리트 20kN/m^3
- 제2종 경량 콘크리트 17kN/m^{3}를 적용

③ 거푸집의 무게: 최소 0.4kN/m^2 이상을 적용

④ 특수거푸집 사용 시 그 실제 거푸집 및 철근의 무게 적용

[고정하중]

2) 작업하중

① 작업하중 = 시공하중 + 충격하중

② 콘크리트 타설 높이가 0.5m 미만인 경우: 수평투영면적 당 최소 2.5kN/m^2 이상

③ 콘크리트 타설 높이가 0.5m 이상 1.0m 미만일 경우: 수평투영면적 당 최소 3.5kN/m^2 이상

④ 콘크리트 타설 높이가 1.0m 이상인 경우: 수평투영면적 당 최소 5.0kN/m^2 이상

⑤ 전동식카트 사용할 경우: 수평투영면적 당 3.75kN/m^2

⑥ 콘크리트 분배기 등의 특수장비를 이용할 경우: 실제 장비하중을 적용

⑦ 적설하중이 작업하중을 초과하는 경우: 적설하중을 적용

[작업하중]

2. 수평하중

① 동바리 최상단에 작용하는 것으로 다음 값 중 큰 값 적용

- 고정하중의 2%
- 동바리 상단 수평길이 당 1.5kN/m 이상

② 벽체 및 기둥 거푸집은 거푸집면 투영면적 당 0.5kN/m^2 추가

3. 콘크리트 측압

①

$$P = w \cdot H$$

- P : 콘크리트 측압(kN/m^2)
- w : 굳지 않은 콘크리트의 단위중량(kN/m^3)
- H : 콘크리트의 타설 높이(m)

② 콘크리트 슬럼프가 175mm 이하이고, 1.2m 깊이 이하의 일반적인 내부진동다짐으로 타설되는 기둥 및 벽체의 콘크리트 측압은 다음과 같다.

- 기둥(수직부재로서 장변의 치수가 2m 미만)

$$P = C_w \cdot C_c\left[7.2 + \frac{790R}{T+18}\right]$$

[기둥 측압]

- 벽체(수직부재로서 한쪽 장변의 치수가 2m 이상)

구분 \ 타설속도		2.1m/h 이하	2.1~4.5m/h
타설 높이	4.2m 미만 벽체	$p = C_w \cdot C_c\left(7.2 + \frac{790R}{T+18}\right)$	
	4.2m 초과 벽체	$p = C_w \cdot C_c\left(7.2 + \frac{1,160 + 240R}{T+18}\right)$	
모든 벽체			$p = C_w \cdot C_c\left(7.2 + \frac{1,160 + 240R}{T+18}\right)$

$30C_w$ kN/m^2 ≤ 측압(P) ≤ $w \cdot H$

- C_w : 단위중량 계수
- C_c : 첨가물 계수
- R : 콘크리트 타설속도(m/h)
- T : 타설되는 콘크리트의 온도(℃)

4. 풍화중(W)

가시설물의 재현기간에 따른 중요도계수(I_w)는 존치기간 1년 이하: 0.60

5. 특수하중

① 콘크리트 비대칭 타설 시 편심하중, 콘크리트 내부 매설물의 양압력, 포스트텐션 하중, 장비하중, 외부진동다짐 영향

② 슬립 폼의 인양(Jacking) 시에는 벽체길이 당 최소 3.0kN/m 이상의 마찰하중이 작용

32 고정하중(Dead Load)과 활하중(Live Load)

KCS 14 20 12

Ⅰ. 정의

거푸집 및 동바리는 콘크리트 시공 시에 작용하는 연직하중, 수평하중, 콘크리트 측압 및 풍하중, 편심하중 등에 대해 그 안전성을 검토하여야 하며 고정하중과 활하중은 연직하중에 해당된다.

Ⅱ. 고정하중(Dead Load)

① 고정하중＝철근 콘크리트하중＋거푸집하중
② 철근 포함 콘크리트의 단위중량
- 보통 콘크리트 24kN/m^3
- 제1종 경량 콘크리트 20kN/m^3
- 제2종 경량 콘크리트 17kN/m^3

③ 거푸집의 무게: 최소 0.4kN/m^2 이상을 적용
④ 특수거푸집 사용 시 그 실제 거푸집 및 철근의 무게 적용

[고정하중]

Ⅲ. 활하중(Live Load)

① 활하중＝작업하중＋충격하중
② 구조물의 수평투영면적(연직방향으로 투영시킨 수평면적)당 최소 2.5kN/m^2 이상
③ 전동식 카트 장비를 이용하여 콘크리트를 타설할 경우에는 3.75kN/m^2

[활하중]

Ⅳ. 연직하중

① 연직하중＝고정하중(Dead Load)＋활하중(Live Load)
② 콘크리트 타설 높이와 관계없이 최소 5.0kN/m^2 이상
③ 전동식 카트를 사용할 경우에는 최소 6.25kN/m^2 이상

Ⅴ. 수평하중

① 동바리 최상단에 작용하는 것으로 다음 값 중 큰 값 적용
- 고정하중의 2% 이상
- 동바리 상단의 수평방향 단위 길이 당 1.5kN/m 이상

② 벽체 거푸집의 경우에는 거푸집 측면에 대하여 0.5kN/m^2 이상
③ 그 밖에 풍압, 유수압, 지진, 편심하중, 경사진 거푸집의 수직 및 수평분력, 콘크리트 내부 매설물의 양압력, 외부 진동다짐에 의한 영향하중 등의 하중을 고려
④ 바닷가나 강가, 고소작업에서와 같이 바람이 많이 부는 곳에서는 풍하중 검토

[60,96회]

33 거푸집에 고려하중 및 측압(거푸집에 작용하는 하중) KDS 21 50 00

Ⅰ. 정의

거푸집 및 동바리는 콘크리트 시공 시에 작용하는 연직하중, 수평하중, 콘크리트 측압 및 풍하중, 편심하중 등에 대해 그 안전성을 검토하여야 한다.

Ⅱ. 거푸집에 고려하중

1. 연직하중

- 연직하중＝고정하중(D)＋작업하중(L_i)
- 콘크리트 타설 높이와 관계없이 최소 5.0kN/m^2 이상(전동식카트: 6.25kN/m^2 이상)

1) 고정하중

① 고정하중＝철근 콘크리트하중＋거푸집하중
② 철근 포함 콘크리트의 단위중량(보통 콘크리트 24kN/m^3)
③ 거푸집의 무게: 최소 0.4kN/m^2 이상을 적용
④ 특수거푸집 사용 시 그 실제 거푸집 및 철근의 무게 적용

[고정하중]

2) 작업하중

① 작업하중＝시공하중＋충격하중
② 콘크리트 타설 높이가 0.5m 미만인 경우: 수평투영면적 당 최소 2.5kN/m^2 이상
③ 콘크리트 타설 높이가 0.5m 이상 1.0m 미만일 경우: 수평투영면적 당 최소 3.5kN/m^2
④ 콘크리트 타설 높이가 1.0m 이상인 경우: 수평투영면적 당 최소 5.0kN/m^2
⑤ 전동식카트 사용할 경우: 수평투영면적 당 3.75kN/m^2
⑥ 콘크리트 분배기 등의 특수장비를 이용할 경우: 실제 장비하중을 적용
⑦ 적설하중이 작업하중을 초과하는 경우: 적설하중을 적용

[작업하중]

2. 수평하중

① 동바리 최상단에 작용하는 것으로 다음 값 중 큰 값 적용
- 고정하중의 2%
- 동바리 상단 수평길이 당 1.5kN/m 이상

② 벽체 및 기둥 거푸집은 거푸집면 투영면적 당 0.5kN/m^2 추가

3. 풍화중(W)

가시설물의 재현기간에 따른 중요도계수(I_w)는 존치기간 1년 이하: 0.60

4. 특수하중

① 콘크리트 비대칭 타설 시 편심하중, 콘크리트 내부 매설물의 양압력, 포스트텐션 하중, 장비하중, 외부진동다짐 영향

② 슬립 폼의 인양(jacking) 시에는 벽체길이 당 최소 3.0kN/m 이상의 마찰하중이 작용

Ⅲ. 측압

①

$$P = w \cdot H$$

- P : 콘크리트 측압(kN/m^2)
- w : 굳지 않은 콘크리트의 단위중량(kN/m^3)
- H : 콘크리트의 타설 높이(m)

② 콘크리트 슬럼프가 175mm 이하이고, 1.2m 깊이 이하의 일반적인 내부진동다짐으로 타설되는 기둥 및 벽체의 콘크리트 측압은 다음과 같다.

- 기둥(수직부재로서 장변의 치수가 2m 미만)

$$P = C_w \cdot C_c\left[7.2 + \frac{790R}{T+18}\right]$$

[기둥 측압]

- 벽체(수직부재로서 한쪽 장변의 치수가 2m 이상)

구분 \ 타설속도		2.1m/h 이하	2.1~4.5m/h
타설 높이	4.2m 미만 벽체	$p = C_w \cdot C_c\left(7.2 + \frac{790R}{T+18}\right)$	
	4.2m 초과 벽체	$p = C_w \cdot C_c\left(7.2 + \frac{1,160 + 240R}{T+18}\right)$	
모든 벽체			$p = C_w \cdot C_c\left(7.2 + \frac{1,160 + 240R}{T+18}\right)$

$30C_w$ kN/m^2 ≤ 측압(P) ≤ $w \cdot H$

- C_w : 단위중량 계수
- C_c : 첨가물 계수
- R : 콘크리트 타설속도(m/h)
- T : 타설되는 콘크리트의 온도(℃)

34 콘크리트 타설 시 거푸집에 작용하는 측압 KDS 21 50 00

Ⅰ. 정의

콘크리트 타설 시 거푸집(수직부재)에 가해지는 콘크리트의 수평방향의 압력을 측압이라 하고, 콘크리트의 타설 윗면으로부터의 거리(m)와 단위중량(kN/m^3)의 곱으로 표시한다.

Ⅱ. 거푸집에 작용하는 측압

① 사용재료, 배합, 타설 속도, 타설 높이, 다짐 방법 및 타설할 때의 콘크리트 온도, 사용하는 혼화제의 종류, 부재의 단면 치수, 철근량 등에 의한 영향을 고려하여 산정

② 콘크리트의 측압은 거푸집의 수직면에 직각방향으로 작용

③ 일반 콘크리트용 측압$(P) = w \cdot H$

여기서, P : 콘크리트 측압(kN/m^2)

w : 굳지 않은 콘크리트의 단위중량(kN/m^3)

H : 콘크리트의 타설 높이(m)

④ 콘크리트 슬럼프가 175mm 이하이고, 1.2m 깊이 이하의 일반적인 내부진동다짐으로 타설되는 기둥 및 벽체의 콘크리트 측압은 다음과 같다.

[기둥 측압]

[벽체 측압]

- 기둥(수직부재로서 장변의 치수가 2m 미만)

$$P = C_w \cdot C_c\left[7.2 + \frac{790R}{T+18}\right]$$

- 벽체(수직부재로서 한쪽 장변의 치수가 2m 이상)

구분 \ 타설속도		2.1m/h 이하	2.1~4.5m/h
타설 높이	4.2m 미만 벽체	$p = C_w \cdot C_c\left(7.2 + \frac{790R}{T+18}\right)$	
	4.2m 초과 벽체	$p = C_w \cdot C_c\left(7.2 + \frac{1,160+240R}{T+18}\right)$	
모든 벽체			$p = C_w \cdot C_c\left(7.2 + \frac{1,160+240R}{T+18}\right)$

$30C_w$ kN/m^2 ≤ 측압(P) ≤ $w \cdot H$

- C_w : 단위중량 계수
- C_c : 첨가물 계수
- R : 콘크리트 타설속도(m/h)
- T : 타설되는 콘크리트의 온도(℃)

35 콘크리트 헤드

KDS 21 50 00

Ⅰ. 정의

① 콘크리트를 연속하여 치어가면 치어붓기 높이의 상승에 따라 측압도 커지나 어느 일정한 높이에 달하면 측압은 상승하지 않고, 이후 타설을 계속하면 측압은 저하된다. 이 경계의 높이를 콘크리트 헤드(Concrete Head)라고 한다.

② 또한 콘크리트 타설 윗면으로부터 최대측압까지의 거리를 말한다.

Ⅱ. 콘크리트 헤드(H)

① 한 번에 콘크리트를 타설하는 경우

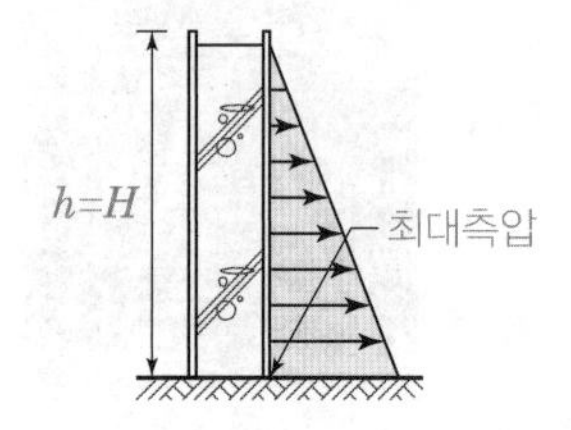

② 2회 분할 콘크리트를 타설하는 경우

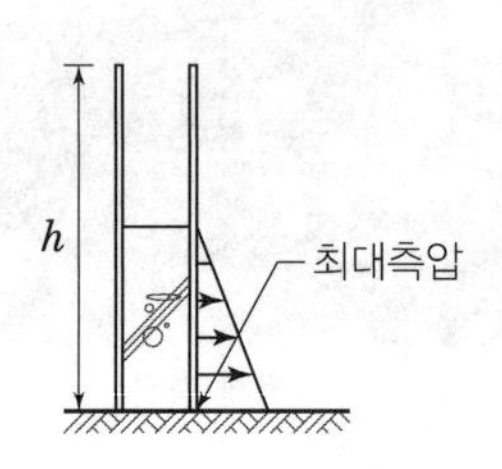

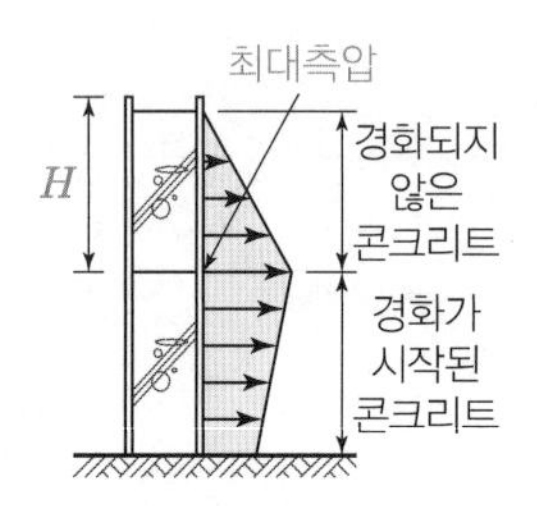

Ⅲ. 거푸집에 작용하는 측압

① 사용재료, 배합, 타설 속도, 타설 높이, 다짐 방법 및 타설할 때의 콘크리트 온도, 사용하는 혼화제의 종류, 부재의 단면 치수, 철근량 등에 의한 영향을 고려하여 산정

② 콘크리트의 측압은 거푸집의 수직면에 직각방향으로 작용

③ 일반 콘크리트용 측압$(P) = w \cdot H$

여기서, P : 콘크리트 측압(kN/m^2)

w : 굳지 않은 콘크리트의 단위중량(kN/m^3)

H : 콘크리트의 타설 높이(m)

④ 콘크리트 슬럼프가 175mm 이하이고, 1.2m 깊이 이하의 일반적인 내부진동다짐으로 타설되는 기둥 및 벽체의 콘크리트 측압은 다음과 같다.

- 기둥(수직부재로서 장변의 치수가 2m 미만)

$$P = C_w \cdot C_c \left[7.2 + \frac{790R}{T + 18} \right]$$

- 벽체(수직부재로서 한쪽 장변의 치수가 2m 이상)

구분 \ 타설속도		2.1m/h 이하	2.1~4.5m/h
타설 높이	4.2m 미만 벽체	$p = C_w \cdot C_c \left(7.2 + \frac{790R}{T+18} \right)$	
	4.2m 초과 벽체	$p = C_w \cdot C_c \left(7.2 + \frac{1,160 + 240R}{T+18} \right)$	
모든 벽체			$p = C_w \cdot C_c \left(7.2 + \frac{1,160 + 240R}{T+18} \right)$

단, $30 C_w$kN/m^2 ≤ 측압(P) ≤ $w \cdot H$

C_w : 단위중량 계수

C_c : 첨가물 계수

R : 콘크리트 타설속도(m/h)

T : 타설되는 콘크리트의 온도(℃)

36 벽체두께에 따른 거푸집 측압 변화

KDS 21 50 00

Ⅰ. 정의

① 콘크리트 타설 시 거푸집(수직부재)에 가해지는 콘크리트의 수평방향의 압력을 측압이라 하고, 콘크리트의 타설 윗면으로부터의 거리(m)와 단위중량(kN/m^3)의 곱으로 표시한다.

② 콘크리트를 연속하여 치어가면 치어붓기 높이의 상승에 따라 측압도 커지나 어느 일정한 높이에 달하면 측압은 상승하지 않고, 이후 타설을 계속하면 측압은 저하된다. 이 경계의 높이를 콘크리트 헤드(Concrete Head)라고 한다.

Ⅱ. 거푸집 측압 변화

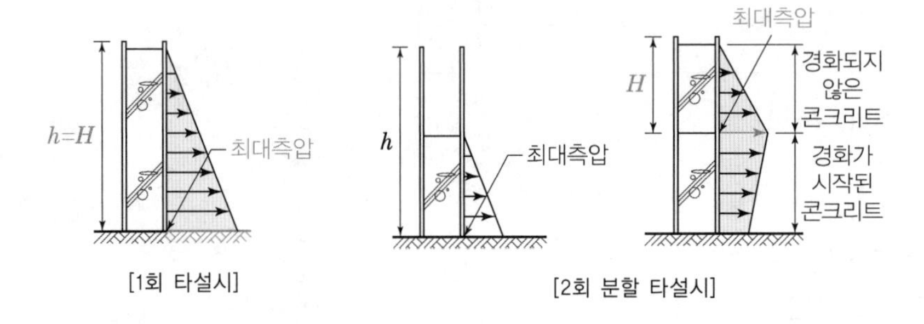

[1회 타설시] [2회 분할 타설시]

Ⅲ. 거푸집에 작용하는 측압

① 사용재료, 배합, 타설 속도, 타설 높이, 다짐 방법 및 타설할 때의 콘크리트 온도, 사용하는 혼화제의 종류, 부재의 단면 치수, 철근량 등에 의한 영향을 고려하여 산정

② 콘크리트의 측압은 거푸집의 수직면에 직각방향으로 작용

③ 일반 콘크리트용 측압(P)$= w \cdot H$

여기서, P : 콘크리트 측압(kN/m^2)

w : 굳지 않은 콘크리트의 단위중량(kN/m^3)

H : 콘크리트의 타설 높이(m)

④ 콘크리트 슬럼프가 175mm 이하이고, 1.2m 깊이 이하의 일반적인 내부진동다짐으로 타설되는 기둥 및 벽체의 콘크리트 측압은 다음과 같다.

- 기둥(수직부재로서 장변의 치수가 2m 미만)

$$P = C_w \cdot C_c \left[7.2 + \frac{790R}{T+18} \right]$$

- 벽체(수직부재로서 한쪽 장변의 치수가 2m 이상)

구분 \ 타설속도		2.1m/h 이하	2.1~4.5m/h
타설 높이	4.2m 미만 벽체	$p=C_w \cdot C_c\left(7.2+\frac{790R}{T+18}\right)$	
	4.2m 초과 벽체	$p=C_w \cdot C_c\left(7.2+\frac{1{,}160+240R}{T+18}\right)$	
모든 벽체			$p=C_w \cdot C_c\left(7.2+\frac{1{,}160+240R}{T+18}\right)$

단, $30C_w$kN/m² ≤ 측압(P) ≤ $w \cdot H$

C_w : 단위중량 계수

C_c : 첨가물 계수

R : 콘크리트 타설속도(m/h)

T : 타설되는 콘크리트의 온도(℃)

37 거푸집의 해체 및 존치기간(국토교통부 제정 건축공사 표준시방서 기준) KCS 21 50 05

Ⅰ. 정의

거푸집 존치기간은 시멘트 종류, 기상조건, 하중, 보양 등의 상태에 따라 다르므로 그 경과기간 중 이들 조건을 엄밀히 조사하고, 콘크리트의 보양과 변형의 우려가 없고 충분한 강도가 날 때까지 존치해야 하며, 해체 시에는 콘크리트 표면의 손상 등 변형이 생기지 않도록 철저히 하여야 한다.

Ⅱ. 거푸집 해체

① 해체 시기·범위 및 절차를 근로자에게 교육

② 해체작업 구역 내에는 당해 작업에 종사하는 근로자 및 관련자 이외에는 출입을 금지

③ 비·눈 그 밖의 기상상태의 불안정할 때에는 해체작업을 중지

④ 보 및 슬래브 하부의 거푸집을 해체할 때에는 거푸집 보호는 물론 거푸집의 낙하충격으로 인한 근로자의 재해를 방지

[거푸집 해체]

⑤ 콘크리트 표면을 손상하거나 파손하지 않고, 콘크리트 부재에 과도한 하중이나 거푸집에 과도한 변형이 생기지 않는 방법 강구

⑥ 예상되는 하중에 충분히 견딜만한 강도를 발휘하기 전에 해서는 안 되며, 그 시기 및 순서는 공사시방으로 정하거나, 공사감독자의 지시 준수

⑦ 해체 시기 및 순서는 시멘트의 성질, 콘크리트의 배합, 구조물의 종류와 중요도, 부재의 종류 및 크기, 부재가 받는 하중, 콘크리트 내부의 온도와 표면 온도의 차이 등을 고려하여 결정

[Filler Support]

⑧ 해체한 거푸집은 신속하게 반출하여 작업공간을 확보

⑨ 재사용을 고려한 거푸집은 다음 작업 장소로 이동이 용이한 곳에 적재

⑩ 자재를 슬래브 위에 쌓아 놓는 경우에는 콘크리트의 재령에 따른 허용하중을 추정하여 자재를 분산

⑪ 거푸집 해체 후 거푸집 이음매에 생긴 돌출부를 제거하고, 구멍이 있는 경우에는 구조체에 사용했던 콘크리트와 같은 배합비의 모르타르로 충전

⑫ 구조물의 강도에 영향을 미치거나 철근의 수명에 해를 끼칠만한 정도의 큰 구멍이 생겼을 경우, 영향권 내의 콘크리트를 제거하고 다시 시공

⑬ 거푸집을 해체한 콘크리트 면이 거칠게 마무리된 경우, 구멍 및 기타 결함이 있는 부위는 땜질하고, 6mm 이상의 돌기물은 제거

⑭ 거푸집 및 동바리를 해체한 직후 구조물에 재하하는 하중은 콘크리트의 강도, 구조물의 종류, 작용하중의 종류와 크기 등을 고려하여 유해한 균열 및 기타 손상이 발생하지 않는 범위 이내로 제한

Ⅲ. 거푸집 존치기간

[거푸집 존치기간]

① 콘크리트의 압축강도 시험을 하는 경우

부 재		콘크리트 압축강도
기초, 보, 기둥, 벽 등의 측면		5MPa 이상
슬래브 및 보의 밑면, 아치내면	단층 구조	$f_{cu} \geq \frac{2}{3} \times f_{ck}$ 이상, 또한 최소 14MPa 이상
	다층 구조	설계 기준 압축강도 이상 (필러동바리구조 → 기간단축가능 단, 최소강도는 14MPa 이상)

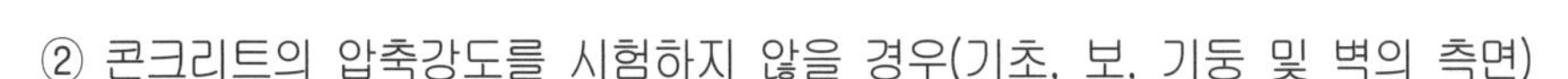
② 콘크리트의 압축강도를 시험하지 않을 경우(기초, 보, 기둥 및 벽의 측면)

시멘트의 종류 / 평균온도	• 조강포틀랜트 시멘트		• 보통포틀랜드 시멘트 • 고로슬래그 시멘트(1종) • 포틀랜드포졸란 시멘트 (A종, 1종) • 플라이애쉬 시멘트(1종)		• 고로슬래그 시멘트(2종) • 포틀랜드포졸란 시멘트 (B종, 2종) • 플라이애쉬 시멘트(2종)	
표준시방서	KCS 21 50 05	KCS 14 20 12	KCS 21 50 05	KCS 14 20 12	KCS 21 50 05	KCS 14 20 12
20℃ 이상	2일	2일	3일	4일	4일	5일
20℃ 미만, 10℃ 이상	3일	3일	4일	6일	6일	8일

③ 기초, 보, 기둥, 벽 등의 측면 거푸집의 경우 24시간 이상 양생한 후에 콘크리트 압축강도가 5MPa 이상 도달한 경우 거푸집 널을 해체 가능

④ 조강시멘트를 사용한 경우 또는 강도 시험결과 충분한 강도를 얻을 수 있는 경우에는 거푸집 널 제거시기를 조정 가능

⑤ 보, 슬래브 및 아치 하부의 거푸집널은 원칙적으로 동바리를 해체한 후에 해체

⑥ 강도의 확인은 현장에서 양생한 표준공시체 혹은 타설된 콘크리트의 압축강도 시험으로 확인

⑦ 연속 또는 강성구조교량의 타설된 경간을 지지하는 동바리는 인접경간의 1/2 이상 길이에 대한 콘크리트 타설 후, 소정의 강도에 도달한 후에 해체

⑧ 아치교의 동바리는 상단부분부터 시작하여 단부로 균일하게 점진적으로 제거

⑨ 거푸집 탈형 후에는 시트 등으로 직사 일광이나 강풍을 피하고 급격히 수분의 증발을 방지

38 콘크리트 거푸집의 해체시기(기준) KCS 21 50 05

Ⅰ. 정의

거푸집의 해체시기는 시멘트 종류, 기상조건, 하중, 보양 등의 상태에 따라 다르므로 그 경과기간 중 이들 조건을 엄밀히 조사하고, 콘크리트의 보양과 변형의 우려가 없고 충분한 강도가 날 때까지 존치해야 하며, 해체 시에는 콘크리트 표면의 손상 등 변형이 생기지 않도록 철저히 하여야 한다.

Ⅱ. 거푸집의 해체시기(기준)

① 콘크리트의 압축강도 시험을 하는 경우

부재		콘크리트의 압축강도
확대기초, 보, 기둥, 벽 등의 측면		5MPa 이상
슬래브 및 보의 밑면, 아치 내면	단층구조의 경우	설계기준압축강도의 2/3배 이상 또한, 14MPa 이상
	다층구조인 경우	설계기준압축강도 이상 (필러 동바리 구조를 이용할 경우는 구조계산에 의해 기간을 단축할 수 있음. 단, 이 경우라도 최소강도는 14MPa 이상으로 함)

② 콘크리트의 압축강도를 시험하지 않을 경우(기초, 보, 기둥 및 벽의 측면)

시멘트의 종류 / 평균온도	• 조강포틀랜트 시멘트		• 보통포틀랜드 시멘트 • 고로슬래그 시멘트(1종) • 포틀랜드포졸란 시멘트 (A종, 1종) • 플라이애쉬 시멘트(1종)		• 고로슬래그 시멘트(2종) • 포틀랜드포졸란 시멘트 (B종, 2종) • 플라이애쉬 시멘트(2종)	
표준시방서	KCS 21 50 05	KCS 14 20 12	KCS 21 50 05	KCS 14 20 12	KCS 21 50 05	KCS 14 20 12
20℃ 이상	2일	2일	3일	4일	4일	5일
20℃ 미만, 10℃ 이상	3일	3일	4일	6일	6일	8일

③ 기초, 보, 기둥, 벽 등의 측면 거푸집의 경우 24시간 이상 양생한 후에 콘크리트 압축강도가 5MPa 이상 도달한 경우 거푸집 널을 해체 가능

④ 보, 슬래브 및 아치 하부의 거푸집널은 원칙적으로 동바리를 해체한 후에 해체

⑤ 강도의 확인은 현장에서 양생한 표준공시체 혹은 타설된 콘크리트의 압축강도 시험으로 확인

⑥ 거푸집 탈형 후에는 시트 등으로 직사 일광이나 강풍을 피하고 급격히 수분의 증발을 방지

39 콘크리트 슬래브의 거푸집 존치기간과 강도와의 관계 KCS 21 50 05

Ⅰ. 정의

거푸집 존치기간은 시멘트 종류, 기상조건, 하중, 보양 등의 상태에 따라 다르므로 그 경과기간 중 이들 조건을 엄밀히 조사하고, 콘크리트의 보양과 변형의 우려가 없고 충분한 강도가 날 때까지 존치해야 하며, 존치기간이 길수록 강도는 증가한다.

Ⅱ. 콘크리트 압축강도 시험을 하는 경우 슬래브의 거푸집 존치기간

슬래브 및 보의 밑면	단층구조의 경우	설계기준 압축강도의 2/3 이상 또한, 14MPa 이상
	다층구조의 경우	설계기준 압축강도 이상 (필러 동바리 구조를 이용할 경우는 구조계산에 의해 기간을 단축 할 수 있음. 단, 최소강도는 14MPa 이상)

[거푸집 존치기간]

① 슬래브 및 보의 밑면의 거푸집 널 존치기간은 현장 양생한 공시체의 콘크리트의 압축강도 시험에 의하여 설계기준강도의 2/3 이상의 값에 도달한 경우 거푸집 널을 해체 가능. 다만, 14MPa 이상

② 보, 슬래브의 거푸집널은 원칙적으로 동바리를 해체한 후에 해체

③ 강도의 확인은 현장에서 양생한 표준공시체 혹은 타설된 콘크리트의 압축강도 시험으로 확인

④ 거푸집 탈형 후에는 시트 등으로 직사 일광이나 강풍을 피하고 급격히 수분의 증발을 방지

Ⅲ. 거푸집 존치기간과 강도와의 관계

1. 재령별 압축강도 발현(24MPa 기준)

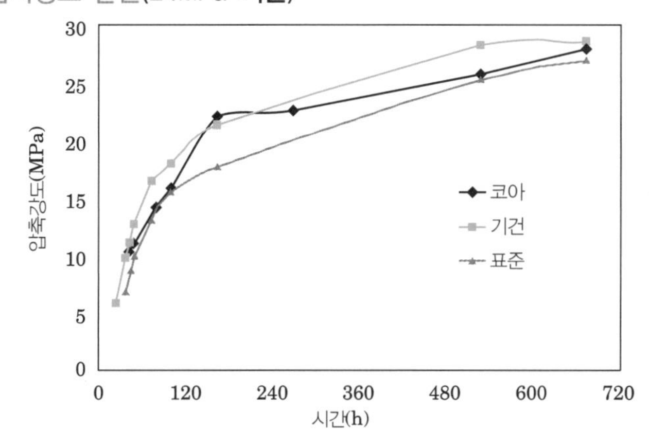

[재령별 압축강도 발현(24MPa)]

① 설계기준강도의 2/3: 100시간, 5/6: 140시간, 설계기준강도 100%: 240시간 소요
② 기건 양생 시 가장 빠른 강도 발현

2. 재령에 따른 탄성계수 값의 변화

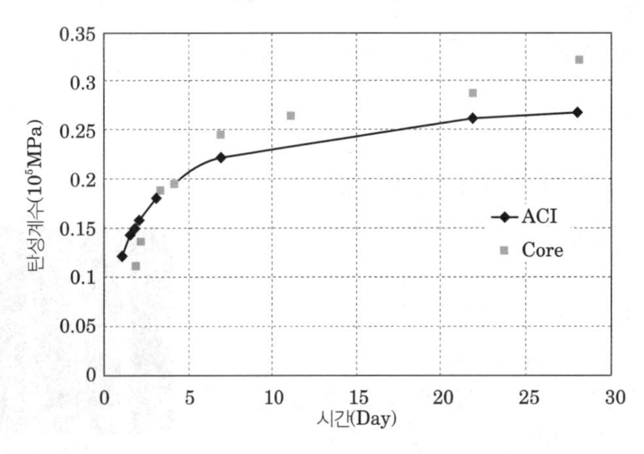

[재령에 따른 탄성계수 발현(24MPa)]

① 탄성계수의 발현은 초기재령에서는 ACI 규준식 보다 낮게 발현되다가 재령 4일을 전, 후로 높게 발현됨.
② 콘크리트에 대한 강성의 평가는 탄성계수 값을 사용

3. 구조적 안전성 및 사용성 평가

① 상부공사 허용시기에 간단한 작업은 콘크리트 강도에 따른 영향은 없음
② 과도한 하중의 재하, 진동 및 충격은 콘크리트와 철근의 부착력 손상이나 내부 균열의 원인이 될 수 있음

4. 슬래브 거푸집 탈형시기의 안전성 평가

① 조기에 거푸집 탈형 시에는 변형율 및 처짐이 발생하므로 존치기간을 준수
② 거푸집 조기 탈형으로 자기수축균열과 수화균열이 발생
③ 거푸집 탈형 시기는 콘크리트 강도만 만족하여 결정할 수 없으며, 반드시 사용성 측면에서 균열의 발생여부를 확인하고 이에 대한 대책을 확보

40 시스템 동바리(System Support)

KCS 21 50 05

Ⅰ. 정의

시스템 동바리는 방호장치 안전인증기준 또는 KS F 8021에 적합하여야 하며, 수직재, 수평재, 가새재, 연결조인트 및 트러스 등의 각각의 부재를 현장에서 조립하여 사용하는 조립형 동바리 부재를 말한다.

Ⅱ. 현장시공도

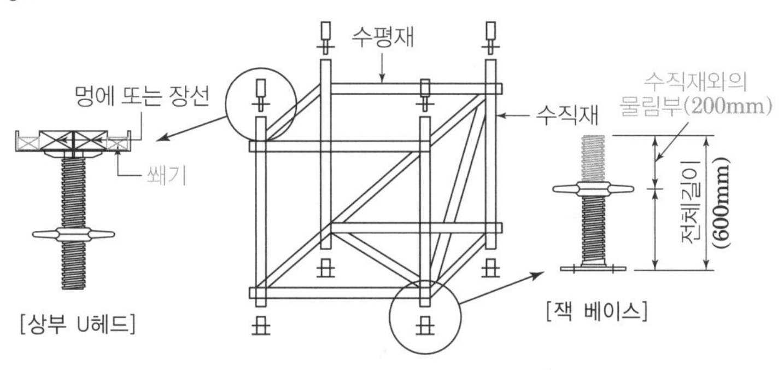

[시스템 동바리]

Ⅲ. 시스템 동바리 설치기준

1. 지주 형식 동바리

① 구조계산에 의한 조립도를 작성

② 시스템 동바리를 지반에 설치할 경우에는 깔판 또는 깔목, 콘크리트를 타설하는 등의 상재하중에 의한 침하 방지조치

③ 수직재와 수평재는 직교되게 설치하여야 하며 이음부나 접속부 등은 흔들림이 없도록 체결

④ 수직재, 수평재 및 가새 등의 여러 부재를 연결한 경우에는 수직도가 오차범위 이내에 있도록 시공

⑤ 수직 및 수평하중에 의한 동바리 본체의 변위가 발생하지 않도록 각각의 단위 수직재 및 수평재에는 가새재를 견고히 설치

⑥ 시스템 동바리의 높이가 4m를 초과할 때에는 높이 4m 이내마다 수평 연결재를 2개의 방향으로 설치하고, 수평 연결재의 변위를 방지

⑦ 콘크리트 타설 높이가 0.5m 이상일 경우에는 수직재 최상단 및 최하단으로부터 400mm 이내에 첫 번째 수평재가 설치

⑧ 수직재를 설치할 때에는 수평재와 수평재 사이에 수직재의 연결부위가 2개소 이상 금지

⑨ 가새는 수평재 또는 수직재에 핀 또는 클램프 등의 결합방법에 의해 견고하게 결합

⑩ 동바리 최하단에 설치하는 수직재는 받침 철물의 조절너트와 밀착하게 설치(수직재와 물림부의 겹침은 1/3 이상)하며, 편심하중이 발생하지 않도록 수평을 유지
⑪ 멍에재는 편심하중이 발생하지 않도록 U헤드의 중심에 위치하며, 멍에재가 U헤드에서 이탈되지 않도록 고정
⑫ 동바리 자재의 반복 사용으로 인한 변형 및 부식 등 심하게 손상된 자재는 사용 금지
⑬ 바닥이 경사진 곳에 설치할 경우 고임재 등을 이용하여 동바리 바닥이 수평이 되도록 하여야 하며, 고임재는 미끄러지지 않도록 바닥에 고정
⑭ 동바리 설치높이가 4.0m를 초과하거나 콘크리트 타설 두께가 1.0m를 초과하여 파이프 서포트로 설치가 어려울 경우에는 시스템 동바리로 설치 가능

2. 보 형식 동바리

① 동바리는 구조검토에 의한 시공상세도에 따라 정확히 설치
② 보 형식 동바리의 양단은 지지물에 고정하여 움직임 및 탈락을 방지
③ 보와 보 사이에는 수평연결재를 설치하여 움직임을 방지
④ 보조 브래킷 및 핀 등의 부속장치는 소정의 성능과 안전성을 확보할 수 있도록 시공
⑤ 보 설치지점은 콘크리트의 연직하중 및 보의 하중을 견딜 수 있는 견고한 곳 설치
⑥ 보는 정해진 지점 이외의 곳을 지점으로 이용 금지

41 컵록 서포트(Cuplock Support)

Ⅰ. 정의

일반적으로 시스템 동바리는 수직재, 수평재, 가새재, 연결조인트 및 트러스 등의 각각의 부재를 현장에서 조립하여 사용하는 조립형 동바리 부재이나 컵록 서포트는 수직재와 수평재를 효율적으로 연결시키도록 고안된 시스템 동바리를 말한다.

Ⅱ. 현장시공도

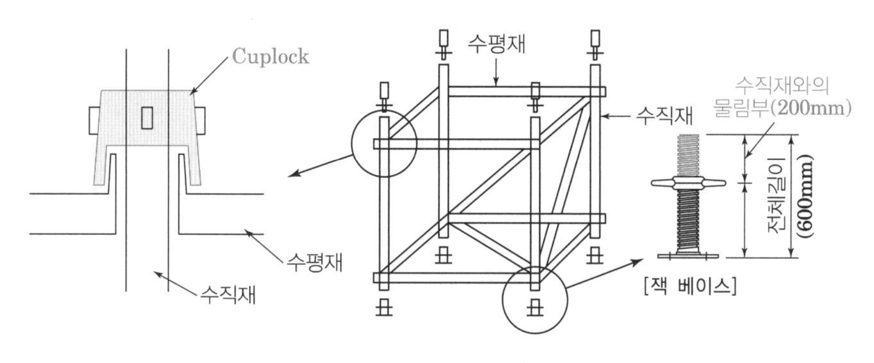

[컵록 서포트]

Ⅲ. 시스템 동바리 설치기준

1. 지주 형식 동바리

① 구조계산에 의한 조립도를 작성

② 시스템 동바리를 지반에 설치할 경우에는 깔판 또는 깔목, 콘크리트를 타설하는 등의 상재하중에 의한 침하 방지조치

③ 수직재와 수평재는 직교되게 설치하여야 하며 이음부나 접속부 등은 흔들림이 없도록 체결

④ 수직재, 수평재 및 가새 등의 여러 부재를 연결한 경우에는 수직도가 오차범위 이내에 있도록 시공

⑤ 수직 및 수평하중에 의한 동바리 본체의 변위가 발생하지 않도록 각각의 단위 수직재 및 수평재에는 가새재를 견고히 설치

⑥ 시스템 동바리의 높이가 4m를 초과할 때에는 높이 4m 이내마다 수평 연결재를 2개의 방향으로 설치하고, 수평 연결재의 변위를 방지

⑦ 콘크리트 타설 높이가 0.5m 이상일 경우에는 수직재 최상단 및 최하단으로부터 400mm 이내에 첫 번째 수평재가 설치

⑧ 수직재를 설치할 때에는 수평재와 수평재 사이에 수직재의 연결부위가 2개소 이상 금지

⑨ 가새는 수평재 또는 수직재에 핀 또는 클램프 등의 결합방법에 의해 견고하게 결합
⑩ 동바리 최하단에 설치하는 수직재는 받침 철물의 조절너트와 밀착하게 설치(수직재와 물림부의 겹침은 1/3 이상)하며, 편심하중이 발생하지 않도록 수평을 유지
⑪ 멍에재는 편심하중이 발생하지 않도록 U헤드의 중심에 위치하며, 멍에재가 U헤드에서 이탈되지 않도록 고정
⑫ 동바리 자재의 반복 사용으로 인한 변형 및 부식 등 심하게 손상된 자재는 사용 금지
⑬ 바닥이 경사진 곳에 설치할 경우 고임재 등을 이용하여 동바리 바닥이 수평이 되도록 하여야 하며, 고임재는 미끄러지지 않도록 바닥에 고정
⑭ 동바리 설치높이가 4.0m를 초과하거나 콘크리트 타설 두께가 1.0m를 초과하여 파이프 서포트로 설치가 어려울 경우에는 시스템 동바리로 설치 가능

2. 보 형식 동바리

① 동바리는 구조검토에 의한 시공상세도에 따라 정확히 설치
② 보 형식 동바리의 양단은 지지물에 고정하여 움직임 및 탈락을 방지
③ 보와 보 사이에는 수평연결재를 설치하여 움직임을 방지
④ 보조 브래킷 및 핀 등의 부속장치는 소정의 성능과 안전성을 확보할 수 있도록 시공
⑤ 보 설치지점은 콘크리트의 연직하중 및 보의 하중을 견딜 수 있는 견고한 곳 설치
⑥ 보는 정해진 지점 이외의 곳을 지점으로 이용 금지

42 강관동바리(Pipe Support)

KCS 21 50 05

Ⅰ. 정의

파이프 서포트는 방호장치 안전인증기준 또는 KS F 8001에 적합하여야 하며, 강관으로 된 거푸집의 지주로서, 상부의 하중을 하부로 전달하는 것이다.

Ⅱ. 현장시공도

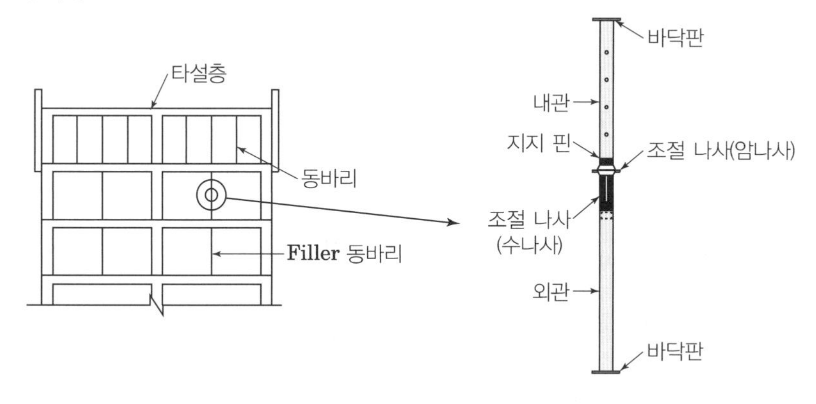

[강관동바리]

Ⅲ. 강관동바리 설치기준

① 구조계산에 따른 조립상세도를 작성하고 시공

② 강관동바리는 조립이나 떼어내기가 편리한 구조로서, 이음이나 접촉부에서 하중을 안전하게 전달할 수 있는 형식과 재료를 선정

③ 굽어져 있는 강관동바리, 현저한 손상, 변형, 부식이 있는 강관동바리는 사용 금지

④ 강관동바리는 침하를 방지하고, 각 부가 이동하지 않도록 볼트나 클램프 등의 전용철물을 사용하여 고정

⑤ 강관동바리는 상부와 하부가 뒤집혀서 시공 금지

⑥ 강관동바리는 이어서 사용하지 않는 것을 원칙으로 하며, 2개 이하로 연결하여 사용 가능

⑦ 강관동바리의 높이가 3.5m를 초과하는 경우에는 높이 2m 이내마다 수평연결재를 양방향으로 설치하고, 연결부분에 변위가 일어나지 않도록 수평연결재의 끝 부분은 단단한 구조체에 연결

⑧ 경사면에 수직하게 설치되는 강관동바리는 미끄러짐 및 전도가 발생할 수 있으므로 모든 동바리에 가새를 설치하여 안전하도록 설치

⑨ 수직으로 설치된 강관동바리의 바닥이 경사진 경우에는 고임재 등을 이용하여 동바리 바닥이 수평이 되도록 하여야 하며, 고임재는 미끄러지지 않도록 바닥에 고정

⑩ 동결지반 위에는 강관동바리를 설치 금지

⑪ 강관동바리를 지반에 설치할 경우에는 침하를 방지하기 위하여 콘크리트를 타설하거나, 두께 45mm 이상의 깔목, 깔판, 전용 받침 철물, 받침판 등을 설치

⑫ 강관동바리는 상·하부의 동바리가 동일 수직선상에 위치

⑬ 지반에 설치된 강관동바리는 강우로 인하여 토사가 씻겨나가지 않도록 보호

⑭ 겹침이음을 하는 수평연결재간의 이격되는 순 간격이 100mm 이내가 되도록 하고, 각각의 교차부에는 볼트나 클램프 등의 전용철물을 사용하여 연결

Ⅳ. 강관동바리 재설치

① 강관동바리를 떼어낸 후에도 하중이 재하 될 경우 적절한 강관동바리를 재설치하여야 하며, 최소 3개 층에 걸쳐 강관동바리를 재설치

② 각 층에 재설치되는 강관동바리는 동일한 위치에 놓이게 하는 것을 원칙

③ 강관동바리 재설치는 지지하는 구조물에 변형이 없도록 밀착하되, 이로 인해 재설치된 강관동바리에 별도의 하중의 재하 금지

④ 강관동바리 해체는 구조계산에 의하여 충분히 안전한 것을 확인한 후에 해체

⑤ 재설치된 강관동바리로 연결된 부재들은 하중에 의하여 동일한 거동을 하며, 각 부재들은 각각의 강성에 의하여 하중을 부담

⑥ 거푸집 및 강관동바리를 떼어낸 직후의 구조물에 하중이 재하될 경우에는 유해한 균열이나 손상을 받지 않도록 할 것

43 거푸집 수평연결재와 가새 설치방법

KCS 21 50 05

Ⅰ. 정의

거푸집 수평 연결재는 강관동바리의 좌굴방지를 위해 설치하며, 가새는 수평하중을 지반 또는 구조물에 안전하게 전달할 수 있도록 설치하여야 한다.

Ⅱ. 수평연결재 설치방법

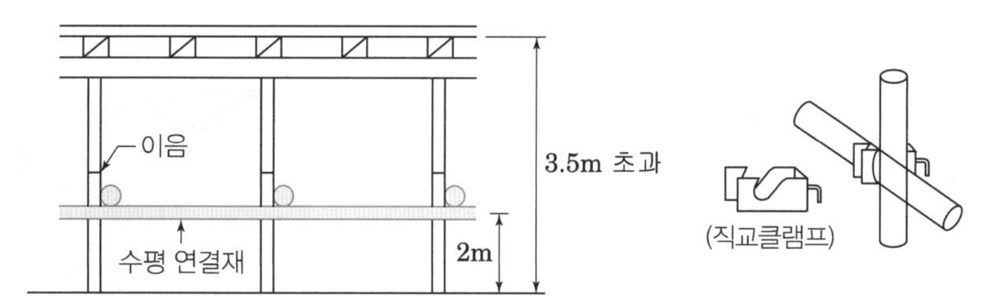

[수평연결재]

① 강관동바리의 높이가 3.5m를 초과하는 경우에는 높이 2m 이내마다 수평연결재를 양방향으로 설치하고, 연결부분에 변위가 일어나지 않도록 수평연결재의 끝 부분은 단단한 구조체에 연결

② 수평연결재를 설치하지 않거나, 영구 구조체에 연결하는 것이 불가능할 경우에는 동바리 전체길이를 좌굴길이로 계산

③ 겹침이음을 하는 수평연결재간의 이격되는 순 간격이 100mm 이내 설치

④ 각각의 교차부에는 볼트나 클램프 등의 전용철물을 사용하여 연결

Ⅲ. 가새 설치방법

[가새]

① 가새는 단일부재를 기울기 60° 이내로 사용하는 것을 원칙

② 단일부재 사용이 불가능할 경우의 이음방법은 다음 항에 따른다.

- 이어지는 가새의 각도는 동일
- 겹침이음을 하는 가새 간의 이격되는 순 간격이 100mm 이내 설치
- 가새의 이음위치는 각각의 가새에서 서로 엇갈리게 설치

③ 동바리가 도로 위에 설치되거나 인접해 있을 때에는 수평하중 및 진동에 대한 안정을 유지할 수 있도록 가새를 설치

④ 가새는 바닥에서 동바리 상단부까지 설치

⑤ 가새재를 동바리 밑둥과 결속하는 경우에는 바닥에서 동바리와 가새재의 교차점까지의 거리가 300mm 이내 설치하고, 해당 동바리는 바닥에 고정

⑥ 강성이 큰 구조물에 수평연결재로 직접 연결하여 수평력에 대하여 충분히 저항할 수 있는 경우에는 가새를 설치 생략

⑦ 경사면에 수직하게 설치되는 강관동바리는 미끄러짐 및 전도가 발생할 수 있으므로 모든 동바리에 가새를 설치하여 안전하도록 설치

44 Jack Support

Ⅰ. 정의

공사 진행 중 부득이하게 구조체 상부공간에 하중이 작용(중차량 통행, 자재 야적 등) 하여, 이런 하중을 감당하기 위해 구조검토를 통해 Jack Support를 설치한다.

Ⅱ. 보 Jack Support 실례

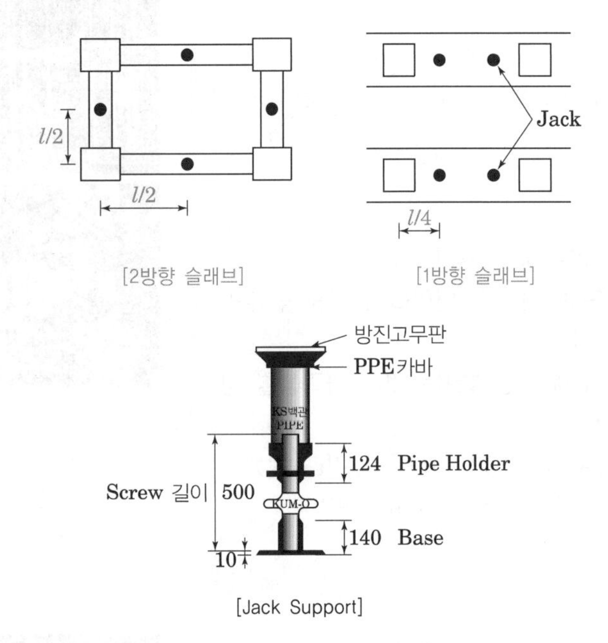

[2방향 슬래브] [1방향 슬래브]

[Jack Support]

[Jack Support]

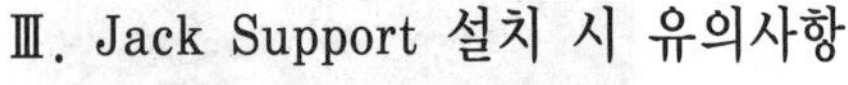

Ⅲ. Jack Support 설치 시 유의사항

① 설치 장소의 층고에 따른 해당 규격을 확인

② Jack Support 규격이 스크류 조절을 다해도 짧은 경우 베이스 밑에 블록을 받쳐 2차 높이를 조절

③ 지하 2개층 이상 구조물에서는 반드시 동일한 위치에 수직열이 맞도록 설치

④ Jack Support를 설치할 때에는 균열방지를 위해 반드시 고무판 또는 침목 및 각재를 설치

⑤ 28일 이상 양생 후 설계기준압축강도 이상 되는 것을 확인 후 상부하중을 Jack Support로 지지

⑥ 지하 구조물이 복층인 경우, 하부 층부터 올라오면서 Jack Support를 설치하고, 해체 시는 반대의 순서로 한다.

⑦ Jack Support 설치 시 무리하게 감아올리면, 슬래브 및 보에 상향력으로 인한 과도한 부모멘트 및 Punching Shear가 발생하므로 주의

Ⅳ. 현장시공 시 유의사항

① 충격하중을 최소화하도록 동시에 많은 차량이 이동 및 작업하지 않도록 통제

② 콘크리트 펌프카 압송 작업 시 아웃트리거 하부에는 반드시 별도의 Jack Support를 설치

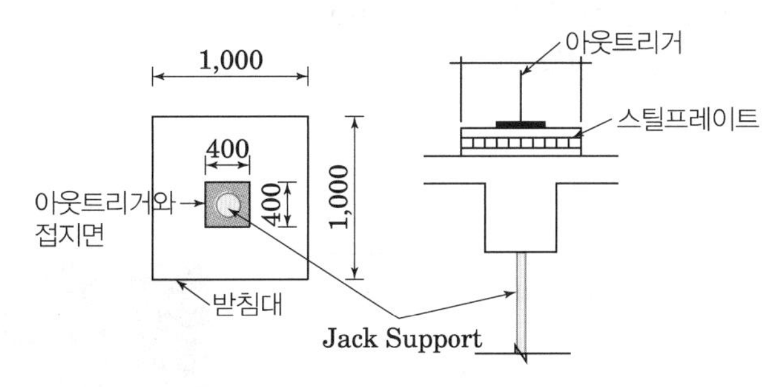

[기둥 또는 보 상부에 Out Rigger 설치 시]

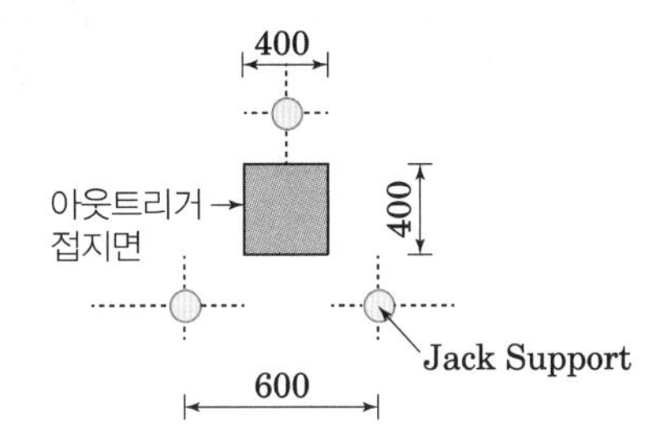

[슬래브 상부에 Out Rigger 설치 시]

③ 작업 공정으로 일시적 Jack Support를 제거할 경우에는 반드시 중차량의 운행을 금지

④ 주차장 상부에서 진동롤러 사용을 금지

⑤ Jack Support로 보강하지 않은 구역에는 중차량이 진입하지 못하도록 통제

⑥ Jack Support 설치 및 해체 와 간섭되는 공정(전기, 설비, 마감 등)간 사전 협의

45 동바리 바꾸어 세우기(Reshoring) KCS 21 50 05

Ⅰ. 정의

대규모 부재에서 본 거푸집과 동바리가 제거된 후 탈형된 콘크리트 슬래브 또는 구조부재 하부에 설치한 받침기둥이며, 새로 타설된 슬래브나 구조부재는 동바리 바꾸어 세우기의 설치 전 자중과 시공하중을 지탱할 수 있어야 한다.

Ⅱ. 콘크리트 압축강도 시험을 하는 경우 거푸집 존치기간

슬래브 및 보의 밑면	단층구조의 경우	설계기준 압축강도의 2/3 이상 또한, 14MPa 이상
	다층구조의 경우	설계기준 압축강도 이상 (필러 동바리 구조를 이용할 경우는 구조계산에 의해 기간을 단축 할 수 있음. 단, 최소강도는 14MPa 이상)

[동바리 재설치]

Ⅲ. 동바리 바꾸어 세우기 원칙

① 동바리 바꾸어 세우기는 원칙적으로 금지
② 큰보 → 작은보 → 바닥 슬래브 순으로 시행
③ 동바리를 바꾸어 세울 동안 그 상부의 작업을 제한하여 하중을 적게 하고 집중하중을 받는 지주는 그대로 존치
④ 바꾸어 세운 동바리는 그전의 지주와 같은 지지력이 작용
⑤ 구조해석에서 결정된 응력의 유형을 변화시키는 위치나 인장응력을 유발할 수 있는 위치에 설치 금지
⑥ 동바리는 콘크리트 타설 후 4주가 경과하면 제거 가능

Ⅳ. 동바리 재설치

① 동바리를 떼어낸 후에도 하중이 재하 될 경우 적절한 동바리를 재설치
② 고층건물의 경우 최소 3개 층에 걸쳐 동바리를 재설치
③ 각 층에 재설치 되는 동바리는 동일한 위치에 놓이게 하는 것을 원칙
④ 동바리 재설치는 지지하는 구조물에 변형이 없도록 밀착
⑤ 재설치된 동바리에 별도의 하중이 재하 되지 않도록 주의
⑥ 재설치된 동바리로 연결된 부재들은 하중에 의하여 동일한 거동을 하며, 각각 부재들의 강성에 의하여 하중을 부담

[84회]

46 지하구조물 보조기둥

Ⅰ. 정의

지하구조물의 콘크리트 타설 후 상부 차량 진입에 따른 침하방지를 위하여 보조기둥(Shoring Column)인 Jack Support, Pipe Support 등을 구조검토에 의해 적절하게 설치하여야 한다.

Ⅱ. 보조기둥 설치방법

1. RC 구조물인 경우

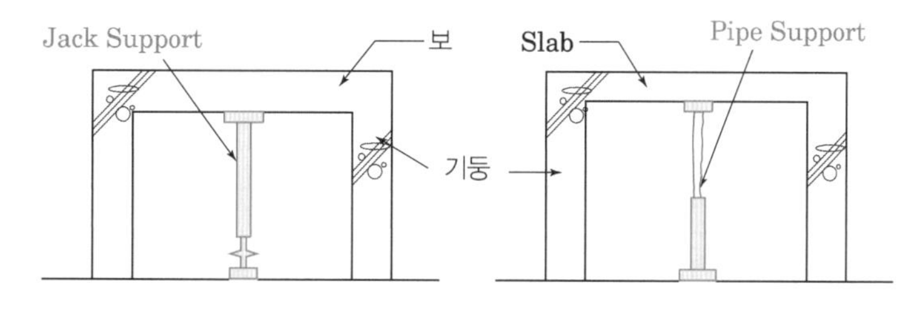

[Jack Support]

[강관 동바리]

① 보: Jack Supprot를 보의 중앙부에 설치
② Slab: Pipe Support를 Slab의 중앙부에 설치

2. PC 구조물인 경우

① Camber 시공(보)
상부하중으로 보의 수평을 유지하기 위해 단부에 Jack Support 설치

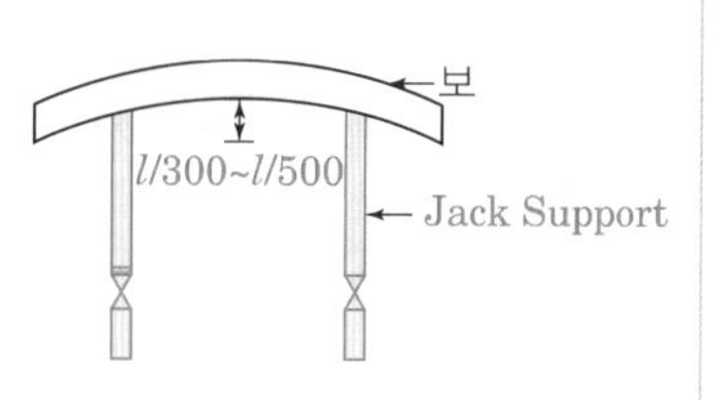

② Camber 미시공(보)
상부하중으로 보의 처짐방지를 위해 중앙부에 Jack Support 설치

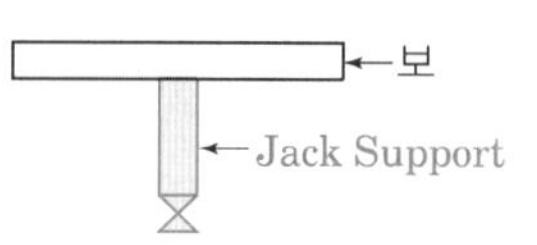

③ 합성 Slab
상부하중으로 Slab의 처짐 방지를 위해 중앙부에 Pipe Support 설치

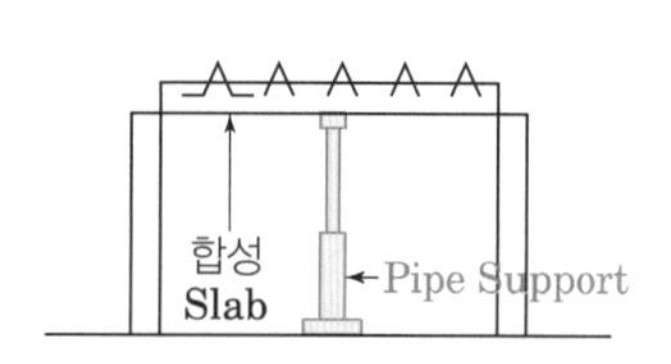

47 철근콘크리트 공사 시 캠버(Camber)

Ⅰ. 정의

Camber란 보·슬래브 및 트러스 등에서 그의 정상적 위치 또는 형상으로부터 처짐을 고려하여 상향으로 들어 올리는 것 또는 들어 올린 크기를 말한다.

Ⅱ. 현장 PC시공 실례

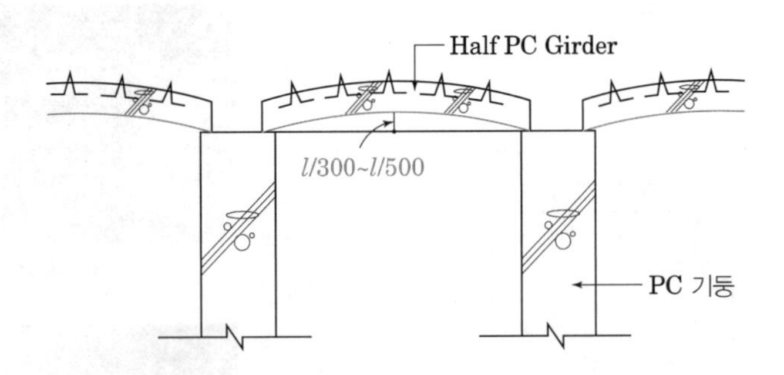

Ⅲ. 보 및 슬래브 처짐 원인

① 철근배근의 불량 유효높이의 부족
② 보나 슬래브의 스판이 길 때
③ 동바리의 존치기간을 준수하지 않고 조기에 해체할 때
④ 사전에 Camber를 주지 않을 때
⑤ 콘크리트 양생 중에 진동이나 동바리를 움직였을 때

Ⅳ. 방지대책

① 철근배근 철저 및 Spacer의 정확한 고임을 할 것
② 보나 슬래브가 길 때 반드시 Camber 시공을 할 것
③ 동바리 존치기간의 시방서 기준을 준수할 것
④ 콘크리트 양생 중 진동, 충격 금지 및 상부에 적재하중을 금할 것

Ⅴ. 시공 시 주의사항

① 경험치가 아닌 구조검토에 의한 적정 Camber 시공
② 온도변화 및 건조수축 등을 고려하여 시공
③ Camber 시공 후 동바리의 흔들림이 없도록 할 것
④ 같은 스판인 경우 동일한 Camber 시공이 될 수 있도록 레벨관리를 철저히 할 것

48 박리제

Ⅰ. 정의

거푸집 널 내면에 콘크리트가 거푸집에 부착되는 것을 막고 거푸집 제거를 쉽게 하기 위해 거푸집 널 표면에 도포하는 것을 말한다.

Ⅱ. 종류

1) 수성

① 물로 2~3배 희석하여 사용

② 희석액 1ℓ로 목재, 철재 거푸집 10~20m^2 사용

2) 유성

① 유성으로 원액을 사용

② 희석액 1ℓ로 목재 거푸집 10~20m^2 사용

③ 희석액 1ℓ로 철재 거푸집 20~30m^2 사용

3) 비눗물

4) 중유, 폐유

[박리제]

[박리제 도포]

Ⅲ. 특성(수성, 유성)

① 콘크리트 표면이 깨끗하다.

② 거푸집의 탈형이 용이하고 신속하다.

③ 도포가 용이하여 시간과 경비가 절감된다.

④ 탈형 후 콘크리트 면을 더럽히지 않으므로 표면처리가 양호하다.

⑤ 자체적으로 방청 및 방부작용이 있다.

Ⅳ. 사용 시 주의사항

① 거푸집의 종류에 따라 적정 박리제 사용

② 박리제 도포 전에 거푸집 표면의 청소 철저

③ 너무 두껍게 도포하지 않을 것

④ 철근에 묻지 않도록 할 것

⑤ 콘크리트 타설 후 탈형시간 준수

⑥ 콘크리트에 유해하지 않은 성분일 것

49 거푸집 처짐 허용기준

KDS 21 50 00/KCS 21 50 05

Ⅰ. 정의

바닥 거푸집은 거푸집널, 장선, 멍에, 서포트 등으로 제작하는 부재로서 콘크리트 타설 시 처짐이 발생할 수 있으며 거푸집 처짐 허용기준은 공사시방서 등에 따라야 한다.

Ⅱ. 거푸집 변형기준

① 거푸집 널의 변형기준은 공사시방서에 따르며, 달리 명시가 없는 경우는 표면의 평탄하기 등급에 따라 순 간격(l_n) 1.5m 이내의 변형이 상대변형과 절대변형 중 작은 값 이하가 되어야 한다.

표면의 등급[1]	상대변형	절대변형
A급	l_n / 360	3㎜
B급	l_n / 270	6㎜
C급	l_n / 180	13㎜

주1) A급: 미관상 중요한 노출콘크리트 면
B급: 마감이 있는 콘크리트 면
C급: 미관상 중요하지 않은 노출콘크리트 면
2) 순간격(l_n): 거푸집을 지지하는 동바리 또는 거푸집 긴결재의 지간거리

② 거푸집에 사용하는 목재는 가능한 직사광선을 피하고, 시트 등으로 보양

Ⅲ. 거푸집 및 동바리의 시공 허용오차

① 수직 허용오차

구분	높이가 30m 이하인 경우	높이가 30m 초과인 경우
선, 면, 모서리	25㎜ 이하	높이의 1/1,000 이하, 다만 최대 150㎜ 이하
노출된 기둥의 모서리, 조절줄눈의 홈	13㎜ 이하	높이의 1/2,000 이하, 다만, 최대 75㎜ 이하

② 수평 허용오차

구분	허용오차
슬래브, 보, 모서리	25㎜ 이하
슬래브에 300㎜ 이하인 개구부의 중심선 또는 300㎜ 이상인 개구부의 외곽선	13㎜ 이하
래브에서 쇠톱자름(Sawcuts)이나 줄눈, 매설물로 인해 약화된 면	19㎜ 이하

③ 단면치수의 허용오차(기둥, 보, 교각, 벽체 및 슬래브(두께만 적용))

구분	단면치수 〈 300mm	300mm≤단면치수 〈 900mm	단면치수〉900mm
허용오차	+9mm, −6mm	+13mm, −9mm	+25mm, −19mm

④ 인접한 거푸집의 어긋남 허용오차

표면등급	허용오차
A급	3mm
B급	6mm
C급	13mm

50 발코니 시공

Ⅰ. 정의

발코니는 캔틸레바 구조로 구조물의 처짐을 방지하기 위해 상부근 배근의 정확성이 요구된다.

Ⅱ. 발코니 시공

① 선단부 처리
- 방수턱은 일체로 타설
- 선단철근의 최소피복 두께유지

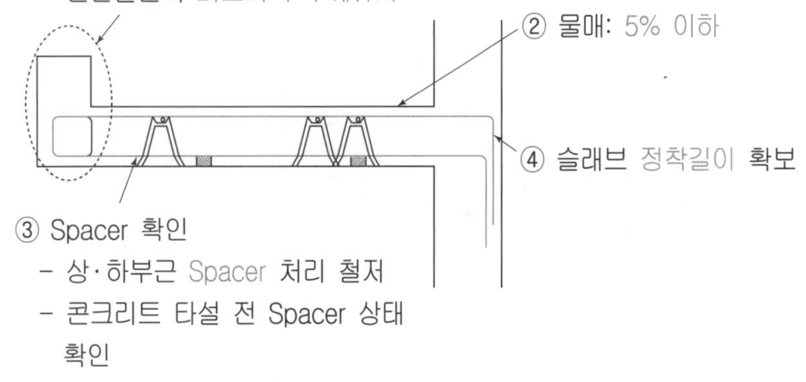

② 물매: 5% 이하

④ 슬래브 정착길이 확보

③ Spacer 확인
- 상·하부근 Spacer 처리 철저
- 콘크리트 타설 전 Spacer 상태 확인

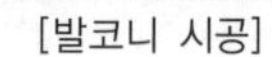

[발코니 시공]

⑤ 낮은 발코니는 슬래브와 가능한 동시에 타설

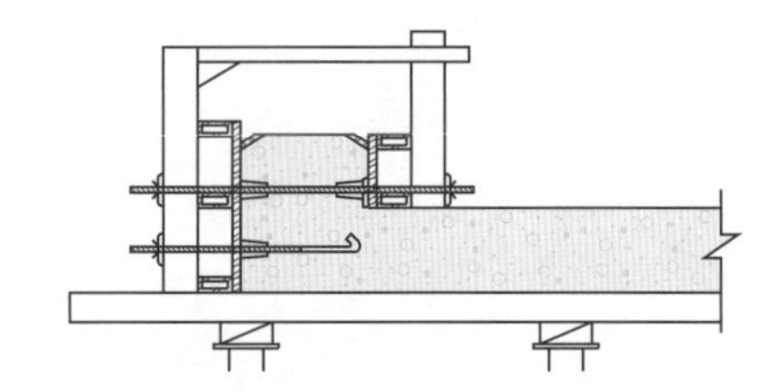

⑥ 거푸집 해체: 발코니 지보공의 해체는 상부 2개층 위의 슬래브가 설계기준 강도 이상 확보된 후 시행

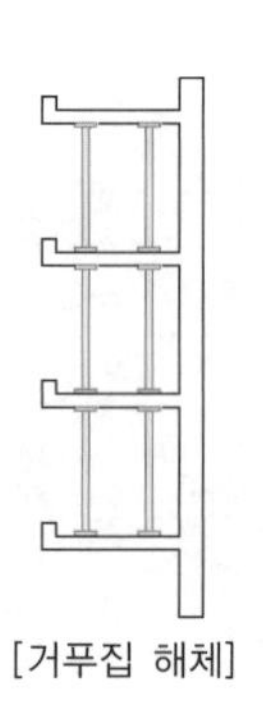

[거푸집 해체]

⑦ Control Joint 설치: 발코니 벽이 있는 경우, 그 형상에 따라 균열 유도줄눈 설치

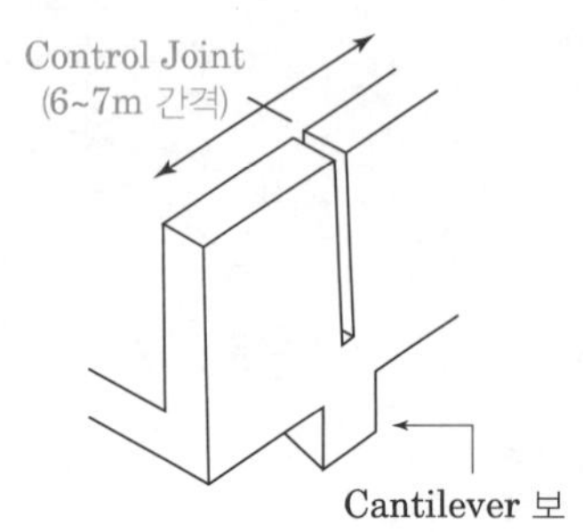

51 기둥 밑잡이

Ⅰ. 정의

거푸집 조립 시 기둥의 최하부에 설치하여 거푸집의 진동, 충격에 의해 위치가 이동되지 않게 고정하는 것이며, 또한 기둥의 레벨조정 역할을 할 수도 있다.

Ⅱ. 기둥 밑잡이의 현장 실례

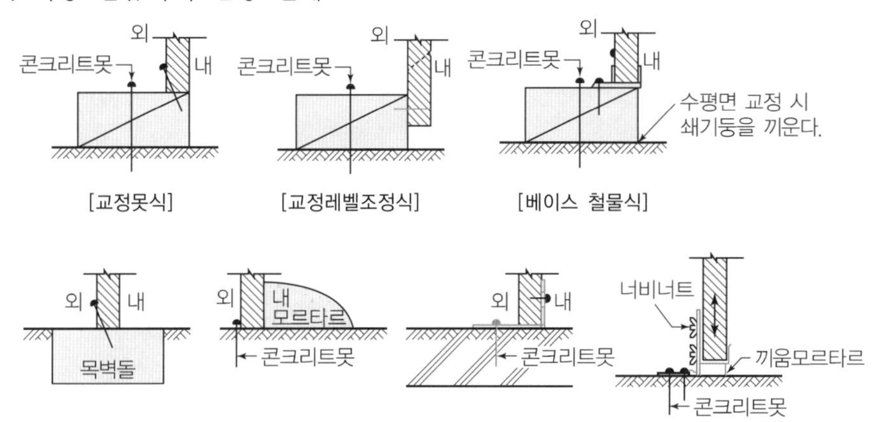

[교정못식] [교정레벨조정식] [베이스 철물식]

[목벽돌식] [기둥밑잡이 모르타르식] [기둥밑잡이 철물식] [높이조절식 베이스 철물]

[기둥 밑잡이]

Ⅲ. 설치 이유

① 거푸집의 수직, 수평 유지
② Cement Paste의 유출방지
③ 시공정밀도 및 품질 향상
④ 콘크리트의 부착력 향상

Ⅳ. 시공 시 유의사항

① 바닥 레벨을 철저히 관리하여야 한다.
② 기둥 밑잡이 설치 전에 반드시 먹매김을 한다.
③ 콘크리트 바닥과 기둥 밑잡이의 고정을 철저히 하여야 한다.
④ 콘크리트 바닥과 기둥 밑잡이의 틈새는 발생되지 않도록 하여야 한다.
⑤ 콘크리트 타설 전에 먼지 등 이물질을 제거한다.

CHAPTER-5

콘크리트공사

제5장

01 철근콘크리트 구조의 원리 및 장·단점

Ⅰ. 정의

철근콘크리트 구조란 콘크리트 속에 막대 모양의 철근을 넣어 압축력이 강한 콘크리트와 인장력이 강한 철근의 특성이 하나가 되어 외력에 저항하도록 하는 것이다.

Ⅱ. 철근콘크리트 구조의 원리

1. 콘크리트

① 인장강도 < 압축강도

② 인장에 매우 약하지만 압축을 받는데 경제적인 재료

③ 취성재료

④ 구조

- 2相물질=시멘트 Matrix+굵은 골재
- 3相물질=시멘트 Matrix+전이지역(Transition Zone)+굵은 골재

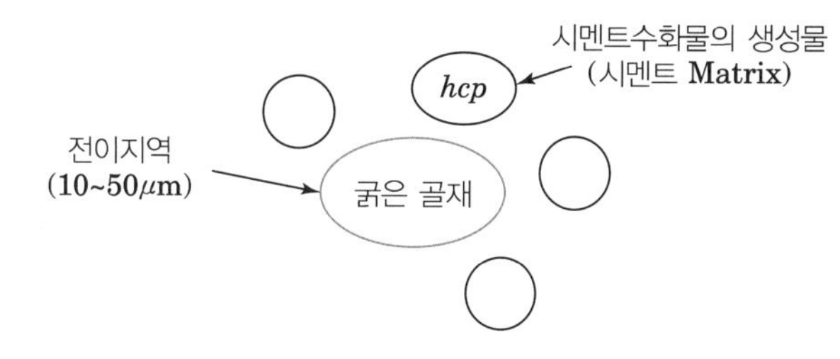

2. 철근

① 인장강도 ≒ 압축강도

② 콘크리트 속에 묻혀 인장응력 및 연성을 보강하기 위해 사용하는 강재

③ 인장을 받는데 적합한 재료(세장한 재료로 압축의 경우 좌굴 발생)

3. 철근콘크리트의 성립 조건

① 철근과 콘크리트 사이의 부착강도가 커서 재료의 Sliding 방지

② 콘크리트의 알칼리성이 철근의 부식을 방지

③ 철근과 콘크리트의 선팽창계수 비슷
(철근:1.0×10⁻⁵/℃, 콘크리트:1.0~1.3×10⁻⁵/℃)

④ 콘크리트가 철근의 좌굴을 방지하며 압축응력 증가

⑤ 콘크리트가 철근을 피복, 보호하여 구조체의 내구성, 내화성 증가

[선팽창계수]
고체를 동압 아래서 단위온도 상승시킬 때에 생기는 길이의 증가와 0°C에 있어서의 길이의 비를 말한다.

Ⅲ. 장 · 단점

① 콘크리트는 내인성·내구성·내수성이 크고 비교적 압축강도가 크다

② 콘크리트 인장강도는 압축강도의 7~10% 정도

③ 철근은 인장강도는 크지만 구부러지기 쉽고 압축강도가 약함

④ 콘크리트와 철근이 서로 부착성이 우수

⑤ 콘크리트 속에 들어간 철근은 녹이 슬지 않고 장기간 동안 내구성 우수

⑥ 콘크리트와 철근은 온도 팽창계수가 거의 같으므로 온도변화에 대해 2차 응력이 생기지 않고 자유롭게 변형 가능

02 수화반응

Ⅰ. 정의

시멘트와 물이 반응하여 수산화칼슘을 생성하는 동시에 열을 방출하면서 굳기 시작하는데 이러한 현상을 수화반응이라고 한다.

Ⅱ. 수화생성물

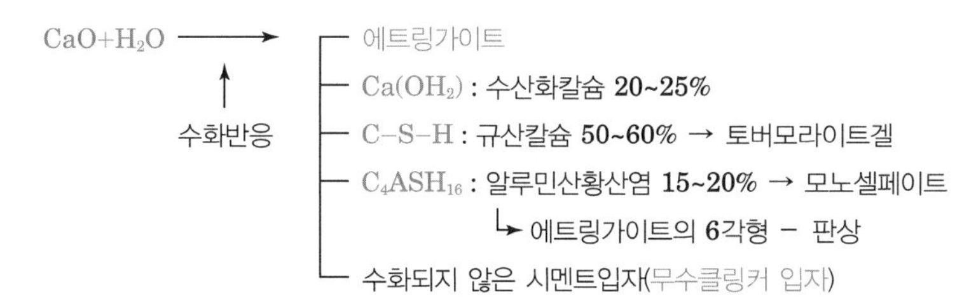

Ⅲ. 수화반응 속도

타설하는 콘크리트 온도, 타설 후 양생온도, 시멘트 분말도와 단위 시멘트량이 높을수록 수화반응 속도가 증가한다.

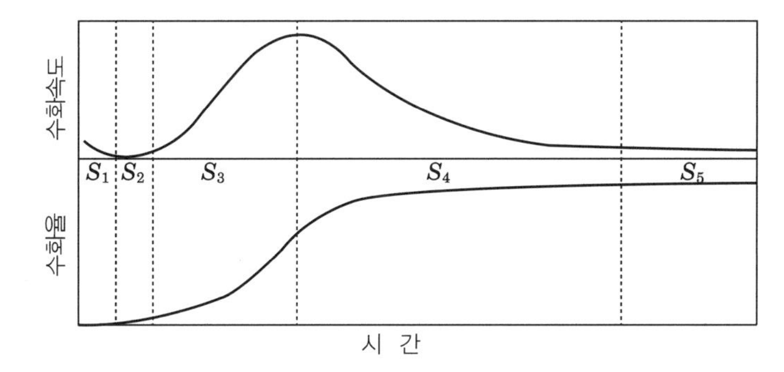

1. 유도기(S_1,S_2)

1) 1단계(S_1)

① 시멘트 입자와 물이 접촉하여 활성표면이 급속하게 반응하는 단계

② 물에 용해된 시멘트화합물 중에서 가장 활성이 큰 알루미네이트(C_3A)와 반응

③ 에트링가이트 생성열, 알라이트 용해열에 의하여 일시적으로 수화발열속도가 상승

2) 2단계(S_2)

① 입자표면이 과포화되고 수화겔이 흡착하며 수화가 일시적으로 억제되는 단계

② 알라이트(C_3S) 주위에 불용성의 C–S–H(규산칼슘실리게이트) 막이 덮여 수화반응을 억제

[C–S–H]
$C_aO \cdot S_iO_2 \cdot H_2O$

2. 가속기(S_3)

물이 입자 내부로 침입하면서 억제되었던 수화반응이 재개되며 알루미네이트 시멘트 화합물(C_3A)의 수화가 가속화되는 단계

3. 감속기(S_4, S_5)

① 입자 주위에 생성된 수화물로 입자의 간극이 채워지는 단계로서 이온이동이 곤란하여 수화속도가 저하되는 단계

② 감속기 이후로는 아주 완만하게 수화가 이루어짐

03 시멘트 수화반응의 단계별 특징

Ⅰ. 정의

시멘트와 물이 반응하여 수산화칼슘을 생성하는 동시에 열을 방출하면서 굳기 시작하는데 이러한 현상을 수화반응이라고 수화반응 단계는 유도기, 가속기 및 감속기로 구분된다.

Ⅱ. 수화반응의 단계별 특징

타설하는 콘크리트 온도, 타설 후 양생온도, 시멘트 분말도와 단위 시멘트량이 높을수록 수화반응 속도가 증가한다.

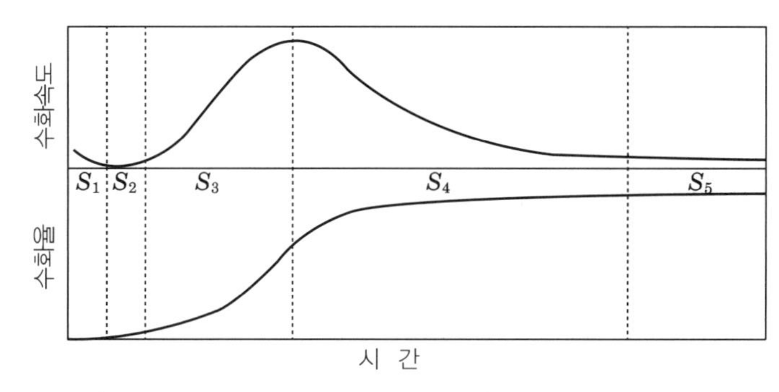

1. 유도기(S_1, S_2)

1) 1단계(S_1)

① 시멘트 입자와 물이 접촉하여 활성표면이 급속하게 반응하는 단계

② 물에 용해된 시멘트화합물 중에서 가장 활성이 큰 알루미네이트(C_3A)와 반응

③ 에트링가이트 생성열, 알라이트 용해열에 의하여 일시적으로 수화발열속도가 상승

2) 2단계(S_2)

① 입자표면이 과포화되고 수화겔이 흡착하며 수화가 일시적으로 억제되는 단계

② 알라이트(C_3S) 주위에 불용성의 C-S-H(규산칼슘실리게이트) 막이 덮여 수화반응을 억제

2. 가속기(S_3)

물이 입자 내부로 침입하면서 억제되었던 수화반응이 재개되며 알루미네이트 시멘트 화합물(C_3A)의 수화가 가속화되는 단계

3. 감속기(S_4, S_5)

① 입자 주위에 생성된 수화물로 입자의 간극이 채워지는 단계로서 이온이동이 곤란하여 수화속도가 저하되는 단계

② 감속기 이후로는 아주 완만하게 수화가 이루어짐

04 콘크리트 수화열

Ⅰ. 정의

시멘트에 물을 가하면 열을 방출하면서 굳기 시작하는데 이러한 현상을 수화반응이라고 하며 이때 발생하는 열을 수화열이라고 한다.

Ⅱ. 수화반응(Hydration)식

$$CaO + H_2O \xrightarrow[\text{수화열}]{\text{수화반응}(W/B\text{비} : 28\%)} Ca(OH)_2$$

$2C_3S + 6H \rightarrow C_3S_3H_2 + 3CH + 120cal/g$

$2C_2S + 4H \rightarrow C_3S_2H_3 + CH + 64cal/g$

$2C_3A + 4H \rightarrow C_6A_2H_4$: 3~10초에 반응이 끝남

↓

$2C_3A + 3CSH_2 + 26H \rightarrow C_6AS_3H_{32} + 300cal/g$

→ $Ca_3SO_4H_2O$: 석고를 넣어 응결시간 조절

[시멘트의 화학성분 약자]

$CaO \rightarrow C$

$SiO_2 \rightarrow S$

$Al_2O_3 \rightarrow A$

$Fe_2O_3 \rightarrow F$

$C_3A \rightarrow 3CaO \cdot Al_2O_3$

Ⅲ. 수화열에 영향을 주는 요인

① 시멘트 분말도, 시멘트 중의 석고 혼입량
② 콘크리트의 배합
③ 포틀랜드 시멘트에 포함된 클링커 광물
④ 시공방법

Ⅳ. 수화열 억제대책

① 분말도가 낮은 시멘트를 사용한다.
② 저열용 시멘트를 사용한다.
③ 골재의 입도가 양호한 것을 사용한다.
④ 슬럼프의 감소를 방지한다.
⑤ 적정한 배합설계를 한다.

05 헛응결(False Set, 이상응결, 이중응결)

Ⅰ. 정의

헛응결이란 시멘트에 물을 주입한 후 시멘트 페이스트가 10분~20분 사이에 굳어졌다가 다시 묽어지고 이후에 순조롭게 응결되어 가는데 이때 10분~20분 사이 굳어지는 현상을 말한다.

Ⅱ. 응결 및 경화 과정

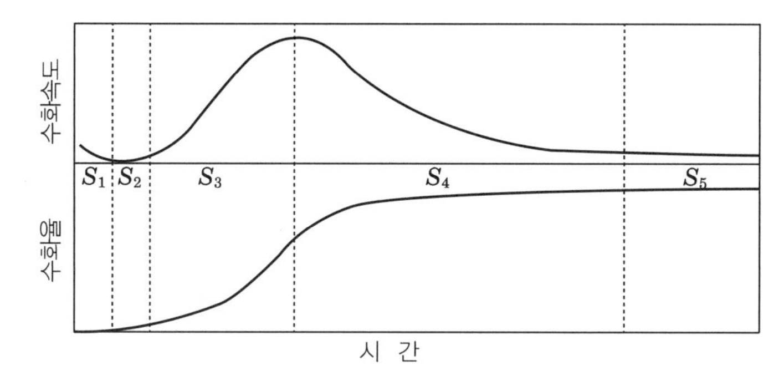

① 유도기(S_1,S_2)
- 1단계: 시멘트 입자와 물이 접촉하여 활성표면이 급속하게 반응하는 단계
- 2단계: 입자표면이 과포화되고 수화겔이 흡착하며 수화가 일시적으로 억제되는 단계

② 가속기(S_3)

물이 입자 내부로 침입하면서 억제되었던 수화반응이 재개되며 알루미네이트 시멘트 화합물(C_3A)의 수화가 가속화되는 단계

③ 감속기(S_4,S_5)

입자 주위에 생성된 수화물로 입자의 간극이 채워지는 단계로서 이온이동이 곤란하여 수화속도가 저하되는 단계

Ⅲ. 헛응결의 원인

① 포틀랜드 시멘트에 석고 미 첨가
② 시멘트에 석고가 첨가하더라도 수화 초기의 페이스트의 Stiffening 현상
③ 시멘트 제조 시 이수석고가 아닌 반수석고나 무수석고 제조
④ 시멘트의 풍화

Ⅳ. 헛응결의 영향

① 콘크리트 Workability 저하
② 슬럼프 손실의 증가
③ 콘크리트의 물성 저하

Ⅴ. 헛응결의 방지대책

① 시멘트 제조 시 마무리 분쇄에서 발생하는 열을 낮출 것
② 시멘트 제조 시 석고의 일부를 불용성 무수석고로 치환

06 콘크리트 응결(Setting) 및 경화(Hardening)

Ⅰ. 정의

시멘트가 물과 접촉하여 수화반응에 따라 점점 굳어져 유동성을 잃기 시작하여 굳어지는 과정을 응결(Setting)이라 하고 응결과정 이후 강도발현과정을 경화라고 한다.

Ⅱ. 응결 및 경화 과정

타설하는 콘크리트 온도, 타설 후 양생온도, 시멘트 분말도와 단위 시멘트량이 높을수록 응결 및 경화 속도가 증가한다.

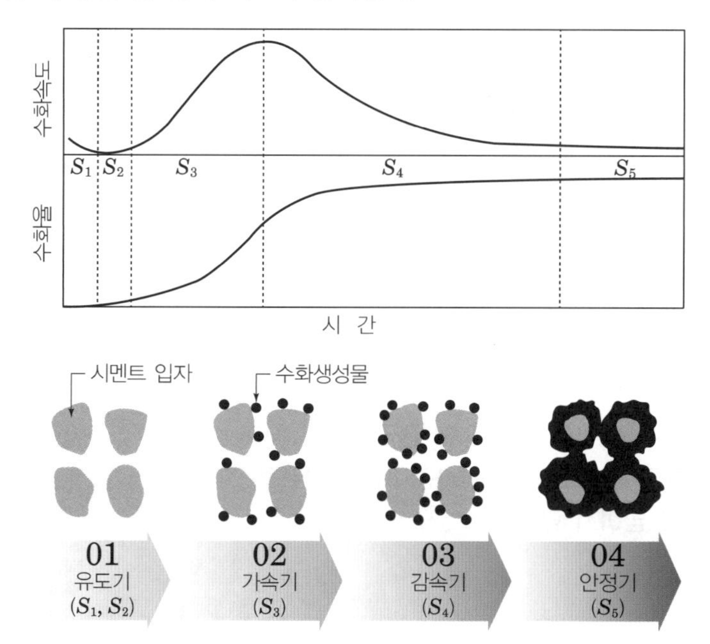

Ⅲ. 응결 및 경화에 영향을 주는 요인

① 시멘트의 분말도가 높을수록 빨라짐
② Slump가 작을수록 응결이 빠름
③ 물-결합재비가 작을수록 응결이 빠름
④ 장시간 비빈 콘크리트가 비빔이 정지되면 급격히 응결됨

Ⅳ. 응결 및 경화 시 유의사항

① 응결 진행 후 이어치기할 경우 Cold Joint가 발생가능
② 응결과정 중 Bleeding 수, 침하 등에 유의
③ 응결과정 중 초기수축은 균열의 원인이 됨

07 콘크리트에서 초결시간과 종결시간

Ⅰ. 정의

시멘트가 물과 접촉하여 수화반응에 따라 점점 굳어져 유동성을 잃기 시작하여 굳어지는 과정을 응결(Setting)이라 하며, 페이스트가 아직 부드러운 상태임에도 불구하고 유동성이 없어지는 단계를 초결이라 하고 이때의 시간을 초결시간, 또한 시간이 경과하여 응고를 계속하여 마치 고체와 같은 상태를 나타내는 단계를 종결이라 하고 이때의 시간을 종결시간이라고 말한다.

Ⅱ. 초결시간과 종결시간

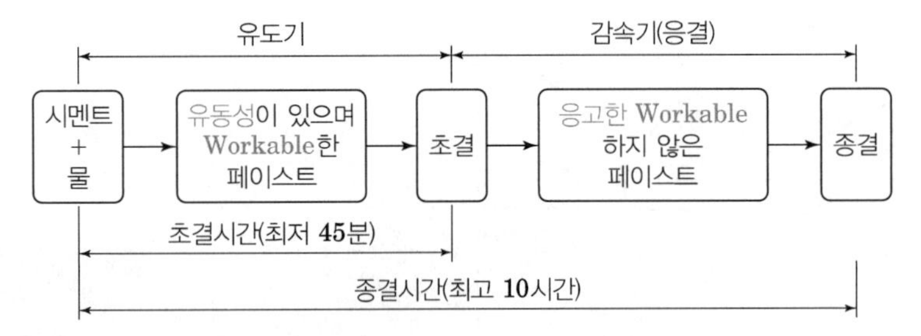

① 초결시간은 사용에 지장을 가져오지 않는 기간을 결정함
② 콘크리트 양생 후 적당한 시간 내에 건설작업을 계속하기 위해서는 종결시간이 너무 길어서는 안 된다.
③ 가능한 초결시간이 느리고 종결시간이 빠를수록 사용하기에 편리함
④ 수화개시 후 30분 후에 약 5%의 수화가 진행되며, 2~4시간 지나면 유도기가 끝나고 페이스트는 유동성을 잃고 굳이져 감

Ⅲ. 응결 및 경화에 영향을 주는 요인

① 시멘트의 분말도가 높을수록 빨라짐
② Slump가 작을수록 응결이 빠름
③ 물-결합재비가 작을수록 응결이 빠름
④ 장시간 비빈 콘크리트가 비빔이 정지되면 급격히 응결됨

Ⅳ. 응결 및 경화 시 유의사항

① 응결 진행 후 이어치기할 경우 Cold Joint가 발생가능
② 응결과정 중 Bleeding 수, 침하 등에 유의
③ 응결과정 중 초기수축은 균열의 원인이 됨

08 콘크리트의 모세관 공극

Ⅰ. 정의

수화된 시멘트풀(Cement Paste) 가운데 시멘트나 수화생성물(고체 성분)으로 채워지지 않은 부분으로, 시멘트 또는 수화 생성물로 차지하지 않은 공간을 말한다.

Ⅱ. 공극의 종류와 수화생성물의 구조

1. 공극의 종류

- 모세관 공극(불규칙)
  - 낮은 W/B → 미세공극(10~50nm)
  - 높은 W/B → 거대공극(3~5㎛)
- C-S-H층 사이의 공극: 18Å
- 공기공극(구형): 혼화제 첨가(50~200㎛)

[나노미터(nm)]
10^{-9}m
[마이크로미터(㎛)]
10^{-6}m
[옹스트롬(Å)]
10^{-10}m

2. 수화생성물의 구조

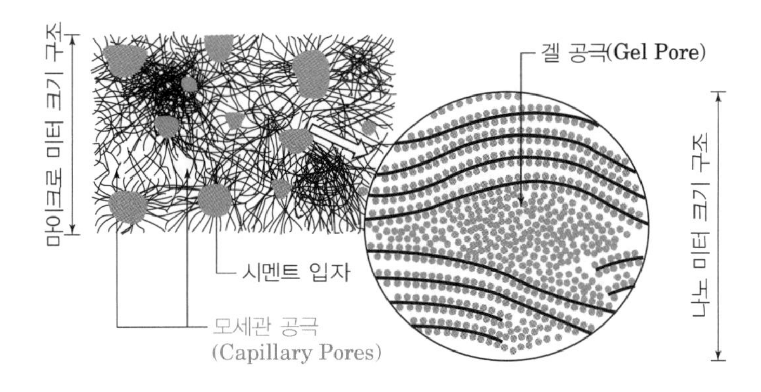

Ⅲ. 모세관 공극의 특성

① 모세관 공극의 양과 크기는 물-결합재비와 시멘트의 수화 정도에 따라 결정
② 충분히 수화된 시멘트풀(Cement Paste)에서 모세관 공극의 크기는 10~50nm
③ 50nm 보다 큰 모세관 공극은 미크로포아로 강도와 투수성에 영향
④ 50nm 이하는 미크로포아로 건조수축과 크리프에 매우 큰 영향
⑤ 모세관 공극은 형상이 불규칙 함

Ⅳ. 모세관 공극의 감소방안

1. 물-결합재비 저감

① 낮은 물-결합재비 에서도 유동성이 좋은 시멘트 사용
② 높은 감수작용의 혼화제 사용
③ 잉여수 제거를 위한 가압다짐 및 원심다짐
④ 낮은 물-결합재비의 된비빔콘크리트 사용 시 진동다짐 철저

2. 수화생성물 증가

① 수화생성물의 증가와 충전을 위한 혼화재 사용
② 수화생성물 증가를 위한 가압양생 또는 오토클레이브 양생

09 시멘트 종류별 표준 습윤 양생기간

KCS 14 20 10

Ⅰ. 정의

콘크리트는 타설한 후 소요기간까지 경화에 필요한 온도, 습도조건을 유지하며, 유해한 작용의 영향을 받지 않도록 충분히 양생하여야 한다. 구체적인 방법이나 필요한 일수는 각각 해당하는 구조물의 종류, 시공 조건, 입지조건, 환경조건 등 각각의 상황에 따라 정하여야 한다.

Ⅱ. 습윤상태의 유지

① 바람과 직사광선은 양생의 적

② 습윤상태가 길면 강도, 내구성 증가: 초기 24시간 습윤상태 유지 철저

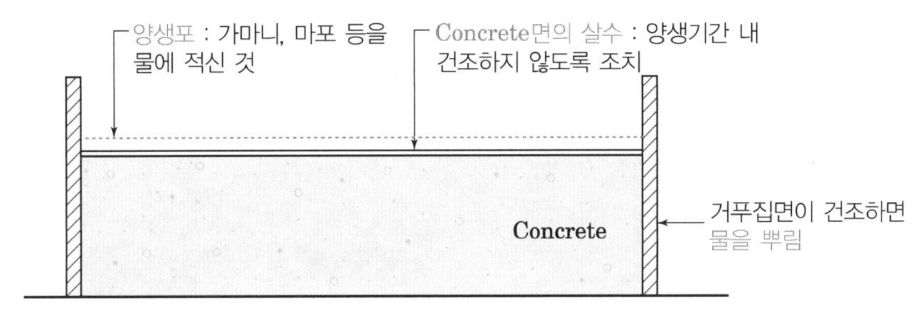

Ⅲ. 표준 습윤 양생기간

일평균기온	보통포틀랜드 시멘트	고로 슬래그 시멘트 플라이 애시 시멘트 B종	조강포틀랜드 시멘트
15℃ 이상	5일	7일	3일
10℃ 이상	7일	9일	4일
5℃ 이상	9일	12일	5일

[표준양생]
KS F 2403의 규정에 따라 제작된 콘크리트 강도시험용 공시체를 (20±2)℃의 온도로 유지하면서 수중 또는 상대 습도 95% 이상의 습윤 상태에서 양생하는 것

[표준양생]

Ⅳ. 습윤양생 방법

① 콘크리트는 타설한 후 경화가 될 때까지 양생기간 동안 직사광선이나 바람에 의해 수분이 증발하지 않도록 보호

② 콘크리트는 타설한 후 습윤 상태로 노출면이 마르지 않도록 유지

③ 수분의 증발에 따라 살수를 하여 습윤 상태로 보호

④ 거푸집판이 건조될 우려가 있는 경우에는 살수

⑤ 막양생을 할 경우에는 충분한 양의 막양생제를 적절한 시기에 균일하게 살포

10 팽창 시멘트

KCS 14 20 24

Ⅰ. 정의

물과 함께 혼합하면 수화반응에 의하여 에트링가이트 또는 수산화칼슘 등을 생성하면서 팽창하는 성질을 가진 시멘트를 말한다.

Ⅱ. 팽창률

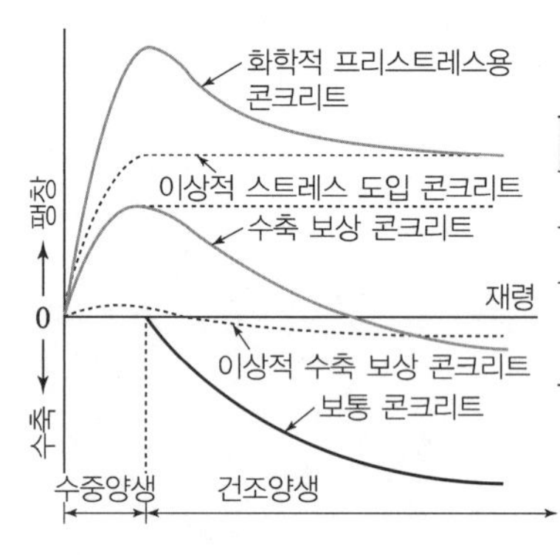

용도	팽창률
수축보상용	150×10^{-6}~250×10^{-6} 이하
화학적 프리스트레스용	200×10^{-6}~700×10^{-6} 이하
공장제품용 화학적 프리스트레스용	200×10^{-6}~$1,000 \times 10^{-6}$ 이하

Ⅲ. 재료(팽창재)

① 팽창재는 습기의 침투를 막을 수 있는 사이로 또는 창고에 시멘트 등 다른 재료와 혼입되지 않도록 구분하여 저장

② 포대 팽창재는 지상 0.3m 이상의 마루 위에 쌓아 운반이나 검사에 편리하도록 배치하여 저장

③ 포대 팽창재는 12포대 이하로 쌓음

④ 3개월 이상 장기간 저장된 팽창재는 시험을 실시하여 소요의 품질을 확인한 후 사용

⑤ 팽창재는 운반 또는 저장 중에 직접 비에 맞지 않도록 할 것

[팽창재]
시멘트와 물의 수화반응에 의해 에트린자이트 또는 수산화칼슘 등을 생성하고 모르타르 또는 콘크리트를 팽창시키는 작용을 하는 혼화 재료

[팽창재]

Ⅳ. 배합

① 공기량은 일반노출(노출등급 EF1)에 굵은 골재의 최대 치수 25mm인 경우 4.5±1.5% 이내

② 슬럼프는 일반적인 경우 대체로 80mm~210mm를 표준

③ 팽창재는 별도로 질량으로 계량하며, 그 오차는 1회 계량분량의 1% 이내

④ 팽창재는 원칙적으로 다른 재료를 투입할 때 동시에 믹서에 투입

⑤ 콘크리트의 비비기 시간은 강제식 믹서를 사용하는 경우는 1분 이상으로 하고, 가경식 믹서를 사용하는 경우는 1분 30초 이상

11 초속경 시멘트

Ⅰ. 정의

분말도 5,000cm²/g의 알루미나 클링커 또는 아윈계 클링커를 주원료로 하여 초조강시멘트보다 더욱더 빠른 강도가 얻어지는 시멘트이다.

Ⅱ. 조강, 초조강, 초속경 시멘트의 비교

시멘트 종류	성분	분말도	강도(발현속도)	용도
조강 포틀랜드 시멘트	Alite 성분: 많음 Belite 성분: 적음	4,000~ 4,500cm²/g	조강시멘트의 1일 강도 =보통시멘트의 3일 강도	도로, 수중공사 긴급공사 공기단축
초조강 포틀랜드 시멘트	Alite 성분 : 조강보다 많음 Belite 성분 : 조강보다 적음	5,000~ 6,000cm²/g	초조강 시멘트의 1일 강도 =조강시멘트의 3일 강도	긴급공사 2차 제품 (기성제품)
초속경 시멘트	알루미나 클링커, 아윈계 클링커	5,000cm²/g	2~3시간에 10MPa	긴급공사 2차 제품 주입식 콘크리트 숏크리트

[초속경 시멘트]

Ⅲ. 적용 분야

① 도로 및 교량 긴급보수공사
② PC 등 2차 제품
③ 주입식 콘크리트
④ 숏크리트

Ⅳ. 특성 및 유의사항

① 2~3시간에 10MPa의 강도 발현
② 내화학성, 내마모성, 수밀성, 내구성이 우수
③ 응결시간의 조절이 가능
④ 수축 및 블리딩이 거의 없음
⑤ 표면마무리를 20분 내에 신속히 시행할 것
⑥ 물-결합재비는 60% 이내(35%가 적정)
⑦ 5℃ 이하의 시공 시는 열풍기 및 보온설비로 양생 처리

12 MDF(Macro Defect Free) 시멘트

Ⅰ. 정의

시멘트에 수용성 폴리머를 혼합하여 시멘트 경화체의 공극을 채우고 압출, 사출방법으로 성형하여 건조상태로 양생한 시멘트로서, 고강도 콘크리트 제조에 가능하나 취성에 대한 결점이 있다.

Ⅱ. 초고성능 콘크리트의 Mechanism(취성 결점 보완)

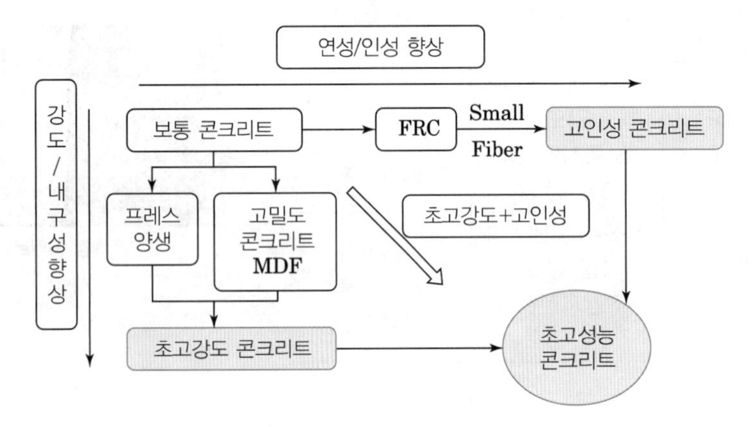

Ⅲ. 수용성 폴리머의 종류

① PVA(Poly Vinyl Alcohol)
② PAA(Poly Acryl Amide)
③ HPMC(Hydroxy Propyl Methyl Cellulose)

Ⅳ. 적용 분야

① 고수밀성, 고강도성이 요구되는 구조
② 고강도, 초고강도용 시멘트
③ 건자재 제작

Ⅴ. 특성 및 유의사항

① 압축강도 150~200MPa 이상
② 물-결합재비 10% 이하의 시멘트 페이스트 제조 가능
③ 수분흡수에 의한 팽윤현상과 강도저하 우려
④ 현장반입 후 조기 사용

13 페로 시멘트(Ferro Cement)

Ⅰ. 정의

와이어 메쉬와 같은 철망과 모르타르가 결합된 복합재료인 얇은 판이며, 일종의 콘크리트 제품으로 외력에 대한 응력을 분산시키는 작용을 한다.

Ⅱ. 개념도

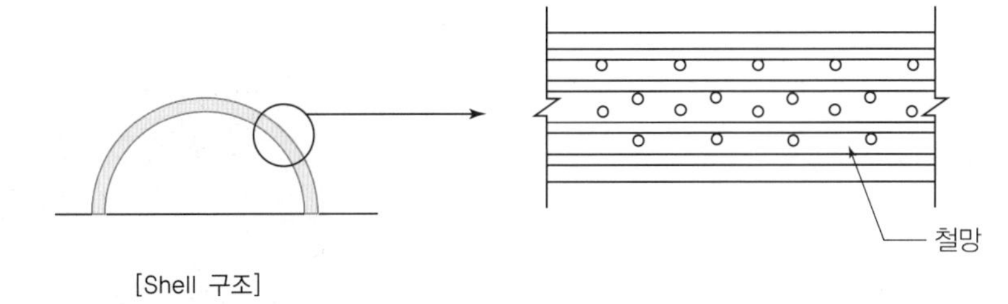

[Shell 구조]

Ⅲ. 적용 분야

① 선박 외피재, 해양구조물
② 돔, 셸 구조, 사일로 등

Ⅳ. 특성

① 경량이며, 내충격성이 우수하다.
② 균열에 대한 저항성이 우수하다.
③ 디자인을 자유롭게 만들 수 있다.
④ 내구성 및 수밀성이 우수하다.
⑤ 보수 및 유지관리가 쉽다.
⑥ 두께가 얇은 부재의 제작이 가능하다.

Ⅴ. 시공 시 유의사항

① 철근망을 고려하여 2.5mm 이하의 세골재를 사용한다.
② 적정한 두께를 확보한다.
③ 기포나 얼룩 등의 표면마감에 유의한다.
④ 시공 후 직사광선을 피하여 급격한 건조가 되지 않도록 한다.
⑤ 물-결합재비는 30~45% 정도로 한다.

14 고로슬래그 시멘트

KS L 5210

Ⅰ. 정의

포틀랜드 시멘트 클링커와 고로 슬래그에 적당량의 석고를 가하여 분말로 하거나 포틀랜드 시멘트, 포틀랜드 시멘트 클링커, 고로 슬래그, 고로 슬래그 미분말 또는 석고를 각각 또는 조합하여 분말로 만든 시멘트를 말한다.

Ⅱ. 종류

종류	고로 슬래그의 함유율
1종	5% 초과 ~ 30% 이하
2종	30% 초과 ~ 60% 이하
3종	60% 초과 ~ 70% 이하

[고로슬래그 시멘트]

Ⅲ. 특징

① 수화열, 강도, 내구성 등의 고유한 특성으로 장기강도 우수
② 해수, 하수, 지하수, 광천 등에 대한 내침투성이 우수
③ 수화열이 저감
④ 내열성 우수
⑤ 투수성 저감

Ⅳ. 용도

① 댐공사
② 토목공사: 도로, 철도, 교량, 터널
③ 수리, 구조물, 방파제, 호안, 안벽, 케이슨, 수로, 오수처리시설
④ 2차 제품: 원심력 콘크리트관, 프리스트레스트 콘크리트 시트 파일

Ⅴ. 사용 시 유의사항

① 초기 경화 지연, 조기 건조에 민감하므로 초기의 습윤양생은 주의 깊게 다룰 것
② 공기에 노출된 얇은 표면층이 연약하게 되는 경향이 있으므로 표면 양생에 특히 주의
③ 콘크리트 타설 시 초기에는 일시적으로 푸른색을 띄게 되지만 공기 중에 노출되면 점차 황색 내지 백색으로 변경
④ 고로슬래그 시멘트 및 고로슬래그 시멘트 콘크리트에서 유화수소의 냄새가 나지만 2~3일이 지나면 증발

15 플라이 애시 시멘트

KS L 5211

Ⅰ. 정의

클링커와 플라이 애시에 적당량의 석고를 가하여 혼합 분쇄시켜 제조하거나 또는 시멘트와 플라이 애시를 균일하게 충분히 혼합하여 만든 시멘트로 분쇄조제를 사용하는 경우 사용량은 시멘트의 1% 이하로 한다.

Ⅱ. 종류

종류	플라이 애시의 함유량
1종	5% 초과 ~ 10% 이하
2종	10% 초과 ~ 20% 이하
3종	20% 초과 ~ 30% 이하

Ⅲ. 특징

특징	내용
유동성 개선	• 플라이 애시는 구상의 미립자로서 콘크리트 중에서 Ball Bearing 현상으로 Workability 개선 • 소요의 반죽질기를 얻기 위한 단위수량을 절감 가능
장기강도 증진	• 콘크리트 강도는 비교적 초기의 재령에서는 다소 감소 • 포졸란 반응에 의해 장기강도는 증진
수화열 저감	• 플라이 애시는 시멘트의 수화생성물과 반응하여 경화성을 발휘하지만 그 반응속도는 시멘트와 비교하여 상당히 작음 • 수화발열량도 작음
AAR 억제	• 포졸란 반응에 의한 콘크리트 중의 수산화칼슘량의 저감으로 세공용액 중의 수산이온의 저감 • 비표면적의 큰 저칼슘형 규산칼슘 수화물의 생성과 그것에 의한 알칼리 이온의 흡착, 경화 시멘트 페이스트 조직의 치밀화에 의한 물의 이동속도 및 Na^+과 K^+의 확산속도 저하

Ⅳ. 사용 시 유의사항

① 강도 및 수밀성 향상을 위해 습윤 양생이 중요하고 양생온도에 각별히 주의

② 플라이 애시 중의 미연탄분에 AE제 등의 부착되고, 그 결과 연행공기량이 현저하게 감소

[미연탄분]
석탄과 같은 고체연료에 함유된 탄소가 완전 연소가 되지 않고 그 중 일부가 미연 상태로 배출되는 상태

16 포졸란 시멘트

KS L 5401

Ⅰ. 정의

클링커와 실리카질 혼화재에 적당량의 석고를 가하여 혼합 분쇄하여 만든 시멘트로 분쇄할 때 분쇄 조제를 사용하는 경우 사용량은 시멘트의 1% 이하로 한다.

Ⅱ. 종류

종류	실리카질 혼화재의 함유율
1종	5% 초과 ~ 10% 이하
2종	10% 초과 ~ 20% 이하
3종	20% 초과 ~ 30% 이하

Ⅲ. 특징

① 포틀랜드 시멘트로만 된 경우보다 모르타르 내의 공극 충전효과가 크고 투수성이 현저하게 감소
② 보수성이 우수
③ 블리딩이 감소하고 백화현상 감소: 마감이 우수
④ 콘크리트의 화학저항성 향상
⑤ 장기강도 우수

Ⅳ. 용도

① 1종: 일반건축구조용 및 토목용에 사용
② 2종: 미장용에 사용
③ 3종: 댐, 기타 부피가 큰 구조물에 사용

Ⅴ. 사용 시 유의사항

① 콘크리트 단위수량이 증가하고 강도상 불리하게 될 우려가 있음
② 포졸란 시멘트는 탄산가스에 의한 중성화가 될 수 있으나 혼합비율이 적은 경우 문제가 없음
③ 초기 재령의 콘크리트에서 동결융해 저항성에 불리한 결과를 초래 할 수 있음
④ 표면활성제 등의 혼화제는 포졸란에 흡착되기 쉽기 때문에 사용량이 증가

17 시멘트의 강열감량(强熱 減量, Ignition Loss: ig. Loss) KS L 5120/KCS 44 55 05

Ⅰ. 정의

시료를 백금 도가니 15번에서 25번 또는 자기 도가니 15ml에 넣고 조금 틈을 만들어 덮개를 하고 975±25℃로 조절한 전기로에서 15분간 강열하고 데시케이터 안에서 냉각한 후 질량을 재는 과정을 15분씩 강열을 반복하여 강열 전후의 질량차가 0.5mg 이하가 되었을 때 감량을 구하며, 작열감량(灼熱減量)이라고도 한다.

Ⅱ. 강열감량의 정량 방법

① 시료는 약 1g을 채취한다.
② 시료를 975±25℃에서 가열을 반복하여 항량이 되었을 때의 감량을 잰다.
③ 15분간 강열을 반복한다.
④ 고로 슬래그 시멘트 및 고로 슬래그의 경우는 700±25℃에서 실시 가능: 보정 불필요
⑤ 허용차는 0.1%

[항량]
강열 전후의 질량차

[계산]

$$ig.loss(\%) = \frac{m'}{m} \times 100$$

$ig.loss$: 강열감량(%)
m' : 항량이 된 감량(g)
m : 시료의 질량(g)

Ⅲ. 강열감량의 특성

① 일반적으로 강열감량 값은 0.6~0.8% 정도이다.
② 강열감량은 시멘트 중에 함유된 H_2O, CO_2의 양이다.
③ 강열감량은 클링커와 혼합하는 석고의 결정수량과 거의 같은 양이다.
④ 시멘트가 풍화하면 강열감량이 커지며, 풍화의 정도를 파악하는데 사용된다.

Ⅳ. 강열감량

1. 포틀랜드 시멘트

종류	1종	2종	3종	4종	5종
강열감량	3.0% 이하				

2. 혼화재(플라이 애시)

종류	플라이 애시 1종	플라이 애시 2종
강열감량	3.0% 이하	5.0% 이하

18 흙의 강열감량 시험 KS F 2104

Ⅰ. 정의

흙의 강열감량이란 110±5℃로 노(爐) 건도된 흙에 700℃~800℃의 강한 열을 가하였을 때의 감소된 질량을 노 건조된 흙의 질량에 대한 백분율로 나타낸 것을 말한다.

Ⅱ. 시료

① 분취된 흙을 충분히 공기 건조하여 덩어리를 잘게 부수고 2mm 이상의 입자는 제거한다.

② 시료를 용기에 넣어 110±5℃에서 일정 질량이 될 때까지 건조한다.

③ 노 건조 후 데시케이터 내에서 실온으로 냉각시킨다.

④ 시료의 양은 용량 50ml의 도가니를 사용할 때는 2g~10g, 30ml의 도가니를 사용할 때는 2g으로 한다.

Ⅲ. 시험방법

① 도가니의 질량 w_c를 측정한다.

② 건조된 시료를 도가니에 넣고 전체 질량 w_a를 측정한다.

③ 도가니를 연소로에 넣고 서서히 가열하는데, 온도를 700℃~800℃로 유지하고 시료가 일정 질량이 될 때까지 가열한다.

④ 가열시간

- 세립토 및 조립토: 약 2시간
- 유기질토: 약 3시간
- 이탄토: 약 4시간

⑤ 가열이 끝난 후 도가니를 데시케이터에 넣어 실온으로 냉각한 후 그 질량 w_b를 측정한다.

Ⅳ. 계산

$$강열감량(\%) = \frac{w_a - w_b}{w_a - w_c} \times 100$$

여기서, w_a : 시료와 도가니의 질량(g)

w_b : 가열 후의 시료와 도가니의 질량(g)

w_c : 도가니의 질량(g)

19 표준사

KS L ISO679

Ⅰ. 정의

표준사는 수경성 시멘트의 압축강도 시험방법 및 시멘트 관련 모르타르 시험, 들밀도 시험에 사용하는 모래로서, 사용모래의 물성 차이에 의한 영향을 배제하고 시험조건을 일정하게 하기 위해 시멘트의 표준물질이며 주문진사 모래를 사용한다.

Ⅱ. ISO 기준 모래

① 천연의 둥근 입자

② 이산화규소(SiO_2) 함량이 적어도 98% 함유

③ ISO기준 모래의 입도 분포

체눈의 크기(mm)	2	1.6	1	0.5	0.16	0.08
체에 누적된 잔분(%)	0	7±5	33±5	67±5	87±5	99±1

④ 모래의 체 분석은 대표적인 시료를 가지고 수행

⑤ 체 거름은 각각의 체를 통과하는 모래 양이 0.5g/분 보다 적게 될 때까지 연속적으로 실시

⑥ 습분은 대표 시료를 105℃와 110℃ 사이의 온도에서 2시간 동안 건조시킨 후에 질량 감소를 측정하며, 0.2% 미만이고, 건조 시료의 질량에 대한 백분율로 표시

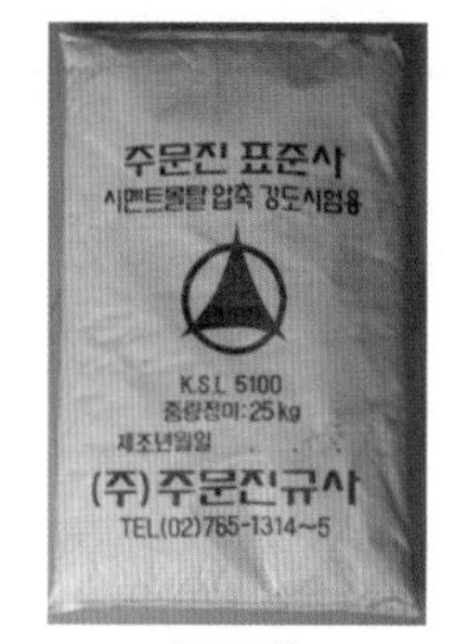

[표준사]

Ⅲ. 표준사

① 규정하는 입도 분포와 습분에 적합한 것: ISO기준 모래의 입도 분포에 의해 시험

② 생산하는 동안에는 최소한 하루에 한 번 이상 입도 분포 및 수분 함량을 측정

③ 인증 시험 프로그램

- 모래의 적합성 시험: 최소 3개월간의 생산 기간 중 시험
- 모래의 품질 확인 시험: 매년
- 모래 제조자에 의한 월별 시험: 모래 제조자가 시험
- 대체 압축 장치의 적용 시험

④ 표준사는 1,350g±5g을 플라스틱 통에서 미리 혼합된 것이나 입도별로 분리된 것을 공급 가능

⑤ 모르타르 제작 시 시멘트와 표준사의 비율은 1:3

⑥ 국내 표준사는 강원도 강릉시 주문진읍 향호리산으로 지정되어 있음

20 혼화재료

KCS 14 20 10/KCS 14 20 01

Ⅰ. 정의

콘크리트 등에 특별한 성질을 주기 위해 반죽 혼합 전 또는 반죽 혼합 중에 가해지는 시멘트, 물, 골재 이 외의 재료로서 혼화재와 혼화제로 분류한다.

Ⅱ. 혼화재료의 종류, 시험 시기 및 횟수

1. 혼화재

① 종류: 고로 슬래그 미분말, 플라이 애시, 실리카 퓸, 콘크리트용 팽창재 등

② 시험 시기 및 횟수: 공사시작 전, 공사 중 1회/월 이상 및 장기간 저장한 경우

2. 혼화제

① 종류: AE제, 감수제, AE감수제, 고성능AE 감수제, 유동화제, 수중불분리성 혼화제, 철근콘크리트용 방청제 등

② 시험 시기 및 횟수: 공사시작 전, 공사 중 1회/월 이상 및 장기간 저장한 경우

Ⅲ. 혼화재료의 조건

① 굳지 않은 콘크리트의 점성 저하, 재료분리, 블리딩을 지나치게 크게 하지 않을 것

② 응결시간에 영향을 미치지 않을 것(응결경화 조절재 제외)

③ 수화발열이 크지 않을 것(급결제, 조강제 제외)

④ 경화 콘크리트의 강도, 수축, 내구성 등에 나쁜 영향을 미치지 않을 것

⑤ 골재와 나쁜 반응을 일으키지 않을 것

⑥ 인체에 무해하며, 환경오염을 유발시키지 않을 것

Ⅳ. 혼화재료의 사용 시 유의사항

① 시험결과, 실적을 토대로 사용목적과 일치하는지 확인

② 다른 성질에 나쁜 영향을 미치지 않을 것

③ 사용 재료와의 적합성 확인

④ 품질의 균일성이 보증될 것

⑤ 운반, 저장 중에 품질변화가 없는지 확인

⑥ 혼합이 용이하고, 균등하게 분산될 것

⑦ 두 종류 이상의 혼화재 사용 시 상호작용에 의한 부작용이 없을 것

[고로 슬래그 미분말]
물로 급랭한 고로 슬래그를 건조 분쇄한 미분말. 실리카, 알루미나, 석회 등의 화합물

[실리카퓸]
실리콘이나 페로실리콘 등의 규소합금을 전기로에서 제조할 때 배출가스에 섞여 부유하여 발생하는 초미립자 부산물

[팽창재]
시멘트와 물의 수화반응에 의해 에트린자이트 또는 수산화칼슘 등을 생성하고 모르타르 또는 콘크리트를 팽창시키는 작용을 하는 혼화 재료

[AE제]
콘크리트 속에 많은 미소한 기포를 일정하게 분포시키기 위해 사용하는 혼화제

[감수제]
콘크리트 등의 단위수량을 증가시키지 않고 워커빌리티를 좋게 하거나 워커빌리티를 변화시키지 않고 단위수량을 감소하기 위해 사용하는 혼화제

[AE감수제]
AE제와 감수제의 효과를 동시에 갖는 혼화제

[고성능AE감수제]
공기연행 성능을 가지며, AE감수제보다 더욱 높은 감수 성능 및 양호한 슬럼프 유지 성능을 가지는 혼화제

[유동화제]
콘크리트의 유동성을 증대시키기 위해서 미리 혼합된 콘크리트에 첨가하여 사용하는 혼화제

[방청제]
콘크리트 중의 강재가 염화물에 의해 부식하는 것을 억제하기 위해 사용하는 혼화제

[분리저감제]
아직 굳지 않는 콘크리트의 재료분리저항성을 증가시키는 작용을 하는 혼화제

21 혼화재 KCS 14 20 10/KCS 14 20 01

Ⅰ. 정의

혼화 재료 중 사용량이 비교적 많아서 그 자체의 부피가 콘크리트 등의 비비기 용적에 계산되는 광물질 재료를 말한다.

Ⅱ. 종류

① 고로 슬래그 미분말
② 플라이 애시
③ 실리카 퓸
④ 콘크리트용 팽창재

Ⅲ. 특징

① 단위시멘트량 감소 → 수화열 감소 → 건조수축 감소 → 균열 감소
② 초기강도 불리, 장기강도 유리

고로 슬래그 미분말
플라이 애시 + CH → C·S·H
실리카 퓸

③ 시멘트 단위중량의 5% 이상 첨가

[CH]
$Ca(OH)_2$
[C·S·H]
$CaO \cdot SiO_2 \cdot H_2O$

Ⅳ. 혼화재의 저장

① 방습이 되는 사일로 또는 창고 등에 종류별로 구분하여 저장
② 입하된 순서대로 사용
③ 혼화재 취급 시에 비산하지 않도록 주의

Ⅴ. 혼화재의 검토

① 시험 시기 및 횟수: 공사시작 전, 공사 중 1회/월 이상 및 장기간 저장한 경우
② 제빙화학제에 노출된 콘크리트 최대 혼화재 비율(노출등급 EF4)

혼화재의 종류	시멘트와 혼화재 전체에 대한 혼화재의 질량 백분율(%)
플라이애시 또는 기타 포졸란	25
고로슬래그 미분말	50
실리카 퓸	10

③ 해수의 영향을 받는 지역에서는 단위 시멘트량의 감소와 수밀성 향상을 위하여 고로슬래그 미분말이나 실리카 퓸 등의 혼화재료 사용의 검토

22 혼화제

KCS 14 20 10/KCS 14 20 01

Ⅰ. 정의

혼화 재료 중 사용량이 비교적 적어서 그 자체의 부피가 콘크리트 등의 비비기 용적에 계산되지 않는 재료를 말한다.

Ⅱ. 종류

① AE제, 감수제, AE감수제, 고성능AE 감수제
② 유동화제
③ 수중불분리성 혼화제
④ 철근콘크리트용 방청제
⑤ 급결제, 지연제 등

[급결제]
시멘트의 수화 반응을 촉진시키고 응결 시간을 현저하게 단축하기 위해 사용하는 혼화제

[지연제]
시멘트의 수화 반응을 지연시켜 응결에 필요한 시간을 길게 하기 위해 사용하는 혼화제

Ⅲ. 특징

① 단위수량 감소
② 내구성 향상
③ 수밀성 향상
④ 시공연도 향상
⑤ 재료분리 억제
⑥ Bleeding 억제
⑦ AAR 억제
⑧ 강도증가
⑨ 철근부착강도 저하
⑩ 측압증가
⑪ 시멘트 단위중량의 1% 전후 첨가

Ⅳ. 혼화제의 저장

① 먼지, 기타의 불순물이 혼입되지 않도록 저장
② 액상의 혼화제는 분리되거나 변질되거나 동결되지 않도록 저장
③ 분말상의 혼화제는 습기를 흡수하거나 굳어지는 일이 없도록 저장
④ 장기간 저장한 혼화제나 품질에 이상이 인정된 혼화제는 사용하기 전에 시험을 실시하여 품질을 확인

Ⅴ. 혼화제의 검토

① AE제, AE감수제 및 고성능AE감수제 등의 단위량은 소요의 슬럼프 및 공기량을 얻을 수 있도록 시험에 의해 정함
② 상기 ① 이외의 혼화 재료는 시험 결과나 기존의 경험 등을 바탕으로 정함
③ AE 제, AE 감수제, 고성능 감수제, 고성능 AE 감수제 등의 유동화제를 이용하여 단위 시멘트량을 저감시킨다.
④ 철근의 부식이 우려되는 경우 철근 방청제 사용의 검토
⑤ 콘크리트의 내구성이 요구되는 현장에서는 균열발생의 저감을 통한 구조물의 사용수명 연장을 위하여 팽창제나 수축저감제 사용의 검토

23 계면활성제(표면활성제, Surface Active Agent)

Ⅰ. 정의

계면활성제는 물리, 화학적 작용에 의해 콘크리트 경화 전·후에 강도, 내구성, 수밀성, 강재보호성능, 균열저항성 등 콘크리트 성능을 개선하는 혼화재료이다.

Ⅱ. 계면활성제의 분류

① 친유기(親油基): 기름에 녹기 쉽고 물에 녹기 어려운 것
② 친수기(親水基): 물에 녹기 쉽고 기름에 녹기 어려운 것
③ 종류: AE제, 감수제, AE 감수제

Ⅲ. 계면활성제의 작용

1) 기포작용(AE제)

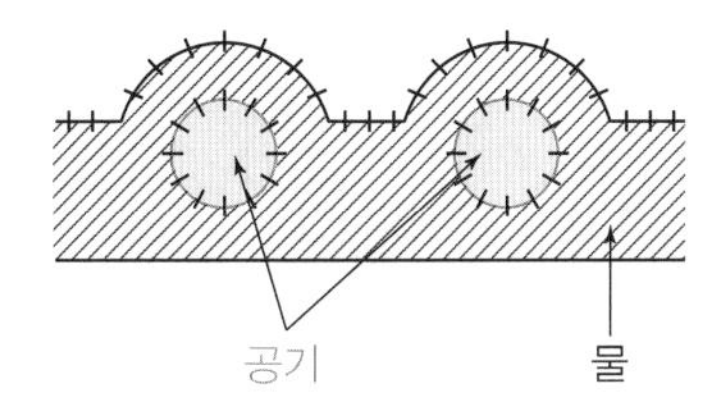

계면활성제 용액에 기계적 수단으로 공기를 혼입
→ 기포 생성
⇒ Ball Bearing 현상으로 Workability 향상

[AE제]
콘크리트 속에 많은 미소한 기포를 일정하게 분포시키기 위해 사용하는 혼화제

2) 분산작용(감수제)

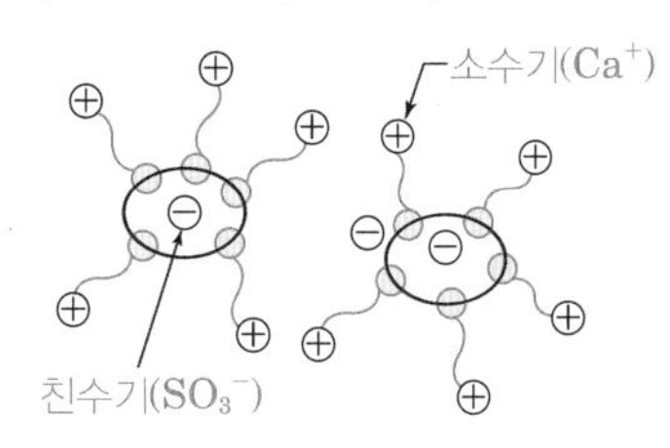

응집해 있는 시멘트 입자 간의 물과 공기를 감수제를 첨가하여 해방시킴
⇒ 반발작용으로 Workability 향상

[감수제]
콘크리트 등의 단위수량을 증가시키지 않고 워커빌리티를 좋게 하거나 워커빌리티를 변화시키지 않고 단위수량을 감소하기 위해 사용하는 혼화제

3) 습윤작용(AE 감수제)

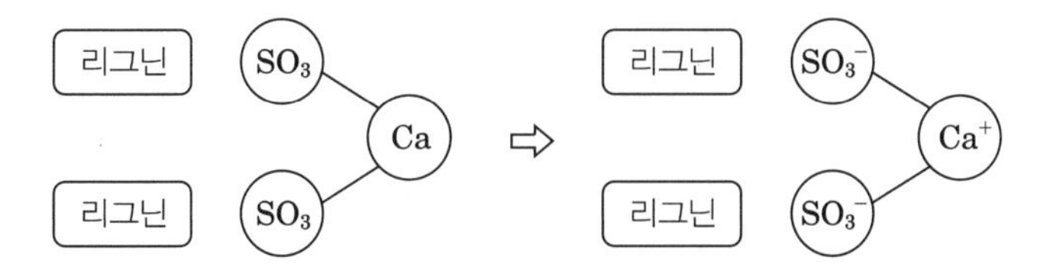

계면활성제 용액은 물보다 표면장력이 작아 침투성이 좋음
→ 시멘트 입자의 표면을 습윤시켜 수화반응을 쉽게 한다.

[AE감수제]
AE제와 감수제의 효과를 동시에 갖는 혼화제

24 갇힌 공기(Entrapped Air)와 AE 공기(Entrained Air)

Ⅰ. 갇힌 공기(Entrapped Air)

1. 정의

인위적으로 콘크리트 속에 연행시킨 것이 아니고 본래 콘크리트 속에 함유된 기포를 말한다.

2. 특성

① 갇힌 공기량: 1~2%
② 기포간격 계수: 300~700μm
③ 기포의 개수: 시멘트 페이스트 $1cm^2$당 500~3,000개 정도
④ 수밀성 및 강도 저하

Ⅱ. AE 공기(Entrained Air, 연행공기)

1. 정의

AE제 또는 공기 연행 작용을 가진 화학 혼화제를 사용하여 콘크리트 내에 발생시킨 독립된 미세한 기포를 말한다.

2. 특성

① Ball Bearing 현상으로 Workability 향상
② AE 공기의 양이 1% 증가하면 콘크리트 강도는 4~6% 감소
③ AE 공기의 양이 2% 이하에서는 내동결융해성을 기대하기 어려움
④ AE 공기의 양이 1% 증가하면 단위수량 3% 감소효과
⑤ AE 공기의 양이 1% 증가하면 슬럼프 2cm 증가
⑥ 통상 공기량이 7% 이상 증가하면 내구성 저하 초래

3. AE 콘크리트의 공기량

굵은골재의 최대치수(mm)	공기량(%) - 보통노출	
10	6.0	±1.5
15	5.5	
20	5.0	
25	4.5	
40	4.5	

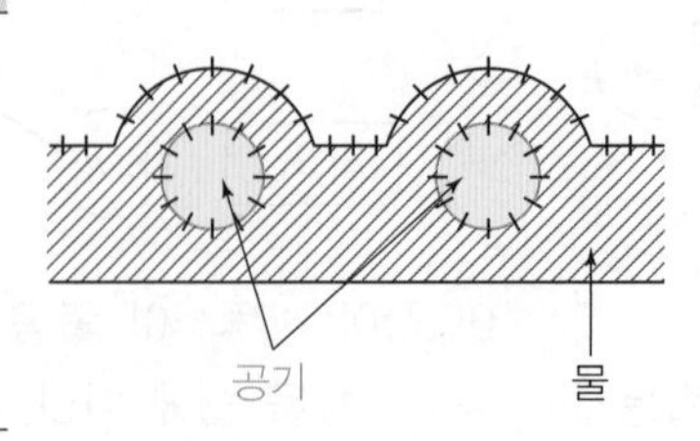

25 AE 공기(Entrained Air, 연행공기)

Ⅰ. 정의

AE제 또는 공기 연행 작용을 가진 화학 혼화제를 사용하여 콘크리트 내에 발생시킨 독립된 미세한 기포를 말한다.

Ⅱ. 특성

① Ball Bearing 현상으로 Workability 향상
② AE 공기의 양이 1% 증가하면 콘크리트 강도는 4~6% 감소
③ AE 공기의 양이 2% 이하에서는 내동결융해성을 기대하기 어려움
④ AE 공기의 양이 1% 증가하면 단위수량 3% 감소효과
⑤ AE 공기의 양이 1% 증가하면 슬럼프 2cm 증가
⑥ 통상 공기량이 7% 이상 증가하면 내구성 저하 초래
⑦ AE 콘크리트의 공기량

굵은골재의 최대치수(mm)	공기량(%) - 보통노출	
10	6.0	±1.5
15	5.5	
20	5.0	
25	4.5	
40	4.5	

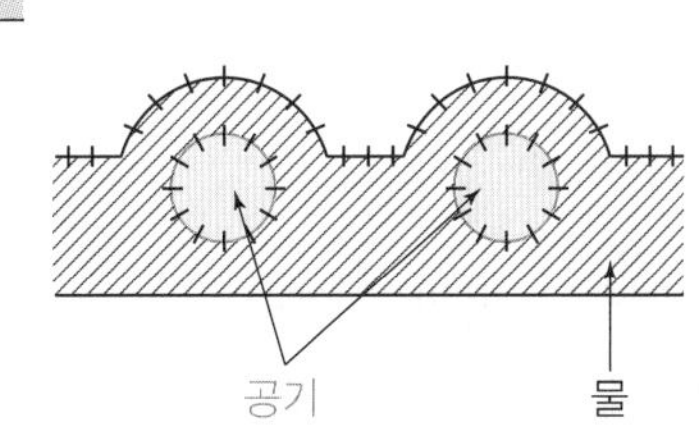

Ⅲ. 목적

① Workability의 증대
② 동결융해에 대한 저항성 증대
③ 단위수량 감소
④ 재료분리 및 Bleeding의 감소

Ⅳ. AE공기 감소원인

① 시멘트량 증가 및 시멘트 분말도가 높은 경우
② 콘크리트 온도상승 10℃ 상승 시 20% 감소
③ 굵은 골재 최대치수가 클 경우
④ 잔골재 밀도 불균일할 경우

26 CfFA(Carbon-free Fly Ash)

Ⅰ. 정의

석탄 화력 발전소의 부산물 플라이 애시를 가열 개질하여 얻어지는 고품질 플라이 애시(강열감량 1.0% 이하)로, 일반 플라이 애시보다 함유 된 미연 탄소분이 적고, 콘크리트용 혼화재로 사용하여 콘크리트에 다양한 품질 향상 효과를 부여 할 수 있다.

[미연탄소]
석탄과 같은 고체연료에 함유된 탄소가 완전 연소가 되지 않고 그 중 일부가 미연 상태로 배출되는 상태

Ⅱ. 제조 공정

(약 850℃에서 미연 탄소를 연소 제거)

[플라이 애시] [제조설비(외부 열식 가마)] [CfFA]

Ⅲ. 특징

1. 신선한 성상 개선
   ① 종래의 플라이 애시에 비해 안정된 공기량 확보
   ② 콘크리트 유동성 향상 및 시공성 향상, 재료분리저항성 향상

2. 균열 저감
   수화열 저감 및 단위수량의 감소로 건조수축 저감

3. 내구성 향상
   수밀성 및 호학저항성 우수, 장기강도 발현성이 우수

4. 환경 부하의 저감
   ① 부산물의 유효 이용에 기여 및 천연(골재) 자원의 연명화를 도모
   ② 시멘트 대체 사용으로 CO_2 배출량의 감소

5. 차염성 향상
   ① 포졸란 반응에 의한 조직의 치밀화
   ② 콘크리트 내부로의 염분 침투 억제

6. 양호한 마감
   콘크리트 표면을 매끄럽게 마감할 수 있어 양호한 외관 관리

27 석회석 미분말(Lime Stone Powder)

Ⅰ. 정의

시멘트 제조 과정 중 원료분쇄 공정의 비산 분진과 분쇄 원료가 킬른에 투입되기 전 예열기 상부에서 약 350℃ 정도의 비교적 낮은 온도로 가열되어져 발생된 가스를 전기 집진기에 의하여 포집된 미립자를 말하며, 석회석 미분말의 발생량은 시멘트 생산량의 약 5~10% 정도 된다.

Ⅱ. 특징

① 수화열 저감
② C_aO 함량이 적고 강열감량이 감소
③ 재료분리 방지 및 유동성 향상
④ 빈배합일수록 공기량 크게 감소
⑤ 석회석 미분말을 잔골재로 치환한 경우 공극충전 효과와 투수저항성 양호
⑥ 석회석 미분말을 잔골재로 치환한 경우 강도 증진
⑦ 석회석 미분말은 결합재 보다 채움재로서의 사용이 효과적임
⑧ 석회석 미분말, 규산질 미분말 등의 혼화재는 저탄소콘크리트에 사용 금지

Ⅲ. 석회석 미분말의 재활용방안

① 혼합비 및 치환양 등을 고려하여 적용
② 섬유보강재 혼입에 따른 콘크리트의 물성 증대
③ 지반개량재 및 연약지반 안정재료로 활용
④ 잔골재의 대체재로 활용
⑤ 아스콘 제조용 필러로 활용
⑥ 고성능 콘크리트 제조 시 혼화재료로 사용

28 콘크리트용 유동화제(Super Plasticizer) KCS 14 20 31

Ⅰ. 정의

콘크리트의 유동성을 증대시키기 위해서 미리 혼합된 콘크리트(베이스 콘크리트)에 첨가하여 사용하는 혼화제를 말하며, 주성분은 나프탈린계, 멜라민계, 리그닌계, 카르복실계가 있다.

[베이스 콘크리트]
① 유동화 콘크리트를 제조할 때 유동화제를 첨가하기전 기본배합의 콘크리트
② 숏크리트의 습식 방식에서 사용하는 급결제를 첨가하기 전의 콘크리트

Ⅱ. 유동화 첨가방법

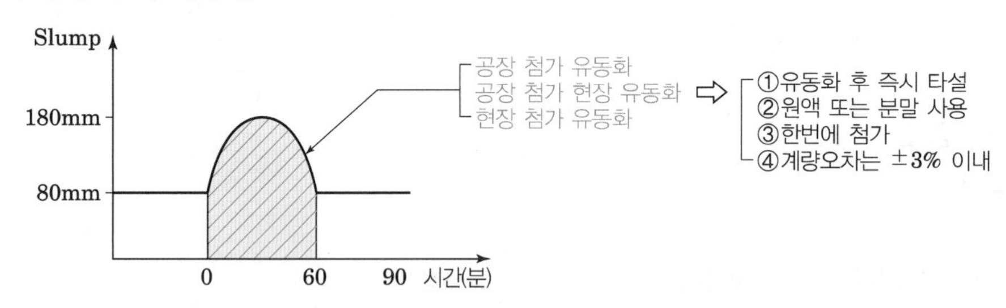

Ⅲ. 유동화제 및 슬럼프

① 유동화제는 유동화 콘크리트의 품질에 대한 영향을 고려하여 선정
② 유동화 콘크리트의 슬럼프 증가량은 100mm 이하를 원칙(50~80mm를 표준)
③ 유동화 콘크리트의 슬럼프(mm)

콘크리트 종류	베이스 콘크리트	유동화 콘크리트
보통 콘크리트	150 이하	210 이하
경량골재 콘크리트	180 이하	210 이하

Ⅳ. 용도

① 혼합수를 감소시킴으로써 콘크리트 강도 향상
② 콘크리트의 유동성을 향상시키며, 슬럼프 로스 감소
③ 수중불분리성 콘크리트 제조
④ 슬럼프 및 슬럼프 플로가 낮을 경우 현장에서 콘크리트 믹서 트럭에 투입하여 강도 저하 없이 콘크리트 슬럼프 및 슬럼프 플로를 증가

Ⅴ. 특징

① 슬럼프가 일시적으로 상승되어 작업성 개선
② 건조수축 감소
③ 구조체의 내구성 향상
④ 콘크리트 수밀성 향상

29 콘크리트 배합 시 응결경화 조절제

Ⅰ. 정의

시멘트가 물과 접촉한 시점부터 수화반응이 시작되어 응결이 진행됨에 따라 유동성은 점차 떨어져 곧 경화가 시작되며, 이 속도를 임의로 조정하는 혼화제를 응결경화 조절제라고 하며, 응결을 촉진시키는 촉진제, 늦추는 지연제, 경화를 촉진시켜 굳기를 빠르게 발생시키는 급결제 또는 조경제의 총칭하여 말한다.

Ⅱ. 촉진제

1. 용도

① 한중콘크리트의 초기강도 발현 시

② 시멘트 수화에 칼슘이온 강도를 높이거나 $Ca_2{}^+$의 활발한 활동 시

2. 효과 및 유의사항

① 조기강도 증대: 2% 이상 사용 시 강도저하 초래 가능

② 콘크리트 응결이 빠르므로 신속하게 운반 및 타설

③ PS 콘크리트의 PC 강재에 접촉하면 부식 또는 녹 발생

Ⅲ. 지연제

1. 용도

① 서중 콘크리트 시공 시 Workability의 저하 시

② 레디믹스트 콘크리트의 운반거리가 멀어 운반시간의 장시간 소요되는 경우

2. 효과 및 유의사항

① 응결시간의 지연 가능

② 과다 첨가 시 과다한 공기연행으로 강도 감소현상 발생: 1시간~2시간 정도 지연되도록 첨가량 사용

Ⅳ. 급결제

1. 용도

① 모르타르 및 콘크리트의 뿜어붙이기 공법

② 그라우트에 의한 지수공법

2. 효과 및 유의사항

① 응결시간이 매우 빠름

② 급결제 사용 시 재령 1~2일까지 콘크리트 강도증진은 매우 크나 장기강도는 느린 경우가 있으니 주의

30 내한촉진제

Ⅰ. 정의

콘크리트의 효율적인 초기동해 제어방법의 일환으로 콘크리트 제조 시 혼입하여 콘크리트의 동결온도를 저하시키고, 시멘트의 수화반응을 촉진하여 강도 발현을 시킬 수 있는 혼화제를 말한다.

Ⅱ. 내한촉진제의 특징

① 배합수의 동결온도 저하 효과
② 시멘트 광물 C_3S 수화 촉진 효과
③ 콘크리트 초기동해 방지 효과
④ 콘크리트 경화촉진으로 강도발현

Ⅲ. 한중 콘크리트의 양생

1. 초기 양생

① 콘크리트 타설이 종료된 후 초기동해를 받지 않도록 초기양생을 실시
② 콘크리트를 타설한 직후에 찬바람이 콘크리트 표면에 닿는 것을 방지
③ 소요 압축강도가 얻어질 때까지 콘크리트의 온도를 5℃ 이상으로 유지
④ 소요 압축강도에 도달한 후 2일간은 구조물의 어느 부분이라도 0℃ 이상이 되도록 유지
⑤ 초기양생 완료 후 2일간 이상은 콘크리트의 온도를 0℃ 이상으로 보존

2. 보온 양생

① 급열양생, 단열양생, 피복양생 및 이들을 복합한 방법 중 한 가지 방법을 선택
② 콘크리트에 열을 가할 경우에는 콘크리트가 급격히 건조하거나 국부적 가열 금지
③ 급열양생을 실시하는 경우 가열설비의 수량 및 배치는 시험가열을 실시한 후 결정
④ 단열양생을 실시하는 경우 콘크리트가 계획된 양생온도를 유지하도록 관리하며 국부적 냉각 금지
⑤ 보온양생 또는 급열양생을 끝마친 후에는 콘크리트의 온도를 급격 저하 금지
⑥ 보온양생이 끝난 후에는 양생을 계속하여 관리재령에서 예상되는 하중에 필요한 강도를 얻을 수 있게 실시

3. 거푸집 및 동바리

① 거푸집은 보온성이 좋은 것을 사용
② 지반의 동결 융해에 의하여 변위를 일으키지 않도록 지반의 동결을 방지하는 공법으로 시공
③ 거푸집 제거는 콘크리트의 온도를 갑자기 저하시키지 않도록 할 것

Ⅳ. 가열 양생과 내한촉진제 양생의 비교

구분	가열 양생	내한촉진제 양생
개요	가설 상옥 설치 후 열풍기 등을 이용하여 공간의 온도를 높여 양생온도 확보	콘크리트 제조 시 내한촉진제를 혼입하고, 별도의 가열 없이 콘크리트 시공
장점	• 가장 일반적인 방법 • 넓지 않은 공간에서 상대적으로 유리	• 별도의 온도관리가 필요 없음 • 최소한의 표면 단열양생만으로 초기동해 제어 가능
단점	• 넓은 공간에서 비경제적 • 가열기 사용에 따른 유해가스 발생 • 상옥 설치 밀실하지 않을 때 초기동해 발생 가능	• 국내 적용사례 많지 않음

31 실리카 퓸(Slica Fume)

Ⅰ. 정의

실리콘이나 페로실리콘 등의 규소합금을 전기로에서 제조할 때 배출가스에 섞여 부유하여 발생하는 초미립자 부산물로서, 이산화규소(SiO_2)가 주성분이며 고강도 콘크리트를 제조하는 데 사용된다.

Ⅱ. 실리카 퓸의 구조

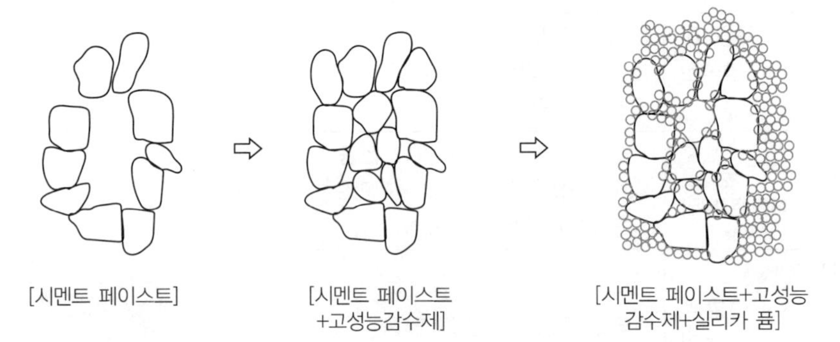

[시멘트 페이스트] [시멘트 페이스트 +고성능감수제] [시멘트 페이스트+고성능 감수제+실리카 퓸]

→ 90% 이상이 구형, 평균입경 : 0.1μm 정도, 비표면적 : 20m^2/g 정도
비중 : 2.1~2.2 정도, 단위용적중량 : 250~300kg/m^3 정도

Ⅲ. 적용 분야

① 초고층 건축물 시공 시 고강도 콘크리트
② 터널, 댐, 교량 등의 콘크리트
③ 해양, 지하 구조물 및 매스 콘크리트

Ⅳ. Silica Fume의 성질

1. 굳지 않은 콘크리트의 성질

① 배합: 시멘트 중량이 10~20%일 때 고강도 및 고내구성 콘크리트 제조
② 안정화 효과(Stabilizing Effect) 기대: Bleeding과 재료분리 감소

2. 경화한 콘크리트의 성질

① 조기 재령에서 포졸란 반응 발생: 콘크리트 강도 증진
② 동결융해 저항성 증대, 수화열 감소, 수밀성 및 내구성 향상
③ 황산, 염산 및 유기산 등 화학저항성 향상(15% 혼합)
④ 중성화에 대한 저항성 증대(20%: 중성화 발생하지 않음)

32 포졸란(Pozzolan)

Ⅰ. 정의

혼화재의 일종으로서 그 자체에는 수경성이 없으나 콘크리트 중의 물에 용해되어 있는 수산화칼슘과 상온에서 천천히 화합하여 물에 녹지 않는 화합물을 만들 수 있는 실리카질 물질을 함유하고 있는 미분말 상태의 재료를 말한다.

Ⅱ. 재료

분류	재료
천연산	화산재, 규조토, 규산백토 등
인공재료	고로 슬래그, 소성점토, 혈암, 플라이 애시 등

Ⅲ. 포졸란의 특징

① Workability 향상

② 블리딩 및 재료분리 감소

③ 초기강도는 작으나 장기강도는 크다

④ 수밀성 및 화학저항성이 크다

⑤ 발열량이 적어지므로 단면이 큰 콘크리트에 적합

⑥ 내구성 향상 및 인장강도 증대

⑦ 입자, 모양 및 표면상태가 좋지 않거나 조립이 많은 것 등은 단위수량을 증가시키므로 건조수축이 증가 초래

Ⅳ. 포졸란 반응

① 포졸란 반응이란 실리카질 물질(SiO_2)이 수산화칼슘과 반응하여 C-S-H를 생성하여 화합물을 만드는 것을 말한다.

② 포졸란 반응식

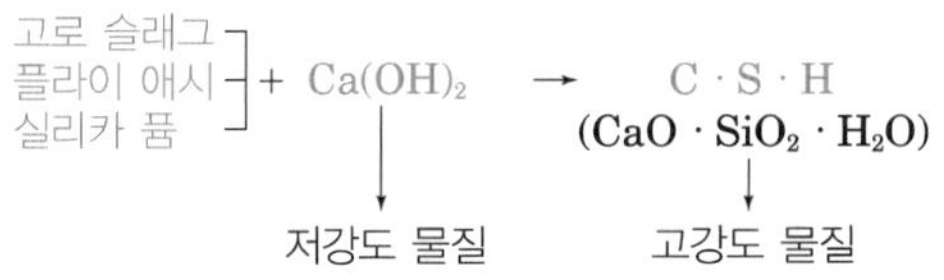

고로 슬래그 / 플라이 애시 / 실리카 퓸 + $Ca(OH)_2$ → C · S · H ($CaO \cdot SiO_2 \cdot H_2O$)

(고로 슬래그, 플라이 애시, 실리카 퓸 + $Ca(OH)_2$) → 저강도 물질

C · S · H ($CaO \cdot SiO_2 \cdot H_2O$) → 고강도 물질

③ 단위 시멘트량 감소 → 초기강도 작음 → 장기강도 큼

④ 단위 시멘트량 감소 → 수화열 저감 → 건조수축 저감 → 균열발생 저감

33 레미콘 호칭강도

KCS 14 20 10

Ⅰ. 정의

레디믹스트 콘크리트 주문 시 KS F 4009의 규정에 따라 사용되는 콘크리트 강도로서, 구조물 설계에서 사용되는 설계기준압축강도나 배합 설계 시 사용되는 배합강도와는 구분되며, 기온, 습도, 양생 등 시공적인 영향에 따른 보정값을 고려하여 주문한 강도를 말한다.

Ⅱ. 강도의 기준

① 콘크리트의 강도는 일반적으로 표준양생(20±2℃)을 실시한 콘크리트 공시체의 재령 28일일 때 시험값을 기준

② 콘크리트 구조물은 일반적으로 재령 28일 콘크리트의 압축강도를 기준

③ 레디믹스트 콘크리트 사용자는 기온보정강도(T_n)를 더하여 생산자에게 호칭강도(f_{cn})로 주문

호칭강도(f_{cn}) = 품질기준강도(f_{ce}) + 기온보정강도(T_n)(MPa)

여기서, f_{ce} : 설계기준강도(f_{ck})와 내구성 기준 압축강도(f_{cd}) 중 큰 값
T_n : 기온보정강도 (MPa)

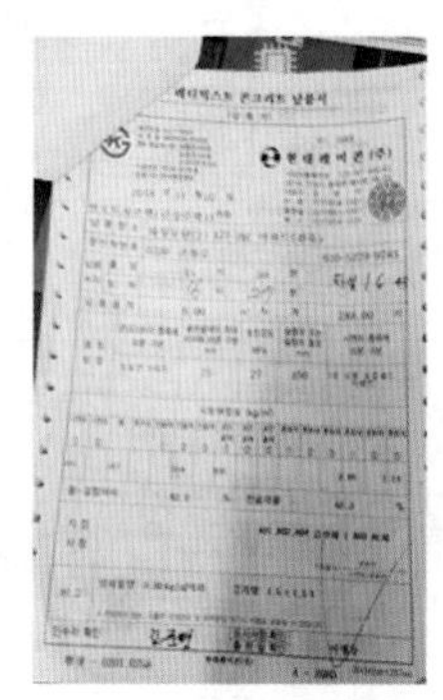
[납품서(호칭강도)]

④ 콘크리트 강도의 기온에 따른 보정값(T_n)

결합재 종류	재령 (일)	콘크리트 타설일로부터 n일간의 예상평균기온의 범위(℃)		
보통포틀랜드 시멘트 플라이애시 시멘트 1종 고로슬래그 시멘트 1종	28	18 이상	8 이상～18 미만	4 이상～8 미만
플라이애시 시멘트 2종	28	18 이상	10이상～18미만	4 이상～10 미만
고로슬래그 시멘트 2종	28	18 이상	13이상～18 미만	4 이상～13 미만
기온이 4℃이하(한중콘크리트)에서 콘크리트 강도의 기온에 따른 보정값(MPa)		0	3	6

Ⅲ. 압축강도에 의한 콘크리트의 품질 검사

종류	판정기준	
	$f_{cn} \leq$ 35MPa	$f_{cn} >$ 35MPa
호칭강도품질기준강도[2]부터 배합을 정한 경우	① 연속 3회 시험값의 평균이 호칭강도품질기준강도 이상 ② 1회 시험값이(호칭강도품질기준강도-3.5MPa) 이상	① 연속 3회 시험값의 평균이 호칭강도품질기준강도 이상 ② 1회 시험값이 호칭강도품질기준강도의 90% 이상
그 밖의 경우	압축강도의 평균치가 호칭강도품질기준강도 이상일 것	

주1) 1회의 시험값은 공시체 3개의 압축강도 시험값의 평균값임
2) 현장 배치플랜트를 구비하여 생산·시공하는 경우에는 설계기준압축강도와 내구성 설계에 따른 내구성 기준압축강도 중에서 큰 값으로 결정된 품질기준강도를 기준으로 검사

Ⅳ. 배합강도, 설계기준압축강도, 호칭강도 차이

구분	배합강도	설계기준압축강도	호칭강도
정의	콘크리트의 배합을 정하는 경우에 목표로 하는 압축강도	콘크리트 구조 설계에서 기준이 되는 콘크리트 압축강도	레디믹스트 콘크리트 주문 시 KS F 4009의 규정에 따라 사용되는 콘크리트 강도

34 레미콘 호칭강도와 설계기준강도의 차이점 KCS 14 20 10

Ⅰ. 정의

① 호칭강도

레디믹스트 콘크리트 주문 시 KS F 4009의 규정에 따라 사용되는 콘크리트 강도로서, 구조물 설계에서 사용되는 설계기준압축강도나 배합 설계 시 사용되는 배합강도와는 구분되며, 기온, 습도, 양생 등 시공적인 영향에 따른 보정값을 고려하여 주문한 강도를 말한다.

② 설계기준압축강도

콘크리트 구조 설계에서 기준이 되는 콘크리트 압축강도로서 표준적으로 사용하는 설계기준강도와 동일한 용어를 사용한다.

Ⅱ. 강도의 기준

① 콘크리트의 강도는 일반적으로 표준양생(20±2℃)을 실시한 콘크리트 공시체의 재령 28일일 때 시험값을 기준

② 콘크리트 구조물은 일반적으로 재령 28일 콘크리트의 압축강도를 기준

③ 레디믹스트 콘크리트 사용자는 기온보정강도(T_n)를 더하여 생산자에게 호칭강도(f_{cn})로 주문

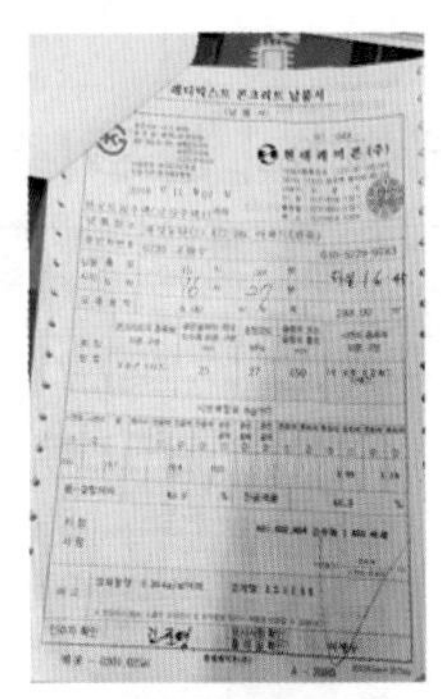
[납품서(호칭강도)]

호칭강도(f_{cn}) = 품질기준강도(f_{ce}) + 기온보정강도(T_n)(MPa)

여기서, f_{ce} : 설계기준강도(f_{ck})와 내구성 기준 압축강도(f_{cd}) 중 큰 값

T_n : 기온보정강도(MPa)

④ 콘크리트 강도의 기온에 따른 보정값(T_n)

결합재 종류	재령(일)	콘크리트 타설일로부터 n일간의 예상평균기온의 범위(℃)		
보통포틀랜드 시멘트 플라이애시 시멘트 1종 고로슬래그 시멘트 1종	28	18 이상	8 이상~18 미만	4 이상~8 미만
플라이애시 시멘트 2종	28	18 이상	10 이상~18 미만	4 이상~10 미만
고로슬래그 시멘트 2종	28	18 이상	13 이상~18 미만	4 이상~13 미만
기온이 4℃이하(한중콘크리트)에서 콘크리트 강도의 기온에 따른 보정값(MPa)		0	3	6

Ⅲ. 압축강도에 의한 콘크리트의 품질 검사

종류	판정기준	
	$f_{cn} \leq$ 35MPa	$f_{cn} >$ 35MPa
호칭강도품질기준강도[2]부터 배합을 정한 경우	① 연속 3회 시험값의 평균이 호칭강도품질기준강도 이상 ② 1회 시험값이(호칭강도품질기준강도-3.5MPa) 이상	① 연속 3회 시험값의 평균이 호칭강도품질기준강도 이상 ② 1회 시험값이 호칭강도품질기준강도의 90% 이상
그 밖의 경우	압축강도의 평균치가 호칭강도품질기준강도 이상일 것	

주1) 1회의 시험값은 공시체 3개의 압축강도 시험값의 평균값임
2) 현장 배치플랜트를 구비하여 생산·시공하는 경우에는 설계기준압축강도와 내구성 설계에 따른 내구성 기준압축강도 중에서 큰 값으로 결정된 품질기준강도를 기준으로 검사

Ⅳ. 배합강도, 설계기준압축강도, 호칭강도 차이

구분	배합강도	설계기준압축강도	호칭강도
정의	콘크리트의 배합을 정하는 경우에 목표로 하는 압축강도	콘크리트 구조 설계에서 기준이 되는 콘크리트 압축강도	레디믹스트 콘크리트 주문 시 KS F 4009의 규정에 따라 사용되는 콘크리트 강도

35 물-결합재비(Water- Binder Ratio)

KCS 14 20 10

Ⅰ. 정의

혼화재로 고로슬래그 미분말, 플라이 애시, 실리카 퓸 등 결합재를 사용한 모르타르나 콘크리트에서 골재가 표면 건조 포화상태에 있을 때에 반죽 직후 물과 결합재의 질량비로 기호를 W/B로 표시한다.

Ⅱ. 물-결합재비 선정방법

① 물-결합재비는 소요의 강도, 내구성, 수밀성 및 균열저항성 등을 고려하여 정함

② 콘크리트의 압축강도를 기준으로 물-결합재비를 정하는 경우 그 값은 다음과 같이 정함

- 압축강도와 물-결합재비와의 관계는 시험에 의하여 정하는 것을 원칙(공시체는 재령 28일을 표준).
- 배합에 사용할 물-결합재비는 기준 재령의 결합재-물비와 압축강도와의 관계식에서 배합강도에 해당하는 결합재-물비 값의 역수로 함

③ 콘크리트의 탄산화 작용, 염화물 침투, 동결융해 작용, 황산염 등에 대한 내구성을 기준으로 하여 물-결합재비를 정할 경우 그 값은 다음과 같이 정함

항목	노출범주 및 등급				
	일반	EC (탄산화)	ES (해양환경, 제설염 등 염화물)	EF (동결융해)	EA (황산염)
최대 물-결합재비[1]	-	0.45~0.60%	0.4~0.45%	0.45~0.55%	0.45~0.5%

주1) 경량골재 콘크리트에는 적용하지 않음. 실적, 연구성과 등에 의하여 확증이 있을 때는 5% 더한 값으로 할 수 있음.

Ⅲ. 물-결합재비 적정범위

① 경량골재 콘크리트: 60% 이하

② 폴리머시멘트 콘크리트: 30~60%(폴리머-시멘트비: 5~30%)

③ 수밀 콘크리트: 50% 이하

④ 고강도 콘크리트

- 소요의 강도와 내구성을 고려하여 정함
- 물-결합재비와 콘크리트 강도의 관계식을 시험 배합으로부터 구함
- 배합강도에 상응하는 물-결합재비는 시험에 의한 관계식을 이용하여 결정

⑤ 고내구성 콘크리트

구분	보통 콘크리트	경량골재 콘크리트
포틀랜드 시멘트 고로 슬래그 시멘트 특급 실리카 시멘트 A종 플라이 애시 시멘트 A종	60% 이하	55% 이하
고로 슬래그 시멘트 1급 실리카 시멘트 B종 플라이 애시 시멘트 B종	55% 이하	55% 이하

⑥ 방사선 차폐용 콘크리트: 50% 이하

⑦ 한중 콘크리트: 60% 이하

⑧ 수중 콘크리트

종류	일반 수중콘크리트	현장타설말뚝 및 지하연속벽에 사용되는 수중콘크리트
물-결합재비	50% 이하	55% 이하

⑨ 해양 콘크리트: 60% 이하

⑩ 프리스트레스트 콘크리트: 45% 이하(그라우트 물-결합재비 임)

⑪ 외장용 노출 콘크리트: 50% 이하

⑫ 동결융해작용을 받는 콘크리트: 45% 이하

⑬ 식생 콘크리트: 20~40%(물-시멘트비 임)

⑭ 장수명 콘크리트: 55% 이하(50% 이하가 바람직)

[물-시멘트비]
모르타르나 콘크리트에서 골재가 표면 건조 포화 상태에 있을 때에 반죽 직후 물과 시멘트의 질량비

36 콘크리트 골재 입도 KCS 14 20 10

Ⅰ. 정의

콘크리트나 모르타르를 만들 때에 물, 시멘트와 함께 혼합하는 모래, 자갈 및 부순돌 기타 유사한 재료를 골재라 하며, 골재입도는 골재 대·소립의 분포 상태로서 체가름시험 KS F2502에 따른다.

Ⅱ. 잔골재

① 잔골재나 잔골재용 원석의 강도는 단단하고, 강한 것
② 잔골재는 유해량 이상의 염분을 포함하지 않아야 하고, 진흙이나 유기 불순물 등의 유해물을 허용량 이상 함유 금지
③ 잔골재의 절대건조밀도는 2.5g/cm^3 이상, 흡수율은 3.0% 이하의 값을 표준
④ 입도가 범위를 벗어난 잔골재를 쓰는 경우에는, 두 종류 이상의 잔골재를 혼합하여 입도를 조정해서 사용
⑤ 연속된 두 개의 체 사이를 통과하는 양의 백분율이 45% 초과 금지
⑥ 잔골재의 조립률이 ±0.20 이상의 변화를 나타내었을 때는 배합의 적정성 확인 후 배합 보완 및 변경 등을 검토
⑦ 잔골재의 안정성은 황산나트륨으로 5회 시험으로 평가하며, 그 손실질량은 10% 이하를 표준

Ⅲ. 굵은 골재

① 굵은 골재나 굵은 골재용 원석의 강도는 단단하고, 강한 것
② 굵은 골재는 유해량 이상의 염분을 포함하지 말아야 하고, 진흙이나 유기 불순물 등의 유해물을 허용량 이상 함유 금지
③ 굵은 골재의 절대건조밀도는 2.5g/cm^3 이상, 흡수율은 3.0% 이하의 값을 표준
④ 굵은 골재의 표준 입도

체의 크기 (mm)	체를 통과하는 것의 질량 백분율(%)												
	100	90	75	65	50	40	25	20	13	10	5	2.5	1.2
20~40					100	90~100	20~55	0~15		0~5			

⑤ 천연 굵은 골재의 점토덩어리 함유량은 0.25%, 연한 석편은 5.0% 이하이어야 하며, 그 합은 5%를 초과 금지
⑥ 순환 굵은 골재의 점토덩어리 함유량은 0.2% 이하
⑦ 굵은 골재의 안정성은 황산나트륨으로 5회 시험을 하여 평가하는데, 그 손실질량은 12% 이하를 표준

[잔골재]
10mm 체를 전부 통과하고 5mm 체를 거의 다 통과하며 0.08mm 체에 모두 남는 골재

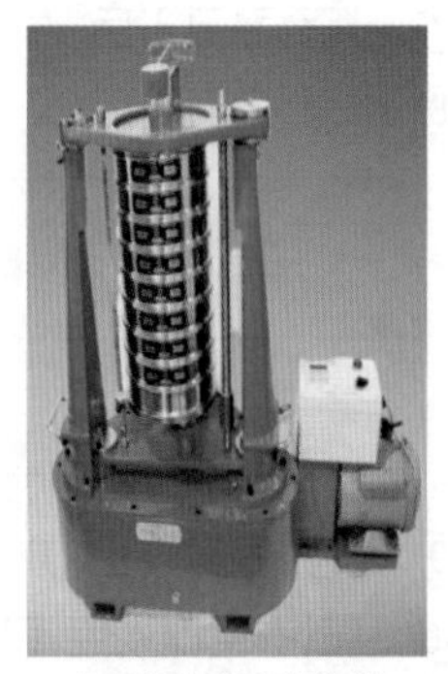

[골재체가름시험기]

[잔골재의 표준 입도]

체의 호칭 치수 (mm)	체를 통과한 것의 질량 백분율(%)	
	부순 잔골재	부순 잔골재 이외의 잔골재
10	100	100
5	95-100	95-100
2.5	80-100	80-100
1.2	50-90	50-85
0.6	25-65	25-60
0.3	10-35	10-30
0.15	2-15	2-10

[굵은 골재]
5mm체에 다 남는 골재

37 굵은 골재 최대치수

KCS 14 20 10

Ⅰ. 정의

굵은 골재란 5mm체에 다 남는 골재를 말하며, 굵은 골재 최대치수는 질량으로 90% 이상이 통과한 체 중 최소의 체 치수로 나타낸 굵은 골재의 치수를 말한다.

Ⅱ. 굵은 골재의 최대 치수 선정

① 굵은 골재의 공칭 최대 치수는 다음 값을 초과 금지
- 거푸집 양 측면 사이의 최소 거리의 1/5
- 슬래브 두께의 1/3
- 개별 철근, 다발철근, 긴장재 또는 덕트 사이 최소 순간격의 3/4

② 굵은 골재의 최대 치수 표준

구조물의 종류	굵은 골재의 최대 치수(mm)
일반적인 경우	20 또는 25
단면이 큰 경우	40
무근콘크리트	• 40 • 부재 최소 치수의 1/4을 초과해서는 안 됨.

Ⅲ. 굵은 골재의 최대 치수가 콘크리트에 미치는 영향

1. 일반 콘크리트

① 굵은 골재 최대치수가 크면 콘크리트 강도가 약간 저하
② 골재 표면적이 적어 단위수량이 적게 들어감
③ 균열발생이 적음

2. 고강도 콘크리트

① 굵은 골재 최대치수가 크면 콘크리트 강도가 급격히 저하
② 가능한 굵은 골재 최대치수는 20mm 이하
③ 실험에 의하며 굵은 골재 최대치수는 16mm 이하가 가장 바람직 함

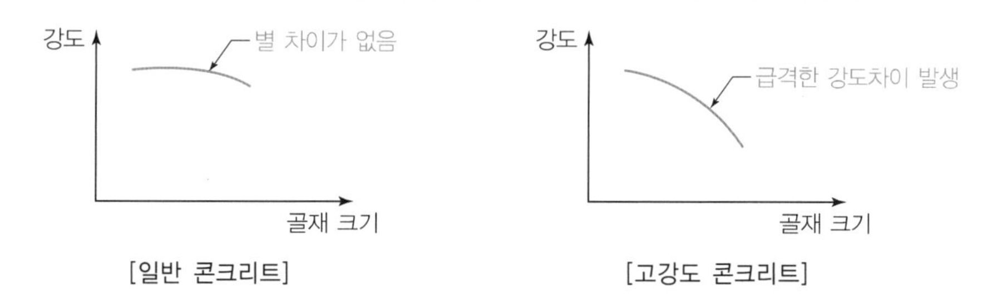

[일반 콘크리트] [고강도 콘크리트]

38 골재 함수량

Ⅰ. 정의

골재 함수량이란 습윤 상태의 골재에 함유되어 있는 전체 질량을 절대건조상태의 골재 질량을 뺀 값을 말한다.

> 함수량 = 습윤 상태의 골재에 함유되어 있는 전체 질량 – 절대건조상태의 골재 질량

Ⅱ. 골재의 함수상태

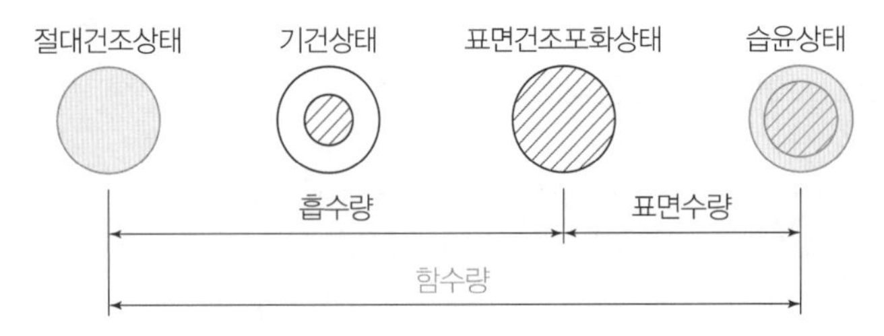

[함수량 시험기]

① 절대건조 상태
골재를 100~110℃의 온도에서 일정한 질량이 될 때까지 건조하여 골재의 내부에 포함되어 있는 자유수가 제거된 상태

② 기건 상태
골재를 공기 중에 건조하여 골재의 내부에 수분이 포함된 상태

③ 표면건조포화 상태
골재의 표면수는 없고 골재 속의 빈틈이 물로 차 있는 상태

④ 습윤 상태
골재의 내부는 포화상태이고 표면에도 물이 묻어 있는 상태

Ⅲ. 골재 함수량에 영향을 주는 요소

① 골재가 다공성일수록 함수량이 크다.
② 골재의 비중이 클수록 함수량이 크다.
③ 골재의 구조가 치밀할수록 함수량은 작다.
④ 풍화가 심하게 진행된 사석을 포함한 골재일수록 함수량이 크다.

39 골재의 흡수율(Absorption Ratio of Aggregate)

Ⅰ. 정의

표면건조포화상태의 골재에 함유되어 있는 전체 수량을 절대건조상태의 골재 질량으로 나눈 백분율 말한다.

$$흡수율 = \frac{표면건조포화상태의\ 전체\ 수량}{절대건조상태의\ 골재\ 질량} \times 100$$

Ⅱ. 골재의 함수상태

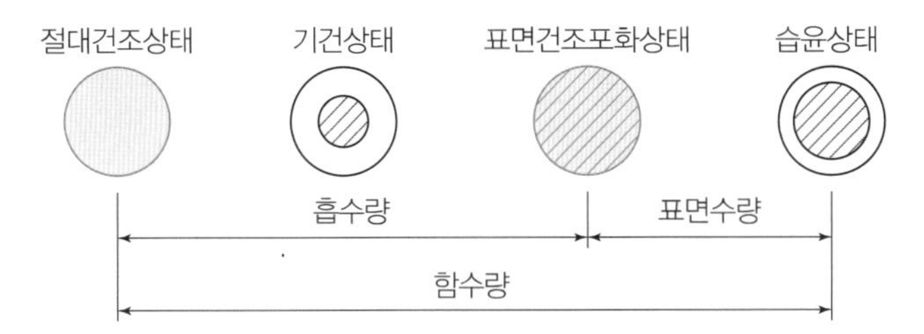

① 절대건조 상태
골재를 100~110℃의 온도에서 일정한 질량이 될 때까지 건조하여 골재의 내부에 포함되어 있는 자유수가 제거된 상태

② 기건 상태
골재를 공기 중에 건조하여 골재의 내부에 수분이 포함된 상태

③ 표면건조포화 상태
골재의 표면수는 없고 골재 속의 빈틈이 물로 차 있는 상태

④ 습윤 상태
골재의 내부는 포화상태이고 표면에도 물이 묻어 있는 상태

Ⅲ. 골재의 흡수율에 영향을 주는 요소

① 골재가 다공성일수록 흡수율이 크다.
② 골재의 비중이 클수록 흡수율이 크다.
③ 골재의 구조가 치밀할수록 흡수율은 작다.
④ 풍화가 심하게 진행된 사석을 포함한 골재일수록 흡수율이 크다.

[49,61,93회]

40 잔골재율(Fine Aggregate Ratio) KCS 14 20 10

Ⅰ. 정의

콘크리트 내의 전 골재량에 대한 잔골재량의 절대 용적비를 백분율로 나타낸 값을 말한다.

Ⅱ. 산정식

$$잔골재율(S/a) = \frac{잔골재량의\ 절대용적}{전체\ 골재량의\ 절대용적} \times 100$$

$$= \frac{Sand의\ 절대용적}{Gravel의\ 절대용적 + Sand의\ 절대용적} \times 100$$

[잔골재]
10mm 체를 전부 통과하고 5mm 체를 거의 다 통과하며 0.08mm 체에 모두 남는 골재

Ⅲ. 잔골재율 선정

① 잔골재율은 소요의 워커빌리티를 얻을 수 있는 범위 내에서 단위수량이 최소가 되도록 시험에 의해 정함
② 잔골재율은 사용하는 잔골재의 입도, 콘크리트의 공기량, 단위결합재량, 혼화 재료의 종류 등에 따라 다르므로 시험에 의해 정함
③ 공사 중에 잔골재의 입도가 변하여 조립률이 ±0.20 이상 차이가 있을 경우에는 배합의 적정성 확인 후 배합 보완 및 변경 등을 검토
④ 콘크리트 펌프시공의 경우에는 펌프의 성능, 배관, 압송거리 등에 따라 적절한 잔골재율을 결정
⑤ 유동화 콘크리트의 경우, 유동화 후 콘크리트의 워커빌리티를 고려하여 잔골재율을 결정할 필요가 있음
⑥ 고성능AE감수제를 사용한 콘크리트의 경우로서 물-결합재비 및 슬럼프가 같으면, 일반적인 AE감수제를 사용한 콘크리트와 비교하여 잔골재율을 1~2% 정도 크게 한다.

Ⅳ. 잔골재율의 성질

① 잔골재율은 워커빌리티를 얻을 수 있는 범위 내에서 될 수 있는 한 작게 한다.
② 잔골재율이 증가하면 간극이 많아진다.
③ 잔골재율이 증가하면 단위시멘트량이 증가한다.
④ 잔골재율이 증가하면 단위수량이 증가한다.
⑤ 잔골재율이 적정범위 이하면 콘크리트는 거칠어지고, 재료분리의 발생 가능성이 커지며, 워커빌리티가 나쁘다.

41 콘크리트 시험비비기(시방배합과 현장배합)

Ⅰ. 정의

콘크리트 시험비비기란 계획된 배합으로 압축강도, 슬럼프, 공기량 등 필요한 품질을 가진 콘크리트를 얻기 위하여 시험하는 것을 말한다.

Ⅱ. 배합의 기본적인 방침

① 배합이 목표로 하는 콘크리트의 성능 확보

② 배합조건 설정의 원칙 준수: 콘크리트의 워커빌리티, 경화콘크리트의 성질 확보

③ 재료의 선정

- 시방서의 규정에 적합한 품질을 갖고 있을 것
- 질적, 양적으로 안정한 공급이 가능할 것
- 경제적일 것

Ⅲ. 시방배합(계획배합)

1) 정의

소정 품질의 콘크리트가 얻어지는 배합(조건)으로 시방서 또는 책임기술자에 의하여 지시된 것. 1m^3 콘크리트의 반죽에 대한 재료 사용량으로 나타낸다.

2) 골재의 함수 상태: 표면건조포화 상태

3) 단위량 표시: 1m^3 당

4) 계량: 중량계량

Ⅳ. 현장배합

1) 정의

시방배합(계획 조합)의 콘크리트가 얻어지도록 현장에서 재료의 상태 및 계량방법에 따라 정한 배합을 말한다.

2) 골재의 함수 상태: 기건 상태 또는 습윤 상태

3) 단위량 표시: 1batch 당

4) 계량: 중량 또는 부피계량

42 Dry Mixer

Ⅰ. 정의

Dry Mixer란 콘크리트 또는 모르타르의 재료 중에 물을 첨가하지 않고 시멘트와 골재만 비빔한 것을 말한다.

Ⅱ. 개념도

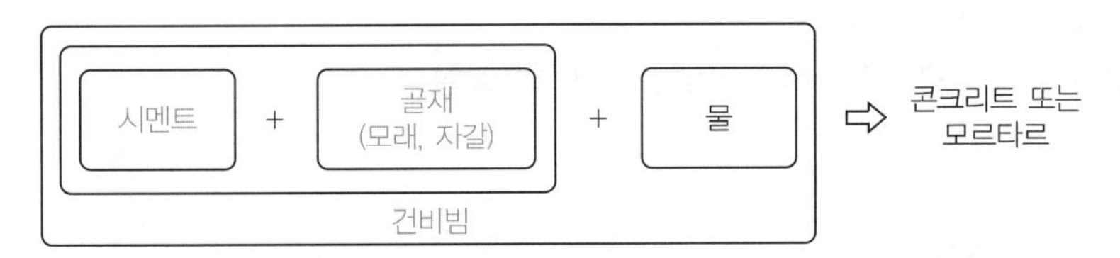

Ⅲ. 특징

1. 장점

① 공장과 현장과의 거리제한을 해소할 수 있다.
② 노무절감 및 공기단축이 가능하다.
③ 균질한 제품을 얻을 수 있다.
④ 양질의 제품생산이 가능하다.

2. 단점

① 운반이나 공급범위가 한정된다.
② 중차량에 따른 현장 운반로 확보가 요구된다.
③ 현장에서 콘크리트 배합상 물의 첨가가 요구된다.

Ⅳ. 시공 시 유의사항

① 현장에서 콘크리트 배합표 대로 물을 정확히 계량하여야 한다.
② 건비빔 모르타르는 3시간 이내에, 물을 가한 후 1시간 이내에 사용한다.
③ 건비빔에 물을 첨가한 후 비빔을 철저히 한다.
④ 골재투입 전 골재의 습윤상태를 정확히 파악한다.
⑤ 사용장소의 환경(습도 등)에 따른 품질변화에 유의한다.

43 애지데이터 트럭(운반)

KCS 14 20 10

Ⅰ. 정의

애지데이터 트럭은 콘크리트를 현장까지 운반하는 자동차로 운반할 때에는 콘크리트의 재료분리가 될 수 있는 대로 적게 일어나도록 신속하게 운반하여 즉시 타설하도록 충분히 계획을 세운다.

Ⅱ. 운반

① 운반과정에서 콘크리트 품질이 변화하지 않도록 하여야 한다.
② 콘크리트는 신속하게 운반하여 즉시 타설하고, 충분히 다짐
③ 비비기로부터 타설이 끝날 때까지의 시간

KS 기준	표준시방서[KCS 14 20 10]	
90분 이하	외기온도 25℃ 이상	1.5시간 이하
	외기온도 25℃ 미만	2.0시간 이하

④ 애지데이터 트럭으로 운반하는 경우는 90분 이상 경과 금지[KCS 44 50 15]

Ⅲ. 운반차

① 운반차는 트럭믹서 또는 트럭 애지데이터의 사용을 원칙
② 운반거리가 긴 경우에는 애지데이터 등의 설비를 갖추어야 한다.
③ 슬럼프가 25mm 이하의 낮은 콘크리트를 운반할 때는 덤프트럭을 사용 가능
④ 콘크리트의 운반장비는 다음 사항을 고려한다.
- 운반 및 타설할 때에는 콘크리트에 물 첨가 금지
- 운반장비는 사용에 앞서 내부에 부착된 콘크리트와 이물질 등을 제거

[트럭 애지데이터]

Ⅳ. 운반시간에 따른 공기량과 슬럼프 변화

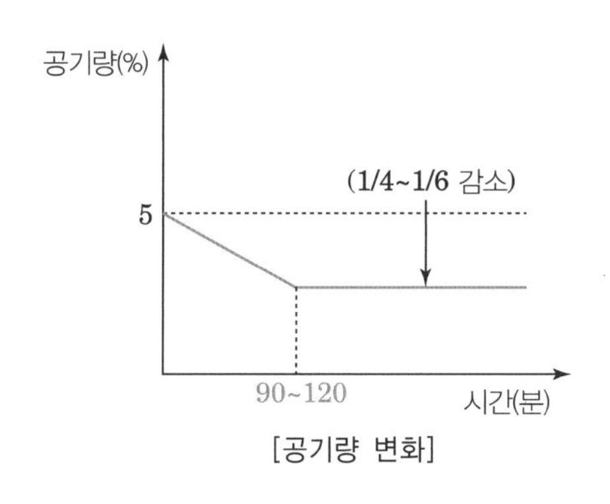

[공기량 변화]

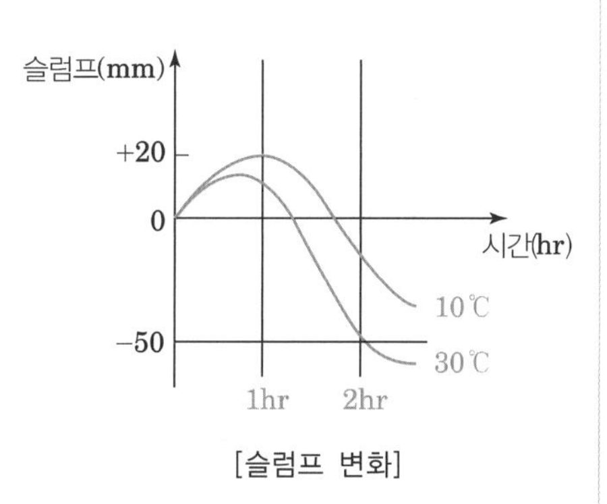

[슬럼프 변화]

44 레미콘 공장의 선정 및 발주

Ⅰ. 레미콘 공장의 선정

① 레미콘 공장 선정 전 반드시 공장방문을 실시하여 부적합 여부를 확인한다.

② 레미콘 공장 선정 시 고려사항

구분	내용
제조능력	• 1일 레미콘 생산능력 고려 • 시간 당 계획 타설량에 맞추어 제조. 출하능력 보유 여부
운반거리	• 비비기로부터 타설이 끝날 때까지의 거리 고려 • 운반가능시간이 다르므로 최대 1.5시간 이내 거리로 레미콘 공장을 선정(외기온도 25℃ 이상: 1.5시간 이하, 외기온도 25℃ 미만: 2.0시간 이하) • 현장진입도로의 타설 시간별 교통량을 고려
품질관리	• 공장은 KS F 4009 레디믹스트 콘크리트의 규정에 적합한 품질관리 여부 확인 • 레미콘공장 정기 점검표에 의거 공장점검을 실시 • 부순골재, 배합수, 혼화제 사용 등을 고려

Ⅱ. 레미콘의 발주

1. 호칭강도

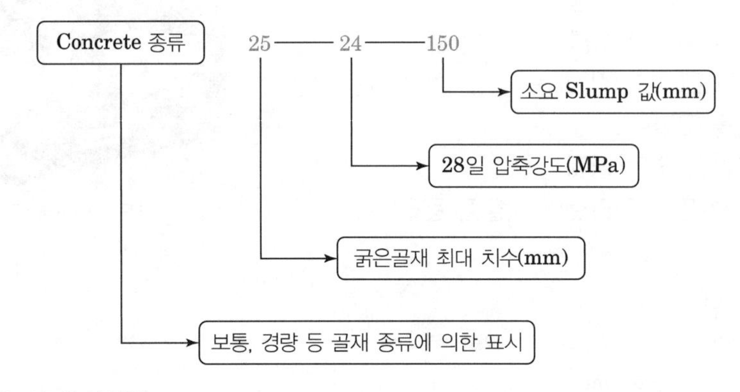

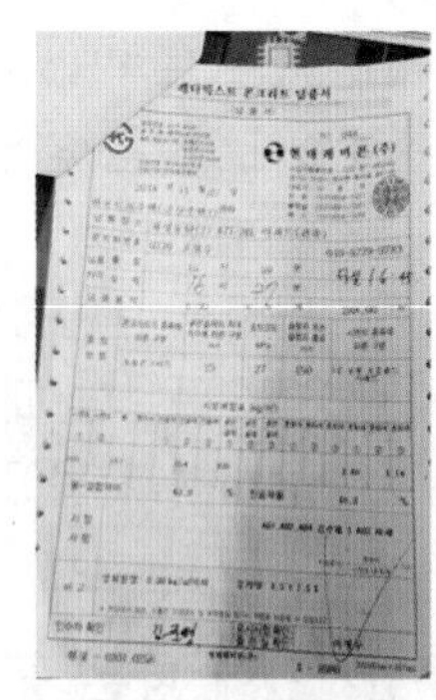
[콘크리트 납품서]

2. 발주 시 유의사항

① 공사시방에 따라 주문

② 강도 재령: 매스 콘크리트는 28일 외의 호칭강도 지정

③ 염화물 함유량: 규정 값 이하 준수

④ 공기량: 특정 공기량을 필요로 하는 경우

⑤ 슬럼프: 타설 시기 및 시공연도 고려하여 발주

⑥ 혼화재료의 종류: 구조물의 종류, 위치 및 계절에 따라 특정 혼화재료를 사용하는 경우

45 레디믹스트 콘크리트 납품서(송장)

Ⅰ. 정의

레디믹스트 콘크리트는 콘크리트 제조 전문 공장의 대규모 배치 플랜트에 의하여 각종 콘크리트를 주문자의 요구에 맞는 배합으로 계량, 혼합한 후 시공현장에 운반차로 운반하여 판매하는 콘크리트로서 현장에서 발주한 콘크리트 여부를 납품서(송장)로 확인하여야 한다.

Ⅱ. 레미콘 현장 도착 시 확인사항

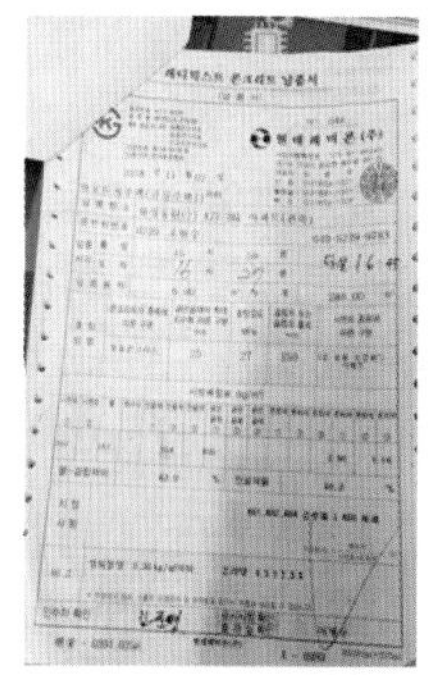
[콘크리트 납품서]

① 배합설계 확인

당일 배합설계를 확인하여 레미콘의 품질여부를 확인

② 납품용적

- 애지데이터 트럭마다 납품서(송장)를 확인
- 타설 수량 및 대금 지불의 기준이 되므로 납품서(송장)의 확인은 매우 중요

③ 도착시간, 타설 완료 시간

- 도착시간과 타설 완료 시간을 기재
- 출하시간에서부터 타설 완료 시간이 외기온도 25℃ 이상: 1.5시간 이하, 외기온도 25℃ 미만: 2.0시간 이하를 초과하는 경우에는 반드시 레미콘을 반출
- 납품서(송장)마다 시공사, 감리원의 확인을 할 것

④ 굵은 골재 최대치수, 강도, 슬럼프 등을 확인

⑤ 타설 직전 고속 회전 후 저속 변속으로 배출

⑥ 첫차 애지데이터 트럭에 실은 콘크리트 펌프용 선송 모르타르는 반출

Ⅲ. 콘크리트 품질시험 시행[건설공사 품질관리 업무지침 별표2]

<table>
<tr><th>시험종목</th><th>시험빈도</th></tr>
<tr><td>슬럼프 또는
슬럼프 플로</td><td rowspan="3">• 배합이 다를 때 마다
• 콘크리트 1일 타설량 150m^3 미만인 경우: 1일 타설량 마다
• 콘크리트 1일 타설량 150m^3 이상인 경우: 150m^3 마다
※ KCS 14 20 10: 120m^3 마다</td></tr>
<tr><td>공기량</td></tr>
<tr><td>염화물 함유량</td></tr>
<tr><td>압축강도</td><td>• 배합이 다를 때 마다
• 레미콘은 KS F 4009: 450m^3 마다(3회, 9개)
• 레미콘이 아닌 콘크리트는 KCS 14 20 10: 360m^3 마다
• 28일 압축강도 측정
※ 레미콘은 KCS 14 20 10: 360m^3 마다(3회, 9개)</td></tr>
</table>

46 레미콘 반입 시 확인사항

Ⅰ. 정의

레미콘 반입시 송장, 운반시간, 품질시험 등 확인으로 구조물의 요구성능을 얻도록 해야 한다.

Ⅱ. 반입 시 확인사항

① 배합설계 확인
당일 배합설계를 확인하여 레미콘의 품질여부를 확인

② 납품용적
- 애지데이터 트럭마다 납품서(송장)를 확인
- 타설 수량 및 대금 지불의 기준이 되므로 납품서(송장)의 확인은 매우 중요

③ 도착시간, 타설 완료 시간
- 도착시간과 타설 완료 시간을 기재
- 출하시간에서부터 타설 완료 시간이 외기온도 25℃ 이상: 1.5시간 이하, 외기온도 25℃ 미만: 2.0시간 이하를 초과하는 경우에는 반드시 레미콘을 반출
- 납품서(송장)마다 시공사, 감리원의 확인을 할 것

④ 굵은 골재 최대치수, 강도, 슬럼프 등을 확인

⑤ 타설 직전 고속 회전 후 저속 변속으로 배출

⑥ 선송 모르타르 확인
- 콘크리트 동일 강도 이상 제품을 사용
- 선송 모르타르는 반출

⑦ 육안검사
Workability가 좋고 품질이 균일한지 확인

⑧ 온도
- 서중 콘크리트 타설할 때의 콘크리트 온도: 35℃ 이하
- 한중 콘크리트 타설할 때의 콘크리트 온도: 5~20℃의 범위

⑨ 품질시험[KCS 14 20 10]

구분		허용차
슬럼프	25	± 10
	50 및 65	± 15
	80 이상	± 25
슬럼프 플로	500	± 75
	600	± 100
	700	± 100
공기량	보통 콘크리트	4.5±1.5%
	경량 콘크리트	5.5±1.5%
염화물 함유량	염소이온량(Cl⁻)	0.30kg/m³ 이하

[슬럼프 Test]

[슬럼프 플로 Test]

47 Remixing(거듭비비기)과 Retempering(되비비기)

Ⅰ. Remixing(거듭비비기)

1. 정의

비벼 놓은 모르타르나 콘크리트 등이 비빔 후 상당시간이 지나거나 또는 재료분리가 있을 경우 사용하기 전에 다시 비비는 작업을 말한다.

2. 콘크리트 재료분리 시 문제점

① 콘크리트 강도 저하가 초래된다.
② 콘크리트 내구성 저하가 초래된다.
③ 콘크리트 허니콤 발생으로 미관을 저해한다.
④ 철근과 부착강도가 저하된다.
⑤ 콘크리트 펌프의 막힘현상이 발생된다.

3. 방지대책

① 콘크리트 사용 전에 철저한 다시 비빔을 실시한다.
② 벽체에 직접 타설하지 않고 바닥에 받아 밀어넣고 다짐을 철저히 한다.
③ 블러시 등으로 Laitance를 철저히 제거한다.
④ 콘크리트 타설속도를 적정히 유지시킨다.
⑤ 철근배근을 규정대로 시행하여 굵은골재의 유입을 쉽도록 한다.

Ⅱ. Retempering(되비비기)

1. 정의

아직 굳지 않은 모르타르나 콘크리트가 엉기기 시작하였을 경우에 물과 유동화제 등을 첨가하여 다시 비비는 작업을 말한다.

2. 첨가방법

① 물 사용
3~4시간 경과한 콘크리트에 물-결합재비 10% 증가로 슬럼프를 같게 할 수 있다.
② 유동화제 사용
- 유동화제 첨가 후 30분 후에 슬럼프가 최대가 된다.
- 유동화제 첨가 후 60분 후에 원상태가 되므로 이전에 작업을 마무리하여야 한다.

48 콘크리트 타설 전 확인사항

Ⅰ. 정의

콘크리트 타설 전 선행공종을 철저히 검토하고, 타설 계획을 수립하여 품질관리에 만전을 기해야 한다.

Ⅱ. 콘크리트 타설 전 확인사항

[철근배근 상태]

[거푸집 상태]

[매입물]

1. 철근조립
   - 설계에 정해진 대로 이음, 정착, 철근지름 및 간격, 피복두께 등이 배치되어 있는가 확인

2. 거푸집
   ① 부재의 치수 및 형상
   ② 거푸집의 보강
   ③ 거푸집 내부 청소상태
   ④ 동바리 간격 및 수직도

3. 매입물
   - 매입물(설비 배관 Sleeve 및 전기 Outlet Box 등)

4. 이물질
   - 거푸집 안에 톱밥, 단열재 등 이물질을 완전히 제거하여 콘크리트 타설 시 혼입되는 것을 방지

5. 준비사항
   ① 장비, 인원, 진동기, 레미콘 규격 및 출하 간격, 보양재, 시험기구 등
   ② 타설계획 및 순서, 이음, 다짐, 양생방법 등

6. 돌발상황 대처방안
   ① 기후, 기상변화
   ② 장비고장 → 타설 중단
   ③ 콘크리트 유출에 대한 대처

49 콘크리트 펌프타설(Concrete Pumping) 시 검토사항 KCS 14 20 10

Ⅰ. 정의

콘크리트 운반기계 중 가장 폭넓게 사용되고 있는 것이 콘크리트 펌프이며 구동방식에 따라 피스톤(Pistion) 식과 스퀴즈(Squeeze) 식으로 나뉜다.

Ⅱ. 콘크리트 펌프타설 시 검토사항

[콘크리트 펌프타설]

① 콘크리트는 소요의 워커빌리티를 가지며, 시공 시 및 경화 후에 소정의 품질 확보

② 압송하는 콘크리트의 슬럼프 값(mm)

종류		슬럼프 값
철근콘크리트	일반적인 경우	80~150
	단면이 큰 경우	60~120
무근콘크리트	일반적인 경우	50~150
	단면이 큰 경우	50~100

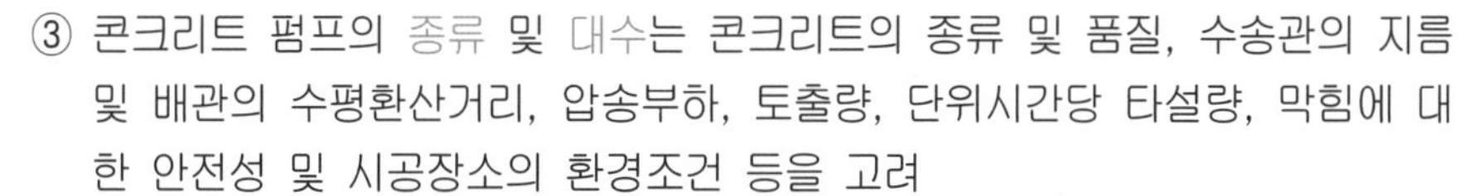

③ 콘크리트 펌프의 종류 및 대수는 콘크리트의 종류 및 품질, 수송관의 지름 및 배관의 수평환산거리, 압송부하, 토출량, 단위시간당 타설량, 막힘에 대한 안전성 및 시공장소의 환경조건 등을 고려

[압송관]

④ 콘크리트 펌프의 형식은 피스톤식 또는 스퀴즈식을 표준

⑤ 콘크리트 펌프의 기종은 압송능력이 펌프에 걸리는 최대 압송부하보다도 커지도록 선정

⑥ 콘크리트의 압송에 앞서 모르타르를 압송하여 펌프 등에 부착되어 그 양이 적어지지 않도록 할 것

⑦ 미리 압송하는 모르타르나 압송 중 막힘현상 등으로 품질이 저하된 콘크리트는 폐기할 것

⑧ 압송은 계획에 따라 연속적으로 실시

⑨ 부득이 장시간 중단하여야 되는 경우에는 재개 후 콘크리트의 펌퍼빌리티 및 품질이 떨어지지 않도록 적절한 조치

⑩ 콘크리트가 장시간에 걸쳐 압송이 중단될 것이 예상되는 경우에는 펌프의 막힘을 방지하기 위해 시간 간격을 조절하면서 운전을 실시

⑪ 장시간 중단에 의해 막힘이 생길 가능성이 높은 경우에는 배관 내의 콘크리트를 배출

50 분배기(Distributor)

Ⅰ. 정의

콘크리트를 타설하는 장비로서, 콘크리트 타설 부위에 철재 레일을 깔고 (20cm 이격) 분배기를 설치하여 콘크리트를 타설하는 장비를 말한다.

Ⅱ. 현장시공도

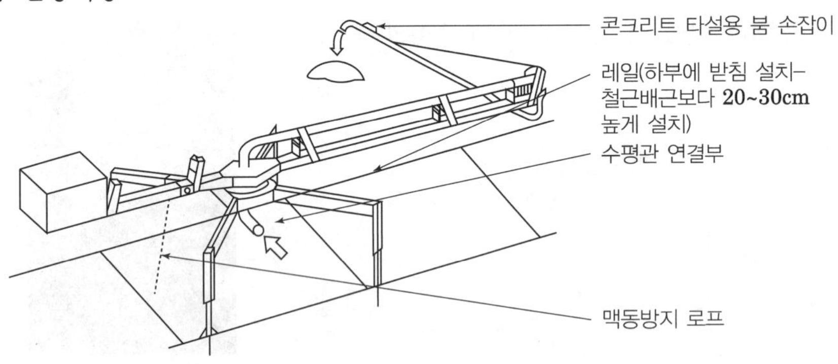

[분배기]

Ⅲ. 특징

① 철근배근에 영향을 주지 않음
② 최소한의 인력으로 작업수행이 가능
③ 작업진행이 빠르고 작업반경이 넓음
④ 장비를 올리기 위한 양중장비가 필요함
⑤ 장비 구입을 위한 초기투입비가 부담됨

Ⅳ. 사용 시 유의사항

① 붐의 반경이 약 16m인 제품이 가장 보편적인 장비임
② 수동 및 전동(좌·우회전, 전·후진) 장비가 있음
③ 운전 중 분배기가 레일을 벗어나지 않도록 할 것(레일 없이 장비를 이동하면서 타설할 수 있음)
④ 수평배관에 맥동방지 로프를 설치하여 맥동을 최소화할 것
→ 수직관 맥동의 최소화 후 수평관의 맥동을 줄이면 거푸집의 변형을 줄일 수 있음

51 CPB(Concrete Placing Boom)

Ⅰ. 정의

고층건물의 콘크리트 타설을 위한 장비로 펌프로부터 배관을 통해 압송된 콘크리트를 마스터에 연결된 붐(Boom)을 이용하여 콘크리트 타설위치에서 포설하는 장치를 말한다.

Ⅱ. 현장시공도

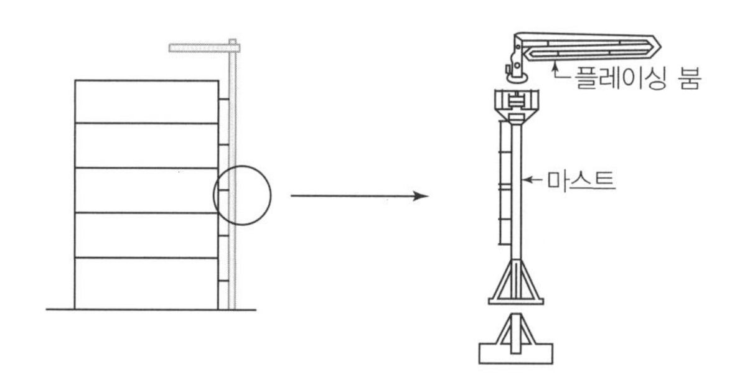

[CPB]

Ⅲ. 특징

① 초고층 건물에 적용 시 품질과 공정관리 효과가 높음
② 철근배근에 영향을 주지 않음
③ 최소한의 인력으로 작업수행 가능
④ 반경 30m 이내의 고층건물에 적합
⑤ 규모가 크지 않은 현장에서는 비경제적임
⑥ 붐이 27m 이상일 경우 카운트 밸러스트가 필요하므로 비경제적임
⑦ 장비구입을 위한 초기투입비가 부담

Ⅳ. 사용 시 유의사항

① Mast 선 시공 계획 및 콘크리트 타설 가능 범위 확인
② 초과 범위는 주름관 연결 또는 펌프카 활용
③ 레미콘 동선 및 대기 장소 확보
④ 높이에 맞는 압송장치 계획 및 정기적인 점검실시
⑤ 초고층 시 폐색현상 방지 대책마련
⑥ Zoning 계획을 통한 분리타설 및 타설 계획 준수

V. 마스트 고정방법의 비교

구분	슬래브에 고정하는 방법	월 브래킷에 고정하는 방법	코어 월 내부에 고정하는 방법
방법	• 슬래브를 오프닝 한 후 안내 프레임(Guide Frame)으로 지지되며, 8개의 스틸 웨지에 의해 슬래브에 고정됨	• 외부 옹벽에 월 브래킷(Wall Bracket)을 설치하여 마스트를 고정하는 방법	• 코어 월(Core Wall)의 엘리베이터 피트에 설치 하여 월거푸집의 앵커를 이용, 크라이밍하는 방법 • ACS 폼 적용 시 CPB의 상승방법을 분석하여 거푸집 유압기와 공유 사용 검토
장점	• 설치, 해체 간편 • 플레이싱 붐의 상승속도가 빠름 • 공사비 저렴	• 슬래브 오프닝이 불필요 • 코어 선행일 경우 슬래브의 진행에 관계 없이 타설 가능	• 코어 월의 클라이밍 시스템을 이용하므로 별도의 앵커 비용을 절약 • 작업반경이 확대되어 타설 장비를 줄일 수 있음
단점	• 모든 슬래브를 오프닝 해야 하므로 안전이나 품질에서 불리함 • 2개층마다 클라이밍 필요	• 브래킷 설치를 위해 Embeded Plate 필요 • 공사비 추가 부담 • Embeded Plate 설치 소요 시간이 많음	• 코어 거푸집 제작과정에서 플레이싱 붐의 설치 및 운영 방법 반영 • 코어 월의 클라이밍 시스템과 별도로 운영 시 비경제적임(클라이밍 시스템 필요)

52 펌프 압송 시 막힘(Plug)현상의 원인과 대책

Ⅰ. 정의

막힘(Plug)현상 이란 압송 중에 어떠한 원인으로 인해 콘크리트 중의 수분이나 페이스트가 탈수·분리하여, 압송부하가 증가하면서 콘크리트가 관내를 유동하지 못하게 되는 상태이며, 이에 대한 적적한 대책을 강구하여야 한다.

Ⅱ. 막힘(Plug)현상의 원인과 대책

막힘(Plug) 원인	대 책
Pump 기종 선정 오류	• Pumpability를 고려한 기종 선정
굵은골재 최대치수	• 25mm 이하 사용
슬럼프 저하	• 가수금지, 유동화제 사용, 운반시간 빠르게, 지연제 사용
운반시간 지체	• 지연제 사용
재료분리	• 수송관의 배치, 곡관개수 줄임(굴곡 적게), 수평, 상향으로 배관해서 막히지 않게 함 • Slump 120mm인 경우: 90° 굴곡 1 개소 = 수평거리 6m에 해당 • 100~150m에서 1m 수직 상승 시 = 수평거리 3~5m 해당
불량 레미콘	• 이토분 많은 모래(떡모래) 사용 시 재료분리 유발: 사용금지
한중 시 Pipe 내 결빙	• 물축임 작업 시 부동액 첨가
낡은 배관	• 마찰저항 큼, 배관터짐: 상태가 좋은 배관사용
배관불량	• 배관점검: 수밀성, 연결부 철물점검, 청소상태, Pipe 직경, 두께 점검, 예비배관 준비
장비점검불량 및 고장 막힌 경우 대책 미비	• 예비 펌프 준비, 장비점검 및 부속품 준비
Pumpability 저하	• 타설속도 준수 • 압송량 규정 준수 • 압송속도를 너무 높이면 장비고장
타설 중단	• 공장과 유기적인 연락, 장비고장방지(특히 서중) • 서중에는 야간타설계획
특수 콘크리트	• 고강도 콘크리트는 비빈 후 슬럼프 저하가 보통 콘크리트보다 크므로 비빈 후 90분 이내에 타설해야 함 • 고강도 콘크리트는 펌프관 내의 압력이 보통 콘크리트의 1.4~1.7배 정도임을 유의

53 콘크리트 타설

KCS 14 20 10

Ⅰ. 정의

콘크리트는 시공계획에 따라 재료분리, 콜드조인트가 발생되지 않도록 연속해서 타설 하여야 한다.

Ⅱ. 콘크리트 타설 시 검토사항

① 콘크리트를 타설 전에 철근, 거푸집이 설계에서 정해진 대로 배치되어 있는가, 운반 및 타설 설비 등이 시공계획서와 일치하는가를 확인

② 콘크리트를 타설 전에 운반차 및 운반장비, 타설설비 및 거푸집 안을 청소하여 콘크리트 속에 이물질이 혼입되는 것을 방지

③ 콘크리트의 타설은 시공계획을 따라야 한다.

④ 콘크리트의 타설 작업을 할 때에는 철근 및 매설물의 배치나 거푸집이 변형 및 손상되지 않도록 주의

⑤ 타설한 콘크리트를 거푸집 안에서 횡방향으로 이동 금지

⑥ 타설 도중에 심한 재료 분리가 발생할 위험이 있는 경우에는 재료분리를 방지할 방법을 강구

⑦ 한 구획내의 콘크리트는 타설이 완료될 때까지 연속해서 타설

⑧ 콘크리트는 그 표면이 한 구획 내에서는 거의 수평이 되도록 타설

⑨ 콘크리트 타설의 1층 높이는 다짐능력을 고려하여 결정

⑩ 콘크리트를 2층 이상으로 나누어 타설할 경우, 상층의 콘크리트 타설은 원칙적으로 하층의 콘크리트가 굳기 시작하기 전에 상층과 하층이 일체가 되도록 시공

⑪ 콜트조인트가 발생하지 않도록 이어치기 허용시간간격

외기온도	허용 이어치기 시간간격
25℃ 초과	2.0 시간
25℃ 이하	2.5 시간

주) 허용 이어치기 시간간격은 하층 콘크리트 비비기 시작에서부터 콘크리트 타설 완료한 후, 상층 콘크리트가 타설되기까지의 시간

⑫ 거푸집의 높이가 높을 경우 거푸집에 투입구를 설치하거나, 연직슈트 또는 펌프배관의 배출구를 타설면 가까운 곳까지 내려서 콘크리트를 타설

⑬ 콘크리트 배출구와 타설 면까지의 높이는 1.5m 이하를 원칙

⑭ 콘크리트 타설 도중 표면에 떠올라 고인 블리딩수가 있을 경우에는 이를 제거한 후 타설

⑮ 벽 또는 기둥과 같이 높이가 높은 콘크리트를 연속해서 타설할 경우에는 콘크리트의 반죽질기 및 타설 속도를 조정

⑯ 강우, 강설 등이 콘크리트의 품질에 유해한 영향을 미칠 우려가 있는 경우에는 필요한 조치를 정하여 책임기술자의 검토 및 확인을 받을 것

[철근배근 상태]

[거푸집 상태]

[매입물]

54 강우 시 콘크리트 타설

Ⅰ. 정의

강우 시 콘크리트 타설로 인하여 시멘트의 유실 및 가수 효과로 품질저하를 초래하여 불량 콘크리트로 전락할 수 있으므로 철저한 관리가 요구된다.

Ⅱ. 강우 대비 준비사항

강우 시 타설을 하지 않는 것이 가장 좋으나, 타설 도중에 비가 온다든지, 공기 때문에 부득이 진행하는 경우

구분	내용
날씨	• 일기예보의 확인
도구 및 장비	• 타설면을 덮을 수 있는 비닐이나 천 등을 준비 • 고인물을 제거하기 위한 도구 등을 준비
안전관리	• 비가 오면 미끄러우므로 안전에 유의

Ⅲ. 강우 시 콘크리트 타설

1. 슬래브

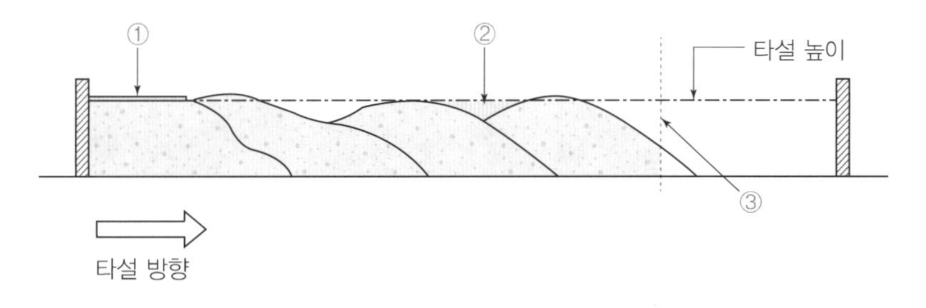

① 마무리가 되는 부분부터 비닐 등으로 덮어 시멘트의 유실방지
② 물이 고이지 않도록 신속히 면고르기 후 보양
③ 비가 많이 내리면 시공이음(Construction Joint)을 준비
④ 하루 내에 수평 이어치기를 완료하는 부분에서는 신·구 양 쪽 콘크리트를 충분히 다짐

2. 벽체

슬래브 거푸집 위의 우수가 벽체 콘크리트 타설 이음부위로 흐르지 않도록 조치

[강우 시 콘크리트 타설의 속행 또는 중단의 판단기준]
• 댐, 도로 등 특수구조물에 대한 규제값(4mm/hr)은 있으나 일반적인 기준은 없음
• 우비 없이 견딜 수 있을 정도이고, 준비만 철저히 되어 있으면 타설 가능
• 제물치장 콘크리트 마감일 경우에는 별도 마감을 고려해서 타설
 – 표면의 재료분리, 빗물자국, 보양 시 발자국 등이 마감재에 미치는 영향을 고려

55 어려운 조건에서의 콘크리트 타설

Ⅰ. 정의

어려운 조건에서의 콘크리트 타설은 재료분리, 콘크리트 공동현상 등이 발생하므로 특히 주의를 요한다.

Ⅱ. 어려운 조건에서의 콘크리트 타설

1. 타설 높이가 높은 부재

① 철근의 스크린 현상으로 허니콤(Honey Comb) 발생

② 긴 플렉시블 호스를 사용하여 자유낙하높이를 작게 하거나 2층으로 나누어 이틀에 걸쳐 콘크리트 타설

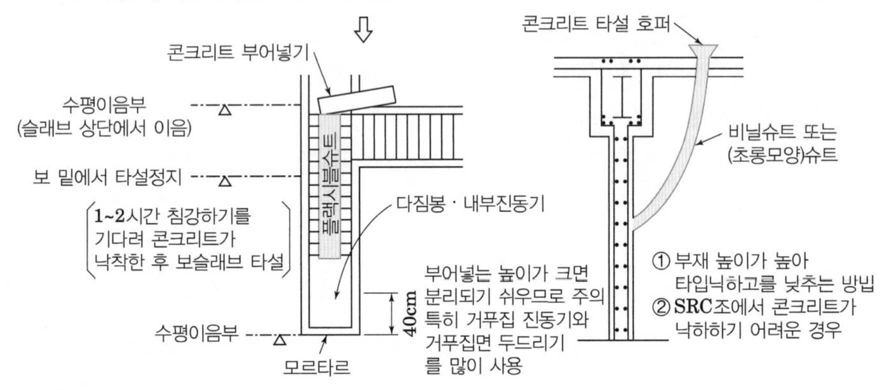

2. 벽 두께가 얇을 때

① 진동기 사용이 용이하지 않아 충전불량 개소가 발생

② 거푸집 진동기, 나무망치 등으로 다짐을 실시하여 충전(充塡)을 확인한 후에 시공을 진행

3. 연속하여 긴 벽체

① 콘크리트의 낙하시키는 간격이 너무 크면 분리, 콜드조인트 발생

② 콘크리트 배출구의 간격을 작게 하여 콘크리트의 중첩시간을 관리하고, 신·구 콘크리트를 혼합시키도록 진동기를 삽입

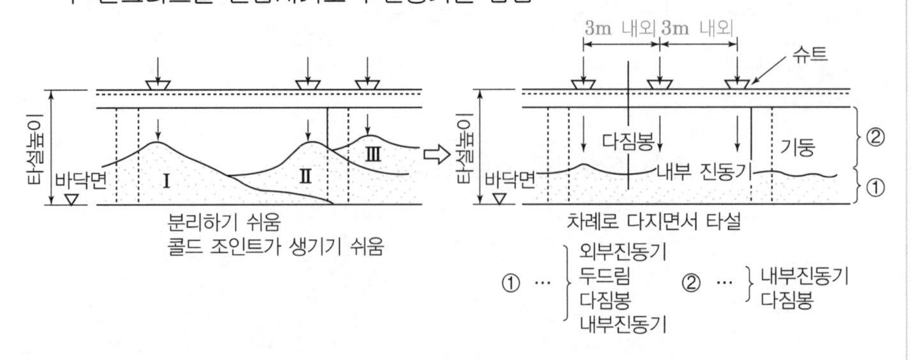

[스크린 현상]
철근과 거푸집 사이의 간격이 좁을 때 자갈이 그 틈에 끼어 콘크리트가 유입하지 못하게 되는 현상

4. 벽에 연결된 계단 및 기둥

① 콘크리트가 횡류하여 분리가 발생

② 계단은 벽에서 부어 넣지 않고 하부에서부터 타설하여 1단 간격으로 밟는 면에 덮개를 덮음

③ 벽과 연결된 기둥은 치어붓는 속도를 너무 크게 하지 않음

5. 철골 플랜지 하단

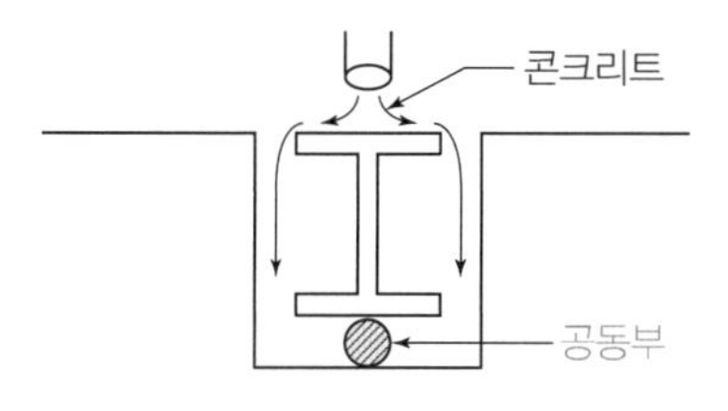

① 플랜지 양단에서 콘크리트가 유입되면, 플랜지 하단에 공동부(空洞部)가 발생

② 콘크리트 타설 시 기포를 용이하게 제거

6. 개구부 하단

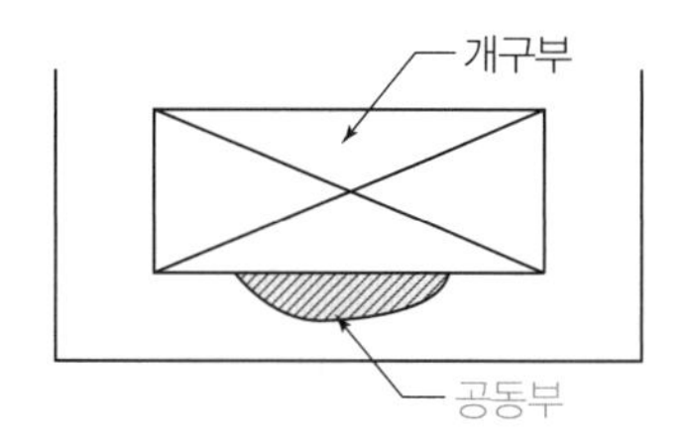

① 개구부 양단에서 콘크리트가 유입되면, 개구부 하단에 공동부(空洞部)가 발생

② 개구부 하단의 거푸집에 구멍을 뚫어 직접 타설

7. 경사 벽면

① 경사진 벽면은 진동기를 삽입하기 어렵다.

② 다짐에 의해 발생한 기포가 거푸집면에 막혀 제거되기 어렵다.

③ 상부 측의 거푸집은 타설하면서 차례로 세운다.

56 콘크리트 부어넣을 때 주의사항

KCS 14 20 10

Ⅰ. 정의

콘크리트의 기능과 강도를 확보하기 위하여 사전계획과 품질관리가 이루어질 수 있도록 부어넣을 때 주의를 해야 한다.

Ⅱ. 부어넣을 때 주의사항

① 타설구획 결정
- 먼 곳부터 타설계획 수립

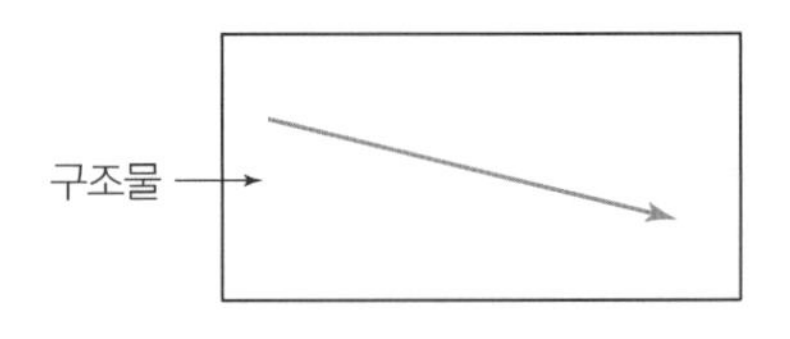

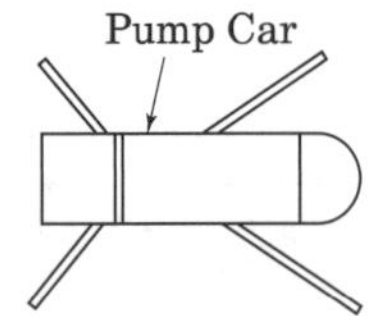

[타설구획]

② 콘크리트 부어넣을 때 속에 이물질이 혼입되는 것을 방지
③ 철근 및 매설물의 배치나 거푸집이 변형 및 손상되지 않도록 주의
④ 부어넣은 콘크리트가 거푸집 안에서 횡방향으로 이동 금지
⑤ 부어넣을 때 재료분리를 방지할 방법을 강구
⑥ 한 구획내의 콘크리트는 부어넣기가 완료될 때까지 연속해서 부어넣기
⑦ 콘크리트는 그 표면이 한 구획 내에서는 거의 수평이 되도록 부어넣기
⑧ 콘크리트의 1층 부어넣기는 다짐능력을 고려하여 결정
⑨ 콘크리트를 2층 이상으로 나누어 부어넣을 경우, 상층의 콘크리트 부어넣기는 원칙적으로 하층의 콘크리트가 굳기 시작하기 전에 상층과 하층이 일체가 되도록 시공
⑩ 콜트조인트가 발생하지 않도록 이어치기 허용시간간격

외기온도	허용 이어치기 시간간격
25℃ 초과	2.0 시간
25℃ 이하	2.5 시간

주) 허용 이어치기 시간간격은 하층 콘크리트 비비기 시작에서부터 콘크리트 타설 완료한 후, 상층 콘크리트가 타설되기까지의 시간

⑪ 거푸집의 높이가 높을 경우 거푸집에 투입구를 설치하거나, 연직슈트 또는 펌프배관의 배출구를 타설면 가까운 곳까지 내려서 콘크리트를 부어넣기
⑫ 콘크리트 배출구와 타설 면까지의 높이는 1.5m 이하
⑬ 콘크리트 부어넣기 도중 표면에 떠올라 고인 블리딩수가 있을 경우에는 이를 제거한 후 부어넣기

57 운반시간이 초과된 콘크리트의 처리 KCS 14 20 10

Ⅰ. 정의

운반시간이 초과된 콘크리트를 타설할 경우 공기량 감소, 슬럼프 감소, Workability, 시공불량 및 내구성 저하 등 문제점이 발생할 수 있으므로 반품처리 및 폐기처분 등의 적절한 조치를 취하여야 한다.

Ⅱ. 운반시간의 한도(비비기로부터 타설이 끝날 때까지의 시간)

KS 기준	표준시방서[KCS 14 20 10]	
90분 이하	외기온도 25℃ 이상	1.5시간 이하
	외기온도 25℃ 미만	2.0시간 이하

Ⅲ. 운반시간의 관리

① 운반차의 도착시각 및 타설 완료 시간 기록
② 콘크리트 종류 및 운반시간 등 확인
③ 운반시간을 초과한 콘크리트는 반품 처리 및 기록 관리
④ 콘크리트 타설 시간을 감안하여 애지데이터 트럭 배차 간격 조정

Ⅳ. 운반시간의 한도를 변경할 수 있는 경우

① 외기온도가 25℃보다 낮은 경우
② 고성능 감수제를 비교적 다량으로 사용한 경우
③ 유동화제 등으로 현장에서 콘크리트 유동성을 개선시킨 경우

Ⅴ. 운반시간이 초과된 콘크리트의 관리

1. 반품 처리 시 검토

① 반품된 콘크리트의 처리과정 확인 및 기록 비치
② 불량 레미콘 폐기 확인 및 기록 비치

2. 불량 레미콘 폐기확인서 청구

① 반품 처리된 레미콘의 타 현장 반입 방지
② 운전자, 공장장 등 서명

58 콘크리트 다지기

KCS 14 20 10

Ⅰ. 정의

콘크리트 타설 후 밀실한 콘크리트와 재료분리가 발생되지 않도록 콘크리트 다지기를 철저히 하여야 한다.

Ⅱ. 콘크리트 다지기 시 검토사항

1) 콘크리트 다지기에는 내부진동기의 사용을 원칙
2) 콘크리트는 타설 직후 바로 충분히 다져서 밀실한 콘크리트가 될 것
3) 거푸집 판에 접하는 콘크리트는 되도록 평탄한 표면이 얻어지도록 타설하고 다질 것
4) 내부진동기의 사용 방법
   ① 내부진동기를 하층의 콘크리트 속으로 0.1m 정도 찔러 넣는다.
   ② 내부진동기는 연직으로 찔러 넣는다.
   ③ 내부진동기 삽입간격은 0.5m 이하

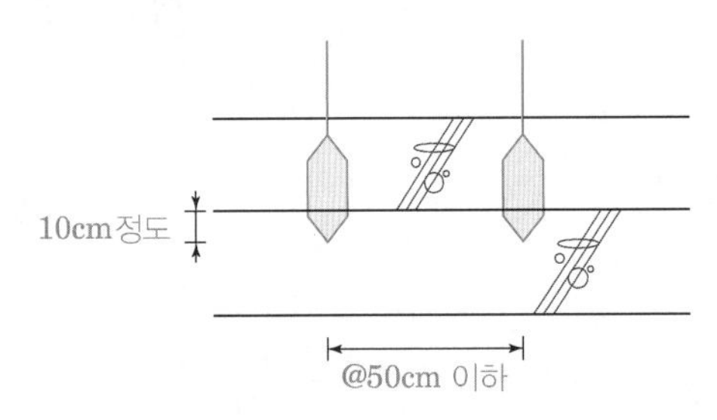

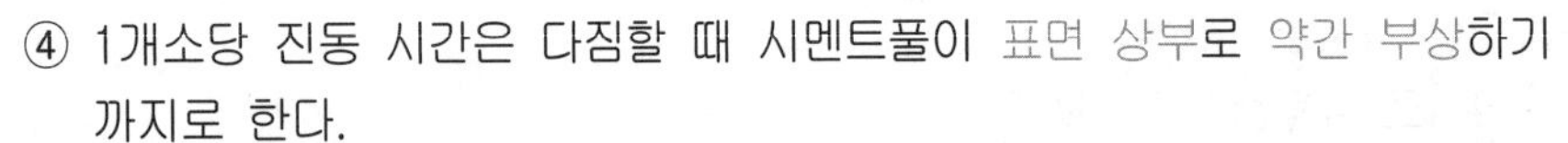

   ④ 1개소당 진동 시간은 다짐할 때 시멘트풀이 표면 상부로 약간 부상하기까지로 한다.
   ⑤ 내부진동기는 콘크리트로부터 천천히 빼내어 구멍이 남지 않도록 한다.
   ⑥ 내부진동기는 콘크리트를 횡방향으로 이동시킬 목적으로 사용 금지
5) 재 진동을 할 경우에는 콘크리트에 나쁜 영향이 생기지 않도록 초결이 일어나기 전에 실시

Ⅲ. 침하균열에 대한 조치

① 벽 또는 기둥 콘크리트 침하가 거의 끝난 다음 슬래브, 보의 콘크리트를 타설
② 콘크리트가 굳기 전에 발생한 경우에는 즉시 다짐이나 재진동을 실시

[벽체]

[기둥]

[콘크리트 표면의 마감처리]
- 타설 및 다짐 후에 콘크리트는 평활한 표면마감을 한다.
- 블리딩, 들뜬 골재, 부분침하 등의 결함은 응결 전에 수정한다.
- 기둥, 벽 등의 수평이음부의 표면은 소정의 물매와 거친 면으로 마감
- 콘크리트 면에 마감재를 설치하는 경우에는 내구성을 해치지 말 것

59 콘크리트 타설 시 하자유형

Ⅰ. 정의

콘크리트의 타설은 원칙적으로 시공계획서에 따라야 하며, 하자가 발생되지 않도록 하여야 한다.

Ⅱ. 타설 시 하자유형

1. 설계수량과 입고수량이 다른 경우

① 골재(경량골재)의 비중변화가 있을 때
② 공기량이 배합계산 시의 공기용적보다 현저하게 적을 때
③ 블리딩양이 클 때
④ 출하 시 계량오차가 크거나 드럼 내의 콘크리트가 완전히 배출되지 않을 때
⑤ 거푸집 배부름 현상과 거푸집이 크게 제작되었을 때

2. 슬럼프의 변동이 발생하는 경우

① 잔골재의 표면수 변동이 크고 적절한 보정을 행하지 않을 때
② 경량골재의 경우 사전 살수가 충분하지 않을 때
③ 잔골재의 입도 변형이 클 때
④ 혼화재를 사용할 때
⑤ 하절기 콘크리트 온도가 높을 때
⑥ 출하 후 타설 때까지 시간이 길 때

3. 블리딩(Bleeding)이 심한 경우

① 물-결합재비가 크거나 단위수량이 클 때
② 슬럼프가 클 때
③ 골재의 미립분이 적을 때
④ 콘크리트 자유낙하 높이가 높을 때
⑤ 혼화재가 적절하지 않을 때

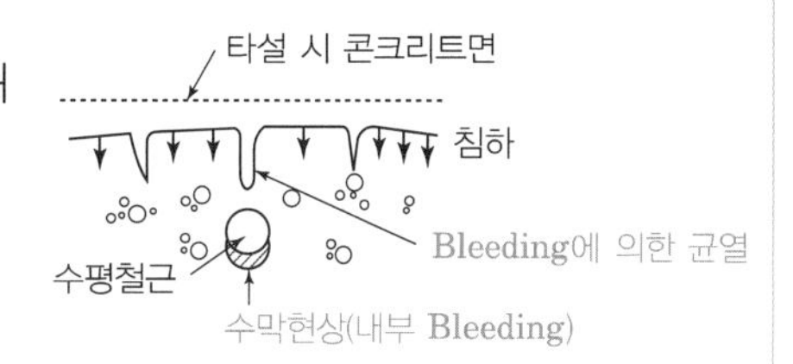

[블리딩]

4. 레이턴스(Laitance)가 많은 경우

① 블리딩이 심할 때
② 골재에 점토분이 많을 때

[레이턴스]

60 콘크리트 양생

KCS 14 20 10

Ⅰ. 정의

콘크리트는 타설한 후 소요기간까지 경화에 필요한 온도, 습도조건을 유지하며, 유해한 작용의 영향을 받지 않도록 충분히 양생하여야 하며, 구체적인 방법이나 필요한 일수는 각각 해당하는 구조물의 종류, 시공 조건, 입지조건, 환경조건 등 각각의 상황에 따라 정하여야 한다.

Ⅱ. 콘크리트 양생

1. 습윤 양생

① 콘크리트는 타설한 후 경화가 될 때까지 양생기간 동안 직사광선이나 바람에 의해 수분이 증발하지 않도록 보호

② 콘크리트는 타설한 후 습윤 상태로 노출면이 마르지 않도록 유지

③ 수분의 증발에 따라 살수를 하여 습윤 상태로 보호

④ 표준 습윤 양생 기간

일평균기온	보통포틀랜드 시멘트	고로 슬래그 시멘트 플라이 애시 시멘트 B종	조강포틀랜드 시멘트
15℃ 이상	5일	7일	3일
10℃ 이상	7일	9일	4일
5℃ 이상	9일	12일	5일

⑤ 거푸집판이 건조될 우려가 있는 경우에는 살수

[표준양생]
KS F 2403의 규정에 따라 제작된 콘크리트 강도시험용 공시체를 (20±2)℃의 온도로 유지하면서 수중 또는 상대 습도 95% 이상의 습윤 상태에서 양생하는 것

[표준양생]

2. 피막양생

① 충분한 양의 막양생제를 적절한 시기에 균일하게 살포

② 막양생으로 수밀한 막을 만들기 위해서는 충분한 양의 막양생제를 적절한 시기에 살포

3. 온도 제어 양생

① 경화에 필요한 온도조건을 유지하여 저온, 고온, 급격한 온도 변화 등에 의한 유해한 영향을 받지 않도록 필요에 따라 온도제어 양생을 실시

② 증기 양생, 급열 양생, 그 밖의 촉진 양생을 실시하는 경우에는 양생을 시작하는 시기, 온도상승속도, 냉각속도, 양생온도 및 양생시간 등을 정함

4. 유해한 작용에 대한 보호

① 콘크리트는 양생 기간 중에 예상되는 진동, 충격, 하중 등의 유해한 작용으로부터 보호

② 재령 5일이 될 때까지는 물에 씻기지 않도록 보호

61 Pre-Cooling

Ⅰ. 정의

서중 콘크리트나 매스 콘크리트 등의 시공에서 콘크리트를 타설하기 전에 콘크리트의 온도를 제어하기 위해 얼음이나 액체질소 등으로 콘크리트 원재료를 냉각하는 방법을 말한다.

Ⅱ. Pre-Cooling 방법

① 저열용 시멘트 사용: 중용열 포틀랜트 시멘트, 고로슬래그 시멘트, 플라이애시 시멘트 → 3~8℃ 온도저감 효과
② 얼음은 물량의 10~40% 정도로 사용
③ 얼음을 사용하는 경우에는 비빌 때 얼음덩어리가 콘크리트 속에 남아 있지 않도록 할 것
④ 단위시멘트량 10kg/m^3 당 1℃ 온도저감 효과
⑤ 골재에 살수
⑥ 골재 Sheet 보양

Ⅲ. Pre-cooling 시 효과

1. 반죽온도의 변화

- 얼음 혼입량이 증가할수록 반죽온도의 저감량은 선형적으로 증가

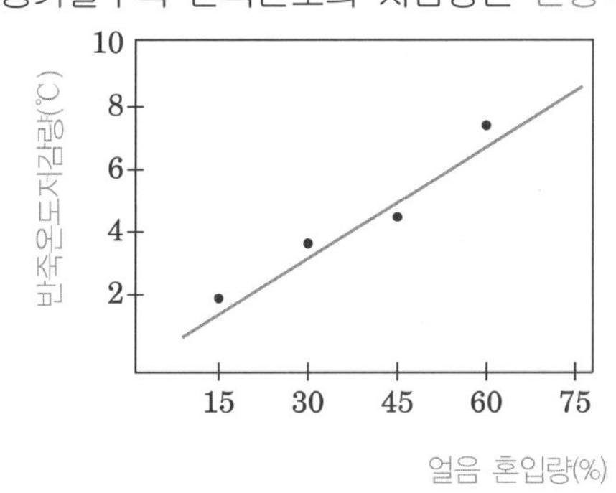

2. 슬럼프의 변화

- 냉수 및 얼음 혼입에 의해 다소 증가하지만 현저한 변화는 아님

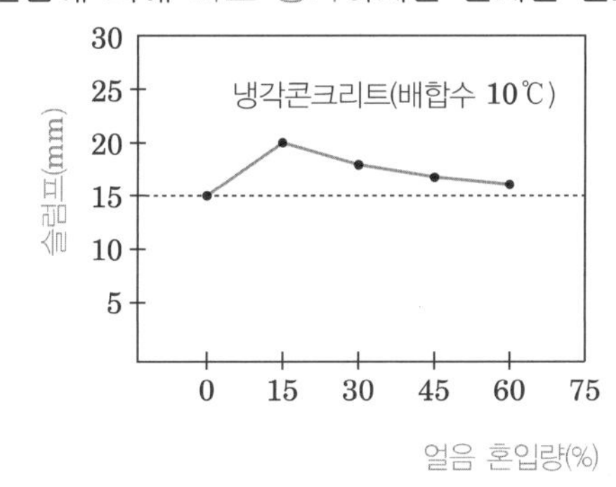

3. 공기량의 변화

얼음 혼입량이 증가할수록 약간 증가

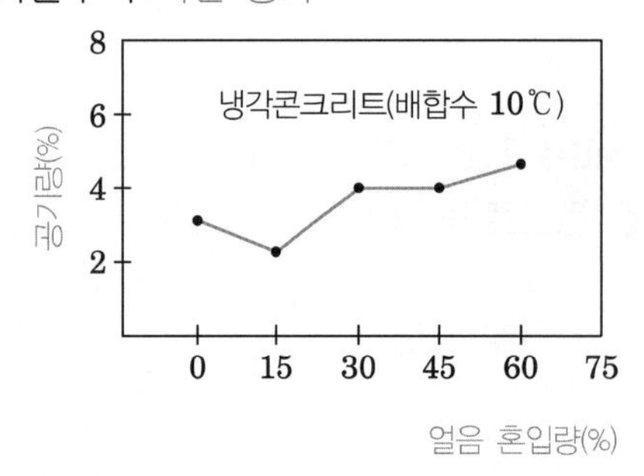

4. 블리딩 발생량의 변화

① 얼음 혼입으로 인해 전반적으로 블리딩 발생량은 약간 증가

② 타설 후 몇 시간 이내 표면 고르기 재실시 등 대책 강구

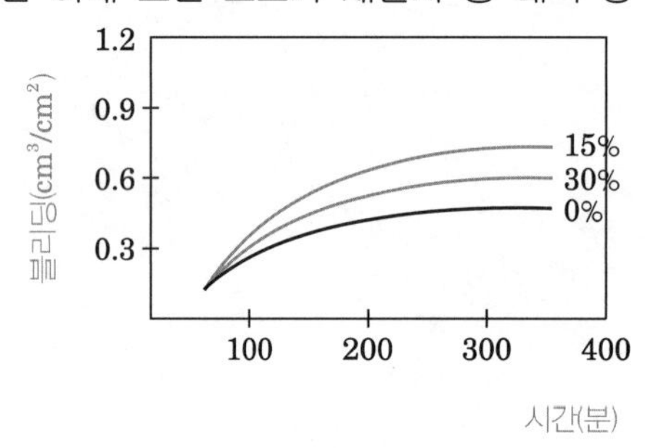

5. 압축강도의 변화

경화 초기에는 약간 낮은 강도발현 현상이 보이나 28일 강도는 거의 동일한 수준임

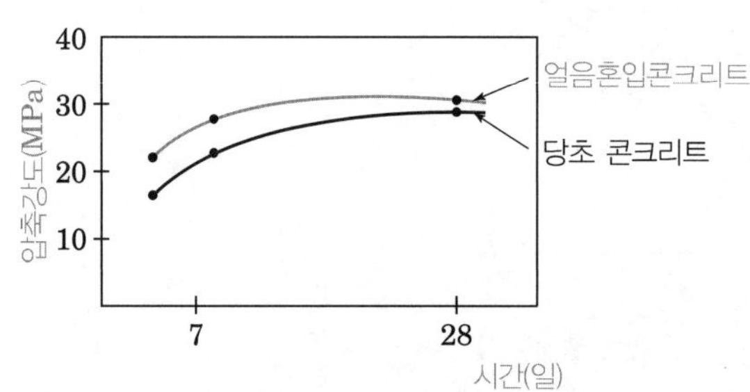

6. 단열온도 상승량 및 단열온도 상승속도의 변화

1) 냉수에 의한 프리쿨링

① 최대 단열온도상승량은 유사한 수준

② 단열온도 상승속도는 감소

2) 얼음 혼입에 의한 프리쿨링

① 최대 단열온도상승량은 얼음혼입량 증가에 따라 다소 감소

② 단열온도 상승속도는 크게 감소

③ 단열온도상승량 및 단열온도 상승속도가 증가할수록 온도응력은 증가

62 콘크리트 공시체의 현장봉합(밀봉) 양생

Ⅰ. 정의

공사현장에서 콘크리트 온도가 기온의 변화에 따르도록 하면서 콘크리트로부터 수분의 발산이 없는 상태에서 행하는 콘크리트 공시체의 양생을 말한다.

[봉합양생의 종류]

- 막 양생제(Curing Compound)
- 방수지
- Plastic Sheet : 콘크리트 양생용 시트재, 농업용 폴리에틸렌 필름, 농업용 폴리염화비닐 필름

Ⅱ. 종류별 특징

1. 피막양생(Membrane Curing)

① 콘크리트 노출면으로부터 피막양생제를 뿌려 콘크리트 중의 수분증발을 방지하는 양생이다.

② 72시간 동안의 수분증발량: 0.55kg/m^2/hr 이하

③ 살포량은 보통 0.2~0.25ℓ/m^2, 거친 면은 0.2ℓ/m^2

④ 콘크리트 최종 마무리 후, 표면의 반짝이는 수막이 사라진 직후에 살포한다.

⑤ 시공이음부, 철근 등에 피막양생제가 묻지 않게 한다.

[피막양생]

2. Plastic Sheet 양생

① 콘크리트의 표면을 해치지 않고 작업이 될 수 있을 정도로 경화하면 콘크리트의 노출면을 습윤한 후 시트를 덮어 양생한다.

② Plastic Sheet는 복잡한 모양에도 적용이 가능

③ 가장 많이 사용

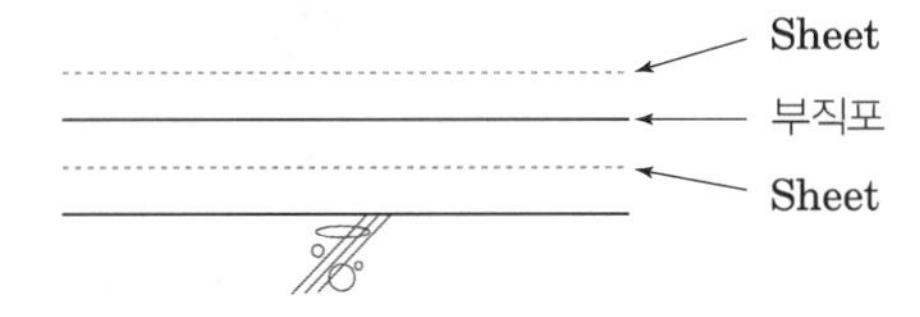

[Plastic Sheet 양생]

3. 방수지 양생

방수지를 덮어 콘크리트의 노출면의 수분증발을 방지

Ⅲ. 표준 습윤 양생 기간[KCS 14 20 10]

일평균기온	보통포틀랜드 시멘트	고로 슬래그 시멘트 플라이 애시 시멘트 B종	조강포틀랜드 시멘트
15℃ 이상	5일	7일	3일
10℃ 이상	7일	9일	4일
5℃ 이상	9일	12일	5일

63 피막양생(Membrane Curing, Curing Compound)

Ⅰ. 정의

콘크리트 노출면으로부터 물의 증발을 방지하는 양생인 봉합양생 중의 한 가지로 피막양생제를 뿌려 콘크리트 중의 수분증발을 방지하는 양생을 말한다.

Ⅱ. 피막양생의 조건

① 막양생을 할 경우에는 충분한 양의 막양생제를 적절한 시기에 균일하게 살포

② 막양생으로 수밀한 막을 만들기 위해서는 충분한 양의 막양생제를 적절한 시기에 살포

③ 막양생을 사용 전에 살포량, 시공 방법 등에 관해서 시험을 통하여 충분히 검토

Ⅲ. 피막양생 방법

1. 피막 양생재의 구비조건

72시간 동안의 수분증발량이 0.55kg/m^2/hr 이하의 흰색 재질

2. 살포량

① 보통: 0.2~0.25ℓ/m^2

② 거친 면: 0.2ℓ/m^2

3. 살포방법(인력살포인 경우)

① 2차 살포 원칙

② 2회차 살포시기: 1차 살포 양생제가 끈적끈적한 시점

③ 서로 직교하게 살포

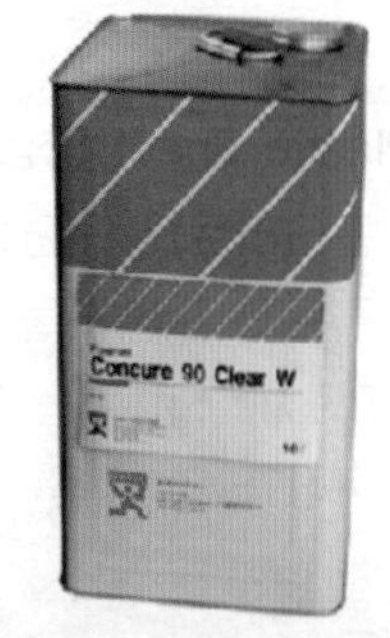

[피막양생]

4. 살포시기

① 콘크리트 최종 마무리 후, 표면의 반짝이는 수막이 사라진 직후에 살포

② 너무 늦으면: 양생제가 콘크리트 속으로 흡수

③ 증발률이 1.0kg/m^2/hr 이상인 경우: 블리딩량이 증발량보다 적어 표면이 건조해 보이나 계속해서 블리딩이 올라오므로 피막양생 층 밑에 블리딩 층이 형성되어 피막양생 층이 파손 및 양생효과 저감

④ 양생시기 결정에 유의

⑤ 파손된 피막 층은 재 살포

5. 시공 이음부, 철근 등에 양생제가 묻지 않게 한다.

64 온도제어양생(Temperature Controlled Curing)

KCS 14 20 10

Ⅰ. 정의

온도제어양생이란 콘크리트를 친 후 일정 기간 콘크리트의 온도를 제어하는 양생을 말한다.

Ⅱ. 목적

① 표면의 건조수축 균열의 방지
② 내·외부의 온도응력 발생방지
③ 초기 동해로부터 구조체의 보호
④ 콘크리트 내·외부 온도 차이를 최소화

Ⅲ. 종류별 특성

1. 습윤양생

① 콘크리트를 친 후 일정기간을 습윤 상태로 유지시키는 양생
② 스프링클러, 비닐호스 등으로 살수하면서 Sheet로 노출면을 덮는다.

2. 증기양생

① 거푸집을 빨리 제거하고 단시일 내에 소요강도를 얻기 위한 양생
② 한중 콘크리트, PC 콘크리트 양생에 유리
③ 종류: 상압증기양생, 고압증기양생

3. 전기양생

콘크리트에 저압교류를 통하여 콘크리트 저항에 의해 발생된 열을 이용한 양생

4. Pipe-Cooling

미리 콘크리트 속에 묻은 파이프 내부에 냉수 또는 공기를 보내 콘크리트를 냉각하는 방법

5. 보온양생

단열성이 높은 재료 등으로 콘크리트 표면을 덮어 열의 방출을 적극 억제하여, 시멘트의 수화열을 이용해서 필요한 온도를 유지하는 양생

6. 급열양생

양생기간 중 어떤 열원을 이용하여 콘크리트를 가열하는 양생

7. 피막양생, 혼화제 사용법, Pre-Cooling, 적외선 양생 등

[온도제어양생의 조건]
- 경화에 필요한 온도조건을 유지하여 저온, 고온, 급격한 온도 변화 등에 의한 유해한 영향을 받지 않도록 필요에 따라 온도제어 양생을 실시
- 온도제어방법, 양생 기간 및 관리방법에 대하여 콘크리트의 종류, 구조물의 형상 및 치수, 시공 방법 및 환경조건을 종합적으로 고려
- 증기 양생, 급열 양생, 그 밖의 촉진 양생을 실시하는 경우에는 양생을 시작하는 시기, 온도상승속도, 냉각속도, 양생온도 및 양생시간 등을 정함

[습윤양생]

[증기양생]

[Pipe-Cooling]

[가열양생]

65 촉진양생(Accelerated Curing)

Ⅰ. 정의

온도를 높게 하거나 압력을 가하거나 하여 콘크리트의 경화나 강도의 발현을 빠르게 하는 양생을 말한다.

Ⅱ. 종류 및 특성

1. 상압증기양생

1) 정의

대기압에서 콘크리트 주변에 보낸 증기(습윤상태)를 가열하여 콘크리트의 경화를 촉진시키는 방법이다.

[증기양생]

2) 특성

① 콘크리트 2차 제품의 제조에 사용
② 물-결합재비가 낮은 콘크리트에 효과가 크다.
③ 한중 콘크리트 공사에 이용
④ 용적변화가 적다.

3) 양생방법

① 양생조건은 상온에서 3~5시간의 전치양생을 시킴
② 22~33℃/hr의 상온에서 최고온도 66~80℃까지 온도를 상승시켜 적절한 유지시간 후 서냉 시킴
③ 전치양생을 제외한 총 양생시간은 18시간 이내가 적당

2. 고압증기양생(Autoclaved Curing)

1) 정의

강철제의 용기 속에서 시멘트 제품을 고압증기양생하는 방법이다.

2) 특성

① 높은 조기강도 확보
② 휨과 동결융해에 대한 저항력이 크다.
③ 양생기간이 짧아서 단시간에 제조가능하며 재령 1일에도 사용 가능
④ Creep 및 Shrinkage가 극히 적다.

3) 양생방법

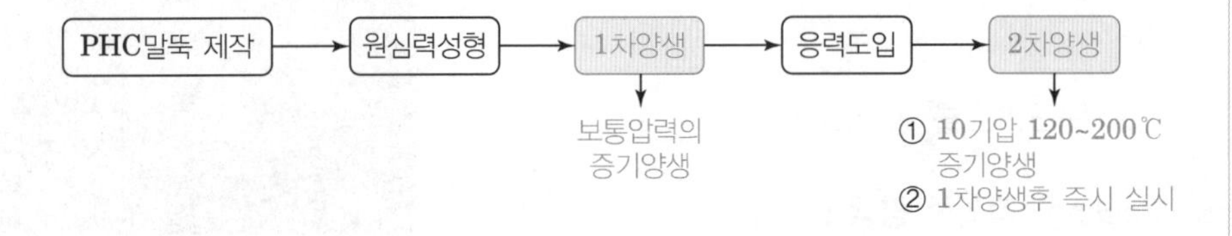

66 현장시험실 규모 및 품질관리자 배치기준

건설기술진흥법

Ⅰ. 정의

건설공사 품질관리를 위해 배치할 수 있는 건설기술인은 국토교통부장관에게 신고를 마치고 품질관리 업무를 수행하는 사람으로 한정하며, 해당 건설기술인의 등급은 영 별표 1에 따라 산정된 등급에 따른다.

Ⅱ. 현장시험실 규모 및 품질관리기술인 배치기준 [건설기술진흥법 시행규칙 별표5]

대상공사 구분	공사규모	시험·검사 장비	시험실 규모	건설기술인
특급 품질관리 대상공사	총공사비 1,000억원 이상 또는 연면적 5만㎡ 이상인 다중이용건축물의 건설공사	영 제91조제1항에 따른 품질시험 검사에 필요한 장비	50㎡ 이상	특급1명 이상 중급1명 이상 초급1명 이상
고급 품질관리 대상공사	총공사비 500억원 이상~1,000억원 미만, 또는 연면적 3만㎡ 이상 ~5만㎡ 미만인 다중이용건축물의 건설공사		50㎡ 이상	고급1명 이상 중급1명 이상 초급1명 이상
중급 품질관리 대상공사	총공사비 100억 이상 ~500억 미만, 또는 연면적 5천㎡ 이상 ~3만㎡ 미만인 다중이용건축물의 건설공사		20㎡ 이상	중급1명 이상 초급1명 이상
초급 품질관리 대상공사	• 총공사비 5억 이상 토목공사 • 연면적 660㎡ 이상 건축공사 • 총공사비 2억 이상 전문공사		20㎡ 이상	초급1명 이상

[현장시험실]

① 품질관리 건설기술인은 반드시 교육을 이수하고, 당 현장에 품질관리 업무를 수행하는 사람 이어야한다.

② 발주청 또는 인·허가기관의 장이 특히 필요하다고 인정하는 경우에는 시험실 규모 또는 품질관리 인력을 조정할 수 있다.

Ⅲ. 품질관리기술인 교육 [건설기술진흥법 시행령 별표3]

1. 기본교육

대상	시간	이수시기
건설기술 업무를 수행하려는 건설기술인	35시간 이상	최초 건설기술 업무를 수행하기 전

2. 전문교육

종류	대상	시간	이수시기
최초교육	초급, 중급, 고급, 특급 건설기술인	35시간 이상	최초로 품질관리 업무를 수행하기 전
계속교육	초급, 중급, 고급, 특급 건설기술인	35시간 이상	품질관리 업무를 수행한 기간이 매 3년을 경과하기 전
승급교육	초급, 중급, 고급 건설기술인	35시간 이상	현재 등급보다 높은 등급으로 승급하기 전

67 다중이용 건축물

건축법 시행령

Ⅰ. 다중이용 건축물

1. 다음의 용도로서 바닥면적의 합계가 5,000m^2 이상인 건축물

① 문화 및 집회시설(동물원 및 식물원은 제외한다)
② 종교시설
③ 판매시설
④ 운수시설 중 여객용 시설
⑤ 의료시설 중 종합병원
⑥ 숙박시설 중 관광숙박시설

2. 16층 이상인 건축물

Ⅱ. 준다중이용 건축물

1. 다중이용 건축물외 다음의 용도로서 바닥면적의 합계가 1,000m^2 이상인 건축물

① 문화 및 집회시설(동물원 및 식물원은 제외한다)
② 종교시설
③ 판매시설
④ 운수시설 중 여객용 시설
⑤ 의료시설 중 종합병원
⑥ 교육연구시설
⑦ 노유자시설
⑧ 운동시설
⑨ 숙박시설 중 관광숙박시설
⑩ 위락시설
⑪ 관광 휴게시설
⑫ 장례시설

68 콘크리트 품질관리와 품질검사

KCS 14 20 10

Ⅰ. 정의

① 품질관리

- 사용 목적에 합치한 콘크리트 구조물을 경제적으로 만들기 위해 공사의 모든 단계에서 실시하는 콘크리트의 품질 확보를 위한 효과적이고 조직적인 기술 활동을 말한다.

② 품질검사

- 굳지 않는 콘크리트의 상태, 슬럼프, 공기량 등을 시험·검사하여 판정기준에 따라 판정하는 것을 말한다.

Ⅱ. 품질관리

① 합리적이고 경제적인 검사계획을 정하여 공사 각 단계에서 필요한 검사를 실시

② 검사는 미리 정한 판단기준에 적합한 지의 여부를 실시

③ 시험을 실시하는 경우는, 객관적인 판정이 가능한 수법을 사용하며 실시

④ 시험 결과 불합격되는 경우에는 적절한 조치를 강구

⑤ 압축강도에 의한 콘크리트의 품질관리는 일반적인 경우 조기재령에 있어서의 압축강도에 의해 실시

⑥ 콘크리트의 운반 검사

항목	시험·검사 방법	시기 및 횟수	판정기준
운반설비 및 인원배치	외관 관찰	콘크리트 타설 전 및 운반 중	시공계획서와 일치할 것
운반 방법	외관 관찰		시공계획서와 일치할 것
운반량	외관 관찰		소정의 양일 것
운반 시간	출하 및 도착시간의 확인		25℃ 이상일 때는 1.5시간, 25℃ 미만일 때에는 2시간 이하

Ⅲ. 품질검사

1. 슬럼프, 슬럼프 플로, 공기량, 염화물 함유량 품질시험(mm)

구분		허용차
슬럼프	25	± 10
	50 및 65	± 15
	80 이상	± 25
슬럼프 플로	500	± 75
	600	± 100
	700	± 100
공기량	보통 콘크리트	4.5±1.5%
	경량 콘크리트	5.5±1.5%
염화물 함유량	염소이온량(Cl-)	0.30kg/m³ 이하

[슬럼프 Test]

[슬럼프 플로 Test]

2. 압축강도의 품질검사[건설공사 품질관리 업무지침 별표2]

종류	시기 및 횟수[1]	판정기준	
		$f_{cn} \le 35$ MPa	$f_{cn} > 35$ MPa
호칭강도품질기준강도부터 배합을 정한 경우	• 배합이 다를 때 마다 • 레미콘은 KS F 4009 • 레미콘이 아닌 콘크리트는 KCS 14 20 10	① 연속 3회 시험값의 평균이 호칭강도품질기준강도 이상 ② 1회 시험값이 (호칭강도품질기준강도 -3.5MPa) 이상	① 연속 3회 시험값의 평균이 호칭강도품질기준강도 이상 ② 1회 시험값이 호칭강도품질기준강도의 90% 이상
그 밖의 경우		압축강도의 평균치가 호칭강도품질기준강도 이상일 것	

- 주1) 1회의 시험값은 공시체 3개의 압축강도 시험값의 평균값임
- 압축강도 시험 1로트: 3회 9개임
- 호칭강도(f_{cn})=품질기준강도(f_{ce})+기온보정강도(T_n)

※ KCS 14 20 10에 따른 시기 및 횟수
- 1회/일, 120m³마다 1회, 배합이 변경될 때마다

[압축강도 시험]

69 콘크리트 도착 시 현장시험 KS F 4009

Ⅰ. 정의

콘크리트는 출하 후 규정시간이 경과하면 기능을 상실하는 성질을 가지므로 현장도착 시 철저히 시험하여야 한다.

[슬럼프 Test]

[슬럼프 플로 Test]

Ⅱ. 콘크리트 도착 시 현장시험

1. 슬럼프 또는 슬럼프 플로의 시험(mm)

구분		허용차
슬럼프	25	± 10
	50 및 65	± 15
	80 이상	± 25
슬럼프 플로	500	± 75
	600	± 100
	700	± 100

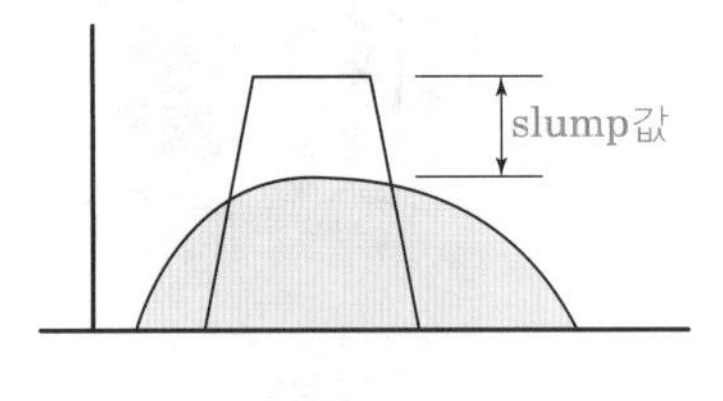

[슬럼프 시험]

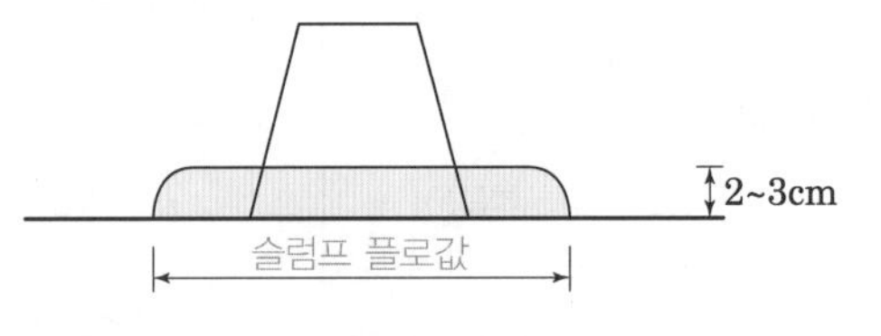

[슬럼프 플로 시험]

[공기량]

2. 공기량의 시험(%)

구분	공기량	공기량의 허용 오차
보통 콘크리트	4.5	±1.5
경량 콘크리트	5.5	
포장 콘크리트	4.5	
고강도 콘크리트	3.5	

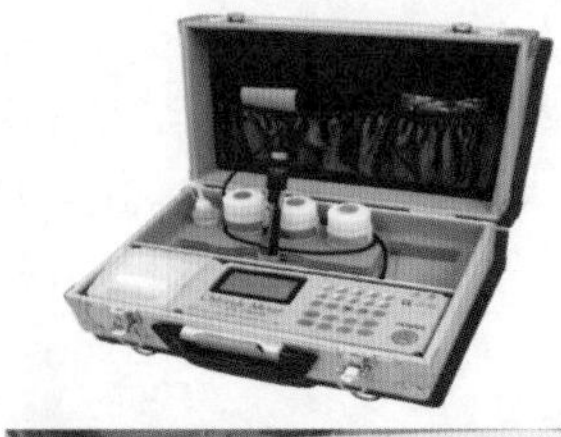

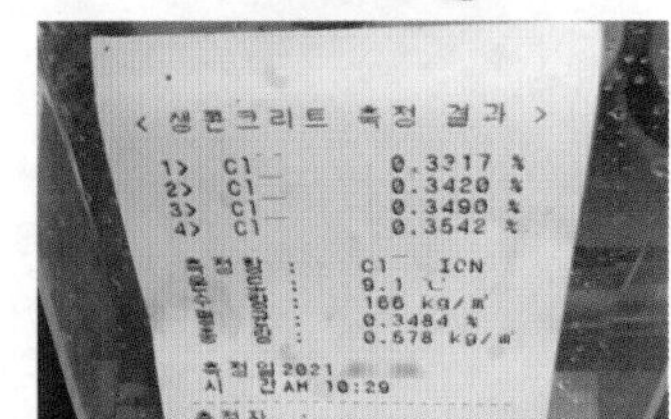

[염화물 함유량]

3. 염화물 함유량의 시험

① 염소 이온(Cl^-)량으로서 0.30kg/m³ 이하

② 구입자의 승인을 얻은 경우에는 0.60kg/m³ 이하 가능

4. 공시체(몰드)의 제작

① 콘크리트 운반차는 트럭 믹서나 트럭 애지테이터를 사용

② 시료채취는 150m³당 지정차량 콘크리트의 1/4과 3/4의 부분에서 1회(3개)의 공시체를 제작

③ 공시체 제작 후 1일은 현장보양이므로 진동을 피할 것

④ 동절기 시 기온이나 바람에 의한 동결방지

⑤ 캐핑 시 Laitance 제거 철저(캐핑층의 두께는 공시체 지름의 2% 초과 금지)

⑥ 현장에서 공시체 양생 시 직사광선을 피하고, 수분증발방지

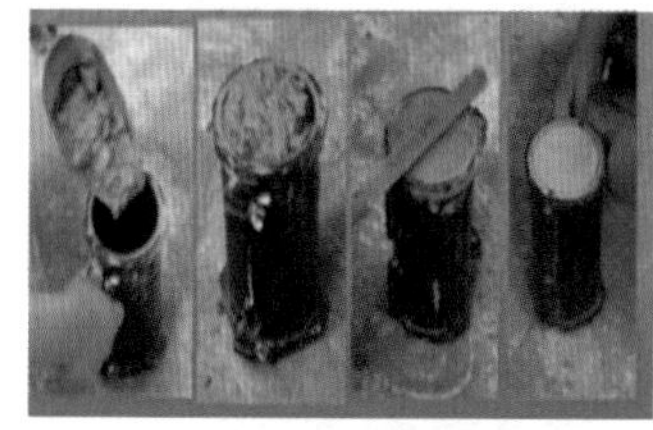

[공시체 제작]

70 레미콘 압축강도 검사기준, 판정기준

KCS 14 20 10/KS F 2403

Ⅰ. 정의

레미콘 압축강도시험은 건설공사 품질관리 업무지침 별표2에 따라 배합이 다를 때 마다, 레미콘은 KS F 4009 또는 레미콘이 아닌 콘크리트는 KCS 14 20 10에 따라야 하나, 품질시험계획서의 승인에 의해 달리할 수 있다.

Ⅱ. 압축강도 검사기준

1. 공시체 제작

① KS F 4009에 따라 450m³를 1로트로 하여 150m³당 1회(3개)
(KCS 14 20 10: 360m³를 1로트로 하여 120m³당 1회(3개))
② 28일 압축강도용 공시체는 450m³ 마다 3회(9개)씩 제작
③ 7일 압축강도용 공시체는 1회(3개) 제작
④ 구조체 관리용 공시체는 3회(9개) 제작

[공시체 제작]

2. 시료 채취

- 시료채취는 150m³ 당 지정차량 콘크리트의 1/4과 3/4의 부분에서 시료채취 함

3. 몰드의 제거 및 양생

① 몰드 제거시기는 콘크리트를 채운 후 16시간 이상 3일 이내
② 충격, 진동 및 수분의 증발을 방지
③ 공시체 양생온도는 20±2℃
④ 수중양생 또는 상대습도 95% 이상의 장소로 습윤 상태 유지

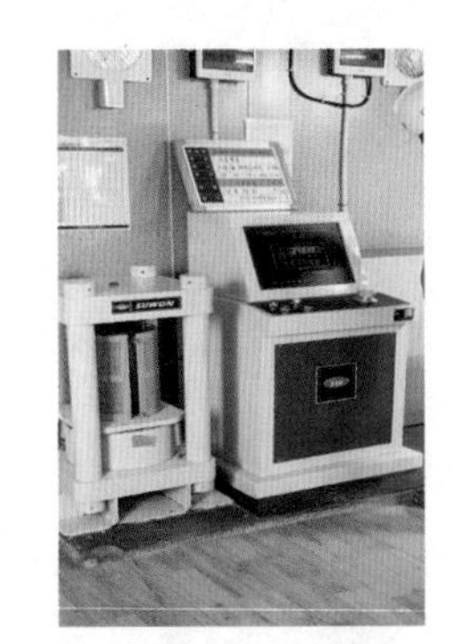
[압축강도 시험]

Ⅲ. 압축강도 판정기준

1. 28일 압축강도용 공시체 [건설공사 품질관리 업무지침 별표2]

종류	시기 및 횟수[1]	판정기준	
		$f_{cn} \leq$ 35 MPa	$f_{cn} >$ 35 MPa
호칭강도품질기준강도부터 배합을 정한 경우	• 배합이 다를 때 마다 • 레미콘은 KS F 4009 • 레미콘이 아닌 콘크리트는 KCS 14 20 10	① 연속 3회 시험값의 평균이 호칭강도품질기준강도 이상 ② 1회 시험값이 (호칭강도품질기준강도 -3.5MPa) 이상	① 연속 3회 시험값의 평균이 호칭강도품질기준강도 이상 ② 1회 시험값이 호칭강도품질기준강도의 90% 이상
그 밖의 경우		압축강도의 평균치가 호칭강도품질기준강도 이상일 것	

2. 7일 압축강도용 공시체

① 1회(3개) 시험값이 호칭강도품질기준강도의 100% 이상
② 1개 시험값이 호칭강도품질기준강도의 85% 이상

• 주1) 1회의 시험값은 공시체 3개의 압축강도 시험값의 평균값임
• 압축강도 시험 1로트: 3회 9개임
• 호칭강도(f_{cn})=품질기준강도(f_{ce})+기온보정강도(T_n)
※ KCS 14 20 10에 따른 시기 및 횟수
- 1회/일, 120m³마다 1회, 배합이 변경될 때마다

71 구조체 관리용 공시체

KCS 14 20 10/KCS 14 20 12

Ⅰ. 정의

콘크리트의 공시체는 압축강도 시험용 공시체와 구조체 관리용 공시체가 있으며, 압축강도 시험용 공시체는 호칭강도를 판정하는 공시체를 말하고, 구조체 관리용 공시체는 거푸집 해체시기를 위한 압축강도 판별에 사용되는 것을 말한다.

Ⅱ. 구조체 관리용 공시체 제작 및 시험

① 실제 구조물과 동일한 콘크리트를 사용하여 표준규격을 공시체로 만들고 현장조건하에 구조체 옆에서 양생하여 콘크리트 압축강도 판별에 사용하는 공시체를 말한다.

② 실제의 구조물에서 콘크리트의 보호와 양생이 적절한지를 검토하기 위하여 현장상태에서 양생된 공시체 강도의 시험을 요구 가능

③ 현장에서 양생되는 공시체는 KS F 2403에 따라 현장 조건하에서 양생
- 몰드 제거시기는 콘크리트를 채운 후 16시간 이상 3일 이내
- 충격, 진동 및 수분의 증발을 방지

④ 현장 양생되는 공시체는 시험실에서 양생되는 공시체와 똑같은 시간에 동일한 시료를 사용하여 제작

⑤ 현장 양생된 공시체 강도가 동일 조건의 시험실에서 양생된 공시체 강도의 85%보다 작을 때는 콘크리트의 양생과 보호절차를 개선

⑥ 현장 양생된 것의 강도가 설계기준압축강도보다 3.5MPa를 초과하여 상회하면 85%의 한계조항은 무시

Ⅲ. 콘크리트의 압축강도를 시험할 경우 거푸집널의 해체 시기

부재		콘크리트 압축강도(f_{ck})
확대기초, 보, 기둥 등의 측면		5MPa 이상
슬래브 및 보의 밑면, 아치 내면	단층구조의 경우	설계기준압축강도의 2/3배 이상 또한, 최소 14MPa 이상
	다층구조의 경우	설계기준 압축강도 이상 (필러 동바리 구조를 이용할 경우는 구조계산에 의해 기간을 단축할 수 있음. 단, 이 경우라도 최소강도는 14MPa 이상으로 함)

Ⅳ. 시험 결과 콘크리트의 강도가 작게 나오는 경우의 조치

① 시험실에서 양생된 공시체 개개의 압축시험 결과가 규정을 만족하지 못하거나 또는 현장에서 양생된 공시체의 시험 결과에서 결점이 나타나면, 구조물의 하중지지 내력을 충분히 검토하고 적절한 조치

② 콘크리트의 압축강도 시험 결과 규정을 만족하지 못할 경우 시료의 적절성 및 시험기기나 시험 방법의 적절성을 검토

③ ②의 결과 강도가 부족하다고 판단되면 관리재령의 연장을 검토

④ ②의 결과 강도가 부족하다고 판단되고 관리재령의 연장도 불가능할 때에는 비파괴 시험을 실시

⑤ 비파괴 시험 결과에서도 불합격될 경우 문제된 부분에서 코어를 채취하여 압축강도의 시험을 실시

⑥ 코어 강도의 시험 결과는 평균값이 f_{ck}의 85%를 초과하고 각각의 값이 75%를 초과하면 적합한 것으로 판정

⑦ ④~⑥의 부분적인 결함이라면 해당부분을 보강하거나 재시공하며, 전체적인 결함이라면 재하시험을 실시

72 콘크리트 강도가 작게 나오는 경우 조치방안 KCS 14 20 10/KDS 14 20 01

Ⅰ. 정의

콘크리트의 공시체는 압축강도 시험용 공시체와 구조체 관리용 공시체가 있으며, 압축강도 시험용 공시체는 호칭강도를 판정하는 공시체를 말하고, 구조체 관리용 공시체는 거푸집 해체시기를 위한 압축강도 판별에 사용되는 것을 말한다. 이에 공시체 강도 시험 시 강도가 작게 나오는 경우에는 적절한 조치를 하여야 한다.

Ⅱ. 콘크리트 강도가 작게 나오는 경우 조치방안

1. 구조물의 하중지지 내력 검토

① f_{ck}≤35MPa인 경우 f_{ck}−3.5MPa 이상 낮거나

② f_{ck} >35MPa인 경우 0.1f_{ck} 이상 낮거나

③ 현장에서 양생된 공시체의 시험결과 시험실에서 양생된 공시체 강도의 85% 보다 작을 때

⇒ 구조물의 하중지지 내력을 충분히 검토하고 적절한 조치

2. 시료 및 시험기기나 시험 방법의 적절성 검토

콘크리트의 압축강도 시험 결과 규정을 만족하지 못할 경우 시료의 적절성 및 시험기기나 시험 방법의 적절성을 검토

3. 관리재령의 연장

콘크리트의 압축강도 시험 결과 강도가 부족하다고 판단되면 관리재령의 연장을 검토

4. 비파괴 시험의 실시

콘크리트의 압축강도 시험 결과 강도가 부족하다고 판단되고 관리재령의 연장도 불가능할 때에는 비파괴 시험을 실시

5. 코어 채취 후 압축강도 시험의 실시

① 콘크리트 상태가 건조된 경우 코어는 시험 전 7일 동안 공기(온도 15~30℃, 상대습도 60% 이하)로 건조시킨 후 기건상태에서 시험

② 콘크리트가 습윤된 상태인 경우 코어는 적어도 40시간 동안 물속에 담가 두어야 하며 습윤상태로 시험

③ 콘크리트 강도가 현저히 부족하다고 판단될 때

④ 계산에 의해 하중저항 능력이 크게 감소되었다고 판단될 때

⑤ 비파괴 시험 결과에서도 불합격될 때

⇒ 문제된 부분에서 3개의 코어를 채취하고 KS F 2422에 따라 시험

6. 적합 판정

① 코어 공시체 3개의 평균값이 f_{ck}의 85%에 달할 때

② 코어 공시체 각각의 코어 강도가 f_{ck}의 75%보다 작지 않을 때

⇒ 구조적으로 적합하다고 판정 가능

7. 재시험

불규칙한 코어 강도를 나타내는 위치에 대해서 재시험을 실시

8. 재하시험

① 4~7항의 부분적인 결함이라면 해당부분을 보강하거나 재시공 실시

② 4~7항의 전체적인 결함이라면 재하시험을 실시

73 콘크리트 조기강도 추정방법(조기품질 측정방법)

Ⅰ. 정의

공사 관리상 조기에 압축강도 추정이 필요한 경우 행하여지는 것으로, 일반적으로 7일 강도로 추정한다.

Ⅱ. 조기강도 추정방법

1. 촉진시험에 의해 조기강도 결정(촉진강도법)

- 콘크리트 경화를 촉진시키는 방법, 증기, 온수, 자기수화열에 의한 촉진양생법

1) 급속경화법

① 굳지 않은 콘크리트에서 채취한 시료를 습성 스크린(Wet Screening)하여 얻은 모르타르에 급결성 약제 첨가 후 다시 비벼 형틀에 채움

② 항온·항습조(온도 70℃, 습도 100%)에 넣어 1~1.5시간 양생 후 압축시험

③ 그 결과로부터 추정식을 구하여 28일 강도 추정

⇒시료채취 후 1.5시간 내에 추정

2) 55℃ 온수법

① 굳지 않은 콘크리트에서 채취한 시료를 형틀에 채워 3시간 후에 시멘트로 Capping하고 구속마개로 밀폐 후

② 55℃ 항온수조에서 20.5시간 양생 후

③ 30분간 냉각하여 압축시험 후 추정식을 산정하여 28일 강도 추정

3) 촉진양생에 의한 촉진강도와 28일 강도추정식 방법

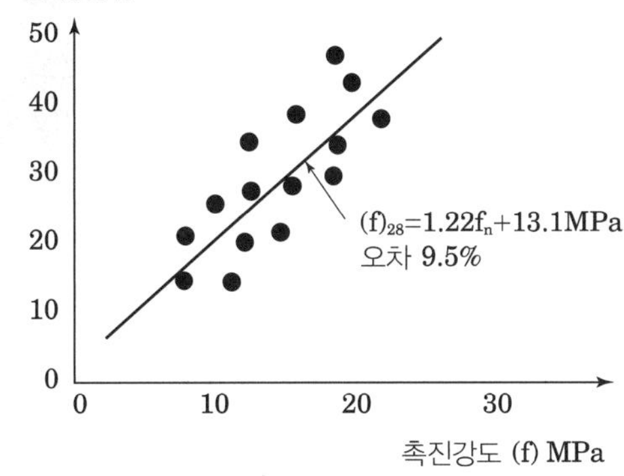

[촉진강도와 28일 강도와의 관례(예)]

2. 7일 강도에서 추정

1) 보통 포틀랜드 및 혼합시멘트 A 경우

$f_{28}=1.35f_7+3\text{MPa}$

2) 조강 포틀랜드시멘트 경우

$f_{28}=f_7+8\text{MPa}$

74 Slump Test

KCS 14 20 10/KS F 2402

Ⅰ. 정의

아직 굳지 않는 콘크리트의 반죽질기를 나타내는 지표로서 KS F 2402에 규정된 방법에 따라 슬럼프콘을 들어올린 직후에 상면의 내려앉은 양을 측정하여 나타내는 것을 말한다.

Ⅱ. 현장시공도

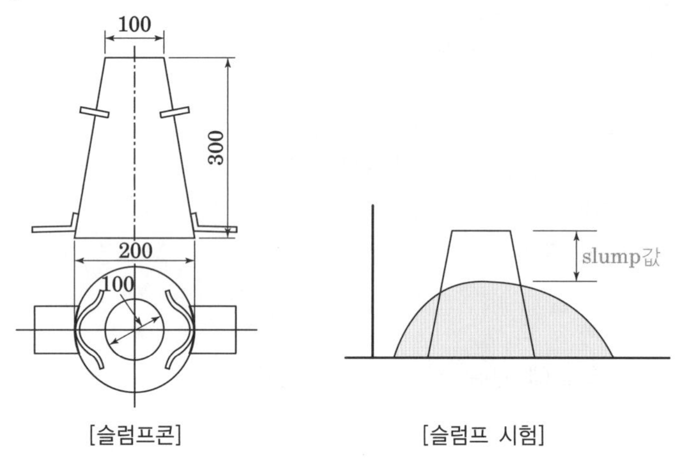

[슬럼프콘] [슬럼프 시험]

Ⅲ. 슬럼프 시험

① 슬럼프콘을 강제판 위에 놓고 누르고, 시료를 거의 같은 양을 3층으로 나눠서 채운다.

② 각 층은 다짐봉(지름 16mm, 길이 500~600mm)으로 고르게 한 후 25회씩 다진다.

③ 각 층을 다질 때 다짐봉의 다짐 깊이는 아래층에 거의 도달할 정도로 한다.

④ 콘크리트의 윗면을 슬럼프콘의 상단에 맞춰 고르게 한후 즉시 슬럼프콘을 가만히 연직방향으로 들어 올리고(높이 300mm에서 2~3초), 콘크리트의 중앙부에서 공시체 높이와의 차를 5mm 단위로 측정한다.

⑤ 콘크리트가 슬럼프콘의 중심축에 대하여 치우치거나 무너지거나 해서 모양이 불균형이 된 경우는 다른 시료에 의해 재시험을 한다.

⑥ 슬럼프콘에 콘크리트를 채우기 시작하고 나서 슬럼프콘을 들어 올리기를 종료할 때까지의 시간은 3분 이내로 한다.

[슬럼프 시험]

Ⅳ. 슬럼프

1. 표준값(mm)

종류		슬럼프 값
철근콘크리트	일반적인 경우	80~150
	단면이 큰 경우	60~120
무근콘크리트	일반적인 경우	50~150
	단면이 큰 경우	50~100

주1) 여기에서 제시된 슬럼프값은 충전성이 좋고 충분히 다질 수 있는 범위에서 되도록 작은 값으로 정하여야 한다.
2) 콘크리트의 운반시간이 길 경우 또는 기온이 높을 경우에는 슬럼프값에 대하여 배합을 정하여야 한다.

2. 유동화 콘크리트(mm)

콘크리트 종류	베이스 콘크리트	유동화 콘크리트
보통 콘크리트	150 이하	210 이하
경량골재 콘크리트	180 이하	210 이하

Ⅴ. 슬럼프의 허용오차(mm)

슬럼프	슬럼프 허용차
25	± 10
50 및 65	± 15
80 이상	± 25

75 초유동화 콘크리트 유동성 평가방법(슬럼프 플로 시험)

KCS 14 20 10
KS F 2594

Ⅰ. 정의

아직 굳지 않는 콘크리트의 유동성 정도를 나타내는 지표로서 KS F 2594에 규정된 방법에 따라 슬럼프콘을 들어올린 후에 원모양으로 퍼진 콘크리트의 직경(최대직경과 이에 직교하는 직경의 평균)을 측정하여 나타내는 것을 말한다.

Ⅱ. 현장시공도

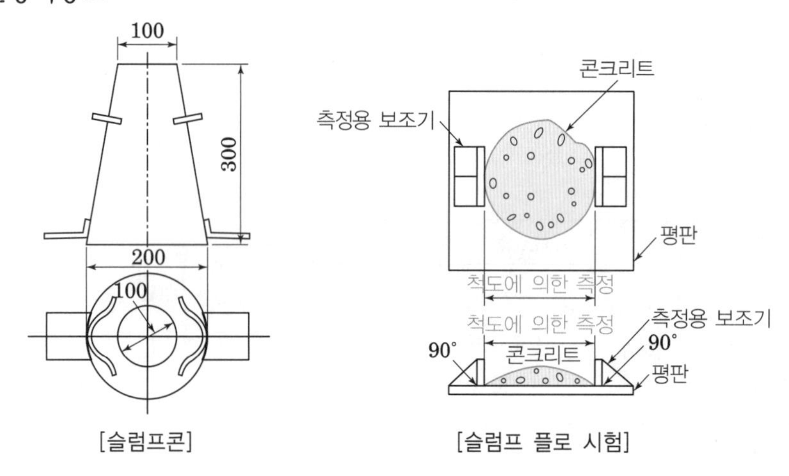

[슬럼프콘] [슬럼프 플로 시험]

Ⅲ. 슬럼프 플로 시험

① 슬럼프콘을 수평으로 설치한 평판 위에 둔다.

② 슬럼프콘에 콘크리트를 채우기 시작하고 나서 끝날 때까지의 시간은 2분 이내로 한다.

③ 고유동 콘크리트의 경우 다지거나 진동을 주지 않은 상태로 한꺼번에 채워 넣는다. 필요에 따라 3층으로 나누어 채운 후 각 층마다 다짐봉으로 5회 다짐을 한다.

④ 콘크리트의 윗면을 슬럼프콘의 상단에 맞춘 후 슬럼프콘을 연직방향으로 들어 올린다.(높이 300mm에 2~3초, 시료가 슬럼프콘과 함께 솟아오르고 낙하할 우려가 있는 경우에는 10초)

⑤ 콘크리트의 움직임이 멈춘 후에 퍼짐이 최대라고 생각된 지름과 수직한 방향의 지름을 잰다.

⑥ 측정 횟수는 1회로 한다.

⑦ 500mm 플로 도달 시간을 구하는 경우에는 슬럼프콘을 들어올리고 개시 시간으로부터 확산이 평평하게 그렸던 지름 500mm의 원에 최초에 이른 시간까지의 시간을 스톱워치로 0.1초 단위로 잰다.

[슬럼프 플로 시험]

⑧ 슬럼프를 측정하는 경우 콘크리트의 중앙부에서 내려간 부분을 재고, 슬럼프는 5mm까지 측정한다.

⑨ 플로의 유동 정지 시간을 구하는 경우에는 슬럼프콘을 들어올리는 시점으로부터 육안으로 정지가 확인되기까지의 시간을 스톱워치로 0.1초 단위로 잰다.

Ⅳ. 슬럼프 플로 허용오차(mm)

슬럼프 플로	슬럼프 플로 허용오차
500	±75
600	±100
700[1)]	±100

주1) 굵은 골재의 최대치수가 15mm인 경우 적용

76 굳지 않은 콘크리트의 공기량

KCS 14 20 10/KS F 2409

Ⅰ. 정의

아직 굳지 않는 콘크리트 속에 포함된 공기용적의 콘크리트 용적에 대한 백분율을 말한다. 다만, 골재 내부의 공기는 포함하지 않는다.

Ⅱ. 시험방법

① 시험 전 용기의 질량을 측정한다.

② 시료를 용기의 약 1/3까지 넣고 고른 후 다짐봉으로 균등하게 다지며, 다짐 구멍이 없어지고 콘크리트 표면에 큰 기포가 보이지 않을 때까지 용기의 바깥쪽을 10회~15회 고무망치로 두들긴다.

③ 용기의 약 2/3까지 시료를 넣고 앞에서와 같은 조작을 반복한다.

④ 다짐봉의 다짐 깊이는 거의 그 앞 층에 이르는 정도로 한다.

⑤ 마지막으로 용기에 약간 넘칠 정도로 시료를 넣고 같은 조작을 반복한 후, 금속제의 직선자로 여분의 시료을 깎아내며 고른다.

⑥ 다짐 횟수

용기의 안지름(mm)	다짐봉에 따른 각 층의 다짐 횟수
140	10
240	15

⑦ 용기 전체의 질량을 측정한다.

[공기량 시험]

Ⅲ. 결과 계산

1. 단위 용적 질량

$$M = \frac{W}{V}$$

여기서, M : 콘크리트의 단위 용적 질량(kg/m^3)

W : 용기 중의 시료의 질량(kg)

V : 용기의 용적(m^3)

2. 공기량

$$A = \frac{T - M}{T} \times 100$$

여기서, A : 콘크리트 중의 공기량(%)

T : 공기가 전혀 없는 것으로 계산한 콘크리트의 단위 용적 질량(kg/m³)

$$T = \frac{M_1}{V_1}$$

M_1 : 콘크리트 1m³당 구성재료의 질량 합(kg)

V_1 : 콘크리트 1m³당 구성재료의 절대 용적 합(m³)

Ⅳ. 공기량의 허용오차(%)

구분	공기량	공기량의 허용 오차
보통 콘크리트	4.5	±1.5
경량 콘크리트	5.5	
포장 콘크리트	4.5	
고강도 콘크리트	3.5	

Ⅴ. 공기연행콘크리트 공기량의 허용오차(%)

굵은 골재의 최대 치수(mm)	공기량(%)		공기량의 허용 오차
	심한 노출[1]	일반 노출[2]	
10	7.5	6.0	±1.5
15	7.0	5.5	
20	6.0	5.0	
25	6.0	4.5	
40	5.5	4.5	

주1) 노출등급 EF2, EF3, EF4

2) 노출등급 EF1

77 콘크리트 배합의 공기량 규정목적

Ⅰ. 정의

공기량이란 아직 굳지 않는 콘크리트 속에 포함된 공기용적의 콘크리트 용적에 대한 백분율을 말하며(다만, 골재 내부의 공기는 포함하지 않음), 공기량이 규정량보다 많을 경우에는 구조물에 악영향을 미치므로 주의를 요한다.

Ⅱ. 공기량 규정목적

1. Workability 향상

① Ball Bearing 현상으로 시공연도 개선
② 공기량 1% 증가 시 단위수량 3% 증가효과
③ 공기량 1% 증가 시 Slump 20mm 증가 효과

2. 내구성 증대

① 동결융해 저항성 증대
② 공기량 2% 이하에서는 내동결융해성 기대 곤란

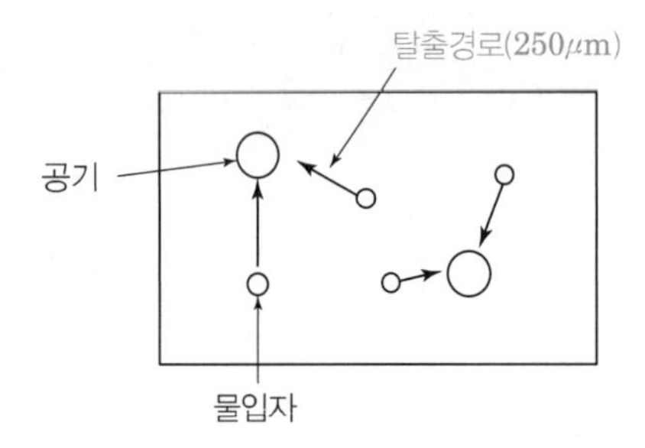

③ 공기량 7% 이상에서는 강도가 급격히 저하로 내구성 저하 초래

3. 강도 증대

① 알칼리 골재반응 감소
② Bleeding 및 재료분리 감소
③ 공기량 1% 증가하면 콘크리트 강도는 4~6% 감소

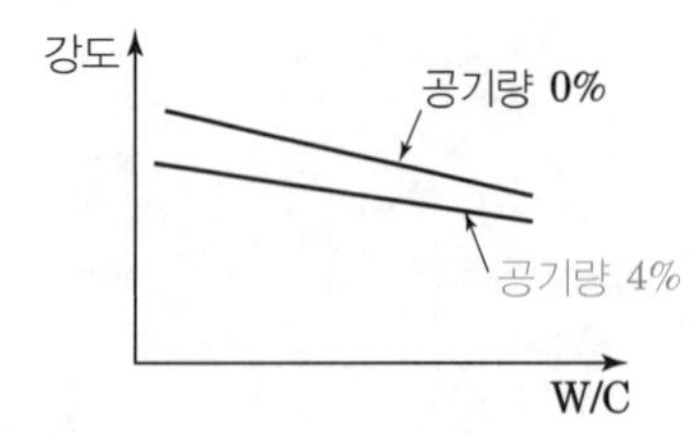

78 콘크리트 내구성 시험(Durability Test) KS F 2515, 2472, 2585, 2596

Ⅰ. 정의

내구성이란 구조물이 장기간에 걸친 외부의 물리적 또는 화학적 작용에 저항하여 변질되거나 변형되지 않고 소요의 공용기간 중 처음의 설계조건과 같이 오래 사용할 수 있는 구조물의 성능을 말하며 내구성 시험은 그에 대한 시험을 말한다.

Ⅱ. 내구성 시험

1. 골재 중의 염화물 함유량 시험 [KS F 2515]

① 시료 500g을 비커(1,000mL)에 취하고 105±5℃의 온도로 건조 후 절대건조질량(W) 을 구한다.

② 건조시킨 시료에 증류수 500mL를 가하여 3시간 후에 약 5분 간격으로 3회 이상 휘저어준 다음 부유 물질이 침전하도록 놓아둔다.

③ 상등액 50mL에 5% 크롬산칼륨 용액 1mL를 첨가한 후 0.1N 질산은 용액을 한 방울씩 천천히 가한다.

④ 이때 용액의 색이 황색에서 적갈색으로 변하는 질산은 용액의 양을 구한다. (A)시험은 2회 이상 실시한다.

⑤ 바탕 시험으로, 시험에 사용된 증류수 50mL에 크롬산칼륨 용액을 약 1mL 가하고, 0.1N 질산은 용액으로 적정하여, 여기에 소요된 질산은 용액의 양을 구한다.(B)

⑥

$$\text{염화물 함유량(\%)} = 0.00584 \times \frac{(A-B)\times 10}{W} \times 100$$

- 0.00584 : 0.1N 질산은 용액1mL의 염화나트륨 해당량
- A : 시험에 사용된 0.1N 질산은 용액 소비량(mL)
- B : 바탕 시험에 사용된 0.1N 질산은 용액 소비량(mL)
- W : 시료의 절대건조질량(g)

2. 동결융해 시험 [KS F 2472]

① 두 개의 시험체를 동결융해 시험기 챔버 내벽으로부터 최소 50mm 이상, 시험체 간은 100mm 이상 간격이 되도록 배치한다.

② 시험온도 사이클은 총 6시간이 소요된다.

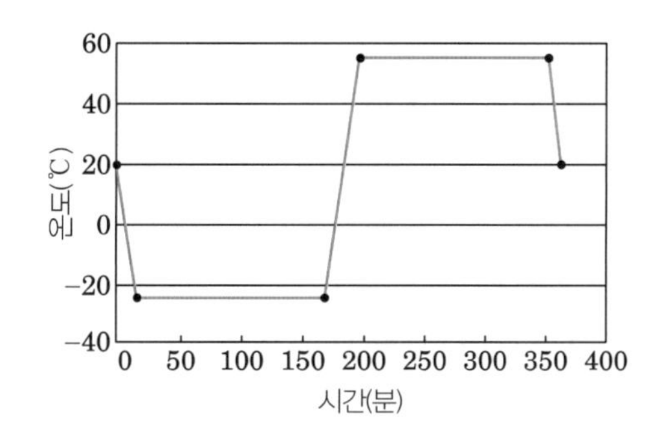

③ 21±2℃에서 −25±2℃까지 분당 3℃씩 냉각시키고 −25±2℃에서 153분 동안 기중 보관한다. 이후 55±2℃까지 분당 3℃씩 온도를 상승시켜 −55±2℃에서 153분 동안 기중 보관하고 −21±2℃까지 분당 3℃씩 온도를 하강 시킨다.

④ 6시간 사이클을 30회 반복 시험한다.

3. 알칼리 실리카 반응성 시험 [KS F 2585]

① 공시체의 길이 변화를 1,2,3,4,5 및 6개월의 재령마다 측정한다. 이때 공시체의 표면을 관찰하고, 처음의 균열이나 겔이 발생한 재령을 기록한다.

② 길이 변화는 20±3℃로 제어된 실내에서 측정한다.

③ 공시체는 측정 24시간 전에 저장 용기 또는 항온실로부터 꺼내어 측정실로 옮긴 후, 피복한 그대로 식히며 공시체 온도를 측정실의 온도와 가깝게 유지해 준다.

④ 길이 변화를 측정한 공시체는 신속하게 원래대로 피복하고, 저장 용기 또는 항온실로 다시 가져다 둔다.

⑤ 공시체는 측정 후, 공시체의 상하를 거꾸로 하여 저장한다.

⑥ 길이 변화 측정 시 1,2,3,4,5 및 6개월의 팽창률을 측정한다.

⑦

$$\text{팽창률(\%)} = \frac{(Xi - SXi) - (Xini - SXini)}{L} \times 100$$

⑧ 판정

- 공시체 3개의 평균 팽창률이 6개월 후 0.100% 미만: 반응성 없음 판정
- 공시체 3개의 평균 팽창률이 6개월 후 0.100% 이상: 반응성 있음 판정

- Xi : 재령 i에 있어서 공시체의 다이얼 게이지 눈금값
- sXi : 동시에 측정한 표준자의 다이얼 게이지 눈금값
- $Xini$: 공시체 탈형 시의 다이얼 게이지 눈금값
- $sXini$: 동시에 측정한 표준자의 게이지 눈금값
- L : 유효 게이지 길이(게이지 플러그 안쪽 단면 간의 거리)

4. 탄산화 깊이 측정 [KS F 2596]

① 콘크리트 탄산화 측정 대상면의 준비

- 실험실 또는 현장에서 제작된 콘크리트 공시체를 이용하는 경우
- 코어 공시체를 이용하는 경우
- 콘크리트 구조물에서 깍아낸 면에서 측정하는 경우

② 측정면의 처리가 종료된 후 바로 시약을 분무한다.

③ 측정 장소에 대해 콘크리트 표면으로부터 적자색으로 변색한 부분까지의 거리를 0.5mm 단위로 측정한다.

④ 측정은 분무 후 바로 수행하거나 변색된 부분이 안정화 되고 나서 행한다.

⑤ 측정 위치에 굵은 골재 입자가 있는 경우에는 입자의 양단 탄산화 위치를 연결하여 직선상에서 측정한다.

⑥ 선명한 적자색 단면까지의 거리를 탄산화 깊이로서 측정함과 동시에 연한 적자색부분까지의 거리도 함께 측정한다.

⑦ 평균 탄산화 깊이는 측정값의 합계를 측정 개수로 나누어 구하고, 소수점 이하 한 자리까지 구한다.

79 콘크리트의 비파괴검사

Ⅰ. 정의

구조물의 기능, 형상을 변화시키지 않고 콘크리트의 강도, 내구성, 건전성, 사용수명(내구 연한) 등을 예측하는 검사이다.

Ⅱ. 파괴 · 비파괴검사의 분류

<table>
<tr><th>구분</th><th colspan="3">시험법</th><th>검사항목(목적)</th></tr>
<tr><td>파괴검사</td><td colspan="3">① 코어채취법
② 재하시험에 의한 방법</td><td>강도, 결함 확인
구조물 손상</td></tr>
<tr><td rowspan="3">비파괴
검사</td><td rowspan="2">강도
변형
추정</td><td>순수비파괴</td><td>① 육안검사 : 크랙게이지
② 반발경도법(Schumidt Hammer)
③ 초음파법(초음파 전파속도법)
④ 적산온도(Maturity)법</td><td rowspan="3">강도, 내부결함
추정,
신뢰도 낮음</td></tr>
<tr><td>부분파괴</td><td>① Pull-out법(인발법)
② Pull-off법</td></tr>
<tr><td>내부
탐사</td><td>내부결함
철근위치, 두께</td><td>① 방사선 투과법(X선 투과법)</td></tr>
</table>

Ⅲ. 비파괴검사의 분류별 특징

1. 반발경도법

1) 정의

① 콘크리트 표면을 타격하여 반발경도로 압축강도를 추정하는 방법

② 반발경도는 탄성계수와 비례, 탄성계수와 압축강도는 반비례

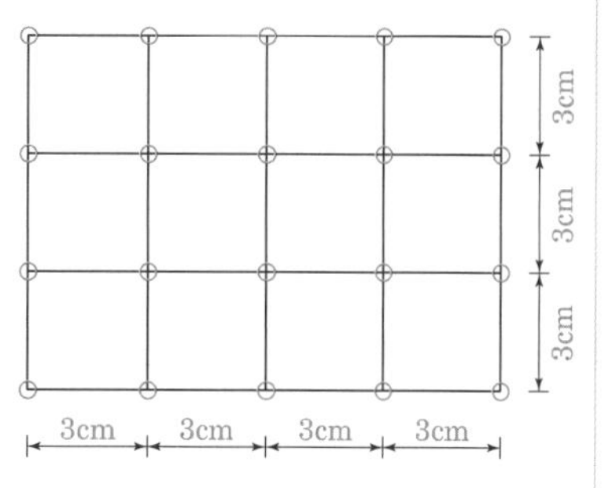

2) 측정방법

① 1개소 측점의 타격점은 상호 간의 간격 3cm로 20점을 표준으로 한다.

② 20곳을 측정한 후 평균치에서 ±20% 이상 값은 버리고 나머지 값의 평균치로 측정경도로 한다.

3) 유의사항

① 두께 10cm 이하나 모서리 부분은 피한다.

② 측정면은 평활하게 한다.

③ 수평타격을 원칙으로 한다.

④ 타격방향, 압축응력, 콘크리트 습윤상태에 대한 보정 실시

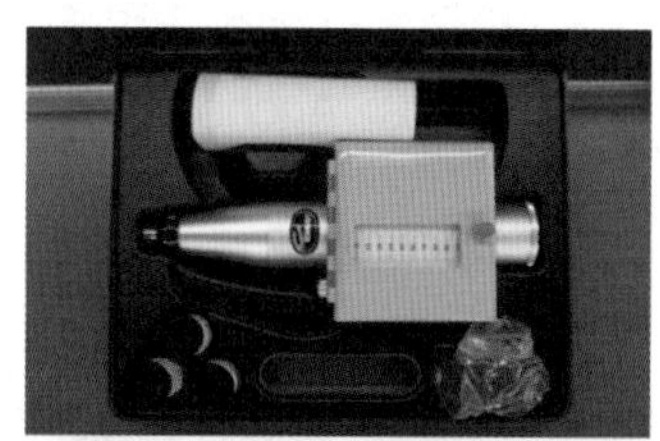

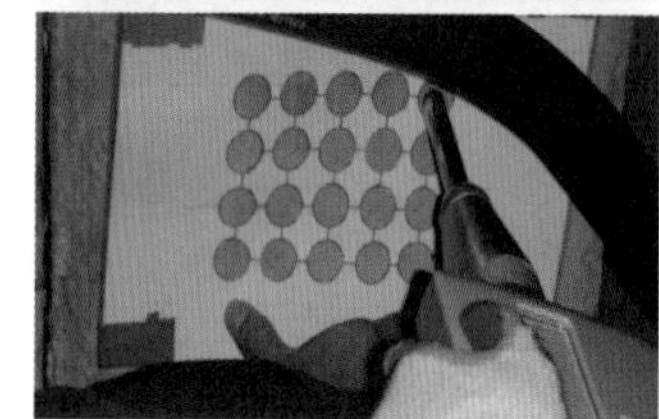

[반발경도법]

2. 초음파 탐상법

1) 정의

초음파 발진자와 수진자를 측정대상 부위에 고정하여 초음파 전달시간을 기록, 분석하여 측정하는 방법

2) 유의사항

① 측정위치, 측정방법의 제한

② 콘크리트의 배합조건, 양생에 따라 전파 속도가 다름

③ 강도 추정의 정도가 나쁨

④ 두꺼운 콘크리트에는 적용 불가

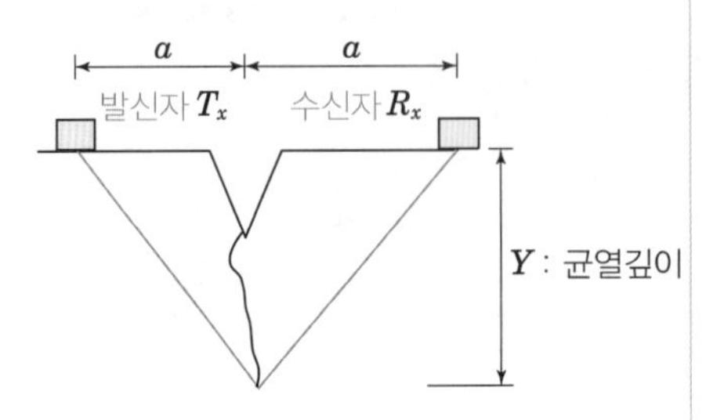

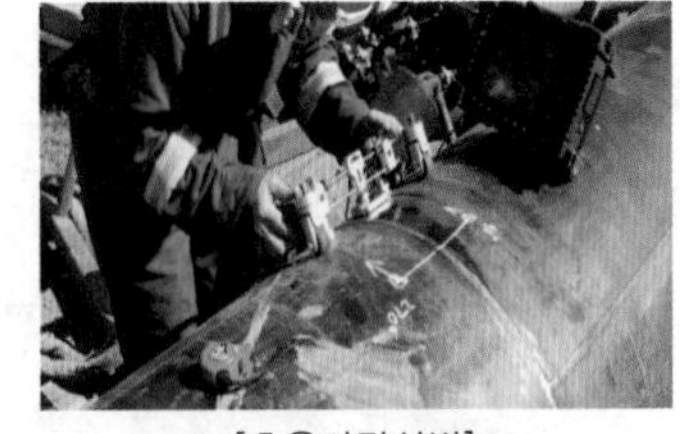

[초음파탐상법]

3. 적산온도법

1) 정의

콘크리트 타설 후 초기양생될 때까지 온도누계의 합으로 압축강도를 추정하는 방법

2) 유의사항

① 콘크리트의 배합, 계량이 적정하지 않을 경우에는 성립하지 않음

② 매스 콘크리트에는 적용 불가

4. Pull-out법

1) 정의

콘크리트 표면에 매입된 앵커를 인발하여 인발될 때의 하중으로 압축강도를 구하는 방법

2) 방법

① Pre Anchor 방법

② Post Anchor 방법

5. Pull-off법

1) 정의

원주 시험체에 인장하중을 가하고 그때의 인장강도로부터 콘크리트 압축강도를 추정하는 방법

6. 방사선 투과법

1) 정의

콘크리트 속에 방사선을 투과하여 내부철근과 공동부 등을 조사하는 시험방법

2) 유의사항

① 두께 45cm 정도밖에 촬영할 수 없음

② 시험경비가 많이 들고 오염의 위험성이 있음

80 Schumit Hammer(반발경도법)

Ⅰ. 정의

경화된 콘크리트 면에 슈미트 해머로 타격에너지를 가하여 콘크리트면의 경도에 따라 반발 경도를 측정하고, 이 측정치로부터 콘크리트의 압축강도를 추정하는 검사방법을 말한다.

Ⅱ. 측정 위치

① 타격부의 두께가 10cm 이하인 곳은 피하며, 보 및 기둥의 모서리에서 최소 3~6cm 이격하여 측정
② 기둥의 경우: 두부, 중앙부, 각부 등
③ 보의 경우: 단부, 중앙부 등의 양측면
④ 벽의 경우: 기둥, 보, 슬래브 부근과 중앙부 등에서 측정
⑤ 콘크리트 품질을 대표하고, 측정 작업이 쉬운 곳

[측정 전 준비사항]
- 측정면은 평탄한 곳으로 선정하고, 도장된 곳이나 덧씌운 곳은 제거
- 요철, 공극은 피하고, 그라인더로 요철 등을 제거
- 시험 전에 슈미트 해머는 테스트 엔빌에 의해 교정 실시
- 반발 경도는 120도 각도로 3회 회전하며 측정과 평균값은 R=80±1이 바람직하나 R=80±2의 범위까지 허용하며 이 범위를 벗어나면 조정 나사로 조정

Ⅲ. 측정 방법

① 타격점의 상호 간격은 3cm로 하여 종으로 4열, 횡으로 5열의 선을 그어 직교되는 20점을 타격
② 슈미트 해머 타격 시 콘크리트 표면과 직각 유지
③ 타격 중 이상이 발생한 곳은 확인한 후 그 측정값은 버리고 인접 위치에서 측정값을 추가

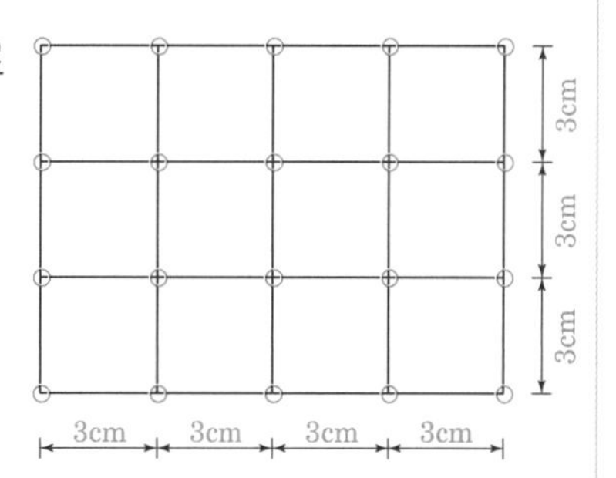

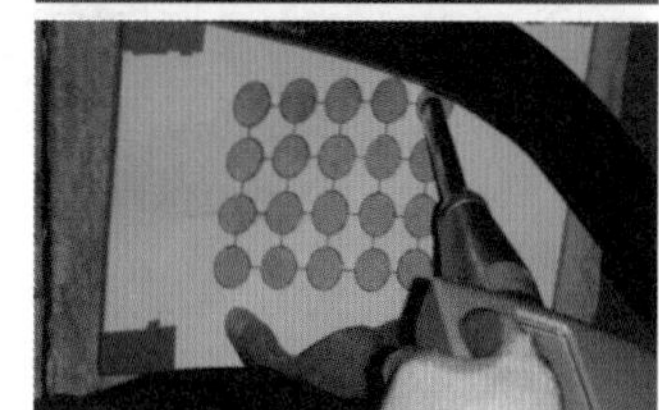

[Schumit Hammer]

Ⅳ. 평가 방법

① 강도 추정은 측정된 자료의 분석 및 보정을 통하여 평균 반발 경도를 산정하고, 현장에 적합한 강도 추정식을 산정하여 평가
② 측정된 자료의 평균을 구하고 평균에서 ±20%를 벗어난 값을 제외하고, 이를 재 평균한 값을 최종값(측정 경도)으로 한다.
③ 보정 반발 경도=측정경도+타격 방향에 따른 보정값+압축응력에 따른 보정값+콘크리트 습윤 상태에 따른 보정값
④ 최종 강도 추정
- 일본 재료학회(보통 콘크리트): f_c = −18.4+13R(MPa)
- 일본 건축학회 CNDT 소위원회 강도 계산식: f_c = 7.3R+10(MPa)

여기서, R : 보정 반발 강도

[115회]

81 슈미트해머의 종류와 반발경도 측정방법

Ⅰ. 정의

반발경도법은 경화된 콘크리트 면에 슈미트 해머로 타격에너지를 가하여 콘크리트면의 경도에 따라 반발 경도를 측정하고, 이 측정치로부터 콘크리트의 압축강도를 추정하는 검사방법을 말한다.

Ⅱ. 슈미트해머의 종류

기종	사용 범위	측정 범위(MPa)	비고
N형	보통 콘크리트용	15~60	NR형: 보통 콘크리트 (Recorder 내장)
M형	매스 콘크리트용	60~100	
L형	경량골재 콘크리트용	10~60	
P형	저강도 콘크리트용	5~15	

Ⅲ. 반발경도 측정방법

① 타격점의 상호 간격은 3cm로 하여 종으로 4열, 횡으로 5열의 선을 그어 직교되는 20점을 타격

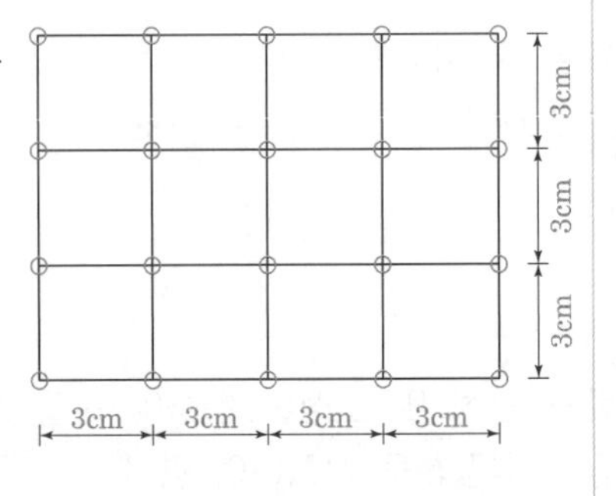

② 슈미트 해머 타격 시 콘크리트 표면과 직각 유지

③ 타격 중 이상이 발생한 곳은 확인한 후 그 측정값은 버리고 인접 위치에서 측정값을 추가

④ 측정된 자료의 평균을 구하고 평균에서 ±20%를 벗어난 값을 제외하고, 이를 재 평균한 값을 최종값(측정 경도)으로 한다.

⑤ 보정 반발 경도=측정경도+타격 방향에 따른 보정값+압축응력에 따른 보정값+콘크리트 습윤 상태에 따른 보정값

⑥ 최종 강도 추정

- 일본 재료학회(보통 콘크리트): f_c =-18.4+13R(MPa)
- 일본 건축학회 CNDT 소위원회 강도 계산식: f_c =7.3R+10(MPa)

여기서, R : 보정 반발 강도

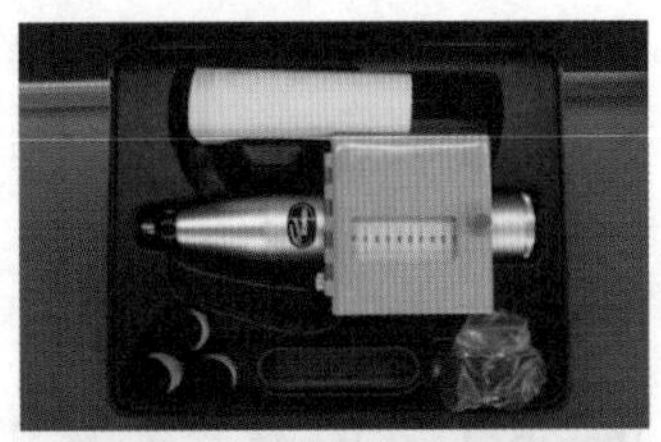

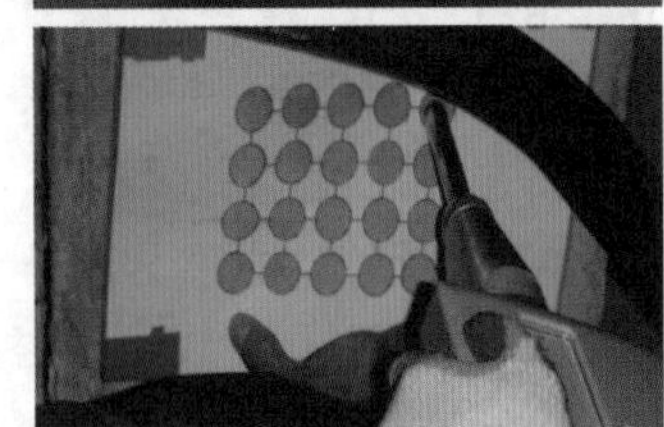

[반발경도법]

82 콘크리트 조인트(Joint) 종류

Ⅰ. 정의

콘크리트 조인트는 시공 시 현장능력에 따라 발생할 수밖에 없으므로 구조적으로 취약하지 않도록 보강방안 및 대책마련이 필요하다.

Ⅱ. 콘크리트 조인트의 종류

1. Construction Joint(시공이음)

① 시공 시 현장의 생산능력에 따라 구조물을 분할하여 시공할 때 나타나는 Joint이다.

[Construction Joint]

② 조인트 간격 및 위치

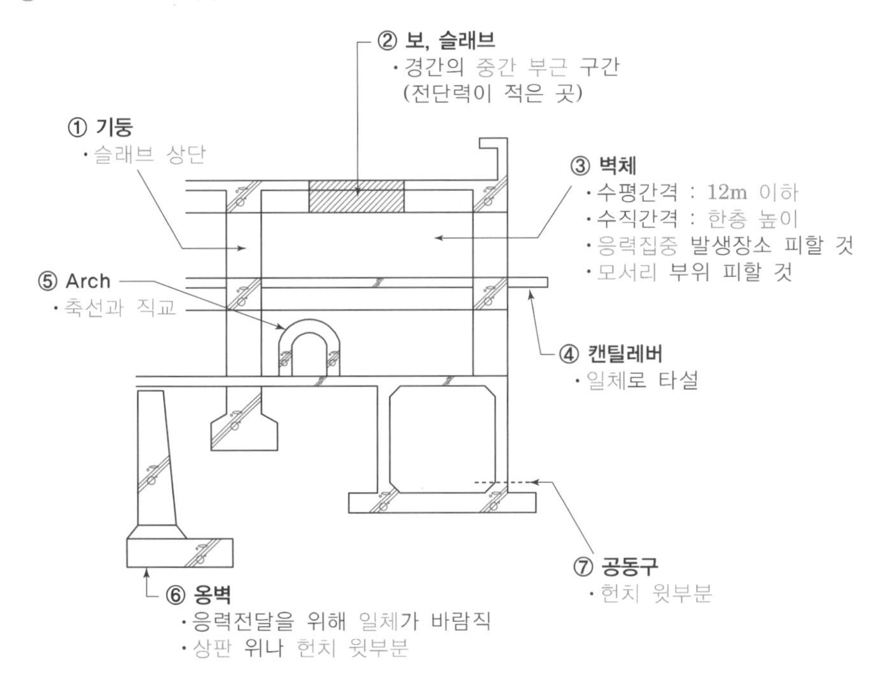

2. Movement Joint(기능이음)

1) Expansion Joint(신축이음)

① 하중 및 외력에 의한 응력과 온도변화, 경화건조수축, 부동침하 등의 변형에 의한 응력이 과대해져서 건물에 유해한 장애가 예상될 경우 그것을 미연에 방지하기 위해 설치하는 Joint이다.

② 설치위치 및 간격

- 온도차이가 심한 부분
- 동일 건물에서 고층과 저층 부위가 만나는 부분
- 기존 건물에 면하여 새로운 건물이 증축되는 경우

[Expansion Joint]

- 구조물의 평면, 단면형태가 사각형이 아니면서 급격히 변하는 경우
- 직접적인 열팽창을 고려하지 않을 경우 45~60m 정도
- Expansion Joint 폭은 5cm 정도이며 부재의 완전 분리

2) Control Joint(수축이음)

① 콘크리트 Shrinkage와 온도차로 인해 유발되는 콘크리트 인장응력에 의한 균열의 수를 경감시키거나 균열폭을 허용치 이하로 줄이는 역할을 하는 Joint이다.

② 설치 부위

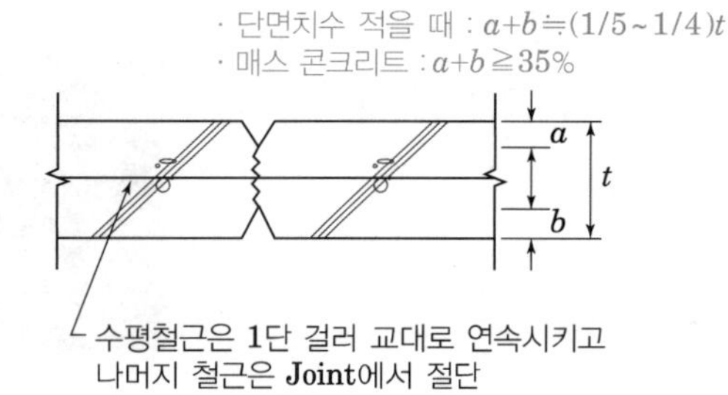

- 단면상 취약한 평면
- 미관이 고려되는 부위에 단면의 변화 등으로 균열이 예상되는 곳
- 벽체 및 Slab on Grade
- 옹벽 및 도로
- Control Joint의 깊이는 부재 두께의 1/5~1/4보다 더 적어서는 안 된다.

[Control Joint]

3) Slip Joint

① 보통 조적벽체와 콘크리트 슬래브의 접합부위는 온도, 습도 또는 환경의 차이로 인하여 각각의 움직임이 다르므로 이에 대응하기 위해 설치하는 Joint이다.

② 시공도

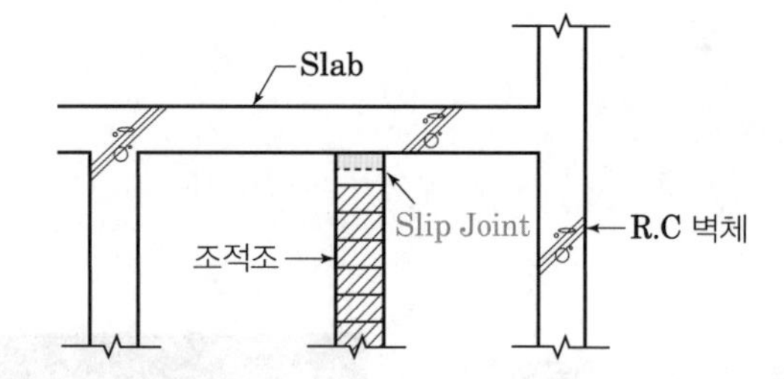

4) Sliding Joint

① 슬래브나 보가 자유롭게 미끄러지게 한 것으로서 슬래브나 보의 구속응력을 해제하여 균열을 방지하기 위한 Joint이다.

② 시공도

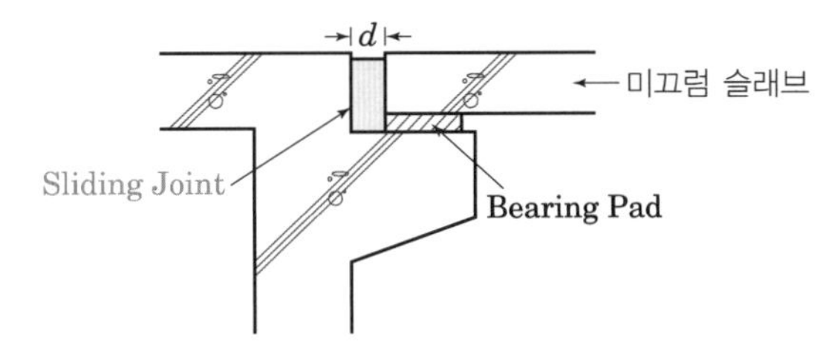

5) Delay Joint

[Delay Joint]

① 콘크리트 타설 후 발생하는 Shrinkage 응력과 균열을 감소시킬 목적으로 슬래브 및 벽체의 일부구간을 비워놓고 4주 후에 콘크리트를 타설하는 임시 Joint이다.

② 조인트 간격 및 위치

- Shrinkage Strip 폭은 60~90cm
- 슬래브는 30~45m 간격에 폭 1m 정도
- 수직부재는 30m 간격에 폭은 60cm 정도
- Shrinkage Strip은 전체 건물을 가로질러서 설치
- Shrinkage Strip을 가로지르는 철근은 연속
- 타설 부위를 일정구간으로 나누어(약 7.5m 간격) 교대로 타설하는 것도 가능

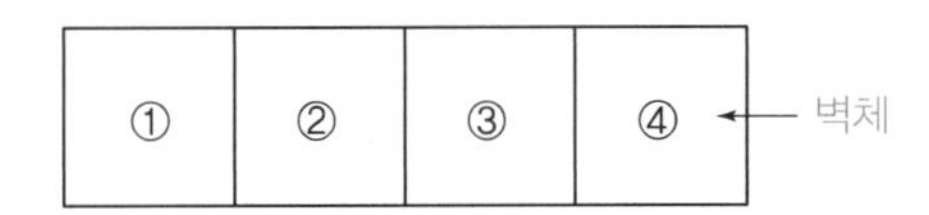

타설순서 : ① + ③ ⇒ ② + ④

83 시공 이음(Construction Joint)

Ⅰ. 정의

Construction Joint란 시공 시 현장의 생산능력에 따라 구조물을 분할하여 시공할 때 나타나는 Joint이다.

Ⅱ. Joint 간격 및 위치

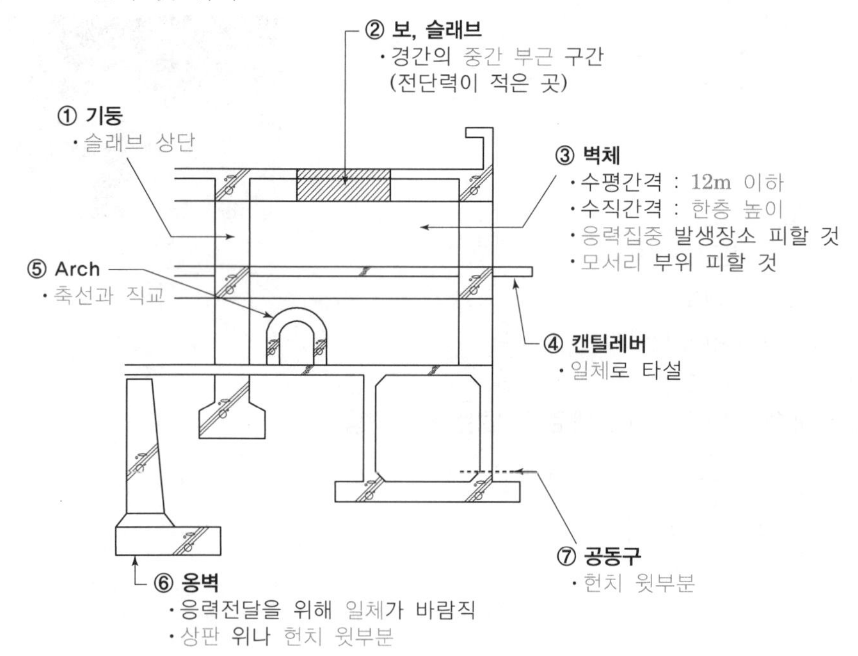

Ⅲ. Joint 처리

1. 수직부위

① 일반적인 거푸집 시공
② Metal Lath의 사용
③ Pipe 발의 사용

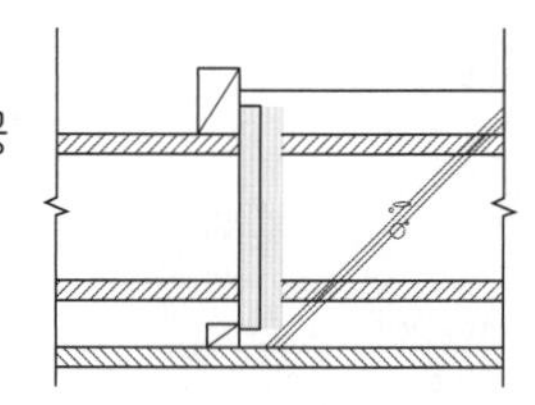

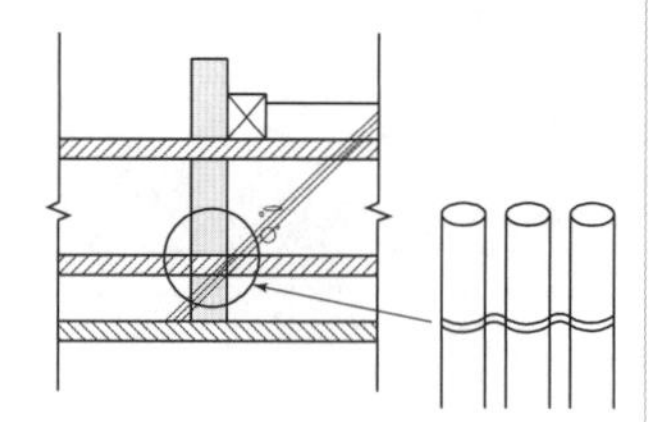

[다마가 공법]

2. 수평부위

① Wire Brush 등으로 조면처리하고 물로 세척
② 안쪽에서 바깥쪽으로 또는 가운데를 볼록하게 한다.

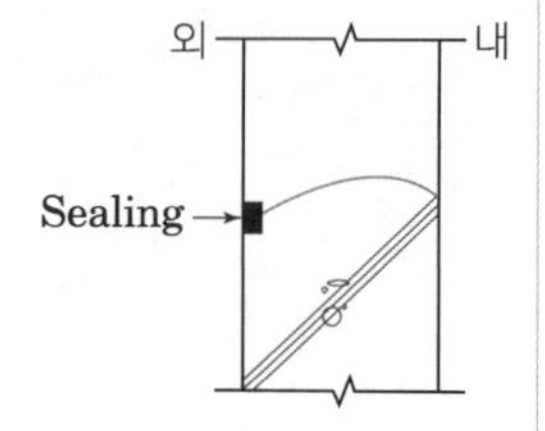

Ⅳ. 시공 시 주의사항

① 시공 시 지수판을 사용하여 누수방지 철저
② 콜드조인트 방지에 유의할 것
③ Laitance 및 취약한 콘크리트 제거 후 신콘크리트 타설
④ 전단력이 적은 곳, 이음길이와 면적이 최소화되는 곳에 설치

84 콜드 조인트(Cold Joint)

Ⅰ. 정의

기계 고장, 휴식 시간 등의 여러 요인으로 인해 콘크리트 타설 작업이 중단됨으로써 다음 배치의 콘크리트를 이어치기할 때 먼저 친 콘크리트가 응결 혹은 경화함에 따라 일체화되지 않음으로 생기는 이음 줄눈을 말한다.

Ⅱ. 개념도

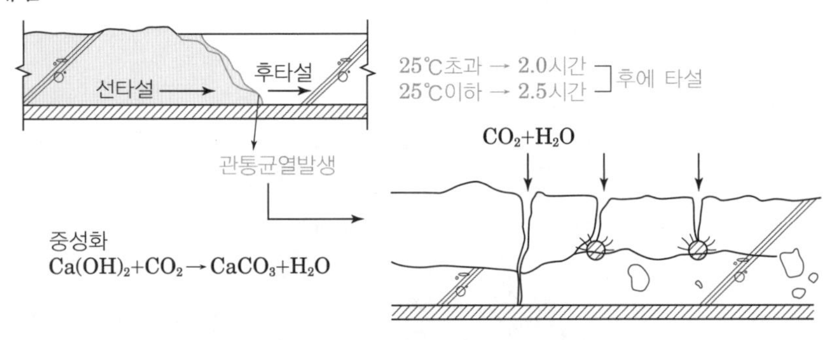

[Cold Joint]

Ⅲ. 콜드조인트로 인한 피해

① 구조체의 내구성 저하
② 관통균열로 인한 누수 및 철근부식현상 발생
③ 마감재의 균열

Ⅳ. 콜드조인트 원인

① 여름철 콘크리트 타설계획에 대한 고려가 없을 때
② 부득이하게 콘크리트를 끊어치고 기준시간을 초과하여 타설할 때
③ 넓은 지역의 순환 타설 시 돌아오는 시간이 초과할 때
④ 장시간 운반 및 대기로 재료분리가 된 콘크리트를 사용할 때
⑤ 분말도가 높은 시멘트를 사용할 때

Ⅴ. 방지대책

① 사전에 철저한 운반 및 타설계획을 수립할 것
② 이어치기 부분에 Laitance 및 취약한 콘크리트 제거 후 타설할 것
③ 타설구획의 순서를 철저히 엄수하며 타설할 것
④ 타설구획의 순서와 레미콘 배차간격을 철저히 엄수하며 타설할 것
⑤ 서중콘크리트 타설 시 응결지연제 등의 혼화제 사용을 고려할 것
⑥ 분말도가 낮은 시멘트를 사용할 것
⑦ 콘크리트 이어치기는 가능한 60분 이내에 완료하도록 계획할 것
⑧ 건식 레미콘 사용을 고려할 것

85 시공줄눈(Construction Joint)의 위치 및 방법

KCS 14 20 10

Ⅰ. 정의

시공줄눈이란 시공 시 현장의 생산능력에 따라 구조물을 분할하여 시공할 때 나타나는 Joint이다.

Ⅱ. 시공줄눈의 위치

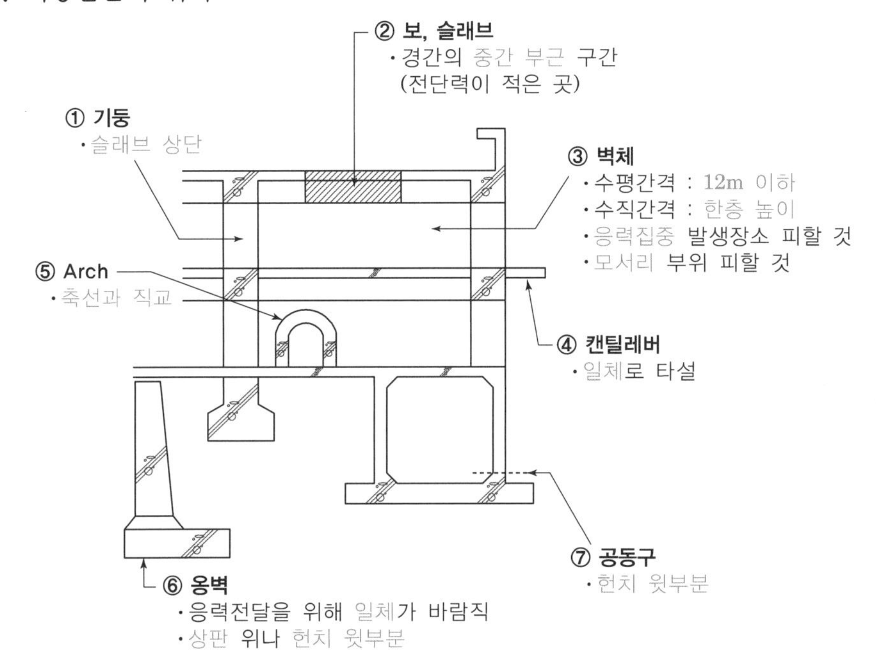

Ⅲ. 시공줄눈의 방법

1. 연직시공이음

① 시공이음면의 거푸집을 견고하게 지지하고 이음부분의 콘크리트는 진동기로 충분히 다짐

② 구 콘크리트의 시공이음 면은 쇠솔이나 쪼아내기 등에 의하여 거칠게 하고, 수분을 충분히 흡수시킨 후에 시멘트풀, 모르타르 또는 습윤면용 에폭시수지 등을 바른 후 새 콘크리트를 타설

③ 새 콘크리트를 타설할 때는 신·구 콘크리트가 충분히 밀착되도록 잘 다짐

④ 새 콘크리트를 타설한 후 적당한 시기에 재진동 다짐

⑤ 시공이음면의 거푸집 철거는 콘크리트가 굳은 후 되도록 빠른 시기에 실시(콘크리트를 타설하고 난 후 여름에는 4~6시간 정도, 겨울에는 10~15시간 정도)

⑥ 연직시공이음 방법: 일반적인 거푸집, Metal Lath, Pipe 등

[다마가 공법]

[Metal Lath 공법]

2. 수평시공이음

① 거푸집에 접하는 선은 될 수 있는 대로 수평한 직선

② 콘크리트를 이어 칠 경우에는 구 콘크리트 표면의 레이턴스, 품질이 나쁜 콘크리트, 꽉 달라붙지 않은 골재 입자 등을 완전히 제거하고 충분히 흡수

③ 새 콘크리트를 타설하기 전에 거푸집을 바로 잡아야 하며, 새 콘크리트를 타설할 때 구 콘크리트와 밀착되게 다짐

④ 시공이음부가 될 콘크리트 면은 경화가 시작되면 되도록 빨리 쇠솔이나 잔골재 분사 등으로 면을 거칠게 하며 충분히 습윤 상태로 양생

⑤ 역방향 타설 콘크리트의 시공 시에서는 콘크리트의 침하를 고려하여 시공 이음이 일체가 되도록 콘크리트의 재료, 배합 및 시공 방법을 선정

86 콘크리트 이어붓기면의 요구되는 성능과 위치 KCS 14 20 10

Ⅰ. 정의

시공 시 현장의 생산능력 및 기타 사유로 인하여 구조물을 이어붓기를 할 때 위치와 이어붓기면의 일체성확보가 중요하므로 철저한 시공계획을 세워야 한다.

Ⅱ. 요구되는 성능

① 구조적 연속성
② 방수성능 확보
③ 접합성능(부착력)
④ 미관 고려
⑤ 강도 확보
⑥ 철근 미부식

Ⅲ. 위치

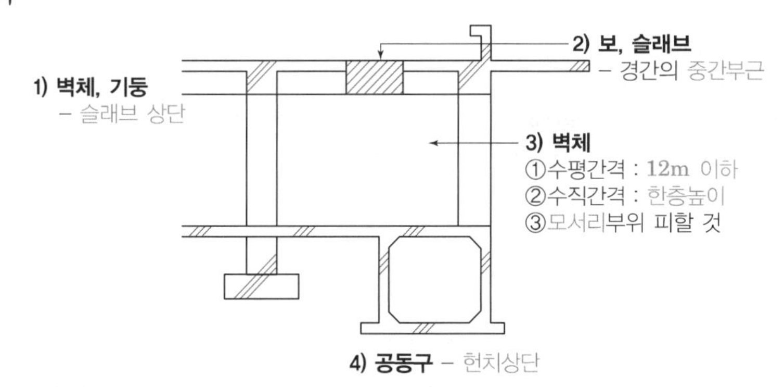

5) 켄틸레버: 일체타설

6) Arch: 축선과 직교

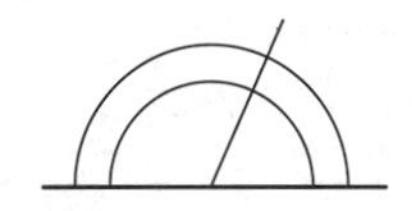

7) 옹벽

① 일체타설 원칙
② 상판 위나 헌치상단

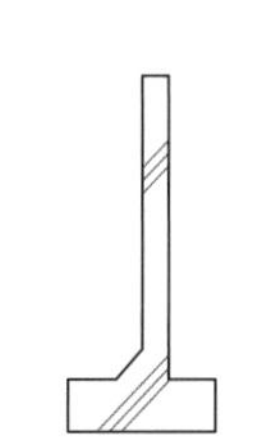

87 콘크리트 이어치기 및 Cold Joint

KCS 14 20 10

Ⅰ. 정의

시공 시 현장의 생산능력 및 기타 사유로 인하여 구조물을 이어치기를 할 때 위치와 이어붓기면의 일체성확보가 중요하며, 시간 초과로 인하여 콜트 조인트가 발생할 수 있으므로 철저한 시공계획을 세워야 한다.

Ⅱ. 콘크리트 이어치기

1. 이어치기 위치

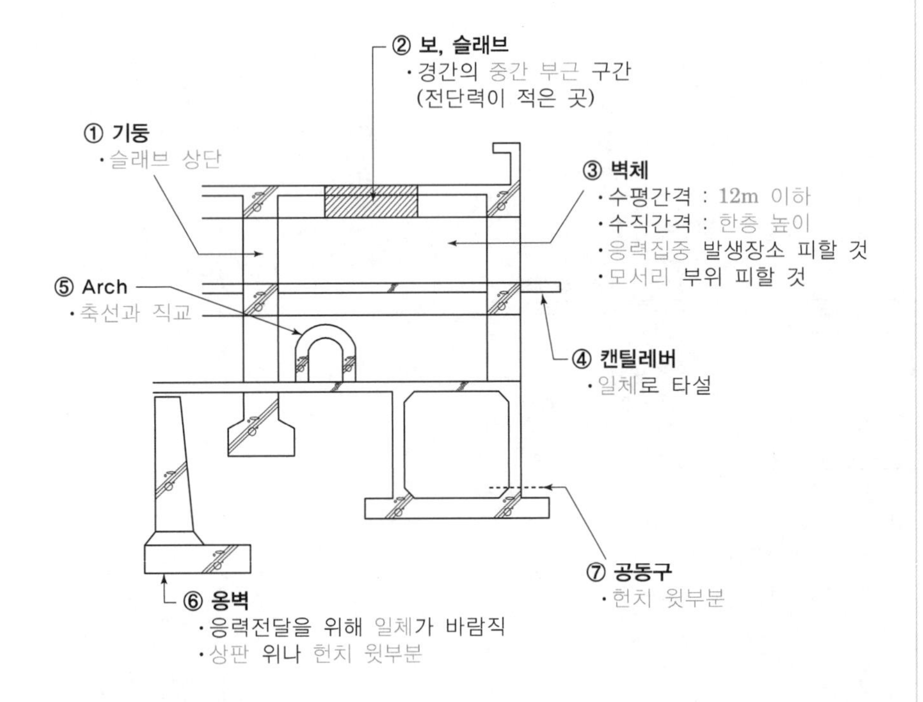

2. 이어치기의 방법

1) 연직시공이음

① 시공이음면의 거푸집을 견고하게 지지하고 이음부분의 콘크리트는 진동기로 충분히 다짐

② 구 콘크리트의 시공이음 면은 쇠솔이나 쪼아내기 등에 의하여 거칠게 하고, 수분을 충분히 흡수시킨 후에 시멘트풀, 모르타르 또는 습윤면용 에폭시수지 등을 바른 후 새 콘크리트를 타설

③ 새 콘크리트를 타설할 때는 신·구 콘크리트가 충분히 밀착되도록 잘 다짐

④ 새 콘크리트를 타설한 후 적당한 시기에 재진동 다짐

[다마가 공법]

[Metal Lath 공법]

⑤ 시공이음면의 거푸집 철거는 콘크리트가 굳은 후 되도록 빠른 시기에 실시(콘크리트를 타설하고 난 후 여름에는 4~6시간 정도, 겨울에는 10~15시간 정도)

⑥ 연직시공이음 방법: 일반적인 거푸집, Metal Lath, Pipe 등

2) 수평시공이음

① 거푸집에 접하는 선은 될 수 있는 대로 수평한 직선

② 콘크리트를 이어 칠 경우에는 구 콘크리트 표면의 레이턴스, 품질이 나쁜 콘크리트, 꽉 달라붙지 않은 골재 입자 등을 완전히 제거하고 충분히 흡수

③ 새 콘크리트를 타설하기 전에 거푸집을 바로 잡아야 하며, 새 콘크리트를 타설할 때 구 콘크리트와 밀착되게 다짐

④ 시공이음부가 될 콘크리트 면은 경화가 시작되면 되도록 빨리 쇠솔이나 잔골재 분사 등으로 면을 거칠게 하며 충분히 습윤 상태로 양생

⑤ 역방향 타설 콘크리트의 시공 시에서는 콘크리트의 침하를 고려하여 시공이음이 일체가 되도록 콘크리트의 재료, 배합 및 시공 방법을 선정

Ⅲ. Cold Joint

1. 정의

기계 고장, 휴식 시간 등의 여러 요인으로 인해 콘크리트 타설 작업이 중단됨으로써 다음 배치의 콘크리트를 이어치기할 때 먼저 친 콘크리트가 응결 혹은 경화함에 따라 일체화되지 않음으로 생기는 이음 줄눈을 말한다.

[Cold Joint]

2. 개념도

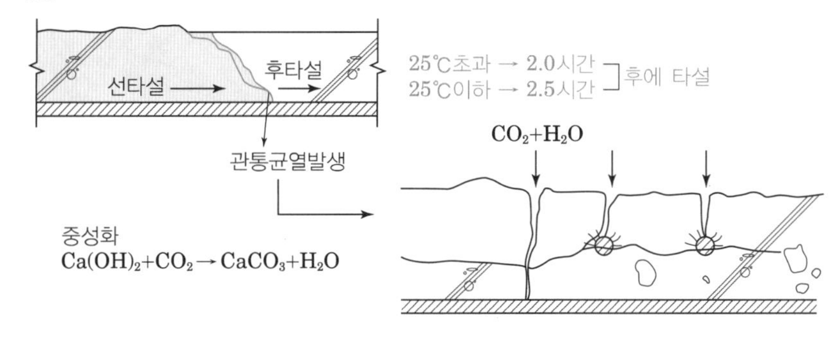

3. 콜드조인트 원인

① 여름철 콘크리트 타설계획에 대한 고려가 없을 때

② 부득이하게 콘크리트를 끊어치고 기준시간을 초과하여 타설할 때

③ 넓은 지역의 순환 타설 시 돌아오는 시간이 초과할 때

④ 장시간 운반 및 대기로 재료분리가 된 콘크리트를 사용할 때

⑤ 분말도가 높은 시멘트를 사용할 때

4. 방지대책

① 사전에 철저한 운반 및 타설계획을 수립할 것
② 이어치기 부분에 Laitance 및 취약한 콘크리트 제거 후 타설할 것
③ 타설구획의 순서를 철저히 엄수하며 타설할 것
④ 타설구획의 순서와 레미콘 배차간격을 철저히 엄수하며 타설할 것
⑤ 서중콘크리트 타설 시 응결지연제 등의 혼화제 사용을 고려할 것
⑥ 분말도가 낮은 시멘트를 사용할 것
⑦ 콘크리트 이어치기는 가능한 60분 이내에 완료하도록 계획할 것
⑧ 건식 레미콘 사용을 고려할 것

88 구조체 신축이음 또는 팽창이음(Expansion Joint)

Ⅰ. 정의

하중 및 외력에 의한 응력과 온도변화, 경화건조수축, 부동침하 등의 변형에 의한 응력이 과대해져서 건물에 유해한 장애가 예상될 경우 그것을 미연에 방지하기 위해 설치하는 Joint이다.

Ⅱ. 시공도

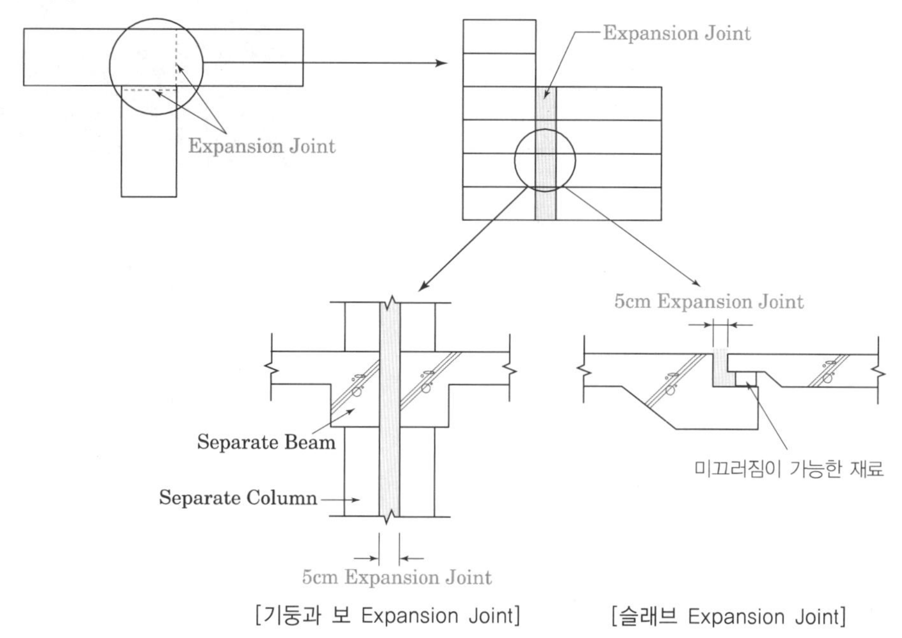

[기둥과 보 Expansion Joint] [슬래브 Expansion Joint]

[Expansion Joint]

Ⅲ. 주요 기능

① 양생 및 사용기간 중 콘크리트의 수축과 팽창이 허용
② 하중에 의한 콘크리트의 치수변화를 허용
③ 치수변화에 의해 영향 받는 부재 및 부위를 분리
④ 수축/팽창, 기초침하, 추가하중에 의한 상대처짐 및 변위를 허용

Ⅳ. 설치위치 및 간격

① 온도차이가 심한 부분
② 동일 건물에서 고층과 저층 부위가 만나는 부분
③ 기존 건물에 면하여 새로운 건물이 증축되는 경우
④ 구조물의 평면, 단면형태가 사각형이 아니면서 급격히 변하는 경우
⑤ 직접적인 열팽창을 고려하지 않을 경우 45~60m 정도
⑥ Expansion Joint 폭은 5cm 정도이며 부재의 완전 분리

89 Control Joint(수축줄눈, Dummy Joint)

Ⅰ. 정의

콘크리트 Shrinkage와 온도차로 인해 유발되는 콘크리트 인장응력에 의한 균열의 수를 경감시키거나 균열폭을 허용치 이하로 줄이는 역할을 하는 Joint이다.

Ⅱ. 시공도

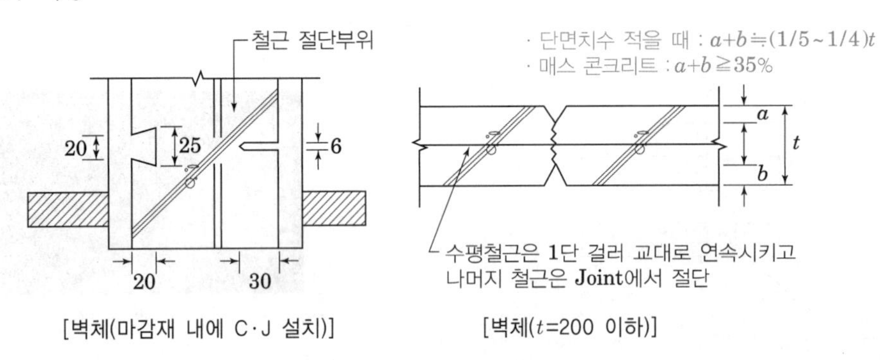

[벽체(마감재 내에 C·J 설치)] [벽체(t=200 이하)]

[Control Joint]

Ⅲ. 설치부위

① 단면상 취약한 평면
② 미관이 고려되는 부위에 단면의 변화 등으로 균열이 예상되는 곳
③ 벽체 및 Slab on Grade
④ 옹벽 및 도로
⑤ Control Joint의 깊이는 부재 두께의 1/5~1/4보다 더 적어서는 안 된다.

Ⅳ. 설치위치 및 간격

① Control Joint에 대한 명확한 규정은 없다.
② 일반적으로 Control Joint의 간격

- 벽체, Slab on Grade: 4.5~7.5m
  (첫 번째 Joint는 모서리에서 3.0~4.5m 이내 설치)
- 개구부가 많은 벽체: 6.0m 이내
- 개구부가 없는 벽체: 7.5m 이내
  (각 모서리에서는 1.5~4.5m 이내 설치)
- 높이 3.0~6.0m인 벽체는 높이를 Joint 간격으로 사용
- 수평, 수직 Joint비는 1 : 1(최적), 1.5 : 1(최대)

90 콘크리트 균열 유발줄눈의 유효 단면 감소율

Ⅰ. 정의

균열 유발줄눈이란 온도균열 및 콘크리트의 수축에 의한 균열을 제어하기 위해서 구조물의 길이 방향에 일정 간격으로 단면 감소 부분을 만들어 그 부분에 균열이 집중되도록 하고, 나머지 부분에서는 균열이 발생하지 않도록 하여 균열이 발생한 위치에 대한 사후 조치를 쉽게 하기 위한 이음으로 단면 감소율은 35% 이상이어야 한다.

Ⅱ. 유효 단면 감소율

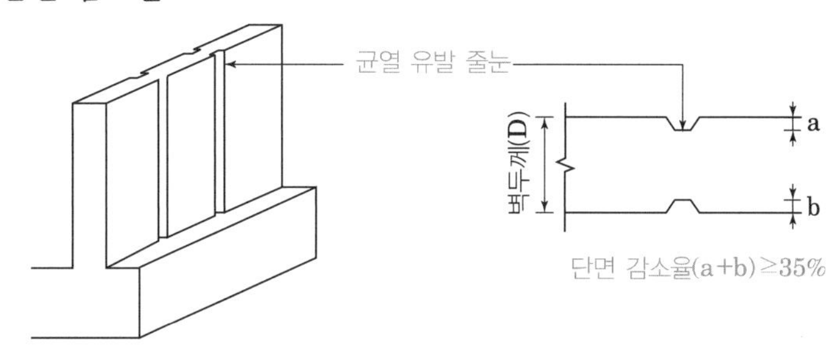

[균열유발줄눈]

Ⅲ. 균열유발줄눈의 설치 목적

① 온도균열을 제어
② 일정한 간격으로 균열을 유도
③ 건축물의 외관 보호
④ 균열제어에 따른 내구성 증진

Ⅳ. 시공 시 유의사항

① 확실한 균열발생을 유도하기 위해 단면 감소율을 35% 이상
② 수축이음의 위치는 구조물의 내력에 영향을 미치지 않는 곳에 설치
③ 설치간격은 4~5m 정도를 기준으로 하지만, 구조물의 치수, 철근량, 타설 온도, 타설방법 등을 고려하여 결정
④ 균열유발부의 누수 및 철근의 부식 등에 대한 사전대책을 강구
⑤ 균열유발줄눈의 설치 후에도 적당한 보수
⑥ 균열유발줄눈으로 구조상의 취약부가 될 우려가 있으므로 구조형식 및 위치 등을 잘 선정

91 Slip Joint

Ⅰ. 정의

보통 조적벽체와 콘크리트 슬래브의 접합부위는 온도, 습도 또는 환경의 차이로 인하여 각각의 움직임이 다르므로 이에 대응하기 위해 설치하는 Joint이다.

Ⅱ. 시공도

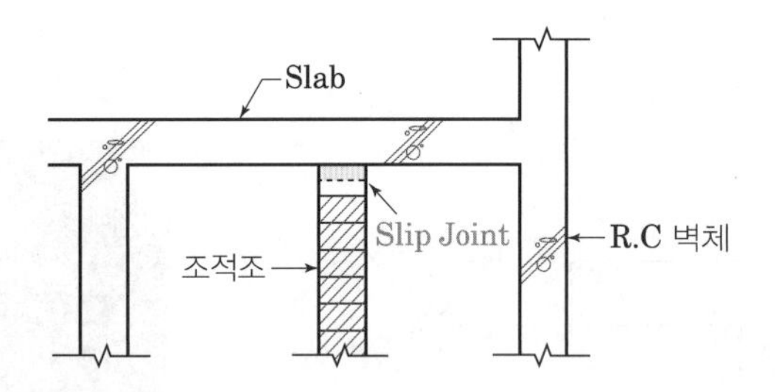

Ⅲ. 재료

① Bearing Pad(2겹 보강지)
② 그리스칠 된 2겹 Steel Plate
③ 매끄러운 플래싱
④ 루핑 펠트지

Ⅳ. 특성

① 상호 이질재가 맞닿은 면에 설치
② 온도변화에 따른 수축, 팽창에 대한 균열방지
③ 부재의 뒤틀림 등으로 인한 균열방지
④ 환경 영향으로 인한 부재의 변형에 따른 균열방지
⑤ 상호 이질재의 미끄럼 역할

Ⅴ. 시공 시 유의사항

① 상호 이질재의 완전분리가 될 수 있도록 한다.
② 줄눈의 위치 및 간격을 준수한다.
③ 시공부위의 청소를 철저히 한다.
④ 줄눈 설치부위의 수평유지를 철저히 한다.

92 Sliding Joint

Ⅰ. 정의

슬래브나 보가 자유롭게 미끄러지게 한 것으로서 슬래브나 보의 구속응력을 해제하여 균열을 방지하기 위한 Joint이다.

Ⅱ. 시공도

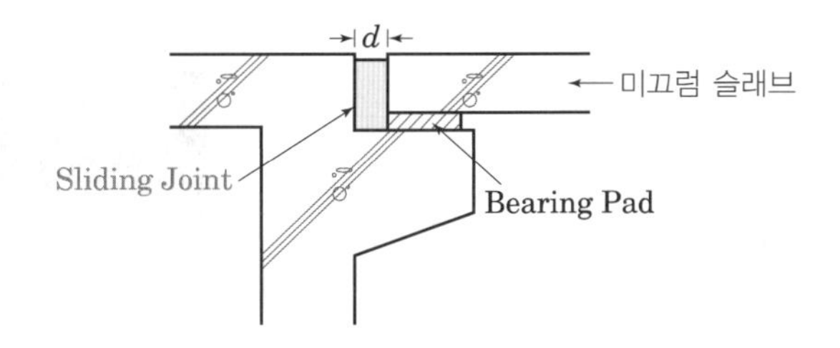

Ⅲ. 재료

① 아연판, 동판
② Steel Plate
③ 스테인리스판
④ Neoprene Pad

Ⅳ. 특성

① 온도변화에 따른 수축, 팽창에 대한 구조체의 변화를 흡수
② 상호 재질의 미끄럼 역할
③ 상호 재질의 맞닿은 면에 설치

Ⅴ. 시공 시 유의사항

① 상호 재질의 완전분리가 될 수 있도록 한다.
② 줄눈의 간격(d)은 부재의 크기에 따라 다르다.
③ 시공부위의 청소를 철저히 한다.
④ Bearing Pad의 수평 유지를 철저히 한다.
⑤ Steel Plate를 사용할 경우에는 반드시 그리스칠을 한다.

[63,67,80,122회]

93 Delay Joint(Shrinkage Strip, 지연 조인트)

Ⅰ. 정의

콘크리트 타설 후 발생하는 Shrinkage 응력과 균열을 감소시킬 목적으로 슬래브 및 벽체의 일부구간을 비워놓고 4주 후에 콘크리트를 타설하는 임시 Joint이다.

Ⅱ. 시공도

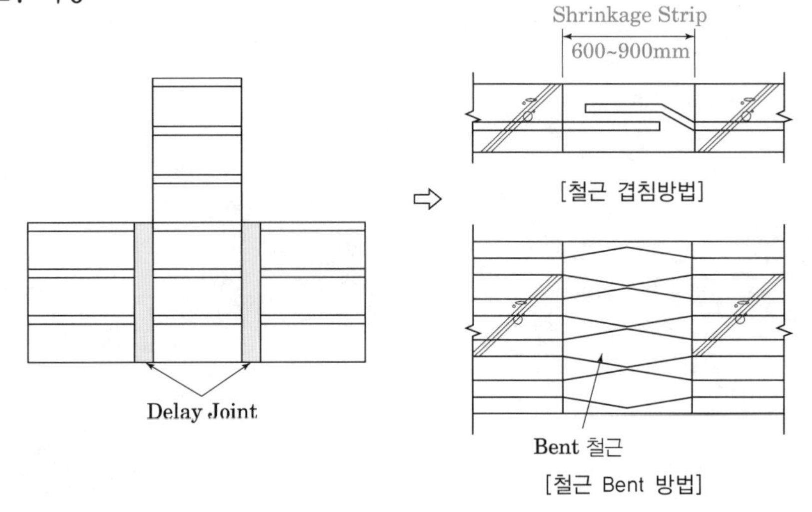

[철근 겹침방법]

[철근 Bent 방법]

[Delay Joint]

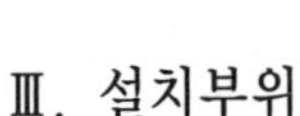

Ⅲ. 설치부위

① Massive한 구조물
② 두께가 얇은 벽체 및 슬래브

Ⅳ. Joint 간격 및 위치

① 슬래브는 30~45m 간격에 폭 1m 정도
② 수직부재는 30m 간격에 폭은 60cm 정도
③ Shrinkage Strip 폭은 60~90cm
④ 큰 기둥이나 RC조 벽체가 Shrinkage 방향과 나란하면 간격을 좀 더 짧게 한다.
⑤ Shrinkage Strip은 전체 건물을 가로질러서 설치한다.
⑥ Shrinkage Strip을 가로지르는 철근은 연속되어야 한다.
⑦ 타설 부위를 일정구간으로 나누어(약 7.5m 간격) 교대로 타설하는 것도 가능하다.

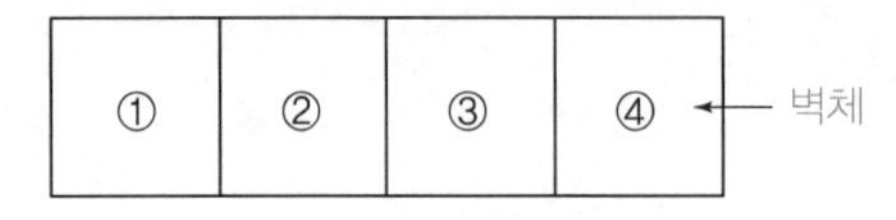

타설순서 : ① + ③ ⇒ ② + ④

94 콘크리트 자기수축

Ⅰ. 정의

시멘트의 수화 반응에 의해 콘크리트, 모르타르 및 시멘트풀의 체적이 감소하여 수축하는 현상으로 물질의 침입이나 이탈, 온도변화, 외력, 외부구속 등에 기인하는 체적변화는 포함하지 않는다.

Ⅱ. 자기수축의 Mechanism

[자기수축의 특성]
- 시멘트풀 등의 체적 감소에 의해 발생
- 콘크리트 내부의 상대습도가 감소
- 고강도 콘크리트의 온도균열 발생을 검토할 때 반드시 자기수축의 영향을 검토
- 매스 콘크리트에서는 건조수축이 자기수축에 포함 됨

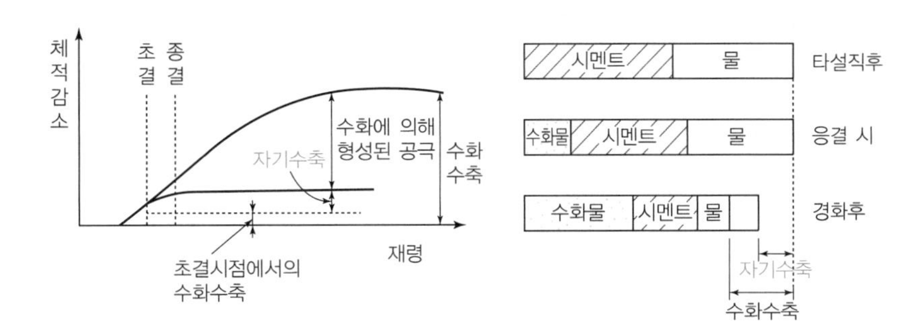

Ⅲ. 자기수축에 영향을 미치는 요인

① 시멘트: 자기수축의 크기는 저열 시멘트 〈 중용열 시멘트 〈 보통 시멘트 〈 조강 시멘트
② 배합: 물-결합재비가 작을수록 자기수축이 커진다.
③ 혼화재료: 슬래그, 실리카퓸은 자기수축이 커지나, 플라이 애시는 감소한다.
④ 양생방법: 초기 콘크리트 온도가 높을수록 자기수축이 커진다.

Ⅳ. 자기수축의 저감대책

① 저열 시멘트 등 수화열이 적은 시멘트 사용
② 팽창재, 수축저감제 등 혼화제 사용
③ 치환율 20~30%의 플라이 애시 사용
④ 배합설계의 최적화
⑤ 고강도 콘크리트는 Belite계 시멘트 사용

95 소성수축균열(콘크리트의 플라스틱 수축균열)

Ⅰ. 정의

넓은 바닥 슬래브 등의 타설된 콘크리트가 건조한 바람이나 고온·저습한 외기에 노출되어 수분증발 속도가 블리딩 속도보다 빠를 때 표면의 콘크리트가 유동성을 잃어 인장강도가 적기 때문에 발생되는 균열을 말한다.

Ⅱ. 균열발생 위치

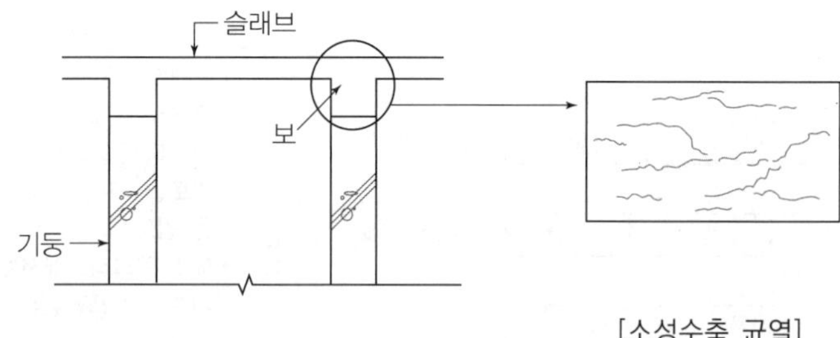

[소성수축 균열]

[소성수축 균열]

Ⅲ. 균열발생 시기

① 노출면이 넓은 슬래브와 같은 구조부재에서 타설 직후 발생
② 콘크리트 양생이 시작되기 전이나 마감시작 직전에 발생
③ 콘크리트 타설 후 건조한 외기에 노출될 경우 표면의 수분증발로 수축현상으로 발생
④ 거푸집 조기해체 후 급격한 수분증발로 발생 : 그물코 형태

Ⅳ. 균열원인

① 콘크리트 표면의 수분증발
② 거푸집의 수밀성이 부족하여 수분의 손실
③ 상대습도가 낮을 경우
④ 외기온도가 높을 경우
⑤ 콘크리트 온도가 높을 경우
⑥ 풍속이 강할 경우

Ⅴ. 방지대책

① 콘크리트 타설 초기에 바람에 직접 노출되지 않도록 조치한다.
② 콘크리트 타설 초기에 직사광선에 직접 노출되지 않도록 조치한다.
③ PE 필름 등으로 수분의 증발을 방지한다.
④ 부직포 등을 깔고 스프링클러를 사용하여 습윤양생을 실시한다.
⑤ 표면마감 후에는 표면을 덮어서 보양한다.
⑥ 풍속을 줄이기 위한 방풍설비나 표면온도를 낮추기 위한 차양설비를 설치한다.

96 소성수축균열 발생 시 현장 관리방안

Ⅰ. 정의

넓은 슬래브 등의 타설된 콘크리트가 건조한 바람이나 고온·저습한 외기에 노출되어 수분증발속도가 블리딩속도보다 빠를 때 표면의 콘크리트가 유동성을 잃어 발생하는 균열을 말한다.

Ⅱ. 소성수축균열 발생 시 현장 관리방안

1. 차광막, 방풍막

햇빛과 바람으로부터 노출되지 않게 조치

2. 습윤보양

PE필름보양 및 살수보양

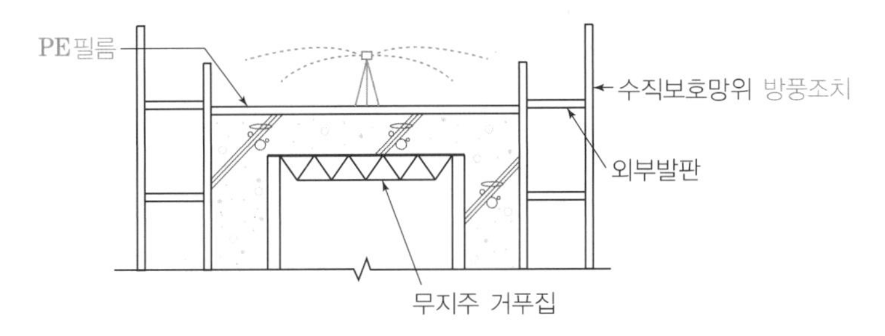

[스프링쿨러양생]

3. Tamping

침하균열을 나무, 흙손 등으로 두들겨 균열방지

[피막양생]

4. 피막양생

Tamping작업 후 피막양생재 도포

5. 표면처리(미세균열)

미세균열 처리 철저

6. 주입공법(경화 후)

경화후 균열정도가 심할때는 주입공법 등으로 균열보수작업 실시

97 콘크리트 침하균열(Settlement Crack)

Ⅰ. 정의

콘크리트를 타설하고 마감작업이 종료된 후에도 콘크리트는 자중에 의하여 계속 침하되는 경향이 있는데, 이때 철근이나 거푸집 및 골재의 하부에 블리딩수가 모이거나 공극이 발생되어 상부에 인장응력이 생겨 발생하는 균열이다.

Ⅱ. 개념도

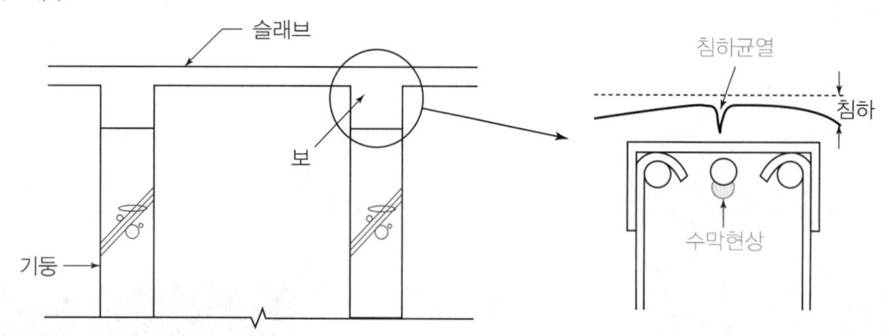

[소성침하균열]

Ⅲ. 균열발생시기 및 형태

① 콘크리트 다짐과 마무리가 끝난 후 발생
② 콘크리트 타설 후 1~3시간 사이에 발생
③ 철근 상부의 종방향의 균열형태
④ 균열 폭은 1mm 이상일 수도 있으나 깊이는 대체로 작음

Ⅳ. 균열원인

① 철근 직경이 클 경우
② 슬럼프가 클 경우
③ 진동다짐이 충분하지 않을 경우
④ 철근 피복두께가 작을 경우

Ⅴ. 방지대책

① 콘크리트의 침하가 완료되는 시간까지 타설간격을 조정한다.
② 충분한 다짐과 재진동을 한다.
③ 거푸집의 정확한 설계를 한다.
④ 수직부재일 경우 1회의 콘크리트 타설 높이를 낮춘다.
⑤ 가능한 한 낮은 슬럼프의 콘크리트를 사용한다.
⑥ 철근직경이 작은 철근을 사용한다.

98 콘크리트 타설시 발생하는 침하균열의 예방법과 콘크리트 타설 시 진동다짐방법 KCS 14 20 10

Ⅰ. 정의

소성침하균열은 콘크리트를 타설하고 마감작업이 종료된 후에도 콘크리트는 자중에 의하여 계속 침하되는 경향이 있는데, 이때 철근이나 거푸집 및 골재의 하부에 블리딩 수가 모이거나 공극이 발생되어 상부에 인장응력이 생겨 발생하는 균열이며, 철저한 시공계획으로 세워서 콘크리트를 타설한다.

Ⅱ. 침하균열의 개념도

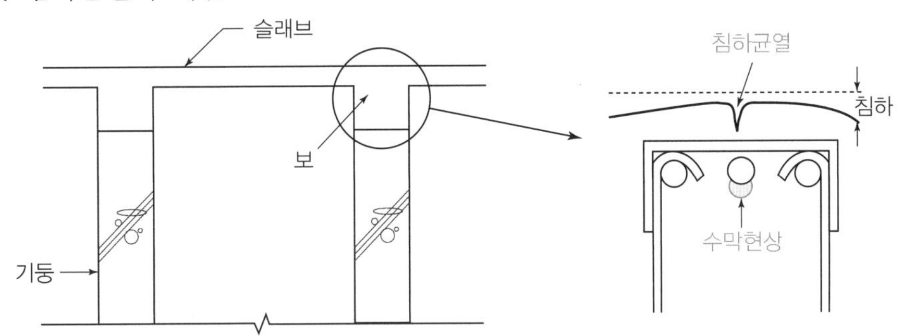

[침하균열]

Ⅲ. 침하균열의 예방법

① 벽 또는 기둥의 콘크리트 침하가 거의 끝난 다음 슬래브, 보의 콘크리트를 타설
② 콘크리트가 굳기 전에 발생한 경우에는 즉시 다짐이나 재 진동을 실시
③ 콘크리트의 침하가 완료되는 시간까지 타설 간격을 조정
④ 거푸집의 정확한 설계
⑤ 수직부재일 경우 1회의 콘크리트 타설 높이를 낮춘다.
⑥ 가능한 한 낮은 슬럼프의 콘크리트를 사용
⑦ 철근직경이 작은 철근을 사용

Ⅳ. 진동다짐방법

1) 콘크리트 다지기에는 내부진동기의 사용을 원칙
2) 얇은 벽 등 내부진동기의 사용이 곤란한 장소에서는 거푸집 진동기를 사용
3) 콘크리트는 타설 직후 바로 충분히 다져서 밀실한 콘크리트가 될 것
4) 거푸집 판에 접하는 콘크리트는 되도록 평탄한 표면이 얻어지도록 타설하고 다질 것
5) 내부진동기의 사용 방법
   ① 내부진동기를 하층의 콘크리트 속으로 0.1m 정도 찔러 넣는다.
   ② 내부진동기는 연직으로 찔러 넣는다.

③ 내부진동기 삽입간격은 0.5m 이하

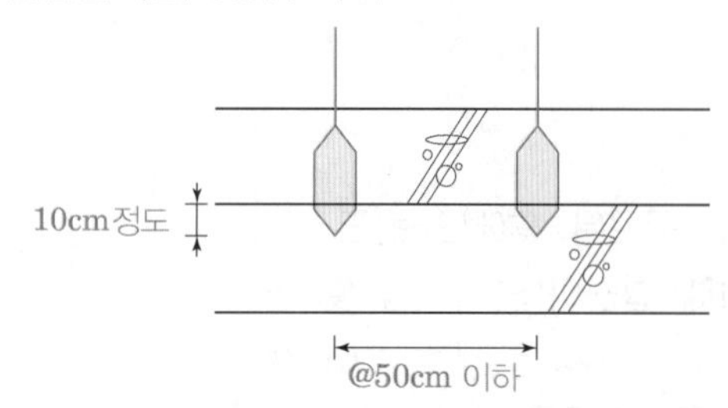

④ 1개소당 진동 시간은 다짐할 때 시멘트풀이 표면 상부로 약간 부상하기까지로 한다.

⑤ 내부진동기는 콘크리트로부터 천천히 빼내어 구멍이 남지 않도록 한다.

⑥ 내부진동기는 콘크리트를 횡방향으로 이동시킬 목적으로 사용 금지

⑦ 진동기의 형식, 크기 및 대수는 1회에 다짐하는 능력 등을 고려하여 선정

6) 거푸집 진동기는 거푸집의 적절한 위치에 단단히 설치

7) 재 진동을 할 경우에는 콘크리트에 나쁜 영향이 생기지 않도록 초결이 일어나기 전에 실시

99 콘크리트 건조수축균열

Ⅰ. 정의

콘크리트의 수분증발로 인해 체적이 감소하는 것으로, 즉 수화반응에 필요한 물 이외의 과잉수가 증발될 때 콘크리트 체적이 감소하면서 인장응력이 발생하며 콘크리트의 인장강도보다 클 경우 발생하는 균열이다.

Ⅱ. 개념도

① 구속되지 않는 경우 ② 구속되는 경우

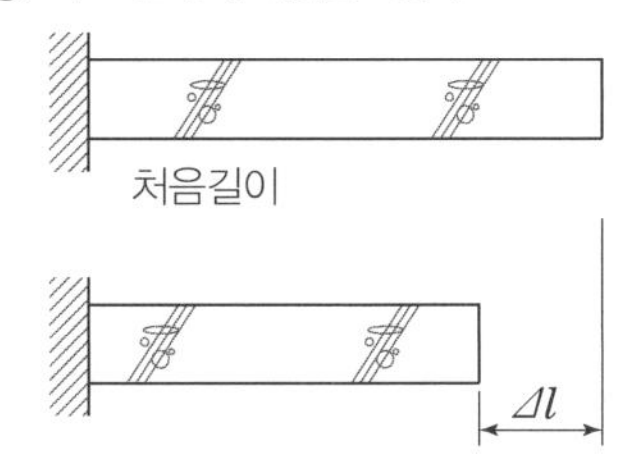

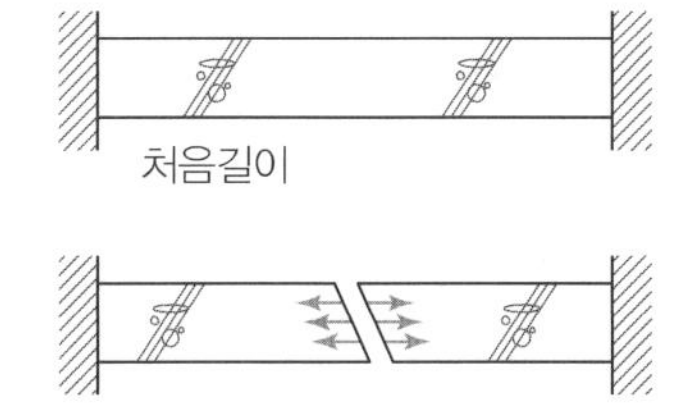

[건조수축균열]

Ⅲ. 건조수축의 영향요인

① 분말도가 큰 시멘트의 사용
② 흡수율이 큰 골재 사용
③ 염화칼슘의 사용
④ 단위수량이 많고, 물-결합재비가 클 때, 단위시멘트량이 많고, 잔골재율이 클수록
⑤ 부재단면의 치수가 클수록
⑥ 온도가 높고, 습도가 낮을수록

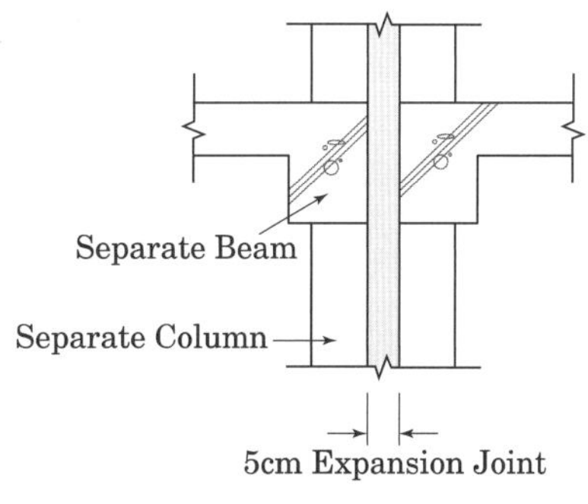

[기둥과 보 Expansion Joint]

Ⅳ. 방지대책

① 적절한 분말도의 확보(2,800~3,200cm^2/g)
② 팽창 Cement 사용
③ 굵은골재의 혼입량을 가능한 한 크게 할 것
④ AE제, 감수제 등 혼화제의 사용
⑤ 물-결합재비를 적게 할 것
⑥ 철근을 적당한 간격으로 배근하고 온도철근을 보강할 것
⑦ 적절한 간격으로 신축이음을 설치할 것
⑧ 콘크리트 타설 시 가수금지할 것

[86회]

100 사인장 균열

KBC 2016 건축구조기준

Ⅰ. 정의

주로 콘크리트 구조물에서 전단력에 의해 발생되는 전단균열로 경사진 균열이며, 보통 콘크리트 부재의 인장 연단에서부터 발생하여 부재축에 대해서 약 45°경사를 이루는 것을 말한다.

Ⅱ. 개념도

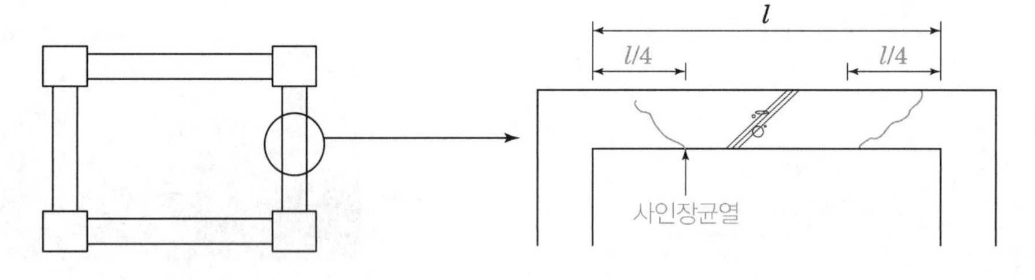

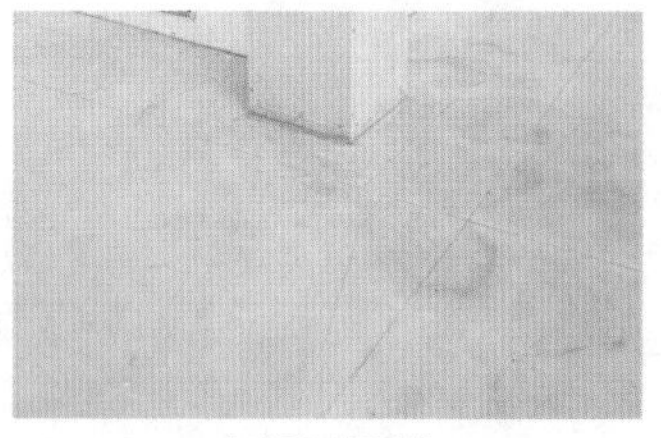

[사인장균열]

Ⅲ. 사인장 균열의 발생원인

① 콘크리트의 전단응력 부족
② 전단 보강용 철근(스터럽)량의 부족
③ 콘크리트 상부의 과하중

Ⅳ. 스터럽의 배근방법

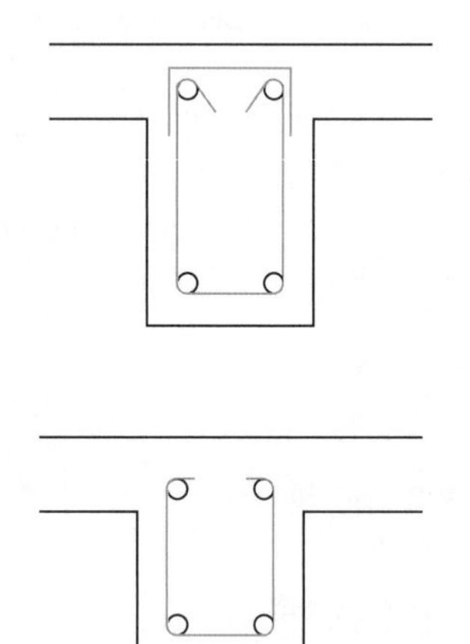

1. 폐쇄형 스터럽

① 전단과 비틀림을 동시에 받는 보
② 내진설계 적용대상인 경우

2. 개방형 스터럽

① 덮개 철근(Cap Tie)가 필요없는 보
② 비틀림의 영향이 없고 전단에 의하여 배근이 되는 보
③ 내진설계 적용대상이 아닌 경우

Ⅴ. 스터럽(전단철근) 간격

1. 비 내진구조

① 철근콘크리트부재인 경우 $d/2$ 이하
② 프리스트레스트콘크리트 부재일 경우 $0.75h$ 이하
③ 어느 경우이든 600mm 이하

2. 내진구조

① 보 부재의 양단에서 지지부재의 내측 면부터 경간 중앙으로 향하여 보 깊이의 2배 길이 구간에는 후프철근을 배치

② 첫 번째 후프철근은 지지 부재면부터 50mm 이내의 구간에 배치

③ 후프철근의 최대간격

- $d/4$
- 감싸고 있는 종방향 철근의 최소 지름의 8배
- 후프철근 지름의 24배
- 300mm 중 가장 작은 값 이하

101 철근콘크리트 할렬균열

Ⅰ. 정의

철근콘크리트 공사에서 인장철근의 철근 피복두께 및 철근 순간격이 공사시방서 기준의 최솟값 이하가 될 때 인장철근 주위에서 콘크리트가 철근을 따라 철근배근 방향 또는 콘크리트 외부 방향으로 생기는 균열을 말한다.

Ⅱ. 철근콘크리트 할렬균열

1. 철근 피복두께 미확보

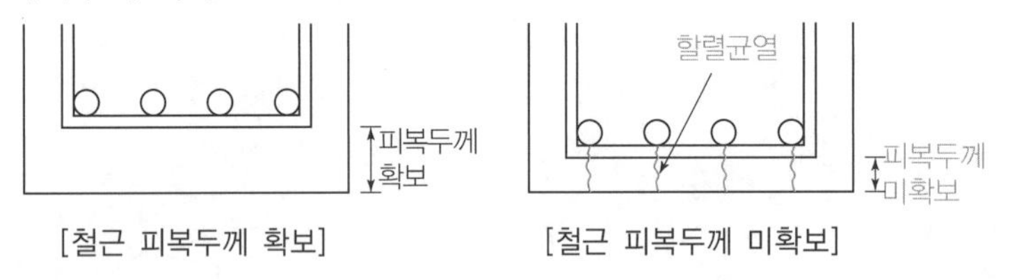

[철근 피복두께 확보] [철근 피복두께 미확보]

[할렬균열]

2. 철근 순간격 미확보

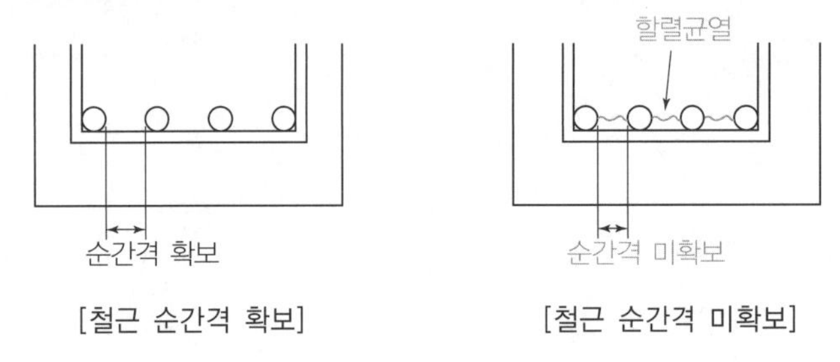

[철근 순간격 확보] [철근 순간격 미확보]

Ⅲ. 발생원인

① 철근 피복두께 미확보
② 철근 순간격 미확보
③ 과도한 집중하중이 작용하는 곳
④ 철근콘크리트의 경우에는 주철근의 부착응력으로 부족
⑤ PSC 거더의 정착부 근처에서 철근상세가 적절하지 않을 경우

Ⅳ. 방지대책

① 철근 피복두께를 공사시방서 기준에 적합하도록 시공
② 철근 순간격 기준 준수
③ 할렬을 억제하는 횡방향 철근 배치
④ 섬유보강재 첨가 등 콘크리트 인장강도 증대
⑤ 콘크리트 압축강도를 증가하여 최대부착응력을 증가

102 블리딩(Bleeding)

Ⅰ. 정의

굳지 않은 콘크리트에서 고체 재료의 침강 또는 분리에 의하여 콘크리트에서 물과 시멘트 혹은 혼화재의 일부가 콘크리트 윗면으로 상승하는 현상을 말한다.

Ⅱ. 발생원인

① 과다한 물-결합재비
② 반죽질기가 클수록

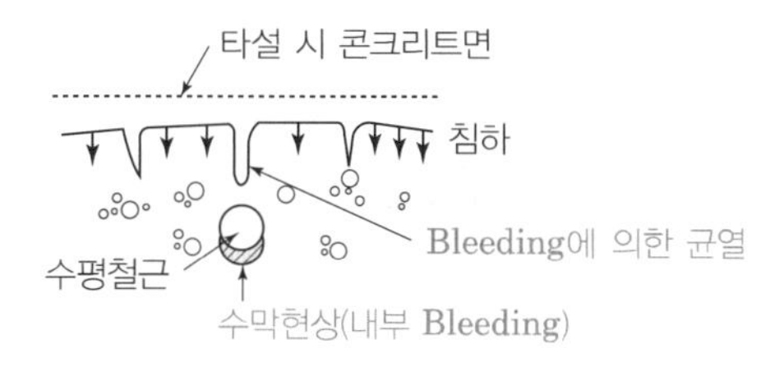

[블리딩]

Ⅲ. 문제점

① 철근하부의 수막현상으로 부착력이 약하여 콘크리트의 강도 및 내구성 저하
② 콘크리트의 수밀성 감소
③ 블리딩에 의한 초기침강 및 균열발생
④ 블리딩에 의한 Water Gain 및 Laitance 발생
⑤ 콘크리트 표면 마감작업의 저해 및 표면 마모성의 저하

Ⅳ. 방지대책

① 단위수량을 적게 하고 된비빔콘크리트로 한다.
② 가능한 물-결합재비를 적게 하고 적정한 혼화제를 사용한다.
③ 거푸집의 이음부위를 철저히 하여 시멘트 페이스트의 유출을 방지한다.
④ 1회 타설높이를 적게 하고 과도한 다짐을 피한다.

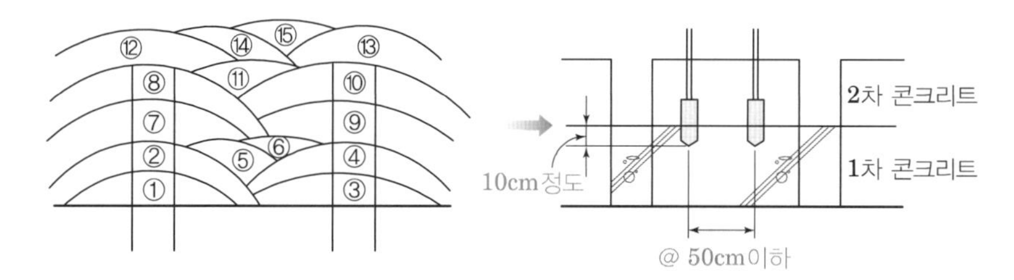

⑤ 타설속도를 너무 빠르게 하지 않고 적정하게 한다.

103 Water Gain 현상

Ⅰ. 정의

미경화 콘크리트에 있어서 물이 상승하여 표면에 고이는 현상을 Water Gain 현상이라 하며 Bleeding 현상에 의해 발생한다.

Ⅱ. 개념도

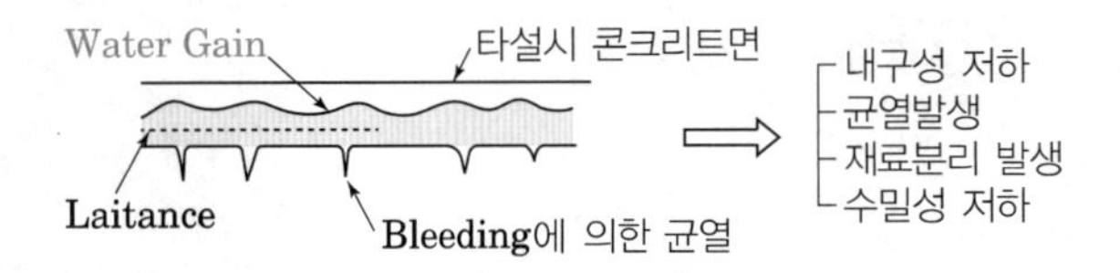

[Water Gain]

Ⅲ. 원인

① 단위수량이 클수록
② 물-결합재비가 클수록
③ 타설높이가 클수록
④ 반죽 질기가 클수록

Ⅳ. 대책

① 적정 혼화제 사용으로 물-결합재비 적게 사용
② 된비빔콘크리트 사용
③ 1회 타설높이를 적게 하고 과도한 다짐 방지
④ 조강시멘트 사용시 응결이 빨라 Water Gain 현상이 적음

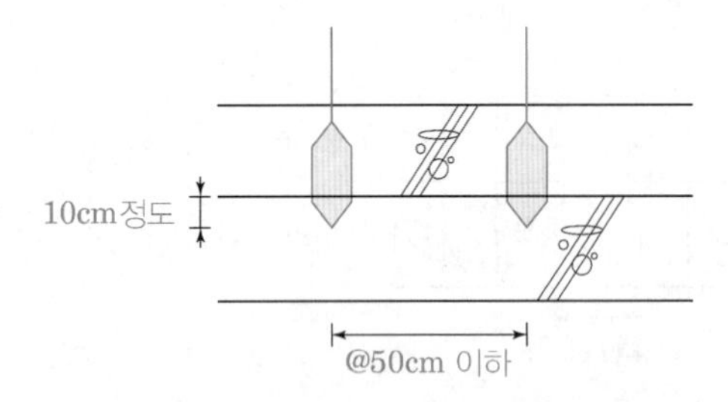

104 레이턴스(Laitance)

Ⅰ. 정의

콘크리트 타설 후 블리딩에 의해 부유물과 함께 내부의 미세한 입자가 부상하여 콘크리트의 표면에 형성되는 경화되지 않은 층을 말한다.

Ⅱ. 발생원인

① 과다한 물-결합재비
② 반죽질기가 클수록
③ 단위수량이 많을수록

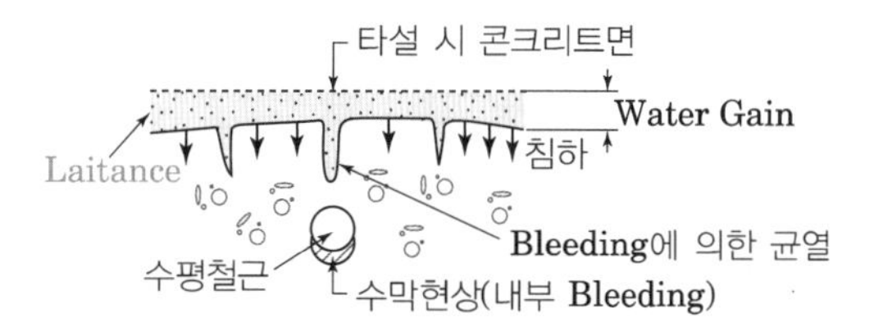

[레이턴스]

Ⅲ. 문제점

① 이어치기 부분의 부착강도 저하
② 이어치기 부분의 콜드조인트 발생
③ 콘크리트 표면 마감작업의 저해 및 표면 마모성의 저하
④ 콘크리트 구조체의 내구성 저하
⑤ 철근부식 및 중성화의 요인

Ⅳ. 방지대책

① 이어치기 부분에 워트제트, 압축공기 및 샌드블라스팅으로 레이턴스를 철저히 제거한다.
② 단위수량을 적게 하고 된비빔콘크리트로 한다.
③ 가능한 물-결합재비를 적게 하고 적정한 혼화제를 사용한다.
④ 거푸집의 이음부위를 철저히 하여 시멘트 페이스트의 유출을 방지한다.
⑤ 1회 타설높이를 적게 하고 과도한 다짐을 피한다.

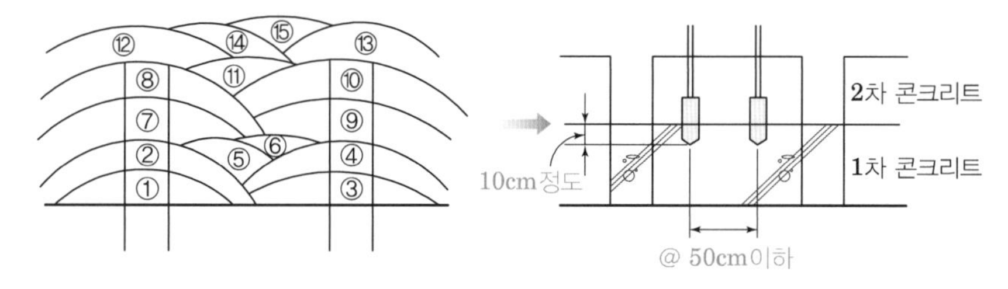

⑥ 타설속도를 너무 빠르게 하지 않고 적정하게 한다.

105 콘크리트의 수분 증발률

Ⅰ. 정의

콘크리트의 수분 증발률이 1시간당 1kg/m²·h 이상 또는 증발량이 Bleeding 량을 초과하면 표면의 균열발생이 발생하므로 내구성이 요구되거나 미세 균열을 허용치 않는 수밀 콘크리트 타설 시 수분 증발률 관리를 철저히 하여야 한다.

Ⅱ. 수분 증발률의 사용법 및 실례

① 현장의 대기온도와 상대습도를 측정 후 좌측의 표에서 찾는다.
② 양생 중인 콘크리트의 온도를 측정한 후 우측상단의 표에 대입한다.
③ 현장의 풍속을 측정하여 우측하단의 표에 대입한다.
④ 표의 좌측에 표기된 수분 증발률을 확인한다.

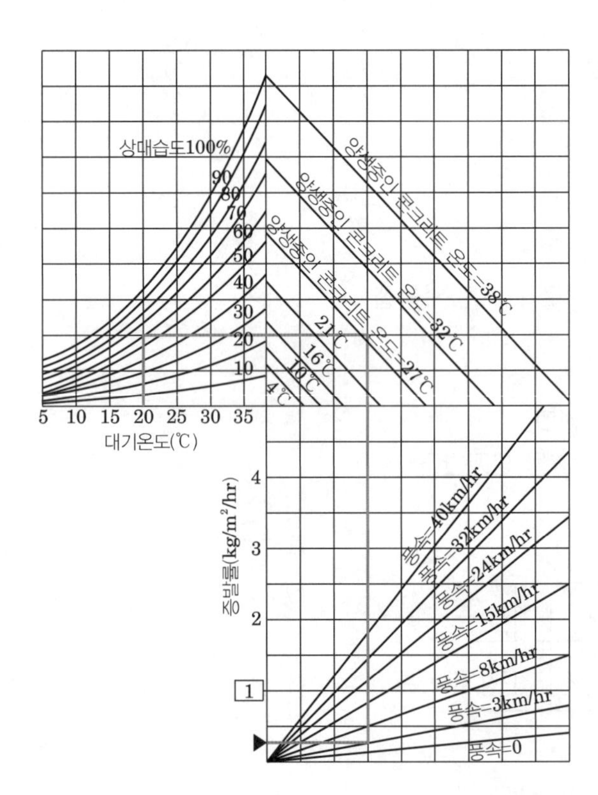

*실례
①대기온도 : 20℃
②습도 : 50%
③콘크리트 양생온도 : 27℃
④풍속 : 3km/h
⇒ 수분증발률 : 0.25kg/m² ·h

[수분 증발률의 간이측정방법]
(1) 구조물의 시공위치에 상·하부 면적이 같은 팬에 물을 가득 채운다.
(2) 콘크리트 타설 직전 팬과 물의 중량을 측정한다.
(3) 15분 또는 20분 간격으로 중량을 측정한다.
(4) 위의 (2),(3)의 중량 차이를 산정한다.
(5) 중량 차이를 1시간 단위로 환산한다.
(6) 1시간 단위로 환산한 것을 1m²에 대하여 환산한다.

106 콘크리트 염해

Ⅰ. 정의

콘크리트 중의 염화물이나 대기 중의 염화물이 침입하여 철근을 부식시켜 구조물에 손상을 입히는 현상이다.

Ⅱ. 염화물 함유량 한도

해사	천연골재(잔골재) : 염분(NaCl)의 한도가 0.04% 이하
혼합수	염소이온량(Cl^-)으로 0.04kg/m^3 이하
콘크리트	염소이온량(Cl^-)으로 0.3kg/m^3 이하

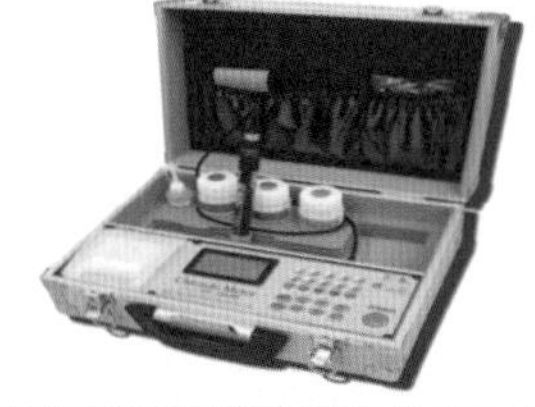

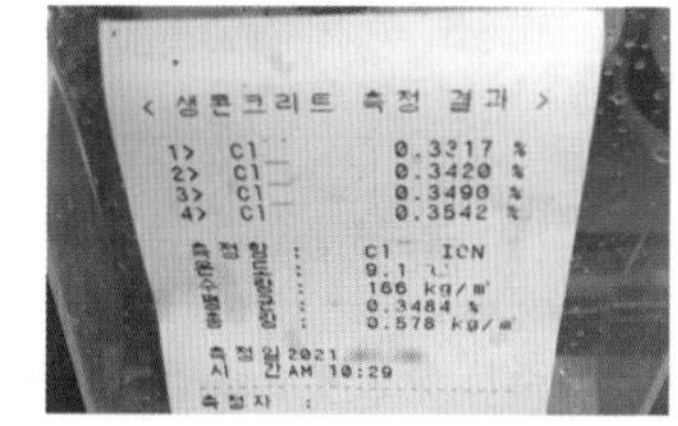

[염화물 함유량 시험]

Ⅲ. 염화물이 콘크리트에 미치는 영향

① 염화물이 침투하여 염소이온량의 증가로 부동태막이 파괴되어 철근부식을 초래
② 시멘트의 수화반응을 촉진
③ 콘크리트 장기강도의 저하
④ 균열발생으로 인한 내구성 저하

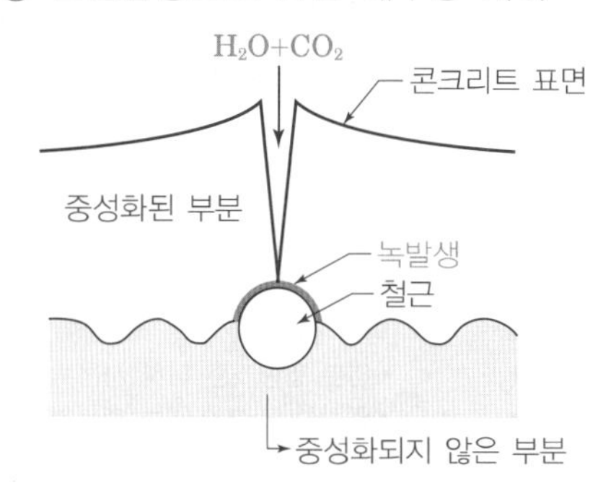

[장시일을 경과한 철근콘크리트 단면의 모형]

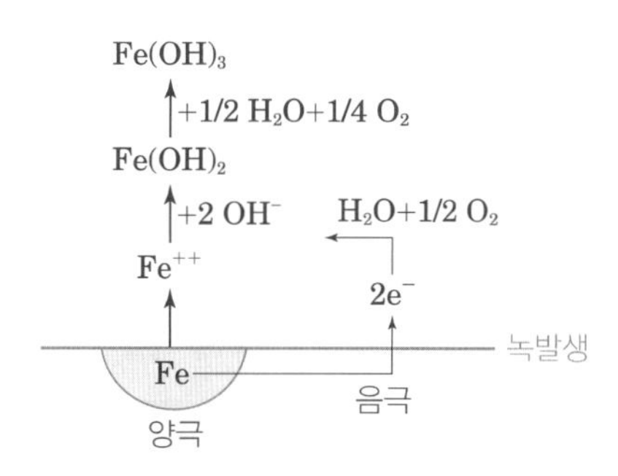

[철근부식의 Mechanism]

Ⅳ. 염해 대책

① 염분 함량기준 이하 사용
② 염기성 모래(해사)는 충분히 세척 후 사용
③ 염해에 강한 시멘트 및 혼화제 등 사용
④ 해사와 강모래를 혼합하여 염분 함량기준을 저하
⑤ 철근 피복두께 확보
⑥ 에폭시 도막철근 사용
⑦ 방청제를 콘크리트에 혼합하여 사용

107 콘크리트 염분 함량기준

KCS 14 20 10

Ⅰ. 정의

콘크리트 중의 염화물이나 대기 중의 염화물이 침입하여 철근을 부식시켜 구조물에 손상을 초래하므로 염분 함량기준 이하가 되도록 관리를 하여야 한다.

Ⅱ. 염분 함량기준

1. 염화물 함유량

구분	염화물 함유량
해사	천연골재(잔골재) : 염분(NaCl)의 한도가 0.04% 이하
혼합수	염소이온량(Cl^-)으로 0.04kg/m^3 이하
굳지 않은 콘크리트	염소이온량(Cl^-)으로 0.3kg/m^3 이하

주1) 혼합수로 사용하고 염소이온량이 불분명한 경우 염소이온량을 250㎎/L로 가정 가능
2) 방청에 유효한 조치를 취한 후 책임기술자의 승인을 얻은 경우 염화물 함유량을 0.60kg/m^3 이하 가능
3) 무근콘크리트의 경우는 미 적용

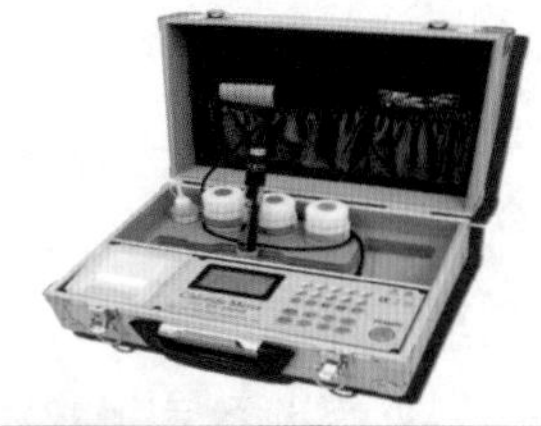

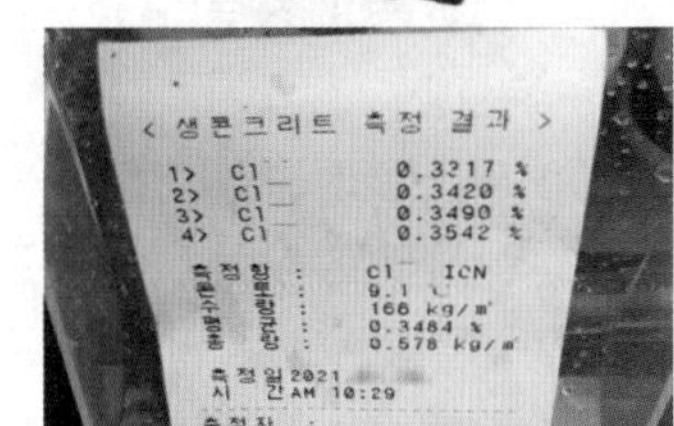

[염화물 함유량 시험]

2. 28일 경과한 굳은 콘크리트의 수용성 염소 이온량

항목		노출범주 및 등급				
		일반	EC (탄산화)	ES (해양환경, 제설염 등 염화물)	EF (동결 융해)	EA (황산염)
수용성 염소이온량 (결합재 중량비%)	철근콘크리트	1.00	0.30	0.15	0.30	0.30
	PS콘크리트	0.06	0.06	0.06	0.06	0.06

[방지대책]
- 염분 함량기준 이하 사용
- 염기성 모래(해사)는 충분히 세척 후 사용
- 염해에 강한 시멘트 및 혼화제 등 사용
- 해사와 강모래를 혼합하여 염분 함량기준을 저하
- 철근 피복두께 확보
- 에폭시 도막철근 사용
- 방청제를 콘크리트에 혼합하여 사용

108 해사의 제염(制鹽)방법

Ⅰ. 정의

콘크리트 중의 염화물이나 대기 중의 염화물이 침입하여 철근을 부식시켜 구조물에 손상을 초래하므로 해사의 제염방법으로 염분 함량기준 이하가 되도록 관리를 하여야 한다.

Ⅱ. 염분 함량기준(염화물 함유량)

구분	염화물 함유량
해사	천연골재(잔골재) : 염분(NaCl)의 한도가 0.04% 이하
혼합수	염소이온량(Cl^-)으로 0.04kg/m^3 이하
굳지 않은 콘크리트	염소이온량(Cl^-)으로 0.3kg/m^3 이하

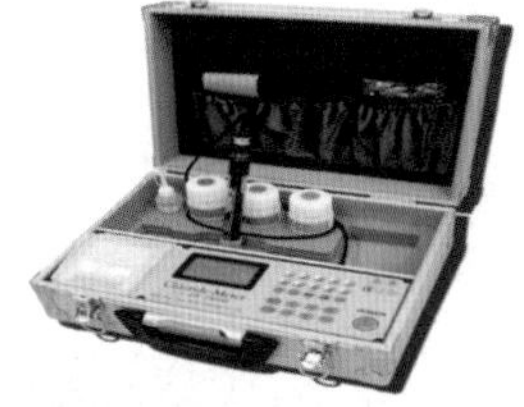

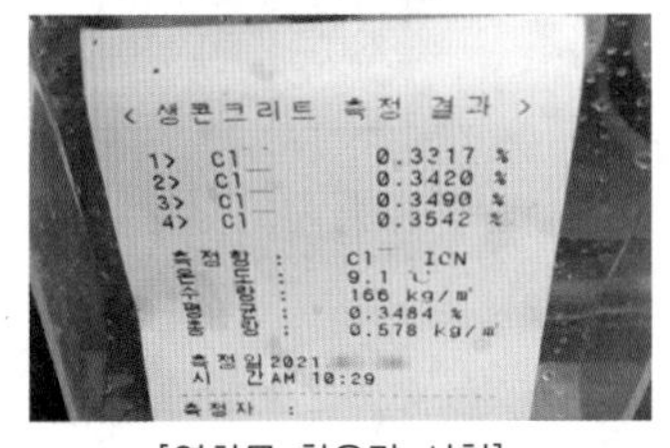

[염화물 함유량 시험]

Ⅲ. 해사의 제염방법

1. 자연 강우

① 자연 강우에 의한 염화물 함유량 제거는 장시간 방치 시 더욱 효과가 우수
② 자연 강우량이 많은 계절을 선택하는 것이 효과적
③ 자연 강우로 추출된 염화물에 대한 처리에 대한 대책 수립

2. 준설선 위에서 세척

준설선에 올려 진 해사를 맑은 물로 여러 번 세척하여 염화물 제거

3. 스프링클러 살수

① 골재 1m^3에 대해 6회 정도 스프링클러 살수
② 스프링클러 살수 후 염화물 함유량을 측정하여 염화물 함유량을 초과할 경우 재살수를 실시

4. 강모래와 혼합

① 해사를 스프링클러로 살수한 후 강모래와 혼합하여 염화물 함유량을 감소
② 해사를 사용할 때 염화물 함유량의 규정치 이하라고 하더라도 안전을 고려하여 강모래와 섞어서 사용

5. 제염 플랜트에서 세척

① 해사 체적의 1/2 이상의 담수를 사용하여 세척
② 세척물의 염화물로 환경문제가 야기될 수 있으므로 철저한 관리가 필요

6. 제염제 사용

제염제는 고가이므로 경제적인 면을 고려하여 적절하게 선정

109 콘크리트의 중성화

Ⅰ. 정의

경화한 콘크리트의 수화생성물인 수산화칼슘이 시간의 경과와 함께 콘크리트의 표면으로부터 공기 중의 탄산가스의 영향을 받아 서서히 탄산칼슘으로 변화하여 알칼리성을 소실하는 현상을 말한다.

Ⅱ. 중성화 콘크리트의 진행속도

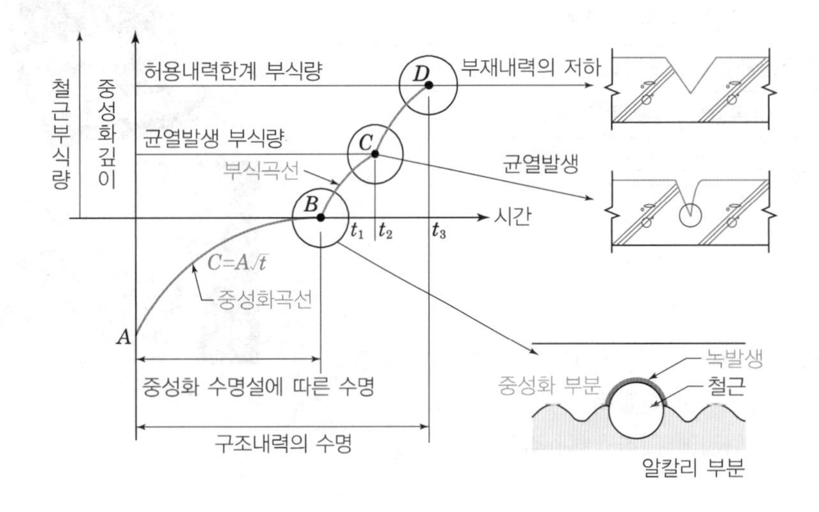

[중성화]

[화학식]
$Ca(OH)_2 + CO_2 \rightarrow CaCO_3 + H_2O$

[내구성 관계]
콘크리트 중성화 → 철근 녹발생 → 녹의 체적팽창 → 피복 콘크리트 파괴 → 물이나 공기 침입 → 철근의 부식 → 내구성 저하

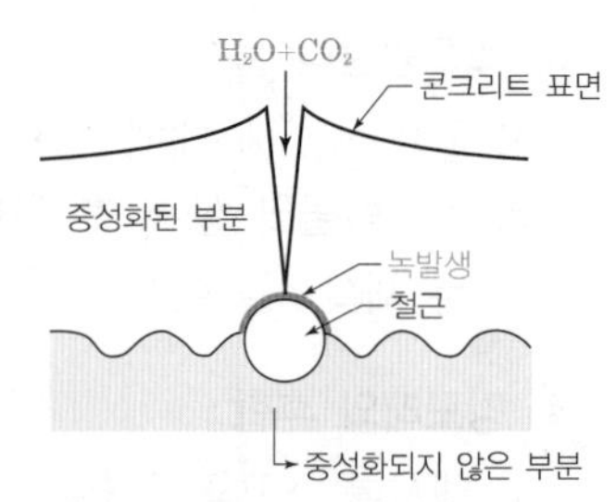

[장시일을 경과한 철근콘크리트 단면의 모형]

Ⅲ. 중성화 속도에 영향을 미치는 요인

① 시멘트 및 골재의 종류
② 배합과 양생조건
③ 환경조건
④ 표면마감재의 종류

Ⅳ. 중성화 대책

① 비중이 크고 양질의 골재 사용
② 물-결합재비나 단위수량은 가급적 적게 한다.
③ 적절한 피복두께의 확보
④ 콘크리트 타설, 다짐, 양생을 철저히 한다.
⑤ 표면마감재의 사용 및 표층부를 치밀화한다.

110 알칼리 골재반응(Alkali Aggregate Reaction)

Ⅰ. 정의

골재의 실리카 성분이 시멘트 기타 알칼리분과 오랜 기간에 걸쳐 반응하여 콘크리트가 팽창함으로써 균열이 발생하거나 붕괴하는 현상을 말한다.

Ⅱ. 종류

알칼리 실리카 반응	• 시멘트의 알칼리+골재의 실리카 → 규산소다 ⇒ 균열 ↑ 팽창압
알칼리 탄산염 반응	• 시멘트의 알칼리+돌로마이트질 석회암 • 실리카 반응보다 매우 서서히 발생
알칼리 실리게이트 반응	• 시멘트의 알칼리+암석 중의 점토성분(실리게이트)

Ⅲ. 알칼리골재반응에 의한 피해

① 콘크리트 팽창으로 균열발생
② 콘크리트의 압축강도, 인장강도 및 내구성 저하
③ Map Crack 발생과 부재의 구속이 큰 주철근 방향의 균열
④ 알칼리 실리카겔이 균열부분으로 유출되어 표면의 오염
⑤ 콘크리트 구조물의 백화발생

Ⅳ. 발생원인

① 시멘트 생산방식에 따른 알칼리양의 증가
② 양질을 골재 고갈
③ 쇄석 등 대체 골재의 사용 증가

Ⅴ. 방지대책

① 반응성 골재의 사용 제한
② 저알칼리형의 시멘트 사용(알칼리양: 0.6% 이하)
③ 혼화재를 이용한 혼합시멘트의 활용
④ 단위수량을 적게 하고 블리딩에 의한 균열방지
⑤ 물-결합재비를 적게 하고 다짐을 충분히 하여 밀실한 콘크리트 제조

111 동결융해

Ⅰ. 정의

미경화 콘크리트가 0℃ 이하의 온도가 될 때 콘크리트 중의 물이 얼게 되고 외부온도가 따뜻해지면 얼었던 물이 녹는 현상이다.

Ⅱ. 체적팽창 Mechanism

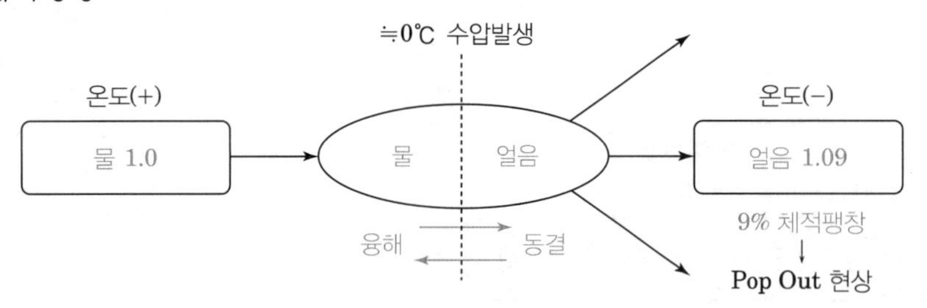

Ⅲ. 동결융해로 인한 피해

① 콘크리트의 소요강도 확보가 어렵다.
② 콘크리트 구조체의 붕괴를 초래할 수 있다.
③ 콘크리트 조기 열화의 원인이 된다.
④ Pop Out 현상 발생
⑤ 체적팽창에 따른 균열과 누수로 철근부식을 초래한다.

Ⅳ. 원인

① 콘크리트 내부에 물이 많을 때
② 흡수율이 큰 골재 사용
③ 물-결합재비가 큰 경우
④ 콘크리트 균열부위로 수분이 침투할 때
⑤ 부적절한 혼화제의 사용

Ⅴ. 방지대책

① 콘크리트에 적정량의 연행공기(3~4%)를 준다.
② 단위수량을 줄이고, 물-결합재비를 낮출 것
③ 콘크리트의 수밀성을 좋게 하고 물의 침입을 방지할 것
④ 적정 양생기간을 준수하고 양생온도도 유지할 것
⑤ AE제, AE 감수제 등의 혼화제 사용

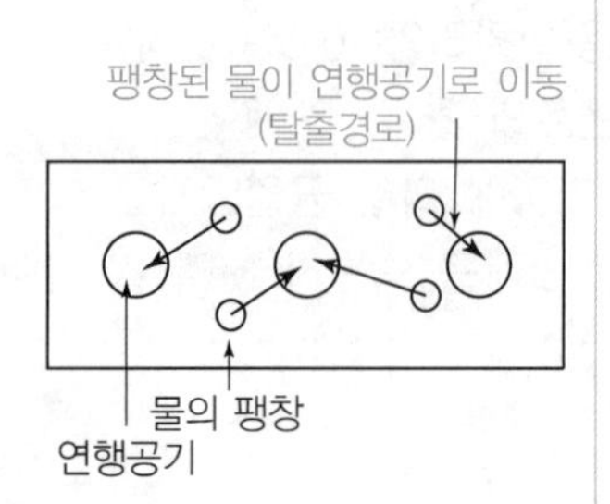

112 콘크리트 동해의 Pop Out 현상

Ⅰ. 정의

Pop Out 현상이란 콘크리트 속의 수분이 동결융해, 알칼리골재반응 등으로 체적이 팽창되면서 콘크리트 표면의 골재 및 모르타르가 박락되는 현상이다.

Ⅱ. 발생현상

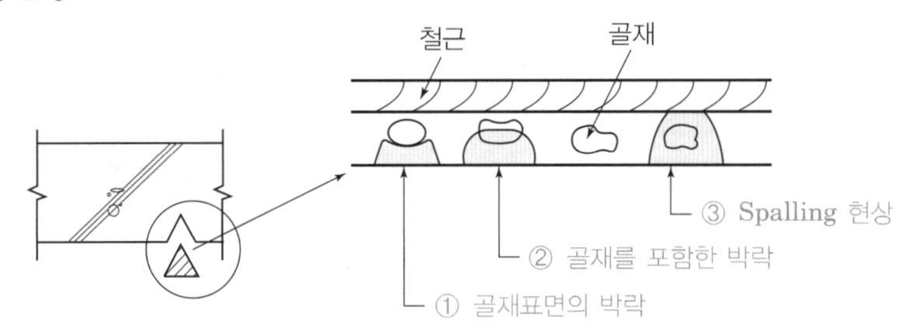

[Pop Out]

Ⅲ. 발생원인

1. 콘크리트 동결융해

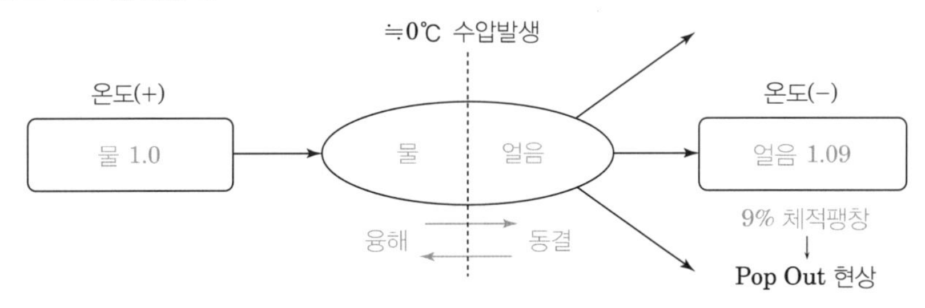

2. 알칼리골재반응

시멘트의 알칼리 + 골재의 실리카, 탄산염 → 콘크리트 팽창, 균열

Ⅳ. 방지대책

① 콘크리에 적정량의 연행공기(3~4%)를 준다.
② 단위수량을 줄이고, 물-결합재비를 낮출 것
③ 콘크리트의 수밀성을 좋게 하고 물의 침입을 방지할 것
④ 적정 양생기간을 준수하고 양생온도도 유지할 것
⑤ 강자갈 또는 쇄석골재를 세척하여 유해물질을 제거할 것

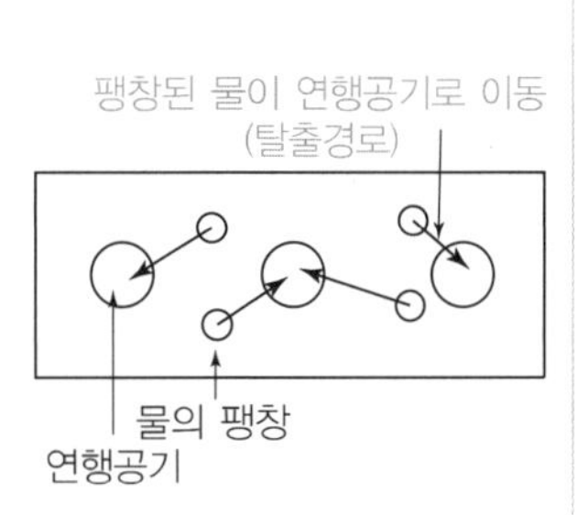

113 콘크리트 표면층박리(Scaling)

Ⅰ. 정의

스케일링은 콘크리트 동해 중 가장 빈번하게 관찰되는 것으로서 수 밀리미터 정도의 두께로 콘크리트, 시멘트 모르타르나 페이스트가 조각상으로 떨어져 나가는 것을 말한다.

Ⅱ. Pop Out 현상의 종류

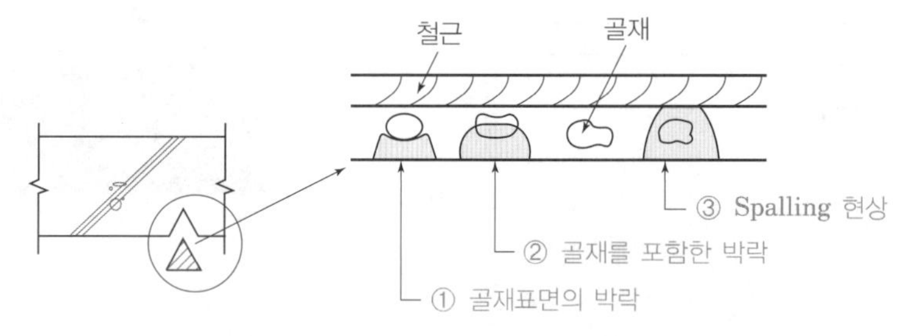

[Pop Out]

Ⅲ. Scaling에 의한 동해를 일으키는 요인

1) 물-결합재비가 큰 콘크리트가 동결융해 작용을 받음으로써 발생하는 경우
   ① 초기 단계에서는 잔골재가 씻겨나가는 상태
   ② 깊게 진행될 경우에는 미관상 또는 용도상 문제를 유발
2) 해수 등에 포함된 염류와 동결융해 작용의 복합으로 발생하는 경우
   ① 제설을 위해 염화칼슘 등 염류가 뿌려지는 포장 콘크리트 등에서 발생
   ② 제설재의 사용량이 증가하고 있으므로 조속한 검토 필요
3) 블리딩수가 치밀한 마감 표면층 밑에 모여짐으로써 이 부분에서 박리하는 시공 부실에 의한 경우
   ① 타설 직후의 콘크리트에 있어서 골재나 시멘트 입자가 침하하고 블리딩수가 떠오르는 단계
   ② 이 단계에서 콘크리트의 표면이 급속히 건조하게 되면 표면의 골재사이에 물의 미니스커스가 형성으로 치밀한 층이 형성
   ③ 블리딩수는 콘크리트의 하부로부터 상승하여 치밀한 표면층 바로 밑에 취약한 조직을 가진 층이 형성
   ④ 이로 인해 동결융해 작용을 받는 상황에서는 이 취약층이 손상을 받아 상부의 치밀한 층을 박리

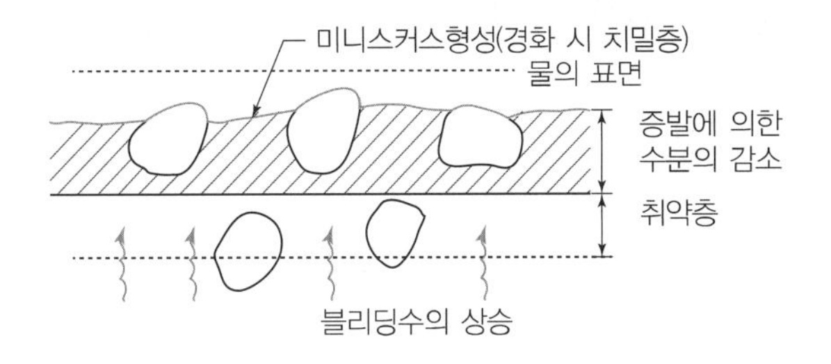

Ⅳ. Scaling의 방지대책

① 물-결합재비를 낮추어 큰 강도의 콘크리트로 제조
② 시공 시 블리딩이 완료된 후 마감을 실시
③ 콘크리트의 진동다짐 철저
④ 과잉 모르타르 층을 일으키지 않고 표면의 치밀층이 발생되지 않도록 할 것
⑤ 타설 후 너무 이른 시기에(공기나 블리딩수가 하부로부터 모두 방출되기 전)표면 마감을 하지 말 것
⑥ 추운 날씨에서의 촉진형 콘크리트 또는 가열된 콘크리트 사용은 표면박리를 방지하는 효과
⑦ 표면층박리는 해당 표면층을 제거하고 기층콘크리트를 깨끗이 청소한 후 보수재료에 의하여 수리가 가능
⑧ 대규모의 박리는 연마에 의한 표면제거와 새로운 표면을 덧씌우기 방법에 의한 보수가 필요

114 콘크리트 타설 시 굵은 골재의 재료분리

Ⅰ. 정의

콘크리트의 재료분리는 콘크리트 구성요소인 시멘트, 물, 잔골재, 굵은골재의 구성비율이 동일하여야 하나 그 균질성이 상실되는 현상을 말한다.

Ⅱ. 시공도

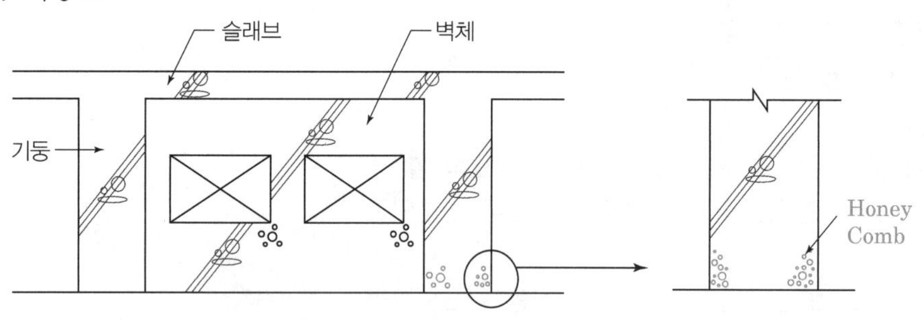

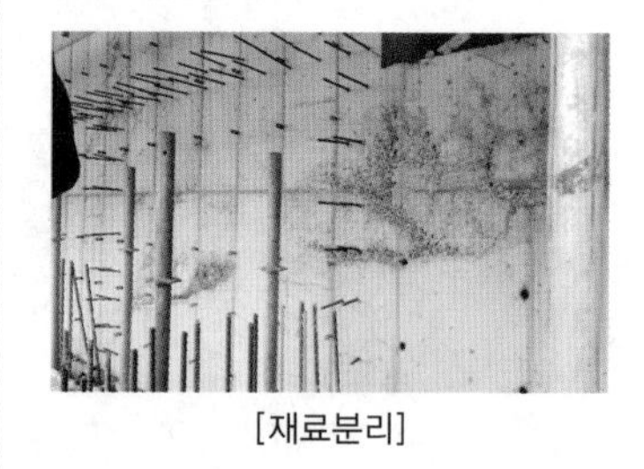

[재료분리]

Ⅲ. 재료분리 원인

① 골재의 입형, 입도가 불량하고 굵은골재 최대치수의 크기가 불량할 때
② 거푸집 수밀성 불량에 따른 시멘트 페이스트의 유출
③ 물-결합재비 및 단위수량이 클 경우
④ 시공연도가 클 경우
⑤ 혼화재료 사용이 잘못되었을 때
⑥ 콘크리트 운반 및 타설 불량에 따른 분리
⑦ 블리딩 현상으로 인한 분리
⑧ 무리한 다짐

Ⅳ. 방지대책

① 굵은골재 최대치수는 피복두께 및 철근간격을 고려하여 결정할 것
② 거푸집 수밀성을 확보하여 시멘트 페이스트의 유출을 방지할 것
③ 단위수량을 적게 하고 적절한 물-결합재비를 유지할 것
④ AE제 등 혼화제를 사용하여 단위수량을 줄일 것
⑤ 콘크리트 운반 시 재료분리가 발생되지 않도록 할 것
⑥ 골재의 입형 및 입도조정에 유의할 것
⑦ 콘크리트 타설 시 자유낙하를 최소화할 것
⑧ 다짐을 철저히 할 것

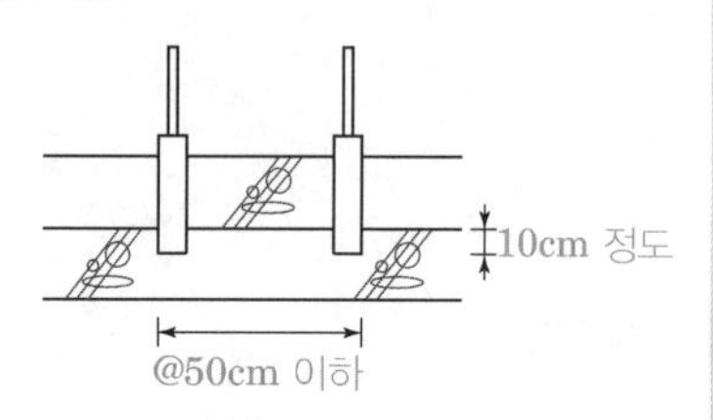

115 Channeling과 Sand Streak 현상

Ⅰ. Channeling

1. 정의

콘크리트의 물-결합재비가 높을 때 거푸집과 콘크리트 사이에 생기는 수로를 따라 시멘트 페이스트가 물과 함께 올라가면서 잔골재(모래)만 남겨둔 현상이다.

2. Channeling 및 Sand Streak 현상 발생형태

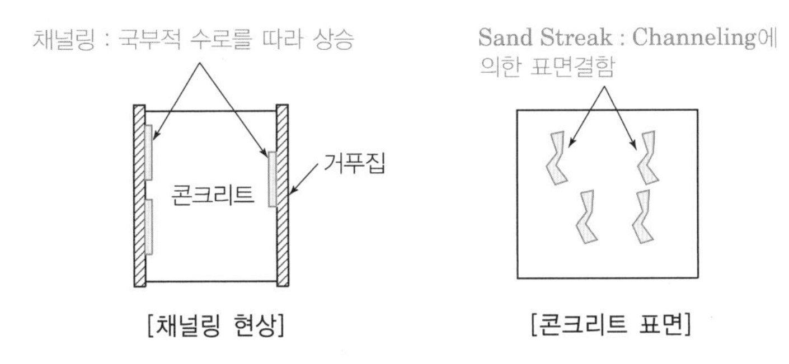

[채널링 현상] [콘크리트 표면]

3. Channeling 현상의 문제점(피해)

① 콘크리트 표면결함
② Laitance 과다발생: 부착력 감소
③ 공극발생: 수밀성 저하, 강도 및 내구성 저하, Honey Comb를 동반하기도 함
④ 재료분리발생

4. 발생원인

① 물-결합재비가 높은 경우
② 단위수량이 큰 경우
③ 슬럼프 저하 시 가수행위를 할 때
④ 다짐 불충분할 때
⑤ 흡수성이 낮은 코팅거푸집, 교량 교각의 철제거푸집 사용

5. 방지대책

① 가수금지: 슬럼프 저하 시 유동화 콘크리트 타설
② 배합설계: 물-결합재비와 단위수량을 적게
③ 타설: 충분한 다짐, 내부진동기, 외부 거푸집 진동기
④ 경화 전 재진동, 재다짐 실시: 과잉수분 제거

Ⅱ. Sand Streak

1. 정의

Channeling 현상에 의해 모래가 지나가는 자리에 선이 남는 현상이다. 즉 거푸집 해체 후 하얀 모래만 보이고 이것을 손으로 문지르면 나무에 벌레 먹은 것처럼 자국이 생기는 현상이다.

2. Sand Streak 현상의 문제점(피해)

① 미관 및 사용성 저하
② 강도, 내구성 및 수밀성 저하
③ 보수비용 발생

3. 발생원인

Channeling 현상의 결과로 발생

4. 방지대책

① 물-결합재비 및 단위수량을 적게 할 것
② 콘크리트 타설 시 가수(加水)금지할 것
③ 모래 입도를 개선할 것
④ 유동화 콘크리트 사용
⑤ 충분한 다짐을 하고 경우에 따라 재다짐을 실시할 것
⑥ 흡수성이 좋은 거푸집 적용

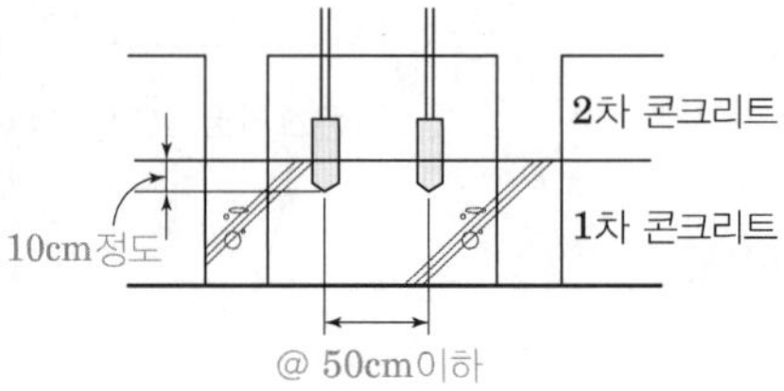

5. Sand Streak 보수방법

① 열화된 콘크리트 표면 철거 및 세척: 브레이커, High Washer(고압세척기) 사용
② 건조처리
③ 수성 폴리머 수지 도포
④ 면처리제 사용 미장

116 스크린 현상

Ⅰ. 정의

스크린 현상이란 철근과 거푸집 사이의 간격이 좁을 때 자갈이 그 틈에 끼어 콘크리트가 유입하지 못하게 되어 공동이나 허니콤(Honey Comb)이 발생하고 철근이 노출되는 현상이다.

Ⅱ. 시공도

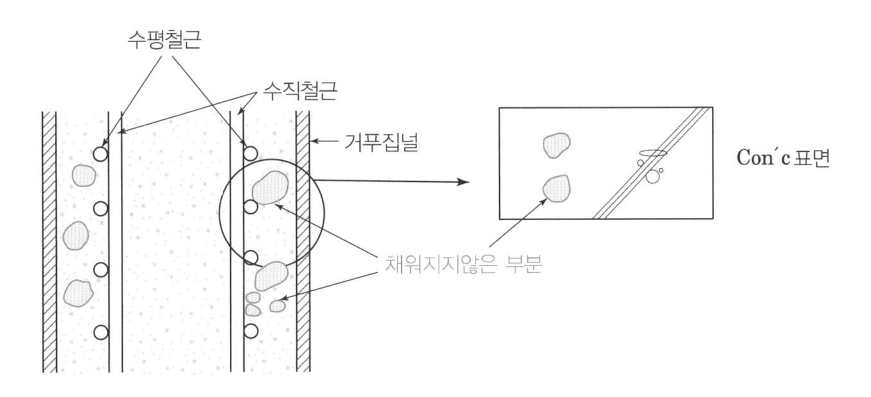

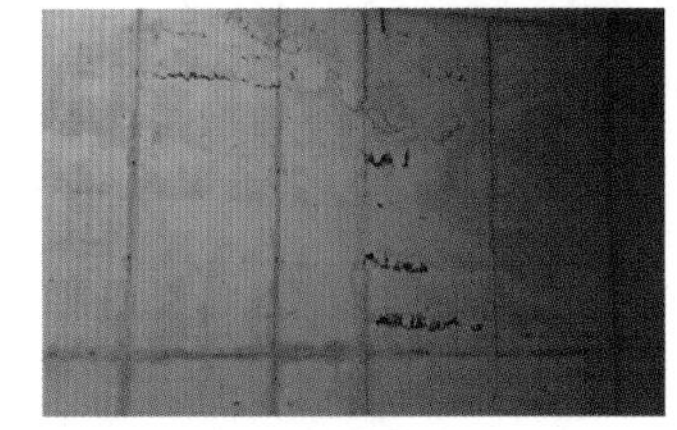

[스크린 현상]

Ⅲ. 발생 배경

① 철근의 피복두께가 작게 설계, 시공되었을 경우
② 철근이 어느 한 쪽으로 밀렸을 경우
③ 굵은골재의 최대치수가 적절하지 못한 경우
④ 여름철 기온이 높을 때 시공관리가 불량한 경우

Ⅳ. 방지대책

1. 피복두께 확보

굵은골재 최대치수의 4/3배 이상

2. 간격재 사용

간격재 사용으로 피복두께 유지 및 철근의 밀림 방지

3. 서중 콘크리트

혹서기 콘크리트 타설 시 서중 콘크리트 적용

4. 거푸집 및 철근

콘크리트 타설 전 거푸집 및 철근에 살수하여 냉각시킨다.

117 콘크리트의 전기적 부식

Ⅰ. 정의

습윤상태의 콘크리트에 직류전기가 흐르면 철근 주위 콘크리트가 연질화되어 철근의 부동태막이 파괴되어 부식하는 현상이다.

Ⅱ. 개념도

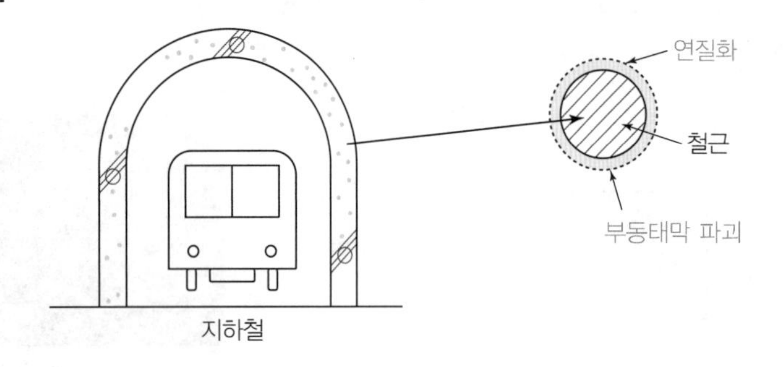

Ⅲ. 발생원인

① 지하철, 터널 등 전기누전
② 콘크리트 내부가 습한 경우에 전기통전 시
③ 작업 시 철근에 접지하는 경우

Ⅳ. 대책

① 내식 콘크리트 사용
② Concrete 건조상태 유지
③ 콘크리트 균열방지
④ 콘크리트 표면의 피복처리
⑤ 폴리머 시멘트 등을 사용하여 콘크리트 성질 개선

118 화학적 침식(Chemical Attack)

Ⅰ. 정의

산, 염, 염화물 또는 황산염 등의 침식 물질에 의해 콘크리트의 용해·열화가 일어나거나 침식 물질이 시멘트의 조성 물질 또는 강재와 반응하여 체적팽창에 의한 균열이나 강재 부식, 피복의 박리를 일으키는 현상을 말한다.

Ⅱ. 화학적 침식의 종류

1. 염화물에 의한 침식(염해)

① 수산화칼슘 + 염화마그네슘 → 수산화마그네슘 + 염화칼슘

$Ca(OH)_2 + MgCl_2 \rightarrow Mg(OH)_2 + CaCl_2$

② 경화체 중의 수산화칼슘이 녹아 나와 경화체 조직의 세공량이 증대하여 강도저하

2. 산에 의한 화학적 침식(중성화)

① 온천수에 의한 열화

② 상수도시설의 염소(Cl_2)에 의한 열화

③ 하수도 분뇨처리시설에서의 열화

알칼리성의 $Ca(OH)_2$ + 산류 → 중화 ⇒ 각종 복염생성 ⇒ 침식, 붕괴

3. 알칼리에 의한 화학적 침식(알칼리골재반응)

시멘트의 알칼리 + 골재의 실리카, 탄산염 → 콘크리트 팽창, 균열

4. 염류에 의한 화학적 침식

① 대표적인 것이 황산염에 의한 화학적 침식

② 황산염, 황산마그네슘, 해수작용

5. 부식성 가스에 의한 화학적 침식

콘크리트를 부식시키는 기체: 황화수소, 이산화유황, 질소산화물, 불화수소, 염화수소

6. 전식에 의한 화학적 침식

습윤상태의 철근콘크리트 + 직류전류 → 철근부식 ⇒ 콘크리트 팽창, 균열

Ⅲ. 화학적 침식의 방지방법(콘크리트 방식)

① 어느 정도의 화학적 침식: 시멘트 콘크리트의 재질에 따라 대응 가능

② 화학적 침식이 강한 경우: 표면피복(Lining, 코팅)이 필요

119 콘크리트 표면에 발생하는 결함

Ⅰ. 정의

콘크리트 타설 시 운반, 타설, 다짐, 이어치기 등의 기준 미 준수로 인하여 표면에 여러 가지 결함이 발생할 수 있으므로 콘크리트의 시공계획 등 철저한 관리가 요구된다.

Ⅱ. 콘크리트 표면에 발생하는 결함

1. 얼룩
   ① 다짐 시 과도한 진동금지와 다짐봉 철근 및 거푸집 접촉금지
   ② 철근 피복두께 확보
   ③ 단위수량이 적은 콘크리트 타설

2. 허니컴
   ① 콘크리트가 낙하하여도 분리되지 않도록 유의
   ② 거푸집에서 시멘트 페이스트 유출방지

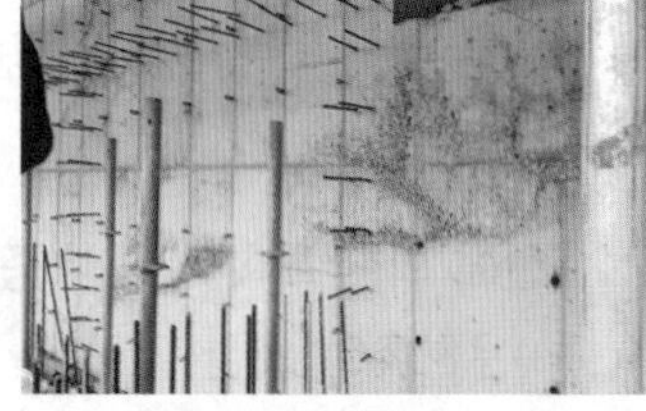
[허니컴]

3. 이어치기 불량 및 Cold Joint
   ① 이어치기 부위 레이턴스 및 취약한 부분 제거
   ② 콘크리트 타설 온도, 운반시간, 타설·다짐방법 고려

[Cold Joint]

4. 표면기포
   거푸집 습윤 상태 유지 및 과잉의 두드림 방지

5. 표면경화 불량
   합판면의 오염이나 균열 등이 없는지 사전 확인

6. 침하균열 및 수축균열
   ① 단위수량을 가능한 적게
   ② 급속한 수분증발 방지

[침하균열]

7. 오염
   상부층 콘크리트 타설 시 하부로 시멘트 페이스트 등의 유출로 인해 오염이 발생

8. 철근부식
   철근부식으로 녹의 체적팽창으로 콘크리트 박락 등 내구성 저하를 초래

[철근 녹]

120 콘크리트 블리스터(Blister)

Ⅰ. 정의

콘크리트 타설 후 조기 표면마감작업이 끝난 후 내부의 공기와 Bleeding수가 외부로 빠져나오지 못해 지름 2.5~25mm 정도의 콘크리트 표면상 속이 텅 빈 기포를 말한다.

Ⅱ. 콘크리트 블리스터 Mechanism

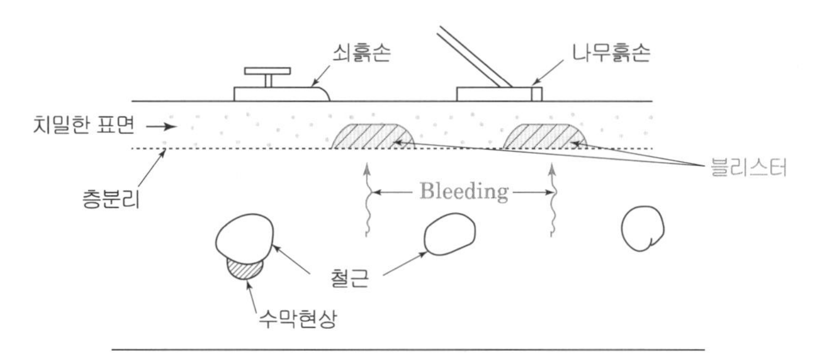

콘크리트 타설 → 다짐 및 진동 → Bleeding 발생 → 조기 표면마감 → Bleeding 수 및 기포 발생 → 층 분리(들뜸) 현상 발생

Ⅲ. 문제점

① 콘크리트 표면의 층 분리 발생
② 수밀성 저하
③ 내구성 저하
④ 균열 발생

Ⅳ. 방지대책

① 단위수량을 저감하여 Bleeding 수 감소
② 유기불순물 허용한도 이내의 깨끗한 골재 사용
③ AE제, 감수제 등 적합하게 사용하여 공기량 확보하여 Workability 확보
④ 물-결합재비를 가급적 감소
⑤ 1회 타설 높이가 큰 경우 분할타설 철저
⑥ 적절한 진동 다짐
⑦ 적절한 시기에 표면 마감 작업

[블리딩]

121 콘크리트 공사의 시공 시 균열방지대책

Ⅰ. 정의

콘크리트 구조물에서 가장 어려운 과제 중의 하나가 균열제어 문제이나 내구성 저하요인별 분석과 적정대처방안을 사전에 마련되어야 한다.

Ⅱ. 균열방지대책

1. 운반

KS 기준	표준시방서[KCS 14 20 10]	
90분 이하	외기온도 25℃ 이상	1.5시간 이하
	외기온도 25℃ 미만	2.0시간 이하

2. 타설 철저(콜트 조인트 방지)

외기온도	허용 이어치기 시간간격
25℃ 초과	2.0시간
25℃ 이하	2.5시간

3. 다짐철저

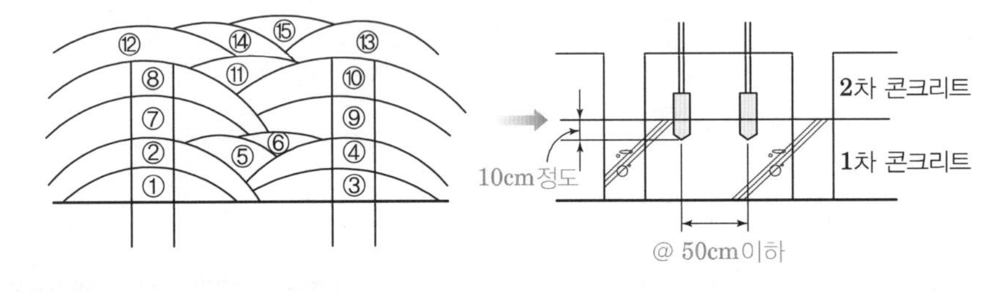

[다짐]

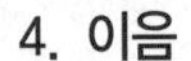

4. 이음

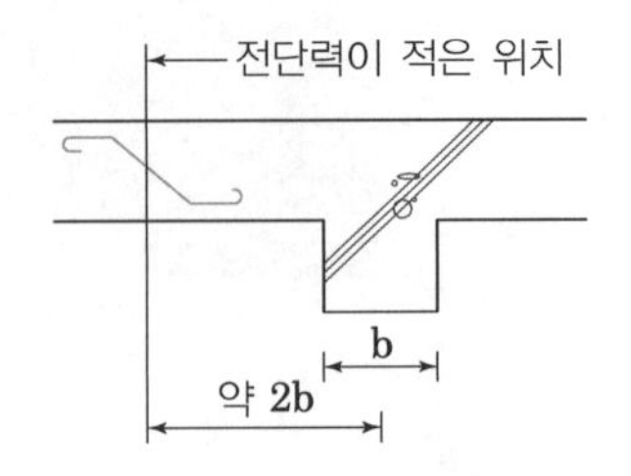

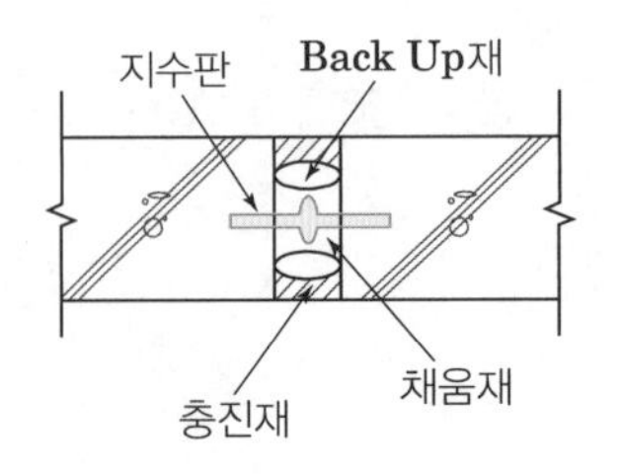

5. 양생 관리

① 양생수와 콘크리트 온도차는 11℃ 이하

② 습윤 양생 → 보통 시멘트: 5일, 조강 시멘트: 3일

③ 피막양생재는 콘크리트 표면의 물빛이 없어진 직후에 설포

[습윤양생]

6. 거푸집 수밀성 및 강도 확보할 것

7. 거푸집 Filler 처리

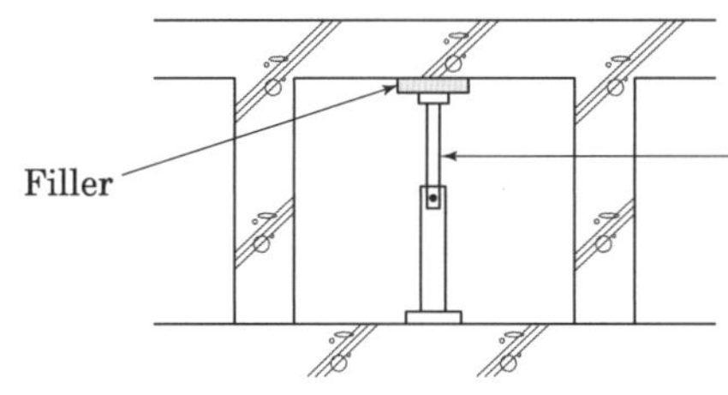

[Filler]

8. 철근 피복두께 확보

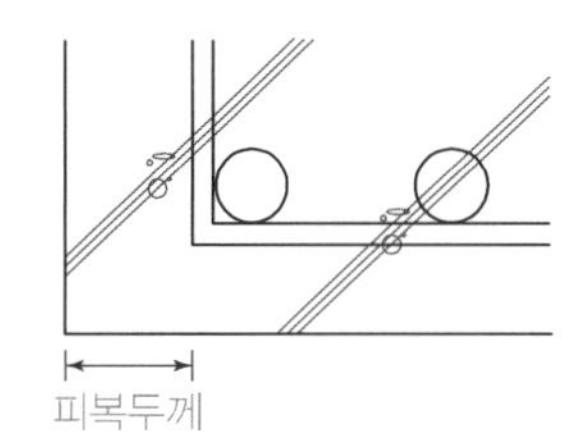

[기둥 피복두께]

[슬래브 피복두께]

9. 가수 금지

① 현장에서 레미콘 트럭 내 가수 금지

② 콘크리트 타설 시 살수 금지

10. 재료적 대책

① 내구성이 우수한 골재 사용

② 알칼리 금속이나 염화물의 함유량이 적은 재료 사용

③ 목적에 맞는 시멘트나 혼화재료 사용

11. 배합적 대책

① 단위수량을 가능한 적게 한다.

② 물-결합재비를 가능한 적게 한다.

③ 단위시멘트량의 적정성을 기한다.

④ 슬럼프, 공기량, 블리딩, 압축강도 시험 철저

122 탄소섬유시트 보강법

Ⅰ. 정의

탄소섬유시트 보강법이란 강화섬유시트(보강재)를 상온경화수지(결합재)로 콘크리트 표면에 접착시켜 철근의 내력을 보완하는 보강 공법을 말한다.

Ⅱ. 특징

구분	내용
장점	① 인장강도가 크다.(3,000MPa 이상, 강재의 10배) ② 구조체 하중영향이 적다.(비중이 1:6) ③ 필요한 곳만 보강이 가능하다. ④ 공사기간이 짧다.(적은 인원 및 시간) ⑤ 적층수에 의해 보강량 조절이 가능하다. ⑥ 경량으로 운반 및 취급이 용이하다. ⑦ 복잡한 구조형상에 유연하게 대응 가능하다.
단점	① 파괴의 거동이 취성적이다.(보강설계 시 유의) ② 에폭시 접착제에 의해 강도가 좌우된다. ③ 접착제가 열에 약하다. ④ 내화성능이 없다.

Ⅲ. 보강법

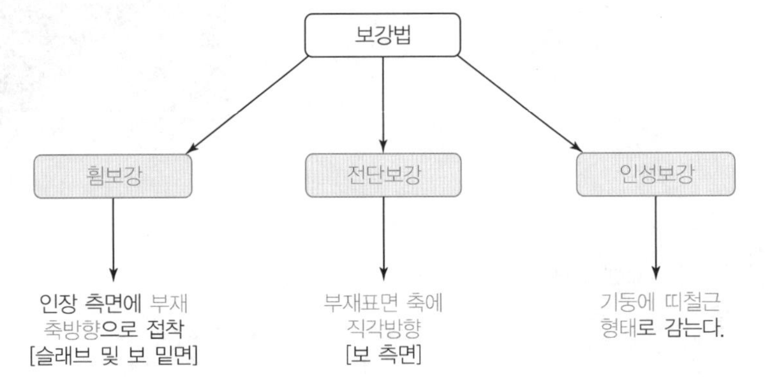

[탄소섬유시트]

Ⅳ. 시공 시 유의사항

① 5℃ 이하에서 작업 중단
② 누수가 있는 경우 지수, 도수처리를 확실하게 시행
③ 바탕처리 철저 및 단차는 1mm 이내로 수정
④ 프라이머 레진 취급 시 혼합 후 사용시간 엄수 및 시간초과 금지
⑤ 탄소섬유시트는 절단 후 R=300mm 이상의 롤에 감거나 적층 보관
⑥ 시공 시 10cm 이상 겹침길이 확보
⑦ 탄소섬유시트의 보관은 직사광선 및 빗물에 노출되지 않게 보관

123 굳지 않은 콘크리트의 성질

Ⅰ. 정의

콘크리트 타설 시 작업이 용이하도록 굳지 않은 콘크리트의 구비조건을 충족하는 것이 무엇보다 중요하다.

Ⅱ. 굳지 않은 콘크리트의 구비조건

① 운반, 타설, 다짐 및 표면마감의 각 시공단계별 작업이 용이하게 할 것
② 콘크리트 타설 후 재료분리가 발생되지 않도록 할 것
③ 거푸집에 타설 후 균열 등이 발생되지 않도록 할 것

Ⅲ. 굳지 않은 콘크리트의 성질

① Workability(시공성, 시공연도)
반죽 질기에 의한 작업의 난이한 정도와 균일한 질의 콘크리트를 만들기 위하여 필요한 재료의 분리에 저항하는 정도를 나타내는 굳지 않는 콘크리트의 성질

② Consistency(반죽질기)
주로 수량에 의하여 좌우되는 아직 굳지 않는 콘크리트의 변형 또는 유동에 대한 저항성

③ Plasticity(성형성)
거푸집에 쉽게 다져 넣을 수 있고, 거푸집을 제거하면 천천히 형상이 변하기는 하지만 허물어지거나 재료가 분리되지 않는 굳지 않은 콘크리트의 성질

④ Pumpability(압송성)
콘크리트 펌프에 의해 굳지 않은 콘크리트 또는 모르타르를 압송할 때의 운반성

⑤ Viscosity(점성)
마찰저항(전단응력)이 일어나는 성질로 찰진 정도를 표시

⑥ Compactibility(다짐성)
다짐이 용이한 정도를 나타내며, 혼화재료는 다짐성을 좋게함

⑦ Finishability(마감성)
마무리하기 쉬운 정도

⑧ Mobility(유동성)
중력이나 외력에 의해 유동하기 쉬운 정도를 나타내는 굳지 않은 콘크리트의 성질

124 시공성(시공연도)에 영향을 주는 요인(콘크리트 시공연도(Workability)

Ⅰ. 정의

시공성이란 반죽 질기에 의한 작업의 난이한 정도와 균일한 질의 콘크리트를 만들기 위하여 필요한 재료의 분리에 저항하는 정도를 나타내는 굳지 않는 콘크리트의 성질로서 콘크리트의 시공성을 저해하는 요인을 확인하고 대책을 수립하여야 한다.

Ⅱ. 시공성에 영향을 주는 요인

영향요인	특성
단위수량	• 단위수량이 크면 Slump 상승 • 강도가 저하되고 재료분리 위험이 있다.
혼화재료	• 단위수량 감소시키고 시공연도 향상
Cement	• 분말도가 크거나 풍화된 시멘트 사용 → 시공연도 감소
비빔시간	• 비빔 불충분, 과도한 비빔 → 시공연도 감소
골재의 입도	• 잔골재율이 크거나 입도가 적당할 때 → 시공연도 증가
시간과 온도	• 시간 경과 시, 온도 상승 시 시공연도 감소
공기량	• 공기량 1% 증가시 Slump 2cm 증가 → 시공연도 증가
굵은 골재	• 적당하고 둥근 것 → 시공연도 증가, 쇄석은 시공연도 감소

125 Creep 현상

Ⅰ. 정의

응력을 작용시킨 상태에서 탄성변형 및 건조수축변형을 제외시킨 변형이 시간과 더불어 증가되어가는 현상을 말한다.

Ⅱ. 개념도

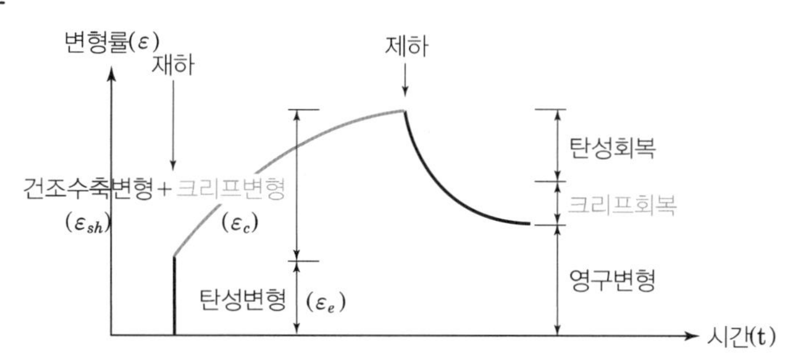

Ⅲ. 크리프의 영향

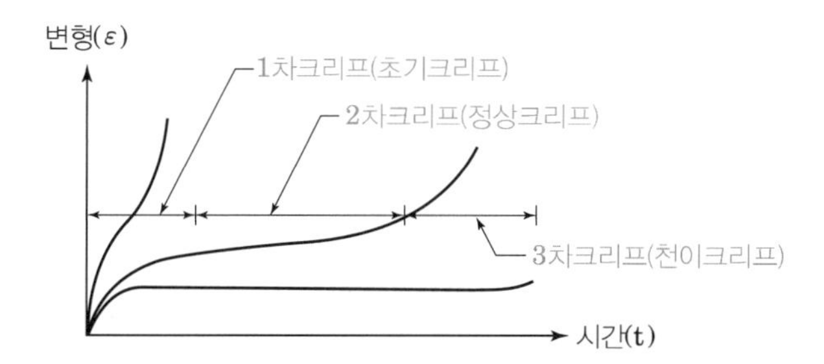

① 같은 콘크리트에서 응력에 대한 크리프의 진행은 동일하다.
② 재하기간 2~3월에 크리프 50%, 1년에 75%가 진행된다.
③ 정상 크리프 속도가 느리면 크리프 파괴시간이 길어진다.

Ⅳ. 발생원인

① 재령이 짧은 콘크리트에 재하가 빠를 경우
② 물-결합재비가 클 경우
③ 시멘트 페이스트양이 많을 경우
④ 재하응력이 클 경우
⑤ 재하기간 중에 대기습도가 낮은 경우
⑥ 콘크리트 다짐이 나쁜 경우
⑦ 콘크리트 양생정도가 나쁜 경우

126 저탄소 콘크리트(Low Carbon Concrete)

KCS 14 20 01

Ⅰ. 정의

시멘트 대체 혼화재로서 플라이 애시 및 콘크리트용 고로슬래그 미분말을 결합재로 대량 치환하여 제조된 삼성분계 콘크리트 중 치환율이 50% 이상, 70% 이하인 콘크리트를 말한다.

Ⅱ. 저탄소 콘크리트의 종류

종류	굵은골재 최대치수 (mm)	슬럼프 또는 슬럼프 플로(mm)	호칭강도 MPa(=N/mm²)					
			18	21	24	27	30	35
저탄소 콘크리트	20,25	80, 120, 150, 180, 210	○	○	○	○	○	○
		500, 600	-	-	-	○	○	○

① 설계기준강도 40MPa 미만의 보통콘크리트 강도범위에 적용
② 강도는 표준양생을 실시한 콘크리트 공시체의 재령 28일 강도를 기준
③ 탄산화 저항성이 감소하는 특성을 고려하여 물-결합재비, 피복두께, 양생기간 및 방법, 마감재 코팅 등의 조치를 검토·적용하여 콘크리트의 내구성을 확보

Ⅲ. 재료 및 배합

① 혼화재는 플라이 애시와 콘크리트용 고로슬래그 미분말에 한정
② 석회석 미분말, 규산질 미분말 등과 같은 기타의 혼화재는 사용 금지
③ 단위수량은 원칙적으로 $185kg/m^2$ 이하
④ 단위 시멘트량은 $125kg/m^3$ 이상
⑤ 단위 결합재량은 $250kg/m^3$ 이상

Ⅳ. 양생

① 시멘트를 혼화재로 대량 치환하여 사용하기 때문에 응결시간 지연 및 초기강도의 발현저하가 발생하므로 소요강도 발현까지 양생에 대해 세밀하게 관리
② 소요강도가 발현될 때까지 습윤 양생
③ 강도시험은 현장의 콘크리트와 동일한 온도, 습윤상태로 양생된 공시체로 실시

127 경량골재 콘크리트(Lightweight Aggregate Concrete) KCS 14 20 20

Ⅰ. 정의

골재의 전부 또는 일부를 경량골재를 사용하여 제조한 콘크리트로 기건 단위질량이 2,100kg/m³ 미만인 것을 말한다.

[기건 단위질량]
KS F 2462에서 정의한 경량골재 콘크리트의 단위질량으로, 경량골재 콘크리트 공시체를 (16~27)℃의 온도로 수분의 증발이나 흡수가 없이 7일간 양생한 후 온도 (23 ±1)℃와 상대습도 (50±5)%에서 21일간 건조시킨 공시체로 측정한 단위질량.

Ⅱ. 경량골재 콘크리트의 종류

종류	사용골재	기건 단위질량(kg/m³)	레디믹스트 콘크리트 발주 시 호칭강도[1] (MPa)
경량골재 콘크리트 1종	굵은골재 제조	1,800~2,100	18,21,24,27,30,35,40
결량골재 콘크리트 2종	굵은골재와 잔골재 제조	1,400~1,800	18,21,24,27

주1) 레디믹스트 경량골재 콘크리트의 굵은골재 최대치수는 15mm 또는 20mm로 지정

Ⅲ. 경량골재의 종류 및 특성

종류	골재 구분	재료
천연경량골재	잔골재 및 굵은골재	경석, 화산암, 응회암 가공 골재
인공경량골재	잔골재 및 굵은골재	고로슬래그, 점토, 규조토암, 석탄회, 점판암 생산 골재
바텀애시 경량골재	잔골재	화력발전소의 바텀애시를 파쇄 · 선별한 골재

① 경량골재의 단위용적질량은 ±10% 미만
② 경량골재 중 굵은골재의 부립률은 질량 백분율로 10% 이하
③ 경량골재의 강열감량 측정은 5% 이하
④ 경량골재의 점토 덩어리량 측정은 2% 이하
⑤ 경량골재는 1.5mg 이상의 산화철(Fe_2O_3)을 함유하고 있는 것을 사용 금지
⑥ 바텀애시경량골재의 삼산화황(SO_3) 성분은 0.8% 이하
⑦ 경량골재 중 굵은골재의 안정성은 그 손실량이 12% 이하
⑧ 경량골재 중 잔골재의 안정성은 그 손실량이 10% 이하
⑨ 바텀애시경량골재의 염화물(NaCl 환산량) 함유량은 0.025g/cm³ 이하

[부립률(Float Ratio)]
일반적으로 경량골재 입자의 크기가 클수록 밀도가 감소하는데, 품질관리를 위해 정의한 경량골재 중 물에 뜨는 입자의 백분율

Ⅳ. 배합

① 단위수량을 가능한 작게 할 수 있도록 정함
② 최대 물-결합재비는 60%를 원칙
③ 단위 결합재량의 최솟값은 300kg/m³ 이상
④ 슬럼프는 일반적인 경우 대체로 80mm~210mm를 표준
⑤ 공기량은 5.5±1.5%를 기준

Ⅴ. 시공

① 믹서에 재료를 전부 투입한 후 강제식 믹서일 때는 1분 이상, 가경식 믹서일 때는 2분 이상
② 콘크리트를 타설할 때 재료분리 및 콘크리트의 품질변화가 최소화될 수 있는 공법과 기기를 선정하여 시공
③ 재료분리가 발생하지 않도록 다짐 방법 및 다짐 기구의 선정에 유의
④ 콘크리트 타설한 후 경화가 될 때까지 양생기간 동안 직사광선이나 바람에 의해 수분이 증발하지 않도록 보호
⑤ 콘크리트는 타설한 후 습윤 상태로 노출면이 마르지 않도록 하여야 하며, 수분의 증발에 따라 살수를 하여 습윤 상태로 보호

128 순환골재 콘크리트(Recycled Aggregate Concrete)

KCS 14 20 21/KCS 14 20 10

Ⅰ. 정의

건설폐기물을 물리적 또는 화학적 처리과정 등을 통하여 순환골재 품질기준에 적합하게 만든 골재로 만든 콘크리트를 말한다.

Ⅱ. 일반사항

① 순환골재는 천연골재와 혼합하여 사용하는 것을 원칙

② 콘크리트의 품질은 순환골재의 품질 및 물성에 의해 크게 달라지므로 순환골재의 수급 및 관리에 주의

③ 순환굵은골재의 최대 치수는 25mm 이하로 하되, 가능하면 20mm 이하의 것을 사용

[순환골재(Recycled Aggregate)]
건설폐기물을 물리적 또는 화학적 처리과정 등을 통하여 순환골재 품질기준에 적합하게 만든 골재

[순환골재의 품질]

구분	순환 굵은골재	순환 잔골재
절대 건조 밀도(g/cm^3)	2.5 이상	2.3 이상
흡수율(%)	3.0 이하	4.0 이하
마모감량(%)	40 이하	−
점토 덩어리량(%)	0.2 이하	1.0 이하
안정성(%)	12 이하	10 이하

Ⅲ. 순환골재의 취급

① 순환골재의 운반 및 저장은 골재의 종류, 품종별로 분리하며, 대소의 입자 분리 방지

② 저장시설은 프리웨팅이 가능하도록 살수설비를 갖추고, 배수가 용이

③ 순환골재를 사용할 때는 골재의 혼입률을 확인할 수 있는 별도의 계량 및 관리방안을 마련

Ⅳ. 배합

① 1회 계량 분량에 대한 계량오차는 ±4%

② 설계기준압축강도는 27MPa 이하로 하며, 서중 및 한중콘크리트를 제외한 특수콘크리트에는 사용 금지

③ 순환골재 사용비율

<table>
<tr><th rowspan="2">설계기준압축강도</th><th colspan="2">사용 골재</th></tr>
<tr><th>굵은골재</th><th>잔골재</th></tr>
<tr><td rowspan="2">27MPa 이하</td><td>굵은골재 용적의 60% 이하</td><td>잔골재 용적의 30% 이하</td></tr>
<tr><td colspan="2">혼합사용 시 골재 용적의 30% 이하</td></tr>
</table>

④ 공기량은 5.5±1.5%

⑤ 염화물 함유량은 염소이온량(Cl^-)으로서 원칙적으로 0.30kg/m^3 이하

V. 시공

① 콘크리트는 신속하게 운반하여 즉시 타설하고, 충분히 다짐

② 비비기로부터 타설이 끝날 때까지의 시간은 외기온도가 25℃ 이상일 때는 1.5시간, 25℃ 미만일 때에는 2시간 이하

③ 타설한 콘크리트를 거푸집 안에서 횡방향으로 이동 금지

④ 한 구획내의 콘크리트는 타설이 완료될 때까지 연속해서 타설

⑤ 콘크리트는 그 표면이 한 구획 내에서는 거의 수평이 되도록 타설

⑥ 콜트조인트가 발생하지 않도록 이어치기 허용시간간격

외기온도	허용 이어치기 시간간격
25℃ 초과	2.0시간
25℃ 이하	2.5시간

주) 허용 이어치기 시간간격은 하층 콘크리트 비비기 시작에서부터 콘크리트 타설 완료한 후, 상층 콘크리트가 타설되기까지의 시간

⑦ 펌프배관 등의 배출구와 타설 면까지의 높이는 1.5m 이하

⑧ 콘크리트 타설 도중 표면에 블리딩수가 있을 경우에는 이를 제거한 후 타설하여야 하며, 고인 물을 제거하기 위하여 콘크리트 표면에 홈을 만들어 흐르게 해서는 안 됨

⑨ 내부진동기를 하층의 콘크리트 속으로 0.1m 정도 연직으로, 삽입간격은 0.5m 이하

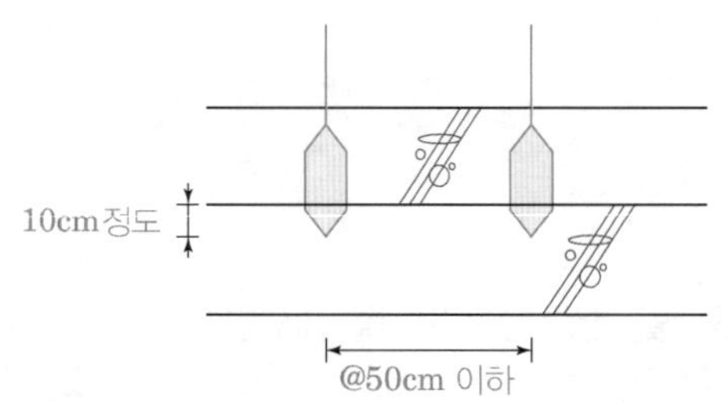

⑩ 진동 시간은 다짐할 때 시멘트풀이 표면 상부로 약간 부상하기까지로 한다.

⑪ 내부진동기는 콘크리트로부터 천천히 빼내어 구멍이 남지 않도록 한다.

⑫ 내부진동기는 콘크리트를 횡방향으로 이동시킬 목적으로 사용 금지

⑬ 재 진동을 할 경우에는 초결이 일어나기 전에 실시

⑭ 콘크리트는 타설한 후 경화가 될 때까지 양생기간 동안 직사광선이나 바람에 의해 수분이 증발하지 않도록 보호

⑮ 콘크리트는 타설한 후 습윤 상태로 노출면이 마르지 않도록 하여야 하며, 수분의 증발에 따라 살수를 하여 습윤 상태로 보호

129 (강)섬유보강 콘크리트((Glass) Fiber Reinforced Concrete) KCS 14 20 22

Ⅰ. 정의

보강용 섬유를 혼입하여 주로 인성, 균열 억제, 내충격성 및 내마모성 등을 높인 콘크리트를 말한다.

Ⅱ. 종류

① 무기계 섬유: 강섬유, 유리섬유, 탄소섬유 등
- 강섬유 길이: 25~60mm, 지름: 0.3~0.9mm 정도
- 유리섬유 길이: 25~40mm 정도

② 유기계 섬유: 아라미드섬유, 폴리프로필렌섬유, 비닐론섬유, 나일론 등

[유리섬유]

Ⅲ. 재료 및 배합

① 초고성능 섬유보강 콘크리트(UHPFRC:Ultra-High Performance Fiber Reinforced Concrete)에 사용되는 강섬유의 인장강도는 2,000MPa 이상

② 단위수량을 될 수 있는 대로 적게 정함

③ 믹서는 강제식 믹서를 사용하는 것을 원칙

④ 섬유를 믹서에 투입할 때에는 섬유를 콘크리트 속에 균일하게 분산

[섬유 혼입률]
섬유보강 콘크리트 $1m^3$ 중에 포함된 섬유의 용적백분율(%)

Ⅳ. 시공

① 비비기로부터 타설이 끝날 때까지의 시간은 외기온도가 25℃ 이상일 때는 1.5시간, 25℃ 미만일 때에는 2시간 이하

② 한 구획내의 콘크리트는 타설이 완료될 때까지 연속해서 타설

③ 콜트조인트가 발생하지 않도록 이어치기 허용시간간격

외기온도	허용 이어치기 시간간격
25℃ 초과	2.0시간
25℃ 이하	2.5시간

[참조]
127 순환골재콘크리트
Ⅴ. 시공

④ 펌프배관 등의 배출구와 타설 면까지의 높이는 1.5m 이하

⑤ 내부진동기를 하층의 콘크리트 속으로 0.1m 정도 연직으로, 삽입간격은 0.5m 이하

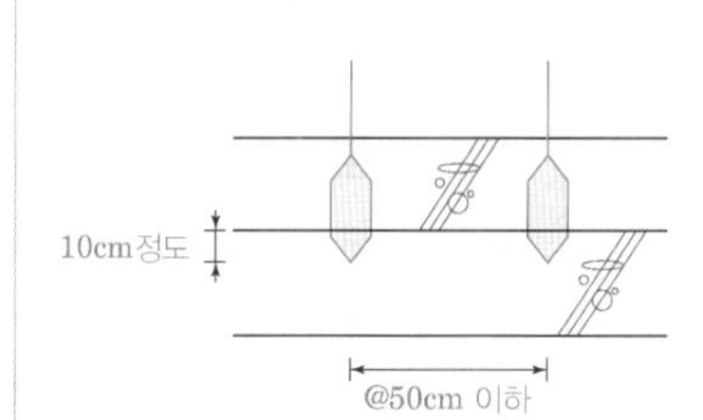

⑥ 콘크리트는 타설한 후 경화가 될 때까지 양생기간 동안 직사광선이나 바람에 의해 수분이 증발하지 않도록 보호

130 폴리머시멘트 콘크리트(Polymer-Modified Concrete, Polymer-Cement Concrete) KCS 14 20 23

Ⅰ. 정의

결합재로 시멘트와 시멘트 혼화용 폴리머(또는 폴리머 혼화재)를 사용한 콘크리트를 말한다.

Ⅱ. 종류

		결합재		
폴리머 콘크리트	:	폴리머	+	골재
폴리머 시멘트 콘크리트	:	폴리머+시멘트	+	골재
폴리머 함침 콘크리트	:	콘크리트 표면	+	폴리머 침투

Ⅲ. 재료 및 배합

① 혼화제는 시멘트 혼화용 폴리머 분산제 및 재유화형 분말수지의 안정성과 시멘트의 수화반응을 저해하지 않는 것을 사용
② 물-결합재비는 30~60%의 범위에서 가능한 한 적게 정함
③ 폴리머-시멘트비는 5~30%의 범위
④ 비비기는 기계비빔을 원칙
⑤ 믹서에 재료를 투입하는 순서는 책임기술자의 지시에 따름
⑥ 비비기 시간은 시험에 의해서 정하는 것을 원칙

Ⅳ. 시공

① 시공온도는 5~35℃를 표준
② 바탕면은 충분한 표면강도가 있어야 하며, 바탕면의 상태가 양호하지 못할 경우 적절한 처치
③ 폴리머 시멘트 페이스트, 모르타르 및 콘크리트의 혼합은 기계식 믹서로 혼합
④ 콘크리트는 신속하게 운반하여 즉시 타설하고, 충분히 다짐
⑤ 비비기로부터 타설이 끝날 때까지의 시간은 외기온도가 25℃ 이상일 때는 1.5시간, 25℃ 미만일 때에는 2시간 이하
⑥ 바탕이 건조한 경우는 물로 촉촉하게 하거나 흡수조정재로 처리하며 시공
⑦ 흙손 마감의 경우는 수회에 걸쳐 누르며 필요 이상의 흙손질 방지
⑧ 시공 후 1~3일간 습윤 양생을 하며, 사용될 때까지의 양생 기간은 7일을 표준
⑨ 초기동해의 우려가 있는 경우는 폴리머 시멘트 페이스트, 모르타르 및 콘크리트가 동결되지 않도록 필요한 대책을 강구
⑩ 하절기의 급격한 건조가 우려되는 경우는 살수양생 등의 대책을 강구
⑪ 폴리머 Dispersion은 과도한 연행공기 방지를 위해 소포제 첨가

[55,95회]

131 폴리머 콘크리트(Polymer Concrete) KCS 14 20 23

Ⅰ. 정의

폴리머 콘크리트는 결합재로 시멘트를 전혀 사용하지 않고 폴리머(열경화성 수지 또는 열가소성 수지 등의 액상수지)만으로 골재를 결합시킨 콘크리트를 말한다.

Ⅱ. 종류

		결합재		
폴리머 콘크리트	:	폴리머	+	골재
폴리머 시멘트 콘크리트	:	폴리머+시멘트	+	골재
폴리머 함침 콘크리트	:	콘크리트 표면	+	폴리머 침투

Ⅲ. 재료 및 배합

① 혼화제는 시멘트 혼화용 폴리머 분산제 및 재유화형 분말수지의 안정성과 시멘트의 수화반응을 저해하지 않는 것을 사용
② 물-결합재비는 30~60%의 범위에서 가능한 한 적게 정함
③ 폴리머-시멘트비는 5~30%의 범위
④ 비비기는 기계비빔을 원칙
⑤ 믹서에 재료를 투입하는 순서는 책임기술자의 지시에 따름
⑥ 비비기 시간은 시험에 의해서 정하는 것을 원칙

Ⅳ. 시공

① 시공온도는 5~35℃를 표준
② 바탕면은 충분한 표면강도가 있어야 하며, 바탕면의 상태가 양호하지 못할 경우 적절한 처치
③ 폴리머 시멘트 페이스트, 모르타르 및 콘크리트의 혼합은 기계식 믹서로 혼합
④ 콘크리트는 신속하게 운반하여 즉시 타설하고, 충분히 다짐
⑤ 비비기로부터 타설이 끝날 때까지의 시간은 외기온도가 25℃ 이상일 때는 1.5시간, 25℃ 미만일 때에는 2시간 이하
⑥ 바탕이 건조한 경우는 물로 촉촉하게 하거나 흡수조정재로 처리하며 시공
⑦ 흙손 마감의 경우는 수회에 걸쳐 누르며 필요 이상의 흙손질 방지
⑧ 시공 후 1~3일간 습윤 양생을 하며, 사용될 때까지의 양생 기간은 7일을 표준
⑨ 초기동해의 우려가 있는 경우는 폴리머 시멘트 페이스트, 모르타르 및 콘크리트가 동결되지 않도록 필요한 대책을 강구
⑩ 하절기의 급격한 건조가 우려되는 경우는 살수양생 등의 대책을 강구

132 폴리머 함침 콘크리트(Polymer Impregnated Concrete) KCS 14 20 23

Ⅰ. 정의

폴리머 함침 콘크리트란 경화콘크리트의 성질을 개선할 목적으로 콘크리트를 건조한 후 폴리머를 가압, 감압 및 중력으로 침투시켜 일체화한 콘크리트를 말한다.

Ⅱ. 종류

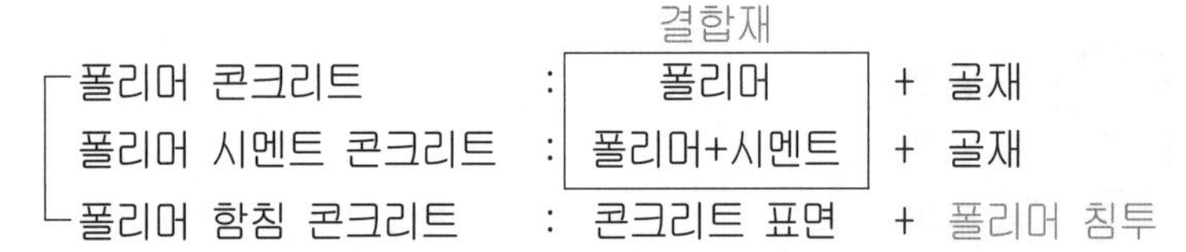

Ⅲ. 재료 및 배합

① 혼화제는 시멘트 혼화용 폴리머 분산제 및 재유화형 분말수지의 안정성과 시멘트의 수화반응을 저해하지 않는 것을 사용

② 물-결합재비는 30~60%의 범위에서 가능한 한 적게 정함

③ 폴리머-시멘트비는 5~30%의 범위

④ 비비기는 기계비빔을 원칙

Ⅳ. 시공

① 시공온도는 5~35℃를 표준

② 바탕면은 충분한 표면강도가 있어야 하며, 바탕면의 상태가 양호하지 못할 경우 적절한 처치

③ 폴리머 시멘트 페이스트, 모르타르 및 콘크리트의 혼합은 기계식 믹서로 혼합

④ 비비기로부터 타설이 끝날 때까지의 시간은 외기온도가 25℃ 이상일 때는 1.5시간, 25℃ 미만일 때에는 2시간 이하

⑤ 시공 후 1~3일간 습윤 양생을 하며, 사용될 때까지의 양생 기간은 7일을 표준

⑥ 하절기의 급격한 건조가 우려되는 경우는 살수양생 등의 대책을 강구

⑦ 기존 콘크리트 부재의 건조상태에 따라 성질의 정도 차이가 크므로 충분히 건조(120~150℃로 6시간 이상 건조)

⑧ 건조시킨 콘크리트는 상온 15~25℃까지 냉각한 후 폴리머 함침 할 것

⑨ 폴리머 함침량: 3~5kg/m^2, 함침시간: 4~10시간

133 지오폴리머 콘크리트(Geopolymer Concrete)

Ⅰ. 정의

결합재로 포틀랜드 시멘트를 사용하지 않는 대신에 지오폴리머(Al와 Si)의 풍부한 플라이애시와 같은 무기물이 알칼리성의 액체에 의해 활성화되어 결합재로서 작용하게 만든 콘크리트를 말한다.

Ⅱ. 개념도

① 지오폴리머 콘크리트 = 지오폴리머(알루미나와 실리카) + 굵은 골재 + 잔골재
② 결합재로 포틀랜드 시멘트를 사용하지 않음
③ 이산화탄소 배출을 줄임(콘크리트 제조 시 60% 정도 감소)
④ 지구 온난화 문제 해결

Ⅲ. 지오폴리머 콘크리트의 특성

① 콘크리트 압축강도는 보통강도에서 고강도 압축강도에 이르기까지 다양
② 장기거동에서 Creep와 건조수축이 낮음
③ 내황산염성과 염해저항성이 우수
④ 콘크리트 투수성이 낮음
⑤ 콘크리트 내구성 우수

Ⅳ. 재료

① 결합재(Binder): 플라이애시, GGBS(고로슬래그) 등
② 골재: 세골재 입자: 2mm 초과 금지, 조골재 입자: 10~20mm
③ 알칼리용액(Alkaline Solution): 수산화 나트륨 또는 수산화 칼륨 팰렛을 물에 용해 시켜 발열반응이 일어나는 용액을 만든 다음 규산나트륨 또는 규산칼륨 용액을 첨가
④ 섬유(Fibers): 강섬유, 유리섬유, 천연섬유 등

[유리섬유]

Ⅴ. 포틀랜드 시멘트와 지오폴리머의 비교

구분	포틀랜드 시멘트	지오폴리머
강도	장기에 고강도	단기에 고강도
산, 바닷물 사용	민감	영향이 거의 없음
철근부식	많음	적음
동결융해저항성	낮음	우수
CO_2 발생량	많음	적음
내구성	불량	우수

134 팽창 콘크리트(Expansive Concrete)

KCS 14 20 24

Ⅰ. 정의

콘크리트의 건조수축을 경감하기 위해 팽창재 또는 팽창시멘트의 사용에 의해 팽창성이 부여된 콘크리트를 말한다.

Ⅱ. 팽창률

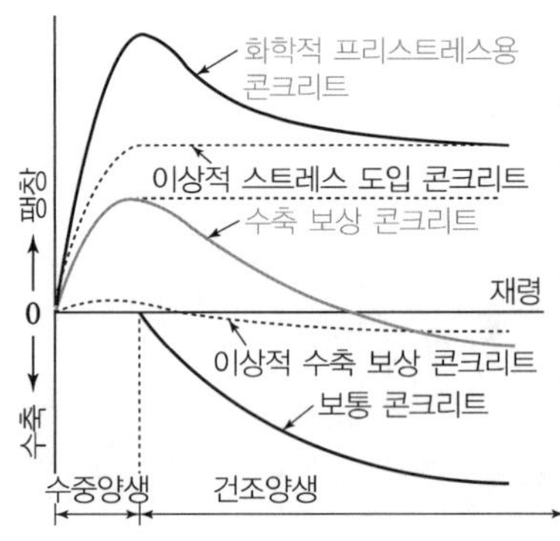

용도	팽창률
수축보상용	150×10^{-6}~250×10^{-6} 이하
화학적 프리스트레스용	200×10^{-6}~700×10^{-6} 이하
공장제품용 화학적 프리스트레스용	200×10^{-6}~$1{,}000\times10^{-6}$ 이하

Ⅲ. 재료(팽창재)

① 팽창재는 풍화되지 않도록 저장

② 팽창재는 습기의 침투를 막을 수 있는 사이로 또는 창고에 시멘트 등 다른 재료와 혼입되지 않도록 구분하여 저장

③ 포대 팽창재는 지상 0.3m 이상의 마루 위에 쌓아 운반이나 검사에 편리하도록 배치하여 저장

④ 포대 팽창재는 12포대 이하로 쌓음

⑤ 포대 팽창재는 사용 직전에 포대를 여는 것을 원칙으로 하며, 저장 중에 포대가 파손된 것은 공사에 사용 금지

⑥ 3개월 이상 장기간 저장된 팽창재는 시험을 실시하여 소요의 품질을 확인한 후 사용

⑦ 팽창재는 운반 또는 저장 중에 직접 비에 맞지 않도록 할 것

⑧ 벌크 상태의 팽창재 및 팽창재와 시멘트를 미리 혼합한 것은 양호한 밀폐상태에 있는 사이로 등에 저장하여 다른 재료와 혼합되지 않도록 할 것

[팽창재]
시멘트와 물의 수화반응에 의해 에트린자이트 또는 수산화칼슘 등을 생성하고 모르타르 또는 콘크리트를 팽창시키는 작용을 하는 혼화 재료

Ⅳ. 배합

① 화학적 프리스트레스용 콘크리트의 단위 시멘트량은 보통 콘크리트인 경우 260kg/m^3 이상, 경량골재 콘크리트인 경우 300kg/m^3 이상

② 공기량은 일반노출(노출등급 EF1)에 굵은 골재의 최대 치수 25mm인 경우 4.5±1.5% 이내
③ 슬럼프는 일반적인 경우 대체로 80mm~210mm를 표준
④ 팽창재는 별도로 질량으로 계량하며, 그 오차는 1회 계량분량의 1% 이내
⑤ 포대 팽창재를 1포대 미만의 것을 사용하는 경우에는 반드시 질량으로 계량
⑥ 믹서에 투입할 때 팽창재가 호퍼 등에 부착되지 않도록 하고, 만약 부착된 경우에는 굳기 전에 바로 제거
⑦ 팽창재는 원칙적으로 다른 재료를 투입할 때 동시에 믹서에 투입
⑧ 콘크리트의 비비기 시간은 강제식 믹서를 사용하는 경우는 1분 이상으로 하고, 가경식 믹서를 사용하는 경우는 1분 30초 이상

V. 시공

① 콘크리트를 비비고 나서 타설을 끝낼 때까지의 시간은 기온·습도 등의 기상 조건과 시공에 관한 등급에 따라 1~2시간 이내
② 콘크리트 타설 후 콘크리트 내부온도가 현저히 상승하거나 초기동해를 입지 않도록 유의
③ 한중 콘크리트의 경우 타설할 때의 콘크리트 온도는 10℃ 이상 20℃ 미만
④ 서중 콘크리트인 경우 비비기 직후의 콘크리트 온도는 30℃ 이하, 타설할 때는 35℃ 이하
⑤ 내·외부 온도차에 의한 온도균열의 우려가 있으므로 팽창콘크리트에 급격하게 살수 금지
⑥ 콘크리트를 타설한 후에는 습윤 상태를 유지하고, 콘크리트 온도는 2℃ 이상을 5일간 이상 유지
⑦ 콘크리트 거푸집널의 존치기간은 평균기온 20℃ 미만인 경우에는 5일 이상, 20℃ 이상인 경우에는 3일 이상을 원칙(압축강도 시험을 할 경우 설계기준 강도의 2/3 이상, 또한 콘크리트 압축강도는 14MPa 이상)

135 수밀 콘크리트(Watertight Concrete)

KCS 14 20 30

Ⅰ. 정의

투수, 투습에 의해 구조물의 안전성, 내구성, 기능성, 유지관리 및 외관 등이 영향을 받는 저수조, 수영장, 지하실 등 압력수가 작용하는 구조물로서 콘크리트 중에서 특히 수밀성이 높은 콘크리트를 말한다.

[수밀성]
투수성이나 투습성이 작은 성질

Ⅱ. 시공도

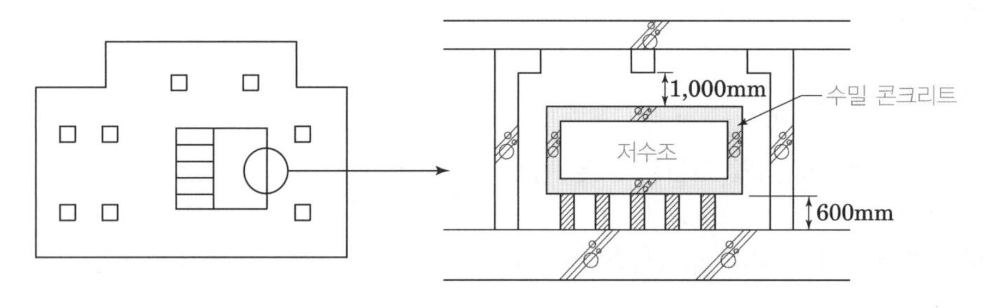

Ⅲ. 재료 및 배합

① 혼화 재료는 공기연행제, 감수제, 공기연행감수제, 고성능공기연행감수제 또는 포졸란 등을 사용
② 단위수량은 되도록 작게 함
③ 단위 굵은 골재량은 되도록 크게 함
④ 슬럼프는 180mm 이하, 콘크리트 타설이 용이할 때에는 120mm 이하
⑤ 공기량은 4% 이하
⑥ 물-결합재비는 50% 이하를 표준

[포졸란(Pozzolan)]
혼화재의 일종으로서 그 자체에는 수경성이 없으나 콘크리트 중의 물에 용해되어 있는 수산화칼슘과 상온에서 천천히 화합하여 물에 녹지 않는 화합물을 만들 수 있는 실리카질 물질을 함유하고 있는 미분말 상태의 재료

Ⅳ. 시공

① 소요 품질의 수밀 콘크리트를 얻기 위해서는 적당한 간격으로 시공 이음을 둘 것
② 콘크리트는 연속으로 타설하여 콜드조인트가 발생하지 않도록 할 것
③ 건조수축 균열의 발생이 없도록 시공
④ 0.1mm 이상의 균열 발생이 예상되는 경우 방수를 검토
⑤ 연속 타설 시간 간격은 외기온도가 25℃ 초과 시 1.5시간, 25℃ 이하 시 2시간 이하
⑥ 콘크리트 다짐을 충분히 하며, 가급적 이어치기 금지
⑦ 연직 시공 이음에는 지수판 등 사용
⑧ 수밀 콘크리트는 충분한 습윤 양생을 실시

[콜드조인트]
먼저 타설된 콘크리트와 나중에 타설된 콘크리트 사이에 완전히 일체화가 되어있지 않은 이음

[cold joint]

136 유동화 콘크리트(Superplasticized Concrete)

KCS 14 20 31

Ⅰ. 정의

미리 비빈 베이스 콘크리트에 유동화제를 첨가하고 재비빔하여 유동성을 증대시킨 콘크리트를 말한다.

Ⅱ. 유동화 첨가방법

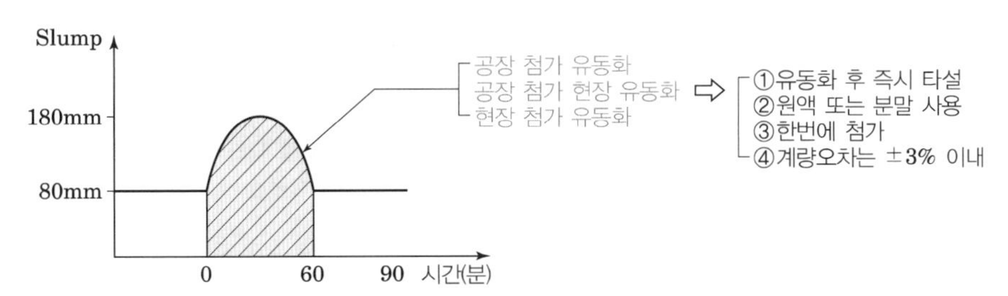

Ⅲ. 재료 및 배합

① 유동화 콘크리트의 슬럼프 증가량은 100mm 이하를 원칙(50~80mm를 표준)

② 유동화 콘크리트의 슬럼프(mm)

콘크리트 종류	베이스 콘크리트	유동화 콘크리트
보통 콘크리트	150 이하	210 이하
경량골재 콘크리트	180 이하	210 이하

③ 공기량은 보통콘크리트: 4.5%±1.5%, 경량골재 콘크리트: 5.5%±1.5%

④ 슬럼프 및 공기량 시험은 50m^{3}마다 1회씩 실시하는 것을 표준

[유동화제(Plasticizer)]
배합이나 굳은 후의 콘크리트 품질에 큰 영향을 미치지 않고 미리 혼합된 베이스 콘크리트에 첨가하여 콘크리트의 유동성을 증대시키기 위하여 사용하는 혼화제

[베이스 콘크리트]
① 유동화 콘크리트를 제조할 때 유동화제를 첨가하기 전 기본배합의 콘크리트
② 숏크리트의 습식 방식에서 사용하는 급결제를 첨가하기 전의 콘크리트

Ⅳ. 시공

① 비비기로부터 타설이 끝날 때까지의 시간은 외기온도가 25℃ 이상일 때는 1.5시간, 25℃ 미만일 때에는 2시간 이하

② 한 구획내의 콘크리트는 타설이 완료될 때까지 연속해서 타설

③ 콜트조인트가 발생하지 않도록 이어치기 허용시간간격

외기온도	허용 이어치기 시간간격
25℃ 초과	2.0시간
25℃ 이하	2.5시간

④ 펌프배관 등의 배출구와 타설 면까지의 높이는 1.5m 이하

⑤ 내부진동기를 하층의 콘크리트 속으로 0.1m 정도 연직으로, 삽입간격은 0.5m 이하

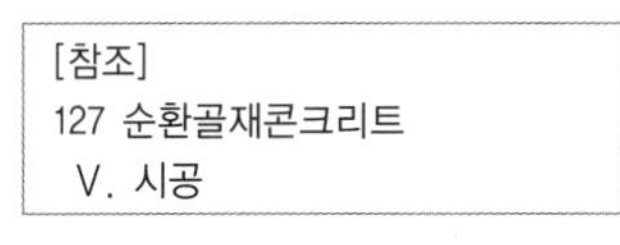

[참조]
127 순환골재콘크리트
V. 시공

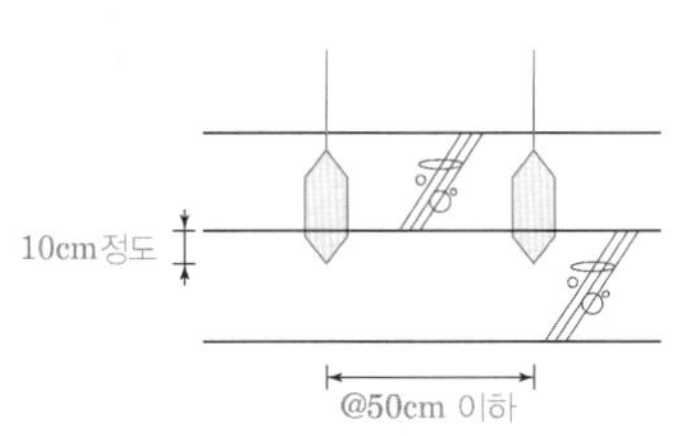

137 고유동 콘크리트(High Fluidity Concrete) KCS 14 20 32

Ⅰ. 정의

철근이 배근된 부재에 콘크리트 타설 시 현장에서 다짐을 하지 않더라도 콘크리트의 자체 유동으로 밀실하게 충전될 수 있도록 높은 유동성과 충전성 및 재료분리 저항성을 갖는 다짐이 불필요한 자기충전콘크리트를 말한다.

Ⅱ. 현장시공도

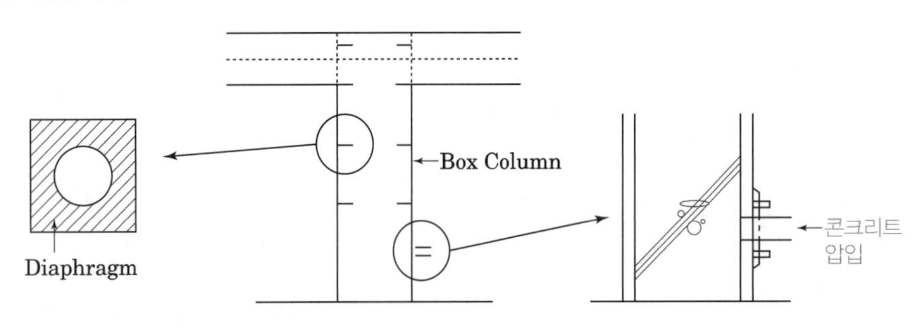

Ⅲ. 고유동 콘크리트의 자기 충전 등급

등급	내용
1등급	최소 철근 순간격 35~60㎜의 복잡한 단면 형상을 가진 철근 콘크리트 구조물, 단면 치수가 작은 부재 또는 부위에서 자기 충전성을 가지는 성능
2등급	최소 철근 순간격 60~200㎜의 철근 콘크리트 구조물 또는 부재에서 자기 충전성을 가지는 성능
3등급	최소 철근 순간격 200㎜ 이상으로 단면 치수가 크고 철근량이 적은 부재 또는 부위, 무근 콘크리트 구조물에서 자기 충전성을 가지는 성능
일반적인 철근 콘크리트 구조물 또는 부재는 자기 충전성 등급을 2등급으로 정하는 것을 표준	

Ⅳ. 시공

① 거푸집은 시멘트 페이스트 또는 모르타르가 이음면으로부터 누출되지 않도록 밀실하게 조립

② 폐쇄공간에 고유동 콘크리트를 타설하는 경우에는 거푸집 상면의 적절한 위치에 공기빼기 구멍을 설치

③ 애지테이터 트럭으로 운반하는 경우에는 배출 직전에 10초 이상 고속으로 혼합한 다음 배출

[유동성]
중력이나 밀도에 따라 유동하는 정도를 나타내는 굳지 않은 콘크리트의 성질

[자기 충전성]
콘크리트를 타설할 때 다짐 작업 없이 자중만으로 철근 등을 통과하여 거푸집의 구석구석까지 균질하게 채워지는 정도를 나타내는 굳지 않은 콘크리트의 성질

[재료 분리 저항성]
중력이나 외력 등에 의한 재료 분리 작용에 대하여 콘크리트 구성재료 분포의 균질성을 유지시키려는 굳지 않은 콘크리트의 성질

④ 콘크리트 혼합으로부터 타설 종료까지의 시간한도는 유동성과 자기 충전성을 고려
⑤ 펌프에 의한 운반을 실시하는 경우, 필요한 펌퍼빌리티를 확보
⑥ 펌프의 압송 관 직경은 100~150mm를 사용
⑦ 타설 시 고유동 콘크리트의 최대 자유 낙하높이는 5m 이하
⑧ 낙하로 인한 재료 분리 방지
⑨ 최대 수평 유동거리는 15m 이하
⑩ 초기강도 발현이 매우 중요하므로 콘크리트 타설 후 경화에 필요한 온도와 습도를 유지
⑪ 표면 마무리를 할 때까지 습윤 양생이나 방풍시설 등 표면 건조를 방지하기 위한 대책을 수립

138 고유동 콘크리트의 자기충전(Self-Compacting) KCS 14 20 32

Ⅰ. 정의

고유동 콘크리트란 철근이 배근된 부재에 콘크리트 타설시 현장에서 다짐을 하지 않더라도 콘크리트의 자체 유동으로 밀실하게 충전될 수 있도록 높은 유동성과 충전성 및 재료분리 저항성을 갖는 다짐이 불필요한 자기충전콘크리트를 말한다.

Ⅱ. 고유동 콘크리트의 자기 충전 등급

1) 고유동 콘크리트의 자기 충전 등급은 거푸집에 타설하기 직전의 콘크리트에 대하여 타설 대상 구조물의 형상, 치수, 배근상태를 고려하여 적절히 설정한다.

2) 고유동 콘크리트의 자기 충전성은 다음과 같이 3가지 등급으로 한다.

등급	내용
1등급	최소 철근 순간격 35~60㎜의 복잡한 단면 형상을 가진 철근 콘크리트 구조물, 단면 치수가 작은 부재 또는 부위에서 자기 충전성을 가지는 성능
2등급	최소 철근 순간격 60~200㎜의 철근 콘크리트 구조물 또는 부재에서 자기 충전성을 가지는 성능
3등급	최소 철근 순간격 200㎜ 이상으로 단면 치수가 크고 철근량이 적은 부재 또는 부위, 무근 콘크리트 구조물에서 자기 충전성을 가지는 성능

3) 일반적인 철근 콘크리트 구조물 또는 부재는 자기 충전성 등급을 2등급으로 정하는 것을 표준으로 한다.

Ⅲ. 고유동 콘크리트의 품질

① 굳지 않은 콘크리트의 유동성은 KS F 2594에 따라 슬럼프 플로 시험에 의하여 정하고, 그 범위는 600mm 이상

② 굳지 않은 콘크리트의 재료 분리 저항성은 다음 규정을 만족하는 것으로 한다.

- 슬럼프 플로 시험 후 콘크리트 중앙부에는 굵은 골재가 모여 있지 않고, 주변부에는 시멘트 페이스트가 분리되지 않아야 한다.
- 슬럼프 플로 500mm 도달시간 3~20초 범위를 만족하거나, KCI-CT 108에 따른 깔때기 시험에서 골재에 의한 막힘없이 콘크리트가 통과하는 지 여부로 확인한다.

③ 자기 충전성은 KCI-CT 108에 따른 U형 또는 박스형 충전성 시험을 통해 평가하며, 충전높이는 300mm 이상이어야 한다.

[유동성]
중력이나 밀도에 따라 유동하는 정도를 나타내는 굳지 않은 콘크리트의 성질

[자기 충전성]
콘크리트를 타설할 때 다짐 작업 없이 자중만으로 철근 등을 통과하여 거푸집의 구석구석까지 균질하게 채워지는 정도를 나타내는 굳지 않은 콘크리트의 성질

[재료 분리 저항성]
중력이나 외력 등에 의한 재료 분리 작용에 대하여 콘크리트 구성재료 분포의 균질성을 유지시키려는 굳지 않은 콘크리트의 성질

139 고강도 콘크리트(High Strength Concrete)

KCS 14 20 33

Ⅰ. 정의

고강도 콘크리트의 설계기준압축강도는 보통 또는 중량골재 콘크리트에서 40MPa 이상, 경량골재 콘크리트에서 27MPa 이상인 경우의 콘크리트를 말한다.

Ⅱ. 재료

① 잔골재의 절대건조밀도는 2.5g/cm^3 이상, 흡수율은 3.0% 이하의 값을 표준
② 입도가 범위를 벗어난 잔골재를 쓰는 경우에는, 두 종류 이상의 잔골재를 혼합하여 입도를 조정해서 사용
③ 굵은 골재의 최대 치수는 25mm 이하로 하며, 철근 최소 수평 순간격의 3/4 이내의 것을 사용

[폭렬(Explosive Fracture)]
화재 시 급격한 고온에 의해 내부 수증기압이 발생하고, 이 수증기압이 콘크리트의 인장강도보다 크게 되면 콘크리트 부재 표면이 심한 폭음과 함께 박리 및 탈락하는 현상

[건물화재]

Ⅲ. 배합

① 물-결합재비의 결정
- 소요의 강도와 내구성을 고려하여 정함
- 물-결합재비와 콘크리트 강도의 관계식을 시험 배합으로부터 구함
- 배합강도에 상응하는 물-결합재비는 시험에 의한 관계식을 이용하여 결정

② 단위수량은 소요의 워커빌리티를 얻을 수 있는 범위 내에서 가능한 작게
③ 잔골재율은 소요의 워커빌리티를 얻도록 가능한 작게
④ 기상의 변화가 심하거나 동결융해에 대한 대책이 필요한 경우를 제외하고는 공기연행제를 사용하지 않는 것을 원칙

Ⅳ. 시공

① 비비기는 믹서로 비빔
② 거푸집판이 건조할 우려가 있을 때에는 살수
③ 기둥과 벽체 콘크리트, 보와 슬래브 콘크리트를 일체로 하여 타설할 경우에는 보 아래면에서 타설을 중지한 다음, 기둥과 벽에 타설한 콘크리트가 침하한 후 보, 슬래브의 콘크리트를 타설
④ 콘크리트는 운반 후 신속하게 타설
⑤ 수직부재에 타설하는 콘크리트의 강도와 수평부재에 타설하는 콘크리트 강도의 차가 1.4배를 초과하는 경우에는 내민 길이를 확보(600mm)
⑥ 고강도 콘크리트는 낮은 물-결합재비를 가지므로 철저히 습윤 양생
⑦ 콘크리트를 타설한 후 경화할 때까지 직사광선이나 바람에 의해 수분이 증발 방지

140 고강도 콘크리트의 제조

Ⅰ. 정의

고강도 콘크리트의 설계기준압축강도는 보통 또는 중량골재 콘크리트에서 40MPa 이상, 경량골재 콘크리트에서 27MPa 이상인 경우의 콘크리트이며, 시험배합 및 물성 확인을 통한 콘크리트의 품질관리가 필수적이다.

Ⅱ. 고강도 콘크리트의 제조

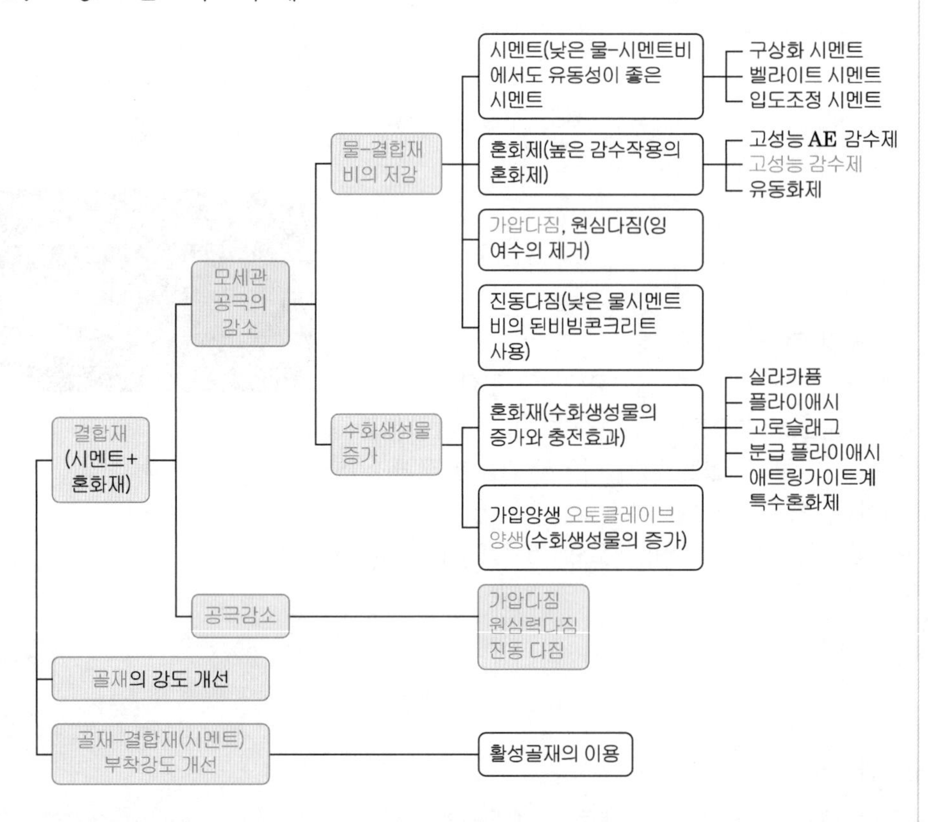

① 물-결합재비의 감소: 슬럼프의 저하를 막기 위해 고성능 감수제 사용이나 가압다짐

② 공극률의 감소: 원심력다짐이나 가압다짐, 진동다짐

③ 골재의 부착력 증대: Cement Matrix의 부착력이 양호한 표면 조직을 갖는 골재 이용(활성골재)

④ 수화생성물의 증가: 상압증기양생 후 오토클레이브 양생

⑤ 보강재를 이용한 인장강도 증가: 섬유보강

⑥ 시멘트 이외의 결합재 이용: Polymer나 Resin 이용

141 고내구성 콘크리트

KCS 41 30 03

Ⅰ. 정의

해풍, 해수, 황산염 및 기타 유해물질에 노출된 콘크리트로서 고내구성이 요구되는 콘크리트 공사나, 특히 높은 내구성을 필요로 하는 철근콘크리트조 건축물에 사용하는 콘크리트를 말한다.

Ⅱ. 재료

① 잔골재의 절대건조밀도는 2.5g/cm^3 이상, 흡수율은 3.0% 이하의 값을 표준
② 잔골재의 조립률이 ±0.20 이상의 변화를 나타내었을 때는 배합의 적정성 확인후 배합 보완 및 변경 등을 검토
③ 굵은 골재의 절대건조밀도는 2.5g/cm^3 이상, 흡수율은 3.0% 이하의 값을 표준

Ⅲ. 배합

① 설계기준강도는 보통 콘크리트에서는 21MPa 이상, 40MPa 이하, 경량골재 콘크리트에서는 21MPa 이상, 27MPa 이하
② 슬럼프는 120mm 이하(유동화 콘크리트인 경우 베이스 콘크리트의 슬럼프는 120mm 이하, 유동화 콘크리트의 슬럼프는 210mm 이하)
③ 단위수량은 175kg/m^3 이하
④ 단위시멘트량의 최소값은 보통 콘크리트는 300kg/m^3, 경량골재 콘크리트는 330kg/m^3
⑤ 물-결합재비의 최대값(%)

구분	보통 콘크리트	경량골재 콘크리트
포틀랜드 시멘트 고로 슬래그 시멘트 특급 실리카 시멘트 A종 플라이 애시 시멘트 A종	60	55
고로 슬래그 시멘트 1급 실리카 시멘트 B종 플라이 애시 시멘트 B종	55	55

⑥ 콘크리트에 함유된 염화물량은 염소이온량으로 0.20kg/m^3 이하
⑦ 타설 시의 콘크리트 온도는 3℃ 이상, 30℃ 이하

Ⅳ. 시공

① 콘크리트의 비빔 시작으로부터 타설이 끝나는 시간의 한도는 외기온도가 25℃ 미만일 때는 90분, 25℃ 이상일 때는 60분으로 한다.
② 콘크리트를 이어붓는 경우는 이음면의 레이턴스 및 취약한 콘크리트를 제거하고 건전한 콘크리트면을 노출시킨 후, 물로 충분히 습윤
③ 철근, 철골 및 금속제 거푸집의 온도가 50℃를 넘는 경우는, 콘크리트의 타설 직전에 살수하여 냉각
④ 거푸집, 철근, 이어붓기 부분의 콘크리트에 살수한 물은 콘크리트의 타설 직전에 고압공기 등으로 제거
⑤ 한 층의 타설 두께는 600mm 내외
⑥ 벽부분의 콘크리트는 각 부분이 항상 거의 동일한 높이가 되도록 타설
⑦ 콘크리트의 자유낙하높이는 콘크리트가 분리하지 않는 범위
⑧ 콘크리트를 일체로 하여 타설한 경우에는, 기둥 및 벽에 타설한 콘크리트의 침하가 종료한 후에 보·슬래브의 콘크리트를 타설
⑨ 콘크리트 봉형 진동기의 삽입간격은 600mm 이하
⑩ 콘크리트 부재의 위치 및 단면치수의 허용차의 표준값

항목	허용오차(mm)
설계도에 표시된 위치에 대한 각 부분의 위치	±20
기둥, 보, 벽의 단면치수	−5, +15
바닥슬래브, 지붕슬래브의 두께	−0, +15
기초의 단면치수	−5

142 고성능 콘크리트(High Performance Concrete)

Ⅰ. 정의

고성능 콘크리트란 고강도, 고유동 및 고내구성을 고루 갖춘 콘크리트를 말하며, 이에 따라 콘크리트의 분체 및 골재의 충전율을 높이는 것이 기본적 메커니즘이다.

Ⅱ. 개념도

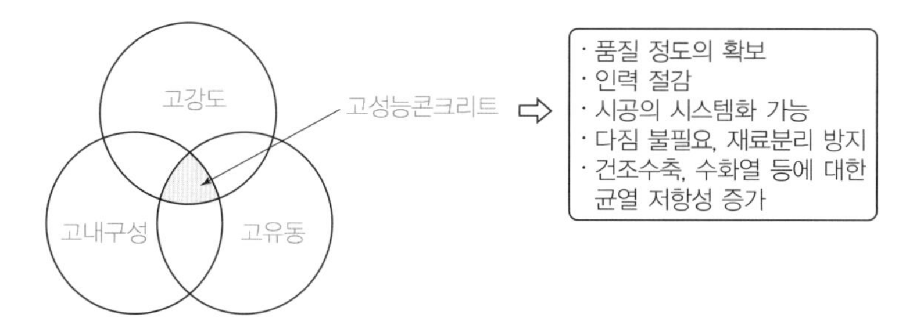

Ⅲ. 고성능 콘크리트의 제조 및 유의사항

① 고성능 혼화제 및 분리 저감제를 적정량 혼합
② 미분말 혼화재인 Slag, Fly Ash, Silica Fume을 혼합제조
③ MDF 시멘트 등 고강도 시멘트 사용
④ 특수 혼화제의 사용에 따른 표면수의 변동, 온도변화에 유의
⑤ 결합재(시멘트+Slag, Fly Ash, Silica Fume) 양의 증가로 점성이 높아 구성재료의 분산이 어려움
⑥ 결합재량의 증가에 따른 믹싱의 철저

Ⅳ. 시공 시 유의사항

① 콘크리트 측압의 증가로 거푸집널의 계획을 철저히 할 것
② 거푸집널의 밀실화로 시멘트 페이스트의 유출을 방지할 것
③ 펌프 압송 시 슬럼프 저하에 유의
④ 타설 시 낙하고는 재료분리 방지를 위해 3m 정도로 할 것
⑤ 성능평가시험 철저: 유동성 평가시험, 충전성 평가시험, 분리 저항성 평가시험

143 초고성능 콘크리트

Ⅰ. 정의

콘크리트 구조물에 요구되는 성능인 강도, 내구성, 수밀성, 강재보호 성능, 균열저항성을 향상시킨 콘크리트로서 압축강도 150MPa 이상인 것을 말하며 초고강도이면서 높은 인장강도와 휨인성을 가진 보강된 콘크리트를 말한다.

Ⅱ. 초고성능 콘크리트의 Mechanism

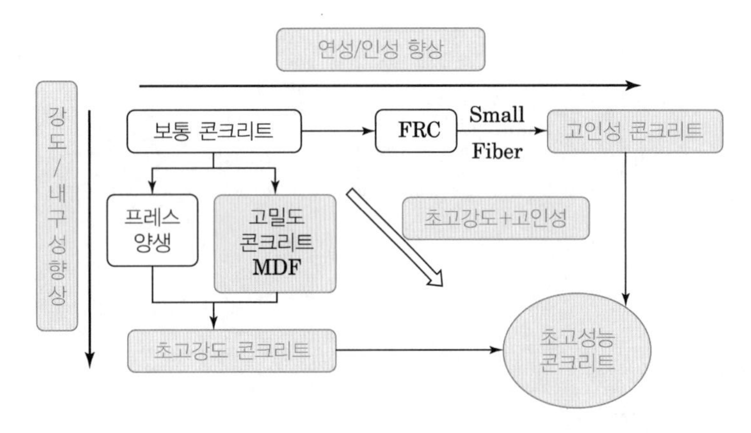

Ⅲ. 특징

① 부재의 단면 감소 및 경량화
② 공기단축 및 유지관리비 감소(균열 등의 하자 감소)
③ 경제성 증대: 철근 사용량 감소, 현장 노동력 감소
④ 구조물의 내용연한(수명) 증가

Ⅳ. 시공 시 유의사항

① 콘크리트 측압의 증가로 거푸집널의 계획을 철저히 할 것
② 거푸집널의 밀실화로 시멘트 페이스트의 유출을 방지할 것
③ 펌프 압송 시 슬럼프 저하에 유의
④ 타설 시 낙하고는 재료분리 방지를 위해 3m 정도로 할 것
⑤ 성능평가시험 철저: 유동성 평가시험, 충전성 평가시험, 분리저항성 평가시험

144 초고내구성 콘크리트

Ⅰ. 정의

콘크리트 속에 특수 혼화제(크리콜 에텔유도체 등)를 첨가하여, 내구성 감소 요인 등에 대한 저항성을 증대시켜, 일반 콘크리트보다 수명을 10배 이상 향상시킨 콘크리트를 말한다.

Ⅱ. 개념도

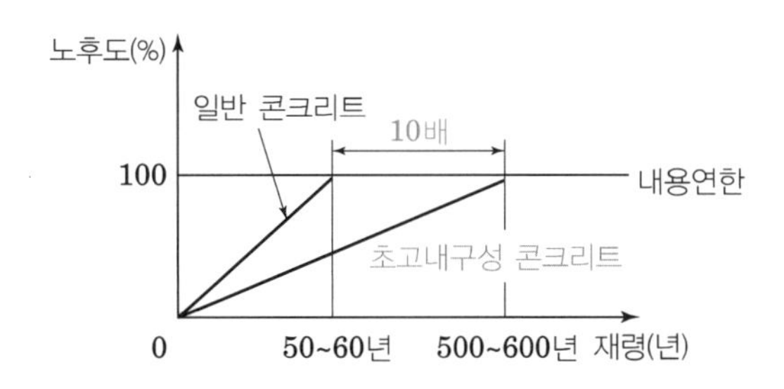

Ⅲ. 제조방법 및 효과

1. 제조방법

일반 콘크리트 + 특수 혼화제(크리콜 에텔유도체 + 아미노 알코올유도체)

2. 효과

① 염소이온의 침투력: 일반 콘크리트의 20% 정도
② 중성화 속도: 일반 콘크리트의 25% 정도
③ 내산성능 우수: 염산, 초산 등의 침투억제 효과
④ 동결융해 저항성: 기포의 균일한 분포로 성능 우수
⑤ 건조수축 발생: 일반 콘크리트의 50% 정도

Ⅳ. 시공 시 유의사항

① 거푸집판이 건조할 우려가 있을 때에는 살수함
② 콘크리트 재료분리가 발생되지 않도록 유의
③ 콘크리트 이음면의 레이턴스 제거 후 물로 충분히 습윤시킨다.
④ 기둥 및 벽에 부어넣은 콘크리트의 침하 종료 후 보·슬래브 타설
⑤ 진동봉은 50cm 이하 간격으로 철저히 다짐

145 방사선 차폐용 콘크리트(Radiation Shielding Concrete) KCS 14 20 34

Ⅰ. 정의

주로 생물체의 방호를 위하여 X선, γ선 및 중성자선을 차폐할 목적으로 사용되는 콘크리트를 말한다.

Ⅱ. 현장시공도

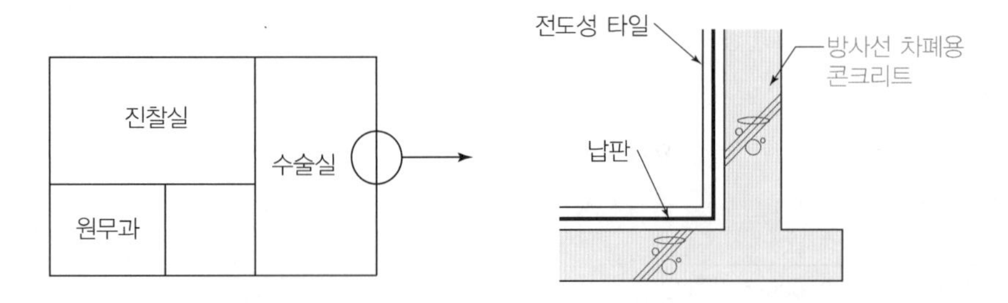

Ⅲ. 재료 및 배합

① 시멘트의 온도는 일반적으로 50℃ 이하
② 방사선 차폐용 콘크리트로서 필요한 성능이 얻어질 수 있는 골재를 선정
③ 콘크리트의 슬럼프는 150mm 이하
④ 물-결합재비는 50% 이하

[중량골재]
중정석, 갈철광, 자철광 등 사용

Ⅳ. 시공

① 설계에 정해져 있지 않은 이음은 설치할 수 없다.
② 이어치기 부분으로부터 방사선의 유출을 방지할 수 있도록 그 위치 및 형상을 정하여야 한다.
③ 비비기로부터 타설이 끝날 때까지의 시간은 외기온도가 25℃ 이상일 때는 1.5시간, 25℃ 미만일 때에는 2시간 이하
④ 한 구획내의 콘크리트는 타설이 완료될 때까지 연속해서 타설
⑤ 콜트조인트가 발생하지 않도록 이어치기 허용시간간격

외기온도	허용 이어치기 시간간격
25℃ 초과	2.0시간
25℃ 이하	2.5시간

[참조]
127 순환골재콘크리트
Ⅴ. 시공

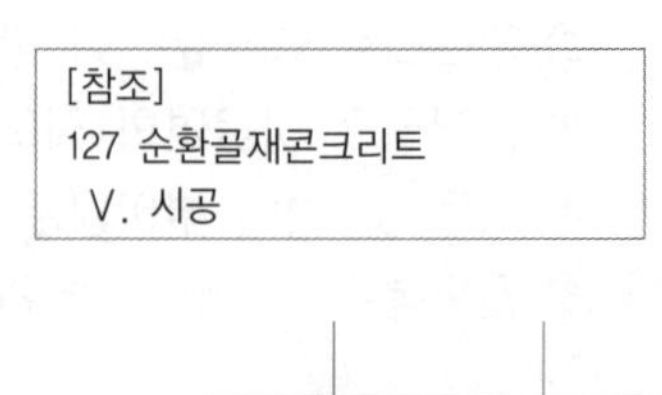

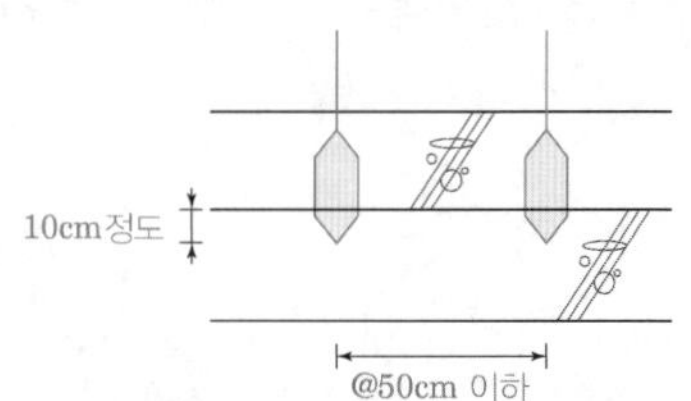

⑥ 내부진동기를 하층의 콘크리트 속으로 0.1m 정도 연직으로, 삽입간격은 0.5m 이하

146 한중콘크리트(Cold Weather Concrete) KCS 14 20 40

Ⅰ. 정의

하루평균기온이 4℃ 이하가 예상되는 조건일 때는 콘크리트가 동결할 우려가 있는 시기에 시공되는 콘크리트를 말한다.

Ⅱ. 체적팽창 Mechanism

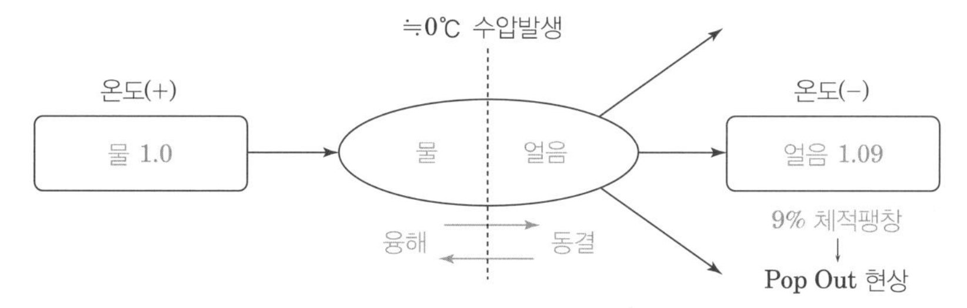

Ⅲ. 재료 및 배합

① 포틀랜드 시멘트를 사용하는 것을 표준
② 골재가 동결되어 있거나 골재에 빙설이 혼입되어 있는 골재 사용 금지
③ 재료 가열은 물 또는 골재를 가열하고, 시멘트는 직접 가열 금지
④ 공기연행 콘크리트를 사용하는 것을 원칙
⑤ 단위수량은 초기동해 저감 및 방지를 위하여 되도록 적게
⑥ 물-결합재비는 원칙적으로 60% 이하
⑦ 거푸집은 보온성이 좋은 것을 사용

Ⅳ. 시공

① 콘크리트의 운반은 열량의 손실을 가능한 한 줄이도록 시행
② 타설할 때의 콘크리트 온도는 5~20℃의 범위
③ 기상 조건이 가혹한 경우나 부재 두께가 얇을 경우에는 타설 시 콘크리트의 최저온도는 10℃ 정도를 확보
④ 콘크리트를 타설할 때에는 철근이나, 거푸집 등에 빙설 부착 금지
⑤ 콘크리트를 타설할 마무리된 지반은 콘크리트 타설까지의 사이에 동결하지 않도록 시트 등으로 덮어 보양
⑥ 시공이음부의 콘크리트가 동결되어 있는 경우는 적당한 방법으로 이것을 녹여 콘크리트를 이어 타설
⑦ 콘크리트를 타설한 후 즉시 시트나 기타 적당한 재료로 표면을 덮어 보양
⑧ 구조체 콘크리트의 압축강도 검사는 현장봉합양생으로 실시
⑨ 양생기간 중에는 콘크리트의 온도, 보온된 공간의 온도 및 기온을 자기기록 온도계로 기록

[자기기록 온도계]

[현장봉합양생]
콘크리트가 기온이 변화함에 따라 콘크리트의 표면에서 물의 출입이 없는 상태를 유지한 공시체의 양생

V. 양생

1. 초기 양생

① 콘크리트 타설이 종료된 후 초기동해를 받지 않도록 초기양생을 실시
② 콘크리트를 타설한 직후에 찬바람이 콘크리트 표면에 닿는 것을 방지
③ 소요 압축강도가 얻어질 때까지 콘크리트의 온도를 5℃ 이상으로 유지
④ 소요 압축강도에 도달한 후 2일간은 구조물의 어느 부분이라도 0℃ 이상이 되도록 유지
⑤ 초기양생 완료 후 2일간 이상은 콘크리트의 온도를 0℃ 이상으로 보존

[초기 동해]
응결 및 경화의 초기에 받는 콘크리트의 동해

2. 보온 양생

① 급열 양생, 단열 양생, 피복양생 및 이들을 복합한 방법 중 한 가지 방법을 선택
② 콘크리트에 열을 가할 경우에는 콘크리트가 급격히 건조하거나 국부적 가열 금지
③ 급열 양생을 실시하는 경우 가열설비의 수량 및 배치는 시험가열을 실시한 후 결정
④ 단열 양생을 실시하는 경우 콘크리트가 계획된 양생온도를 유지하도록 관리하며 국부적 냉각 금지
⑤ 보온 양생 또는 급열 양생을 끝마친 후에는 콘크리트의 온도를 급격 저하 금지
⑥ 보온 양생이 끝난 후에는 양생을 계속하여 관리재령에서 예상되는 하중에 필요한 강도를 얻을 수 있게 실시

[급열 양생]
양생기간 중 어떤 열원을 이용하여 콘크리트를 가열하는 양생

[단열양생]
단열성이 높은 재료로 콘크리트 주위를 감싸 시멘트의 수화열을 이용하여 보온 하는 양생

[피복양생]
시트 등을 이용하여 콘크리트의 표면 온도를 저하시키지 않는 양생

147 한중 콘크리트의 적용범위

Ⅰ. 정의

하루평균기온이 4℃ 이하가 예상되는 조건일 때는 콘크리트가 동결할 우려가 있는 시기에 시공되는 콘크리트를 말한다.

Ⅱ. 체적팽창 Mechanism

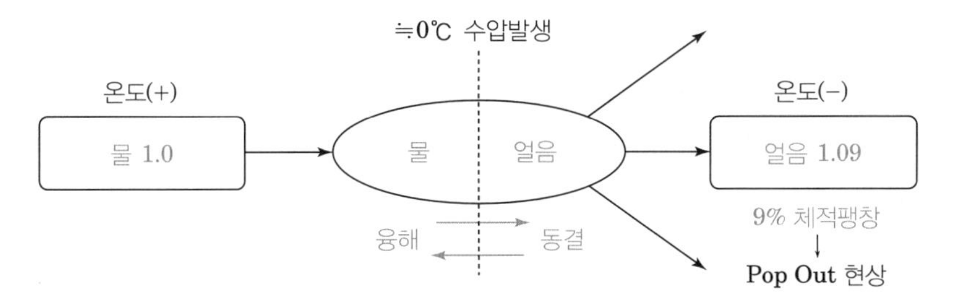

Ⅲ. 한중 콘크리트의 적용범위

① 1일평균기온이 4℃ 이하로 예상될 때
② 응결·경화의 지연이 예상될 때
③ 아침, 저녁으로 동결피해가 예상될 때
④ 하루 평균기온이 5℃ 이하, 24시간 중 반 이상이 10℃ 이하의 조건이 3일 이상 지속될 때

Ⅳ. 타설 방법

기온	콘크리트 타설 방법
4℃ 이상	통상과 같은 방법으로 콘크리트 타설
0~4℃	간단한 주의와 보온
-3~0℃	견실한 보온과 재료(물, 골재)의 가열 필요
-3℃ 이하	가열 양생 등 본격적인 한중콘크리트 시공

148 한중 콘크리트의 양생(일일 평균 4℃ 이하 시 콘크리트 양생방법) KCS 14 20 40

Ⅰ. 정의

한중 콘크리트의 양생은 초기동해에 대해 저항할 수 있는 강도를 얻고, 구조물의 소요강도를 발휘할 수 있을 때까지 실시한다.

[초기 동해]
응결 및 경화의 초기에 받는 콘크리트의 동해

Ⅱ. 한중 콘크리트의 양생

1. 초기 양생

① 콘크리트 타설이 종료된 후 초기동해를 받지 않도록 초기양생을 실시
② 콘크리트를 타설한 직후에 찬바람이 콘크리트 표면에 닿는 것을 방지
③ 소요 압축강도가 얻어질 때까지 콘크리트의 온도를 5℃ 이상으로 유지
④ 소요 압축강도에 도달한 후 2일간은 구조물의 어느 부분이라도 0℃ 이상이 되도록 유지
⑤ 초기양생 완료 후 2일간 이상은 콘크리트의 온도를 0℃ 이상으로 보존

2. 보온 양생

① 급열 양생, 단열 양생, 피복양생 및 이들을 복합한 방법 중 한 가지 방법을 선택
② 콘크리트에 열을 가할 경우에는 콘크리트가 급격히 건조하거나 국부적 가열 금지
③ 급열 양생을 실시하는 경우 가열설비의 수량 및 배치는 시험가열을 실시한 후 결정
④ 단열 양생을 실시하는 경우 콘크리트가 계획된 양생온도를 유지하도록 관리하며 국부적 냉각 금지
⑤ 보온 양생 또는 급열 양생을 끝마친 후에는 콘크리트의 온도를 급격 저하 금지
⑥ 보온 양생이 끝난 후에는 양생을 계속하여 관리재령에서 예상되는 하중에 필요한 강도를 얻을 수 있게 실시

[급열 양생]
양생기간 중 어떤 열원을 이용하여 콘크리트를 가열하는 양생

[단열양생]
단열성이 높은 재료로 콘크리트 주위를 감싸 시멘트의 수화열을 이용하여 보온 하는 양생

[피복양생]
시트 등을 이용하여 콘크리트의 표면 온도를 저하시키지 않는 양생

3. 거푸집 및 동바리

① 거푸집은 보온성이 좋은 것을 사용
② 지반의 동결 융해에 의하여 변위를 일으키지 않도록 지반의 동결을 방지하는 공법으로 시공
③ 거푸집 제거는 콘크리트의 온도를 갑자기 저하시키지 않도록 할 것

Ⅲ. 양생 방법

1. 급열 양생(열풍기)

① 연소된 가스가 콘크리트 표면에 접촉되지 않도록 주의
② 안전사고에 유의

[급열 양생]

2. 보온 양생(양생포, 보온재)

① 기온이 영상일 경우에는 보온만으로도 충분
② 콘크리트에 밀착되도록 설치
③ 구조물의 코너와 모서리 부분은 본체에서 가장 취약 부분이므로 보온재는 통상 슬래브나 벽체의 보온재보다 3배 이상의 두께로 설치

3. 가설천막

① 가장 효과적
② 가열된 공기가 순환되도록 하며, 작업공간을 고려한 천막 크기 결정
③ 빈틈없이 하여 차가운 공기 차단
④ 가열된 내부 공기의 온도가 콘크리트의 온도보다 11℃ 이상 높지 않도록 관리

[가설천막]

Ⅳ. 양생 시 유의사항

① 화재예방계획을 수립하여 화재경계활동 강화 및 가스 중독 등 안전사고 예방
② 초기 양생: 압축강도가 5MPa에 이를 때까지 구조물의 어느 부분도 0℃ 이하로 되지 않도록 관리
③ 한풍에 의한 온도저하 유의: 바람이 들어가지 않도록 하는 것이 중요
④ 방풍막이용 천막은 상부 적설하중을 고려하여 견고하게 설치
⑤ 양생 종료 12시간 전부터 살수 금지
⑥ 초기 보호양생 종료 시 급속한 온도저하 방지

149 한중 콘크리트의 적산온도

Ⅰ. 정의

적산온도란 콘크리트 타설 후 초기양생될 때까지 온도누계의 합을 말하며, 양생온도가 서로 상이하여도 그 양생기간의 온도의 합이 같다면 콘크리트의 강도는 비슷하다.

Ⅱ. 적산온도

1. 산정식

$$M(°D.D)\sum_{z=1}^{n}(\theta_z+10)$$

z = 재령(일)
n = 필요강도를 얻기 위한 기간(일)
θ_z = 재령 z일에 의한 콘크리트의 일평균온도(℃)

2. 적산온도(대수눈금)와 압축강도와의 관계

① 재료, 배합, 건조, 습윤의 정도에 따라 다르므로 시험에 의해 확인함이 좋다.

② 시험 결과 : $f=\alpha+\beta\log M$

③ 적산온도 적용한계
M>1,000($°D.D$) 경우 적용금지

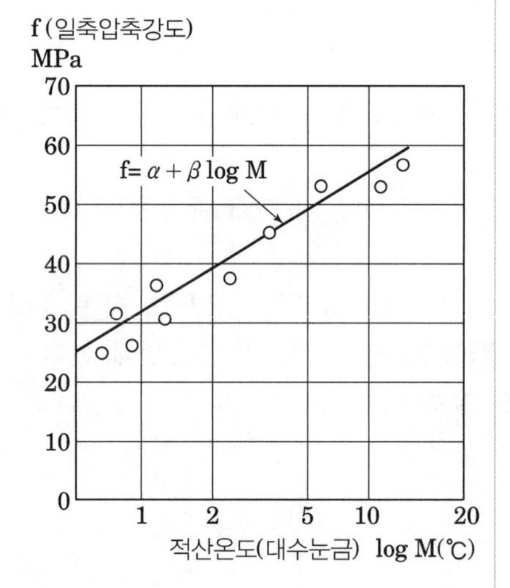

Ⅲ. 적용 시 유의사항

① 초기양생온도가 0℃ 이하가 되지 않도록 할 것
② 가열양생 시에는 시험가열로 온도를 확인할 것
③ 표준양생온도(20±2℃)의 초기강도 확보에 노력할 것
④ 초기양생온도를 기록하여 적산온도를 구할 것
⑤ 적산온도에 의한 강도시험을 실시하고 재령을 결정할 것
⑥ 적산온도를 210°D.D 이상이 되도록 할 것
⑦ 매스 콘크리트에는 적용 불가

150 서중 콘크리트(Hot Weather Concreting) KCS 14 20 41

Ⅰ. 정의

높은 외부기온으로 인하여 콘크리트의 슬럼프 또는 슬럼프 플로 저하나 수분의 급격한 증발 등의 우려가 있을 경우에 시공되는 콘크리트로서 하루평균기온이 25℃를 초과하는 경우에 타설하는 콘크리트를 말한다.

Ⅱ. Cold Joint

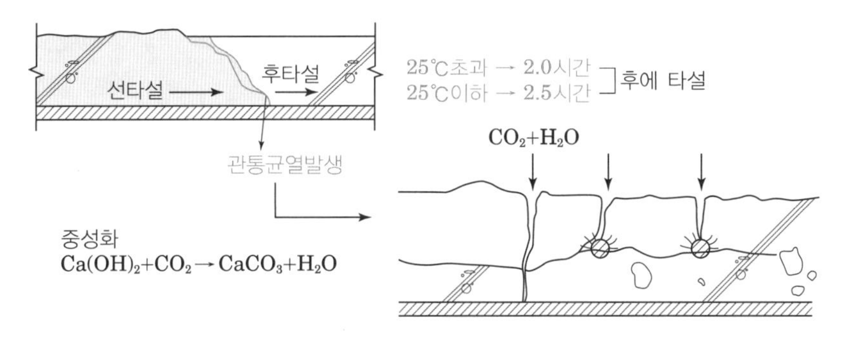

[콜드조인트]
먼저 타설된 콘크리트와 나중에 타설된 콘크리트 사이에 완전히 일체화가 되어있지 않은 이음

[Cold Joint]

Ⅲ. 배합

① 단위수량은 소요의 강도 및 워커빌리티를 얻을 수 있는 범위 내에서 가능한 작게

② 단위 시멘트량은 소요의 워커빌리티 및 강도를 얻을 수 있는 범위 내에서 가능한 한 적게

③ 일반적으로는 기온 10℃의 상승에 대하여 단위수량은 2~5% 증가하므로 소요의 압축강도를 확보하기 위해서는 단위수량에 비례하여 단위 시멘트량의 증가를 검토

④ 서중 콘크리트는 배합온도는 낮게 관리

Ⅳ. 시공

① 비빈 콘크리트는 가열되거나 슬럼프가 저하하지 않도록 적당한 장치를 사용하여 되도록 빨리 운송하여 타설

② 덤프트럭 등을 사용하여 운반할 경우에는 콘크리트의 표면을 덮어서 일광의 직사나 바람으로부터 보호

③ 펌프로 운반할 경우에는 관을 젖은 천으로 보호

④ 에지테이터 트럭을 햇볕에 장시간 대기시키는 일이 없도록 배차계획 관리

⑤ 운반 및 대기시간의 트럭믹서 내 수분증발을 방지, 우수의 유입방지와 이물질 등의 유입을 방지할 수 있는 뚜껑을 설치

⑥ 콘크리트를 타설하기 전에 지반과 거푸집 등을 습윤 상태로 유지
⑦ 거푸집, 철근 등이 직사일광을 받아서 고온이 될 우려가 있는 경우에는 살수, 덮개 등의 적절한 조치
⑧ 콘크리트는 비빈 후 즉시 타설
⑨ 지연형 감수제를 사용하는 등의 일반적인 대책을 강구한 경우라도 1.5시간 이내에 타설
⑩ 콘크리트를 타설할 때의 콘크리트의 온도는 35℃ 이하
⑪ 콘크리트는 타설한 후 경화가 될 때까지 양생기간 동안 직사광선이나 바람에 의해 수분이 증발하지 않도록 보호
⑫ 콘크리트는 타설한 후 습윤 상태로 노출면이 마르지 않도록 하여야 하며, 수분의 증발에 따라 살수를 하여 습윤 상태로 보호

151 서중 콘크리트의 적용범위 KCS 14 20 41

Ⅰ. 정의

서중 콘크리트란 높은 외부기온으로 인하여 콘크리트의 슬럼프 또는 슬럼프 플로 저하나 수분의 급격한 증발 등의 우려가 있을 경우에 시공되는 콘크리트를 말한다.

Ⅱ. 서중 콘크리트의 적용범위

하루평균기온이 25℃를 초과하는 경우에 타설하는 콘크리트를 말한다.

Ⅲ. 콘크리트 온도가 높을 때 발생하는 문제점

1. 시멘트의 급격한 수화

① 고온은 시멘트의 수화반응을 급격히 촉진
② 온도 10℃ 증가 시 공기량 약 20% 감소
③ 연행된 공기의 불안정

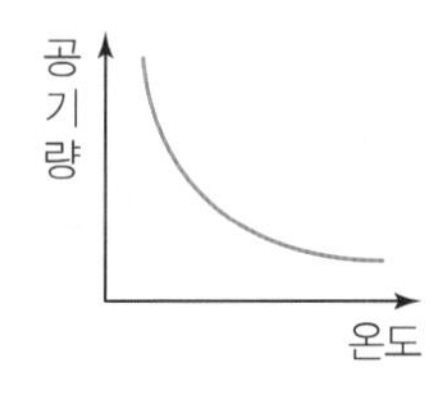

2. 슬럼프 저하

① 온도 10℃ 상승에 슬럼프 10~20mm 저하
② 온도 10℃ 상승에 슬럼프 확보를 위해 단위수량 2~5% 증가
③ 강도유지를 위해 시멘트량 증가: 발열량 증대

3. 장기 강도저하

수화물의 조기 생성으로 이후의 수화반응을 방해하여 장기 강도저하

4. 균열발생

① 수분으로 인한 건조수축
② 빠른 응결로 인한 Cold Joint 발생
③ 온도균열 발생

Ⅳ. 대책(배합 및 시공)

① 단위수량은 소요의 강도 및 워커빌리티를 얻을 수 있는 범위 내에서 가능한 작게
② 단위 시멘트량은 소요의 워커빌리티 및 강도를 얻을 수 있는 범위 내에서 가능한 한 적게
③ 일반적으로는 기온 10℃의 상승에 대하여 단위수량은 2~5% 증가하므로 소요의 압축강도를 확보하기 위해서는 단위수량에 비례하여 단위 시멘트량의 증가를 검토
④ 서중 콘크리트는 배합온도는 낮게 관리
⑤ 비빈 콘크리트는 가열되거나 슬럼프가 저하하지 않도록 적당한 장치를 사용하여 되도록 빨리 운송하여 타설
⑥ 덤프트럭 등을 사용하여 운반할 경우에는 콘크리트의 표면을 덮어서 일광의 직사나 바람으로부터 보호
⑦ 거푸집, 철근 등이 직사일광을 받아서 고온이 될 우려가 있는 경우에는 살수, 덮개 등의 적절한 조치
⑧ 지연형 감수제를 사용하는 등의 일반적인 대책을 강구한 경우라도 1.5시간 이내에 타설
⑨ 콘크리트를 타설할 때의 콘크리트의 온도는 35℃ 이하
⑩ 콘크리트는 타설한 후 경화가 될 때까지 양생기간 동안 직사광선이나 바람에 의해 수분이 증발하지 않도록 보호
⑪ 콘크리트는 타설한 후 습윤 상태로 노출면이 마르지 않도록 하여야 하며, 수분의 증발에 따라 살수를 하여 습윤 상태로 보호

152 서중 콘크리트의 양생

KCS 14 20 10

Ⅰ. 정의

서중 콘크리트의 양생은 고온 및 일사로부터 보호하고, 초기 24시간 동안은 열손실로 인한 온도균열에 주의하여야 한다.

Ⅱ. 서중 콘크리트의 양생

1. 습윤양생

① 콘크리트는 타설한 후 경화가 될 때까지 양생기간 동안 직사광선이나 바람에 의해 수분이 증발하지 않도록 보호

② 콘크리트는 타설한 후 습윤 상태로 노출면이 마르지 않도록 유지

③ 수분의 증발에 따라 살수를 하여 습윤 상태로 보호

④ 표준 습윤 양생 기간

일평균기온	보통포틀랜드 시멘트	고로 슬래그 시멘트 플라이 애시 시멘트 B종	조강포틀랜드 시멘트
15℃ 이상	5일	7일	3일
10℃ 이상	7일	9일	4일
5℃ 이상	9일	12일	5일

⑤ 거푸집판이 건조될 우려가 있는 경우에는 살수

[습윤양생]

2. 피막양생

① 막양생을 할 경우에는 충분한 양의 막양생제를 적절한 시기에 균일하게 살포

② 막양생으로 수밀한 막을 만들기 위해서는 충분한 양의 막양생제를 적절한 시기에 살포

③ 막양생을 사용 전에 살포량, 시공 방법 등에 관해서 시험을 통하여 충분히 검토

[피막양생]

Ⅲ. 양생 방법

1. 습윤 양생

구분	내용
초기 양생	• 24시간 동안 습윤 상태 유지 및 온도저하에 유의 - 콘크리트 단면이 300mm 이하이고, 온도강하율이 3℃/hr 이상 또는 28℃/day 이상일 경우에는 관리 철저(온도균열 방지)
중기 양생	• 초기 양생을 포함한 7일 또는 소요강도의 70% 이상일 때까지 양생 - 표면이 젖었다 말랐다를 반복하면 균열발생: 지속적인 살수 필요 - 양생수의 온도는 콘크리트의 표면의 온도보다 11℃ 이상 되지 않도록 관리(온도충격에 의한 온도균열 발생 방지) - 일교차가 심할 때 또는 찬비가 내릴 경우 여러 겹의 방수 Sheet를 덮어 콘크리트 보호
말기 이후	• 7일 경과 후 - 양생포 제거: 가습 없이 4일 경과 후 제거(건조수축의 영향 방지)

2. 피막 양생

1) 피막 양생재의 구비조건

72시간 동안의 수분증발량이 0.55kg/m²/hr 이하의 흰색 재질

2) 살포량

보통 0.2~0.25ℓ/m², 거친 면은 0.2ℓ/m²

3) 살포방법(인력살포인 경우)

① 2차 살포 원칙

② 2회차 살포시기: 1차 살포 양생제가 끈적끈적한 시점

③ 서로 직교하게 살포

4) 살포시기

① 콘크리트 최종 마무리 후, 표면의 반짝이는 수막이 사라진 직후에 살포

② 너무 늦으면: 양생제가 콘크리트 속으로 흡수

③ 증발률이 1.0kg/m²/hr 이상인 경우: 블리딩량이 증발량보다 적어 표면이 건조해 보이나 계속해서 블리딩이 올라오므로 피막양생 층 밑에 블리딩 층이 형성되어 피막양생 층이 파손 및 양생효과 저감

④ 양생시기 결정에 유의

⑤ 파손된 피막 층은 재 살포

5) 시공 이음부, 철근 등에 양생제가 묻지 않게 한다.

153 매스 콘크리트(Mass Concrete)

KCS 14 20 42

Ⅰ. 정의

일반적인 표준으로서 넓이가 넓은 평판구조의 경우 두께 0.8m 이상, 하단이 구속된 벽체의 경우 두께 0.5m 이상이고, 시멘트의 수화열에 의한 온도상승으로 유해한 균열이 발생할 우려가 있는 부분의 콘크리트를 말한다.

Ⅱ. 온도균열 과정

구분	발열과정	냉각과정
발생시기	재령 1~5일	재령 1~2주간
균열폭	0.2mm 이하 표면균열	1~2mm 관통균열
Graph	온도 온도차에 의해 균열발생 내부 외부 1~5일 재령 이 시기에 균열발생 가능성이 높음	온도 강하온도 온도강하량만큼 콘크리트 수축 타설온도 외기온도 온도하강이 발생하는 시기 재령 이 시기에 균열발생 가능성이 높음

[매스 콘크리트]

Ⅲ. 재료 및 배합

① 저발열형 시멘트는 91일 정도의 장기 재령을 설계기준압축강도의 기준재령으로 하는 것이 바람직 함
② 화학혼화제는 AE감수제 지연형, 고성능 AE감수제 지연형, 감수제 지연형을 사용
③ 굵은 골재의 최대 치수는 되도록 큰 값을 사용
④ 배합수는 저온의 것을 사용
⑤ 얼음을 사용하는 경우에는 비빌 때 얼음덩어리가 콘크리트 속에 남아 있지 않도록 할 것
⑥ 소요의 품질을 만족시키는 범위 내에서 단위 시멘트량이 적어지도록 배합을 선정

Ⅳ. 시공

① 비비기로부터 타설이 끝날 때까지의 시간은 외기온도가 25℃ 이상일 때는 1.5시간, 25℃ 미만일 때에는 2시간 이하
② 몇 개의 블록으로 나누어 타설할 경우, 타설 계획을 수립 철저
③ 콘크리트의 타설온도는 온도균열을 제어하기 위해 가능한 한 낮게: Pre-Cooling
④ 관로식 냉각을 시행할 경우 파이프의 재질, 지름, 간격, 길이, 냉각수의 온도, 순환 속도 및 통수 기간 등을 검토한 후 적용: Pipe-Cooling

[선행 냉각(Pre-Cooling)]
매스 콘크리트의 시공에서 콘크리트를 타설하기 전에 콘크리트의 온도를 제어하기 위해 얼음이나 액체질소 등으로 콘크리트 원재료를 냉각하는 방법

[관로식 냉각(Pipe-Cooling)]
매스 콘크리트의 시공에서 콘크리트를 타설한 후 콘크리트의 내부온도를 제어하기 위해 미리 묻어 둔 파이프 내부에 냉수 또는 공기를 강제적으로 순환시켜 콘크리트를 냉각하는 방법으로 포스트 쿨링(Post-Cooling)이라고도 함.

154 Mass Concrete 온도구배

Ⅰ. 정의

온도구배란 서중콘크리트나 매스콘크리트 타설 시 콘크리트 부재의 내·외부 온도차를 말한다.

Ⅱ. 개념도

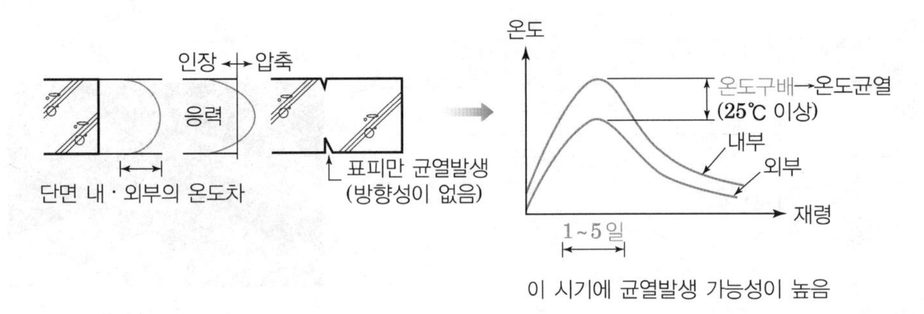

Ⅲ. 원인

① 시멘트 페이스트의 수화열이 클 경우
② 콘크리트의 내·외 온도차가 클 경우
③ 부재단면이 클 경우
④ 단위시멘트량이 많고 타설온도가 높을 때

Ⅳ. 대책

① 단위시멘트량이 적은 것을 사용한다.
② 골재의 양을 늘린다.
③ 적정 혼화재를 사용하여 응결 및 경화를 지연시킨다.
④ Pre-Cooling 등으로 재료를 냉각하여 사용한다.
⑤ 내·외의 온도차를 적게 한다.
⑥ 단열성이 있는 거푸집을 사용하고, 조기해체를 하지 않는다.
⑦ 양생 시 Pipe-Cooling를 실시하여 내·외의 온도차를 줄인다.

155 매스(Mass) Concrete 온도충격(Thermal Shock)

KCS 14 20 42

Ⅰ. 정의

매스 콘크리트에 발열과정이나 냉각과정 등 온도변화가 가해지면 비정상적인 온도 분포가 생기고, 그 때문에 커다란 열응력이나 열변형이 생기는 현상을 말한다.

Ⅱ. 온도충격 Mechanism

구분	발열과정	냉각과정
발생시기	재령 1~5일	재령 1~2주간
균열폭	0.2mm 이하 표면균열	1~2mm 관통균열
Graph	온도 / 온도차에 의해 균열발생 / 내부 / 외부 / 1~5일 / 재령 / 이 시기에 균열발생 가능성이 높음	온도 / 강하온도 / 온도강하량만큼 콘크리트 수축 / 타설온도 / 외기온도 / 온도하강이 발생하는 시기 / 재령 / 이 시기에 균열발생 가능성이 높음

Ⅲ. 원인

① 콘크리트의 내·외부 온도차가 클 경우
② 부재단면이 클 경우
③ 단위 시멘트량이 많고 타설온도가 높을 경우
④ 고로 슬래그 미분말을 혼입하는 등 발열량이 클 경우
⑤ 내부온도상승이 높은 시멘트를 사용할 경우

Ⅳ. 대책

① 소요의 품질을 만족시키는 범위 내에서 단위 시멘트량이 적어지도록 배합을 선정
② 몇 개의 블록으로 나누어 타설할 경우, 타설 계획을 수립 철저
③ 저발열형 시멘트 사용
④ 굵은 골재의 최대 치수는 되도록 큰 값을 사용
⑤ 배합수는 저온의 것을 사용
⑥ 설계기준압축강도와 소정의 워커빌리티를 만족하는 범위 내에서 콘크리트의 온도상승이 최소가 되도록 할 것
⑦ 콘크리트의 타설온도는 온도균열을 제어하기 위해 가능한 한 낮게
⑧ 콘크리트의 양생은 콘크리트의 온도 변화를 제어하기 위하여 콘크리트 표면의 보온 및 보호조치 등을 강구
⑨ 거푸집 조기해체 금지

156 매스 콘크리트 온도균열

Ⅰ. 정의

매스콘크리트에서 내·외부의 온도차(온도구배)에 의해 발생하는 균열로서 콘크리트 온도상승 시와 온도하강 시 발생하므로 주의가 요구된다.

Ⅱ. 온도균열의 발생시기

1. 온도 상승 시(내부구속에 의한 균열)

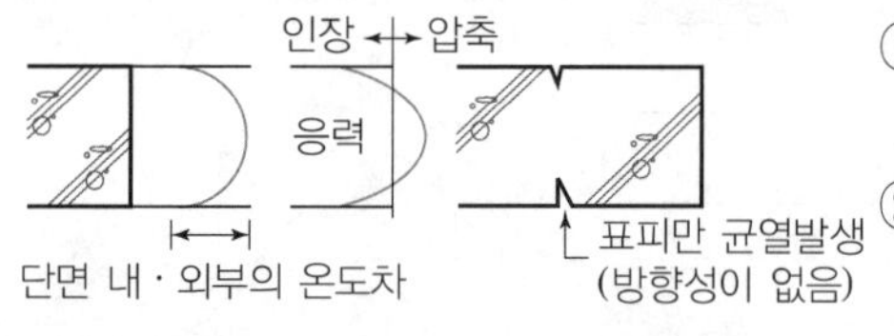

① 단면 내외의 온도차에 의해 표층에 균열유발 가능
② 방향성이 없으며, 폭 0.2mm 이하의 미세한 균열발생

2. 온도 하강 시(외부구속에 의한 균열)

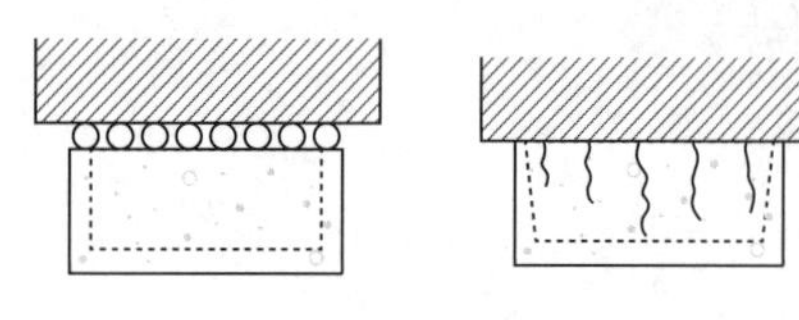
[구속이 없는 경우] [구속이 있는 경우]

① 하부 구속에 의해 인장응력이 발생하여 관통되는 균열 유발 가능
② 균열 폭 1~2mm의 관통 균열로 주의를 요함

Ⅲ. 온도균열의 제어

① 저발열 시멘트, 석회석 골재, 저온의 냉각수 사용
② 분할타설, L/H: 1~2로 시공, 충전공법, 연속타설 시공
③ 단위시멘트량과 W /B비를 적게
④ 온도철근 보강
⑤ 균열유발줄눈 시공
⑥ 내·외부 온도차 적게
⑦ 거푸집 조기해체 금지
⑧ Pre-Cooling, Pipe-Cooling 실시

Ⅳ. 온도균열 폭의 제어

① 적절한 양의 철근을 배치
② 온도균열지수를 되도록 크게

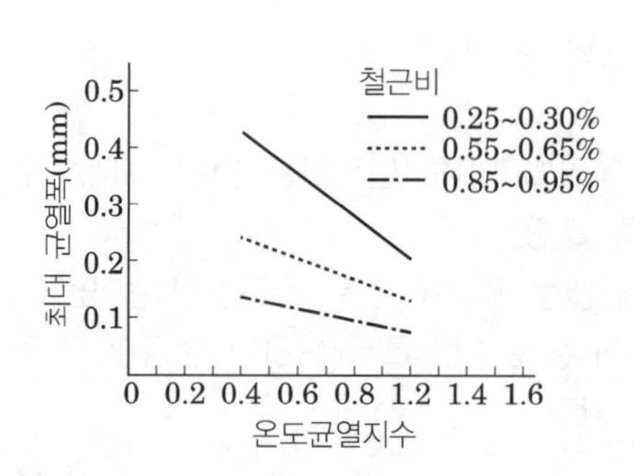

157 Mass Concrete 타설 시 온도균열 방지대책

Ⅰ. 정의

온도균열이란 매스콘크리트에서 내·외부의 온도차(온도구배)에 의해 발생하는 균열로서 콘크리트 온도상승 시와 온도하강 시 발생하므로 주의가 요구된다.

Ⅱ. 개념도

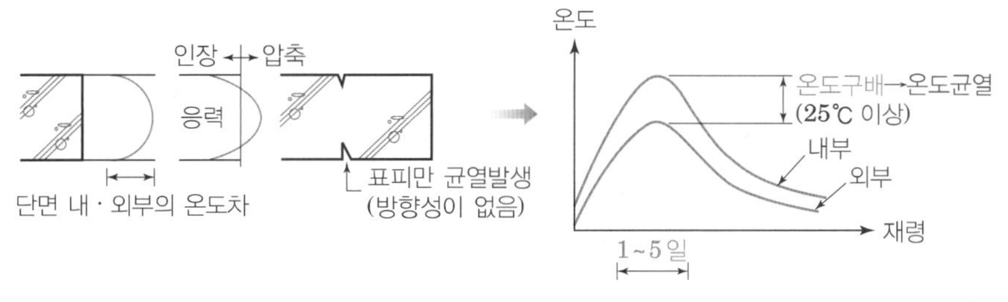

Ⅲ. 온도균열 제어대책

① 저발열 시멘트, 석회석 골재, 저온의 냉각수, 혼화재(Fly Ash 등) 사용
② 단위시멘트량과 W/B비, 잔골재율을 적게
③ 분할타설, L/H: 1~2로 시공, 충전공법, 연속타설 시공
④ 온도철근 보강
⑤ 균열유발줄눈 시공
⑥ 내·외부 온도차 적게
⑦ 거푸집 조기해체 금지
⑧ Pre-Cooling, Pipe-Cooling 실시
⑨ 온도균열지수는 되도록 크게
⑩ 적절한 양의 철근을 배치

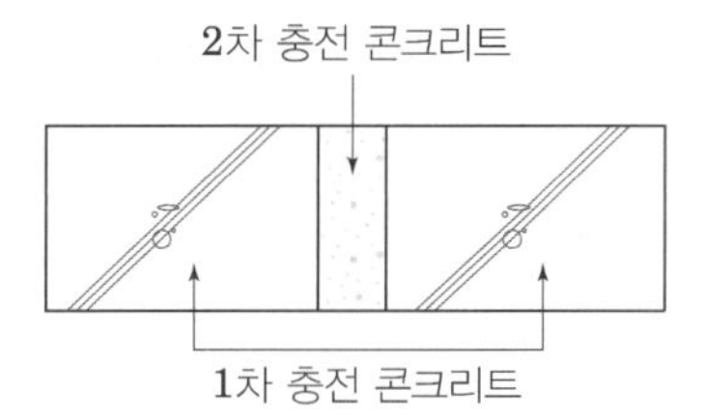

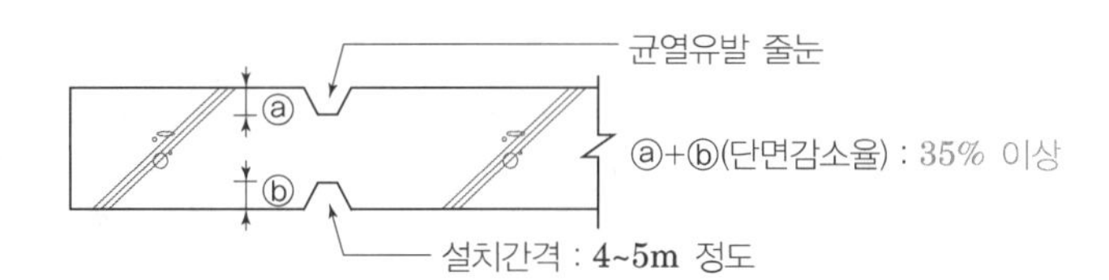

158 매스 콘크리트의 수화열 저감방안

Ⅰ. 정의

매스 콘크리트는 시멘트의 수화열에 의한 온도상승으로 유해한 균열이 발생할 우려가 있으므로 온도응력 및 온도균열에 대한 충분한 검토 후 수화열 저감방안에 대한 시공계획을 수립하여야 한다.

Ⅱ. 수화열 저감방안

1. 저발열형 시멘트 사용

① 저발열형 시멘트에 석회석 미분말 등을 혼합하여 수화열을 더욱 저감시킨 혼합형 시멘트는 충분한 실험을 통해 그 특성을 확인할 필요가 있음

② 91일 정도의 장기 재령을 설계기준압축강도의 기준재령으로 확인

2. 내부온도상승이 적은 시멘트 사용

시멘트는 콘크리트의 강도 및 내구성을 만족시키고, 수화열을 저감하여 콘크리트 부재의 내부온도상승이 작은 것 선택

3. 고로 슬래그 미분말을 혼입 사용

슬래그는 온도의존성이 크기 때문에 발열량이 증가할 수 있으므로 사용할 때에 시험에 의해 그 특성을 확인

4. 화학혼화제 사용

AE감수제 지연형, 고성능 AE감수제 지연형, 감수제 지연형을 사용

5. 골재

온도 변화에 의한 체적변화가 되도록이면 작은 것을 선정

6. 굵은 골재의 최대 치수

작업성이나 건조수축 등을 고려하여 되도록 큰 값을 사용

7. Pre-Cooling

① 하절기의 경우 콘크리트의 비비기온도를 낮추기 위해 저온의 물을 사용

② 얼음을 사용하는 경우에는 비빌 때 얼음덩어리가 콘크리트 속에 남아 있지 않도록 할 것

③ 골재에 살수

④ 골재 Sheet 보양

[선행 냉각(Pre-Cooling)]
매스 콘크리트의 시공에서 콘크리트를 타설하기 전에 콘크리트의 온도를 제어하기 위해 얼음이나 액체질소 등으로 콘크리트 원재료를 냉각하는 방법

8. 단위 시멘트량 감소

콘크리트의 온도상승을 감소시키기 위해 소요의 품질을 만족시키는 범위 내에서 단위 시멘트량이 적어지도록 배합을 선정

9. 보온성이 우수한 거푸집 및 존치기간

① 거푸집은 온도차이를 줄일 수 있도록 보온성이 좋은 것을 사용
② 거푸집 존치기간을 길게 할 것
③ 거푸집 탈형 후 콘크리트 표면의 급랭을 방지하기 위해서는 양생포 또는 단열양생시트 등으로 콘크리트 표면을 소정의 기간 동안 보온

10. 신구 콘크리트의 타설 시간 간격

온도 변화에 의한 응력은 신구 콘크리트의 유효탄성계수 및 온도차이가 크면 클수록 커지므로 신구 콘크리트의 타설 시간 간격을 가능한 짧게 할 것

11. Pipe-Cooling

① 미리 콘크리트 속에 묻은 파이프 내부에 냉수 또는 공기를 보내 콘크리트를 냉각하는 방법
② ϕ25mm @1.0~1.5m 정도
③ 통수량은 약 15ℓ/분

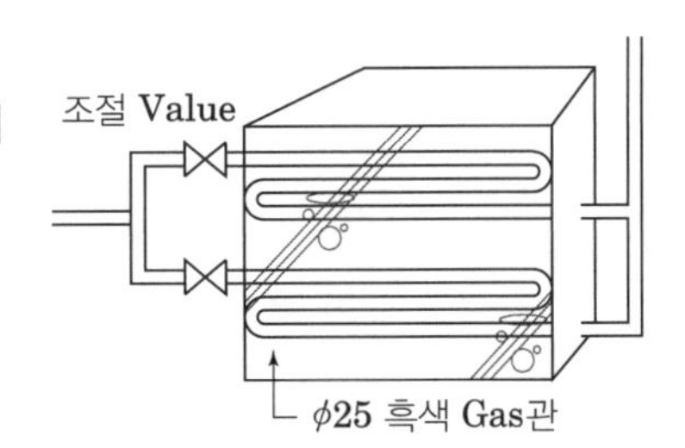

[관로식 냉각(Pipe-Cooling)]
매스 콘크리트의 시공에서 콘크리트를 타설한 후 콘크리트의 내부온도를 제어하기 위해 미리 묻어 둔 파이프 내부에 냉수 또는 공기를 강제적으로 순환시켜 콘크리트를 냉각하는 방법으로 포스트 쿨링(Post-Cooling)이라고도 함.

[Pipe-Cooling]

159 온도균열지수

KCS 14 20 42

Ⅰ. 정의

① 매스콘크리트의 균열발생 검토에 쓰이는 것으로, 콘크리트의 인장강도를 온도응력으로 나눈 값이다.

② $$I_{cr} = \frac{f_{sp}}{f_t}$$

I_{cr} : 온도균열지수
f_{sp} : 콘크리트 인장강도(MPa)
f_t : 온도응력 최댓값(MPa)

Ⅱ. 온도균열지수의 값

① 균열발생을 방지하여야 할 경우 : $I_{cr} \geq 1.5$

② 균열발생을 제한할 경우 : $1.2 \leq I_{cr} < 1.5$

③ 유해한 균열발생을 제한할 경우 : $0.7 \leq I_{cr} < 1.2$

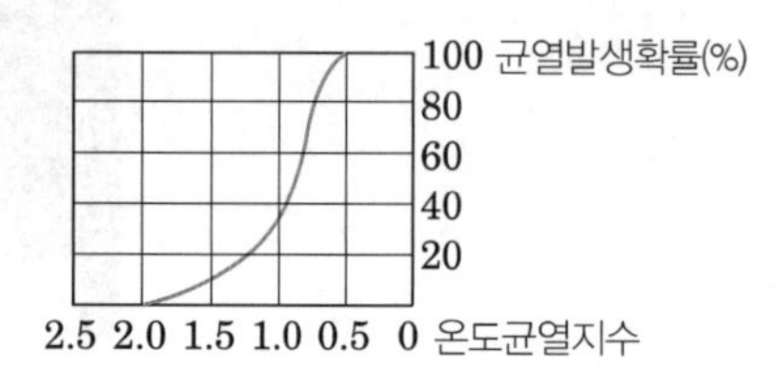

Ⅲ. 온도균열제어

① 저발열 시멘트, 석회석 골재, 저온의 냉각수 사용

② 단위시멘트량과 W/C비를 적게

③ 분할타설, L/H: 1~2로 시공, 충전공법, 연속타설 시공

④ 온도철근 보강

⑤ 균열유발줄눈 시공

⑥ 내·외부 온도차 적게

⑦ 거푸집 조기해체 금지

⑧ Pre-Cooling, Pipe-Cooling 실시

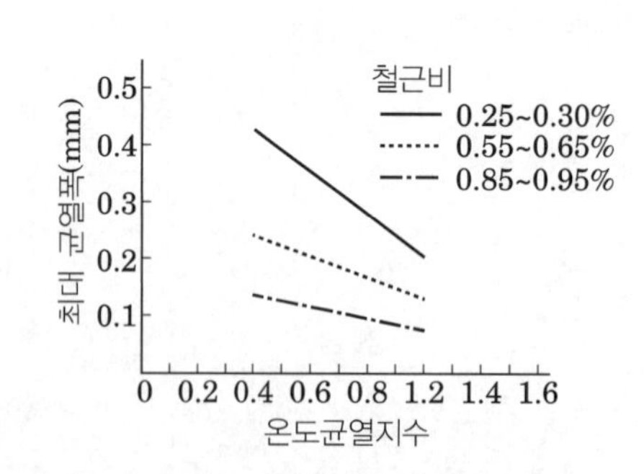

Ⅳ. 온도균열폭의 제어

① 적절한 양의 철근을 배치

② 온도균열지수를 되도록 크게

160 온도균열제어 양생방법

Ⅰ. Pre-Cooling

1. 정의

콘크리트 재료의 일부 또는 전부를 냉각시켜 콘크리트 내부의 온도를 낮추는 방법이다.

2. 재료 냉각

① 저열용 시멘트
- 중용열 포틀랜트 시멘트, 고로 슬래그 시멘트, 플라이애시 시멘트

② 물 냉각
- 냉각수 사용
- 냉각수+얼음(완전 녹임)

③ 골재 냉각
- 서늘한 곳 또는 그늘진 곳에 보관
- 냉풍을 이용한 공기 냉각

3. 방법

① 저열용 포틀랜드 시멘트를 사용하면 약 3~8℃ 정도 온도가 감소
② 얼음은 물량의 10~40% 정도로 넣음
③ 단위시멘트량 10kg/m^{3}당 1℃의 콘크리트 온도감소효과 초래
④ 콘크리트 온도 1℃ 낮추는 데는 골재 5℃, 물 4℃, 시멘트 8℃의 온도를 각각 저하시켜야 함

Ⅱ. Pipe-Cooling

1. 정의

매스 콘크리트의 시공에서 콘크리트 타설한 후 콘크리트의 온도를 제어하기 위해 미리 콘크리트 속에 묻은 파이프 내부에 냉수 또는 공기를 보내 콘크리트를 냉각하는 방법이다.

[Pipe-Cooling]

2. Pipe 배관

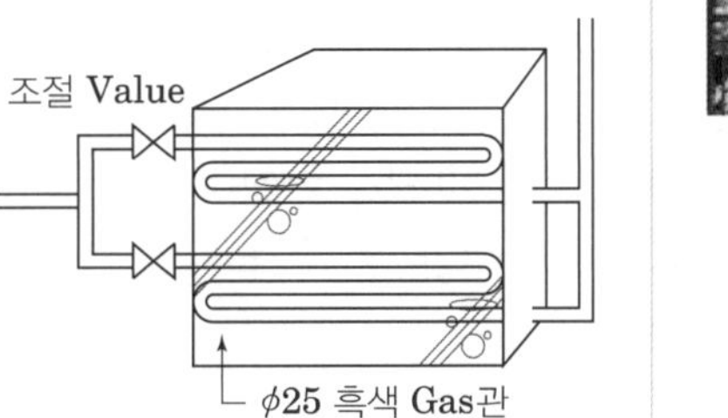

① φ25mm 흑색 Gas Pipe 사용
② 파이프 간격은 1.0~1.5m 정도
③ 균등한 유량을 위하여 직렬배관을 한다.

3. 냉각방법

① 냉각속도, 냉각기간, 냉각순서에 따라 통수방법을 선정함
② 찬공기 및 액체질소에 의한 방법도 있음
③ 통수량은 약 15ℓ/분으로 함

161 균열유발줄눈(수축이음)

Ⅰ. 정의

균열유발줄눈이란 온도균열 및 콘크리트의 수축에 의한 균열을 제어하기 위해서 구조물의 길이 방향에 일정 간격으로 단면 감소 부분을 만들어 그 부분에 균열이 집중되도록 하고, 나머지 부분에서는 균열이 발생하지 않도록 하여 균열이 발생한 위치에 대한 사후 조치를 쉽게 하기 위한 이음으로 수축줄눈, 균열유발이음이라고도 한다.

Ⅱ. 시공도

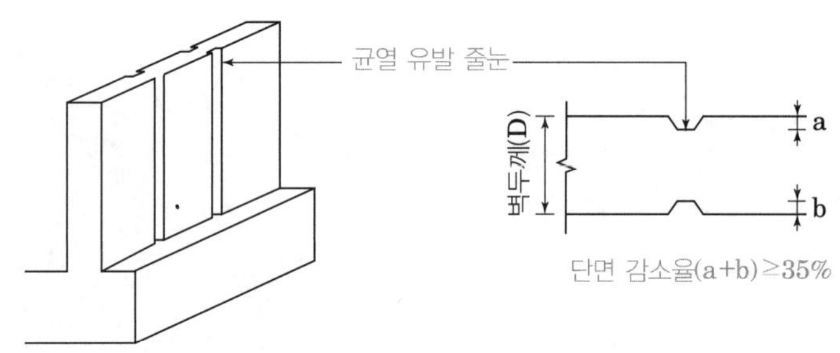

Ⅲ. 설치 목적

① 온도균열을 제어
② 일정한 간격으로 균열을 유도
③ 건축물의 외관 보호
④ 균열제어에 따른 내구성 증진

Ⅳ. 시공 시 유의사항

① 확실한 균열발생을 유도하기 위해 단면 감소율을 35% 이상으로 한다.
② 설치간격은 4~5m 정도를 기준으로 하지만, 구조물의 치수, 철근량, 타설온도, 타설방법 등을 고려하여 정할 필요가 있다.
③ 균열유발부의 누수 및 철근의 부식 등에 대한 사전대책을 강구할 것
④ 균열유발줄눈의 설치 후에도 적당한 보수를 하여야 한다.
⑤ 균열유발줄눈으로 구조상의 취약부가 될 우려가 있으므로 구조형식 및 위치 등을 잘 선정하여야 한다.

162 수중 콘크리트(Underwater Concrete)

KCS 14 20 43

Ⅰ. 정의

담수 중이나 안정액 중 혹은 해수 중에 타설되는 콘크리트를 말한다.

Ⅱ. 수중 콘크리트의 종류

- 일반 수중 콘크리트
- 수중 불분리성 콘크리트
- 현장타설말뚝 및 지하연속벽의 수중 콘크리트

[수중 불분리성 콘크리트]
수중 불분리성 혼화제를 혼합함에 따라 재료 분리 저항성을 높인 수중 콘크리트

Ⅲ. 재료

① 굵은 골재의 최대 치수는 20 또는 25mm 이하, 부재 최소 치수의 1/5 및 철근의 최소 순간격의 1/2 초과 금지

② 수중 불분리성 콘크리트는 다지지 않아도 시공이 될 정도의 유동성을 유지

③ 수중 불분리성 콘크리트는 혼화제의 증점효과와 소정의 유동성을 확보하기 위하여 감수제, 공기연행감수제 또는 고성능 감수제를 사용

④ 수중분리도는 현탁 물질량은 50mg/ℓ 이하, pH는 12.0 이하

⑤ 수중·공기 중 강도비는 0.8 이상, 일반적인 경우에는 0.7 이상

Ⅳ. 배합

① 수중 콘크리트의 물-결합재비 및 단위 시멘트량

종류	일반 수중콘크리트	현장타설말뚝 및 지하연속벽에 사용되는 수중콘크리트
물-결합재비	50% 이하	55% 이하
단위 결합재량	370kg/m³ 이상	350kg/m³ 이상

② 지하연속벽을 가설만으로 이용할 경우 단위 시멘트량은 300kg/m³ 이상

③ 수중 콘크리트의 슬럼프의 표준값

시공방법	일반 수중콘크리트	현장타설말뚝 및 지하연속벽에 사용되는 수중콘크리트
트레미	130~180mm	180~210mm

④ 현장 타설말뚝 및 지하연속벽에 사용하는 수중 콘크리트에서 설계기준압축강도가 50MPa을 초과하는 경우 슬럼프 플로의 범위는 500~700mm

⑤ 수중 불분리성 콘크리트 공기량은 4.0±1.5% 이하

⑥ 수중 불분리성 콘크리트의 비비기는 건식으로 20~30초를 비빈 후 전 재료를 투입하여 비비기를 함
⑦ 수중 불분리성 콘크리트는 1회 비비기량은 믹서의 공칭용량의 80% 이하
⑧ 강제식 믹서의 경우 비비기 시간은 90~180초를 표준

Ⅴ. 시공

① 수중 콘크리트의 유속은 50mm/s 이하
② 콘크리트는 수중에 낙하 금지
③ 콘크리트 면을 수평하게 유지하면서 연속해서 타설
④ 콘크리트 재료 분리 저감을 위해 콘크리트가 경화될 때까지 물의 유동을 방지
⑤ 한 구획의 콘크리트 타설을 완료한 후 레이턴스를 모두 제거하고 다시 타설
⑥ 트레미의 안지름은 수심 3m 이내에서 250mm, 3~5m에서 300mm, 5m 이상에서 300~500mm 정도, 굵은 골재 최대 치수의 8배 이상
⑦ 트레미 1개로 타설할 수 있는 면적은 30m^2 이하
⑧ 트레미는 트레미 속으로 물이 침입 금지 및 수평 이동 금지
⑨ 트레미의 하단은 타설된 콘크리트 면보다 300~400mm 아래로 유지
⑩ 수중 불분리성 콘크리트의 타설은 유속이 50mm/s 정도 이하, 수중낙하 높이 0.5m 이하
⑪ 현장 타설말뚝 및 지하연속벽 타설 시 콘크리트 속의 트레미 삽입깊이는 2m 이상
⑫ 현장 타설말뚝 및 지하연속벽 타설 시 콘크리트의 설계면보다 0.5m 이상 높이로 여유 있게 타설

[트레미]

163 해양 콘크리트(Offshore Concrete)

KCS 14 20 44

Ⅰ. 정의

항만, 해안 또는 해양에 위치하여 해수 또는 바닷바람의 작용을 받는 구조물에 쓰이는 콘크리트를 말한다.

Ⅱ. 해양 콘크리트 구조물의 종류

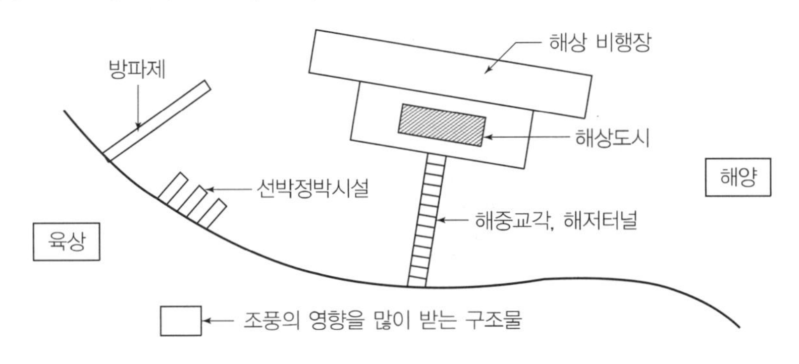

Ⅲ. 재료 및 배합

① 콘크리트의 물-결합재비는 원칙적으로 60% 이하

② 내구성으로 정해지는 최소 단위 결합재량(kg/m³)

구분	굵은 골재의 최대 치수(mm)		
	20	25	40
물보라 지역, 간만대 및 해양대기중	340	330	300
해중	310	300	280

③ 공기량(굵은 골재의 최대 치수25mm인 경우)은 심한 노출: 6.0±1.5% 이내, 일반 노출: 4.5±1.5% 이내

[물보라 지역]
평균 만조면에서 파고의 범위

[간만대 지역]
평균 간조면에서 평균 만조면까지의 범위

[해양대기중]
물보라의 위쪽에서 항상 해풍을 받는 열악한 환경

Ⅳ. 시공

① 해양 구조물은 시공이음부는 가능한 금지

② 만조위로부터 위로 0.6m, 간조위로부터 아래로 0.6m 사이의 감조부분에는 시공이음 금지

③ 콘크리트가 충분히 경화되기 전에 직접 해수에 닿지 않도록 보호

④ 강재와 거푸집판과의 간격은 소정의 피복을 확보: 간격재의 개수는 기초, 기둥, 벽 및 난간 등에는 2개/m² 이상, 보 및 슬래브 등에는 4개/m² 이상

164 프리플레이스트 콘크리트(Preplaced Concrete) KCS 14 20 50

Ⅰ. 정의

미리 거푸집 속에 특정한 입도를 가지는 굵은골재를 채워놓고, 그 간극에 모르타르를 주입하여 제조한 콘크리트를 말한다.

Ⅱ. 프리플레이스트 콘크리트의 강도 및 주입모르타르의 품질

강도	원칙		재령 28일 또는 재령 91일 압축강도
	재령 91일 이내 건축물		재령 28일 압축강도
품질	유동성	일반	유하시간 16~20초
		고강도	유하시간 25~50초
	재료분리 저항성	일반	블리딩률 3시간에서의 3% 이하
		고강도	블리딩률 3시간에서의 1% 이하
	팽창성	일반	팽창률 3시간에서의 5~10%
		고강도	팽창률 3시간에서의 2~5%

[고강도 프리플레이스트 콘크리트]
고성능 감수제에 의하여 주입모르타르의 물-결합재비를 40% 이하로 낮추어 재령 91일에서 압축강도 40MPa 이상이 얻어지는 프리플레이스트 콘크리트를 말한다.

Ⅲ. 재료 및 배합

① 프리플레이스트 콘크리트의 주입모르타르는 포틀랜드 시멘트를 사용하는 것을 표준
② 굵은골재의 최소 치수는 15mm 이상, 굵은골재의 최대 치수는 부재단면 최소 치수의 1/4 이하, 철근콘크리트의 경우 철근 순간격의 2/3 이하
③ 굵은골재의 최대 치수는 최소 치수의 2~4배 정도
④ 대규모 프리플레이스트 콘크리트를 대상으로 할 경우, 굵은골재의 최소 치수를 클수록 주입성이 개선되므로 40mm 이상
⑤ 대규모 프리플레이스트 콘크리트에 사용하는 주입모르타르는 부배합으로 할 것
⑥ 팽창률은 블리딩률의 2배 이상
⑦ 고강도 프리플레이스트 콘크리트용 주입모르타르는 물-결합재비와 단위수량이 적게
⑧ 모르타르 믹서는 5분 이내 비빌 수 있는 것, 한 배치가 0.2~1.5m^3 정도
⑨ 믹서에 재료투입은 물, 혼화제, 혼화재, 시멘트, 잔골재의 순서대로, 비비기 시간은 2~5분 정도

Ⅳ. 시공

① 거푸집 주입모르타르의 누출 방지
② 주입관, 검사관 등의 매설물은 일반적으로 굵은골재를 채우기 전에 미리 배치
③ 해중 공사의 경우 굵은골재를 채운 후에 될 수 있는 대로 빨리 모르타르를 주입
④ 연직주입관의 수평 간격은 2m 정도를 표준
⑤ 수평주입관의 수평 간격은 2m 정도, 연직 간격은 1.5m 정도를 표준
⑥ 대규모 프리플레이스트 콘크리트에 사용하는 주입관의 간격은 5m 전후 정도
⑦ 대규모 프리플레이스트 콘크리트를 시공할 때에는 2중관 방식이 좋다.
(겉관은 지름 0.2m 정도, 주입관의 길이는 3m 정도)
⑧ 관내 유속이 모르타르의 평균 유속은 0.5~2m/s 정도
⑨ 주입은 최하부로부터 상부로 시행하며, 모르타르면의 상승속도는 0.3~2.0m/h 정도
⑩ 연직주입관의 선단은 0.5~2.0m 모르타르 속에 묻혀 있는 상태로 유지
⑪ 대규모 프리플레이스트 콘크리트에 사용하는 모르타르면의 상승속도는 0.3m/h 정도 이하가 되지 않도록 할 것
⑫ 프리플레이스트 콘크리트는 모르타르의 연속주입이 원칙
⑬ 한중 시공을 할 때 온수의 온도는 40℃ 이하

165 숏크리트(Shotcrete, Sprayed Concrete)

KCS 14 20 51

Ⅰ. 정의

컴프레셔 혹은 펌프를 이용하여 노즐 위치까지 호스 속으로 운반한 콘크리트를 압축공기에 의해 시공면에 뿜어서 만든 콘크리트를 말한다.

Ⅱ. 현장시공도(Soil Nailing 공법) 및 종류

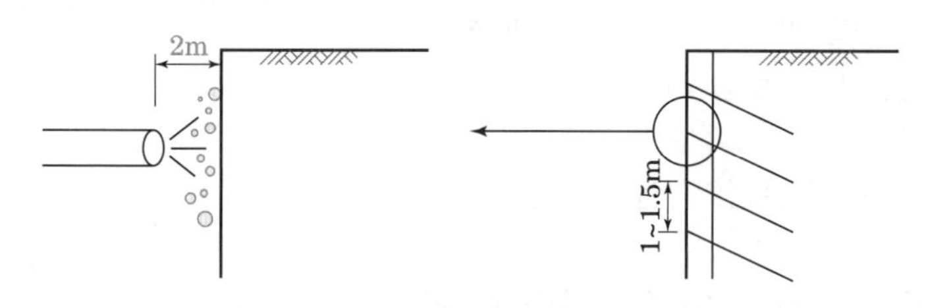

[숏크리트]

1. 건식법

① 시멘트와 골재를 합류시켜 콘크리트를 제조하는 공법

② 용수가 있는 경우 우수

2. 습식법

① 물을 포함한 전 재료를 믹서로 일괄하여 비빈 후 압축공기로 노즐로 보내어 뿜는 공법

② 대단면으로서 장대화되는 시공에 적합

[노즐]
일정한 방향을 가지고 콘크리트를 압축 공기와 함께 뿜어붙이기 면에 토출시키기 위한 압송호스 선단의 통

Ⅲ. 재료 및 배합

① 일반 숏크리트의 설계기준압축강도는 21MPa 이상

② 영구 지보재 숏크리트의 설계기준압축강도는 35MPa 이상

③ 영구 지보재로 숏크리트의 암반 및 숏크리트 각 층간의 부착강도는 1.0MPa 이상

④ 굵은골재의 최대 치수를 13mm 이하

⑤ 습식 방식에서 베이스 콘크리트를 펌프로 압송할 경우 슬럼프는 120mm 이상

⑥ 섬유재의 계량오차는 ±3% 이내

Ⅳ. 시공

① 건식 숏크리트는 배치 후 45분 이내, 습식 숏크리트는 배치 후 60분 이내에 뿜어붙이기를 실시

② 건식 및 습식 숏크리트는 대기 온도가 32℃ 이상이면 금지

③ 숏크리트는 대기 온도가 10℃ 이상일 때 실시
④ 숏크리트 재료의 온도가 10~32℃ 범위에 있도록 한 후 뿜어붙이기를 실시
⑤ 작업 중 낙하할 위험이 있는 들뜬 돌, 풀, 나무 등은 제거
⑥ 뿜어붙일 면에 용수가 있을 경우에는 배수파이프나 배수필터 등 적절한 배수처리 실시
⑦ 비탈면이 동결, 빙설이 있는 경우에는 녹여서 표면의 물을 없앤 다음 실시
⑧ 절취면이 평활하고 넓은 벽면은 세로방향의 적당한 간격으로 신축이음을 설치
⑨ 보강재는 뿜어 붙일 면과 20~30mm 간격을 두고 근접시켜 설치
⑩ 철망의 망눈 지름은 5mm 내외, 개구 크기는 100×100mm 또는 150×150mm를 표준
⑪ 숏크리트는 빠르게 운반하고, 급결제를 첨가한 후는 바로 뿜어붙이기 작업을 실시
⑫ 숏크리트 작업에서 리바운드된 재료가 다시 혼합 금지
⑬ 아치 및 측벽부의 숏크리트 작업의 1회 타설 두께는 100mm 이내
⑭ 숏크리트 작업에 의해 생기는 리바운드 및 분진 등에 대하여 적절한 안전대책을 강구
⑮ 숏크리트를 타설할 때 발생된 반발량은 굳기 전에 제거

[급결제(Accelerator)]
터널 등의 숏크리트에 첨가하여 뿜어붙인 콘크리트의 응결 및 조기의 강도를 증진시키기 위해 사용되는 혼화제

166 프리스트레스트 콘크리트(Prestressed Concrete) KCS 14 20 53

Ⅰ. 정의

외력에 의하여 일어나는 응력을 소정의 한도까지 상쇄할 수 있도록 미리 인위적으로 그 응력의 분포와 크기를 정하여 내력을 준 콘크리트를 말하며, PS 콘크리트 또는 PSC라고 약칭하기도 한다.

Ⅱ. 공법의 종류

① 프리텐션(Pretension) 방식
PS 강재에 미리 인장력을 가한 상태로 콘크리트를 넣고 완전 경화 후 PS 강재를 단부에서 인장력을 풀어주는 방법

② 포스트텐션(Posttension) 방식
시스(Sheath)를 거푸집 내에 배치하여 콘크리트를 타설하고 시스 내에 PS 강재를 넣어 잭으로 긴장 후 시스 내부에 그라우팅하여 정착하는 방법

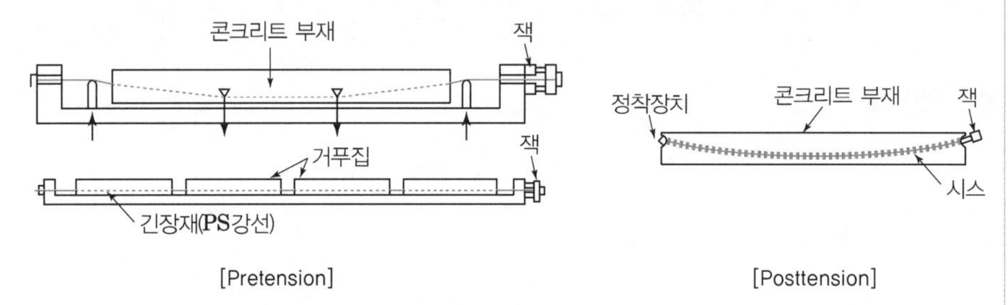

[Pretension] [Posttension]

[그라우트(Grout)]
PS 강재의 인장 후에 덕트 내부를 충전시키기 위해 주입하는 재료

[PS 강재]
프리스트레스트 콘크리트에 작용하는 긴장용의 강재로 긴장재 또는 텐던이라고도 함

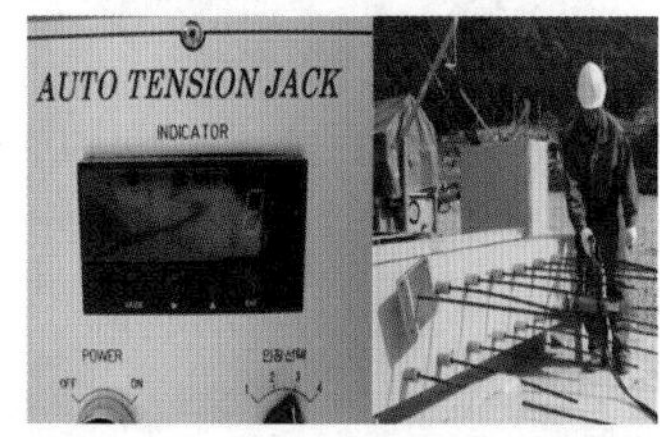

[프리텐션 방식]

[포스트텐션 방식]

Ⅲ. 재료 및 배합

① 굵은 골재 최대 치수는 보통의 경우 25mm를 표준
② 그라우트의 물-결합재비는 45% 이하
③ 압축강도는 7일 재령에서 27MPa 이상 또는 28일 재령에서 30MPa 이상
④ 염화물의 총량은 단위 시멘트량의 0.08% 이하
⑤ 부착 텐던의 경우 마찰감소제는 긴장이 끝난 후 반드시 제거
⑥ 덕트의 내면 지름은 긴장재 지름보다 6mm 이상
⑦ 덕트의 내부 단면적은 긴장재 단면적의 2.5배 이상(30m 이하의 짧은 텐던에서는 2배 이상)

Ⅳ. 시공

① PS 강재가 덕트 안에서 서로 꼬이지 않도록 배치
② 부착시키지 않은 긴장재는 피복을 해치지 않도록 각별히 주의하여 배치
③ 긴장재의 배치오차는 부재치수가 1m 미만일 때에는 5mm 이하, 1m 이상인 경우에는 부재치수의 1/200 이하로서 10mm 이하

④ 덕트가 길고 큰 경우는 주입구 외에 중간 주입구를 설치하는 것이 바람직
⑤ 긴장재는 각각의 PS 강재에 소정의 인장력이 주어지도록 긴장
⑥ 1년에 1회 이상 인장잭의 검교정을 실시
⑦ 프리스트레싱을 할 때의 콘크리트 압축강도는 최대 압축응력의 1.7배 이상
⑧ 프리텐션 방식에 있어서 콘크리트의 압축강도는 30MPa 이상
⑨ 그라우트 시공은 프리스트레싱이 끝나고 8시간이 경과한 다음 가능한 한 빨리 하여야 하며, 프리스트레싱이 끝난 후 7일 이내에 실시
⑩ 한중에 시공을 하는 경우에는 주입 전에 덕트 주변의 온도를 5℃ 이상 상승
⑪ 한중 시공 시 주입할 때 그라우트의 온도는 10~25℃를 표준
⑫ 한중 시공 시 그라우트의 온도는 주입 후 적어도 5일간은 5℃ 이상을 유지
⑬ 서중 시공의 경우에는 지연제를 겸한 감수제를 사용하여 그라우트 온도가 상승되거나 그라우트가 급결되지 않도록 주의

167 프리텐션(Pretension) 방식

Ⅰ. 정의

외력에 의하여 일어나는 응력을 소정의 한도까지 상쇄할 수 있도록 미리 PS 강재에 인장력을 가한 상태로 콘크리트를 넣고 완전 경화 후 PS 강재를 단부에서 인장력을 풀어 내력(압축력)을 준 콘크리트를 만드는 방법이다.

Ⅱ. 공법의 종류

공법	내용
Individual 공법 (단독식)	• 한 번에 1개의 부재를 생산
Long Line 공법	• 한 번에 여러 개의 부재를 생산

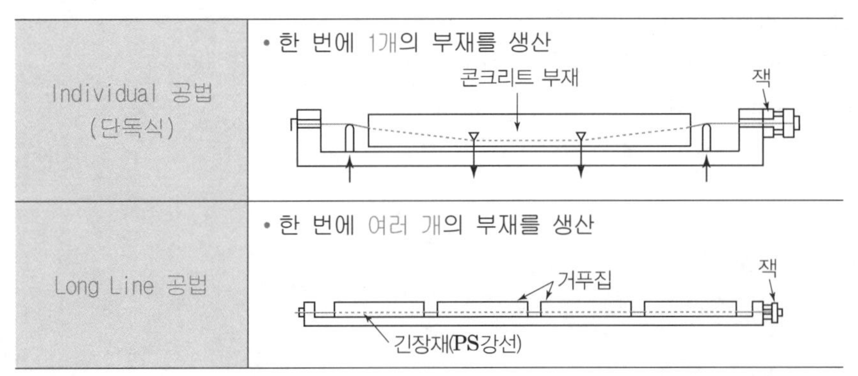

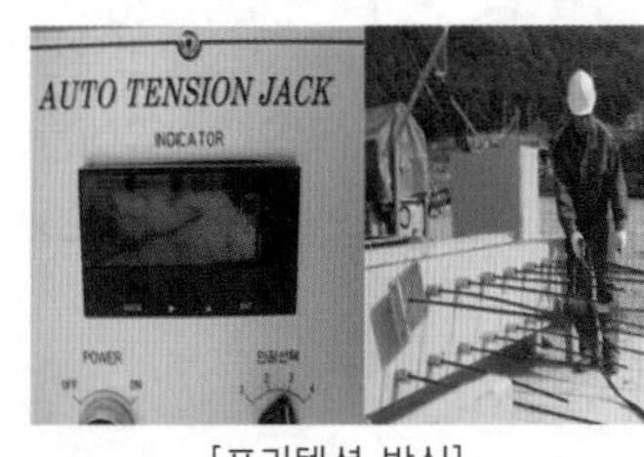

[프리텐션 방식]

Ⅲ. 특징

① 주로 PS 부재에 적용
② 장스판의 설계가 가능
③ 거푸집공사, 가설공사 등이 줄어듦

Ⅳ. 재료 및 배합

① 굵은 골재 최대 치수는 보통의 경우 25mm를 표준
② 압축강도는 7일 재령에서 27MPa 이상 또는 28일 재령에서 30MPa 이상
③ 염화물의 총량은 단위 시멘트량의 0.08% 이하

Ⅴ. 시공

① 긴장재의 배치오차는 부재치수가 1m 미만일 때에는 5mm 이하, 1m 이상인 경우에는 부재치수의 1/200 이하로서 10mm 이하,
② 프리스트레싱을 할 때의 콘크리트 압축강도는 최대 압축응력의 1.7배 이상
③ 프리텐션 방식에 있어서 콘크리트의 압축강도는 30MPa 이상

168 Pre-Stress 공법 중에서 Long Line 공법

Ⅰ. 정의

프리텐션(Pretension) 방식은 외력에 의하여 일어나는 응력을 소정의 한도까지 상쇄할 수 있도록 미리 PS 강재에 인장력을 가한 상태로 콘크리트를 넣고 완전 경화 후 PS 강재를 단부에서 인장력을 풀어 내력(압축력)을 준 콘크리트를 만드는 방법으로 그 중 Long Line 공법은 한 번에 여러 개의 부재를 생산하는 방식이다.

Ⅱ. 공법의 종류

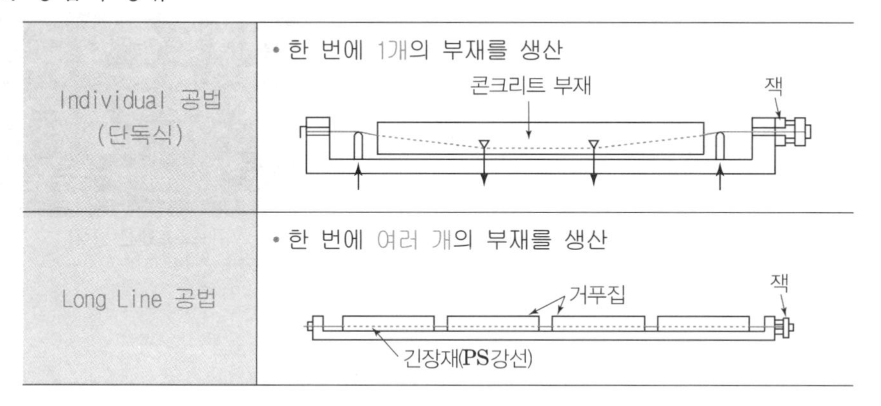

공법	내용
Individual 공법 (단독식)	• 한 번에 1개의 부재를 생산
Long Line 공법	• 한 번에 여러 개의 부재를 생산

Ⅲ. 특징

① 주로 PS 부재에 적용
② 장스판의 설계가 가능
③ 거푸집공사, 가설공사 등이 줄어듦

Ⅳ. 재료 및 배합

① 굵은 골재 최대 치수는 보통의 경우 25mm를 표준
② 압축강도는 7일 재령에서 27MPa 이상 또는 28일 재령에서 30MPa 이상
③ 염화물의 총량은 단위 시멘트량의 0.08% 이하

Ⅴ. 시공

① 긴장재의 배치오차는 부재치수가 1m 미만일 때에는 5mm 이하, 1m 이상인 경우에는 부재치수의 1/200 이하로서 10mm 이하
② 프리스트레싱을 할 때의 콘크리트 압축강도는 최대 압축응력의 1.7배 이상
③ 프리텐션 방식에 있어서 콘크리트의 압축강도는 30MPa 이상

169 포스트텐션(Posttension) 방식

Ⅰ. 정의

외력에 의하여 일어나는 응력을 소정의 한도까지 상쇄할 수 있도록 시스(Sheath)를 거푸집 내에 배치하여 콘크리트를 타설하고 시스 내에 PS재를 넣어 잭으로 긴장 후 시스 내부에 그라우팅하여 내력(압축력)을 준 콘크리트를 만드는 방법이다.

Ⅱ. 현장시공도

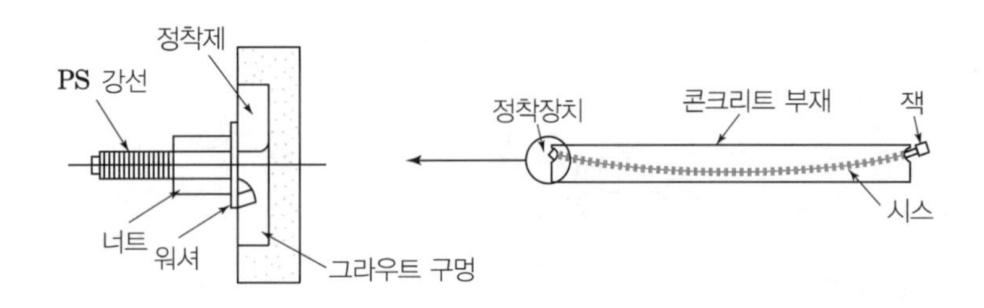

[포스트텐션 방식]

Ⅲ. 특징

① 주로 현장에서 적용
② 장스판의 설계가 가능
③ 거푸집공사, 가설공사 등이 줄어듦
④ 탄력성 및 복원성이 우수함
⑤ 설계하중 하에서 구조물의 균열방지

Ⅳ. 재료 및 배합

① 굵은 골재 최대 치수는 보통의 경우 25mm를 표준
② 그라우트의 물-결합재비는 45% 이하
③ 압축강도는 7일 재령에서 27MPa 이상 또는 28일 재령에서 30MPa 이상
④ 염화물의 총량은 단위 시멘트량의 0.08% 이하
⑤ 부착 텐던의 경우 마찰감소제는 긴장이 끝난 후 반드시 제거
⑥ 덕트의 내면 지름은 긴장재 지름보다 6mm 이상
⑦ 덕트의 내부 단면적은 긴장재 단면적의 2.5배 이상(30m 이하의 짧은 텐던에서는 2배 이상)

V. 시공

① PS 강재가 덕트 안에서 서로 꼬이지 않도록 배치
② 부착시키지 않은 긴장재는 피복을 해치지 않도록 각별히 주의하여 배치
③ 긴장재의 배치오차는 부재치수가 1m 미만일 때에는 5mm 이하, 1m 이상인 경우에는 부재치수의 1/200 이하로서 10mm 이하,
④ 덕트가 길고 큰 경우는 주입구 외에 중간 주입구를 설치하는 것이 바람직
⑤ 긴장재는 각각의 PS 강재에 소정의 인장력이 주어지도록 긴장
⑥ 1년에 1회 이상 인장잭의 검교정을 실시
⑦ 프리스트레싱을 할 때의 콘크리트 압축강도는 최대 압축응력의 1.7배 이상
⑧ 그라우트 시공은 프리스트레싱이 끝나고 8시간이 경과한 다음 가능한 한 빨리 하여야 하며, 프리스트레싱이 끝난 후 7일 이내에 실시
⑨ 한중에 시공을 하는 경우에는 주입 전에 덕트 주변의 온도를 5℃ 이상 상승
⑩ 한중 시공 시 주입할 때 그라우트의 온도는 10~25℃를 표준
⑪ 한중 시공 시 그라우트의 온도는 주입 후 적어도 5일간은 5℃ 이상을 유지
⑫ 서중 시공의 경우에는 지연제를 겸한 감수제를 사용하여 그라우트 온도가 상승되거나 그라우트가 급결되지 않도록 주의

170 Unbond Posttension 방식(Non-Grouting Posttension)

Ⅰ. 정의

외력에 의하여 일어나는 응력을 소정의 한도까지 상쇄할 수 있도록 PS 강재에 방청윤활제를 바르고 방습테이프를 감은 긴장재를 시스에 삽입한 다음 콘크리트를 타설하고, 시스 내부에 그라우팅 없이 내력(압축력)을 준 콘크리트를 만드는 방법이다.

Ⅱ. 현장시공도

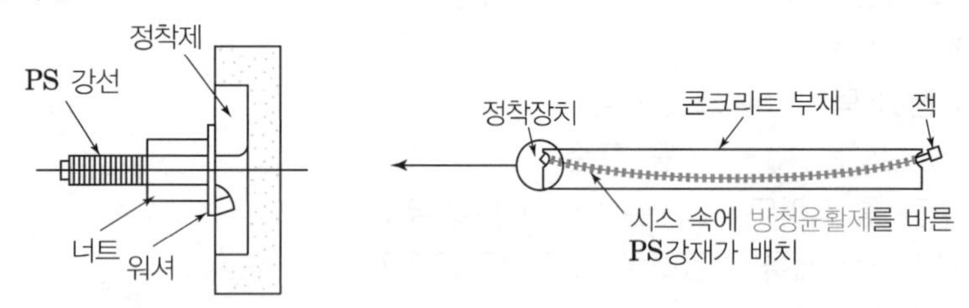

Ⅲ. 특징

① PS 강재에 방청윤활제를 사용하여 그라우트가 필요 없다.
② 콘크리트와 부착성이 없어 파괴내력이 저하
③ 그라우트 작업의 생략으로 인력절감 등 시공상 유리
④ 기존 구조물의 보강에 사용

Ⅳ. 재료 및 배합

① 굵은 골재 최대 치수는 보통의 경우 25mm를 표준
② 압축강도는 7일 재령에서 27MPa 이상 또는 28일 재령에서 30MPa 이상
③ 염화물의 총량은 단위 시멘트량의 0.08% 이하
④ 덕트의 내면 지름은 긴장재 지름보다 6mm 이상
⑤ 덕트의 내부 단면적은 긴장재 단면적의 2.5배 이상(30m 이하의 짧은 텐던에서는 2배 이상)

Ⅴ. 시공

① PS 강재가 덕트 안에서 서로 꼬이지 않도록 배치
② 부착시키지 않은 긴장재는 피복을 해치지 않도록 각별히 주의하여 배치
③ 긴장재의 배치오차는 부재치수가 1m 미만일 때에는 5mm 이하, 1m 이상인 경우에는 부재치수의 1/200 이하로서 10mm 이하,
④ 긴장재는 각각의 PS 강재에 소정의 인장력이 주어지도록 긴장
⑤ 1년에 1회 이상 인장잭의 검교정을 실시
⑥ 프리스트레싱을 할 때의 콘크리트 압축강도는 최대 압축응력의 1.7배 이상

171 PS(Pre-Stressed) 강재의 Relaxation

Ⅰ. 정의

PS(Pre-Stressed) 강재를 긴장하여 응력이 도입된 후 시간 경과에 따라 인장응력이 감소하는 현상을 강재의 Relaxation이라고 한다.

Ⅱ. 순수 Relaxation과 겉보기 Relaxation

1. 순수 Relaxation

① 최초 도입된 인장응력에 대한 인장응력 감소량의 백분율로 나타낸 것
② 변형률이 일정한 상태에서 발생하는 Relaxation

$$\text{순수 Relaxation} = \frac{\text{인장응력 감소량}}{\text{최초 도입된 인장응력}} \times 100(\%)$$

겉보기 Relaxation
= 순수 Relaxation + 콘크리트 Creep
+ 건조수축

2. 겉보기 Relaxation

① 콘크리트의 Creep나 건조수축의 영향으로 콘크리트가 수축함에 따라 순수 Relaxation 값보다 적어지는 현상
② PSC 부재 속에 배치된 PS 강재는 콘크리트의 Creep와 건조수축의 영향으로 인장 변형률이 일정하게 유지되지 못하고 시간이 경과됨에 따라 감소
③ Precast Concrete 구조물에서 Prestress의 감소량을 계산에 사용

[PS 강재]
프리스트레스트 콘크리트에 작용하는 긴장용의 강재로 긴장재 또는 텐던이라고도 함

Ⅲ. PS(Pre-Stressed) 강재의 Relaxation이 PSC 부재에 미치는 영향

① 콘크리트 부재의 균열발생 및 수밀성 저하
② Prestress 저감으로 구조물의 변형
③ 구조물의 보 처짐 발생
④ 구조물의 내구성 저하
⑤ 구조물의 유지관리비용 증가

[PS(Pre-Stressed) 강재의 겉보기 Relaxation 값]

PS 강재의 종류	겉보기 Relaxation 값
PS 강선 및 PS 강연선	5.0%
PS 강봉	3.0%

Ⅳ. PS(Pre-Stressed) 강재의 Relaxation의 저감대책

① 항복비가 큰 PS 강재 사용
② 고강도 콘크리트 사용
③ PS 강재의 솟음(Camber) 적용
④ Prestress 도입순서 준수
⑤ Prestress 도입과정에 Sheath 마찰손실을 줄이고 파상마찰을 이용

[파상마찰]
PS 콘크리트에 있어서 덕트관이 소정의 위치로부터 약간 어긋남으로써 일으키는 마찰

172 외장용 노출 콘크리트(Architectural Formed Concrete) KCS 14 20 60

Ⅰ. 정의

부재나 건물의 내외장 표면에 콘크리트 그 자체만이 나타나는 제물치장으로 마감한 콘크리트를 말한다.

Ⅱ. 노출 거푸집 제작도

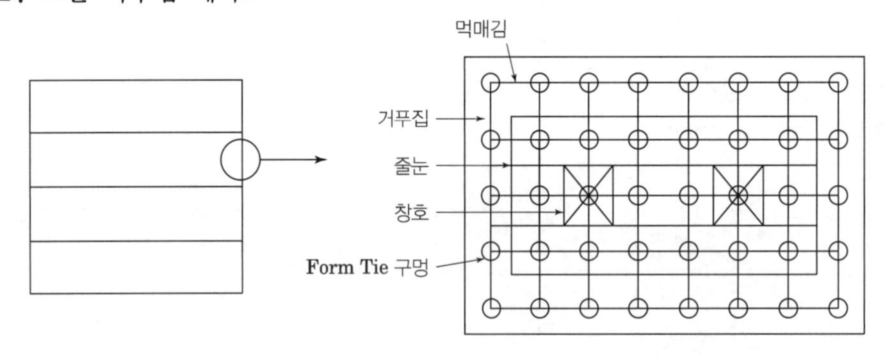

[외장용 노출 콘크리트]

Ⅲ. 재료 및 배합

① 표면이 우레탄 코팅 또는 필름 라미레이팅(Laminating) 동등 이상의 표면가공
② 노출 콘크리트에서 박리제는 사용하지 말 것
③ 매립형 폼타이의 규격: 콘 규격은 직경 30mm, 로드는 9.5mm(인장강도 34kN)
④ 굵은 골재 최대치수 20mm 이하를 사용
⑤ 물-결합재비는 50% 이하
⑥ 단위수량은 175kg/m^3 이하
⑦ 단위결합재량은 360kg/m^3 이상
⑧ 노출 콘크리트의 굵은 골재의 최대 치수는 20mm 이하
⑨ 슬럼프는 150mm 이상, 210mm 이하

Ⅳ. 시공

① 현장타설 노출 콘크리트는 가장자리에 모따기 금지
② 시공줄눈은 콘크리트 강도와 외관이 손상되지 않도록 면과 선에 수직으로 설치
③ 콘크리트는 연속 타설하여 콜드조인트가 발생하지 않도록 시공구획 설정 시 충분한 검토
④ 시공줄눈이 발생하지 않도록 연속적으로 타설하며, 타설 시 재료분리가 발생하지 않도록 주위
⑤ 다지기 시 이전 층의 다짐깊이는 150mm 이상 삽입
⑥ 양생 시 노출 콘크리트가 얼룩지거나 변색 및 착색이 되지 않도록 주의
⑦ 외부면 수분침투를 방지하기 위해 발수제 도포

[모따기]
날카로운 모서리 또는 구석을 비스듬하게 깎는 것

[시공줄눈]
• 주철근에 수직으로 시공줄눈을 설치
• 40mm 이상의 키로 연결된 시공줄눈을 형성
• 경간의 1/3 지점에서 보, 슬래브, 장선 및 대들보의 접합부를 배치
• 바닥, 슬래브, 보, 대들보의 밑면과 바닥 슬래브 위에서 벽과 기둥에 수평 이음매를 배치
• 벽에 수직 이음매를 일정한 간격을 두고 배치

[콜드조인트]
먼저 타설된 콘크리트와 나중에 타설된 콘크리트 사이에 완전히 일체화가 되어있지 않은 이음

[흠집]
경화한 콘크리트의 매끄럽고 균일한 색상의 표면에 눈에 띄는 표면 결함

173 동결융해작용을 받는 콘크리트

KCS 41 30 04

Ⅰ. 정의

동결융해작용을 받는 콘크리트의 설계기준강도는 30MPa 이상으로 우수에 노출되는 슬래브, 패러핏, 계단 및 지면과 접하는 외벽 부분 등으로 동결융해작용에 의해 동해를 일으킬 우려가 있는 부분에 타설하는 콘크리트를 말한다.

[동결융해작용]
물질 내부에 존재하는 수분의 반복적인 동결과 융해로 인해 토양이나 암석에서 발생하는 다양한 효과

Ⅱ. 현장시공도

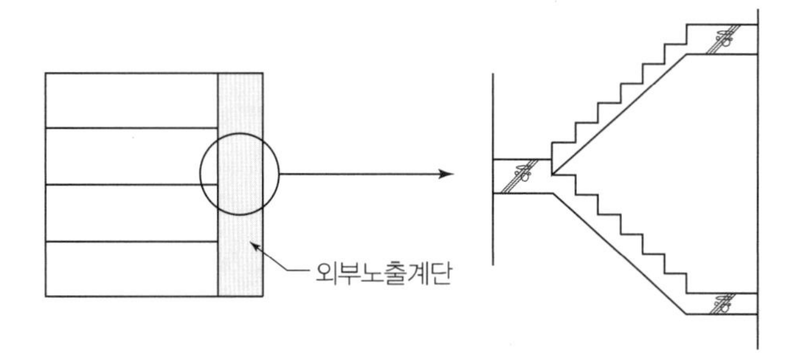

Ⅲ. 재료 및 배합

① 골재의 흡수율은 잔골재 3.0% 이하, 굵은골재 2.0% 이하인 것을 사용

② 물-결합재비는 45% 이하

③ 굵은골재 최대치수에 따른 공기량의 표준

굵은골재의 최대치수(㎜)	40	25, 20
공기량 (%)	5.5	6.0

④ 목표공기량의 허용편차는 ±1.5% 이내

Ⅳ. 시공

① 비비기로부터 타설이 끝날 때까지의 시간은 외기온도가 25℃ 이상일 때는 1.5시간, 25℃ 미만일 때에는 2시간 이하

② 한 구획내의 콘크리트는 타설이 완료될 때까지 연속해서 타설

③ 콜트조인트가 발생하지 않도록 이어치기 허용시간간격

외기온도	허용 이어치기 시간간격
25℃ 초과	2.0시간
25℃ 이하	2.5시간

④ 내부진동기를 하층의 콘크리트 속으로 0.1m 정도 연직으로, 삽입간격은 0.5m 이하

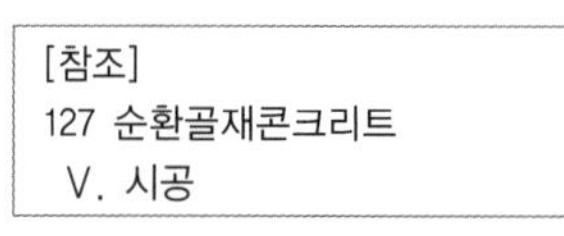
[참조]
127 순환골재콘크리트
Ⅴ. 시공

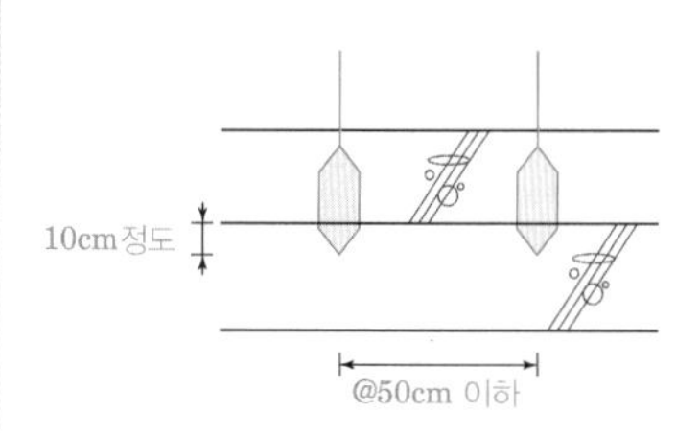

174 간이 콘크리트

KCS 41 30 05

Ⅰ. 정의

목조건축물의 기초, 소규모의 문, 담장 등 거주의 용도로 사용하지 않는 경미한 구조물 및 경미한 기계받침 등으로 사용하는 콘크리트를 말한다.

Ⅱ. 현장시공도

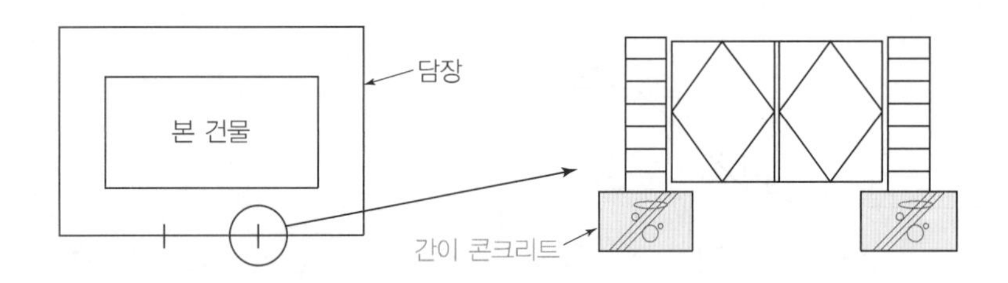

Ⅲ. 재료 및 배합

① 콘크리트는 KS F 4009 또는 이것에 상당하는 레디믹스트 콘크리트를 이용

② 레디믹스트 콘크리트의 설계기준강도

콘크리트를 타설한 날로부터 28일간의 예상 평균기온(℃)	설계기준강도(MPa)
15 이상	15 이상
5 이상 15 미만	18 이상

③ 슬럼프는 180mm 이하

Ⅳ. 시공

① 타설 전에 거푸집널 및 이어붓기면을 청소하고 물씻기를 행한다.

② 재료 분리가 일어나지 않도록 밀실하게 다짐

③ 운반 중에 워커빌리티가 변화하고, 타설이 곤란하게 된 콘크리트는 사용 금지

④ 타설한 콘크리트는 5일 이상 습윤상태를 유지하고, 급격 건조 금지

⑤ 콘크리트가 초기동해를 받을 우려가 있을 때에는 적절한 보온양생을 실시

⑥ 콘크리트를 타설한 후 1일 간은 원칙적으로 그 위를 보행하거나 충격 금지

⑦ 거푸집은 콘크리트 시공 시의 하중, 콘크리트의 측압, 타설 시의 진동, 충격 등에 견디고, 유해한 누수가 없어야 하며, 콘크리트에 손상이 가지 않고 쉽게 해체할 것

⑧ 철근은 조립하기 전에 유해한 부착물을 제거한다.

⑨ 철근 피복두께 철저(기초 (줄기초의 기초벽 부분은 제외) : 60mm)

175 비폭열성 콘크리트(Spalling Resistance Concrete)

Ⅰ. 정의

콘크리트의 폭렬이란 화재발생으로 콘크리트 표면이 급격히 가열되어 순식간에 표면온도가 고온이 되면서 폭발음과 동시에 콘크리트 조각이 떨어져 나가는 현상이며, 이를 방지하기 위한 콘크리트를 말한다.

Ⅱ. 폭렬현상 Mechanism

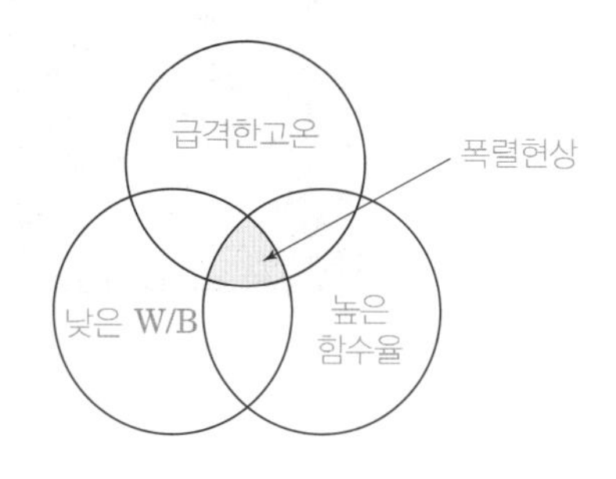

⇨

- 콘크리트 피복 박리
- 구조체 내부까지 고온 전달
- 건축물의 붕괴 및 도괴 발생
- 철근 노출로 인한 구조체의 내력저하 발생

[건물화재]

Ⅲ. 재료 및 배합

① 흡수율이 적은 골재 사용
② 내화성이 큰 골재 사용
③ 단위수량이 적을 것
④ 적정 물-결합재비 확보

Ⅳ. 시공 시 유의사항

① 내화성 확보: 콘크리트 피복두께 확보, 콘크리트 표면마감
② 급격한 온도상승 억제: 콘크리트 표면 내화도료 및 내화피복 시공
③ 함수율 적게: 함수율 낮은 골재 사용, 콘크리트 강제 건조, 원심성 형법 제조형틀 사용
④ 콘크리트 조각 비산방지: 콘크리트 표면 메탈라스 및 강판 시공
⑤ 콘크리트 내부 수증기압 발생 억제: 유기질 섬유 혼합
⑥ 화재 및 가스 경보장치 설치
⑦ 방화 시스템 및 스프링클러 가동
⑧ 콘크리트에 폴리에스테르 필름 혼입
⑨ 내화도료 도포

176 콘크리트 폭렬(Spalling Failure) 현상(폭렬발생 메카니즘)

Ⅰ. 정의

콘크리트의 폭렬이란 화재 발생으로 콘크리트 표면이 급격히 가열되어 순식간에 표면 온도가 고온이 되면서 폭발음과 동시에 콘크리트 조각이 떨어져 나가는 현상이다.

Ⅱ. 폭렬발생 Mechanism

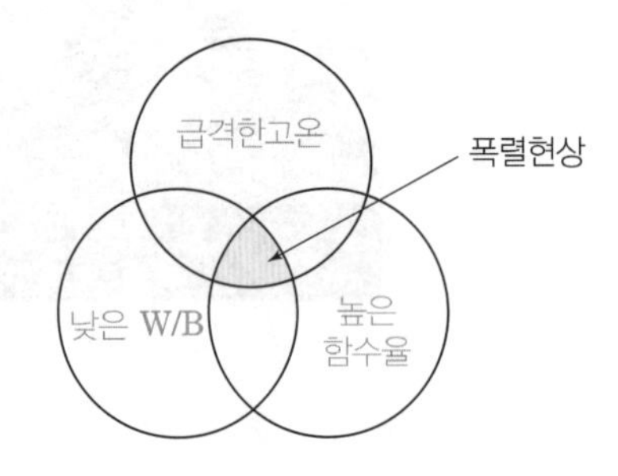

- 콘크리트 피복 박리
- 구조체 내부까지 고온 전달
- 건축물의 붕괴 및 도괴 발생
- 철근 노출로 인한 구조체의 내력저하 발생

[건물화재]

Ⅲ. 폭렬발생 원인

① 물-결합재비가 적은 콘크리트 사용
② 경량골재 등 흡수율이 큰 골재 사용
③ 석회암계 등 내화성이 약한 골재 사용
④ 콘크리트가 치밀한 조직으로 구성되어 수증기 미배출 시
⑤ 함수율이 높은 콘크리트
⑥ 급격한 온도 상승

Ⅳ. 방지대책

① 내화성 확보: 콘크리트 피복두께 확보, 내화성이 큰 골재 사용, 콘크리트 표면 마감
② 급격한 온도상승 억제: 콘크리트 표면 내화도료 및 내화피복 시공
③ 함수율 적게: 함수율 낮은 골재 사용, 콘크리트 강제 건조, 원심성 형법 제조형틀 사용
④ 콘크리트 조각 비산방지: 콘크리트 표면 메탈라스 및 강판 시공
⑤ 콘크리트 내부 수증기압 발생 억제 : 유기질 섬유 혼합
⑥ 화재 및 가스 경보장치 설치
⑦ 방화 시스템 및 스프링클러 가동
⑧ 콘크리트에 폴리에스테르 필름 혼입
⑨ 내화도료 도포

177 식생 콘크리트(ECO-Concrete, 환경친화형 콘크리트, 녹화 콘크리트)

Ⅰ. 정의

식생 콘크리트란 다공성 콘크리트 내에 식물이 성장할 수 있는 식생기능과 콘크리트의 기본적인 역학적 성질이 공존한 환경친화적인 콘크리트이다.

Ⅱ. 식생 콘크리트의 구성

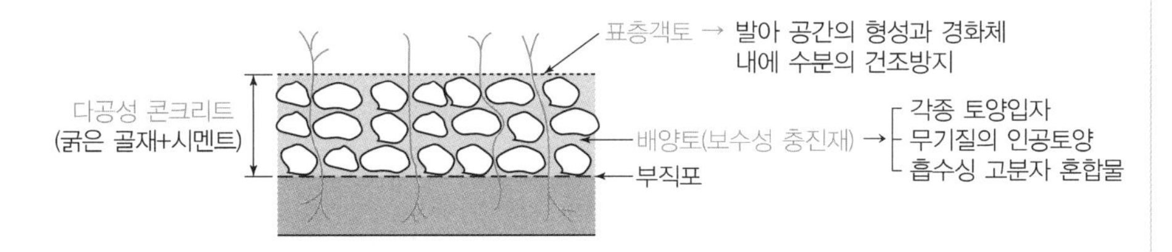

Ⅲ. 식생 콘크리트의 제조

1. 다공성 콘크리트

① 보통 콘크리트에 잔골재 용적을 낮추어 공극을 늘린 것

② 단위 시멘트량은 300~400kg/m^2

③ 최적의 물-시멘트비는 20~40% 범위

④ 다공질 콘크리트는 연속 또는 독립된 공극 구조가 공존하는 물성을 가지며 공극률은 약 5~35% 범위

⑤ 다공질 콘크리트는 콘크리트 강도 및 투수성과 같은 물리적 특성을 지님

⑥ 다공질 콘크리트는 수질 정화 및 식생에 관한 효과에 영향을 미침

2. 보수성 충진재

① 식물이 육성, 성장하기 위해서는 적절한 수분과 비료성분의 확보가 필수적

② 다공성 콘크리트의 공극내에 보수성 재료와 비료를 충전하여 콘크리트 내부에 진입한 식물의 뿌리에 수분과 영양을 제공

③ 식생 콘크리트 하부가 토양인 경우에는 수분이 흡입되어 올라가는 기능을 부여

3. 표층객토

발아 공간의 형성과 경화체 내에 수분의 건조방지

Ⅳ. 시공 시 유의사항

① 사면의 안정처리를 위한 구배는 1할 이하로 할 것
② 투수성이 나쁜 지반이나 암반 위 시공 시 별도의 쇄석층을 시공할 것
③ 가급적 식물이 성장할 수 있는 기온 및 강수량 제공시기에 시공할 것
④ 다공성 콘크리트 완료 후 1개월 정도 자연 방치(중화처리 시 예외)
⑤ 콘크리트 다공성 확보를 위해 굵은 골재만 사용
⑥ pH는 보통 5~8, 높을 경우는 9.5 정도
⑦ 일정기간 탄산화 처리
⑧ 포졸란반응으로 수산화칼슘 감소
⑨ 레진계열의 결합재 이용

(⑦~⑨ → 콘크리트의 알칼리양 감소)

178 다공질 콘크리트(Porous Concrete)

Ⅰ. 정의

시멘트 풀과 굵은 골재로 만든 물이 비교적 자유롭게 통과할 수 있도록 제조된 콘크리트를 말한다.

Ⅱ. 식생 콘크리트의 구성

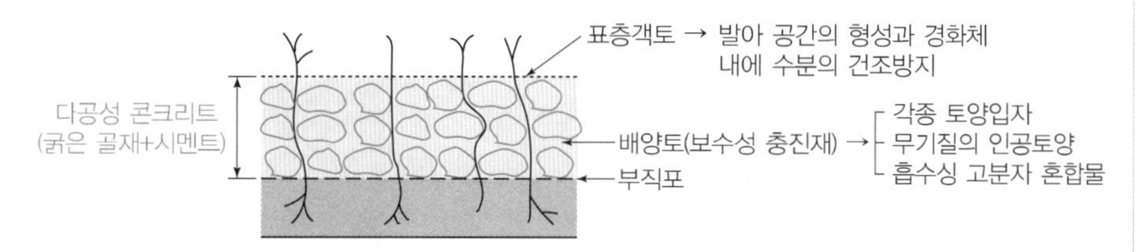

Ⅲ. 다공질 콘크리트의 제조

① 보통 콘크리트에 잔골재 용적을 낮추어 공극을 늘린 것
② 단위 시멘트량은 300~400kg/m^2
③ 최적의 물-시멘트비는 20~40% 범위
④ 다공질 콘크리트는 연속 또는 독립된 공극 구조가 공존하는 물성을 가지며 공극률은 약 5~35% 범위
⑤ 다공질 콘크리트는 콘크리트 강도 및 투수성과 같은 물리적 특성을 지님
⑥ 다공질 콘크리트는 수질 정화 및 식생에 관한 효과에 영향을 미침

Ⅳ. 시공 시 유의사항

① 사면의 안정처리를 위한 구배는 1할 이하로 할 것
② 투수성이 나쁜 지반이나 암반 위 시공 시 별도의 쇄석층을 시공할 것
③ 가급적 식물이 성장할 수 있는 기온 및 강수량 제공시기에 시공할 것
④ 다공성 콘크리트 완료 후 1개월 정도 자연 방치(중화처리 시 예외)
⑤ 콘크리트 다공성 확보를 위해 굵은 골재만 사용
⑥ pH는 보통 5~8, 높을 경우는 9.5 정도
⑦ 일정기간 탄산화 처리
⑧ 포졸란반응으로 수산화칼슘 감소
⑨ 레진계열의 결합재 이용

(⑦~⑨: 콘크리트의 알칼리양 감소)

179 진공탈수 콘크리트(진공배수콘크리트, 진공콘크리트, Vacuum Dewatering)

Ⅰ. 정의

콘크리트를 타설한 직후 진공매트 또는 진공거푸집 패널을 사용하여 콘크리트 표면을 진공상태로 만들어 표면 근처의 콘크리트에서 수분을 제거함과 동시에 기압에 의해 콘크리트를 가압 처리하는 공법이다.

Ⅱ. 시공도 및 시공순서

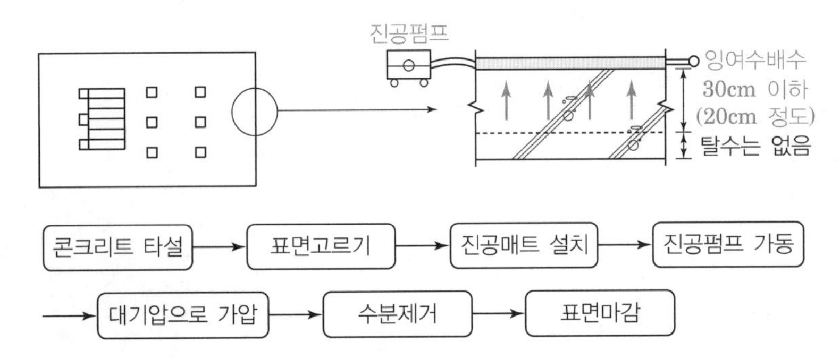

[진공탈수 콘크리트]

Ⅲ. 필요성

① 물-결합재비가 작은 치밀한 콘크리트의 제조가 가능
② 조기강도 증진
③ 표면경도와 마모저항성의 증진
④ 경화수축량의 감소
⑤ 동결융해에 대한 저항성의 증진

Ⅳ. 시공 시 유의사항

① 진공콘크리트의 사용기준 및 두께에 따라 진공배수시간 등을 고려
② 수분 제거 시 콘크리트 표면침하가 4mm 정도 되므로 피복두께를 미리 고려할 것
③ 진공처리가 유효한 두께는 30cm 정도까지이지만 흡입시간을 고려하면 20cm 정도가 실용적임
④ 진공매트 설치 전에 콘크리트 면 위에 Filter를 설치하여 미립자의 통과를 방지한다.
⑤ 콘크리트 밀폐상태를 유지
⑥ 진공배수시간은 타설 직후부터 경화 직전까지로 한다.

180 기포 콘크리트

Ⅰ. 정의

시멘트와 물을 혼합한 슬러지에 일정량의 식물성 기포제를 혼합하여 무수히 많은 독립기포를 형성시켜 단열성, 방음성, 경량성 등의 우수한 특성을 가진 상태의 콘크리트를 말한다.

Ⅱ. 현장 시공도

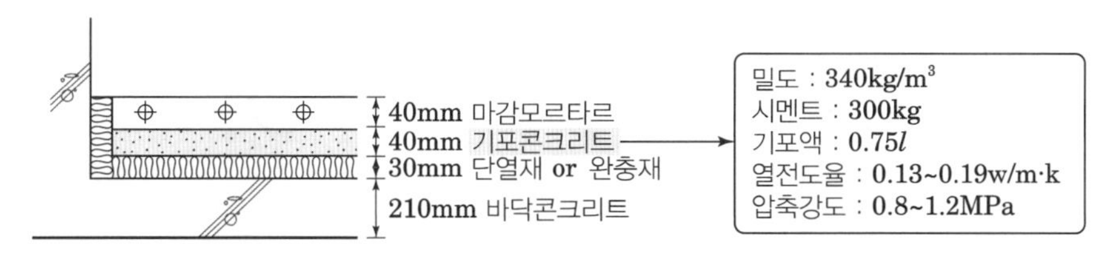

[기포콘크리트]

Ⅲ. 장점

① 정확한 수평유지로 방바닥 마감 시에 정확한 수평유지가 용이함
② 난방파이프 시공 용이
③ 공동주택 층간 방음, 보온효과

Ⅳ. 현장 시공 시 유의사항

① 부유물이 없도록 하지청소를 철저히 한다.
② 레벨선(먹선)은 필히 표시한다.(레벨선에 대부분 10mm 측면 완충재를 부착)
③ 시멘트, 물, 식물성 약품을 적정비율로 혼합한다.
④ 밑으로 새지 않도록 모든 틈새를 막는다.
⑤ 가능하면 시공 전날 물을 확보한다.
⑥ 수평밀대를 이용하여 정확한 수평을 유지한다.
⑦ 양생시간 여름: 1일 정도, 겨울: 2~3일 정도
⑧ 양생 시 표면이 급경화되지 않도록 한다.
⑨ 코너부분(응력 집중되는 곳)은 라스 보강 후 실시하여 균열방지
⑩ 마감면에 오염되지 않도록 유의한다.

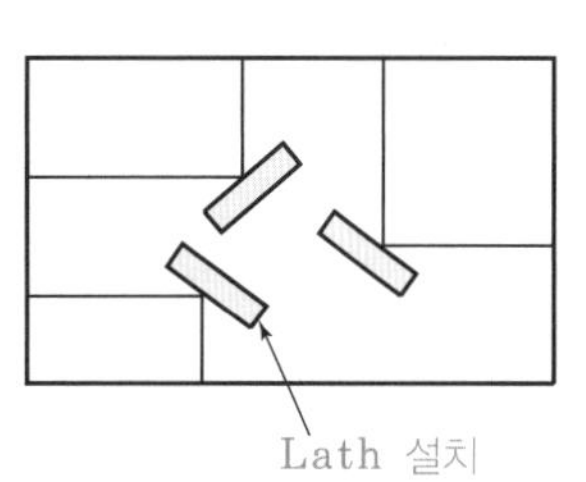

181 균열 자기치유(自己治癒) 콘크리트

Ⅰ. 정의

균열 자기치유 콘크리트란 콘크리트 구조물에 발생한 균열을 스스로 인지하고 반응 생성물을 확장시켜 균열을 치유하여 누수를 억제하고 유해 이온의 유입을 차단하는 콘크리트를 말한다.

Ⅱ. 자기치유 콘크리트의 종류

1. 미생물 활용 기술

① 대사 부산물로 광물을 만들어내는 미생물을 콘크리트에 활용하는 기술
② 콘크리트 균열이 발생할 경우 휴면상태에서 깨어난 미생물이 증식함으로써 균열을 치유하는 광물을 형성
③ 미생물의 생존을 극대화하고 충분한 양의 광물 형성 기술 등이 핵심

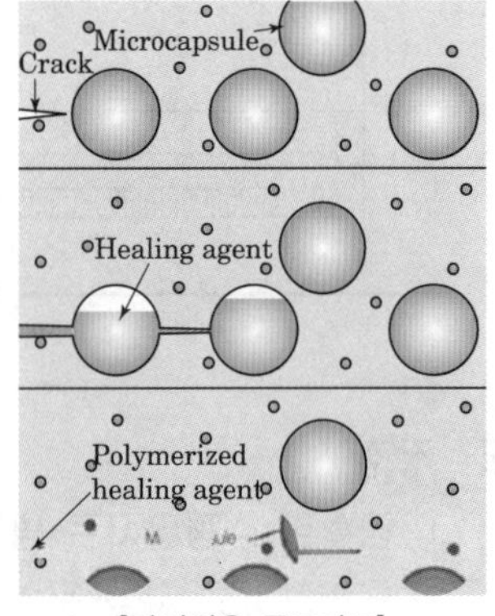

[자기치유 콘크리트]

2. 마이크로캡슐 혼입 기술

① 콘크리트 균열이 발생할 경우 캡슐의 외피가 파괴되어 흘러나온 치료물질이 균열을 채우는 기술
② 다량의 캡슐 혼입으로 비용 상승
③ 콘크리트 고유의 물성값 변동

3. 시멘트계 무기재료 활용 기술

① 팽창성 무기재료를 활용하는 것으로서 균열부에서 팽창반응과 함께 미수화(Unhydrated) 시멘트의 추가반응을 유도하는 원리
② 무기재료의 반응성을 제어하는 기술이 핵심

Ⅲ. 기대효과

① 구조물의 내구성 증대 및 경제성 향상 등의 효과
② 공해, 에너지소비, CO_2 발생 등을 줄일 수 있는 친환경적인 신기술
③ 구조물의 유지보수비용 절감
④ 구조물의 내구수명 향상 기대

Ⅳ. 향후 전망

① 국내의 자기치유 콘크리트 개발의 역사가 짧고 그 효과의 정량적 검증 방법과 현장 적용을 위한 표준화된 자기치유 콘크리트 배합설계와 시공지침이 완벽히 확립되어 있지 않아 사회적 신뢰를 얻기까지 시간이 조금 더 걸릴 것으로 예상할 수 있다.
② 끊임없는 기술 개발과 현장 적용을 통해 우리 사회가 당면한 천문학적인 유지보수 비용을 줄이는 것은 물론 콘크리트 구조물의 장기적인 안전성과 신뢰성을 향상시킬 수 있다는 것이다.

182 자기응력 콘크리트(Self Stressed Concrete)

Ⅰ. 정의

자기응력 콘크리트(Self-Stressed Concrete)는 스스로 신장(伸張)되는 화학에너지를 이용하여 경화 시 철근 콘크리트 구조물의 물성을 악화시키거나 파괴하지 않고 팽창시켜 구조물의 내구성을 증진시킬 수 있는 콘크리트를 말한다.

Ⅱ. 자기응력 시멘트의 종류

1. 비가열시멘트(NASC): Non Autoclave Stressed Cement)

상온에서 주로 거푸집으로 된 단단한 철근콘크리트에서 경화되는 자기응력 철근 콘크리트 구조물과 건축물의 콘크리트와 일체화를 위한 자기응력 시멘트

2. 가열시멘트(ASC): Autoclave Stressed Cement)

열가습 가공으로 제조 시 처해 있는 조립식 자기응력 철근콘크리트 제품의 일체화를 위한 자기 응력 시멘트

Ⅲ. 자기응력 시멘트의 특성

① 수축저감 및 체적팽창
② 자기응력 및 강도증대
③ 수화열 억제
④ 내구성
⑤ 작업성(점성과 유동성)

[수축저감 및 체적팽창]
자기응력 시멘트는 경화과정에서 Ettrigite 형성으로 구조물의 공극이 감소, 건조수축 방지와 체적을 팽창시켜 균열을 방지하고 수밀성을 높여 방수효과를 갖게 한다.

[자기응력 및 강도증대]
자기응력 시멘트는 체적 팽창으로 보강재(철근)가 긴장되며, 그 반력으로 콘크리트에 압축응력이 발현되면서 압축강도 및 휨강도, 인장강도가 증가된다.

[수화열 억제]
자기응력 시멘트는 수화열 억제 기능이 있어서 온도상승을 억제한다.

[내구성]
자기응력 시멘트는 수밀성이 높아 수분 등의 침투를 막아 내부식성, 내마모성을 높이며, 동결 및 융해에 따른 구조물의 파괴, 부식을 막아주어 내구성을 향상시킨다.

[작업성(점성과 유동성)]
자기응력 시멘트는 점성과 유동성을 동시에 겸비한 특수 혼화재가 첨가되어 있어서 유동성 및 작업성이 우수하다.

Ⅳ. 자기응력 콘크리트의 기능 및 용도

기능	용도
급결성	긴급공사, 지반개량 등
고강도성	고강도 콘크리트 제품, 내마모 라이닝 등
팽창성	수축보상 콘크리트, 화학적 프리스트레스 콘크리트 등

Ⅴ. 자기응력 콘크리트의 기대효과

① 건조 수축에 의한 균열 감소
② 장기강도 향상
③ 구체 방수 효과
④ 팽창압력에 의해 내부철근이 긴장되어 콘크리트에 압축 응력이 도입되는 Chemical Prestressed 효과

183 스마트 콘크리트

Ⅰ. 정의

콘크리트 재료 내에 짜넣어진 미세한 재료와 장치를 구사하여 환경의 변화를 검지하는 Sensor, 센서신호를 판단하고 명령하기 위한 제어신호를 출력하는 Controller, 제어신호에 따라 구조기능을 바꾸는 Actuator의 기능을 발휘시킬 수 있는 콘크리트를 말한다.

Ⅱ. 스마트 콘크리트 종류

1. 자기치유(自己治癒) 콘크리트

1) 정의

균열 자기치유 콘크리트란 콘크리트 구조물에 발생한 균열을 스스로 인지하고 반응 생성물을 확장시켜 균열을 치유하여 누수를 억제하고 유해 이온의 유입을 차단하는 콘크리트를 말한다.

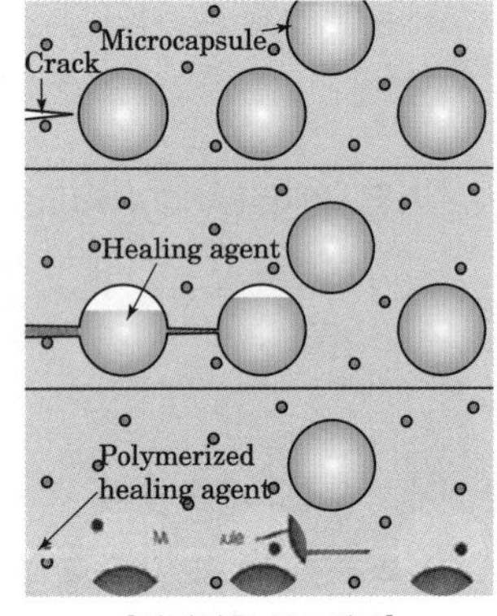

[자기치유 콘크리트]

2) 자기치유 콘크리트의 종류

① 미생물 활용 기술
② 마이크로캡슐 혼입 기술
③ 시멘트계 무기재료 활용 기술

3) 기대효과

① 구조물의 내구성 증대 및 경제성 향상 등의 효과
② 공해, 에너지소비, CO_2 발생 등을 줄일 수 있는 친환경적인 신기술
③ 구조물의 유지보수비용 절감
④ 구조물의 내구수명 향상 기대

2. 자기응력 콘크리트(Self Stressed Concrete)

1) 정의

자기응력 콘크리트(Self-Stressed Concrete)는 스스로 신장(伸張)되는 화학에너지를 이용하여 경화 시 철근 콘크리트 구조물의 물성을 악화시키거나 파괴하지 않고 팽창시켜 구조물의 내구성을 증진시킬 수 있는 콘크리트를 말한다.

2) 자기응력 시멘트의 특성

① 수축저감 및 체적팽창
② 자기응력 및 강도증대
③ 수화열 억제
④ 내구성 증대
⑤ 작업성(점성과 유동성) 향상

3) 자기응력 콘크리트의 기능 및 용도

기능	용도
급결성	긴급공사, 지반개량 등
고강도성	고강도 콘크리트 제품, 내마모 라이닝 등
팽창성	수축보상 콘크리트, 화학적 프리스트레스 콘크리트 등

4) 자기응력 콘크리트의 기대효과

① 건조 수축에 의한 균열 감소

② 장기강도 향상

③ 구체 방수 효과

④ 팽창압력에 의해 내부철근이 긴장되어 콘크리트에 압축 응력이 도입되는 Chemical Prestressed 효과

184 루나 콘크리트(Lunar Concrete)

Ⅰ. 정의

달에서 인간이 사용할 수 있는 구조물 건설을 위한 적절하고 경제적인 건설재료가 필요하게 되었고, 이로 인해 루나 콘크리트(Lunar Concrete)가 생겨나게 되었습니다.

Ⅱ. 루나 콘크리트 개발

① 가능한 한 달의 자연적 재료를 사용한 콘크리트의 개발을 시도

② 월석의 성분은 시멘트의 주성분인 규소, 알루미늄, 칼슘, 철 등이 포함되어 있음

③ 월석을 1,727℃로 가열하면 알루미나 시멘트와 비슷한 성분을 갖는 시멘트의 제조가 가능

④ 물은 수소와 산소를 합성
- 수소는 원자 중 가장 가벼우므로 지구로부터 압축해 운반 및 공급 가능
- 월석의 주성분들은 대체로 산화물의 형태로 존재하기 때문에 산소의 확보는 충분히 가능

⑤ 저중력 및 고진공 환경에서 콘크리트를 제조할 경우 제조된 모르타르의 강도는 지구상의 약 90% 수준

⑥ 저중력 환경이 시멘트의 강도에 미치는 영향은 미미

[달표면-월석]

Ⅲ. 달의 일반적 특성

① 대기
대기 부족 및 자연 냉각이 불가능하므로 열을 분산시키기 위한 복사장비 필요

② 온도
달 표면온도가 낮에는 섭씨 130℃, 저녁에는 영하 180℃까지 떨어지므로 온도에 대한 저항이 필요

③ 방사능 물질
자기장 및 대기 부족으로 달 표면에 방사능 물질이 발생하므로 그에 대한 대책이 필요

④ 중력
지구 중력의 약 1/6(16.5%)이므로 굴착용 건설기계 등을 위한 반력을 제공할 수 있는 방법 필요

⑤ 지반특성
달 표면의 흙은 모난 입자로 구성 마찰을 일으키기 쉬운 고운 먼지성분으로 이에 대한 대책 강구

185 노출 바닥콘크리트 공법 중 초평탄 콘크리트

Ⅰ. 정의

높은 수준의 평활도 확보를 위하여 Laser System에 의해 콘크리트 타설면을 제어하고 별도의 마감재 없이 콘크리트 자체 표면강도를 극대화 시키는 방법을 말한다.

Ⅱ. 초평탄 콘크리트의 시공순서

PE 필름 깔기 → Construction Joint 시공 → 콘크리트 타설 → Laser Screed → Highway Straight Edge → Finisher → Cutting → 비닐보양 → Caulking

Ⅲ. 평탄도 등급(영국 FM System - TR34)

바닥 등급	바닥 용도
FM 1	• 매우 높은 기준의 평탄성과 레벨이 필요한 바닥 • Side-Shift 기능 없이 Reach Truck을 13m 이상 높이에서 사용
FM 2	• Side-Shift 기능 없이 Reach Truck을 8m~13m 사이의 높이에서 사용
FM 3	• 콘크리트로 직접 마감된 소매점 바닥 • Side-Shift 기능 없이 Reach Truck을 8m 높이까지 사용 • Side-Shift 기능이 있고 Reach Truck을 13m 높이까지 사용
FM 4	• Screeds로 마감된 소매점 바닥 • 작업장 및 제조시설에서 일반 지게차를 4m 높이까지 사용

[초평탄 콘크리트]

[Side-Shift]
화물적재 시 지게차의 포크가 좌우로 이동되면서 화물위치 맞춤을 편리하게 해주는 장치

Ⅳ 초평탄 콘크리트의 특징

① 에폭시 등의 마감재를 사용한 바닥보다 내구성이 높다
② 적절한 유지관리가 적용되면 반영구적으로 사용가능
③ 탁월한 마모저항도로 인하여 작업환경 및 근무환경 개선
④ 시공단계에서 관리가 잘되지 않을 경우 Crack 등의 하자가 발생

Ⅴ. 시공 시 유의사항

① 외기의 영향으로부터 보호
② 시공 전 바닥청소 철저
③ 코너 등 응력이 집중되는 부위 크랙에 대한 보강 실시
④ 타설 면적이 넓을 경우 시공줄눈(Construction Joint) 설치
⑤ 평탄성 및 내마모도 측정 실시

186 방오 콘크리트(Antifouling Concrete)

Ⅰ. 정의

방오 콘크리트란 대기 중에서의 화학물질 부착 등으로 인한 노화를 방지하고, 습한 환경에서의 곰팡이나 박테리아 및 해수 중의 해양생물 등의 부착 및 번식을 방지하는 콘크리트를 말한다.

Ⅱ. 시공도

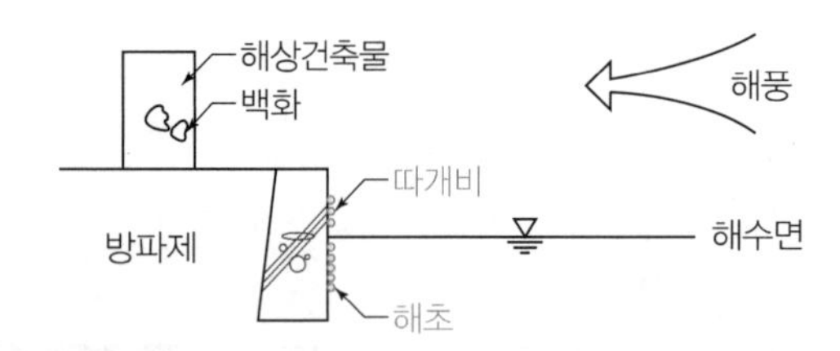

Ⅲ. 목적

① 해초, 따개비 등 해양생물들의 부착 및 서식 방지
② 구조물의 내구성 및 기능성 향상
③ 원자력 발전소 냉각장치의 해양 식·생물에 의한 냉각효율 저하 방지
④ 해상구조물의 외관 미화
⑤ 플랜트 설비의 중단 방지

Ⅳ. 방오 콘크리트의 제조방법

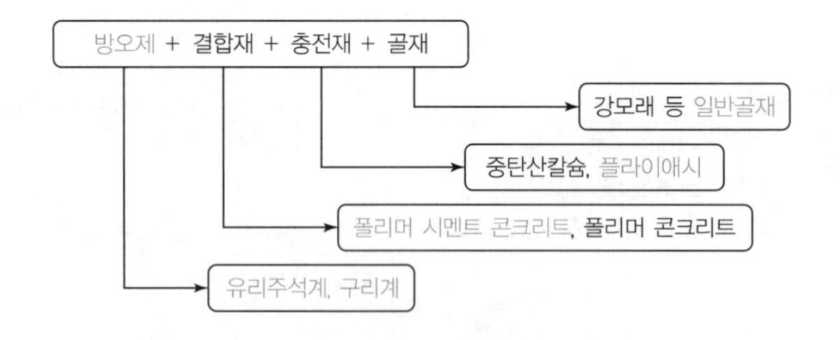

[방오제 용출 Mechanism]
- 비마모형 용해형(Non Polishing Soluble Matrix Type) : 매트릭스 레진이 해수 중에서 용해될 때 방오제가 용출되는 유형
- 비용해형(Insoluble Matrix Type) : 고농도의 방오제를 함유하여 도막 중에서 매트릭스가 용해되지 않고도 방오제 상호접촉으로 내부의 방오제가 용출되는 유형
- 자기 마모형(Self Polishing Type) : 매트릭스가 가수분해와 용해작용이 일어나면서 방오제가 용출되는 유형

187 조습 콘크리트(Humidity Controlling Concrete)

Ⅰ. 정의

조습 콘크리트란 흡·방습성이 우수한 제올라이트를 혼합하여 만든 콘크리트로서 습기를 흡착하여 조습성이 우수하므로 병원, 미술관, 박물관 등의 습기에 대한 피해를 줄이는 데 사용된다.

Ⅱ. 시공도

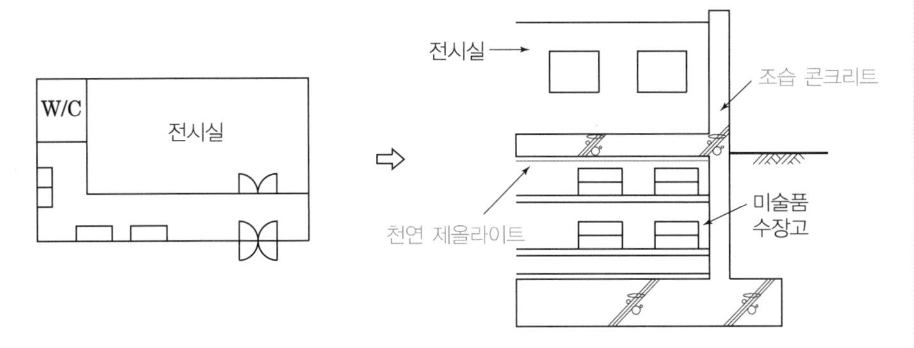

Ⅲ. 천연 제올라이트 적용분야

1. 콘크리트 분야

① 콘크리트 성능개선: 압축강도 증진, 알칼리골재반응 억제
② 혼합시멘트로 생산
③ 경량골재로 사용

2. 기타 분야

① 습기에 의해 문제가 되는 미술관, 박물관 및 병원
② 주택에서의 음식물 부패방지
③ 이온 교환제 및 방사선 폐수 처리제
④ 농업용, 폐수처리용
⑤ 살충제 및 제초제의 혼화재료로 사용
⑥ 향후 단열 및 결로방지재료로 사용

Ⅳ. 제올라이트 조습성 재료의 특성

① 물을 흡착한다.
② 온도의 상승, 하강에 대한 조습성의 영향이 크다.
③ 수증기압 저하 시 실리카겔보다 흡습용량이 크다.
④ 매장량이 많다.

188 전기전도성 콘크리트(Electrically Conductive Concrete)

Ⅰ. 정의

전기전도성 콘크리트란 탄소계통의 재료를 첨가하여 비저항을 갖는 전기전도성 복합체를 만들어서 복합체의 양단에 전압을 걸어 전류를 흐르게 하여 전기가 통하게 한 콘크리트를 말한다.

Ⅱ. 적용 대상

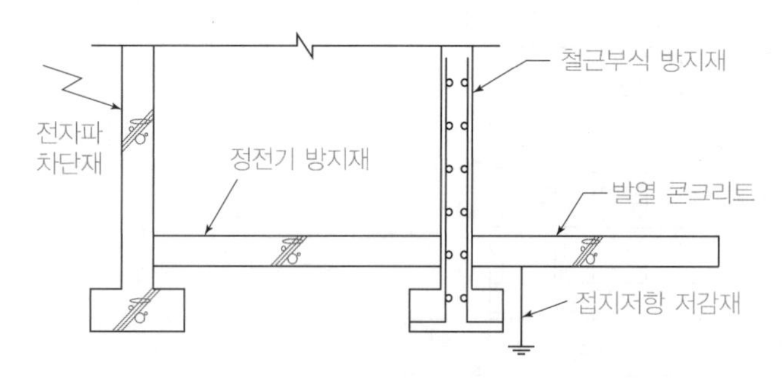

Ⅲ. 종류별 특성

1. 접지저항 저감재

1) 정의

접지저항 주위에 있는 토양의 성질을 화학적인 처리에 의하여 접지저항을 적게 하는 재료이다.

2) 접지저항 저감방안

① 소금(염분)을 이용하여 접지저항을 저감
② 숯(목탄)을 이용하여 접지저항을 저감
③ 전기전도성 시멘트를 사용하여 접지저항 저감 및 내구성의 문제점 개선

3) 적용 분야

① 송전선 철탑 및 배전선 전주
② 이동통신 무선중계소 기초
③ 발전소 및 변전소
④ 일반 건축물의 접지공사

2. 전자파 차폐용 콘크리트

1) 정의

음악당, 변전소 및 공공시설물에서 핸드폰 등의 전자파를 차단하는 콘크리트이다.

2) 전자파 차폐방안

① 도전성 재료를 사용하여 전자파 차폐막을 형성

② 도전성 재료를 콘크리트와 혼합하여 전자파 차폐

③ 외부 유입된 전자파 차단을 위해 내부에 전기가 통하는 재료를 사용

3. Intelligent 콘크리트

1) 정의

인텔리전트 재료는 주위의 환경변화를 자체적으로 감지하여 사용자에게 위험을 사전에 인지시키는 것을 말한다.

2) 필요성

① 구조물의 붕괴 및 전도 가능성을 사전에 예측

② 콘크리트 균열의 진행을 사전에 예측 및 보수

4. 철근부식 방지용 콘크리트

1) 정의

콘크리트 속의 철근이 부식한 경우 염분을 제거하여 콘크리트 본래의 방식 성능을 회복시키는 것을 말한다.

5. 정전기 방지용 콘크리트

1) 정의

물체 간의 접촉에 의해 발생한 정전기를 소멸시키도록 만든 콘크리트를 말한다.

2) 적용 분야

① 화약 공장

② 인화성 물질을 취급하는 화학 공장

③ 정밀성이 요구되는 반도체 공장

6. 발열 콘크리트

1) 정의

전기에너지를 열에너지로 바꾸어 사용하는 것이다.

2) 적용 분야

① 아스팔트포장 전면융설 작업

② 아스팔트포장 부분융설 작업

③ 콘크리트포장 부분융설 작업

189 장수명 콘크리트(Long Life Concrete)

Ⅰ. 정의

장수명 콘크리트란 철근콘크리트 구조물의 조기열화로 인하여 내구연한이 감소됨에 따라 수명이 길고 내구성이 지속되는 성능을 가진 콘크리트를 말한다.

Ⅱ. 필요성

① 콘크리트 구조물의 고내구성 향상
② 구조물의 물리적, 화학적, 구조적 열화에 대한 대처
③ 지구환경의 보전 및 자원에너지의 절약
④ 사회적인 환경변화에 대응

Ⅲ. 재료 및 배합

① 알칼리골재반응이 없는 골재 사용
② 내구성 개선재 사용량은 10kg/m^3 정도
③ 감수제나 고성능 감수제를 사용
④ 물-결합재비는 55% 이하(50% 이하가 바람직함)
⑤ 슬럼프는 180mm 이하
⑥ 단위수량은 175kg/m^3 이하

Ⅳ. 장수명화를 위한 방법

1. 콘크리트 성질의 개선

① 내구성 개선재: 유동성의 콘크리트용 혼화재
② 글리콜에테르 유도체: 시멘트 수화물의 겔 공극을 감소
③ 아미노 알코올 유도체: 탄산가스 등 산성물질이나 염소이온을 흡착

2. 콘크리트의 치밀화

① 섬유재(Textile) 거푸집 사용
② 물-결합재비를 가급적 적게 사용
③ 폴리머 함침 콘크리트 사용
④ 콘크리트 피복두께 철저

3. 하수도 맨홀 및 관로공사용 콘크리트의 방균제 사용

4. 개·보수 공사

중성화된 콘크리트에 알칼리성분을 콘크리트 내부에 다시 부여하는 기술

190 내식 콘크리트

Ⅰ. 정의

콘크리트 구조물이 외부로부터 화학작용 등을 받아 시멘트 경화체를 구성하는 수화생성물($Ca(OH)_2$)이 변질 또는 분해하여 결합능력을 잃어 열화현상이 발생하며, 이러한 콘크리트 부식을 방지하기 위해 만든 콘크리트를 말한다.

Ⅱ. 부식의 Mechanism 및 내식콘크리트의 용도

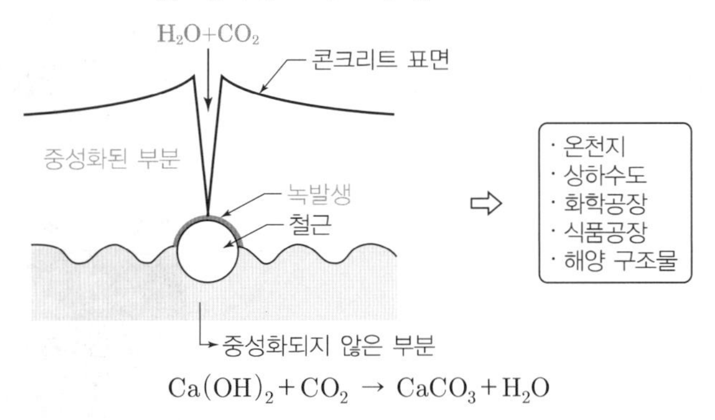

$$Ca(OH)_2 + CO_2 \rightarrow CaCO_3 + H_2O$$

Ⅲ. 내식 콘크리트의 구비조건

구분	구비조건
1. Polymer 콘크리트	• 수밀성 우수, 염해, 중성화에 강함
2. 철근	• 아연도금, Epoxy Coating
3. 골재	• 반응성골재 사용금지(알칼리골재반응이 적은 골재), 양호한 입도
4. 시멘트	• 저알칼리 시멘트 사용: 알칼리골재반응 억제, 중용열(저발열)시멘트 사용
5. 혼화재	• 포졸란계 사용: 고로 슬래그, Fly Ash, Silica Fume
6. 시멘트 분말도	• 저분말도(건조수축방지)
7. 부재단면	• 크게
8. 피복두께	• 두껍게
9. 전식 방지	• 건조상태 유지

Ⅳ. 부식방지대책

① 콘크리트 경화체의 치밀화
② 수화생성물의 변화가 없도록 할 것
③ 콘크리트 균열방지
④ 콘크리트 표면의 피복처리
⑤ 폴리머 시멘트 등을 사용하여 콘크리트의 성질 개선

191 Flat Slab(무량판 슬래브)

Ⅰ. 정의

보 없이 지판(Drop Panel)에 의해 하중이 기둥으로 전달되며, 2방향으로 철근이 배치된 콘크리트 슬래브를 말한다.

Ⅱ. 콘크리트 타설방법

① 수직부재 강도 > 1.4 × 수평부재 강도 ⇒ V·H 일체 타설

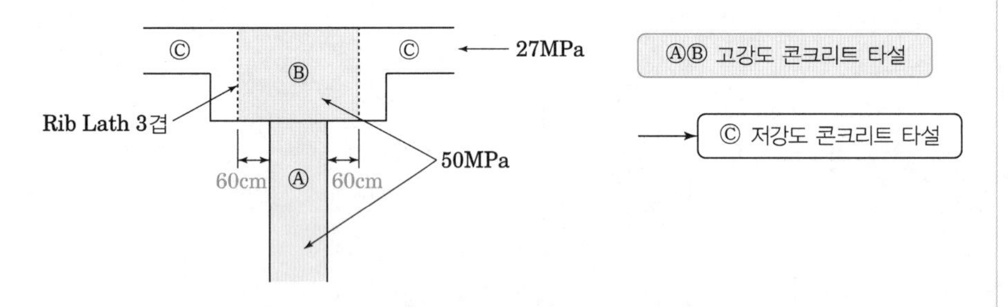

[Flat Slab]

② 수직부재 강도 ≤ 1.4 × 수평부재 강도 ⇒ V·H 분리 타설

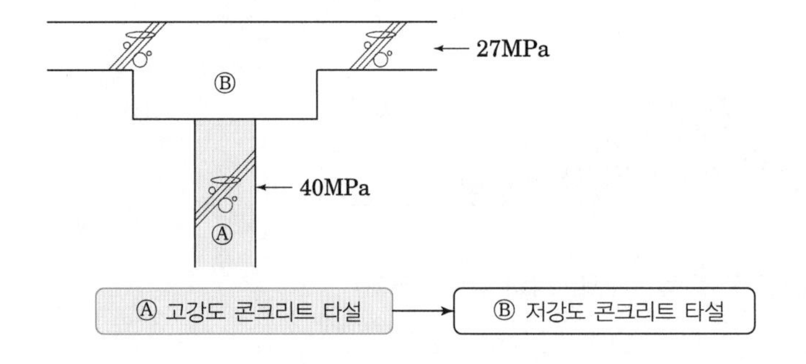

Ⅲ. 특징

① 구조가 간단하다.
② 실내공간 이용률이 높다.
③ 공사비가 저렴하고 층고를 줄일 수 있다.
④ 주두(주열대와 주간대)의 철근량이 여러 겹이고, 바닥판이 두꺼워 고정하중이 증대된다.

Ⅳ. 시공 시 유의 사항

① 바닥판의 주열대와 주간대의 철근배근을 철저히 할 것(주열대와 주간대의 철근배근을 바꾸지 말 것)

② 수직부재와 수평부재의 강도 차이가 1.4배를 초과할 때는 반드시 내민길이 60cm를 확보할 것

③ 콘크리트 타설 시 수직부재의 강도와 수평부재의 강도 차이 발생 시에 콘크리트 펌프를 2대 사용할 것

④ 슬래브 두께(210mm 이상)가 두꺼우므로 하부 동바리를 철저히 설치할 것

192 Flat Plate Slab

Ⅰ. 정의

보나 지판(Drop Panel)이 없이 기둥으로 하중을 전달하는 2방향으로 철근이 배치된 콘크리트 슬래브를 말한다.

[Flat Slab]

Ⅱ. Flat Plate Slab와 Flat Slab의 비교

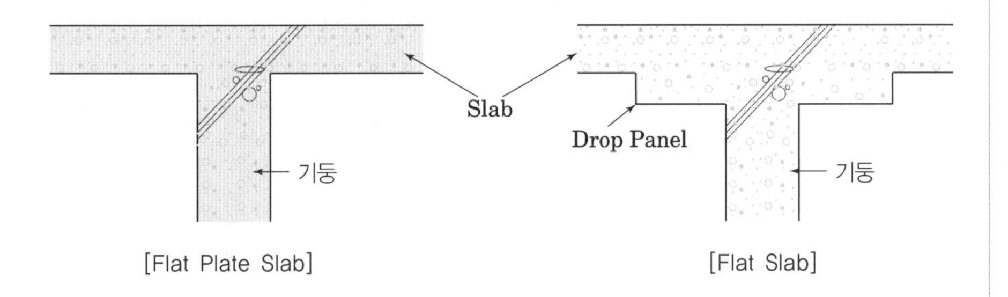

[Flat Plate Slab] [Flat Slab]

Ⅲ. 특징

① Drop Panel이 없어 시공성 용이 및 공기단축 가능
② 실내공간 이용률이 높다.
③ Drop Panel이 없어 바닥이 두꺼워진다.
→ 자중증대 및 고정하중 증대

Ⅳ. 시공 시 유의사항

① Punching Shear Crack 방지를 위한 대책마련
→ 전단보강 철근, Stud Strip 철저

- 전단보강 철근 방법

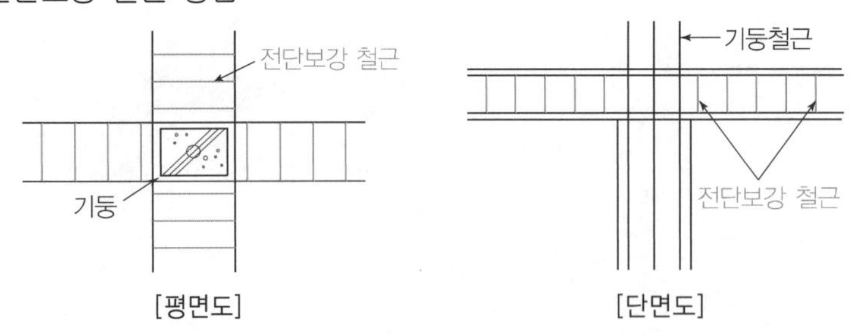

[평면도] [단면도]

[전단보강 철근]

- Stud Strip 방법

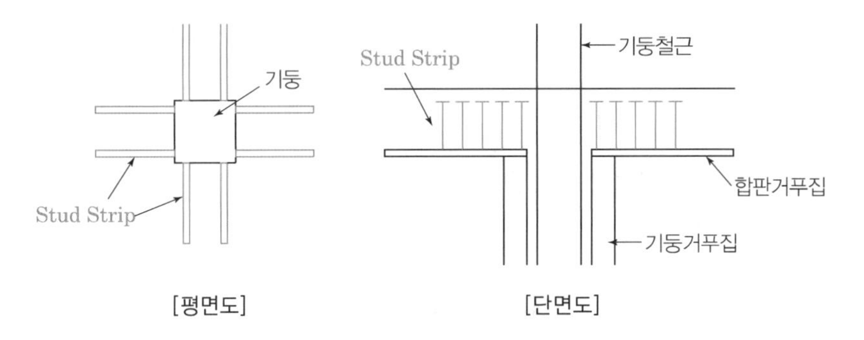

[Stud Strip]

② 철근 배근 시 간섭이 많으므로 배근 시 주의
③ 주간대 및 주열대 철근배근이 바뀌지 않도록 유의

193 Flat Slab와 Flat Plate Slab 차이점

Ⅰ. 정의

① Flat Slab

보 없이 지판(Drop Panel)에 의해 하중이 기둥으로 전달되며, 2방향으로 철근이 배치된 콘크리트 슬래브를 말한다.

② Flat Plate Slab

보나 지판(Drop Panel)이 없이 기둥으로 하중을 전달하는 2방향으로 철근이 배치된 콘크리트 슬래브를 말한다.

Ⅱ. 차이점

1. 시공도

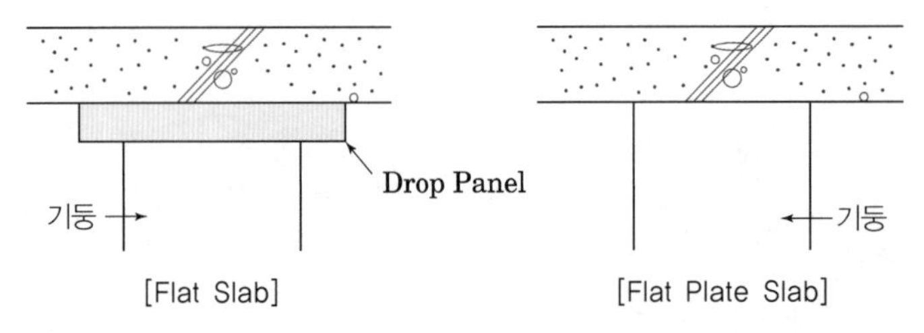

[Flat Slab] [Flat Plate Slab]

2. 비교표

구분	Flate Slab	Flat Plate Slab
Punching Shear	유리	불리
시공성	불리	양호
공간활용	불리	유리
층고조정	불리	유리
공기단축	불리	유리
안전성	유리	불리
설비배관 등	불리	유리

3. Punching Shear Crack 방지

① 전단보강 철근 방법

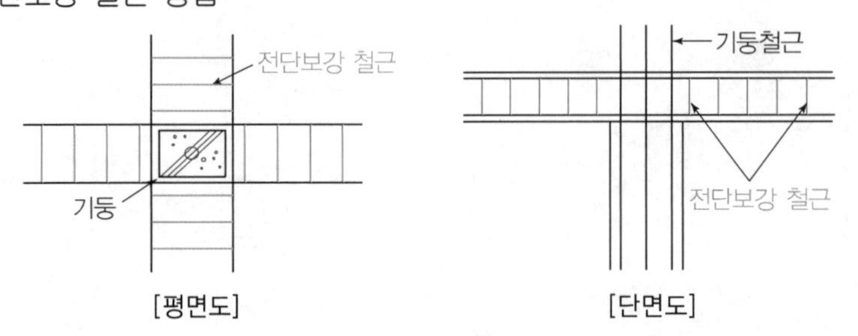

[평면도] [단면도]

[전단보강 철근]

② Stud Strip 방법

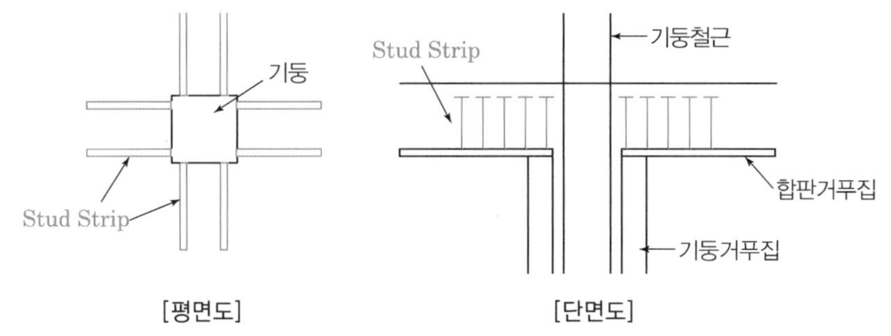

[평면도] [단면도]

[Stud Strip]

194 Punching Shear Crack

Ⅰ. 정의

Punching Shear Crack이란 '관입전단균열'로서 Plat Plate Slab 구조에서 기둥의 지지면 주변으로 무량판 슬래브에 나타나는 균열을 말한다.

Ⅱ. 도해

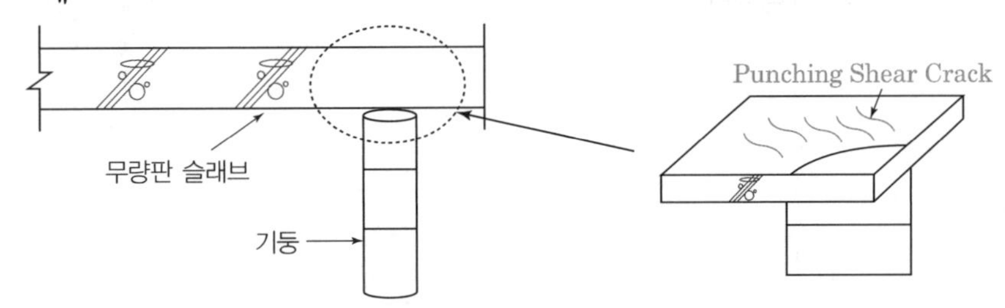

Ⅲ. 원인

① 전단보강 철근 불량
② 슬래브 철근배근 불량: 철근 피복두께 및 유효단면(깊이) 불량
③ 수직부재와 수평부재의 콘크리트 강도 차이가 1.4배를 초과할 때 내민길이 600mm 미 확보

Ⅳ. 예방대책

① 수직부재와 수평부재의 강도차를 고려한 시공
② 콘크리트 품질관리 철저
③ 시멘트 페이스트 유출방지를 위한 리브라스 시공 철저
④ 전단보강 철저히 시공
 - 전단보강 철근 방법

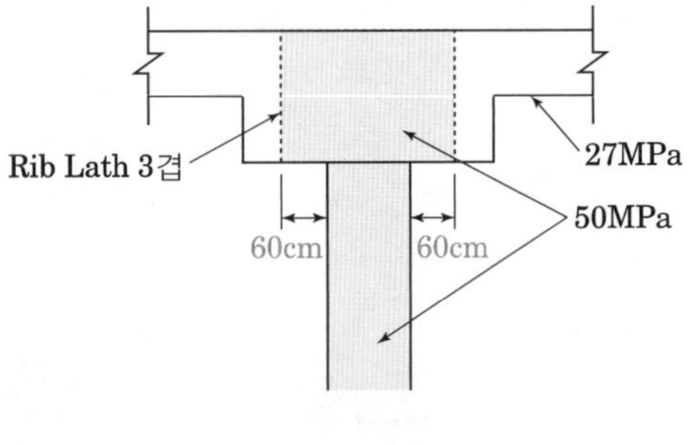

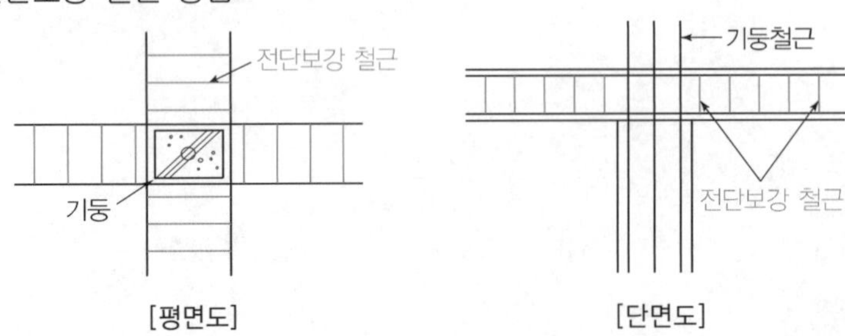

[평면도] [단면도]

[전단보강 철근]

- Stud Strip 방법

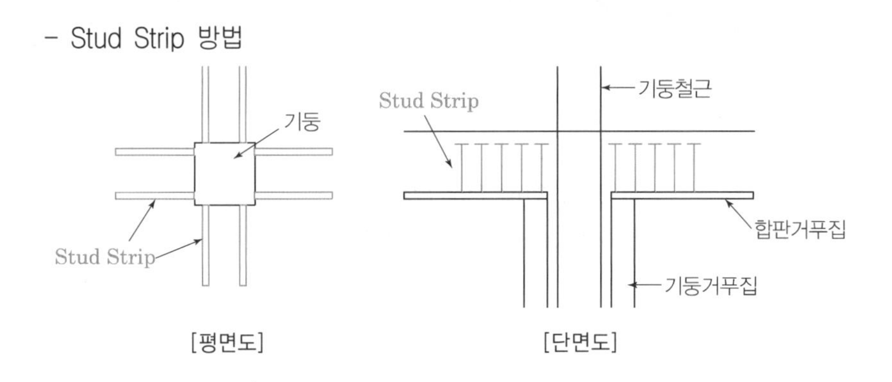

[Stud Strip]

195 Flat Slab의 전단보강

Ⅰ. 정의

Flat Slab의 전단보강은 Punching Shear Crack을 방지하기 위해 Flat Slab은 Drop Panel이 있으나 Flat Plate Slab에서는 Drop Panel 대신에 전단보강을 설치하는 것을 말한다.

Ⅱ. 전단보강 방법

1. 전단보강 철근을 이용하는 방법

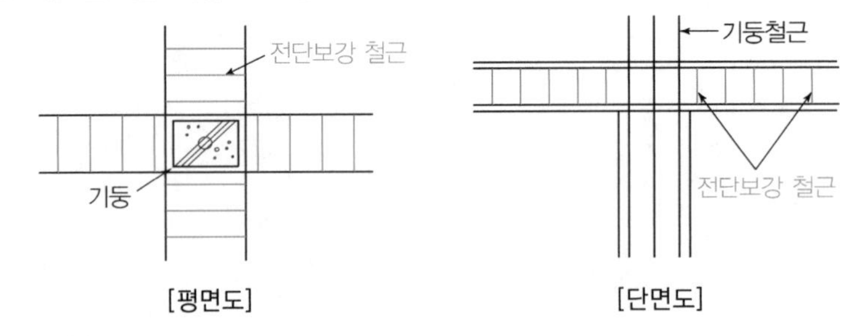

[전단보강 철근]

2. Stud Strip을 이용하는 방법

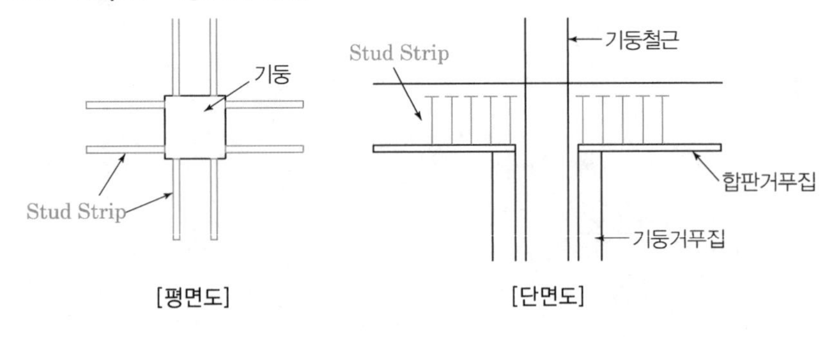

[Stud Strip]

Ⅲ. 시공 시 유의사항

1. 전단보강 철근

① 기둥 폭 이상의 전단보강 철근 시공할 것
② 상·하부 철근과 직각이 되게 하고 상·하부 철근의 외부로 시공할 것
③ 콘크리트 타설시 이탈되지 않게 철저히 결속

2. Stud Strip

① 콘크리트 타설 시 Stud Strip 전도에 유의
② 구조검토 후 적정규격, 정확한 위치 시공

196 Stud Strip

Ⅰ. 정의

Stud Strip이란 Shear Stud를 Strip Bar에 연결시킨 전단보강재로 무량판 슬래브 등의 Punching Shear Crack 방지에 사용되는 철물이다.

Ⅱ. 현장시공도

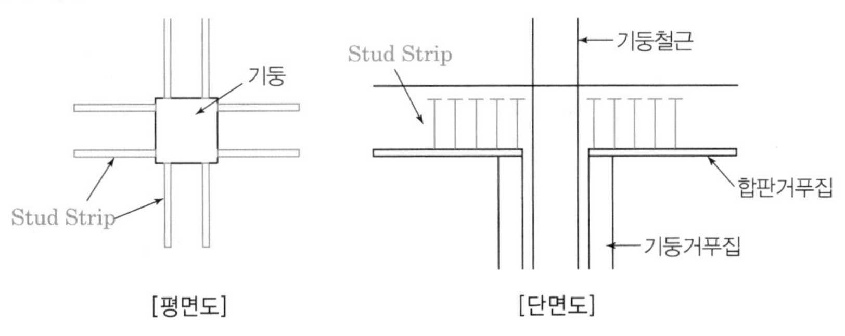

[평면도] [단면도]

[Stud Strip]

Ⅲ. 특징

① 시공성 용이: 공기단축, 인건비 절감
② 전단보강능력 향상
③ 내진성능 향상
④ 다양한 분야 적용: Flat Slab, Post Tension 구조, 기초 등
⑤ 전단보강 철근에 비해 가격이 고가

Ⅳ. 시공 시 주의사항

① 콘크리트 타설 시 Stud Strip 전도에 유의
② 사전 검토: 적정 규격 시공
③ 정확한 위치에 시공할 것
④ Shear Stud를 고정하는 Strip Bar(일반적으로 평철) 하부에 콘크리트 타설 시 공극발생에 유의

197 V·H(수직·수평) 분리타설 공법

Ⅰ. 정의

콘크리트 부재의 타설 시 수직부재를 선 타설하고 수평부재를 후 타설하는 공법으로 이음 타설부에 Cold Joint가 생기지 않도록 일체성 확보가 중요하다.

Ⅱ. 현장시공도

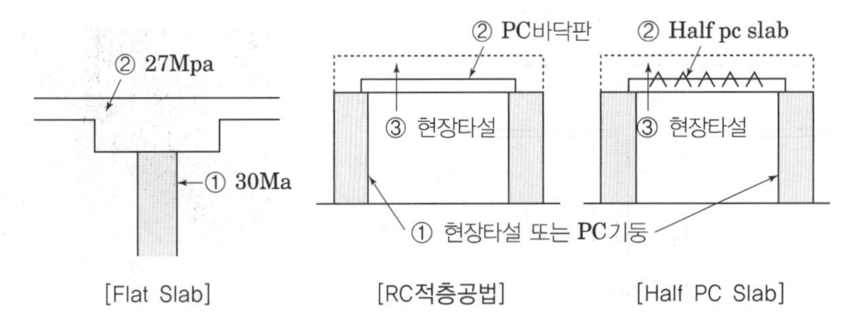

[V·H 분리 타설]

Ⅲ. 강도 차이 발생 시 타설 기준

① 수직부재 강도 > 1.4 × 수평부재 강도 ⇒ V·H 일체 타설

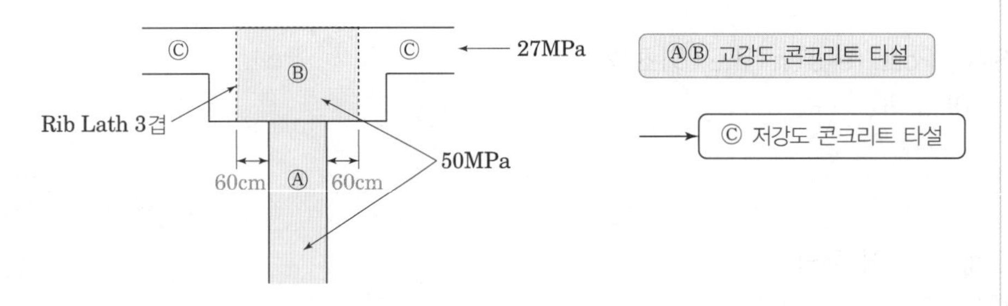

② 수직부재 강도 ≤ 1.4 × 수평부재 강도 ⇒ V·H 분리 타설

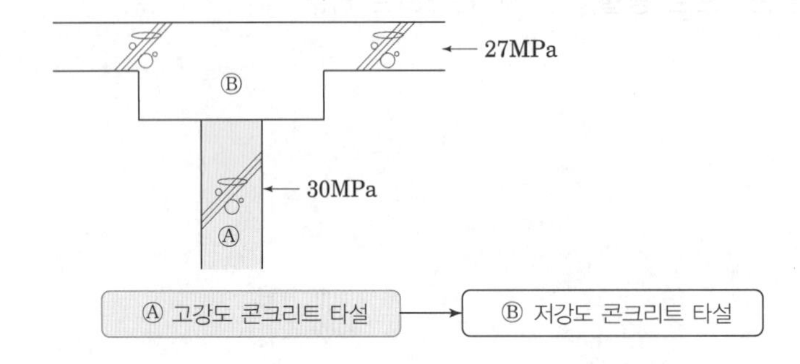

Ⅳ. 특징

① V·H분리 타설 시 소성침하균열 예방가능
② 수직부재 선 시공으로 Slab 시공 시 안전성 확보
③ 공사비 증가 및 공사기간 지연
④ 품질확보 우수, 작업 공간 확보

Ⅴ. 시공 시 유의사항

① 수직부재 타설 시 Level 관리 철저

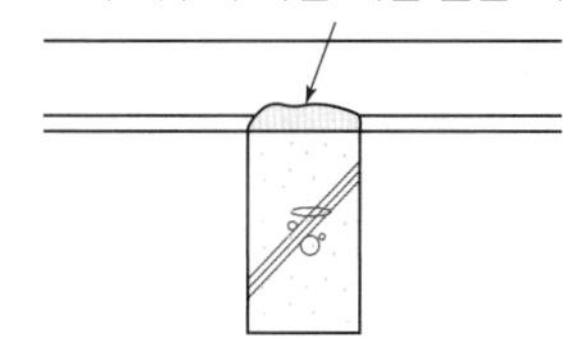

② 타설 전 청소 및 레이턴스 제거 철저
③ 시공조인트 일체화를 위한 품질관리 철저
④ 기둥면에서 600mm 내밀어 타설한 후 슬래브를 타설할 경우 Joint면에서 Cold Joint가 생길 우려가 크므로 강도차를 1.4배 이하로 해서 수직·수평 부재를 분리 타설하는 것이 품질 확보면에서 유리

198 Concrete Kicker

Ⅰ. 정의

콘크리트 Kicker란 외부발코니 및 화장실 등의 누수방지를 위해 슬래브 콘크리트 타설 시 10~15cm 정도 일체화 타설하는 방수턱을 말한다.

Ⅱ. 현장시공도

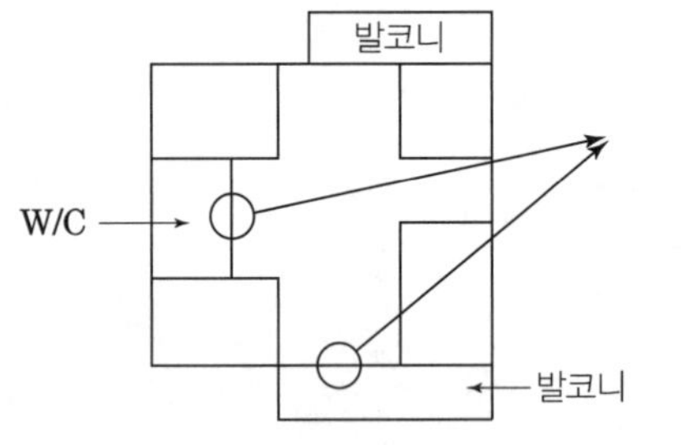

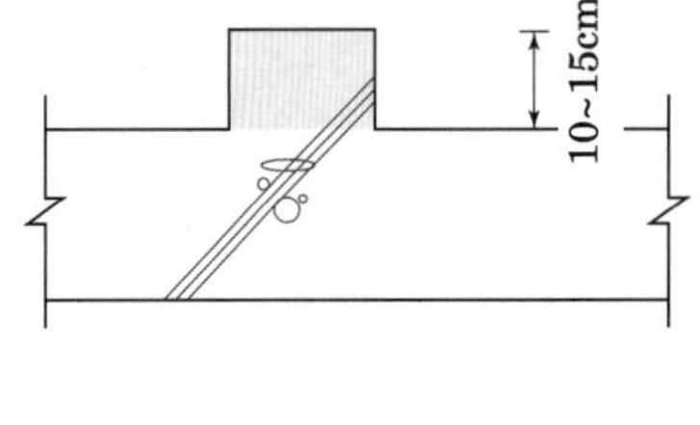

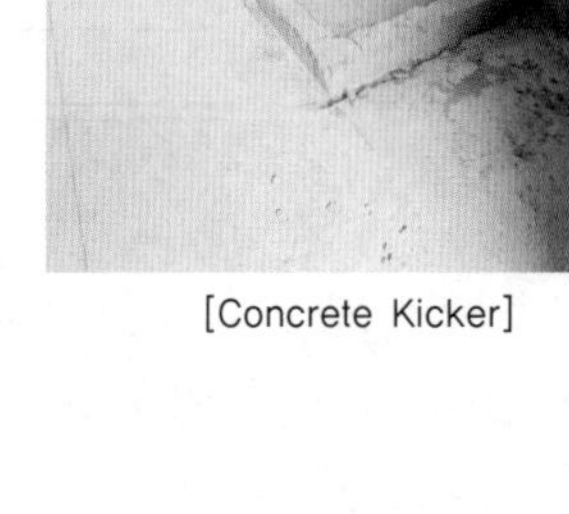
[Concrete Kicker]

Ⅲ. 특징

① 방수공사가 용이하다.
② 이음부가 발생하지 않는다.
③ Kicker 설치를 위한 별도의 인력이 필요하다.

거푸집
Kicker
거푸집구간 Kicker 누락

Ⅳ. 시공 시 유의사항

① Kicker 설치 시 틈새 없도록 처리
② Kicker 거푸집 상부철근과 결속금지 → 별도의 고정 장치 마련
③ 옥상 패러핏 Kicker는 15cm 이상으로 외부로 구배 줄 것

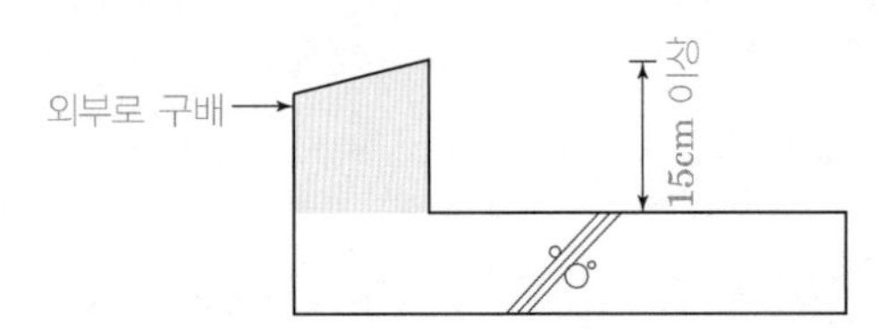

199 단면 2차 모멘트

Ⅰ. 정의

단면 2차 모멘트란 휨 또는 처짐에 대한 저항을 예측하는 데 사용되는 단면의 성질을 뜻하며, 정다각형의 도심을 지나는 축에 대한 단면 2차 모멘트는 축의 회전에 상관없이 모두 동일한 값을 가진다.

$$I_x = \int_A y^2 dA(m^4)$$
$$I_y = \int_A x^2 dA(m^4)$$

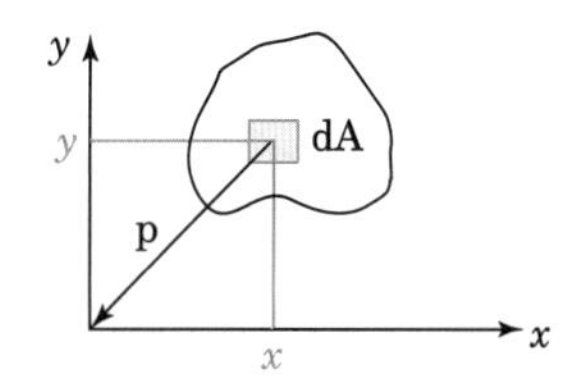

x : y축에서부터 면적 요소 도심까지 수직거리
I_x : x축에 대한 단면 2차 모멘트
dA : 면적 요소
y : x축에서부터 면적 요소 도심까지 수직거리
I_y : y축에 대한 단면 2차 모멘트
dA : 면적 요소

Ⅱ. 평행축에 대한 단면 2차 모멘트

- 중립축과 평행한 임의의 축 x'에 대한 단면 2차 모멘트

$$I_x' = I_x + Ad^2$$

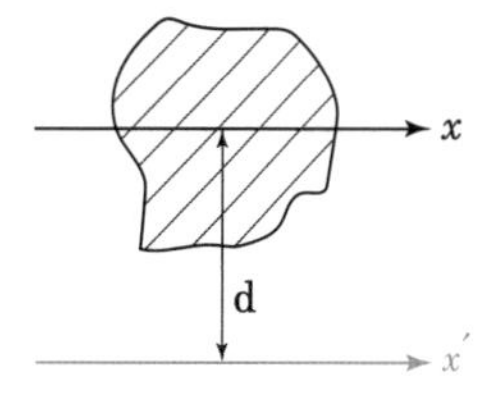

I_x' : x'축에 대한 단면 2차 모멘트
I_x : x'축과 평행하고 단면의 도심을 지나는 축 x에 대한 단면 2차 모멘트(중립축과 일치)
A : 단면의 넓이
d : 축 사이의 거리

Ⅲ. 기타 단면 2차 모멘트

설명	그림	단면2차모멘트	비고
반지름r(지름D) 인 원	r, O	$I_o = \pi r^4/4$ $= \pi D^4/64$	
너비b, 높이h인 직사각형	h, b	$I_o = bh^3/12$	
너비b, 높이h인 직사각형	h, b	$I_o = bh^3/3$	단면의 밑면을 지나는 축에 대한 값
밑면b, 높이h인 삼각형	h, b	$I_o = bh^3/36$	
밑면b, 높이h인 삼각형	h, b	$I_o = bh^3/12$	단면의 밑변을 지나는 축에 대한 값

200 무근콘크리트 슬래브 컬링(Curling)

Ⅰ. 정의

지하주차장 기초 위에 배수판을 깔고 100~120mm 정도의 무근콘크리트 타설한 후 4~5m 간격으로 건조수축 균열을 유발시키기 위한 줄눈시공을 하며, 이로 인한 줄눈으로 균열이 유발된 후 무근콘크리트의 타설면과 저면의 수축차에 의해 무근콘크리트가 말아 올라가는 현상을 말한다.

Ⅱ. 개념도

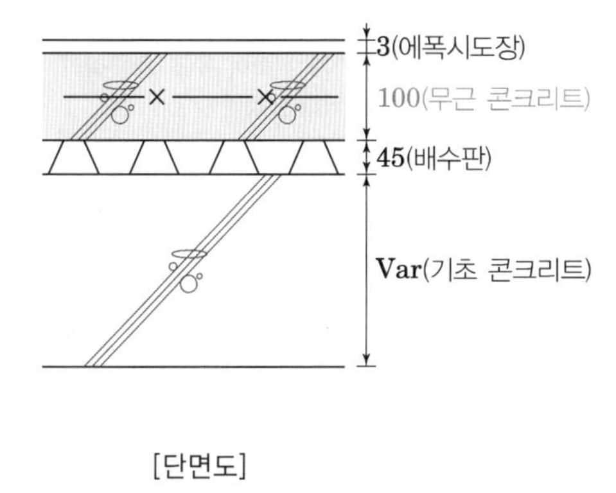

[단면도]

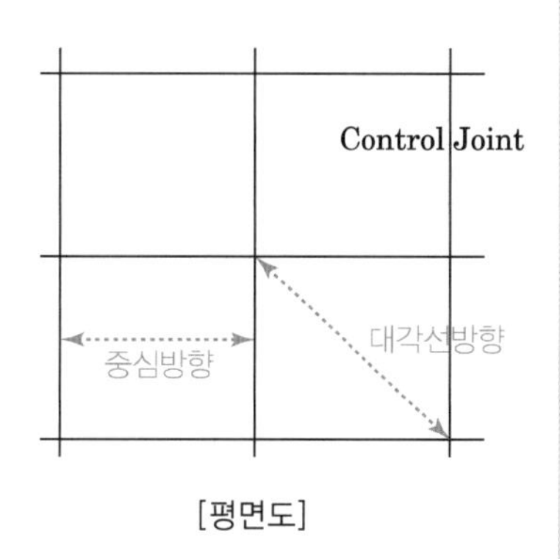

[평면도]

Ⅲ. 컬링 변형의 거동

① 컬링 변형은 재령 90일쯤에서 거의 수렴

② 컬링 변형의 시간에 따른 증가속도는 수축 차의 시간에 따른 증가속도보다 완만: 무근콘크리트의 자중에 의한 크리프의 증가 때문임

③ 대각선방향 컬링 변형의 최대값이 중심방향 컬링 변형의 최대값의 2.5배 증가: 대각선방향 모서리 부분으로 이동할수록 단면 2차 모멘트가 작아지기 때문임

④ 수축저감제 사용으로 컬링 변형 감소

Ⅳ. 무근콘크리트의 균열저감 방안

① 와이어 메쉬 또는 셀룰로오스 섬유보강재 사용

② 폴리아마드 계열의 섬유보강재 사용

③ Control Joint 설치간격 조정

④ 무근콘크리트의 강도 향상

⑤ 건조수축저감을 위한 고성능감수제 사용

⑥ 콘크리트 자체 품질관리 확보(단위수량, 단위시멘트량, W/B, 골재량 등)

201 MPS(Modularized Pre-stressed System) 보

Ⅰ. 정의

철근콘크리트 보의 양끝단부에 별도로 제작한 철물을 매립하여 기둥과의 접합을 용이하게 하고, 철근콘크리트 보에는 프리스트레스를 도입하여 인장강도를 증대시켜 균열을 방지하는 공법을 말한다.

Ⅱ. 현장시공도

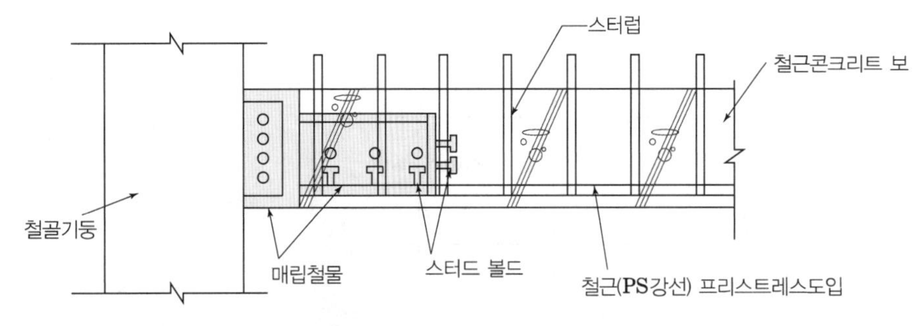

[프리스트레스]
인장력에 취약한 콘크리트의 단점 등을 보완하고 구조체의 인장강도를 증대시키기 위하여 구조체에 미리 압축력을 가하는 것

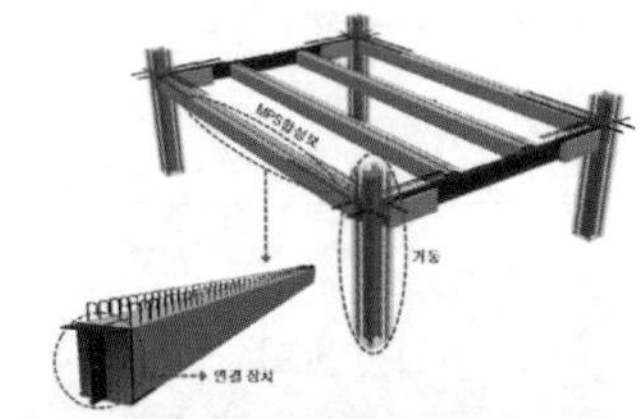

[MPS]

Ⅲ. 특징

① 하중에 의한 보의 균열 발생을 방지
② 기둥의 간격을 10m에서 12~14m 확대 가능
③ 기존 철골보 기술과 비교하여 약 14%의 공사비 절감 효과
④ PC 공법의 단점인 접합부 시공성 및 강성확보를 해결
⑤ MPS보 설치를 위한 별도의 거푸집이 필요 없어 폐자재 발생을 최소화할 수 있는 친환경적인 공법
⑥ 현장에서의 소음 및 분진 발생 최소화
⑦ 공장제작 PC로 표준화된 품질 확보가 가능
⑧ 공장에서 제작된 PC보를 현장에서 조립 시공하기 때문에 철골공사에서와 같이 별도의 방청 및 내화뿜칠이 불필요

Ⅳ. 시공 시 유의사항

① MPS 보 제작 시 매립철물 철저히 시공
② MPS 보 운반 및 현장 보관 시 균열 등에 유의
③ 기둥과 MPS 보, 거더와 MPS 보 접합 시 고장력볼트 체결 철저
④ MPS 보의 최대 하중량을 고려한 장비 선정

CHAPTER-6

PC·CW·초고층공사

제6장

Professional Engineer Architectural Execution

6.1장

PC공사

01 PC(Precast Concrete)공법 중 골조식 구조(Skeleton Construction System)

Ⅰ. 정의

골조식 구조는 주요부재인 기둥, 보, 슬래브 등의 부재 전부 또는 일부를 공장에서 제작된 콘크리트 부재(PC)를 현장으로 운반 후 양중장비로 접합 장소로 이동하여 조립 및 시공하는 공법을 말한다.

Ⅱ. 골조식 구조의 종류

1. HPC(H형강+PC) 공법

① 기둥은 H형강을 사용하고 보, 바닥판, 내력벽 등을 PC 부재로 현장에서 조립 및 접합하여 구조체를 구축하는 공법

② H형강 기둥에는 현장콘크리트 타설

2. RPC(Rahmen+PC) 공법

① Rahmen 구조의 주요 구조부인 기둥, 보를 철골철근콘크리트(SRC) 또는 철근콘크리트(RC)로 PC 부재로 현장에서 조립 및 접합하여 구조체를 구축하는 공법

② 구조체의 공업화로 공기단축 및 시공정도 확보

[RPC-기둥]

3. 적층 공법

① 미리 공장 생산한 기둥이나 보, 바닥판, 외벽, 내벽 등을 한 층씩 쌓아 올리는 조립식으로 구체를 구축하고 이어서 마감 및 설비공사까지 포함하여 차례로 한 층씩 완성해가는 공법

② RC 적층공법, S조 적층공법, SRC 적층공법이 있다.

Ⅲ. 설계 및 시공 시 유의점

① 프리패브화를 추진할 수 있는 규격 통일을 할 것

② 각 부재의 접합부의 품질, 정밀도, 시공성 관점을 배려할 것

③ 건설크레인의 인양능력을 고려하여 부재계획을 할 것

④ 가능한 대형 부재로 할 것

⑤ 기획 및 준비부분에 대한 충분한 배려를 할 것

⑥ PC부재의 합리적인 제작, 세우기용 기계의 선정, 접합부 처리의 합리화를 도모할 것

02 합성슬래브(Half PC Slab) 공법

Ⅰ. 정의

얇은 PC판을 바닥 거푸집용으로 설치하고 그 상부에 적절히 배근을 한 후, 현장타설 콘크리트로 타설하여 일체성을 확보하는 공법을 말한다.

Ⅱ. 현장시공도

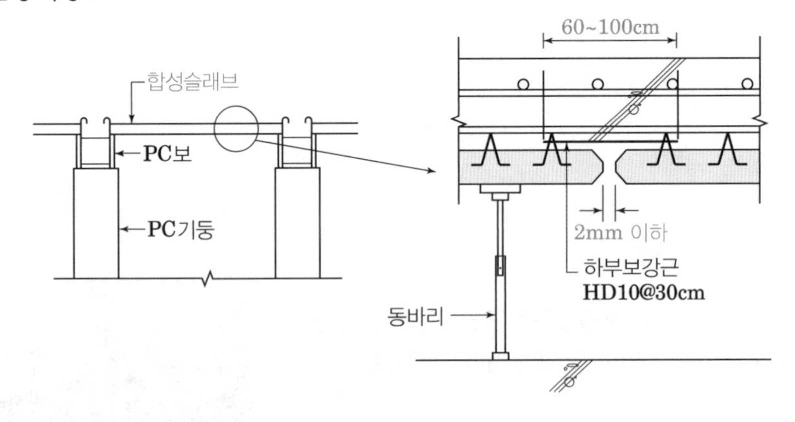

[합성슬래브 공법]

Ⅲ. 특징

① 보가 없는 슬래브가 가능
② 바닥 거푸집재가 불필요하므로 공기단축이 가능
③ 서포트가 적게 필요하므로 작업공간의 확보가 가능
④ 구조종별을 가리지 않고 사용될 가능성이 크다.
⑤ 공사현장이 넓을 경우에는 현장에서도 제작이 가능
⑥ 타설 접합면의 일체화 부족이 될 수도 있다.
⑦ VH 분리 타설 시 작업공정의 증가가 초래

Ⅳ. 시공 시 유의사항

① Lead Time 확보

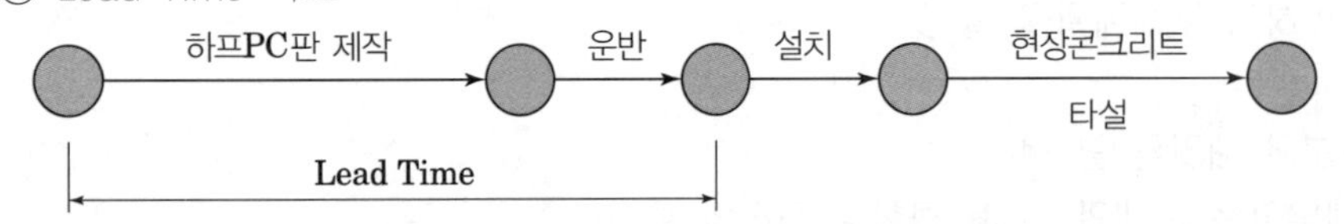

② 정도(精度)의 확보
③ 균열발생의 방지
④ 지주의 존치기간 확보
⑤ 합성구조체의 확보
⑥ 양중 시 Balance 유지

[지주의 존치기간]

03 합성슬래브(Half PC Slab) 공법 채용 시 유의할 점

Ⅰ. 정의

합성슬래브(Half PC) 공법이란 얇은 PC판을 바닥 거푸집용으로 설치하고 그 상부에 적절히 배근을 한 후, 현장타설 콘크리트로 타설하여 일체성을 확보하는 공법으로 Lead Time 확보, 균열방지 등을 유의하여야 한다.

Ⅱ. 채용 시 유의할 점

1. Lead Time 확보

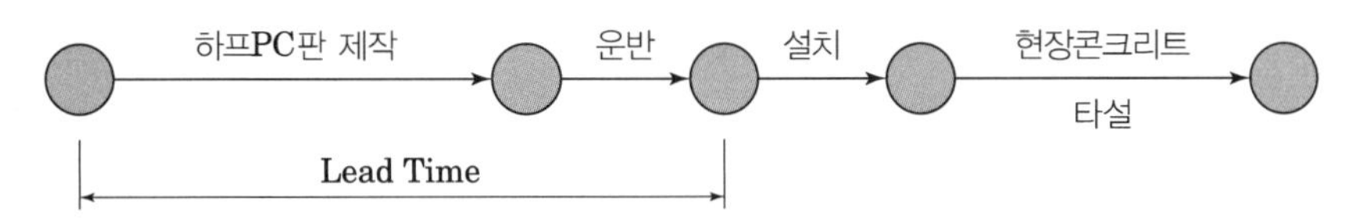

① 하프 PC판 제작에 필요한 기간을 고려할 것
② 바닥판의 분할, 치수나 형상, 배근이나 보강상태 결정
③ 개구부나 설비용 슬래브의 장소 확인
④ 인서트류 위치 결정

2. 정도(精度)의 확보

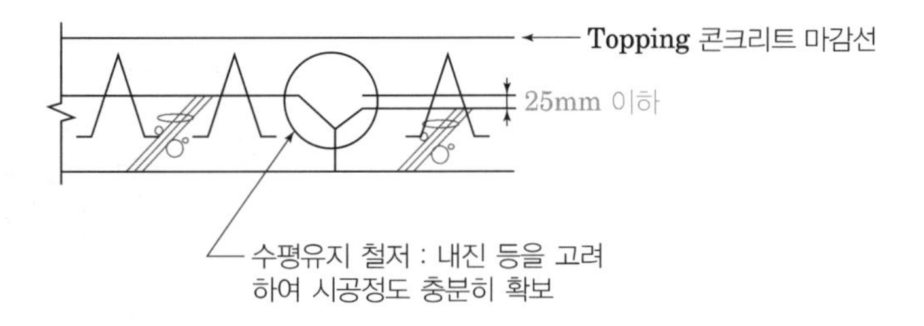

3. 균열발생의 방지

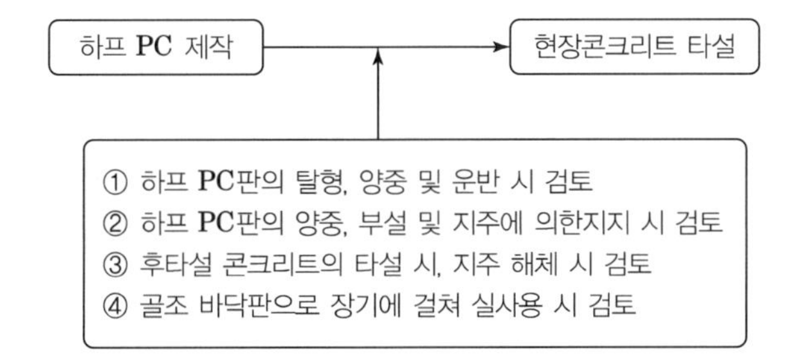

4. 지주의 존치기간 확보

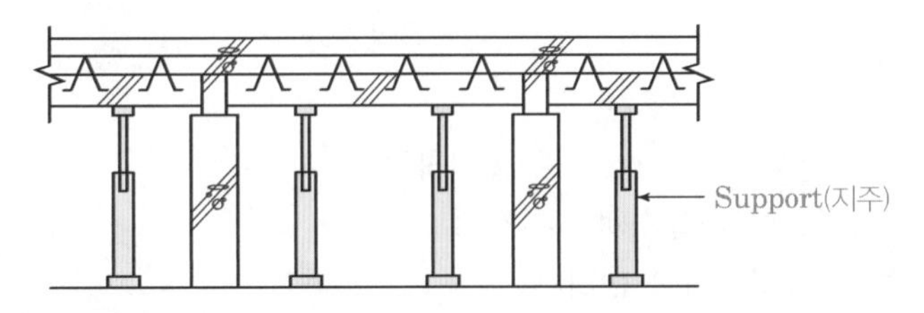

[지주의 존치기간]

① 지주의 전용계획에 따라 다르다.

② 지주의 지지상태나 위층의 전달하중의 크기로부터 휨응력 산정하여 합리적 존치기간 결정

5. 합성구조체의 확보

① 하프 PC판과 후 타설 콘크리트와의 일체성 확보

② 설비 배관용 구멍 뚫기에 PS강선이 절단을 피하도록 고려

6. 양중 시 Balance 유지

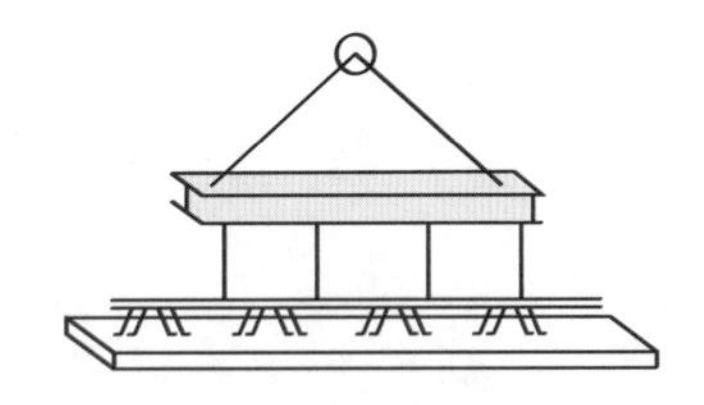

① **Spread Beam** 사용

② 양중 시 파손에 주의

[양중]

7. Stacking

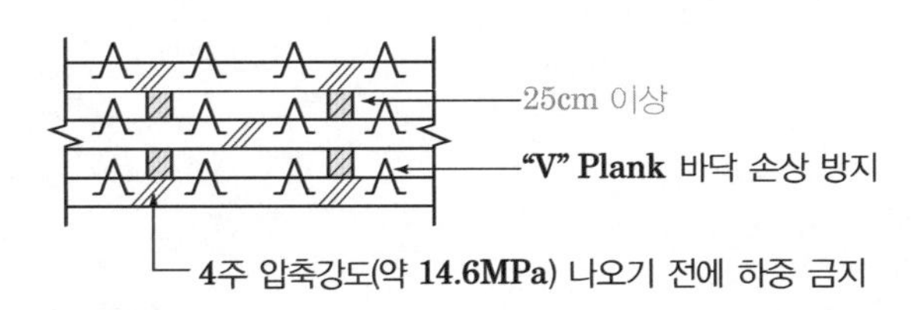

[stacking]

04 Shear Connector(전단연결재)

KCS 14 31 20

Ⅰ. 정의

합성부재의 2가지 다른 재료사이의 전단력을 전달하도록 강재에 용접되고 콘크리트 속에 매입된 스터드, ㄷ형강, 플레이트 또는 다른 형태의 강재를 말한다.

Ⅱ. 개념도

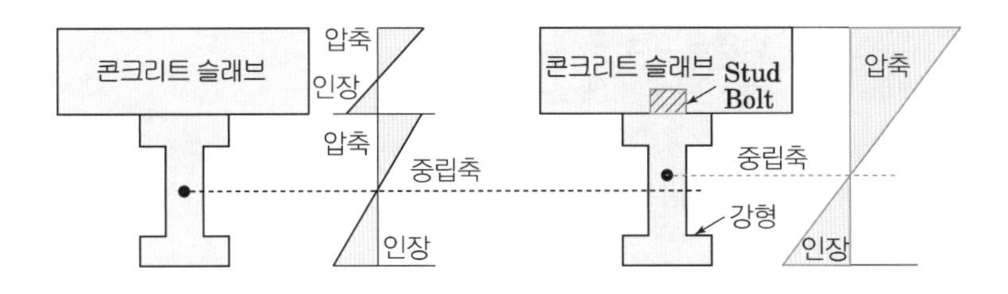

[Shear Connector]

Ⅲ. Shear Connector의 종류

1. 합성 슬래브(Half PC Slab) 공법

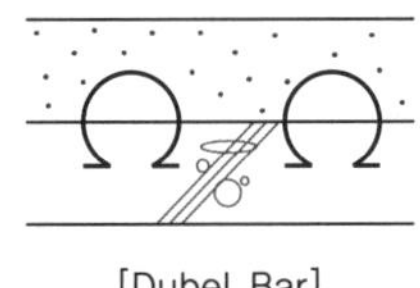
[Dubel Bar]

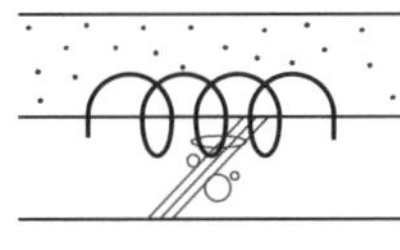
[Sprial Bar]

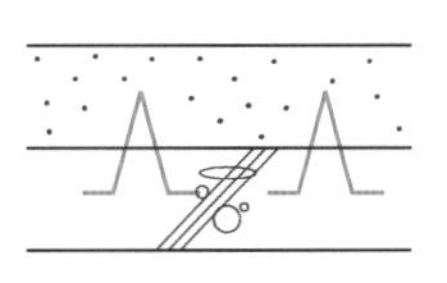
[Omnier Bar]

2. 철골조

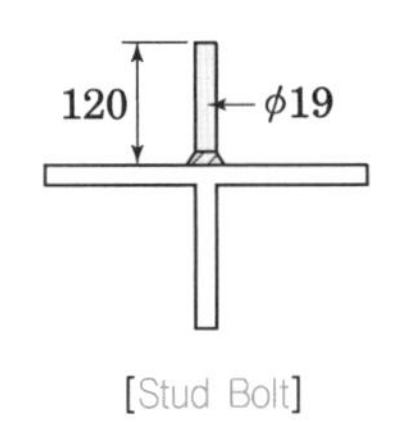

[Stud Bolt]

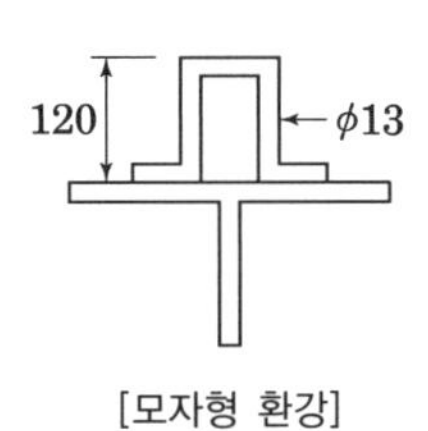

[모자형 환강]

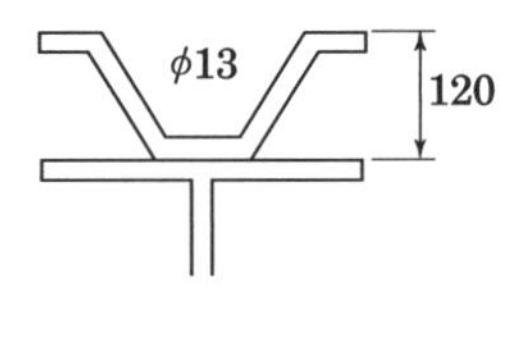

[이형철근 꺾어휨]

3. GPC 공법

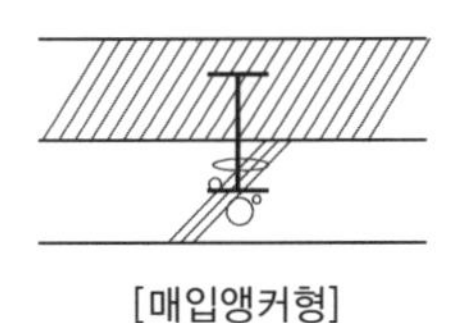
[매입앵커형]

[꺽쇠형]

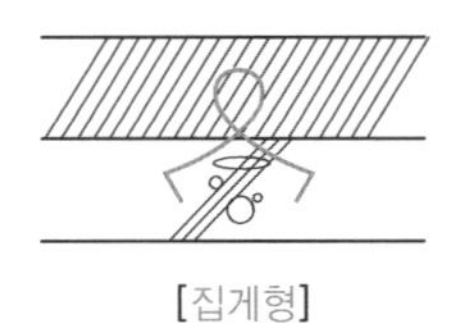
[집게형]

Ⅳ. Shear Connector 역할

① 모재와 현장타설 콘크리트와의 일체성 확보
② 콘크리트와 합성구조에서 전단응력 전달
③ 상부 철근 배근 시 구조적 연결 고리

Ⅴ. Shear Connector(스터드)의 설치

① 형상은 머리붙이 스터드를 원칙
② 스터드 전단연결재의 줄기 지름은 19mm, 22mm 및 25mm를 표준
③ 스터드 전단연결재의 항복강도는 235MPa 이상, 인장강도는 400MPa 이상
④ 모재의 온도가 -20℃ 미만이거나 표면에 습기, 눈 또는 비에 노출된 경우에는 용접 금지
⑤ 용접살의 높이 1mm, 폭 0.5mm 이상의 더돋기(Weld Reinforcement)가 주위에 쌓이도록 한다.
⑥ 스터드의 마무리 높이는 설계 치수에 대해 ±2mm 이내
⑦ 스터드의 기울기는 5° 이내

05 합성슬래브의 전단철근 배근법

KDS 14 20 66

Ⅰ. 정의

합성슬래브의 수평전단강도를 위해서는 Shear Connector, 접촉면의 표면을 거칠게 만들거나 합성슬래브와 합성슬래브의 보강근 등을 철저히 하여야 한다.

Ⅱ. 수평전단에 대한 연결재

① 연결재의 수평전단력방향 간격은 지지 요소의 최소 치수의 4배, 또한 600mm 이하

② 수평전단력에 대한 전단연결재로는 단일철근이나 철선, 다중 스터럽 또는 용접철망의 수직철근 등이 사용 가능

③ 모든 전단연결재는 상호 연결된 요소들에 충분히 정착

Ⅲ. 전단철근 배근법

① Shear Connector인 경우

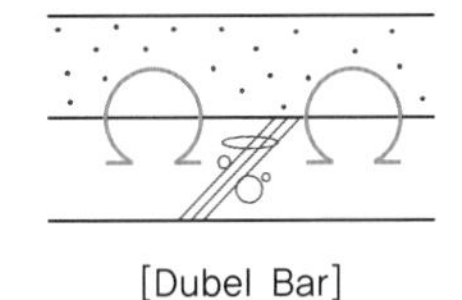
[Dubel Bar]

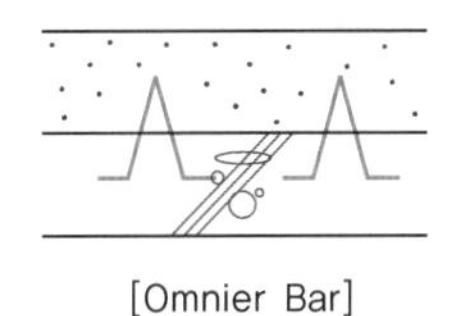
[Sprial Bar]

[Omnier Bar]

② 접촉면의 표면을 거칠게 하는 경우
공칭수평전단강도 V_{nh}는 $0.56 b_v d$ 이하

③ 최소 전단연결재와 접촉면의 표면이 거칠게 만들어지지 않은 경우
공칭수평전단강도 V_{nh}는 $0.56 b_v d$ 이하

④ 최소 전단연결재와 접촉면의 표면이 약 6mm 깊이로 거칠게 만들어진 경우
공칭수평전단강도 V_{nh}는 $(I \cdot S + 0.6 P_v f_y) \lambda b_v d$로 하며, $3.5 b_v d$보다 크게 취할 수 없다.

⑤ 합성슬래브와 합성슬래브의 보강
합성슬래브간의 틈새는 2mm 이하로 하부보강근을 설치

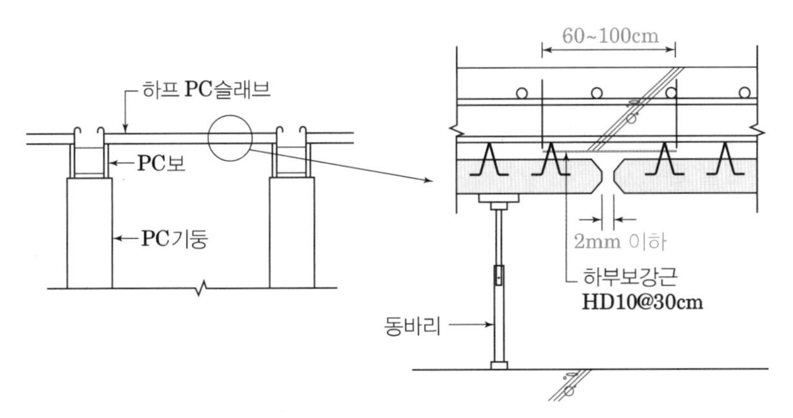

06 덧침 콘크리트(Topping Concrete)

Ⅰ. 정의

Topping Concrete란 합성슬래브(Half PC) 공법에서 얇은 PC판을 바닥 거푸집용으로 설치하고 그 상부에 적절히 배근을 한 후, 현장 콘크리트를 타설하는 것을 말한다.

Ⅱ. 현장시공도

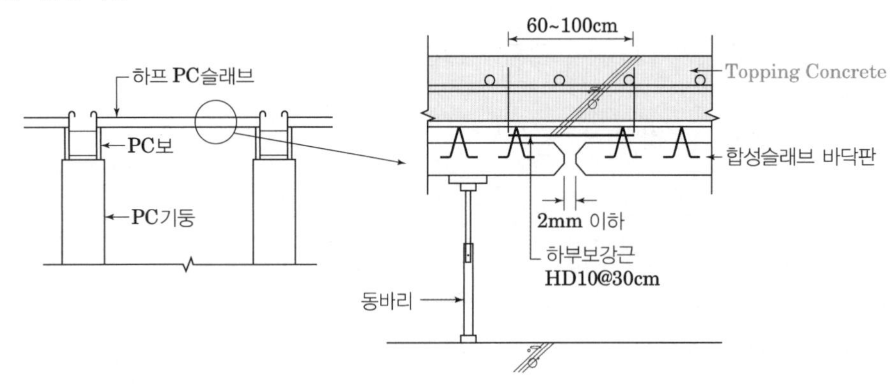

[Topping Concrete]

Ⅲ. 합성슬래브 공법의 Shear Connector

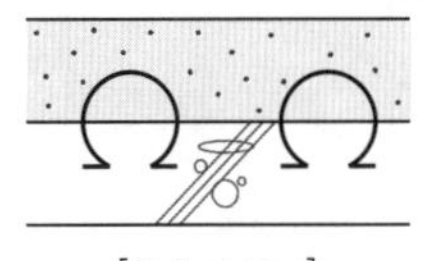
[Dubel Bar]

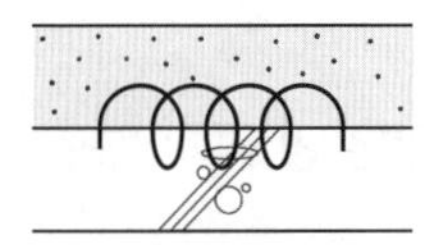
[Sprial Bar]

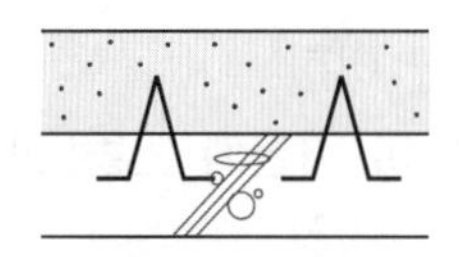
[Omnier Bar]

Ⅳ. 덧침 콘크리트 시공 시 유의사항

① Topping Concrete 타설 전 Laitance 제거 등 접합면 청소
② 콘크리트 타설 이음면의 일체성 확보
③ 콘크리트는 신속하게 운반하여 즉시 타설하고, 충분히 다짐
④ 비비기로부터 타설이 끝날 때까지의 시간은 외기온도가 25℃ 이상일 때는 1.5시간, 25℃ 미만일 때에는 2시간 이하
⑤ 표면이 평활하고 공극이 발생되지 않도록 진동 다짐
⑥ 한 구획내의 콘크리트는 타설이 완료될 때까지 연속해서 타설
⑦ 연속되는 바닥은 균열 방지를 위해 필요한 경우 Control Joint 설치
⑧ 콘크리트 타설한 후 경화가 될 때까지 양생기간 동안 직사광선이나 바람에 의해 수분이 증발하지 않도록 보호
⑨ 콘크리트는 타설한 후 습윤 상태로 노출면이 마르지 않도록 하여야 하며, 수분의 증발에 따라 살수를 하여 습윤 상태로 보호

07 Wire Mesh Half Slab 공법

Ⅰ. 정의

기존의 Wire Mesh를 절곡기에 의해 절곡하여 트러스를 만들고, 이 트러스를 얇은 PC패널(두께 5cm 이상)에 배근한 것으로 휨응력과 전단응력에 저항하기 위한 Wire Mesh 트러스와 얇은 PC패널을 합성한 것이다.

Ⅱ. 단면형상

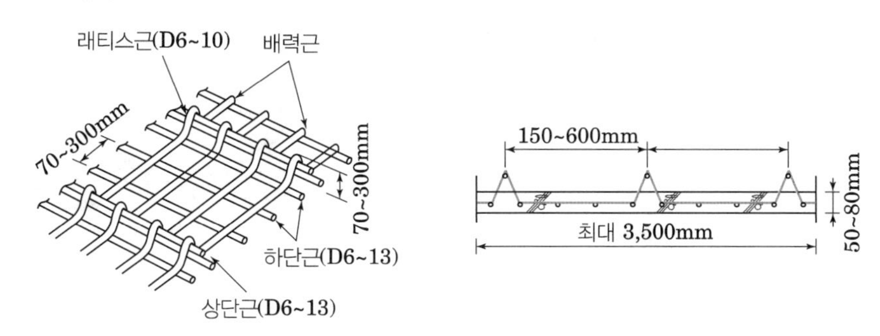

Ⅲ. 설치방법

철근콘크리트보나 철골철근콘크리트보 또는 철골보에 걸치고, Joint 보강근을 배근하고 그 위에 슬래브 상단근을 배근한 후, 현장 콘크리트(Topping 콘크리트)를 타설하여 슬래브를 완성

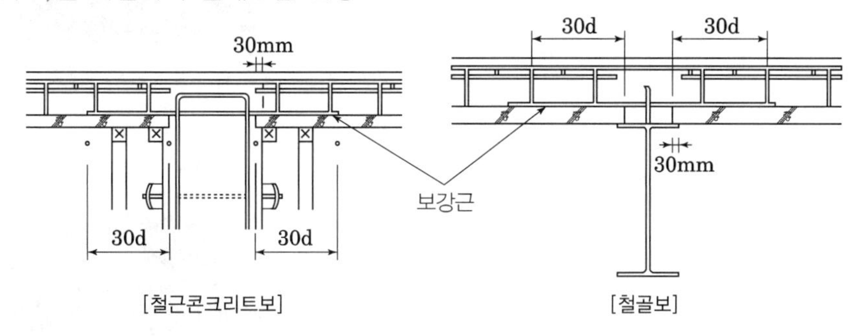

Ⅳ. 선결 과제

① 설계단계에서부터 System화에 적합한 구법, 공법에 대한 적용성 파악
② 복합화공법의 Hard 요소와 Soft 요소의 개발
③ 표준화에 의한 시공 합리화 도모
④ 우수 전문 하도업체의 선정 및 육성
⑤ 정부와 회사 차원에서 적극적인 공법 적용 활성화를 위한 장려책 수립
⑥ 공법 적용 시 Incentive 지급

08 Lift Slab 공법

Ⅰ. 정의

Lift Slab 공법이란 바닥 슬래브나 지붕 슬래브를 지상에서 제작, 조립하여 설치위치까지 달아올려 고정하는 공법이다.

Ⅱ. 현장 시공도(큰지붕 Lift 공법)

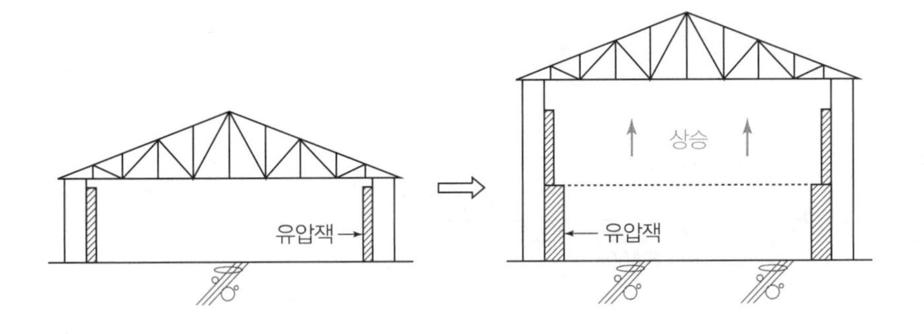

[큰지붕 Lift]

Ⅲ. 공법의 종류

Lift Slab 공법	• 기둥을 선행제작+지상에서 제작한 슬래브를 달아올려 고정
큰지붕 Lift 공법	• 지상에서 철골조를 완성(설비도장 포함)하여 달아올려 고정
Lift Up 공법	• 지상에서 조립하고 수직으로 달아올려 고정

[Lift Slab 공법]

Ⅳ. 특징

① 가설재가 절약되며 고소작업 공정이 줄어 안전을 도모
② 인력절감과 공기단축 초래
③ Lift Up 시 숙련공 필요함
④ 슬래브나 철골조 상승 시 하부작업은 불가

[Lift Up 공법]

Ⅴ. 시공 시 유의사항

① Lift Up 시 균형유지 필수(1회 상승 시 3~5cm 정도)
② 유압 Jack System의 안전성 검토 철저
③ Lift Up 시 풍압력에 의한 수평력 검토 철저
④ 수직, 수평 접합부 처리 철저
⑤ Lift Up 시 지진에 철저한 대비

09 Lift Up 공법

Ⅰ. 정의

고소에 위치하여 고소작업이 요구되는 대형구조물을 지상에서 반복작업을 통하여 구조체를 형성한 후 구조체를 Guide Rail 및 Jack을 이용하여 소정의 위치로 Lift Up시켜 조립시키는 공법이다.

Ⅱ. 시공도

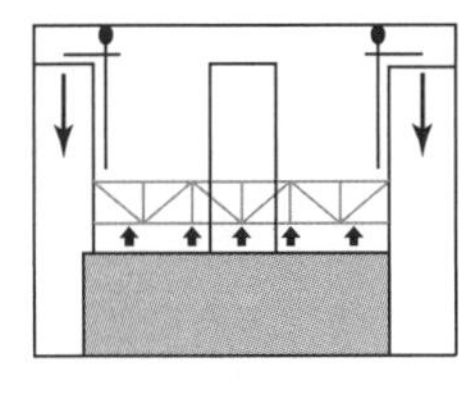
[설치 시]

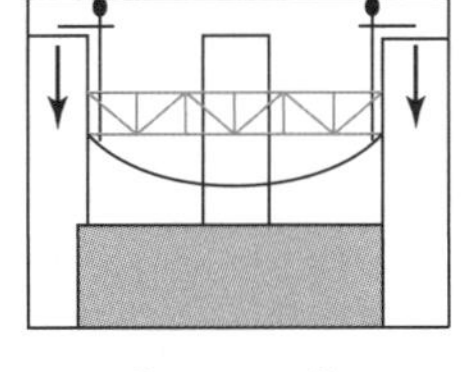
[Lift Up 시]

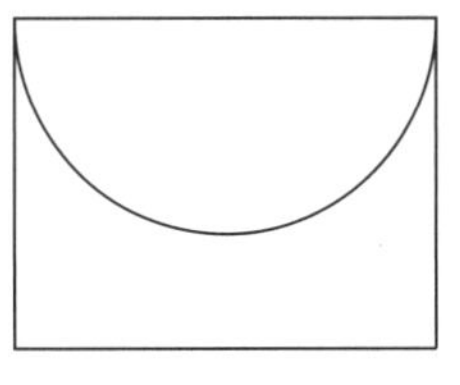
[응력도]

[Lift Up 공법]

⇒ 사전검토 사항: ① 하중 검토, ② Lifting Point의 배치

Ⅲ. 적용효과

① 지상에서 구조물을 조립하므로 안전관리 용이
② 지상 및 소정의 위치에서의 반복작업이 가능함으로써 공기단축
③ 가설재 등의 감소로 비용절감
④ 고소에 위치한 대구조물에 합리적인 공법
⑤ 작업성 및 품질의 향상

Ⅳ. 파급적 효과

① 설계의도를 만족시키는 엔지니어링 및 시공기술력 확보
② 건설기술의 경쟁력 향상
③ 신공법, 신기술에 대한 적극적인 도전의식 고취

Ⅴ. 시공 시 유의사항

① Lift Up 시 균형유지가 필수(1회 상승 시 3~5cm 정도)
② 유압 Jack System의 안전성 검토 철저
③ Lift Up 시 풍압력에 의한 수평력 검토 철저
④ 수직, 수평 접합부 처리 철저
⑤ Lift Up 시 지진에 철저한 대비

10 PC 개발방식

Ⅰ. Closed System

1. 정의

건물 PC의 구성 부재 및 부품들이 특정한 건물에만 사용되도록 생산하는 방식을 말한다.

2. 특징

① 주문제작 공급방식이다.
② 특정건물에만 사용되므로 부재 및 부품의 호환성이 없다.
③ 특수 구조물이나 대형 건축물에 많이 사용한다.

3. 문제점

① 공사비가 많이 든다.
② 주문제작방식에 따른 호환성이 없다.
③ 파손 등 문제점 발생 시 빠른 대처가 불리하다.

Ⅱ. Open System

1. 정의

건물 PC의 구성 부재 및 부품들이 여러 형태의 건물에 적용될 수 있도록 생산하는 방식을 말한다.

2. 특징

① 주문제작방식이 아닌 시장공급방식이다.
② 여러 형태의 건물에 사용되므로 부재 및 부품의 호환성이 있다.
③ 평면구성이 자유로우며 대량생산이 가능하다.

3. 문제점

① PC에 대한 기술개발 투자가 미흡하다.
② 부재의 표준화 및 규격화가 정립되어 있지 않다.
③ PC 생산에 대한 초기투자비가 많이 든다.
④ PC 공법의 접합부가 취약하다.

4. 개선대책

① PC 기술개발 투자 확대 및 공법의 개발
② 접합부의 강도개선과 호환성 있는 PC 부재 및 부품의 개발

11 Open System

Ⅰ. 정의

건물 PC의 구성 부재 및 부품들이 여러 형태의 건물에 적용될 수 있도록 생산하는 방식을 말한다.

Ⅱ. 특징

① 주문제작방식이 아닌 시장공급방식이다.
② 여러 형태의 건물에 사용되므로 부재 및 부품의 호환성이 있다.
③ 평면구성이 자유롭다.

Ⅲ. 문제점

① PC에 대한 기술개발 투자가 미흡하다.
② 부재의 표준화 및 규격화가 정립되어 있지 않다.
③ PC 생산에 대한 초기투자비가 많이 든다.
④ PC 공법의 접합부가 취약하다.

Ⅳ. 개선대책

① PC 기술개발 투자 확대 및 공법의 개발
② 접합부의 강도개선과 호환성 있는 PC 부재 및 부품의 개발

Ⅴ. Open System과 Closed System의 비교

구분	Open System	Closed System
생산성	소량생산 가능	대량생산 가능
구조안전성	여러 부재의 조합으로 구조적 안정성이 취약할 수 있다.	부재 설계의 단순화로 구조적 안정성을 기대할 수 있다.
운반	운반이 간편	운반이 불편
디자인	다양한 디자인 가능	디자인 제한
자본	초기 투자비가 적다.	초기 투자비가 크다.
부재의 종류	소형부재나 규모가 작은 건축물도 가능	대형부재나 대량의 건축물에 적합

12 습식접합공법(Wet Joint System)

Ⅰ. 정의

현장에서 콘크리트 또는 모르타르 자체의 응력전달에 의하여 프리캐스트 부재 상호를 접합하는 방법이다.

Ⅱ. 시공도

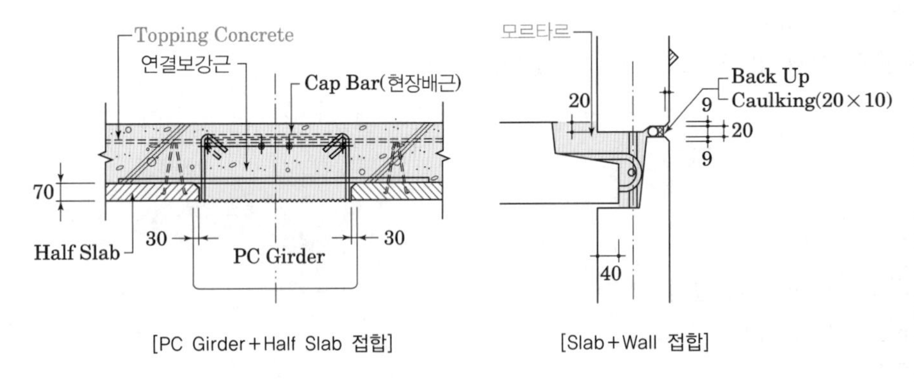

[PC Girder+Half Slab 접합] [Slab+Wall 접합]

[습식접합공법]

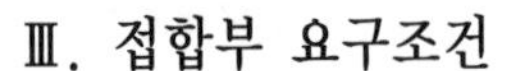

Ⅲ. 접합부 요구조건

① 철저한 응력전달 및 일체성 확보
② 수밀성과 기밀성 유지
③ 차음성능 철저
④ 조립 및 시공이 용이한 구조

Ⅳ. 시공 시 유의사항

① 부재의 수직, 수평을 철저히 체크한다.
② 일체성 확보를 위해 접합면의 이물질 등을 철저히 제거한다.
③ 루프형 철근과 돌출 U자형 철근끼리 겹맞추고 철근을 수직으로 꽂고 보강을 할 수도 있다.
④ 철근검사 후 거푸집을 설치한다.
⑤ PC 부재의 접합부의 처리를 철저히 하여 시멘트 페이스트가 유출되지 않도록 한다.
⑥ 접합용 콘크리트는 패널 강도 이상으로 사용한다.

13 건식접합공법(Dry Joint Method)

Ⅰ. 정의

콘크리트 또는 모르타르를 사용하지 않고 용접접합 또는 기계적 접합된 강재 등의 응력전달에 의해 프리캐스트 상호부재를 접합하는 방식이다.

Ⅱ. 시공도

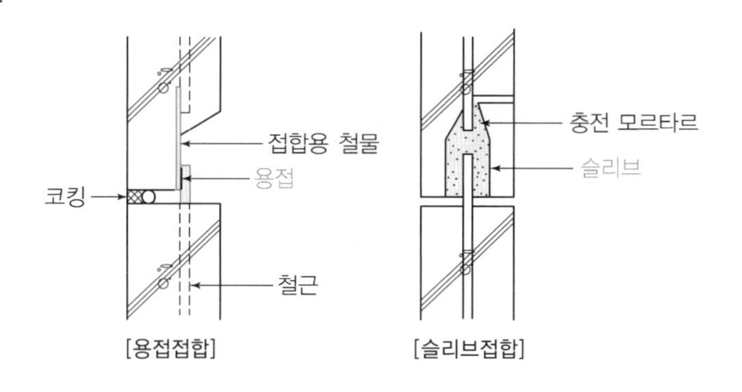

[용접접합] [슬리브접합]

[건식접합공법]

Ⅲ. 접합부 요구조건

① 철저한 응력전달 및 일체성 확보
② 수밀성과 기밀성 유지
③ 차음성능 철저
④ 조립 및 시공이 용이한 구조

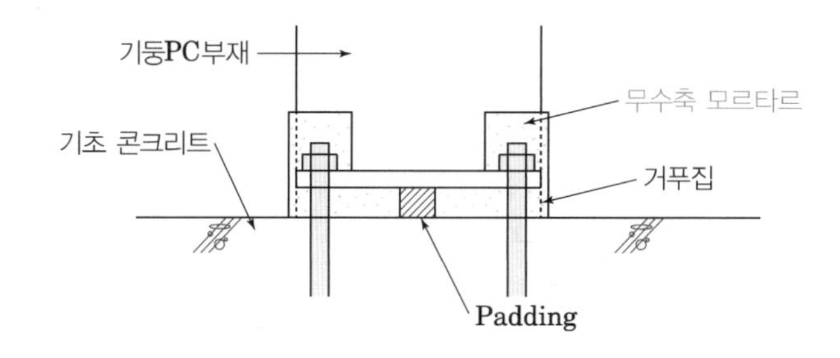

Ⅳ. 시공 시 유의사항

① 부재의 수직, 수평을 철저히 체크한다.
② 일체성 확보를 위해 접합면의 이물질 등을 철저히 제거한다.
③ 용접접합은 조립 시 구부렸던 철근, Plate 등을 바른 위치로 수정한 후 한다.
④ 용접접합 시 Plate와 Plate의 간격은 5mm 이하로 한다.
⑤ 볼트접합 시 조임력에 주의를 한다.
⑥ 볼트접합 시 콘크리트에 매입되지 않는 부분은 녹막이칠을 한다.
⑦ 용접부 슬래그 제거 및 충전부분 청소를 철저히 한다.
⑧ 벽과 바닥판의 접합부는 무수축 모르타르로 충전한다.

14 PC 접합부 방수

Ⅰ. 정의

PC 접합부는 응력전달, 기밀성, 내구성, 방수성 등이 요구되며 특히, 방수성능을 확보 하는 것이 중요하다.

Ⅱ. 접합부 방수

1. 외벽 접합부

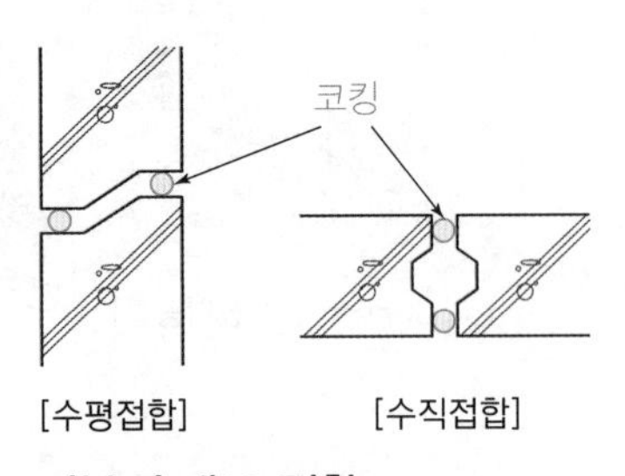

접합부 외측에서 백업재를 넣고 실링재로 밀실하게 충전

2. 지붕 슬래브 접합

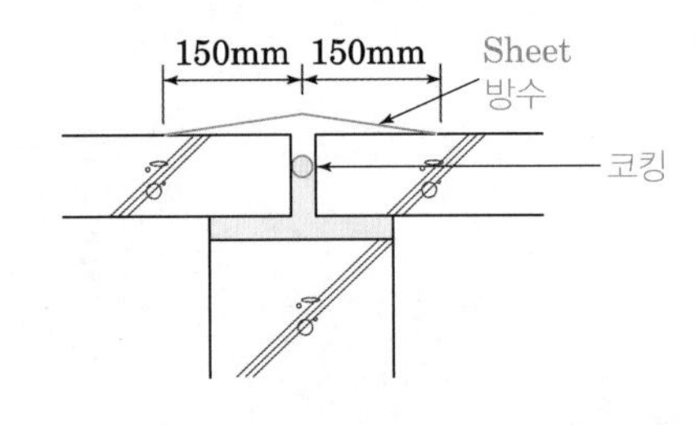

부재와의 코킹 처리 후 그 위에 시트 부착

3. 슬래브+Wall 접합

① L형으로 아스팔트 시트로 방수 후 보호 모르타르와 부재 사이 실링재 충전
② 방수처리가 가장 곤란한 부분임

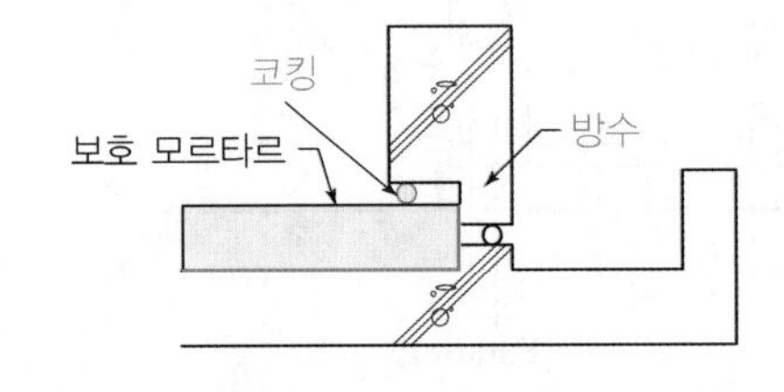

4. Parapet 접합

① 접합면에 아스팔트 시트로 방수 후 Parapet과 슬래브 접합부는 실링재 충전
② Parapet 상부에는 플래싱(Flashing) 설치

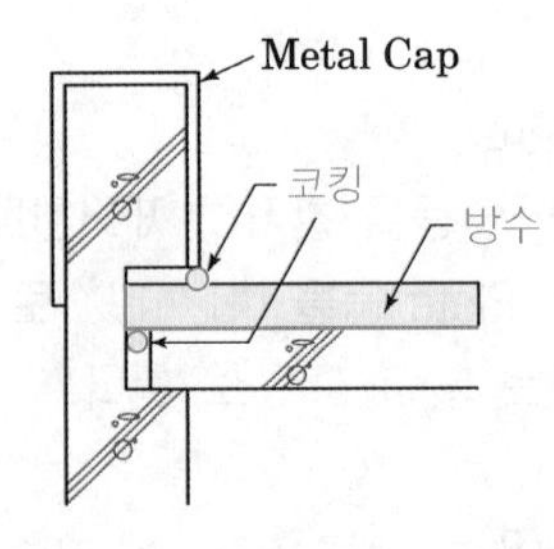

15 Spreader Beam(하중분산 보, Balance Beam)

Ⅰ. 정의

Spreader Beam이란 프리캐스트 콘크리트 부재의 탈형 또는 현장조립에서 패널을 들어올릴 때 하중을 고루 분포시키기 위하여 사용하는 프레임 또는 보를 말한다.

Ⅱ. 시공도

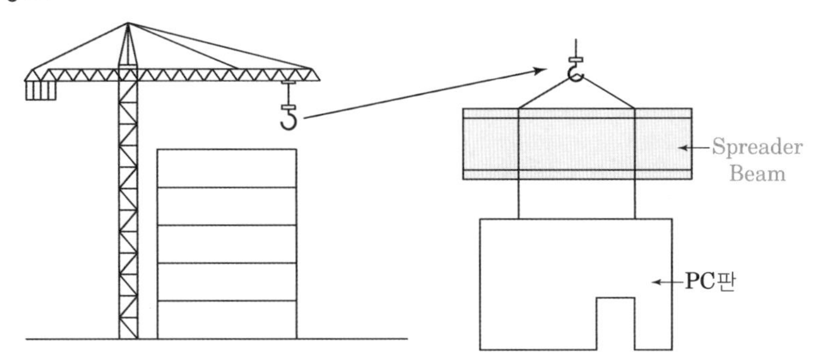

[Spreader Beam]

Ⅲ. 사용 목적

① PC 부재 설치 시 편심에 의한 PC 부재의 균열 및 파손 방지
② 프리캐스트콘크리트 부재의 탈형 시 하중을 고루 분포
③ PC 부재 운반 시 균열 및 파손 방지
④ 하중을 균등히 분포하여 안전작업을 도모
⑤ 부재 운반 시 균형유지로 낙하사고 방지

Ⅳ. 시공 시 고려사항

① PC 부재 탈형 및 운반 시 신호수의 지시에 따를 것
② Spreader Beam과 패널은 반드시 2곳 이상 결속할 것
③ Spreader Beam과 패널 결속에 사용되는 와이어 또는 슬링밴드는 반드시 규격에 적합할 것
④ 패널 양중 및 운반 시 바람 등 기상에 철저히 유의할 것
⑤ 양중 시 Spreader Beam의 중량을 고려하여 양중무게를 결정할 것
⑥ Spreader Beam의 부재로는 H 형강이 많이 사용됨
⑦ 작업반경 내 출입을 금할 것

16 복합화공법

Ⅰ. 정의

복합화공법은 공기단축, 노무량 절감, 건축물의 고품질화를 목표로 재래식 공법과 PC공법의 장점을 조합한 것을 말한다.

Ⅱ. 복합화공법의 효과

(15~18일/층)

재래식 RC 공법에서의 시공계획서	양생	먹줄치기	기둥, 외벽, 내벽	보, 슬래브, 설비	콘크리트타설
			철근조립–거푸집조립	거푸집조립–철근조립	

복합화공법에서의 시공실적치	양생	먹줄치기	기둥			보, 슬래브, 설비		콘크리트타설
			C	R	F	하프PC	철근조립	

(주) C : 콘크리트 공사
R : 철근공사
F : 거푸집 공사

Ⅲ. 복합화공법에 사용되는 요소기술

1. 하드 요소기술

1) Half PC 공법
① Half PC 슬래브: 거푸집이나 지보공이 불필요
② Half PC Beam, Half PC 기둥 등의 구조부재 적용 가능

2) 시스템 거푸집(거푸집공사의 합리화)
① 기초, 기둥, 보, 벽 등을 대형 System 거푸집으로 제작하여 거푸집공사의 합리화를 도모
② 거푸집 이동, 전용계획 등 소프트 요소기술이 중요

3) 철근 Prefab 공법(철근공사의 합리화)
① 라멘조, 라멘+전단벽 구조에 적합
② 적절한 철근이음 방식 선정이 중요

4) 콘크리트 관련 기술(콘크리트 고품질화)
① 고강도 콘크리트: 부재단면 감소, 조기 강도발현
② V·H분리타설 공법: 벽, 기둥 선행 타설 후 슬래브 타설

5) 기계화 시공
노무절감을 위한 기계 선정과 운영에 유의

2. 소프트 요소기술

1) 시공 시스템화를 위한 요소기술
   ① MAC(Multi Activity Chart)
   ② DOC(One Day One Cycle) 공법
   ③ 4D-Cycle 공법

2) 시공관리 합리화를 위한 요소기술
   ① 공정관리 시스템: 네트워크 공정관리 프로그램
   ② 품질관리 시스템
   ③ 시공계획 시스템
   ④ 양중관리 시스템
   ⑤ 노무관리 시스템: 현장 입, 출관리 시스템
   ⑥ CAD/CAM(Shop Drawing 관리): 표준상세도면 정보시스템
   ⑦ 통신 네트워크

3) 사회적 측면의 요소기술
   부품화, 표준화

[MAC(Multi Activity Chart)]
각 작업팀이 어떤 시간에 어느 공구에서 어떤 작업을 할 것인가를 분단위까지 나타낸 시간표를 MAC라 한다

[DOC(One Day-One Cycle) 공법]
하루에 하나의 사이클을 완성하는 시스템 공법이다.

[4D-Cycle 공법]

공구＼일	1	2	3	4
1공구	PC공사	거푸집공사	철근공사	콘크리트공사
2공구	콘크리트공사	PC공사	거푸집공사	철근공사
3공구	철근공사	콘크리트공사	PC공사	거푸집공사
4공구	거푸집공사	철근공사	콘크리트공사	PC공사

[38,104회]

17 이방향 중공슬래브(Two-way Void Slab) 공법

Ⅰ. 정의

이방향 중공슬래브란 철근콘크리트 바닥슬래브의 단면에서 구조적 기능을 하지 않는 콘크리트 슬래브의 중앙부에 캡슐형 또는 땅콩형 경량체를 격자형 망으로 삽입함으로써 자중을 줄이는 공법을 말한다.

Ⅱ. 현장시공도 및 시공순서

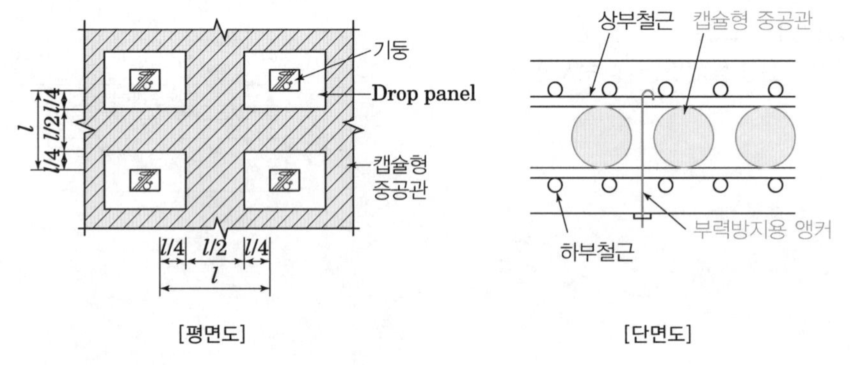

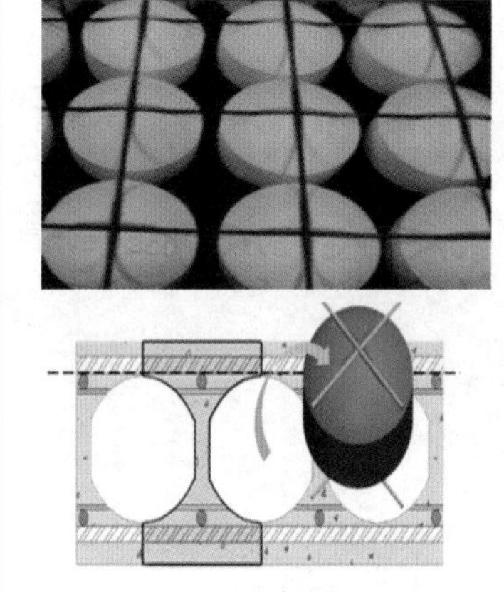

[이방향 중공슬래브 공법]

슬래브 거푸집 설치 → 하부철근 배근 → 유니트 경량체 설치 → 전선관 배관 → 상부철근 배근 → 부력방지장치 설치 → 콘크리트 타설

Ⅲ. 파급 효과

1. 층고 절감

① 1층당 30~50cm 절감 가능

② 바닥슬래브 자중의 감소로 건물 전체 중량이 줄어 지진하중이 줄고, 수직구조부재의 절감 효과

2. 공사비 절감

① 철근콘크리트 라멘조 대비 바닥골조 공사비는 약 10~15% 정도 절감

② 층고 절감 및 지하 굴토량 절감으로 공사비 절감 효과

3. 공사기간 단축

① 보 공정 불필요

② 보거푸집 및 철근가공조립시간을 줄여 층당 2일 정도의 공기단축이 가능

4. 자중 절감

슬래브 자중 약 30% 절감

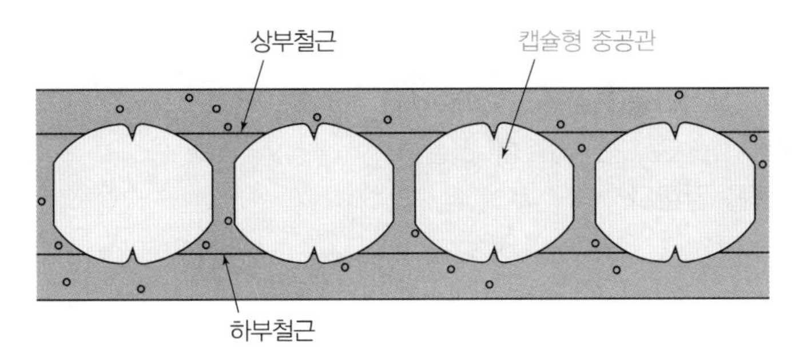

5. 사용성 개선

① 층간소음: 경량 1등급, 중량 3등급 인정
② 진동성능: 주거 1등급 수준 확보

6. 환경부하 저감

철근과 콘크리트 사용량을 절감하여 이산화탄소배출 가스량을 줄일 수 있어 친환경적인 효과

7. 유지관리비 절감

① 콘크리트 내부에 완전히 매립되는 공법으로 철근콘크리트 구조와 같은 유지관리 효과
② 자중이 가벼워지게 되므로 장기 처짐이 줄어 사용성 우수
③ 강성변화가 없는 무량판구조에서 발생하는 균열을 분산 또는 억제하는 효과

18 Preflex Beam

Ⅰ. 정의

고강도 강재보에 제작 솟음(Camber)을 주고 미리 설계하중(Preflex)을 재하시켜 인장응력을 생기게 한 후 하부 플랜지 주위에 고강도 콘크리트를 타설하여 압축응력을 작용시켜 균열을 방지하기 위한 보를 말한다.

Ⅱ. 제조방법

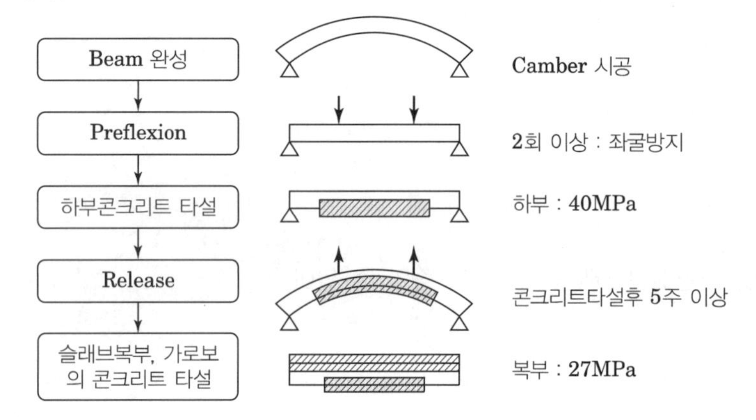

[Preflex Beam]

Ⅲ. 적용 대상

① 도로교 15~50m 지간에 적용
② 철도교 10~40m의 단순형에 적용
③ 공사시간 제한, 하부차량 통행 시 적용
④ 주형 높이의 제한이 있는 곳에 적용
⑤ 저렴한 유지관리비, 소음 및 진동의 방지 요구 시 적용

Ⅳ. 특징

1. 안정성과 내구성

① Preflex 하중: Beam에 휨압축 및 인장응력 발생
② Release: 하부플랜지에 최대압축응력이 발생하여 안정성 확보
③ Preflex 합성 Beam은 강성, 내부식성이 크므로 내구성 보장

2. 시공성과 사용성

① 지간이 15~50m의 단순교 및 50m 이하로 분할된 장대교에 사용
② 주형의 높이가 제한받거나 하부공간 확보요구
③ 공사기간의 제한 및 시공의 용이성
④ 저렴한 유지관리가 요구되는 교량에 적합

19 모듈러 시공방식 중 인필(Infill) 공법

Ⅰ. 정의

모듈러 시공방식에는 적층식 공법과 인필(Infill) 공법이 있으며

① 적층식 공법은 육면체의 박스 모듈(구조체, 내외장재, 기계설비, 전기배선, 가구 등)을 공장에서 제작하여, 현장에서 양중을 통해 쌓아서 건물을 완성하는 공법

② 인필(Infill) 공법 현장에서 PC 공법 또는 RC 공법으로 시공한 구조체에 공장제작한 육면체의 박스 모듈(내장재, 가구 등)을 서랍장 넣듯이 삽입하여 건축물을 완성하는 공법

Ⅱ. 현장시공도

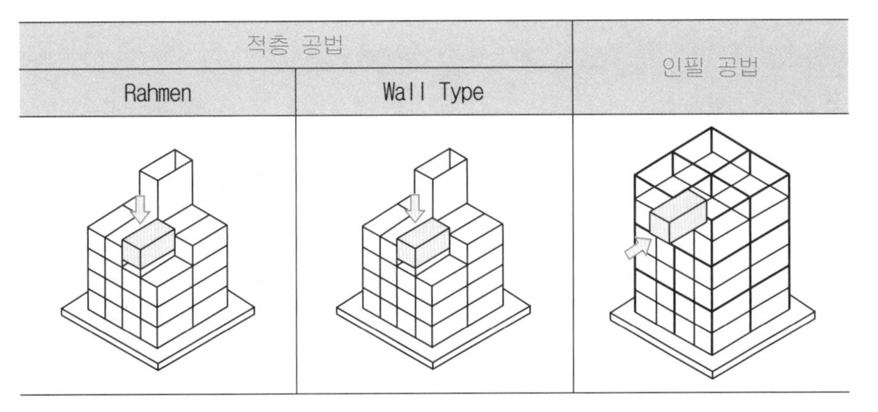

[인필공법]

Ⅲ. 인필 공법의 특징

① 유닛모듈의 공장제작으로 공기단축

② 모듈의 품질확보와 제품의 규격화

③ 층간소음 완화

④ 구조안전성이 강화

⑤ 골조는 별도로 현장 시공하므로 고층구조에도 적용이 용이

⑥ 숙련공이 필요하며, 면밀한 공정계획에 유의

Ⅳ. 시공 시 유의사항

① 인필 공법의 모듈은 구조체 없는 비내력벽 구조이며, 패널의 접합만으로 자립으로 철물이나 접착재를 사용

② 공정관리계획 수립 철저

③ 인필 모듈 공사가 완료된 후에 외장마감공사를 추가로 진행해야 하므로 공사기간 산정에 유의

Professional Engineer
Architectural Execution

6.2장

CW공사

01 커튼월(Curtain Wall)의 스틱 월(Stick Wall, Knock Down)

Ⅰ. 정의

커튼월의 각 구성 부재를 공장에서 반조립[넉다운(Knock Down)] 상태로 가공 후 현장으로 반입되어 현장에서 하나씩 완성 조립 및 설치하는 방식을 말한다.

[Stick Wall]

Ⅱ. 커튼월 조립방식의 분류

조립방식	내용
Stick Wall 방식	• 구성부재를 현장에서 조립·연결하여 창틀이 구성되는 형식으로 현장에서 Glazing 실시 • 현장안전과 품질관리에 부담 • 현장 융통성을 발휘 시 공기조절이 가능
Unit Wall 방식	• 건축 모듈을 기준으로 취급 가능한 크기로 나누고 구성부재 모두가 공장에서 조립된 Pre fab 형식으로 대부분 Glazing 포함 • 시공속도나 품질관리는 설치 업체에 의존
Window Wall 방식	• Stick Wall 방식과 유사하나 창호 주변이 패널로 구성 • 창호의 구조가 패널 트러스에 연결되는 점이 Stick Wall 방식과 구분됨 • 패널 트러스를 스틸 트러스에 연결할 수 있으므로 재료의 사용효율이 높음

[Unit Wall]

Ⅲ. 설치순서

구조체에 앵커 매립 → 수직재(Mullion) 설치 → 수평재(Transom) 조립 → 유리 또는 마감재 설치 순으로 공장 제작된 부재를 현장조립 설치

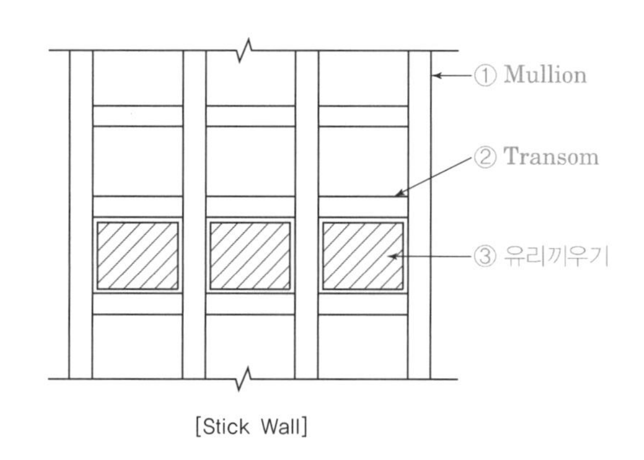

[Stick Wall]

[수직재(Mullion)]
커튼월의 수직부재 이며 주구조재. 통상 Aluminum Extrusion 자재로써 Unit Panel의 전체 높이와 같으며, Bracket 등 Anchorage System에 의해 건물 구조체에 구조적으로 긴결

[수평재(Transom)]
커튼월의 수평부재 이며 부구조재. 통상 Aluminum Extrusion 자재로써 건축 외장 설계에 따라 Module화 된 유리, Panel 등 외장재의 수평 Joint 부위에 위치하며 Mullion에 구조적으로 연결

Ⅳ. 특징

① 빠른 공기에 대응
② 부재가 단순하여 경제적
③ 가공이 단순하여 현장출하기간이 빠르다.
④ 중, 저층건물에 적합
⑤ 시공속도가 느리다.
⑥ 숙련도에 따라 현장 완제품 조립 품질이 결정(품질저하의 우려)

Ⅴ. 설치 시 유의사항(금속 커튼월)

① 건물의 외곽 모서리에 수직 및 수평 기준점을 철저히 설치
② 구체 부착철물의 설치: 연직방향 ±10mm, 수평방향 ±25mm
③ 상부 헤드(Head)와 하부 실(Sill)은 우수나 결로수의 배출에 있어서 중요하므로 설계 및 시공 철저
④ 실란트는 시공 후 변색, 오염, 파손 및 배수경로의 결함 등이 생기지 않도록 시공
⑤ 현장에서 시공하는 표면마감재가 주위에 비산되지 않도록 주의
⑥ 커튼월 설치 조립 완료 후 보양 및 청소 철저
⑦ 설치작업 전 추락, 부재낙하 등의 안전에 유의
⑧ 장비작업계획서 및 시공계획서 작성, 검토
⑨ 작업 반경 내 구획설정, 낙하물 감시자 배치
⑩ 악천후 시 작업 중지

02 커튼월(Curtain Wall)의 유닛 월(Unit Wall)

Ⅰ. 정의

공장에서 제품 가공, 조립 및 Glazing 완료 후 유닛(Unit)화하여 현장으로 반입되어 현장에서 제품과 제품간을 연결하는 공정으로 설치를 완료하는 방식이다.

[Unit Wall]

Ⅱ. 제작 및 현장 반입 과정

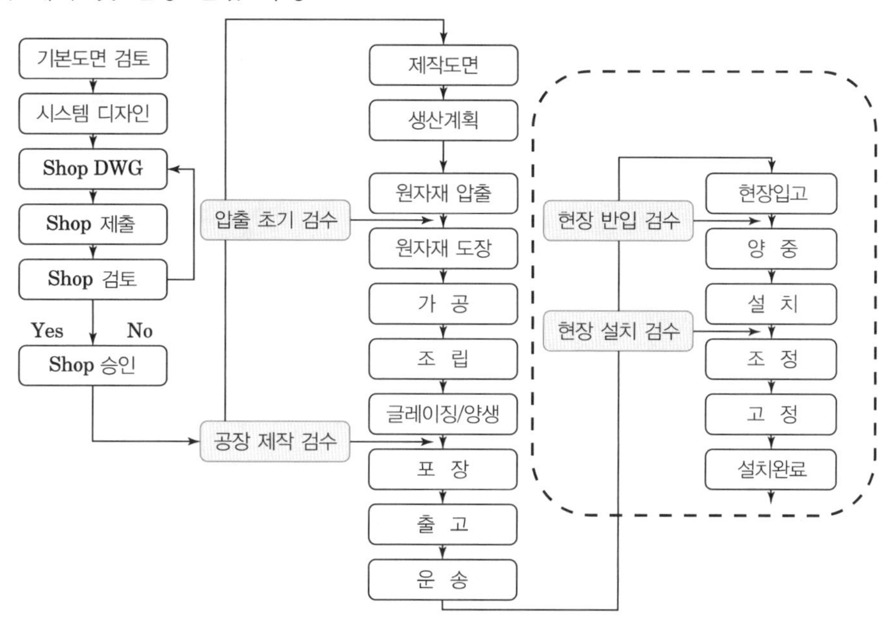

[매립앵커]

Ⅲ. 설치순서

[1차 Fastener]

구조체에 앵커 매립 → 기준선 설치 후 커튼월 설치위치 표시 → 구조체 매립앵커에 1차 Fastener 설치 → 양중된 유닛을 분리하여 각 시공위치에 배치 → 유닛의 양중용 홀에 Winch의 Wire Hook를 연결 → Winch를 감아올리면서 유닛을 건물 외부에 세운다 → 설치위치의 슬래브 선단 Fastener와 유닛의 Fastener를 볼트로 체결하고 Hook를 제거 → 유닛의 Head 부분에 Stack Joint용 Gasket을 깔고 각 유닛의 상단 2~3곳에 우수 드레인을 위한 Gasket를 따낸다 → 위 작업을 반복하여 1개층 설치가 끝나면 각 유닛의 수직간격, 위치 등을 보정 후 Fastener 영구 고정

[Winch]

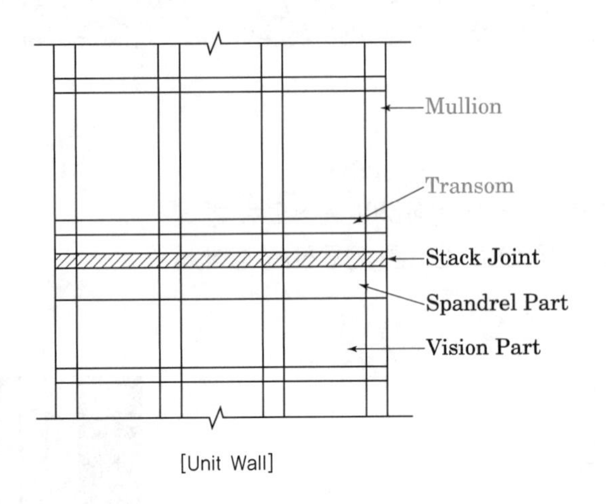

[Unit Wall]

[Stack Joint]
한 개층 단위로 설치되는 Unit System에서 Unit과 Unit이 수평으로 연결되는 부분으로 이곳에 Open oint의 등압공간이 형성

[Vision Part]
전망할 수 있도록 투명 유리를 끼운 부분, 일반적으로 천정 하부로부터 Fan Coil Unit Box 상부까지를 일컬음

[Spanderl Part]
다층 건물에서 Window Head 상부로부터 다음층 Window Sill까지의 사이를 채우는 벽 Panel 부분

Ⅳ. 특징

① 유닛이 크고 높이가 50m 이하인 경우에 유리하다.
② 양중을 위한 대형장비가 필요하다.
③ 중량이 큰 경우의 설치에 유리하다.
④ 중량이 큰 PC 커튼월에 많이 사용된다.

Ⅴ. 설치 시 유의사항(PC 커튼월)

① 1일 작업량을 감안하여 시행하고 먼지, 기름 등 바탕면 사전처리 철저
② 백업재는 줄눈치수의 오차 및 밀착성을 고려하여 결정하고 일정한 실란트 단면 유지
③ 실란트를 가압 충전 시 직사광선에 노출되거나 기포가 발생되지 않도록 할 것
④ 실란트와 피착면과의 공백을 없애고 구석까지 충분한 접착과 충전이 되도록 할 것
⑤ 실란트가 완전히 양생되기 전까지는 오손되지 않도록 할 것

03 금속 커튼월의 요구 성능 KCS 41 54 02

Ⅰ. 정의

커튼월이란 건축구조상 Curtain과 같이 공간을 칸막이하거나 뜯어내는 것이 자유로운 벽이며 즉, 건물의 하중을 부담하지 않는 벽, 소위 비내력 벽을 말한다.

Ⅱ. 금속 커튼월의 요구 성능

1. 설계 하중 기준

① 설계풍압

② 적설하중 및 지진하중

③ 기타 하중(활하중)

- 지붕, 발코니, 계단 등의 난간 손스침: 0.9kN의 집중하중
- 주거용 구조물일 때 0.4kN/m의 수평 등분포하중
- 기타의 구조물일 때 0.8kN/m의 수평 등분포하중

2. 구조 요구 성능

1) 금속 커튼월 부재의 처짐 허용치

① 지점에 대해 수직방향으로의 처짐: 부재의 길이가 4,113mm 이하: L/175, 4,113mm 초과: −L/240+6.35mm(L은 지점에서 지점까지의 거리를 말함)

② 지점에 대해 수직방향으로의 처짐 중 캔틸레버 형태의 부재: 2L/175

③ 중력 방향에 대한 처짐

- 금속 및 기타 구조 부재: 3.2mm 이하
- 개폐창 부위: 1.6mm 이하
- 금속 커튼월 부재에 고정된 유리의 물림 치수는 설계도서상에 표시된 치수의 75% 미만으로 감소되어서는 안된다.

④ 잔류 변형의 허용치: L/500 이하

2) 금속 패널의 처짐 허용치

금속패널 단변 길이는 L/60을 초과 금지

3) 유리의 처짐 허용치

유리의 처짐은 설계 풍하중에 대해서 25.4mm 이하

4) 실링재의 물림 치수 및 두께

- 구조용 실링재의 물림 치수 및 두께: 반드시 구조계산을 통한 안정성을 확인
- 실링재의 팽창률: 설계상 치수에서 25%를 초과 금지

5) 긴결류 및 고정철물: 설계하중을 견딜 수 있도록 설계

6) 열에 의한 수축팽창

+82℃~-18℃의 커튼월 금속 표면온도에 대하여 발생되는 수축팽창을 흡수할 수 있도록 설계

7) 구조체의 변형 및 오차: 구조 확인하며 판단

8) 내충격 성능

인체, 기타의 물체, 청소용 장치의 동하중 및 충격에 대하여 안전

3. 기밀성능

① 75Pa~299Pa 압력차에서 시행

② 공기유출량은 고정창: 18.3ℓ/m² · min 이하

③ 공기유출량은 개폐창: 23.2ℓ/m · min 이하

4. 수밀성능

[수밀시험]

① 누수량에 대한 허용치: 15ml(1/2온스) 이하의 유입수의 경우 누수로 생각하지 않는다.

② 설계 풍압 중 정압의 20% 또는 299Pa 중 큰 값의 압력 차에서 수행하며 최대 720Pa를 넘지 않도록 한다.

③ 살수는 3.4ℓ/m³ · min의 분량으로 15분 동안 시행

5. 단열성능

① 단열성능 시험방법은 공사시방에 따른다.

② 스팬드럴 부분의 단열재 적용의 제한치는 국토교통부 고시 건축물의 에너지절약 설계기준의 단열재의 두께 기준을 따른다.

6. 결로 방지

① 커튼월의 실내측 및 벽체 내에 유해한 결로가 생기지 않도록 설계

② 커튼월은 결로수에 의한 녹이나 동결 등에 의해 성능저하와 기구상의 결함이 생기지 않도록 한다.

7. 복사열

① 스팬드럴 부분은 열파손을 고려하여 설계

② 유리면과 내부 백패널과의 간격을 50mm 이상 유지

8. 내화성능

① 국토교통부 고시 건축자재 등 품질인정 및 관리기준, 국토교통부령 건축물의 피난·방화구조 등의 기준에 관한 규칙, 국토교통부령 건축물의 설비기준 등에 관한 규칙을 따른다.

② 배연창 및 피난창이 요구될 경우는 해당 법규에 적합한 위치, 크기, 개폐방법 및 제품으로 설계

9. 소음 방지

① 커튼월은 풍압, 구조체의 변형, 외기 온도 변화 등에 의해 생기는 소음이 나 금속 마찰음 등을 최소로 억제

② 커튼월 부재의 단면 설계 시 유리의 소음전달 손실률보다 크게 설계

③ 커튼월의 소음전달 등급의 판단은 ASTM E90 규정에 의함

④ 차음성능은 음의 평균 투과손실률이 40dB 이하

10. 접촉 부식 방지

① 이종금속 등은 이격재를 사용하여 접촉이 생기지 않도록 설계

② 부식이 생길 염려가 있는 부분은 절연 처리, 방청처리를 실시

11. 내구성능

① 예측된 환경조건에 대하여 충분한 내구성이 있도록 표면마감을 적용

② 유지관리를 수행할 수 있도록 점검통로 등을 고려

04 프리캐스트 콘크리트 커튼월의 요구 성능

KCS 41 54 03

Ⅰ. 정의

커튼월이란 건축구조상 Curtain과 같이 공간을 칸막이하거나 뜯어내는 것이 자유로운 벽이며 즉, 건물의 하중을 부담하지 않는 벽, 소위 비내력 벽을 말한다.

Ⅱ. 프리캐스트 콘크리트 커튼월의 요구 성능

1. 설계 하중 기준

① 설계풍압

② 적설하중 및 지진하중

③ 기타 하중(활하중)

- 지붕, 발코니, 계단 등의 난간 손스침: 0.9kN의 집중하중
- 주거용 구조물일 때 0.4kN/m의 수평 등분포하중
- 기타의 구조물일 때 0.8kN/m의 수평 등분포하중

2. 구조 요구 성능

① 수축팽창: 커튼월은 외부기온의 연중 변화온도(최고 82℃, 최저-18 ℃)에 대하여 충분한 수축팽창 여유를 갖도록 설계

② 커튼월 부재의 처짐: 풍압방향에 대한 휨은 L/360 이하(단, 캔틸레버 보의 경우는 L/180 이하) (L: 지점간의 거리)

3. 기밀성

① 75Pa~299Pa 압력차에서 시행

② 공기유출량은 고정창: 18.3L/m^2 · min 이하

③ 공기유출량은 개폐창: 23.2ℓ/m · min 이하

4. 수밀성

① 15ml 이하의 유입수의 경우 누수로 생각하지 않는다.

② 설계 풍압중 정압의 20% 또는 299Pa 중 큰 값의 압력 차에서 수행하며 최대 720Pa를 넘지 않도록 한다.

③ 살수는 3.4ℓ/m^3 · min의 분량으로 15분 동안 시행

[수밀시험]

5. 차음 및 단열성

① 차음 및 단열성능에 의한 시험방법은 공사시방에 따른다.

② 차음성능은 공사시방에 정한 바가 없을 때에는 음의 평균 투과손실률이 40dB 이하

6. 결로방지

① 커튼월의 실내측 및 벽체 내에 유해한 결로가 생기지 않도록 설계
② 커튼월은 결로수에 의한 녹이나 동결 등에 의해 성능저하와 기구상의 결함이 생기지 않도록 한다.

7. 내화성능

국토교통부 고시 건축자재 등 품질인정 및 관리기준, 국토교통부령 건축물의 피난·방화구조 등의 기준에 관한 규칙, 국토교통부령 건축물의 설비기준 등에 관한 규칙을 따른다.

8. 소음 · 마찰음 방지

커튼월은 예상된 풍압력, 구체의 변형, 외기온도의 변화 등에 의해 생기는 변형에 의한 소음 등의 발생을 최소로 억제

9. 보수 · 청소작업의 배려

① 보수 및 청소작업이 안전하고 용이하게 행해지도록 배려
② 커튼월은 구조내력·기구(청소용 기계기구 등) 등의 사용에 지장이 없도록 한다.

10. 접촉부식

① 이종금속 등이 부분에서의 누수, 결로수 등의 발생, 접촉이 없도록 한다.
② 부식이 생길 염려가 있는 부분은 절연 처리, 방청처리를 실시

11. 클리어런스에 의한 성능저하 방지

부재간에 클리어런스를 줄 필요가 있는 경우에 단열·차음·수밀·기밀·내화 등의 성능저하 방지를 위한 처리

12. 내구성

① 커튼월은 통상의 청소 및 보수를 행하는 것에 의해 소요성능을 유지
② 유지관리를 수행할 수 있도록 점검통로 등을 고려
③ 예측된 환경조건에 대하여 충분한 내구성이 있도록 표면마감 처리

13. 열 안정성

커튼월은 온도변화에 의한 부재의 변형이 각부의 파손 혹은 성능 저하를 가져오지 않고, 또한 미관상으로도 지장이 없도록 한다.

14. 부재 단면(端面)의 최소치수

커튼월의 줄눈 부분에 상당하는 끝면의 최소 치수는 1차 실링재·내화줄눈재(부재가 내화피복재를 겸하는 경우), 감압공간 및 2차 실링재가 소정의 위치에 무리 없이 설치될 수 있는 값

15. 배연

커튼월에 설계하는 배연구의 위치, 크기, 개폐방법 등은 관련 법규에 적합

16. 건조수축 균열의 제어(프리캐스트 콘크리트 커튼월 부재)

① 부재는 가능한 평면상태로 한다.
② 응력집중을 방지하기 위해 변단면부(邊端面部)에서는 예각상의 형상으로 설계되는 것을 가능한 한 피한다.
③ 부재 중의 철근 혹은 용접철망의 간격은 부재 두께의 1.5배 이하

17. 인양용 철물

인양에 사용되는 철물류는 자중 외에도 충격하중을 고려

18. 부대공사 부재설치용 매입 철물

부대(付帶)공사 부재설치용의 매입 철물은 그 용도에 적합한 재질의 재료

19. 매입 철물의 위치

커튼월에 매입된 각종 철물류는 소정의 내력이 충분히 확보될 수 있는 위치에 설치

05 커튼월(Curtain Wall)의 층간변위

Ⅰ. 정의

층간변위란 풍압력 및 지진력 등에 의해 생기는 건물 구조체의 서로 인접하는 상부 및 하부 2층간의 상대변위를 말한다.

Ⅱ. 개념도

① A점의 변위: $\delta_A = \delta_1 - \delta_2$

② B점의 변위: $\delta_B = \delta_2 - \delta_3$

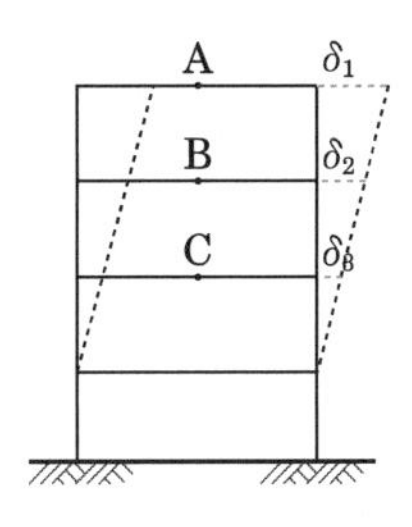

Ⅲ. 층간변위 허용치

고층 철골조(유연구조)	20㎜ 전후
중·고층 건물(강구조)	10㎜ 전후

Ⅳ. 처리방식

1. 자체 흡수 Type

1) 탄성변형 Type

① 커튼월 자체의 변위로 처리

② 강성이 적은 금속커튼월에 적용

③ Fixed 방식에 적용

2) 소성변형 Type

① 부재의 접합부위에서 변위를 흡수하여 처리

② 강성이 큰 PC 커튼월에 적용

③ Rocking 방식에 적용

2. Slip 흡수 Type

① Fastener를 Slide하여 처리하는 방식

② Sliding 방식에 적용

06 커튼월 패스너 접합방식(커튼월의 고정철물, Fastener)

Ⅰ. 정의

커튼월의 고정철물은 커튼월 본체를 구조체에 체결하는 중요한 부분으로 힘의 전달 기능, 변형흡수기능 및 오차흡수기능을 가져야 한다.

Ⅱ. 개념도

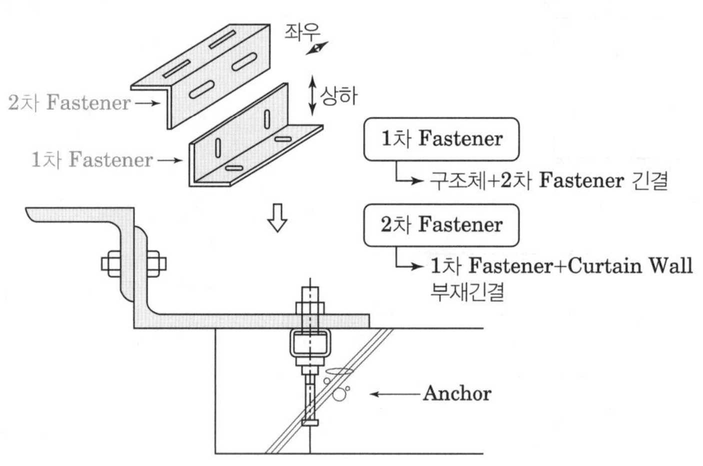

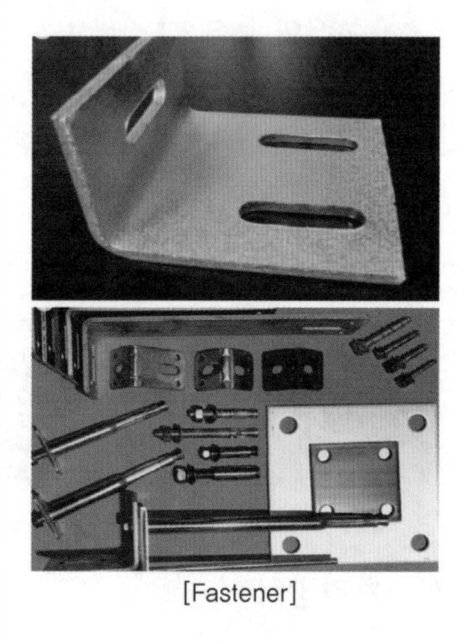

[Fastener]

Ⅲ. 종류별 특징

1. Sliding 방식

1) 지지형태

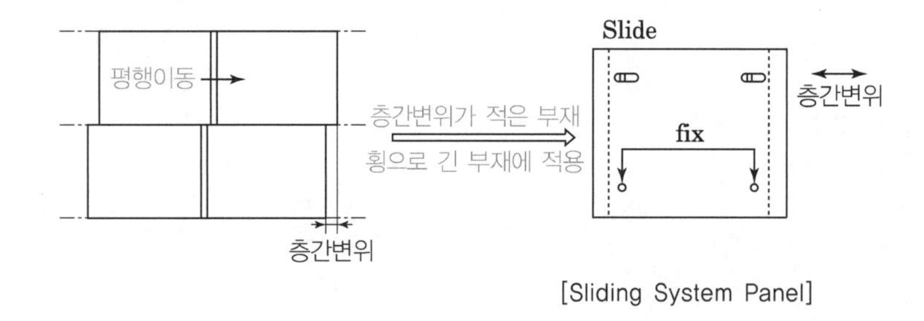

[Sliding System Panel]

2) 층간변위 추종

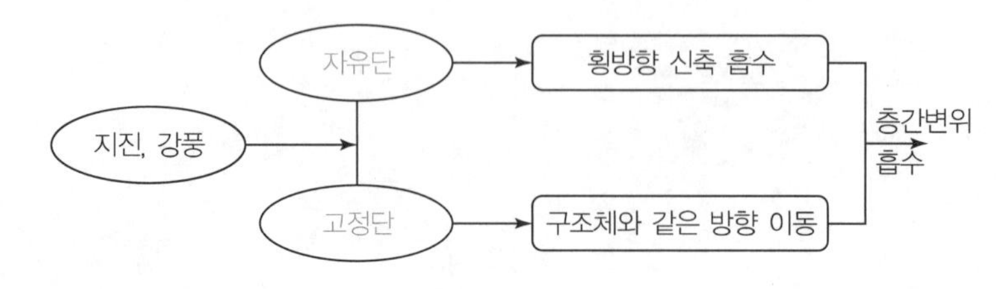

2. Rocking 방식

1) 지지형태

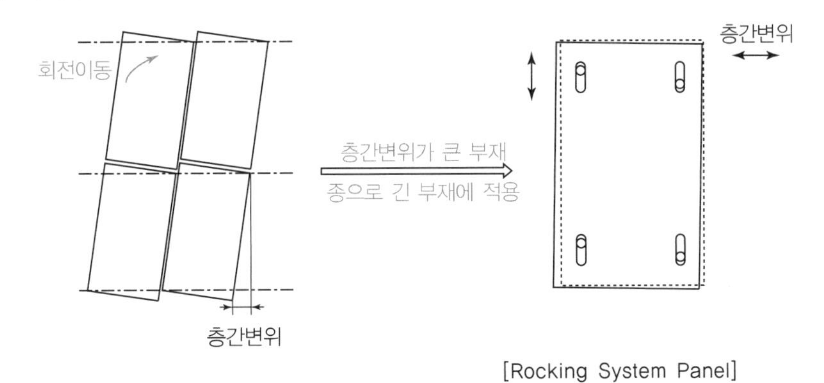

[Rocking System Panel]

2) 층간변위 추종

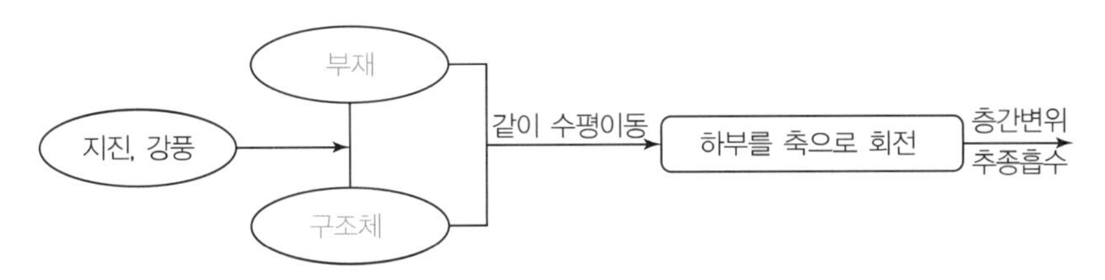

3. Fixed 방식

1) 지지형태

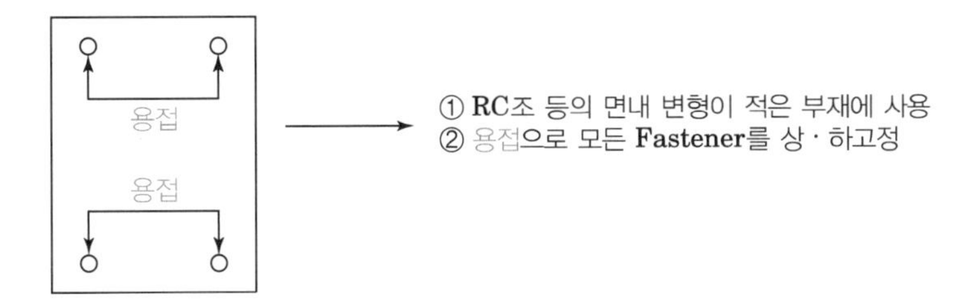

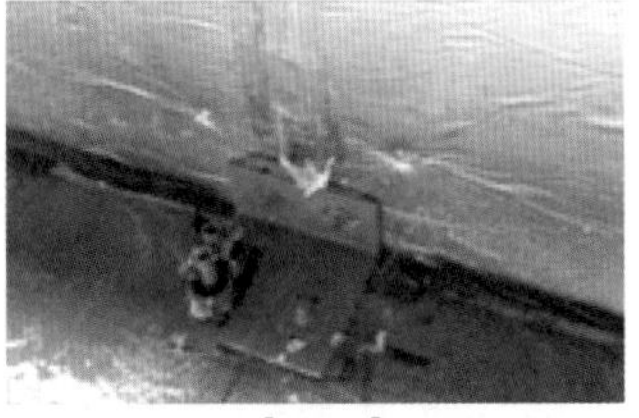

[Fixed]

2) 층간변위 추종

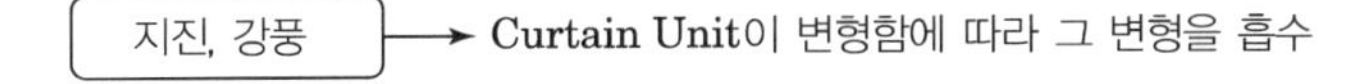

07 회전방식 패스널(Locking Type Fastener)

Ⅰ. 정의

회전방식 패스널은 커튼월이 종으로 긴부재이며, 층간변위가 큰 부재인 경우에 적용한다.

Ⅱ. 지지형태

① 상변과 하변이 상·하로 이동하면서 회전이 되도록 장치
② 층간변위의 추종성이 용이함
③ 세로로 긴 패널에 적합한 방식

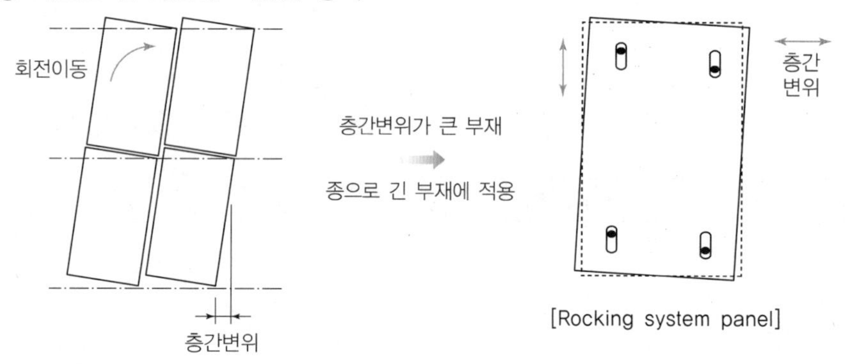

[Rocking system panel]

Ⅲ. 층간변위 추종

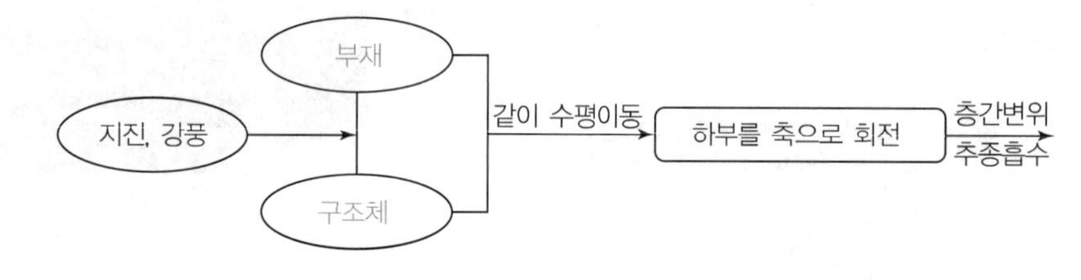

Ⅳ. Fastener 회전방식의 종류

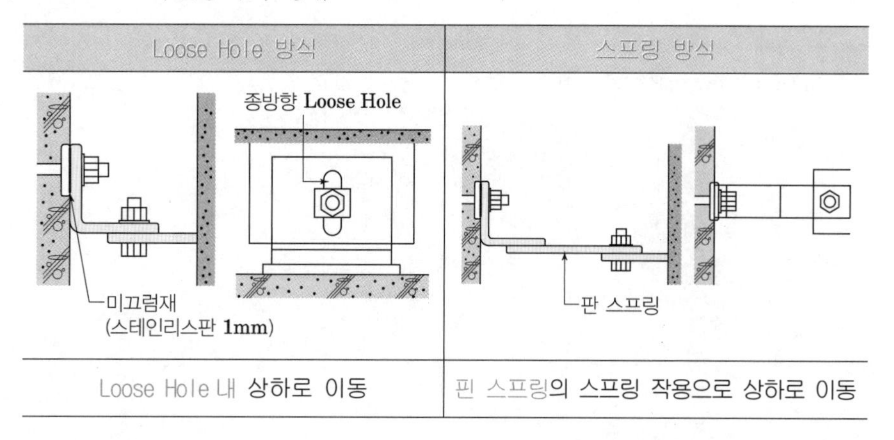

Loose Hole 방식	스프링 방식
Loose Hole 내 상하로 이동	핀 스프링의 스프링 작용으로 상하로 이동

08 커튼월의 비처리방식

Ⅰ. 정의

커튼월 접합부에 빗물침투를 막는 것으로 Closed Joint System과 Open Joint System이 있다.

Ⅱ. 비처리방식

1) Closed Joint System

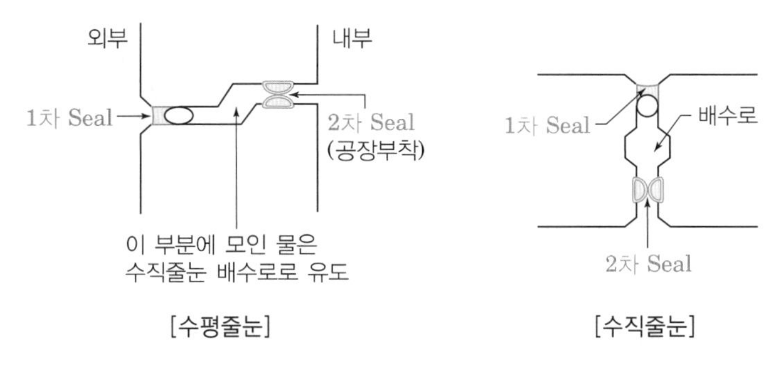

[수평줄눈]　[수직줄눈]

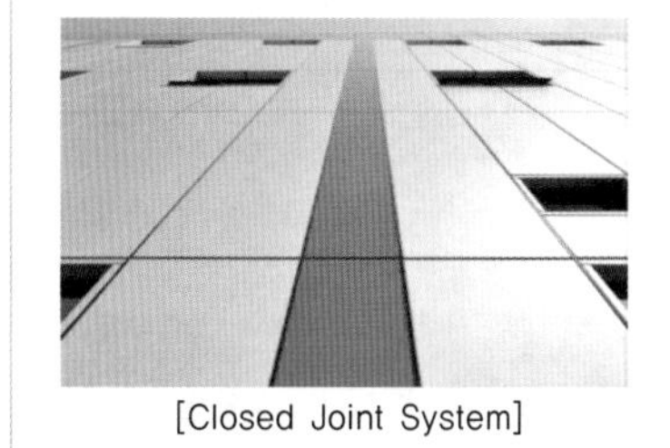
[Closed Joint System]

① 1차 Seal재가 파손되면 물이 2차 Seal재에 도착하기 전에 배수되는 시스템
② 수직배수 Pipe는 최소 ϕ8mm 확보

2) Open Joint System

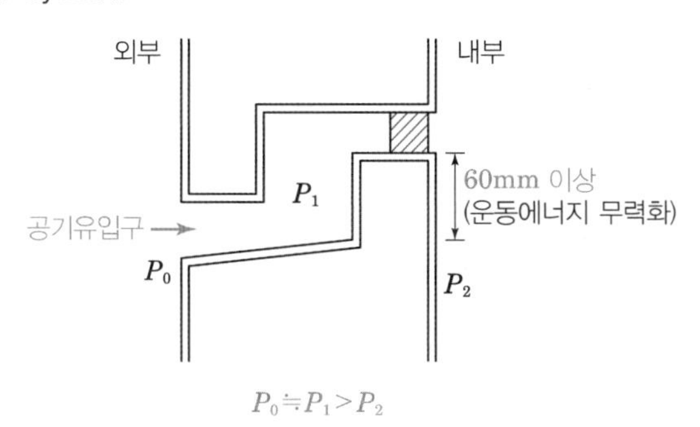

$P_0 \fallingdotseq P_1 > P_2$

① 커튼월 내·외부를 등압상태로 유지
→ 우수유입 방지
② 등압이론 3요소
빗물끊기, 개구부, 기밀부

09 Closed Joint System

Ⅰ. 정의

커튼월 접합부인 줄눈에 실재를 충전하여 밀폐시킴으로써 물의 침투를 막는 방식이다.

[Closed Joint System]

Ⅱ. 개념도(이중 Seal 방식)

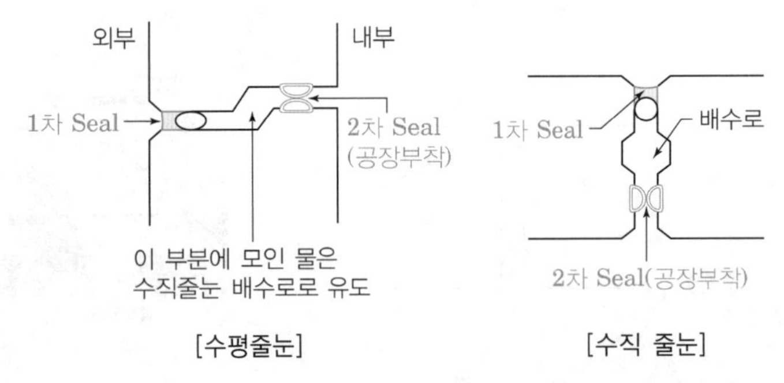

[수평줄눈] [수직 줄눈]

① 조인트의 외부에 부정형 실재(1차), 실내 측에 정형실재(2차)를 실시
② 1차 실재가 파손되어 침투한 물은 2차 실재에 도착하기 전에 배수되는 시스템 사용
③ 배수 시스템은 수직줄눈을 통하여 외부로 배수

Ⅲ. 배수 시스템

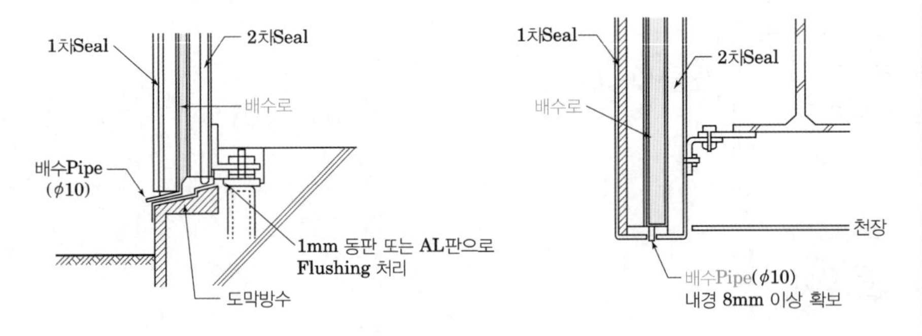

Ⅳ. 특징

① 누수를 외부에서 차단하여 부재의 수명 연장
② 중, 고층 건물에 많이 사용되며, 국내에서 주로 사용
③ 외부 누수에 대비하여 내부에 배수구 설치

10 커튼월(Curtain Wall)의 등압이론(Open Joint System)

Ⅰ. 정의

커튼월의 외부와 내부 사이에 공간을 두어 옥외의 기압과 같은 기압을 유지시켜 등압원리를 이용하여 기압차에 의한 우수침입을 방지하는 방식이다.

Ⅱ. Open Joint의 원리

① 1차 측에 외기도입구를 설치하여 공기를 도입, 2차 측에 기밀재를 이용하여 기밀성 유지
② 커튼월 내부에 공기압이 유입되도록 하여 내외부를 등압상태로 유지
③ 등압으로 인하여 외부의 빗물이 패널 내부로 유입되는 것을 방지
④ 침투한 빗물도 중력에 의하여 하부로 흐른 뒤 외부로 배수처리

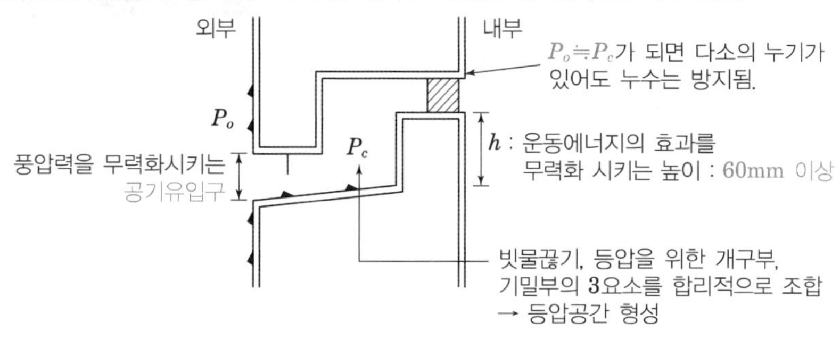

Ⅲ. 등압공간 구획

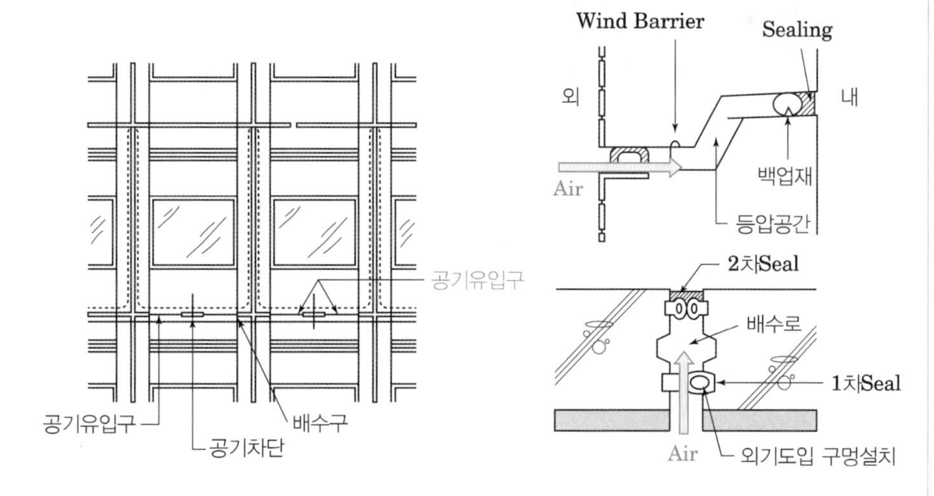

Ⅳ. 특징

① 공기층은 풍압에 충분히 견딜 수 있는 구조
② 초고층 건물에 많이 사용

11 풍동실험(Wind Tunnel Test)

Ⅰ. 정의

건축물 설계 시 외장재용 및 구조골조용 풍하중에 대한 정보를 제공하여 설계의 신뢰성 증대, 안전성 및 경제성 확보를 도모하는 것이 목적이다.

Ⅱ. 시험방법

건물 주변 600m(지름 1,200m)의 지반 및 건물배치를 축척모형으로 만들어 원형 Turn Table 풍동 속에 설치한 후 과거의(50~100년) 풍을 가하여 풍압 및 영향시험 실시

[풍동시험]

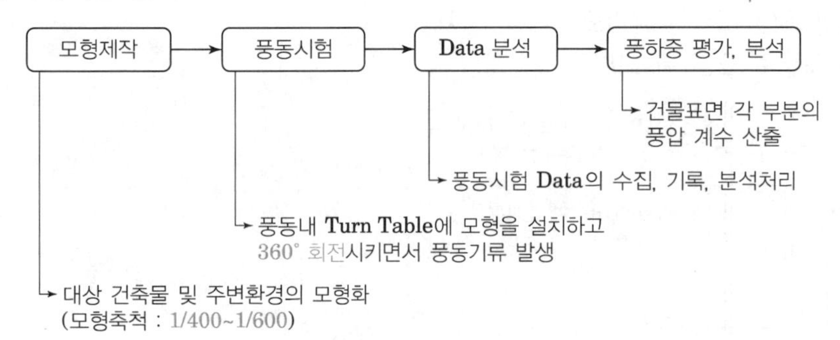

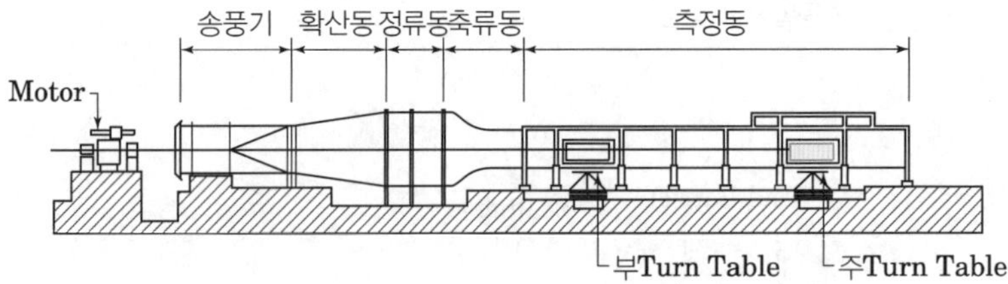

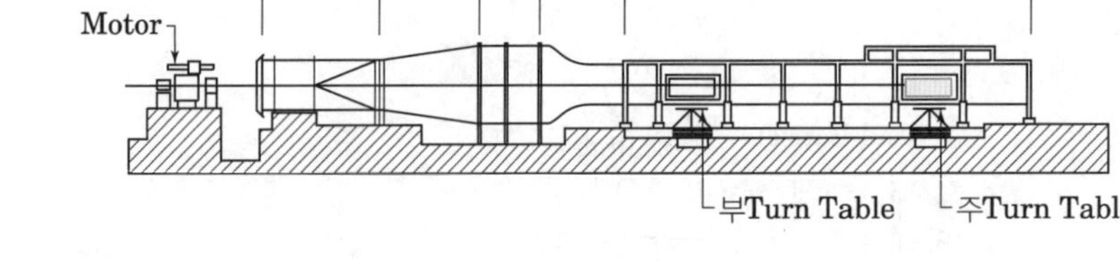

Ⅲ. 시험항목

① 구조하중시험
② 외벽풍압시험
③ 환경변화시험
④ 빌딩풍시험(주변건물시험)

12 커튼월의 모형시험(Mock-up Test, 실물대 시험) KCS 41 54 02

Ⅰ. 정의

대형시험장치를 이용하여 실제와 같은 가상구체에 실물 커튼월을 실제와 같은 방법으로 설치하여 기밀성, 수밀성, 구조성능시험, 층간변위시험, 단열시험 등을 확인하는 시험이다.

Ⅱ. 시험장치도

수밀성능시험 상태도	기밀성능시험 상태도

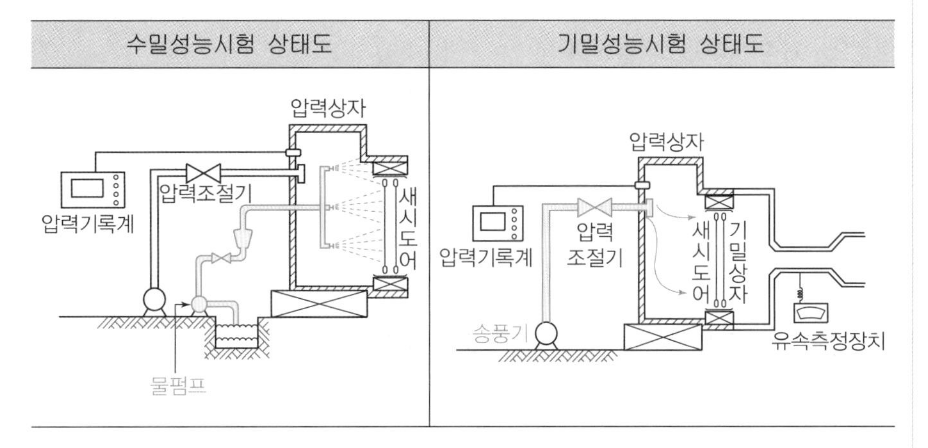

[수밀성능시험]

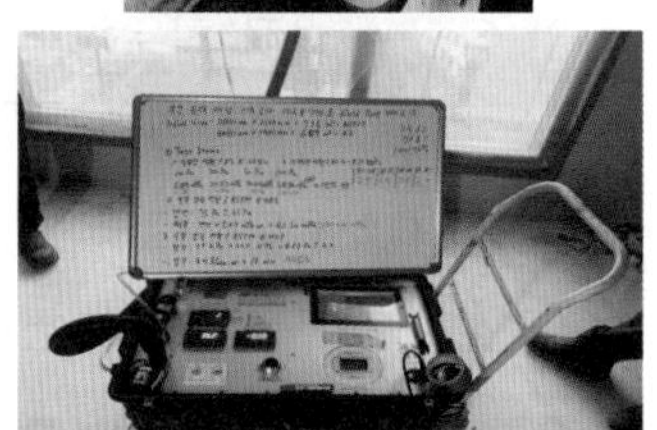
[기밀성시험]

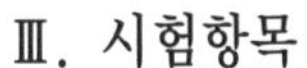

Ⅲ. 시험항목

1. 예비시험

설계 풍압의 +50%를 최소 10초간 가압 → 시료상태 점검, 시험실시 가능 여부 판단

2. 기밀시험

① 75Pa~299Pa 압력차에서 시행

② 공기유출량은 고정창: 18.3ℓ/m^2·min 이하, 단위면적당 누기량 평가

③ 공기유출량은 개폐창: 23.2ℓ/m·min 이하, 단위길이당 누기량 평가

3. 정압수밀시험

① 누수량에 대한 허용치: 15ml(1/2온스) 이하의 유입수의 경우 누수로 생각하지 않는다.

② 설계 풍압 중 정압의 20% 또는 299Pa 중 큰 값의 압력 차에서 수행하며 최대 720Pa를 넘지 않도록 한다.

③ 살수는 3.4ℓ/m^3·min의 분량으로 15분 동안 시행 → 누수상태 관찰

4. 동압수밀시험

① 정압수밀시험과 유사하나 가압의 방식에 차이(비행기 프로펠러와 팬 등)

② 누수량에 대한 허용치: 15ml(1/2온스) 이하의 유입수의 경우 누수로 생각하지 않는다.

③ 설계 풍압 중 정압의 20% 또는 299Pa 중 큰 값의 압력 차에서 수행하며 최대 720Pa를 넘지 않도록 한다.

④ 살수는 $3.4\ell/m^3 \cdot min$의 분량으로 15분 동안 시행 → 누수상태 관찰

5. 구조성능시험

1) 금속 커튼월 부재의 처짐 허용치

① 지점에 대해 수직방향으로의 처짐: 부재의 길이가 4,113mm 이하: L/175, 4,113mm 초과: –L/240+6.35mm(L은 지점에서 지점까지의 거리를 말함)

② 지점에 대해 수직방향으로의 처짐 중 캔틸레버 형태의 부재: 2L/175

③ 중력 방향에 대한 처짐

- 금속 및 기타 구조 부재: 3.2mm 이하
- 개폐창 부위: 1.6mm 이하
- 금속 커튼월 부재에 고정된 유리의 물림 치수는 설계도서상에 표시된 치수의 75% 미만으로 감소되어서는 안된다.

④ 잔류 변형의 허용치: L/500 이하

2) 금속 패널의 처짐 허용치

금속패널 단변 길이는 L/60을 초과해서는 안 되며 작은 수치에 결정된 허용 처짐은 수직과 수평지지 부재와 비교하여 측정되어야 한다. 풍하중/적설하중 등 적용하중에 견주어 평활도를 유지할 수 있어야 한다.

3) 유리의 처짐 허용치

유리의 처짐은 설계 풍하중에 대해서 25.4mm 이하

4) 실링재의 물림 치수 및 두께

① 구조용 실링재의 물림 치수 및 두께: 반드시 구조계산을 통한 안정성을 확인

② 실링재의 팽창률: 설계상 치수에서 25%를 초과 금지

6. 층간변위시험

수평변위를 주어 변위측정

7. 단열시험

밀폐된 실을 두고 실제 발생할 수 있는 상황에 맞게 온도, 습도 조정하여 측정

13 커튼월의 필드테스트(Field Test)

KCS 41 54 02

Ⅰ. 정의

커튼월의 필드테스트는 현장에 설치된 Exterior Wall에 대해 기밀성능과 수밀성능을 확인하는 시험을 말한다.

Ⅱ. 목적

① 시공된 커튼월이 요구성능을 만족하는지를 확인
② 성능 불만족 시 원인 규명 및 보완하게 하여 성능기준을 만족하도록 유도
③ 현장 시공 초기에 기밀성능 및 수밀성능 시험을 통하여 외장재의 성능 및 시공성을 평가
④ 문제점 확인 시 초기 대응에 따른 경제적 효과를 기대
⑤ 제품 설치 노하우 축적에 따른 품질향상 기대

Ⅲ. 시험방법

구분	내용
시험체	• 모든 외벽(Door 포함)
시험방법	• AAMA 501.2: 현장에 설치된 커튼월 등 영구적으로 밀폐를 요구하는 부위에 대한 누수여부 확인 • AAMA 502: Window, Sliding Glass Door 등과 같이 작동되는 시료에 대한 기밀성능과 수밀성능 확인 • AAMA 503: 커튼월 등에 대한 기밀성능과 수밀성능 확인

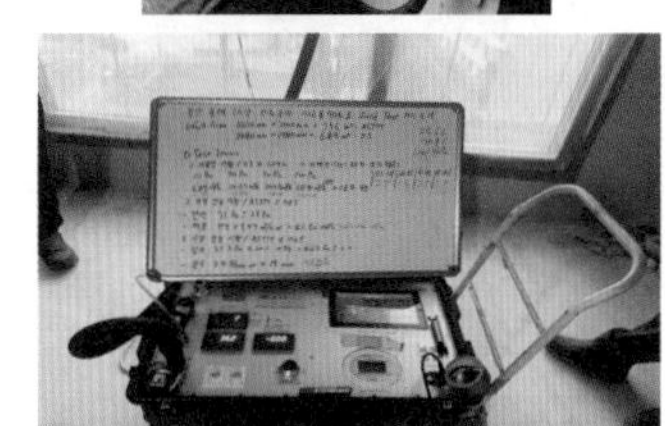

[기밀시험]

Ⅳ. 필드테스트(Field Test)의 종류

1. 기밀시험

① 75Pa~299Pa 압력차에서 시행
② 공기유출량은 고정창: 18.3ℓ/m^2·min 이하, 단위면적당 누기량 평가
③ 공기유출량은 개폐창: 23.2ℓ/m·min 이하, 단위길이당 누기량 평가

2. 정압수밀시험

① 누수량에 대한 허용치: 15ml(1/2온스) 이하의 유입수의 경우 누수로 생각하지 않는다.
② 설계 풍압 중 정압의 20% 또는 299Pa 중 큰 값의 압력 차에서 수행하며 최대 720Pa를 넘지 않도록 한다.
③ 살수는 3.4ℓ/m^3·min의 분량으로 15분 동안 시행 → 누수상태 관찰

[수밀시험]

3. 동압수밀시험

① 정압수밀시험과 유사하나 가압의 방식에 차이(비행기 프로펠러와 팬 등)

② 누수량에 대한 허용치: 15ml(1/2온스) 이하의 유입수의 경우 누수로 생각하지 않는다.

③ 설계 풍압 중 정압의 20% 또는 299Pa 중 큰 값의 압력 차에서 수행하며 최대 720Pa를 넘지 않도록 한다.

④ 살수는 3.4ℓ/m³·min의 분량으로 15분 동안 시행 → 누수상태 관찰

Ⅴ. 시험 시 유의사항

① 시험부위의 모든 joint는 방수테이프로 밀봉

② 기밀시험과 수밀시험을 모두 할 때는 기밀시험을 먼저 수행

③ 시험횟수는 100set당 1회, 전체 공정의 5%, 50%, 90%에서 시험

④ 9% 이상 시 최종성능확인

14 건물 기밀성능 측정방법

KCS 41 54 02/KS F 3117/KS F 2292

Ⅰ. 정의

건물 기밀성능은 공사 시방에 따라 ASTM E-283 또는 KS F 3117을 적용하고 있으나, 커튼월의 경우에는 보다 엄격한 ASTM 적용이 바람직하다.

Ⅱ. 기밀성능(Airtightness) 표현방법

1. CMH50(m^3/h)

CMH50은 실내외 압력차를 50Pa로 유지하기 위해 실내에 불어 넣거나 빼주어야 할 공기량을 표현한 것.

[압력차]
창호의 내측 압력과 외측 압력의 차. 창호의 외측 압력이 내측 압력보다 높은 경우를 정압, 낮은 경우를 부압

2. ACH50(회/h)

CMH50값을 실체적으로 나눈 값. 즉, 건물에 50Pa의 압력차가 작용하고 있을 때, 침기량 또는 누기량이 한 시간 동안 몇 번 교환 되었는가로 표현한 것.

3. Air Permeability(m^3/hm^2)

CMH50값을 외피면적으로 나눈 것으로 외피 단위면적당 누기량을 나타내는 척도

4. ELA(cm^2/m^2) 또는 EqLA(cm^2/m^2)

설정된 압력차에서 발생하는 침기량 또는 누기량이 발생할 수 있는 구멍의 크기를 나타낸 것.

Ⅲ. 기밀성능 측정방법

1. Tracer Gas Test(추적가스법)

일반적인 공기 중에 포함되어 있지 않거나 포함되어 있어도 그 농도가 낮은 가스를 실내에 대량으로 한 번에 또는 일정량을 정해진 시간 간격으로 분사시키고 해당 공간에서 추적가스 농도의 시간에 따라 감소량을 측정하여 건물 또는 외피 부위별 침기/누기량, 또는 실 전체의 환기량을 산정하는 방법

2. Blower Door Test(압력차법)

외기와 접해있는 개구부에 팬을 설치하고 실내로 외기를 도입하여 가압을 하거나, 반대로 실내 공기를 외부로 방출시켜 실내를 감압시킨 후 실내외 압력차가 임의의 설정 값에 도달하였을 때 팬의 풍량을 측정하여 실측대상의 침기량 또는 누기량을 산정하는 방법

Ⅳ. 기밀성능 시험방법

1. ASTM E-283 규정[KCS 41 54 02]

① 75Pa~299Pa 압력차에서 시행

② 공기유출량은 고정창: 18.3ℓ/m^2·min 이하, 단위면적당 누기량 평가

③ 공기유출량은 개폐창: 23.2ℓ/m·min 이하, 단위길이당 누기량 평가

2. KS 기밀성능 시험

1) KS F 3117의 등급 및 성능

① 등급: 120, 30, 8, 2, 1

② 성능: 해당되는 등급에 대하여 통기량이 KS F 2292에 규정된 기밀등급선을 초과하지 않을 것.

2) KS F 2292의 시험순서

① 예비 가압: 측정하기 전에 250Pa의 압력차를 1분간 가한다.

② 개폐 확인: 창호의 가동부분이 80N 이하의 힘으로 정상인 개폐가 작동하는 것을 확인한 후 자물쇠를 채운다.

③ 가압: 압력차는 10, 30, 50, 100Pa로 각 단계에서의 가압시간은 10초 이상

④ 측정: 공기 유속을 측정하여 통기량 산출

[통기량]
압력차에 의해서 생긴 공기가 창호를 통과하는 양

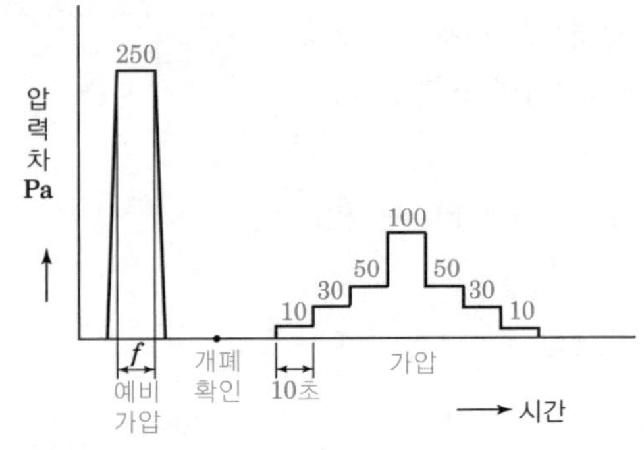

3) 기밀성 등급

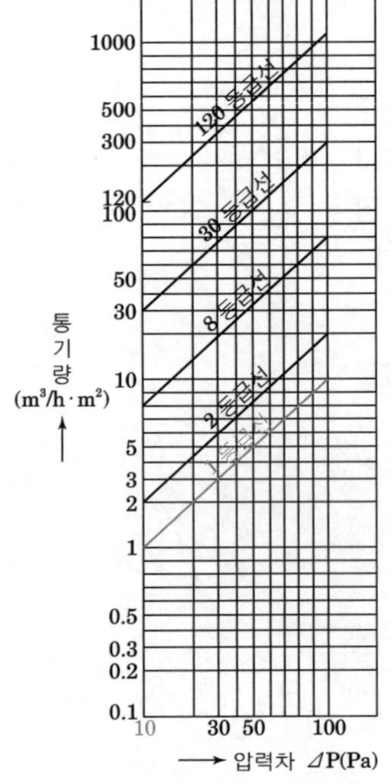

⇒ 압력차 10Pa에서의 통기량을 확인하여 건물의 기밀성능 등급을 정한다.

15 건물 수밀성능 시험방법 KS F 2293

Ⅰ. 정의

특정 압력하에서 실내측에 누수가 생기지 않는 것을 기준으로 하며, 누수의 위험성을 제거하고, 정압 및 동압 시행한다.

Ⅱ. 수밀성능 시험방법

1. 정압수밀시험 [ASTM E-331 수밀성능시험]

① 누수량에 대한 허용치: 15ml(1/2온스) 이하의 유입수의 경우 누수로 생각하지 않는다.

② 설계 풍압 중 정압의 20% 또는 299Pa 중 큰 값의 압력 차에서 수행하며 최대 720Pa를 넘지 않도록 한다.

③ 살수는 $3.4\ell/m^3 \cdot min$의 분량으로 15분 동안 시행 → 누수상태 관찰

[정압]
압력이 일정하고 변동하지 않는 압력

2. 동압수밀시험 [AAMA 501.1 수밀성능시험]

① 정압수밀시험과 유사하나 가압의 방식에 차이(비행기 프로펠러와 팬 등)

② 누수량에 대한 허용치: 15ml(1/2온스) 이하의 유입수의 경우 누수로 생각하지 않는다.

③ 설계 풍압 중 정압의 20% 또는 299Pa 중 큰 값의 압력 차에서 수행하며 최대 720Pa를 넘지 않도록 한다.

④ 살수는 $3.4\ell/m^3 \cdot min$의 분량으로 15분 동안 시행 → 누수상태 관찰

3. KS 수밀성능 시험

① 개폐 확인: 문을 5회 개폐한 후 자물쇠를 채운다.

② 예비 가압: 맥동 가압에 앞서 상한값과 같은 정압을 1분간 가한다. 승압속도는 1초당 100Pa 정도

③ 분무: 물 분무량은 시험체 전면에 매분 $4\ell/m^2$의 수량을 균등하게 분무한다.

④ 가압: 분무를 계속한 채로 맥동압을 10분간 가한다. 중앙값 P 까지의 승압 속도는 1초당 2Pa 정도

⑤ 관찰: 시험체의 누수 상황을 육안에 의하여 관찰한다.

[맥동압]
압력차가 근사 사인파로 주기적으로 변동하는 압력

[상한값]
맥동압의 상한 압력값

[중앙값]
맥동압의 중앙 압력값

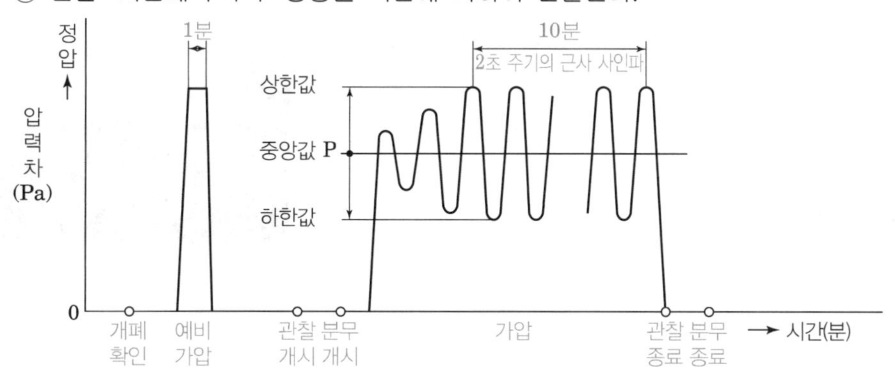

16 창호의 성능평가방법

Ⅰ. 정의

창호의 성능평가 항목은 내풍압성, 기밀성, 수밀성 등이 있으며, 하자 예방을 위하여 성능평가를 사전에 실시하여야 하며, 품질의 만족여부는 공인시험기관의 시험성적서로 확인한다.

Ⅱ. 창호의 성능평가방법

1. 내풍압성

① 지점에 대해 수직방향으로의 처짐: 부재의 길이가 4,113mm 이하: L/175, 4,113mm 초과: -L/240+6.35mm(L은 지점에서 지점까지의 거리를 말함)

② 잔류 변형의 허용치: L/500 이하

③ 금속 패널의 처짐 허용치: 금속패널 단변 길이는 L/60을 초과 금지

④ 유리의 처짐 허용치: 유리의 처짐은 설계 풍하중에 대해서 25.4mm 이하

2. 기밀성

1) ASTM E-283 규정[KCS 41 54 02]

① 75Pa~299Pa 압력차에서 시행

② 공기유출량은 고정창: 18.3ℓ/m^2 · min 이하, 단위면적당 누기량 평가

③ 공기유출량은 개폐창: 23.2ℓ/m · min 이하 이하, 단위길이당 누기량 평가

2) KS F 3117의 등급 및 성능

① 등급: 120, 30, 8, 2, 1

② 성능: 해당되는 등급에 대하여 통기량이 KS F 2292에 규정된 기밀등급선을 초과하지 않을 것.

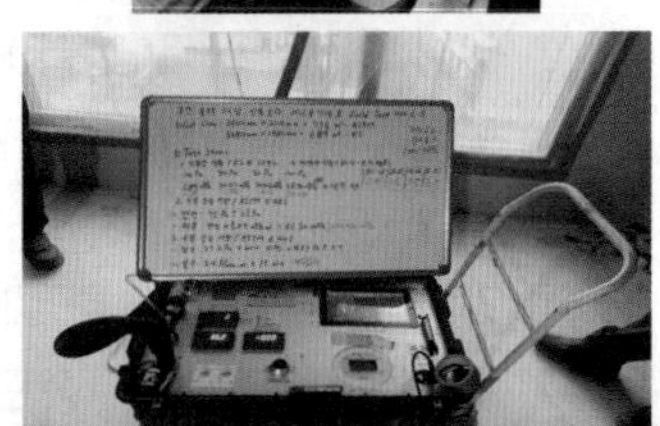

[기밀성시험]

3. 수밀성

1) 정압수밀시험[ASTM E-331 수밀성능시험]

① 누수량에 대한 허용치: 15ml(1/2온스) 이하의 유입수의 경우 누수로 생각하지 않는다.

② 설계 풍압 중 정압의 20% 또는 299Pa 중 큰 값의 압력 차에서 수행하며 최대 720Pa를 넘지 않도록 한다.

③ 살수는 3.4ℓ/m^3 · min의 분량으로 15분 동안 시행 → 누수상태 관찰

2) 동압수밀시험[AAMA 501.1 수밀성능시험]

① 정압수밀시험과 유사하나 가압의 방식에 차이(비행기 프로펠러와 팬 등)

② 누수량에 대한 허용치: 15ml(1/2온스) 이하의 유입수의 경우 누수로 생각하지 않는다.

[수밀시험]

③ 설계 풍압 중 정압의 20% 또는 299Pa 중 큰 값의 압력 차에서 수행하며 최대 720Pa를 넘지 않도록 한다.

④ 살수는 3.4ℓ/m^3·min의 분량으로 15분 동안 시행 → 누수상태 관찰

4. 방음성

125~4,000Hz 주파수에 대하여 음향투과손실(dB)의 대·소로 평가

5. 단열성

단열 Sash는 열관류율로 KS 단열성능을 준할 것

6. 내화성

① 국토교통부 고시 건축자재 등 품질인정 및 관리기준, 국토교통부령 건축물의 피난·방화구조 등의 기준에 관한 규칙, 국토교통부령 건축물의 설비기준 등에 관한 규칙을 따른다.

② 배연창 및 피난창이 요구될 경우는 해당 법규에 적합한 위치, 크기, 개폐방법 및 제품으로 설계

7. 개폐력

개폐 하중 5kg에 대하여 작동될 것

8. 문틀 끝 강도

재하 하중 5kg에 대하여 적합성 측정

9. 내구성

예측된 환경조건에 대하여 충분한 내구성이 있도록 표면마감을 적용

10. 실물대시험(Mock up Test)

예비시험, 기밀시험, 정압수밀시험, 동압수밀시험, 구조성능시험, 층간변위시험, 단열시험

17 금속커튼월의 발음 현상

Ⅰ. 정의

다수의 Part로 조립된 금속 커튼월은 온도변화에 의한 각 부재의 신축으로 인한 마찰음을 말하며, 이에 대한 적절한 대책을 강구하여야 한다.

Ⅱ. 개념도

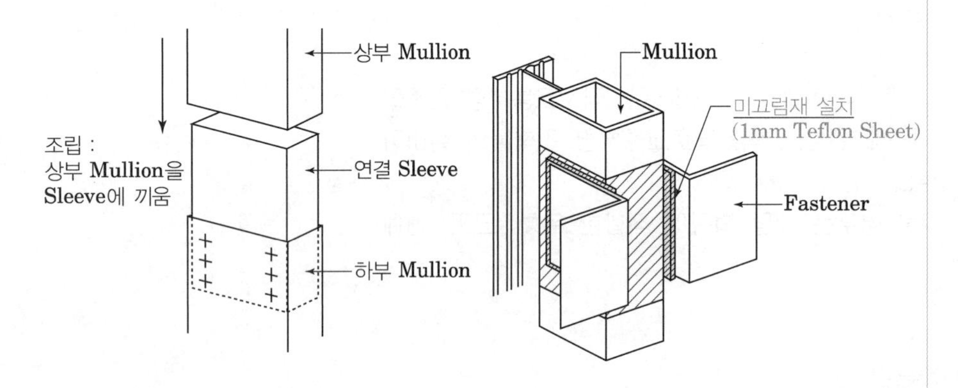

Ⅲ. 커튼월의 발음(소음) 현상

① 발생시기: 오전 8~10시, 오후 3~6시, 외부의 온도변화차가 클 때

② 위치: 동쪽 면에서 시작 일조이동과 함께 남서쪽 면으로 이동

③ 발생부위: Mullion과 수평재의 Joint부위, 접합부

Ⅳ. 발음방지대책

① 열신축에 의한 팽창수축을 완전히 억제하기는 불가능함

② 부재의 팽창, 수축이 자유롭게 되도록 접합부 마찰면 처리를 철저

③ Mullion의 연결부위에 소음방지 Pad(Teflon)는 Wrapping하여 연결

④ Mullion을 고정하는 2차 Fastener와의 사이에 소음방지 Pad 설치

⑤ 커튼월 부재와 Fastener의 연결부위에도 Pad 설치

⑥ 검토대상 부위

- 열량을 많이 받는 곳: 폭이 넓은 창대, 검은색 계통으로 마감된 부위
- 부재가 긴 Sash
- 소리가 쉽게 감지되는 곳

18 커튼월 공사에서 이종금속 접촉부식

Ⅰ. 정의

커튼월의 이종금속간 접촉 시 금속의 전위차에 의해 부식이 발생하므로 적절한 대책으로 부식이 되지 않도록 하여야 한다.

Ⅱ. 부식발생 Mechanism

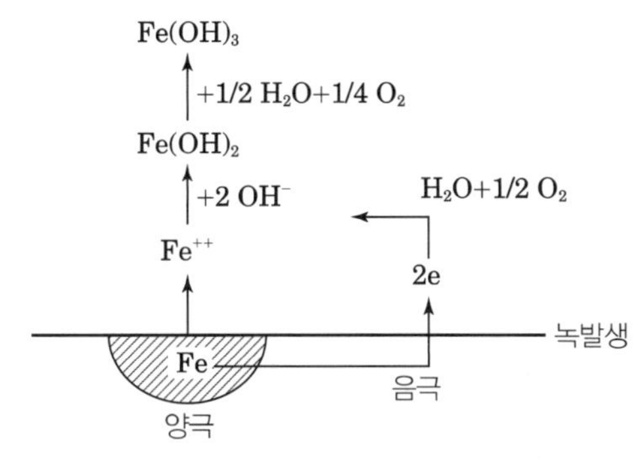

Ⅲ. 이종금속 접촉부식 발생부위

① Mullion과 Fastener의 접합부
② 알루미늄 부재간의 볼트 접합부

Ⅳ. 이종금속 접촉부식 방지대책(접촉면 절연처리)

1. 1mm Teflon Sheet

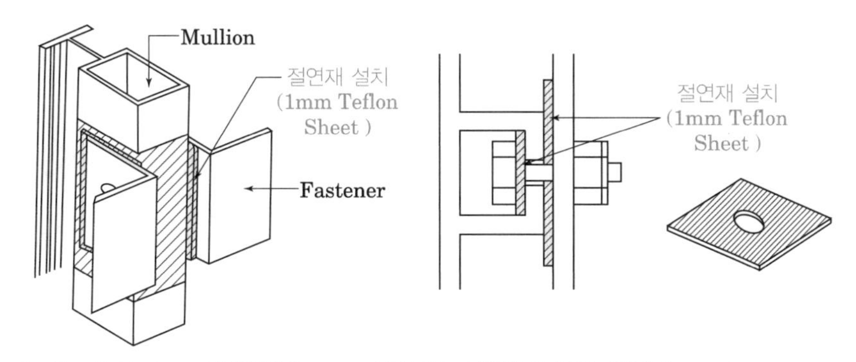

[Mullion과 Fastener의 접합부] [알루미늄 부재간의 볼트 접합부]

2. 0.5mm 염화비닐 PVC 코팅
3. 역청질 페인트 도장

19 커튼월의 결로 방지대책

Ⅰ. 정의

최근 확장형 발코니 등으로 동절기에 커튼월과 유리에 결로가 발생되고 있으므로 적절한 자재 및 공법을 선정하여 결로를 방지하여야 한다.

Ⅱ. 결로 방지대책

1. 유리 결로 방지대책

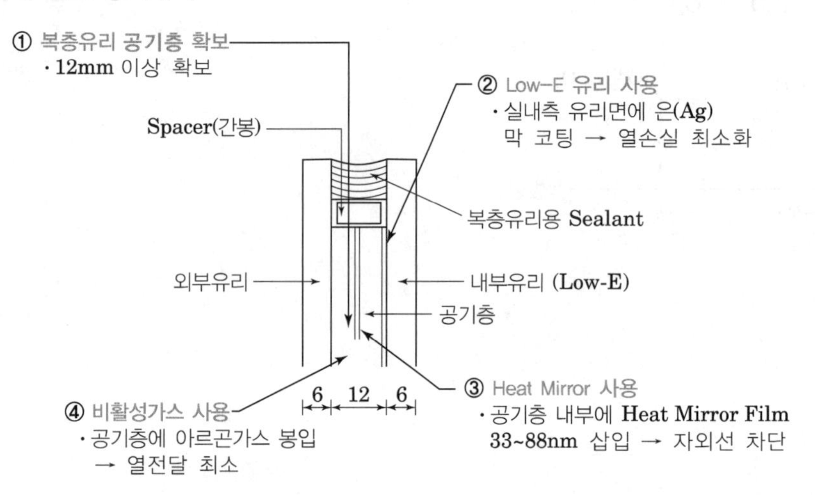

2. 알루미늄바 결로 방지대책

① 단열바의 적용

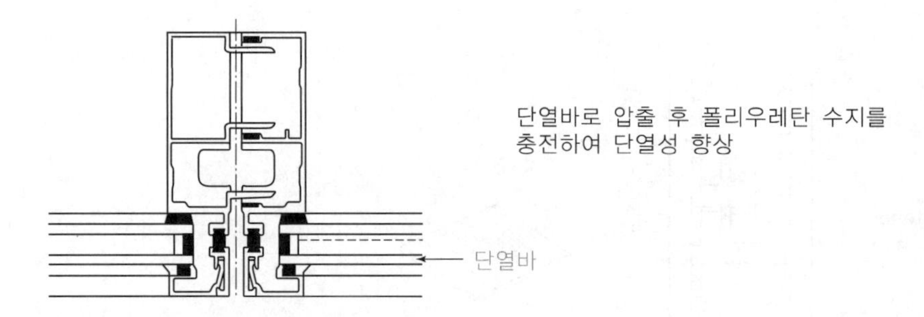

② 내부결로수 배수 시스템

- 외부 Weep Hole을 설치하여 외부로 배수
- 트랜섬에서 직접 배수
- 트랜섬에서 멀리온으로 유도하여 각층 하단에서 배수

③ 실내표면 결로수 처리 시스템

- 트랜섬에 홈을 설치하여 결로수의 실내유입 방지
- 멀리온에 Drain Hole 설치 → 단열 및 외부소음에 주의

④ Fastener 부위 단열보강

- Fastener 부위 결로발생이 높으므로 → 단열보강 요구
- 실링재 신장률 50% 확보 요구
- 단열바 적용

⑤ Open Joint System 사용

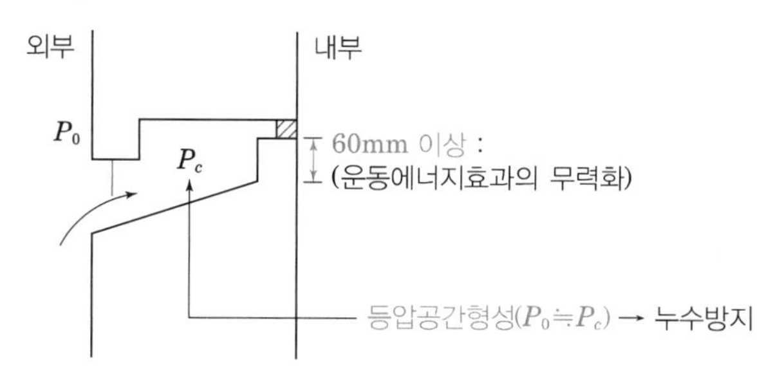

⑥ 실내환기 설비 System

- 실내환기 설비 System 도입
- 실내외 온도, 습도 조절 가능
- 결로의 원인 제거

20 커튼월의 창호성능 개선 기술

Ⅰ. 정의

최근 건물의 고층화로 인하여 커튼월이 증가하고 있으므로 창호성능 개선 기술을 통하여 기밀성, 수밀성, 단열성, 결로 방지 등이 되도록 하여야 한다.

Ⅱ. 창호성능 개선 기술

1. 공기층(건조공기) 확보

① 공기층을 가급적 크게 하여 열관류율을 감소(12mm→14mm→16mm)

② 복층유리보다 삼중유리로 열관류율을 감소

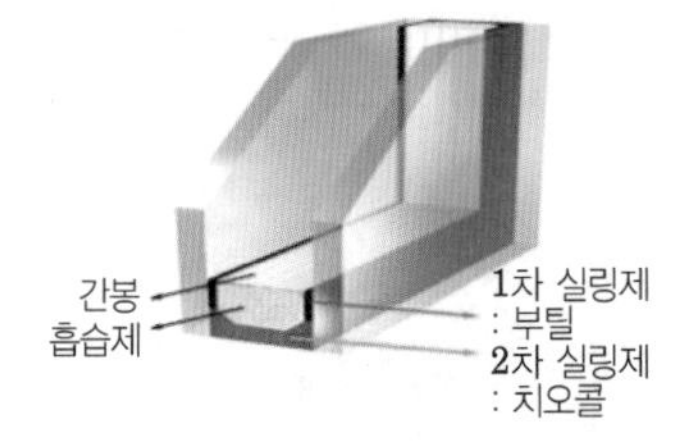

[공기층]

2. 비활성가스 충진

① 공기층(건조공기)에 아르곤가스 또는 크립톤가스 주입

② 복층유리의 외부유리와 내부유리의 온도차로 인한 열교환 현상을 억제

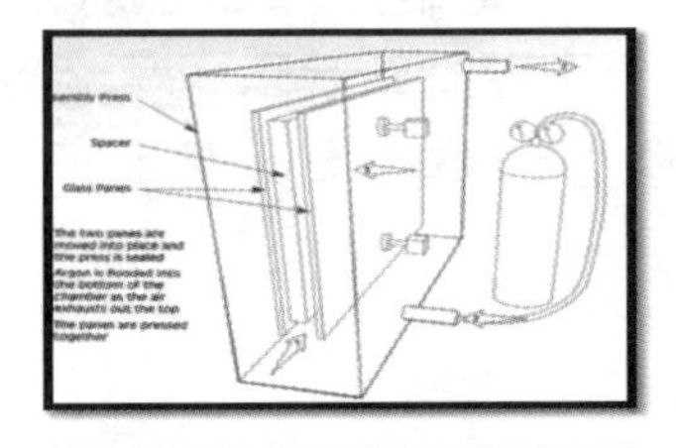

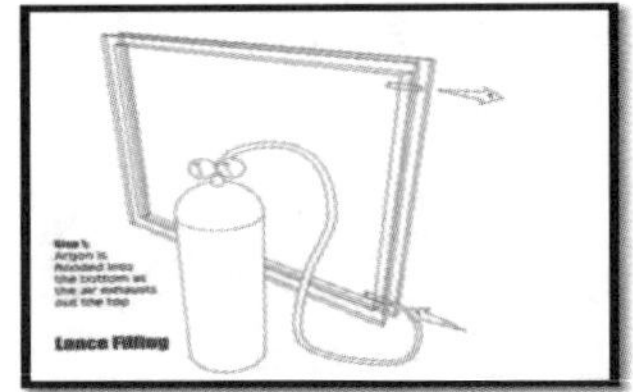

[비활성가스 주입방법]

3. 로이(Low-E) 코팅

은 등의 투명코팅금속피막을 코팅하여 열복사를 감소시킴으로서 유리를 통한 열흐름을 억제

구분	도해	기대효과
여름철 냉방 시	Ag 코팅 실외 / 실내	• 여름철 냉방이 중시되는 상업용 건축물이 유리 • 실외의 태양복사열이 실내로 들어오는 것을 차단
겨울철 난방 시	Ag 코팅 실외 / 실내	• 겨울 난방이 중시되는 주거용 건축물에 유리 • 실내의 난방기구에서 발생되는 적외선을 내부로 반사
사계절용	Ag 코팅 실외 / 실내	• 가장 양호한 단열방식

4. 스페이셔(간봉)

① 유리층 사이의 적절한 거리 유지

② 단열간봉을 사용하여 열관류율을 감소

③ 유리 모서리 부분에서 발생하는 열손실을 감소시켜 창호 전체의 열관류율 개선

④ 스테인레스 스틸, 폴리우레탄 등

[스페이셔]

5. 창틀

① PVC, 알루미늄, 목재 등

② 알루미늄: 강성과 내구성이 높고 가공이 용이하나 열전도율이 높다.

③ PVC: 열전도율이 낮고 마모, 부식 및 오염에 강함

6. 실링재

① 정형 실링재

탄성이 큰 고무질계로 만들며 적절한 반발 탄성으로 커튼월의 움직임이나 물의 침투를 방지

② 부정형 실링재

카트리지에 밀봉되어 시판되는 1성분형과 현장에서 경화제를 혼합하는 2성분형으로 구분

③ 줄눈 폭과 줄눈길이

줄눈 폭	일반 줄눈	Glazing 줄눈
15mm≤W	1/2~2/3	1/2~2/3
10mm≤W 〈15mm	2/3~1	2/3~1
6mm≤W 〈10mm		3/4~4/3
최소 6mm 이상, 최대 20mm 이내		

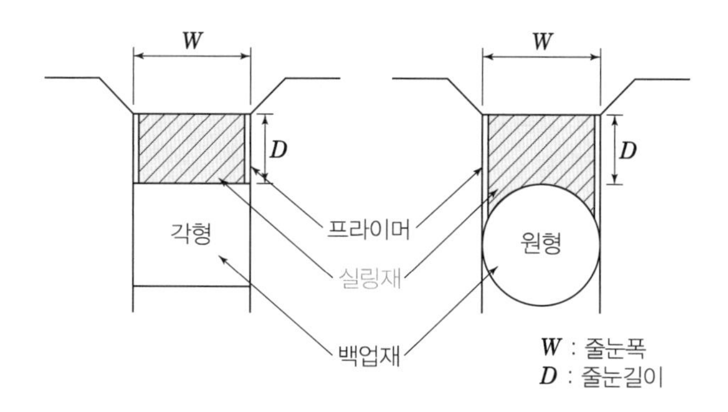

21 외벽마감재 화재 확산방지구조

건축물 마감재료의 난연성능 및 화재 확산 방지구조 기준

Ⅰ. 정의

건축물의 화재발생 시 재료에서의 유독가스 발생 및 화재 확산 등을 방지하여 인명 및 재산을 보호하기 위하여 외벽마감재를 불연재료 또는 준불연재료를 하여야하나, 화재 확산 방지구조로 하는 경우에는 난연재료도 가능하다.

Ⅱ. 건축물의 외벽마감재료 [건축물의 피난·방화구조 등의 기준에 관한 규칙]

1. 불연재료 또는 준불연재료

1) 상업지역(근린상업지역은 제외)의 건축물로서
   ① 제1종 근린생활시설, 제2종 근린생활시설, 문화 및 집회시설, 종교시설, 판매시설, 운동시설 및 위락시설의 용도로 쓰는 건축물로서 그 용도로 쓰는 바닥면적의 합계가 2,000m^2 이상인 건축물
   ② 공장(화재 위험이 적은 공장은 제외)의 용도로 쓰는 건축물로부터 6m 이내에 위치한 건축물
2) 의료시설, 교육연구시설, 노유자시설 및 수련시설의 용도로 쓰는 건축물
3) 3층 이상 또는 높이 9m 이상인 건축물

2. 난연재료

화재 확산 방지구조 기준에 적합하게 설치하는 경우

Ⅲ. 화재 확산 방지구조

1) 수직 화재확산 방지를 위하여 외벽마감재와 외벽마감재 지지구조 사이의 공간(화재확신방지재료)을 다음 재료로 매 층마다 최소 높이 400mm 이상 밀실하게 채운다.
   ① KS F 3504에서 정하는 12.5mm 이상의 방화 석고 보드
   ② KS L 5509에서 정하는 석고 시멘트판 6mm 이상
   ③ KS L 5114에서 정하는 6mm 이상의 평형 시멘트판
   ④ KS L 9102에서 정하는 미네랄울 보온판 2호 이상
   ⑤ KS F 2257-8에 따라 내화성능 시험한 결과 15분의 차염성능 및 이면 온도가 120K 이상 상승하지 않는 재료
2) 5층 이하이면서 높이 22m 미만인 건축물의 경우에는 화재확산방지구조를 매 두 개 층마다 설치할 수 있다.

Ⅳ. 화재 확산 방지구조 실례

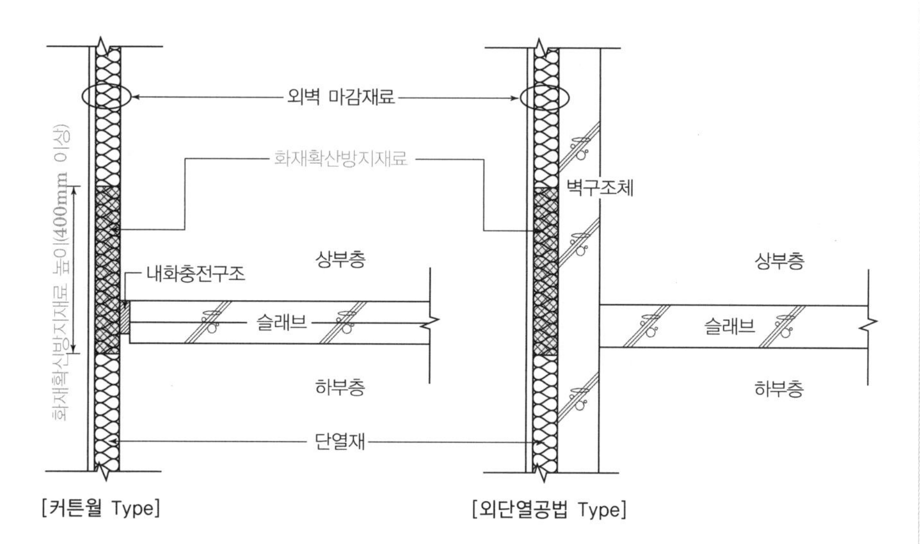

[커튼월 Type] [외단열공법 Type]

Professional Engineer
Architectural Execution

6.3장

초고층공사

01 초고층건물

Ⅰ. 정의

① 건축법: 50층 이상, 200m 이상
② 기술적 기준: 횡력저항을 위한 구조시스템
③ 구조적 기준: $\lambda = \frac{H}{D} \geq 5$

Ⅱ. 초고층의 필요성

① 경제성 고취
토지이용 극대화, 건설경기 부양, 관광명소(관광수입)
② 환경문제해결
도심환경복구, 인간성 회복, 교통문제 해결
③ 상징성 회복
국가경쟁력 및 자긍심 고취, 도시의 Landmark화
④ 첨단성
건축기술과 빌딩산업의 발전

Ⅲ. 초고층 건물의 지진피해 원칙

① 잘못된 구조시스템 → 대책: 비정형 평면
② 콘크리트 강도부족
③ 부적절 횡보강 철근

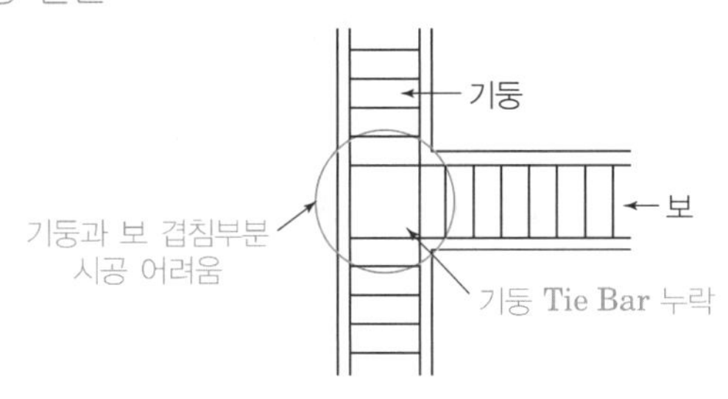

[초고층건물]

02 초고층 건물의 구조형식

Ⅰ. 정의

초고층 건물은 수직하중과 수평하중에 대처하기 위하여 적절한 구조형식을 취하여야 하며 그에 따라 강접골조, 가새골조, 전단벽구조, 튜브구조 등이 적용되고 있다.

Ⅱ. 초고층 건물의 구조형식

1. 강접골조 형태(Rigid Frame System)

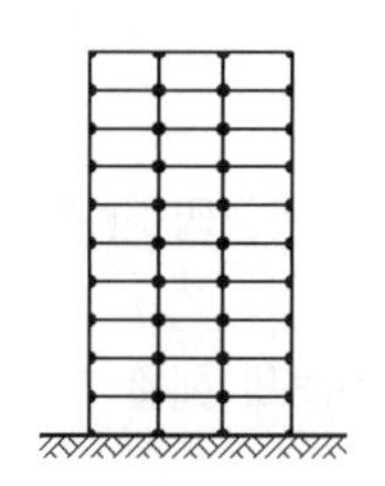

① 기둥과 보를 용접에 의해 휨강성으로 지지하는 방식
② 30층 이하의 고층건물에 사용
③ 구조체의 연성 증가로 내진용에 적합
④ 개구부 설계가 자유롭다.

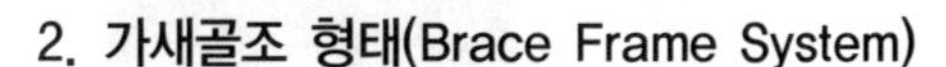

2. 가새골조 형태(Brace Frame System)

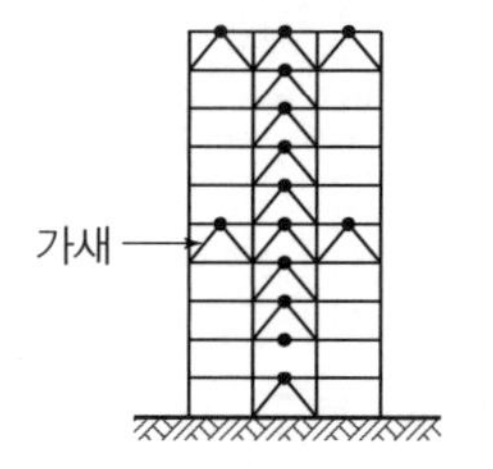

① 철골골조에 대각선으로 가새를 설치하는 방식
② 50층까지 구축 가능
③ 가새가 있으므로 공간활용이 비효율적이다.
④ 수평력에 효과적으로 대처

3. 전단벽구조 형태(Shear Wall System)

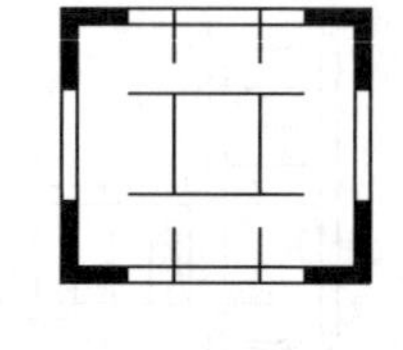

① 전단벽이 수직, 수평하중을 지지하는 방식
② 35층까지 구축 가능
③ 휨강성이 우수
④ 인성이 낮아 전단파괴의 우려

4. 코어구조 형태(Core System)

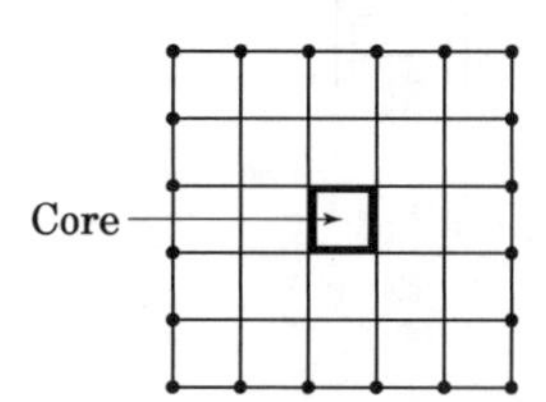

① 코어와 외곽의 일체화로 수직, 수평하중을 지지하는 방식
② 바닥은 라멘구조로 내·외부를 일체화
③ 100층을 넘는 초고층 건물까지 구축 가능

5. 튜브구조 형태(Tube System)

① 건물의 외곽기둥을 일체화시켜 수평하중을 저항하는 구조
② 바닥은 단순지지 구조 형태
③ 100층을 넘는 초고층 건물까지 구축 가능
④ 종류: 골조 튜브와 가새 튜브가 있다.
⑤ 골조튜브는 외곽기둥을 1~4m 정도로 밀실하게 배치하고 강성이 큰 외곽보를 연결한 구조
⑥ 가새튜브는 기둥을 보통간격으로 배치하고 외곽보의 휨에 대한 약점을 가새를 사용하여 외곽기둥을 연결한 구조

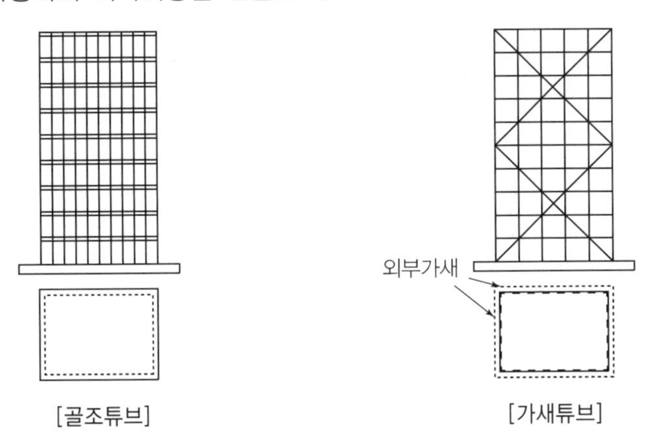

[골조튜브] [가새튜브]

03 고층건물의 지수층(Water Stop Floor)

Ⅰ. 정의

고층 건물의 내·외부 작업 동시 진행될 때 우수로 인한 내부 마감재 손상과 원활한 작업진행을 위해 5~10개층마다 방수처리하여 지수층을 설치한다.

Ⅱ. 지수층 개념

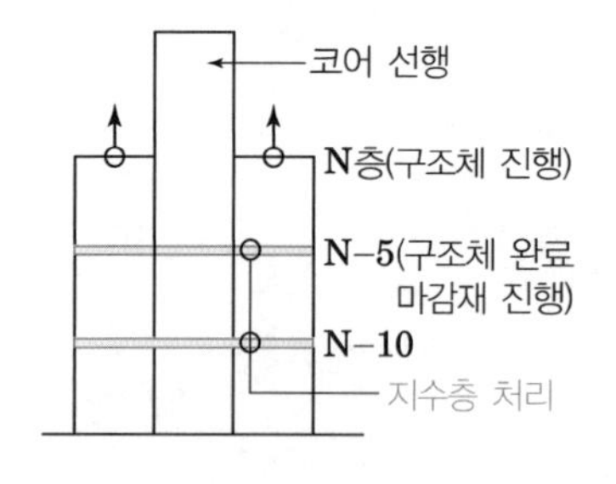

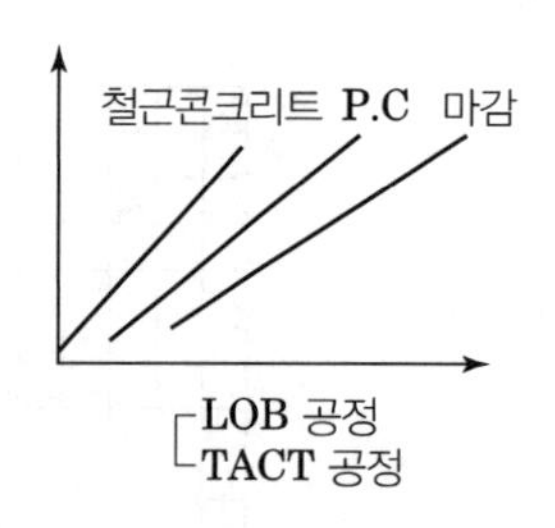

Ⅲ. 현장 지수층 관리

① 벽체 유리공사와 병행하여 실시
② 5~10개층 단위로 공사구획 관리할 것
③ TACT 공정관리와 병행하여 체크할 것
④ 우수의 침입이 없도록 방수 작업 철저

Ⅳ. 지수층 설치목적

① 공기 단축의 목적 → L.O.B와 병행
② 날씨로 인한 피해 최소 → 내부 마감재 보호
③ 쾌적한 현장관리 운영

04 Column Shortening(기둥축소량, 철골조 Column Shortening의 원인 및 대책)

Ⅰ. 정의

Column Shortening이란 내·외부 철골기둥의 신축량의 차이와 외부철골기둥과 내부 콘크리트 코어부분의 수축에 따른 기둥높이의 차이가 발생하는 현상을 말한다.

Ⅱ. 층별 보정(主高調定) 방법

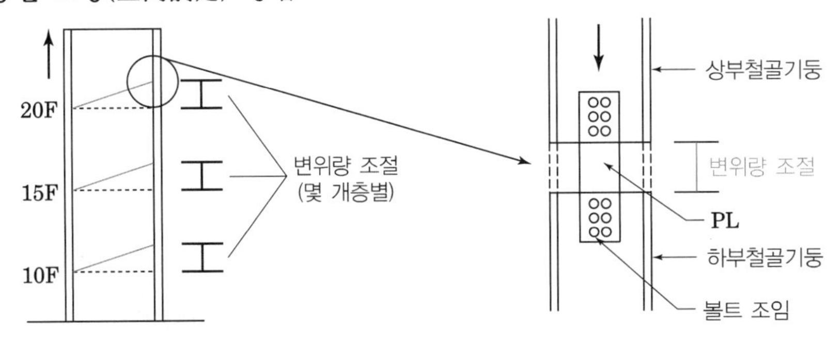

Ⅲ. Column Shortening의 원인

① 응력차(하중분담차이)
② 내·외부 온도차이로 인한 변위
③ 재질의 상이
④ 주각부 모르타르 레벨 불량

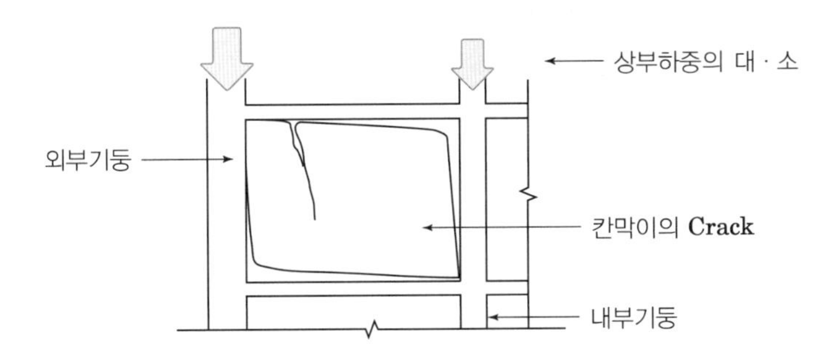

Ⅳ. 대책

① 설계 시 미리 예측하여 구조설계에 반영
② 주고조정(主高調定)에 의한 층별 보정 실시
③ 콘크리트타설 레벨 유지를 철저히 하여 슬래브 수평유지
④ 4~5층마다 현장 실측하여 변위량에 대해 철골기둥 수정하여 반입
⑤ 건조수축을 감안하여 코어 보정
⑥ 건물기둥에 Strain Gauge 설치하여 계측관리 철저
⑦ 변위발생 후 본조립 실시

05 Core 선행공법

Ⅰ. 정의

코어부분의 콘크리트가 먼저 시공되고 그 뒤를 따라 철골공사가 올라가는 공법으로 기존의 공법순서를 뒤바꾼 것이다.

Ⅱ. 시공도

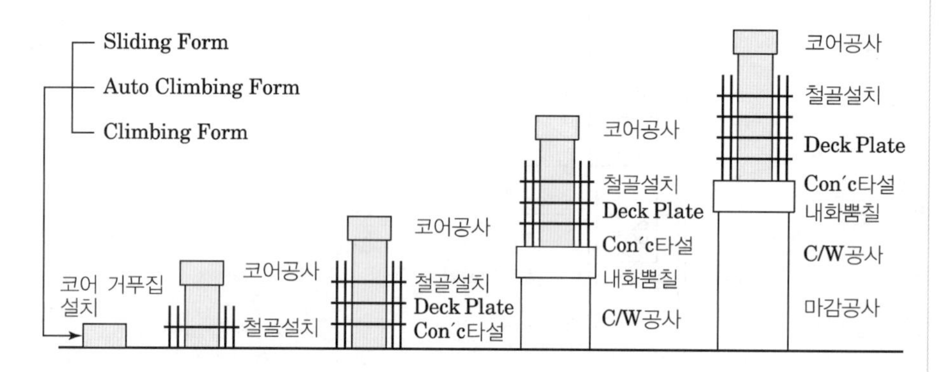

[코어 선행공법]

Ⅲ. Core 선행공법의 핵심기술

① 거푸집의 설치, 고정, 해체의 시스템화
② 코어와 연결되는 철근과 철골의 처리계획
③ 먼저 상승하는 코어부분의 인력과 자재반입에 대한 문제해결

Ⅳ. Core 선행공사에서의 철근의 연결

① 기계이음방법
② 돌출형 키커방법
③ 벽체 매립박스방법
④ Embeded Plate 방법

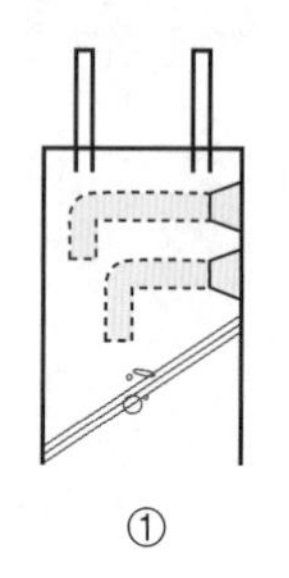
①

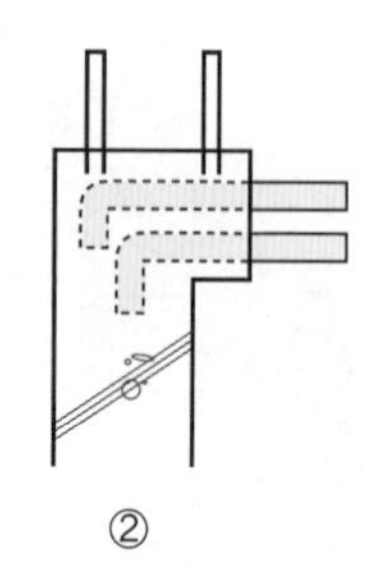
②

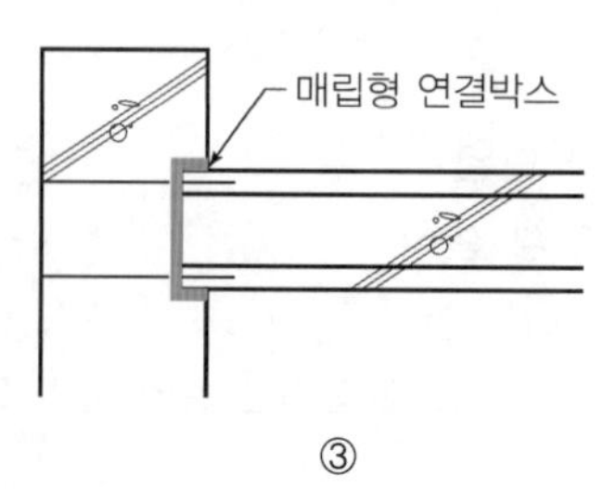

③

06 충전강관콘크리트(Concrete Filled Tube)

Ⅰ. 정의

강관의 내부에 콘크리트를 충전한 구조로서 콘크리트 충전강관구조라고 하며 고내력, 고인성을 가진 고성능 부재로 고축력에 저항하는 구조이다.

Ⅱ. 시공도

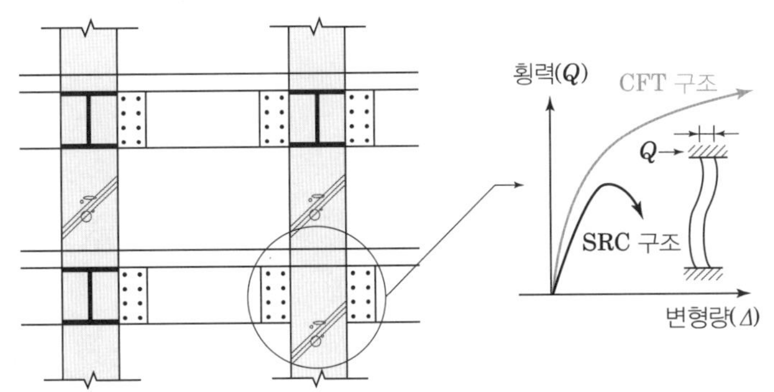

[압입법]

Ⅲ. CFT 구조의 성능

1. 구조성능

강관의 국부 좌굴변형을 구속하여 좌굴에 따른 강관의 내력저하방지

2. 내화성능

열용량이 큰 콘크리트 충전으로 표면온도를 억제

3. 시공성

충전작업이 공정에 영향을 미치지 않고, 형틀공사가 필요 없음

4. 적용성

외관이 돋보이는 원형기둥을 형성

Ⅳ. 콘크리트 타설방법

① 낙하법
② 트레미관법: 1회 15m 정도
③ 압입법: 1회 30m 이상

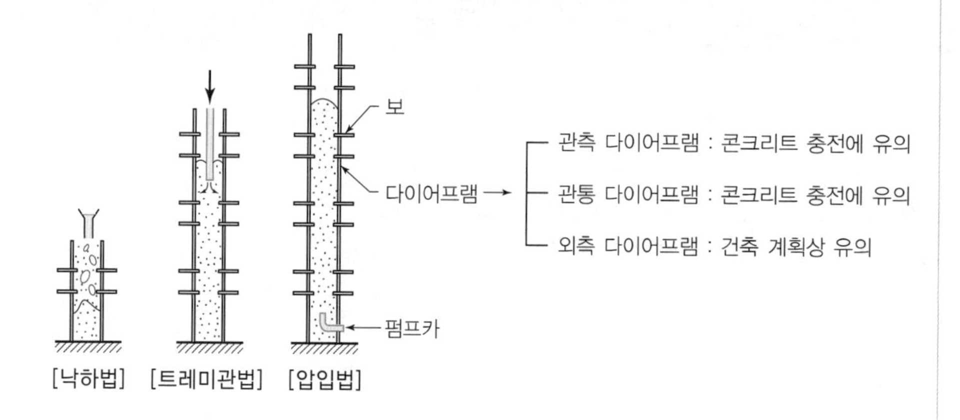

Ⅴ. 콘크리트 배합상 유의점

① 수화열이 큰 시멘트 사용금지
② 압입공법은 원칙적으로 AE 감수제 사용
③ 체적변화의 지표인 침하량 및 블리딩양 철저히 관리
④ 단위수량은 175kg/m^3 이하
⑤ 공기량 억제
- 외측 다이어프램: 4.5% 이하
- 내측 또는 관통 다이어프램: 2% 이하

⑥ 단위 조골재 실용적: 0.5m^3/m^3 이상

Ⅵ. 시공관리상 유의점

① 운반시간이 1시간 이내의 공장 선정
② 압입공법은 기둥 1개마다 배차계획
③ 압입속도: 1m/min
④ 트레미관은 콘크리트에 1m 이상 삽입
⑤ 콘크리트 이어치기: 강관 이음위치보다 30cm 이상 내린다.

07 충전강관콘크리트(Concrete Filled Tube) 기둥의 콘크리트 타설 방법 KCS 14 20 10

Ⅰ. 정의

충전강관콘크리트는 강관의 내부에 콘크리트를 충전한 구조를 말하며, 콘크리트 타설시 공극이 발생되지 않도록 밀실하게 타설하여야 한다.

Ⅱ. 콘크리트 타설 방법

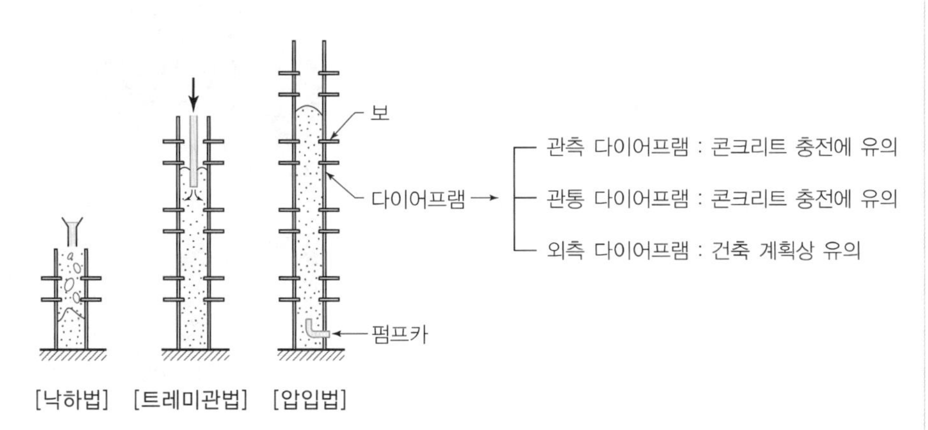

[낙하법] [트레미관법] [압입법]

[압입법]

1. 낙하법

① 콘크리트를 타설 전에 운반차 및 운반장비, 타설설비 및 거푸집 안을 청소하여 콘크리트 속에 이물질이 혼입되는 것을 방지

② 콘크리트의 타설 작업을 할 때에는 철근 및 매설물의 배치나 거푸집이 변형 및 손상되지 않도록 주의

③ 벽 또는 기둥과 같이 높이가 높은 콘크리트를 연속해서 타설할 경우에는 콘크리트의 반죽질기 및 타설 속도를 조정

2. 트레미관법

① 콘크리트는 트레미관을 통해서 바닥에서부터 중단 없이 연속하여 타설

② 콘크리트 타설 중단은 1시간 이내가 되도록 계획

③ 트레미관 선단은 항상 콘크리트 속에 1m 이상 관입

3. 압입법

① 유동화 콘크리트로 타설하며, 슬럼프 플로 및 타설 속도를 조정

② 기둥 하부에서 상부로 압입

③ 중단 없이 연속하여 타설

08 전단벽(Shear Wall)

Ⅰ. 정의

전단벽(Shear Wall)이란 벽체의 면내로 평행하게 작용하는 수평력 및 지진으로 발생한 수평력에 저항하도록 설계된 구조벽으로 내력벽을 겸할 수 있다.

Ⅱ. 현장시공도

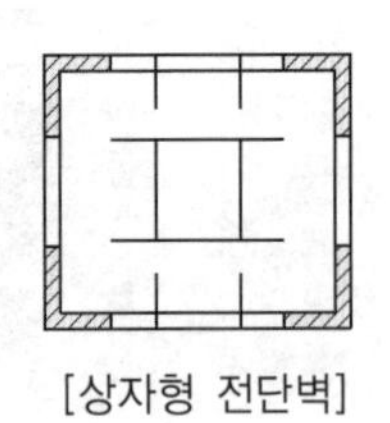

[상자형 전단벽]

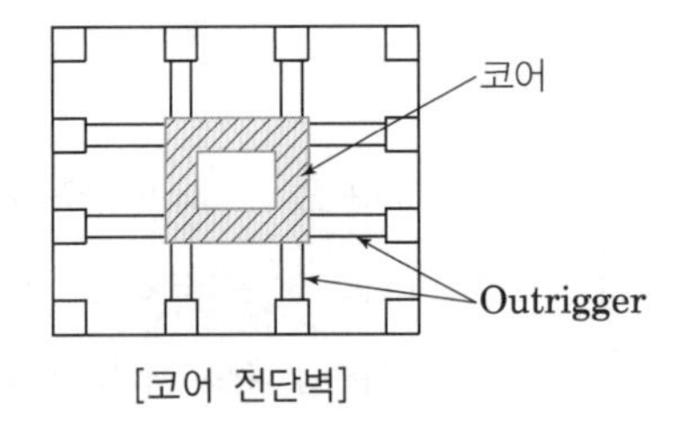

[코어 전단벽]

[전단벽]

Ⅲ. 전단벽의 배치

① 벽체와 벽체를 직교되게 배치
② 벽체의 두께방향으로 횡력을 부담하는 것을 최소화
③ 비틀림으로 직교하는 전단저항의 중심이 건물에 작용하는 횡하중의 중심과 거의 일치하게 배치
④ 전단벽과 구조체 기둥의 접합 시 전단벽은 휨변형에 저항, 구조체 기둥은 전단변형에 저항
⑤ 변형이 동일하기 위해서는 상부는 인장력, 하부는 압축력이 발생
⑥ 전단벽의 철근배근은 수직철근과 수평철근 이외에 보강철근을 추가하여 충분히 보강 조치

Ⅳ. 특징

① 일체형 구조로 접합이 쉽고, 수평하중에 대한 저항 우수
② 넓은 바닥면적과 높은 층고 가능
③ 개구부 주위 응력 집중현상 발생
④ 전단벽의 위치 변경 곤란
⑤ 구조체의 자중 증가

[고려할 점]
- 코어 전단벽의 1층에 개구부가 많은 경우 높은 응력이 문제가 된다.
- 전단벽에 생기는 개구부의 개수와 크기에 따라 전단벽의 비틀림 강성과 휨 강성이 크게 저하될 수 있다.
- 콘크리트 비탄성 변형에 의해 전단벽의 수직방향 변형이 계속 진행되므로 설계단계에서 예측과 평가가 되어야 한다.
- 콘크리트 전단벽 시스템은 자중 증가로 기초가 부담해야하는 하중이 커진다.

09 횡력지지 시스템(Outrigger)

Ⅰ. 정의

초고층건물에 풍화중 및 지진 등의 횡하중을 제어할 목적으로 코어를 외부기둥에 바로 연결시켜 횡강성을 증대시킨 공법으로 보통 코어와 외부기둥 사이에 트러스 형태로 구성되며, 등분포 Outrigger와 집중 Outrigger System이 있다.

Ⅱ. 현장시공도 및 종류

① 등분포 Outrigger
코어와 외부기둥을 일반보로 전 층에 걸쳐서 배치

② 집중 Outrigger
코어와 외부기둥을 대형보(트러스)로 일부 층(4~5개 층마다)에 집중배치하고, 그 외층은 일반보로 걸쳐서 배치

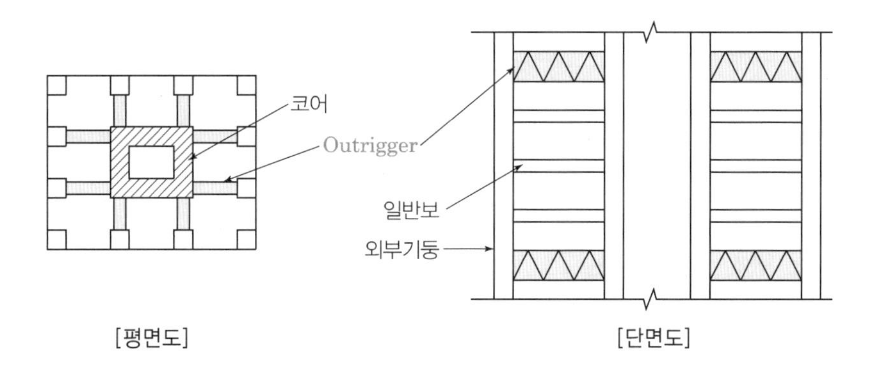

[평면도] [단면도]

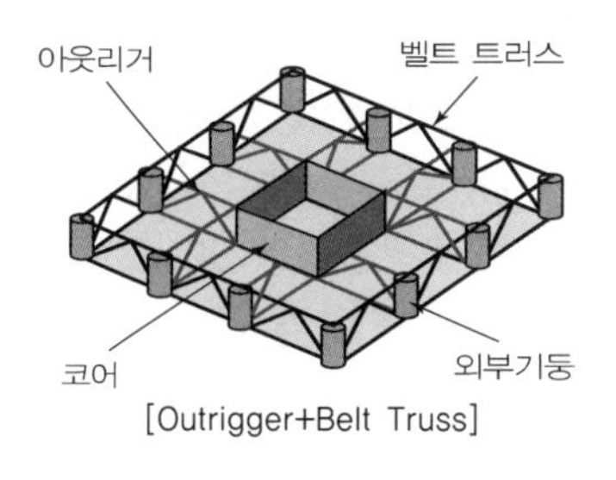

[Outrigger+Belt Truss]

Ⅲ. 코어와 Outrigger

① 코어: 수평전단력 지지
② Outrigger: 수직전단력을 코어로부터 외주부의 기둥에 전달
③ Belt Truss: Outrigger Truss와 직접적으로 연결되지 않은 외부기둥들의 수평강성전달 참여 유도

[Outrigger의 구조적 거동]
- 코어만으로 횡저항을 지지하는 구조보다 횡적처짐과 모멘트를 감소
- 구조체의 축강성 증대
- Outrigger와 외주부 기둥의 접합을 Hinge로 처리하여 기둥모멘트 발생 방지
- 바닥보와 외부주 기둥의 접합을 Hinge로 처리하여 연직하중에 의한 기둥 모멘트 발생 방지

Ⅳ. 특징

① 외주부 기둥의 수평저항 능력 증가
② 강접이 아닌 단순접합 가능
③ 수평변위를 감소
④ 건물사용상의 문제를 최소화하기 위해 중간층(피난층) 기계실층에 위치
⑤ 반복공사가 아니므로 공사 진행에 방해

10 Belt Truss

Ⅰ. 정의

초고층건물에 횡하중을 제어할 목적으로 Outrigger를 적용 시 Core의 힘을 분산시키기 위해 외부 기둥을 Truss로 연결시키는 공법을 말한다.

Ⅱ. 개념도

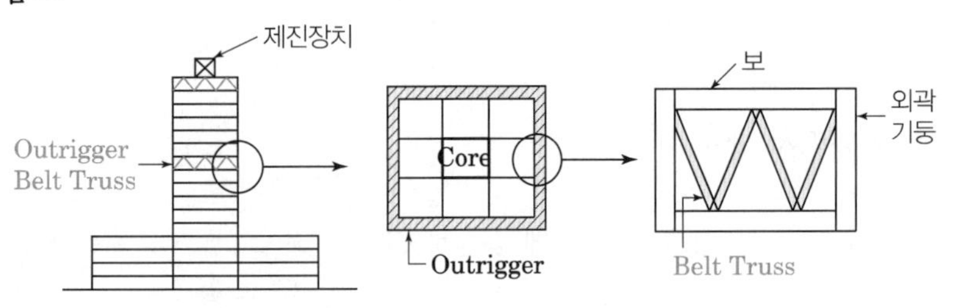

아웃리거
벨트 트러스
코어
외부기둥
[Outrigger+Belt Truss]

Ⅲ. 특징

① Outrigger System과 병행 시공
② 코어변형을 억제시키는 Tie-down 작용
③ 반복공사가 아니므로 공사진행에 방해
④ 건물 미관 저해

Ⅳ. 유의사항

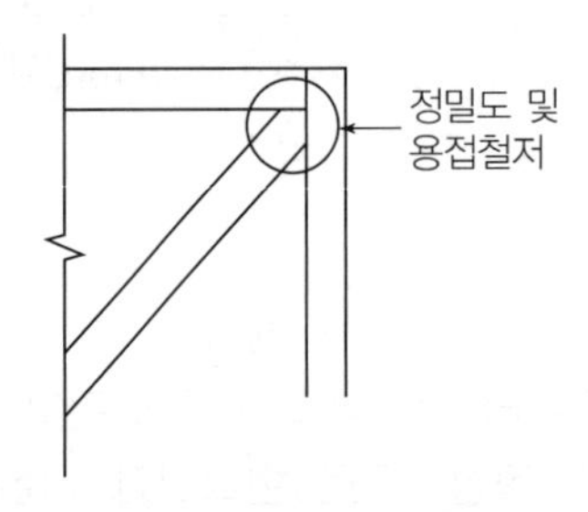

① Belt Truss층 공용 Area 설비공간이나 비상대피공간, Sky Park로 활용
② 외부 디자인 요소로 활용
③ Joint부 전단저항 보강 병행 시공
④ 공정계획, 운반, 양중계획 철저

11 제진, 면진

Ⅰ. 정의

① 제진: 건축물의 최상부에 구조물의 고유주기와 일치하는 진자를 설치하여 건물이 바람 등에 의해 흔들리기 시작하면 진자의 움직임은 역방향으로 작용하여 건물의 진동을 저감시켜 주는 장치이다.

② 면진: 건물의 기초 부분 등에 적층 고무 또는 슬라이딩 베어링 등을 사용해서, 지진에 의한 지반의 진동이 상부 구조물에 전달되지 않도록 하는 구조를 말한다.

Ⅱ. 제진

1. 개념도

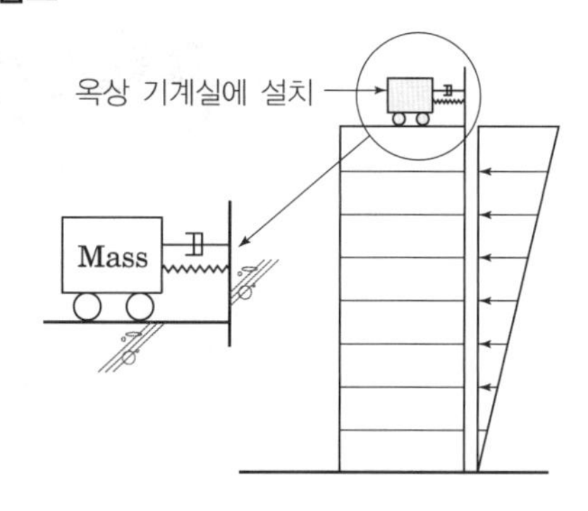

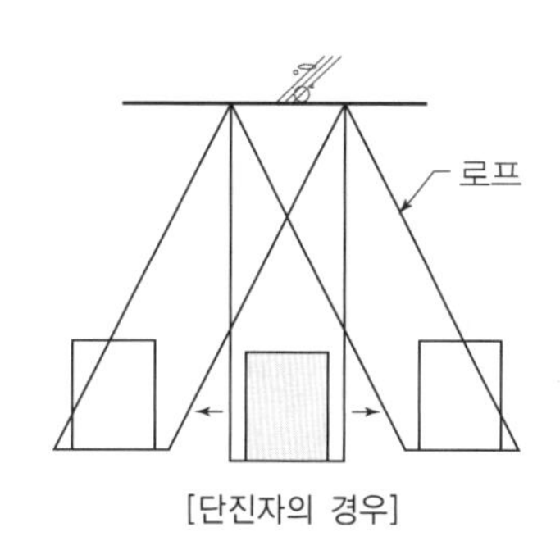

[단진자의 경우]

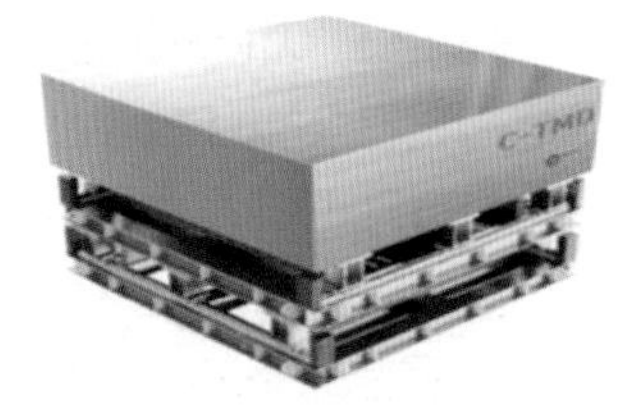

[고용량 TMD]

[저용량 TMD]

2. 제진장치의 종류

① TMD(Tuned Mass Damper)
동조된 스프링에 달린 질량과 감쇠요소로 구성되어 있으며, 바람에 의한 구조물 진동을 감소진동감쇠장치를 이용하여 횜방향의 비틀림현상 제어

② HMD(Hybrid Mass Damper)
유압식, 유공압식, 전자식, 모터식 등의 구동방법을 이용한다. 능동제어장치의 본질적인 특성은 구동기의 작동을 위하여 외부의 전원을 이용질량체를 이용하여 능동·수동제어의 동시 사용

③ AMD(Active Mass Damper)
질량체를 이용한 능동제어방식

④ TLD(Tuned Liquid Damper)
동조질량 댐퍼와 유사한 개념으로 유체탱크 내의 유체운동의 고유진동수가 구조물의 진동수와 동조되도록 설계하여 구조물의 진동을 흡수집수통에 일정량의 액체를 삽입 후 진동흡수

⑤ ABS(Active Bracing System)
브레이스의 질량체를 이용한 건물 자동제어

Ⅲ. 면진

1. 개념도

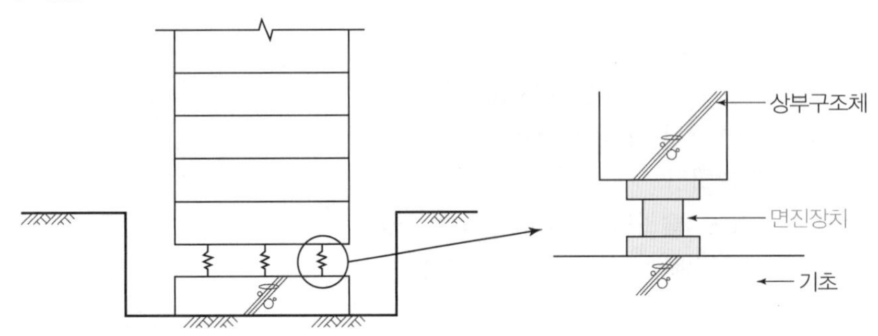

2. 면진장치의 종류

① LRB(Laminated Rubber Bearing)

- 고무와 강판을 서로 겹쳐 놓은 베어링으로 전달에너지를 최소화
- 기초와 지반사이에 상대변위가 크게 발생하고 초기 강성이 충분하지 못함

② 납면진받침(LRB: Lead Rubber Bearing)

LRB의 단점을 보완하기 위해 원주형의 납을 LRB의 중심부에 설치하여 상대변위를 조정

③ 활동분리시스템(Sliding Isolation System)

기초와 지반사이에 활동 마찰판을 설치하여 상부 구조물의 진동수 이동보다는 마찰로 인한 에너지 감쇄결과로 지반분리효과를 얻음

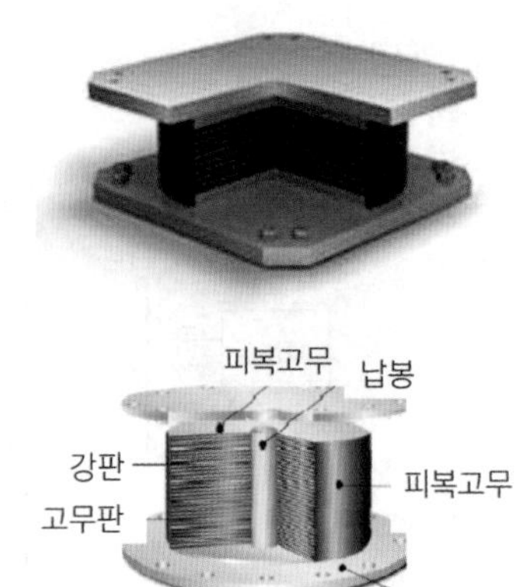

[LRB]

3. 면진의 주요 기능

① 지진하중의 감소를 위해 주기가 길 것
② 응답 변위와 하중을 줄이기 위해 에너지 소산 효과가 좋을 것
③ 사용하중에 저항성이 있을 것
④ 온도에 따른 변위를 조절이 가능할 것
⑤ 자체적으로 복원성이 있을 것
⑥ 지진 발생 후 손상을 입었을 때 수리 및 대체가 용이할 것
⑦ 지진하중에 따른 과도한 변위가 발생되지 않을 것

4. 면진의 기본적 기능

① 하중 응답을 감소시키기 위해 전체 시스템의 주기를 길게 하기 위한 유연성
② 구조물과 지반 사이의 상대변위를 조절하기 위한 에너지 소산 능력
③ 풍화중이나 상시 진동 또는 미세한 지진같이 작은 하중 하에서의 강성

12 제진에서의 동조질량감쇠기(TMD: Tuned Mass Damper)

Ⅰ. 정의

동조된 스프링에 달린 질량과 감쇠요소로 구성되어 있으며, 바람에 의한 구조물 진동을 감소진동감쇠장치를 이용하여 휨방향의 비틀림현상을 제어하는 장치를 말한다.

Ⅱ. 개념도

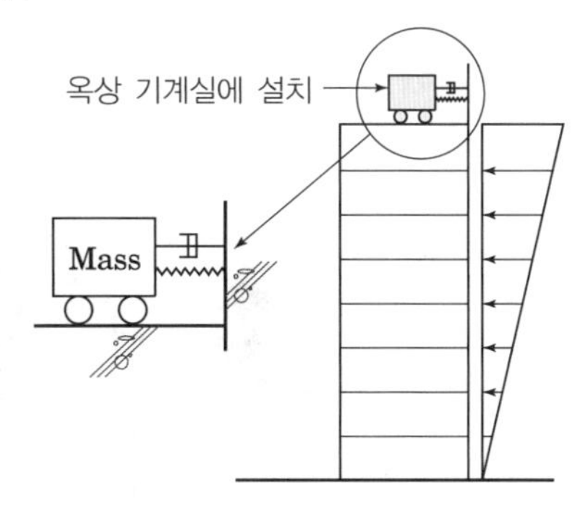

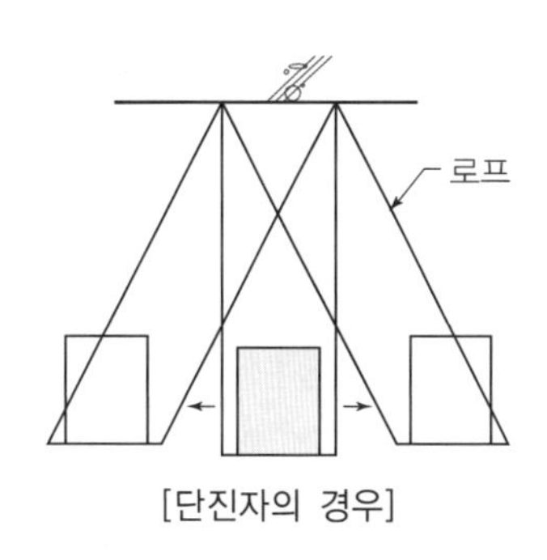

[단진자의 경우]

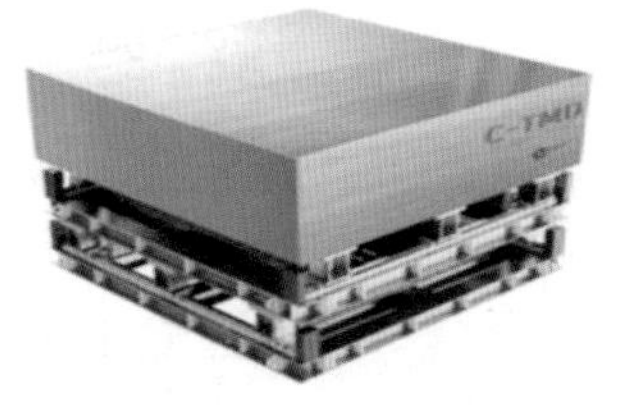

[고용량 TMD]

[저용량 TMD]

Ⅲ. 특징

① 내진성능 향상 및 구조물의 사용성 확보
② 지진 및 진동에 의한 손상레벨을 제어
③ 건축물의 비구조재나 내부 설치물의 안전한 보호

Ⅳ. 에너지 흡수기구(Damper)

1. 마찰댐퍼

마찰을 이용하여 건물에 입력된 진동에너지를 열에너지로 변환하여 건물의 진동을 억제하는 감쇠장치

2. 점탄성댐퍼

① 점성체 혹은 점성체의 점성감쇠에 의해 에너지를 흡수
② 온도 의존성, 진폭의존성이 크다

3. 납댐퍼

납의 초가소성을 이용한 댐퍼이며, 납의 이력 흡수에너지를 이용

4. 조합댐퍼

두 가지 이상을 조합하여 만든 댐퍼

13 TLD(Tuned Liquid Damper)

Ⅰ. 정의

동조질량 댐퍼와 유사한 개념으로 유체탱크 내의 유체운동의 고유진동수가 구조물의 진동수와 동조되도록 설계하여 구조물의 진동을 흡수집수통에 일정량의 액체를 삽입 후 진동 흡수하는 장치를 말한다.

Ⅱ. 개념도

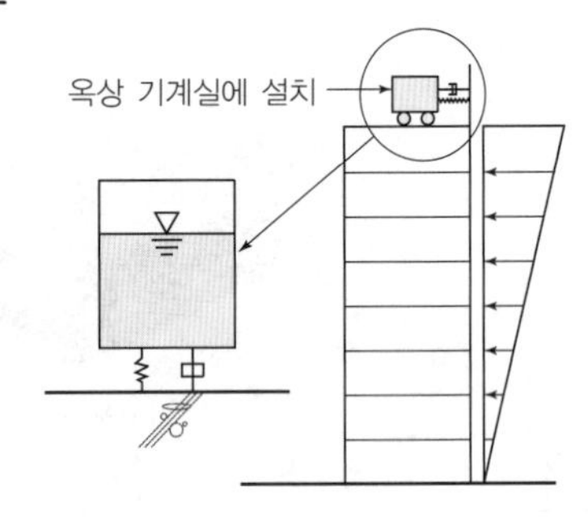

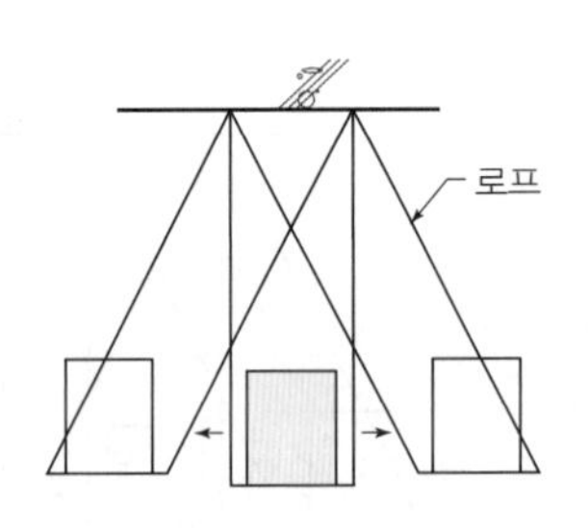

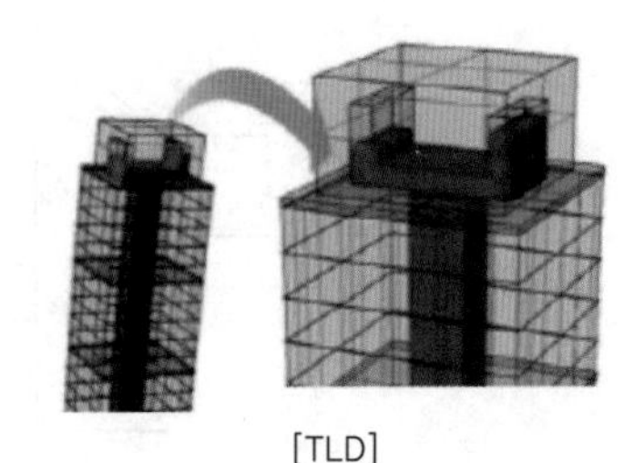

[TLD]

Ⅲ. 특징

① 설치장소와 위치에 큰 제약조건을 받지 않아서 기존의 건물에 설치가 용이

② 초기 설치비용이 TMD와 비교하여 50~70% 정도 절감

③ 유지보수(매년 물의 높이만 점검) 등 절감

④ 서로 다른 진동수를 갖는 다자유도계 진동에 대하여 제어

⑤ 수조에 길이(L)에 대한 물의 높이(h)의 비가 0.15 기준: 고유진동수 결정

Ⅳ. 고유진동수

1. 직사각형 수조

$$f_w = \frac{1}{2\pi}\sqrt{\frac{\pi g}{L}\tanh\left(\frac{\pi h}{L}\right)}$$

여기서, L : 장변방향의 수조 길이, h : 수조내의 물의 높이

g : 중력가속도(m/sec^2)

2. 원형 수조

$$f_w = \frac{1}{2\pi}\sqrt{\frac{1.841g}{R}\tanh\frac{1.841h}{R}}$$

여기서, R : 원형 수조의 반지름, h : 수조내의 물의 높이

g : 중력가속도(m/sec^2)

3. 고유진동수

① 낮은 고유진동수: 수조 길이는 길고 낮은 수심에서 유리

② 높은 고유진동수: 적은 수조의 길이와 높은 수심에서 유리

14 건축구조물의 내진보강공법

Ⅰ. 정의

지진이란 단층에서 갑자기 미끄러짐 때문에 그 충격으로 땅이 흔들리는 것을 말하며, 이에 대응하기 위하여 기둥, 보, 벽 등에 대하여 내진성능을 향상시키기 위해 보강을 하여야 한다.

Ⅱ. 내진보강공법

1. 벽 증설 공법

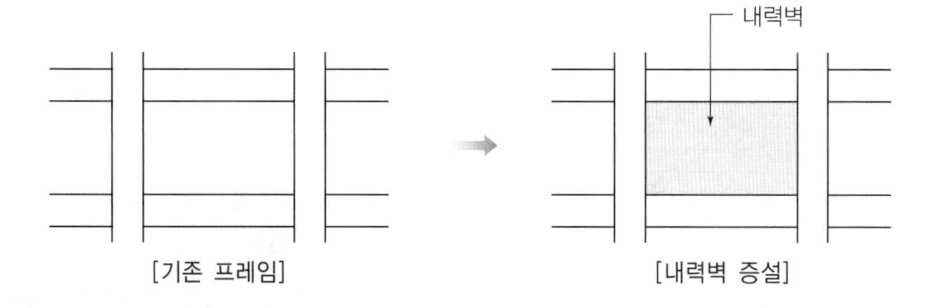

[기존 프레임] [내력벽 증설]

2. 브레이스 증설 공법

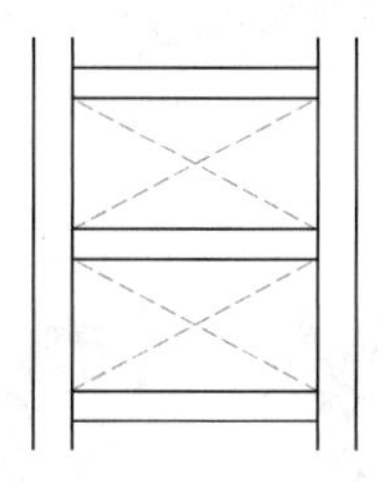

① 기둥, 보의 공간 프레임 내에 철골 브레이스 설치
② 철골 브레이스 형상

3. 기둥보강공법

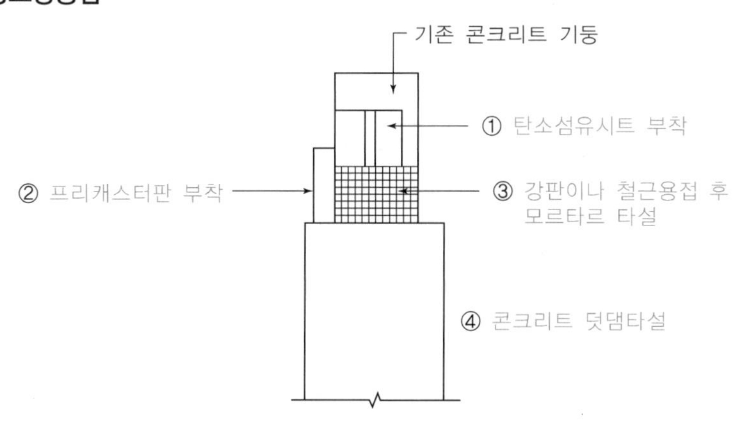

4. 면진공법

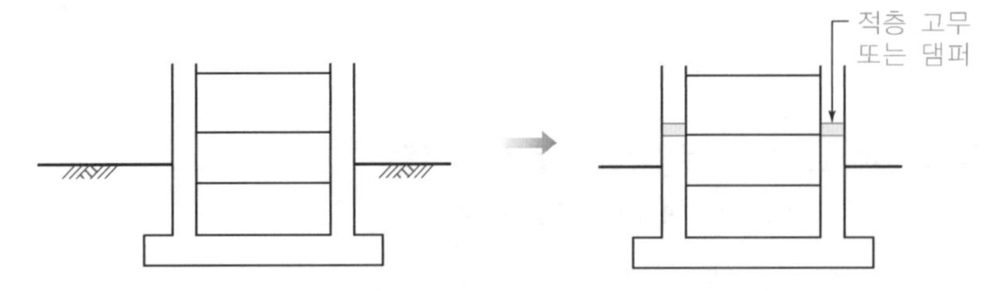

① 기둥, 벽 등을 전부 절단하여 면진장치(적층고무 또는 댐퍼) 삽입
② 중·저층용 공법으로 보강효과가 큼
③ 내진 안전성 실현

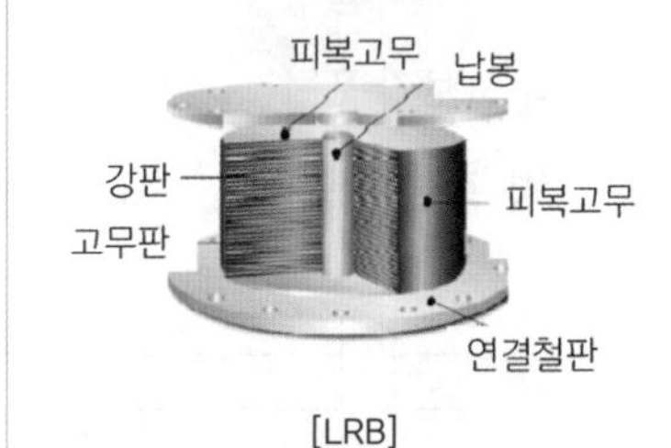

[LRB]

5. 제진기구 설치공법

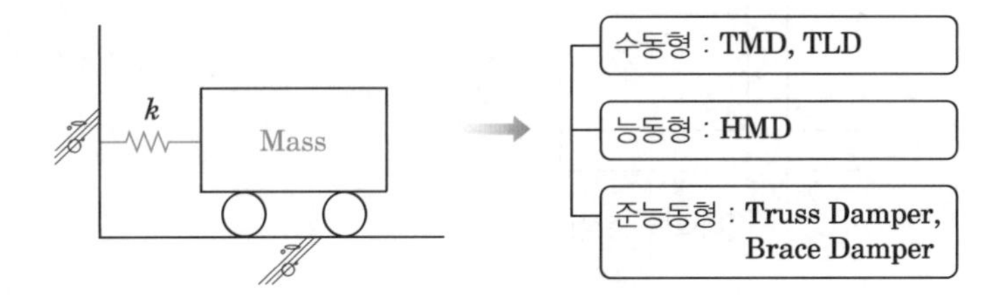

[TMD]

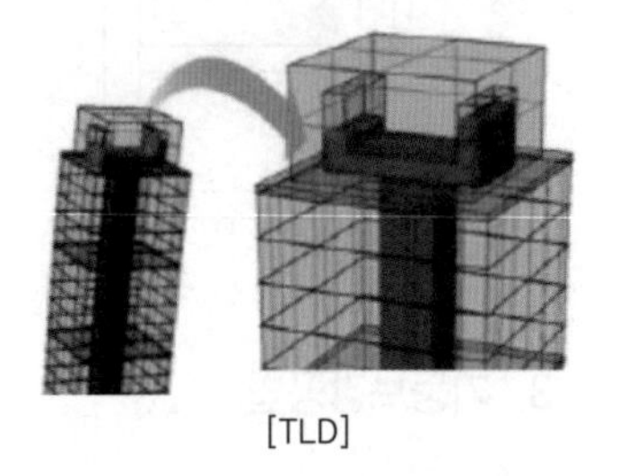

[TLD]

6. 변형능력 향상방법(철골구조물)

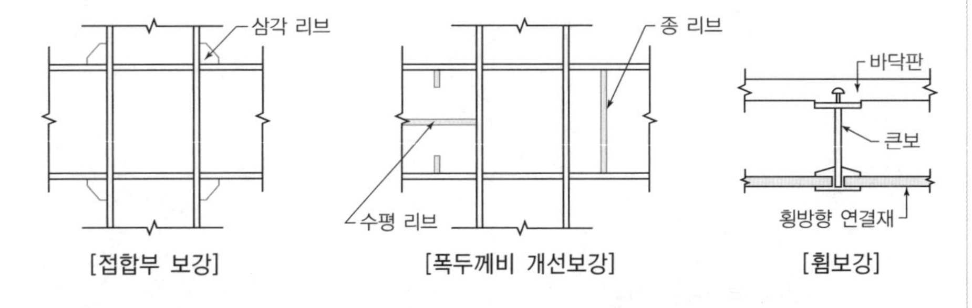

[접합부 보강] [폭두께비 개선보강] [휨보강]

7. 기타 공법

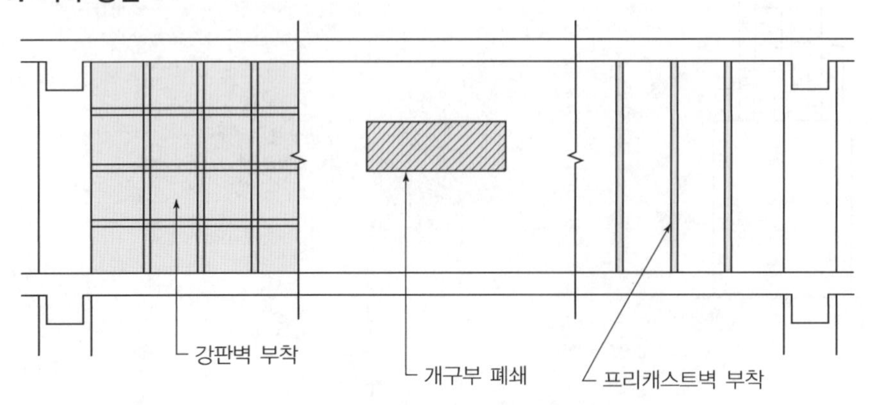

15 초고층빌딩 시공 시 중점관리사항

Ⅰ. 정의

초고층공사에서 건축물의 수직도관리, 양중관리, 공정관리, 안전관리 등에 유의해야 한다.

Ⅱ. 중점관리사항

1. 횡력저항

① 강구조: Mega Column + Outrigger System + Belt Truss
② 유연구조: TMD, TLD, HMD

2. Dishing 현상

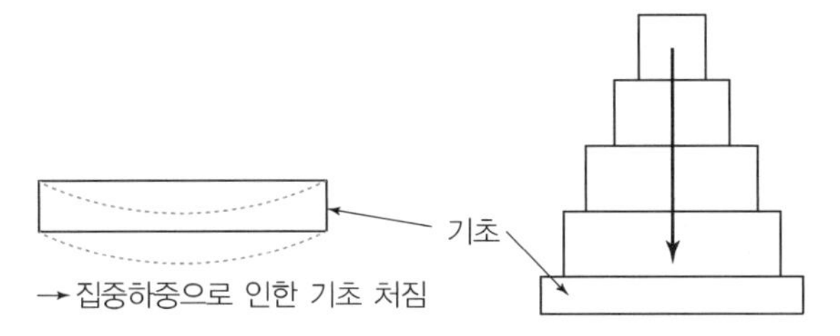

3. 수직도관리

GPS: 3개 이상의 위성으로 송·수신

4. 층고관리

Column Shortening(매 층마다 관리)

5. 양중관리

자재·인력·쓰레기 분리운영

6. 공정관리

7. Tilting보정(경사)

8. 안전관리

9. T/C 수직도 계측

16 막구조(Membrane Structure)

KCS 41 70 02

Ⅰ. 정의

막구조는 직포구조를 기본으로 하고 섬유를 꼰 실을 경사, 위사로 하여 짠 것으로 이방성을 가지고 있다.

Ⅱ. 막 자재

① 유리섬유 막재
② 폴리에스테르섬유 막재
③ 기타 제품성능이 인정되는 막재

Ⅲ. 시공

1. 시공계획

품질 및 시공관리 조직, 공정계획, 막 제작계획, 운반계획, 현장가설계획, 공정별 시공계획, 시공관리계획 등을 철저히 수립

2. 하부 구조물의 조사

막지지구조 및 현존하는 구조물의 상태를 파악

3. 막구조 조립 조절과 검사

막구조가 설계와 일치하여 시공되고, 막구조의 어느 부위에도 손상 또는 과부하 응력이 발생하는 시공하중이 없도록 확인

4. 막구조 자재와 제작도면의 승인

① 자재, 공장제작 및 현장조립순서에 대하여 사전 승인
② 시공사는 시공 전에 제작도면을 수행하여 제출

5. 제작 및 시공

① 막의 클램프와 지지부 사이의 공간은 클램프 곡률이 부드럽게 유지되고, 물의 고임이 생기는 것을 방지
② 클램프의 모든 부재는 조립 시 응력집중을 막기 위하여 막 접촉면에서 최소 반경 6mm까지 둥글게 처리
③ 경계면에 있는 모든 강재는 합성고무층으로 분리
④ 모서리 부분과 응력의 집중이 생길 수 있는 부분들은 사선 보강으로 처리
⑤ 막의 모든 접합부와 이음부는 방수에 적합한 방식으로 배열
⑥ 초속 5m/s 이상의 바람이 부는 경우 승인을 득한 후 시공
⑦ 어느 부위에서나 막이 구겨지거나 겹쳐지지 않도록 할 것

17 공기막구조

KCS 41 70 02

Ⅰ. 정의

공기막구조란 막 재료로 덮인 공간에 공기를 주입하고, 내부의 공기압력을 높여 막을 장력상태로 유지하여 하중 및 외력에 대하여 저항한 구조이다.

Ⅱ. 종류

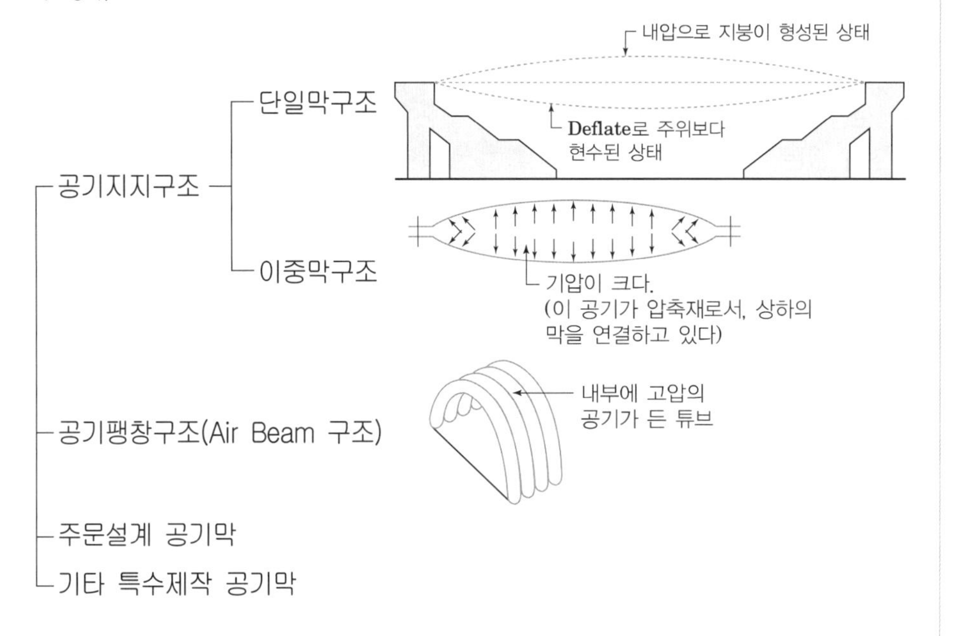

[이중막구조]

[공기팽창구조]

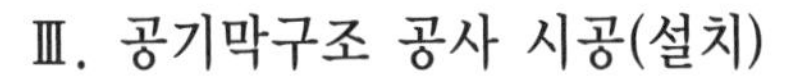

Ⅲ. 공기막구조 공사 시공(설치)

1. 지지구조

① 공기막구조의 수평 축력 및 부상력을 충분히 고려하고, 막면의 팽창·수축이 쉽고 안전하도록 시공

② 가압공간과 비가압공간의 경계벽, 창유리, 출입구 등은 지진, 강풍 등에 안전하여야 하며, 접합부에서의 기밀성을 유지

2. 기초구조

외력과 상시 내압에 의해 작용되는 반력에 의해 기초구조가 이동변형이 발생하지 않도록 시공

3. 출입문

① 회전문 또는 이중문일 것(이중셔터 포함, 비상문 제외)

② 평소 사용 시 내압에 커다란 변동을 끼치지 않는 기구로 할 것

③ 안전하게 출입할 수 있도록 조정되어 균형이 잘 잡혀 있을 것

④ 내부가 보이도록 유리 또는 작은 창이 있을 것
⑤ 회전문은 일반적으로 사람 통행이 많은 경우(100인/시 이상)에 설치하고, 적은 경우 이중문으로 할 것
⑥ 들어갈 때 내부(이중문 안, 회전문 안)가 보이는 구조로 할 것
⑦ 이중문은 내·외 부문이 비상 시를 제외하고 동시에 열리지 않는 구조로 하거나 램프, 경보 등의 장치를 설치 할 것
⑧ 전동식 이중문의 경우 정전 시에 수동 개폐가 가능 할 것
⑨ 지붕면과 벽면이 일체로 되어 있는 경우 출입구는 지붕면의 눈 또는 빗물이 미끄러지거나 떨어지는 것에 대한 조치가 취해져 있어야 하며, 자립구조일 것

4. 비상문

① 비상문은 바깥 열림으로 하며, 보통 때의 출입에는 사용 금지
② 수축 시스템 또는 보조지지구조가 없는 경우에는 비상구는 자립하는 구조로 하여 비상구 부근은 막의 강하를 방지할 프레임 등을 설치
③ 비상구의 개방은 완충장치 등의 부착 또는 밸런스 문 혹은 작은 창을 설치하여 실내압을 떨어뜨린 후 문을 개방하는 장치가 필요
④ 회전문, 이중문은 비상문으로 사용 금지

5. 개구부

① 원칙적으로 개구부는 개폐하지 않도록 하지만 비상용, 환기 등을 목적으로 하는 경우 개폐 가능
② 고압 하에도 잘 부착시켜 강도를 갖게 하며 기밀성을 고려한 것을 사용
③ 개구부의 크기는 사고로 파손되었을 때 막지붕 면이 수축되지 않을 정도

6. 막재

① 막면에 배수공, 환기공, 배연공 등의 기구를 부착할 경우 막면의 응력집중 부분을 보강
② 막재와 경계구조 또는 하부구조와의 접합은 기밀성, 방수성, 내구성이 좋은 방법으로 접합강도를 충분히 유지
③ 케이블과 케이블의 교점을 고정할 케이블 고정철물은 케이블 상호간의 미끄러짐에 대하여 저항력이 충분한 것

7. 송풍시스템 및 장치

① 송풍시스템은 항상 송풍을 함으로써 설계내압을 유지하고, 지붕막면을 안정시키며, 외부하중에 저항
② 송풍장치는 설계하중 하에서 항상 설계내압을 얻을 수 있는 송풍량과 송풍압을 유지함과 동시에 내부의 필요 환기량을 상회하는 송풍량을 유지

8. 공기흡입구

① 송풍기가 흡입구 등에는 필터 등을 부착하여 외부공기 흡입 시 공기 중의 먼지를 제거
② 공기흡입구에 소음기 또는 흡입실에 방음장치 등을 부착

18 케이블구조(인장구조, Tension Structures)

KCS 41 70 02

Ⅰ. 정의

인장구조(Tension Structures)란 힘의 흐름이 면내 인장력을 통해 지지되도록 하는 케이블구조, 막구조 등을 통틀어 말한다.

Ⅱ. 개념도

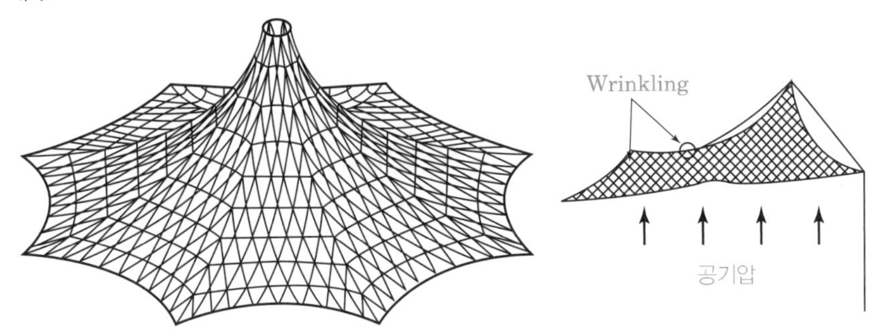

[케이블구조]

Ⅲ. 케이블구조 시공

1. 절단

① 케이블 절단 시 전체 신장길이를 확인

② 모든 케이블의 절단에 있어서 절단내력은 고정하중 하에서 골조를 지지하는 케이블의 내력에 일치

2. 케이블 제작

다른 것과 서로 잘 조합되며, 기능을 잘 발휘할 수 있도록 제조

3. 케이블 운반

운반 중에 손상이 가지 않도록 하여야 하며, 제조공장에서 임시로 적재하는 중에도 손상이 가지 않도록 할 것

4. 케이블 장력도입

케이블의 장력도입 시 시공 전에 구조해석을 통한 단계별 도입장력을 결정

5. 시공 중 장력측정

① 시공 중에 인장단계별로 케이블의 장력과 주요 위치점을 측정

② 시공 중에 필요한 경우 고강도 봉 및 철골부재의 응력을 측정

③ 각 단계별 장력 측정이 끝난 후 장력도입의 적정성을 확인

Ⅳ. 케이블 품질관리

① 개별적인 품질관리 시험은 공인된 시험소에 의하여 수행
② 케이블이 전체길이는 1:10,000 (0.01%)의 오차 내로 조정
③ 케이블이 신장되었을 경우에 대하여 요구 편차는 0.02% 초과 금지
④ 모든 주물은 열간 아연도금을 해야 하며 최소 층 두께는 50㎛이며, 또한 최소 층 두께 90㎛로 두 겹의 코팅

Ⅴ. 이상 기후 시 관리

1. 강풍 시 대책

① 강풍이 발생하거나 예상되는 경우에는 로프 등으로 구조물의 흔들림 방지 대책을 세운다.
② 강풍 시 또는 강풍이 예상되는 경우에는 케이블 장력도입 작업을 중지한다.
③ 낙하 시 위험이 따르는 자재는 고정시켜 놓고, 사용 중인 자재도 지상으로 내려놓는다.

2. 폭우, 폭설 시

① 폭우, 폭설이 발생한 경우에는 작업을 일시중지 또는 전면 중지한다.
② 비가 온 후나 눈이 내린 후의 작업은 비계 및 기계공구의 점검을 하고, 안전을 확인한 후 재개한다.

19 연돌효과(Stack Effect)

Ⅰ. 정의

건물 내·외부공기 밀도 차이로 인한 압력차에 의해 발생하는 공기의 흐름으로 굴뚝 효과라고도 한다.

Ⅱ. 개념도

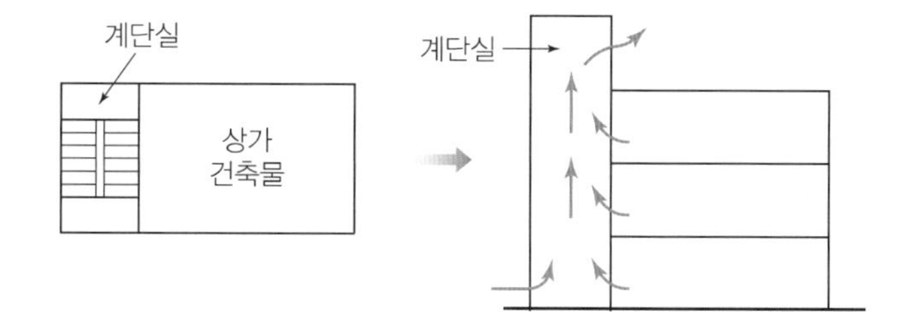

Ⅲ. 원인

① 건물 내·외부 기압차
② 건물 기밀화 불량 및 개구부 과도로 인한 공기누출
③ 건축물 높이(고층화)

Ⅳ. 대책

① 1층 출입구에 회전문, 방풍문 설치

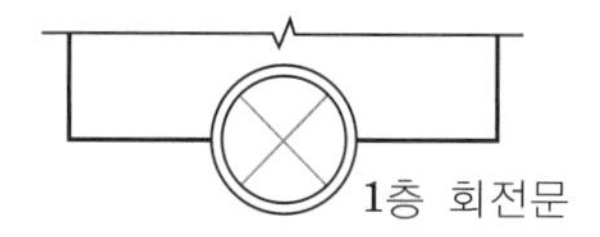

② 공기의 유입을 최대한 억제
③ 계단실 및 EV 등 수직통로에 공기유출구 설치
④ 창호 기밀성능 향상
⑤ 방화구획 철저
⑥ E/V Pit의 연돌효과 방지(외국시공사례)
→ 20층마다 승강기 환승하도록 설계

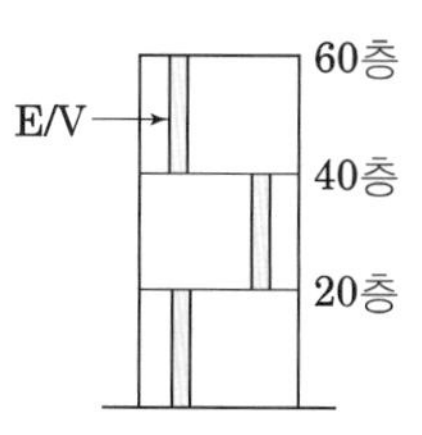

CHAPTER-7

강구조공사

제 7 장

01 Reaming(Reamer 가공)

Ⅰ. 정의

Reaming은 미리 드릴로 뚫은 구멍을 정확한 치수의 지름으로 넓히고, 구멍의 내면을 매끄럽게 다듬질하는 것으로 소요치수보다 0.4mm 정도 작은 치수의 드릴로 가공을 한다.

Ⅱ. 시공도

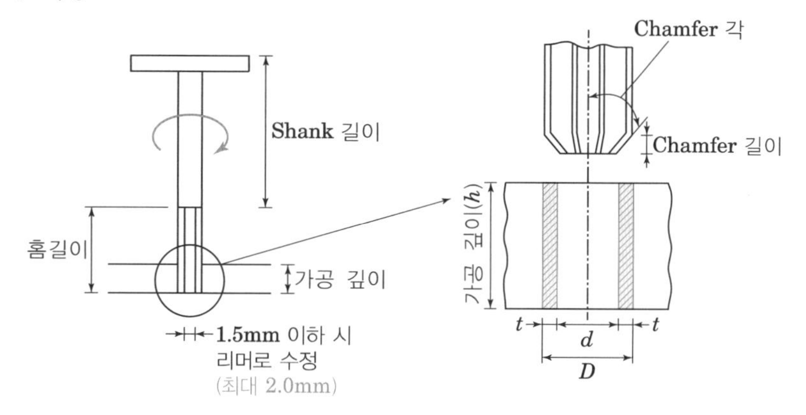

[Reaming]

Ⅲ. 절삭조건

① 드릴 가공에 비하여 절삭속도를 느리게 하고 이송은 크게 함
② 절삭속도를 작게 하면 리머의 수명은 길어지나 생산성이 저하
③ 절삭속도를 크게 하면 Land 부의 마멸, 리머의 수명단축 및 가공면의 불량
④ 고속도강 재질의 리머는 드릴 가공 시 2/3~3/4의 절삭속도와 2~3배의 이송

Ⅳ. Reaming 시 주의사항

① 가공 전에 리머의 가공날을 점검하고, Burr 등을 제거한다.
② 가공 시 절삭유제를 사용한다.
③ 깊은 구멍: Helical Reamer, 정밀도 유지: Straight Reamer
④ 리머의 손상방지를 위해 역전 금지
⑤ 고정밀도를 위해 황삭용 리머 후 다듬질용 리머를 사용한다.
⑥ 불규칙한 면을 리머하면 표면정밀도가 좋지 않다.
⑦ Chatter가 발생하면 기계를 정지시킨 후 속도를 줄이고 이송을 증가시킨다.

02 가조임 볼트

KCS 14 31 30

Ⅰ. 정의

부재의 가조립 또는 가설치 시, 연결부의 위치를 고정하여 부재의 변형 등을 막기 위해서 임시로 사용하는 볼트를 말한다.

Ⅱ. 가조임 볼트

1. 고장력볼트 이음

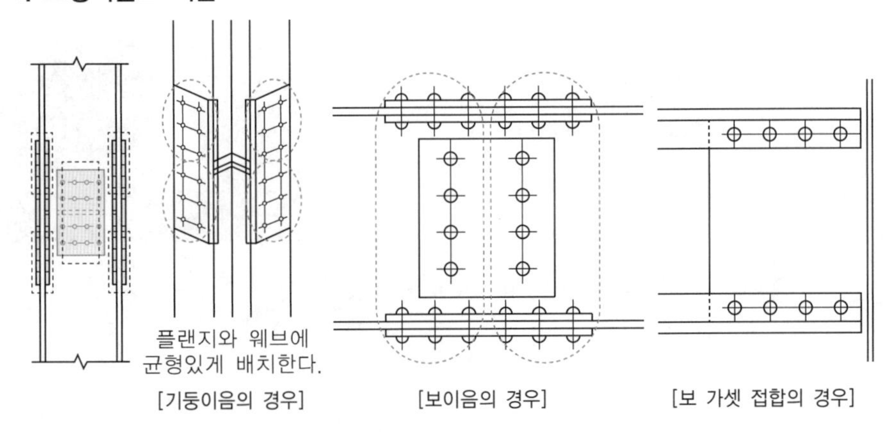

[기둥이음의 경우] [보이음의 경우] [보 가셋 접합의 경우]

① 가볼트 조임은 볼트를 이용

② 볼트 1군에 대해 1/3 이상이며 2개 이상을 웨브와 플랜지에 적절하게 배치

2. 혼용접합 및 병용접합

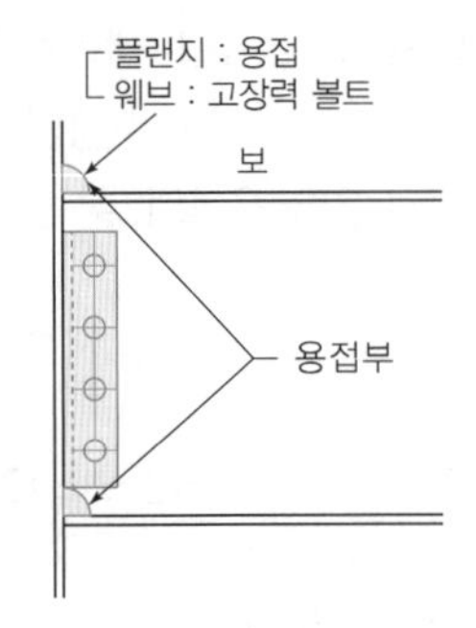

① 가볼트 조임은 일반볼트를 이용

② 볼트 1군에 대해 1/2 이상이며 2개 이상의 가볼트를 적절하게 배치

3. 용접 이음

일렉션피스 등에 사용하는 가볼트는 모두 고장력볼트로 조인다.

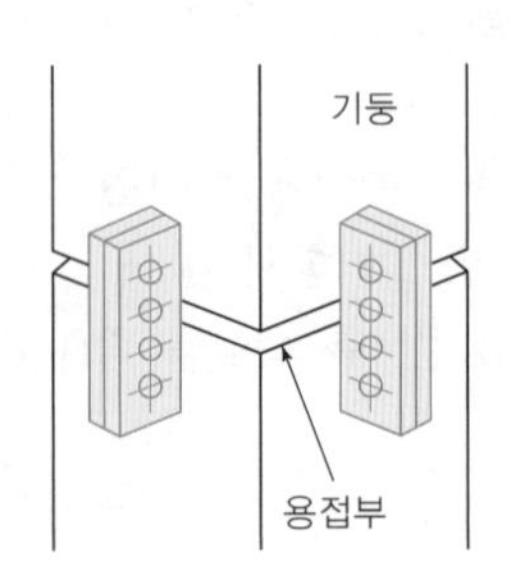

⇒ 세우기 상태 중에는 안전성이 취약한 시기이므로 가능한 한 조기에 본조임 및 용접을 시행하여야 한다.

[일렉션 피스]

03 Mill Sheet(강재규격증명서)

Ⅰ. 정의

강재 납입 시에 첨부하는 품질보증서로 제조번호, 강재번호, 화학성분, 기계적 성질 등이 기록되어 있으며, 정식 영문 명칭은 Mill Sheet Certificate이다.

Ⅱ. 목적

① 제품의 성분 및 제원 기록
② 철강제품의 역학적 성질 파악
③ 철강제품의 종류 확인
④ 철강제품의 품질 확인
⑤ 정도관리의 기준으로 활용

Ⅲ. 기록사항

1. 제품의 역학적 시험

① 강재의 압축강도
② 강재의 인장강도
③ 휨강도
④ 전단강도

<table>
<tr><th rowspan="2">Code</th><th rowspan="2">제품 No.
Lot No.</th><th rowspan="2">Size</th><th rowspan="2">수량</th><th rowspan="2">중량</th><th colspan="7">화학성분</th><th rowspan="2">인장
시험</th><th rowspan="2">휨
시험</th></tr>
<tr><th>C</th><th>Si</th><th>Mn</th><th>P</th><th>S</th><th>Cu</th><th>Ni</th></tr>
<tr><td></td><td></td><td></td><td></td><td></td><td colspan="7"></td><td></td><td></td></tr>
</table>

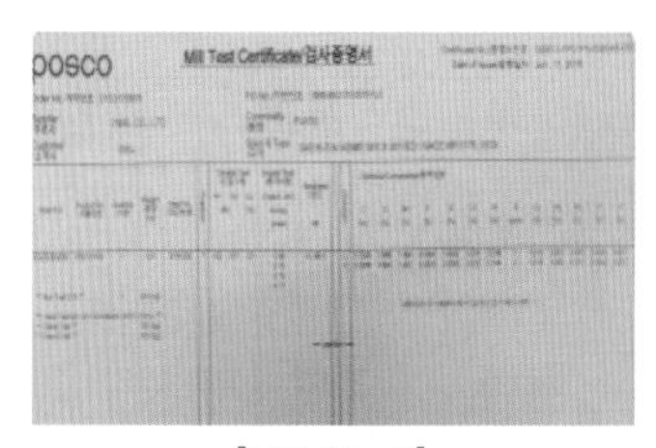
[Mill Sheet]

2. 제품의 성분시험

철(Fe), 황(S), 규소(Si), 탄소(C), 납(Pb)

3. 규격표시

① 길이, 두께, 직경, 단위중량
② 크기 및 형상, 제품번호

4. 시험규준의 명시

① 시방서
② KS: 한국공업규격 등

Ⅳ. Mill Sheet 시험의뢰방법

① 철골가공업자가 직접 시험의뢰하고 현장으로 반입하는 방법
② 철골가공업자는 제품을 납품하고, 강재의 재질과 시험은 제조회사에서 확인하는 방법

04 기둥의 수직도 허용오차

KCS 14 31 10

Ⅰ. 정의

철골 제작 및 조립 시 허용오차에는 관리허용오차와 한계허용오차로 구분되며, 기둥의 수직도 허용오차에 대하여 알아볼 수 있다.

Ⅱ. 기둥의 수직도 허용오차

명칭		관리허용오차	한계허용오차
건물의기울기 e		e≦ H/4,000+7mm 또한 e≦ 30mm	e≦ H/2,500+10mm 또한 e≦ 50mm
기둥 끝에붙은 면의 높이 △H		-3mm ≦△H≦+3mm	-5mm ≦△H≦+5mm
공사현장 이음층의 층높이 △H		-5mm ≦△H≦+5mm	-8mm ≦△H≦+8mm
기둥의 기울기 e		e≦ H/1,000 또한 e≦10mm	e≦ H/700 또한 e≦15mm
중심선과 앵커볼트 위치의 어긋남 e	A종	-3mm ≦e≦+3mm	-5mm ≦e≦+5mm
	B종	-5mm ≦e≦+5mm	-8mm ≦e≦+8mm
건물의 굴곡 e		e≦ L/4,000 또한 e≦ 20mm	e≦ L/2,500 또한 e≦ 25mm
보의 수평도 e		e≦ L/1,000+3mm 또한 e≦ 10mm	e≦ L/700+5mm 또한 e≦ 15mm

05 고장력(High Tension) Bolt

KCS 14 31 25

Ⅰ. 정의

고장력강을 이용한 인장력이 큰 볼트로, 철골구조 부재의 마찰접합에 사용되며 리벳에 비해 시공 시의 소음이 적고, 화기를 사용하지 않으므로 안전하고 불량 부분을 쉽게 고칠 수 있다.

Ⅱ. 고장력볼트의 기준

① 고장력볼트 세트의 구성은 고장력볼트 1개, 너트 1개 및 와셔 2개로 구성

② 고장력볼트 세트의 종류는 1종, 2종 및 4종, 또한 토크계수값은 A(표면윤활처리)와 B(방청유 도포상태)로 분류

③ 와셔의 경도는 침탄, 담금질, 뜨임 금지

④ 용융아연도금 고장력볼트 재료세트는 제1종(F8T) A에 따르며, 마찰이음으로 체결할 경우 너트회전법으로 볼트를 조임

⑤ 고장력볼트, 너트와 와셔의 표면은 거칠지 않고 사용상 해로운 터짐, 흠, 끝 굽움, 구부러짐, 녹, 나사산의 상처 등의 결점이 없을 것

[침탄]
저탄소강 표면부를 단단하게 하기 위하여 탄소 성분을 스며들게 하는 것

Ⅲ. 고장력볼트의 길이 산정

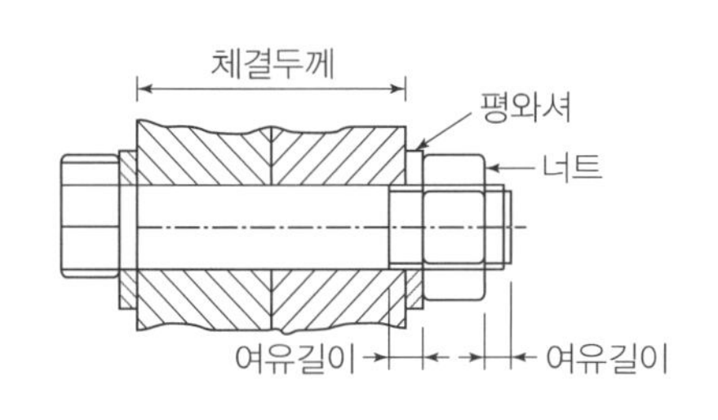

호칭	조임길이에 더하는 길이
M16	30
M20	35
M22	40
M24	45
M27	50
M30	55

[고장력 볼트]

$$L=G+(2\times T)+H+(3\times P)$$

(L : 볼트의 길이, G : 체결물의 두께, T : 와셔의 두께, H : 너트의 두께, P : 볼트의 피치)

⇒ 볼트의 길이(L) = 체결물의 두께 + 더하는 길이

⇒ 계산된 볼트의 길이보다 더 긴 볼트를 사용할 경우 여유나사길이가 너무 짧아 볼트의 몸통에서 나사산이 시작되는 부위에 응력이 집중되어 볼트의 연성이 저하되고, 내피로강도가 급격히 저하되므로 피해야 한다.

Ⅳ. 고장력볼트의 종류와 등급

기계적 성질에 따른 세트의 종류		적용하는 구성부품의 기계적 성질에 따른 등급		
		고장력볼트	너트	와셔
1종	A	F8T	F10	F35
	B			
2종	A	F10T	F10	
	B			
4종	A	F13T	F13	
	B			

Ⅴ. 토크계수값

구분	토크계수값에 따른 세트의 종류	
	A	B
토크계수값의 평균값	0.110~0.150	0.150~0.190
토크계수값의 표준편차	0.010 이하	0.013 이하

06 TS(Torque Shear) Bolt, TC(Tension Control) Bolt

KS B 2819

Ⅰ. 정의

T.S Bolt란 볼트에 12각형 단면의 핀테일(Pintail)과 파단홈(Notch)을 가진 것으로서, 핀테일은 너트를 조일 때 전동조임기구에 생기는 반력에 의한 회전을 방지하도록 작용하며, 파단홈의 부분에서 조임토크가 적당한 값이 되었을 때 파단되는 것이다.

Ⅱ. T.S볼트 길이 선정

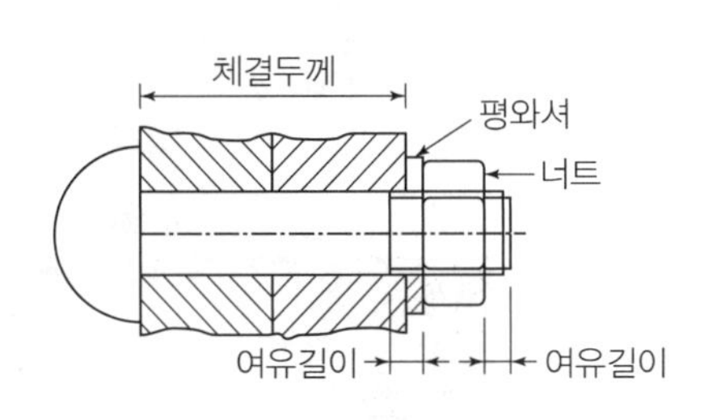

호칭	조임길이에 더하는 길이
M16	25
M20	30
M22	35
M24	40
M27	45
M30	50

[TS Bolt]

$$L=G+T+H+(3\times P)$$

- L : 볼트의 길이
- G : 체결물의 두께
- T : 와셔의 두께
- H : 너트의 두께
- P : 볼트의 피치

⇒ 볼트의 길이(L)=체결물의 두께+추가되는 길이

⇒ 계산된 볼트의 길이보다 더 긴 볼트를 사용할 경우 여유나사길이가 너무 짧아 볼트의 몸통에서 나사산이 시작되는 부위에 응력이 집중되어 볼트의 연성이 저하되고, 내피로강도가 급격히 저하되므로 피해야 한다.

Ⅲ. TS볼트의 종류와 등급

① 고장력볼트 세트의 구성은 T/S형 볼트 1개, 너트 1개 및 와셔 1개로 구성

② 고장력볼트 세트의 종류 및 등급은 1종류 1등급

세트의 구성 부품	볼트	너트	와셔
기계적 성질에 따른 등급	S10T	F10	F35

Ⅳ. 특징

① 숙련된 기능을 요하지 않고, 작업시간을 단축시킬 수 있다.

② 정확한 체결축력을 얻을 수 있다.

③ 체결검사를 육안으로 쉽게 할 수 있다.

④ 체결 시 소음이 적다.

07 고장력볼트 현장반입검사

KCS 14 31 25

Ⅰ. 정의

고장력볼트를 반입할 경우는 완전히 포장된 것을 미개봉 상태로 반입하여야 하며, 포장 상태, 외관, 등급, 지름, 길이, LOT 번호 등을 철저히 검사하여야 한다.

Ⅱ. 반입검사

1. 검사성적표 검사

제작자 검사성적표의 제시를 요구하여 발주조건의 만족 여부 확인

2. 고장력볼트 장력검사

토크관리법을 이용하여 고장력볼트의 장력 확인

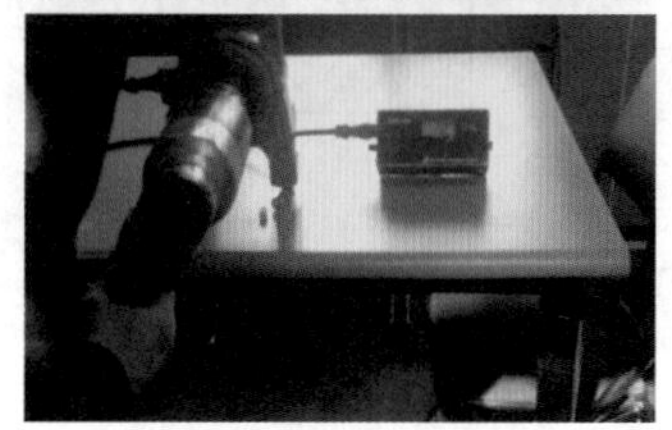

[볼트 장력 검사]

3. 1차 검사

① 1로트마다 5Set씩 임의로 선정하여 볼트장력의 평균값 산정
② 상온(10~30℃)일 때 규정값과 상온 이외의 온도(10~60℃ 중 상온을 제외한 온도)에서 규정값과 확인

4. 2차 검사

① 1차 확인 결과 규정값에서 벗어날 경우 동일 LOT에서 다시 10개를 채취하여 평균값 산정
② 10Set 평균값이 규정값 이상이면 합격
③ 10Set 평균값이 규정값을 벗어난 경우는 특기시방서에 따른다.

5. 검사장비

① 검사장비는 검교정된 것을 사용 : 축력계 및 조임기구
② 정밀도 확인
③ 조임기구는 적정계수로 조일 것

Ⅲ. 고장력볼트의 장력

구분	설계볼트장력(kN)				표준볼트장력(kN)			
	M16	M20	M22	M24	M16	M20	M22	M24
F8T	84	131	163	189	92	144	179	208
F10T	105	164	203	236	116	180	223	260
F13T	136	213	264	307	150	234	290	338

08 고장력볼트의 취급

KCS 14 31 25

Ⅰ. 정의

고장력볼트의 취급에는 나사산의 길이가 부족하면 조임 불량이 발생하고, 나사산이 손상되면 도입축력의 관리가 불가능하므로 철저한 나사산의 관리가 필요하다.

Ⅱ. 볼트구멍 처리

① 볼트 상호 간의 중심거리는 그 지름의 2.5배 이상

② 볼트구멍의 지름은 볼트의 지름에 따라

볼트의 지름	볼트구멍의 지름	비고
d<27	r=d+2.0	d = 볼트의 지름(㎜) r = 볼트구멍의 지름(㎜)
d≥27	r=d+3.0	

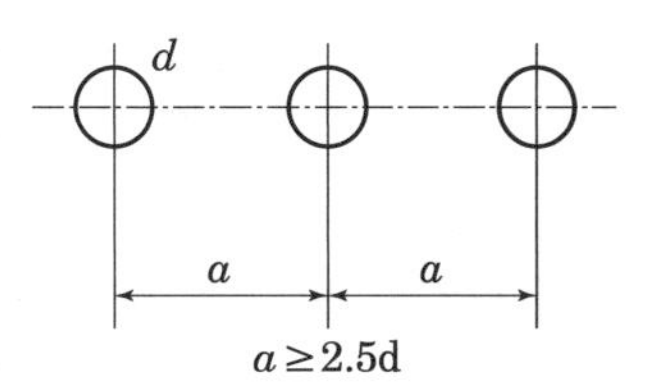

③ 부재 간에 볼트 구멍이 어긋날 경우

2.0㎜ 이하	리머로 수정
2.0㎜ 초과	접합부 안정성 검토

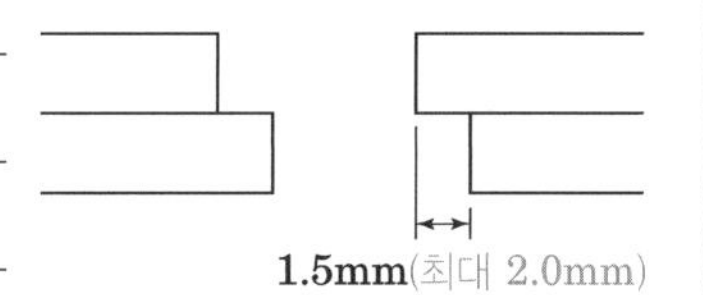

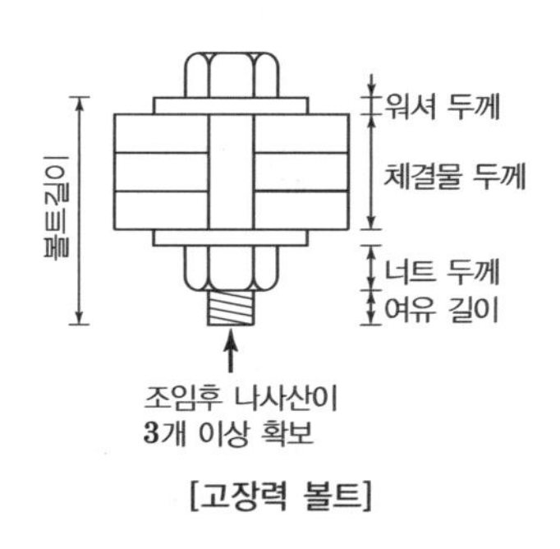

[고장력 볼트]

[고장력볼트 길이]

조임길이에 더하는 길이	
호칭	길이 mm
M16	30
M20	35
M22	40
M24	45
M27	50
M30	55

Ⅲ. 공사현장에서의 취급

① 고장력볼트 세트는 완전히 포장된 것을 미개봉 상태로 공사현장에 반입

② 고장력볼트는 종류, 등급, 지름, 길이, 로트번호마다 구분하여 비, 먼지 등이 부착되지 않고, 온도변화가 적은 장소에 보관

③ 운반, 조임작업에 있어서 고장력볼트는 소중히 취급하여 나사산 등이 손상 금지

④ 하루의 작업을 종료했을 때 남은 고장력볼트는 신속히 포장하여 보관하도록 하며, 미사용 고장력볼트를 현장에 방치 금지

⑤ 제작 후 6개월 이상 경과된 고장력볼트는 현장예비시험을 기준으로 하여 토크계수값을 측정

09 고장력볼트 접합부

KCS 14 31 25

Ⅰ. 정의

고장력볼트 접합부는 볼트의 도입축력 관리와 마찰면 관리가 중요하므로 철저한 관리가 요구된다.

Ⅱ. 마찰면의 준비

① 접합부 마찰면의 밀착성 유지

② 모재접합부분의 변형, 뒤틀림 등이 있는 경우 마찰면이 손상되지 않도록 교정

③ 볼트구멍 주변은 절삭 남김, 전단 남김 등을 제거

④ 마찰면에는 도료, 기름 등 청소하며, 들뜬 녹은 와이어 브러시 등으로 제거

⑤ 구멍을 중심으로 지름의 2배 이상 범위의 녹, 흑피 등을 숏 블라스트(Shot Blast) 또는 샌드 블라스트(Sand Blast)로 제거

⑥ 품질관리 구분 "나", "다"는 마찰면에 페인트를 칠하지 않고, 미끄럼계수 0.5 이상 확보

$$R = \frac{1}{V} \cdot n \cdot \mu \cdot N$$

(μ) → 0.5 이상

[TS Bolt 접합]

⑦ 품질관리 구분 "라"는 미끄럼계수 0.4 이상 확보되도록 무기질 아연말 프라이머 도장 처리

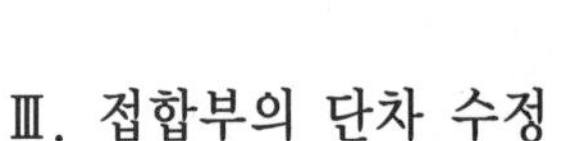

Ⅲ. 접합부의 단차 수정

① 품질관리 구분 "나", "다"에서 접합되는 부재의 표면 높이가 서로 차이가 있는 경우 다음과 같이 처리

높이 차이	처리 방법
1㎜ 이하	별도 처리 불필요
1㎜ 초과	끼움재 사용

② 끼움재의 재질은 모재의 재질과 관계없이 사용할 수 있고, 끼움재는 양면 모두 마찰면으로 처리

[끼움재]
부재의 두께를 늘리기 위해 사용되는 판재(Filler)

Ⅳ. 볼트구멍의 어긋남 수정

① 접합부 조립 시에는 겹쳐진 판 사이에 생긴 2mm 이하의 볼트구멍의 어긋남은 리머로써 수정

② 구멍의 어긋남이 2mm를 초과할 때의 처리는 접합부의 안전성 검토

※ 구조물의 중요도에 따른 품질관리 구분 [KCS 14 31 05/KDS 41 10 05]

품질관리구분	가	나	다	라
구조물	중요도(3) 건축물1)	중요도(3) 건축물	중요도(특), (1) 및 (2) 건축물	
		토목가설구조물2)	토목가설구조물 임시교량	교량

주1) 이 표의 중요도는 국토교통부 고시 건축구조기준 0103 건축물의 중요도 분류에 의한 것으로, 품질관리 구분 '가'에 속하는 중요도(3) 건축물은 붕괴시 인명피해가 없을 것으로 예상되는 일시적인 건축물에 한한다.
2) 주로 정적하중을 받는 경우이다.

※ 건축물의 중요도

1. 중요도(특)

① 연면적 1,000m² 이상인 위험물 저장 및 처리시설
② 연면적 1,000m² 이상인 국가 또는 지방자치단체의 청사·외국공관·소방서·발전소·방송국 전신전화국
③ 종합병원, 수술시설이나 응급시설이 있는 병원
④ 지진과 태풍 또는 다른 비상시의 긴급대피수용시설로 지정한 건축물

2. 중요도(1)

① 연면적 1,000m² 미만인 위험물 저장 및 처리시설
② 연면적 1,000m² 미만인 국가 또는 지방자치단체의 청사·외국공관·소방서·발전소·방송국·전신전화국
③ 연면적 5,000m² 이상인 공연장·집회장·관람장·전시장·운동시설·판매시설·운수시설(화물터미널과 집배송시설은 제외함)
④ 아동관련시설·노인복지시설·사회복지시설·근로복지시설
⑤ 5층 이상인 숙박시설·오피스텔·기숙사·아파트
⑥ 학교
⑦ 수술시설과 응급시설 모두 없는 병원, 기타 연면적 1,000m² 이상인 의료시설로서 중요도(특)에 해당하지 않는 건축물

3. 중요도(2)

① 중요도(특), (1), (3)에 해당하지 않는 건축물

4. 중요도(3)

① 농업시설물, 소규모창고
② 가설구조물

10 고장력볼트 조임방법

KCS 14 31 25

Ⅰ. 정의

고장력볼트 조임방법은 1차 조임, 금매김, 2차 본조임의 순서대로 하며, 부재의 접합면이 밀접하게 접합되어 소정의 마찰력을 얻기 위해서는 중앙에서 단부로의 조임순서가 중요하다.

Ⅱ. 조임방법

1. 1차조임

① 1차조임은 프리세트형 토크렌치, 전동 임펙트렌치 등을 사용하여 토크로 너트를 회전시켜 조인다.

고장력볼트의 호칭	1차조임 토크(N·m)	
	품질관리 구분 '나', '다'	품질관리 구분 '라'
M16	100	표준볼트장력의 60%
M20, M22	150	
M24	200	
M27	300	
M30	400	

[Torgue Wrench]

[고장력 볼트 조임]

② 볼트 조임 순서

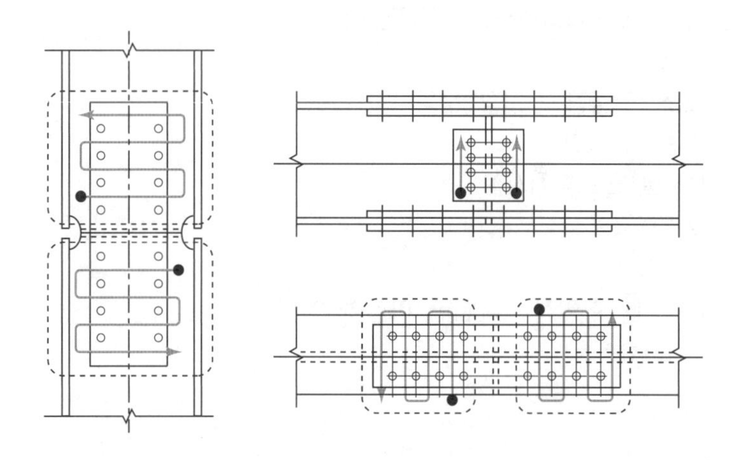

① ----- 조임 시공용 볼트의 군(群)
② ⟶ 조이는 순서
③ 볼트 군마다 이음의 중앙부에서 판 단부쪽으로 조여진다.

2. 금매김

① 1차조임 후 반드시 금매김을 실시

② 금매김은 볼트, 너트, 와셔, 부재에 모두 걸쳐 실시

3. 본조임

① 본조임은 1차조임과 같은 순서로 최종목표 표준볼트장력에 도달할 수 있도록 토크로 조인다.

② 표준볼트장력(kN)

구분	M16	M20	M22	M24
F10T	116	180	223	260

③ 조임 방식

구분	조임 방식
토크관리법	• 표준볼트장력을 얻을 수 있도록 조정된 조임기기 이용
너트회전법	• 1차조임 완료 후를 기준으로 너트를 120°(M12: 60°) 회전
조합법	• 토크관리법과 너트회전법을 조합
T/S 고장력볼트	• 핀테일이 파단 될 때까지 토크를 작용시켜 너트를 조임

11 T/S(Torque Shear)형 고력볼트의 축회전

Ⅰ. 정의

T/S(Torque Shear)형 고력볼트는 1차 조임 후의 금매김을 필히 실시하고, 축회전유무의 판별에 대한 시공관리를 철저히 하여야 한다.

Ⅱ. T/S형 고력볼트 조임방법

2차 본조임은 전용 조임기를 사용하여 핀꼬리 노치부가 파단 될 때까지 조인다. 다만, 본조임에서 적정한 볼트축력이 얻어지지 않은 볼트는 신제품으로 교체한다.

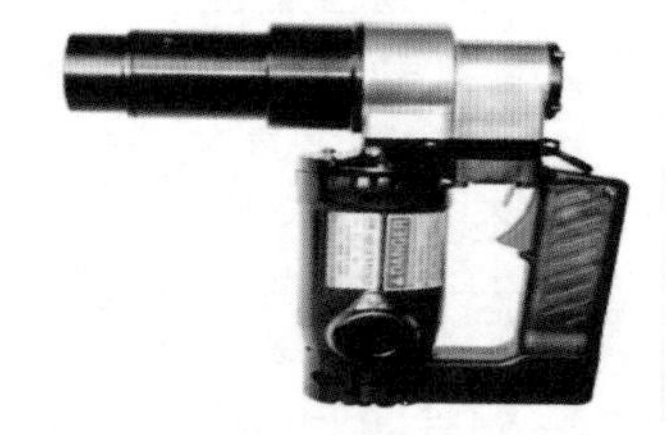

[Shear Wench]

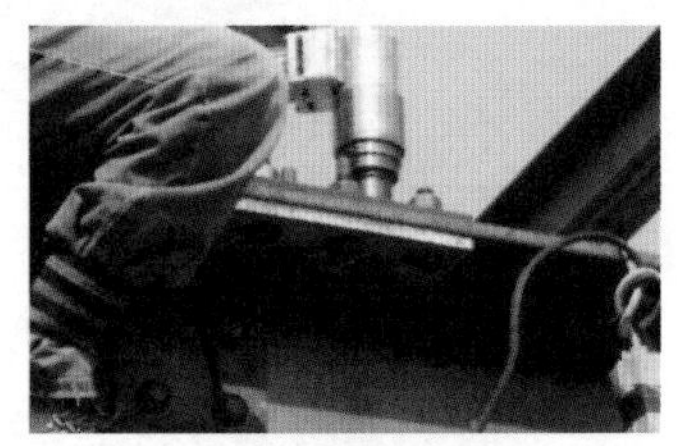
[TS Bolt 조임]

Ⅲ. 축회전

① T/S형 고력볼트 전용 전동렌치(Shear Wench)는 너트를 회전시키는 외측소켓과 핀테일을 붙잡는 내측소켓으로 구성

② 이들 소켓은 모터가 회전하는 동안 어느 한 쪽이 회전을 정지하면, 다른 쪽이 회전하도록 함

③ 외측소켓이 너트를 회전시키고, 내측소켓이 핀테일을 잡은 채 정지된 상태로 핀테일이 파단

④ 하지만 볼트머리와 철골면의 마찰력이 너트 쪽보다 작게 되는 경우와 외측소켓이 무언가에 닿아 돌지 않는 경우, 내측소켓이 돌게 되는 현상을 축회전이라 함

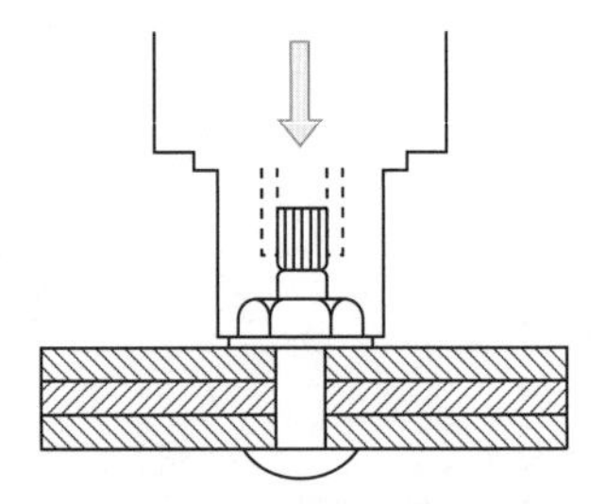
[핀테일에 내측소켓, 너트에 외측소켓에 맞춤]

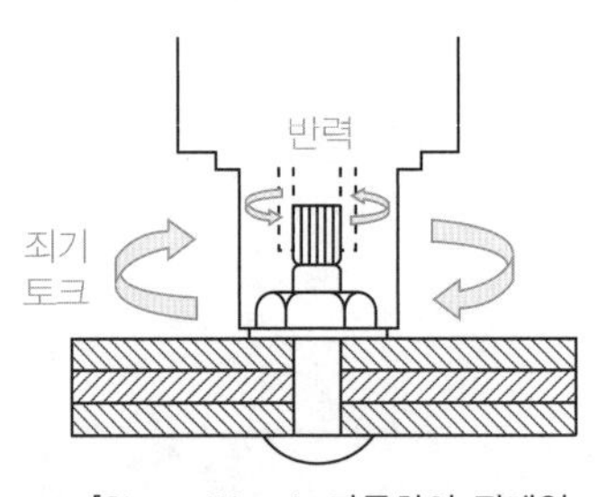

[Shear Wench 가동하여 핀테일 절단 시 까지 외측소켓을 회전]

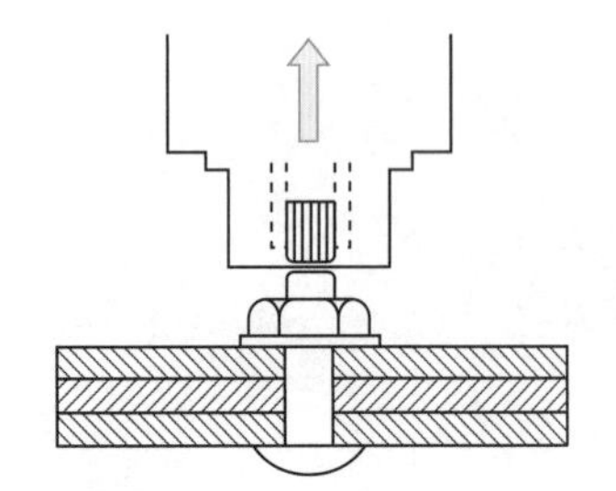
[핀테일 절단된 후 외측소켓을 너트로부터 분리]

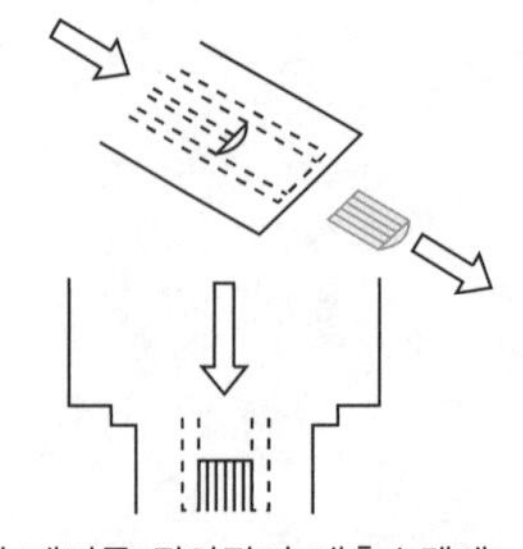
[팁 레버를 잡아당겨 내측소켓에 들어있는 핀테일 제거]

12 Torque Control(토크관리)법

KCS 14 31 25

Ⅰ. 정의

고장력볼트 조임방법은 1차 조임, 금매김, 2차 본조임의 순서대로 하며, Torque Control법은 요구되는 볼트장력이 볼트에 균일하게 도입되도록 볼트 조임기기를 이용하여 사전에 조정된 토크로 볼트를 조이는 방법이다.

Ⅱ. 조임방법

2차 본조임은 전용 조임기를 사용하여 핀꼬리 노치부가 파단 될 때까지 조인다. 다만, 본조임에서 적정한 볼트축력이 얻어지지 않은 볼트는 신제품으로 교체한다.

[Shear Wench]

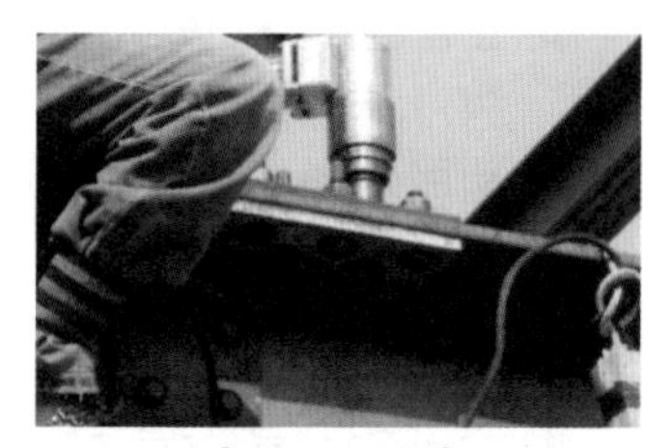

[TS Bolt 조임]

Ⅲ. Torque Control법

① 볼트 호칭마다 토크계수값이 거의 같은 로트를 1개 시공로트로 한다.

② 이 시공로트에서 대표로트 1개를 선택하고 이 중에서 시험볼트 5세트를 임의로 선택한다.

③ 시험볼트는 축력계에 적절한 길이의 것으로 선정한다.

④ 축력계를 이용하여 시험볼트가 적정한 조임력을 얻도록 미리 보정하고 조정된 볼트조임기기를 이용하여 조인다.

⑤ 5세트 볼트장력 평균값이 규정값을 만족하고, 각각 측정값이 표준볼트장력의 ±15% 이내이어야 한다.

구분	설계볼트장력(kN)				표준볼트장력(kN)			
	M16	M20	M22	M24	M16	M20	M22	M24
F8T	84	131	163	189	92	144	179	208
F10T	105	164	203	236	116	180	223	260
F13T	136	213	264	307	150	234	290	338

⑥ 조임작업 종료 후의 검사에서도 사용가능성이 있으므로 토크렌치를 이용한 토크도 측정해 둔다.

⑦ 위의 ⑤을 만족하지 않는 경우 동일 로트로부터 다시 10세트를 임의로 선정하여 동일한 시험을 한다.

⑧ 10세트의 볼트장력 평균값이 규정값을 만족하고, 각각 측정값이 표준볼트장력의 ±15% 이내에 있으면 이 시공로트의 볼트는 정상인 것으로 판단한다.

⑨ ⑧의 시험결과가 규격 및 품질의 조건을 만족하지 않는 경우, 작업을 중지하고 그 원인을 검토하여 적절한 대책을 세우고 수정된 조임시공법에 대한 확인작업을 한다.

13 고장력볼트 인장체결 시 1군의 볼트갯수에 따른 Torque 검사기준(고장력볼의 조임검사) KCS 14 31 25

Ⅰ. 정의

볼트조임 후 검사는 연결면의 처리, 연결이음부의 두께차이, 볼트구멍의 엇갈림, 볼트 조임상태 등을 제 규정에 맞추어 시공했는지를 확인해야 한다.

Ⅱ. Torque 검사기준

1. 토크관리법

[토크관리법]

① 조임완료 후 각 볼트군의 10%의 볼트 개수를 표준으로 하여 토크렌치에 의하여 조임 검사를 실시
② 평균 토크의 ±10% 이내의 것을 합격
③ 불합격한 볼트군은 다시 그 배수의 볼트를 선택하여 재검사하되, 재검사에서 다시 불합격한 볼트가 발생하였을 때에는 그 군의 전체를 검사
④ 10%를 넘어서 조여진 볼트는 교체.
⑤ 조임을 잊어버렸거나, 조임 부족이 인정된 볼트군에 대해서는 모든 볼트를 검사하고 동시에 소요 토크까지 추가로 조임
⑥ 볼트 여장은 너트면에서 돌출된 나사산이 1~6개의 범위를 합격

2. 너트회전법

① 조임완료 후 모든 볼트에 대해서 1차조임 후에 표시한 금매김의 어긋남에 의해 동시회전의 유무, 너트회전량 및 너트여장의 과부족을 육안검사하여 이상이 없는 것을 합격
② 1차조임 후에 너트회전량이 120°±30°의 범위에 있는 것을 합격
③ 이 범위를 넘어서 조여진 고장력볼트는 교체
④ 너트의 회전량이 부족한 너트에 대해서는 소요 너트회전량까지 추가로 조임
⑤ 볼트의 여장은 너트면에서 돌출된 나사산이 1~6개의 범위를 합격

3. 조합법

① 조임완료 후, 모든 볼트에 대해서 1차조임 후에 표시한 금매김의 어긋남에 의한 동시 회전의 유무, 너트회전량 및 너트여장의 과부족을 육안검사하여 이상이 없는 것을 합격
② 1차조임 후에 너트회전량이 120°±30°의 범위에 있는 것을 합격
③ 너트의 회전량에 현저하게 차이가 인정되는 볼트군에 대해서는 모든 볼트를 토크렌치를 사용하여 추가 조임에 따른 조임력의 적정 여부를 검사
④ 평균 토크의 ±10% 이내의 것을 합격
⑤ 10%를 넘어서 조여진 볼트는 교체

⑥ 조임을 잊어버렸거나, 조임 부족이 인정된 볼트군에 대해서는 모든 볼트를 검사하고 동시에 소요 토크까지 추가로 조임

⑦ 볼트 여장은 너트면에서 돌출된 나사산이 1~6개의 범위를 합격

4. 토크-전단형(T/S) 고장력볼트

① 검사는 토크-전단형(T/S)고장력볼트조임 후 실시

② 너트나 와셔가 뒤집혀 끼여 있는지 확인

③ 핀테일의 파단 및 금매김의 어긋남을 육안으로 전수 검사

④ 핀테일이 정상적인 모습으로 파단되고 있으면 적절한 조임이 이루어진 것으로 판정

⑤ 금매김의 어긋남이 없는 토크-전단형(T/S) 고장력볼트에 대해서는 기타의 방법으로 조임을 실시하여 공회전이 확인될 경우에는 새로운 토크-전단형(T/S) 고장력볼트 세트로 교체

14 철골공사에서의 용접절차서(Welding Procedure Specification)

Ⅰ. 정의

용접이음부에서 설계대로 용접하기 위하여 요구되는 제반 용접조건을 상세히 제시하는 서류를 말한다. 통상 모재, 용접법, 이음형상, 용접자세, 용가재, 전류, 전압, 속도, 보호가스, 열처리 등에 대한 정보가 필요에 따라 포함된다. 용접시공설명서라고도 하며, 산업현장에서는 WPS(Welding Procedure Specification)라고도 한다.

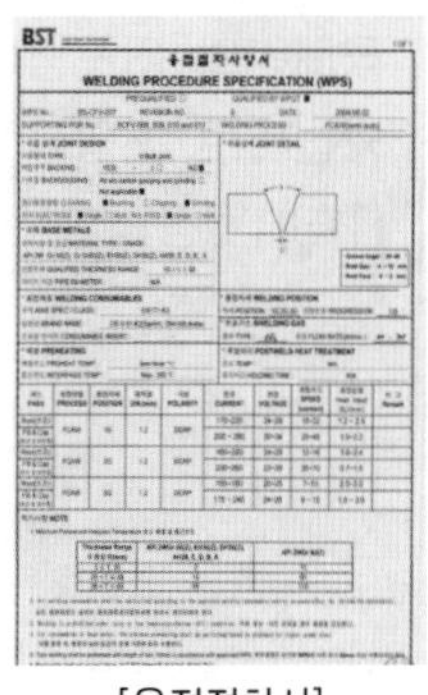
[용접절차서]

[용접절차서 목적]
- 용접작업과 관련된 정보 제시
- 용접사 및 용접 오퍼레이터가 용접 작업을 어떻게 해야 되는가를 제시
- 용접 작업이 수행될 수 있는 범위(모재 두께, 용접금속 두께, etc) 제시
- 사용 가능한 용접 자재, 용접기의 전기적 특성 등을 제시

Ⅱ. 용접절차서 항목별 이해

구분	기입 내용
기본사항	• 작업표준 번호, 일자, 용접방법, 용접형태
용접이음 형상	• 이음형태, 홈용접, 교차이음, 덧댐판
Base Metal(모재)	• 모재 두께, Path 당 최대 두께 제한
Filler Metals(용가재)	• 용착금속 두께
용접자세	• Groove 자세, Fillet 자세, 진행방향
열처리	• 최소예열온도, 예열유지, 후열처리 온도
가스	• 가스 종류, 혼합가스 조성 비율, 유량
용접전류 특성	• 전류형태, 극성, 전극

Ⅲ. 용접절차서의 작성절차

모재의 재질 확인 → 적정 용접방법의 설정 → 적정 용접재료의 설정 → 용접 사양서 작성 → 사양서 확인 시험 → 용접 사양서 확정 → 관련공사에 적용

Ⅳ. 현장에서의 용접절차서 적용

① 용접책임자는 해당공사의 용접사양서, 도면, 용접기록도를 접수한다.
② 각 용접부별 적용용접 사양서 번호를 확인한다.
③ 재료별, 용접방법별, 두께별 투입될 용접사를 확인한다.
④ 용접부별 재질 두께를 확인하여 용접이 가능한 용접사를 유자격 용접사명단에서 확인한다.
⑤ 용접 팀별 선정된 용접사를 지정한다.
⑥ 지정된 용접사는 시행할 용접부의 용접사양을 확인한다.
⑦ 용접사양서의 내용에 따라 용접재료를 청구하고 용접작업을 한다.
⑧ 용접사는 용접작업 후 용접기록서에 결과를 기록한다.

15 철골 예열온도(Preheat)

KCS 14 31 20

Ⅰ. 정의

예열은 균열발생이나 열영향부의 경화를 막기 위해서 용접 또는 가스절단하기 전에 모재에 미리 열을 가하는 것으로 용접선의 양측 100mm 범위 내에서 최소 예열온도 이상으로 가열을 하여야 한다.

Ⅱ. 예열의 일반사항

1) 예열을 하는 경우

① 탄소당량(C_{eq})이 0.44%를 초과 할 때

$$C_{eq} = C + \frac{Mn}{6} + \frac{Si}{24} + \frac{Ni}{40} + \frac{Cr}{5} + \frac{Mo}{4} + \frac{V}{14} + \left(\frac{Cu}{13}\right)(\%)$$

다만, (　)항은 $C_u \geq 0.5\%$일 때에 더한다.

② 경도시험에 있어서 예열하지 않고 최고 경도가 370을 초과 할 때

③ 모재의 표면온도가 0℃ 이하일 때

2) 모재의 최소예열과 용접층간 온도는 강재의 성분과 강재의 두께 및 용접구속 조건을 기초로 하여 설정한다.

3) 최대 예열온도는 230℃ 이하

4) 이종금속간에 용접을 할 경우는 예열과 층간온도는 상위등급을 기준으로 실시

5) 두꺼운 재료나 높은 구속을 받는 이음부 및 보수용접에서는 최소온도 이상으로 예열

6) 용접부 부근의 대기온도가 −20℃보다 낮은 경우는 용접을 금지

Ⅲ. 예열온도

① 예열은 용접선의 양측 100mm 및 아크 전방 100mm의 범위 내의 모재를 최소예열온도 이상으로 가열

② 모재의 표면온도가 0℃ 미만인 경우는 적어도 20℃ 이상 예열

③ 균열방지가 확실히 보증될 수 있거나 강재의 용접균열 감응도 P_{cm}이 $T_k(℃) = 1,440P_w - 392$의 조건을 만족하는 경우는 강종, 강판두께 및 용접방법에 따라 최소예열온도를 조절 가능

④ 2전극과 다전극 서브머지드아크용접의 최소예열과 층간 온도는 승인을 받아 조절 가능

[예열방법]

- 예열방법은 전기저항 가열법, 고정버너, 수동버너 등에서 강종에 적합한 조건과 방법을 선정
- 버너로 예열하는 경우에는 개선면에 직접 가열 금지
- 온도관리는 용접선에서 75mm 떨어진 위치에서 표면온도계 또는 온도쵸크 등에 의하여 온도관리 실시
- 온도저하를 고려하여 아크발생 시의 온도가 규정 온도인 것을 확인하고 이 온도를 기준으로 예열직후의 계측 온도로 설정

16 철골용접 전 예열(Preheat) 방법

KCS 14 31 20

Ⅰ. 정의

예열은 균열발생이나 열영향부의 경화를 막기 위해서 용접 또는 가스절단하기 전에 모재에 미리 열을 가하는 것으로 예열방법은 전기저항 가열법, 고정버너, 수동버너 등이 있다.

Ⅱ. 예열의 일반사항

1) 예열을 하는 경우
   ① 탄소당량이 0.44%를 초과할 때

$$C_{eq} = C + \frac{Mn}{6} + \frac{Si}{24} + \frac{Ni}{40} + \frac{Cr}{5} + \frac{Mo}{4} + \frac{V}{14} + \left(\frac{Cu}{13}\right)(\%)$$

   다만, ( )항은 C_u≥0.5%일 때에 더한다.

   ② 경도시험에 있어서 예열하지 않고 최고 경도가 370을 초과 할 때
   ③ 모재의 표면온도가 0℃ 이하일 때
2) 모재의 최소예열과 용접층간 온도는 강재의 성분과 강재의 두께 및 용접구속 조건을 기초로 하여 설정한다.
3) 최대 예열온도는 230℃ 이하
4) 이종금속간에 용접을 할 경우는 예열과 층간온도는 상위등급을 기준으로 실시
5) 두꺼운 재료나 높은 구속을 받는 이음부 및 보수용접에서는 최소온도 이상으로 예열
6) 용접부 부근의 대기온도가 -20℃보다 낮은 경우는 용접을 금지

Ⅲ. 예열방법

① 예열방법은 전기저항 가열법, 고정버너, 수동버너 등에서 강종에 적합한 조건과 방법을 선정
② 버너로 예열하는 경우에는 개선면에 직접 가열 금지
③ 온도관리는 용접선에서 75mm 떨어진 위치에서 표면온도계 또는 온도쵸크 등에 의하여 온도관리 실시
④ 온도저하를 고려하여 아크발생 시의 온도가 규정 온도인 것을 확인하고 이 온도를 기준으로 예열직후의 계측온도로 설정

[예열온도]
- 예열은 용접선의 양측 100mm 및 아크 전방 100mm의 범위 내의 모재를 최소예열온도 이상으로 가열
- 모재의 표면온도가 0℃ 미만인 경우는 적어도 20℃ 이상 예열
- 균열방지가 확실히 보증될 수 있거나 강재의 용접균열 감응도 P_{cm}이 $T_k(℃) = 1,440P_w - 392$의 조건을 만족하는 경우는 강종, 강판두께 및 용접방법에 따라 최소예열온도를 조절 가능
- 2전극과 다전극 서브머지드아크용접의 최소예열과 층간 온도는 승인을 받아 조절 가능

17 철골의 피복 Arc 용접

KCS 14 31 20

Ⅰ. 정의

피복아크용접은 용접하려는 모재표면과 피복 아크용접봉의 선단과의 사이에 발생하는 아크열에 의해 모재의 일부를 용융함과 동시에 용접봉에서 녹은 용융금속에 의해 결합하는 용접 방법을 말한다.

Ⅱ. 피복 Arc 용접의 원리

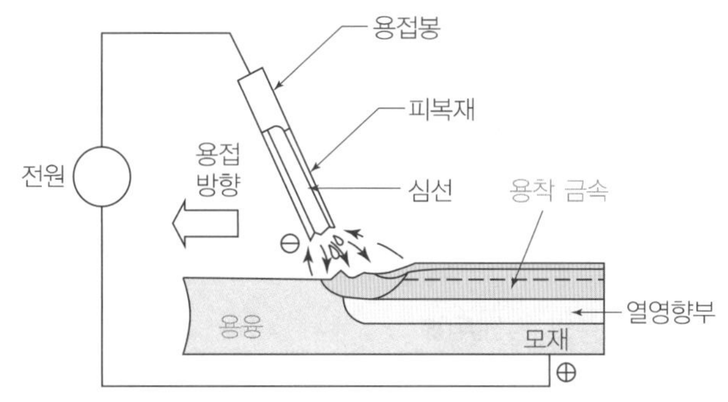

① Arc 발생

용접봉과 모재 사이에 전압을 걸면 음극(-극, 용접봉 쪽)과 양극(+극, 모재 쪽) 사이에 이온이 흘러 아크가 발생

② 일체화

전기에너지로 발생하는 약 600℃의 강한 열에 따라 모재와 용접봉이 녹아 용착 금속이 일체화 됨

[피복 Arc 용접]

[용착금속]
용접과정에서 완전히 용융된 부분. 용착금속은 용접과정에서 열에 의해 녹은 용입재와 모재로 구성되어 있음 (Deposited Metal 혹은 Weld Metal)

Ⅲ. 용접방식

① 용극식

금속 전극봉이 연속적으로 녹아 용착 금속 형성

② 비용극식

탄소나 텅스텐과 같은 녹지 않는 전극봉을 사용하여 따로 용가재를 용착 금속으로 하는 방법

[용가재]
모재를 접합하기 위해 용접부에 용융 첨가되는 금속

Ⅳ. 용접봉 관리

① 지면보다 높고 건조한 장소에 관리

② 진동이나 하중 재하 금지

③ 용접봉 건조기에서 건조 후 사용

④ 대기 중 4시간 이상 경과된 용접봉은 재건조 후 사용

Ⅴ. 용접절차

1) 용접봉의 최대지름
  ① 루트패스를 제외한 아래보기자세의 모든 용접: 6mm
  ② 수평 필릿용접부: 6mm
  ③ 아래보기자세로 수행한 필릿용접부의 루트패스와 루트간격이 6mm 이상의 그루브용접: 6mm
  ④ 수직자세 및 위보기자세 용접: 4mm
  ⑤ 그루브용접부의 루트용접 및 위에서 언급한 경우를 제외한 기타 용접: 5mm
2) 루트패스의 최소 두께는 균열을 방지할 수 있을 정도로 충분해야 한다.
3) 그루브용접 루트패스의 최대 두께는 6mm로 한다.
4) 단일패스 필릿용접과 다중패스 필릿용접 루트패스의 최대치수
  ① 아래보기자세: 10mm
  ② 수평자세 및 위보기자세: 8mm
  ③ 수직자세: 12 mm
5) 그루브용접 및 필릿용접부의 루트패스 후속 용접층의 최대두께
  ① 아래보기자세: 3mm
  ② 수평자세, 수직자세, 위보기자세: 5mm

18 철골의 CO_2 아크(Arc) 용접

Ⅰ. 정의

가스 실드 소요 전극식 아크용접법의 일종으로 MIG 용접의 불활성가스 대신에 값이 싼 CO_2 가스를 사용하는 용극식 방식의 용접방법을 말한다.

Ⅱ. 시공도

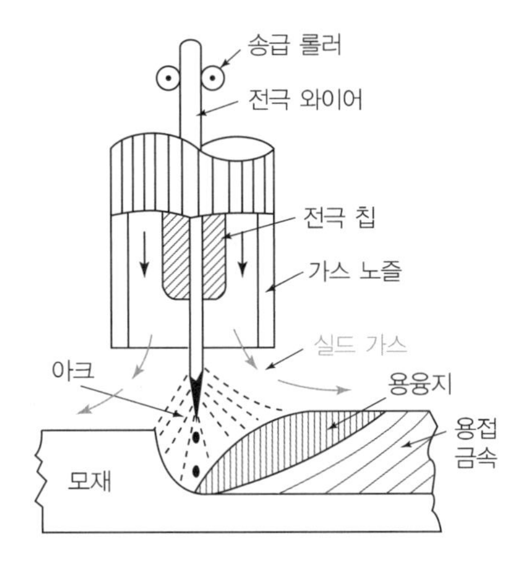

[CO_2 아크용접]

Ⅲ. CO_2 아크용접의 분류

1. 용극식
2. 비용극식
3. 토치의 작동형식에 의한 분류
   ① 수동식(비용극식, 토치수동)
   ② 반자동식(용극식, 와이어의 송급 자동, 토치 수동)
   ③ 전자동식(용극식, 와이어의 송급 자동, 토치 자동)

[용극식]
- 솔리드 와이어 CO_2법(순 탄산가스법)
- 솔리드 와이어 혼합가스 CO_2-Arc법
- CO_2 용접 Fuse Arc CO_2법
- 유니온 아크법(자성용제식)

[비용극식]
- 솔리드 와이어 CO_2법(순 탄산가스법)
- 유니온 아크법(자성용제식)

Ⅳ. CO_2 아크용접 시 유의사항

① 보호 가스 종류: 가스의 순도와 수분함량에 유의하여 선정
② 보호 가스 유량
- 저전류의 경우(풍속=0): 15~20L/min
- 대전류의 경우(풍속 2m/sec 정도): 25~30L/min
③ 아크 전압: 일정하게 유지
④ 노즐의 높이: 일정하게 유지

19 철골의 Submerged 아크(Arc) 용접

KCS 14 31 20

Ⅰ. 정의

입상의 플럭스 속에 전극 와이어를 묻어서 모재와의 사이에서 생기는 아크열로 용접하는 방법으로 주로 자동아크용접에 쓰여 지며, 잠호용접이라고도 한다.

Ⅱ. 개념도

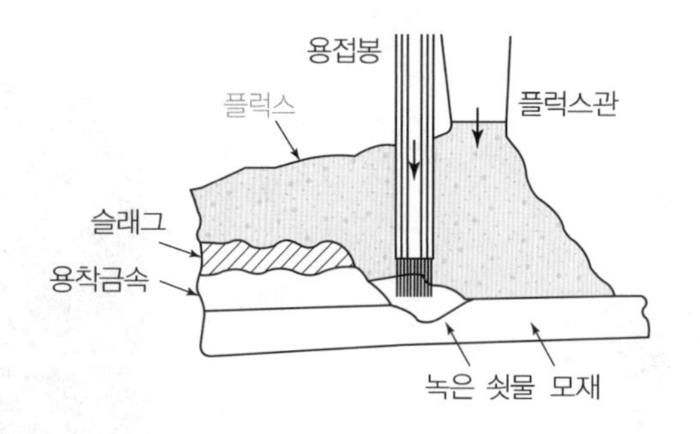

[Submerged Arc 용접]

Ⅲ. 특징

① 대전류, 고전류, 밀도용접 가능
② 용접속도가 빠르고 신뢰성이 높음
③ 복잡한 형상의 경우에는 용접기의 조작이 번거로움
④ 용접 시 아래보기 또는 수평 필릿용접에 한정됨

Ⅳ. 단일전극 서브머지드 아크용접

① 모든 서브머지드 아크용접은 아래보기자세, 또는 수평자세
② 그루브의 양면을 용융해야하는 모든 패스의 그루브용접부에 사용하는 전류는 900A를 초과 금지
③ 아래보기자세의 필릿용접부에 사용하는 전류는 1,000A를 초과 금지
④ 루트 및 표면층을 제외하고 용접층의 두께가 6mm를 초과 금지
⑤ 루트간격이 12mm 이상 또는 용접층의 폭이 16mm를 초과할 경우에는 다중패스의 층분할 기법을 적용

Ⅴ. 병렬 또는 다중전극 서브머지드 아크용접

① 그루브 내의 폭이 12mm를 초과하는 경우에는 층분할 기법이 사용
② 병렬전극인 경우에는 층분할 기법 대신 전극을 횡방향으로 분산 배치
③ 선행 용접층의 폭이 다중전극의 경우 25mm, 병렬전극의 경우 16mm를 초과하고, 단지 2개의 전극만이 사용된 경우에는 전극을 직렬로 배치한 층분할 기법을 사용
④ 용접층의 두께는 제한이 없다.

20 일렉트로 슬래그(Electro Slag) 용접

KCS 14 31 20

Ⅰ. 정의

용융슬래그와 용융금속이 용접부에서 흘러나오지 않도록 에워싸 용융된 슬래그욕의 속에 용접 와이어를 연속적으로 공급하여, 주로 용융슬래그의 저항열에 의해 용접와이어와 모재를 용융하여, 순차상향 방향으로 용착금속을 위로 채워 넣는 용접을 말한다.

Ⅱ. 개념도

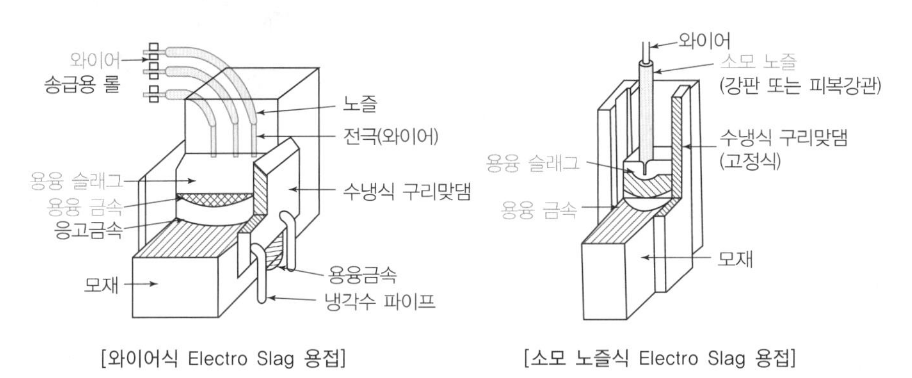

[와이어식 Electro Slag 용접]　　[소모 노즐식 Electro Slag 용접]

[Electro Slag 용접]

Ⅲ. 일렉트로슬래그용접의 특징

① 두꺼운 판의 단층 입향상진 용접법으로 판두께가 두꺼울 경우 전극 수를 늘리면 되므로 많은 패스의 용접을 행하는 타용접법에 비해 경제적
② 용접 중에 Spatter의 발생이 없고 100%에 가까운 용착효율
③ 열효율이 높으며 Submerged 아크용접에 비해 Flux의 소비량이 적음
④ 입열량이 크고, 균열이 발생하기 쉬움
⑤ 이음부에 구속이 있으면 열간균열이 생기 쉬우므로 주의

Ⅳ. 용접절차

① 일렉트로슬래그 용접방법은 입열량이 크므로 예열이 필요하지 않다.
② 모재의 온도가 0℃ 미만일 경우에는 용접 금지
③ 용접을 중단한 경우에는 용접 재시작부 양측 최소 150mm 이상에서 초음파 탐상검사와 방사선 투과검사의 건전성이 확인 후 용접 재시작 가능
④ 열처리강의 용접, 인장응력, 반복응력 부재의 용접에 사용 금지

21 맞댐용접(홈용접, Butt Weld)

KCS 14 31 10

Ⅰ. 정의

부재를 적당한 각도로 개선하여 마구리와 마구리를 맞대어 부재의 전단면 또는 일부분만 용접하면서 루트면을 두도록 하는 용접을 말한다.

Ⅱ. 허용오차

명칭	그림	관리허용차	한계허용차
맞댐이음의 면차이 e	t, e	t ≦ 15mm e ≦ 1mm	t ≦ 15mm e ≦ 1.5mm
	t, e	t > 15mm e ≦ t/15 또한 e ≦ 2mm	t > 15mm e ≦ t/10 또한 e ≦ 3mm
루트간격 (백 가우징) e	e	아크 수동용접 0≦e ≦2.5mm	아크 수동용접 0≦e ≦4mm
	e	서브머지드 아크 자동용접 0≦e ≦1mm	서브머지드 아크 자동용접 0≦e ≦2mm
루트간격 (뒷댐재 부착) Δa	$a+\Delta a$ $a+\Delta a$	아크 수동용접 -2mm≦ Δa ≦+2mm	아크 수동용접 -3mm≦ Δa ≦+3mm
베벨각도 Δa	$a+\Delta a$	Δa ≧-2.5°	Δa ≧-5°
개선각도 Δa	$a+\Delta a$	Δa ≧-5°	Δa ≧-10°
	$a+\Delta a$	Δa ≧-2.5°	Δa ≧-5°

[맞댐용접]

[가우징]
금속판의 뒷면깎기로 용접결함부의 제거 등을 위해 금속표면에 골을 파는 것

[뒷댐판]
용접에서 부재의 밑에 대는 금속판으로 모재와 함께 용접됨

Ⅲ. 응력전달 기구

① 접합되는 부재는 개선면에 용입된 용접부에 의해 일체화되어 중요한 부재의 접합에 사용

② 모재끼리 직접 연결하거나, 기둥 플랜지와 보 플랜지를 접합하는 경우에 사용

Ⅳ. 판 두께가 다른 이음부 용접

$(t_1 - t_2) \le$ 4mm	$(t_1 - t_2) >$ 4mm	판폭이 다를 경우 $(w_1 - w_2) >$ 4mm
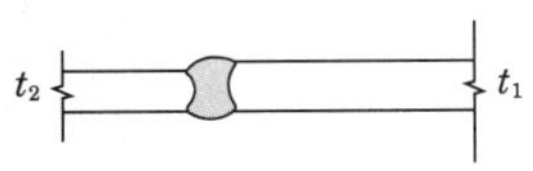 t_2, t_1	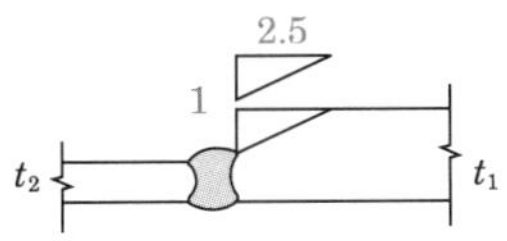 2.5, 1, t_2, t_1	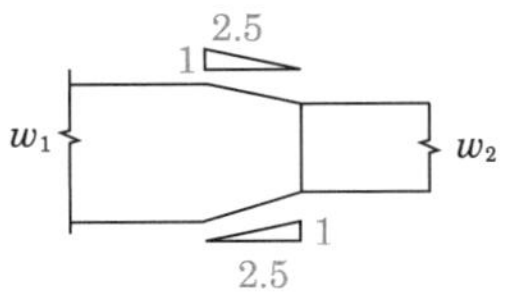 2.5, 1, w_1, w_2, 1, 2.5

① 4mm 이하: 용착금속의 표면이 자연스런 경사가 되도록 용접

② 4mm 초과: 두꺼운 쪽의 판재를 1/2.5 이하의 기울기가 되도록 용접 후 기울기 가공 및 절삭

[용착금속]
용접과정에서 완전히 용융된 부분. 용착금속은 용접과정에서 열에 의해 녹은 용입재와 모재로 구성되어 있음

22 모살용접(Fillet Welding)

KCS 14 31 10

Ⅰ. 정의

용접되는 부재의 교차되는 면 사이에 일반적으로 삼각형의 단면이 만들어지는 용접을 말하며, 응력의 전달이 용착금속에 의해 이루어지므로 용접살의 목두께의 관리가 중요하다.

Ⅱ. 허용오차

명칭	그림	관리허용차	한계허용차
T 이음의 틈새(모살 용접 e	e	e ≦2mm	e ≦3mm 다만, e가 2mm를 초과 하는 경우는 사이즈가 e만큼 증가한다.
모살용접의 사이즈 ΔS	ΔS, L, S, S, ΔS, L	0≤ ΔS ≤0.5S 또한 ΔS ≤5mm	0≤ ΔS ≤0.8S 또한 ΔS ≤8mm
모살용접의 용접 덧살 높이 Δa	L, S, Δa, a, S, L L, S, Δa, a, S, L	$0 \leq \Delta a \leq 0.4S$ 또한 $\Delta a \leq 4mm$	$0 \leq \Delta a \leq 0.6S$ 또한 $\Delta a \leq 6mm$

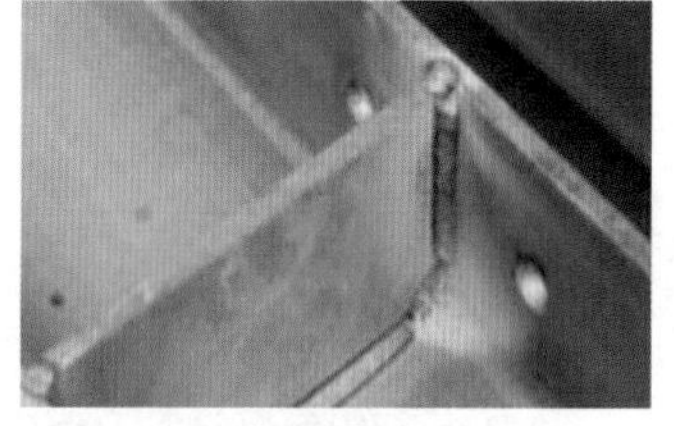
[모살용접]

Ⅲ. 응력전달 기구

1. 겹침용접인 경우

① 앞면 모살용접: 모재1,2와 용착금속 하여 응력방향의 직각 → 인장력

② 측면 모살용접: 모재1,2와 용착금속 하여 응력방향과 평행 → 전단력

→ 용접면의 관리와 목두께의 관리가 중요

[목두께]
용접부가 그 면에서 파단된다고 예상한 단면의 두께

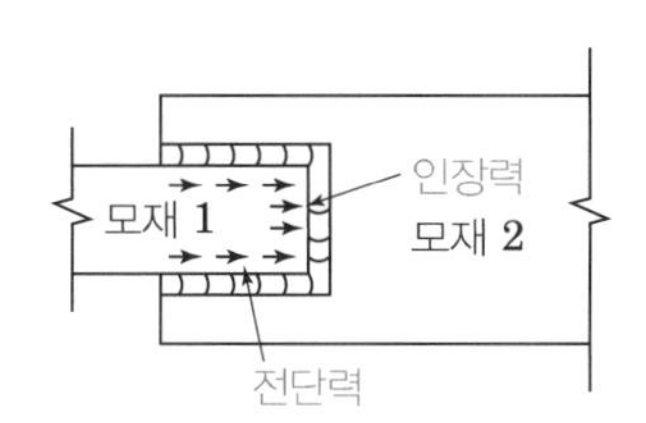

2. T형 모살용접인 경우

인장력(P)을 가하면 목부분에서 파단이 일어남

→ 목두께의 관리가 중요

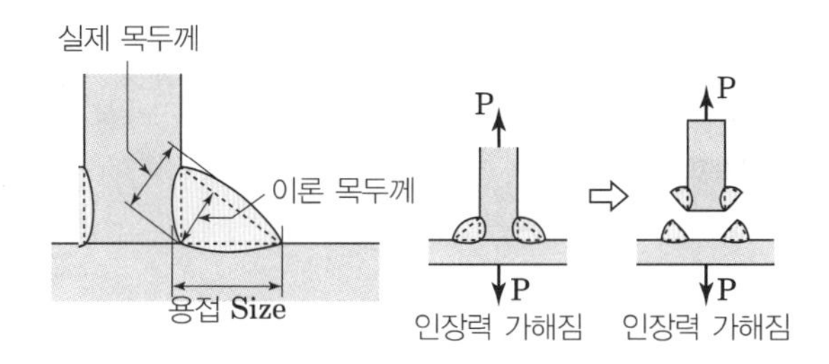

Ⅳ. 용접 시 유의사항

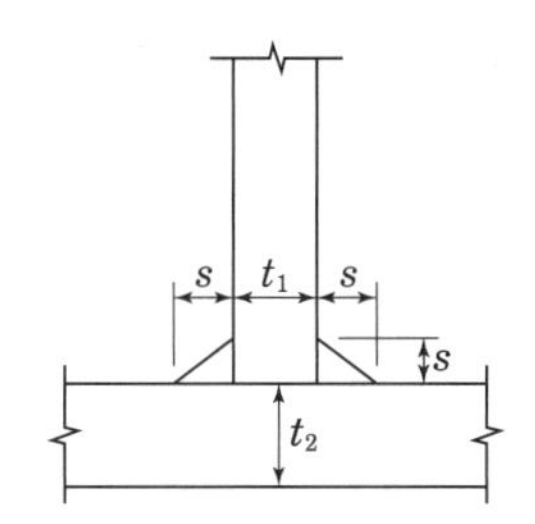

① 용접사이즈(S)는 용접되는 판 두께 중 얇은 판두께 이상

② 용접길이(L)은 요구되는 하중전달에 무리가 없도록 충분한 길이를 확보

③ 모살용접은 가능한 한 볼록형 비드를 피할 것

④ 한 용접선 양끝의 각 50mm 이외의 부분에서 용접길이의 10%까지 -1mm의 차를 허용하나 비드 형상이 불량한 경우에는 결함보수 기준에 따라 덧살용접으로 보수

23 Box Column 현장용접순서

Ⅰ. 정의

Box Column의 용접은 Column의 형태, 구조적 역학, 작업의 용이성 등을 고려하여 적합한 공법을 적용해야 하며, 용접 시 용접순서를 정확히 지키고 대부분의 결함이 초층용접에서 발생하므로 초층(1층)이 제일 중요하다.

Ⅱ. 용접순서

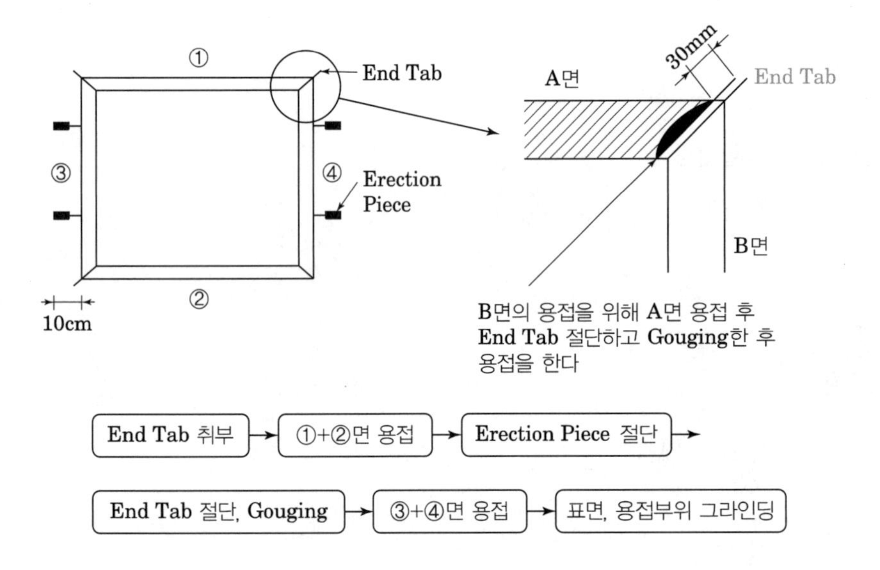

Ⅲ. 용접방법

① 초층(1층)용접의 경우 루트간격에 비해 용접Torch 구경이 커서 접근성 부족으로 결합이 예상될 경우 수동용접으로 할 수 있다.

② 용접의 품질관리를 위해 반자동 용접방법을 사용한다.

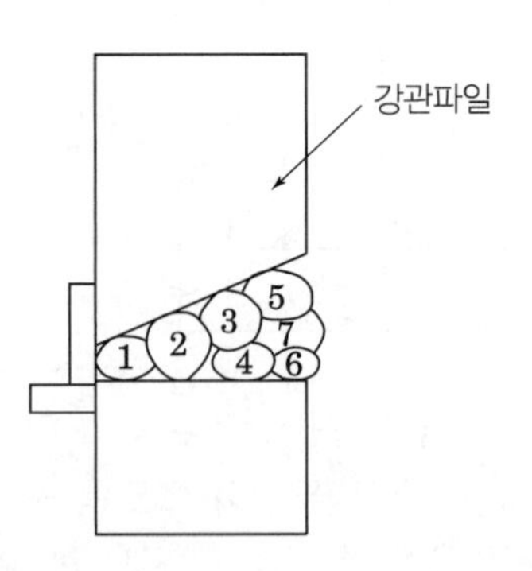

Ⅳ. 시공 시 유의사항

① 용접은 대칭용접을 실시하여 용접결함을 방지한다.

② 개선이 있는 양쪽 끝에 용접이 될 수 있도록 End Tab을 취부한다.

③ 용접 전 Erection Piece로 임시 고정 시 수직도를 유지한다.

④ 용접 전에 반드시 모재를 예열한다.

24 철골 Stud Bolt의 정의와 역할

KCS 14 31 20

Ⅰ. 정의

Stud Bolt는 전단연결철물의 일종으로 콘크리트 슬래브와 강재보의 합성작용에 의해 전단력을 부담하고 일체성 확보를 위해 설치하는 철물이다.

Ⅱ. 역할

1. 전단력에 저항
   콘크리트 슬래브와 강재보 사이의 전단력 부담
2. 피로하중 감소
3. 일체성 확보
   ① 모재와 현장타설 콘크리트와 일체성 확보
   ② 일체성 확보로 인한 중립축 상향

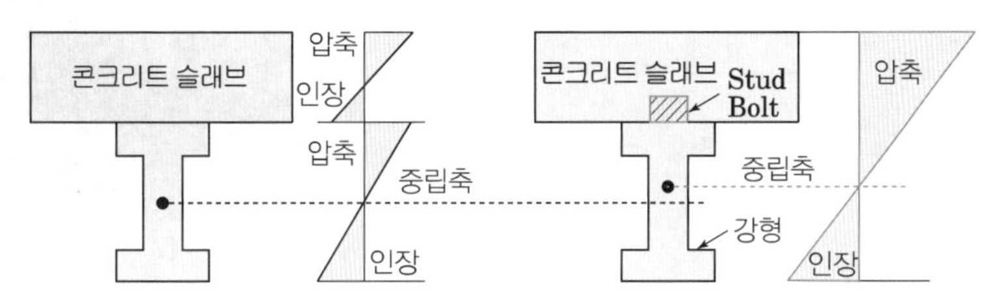

4. 슬래브 들뜸방지
5. 구조적 연결

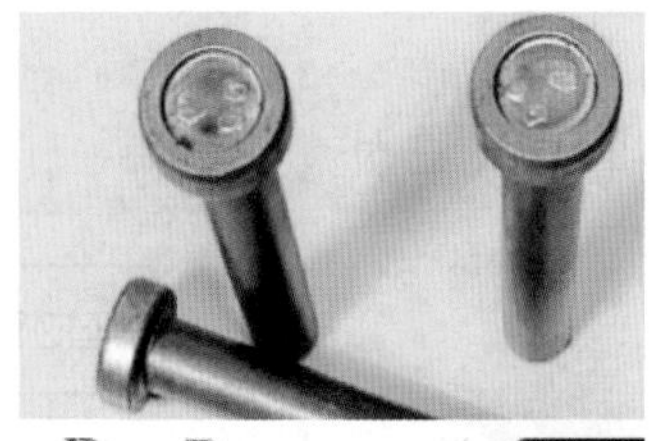

[Stud Bolt 용접]

Ⅲ. 스터드 필릿용접의 규정 준수

① 용접살의 높이 1mm, 폭 0.5mm 이상의 더돋기 준수
② 용접부의 균열 및 슬래그 혼입 금지
③ 날카로운 형상의 언더컷 및 깊이 0.5mm 이상의 언더컷 금지
④ 스터드의 마무리 높이는 설계 치수에 대해 ±2 mm 이내
⑤ 스터드의 기울기는 5° 이내
⑥ 스터드용접은 아래보기 자세

25 Stud 용접(Stud Welding)

KCS 14 31 20

Ⅰ. 정의

스터드 용접은 스터드 건에 용접될 스터드를 꽂은 후 모재와 약간 사이를 두고 전류를 통하게 하면 스터드가 용접봉과 같은 역할을 하여 스터드 끝과 모재 사이에 전기 아크가 발생하면서 스터드를 모재에 눌러붙여 용접하는 방법이다.

Ⅱ. 시공순서

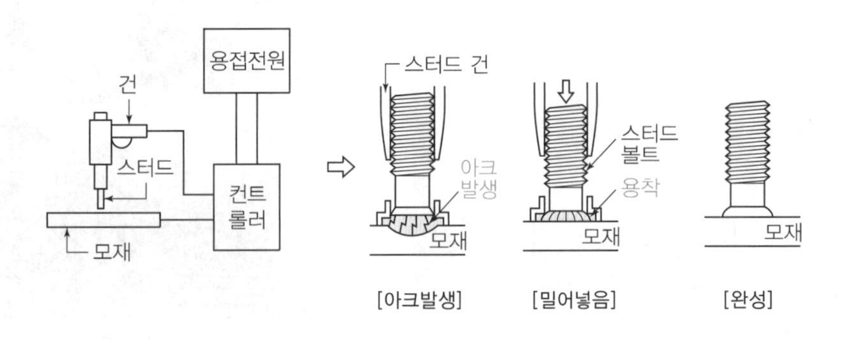

[스터드 용접]

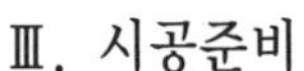

Ⅲ. 시공준비

① 재료의 보관은 건조하고 통기성 좋은 곳에 한다.
② 용접면의 도료, 녹, Mill Scale은 용접 전에 반드시 제거한다.
③ 바람은 별 상관이 없으나 습기가 높은 날은 피한다.
④ 비가 오는 날은 용접을 금지한다.

Ⅳ. 스터드 용접 시 유의사항

1) 스터드는 자동시간조절 아크스터드용접기에 적합
2) 스터드는 열에 저항성이 있는 세라믹 또는 적합한 재료로 만든 링(Ferrule)과 함께 사용
3) 직경 8mm 이상의 스터드를 용접하는 경우에는 탈산화와 아크안정을 위한 플럭스가 갖출 것
4) 스터드가 용접되는 모재의 스케일, 녹, 습기 또는 기타 이물질 제거
5) 용접될 부위는 와이어브러쉬, 디스케일링(Descaling) 또는 연마 등으로 깨끗이 준비
6) 모재의 온도가 -20℃ 미만이거나 표면에 습기, 눈 또는 비에 노출된 경우에는 용접 금지

7) 스터드는 직류 음극에 스터드를 연결하는 자동시간조절 스터드용접장비로 용접
8) 스터드자동용접에서 스터드가 완전한 360°의 용착부를 얻지 못 할 경우 최소 필릿 용접으로 적절하게 보수
9) 보수용접은 보수하는 결함의 각 끝에서 최소 10mm 이상을 연장하여 실시
10) 스터드 필릿용접의 규정 준수
① 용접살의 높이 1mm, 폭 0.5mm 이상의 더돋기 준수
② 용접부의 균열 및 슬래그 혼입 금지
③ 날카로운 형상의 언더컷 및 깊이 0.5mm 이상의 언더컷 금지
④ 스터드의 마무리 높이는 설계 치수에 대해 ±2mm 이내
⑤ 스터드의 기울기는 5° 이내
⑥ 스터드용접은 아래보기 자세

26 철골공사의 Stud 품질검사

KCS 14 31 20

Ⅰ. 정의

스터드 용접 후 용접결함은 반드시 발생할 수밖에 없으므로 합리적인 표본추출방법에 따라 합리적인 검사를 실시하여야 하며, 검사방법으로는 육안검사, 굽힘검사 등이 있다.

Ⅱ. 검사범위

① 마감높이 및 기울기 검사는 100개 또는 부재 1개에 용접된 숫자 중 작은 쪽을 1개의 검사 단위로 하며, 검사 단위당 1개씩 검사한다.

② 육안검사를 위해 표본 추출하는 경우에는 1개 검사단위 중에서 전체보다 길거나 짧은 것 또는 기울기가 큰 것을 선택한다.

Ⅲ. 육안검사(스터드용접부의 외관검사)

결함	판정 기준
더돋기 형상의 부조화	• 더돋기는 스터드의 반지름 방향으로 균일하게 형성 • 여기에서 더돋기는 높이 1mm 폭 0.5mm 이상의 것
균열 및 슬래그 혼입	• 허용 금지
언더컷	• 날카로운 형상의 언더컷 및 깊이 0.5mm 이상의 언더컷 금지 • 다만 0.5mm 이내로 그라인드 처리할 수 있는 것은 그라인드 처리 후 합격
스터드의 마무리 높이	• 설계치에서 ±2mm 초과 금지
스터드의 기울기	• 5° 이내

Ⅳ. 굽힘검사

① 구부림 각도 15°에서 용접부의 균열, 기타 결함이 발생하지 않은 경우에는 그 검사단위는 합격

② 굽힘검사에 의해 15°까지 구부러진 스터드는 결함이 발생하지 않았다면 그대로 콘크리트를 타설 가능

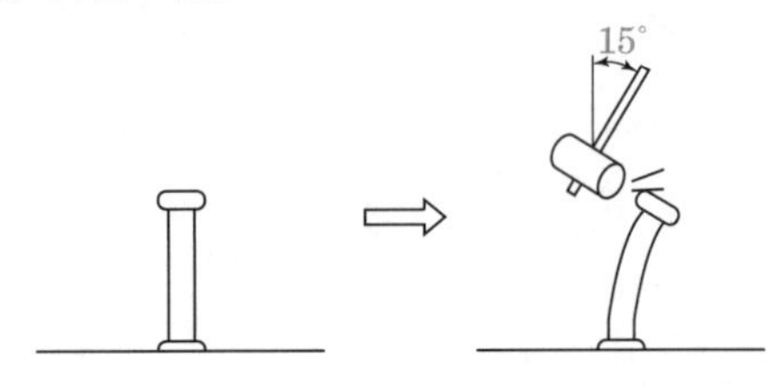

[굽힘검사]

Ⅴ. 검사 후의 처리

① 검사 후 합격한 검사 단위는 그대로 받아들임

② 불합격한 경우에는 동일 검사 단위로부터 추가로 2개의 스터드를 검사하여 2개 모두 합격한 경우에는 그 검사 단위는 합격

③ 이들 2개의 검사 스터드 중에서 1개 이상이 불합격한 경우에는 그 검사단위 전체에 대해 재검사

④ 검사에서 불합격한 스터드는 50~100mm 인접부에 스터드를 재용접하여 검사

27 철골용접에서 Weaving

KCS 14 31 20

Ⅰ. 정의

위빙(Weaving)이란 용접봉을 용접방향에 대해서 서로 엇갈리게 움직여서 용가(鎔可)금속을 용착시키는 운봉방법을 말한다.

Ⅱ. 운봉방식에 따른 분류

① 수동용접: 용접봉의 송급과 아크의 이동을 수동으로 하는 것

② 반자동용접: 용접봉의 송급망을 자동으로 하는 것

③ 자동용접: 용접봉의 송급과 아크의 이동 모두 기계를 사용, 자동으로 하는 것

Ⅲ. Weaving의 역할

① Groove 양쪽의 융합불량을 방지

② 용접비드 폭을 크게 함

③ 오버랩을 방지

④ 슬래그 형성의 도움

[슬래그(Slag)]
용접 비드 표면을 덮은 비금속물질로서, 금속을 용해하거나 용접 시에 플럭스와 반응하여 생긴 비교적 융점이 낮은 비금속 물질인 유리질용체

Ⅳ. 현장 품질관리

1. 용접재료

① 용접재료는 적절하게 보관, 관리되고 있는가를 확인한 후에 사용

② 피복아크용접봉 건조

용접봉 종류	용접봉 건조 상태	건조온도	건조시간
연강용 피복아크용접봉	건조(개봉) 후 12시간 이상 경과한 경우 또는 용접봉이 흡습할 우려가 있는 경우	100~150℃	1시간 이상
저수소계피복 아크용접봉	건조(개봉) 후 4시간 이상 경과한 경우 또는 용접봉이 흡습할 우려가 있는 경우	300~400℃	1시간 이상

③ 용접봉은 1회에 한하여 건조하며, 또한 젖은 용접봉을 사용 금지

④ 용접봉의 사용 시에는 이동용 건조로(Portable Canister)를 이용하여 용접봉의 건조 상태를 유지

2. 플럭스

① 서브머지드아크용접에 사용되는 플럭스는 건조상태를 유지하며, 먼지, 밀스케일 또는 기타 이물질 등의 오염물질이 없을 것

② 서브머지드아크용접용 플럭스의 건조

플럭스 종류	건조온도	건조시간
용융플럭스	150 ~ 200℃	1시간 이상
소결플럭스	200 ~ 250℃	1시간 이상

③ 용접장비, 호퍼, 탱크 등의 모든 플럭스는 용접작업이 48시간 이상 중단될 때에는 언제든지 새로운 플럭스로 대체

④ 플럭스는 항상 습기 및 오염물질로부터 보호하며, 젖은 플럭스를 사용 금지

⑤ 용접 시 용융된 플럭스의 재사용은 금지

28 철골부재 변형교정 시 강재의 표면온도

KCS 14 31 20

Ⅰ. 정의

용접에 의해서 생긴 부재의 변형은 프레스나 가스화염 가열법 등에 의하여 교정할 수 있다.

Ⅱ. 가스화염 가열법의 교정 시 강재 표면온도 및 냉각법

강재		강재 표면온도	냉각법
조질강(Q)		750℃ 이하	공냉 또는 공냉 후 600℃ 이하에서 수냉
열가공제어강 (TMC, HSB)	Ceq>0.38	900℃ 이하	공냉 또는 공냉 후 500℃ 이하에서 수냉
	Ceq≤0.38	900℃ 이하	가열 직후 수냉 또는 공냉
기타강재		900℃ 이하	적열상태에서의 수냉은 피한다.

Ⅲ. 응력제거 열처리

1) 계약도면이나 특별시방서에서 요구될 때에, 용접 구조물에 대해서는 열처리에 의해 응력을 제거
2) 용접 후 기계가공이 필요 시에는 응력제거 후에 기계가공을 수행
3) 응력제거 열처리 실시 기준
   ① 용접된 조립품(부재)을 열처리 시 노의 내부 온도가 315℃를 초과 금지
   ② 315℃ 이상에서의 가열비(℃/hr)는 가장 두꺼운 부재를 기준으로 25mm당 1시간에 220℃를 초과 금지. 또한, 어떠한 경우도 단위 시간당의 가열온도가 220℃를 초과 금지
   ③ 가열 중에 가열시키는 부재의 전 부위의 온도편차는 5m 길이 이내에서 140℃ 이하
   ④ 열처리 고장력강이 최대온도 600℃에 도달된 후 또는 다른 강재가 평균온도범위 590℃와 650℃ 사이에 도달된 후의 최소 유지시간

두께 6.0mm 이하	두께 6.0mm 초과~50mm 이하	두께 50mm 초과
15분	1시간/25mm	2시간+50mm를 초과하는 두께에 대해서 25mm당 15분 추가

   ⑤ 유지시간 동안 가열된 부재의 전 부분에 걸쳐서 최고온도와 최저온도 차이가 80℃ 이상 금지
   ⑥ 315℃ 이상에서의 냉각비(℃/hr)는 밀폐된 노(爐) 또는 용기 내에서 가장 두꺼운 부재를 기준으로 25mm당 1시간에 315℃ 이하이며, 어떠한 경우에도 단위시간당 냉각온도가 260℃를 초과 금지. 또, 315℃ 미만에서는 조립품을 공냉 가능

29 용접 시 재해예방

Ⅰ. 정의

현장용접 시에는 재해가 일어나면 인명피해 및 재산상 손해가 발생하므로 재해가 일어나지 않도록 예방조치를 할 필요가 있다.

Ⅱ. 재해예방

1. 전격예방

① 용접기의 바깥상자를 접지한다.
② 용접부의 접지를 확실히 한다.
③ 케이블의 절연을 완전하게 한다.
④ 착의, 장갑, 구두 등을 건조상태로 한다.
⑤ 개로전압이 높은 용접기(구식)를 사용하지 않는다.
⑥ 절연 홀더를 사용한다.
⑦ 전격방지기를 설치한다.
⑧ 작업을 중단할 때는 스위치를 끈다.
⑨ 우천, 강설 시의 야외작업을 중지한다.

2. 차광

① 완전한 용접용 색글라스를 사용한다.
② 주위의 차광을 완전하게 한다.
③ 특히 야간작업의 경우 옆으로부터의 빛에 주의한다.

[차광]

3. 화상예방

① 피부를 노출시키지 않는다.
② 가죽장갑, 가죽에이프런, 가죽구두를 착용한다.

4. 추락예방

① 감전을 예방한다.
② 발판을 안전하게 한다.

5. 화재예방

① 용접부분 부근의 가연물이나 인화물을 치운다.
② 불꽃이 비산하는 장소에 주의한다.
③ 접지의 부착을 완전하게 한다.
④ 케이블의 접속을 완전하게 한다.
⑤ 용접봉의 잔봉을 안전하게 치운다.

30 라멜라 티어링(Lamellar Tearing) 현상

Ⅰ. 정의

T형 이음, 구석이음에서 철골부재의 용접이음에 의해 압연강판 두께방향으로 강한 인장구속력이 발생되며, 이때 용접금속의 국부적인 수축으로 압연강판의 층 사이에 계단모양의 박리균열이 생기는 현상을 말한다.

Ⅱ. Lamellar Tearing 현상

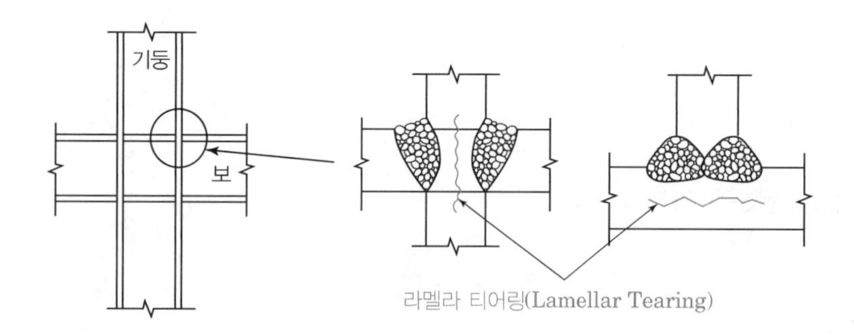

Ⅲ. 발생원인

① 판두께방향 구속과 압연방향으로 존재하는 강판의 층 상호작용
② 층 사이에 존재하는 불순물(MnS, MnSi)
③ 다층용접에 의한 반복열

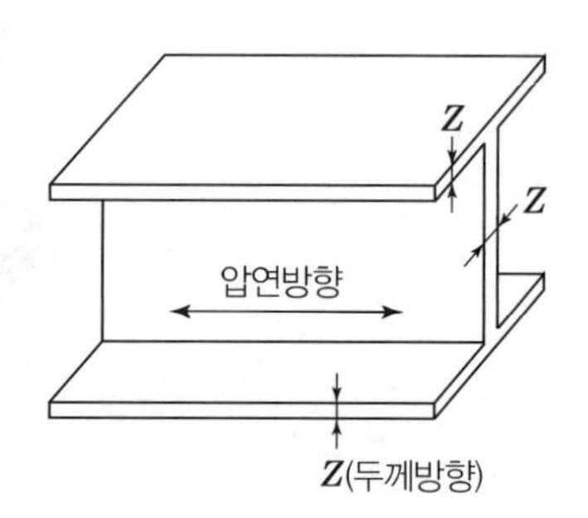

Ⅳ. 방지대책

① 넓은 개선각 대신 좁은 개선각(Narrow Gap Welding) 적용
② 시공 시 접합부에 예열과 후열시공
③ 저강도 용접봉 사용

④ 용접 접합부 Detail 개선

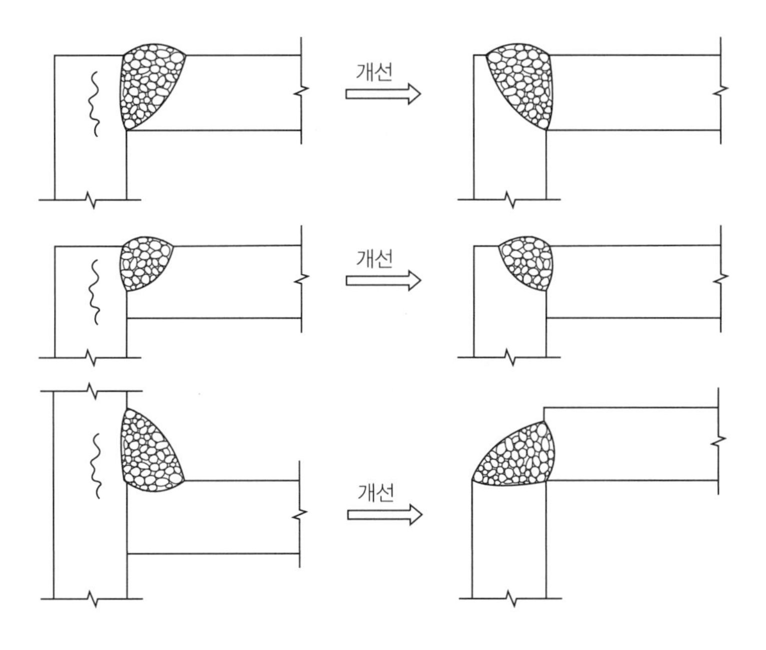

⑤ 1-Path 용접이나 저층용접 적용

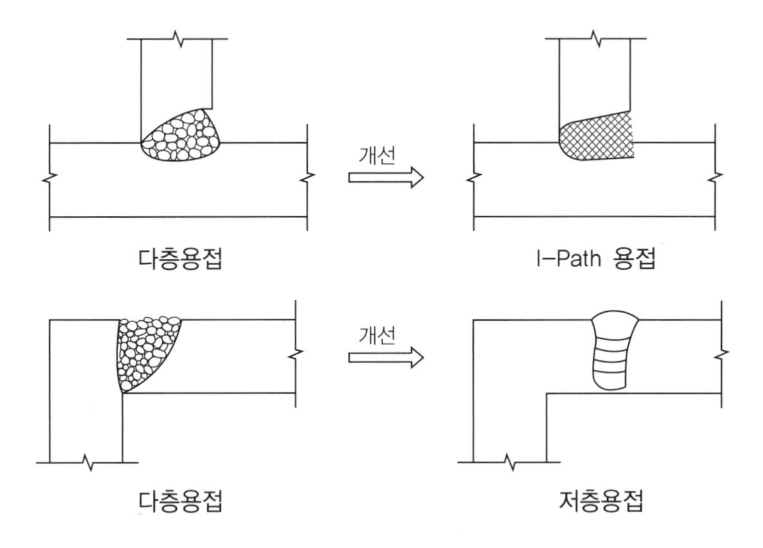

31 Under Cut

KCS 14 31 20

Ⅰ. 정의

Under Cut이란 용접부의 끝부분에서 모재가 패어져 도랑처럼 된 부분을 말한다.

Ⅱ. Under Cut

1. Under Cut 깊이의 허용값(mm)

언더컷의 위치	품질관리 구분			
	가	나	다	라
주요부재의 재편에 작용하는 1차응력에 직교하는 비드의 지단부	해당없음	0.5	0.5	0.3
주요부재의 재편에 작용하는 1차응력에 평행하는 비드의 지단부	해당없음	1.0	0.8	0.5
2차부재의 비드 지단부	해당없음	1.0	1.0	1.0

2. 스터드 용접부의 Under Cut

① 날카로운 노치 형상의 언더컷 및 깊이 0.5mm 이상의 언더컷은 허용 금지
② 0.5mm 이내로 그라인드 처리할 수 있는 것은 그라인드 처리 후 합격

Ⅲ. Under Cut의 원인 및 대책

① 원인
운봉불량, 전류과다, 용착의 과대, 강재용접부의 경사과다

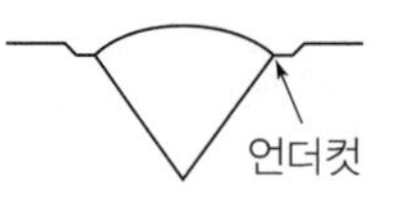

② 대책
적정운봉, 적정전류, 용접속도 저하 또는 용접전압 강하, 경사각 감소 또는 용접전압 상승

Ⅳ. Under Cut의 보수

① 비드 용접한 후 그라인더로 마무리 한다.
② 용접비드의 길이는 40mm 이상으로 한다.

Ⅴ. 육안검사

1. 검사범위

모든 용접부는 육안검사를 실시. 용접비드 및 그 근방에서는 어떤 경우도 균열 금지

2. 용접균열의 검사

균열검사는 육안으로 하되, 특히 의심이 있을 때에는 자분탐상법 또는 침투탐상법으로 실시

3. 용접비드 표면의 피트

① 주요 부재의 맞대기이음 및 단면을 구성하는 T 이음, 모서리 이음에 관해서는 비드 표면에 피트 금지

② 필릿용접 또는 부분용입 그루브용접에 관해서는 한 이음에 대해 3개 또는 이음길이 1m에 대해 3개까지 허용

③ 피트 크기가 1mm 이하일 경우에는 3개를 한 개로 본다.

4. 용접비드 표면의 요철

비드길이 25mm 범위에서의 고저차로 나타내는 비드 표면의 요철값(mm)

품질관리 구분	가	나	다	라
요철 허용 값	해당없음	4	4	3

5. Under Cut의 깊이를 확인

32 Blow Hole

KCS 14 31 20

Ⅰ. 정의

금속을 용해하면 수소, 질소, 산화탄소 등의 가스를 흡수하여 응고할 때 다시 이것을 방출할 때 이 가스의 방출이 충분히 이루어지기 전에 금속이 응고하면 가스는 그 물질 내에 남아서 기포를 형성하는 것을 말한다.

Ⅱ. 현장시공도

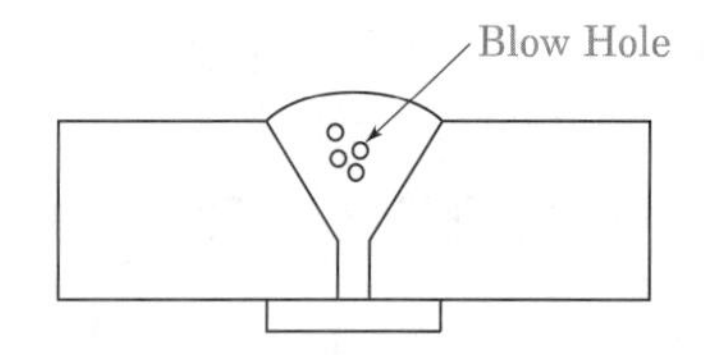

Ⅲ. Blow Hole의 원인과 대책

구분	설명
원인	• 주로 수소가스가 기포상태로 용접 금속 내에 잔류 • 예열부족, 개선 및 청소 불량 • 용접속도의 부적절 • 용접방법 및 용접순서의 부적절
대책	• 수소원 제거를 위해 응고 시 가스 방출상태를 좋게 할 것 • 충분한 예열, 개선 및 청소 철저 • 적절한 용접속도 유지 • 용접방법 및 용접순서를 사전에 숙지하여 준수

Ⅳ. 용접부 사전 청소 및 건조

① 용접을 하려는 부위에는 기공(氣空)이나 균열을 발생시킬 염려가 있는 흑피(黑皮), 녹, 도료, 기름 등을 제거

② 재편에 수분이 있는 상태로 용접 금지

③ 조립 후 12시간 이상 경과한 부재를 용접할 때에는 용접선 부근을 충분히 건조

Ⅴ. 현장 품질관리

1. 용접재료

① 용접재료는 적절하게 보관, 관리되고 있는가를 확인한 후에 사용

② 피복아크용접봉 건조

용접봉 종류	용접봉 건조 상태	건조온도	건조시간
연강용 피복아크용접봉	건조(개봉) 후 12시간 이상 경과한 경우 또는 용접봉이 흡습할 우려가 있는 경우	100~150℃	1시간 이상
저수소계피복 아크용접봉	건조(개봉) 후 4시간 이상 경과한 경우 또는 용접봉이 흡습할 우려가 있는 경우	300~400℃	1시간 이상

③ 용접봉은 1회에 한하여 건조하며, 또한 젖은 용접봉을 사용 금지

④ 용접봉의 사용 시에는 이동용 건조로(portable canister)를 이용하여 용접봉의 건조 상태를 유지

2. 플럭스

① 서브머지드아크용접에 사용되는 플럭스는 건조상태를 유지하며, 먼지, 밀스케일 또는 기타 이물질 등의 오염물질이 없을 것

② 서브머지드아크용접용 플럭스의 건조

플럭스 종류	건조온도	건조시간
용융플럭스	150~200℃	1시간 이상
소결플럭스	200~250℃	1시간 이상

③ 용접장비, 호퍼, 탱크 등의 모든 플럭스는 용접작업이 48시간 이상 중단될 때에는 언제든지 새로운 플럭스로 대체

④ 플럭스는 항상 습기 및 오염물질로부터 보호하며, 젖은 플럭스를 사용 금지

⑤ 용접 시 용융된 플럭스의 재사용은 금지

33 Fish Eye 용접불량

KCS 14 31 20

Ⅰ. 정의

Fish Eye는 Blow Hole 및 혼입된 Slag가 모여 은색반점이 발생하는 현상으로 용착금속 파면에 나타나는 용접결함의 일종이다.

Ⅱ. 현장시공도

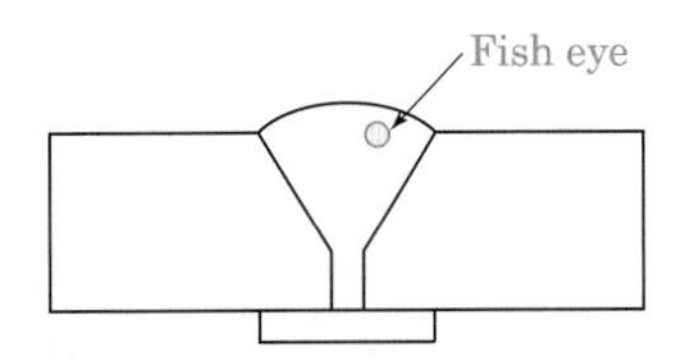

Ⅲ. Fish Eye의 원인과 대책

구분	설명
원인	• 기능공의 숙련도 부족 • 예열부족 및 개선 불량 • 용접속도의 부적절 • 용접방법 및 용접순서의 부적절
대책	• 기능공의 용접사 시험 등을 측정하여 적절히 배치 • 충분한 예열 및 개선 확보 • 적절한 용접속도 유지 • 용접방법 및 용접순서를 사전에 숙지하여 준수

Ⅳ. 현장 품질관리

1. 용접재료

① 용접재료는 적절하게 보관, 관리되고 있는가를 확인한 후에 사용

② 피복아크용접봉 건조

용접봉 종류	용접봉 건조 상태	건조온도	건조시간
연강용 피복아크용접봉	건조(개봉) 후 12시간 이상 경과한 경우 또는 용접봉이 흡습할 우려가 있는 경우	100~150℃	1시간 이상
저수소계피복 아크용접봉	건조(개봉) 후 4시간 이상 경과한 경우 또는 용접봉이 흡습할 우려가 있는 경우	300~400℃	1시간 이상

③ 용접봉은 1회에 한하여 건조하며, 또한 젖은 용접봉을 사용 금지
④ 용접봉의 사용 시에는 이동용 건조로(portable canister)를 이용하여 용접봉의 건조 상태를 유지

2. 플럭스

① 서브머지드아크용접에 사용되는 플럭스는 건조상태를 유지하며, 먼지, 밀 스케일 또는 기타 이물질 등의 오염물질이 없을 것
② 서브머지드아크용접용 플럭스의 건조

플럭스 종류	건조온도	건조시간
용융플럭스	150~200℃	1시간 이상
소결플럭스	200~250℃	1시간 이상

③ 용접장비, 호퍼, 탱크 등의 모든 플럭스는 용접작업이 48시간 이상 중단될 때에는 언제든지 새로운 플럭스로 대체
④ 플럭스는 항상 습기 및 오염물질로부터 보호하며, 젖은 플럭스를 사용 금지
⑤ 용접 시 용융된 플럭스의 재사용은 금지

34 철골용접의 각장부족 KCS 14 31 20

Ⅰ. 정의

각장(다리길이: Leg)이란 모살용접에서 용착면의 길이가 부족하여 발생한 용접결함으로 구조내력 상 중대한 결함이다.

Ⅱ. 각장의 형태

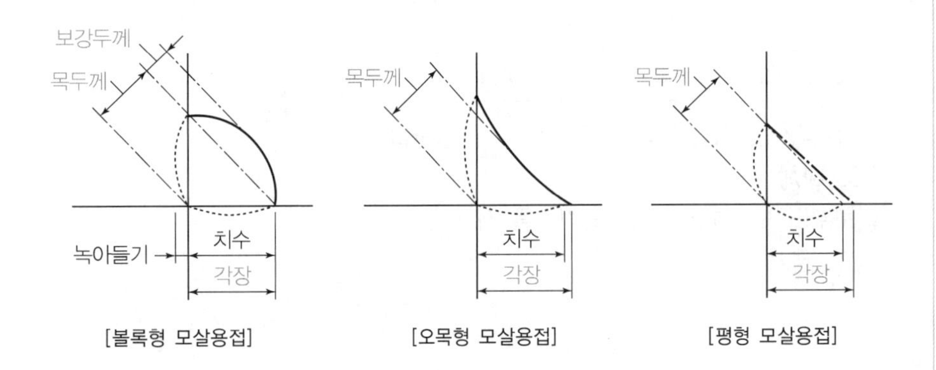

[볼록형 모살용접] [오목형 모살용접] [평형 모살용접]

Ⅲ. 각장부족의 원인과 대책

구분	설명	
원인	• 용접봉의 부적절 • 용접전류가 적을 때	• 용접자세 불량 • 용접속도가 빠를 때
대책	• 저수소계 용접봉 사용 • 적정 용접전류 유지	• 적정 용접자세 유지 • 적정 용접속도 유지

Ⅳ. 현장 품질관리

1. 용접재료

① 용접재료는 적절하게 보관, 관리되고 있는가를 확인한 후에 사용

② 용접봉은 1회에 한하여 건조하며, 또한 젖은 용접봉을 사용 금지

2. 플럭스

① 플럭스는 항상 습기 및 오염물질로부터 보호하며, 젖은 플럭스를 사용 금지

② 용접 시 용융된 플럭스의 재사용은 금지

35 철골용접 결함 중 용입부족(Incomplete Penetration) KCS 14 31 20

Ⅰ. 정의

용입부족이란 용착금속이 루트부에까지 충분한 용입이 되지 않고 홈으로 남게된 부분을 말한다.

Ⅱ. 현장시공도

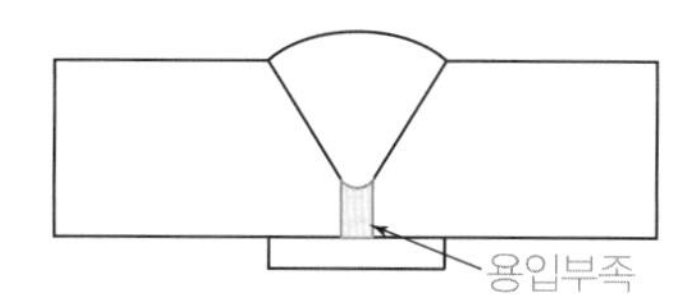

Ⅲ. 용입부족의 원인과 대책

구분	설명
원인	• 용접봉의 선택 및 관리, 보관이 불량한 경우 • 용접부의 개선, 루트간격 및 청소상태가 불량한 경우 • 용접 시 전류의 높낮이가 고르지 못할 경우 • 용접속도가 일정하지 못하고 기능공의 숙련도가 나쁠 때
대책	• 용접봉의 건조 및 저수소계 용접봉 사용 • 용접부의 개선, 루트간격 및 청소 철저 • 적정 용접전류 유지 • 적정 용접속도 유지

Ⅳ. 현장 품질관리

1. 용접재료

① 용접재료는 적절하게 보관, 관리되고 있는가를 확인한 후에 사용

② 피복아크용접봉 건조

용접봉 종류	용접봉 건조 상태	건조온도	건조시간
연강용 피복아크용접봉	건조(개봉) 후 12시간 이상 경과한 경우 또는 용접봉이 흡습할 우려가 있는 경우	100~150℃	1시간 이상
저수소계피복 아크용접봉	건조(개봉) 후 4시간 이상 경과한 경우 또는 용접봉이 흡습할 우려가 있는 경우	300~400℃	1시간 이상

③ 용접봉은 1회에 한하여 건조하며, 또한 젖은 용접봉을 사용 금지
④ 용접봉의 사용 시에는 이동용 건조로(portable canister)를 이용하여 용접봉의 건조 상태를 유지

2. 플럭스

① 서브머지드아크용접에 사용되는 플럭스는 건조상태를 유지하며, 먼지, 밀스케일 또는 기타 이물질 등의 오염물질이 없을 것
② 서브머지드아크용접용 플럭스의 건조

플럭스 종류	건조온도	건조시간
용융플럭스	150~200℃	1시간 이상
소결플럭스	200~250℃	1시간 이상

③ 용접장비, 호퍼, 탱크 등의 모든 플럭스는 용접작업이 48시간 이상 중단될 때에는 언제든지 새로운 플럭스로 대체
④ 플럭스는 항상 습기 및 오염물질로부터 보호하며, 젖은 플럭스를 사용 금지
⑤ 용접 시 용융된 플럭스의 재사용은 금지

36 철골공사의 엔드탭(End Tab, Run-off Tab)

Ⅰ. 정의

용접선의 단부에 붙인 보조판으로 아크의 시작부나 종단부의 크레이터 등의 결함 방지를 위하여 사용하고 그 판은 제거한다.

[엔드탭]

Ⅱ. 시공도

1. 기둥보 접합부

① 엔드 탭 설치 시 뒷댐재를 설치하고 직접 모재에 조립용접을 하지 않는다.
② 단, 조립용접을 재용융시키는 경우는 개선 내에 조립용접을 해도 된다.
③ 엔드 탭을 절단하지 않아도 된다.

2. Box Column 접합부

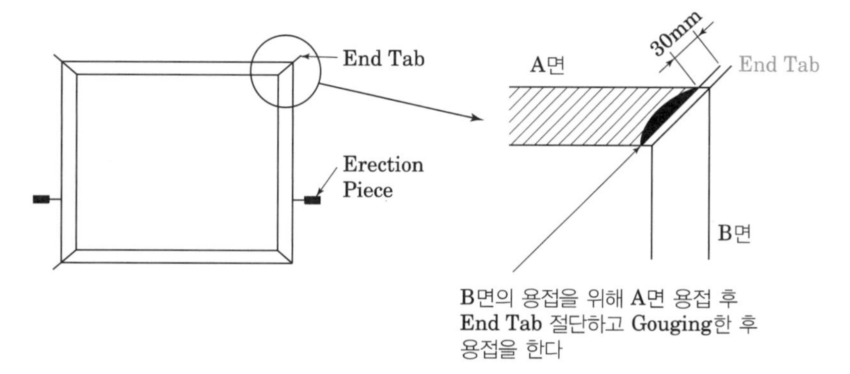

Ⅲ. 엔드 탭의 기준

① 엔드 탭은 모재와 동일한 재질의 철판을 사용
② 엔드 탭에 사용되는 철판의 두께는 실제 용접철판의 두께와 동일할 것
③ 엔드 탭의 길이

용접방법	엔드 탭의 길이
아크 수동용접	35㎜ 이상
아크 반자동용접	40㎜ 이상
서브머지드 아크 자동용접	70㎜ 이상

Ⅳ. 특징

① 엔드 탭을 사용할 경우 용접 유효길이를 전부 인정받을 수 있다.
② 돌림용접을 할 수 없는 모살용접이나 맞댐용접에 적용한다.
③ 용접이 완료되면 엔드 탭을 떼어낸다.

37 용접검사방법

KCS 14 31 20

Ⅰ. 정의

철골의 용접검사방법에는 육안검사와 비파괴검사로 구분되며, 용접부재의 적합성 여부를 파악하고 구조적으로 충분한 내력을 확보하고 있는지 판단하는 것이다.

Ⅱ. 용접검사방법

1. 육안검사

① 모든 용접부는 육안검사를 실시
② 용접비드 및 그 근방에서는 어떤 경우도 균열 발생 금지
③ 균열검사는 육안으로 하되, 특히 의심이 있을 때에는 자분탐상법 또는 침투탐상법으로 실시
④ 주요 부재의 맞대기이음 및 T 이음, 모서리 이음의 비드 표면에 피트 금지(기타의 필릿용접 또는 부분용입 그루브용접은 한 이음에 대해 3개 또는 이음길이 1m에 대해 3개까지 허용)
⑤ 용접비드 표면의 요철 허용값(mm)

품질관리 구분	가	나	다	라
요철 허용 값	해당없음	4	4	3

⑥ 언더컷의 깊이의 허용값(mm)

언더컷의 위치	품질관리 구분			
	가	나	다	라
주요부재의 재편에 작용하는 1차응력에 직교하는 비드의 지단부	해당없음	0.5	0.5	0.3
주요부재의 재편에 작용하는 1차응력에 평행하는 비드의 지단부	해당없음	1.0	0.8	0.5
2차부재의 비드 지단부	해당없음	1.0	1.0	1.0

⑦ 오버랩 금지
⑧ 필릿용접의 다리길이 및 목두께는 지정된 치수보다 작아서는 안 된다.

2. 비파괴검사

① 비파괴시험은 육안검사에 합격한 용접부에 실시

② 침투탐상시험(PT) 및 자분탐상검사(MT)는 각각 KS B 0816과 KS D 0213에 따르며, 합격기준은 육안검사기준과 동일하게 적용

③ 방사선투과시험(RT)의 합격기준은 KS B 0845에 따라 등급을 분류

④ 자동초음파탐상검사(PAUT)와 초음파탐상검사(UT)의 합격기준은 KS B 0896에 따라 등급을 분류

⑤ 방사선투과검사, 자동 및 수동 초음파탐상검사의 합격기준

품질관리 구분 및 응력 종류	합격 등급
품질관리 구분 '가'	해당없음
품질관리 구분 '나'	3류 이상
품질관리 구분 '다'	2류 이상
품질관리 구분 '라'	2류 이상

[방사선투과법(RT)]
Radiographic Test

[초음파탐상법(UT)]
Ultrasonic Test

[자분탐상법(MT)]
Magnetic Particle Test

[침투탐상법(PT)]
Penetration Test

38 철골 용접의 비파괴시험(Non Destruction Test)

KCS 14 31 20

Ⅰ. 정의

철골의 용접검사에는 육안검사와 비파괴검사로 구분되며, 비파괴검사는 용접부의 내부결함의 검사방법으로 사용된다.

Ⅱ. 비파괴시험

① 비파괴시험은 육안검사에 합격한 용접부에 실시

② 비파괴시험의 용접 후 최소 지체시간

용접 목두께(㎜)	용접 입열량(J/㎜)	지체시간(시간, h)[1)	
		인장강도(MPa)	
		420 이하	420 초과
a≤6	모든 경우	냉각시간	24
6<a≤12	3,000 이하	8	24
	3,000 초과	16	40
12≤a	3,000 이하	16	40
	3,000 초과	40	48

주1) 여기서 지체시간은 용접완료 후부터 비파괴시험 시작 때까지의 시간을 뜻함

③ 침투탐상시험(PT) 및 자분탐상검사(MT)

침투탐상시험(PT) 및 자분탐상검사(MT)는 각각 KS B 0816과 KS D 0213에 따르며, 합격기준은 육안검사기준과 동일하게 적용

④ 방사선투과시험(RT)

방사선투과시험(RT)의 합격기준은 KS B 0845에 따라 등급을 분류

⑤ 자동초음파탐상검사(PAUT)와 초음파탐상검사(UT)

자동초음파탐상검사(PAUT)와 초음파탐상검사(UT)의 합격기준은 KS B 0896에 따라 등급을 분류

⑥ 방사선투과검사, 자동 및 수동 초음파탐상검사의 합격기준

품질관리 구분 및 응력 종류	합격 등급
품질관리 구분 '가'	해당없음
품질관리 구분 '나'	3류 이상
품질관리 구분 '다'	2류 이상
품질관리 구분 '라'	2류 이상

39 방사선 투과검사(RT ; Radiographic Testing)

Ⅰ. 정의

방사선 투과검사는 X-선과 감마선 등의 방사선을 시험체에 투과시켜 X-선 필름에 상을 형성시킴으로써 시험체 내부의 결함을 검출하는 검사방법이다.

Ⅱ. 시공도

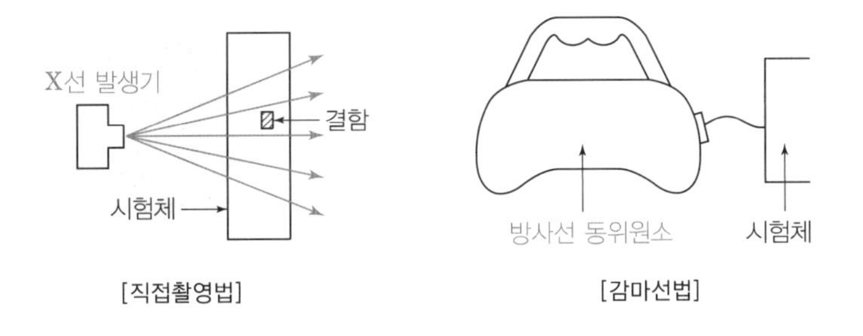

[직접촬영법] [감마선법]

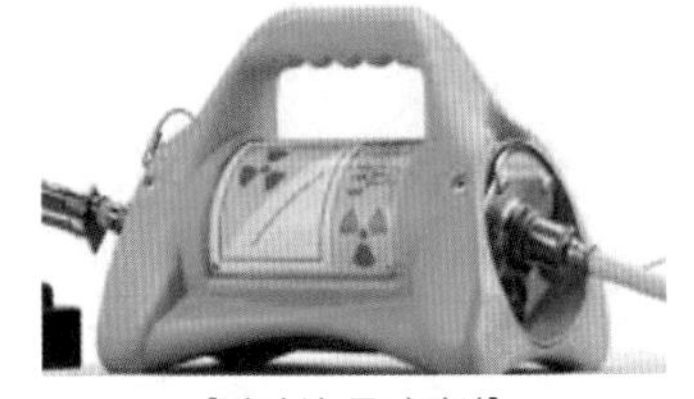

[방사선 투과검사]

Ⅲ. 종류

종류	내용
직접촬영법	X-선 필름으로 직접 촬영하는 방법
투시법	노출과 동시에 현장에서 바로 결과를 판독
X-선 CT법	물체의 단면을 볼 수 있음

Ⅳ. 특징

① 내부결함의 실상을 그대로 한눈에 볼 수 있다.
② 두꺼운 부재의 검사가 가능하며 신뢰성이 있다.
③ 검사방법이 간단하다.
④ 방사선이 인체에 유해하다.
⑤ 재질에 관계없이 사용 가능하다.

Ⅴ. 시공 시 유의사항

① 작업환경이나 작업조건을 고려하여 방사선 피폭을 가능한 최소화한다.
② 피폭선량을 측정하여 한계치를 초과하지 않도록 한다.
③ 방사선에 대한 보호장치가 필요하다.
④ 훈련된 전문요원만 취급할 수 있다.

40 용접부 비파괴검사 중 초음파탐상법

Ⅰ. 정의

초음파의 진행방향과 진동방향의 관계에서 종파, 횡파, 표면파의 3종류가 발생하며, 철골 용접부에서는 횡파에 의한 사각탐상법을 사용하여 브라운관에 나타난 영상으로 판정한다.

Ⅱ. 개념도

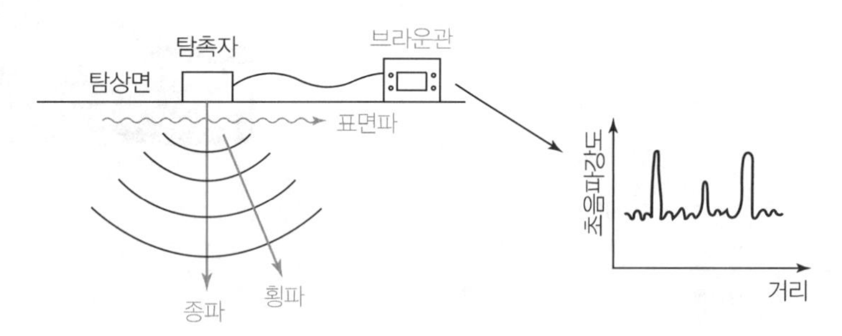

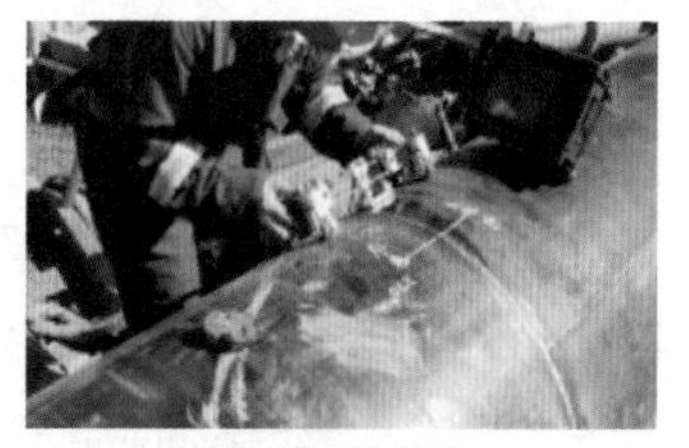

[초음파탐상법]

Ⅲ. 특징

① 감도가 높아 미세한 결함의 검출에 용이
② 두꺼운 시험체의 검사도 가능
③ 검사자의 폭넓은 지식과 경험이 요구
④ 필름을 사용하지 않아 기록성이 없다.
⑤ 맞댐용접, T형용접에 적용
⑥ 검사장치가 소형이고 검사속도가 빠르다.

Ⅳ. 표본추출 및 검사결과

① 탐상작업 전에 시험편을 사용하여 브라운관의 횡축과 종축의 성능을 조정
② 1개의 검사로트당 표본 30개 추출
③ 불합격 개소가 1개소 이하일 경우: 합격
④ 불합격 개소가 2~3개소일 경우: 조건부 합격(30개 더 추출하여 검사하고 60개 중 4개소 이하일 경우)
⑤ 불합격 개소가 4개소 이상일 경우: 불합격(전수검사 실시)

[수직탐상과 사각탐상의 비교]

	수직탐상	사각탐상
사용파	종파	횡파
적용 분야	• 판재, 봉재, 단조품 • 복잡한 형태의 부품	• 건축물, 다리, 압력용기, 화학플랜트, 조선, 파이프라인 등

41 자분탐상검사(MT ; Magnetic Particle Testing)

Ⅰ. 정의

자분탐상검사는 표면 및 표면에 가까운 내부결함을 쉽게 찾아낼 수 있고 자성체의 검사에만 사용할 수 있으며 피검사체(철, 니켈, 코발트 및 이들의 합금)를 교류 또는 직류로 자화시킨 후 Magnetic Particle을 뿌리면 크랙부위에 Particle이 밀집되어 검사하는 방법이다.

Ⅱ. 방법 및 적용

1. 방법

피검사체를 교류 또는 직류로 자화시킨 후 자분을 뿌리면 결함부위에 자분이 밀집한다.

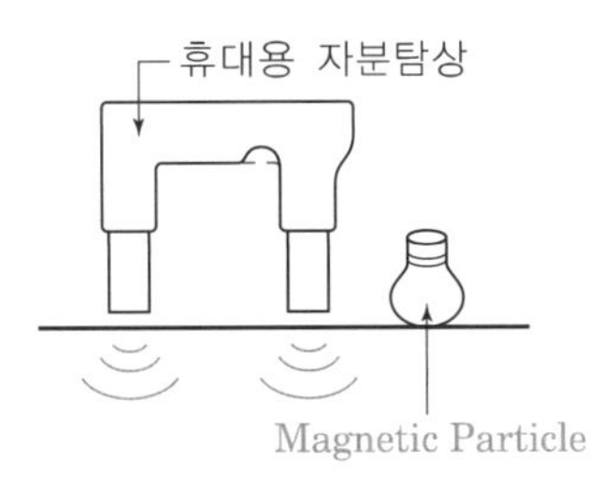

[자분탐상검사]

2. 특징

표면 및 표면에 가까운 내부결함을 쉽게 찾을 수 있다.

3. 적용

자성체인 제품에 사용

Ⅲ. 자화방법의 종류

1. 축통전법

축방향으로 직접 통전하여 원형자장을 이용하는 방법으로 축방향의 결함검출에 사용

2. 전류관통법

중앙전도체를 사용하여 시험품에 원형자장을 만들어서 전류방향의 결함을 검출

3. Coil법

시험품을 Coil에 넣거나 Coil에 감아 선형자장을 만들어서 축방향의 직각인 결함을 검출

4. Prod법

① 2개의 Prod를 사용하여 직접 전류를 통과시켜 원형자장을 형성하는 방법
② Prod 최대간격: 8인치 이하

5. Yoke법(극간법)

Yoke를 사용하여 선형자장을 만들어 두 극 사이의 시험할 부위를 자화시키는 방법으로 표면결함에 한한다.

42 용접부 비파괴검사 중 자분탐상법의 특징

Ⅰ. 정의

자분탐상검사는 표면 및 표면에 가까운 내부결함을 쉽게 찾아낼 수 있고 자성체의 검사에만 사용할 수 있으며 피검사체(철, 니켈, 코발트 및 이들의 합금)를 교류 또는 직류로 자화시킨 후 Magnetic Particle을 뿌리면 크랙부위에 Particle이 밀집되어 검사하는 방법이다.

Ⅱ. 자분탐상법의 방법 및 적용

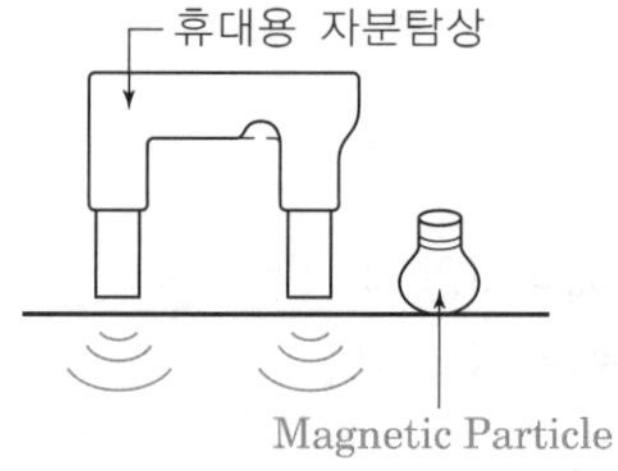

1. 방법

피검사체를 교류 또는 직류로 자화시킨 후 자분을 뿌리면 결함부위에 자분이 밀집한다.

2. 특징

표면 및 표면에 가까운 내부결함을 쉽게 찾을 수 있다.

3. 적용

자성체인 제품에 사용

[자분탐상법]

Ⅲ. 특징

1. 장점

① 결함형태가 표면에 직접 나타나므로 육안검사가 가능
② 표면균열검사에 적합
③ 검사방법이 간단
④ 시험체의 크기, 형상 등에 영향이 적음
⑤ 자동화가 가능
⑥ 검사비용이 저렴
⑦ 정밀한 전처리(前處理)의 요구가 불필요
⑧ 검사자가 쉽게 검사방법을 배울 수 있음

2. 단점

① 내부검사는 불가능
② 자성체인 제품에 한정됨
③ 대형구조물에서는 높은 전류가 요구됨
④ 전극식 장비 사용 시 접촉부에 Arc 발생으로 시험체에 악영향이 미칠 수 있음
⑤ 불연속부의 위치가 자속 방향에 수직이어야 함
⑥ 후처리(자분 제거)가 종종 필요
⑦ 특이한 형상의 시험 방법이 까다로움
⑧ 적은 양에 많은 검사 인원이 필요
⑨ 나타난 지시 모양의 판독에 경험과 숙련이 필요

43 침투탐상검사(PT ; Penetrant Testing)

Ⅰ. 정의

침투탐상검사는 부품 등의 표면결함을 아주 간단하게 검사하는 방법으로 침투액, 세척액, 현상액 3종류의 약품을 사용하여 결함의 위치, 크기 및 지시모양을 관찰하는 검사방법이다.

Ⅱ. 검사원리

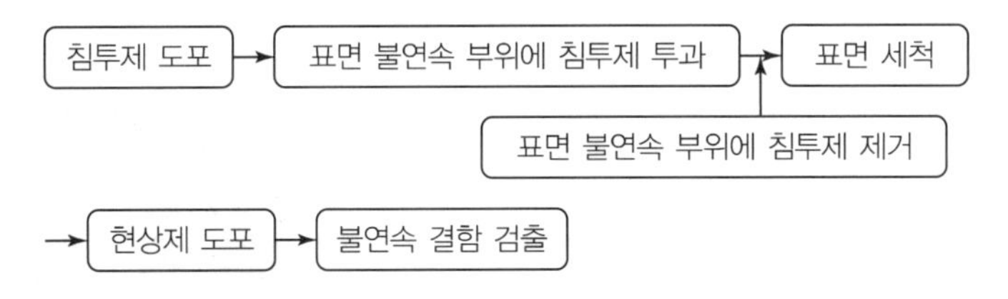

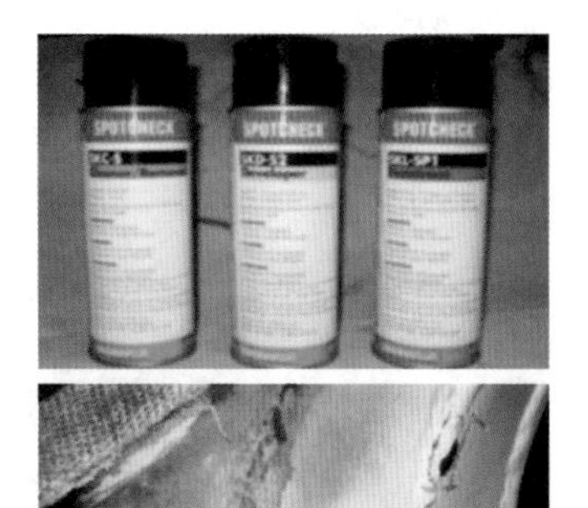

[침투탐상검사]

Ⅲ. 적용분야

1. 검사대상물

금속 및 비금속의 모든 재료, 부품에 적용

2. 표면 개구 결함

크랙, 핀홀, 용접불량 그 밖에 검사물 표면에 개구되어 있는 결함

Ⅳ. 특징

장점	단점
① 검사속도가 빠르고 경제적이다. ② 시험체의 모양과 크기에 제약이 적다. ③ 시험체의 재질에 제한이 없다. ④ 국부적 검사가 가능하다. ⑤ 결함 관찰이 쉽다.	① 표면에 열려있는 결함이어야 한다. ② 전처리가 필요하다. ③ 표면온도에 따라 검사 감도가 변한다. ④ 탐상 자재의 오염이 쉽다. ⑤ 검사 후 사후처리가 필요하다.

Ⅴ. 시공 시 유의사항

① 침투제 적용시간은 최소한 10분 이상으로 한다.
② 시험표면온도는 15~50℃ 정도로 한다.
③ 표면 개구에 한한다.
④ 침투액에는 염색침투탐상제와 형광침투탐상제가 있다.
⑤ 대략 크랙깊이 100μ정도까지 검출할 수 있다.

44 와류탐상검사(Eddy Current Testing, 전자유도검사)

Ⅰ. 정의

금속 등의 전도체에 교류가 흐르는 코일을 접근시키면 코일 주위에 생긴 자장의 영향으로 전도체 내부에 와전류(유도전류라고도 함)가 유도되어 도체 중에 균열 등의 불연속이 있으면 와전류가 변화하여 결함을 검출하는 방법이다.

Ⅱ. 개념도

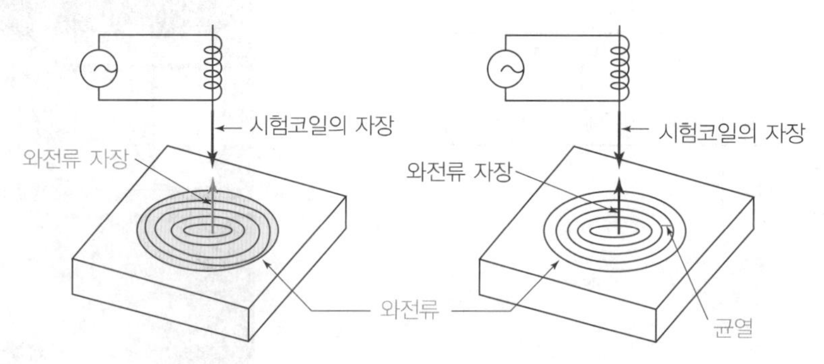

[와류탐상검사]

Ⅲ. 적용분야

시험	와전류 영향인자	적용대상
탐상시험	결함, 크기, 형상, 위치 등	철·비철재료의 관, 봉, 선, 판 등
재질시험	전도도의 변화	비철재료
	투자율의 변화	철강재료
피막두께 측정	도체, 코일 간 거리의 변화	금속면상의 절연체막의 두께
	두께의 변화	금속막 두께
치수시험	치수, 형상변화	비철, 철강재료

Ⅳ. 특징

① 결함 크기변화, 재질 변화 등을 동시에 검사 가능
② On-line 생산의 전수 검사가 가능
③ 표면결함에 대한 검출 감도가 우수
④ 고온, 얇은 시험체, 가는 선, 구멍의 내부 등의 검사도 가능
⑤ 표면 아래 깊은 곳에 있는 결함의 검출은 곤란
⑥ 결함의 종류, 형상 등은 곤란
⑦ 강자성 금속에 적용이 곤란

45 용접변형

Ⅰ. 정의

용접변형이란 용접 시 온도변화에 의한 이음부의 응력변화로서, 이는 세우기 정도, 강도저하, 내구성 저하 등의 영향을 미치므로 철저한 대책을 강구하여야 한다.

Ⅱ. 용접변형의 종류

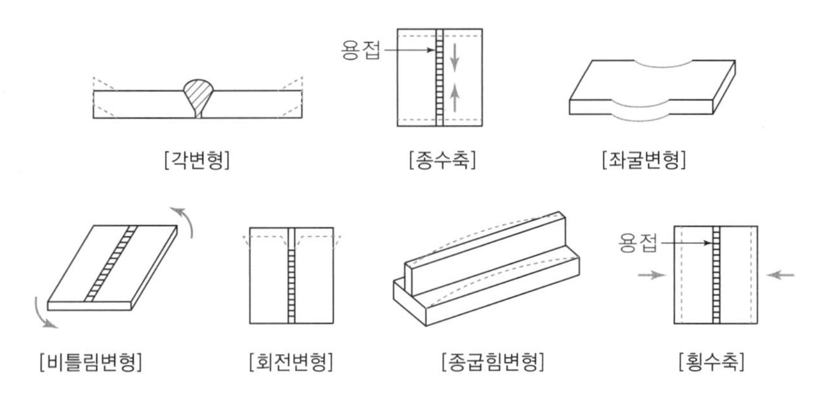

[각변형] [종수축] [좌굴변형]
[비틀림변형] [회전변형] [종굽힘변형] [횡수축]

Ⅲ. 발생원인

① 용융금속에 의한 모재의 열팽창, 소성변형
② 용접 열에 의한 경화과정의 온도 차이에 따른 모재의 소성변형
③ 용착금속의 냉각과정에서의 수축으로 변형
④ 선작업된 용접부의 잔류응력이 후작업에 미치는 영향으로 변형

Ⅳ. 방지대책

1) 억제법: 응력발생 예상부위에 보강재 또는 보조판 부착
2) 역변형법: 변형발생부분을 예측하여 미리 역변형을 주어 제작
3) 냉각법: 용접 시 냉각으로 온도를 낮추어 변형방지
4) 가열법: 용접부재 전체를 가열하여 용접 시 변형을 흡수
5) 피닝법: 용접부위를 두들겨 잔류응력의 분산 및 완화
6) 용접순서

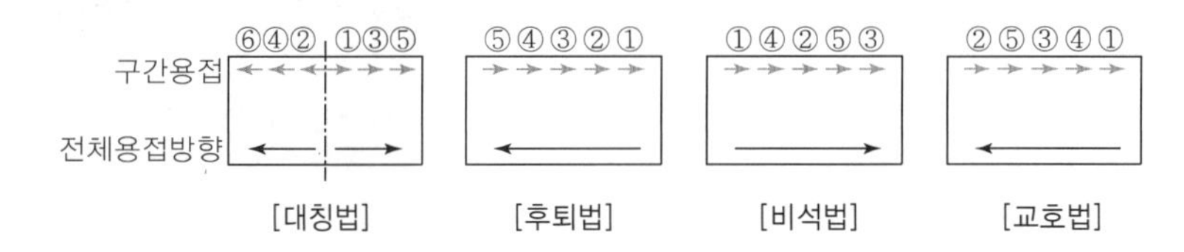

[대칭법] [후퇴법] [비석법] [교호법]

[피이닝(Peening)]
금속의 위를 해머로 두드리는 가공법으로 용접의 경우에는 피드 또는 그 가까이를 두드리는 것에 의해 잔류응력을 경감시키는 것을 말한다.

46 용접용어

1. 개선(Beveling, Groove)

피용접재의 두께가 커서 그대로는 완전한 용접이 되지 않을 경우, 충분히 내부로부터 용융시키기 위하여 재의 끝부분을 경사지게 자르는 것

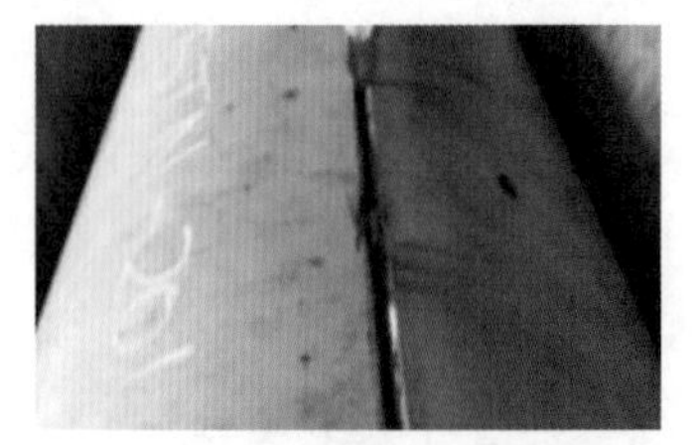

[개선]

2. 모살용접(Fillet Weld)

목두께의 방향이 모재의 면과 45° 또는 거의 45°의 각을 이루는 용접

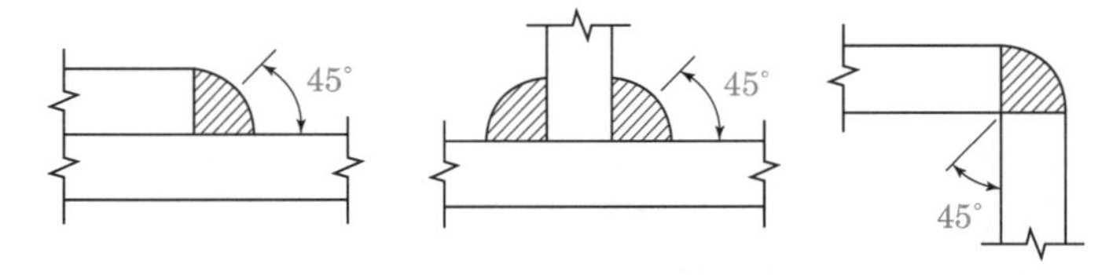

[모살용접]

3. 맞댐용접(Butt Weld)

모재의 마구리와 마구리를 맞대어서 행하는 용접

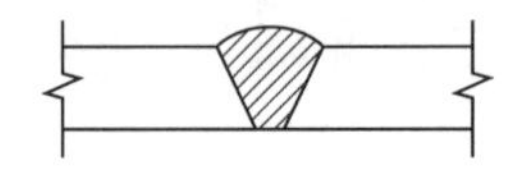

[맞댐용접]

4. 가용접(Tack Weld)

조립의 목적으로만 사용하는 단속용접

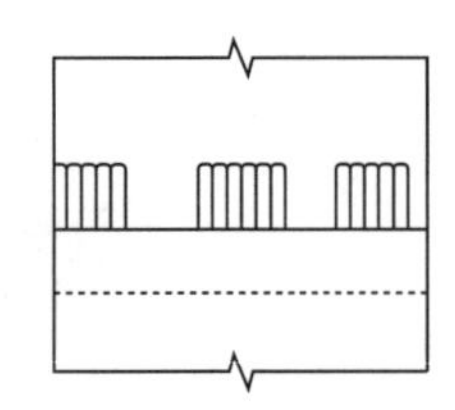

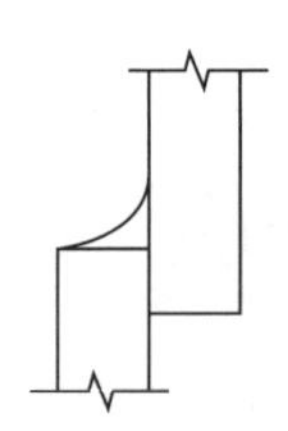

[가용접]

5. 모재(Base Metal)

용접되는 금속을 말함

6. 용입(Penetration)

용접 전의 모재 면에서 잰 융합부의 깊이

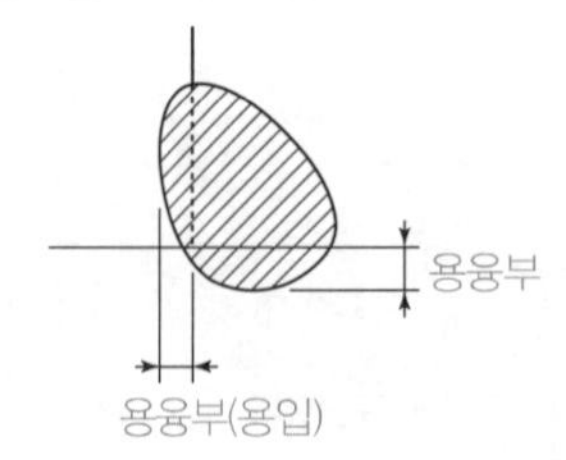

7. 슬래그(Slag) 용재

용접부에 잔류하는 산화물 등의 비금속물질(용접봉 주위에 붙어 있는 플럭스가 녹은 것)

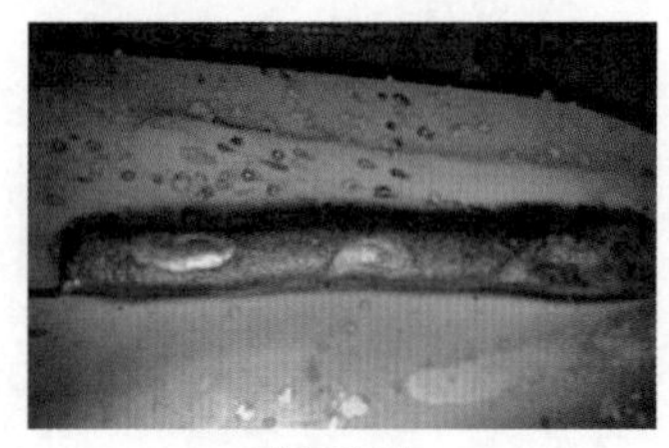

[슬래그]

8. 언더컷(Undercut)

비드(Bead)의 가장자리에서 모재가 깊이 먹어들어간 것처럼 된 것(주로 전류가 너무 강했거나, 용접봉의 진행이 지나치게 빨랐을 때 생긴다.)

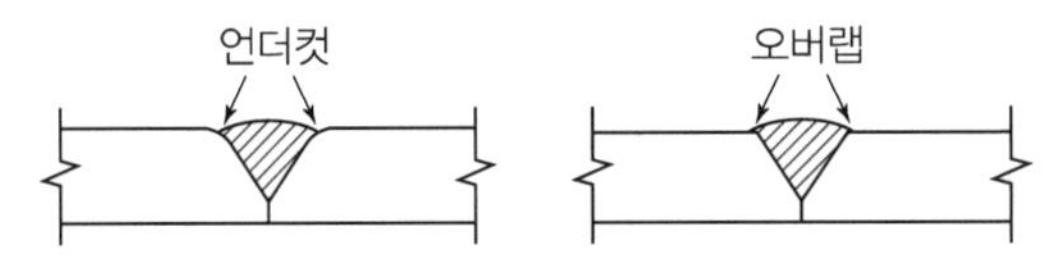

9. 오버랩(Overlap) 겹침

용접금속이 모재에 융착되지 않고 단순히 겹치는 것에 불과한 것, 즉 부착적 접합이 용접부분 끝에 나타나는 것으로 전류가 약했을 때 생긴다.

10. 위빙(Weaving)

용접봉을 용접방향에 대해서 서로 엇갈리게 움직여서 용가(鎔可)금속을 용착시키는 운봉방법

11. 루트(Root) 밑바닥

용접부 단면의 밑바닥 부분

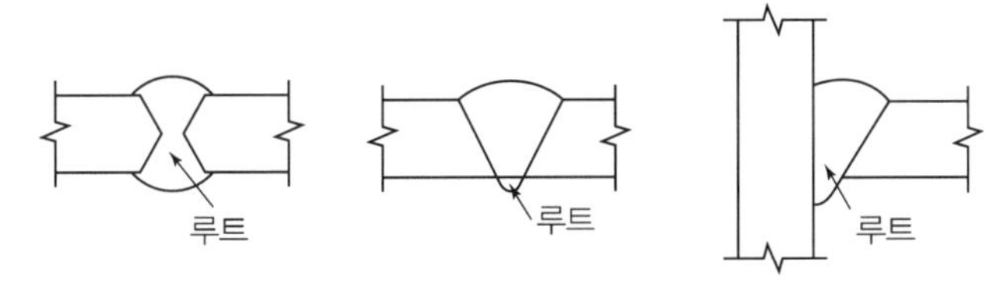

12. 용접금속(Deposited Metal)

아크(전류)에 의해서 용접봉이 녹아 떨어져 용착된 것

13. T형 접합(Tee Joint)

모재가 T형을 이루게 용접한 접합

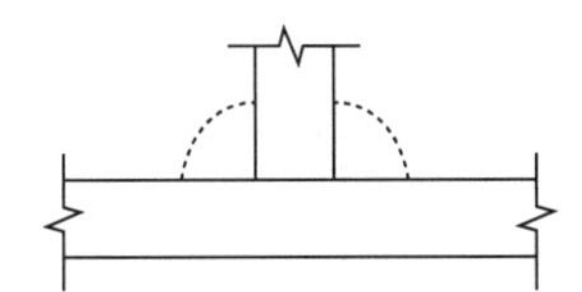

14. 레그(Leg)

모살용접에서 한쪽 용착면의 폭(발길이, 다리길이)

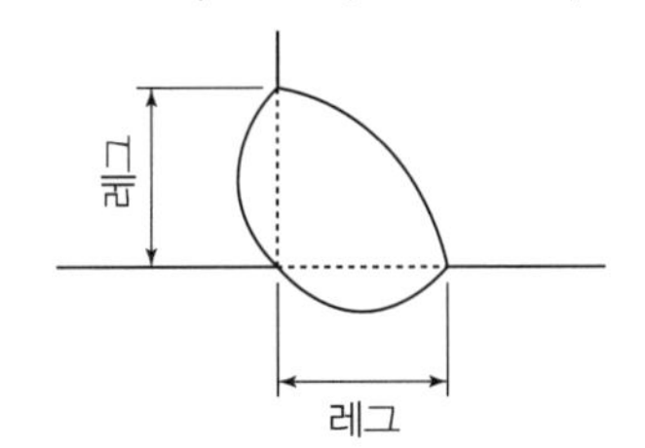

15. 단속용접(Intermittent Weld)

용접선에서 용접부가 단속된 것

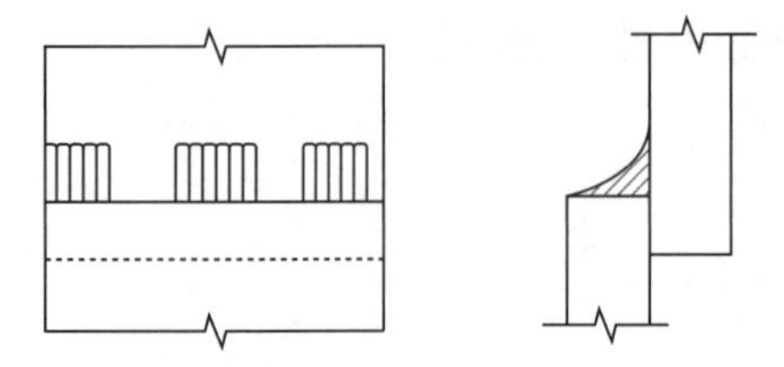

16. 유효치수(Effective Length)

접합의 전길이에서 아크의 앞끝, 아크의 뒤끝 등에서 불완전하게 되기 쉬운 부분을 제거한 전길이를 말함

17. 되돌림용접

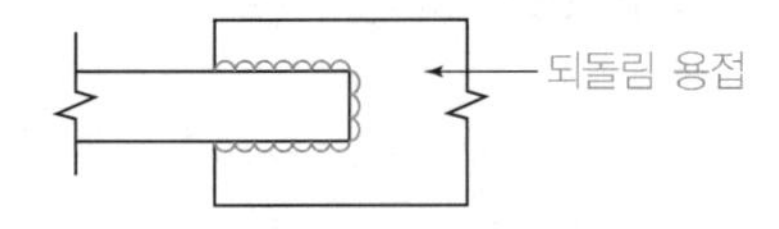

18. 돌림용접

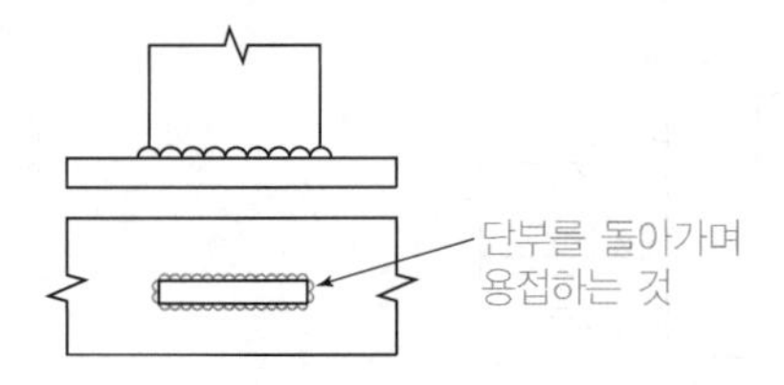

19. 크레이터(Crater) 항아리

아크에 의해 모재가 녹았을 경우, 전극의 바로 아래에 금속의 용지(溶池)가 생긴다. 이때 가장 오목 들어간 부분(이 부분에서 첨가재와 모재가 용융한다.)과 비드의 끝부분에 생기는 오목 들어간 부분을 말한다.

20. 다층용접

모재의 두께가 클 때는 용착금속의 층을 겹쳐서 용접하는데 이 용접방법을 말한다.

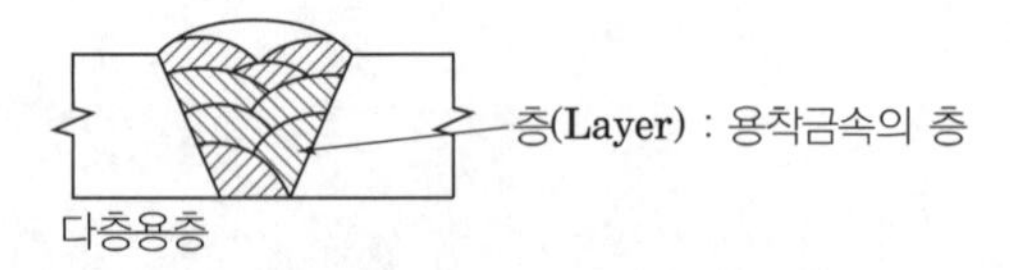

21. 블로 홀(Blow Hole)

용융금속이 응고할 때 방출되었어야 할 가스가 남아서 생기는 용접부의 빈자리

22. 가스 가우징(Gas Gouging)

홈을 파기 위한 목적으로 한 화구(火口)로서 산소아세틸렌 불꽃을 이용하여 녹여 깎은 재의 뒷부분을 깨끗이 깎는 것(둥근 정으로 깎은 것처럼 하는 것)

23. 목두께(Throat)

용접단면에서 바닥을 통과하는 지점부터 잰 용접의 최소두께(보강하여 도드라져 올라온 부분은 포함되지 않음)

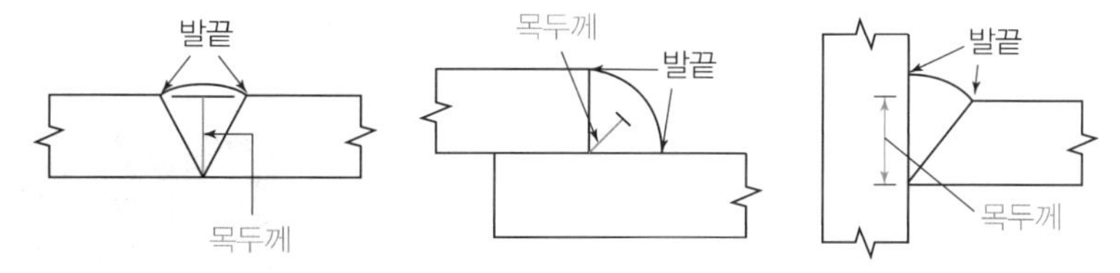

24. 발끝(Toe)

용접표면과 모재와의 교차선

25. 스틱(Stick)

용접 중에 용접봉이 모재에 고착되어 떨어지지 않는 것

26. 매달림(Overhung)

세로방향 또는 상향용접 시에 용착금속이 모재에 매달려 처지는 것

27. 싱글비드(Single Bead) 또는 스트레이트 비드(Straight Bead)

용접봉을 전후좌우로 흔들어 움직임 없이 만든 비드

28. 융합부

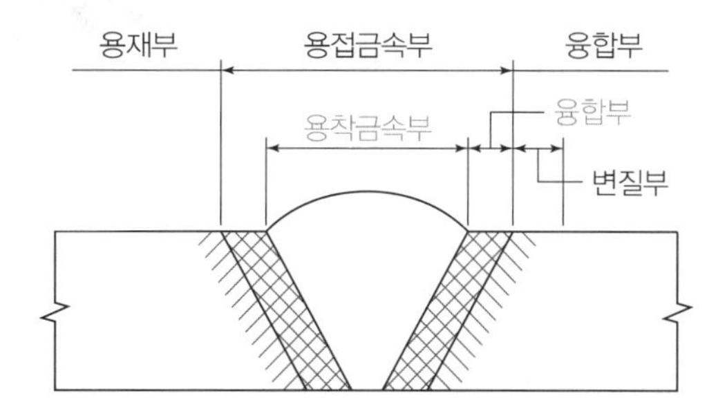

29. 자기 불기(Magnetic Blow)

아크가 전류의 자기작용에 의해 동요되는 것이 직류에 심하며, 특히 나봉(裸棒) 시 심하다.

30. 플럭스(Flux)

용접봉의 피복재에 들어 있는 비금속화합물로서 산화물이나 유해물을 분리 제거한다.

47 철골공사의 앵커볼트 매입방법

Ⅰ. 정의

앵커볼트 매입은 구조물 전체의 집중하중을 지탱하는 중요한 부분이므로 구조물의 성격에 맞는 적절한 공법을 선정하고, 시공 시에 반드시 Shop Drawing을 확인을 하여야 한다.

Ⅱ. 앵커볼트 매입방법

1. 고정매립법

① 주요 구조물에 사용
② 기초철골과 동시에 콘크리트 타설
③ 앵커볼트 위치수정이 어렵다.

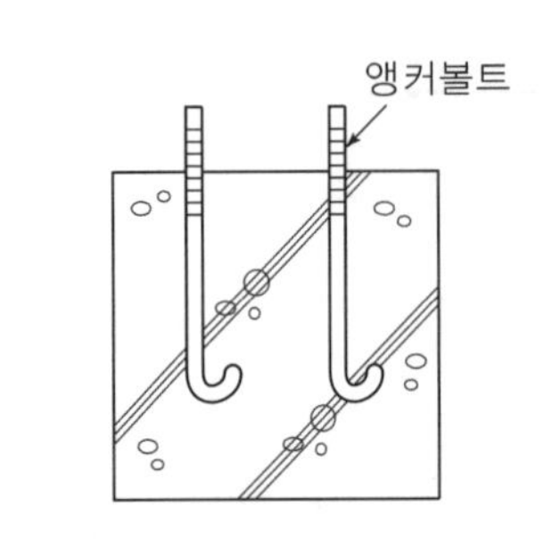

2. 가동매립법

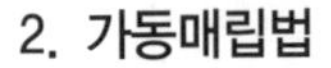

① 앵커볼트 두부 조정 가능
② 위치조정으로 인해 내력의 부담 능력이 적음
③ 소규모 구조물에 적용

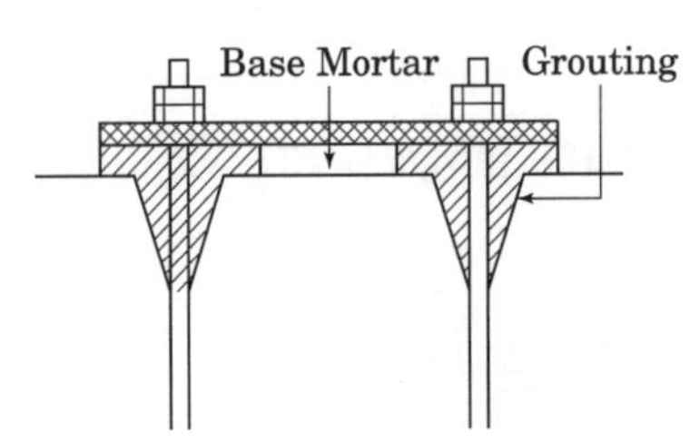

3. 나중매립법

① 앵커볼트 위치에 거푸집을 매립하거나 나중에 천공하여 시공
② 경미한 건물에 이용
③ 구조물 용도로 부적당

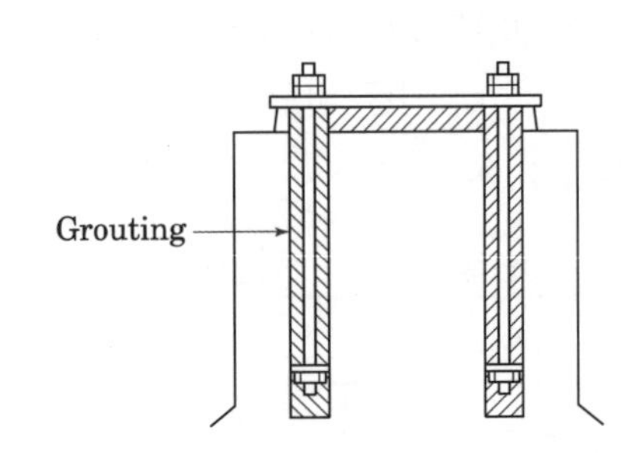

[앵커볼트 매입공법]

4. 용접공법

① 콘크리트 선단에 앵커가 붙은 철판에 앵커볼트 용접
② 인장력이 약함

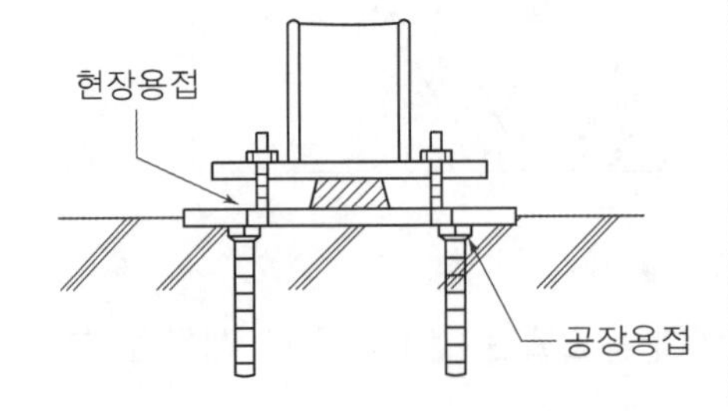

48 앵커볼트 고정방법

Ⅰ. 정의

기초 앵커볼트 고정은 콘크리트 타설 후 위치를 고정하면 내력부담능력이 저하되므로 시공 전 반드시 Shop Drawing을 확인하여 위치를 정확하게 고정하여야 한다.

Ⅱ. 앵커볼트 고정방법

1. 형틀판 고정

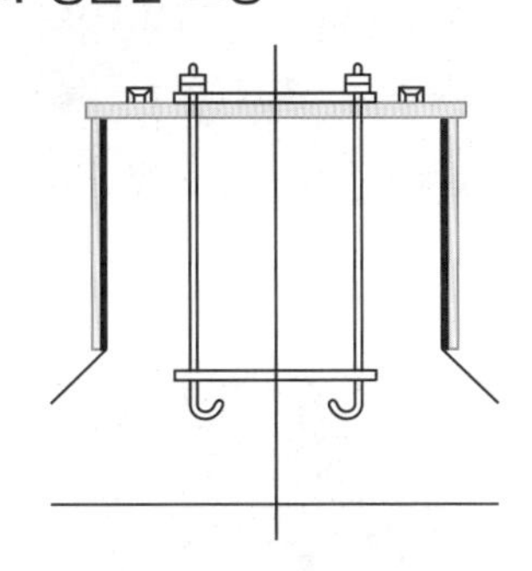

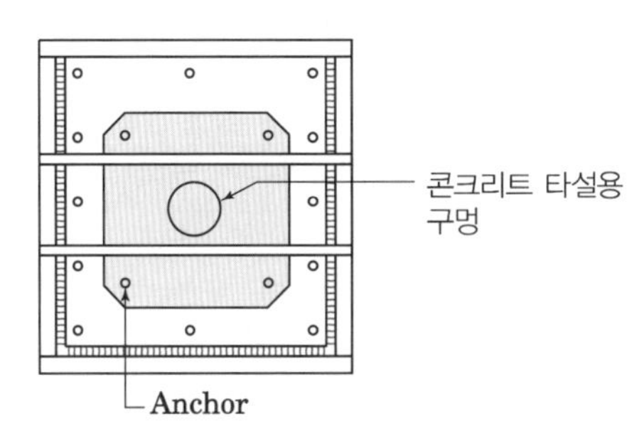

[형틀판 고정]

① 두께 2~3mm 이상의 강판에 베이스플레이트와 같은 위치로 볼트구멍 및 콘크리트 타설용 구멍을 설치

② 측량을 실시(피아노선 또는 Transit으로 측량)

③ 구멍 뚫은 베이스플레이트를 형틀에 고정

④ 콘크리트 타설

⑤ 그라우트 실시: 형틀판 아래 약 5cm 정도는 콘크리트 타설 후 그라우트함

2. 강재프레임 고정

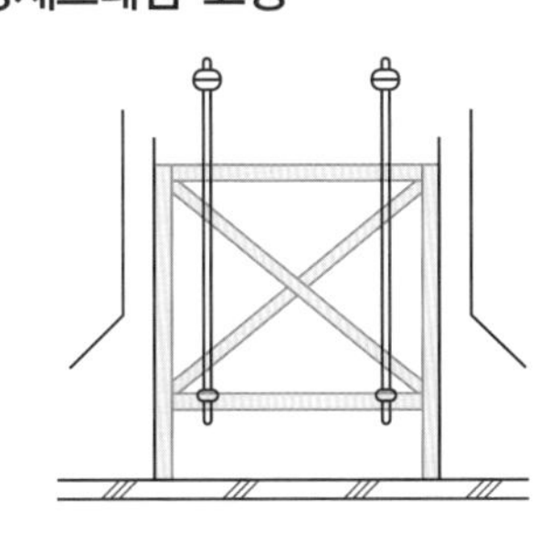

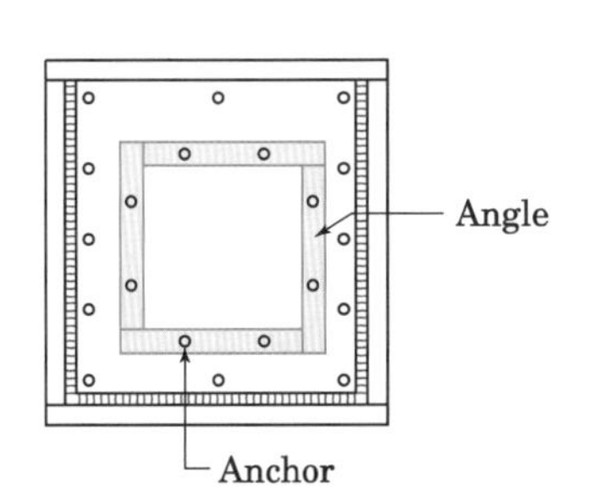

[강재프레임 고정]

① 강재프레임 제작

② 앵커볼트를 강재프레임에 세팅

③ 측량 실시(피아노선 또는 Transit으로 측량)

④ 앵커볼트 세팅된 강재프레임 고정: 주철근에 용접 금지

⑤ 콘크리트 타설

49 철골공사에서 철골기둥하부의 기초상부 고름질(Padding)

Ⅰ. 정의

기초상부 고름질은 기초상부와 Base Plate판을 완전 수평으로 밀착시키기 위해 모르타르를 충전시키며, 모르타르는 충전 후 건조수축이 없는 무수축 모르타르를 사용한다.

Ⅱ. 기초상부 고름질(Padding)

1. 고름 모르타르 방법

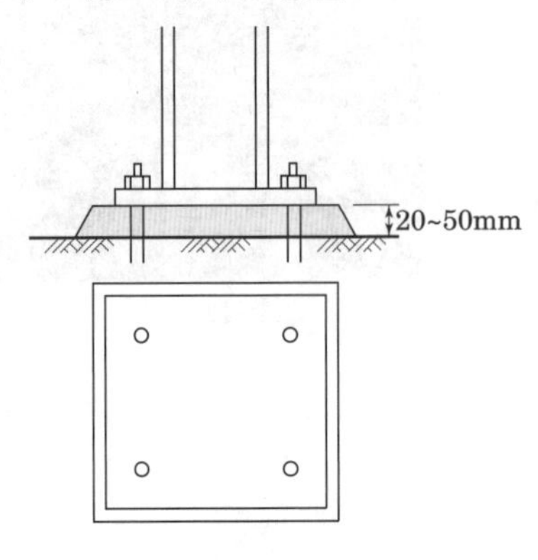

① Base Plate보다 약간 크게 모르타르 깔아 마감
② Base Plate의 밀착이 곤란
③ 소규모 구조물

2. 부분 Grouting 방법

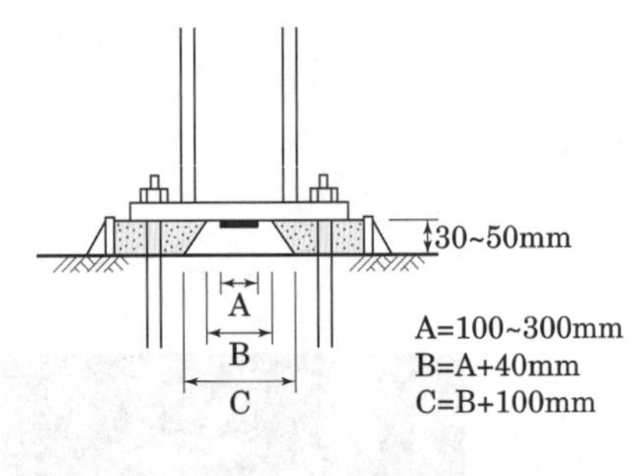

① 중앙부 된비빔 모르타르 위 철재라이너 시공
② 철골세우기 교정 후 앵커볼트 조임
③ 레벨 조절이 쉬움
④ 대규모 공사
⑤ 모르타르 크기는 200mm 각 이상

[기초상부 고름질]

3. 전면 Grouting 방법

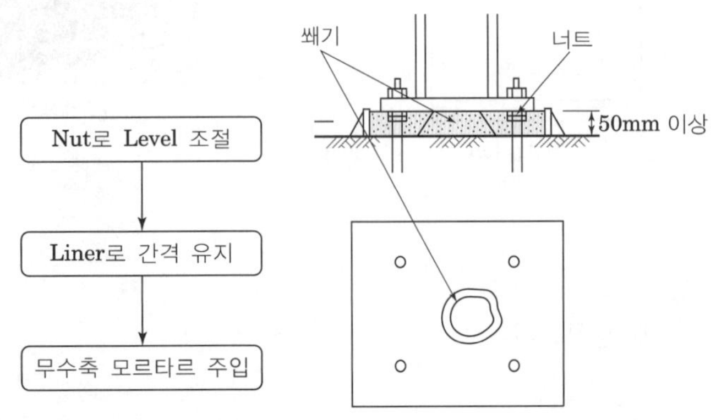

50 철골 앵커볼트 콘크리트 타설

Ⅰ. 정의

앵커볼트 고정 후에 콘크리트 타설 시 앵커볼트의 위치가 흔들리지 않도록 하여야 하며, 소요 내력을 지탱하기 위하여 앵커볼트 주위에 공극 없이 밀실한 콘크리트가 되도록 한다.

Ⅱ. 콘크리트 타설 전 확인

1. 앵커볼트 설치 상태

① 앵커볼트의 길이, 지름 등이 설계도서와 일치여부 확인
② 철근과 간섭 상태 확인
③ 앵커볼트 위치 및 레벨 확인

2. 유의사항

흙막이 코너 스트러트 또는 기둥 철근과의 간섭으로 앵커볼트 조임이 불가능한 경우에 유의 할 것

Ⅲ. 콘크리트 타설 후 확인

1. 앵커볼트 위치

철골정밀도 허용기준 내에 있는지 확인

2. 앵커볼트 레벨이 틀린 경우

① 앵커볼트 레벨이 짧은 경우
앵커볼트가 Base Plate 레벨보다 짧은 경우에는 개선한 후 용접
② 앵커볼트 레벨이 긴 경우
앵커볼트가 Base Plate 레벨보다 긴 경우에는 와셔를 넣어 조정

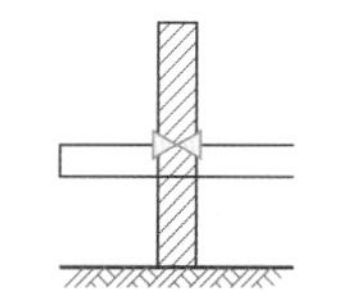
[앵커볼트가 짧은 경우]

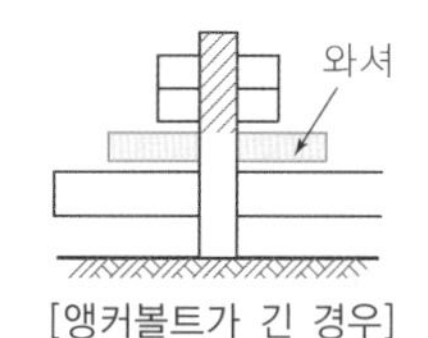

[앵커볼트가 긴 경우]

3. 앵커볼트의 위치가 벗어난 경우

① 앵커볼트 위치의 벗어남이 작은 경우에는 Base Plate 구멍을 넓게 하고 와셔를 용접
② 앵커볼트 위치의 벗어남이 큰 경우에는 Base Plate 구멍을 용접으로 메우고 새 구멍을 뚫어 수정

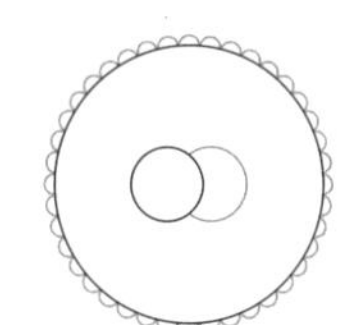
[앵커볼트 위치의 벗어남이 작은 경우]

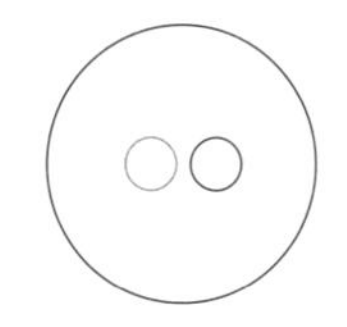
[앵커볼트 위치의 벗어남이 큰 경우]

51 철골N공법

Ⅰ. 정의

기둥의 이음위치를 층별로 분산하여 용접, 수직도 조정 등이 용이하도록 하고 층단위로 설치하는 공법을 말한다.

Ⅱ. 설치순서 및 시공도

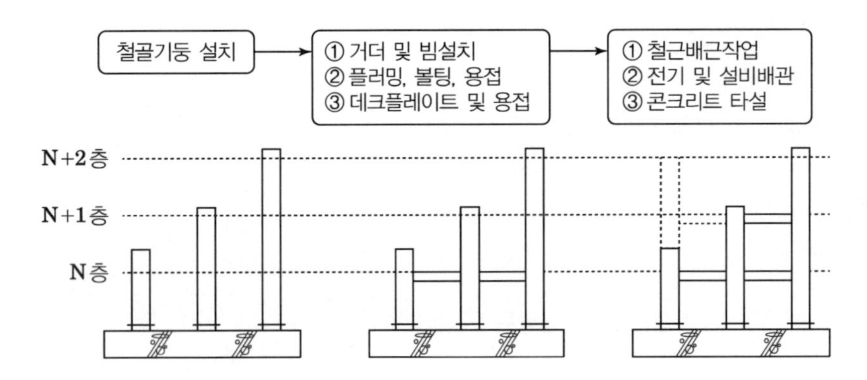

Ⅲ. 특징

① 작업량 분산에 따른 노무절감 가능
② 주기공정으로 연속작업 가능
③ 도심지공사에 유리
④ 후속작업 조기착수 가능

Ⅳ. 시공 시 유의사항

① 수직도 관리방안 사전에 구축
② 각 층마다 안전성 확보 철저
③ 볼팅은 중앙에서 외곽으로 작업진행
④ 크레인의 제원 및 작업반경 최소화 선정

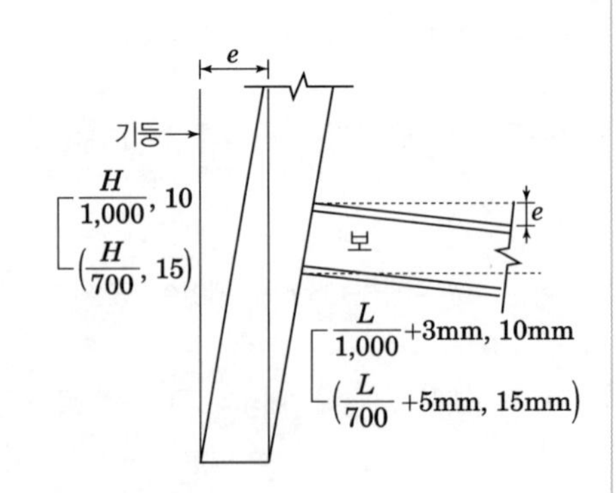

52 철골 세우기 수정

Ⅰ. 정의

철골 세우기 수정은 사전에 구획을 수립하고, 면적이 넓고 경간(Span)의 수가 많을 경우에는 블록별 세우기 수정계획의 수립이 필요하다.

Ⅱ. 철골 세우기 수정작업 순서

블록별 세우기 → 뒤틀림 계측 → 계측값 기입 → 와이어로프 긴장 → 세우기 수정 후 계측 확인 → 본접합 실시 → 계측(정밀도 확인)

Ⅲ. 세우기 수정용 와이어로프의 배치계획

① ϕ12.5 이상의 와이어로프를 사전 기둥에 설치해 놓고 철골 세우기 실시

② 반드시 와이어로프는 X자형으로 긴장

③ 턴버클을 사용 시 긴장 후 되풀리지 않도록 고정

④ 내림추는 바람이 강할 경우 방풍 Pipe 또는 기름을 채운 Can으로 보양한 후 계측

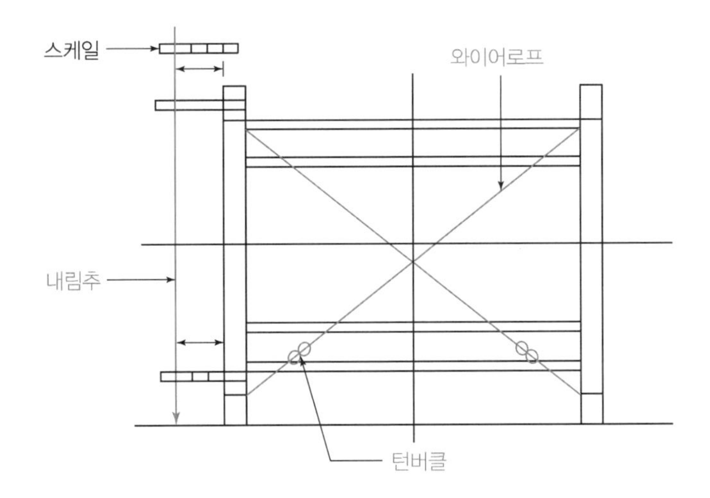

Ⅳ. 수정

1. 수정사항

① 사전 구획계획 수립

② 내림추를 종·횡으로 2방향 및 중간의 몇 개소에 매달아서 실시

③ 면적이 넓고 스팬의 수가 많은 경우는 유효한 블록마다 수정

④ 절 및 각 블록의 수정 후 다시 조립정밀도를 교정하여 조정

2. 유의사항

① 해 뜬 직후에 계측
② 무리한 세우기 수정 금지
③ 무리한 수정은 2차 응력을 유발 발생
④ 부재의 강성이 작은 경우는 비탄성변형으로 수정이 곤란한 경우 발생
⑤ 본체 구조의 턴버클이 있는 가새를 이용한 세우기 수정 금지

53 철골 수직도 관리

Ⅰ. 정의

철골 세우기 후 수직도 관리는 정밀도 기준에 맞도록 와이어로프나 턴버클로 계획수립이 필요하다.

Ⅱ. 측정기둥 선정

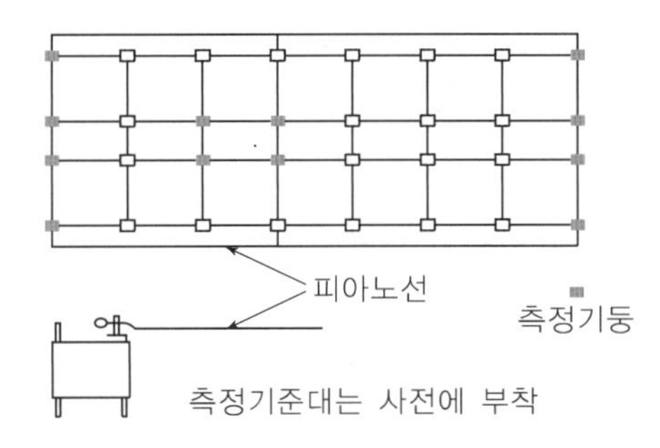

① 외주기둥: 네 귀퉁이 기둥
② 내부기둥: 정도가 요구되는 기둥
③ 기준기둥으로부터 나머지 기둥을 측정

Ⅲ. 측정 장비 및 방법

1. 다림추 방법

① 플러밍 작업 전 기둥센터 마킹라인이 필요함
② 기둥상부에 Target 설치
③ 기준기둥 중심선에서 500mm 들어온 점에 Point 설치
④ Deck Plate나 콘크리트 타설 부위는 ϕ100mm 슬리브 설치

2. 트랜싯 방법

① 플러밍 작업 전 기준먹매김 작업 실시
② Target을 설치하여 트랜싯으로 검측

[트랜싯 방법]

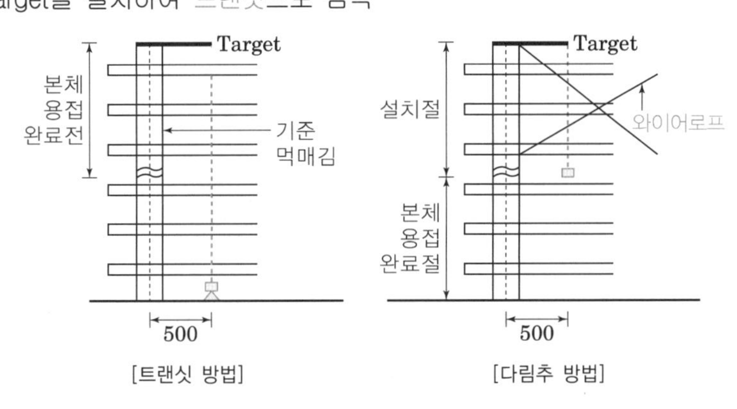

[트랜싯 방법] [다림추 방법]

3. 레이저트랜싯 방법

레이저 광선에 의해 수직도 Check

4. GPS 방법

GPS를 이용하여 기둥의 위치 Check

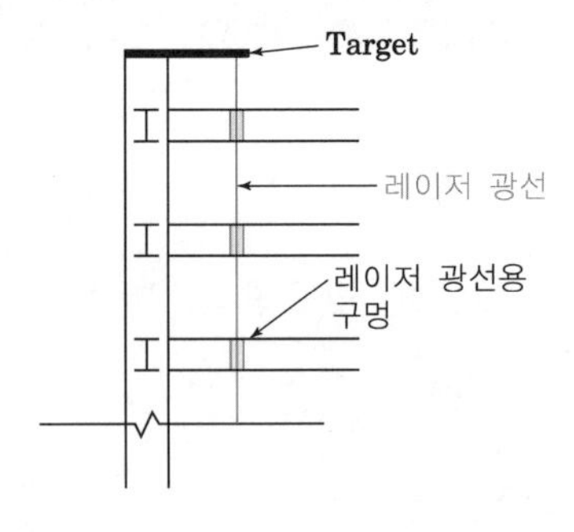

Ⅳ. 수직 정밀도 기준

구분	도해	관리허용오차	한계허용오차
건물의 기울기	e	$\frac{H}{4,000}+7$, 30	$\frac{H}{2,500}+10$, 50
기둥 기울기	e	$\frac{H}{1,000}$, 10	$\frac{H}{700}$, 15

54 지하층공사 시 강재기둥과 철근콘크리트 보의 접합방법

Ⅰ. 정의

지하층공사 시 강재기둥과 철근콘크리트 보의 접합은 강재기둥과 보 철근의 간섭부 등을 정밀시공하여 구조적 성능이 확보되도록 하여야 한다.

Ⅱ. 강재기둥과 철근콘크리트 보의 접합방법

1. 철근 통과하는 방법

보의 폭을 넓게 하여 보의 주근을 통과하게 처리

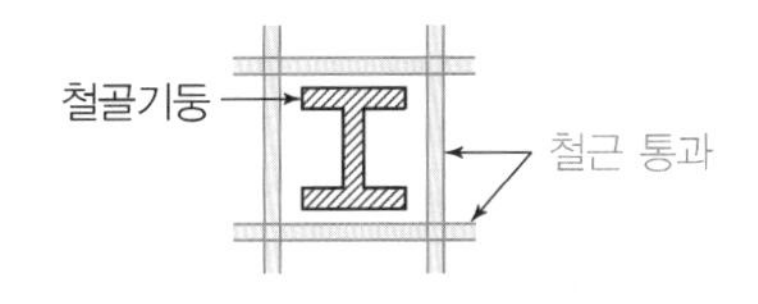

2. 철근 용접 및 갈고리 방법

① Flange와 만나는 상부철근은 Steel Plate와 용접(용접길이 5d 이상)
② Web와 만나는 상부철근은 갈고리 정착
③ 하부철근은 콘크리트 기둥면+150mm 이상 묻힘깊이 확보
④ Steel Plate는 공장용접

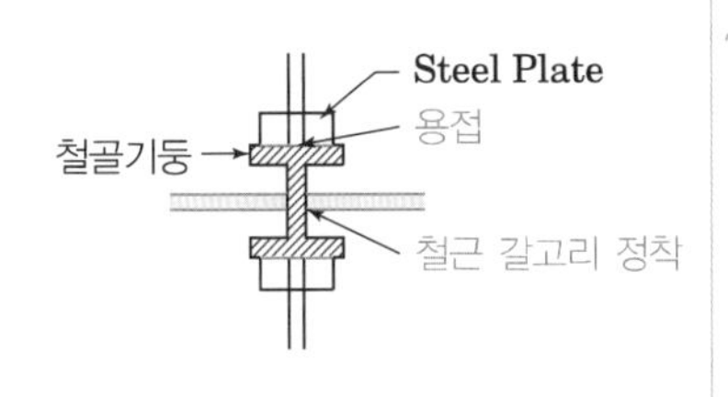

[Steel Plate]

3. H-Beam Bracket 방법(철근 절단)

① Flange, Web에 H-Beam Bracket을 현장전면용접(Bracket 길이는 보 철근 이음길이)
② Flange, Web와 만나는 상부철근은 철골기둥면에서 절단
③ 하부철근은 콘크리트 기둥면+150mm 이상 묻힘깊이 확보

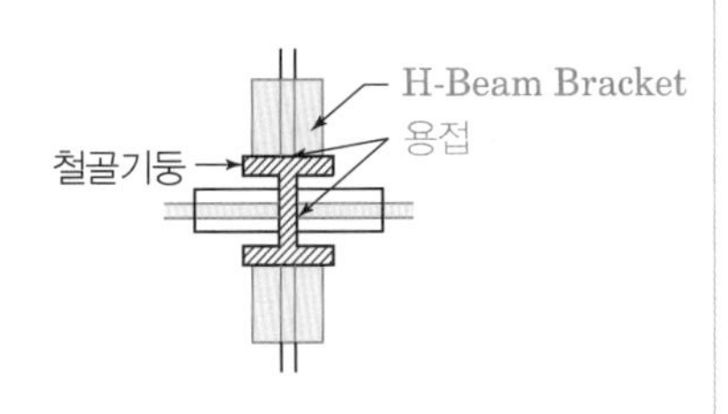

4. Steel Channel 방법(철근절단 및 철근 갈고리)

① Flange와 만나는 상부철근은 철골 기둥 면에서 절단
② Web와 만나는 상부철근은 갈고리 정착
③ 철골에 정착되는 Steel Channel은 현장용접(Channel 길이는 보 철근 이음길이)
④ 하부철근은 콘크리트 기둥면+150mm 이상 묻힘깊이 확보
⑤ Steel Channel에 Air Hole 설치

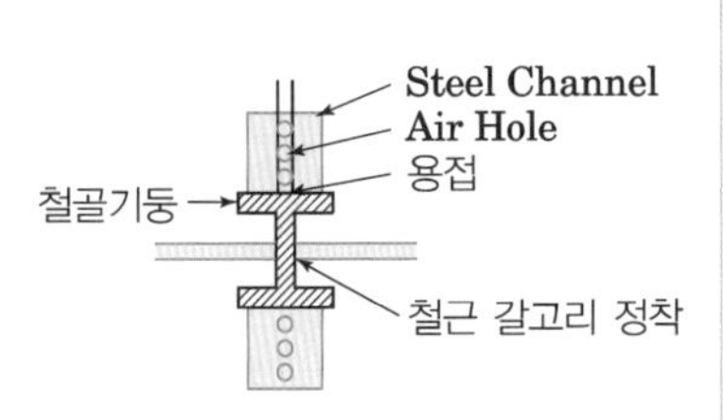

55 철골 방청도장 시공

KCS 14 31 05

Ⅰ. 정의

방청도장 시공은 바탕처리의 양부에 도장의 내구성이 결정하므로 유의하여 시공하고, 재료는 내화피복과의 관계를 고려하여 결정한다.

Ⅱ. 방청도장의 원칙

① 처음 1회째의 방청도장은 가공장에서 조립 전에 도장함을 원칙

② 화학처리를 하지 않은 것은 표면처리 직후에 도장

③ 조립 후에 도장을 할 때에는 조립하면 밀착되는 면은 1회, 도장이 곤란하게 되는 면은 1~2회씩 조립 전에 도장

④ 현장 반입 후 도장은 현장에서 설치하거나, 짜 올릴 때 용접 부산물 또는 부착물을 제거한 후 도장

[공장 방청도장]

Ⅲ. 시공 시 유의사항

1. 바탕처리

① 바탕처리가 불완전하면 도막의 내구성 저하

② 바탕의 이물질(뜬녹, 유분, 수분, 부산물 등) 제거 철저

2. 도막두께

도장은 2회 도장하여 소정의 두께를 확보 할 것

1회 도장	2회 도장
0.035mm	0.07mm

3. 도막 불량으로 재시공

① 도막의 요철이나 부풀어 오른 부위

② 도막에 균열발생 부위

③ 도막의 손상부나 녹에 의해 들뜬 부위

④ 도막두께가 부족한 부위

4. 도장시공 금지구간

① 현장 용접부위 양측 100mm

② 고장력볼트 접합부의 마찰면

③ 콘크리트에 매입되거나 접하는 부위

[방청도장 시공여부의 결정]

(1) 내화피복과의 부착력을 고려하여 시공 방청처리 생략 가능

(2) 내화피복과의 관계 고려

- 도장하는 경우: 피복재가 박락할 우려가 있으므로 방청하지 않는 것이 보통이나, 도장할 경우 피복재와의 적응성 체크
- 도장하지 않는 경우: 철골세우기부터 내화피복까지의 기간이 길어 들뜬 녹이 발생할 경우 내화피복 전에 제거

56 철골 내화피복

KCS 14 31 50

Ⅰ. 정의

내화피복이란 강구조의 건물이 화재에 따라 강성계수나 항복점 강도가 저하하여 건물이 붕괴되는 것을 방지하기 위하여 내화재료로 피복하는 것을 말한다.

Ⅱ. 내화성능기준

분류	층수/최고 높이		기둥	보	Slab	내력벽
일반시설	12/50	초과	3시간	3시간	2시간	3시간
		이하	2시간	2시간	2시간	2시간
	4/20 이하		1시간	1시간	1시간	1시간
주거시설 산업시설	12/50	초과	3시간	3시간	2시간	2시간
		이하	2시간	2시간	2시간	2시간
	4/20 이하		1시간	1시간	1시간	1시간

Ⅲ. 내화피복공법 및 재료의 종류

구분	공법	재료
도장공법	내화도료공법	팽창성 내화도료
습식공법	타설공법	콘크리트, 경량 콘크리트
	조적공법	콘크리트 블록, 경량 콘크리트 블록, 돌, 벽돌
	미장공법	철망 모르타르, 철망 퍼라이트 모르타르
	뿜칠공법	뿜칠 암면, 습식 뿜칠 암면, 뿜칠 모르타르 뿜칠 플라스터, 실리카, 알루미나 계열 모르타르
건식공법	성형판 붙임공법	무기섬유혼입 규산칼슘판, ALC 판, 무기섬유강화 석고보드, 석면 시멘트판, 조립식 패널, 경량콘크리트 패널, 프리캐스트 콘크리트판
	휘감기공법	
	세라믹울 피복공법	세라믹 섬유 블랭킷
합성공법	합성공법	프리캐스트 콘크리트판, ALC 판

[뿜칠공법]

[도장공법]

Ⅳ. 목적

① 화재의 열로부터 구조체 영향을 최소화
② 철골부재의 변형방지
③ 간접적인 단열 및 흡음효과와 결로방지
④ 철골부재의 내력저하방지
⑤ 기타 마감자재 및 건축물의 보호

[76회]

57 철골피복 중 건식내화피복공법 KCS 14 31 50/KCS 41 43 02

Ⅰ. 정의

건식내화피복 공법은 공장 생산된 경량 성형판을 현장에서 적합한 크기로 절단하여 강구조 부재에 클립 또는 스크루 못 등으로 고정하여 화재 시 고열이 철골에 전달하지 못하게 하는 시공방법을 말한다.

Ⅱ. 건식내화피복공법 및 재료의 종류

구분	공법	재료
건식공법	성형판 붙임공법	무기섬유혼입 규산칼슘판, ALC 판, 무기섬유강화 석고보드, 석면 시멘트판, 조립식 패널, 경량콘크리트 패널, 프리캐스트 콘크리트판
	휘감기공법	
	세라믹울 피복공법	세라믹 섬유 블랭킷

Ⅲ. 특징

① 공장제품으로 품질관리 용이
② 부분적 보수가 용이
③ 현장 시공 시 절단, 가공에 의한 재료 손실 증가
④ 접합부의 시공정도에 따라 내화성능 확보
⑤ 충격에 약하며 흡성이 큼

Ⅳ. 시공순서

철골 바탕처리 → 하지철물 시공 → 성형판 붙임 → 못 또는 꺽쇠 보강 → 경화

Ⅴ. 내화보드 시공 시 유의사항

① 철골 부재와의 연결철물(크립, 철재바)의 설치는 500~600mm마다 설치
② 내화보드는 시공부위에 맞게 절단하여 나사못을 사용 연결철물에 고정
③ 나사못과 못의 간격은 제조사의 시방에 따른다.
④ 내화보드 이음매 및 나사못 머리부위는 이음마감재 등을 사용하여 처리
⑤ 모서리 부위는 코너비드로 보강
⑥ 내화보드 이음은 폭 500mm×두께 15mm의 내화보드를 안쪽으로 덧대고, 나사못으로 고정하여 보강
⑦ 보와 기둥의 접합부는 내화구조의 일체성을 유지하도록 시공
⑧ 내화보드와 보드가 만나는 부위는 틈이 생기지 않도록 하고, 그 접합부는 내화실란트 등 내화성 재료로 틈을 메운다.

58 내화도료(내화 페인트) KCS 41 43 02

Ⅰ. 정의

내화도료 피복공법은 발포성 내화도료를 강구조 부재에 붓 또는 뿜칠로 일정 두께를 도장하여 화재 시 도료가 발포되어 고열이 철골부재에 전달하지 못하게 하는 시공방법을 말한다.

Ⅱ. 시공 시 유의사항

[내화도료]

① 시공 시 온도는 5℃~40℃에서 시공
② 도료가 칠해지는 표면은 이슬점보다 3℃ 이상 높아야 한다.
③ 강우, 강설을 피하여야 하며, 특히 중도시공 시 충분히 건조되기 전에는 수분이나 습기와의 접촉을 피한다.
④ 시공 장소의 습도는 85% 이하, 풍속은 5m/sec 이하에서 시공
⑤ 도료는 일반도료 등 다른 재료와 혼합사용 금지
⑥ 하도용 도료가 완전히 건조된 후 중도용 도료를 에어리스 스프레이 등 도장방법으로 도장
⑦ 에어리스 스프레이 도장 시 피도체와의 거리는 약 300mm 정도, 피도 면에 직각, 스프레이건의 이동속도는 500~600mm/sec 정도로 중첩되도록 도장
⑧ 상도용 도료를 도장하는 경우에는 중도용 도료가 충분히 건조된 이후에 도장
⑨ 작업 중에는 습도막두께 측정기구, 건조 후에는 검 교정된 건조도막두께 측정기를 사용하여 도장두께를 측정
⑩ 눈 및 피부 보호를 위해 보호장구 등을 착용
⑪ 도장작업을 하기 전에 MSDS를 확인
⑫ 미세한 먼지 등에 대하여는 방진마스크의 착용
⑬ 도료의 비산을 방지하기 위하여 방호네트 등을 실시

Ⅲ. 내화피복검사

1. 표준시방서[KCS 41 43 02]

① 내화도료의 측정 로트는 200m^2로 한다.
② 시공면적이 200m^2 미만인 경우에는 8m^2에 따라 최저 1개소로 한다.

2. 국토교통부[내화구조 인정 및 관리업무 세부운영지침]

① 두께

구분	검사로트	로트선정	측정방법	판정기준
1시간 (4층/20m 이하)	매 층마다	각층 연면적 1,000m² 마다	• 각 면을 모두 측정 • 각 면을 3회 측정	3회 측정값의 평균이 인정두께 이상
2시간 (4층/20m 초과) 이상	4개 층 선정	각층 연면적 1,000m² 마다	• 각 면을 모두 측정 • 각 면을 3회 측정	3회 측정값의 평균이 인정두께 이상

② 부착강도

구분	검사로트	로트선정	측정방법	판정기준
1시간 (4층/20m 이하)	매 층마다	각층 1로트 선정	보 또는 기둥의 플랜지 외부면에서 채취	인정부착강도 이상
2시간 (4층/20m 초과) 이상	4개 층 선정	각층 1로트 선정	보 또는 기둥의 플랜지 외부면에서 채취	인정부착강도 이상

[두께 검사]

59 철골 내화피복검사

KCS 14 31 50/내화구조 인정 및 관리업무 세부운영지침
KS F 2901,2902

Ⅰ. 정의

내화피복이란 강구조의 건물이 화재에 따라 강성계수나 항복점 강도가 저하하여 건물이 붕괴되는 것을 방지하기 위하여 내화재료로 피복하는 것으로 철저한 검사를 하여야 한다.

Ⅱ. 내화피복검사

1. 표준시방서

1) 미장공법, 뿜칠공법의 경우
   ① 시공 시에는 시공면적 $5m^2$당 1개소 단위로 핀 등을 이용하여 두께를 확인하면서 시공
   ② 뿜칠공법의 경우 시공 후 두께나 비중은 코어를 채취하여 측정
   ③ 측정빈도는 각 층마다 또는 바닥면적 $1,500m^2$마다 각 부위별 1회를 원칙(1회에 5개)
   ④ 연면적이 $1,500m^2$ 미만의 건물에 대해서는 2회 이상
2) 조적공법, 붙임공법, 멤브레인공법의 경우
   ① 재료반입 시, 재료의 두께 및 비중을 확인
   ② 빈도는 각 층마다 바닥면적 $1,500m^2$마다 각 부위별 1회(1회에 3개)
   ③ 연면적이 $1,500m^2$ 미만의 건물에 대해서는 2회 이상
3) 불합격의 경우에는 덧뿜칠 또는 재시공에 의하여 보수
4) 상대습도가 70%를 초과하는 조건에서는 내화피복재의 내부에 있는 강재에 지속적으로 부식이 진행되므로 습도에 유의
5) 분사암면공법의 경우에는 소정의 분사두께를 확보하기 위하여 두께측정기 또는 이것에 준하는 기구로 두께를 확인하면서 작업

2. 국토교통부[내화구조 인정 및 관리업무 세부운영지침]

1) 두께

구분	검사로트	로트선정	측정방법	판정기준
1시간 (4층/20m 이하)	매 층마다	각층 연면적 $1,000m^2$마다	• 각 면을 모두 측정 • 각 면을 3회 측정	3회 측정값의 평균이 인정두께 이상
2시간 (4층/20m 초과) 이상	4개 층 선정	각층 연면적 $1,000m^2$마다	• 각 면을 모두 측정 • 각 면을 3회 측정	3회 측정값의 평균이 인정두께 이상

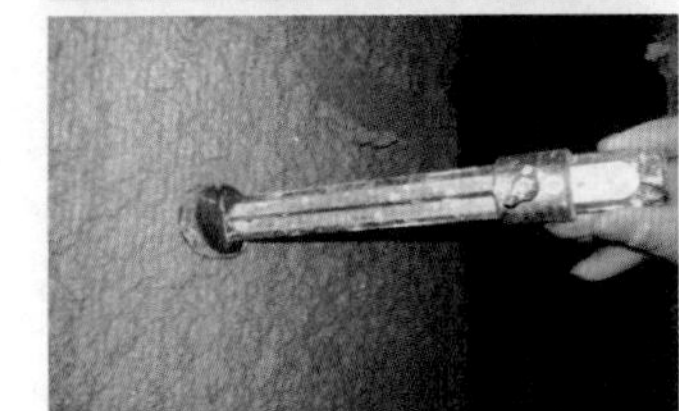
[두께 검사]

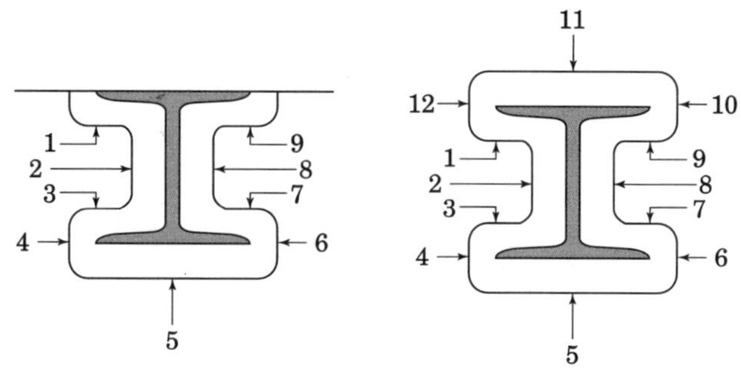

[보 두께 측정 위치]　　　[노출된 보 또는 기둥의 두께 측정 위치]

2) 밀도

구분	검사로트	로트선정	측정방법	판정기준
1시간 (4층/20m 이하)	매 층마다	각층 1로트 선정	보 또는 기둥의 플랜지 외부면에서 채취	인정밀도 이상
2시간 (4층/20m 초과) 이상	4개 층 선정	각층 1로트 선정	보 또는 기둥의 플랜지 외부면에서 채취	인정밀도 이상

3) 부착강도

구분	검사로트	로트선정	측정방법	판정기준
1시간 (4층/20m 이하)	매 층마다	각층 1로트 선정	보 또는 기둥의 플랜지 외부면에서 채취	인정부착강도 이상
2시간 (4층/20m 초과) 이상	4개 층 선정	각층 1로트 선정	보 또는 기둥의 플랜지 외부면에서 채취	인정부착강도 이상

60 내화도료(내화 페인트) 검사

KCS 14 43 02/내화구조 인정 및 관리업무 세부운영지침
KS F 2901,2902

Ⅰ. 정의

발포성 내화도료를 강구조 부재에 붓 또는 뿜칠로 일정 두께를 도장하여 화재 시 도료가 발포되어 고열이 철골부재에 전달하지 못하게 하는 시공방법을 말한다.

Ⅱ. 내화도료 검사

1. 표준시방서[KCS 41 43 02]

① 내화도료의 측정 로트는 200m²로 한다.

② 시공면적이 200m² 미만인 경우에는 8m²에 따라 최저 1개소로 한다.

2. 국토교통부[내화구조 인정 및 관리업무 세부운영지침]

① 두께

구분	검사로트	로트선정	측정방법	판정기준
1시간 (4층/20m 이하)	매 층마다	각층 연면적 1,000m²마다	• 각 면을 모두 측정 • 각 면을 3회 측정	3회 측정값의 평균이 인정두께 이상
2시간 (4층/20m 초과) 이상	4개 층 선정	각층 연면적 1,000m²마다	• 각 면을 모두 측정 • 각 면을 3회 측정	3회 측정값의 평균이 인정두께 이상

[두께 검사]

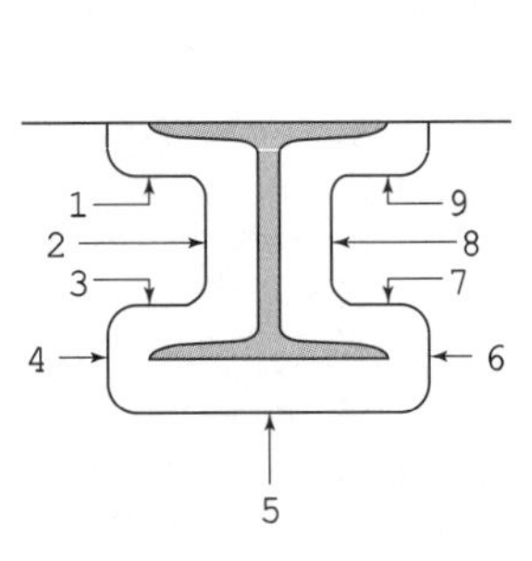

[보 두께 측정 위치]

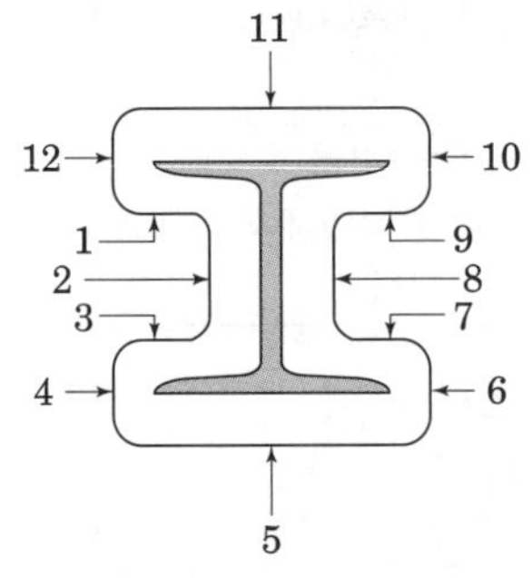

[노출된 보 또는 기둥의 두께 측정 위치]

② 부착강도

구분	검사로트	로트선정	측정방법	판정기준
1시간 (4층/20m 이하)	매 층마다	각층 1로트 선정	보 또는 기둥의 플랜지 외부면에서 채취	인정부착강도 이상
2시간 (4층/20m 초과) 이상	4개 층 선정	각층 1로트 선정	보 또는 기둥의 플랜지 외부면에서 채취	인정부착강도 이상

61 내화피복 공사의 현장품질관리 항목

내화구조 인정 및 관리업무 세부운영지침

Ⅰ. 정의

내화피복이란 강구조의 건물이 화재에 따라 강성계수나 항복점 강도가 저하하여 건물이 붕괴되는 것을 방지하기 위하여 내화재료로 피복하는 것으로 현장품질관리 항목을 토대로 철저히 품질관리가 요구된다.

Ⅱ. 현장품질관리 항목

1. 시공계획 수립 철저

① 대규모 플랜트가 필요하므로 철저한 계획 유지
② 동력, 용수, 저수조, 기계설비의 공간, 저장공간의 확보
③ 마감공사와 설비공사의 관계 확인

2. 바탕처리 철저

① 철골면의 들뜬 녹, 유분, 수분 등의 제거
② 방청도장 위에 뿜칠 할 경우 부착성을 확인

3. 두께 확보

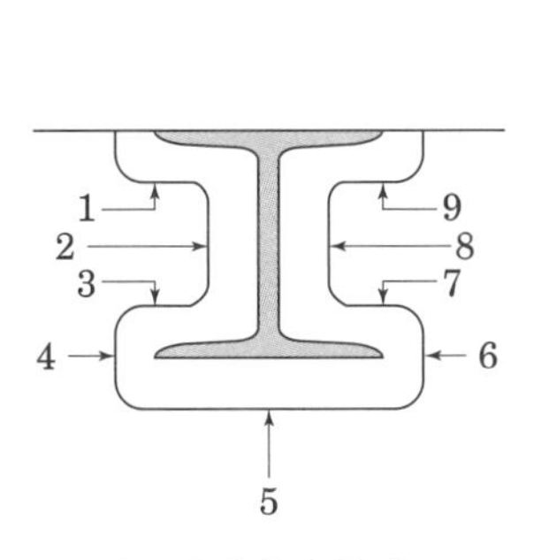

[보 두께 측정 위치]

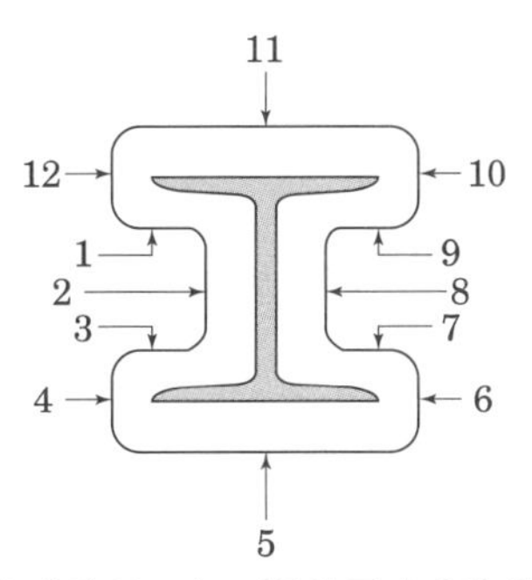

[노출된 보 또는 기둥의 두께 측정 위치]

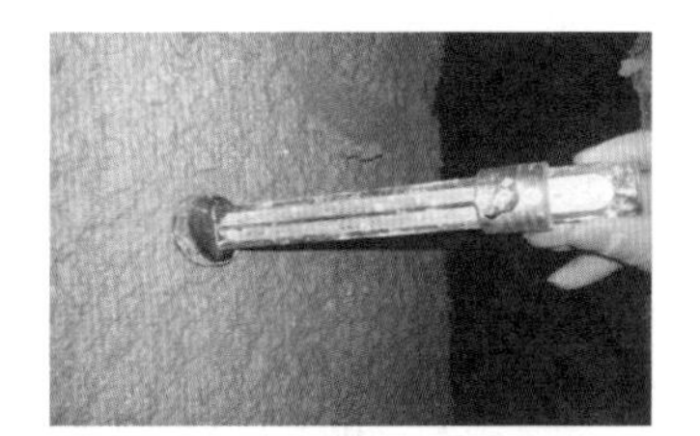
[뿜칠공법 두께 검사]

[내화도로 두께 검사]

구분	검사로트	로트선정	측정방법	판정기준
1시간 (4층/20m 이하)	매 층마다	각층 연면적 1,000m² 마다	• 각 면을 모두 측정 • 각 면을 3회 측정	3회 측정값의 평균이 인정두께 이상
2시간 (4층/20m 초과) 이상	4개 층 선정	각층 연면적 1,000m² 마다	• 각 면을 모두 측정 • 각 면을 3회 측정	3회 측정값의 평균이 인정두께 이상

① 상대습도가 70%를 초과하는 조건에서는 내화피복재의 내부에 있는 강재에 지속적으로 부식이 진행되므로 습도에 유의
② 분사암면공법의 경우에는 두께측정기로 두께를 확인하면서 작업

4. 밀도

구분	검사로트	로트선정	측정방법	판정기준
1시간 (4층/20m 이하)	매 층마다	각층 1로트 선정	보 또는 기둥의 플랜지 외부면에서 채취	인정밀도 이상
2시간 (4층/20m 초과) 이상	4개 층 선정	각층 1로트 선정	보 또는 기둥의 플랜지 외부면에서 채취	인정밀도 이상

5. 부착강도

① 밀도와 동일한 방법으로 인정부착강도 이상
② 시험은 시험체가 항량에 도달한 후에 실시
③ 시험체는 충분한 기간 동안 양생
④ 시험 후 탈락 부위는 동일 재료로 마무리

[항량]
건조 또는 가열을 반복하여 중량이 일정하게 변화하지 않게 되었을 때의 중량을 말한다.

6. 한랭기 동결방지

① 경화 전에 동결하면 박락한다.
② 한랭 시에는 가열, 보온 보양이 필요하다.

7. 박리의 방지

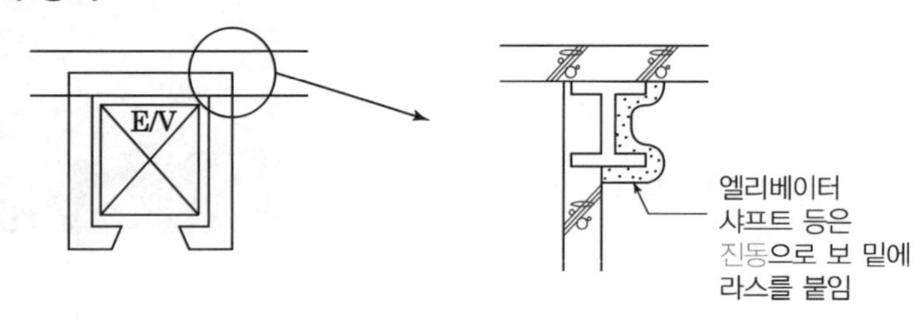

8. 빗물유입방지

빗물에 의해 알칼리분 유출되어 주변 오염 발생

9. 비산방지

뿜칠 시 비산되지 않도록 보호망 등을 처리할 것

10. 안전관리 철저

① 고소작업에 따른 안전교육 철저
② 이동비계 고정 철저
③ 이동비계 안전난간시설 철저

[고소작업 안전대]

62 메탈 터치(Metal Touch)

KCS 14 31 10

Ⅰ. 정의

기둥 이음부에 인장응력이 발생하지 않고, 이음부분 면을 절삭가공기를 사용하여 마감하고 충분히 밀착시킨 이음을 말한다. 이러한 이음의 경우에는 밀착면으로 소요압축강도 및 소요휨강도의 일부가 전달된다고 가정하여 설계할 수 있다.

Ⅱ. 마무리면의 정밀도

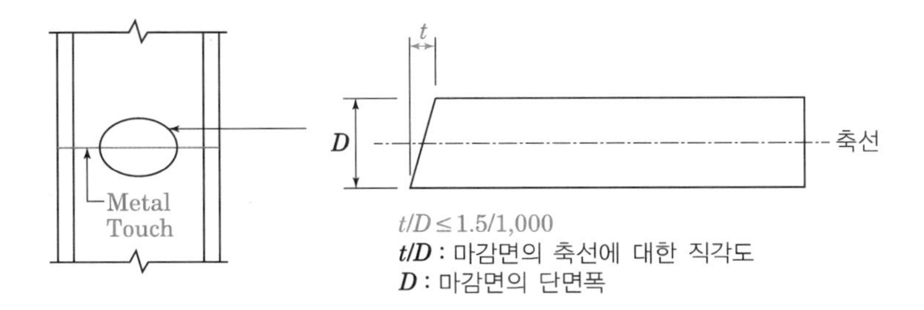

Ⅲ. 국내 기준

① 이음부의 내력이 존재응력의 100% 이상
② 이음부의 내력이 부재의 허용내력의 50% 이상
③ 접촉면을 깎아 마무리하여 응력을 직접 전달
④ 이음 위치에 인장력이 발생하지 않을 경우, 압축력과 모멘트의 50%가 접촉면에서 직접 전달(①, ② 중 큰 값의 50% 적용)

[존재응력]
부재에 실제로 작용하는 응력

[허용내력]
부재가 지지할 수 있는 응력, 허용응력도 × 단면적(또는 단면계수)

Ⅳ. 가공 시 유의사항

① 페이싱 머신 또는 로터리 플래너 등의 절삭가공기를 사용
② 부재 상호간 충분히 밀착하도록 가공
③ 마무리면의 정밀도는 $t/D \le 1.5/1,000$
④ 끼움재

4.8㎜ 이하	재가공 없이 사용
4.8~6.4㎜	Shim Plate 삽입
6.4㎜ 이상	재가공

63 Scallop

KCS 14 31 10

Ⅰ. 정의

용접접합부에 있어서 용접이음새나 받침쇠의 관통을 위해 또한 용접이음새끼리의 교차를 피하기 위해 설치하는 원호상의 구멍으로, 용접접근공이라고도 한다.

Ⅱ. 개선가공

1. 스캘럽이 있는 경우

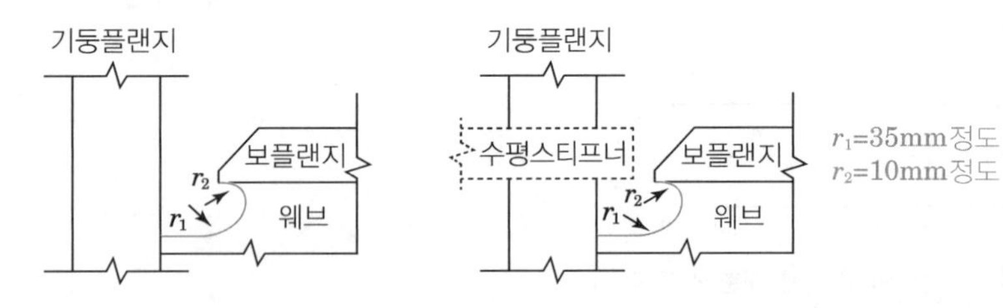

[Scallop]

2. 스캘럽이 없는 경우

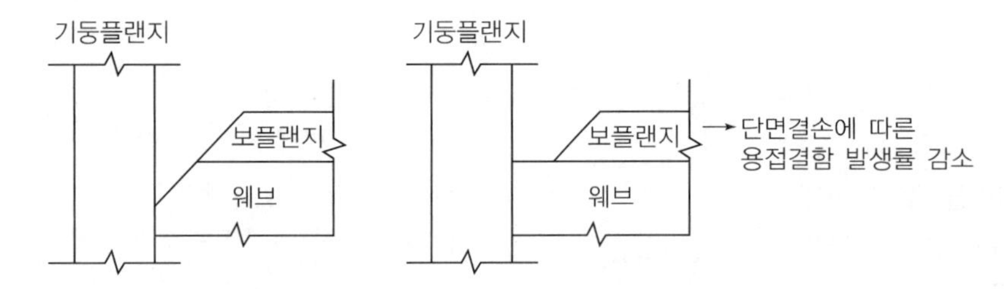

Ⅲ. 스캘럽의 목적

① 용접균열방지
② 용접변형방지
③ 슬래그 혼입물 등의 결함방지

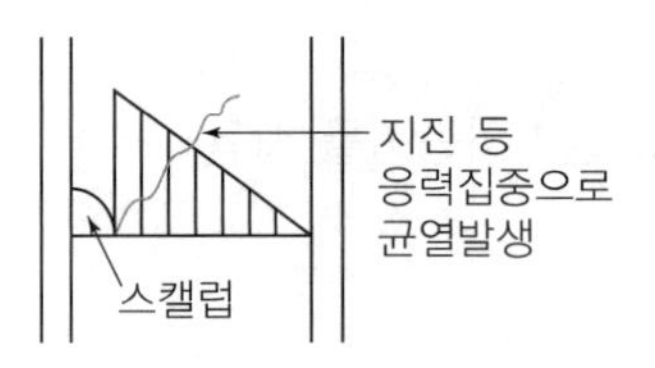

Ⅳ. 시공 시 주의사항

① 스캘럽의 반지름은 일반적으로 30~35mm 정도(단면도 높이가 150mm 미만일 경우는 20mm 정도)
② 지진, 반복과다 재하 시 스캘럽의 보 끝 접합부 균열발생
③ 스캘럽의 원호의 곡선은 플랜지와 팔렛 부분이 둔각이 되도록 가공
④ 불연속부가 없도록 용접

64 스티프너(Stiffener)

Ⅰ. 정의

스티프너는 하중을 분배하거나, 전단력을 전달하거나, 좌굴을 방지하기 위해 부재에 부착하는 ㄱ형강이나 판재 같은 구조요소를 말한다.

Ⅱ. 종류

1. 수평 Stiffener

① 재축에 수평으로 배치
② 휨 압축 좌굴방지
③ 보에 적용
④ 설치위치: 단면높이(d)의 0.2d
⑤ 단면적은 Web 단면적의 1/20 이상

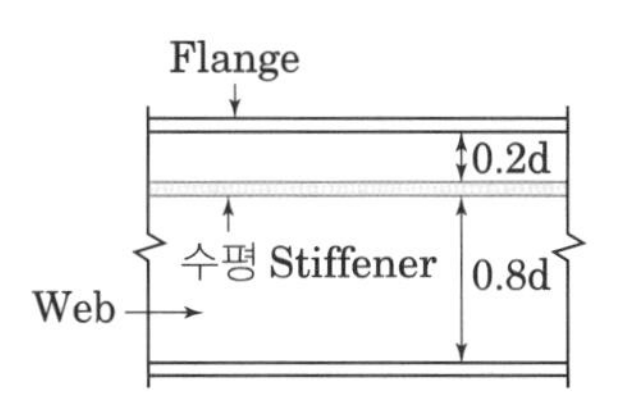

[흙막이 Stiffener]

2. 수직 Stiffener

① 재축에 직각으로 배치
② 전단좌굴방지
③ 집중하중이 작용하는 보에 사용
　: 하중점 Stiffener
④ 보의 중간에 사용: 중간 Stiffener

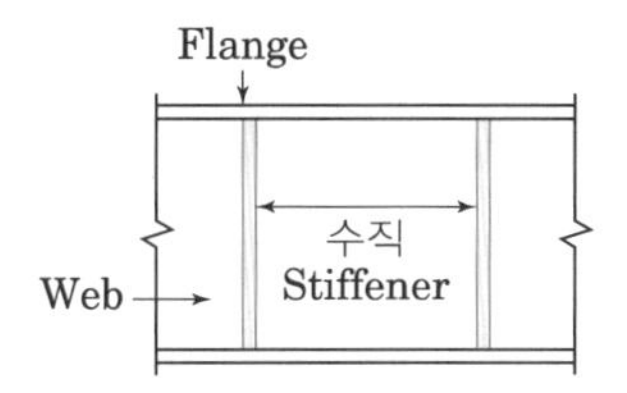

[철골 Stiffener]

3. 세로 Stiffener

① 재축에 수평으로 배치
② 기둥에 적용

Ⅲ. 특징

① Web의 전단보강
② 철골보의 좌굴방지
③ Web의 단면(춤)을 높일 수 있다.

Ⅳ. 시공 시 유의사항

① 보의 단면(춤)이 Web판 두께의 60배 이상이면 Stiffener 간격을 1.5배 이하로 사용
② Stiffener는 Web판에 대하여 양면에 대칭으로 설치
③ 하중점 Stiffener는 좌굴이 예상되므로 큰 Stiffener를 설치
④ 수직과 수평 Stiffener 2개 사용 시 단면이 동일한 것 사용

65 매립철물(Embeded Plate)

Ⅰ. 정의

Embeded Plate는 코어선행공법이나 Slurry Wall 흙막이 벽체의 철근콘크리구조와 건물 보의 철골구조를 연결시키기 위한 철판(Plate)으로 벽체 콘크리트 타설 전에 정확한 위치에 미리 묻어 두어야 한다.

Ⅱ. 현장시공도

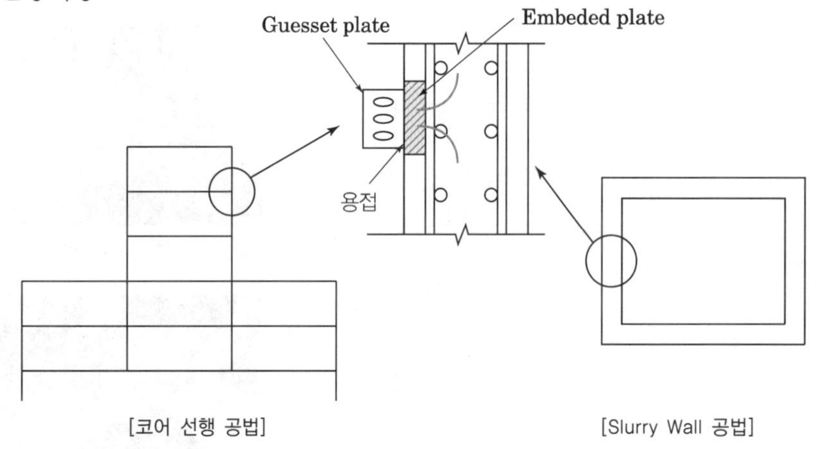

[Embeded Plate]

Ⅲ. Embeded Plate 적용부위 및 방법

1. 적용부위

① 코어벽체와 철골보의 접합
② Slurry Wall과 철골보의 접합

2. 적용방법

① 방청처리를 하지 않은 Embeded Plate을 용도와 구조적 성능에 적합한 규격 및 두께로 가공
② Embeded Plate 배면에 Shear Stud를 부착하여 콘크리트면과 일치하도록 철근배근에 정착하여 설치
③ 콘크리트 타설 시 위치의 이탈방지를 위해 견고하게 고정
④ Embeded Plate와 품타이 등의 상호 간섭이 되지 않도록 시공계획 수립

3. 철골보와 접합

① Embeded Plate와 철골보를 접합하기 위한 Guesset Plate를 Embeded Plate에 용접
② 콘크리트 벽체의 시공오차를 흡수할 수 있도록 Guesset Plate은 슬롯(Slot) 구멍으로 가공
③ Embeded Plate 위치가 벗어난 경우 구조검토 후 보강
④ Guesset Plate와 철골보를 고장력볼트로 접합

66 무도장 내후성강(무도장 강판)

Ⅰ. 정의

일반강에 내식성이 우수한 구리, 크롬, 니켈, 인 등의 원소를 소량 첨가하여 일반강에 비해 4~8배의 내식성을 갖는 강재를 말한다.

Ⅱ. 시공도 및 시공순서

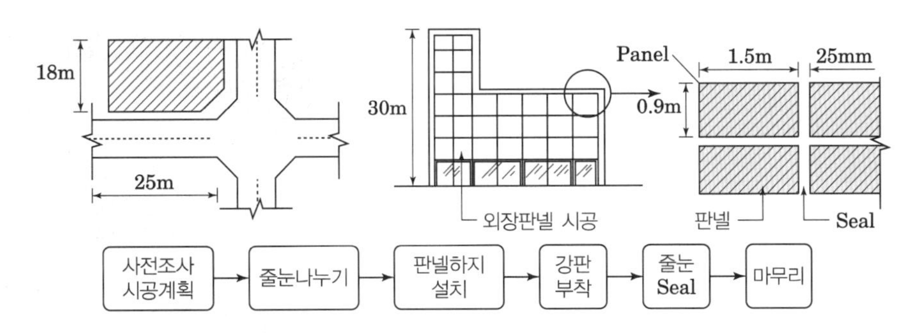

[무도장 강판]

Ⅲ. 특징

① 초기비용 및 유지관리비 저렴
② 재도장 불필요
③ 해안지역 2km 이격 설치

Ⅳ. 시공 시 유의사항

① 녹의 안정화 기간에 대한 대책 마련
- 수평부재: 약 1년
- 수직부재: 약 2~3년

② 인접재료의 오염고려 → 녹물처리
③ 하지부분의 방청처리 철저
④ 취부 시 → 1면 완료 후 다음 면 마감원칙(이색방지)

67 TMCP(Thermo Mechanical Control Process) 강재

Ⅰ. 정의

제어 압연을 기본으로 하여 그 후 공랭 또는 강제적인 제어 냉각을 하여 얻어지는 강으로서, 탄소함유량을 낮고 우수한 용접성을 갖게 하여 취성파괴를 방지한 강재로, 열가공제어강이라고도 한다.

Ⅱ. 개념도

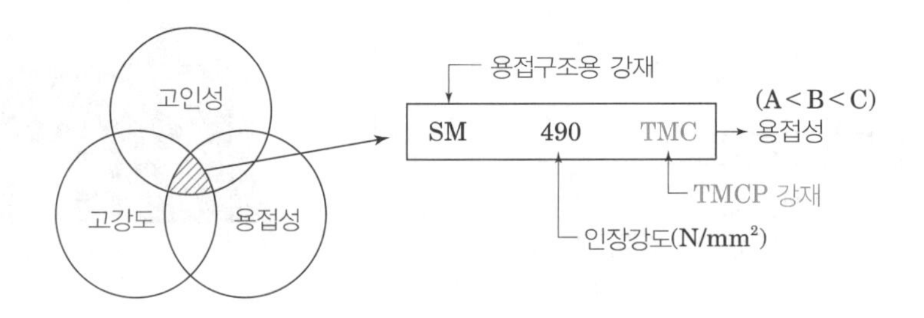

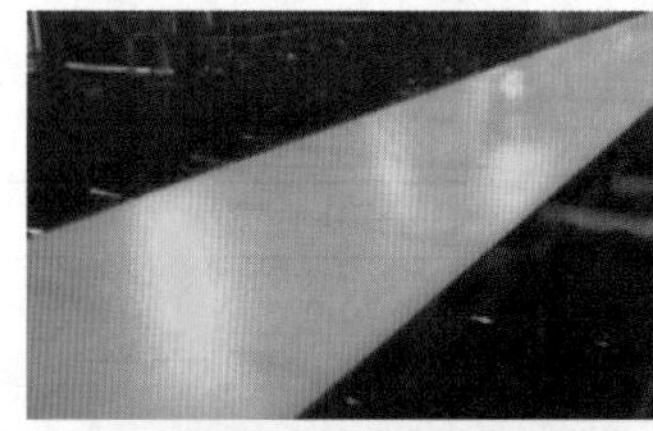

[TMCP 강재]

Ⅲ. 특징

1. 장점

① 탄소량을 낮출 수 있어 용접 열 영향을 최소화
② 우수한 용접성
③ 취성파괴 방지
④ 예열 없이 상온에서 용접할 수 있고 결함발생 감소
⑤ 두께 40mm 이상 후판은 항복강도가 높아 강재 사용량 절감
⑥ 소성능력이 우수하여 내진설계에 유리

2. 단점

① 후열처리 이후 강도저하(연화현상)에 의해 조직변화
② 잔류응력으로 소절단할 때에 판이 휘어지는 Camber 현상 발생
③ 용열영향부의 모재 쪽으로 연화현상이 확대
④ 연화부에서의 피로균열 전파속도는 모재부보다 매우 빠르게 진행

Ⅳ. 도입 배경

① 현대 건축물의 고층화 및 장스팬화
② 구조체에 대한 고강도, 고성능 요구
③ 기존 강재의 문제점 해결(강도 저하, 용접성 저하)

68 Hybrid Beam

Ⅰ. 정의

용접 H형강은 플랜지나 웨브에 강재의 기계적 성질이 같은 것을 사용하는 것이 보통이지만, 휨응력을 부담하는 플랜지에는 고강도강을 전단력을 부담하는 웨브는 연강을 사용한 조립보를 말한다.

Ⅱ. 시공도

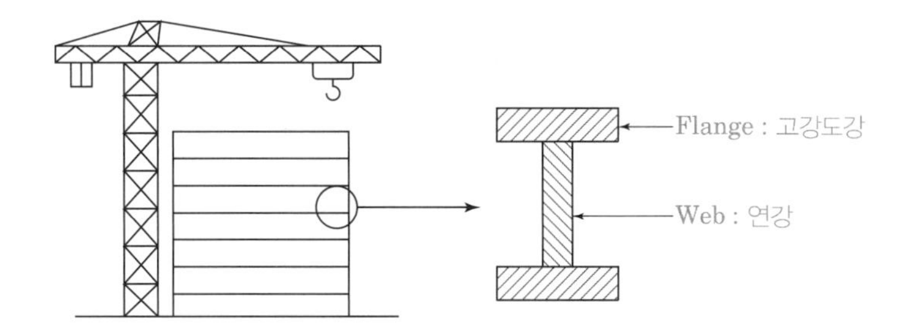

Ⅲ. 특징

① 진동과 충격 저항에 강한 구조
② 설계하중 이외의 하중에 대하여 일반 H형강에 비해 안전성이 높다.
③ 강재 절감으로 공사비 절감효과
④ 보 단면의 높이가 낮다.

Ⅳ. 적용분야

① 내부에 기둥이 없는 넓은 강당 및 체육관을 보로 지지하는 경우
② 보를 통하여 과도한 집중하중을 받는 경우

Ⅴ. 조립보 시공 시 유의사항

① 휨모멘트가 큰 곳에는 플랜지에 고강도강 또는 커버플레이트를 설치
② 부재를 밀착시켜 제작
③ 절단 시 정확한 마킹에 의해 철판 등을 절단
④ 보 단면의 높이는 처짐을 고려하여 결정
⑤ 접합부는 용접으로 시공하는 것이 유리
⑥ 응력상태를 고려하여 경제적인 단면을 결정

69 LC(Logical Composite) Frame 공법

Ⅰ. 정의

LC Frame이란, 압축력을 주로 받는 기둥은 철근콘크리트조로 하고 보는 대경간에 유리한 철골을 장변에 적용하고, 단변에는 건물의 특성에 따라 다양한 구조형식을 취하게 한 복합구조이다.

Ⅱ. 종류별 특성

1. 커버플레이트형

① 접합부 전단내력이 상대적으로 높음
② 띠근배근 작업이 필요 없음
③ 거푸집 작업이 필요 없음
④ 건설폐기물을 줄임

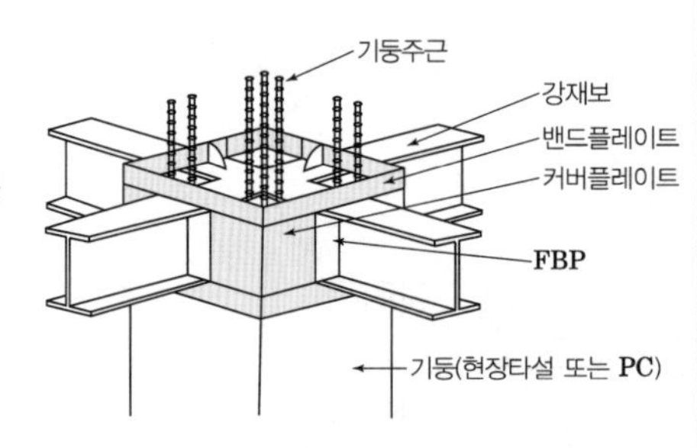

2. 고리 후프형

① 띠근 정착성능에 의해 인장응력의 전달
② 띠근 작업이 용이
③ 접합부 거푸집작업의 모듈화에 의해 경제성 확보

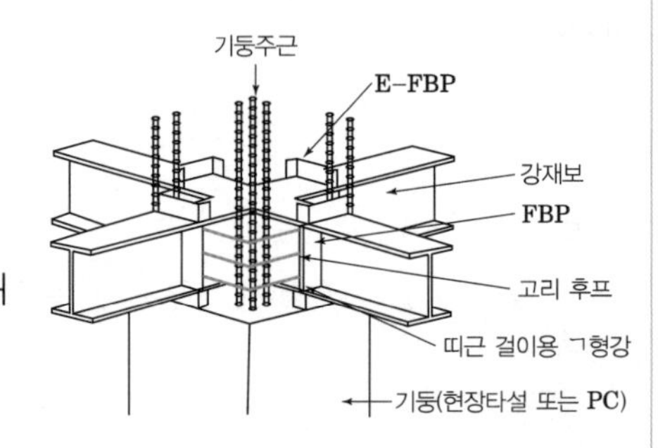

Ⅲ. 적용효과

① Panel Zone 작업에 대한 생산성 향상
② 구조형식 변경에 따른 원가절감
③ 공정의 단순화
④ 노무인력절감
⑤ 공업화 및 규격화 시공에 의한 품질향상
⑥ 현장작업 감소에 따른 안전관리 향상
⑦ 거푸집 동바리 등 가설재 사용절감 및 폐기물 발생 억제

Ⅳ. 활용범위

① 경제성이 요구되는 건물
② 경간이 큰 구조물
③ 연면적이 크고 평면상 정형인 구조물

70 Hi－beam 공법

Ⅰ. 정의

Hi－beam이란 보의 양단부는 철근콘크리트 기둥과 일체성 확보를 위해 철근콘크리트로, 보의 중앙부는 대경간에 유리한 강재로 만든 복합보이다.

Ⅱ. Hi－Beam 단부의 구조도

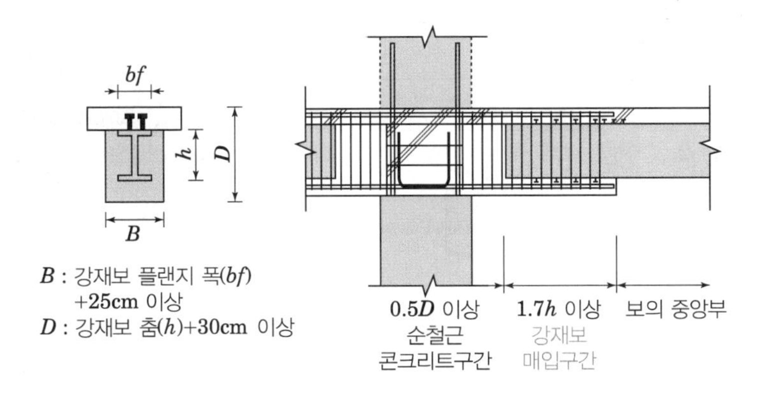

[Hi－beam 공법]

Ⅲ. 보-기둥 접합부의 고려사항

① 기둥의 주철근과 Hi-beam 단부의 하부 주철근과의 간섭
② 동일방향의 Hi-beam과 Hi-beam의 단부 하부 주철근과의 간섭
③ Hi-beam과 직교방향의 철골보 또는 PC보(Hi-beam)의 하부 주철근의 간섭
④ Hi-beam 단부의 상부 주철근과 직교보의 주철근과의 간섭
⑤ 보-기둥 접합부에서의 콘크리트 충전성

Ⅳ. 장점

① 12~25m 정도까지 대경간의 확보
② 원가절감 및 공기단축 가능
③ 철골가공의 단순화
④ 폐기물발생의 감소로 환경친화적 공법

Ⅴ. 적용범위

① 대경간이 요구되는 건물
② 경제성을 추구하는 건물
③ 공기단축이 요구되는 건물이나 40층 이상의 초고층 건물

71 Composite Beam(합성보)

Ⅰ. 정의

강재보가 슬래브와 연결되어 하나의 구조물로서 구조적 거동을 할 수 있는 보로서 예를 들어, 콘크리트 슬래브와 철골보를 전단연결재로 연결하여 구조체를 일체화시켜 내력 및 강성을 향상시킨 보를 말한다.

Ⅱ. 시공도

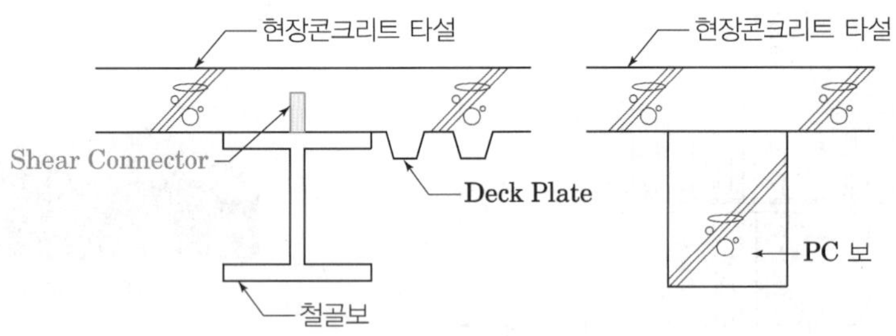

[Composite Beam]

Ⅲ. 특징

① 철근콘크리트 구조와 철골부재의 장점을 합성시켜 재료의 절약을 도모
② 많은 진동이나 충격하중이 큰 보에 유리
③ 구조용 데크플레이트 사용 시 시공성 향상
④ 구조용 데크플레이트 사용 시 내화피복을 할 것
⑤ 부재의 휨강성의 증대로 적재하중에 의한 처짐 감소효과

Ⅳ. 철골 Shear Connector의 효과

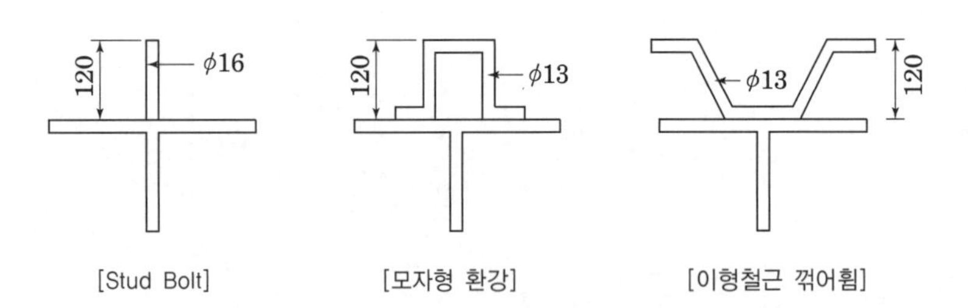

[Stud Bolt] [모자형 환강] [이형철근 꺾어휨]

① 전단력에 저항
② 피로하중 감소
③ 슬래브 들뜸방지

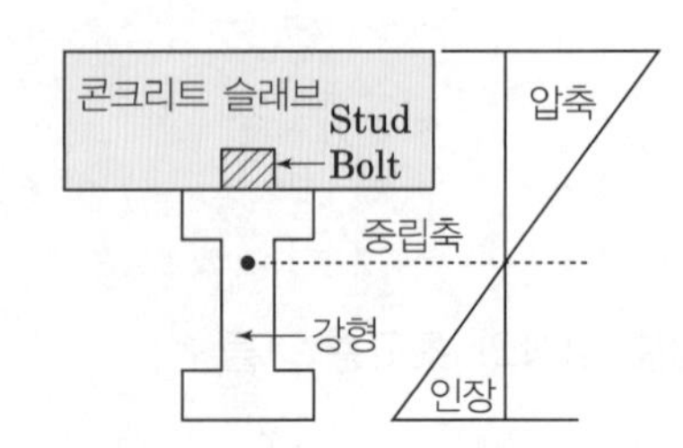

72 Honey Comb Beam(Castellated Beam)

Ⅰ. 정의

H형강의 웨브 부위를 지그재그로 절단하여 한 턱만큼 평행 이동하여 육각형 단면 등의 구멍이 웨브에 생기도록 하여 보 단면높이를 크게 한 철골보이다.

Ⅱ. 제작도

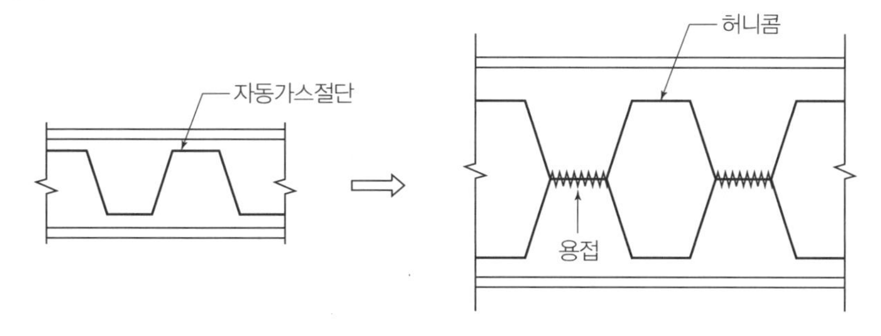

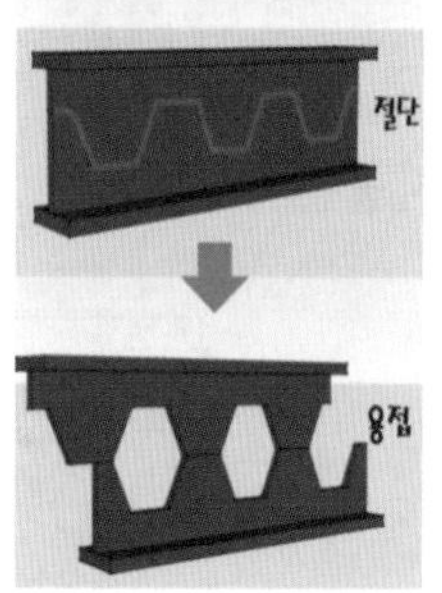

[Honey Comb Beam]

Ⅲ. 장점

① 보 단면의 높이가 커서 휨이나 비틀림에 강하다.
② 같은 중량의 보에 비해 단면계수가 크다.
③ 철골중량을 50%까지 절감이 가능하다.
④ 허니콤 부분을 설비 덕트로 이용이 가능하다.
⑤ 도장면적을 절감할 수 있다.

Ⅳ. 단점

① 보 단면이 크므로 웨브의 좌굴에 취약하다.
② 용접작업량이 증가한다.
③ 철골의 Loss가 발생한다.

Ⅴ. 시공 시 유의사항

① 웨브에 정확한 마킹이 필요하다.
② 절단 시 자동 가스절단으로 정밀하게 절단하여야 한다.
③ 절단 후 용접을 위해 가공을 철저히 하여야 한다.
④ 용접 시 용접결함이 생기지 않도록 유의하여야 한다.
⑤ 시공 시 변형이 생기지 않도록 유의하여야 한다.

73 Bee－Hive Truss 공법

Ⅰ. 정의

기둥과 보는 순철골조로 하고, 내진벽을 철골트러스로 하여 최상층에서 최하층까지 1개층 간격으로 1/2 Span 간격으로 엇갈리게 배치한 공법이다.

Ⅱ. 시공도

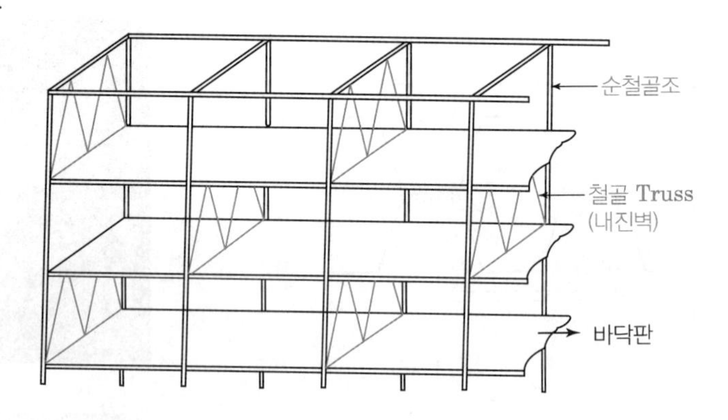

Ⅲ. 시공순서

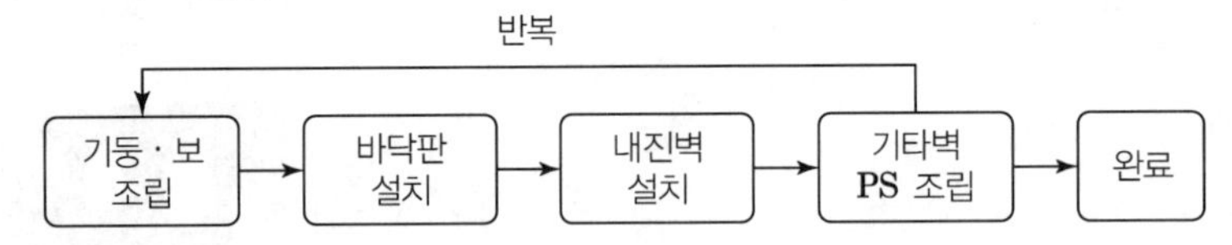

Ⅳ. 특징

① 내진벽은 엇갈리게 배치할 것
② 내진벽의 공장생산 → 공기단축
③ 고층건물에 적합
④ 내진벽의 대형화로 운반 및 양중이 어려움
⑤ 공업화율이 높아 정도관리 용이

74 철골 Smart Beam

Ⅰ. 정의
철골구조에서 층고절감형 바닥시스템을 위한 보부재를 Smart Beam이라고 한다.

Ⅱ. 시공도
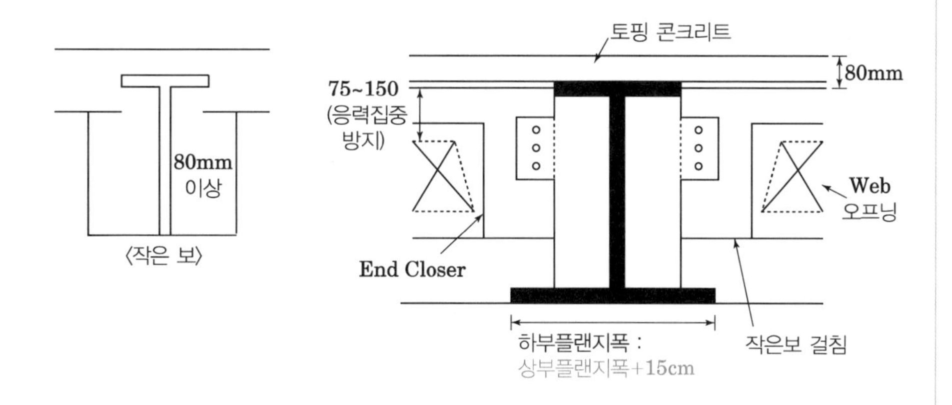

Ⅲ. 특징
① 층고 절감: 기존 공법에 비해 10~20cm 이상 절감
② 경제성 향상: 골조물량 감소, 내화피복면적 감소
③ 시공성 향상: 완제품으로 시공속도 향상
④ 거주성능 향상: 처짐 및 진동성능 향상

Ⅳ. 시공 시 유의사항
① 제작단계별 용접 시 철골의 휨방지로 정밀도 확보
② 각 단계별 용접 후 용접부위 정밀검사를 통해 철저한 품질관리
③ 철골보의 구조성능 검증 철저
④ 상부하중에 대한 구조 검토
⑤ 웨브의 취약에 대한 휨모멘트 검토
⑥ 접합부 시멘트 페이스트 유출 방지

75 하이퍼 빔(Hyper Beam)

Ⅰ. 정의

하이퍼 빔이란 구조용 강재로 열간압연에 의해 만들어지며, 탄소강에 있어서 탄소량 0.8%C 이상에서 초석(망상) 시멘타이트(Cementite)와 펄라이트(Pearlite)로 이루어진 강으로 플랜지 외부의 폭이 일정한 H형강을 말한다.

Ⅱ. I 형강과 H 형강

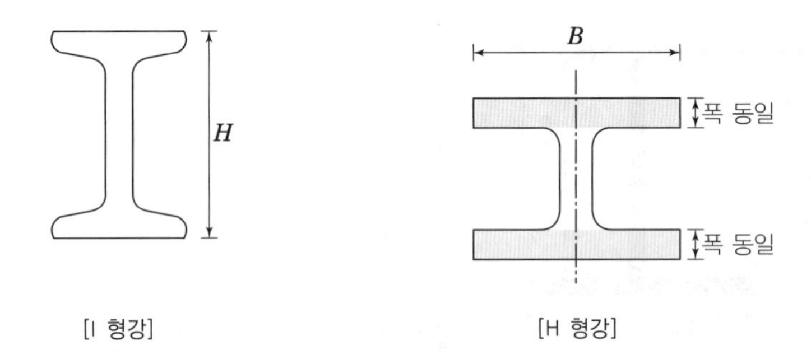

[I 형강] [H 형강]

Ⅲ. 제조과정

① 탄소함유량 0.77% 이상의 강을 과공석강이라 한다.
② 풀림의 냉각과정에서 시멘타이트는 오스테나이트의 입계에 망상으로 석출하고, 오스테나이트 기지는 펄라이트가 된다.
③ 탄소량의 증가로 시멘타이트가 증가되며, 이로 인하여 경도, 인장강도는 증가되나 연신율은 감소한다.
④ 탄소함유량이 0.9~1.0%에 이르면 망상 시멘타이트는 확인이 어려운 경우도 있으나 1.2% 이상이 되면 100배 정도의 저배율로 확실히 나타난다.

Ⅳ. 특징

① 플랜지의 일정폭 유지를 통한 구조계산의 정확성 향상
② 장경간 설치 시 안전성 도모
③ 정확한 치수로 조립정밀도 향상
④ 경제적 설계로 원가절감 가능
⑤ 초고층 건축물 등의 공사기간 단축에 기여
⑥ 블록체인 기술을 활용해 철강 원료 물류의 효율화
⑦ 공사 효율성을 높이는 최적화 수요에 적극 대응
⑧ 단면이 정사각형 모양으로 건물의 기둥으로 사용하기 쉽다

76 Ferro Stair(시스템 철골계단)

Ⅰ. 정의

철근콘크리트 계단에 필요한 철근 배근, 거푸집조립, 콘크리트 타설 등의 공정을 공장에서 철골계단으로 제작하여 현장에서 설치하는 공법이다.

Ⅱ. 시공도

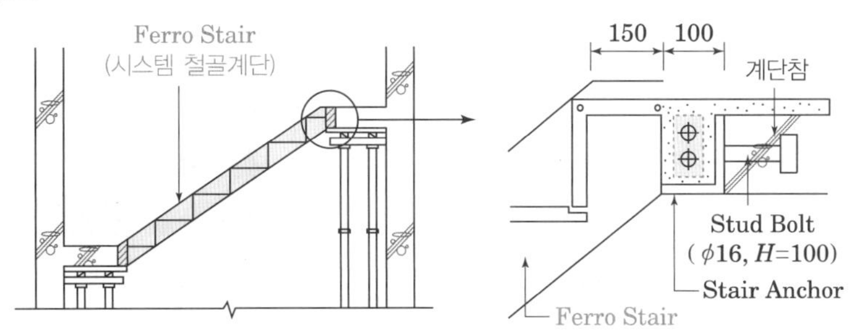

[Ferro Stair]

Ⅲ. 시공순서

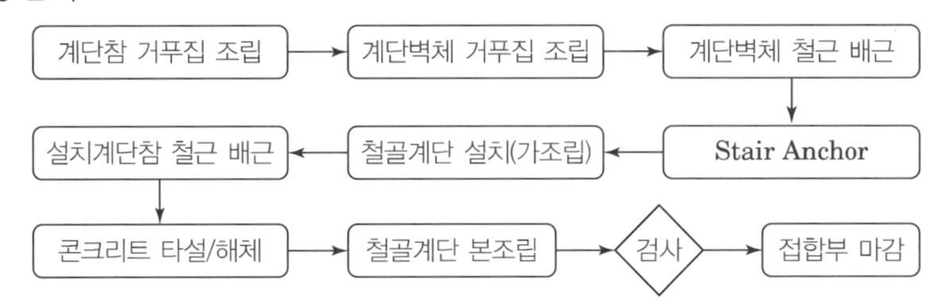

Ⅳ. 적용효과

① 공정의 축소로 공기단축
② 복잡한 공정이 대체되어 노무절감
③ 작업의 단순화로 효율성 향상
④ 시공성, 경제성 우수 및 안전성 확보
⑤ 계단 연결 시 작업자의 숙련도를 요하지 않음

Ⅴ. 설치 시 유의사항

① 양중장비 능력의 사전검토 철저
② Stair Anchor의 위치 및 레벨관리 철저
③ Stair Anchor와 철골계단 연결부 시공오차 → ±3mm 이내
④ 조립 시 녹막이칠 관리 철저
⑤ 계단 벽체 콘크리트 타설 시 배부름 방지
⑥ 벽체와 철골계단 이격부분은 Sealing 처리하여 누수방지

77 Taper Steel Frame(Prefabricated Engineered Build, 철골공사의 Taper Beam)

Ⅰ. 정의

휨모멘트가 큰 부위는 단면을 증가시키고 휨모멘트가 작은 부위는 단면을 감소시키는 등 응력분포에 따른 부재의 제작을 통해 강재의 물량을 줄일 수 있는 구조시스템이다.

Ⅱ. P.E.B System의 이론적 배경

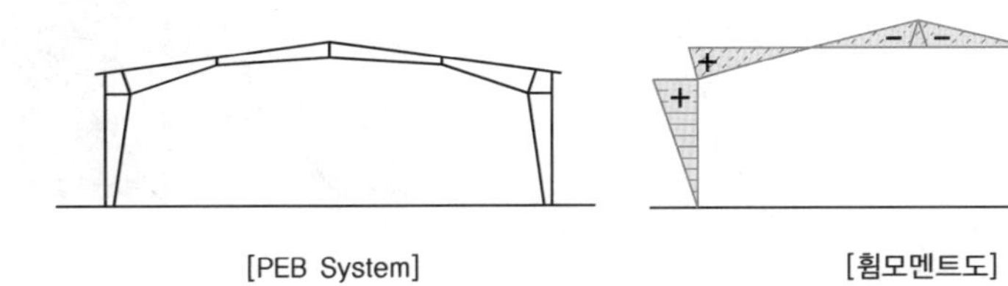

[PEB System] [휨모멘트도]

[Taper Steel Frame]

Ⅲ. 특징

① Roll Beam Structure에 비해 약 50%의 강재량을 절약
② 공장의 자동화 대량생산 및 표준화로 양질의 품질관리가 가능
③ 다양한 형태의 건물에 사용 가능
④ 건물의 확장성 용이

Ⅳ. 적용분야

① 상업 및 제조시설: 창고, 전시실, 사무실, 공장, 냉동창고 등
② 농업시설: 곡물창고, 동물사육장 등
③ 군사시설: 격납고, 군수창고, 병영막사 등
④ 체육시설: 실내체육관, 실내수영장 등

Ⅴ. 문제점

① 돌발하중의 발생 시 횡 브레이스나 플랜지 브레이스가 취성파괴 우려
② 춤이 큰 래프터를 사용하기 때문에 횡하중 시 좌굴 발생
③ 자유로운 단면형상에 따른 품질관리의 미비
④ 마찰접합에 의한 접합부 도장 미비의 문제
⑤ Built-up 부재로 웨브재의 초기변형이 발생
⑥ 지지기둥 없는 스팬 50m 이상의 구조시스템에는 적용이 불가

78 Super Frame

Ⅰ. 정의

Super Frame 구조는 초거대기둥(Mega Column)과 전이트러스(Transfer Truss)구조 등으로 횡하중 및 연직하중에 저항하도록 한 3차원 트러스 형태를 반복적으로 사용하는 형식을 말한다.

Ⅱ. 초고층 구조시스템의 종류

① Core + Outrigger + Belt Truss(코어구조 형태)
② Tube System(튜브구조 형태)
③ Mega Structure System(초거대기둥구조 형태)
④ Shear Wall System(전단벽구조 형태)
⑤ Brace Frame System(가새골조 형태)
⑥ Rigid Frame System(강접골조 형태)

Ⅲ. Super Frame의 하중 지지

① 연직하중: 몇 개의 슈퍼기둥(Mega Column)에 의해 지지
② 횡하중: 슈퍼기둥(Mega Column)과 슈퍼거더(Transfer Girder)의 접합부 강성 또는 슈퍼가새(Transfer Truss)에 의하여 지지
③ 슈퍼기둥 사이에 위치한 샛기둥들은 슈퍼거더 또는 슈퍼가새와 축력힌지로 연결되어 단위 모듈만의 연직하중을 부담

Ⅳ. 특징

① 초고층건물에 사용
② Super Frame의 구조기능 확보
③ Mega Column 등으로 평면계획에 제약을 받음
④ 지진 등 풍화중에 안전
⑤ 공사비 증가

Ⅴ. 시공 시 유의사항

① 슈퍼거더(Transfer Girder)의 철근배근 등 철저히 시공
② 가새 설치 시 개구부 등의 간섭에 유의
③ 계단실, 엘리베이터 등은 코어구조로 설계
④ 지진 및 풍화중에 의한 안전성 확보를 위한 제진장치 등 설계 검토

79 Space Frame 공법

Ⅰ. 정의

스페이스 프레임공법은 선형인 부재들을 결합한 것으로, 힘의 흐름을 3차원적으로 전달시킬 수 있도록 구성된 구조시스템이다.

Ⅱ. 시공도

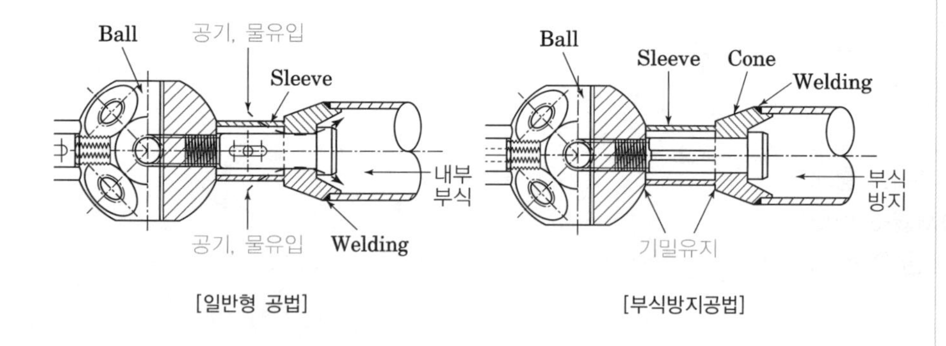

[일반형 공법]　　[부식방지공법]

[Space Frame]

Ⅲ. 특성

① 무주대공간 형성이 가능
② 각 부재는 선부재이므로 자재를 효율적으로 이용
③ 공장제작이 가능하므로 정확성을 기할 수 있음
④ 스페이스 트러스는 축력만을 전달하며 Unit의 배열이 구조물의 강성을 결정

Ⅳ. 장점

① 구성부재의 경량화
② 구성부재가 하중에 균등하게 저항하므로 충분한 강성 확보
③ 접합방법이 간단
④ 규칙적인 패턴으로 미적 감각 우수

Ⅴ. 문제점

① 개개부재의 과잉강도 및 조인트의 복잡성에 따른 생산성 저하
② 정밀한 시공정도를 요함(1/10mm 오차)
③ 접합부에서 느슨한 접합으로 인해 전체 변형에 미치는 영향이 큼
④ 조립 시 가설지지대의 설치로 경제적, 시공적인 문제가 따름

80 강재의 취성파괴(Brittle Failure)

Ⅰ. 정의

취성파괴란 물체가 갖고 있는 강도 이상의 힘을 가할 경우, 변형이 어느 정도 진행이 되다가 급격히 내력이 저하되어 파괴에 이르는 현상으로 강재의 취성파괴는 저온에서 냉각 또는 충격적으로 하중이 작용하는 경우 그 강재의 인장강도 또는 항복강도 이내에서 파괴되는 현상을 말한다.

Ⅱ. 온도에 따른 성질변화

① 고온에서의 거동

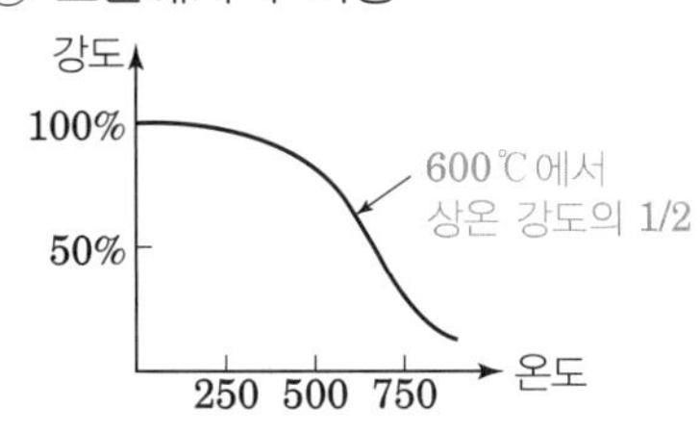

② 저온에서의 거동

온도가 낮으면 ┌ 강성은 크다.
　　　　　　　└ 연성과 인성은 적다.

Ⅲ. 취성파괴의 특성

① 소성변형이 없음
② 소성변형이 수반되지 않으므로 파괴 시까지 변형은 매우 적음
③ 불안정 파괴이므로 진전이 빨라 매우 위험
④ 파괴 시에 거의 영구변형이 나타나지 않으며 초과하중을 받을 때 예고 없이 갑자기 파괴

Ⅳ. 원인

① 저온냉각, 하중의 충격적 작용 등의 원인이 겹칠 경우
② 응력집중원의 가능성을 증가시키는 부재(노치, 볼트구멍, 용접결함)들의 복잡한 배열
③ 부재의 가공이나 접합 시의 결함으로 인해 생긴 균열

Ⅴ. 대책

① 구조상의 노치를 완만하게 설계하여 대비
② 용접결함이 생기지 않는 용접성이 양호한 선재로 선정
③ 열처리에 의한 잔류 응력 제거
④ 시공 시 용접결함의 최소화

81 강재의 기계적 성질에서 피로파괴(Fatigue Failure)

Ⅰ. 정의

피로파괴란 강재에 반복하중이 지속적으로 작용하여 취약부(노치, 용접결함 등)에 소성변형에 의한 균열이 진전되어 정하중 조건에서 받을 수 있는 하중보다 훨씬 더 작은 하중에서 예고 없이 파괴되는 현상을 말한다.

Ⅱ. 원인

① 반복하중의 작용에 의한 균열의 진전
② 응력집중부에 반복하중의 작용에 의한 소성변형 발생
③ 인장 잔류응력
④ 접합부 등의 구조상세 및 용접자세의 부적절
⑤ 용접부의 허용오차 이상 결함 발생

[강재의 파괴형태]

구분	파괴형태	원인
상온균열	연성파괴	상온에서의 정적인 외력
낮은 응력하에서 파괴 (강재의 불안정 파괴)	피로파괴	외력의 반복하중
	취성파괴	저온 냉각, 하중의 충격적 작용
고온균열	Creep 및 Relaxation	고온에서의 지속적인 하중

Ⅲ. 방지대책

① 설계 시 허용반복응력 크기와 반복횟수 등을 바탕으로 피로수명 결정
② 피로방지에 유리한 구조상세도 선정
③ 응력집중부의 반복하중 최소화
④ 불필요한 2차 응력발생 억제
⑤ 용접결함 최소화
⑥ 용접부 마감처리 최적화
⑦ 각종 구조부 세부보강방법 적용

Ⅳ. 피로 손상부의 보수 및 보강

① 피로균열 선단에 Slot Hole 구멍을 설치하여 고장력볼트로 조임
② 소성변형 후 인성저하 방지를 위해 변형된 부재를 가열교정
③ 부식에 의한 단면손상 및 결함방지를 위해 특수 도장법 이용
④ 균열 발생부 가우징으로 제거 후 용접하여 보수
⑤ 진동, 충격에 의한 이완 또는 우수에 의한 부식의 경우 고장력볼트 교체공법
⑥ 이상 처짐이나 하중증가에 의한 내하력 증가가 필요한 경우 외부에 긴장재 도입

82 탄소당량

KS D 3504/KCS 13 31 20

Ⅰ. 정의

탄소당량은 일종의 경험적 수치이며 강재의 성분량과 이것이 경화성에 미치는 영향력을 수치로 표현한 것들을 보태어 구한 값이며, 일반적으로 탄소성분이 높을수록 임계점에서의 냉각속도가 빠르므로 더욱 예열이 필요하며 저수소계 용접봉을 사용해야 한다.

Ⅱ. 철근 콘크리트 봉강의 탄소당량 계산식 및 탄소당량

① 계산식

$$C_{eq} = C + \frac{Mn}{6} + \frac{(Cr + V + Mo)}{5} + \frac{(Cu + Ni)}{15}$$

여기서, C, Mn, Cr, V, Mo, Cu 및 Ni : 각 성분의 무게 백분율

② 용접용(가스압접 등) 철근, SD600, 내진보강용 철근은 반드시 탄소당량(Ceq) 시험을 해야 한다.

[탄소당량]

철근 종류의 기호	탄소당량(Ceq)
SD600	0.67 이하
SD400W	0.50 이하
SD500W	
SD400S	0.55 이하
SD500S	0.60 이하
SD600S	0.67 이하

Ⅲ. 강재의 탄소당량 계산식 및 탄소당량

① 강재의 밀시트에서 계산한 탄소당량, Ceq가 0.44%를 초과 할 때는 예열을 해야 한다.

$$C_{eq} = C + \frac{Mn}{6} + \frac{Si}{24} + \frac{Ni}{40} + \frac{Cr}{5} + \frac{Mo}{4} + \frac{V}{14} + \left(\frac{Cu}{13}\right)(\%)$$

다만, ( )항은 Cu ≥ 0.5% 일 때에 더한다.

② 구조용강의 용접 열영향부의 경화성을 표현하는 척도로 탄소당량값이 낮을수록 용접성이 좋다.

Ⅳ. 탄소당량이 필요한 이유

① 합금원소의 여러 가지 영향을 탄소당량식을 이용하여 판단 가능
② 경도, Bending Angle, 균열 감수성 등의 판단
③ 탄소강에서의 Underbead Cracking을 판정
④ 저합금강의 용접성을 판정
⑤ 구조용강의 용접 열영향부의 경화성을 표현하는 척도로서 사용

83 건축자재의 연성

Ⅰ. 정의

연성이란 인장응력을 받아서 파괴되기 전까지 늘어나는 성질을 말하며, 철(Fe)의 가장 중요한 성질이다.

Ⅱ. 응력- 변형률 선도

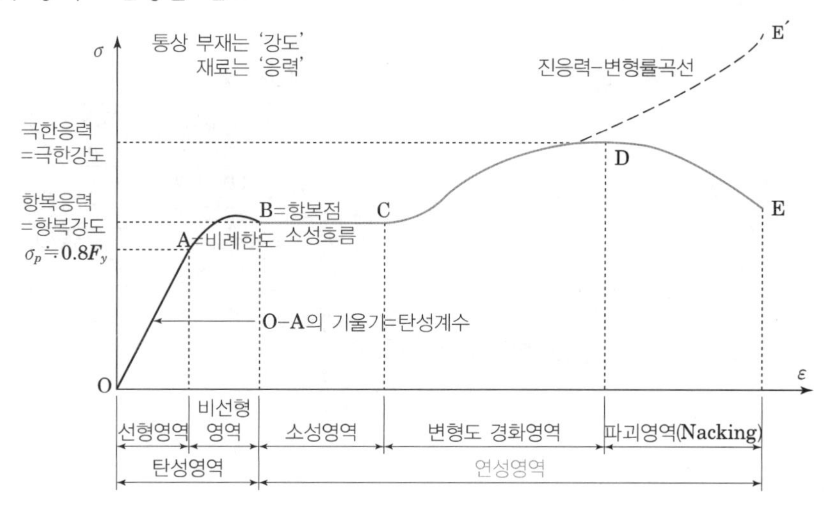

1. O-D 구간

철근의 전체 변형이 일어나는 영역

2. B: 항복점

① 응력의 증가가 없음에도 변형이 점차로 진행되는 점

② 철근의 항복강도(항복응력)

3. B-E 구간(연성)

① 연성으로서 항복 이후에 파괴 시까지의 변형 능력이다.

② 강재의 항복강도가 클수록 연성이 적다.

③ 강재의 항복강도가 작을수록 연성이 크다.

④ 강재의 항복강도가 클수록 취성파괴가 쉽다.

Ⅲ. 연성재료와 취성재료의 비교

연성재료	취성재료
늘어나는 성질	부서지거나 깨지는 성질
대표적 재료: 철근	대표적 재료: 콘크리트
항복점을 지나 장기간 경과후 발생	항복점을 지나면 급격히 파괴
파괴 전 사전징후 발생	파괴 전 사전징후 없음
대피시간 확보	대피시간 부족

84 좌굴(Buckling) 현상

Ⅰ. 정의

압축재에 압축력을 가하면 불균일성에 의한 하중의 집중으로 압축력이 허용강도에 도달하기 전에 휨모멘트에 의해 미리 휘어져 파괴되는 현상을 말한다.

Ⅱ. 개념도(오일러 공식)

재단의 지지상태	양단 핀	양단 고정	1단 핀 타단고정	1단 자유 타단 고정
좌굴형태	ℓ			
유효 좌굴길이(kl)	1.0ℓ	0.5ℓ	0.7ℓ	2.0ℓ
좌굴 하중비	1	4	2	1/4

Ⅲ. 좌굴의 종류

1. 압축좌굴(Compressive Buckling)

① 기둥의 압축력 작용위치 또는 기둥재의 결함 등에 의하여 발생하는 좌굴 현상

② 기둥길이가 길수록 하중을 많이 못 받아 압축좌굴이 발생하기 쉽다.

③ 양단 Pin 지지일 때의 좌굴을 기준

④ 다른 상태일 때는 좌굴을 고려하여 재료 길이를 산정

2. 국부좌굴(Local Buckling)

① 판재 및 형강과 같이 같은 부재에서 두께에 비하여 폭이 넓을 경우 부재 전체가 좌굴하기 전에 부재의 구성재 일부가 먼저 좌굴을 일으키는 현상

② 폭·두께의 비가 일정한도 이내에 있도록 부재를 제조하여 국부좌굴 방지

③ 평판보의 경우 폭, 두께의 비가 일정 한도를 넘을 경우 Stiffener 등으로 보강

3. 횡좌굴(Lateral Buckling)

① 철골보에 휨모멘트가 작용 시 처음에는 휨변형을 하게 되지만 모멘트 한계값에 도달하면 압축측 Flange가 압축재와 같이 횡방향으로 좌굴하는 현상

② 가새(Bracing), Slab 등으로 횡방향의 변형을 구속하여 횡좌굴 방지

85 데크플레이트 위 콘크리트 타설 시 균열 원인과 대책

Ⅰ. 정의

데크플레이트(Deck Plate)를 시공한 슬래브는 재래식 공법을 사용한 슬래브보다 균열이 발생하기 쉬우므로 균열에 대한 철저한 대책을 세워야한다.

Ⅱ. 균열의 현장시공도

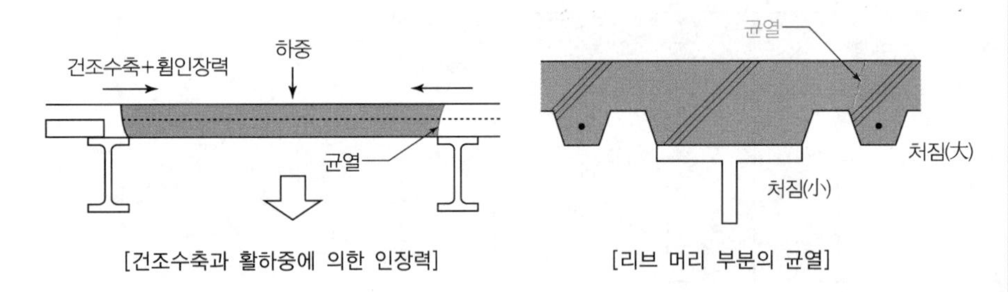

[건조수축과 활하중에 의한 인장력]　　[리브 머리 부분의 균열]

Ⅲ. 균열 원인

① 1방향 슬래브: 단순지지에 따른 슬래브 초기처짐 발생
② 1방향 슬래브의 적은 철근량으로 구속이 부족
③ 잉여수 제거의 어려움 발생
④ 공사 중 진동에 따른 균열 발생
⑤ 단면요철이 있는 데크플레이트는 얇은 단면부에 균열 발생

Ⅳ. 대책

① 거더(Girder) 위에 와어어 메쉬(Wire Mesh)를 보강(W=1,000)
② 요철 상부의 콘크리트 두께 100mm 이상 타설하여 피복두께 유지

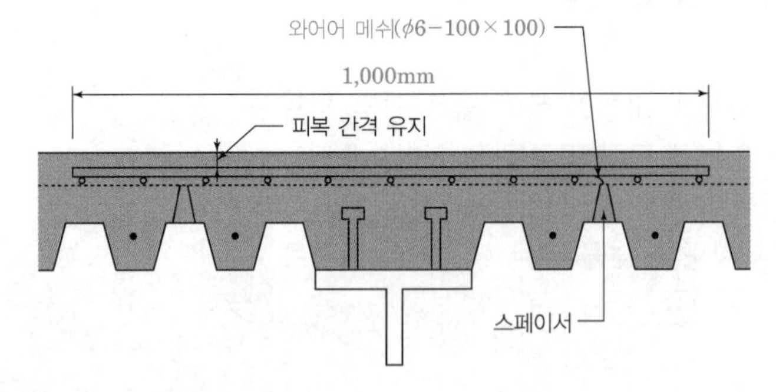

③ 물-결합재비가 낮은 콘크리트 타설
④ Bleeding 수 발생을 줄이고 발생 시 제거
⑤ 표면마감은 가능한 제물마감으로 시공
⑥ 살수양생으로 급격한 건조를 방지

CHAPTER-8

마감 · 기타공사

Professional Engineer
Architectural Execution

8.1장

마감공사

01 콘크리트벽돌의 종류별 품질기준

KS F 4004

Ⅰ. 정의

콘크리트벽돌이란 시멘트, 물, 골재, 혼화재료를 계량하여 물-시멘트비 35% 이하로 성형, 양생하여 만든 벽돌로서 한국산업표준에 적합한 제품으로 한다.

Ⅱ. 콘크리트벽돌의 종류

1. 모양에 따른 구분

① 기본벽돌: 모양 및 치수(길이, 높이, 두께)가 품질기준에 적합한 벽돌

② 이형벽돌: 기본벽돌 이외의 벽돌

2. 사용 용도 및 품질에 따른 구분

① 1종 벽돌: 옥외 또는 내력 구조에 주로 사용되는 벽돌

② 2종 벽돌: 옥내의 비내력 구조에 사용되는 벽돌

[콘크리트 벽돌]

[레미탈]

Ⅲ. 품질기준

1. 겉모양

벽돌은 겉모양이 균일하고 비틀림, 해로운 균열, 흠 등이 없어야 한다.

2. 흡수율 및 압축강도

구분	기건 비중	압축강도(N/mm²)	흡수율(%)
1종 벽돌	-	13 이상	7 이하
2종 벽돌	-	8 이상	13 이하

• 기건 비중은 필요 시 이해당사자 간의 합의에 의하여 측정한다.

3. 치수 및 허용차(mm)

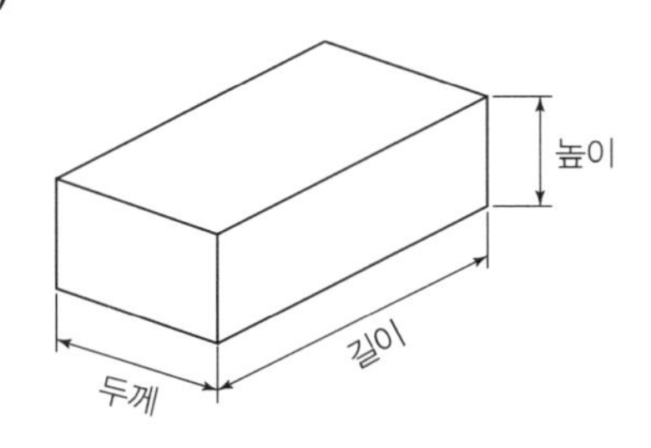

모양	길이	높이	두께	허용차
기본 벽돌	190	57 90	90	±2
이형 벽돌	• 홈 벽돌, 둥근 모접기 벽돌과 같이 기본 벽돌과 동일한 크기인 것의 치수 및 허용차는 기본 벽돌에 준한다. 다만 그 외의 경우는 당사자 사이의 협의에 따른다.			

4. 검사 방법

① 겉모양, 치수 및 치수 허용차, 압축강도, 흡수율 및 기건 비중에 대하여 한다.

② 겉모양, 치수 및 치수 허용차 검사는 100,000개를 1로트로 하고, 1로트에서 무작위로 10개의 시료를 채취하여 품질기준에 적합하면 로트 전부를 합격으로 한다.

③ 압축강도, 흡수율 및 기건 비중 검사는 100,000개를 1로트로 하고, 1로트에서 무작위로 각각 3개의 시료를 채취하여 품질기준에 합격하면 그 로트를 합격으로 한다.

5. 표시

① 제품의 표시
- 1종 벽돌에는 2줄, 2종 벽돌에는 1줄의 선을 표시
- 제조자명 또는 그 약호
- 이형 벽돌의 경우, 길이×높이×두께

② 납품서의 표시
- 제조 연월일 또는 로트 번호
- 종류
- 제조자명 또는 그 약호

02 점토벽돌의 종류별 품질기준

KS L 4201

Ⅰ. 정의

점토벽돌이란 암석이 오랜 동안에 풍화 또는 분해되어 생성된 무기질 점토원료를 혼합하여 혼련, 성형, 건조, 소성시켜 만든 벽돌을 말한다.

Ⅱ. 점토벽돌의 종류

1. 용도에 따른 구분

① 1종

② 2종

2. 모양에 따른 구분

① 일반형

② 유공형: 구멍의 모양, 치수 및 구멍 수에 대하여는 규정이 없음

[일반형] [유공형]

[점토 벽돌]

[환기구]

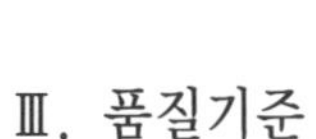

Ⅲ. 품질기준

1. 겉모양

벽돌은 겉모양에 균열이나 사용상 결함이 없을 것

2. 흡수율 및 압축강도

품질	종류	
	1종	2종
흡수율(%)	10.0 이하	15.0 이하
압축강도(MPa)	24.50 이상	14.70 이상

• 흡수율 측정 시 벽돌 조적면에는 발수제를 도포하지 않는다.

3. 치수 및 허용차(mm)

항목	구분		
	길이	너비	두께
치수	190	90	57
	205	90	75
	230	90	57
허용차	±5.0	±3.0	±2.5
• 벽돌 치수 이외의 규격은 당사자 간의 협의에 따른다.			

4. 검사 방법

① 겉모양, 치수 및 치수 허용차, 압축강도 및 흡수율 검사는 50,000개를 1로트로 한다.

② 1로트에서 무작위로 5개의 시료를 채취하여 시험 후 규정에 합격하면 그 로트를 합격으로 간주한다.

5. 표시(벽돌 매 포장마다)

① 종류

② 제조자명 또는 그 약호

03 ALC(Autoclaved Lightweight Concrete) 블록의 품질기준

KS F 2701

Ⅰ. 정의

석회질 원료 및 규산질 원료를 분말상태로 하여 혼합한 것에 적당량의 물 및 기포제(금속 분말 등), 그리고 혼화재료를 가하여 다공질화한 것을 오토클레이브 양생(압력: 0.98MPa, 온도: 약 180℃)으로 충분히 경화시켜 제조한 것을 말한다.

Ⅱ. 절건 비중에 따른 종류

① 0.5품
② 0.6품
③ 0.7품

Ⅲ. 품질기준

1. 겉모양

블록은 사용상 해로운 휨, 균열, 움푹 팬 곳, 기포, 얼룩, 깨진 곳 등이 없어야 한다.

2. 블록의 절건 비중 및 압축강도

구분	절건 비중	압축강도(N/mm^2)
0.5품	0.45 이상 0.55 미만	2.9 이상
0.6품	0.55 이상 0.65 미만	4.9 이상
0.7품	0.65 이상 0.75 미만	6.9 이상

3. 단열성

항목	규정값	
열저항값(m^2K/W)	0.5품	0.0053d 이상
	0.6품	0.0042d 이상
	0.7품	0.0036d 이상

• d: 패널의 제작 치수 두께(mm)

[ALC 블록]

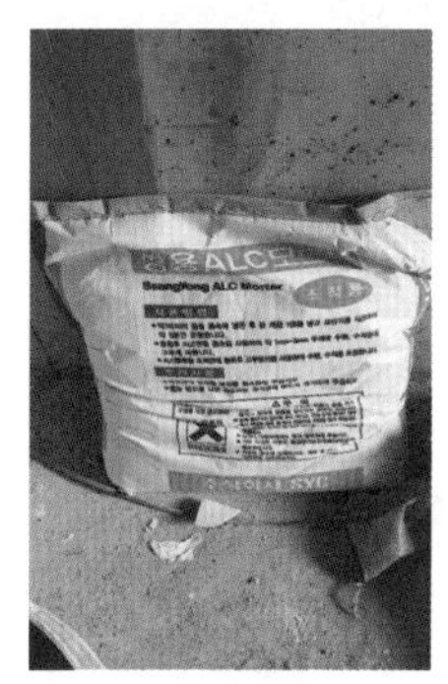

[ALC 전용모르타르]

4. ALC 블록의 호칭 치수(mm)

높이	두께	길이
200 300 400	100	600
	125	
	150	
	200	
	250	

5. ALC 블록의 제작 치수(mm)

제작 치수		허용차
높이	기준 호칭 치수로부터 1~3㎜ 뺀 값	+1, -3
길이	기준 호칭 치수로부터 1~3㎜ 뺀 값	+1, -3
두께	기준 호칭 치수와 같음.	±2

6. 검사

① 겉모양 및 치수의 검사는 1로트로부터 3개의 시험체를 샘플링하여 실시하고, 3개 모두 제작 치수에 적합하면 그 로트를 합격으로 한다.
② 절건 비중 및 압축강도 검사는 1로트로부터 3개의 공시체를 샘플링하여 품질기준에 만족하는 경우 그 로트를 합격으로 한다.
③ 단열성 검사는 새롭게 설계, 개조 또는 생산 조건이 변경된 때의 제품에 대하여 형식 검사를 한다.

7. 표시

① 제조자명 또는 그 약호
② 종류
③ 제조 연월일 또는 그 약호

04 ALC(Autoclaved Lightweight Concrete) 블록 KCS 41 34 09

Ⅰ. 정의

석회질 원료 및 규산질 원료를 분말상태로 하여 혼합한 것에 적당량의 물 및 기포제(금속 분말 등), 그리고 혼화재료를 가하여 다공질화한 것을 오토클레이브 양생(압력: 0.98MPa, 온도: 약 180℃)으로 충분히 경화시켜 제조한 것을 말한다.

Ⅱ. 경량기포 콘크리트(ALC) 블록의 품질기준

구분	절건밀도(g/cm^3)	압축강도(N/mm^2)
0.5품	0.45 이상 0.55 미만	2.9 이상
0.6품	0.55 이상 0.65 미만	4.9 이상
0.7품	0.65 이상 0.75 미만	6.9 이상

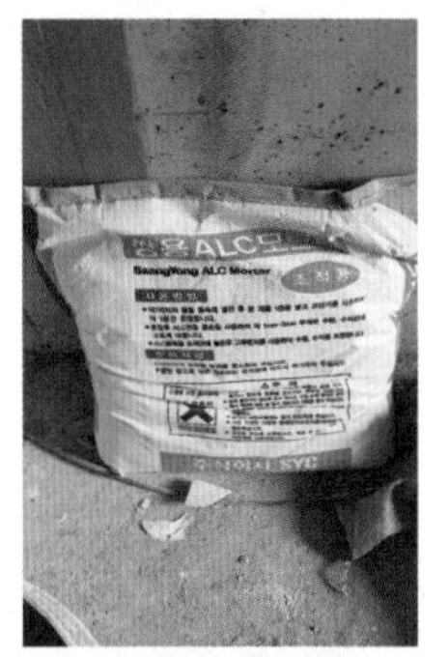
[ALC 전용모르타르]

Ⅲ. 시공 시 유의사항

1) 블록쌓기에 사용되는 모르타르는 ALC블록 전용 모르타르 사용
2) 블록의 저장은 원칙적으로 옥내에 하고, 옥외에 저장할 때는 덮개를 덮어 보호
3) 쌓기
 ① 모든 개구부에는 인방을 설치하는 것을 원칙
 ② 지표면의 습기가 있는 최하단부에는 방수전용 ALC 블록을 사용
 ③ 상부 구조체와 접하는 부위는 틈이 없도록 하며, 틈새는 충전재로 충전
 ④ 콘크리트벽과 블록벽이 만나는 부위는 연결철물로 보강
 ⑤ 블록이 서로 맞닿는 부분은 엇갈려쌓기를 원칙이나, 불가피한 경우에는 ALC용 보강철물로 블록 2단마다 고정
 ⑥ 쌓기 모르타르는 교반기를 사용하여 배합하며, 1시간 이내에 사용
 ⑦ 가로 및 세로줄눈의 두께는 1mm~3mm 정도
 ⑧ 블록 상하단의 겹침길이는 블록길이의 1/3~1/2을 원칙(최소 100mm 이상)
 ⑨ 하루 쌓기 높이는 1.8m를 표준으로 하고 최대 2.4m 이내
 ⑩ 공간쌓기의 경우 수평거리 900mm, 수직거리 600mm마다 철물연결재로 긴결
 ⑪ 블록의 절단은 전용톱을 사용하여 정확하게 절단
 ⑫ 홈파기 깊이는 파이프 매설 후 사춤 두께가 최소 10mm 이상 확보
 ⑬ 미장 모르타르는 바름두께 1mm~3mm를 표준

[방수전용 ALC블록]

[ALC 전용톱]

[인방보의 최소 걸침길이]

인방보 길이 (mm)	2,000 이하	2,000 ~3,000	3,000 이하
최소 걸침길이 (mm)	200	300	400

05 조적벽체의 영식 쌓기

KCS 41 34 02

Ⅰ. 정의

영식 쌓기는 한켜 마구리, 다음켜 길이쌓기를 하며, 벽의 모서리 끝에는 반절 또는 이오토막을 사용하여 마무리하는 쌓기 방법을 말한다.

[반절 벽돌]
표준형 벽돌을 길이 방향으로 종절단한 형상의 벽돌

Ⅱ. 현장시공도

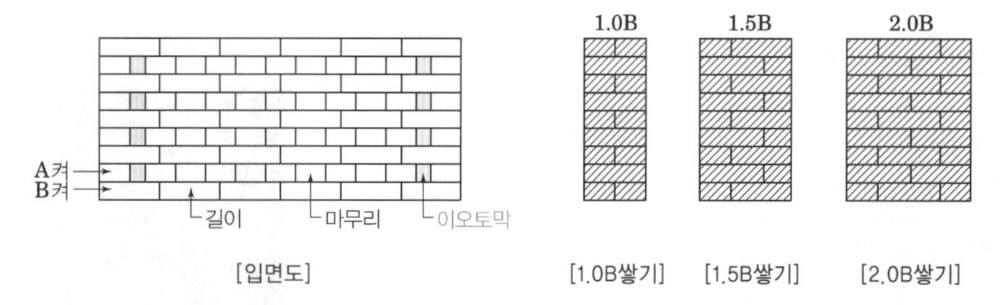

[입면도] [1.0B쌓기] [1.5B쌓기] [2.0B쌓기]

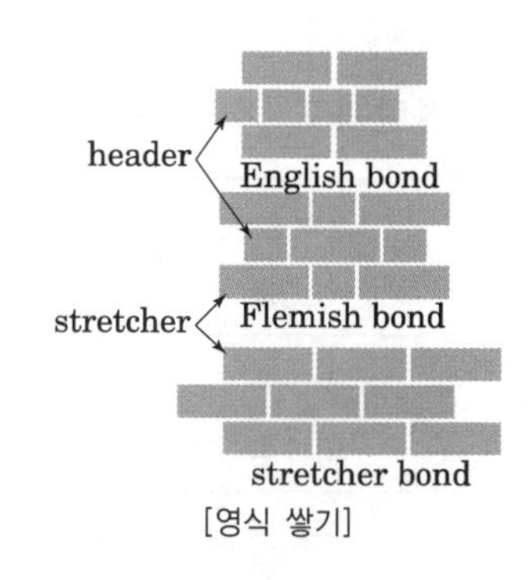

[영식 쌓기]

Ⅲ. 시공 시 유의사항

1) 현장에서 비빔기계 안에서의 비빔시간은 3분 미만이나 10분 이상 금지
2) 한중시공 시 기온이 4℃ 이상, 40℃ 이하가 되도록 모래나 물을 데운다.
3) 한중시공 시 벽돌 및 쌓기용 재료의 표면온도는 영하 7℃ 이하 금지
4) 한중시공일 때의 보양
   ① 평균기온이 4℃~0℃: 내후성이 강한 덮개로 보호
   ② 평균기온이 0℃~-4℃: 내후성이 강한 덮개로 조적조를 24시간 동안 보호
   ③ 평균기온이 -4℃~-7℃: 보온덮개로 완전히 덮거나 다른 방한시설로 조적조를 24시간 동안 보호
   ④ 평균기온 -7℃ 이하인 경우에는 울타리와 보조열원, 전기담요, 적외선 발열램프 등을 이용하여 조적조를 동결온도 이상으로 유지
5) 세로줄눈은 통줄눈 금지
6) 하루의 쌓기 높이는 1.2m(18켜 정도), 최대 1.5m(22켜 정도) 이하
7) 직각형태 벽체의 한편을 나중에 쌓을 때에도 층단 들여쌓기로 하는 것을 원칙
8) 벽돌벽이 블록벽과 서로 직각으로 만날 때에는 연결철물을 만들어 블록 3단마다 보강
9) 벽돌벽이 콘크리트 기둥(벽)과 슬래브 하부면과 만날 때는 그 사이에 모르타르를 충전하고, 필요시 우레탄폼 등을 이용

[특징]
- 벽의 모서리에 반절 또는 이오토막을 사용
- 가장 튼튼한 쌓기공법
- 통줄눈이 생기지 않음
- 내력벽으로 사용

[모르타르 충전]

06 조적벽체의 미식 쌓기

KCS 41 34 02

Ⅰ. 정의

미식 쌓기는 5켜 길이쌓기를 하고 다음켜 마구리쌓기로 하여 본 벽돌벽에 물려 쌓는 방법을 말한다.

Ⅱ. 현장시공도

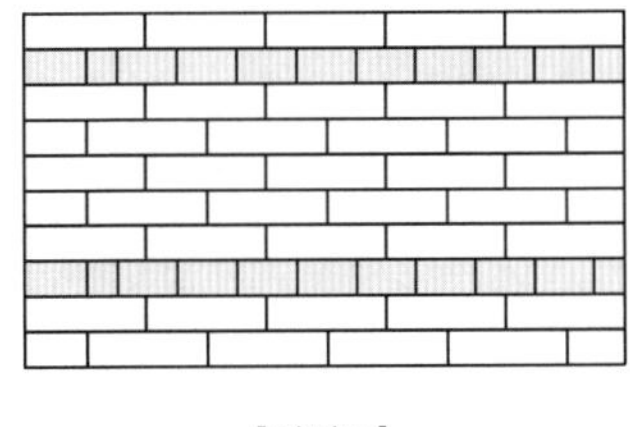

[입면도]

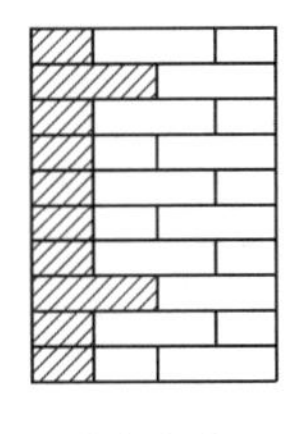

[단면도]

Ⅲ. 특징

① 가장 빠르게 쌓을 수 있는 방법
② 뒷면은 영식쌓기, 표면은 치장벽돌쌓기에 사용
③ 경제적이다

Ⅳ. 시공 시 유의사항

1) 현장에서 비빔기계 안에서의 비빔시간은 3분 미만이나 10분 이상 금지
2) 한중시공 시 덮개는 벽의 상단부에서 양쪽으로 최소한 600mm 이상 늘어뜨려 정착
3) 한중시공 시 기온이 4℃ 이상, 40℃ 이하가 되도록 모래나 물을 데운다.
4) 한중시공 시 벽돌 및 쌓기용 재료의 표면온도는 영하 7℃ 이하 금지
5) 한중시공일 때의 보양
  ① 평균기온이 4℃~0℃: 내후성이 강한 덮개로 보호
  ② 평균기온이 0℃~-4℃: 내후성이 강한 덮개로 조적조를 24시간 동안 보호
  ③ 평균기온이 -4℃~-7℃: 보온덮개로 완전히 덮거나 다른 방한시설로 조적조를 24시간 동안 보호
  ④ 평균기온 -7℃ 이하인 경우에는 울타리와 보조열원, 전기담요, 적외선 발열램프 등을 이용하여 조적조를 동결온도 이상으로 유지
6) 세로줄눈은 통줄눈 금지
7) 가로줄눈의 바탕 모르타르는 일정한 두께로 평평히 펴 바른다.
8) 세로줄눈의 모르타르는 벽돌 마구리면에 충분히 발라 쌓도록 한다.
9) 하루의 쌓기 높이는 1.2m(18켜 정도)를 표준으로 하고, 최대 1.5m(22켜 정도) 이하

07 공간쌓기(Cavity Wall)

KCS 41 34 02

Ⅰ. 정의

바깥쪽을 주 벽체로 하고 안쪽은 반장쌓기를 하면서 내부에 50~70mm(단열재 두께+10mm) 정도의 공간을 두고 쌓는 것을 말하며, 내부에 이물질을 제거하여 비워두거나 단열재를 충전한다.

Ⅱ. 현장시공도

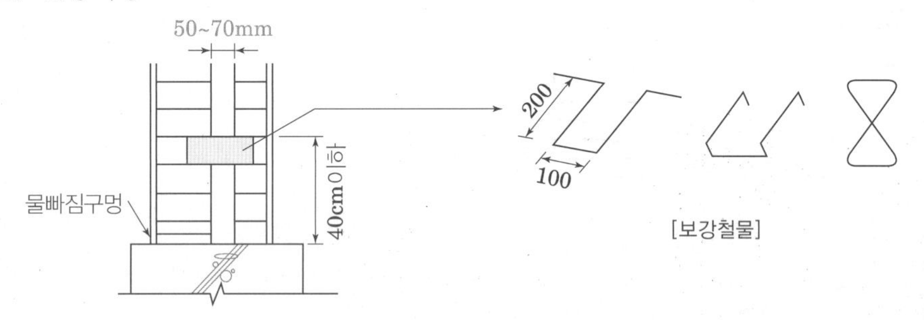

[보강철물]

[보강철물]
정착철물과 벽돌쌓기벽을 콘크리트 구체에 연결하여 면 외의 전도를 방지하고, 철물과 벽돌의 하중을 구체에 분담시키기 위해 벽돌벽에 일정 간격으로 설치하는 철물 등의 총칭

[공간 쌓기]

Ⅲ. 특징

① 냉난방시간의 절약
② 단열로 인하여 에너지 절약 및 쾌적한 환경조성
③ 방수 및 방습효과
④ 결로방지 효과

Ⅳ. 시공 시 유의사항

1) 공간쌓기는 바깥쪽을 주벽체로 하고 안쪽은 반장쌓기로 한다.
2) 공간 너비는 통상 50~70mm(단열재 두께 + 10mm)정도
3) 안쌓기는 연결재를 사용하여 주 벽체에 튼튼히 연결
   ① 벽돌을 걸쳐대고 끝에는 이오토막 또는 칠오토막을 사용
   ② #8 철선(아연도금 또는 적절한 녹막이 칠을 한 것)을 구부려 사용
   ③ #8 철선을 가스압접 또는 용접하여 井자형으로 된 철망형의 것을 사용
   ④ 직경 6mm~9mm의 철근을 꺾쇠형으로 구부려 사용
   ⑤ 두께 2mm, 너비 12mm 이상의 띠쇠를 사용
   ⑥ 직경 6mm, 길이 210mm 이상의 둥근 꺾쇠 또는 각형 꺾쇠를 사용
4) 연결재의 배치 및 간격은 수평거리 900mm 이하 수직거리 400mm 이하
5) 개구부 주위 300mm 이내에는 900mm 이하 간격으로 연결철물을 추가 보강
6) 공간쌓기를 할 때에는 모르타르가 공간에 떨어지지 않도록 주의
7) 필요에 따라 물빠짐 구멍(직경 10mm) 설치

08 Weep Hole

Ⅰ. 정의

조적조의 공간쌓기나 석축 및 옹벽의 뒤쪽에 들어온 침투수를 배수하기 위해 뚫어 놓은 물빼기 구멍과 Curtain Wall 부재의 결로수 배수구멍을 말한다.

Ⅱ. 시공도

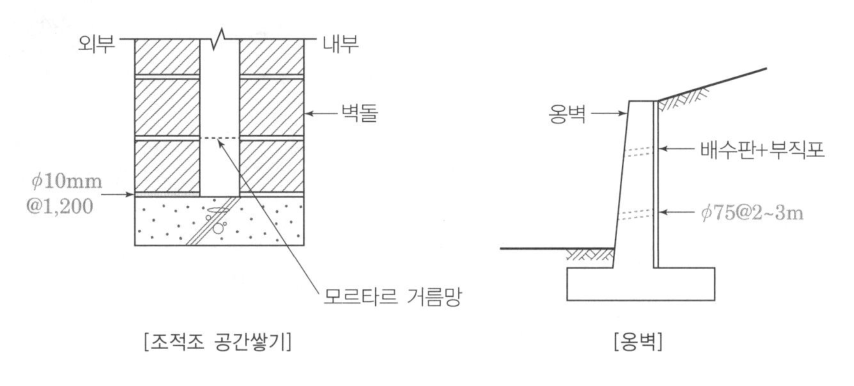

[조적조 공간쌓기]　[옹벽]

Ⅲ. 시공 시 유의사항

1. 조적조

콘크리트 윗면에 두고 조적공사 시 모르타르로 막히지 않도록 주의

2. 옹벽

뒤채움 공사 시 Weep Hole이 막히지 않도록 주의

3. Curtain Wall

Weep Hole의 내경이 8mm 이상 확보
(6mm 이하일 때 동결 시 막힘)

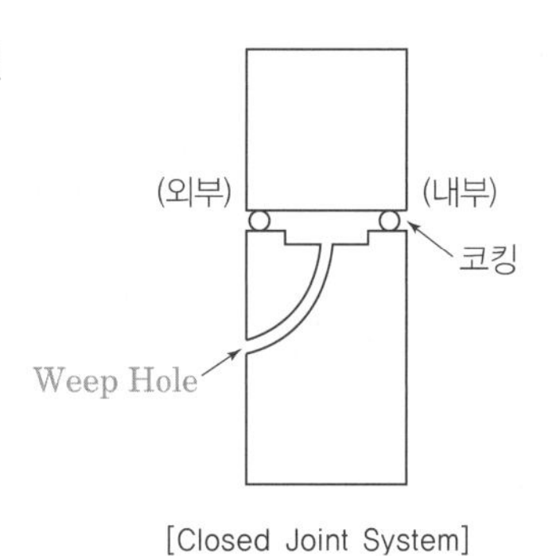

[Closed Joint System]

[Weep Hole]

09 보강블록구조(Reinforced Block Structure) KCS 41 34 07/KCS 41 34 06

Ⅰ. 정의

속빈 콘크리트 블록 개체의 속빈 부분 또는 수직단면 간의 공동부에 철근을 매입하고 그라우팅하여 내력벽으로 한 블록구조를 말한다.

[보강블록구조]

[환기구]

Ⅱ. 보강블록쌓기 배근법

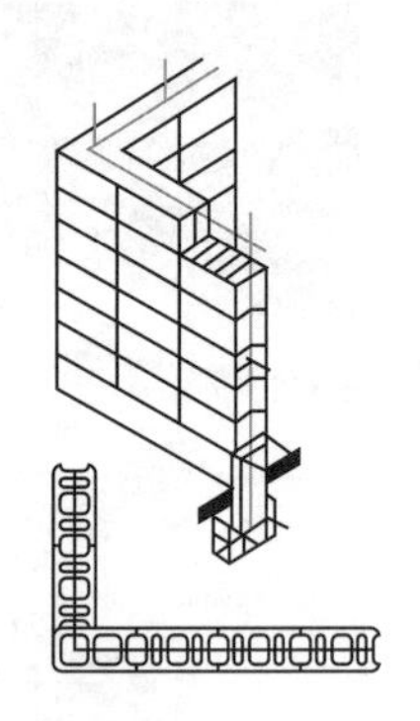

[통줄눈쌓기의 모서리]

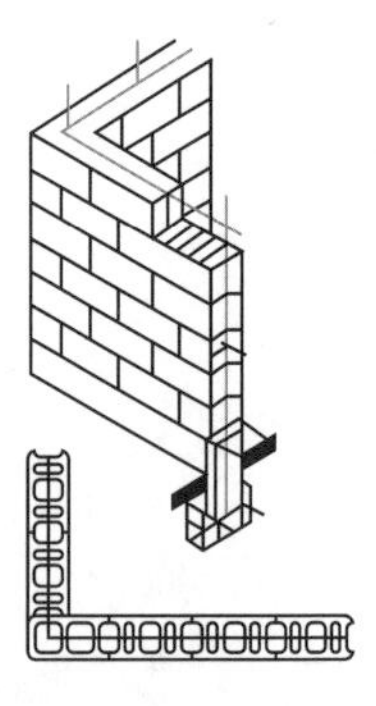

[막힌줄눈쌓기의 모서리]

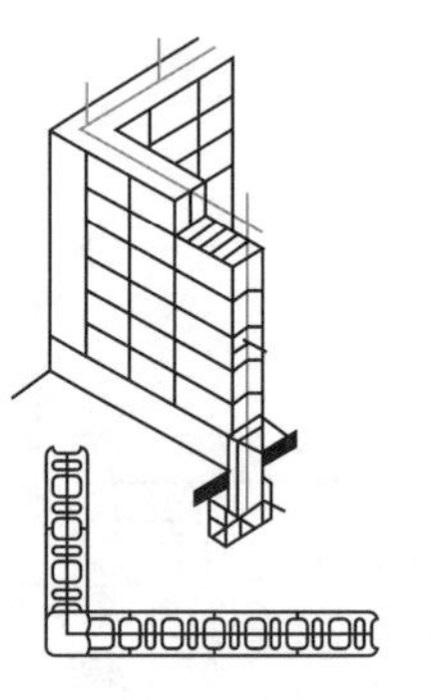

[콘크리트 사춤 모서리]

Ⅲ. 벽 세로근

① 구부리지 않고 항상 진동 없이 설치

② 기초판 철근 위의 정확한 위치에 고정시켜 배근

③ 기초 및 테두리보에서 위층의 테두리보까지 잇지 않고 배근하여 그 정착길이는 철근 직경(d)의 40배 이상으로, 상단의 테두리보 등에 적정 연결철물로 연결

④ 그라우트 및 모르타르의 세로 피복두께는 20mm 이상

⑤ 테두리보 위에 쌓는 박공벽의 세로근은 테두리보에 40d 이상 정착하고, 세로근 상단부는 180°의 갈구리를 내어 벽 상부의 보강근에 걸치고 결속선으로 결속

Ⅳ. 벽 가로근

① 가로근을 블록 조적 중의 소정의 위치에 배근하여 이동하지 않도록 고정

② 우각부, 역T형 접합부 등에서의 가로근은 세로근을 구속하지 않도록 배근

③ 가로근의 단부는 180°의 갈구리로 구부려 배근

④ 철근의 피복두께는 20mm 이상

⑤ 모서리에 가로근의 단부는 수평방향으로 구부려서 세로근의 바깥쪽으로 두르고 정착길이는 40d 이상

⑥ 창 및 출입구 등의 모서리 부분은 갈고리로 하여 단부 세로근에 결속
⑦ 개구부 상하부의 가로근을 양측 벽부에 묻을 때의 정착길이는 40d 이상
⑧ 가로근은 블록보강용 철망으로 대신 사용 가능

V. 시공 시 유의사항

① 콘크리트용 블록은 물축임 금지
② 보강 블록조와 라멘구조가 접하는 부분은 보강 블록조를 먼저 쌓고 라멘구조를 나중에 시공
③ 취약부위는 구조체 처짐, 진동 및 벽체 전도, 균열 등에 대한 적정상세를 검토, 확인
④ 모르타르나 그라우트의 비빔시간은 기계믹서를 사용할 때는 최소 5분 동안 비빔
⑤ 최초 물을 가해 비빈 후 모르타르는 2시간, 그라우트는 1시간을 초과하지 않은 것은 다시 비벼 쓸 수 있다.
⑥ 살두께가 큰 편을 위로 하여 쌓는다.
⑦ 하루의 쌓기 높이는 1.5m(블록 7켜 정도) 이내를 표준
⑧ 줄눈 모르타르는 쌓은 후 줄눈누르기 및 줄눈파기를 한다.
⑨ 모르타르 또는 그라우트를 사춤하는 높이는 3켜 이내
⑩ 하루의 작업종료 시의 세로줄눈 공동부에 모르타르 또는 그라우트의 타설 높이는 블록의 상단에서 약 50mm 아래에 둔다.
⑪ 인방블록은 창문틀의 좌우 옆 턱에 200mm 이상 물리고, 도면 또는 공사시방서에서 정한 바가 없을 때에는 400mm 정도.

[인방블록]
창문틀 위에 쌓아 철근과 콘크리트를 다져 넣어 보강하게 된 U자형 블록

10 방습층(Vapor Barrier)

KCS 41 41 00

Ⅰ. 정의

지면에 접하는 콘크리트, 블록벽돌 및 이와 유사한 자재로 축조된 벽체 또는 바닥판의 습기 상승을 방지하는 공사나 비 및 이슬에 노출되는 벽면의 흡수 등을 방지하기 위하여 수밀 차단재를 사용하는 것을 말한다.

Ⅱ. 현장시공도

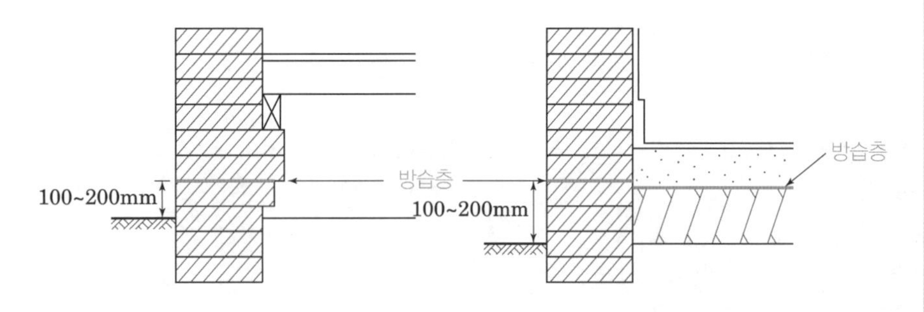

[방습층]

Ⅲ. 방습층 공법

① 아스팔트 펠트, 아스팔트 루핑 등의 방습층
② 비닐지의 방습층
③ 금속판의 방습층
④ 방수 모르타르의 방습층: 10~20mm

Ⅳ. 방습층 시공법

1. 박판 시트계 방습공사

① 지정된 방습재를 접착제로 바탕에 접착되도록 시공
② 구멍 뚫림이 없게 세심한 주의
③ 접착제를 사용할 수 없는 곳에는 못이나 스테이플로 정착

2. 아스팔트계 방습공사

① 돌출부 및 공사진행에 방해되는 이물질을 깨끗이 청소
② 수직 방습공사의 밑부분이 수평과 만나는 곳에는 밑변 50mm, 높이 50mm 크기의 경사끼움 스트립을 설치
③ 수직 방습공사는 지표면부터 최소한 150mm 정도 기초의 외면까지 덮는다.
④ 방습도포는 첫 번째 도포층을 24시간 동안 양생한 후에 반복

3. 시멘트 모르타르계 방습공사

시멘트 액체방수, 폴리머 시멘트 모르타르방수, 시멘트 혼입 폴리머계 방수로 벽면, 바다면의 방습시공

4. 신축성 시트계 방습공사

① 비닐필름 방습층은 접착제로 사용하여 완전하게 금속 바닥판에 밀착되도록 시공
② 방습층이 바닥판에 리브로 복합물이 스며들지 않게 한다.
③ 접착제를 사용하거나 못이나 스테이플로 정착

11 인방보(Lintel)

KCS 41 34 02/KCS 41 34 06

Ⅰ. 정의

창문틀 위에 수평으로 설치하여 상부의 수직하중 및 집중하중을 좌우 벽체로 잘 전달할 수 있는 충분한 길이로 하여야 한다.

Ⅱ. 시공도

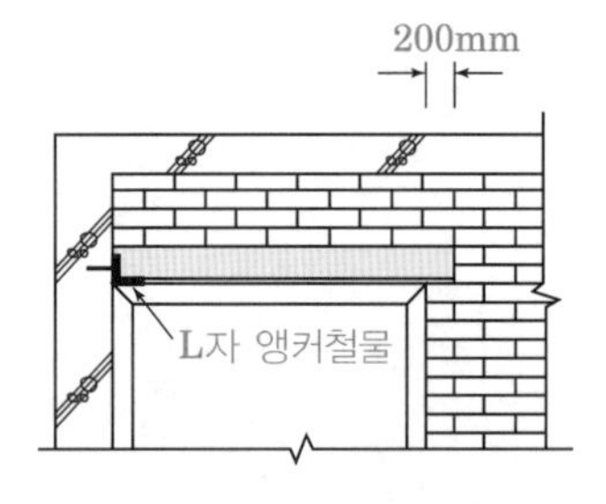

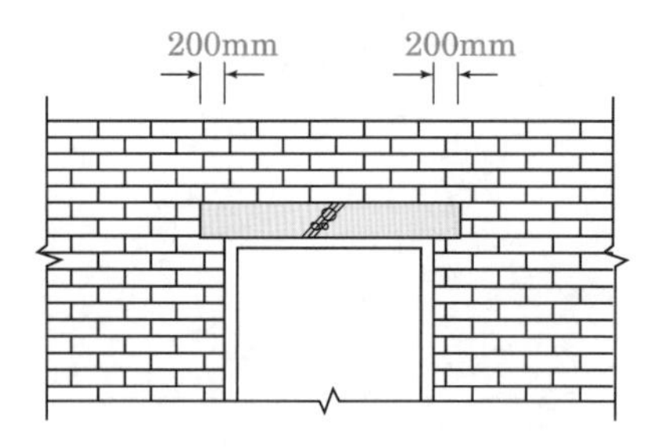

[인방보]

Ⅲ. 벽돌공사의 인방보

1. 종류

① 현장타설콘크리트 인방보
② 기성콘크리트 인방보

2. 제조 및 시공 시 유의사항

① 현장타설콘크리트로 부어넣을 때 거푸집, 철근배근 및 콘크리트 부어넣기 철저
② 기성콘크리트 인방보의 형상, 치수, 품질 및 제조방법 철저
③ 인방보의 양끝을 벽체의 블록에 200mm 이상 걸친다.
④ 인방보 상부의 벽은 균열방지를 위해 주변의 벽과 강하게 연결되도록 철근이나 블록메시로 보강연결 또는 Control 조인트를 둔다.
⑤ 좌우의 벽체가 공간쌓기일 때 콘크리트가 그 공간에 떨어지지 않도록 벽돌 또는 철판 등으로 막는다.

Ⅳ. 블록공사의 인방보

1. 인방블록쌓기

① 인방블록은 가설틀을 설치하고, 그 위에 수평이 되게 쌓는다.
② 인방블록은 창문틀의 좌우 옆 턱에 200~400mm 정도 물린다.
③ 철근은 위치 및 형상을 정확히 배근하고 결속
④ 철근의 피복두께는 최소 30mm 이상
⑤ 가설틀 및 거푸집은 인방블록의 그라우트가 충분한 다음 제거

2. 현장타설콘크리트 인방보

① 인방주근의 정착부에 블록을 사용하는 경우 가로주근용 블록을 사용
② 인방보의 주근은 문꼴의 양측 벽에 40d 이상 정착
③ 속빈 콘크리트 블록일 때는 콘크리트가 떨어지지 않도록 철판 뚜껑 또는 미리 모르타르 채우기를 한 블록을 사용

3. 기성콘크리트 인방보

① 인방보의 구멍 또는 홈을 두어 개구부의 옆벽에 세운 보강철근을 꽂고, 콘크리트 또는 모르타르를 채운다.
② 인방보의 양끝을 벽체의 블록에 200mm 이상 걸친다.
④ 인방보 상부의 벽은 균열방지를 위해 주변의 벽과 강하게 연결되도록 철근이나 블록메시로 보강연결 또는 Control 조인트를 둔다.
⑤ 좌우의 벽체가 공간쌓기일 때 콘크리트가 그 공간에 떨어지지 않도록 벽돌 또는 철판 등으로 막는다.

12 Wall Girder(테두리보)

KCS 41 34 02/KCS 41 34 06
건축물의 구조기준 등에 관한 규칙

Ⅰ. 정의

조적조 벽체를 일체화하고 상부하중을 균등하게 분포시키기 위하여 조적벽체의 상부에 설치하는 것으로, 철근콘크리트조의 테두리보와 철골조의 테두리보가 있다.

Ⅱ. 시공도 및 개념

① 각 층의 조적식 구조 또는 보강블록구조인 내력벽 위에 설치
② 테두리보의 춤은 벽두께의 1.5배 이상인 철골구조 또는 철근콘크리트 구조
③ 1층인 건축물로서 벽두께가 벽의 높이의 1/6 이상이거나 벽길이가 5m 이하인 경우에는 목조의 테두리보 설치 가능

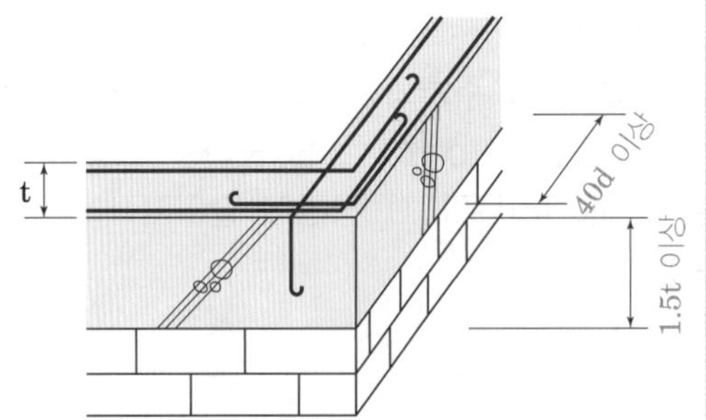

[테두리보]

Ⅲ. 벽돌공사의 테두리보

① 테두리보의 모서리 철근은 서로 직각으로 구부려 겹치거나 길이 40d 이상 정착
② 바닥판 및 차양 등을 철근콘크리트조로 할 때 이어붓기 자리에 적절한 보강조치 실시
③ 테두리보 시공 시 필요한 고정철물 등을 묻어둔다.
④ 철골조 테두리보의 강재와 조적부분과의 접촉부분은 강재의 모양에 알맞도록 쌓는다.
⑤ 철골조 테두리보의 강재와의 접촉면에는 빈틈없이 모르타르를 채운다.

Ⅳ. 블록공사의 테두리보

① 테두리보의 모서리 철근을 서로 직각으로 구부려 겹치거나 밑에 있는 블록의 빈속에 접착하여 그라우트 사춤을 한다.
② 테두리보의 안쪽에 있는 철근은 직교하는 테두리보의 바깥쪽까지 연장하여 걸도록 한다.
③ 테두리보 밑의 블록의 빈 속에 그라우트가 떨어지지 않도록 철판 뚜껑 또는 모르타르 채우기를 한 블록을 사용
④ 테두리보로는 가로근을 배치

13 조적벽체의 테두리보 설치위치

KCS 41 34 02/KCS 41 34 06
건축물의 구조기준 등에 관한 규칙

Ⅰ. 정의

조적조 벽체를 일체화하고 상부하중을 균등하게 분포시키기 위하여 조적벽체의 상부에 설치하는 것으로, 철근콘크리트조의 테두리보와 철골조의 테두리보가 있다.

Ⅱ. 현장시공도

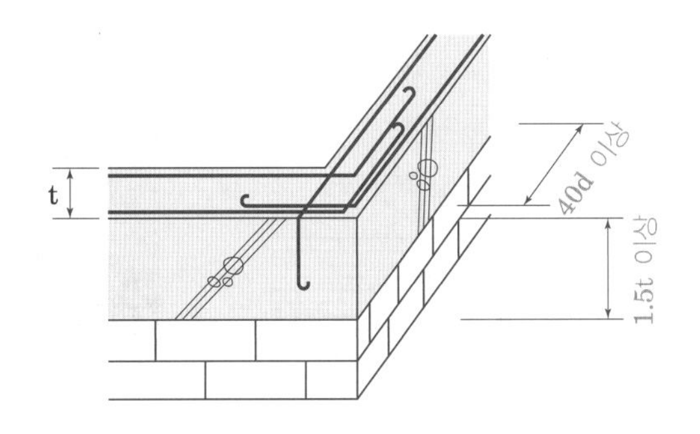

[테두리보]

Ⅲ. 테두리보 설치위치

1) 각층의 조적식구조 또는 보강블록구조인 내력벽 위에 설치
2) 테두리보의 춤은 벽두께의 1.5배 이상인 철골구조 또는 철근콘크리트구조
3) 1층인 건축물로서 벽두께가 벽의 높이의 1/16 이상이거나 벽길이가 5m 이하인 경우에는 목조의 테두리보 설치 가능
4) 벽돌공사의 테두리보
   ① 테두리보의 모서리 철근은 서로 직각으로 구부려 겹치거나 길이 40d 이상 정착
   ② 바닥판 및 차양 등을 철근콘크리트조로 할 때 이어붓기 자리에 적절한 보강조치 실시
   ③ 테두리보 시공 시 필요한 고정철물 등을 묻어둔다.
   ④ 철골조 테두리보의 강재와 조적부분과의 접촉부분은 강재의 모양에 알맞도록 쌓는다.
   ⑤ 철골조 테두리보의 강재와의 접촉면에는 빈틈없이 모르타르를 채운다.
5) 블록공사의 테두리보
   ① 테두리보의 모서리 철근을 서로 직각으로 구부려 겹치거나 밑에 있는 블록의 빈 속에 접착하여 그라우트 사춤을 한다.
   ② 테두리보의 안쪽에 있는 철근은 직교하는 테두리보의 바깥쪽까지 연장하여 걸도록 한다.
   ③ 테두리보 밑의 블록의 빈 속에 그라우트가 떨어지지 않도록 철판 뚜껑 또는 모르타르 채우기를 한 블록을 사용
   ④ 테두리보로는 가로근을 배치

14 테두리보와 인방보

KCS 41 34 02/KCS 41 34 06

Ⅰ. 정의

① 테두리보란 조적조 벽체를 일체화하고 상부하중을 균등하게 분포시키기 위하여 조적벽체의 상부에 설치하는 것으로, 철근콘크리트구조와 철골구조의 테두리보가 있다.

② 인방보란 창문틀 위에 수평으로 설치하여 상부의 수직하중 및 집중하중을 좌우 벽체로 잘 전달 할 수 있는 충분한 길이로 하여야 한다.

Ⅱ. 현장시공도

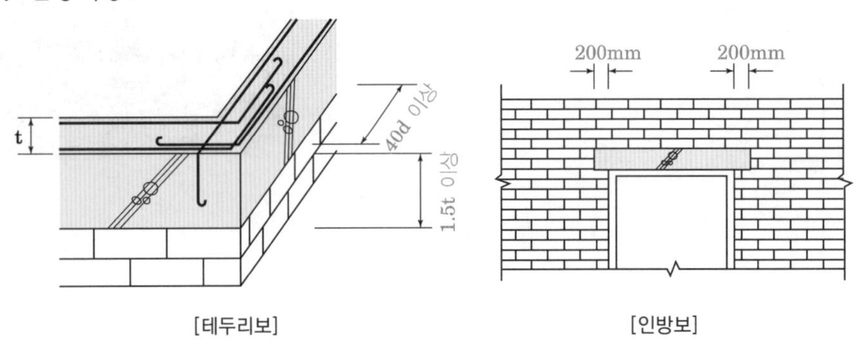

[테두리보] [인방보]

[테두리보]

[인방보]

Ⅲ. 벽돌공사의 테두리보

① 테두리보의 모서리 철근은 서로 직각으로 구부려 겹치거나 길이 40d 이상 정착

② 테두리보 시공 시 필요한 고정철물 등을 묻어둔다.

③ 철골조 테두리보의 강재와 조적부분과의 접촉부분은 강재의 모양에 알맞도록 쌓는다.

④ 철골조 테두리보의 강재와의 접촉면에는 빈틈없이 모르타르를 채운다.

Ⅳ. 벽돌공사의 인방보

1. 종류

① 현장타설콘크리트 인방보

② 기성콘크리트 인방보

2. 시공 시 유의사항

① 인방보의 양끝을 벽체의 블록에 200mm 이상 걸친다.

② 인방보 상부의 벽은 균열방지를 위해 주변의 벽과 강하게 연결되도록 철근이나 블록메시로 보강연결 또는 Control 조인트를 둔다.

③ 좌우의 벽체가 공간쌓기일 때 콘크리트가 그 공간에 떨어지지 않도록 벽돌 또는 철판 등으로 막는다.

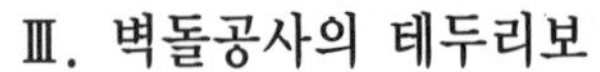

15 Bond Beam

Ⅰ. 정의

Bond Beam이란 조적조 벽체를 일체화하고 상부하중을 균등하게 분포시키기 위하여 설치하는 철근콘크리트 보로서 테두리보, 벽돌보강보, 기초보를 총칭하여 말한다.

Ⅱ. Bond Beam의 설치위치

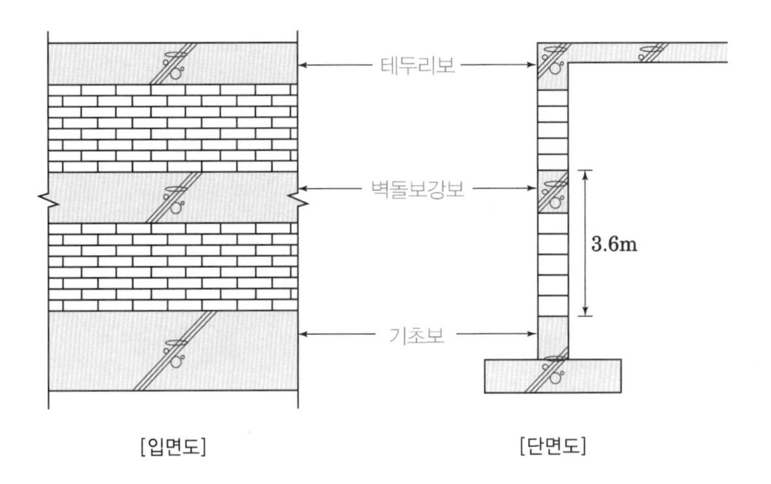

1. 테두리보

조적벽체 상부에 설치하여 벽체를 일체화하고 상부하중을 균등하게 분포

2. 벽돌보강보

조적벽체 높이가 3.6m마다 설치하여 벽체의 강성확보 및 횡력에 저항

3. 기초보

기초판 위에 설치하여 부동침하방지 및 벽체의 강성확보

Ⅲ. Bond Beam의 기능

① 조적벽체와 벽체 간의 일체성을 확보
② 횡력에 약한 조적조의 결점을 보완하여 횡력에 저항
③ 조적벽체의 균열을 방지
④ 상부에서 작용하는 하중을 균등하게 분포
⑤ 풍하중, 지진력 등에 대한 저항성 증대
⑥ 상부의 수직하중을 균등히 기초판에 전달하여 부동침하의 방지

16 벽량(Wall Quantity)

Ⅰ. 정의

① 벽량이란 내력벽으로 둘러싸인 벽체 길이의 총합계를 바닥면적으로 나눈 값으로, 즉 바닥면적(m²)에 대한 내력벽 총길이(cm)의 비를 말한다.

② 벽량의 산정식

$$\text{벽량}(\text{cm/m}^2) = \frac{\text{내력벽으로 둘러싸인 벽체의 길이(cm)}}{\text{바닥면적}(\text{m}^2)}$$

Ⅱ. 벽량산정의 예

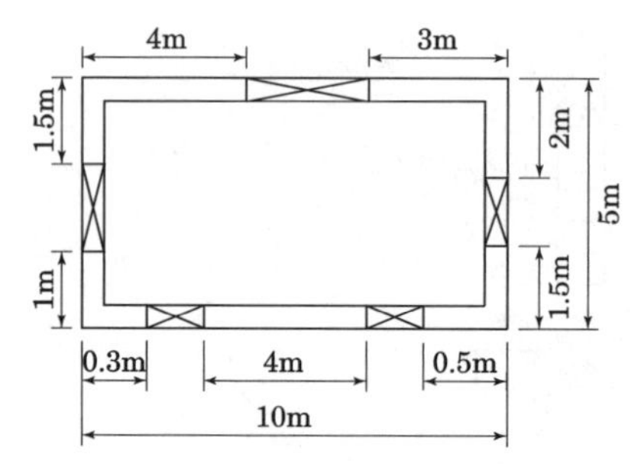

$$x = \frac{400+300+400}{50} = 22\text{cm/m}^2 \rightarrow \text{적합}$$

$$y = \frac{150+100+200+150}{50} = 12\text{cm/m}^2 \rightarrow \text{부적합}$$

→ y축은 벽량이 부족하므로 창문을 줄이든지 또는 벽을 늘이든지 조치해야 함

Ⅲ. 벽량의 산정기준

① 보강 블록공사의 벽량은 15cm/m² 이상

② 내력벽으로 둘러싸인 부분의 바닥면적은 80m² 이하

③ 면적이 큰 건물은 80m²마다 내력벽 등으로 분할 시공

④ 분할면적을 크게 할 경우 바닥을 보강하여 시공

Ⅳ. 내력벽의 배치기준

① 내력벽의 길이는 10m 이하, 높이는 4m 이하로 한다.

② 평면상에 서로 균형 있게 배치

③ 위층과 아래층의 내력벽은 동일선상에 오도록 배치

④ 문틀 등은 위·아래층이 동일선상에 오도록 설치

⑤ 내력벽 상부는 테두리보 등으로 설치

⑥ 내력벽은 큰보와 작은보 밑에 설치

17 Bearing Wall(내력벽)

건축물의 구조기준 등에 관한 규칙

Ⅰ. 정의

건축물에서 벽, 바닥, 지붕 등의 자중, 수직하중 및 수평하중 등 구조물의 하중을 견디어 내고 그 힘을 기초로 전달하는 역할을 하는 벽체를 내력벽이라고 한다.

Ⅱ. 조적식구조 및 무근콘크리트구조의 내력벽 기준

1. 기초

① 조적식구조인 내력벽의 기초는 연속기초로 한다.

② 기초판은 철근콘크리트구조 또는 무근콘크리트구조로 하고, 기초벽의 두께는 250mm 이상(무근콘크리트구조 제외)

2. 내력벽의 높이 및 길이

① 조적식구조의 2층 건축물에 있어서 2층 내력벽의 높이는 4m 초과 금지

② 조적식구조인 내력벽의 길이는 10m 초과 금지

③ 조적식구조인 내력벽으로 둘러쌓인 부분의 바닥면적은 80m^2 초과 금지

3. 내력벽의 두께

① 조적식구조인 내력벽의 두께(마감재료의 두께는 미포함)는 바로 윗층의 내력벽의 두께 이상

② 조적식구조인 내력벽의 두께는 그 건축물의 층수·높이 및 벽의 길이에 따라 각각 다음 표의 두께 이상으로 하되, 조적재가 벽돌인 경우에는 당해 벽높이의 1/20 이상, 블록인 경우에는 당해 벽높이의 1/16 이상

건축물 높이		5m 미만		5m 이상 11m 미만		11m 이상	
벽의 길이		8m 미만	8m 이상	8m 미만	8m 이상	8m 미만	8m 이상
층별 두께	1층	150mm	190mm	190mm	190mm	190mm	290mm
	2층	-	-	190mm	190mm	190mm	190mm

③ 조적재가 돌이거나, 돌과 벽돌 또는 블록 등을 병용하는 경우에는 내력벽의 두께는 ②의 두께에 2/10를 가산한 두께 이상으로 하되, 당해 벽높이의 1/15 이상

④ 조적식구조인 내력벽으로 둘러싸인 부분의 바닥면적이 60m^{2}를 넘는 경우에는 그 내력벽의 두께는 각각 다음 표의 두께 이상으로 하되, 조적식구조의 재료별 내력벽 두께에 관하여는 ② 및 ③의 규정을 준용한다.

건축물의 층수		1층	2층
층별 두께	1층	190mm	290mm
	2층	-	190mm

⑤ 토압을 받는 내력벽은 조적식구조 금지(다만, 토압을 받는 부분의 높이가 2.5m 이하인 경우에는 조적식구조인 벽돌구조로 가능)
⑥ ⑤ 단서의 경우 토압을 받는 부분의 높이가 1.2m 이상인 때에는 그 내력벽의 두께는 그 바로 윗층의 벽의 두께에 100mm를 가산한 두께 이상
⑦ 조적식구조인 내력벽을 이중벽으로 하는 경우에는 ①~⑥의 규정은 당해 이중벽중 하나의 내력벽에 대하여 적용(다만, 건축물의 최상층(1층인 건축물의 경우에는 1층)에 위치하고 그 높이가 3m를 넘지 아니하는 이중벽인 내력벽으로서 그 각벽 상호간에 가로·세로 각각 400mm 이내의 간격으로 보강한 내력벽에 있어서는 그 각벽의 두께의 합계를 당해 내력벽의 두께로 본다.

Ⅲ. 보강블록구조의 내력벽 기준

① 각층 길이방향 또는 너비방향의 내력벽의 길이의 합계가 그 층의 바닥면적 $1m^2$에 대하여 0.15m 이상
② 내력벽으로 둘러쌓인 부분의 바닥면적은 $80m^2$ 초과 금지
③ 보강블록구조인 내력벽의 두께(마감재료의 두께를 미포함)는 150mm 이상으로 하되, 그 내력벽의 구조내력에 주요한 지점간의 수평거리의 1/50 이상
④ 보강블록구조의 내력벽은 그 끝부분과 벽의 모서리부분에 12mm 이상의 철근을 세로로 배치하고, 9mm 이상의 철근을 가로 또는 세로 각각 800mm 이내의 간격으로 배치
⑤ ④의 규정에 의한 세로철근의 양단은 각각 그 철근지름의 40배 이상을 기초판 부분이나 테두리보 또는 바닥판에 정착

Ⅳ. 콘크리트구조의 내력벽 기준

① 내력벽의 최소두께는 벽의 최상단에서 4.5m까지는 150mm 이상이어야 하며, 각 3m 내려감에 따라 10mm씩의 비율로 증가
② 내력벽의 배근은 9mm 이상의 것을 450mm 이하의 간격으로 하고, 벽두께의 3배 이하
③ 벽의 두께가 200mm 이상일 때에는 벽 양면에 복근으로 시공

18 조적조의 부축벽(Buttress Wall)

Ⅰ. 정의

측압에 견딜 수 있도록 조적벽체의 외측에 돌출하여 설치하는 보강용 벽으로, 조적벽체가 쓰러지지 않도록 버텨내거나 대거나 부축하기 위한 벽을 말한다.

Ⅱ. 시공도

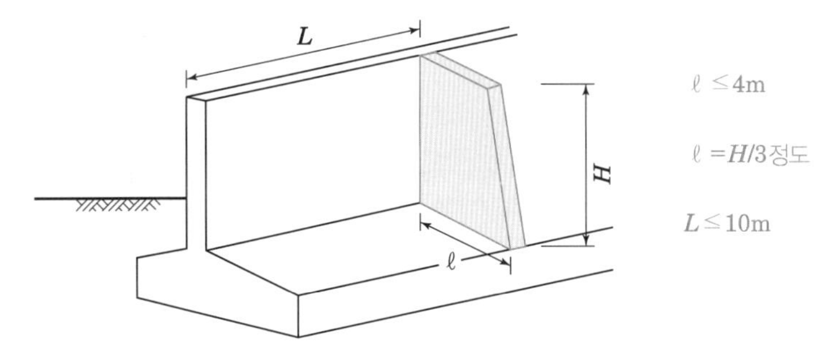

[부축벽]

Ⅲ. 특징

① 조적벽체의 횡하중에 대하여 저항
② 조적벽체 상부의 집중하중이나 횡압력에 저항
③ 조적벽체 배면의 보강용으로 효과
④ 조적벽체의 밑쌓기를 넓히는 경우에 효과
⑤ 형태는 평면적으로 대칭구조로 함

Ⅳ. 시공형태

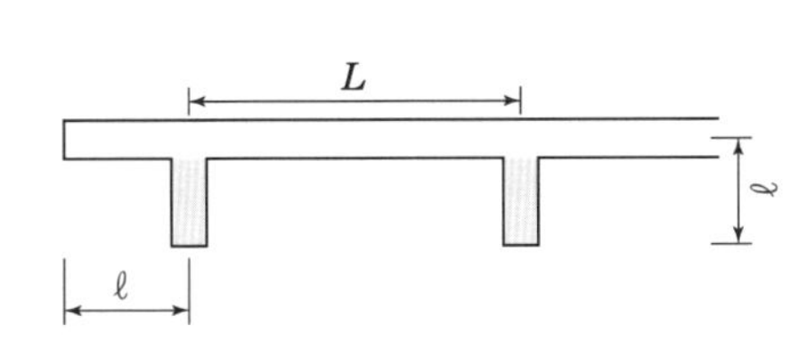

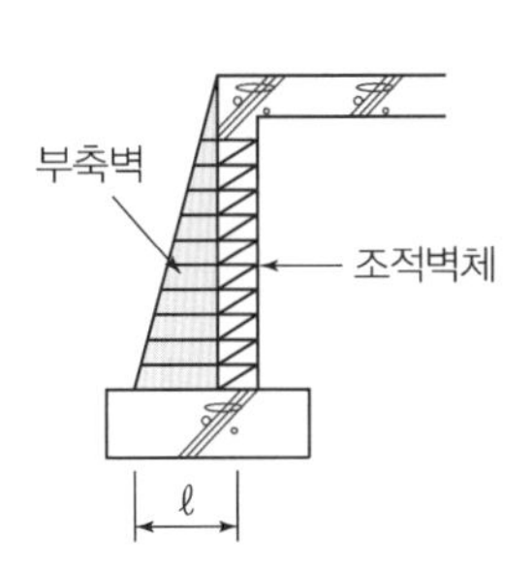

① L=10m 이하, ℓ=4m 이하, H/3 정도
② 한 층에서는 1m 이상
③ 2층일 경우는 2m 이상
④ 지붕트러스와 연결하여 기둥의 형태로 함
⑤ 형태는 대칭구조

19 점토벽돌의 백화발생 Mechanism과 백화의 종류

Ⅰ. 정의

건축물의 백화란 점토벽돌, 타일, 석재, 콘크리트 등의 표면에 생기는 흰 결정체를 말한다.

[성분의 이동]

$CaO + H_2O \rightarrow Ca(OH)_2 + CO_2 \rightarrow CaCO_3 + H_2O$

Ⅱ. 백화발생 Mechanism

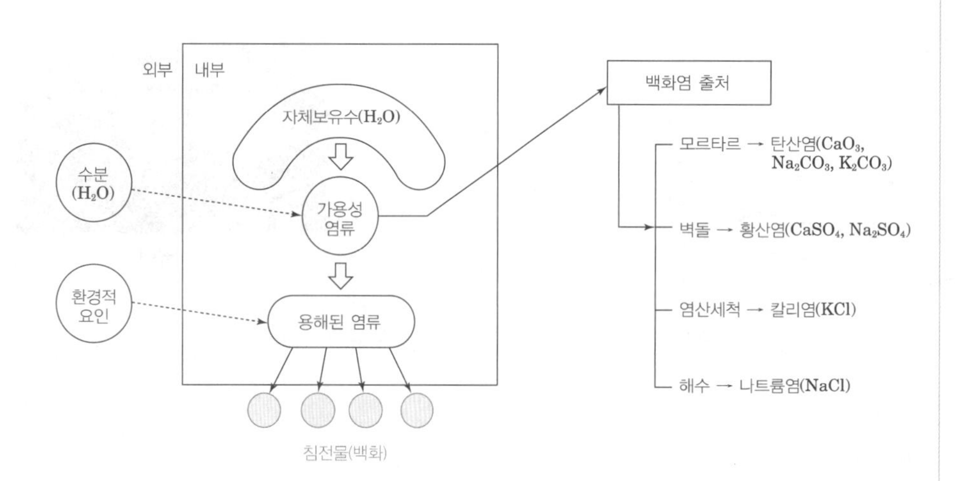

[백화]

Ⅲ. 백화의 종류

① 1차 백화
물에 용해될 수 있는 가용성분이 시멘트의 경화체 표면에 발생하는 백화

② 2차 백화
건조된 시멘트의 경화체에 외부로부터 우수, 양생수 등이 침입하여 가용성분을 다시 용해시켜 나타나는 백화

③ 3차 백화
점토벽돌의 마무리를 위해 쓰는 발수제 도포 시 실란트, 왁스 및 파라핀 등을 희석한 경우 표면의 광택발생 시 발생하는 백화

④ 기후조건에 따른 백화
수분증발이 늦고 온도가 낮아 수화반응이 지연되는 그늘진 북측면에 발생하는 백화

⑤ 물리적 조건에 따른 백화
균열 부위, 타일 뒷면의 공극, 벽돌의 간극 등에 물이 침투하거나 동절기 시공 등으로 양생이 불량한 부위에 발생하는 백화

20 점토벽돌의 백화발생 원인과 방지대책

Ⅰ. 정의

건축물의 백화란 점토벽돌, 타일, 석재, 콘크리트 등의 표면에 생기는 흰 결정체를 말한다.

[성분의 이동]

$CaO + H_2O \rightarrow Ca(OH)_2 + CO_2$
$\rightarrow CaCO_3 + H_2O$

Ⅱ. 백화발생 원인

① 시멘트량 증가
② 우수 침투
③ 작업성 불량
④ W/B 크고, 잉여수 증발
⑤ 재료의 흡수율이 클 때

[백화]

Ⅲ. 방지대책

1. 적정 시멘트량 사용

① 석회가 탄산칼슘이 되는 것을 가급적 방지
② Efflor(풍화) 현상 방지

2. 수분 이동 용이한 곳 작업 금지

3. 충분한 양생

4. 치밀한 줄눈 및 접착강도

5. Crack 방지

① 진동, 충격 금지
② 보양 및 양생 철저

6. 흡수율 Check

품질	종류	
	1종	2종
흡수율(%)	10.0 이하	15.0 이하
압축강도(MPa)	24.50 이상	14.70 이상

• 흡수율 측정 시 벽돌 조적면에는 발수제를 도포하지 않는다.

7. 백화 억제재 사용

① 시멘트와 반응 검토
② 철근부식, 강도, 내구성, 내후성, 내알칼리성 검토

8. 외부 방수처리

시멘트에 가용성분이 있고 물을 사용하는 한 백화를 없앨 수 없는 현상 이므로 방수처리하여 우수침투 방지

21 점토벽돌의 백화 후 처리방법

Ⅰ. 정의

① 건축물의 백화란 점토벽돌, 타일, 석재, 콘크리트 등의 표면에 생기는 흰 결정체를 말한다.

② 성분의 이동은

$$CaO + H_2O \rightarrow Ca(OH)_2 + CO_2 \rightarrow CaCO_3 + H_2O$$

Ⅱ. 발수제의 선정요건

① 도포하기 쉬울 것

② 침투는 빠르며, 침투 후의 흡수에 대한 저항성이 클 것

③ 침투 후 내수성, 내알칼리성, 내후성, 내구성이 양호할 것

④ 침투 후 방수효과가 지속될 것

⑤ 통기성이 우수할 것

⑥ 발수 시 두터운 발수층을 생성되고, 사용 중 변색이 없을 것

Ⅲ. 백화 후 처리방법

1. 발수제 도포

① 점토벽돌 시공 후 건조 상태에서 발수제를 도포

② 2차 백화나 기후조건에 따른 백화현상인 경우 누수차단을 위해 실리콘 발수제 등을 처리

③ 발수제의 종류

- 발수제는 보통 실리콘, 왁스계열, 오일 등이 있으나 실리콘계를 많이 사용
- 실리콘 발수제: 유성실리콘, 수성실리콘

2. 실리콘 발수제 시공방법

① 백화발생 부위를 샌드페이퍼 또는 거친 마대 등으로 벗겨낸다.

② 벽돌줄눈의 균열이 0.5mm 이상인 경우 코팅 처리한다.

③ 표면에 물기가 있는 경우에는 건조시킨다.

④ 시공방법은 분사식과 붓 시공을 병행한다.

⑤ 스프레이 노즐을 수평방향으로 이동하면서 윗부분으로부터 아래로 시공한다.

⑥ 1회 시공한 뒤 용액이 완전히 건조되기 전에 2회 시공한다.

⑦ 시공 시 미처리된 부분이 없도록 한다.

⑧ 백화된 점토벽돌을 보수하는 경우 수성실리콘에 물을 10~15배 희석하여 만든 방수액을 외벽면에 칠하여 기공을 밀봉한다.

22 사용부위를 고려한 바닥용 석재표면 마무리 종류 및 사용상 특성

Ⅰ. 정의

석재표면 마무리에는 손연장에 의한 손다듬과 공장 등에서 기계로 가공되는 기계다듬으로 나누어지며, 균열 등의 결함이 발생되지 않도록 주의하여야 한다.

Ⅱ. 석재표면 마무리 종류

구분		마감정도	가공 전 석재두께 기준
정다듬	면고르기	버너로 표면을 벗겨낸다.	50mm 이상
	1회	3날 정으로 타격	
도드락다듬	거친다듬	NB 10 도드락 망치로 타격	손: 35~40mm 이상 기계: 30mm 이상
	중간다듬		
	고운다듬		
잔다듬	1회	일자형 잔다듬 날로 타격	30mm 이상
Jet Burner 마감		1,800~2,500℃로 표면을 조면 마감	27mm 이상
Jet Polish 마감		고온 조면마감한 위해 Wire Polish로 닦아낸 마감	
고운다듬 마감		STS Shot Ball은 분사, 마감면을 Blasting해 고운다듬 마감	20mm 이상
Sand Blasting		표면에 금강사를 고압으로 분사하여 석재표면을 마감	27mm 이상
Water Jet Burner		화강암의 표면을 고압수의 분사로 표면을 박리 마감	27mm 이상

[정다듬]

[물갈기]

Ⅲ. 사용상 특성

1. 화강석(Granite)

① 질이 단단하고 내구성과 강도가 크다.

② 절리의 거리가 비교적 커서 큰 석재로 얻을 수 있음

2. 대리석(Mable)

① 주성분이 $CaCO_3$로 석회석이 변화되어 결정화된 석재이다.

② 풍화에 약하고 오염 등이 쉬워 내장재로 사용

3. 사암(Sand Stone)

① 모래가 수중에 퇴적되어 압력을 받아 규산질, 석회질, 점토질 등에 의해 경화된 것이다.

② 규산질 사암은 외장재로, 나머지는 내장재로 사용

4. 석회암(Lime Stone)

① 주성분은 $CaCO_3$로 석회분이 물에 녹아 땅속에서 침전되어 퇴적, 응고된 것이다.

② 물에 약해 얼룩, 변색, 흠이 쉽게 발생되며, 사용 시에 발수제를 발라 사용

5. 인조대리석

① 산과 세정제 등 화학약품에 쉽게 변색된다.

② 화장실 등에 설치할 경우 청소 등에 유의

23 석재가공 시 결함 원인과 대책

Ⅰ. 정의

석재 가공공정은 Gang Saw 절단 → 판재 청소 → 표면마감 → 제작치수 절단 → 구멍뚫기 → 포장 → 운반 → 시공의 순서로 이루어지고 있으므로 가공 시 결함을 최소화 하여야 한다.

Ⅱ. 석재가공 시 결함 원인과 대책

결함 종류	원인	대책
판 두께의 부정형 및 배부름	• 절단속도의 과속	• 적절한 절단속도 유지
얼룩, 녹, 황변(판재 절단 시)	• 절단 후 물씻기 부족 • 연마재의 물씻기 부족 • 인산, 초산 등 세정제 사용	• 세정제 미사용과 고압수로 물씻기
얼룩, 황변(시공 시)	• 인위적인 안료, 발수제 사용 • 접착재 도포 시	• 안료, 발수제 사용 금지 • 바탕면 건조 후 접착제 도포
판재의 휨	• 열을 가한 후 물뿌리기	• 석재에 열을 가한 후 물뿌리기 금지
균열과 깨짐	• 얇은 판재의 버너마감 시	• 두께 27mm 이상 사용
구멍뚫은 위치에 균열 또는 깨짐	• 유효두께 부족	• 깊이나 각도를 검사 • 가공 불량한 석재 반출
철분의 녹	• Steel Band에 의한 오염	• 석재와 Steel Band 사이에 완충재 사용
포장재의 오염	• Cushion재 등의 얼룩이 배어나옴	• Cushion재의 오염시험 실시
백화	• 누수로 석재배면 침투 • 줄눈균열에 의한 누수	• 방수정밀 시공 • 줄눈 충전 철저 • 석재배면용 발수처리 재료 도포

24 버너마감(Burner Finish, 화염방사법) KCS 41 35 01

Ⅰ. 정의

버너마감은 액체산소(O_2)와 액화석유가스(LPG)에 의해 화염온도 약 1,800 ~ 2,500℃ 불꽃으로 석재판과의 간격을 30~40mm가 되도록 하여 좌우 또는 전진과 후진하며 표면을 벗겨내는 것을 말한다.

Ⅱ. 버너마감방법

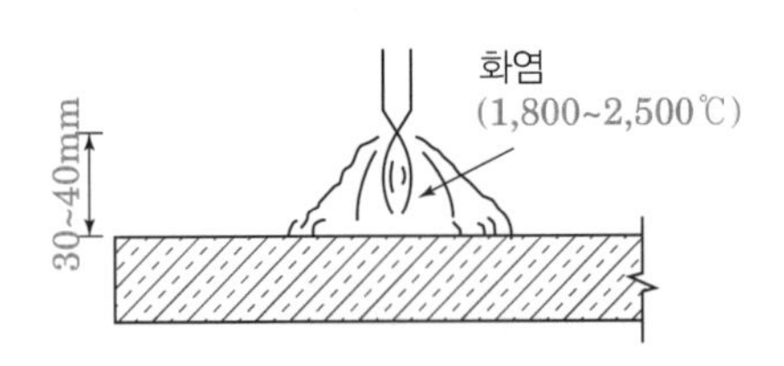

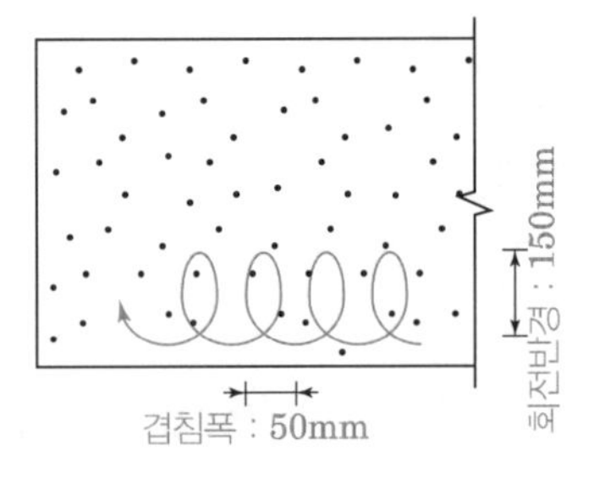

[버너구이]

Ⅲ. 버너마감시공

1. 견본의 결정

석재의 종류, 색상, 결, 무늬 및 가공형상은 마감정도에 따라 결정

2. 가공요령

원석을 갱쏘(Gang-saw) 또는 할석기(Dia Blade Saw)로 할석하여 표면을 버너 가공한 후 시공도에 의한 크기로 절단한다.

3. 면의 흠집

실금, 박리층, 귀떨어짐, 철분, 산화 및 풍화 등 흠집이 없도록 한다.

4. 버너 사용 요령

① 화염온도는 약 1,800~2,500℃

② 석재판과의 간격은 30~40mm 정도

③ 좌우 또는 전진과 후진으로 진행(단, 수작업 시 좌우, 전진과 후진을 병행하지 않는다.)

④ 회전반경은 150mm, 겹침 폭은 50mm

5. 버너가공 후 처리

석재 표면에 열을 가한 후 물 뿌리기를 하지 않는다.

6. 앵커구멍뚫기

① 소정의 깊이 및 각도를 일정하게 하여 구멍을 뚫고 압축공기로 청소한다.

② 청소한 구멍은 먼지나 이물질이 들어가지 않도록 테이프 등으로 막는다.

25 석공사의 건식공법 중 Anchor 긴결공법

KCS 41 35 06

Ⅰ. 정의

석공사의 건식공법은 꽂음촉, Fastener, Anchor 등으로 풍압력, 지진력, 층간 변위를 흡수하는 방법을 말한다.

Ⅱ. Anchor 긴결공법

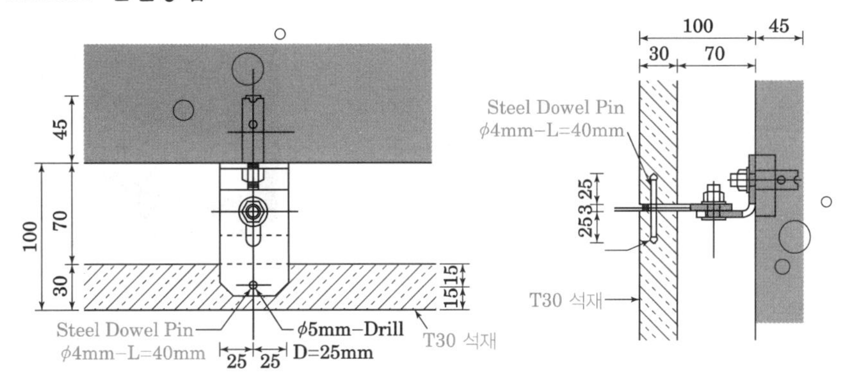

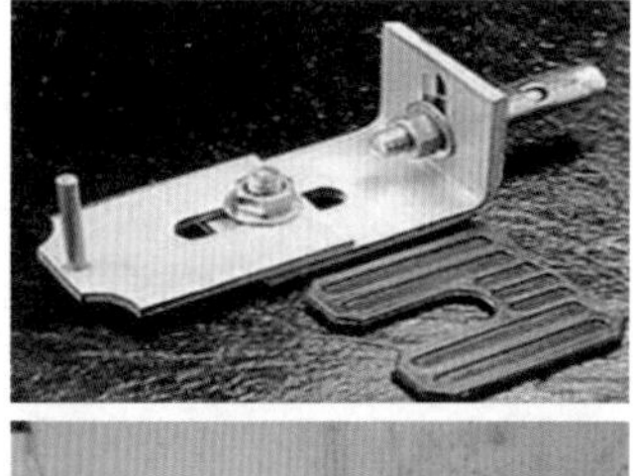

[Anchor 긴결공법]

Ⅲ. 특징

① 백화현상 방지
② Anchor에 의해 단위판재로 지지되므로 상부 하중이 하부로 전달되지 않는 구조
③ 석재 뒷면의 공간 형성으로 단열효과
④ 벽체내부의 결로방지 효과
⑤ 충격에 의한 석재 파손 우려

Ⅳ. 시공 시 유의사항

① 건식 석재 붙임공사에는 석재 두께 30mm 이상을 사용
② 건식 석재 붙임공사의 줄눈에는 부정형 1성분형 변성실리콘을 사용
③ 석재 내부의 마감면에서 결로 발생을 고려하여 줄눈에는 환기구를 설치
④ 발포성 단열재 설치 구조체에 석재를 설치 시 단열재 시공용 앵커를 사용
⑤ 구조체에 수평실을 쳐서 연결철물의 장착을 위한 세트 앵커용 구멍을 45mm 정도 천공하여 캡이 구조체보다 5mm 정도 깊게 삽입
⑥ 연결철물은 석재의 상하 및 양단에 설치하여 하부의 것은 지지용으로, 상부의 것은 고정용으로 사용
⑦ 연결철물용 앵커와 석재는 핀으로 고정시키며 접착용 에폭시는 사용 금지
⑧ 1차 연결철물(앵글)과 2차 연결철물(조정판)을 연결하는 구멍 치수를 변위 발생 방향으로 길게 천공된 것으로 간격을 조정
⑨ 판석재와 철재가 직접 접촉하는 부분에는 적절한 완충재(Kerf Sealant, Setting Tape 등)를 사용

[117회]

26 Non-Grouting Double Fastener 방식(석공사의 건식공법) KCS 41 35 06

Ⅰ. 정의

석공사의 건식공법은 꽂음촉, Fastener, Anchor 등으로 풍압력, 지진력, 층간 변위를 흡수하는 방법을 말한다.

Ⅱ. Fastener 방식

고정 방식	Grouting		Non-Grouting	
	Single Fastener	Double Fastener	Single Fastener	Double Fastener
공통 축방식	에폭시수지 또는 수지모르타르	꽂음촉		

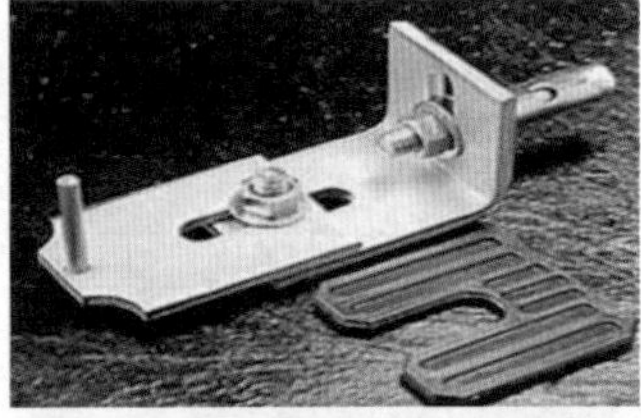

[Non-Grouting Double Fastener]

1. Grouting 방식

① 에폭시수지의 충전성 문제로 층간변위가 크거나 고층건물에는 부적합

② 31m 이하 또한 층간변위 1/400 이하에 사용

2. Single Fastener 방식

① Fastener의 방향조정을 3축에 동시에 하므로 정밀도 조정이 어려움

② 조정 가능 범위의 한계로 골조의 정밀도가 필요

3. Double Fastener 방식

① Fastener의 Slot Hole에 의한 오차 조정이 가능

② 비교적 작업이 용이

③ 석공사에 가장 많이 적용

Ⅲ. 시공 시 유의사항

① 건식 석재 붙임공사에는 석재 두께 30mm 이상을 사용

② 건식 석재 붙임공사의 줄눈에는 부정형 1성분형 변성실리콘을 사용

③ 석재 내부의 마감면에서 결로 발생을 고려하여 줄눈에는 환기구를 설치

④ 발포성 단열재 설치 구조체에 석재를 설치 시 단열재 시공용 앵커를 사용

⑤ 구조체에 수평실을 쳐서 연결철물의 장착을 위한 세트 앵커용 구멍을 45mm 정도 천공하여 캡이 구조체보다 5mm 정도 깊게 삽입

⑥ 연결철물은 석재의 상하 및 양단에 설치하여 하부의 것은 지지용으로, 상부의 것은 고정용으로 사용

⑦ 연결철물용 앵커와 석재는 핀으로 고정시키며 접착용 에폭시는 사용 금지

⑧ 1차 연결철물(앵글)과 2차 연결철물(조정판)을 연결하는 구멍 치수를 변위 발생 방향으로 길게 천공된 것으로 간격을 조정

⑨ 판석재와 철재가 직접 접촉하는 부분에는 적절한 완충재(Kerf Sealant, Setting Tape 등)를 사용

27 석재 건식공법 중 GPC(Granite Veneer Precast Concrete)

Ⅰ. 정의

화강석을 외장재로 사용하는 방법의 하나로 공장에서 거푸집에 화강석 판재를 배열한 후 석재뒷면에 배면도포를 하고 콘크리트 타설하여 제작한 외장재를 현장에서 설치하는 공법을 말한다.

Ⅱ. 현장시공도

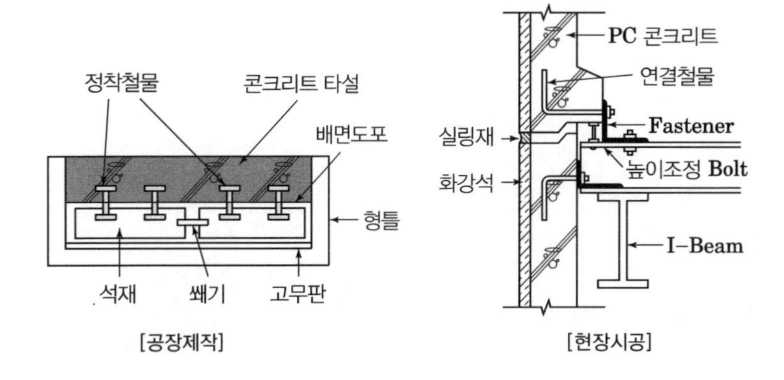

[공장제작] [현장시공]

Ⅲ. 특징

① 백화현상 방지
② 공장제작으로 품질우수
③ 석재 뒷면의 공간 형성으로 단열효과
④ 무거운 중량
⑤ 양중장비 필요

Ⅳ. 시공 시 유의사항

① 건식 석재 붙임공사의 줄눈에는 부정형 1성분형 변성실리콘을 사용
② 석재 내부의 마감면에서 결로 발생을 고려하여 줄눈에는 환기구를 설치
③ 구조체에 수평실을 쳐서 연결철물의 장착을 위한 세트 앵커용 구멍을 45mm 정도 천공하여 캡이 구조체보다 5mm 정도 깊게 삽입
④ 연결철물은 석재의 상하 및 양단에 설치하여 하부의 것은 지지용으로, 상부의 것은 고정용으로 사용
⑤ 연결철물용 앵커와 석재는 핀으로 고정시키며 접착용 에폭시는 사용 금지
⑥ 1차 연결철물(앵글)과 2차 연결철물(조정판)을 연결하는 구멍 치수를 변위 발생 방향으로 길게 천공된 것으로 간격을 조정
⑦ 콘크리트와 철재가 직접 접촉하는 부분에는 적절한 완충재(Kerf Sealant, Setting Tape 등)를 사용
⑧ 공장제작 시 시멘트 페이스트 유출 방지

28 석재 건식공법 중 강제 트러스 지지공법 KCS 41 35 06

Ⅰ. 정의

Unit된 구조물(Back Frame 등)에 석재를 현장에서 조립한 뒤 구조물과 일체가 된 Unit 석재 패널을 양중장비를 사용하여 설치하는 공법으로 Metal Truss System이라고도 한다.

Ⅱ. 현장시공도

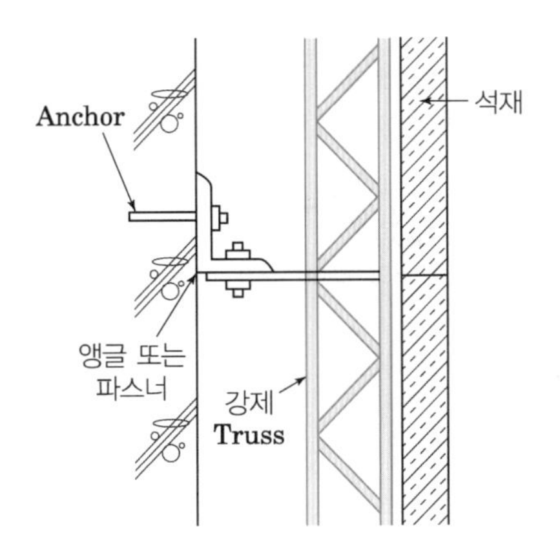

Ⅲ. 특징

① 백화현상 방지
② 공장제작으로 품질우수
③ 공기단축 용이
④ 무거운 중량
⑤ 양중장비 필요

Ⅳ. 시공 시 유의사항

① 트러스 제작 및 석재의 부착, 줄눈시공, 검사 및 시험 등은 시공도 및 공사시방서에 따름
② 강제 트러스와 구조체의 응력전달체계, 트러스와 트러스 사이에 설치될 창호의 하중에 의한 처짐 검토
③ 실물 모형시험 등을 통하여 풍하중 등에 대한 안정성, 수밀성, 기밀성 등을 확인
④ 타워크레인에 의한 양중은 스프레더 빔, 와이어 등을 이용하여 트러스 부재가 기울어지거나 과도한 응력이 걸리지 않도록 한다.
⑤ 강제 트러스 용접부위 표면은 수분, 먼지, 녹슬음, 기름 등 불순물을 제거 후 바탕처리를 하고 광명단 조합페인트로 녹막이 칠을 한다.

29 석공사의 Open Joint

Ⅰ. 정의

석재 Open Joint 공법이란 외벽에서 판재와 판재 사이에 기존까지 사용하던 Sealant를 이용한 코킹 처리를 하지 않고, 등압이론을 이용하여 줄눈을 열어 놓은 공법이다.

Ⅱ. 등압공간과 기밀막

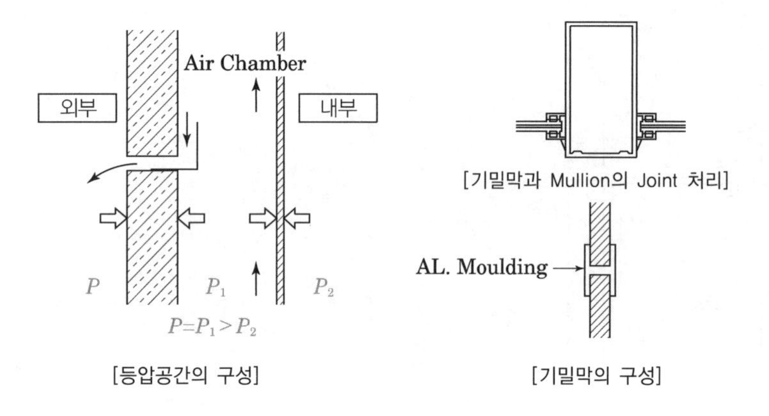

[등압공간의 구성] [기밀막의 구성]

Ⅲ. 주요요소기술

1. 석재고정용 브래킷

① 볼트를 이용한 높이조절 가능

② Grip Type의 알루미늄 브래킷 사용

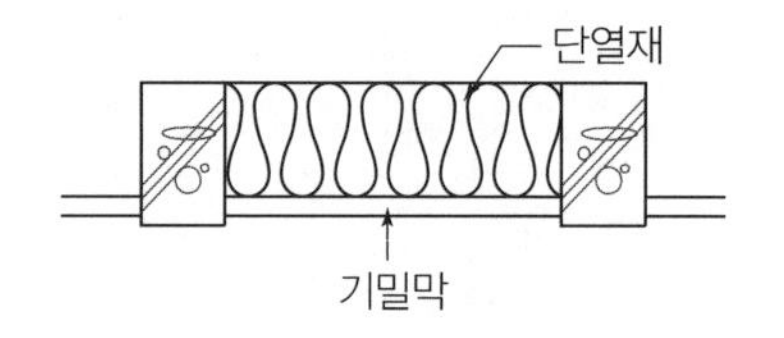

2. 기밀막 차단

① 기밀막이 존재함으로써 단열재 설치 용이

② 등압공간을 형성하기 위하여 실내공간을 외기로부터 차단

Ⅳ. 적용효과

① 석재의 오염 배재

② 오픈조인트공법은 실란트가 없으므로 유지보수 생략 가능

③ 석재 테두리선 표출로 외장성이 우수

④ 내부통기구조 활용성 우수: 석재 얼룩방지

⑤ 석재 패널설치 시공성 향상: 알루미늄 Runner에 간단하게 취부 가능

⑥ 멀리온, Runner 등이 알루미늄 부재로 내식성 향상

30 석공사 양생방법

Ⅰ. 정의

석공사 시공 전후의 운반 시 양생, 청소 시 및 보양 시의 양생 등을 현장여건에 알맞은 방법으로 철저히 하여 하자를 방지하여야 한다.

Ⅱ. 양생방법

1. 운반 시 양생

① 운반 시 충격에 대해 면, 모서리 등을 보양한다.
- 면: 벽지, 하드롱지, 골판지, 두꺼운 종이 등으로 보양
- 모서리: 판자, 포장지, 부직포 등으로 보양

② 모서리, 돌출부 등은 널빤지로 보양

③ 운반 시 파레트를 이용

2. 청소 시 양생

① 석재면의 모르타르 등의 이물질은 물로 흘러내리지 않고 닦아낸다.

② 염산, 유산 등의 사용을 금지

③ 실내에서 본갈이를 하는 경우 마른 걸레로 얼룩이 생기지 않도록 청소한다.

④ 석재면은 원칙적으로 산류를 사용하지 않으나, 부득이한 경우 부근의 철물을 보양 후 사용하고 깨끗한 물로 씻어낸다.

⑤ 염산은 물과 희석하여 사용한다.

3. 보양 시 양생

① 1일 작업 후 검사가 완료되면 호분 또는 벽지 등으로 보양

② 창대, 문틀 및 바닥 등은 부직포, 톱밥 등으로 보양

③ 바닥깔기를 마친 후 모르타르가 경화하기 전에 보행을 금지

④ 동절기 공사 시 동해예방조치 철저 및 모르타르 타설 후 24시간 동안의 기온이 4℃ 이상 유지되도록 보온조치

⑤ 파손의 우려가 있는 모서리 등의 부위에는 널, 포장지 등으로 보양

⑥ 외벽에 석재를 부착할 때는 비나 눈 등에 노출되지 않도록 보양

⑦ 마감면에 오염의 우려가 있는 경우에는 폴리에틸렌 시트 등으로 보양

31 타일 떠붙임 공법 KCS 41 48 01

Ⅰ. 정의

떠붙임 공법은 타일 뒤쪽에 붙임 모르타르를 올려놓고 평평하게 고른 다음 바탕모르타르에 붙이는 공법을 말한다.

Ⅱ. 현장시공도

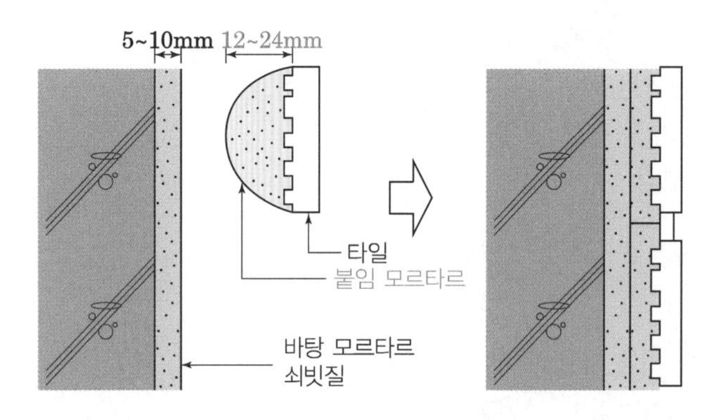

[타일 떠붙임]

Ⅲ. 특징

① 접착강도의 편차가 적음
② 타일면을 평탄하게 조정 가능
③ 타일 시공 시 숙련도가 필요
④ 밑에서 붙여 올라가므로 시공높이에 한도가 있음

Ⅳ. 시공 시 유의사항

① 모르타르는 건비빔한 후 3시간 이내, 물을 부어 반죽한 후 1시간 이내에 사용
② 벽체는 중앙에서 양쪽으로 타일 나누기를 한다.
③ 타일을 붙이고, 3시간이 경과한 후 줄눈파기를 하여 줄눈부분을 충분히 청소
④ 신축줄눈을 약 3m 간격으로 설치
⑤ 벽체 코너안쪽, 창틀주변 및 설비기구와 접촉부에 신축줄눈을 넣는다.
⑥ 바름두께가 10mm 이상일 때는 1회에 10mm 이하
⑦ 바탕면의 평활도: ±3mm/2.4m
⑧ 여름에 외장타일을 붙일 경우에는 하루 전에 바탕면에 물을 충분히 적셔둔다.
⑨ 타일 뒷면에 붙임 모르타르를 바르고 모르타르가 충분히 채워져 타일이 밀착되도록 바탕에 눌러 붙인다.
⑩ 붙임 모르타르의 두께는 12~24mm를 표준

32 타일 개량 떠붙임 공법

KCS 41 48 01

Ⅰ. 정의

개량 떠붙임 공법은 바탕 모르타르를 초벌과 재벌로 두 번 발라 바탕을 고르게 마감 후 타일 뒷면의 모르타르를 얇게 하여 붙임하는 공법을 말한다.

Ⅱ. 현장시공도

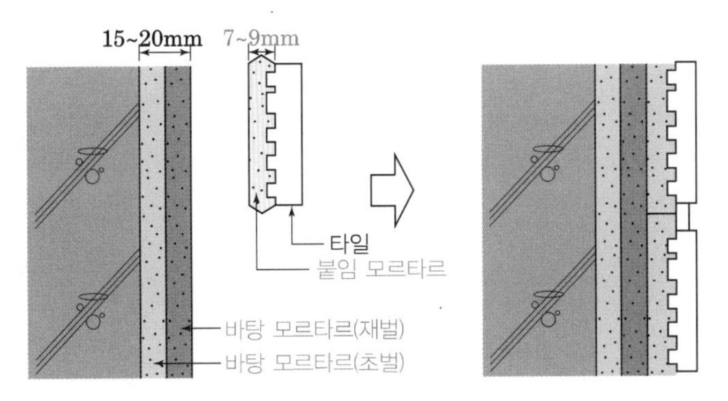

Ⅲ. 특징

① 시공편차가 적고 양호한 접착강도 유지
② 타일 뒷면 공극과 백화발생이 적음
③ 시공이 비교적 양호
④ 압착공법에 비해 능률이 낮음
⑤ 바탕 모르타르의 바름 정밀도가 요구됨

Ⅳ. 시공 시 유의사항

① 모르타르는 건비빔한 후 3시간 이내, 물을 부어 반죽한 후 1시간 이내에 사용
② 벽체는 중앙에서 양쪽으로 타일 나누기를 한다.
③ 타일을 붙이고, 3시간이 경과한 후 줄눈파기를 하여 줄눈부분을 충분히 청소
④ 신축줄눈을 약 3m 간격으로 설치
⑤ 벽체 코너안쪽, 창틀주변 및 설비기구와 접촉부에 신축줄눈을 넣는다.
⑥ 바탕고르기 모르타르를 바를 때에는 2회에 나누어서 바름
⑦ 바탕면의 평활도: ±3mm/2.4m
⑧ 여름에 외장타일을 붙일 경우에는 하루 전에 바탕면에 물을 충분히 적셔둔다.
⑨ 타일 뒷면에 붙임 모르타르를 바르고 모르타르가 충분히 채워져 타일이 밀착되도록 바탕에 눌러 붙인다.
⑩ 붙임 모르타르의 두께는 7~9mm 정도

33 타일 압착 공법

KCS 41 48 01

Ⅰ. 정의

압착 공법은 바탕콘크리트 위에 바탕 모르타르를 30~40mm 실시하여 그 위에 붙이는 붙임 모르타르를 5~7mm 바르고, 다시 비벼 넣는 것처럼 나무망치로 고르는 공법을 말한다.

Ⅱ. 현장시공도

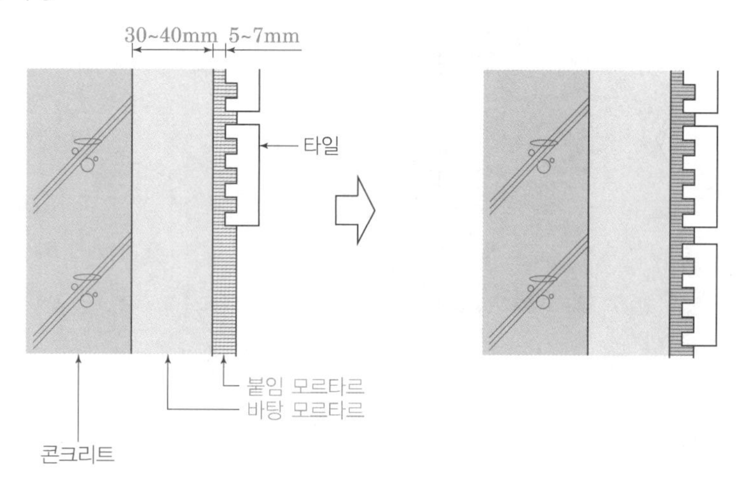

[타일 압착 공법]

Ⅲ. 특징

① 타일과 붙임 모르타르와의 사이에 공극이 없어 백화발생이 적음
② 작업속도가 빠르고 시공능률이 양호
③ 붙임 모르타르 바른 후 Open Time이 길어지면 시공불량의 원인이 됨
④ 붙임 모르타르가 얇으므로 바탕 모르타르의 정밀도가 요구됨
⑤ 접착강도의 편차가 발생 가능

Ⅳ. 시공 시 유의사항

① 붙임 모르타르의 두께는 타일 두께의 1/2 이상으로 하고, 5~7mm를 표준
② 타일의 1회 붙임 면적은 1.2m^2 이하
③ 벽면의 위에서 아래로 붙여 나간다.
④ 붙임 시간은 모르타르 배합 후 15분 이내
⑤ 한 장씩 붙이고, 나무망치 등으로 두들겨 타일이 붙임 모르타르 속에 박히도록 한다.
⑥ 타일의 줄눈 부위에 모르타르가 타일 두께의 1/3 이상 올라오도록 한다.
⑦ 모르타르는 건비빔한 후 3시간 이내, 물을 부어 반죽한 후 1시간 이내에 사용

34 타일 개량 압착 공법

KCS 41 48 01

Ⅰ. 정의

개량 압착 공법은 먼저 시공된 모르타르 바탕면에 붙임 모르타르를 도포하고, 모르타르가 부드러운 경우에 타일 속면에도 같은 모르타르를 도포하여 벽 또는 바닥 타일을 붙이는 공법을 말한다.

Ⅱ. 현장시공도

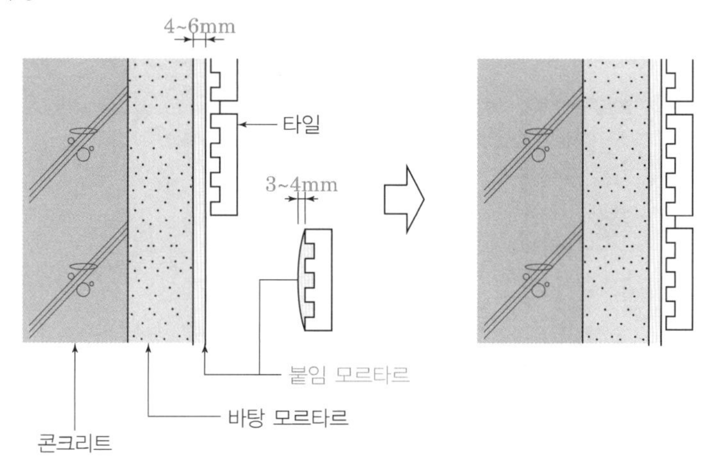

Ⅲ. 특징

① 접착성이 좋고, 신뢰도가 높음
② 타일과 붙임 모르타르 사이에 공극이 없어 백화발생이 적음
③ 균열발생이 적음
④ 압착 공법에 비해 작업속도가 느림
⑤ 붙임 모르타르가 얇으므로 바탕 모르타르의 정밀도가 요구됨

Ⅳ. 시공 시 유의사항

① 붙임 모르타르를 바탕면에 4~6mm로 바름
② 바탕면 붙임 모르타르의 1회 바름 면적은 1.5m² 이하
③ 붙임 모르타르의 붙임 시간은 모르타르 배합 후 30분 이내
④ 타일 뒷면에 붙임 모르타르를 3~4mm로 바르고, 즉시 타일을 붙임
⑤ 붙임 타일을 나무망치 등으로 두들겨 타일의 줄눈 부위에 모르타르가 타일 두께의 1/2 이상이 올라오도록 한다.
⑥ 벽면의 위에서 아래로 향해 붙인다.
⑦ 줄눈에서 넘쳐 나온 모르타르는 경화되기 전에 제거
⑧ 모르타르는 건비빔한 후 3시간 이내, 물을 부어 반죽한 후 1시간 이내에 사용

35 동시줄눈 공법(밀착 공법)

KCS 41 48 01

Ⅰ. 정의

동시줄눈 공법은 붙임 모르타르를 바탕면에 도포하여 모르타르가 부드러운 경우에 타일 붙임용 진동공구를 이용하여 타일에 진동을 주어 매입에 의해 벽타일을 붙이는 것으로 줄눈 부분의 배어나온 모르타르를 줄눈봉으로 눌러서 마감하는 공법을 말한다.

Ⅱ. 현장시공도

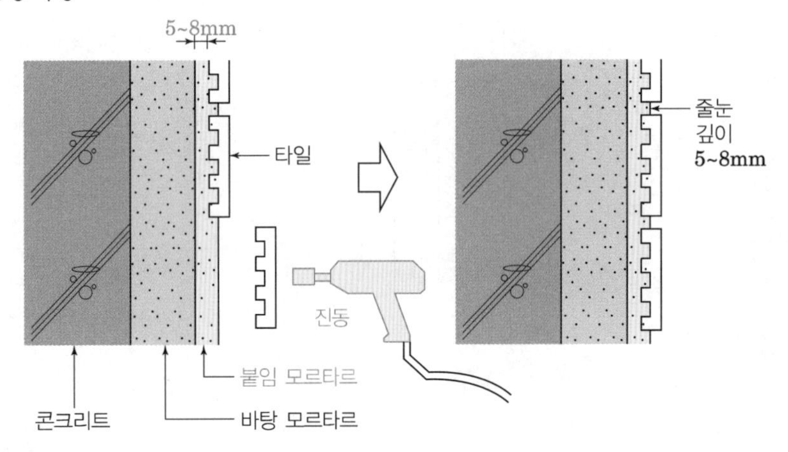

Ⅲ. 특징

① 작업이 쉽고, 작업능률이 양호
② 접착력이 양호하고, 백화발생이 적음
③ 붙임 모르타르가 얇으므로 바탕 모르타르의 정밀도가 요구됨
④ 진동 시 타일의 어긋남 발생이 가능

Ⅳ. 시공 시 유의사항

① 붙임 모르타르를 바탕면에 5~8mm로 바름
② 1회 붙임 면적은 1.5m^2 이하
③ 붙임 시간은 20분 이내
④ 타일은 한 장씩 붙이고 반드시 타일면에 수직하여 충격 공구로 좌우, 중앙의 3점에 충격을 가함
⑤ 붙임 모르타르 안에 타일이 박히도록 하며 타일의 줄눈 부위에 붙임 모르타르가 타일 두께의 2/3 이상 올라오도록 한다.
⑥ 줄눈의 수정은 타일 붙임 후 15분 이내에 실시

36 타일 접착(유기질 접착제) 공법

Ⅰ. 정의

접착 공법은 붙임 모르타르 대신 유기질 접착제를 사용하는 공법을 말한다.

Ⅱ. 현장시공도

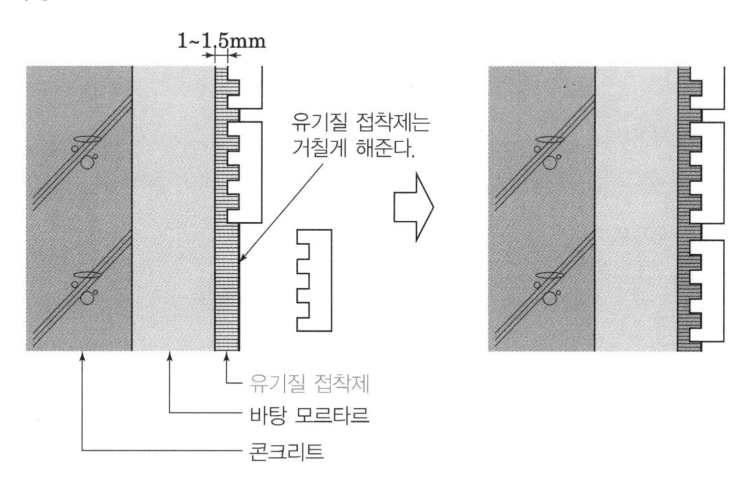

Ⅲ. 특징

① 작업속도가 빠르며 공기단축 가능
② 접착제는 모르타르 등과 비교할 때 연질로서 바탕 움직임의 영향이 적음
③ 건식하자에 대한 시공이 유효함
④ 건조시간의 영향과 혼합 후 경화시점에 유의
⑤ 바탕의 정밀도가 요구됨

Ⅳ. 시공 시 유의사항

① 내장공사에 한하여 적용
② 붙임 바탕면을 여름에는 1주 이상, 기타 계절에는 2주 이상 건조
③ 바탕이 고르지 않을 때에는 접착제에 적절한 충전재를 혼합하여 바탕을 고른다.
④ 이성분형 접착제를 사용 시 제조회사가 지정한 혼합비율로 계량하여 혼합
⑤ 접착제의 1회 바름 면적은 $2m^2$ 이하
⑥ 접착제용 흙손으로 눌러 바름
⑦ 접착제의 표면 접착성 또는 경화 정도의 확인 철저
⑧ 타일을 붙인 후에 적절한 환기를 실시

37 타일 거푸집 선부착공법

Ⅰ. 정의

현장에서 콘크리트를 타설할 때 외부 거푸집의 내측면에 타일을 배열 고정시킨 후 내부거푸집을 조립하고 콘크리트를 부어 넣어 타일과 콘크리트를 일체화시키는 공법이다.

Ⅱ. 타일고정방법

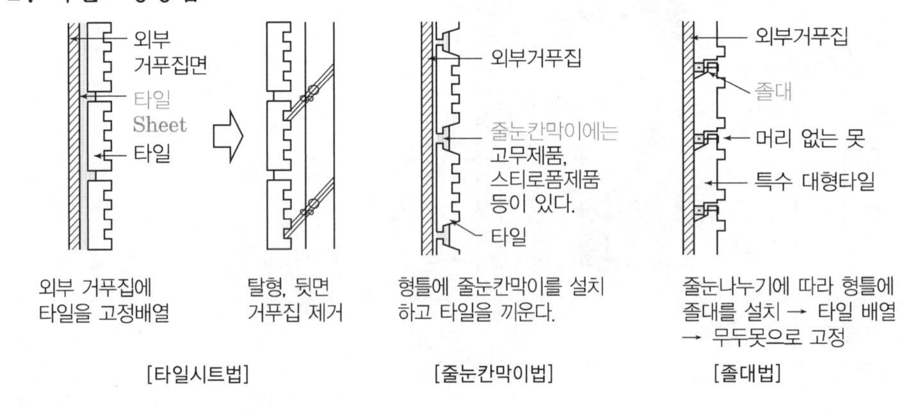

[타일시트법] [줄눈칸막이법] [졸대법]

Ⅲ. 특징

① 타일의 접착력이 확실하다.
② 백화현상의 발생이 없다.
③ 공기단축이 가능하다.
④ 복잡한 형태의 경우 공사원가가 상승한다.

Ⅳ. 문제점

① 콘크리트의 건조수축이 직접적인 영향
② 모자이크타일 시공에 부적합
③ 블리딩에 의한 접착력 저하로 층고가 높은 건물에는 부적합
④ 거푸집, 유닛타일, 보수 등의 비용으로 공사원가 상승

Ⅴ. 시공 시 유의사항

① 타일 나누기 검토, 유닛타일의 제조 등의 시간을 고려할 것
② 콘크리트 타설에 앞서 90일 이전에 사용 타일, 공법의 결정, 발주 등의 사전준비 철저
③ 콘크리트 타설 시 시멘트 페이스트의 유출 방지
④ 거푸집은 콘크리트의 측압에 충분히 견디도록 강도가 높은 재료를 선정

38 타일 시트(Sheet) 공법

Ⅰ. 정의

현장에서 콘크리트를 타설할 때 외부 거푸집의 내측면에 시트지에 타일을 배열한 Unit 타일을 고정시킨 후 내부 거푸집을 조립하고 콘크리트를 부어 넣어 타일과 콘크리트를 일체화시키는 공법을 말한다.

Ⅱ. 현장시공도

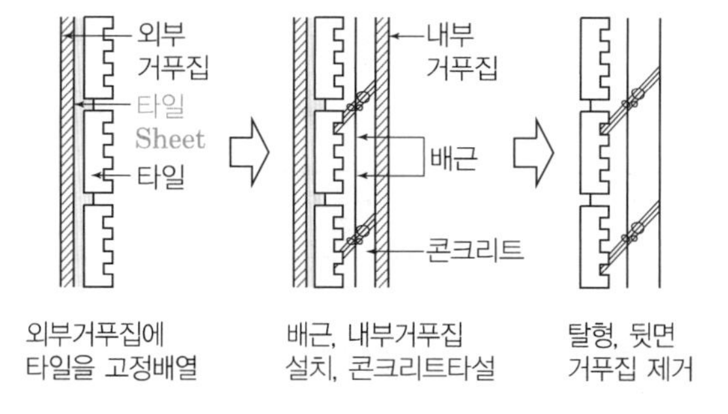

Ⅲ. 특징

① 타일의 접착력이 확실하다.
② 백화현상의 발생이 없다.
③ 공기단축이 가능하다.
④ 복잡한 형태의 경우 공사원가가 상승한다.

Ⅳ. 문제점

① 콘크리트의 건조수축이 직접적인 영향
② 모자이크타일 시공에 부적합
③ 블리딩에 의한 접착력 저하로 층고가 높은 건물에는 부적합
④ 거푸집, 유닛타일, 보수 등의 비용으로 공사원가 상승

Ⅴ. 시공 시 유의사항

① 타일 나누기 검토, 유닛타일의 제조 등의 시간을 고려할 것
② 콘크리트 타설에 앞서 90일 이전에 사용 타일, 공법의 결정, 발주 등의 사전준비 철저
③ 콘크리트 타설 시 시멘트 페이스트의 유출 방지
④ 거푸집은 콘크리트의 측압에 충분히 견디도록 강도가 높은 재료를 선정

39 타일 PC판 선부착 공법(TPC 공법)

Ⅰ. 정의

PC 제조공장에서 바닥 거푸집 면에 타일 또는 유닛타일을 배열·고정시키고 콘크리트를 타설하여 콘크리트와 타일을 일체화시킨 패널을 만드는 방법이다.

Ⅱ. 공법 종류

1. 타일시트법

① 45×45mm~90×90mm 정도의 모자이크 타일에 적용되는 공법

② 타일 유닛을 바닥 거푸집 면에 양면 테이프, 풀 등으로 고정시키고 콘크리트를 타설

③ 줄눈 형성에 임시 줄눈재료를 사용

2. 타일단체법

① 108×60mm 이상의 타일에 적용되는 공법

② 거푸집 면에 발포수지, 고무, 나무 등으로 만든 버팀목 또는 줄눈 칸막이를 설치하고, 여기에 타일을 한 장씩 붙이고 콘크리트를 타설

③ 타일을 1매씩 배열·고정시킴

④ 타일시트법에 비해 시공성이 저하되나 마무리는 우수

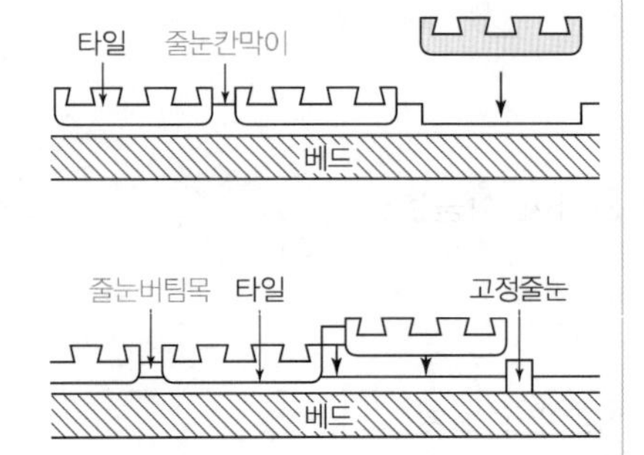

Ⅲ. 특징

① 타일의 접착력이 확실하다.

② 백화현상 방지

③ 매끈한 시공면 등 신뢰성이 우수

Ⅳ. 시공 시 유의사항

① 타일 나누기 검토, 유닛타일의 제조 등의 시간을 고려할 것

② 콘크리트 타설에 앞서 90일 이전에 사용 타일, 공법의 결정, 발주 등의 사전준비 철저

③ 콘크리트 타설 시 시멘트 페이스트의 유출을 방지

40 전도성타일(Conductive Tile)

Ⅰ. 정의

타일 시공 후 순간적인 정전기의 방전으로부터 피해를 막기 위하여 전도성 물질이 균일하게 분포된 전도성 타일을 시공하여 정전기를 사전에 예방하는 것을 말한다.

Ⅱ. 시공도

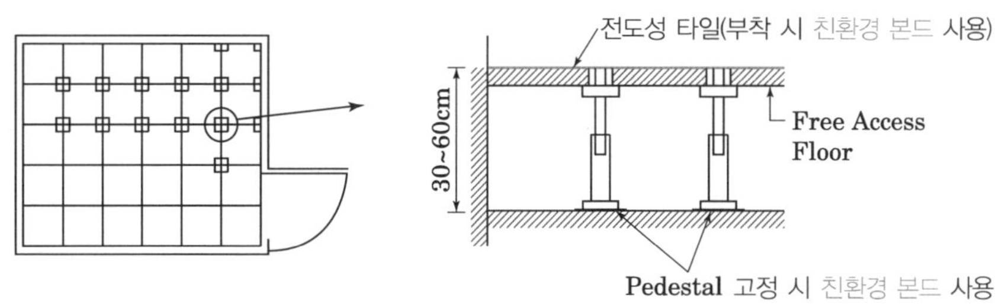

[전도성타일]

Ⅲ. 생산규격

① 크기: 600×600mm, 610×610mm
② 두께: 2.0T, 3.0T
③ 표면저항: $1\times10^{4}\sim1\times10^{6}\,\Omega$

Ⅳ. 특징

① 반영구적이며 정전기 방지효과
② 온도변화에 따른 수축, 팽창, 굴곡현상이 적다.
③ 자연적인 질감의 미려한 색상으로 선택이 자유롭다.
④ 내마모성, 내수성, 내약품성이 매우 우수하다.
⑤ 표면 정전 위가 매우 낮아 먼지의 집적이 거의 없어 청결유지
⑥ 난연성 PVC 재질로 화재의 위험을 방지

Ⅴ. 용도

① 반도체 공장의 Clean Room, 병원 수술실 마취실, 진찰실
② 전자 제품 조립 및 Test실
③ 컴퓨터 및 전자설비의 Room
④ Access Floor 마감용(PC 사용 장소)
⑤ 인텔리전트 빌딩 Control Room
⑥ 발전소, 전화국, 통신 기지국 등의 Control Room

41 타일분할도(타일나누기도)

KCS 41 48 01

Ⅰ. 정의

타일 나누기도는 타일을 미리 시공 부위에 배치하여 보는 것으로 줄눈의 형식, 줄눈폭, 절단타일의 치수 및 배치 등을 포함하는 시공도의 하나이다.

Ⅱ. 타일분할도의 기준

① 타일 한 장의 기준치수=타일치수＋줄눈치수
② 될 수 있는 대로 온장을 사용하도록 타일 나누기를 한다.
③ 세로방향, 가로방향 순으로 기준치수의 정배수로 나누어지도록 배치
④ 약간의 부족이 있을 때에는 줄눈너비를 조정하여 맞춘다.
⑤ 그래도 부족한 경우에는 절단타일을 끼워 넣도록 한다.
⑥ 줄눈너비의 표준 단위(mm)

타일구분	대형벽돌형(외부)	대형(내부일반)	소형	모자이크
줄눈너비	9	5~6	3	2

⑦ 창문선, 문선 등 개구부 둘레와 설비기구류와의 마무리 줄눈너비는 10mm 정도
⑧ 반드시 징두리벽은 온장타일이 되도록 나눈다.
⑨ 벽체는 중앙에서 양쪽으로 타일 나누기가 최적의 상태가 될 수 있도록 조절한다.
⑩ 모서리 부위는 코너 타일을 사용하거나, 모서리를 가공하여 측면에 직접 보이지 않도록 한다.
⑪ 현장 실측 결과를 토대로 타일의 마름질 크기와 줄눈폭, 구배 및 드레인 주위, 각종 부착물(수전류, 콘센트 등) 주위 및 주방용구 설치 부위, 문틀 주위 코킹홈, 문양 타일이나 별도의 색상 타일을 사용할 경우 그 위치, 외장 타일의 코너 타일 시공 상세를 작성한다.

Ⅲ. 타일분할도의 실례

① 욕실

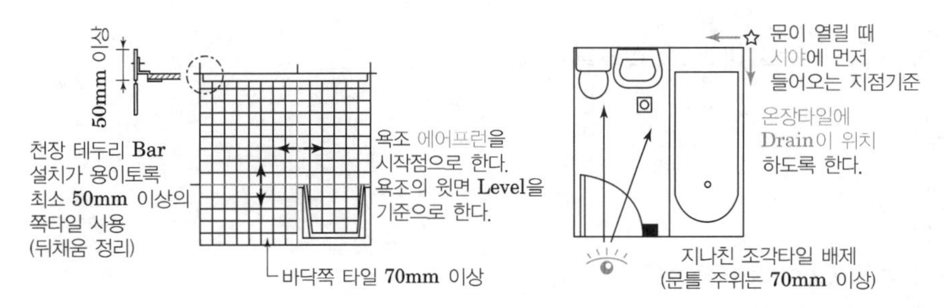

② 발코니

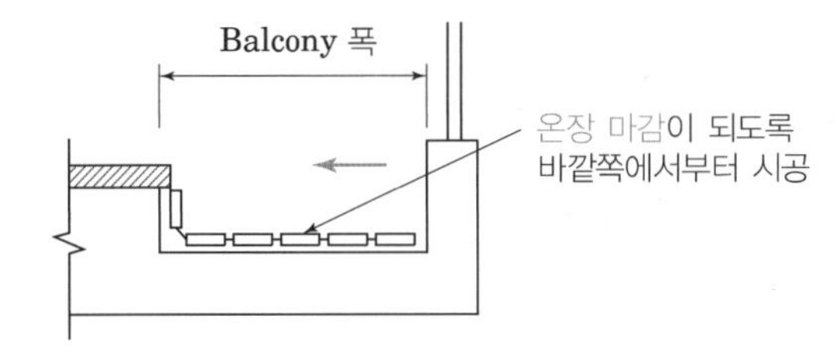

③ 현관

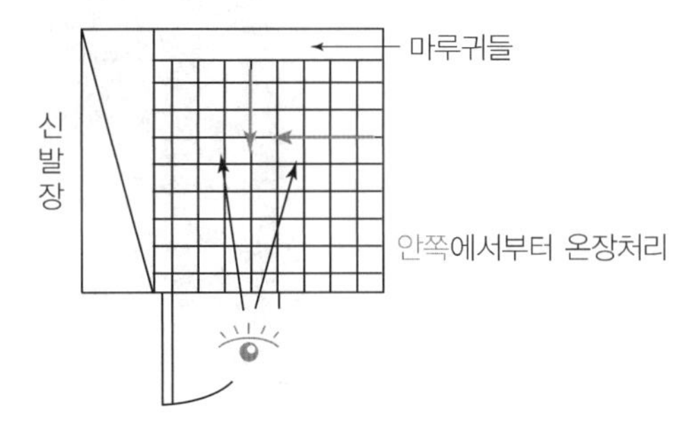

42 모르타르 Open Time

KCS 41 48 01

Ⅰ. 정의

Open Time이란 붙임 모르타르를 바탕에 바른 후 해당 타일을 붙일 때까지의 붙임 모르타르 방치시간을 말한다.

Ⅱ. 벽타일의 모르타르 Open Time

1. 떠붙임 공법

① 붙임 모르타르의 두께는 12~24mm를 표준
② Open Time은 건비빔한 후 3시간 이내, 반죽 후 1시간 이내에 사용
③ 1시간 이상 경과한 것은 사용 금지

[모르타르 비빔]

2. 개량 떠붙임 공법

① 붙임 모르타르의 두께는 7~9mm 정도
② Open Time은 건비빔한 후 3시간 이내, 반죽 후 1시간 이내에 사용
③ 1시간 이상 경과한 것은 사용 금지

[떠붙임 공법]

3. 압착 공법

① 붙임 모르타르의 두께는 타일두께의 1/2 이상으로 하고, 5~7mm를 표준
② 타일의 1회 붙임면적은 1.2m^2 이하
③ Open Time은 모르타르 배합 후 15분 이내

[압착 공법]

4. 개량 압착 공법

① 붙임 모르타르를 바탕면에 4~6mm 정도
② 바탕면 붙임 모르타르의 1회 바름면적은 1.5m^2 이하
③ Open Time은 모르타르 배합 후 30분 이내
④ 타일 뒷면에 붙임 모르타르를 3~4mm 정도 바르고, 즉시 타일을 붙임

5. 판형 공법

① 붙임 모르타르를 바탕면에 3~5mm 정도
② Open Time은 모르타르 배합 후 15분 이내
③ 줄눈 고치기는 타일 붙인 후 15분 이내

6. 접착 공법

① 붙임 바탕면을 여름에는 1주 이상, 기타 계절에는 2주 이상 건조
② 접착제의 1회 바름 면적은 2m^2 이하
③ Open Time은 가능시간 내에 붙임

7. 동시줄눈(밀착) 공법

① 붙임 모르타르 두께는 5~8mm 정도

② 1회 붙임면적은 1.5m^2 이하

③ Open Time은 20분 이내

④ 줄눈의 수정은 타일 붙임 후 15분 이내에 실시, 붙임 후 30분 이상이 경과했을 때에는 그 부분의 모르타르를 제거하여 다시 붙임

8. 모자이크 타일 공법

① 붙임 모르타르를 바탕면에 초벌과 재벌로 두 번 바르고, 총 두께는 4~6mm를 표준

② 붙임 모르타르의 1회 바름 면적은 2.0m^2 이하

③ Open Time은 모르타르 배합 후 30분 이내

④ 줄눈 고치기는 타일을 붙인 후 15분 이내

Ⅲ. 바닥타일의 모르타르 Open Time

[압착공법]

1. 압착 공법

① 붙임 모르타르의 도막붙임에는 두 번으로 하며, 그 두께는 5~7mm 정도

② 한 번에 도막붙임 면적은 2m^2 이내

③ Open Time은 60분 이내

④ 도막시공 시간은 여름철에는 20분, 겨울철에는 40분 이내

2. 개량압착 공법

① 1회 도막붙임 면적을 2m^2 이내

② Open Time은 60분 이내

③ 도막시공 시간은 여름철에는 20분, 겨울철에는 40분 이내

3. 접착 공법

① 1회 도막붙임 면적은 3m^2 이내

② 건조경화형 접착제는 도막시간에 유의하여 타일을 압착

③ 반응경화형 접착제를 사용할 경우는 가용 시간에 유의하여 타일을 압착

43 타일의 동해방지

KCS 41 48 01

Ⅰ. 정의

타일동해는 미경화 모르타르가 0℃ 이하의 온도가 될 때 모르타르 중의 물이 얼게 되고 외부온도가 따뜻해지면 얼었던 물이 녹으면서 타일이 탈락되므로 적절한 대책을 세워야 한다.

Ⅱ. 체적팽창 Mechanism

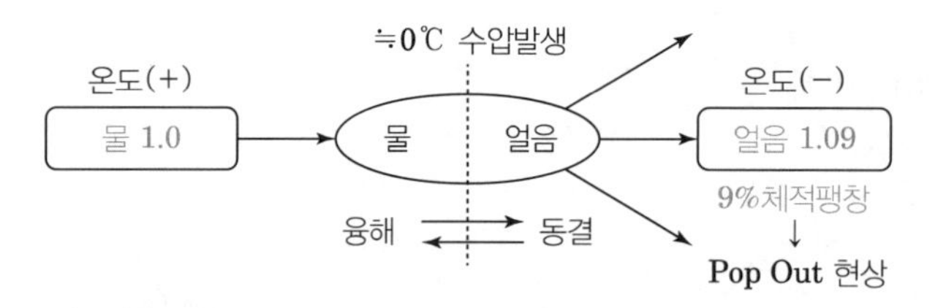

Ⅲ. 타일동해 발생원인

① 모르타르의 배합수량이 과다하게 많은 경우
② 신축줄눈 및 충전상태의 불량으로 우수의 침투
③ 타일을 붙이는 모르타르에 시멘트 가루를 뿌리는 경우
④ 타일을 완전히 밀착시켜 붙이지 않을 경우
⑤ Open Time을 지키지 않은 경우

Ⅳ. 시공 시 유의사항

① 타일을 사용 직전까지 외기와 습기로부터 영향을 받지 않도록 보관
② 모르타르는 건비빔한 후 3시간 이내, 반죽한 후 1시간 이내에 사용하고 1시간 이상 경과한 것은 사용하지 않는다.
③ 신축줄눈은 약 3m 간격으로 설치
④ 타일의 신축줄눈은 구조체 및 바탕 모르타르의 신축줄눈과 동일한 위치에 있을 것
⑤ 바탕 모르타르의 바름두께는 1회 10mm 이하로 나무흙손으로 눌러 바름
⑥ 외기의 기온이 2℃ 이하일 때는 타일작업장 내의 온도가 10℃ 이상이 되도록 가설 난방 보온을 할 것
⑦ 타일을 붙인 후 3일간은 진동이나 보행을 금한다.
⑧ 줄눈을 넣은 후 경화 불량의 우려가 있거나 24시간 이내에 비가 올 염려가 있는 경우에는 폴리에틸렌 필름 등으로 보양
⑨ 태양의 직사광선을 피하고 또는 풍우 등의 손상을 방지

44 타일접착 검사(타일 부착력(접착력) 시험)

KCS 41 48 01

Ⅰ. 정의

타일 부착 후 검사에는 시공 중 검사, 두들김 검사 및 접착력 시험이 있으며, 박리의 가능성이 높은 부위는 반드시 접착강도를 확인하여야 한다.

Ⅱ. 타일 검사

1. 시공 중 검사

① 하루 작업이 끝난 후 눈높이 이상이 되는 부분과 무릎 이하 부분에서 검사

② 타일을 임의로 떼어 뒷면에 붙임 모르타르가 충분히 채워졌는지 확인

2. 두들김 검사

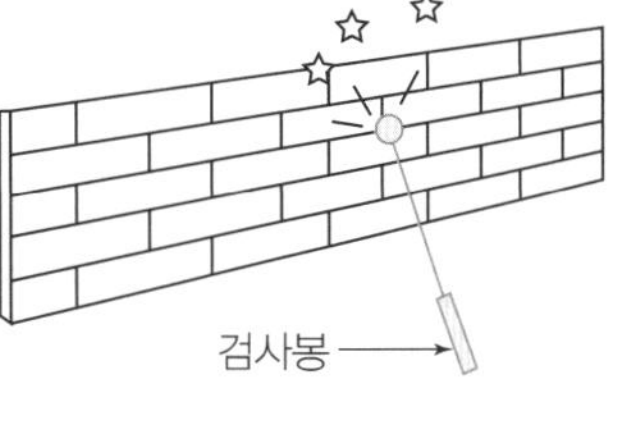

① 붙임 모르타르의 경화 후 검사봉으로 전면적을 두들겨 검사

② 들뜸, 균열 등이 발견된 부위는 줄눈 부분을 잘라내어 다시 붙임

③ 벽타일 붙이기 중 떠붙임 공법의 경우는 중앙부를 기준으로 밀착 정도 80% 이상이면 합격

④ 불합격 시는 주변 8장을 다시 떼어내 확인하여 이 중 1장이라도 불합격이 있으면 시공물량을 재시공

3. 접착력 시험

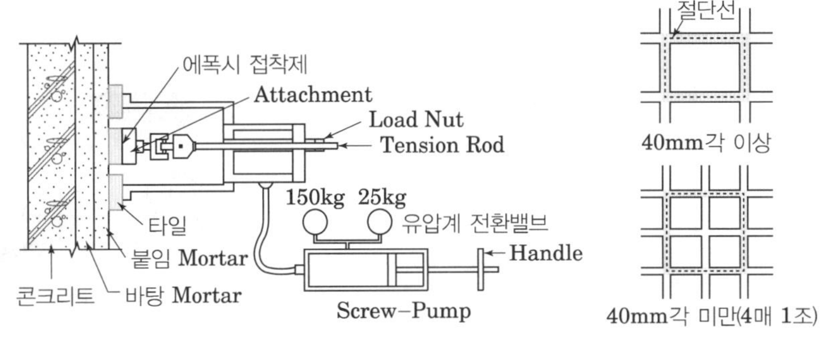

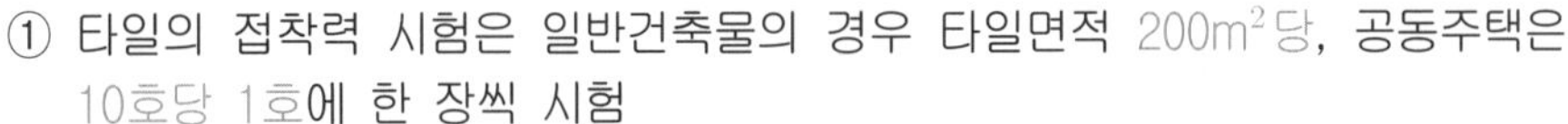

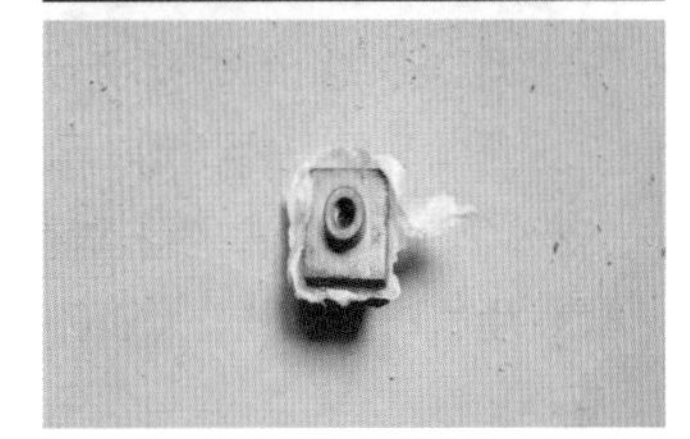

[접착력 시험]

① 타일의 접착력 시험은 일반건축물의 경우 타일면적 200m² 당, 공동주택은 10호당 1호에 한 장씩 시험

② 시험할 타일은 먼저 줄눈 부분을 콘크리트 면까지 절단하여 주위의 타일과 분리

③ 시험할 타일은 시험기 부속 장치의 크기로 하되, 그 이상은 180mm×60mm 크기로 타일이 시공된 바탕면까지 절단

④ 40mm 미만의 타일은 4매를 1개조로 하여 부속 장치를 붙여 시험

⑤ 시험은 타일 시공 후 4주 이상일 때 실시

⑥ 타일 인장 부착강도가 0.39N/mm² 이상

45 지하구조물에 적용되는 외벽 방수재료(방수층)의 요구조건

Ⅰ. 정의

지하구조물 축조 시 균열, 콜드조인트, Form Tie 등에서 누수가 발생될 수 있으므로 지하구조물의 방수 및 누수보수를 위한 설계 및 시공, 품질관리 요령의 제정과 평가시스템의 개발이 절실히 요구되고 있다.

Ⅱ. 외벽 방수재료(방수층)의 요구조건

1. 지수판 설치

① 콘크리트 이어치기 부위에 지수판을 설치

② 지수판 주변, 벽 하부에 콘크리트를 밀실하게 타설하여 Honey Comb 방지

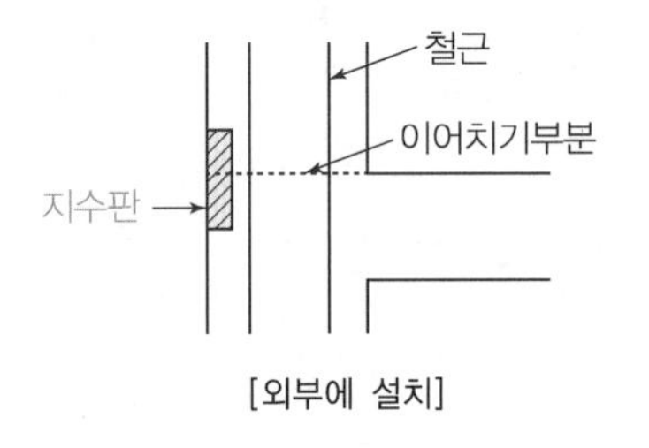

[외부에 설치]

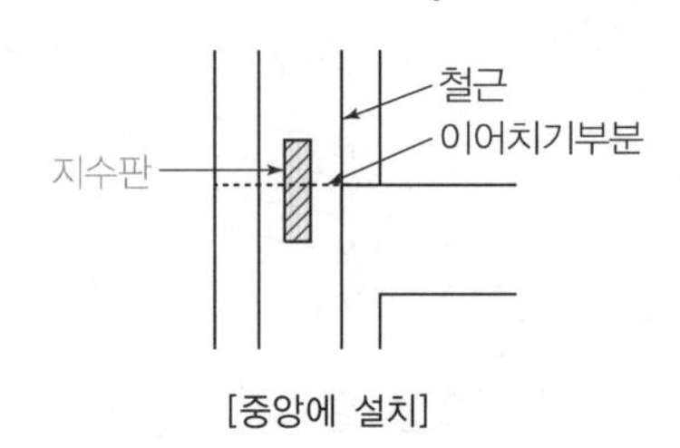

[중앙에 설치]

[벽체형 지수판]

[바닥형 지수판]

2. Form Tie 설치

① Form Tie가 필요 없는 무폼타이 거푸집 사용

② Form Tie 사용 시 Form Tie 마다 지수링을 설치

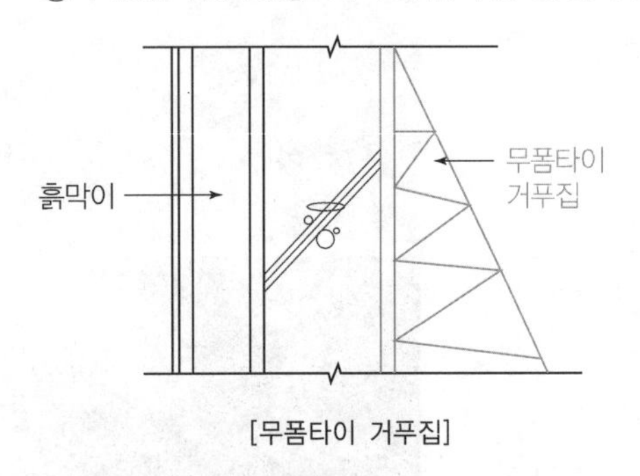

[무폼타이 거푸집] [Form Tie]

[지수링]

3. 물빼기 파이프의 시공

① 지수가 어려울 경우 가설 물빼기 파이프를 사용하여 유도배수

② ϕ75mm 이상으로 막힘 방지

③ 토류벽과 외벽 사이에 Drain Board 또는 불투수성 필름으로 지수

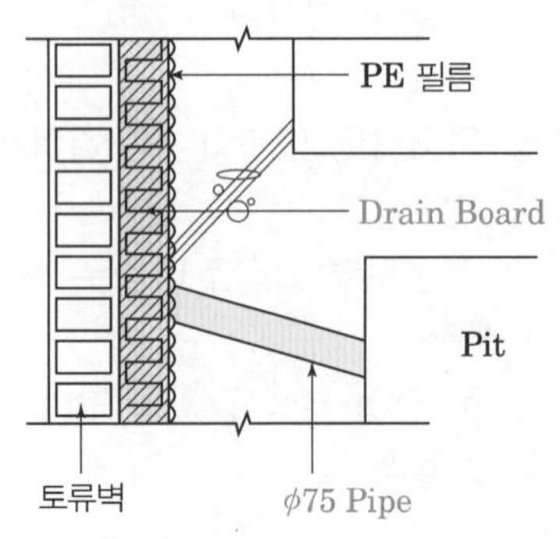

4. 외벽 관통 슬리브 주변 방수

① 설비배관용 슬리브에 지수판(철판) 설치

② 설비배관과 구조체 사이 방수 철저

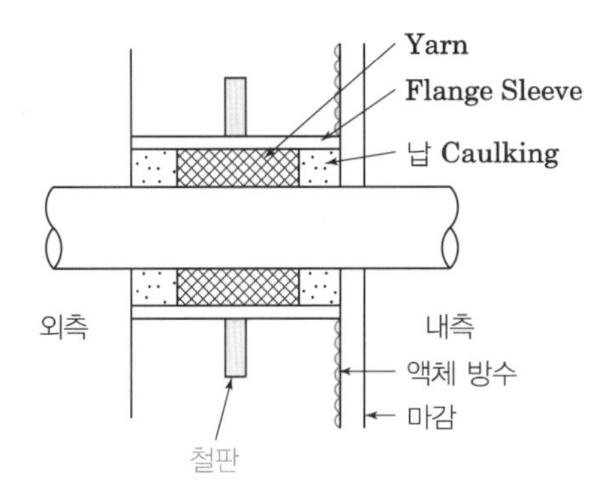

5. 지하 이중벽 구조

방수성능을 확보하기 어려운 경우나 결로방지를 이중벽을 설치

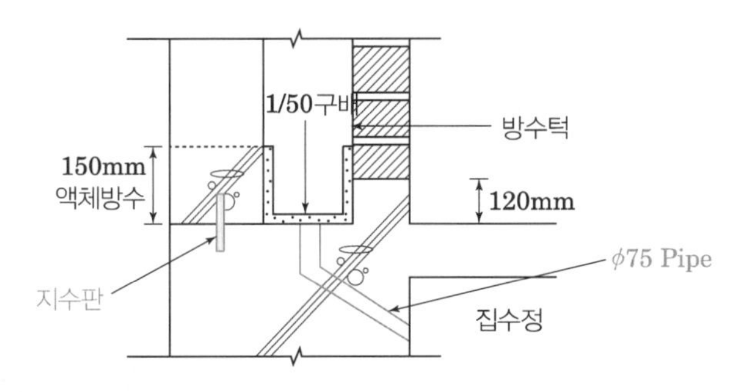

6. 지하 외벽체면의 보강방수

거푸집 Form Tie 제거부위, Construntion Joint 부위, 균열발생 부위 등에 보강방수를 실시

7. 지하 외벽체면의 전면방수

① Sheet 방수 등 시공 후 방수보호재 또는 단열재 설치

② 단열재 설치 시 흡수율이 낮은 단열재를 적용

[슬리브 지수판(철판)]

46 콘크리트 지붕층 슬래브 방수의 바탕처리 방법 KCS 41 40 01

Ⅰ. 정의

바탕면의 품질은 곧바로 방수층의 품질로 이어지며, 방수층의 성능이 제대로 발휘되기 위해서는 균일한 두께, 균열로 인한 파손방지, 적당한 구배 등이 요구되며 이를 위해서는 철저한 바탕처리를 하여야 한다.

Ⅱ. 바탕처리 방법

1. 바탕 표면

① 건조상태의 방수공법인 경우의 함수상태는 80% 이하로 충분히 건조
② 습윤상태의 방수공법인 경우의 함수상태는 30% 이하
③ 단차가 있는 곳은 연마기 등으로 평탄하게 조정

2. 바탕면의 형상

1) 평활도: 3m당 7mm 정도의 평활도 유지
2) 구배
① 바탕면의 구배는 구체 슬래브에서 확보하는 것이 가장 좋다.
② 1/100 구배가 적당(공동주택의 경우 1/50 구배)

3. 돌출물의 제거

① 콘크리트 타설 시 제물마감(쇠흙손 마감)으로 균열 및 돌출물 예방
② 돌출 시 파취 후 제거하고 폴리머 모르타르로 보수

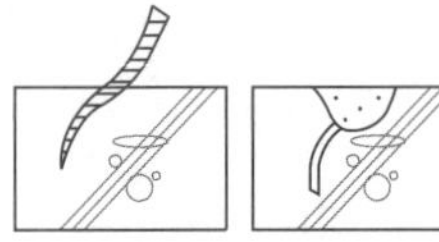

[철근의 돌출]

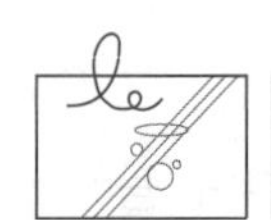

[철선의 돌출]

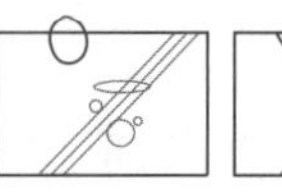
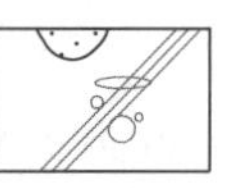

[골재의 돌출]

[누름콘크리트의 균열보수]

4. 바탕면의 균열보수

1) 균열을 주의해야 할 부분
① 이어친 부위, 슬래브 중앙, 모서리 및 개구부 주위
② 지붕 슬래브에 전선이나 설비 배관 등이 집중 설치된 곳
③ 균열 폭이 큰 부위는 보수하고 방수 보강
- 0.3mm 이상: 약액주입공법
- 0.3mm 미만: V Cutting 후 폴리머 시멘트 또는 우레탄 충전
2) 균열 발생 억제해야 할 부분
① 콘크리트 수축 처짐 방지를 위한 배합, 타설, 양생 철저
② 발생 저감 및 분산이 중요하다

5. 코너 면잡기

① 오목모서리에서 아스팔트 방수층의 경우에는 삼각형으로 아스팔트 외의 방수층은 직각으로 면처리

② 볼록모서리는 각이 없이 완만하게 면처리

[A/S방수의 오목모서리] [볼록모서리]

6. 드레인, 관통파이프 등 돌출물 주변

① 드레인은 콘크리트 타설 전에 거푸집에 고정시켜 매립하는 것을 원칙

② 드레인 설치 시에는 드레인을 주변 콘크리트 표면보다 약 30mm 정도 내리고, 콘크리트 타설 시 반경 300mm를 전후하여 드레인을 향해 경사지게 물매 확보

③ 지붕의 면적, 형상, 강우량(집중호우 등)에 따라 설계단계에서 적절한 설치 개수, 개소를 확인

④ 관통파이프와 바탕이 접하는 부분은 폴리머 시멘트 모르타르나 실링재 등으로 수밀하게 처리

⑤ 관통파이프가 방수층을 관통할 경우 동질의 방수재료나 실링재 또는 고점도 겔(gel)타입 도막재 등으로 수밀하게 처리

7. 기타 설비물의 기초 등

① 설비물의 기초 등은 방수시공이 가능하고, 배수에 지장이 없는 위치에 설치

② 총질량이 큰 설비물의 기초는 구체와 일체형으로 한다.

③ 물을 담아 두는 수조의 기초는 구체와 일체형으로 하고 보수 및 점검이 가능한 높이로 한다.

8. 바탕면의 청소

① 들뜸, 레이턴스, 취약부 및 현저한 돌기부 등 제거

② 방수층의 접착력을 떨어뜨리는 먼지, 유지류, 오염, 녹 또는 거푸집 박리제 등 제거

47 방수 바탕면의 건조

Ⅰ. 정의

방수바탕에 바탕면에 남아 있는 습기는 방수층을 파괴 시키므로 반드시 방수 바탕면을 건조시켜야 한다.

Ⅱ. 습기 발생 Mechanism

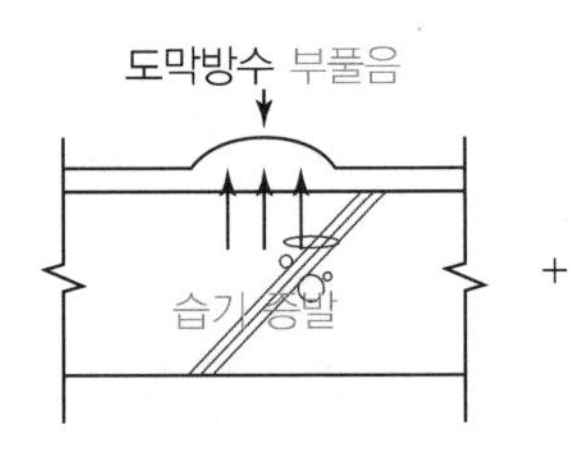

+

· 프라이머의 침투 방해
→ 도막방수의 부착 방해
· 도막방수의 고온으로 기화 발포
→ 방수층 Pin Hole 발생

⇨

방수 결함
(누수 요인)

[도막방수 부풀음]

Ⅲ. 방수 바탕면의 건조

1) 바탕면 수분함수율 10% 이하
2) 건조의 확인
   기상경과, 양생 일수, 바탕면 건조색 등을 종합적으로 확인

구분	일반			건조가 느린 경우		
기상경과	양호한 경우	습기를 받은 경우		양호한 경우	습기를 받은 경우	
건조 양생 일수	3주 이상	6주 이상		6주 이상	9주 이상	
최종 강우 후 양호한 건조경과 일수		누름층 2일 이상	노출방수 5일 이상		누름층 3일 이상	노출방수 7일 이상
표면상태	얼룩이 없는 잘 건조된 색					

3) 건조의 간이 확인방법
   ① 고주파 수분계
   장비구입비가 들어가지만 즉시 확인가능
   ② 간단한 검사방법
   - 테이프로 밀봉시킨 PE필름 이용
   - 밀봉된 PE필름 속에 신문지를 넣고 2시간 후에 신문지가 연소가 잘 되면 → 합격
   - 신문지를 넣지 않은 상태로 24시간 방치 후 PE필름에 결로수가 없으면 → 합격

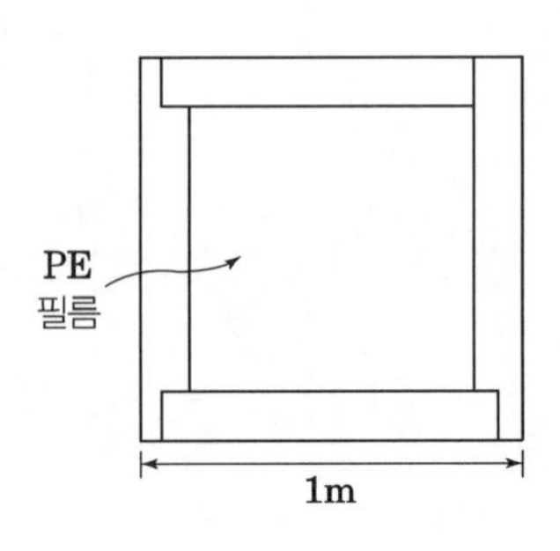

48 아스팔트 방수

KCS 41 40 02

Ⅰ. 정의

용융 아스팔트를 접착제로 하여 아스팔트 펠트 및 루핑 등 방수 시트를 적층하여 연속적인 방수층을 형성하는 공법을 말한다.

Ⅱ. 현장시공도

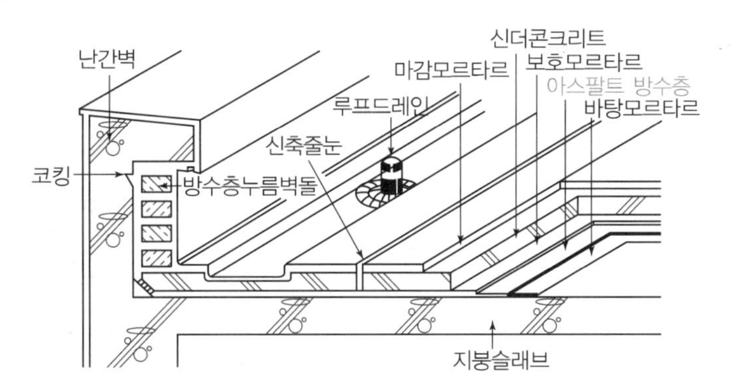

[아스팔트 방수]

[아스팔트 루핑류]
아스팔트 방수층을 형성하기 위해 사용하는 시트 형상의 재료로서, 아스팔트 루핑, 아스팔트 펠트, 직조망 아스팔트 루핑, 스트레치 아스팔트 루핑, 구멍 뚫린 아스팔트 루핑, 개량 아스팔트계 시트 등이 이에 해당함.

Ⅲ. 시공순서(아스팔트 8층 방수)

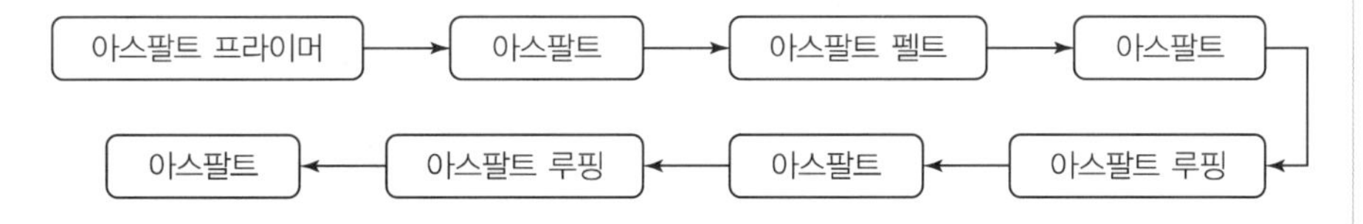

Ⅳ. 시공 시 유의사항

① 아스팔트의 용융온도는 200℃ 이하 금지
② 아스팔트 용융 솥은 가능한 한 시공 장소와 근접한 곳에 설치
③ 루핑은 물매의 아래쪽에서부터 위쪽을 향해 붙이고, 상·하층의 겹침 위치가 동일하지 않도록 붙인다.
④ 치켜올림부의 루핑은 평면부 루핑을 붙인 후, 그 위에 150mm 정도의 겹쳐 붙임
⑤ 평면부에는 3m 내외로 신축줄눈을 설치
⑥ 치켜올림면으로부터 평면부쪽으로 0.6m 내외의 신축줄눈을 설치
⑦ 신축줄눈은 너비 20mm 정도, 깊이는 콘크리트의 밑면까지 도달하도록 설치
⑧ 치켜올림부의 벽돌을 방수층으로부터 20mm 이상 간격을 둔 위치에서 쌓아 올리고, 시멘트 모르타르로 밀실하게 충전
⑨ 기온이 5℃ 미만인 경우에는 방수시공 금지
⑩ 방수층에 물을 채우고, 48시간 정도 누수 여부를 확인

49 아스팔트 재료의 침입도(Penetration Index) KS M 2252

Ⅰ. 정의

아스팔트 및 아스팔트 혼합물에 대하여 일정온도에서 표준침이 관입한 길이를 측정하는 시험으로, 아스팔트의 Consistency를 규정하는 시험으로 단위는 0.1mm를 1로 한다.

Ⅱ. 시료의 준비

① 시료는 부분적인 과열을 피하고, 연화점보다 90℃ 이상 높지 않도록 가열하여, 저온에서 시료 속에 기포가 들어가지 않도록 혼합하면서 녹인다.
② 시료가 유동성을 가지고 균질하게 되면 침의 예정 진입 깊이보다 10mm 이상의 양으로 시료용기에 시료를 넣는다.
③ 시료 용기에 뚜껑을 하고 15~30℃의 실온에서 1~1.5시간 방치한다.
④ 삼각대를 넣은 유리용기와 함께 25±0.1℃로 유지된 항온 수욕조의 지지대 위에 놓고 1~1.5시간 방치한다.

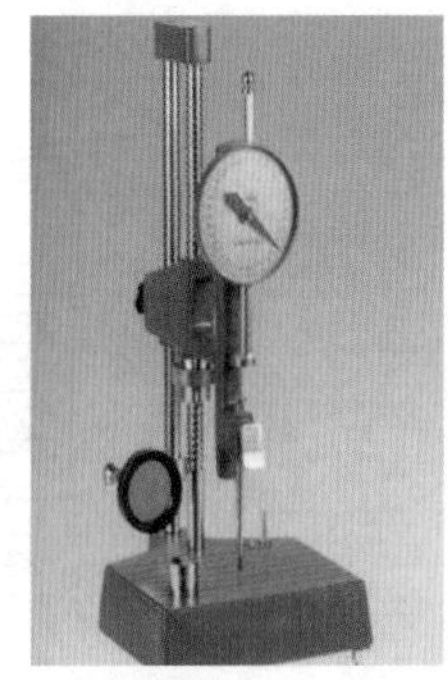

[침입도 시험기]

Ⅲ. 시험 절차

① 침 지지장치, 추(50±0.05g), 고정쇠 등에 물방울이나 이물질이 부착되었는지를 확인한다.
② 항온 수욕조에 물을 채운채 유리용기를 침입도계의 시험대 위에 놓는다.
③ 침의 끝을 시료의 표면에 접촉시킨다.
④ 다이얼게이지의 눈금을 0에 맞춘 후 고정쇠를 눌러 무게에 의해 침을 5초간 시료 속에 진입시킨다.
⑤ 측정은 동일 시료에 대해서 3회 실시한다.
⑥ 측정값은 최대값과 최소값의 차이 및 평균값을 구하고, 최대값과 최소값의 차이가 허용차 이내이면 평균값을 정수로 보고한다.

[허용차]
측정값의 최대값과 최소값의 차이는 평균값에 대해 허용차를 넘어서는 안 된다.

침입도 측정값의 평균값	침입도 측정값의 허용차
0 이상 50.0 미만	2.0
50.0 이상 150.0 미만	4.0
150.0 이상 250.0 미만	6.0
250 이상	8.0

Ⅳ. 침입도 지수(PI)

① PI가 클수록 Gel형의 감수성이 적은 아스팔트다.
② 침입도가 클수록 PI가 커지므로 우수한 아스팔트다.
③ 한냉기의 PI는 20~30, 온난기의 PI는 1~20 정도이다.

[침입도 지수(PI) 계산방법]

$$PI = \frac{30}{1+50A} - 10$$

• A : $\dfrac{\log 800 - \log P_{25}}{\text{연화점} - 2.5}$
• P_{25} : 침입도(25℃)

50 개량 아스팔트시트 방수 KCS 41 40 03

Ⅰ. 정의

개량 아스팔트시트 방수는 합성고무 또는 플라스틱을 첨가하여 성질을 개량한 아스팔트로 시트 뒷면에 아스팔트를 도포하여 현장에서 토치로 구어 용융시킨 뒤 프라이머 바탕 위에 밀착시키는 공법을 말한다.

[토치(Torch)]
개량 아스팔트 방수시트의 표면을 용융하기 위해 사용하는 버너

[개량형 아스팔트시트 방수]

Ⅱ. 특징

① 공정이 간단
② 용융가마솥의 장비 불필요
③ 용융아스팔트 사용에 따른 냄새, 화상 등 없음
④ 접합부의 추종성이 우수
⑤ 화기 사용으로 화재의 위험이 있음

[프라이머(Primer)]
방수층과 바탕을 견고하게 접착시키는 에폭시계 혹은 아스팔트계 재료(경질형 프라이머)와 구조체 거동에 방수층의 파손을 방지하고자 바탕층과 밀착시킬 목적으로 바탕면에 도포하는 액상형의 재료

Ⅲ. 시공순서

바탕면처리 → 프라이머 도포 → 시트 부착

Ⅳ. 시공 시 유의사항

① 프라이는 바탕을 충분히 청소한 후 균일하게 도포
② 토치로 개량 아스팔트 시트의 뒷면과 바탕을 균일하게 가열
③ 상호 겹쳐진 접합부는 개량 아스팔트가 삐져나올 정도로 충분히 가열 및 용융시켜 눌러서 붙인다.
④ 상호 겹침은 길이방향으로 200mm, 너비방향으로는 100mm 이상
⑤ 물매의 낮은 부위에 위치한 시트가 겹침 시 아래면에 오도록 접합
⑥ ALC패널 및 PC패널의 단변 접합부는 미리 너비 300mm 정도의 덧붙임용 시트로 처리
⑦ 치켜올림의 개량 아스팔트 방수시트의 끝부분은 누름철물을 이용하여 고정하고, 실링재로 실링처리
⑧ 오목모서리와 볼록 모서리 부분은 미리 너비 200mm 정도의 덧붙임용 시트로 처리
⑨ 드레인 주변은 미리 500mm 각 정도의 덧붙임용 시트를 드레인의 몸체와 평면부에 걸쳐 붙인다.
⑩ 파이프 주변은 미리 파이프의 직경보다 400mm 정도 더 큰 정방형의 덧붙임용 시트를 파이프 면에 100mm 정도, 바닥면에 50mm 정도 걸쳐 붙인다.
⑪ 파이프의 치켜올림부는 소정의 높이까지 붙이고, 상단 끝부분은 금속류 및 플라스틱재로 고정하여 하단부와 함께 실링재로 처리

51 합성고분자계 시트 방수 KCS 41 40 04

Ⅰ. 정의

합성고분자계 시트 방수는 합성고무 또는 합성수지를 합성고분자 시트 상태로 성형한 1~2mm 두께의 시트를 바탕면에 접착제 혹은 고정철물로 부착하여 방수층을 형성하는 공법을 말한다.

[고정철물]
방수층을 바탕에 고정하는 강제의 철물을 말한다.

[합성고분자계 시트 방수]

Ⅱ. 재료

① 귀퉁이나 모서리부 보강에 사용하는 비가황고무계 시트는 두께 1.0~2.0mm, 너비 200mm 이상
② 고정철물은 원판형 또는 플레이트형의 것으로 두께 0.4mm 이상의 강판, 스테인리스 강
③ 방습용 필름은 두께 약 0.1mm 정도로 100mm 겹쳐 깐다.
④ 겹침부위는 방습테이프로 두께 0.1mm 너비 50mm 이상의 제품을 사용

[제품의 종류와 공법에 따른 분류]

시트의 종류	재료(두께)	점착	기계 고정
합성 고무계	가황고무계 (1.0mm 이상)	○	○
	비가황고무계 (1.5mm 이상)	○	
합성 수지계	염화비닐 수지계 (1.0mm 이상)	○	○
	열가소성 엘라스토머계 (1.0mm 이상)	○	○
	에틸렌아세트산 비닐 수지계 (1.0mm 이상)	○	

Ⅲ. 시공순서

바탕면처리 → 프라이머 도포 → 접착제 도포 → 방수 취약부위 보강 → 시트 부착

Ⅳ. 시공 시 유의사항

① 접착제는 프라이머의 건조를 확인한 후 바탕과 시트에 균일하게 도포
② 시트의 접합부는 물매 위쪽의 시트가 물매 아래쪽 시트의 위에 오도록 겹친다.
③ 시트간의 접합은 종횡으로 가황고무계 방수시트는 100mm, 비가황고무계 방수시트는 70mm, 염화비닐 수지계 방수시트는 40mm(전열용접인 경우에는 70mm)
④ 치켜올림부와 평면부와의 접합은 가황고무계 방수시트 및 비가황고무계 방수시트는 150mm, 염화비닐 수지계 방수시트는 40mm(전열용접인 경우에는 70mm)
⑤ 방수층의 치켜올림 끝부분은 누름고정판으로 고정한 다음 실링용 재료로 처리
⑥ 공극 및 들뜸부위에는 시트방수재를 재시공하거나 덧대어 관리
⑦ 기온이 5℃ 미만인 경우에는 방수시공 금지
⑧ 강풍 및 고온, 고습의 환경일 때는 시공과 안전에 주의
⑨ 방수층에 물을 채우고, 48시간 정도 누수 여부를 확인

52 자착형(自着形) 시트 방수

KCS 41 40 05

Ⅰ. 정의

자착(自着)형 시트 방수는 방수층의 표면에 끈적거리는 점착층이 있는 고무아스팔트계 방수시트, 부틸고무계 방수시트, 천연고무계 방수시트로 방수층 시공 시 별도의 가열기, 접착제 등을 사용하지 않고, 방수재 자체의 접착력으로 바탕체와 부착이 가능한 공법을 말한다.

Ⅱ. 자착형 방수시트의 종류

종류	주원료
고무 아스팔트계	• 아스팔트, 스틸렌부타디엔 고무, 유동화제, 폐고무 등
부틸 고무계	• 부틸고무, 에틸렌프로필렌 고무, 클로로술폰화 폴리에틸렌 등
천연 고무계	• 천연고무, 천연 재생고무, 에틸렌프로필렌 고무, 유동화제 등

[자착형 시트 방수]

Ⅲ. 시공순서

바탕면처리 → 프라이머 도포 → 방수 취약부위 보강 → 시트 부착

Ⅳ. 시공 시 유의사항

① 자착형 방수시트 붙이기는 들뜸 현상이 없도록 잘 밀착시키는 방법을 표준
② ALC패널의 단변 접합부 등은 미리 너비 300mm 정도의 덧붙임용 시트로 마감
③ 치켜올림의 자착형 방수시트의 끝부분은 누름고정판을 이용하여 고정하고, 시트단부는 실링재로 마감
④ 최상단부 및 높이가 10m를 넘는 벽에서는 10m마다 누름고정판을 이용하여 고정
⑤ 오목모서리와 볼록모서리 부분은 평면부의 자착형 방수시트 붙이기에 앞서 너비 200mm 정도의 덧붙임용 시트로 처리
⑥ 드레인 주변은 평면부의 자착형 방수시트 붙이기에 앞서 500mm 각 정도의 덧붙임용 시트를 드레인의 몸체와 평면부에 걸쳐 붙여주거나 보강용 겔(Gel)을 이용하여 밀실하게 보강
⑦ 파이프 주변은 평면부의 자착형 방수시트 붙이기에 앞서 덧붙임용 시트를 파이프 면에 100mm 정도, 바닥면에 50mm 정도 걸쳐 붙여주거나 보강용 겔(Gel)을 이용하여 밀실하게 보강
⑧ 파이프의 치켜올림부의 자착형 방수시트는 소정의 높이까지 붙이고, 상단부는 금속류로 고정하여 하단부와 함께 실링재 혹은 보강용 겔(Gel)로 마감

[볼록모서리]
2개의 면이 만나 생기는 철(凸)형의 연속선

[폴리머 겔]
합성고무를 용제로 용해하여 여과할 때 잔류하는 것 또는 아크릴계 수지를 주성분으로 가공된 겔 타입의 친수성 재료로써 점착형 도막방수재나 지수 및 배면 균열차수재 등으로 주로 사용되는 것

53 도막 방수

KCS 41 40 06

Ⅰ. 정의

도막방수는 방수용으로 제조된 우레탄고무, 아크릴고무, 고무아스팔트 등의 액상형 재료를 바탕면에 여러 번 도포하여 소정의 두께를 확보하고 이음매가 없는 방수층을 형성하는 공법을 말한다.

Ⅱ. 도막재의 종류

구분	정의	적용부위
• 우레탄 고무계 • 우레탄-우레아 고무계 • 우레아수지계	• 이소시아네이트를 주원료에 촉매활성재 등을 배합한 방수재	지붕, 복도, 발코니, 화장실, 외벽
• 아크릴 고무계	• 아크릴고무를 주원료에 충전재 등을 배합한 방수재	지붕, 외벽
• 고무 아스팔트계	• 아스팔트와 고무를 주원료로하는 방수재	지붕, 화장실, 지하외벽

[도막 방수]

Ⅲ. 접합부, 이음타설부 및 조인트부의 처리

① 접합부를 절연용 테이프로 붙이고, 그 위를 두께 2mm 이상, 너비 100mm 이상으로 방수재를 덧도포한다.

② 접합부를 두께 1mm 이상, 너비 100mm 정도의 가황고무 또는 비가황고무 테이프로 붙인다.

③ 접합부를 너비 100mm 이상의 보강포로 덮고, 그 위를 두께 2mm 이상, 너비 100mm 이상으로 방수재를 덧도포한다.

④ 현장타설 RC 바탕의 타설 이음부를 덮을 수 있는 적당한 너비의 절연용 테이프를 붙이고, 절연용 테이프의 양 끝에서 각각 30mm 더한 너비 만큼 두께 2mm 이상의 방수재를 덧도포한다.

[보강포(布)]
도막 방수재와 병용하거나 시트 방수재의 심재로 사용하여 방수층을 보강하는 직포(織布) 혹은 부직포(不織布)의 재료. 일반적으로 유리섬유 제품이나 합성섬유 제품을 사용

[절연용 테이프]
바탕면 거동(Movement)의 영향을 피하기 위해 바탕(균열부, 신축줄눈 혹은 시공조인트, 구조물간 연결부 등)과 방수층 사이에 사용하는 테이프

Ⅳ. 시공 시 유의사항

① 보강포 붙이기는 치켜올림 부위, 오목모서리, 볼록모서리, 드레인 주변 및 돌출부 주위에서부터 시작한다.

② 보강포의 겹침은 50mm 정도

③ 통기완충 시트의 이음매를 맞댄이음으로 하고, 맞댄 부분 위를 너비 50mm 이상의 접착제가 붙은 폴리에스테르 부직포 또는 직포의 테이프로 붙여 연속되게 한다.

④ 구멍 뚫린 통기완충 시트를 약 30mm의 너비로 겹치고 접착제나 우레탄 방수재 등을 사용하여 붙인다.

⑤ 방수재는 핀홀이 생기지 않도록 솔, 고무주걱 및 뿜칠기구 등으로 균일 도포

⑥ 치켜올림 부위를 도포한 다음, 평면 부위의 순서로 도포

⑦ 보강포 위에 도포하는 경우, 침투하지 않은 부분이 생기지 않도록 주의하면서 도포

⑧ 도포방향은 앞 공정에서의 도포방향과 직교하여 실시하며, 겹쳐 바르기 또는 이어바르기의 너비는 100mm 내외

⑨ 강우 후의 시공은 표면을 완전히 건조시킨 다음 이전 도포한 부분과 너비 100mm 내외로 프라이머를 도포하고 건조를 기다려 겹쳐 도포

⑩ 스프레이 시공할 경우, 분사각도는 바탕면과 수직으로 하고, 바탕면과 300mm 이상 간격을 유지

⑪ 외벽에 대한 스프레이 시공은 위에서부터 아래의 순서로 실시

⑫ 도막두께는 원칙적으로 사용량을 중심으로 관리

⑬ 도막방수층의 설계두께는 건조막 두께를 기준으로 관리

54 우레탄 도막방수

Ⅰ. 정의

우레탄 도막방수는 이소시아네이트를 주재로 하고, 폴리오 및 알코올과 금속 화합물과 같은 촉매활성 소재가 혼입된 경화재를 혼합하여 고무탄성을 가지도록 하는 우레탄을 바탕면에 여러 번 도포하여 소정의 두께를 확보하고 이음매가 없는 방수층을 형성하는 공법을 말한다.

Ⅱ. 특성 및 적용부위

특성	• 방수층의 일체성 용이 • 누수부위의 발견이 쉽고 보수 용이 • 복잡한 형상 시공이 용이 • 공정이 단순
적용부위	• 옥상 바닥, 지하램프바닥, 지하외벽 중 E/V 홀, 계단실 등

[우레탄 도막방수]

Ⅲ. 시공순서

바탕면처리 → 프라이머 도포 → 보강포 도포 → 방수재 도포 → 탑코팅

Ⅳ. 시공 시 유의사항

① 보강포 붙이기는 치켜올림 부위, 오목모서리, 볼록모서리, 드레인 주변 및 돌출부 주위에서부터 시작한다.
② 보강포의 겹침은 50mm 정도
③ 방수재는 핀홀이 생기지 않도록 솔, 고무주걱 및 뿜칠기구 등으로 균일 도포
④ 치켜올림 부위를 도포한 다음, 평면 부위의 순서로 도포
⑤ 보강포 위에 도포하는 경우, 침투하지 않은 부분이 생기지 않도록 주의하면서 도포
⑥ 도포방향은 앞 공정에서의 도포방향과 직교하여 실시하며, 겹쳐 바르기 또는 이어바르기의 너비는 100mm 내외
⑦ 강우 후의 시공은 표면을 완전히 건조시킨 다음 이전 도포한 부분과 너비 100mm 내외로 프라이머를 도포하고 건조를 기다려 겹쳐 도포
⑧ 스프레이 시공할 경우, 분사각도는 바탕면과 수직으로 하고, 바탕면과 300mm 이상 간격을 유지
⑨ 외벽에 대한 스프레이 시공은 위에서부터 아래의 순서로 실시
⑩ 도막두께는 원칙적으로 사용량을 중심으로 관리
⑪ 도막방수층의 설계두께는 건조막 두께를 기준으로 관리

55 폴리우레아 방수

Ⅰ. 정의

폴리우레아 방수는 주제인 이소시아네이트 프리폴리머와 경화제인 폴리아민으로 구성된 폴리우레아수지 도막방수재를 바탕면에 여러 번 도포하여 소정의 두께를 확보하고 이음매가 없는 방수층을 형성하는 공법을 말한다.

Ⅱ. 특징

① 우레탄도막 방수에 비해 경화시간이 매우 빨라 보수, 시공이 용이
 - 우레탄도막 방수: 5시간
 - 폴리우레아 방수: 30초

② 인장강도, 내충격성, 신장률, 내약품성 등의 우수한 물성

③ 우레탄도막 방수 에 비해 고가(공사비 2~3배)

[폴리우레아 방수]

Ⅲ. 적용부위

① 수영장과 같이 지속적인 담수를 하는 부위

② 저수조

③ 정화조

Ⅳ. 시공순서

바탕면처리 → 프라이머 도포 → 실러 도포(필요 시) → 폴리우레아 도포 → 탑코팅

Ⅴ. 시공 시 유의사항

① 콘크리트 양생온도 20℃를 3주 이상 유지

② 표면함수율 10% 이하

③ 표면의 기름, 먼지, 레이턴스 제거

④ 밀폐된 공간에서 시공 시 산소농도 측정 및 환기시설

⑤ 화재위험에 대비한 소화기 비치

⑥ 기온이 5℃ 미만인 경우에는 방수시공 금지

⑦ 강풍 및 고온, 고습의 환경일 때는 시공과 안전에 주의

⑧ 방수층 끝 부분이 감기지 않도록 물을 채우고, 48시간 정도 누수 여부를 확인

⑨ 폴리우레아 도포 시 표면온도 3℃ 이상, 상대습도 80% 이하

⑩ 전용 고압 스프레이 시공을 위한 3상 전력 필요

⑪ 재도장이 필요한 경우 48시간 이내 실시(프라이머 불필요)

⑫ 폴리우레아 방수 양생 이후 탑코팅 실시

56 복합방수 공법

KCS 41 40 07/KCS 41 40 06/KCS 41 40 04

Ⅰ. 정의

복합방수 공법이란 시트계(금속시트 포함)와 도막계의 방수재를 상호 호환성을 갖도록 개선하여 2중 복합층으로 구성한 방수층을 말한다.

Ⅱ. 복합방수 공법의 종류

① 우레탄 도막 방수재와 시트재 적층 복합 전면접착 방수공법(L-CoF)
② 점착유연형 도막재와 시트방수재의 전면접착 복합방수공법(L,M-CoF)
③ 시트방수재와 도막방수재의 적층 복합방수공법(M-CoMi)

[복합방수]

Ⅲ. 특징

① 시트와 도막의 단점을 상호 보완
② 안정된 방수층 형성
③ 바탕 거동 대응성 우수
④ 도막방수재 교반 시 희석재 사용량 준수
⑤ 공사비 과다

Ⅳ. 시공순서

바탕면처리 → 프라이머 도포 → 복합방수 도포 → 보호 및 마감
(점착유연형 도막재 제외)

Ⅴ. 시공 시 유의사항

1. 우레탄도막 방수재

① 보강포 붙이기는 치켜올림 부위, 오목모서리, 볼록모서리, 드레인 주변 및 돌출부 주위에서부터 시작한다.
② 보강포의 겹침은 50mm 정도
③ 방수재는 핀홀이 생기지 않도록 솔, 고무주걱 및 뿜칠기구 등으로 균일 도포
④ 치켜올림 부위를 도포한 다음, 평면 부위의 순서로 도포
⑤ 보강포 위에 도포하는 경우, 침투하지 않은 부분이 생기지 않도록 주의하면서 도포
④ 도포방향은 앞 공정에서의 도포방향과 직교하여 실시하며, 겹쳐 바르기 또는 이어바르기의 너비는 100mm 내외

2. 시트 방수재

① 접착제는 프라이머의 건조를 확인한 후 바탕과 시트에 균일하게 도포

② 시트의 접합부는 물매 위쪽의 시트가 물매 아래쪽 시트의 위에 오도록 겹친다.

③ 시트간의 접합은 종횡으로 가황고무계 방수시트는 100mm, 비가황고무계 방수시트는 70mm, 염화비닐 수지계 방수시트는 40mm(전열용접인 경우에는 70mm)

④ 치켜올림부와 평면부와의 접합은 가황고무계 방수시트 및 비가황고무계 방수시트는 150mm, 염화비닐 수지계 방수시트는 40mm(전열용접인 경우에는 70mm)

⑤ 방수층의 치켜올림 끝부분은 누름고정판으로 고정한 다음 실링용 재료로 처리

⑥ 공극 및 들뜸부위에는 시트방수재를 재시공하거나 덧대어 관리

3. 공통

① 기온이 5℃ 미만인 경우에는 방수시공 금지

② 강풍 및 고온, 고습의 환경일 때는 시공과 안전에 주의

③ 방수층 끝 부분이 감기지 않도록 물을 채우고, 48시간 정도 누수 여부를 확인

57 시멘트 모르타르계 방수 KCS 41 40 08

Ⅰ. 정의

시멘트 모르타르계 방수는 방수재료를 혼입해서 조제한 시멘트 모르타르를 도포하여 바탕면에 방수층을 형성하는 공법을 말하며, 혼입된 방수재료에 따라 시멘트 액체방수, 무기질 탄성도막 방수로 구분된다.

Ⅱ. 시멘트 액체 방수제의 화학조성 분류

종류		주성분
무기질계		염화칼슘계, 규산소다계, 실리케이트계
유기질계	지방산계	지방산계, 파라핀계
	폴리머계	합성고무 라텍스계, 에틸렌비닐아세테이트 에멀션계, 아크릴 에멀션계

Ⅲ. 방수층의 종류

종류 / 공정	시멘트 액체방수층		폴리머 시멘트 모르타르방수층		시멘트혼입 폴리머계 방수층
	바닥용	벽체/천장용	1종	2종	
1층	바탕면 정리 및 물청소	바탕면 정리 및 물청소	폴리머 시멘트모르타르	폴리머 시멘트모르타르	프라이머 (0.3kg/m^2)
2층	방수액 침투	바탕접착재 도포	폴리머 시멘트모르타르	폴리머 시멘트모르타르	방수재 (0.7kg/m^2)
3층	방수시멘트 페이스트	방수시멘트 페이스트	폴리머 시멘트모르타르		방수재 (1.0kg/m^2)
4층	방수 모르타르	방수 모르타르			보강포
5층					방수재 (1.0kg/m^2)
6층					방수재 (0.7kg/m^2)

[시멘트 액체방수]

[폴리머 시멘트 모르타르방수]

[시멘트혼입 폴리머계 방수]

Ⅳ. 시공 시 유의사항

1. 시멘트 액체 방수공사

① 2분 이상 건비빔한 다음 방수제 혼입 후 5분 이상 비빔
② 방수시멘트 모르타르의 비빔 후 사용 가능한 시간은 20℃에서 45분 정도
③ 바탕 상태는 평탄하고, 휨, 단차, 들뜸, 레이턴스 등 제거
④ 바탕이 건조할 경우에는 바탕을 물로 적신다.
⑤ 방수층은 소정의 두께(최소 4mm 두께 이상) 확보
⑥ 각 공정의 이어 바르기의 겹침은 100mm 정도
⑦ 급속한 건조가 예상되는 경우에는 살수 또는 시트 등으로 보호하여 양생

2. 폴리머 시멘트 모르타르 방수공사

① 폴리머 분산제의 혼입비율은 10% 이상, 물-시멘트비는 30~60% 정도
② 폴리머 시멘트 모르타르의 비빔은 배처 믹서에 의한 기계비빔을 원칙
③ 폴리머 시멘트 모르타르는 비빔 후, 20℃의 경우에 45분 이내의 사용
④ 바탕 상태는 평탄하고, 휨, 단차, 들뜸, 레이턴스 등 제거
⑤ 바탕이 건조할 경우에는 바탕을 물로 적신다.
⑥ 방수층은 소정의 두께가 될 때까지 균일하게 바른다.
⑦ 각 층의 이어 바르기 겹침은 100mm 정도

3. 시멘트 혼입 폴리머계 방수공사

① 에멀션 용액 중에 수경성 무기분체를 핸드믹서로 3~5분 정도 균질하게 비빔
② 바탕 상태는 평탄하고, 휨, 단차, 들뜸, 레이턴스 등 제거
③ 바탕이 건조할 경우에는 바탕을 물로 적신다.
④ 각 층의 시공간격은 온도 20℃에서 5~6시간을 표준
⑤ 보강재는 1층 째의 방수층 시공이 끝난 직후 삽입

58 폴리머 시멘트 모르타르(Polymer Cement Mortar) 방수 KCS 41 40 08

Ⅰ. 정의

폴리머 시멘트 모르타르 방수는 폴리머 분산제를 혼입해서 조제한 시멘트 모르타르를 도포하여 바탕면에 방수층을 형성하는 공법을 말한다.

Ⅱ. 방수층의 종류

종류 공정	폴리머 시멘트 모르타르방수층	
	1종	2종
1층	폴리머 시멘트 모르타르(초벌)	폴리머 시멘트 모르타르(초벌)
2층	폴리머 시멘트 모르타르(재벌)	폴리머 시멘트 모르타르(정벌)
3층	폴리머 시멘트 모르타르(정벌)	

[폴리머 시멘트 모르타르방수]

Ⅲ. 특징

① 시공이 간편하고 작업성이 우수
② 건조 환경에서 방수층 자체균열 발생 가능
③ 바탕에 부착성이 우수
④ 방수에 대한 신뢰도는 낮음

Ⅳ. 시공 시 유의사항

① 바름두께의 표준치(mm)

구분	1층(초벌바름) 도막두께	2층(재벌 또는 정벌바름) 도막두께	3층(정벌바름) 도막두께
수직부위	1~3	7~9	10
수평부위	1~3	20~25	-

② 폴리머 분산제의 혼입비율은 10% 이상, 물시멘트비는 30~60% 정도
③ 폴리머 시멘트 모르타르의 비빔은 배처 믹서에 의한 기계비빔을 원칙
④ 폴리머 시멘트 모르타르는 비빔 후, 20℃의 경우에 45분 이내의 사용
⑤ 바탕 상태는 평탄하고, 휨, 단차, 들뜸, 레이턴스 등 제거
⑥ 바탕이 건조할 경우에는 바탕을 물로 적신다.
⑦ 방수층은 소정의 두께가 될 때까지 균일하게 바른다.
⑧ 각 층의 이어 바르기 겹침은 100mm 정도
⑨ 기온이 5℃ 미만인 경우에는 방수시공 금지
⑩ 강풍 및 고온, 고습의 환경일 때는 시공과 안전에 주의
⑪ 방수층 끝 부분이 감기지 않도록 물을 채우고, 48시간 정도 누수 여부를 확인

59 무기질 탄성도막 방수

KCS 41 40 08

Ⅰ. 정의

무기질 탄성도막 방수는 시멘트 혼입 폴리머계 방수제를 혼입해서 조제한 시멘트 모르타르를 도포하여 바탕면에 방수층을 형성하는 공법을 말한다.

Ⅱ. 방수층의 종류

종류 / 공정	시멘트혼입 폴리머계 방수층
1층	프라이머(0.3kg/m^2)
2층	방수재(0.7kg/m^2)
3층	방수재(1.0kg/m^2)
4층	보강포
5층	방수재(1.0kg/m^2)
6층	방수재(0.7kg/m^2)

[무기질 탄성도막 방수]

Ⅲ. 특성

① 불투수성의 폴리머 도막층을 형성하여 방수효과가 우수
② 유기질의 고분자 성분을 포함하여 건조수축의 영향이 적다.
③ 자체 강도가 높다.
④ 세대 욕실, 발코니, 실외기실, 대피공간 등에 적용

Ⅳ. 시공 시 유의사항

① 에멀션 용액 중에 수경성 무기분체를 핸드믹서로 3~5분 정도 균질하게 비빔
② 바탕 상태는 평탄하고, 휨, 단차, 들뜸, 레이턴스 등 제거
③ 바탕이 건조할 경우에는 바탕을 물로 적신다.
④ 각 층의 시공간격은 온도 20℃에서 5~6시간을 표준
⑤ 보강재는 1층 째의 방수층 시공이 끝난 직후 삽입
⑥ 기온이 5℃ 미만인 경우에는 방수시공 금지
⑦ 강풍 및 고온, 고습의 환경일 때는 시공과 안전에 주의
⑧ 방수층 끝 부분이 감기지 않도록 물을 채우고, 48시간 정도 누수 여부를 확인

60 규산질계 도포 방수(침투성 방수) KCS 41 40 09

Ⅰ. 정의

규산질계 도포 방수는 규산질계 분말형 도포방수제(유기질계 또는 무기질계 재료)를 도포하여 콘크리트나 모르타르의 공극에 침투시켜 바탕재의 방수성을 향상시킨 공법을 말한다.

[규산질계 도포 방수]

Ⅱ. 규산질계 도포방수재의 표준 배합비

배합재료	무기질계 분체+물	무기질계분체+폴리머분산제+물
무기질계 분체	100	100
물	25~35	20~30
에멀션 또는 라텍스	-	5~10

Ⅲ. 방수층의 종류

종별 / 공정	무기질계 분체[1]+물	무기질계 분체[1]+폴리머분산제+물
1	바탕처리	바탕처리
2	방수재(0.6kg/m^2)	방수재(0.7kg/m^2)
3	방수재(0.8kg/m^2)	방수재(0.8kg/m^2)

주1) 무기질계 분체는 포틀랜드 시멘트+잔골재+규산질미분말을 혼합하여 미리 분체로 조정된 것을 말한다.

Ⅳ. 시공 시 유의사항

① 실내의 바닥 등은 1/100~1/50의 물매

② 오목모서리는 직각으로 면처리, 볼록모서리는 각이 없는 완만한 면처리

③ 방수재는 전동비빔기 또는 손비빔으로 균질해질 때까지 비빔

④ 방수재의 비빔은 기온 5~40℃의 범위 내에서 시행

⑤ 1차 도포한 방수재가 손가락으로 눌러 묻어나지 않을 때 2차 도포

⑥ 1차 도포 후 24시간 이상의 간격을 두고 2차 도포 시 물 뿌리기 시행

⑦ 1차 도포한 방수재가 완전히 건조하여 손가락으로 눌러 하얗게 묻어 나오거나 백화현상이 되었을 때는 방수층을 철거하고 재시공

⑧ 도포 완료 후 48시간 이상의 적절한 양생

⑨ 동결이 예상되는 경우에는 보온덮개, 시트 등으로 보호하여 양생

61 Sylvester 방수법

Ⅰ. 정의

콘크리트 또는 모르타르에 명반과 비눗물의 뜨거운 용액을 일정한 간격을 두고 여러 번 바름하여 방수층을 구성하는 공법을 말한다.

Ⅱ. 특징

① 구조체의 표면 손상 방지
② 재료구입의 용이
③ 구조체의 동해, 백화, 풍화 방지
④ 구조체의 결함으로 방수성능 저하
⑤ 장시간 경과 시 방수효과 저하

Ⅲ. 시공순서

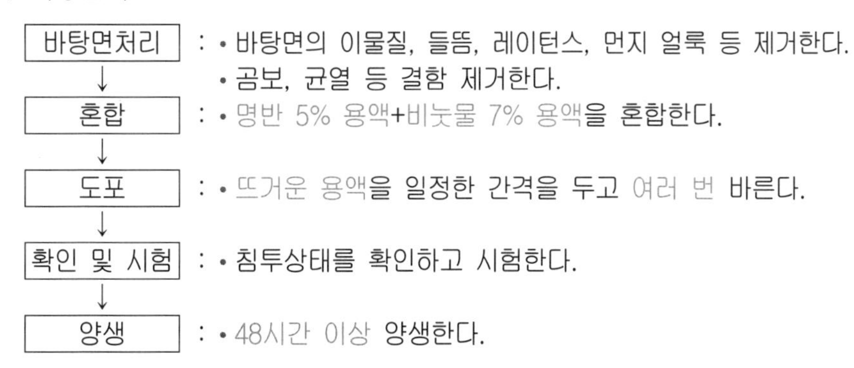

Ⅳ. 시공 시 유의사항

① 바탕면의 이물질, 들뜸, 레이턴스 등 제거
② 명반과 비눗물의 배합 철저
③ 매회 도포 시 확인 철저
④ 1차 도포 후 24시간 이상의 간격을 두고 2차 도포 시 물 뿌리기 시행
⑤ 도포 완료 후 48시간 이상의 적절한 양생
⑥ 급속한 건조가 예상되는 경우에는 물을 뿌리거나 시트 등으로 보호하여 양생
⑦ 결로가 예상될 경우에는 환기, 통풍 및 제습 등의 조치
⑧ 동결이 예상되는 경우에는 보온덮개, 시트 등으로 보호하여 양생
⑨기온이 5℃ 미만인 경우에는 방수시공 금지
⑩ 강풍 및 고온, 고습의 환경일 때는 시공과 안전에 주의
⑪ 방수층 끝 부분이 감기지 않도록 물을 채우고, 48시간 정도 누수 여부를 확인

62 금속판 방수 공법

KCS 41 40 10

Ⅰ. 정의

금속판 방수 공법이란 건축물의 지붕 및 차양 등에 납판, 동판, 스테인리스 스틸 시트 등을 이용하여 바닥, 벽 등에 사용되는 공법을 말한다.

Ⅱ. 현장시공도 및 방수층의 종류

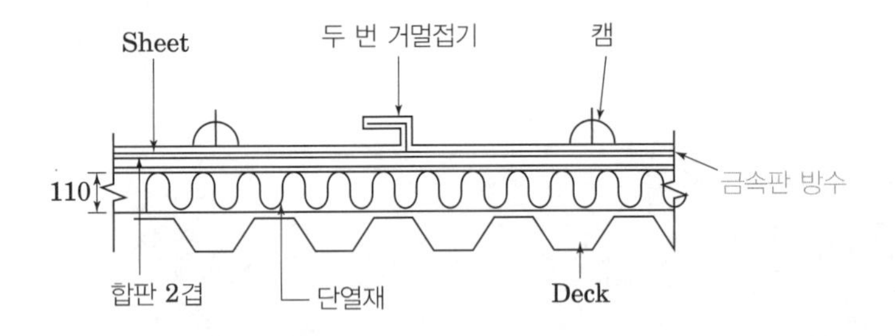

[금속판 방수]

① 구조체 바닥이나 마감 바닥 밑에 시공하는 납판 방수층
② 구조체 바닥이나 마감 바닥 밑에 시공하는 동판 방수층
③ 지붕 등에 시공하는 스테인리스 스틸 시트 방수층

Ⅲ. 금속판의 시공

1. 납판의 시공

① 겹침을 최소 25mm 이상
② 이음 부분은 완전 용접
③ 방수 성능이 중요하지 않거나 얇은 납판을 사용하는 경우에는 접합 부분을 분말수지와 압접 용접판으로 덮은 다음 용접
④ 시공이 끝난 납판 위는 섬유판 단열재료로 보호
⑤ 방수층 0.4mm 두께 이상의 아스팔트 코팅을 하고 보양 후 콘크리트 등 마감

2. 동판의 시공

① 이종 금속과의 접촉은 최대한 피한다.
② 납땜을 한 동판의 모서리 부분은 38mm 너비 이상으로 주석을 입혀야 한다.
③ 접합은 최소 25mm 이상 겹침, 최소 리벳간격 200mm 이하로 하여 리벳을 치고 납땜한다.
④ 접합부의 너비는 최소 25mm 이상, 갈고리형 플랜지를 한 평거멀접기 이음으로 하고 납땜을 한다.
⑤ 모서리는 동판을 위로 뒤집어서 접어야 한다.

3. 스테인리스 스틸 시트의 시공

① 심(Seam)용접기의 절연 저항치는 가동시의 저항으로 0.2MΩ을 만족
② 스팟 용접기는 가용접하기에 충분한 성능을 가져야 한다.
③ 성형기는 성형 롤의 마모에 따른 철분의 발생이 없는 것으로 한다.
④ 1일 1회 이상, 심(Seam)용접 작업시작 전에 전류, 가압력 및 자주속도 등의 용접상태를 확인
⑤ 가용접 후 자주식 심(Seam)용접기로 용접
⑥ 파라펫 등의 치켜올림부 시공은 신축 및 파라펫의 빗물처리에 주의
⑦ 관통부 주위는 일반부의 방수층과 용접하여 일체화시킨다.
⑧ 방수층 치켜올림 끝부분의 처리는 물끊기 및 실링재로 주의하여 시공
⑨ 처마 끝의 마무리는 덮어씌우기 또는 물끊기를 설치하여 처리

63 벤토나이트 방수 공법

KCS 41 40 11

Ⅰ. 정의

벤토나이트란 응회암, 석영암 등의 유기질 부분이 분해해서 생성된 미세 점토질 광물로, 벤토나이트 방수는 벤토나이트가 물을 흡수하면 팽창하고 건조하면 수축하는 성질을 이용한 방수공법을 말한다.

Ⅱ. 벤토나이트 패널의 시공

1. 수직면에서의 시공

① 기초 바닥면에서 시작하여 콘크리트 못이나 접착제로 고정하고, 상하층의 이음매가 서로 겹치지 않도록 한다.

② 인접한 패널과의 겹침은 50mm 이상 못을 이용하여 고정시키고 끝부분을 테이프로 마감 처리

③ 관통파이프와 슬래브 모서리 부분은 미리 벤토나이트 패널로 덧바름하고, 그 위를 겹쳐 바른 후, 벤토나이트 실란트로 겹침이음부를 처리

④ 패널의 끝부분은 알루미늄 고정용 졸대를 대고 200~300mm 간격으로 콘크리트 못을 사용하여 바탕에 고정

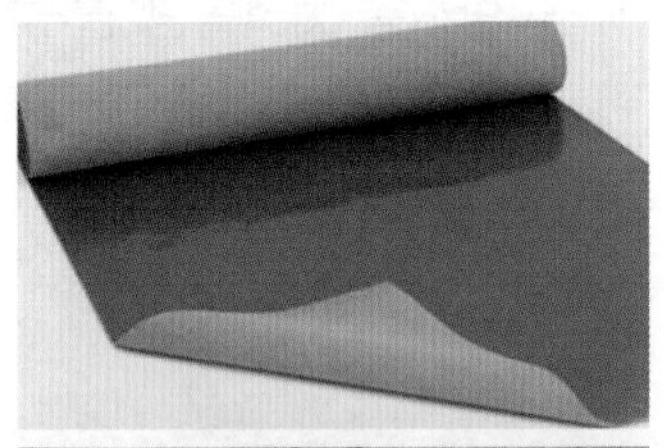

[벤토나이트 방수]

2. 슬래브 하부 수평 표면 위의 시공

① 폴리에틸렌 필름을 100mm 정도 겹치고, 그 위에 벤토나이트 패널을 고정

② 관통파이프와 슬래브 모서리 부분은 미리 벤토나이트 패널로 덧바름하고, 그 위를 겹쳐 바른 후 이음매 밀봉재로 겹침이음부를 실링 처리

3. 지중의 수평한 콘크리트 표면 위의 시공

① 폴리에틸렌 필름을 100mm 정도 겹치고, 그 위에 벤토나이트 패널을 고정

② 인접한 패널과의 겹침은 50mm 이상으로 하고, 접착테이프로 마감

③ 오목모서리에서의 패널은 수직면 위로 300mm 이상 연장하여 수직으로 시공한 패널과 겹치도록 한다.

Ⅲ. 벤토나이트 시트의 시공

1. 수직면에서의 시공

① 바닥 슬래브와 벽체의 조인트 부위는 벤토나이트 실란트 및 튜브 등으로 충전

② 시트는 벤토나이트층이 구체에 면하도록 하여 450mm 이내의 간격으로 콘크리트 못으로 고정

③ 시트의 겹침은 최소 70mm 이상이 되도록 하고, 이음부는 접착테이프로 마감

④ 상부 슬래브와 벽체와의 겹침 부위는 상부 슬래브의 시트를 벽체에 걸치도록 시공하여 벽체에서 고정될 수 있도록 한다.

⑤ 시트의 끝부분은 알루미늄 등의 졸대를 대고 200~300mm 간격으로 콘크리트 못을 사용하여 바탕에 고정
⑥ 폼타이핀 자리는 벤토나이트 매스틱이나 벤토나이트 된반죽으로 미리 충전

2. 수평면에서의 시공

① 시트는 벤토나이트층을 상면으로 하여 시공하고, 이음부는 70mm 정도 겹친다.
② 600mm 이내의 간격으로 콘크리트 못 등으로 고정
③ 시트를 시공한 다음 보호 콘크리트를 가능한 빨리 실시
④ 수평면 바닥에서 시공되는 부위는 바닥면에서 80mm 이상의 방수턱을 시공

3. 합벽면에서의 시공

① 폴리에틸렌 필름을 100mm 정도 겹치게 설치하고 그 위에 시트를 시공
② 시트는 벤토나이트층이 구체를 향하도록 하여 설치
③ 시공 후 장기간 외기에 노출시킬 경우에는 폴리에틸렌 필름을 사용하여 양생
④ 시트의 끝부분은 알루미늄 등의 졸대를 대고 200~300mm 간격으로 콘크리트 못을 사용하여 바탕에 고정

Ⅳ. 벤토나이트 매트의 시공

1. 바닥면에서의 시공

① 바닥에 물이 많을 경우에는 배수작업을 선행하고, 폴리에틸렌 필름을 시공하여 조기수화를 방지
② 바닥면을 고른 후 직포가 구조물을 향하게 시공
③ 매트의 겹침은 100mm 이상
④ 매트의 끝부분은 알루미늄 등의 졸대를 대고 200~300mm 간격으로 콘크리트 못을 사용하여 바탕에 고정
⑤ 벽체 방수를 위해 슬래브 양쪽 끝에서 각각 250mm정도 방수재를 내밀어 시공

2. 수직면에서의 시공

① 벤토나이트 매트는 바탕면을 고른 후 직포가 구조물을 향하게 시공
② 매트의 겹침은 100mm 이상
③ 매트의 끝부분은 알루미늄 등의 졸대를 대고 폭 200mm~300mm 간격으로 콘크리트 못을 사용하여 바탕에 고정
④ 폼타이핀 자리는 매스틱으로 바르거나 벤토나이트 알갱이 된반죽으로 보강
⑤ 되메우기는 방수작업 완료 후 36시간 이내에 실시

Ⅴ. 보호층의 방법

① 아스팔트섬유 혼입 보호판: 두께 3.9mm 이상
② 섬유형 방수성 보호판: 두께 12.7mm 이상
③ 습기 차단막: 두께 0.1mm 이상의 폴리에틸렌필름
④ 벽체보호: 두께 10mm의 폴리에틸렌 보호재
⑤ 보호콘크리트: 하부 30mm, 상부 50mm 이상

64 실링(Sealing) 방수

KCS 41 40 12

Ⅰ. 정의

실링은 방수를 목적으로 하여 건축물의 부재와 부재의 접합부에 설치된 줄눈에 실링재를 충전하면, 경화 후 부재에 접착하여 수밀성, 기밀성을 확보하는 공법을 말한다.

Ⅱ. 줄눈의 형상 및 치수

1. 워킹 조인트

① 줄눈 너비는 실링재가 무브먼트에 대한 추종성을 확보할 수 있는 치수
② 줄눈 깊이는 실링재의 접착성 및 내구성을 충분히 확보할 수 있고, 경화장애를 일으키지 않는 치수
③ 실링재를 충분히 충전할 수 있는 치수
④ 2면 접착의 줄눈구조

2. 논워킹 조인트

① 줄눈 너비는 실링재를 충분히 충전할 수 있는 치수
② 줄눈 깊이는 실링재의 접착성 및 내구성을 충분히 확보할 수 있고, 경화장애를 일으키지 않는 치수
③ 3면접착의 줄눈구조

3. 줄눈 폭과 깊이의 관계

줄눈 폭	일반 줄눈	Glazing 줄눈
15mm≤W	1/2~2/3	1/2~2/3
10mm≤W<15mm	2/3~1	2/3~1
6mm≤W<10mm		3/4~4/3
최소 6mm 이상, 최대 20mm 이내		

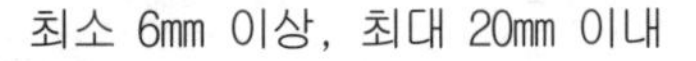

D
W
백업재
실링재

Ⅲ. 시공관리

① 강우 및 강설, 피착체가 아직 건조되지 않은 경우 시공 금지
② 5℃ 이하 또는 30℃ 이상, 구성부재의 표면 온도가 50℃ 이상에는 시공 중지
③ 습도가 85% 이상에는 시공을 중지

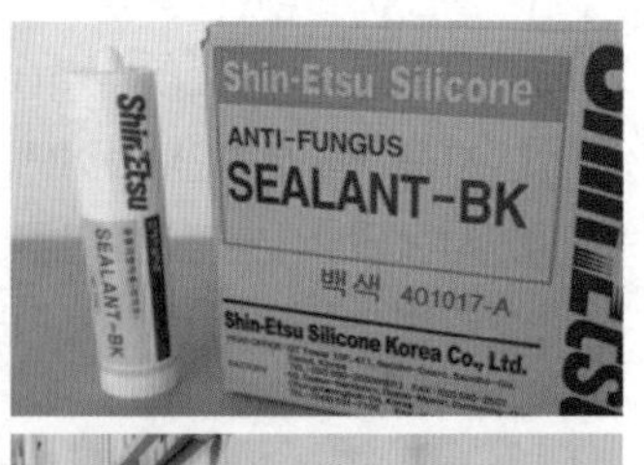

[실링방수]

[줄눈의 상태]
- 줄눈에는 엇갈림 및 단차가 없을 것
- 줄눈의 피착면은 결손이나 돌기면 없이 평탄하고 취약부가 없을 것
- 피착면에는 실링재의 접착성을 저해할 위험이 있는 수분, 유분, 녹 및 먼지 등이 부착되어 있지 않을 것

65 지하구체 외면 방수

KCS 41 40 13

Ⅰ. 정의

지하구체 외면 방수는 건축물의 일반지하층, 지하주차장, 지하수조, 공동구 등의 지하 구조체 외면을 물의 침입으로부터 방지하는 방수공사를 말한다.

Ⅱ. 자재의 보관 및 취급

① 방수재는 창고에 보관

② 방수재는 생산자명, 상품명, 용도, 취급시 주의사항 등이 표시된 포장 상태로 현장에 반입

③ 부득이 옥외 야적으로 보관하게 될 경우 도막재는 밀봉된 상태로 보관, 시트는 세워서 보관, 습기가 포장 재료에 닿지 않도록 보관

④ 방수재를 설치한 후에도 철근조립 및 거푸집의 이동 시 방수재가 손상되지 않도록 주의

⑤ 방수재료들의 보관 시 화재가 발생하지 않도록 주의함과 동시에 소화기 비치

[지하구체 외면 방수]

Ⅲ. 시공 시 유의사항

① 시트계 재료는 코너부, 돌출부 등 굴곡부에서의 바탕면 추종성이 부족하며, 시트 간 접합부의 수밀성에 주의

② 도막계 재료는 기후의 영향이 크고, 두께의 불균질, 핀홀 발생 등 방수층의 안정성에 유의

③ 시트계 방수공법은 손상 개소나 바탕 및 시트 간의 미부착 개소 등을 검사 후 처리

④ 도막계 방수공법은 들뜸 및 핀홀 개소 등을 검사 후 처리

⑤ 지하구체 외면방수층은 반드시 보호

⑥ 되메우기 작업 시에는 불순물이 포함되지 않은 흙 또는 일반 모래 등을 사용

Ⅳ. 방수재의 품질시험

① 방수재의 품질관리는 년 2회(6개월에 1회) 국·공립품질시험 전문기관 또는 공인시험기관 등에서 수행하는 시험에 의해 관리

② 각 제조사는 방수면적 20,000m^{2}마다 제조품질 검사를 실시하는 것이 바람직하고, 방수시트의 보관은 실내 창고 등에 보관

66 점착유연형 시트 방수

KCS 41 40 19

Ⅰ. 정의

점착유연형 시트 방수는 고체형 방수 물질과 유체형 방수 물질을 상관시켜 각각의 고유 성능이 발현 유지되도록 구성된 복합 방수시트를 사용하여 방수하는 공법을 말한다.

Ⅱ. 점착형 복합 방수시트

① 유체 특성을 갖는 겔(Gel) 형 방수재와 이를 보호하기 위한 경질 혹은 연질형 시트방수재가 상하로 일체되어 적층구조로 형성된 재료

② 유체 특성을 갖는 겔(Gel) 형 방수재의 종류

종류	두께
고무 아스팔트계	• 총 두께 3.0mm 이상 (단, 방수시트의 점착형 겔층 두께 1.0mm 이상)
부틸 고무계	• 총 두께 2.0mm 이상 (단, 방수시트의 점착형 겔층 두께 1.7mm 이상)
천연 고무계	• 총 두께 2.0mm 이상 (단, 방수시트의 점착형 겔층 두께 1.7mm 이상)

[점착유연형 시트 방수]

Ⅲ. 방수층의 종류

<table>
<tr><th colspan="2">구분</th><th>바닥(비노출용)(1/100～1/50)</th><th>치켜 올림부, 외벽</th></tr>
<tr><td colspan="2">1</td><td colspan="2">프라이머 공정 없음</td></tr>
<tr><td colspan="2">2</td><td>• 고무 아스팔트계 점착형 복합 방수시트
• 부틸 고무계 점착형 복합 방수시트
• 천연 고무계 점착형 복합 방수시트</td><td>• 고무 아스팔트계 점착형 복합 방수시트
• 부틸 고무계 점착형 복합 방수시트
• 천연 고무계 점착형 복합 방수시트</td></tr>
<tr><td rowspan="2">보호 및 마감</td><td>벽</td><td>PP복합패널, 발포PE시트 등</td><td rowspan="2">PP복합패널, 발포PE시트 등</td></tr>
<tr><td>바닥</td><td>PP복합패널(부틸, 천연), PE시트, 현장 타설 콘크리트, 아스팔트 콘크리트, 콘크리트 블록, 모르타르, 자갈 등</td></tr>
</table>

Ⅳ. 시공 시 유의사항

① 바탕을 충분히 청소

② 들뜸 현상이 없도록 잘 밀착시키는 방법을 표준

③ 이어치기부, 연결 조인트부, PC부재 등은 미리 너비 300mm 정도의 덧붙임용 시트를 붙여 마감

④ 치켜올림의 점착형 복합 방수시트의 끝부분은 누름고정판을 이용하여 고정

⑤ 시트단부는 실링재로 마감

⑥ 지하외벽 및 수영장 등의 벽면은 시공높이에 맞게 재단하여 시공

⑦ 최상단부 및 높이가 10m를 넘는 벽에서는 5m 높이 마다 누름고정판으로 고정

⑧ 오목모서리와 볼록모서리 부분은 일반 평면부 붙이기에 앞서 너비 200mm 정도의 덧붙임용 시트로 처리

⑨ 드레인 주변은 500mm 각 정도의 덧붙임용 시트를 붙여주거나, 보강용 겔(Gel)로 보강

⑩ 보호층(보호재) 시공 후 늦어도 5일 내에 되메우기 또는 마감 시공

67 단열(Insulation) 방수

Ⅰ. 정의

건물 최상층의 열손실을 방지하여 에너지 절감효과를 높이며, 또한 방수기능을 부여하여 방수성을 갖게 하는 공법이다.

Ⅱ. 공법별 특징

1. 내단열(천장단열) 공법

1) 정의

단열층을 지붕슬래브 하부에 설치하는 공법

2) 특징

① 일사 열에 의한 지붕슬래브의 거동의 큼
② 구조체 건조수축에 의한 방수층의 파단이 쉬움
③ 냉난방 시의 마무리 효과가 좋음

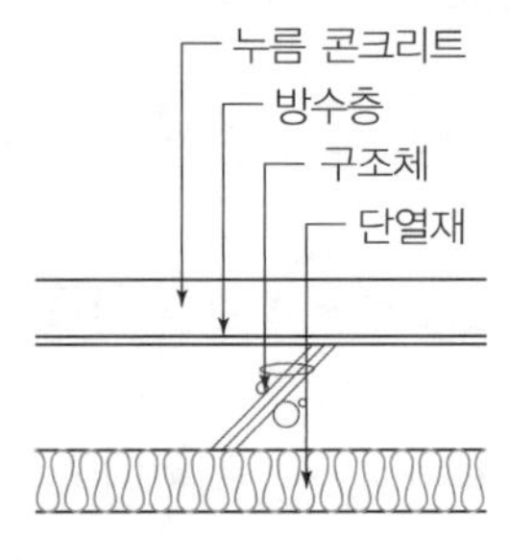

[내단열 공법]

2. 외단열 종전공법

1) 정의

지붕층 위에 단열재를 설치하고 그 위에 방수하는 공법

2) 특징

① 방수층 표면온도 상승으로 열화
② 일사 열에 의해 단열재의 변형이 발생하고 방수층의 파손이 발생
③ 내부결로로 인하여 단열재 하부 방습층이 필요

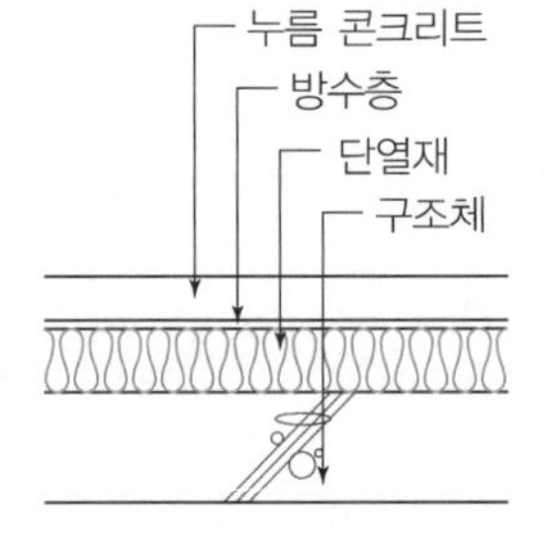

[외단열 종전공법]

3. 외단열 역전공법

1) 정의

방수층 위에 단열재를 깔고 누름 콘크리트를 타설하는 방법

2) 특징

① 방수층 보호 및 내구성 유지에 가장 좋은 방법
② 단열효과 우수
③ 누름 콘크리트를 자갈 등으로 시공 가능

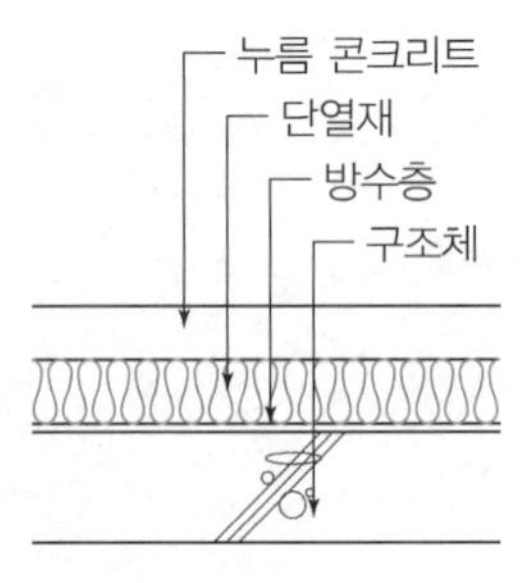

[외단열 역전공법]

68 옥상녹화 방수

KCS 41 40 14

Ⅰ. 정의

옥상녹화 방수는 건축물의 옥상부, 지하주차장 상부 슬래브 등의 콘크리트 바탕(인공지반) 위에서 이루어지는 식재(조경) 공사에 있어서 실내로의 물의 침입을 방지하기 위한 방수공사를 말한다.

Ⅱ. 옥상녹화 방수층의 구성

[기존 건축물] [신축 건축물]

[옥상녹화 방수]

Ⅲ. 자재의 요구성능

① 장기적 내화학성을 갖는 소재를 사용
② 방수층 및 방근층은 내근성을 확보한 소재를 사용
③ 토양층에 대한 내알칼리성 및 내박테리아성을 가진 소재를 사용
④ 각종 장비, 자재 등은 충격하중에 대하여 안전한 소재를 사용
⑤ 토양층에는 수밀성을 확보한 소재 및 공법을 사용

Ⅳ. 옥상녹화용 방수층 및 방근층 시공 시 유의사항

요인	방법
1. 녹화 공사 및 조경 수목의 뿌리에 의한 방수층(방근층)의 파손(보호 대책)	① 방수재의 종류 및 재질 선정 아스팔트계 시트재 보다는 합성고분자계 시트재 사용 ② 방근층의 설치(방수층 보호) -플라스틱계, FRP계, 금속계의 시트 혹은 필름, 조립패널 성형판 -방수방근 겸용 도막 및 시트 복합, 조립식 성형판 등
2. 배수층 설치를 통한 체류수의 원활한 흐름	① 방수층 위에 플라스틱계 배수판 설치
3. 체류수에 의한 방수층의 화학적 열화	① 방수재의 종류 및 재질 선정 아스팔트계 시트재보다는 합성고분자계 시트재 사용 ② 방수재 위에 수밀 코팅 처리(비용 증가 및 시공 공정 증가)
4. 바탕체의 거동에 의한 방수층의 파손	① 콘크리트 등 바탕체가 온도 및 진동에 의한 거동 시 방수층 파손이 없을 것 ② 합성고분자계, 금속계 또는 복합계 재료 사용 ③ 거동 흡수 절연층의 구성
5. 유지관리 대책을 고려한 방수시스템 적용	① 만일의 누수 시 보수가 간편한 공법(시스템)의 선정 ② 만일의 누수 시 보수대책(녹화층 철거 유무) 고려

69 Bond Breaker

Ⅰ. 정의

본드 브레이커란 실링재를 접착시키지 않기 위해 줄눈 바닥에 붙이는 테이프형의 재료로 3면 접착을 방지하기 위해 사용된다.

Ⅱ. 본드 브레이커의 원리

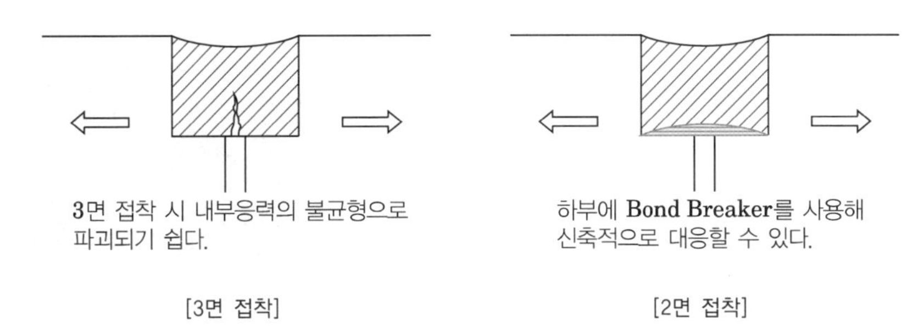

[3면 접착] [2면 접착]

Ⅲ. 필요성

① 실링재의 파괴 방지
② 누수 방지
③ 접합부의 수밀성 및 기밀성 유지
④ 외관 저해 방지

Ⅳ. 실링재의 시공 형태

1. 본드 브레이커형

① 줄눈의 깊이가 얇을 경우에 사용
② 줄눈 바닥의 3면 접착방지로 실링재의 파괴 방지

[본드 브레이커형]

2. 백업형

① 줄눈의 깊이가 깊을 경우에 사용
② 합성수지계의 발포재로 줄눈을 얇게 하는 것이 목적

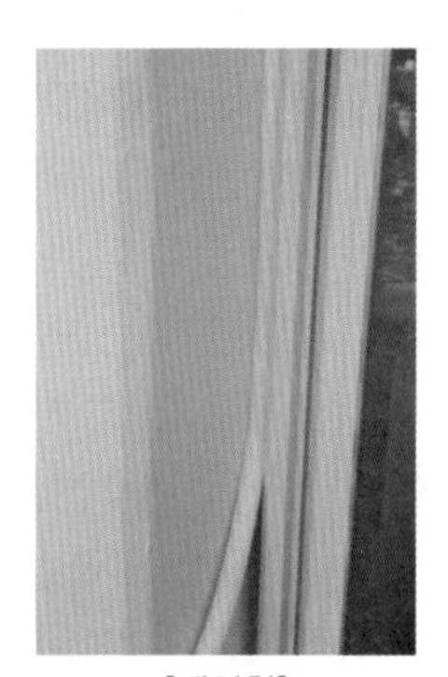

[백업형]

3. 줄눈 폭과 깊이의 관계

줄눈 폭	일반 줄눈	Glazing 줄눈
15mm≤W	1/2~2/3	1/2~2/3
10mm≤W<15mm	2/3~1	2/3~1
6mm≤W<10mm		3/4~4/3
최소 6mm 이상, 최대 20mm 이내		

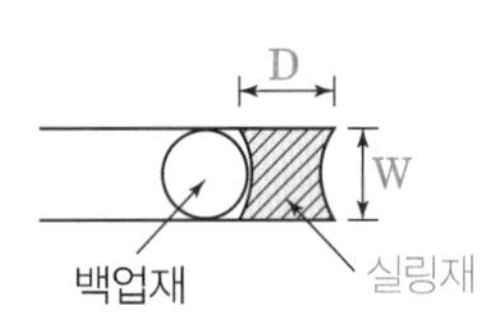

70 지수판(Water Stop)

KCS 41 40 16

Ⅰ. 정의

지수판의 중앙이 콘크리트 이음부에 오도록 설치하고, 콘크리트를 타설하여 누수방지나 지수효과를 얻는 판모양의 재료를 말한다.

Ⅱ. 현장 지수판 설치

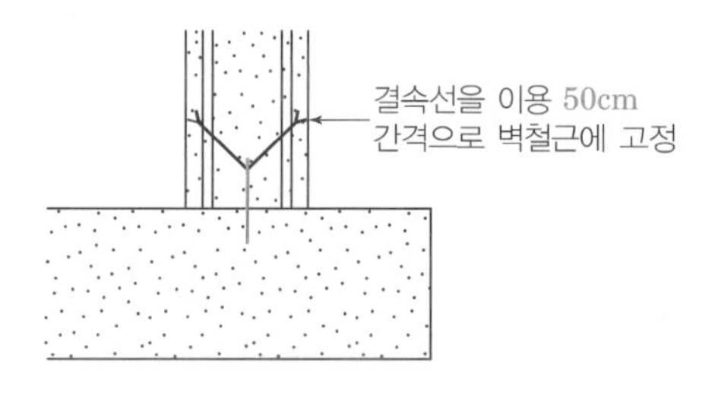

[구조체 가운데 설치]

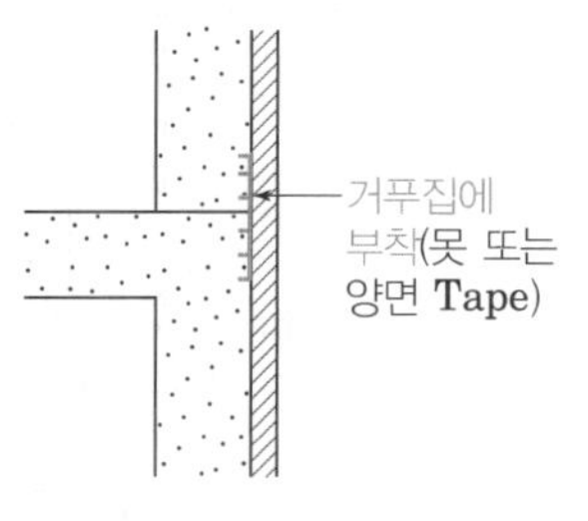

[구조체 면에 설치]

[지수판-중앙]

[지수판-구조체 면]

Ⅲ. 요구조건

① 지수판은 침투수에 대하여 탄력성과 수밀성, 내구성을 확보할 수 있는 재질
② 지수판은 재질이 치밀하고 균질하게 제조된 것
③ 지수판 치수의 허용차

치수	허용차
너비	±3
두께	±10
길이	+3~0

Ⅳ. 시공 시 유의사항

① 지수판이 편심시공되지 않도록 정확한 위치에 좌우, 상하 균등하게 설치 및 움직이지 않게 고정한 후 콘크리트를 타설
② 신축이음용 지수판과 시공이음용 지수판을 반드시 구분하여 사용
③ 신축이음 지수판의 중앙밸브(원통)부가 노출시키고, 콘크리트 이어치기 실시
④ 지수판은 가능한 한 가장 긴 길이로 설치하고, 이음부는 최소화
⑤ 콘크리트 타설 시 지수판이 접히지 않도록 고정
⑥ 지수판의 연결접합(이음매)은 지수판융착기를 사용하여 완전융착접합
⑦ 외부 벽체, 바닥슬래브, 지붕슬래브의 시공이음부에는 반드시 지수판을 설치
⑧ 지수판의 중앙밸브(원통)부와 신축이음재(Joint Filler)가 반드시 일치되도록 설치

71 수팽창 고무 지수재 KCS 41 40 16

Ⅰ. 정의

수팽창 지수재는 고무와 친수성 고분자를 결합시킨 특수 변성고무를 주성분으로 물, 습기와 접촉하면 체적이 팽창하여 완벽하게 지수시키며, 수중에서 제품의 유출이 없으므로 시간이 지나도 팽창능력이 뛰어나다.

Ⅱ. 현장시공도

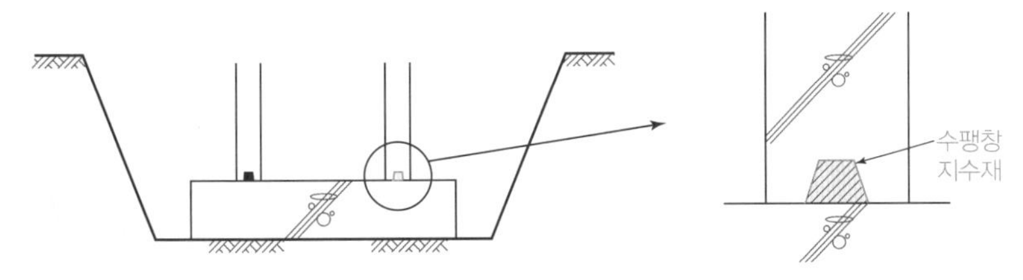

[수팽창 고무 지수재]

Ⅲ. 요구조건

① 수팽창 고무 지수재는 침투수에 대하여 탄력성과 수밀성, 내구성을 확보할 수 있는 재질

② 수팽창 고무 지수재는 재질이 치밀하고 균질하게 제조된 것

③ 지수재의 치수 및 허용차

호칭	너비 허용차	두께 허용차	(최대)지름 허용차	높이	길이
사각형	±1.0	±1.0			표시차 이상
원형			±1.0		
반달형				±1.0	

Ⅳ. 시공 시 유의사항

① 콘크리트 양생 후 시공하게 되므로 시공면은 청결하고 건조된 상태로 유지되어야 하며, 부착되는 콘크리트 면은 요철이 없을 것

② 제자리에 정확히 설치하고 콘크리트 타설 시 움직이지 않도록 단단히 고정

③ 연결접합(이음매)은 부적합 부착이 없도록 하고 교차 시 50mm 이상 교차시켜 틈이 없도록 하여야 하며 지수재 성능이 연속성을 유지

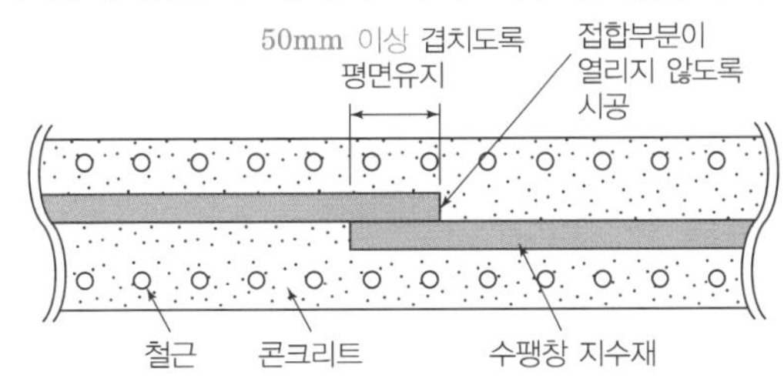

72 화장실 방수 전 확인사항

Ⅰ. 정의

화장실 방수는 일반적으로 액체방수로 신축에 의한 거동에 대응하지 못하므로 바탕면 상태가 매우 중요하다.

Ⅱ. 화장실 방수 전 확인사항

1. 바탕정리

① 조적벽면 줄눈의 충전 상태
② 이질부 균열상태 확인

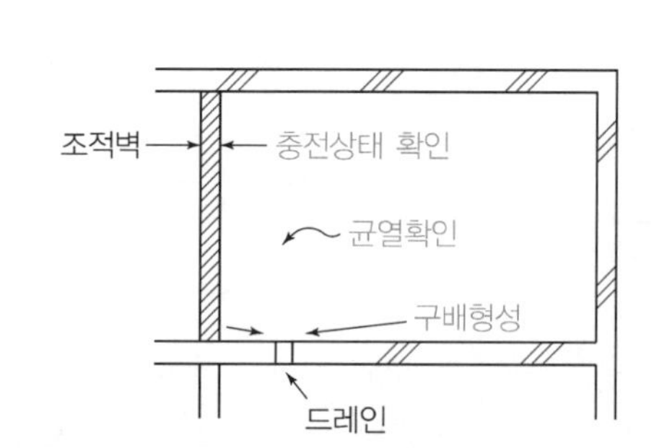

[화장실 방수]

2. 바닥구배

구체에서 구배형성

3. 설비 배관류 주위

① 드레인 파손 여부
② 관통슬리브 사춤상태

4. 전기 Outlet Box

위치 및 고정상태 확인

5. 천장 상부면 처리

가능한 천장 상부면까지 방수를 원칙으로 하나 콘크리트 벽돌 시공 시 소음 전달을 방지하기 위해 미장을 할 것

6. 배관 돌출

① 홈벽돌 사용 시 배관 돌출 확인
② 조적부위 전기배관 돌출 및 밀집되어 확인

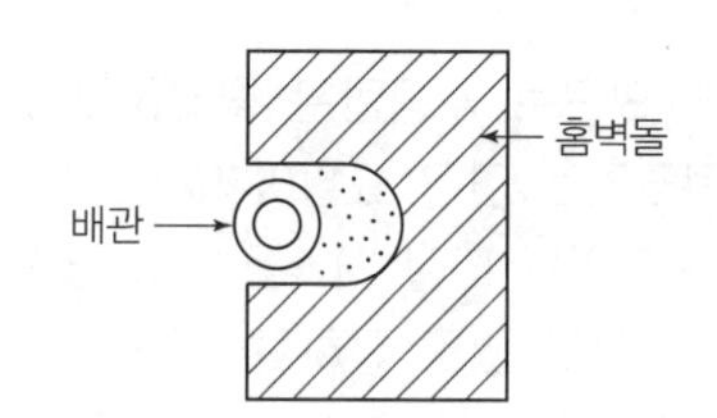

73 신축줄눈의 설치

Ⅰ. 정의

누름 콘크리트 타설 전에 신축줄눈의 설치 시 온도에 의한 콘크리트의 수축 및 팽창에 대비하여 적정 크기의 폭으로 전체 두께가 완전히 분리되도록 설치하여야 한다.

Ⅱ. 현장 시공도

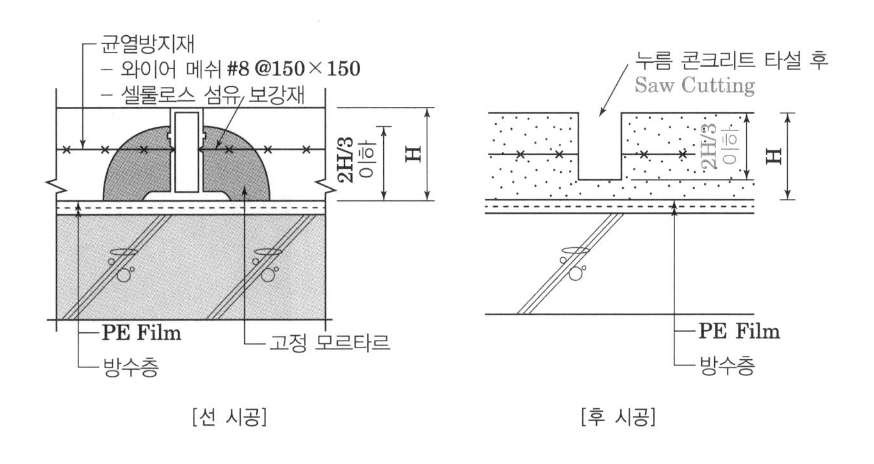

[선 시공]　　　[후 시공]

[신축줄눈 후 시공]

Ⅲ. 신축줄눈의 설치

① 신축줄눈의 폭: 20~25mm
② 신축줄눈의 깊이: 누름 콘크리트의 바닥면까지 완전분리(현장에서는 누름 콘크리트 타설 후 Saw Cutting 하는 경우가 있음: 가능한 금지)
③ 모르타르로 줄눈재를 고정하는 경우 누름 콘크리트의 2/3 이하
④ 와이어 메쉬는 누름 콘크리트 가운데 설치하고, 한 눈 길이 이상 겹쳐 시공
⑤ 누름 콘크리트의 거동에 의한 방수층 손상을 방지하기 위해 PE Film을 설치

Ⅳ. 시공 시 유의사항

① 줄눈재 보관 시 휨 발생 등에 유의
② 누름 콘크리트 두께의 30배 이내, 일반적으로 3m 이내
③ 옥상 외곽부: 파라펫 방수 보호벽돌에서 600mm 이내
④ 줄눈재 고정은 빈배합의 시멘트 모르타르 사용
⑤ 줄눈재 전 길이에 걸쳐 고정
⑥ 줄눈재 바름 높이 : 노름 콘크리트 두께의 2/3 이하

74 방수층 시공 후 누수시험

Ⅰ. 정의

누수시험이란 방수층 시공완료 후 누수의 유무를 검사하여 방수 목적이 달성되었는지 확인 실시하는 시험이다.

Ⅱ. 확인방법

① 소규모 평지붕, 실내방수, 수조: 담수 Test
② 박공지붕, 대규모평지붕, 지하구조물: 살수 Test 또는 강우 시 검사

Ⅲ. 누수시험

1. 담수 Test

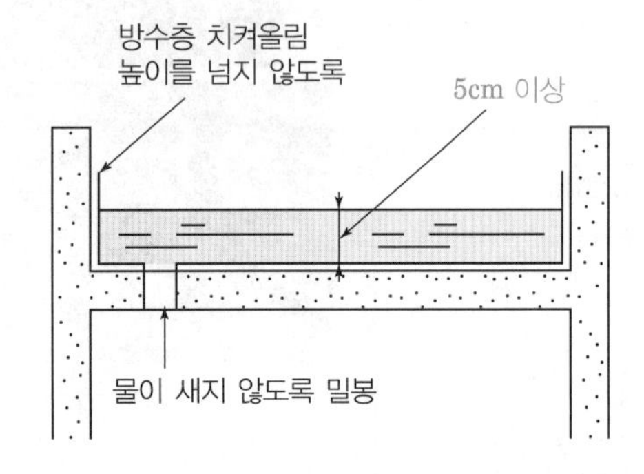

[담수 Test]

① 방수층 끝 부분이 감기지 않도록 물을 채우고, 48시간 정도 누수 여부를 확인
② Sheet 방수의 경우 기포발생 여부 확인

2. 살수 Test

① 해당지역의 최대강우강도 이상
② 모서리, 돌출부 등 하자다발부위 위주로 실시

3. 강우 시 검사

① 지하구조물은 외부 Dewatering 중단 후 누수 여부 확인
② 예상하루강우량 50mm 이상: 강우 후 누수 확인
③ 예상하루강우량 50mm 이하: 빗물을 담수로 활용

75 옥상드레인 설계 및 시공 시 고려사항 KCS 41 40 01/KDS 31 30 35

Ⅰ. 정의

옥상드레인의 효율적인 역할을 위해서는 우선 옥상 바닥 슬래브 바탕의 물매가 중요하므로 사전에 물매 계획과 수평투영 지붕 면적에 대한 우수드레인 지름 등 설치계획을 검토하여 시공에 반영되어야 한다.

Ⅱ. 옥상드레인 설계 및 시공 시 고려사항

[옥상드레인]

1. 바탕의 물매

① 현장타설 철근콘크리트 등으로 방수층을 보호할 경우: 1/100～1/50

② 방수층을 보호도료 (Top Coat) 도포 또는 마감하지 않을 경우: 1/50～1/20

2. 우수 직관의 지름

수평투영 지붕면적과 강우량 및 바탕의 물매에 따라 우수 직관의 지름을 결정

3. 드레인의 고정

드레인은 RC 또는 PC의 콘크리트 타설 전에 거푸집에 고정시켜 콘크리트에 매립하는 것을 원칙

4. 드레인의 높이 및 이격거리

① 드레인 설치 시에는 드레인 몸체의 높이를 주변 콘크리트 표면보다 약 30mm 정도 내린다.

② RC 또는 PC의 콘크리트 타설 시 반경 300mm를 전후하여 드레인을 향해 경사지게 물매를 두고 표면 고르기 한다.

③ 이격거리(mm)

드레인 지름(D)	75	100	120	150	200
중심거리(L)	325	350	375	400	425

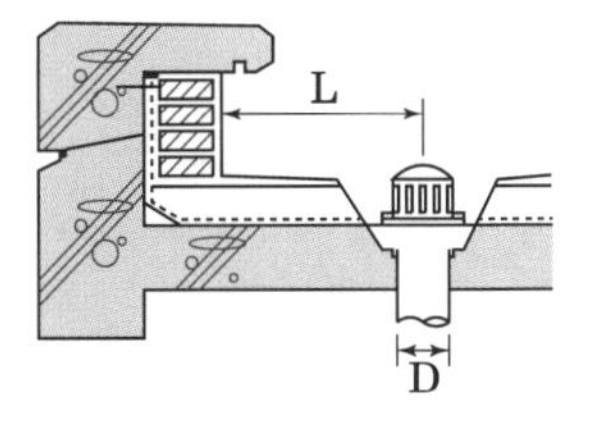

5. 드레인의 설치

① 드레인은 기본 2개 이상을 설치

② 지붕의 면적, 형상, 강우량(집중호우 등)에 따라 설계단계에서 적절한 설치 개수, 개소를 확인

③ 설계도서 및 공사 시방서 등에 특별한 지시가 없는 경우에는 6m 간격으로 설치하는 것을 권장

6. 관통파이프 등 돌출물 주변의 상태

① 배기구 등 바탕이 접하는 오목모서리는 아스팔트 방수층의 경우 삼각형 면 처리로 하고, 그 외의 방수층은 직각으로 면 처리

② 볼록 모서리는 각이 없는 완만한 면 처리

③ 관통파이프와 바탕이 접하는 부분은 폴리머 시멘트 모르타르나 실링재 등으로 수밀하게 처리

④ 관통파이프 또는 기타 돌출물이 방수층을 관통할 경우 동질의 방수재료나 실링재 또는 고점도 겔(Gel)타입 도막재 등으로 수밀하게 처리

7. 기타

① 우수관은 오수관이나 배수관 또는 통기관과 완전히 분리

② 흐름 방향으로 우수관의 크기를 축소하지 않는다.

③ 청소구가 필요한 경우 우수배관에는 청소구를 설치

76 후레싱(Flashing)

Ⅰ. 정의

후레싱은 방수 상부에 설치하여 우수의 침입을 방지하고, 외장재의 상부에 설치하여 우수가 건물의 내부로 스며들지 못하게 막는 금속판을 말한다.

Ⅱ. 후레싱의 종류

1. 방수용 후레싱

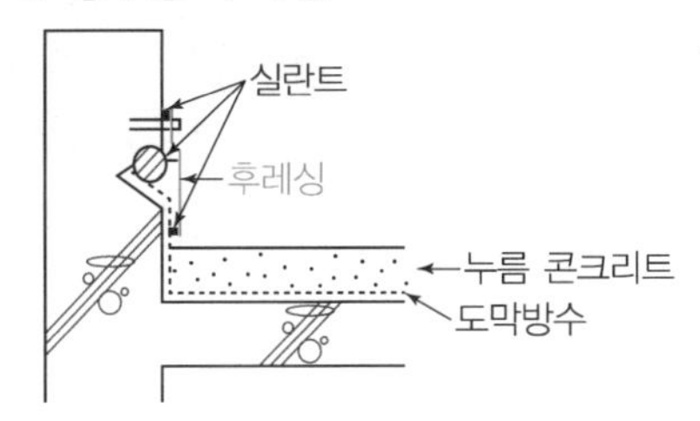

- 파라펫에 방수(도막방수 등)가 끝나는 부분에 실란트 마감 후 우수 침입방지를 위해 후레싱 설치

[방수용 후레싱]

2. 마감용 후레싱

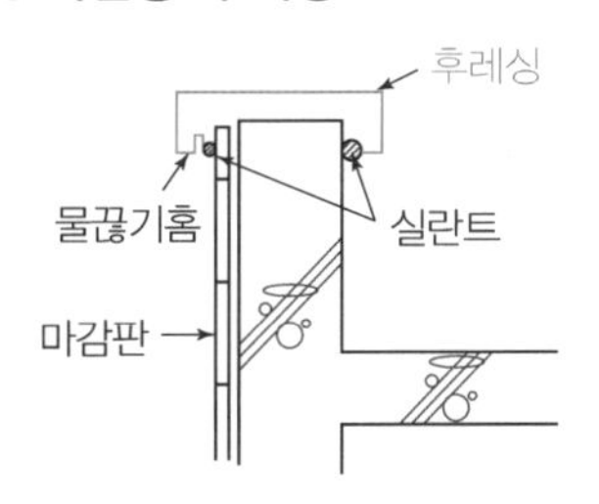

- 외부 마감판(판넬, 석재 등)의 상부에 물끊기 홈을 한 후레싱을 설치하여 우수침입을 방지

[마감용 후레싱]

Ⅲ. 특징

① 건물 내부로의 우수침입방지
② 금속재 자재로 내구성 우수
③ 타 재료의 접합부에도 사용 가능
④ 시공이 용이

Ⅳ. 시공 시 유의사항

① 구조체와 접합부 사이의 실란트 처리 철저
② 외부에 물끊기 홈을 설치하여 마감재에 오염 방지
③ 구조체와 틈새처리 철저로 돌개바람 등에 대처
④ 후레싱의 연결부위는 실란트로 철저히 시공
⑤ 후레싱 상부에 전기 접지 등 설치 시 실란트 철저히 시공

77 공동주택 세대욕실의 층상배관

Ⅰ. 정의

층상배관은 당해층 위생기구의 설비배관을 콘크리트 슬래브를 Down하여 콘크리트 슬래브 상부에 설치하는 방식을 말한다.

Ⅱ. 현장시공도

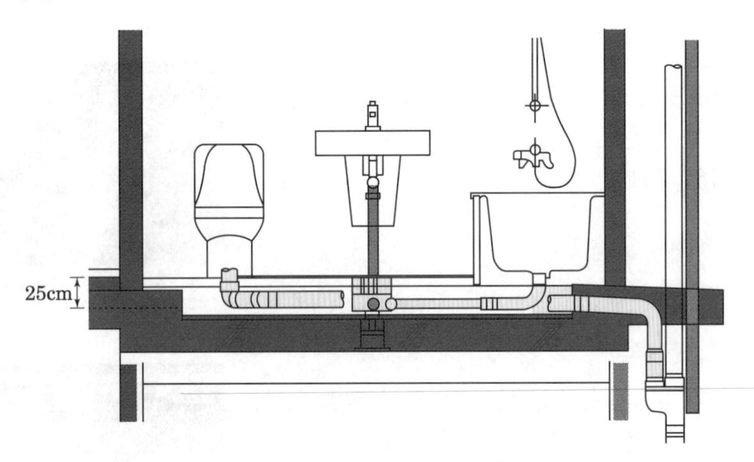

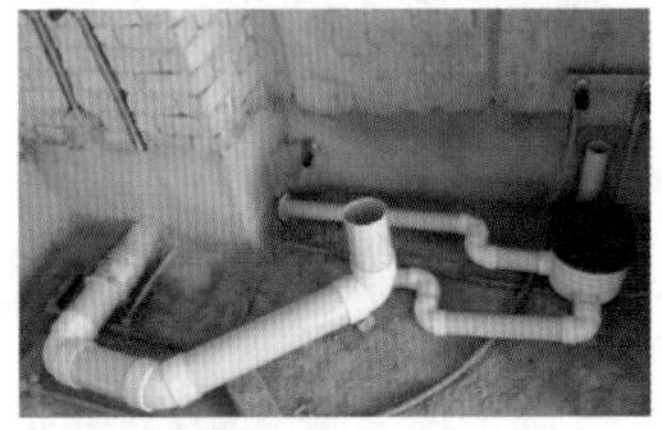
[방수용 후레싱]

Ⅲ. 특징

① 배수소음의 하부세대 차단으로 층간소음 방지
② 설비배관 등 해당세대에서 유지보수 가능
③ 콘크리트 슬래브 Down 등으로 공사비 증가
④ 유지보수 시 유지관리비 증가

Ⅳ. 시공순서

슬래브 골조 타설 전 통합육가용 등 배관 선 시공 → 슬래브 골조 타설 → 조적 시공 → 방수 및 담수 시험 → 층상배관 작업 → 배관 주위 등 방수 보강 → 내부마감

Ⅴ. 시공 시 유의사항

① 바닥, 벽체 방수작업 및 담수 시험 철저
② 통합육가용, 건수배관용 슬리브 등 매립배관 주위 방수보강 철저
③ 층상배관 작업 시 진동 등에 의한 방수층 파손에 주의
④ 통합육가용 담수 시험 이후 뚜껑 제거 후 틈새 방수
⑤ 건수배관용 슬리브 안쪽 홈까지 틈새 방수
⑥ 건수배관용 슬리브로의 악취 유입 방지: 스폰지, 모르타르 콘크리트로 슬리브 막음

78 단열 모르타르

KCS 41 46 14

Ⅰ. 정의

단열모르타르는 건축물의 바닥, 벽, 천장 및 지붕 등의 열손실 방지를 목적으로 외벽, 지붕, 지하층, 바닥면의 안 또는 밖에 경량골재를 주재료로 하여 만든 단열 모르타르를 바탕 또는 마감재로 흙손바름, 뿜기 등에 의해 미장하는 공사를 말한다.

Ⅱ. 현장시공도

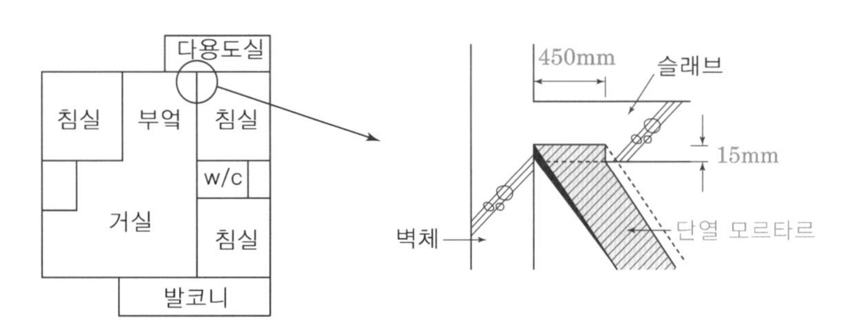

[단열모르타르]

Ⅲ. 시공순서

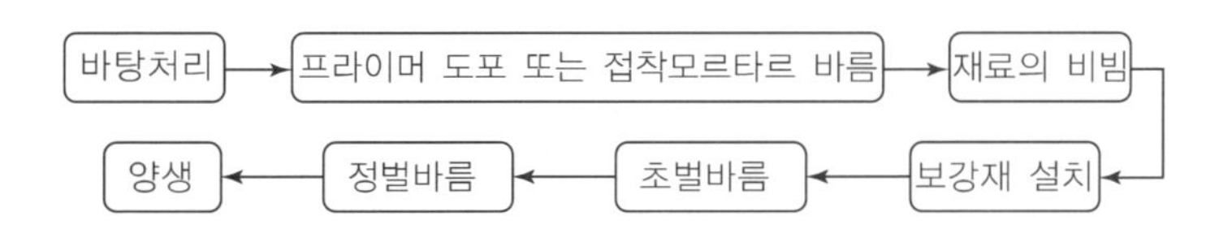

Ⅳ. 시공 시 유의사항

① 바름두께는 별도의 시방이 없는 한 1회에 10mm 이하
② 굴곡과 요철상태를 정리하고, 유해한 부착물을 제거한 후 충분히 건조
③ 단열 모르타르의 부착력을 증진시키기 위한 흡수조정제는 필요에 따라 솔, 롤러, 뿜칠기 등으로 균일하게 도포
④ 재료는 충분히 숙성되도록 손비빔 또는 기계비빔하고, 그 후 1시간 이상 경과된 재료는 사용 금지
⑤ 보강재는 접착재에 완전히 함침되도록 하고, 내화용 접착재를 사용
⑥ 초벌바름은 10mm 이하로 기포가 생기지 않도록 바른다.
⑦ 보양기간은 별도의 지정이 없는 경우 7일 이상으로 자연건조
⑧ 바름이 완료된 후는 급격한 건조, 진동, 충격, 동결 등을 방지
⑨ 외기온이 5℃ 이하인 경우는 작업을 중지

[흡수조정제 바름]
바탕의 흡수 조정이나 기포발생 방지 등의 목적으로 합성수지 에멀션 희석액 등을 바탕에 바르는 것

79 내식 모르타르

Ⅰ. 정의

대기 중 수분, 온도영향, 부식, 침식 등에 안전하게 견딜 수 있도록 만든 모르타르로서 화학적 저항 시멘트, 녹방지 시멘트 등이 있고 또한 모르타르에 내식제를 혼입한 것 등이 있다.

Ⅱ. 모르타르 접착증강 원리

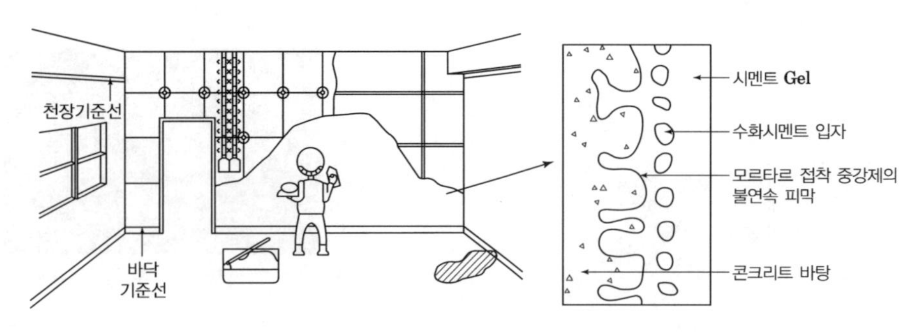

[모르타르 접착증강제 바름]

Ⅲ. 화학적 침식의 피해

① 콘크리트 및 모르타르의 열화
② 구조체 강도 저하
③ 균열 발생 및 누수
④ 백화의 발생

Ⅳ. 시공 시 유의사항

① 알칼리 골재반응이 적은 잔골재를 사용
② 가급적 저알칼리형의 시멘트를 사용
③ 분말도가 낮은 시멘트를 사용하여 모르타르의 건조수축 방지
④ 입도가 좋은 잔골재를 사용
⑤ 바탕의 처리 및 청소를 철저히 할 것
⑥ 바름 후 진동, 충격 금지 및 직사광선을 피할 것
⑦ 5℃ 이하일 경우는 작업을 중단할 것
⑧ 초벌바름은 2주일 이상 장기간 방치하여 바름면에 생기는 흠이나 균열을 충분히 발생시키고 심한 틈새가 생기면 덧먹임을 한다.

80 Dry Packed Mortar

Ⅰ. 정의

Dry Packed Mortar는 모르타르 재료 중에 물을 적게 혼입하여 되게 비벼지게 한 모르타르로 콘크리트 공극 등을 채워 넣는 모르타르를 말한다.

Ⅱ. 특징

① 강도 증대
② 내구성 향상
③ 수밀성이 우수하여 방수, 방동 효과기 있음
④ 열화에 대한 저항성이 증대되며, 건조수축이 적음
⑤ 시공성이 저하될 수 있음
⑥ 다짐의 정도에 따라 품질이 좌우될 수 있음

Ⅲ. 용도

① 콘크리트 미 충전 부위 채움재
② 재료분리 부위 충전
③ 콘크리트 벽돌 줄눈 미 충전 부위 채움재

Ⅳ. 시공 시 유의사항

① 강도 확보를 위한 배합 철저
② 굴곡과 요철상태를 정리하고, 유해한 부착물을 제거한 후 충분히 건조
③ 재료는 충분히 숙성되도록 손비빔 또는 기계비빔하고, 그 후 1시간 이상 경과된 재료는 사용 금지
④ 바름이 완료된 후는 급격한 건조, 진동, 충격, 동결 등을 방지
⑤ 외기온이 5℃ 이하인 경우는 작업을 중지
⑥ 물은 염화물 등의 유해량이 적은 것을 사용
⑦ 물의 정확한 계량은 품질에 영향을 주므로 주의
⑧ 해사 사용 시 염분함유량이 유해량 이하가 되는 것을 사용

81 수지미장(합성수지 플라스터 바름) KCS 41 46 10/KCS 41 46 01

Ⅰ. 정의

합성수지 플라스터 바름은 합성수지 플라스터를 내벽, 천장 등에 3~5mm 정도의 두께로 바름 마감하는 것을 말한다.

Ⅱ. 수지 플라스터의 자재

① 합성수지 에멀션, 탄산칼슘, 기타 충전재, 골재 및 안료 등을 공장에서 배합
② 적당량의 물을 가하여 반죽상태로 사용
③ 수지 플라스터는 시험 또는 자료에 의해서 품질이 인정된 것

Ⅲ. 시공순서

실러 바름 : 합성수지 에멀션 실러, 1시간 이상
↓
초벌 바름 : 수지 플라스터 두껍게 바름용, 24시간 이상
↓
연마지 갈기 : 연마지(#180~240)
↓
정벌 바름 : 수지 플라스터 얇게 바름용, 2시간 이상(최종양생: 24시간 이상)

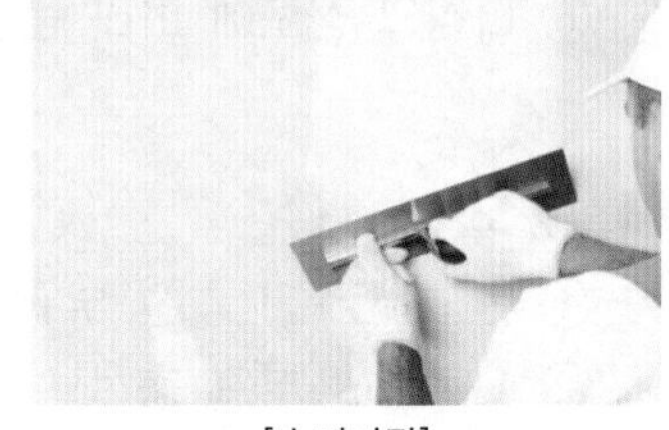
[수지미장]

Ⅳ. 공법

1. 실러 바름

실러 바름은 흘러내림과 바름 흔적이 없도록 고르게 바른다.

2. 합성수지 플라스터 바름

① 수지 플라스터는 잘 반죽하여 균일하게 하고, 쇠흙손 또는 쇠주걱 등으로 벽면을 훑어 내리면서 바른다.
② 초벌바름이 건조된 후 얼룩이 있을 때에는 연마지 등으로 조정하고, 정벌바름에 들어간다.
③ 정벌바름은 합성수지 플라스터 얇게 바름용을 사용하고, 얼룩이 없게 잘 바른다.

Ⅴ. 보양

① 바름작업 전에 근접한 다른 부재나 마감면 등은 적절히 보양
② 바름면의 오염방지 외에 조기건조를 방지하기 위해 통풍이나 일조를 피할 것
③ 온도가 5℃ 이하일 때는 공사를 중단
④ 바람 등에 의해 작업장소에 먼지가 날려 작업면에 부착될 경우는 방풍보양
⑤ 정벌바름 후 24시간 이상 방치하여 건조

82 얇은 바름재(Thin Wall Coating)

KS F 4715

Ⅰ. 정의

합성 수지 등의 결합재, 골재, 무기질계 분체 및 섬유 재료를 주원료로 하여, 주로 건축물의 내외벽을 스프레이, 롤러, 흙손 등으로 시공하는 두께 1~3mm 정도의 요철 모양으로 마무리하는 얇은 마무리용 바름재를 말한다.

[요철 모양]
모래벽 모양, 유자 껍질 모양, 잔물결 모양, 섬유 모양, 모래 파도 모양 등이 있다.

Ⅱ. 얇은 바름재 종류의 호칭

종류	호칭
외장 합성 수지 에멀션계 얇은 바름재	외장 얇은 바름재
내장 합성 수지 에멀션계 얇은 바름재	내장 얇은 바름재

Ⅲ. 품질

① 얇은 바름재는 색조가 균등하고, 또한 변색, 퇴색이 적을 것
② 얇은 바름재는 잔갈림, 벗겨짐이 생기지 않을 것
③ 얇은 바름재의 규정

항목		종류	
		외장 얇은 바름재	내장 얇은 바름재
저온 안정성		덩어리가 없고, 조성물의 분리 · 응집이 없을 것	덩어리가 없고, 조성물의 분리 · 응집이 없을 것
초기 건조에 따른 내잔갈림성		잔갈림이 생기지 않을 것	잔갈림이 생기지 않을 것
부착강도 (N/mm^2)	표준상태	0.6 이상	0.4 이상
	침수 후	0.4 이상	-
온랭 반복작용에 대한 저항성		부착강도 $0.4N/mm^2$ 이상	-
물흡수 계수($kg/m^2h^{0.5}$)		0.2 이하	-
내세척성		벗겨짐, 마모에 의한 밑판의 노출이 없을 것	벗겨짐, 마모에 의한 밑판의 노출이 없을 것
내충격성		잔갈림, 두드러진 변형 및 벗겨짐이 없을 것	잔갈림, 두드러진 변형 및 벗겨짐이 없을 것
습기 투과성(m)		2 이하	-
연소성능		-	난연성

83 셀프 레벨링(Self Leveling) 모르타르

KCS 41 46 12

Ⅰ. 정의

셀프 레벨링은 자체 유동성을 가지고 있기 때문에 평탄하게 되는 성질이 있는 석고계 및 시멘트계 등의 셀프 레벨링재에 의한 바닥바름공사를 말한다.

Ⅱ. 현장시공도

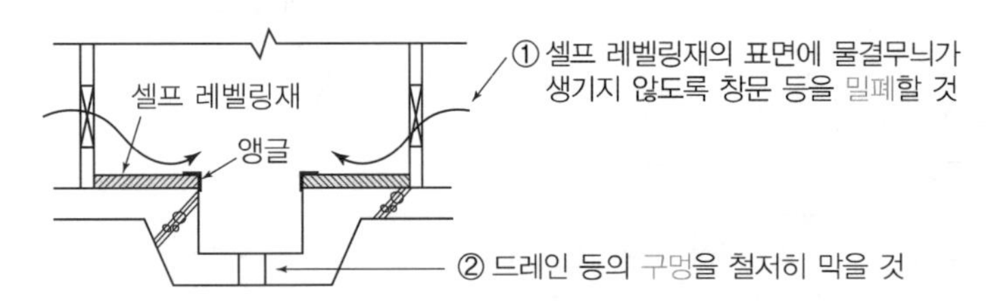

[셀프 레벨링 모르타르]

Ⅲ. 셀프 레벨링재의 종류

① 석고계 셀프 레벨링재
석고에 모래, 경화지연제, 유동화제 등 각종 혼화제를 혼합하여 자체 평탄성이 있는 것.

② 시멘트계 셀프 레벨링재
시멘트에 모래, 분산제, 유동화제 등 각종 혼화제를 혼합하여 자체 평탄성이 있는 것.

[자재 취급 시 유의사항]
- 석고계 셀프 레벨링재는 물이 닿지 않는 실내에서만 사용
- 재료는 밀봉상태로 건조해 보관해야 하며, 직사광선으로부터 보호

Ⅳ. 시공순서

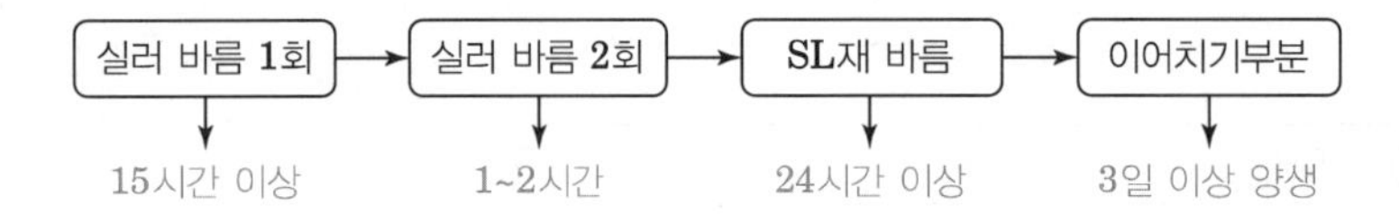

Ⅴ. 시공 시 유의사항

① 바닥 콘크리트의 레이턴스, 유지류 등은 제거
② 크게 튀어나와 있는 부분은 미리 제거하여 바탕을 조정
③ 합성수지 에멀션을 이용해서 1회의 실러 바르기를 하고, 건조
④ 셀프 레벨링 바름재는 기계를 이용, 균일하게 반죽하여 사용
⑤ 실러바름은 셀프 레벨링재를 바르기 2시간 전에 완료
⑥ 셀프 레벨링재의 표면에 물결무늬가 생기지 않도록 창문 등은 밀폐하여 통풍과 기류를 차단
⑦ 셀프 레벨링재 시공 중이나 시공완료 후 기온이 5℃ 이하 금지

84 콘크리트 바닥강화재 바름 KCS 41 46 13

Ⅰ. 정의

바닥강화재 바름은 금강사, 규사, 철분, 광물성 골재, 시멘트 등을 주재료로 하여 콘크리트 등 시멘트계 바닥 바탕의 내마모성, 내화학성 및 분진방지성 등의 증진을 목적으로 바닥에 바름마감하는 것을 말한다.

Ⅱ. 자재

금강사, 규사, 철분, 광물성 골재 및 규불화마그네슘 등의 재료들은 소요의 밀도 및 경도를 가진 것

Ⅲ. 시공

1. 바탕처리

① 콘크리트 바탕의 찌꺼기, 기름, 그리스 및 페인트 등을 청소

② 분말상 바닥강화 바탕
미경화 콘크리트의 바탕은 물기가 완전히 표면에 올라올 때까지 시공을 금지하고, 물과 레이턴스는 제거

③ 액상 바닥강화 바탕
- 새로 타설한 콘크리트 바닥은 최소 21일 이상 양생하여 완전하게 건조
- 액상 바닥강화를 물로 희석하여 사용하는 경우에는 첫 회 도포하기 전에 바탕 표면을 물로 깨끗하게 씻어 낸다.

2. 배합 및 바름두께

① 분말형 바닥강화재
- 바름 바닥면적(m^2)당 3~7.5kg의 분말상 바닥강화재를 사용
- 최소두께 3mm 이상

② 액상 바닥강화재
- 바름 바닥면적(m^2)당 0.3~1.0kg의 액상인 침투식 바닥강화재를 사용
- 제조업자가 지정한 비율의 물로 희석하여 사용

[액상 바닥강화재]

Ⅳ. 공법

1. 분말형 바닥강화재

① 콘크리트를 타설한 후 블리딩이 멈추고 응결(초결)이 시작될 때 바닥강화재를 손이나 분사용 기계를 이용하여 균일하게 살포

② 색 바닥강화재의 경우 콘크리트 표면에 수분이 흡수되어 색상이 진하게 되면 나무흙손으로 문지른다.

③ 바닥강화재 살포면이 안정된 후 쇠흙손이나 기계흙손(피니셔)으로 마감
④ 콘크리트를 타설한 후 완전히 경화된 상태에서 모르타르를 타설
⑤ 모르타르의 배합비는 1:2 이상, 두께는 30mm 이상
⑥ 바탕 청소, 습윤한 상태에서 시멘트 페이스트를 바른 후 모르타르를 타설
⑦ 마무리작업 후 24시간이 지나면 타설 표면을 물로 양생하거나 수분이 증발하지 않도록 양생용 거적이나 비닐 시트 등으로 덮어 주고, 7일 이상 충분히 양생
⑧ 4~5m 간격으로 신축줄눈을 설치

2. 침투식 액상 바닥강화재

① 제조업자의 시방에 따라 적당량의 물로 희석하여 사용하고, 2회 이상으로 나누어 도포
② 도포할 표면이 완전히 건조된 후 부드러운 솔이나 고무 롤러, 뿜기기계 등을 사용하여 콘크리트 표면에 바닥강화재가 최대한 골고루 침투되도록 도포
③ 1차 도포분이 콘크리트 면에 완전히 흡수되어 건조된 후에 2차 도포를 시행

Ⅴ. 주의사항

① 바닥강화 시공 시 기온이 5℃ 이하가 되면 작업을 중지
② 타설된 면은 비나 눈의 피해가 없도록 보양 조치

85 지하 램프의 조면마감

Ⅰ. 정의

지하 램프 바닥의 조면마감은 기능성, 시공성, 의장성, 경제성, 내구성 등을 검토하여 결정하여야 한다.

Ⅱ. 조면마감의 종류

1. Saw Cutting

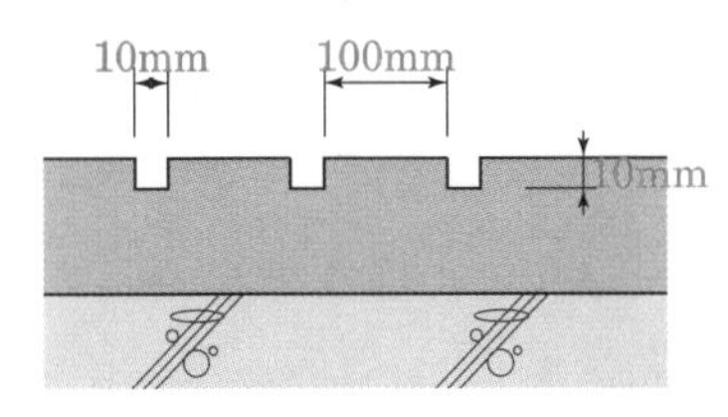

- 바탕콘크리트 타설 및 양생 후 일정 간격으로 Saw Cutting 한다.

2. 무늬 고무매트

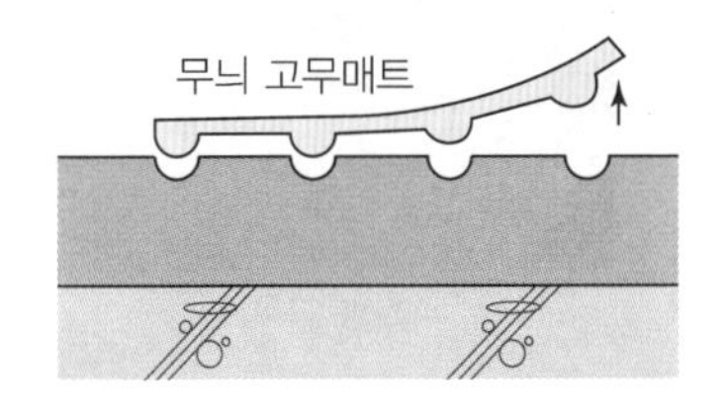

- 바탕콘크리트 타설 후 양생되기 전에 무늬 고무매트를 찍어낸다.

3. 수절목

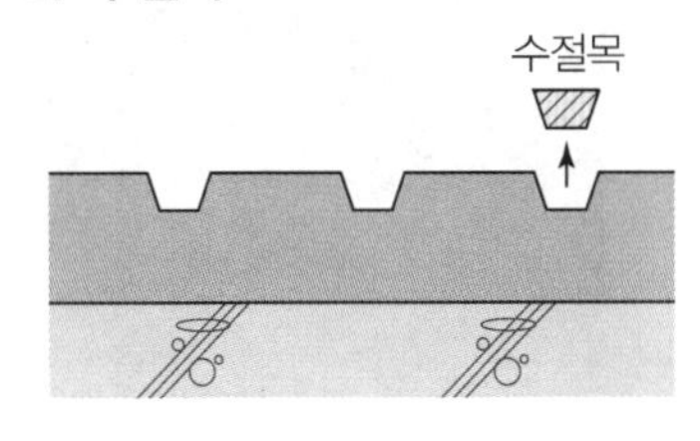

- 바탕콘크리트 타설 후 양생되기 전에 수절목을 설치하고 콘크리트 양생 후 제거한다.

4. 고무 링

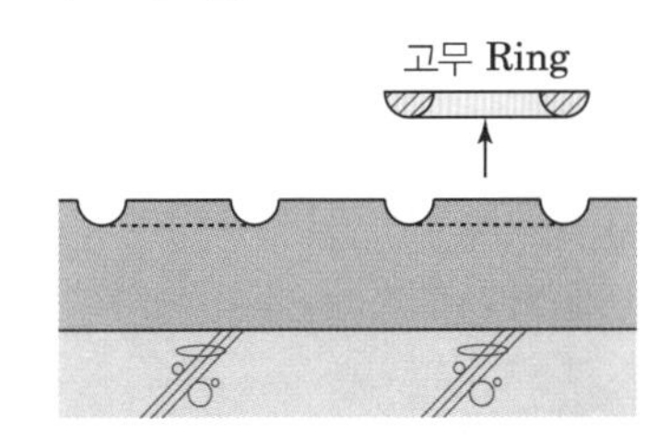

- 바탕콘크리트 타설 후 양생되기 전에 고무링을 설치하고 콘크리트 양생 후 제거한다.

5. 아스콘 마감

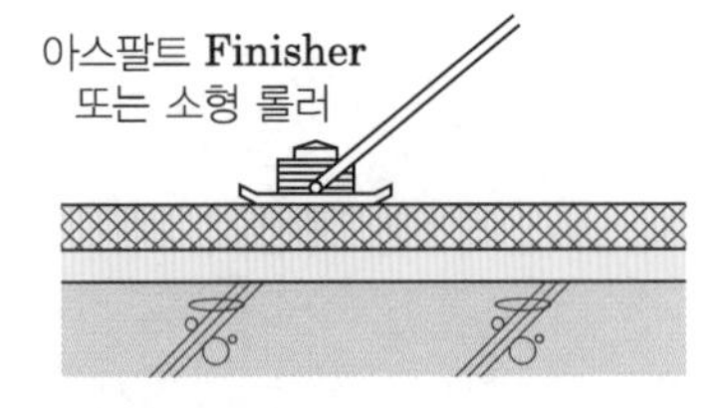

- 바탕콘크리트 타설 및 양생 후에 아스콘을 도포한다.

6. 레진 모르타르+규사

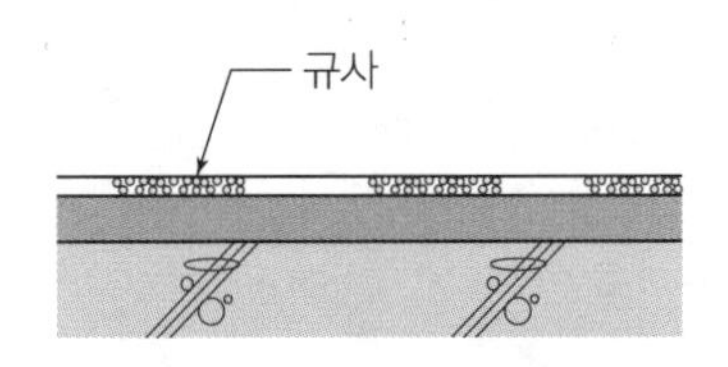

- 바탕콘크리트 타설 및 양생 후에 일정 간격으로 레진 모르타르와 규사를 도포한다.

7. 원형 고무 링

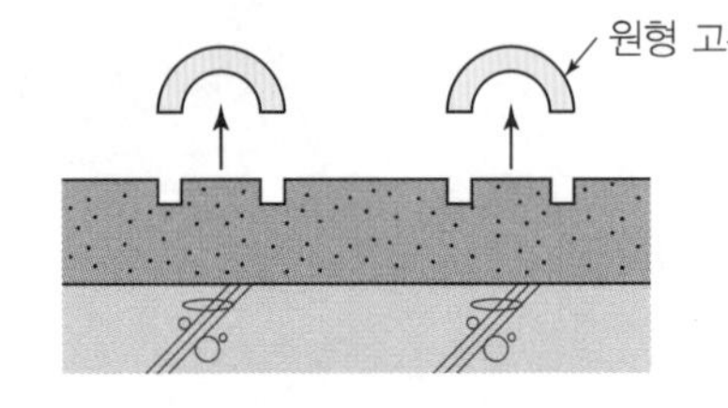

- 바탕콘크리트 타설 및 양생되기 전에 원형고무링을 설치하고 콘크리트 양생 후 제거한다.

[원형 고무 링]

8. 컬러 무늬 콘크리트

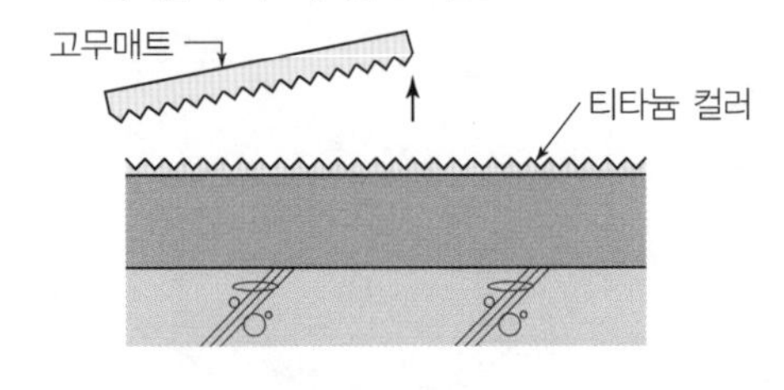

- 바탕콘크리트 타설 후 티타늄 컬러를 3~5mm 도포하고 양생되기 전에 고무매트를 Stamping하고 콘크리트 양생 후 제거하여 그 위에 침투식 강화 실러(두께 0.3mm)를 3회 코팅한다.

[컬러 무늬 콘크리트]

86 방바닥 온돌미장

KCS 41 53 01

Ⅰ. 정의

방바닥 온돌미장 시 레벨 및 품질관리 방안을 수립하고, 균열방지를 위한 종합적인 대책을 강구하여야 한다.

Ⅱ. 현장 온돌미장의 시공도

공동주택 바닥충격음 차단구조인정 및 관리기준에 맞게 시행

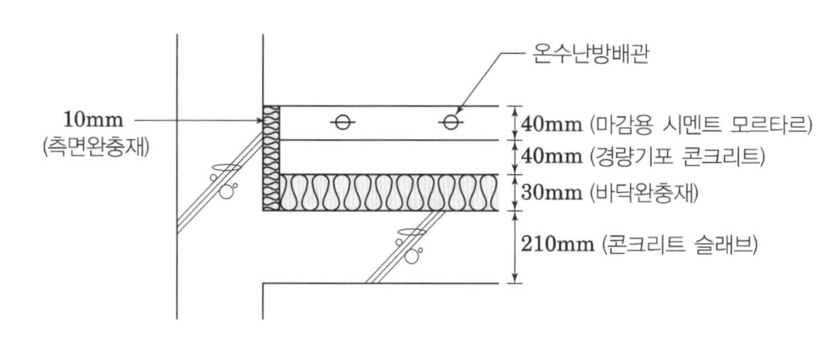

Ⅲ. 마감용 시멘트 모르타르의 종류

① 레미콘 모르타르
각종 재료를 레미콘 회사에서 배합하여 현장으로 운반하여 타설

② 건조 시멘트 모르타르
공장 배합된 재료를 현장 전용 사일로로 운반 저장 후 현장에서 물을 믹싱하여 타설

③ 현장배합 모르타르
각종 재료를 현장에서 믹싱하여 타설

Ⅳ. 시공 시 유의사항

① 응력집중으로 균열발생 부위 메탈라스 또는 와이어 메쉬 보강

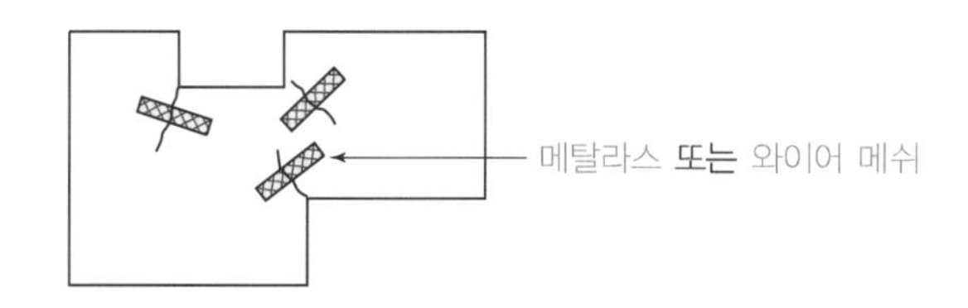

② 7일 압축강도: 14MPa 이상, 28일 압축강도: 21MPa 이상

③ 바닥완충재, 측면완충재 시공 철저

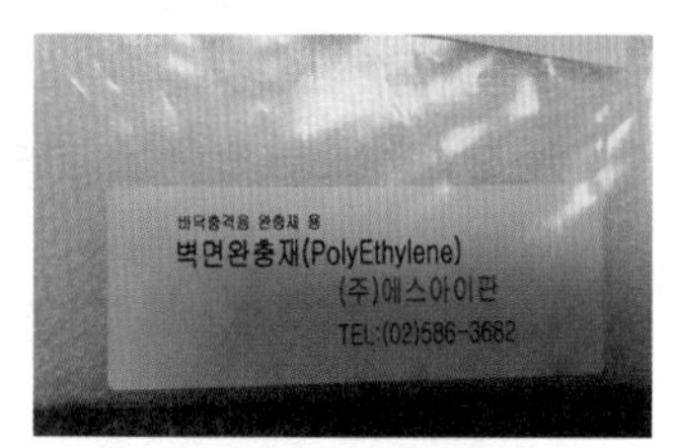

[벽면 완충재]

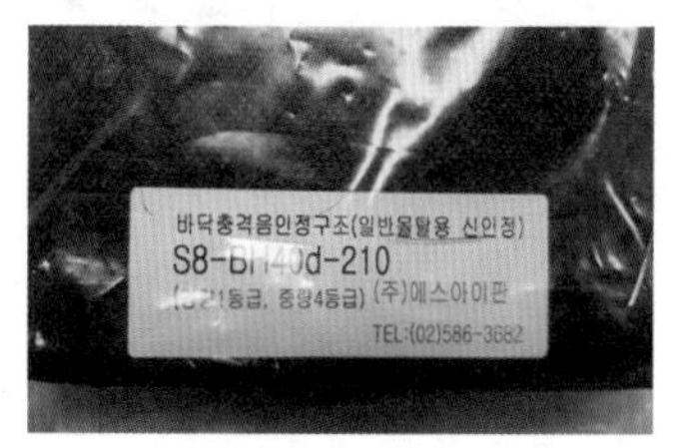

[바닥 완충재]

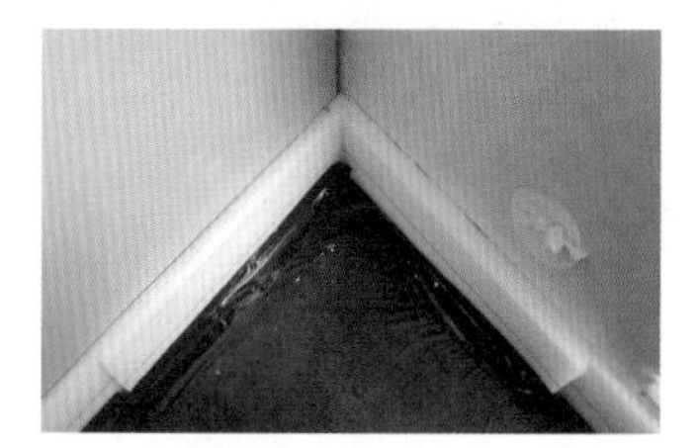
[측면 완충재 시공]

[기포 콘크리트]

[온수 난방 배관]

[마감용 시멘트 모르타르]

④ 소성수축균열에 대비하여 창문 등을 밀폐하여 양생
⑤ 최소 7일간 표면이 습윤한 상태가 유지하며, 최소 3일간은 통행을 제한하는 등의 보양
⑥ 동절기에는 외기와 모르타르의 온도차가 20℃ 이하 유지
⑦ 모르타르면에 폭 0.2mm 이상의 잔금 또는 균열이 발생한 때는 시공 후 3개월 이상 경과한 시점에서 무기질 결합재에 수지가 첨가된 균열보수제를 사용하여 보수

87 경량기포 콘크리트의 종류

Ⅰ. 정의

경량기포 콘크리트는 선정 시 단열을 최우선으로 고려하기 보다는 Leveling, 난방온수 파이프 고정, 고층압송 등 시공성을 고려하여야 한다.

[기포 콘크리트]

Ⅱ. 경량기포 콘크리트의 종류

구분	경량기포 콘크리트	경량 폴 콘크리트	경량기포 폴 콘크리트
배합구성	• 시멘트+물+기포제	• 시멘트+물+모래+폴	• 시멘트+물+기포제+폴 (또는 EVA칩)
배합비	• 시멘트:8.5포/m^3	• 시멘트:4포/m^3 • 모래:0.38m^3/m^3 • 폴:0.84m^3/m^3	• 시멘트:8포/m^3 • 폴:0.35m^3/m^3 (또는 EVA칩:4포/m^3)
제조공정	시멘트+물→시멘트슬러리 기포액+물→기포군 압송호스→현장타설	시멘트+물+모래 →시멘트슬러리 압송호스+폴믹서 →현장타설	시멘트+폴+물→시멘트슬러리 기포액+물→기포군 압송호스→현장타설
특징	• 고층적용 가능 • 고층적용 시 조기강도 확보를 위해 혼화제 사용 • 고층 시공 시 압송압의 차이로 높이별 배합 필요 • 타설 바탕면에 따라 배합비 조정 필요	• 단열성능 유리 • 균열발생 저감 • 고압압송에도 물성 미변화로 품질확보 • 폴의 블리딩 현상 유의 • 혼합 시 폴 비산 주의	• 단열성능 유리 • 균열발생이 거의 없음 • 폴로 인해 고층압송에 불리 • 폴의 블리딩 현상 유의 • EVA칩 사용 시 인장/휨강도 증대 기대

Ⅲ. 선정 및 시공 시 유의사항

① 단위체적 중량이 높을수록 단열성능 저하 우려
② 소포 현상이 많으면 마감 모르타르 물량 증가 초래에 유의
③ 기포율이 높으면 건조수축에 의한 균열발생 유의
④ 흡수성이 높으면 마감 모르타르의 소성수축 균열발생 유의
⑤ 재료비중 차이 또는 고층압송 시 재료분리에 유의
⑥ 배합된 경량기포 콘크리트는 1시간 이내에 시공
⑦ 경량기포 콘크리트를 타설한 후 3일간은 충격이나 하중 금지
⑧ 경량기포 콘크리트의 28일 압축강도는 0.8N/mm^2 이상

88 바닥온돌 경량기포 콘크리트의 멀티폼(Multi Form) 콘크리트

Ⅰ. 정의

멀티폼 콘크리트는 기포의 안정성 및 압축강도 증진, 균열저감을 위한 전용 혼화재료를 사용하고, 배합설계 프로그램과 연동하여 소요성능의 경량기포 콘크리트(0.3~2.5MPa)를 정밀하게 생산할 수 있는 전용 시공장비를 사용하여야 한다.

Ⅱ. 현장시공도

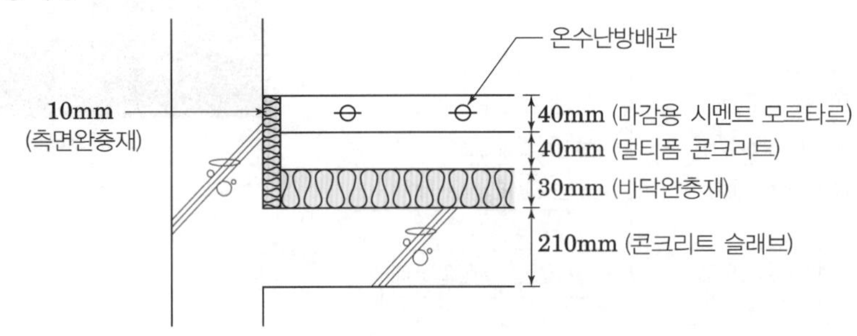

[멀티폼 전용기기]

Ⅲ. 특성

① 혼화재료와 경량골재를 이용하는 배합설계 프로그램으로 개발
② 기포 슬러리의 침하방지 및 건조수축 균열 억제효과
③ 공극의 크기가 비교적 작고 그 형태가 일정하며 시멘트 조직이 치밀하여 강도 증진
④ 침상구조의 에트링가이트가 계속 유지되고 있어 건조수축 방지 효과

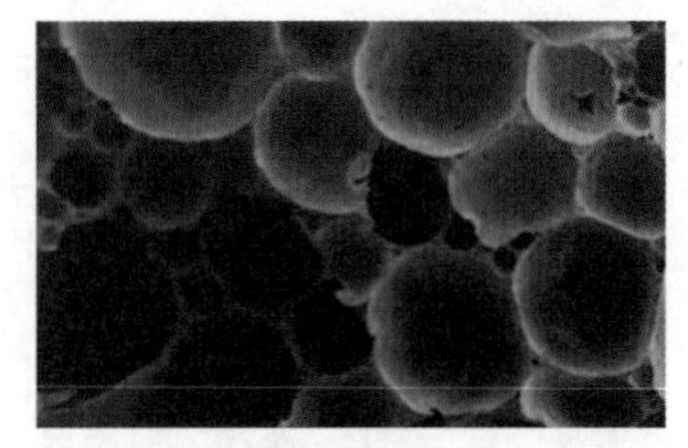
[Cell 구조]

Ⅳ. 시공 시 유의사항

① 재료비중 차이 또는 고층압송 시 재료분리에 유의
② 배합된 멀티폼 콘크리트는 1시간 이내에 시공
③ 멀티폼 콘크리트를 타설한 후 3일간은 충격이나 하중 금지

[미세구조]

Ⅴ. 경량기포 콘크리트와 멀티폼 콘크리트의 비교

구분	경량기포 콘크리트	멀티폼 콘크리트
시멘트 사용량	8.5포/m^3 이상	7포/m^3 이상
균열 발생량	많이 발생	적게 발생
7일 압축강도	0.5MPa 이상	0.7MPa 이상
소포에 의한 타설 물량 증가	10% 이상	-
소성수축 균열	많이 발생	-

89 코너비드(Corner Bead)

Ⅰ. 정의

코너비드란 기둥, 벽 등의 모서리 부분의 미장을 보호하기 위하여 설치하는 것으로 시멘트 모르타르의 각진 면, 모서리면, 구석진 면 등의 파손방지 및 품질향상을 위한 것이다.

Ⅱ. 시공도

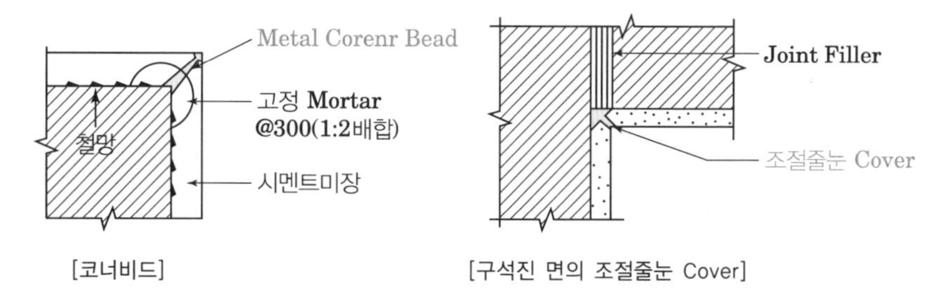

[코너비드] [구석진 면의 조절줄눈 Cover]

[코너비드]

Ⅲ. 설치목적

① 벽체 각진 면, 모서리면 등의 파손방지
② 수직, 수평의 마감기준선 역할
③ 마감면의 품질향상 기대

Ⅳ. 시공 시 유의사항

① 고정 모르타르를 적절한 간격으로 설치하여 코너비드가 탈락되지 않도록 한다.
② 시공 전 수직, 수평 기준선을 정확히 확인한다.
③ 공사 중 충격에 의한 코너비드의 위치변형 및 찌그러짐에 유의한다.
④ 코너비드 근처에서의 중량물 이동 등에 주의한다.
⑤ 유동인력에 의한 코너비드의 충격 방지
⑥ 기타 비드

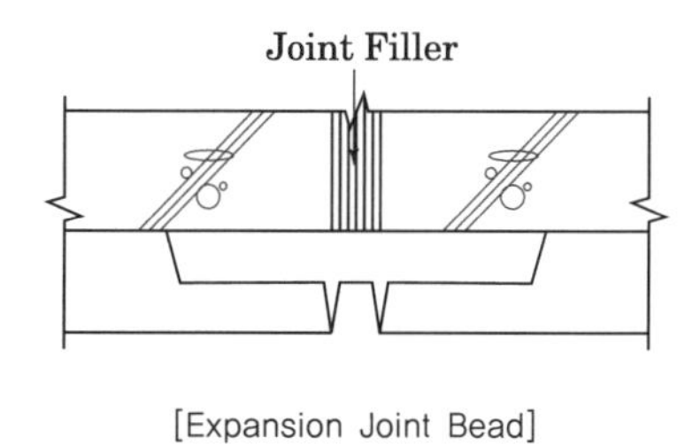

[Expansion Joint Bead]

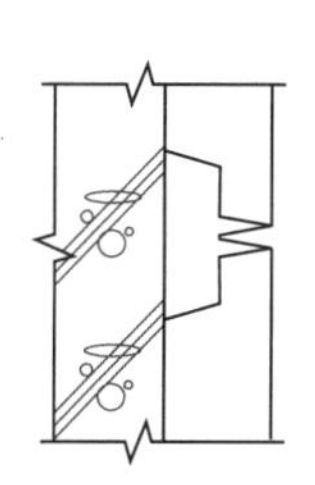

[Base Bead]

90 마감공사에서 게이지 비드와 조인트 비드

Ⅰ. 정의

① 게이지 비드는 벽면의 미장면적이 넓은 경우 일정간격으로 설치하여 미장높이를 균일하게 조정해주며 시공 후 미장면의 균열을 방지하는 목적으로 사용한다.

② 조인트 비드는 벽면의 미장면적이 넓거나 이질재료 위에 미장 시 균열을 방지 및 평판성을 목적으로 사용한다.

Ⅱ. 현장시공도

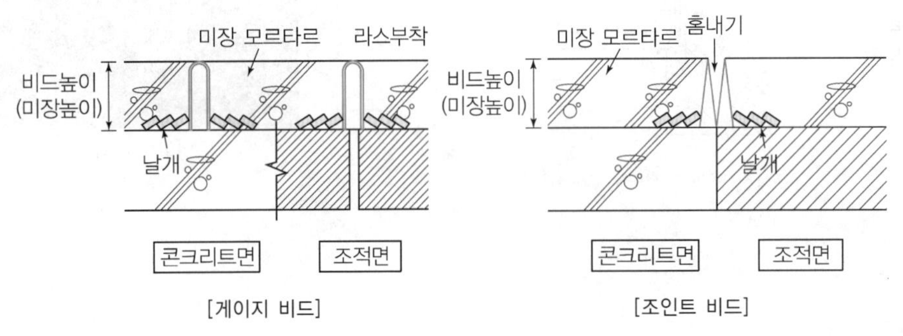

[게이지 비드] [조인트 비드]

Ⅲ. 게이지 비드와 조인트 비드의 목적

① 미장 높이(두께)의 조정
② 균열 방지
③ 벽면 미장의 평판성 확보
④ 미장면의 품질정도 향상

Ⅳ. 시공 시 유의사항

① 시공 전 수직, 수평 기준선을 정확히 확인
② 비드의 고정 모르타르는 배합비 1:2, @300으로 탈락이 없도록 유의

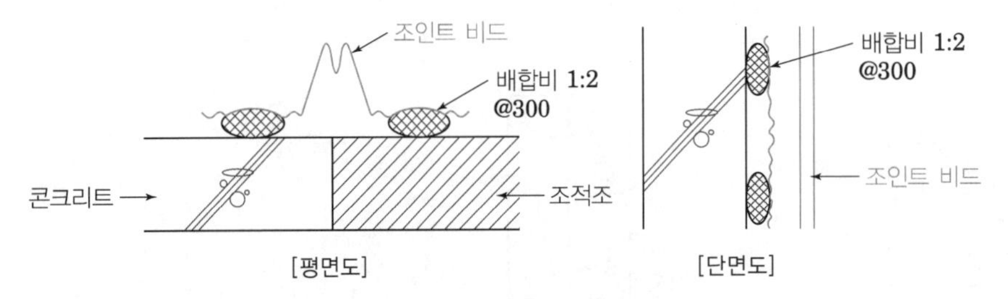

[평면도] [단면도]

③ 공사 도중 충격에 의한 비드의 위치변형 및 찌그러짐에 유의
④ 비드 근처에서 중량물 이동 등에 유의
⑤ 유동인력에 의한 비드의 충격 방지

91 바닥 배수 Trench

Ⅰ. 정의

바닥 배수 Trench는 지하주차장, 기계실, 전기실 등 물을 사용하거나 물의 침입이 예상되는 장소에 설치하여 Trench 내로 물을 모아 일정한 장소에 설치한 집수정으로 물을 유도하는 역할을 하는 것을 말한다.

Ⅱ. 바닥 배수 Trench의 종류

1. Open Trench

① 기계실, 전기실 등에 많이 사용
② RC와 PC 제품으로 설치(최근에는 PC 제품을 많이 사용)
③ Trench 두껑을 설치하지 않음

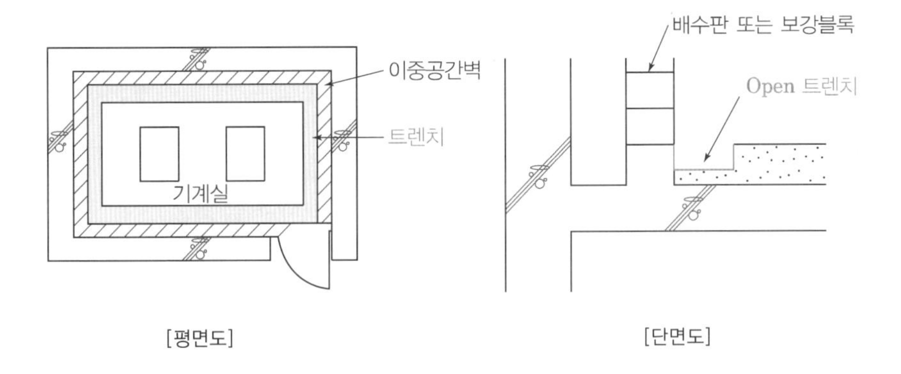

[평면도] [단면도]

[PC Open Trench]

2. Grating Trench

① 지하주차장, 선큰 마당 등에 많이 사용
② RC와 PC 제품으로 설치(최근에는 PC 제품을 많이 사용)
③ Trench 두껑을 설치(우수 등 유량을 확인)
④ Grating용으로 석재, 아연도금 철판, 무소음 Grating 등을 사용

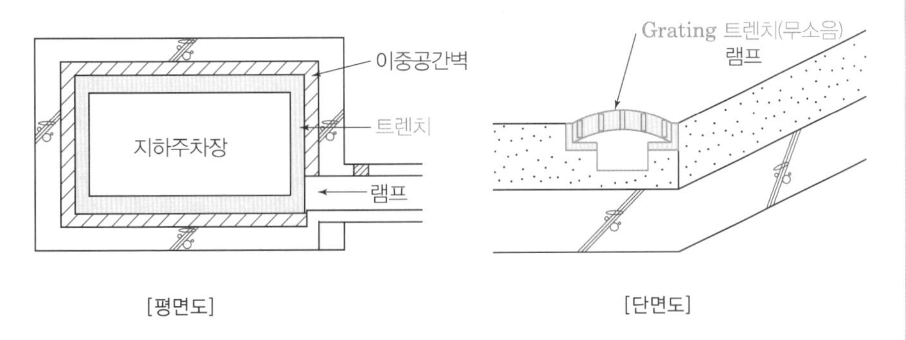

[평면도] [단면도]

[무소음 Trench]

Ⅲ. 시공 시 유의사항

① 집수정으로 물매 철저: 바닥 무근콘크리트 등으로 인하여 Trench 물매가 여의치 않음

② RC로 시공 시 Trench 내에 방수시공 철저

③ Open Trench인 경우 지하주차장의 각동 출입구에 사람 통행하는 곳에는 Grating 설치

④ 지하주차장 램프 입구 등 차량 통행을 하는 곳에는 무소음 Grating을 설치하여 민원에 대처

92 도장 바탕면 처리

KCS 41 47 00

Ⅰ. 정의

도장 바탕처리는 바탕에 대해서 도장을 적절하도록 행하는 처리. 즉 하도를 칠하기 전 바탕에 묻어 있는 기름, 녹, 흠을 제거하는 처리 작업을 말한다.

Ⅱ. 바탕면 처리

1. 목재면

① 못은 펀치로 박고, 녹슬 우려가 있을 때는 징크퍼티를 채운다.
② 먼지, 오염, 부착물은 제거·청소하고, 필요하면 상수돗물 또는 더운물로 닦는다.
③ 유류 등을 닦아내고 휘발유, 희석제 등으로 닦는다.
④ 대팻자국, 찍힘 등은 연마지(P120~240)로 닦아 제거
⑤ 송진은 인두로 가열하여 송진을 녹아 나오게 하여 휘발유로 닦는다.
⑥ 옹이땜은 셀락니스를 1회 붓도장하고, 건조 후 다시 1회 더 도장
⑦ 나무의 틈, 벌레구멍, 홈 등은 퍼티로 표면을 평탄하게 한다.

2. 철재면

① 일반적으로 가공장소에서 바탕재 조립 전에 실시
② 단조, 용접, 리벳접합 등의 부분에 부착된 불순물을 스크레이퍼, 와이어 브러시, 내수연마지 등으로 제거
③ 기름, 지방분 등의 부착물은 닦아낸 후, 휘발유, 벤졸 등의 용제로 씻어 내거나 비눗물로 씻고, 더운물 등으로 다시 씻어 건조
④ 붉은 녹은 와이어 브러시나 내수연마지(P60~P80)로 제거
⑤ 인산염처리의 방법은 인산염 용액에 철재를 담가 인산염피막을 형성한 뒤에 더운물 씻기를 한다.
⑥ 금속바탕 처리용 프라이머 도장은 도장솔로 고르게 1회 얇게 도장
⑦ 녹떨기 후 또는 화학처리 후에는 철재면의 수분을 완전히 건조

3. 아연도금면

① 바탕재의 설치 후에 하여도 무방하다.
② 오염, 부착물은 와이어 브러시, 내수연마지 등으로 제거
③ 금속바탕처리용 프라이머는 붓으로 고르게 1회 도장
④ 황산아연처리를 할 때는 약 5%의 황산아연 수용액을 1회 도장하고, 약 5시간 정도 풍화
⑤ 화학처리를 하지 아니할 때는 옥외에서 1~3개월 노출해 바탕을 풍화
⑥ 도장 직전, 표면의 산화아연을 연마지(P60~P80) 또는 와이어 브러시로 제거

4. 경금속, 동합금면

철재면 바탕처리에 준하고, 금속면을 손상하지 않도록 주의

5. 플라스터, 모르타르, 콘크리트면

① 바탕재는 온도 20℃ 기준으로 약 28일 이상 건조(표면함수율 7% 이하), 알칼리도는 pH 9 이하
② 오염, 부착물의 제거는 바탕을 손상하지 않도록 주의
③ 바탕의 균열, 구멍 등의 주위는 물축임을 한 다음 석고퍼티로 땜질하고, 건조 후 연마지로 평면을 평활하게 닦는다.
④ 무광택 도료로서 특수도장을 할 때는 바탕표면을 거칠게 한다.
⑤ 특수도장을 하는 콘크리트 바닥면은 5%의 염산용액, 혹은 기타 청소 전용의 용제로 씻어내고 물로 다시 씻어낸 후 암모니아 등 린스로 중화

93 도장재료에서 요구되는 기능

Ⅰ. 정의

도장은 건물 부위의 표면마감으로 그 건물의 가치, 기능, 성능에 영향을 주며, 도장재료는 건물의 표면에 얇은 도막을 형성하여 미화, 내구성 등의 기능을 나타내고 있다.

Ⅱ. 요구되는 기능

1. 미적 기능

① 건물 표면에 색, 광택, 모양 등으로 미적 기능을 부여

② 미적 기능으로 건물의 차별성 부여

2. 방습 기능

① 구조체에 피막 형성으로 투수성 방지 및 불투수층 형성

② 방습 기능으로 구조물의 곰팡이, 백화 등 방지

3. 방식 기능

① 공업지역, CO_2 가스 등에 의한 침식의 보호 기능

② 방식 기능으로 건물의 열화 방지

4. 방청 기능

① 건물 외부에 설치한 철재 등의 녹 발생에 대한 보호 기능

② 방청 기능으로 건물의 부식 방지

5. 온도조절 기능

① 색에 의한 온도의 흡수 기능

② 색에 의한 온도의 반사 조절 기능

6. 내열, 내전도성 기능

열, 전기 등이 건물을 통해 이동하는 것을 차단하는 기능

7. 생물부착 방지 기능

① 벌레 등의 외부 생물체 부착 방지 기능

② 먼지, 이끼 등 오염물 부착 방지 기능

8. 재료의 안정성 기능

재료의 성능을 저해하는 것을 방지하는 기능

94 수성페인트(Water Paint) KCS 41 47 00

Ⅰ. 정의

수성페인트는 물로 희석하여 사용하는 도료의 총칭을 말하며, 수용성 또는 물 분산성의 도막 형성 요소를 이용하여 만든다. 입자 모양 수성 도료, 합성 수지 에멀션 페인트, 수용성 가열건조 도료, 산경화 수용성 도료 등이 있다.

Ⅱ. 도장 공정

공정		사용재료	건조시간	건조 도막 두께(μm)
1	바탕처리			제조사별 시방조건에 따름
2	하도(1회)	합성수지 에멀션 투명	3시간 이상	
3	퍼티먹임	합성수지 에멀션 도료+물	3시간 이상	
4	연마	연마지 P180~P240		
5	상도(1회)	합성수지 에멀션 도료+물	3시간 이상	60~180
6	상도(2회)	합성수지 에멀션 도료+물	3시간 이상	

Ⅲ. 시공 시 주의사항

① 5℃ 이하의 온도에서 도장 금지
② 부착성을 고려하여 과다한 희석 금지
③ 0℃ 이하일 때는 저장이나 운반 도중 얼지 않도록 주의
④ 가능한 희석하지 않고 새김질을 먼저 하여야 색깔 차이를 줄이도록 한다.
⑤ 시멘트 모르타르면의 피 도막면을 충분히 양생
⑥ 산·알칼리도 또는 양생기간을 준수

구분		콘크리트면	시멘트 모르타르면
산 · 알칼리도		pH 9 이하	
양생기간	하절기	3주 이상	2주 이상
	동절기	4주 이상	3주 이상

⑦ 피도막면의 흡수율이 과도할 경우 도료의 접착성이 저하되므로 충분한 바탕면 정리 후 도장

[도장 방법]
- 바탕의 종류, 도장의 종별, 사용부분 및 도장횟수에 따라 구분
- 내부용, 외부용 1급, 2급으로 구분
- 외부용 도장의 경우 내구성 확보를 위해 사용 가능한 1급을 사용하고, 2급 제품을 사용 할 경우 요구되는 품질기준에 적합한 제품으로 한다.

[하도(프라이머)]
물체의 바탕에 직접 칠하는 것. 바탕의 빠른 흡수나 녹의 발생을 방지하고, 바탕에 대한 도막 층의 부착성을 증가시키기 위해서 사용하는 도료

[퍼티(Putty)]
바탕의 파임·균열·구멍 등의 결함을 메워 바탕의 평편함을 향상하기 위해 사용하는 살붙임용의 도료. 안료분을 많이 함유하고 대부분은 페이스트상이다.

[연마]
도막 또는 도막층을 연마재로 연마해서 정해진 상태까지 깎아 내는 작업

[상도]
마무리로서 도장하는 작업 또는 그 작업에 의해 생긴 도장면

95 천연(天然) Paint

Ⅰ. 정의

천연(天然) Paint는 식물에서 추출된 재료(송진, 아마인유, 정제식품 등)를 사용하여 인체에 무해하며 정전기 방지, 항균성 등 건강과 상태학적 사이클 내에서 완전 분해되는 페인트를 말한다.

Ⅱ. 천연 Paint Mechanism

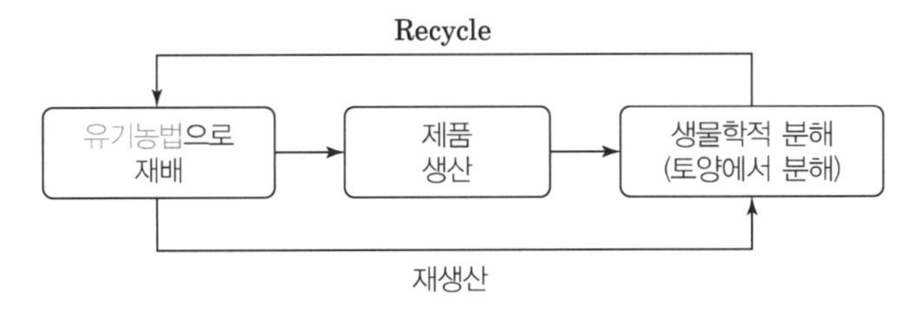

Ⅲ. 특징

1. 화학적 측면
   ① 천연자원을 이용한 식물성 원료
   ② 유해물질 미 배출
2. 환경적 측면
   ① 인체에 악영향을 제거하고 건강회복 기능
   ② 토양에서 재 분해
3. 기술적 관점
   ① 천연 식물성 원료로 신기술 개발
   ② 내구성이 우수하고 정전기방지 효과
   ③ 천연 식물의 아름다운 색상 연출
4. 정신적 관점
   ① 인간의 인체에 천연 식물성 원료로 면역체계 향상
   ② 천연 식물성으로 쾌적성 및 안락함 제공
5. 기타(단점)
   ① 천연소재라 색상 구현에는 한계가 있음
   ② 비휘발성이어서 한번 칠하면 마르는데 시간이 소요
   ③ 마르는 동안 먼지가 달라붙음

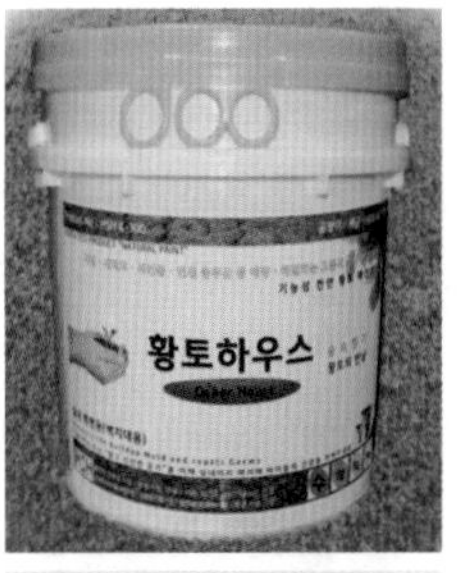

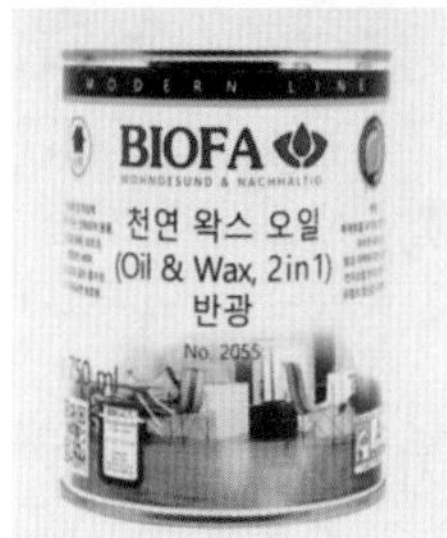

[천연페인트]

Ⅳ. 시공 시 주의사항

① 5℃ 이하의 온도에서 도장 금지
② 부착성을 고려하여 과다한 희석 금지
③ 0℃ 이하일 때는 저장이나 운반 도중 얼지 않도록 주의
④ 시멘트 모르타르면의 피 도막면을 충분히 양생

96 건축공사의 친환경 페인트(Paint)

Ⅰ. 정의

친환경 페인트는 인체에 유해한 휘발성 유기화합물 함량이나 방출량 수치가 기준 이하로 승인받은 페인트로 목재용, 콘크리트용, 바닥용 등 페인트의 용도에 따라 기준 수치가 다를 수 있다.

Ⅱ. 특징

1) 에틸렌글리콜(EG) 최소화
   ① 페인트를 굳히는 과정 중에 들어가는 유독성 경화제 임
   ② EG 수치가 낮은 것이 좋다
2) 휘발성 유기화합물(VOC) 방출량 최소화
   친환경 인증 마크를 받은 제품은 휘발성유기화합물의 양이 1.0mg/m²h 초과 금지
3) 환경 영향을 최소화
   ① 일반 페인트는 실내 대기를 오염시키며 호흡기 문제나 투통 등 건강에 영향을 미치나 친환경 페인트는 유해 성분을 줄여 환경 영향을 최소화
   ② 유기 용제의 양을 줄이는 대신 특수 기능성 수지를 사용
4) 친환경 페인트는 대부분 수성 도료로 냄새가 거의 나지 않음
5) 중금속이 없는 고가의 안료 사용으로 가격이 고가

[VOC]
Volatile Organic Compounds

[친환경 페인트]

Ⅲ. 시공 시 유의사항

① 5℃ 이하의 온도에서 도장 금지
② 부착성을 고려하여 과다한 희석 금지
③ 0℃ 이하일 때는 저장이나 운반 도중 얼지 않도록 주의
④ 모서리 등에 붓으로 새김질한 면과 롤러 도장면의 색이 차이 날 수 있으므로 새김질 시 동일 규격번호로 작업
⑤ 가능한 희석하지 않고 새김질을 먼저 하여야 색깔 차이를 줄이도록 한다.
⑥ 시멘트 모르타르면의 피 도막면을 충분히 양생
⑦ 산·알칼리도 또는 양생기간을 준수

구분		콘크리트면	시멘트 모르타르면
산 · 알칼리도		pH 9 이하	
양생기간	하절기	3주 이상	2주 이상
	동절기	4주 이상	3주 이상

⑧ 피도막면의 흡수율이 과도할 경우 도료의 접착성이 저하되므로 충분한 바탕면 정리 후 도장
⑨ 외부도장의 경우 도장 직후 기상조건(대기 온도, 상대습도, 풍속, 황사 등)에 유의하여 작업 계획을 수립

97 에폭시 도료

KCS 41 47 00

Ⅰ. 정의

에폭시 도료는 에폭시 수지(Epoxy Resin)를 주성분으로 한 도료로 내구성이 우수하고 미려한 외관이 가능한 바닥전용 도료를 말한다.

[에폭시 수지(Epoxy Resin)]
분자 속에 에폭시기를 2개 이상 함유한 화합물을 중합하여 얻은 수지 모양 물질로, 에피클로로히드린과 비스페놀을 중합하여 만든 것이 대표적이다.

Ⅱ. 에폭시 도료 도장의 종류

① 2액형 에폭시 도료 도장
② 2액형 후도막 에폭시 도료 도장
③ 2액형 타르 에폭시 도장

Ⅲ. 특징

① 경화시간(건조시간)이 짧고, 경화 후 단단한 도막층 형성
② 도막은 화학적, 기계적 저항성이 대체로 큼
③ 부분 보수 가능
④ 다양한 색상 및 미려한 외관

Ⅳ. 콘크리트, 모르타르면 2액형 에폭시 도료 도장공정

<table>
<tr><th colspan="2">공정</th><th>사용재료</th><th>건조시간</th><th>건조 도막
두께(μm)</th></tr>
<tr><td>1</td><td>바탕처리</td><td colspan="3"></td></tr>
<tr><td>2</td><td>하도
(1회)</td><td>2액형 에폭시 투명
프라이머+전용 희석재</td><td>24시간,
7일 이내</td><td rowspan="4">제조사별
시방조건에 따름</td></tr>
<tr><td>3</td><td>하도
(2회)</td><td>2액형 에폭시
프라이머+전용 희석제</td><td>24시간,
7일 이내</td></tr>
<tr><td>4</td><td>퍼티먹임</td><td>2액형 에폭시 퍼티</td><td>24시간 이상</td></tr>
<tr><td>5</td><td>연마</td><td>연마지 P150~P180</td><td></td></tr>
<tr><td>6</td><td>상도
(1회차)</td><td>2액형 에폭시 도료+전용
희석제</td><td>24시간,
7일 이내</td><td rowspan="2">100~300</td></tr>
<tr><td>7</td><td>상도
(2회차)</td><td>2액형 에폭시 도료+전용
희석제</td><td>24시간</td></tr>
</table>

[에폭시 도료]

V. 시공 시 유의사항

① 바탕처리 철저

② 2액형 도장재료를 중복하여 도장할 때 건조시간이 7일을 초과했을 때에는 연마지 닦기의 공정을 두어야 한다.

③ 상도(3회) 후 실제로 사용할 때까지는 반드시 7일 정도의 건조기간 시행

④ 하도와 상도는 상하관계가 있도록 한다.

⑤ 철재면의 표면은 KS M ISO 8501의 Sa 2 1/2 이상이 이상적이다.

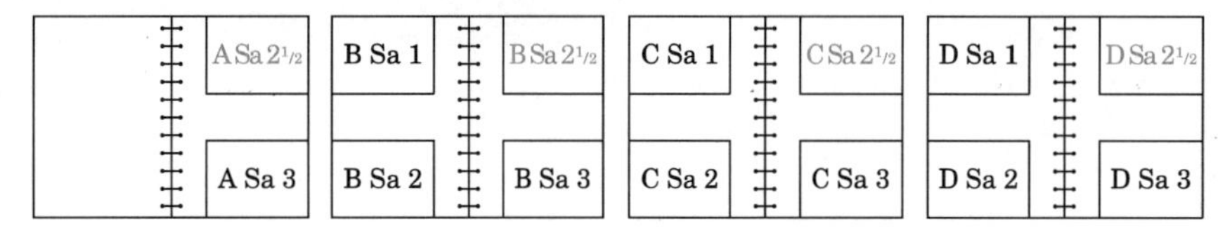

[블라스트 세정]

[Sa]
충분한 블라스트 세정

98 본타일(스프레이 도장) KCS 41 47 00

Ⅰ. 정의

본타일 도료 마감은 건물 외벽이나 복도, 벽 등에 사용되고 있으며, 무늬 도료 마감과는 달리 울퉁불퉁하게 타일형 입체감만을 표현하며 균일한 도포가 될 수 있도록 하여야 한다.

Ⅱ. 스프레이 도장의 종류

도장 방법	바탕면	도장횟수		
		하도	중도	상도
수성 본타일(내부)	모르타르, 콘크리트면	1	1	2
아크릴 본타일(내 · 외부)		1	1	2
에폭시 본타일(내 · 외부)		1	1	2
탄성 본타일(내 · 외부)		1~2	1	2

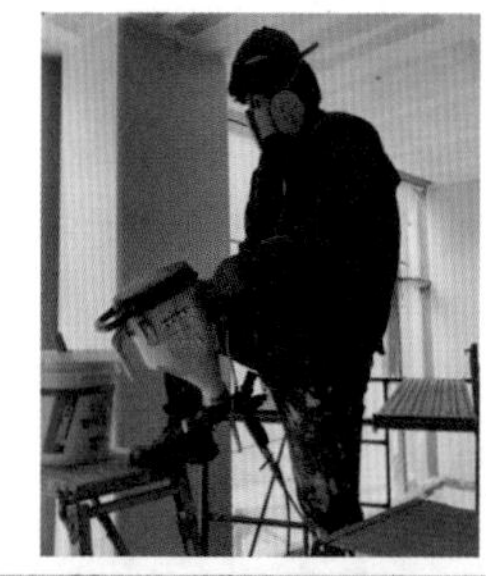

[본타일]

Ⅲ. 아크릴, 에폭시 본타일 작업공정

공정		건조시간	
		아크릴 본타일	에폭시 본타일
1	바탕처리		
2	하도(1회)	6시간 이내	-
3	중도(1회)(중도무늬)	24시간~3일 이내	-
4	상도(1회)	24시간~3일 이내	24시간~3일 이내
5	상도(2회)	24시간~3일 이내	24시간~3일 이내

Ⅳ. 시공 시 유의사항

① 바탕처리 철저: 수분측정기, 간이시험, 크랙 보수 등
② 틈새, 흠은 수성퍼티나 에폭시 퍼티, 탄성퍼티 등으로 메워주고 조정 후 작업
③ 물을 사용하는 스프레이 도재는 주위온도가 5℃ 이하에서는 작업 금지
④ 수성 본타일은 내부용으로만 가능하며 외부에는 적용이 부적당
⑤ 도장 시나 경화 시 주위온도 5℃ 이상이 적합하며, 표면온도는 노점온도 이상
⑥ 뿜칠방향은 도장면의 직각을 유지하고 간격은 30cm 내외
⑦ 무늬(Pattern) 폭이 1/3 정도씩 겹쳐 뿌려지도록 한다.

99 금속용사(金屬溶射) 공법

Ⅰ. 정의

금속용사(金屬溶射) 공법은 강구조물의 부식방지를 위해 고주파 전류로 금속 도장재를 녹여 강구조물 표면에 도포하는 새로운 도장 공법을 말한다.

Ⅱ. 금속용사(金屬溶射) 방법

① 가변형(可變形) 용사(鎔射) 건(Gun)이 장착된 고주파아크 금속용사기를 사용
② 고주파 아크열로 금속성분의 도장재(아연+알루미늄)를 녹여 분사(용사)
③ 고주파 아크열: 고주파 직류를 전원으로 하여 아크방전 때 일어나는 높은 열로 보통 3,000℃
④ 용사방식을 자유롭게 바꿀 수 있음

[금속용사 공법]

Ⅲ. 특징

① 저주파 아크열 및 고정형 용사방식을 사용하는 기존 공법보다 도장재의 불완전 용융(鎔融)을 줄인다.
② 용사를 넓고 균일하게 한다.
③ 품질향상이 기대된다.
④ 시공효율이 향상된다.
⑤ 강구조물의 장수명화에도 기여할 것으로 기대된다.

Ⅳ. 바탕면 처리

① 녹, 유해한 부착물 및 노화가 심한 낡은 구도막은 완전히 제거
② 면의 결점(홈, 구멍, 갈라짐, 변형 등)을 보수
③ 배어나오기 또는 녹아나오기 등에 의한 유해물(수분, 기름, 수지, 산, 알칼리 등)의 작용을 방지하는 처리
④ 도장의 부착이 잘 되도록 하기 위해 연마 등의 필요한 조치
⑤ 비도장 부위는 바탕면 처리나 칠하기에 앞서 보양지 덮기 등 도료가 묻지 않게 조치

Ⅴ. 시공 시 유의사항

① 5℃ 이하의 온도에서 도장 금지
② 습도 85% 이상일 때는 도장 금지
③ 바탕면의 레이턴스, 먼지, 유분 등 기타 오염물은 깨끗이 제거
④ 피도막면의 흡수율이 과도할 경우 도료의 접착성이 저하되므로 충분한 바탕면 정리 후 도장
⑤ 외부도장의 경우 도장 직후 기상조건(대기 온도, 상대습도, 풍속, 황사 등)에 유의하여 작업 계획을 수립

100 기능성 도장

KCS 41 47 00

Ⅰ. 정의

기능성 도장은 각종 건축재료의 표면에 도장을 도포하여 물리적 또는 화학적, 기계적으로 도막층을 형성하여 색채, 모양 등의 시각적 기능과 부식 등의 화학적 침식으로부터 건축재료를 보호하는 것을 말한다.

Ⅱ. 기능성 도장의 종류

1. 내화 도료

① 철골부재에 화재 시 고열이 전달되지 못하게 하는 기능의 도료
② 시공 시 온도는 5℃~40℃에서 시공
③ 도료가 칠해지는 표면은 이슬점보다 3℃ 이상 높아야 한다.
④ 시공 장소의 습도는 85% 이하, 풍속은 5m/sec 이하에서 시공

[내화 도료]

2. 방청 도료

① 금속면의 부식 방지 기능의 도료
② 광명단 도료, 알루미늄 도료, 아연분말 도료 등이 있음

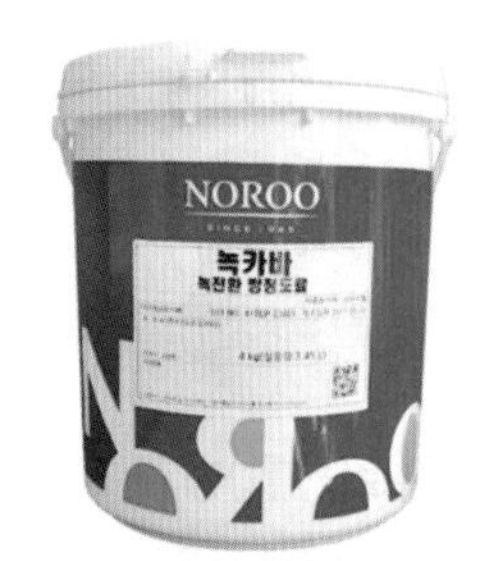

[방청 도료]

3. 방균 도료

① 곰팡이균, 부식 등의 발생을 억제하는 기능의 도료
② 목재 부식 방지에는 크레오소트 등이 사용
③ 금속재의 방균에는 프탈산수지, 페놀수지 등이 사용

[방균 도료]

4. 발광 도료

① 어두운 곳에서 안전 식별 기능의 도료
② 형광도료, 인광도료 등이 있음

5. 무늬 도료

① 계단실, 엘리베이터 홀 등의 마감효과를 목적으로 사용되는 기능의 도료
② 바탕의 pH는 7~9 정도, 함수율 7% 이하
③ 5℃ 이하 및 상대습도 85% 이상에서는 도장 금지
④ 스프레이건의 압력은 0.25~0.34N/mm^{2}으로 조정하여 사용

[무늬 도료]

6. 바닥재 도료

① 바닥재의 마감 기능의 도료
② 내충격성, 탄성이 풍부한 2액형 폴리우레탄 도료
③ 내약품성이 우수한 폴리아마이드 경화형에 에폭시수지를 주성분으로 한 2액형

7. 에폭시 도료

[에폭시 도료]

① 내마모성, 내수성, 시공성이 우수한 폴리우레아 도료
② 자연건조형 아크릴수지 도료

8. 방염 도료

① 방화도료라고도 하며 화재의 확산과 유독가스의 배출을 차단하는 기능의 도료
② 인산암모늄, 삼산화안티몬, 염화물 등의 방염성 물질을 혼합한 것

9. 내열(耐熱) 도료

① 건축물에서 금속이 고온에 노출되는 부위에 금속이 열화 되지 않도록 보호하는 기능의 도료
② 저온에서는 아크릴, 아미노, 알키드 등의 각종 수지가 사용되고, 중온에서는 실리콘, 불소계수지가 사용되며, 고온에서는 무기도막이 사용

10. 열반사(熱反射) 도료

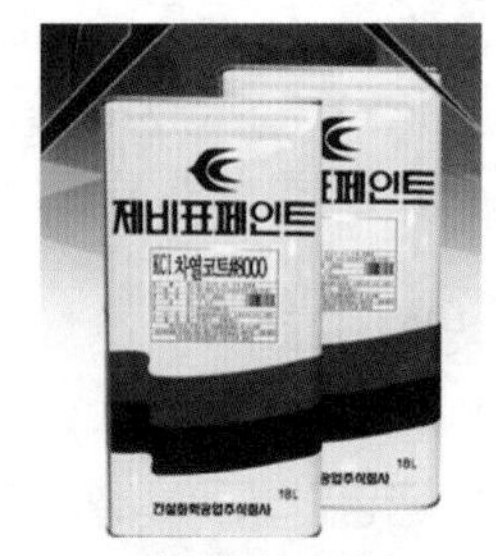

[열반사 도료]

① 석유탱크나 냉장고 등, 실내의 온도가 태양광선에 의하여 지나치게 상승되는 것을 방지하는 기능의 도료
② 도막의 색이나 사용 안료에 따라 반사효과가 달라진다.

11. 결로(結露)방지 도료

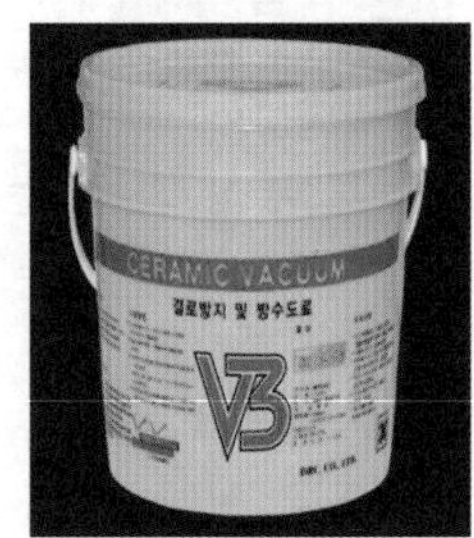

[결로방지 도료]

① 공동주택의 실내벽이나 천장 등에서 국부적이고 잠정적으로 발생하는 결로의 방지에 이용하는 도료의 기능
② 합성수지 에멀젼에 규조토, 질석, 펄라이트 등의 흡습성과 단열성을 가지는 세골재 및 충전재를 배합한 도료

101 유제(乳劑, Emulsion)

Ⅰ. 정의

① 유제는 물에 용해되지 않는 유성 페인트 등을 물속에 분산시키기 위해 사용하는 유탁액을 말한다.

② 용제형 도료는 유성 페인트에 신너를 희석하여 사용하나, 유제형 도료는 유성 페인트에 유제(Emulsion)을 희석하여 신너 대신에 물을 첨가하여 사용할 수 있다.

Ⅱ. 종류별 특성

1. Emulsion 도료

유성, 니스, 래커 등을 Emulsion과 희석하여 물속에서 분산되도록 한 도료

2. Emulsion 유성 페인트

유성 페인트에 Emulsion을 첨가하여 수용성 유성 페인트로 변화

3. Emulsion 래커

래커에 Emulsion을 희석하여 신너 대신 물을 첨가하는 도료

4. Emulsion 수지 페인트

수지에 Emulsion을 희석하여 물속에서 분산되도록 한 도료

5. Emulsion 아스팔트

아스팔트+Emulsion(유제)=수용성 아스팔트

6. Emulsion 도막

도막방수에는 용제형과 유제형 도막방수가 있으며, Emulsion 도막은 유제형에 속함

Ⅲ. 시공 시 유의사항

① 5℃ 이하의 온도에서 도장 금지

② 0℃ 이하일 때는 저장이나 운반 도중 얼지 않도록 주의

③ 시멘트 모르타르면의 피 도막면을 충분히 양생

④ 피도막면의 흡수율이 과도할 경우 도료의 접착성이 저하되므로 충분한 바탕면 정리 후 도장

[산·알칼리도 또는 양생기간]

구분		콘크리트면	시멘트 모르타르면
산·알칼리도		pH 9 이하	
양생 기간	하절기	3주 이상	2주 이상
	동절기	4주 이상	3주 이상

102 Creosote

Ⅰ. 정의

Creosote는 목재 방부제 종류의 일종으로 도포법에 사용되는 흑갈색의 방부제를 말한다.

Ⅱ. 특징

① Coaltar 분유 시 나온 흑갈색의 기름
② 공동주택의 거실 문 등의 방바닥 미장에 접한 가틀에 많이 사용
③ 습윤 장소에 적당
④ 미관이 좋지 않음

Ⅲ. 방부제의 종류

① 유성(油性): Creosote, Coaltar, 아스팔트, 유성 페인트
② 수용성(水溶性): 황산동용액(1%), 염화아연용액(4%), 염화제2수은용액(1%), 불화소다용액(2%)

Ⅳ. 방부법의 종류

1. 도포법

① 가장 간단한 방법
② 목재를 충분히 건조시킨 다음 균열이나 이음부 등에 주의하여 솔 등으로 도포(크레오소트, 콜타르, 아스팔트, 페인트 등)
③ 5~6mm 침투

2. 침지법

① 상온에서 크레오소트액 등에 목재를 2시간 침지하는 것으로, 액을 가열하면 더욱 깊이 침투한다.
② 15mm 침투

3. 상압주입법

① 침지법과 유사하며 80~120℃ 크레오소트 오일액 중에 3~6시간 침지한다.
② 15mm 침투

4. 가압주입법

원통 안에 방부제를 넣고 가압하여 0.7~3.1MPa 주입한다.

5. 표면탄화법

표면을 3~12mm 정도 태운다.

[Creosote]

103 도장공사의 미스트 코트(Mist Coat)

Ⅰ. 정의

증발이 느린 신너를 사용하여 묽게 희석한 페인트를 저압으로 밀어내어 분사하는 기술을 이르는데, 매우 약하게 분사하여 보수 부분 주위에 부착되어 있는 페인트와 잘 융합시키기 위한 목적으로 실시하는 것을 말한다.

Ⅱ. Mist Coat의 방법

① 무기질 아연말 도막
② ① 위에 후도막형 에폭시 도료에 해당 신너를 약 50% 정도 희석
③ 약 30~50μm 두께로 도장
④ Mist Coat 도장 후 약 30~40분 경과한 다음 본 도장을 실시

Ⅲ. Mist Coat를 실시하는 도장의 결함

1. Popping

Wet 도막이 건조되면서 내부의 용제나 공기가 빠져나오는 과정에서 생기는 현상으로 도막 표면에 작은 화산의 분화구처럼 보이는 현상

1) 원인
① 다공성 도막(Porous Film)을 가진 도료(무기 징크 도료)가 하도로 되어 있을 때 상도 도장 시
② 소지가 주조물(Rudder Stock 등)처럼 표면에 기공이 많을 경우
③ 여름철 도막의 표면의 건조가 너무 빠르거나 속건성 신너 사용 시

2) 대책
① 무기 징크 도막에 후속 도장 전에 Mist Coat를 실시
② 그늘진 곳에서 도장하거나 직사광선을 피하고 지건성 신너를 사용

2. 기포(Bubble)

Wet 도막이 건조되면서 내부의 용제나 공기가 빠져나오는 과정에서 생긴 거품이 꺼지지 않고 도막에 남아있는 현상

1) 원인
① 다공성 도막(Porous Film)을 가진 도료(무기 징크 도료)가 하도로 되어 있을 때 상도 도장 시
② 내열 도료가 규정 도막 이상 도장되었을 경우
③ 여름철 소지 표면의 온도가 높아 도막의 표면의 건조가 너무 빠르거나 용제의 증발이 너무 빠를 경우

2) 대책

① 무기 징크 도막에 후속 도장 전에 Mist Coat를 실시

② 내열 도료는 규정 도막 혹은 가능한 얇게 도장토록 유도하고 과 도막 시 Operating 전에 도막을 깎아낸다.

③ 계절에 맞는 적절한 신너를 사용하고 가능한 얇게 도장하도록 유도

3. 핀홀(Pin Hole)

Wet 도막이 건조되면서 내부의 용제나 공기가 빠져나오는 과정에서 생긴 구멍 바늘로 찌른 모양이 도막에 남아있는 현상

1) 원인

① 다공성 도막 (Porous Film)을 가진 도료(무기 징크 도료)가 하도로 되어 있을 때 상도 도장 시

② 하도에 핀홀이 이미 존재하고 있는 도막에 재도장할 경우

③ 여름철 소지 표면의 온도가 높아 도막의 표면의 건조가 너무 빠르거나 용제의 증발이 너무 빠를 경우

④ 한꺼번에 두터운 도막의 도장(Spray, 로울러)이 이루어질 경우

2) 대책

① 무기 징크 도막에 후속 도장 전에 Mist Coat를 실시

② 계절에 맞는 적절한 신너를 사용하고 가능한 얇게 도장하도록 유도

③ 도장 시 한꺼번에 두텁게 도장이 되지 않도록 2~3회 반복하여 도장 실시

104 지하주차장 천장뿜칠재 시공

Ⅰ. 정의

지하주차장 천장뿜칠재 시공은 RC조의 보나 슬래브의 요철 등을 마감하기 위해 시공하는 것으로 일반적으로 10mm 정도 두께로 하고 있으나 의장성, 시공성, 경제성 측면을 고려한 공법을 선정하여야 한다.

Ⅱ. 시공순서 및 유의사항

바탕처리 : 콘크리트면의 이물질 등 제거
↓
재료 배합 : 별도의 첨가물 없이 물과 배합
↓
분사 작업 :
- 1회 10~30mm 시공 가능
- 설비, 전기공종과 간섭을 고려하여 달대 시공완료 후 뿜칠

↓
미장표면 다듬기
↓
시공 완료 : 양생기간 준수

[천장뿜칠재 시공]

[뿜칠재의 재료]
- 물성: 순수 무기질계로 불연성
- 구성재료: 펄라이트, 질석, 석고, 시멘트, 무기접착제, 기포제, 발수제 등

무기질계	주원료	열전도율 (W/mk)	난연성
질석계	질석 원광	0.039	준불연재
펄라이트계	진주암	0.036	불연재

Ⅲ. 관리 요점

관리 항목	현장 조건	시공 시 유의사항
온도	동절기 공사	• 5℃ 이하에서 공사 중단 • 배부름 및 탈락 등의 하자발생 예방
골조 크랙	크랙 진행 여부	• 시공 후에는 크랙 점검이 어려우므로 시공 전에 점검 및 보수
바탕면	면처리, 습윤상태	• 못, 철선 등을 정리하고 단차는 미리 메움 • 바탕 함수율 관리 철저
색상	초기 시	• 샘플 제조 및 시공으로 색상 확인
	보수 시	• 색상이 달라질 수 있으므로 재료 배합에 유의
설비배관	시공 전	• 설비 달대 시공 후 작업
	시공 후	• 설비 배관 및 바닥보양 후 작업

105 도장공사에서 발생되는 결함

Ⅰ. 정의

도장공사 시 발생되는 결함은 복합적인 요인으로 발생되므로 시방에 맞게 시공을 하여야 한다.

Ⅱ. 도장공사에서 발생되는 결함

결함	원인	방지대책
들뜸	• 바닥에 유지분이 있을 때 • 온도가 높을 때 도장한 경우 • 함수율이 높을 때 • 1회에 두껍게 도장한 경우	• 유류 등 유해물 제거 • 온도, 습도 등 고려하여 도장 • 나무 함수율 13~18% 유지 • 점도를 낮게 여러 번 도장
흘림, 굄, 얼룩	• 균등하지 않게 두껍게 도장한 경우 • 바탕처리가 미비된 경우	• 얇게 여러 차례 도장 • 바탕면의 녹, 흠집 등 제거하고 퍼티를 채운 후 연마
오그라듬	• 지나치게 두껍게 칠한 경우 • 초벌칠 건조가 불충분한 경우	• 얇게 여러 차례 균등하게 도장 • 건조시간 내에 겹쳐바르기 금지
거품	• 용제의 증발속도가 빠른 경우 • 솔질을 지나치게 빨리한 경우	• 도료의 선택을 적정히 하고 솔질이 뭉침, 거품이 일지 않도록 천천히 바름
백화	• 도장 시 온도가 낮을 경우 공기 중의 수증기가 도장면에 응축, 흡착되어 발생	• 기온 5℃ 이하, 습도 85% 이상일 때 도장 금지 • 환기 철저
변색	• 바탕이 충분히 건조하지 않은 경우 • 유기안료가 무기안료보다 클 때	• 바탕면을 충분히 건조: 함수율 8% 이하, pH9 이하 • 도료의 현장배합 금지
부풀어오름	• 도막 중 용제가 급격하게 가열된 경우 • 도막 밑에 녹이 생긴 경우 • 하도, 상도의 도료질이 다른 경우	• 도장 후 직사광선을 피할 것 • 바탕에 녹물 등 유해물 제거 • 도료의 질이 동일회사 제품 사용 • 하도 후 바탕이 충분히 건조된 후 상도
균열	• 하도 건조가 불충분한 경우 • 하도, 중도, 상도의 재질이 다른 경우 • 바탕물체가 도료를 흡수한 경우 • 직사광선에 노출된 경우 • 저온에서 도장한 경우	• 하도 후 건조시간 준수 • 도료의 종류 및 배합률 등 도료질이 동일한 재료의 사용 • 바탕면은 퍼티 등으로 연마 후 도장 • 기온이 5℃ 이하, 습도 85% 이상, 환기가 충분하지 않은 경우 도장 금지

Professional Engineer
Architectural Execution

8.2장

기타공사

01 목재의 함수율(수장용 목재의 적정 함수율)

Ⅰ. 정의

목재의 함수율은 시편을 103±2℃로 유지되는 건조기 내에서 항량에 도달할 때까지 건조시킨 후 질량 감소분을 측정하고, 이 질량 감소분을 시편의 건조 후 질량으로 나누어 백분율로 나타낸 것을 말한다.

[항량]
건조 또는 가열을 반복하여 중량이 일정하게 변화하지 않게 되었을 때의 중량을 말한다.

Ⅱ. 함수율

① 건축용 목재의 함수율

종별	건조재12	건조재15	건조재19	생재	
				생재24	생재30
함수율	12% 이하	15% 이하	19% 이하	19% 초과 24% 이하	24% 초과

주1) 목재의 함수율은 건량 기준 함수율을 나타낸다.

[건량 기준 함수율(%)]
함유 수분의 무게를 목재의 전건무게로 나누어서 구하며 일반적인 목재에 적용되는 함수율

② 내장 마감재의 목재는 함수율 15% 이하(필요 시 12% 이하 적용)

③ 한옥, 대단면 및 통나무 목공사에 사용되는 구조용 목재 중에서 횡단면의 짧은 변이 900mm 이상인 목재의 함수율은 24% 이하

[목재함수율]

Ⅲ. 함수율이 목재에 미치는 영향

① 섬유포화점은 목재의 함수율이 30%일 때의 점

② 섬유포화점 이상에서는 강도 신축율은 일정

③ 섬유포화점 이하에서는 강도 신축변화가 급격히 이루어짐

④ 섬유포화점 이상의 함수율에서는 변화가 없지만 그 이하가 되면 목재의 수축변형률이 크다.

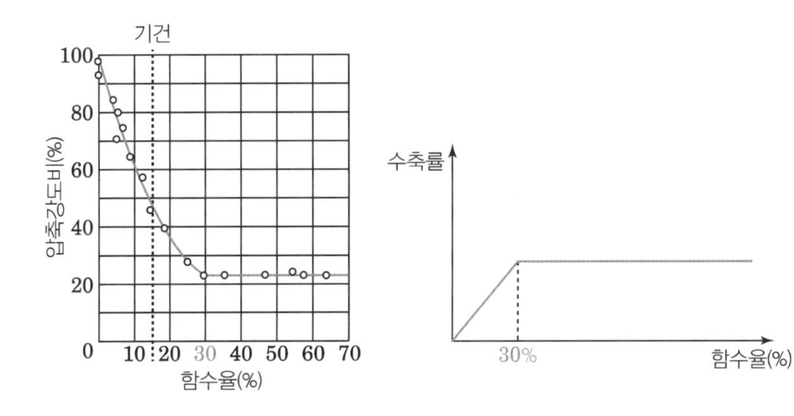

[함수율의 계산]

$$MC = \frac{m_1 - m_2}{m_2} \times 100$$

m_1 : 시편의 건조 전 질량(g)
m_2 : 시편의 건주 후 질량(g)

02 수장용 함수율과 흡수율

Ⅰ. 정의

① 함수율은 시편을 103±2℃로 유지되는 건조기 내에서 항량에 도달할 때까지 건조시킨 후 질량 감소분을 측정하고, 이 질량 감소분을 시편의 건조 후 질량으로 나누어 백분율로 나타낸 것이다.

② 흡수율은 흡수한 수량의 비율을 말한다.

Ⅱ. 함수율

① 건축용 목재의 함수율

종별	건조재12	건조재15	건조재19	생재	
				생재24	생재30
함수율	12% 이하	15% 이하	19% 이하	19% 초과 24% 이하	24% 초과

주1) 목재의 함수율은 건량 기준 함수율을 나타낸다.

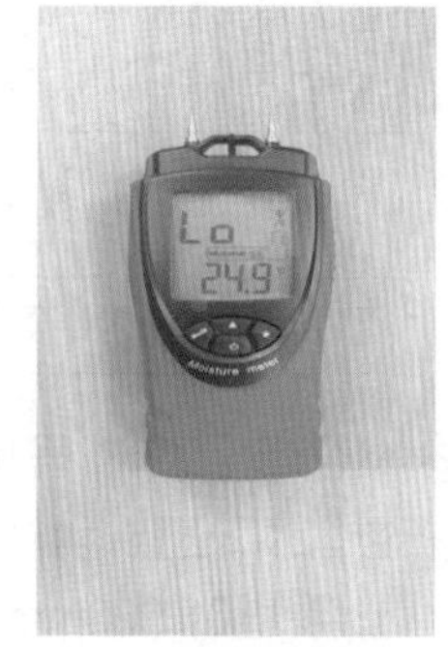

[함수율 측정 기기]

② 내장 마감재의 목재는 함수율 15% 이하(필요 시 12% 이하 적용)

③ 한옥, 대단면 및 통나무 목공사에 사용되는 구조용 목재 중에서 횡단면의 짧은 변이 900mm 이상인 목재의 함수율은 24% 이하

Ⅲ. 함수율, 섬유포화점과 흡수율

① 섬유포화점은 목재의 함수율이 30%일 때의 점

② 섬유포화점 이상에서는 강도 신축율은 일정

③ 섬유포화점 이하에서는 강도 신축변화가 급격히 이루어짐

④ 섬유포화점과 함수율의 차를 흡수율로 볼 수 있다.

⑤ 섬유포화점 이상의 함수율에서는 변화가 없지만 그 이하가 되면 목재의 수축변형률이 크다.

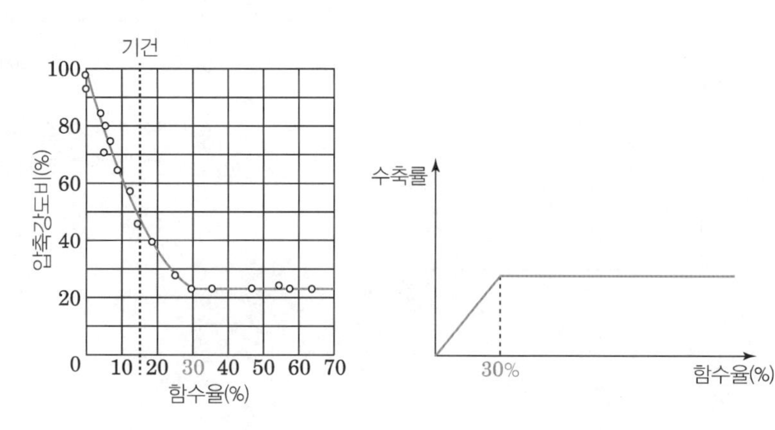

03 섬유포화점(Fiber Saturation Point)

Ⅰ. 정의

섬유포화점은 목재의 세포막 속에 포함되는 수분량이 30%이며, 유리수(遊離水)가 증발한 상태로서 세포수만 있을 때가 포화점이다. 목재의 수축 작용은 섬유 포화점보다 수분이 적을 때 생긴다.

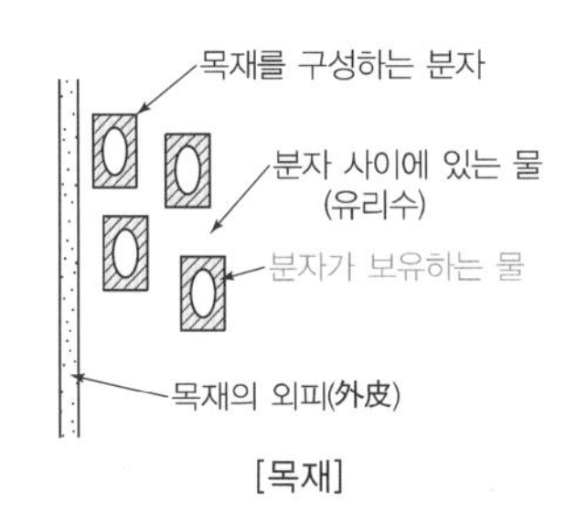

[목재]

Ⅱ. 목재의 함수율

① 건축용 목재의 함수율

종별	건조재12	건조재15	건조재19	생재	
				생재24	생재30
함수율	12% 이하	15% 이하	19% 이하	19% 초과 24% 이하	24% 초과

주1) 목재의 함수율은 건량 기준 함수율을 나타낸다.

[목재 함수율]

② 내장 마감재의 목재는 함수율 15% 이하(필요 시 12% 이하 적용)

③ 한옥, 대단면 및 통나무 목공사에 사용되는 구조용 목재 중에서 횡단면의 짧은 변이 900mm 이상인 목재의 함수율은 24% 이하

Ⅲ. 특징

① 강도가 변하는 경계점

② 함수율이 섬유포화점 이상에서는 강도의 변화가 없다.

③ 함수율이 섬유포함점 이상에서는 세포벽의 수분의 변화가 없다.

④ 함수율이 섬유포화점 이하에서는 세포벽의 수분이 변화한다.

⑤ 세포벽은 수분과 반응하여 부피와 강성이 변화한다.

⑥ 세포벽의 수분이 감소하면 세포벽의 경화가 일어나서 강도가 증가한다.

Ⅳ. 섬유포화점이 목재에 미치는 영향

① 섬유포화점은 목재의 함수율이 30%일 때의 점

② 섬유포화점 이상에서는 강도 신축율은 일정

③ 섬유포화점 이하에서는 강도 신축변화가 급격히 이루어짐

④ 섬유포화점과 함수율의 차를 흡수율로 볼 수 있다.

⑤ 섬유포화점 이상의 함수율에서는 변화가 없지만 그 이하가 되면 함수율이 작을수록 세기는 증대

04 목재건조의 목적 및 방법

Ⅰ. 정의

목재의 건조는 부패나 강도증가를 위해 필요하며 건조방법에는 자연건조법과 인공건조법이 있다.

Ⅱ. 목재건조의 목적

① 부패방지 및 강도증가
② 목재 수축에 의한 손상방지
③ 못, 나사 부착력의 증가
④ 도장성의 개선
⑤ 전기절연성의 증가
⑥ 약액주입의 용이
⑦ 충해방지

Ⅲ. 목재건조 방법

1. 자연건조법(대기건조법)

① 목재를 실외에 야적하여 자연적 통풍만으로 건조
② 건조에 의한 손상이 적고 경비가 적게 듦
③ 야적장이 필요하고 건조시간이 많이 소요
④ 기건 함수율 이하로 건조할 수 없다.

[자연건조]

2. 인공건조법

① 건조실에서 온도와 습도의 조절에 의해 건조
② 단시간 내에 사용목적에 따른 함수율까지 건조 가능
③ 시설비 및 가공비가 많이 소요
④ 종류
- 침재법: 물에 담궜다가 꺼내어 건조
- 증재법: 스팀으로 건조
- 훈재법: 연기로 건조
- 자재법: 용기에 넣고 쪄서 건조
- 열기건조법: 열풍으로 건조

[인공건조]

3. 수액건조법(수액제거법)

① 수액을 제거하여 건조를 빠르게 함
② 수액제거 방법
현지에서 1년 방치 → 강물에 6개월 또는 해수에 3개월 방치 → 목재를 열탕으로 삶기

05 목재의 품질검사 항목

Ⅰ. 정의

목재는 구조재, 수장재 및 창호재로 널리 사용되며, 목재의 품질에 따라 내구성, 내수성 등에 큰 영향을 미치므로 품질검사를 철저히 하여야 한다.

Ⅱ. 품질검사 항목

1. 외관검사

① 외관으로 보아 갈라짐, 휨 등을 검사
② 반입된 목재의 치수를 확인

2. 목재의 흠집

옹이, 갈라짐, 썩음, 혹, 송진구멍, 엇결 등을 확인

[옹이]

3. 함수율

① 건축용 목재의 함수율

종별	건조재12	건조재15	건조재19	생재	
				생재24	생재30
함수율	12% 이하	15% 이하	19% 이하	19% 초과 24% 이하	24% 초과

주1) 목재의 함수율은 건량 기준 함수율을 나타낸다.

[함수율]

② 내장 마감재의 목재는 함수율 15% 이하(필요 시 12% 이하 적용)
③ 한옥, 대단면 및 통나무 목공사에 사용되는 구조용 목재 중에서 횡단면의 짧은 변이 900mm 이상인 목재의 함수율은 24% 이하

4. 비중

① 함수율에 따라 차이 발생
② 비중(g/cm³)=공시체의 중량/공시체의 부피

5. 흡수량

흡수량(g/cm²)=(침수완료 후 중량－방수 후의 중량)/흡수면의 총 면적

6. 수축률

① 목재의 수축률은 함수율에 따라 차이 발생
② 목재의 균열, 비틀림 측정에 사용

7. 압축강도

압축강도(N/mm²)=최대하중/단면적

8. 마모시험

마모저항은 비중에 비례한다.

06 목재의 방부처리

KCS 41 33 01

Ⅰ. 정의

목재의 방부처리는 목재 부호균에 의한 목재의 열화(劣化)를 목재방부제로 제어 시키는 효능으로 목재를 보호하는 것을 말한다.

Ⅱ. 방부처리 대상

① 구조내력 상 중요한 부분에 사용되는 목재로서 콘크리트, 벽돌, 돌, 흙 및 기타 이와 비슷한 투습성의 재질에 접하는 경우
② 목재 부재가 외기에 직접 노출되는 경우
③ 급수 및 배수시설에 근접한 목재로서 수분으로 인한 열화의 가능성이 있는 경우
④ 목재가 직접 우수에 맞거나 습기 차기 쉬운 부분의 모르타르 바름, 라스 붙임 등의 바탕으로 사용되는 경우
⑤ 목재가 외장마감재로 사용되는 경우

Ⅲ. 방부법

1. 도포법

① 가장 간단한 방법
② 목재를 충분히 건조시킨 다음 균열이나 이음부 등에 주의하여 솔 등으로 도포(크레오소트, 콜타르, 아스팔트, 페인트 등)
③ 5~6mm 침투

[방부처리]

2. 침지법

① 상온에서 크레오소트액 등에 목재를 2시간 침지하는 것으로, 액을 가열하면 더욱 깊이 침투한다.
② 15mm 침투

3. 상압주입법

① 침지법과 유사하며 80~120℃ 크레오소트 오일액 중에 3~6시간 침지한다.
② 15mm 침투

4. 가압주입법

원통 안에 방부제를 넣고 가압하여 0.7~3.1MPa 주입한다.

5. 표면탄화법

표면을 3~12mm 정도 태운다.

Ⅳ. 시공 시 유의사항

① 목재의 방부처리는 반드시 공인된 공장에서 실시

② 방부처리목재를 절단이나 가공하는 경우에 노출면에 대한 약제 도포는 현장에서 실시 가능

③ 방부처리목재를 현장에서 가공하기 위하여 절단한 경우에는 동일한 방부약제를 현장에서 절단면에 도포

④ 방부처리 목재의 현장 보관이나 사용 중에 과도한 갈라짐이 발생하여 목재 내부가 노출된 경우에는 현장에서 도포법에 의하여 약제를 처리

⑤ 목재 부재가 직접 토양에 접하거나 토양과 근접한 위치에 사용되는 경우에는 흰개미 방지를 위하여 주변 토양을 약제로 처리 가능

07 목재의 내화공법

Ⅰ. 정의

목재는 타 건축재료에 비해 경량인데 비해서 강도가 크고 열전도율이 낮을 뿐 아니라 가공이 쉬운 장점이 있으나 연소하기 쉬운 큰 결점이 있으므로 연소 및 온도상승을 억제하는 방화, 내화공법이 필요하다.

Ⅱ. 목재의 연소

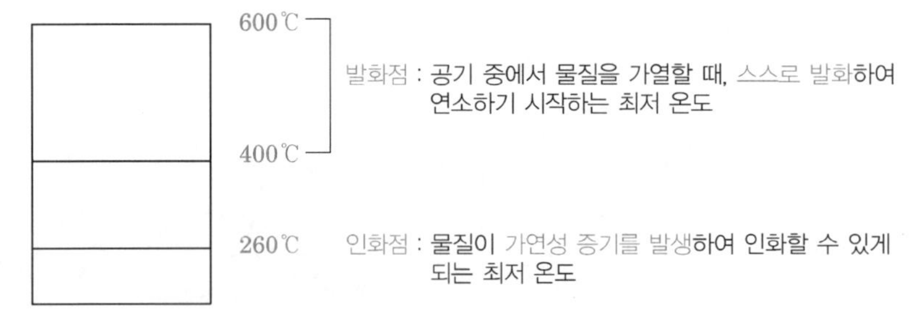

Ⅲ. 방화, 내화공법

1. 방화목재

① 제2인산암모니아 10% 또는 제2인산암모니아와 붕산 5%의 혼합액을 가압 또는 상압주입한다.
② 화재 시에 방화약제가 열분해되어 불연성 가스를 발생하여 방화효과 기대
③ 열분해로 목질이 탄소와 물로 분해되어 방화효과 기대
④ 도포법, 가압법, 침지법

2. 난연처리

① 도포법, 침지법, 상압주입법, 가압주입법, 표면탄화법
② 난연처리한 목재는 사람과 가축에 해롭지 않고 녹슬지 않을 것
③ 공사시방서에서 정한 바가 없을 때에는 도포법으로 한다.
④ 침지법, 도포법의 난연처리는 목재가공 후에 한다.
⑤ 도포나 뿜칠 시의 기온은 7℃ 이상, 비가 올 때는 도포작업 중지

3. 불연방화도료

화재 시 도막이 가열되면 해면상 발포로 인하여 화염을 차단하고 바탕재에 열전도를 감소시켜 260℃ 이하로 수 시간을 지탱할 수 있는 성능을 가진 것

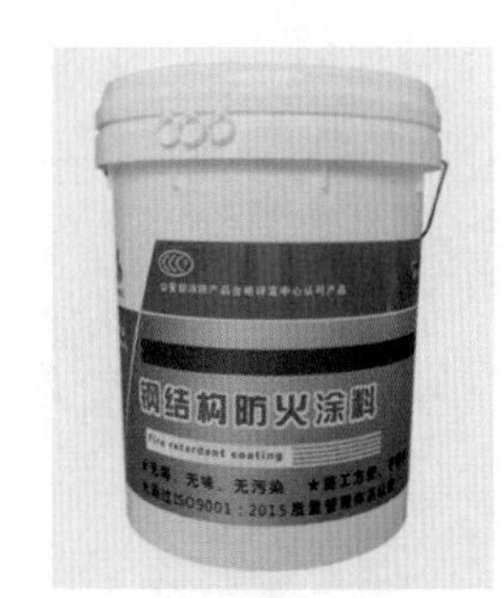

[방화도료]

4. 방화섬유판

목재 등 유기질 섬유로 된 연질판, 반경질판, 경질판 또는 소편판 등을 방화 약제로 뿜칠공법, 도포법, 주입법 등으로 방화처리

5. 방화구조

목조벽에 철망 모르타르바름 등으로 마감하여 벽 내부로 열이 침투되지 않고 외부 화재로부터 연소되지 않는 구조

08 유리 운반 · 보관 및 보양

KCS 41 55 09

Ⅰ. 정의

유리를 공장에서 운반과정과 보양 시 여러 요인에 의해 하자가 발생됨에 따라 충분한 계획과 검토로 하자를 미연에 방지해야 한다.

Ⅱ. 유리운반 및 보관

① 판유리의 운반은 크기, 무게, 현장상황과 운반거리 등에 따라 적절한 운반 방법을 선택

② 모든 재료는 제조회사의 상표 표기 및 목재 상자, 팔레트로 운반해 온 유리는 그대로 보관

③ 목재 상자, 팔레트가 없는 경우 벽, 바닥에 고무판, 나무판을 대고 유리를 세워두며, 유리와 유리 사이에는 코르크판 등 완충제를 끼워 보관

④ 모든 입고품은 규격 검사 등 확인을 실시

⑤ 현장반입 시 손상의 유무, 수량 등에 대해 확인

⑥ 적치와 중간취급을 최소화할 수 있도록 반입 및 수송계획을 수립하고, 층별 운반 계획도 고려

⑦ 유리의 보관은 시원하고 건조하며 그늘진 곳에 통풍이 잘 되게 하고, 직사광선이나 비에 맞을 우려가 있는 곳은 금지

⑧ 즉시 사용하지 않을 유리는 비닐이나 방수포로 덮고, 상자 내의 열집적 방지를 위해 상자 사이의 공기순환을 고려하여 적치

⑨ 사용 실란트, 개스킷 등 사용부재료의 성능에 대한 시험결과 확인

⑩ 복층 유리는 20매 이상 겹쳐서 적치 금지, 각각의 판유리 사이는 완충재를 두어 보관

[유리운반]

Ⅲ. 유리 보양

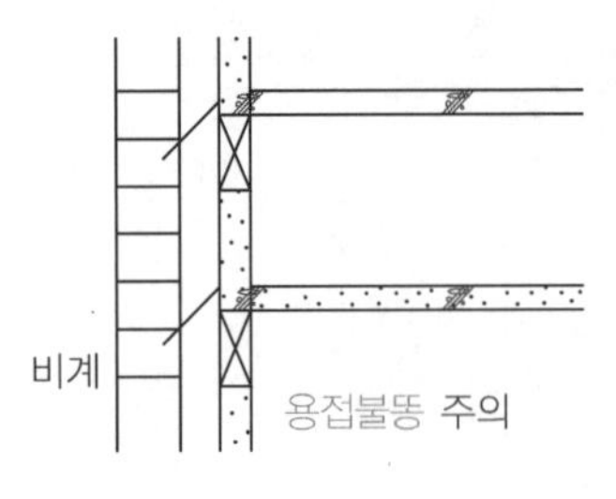

① 유리시공 시점 검토

② 유리면 경고지 부착

③ 간단오염물질 → 물청소

④ 실링 및 프라이머 → 즉시 제거

⑤ 시공 전 자재 - 비에 맞지 않도록 비닐 Sheet 사용

09 접합유리

KCS 41 55 09/KS L 2004

Ⅰ. 정의

접합유리는 2장 이상의 판유리 사이에 접합 필름인 합성수지 막을 삽입하여 가열 압착한 안전유리를 말한다.

Ⅱ. 시공도 및 특징

① 충격 흡수력이 강하고, 파손 시 유리 파편의 비산 방지
② 파손에 따른 구멍이 생기지 않아 도난 방지 기능
③ 사용되는 원판, 필름 종류에 따라 다양 한 색상 연출
④ 실내·외 천창, 대형 수족관, 진열창 등에 사용

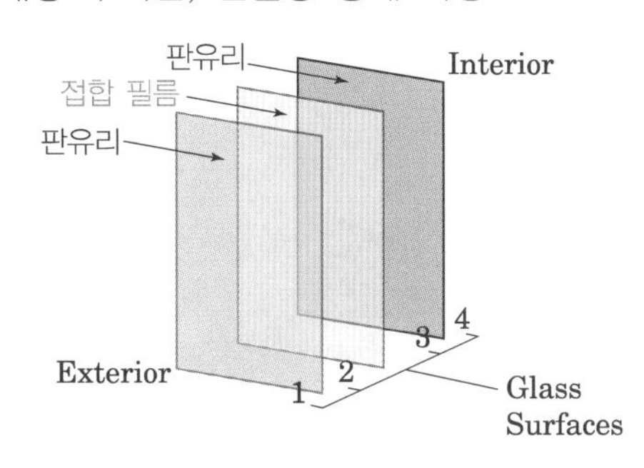

[벽체]

[바닥]

Ⅲ. 접합 유리의 가공

① 접합 유리의 중간막 재료는 폴리비닐부티랄을 표준
② 마감두께는 0.38mm, 0.76mm, 1.52mm
③ 폴리비닐부티랄의 수분함수율을 0.5% 이하
④ 작업실 온도 22±3℃, 습도는 30% 이하
⑤ 접합 유리 중 일반 PVB 필름보다 차음성능이 강화된 차음접합 유리에 대해서는 별도 공사시방서에 따른다.

Ⅳ. 허용차

1. 한 변의 길이의 허용차(평면접합유리)(mm)

재료 판유리의 합계 두께	한 변의 길이(L)의 허용차		
	L≤1,200	1,200<L≤2,400	L>2,400
4 이상 11 미만	+2, -2	+3, -2	+5, -3
11 이상 17 미만	+3, -2	+4, -2	+6, -3
17 이상 24 미만	+4, -3	+5, -3	+7, -4

2. 중간막 두께의 허용차(평면접합유리)(mm)

중간막의 두께	허용차
1 미만	±0.4
1 이상 2 미만	±0.5
2 이상 3 미만	±0.6
3 이상	±0.7

V. 시공 시 유의사항

① 4℃ 이상의 기온에서 시공
② 실란트 작업의 경우 상대습도 90% 이상이면 작업 중단
③ 유리면에 습기, 먼지, 기름 등의 해로운 물질이 묻지 않도록 한다.
④ 유리를 끼우는 새시 내에 부스러기나 기타 장애물을 제거
⑤ 배수구멍(Weep Hole)은 5mm 이상의 직경으로 2개 이상
⑥ 세팅 블록은 유리폭의 1/4 지점에 각각 1개씩 설치

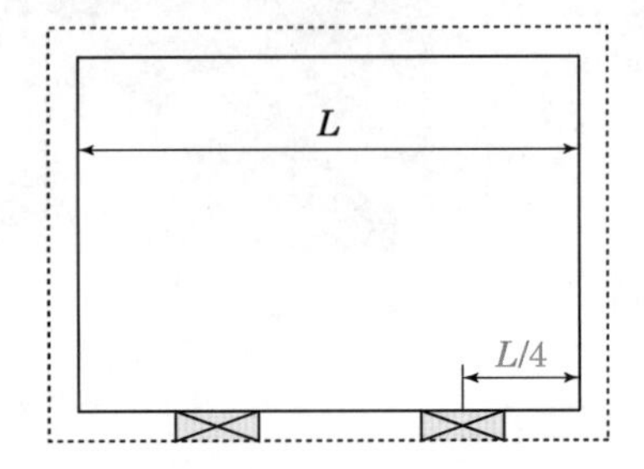

⑦ 실란트 시공부위는 청소를 깨끗이 한 후 건조

[세팅 블록]
새시 하단부의 유리끼움용 부재료로서 유리의 자중을 지지하는 고임재

10 복층유리(Pair Glass)

KCS 41 55 09/KS L 2003

Ⅰ. 정의

복층유리는 2장 이상의 판유리, 가공유리 또는 이들의 표면에 광학 박막을 가공한 것을 똑같은 틈새를 두고 나란히 넣고, 그 틈새에 대기압에 가까운 압력의 건조 공기 등을 채우고 그 주변을 밀봉·봉착한 유리를 말한다.

Ⅱ. 복층유리의 단열 Mechanism

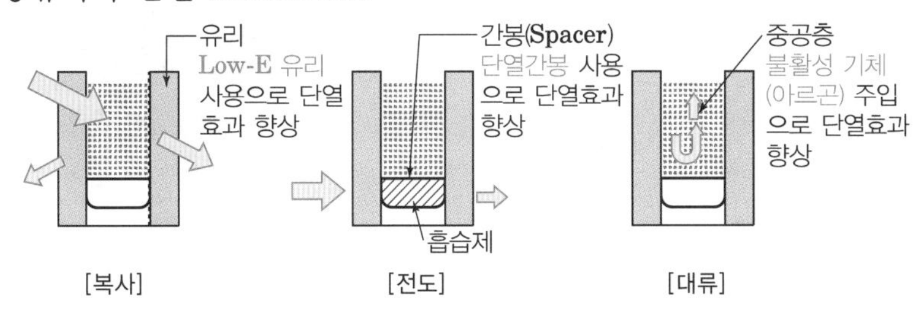

[복층유리]

Ⅲ. 복층 유리의 가공

① 1차 접착제는 폴리이소부틸렌계 실란트로 고형성분과 휘발성분이 각 1.0% 이하이고 비중이 1.05 이하

② 2차 접착제는 폴리설파이드계와 실리콘계의 실란트가 구별, 사용되어야 하며 폴리설파이드는 전단강도 0.5N/mm^2 이상, 불휘발성분 85% 이상, 사용가능한 시간 50분 이상

③ 적정 스페이서(간봉) 사용

④ SSG(Structural Silicone Glazing) 공법으로 시공되는 2차 접착제는 반드시 구조용 실리콘 실란트로 충진

⑤ 흡습제는 대기 중에 30분 이상 노출 금지 및 고온의 드라이 오븐에 보관한 것을 사용

⑥ 흡습제는 사용 전 흡수능시험을 진행하여 합격(△T>35℃) 제품을 사용

[스페이서(간봉)]
- 일반적으로 알루미늄 재질을 사용
- 단열성능을 개선한 금속재(스틸 등), 금속재와 플라스틱재의 복합재료, 강화플라스틱 재질, 실리콘 고무재질, 수지형 재질 등을 사용
- 코너 부위는 일체식 또는 동등하게 견고 한 방식을 적용

Ⅳ. 시공 시 유의사항

① 4℃ 이상의 기온에서 시공

② 실란트 작업의 경우 상대습도 90% 이상이면 작업 중단

③ 배수구멍(Weep Hole)은 5mm 이상의 직경으로 2개 이상

④ 세팅 블록은 유리폭의 1/4 지점에 각각 1개씩 설치

⑤ 실란트 시공부위는 청소를 깨끗이 한 후 건조

⑥ 복층 로이유리는 코팅면의 위치 확인

11 복층유리의 단열간봉(Spacer)

Ⅰ. 정의

복층 유리의 간격을 유지하며 열전달을 차단하는 재료로, 기존의 열전도율이 높은 알루미늄 간봉의 취약한 단열문제를 해결하기 위한 방법으로 Warm-Edge Technology를 적용한 간봉을 말하며, 고단열 및 창호에서의 결로방지를 위한 목적으로 적용된다.

Ⅱ. 단열간봉의 전도 Mechanism

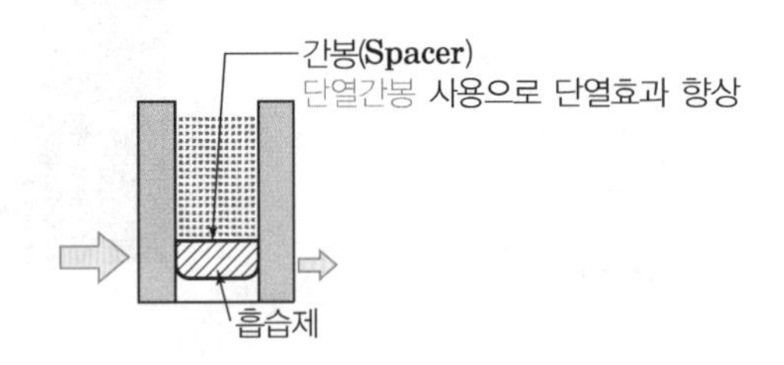

[일반간봉]

[단열간봉]

[면 클리어런스(clearance)]
유리를 프레임에 고정할 때 유리와 프레임 사이에 여유를 주는 것.

Ⅲ. 단열간봉의 종류

① 간봉(Spacer): 유리 끼우기 홈의 측면과 유리면 사이의 면 클리어런스를 주며, 복층유리의 간격을 고정하는 블록

② 흡습제: 작은 기공을 수억 개 갖고 있는 입자로 기체분자를 흡착하는 성질에 의해 밀폐공간에 건조상태를 유지하는 재료

재품명	Warm-Light	Swispacer	TGI	Superspacer
소재	AL+고강도 폴리우레탄	특수강화 플라스틱	SST+특수 플라스틱	Silicon Form
열전도율	0.2W/mk 이하			

Ⅳ. 시공 시 유의사항

① 일반적으로 알루미늄 재질을 사용

② 단열성능을 개선한 금속재(스틸 등), 금속재와 플라스틱재의 복합재료, 강화플라스틱 재질, 실리콘 고무재질, 수지형 재질 등을 사용

③ 코너 부위는 일체식 또는 동등하게 견고 한 방식을 적용

④ 흡습제는 대기 중에 30분 이상 노출 금지 및 고온의 드라이 오븐에 보관한 것을 사용

⑤ 흡습제는 사용 전 흡수능시험을 진행하여 합격(△T>35℃) 제품을 사용

12 진공복층유리(Vacumn Pair Glass)

Ⅰ. 정의

진공복층유리는 실외 측의 유리는 로이유리, 실내 측은 진공유리(두 장의 판유리 사이를 0.1~0.2mm의 진공층으로 만든 유리)로 만든 복층유리를 말하며 복사, 전도 및 대류에 의한 열손실을 최소화한 유리이다.

Ⅱ. 현장시공도

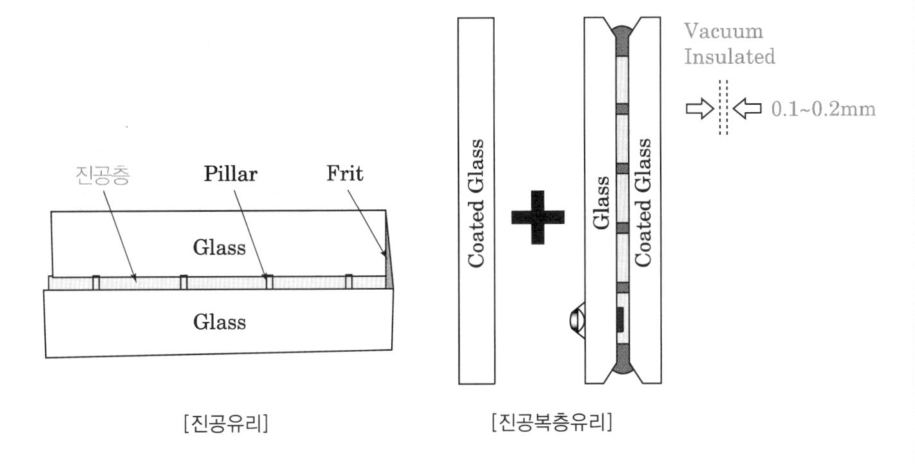

[진공유리] [진공복층유리]

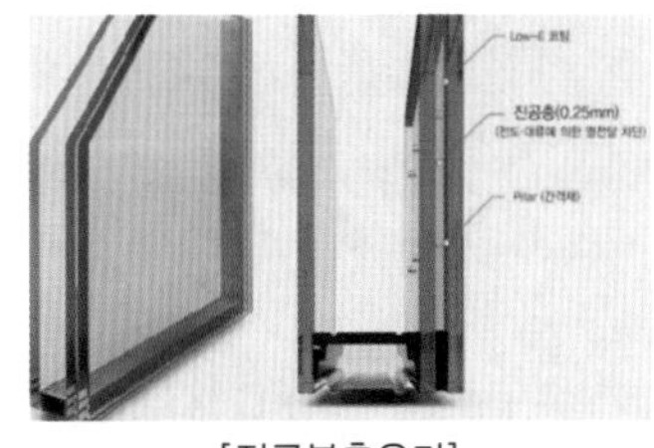

[진공복층유리]

Ⅲ. 진공유리의 원리

두 장의 판유리 사이에 필러(Pillar)를 일정한 간격으로 설치하여 0.1~0.2mm 공간 유지 및 공기압력에 견딜 수 있도록 하고 내부의 잔류가스를 제거 후 밀봉하여 진공상태의 유리를 제작

Ⅳ. 특징

① 열관류율 저감 및 냉난방의 에너지 절약
② 온실가스 배출량 저감
③ 차음성능 증대: 35dB 이상
④ 단열성능 증대 및 결로 방지

Ⅴ. 시공 시 유의사항

① 4℃ 이상의 기온에서 시공
② 실란트 작업의 경우 상대습도 90% 이상이면 작업 중단
③ 배수구멍(Weep Hole)은 5mm 이상의 직경으로 2개 이상
④ 세팅 블록은 유리폭의 1/4 지점에 각각 1개씩 설치

13 열선반사유리(Solar Reflective Glass)

KCS 41 55 09/KS L 2014

Ⅰ. 정의

열선반사유리는 태양열의 차폐를 주목적으로 하여 유리 표면에 얇은 막을 형성시킨 반사형 유리를 말한다. 그러나 반사성 합성 수지 필름을 유리에 접착시킨 것은 제외한다.

Ⅱ. 개념도

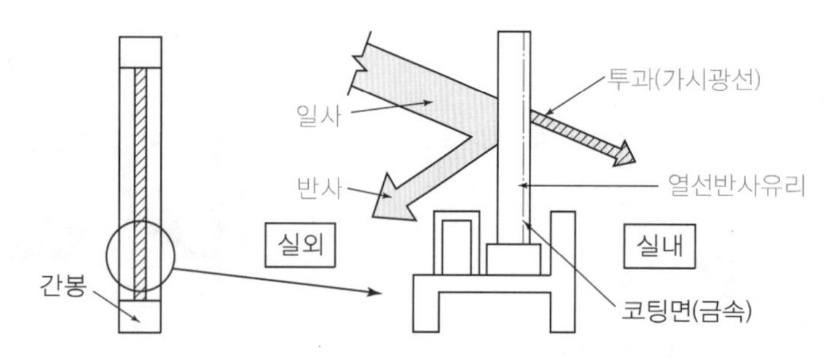

[열선반사유리]

Ⅲ. 코팅면 제조방법

공법	설명
파이롤리틱 공법	• 고온상태에 있는 유리표면에 티탄 · 주석 등을 함유한 용액을 분무하는 방법
스퍼터링 공법	• 고 진공상태에서 아르곤, 질소, 산소가스를 주입하고 전기장을 이용하여 가스를 가속시키면 가스이온들이 금속 타깃과 충돌하고 이때 금속 타깃에서 떨어져 나온 원자상태의 작은 금속 입자가 유리면에 코팅하는 방법

[열선반사유리의 판정기준]
- KS L 2014에 적합한 제품이거나, 동등 이상의 제품
- 1.8m 떨어져서 90°에서 45°로 이동하며 관찰 시 현저한 반점이나 줄무늬가 없어야 한다.
- 2.0mm 이상의 핀 홀이나 견고한 미립자는 허용될 수 없으며, 300mm 각 이내에 2mm 이하, 1mm 이상의 것이 5개 이하는 허용된다.
- 1.8m에서 육안으로 판단될 수 있는 핀 홀 집단들이 없어야 한다.
- 중앙부는 75mm 이상의 스크래치 혹은 이보다 작은 스크래치 집단이 없어야 한다.

Ⅳ. 적용 시 유의사항

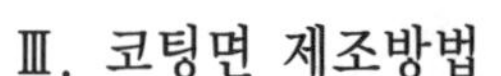

① 코팅면에 유해한 시멘트 모르타르, 산, 알칼리성 물질 등은 코팅면에 닿지 않도록 주의
② 복층유리 사용 시 코팅면이 외측유리의 안쪽에 오도록 설치
③ 단판유리 사용 시 코팅면이 실내측에 오도록 설치
④ 색유리 사용 시 열파손이 우려되므로 강화유리 또는 배강도유리 사용
⑤ 4℃ 이상의 기온에서 시공
⑥ 실란트 작업의 경우 상대습도 90% 이상이면 작업 중단
⑦ 세팅 블록은 유리폭의 1/4 지점에 각각 1개씩 설치

14 로이유리(Low-Emissivity Glass)

KCS 41 55 09/KS L 2017

Ⅰ. 정의

로이유리는 열 적외선(Infrared)을 반사하는 은소재 도막으로 코팅하여 방사율과 열관류율을 낮추고 가시광선 투과율을 높인 유리로서 일반적으로 복층 유리로 제조하여 사용하며 저방사유리라고도 한다.

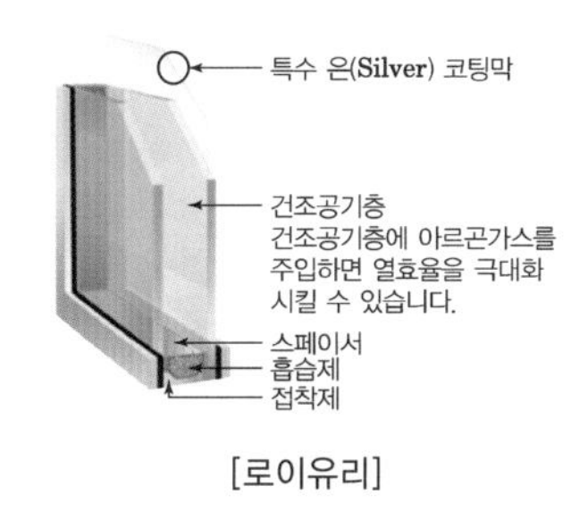

[로이유리]

Ⅱ. 코팅면에 따른 분류

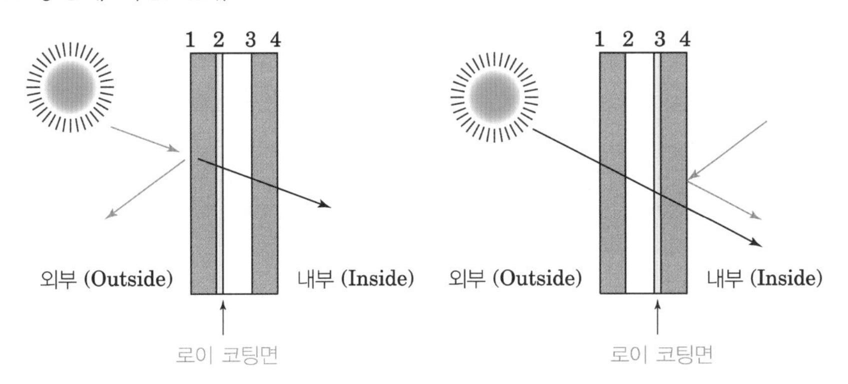

① 2면 코팅: 태양복사열 차단이 필요한 유리벽(상업시설, 냉방부하 감소)
② 3면 코팅: 실내보온 단열이 필요한 개별창호(주거시설, 난방부하 감소)

Ⅲ. 로이유리의 종류

종류	설명
하드로이 유리	• 제조과정 중 열분해 코팅법으로 금속이온을 함유한 유기화합물을 스프레이 코팅 한 것
소프트로이 유리	• 진공상태에서 이온 스파터링 공법으로 은막과 이 은막을 보호하기 위한 보호막으로 구성된 다층구조의 금속코팅을 한 것

Ⅳ. 방사율

종류	방사율
1종	0.06 이하
2종	0.12 이하

V. 시공 시 유의사항

① 4℃ 이상의 기온에서 시공
② 실란트 작업의 경우 상대습도 90% 이상이면 작업 중단
③ 유리면에 습기, 먼지, 기름 등의 해로운 물질이 묻지 않도록 한다.
④ 유리를 끼우는 새시 내에 부스러기나 기타 장애물을 제거
⑤ 배수구멍(Weep Hole)은 5mm 이상의 직경으로 2개 이상
⑥ 세팅 블록은 유리폭의 1/4 지점에 각각 1개씩 설치
⑦ 실란트 시공부위는 청소를 깨끗이 한 후 건조
⑧ 복층 로이유리는 코팅면의 위치 확인

15 배강도유리

KS L 2015

Ⅰ. 정의

배강도 유리는 플로트판유리를 연화점부근(약 700℃)까지 가열 후 양 표면에 냉각공기를 흡착시켜 유리의 표면에 20MN/mm^2~60MN/mm^2의 압축응력층을 갖도록 한 가공유리로 반강화유리라고도 한다.

Ⅱ. 특징

① 일반유리(Annealed Glass)에 비해 2배까지 충격강도가 높다.
② 약 130℃까지 열충격 및 열편차에 대한 저항성을 가진다.
③ 파손 시 일반유리와 유사하게 큰 파편으로 깨져 창틀이나 구조물로부터 탈락을 방지한다.
④ 파손된 파편이 뾰족하고 날카로워 안전유리로 분류되지 않는다.
⑤ 강화유리에 비해 평활도가 우수하여 건축용 유리의 시각적 왜곡을 감소시킨다.
⑥ 강화 공정 시 급랭과정을 거치지 않기 때문에 불순물로 인한 자연파손이 발생하지 않는다.
⑦ 제품의 절단은 불가능하다.

[배강도유리 파손]

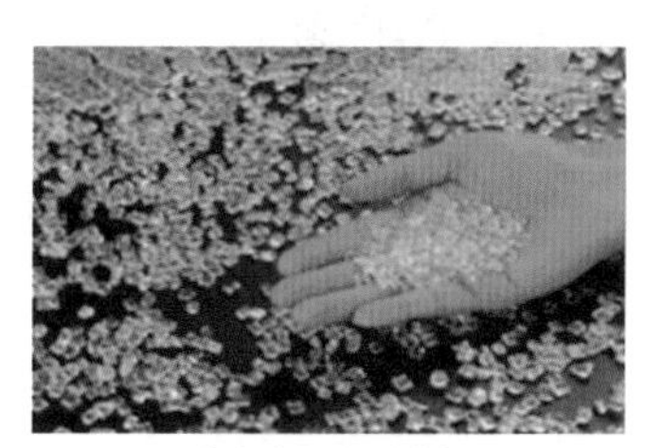
[강화유리 파손]

Ⅲ. 허용차

1. 두께(mm)

두께의 종류	두께	두께의 허용차
3mm	3.0	±0.3
4mm	4.0	
5mm	5.0	
6mm	6.0	
8mm	8.0	±0.6
10mm	10.0	
12mm	12.0	±0.8

2. 1변의 길이

두께의 종류	1변 길이(L)의 허용차		
	L≤1,000	1,000<L≤2,000	2,000<L≤3,000
3mm, 4mm, 5mm, 6mm	+1, -2	±3	±4
8mm, 10mm, 12mm	+2, -3		

Ⅳ. 강화유리와 배강도유리의 비교

구분	강화유리	배강도유리
제조법	플로트판유리를 연화점 이상으로 재가열한 후 찬공기로 급속히 냉각하여 제조	플로트판유리를 연화점 부근(약 700℃)까지 재가열한 후 찬공기로 서서히 냉각하여 제조
파손형태	작은 팥알 조각 모양 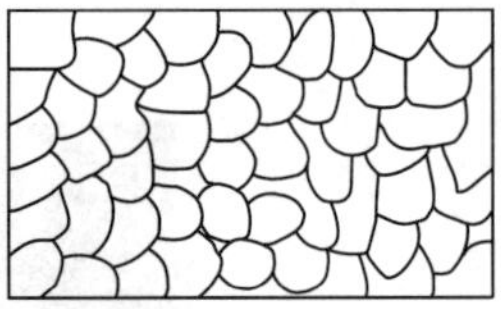	충격점으로부터 삼각형 모양 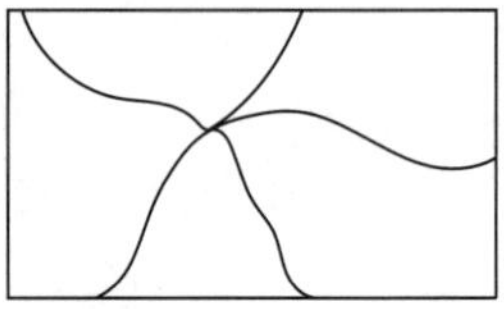
안전성	고층부 사용 시 파손으로 인한 비산 낙하의 위험	파손 시 유리가 이탈하지 않아 고층 건축물 사용 시 적합
강도	일반유리의 3~5배 정도	일반유리의 2~3배 정도
열 충격저항	일반유리의 2배 정도	
용도	출입문, 쇼케이스, 수족관 등	건물 외벽 창호 등

16 유리블록(Glass Block)

KCS 41 55 09

Ⅰ. 정의

유리블록은 두 장의 유리를 합쳐서 고열(600℃)로 용착시키고, 내부는 0.5기압 정도의 건조공기를 주입하여 만든 중공 유리제 블록을 말한다.

Ⅱ. 현장시공도

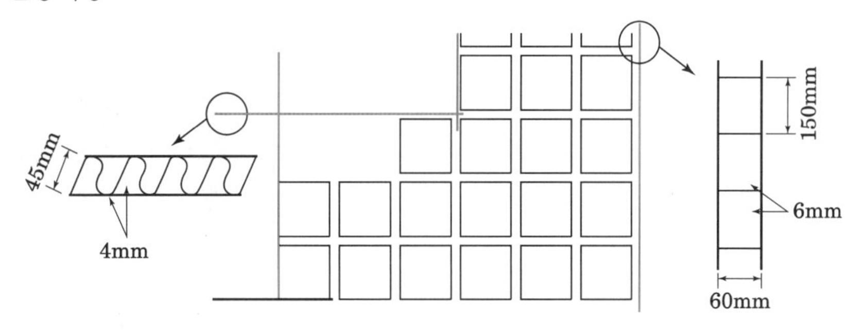

[유리블록]

Ⅲ. 특징

① 방음성이 우수
② 온도변화에 대한 균열 발생 및 파손이 적다
③ 열전도율이 적다(벽돌의 1/4 정도)
④ 균일한 확산광을 얻을 수 있다.

Ⅳ. 유리블록쌓기 시공

① 유리블록은 모르타르의 접촉면에 염화비닐계 합성수지도료를 1회 칠한 후 모래를 뿌려 부착시킨다.
② 유리블록의 보강철물의 시공 철저
③ 단변, 장변의 조립된 철근을 620mm 이하의 간격으로 양 끝은 단변·장변 모두 프레임에 정착
④ 강판은 5단마다 줄눈에 맞추어 대고 프레임 또는 구조체에 정착
⑤ 유리블록은 도면에 따라 줄눈나누기를 하고, 방수재가 혼합된 시멘트 모르타르(시멘트:모래 = 1:3(용적비))로 쌓는다.
⑥ 유리블록쌓기에 있어 6m 이하마다 신축줄눈을 설치
⑦ 유리블록 표면에서 깊이 8mm 내외의 줄눈파기를 한 다음, 치장줄눈 마무리를 한다.

[유리블록의 보강철물의 시공]
- 단변철근(직경 6mm)을 복근(사이 60mm)으로 하고 연결철근(직경 6mm)은 150mm 정도의 간격으로 용접하여 조립
- 장변철근(직경 4mm)을 복근(사이 45mm)으로 하여 연결철근(직경 4mm)을 래티스형으로 용접하여 조립
- 얇은 강판(두께 0.95mm #20)에 편칭한 것을 사용 가능
- 보강철물은 아연도금 등의 방청처리를 한 것이나 스테인리스제를 사용

17 이중외피(Double Skin)

Ⅰ. 정의

이중외피시스템은 두 개의 외피 즉, 유리로 구성된 이중 벽체 구조를 갖는 시스템이며, 이러한 이중의 외피 구조는 실내와 실외 사이에 공간(Cavity)을 형성하게 되며, 공간을 통해 효율적인 열성능과 환기 성능을 유지하도록 한다.

Ⅱ. 이중외피의 구성 및 개념도

1. 이중외피의 구성

① 실내외의 두 개의 외피
② 각 외피 사이의 공간(Cavity)
③ 공간부분의 환기를 위하여 설치된 개구부분 및 차양 장치

2. 개념도

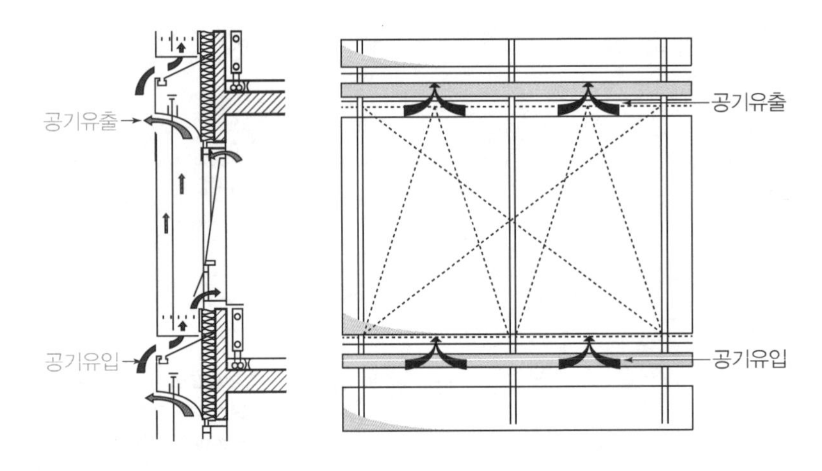

[이중외피]

Ⅲ. 특징

① 자연환기 우수
② 차음 성능의 향상
③ 에너지(냉·난방 에너지) 절감
④ 공간부분의 차양 장치에 의한 차양 역할
⑤ 이중외피로 공사비 증가 및 유지보수비 절감
⑥ 태양에너지 이용 가능
⑦ 건물의 가치 증대

[적용 시 유의사항]
- 설계단계에서 Simulation을 통해 효과 및 적용 검토
- 비교적 고가 이므로 경제성 검토
- 친환경 건축 인증을 통해 인센티브 혜택 받을 수 있도록 검토

18 SSG(Structural Sealant Glazing) 공법

KCS 41 55 09

Ⅰ. 정의

SSG 시스템은 건물의 창과 외벽을 구성하는 유리와 패널류를 구조용 실란트(Structural Sealant)를 사용해 실내측의 멀리온, 프레임 등에 접착 고정하는 공법을 말한다.

Ⅱ. SSG 공법의 구조(Metal Mullion)

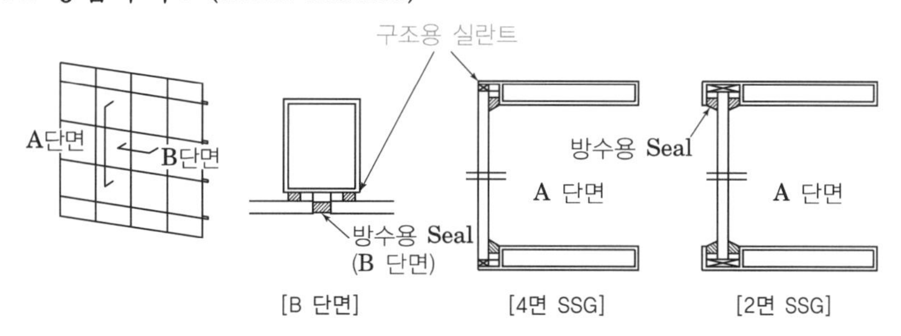

[SSG 공법]

Ⅲ. SSG 공법 줄눈의 단면

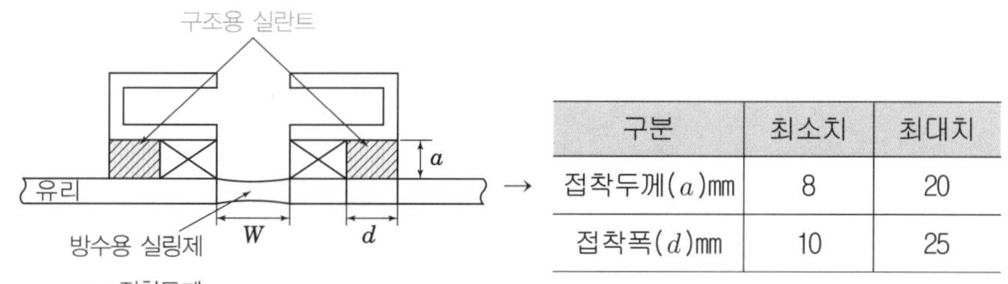

a : 접착두께
d : 접착폭
W : 방수용 실링제의 줄눈폭

구분	최소치	최대치
접착두께(a)mm	8	20
접착폭(d)mm	10	25

① 풍압력에 대한 검토: 유리면에 부압이 작용하는 경우 구조용 실란트 접착폭(d)을 확보

② 온도 변형에 대한 검토: 접착 두께(a)를 확보

③ 지진에 대한 검토: SSG 공법에 있어서는 멀리온, 프레임 등을 면진구조로 하여 구조용 실란트에는 지진력에 의한 변위가 작용되지 않도록 한다.

④ 유리중량에 대한 검토: 유리중량을 세팅 블록과 철물로 지지하여 구조용 실란트에 장기하중으로 작용하지 않도록 한다.(2면 SSG의 경우)

⑤ 최대 및 최소 줄눈단면 형상: 형상계수(d/a)는 $1 < d/a < 1.5$ 범위

Ⅳ. SSG 공법의 시공

① 구조용 실란트의 접착 신뢰성을 높이기 위해 프라이머 도포, 충전 및 주걱 마감에 주의

② 구조용 실란트 경화 중에 무브먼트가 생기지 않도록 가고정 확실

③ 외부측에서의 구조용 실란트 시공은 줄눈 내부의 청소 불량, 프라이머 도포불량, 실링재 충전 불량 등의 문제점이 있으므로 금지

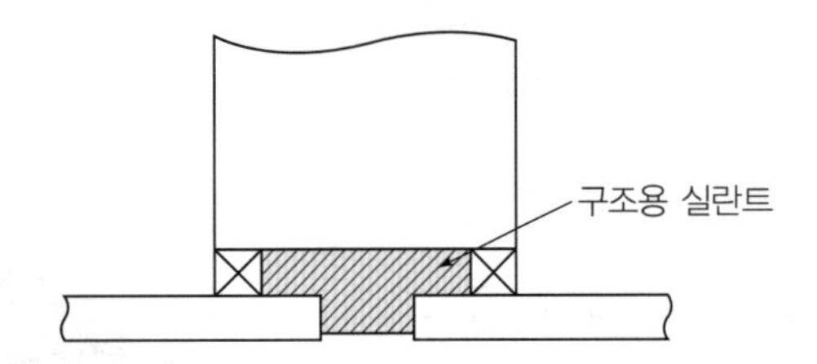

19 SPG(Structural Point Glazing, Dot Point Glazing, Tempered Point Glazing)

Ⅰ. 정의

SPG시스템이란 유리에 홀 가공을 한 후 특수 볼트와 하드웨어를 사용하여 판유리와 판유리를 고정해 주는 "No Frame" 시스템으로서 구조용 실리콘을 사용하지 않고 판유리를 고정하는 공법을 말한다.

Ⅱ. 현장시공도

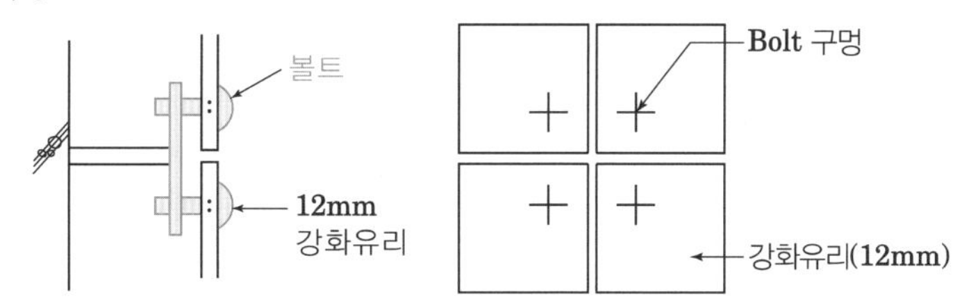

[SPG]

Ⅲ. 특징

① 탁 트인 시야를 제공하며, 채광효과 우수
② 어떤 크기로도 사용가능
③ 다양한 용도의 건축물에 창의성을 살린 디자인이 가능
④ 풍압 및 구조하중 등의 내구성 우수
⑤ 장기간 외부 노출에도 변형 및 훼손이 없음

Ⅳ. 적용 분야

① 아트리움
② 썬큰 가든(Sunken Garden)
③ 로비, 연결통로(Walkway)
④ 전시장
⑤ 유리커튼월
⑥ 유리피라미드 등 독창적인 디자인이 요구되는 곳

Ⅴ. 적용 시 유의사항

① 구조계산서의 확인
② 리브유리, 로드트러스, 와이어 및 스테인리스 파이프 등으로 구조물 지탱
③ 12mm 강화유리 사용
④ 안전을 위해 100% 열간유리시험(Heat Soak Test)을 실시
⑤ NiS 결정(Nickel Sulfide Phases)에 의한 강화유리의 자폭현상 제거 후 사용
⑥ 유리파손에 대한 안정성을 고려하여 천창, 경사면에는 접합유리를 적용
⑦ 볼트부위 풀림방지 조치 확인

[77,118회]

20 유리공사에서의 SSG(Structural Sealant Glazing System) 공법과 DPG(Dot Point Glazing System) 공법

Ⅰ. 정의

① SSG(Structural Sealant Glazing System) 공법

SSG 시스템은 건물의 창과 외벽을 구성하는 유리와 패널류를 구조용 실란트(Structural Sealant)를 사용해 실내측의 멀리온, 프레임 등에 접착 고정하는 공법을 말한다.

② DPG(Dot Point Glazing System) 공법

DPG시스템이란 유리에 특수 홈 가공을 한 후 볼트로 판유리와 판유리를 고정해 주는 "No Frame" 시스템으로서 프레임이나 구조용 실리콘을 사용하지 않고 판유리를 고정하는 공법을 말한다.

Ⅱ. 현장시공도

① SSG 공법

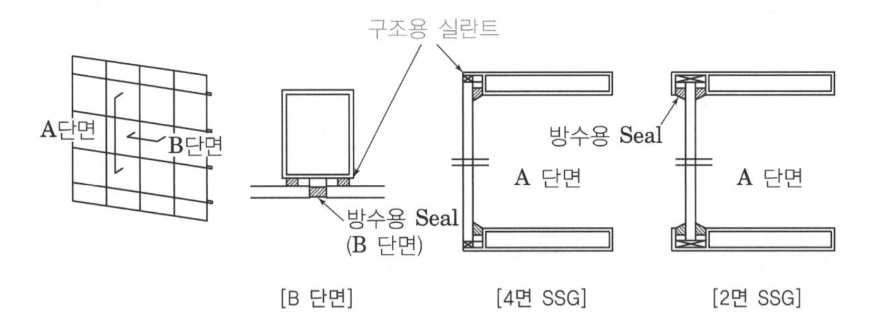

[SSG]

② DPG 공법

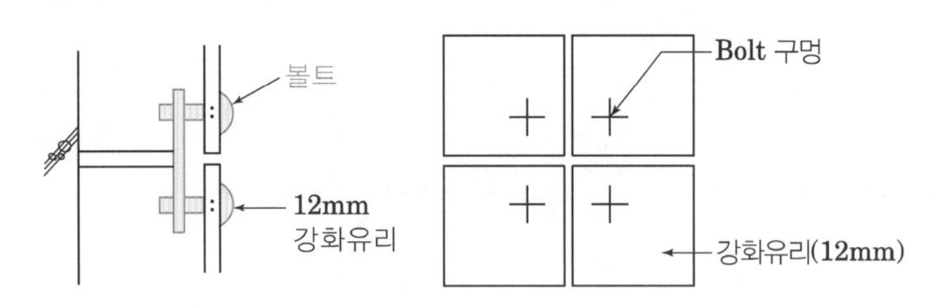

[DPG]

Ⅲ. SSG 공법 줄눈의 단면

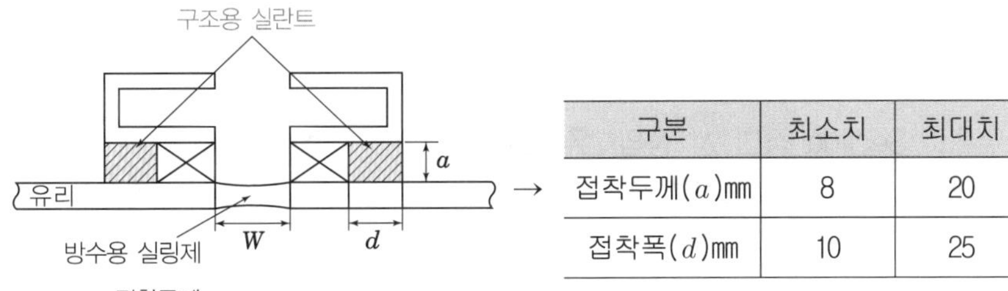

구분	최소치	최대치
접착두께(a)mm	8	20
접착폭(d)mm	10	25

Ⅳ. DPG 공법 적용 시 유의사항

① 리브유리, 로드트러스, 와이어 및 스테인리스 파이프 등으로 구조물 지탱
② 12mm 강화유리 사용
③ 안전을 위해 100% 열간유리시험(Heat Soak Test)을 실시
④ NiS 결정(Nickel Sulfide Phases)에 의한 강화유리의 자폭현상 제거 후 사용

[107회]

21 유리공사에서의 Sealing 작업 시 Bite

KCS 41 55 09

Ⅰ. 정의

Sealing 작업 시 Bite는 실란트의 두께로 Sealing 작업 시 풍압, 유리크기, 설치공법(일반, 구조공법 등)에 따른 구조 검토를 하여 적절한 Bite 유지를 해야 내구성 및 열화를 방지할 수 있다.

Ⅱ. 설치 공법에 따른 Sealing Bite

1. 일반 공법(4면이 Frame 속으로 묻힌 경우)

① 풍압 등 구조검토를 해야 하나 통상적으로 5mm×5mm 정도의 Bite를 사용

② 3면 접착을 방지를 위해 Back-Up재를 사용

2. 구조용 공법(SSG 공법)

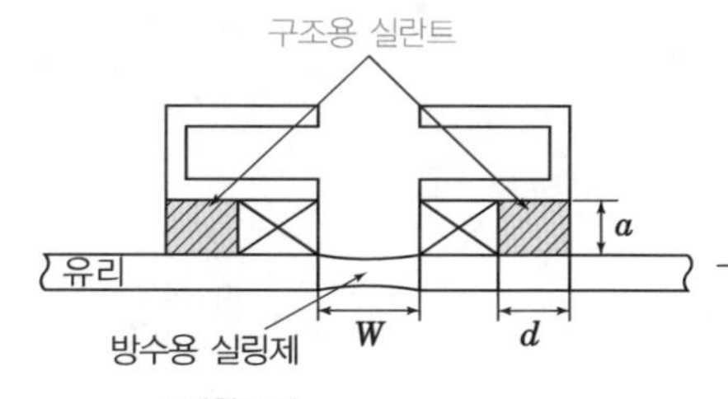

→

구분	최소치	최대치
접착두께(a)mm	8	20
접착폭(d)mm	10	25

a : 접착두께
d : 접착폭
W : 방수용 실링제의 줄눈폭

[Sealing Bite]

① 구조용 공법은 Hidden Bar(2면 또는 4면) Type이므로 반드시 구조 검토를 통해 Bite를 정함

② 풍압력에 대한 검토: 유리면에 부압이 작용하는 경우 구조용 실란트 접착폭(d)을 확보

③ 온도 변형에 대한 검토: 접착 두께(a)를 확보

④ 최대 및 최소 줄눈단면 형상: 형상계수(d/a)는 $1 < d/a < 1.5$ 범위

Ⅲ. Structural Sealant Bite 계산

$$SB = 0.5 \times L_2 \times Pw / Ft$$

여기서, SB : Structural Bite, L_2: 유리 단변의 길이(mm), Pw : 풍압(KPa),
Ft : 실란트 설계강도(상수) : 138KPa

Ⅳ. Sealing 작업 시 구조계산에 따른 Bite 유지 방법

1) 구조계산에 의한 Bite와 최소 동등 이상의 폭과 길이 확보

2) 일반 공법의 경우 Back-up재를 사용하여 조절

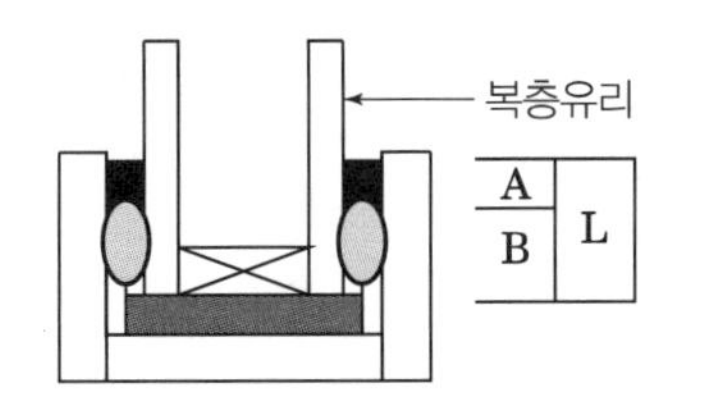

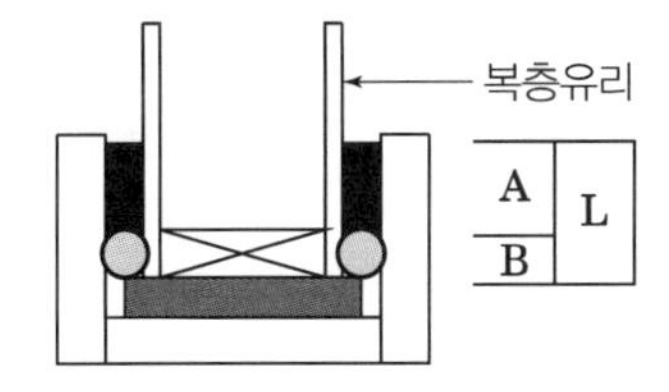

A : Sealing Bite B : Back-Up재

① Bite 깊이가 정해지면 Back-Up재를 정해진 깊이 이상으로 삽입

② Back-Up재의 길이가 길수록 Sealant Bite는 짧아짐

③ Back-Up재의 깊이가 깊을수록 Sealant Bite는 늘어남

3) 구조용 Sealing Bite의 폭 및 깊이는 Norton Tape로 조절

① Norton Tape의 역할은 구조용 Sealant가 경화하는 동안 외부로 탈락되지 않도록 접착하는 용도임.

② 구조용 Sealant의 두께 및 깊이가 결정되면 그에 따른 Norton Tape의 두께와 깊이를 고려한 자재를 사용

③ Norton Tape의 길이가 길어질수록 구조용 Sealant Bite는 짧아짐

④ Norton Tape의 두께가 두꺼울수록 구조용 Sealant Bite는 늘어남

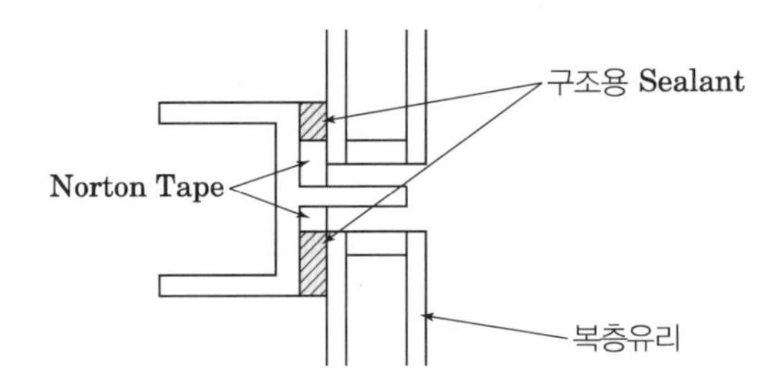

4) Weather Sealing Bite의 폭 및 깊이 조절

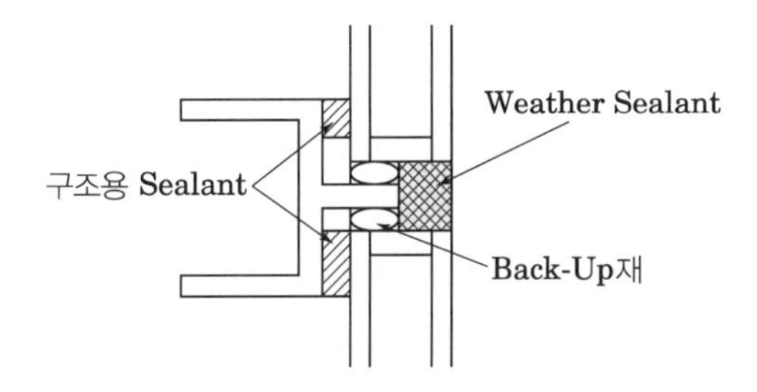

- Bite 폭(보통 15mm×10mm)은 발주 시 유리 Size로 조절하며, 깊이는 Back-Up재로 조절

22 세팅 블록, 실란트, 개스킷, 측면블록, 백업재, 유리 고정철물의 기준 KCS 41 55 09

Ⅰ. 세팅 블록

① 재료는 네오프렌, 이피디엠(EPDM) 또는 실리콘 등으로 한다.
② 길이는 유리면적 m^2당 28mm이며 유리폭이 1,200mm를 초과하는 경우는 최소길이 100mm를 원칙으로 한다.
③ 쇼어 경도가 80°~90° 정도이어야 한다.
④ 폭은 유리두께보다 3mm 이상 넓어야 한다.

Ⅱ. 실란트

① KS F 4910 규정에 합격한 것이나 동등 이상의 품질이어야 한다.
② 주제와 경화제의 분리여부에 따라 1액형과 2액형이 있으며 초산타입 및 비초산타입이 있으므로 시공조건에 따라 선택한다.

Ⅲ. 개스킷

① 개스킷은 KS F 3215 규정에 합격한 재료를 사용하여야 한다.
② 스펀지 개스킷의 경우 35°~45°의 쇼어 경도를 갖는 검은 네오프렌으로 둘러쌓아야 하며, 20~35% 수축될 수 있어야 한다.
③ 덴스 개스킷이 공동형일 경우는 75±5°의 쇼어 경도를 지녀야 하고(공동이 없는 재질인 경우는 55±5°의 쇼어 경도), 외부 개스킷은 네오프렌, 내부 개스킷은 EPDM으로 되거나 혹은 동등한 성능을 지닌 재질이어야 한다.

Ⅳ. 측면블록

① 재료는 50°~60° 정도의 쇼어경도를 갖는 네오프렌, 이피디엠(EPDM) 또는 실리콘이어야 한다.
② 새시 4변에 수직방향으로 각각 1개씩 부착하고 유리 끝으로부터 3mm 안쪽에 위치하도록 하며, 품질관리를 위하여 공장에서 새시 제작 시 부착하여 출고하여야 한다.

Ⅴ. 백업재

재료는 단열효과가 좋은 발포에틸렌계의 발포재나 실리콘으로 씌워진 발포우레탄 등으로 결정한다.

Ⅵ. 유리 고정철물

① 강제 창호용 유리 고정못은 아연도금 강판제로서 두께 0.4mm(#28), 길이 9mm 내외
② 강제 창호용의 유리 고정용 클립은 직경 1.2mm의 강선이나 피아노선

[1액형 실란트]

[개스킷]

[측면 블록]
새시 내에서 유리가 일정한 면 클리어런스를 유지토록 하며, 새시의 양측면에 대해 중심에 위치하도록 하는 재료로 품질관리를 위해 새시 공장생산 시 부착하여 출고하는 것을 원칙으로 한다.

[백업(Back Up)재]
실링 시공인 경우에 부재의 측면과 유리면 사이의 면 클리어런스 부위에 연속적으로 충전하여 유리를 고정하고 시일 타설시 시일 받침 역할을 하는 부재료로서 일반적으로 폴리에틸렌 폼, 발포고무, 중공솔리드고무 등이 사용된다.

[백업재]

23 유리의 열파손 방지대책(유리 열파손, 유리의 자파(自破) 현상)

Ⅰ. 정의

유리의 열파손이란 태양의 복사열 작용에 의해 열을 받는 부분과 받지 않는 부분(끼우기홈 내)의 팽창성 차이 때문에 발생하는 응력으로 인하여 유리가 파손되는 현상을 말한다.

Ⅱ. 개념도

유리의 중앙부와 주변부(프레임에 면하는 부위)와의 온도 차이로 인한 팽창성 차이가 응력을 발생시켜 유리가 파손

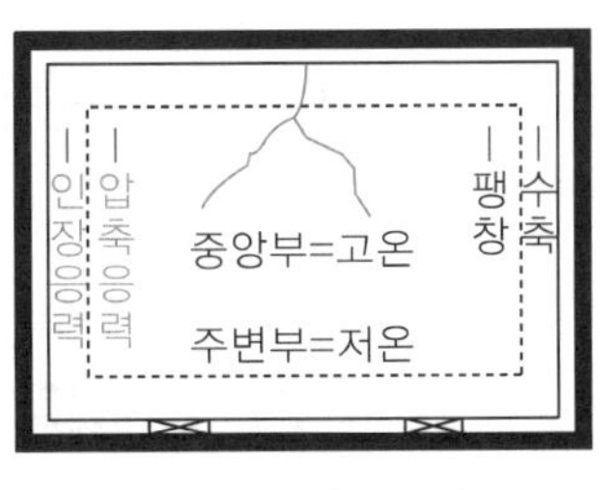

[판유리의 응력분포]

[유리 열파손]

Ⅲ. 열파손의 특징

① 색유리에 많이 발생(열흡수가 많다.)
② 동절기의 맑은날 오전에 많이 발생
③ 두께가 두꺼울수록 열깨짐에 불리
④ 프레임에 직각으로 시작하여 경사지게 진행

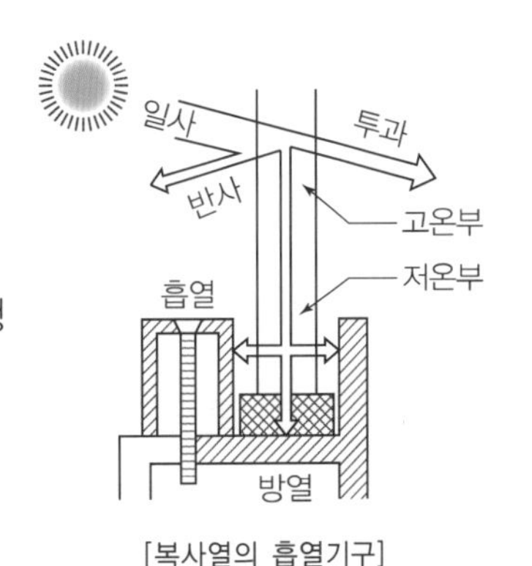

[복사열의 흡열기구]

Ⅳ. 방지대책

① 판유리와 차양막 사이 간격유지(최소 10cm)
② 냉난방된 공기가 직접 닿지 않도록 할 것
③ 절단면을 연마재 #120 이상으로 매끄럽게 할 것
④ 유리와 프레임을 확실히 단열
⑤ 유리에 필름, 페인트 칠 등을 부착하지 말 것
⑥ 판유리와 차양막 사이의 내부공기를 순환시킬 것
⑦ Spandrel부의 내부공기가 밖으로 유출되도록 할 것
⑧ 배강도(반강화유리) 또는 강화유리 사용

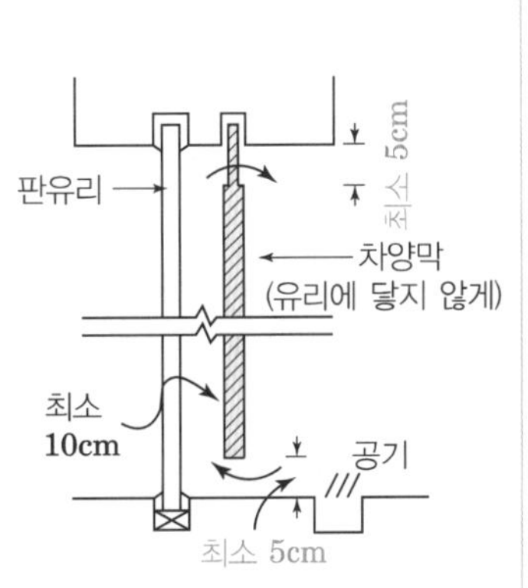

24 유리의 영상현상

Ⅰ. 정의

유리의 영상현상이란 유리에 반사되는 피사체의 영상이 일그러지는 현상을 말하며, 박판유리의 두께가 얇을수록 영상현상이 많이 일어난다.

Ⅱ. 영상현상의 원인

1. Heat Treatment(열처리)

[영상현상]

① 유리에 열처리를 하면 표면의 물질적 변화로 유리 표면이 볼록, 오목하게 된다.
② 강화유리가 반강화유리(배강도유리)보다 유리 표면의 볼록, 오목이 심하다.
③ 강화유리가 반강화유리(배강도유리)보다 영상현상이 많이 발생한다.
④ 유리가 얇을수록 휨 발생으로 영상현상이 많이 발생한다.

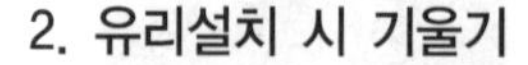

2. 유리설치 시 기울기

유리설치 시 기울기에 따라 영상현상이 발생한다.

3. 유리 설치 시 압력

유리가 설치될 때 유리 주변에 과도한 압력으로 볼록, 오목으로 형상이 변화하면서 영상 왜곡 상태가 증가한다.

4. 공기층의 수축 및 팽창압

복층유리에서 공기층의 수축 및 팽창압 현상으로 영상 왜곡이 발생한다.

5. 유리면의 평활도

Ⅲ. 방지대책

1. 유리의 선택

강화유리보다 배강도유리를 사용하여 유리 표면의 볼록, 오목현상을 줄인다.

2. Setting Block의 조절

① 전면의 건물의 배치에 따라 Setting Block의 위치를 조절하여 영상현상을 최소화한다.
② Setting Block은 1/6~1/8 지점에 설치한다.

3. 박판유리 사용

최소 8mm 이상의 박판유리를 사용하여 열처리 시 휨 발생을 최소화한다.

4. 영상 조정

시공 책임자는 유리 중앙부로부터 25m와 50m 지점에서 시공 영상을 조정한다.

5. 외부 유리변의 비율

① 외부 유리변의 비율을 1:3 이하로 유지한다.
② 유리의 Size가 작을수록, 장방형이 아닐수록 난반사를 줄이며, 영상 효과가 좋다.

6. Glazing Gasket 등 Glazing의 재료

① 실란트는 정해진 Size로 충전한다.
② Backer도 어느 정도 경도를 가진 것으로 사용한다.

25 유리공사에서 판유리의 수량산출방법

Ⅰ. 정의

보통 판유리는 창호의 정미수량을 유리의 실제 면적으로 계상하며, 다른 건축 공사에 비해 재단과 파손에 따른 손률 계산을 유의해야 한다.

[정미수량]
송장(거래명세서)에 있는 유리 치수, 즉, 실제 반입되는 유리 치수

Ⅱ. 수량산출방법

1. 유리(m^2)

① 유리종류에 따른 두께별로 구분하여 창호 후레임 치수를 제외한 정미수량으로 산출

② 정미수량=후레임 치수를 제외한 안목치수+유리 물림 치수(각 변 7.5~12mm)

③ 편의상 창호 외곽치수로 산출할 때는 창호면적의 85~90%를 유리면적으로 산출할 수도 있음(유리 면적=창호 면적×0.85(또는 0.9))

④ 강화유리문의 경우는 프레임을 포함하여 규격별 개수로 산출

2. 유리 코킹(m)

① 정미수량으로 산출하는 것이 원칙

② 창호 외곽치수로 산출할 때에는 창호 크기의 85~90%를 반영할 수도 있음

③ 외부에 면한 창호의 경우는 창틀 및 문틀 코킹(10×10)을 재질별로 구분하여 외주길이(m)로 산출

④ 유리 코킹(5×5)은 유리 안쪽과 바깥쪽 모두 산출

3. 유리 고정방법

① 3mm 이하: PVC 가스켓 사용(현재는 거의 사용하지 않음)

② 5mm 이상: 코킹 사용

4. 유리 청소 면적

정미수량으로 산출하는 것이 원칙

5. 자재할증

① 복층유리, 강화유리 등은 자재할증을 산정하지 않고, 노임단가에 반영하는 경우가 많음

② 단판유리(3~10mm)의 경우에는 유리의 로스를 감안하여 2~3% 정도의 할증을 적용

[판유리의 종류]
- 맑은유리, 무늬유리: 일반적인 창호, 투광 및 투시용
- 불투명유리: 카운터, 화장실 칸막이 등 투광용
- 복층유리: 단열 목적, 커튼월용, 투광 및 투시용
- 로이유리: 단열, 열 적외선 반사, 투광 및 투시용
- 접합유리: 안전유리, 투광 및 투시용
- 강화유리: 현관 출입문, 자동문 등 내구성 보강용
- 망입유리: 철망(도난방지), 황동망(전자, 전기 실험실), 납망(X-Ray실) 등

26 Access Floor

Ⅰ. 정의

바닥마감판을 필요에 따라 들어낼 수 있도록 하여 파이프나 전선 등 기계, 전기설비의 설치 및 조작을 용이하게 하기 위한 바닥구조로 레이즈드 플로어(Raised Floor), 프리 액세스(Free Access)라고도 한다.

Ⅱ. 현장시공도

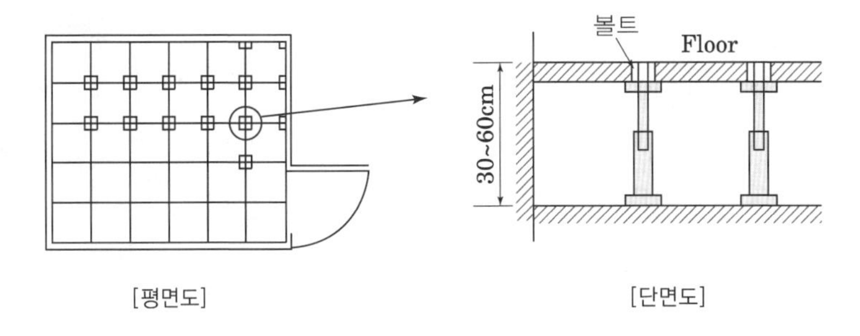

[평면도] [단면도]

[Access Floor]

Ⅲ. 특징

① 쾌적한 사무실 조성으로 사무업무의 효율화
② 배선의 보수 및 유지관리 용이
③ 선로 소음 방지효과
④ 제품의 표준화, 규격화에 따른 품질향상
⑤ 정전기에 대한 방지효과

Ⅳ. 적용 분야

① 인텔리전트 빌딩, EDPS실, 전산실, 통신실
② 방송국, 연구실
③ 일반사무실, 병원, 방재센터

Ⅴ. 시공 시 고려사항

① 규격은 이전 : 300×300mm, 현재: 450×450mm, 600×600mm을 많이 사용
② 슬래브 위에 금속 지주로 지지된 사각 패널의 레벨 관리 철저
③ 사각 패널을 칸막이벽에 지지하여서는 안 됨
④ 천장 높이에 대한 검토를 철저히 할 것
⑤ 기존 건물에 추가로 설치 시 바닥 단차에 유의할 것
⑥ 마감판(전도성타일, 데코타일 등) 및 하부 Pedestal 고정용 접착제는 친환경본드를 사용

27 드라이월 칸막이(Dry Wall Partition)의 구성요소

Ⅰ. 정의

드라이월 칸막이는 내부에 단열재, 흡음재, 메탈스터드로 구성되며 외부는 석고보드, SGP 판넬, 경량 시멘트 판넬로 구성되며 방화성능을 갖춰야 한다.

Ⅱ. 드라이월의 개념도

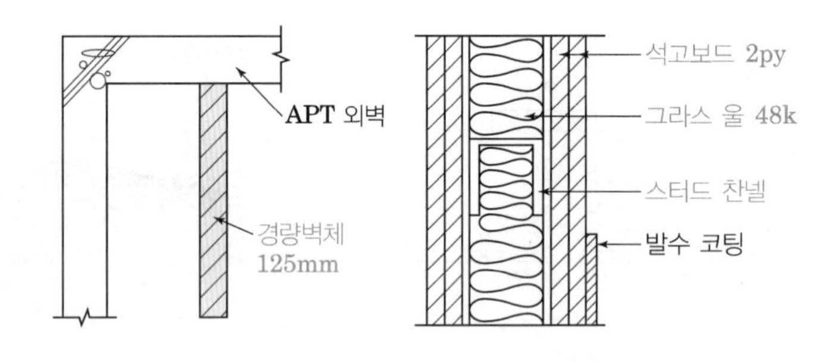

[드라이월 칸막이]

Ⅲ. 드라이월의 시공관리

① 방화, 차음 등의 성능을 공사 전 검토
② 상·하부 고정을 철저히 할 것 → 나사못 시공
③ 하부 방수 코팅 처리 철저
④ 틈새부분 실란트 처리 철저

Ⅳ. 드라이월의 특징

① 습식에 비해 비용절감
② 해체, 수리가 용이함
③ 부위별 다양한 기능 유지
④ 구제체의 자중 경감 효과
⑤ 파손에 유의
⑥ 액자 등의 고정이 용이하지 않음

부엌 : 방수보드
내부 : 방화보드
발코니 : 방균보드

28 PB(Particle Board)

KS F 3104

Ⅰ. 정의

Particle Board는 목재의 작은 조각을 주원료로 하고, 접착제를 사용하여 성형·열압한 밀도 0.5g/cm^3 이상, 0.8g/cm^3 이하의 판상 제품을 말한다.

Ⅱ. 특징

1. 장점

① 가공된 목재를 재활용 하므로 경제적
② 나무조각 사이의 빈공간으로 인해 소리를 흡수하는 방음 효과
③ 가공성이 용이하고, 수축 및 팽창이 적음
④ 동일규격의 제품생산 가능
⑤ 마감은 주로 시트지나 필름지가 사용

[PB]

2. 단점

① 물과 습기에 약함
② 충격에 약함
③ 성형 시 오염발생 가능

[MDF]

Ⅲ. 사용용도

① 부엌가구, 붙박이장, 서랍장, 책장 등
② 목조 주택용, 건축내장용, 포장용 등
③ 학교, 병원, 실험실용 가구

Ⅳ. Particle Board의 품질기준

종류		바탕 파티클 보드, 치장 파티클 보드			
		18.0형	15.0형	13.0형	8.0형
밀도(g/cm^3)		0.5 이상, 0.8 이하			
함수율(%)		5 이상, 13 이하			
휨강도(MPa)		18.0 이상	15.0 이상	13.0 이상	8.0 이상
습윤 시 휨강도(MPa)		9.0 이상	7.5 이상	6.5 이상	-
흡수 두께 팽창률(%)		12 이하			
박리강도(MPa)		0.3 이상	0.24 이상	0.2 이상	0.15 이상
나사못 유지력(N)	평면	700 이상	600 이상	550 이상	500 이상
	측면	350 이상	300 이상	275 이상	250 이상
폼알데하이드 방출량(mg/L)	평균값	SE : 0.3 이하, E : 0.5 이하, E_1 : 1.5 이하			
	최댓값	SE : 0.4 이하, E : 0.7 이하, E_1 : 2.1 이하			

29 MDF(Medium Density Fiberboard)

KS F 3200

Ⅰ. 정의

MDF란 목질재료를 주원료로 하여 고온에서 해섬하여 얻은 목섬유(Wood Fiber)를 합성수지 접착제로 결합시켜 성형·열압하여 만드는 섬유판(Fiber Board)으로 중밀도(0.35~0.85g/cm³)의 판상 제품을 말한다.

[해섬]
화학약품 처리 후 끓임

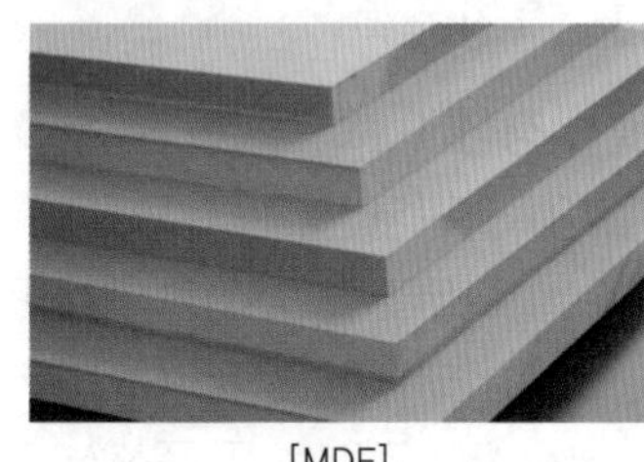
[MDF]

Ⅱ. 특징

1. 장점

① 방향성이 없고, 목재와 동일한질의 판상 제품
② 조직이 치밀하여 몰딩 등 가공성이 우수
③ 표면이 평활하여 도장성 및 접착성이 우수
④ 천연원목, 합판에 비하여 가격이 저렴
⑤ 다양한 용도로 폭넓게 사용 가능

2. 단점

① Particle Board에 비해 가격이 고가
② 내수성이 약함
③ 일반못으로 작업 곤란

Ⅲ. 사용용도

① 가구의 멤브레인 도어
② 도장용 도어
③ 장식판

Ⅳ. MDF의 품질기준

종류		35형	30형	25형	20형	15형
밀도(g/cm³)		0.35 이상, 0.85 이하				
함수율(%)		5 이상, 13 이하				
휨강도(MPa)		35 이상	30 이상	25 이상	20 이상	15 이상
습윤 시 휨강도1)(MPa)		17 이상	15 이상	12.5이상	10 이상	7.5 이상
흡수 두께 팽창률1)(%)		두께 7mm 이하: 17 이하, 두께 7mm 초과 15mm 이하: 12 이하, 두께 15mm 초과: 10 이하				
박리강도(MPa)		0.6 이상	0.5 이상	0.4 이상	0.35 이상	0.3 이상
나사못 유지력2)(N)	평면	700 이상	500 이상	400 이상	350 이상	300 이상
	측면	350 이상	250 이상	200 이상	175 이상	150 이상
폼알데하이드 방출량(mg/L)	평균값	SE : 0.3 이하, E : 0.5 이하, E_1 : 1.5 이하				
	최댓값	SE : 0.4 이하, E : 0.7 이하, E_1 : 2.1 이하				

주1) 15형에는 적용 금지, 2) 두께 15mm 이상에 적용

30 PW(Ply Wood)

KS F 3101

Ⅰ. 정의

PW란 원목을 길이방향으로 회전식 절삭기를 이용해 단판(Veneer)으로 깎아내고, 이를 일정한 규격으로 절단하여 섬유방향이 서로 직교되게 접착하여 만든 판상재로 보통합판, 콘크리트용 거푸집합판, 구조용합판, 특수합판 등으로 구분된다.

Ⅱ. 특징

1. 장점

① 나무결을 직각으로 쌓아 수축, 팽창, 뒤틀림이 없음
② 내수성, 내압성이 우수
③ 대량생산으로 경제적
④ 통판 원목보다 물성이 우수
⑤ 목재의 단점인 흠이나 갈라짐, 옹이 등의 제거가 가능

[콘크리트 타설용 합판]

2. 단점

① 단판의 완전접착이 곤란
② 원목의 상태에 따라 품질의 차이가 많음
③ Particle Board에 비해 고가

Ⅲ. 사용용도

① 상판(라미네이트)
② 씽크밴드
③ 시공목

Ⅳ. 보통합판의 품질기준

구분		품질기준
접착성		활엽수: 0.7N/mm^2
함수율		13% 이하
폼알데하이드 방출량	SE	평균: 0.3mg/L, 최대: 0.4mg/L 이하
	E	평균: 0.5mg/L, 최대: 0.7mg/L 이하
	E_1	평균: 1.5mg/L, 최대: 2.1mg/L 이하
붕산 흡수량(B)		1.2kg/m^3 이상
폭심 흡수량(P)		0.1kg/m^3 이상, 0.5kg/m^3 이하
페니트로티온 흡수량(FE)		0.1kg/m^3 이상, 0.5kg/m^3 이하
흡습성		0.4g 이하

31 주방가구 상부장 추락 안정성 시험 SPS-KHFC 004-6244

Ⅰ. 정의

주방가구 상부장은 시공목에 개별의 벽장을 나사못을 이용하여 고정 설치하게 되며, 가구의 상부에서 직접 하중을 가하여 확인함으로써 벽체의 변화, 시공의 변화에 따른 가구의 추락 안정성을 확인할 수 있다.

Ⅱ. 시험 장치도

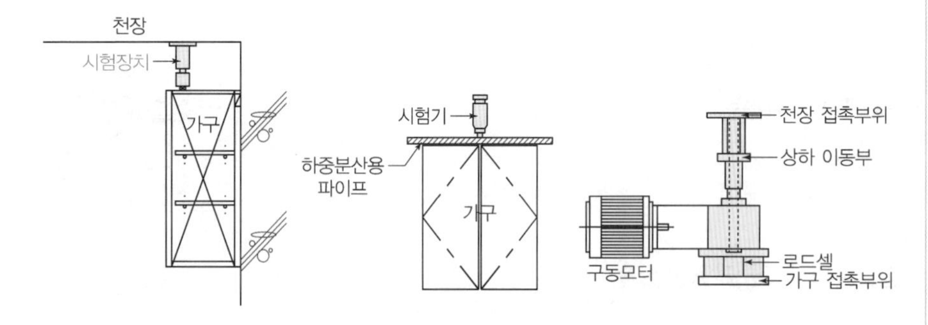

Ⅲ. 추락 안정성 시험 방법

① 별도의 협의가 없는 경우, 정하중 시험방법을 실시
② 시험체는 완성품의 개별 구성품 중 길이(L)가 600mm 이상인 것들 중에서 1개를 채취하여 시험을 실시
③ 정하중 시험
- 벽장의 중앙 전면 끝에 위치하게 한다.
- 벽장상부에서 수직으로 서서히 하중을 가하여 2,230N에 이르면 이를 4분간 유지한 후 하중을 제거한다.
- 이상 유무를 조사한다.

④ 하중을 균등하게 가하기 위하여 시험장비와 시험체 사이에 하중 분산용 사각 파이프를 넣어 시험한다.
⑤ 하중 분산용 사각 파이프는 쉽게 휘어지지 않는 재질로 한다.
⑥ 하중 분산용 사각 파이프는 가로, 세로 30mm인 정사각형 구조의 파이프를 벽장 길이 이상으로 넣어서 시험한다.

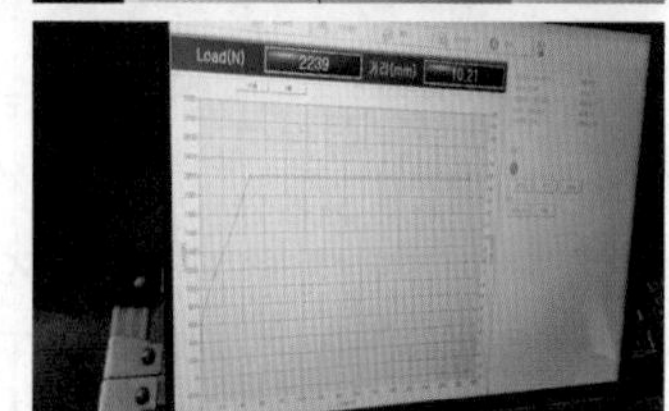
[상부장 추락 안정성 시험]

Ⅳ. 주방가구 상부장 시공 시 고려사항

① 주방가구의 구성재 및 부품은 나사못 등으로 견고하게 조립
② 주방벽체 시공 시 주방가구 장식판, 반자돌림, 가스관의 치수 및 위치를 종합적으로 검토하여 상부장의 보강목 위치를 정함

③ 벽체의 조건에 따라 시공목의 고정은 다를 수 있으나 상부장의 부착강도가 충분히 확보 되도록 시공
④ 시공목은 두께 15mm 이상, 폭 45mm 이상
⑤ 시공목은 콘크리트 못, 앵커 또는 직결피스로 벽체에 고정
⑥ 시공목 및 상부장의 고정간격은 상부장의 길이가 600mm 이하인 경우 2개소 이상, 600mm 이상인 경우 3개소 이상을 고정
⑦ 1개의 연속된 시공목을 사용할 경우 250~300mm 간격으로 고정

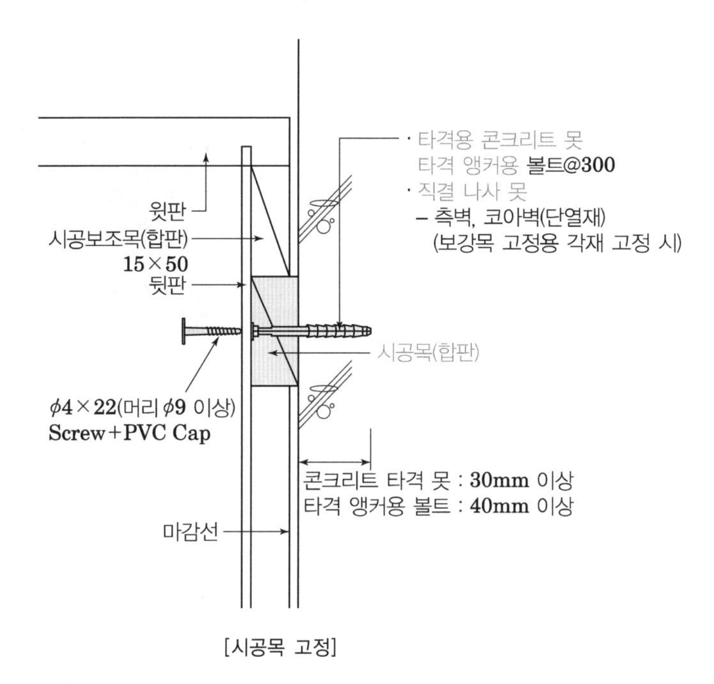

[시공목 고정]

32 시스템 천장(System Ceiling)

Ⅰ. 정의

시스템 천장은 설비기구와 천장마감재가 일체화되어 시공이 간단하고 공기를 단축시킬 수 있는 공법으로 천장재의 낙하방지에 유의하여야 한다.

Ⅱ. 시스템 천장의 종류

1. M-Bar System

① 현장시공도 및 구성

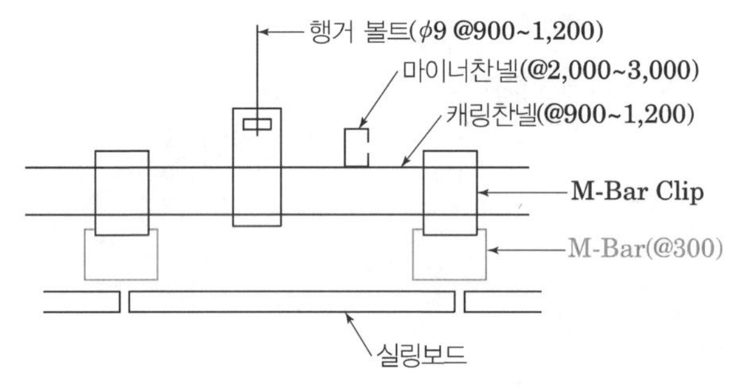

[M-Bar System]

② 시공순서

행거용 볼트 인서트 설치 → 행거볼트 부착 → 행거 설치 → 캐링 설치 → M-Bar 설치 → 마감 처리용 몰딩 설치 → 실링보드 부착

2. Clip-Bar System

① 현장시공도 및 구성

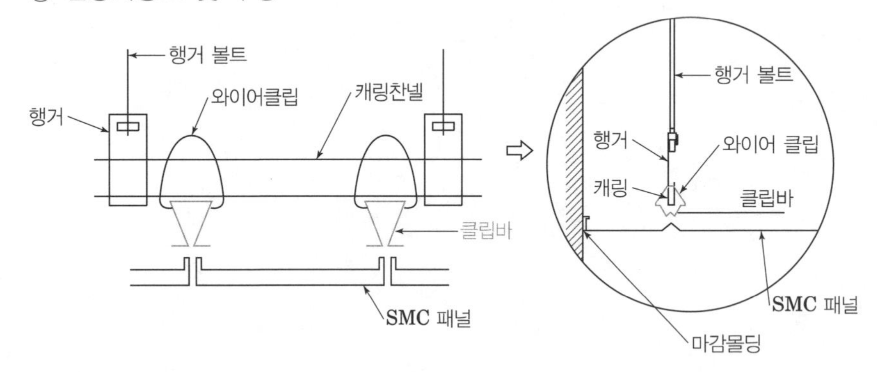

[Clip-Bar System]

② 시공순서

행거용 볼트 인서트 설치 → 행거볼트 부착 → 행거 설치 → 캐링 설치 → 크립바 설치(와이어 크립 사용) → 마감처리용 몰딩설치 → 크립바에 알루미늄 타일 부착

3. T-Bar System

① 현장시공도 및 구성

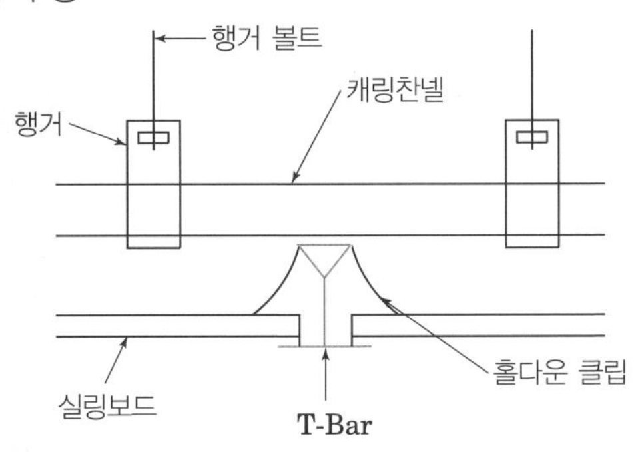

[T-Bar System]

② 시공순서

행거용 볼트 인서트 설치 → 행거볼트 부착 → 행거 설치 → 캐링 설치 → T-Bar 설치 → 마감 처리용 몰딩 설치 → 실링보드 부착

Ⅲ. 천장재 낙하방지를 조치사항

① 공조기 및 스프링클러의 행거볼트는 슬래브에 직접 인서트 설치할 것

② 흡출구와 덕트 사이는 플렉시블하게 처리할 것

③ 마감재는 습기에 의해 휘는 현상이 발생하므로 건조한 장소에 보관할 것

④ T-Bar에 마감재를 6mm 이상 걸칠 것

33 방화문 구조 및 부착 창호철물

건축법 시행령/건축물의 피난·방화구조 등의 기준에 관한 규칙
방화문 및 자동방화셔터의 인정 및 관리기준

Ⅰ. 정의

방화문은 화재의 확대, 연소를 방지하기 위해 건축물의 개구부에 설치하는 문으로 건축물의 피난·방화구조 등의 기준에 관한 규칙에 따른 성능을 인정한 구조를 말한다.

[60분+ 방화문]

Ⅱ. 방화문의 구분

① 60분+ 방화문
- 연기 및 불꽃을 차단할 수 있는 시간이 60분 이상이고, 열을 차단할 수 있는 시간이 30분 이상인 방화문

② 60분 방화문
- 연기 및 불꽃을 차단할 수 있는 시간이 60분 이상인 방화문

③ 30분 방화문
- 연기 및 불꽃을 차단할 수 있는 시간이 30분 이상 60분 미만인 방화문

[60분 방화문]

Ⅲ. 방화문의 구조

① 생산공장의 품질 관리 상태를 확인한 결과 국토교통부장관이 정하여 고시하는 기준에 적합할 것

② 품질시험을 실시한 결과 60분+ 방화문, 60분 방화문, 30분 방화문의 기준에 따른 성능을 확보할 것

③ 방화문은 항상 닫혀있는 구조 또는 화재발생 시 불꽃, 연기 및 열에 의하여 자동으로 닫힐 수 있는 구조여야 한다.

[Gasket]

Ⅳ. 부착 창호철물

① Gasket
- 화염이나 연기가 새어나가지 않게 하는 부착철물

② Pivot Hinge
- 여닫음을 가능하게 하는 기능으로 일반문에도 설치됨

③ 옥내 개폐 도어록
- 옥외면에서는 개폐 불가능하고 옥내면에서 항상 개폐 가능

④ Door Closer
- 방화문을 열었을 때 항상 닫을 수 있는 철물 또는 화재발생 시 불꽃, 연기 및 열에 의하여 자동으로 닫을 수 있는 철물

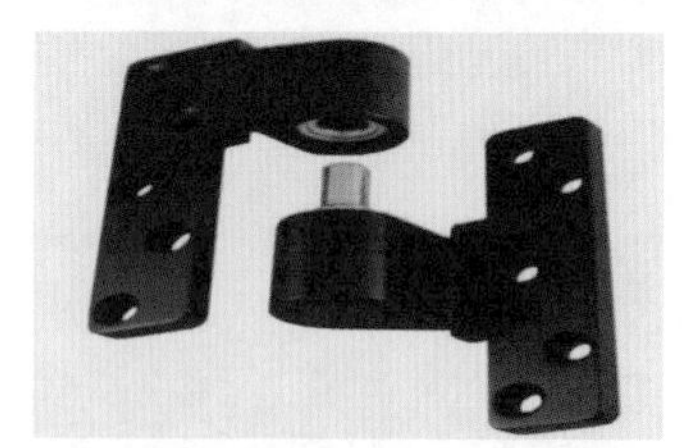

[Pivot Hinge]

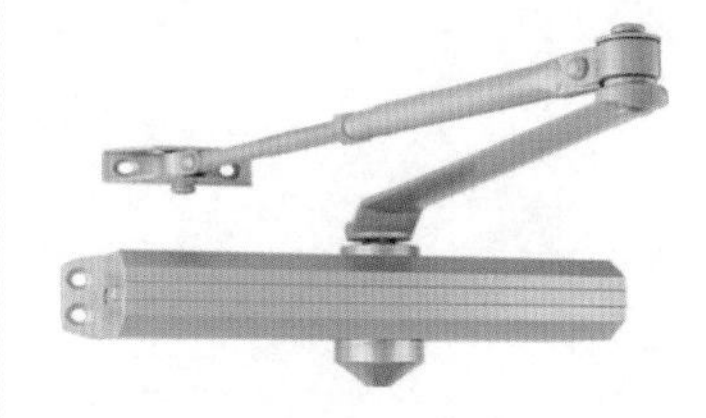

[Door Closer]

34 갑종방화문(60분 방화문) 시공상세도(Shop Drawing)에 표기할 사항

Ⅰ. 정의

방화문은 화재의 확대, 연소를 방지하기 위해 건축물의 개구부에 설치하는 문으로 건축물의 피난·방화구조 등의 기준에 관한 규칙에 따른 성능을 인정한 구조를 말한다.

Ⅱ. 방화문의 상세도

■방화문 입면 상세도

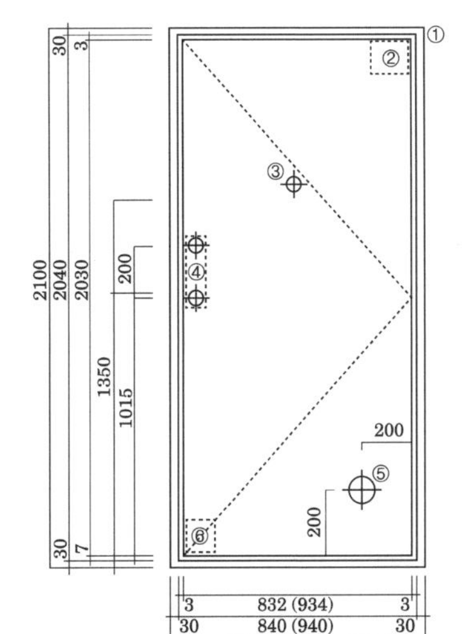

① Pivot Hinge
② Door Closer
150×300×1.6t
③ Door View Hole ϕ120
④ Door Lock
120×300×1.6t
⑤ Milk Hole ϕ120
⑥ Door Stopper
120×120×1.6t

■수직 단면 상세도

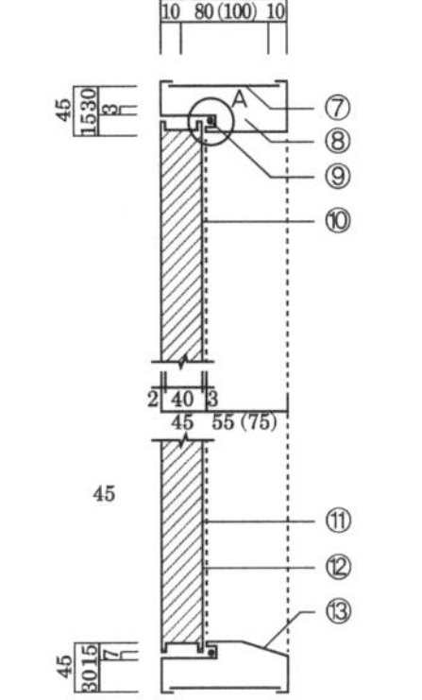

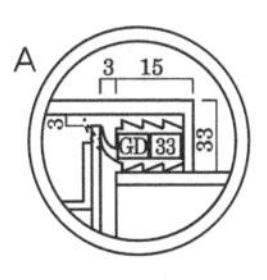

⑦ Filler Plate
1.6T×30×90(110)
⑧ Frame 1.6T Steel Plate
위 녹막이 페인트마감
⑨ Weather Strip 12×15
⑩ In Door Leaf 0.6T Color (Graphic) Sheet
⑪ Out Door Leaf 0.6T Color (Graphic) Sheet
⑫ Paper Honeycomb Core
40T 25Cell 내부 우레탄 충진
⑬ Sill 1.6T Stainless Steel Plate×St L Cover 보양

■수평 단면 상세도

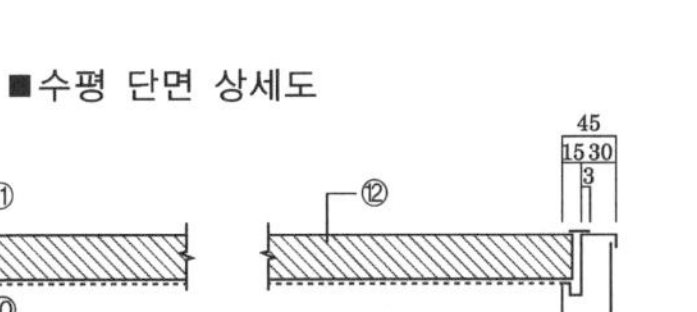

[60분+ 방화문]

[60분 방화문]

Ⅲ. 시공상세도(Shop Drawing)에 표기할 사항

① 세부 상세 치수
② 각 보강 부위 철물
③ 내부 충전 시 충전물의 종류 및 내용
④ 마감재 및 마감 시공법
⑤ 공사 특기 사항
⑥ 조립 시 이격 거리 및 타공 시 타공의 수 및 위치
⑦ 보강 부위
⑧ 골조 및 다른 마감과의 마무리 명기

35 건축용 방화재료(방화재료)

Ⅰ. 정의

방화재료란 건축물의 화재발생 시 재료에서의 유독가스 발생 및 화재 확산 등을 방지하여 인명 및 재산을 보호하기 위한 재료를 말한다.

Ⅱ. 방화재료

1. 불연재료

① 불에 타지 아니하는 성질을 가진 재료

② 가열시험 개시 후 20분간 가열로 내의 최고온도가 최종평형온도를 20K 초과 상승하지 않을 것

③ 가열종료 후 시험체의 질량 감소율이 30% 이하

④ 가스유해성 시험 결과 실험용 쥐의 평균행동정지 시간이 9분 이상

⑤ 강판과 심재로 이루어진 복합자재의 경우, 강판과 강판을 제거한 심재는 다음 기준에 모두 만족할 것

- 시험체 개구부 외 결합부 등에서 외부로 불꽃이 발생하지 않을 것
- 시험체 상부 천정의 평균 온도가 650℃를 초과하지 않을 것
- 시험체 바닥에 복사 열량계의 열량이 25kW/m^{2}를 초과하지 않을 것
- 시험체 바닥의 신문지 뭉치가 발화하지 않을 것
- 화재 성장 단계에서 개구부로 화염이 분출되지 않을 것

⑥ 외벽 마감재료 또는 단열재가 둘 이상의 재료로 제작된 경우, 다음 기준에 적합할 것

- 외부 화재 확산 성능 평가 : 시험체 온도는 시작 시간을 기준으로 15분 이내에 레벨2(시험체 개구부 상부로부터 위로 5m 떨어진 위치)의 외부 열전대 어느 한 지점에서 30초 동안 600℃를 초과하지 않을 것
- 내부 화재 확산 성능 평가 : 시험체 온도는 시작 시간을 기준으로 15분 이내에 레벨2(시험체 개구부 상부로부터 위로 5m 떨어진 위치)의 내부 열전대 어느 한 지점에서 30초 동안 600℃를 초과하지 않을 것

⑦ 종류 : 콘크리트, 시멘트 모르타르, 석재, 벽돌, 철망, 알루미늄, 유리 등

2. 준불연재료

① 불에 타지만 크게 번지지 아니하는 재료

② 가열 개시 후 10분간 총방출열량이 8MJ/m^2 이하

③ 10분간 최대 열방출률이 10초 이상 연속으로 200kW/m^{2}를 초과하지 않을 것

④ 10분간 가열 후 시험체를 관통하는 방화상 유해한 균열, 구멍 및 용융 등이 없어야 하며, 시험체 두께의 20%를 초과하는 일부 용융 및 수축이 없을 것

⑤ 가스유해성 시험 결과 실험용 쥐의 평균행동정지 시간이 9분 이상
⑥ 강판과 심재로 이루어진 복합자재의 경우, 강판과 강판을 제거한 심재는 다음 기준에 모두 만족할 것
- 시험체 개구부 외 결합부 등에서 외부로 불꽃이 발생하지 않을 것
- 시험체 상부 천정의 평균 온도가 650℃를 초과하지 않을 것
- 시험체 바닥에 복사 열량계의 열량이 25kW/m²를 초과하지 않을 것
- 시험체 바닥의 신문지 뭉치가 발화하지 않을 것
- 화재 성장 단계에서 개구부로 화염이 분출되지 않을 것
⑦ 외벽 마감재료 또는 단열재가 둘 이상의 재료로 제작된 경우, 다음 기준에 적합할 것
- 외부 화재 확산 성능 평가 : 시험체 온도는 시작 시간을 기준으로 15분 이내에 레벨2(시험체 개구부 상부로부터 위로 5m 떨어진 위치)의 외부 열전대 어느 한 지점에서 30초 동안 600℃를 초과하지 않을 것
- 내부 화재 확산 성능 평가 : 시험체 온도는 시작 시간을 기준으로 15분 이내에 레벨2(시험체 개구부 상부로부터 위로 5m 떨어진 위치)의 내부 열전대 어느 한 지점에서 30초 동안 600℃를 초과하지 않을 것
⑧ 종류 : 석고보드, 목모시멘트판, 인조대리석, 펄프시멘트판, 우레탄 패널 등

3. 난연재료

① 불에 잘 타지 아니하는 성질을 가진 재료
② 가열 개시 후 5분간 총방출열량이 8MJ/m² 이하
③ 5분간 최대 열방출률이 10초 이상 연속으로 200kW/m² 를 초과하지 않을 것
④ 5분간 가열 후 시험체를 관통하는 방화상 유해한 균열, 구멍 용융 등이 없어야 하며, 시험체 두께의 20%를 초과하는 일부 용융 및 수축이 없을 것
⑤ 가스유해성 시험 결과 실험용 쥐의 평균행동정지 시간이 9분 이상
⑥ 외벽 마감재료 또는 단열재가 둘 이상의 재료로 제작된 경우, 다음 기준에 적합할 것
- 외부 화재 확산 성능 평가 : 시험체 온도는 시작 시간을 기준으로 15분 이내에 레벨2(시험체 개구부 상부로부터 위로 5m 떨어진 위치)의 외부 열전대 어느 한 지점에서 30초 동안 600℃를 초과하지 않을 것
- 내부 화재 확산 성능 평가 : 시험체 온도는 시작 시간을 기준으로 15분 이내에 레벨2(시험체 개구부 상부로부터 위로 5m 떨어진 위치)의 내부 열전대 어느 한 지점에서 30초 동안 600℃를 초과하지 않을 것
⑦ 종류 : 난연합판, 난연플라스틱판 등

36 방화용 실란트

Ⅰ. 정의

건축물 시공 중에 발생하는 틈새를 막아 방화성능 및 수밀, 기밀, 탄성을 유지하는 실링재의 역할을 하는 재료를 방화용 실란트라 한다.

[방화용 실란트]

Ⅱ. 시공도

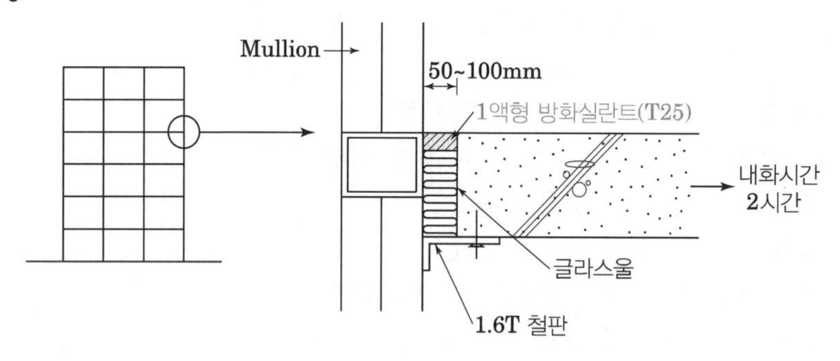

Ⅲ. 적용범위

① 전기실 관통부위
② 건식 벽체 상·하부
③ 층간방화구역
④ 방화문 주위

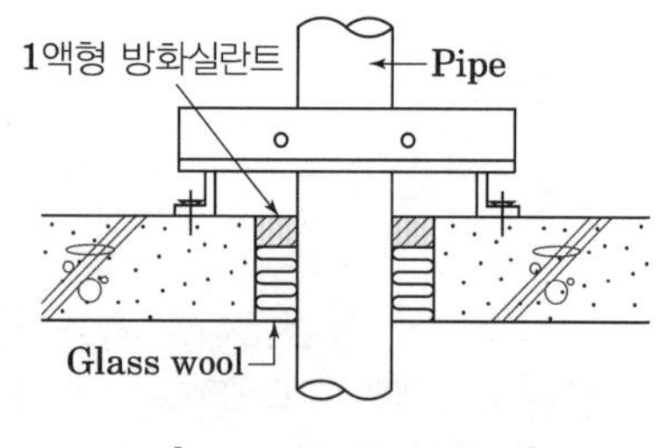

[Pipe Shaft 등 수직공간]

Ⅳ. 특성

① 시공직후 팽창
② 진동 및 충격에 강함
③ 개·보수가 용이
④ 상시온도에서 시공 가능

37 창호의 지지개폐철물

Ⅰ. 정의

창호의 지지개폐철물은 창호의 개폐방식 및 창호의 중량을 고려한 개폐성능 확보를 위한 Hardware를 말하며, 문짝과 문틀이 연결되어 원활히 움직일 수 있는 Hinge와 Lock-set, Door Closer등으로 구성된다.

[창호철물(Hardware)]
창호의 고정에 사용하는 경첩이나 자물쇠, 또는 미닫이문에 사용하는 손잡이나 반자대받이 · 알손잡이(Knob), 문에 관해서는 경첩 · 도어체크 · 자물쇠 · 알손잡이 · 문버팀쇠(Door Stop) 등, 또 미닫이문이나 미서기(Horizontal Sliding Door)에 관해서는 반자대받이 · 레일 · 나사잠그개(Screw Fastener) · 손잡이 등이 있고 철제 · 청동제 · 황동제

Ⅱ. 지지개폐철물

1. Hinge

① 일반적인 힌지(Butt Hinge): 여닫이 문짝을 문틀에 달아 여닫게 하는 철물

② 피벗 경첩(Pivot Hinge): 문의 상 · 하부에 용접을 하거나 나사(Screw)못으로 설치하여 문을 개폐하는 장치로 중량문에 적용. Offset Hung Type와 Center Hung Type가 있음

[Offset Hung Type]
한 방향으로 개폐 가능

[Center Hung Type]
양방향으로 개폐 가능

③ 플로어 힌지(Floor Hinge): 문을 고정하고 회전시키는 축이 문의 상단과 하단에 설치되는 것으로 Hinge와 Closer의 기능 역할을 하며, 중량문에 적용

④ Auto Power Hinge: 바닥과 문 속에 매입 장착하여 사용하는 스프링이 내장되어 항상 닫히는 힘이 작용하는 것으로 Pocket Door에 적용

⑤ 숨은 정첩(Concealed Hinge): Butt Hinge와 같은 기능으로 문이 닫혀있는 경우 힌지의 축이 노출되지 않는 정첩

⑥ Continuous Hinge: 문의 높이와 같은 길이로 설치하는 형태의 제품으로 문의 개폐 시에 발생하는 응력을 줄이는데 효과적인 제품

2. 잠금장치

① Lock-set: Cylindrical Lock, Mortise Lock, Tubular Lock 등으로 분류

② Dead Lock: 스프링 장치가 없이 Key 또는 손잡이에 의해서만 작동되는 Bolt로 구성된 Lock

③ Exit Device: 화재 등 비상 시 다른 종류의 Lock-set 보다 탈출을 용이하게 하여주는 장치로 손잡이를 대신해 Push Bar 또는 Cross Bar를 누름으로서 작동되는 기능으로, 계단실 등 비상 출입문에 적용

④ Electrical Magnetic Lock: 전원이 공급될 때만 작동되는 전자석과 같은 형식의 제품으로 주로 SSD에 적용

⑤ Digital Lock-set: 모터나 솔레노이드 등의 전기적인 장치에 의해 직/간접적으로 데드볼트를 동작시키는 제품

3. 여닫음 조정기

① Door Closer: 문과 문틀에 장치하여 열려진 여닫이문이 자동으로 닫히게 하는 장치로 현관문, 방화문 등에 적용

② 자동폐쇄장치: 출입문이 평상 시 개방되어 있어도 비상 시(화재 시)에는 자동폐쇄장치에 의하여 자동으로 닫히는 구조

③ Door Stop(문버팀쇠): 문을 열어서 고정하거나 열려진 여닫이문을 받쳐서 충돌에 의한 벽의 파손을 방지하는 철물로 벽용과 바닥용이 있음

38 창호공사의 Hardware Schedule

Ⅰ. 정의

창호공사의 Hardware Schedule은 평면을 분석하여 기능에 부합되는 조합을 구성하며, 문의 크기 및 형태, 사용빈도, 예산을 감안하여 최적화된 조합을 찾아야한다.

Ⅱ. Hardware Schedule 시공계획

① 수급자는 계약 성립 후 30일 이내에 Hardware Schedule과 Delivery Schedule을 작성하여 건설사업관리기술인의 검토·확인 후 발주자의 승인을 득하여야 한다.

② 발주자는 수급자로부터 승인요청 받은 Schedule을 검토하여 7일 이내에 서면으로 검토결과 내지 승인을 통보한다.

③ Hardware Schedule을 최종승인 받기 전에 어떠한 Hardware Item도 생산에 착수하거나 발주자에게 인도할 수 없다.

④ Hardware Schedule 및 Delivery Schedule과 창호 제작·설치 시공계획에 적합한 시공계획서 및 작업절차서를 제출하여야 한다.

⑤ Hardware 자재의 유형별로 적용위치, 범위, 함께 조립되는 제품, 부착방법 등을 명기한 도면을 발주자에게 제출하여 승인을 득하여야 한다.

⑥ 시공자는 모든 잡철물에 대한 제작 및 설치상세도를 제출하여야 하며 여기에는 관련 공사와의 설치, 접합, 정착평면, 입면 및 상세를 표기하며, 발주자의 승인을 받아야 한다.

⑦ 제품의 색상, 마무리, 외관, 치수, 형상 및 기능 등을 나타낸 Hardware 및 Template 견본을 품목별로 발주자에게 제출하여 승인을 받아야 한다.

⑧ 사용되는 자재가 요구하는 품질임을 증명하는 제조회사의 품질보증서 및 시험성적표를 제출하여 발주자의 승인을 받는다.

Ⅲ. Hardware Schedule의 실례

① FSD - 계단실(공동주택)

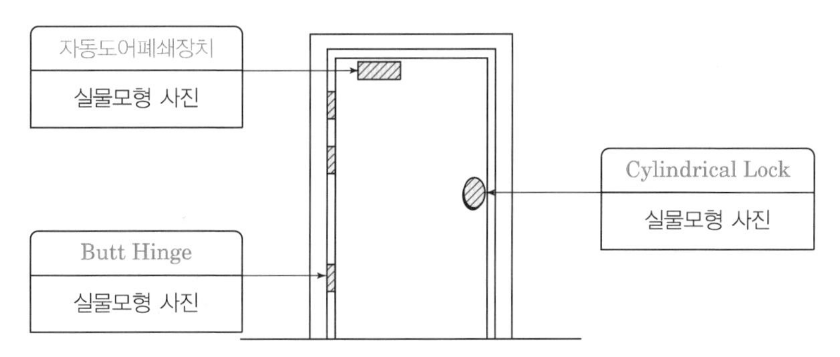

② FSD - 비상용 엘리베이터 홀

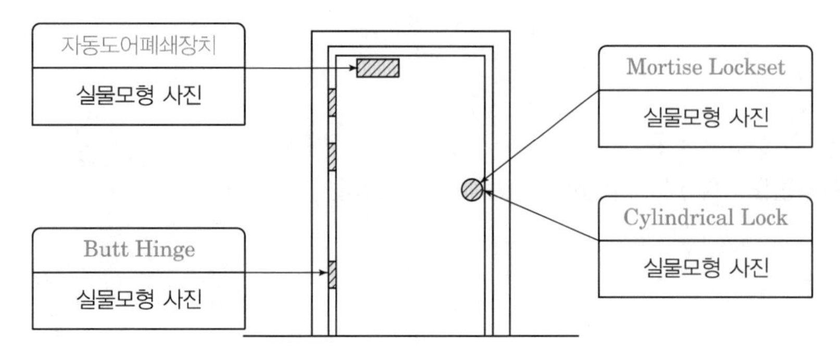

[116회]

39 거멀접기

KCS 41 56 09

Ⅰ. 정의

거멀접기는 금속제 절판 지붕의 이음공법으로 얇은 금속제 절판의 돌출부를 겹침 가공한 후 기구를 이용하여 접어서 이음하는 방식을 말한다.

Ⅱ. 금속제 절판의 거멀접기 종류별 특징

종류	특징	시공도
돌출이음	• 지붕 및 외벽에 가장 많이 사용하는 방식 • 일정한 간격의 선이 형성되어 시각적 효과가 우수 • 마감의 돌출로 방수능력이 우수 • 마무리방법에 따라 이중 돌출 잇기와 앵글 돌출 잇기로 분류	
각재심기	• 바탕재 위에 경사 방향으로 각재를 고정시키고, 각재사이에 접혀진 패널을 끼운 다음 패널의 올림부 끝단이 덮어지도록 각재위에 캡을 씌우는 방식 • 선을 중시하고, 시각적 효과를 강하게 주는 경우에 많이 사용되는 방식 • 돌출이음에 비해 선이 강렬하고, 시각적 효과가 우수	
평이음	• 패널을 작은 크기로 일정하게 가공하여 패널과 패널 사이의 사면을 거멀접기 하여 연결하는 방식 • 자유로운 곡선의 시공에 적합하며, 디자이너의 의도에 따라 다양한 모양이 가능 • 시공이 비교적 용이하나, 방수 효과의 이유로 경사도가 30% 이상인 지붕과 외벽에 적합	
단이음	• 지붕의 면을 일정한 간격으로 처마에서 용마루로 계단의 형태를 이루어나가는 시공 방법으로 경사가 적은 지붕공사에 적합한 방식 • 지붕의 전체적인 선이 가로로 이루어져 안정적인 시각효과 가능 • 배수가 용이	

[평지붕]
지붕의 경사가 1/6 이하인 지붕

[완경사 지붕]
지붕의 경사가 1/6에서 1/4 미만인 지붕

[일반 경사 지붕]
지붕의 경사가 1/4에서 3/4 미만인 지붕

[급경사 지붕]
지붕의 경사가 3/4 이상인 지붕

[거멀접기]

종류	특징	시공도
리빌잇기	• 이음부가 안쪽으로 숨어 있는 Open Joint 방식으로 반듯하고 곧은 입면을 디자인할 때 적합 • 두께 0.6~1.0mm 시트, 패널의 폭은 300mm 내외로 조절이 가능 • 하부는 합판과 투습방수지를 설치하여 빗물의 유입을 막으며 조건에 따라 아연도금 파이프 위에 바로 시공이 가능	

Ⅲ. 금속제 절판의 시공 시 유의사항

① 가공된 절판에는 흠, 구부러짐, 큰 변형 등으로 도막이나 도금의 박리 등의 결함 발생 금지

② 타이트프레임(Tight Frame)을 보와 아크용접해서 접합

③ 용접이 끝난 후에는 슬래그를 제거하고 방청처리

④ 거멀접기형 절판의 가잇기는 절판을 타이트프레임에 고정쇠로 고정

⑤ 거멀접기형 절판의 본체결은 전용 전동체결기로 균일하게 체결

⑥ 용마루내 물막이 착고(덮개)는 각형 골에 견고히 고정하고 둘레에는 부정형 실링재로 밀봉

⑦ 이음은 절판의 겹침은 산의 위치에서 60mm 이상

⑧ 고정은 지름 4mm 정도의 리벳(Rivet)으로 간격 50mm 이하

⑨ 절판의 처마끝은 하부를 15도 정도 구부려 물끊기 설치

40 열관류율

건축물의 에너지절약설계기준 별표1

Ⅰ. 정의

열관류율은 공기층·벽체·공기층으로의 열전달을 나타내는 것으로 벽체를 사이에 두고 공기온도차가 1℃일 경우 $1m^2$의 벽면을 통해 1시간 동안 흘러가는 열량을 말하며, 기호는 K 또는 U로 사용된다.

Ⅱ. 열관류율 계산식

구분	공기층이 없는 경우	공기층이 있는 경우
외벽, 지붕 내벽 (칸막이벽)	$K=\dfrac{1}{\dfrac{1}{\alpha_i}+\Sigma\dfrac{d}{\lambda}+\dfrac{1}{\alpha_o}}$	$K=\dfrac{1}{\dfrac{1}{\alpha_i}+\Sigma\dfrac{d}{\lambda}+r_a+\dfrac{1}{\alpha_o}}$

여기서, 열관류율의 역수($1/K$) : 열관류저항(기호: R)

K : 열관류율($W/m^2 \cdot K$ 또는 $kcal/m^2 \cdot h \cdot ℃$)

α_i : 내표면 열전단율($W/m^2 \cdot K$ 또는 $kcal/m^2 \cdot h \cdot ℃$)

α_o : 외표면 열전단율($W/m^2 \cdot K$ 또는 $kcal/m^2 \cdot h \cdot ℃$)

d : 벽두께(m)

α : 재료의 열전도율($W/m \cdot k$)

r_a : 공기층의 열저항($m^2 \cdot K/W$)

Ⅲ. 특성

① 열관류율은 열관류 저항의 역수

② 외벽의 열관류 저항이 클수록 열성능이 유리

③ 열관류율이 클수록 열성능이 불리

④ 온도구배가 클수록 전도열량이 증가

Ⅳ. 지역별 건축물 부위의 열관류율표

(단위 : $W/m^2 \cdot K$)

건축물의 부위 \ 지역			중부1지역	중부2지역	남부지역	제주도
거실의 외벽	외기에 직접 면하는 경우	공동주택	0.150 이하	0.170 이하	0.220 이하	0.290 이하
		공동주택 외	0.170 이하	0.240 이하	0.320 이하	0.410 이하
	외기에 간접 면하는 경우	공동주택	0.210 이하	0.240 이하	0.310 이하	0.410 이하
		공동주택 외	0.240 이하	0.340 이하	0.450 이하	0.560 이하

[중부지역1]
강원도(고성, 속초, 양양, 강릉, 동해, 삼척 제외), 경기도(연천, 포천, 가평, 남양주, 의정부, 양주, 동두천, 파주), 충청북도(제천), 경상북도(봉화, 청송)

[중부지역2]
서울특별시, 대전광역시, 세종특별자치시, 인천광역시, 강원도(고성, 속초, 양양, 강릉, 동해, 삼척), 경기도(연천, 포천, 가평, 남양주, 의정부, 양주, 동두천, 파주 제외), 충청북도(제천 제외), 충청남도, 경상북도(봉화, 청송, 울진, 영덕, 포항, 경주, 청도, 경산 제외), 전라북도, 경상남도(거창, 함양)

<table>
<tr><th colspan="4">지역
건축물의 부위</th><th>중부1지역</th><th>중부2지역</th><th>남부지역</th><th>제주도</th></tr>
<tr><td rowspan="2">최상층에 있는 거실의 반자 또는 지붕</td><td colspan="3">외기에 직접 면하는 경우</td><td colspan="2">0.150 이하</td><td>0.180 이하</td><td>0.250 이하</td></tr>
<tr><td colspan="3">외기에 간접 면하는 경우</td><td colspan="2">0.210 이하</td><td>0.260 이하</td><td>0.350 이하</td></tr>
<tr><td rowspan="4">최하층에 있는 거실의 바닥</td><td rowspan="2">외기에 직접 면하는 경우</td><td colspan="2">바닥난방인 경우</td><td>0.150 이하</td><td>0.170 이하</td><td>0.220 이하</td><td>0.290 이하</td></tr>
<tr><td colspan="2">바닥난방이 아닌 경우</td><td>0.170 이하</td><td>0.200 이하</td><td>0.250 이하</td><td>0.330 이하</td></tr>
<tr><td rowspan="2">외기에 간접 면하는 경우</td><td colspan="2">바닥난방인 경우</td><td>0.210 이하</td><td>0.240 이하</td><td>0.310 이하</td><td>0.410 이하</td></tr>
<tr><td colspan="2">바닥난방이 아닌 경우</td><td>0.240 이하</td><td>0.290 이하</td><td>0.350 이하</td><td>0.470 이하</td></tr>
<tr><td colspan="4">바닥난방인 층간바닥</td><td colspan="4">0.810 이하</td></tr>
<tr><td rowspan="6">창 및 문</td><td rowspan="3">외기에 직접 면하는 경우</td><td colspan="2">공동주택</td><td>0.900 이하</td><td>1.000 이하</td><td>1.200 이하</td><td>1.600 이하</td></tr>
<tr><td rowspan="2">공동주택 외</td><td>창</td><td>1.300 이하</td><td rowspan="2">1.500 이하</td><td rowspan="2">1.800 이하</td><td rowspan="2">2.200 이하</td></tr>
<tr><td>문</td><td>1.500 이하</td></tr>
<tr><td rowspan="3">외기에 간접 면하는 경우</td><td colspan="2">공동주택</td><td>1.300 이하</td><td>1.500 이하</td><td>1.700 이하</td><td>2.000 이하</td></tr>
<tr><td rowspan="2">공동주택 외</td><td>창</td><td>1.600 이하</td><td rowspan="2">1.900 이하</td><td rowspan="2">2.200 이하</td><td rowspan="2">2.800 이하</td></tr>
<tr><td>문</td><td>1.900 이하</td></tr>
<tr><td rowspan="2">공동주택 세대현관문 및 방화문</td><td colspan="3">외기에 직접 면하는 경우 및 거실 내 방화문</td><td colspan="4">1.400 이하</td></tr>
<tr><td colspan="3">외기에 간접 면하는 경우</td><td colspan="4">1.800 이하</td></tr>
</table>

[남부지역]
부산광역시, 대구광역시, 울산광역시, 광주광역시, 전라남도, 경상북도(울진, 영덕, 포항, 경주, 청도, 경산), 경상남도(거창, 함양 제외)

41 열관류율과 열전도율

Ⅰ. 정의

① 열관류율은 공기층 · 벽체 · 공기층으로의 열전달을 나타내는 것으로 벽체를 사이에 두고 공기온도차가 1℃일 경우 $1m^2$의 벽면을 통해 1시간 동안 흘러가는 열량을 말하며, 기호는 K 또는 U로 사용된다.

② 열전도율은 재료자체의 물성으로 재료의 양쪽 표면 온도차가 1℃일 때 1시간 동안 $1m^2$의 면을 통해 1m 두께를 통과하는 열량을 말하며, 기호는 λ로 표시한다.

Ⅱ. 특성

1. 열관류율

① 열관류율은 열관류 저항의 역수
② 외벽의 열관류 저항이 클수록 열성능이 유리
③ 열관류율이 클수록 열성능이 불리
④ 온도구배가 클수록 전도열량이 증가

2. 열전도율

① 열전도율이 작을수록 열성능이 유리
② 재료가 다공질이 되면 열전도율은 작아진다.
③ 같은 종류의 재료일 경우 비중이 작으면 열전도율은 작다.
④ 재료에 습기가 차면 열전도율은 커진다.
⑤ 일반적으로 온도가 높을수록 재료의 열전도율 값이 크다.
⑥ 금속에 있어서 열을 전하기 쉬운 재료는 열전율 값이 크다.
⑦ 열전도율의 역수 1/λ을 열전도비 저항(m · K/W)

[열전도비 저항(1/λ)]
열전도율의 역수로 고체내에서 열의 흐름을 막는 힘

Ⅲ. 열관류율의 계산식

구분	공기층이 없는 경우	공기층이 있는 경우
외벽, 지붕 내벽 (칸막이벽)	$K = \dfrac{1}{\dfrac{1}{\alpha_i} + \Sigma\dfrac{d}{\lambda} + \dfrac{1}{\alpha_o}}$	$K = \dfrac{1}{\dfrac{1}{\alpha_i} + \Sigma\dfrac{d}{\lambda} + r_a + \dfrac{1}{\alpha_o}}$

Ⅳ. 열관류율 및 열전도율의 값

1. 열관류율 값

(단위 : $W/m^2 \cdot K$)

건축물의 부위		지역	중부1지역	중부2지역	남부지역	제주도
거실의 외벽	외기에 직접 면하는 경우	공동주택	0.150 이하	0.170 이하	0.220 이하	0.290 이하
		공동주택 외	0.170 이하	0.240 이하	0.320 이하	0.410 이하
	외기에 간접 면하는 경우	공동주택	0.210 이하	0.240 이하	0.310 이하	0.410 이하
		공동주택 외	0.240 이하	0.340 이하	0.450 이하	0.560 이하
최상층에 있는 거실의 반자 또는 지붕	외기에 직접 면하는 경우		0.150 이하		0.180 이하	0.250 이하
	외기에 간접 면하는 경우		0.210 이하		0.260 이하	0.350 이하
최하층에 있는 거실의 바닥	외기에 직접 면하는 경우	바닥난방인 경우	0.150 이하	0.170 이하	0.220 이하	0.290 이하
		바닥난방이 아닌 경우	0.170 이하	0.200 이하	0.250 이하	0.330 이하
	외기에 간접 면하는 경우	바닥난방인 경우	0.210 이하	0.240 이하	0.310 이하	0.410 이하
		바닥난방이 아닌 경우	0.240 이하	0.290 이하	0.350 이하	0.470 이하
바닥난방인 층간바닥			0.810 이하			

2. 열전도율 값

① 알루미늄: 230W/m·K
② Steel: 60W/m·K
③ Stainless Steel: 16W/m·K
④ PVC: 0.2W/m·K
⑤ 스티로폼, 유리섬유: 0.034W/m·K
⑥ 아르곤: 0.016W/m·K
⑦ 크립톤: 0.009W/m·K

42 건축공사의 진공(Vacumn) 단열재

Ⅰ. 정의

진공단열재는 유리섬유(글라스울, 흄드실리카 등)를 주원료로 한 다공심재의 외부에 여러 겹의 얇은 막(알루미늄 박막 필름 등)으로 감싸여 단열재 내부를 진공처리하여 열의 전도와 대류를 차단해 열전달이 거의 없어 단열 성능이 뛰어난 단열재를 말한다.

Ⅱ. 진공 단열의 원리

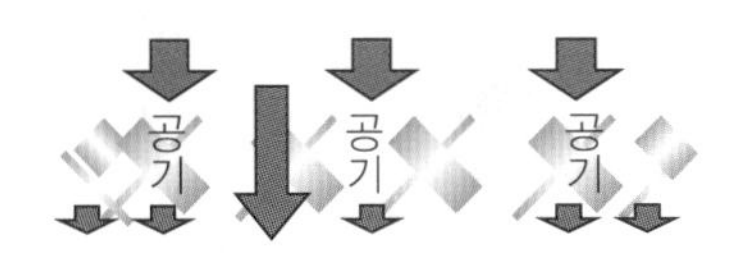

미세 공기층에 의해 열전달

[일반 단열재]

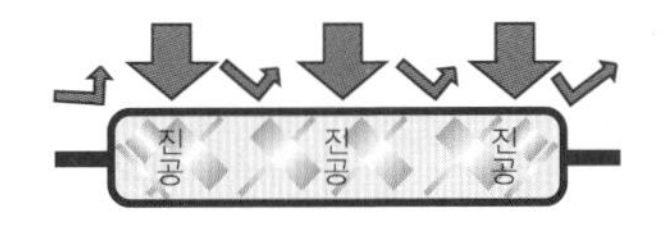

내부가 진공이므로 전도와 대류를 차단하고,
알루미늄 외피재에 의해 복사열 반사시킴

[진공 단열재]

[진공단열재]

Ⅲ. 특징

① 저탄소 녹색건축 실현에 맞춘 친환경 고효율 단열재
② 기존 단열재보다 단열효율이 8~11배 우수
③ 시공의 편의성 및 기밀시공이 용이
④ 동일한 열관류율의 적용 시 단열재가 감소로 내부공간 확보 용이
⑤ 서로 맞닿는 부위에 기밀성을 높이기 위해 마감테이프 사용

Ⅳ. 시공 시 유의사항

① 바탕은 못, 철선, 모르타르 등의 돌출물을 제거하며 평탄하게 정리 및 청소
② 평활도를 기준치(5mm/m 내외) 내로 준수
③ 단열재의 이음부는 틈새가 발생하지 않도록 폴리우레탄폼, 테이프 등을 사용
④ 벽체와 밀실하게 부착
⑤ 분할도에 따라 시공

43 투명단열재(Transparent Insulating Material)

Ⅰ. 정의

투명단열재는 기존의 건물외피를 통한 열손실방지라는 열차단 뿐만 아니라 열취득을 동시에 할 수 있는 건물외피의 복합단열구조 시스템을 말한다.

Ⅱ. 단면구조

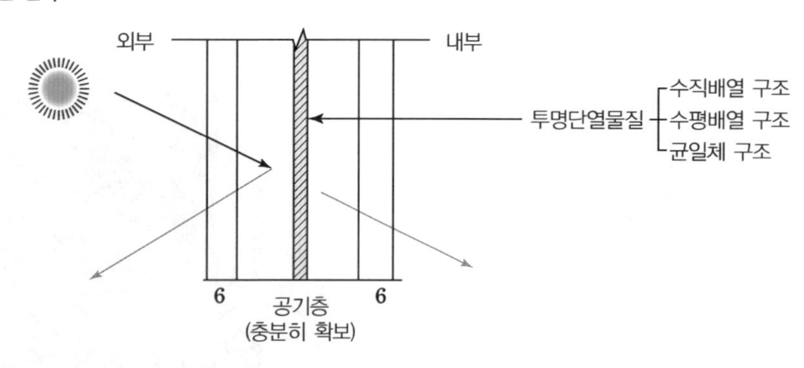

[투명단열재]

Ⅲ. 원리

① 투광성과 단열성을 가진 재료를 접목하여 투과된 빛을 열로 전환시켜 건물의 난방부하 절감
② 건물유리, 벽체, 태양광 집열판 등에 설치되어 에너지 절약효과를 극대화

Ⅳ. 투명단열물질의 종류

1. 수직배열 구조

① Tube 형태나 Honeycomb 형태
② Tube의 직경: 1.4mm 범위
③ Honeycomb 형태: 단면적이 $4mm^2$ 정도의 공동이 형성

2. 수평배열 구조

① 판유리와 투명단열물질이 평행한 구조
② 투과율을 낮추기 위해 사용
③ 투명단열물질: 폴리카보네이트, 이크릴계수지, 유리

3. 균일체 구조

① 대부분 실리카 에어로젤(Aerogel) 사용
② 실리카 에어로젤은 미세기공 구조로, 기공의 크기는 100nm 정도
③ 실리카 에어로젤은 단일물의 덩어리나 과립상의 형태
④ 수직배열 구조보다 내화성과 열저항성이 우수
⑤ 두께가 얇더라도 낮은 열관류율 취득
⑥ 실리카 에어로젤은 변색과 물에 의해 잘 파괴

44 단열의 원리와 시공법(공법 종류)

KCS 41 42 01

Ⅰ. 정의

단열은 건축물 외피와 주위 환경간의 열류를 차단하는 역할을 하며, 단열메카니즘의 형태에는 저항형(기포형), 반사형, 용량형이 있으며 시공법에는 내단열, 중단열, 외단열이 있다.

Ⅱ. 단열의 원리

1. 저항형 단열재

① 다공질 또는 섬유질의 기포성 단열재 사용
② 현재 많이 사용되고 있는 대부분의 단열재
③ 열전달을 억제하는 성질이 우수
④ 유리섬유(Glass Wool), 스티로폼, 폴리우레탄 등

[저항형 단열재]

2. 반사형 단열재

① 복사의 형태로 열이동이 이루어지는 공기층에 유효
② 방사율과 흡수율이 낮은 광택성 금속박판
③ 알루미늄 호일, 알루미늄 시트 등

[반사형 단열재]

3. 용량형 단열재

① 주로 중량구조체의 큰 열용량을 이용하는 단열방식
② 열전달을 지연시키는 성질이 우수
③ 두꺼운 흙벽, 콘크리트 벽 등

[열용량]
어떤 물질을 1℃ 높이는데 필요한 열량으로 비열과 질량 또는 비열과 밀도의 곱이다

Ⅲ. 시공법(공법 종류)

1. 내단열

① 구조체 내부 쪽에 단열재 설치
② 내단열은 낮은 열용량으로 빠른 시간에 더워지므로 간헐 난방을 필요로 하는 강당이나 집회장 등에 유리
③ 한쪽의 벽돌벽이 차가운 상태로 있기 때문에 내부결로가 발생
④ 방습층을 두는 경우는 이를 단열재의 실내측에 설치하는 것을 원칙
⑤ 벽과 바닥 접합부에서 열교현상에 의한 국부열손실 발생

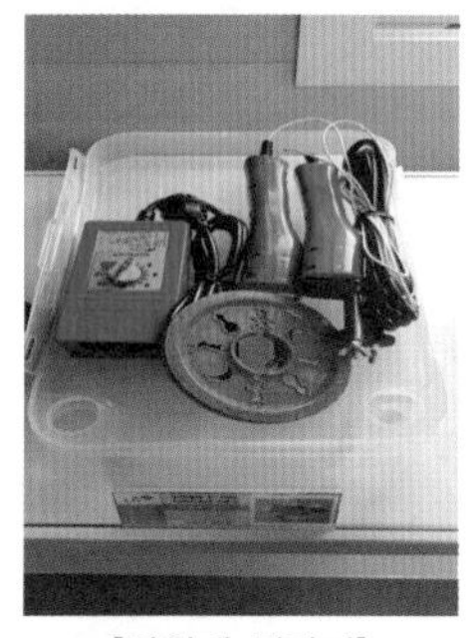
[단열재 절단기]

2. 중단열

① 구조체 중앙에 단열재 설치
② 벽체를 쌓을 때는 특히 단열재를 설치하는 면에 모르타르가 흘러내리지 않도록 주의

③ 단열재는 내측 벽체에 밀착시켜 설치하되 단열재의 내측면에 방습층 설치
④ 단열재와 외측 벽체 사이에 쐐기용 단열재를 600mm 이내의 간격으로 고정
⑤ 중공벽에 포말형 단열재를 충전할 때는 중공벽을 완전히 쌓되, 방습층을 설치하고, 직경 25~30mm의 단열재 주입구를 수평 및 수직 1,000~1,500mm 간격으로 설치
⑥ 포말형 단열재 주입 시 틈새로 누출 방지 및 아래에서부터 주입
⑦ 한쪽의 벽돌벽이 차가운 상태로 있기 때문에 내부결로가 발생

3. 외단열

① 구조체 외부 쪽에 단열재 설치
② 내부측의 열관성이 높기 때문에 연속난방에 유리
③ 전체 구조물의 보온에 유리하며, 내부결로의 위험도를 감소
④ 벽체의 습기 뿐만 아니라 열적 문제에서도 유리한 방법
⑤ 단열재를 건조한 상태로 유지시켜야 하고, 외부 충격에도 견디는 구조

Ⅳ. 단열재 설치 위치와 결로문제

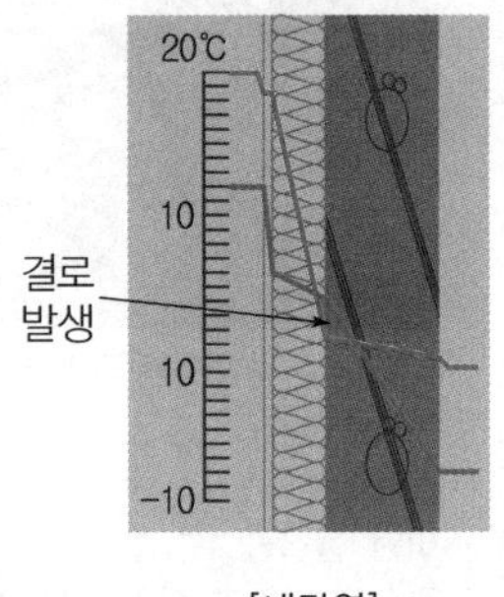

[내단열]

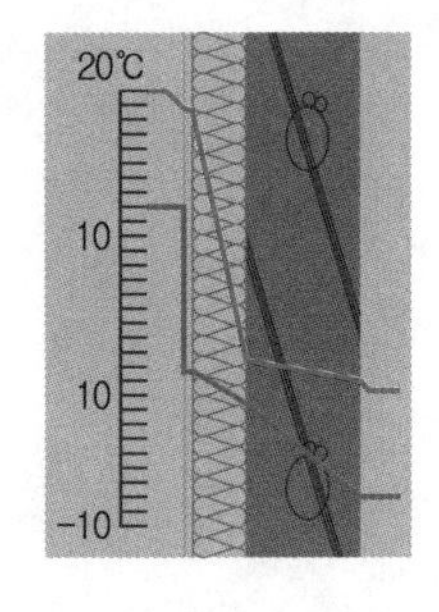

[내단열(방습층 설치)]

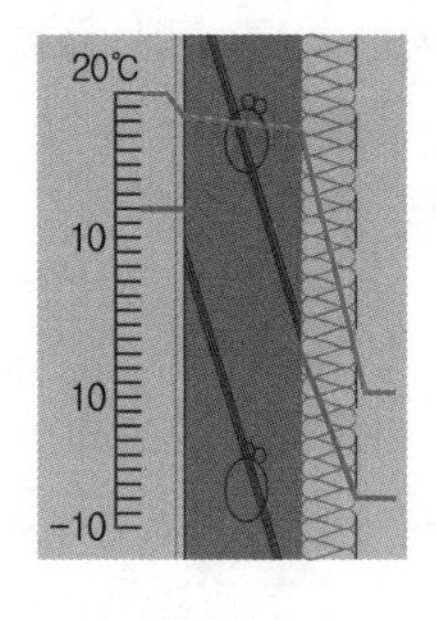

[외단열]

45 열교(Heat Bridge, 냉교(Cold Bridge)) 현상

Ⅰ. 정의

벽이나 바닥, 지붕 등의 건축물부위에 단열이 연속되지 않은 부분이 있을 때, 이 부분이 열적 취약 부위가 되며 이 부위를 통한 열의 이동이 많아지며 이것을 열교(Heat Bridge, Thermal Bridge) 또는 냉교(Cold Bridge)라고 한다.

Ⅱ. 열교현상

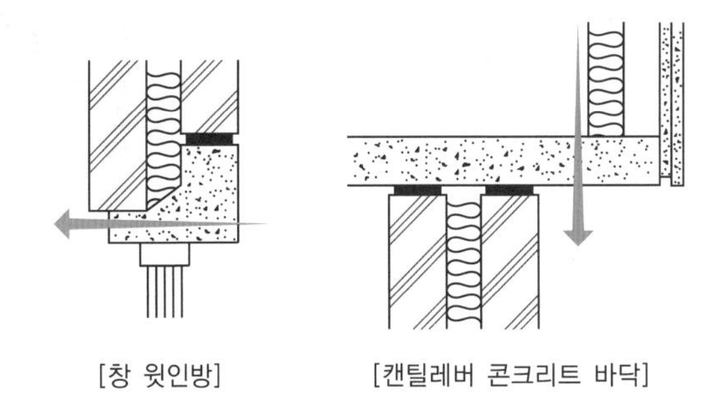

[창 윗인방] [캔틸레버 콘크리트 바닥]

Ⅲ. 문제점

① 열교현상이 발생하면 구조체의 전체 단열성이 저하

② 열교현상이 발생하는 부위는 표면온도가 낮아지며 결로가 발생

Ⅳ. 원인

① 단열이 취약한 부분

② 열의 이동이 많은 곳

③ 단열의 위치가 맞지 않은 부분

④ 열의 손실이 발생되는 부분

Ⅴ. 대책

① 접합 부위의 단열설계 및 단열재가 불연속 됨이 없도록 철저한 시공

② 외단열공법 채택

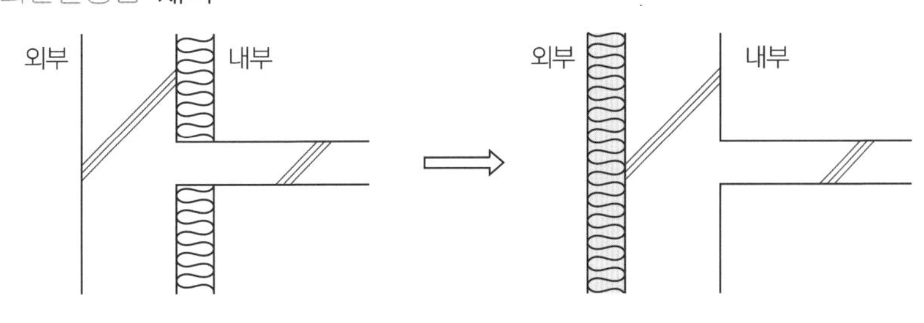

[외단열 공법]

③ 천장 결로방지 단열재 및 벽체 단열 모르타르 시공

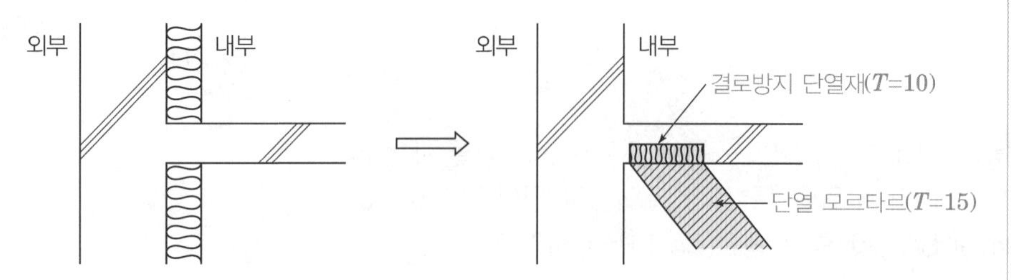

[결로방지재]

④ 돌출부 처리

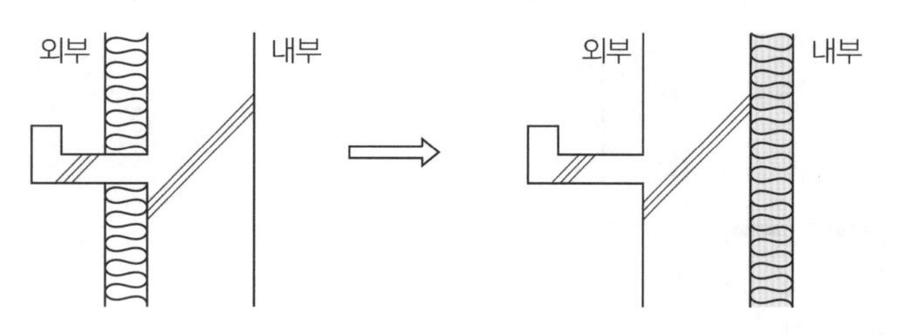

[내단열 공법]

46 결로방지 단열재

KCS 41 42 03

Ⅰ. 정의

결로방지 단열재는 건축물 구성 부위 중에서 단열이 연속되지 않은 경우 국부적으로 열관류율이 커져 열의 이동이 심하게 일어나는 부분에 열교 발생으로 결로가 발생되며, 이러한 결로를 방지하지 위하여 설치하는 복합 단열재 또는 일반 단열재를 말한다.

Ⅱ. 열교현상

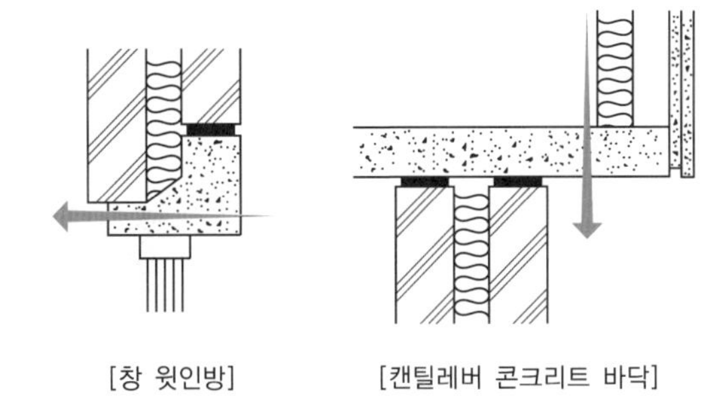

[창 윗인방] [캔틸레버 콘크리트 바닥]

[결로방지 단열재]

Ⅲ. 복합 단열재

① 폴리프로필렌 표면판
② 산화마그네슘 보드
③ 모르타르 표면판
④ 발포 폴리스티렌 방습판

Ⅳ. 시공 시 유의사항

① 거푸집 설치 후 바닥면을 깨끗이 청소하고 돌출된 못 등을 제거한 후 결로방지 단열재 설치부위를 먹매김하여 표시
② 결로방지 단열재를 밀착시키고 고정 못 등으로 300mm 이내 간격으로 고정
③ 단열재 훼손 및 못구멍 등이 발생하지 않도록 시공
④ 콘크리트 타설 시 개구부용 열교방지 단열재가 이탈되지 않도록 고정 못으로 견고하게 고정
⑤ 결로방지 단열재를 설치한 후 철근배근, 콘크리트 타설 등 후속공사로 인하여 단열재가 손상되지 않도록 주의
⑥ 거푸집을 해체할 때에는 결로방지 단열재가 손상되지 않도록 주의
⑦ 거푸집을 제거한 후 결로방지 단열재의 훼손부위 등은 단열 모르타르 등을 사용하여 표면을 평활하게 보수

47 외단열 미장마감(Dryvit) 공법

KCS 41 42 02

Ⅰ. 정의

외단열 미장마감 공법은 건축물의 구조체가 외기에 직접 면하는 것을 방지하기 위해 구조체 실외측에 단열재를 설치하고 마감하는 건물 단열 방식으로 접착제, 단열재, 메쉬(Mesh), 바탕 모르타르, 마감재 등의 재료로 구성된다.

Ⅱ. 특징

① 별도의 마감재, 단열 등이 필요 없으므로 경제적
② 외단열 공법으로 결로 및 열교현상 등의 하자를 차단
③ 건물의 곡면,요철 부분 등 기능적인 난이도가 높은 곳도 시공 가능
④ 화재에 취약
⑤ 벽면의 탈락 가능성
⑥ 마감재 자체의 내구성 부족
⑦ 다른 마감방식에 비해 쉽게 되는 오염

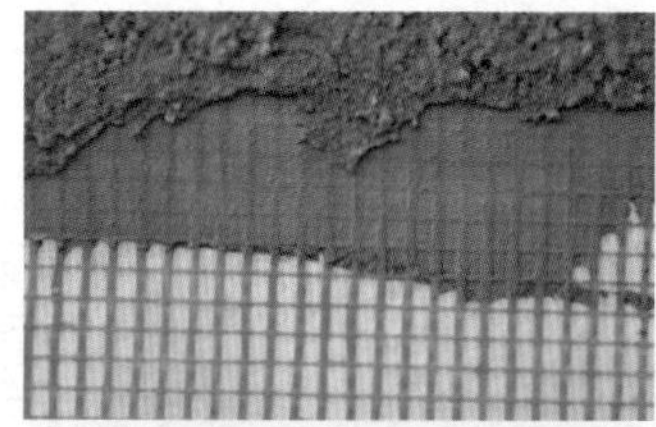

[Dryvit 공법]

Ⅲ. 시공순서

① 외벽 표면에 불순물을 제거 후 단열재를 부착
② 접착제를 올려 단열재를 지긋이 눌러 벽체와 접착
③ 단열의 표면이 평평한지 확인
④ 단열재 위에 접착제를 바른다(접착제는 시멘트+물)
⑤ 그 위에 메쉬를 대고 접착제로 단열재와 메쉬를 견고하게 부착
⑥ 마감재 희석
⑦ 탈락방지를 위해 모르타르 위에 파스너 작업
⑧ 마감재를 흙손으로 작업
⑨ 최소 24시간 경화시켜 내구성을 확보

Ⅳ. 시공 시 유의사항

1. 자재 보관 및 바탕정리

① 접착제, 바탕 모르타르, 마감재 등은 5℃ 이상, 30℃ 이하의 장소에 보관
② 외단열의 시공은 주위 온도가 5℃ 이상, 35℃ 이하에서의 시공
③ 우천 시 및 악천후 시 시공 금지
④ 시공 바탕면은 외부구조물의 하중을 견딜 수 있어야 하고, 충분히 양생, 건조되어야 하며 바탕면의 평활도를 유지
⑤ 바탕면에 기름, 이물질, 박리 또는 돌출부 등의 오염을 깨끗이 제거

2. 단열재 설치

① 접착제는 교반 후 1시간 이내에 사용
② 접착제를 단열재에 도포할 때에는 전면 도포 방식 또는 점·테두리 방식
③ 단열재 아래에서부터 위의 방향으로 설치하며 수직 통줄눈 금지
④ 단열재와 단열재 사이에 틈이 발생 금지(틈이 발생할 경우 단열재만을 삽입)
⑤ 모서리에는 L자형의 단열재를 사용
⑥ 개구부 주위에 실링재 시공을 위해 단열재를 일정 간격 이격시켜 설치
⑦ 단열재의 모든 종결부는 백 랩핑을 할 수 있도록 접착제에 메쉬를 부착
⑨ 파스너는 각각의 단열재가 만나는 모서리 부위에 m^2당 5개 이상을 시공
⑩ 단열재 시공 후 햇빛에 노출시키지 않도록 주의
⑪ 양생 시간은 온도 20°C, 습도 65%일 경우 24시간 후 후속 공정을 진행

[점·테두리 방식]
단열재 접착 면적의 40% 이상

[랩핑]
단열재 뒷면에서부터 메쉬를 감아 올림

3. 메쉬 및 바탕 모르타르 시공

① 단열재 설치 후 최소 24시간 이상 양생 후 메쉬 및 바탕 모르타르를 시공
② 단열재의 평활도 및 연결부에 틈이 발생된 경우 단열재 편조각으로 메꾸기
③ 바탕 모르타르를 단열재 면에 균일하게 도포
④ 바탕 모르타르 두께는 메쉬가 완전히 묻힐 수 있도록 시공
⑤ 바탕 모르타르가 젖은 상태에서 메쉬를 접착 시공
⑥ 표준 메쉬의 이음은 겹침 이음으로 하며 보강 메쉬는 맞댄 이음
⑦ 지면에 인접한 부위 또는 외부의 충격 우려가 있는 저층 부위에는 보강 메쉬를 부착한 후 보강 메쉬가 시공된 면 위에 표준 메쉬를 시공
⑧ 단열재의 코너 부분은 외단열 전용 코너비드 또는 이중 메쉬 처리
⑨ 양생시간은 외기 기온이 5℃ 이상이며 습도가 75% 미만일 경우, 24시간 후에 후속 공정 진행이 가능
⑩ 우천 및 강풍 등 기후환경이 적합하지 않은 경우에는 시공을 중단

[전용 코너비드]
PVC 재질

4. 마감재 시공

① 마감재 시공 전에 베이스코트 및 메쉬 시공 부위를 24시간 이상 양생 건조
② 마감재는 잘 섞어 주어야 하며, 어떠한 이물질도 첨가 금지
③ 마감재는 자연적인 마감선까지 습윤 마감 상태에서 연속 시공
④ 조인트 실링재는 6~50mm를 적용
⑤ 마감재 시공 시 기온이 5℃ 이상이며 습도가 75% 미만일 경우에만 시공
⑥ 우천 및 강풍 등 기후환경이 적합하지 않은 경우에는 시공을 중단
⑦ 시공 후 표면을 건조 시까지 최소한 24시간 이상 악천후로부터 보호

48 표면결로

Ⅰ. 정의

표면결로는 구조체의 표면온도가 실내공기의 노점온도보다 낮은 경우 그 표면에 발생하는 수증기의 응결현상을 말한다.

Ⅱ. 결로발생 Mechanism

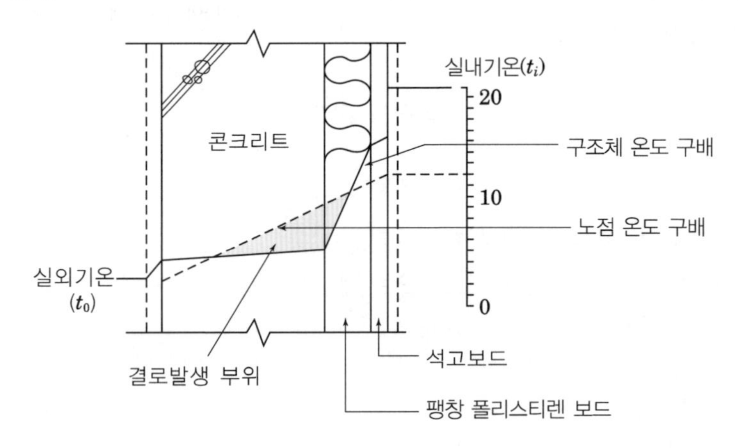

$$t_{si} = t_i - \left(\frac{K}{\alpha_i}(t_i - t_o)\right)$$

여기서, K : 열관류율, a_i : 실내측 표면 열전달율

→ 실내표면온도(t_{si})가 주위 공기의 노점온도보다 낮으면 벽체표면에 결로가 발생한다.

Ⅲ. 발생원인

① 건물의 표면온도가 접촉하고 있는 공기의 노점온도보다 낮을 때
② 실내공기의 수증기압이 그 공기에 접하는 벽의 표면온도에 따른 포화수증기압보다 높을 때
③ 구조체의 단열성능이 에너지절약설계기준에 미달할 때
④ 생활습관으로 실내 수증기량이 많이 배출될 때
⑤ 실내 환기가 부족할 때
⑥ 시공불량으로 단열시공의 불완전할 때
⑦ 방습층을 단열재 외측에 설치할 때

[노점온도(DPT)]
습공기의 온도를 내리면 상대습도가 차츰 높아지다가 포화상태에 이르게 되는데, 습공기가 포화상태일 때의 온도 즉, 공기속의 수분이 수증기의 형태로만 존재할 수 없어 이슬로 맺히는 온도

Ⅳ. 방지대책

① 벽표면 온도를 실내공기의 노점온도보다 높게 할 것
② 실내의 수증기 발생 억제
③ 환기를 통한 발생습기의 배제
④ 적절한 투습저항을 갖춘 방습층을 벽체의 내측에 설치
⑤ 에너지절약설계기준보다 높은 단열재 시공
⑥ 단열재 시공 시 틈새가 발생되지 않도록 할 것
⑦ 낮은 온도의 연속난방이 높은 온도의 짧은 난방보다 효과적

49 건축물 벽체의 내부결로

Ⅰ. 정의

내부결로란 구조체 내부에 수증기의 응축이 생겨 수증기압이 낮아지면 수증기압이 높은 곳에서 부터 수증기가 확산되어 응축이 계속되는 현상을 말한다.

Ⅱ. 결로발생 Mechanism

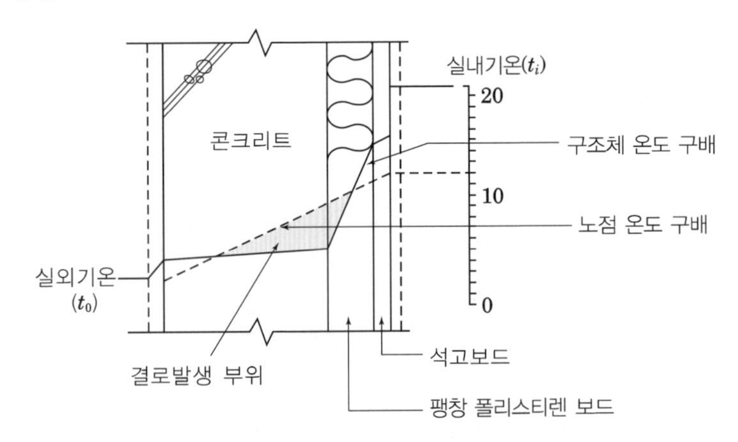

$$t_{si} = t_i - \left(\frac{K}{\alpha_i}(t_i - t_o) \right)$$

여기서, K : 열관류율, a_i : 실내측 표면 열전달율

→ 실내표면온도(t_{si})가 주위 공기의 노점온도보다 낮으면 벽체표면에 결로가 발생한다.

Ⅲ. 발생원인

① 벽체내의 어느 부분의 건구 온도가 그 부분의 노점온도보다 낮을 때

② 벽체내의 어느 부분의 수증기압이 그 부분의 온도에 해당하는 포화수증기압보다 높을 때

③ 방습층을 단열재 외측에 설치할 때

④ 구조체의 단열성능이 에너지절약설계기준에 미달할 때

⑤ 생활습관으로 실내 수증기량이 많이 배출될 때

⑥ 실내 환기가 부족할 때

⑦ 시공불량으로 단열시공의 불완전할 때

[건구온도(DBT)]
보통온도계로 측정한 온도

[노점온도(DPT)]
습공기의 온도를 내리면 상대습도가 차츰 높아지다가 포화상태에 이르게 되는데, 습공기가 포화상태일 때의 온도 즉, 공기속의 수분이 수증기의 형태로만 존재할 수 없어 이슬로 맺히는 온도

Ⅳ. 방지대책

① 벽체 내부온도를 그 부분의 노점온도보다 높게 할 것
② 단열재를 가능한 한 벽체의 외측에 설치
③ 벽체 내부의 수증기압을 포화수증기압보다 작게 할 것
④ 적절한 투습저항을 갖춘 방습층을 벽체의 내측에 설치
⑤ 실내의 수증기 발생 억제
⑥ 환기를 통한 발생습기의 배제
⑦ 에너지절약설계기준보다 높은 단열재 시공
⑧ 단열재 시공 시 구조체와 밀착 및 틈새가 발생되지 않도록 할 것
⑨ 낮은 온도의 연속난방이 높은 온도의 짧은 난방보다 효과적

50 결로 방지대책

Ⅰ. 정의

결로란 공기 중의 수증기가 상대적으로 차가운 물체 표면에서 응결되어 액체화되는 현상으로, 마감재 탈락, 곰팡이 및 미생물의 발생으로 마감재 손상 등이 발생 되므로 결로 방지를 위한 철저한 관리를 하여야 한다.

Ⅱ. 결로 방지대책

1. 환기법

① 습한 공기 제거
② 부엌이나 욕실의 환기창
→ 습기제거를 위한 자동문 설치

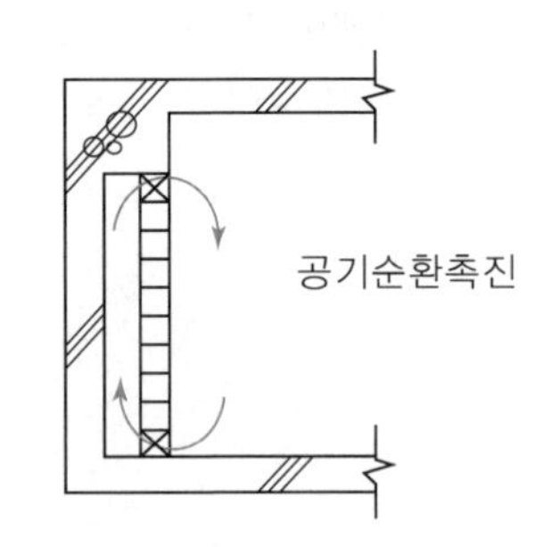

2. 난방법

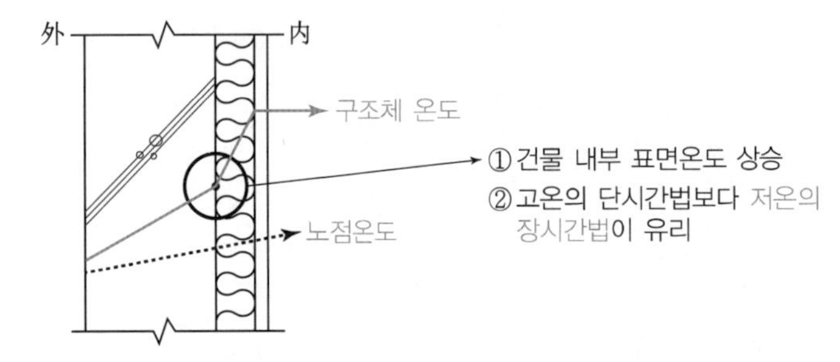

3. 단열법

① 방습층 설치

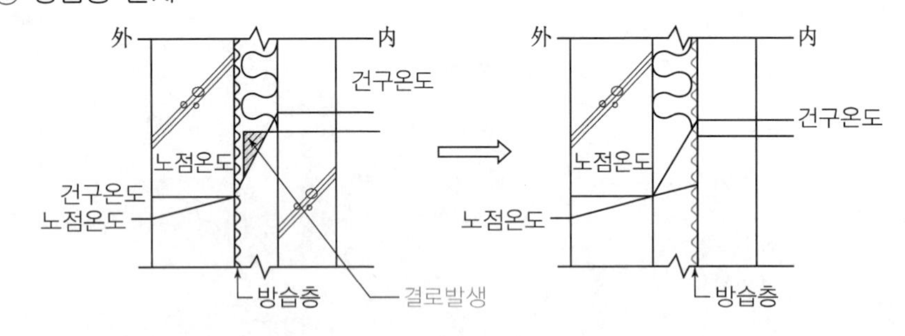

② 천장단열 시 환기시설

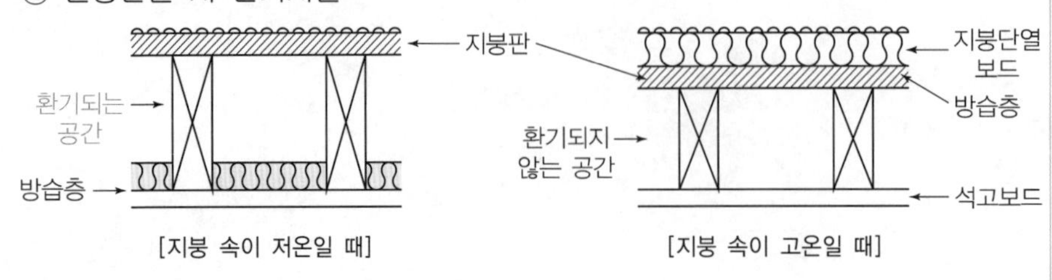

③ 열교(Heat Bridge)

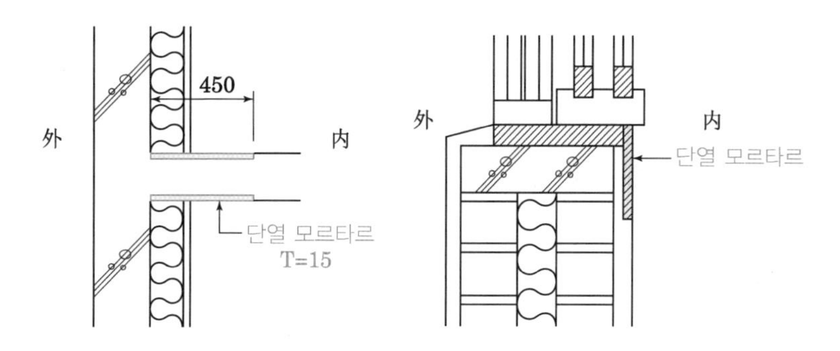

④ 벽체관통부 단열보강

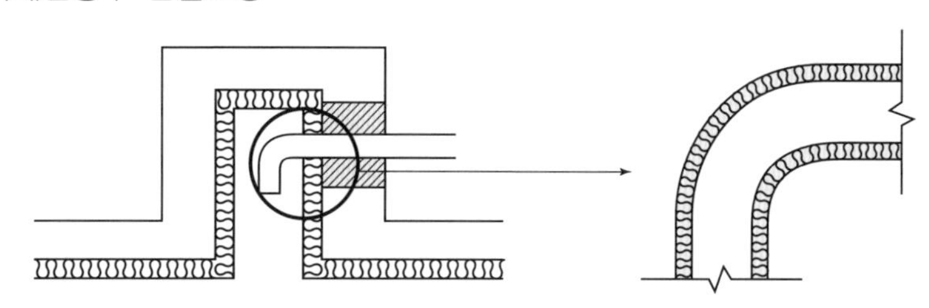

⑤ 적합한 단열재의 선택

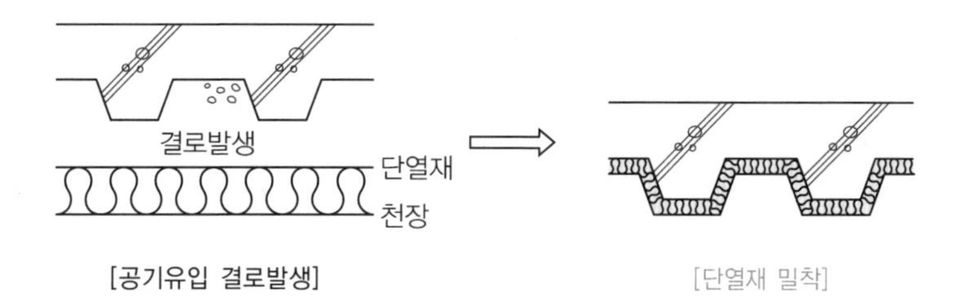

[공기유입 결로발생] [단열재 밀착]

51 공동주택 결로 방지 성능기준

공동주택 결로 방지를 위한 설계기준

Ⅰ. 정의

공동주택 결로 방지 성능기준이란 세부적인 사항을 정하여 공동주택 세대 내의 결로 저감을 유도하고 쾌적한 주거환경을 확보하는데 기여하는 것을 목적으로 한다.

Ⅱ. TDR과 실내외 온습도 기준

1. TDR(Temperature Difference Ratio)

$$온도차이비율(TDR) = \frac{실내온도 - 적용대상\ 부위의\ 실내표면온도}{실내온도 - 외기온도}$$

[온도차이비율(TDR)]
'실내와 외기의 온도차이에 대한 실내와 적용 대상부위의 실내표면의 온도차이'를 표현하는 상대적인 비율을 말하는 것

2. 실내외 온습도 기준

① 온도 25℃, 상대습도 50%의 실내조건
② 외기온도(지역Ⅰ은 -20℃, 지역Ⅱ는 -15℃, 지역Ⅲ는 -10℃) 조건을 기준

Ⅲ. 지역을 고려한 주요 부위별 결로 방지 성능기준

대상부위			TDR값 주1), 주2)		
			지역Ⅰ	지역Ⅱ	지역Ⅲ
출입문	현관문 대피공간 방화문	문짝	0.30	0.33	0.38
		문틀	0.22	0.24	0.27
벽체접합부			0.25	0.26	0.28
외기에 직접 접하는 창		유리 중앙부위	0.16 (0.16)	0.18 (0.18)	0.20 (0.24)
		유리 모서리부위	0.22 (0.26)	0.24 (0.29)	0.27 (0.32)
		창틀 및 창짝	0.25 (0.30)	0.28 (0.33)	0.32 (0.38)

주1) 각 대상부위 모두 만족하여야 함
주2) 괄호안은 알루미늄(AL)창의 적용기준임

[지역Ⅰ, 지역Ⅱ, 지역Ⅲ의 구분]

지역	지역구분주)
지역Ⅰ	강화, 동두천, 이천, 양평, 춘천, 홍천, 원주, 영월, 인제, 평창, 철원, 태백
지역Ⅱ	서울특별시, 인천광역시(강화 제외), 대전광역시, 세종특별자치시, 경기도(동두천, 이천, 양평 제외), 강원도(춘천, 홍천, 원주, 영월, 인제, 평창, 철원, 태백, 속초, 강릉 제외), 충청북도(영동 제외), 충청남도(서산, 보령 제외), 전라북도(임실, 장수), 경상북도(문경, 안동, 의성, 영주), 경상남도(거창)
지역Ⅲ	부산광역시, 대구광역시, 광주광역시, 울산광역시, 강원도(속초, 강릉), 충청북도(영동), 충청남도(서산, 보령), 전라북도(임실, 장수 제외), 전라남도, 경상북도(문경, 안동, 의성, 영주 제외), 경상남도(거창 제외), 제주특별자치도

주) 지역Ⅰ, 지역Ⅱ, 지역Ⅲ은 최한월인 1월의 월평균 일 최저외기온도를 기준으로 하여, 전국을 -20℃, -15℃, -10℃로 구분함

Ⅳ. 공동주택 결로 방지 성능기준

공동주택 세대 내의 다음 각 호에 해당하는 부위는 지역을 고려한 온도차이 비율 이하의 결로 방지 성능을 갖추도록 설계

1. 출입문

현관문 및 대피공간 방화문(발코니에 면하지 않고 거실과 침실 등 난방설비가 설치된 공간에 면한 경우에 한함)

2. 벽체접합부

외기에 직접 접하는 부위의 벽체와 세대 내의 천장 슬래브 및 바닥이 동시에 만나는 접합부(발코니, 대피공간 등 난방설비가 설치되지 않는 공간의 벽체는 제외)

3. 창

난방설비가 설치되는 공간에 설치되는 외기에 직접 접하는 창(비확장 발코니 등 난방설비가 설치되지 않은 공간에 설치하는 창은 제외)

52 Trombe Wall(축열벽)

Ⅰ. 정의

축열벽과 유리 사이의 공간을 이용하여 주간에 일사 열을 모았다가 실외공기를 순환시켜 야간에 이용하는 간접획득방식의 난방에 사용하는 벽을 말한다.

Ⅱ. 구조도

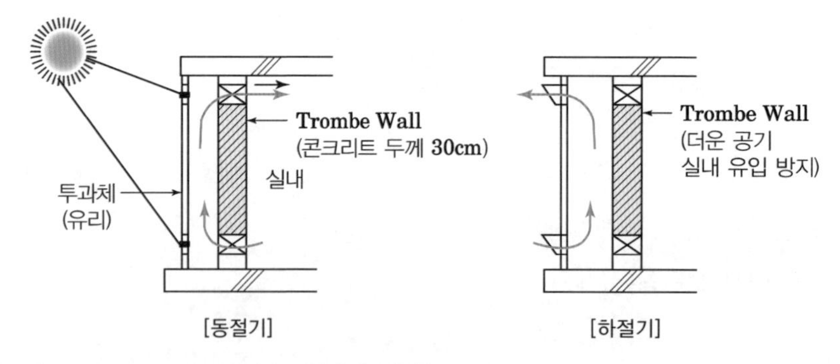

① 낮 시간 Zone의 공간은 창문을 통해 태양열 직접 취득
② Trombe Wall은 축열성능이 높은 콘크리트로 설치
③ 낮 동안의 태양열을 자연 대류에 의해 순환
④ 하절기에는 Trombe Wall 내부의 더운 공기를 순환하도록 하여 더운 공기가 실내로 유입되는 것을 차단

Ⅲ. 종류

1. 조적조 방법

① 집열과 축열은 실내공간과 분리할 것
② 야간의 역류방지를 위한 Damper 설치할 것
③ 벽을 통한 전도와 대류에 의해 일사 열을 실내에 전달함
④ 대류를 위해 Trombe Wall 상, 하부에 공기순환구를 설치할 것

2. 물벽형 방법

① 개념 및 원리는 조적조 방법과 같다.
② 축열 재료로 물을 사용함
③ 조적조 방법에 비해 축열성능이 우수하고 채광효과가 큼
④ 벽체의 두께가 커짐
⑤ 거주공간 내부의 온도변화가 적음

53 바닥충격음 차단 인정구조

Ⅰ. 정의

바닥충격음 차단 인정구조란 기준에 따라 실시된 바닥충격음 성능시험의 결과로부터 바닥충격음 성능등급 인정기관의 장이 차단구조의 성능을 확인하여 인정한 바닥구조를 말한다.

Ⅱ. 적용범위

① 주택법에 따라 주택건설사업계획승인신청 대상인 공동주택(부대시설 및 복리시설을 제외)

② 리모델링(추가로 증가하는 세대만 적용)

Ⅲ. 바닥충격음 성능인정기준

① 경량충격음

(단위: dB)

등급	역A특성 가중 규준화 바닥충격음레벨
1급	L≤ 43
2급	43 <L≤ 48
3급	48 <L≤ 53
4급	53 <L≤ 58

② 중량충격음

(단위: dB)

등급	역A특성 가중 바닥충격음레벨
1급	L≤ 40
2급	40 <L≤ 43
3급	43 <L≤ 47
4급	47 <L≤ 50

[경량충격음레벨]
KS F 2863-1에서 규정하고 있는 평가방법 중 역A특성곡선에 의한 방법으로 평가한 단일수치 평가량 중 "역A특성가중규준화바닥충격음레벨" 을 말한다.

[중량충격음레벨]
KS F 2863-2에서 규정하고 있는 평가방법 중 역A특성곡선에 의한 방법으로 평가한 "역A특성 가중바닥충격음레벨" 을 말한다

Ⅳ. 현장 관리기준

1. 바닥충격음 차단 인정구조

바닥충격음 차단 인정구조와 동일하게 H=110mm 준수

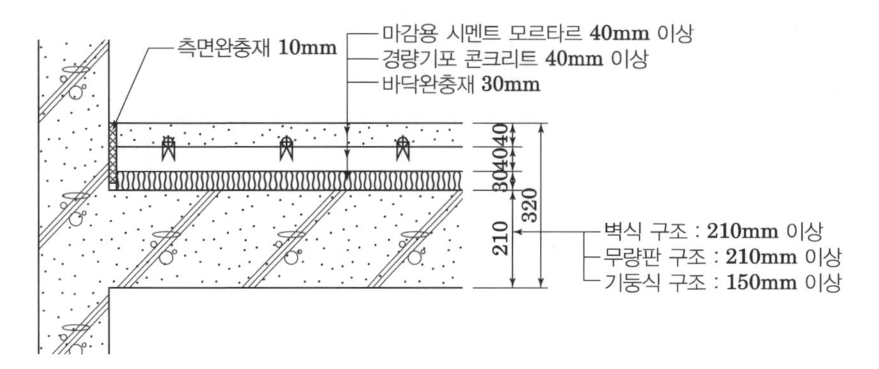

2. 마감 모르타르 품질기준

① 7일 압축강도: 14MPa 이상
② 28일 압축강도: 21MPa 이상

3. 품질검사 시험성적서

① 바닥완충재: 동탄성계수 등 9개 항목(밀도 포함)이 품질기준과 동일 할 것
② 측면완충재: 동탄성계수, 흡수량, 손실계수가 품질기준과 동일 할 것
⇒ 한국건설기술연구원 또는 LH 품질시험센터의 바닥충격음 차단구조의 품질시험기준을 반드시 확인할 것

4. 현장 시공 시 관리사항

① 슬래브 평탄도: 국토교통부 고시기준인 3m당 7mm 이내
② 측면완충재 시공: 벽면, 거실 문틀 하부 등 측면완충재를 연속시공
③ 두께 10mm 측면완충재를 벽체부위 마감 모르타르(방통)의 시공 높이선에 맞추어 측면에 부착
④ 코너 부위 측면완충재를 직각으로 시공
⑤ 벽부와의 연결부분에 대한 시공방법은 측면완충재 시공을 완료 한 뒤 측면완충재와 바닥완충재와의 틈은 OPP테이프로 밀실하게 처리
⑥ 경량기포 콘크리트 타설 시 완충재 하부로의 유입을 방지
⑦ 바닥완충재간의 이음매 부위는 OPP 테이프 처리
⑧ 바닥완충재+경량기포 콘크리트+마감용 시멘트 모르타르의 두께 110mm 확보
⑨ 마감용 시멘트 모르타르 높이를 측면완충재와 동일하게 타설하여 뜬바닥 구조 확보

[완충재]
충격음을 흡수하기 위하여 바닥구조체 위에 설치하는 재료를 말한다.

[벽식 구조]
수직하중과 횡력을 전단벽이 부담하는 구조를 말한다

[무량판구조]
보가 없이 기둥과 슬래브만으로 중력하중을 저항하는 구조방식을 말한다

[건식벽체 측면완충재]

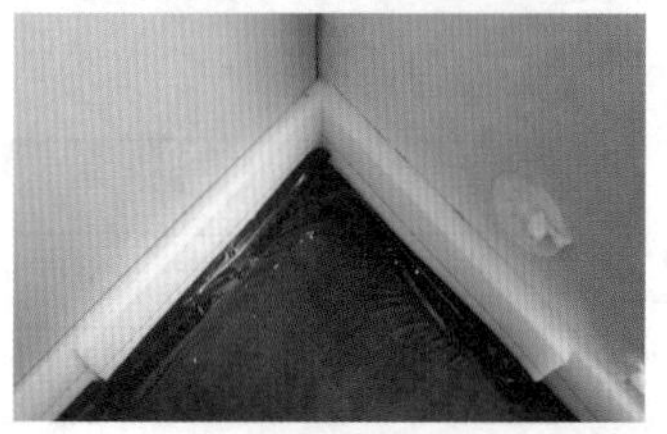
[코너부 측면완충재]

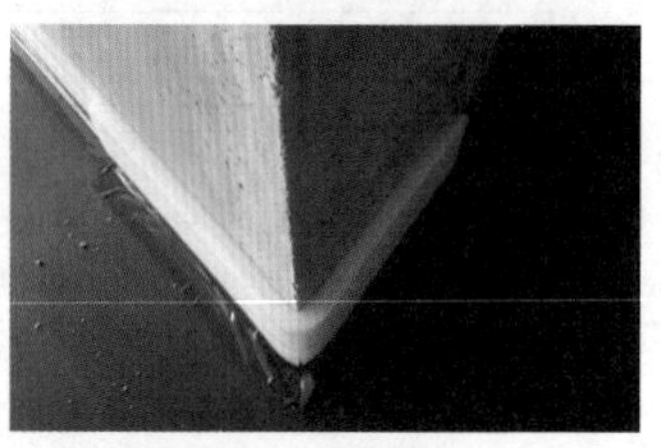
[외곽부 측면완충재]

[문틀하부 측면완충재]

[바닥완충재]

54 뜬바닥 구조(Floating Floor)

Ⅰ. 정의

뜬바닥 구조란 바닥충격음 차단구조에서 바닥완충재 및 측면완충재로 인하여 경량기포 콘크리트나 마감 모르타르 타설 후에도 구체 콘크리트인 바닥 슬래브나 벽체와 일체가 되지 않고 분리된 상태를 말한다.

Ⅱ. 바닥충격음 차단구조

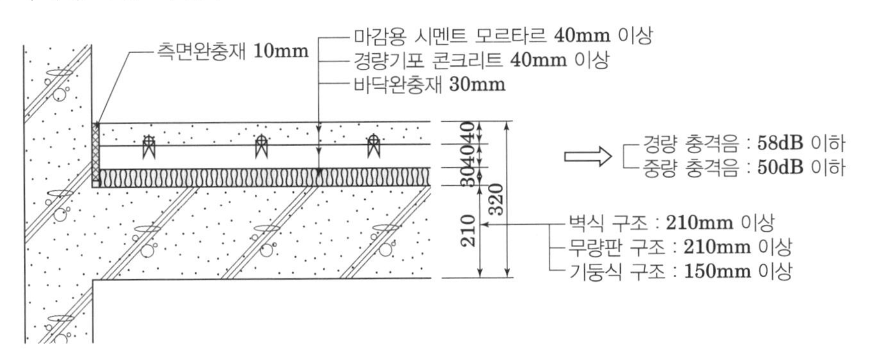

[뜬바닥 구조]

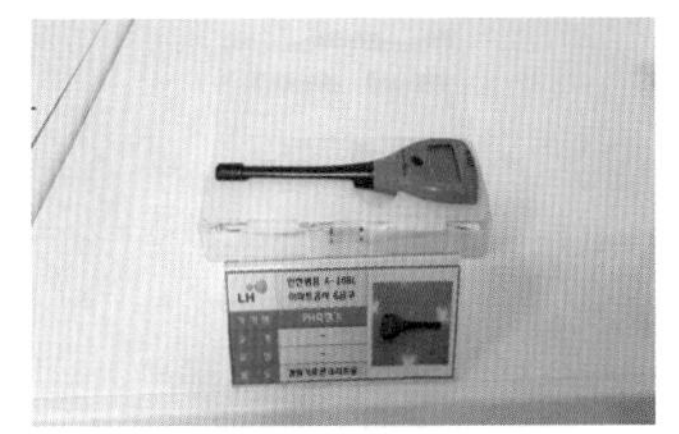
[경량기포 콘크리트 pH측정기]

Ⅲ. 시공 시 유의사항

1. 슬래브 평탄도

① 바닥 슬래브를 국토교통부 고시기준인 3m당 7mm 이내

② 평활도가 미흡한 경우 그라인딩 및 모르타르 시공으로 평활도 확보

2. 완충재의 재질

바닥충격음 차단구조에 적합한 재질의 바닥 및 측면완충재 설치

3. 바닥완충재 설치

① 벽부와의 연결부분에 대한 시공방법은 측면완충재 시공을 완료 한 뒤 측면완충재와 바닥완충재와의 틈은 OPP테이프로 밀실하게 처리

② 경량기포 콘크리트 타설 시 완충재 하부로의 유입을 방지

③ 난방 배분기 주위 등 바닥완충재 철저히 시공

④ 바닥완충재간의 이음매 부위는 OPP 테이프 처리

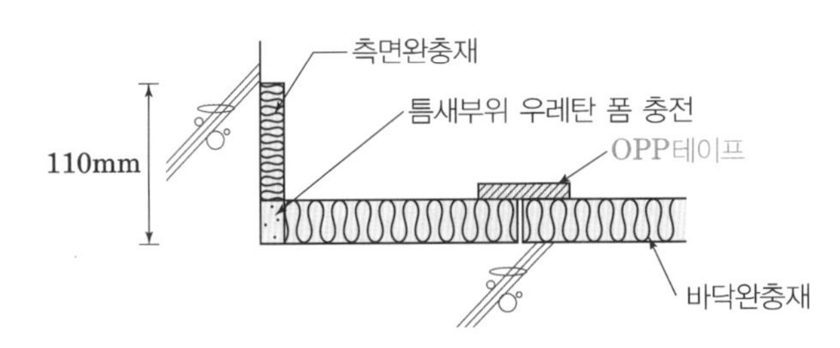

4. 측면완충재 설치

① 두께 10mm 측면완충재를 벽체부위 마감용 시멘트 모르타르(방통)의 시공 높이선에 맞추어 측면에 부착

② 코너 부위는 직각으로 벽체에 밀착

③ 분합문틀, 욕실문틀, 침실문틀 하부에 측면완충재 철저히 시공

④ 측면완충재의 이음부위가 발생되지 않도록 할 것

⑤ 측면완충재와 바닥완충재가 접하는 부위의 틈새는 우레탄 폼을 충전

5. 마감용 시멘트 모르타르 타설

마감용 시멘트 모르타르 타설 시 측면완충재보다 높게 타설 금지

55 층간소음 방지재

Ⅰ. 정의

층간소음 방지재는 바닥충격음 차단구조에서 층간소음을 방지하기 위한 바닥 완충재 및 측면완충재로 인정구조의 품질기준에 적합한 자재로 시공하고, 뜬 바닥 구조가 되도록 하여야 한다.

Ⅱ. 바닥충격음 차단구조

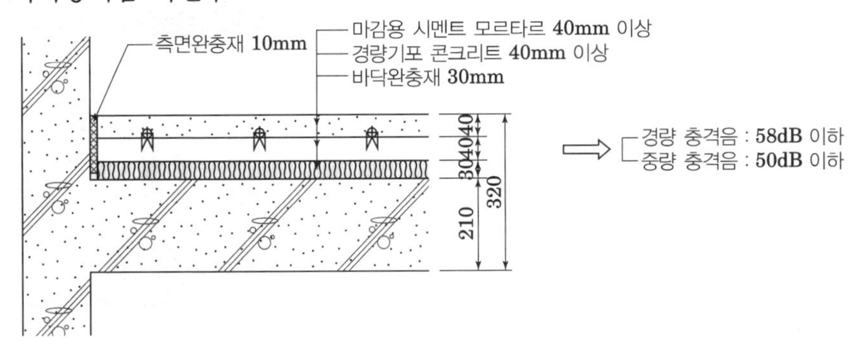

⇨ 경량 충격음 : 58dB 이하
중량 충격음 : 50dB 이하

Ⅲ. 층간소음 방지재

1. 바닥완충재

발포폴리스티렌 – 비드법5종 (상부 부직포 부착)

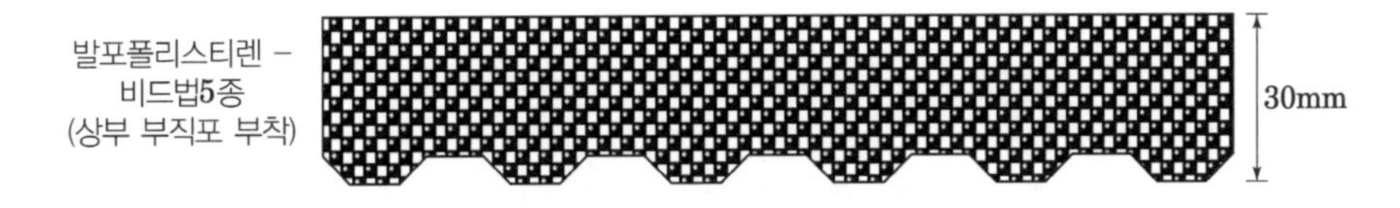

[바닥완충재]

① 바닥완충재를 골형상이 하부 슬래브로 향하도록 설치
② 완충재간 이음매 부위는 OPP테이프를 이용하여 틈이 발생하지 않도록 한다.
③ 벽부와의 연결부분에 대한 시공방법은 측면완충재 시공을 완료 한 뒤 측면완충재와 바닥완충재와의 틈은 OPP테이프로 밀실하게 처리
④ 경량기포 콘크리트 타설 시 완충재 하부로의 유입을 방지

2. 측면완충재

① 측면완충재 사양 결정
- 통기형 측면완충재는 바닥내 유입되어 있는 수분의 건조 효율성을 높임
- 평면형 측면완충재는 바닥내 수분 건조가 용이한 현장에 사용

② 두께 10mm 측면완충재를 벽체부위 마감용 시멘트 모르타르(방통)의 시공 높이선에 맞추어 측면에 부착
③ 코너 부위는 직각으로 벽체에 밀착

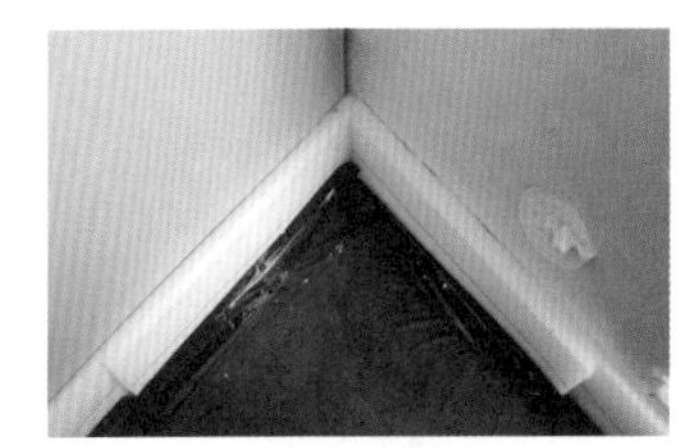

[측면완충재]

④ 분합문틀, 욕실문틀, 침실문틀 하부에 측면완충재 철저히 시공
⑤ 측면완충재의 이음부위가 발생되지 않도록 할 것
⑥ 측면완충재와 바닥완충재가 접하는 부위의 틈새는 우레탄 폼을 충전

3. 경량기포 콘크리트

① 콘크리트 슬래브 상부에 0.5품 이상 품질기준에 적합한 경량기포 콘크리트를 사용
② 두께 40mm 이상으로 타설하되 벽면에 그어진 경량기포 마감선의 높이와 일치되게 한다.
③ 경량기포 콘크리트는 시공 후 최소 3일간 실내온도를 5℃ 이상으로 유지

[경량기포 콘크리트]

4. 마감용 시멘트 모르타르

① 7일 압축강도: 14MPa 이상, 28일 압축강도: 21MPa 이상
② 온돌바닥 모르타르 바르기의 미장마감횟수는 3회 이상
③ 최종 마감은 미장기계 또는 흙손을 사용하여 시공

[마감용 시멘트 모르타르]

56 층간 소음방지

Ⅰ. 정의

바닥충격음 차단구조에 따라 실시된 바닥충격음 성능시험의 결과로부터 바닥충격음 성능등급을 확인하고, 기준에 적합한 시공으로 충간 소음방지가 되도록 하여야 한다.

Ⅱ. 바닥충격음 차단구조

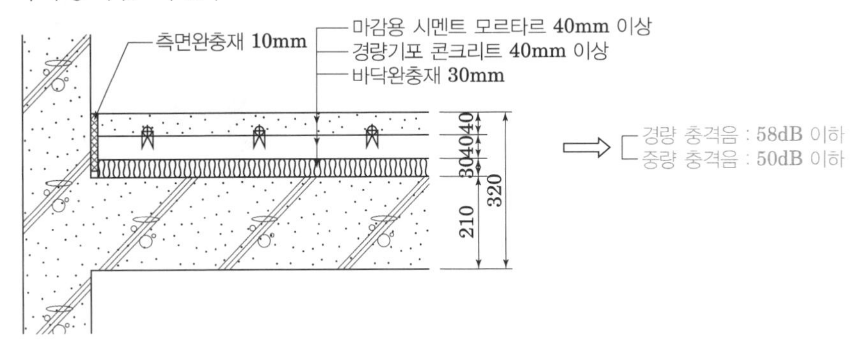

Ⅲ. 층간 소음방지

1. 뜬바닥 구조

고체음 전달방지를 위해 측면완충재와 마감용 시멘트 모르타르(방통) 분리

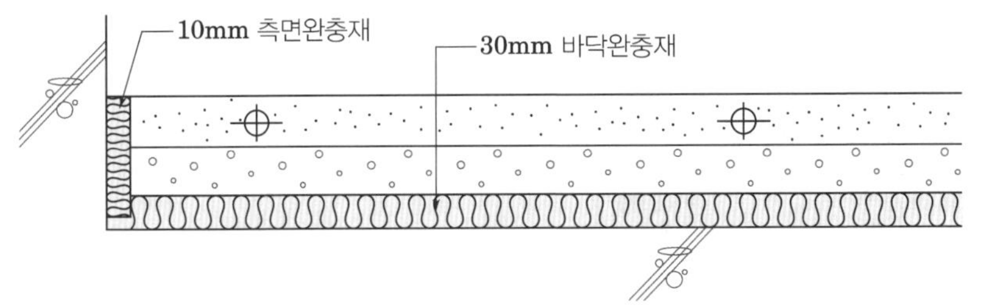

[뜬바닥 구조]

2. 바닥 슬래브 두께 확대

① 바닥 슬래브 두께를 확대하여 고체 전달음 차단

② 벽식구조: 210mm → 240mm

3. 이중천장 구조

① 천장에 단열재 부착 및 이중천장 설치

② 달대에 완충재를 설치하여 음원 차단

4. 층상배관

설비배관을 층하배관에서 층상배관으로 설치

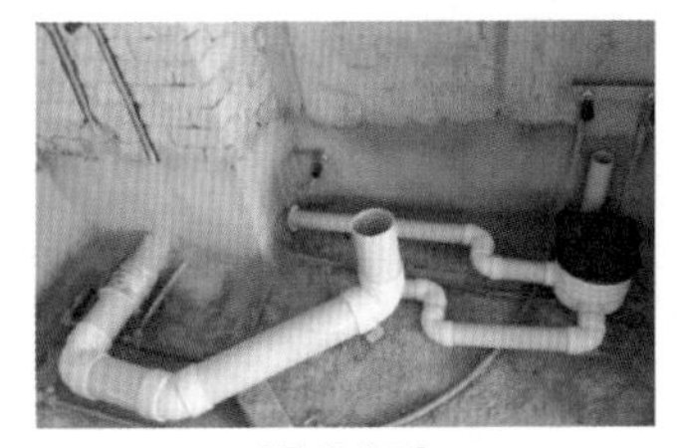

[층상배관]

5. 유연한 바닥마감재

유연한 바닥마감재 사용으로 표면에 충격완충재 적용

6. 개구부 밀실화

7. Roof Drain 주위 흡음재 시공

57 Bang Machine

KS F 2810-2

Ⅰ. 정의

Bang Machine은 표준 중량 충격원을 이용하여 건축물의 바닥 충격음 차단 성능을 측정하는 기계를 말한다.

Ⅱ. Bang Machine의 규격

① 바닥에 접하는 부분의 곡률반지름 0.09~0.25m의 볼록 곡면, 면적은 $0.025m^2$ 이하

② 타이어의 낙하높이: 0.85m

③ 공기압: $(2.4\pm0.2)\times10^5$Pa

④ 충격원의 유효 질량: (7.3 ± 0.2)kg

⑤ 반발계수: 0.8 ± 0.1

[Bang Machine]

Ⅲ. 측정 방법

1. 바닥 충격음 발생

실의 주변 벽으로부터 0.5m 이상 떨어진 바닥 평면 내로 중앙점 부근 1점을 포함해서 평균적으로 분포하는 3~5점으로 한다.

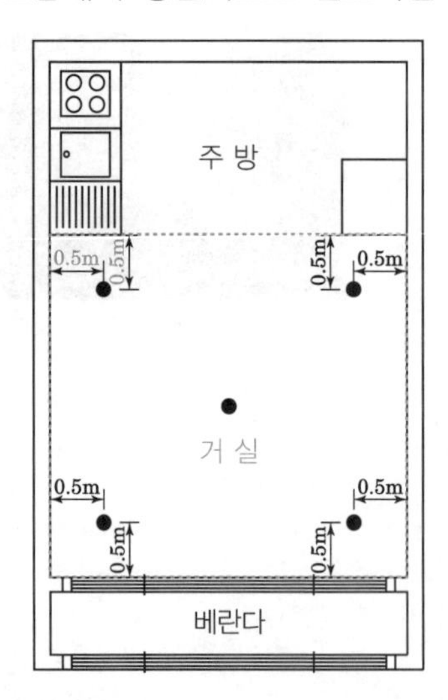

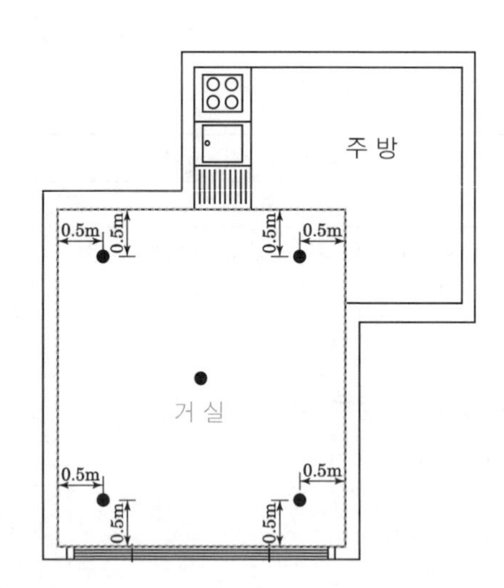

2. 마이크로폰 설치

수음실 내에서 천장, 주위 벽, 바닥면 등으로부터 0.5m 이상 떨어진 공간 내에서 서로 0.7m 이상 떨어진 4점 이상의 측정점을 균등하게 분포

3. 측정 주파수 범위

옥타브 밴드 또는 1/3 옥타브 밴드마다 실시

4. 최대 음압 레벨 측정

각 가진 점마다 모든 측정점에서 각 측정 주파수 대역의 최대 음압 레벨 측정

[최대 음압 레벨]
소음계의 시간 보정 특성 F를 이용하여 측정한 음압 레벨의 최대값

5. 배경 소음 영향의 보정

최대 음압 레벨과 배경 소음의 음압 레벨의 차가 6dB 이상인 경우 보정

6. 바닥 충격음 레벨 산출

수음실에서 측정한 최대 음압 레벨의 에너지 평균값

58 차음계수(STC)와 흡음률(NRC)

Ⅰ. 차음계수(Sound Transmission Class)

1. 정의

차음계수는 차음등급 기준선인 표준곡선과 옥타브 밴드 또는 1/3 옥타브 밴드 주파수의 실측 TL 곡선을 비교하여, 표준곡선 밑의 모든 주파수 대역별 투과손실과 표준곡선 값과의 차의 산술평균이 2dB 이내이며 8dB를 초과하지 않는 원칙하에서 표준곡선상의 500Hz에서 음향투과손실을 말한다.

2. 개념도

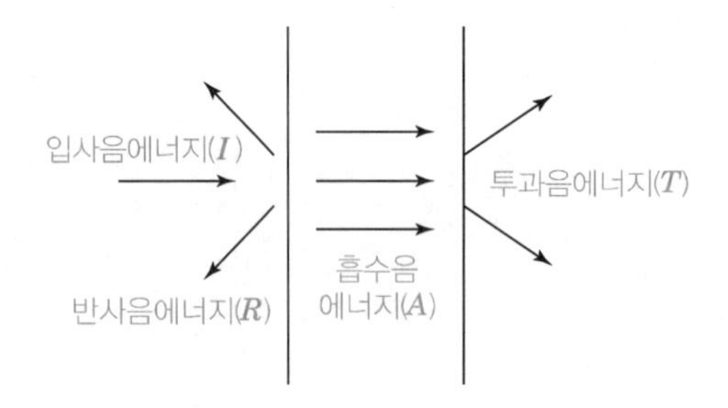

3. 투과율

① 입사음 에너지에 대한 투과음 에너지 성분의 비

② 투과율$(\tau)=\dfrac{T}{I}$ (투과음 에너지) (입사음 에너지)

4. 투과손실(차음계수)

$$\text{투과손실}(TL)=10\log_{10}\frac{1}{\tau}=10\log_{10}\frac{1}{T}=L_i-L_t$$

L_i = 입사음 에너지 레벨(dB)
L_t = 투과음 에너지 레벨(dB)

Ⅱ. 흡음률(Noise Rating Criteria)

1. 정의

흡음률은 입사음 에너지에 대하여 재료에 흡수되거나 투과된 음에너지 합의 비를 말한다.

2. 개념도

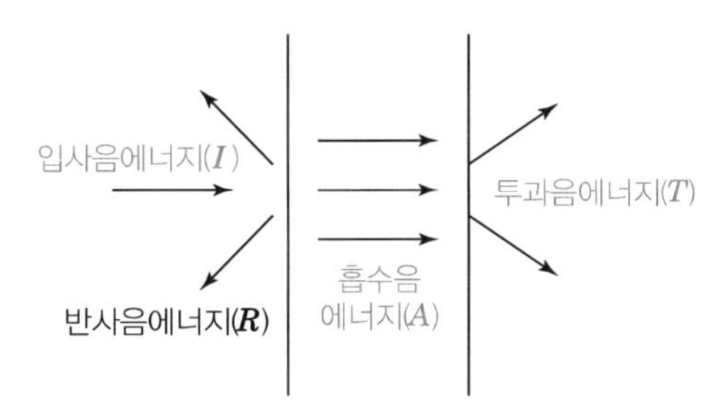

① 흡음률은 재료 자체 성질 외에 공기층, 재료의 시공 조건, 입사음의 주파수와 입사각도 등의 조건에 관계있다.

② 흡음률은 실내 경음 평가 척도로 사용

3. 흡음률

$I = R + A + T$

흡음률$(\alpha) = \dfrac{A + T}{I}$

59 VOC(Volatile Organic Compounds)

Ⅰ. 정의

VOC는 유기화합물 중 상온에서 기화되는 특성을 가진 화합물을 의미하며 비점이 낮아 대기 중으로 쉽게 증발되는 기체·액체상 유기화합물의 총칭으로 그 종류는 상당히 많으며 가장 대표적인 포름알데히드, 벤젠, 톨루엔 등이 있다.

Ⅱ. 대표적인 VOC의 종류별 유해성

종류	유해성	기준(㎍/m³)
포름알데히드	• 0.1ppm 이상 시 눈 등에 미세한 자극, 목의 염증 유발 • 장기간 다량 노출된 근로자의 발암율 증가	210 이하
벤젠	• 마취증상, 호흡곤란, 혼수상태 유발 • 장기간 다량 노출된 근로자의 발암율 증가	30 이하
톨루엔	• 피부염, 기관지염, 두통, 현기증 등 유발	1,000 이하
에틸벤젠	• 눈, 코, 목 자극, 장기적으로 신장, 간에 영향	360 이하
자일렌	• 중추신경 계통의 기능 저하 • 호흡 곤란, 심장 이상	700 이하
스틸렌	• 코, 인후 등을 자극하여 기침, 두통, 재치기 유발	300 이하

Ⅲ. 발생원인

① 자연적인 토양, 습지, 초목, 초지 등에서 발생

② 인위적인 유기용제 사용시설, 도장시설, 세탁소, 저유소, 주유소, 석유 정제시설 등에서 발생

③ 배출량은 세계적으로 유기용제 사용시설과 자동차 등의 이동 오염원이 대부분을 차지

Ⅳ. 관리방안

① 친환경 건축자재의 개발 및 시공

② 마감공사 시 접착제의 사용을 가급적 줄이는 타 공법을 사용

③ 입주 전에 Bake Out 실시

실내 온도를 높여 유해오염물질의 발생량을 일시적으로 증가시킨 후 환기

④ 수시로 창호 개폐로 환기 철저

60 VOCs(Volatile Organic Compounds) 저감방법

Ⅰ. 정의

VOCs는 유기화합물 중 상온에서 기화되는 특성을 가진 화합물을 의미하며 비점이 낮아 대기 중으로 쉽게 증발되는 기체·액체상 유기화합물의 총칭으로 그 종류는 상당히 많으며 가장 대표적인 포름알데히드, 벤젠, 톨루엔 등이 있다.

Ⅱ. 대표적인 VOCs의 종류별 유해성

종류	유해성	기준(㎍/m³)
포름알데히드	• 0.1ppm 이상 시 눈 등에 미세한 자극, 목의 염증 유발 • 장기간 다량 노출된 근로자의 발암율 증가	210 이하
벤젠	• 마취증상, 호흡곤란, 혼수상태 유발 • 장기간 다량 노출된 근로자의 발암율 증가	30 이하
톨루엔	• 피부염, 기관지염, 두통, 현기증 등 유발	1,000 이하
에틸벤젠	• 눈, 코, 목 자극, 장기적으로 신장, 간에 영향	360 이하
자일렌	• 중추신경 계통의 기능 저하 • 호흡 곤란, 심장 이상	700 이하
스틸렌	• 코, 인후 등을 자극하여 기침, 두통, 재치기 유발	300 이하

Ⅲ. VOCs의 저감방법

1. 친환경 건축자재의 개발 및 시공

① 휘발성 유기화합물이 발생하지 않는 친환경 건축자재 개발

② 마감공사 시 접착제의 사용을 가급적 줄이는 타 공법을 사용

2. Bake Out 실시

1) 사전 조치

① 외기로 통하는 모든 개구부(문, 창문, 환기구 등)을 닫음

② 수납가구의 문, 서랍 등을 모두 열고, 가구에 포장재(종이나 비닐 등)가 씌워진 경우 이를 제거하여야 함

2) 절차

① 실내온도를 33~38℃로 올리고 8시간 유지

② 문과 창문을 모두 열고 2시간 환기

③ ①, ②순서로 3회 이상 반복 실시

[Bake Out]
신축, 보수 등이 완료된 건물에 대해 실내온도를 높여 마감자재 등에서 방출되는 휘발성 유기화합물(VOCs)과 포름알데히드(HCHO)를 비롯한 유해 오염물질의 발생량을 일시적으로 증가시킨 후 환기를 통해 이를 제거하는 방법을 말한다.

3. Flush-Out의 실시

① 외기공급은 대형팬 또는 자연환기설비, 강제환기설비, 혼합형 환기설비에 따른 환기설비를 이용하되, 환기설비를 이용하는 경우에는 오염물질에 대한 효과적인 제거방안을 별도 제시

② 각 세대의 유형별로 필요한 외기공급량, 공급시간, 시행방법 등을 시방서에 명시

③ 플러쉬 아웃 시행 전에 기계환기설비의 시험조정평가(TAB)를 수행하도록 권장

④ 주방 레인지후드 및 화장실 배기팬을 이용하여 플러쉬 아웃 시행 가능(단, 환기량은 레인지후드와 배기팬 정격배기용량의 50%만 인정)

⑤ 강우(강설) 시에는 플러쉬 아웃을 실시하지 않는 것을 원칙

⑥ 플러쉬 아웃 시행 시 실내온도는 섭씨 16℃ 이상, 실내 상대습도는 60% 이하

⑦ 세대별로 실내 면적 $1m^2$에 $400m^3$ 이상의 신선한 외기 공급를 지속적으로 공급

[Flush-Out]
실내에 정체되어 있는 탁한 공기를 밖으로 배출하고 바깥의 신선한 공기를 실내로 유입시켜 실내공기를 쾌적하게 만들고 유지하는 방법을 말한다.

4. 포집 처리하는 방법

① 흡착제로 활성탄, 제올라이트, 실리카 등 이용

② 숯 등을 비치하여 냄새와 휘발성 유기화합물을 흡착해서 제거

5. 플레어스택(Flare Stack)

① 정유 공장 등의 폐가스 연소시설인 플레어스택(Flare Stack)에서 배출되는 대기오염물질을 최소화

② 2024년부터는 플레어스택의 발열량을 2,403kcal/Sm^3 이상

6. 열교환기

냉각탑에 연결된 열교환기 입·출구 농도 편차를 측정해 열교환기 내 균열 등에 의한 휘발성 유기화합물 유출 여부를 확인

7. 명판 부착

사업장은 밸브, 펌프 등 비산누출시설에 대해 위치 확인 및 식별을 쉽게 하기 위해 명판을 부착

61 새집증후군 해소를 위한 베이크 아웃(Bake Out)

Ⅰ. 정의

신축, 보수 등이 완료된 건물에 대해 실내온도를 높여 마감자재 등에서 방출되는 휘발성 유기화합물(VOCs)과 포름알데히드(HCHO)를 비롯한 유해오염물질의 발생량을 일시적으로 증가시킨 후 환기를 통해 이를 제거하는 방법을 말한다.

[대표적인 VOC의 종류별 유해성]

종류	기준($\mu g/m^3$)
포름알데히드	210 이하
벤젠	30 이하
톨루엔	1,000 이하
에틸벤젠	360 이하
자일렌	700 이하
스틸렌	300 이하

Ⅱ. Bake Out의 기준

1. 사전 조치

① 외기로 통하는 모든 개구부(문, 창문, 환기구 등)을 닫음

② 수납가구의 문, 서랍 등을 모두 열고, 가구에 포장재(종이나 비닐 등)가 씌워진 경우 이를 제거하여야 함

2. 절차

① 실내온도를 33~38℃로 올리고 8시간 유지

② 문과 창문을 모두 열고 2시간 환기

③ ①, ② 순서로 3회 이상 반복 실시

Ⅲ. Bake Out 시 기대효과

① 포름알데히드 농도 49%, 휘발성 유기화합물 71% 저감 효과

② 아토성 피부염 및 두통 등 새집 증후군 등으로부터 입주민 건강보호

③ 시공사에 대한 오염물질 방출 건축자재의 사용제한 유도화

Ⅳ. Bake Out 시 유의사항

① 난방 System이 과열되지 않도록 조치(화재예방)

② 입주 15~30일 전 실시

③ Bake Out 실시 동안 실내에 노인, 어린이, 임산부 등 출입자제

④ Bake Out을 마친 후에도 문과 창문을 자주 열어 계속 환기 실시

62 베이크 아웃(Bake Out), 플러쉬 아웃(Flush-Out) 실시 방법과 기준

건강친화형 주택 건설기준

Ⅰ. 정의

① Bake Out은 신축, 보수 등이 완료된 건물에 대해 실내온도를 높여 마감자재 등에서 방출되는 휘발성 유기화합물(VOCs)과 포름알데히드(HCHO)를 비롯한 유해오염물질의 발생량을 일시적으로 증가시킨 후 환기를 통해 이를 제거하는 방법을 말한다.

② Flush-Out은 실내에 정체되어 있는 탁한 공기를 밖으로 배출하고 바깥의 신선한 공기를 실내로 유입시켜 실내공기를 쾌적하게 만들고 유지하는 방법을 말한다.

Ⅱ. 실시 방법과 기준

1. Bake Out의 기준

1) 사전 조치

① 외기로 통하는 모든 개구부(문, 창문, 환기구 등)을 닫음

② 수납가구의 문, 서랍 등을 모두 열고, 가구에 포장재 제거

2) 절차

① 실내온도를 33~38℃로 올리고 8시간 유지

② 문과 창문을 모두 열고 2시간 환기

③ ①, ② 순서로 3회 이상 반복 실시

2. Flush-Out의 기준

① 외기공급은 대형팬 또는 자연환기설비, 강제환기설비, 혼합형 환기설비에 따른 환기설비를 이용하되, 환기설비를 이용하는 경우에는 오염물질에 대한 효과적인 제거방안을 별도 제시

② 각 세대의 유형별로 필요한 외기공급량, 공급시간, 시행방법 등을 시방서에 명시

③ 플러쉬 아웃 시행 전에 기계환기설비의 시험조정평가(TAB)를 수행하도록 권장

④ 주방 레인지후드 및 화장실 배기팬을 이용하여 플러쉬 아웃 시행 가능

⑤ 강우(강설) 시에는 플러쉬 아웃을 실시하지 않는 것을 원칙

⑥ 플러쉬 아웃 시행 시 실내온도는 16℃ 이상, 실내 상대습도는 60% 이하

⑦ 세대별로 실내 면적 $1m^2$에 $400m^3$ 이상의 신선한 외기 공기를 지속적으로 공급

[일반적 사항]

- 시공사는 사용검사 신청 전까지의 기간에 플러쉬 아웃(Flush Out) 또는 베이크 아웃(Bake Out)을 실시하거나, 습식공법에 따른 잔여습기를 제거
- 입주자가 신축 공동주택에 신규 입주할 경우 새 가구 등을 설치한 후에도 플러쉬 아웃 또는 베이크 아웃을 실시할 수 있도록 설명서를 제공

63 공동주택 라돈 저감방안

건축자재 라돈 저감·관리 지침서/환경부, 국토교통부

Ⅰ. 정의

라돈은 암석, 토양 등에 자연적으로 존재하는 우라늄(^{238}U)이 방사성 붕괴를 하면서 자연적으로 라듐(^{226}Ra)이 만들어지고, 이 라듐이 붕괴하여 생성되는 자연 방사성 기체가 바로 라돈(^{222}Rn)으로, 무색, 무취, 무미의 기체로 사람이 존재를 직접 느낄 수 없는 비활성기체이다.

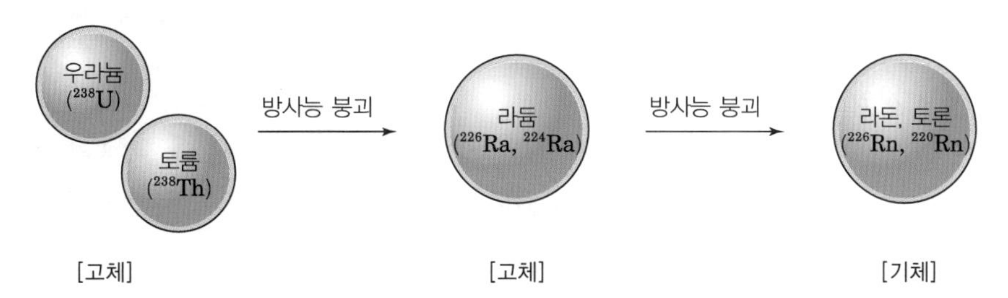

[고체] [고체] [기체]

Ⅱ. 권고기준 및 관리사항

구분	다중이용시설	공동주택
권고기준	148Bq/m³	148Bq/m³
관리사항	실내라돈농도 1회/2년 측정	입주 개시 전 실내라돈농도
	측정결과 제출	측정결과 제출 및 게시판 등에 공고

Ⅲ. 라돈 저감방안

1. 방사능 농도 지수를 활용한 건축자재 관리

① 방사능 농도 지수를 활용한 사전관리

② 지수값을 1 이하로 관리

$$I=\frac{C_{Ra226}}{300\mathrm{Bq/kg}}+\frac{C_{Th232}}{200\mathrm{Bq/kg}}+\frac{C_{K40}}{3000\mathrm{Bq/kg}}\le 1$$

C_{Ra226}, C_{Th232}, C_{K40}은 각각 고체 라듐-226($^{226}\mathrm{Ra}$), 토륨-232($^{232}\mathrm{Th}$), 포타슘-40($^{40}\mathrm{K}$)의 방사능 농도($\mathrm{Bq/kg}$)

2. 환기

① 자연환기 및 강제환기 적용

② 열회수 환기 장치를 사용하여 실내 환기 철저

3. 라돈저감 시공방법

1) 차단막법

① 라돈이 투과하지 못하는 소재의 차단막을 기초에 설치하여 실내로 유입되는 라돈가스를 차단하는 방식

② 토양 및 암반, 바닥과 벽 이음새에 밀봉하여 설치

2) 토양배기법

① 토양으로부터 라돈가스가 실내로 유입되기 전에 건축물 기초에 공기의 흐름이 용이한 특수 구조의 배출매트 또는 배관을 설치하고 팬을 이용하여 외부로 배출하는 방식

② 지하수 유입이 없는 건물기초에 설치 가능

3) 복합공법

팬과 배관을 이용하여 라돈가스를 배출시키고 그 위로 라돈 차단막을 설치하여 라돈가스가 실내로 유입되지 못하도록 토양배기법과 차단막법을 결합한 방식

4) 트랩법

건축물 주변 토양에 설치하고 내부에 팬을 이용하여 토양에서 발생하는 라돈가스를 실내로 유입되기 전에 배출하는 방식

[차단막법]

[토양배기법]

[복합공법]

[트랩법]

64 Clean Room

Ⅰ. 정의

실내의 작업환경, 주거환경으로서 오염방지를 목적으로 청정도를 얻고 유지관리하는 것을 말하며, 실내공기 중의 먼지, 미립자를 최소로 유지시키고, 실내의 압력, 습도, 온도, 기류의 분포와 속도 등을 일정범위 내로 제어하기 위해 만들어진 특수한 방을 클린룸이라고 한다.

Ⅱ. 클린룸 기류방식

방식 / 항목	수직층류방식 Vertical Laminar Airflow Clean Room	수평층류방식 Horizontal Laminar Airflow Clean Room	난류방식 Turbulent Airflow Clean Room	혼류방식 Mixed Airflow Clean Room	터널방식 Tunnel Clean Room
청정도	M1.5~3.5 (Class1~100)	M3.5 (Class100)	M4.5~6.5 (Class1,000~100,000)	M4.5~6.5 (Class1,000~100,000)	M1.5~3.5 (Class1~100)
가동 시 청정도	작업자로부터의 영향은 적다.	상류의 발진이 하류에 영향을 끼친다.	작업자로부터의 영향이 있다.	레이아웃에 따라 작업자로부터의 영향이 약간 있다.	작업자로부터의 영향이 가장 적다.
운전비	고	중	저	중	중
Layout 변경	용이	곤란	용이	용이	곤란
제조 장치 보수	Room 안 혹은 Return Space부터 시행	Room 안 혹은 Return Space부터 시행	Room 안부터 시행	Room 안 혹은 Return Space부터 시행	Return Space부터 시행
확장성	곤란	곤란	다소 곤란	곤란	라인마다 증설 가능
정밀 제어	실 전체 제어 때문에 실내에서의 불균형 약간 있음	상류의 발열이 하류에 영향을 끼친다.	불균형 있음	불균형 있음	작업자마다 고정밀도 제어 가능
방식	S_A R_A	S_A R_A	S_A R_A R_A	S_A R_A	S_A R_A

Ⅲ. 클린룸의 5원칙

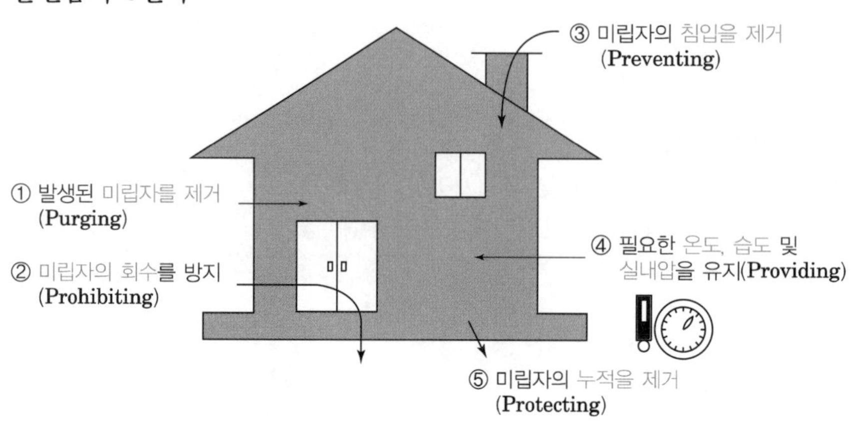

Ⅳ. 청정도(Class) 등급(FDA 기준)

구분	입자농도	부유균(개/ft^3)
중요구역	Class 100	0.1
관리구역	Class 100,000	2.5

Ⅴ. 적용 분야

1. ICR(Industrial Clean Room)

① 생산제품에 영향을 미치는 분진제거

② 반도체산업, 정밀기기, 광학기기, 자기테이프나 사진용 필름, 특수인쇄 등의 공정에 적용

③ 가장 중요한 부분에 최고 청정도를 적용하고 다른 공정은 경제적인 클린룸을 계획

2. BCR(Bio Logical Clean Room)

① 미생물을 제어대상으로 하는 클린룸

② 병원, 제약, 식품 등의 무균환경을 확보하기 위한 시설에 적용

③ 제약회사, 병원, 동물실험실, 식품제조업, 포장재 산업 등에 적용

65 건설산업의 제로에미션(Zero Emission)

Ⅰ. 정의

폐기물 발생을 최소로 하고, 궁극적으로 폐기물이 나오지 않도록 하는 순환형 System으로 무배출 System이라고도 한다.

Ⅱ. 개념도

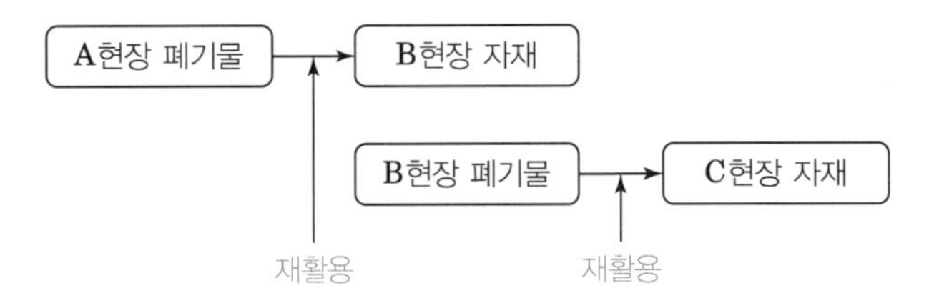

Ⅲ. Zero Emission 추진방안(3Round)

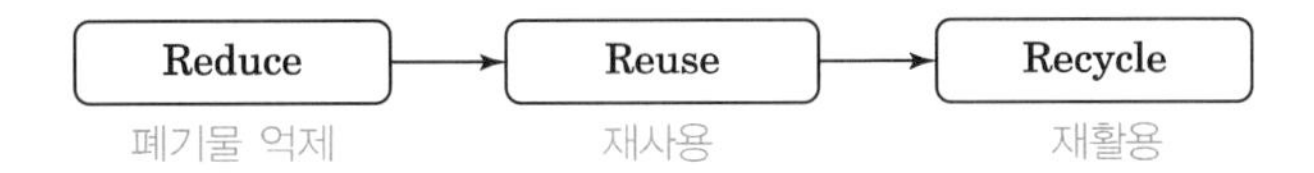

Ⅳ. Zero Emission 구축방안

→ Zero Emission을 경험한 작업원들의 전파 · 확산

66 봉투 붙임(갓둘레 풀칠) KCS 41 51 05

Ⅰ. 정의

도배공사에서 벽체 도배 시 벽지 전체에 풀칠하지 않고 가장자리만 풀칠하여 바르는 것으로, 벽체와 벽지 사이가 떠있도록 하는 공법을 말한다.

Ⅱ. 현장시공도

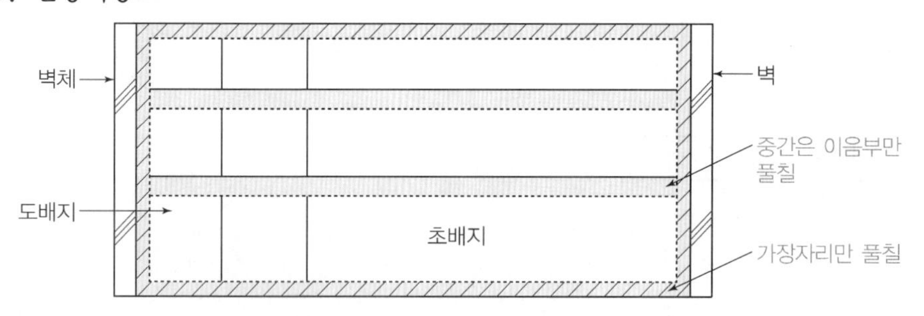

Ⅲ. 특징

① 벽체와 도배지 사이에 공기층 형성
② 벽체의 평활도와 관계없이 도배지로 평활 상태 마감
③ 도배지의 건조수축으로 겹침, 주름 현상이 없다.
④ 공기층 자체가 단열효과
⑤ 풀칠 면적이 적어 시공능률 향상
⑥ 재료 및 노동력 절감

Ⅳ. 시공 시 유의사항

① 봉투 바름하는 초배지는 충분한 인장강도 확보
② 바탕의 돌출, 배부름 현상은 제거
③ 충분한 접착강도 확보를 위해 풀에 본드제를 혼합 사용
④ 도배지 보관장소의 온도는 항상 5℃ 이상 유지
⑤ 도배지는 일사광선을 피하고 습기가 많은 장소나 콘크리트 위에 직접 놓지 않으며 두루마리 종, 천은 세워서 보관
⑥ 도배공사를 시작하기 72시간 전부터 시공 후 48시간까지 시공장소의 온도를 적정온도로 유지
⑦ 도배지를 접착과 동시에 롤링하거나 솔질 철저
⑧ 도배공사 후 손상, 오염되지 않도록 적당히 보양
⑨ 초배지를 봉투 붙임으로 할 경우 300×450mm 크기의 한지 또는 부직포의 4변 가장자리에 3~5mm 정도의 너비로 접착제를 도포하고 바탕에 붙이며, 봉투 붙이기의 횟수는 2회를 표준

67 해체공사의 위험방지 및 공해방지

Ⅰ. 위험방지

① 작업구역 내에는 관계자 이외는 출입 금지
② 강풍, 폭우 및 폭설 등의 악천후 작업 시 위험이 예상될 때는 작업 중단
③ 사용기계·기구 등을 인양하거나 내릴 때는 그물망이나 그물포대 사용
④ 외벽과 기둥 등을 전도시킬 때는 전도 낙하위치 및 파편 비산거리를 예측하여 작업반경을 설정
⑤ 전도작업 시 작업자를 완전 대피시키고 전도할 것
⑥ 해체건물 외곽에 안전거리를 유지확보한 방호용 비계 설치
⑦ 비산차단벽, 분진억제 살수시설을 설치
⑧ 작업자 상호 간의 신호체계 및 산소기 사용법을 사전교육 실시
⑨ 적정한 대피소 설치

[해체공사]

Ⅱ. 공해방지

1. 소음 및 진동

① 공기압축기 등은 적당한 장소에 설치
② 전도공법인 경우 전도물 중량을 최소화하며, 높이도 되도록 낮게 할 것
③ 강구타격공법의 경우 해머중량과 낙하높이를 가능한 낮게 할 것
④ 현장 내에서 대형 부재로 해체하며 장외에서 잘게 파쇄할 것
⑤ 방음, 방진 시설을 설치

2. 분진 발생

① 직접 발생 부분에 피라미드식, 수평살수식으로 물을 뿌림
② 간접적으로 방진시트, 분진차단막 등의 방진벽을 설치

3. 지반침하

대상건물의 깊이, 토질, 주변상황 등과 사용하는 중기의 운행 시 수반되는 진동 등을 고려하여 지반침하에 대비할 것

4. 폐기물

해체작업과정에서 발생하는 폐기물은 관계법에서 정하는 바에 따라 처리

68 해체공사 시 고려해야 할 안전대책

Ⅰ. 정의

해체공사 시 공사여건, 주변환경에 대한 충분한 사전조사를 실시하여 안전대책을 수립해야 한다.

Ⅱ. 위험방지

① 작업구역 내에는 관계자 이외는 출입 금지
② 강풍, 폭우 및 폭설 등의 악천후 작업 시 위험이 예상될 때는 작업 중단
③ 사용기계·기구 등을 인양하거나 내릴 때는 그물망이나 그물포대 사용
④ 외벽과 기둥 등을 전도시킬 때는 전도 낙하위치 및 파편 비산거리를 예측하여 작업반경을 설정
⑤ 전도작업 시 작업자를 완전 대피시키고 전도할 것
⑥ 해체건물 외곽에 안전거리를 유지확보한 방호용 비계 설치
⑦ 비산차단벽, 분진억제 살수시설을 설치
⑧ 작업자 상호 간의 신호체계 및 산소기 사용법을 사전교육 실시
⑨ 적정한 대피소 설치

Ⅲ. 해체공사의 안전대책

1. 사전조사
① 주변환경조사
② 대상건축물의 상태조사
③ 지중 매설물 조사

2. 공법선정
① 저진동·저소음공법 선정
② 해체장비 안전성 검토

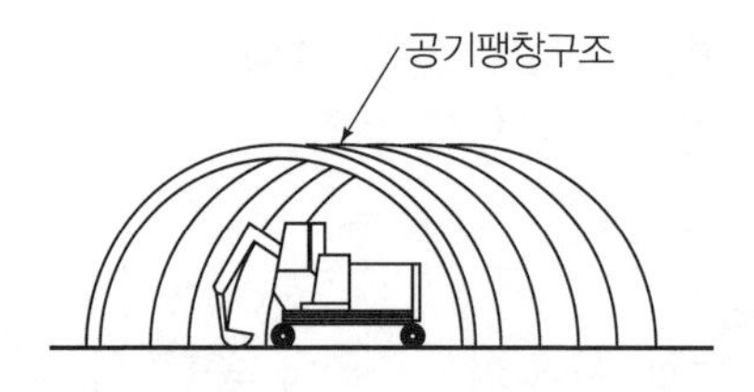

3. 공해조치
① 방음벽 및 분진벽－소음 및 분진제거
② 살수시설 및 세륜시설－분진제거
③ 신호수 배치－교통장애 제거

4. 작업범위 내 출입금지

5. 신호체계 일원화

6. 대피장소 설치

7. 세륜시설 설치

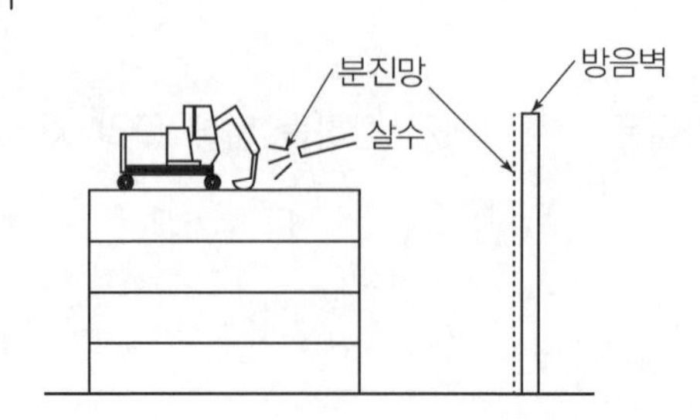

69 Tower Crane

KCS 21 20 10

Ⅰ. 정의

최근 건축물의 초고층화, 대형화 등으로 인하여 타워크레인의 소요가 증가되고 있으며, 수직타워의 상부에 위치한 지브를 탑재한 크레인으로 권상, 권하, 횡행, 선회하여 양중작업을 하는 크레인을 말한다.

[고정식 타워크레인]
콘크리트 기초 또는 고정된 기초 위에 설치된 타워크레인을 말한다.

[상승식 타워크레인]
건축 중인 구조물 위에 설치된 크레인으로서 구조물의 높이가 증가함에 따라 자체의 상승장치에 의하여 수직방향으로 상승시킬 수 있는 타워크레인을 말한다.

[주행식 타워크레인]
지면 또는 구조물에 레일을 설치하여 타워크레인 자체가 레일을 타고 이동 및 정지하면서 작업할 수 있는 타워크레인을 말한다.

Ⅱ. 고정식 Tower Crane의 시공도

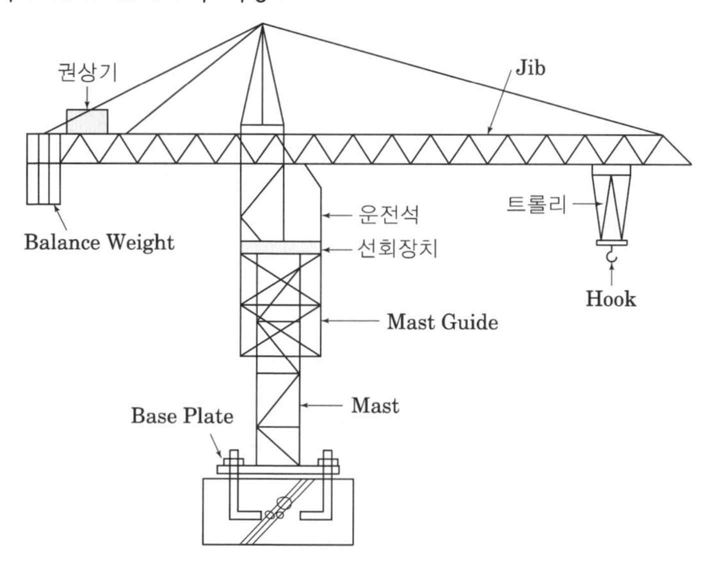

[고정식 T/C]

Ⅲ. 타워크레인의 설치 · 인상 · 해체 작업 시 준수사항

① 작업장소 내에는 관계자 외 출입금지 조치
② 모든 부재는 줄걸이 작업을 시행
③ 충분한 응력을 갖는 구조로 기초를 설치하고 침하 등을 방지
④ 규격품인 조립용 볼트를 사용하고 대칭되는 곳을 순차적으로 결합하고 분해
⑤ 현장 안전관리자는 설치 · 인상 · 해체작업에 대해 안전교육을 실시
⑥ 설치 · 인상 · 해체작업은 고소작업으로 추락재해방지 조치
⑦ 볼트, 너트 등을 풀거나 체결 또는 공구 등의 사용 시 낙하방지 조치
⑧ 지브에는 정격하중 및 구간별표지판을 부착
⑨ 운전원 승강용 도르래의 설치 및 사용을 금지
⑩ 기초부에는 1.8m 이상의 방호울을 설치하고 관련자 외 출입을 금지
⑪ 건물과 마스트 사이에 추락위험이 발생하는 경우에는 안전난간을 설치

[주행식 T/C]

Ⅳ. 타워크레인 사용 중 준수사항

① 타워크레인 작업 시 신호수를 배치

② 적재하중을 초과하여 과적하거나 끌기 작업을 금지

③ 순간풍속 10m/s 이상, 강수량 1mm/hr 이상, 강설량 10mm/hr 이상 시 설치·인상·해체·점검·수리 등을 중지

④ 순간풍속 15m/s 이상 시 운전작업을 중지

⑤ 타워크레인용 전력은 다른 설비 등과 공동사용을 금지

⑥ 와이어로프의 폐기기준

- 와이어로프 한 꼬임의 소선파단이 10% 이상인 것
- 직경감소가 공칭지름의 7%를 초과하는 것
- 심하게 변형 부식되거나 꼬임이 있는 것
- 비자전로프는 끊어진 소선의 수가 와이어로프 호칭지름의 6배 길이 이내에서 4개 이상이거나 호칭지름 30배 길이 이내에서 8개 이상인 것

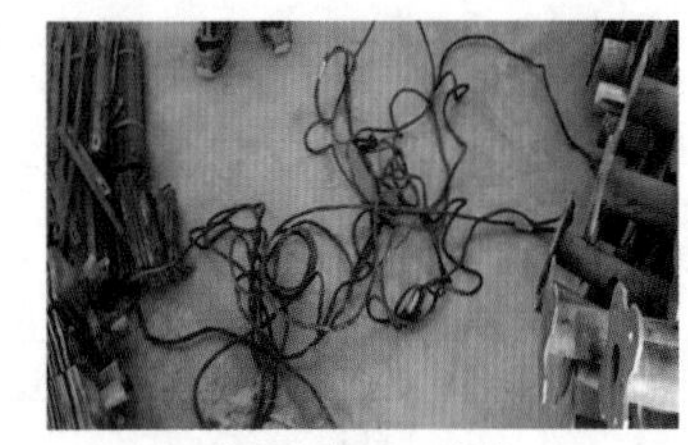
[와이어로프 폐기]

⑦ 타워크레인 운전원과 신호수에게 지급하는 무전기는 별도 번호를 지급

⑧ 이상 발견 즉시 모든 작동을 중지

⑨ 긴 부재의 권상 시 안전하게 사용을 위한 유도로프를 사용

⑩ 인양 작업 시 양중마대 및 슬래브 양생용 천막 보양틀의 사용을 금지

70 러핑 크레인(Luffing Crane) KCS 21 20 10

Ⅰ. 정의

러핑 크레인은 T형 타워크레인에 비해 보급대수가 적은 편이며, 고공권 침해 또는 다른 건물과 간섭의 영향이 있는 경우 선택되는 장비로 지브를 수직면에서 상하로 기복시켜 화물을 인양할 수 있는 형식이다.

Ⅱ. L형 러핑 크레인의 시공도

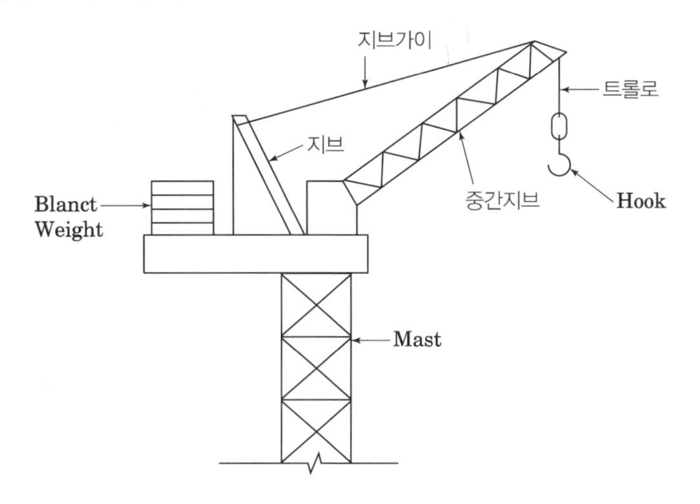

[러핑 크레인]

Ⅲ. 타워크레인의 설치 · 인상 · 해체 작업 시 준수사항

① 작업장소 내에는 관계자 외 출입금지 조치
② 모든 부재는 줄걸이 작업을 시행
③ 충분한 응력을 갖는 구조로 기초를 설치하고 침하 등을 방지
④ 규격품인 조립용 볼트를 사용하고 대칭되는 곳을 순차적으로 결합하고 분해
⑤ 현장 안전관리자는 설치 · 인상 · 해체작업에 대해 안전교육을 실시
⑥ 설치 · 인상 · 해체작업은 고소작업으로 추락재해방지 조치
⑦ 볼트, 너트 등을 풀거나 체결 또는 공구 등의 사용 시 낙하방지 조치
⑧ 지브에는 정격하중 및 구간별표지판을 부착
⑨ 운전원 승강용 도르래의 설치 및 사용을 금지
⑩ 기초부에는 1.8m 이상의 방호울을 설치하고 관련자 외 출입을 금지
⑪ 건물과 마스트 사이에 추락위험이 발생하는 경우에는 안전난간을 설치

Ⅳ. 타워크레인 사용 중 준수사항

① 타워크레인 작업 시 신호수를 배치
② 적재하중을 초과하여 과적하거나 끌기 작업을 금지
③ 순간풍속 10m/s 이상, 강수량 1mm/hr 이상, 강설량 10mm/hr 이상 시 설치·인상·해체·점검·수리 등을 중지
④ 순간풍속 15m/s 이상 시 운전작업을 중지
⑤ 타워크레인용 전력은 다른 설비 등과 공동사용을 금지
⑥ 와이어로프의 폐기기준
- 와이어로프 한 꼬임의 소선파단이 10% 이상인 것
- 직경감소가 공칭지름의 7%를 초과하는 것
- 심하게 변형 부식되거나 꼬임이 있는 것
- 비자전로프는 끊어진 소선의 수가 와이어로프 호칭지름의 6배 길이 이내에서 4개 이상이거나 호칭지름 30배 길이 이내에서 8개 이상인 것

⑦ 타워크레인 운전원과 신호수에게 지급하는 무전기는 별도 번호를 지급
⑧ 이상 발견 즉시 모든 작동을 중지
⑨ 긴 부재의 권상 시 안전하게 사용을 위한 유도로프를 사용
⑩ 인양 작업 시 양중마대 및 슬래브 양생용 천막 보양틀의 사용을 금지

71 타워크레인 설치 계획 시 고려사항

KCS 21 20 10

Ⅰ. 정의

타워크레인은 수직타워의 상부에 위치한 지브를 탑재한 크레인으로 권상, 권하, 횡행, 선회하여 양중작업을 하는 크레인을 말하며, 설치·인상·해체 작업 시 및 사용 중 준수사항과 안전장치가 정상적으로 작동 유무에 대하여 확인하여야 한다.

Ⅱ. 설치 계획 시 고려사항

1. 타워크레인의 설치 · 인상 · 해체 작업 시 준수사항

① 작업장소 내에는 관계자 외 출입금지 조치
② 충분한 응력을 갖는 구조로 기초를 설치하고 침하 등을 방지
③ 현장 안전관리자는 설치·인상·해체작업에 대해 안전교육을 실시
④ 설치 · 인상 · 해체작업은 고소작업으로 추락재해방지 조치
⑤ 볼트, 너트 등을 풀거나 체결 또는 공구 등의 사용 시 낙하방지 조치
⑥ 지브에는 정격하중 및 구간별표지판을 부착
⑦ 운전원 승강용 도르래의 설치 및 사용을 금지
⑧ 기초부에는 1.8m 이상의 방호울을 설치하고 관련자 외 출입을 금지
⑨ 건물과 마스트 사이에 추락위험이 발생하는 경우에는 안전난간을 설치

2. 타워크레인 사용 중 준수사항

① 타워크레인 작업 시 신호수를 배치
② 적재하중을 초과하여 과적하거나 끌기 작업을 금지
③ 순간풍속 10m/s 이상, 강수량 1mm/hr 이상, 강설량 10mm/hr 이상 시 설치 · 인상 · 해체 · 점검 · 수리 등을 중지
④ 순간풍속 15m/s 이상 시 운전작업을 중지
⑤ 타워크레인용 전력은 다른 설비 등과 공동사용을 금지
⑥ 와이어로프의 폐기기준
- 와이어로프 한 꼬임의 소선파단이 10% 이상인 것
- 직경감소가 공칭지름의 7%를 초과하는 것
- 심하게 변형 부식되거나 꼬임이 있는 것
- 비자전로프는 끊어진 소선의 수가 와이어로프 호칭지름의 6배 길이 이내에서 4개 이상이거나 호칭지름 30배 길이 이내에서 8개 이상인 것

⑦ 타워크레인 운전원과 신호수에게 지급하는 무전기는 별도 번호를 지급
⑧ 긴 부재의 권상 시 안전하게 사용을 위한 유도로프를 사용
⑨ 인양 작업 시 양중마대 및 슬래브 양생용 천막 보양틀의 사용을 금지

[권과방지장치]
훅 블럭의 과다한 권상을 방지하기 위한 장치

[표시장치(인디케이터)]
인양하는 화물의 하중 및 지브의 거리별 정격하중을 알 수 있는 장치

[과부하방지장치]
정격하중의 1.05배 이상 권상 시 경보와 함께 권상 동작이 정지되고 과부하를 증가시키는 모든 동작을 제한하는 장치

[트롤리 급정지장치]
트롤리 와이어로프 파단 시 트롤리의 자유이동을 정지시키는 장치

[선회제한장치]
지브의 선회제한이 필요한 타워크레인의 선회반경을 제한하는 장치

[기복제한장치]
메인 지브의 기복을 제한하는 장치

[트롤리제한장치]
트롤리가 스토퍼에 충돌하기 전에 작동하여 전기적으로 동작을 차단하는 장치

[비상정지장치]
비상시 타워크레인의 동력을 차단하기 위한 장치

72 타워크레인의 기초 및 보강

Ⅰ. 정의

타워크레인은 수직타워의 상부에 위치한 지브를 탑재한 크레인으로 권상, 권하, 횡행, 선회하여 양중작업을 하는 크레인을 말하며, 기초 및 보강은 구조계산서에 의한 안전성이 확보되어야 한다.

Ⅱ. 타워크레인의 기초방식 분류

구분	개념도	설명
강말뚝 방식	지지말뚝 4-H-300×300×10×15 2F 1F B_1 B_2	• Top-down 공법 시공 시 채택 • 조기사용 가능 • 비교적 경제적 • 지지력 확보에 각별히 주의 → 용접 품질 확보 • 양생기간과 무관
영구구조체 이용방식	① Mat Slab 고정 Anchor ① 부위 상세도	• 대지에 여유가 없는 도심지 공사에서 채택 • 경제적, 안정적 • 조기사용이 어려움 • 콘크리트 강도확보에 시간 필요 • 필요시 영구구조체의 추가 보강 고려
독립기초 방식	1F Anchor Bolt 기초 Concrete Block	• 대지에 여유가 있는 경우에 채택 • 기초설치가 간단 • 임의 위치에 설치가능 • 안정적 • 지반이 좋지 않은 경우 적용 곤란 Pile 보강 필요 • 비용부담이 크며, 콘크리트 강도확보에 시간필요 • 해체 및 파쇄물 처리의 부담

[타워크레인 기초]

Ⅲ. 기타 보강

① 마스트 보강

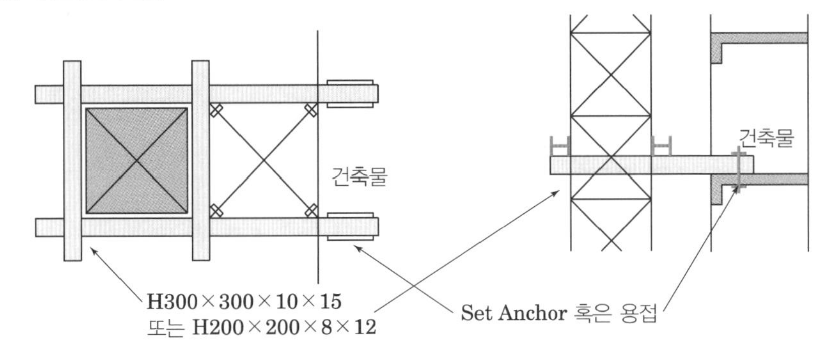

[Mast 보강]

② 슬래브 보강

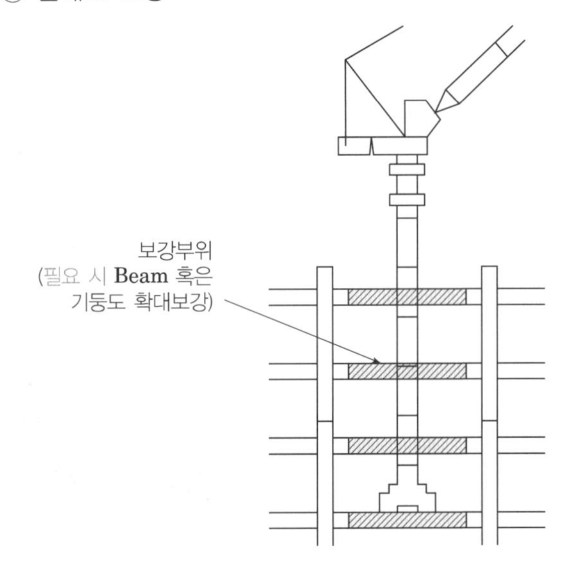

73 타워크레인 마스트(Mast) 지지방식

건설기계 안전기준에 관한 규칙

Ⅰ. 정의

타워크레인의 고정은 타워크레인을 자립고를 초과하는 높이로 설치하는 경우에는 건축물의 벽체에 지지하는 것을 원칙으로 하나, 타워크레인을 벽체에 지지할 수 없는 등 부득이한 경우에는 와이어로프로 지지할 수 있다.

Ⅱ. 타워크레인 마스트(Mast) 지지방식

1. 벽체지지(Wall Bracing) 방식

① 타워크레인 제작사의 설치작업설명서에 따라 기종별 · 모델별 설계 및 제작기준에 맞는 자재 및 부품을 사용하여 설치할 것

② 콘크리트 구조물에 고정시키는 경우에는 매립하거나 관통 하는 등의 방법으로 충분히 지지되도록 할 것

③ 건축 중인 시설물에 지지하는 경우에는 같은 시설물의 구조적 안정성에 영향이 없도록 할 것

④ 지지 방법

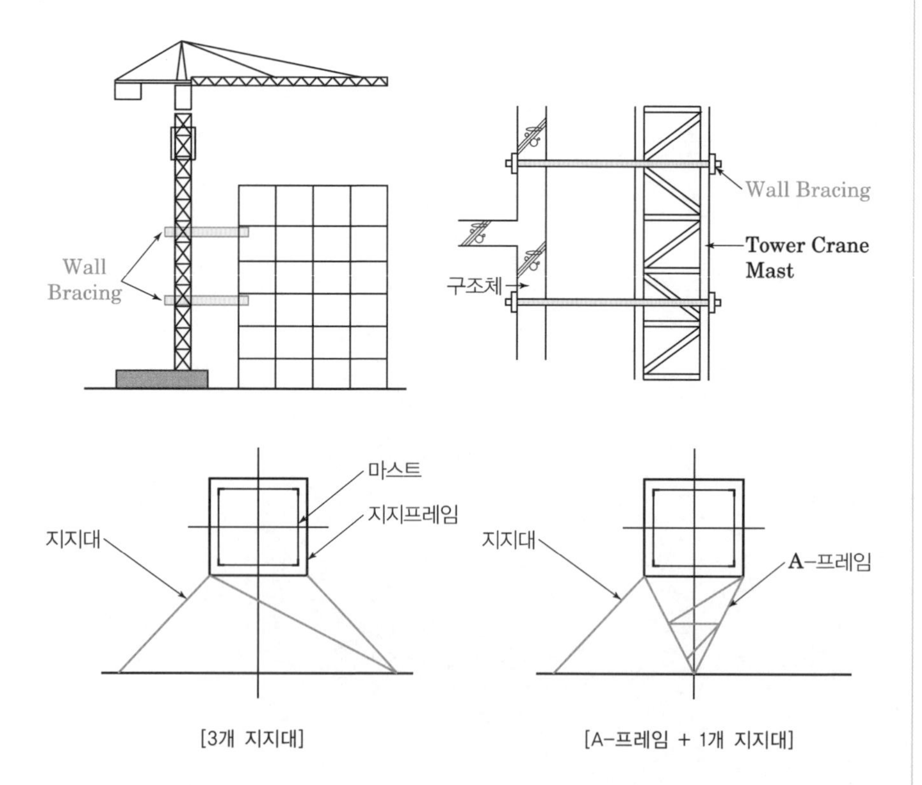

[3개 지지대]

[A-프레임 + 1개 지지대]

[Wall Bracing]

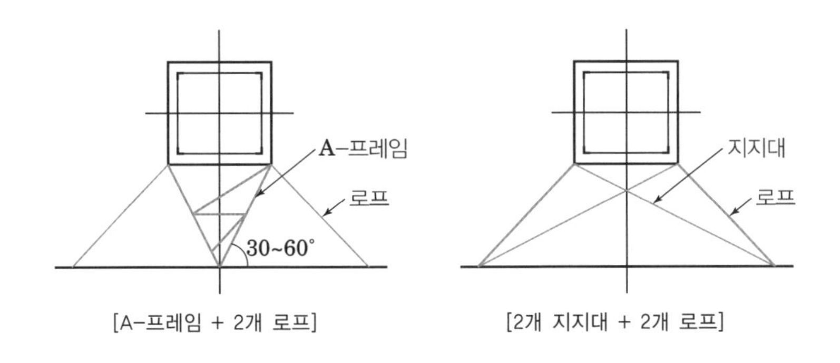

[A-프레임 + 2개 로프] [2개 지지대 + 2개 로프]

2. 와이어로프지지(Wire Rope Guying) 방식

① 타워크레인 제작사의 설계 및 제작기준에 맞는 자재 및 부품을 사용하여 표준방법으로 설치할 것

② 와이어로프 설치각도는 수평면에서 60° 이내로 하고, 지지점은 4개 이상으로 하며, 같은 각도로 설치할 것

③ 와이어로프 고정 시 턴버클 또는 긴장장치, 클립, 샤클 등은 한국산업규격 제품을 사용하고, 이완되지 아니하도록 하며, 사용 시에도 충분한 강도와 장력을 유지하도록 할 것

④ 작업용 와이어로프와 지지 고정용 와이어로프는 적정한 거리를 유지할 것

⑤ 지지 방법

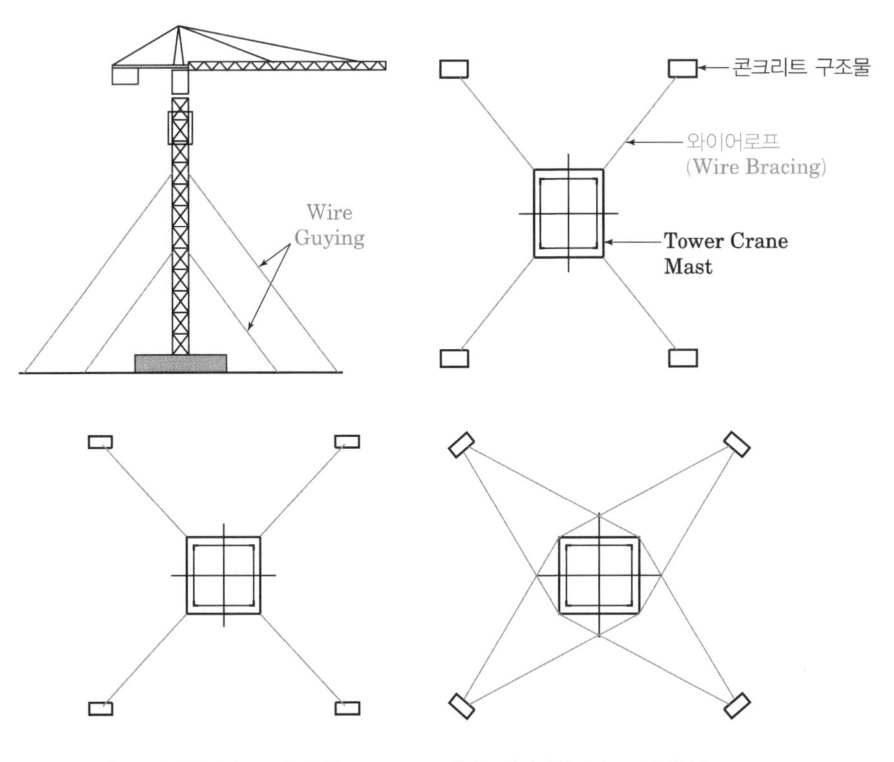

[4줄 정방향지지, 고정 방식] [8줄 대각방향지지, 고정 방식]

[와이어로프지지]

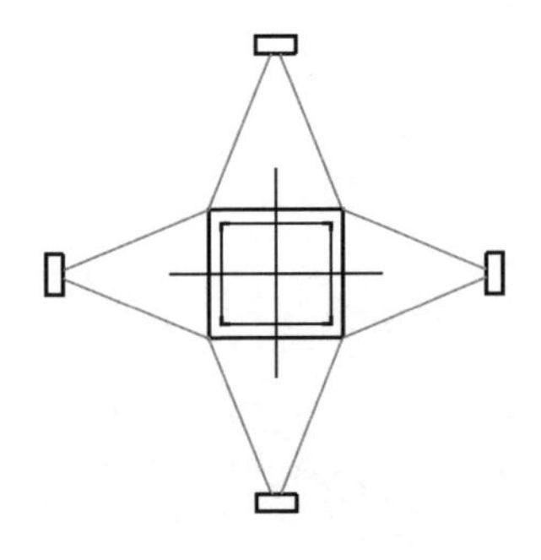

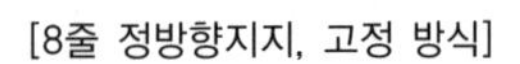

[8줄 정방향지지, 고정 방식]

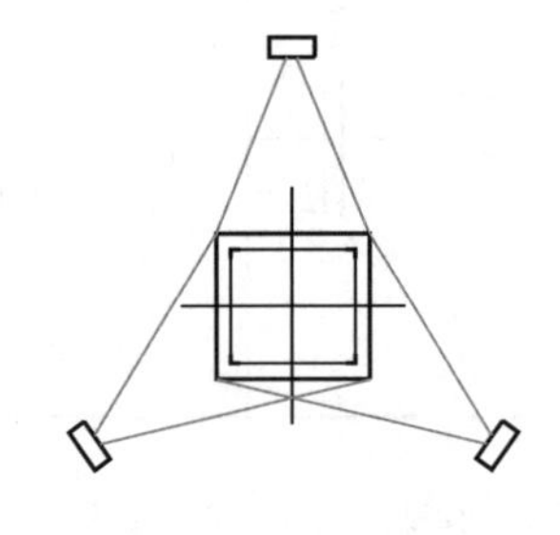

[6줄 혼합방향지지, 고정 방식]

74 Telescoping

Ⅰ. 정의

고정식 타워크레인을 상승시키는 방법으로, 유압잭으로 1단 마스트 높이만큼 밀어올린 다음 본체크레인으로 추가 마스트를 인입하여 핀 고정하는 방법을 말한다.

Ⅱ. 현장시공도 및 시공순서

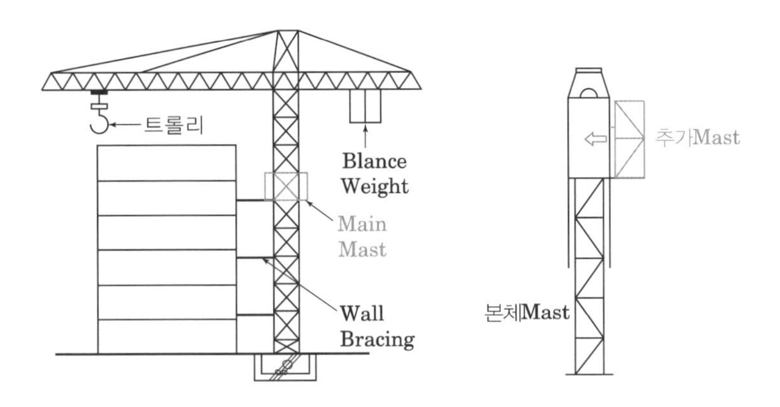

[Telescoping]

연장할 마스트 권상작업 → 마스트를 가이드레일에 안착 → 마스트로 좌우 균형 유지 → 유압상승 작업 → 마스트 조립(끼움) 작업 → 연장작업 완료 (반복 실시)

Ⅲ. 작업 중 주의사항

① 순간풍속 10m/s 이상, 강수량 1mm/hr 이상, 강설량 10mm/hr 이상 시 설치 · 인상 · 해체 · 점검 · 수리 등을 중지
② 작업 전에 타워크레인의 균형 유지
③ 작업 중 선회 트롤리 이동 및 권상작업 등 작동 금지
④ 마스트 안착 후 볼트 또는 핀이 체결 완료될 때까지 선회 및 주행 금지
⑤ 작업 최상층과 크레인 지브 간격이 10m 이내일 때 Telescoping 실시
⑥ 철저한 공정계획 실시
⑦ 3~5개/1회 실시, 작업시간은 7.5hr 이내

Ⅳ. 벽체지지(Wall Bracing) 방식

① 타워크레인 제작사의 설치작업설명서에 따라 기종별·모델별 설계 및 제작 기준에 맞는 자재 및 부품을 사용하여 설치할 것

② 콘크리트 구조물에 고정시키는 경우에는 매립하거나 관통 하는 등의 방법으로 충분히 지지되도록 할 것

③ 건축 중인 시설물에 지지하는 경우에는 같은 시설물의 구조적 안정성에 영향이 없도록 할 것

④ 지지 방법: 3개 지지대, A-프레임 + 1개 지지대, A-프레임 + 2개 로프, 2개 지지대 + 2개 로프

[Wall Bracing]

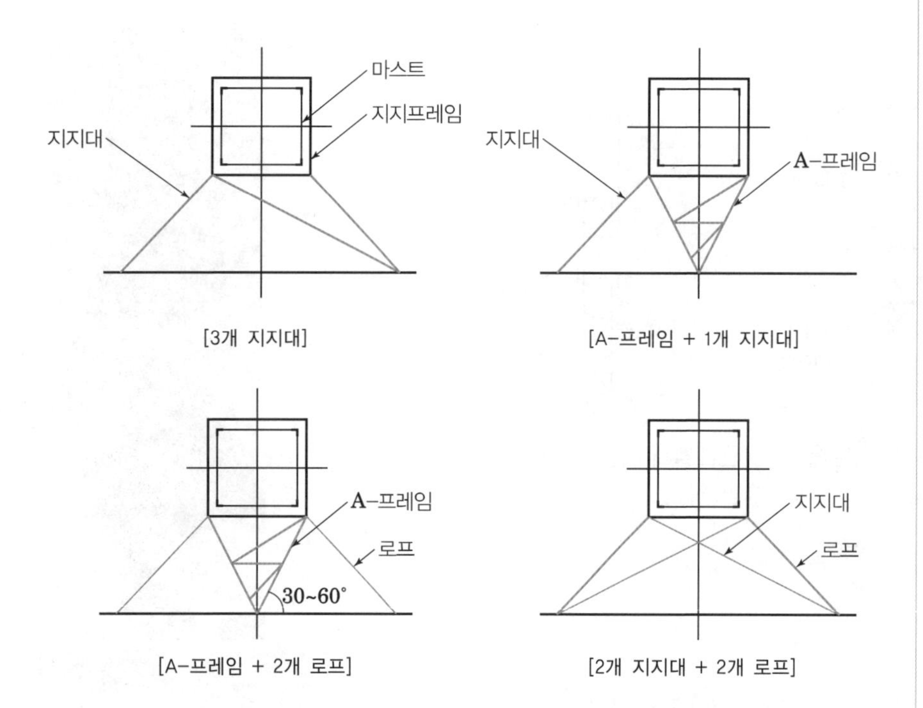

75 타워크레인의 텔레스코핑 작업 시 유의사항 및 순서

Ⅰ. 정의

고정식 타워크레인을 상승시키는 방법으로, 유압잭으로 1단 마스트 높이만큼 밀어올린 다음 본체크레인으로 추가 마스트를 인입하여 핀 고정하는 방법을 말한다.

Ⅱ. 작업 시 유의사항

① 순간풍속 10m/s 이상, 강수량 1mm/hr 이상, 강설량 10mm/hr 이상 시 설치 · 인상 · 해체 · 점검 · 수리 등을 중지
② 작업 전에 타워크레인의 균형 유지
③ 작업 중 선회 트롤리 이동 및 권상작업 등 작동 금지
④ 마스트 안착 후 볼트 또는 핀이 체결 완료될 때까지 선회 및 주행 금지
⑤ 작업 최상층과 크레인 지브 간격이 10m 이내일 때 Telescoping 실시
⑥ 철저한 공정계획 실시
⑦ 3~5개/1회 실시, 작업시간은 7.5hr 이내

Ⅲ. 시공순서

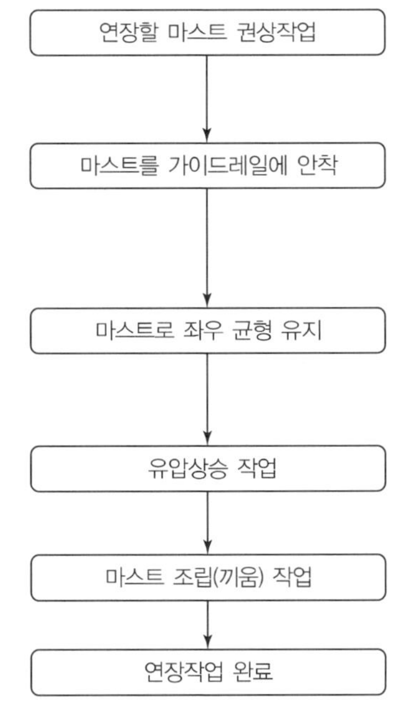

① 텔레스코핑 게이지의 유압장치가 있는 방향에 카운터 지브가 위치하도록 방향을 맞춘다.
② 마스트를 지브방향으로 운반한다.
③ 마스트를 Hook에 걸어 들어 올린다.

① 텔레스코핑 케이지의 대차 위에 마스트를 내려놓는다.
② Top Mast와 Slewing Support의 연결용 핀을 해체한다.
③ 텔레스코핑 케이지 모빌빔을 Mast Saddle에 건다.

① 카운트 지브와 메인지브의 균형 유지를 위해 마스트 1개를 들어 올린다.
② 마스트의 4군데와 일정한 상태가 될 때까지 트롤리를 이동시켜 전, 후 평형상태의 균형을 유지한다.

① 텔레스코핑 유압장치를 작동시켜 유압실린더를 상승시킨다.
② 유압실린더를 상승 시킨 후 Pawls를 마스트 Saddle에 건다.
③ 유압실린더를 하강한다.

Top Mast와 Slewing Support 끝단의 간격이 일정하게 되면 텔레스코핑 케이지에 마스트를 밀어 넣는다.

① 마스트 연결 핀을 체결한다.
② Top Mast와 Slewing Support 연결 핀을 체결한다.

[텔레스코핑]

76 곤돌라(Gondola) 운용 시 유의사항

KOSHA CODE/C-39-2008

Ⅰ. 정의

곤돌라라 함은 달기발판 또는 운반구, 승강자치, 기타의 장치 및 이들에 부속된 기계부품에 의하여 구성되고, 와이어로프 또는 달기강선에 의하여 달기발판 또는 운반구가 전용의 승강장치에 의하여 상승 또는 하강하는 설비를 말한다.

Ⅱ. 운용 시 유의사항

1. 와이어로프의 사용 금지

① 이음매가 있는 것
② 와이어로프의 한 꼬임에서 끊어진 소선의 수가 10% 이상인 것
③ 지름의 감소가 공칭지름의 7%를 초과하는 것
④ 꼬인 것
⑤ 심하게 변형되거나 부식된 것
⑥ 열과 전기충격에 의해 손상된 것

[곤돌라]

2. 설치 및 작업시작 전 준수사항

① 곤돌라가 전도 이탈 또는 낙하하지 않게 구조물에 와이어로프 및 앵커 볼트로 견고하게 설치하고 지지
② 운반구에 최대적재하중 표지판 부착하고 발끝막이판을 설치
③ 작업 전에 각종 방호장치, 브레이크의 기능, 외이어로프 등을 점검
④ 작업자에게 특별안전교육 실시 및 안전대, 안전모, 안전화 등 개인보호구 착용
⑤ 곤돌라와는 별개로 구조물에 구명줄을 설치하고 그 구명줄에 안전대를 걸고 운반구에 탑승하여 작업
⑥ 곤돌라 조작은 지정된 자 만 실시

3. 작업 중 준수사항

① 곤돌라 상승 시에는 지지대와 운반구의 충돌을 방지하기 위해 지지대 50cm 하단에서 정지
② 2인 이상의 작업자가 곤돌라를 사용할 때에는 정해진 신호에 의해 작업
③ 작업은 운반구가 정지한 상태에서만 실시
④ 탑승하거나 탑승자가 내릴 때에는 운반구를 정지한 상태에서 실시
⑤ 작업공구 및 자재의 낙하를 방지할 수 있도록 정리정돈 실시
⑥ 운반구 안에서 발판, 사다리 등을 사용 금지
⑦ 곤돌라의 지지대와 운반구는 항상 수평을 유지하여 작업

⑧ 곤돌라를 횡으로 이동시킬 때에는 최상부까지 들어 올리던가 최하부까지 내려서 이동
⑨ 벽면에 운반구가 닿지 않도록 유의
⑩ 전동식 곤돌라를 사용할 때 정전 또는 고장 발생 시 작업원은 승강 제어기기가 정지 위치에 있는 것을 확인한 후 지시에 따름
⑪ 작업종료 후에 운반구가 매달린 채 그냥 두지 말고 최하부 바닥에 고정
⑫ 풍속 10m/s 이상인 경우 작업 중지
⑬ 고압선이 지나는 장소에서 작업할 경우에는 충전전로에 절연용 방호구를 설치하거나 작업자에게 보호구를 착용시키는 등 조치
⑭ 작업종료 후에에는 정리정돈을 하고 모든 전원을 차단

77 더블데크 엘리베이터(Double Deck Elevator)

Ⅰ. 정의

더블데크 엘리베이터는 하나의 승강로에 두 대의 엘리베이터가 운행되어, 승강로 수의 감소를 통한 공간 효율 향상(전용 면적 증가), 임대 수입 증가, 건축비용 절감이 가능한 엘리베이터를 말한다.

Ⅱ. 운용 형태

① Exclusive Mode

상부 카는 짝수층, 하부 카는 홀수층 운행을 기본으로 하는 운용 방식

② Core Mode

특정층에 대하여는 상부, 하부 카 운행이 모두 가능하도록 하는 운용 방식

③ Free Mode

상부 카는 최하층만, 하부 카는 최상층만 제외하고 모든 층에 운행하는 운용 방식

상부 출입구
하부 출입구
Upper Car
Lower Car

[더블데크 엘리베이터]

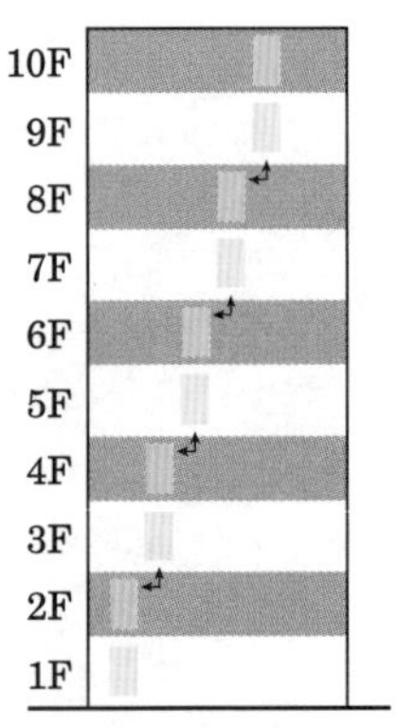

[Exclusive Mode]

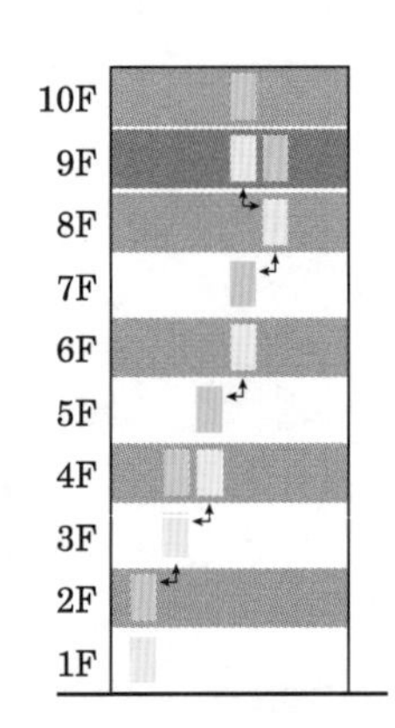

[Core Mode]

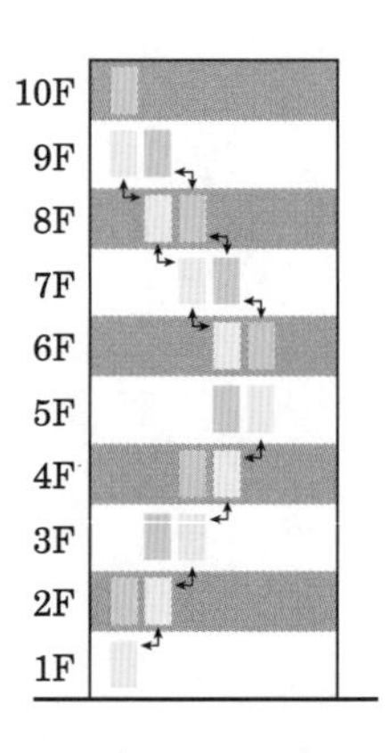

[Free Mode]

Ⅲ. 특징

① 소음 · 진동 최소화: 유선형 캡슐 설계

② 맞춤 건축 설계: 층 간격 맞춤 장치

③ 가용 면적 증대: 새로운 방식의 대용량 운송 시스템

④ 한 승강로당 수송 능력 증대

⑤ 정차 횟수를 줄여 승객의 대기 및 수송 시간을 단축

Ⅳ. 건축 시 검토사항

① 입주사별 탑승층 안내 표시

로비에서의 탑승층이 홀수층과 짝수층으로 구분되므로 입주사별 탑승층 및 이동 동선 안내 표지판을 설치

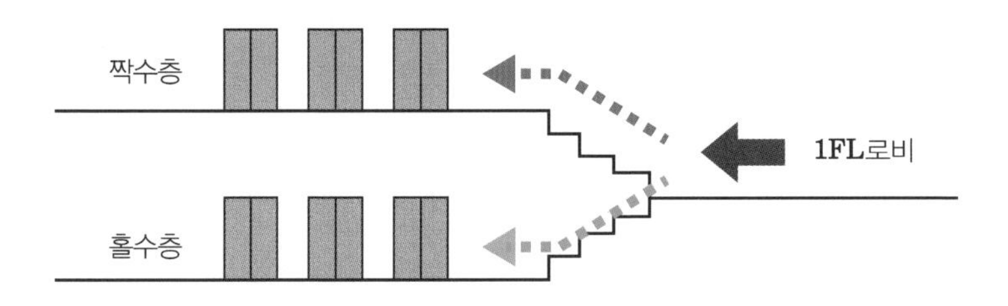

② 운행 방식에 따른 오버헤드 높이 또는 피트깊이 확보

하부카 전층 운행 시 18층 서비스를 위해 하부카를 이동 시켜야 하므로 오버헤드는 1개 층이 추가로 확보

		높이 추가 필요	
18층(최상층)		하부	전층
17층		하부	전층
16층		하부	전층
15층		하부	전층

78 건설기계의 경제수명

Ⅰ. 정의

건설기계의 경제수명은 경제내용시간을 연간 표준가동시간으로 나눈 값이며 기계의 정비·관리·사용조건 등에 좌우된다.

$$\text{경제수명} = \frac{\text{경제내용시간}}{\text{연간 표준가동시간}}$$

Ⅱ. 경제수명의 영향요인

① 표준기계
② 특수기계
③ 기능도의 숙련
④ 작업의 난이도

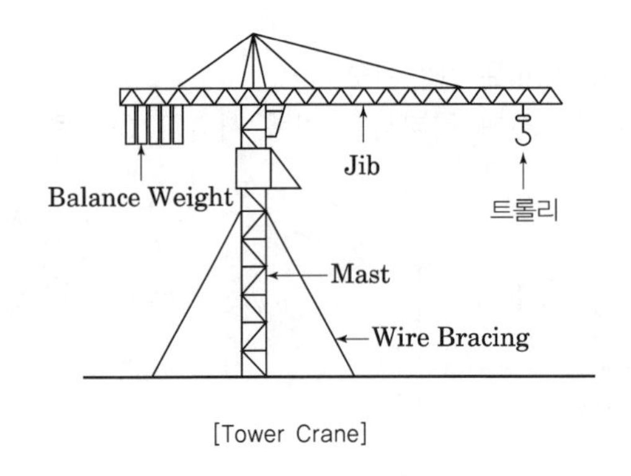

[Tower Crane]

Ⅲ. 경제수명 증대요인

① 정기적인 점검 및 검사
② 운전자 및 관리자의 교육
③ 작업 및 공사여건에 맞는 적정기종 선택
④ 작업 전 예방점검실시

Ⅳ. 경제수명 감소요인

① 점검 및 정비불량
② 운전자의 조작미숙 및 과부하
③ 무리한 작업시행

79 건설기계의 작업효율과 작업능률계수

Ⅰ. 정의

건설기계의 작업효율이란 건설기계의 작업량을 산출할 때 기계의 작업능률을 판단하는 요소로서 작업량 산출식에 곱하여 실제작업량을 산출하는데 쓰인다.

① 작업효율(E) = 작업능률계수(E_1) × 작업시간율(E_2)

② 작업능률계수(E_1) = 실시 시공량/표준시공량

③ 작업시간율(E_2) = 실 작업시간/운전시간

Ⅱ. 작업효율 및 작업능률계수에 영향을 주는 요인

1. 작업능률계수

① 자연적 조건: 기상, 지형, 현장조건

② 기계적 조건: 기계 기종, 배치, 조합, 정비 상태, 장비능력

③ 관리적 조건: 시공법, 작업자 경험, 작업환경

2. 작업시간율

① 조사 및 조정시간: 작업원의 현장조사, 장비의 조정 및 정비

② 대기시간: 작업대기, 장애물 제거대기, 감독지시 대기, 연락대기

③ 인위적 손실시간: 작업원 숙련도, 생리적 정지

Ⅲ. 작업효율 및 작업능률계수의 향상방안

1. 시간당 작업량 증대

① 1회 작업량을 크게 할 것

② 주행속도를 빠르게 할 것

③ 운반거리를 짧게 할 것

④ 다른 기계와 병행 작업을 할 것

⑤ 효율적인 작업관리를 할 것

2. 작업시간의 증대

① 실 작업시간을 증대 할 것

② 작업시간이외의 작업시간을 제거 할 것

3. 월평균 가동율 증대

① 작업가동율 저하요인을 분석하여 대책을 강구 할 것

② 현장 여건에 맞게 기종 선정 및 투입을 할 것

[Back Hoe]

[불도저]

[건설기계의 시공능력 산정 기본식]

$$Q = N \cdot q \cdot f \cdot E = \frac{3,600 \cdot q \cdot f \cdot E}{\text{Cm}}$$

$$\text{Cm} = \frac{L}{V_1} + \frac{L}{V_2} + t$$

$$= 0.037L + 0.25\text{(경험식)}$$

Q : 시간당 작업량(m^3/h, Ton/h)

N : 시간당 작업 사이클 수(60/Cm(분), 3,600/Cm(초))

q : 1회 작업사이클 당 표준작업량(m^3 또는 Ton)

f : 체적환산계수

E : 작업효율

L : 운반건리(m)

V_1 : 전진속도(m/분)

V_2 : 후진속도(m/분)

t : 기어 변속시간(0.25분)

80 Robot화 작업분야(Robot 시공)

Ⅰ. 정의

건설공사의 관리용이, 원가절감, 생산성 극대화, 성역화 등의 요구를 해결하기 위해 시공의 기계화, 건설로봇의 도입의 필요하며 이를 통해 고객만족 극대화, 부가가치 극대화를 도모할 수 있다.

Ⅱ. 대상

① 시공의 안전성을 위해 원격조작방식을 채택한 것
② 힘든 작업을 해소하기 위해 원격조작 또는 자동화방식을 채택한 것
③ 원격조작 또는 자동화 등에 의해 시공이 가능한 것
④ 자동화에 따른 노무절감을 꾀한 것

Ⅲ. 건설로봇의 적용

1. 바닥미장공사용 로봇

① 작업인원 투입 절감
② 균일한 시공품질 확보
③ 저슬럼프 콘크리트 마감 용이
④ 시공성, 안전성 향상

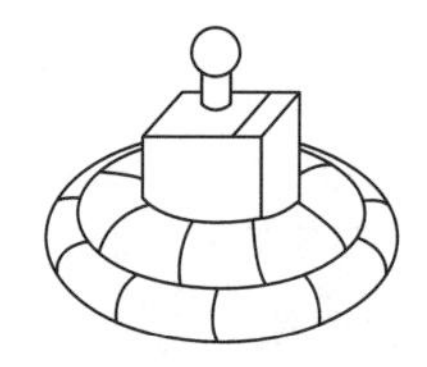

[Finisher]

2. 흙막이 띠장 설치 로봇

① 안전성, 시공성 대폭향상
② 작업공정 단축
③ 기존방식 대비 작업인력 감소

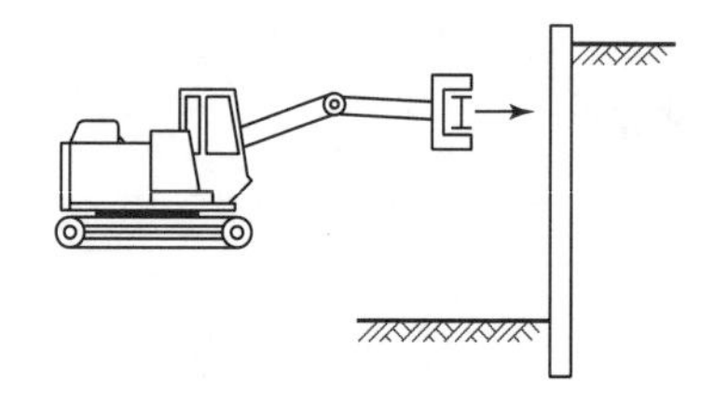

3. 철골양중용 오토클램프

① 작업 안전성 향상
② 클램프 해체작업 불필요

[철골용접 로봇]

4. 철골용접 로봇

① 용접조건 자동설정 가능
② 시공정밀도 향상
③ 용접불량 최소화

5. 내화피복 뿜칠 로봇

① 작업자의 비산, 분진의 노출에 대비
② 피복두께 정밀도 향상
③ 시공속도 향상
④ 고소작업 시 안전성 확보

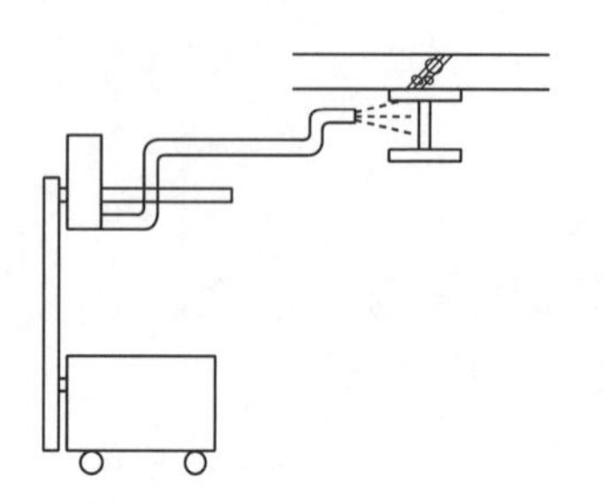

[내화피복 뿜칠 로봇]

81 MCC(Mast Climbing Construction) System

Ⅰ. 정의

MCC System은 자동화에 의한 건축물을 건립하는 시스템으로, 건축공사를 공장에서 자동으로 건립하는 것과 같이 현장에서 자동화 시스템으로 건축물을 구축 하는 것을 말한다.

Ⅱ. 조립 순서

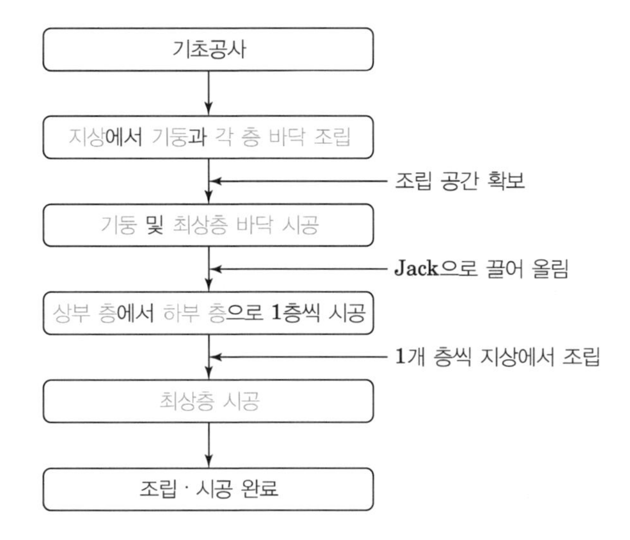

Ⅲ. 특징

① 자동 Climbing System에 의한 상부 승강이 가능
② 최상층 시공으로 하부 층은 기후의 영향이 적음
③ 자동화 및 Robot 시공으로 공기단축 가능
④ 자동화 및 Robot 시공으로 기능공 부족에 대처
⑤ 소음 및 분진 등 공해 발생 저감
⑥ 각 층 시공으로 작업공간 확보가 용이
⑦ 자동화 및 Robot 시공으로 안전사고 방지
⑧ 자동 이동, 자동 조립, 자동 계측, 자동 제어 System 가능

82 Lease(리스)

Ⅰ. 정의

리스 회사는 리스 이용자가 선정한 물건을 취득하여 그 물건에 대한 직접적인 유지관리 책임을 지지 않으면서 리스 이용자에게 일정기간 동안 사용하게 하고 그 기간에 걸쳐 일정한 대가를 지급받는 것이다.

Ⅱ. Lease의 분류

1. Financing Lease(금융리스)

특정한 이용자를 대상으로 리스 이용자가 선정한 물건을 취득 후 임대하여 투자자본을 회수

2. Operating Lease(운용리스)

불특정 다수를 대상으로 가동률이 높은 기계류 등을 임대하여 투자자본을 회수

3. Maintenance(Service) Lease(관리리스)

① 리스업자가 물건의 수선, 정비, 보수, 관리 등의 업무 실시
② 자동차, 컴퓨터, 각종 건설용 기계류의 유지에 적합

4. Lease Back(매각 후 리스)

① 이용자가 소유하던 물건을 매각 처분한 후 그 매수인으로부터 임차하는 것
② 자금난으로 현금지출이 예상되는 기업

5. Percentage Lease(매상비율리스)

판매에서 얻은 총 매상에 대한 소정의 비율에 따른 리스를 지급

Ⅲ. 특징

① 자금의 고정화 예방 및 효율적인 운영
② 장비 관리의 합리화로 경비 절감
③ 대여형태에 따라 재해 시 책임이 다르다.
④ 담보 물건이 필요

Ⅳ. Lease와 Rental의 차이

구분	Lease	Rental
임대기간	긴경우	짧은 경우
소유권	리스업자	렌탈업자
수선의무	리스 이용자	렌탈업자
기계구매의뢰	리스 이용자	렌탈업자
이용자	특정인 대상	불특정다수 이용자
계약해지 유무	계약해지 불가	계약해지 가능

83 개산견적

Ⅰ. 정의

개산견적이란 설계도서가 충분하지 않고 정밀하게 견적할 시간이 없을 때 건물의 용도, 구조, 마무리 정도 등을 충분히 검토하여 과거의 유사한 건물의 통계, 실적 등을 참조하여 공사비를 개략적으로 산출하는 방법이다.

Ⅱ. 목적

① 발주자의 자원조달의 규모를 설정하는 기준
② 발주자의 타당성 분석을 위한 기본자료로 활용
③ 적정 예산에 설계가 될 수 있도록 설계자의 관리 및 지원의 기준
④ 시공자의 입찰 시 평가의 기준
⑤ 시공자가 수령할 기성금의 기본자료로 활용

Ⅲ. 개산견적 방법

1. 단위기준에 의한 방법

1) 단위설비에 의한 견적
① 학교: 1인당 통계치 가격×학생수=총공사비
② 호텔: 1객실당 통계치 가격×객실수=총공사비
③ 병원: 1Bed당 통계치 가격×Bed수=총공사비

2) 단위면적에 의한 견적
① m^2당으로 개략적으로 견적하는 방법
② 비교적 정확도가 보장되고 편리하다.

3) 단위체적에 의한 견적
m^3당으로 개략적으로 견적하는 방법

2. 비례기준에 의한 방법

1) 가격비율에 의한 견적
전체공사비에 대한 각 부분공사비의 통계치의 비율에 따라 견적하는 방법

2) 수량비율에 의한 방법
유사한 건축물의 면적당 또는 연면적당 콘크리트량, 철근량 등이 거의 동일한 비율을 이용하여 견적하는 방법

3. 수량개산법에 의한 견적

적산된 물량×공사의 단가=공종별 공사비 산출을 하는 방법

4. 적상개산법

① 공사비를 공종단위로 개략적으로 파악하고자 할 때 사용
② 공종은 부분별 내역의 대·중 공종이 사용

84 적산에서의 수량개산법

Ⅰ. 정의

수량개산법이란 적산된 물량에 공사의 단가를 곱하여 공종별 공사비 산출을 하는 방법을 말한다.

Ⅱ. 목적

① 발주자의 자원조달의 규모를 설정하는 기준
② 발주자의 타당성 분석을 위한 기본자료로 활용
③ 적정 예산에 설계가 될 수 있도록 설계자의 관리 및 지원의 기준
④ 시공자의 입찰 시 평가의 기준
⑤ 시공자가 수령할 기성금의 기본자료로 활용

Ⅲ. 개산견적 방법

1. 단위기준에 의한 방법

1) 단위설비에 의한 견적
① 학교: 1인당 통계치 가격×학생수=총공사비
② 호텔: 1객실당 통계치 가격×객실수=총공사비
③ 병원: 1Bed당 통계치 가격×Bed수=총공사비

2) 단위면적에 의한 견적
① m^2당으로 개략적으로 견적하는 방법
② 비교적 정확도가 보장되고 편리하다.

3) 단위체적에 의한 견적
m^3당으로 개략적으로 견적하는 방법

2. 비례기준에 의한 방법

1) 가격비율에 의한 견적
전체공사비에 대한 각 부분공사비의 통계치의 비율에 따라 견적하는 방법

2) 수량비율에 의한 방법
유사한 건축물의 면적당 또는 연면적당 콘크리트량, 철근량 등이 거의 동일한 비율을 이용하여 견적하는 방법

3. 수량개산법에 의한 견적

적산된 물량×공사의 단가=공종별 공사비 산출을 하는 방법

4. 적상개산법

① 공사비를 공종단위로 개략적으로 파악하고자 할 때 사용
② 공종은 부분별 내역의 대·중 공종이 사용

85 부위별(부분별) 적산내역서(합성단가)

Ⅰ. 정의

부위별 적산방법은 기존의 적산방법인 공종별 적산방법과 다르게 건축물을 구성하는 요소와 부분을 기능별로 분류하고, 각 부분을 집합체로서 공사비를 구하는 방법이다.

Ⅱ. 개념도

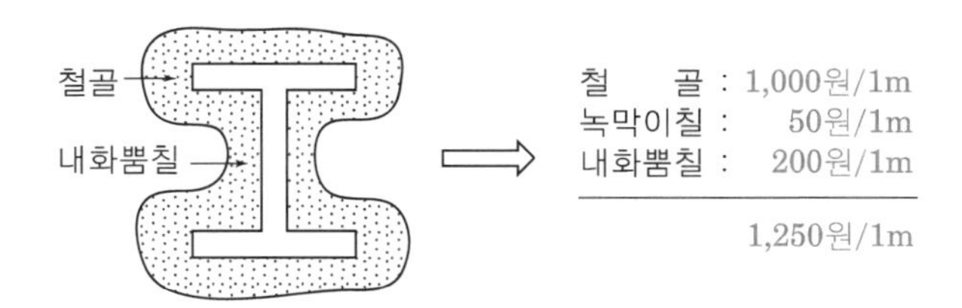

Ⅲ. 특징

① 건물의 공사비를 가설, 구체, 토공 등 대분류 및 나아가 중분류로 분석하기 쉽다.
② 코스트를 $1m^2$당(1m당) 합성단가로 표시할 수 있다.
③ 공사물량 및 공사비 산출이 용이하다.
④ 설계변경이 용이하다.
⑤ 공사비 내역을 파악하기가 쉽다.
⑥ 코스트 계획과 관리가 용이하다.

Ⅳ. 부위별 적산방법

① 간접공사비: 제 경비
② 기초공사: 토공사, 지정공사, 지하구체(기초, 기둥, 보, 벽체, 슬래브)
③ 구조체공사: 지상층(기둥, 보, 슬래브)
④ 기전공사: 전기공사, 기계설비공사, 승강기 등
⑤ 소방공사: 방화셔터, 스프링클러 등

86 실적공사비 적산제도

Ⅰ. 정의

실적공사비 적산제도란 과거 수행된 공사의 공종별 계약단가를 근거로 하여 신규공사 또는 이와 유사한 공사의 예정가격을 산출하는 제도이다.

Ⅱ. 개념도

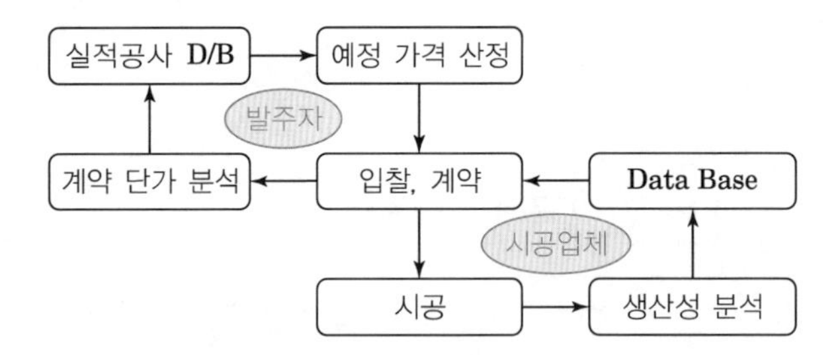

Ⅲ. 도입효과

① 시공실태 및 현장여건의 적절한 반영
② 입찰자 간에 적정가격의 경쟁유도
③ 건설업체의 기술개발 유도 및 견적능력의 향상
④ 신기술 적용 등에 따른 공사금액 절감을 기대
⑤ 원·하도급 간에 거래가격의 투명성 확보
⑥ 예정가격 산출업무의 간소화

Ⅳ. 실적공사비 적산제도의 문제점

① 다양한 단가 정보 수집이 불가한 경직된 자료 조사 및 축적 방식
② 실적공사비 관리·운영 방식의 비효율성
③ 실제 시장 거래가격 활용 및 공사비 데이터 축적·관리 체계 미흡
④ 사업별 특성에 따른 적정한 보정 및 적용 부재
⑤ 적격 심사 공사에서 실적단가 지속 하락
⑥ 일부 실적공사비가 실제 시공가격에 비해 지나치게 낮음

Ⅴ. 개선 방안

① 공사비 정보수집 체계의 유연성 제고 및 명칭(표준시장단가) 변경
② 실적공사비 운영방식 및 관리 기관 개선으로 신뢰성 제고
③ 시장 상황 상시조사 및 공사비 Data Base 구축을 통한 관리 체계 개선
④ 지역·자재 수급 등 사업별 특수성에 따른 보정·적용 체계 구축
⑤ 실적 공사비 탄력 적용으로 적정공사비 확보
⑥ 현장 사용빈도가 높은 주요 공종 등에 대해 우선 조사 및 현실화

CHAPTER-9

계약제도

01 정액도급(Lump-Sum Contract)

Ⅰ. 정의

정액도급이란 공사비 총액을 일정한 금액으로 정하여 계약을 체결하는 계약 방식을 말한다.

Ⅱ. 전통적인 계약방식

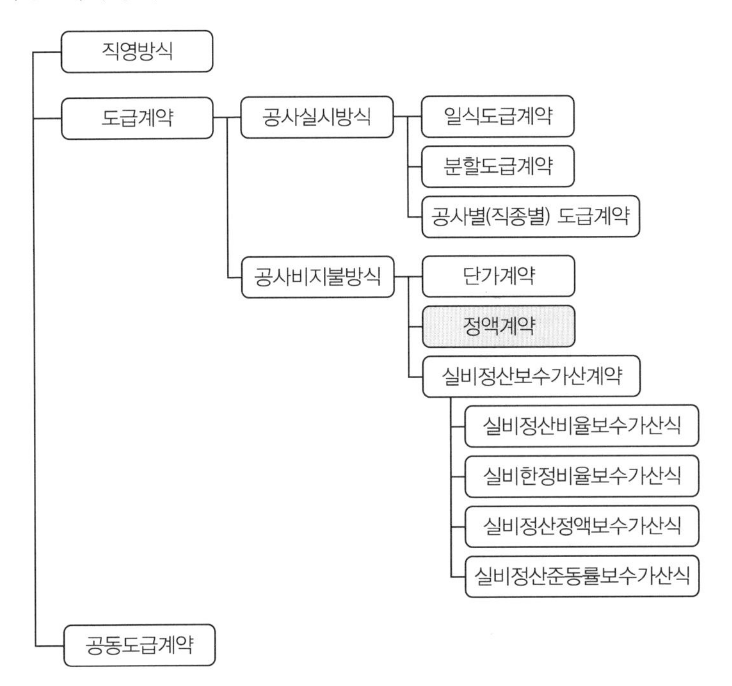

Ⅲ. 장점

① 공사관리 업무가 간단
② 자금에 대한 공사계획 수립이 명확
③ 공사비 절감 가능
④ 자금조달이 용이
⑤ 시공관리가 용이

Ⅳ. 단점

① 공사 변경 시 도급금액의 증감이 곤란
② 이윤 관계로 공사가 조잡해질 우려 발생
③ 입찰 전에 공사금액 산출 등 상당한 시일을 요구
④ 장기공사 및 설계변경이 많은 공사에 부적절
⑤ 전례가 없는 신규공사에 부적절

02 실비정산 보수가산식 도급(Cost Plus Fee Contract)

Ⅰ. 정의

실비정산 보수가산식 도급이란 발주자는 시공자에게 시공을 위임하고 실제로 시공에 소요되는 비용 즉, 공사비와 미리 결정해 놓은 보수율에 따라 보수를 시공자에게 지불하는 방식을 말한다.

Ⅱ. 종류

구분	방식	비고
실비 비율 보수가산식	A+Af	A = 실비 A' = 한정된 실비 f = 비율 f' = 변화된 비율 B = 정액보수
실비한정 비율 보수가산식	A'+A'f	
실비 정액 보수가산식	A+B	
실비 준동률 보수가산식	A+Af'	

Ⅲ. 채택되는 경우

① 설계는 명확하지만 총공사비 산출이 어려운 공사
② 발주자(건축주)가 양질을 기대하는 공사
③ 설계도서 및 시방서가 명확하지 않은 공사

Ⅳ. 장점

① 상호 신용에 의한 우량공사의 기대
② 도급자의 이윤보장
③ 도급자는 일정이윤 보장에 따른 양심적인 공사의 수행

Ⅴ. 단점

① 공사 지연 우려 발생
② Claim 발생 여지 내포
③ 신용이 없을 시 공사비 증액 발생
④ 기술능력이 부족한 업체 시공 시 건축주의 불이익 발생
⑤ 공사비 절감에 대한 노력이 미흡

03 정액 보수가산 실비계약

Ⅰ. 정의

정액 보수가산 실비계약이란 발주자는 시공자에게 시공을 위임하고 실제로 시공에 소요되는 비용 즉, 실제 투입된 공사비와 미리 결정해 놓은 일정액의 보수를 시공자에게 지불하는 방식을 말한다.

Ⅱ. 실비정산 보수가산식 도급의 종류

구분	방식	비고
실비 비율 보수가산식	A+Af	A = 실비 A' = 한정된 실비 f = 비율 f' = 변화된 비율 B = 정액보수
실비한정 비율 보수가산식	A'+A'f	
실비 정액 보수가산식	A+B	
실비 준동률 보수가산식	A+Af'	

Ⅲ. 채택되는 경우

① 설계는 명확하지만 총공사비 산출이 어려운 공사
② 발주자(건축주)가 양질을 기대하는 공사
③ 설계도서 및 시방서가 명확하지 않은 공사

Ⅳ. 장점

① 상호 신용에 의한 우량공사의 기대
② 도급자의 이윤보장
③ 도급자는 일정이윤 보장에 따른 양심적인 공사의 수행

Ⅴ. 단점

① 공사 지연 우려 발생
② Claim 발생 여지 내포
③ 신용이 없을 시 공사비 증액 발생
④ 기술능력이 부족한 업체 시공 시 건축주의 불이익 발생
⑤ 공사비 절감에 대한 노력이 미흡

04 원가정산(CR ; Cost Reinbursable) 방식

Ⅰ. 정의

원가정산방식이란 실비정산 보수가산식 계약방식으로 복잡한 변경이 예상되는 공사나 긴급을 요하는 공사 시 적합한 계약방식을 말한다.

Ⅱ. 종류

구분	방식	비고
고정수수료 가산원가방식	원가 + Fee	
원가비율 수수료 가산 원가방식	원가 + Fee(원가×10%)	
성과급 가산원가계약	원가 + Fee + Incentive	

Ⅲ. 특징

① 설계는 명확하지만 총공사비 산출이 어려운 공사
② 긴급을 요하는 공사 시행 시
③ 설계도서 및 시방서가 명확하지 않은 복잡한 공사

Ⅳ. 장 · 단점

① 상호 신용에 의한 우량공사의 기대
② 도급자는 일정이윤이 보장되는 양심적인 공사수행
③ 도급자의 최소이윤 보장
④ 공사 지연 우려
⑤ 기술능력이 부족한 업체시공 시 건축주 불이익 초래

[28,44,64회]

05 공동도급(Joint Venture)

건설공사 공동도급운영규정

Ⅰ. 정의

공동도급이란 2개 이상의 사업자가 공동으로 어떤 일을 도급받아 공동계산하에 계약을 이행하는 도급형태를 말한다.

Ⅱ. 운영방식

종류	설명
공동이행방식	공동출자 또는 파견하여 공사 수행
분담이행방식	분담하여 공사 수행
주계약자형 공동도급	주계약자가 종합계획, 관리 및 조정하여 수행

Ⅲ. 계약이행의 책임

① 공동이행방식은 연대하여 계약이행 및 안전·품질이행의 책임을 진다.

② 분담이행방식은 자신이 분담한 부분에 대하여만 계약이행 및 안전·품질이행책임을 진다.

③ 주계약자관리방식 중 주계약자는 자신이 분담한 부분과 다른 구성원의 계약이행 및 안전·품질이행책임에 대하여 연대책임을 진다.

④ 주계약자관리방식 중 주계약자 이외의 구성원은 자신이 분담한 부분에 대하여만 계약이행 및 안전·품질이행 책임을 진다.

Ⅳ. 특징

① 융자력 증대

② 기술력 확충 및 위험분산

③ 시공의 확실성

④ 경비증대 및 책임한계 불분명

⑤ 기술력 및 보수에 대한 차이로 갈등

⑥ 현장관리의 곤란 및 현장경비의 증가

Ⅴ. 정책방안

① 중소건설업 공동기업체 장려제도 도입

② 공동수급체에 대한 사업자 인정

③ 건설업의 EC화 및 전문화

④ 지방자치제도의 정착 시 지역조건을 고려한 제도의 정비

⑤ 각 회사의 시공능력평가액 범위 내에서 지분율 구성

[공동이행방식]
건설공사 계약이행에 필요한 자금과 인력 등을 공동수급체구성원이 공동으로 출자하거나 파견하여 건설공사를 수행하고 이에 따른 이익 또는 손실을 각 구성원의 출자비율에 따라 배당하거나 분담하는 공동도급계약을 말한다.

[분담이행방식]
건설공사를 공동수급체구성원별로 분담하여 수행하는 공동도급계약을 말한다.

[주계약자관리방식]
공동수급체구성원 중 주계약자를 선정하고, 주계약자가 전체건설공사의 수행에 관하여 종합적인 계획 · 관리 및 조정을 하는 공동도급계약을 말한다.

[공동수급체]
건설공사를 공동으로 이행하기 위하여 2인 이상의 수급인이 공동수급협정서를 작성하여 결성한 조직을 말한다.

[64회]

06 공동이행방식과 분담이행방식

Ⅰ. 공동이행방식

1. 정의

공동이행방식이란 건설공사 계약이행에 필요한 자금과 인력 등을 공동수급체구성원이 공동으로 출자하거나 파견하여 건설공사를 수행하고 이에 따른 이익 또는 손실을 각 구성원의 출자비율에 따라 배당하거나 분담하는 공동도급계약을 말한다.

[공동수급체]
건설공사를 공동으로 이행하기 위하여 2인 이상의 수급인이 공동수급협정서를 작성하여 결성한 조직을 말한다.

2. 특징

① 융자력의 증대
② 위험의 분산
③ 신용의 증대
④ 조직 상호 간의 불일치
⑤ 업무 흐름의 혼란
⑥ 하자부분 책임 불분명

Ⅱ. 분담이행방식

1. 정의

분담이행방식이란 건설공사를 공동수급체구성원별로 분담하여 수행하는 공동도급계약을 말한다.

2. 특징

① 기술의 확충
② 조직력의 낭비가 없음
③ 선의의 경쟁 유도
④ 부실시공의 방지
⑤ 책임한계 명확
⑥ 분할접목구역 시공 미흡

Ⅲ. 공동, 분담 이행방식 비교표

구분	공동이행방식	분담이행방식	주계약자 관리방식
구성방식	출자비율로 구성	분담내용으로 구성 (면허분담 가능)	주계약자(종합조정, 관리 및 분담시공) 부계약자(분담 시공)
대표자	공동수급체 총괄관리	공동수급체 총괄관리	주계약자의 총괄관리
하자책임	구성원 연대책임	구성원 각자책임	구성원 각자책임(원칙) 단, 하자구분 곤란 시 연대책임
하도급	구성원 동의로 하도급 가능	구성된 각자책임하에 하도급	부계약자 중 전문건설업체는 직접시공의무
실적인정	금액: 출자비율 기준산정 규모: 실제 시공부분	구성원별 분담시공 부분	주계약자: 전체 실적 인정 부계약자: 분담 시공 부분

07 주계약자형 공동도급제도

Ⅰ. 정의

① 주계약자형 공동도급이란 공동수급체구성원 중 주계약자를 선정하고, 주계약자가 전체건설공사의 수행에 관하여 종합적인 계획·관리 및 조정을 하는 공동도급계약을 말한다.

② 다만, 일반건설업자와 전문건설업자가 공동으로 도급받은 경우에는 일반건설업자가 주계약자가 된다.

[공동수급체]
건설공사를 공동으로 이행하기 위하여 2인 이상의 수급인이 공동수급협정서를 작성하여 결성한 조직을 말한다.

Ⅱ. 개념도

일반건설업자(A)	전문건설업자(B)
100억	60억

일반건설업자(A)	일반건설업자(B)
100억	60억

① 주계약자: 일반건설업자(A), 공사금액이 큰 업자(A)

② 선금은 주계약자(A)의 계좌로 일괄 입금(기성청구금액은 공동수급체 구성원 각자에게 지급)

③ A가 중도 탈퇴하는 경우 B가 주계약자의 의무이행을 하거나, 새로운 주계약자를 선정

④ 실적산정(주계약자)
- 일반건설업체＋전문건설업체인 경우: 100억＋60억=160억
- 일반건설업체＋일반건설업체인 경우: 100억＋60억/2=130억

⑤ 이 기준은 민간공사에 한해 적용

Ⅲ. 도입배경

① 향후 건설산업의 상생 및 협력체계 구축
② 글로벌 기준에 맞는 대외경쟁력 강화
③ 건설 활동의 가치를 창조
④ 생산성과 기술경쟁력을 갖춘 유연한 생산시스템 확보
⑤ 업체 간 협력체계 구축
⑥ 대기업과 중소기업 간 양극화 해소

Ⅳ. 도입효과

① 하도급 선정과정의 부정부패 차단
② 공정성 확보
③ 저가하도급 행위방지
④ 공사비 절감
⑤ 일반 및 전문건설사의 육성

08 Paper Joint

Ⅰ. 정의

공동도급 중 공동이행방식의 도급계약을 체결하였으나 실제로는 한 회사가 공사를 시행하고 나머지 회사는 서류상으로만 참여하여 일정금액을 받는 도급공사를 말한다.

Ⅱ. 발생 배경

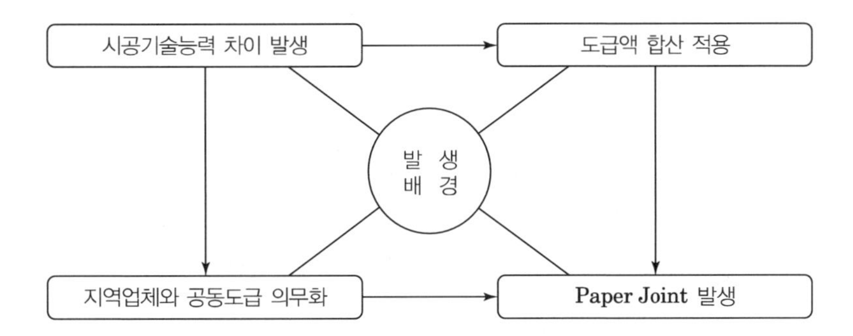

Ⅲ. 문제점

① 기술 이전이 불가능하다.
② 도급액이 증가하여 도급자에게 불이익이 발생한다.
③ 산업재해 발생 시 책임한계가 불명확하다.
④ 공사의 완성도가 미흡하다.(부실시공 우려)

Ⅳ. 대책

① 시공능력이 비슷한 업체끼리 공동도급 추진
② 도급자는 현장 확인 및 감독 철저
③ 기술(시공)능력이 부족한 업체에 연구비 지원
④ PQ제도 활성화로 부실업체 배제
⑤ 지분 및 현장 구성원을 명문화
⑥ 시장개방을 통한 외국업체와 공동도급
⑦ 공사금액별 참가업체 제한
⑧ 제도 및 System 보완

09 공동도급(Joint Venture)과 컨소시엄(Consortium)

Ⅰ. 정의

① 공동도급

공동도급이란 2개 이상의 회사가 공동으로 공사를 수주하여 새로운 조직을 만들어 연대책임하에 공사를 수행하는 것을 말한다.

② 컨소시엄

컨소시엄이란 법인을 설립하지 않고, 각각 독립된 회사가 하나의 연합체를 형성하여 각자의 공사범위를 수행하는 것을 말한다.

Ⅱ. 개념도

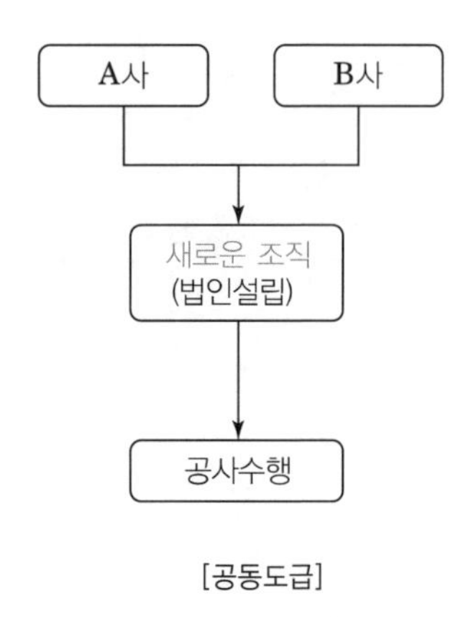

[공동도급]

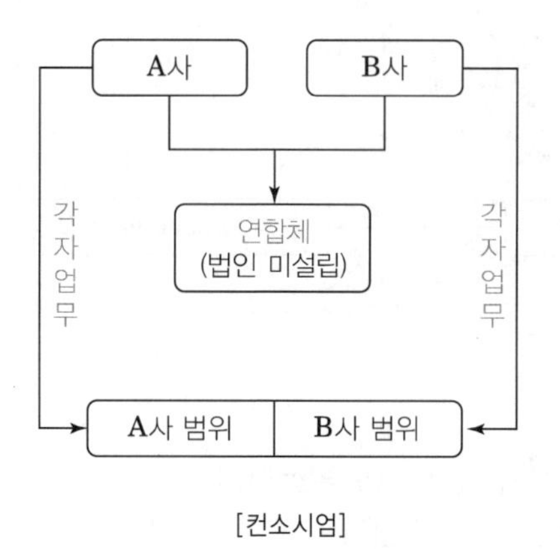

[컨소시엄]

Ⅲ. 공동도급과 컨소시엄 비교

구분	공동도급	컨소시엄
1. 법인설립	법인설립 유	법인설립 무
2. PQ 제출	공동 제출	각 회사별 제출
3. 자본금	투자비율에 의거 공동출자	공동비용만 출자
4. 참여공사유형	소형, 대형 공사	Turn Key
5. Claim · 하자	공동책임	각자책임
6. 재해발생	공동책임	각자책임
7. 회사성격	유한주식회사 형태	독립된 회사 연합

10 Turn Key 방식

Ⅰ. 정의

Turn Key 방식은 시공업자가 건설공사에 대한 재원조달, 토지구매, 설계 및 시공, 시운전 등의 모든 서비스를 발주자를 위해 제공하는 방식을 말한다.

Ⅱ. 업무편람

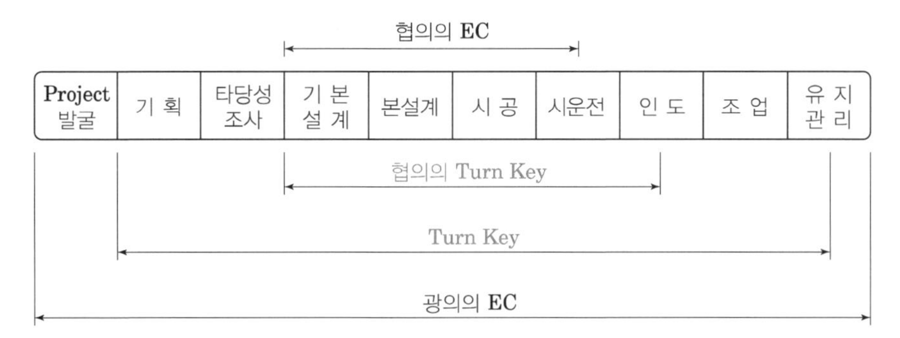

Ⅲ. 특징

구분	발주자	시공자
장점	• 일괄책임에 대한 회피 • 최적대안 선정 • 공기절감 효과 • 관리업무의 최소화	• 사업수행 효율성 제고 • 신기술 등 업체보유 기술 활용 • 위험관리 기회 증진 • 건설업의 전문화 촉진
단점	• 사업내용의 불확실성 • 품질확보의 한계성 • 사업관리의 한계성 • 발주절차의 복잡성	• 사업내용의 불확실성 • 입찰부담 증가 • 중소기업의 참여기회 제한

Ⅳ. Turn Key 방식의 종류

① 설계 · 시공 일괄계약방식(T.K_1)

발주기관이 제시하는 기본계획과 입찰공고사항에 따라 건설업체가 기본설계도면과 공사가격 등의 서류를 작성하여 입찰서와 함께 제출하는 방식

② 실시설계·시공 일괄계약방식(T.K_2)

발주기관이 제시하는 공사입찰 기본계획, 기본설계서 및 입찰안내서 등에 따라 건설업체가 시공에 필요한 실시설계도서 및 공사가격 등의 서류를 작성하여 입찰서와 함께 제출하는 방식

③ 대안입찰

발주기관이 제시하는 원안의 공사입찰 설계의 기본방침은 변경 없이 원안과 동등 이상의 기능과 효과를 가진 대안을 제시하여 입찰에 참가하는 방식

Ⅴ. 문제점

① 설계심의제도 미흡
② 대상공사 선정에 합리적 기준 미흡
③ 발주자 의견 미반영으로 의도와 상이한 설계의 선정 우려
④ 입찰준비일수 부족
⑤ 설계비용 등 과다경비 지출
⑥ 실적위주경쟁 및 저가입찰의 우려

Ⅵ. 대책

① 건설업의 EC화 능력 배양
② 객관적 심사기준 및 설계평가기준 마련
③ 탈락업체 설계비의 실비보상
④ 낙찰자 선정방식의 개선
⑤ 신기술지정 및 보호제도의 활용
⑥ 입찰업체에 대한 심사기준 강화
⑦ Engineering 능력강화를 위해 업체의 기술개발

11 고속궤도방식(Fast Track Method)을 이용한 턴키수행방식

Ⅰ. 정의

고속궤도방식을 이용한 턴키수행방식은 시공업자가 설계 및 시공, 시운전 등의 모든 서비스를 발주자를 위해 제공하는 방식으로 공기단축을 목적으로 기본설계에 의해 공사를 진행하면서 다음 단계에 작성된 설계도서로 계속 공사를 진행하는 방식을 말한다.

Ⅱ. Fast Track Method의 개념도

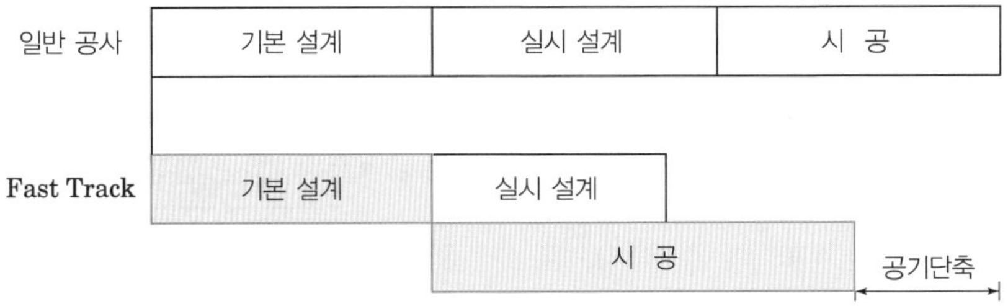

일반 공사: 기본 설계 → 실시 설계 → 시 공

Fast Track: 기본 설계 → 실시 설계 / 시 공 (실시 설계와 중첩)

공기단축

Ⅲ. Turn Key 방식의 종류

① 설계·시공 일괄계약방식(T.K$_1$)

발주기관이 제시하는 기본계획과 입찰공고사항에 따라 건설업체가 기본설계도면과 공사가격 등의 서류를 작성하여 입찰서와 함께 제출하는 방식

② 실시설계·시공 일괄계약방식(T.K$_2$)

발주기관이 제시하는 공사입찰 기본계획, 기본설계서 및 입찰안내서 등에 따라 건설업체가 시공에 필요한 실시설계도서 및 공사가격 등의 서류를 작성하여 입찰서와 함께 제출하는 방식

③ 대안입찰

발주기관이 제시하는 원안의 공사입찰 설계의 기본방침은 변경 없이 원안과 동등 이상의 기능과 효과를 가진 대안을 제시하여 입찰에 참가하는 방식

Ⅳ. 특징

① 실시설계를 작성할 시간 부여
② 공기단축 및 공사비 절감
③ 한 업체가 설계, 시공을 일괄할 경우 상호의견 교환이 우수
④ 목적물의 조기 완공으로 인한 영업이익 증대로 경제성 확보
⑤ 설계조건에 따라 문제발생 우려 → 건설비 증가 가능
⑥ 발주자, 설계자, 시공자의 협조가 필요
⑦ 설계도 작성 지연 시 전체 공정에 지장을 초래
⑧ 세부공종 세분화로 관리능력 부재 시 품질저하요인 발생

12 CM(Construction Management)

Ⅰ. 정의

CM이란 건설공사에 관한 기획, 타당성조사, 분석, 설계, 조달, 계약, 시공관리, 감리, 평가, 사후관리 등에 관한 업무의 전부 또는 일부를 수행하는 제도를 말한다.

[CM의 형태]

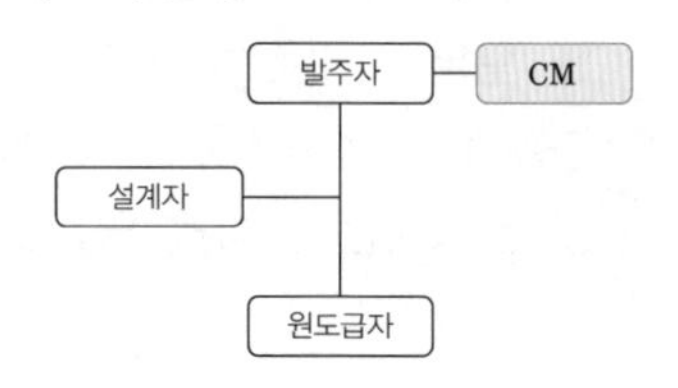

[CM for Fee(용역형 CM)]

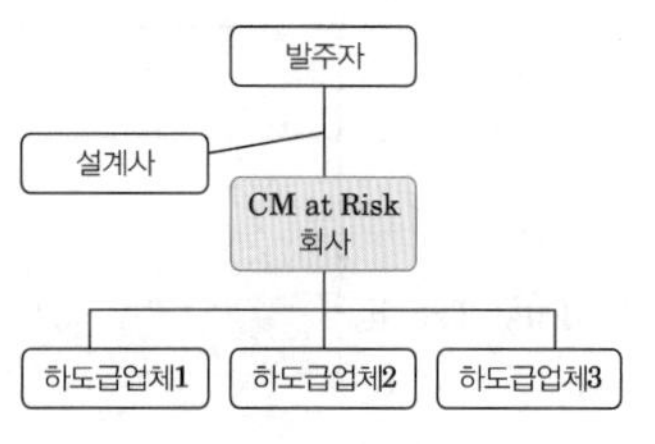

[CM at Risk(위험부담형 CM)]

Ⅱ. CM의 계약유형

① ACM(Agency CM = CM for Fee): 대리인 역할
② XCM(Extended CM): 이중역할: 발주자 대리인 역할+CM의 고유 업무 수행
③ OCM(Owner CM): 발주자가 CM
④ GMPCM(Guaranteed Maximum Price CM = CM at Risk): 공사금액 일부 부담

Ⅲ. CM의 기대효과

① 건설사업 비용의 최소화 및 품질확보
② 프로젝트참여자간 이해상충 최소화
③ 프로젝트 수행상의 상승효과 극대화
④ 수요자 중심의 건설산업 발전
⑤ 건설산업 참여주체의 기술력 확보 등 경쟁력 강화

Ⅳ. CM의 단계별 업무내용

① 건설공사의 계획, 운영 및 조정 등 사업관리 일반
② 건설공사의 계약관리
③ 건설공사의 사업비 관리
④ 건설공사의 공정관리
⑤ 건설공사의 품질관리
⑥ 건설공사의 안전관리
⑦ 건설공사의 환경관리
⑧ 건설공사의 사업정보 관리
⑨ 건설공사의 사업비, 공정, 품질, 안전 등에 관련되는 위험요소 관리
⑩ 그 밖에 건설공사의 원활한 관리를 위하여 필요한 사항

13 CM(Construction Management) 방식과 Turnkey 방식의 차이점

Ⅰ. 의의

1. CM

1) 정의

CM이란 건설공사에 관한 기획, 타당성조사, 분석, 설계, 조달, 계약, 시공관리, 감리, 평가, 사후관리 등에 관한 업무의 전부 또는 일부를 수행하는 제도를 말한다.

2) CM의 형태

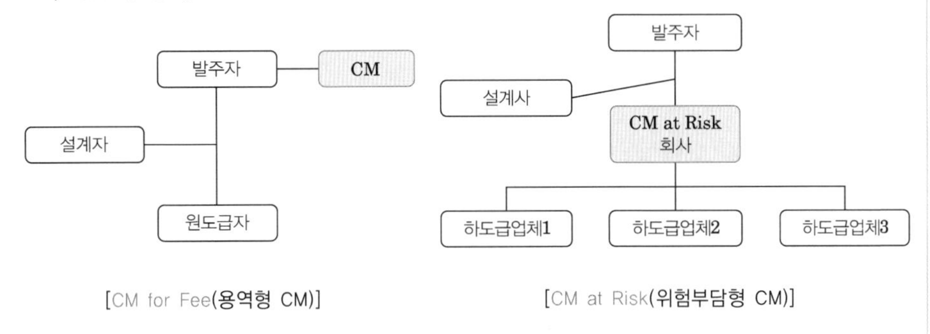

[CM for Fee(용역형 CM)] [CM at Risk(위험부담형 CM)]

2. Turn Key

1) 정의

Turn Key 방식은 시공업자가 건설공사에 대한 재원조달, 토지구매, 설계 및 시공, 시운전 등의 모든 서비스를 발주자를 위해 제공하는 방식을 말한다.

2) 종류

① Design Build 방식 ② Design Manage 방식

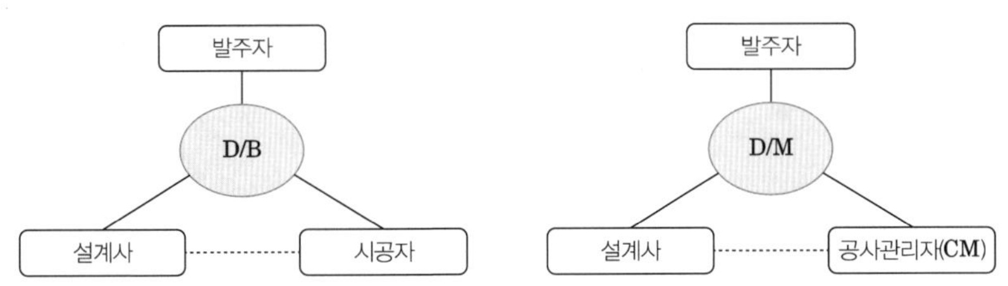

Ⅱ. 차이점

구분	CM 방식	Turn Key
채택 방식	발주자 위임으로 결정된 통합 관리 System	설계와 시공을 일괄도급받는 도급계약의 일종
주요업무내용	발주자, 설계자, 시공자 간의 공사에 대한 분쟁 조정 및 기술지도	발주자의 공사에 대한 모든 권한을 위임받아 공사를 진행
발주자 입장	발주자의 의견을 CMr을 통하여 설계자와 시공자에게 전달 및 기술지도	시공자의 기술력에만 의존
목적	발주자 이익 증대	기업의 이익 추구

14 건설사업관리(CM)의 주요업무

건설기술진흥법 시행령

Ⅰ. 정의

CM이란 건설공사에 관한 기획, 타당성조사, 분석, 설계, 조달, 계약, 시공관리, 감리, 평가, 사후관리 등에 관한 업무의 전부 또는 일부를 수행하는 제도를 말한다.

Ⅱ. CM의 주요업무

1. 사업관리 일반

건설사업관리 수행절차 및 방법 등과 관련된 계획의 수립, 운영 및 조정 등에 관한 업무

2. 계약관리

① 설계자, 시공자 등 선정과 관련한 지원업무
② 각종 설계변경 등에 관한 업무

3. 사업비관리

① 건설사업단계별 사업예산 및 사업비 운영의 적정성 검토, 조정 등에 관한 업무
② 계획, 설계단계부터 최적의 설계를 통한 원가절감 도모

4. 공정관리

건설사업단계별 공정의 계획, 운영 및 조정 등에 관한 업무

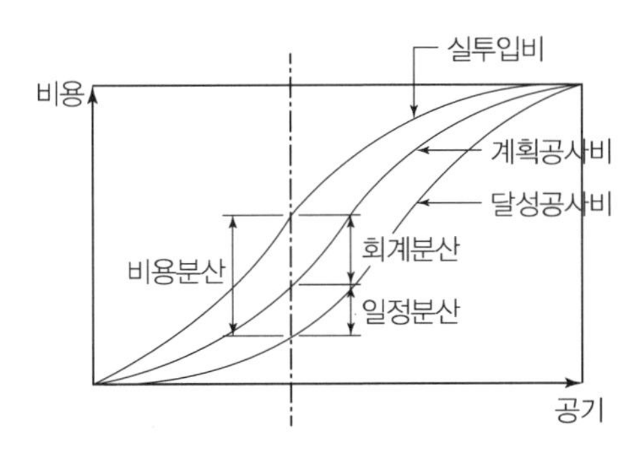

① 일정분산=달성공사비−계획공사비
② 비용분산=달성공사비−실투입비
③ 회계분산=계획공사비−실투입비
④ 공기가 길어지면 비용은 증가

5. 품질관리

① 건설사업 단계별 품질과 환경에 관한 제반 기준 및 계획의 검토, 조정 등에 관한 업무
② 품질관리계획서 작성 및 공사관리 계획과 비교 검토
③ 공사수행한 시험결과를 확인하고 철저히 점검

6. 안전관리

재해예방 및 건설안전 확보를 위한 제반기준 및 계획의 검토, 조정 등에 관한 업무

7. 환경관리

환경관리를 위한 제반기준 및 계획의 검토, 조정 등에 관한 업무

8. 사업정보 관리

건설사업 단계별 각종 문서, 도면, 기술자료 등의 체계적인 축적 및 관리에 관한 업무

9. **건설공사의 사업비, 공정, 품질, 안전 등에 관련되는** 위험요소 관리

15 CM 계약의 유형

Ⅰ. 정의

CM이란 건설공사에 관한 기획, 타당성조사, 분석, 설계, 조달, 계약, 시공관리, 감리, 평가, 사후관리 등에 관한 업무의 전부 또는 일부를 수행하는 제도를 말하며, CM 계약에서 발주자는 건설사업의 특성과 여건에 따라 CM과 상호 협의하여 계약형태를 결정할 수 있다.

Ⅱ. CM 계약의 유형

1. ACM(Agency Construction Management = CM for Fee)

① CM의 기본 형태
② 공사의 설계단계에서부터 발주자에게 고용되어 본래의 CM 업무를 수행하는 방식
③ CMr은 발주자의 Agency로서 업무를 수행하고 서비스에 대한 대가를 받음
④ 발주자와 설계자, 시공자 사이에 CM이 발주자 대리인 역할 수행

2. XCM(Extended Construction Management)

① CM의 본래 업무와 계획에서 설계, 시공 및 유지관리까지의 건설 산업 전 과정을 관리하는 방식
② 발주자 대리인 역할(기획 및 유지관리)+CM의 고유 업무 수행(설계 및 시공단계)

3. OCM(Owner Construction Management)

① 발주자 자체가 CMr을 두고 CM 업무를 수행하는 방식
② 전문적 수준의 자체 조직(CMr) 보유
③ 발주자가 직접 CM 업무를 수행하여 하도급자와 직접 계약을 체결, 자체 설계 및 시공을 수행

4. GMPCM(Guaranteed Maximum Price CM = CM at Risk)

① 계약 시 산정된 공사금액을 초과 시 CM이 일정 비율을 부담하는 방식
② CM이 공사비에 대한 위험을 부담하므로 설계과정 및 설계변경 등을 통제
③ CM이 하도급 업체와 직접 계약을 체결하며 자신의 이익을 추구

16 프리콘(Pre Construction) 서비스

Ⅰ. 정의

프리콘 서비스는 발주자, 설계자, 시공자가 프로젝트 기획, 설계 단계에서 하나의 팀을 구성해 각 주체의 담당 분야 노하우를 공유하며 3D 설계도 기법을 통해 시공상의 불확실성이나 설계변경 리스크를 사전에 제거함으로써 프로젝트 운영을 최적화시킨 방식을 말한다.

Ⅱ. 프리콘 서비스의 종류

① 턴키방식(Design-Build)
② CM at Risk 방식(=Guaranteed Maximum Price CM)
③ IPD(Integrated Project Delivery, 프로젝트 통합발주) 방식

Ⅲ. 기대효과

① 최적 설계 및 공법, 적정 공기 및 예산, 원가절감 방안 등을 도출
② 공사 중 발생할 수 있는 돌발상황(설계변경·원가상승 등)을 사전에 최소화
③ 합리적인 의사결정을 위해 3D(3차원) 모델링 설계기법(BIM) 등이 이용
④ 국내 건설산업의 생산성 개선
⑤ GMP(총액보증한도) 계약 등을 통해 설계 변경, 공사비 증액, 공사기간 연장이 없는 '3무(無) 현장'이 가능

Ⅳ. 건설산업의 변화 동력(4차 산업혁명)

1. 건설산업의 제조업화

① 모듈러, Prefab 확대
② 건설장비의 자동화
③ 3D Printing과 같은 신기술 적용
④ BIM과 Big Data 활용

2. 협력과 리스크 공유

① ECI(Early Contractor Involvement) 기반의 초기 설계 및 기획
② Risk-sharing(위험분산제도) 기반의 계약 방식
③ 협력사, Vendor 역량 강화
④ Lean 기반의 건설 운영 방식

Ⅴ. 건설생산방식 혁신 방향

1. 시공사 조기참여 (ECI : Early Contractor Involvement)

한 시공사를 설계단계에 컨설턴트로 조기 참여시켜 시공단계에서 발생할 수 있는 리스크 요인 사전에 제거하고 또한 프로젝트를 성공적으로 수행할 수 있는 협업시스템을 구축

2. 린 건설(Lean Construction)

① 고 가치를 극대화하기 위하여 생산 시스템을 설계
② 설계도서 고품질화
③ 최적공기
④ 목표 공사비(Target Cost) 달성

3. 건설정보모델링(BIM)

① 프리콘 단계에서 실질적인 시공성을 검토하기 위하여 3D 가상시공을 도입
② 설계도서검토, 물량, 공정 등 시공 전반에 걸친 주요 사안을 3D 가상공간에서 확인하고 협의하여 명확한 의사결정

17 통합 발주방식(IPD: Integrated Project Delivery)

Ⅰ. 정의

IPD란 발주자, 설계자, 시공자, 컨설턴트가 하나의 팀으로 구성되어 사업구조 및 업무를 하나의 프로세스로 통합하여 프로젝트를 수행하며, 모든 참여자가 책임 및 성과를 공동으로 나누는 발주방식을 말한다.

Ⅱ. IPD의 원칙

① Mutual Respect: 프로젝트 참여자간의 상호 존중
② Mutual Benefits: 프로젝트 참여자간 IPD로부터 얻어지는 혜택의 공유
③ Early Goal Definition: 프로젝트 목표의 조기 설정
④ Enhanced Communication: 의사소통의 효율성 제고
⑤ Clearly Defined Standards & Procedures: 프로젝트와 관련된 각종 기준 및 절차의 명확화
⑥ Applied Technology: 첨단기술의 활용
⑦ Team's Commitment for High Performance: 성과향상을 위한 팀 기여
⑧ Innovative Project Leaders-Management Team: 프로젝트 리더의 혁신적인 관리 능력

[IPD의 특징]
- BIM의 장점으로 부각되었던 설계단계에서 상당한 양의 엔지니어링을 통해 의사결정이 완료
- 시공 중 발생할 수 있는 설계상의 불확실성이나 설계변경 등을 미리 예측
- 프로젝트의 품질 향상
- 공기 단축 기대

Ⅲ. IPD 실현을 위한 과제

1. BIM의 효과 인지

① 커뮤니케이션과 상호 신뢰도 향상
② BIM 적용을 통해 입체화된 엔지니어링 작업수행 가능

2. BIM 활용을 통한 설계 품질 평가

BIM을 에너지효율등급 판정을 위한 객관적 데이터를 적극 활용

Ⅳ. IPD의 국내 적용방안

① 통합화 및 협업을 통해 효율성을 극대화
② 기존 발주방식들의 문제점을 개선할 수 있는 방안
③ 국내 발주방식에 IPD를 부분적으로 적용한 후, 그에 대한 평가를 기반으로 한국형 IPD로 발전
④ BIM을 IPD의 핵심도구로 활용하여 프로젝트 초기단계부터 적용

[120회]

18 CM at Risk의 프리컨스트럭션(Pre-construction) 서비스

Ⅰ. 정의

CM at Risk의 프리컨스트럭션(Pre-construction) 이란 설계단계부터 설계팀(설계사 및 엔지니어링사)과 협업하여 설계 품질을 높이고, 시공단계에서 발생할 수 있는 문제점 해결, 시공계획 고도화 및 시공효율화를 극대화하는 방식을 말한다.

Ⅱ. 개념도

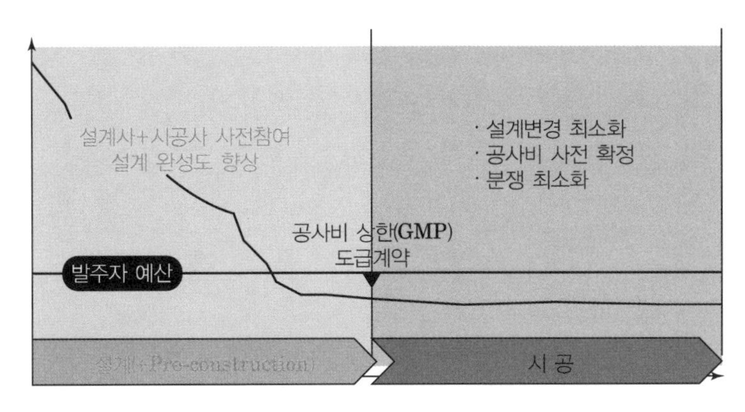

Ⅲ. Pre-construction과 Construction의 팀 업무영역

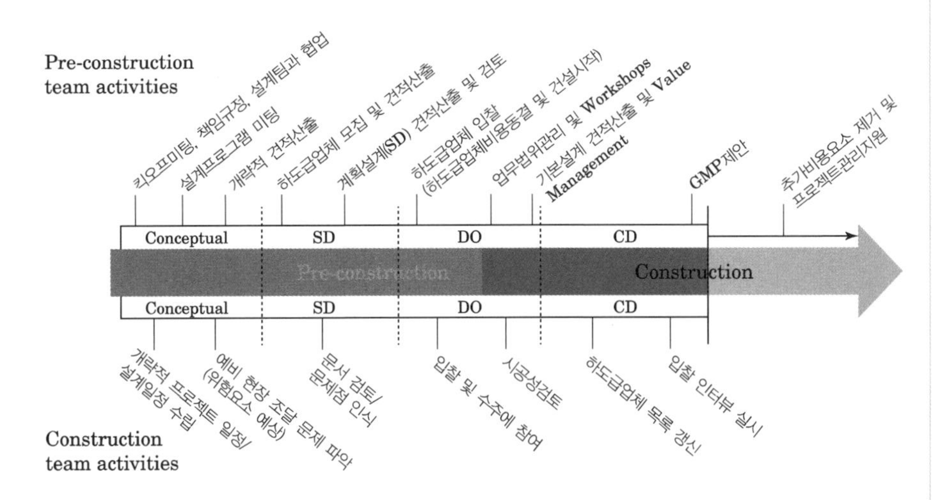

① 책임형 CM 발주방식의 성공요소는 Pre-construction Team의 역량과 프로젝트 시공팀의 역량이 중요

② 최대공사비 보증제도(Guaranteed Maximum Price(GMP) 확정 및 프로세스
- 발주처는 최대공사비 확정으로 최종공사비를 파악
- 시공단계에서의 발생할 수 있는 공사비 증가 위험을 최소화
- 발주처와 책임형 CM회사의 견적능력: Target Value Design을 실시
- 설계 및 시방서가 95~100%가 될 때 견적을 통하여 예비최대공사비를 확정
- 최종적인 최대공사비 보증계약은 책임형 CM사가 모든 공정별로 전문건설업체 및 자재조달업체를 선정하고 계약한 이후 실시
- 전문건설업체 선정 시 재정이 안정적이면서도 기술력이 우수한 업체를 선정

③ 시공전문가가 BIM 및 3D Tool를 사용하여 시공성 검토

④ 시공전문가 양성

19 CM at Risk에서의 GMP(Guaranteed Maximum Price)

Ⅰ. 정의

CM at Risk에서의 GMP는 책임형 CM 계약자가 총 공사비를 예측하여 발주자에게 그 금액을 제시하고 시공과정에서 실제 공사비가 상호 동의한 GMP를 초과할 경우 책임형 CM 사업자가 이를 부담하게 되는 계약방식이다

Ⅱ. 개념도

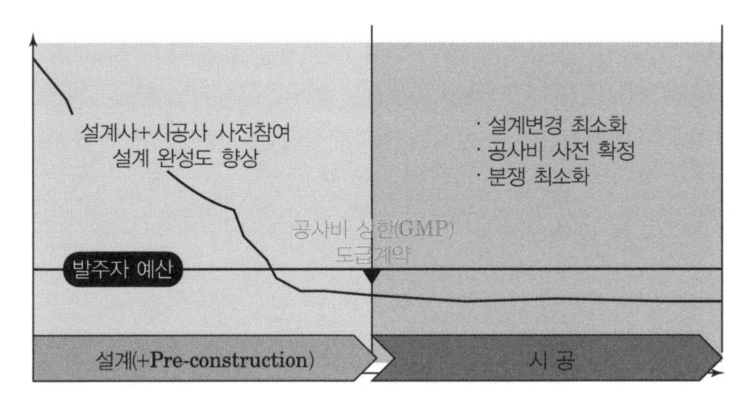

Ⅲ. GMP의 구성요소

① 프로젝트 직접비용
② 프로젝트 간접비용
③ 건설사업 관리자의 수수료(CM's fee)
④ 건설사업 관리자의 예비비(CM Contingency)
⑤ 미지정 예비비(Allowance)

Ⅳ. GMP의 확정 프로세스

1. 임시 가격 책정 및 평가

개념설계(100%), 기본설계(60~80%), 실시설계(90~100%) 단계에서 임시가격을 책정

2. GMP의 협상

① 설계가 100% 완료되기 전에 진행
② 보통 실시설계가 95% 이상 진행 되었을 때 진행
③ GMP 협상 시기가 빠를수록 정확한 견적이 어렵기 때문에 건설사업 관리자의 예비비가 증가

3. GMP의 계약방법

① 일괄 GMP 계약방식은 가장 일반적인 계약방식으로 GMP 구성요소에 대한 견적비용을 예상하여 총금액으로 계약하는 방식

② 분할 GMP 계약방식은 GMP를 각각의 작업 패키지 별로 나누어서 계약을 하는 방식

20 XCM(Extended Construction Management)

건설기술진흥법 시행령

Ⅰ. 정의

XCM이란 CM의 본래 업무와 계획에서 설계, 시공 및 유지관리까지의 건설산업 전 과정을 관리하는 방식으로, 발주자 대리인 역할(기획 및 유지관리)+CM의 고유 업무 수행(설계 및 시공단계)을 하는 것을 말한다.

Ⅱ. 개념도

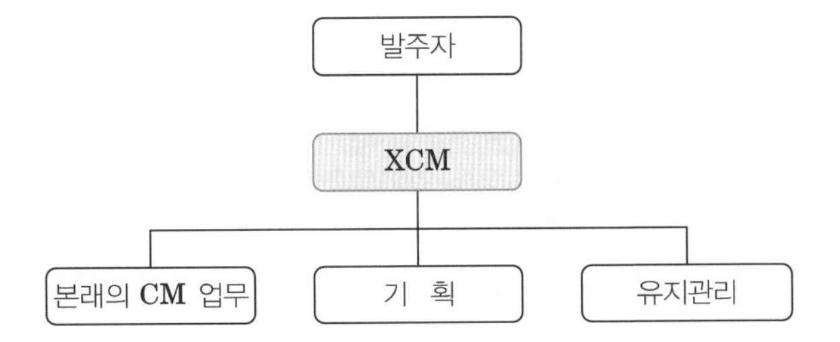

Ⅲ. CM의 계약유형

① ACM(Agency CM = CM for Fee): 대리인 역할
② XCM(Extended CM): 이중역할: 발주자 대리인 역할+CM의 고유 업무 수행
③ OCM(Owner CM): 발주자가 CM
④ GMPCM(Guaranteed Maximum Price CM = CM at Risk): 공사금액 일부 부담

[CM의 기대효과]
- 건설사업 비용의 최소화 및 품질확보
- 프로젝트참여자간 이해상충 최소화
- 프로젝트 수행상의 상승효과 극대화
- 수요자 중심의 건설산업 발전
- 건설산업 참여주체의 기술력 확보 등 경쟁력 강화

Ⅳ. CM의 단계별 업무내용

① 건설공사의 계획, 운영 및 조정 등 사업관리 일반
② 건설공사의 계약관리
③ 건설공사의 사업비 관리
④ 건설공사의 공정관리
⑤ 건설공사의 품질관리
⑥ 건설공사의 안전관리
⑦ 건설공사의 환경관리
⑧ 건설공사의 사업정보 관리
⑨ 건설공사의 사업비, 공정, 품질, 안전 등에 관련되는 위험요소 관리
⑩ 그 밖에 건설공사의 원활한 관리를 위하여 필요한 사항

21 BOO(Build Operate Owner)와 BOT(Build Operate Transfer)

Ⅰ. 정의

① BOO란 사회간접자본시설의 준공과 동시에 사업시행자에게 당해 시설의 소유권 및 운영권을 인정하는 것을 말한다.

② BOT란 사회간접자본시설의 준공과 동시에 사업시행자에게 운영권이 인정되며, 기간 만료 후 소유권을 귀속하는 것을 말한다.

Ⅱ. SOC(Social Overhead Capital) 사업의 분류형태

분류형태	개념도	설명
BOO	설계, 시공 ─ 소유권 획득 ─ 운영	준공과 동시에 사업시행자에게 시설의 소유권 및 운영권을 인정
BOT	설계, 시공 ─ 운영 ─ 소유권 귀속	준공과 동시에 사업시행자에게 운영권이 인정되며, 기간 만료 후 소유권을 귀속
BTO	설계, 시공 ─ 소유권 귀속 ─ 운영	준공과 동시에 소유권이 정부에 귀속되며, 일정기간 사업시행자에게 운영권을 인정
BTL	설계, 시공 ─ 소유권 귀속 ─ 임대 수입	준공과 동시에 소유권이 정부에 귀속되며, 일정기간 운영권을 정부에 임대하여 투자비 회수

Ⅲ. BOO와 BOT의 특징

① 공공재적 성격을 지닌 정부영역의 사업에 주로 이용
② 정부의 재정지원을 최소화
③ 정부의 적시에 자금부족으로 제공할 수 없는 프로젝트를 시행
④ 민간부문의 사업 효율성을 최대화
⑤ 투자위험의 분산
⑥ 금융절차가 복잡하여 시간 및 비용부담
⑦ 높은 위험에 따른 금리 수수료 발생

[개선방향]
- 정부의 치밀하고 객관적인 타당성 평가
- 민관 합동방식 추구
- SOC 사업의 추진절차 간소화
- 민간자본 유치사업의 경쟁성 촉진

22 BTL(Build Transfer Lease)

Ⅰ. 정의

BTL은 사회간접자본시설의 준공과 동시에 소유권을 정부에 귀속되며, 일정기간 운영권을 정부에 임대하여 투자비 회수하는 방식을 말한다.

Ⅱ. 개념도 및 추진절차

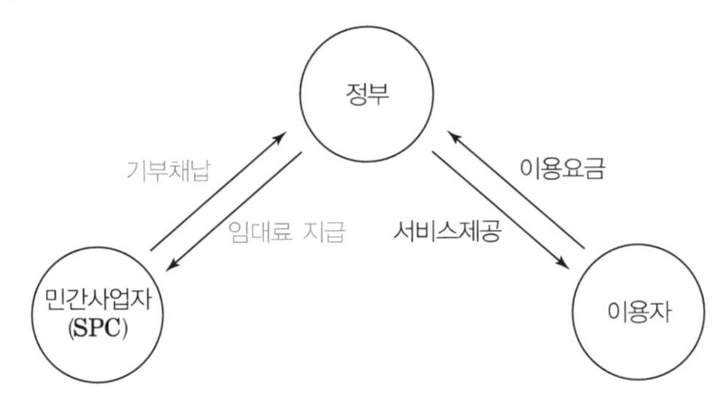

투자계획수립 → 단위사업 선정 → 예비타당성조사 → 타당성 및 적격성 조사 → 시설사업기본계획 수립 및 사업자 모집공고 → 민간 사업제안 → 평가 및 협상대상자 선정 → 실시협약체결 → 실시설계 및 실시계획 승인 → 착공 및 준공

※ 예비타당성조사: 총사업비 500억 이상, 국고보조 300억 이상

Ⅲ. BTL 사업의 특성

① 민간이 건설한 시설은 정부소유로 이전(기부채납)

② 민간이 시설소유권을 갖는 BOO(Build-Own-Operate)방식과 구별

③ 정부가 직접 시설임대료를 지급해 민간의 투자자금을 회수

④ 정부의 적정수익률 반영으로 목표수익률 보장

Ⅳ. BTL과 BTO 방식 비교

구분	Build-Transfer-Lease	Build-Transfer-Operate
대상시설의 성격	최종 수요자에게 사용료 부과로 투자비회수가 어려운 시설	최종 수요자에게 사용료 부과로 투자비회수가 가능한 시설
투자비 회수	정부의 시설임대료	최종 사용자의 사용료
사업 리스크	민간의 수요위험 배제	민간이 수요위험 부담

23 BOT(Build Operate Transfer)와 BTL(Build Transfer Lease)

Ⅰ. BOT(Build Operate Transfer)

1. 정의

BOT란 사회간접자본시설의 준공과 동시에 사업시행자에게 운영권이 인정되며, 기간 만료 후 소유권을 귀속하는 것을 말한다.

2. 개념도

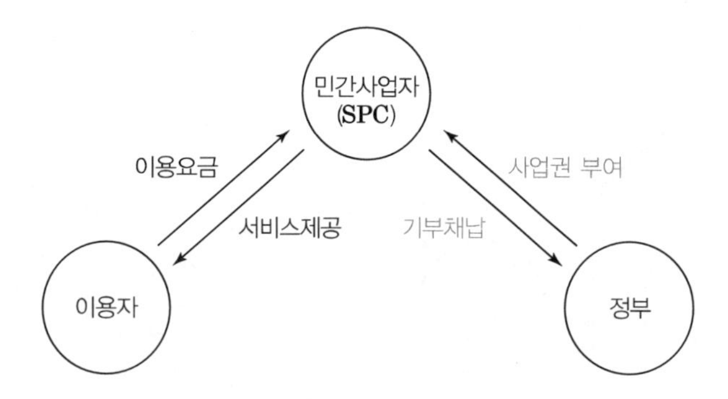

3. BOT의 특징

① 공공재적 성격을 지닌 정부영역의 사업에 주로 이용
② 정부의 재정지원을 최소화
③ 정부의 적시에 자금부족으로 제공할 수 없는 프로젝트를 시행
④ 민간부문의 사업 효율성을 최대화
⑤ 금융절차가 복잡하여 시간 및 비용부담
⑥ 높은 위험에 따른 금리 수수료 발생

Ⅱ. BTL(Build Transfer Lease)

1. 정의

BTL은 사회간접자본시설의 준공과 동시에 소유권을 정부에 귀속되며, 일정기간 운영권을 정부에 임대하여 투자비 회수하는 방식을 말한다.

2. 개념도

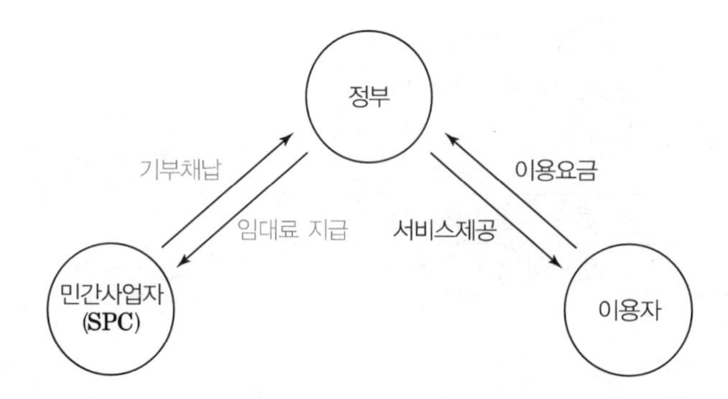

3. BTL 사업의 특성

① 민간이 건설한 시설은 정부소유로 이전(기부채납)
② 민간이 시설소유권을 갖는 BOO(Build-Own-Operate)방식과 구별
③ 정부가 직접 시설임대료를 지급해 민간의 투자자금을 회수
④ 정부의 적정수익률 반영으로 목표수익률 보장

Ⅲ. BTL과 BOT 방식 비교

구분	Build-Transfer-Lease	Build-Operate-Transfer
대상시설의 성격	최종 수요자에게 사용료 부과로 투자비회수가 어려운 시설	최종 수요자에게 사용료 부과로 투자비회수가 가능한 시설
투자비 회수	정부의 시설임대료	최종 사용자의 사용료
사업 리스크	민간의 수요위험 배제	민간이 수요위험 부담

24 BTO-rs(Build Transfer Operate-risk sharing)

Ⅰ. 정의

BTO-rs란 정부와 민간이 시설 투자비와 운영비용을 일정 비율로 나누는 새로운 민자사업 방식으로, 손실과 이익을 절반씩 나누기 때문에 BTO 방식보다 민간이 부담하는 사업 위험이 낮아진다.

Ⅱ. 개념도

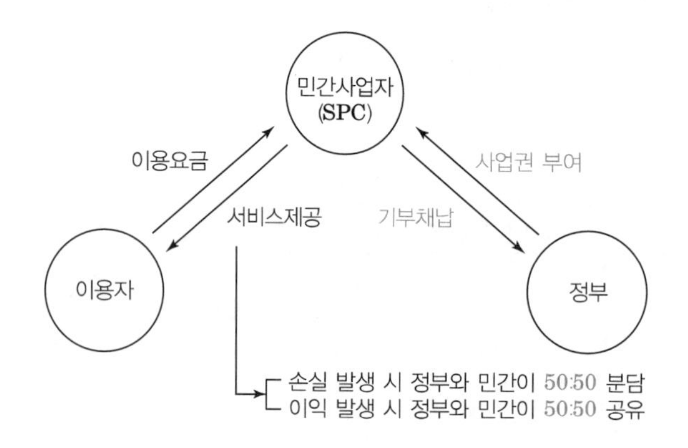

Ⅲ. 특징

① 정부와 민간이 시설투자비와 운영비용에 대한 위험을 분담
② 민간의 사업위험을 낮춤
③ 민간의 사업수익률과 이용요금도 인하
④ 공공부분에 대한 민간 투자가 활성화

Ⅳ. 민자사업 방식의 비교

구분	BTO	BTO-rs(위험분담형)	BTO-a(손익공유형)
민간 리스크	• 손실 · 이익 모두 민간이 100% 책임	• 손실 발생 시 정부와 민간이 50:50 분담 • 이익 발생 시 정부와 민간이 50:50 공유	• 손실 발생 시 민간이 먼저 30% 손실, 30% 넘을 경우 재정 지원 • 이익 발생 시 정부와 민간이 공유(약 7:3)
손익부담 주체(비율)	없음	정부부담분의 투자비 및 운영비용	민간투자비 70% 원리금, 30% 이자비용, 운영비용(30% 원금은 미보전)
적용가능 사업(예시)	도로, 항만 등	철도, 경전철	환경사업
사용료 수준	협약요금+물가	협약요금+물가	공기업 유사 수준

[BTO-a(손익공유형 민자사업)]
정부가 전체 민간 투자금액의 70%에 대한 원리금 상환액을 보전해 주고 초과 이익이 발생하면 공유하는 방식이다.

25 Partnering

Ⅰ. 정의

Partnering은 발주자·수급자 엔지니어의 이해관계인 신뢰를 바탕으로 서로 협동하고 공동 노력하여 가장 경제적인 프로젝트를 완성하는 계약방식이다.

Ⅱ. Partnering 핵심요인

적극성	참여주체, 경영진의 적극 참여
형평성	모든 구성원의 이익을 보장
신뢰성	서로를 믿고 정보를 공유
공동목표	Win-Win의 유연한 관계로 공동목표의 개발 및 수집
이행	공동목표 달성을 위한 전략 수립 및 이행
지속적 평가	목표를 위해 측정과 평가가 공동 점검되도록 시행
적절한 조치	의사 교류, 정보 공유 문제점에 대한 조치

Ⅲ. 기대효과

① 기회손실비용과 비효율성 최소화 기대
② 분쟁과 소송의 감소
③ 생산성 향상
④ 디자인 단계의 기술혁신
⑤ 조달시간 단축
⑥ Partner 상호 간의 지식 축적

Ⅳ. 적용단계

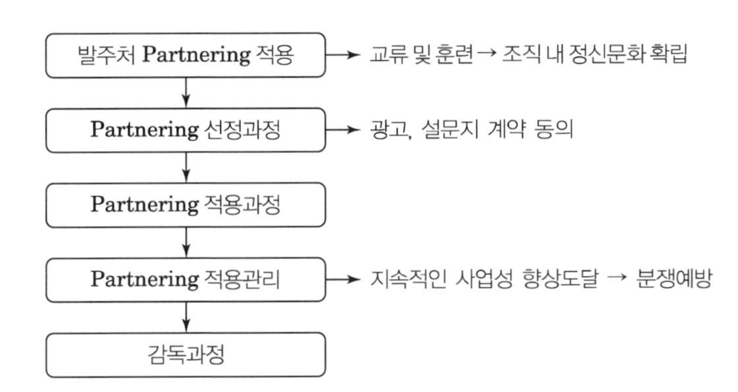

26 제한경쟁입찰

Ⅰ. 정의

일정한 수준의 공사품질확보를 목표로 당해공사 시공에 필요한 기술 또는 공법 등을 보유하거나 시공경험을 가진 업체를 대상으로 입찰에 부치는 방식이다.

Ⅱ. 종류별 특징

1. 지역제한 경쟁입찰

① 일정규모 미만의 공사에 대해 당해지역에 영업소를 둔 건설업체를 대상으로 하는 제도

② 지방중소업체의 보호육성 및 지방경제의 활성화 도모

2. 군(群)제한 경쟁입찰

① 건설업체의 시공능력에 따라 군(Group)으로 입찰하는 제도

② 시공능력에 따른 공사의 적정배분 → 중소기업 수주기회 보장

③ 대기업의 중소기업 영역침범방지

3. 도급한도액제한 경쟁입찰

도급한도액이 공사예정금액의 일정배수(2배를 초과할 수 없음) 이상 되는 업체를 대상으로 하는 제도

4. 실적제한 경쟁입찰

당해공사시공에 필요한 기술보유나 시공경험보유업체를 대상

5. PQ에 의한 경쟁입찰

입찰참가 적격업체를 선정하고 입찰에 부치는 제도

Ⅲ. 특징

① 지방건설업체 및 중소건설업체 보호 육성

② 양질의 공사 기대 및 공사 수주의 편중 방지

③ 균등기회의 제약으로 경쟁원리 위배

④ 기술력을 무시한 지역, 군, 도급한도액 등에 의한 제한

27 내역입찰제도

(계약예규) 정부 입찰 · 계약 집행기준

Ⅰ. 정의

내역입찰제도란 추정가격이 100억원 이상의 건축 및 토목공사에서 내역입찰을 실시할 때에는 입찰자로 하여금 단가 등 필요한 사항을 기입한 산출내역서(각 공종, 경비, 일반관리비, 이윤, 부가가치세 등)를 제출하는 입찰제도를 말한다.

Ⅱ. 특징

1. 장점

① 설계변경이 용이하다.
② 기성고 지불이 명확하다.
③ Claim 발생이 적다.
④ 시공자에 따라 원가절감이 용이하다.

2. 단점

① 내역단가기준 미확립
② 내역산정시간이 많이 소요
③ 내역항목 과다
④ 내역산정 기술인력 부족

[입찰무효]
- 입찰서금액과 산출내역서상의 총계금액이 일치하지 아니한 입찰
- 산출내역서의 각 항목별로 금액을 합산한 금액이 총계금액과 일치하지 아니한 입찰
- 발주관서가 배부한 내역서상의 공종별 목적물물량 중 누락 또는 변경된 공종 혹은 수량에 대한 예정가격 조서상의 금액이 예정가격의 5/100 이상인 경우
- 입찰서 금액, 산출내역서의 총계금액, 항목별 금액을 정정하고 정정인을 누락한 입찰

Ⅲ. 총액입찰과 내역입찰 비교

구분	총액입찰	내역입찰
공사품질	품질 저하	품질 향상
설계변경	곤란	용이
공기단축	곤란	양호
공사비 조정	복잡	양호
기성고 지불	불명확	명확
수량산출	과다 시간 소요	내역산출 오차 적음
원가절감	시공자에 따라 복잡	시공자에 따라 용이
Claim처리	복잡	양호

28 순수내역입찰제도

Ⅰ. 정의

순수내역입찰제는 공사 입찰 시 발주자가 물량내역서를 교부하지 않은 채, 입찰자가 직접 물량 내역을 뽑고, 시공법 등을 결정하여 물량내역서를 작성하고, 여기에 단가를 산출하여 입찰하는 방식을 말한다.

Ⅱ. 입찰제도의 현황

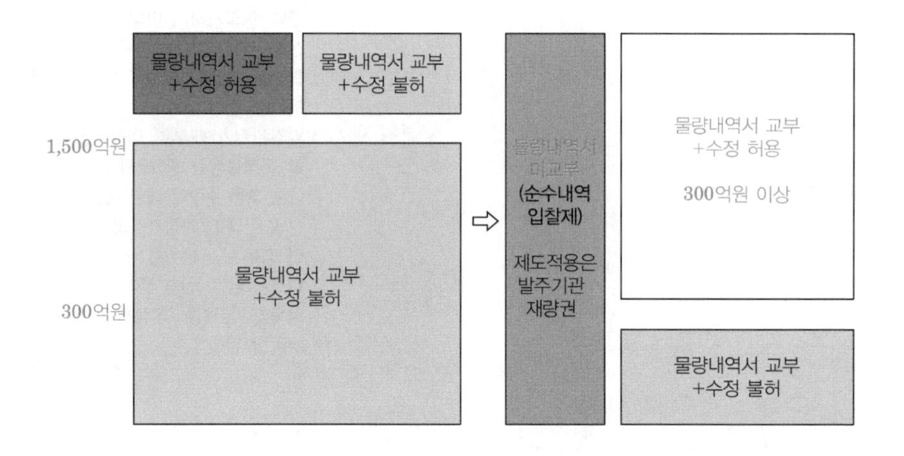

[기존 입찰제도] [순수내역입찰제도] [물량내역수정입찰제도]

Ⅲ. 문제점

① 거래비용(Transaction Cost)을 증가시켜 건설업체의 부담 증가
② 입찰자의 책임이 증가
③ 발주처에서도 입찰내역서의 심의 등에 상당한 부담이 증가
④ 발주기관에 일방적으로 유리한 제도
⑤ 시공업체의 피해가 확산 우려

Ⅳ. 총액입찰과 순수내역입찰 비교

구분	총액입찰	순수내역입찰
공사품질	품질 저하	품질 향상
설계변경	곤란	용이
공기단축	곤란	양호
공사비 조정	복잡	양호
기성고 지불	불명확	명확
수량산출	과다 시간 소요	내역산출 오차 적음
원가절감	시공자에 따라 복잡	시공자에 따라 용이
Claim처리	복잡	양호

29 물량내역 수정입찰제도

Ⅰ. 정의

물량내역수정입찰은 2012년부터 300억원 이상 공사에 대해 발주자가 교부한 물량내역서를 참고하여 입찰자가 직접 물량내역을 수정하여 입찰하는 제도를 말한다.

Ⅱ. 입찰제도의 현황

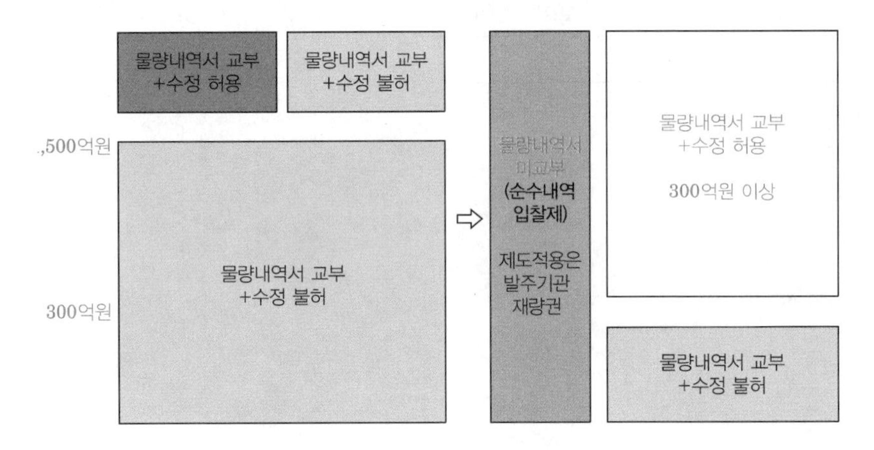

[기존 입찰제도] [순수내역입찰제도] [물량내역수정입찰제도]

Ⅲ. 물량내역 수정입찰제도의 문제점

① 시공법 변경 검토가 아닌 물량 적정성 검토에 국한
② 인위적인 물량 삭감에 의한 낙찰률 하락
③ 소요 물량의 상향 수정 기피
④ 낙찰자에게 설계변경 리스크 전가
⑤ 발주자 행정 부담 및 분쟁 증가 우려

[폐지가 필요한 사유]
- 도입 취지와는 달리 본 공사 물량 삭감만 유도하는 경쟁이 되고 있음
- 설계도서의 정비는 본질적으로 발주자의 책임으로 볼 수 있음
- 해외에 유사 사례가 없음
- 최저가낙찰제 하에서 누락된 물량 등의 적정한 수정이 곤란

Ⅳ. 제도 존치 시 향후 운용방안

① 발주자에게 재량권 부여 필요
② 물량 삭감뿐만 아니라 상향 수정을 유도
③ 소요 물량의 수정 범위: 단순 오류로 국한 필요
④ 일부 공종(가설공사 등)에 한하여 물량내역서 수정 필요
⑤ 설계변경 허용 범위: 수정된 세부공종만 설계변경 불허

30 최고가치(Best Value) 낙찰제도(입찰방식)

Ⅰ. 정의

최고가치 낙찰제도는 총생애비용의 견지에서 발주자에게 최고의 투자효율성을 가져다주는 입찰자를 선별하는 조달 프로세스 및 시스템을 말한다.

Ⅱ. 낙찰자 선정의 개념도

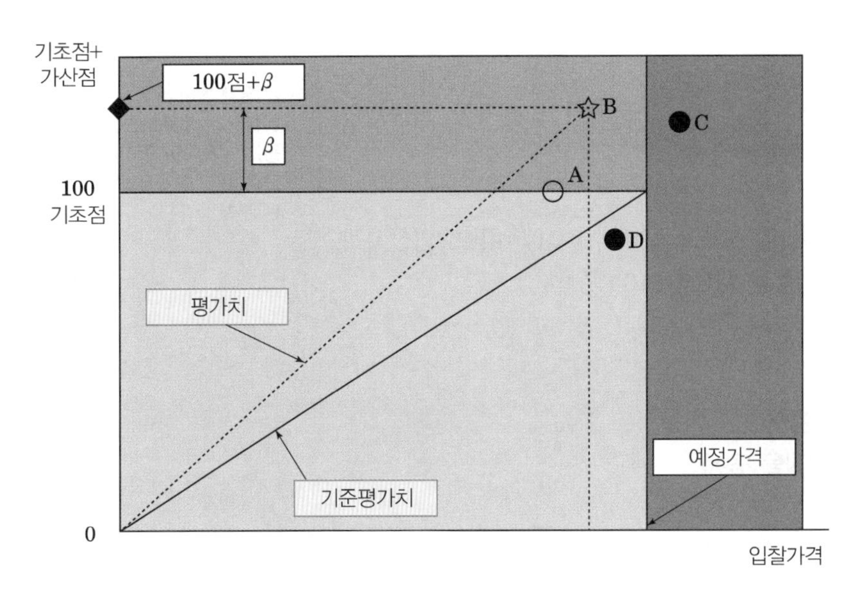

요건을 만족하지 않는 영역(입찰공사가격이 예정가격을 초과)
예를 들면, C는 예정가격을 초과하며, D는 표준점의 상태를 충족하고 있지 않다.
A는 기준 평가치를 상회하나, 평가치가 B를 밑돈다. 따라서 B가 낙찰자가 됨.

Ⅲ. 도입의 필요성

① 건설산업의 국제 경쟁력 강화
② 비용(Cost)에 대한 인식의 전환
③ 시공비용의 최소화가 아니라 총생애주기비용의 최소화
④ 입찰자에게 인센티브를 제공하거나, 협상을 통한 계약체결
⑤ 총생애주기비용의 최소화를 통해 투자효율성을 극대화
⑥ 적격심사제도와 최저가 낙찰제도의 문제점 해결
⑦ 입찰제도의 다양화와 발주기관의 기술능력 제고
⑧ 공사비만이 아니라 공기, 품질, 기술개발 측면 등을 고려
⑨ 덤핑 방지효과 및 수익성 향상

[정착을 위한 선결과제]
- 실질적인 입찰가격의 적정성 심사
- 비가격 요소의 심사를 위한 발주자의 전문성 강화
- 비가격 요소 심사에 대한 공정성 강화
- 새로운 공법을 제시하고 견적을 낼 수 있는 업체의 능력 강화
- 총생애주기비용을 산출하고 평가하기 위한 데이터베이스 구축
- 총체적인 우리나라의 조달 시스템의 선진화

31 기술제안입찰제도(기술형 입찰제도)

국가를 당사자로 하는 계약에 관한 법률

Ⅰ. 정의

기술제안입찰제도는 공사입찰 시 낙찰자를 선정함에 있어 가격뿐만 아니라 건설기술, 공사기간, 가격 등 여러 가지 요소를 고려하여 선정하는 입찰제도를 말한다.

Ⅱ. 종류

① 실시설계 기술제안입찰
발주기관이 교부한 실시설계서 및 입찰안내서에 따라 입찰자가 기술제안서를 작성하여 입찰서와 함께 제출하는 입찰

② 기본설계 기술제안입찰
발주기관이 작성하여 교부한 기본설계서와 입찰안내서에 따라 입찰자가 기술제안서를 작성하여 입찰서와 함께 제출하는 입찰

[기술제안서]
입찰자가 발주기관이 교부한 설계서 등을 검토하여 공사비 절감방안, 공기단축방안, 공사관리방안 등을 제안하는 문서

Ⅲ. 적용대상

① 상징성 · 기념성 · 예술성 등이 필요하다고 인정하는 공사
② 난이도가 높은 기술이 필요한 시설물 공사

Ⅳ. 절차

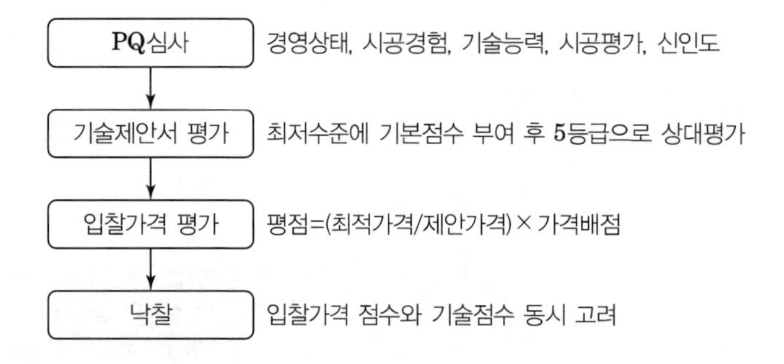

Ⅴ. 기술제안서 제출 내용 및 배점

① 시공 효율성 검토 등을 통한 공사비 절감방안(32점)
② 생애주기비용 개선방안(20점)
③ 공기단축방안(12점)
④ 공사관리방안(24점)
⑤ 발주기관이 교부한 설계서 및 입찰자가 제출하는 기술제안서의 내용을 반영하여 물량과 단가를 명백히 한 산출내역서(실시설계 기술제안입찰만 해당, 12점)
⑥ 그 밖에 입찰공고를 할 때에 요구된 사항

32 입찰제도 중 TES(Two Envelope System, 선기술 후가격 협상제도)

Ⅰ. 정의

기술능력이 우수한 업체를 선정하기 위하여 입찰서류 제출 시 기술제안서와 가격제안서를 제출받아 기술능력점수가 우수한 업체 순으로 예정가격 내에서 입찰가격을 협상하여 낙찰자를 선정하는 제도이다.

Ⅱ. 개념도

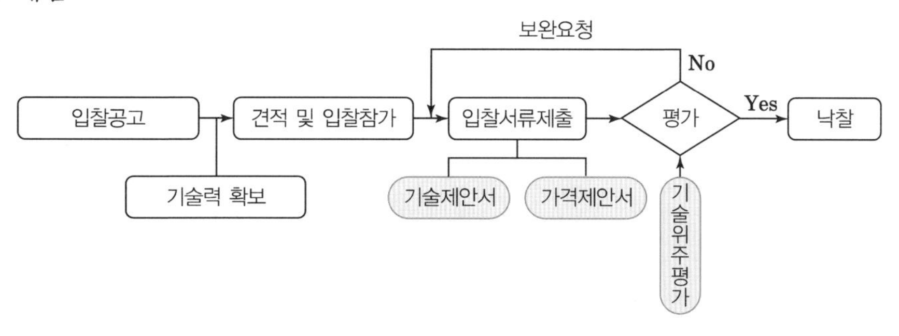

Ⅲ. TES의 실례

구분	A 업체	B 업체	C 업체	비고
순위	1	2	3	예정가격 500억
기술점수	98점	95점	90점	
입찰가격	550억	530억	490억	

낙찰자 선정

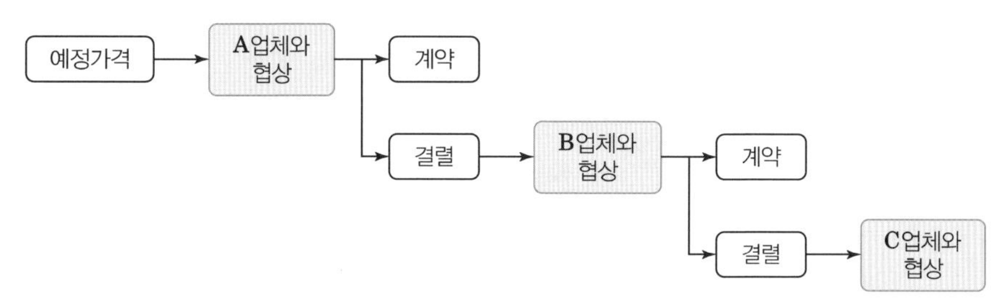

Ⅳ. 문제점

① 기술력 심사의 전문공인기관 부족
② 입찰서류 및 절차 복잡
③ 기술제안서 평가기준 미흡
④ 대기업에 유리

V. 대책

① 입찰서류 및 절차 간소화
② 기술제안서 평가기준 마련
③ 전문공인 심사기관 선정
④ 기술 우수업체 정부지원 강화
⑤ 기술개발 및 연구활동 강화
⑥ 과감한 신기술 도입

33 적격심사제도

(계약예규) 적격심사기준

Ⅰ. 정의

적격심사제도란 해당공사수행능력(시공경험, 기술능력, 시공평가 실적, 경영상태, 신인도), 입찰가격, 일자리창출 우대 및 해당공사 수행관련 결격여부 등을 종합심사하여 적격업체를 선정하는 제도이다.

Ⅱ. 심사기준

추정가격	해당공사 수행능력	입찰 가격	입찰가격 평점산식
100억 이상	70점	30점	30-[{88/100-(입찰가격-A)/(예정가격-A)×100}]
50억 이상 100억 미만	50점	50점	50-2×[{88/100-(입찰가격-A)/(예정가격-A)×100}]
10억 이상 50억 미만	30점	70점	70-4×[{88/100-(입찰가격-A)/(예정가격-A)×100}]
3억 이상 10억 미만	20점	80점	80-20×[{88/100-(입찰가격-A)/(예정가격-A)×100}]
2억 이상 3억 미만	10점	90점	90-20×[{88/100-(입찰가격-A)/(예정가격-A)×100}]
2억 미만	10점	90점	90-20×[{88/100-(입찰가격-A)/(예정가격-A)×100}]

- 일자리 창출우대, 해당공사 수행능력 결격 여부: 50억 미만 공사에 해당
- A: 국민연금, 건강보험, 퇴직공제부금비, 노인장기요양보험, 산업안전보건관리비, 안전관리비, 품질관리비의 합산액

Ⅲ. 심사방법

① 예정가격 이하로서 최저가로 입찰한 자 순으로 심사
② 제출된 서류를 그 제출마감일 또는 보완일부터 7일 이내에 심사
③ 재난이나 경기침체, 대량실업 등으로 기획재정부장관이 기간을 정하여 고시한 경우에는 심사서류의 제출마감일 또는 보완일로부터 4일 이내에 심사

Ⅳ. 낙찰자 결정

① 종합평점이 92점 이상
② 추정가격이 100억 원 미만인 공사의 경우에는 종합평점이 95점 이상
③ 최저가 입찰자의 종합평점이 낙찰자로 결정될 수 있는 점수 미만일 때에는 차순위 최저가 입찰자 순으로 심사하여 ①,②의 낙찰자 결정에 필요한 점수이상이 되면 낙찰자로 결정

34 건설공사 입찰제도 중에서 종합심사제도

(계약예규) 공사계약 종합심사낙찰제 심사기준

Ⅰ. 정의

종합심사제도는 300억 이상의 일반공사 및 고난이도공사, 300억 미만의 간이형공사의 정부발주공사의 획일적 낙찰제 폐해 개선을 목적으로 입찰자의 공사수행능력과 입찰금액에 기업의 사회적 책임점수를 가미하여 낙찰자를 결정하는 제도를 말한다.

Ⅱ. 심사기준

구분	공사수행능력	입찰가격	사회적 책임	계약신뢰도
일반 공사	40~50점	50~60점	가점 2점	감점
고난이도 공사	40~50점	50~60점	가점 2점	감점
간이형 공사	40점	60점	가점 2점	감점

Ⅲ. 낙찰자 결정

① 종합심사 점수가 최고점인 자를 낙찰자로 결정

② 종합심사 점수가 최고점인 자가 둘 이상인 경우에는 다음 각 호의 순으로 낙찰자를 결정

- 공사수행능력점수와 사회적 책임점수의 합산점수가 높은 자
- 입찰금액이 낮은 자
- 입찰공고일을 기준으로 최근 1년간 종합심사낙찰제로 낙찰 받은 계약금액이 적은 자
- 추첨

③ ① 및 ②에도 불구하고 예정가격이 100억원 미만인 공사의 경우에는 입찰가격을 예정가격 중 다음 각 호에 해당하는 금액의 합계액의 98/100 미만으로 입찰한 자는 낙찰자에서 제외한다.

- 재료비 · 노무비 · 경비
- 가호에 대한 부가가치세

④ 낙찰자를 결정한 경우 해당자에게 지체 없이 통보

Ⅳ. 기대효과

① 공사품질 향상

② 생애주기비용 측면의 재정효율성 증대

③ 하도급 관행 등 건설산업의 생태계 개선

④ 기술경쟁력 촉진

⑤ 건설산업 경쟁력 강화

35 입찰참가자격사전심사(PQ: Pre-qualification)제도

(계약예규) 입찰참가자격사전심사요령

Ⅰ. 정의

PQ 제도란 200억 이상의 해당공사에 대하여 공사의 시공품질을 높여 부실시공으로 인한 사회적 피해를 최소화하기 위하여 시공경험, 기술능력 등이 풍부하고 경영상태가 건전한 업체에 입찰참가자격을 부여하기 위한 제도를 말한다.

Ⅱ. 사전심사신청 자격제한

추정가격이 200억원 이상인 공사로서 에너지저장시설공사, 간척공사, 준설공사, 항만공사, 전시시설공사, 송전공사, 변전공사

Ⅲ. 심사기준

① 경영상태의 신용평가등급

구분	추정가격이 500억원 이상	추정가격이 500억원 미만
회사채	BB+ 이상	BB- 이상
기업어음	B+ 이상	B0 이상
기업신용평가등급	BB+에 준하는 등급 이상	BB-에 준하는 등급 이상

② 기술적 공사이행능력부분 배점기준

분야별	배점한도
시공경험	40점
기술능력	45점
시공평가 결과	10점
지역업체 참여도	5점
신인도	+3, -7

Ⅳ. 심사기준 요령

① 경영상태부문과 기술적 공사이행능력부문으로 구분하여 심사

② 경영상태부문의 적격요건을 충족한 자를 대상으로 기술적 공사이행능력부문을 심사

③ 경영상태부문은 신용정보업자가 평가한 회사채(또는 기업어음) 또는 기업신용평가등급으로 심사

④ 기술적 공사이행능력부문은 시공경험분야, 기술능력분야, 시공평가결과분야, 지역업체참여도분야, 신인도분야를 종합적으로 심사하며, 적격요건은 평점 90점 이상

⑤ 신용평가등급은 입찰공고일 이전 가장 최근에 평가한 유효기간내 신용평가등급으로 하며, 심사기준일은 입찰공고일 기준

⑥ 기술적 공사이행능력부문 심사시에는 계약이행의 성실도 평가를 위하여 부실벌점, 평가결과, 일자리창출 실적 포함

Ⅴ. 심사방법

① 신청마감일 또는 보완일로부터 10일 이내에 심사(3일의 범위내에서 그 기간을 연장 가능)

② 경영상태의 평가는 심사기준일 이전에 평가한 유효기간 내에 있는 회사채, 기업어음, 기업의 신용평가등급 중에서 가장 최근의 등급으로 심사

③ 합병한 업체에 대하여는 합병 후 새로운 신용평가등급으로 심사

④ 합병 전까지는 합병대상업체 중 가장 낮은 신용평가등급을 받은 업체의 신용평가등급으로 심사

⑤ 경영상태부문에 대한 적격요건과 기술적 공사이행능력부문에 대한 적격요건을 모두 충족하는 자를 입찰적격자로 선정

36 전자입찰제도

Ⅰ. 정의

공사입찰 시 전자입찰시스템으로 인터넷상에서 입찰공고, 견적서 제출, 낙찰, 계약 등이 이루어지므로 투명하고 공정한 경쟁입찰이 가능한 제도이다.

Ⅱ. 전자입찰 절차

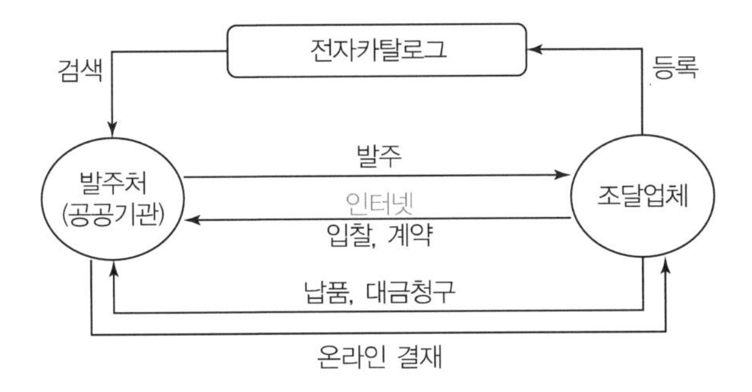

Ⅲ. 도입배경

① 입찰의 투명성 확보
② 업체 편의제공
③ 신속한 입찰
④ 공정한 입찰

Ⅳ. 전자입찰의 한계

① 시공능력이 아닌 운으로 낙찰(운찰제)이 되는 경우가 많다.
② Paper Company가 증가한다.
③ 경쟁업체 및 발주처 해킹을 도모한다.
④ 전산망 통신장애 시 입찰 미실시가 행해진다.
⑤ 공동도급 시 적용이 곤란하다.

Ⅴ. 개선방안

① 시공능력심사의 강화
② 전산망 보안 및 해킹대책 강구의 철저
③ 기술력 및 경영상태 불량한 업체 참가제한조치
④ 영세업체 System 구축의 지원
⑤ System 운영 전문가교육 및 배치

37 Fast Track Construction

Ⅰ. 정의

공기단축을 목적으로 기본설계에 의해 공사를 진행하면서 다음 단계에 작성된 설계도 서로 계속 공사를 진행하는 방식이다.

Ⅱ. 개념도

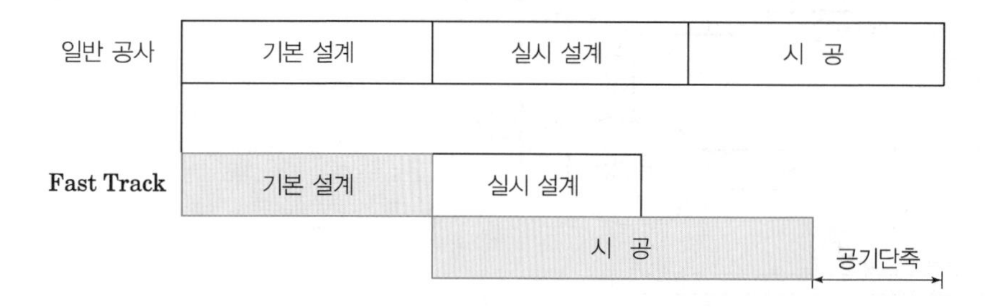

Ⅲ. 도입배경

① 공기단축
② 공사관리의 용이
③ 공사비 절감
④ 건설자재 절약

Ⅳ. 특징

① 실시설계를 작성할 시간 부여
② 공기단축 및 공사비 절감
③ 한 업체가 설계, 시공을 일괄할 경우 상호의견 교환이 우수
④ 목적물의 조기 완공으로 인한 영업이익 증대로 경제성 확보
⑤ 설계조건에 따라 문제발생 우려 → 건설비 증가 가능
⑥ 발주자, 설계자, 시공자의 협조가 필요
⑦ 설계도 작성 지연 시 전체 공정에 지장을 초래
⑧ 세부공종 세분화로 관리능력 부재 시 품질저하요인 발생

38 대안입찰제도

Ⅰ. 정의

발주기관이 제시하는 원안의 기본설계에 대하여 기본방침의 변경 없이 원안과 동등 이상의 기능과 효과가 반영된 설계로 공사비의 절감, 공기단축이 가능한 대안을 제시하여 입찰하는 방식이다.

Ⅱ. 대안입찰 실례

1. 구조체 시공방법 대안제시

구분	기존안	대안제시	기대효과
기둥	RC조	RC조	• PC 사용으로 공기단축 • 공사비 절감(약 5%) • 장스판의 보 사용 가능 • 안전사고 절감 • 이중공사 미실시로 공사비 절감
보	RC조	Hi-beam	
Slab	거푸집 사용	Ferro Deck	
내부 마감	상업시설 임대공간 (내부마감 실시)	상업시설 임대공간 (내부마감 미실시)	

2. 대안시공 결과

① 기존안에 비해 2개월의 공기단축효과 발생
② 공사비 5% 절감
③ 상업시설 임대공간 내부마감 미실시로 이중공사에 따른 공사비 절감

Ⅲ. 문제점

① 입찰기간의 장기화 우려
② 입찰기간의 장기화로 공사 지연 초래
③ 발주자의 전문인력 부족으로 대안심의의 기술적 평가 등이 미흡
④ 대안입찰 시의 설계비 부담

Ⅳ. 대책

① 대안심의기간의 단축
② 대안심의의 평가기준, 절차기준의 정리
③ 중앙설계심의위원회 기능강화 및 자질확보
④ 정부의 기술개발보상제도, 신기술지정제도 등 적극적인 지원
⑤ 기술개발에 따른 인센티브 확대
⑥ EC화 도입 등의 업체의 체질개선

39 성능발주방식

Ⅰ. 정의

발주자가 설계를 확정하지 않고 설계조건 및 성능을 제시하여 건설업자로부터 제출서류를 받은 다음 가장 좋은 안을 제안한 업체에게 실시설계와 시공을 맡기는 방식이다.

Ⅱ. 성능발주방식의 종류

종류	설명
전체발주방식	설계, 시공에 대하여 시공자와 제조업자의 제안을 대폭 채택하는 방식
부분발주방식	공사의 일부분 또는 설비의 한 부분만의 성능을 요구하는 발주방식
대안발주방식	도급자가 대안을 제시하여 발주하는 방식
형식발주방식	카탈로그를 구비한 부품에 대하여 그 형식을 나타내는 것만으로 발주하는 방식

Ⅲ. 특징

장점	단점
• 시공자의 창조적 시공활동 기대 • 설계자와 시공자의 커뮤니케이션 형성 • 시공자의 기술향상 기대	• 성능기준이 없으므로 확인 곤란 • 정확한 성능 표현 곤란 • 성능과 단가의 비교가 난이

Ⅳ. 기대효과

① 설계에 민간투자사업의 특성에 적합한 맞춤형 설계가능
② 각 지역에 맞는 합리적이며 경제적인 설계 가능
③ 지역상황을 고려한 성능목표를 실현함으로써 경제적 손실을 미연에 예방하고 비용 최소화 가능
④ 다양한 아이디어와 기술로 획기적인 기술발전 기대
⑤ 새로운 성능과 기준을 사회가 원하는 수준만큼의 안전성을 제공하고 보장
⑥ 품질관리에 대한 책임 소재가 분명하게 가려지므로 신뢰도에 기여

40 장기계약공사

Ⅰ. 정의

① 총공사 금액에 대하여 계약상의 모든 의무를 부담하면서 권리를 차수별 계약금액에 대해서만 행사할 수 있는 제도이다.

② 전체사업예산이 확보되지 않은 상황에서 매년 사업의 연도별 예산을 새로 편성하여야 한다.

Ⅱ. 개념도

① 공사명: 00신축공사

② 공사기간: 2022.1 ~ 2025.3

③ 연도별 투자확정금액

연도	공사비 투자확정금액
2022	토목 · 골조공사 : 200억
2023	방수 · 조적공사 : 100억
2024	Curtain Wall 등 : 100억
2025	기계 마감 등 : 100억

Ⅲ. 문제점

① 발주자 우위의 대표적인 불평등 계약제도

② 분산투자로 국가예산의 막대한 손실

③ 건설시장의 개방대상 범위를 확대시키는 결과를 초래

④ 중소업체의 입찰참가 기회를 크게 제약

⑤ 건설업체에 불이익을 초래하고 부실시공의 원인

⑥ 이월제도의 문제

Ⅳ. 개선방안

① 계속비 제도와 국고 채무부담 행위의 활성화

② 분할설계, 분할발주 범위를 확대

③ 중소기업체의 수주기회의 확대

④ 장기계속공사에 대한 재이월 허용

41 Cost Plus Time 계약(비용 · 시간 입찰 · 계약 방식, 공기단축계약제도)

Ⅰ. 정의

Cost Plus Time 계약이란 입찰 참여자 중에서 공사 비용(A)과 전체 또는 일부 공사의 기간(B)을 금액으로 환산한 금액의 합이 가장 낮은 입찰자를 낙찰자로 선정하는 입찰방식으로 A+B 방식이라고도 한다.

Ⅱ. 낙찰자 선정의 예시

구분		입찰자1	입찰자2
공사 비용(A)		5,000,000,000원	4,900,000,000원
공사 기간(B)	첨두 시간 차선차단 기간 비용	60일×14,000,000 =840,000,000원	140일×14,000,000 =1,960,000,000원
	비첨두 시간 차선차단 기간 비용	140일×5,000,000 =700,000,000원	60일×5,000,000 =300,000,000원
	공사 기간 비용	65일×1,000,000 =65,000,000원	65일×1,000,000 =65,000,000원
합계		6,605,000,000원	7,225,000,000원

① 낙찰자 선정을 위한 입찰금액 = A + {B×RUC(도로 이용자 비용)}
② 입찰자1이 낙찰됨

[첨두 시간 차선차단 기간 비용]
첨두 시간에 1시간 이상 차선을 차단하는 기간

[비첨두 시간 차선차단 기간 비용]
첨두 시간에 1시간 미만 차선을 차단하거나 비첨두 기간 동안 1시간 이상 차선을 차단하는 기간

[RUC(도로 이용자 비용)]
공사기간 B기간 동안의 발주자의 계약관리 비용과 차선을 차단함으로써 야기되는 도로 이용자의 통행 시간 지체를 금액으로 환산한 금액의 합으로 산정함

Ⅲ. Cost Plus Time 계약이 적용되는 공사

① 도시 지역 내의 교통량이 많은 지역의 공사
② 공사가 완공되면 고속도로망이 완성되는 공사
③ 교통에 심각한 장애를 주는 도로 시설의 주요 부분의 재시공 또는 복구 공사
④ 사용하지 않는 교량을 대체하는 공사
⑤ 우회로가 길고 교통량이 많은 공사

Ⅳ. 입찰 · 계약 방식의 비교

구분	전통적 방식	Cost Plus Time 계약	Lane Rental 계약방식
낙찰자 선정	• 공사금액이 최저인 자	• A+(B×RUC)가 최저인 자	• A+(B×RUC)가 최저인 자
공사의 특징	• 도로이용자 비용이 적은 경우 • 민원제기 등 제3자와 갈등이 예상되는 경우 • 많은 클레임이 예상되는 경우	• 도로이용자 비용이 큰 경우 • 일정기간동안 차선 또는 램프를 차단하는 경우 • 주요간선 교통축 공사에 많이 적용	• 도로이용자 비용이 큰 경우 • 차선 또는 노견차단법에 유연성이 있고, 비연속적으로 차선 또는 노견을 차단하는 경우 • 대체 도로가 없거나 또는 우회로 설치가 불가능한 경우
비고		• B에 대한 사용료를 지불하지 않음	• B에 대한 사용료를 지불함

42 Lane Rental 계약방식(차선 임대 방식)

Ⅰ. 정의

Lane Rental 계약방식은 공사 기간 동안 시공자가 차선 또는 노견을 이용할 경우 이들 사용 시간을 입찰하고 이들 사용료(Rental Fee)를 시공자로부터 징수하는 형태의 입찰·계약 방식을 말한다.

Ⅱ. 낙찰자 선정 방법

시공자는 차선 임대 시간의 총량을 입찰하고, 낙찰자 선정은 공사금액과 차선 임대 시간을 화폐가치로 환산한 금액의 합이 가장 낮은 입찰자가 낙찰자로 결정됨

입찰금액 = A(입찰자의 공사금액) + B(입찰자가 제시한 임대 기간)
×RUC(도로 이용자 비용)}

Ⅲ. Lane Rental 계약방식의 특성

① 통행을 제한하거나 차선을 차단하는 경우 도로 이용자에게 많은 비용이 발생하는 경우
② 대체 도로가 없거나 우회로의 설치가 불가능한 경우
③ 시공자에게 차선차단의 영향을 최소화할 수 있는 유연성을 부여할 수 있는 작업 계획을 수립할 수 있는 경우
④ 차선이 차단되는 시간을 최소화할 수 있는 시공 기술을 찾을 수 있는 경우
⑤ 시공계획에 영향을 주는 제3자의 문제, 설계 불확실성 및 통행권 문제 등의 갈등이 빚어질 가능성이 적은 경우
⑥ 고속도로 이용자에 대한 편익이 차선차단을 최소화하기 위한 추가적인 비용보다 클 경우

Ⅳ. 입찰 · 계약 방식의 비교

구분	전통적 방식	Cost Plus Time 계약	Lane Rental 계약방식
낙찰자 선정	• 공사금액이 최저인 자	• A+(B×RUC)가 최저인 자	• A+(B×RUC)가 최저인 자
공사의 특징	• 도로이용자 비용이 적은 경우 • 민원제기 등 제3자와 갈등이 예상되는 경우 • 많은 클레임이 예상되는 경우	• 도로이용자 비용이 큰 경우 • 일정기간동안 차선 또는 램프를 차단하는 경우 • 주요간선 교통축 공사에 많이 적용	• 도로이용자 비용이 큰 경우 • 차선 또는 노견차단법에 유연성이 있고, 비연속적으로 차선 또는 노견을 차단하는 경우 • 대체 도로가 없거나 또는 우회로 설치가 불가능한 경우
비고		• B에 대한 사용료를 지불하지 않음	• B에 대한 사용료를 지불함

43 인센티브 · 벌칙금 방식

Ⅰ. 정의

인센티브 · 벌칙금 방식이란 공사기간 이전에 공사를 종료하면 정해진 인센티브를 시공자에게 지급하고, 공사기간 안에 공사를 완료하지 못하면 범칙금을 부과하는 방식을 말한다.

Ⅱ. 인센티브 · 벌칙금 조항의 항목

① 통행 제한, 차선차단 또는 우회로 건설이 도로 사용자에게 많은 비용을 발생시킬 경우
② 안전이 중요시되는 공사
③ 공사의 조기 완성 보장이 지역사회 또는 경제에 중요한 영향을 주는 경우
④ 공사로 인해 발생하는 교통체증을 해소할 수 있는 방안이 공사기간 단축으로서만 해결되는 경우
⑤ 설계의 불명확, 보상일 또는 특별한 프로젝트의 시공계획에 영향을 주는 시공권 문제에 비교적 자유스러운 경우
⑥ 특정한 날에 공사가 완성되거나 공사의 조기 완공이 공공의 이익과 관련이 있는 경우
⑦ 발주기관이 공사를 조기에 완공할 수 있는 전문적인 시공회사를 원하는 경우

Ⅲ. 인센티브 · 벌칙금 조항이 없는 경우

① 프로젝트를 특정한 날에 완성할 필요가 없는 경우
② 도로 이용자 비용이 크지 않는 경우
③ 공사기간을 조기에 완성할 수 있는 다른 방법이 있는 경우

Ⅳ. 입찰 · 계약 방식의 비교

구분	인센티브 · 벌칙금 방식	Cost Plus Time 계약	Lane Rental 계약방식
낙찰자 선정	• 공사금액이 최저인 자	• A+(B×RUC)가 최저인 자	• A+(B×RUC)가 최저인 자
공사의 특징	• 도로이용자 비용이 적은 경우 • 공사기간이 짧거나 정해진 경우	• 도로이용자 비용이 큰 경우 • 일정기간동안 차선 또는 램프를 차단하는 경우 • 주요간선 교통축 공사에 많이 적용	• 도로이용자 비용이 큰 경우 • 차선 또는 노견차단법에 유연성이 있고, 비연속적으로 차선 또는 노견을 차단하는 경우 • 대체 도로가 없거나 또는 우회로 설치가 불가능한 경우
비고		• B에 대한 사용료를 지불하지 않음	• B에 대한 사용료를 지불함

44 계약 의향서(Letter of Intent)

Ⅰ. 정의

계약 의향서는 당사자의 합의가 법적구속력을 부여할 정도로 확정적이지 못한 상태에서 당사자 일방의 의사 또는 계획 내지 쌍방의 개략적 협의사항을 본계약에 앞서 정리해 놓은 법적 구속력이 없는 비망록을 말한다.

Ⅱ. 비망록의 형식

① Letter of Intent(의향서)
서신형태. 내용상 구속력 또는 강제력이 없다는 점에서 양해각서와 동일하고 형식은 서신형식의 계약서와 동일

② Memorandum of Understanding(양해각서)
형식은 쌍방당사자의 서면 계약서 형식으로 일반적인 계약서와 동일하고 내용상 구속력 또는 강제력이 없다는 점은 의향서와 동일

Ⅲ. 공개경재입찰의 계약체결 절차

입찰공고 → 입찰안내서(Instructions to Bidder; ITB) 교부 → 입찰 → 평가 → 낙찰 → 의향서(Letter of Intent; LOI) 교부 → 본계약 체결

Ⅳ. 계약 의향서의 작성 취지

① 복잡한 계약의 주요 사항들을 미리 정리한다.
② 본계약의 목적과 협상의 주요 사항들을 분명히 하고 추후 본계약 작성을 용이하게 한다.
③ 합병계약, 합작투자계약 등 본계약 체결까지 시간이 많이 걸리는 계약들의 경우 당사자가 협상을 하고 있다는 사실을 공식적으로 확인한다.
④ Non-Disclosure, Stand-Still 등 예외적으로 법적 구속력을 부여하는 조항을 둠으로써 협상이 본계약 체결에 이르지 못하고 결렬될 경우라도 손해를 최소화할 수 있다.

[Non-Disclosure]
기밀누설 금지

[Stand-Still]
일정 기간 다른 당사자와 동일 문제를 논의하지 않기로 하는 약정)

Ⅴ. 작성방법

① 통상 영문계약서의 작성요령과 동일하게 작성한다.
② shall, will, be obliged to, agree to 등을 사용하게 되면 구속력을 부여하는 조항으로 해석된다.
③ 법적 구속력이 없이 의사결정의 유연성에 초점을 맞춘다면 coope rate to 또는 use best efforts to 등의 표현을 사용하는 것이 국제관례이다.
④ 국제거래에 익숙한 외국기관의 경우 구체적으로 확정되지도 않은 예비적 상황이나 LOI 조건이 무한정으로 구속당할 가능성을 줄이기 위해 유효기간을 반드시 명시한다.

[coope rate to]
에 협조하다.

[use best efforts to]
최선의 노력을 다한다.

45 제안요청서(RFP: Request For Proposal)

Ⅰ. 정의

① RFP는 발주자가 특정 과제의 수행에 필요한 요구사항을 체계적으로 정리하여 제시함으로써 외주업체가 제안서를 작성하는데 도움을 주기 위한 문서를 말한다.

② 제안요청서에는 해당 과제의 제목, 목적 및 목표, 내용, 기대성과, 수행기간, 금액(Budget), 참가자격, 제출서류 목록, 요구사항, 제안서 목차, 평가기준 등의 내용이 포함된다.

Ⅱ. 제안요청서 구성의 실례

1. 사업 개요
1) 추진 배경 및 필요성
2) 사업 법위

2. 현행 업무 분석
1) 현행업무 현황
2) 현행 시스템 및 정보화 현황

3. 사업추진 방안
1) 추진 목표
2) 목표 시스템
3) 추진 체계
4) 추진 일정

4. 제안 요청 내용
1) 요구사항 목록
2) 상세 요구사항

5. 제안 안내사항
1) 입찰방식
2) 낙찰자 결정방식
3) 제안서 평가 방법

6 . 제안서 작성 안내
1) 제안서의 효력
2) 제안서 목차
3) 제안서 작성 지침

Ⅲ. 제안요청서 작성 시 고려사항

① 발주자의 요구사항이 잘 반영될 수 있도록 명확한 지침, 방향 및 충분한 정보를 줄 수 있는 RFP 작성

② 현재의 문제점들을 해결하기 위한 기업의 요구사항을 상세하게 나열

③ 발주자와 외주업체의 업무 분담에 대한 내용을 상세하게 기술

④ 제안서 작성요령을 알려주어 제안서의 일관성을 유지

Ⅳ. RFP와 RFI의 비교

구분	RFP	RFI
작성목적	외주업체들에게 자세한 정보를 주고 제안을 요청	외주업체의 정보를 파악 하여 비교하는 의도
작성사항	사업개요, 수행기간, 금액, 요구사항 등	사업개요, 수행기간, 공급업체 정보, 제품 정보 등
고려사항	RFP의 내용에 발주자의 요구사항을 명확하게 제시	3~5개 복수업체에게 발송

[RFI(Request for Information)]
사전 정보 요청

46 NSC(Nominated Sub-Contractor) 방식(발주자 지명하도급 발주방식)

Ⅰ. 정의

NSC는 영국 및 영연방국가들에서 발전된 하도급제도로서 발주자가 하도급 공사를 위하여 직접 전문 업체를 지명하거나, 설계사를 통하여 전문 업체를 지명하도록 하는 제도로 이렇게 지명된 전문 업체를 지명하도급(NSC)이라 부른다.

Ⅱ. 개념도

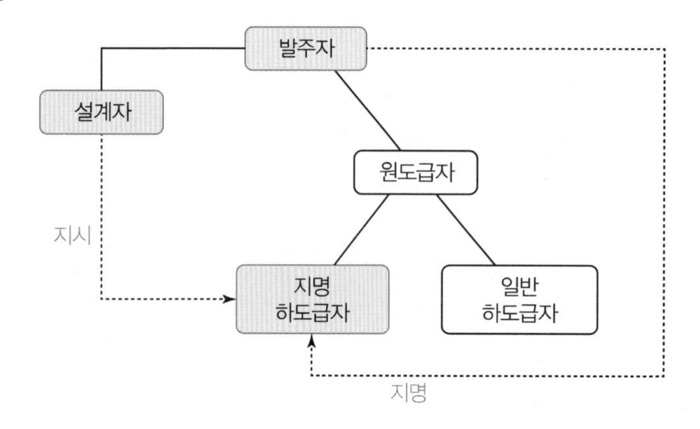

Ⅲ. NSC 도입배경

① 능력 있는 전문 업체를 선정하여 발주자가 원하는 품질을 기대
② 발주자가 원도급자뿐만 아니라 하도급자까지 관리 가능
③ 관리비는 원도급자 에게만 주므로 관리비 절감
④ 설계단계부터 하도급 공사의 요구사항과 기술적 지원으로 고품질의 설계 가능
⑤ 분리발주, 선발주를 통해 공기단축 기대
⑥ 원도급자는 발주자가 지명한 NSC를 정당한 사유가 있는 경우 거부 가능
⑦ 하도급 대상의 공사범위와 금액, 공기, 하도급 계약의 대금지급 조건이나 기타 현장 특수조건 등을 발주자가 정함
⑧ 하도급 부분에 대한 공사대금은 발주자가 원도급자에게 지급하며, 원도급자는 정해진 기일내에 NSC에게 지급

Ⅳ. 단점

① 계약이 애매모하다거나 누락되거나 하면 공사 진행과정에서 분쟁이 발생
② 각 주체간의 의사소통이 원활하게 진행될 수 있는 시스템 구축 필요
③ 착공 후 시공 업체가 교체되면 지명하도급제도의 취지를 살릴 수 없음

47 코스트온 발주방식

Ⅰ. 정의

코스트온 발주방식이란 일본에서 사용 중인 방식으로, 발주자가 전문 업체를 선정하고 해당 하도급 부분의 공사비 금액을 확정하여 발주하면 원도급자는 자기 지분의 공사비에 코스트온 금액과 그에 따른 관리비를 더하여 총액으로 계약하는 방식을 말한다.

Ⅱ. 개념도

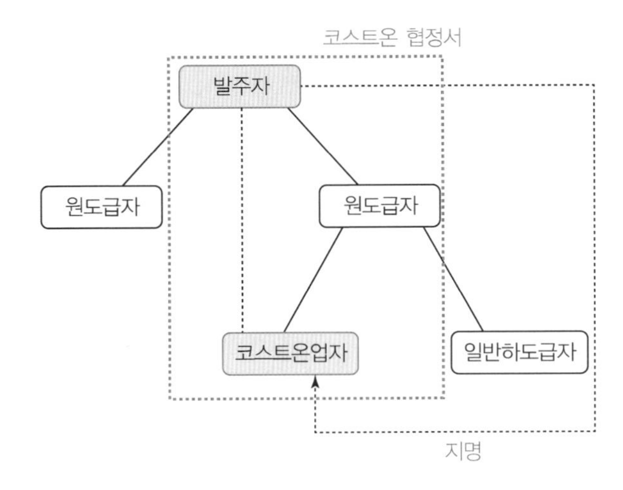

Ⅲ. 도입배경

① 코스트온 업체의 지정은 발주자가 수행
② 선정된 코스트온 업체는 원도급자와 계약관계를 가지며, 발주자, 원도급자, 코스트온 업체는 코스트온 협정을 체결
③ 코스트온 업체는 목적물의 완성, 가격, 품질(하자)에 대한 책임
④ 원도급자는 코스트온 방식으로 공사하는 부분에 대한 관리비를 받음
⑤ 원도급자는 해당 공사에 대한 안전과 공기에 대한 책임
⑥ 코스트온 방식은 설비를 대상으로 발주가 많이 시행
⑦ 발주자가 원도급자에게 해당 금액을 지불하고, 원도급자는 수령 후 14일 이내 코스트온 업체에게 지급
⑧ 설계변경 시에는, 코스트온 업체가 발주자와 직접 협의하여 수행, 원도급자에게는 사후 보고

[특징]
- 발주자는 원하는 전문 업체가 보장된 금액으로 공사를 수행하므로 품질 향상을 기대
- 원도급자는 코스트온 공사와 관련하여 안전과 공기에 대한 책임은 있으나, 그에 대한 관리비를 받을 수 있으며, 하자에 대한 책임은 코스트온 업체에게 전가
- 코스트온 업체는 적절하고 확정적인 공사비의 확보가 가능하며, 차별화된 기술이나 품질, 성능을 바탕으로 공사비 결정 시, 발주자와 적극적인 협의를 수행

48 기술개발 보상제도

Ⅰ. 정의

① 계약체결 후 공사 진행 중에 시공자가 신기술 및 신공법을 개발 및 적용하여 공사비 및 공기를 단축할 때 공사비 절감액의 일부(70%)를 시공자에게 보상하는 제도이다.

② 개념도

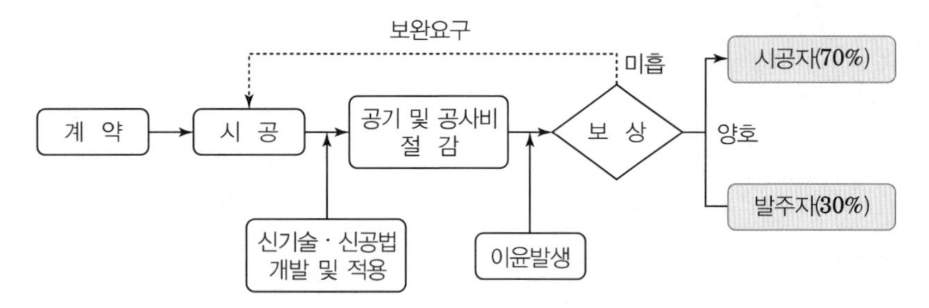

Ⅱ. 도입배경

① 기술경쟁력 강화
② 기술개발 투자의욕 증대
③ 국제경쟁력 강화
④ 양질의 공사 기대
⑤ 부실시공방지
⑥ 공사비 및 공기단축

Ⅲ. 문제점

① 심의기준 및 제출서류 과다
② 정부의 세제해택지원 미흡
③ 사용실적 저조 및 활용의 기피현상
④ 심의절차 복잡

Ⅳ. 개선방안

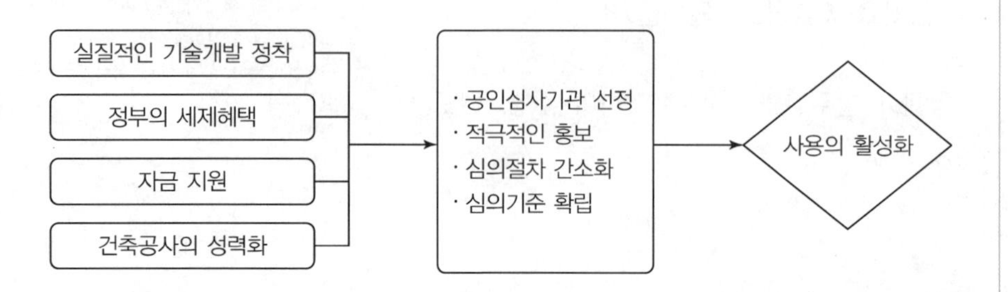

49 신기술 지정제도

건설기술 진흥법 시행령
신기술의 평가기준 및 평가절차 등에 관한 규정

Ⅰ. 정의

신기술 지정제도란 건설업체가 기술개발을 통하여 신기술, 신공법을 개발하였을 경우 그 신기술 및 공법을 법적으로 보호해 주는 제도를 말한다.

Ⅱ. 신기술의 활용

① 신기술을 개발한 자는 신기술을 사용한 자에게 기술사용료의 지급을 청구할 수 있다.

② 발주청에 유사한 기존 기술보다는 신기술을 우선 적용하도록 권고할 수 있다.

③ 발주청은 지정·고시된 신기술이 기존 기술에 비하여 시공성 및 경제성 등에서 우수하면 설계에 반영

④ 발주청은 신기술을 적용하여 건설공사를 준공한 날부터 1개월 이내에 그 성과를 평가하고, 그 결과를 국토교통부장관에게 제출하여야 한다.

Ⅲ. 신기술의 보호기간

① 신기술의 지정·고시일부터 8년의 범위

② 신기술의 활용실적 등을 검증하여 신기술의 보호기간을 7년의 범위에서 연장 가능

③ 신기술 보호기간의 연장을 하려면 보호기간이 만료되기 150일 전에 국토교통부장관에게 제출

Ⅳ. 보호기간 연장의 평가기준

① 종합평가점수에 따른 등급 및 보호기간

종합 평가점수	80 이상 ~ 100	70 이상 ~ 80 미만	60 이상 ~ 70 미만	50 이상 ~ 60 미만	40 이상 ~ 50 미만
등급	가	나	다	라	마
보호기간	7년	6년	5년	4년	3년

※ 종합점수 40점 미만인 경우 등급 미부여 및 보호기간 연장 불인정

② 평가항목별 배점기준

항목	배점
활용실적	30점
기술의 우수성	70점
가점	(10점)
종합점수	100점

Ⅴ. 신기술 지정기준

구분	설명
신규성	• 새롭게 개발되었거나 개량된 기술
진보성	• 기존의 기술과 비교 검토하여 공사비, 공사기간, 품질 등에서 향상이 이루어진 기술
현장 적용성	• 시공성, 안전성, 경제성, 환경친화성, 유지관리 편리성이 우수하여 건설현장에 적용할 가치가 있는 기술

Ⅵ. 신기술 지정제도의 문제점

① 신기술의 인정범위의 불명확
② 평가의 전문성 및 공정성 결여
③ 제출된 신청서류의 미흡
④ 평가기준 미정립
⑤ 보호기간 연장 시 검증절차 불합리

Ⅶ. 대책

① 기술료 부분은 산업재산권 보호차원에서 해결
② 전문성을 가진 심의위원의 선정 및 심의절차의 강화
③ 제출서류의 강화
④ 평가방법의 정량화
⑤ 적극적인 사후관리대책의 수립
⑥ 정부의 신기술 보급 및 활용

50 직할시공제

Ⅰ. 정의

직할시공제는 발주자, 원도급자, 하도급자의 구성된 종전의 전통적인 3단계 시공 생산 구조를 발주자와 시공사의 2단계 구조로 전환하여 발주자가 공종별 전문시공업자와 직접 계약을 체결하고 공사를 수행하며, 기존 원도급자가 수행해 왔던 전체적인 공사 계획, 관리, 조정의 기능을 발주가가 담당하는 방식을 말한다.

Ⅱ. 개념도

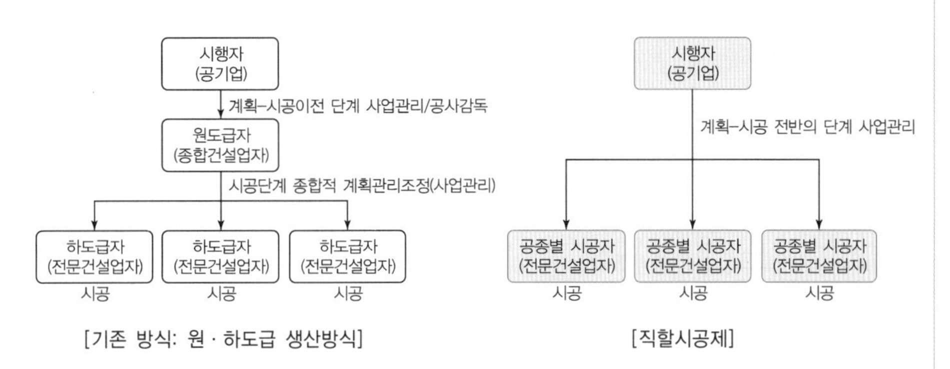

[기존 방식: 원 · 하도급 생산방식]   [직할시공제]

Ⅲ. 직할시공제의 장단점 및 적용 시 효과적인 공사의 특성

장점	단점
• 원도급자의 이윤 및 관리비용 절감을 통한 원가절감 효과 • 패트스트랙 방식 적용 시 유리하므로 공기 단축 및 간접비 절감효과 제고	• 다수의 전문시공자 선정을 위한 과다한 입낙찰 업무 • 원칙적으로 시공계약에 의한 리스크는 발주자 부담 • 발주자 사업관리 역량이 성공의 최대관건
적용 시 효과적인 공사의 특성	**적용 시 비효과적인 공사의 특성**
• 공기단축이 필요한 공사 • 예산상의 제약이 있는 공사 • 발주자의 유사경험이 많은 공사 • 발주자 경험상 전문시공자간 클레임/분쟁 가능성이 낮거나 예측할 수 있는 공사	• 공기단축이나 공사비 절감이 최우선 목표 아닌 공사 • 복잡도가 높고 발주자의 경험이 부족한 대규모 신규공사 • 전문시공자간 클레임 및 분쟁 가능성이 높은 공사

Ⅳ. 전제조건 및 효율적 적용방안

① 민간과 공공의 사업관리 측면에서의 차이 인식 및 극복

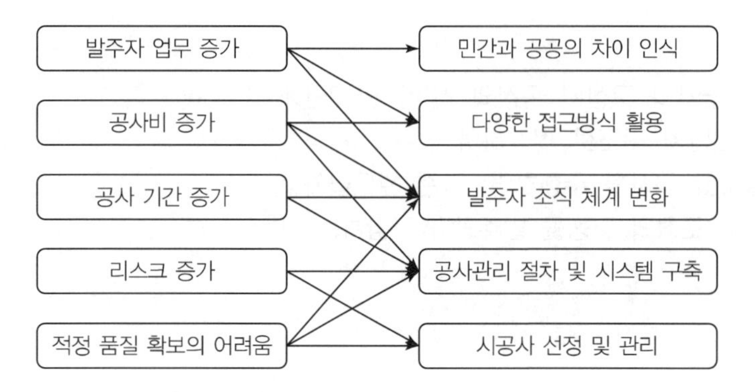

② 발주자의 역할 및 조직체계 변화

③ 다양한 접근방식 분석 필요

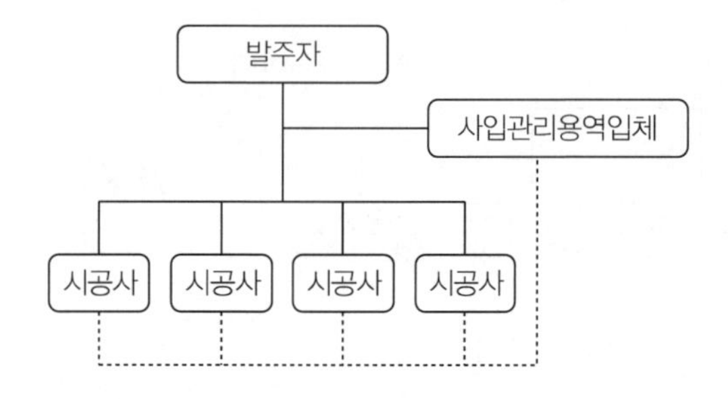

④ 공사관리 절차 및 시스템 구축

⑤ 우수한 시공업체의 선정 및 관리

51 건설공사 직접시공 의무제

건설산업기본법 시행령

Ⅰ. 정의

건설공사 직접시공 의무제란 건설사업자가 1건 공사의 금액이 100억원 이하로서 70억 미만인 건설공사를 도급받은 경우에는 그 건설공사의 도급금액 산출내역서에 기재된 총 노무비 중 일정비율에 따른 노무비 이상에 해당하는 공사를 직접 시공하는 제도를 말한다.

Ⅱ. 도급금액에 따른 직접시공 비율

도급금액	직접시공 비율
3억 미만	50%
3억 이상 10억 미만	30%
10억원 이상 30억원 미만	20%
30억원 이상 70억원 미만	10%

[예외]
- 발주자가 필요하다고 인정하여 서면으로 승낙한 경우
- 특허 또는 신기술을 사용할 수 있는 건설사업자에게 하도급하는 경우

Ⅲ. 직접시공 시 준수사항

① 직접시공계획은 도급계약을 체결한 날부터 30일 이내에 발주자에게 통보

② 다음 요건을 모두 갖춘 경우에는 직접시공계획을 통보하지 아니할 수 있다.
- 1건 공사의 도급금액이 4천만원 미만일 것
- 공사기간이 30일 이내일 것

③ 직접 시공 및 하도급 할 공사량 · 공사단가 및 공사금액이 명시된 공사내역서와 예정공정표를 함께 제출

④ 기한 내에 감리자에게 직접시공계획을 통보한 경우에는 이를 발주자에게 통보한 것으로 본다.

Ⅳ. 직접시공 의무제 효과

① 페이퍼컴퍼니 감소 효과

② 직접시공의 질적 효과

③ 직접고용 유도 효과

Ⅴ. 직접시공의무제도에 대한 대안 제시

① 발주자에게 재량권 부여

② 전문공사 분리발주 시 적용

③ 건설보증시스템 활용

52 시공능력평가제도

건설산업기본법 시행규칙

Ⅰ. 정의

① 시공능력평가제도란 발주자가 적정한 건설사업자를 선정할 수 있도록 건설사업자의 건설공사 실적, 자본금, 건설공사의 안전·환경 및 품질관리 수준 등에 따라 시공능력을 평가하여 공시하는 제도를 말한다.

② 시공능력평가액은 매년 7월 31일까지 공시되며 이 시공능력평가의 적용기간은 다음 해 공시일 이전까지이다.

Ⅱ. 시공능력평가액 산정

시공능력평가액 = 공사실적평가액 + 경영평가액 + 기술능력평가액 + 신인도평가액

① 공사실적평가액: 최근 3년간 건설공사 실적의 연차별 가중평균액×70%

② 경영평가액: 실질자본금×경영평점×80%

③ 기술능력 평가액: 기술능력생산액+(퇴직공제불입금×10)+최근 3년간 기술개발 투자액

④ 신인도 평가액: 신기술지정, 협력관계평가, 부도, 영업정지, 산업재해율 등을 감안하여 감점 또는 가점

Ⅲ. 시공능력의 평가방법

① 업종별 및 주력분야별로 평가한다.

② 최근 3년간 공사실적을 평가한다.

③ 건설업양도신고를 한 경우 양수인의 시공능력은 새로이 평가한다.

④ 상속인, 양수인은 종전 법인의 시공능력과 동일한 것으로 본다.

⑤ 시공능력을 새로이 평가하는 경우 합산한다.

⑥ 건설사업자의 경영평가액은 0에서 공사실적평가액의 20/100에 해당하는 금액을 뺀 금액으로 한다.

Ⅳ. 문제점

① 평가를 연간 경영 현황을 위주로 평가

② 평가항목을 금액으로 단일 계량화하여 개별 평가 결과를 왜곡

③ PQ나 적격심사와의 연계성 부족하고 중복 평가 실시

Ⅴ. 개선방향

① 맞춤형 정보 제공 체계 구축

② 평가 방법의 Tool 마련

③ 체계적 평가 시스템 구축

53 총사업비관리제도

국가재정법/총사업비관리지침

Ⅰ. 정의

총사업비관리제도란 국가의 예산 또는 기금으로 시행하는 대규모 재정사업에 대해 기본설계, 실시설계, 계약, 시공 등 사업추진 단계별로 변경 요인이 발생한 경우 사업시행 부처와 기획재정부가 협의해 총사업비를 조정하는 제도를 말한다.

Ⅱ. 총사업비 관리대상 사업

① 공공기간 또는 민간이 시행하는 사업 중 완성에 2년 이상이 소요되는 사업으로서, 다음의 사업

- 총사업비가 500억원 이상이고 국가의 재정지원규모가 300억원 이상인 토목사업 및 정보화사업
- 총사업비가 200억원 이상인 건축사업
- 총사업비가 200억원 이상인 연구시설 및 연구단지 조성 등 연구기반구축 R&D사업

② 총액계상사업도 ①의 요건에 해당하는 사업

③ ① 및 ②의 규정에도 불구하고 다음의 어느 하나에 해당하는 사업은 제외

- 국고에서 정액으로 지원하는 사업
- 국고에서 융자로 지원하는 사업
- 민간투자사업
- 기존 시설의 효용 증진을 위한 단순개량 또는 유지·보수사업
- 국고지원 대상이 아닌 지자체 등이 수요의 창출, 수익사업 등을 목적으로 자체 재원 또는 민간자본을 유치하여 자체적으로 추진하는 사업에 대한 사업비

Ⅲ. 관리절차

사업구상 단계 → 예비타당성조사 단계 → 타당성조사 및 기본계획 수립 단계 → 기본설계 단계 → 실시설계 단계 → 발주 및 계약 단계 → 시공 단계

Ⅳ. 문제점

① 총사업비제도의 문제점 개괄

② 사업기간 연장으로 인한 투자 효율성 저해

③ 중앙관서, 발주처, 현장 등의 자율성 미흡

④ 부처 자체 투자계획에 의한 자율적 사업추진 곤란
⑤ 총사업비 관리주체의 전문성 결여
⑥ 총사업비 관련자료의 체계적 관리 미흡

V. 개선방안

① 사업계획단계 사업비 관리 강화
② 총사업비 대상사업의 적기준공 유도
③ 총사업비 관리의 자율성 확대
④ 총사업비 조정협의 전문성 및 효율성 제고
⑤ 총사업비 관련자료의 체계적 관리 및 관련정보의 접근성 제고

54 추정가격과 예정가격

국가계약법 시행령

Ⅰ. 정의

① 추정가격이란 물품 · 공사 · 용역 등의 조달계약을 체결함에 있어서 국제입찰 대상여부를 판단하는 기준 등으로 삼기 위하여 예정가격이 결정되기 전에 산정된 가격을 말한다.

② 예정가격이란 입찰 또는 계약체결 전에 낙찰자 및 계약금액의 결정기준으로 삼기 위하여 미리 작성 · 비치하여 두는 가액으로 부가가치세를 포함한 가격을 말한다.

Ⅱ. 개념도

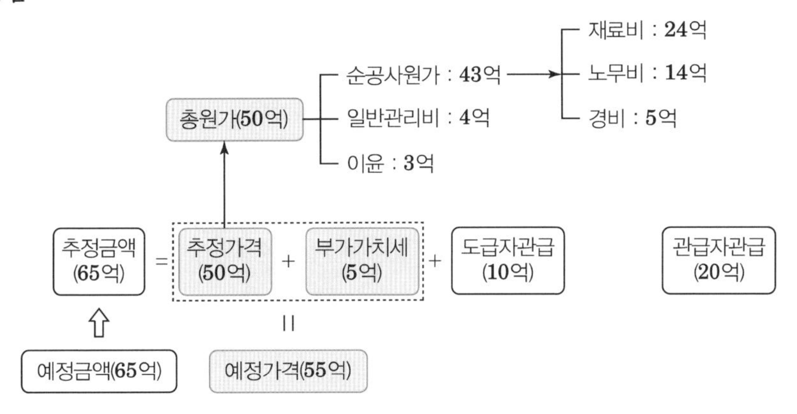

[추정가격]
설계서 등에 따라 산출된 금액에서 부가가치세와 관급자재로 공급될 부분의 가격을 제외한 금액

[추정금액]
추정가격+부가가치세+도급자설치 관급금액 (관급자설치 관급 제외)

[예정가격]
입찰 또는 계약체결 전 낙찰자 및 계약금액의 결정기준 (관급자재로 공급될 부분의 가격 제외한 금액)

[예정금액]
예정가격+도급자설치 관급금액(관급자설치 관급 제외)

Ⅲ. 추정가격의 산정

① 공사계약의 경우에는 관급자재로 공급될 부분의 가격을 제외한 금액

② 단가계약의 경우에는 당해 물품의 추정단가에 조달예정수량을 곱한 금액

③ 개별적인 조달요구가 복수로 이루어지거나 분할되어 이루어지는 계약의 경우에는 다음의 어느 하나 중에서 선택한 금액
- 직후 12개월 동안의 수량 및 금액의 예상변동분을 고려하여 조정한 금액
- 동일 회계연도 또는 직후 12월 동안에 계약할 금액의 총액

④ 물품 또는 용역의 리스 · 임차 · 할부구매계약 및 총계약금액이 확정되지 아니한 계약의 경우에는 다음의 하나에 의한 금액
- 계약기간이 정하여진 계약의 경우에는 총계약기간에 대하여 추정한 금액
- 계약기간이 정하여지지 아니하거나 불분명한 계약의 경우에는 1월분의 추정지급액에 48을 곱한 금액

⑤ 조달하고자 하는 대상에 선택사항이 있는 경우에는 이를 포함하여 최대한 조달가능한 금액

Ⅳ. 예정가격의 결정기준

① 적정한 거래가 형성된 경우에는 그 거래실례가격

② 신규개발품이거나 특수규격품 등의 적정한 거래실례가격이 없는 경우에는 원가계산에 의한 가격

③ 공사의 경우 이미 수행한 공사의 종류별 시장거래가격 등을 토대로 산정한 표준시장단가

④ ① 내지 ③의 규정에 의한 가격에 의할 수 없는 경우에는 감정가격, 유사한 물품·공사·용역 등의 거래실례가격 또는 견적가격

55 건축공사 원가계산서

국가계약법 시행규칙

Ⅰ. 정의

원가계산서는 원가계산에 의한 가격으로 예정가격을 결정하기 위해서는 원가계산서를 작성하여야 한다.

Ⅱ. 건축공사 원가계산에 의한 예정가격의 결정

구분				산출식
예정가격	총공사원가	순공사원가	재료비	규격별 재료량×단위당 가격
			노무비	공종별 노무량×노임단가
			경비	비목별 경비의 합계액
		일반관리비		(재료비+노무비+경비)×일반관리비율
		이윤		(노무비+경비+일반관리비)×이윤율
	공사손해보험료			(총공사원가+관급자재대)×요율
	부가가치세			(총공사원가+공사손해보험료)×요율

※ 일반관리비율: 6/100 이하, 이윤율: 15/100 이하

Ⅲ. 원가계산 시 단위당 가격의 기준

① 거래실례가격 또는 지정기관이 조사하여 공표한 가격
② 감정가격
③ 유사한 거래실례가격
④ 견적가격

[감정가격]
감정평가법인 또는 감정평가사가 감정평가한 가격

[유사한 거래실례가격]
기능과 용도가 유사한 물품의 거래실례가격

[견적가격]
계약상대자 또는 제3자로부터 직접 제출받은 가격

Ⅳ. 원가계산서의 작성

① 예정가격을 결정함에 있어서는 원가계산서를 작성
② 원가계산용역기관
- 공공기관이 자산의 50/100 이상을 출자 또는 출연한 연구기관
- 학교의 연구소
- 산학협력단
- 주무관청의 허가 등을 받아 설립된 법인
- 회계법인

③ 원가계산용역기관의 요건
- 정관 또는 학칙의 설립목적에 원가계산 업무가 명시되어 있을 것
- 원가계산 전문인력 10명 이상을 상시 고용하고 있을 것
- 기본재산이 2억원(학교의 연구소 및 산학협력단 경우에는 1억원) 이상일 것

56 표준시장단가제도

국가계약법 시행령/(계약예규) 예정가격작성기준

Ⅰ. 정의

표준시장단가제도는 공사를 구성하는 일부 또는 모든 공종에 대하여 품셈을 이용하지 않고 재료비, 노무비, 경비를 포함한 공종별 단가를 이미 수행한 동일공사 혹은 유사공사의 단가로 공사 특성을 고려하여 가격을 산정하는 방식을 말한다.

Ⅱ. 표준시장단가 원가 산정 절차

실적단가 추출 대상 선정 → 세부 공정별 실적단가의 적정성 평가 → 실적단가 건수 검토 → 과거 실적단가 설계 시점의 가치로 환산 → 실적단가의 대푯값 산정 → 순공사비 & 제잡비 산정

Ⅲ. 예정가격의 결정기준

① 적정한 거래가 형성된 경우에는 그 거래실례가격

② 신규개발품이거나 특수규격품 등의 적정한 거래실례가격이 없는 경우에는 원가계산에 의한 가격

③ 공사의 경우 이미 수행한 공사의 종류별 시장거래가격 등을 토대로 산정한 표준시장단가

④ ① 내지 ③의 규정에 의한 가격에 의할 수 없는 경우에는 감정가격, 유사한 물품·공사·용역 등의 거래실례가격 또는 견적가격

Ⅳ. 표준시장단가에 의한 예정가격작성

① 직접공사비, 간접공사비, 일반관리비, 이윤, 공사손해보험료 및 부가가치세의 합계액으로 한다.

② 추정가격이 100억원 미만인 공사에는 표준시장단가를 적용하지 아니한다.

③ 직접공사비=공종별 단가×수량

④ 간접공사비=직접공사비 총액×비용별 일정요율

⑤ 일반관리비=(직접공사비+간접공사비)×일반관리비율

⑥ 일반관리비율은 공사규모별로 정한 비율을 초과 금지

[직접공사비]
계약목적물의 시공에 직접적으로 소요되는 비용

[간접공사비]
공사의 시공을 위하여 공통적으로 소요되는 법정경비 및 기타 부수적인 비용

[일반관리비]
기업의 유지를 위한 관리활동부문에서 발생하는 제비용

[이윤]
영업이익

종합공사		전문 전기 · 정보통신 · 소방 및 기타공사	
직접공사비 +간접공사비	일반관리비율(%)	직접공사비 +간접공사비	일반관리비율(%)
50억원 미만	6.0	5억원 미만	6.0
50억원~300억원 미만	5.5	5억원~30억원 미만	5.5
300억원 이상	5.0	30억원 이상	5.0

⑦ 이윤=(직접공사비+간접공사비+일반관리비)×이윤율

⑧ 공사손해보험료=공사손해보험가입 비용

57 건설공사비지수(Construction Cost Index)

Ⅰ. 정의

건설공사비지수란 건설공사에 투입되는 재료, 노무, 장비 등의 자원 등의 직접공사비를 대상으로 한국은행의 산업연관표와 생산자물가지수, 대한건설협회의 공사부문 시중노임 자료 등을 이용하여 작성된 가공통계로 건설공사 직접공사비의 가격변동을 측정하는 지수를 말한다.

Ⅱ. 활용목적

① 기존 공사비 자료의 현가화를 위한 기초자료
기존 공사비자료에 대한 시차 보정에 건설공사비지수를 활용할 수 있음

② 계약금액 조정을 위한 기초자료의 개선
물가변동으로 인한 계약금액 조정에 있어서 투명하고 간편하게 가격 등락을 측정하는데 활용할 수 있음

Ⅲ. 건설공사비지수의 작성방법

1. 지수작성을 위한 기초자료

① 가중치자료: 한국은행의 2015년 기준연도 산업연관표 투입산출표(기초가격 기준)와 생산자물가지수(2015년=100)

② 가격자료
- 한국은행의 생산자물가지수를 기본으로 함
- 노무비 부문은 대한건설협회의 일반공사 직종 평균임금을 활용

2. 기준연도 (2015년도를 기준연도로 설정)

① 현행 지수의 기준년도는 2015년이며, 경제구조의 변화가 지수에 반영되도록 5년마다 기준년도를 개편하여 조사대상품목과 가중치구조를 개선

② 2015년 연평균 100인 생산자물가지수 품목별지수를 토대로 산출 (2009년 12월 이전 지수는 기존 지수의 등락률에 따라 역산하여 접속)

3. 분류체계

① 산업연관표상의 건설부문 기본부문 15가지 시설물별을 부분별로 상향집계하여 총 25개(중복지수 제외 시 총 21개)의 지수가 산출되는데, 최종적으로 산출되는 최상위 지수가 건설공사비지수임
- 15개의 기본 시설물지수(소분류지수)와 7개의 중분류지수, 2개의 대분류지수, 최종적인 건설공사비지수로 분류됨
- 주거용건물, 비주거용건물, 건축보수, 기타건설은 중분류 지수로 하위분류가 없으며, 소분류와 중분류 지수로 2중 계산됨

[건설공사비지수의 산식]

건설공사비지수 산식

$$(E_{\cos t}) = \Sigma\left(w_{io} \times \Sigma p_{ppi}\frac{w_{ppi}}{w_s}\right)$$

w_{io} : 지수에 편제되는 산업연관표 품목별 가중치

p_{ppi} : 산업연관표 품목에 해당하는 품목(들)의 생산자물가지수

w_{ppi} : 산업연관표 품목에 해당하는 품목(들)의 생산자물가지수들의 개별 가중치

w_s : w_{ppi} 의 합

58 물가변동(Escalation, 물가변동으로 인한 계약금액조정)

국가계약법 시행령/시행규칙

Ⅰ. 정의

Escalation이란 입찰 후 계약금액을 구성하는 각종 품목 또는 비목의 가격 상승 또는 하락된 경우 그에 따라 계약금액을 조정함으로써 계약당사자의 원활한 계약이행을 도모하고자 하는 것을 말한다.

Ⅱ. 물가변동으로 인한 계약금액조정 기준

① 계약을 체결한 날부터 90일 이상 경과하고 다음의 어느 하나에 해당되는 때에는 계약금액을 조정한다.
- 입찰일을 기준일로 하여 산출된 품목조정률이 3/100 이상 증감된 때
- 입찰일을 기준일로 하여 산출된 지수조정률이 3/100 이상 증감된 때

② 조정기준일부터 90일 이내에는 이를 다시 조정하지 못한다.

③ 선금을 지급한 것이 있는 때에는 공제한다.

④ 최고판매가격이 고시되는 물품을 구매하는 경우 계약체결 시에 계약금액의 조정에 규정과 달리 정할 수 있다.

⑤ 천재·지변 또는 원자재의 가격급등 하는 경우 90일 이내에 계약금액을 조정할 수 있다.

⑥ 특정규격 자재의 가격증감률이 15/100 이상인 때에는 그 자재에 한하여 계약금액을 조정한다.

[특정규격의 자재]
해당 공사비를 구성하는 재료비·노무비·경비 합계액의 1/100을 초과하는 자재만 해당

⑦ 환율변동으로 계약금액 조정요건이 성립된 경우에는 계약금액을 조정한다.

⑧ 단순한 노무에 의한 용역으로서 예정가격 작성 이후 노임단가가 변동된 경우 노무비에 한정하여 계약금액을 조정한다.

Ⅲ. 물가변동으로 인한 계약금액의 조정 방법

① 품목조정률, 등락폭 및 등락률

$$\text{품목조정률} = \frac{\text{각 품목 또는 비목의 수량에 등락폭을 곱하여 산출한 금액의 합계액}}{\text{계약금액}}$$

$$\text{등락폭} = \text{계약단가} \times \text{등락률}$$

$$\text{등락률} = \frac{\text{물가변동당시가격} - \text{입찰당시가격}}{\text{입찰당시가격}}$$

② 예정가격으로 계약한 경우에는 일반관리비 및 이윤 등을 포함하여야 한다.

③ 등락폭을 산정함에 있어서는 다음의 기준에 의한다.
- 물가변동당시가격이 계약단가보다 높고 동 계약단가가 입찰당시가격보다 높을 경우의 등락폭은 물가변동당시가격에서 계약단가를 뺀 금액으로 한다.

- 물가변동당시가격이 입찰당시가격보다 높고 계약단가보다 낮을 경우의 등락폭은 영으로 한다.

④ 지수조정률은 계약금액의 산출내역을 구성하는 비목군 및 다음의 지수 등의 변동률에 따라 산출한다.

- 생산자물가기본분류지수 또는 수입물가지수
- 정부·지방자치단체 또는 공공기관이 결정·허가 또는 인가하는 노임·가격 또는 요금의 평균지수
- 조사·공표된 가격의 평균지수

⑤ 조정금액은 계약금액 중 조정기준일 이후에 이행되는 부분의 대가에 품목조정률 또는 지수조정률을 곱하여 산출한다.

⑥ 계약상 조정기준일전에 이행이 완료되어야 할 부분은 물가변동적용대가에서 제외한다. 다만, 정부에 책임이 있는 사유 또는 천재·지변 등 불가항력의 사유로 이행이 지연된 경우에는 물가변동적용대가에 이를 포함한다.

⑦ 선금을 지급한 경우의 공제금액의 산출은 다음 산식에 의한다.

공제금액 = 물가변동적용대가 × (품목조정률 또는 지수조정률) × 선금급률

⑧ 물가변동당시가격을 산정하는 경우에는 입찰당시가격을 산정한 때에 적용한 기준과 방법을 동일하게 적용하여야 한다.

⑨ 등락률을 산정함에 있어 용역계약의 노무비의 등락률은 최저임금을 적용하여 산정한다.

⑩ 계약상대자로부터 계약금액의 조정을 청구받은 날부터 30일 이내에 계약금액을 조정하여야 한다.

59 계약금액의 조정

Ⅰ. 정의

계약금액의 조정이란 입찰 후 계약금액을 구성하는 각종 품목 또는 비목의 가격 상승 또는 하락된 경우 그에 따라 계약금액을 조정함으로써 계약당사자의 원활한 계약이행을 도모하고자 하는 것을 말한다.

Ⅱ. 계약금액의 조정

1. 물가변동으로 인한 계약금액조정

① 계약을 체결한 날부터 90일 이상 경과하고 다음 각 호의 어느 하나에 해당되는 때에는 계약금액을 조정한다.
- 입찰일을 기준일로 하여 산출된 품목조정률이 3/100 이상 증감된 때
- 입찰일을 기준일로 하여 산출된 지수조정률이 3/100 이상 증감된 때

② 조정기준일부터 90일 이내에는 이를 다시 조정하지 못한다.

③ 선금을 지급한 것이 있는 때에는 공제한다.

④ 천재·지변 또는 원자재의 가격급등 하는 경우 90일 이내에 계약금액을 조정할 수 있다.

⑤ 특정규격 자재의 가격증감률이 15/100 이상인 때에는 그 자재에 한하여 계약금액을 조정한다.

⑥ 환율변동으로 계약금액 조정요건이 성립된 경우에는 계약금액을 조정한다.

⑦ 단순한 노무에 의한 용역으로서 예정가격 작성 이후 노임단가가 변동된 경우 노무비에 한정하여 계약금액을 조정한다.

2. 설계변경으로 인한 계약금액조정

① 증감된 공사량의 단가는 제출한 계약단가로 한다.

② 계약단가가 예정가격단가보다 높은 경우로 증가된 물량은 예정가격단가로 한다.

③ 계약단가가 없는 신규비목의 단가는 설계변경 당시의 산정한 단가에 낙찰률을 곱한 금액으로 한다.

④ 계약상대자가 새로운 기술·공법 등으로 계약금액의 조정 시 당해절감액의 30/100 금액을 감액한다.

⑤ 물량내역서를 직접 작성하고 단가를 적은 산출내역서를 제출하는 경우로서 그 물량내역서의 누락 사항이나 오류 등은 그 계약금액을 변경할 수 없다.

3. 기타 계약내용의 변경으로 인한 계약금액의 조정

① 공사기간·운반거리의 변경 등은 실비를 초과하지 아니하는 범위안에서 조정한다.

② 단순한 노무에 의한 용역으로서 최저임금 지급이 곤란하다고 인정하는 경우로서 기획재정부장관이 정하는 요건에 해당하는 경우 계약금액을 조정한다.

60 공사계약기간 연장사유

(계약예규) 공사계약일반조건

Ⅰ. 정의

공사계약기간 연장사유를 통하여 공기연장 예방관리는 물론 궁극적으로는 클레임 및 분쟁을 사전에 예방하고 클레임이나 분쟁이 발생하더라도 신속하고 경제적인 해결을 할 수 있다.

Ⅱ. 개념도

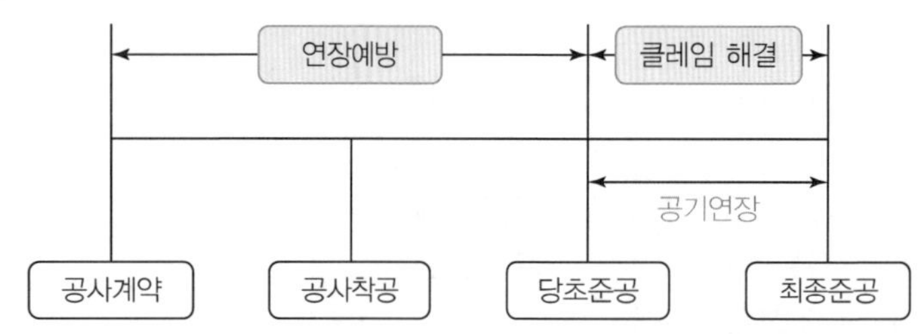

Ⅲ. 공사계약기간의 연장사유

① 다음 사유 시 계약기간 종료 전에 지체 없이 수정공정표를 첨부하여 계약기간의 연장신청을 하여야 한다.
- 불가항력의 사유
- 중요 관급자재 등의 지연되어 공사진행 불가
- 발주기관의 책임으로 착공지연 및 시공 중단
- 계약상대자의 부도 등으로 보증이행업체를 지정하여 보증시공
- 계약상대자의 책임 없는 사유로 설계변경
- 발주기관이 사용토록 한 혁신제품의 하자
- 기타 계약상대자의 책임에 속하지 아니하는 사유

② 계약기간연장 신청 시 즉시 조사 확인하고 계약기간의 연장 등 필요한 조치를 하여야 한다.

③ 연장청구를 승인한 경우, 동 연장기간의 지체상금을 부과하여서는 아니된다.

④ 계약기간을 연장한 경우에는 실비를 초과하지 아니하는 범위안에서 계약금액을 조정한다.

⑤ 계약상대자는 준공대가 수령 전까지 계약금액 조정신청을 하여야 한다.

⑥ 지체상금이 계약보증금상당액에 달한 경우로서 국가정책사업 대상이거나 노사분규 등 불가피한 사유로 지연된 때에는 계약기간을 연장할 수 있다.

⑦ ⑥항의 계약기간의 연장은 지체상금이 계약보증금상당액에 달한 때에 하여야 하며, 연장된 계약기간에 대하여는 지체상금을 부과하여서는 아니된다.

⑧ 장기계속공사의 연차별 계약기간 중 계약기간 연장신청이 있는 경우, 당해 차수계약을 해지하여서는 아니된다.

61 단품(單品) 슬라이딩 제도

Ⅰ. 정의

단품 슬라이딩 제도는 특정 원자재 가격의 급등에 대비한 공사비 조정제도로서 계약일로부터 90일이 안되더라도 가격이 15% 이상 급격히 오른 자재가 있으면 해당 자재의 가격변동률 만큼 계약금액을 조정하는 제도를 말한다.

Ⅱ. 단품슬라이딩제도의 운영 방법

1. 단품슬라이딩의 적용 대상

2006.12.29. 개정된 「국가를 당사자로 하는 계약에 관한 법률 시행령」에 의해 이후 새로운 입찰공고분 부터 적용 대상

2. 단품슬라이딩 후 총액에스컬레이션 조정 방법

① 단품슬라이딩 후 총액에스컬레이션까지에 대해서는 90일 조건이 충족되지 않아도 총액에 대한 90일 요건이 충족되면 조정이 가능
② 단품 조정금액에 해당하는 부분은 총액에스컬레이션에서 공제
③ 2008.11.1. 기획재정부는 물가변동이 5% 이상(물품구매는 10% 이상) 상승하는 등 원자재 가격급등 시에는 계약일로부터 90일이내라도 계약금액을 조정할 수 있도록 관련 회계예규를 개정 시행

3. 총액에스컬레이션과 단품슬라이딩이 동시에 충족될 때 처리방법

① 계약상대자가 총액에스컬레이션을 신청하고 하도급자가 단품슬라이딩을 요청한 경우에 문제가 되며, 계약상대자의 총액에스컬레이션을 우선적으로 처리
② 단품슬라이딩은 총액에스컬레이션에 대한 예외적인 제도이며 하도급계약관계에 영향을 주는 것을 막기 위해서 총액에스컬레이션을 우선 처리

Ⅲ. 단품슬라이딩 제도가 적극적으로 활용되지 못하는 이유

① 단품슬라이딩 보다는 총액에스컬레이션으로 계약금 조정을 받는 것이 더 유리
② 총액에스컬레이션보다 단품슬라이딩에 의한 공사비 조정 총액이 낮음
③ 특정 자재의 급격한 상승이 발생하더라도 90일이 경과한 후 공사전체 금액에 대하여 총액에스컬레이션 조정을 받는 것이 조정금액이 높음
④ 단품에스컬레이션 조정 부분과 총액에스컬레이션과의 중복 부분 공제방법이 복잡
⑤ 단품슬라이딩의 신청 조건 및 절차가 지나치게 엄격

[개선방안]
- 물가변동 산정 기준시점의 변경
- 가격 변동률 기준의 하향 조정
- 건설자재의 가격변동을 반영할 수 있는 물가지수 기준의 변경 필요
- 단품슬라이딩 제도의 엄격성 및 경직성 완화
- 단품슬라이딩 제도가 실질적으로 하도급사에 활용

62 건설산업기본법 상 현장대리인 배치기준

건설산업기본법 시행령

Ⅰ. 정의

현장대리인 배치기준은 건설공사에 관한 기술이나 기능을 가졌다고 인정된 사람을 현장에 배치하는 것으로 해당 건설공사의 착수와 동시에 배치하여야 한다.

Ⅱ. 현장대리인 배치기준

공사예정 금액의 규모	건설기술인의 배치기준
700억원 이상	• 기술사
500억원 이상	• 기술사 또는 기능장 • 해당 직무분야의 특급기술인으로서 해당공사와 같은 종류의 공사현장에 배치되어 시공관리업무에 5년 이상 종사한 사람
300억원 이상	• 기술사 또는 기능장 • 기사 자격취득 후 해당 직무분야에 10년 이상 종사한 사람 • 해당 직무분야의 특급기술인으로서 해당공사와 같은 종류의 공사현장에 배치되어 시공관리업무에 3년 이상 종사한 사람
100억원 이상	• 기술사 또는 기능장 • 기사 자격취득 후 해당 직무분야에 5년 이상 종사한 사람 • 건설기술인 중 다음의 어느 하나에 해당하는 사람 - 해당 직무분야의 특급기술인 - 해당 직무분야의 고급기술인으로서 해당공사와 같은 종류의 공사현장에 배치되어 시공관리업무에 3년 이상 종사한 사람 • 산업기사 자격취득 후 해당 직무분야에 7년 이상 종사한 사람
30억원 이상	• 기사 이상 자격 취득자로서 해당 직무분야에 3년 이상 실무에 종사한 사람 • 산업기사 자격취득 후 해당 직무분야에 5년 이상 종사한 사람 • 건설기술인 중 다음의 어느 하나에 해당하는 사람 - 해당 직무분야의 고급기술인 이상인 사람 - 해당 직무분야의 중급기술인으로서 해당 공사와 같은 종류의 공사현장에 배치되어 시공관리업무에 3년 이상 종사한 사람
30억원 미만	• 산업기사 이상 자격취득자로서 해당 직무분야에 3년 이상 실무에 종사한 사람 • 건설기술인 중 다음의 어느 하나에 해당하는 사람 - 해당 직무분야의 중급기술인 이상인 사람 - 해당 직무분야의 초급기술인으로서 해당 공사와 같은 종류의 공사현장에 배체되어 시공관리업무에 3년 이상 종사한 사람

※ 5억원 미만의 공사인 경우에는 해당 업종에 관한 등록기준 중 기술능력에 해당하는 사람으로서 해당 직무분야에서 3년 이상 종사한 사람을 배치할 수 있다.

※ 전문공사의 1억원 미만의 공사인 경우에는 해당 업종에 관한 등록기준 중 기술능력에 해당하는 사람을 배치할 수 있다.

[해당 공사와 같은 종류의 공사현장]
건설기술인을 배치하려는 해당 건설공사의 목적물과 종류가 같거나 비슷하고 시공기술상의 특성이 비슷한 공사를 말한다.

[시공관리업무]
건설공사의 현장에서 공사의 설계서 검토 · 조정, 시공, 공정 또는 품질의 관리, 검사 · 검측 · 감리, 기술지도 등 건설공사의 시공과 직접 관련되어 행하여지는 업무를 말한다.

CHAPTER-10

총 론

10.1장

공정관리

01 공정관리에서 바나나 형 S-Curve를 이용한 진도관리 방안

Ⅰ. 정의

바나나 형 S-Curve를 이용한 진도관리 방안은 공정계획선의 상하에 허용한계선을 표시하여 공사를 수행하는 실제의 과정이 그 한계선내에 들어가도록 공정을 조정하고, 공정의 진척정도를 표시하는데 활용된다.

Ⅱ. S-Curve를 이용한 진도관리 방안

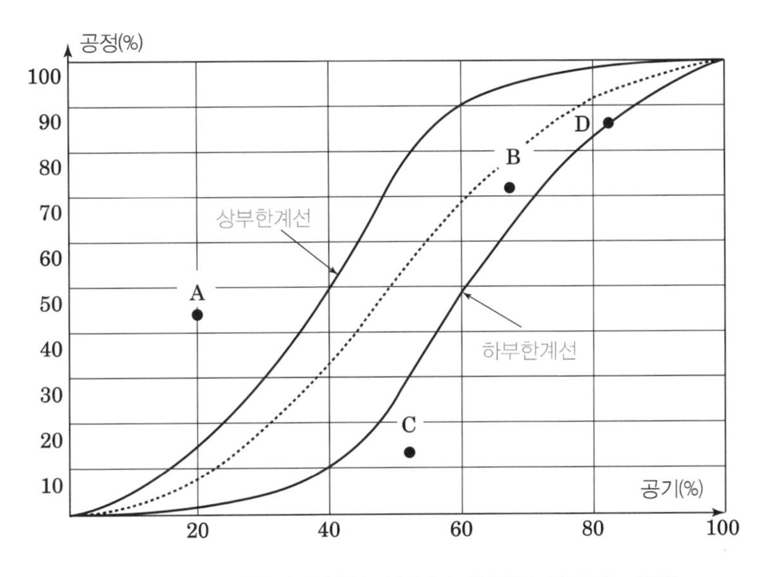

① A: 공기는 빠르나, 부실공사우려가 있으니 충분히 검토할 사항
② B: 적정한 공사진행으로 그 속도로 계속 진행 요망
③ C: 공정이 늦은 상태로 공기단축 요망
④ D: 하부한계선 안에 있으나 공기촉진 요망
⇒ 바나나 형 S-Curve(사선식) 공정표는 횡선식 공정표의 결점을 보완하고 정확한 진도관리를 위해 사용하는 것으로 공사의 진도를 파악하는데 적합하다.

Ⅲ. 특징

① 공사의 기성고 표시에 편리
② 공사지연에 조속한 대처 가능
③ 공사 예정과 실적 차이의 파악용이
④ 시공속도 파악용이
⑤ 세부사항을 알 수 없음
⑥ 개개의 작업을 조정할 수 없음
⑦ 보조적 수단에만 이용

02 PERT(Program Evaluation and Review Technique)

Ⅰ. 정의

PERT란 프로젝트를 서로 연관된 소작업(Activity)으로 구분하고 이들의 시작부터 끝나는 관계를 망(Network)형태로 분석하는 기법이다.

Ⅱ. 실례(개념도)

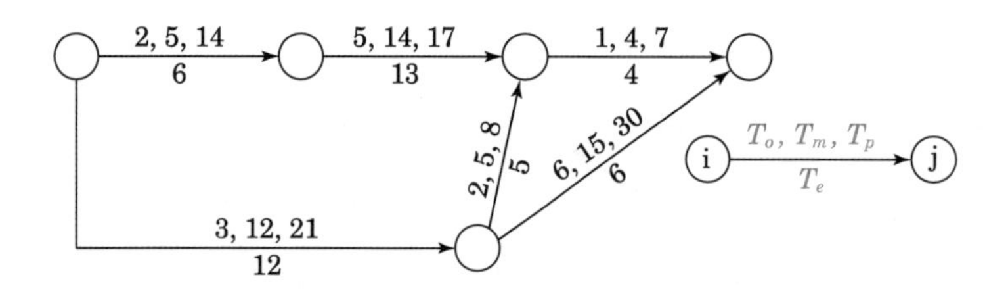

기대치: Te(Expected Time)
낙관치: To(Optimistic Time)
최빈치: Tm(Most Likely Time)
비관치: Tp(Pessimistic Time)

$$Te = \frac{T_o + 4T_m + T_p}{6}$$

표준편차 $St = \frac{T_p - T_o}{6}$

분산 $Vt = \left(\frac{T_p - T_o}{6}\right)^2$

Ⅲ. 적용산업

① 과거의 경험이 없는 불확실한 대상인 우주산업
② 여러 가지 유형의 프로그램 연구개발

Ⅳ. 특성

① 결합점의 경로가 증가할수록 실제 소요시간과 오차가 크다.
② 추정치의 범위가 넓을 때 신뢰도가 낮다.
③ 연결점(Event) 중심의 기법
④ 작업들이 완료될 수 있는 시간자료에 역점
⑤ 작업들은 큰 분산을 갖는 시간분포로 가정

Ⅴ. 문제해결 관점

① 확률론을 이용하여 접근
② 간편화된 공식을 적용하기 위해 두 극단치(낙관치, 비관치)를 가정

03 3점 추정(Three Time Estimates)

Ⅰ. 정의

PERT 기법에서 공사의 불확실성으로 인하여 낙관치, 비관치, 개연치의 3개 추정값이 주어지며, 이들에 대한 분포곡선은 대칭곡선인 정규분포를 이루지 않고 비대칭인 베타곡선을 이루고 있으므로 이 추정값들을 가중 평균하여 작업의 예상시간(Te)을 구하는 것이다.

Ⅱ. 확률개념

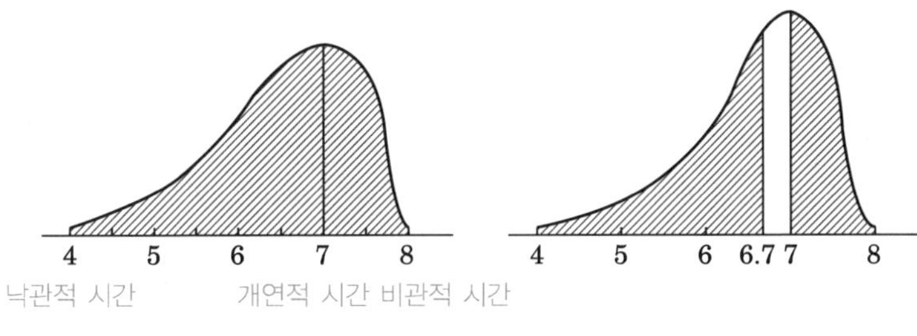

[베타곡선]

1. 3점 시간

① 낙관적 시간(Optimistic Duration): 한 작업이 매우 순조롭게 진행되어 비교적 짧은 시간에 종료될 수 있다고 추정한 시간

② 비관적 시간(Pessimistic Duration): 한 작업이 매우 비능률적인 조건에서 진행되어 상당히 긴 시간에 종료될 것으로 추정한 시간

③ 개연적 시간(Most Likely Duration): 실제의 시간에 가장 가까운 시간의 추정값

2. 예상시간(Te)

① $T_e = (T_o + 4T_m + T_p)/6$ = (4+4×7+8)/6 = 40/6 = 6.7

② T_e는 베타곡선을 이등분하고 있으므로 작업이 6.7시간 내에 종료될 확률은 50%이다.

Ⅲ. 분산

① 추정값의 불확실성을 나타내는 척도로 사용

② $\sigma^2 = \left(\frac{T_p - T_o}{6}\right)^2$

③ 분산값이 큰 경우에는 작업이 종료되는 시간에 대한 불확실성이 크다.

04 CPM(Critical Path Method)

Ⅰ. 정의

CPM은 네트워크(Network)상에 작업 간의 관계, 작업소요시간 등을 표현하여 일정계산을 하고 전체공사기간을 산정하며, 공사수행에서 발생하는 공정상의 제 문제를 도해나 수리적 모델로 해결하고 관리하는 것이다.

Ⅱ. 실례(개념도)

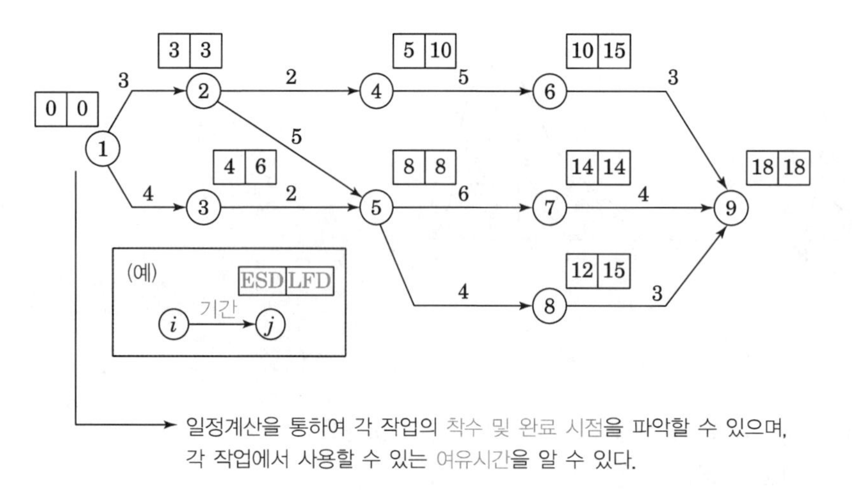

Ⅲ. 특징

① 공정표 작성시간이 비교적 길다.
② 표현상의 제약으로 작업 세분화 정도의 한계가 있다.
③ 한 번 작성된 공정표의 Logic을 수정하기 어렵다.
④ 최소비용시간 이론에 의한 공기조정이 가능
⑤ 자원평준화 및 자원배당에 의한 자원의 효율적 사용이 가능

05 PERT와 CPM의 차이점

Ⅰ. 정의

1. PERT(Program Evaluation and Review Technique)

PERT란 프로젝트를 서로 연관된 소작업(Activity)으로 구분하고 이들의 시작부터 끝나는 관계를 망(Network)형태로 분석하는 기법이다.

2. CPM(Critical Path Method)

CPM은 네트워크(Network)상에 작업 간의 관계, 작업소요시간 등을 표현하여 일정계산을 하고 전체공사기간을 산정하며, 공사수행에서 발생하는 공정상의 제 문제를 도해나 수리적 모델로 해결하고 관리하는 것이다.

Ⅱ. PERT와 CPM의 차이점

	PERT	CPM
개발배경	1958년 미해군 폴라리스미사일 개발계획	1956년 미 Dupont사
주목적	공기단축	원가절감
일정계산	• Event 중심의 일정계산 • 일정계산이 복잡	• Activity 중심의 일정계산 • 일정계산이 자세하고 작업간의 조정이 용이
시간추정	• 3점시간 추정 $Te = \frac{To+4Tm+Tp}{6}$ • To = Optimistic 낙관치 Tm = Most Likely Time 정상치 Tp = Pessimistic Time 비관치	• 1점 시간 추정 • Te = Tm Te = Expected Time 기대치
대상 프로젝트	• 신규사업 • 비반복사업 • 경험이 없는 사업	• 반복사업 • 경험이 있는 사업
여유시간	Slack	Float
공기단축(MCX)	특별한 이론이 없다.	CPM의 핵심이론
주공정	TL-TE=0	TF=FF=0

06 PDM(Precedence Diagram Method, CPM-AON)

Ⅰ. 정의

① PERT/CPM 분석기법의 일종으로 상호의존적인 병행활동을 허용하는 특성으로 반복적이고 많은 작업이 동시에 필요한 경우에 유용한 네트워크 공정기법이다.

② 더미의 사용이 불필요하므로 네트워크가 화살형보다 더 간명하고 작성이 용이하다.

Ⅱ. PDM 표기방법

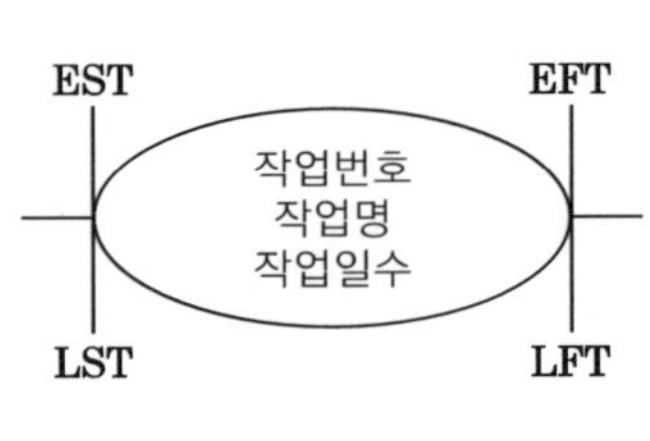

[타원형 노드]

[네모형 노드]

Ⅲ. 작업 간의 연결(중첩)관계

1. 개시 – 개시(STS)

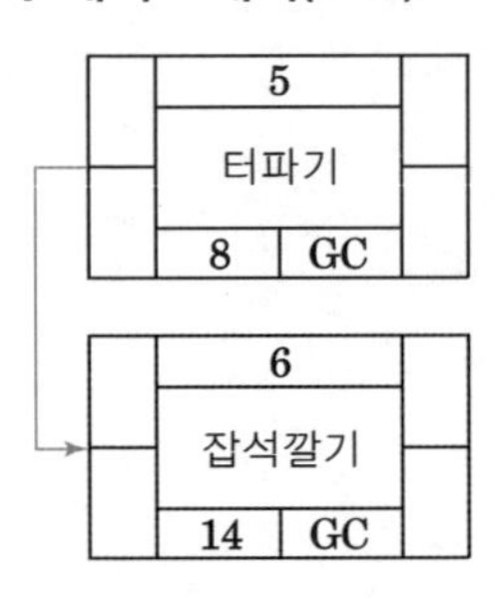

2. 종료 – 종료(FTF)

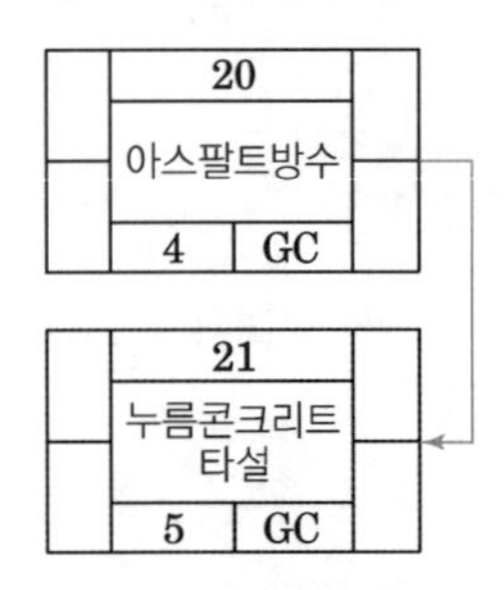

3. 개시 – 종료(STF)

4. 종료 – 개시(FTS)

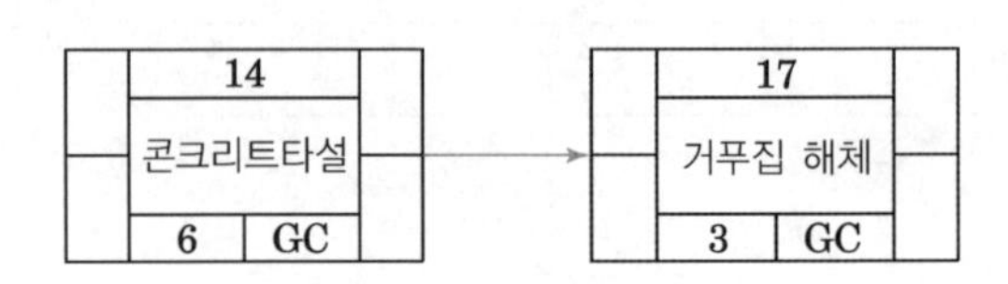

Ⅳ. 지연시간(Lag)을 갖는 기본작업

1. 개시 – 개시관계에서 2일의 Lag를 갖는 경우

터파기가 시작되고 2일 지난 후 잡석깔기를 시작할 수 있다는 의미

2. 종료 – 종료관계에서 1일의 Lag를 갖는 경우

아스팔트방수가 종료되고 1일 지난 후 누름콘크리트 타설을 종료할 수 있다는 의미

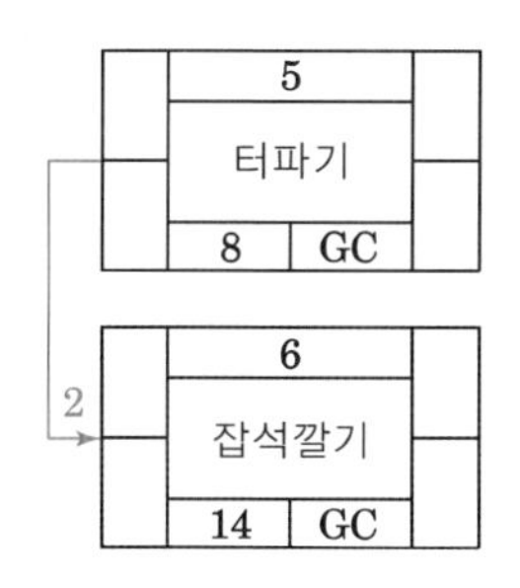

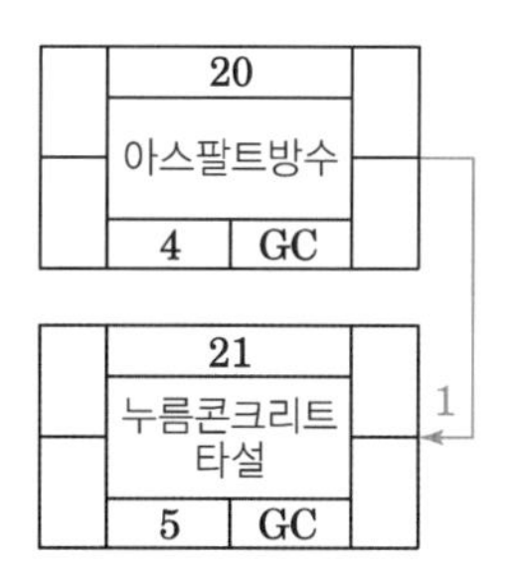

[개시-개시관계에서 2일의 Lag를 갖는 경우] [종료-종료관계에서 1일의 Lag를 갖는 경우]

Ⅴ. PDM의 특징

① 더미의 사용이 불필요하다.

② 네트워크의 작성이 화살선형보다 더 간명하고 작성이 용이하다.

③ 한 작업이 하나의 숫자로 표기되므로 컴퓨터에 적용하는 것이 화살선형보다 더 용이하다.

④ PDM 네트워크의 기본법칙은 화살선형 네트워크와 거의 동일하다.

07 공정관리의 Overlapping 기법

Ⅰ. 정의

Overlapping 기법은 PDM기법을 응용발전시킨 것으로, 지연시간(Lag)을 갖는 작업관계를 간단하게 표시하여 실제 공사의 흐름을 잘 파악할 수 있도록 표기하는 기법을 말한다.

Ⅱ. 개념도

1. 개시 – 개시관계에서 2일의 Lag를 갖는 경우

터파기가 시작되고 2일이 지난 후 잡석깔기를 시작할 수 있다는 의미

2. 종료 – 종료관계에서 1일의 Lag를 갖는 경우

아스팔트방수가 종료되고 1일이 지난 후 누름콘크리트타설을 종료할 수 있다는 의미

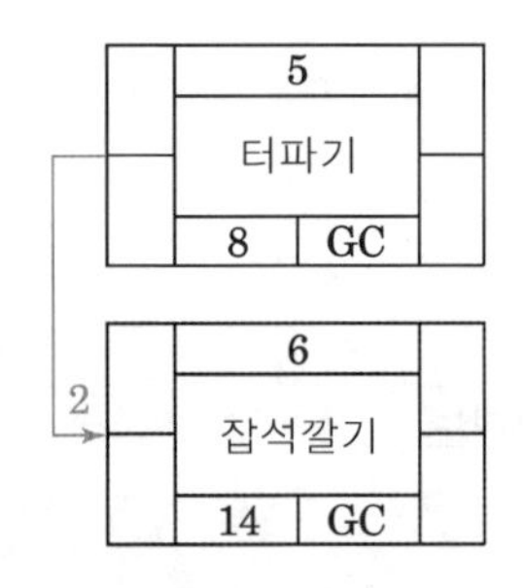

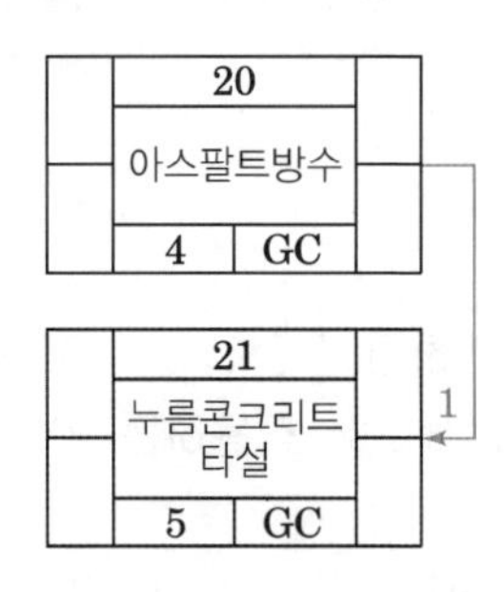

[개시-개시관계에서 2일의 Lag를 갖는 경우] [종료-종료관계에서 1일의 Lag를 갖는 경우]

Ⅲ. 작업간의 연결(중첩)관계

① 개시 – 개시(STS)
② 종료 – 종료(FTF)
③ 개시 – 종료(STF)
④ 종료 – 개시(FTS)

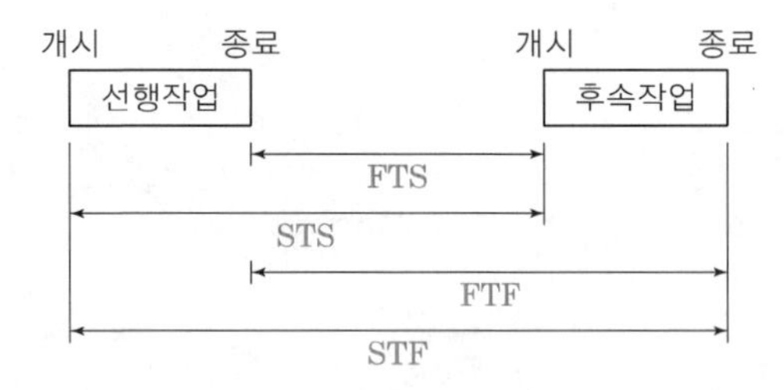

Ⅳ. 특징

① 공사의 시간절약이 가능하다.
② Overlapping 기법으로 실제 공사의 흐름을 잘 파악할 수 있다.
③ 네트워크의 작성이 화살선형보다 더 간명하고 작성이 용이하다.
④ 한 작업이 하나의 숫자로 표기되므로 컴퓨터에 적용하는 것이 화살선형보다 더 용이하다.

08 LOB(Line Of Balance, Linear Scheduling Method)

Ⅰ. 정의

① LOB 기법은 반복작업에서 각 작업조의 생산성을 유지시키면서 그 생산성을 기울기로 하는 직선으로 각 반복작업의 진행을 표시하여 전체공사를 도식화하는 기법이다.

② 최초의 단위작업에 투입되는 자원은 후속단위작업의 동일한 작업에 재투입된다는 가정을 해야 한다.

Ⅱ. 개념도

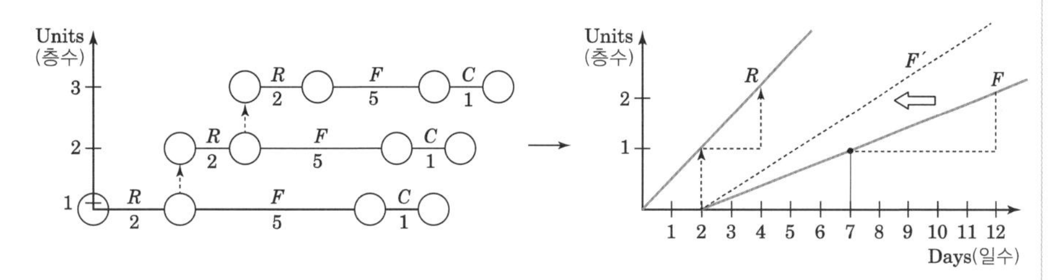

① UPRI = $\frac{\text{Ui}}{\text{Ti}}$

UPPi = 단위작업생산성

Ui = 작업 i에 의해 완성된 단위작업의 수

Ti = 단위작업의 수를 완성하는 데 필요한 시간

② Form 작업의 생산성에 의해 Rebar 작업은 경우에 따라 중단이 불가피하므로 F′로 생산성을 높일지 여부 결정

→ F′에 의해 공기단축은 가능하나 공사비의 증가가 초래됨

Ⅲ. 특징

① 모든 반복작업의 공정을 도식화가 가능

② 전체공사기간을 쉽게 구할 수 있다.

③ 후속작업의 기울기가 선행작업의 기울기보다 작을 때: 발산(Diverge)

④ 후속작업의 기울기가 선행작업의 기울기보다 클 때: 수렴(Converge)

→ 전체공사의 주공정성은 생산성 기울기가 작은 작업에 의존한다.

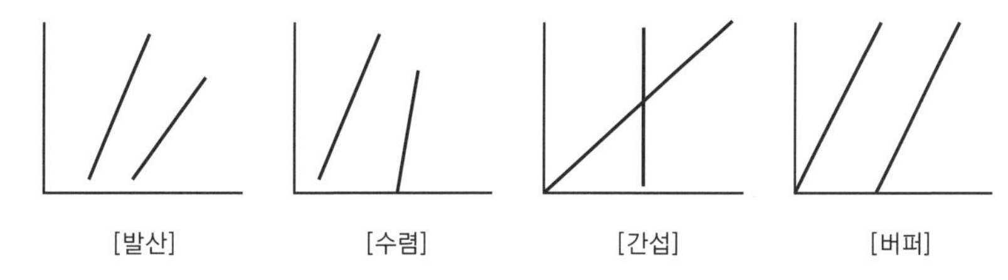

[발산] [수렴] [간섭] [버퍼]

09 TACT 공정관리기법

Ⅰ. 정의

① 작업 부위를 일정하게 구획하고 작업시간을 일정하게 통일시켜 선후행 작업의 흐름을 연속적으로 만드는 것이다.

② TACT 공정계획은 다공구동기화(多工區同期化)

- 다공구 : 작업을 층별, 공종별로 세분화
- 동기화 : 각 액티비티 작업기간이 같아지게 인원, 장비 배치
- 같은 층내 작업들의 선후행 관계를 조정한 후 층별작업이 순차적으로 진행될 수 있도록 계획할 것

Ⅱ. 개념도

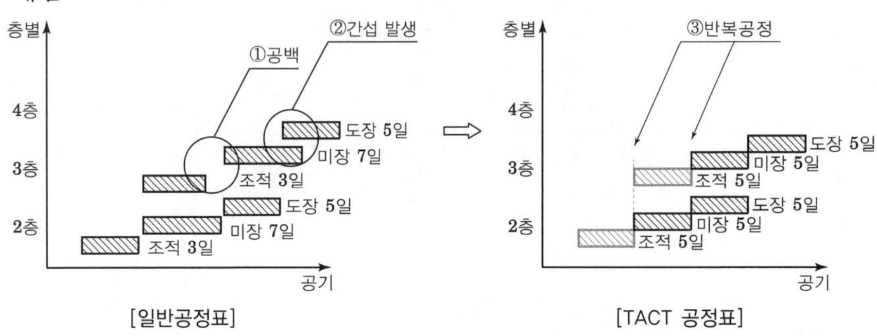

Ⅲ. 특징

① 일정기간에 일정한 작업진도가 규칙적으로 진행되도록 작업 평준화가 가능

② 협력사의 적극적인 참여가 필수

③ Just in Time에 의한 모든 자재의 재고를 감소

④ 불필요한 작업요소 제거

⑤ 공기단축의 효과

⑥ 기능공의 장기적 일자리의 안정화

⑦ 반복적인 작업을 통하여 품질 확보

⑧ 안전사고의 예방

10 Node Time

Ⅰ. 정의

Node Tim이란 화살형 네트워크에 있어서 시간 계산된 결합점의 시간을 말한다.

Ⅱ. CPM의 실례(개념도)

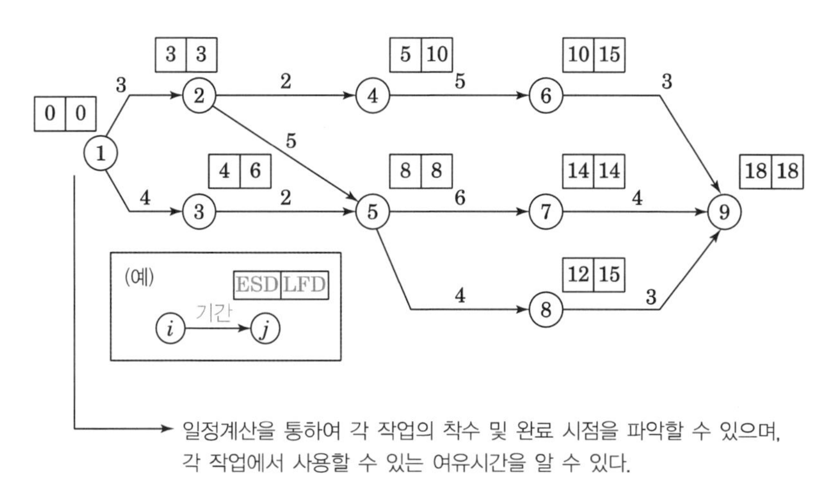

Ⅲ. Node Time 작성방법

[표시방법]

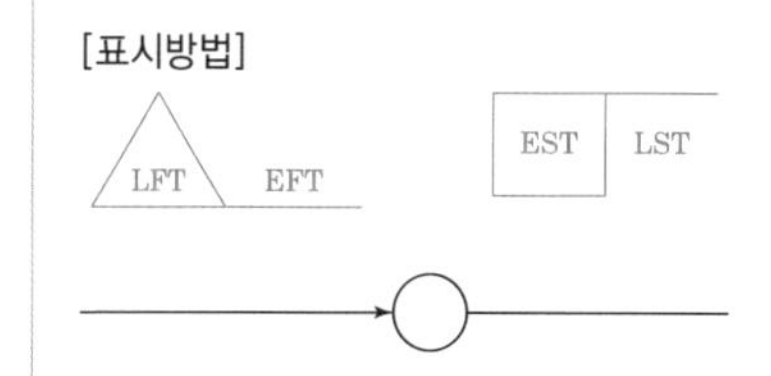

1. 표시방법

결합점에 EST, EFT, LST, LFT를 표시한다.

2. 계산방법

1) EST(Earliest Starting Time)

① 작업을 가장 일찍 시작하는 시간

② 전진 계산하여 최대값

2) EFT(Earliest Finishing Time)

① 작업이 가장 일찍 끝나는 시간

② EST+D(Duration, 공기)

3) LST(Latest Starting Time)

① 공기에 영향을 미치지 않는 범위 내에서 작업을 가장 늦게 시작하는 시간

② LFT−D(Duration, 공기)

4) LFT(Latest Finishing Time)

① 공기에 영향이 미치지 않는 범위 내에서 작업이 가장 늦게 끝나는 시간

② 후진 계산하여 최소값

11 Network 공정표에서의 간섭여유(Dependent Float or Interfering Float)

Ⅰ. 정의

간섭여유(Dependent Float or Interfering Float)란 후속작업 EST에는 영향을 미치지만 전체공사기간에는 영향을 미치지 않는 범위 내에서 가질 수 있는 여유시간을 말한다.

Ⅱ. Float의 계산방법

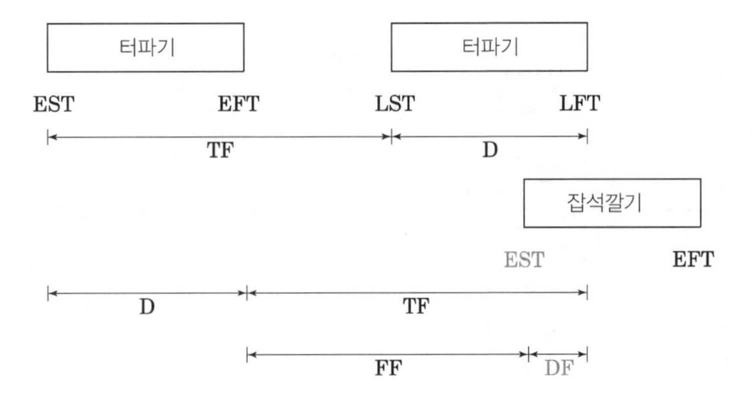

1. TF(Total Float, 전체여유)

① 그 작업의 LFT - 그 작업의 EFT

② 그 작업의 LST - 그 작업의 EST

2. FF(Free Float, 자유여유)

① 후속작업의 EST - 그 작업의 EFT

② 후속작업의 EST - 그 작업의 (EST+D)

3. DF(Dependent Float, 간섭여유)

TF(Total Float) - FF(Free Float)

Ⅲ. Float의 종류

① TF(Total Float, 전체여유)
한 작업이 가질 수 있는 최대여유시간

② FF(Free Float, 자유여유)
후속작업 EST에도 영향을 미치지 않는 범위 내에서 가질 수 있는 여유시간

③ DF(Dependent Float, IF, 간섭(독립)여유)
후속작업 EST에는 영향을 미치지만 전체공사기간에는 영향을 미치지 않는 범위 내에서 가질 수 있는 여유시간

12 공정표에서 Dummy

Ⅰ. 정의

공정표에서 Dummy란 CPM 공정표에서 작업의 중복을 피하거나, 작업의 선후 관계를 규정하기 위한 것으로 시간을 갖지 않는 명목상의 작업을 말한다.

Ⅱ. 개념도 및 종류

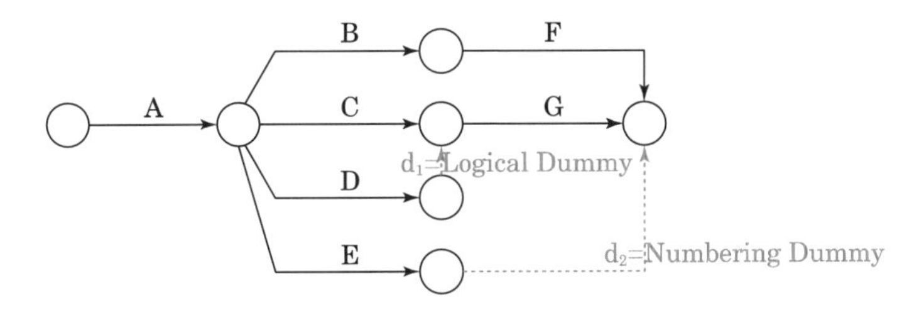

[Event(단계, 결합점, Node)]
작업의 개시와 종료점

[Activity(작업, 활동, job)]
단위작업

[Path(경로)]
2개 이상의 Activity가 연결되는 작업 진행경로

[Longest Path]
임의의 두 결합점에서 가장 긴 Path

[Critical Path]
최초 개시점에서 마지막 종료점까지의 가장 긴 Path

① Logical Dummy(d_1)
작업의 선후 관계를 규정하기 위한 Dummy

② Numbering Dummy(d_2)
작업의 중복을 피하기 위한 Dummy

③ Connection Dummy
작업과 작업 간의 연결 의미만을 가지고 있을 뿐, 삭제시킬 수 있는 더미

④ Time Lag Dummy
연결 더미에 시간을 표시할 경우에 사용되는 더미

Ⅲ. 특징

① Dummy는 점선 화살로 표시(---------→)
② Dummy는 작업이 아님
③ Dummy는 결합점 사이를 연결해 주며 공정표 작성에 도움을 주는 존재
④ Dummy는 소요시간이 0(Zero)
⑤ Dummy도 CP(Critical Path)가 될 수 있음

Ⅳ. 공정표 작성 시 주의사항

① 공정의 원칙: 모든 작업의 순서에 따라 배열되도록 작성
② 단계의 원칙: 작업은 Event로 연결하며, 선행작업이 종료된 후 후속작업을 개시
③ 활동의 원칙: Event와 Event 사이에 반드시 1개의 작업(Activity)이 존재
④ 연결의 원칙: 각 작업은 한쪽방향으로, 일방통행의 원칙
⑤ 무의미한 더미는 생략
⑥ 가능한 한 작업 상호간의 교차는 피할 것

13 Critical Path(주공정선, 절대공기)

Ⅰ. 정의

네트워크 공정표에서 공사의 소요시간을 결정할 수 있는 경로로, 최초작업 개시점으로부터 최종작업 종료점까지 연결되는 여러 개의 경로 중에서 가장 긴 경로의 소요일수를 말한다.

Ⅱ. 실례

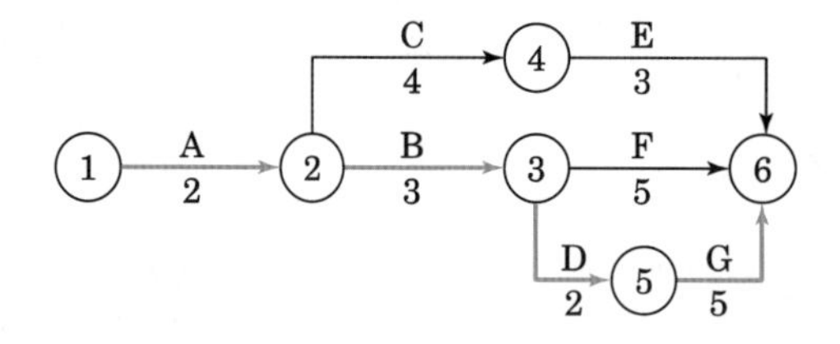

1. 일정계산

① A → C → E: 9일
② A → B → F: 10일
③ A → B → D → G: 12일 ⇒ Critical Path

2. 표시방법

① Critical Path를 굵은 선 또는 2줄로 표시한다.
② 소요일수가 가장 긴 경로로써 Total Float = 0인 작업을 찾는다.

Ⅲ. 특징

① 여유시간이 전혀 없다.(Total Float = 0)
② 최초 개시에서 최종 종료의 여러 경로 중에서 가장 긴 경로
③ 더미도 Critical Path가 될 수 있다.
④ Critical Path는 2개 이상 있을 수도 있다.
⑤ Critical Path는 공사 일정계획을 수립하는 기준이 된다.
⑥ Critical Path에 의해 전체공기가 결정된다.
⑦ Critical Path상의 Activity가 늦어지면 공기가 지연된다.

14 공기단축과 공사비의 관계

Ⅰ. 정의

공기단축은 계산공기가 지정공기보다 길거나 공사수행 중에 작업이 지연되었을 때 공기 만회를 위해 필요하며 작업시간과 자원의 관계, 작업시간과 비용의 관계 및 공사 기간과 비용의 관계를 면밀히 검토하여야 한다.

Ⅱ. 작업시간과 자원의 관계

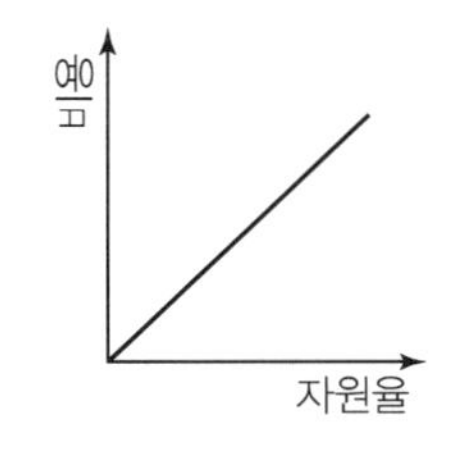

[자원과 비용의 상관관계]

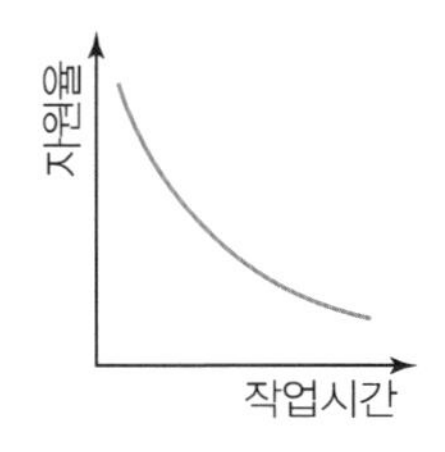

[자원과 작업시간의 상관관계]

① 작업량과 작업방법이 일정하다는 가정하에서 자원량(인력, 장비)의 투입이 증가하면 비용은 비례적으로 증가하고 공기는 단축된다.
② 공기단축에서 고려해야 할 사항은 노무비와 장비비이다.

Ⅲ. 작업시간과 비용의 관계

① ΔT만큼 단축할 경우 비용의 증가는 ΔC만큼 발생한다.
② S(비용구배)$=\Delta C/\Delta T$
$=CC-CN/TN-TC$
③ 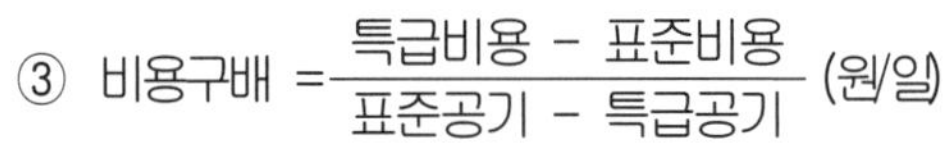
비용구배 $=\dfrac{\text{특급비용}-\text{표준비용}}{\text{표준공기}-\text{특급공기}}$ (원/일)
④ E점: 최적공기(TE)와 최적비용(CE)이 되도록 한다.

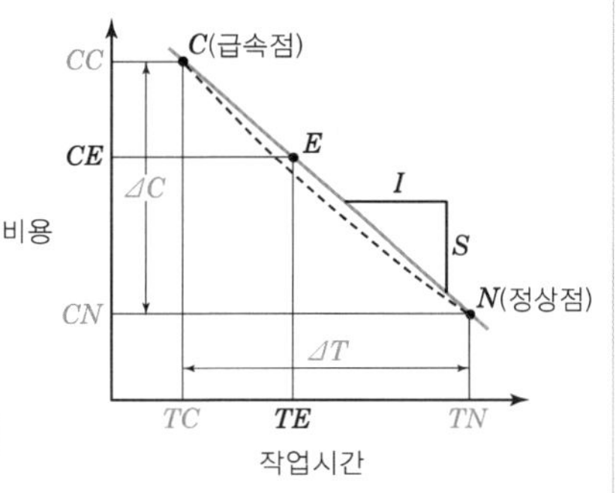

Ⅳ. 공사기간과 비용의 관계

① 공사비=직접비+간접비
② 직접비는 노무비, 재료비, 장비비
③ 간접비는 공사 전반에 걸쳐 사용되는 경비
④ 직접비는 공사기간에 반비례
⑤ 간접비는 공사기간에 비례
⑥ 총공사비가 최소가 되는 가장 경제적인 공기가 되도록 한다.

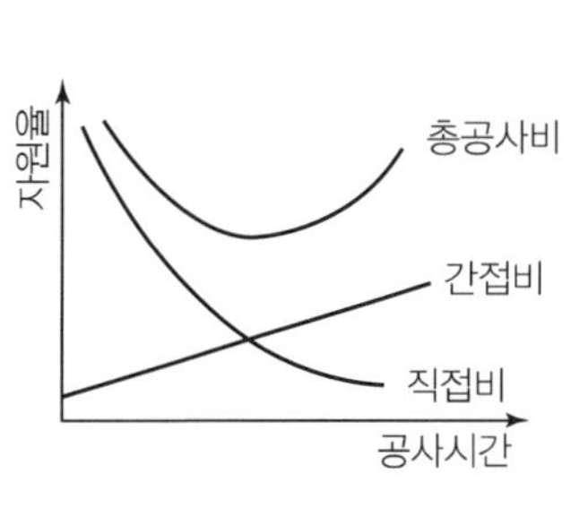

[62회]

15 MCX(Minimum Cost Expediting) 기법

Ⅰ. 정의

MCX란 각 작업의 공기와 비용을 검토하여 최소비용 증가로 공기를 단축하는 기법을 말한다.

Ⅱ. 공기와 비용곡선

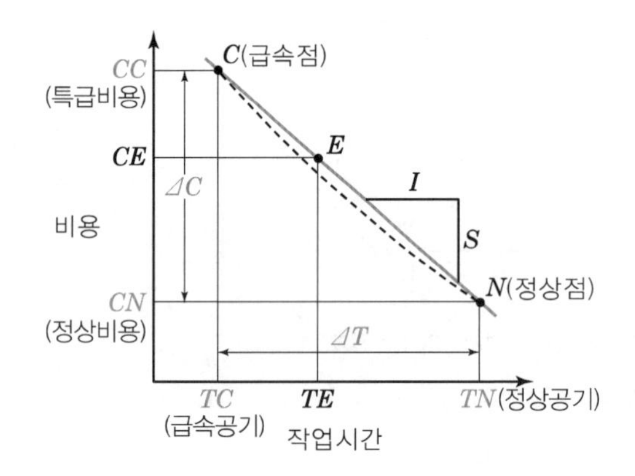

$$S(\text{비용구배}) = \frac{\Delta C}{\Delta T} = \frac{CC - CN}{TN - TC}$$

$$\text{비용구배} = \frac{\text{특급비용} - \text{표준비용}}{\text{표준공기} - \text{특급공기}} \text{(원/일)}$$

Ⅲ. 공기단축순서

① 주공정선(Critical Path) 상의 작업을 선택한다.
② 단축 가능한 작업이어야 한다.
③ 우선 비용구배가 최소인 작업을 단축한다.
④ 단축한계까지 단축한다.
⑤ 보조주공정선(Sub-critical Path)의 발생을 확인한다.
⑥ 보조주공정선의 동시 단축 경로를 고려한다.
⑦ 앞의 순서를 반복한다.

[실례(공기단축 2일 실시)]

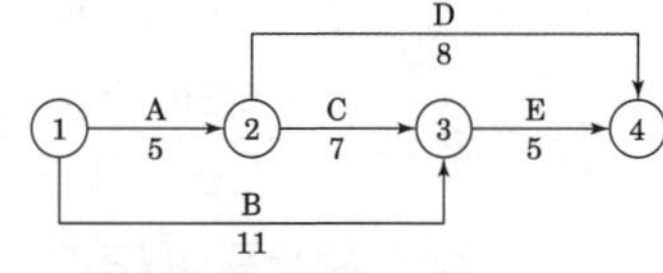

작업	Cost Slope	공기단축가능일수
A	12,000원	1
B	6,000원	1
C	5,000원	2
D	15,000원	2
E	5,000원	0

① 1차: C작업에서 1일 공기단축
② 2차: C와 B에서 각각 1일 공기단축
③ 추가비용:
C작업×5,000원+(C작업×5,000원 +B작업×6,000원)=16,000원

16 Cost Slope(비용구배)

Ⅰ. 정의

Cost Slope이란 단위시간을 단축하는 데 드는 비용으로 공기단축 시 제일 먼저 고려해야 할 사항이다.

Ⅱ. 작업시간과 비용의 관계

① ΔT만큼 단축할 경우 비용의 증가는 ΔC 만큼 발생한다.

② C점과 N점을 이은 직선과 큰 차이가 없는 경우는 직선의 관계에 있는 것으로 가정하여 계산한다.

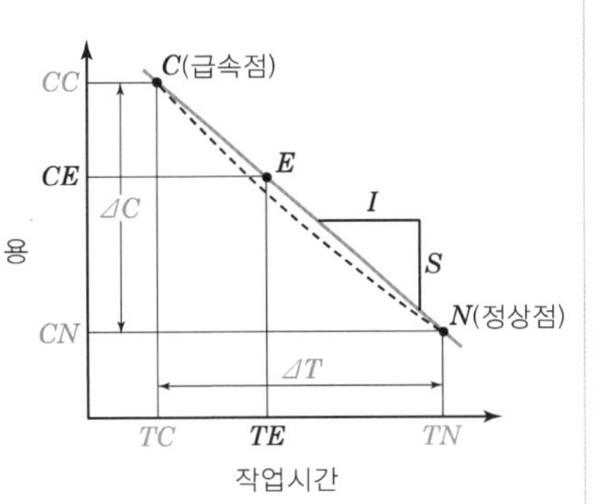

③ 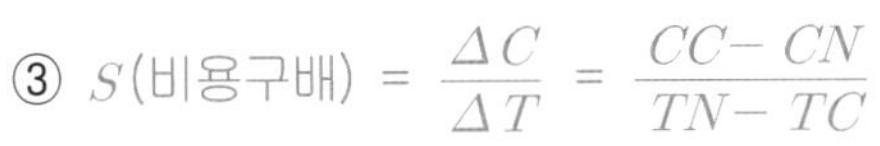

$$S(\text{비용구배}) = \frac{\Delta C}{\Delta T} = \frac{CC - CN}{TN - TC}$$

④ 

$$\text{비용구배} = \frac{\text{특급비용} - \text{표준비용}}{\text{표준공기} - \text{특급공기}} \ (\text{원/일})$$

Ⅲ. 비용구배의 영향

① 비용구배가 클수록 공기단축 시 총공사비는 증가한다.

② 정상공기에서 공기단축 시 간접비는 감소되나 직접비는 증가한다.

③ 표준시간으로 공사 시 공기는 최장시간이나 비용은 최소가 된다.

Ⅳ. 비용구배를 이용한 공기단축 순서

① 주공정선(Critical Path)상의 작업을 선택한다.

② 단축 가능한 작업이어야 한다.

③ 우선 비용구배가 최소인 작업을 단축한다.

④ 단축한계까지 단축한다.

⑤ 보조주공정선(Sub-critical Path)의 발생을 확인한다.

⑥ 보조주공정선의 동시 단축 경로를 고려한다.

⑦ 앞의 순서를 반복한다.

17 공정관리의 급속점(Crash Point, 특급점)

Ⅰ. 정의

Crash Point란 MCX 기법에서 특급공기와 특급비용이 만나는 점을 말하며 이 Point와 정상공기와 정상비용이 만나는 점을 연결한 것을 비용구배라고 한다.

Ⅱ. 작업시간과 비용의 관계

① ΔT만큼 단축할 경우 비용의 증가는 ΔC 만큼 발생한다.

② C점과 N점을 이은 직선과 큰 차이가 없는 경우는 직선의 관계에 있는 것으로 가정하여 계산한다.

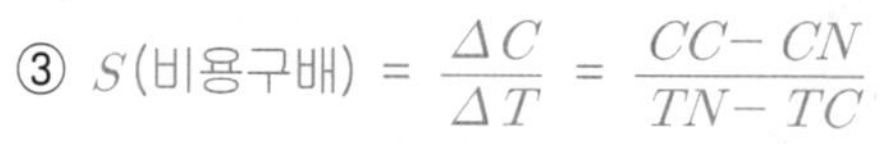

③ S(비용구배) = $\dfrac{\Delta C}{\Delta T} = \dfrac{CC-CN}{TN-TC}$

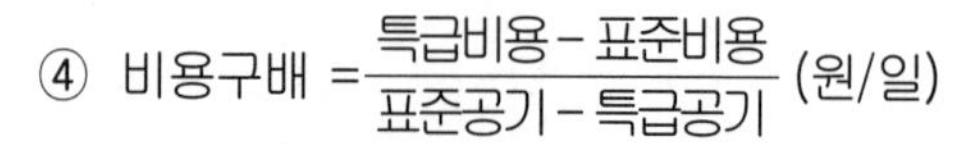

④ 비용구배 = $\dfrac{\text{특급비용}-\text{표준비용}}{\text{표준공기}-\text{특급공기}}$ (원/일)

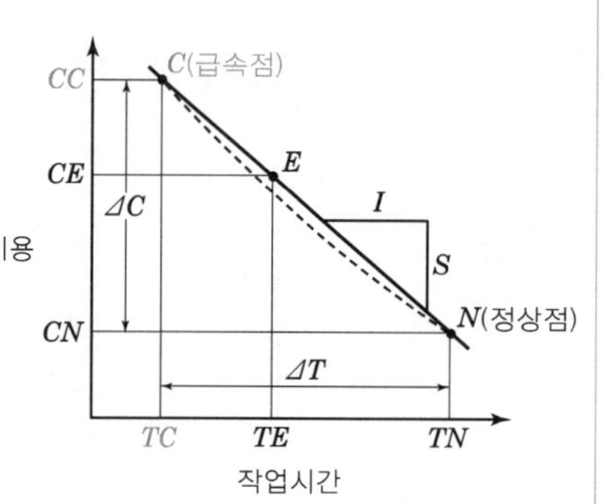

Ⅲ. Crash Point의 특성

① 공기가 단축되면 비용은 증가

② 야간작업 수당, 시간외 근무수당, 기타 경비 등의 직접비용 증가

Ⅳ. 비용구배를 이용한 공기단축 순서

① 주공정선(Critical Path)상의 작업을 선택한다.

② 단축 가능한 작업이어야 한다.

③ 우선 비용구배가 최소인 작업을 단축한다.

④ 단축한계까지 단축한다.

⑤ 보조주공정선(Sub-critical Path)의 발생을 확인한다.

⑥ 보조주공정선의 동시 단축 경로를 고려한다.

⑦ 앞의 순서를 반복한다.

18 자원배분(Resource Allocation, 자원배당)

Ⅰ. 정의

자원배분이란 주공정이 아닌 작업의 착수일을 변화시킴으로써 각 프로젝트 시점별 자원의 소요량을 감소시키는 것이다.

Ⅱ. 자원배분의 목적

① 소요자원의 급격한 변동을 줄일 것
② 일일 동원자원을 최소로 할 것
③ 유휴시간을 줄일 것
④ 공기 내에 자원을 균등하게 할 것

Ⅲ. 자원배분의 방식

1. 자원이 제한된 경우(Limited Resource)

자원할당은 그 제한수준 내에서 공사기간의 연장이 최소가 되게 하는 것

2. 자원의 제한이 없는 경우(Unlimited Resource)

자원평준화는 지정된 공기 내에서 일일 최대자원동원 수준을 최소로 낮추어 자원의 이용률을 높이는 것

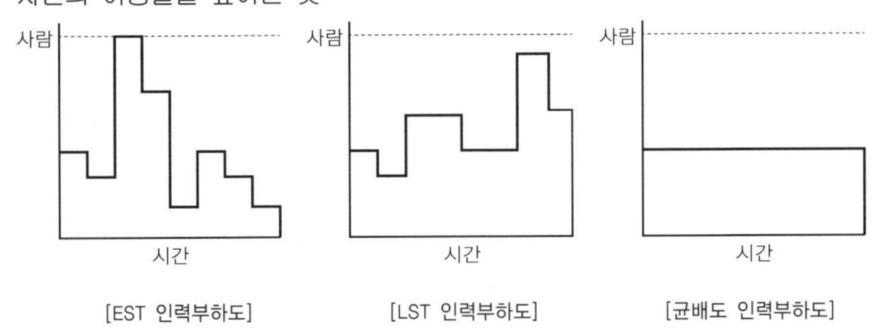

[EST 인력부하도] [LST 인력부하도] [균배도 인력부하도]

Ⅳ. 배분 대상 자원

① 제한된 인력
② 고가장비 사용
③ 현장 저장이 곤란한 주요자재 수급

Ⅴ. 자원배분의 순서

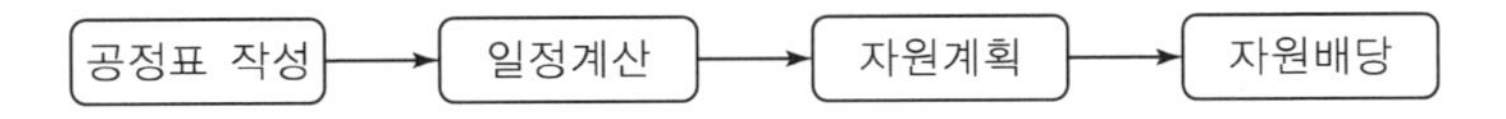

19 인력부하도(人力負荷度)와 균배도(均配度)

Ⅰ. 정의

① 인력부하도란 공정표상의 인력이 어느 한쪽으로 치중되어 부하가 걸리는 것을 말하며, EST와 LST에 의한 인력부하도가 있다.

② 균배도란 부하가 걸리는 작업들을 조절하여 인력을 균배하여 인력 수요를 평준화하는 것을 말한다.

Ⅱ. 자원배당의 순서

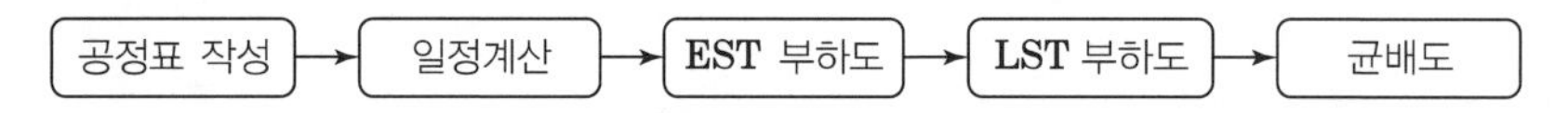

Ⅲ. 인력부하도와 균배도의 목적

① 자원변동의 최소화

② 자원의 효율화

③ 시간낭비 제거

④ 공사비 절감

Ⅳ 인력부하도와 균배도

1. EST에 의한 인력부하도

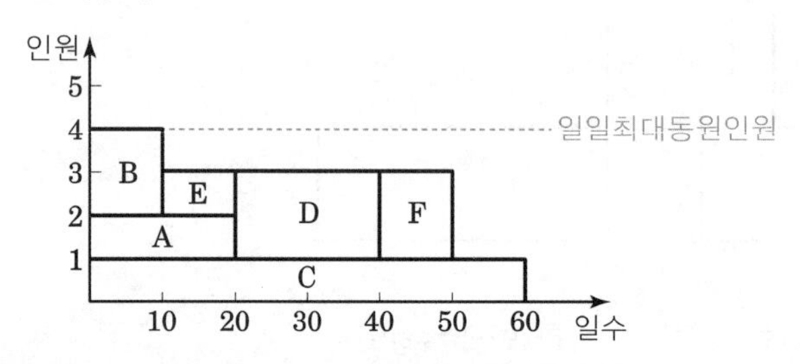

→ 일정계산의 EST에 의한 인력을 배당할 때 발생하는 부하도

2. LST에 의한 인력부하도

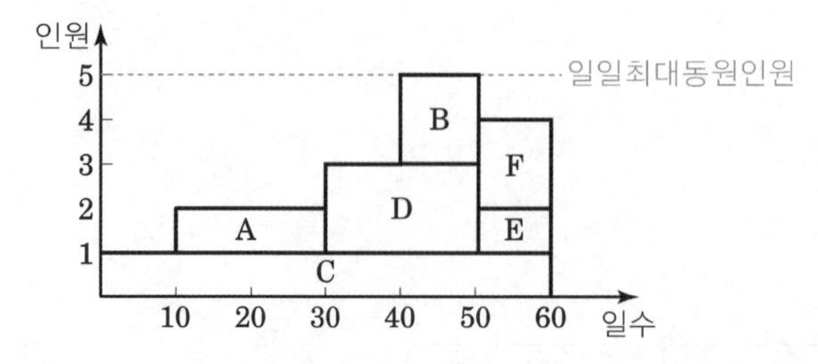

→ 일정계산의 LST에 의한 인력을 배당할 때 발생하는 부하도

3. 균배도에 의한 인력부하도

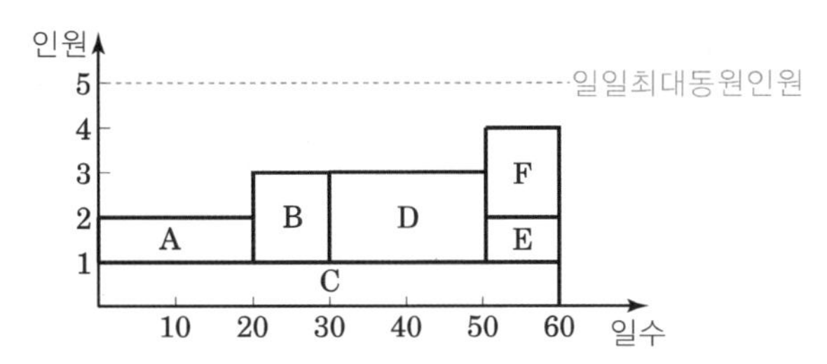

① 부하가 걸리는 작업들을 조절하여 인력을 균배
② Critical Path 작업 우선 배당
③ 작업분리 불가능

20 진도관리(Control)

Ⅰ. 정의

진도관리는 실제 진행 중인 공정과 계획공정을 비교측정(Monitoring)하여 공사 지연 등의 문제가 발생하였을 경우 공기를 만회하기 위해 공정표를 수정하거나 갱신하는 절차를 말한다.

Ⅱ. 진도관리의 내용

1. 자원의 투입과 진도측정

① 자원의 투입은 작업의 특성에 따라 차이가 있으나 작업기간 중 일정한 것으로 가정한다.
② 진도측정은 작업완료를 위해 투입된 자원의 양을 비용으로 환산하여 표시
③ 자원투입이 일정한 것으로 가정 → 작업진도도 일정한 것으로 가정

2. 목표공정

① 계획과 실제수행상태를 비교하는 기준
② 최조개시공정과 최지개시공정 사이에서 결정
③ 주로 최조개시공정을 분석하고 우발사태를 고려하여 계획
④ 기후, 지반상태, 행정지연, 자재조달 등을 고려

3. 진도측정

① 정확한 정보를 수집하여 계획공정과의 차이를 파악하는 것
② 공사의 회계, 장비, 노무 등 자료수집이 필수다.
③ 면담, 사진촬영, Checkoff Lists, 바차트, 네트워크 등 자료수집

4. 진도평가 및 예측

① 진도측정 결과를 분석하고 계획공정을 유지하기 위한 방안을 마련
② 수집된 자료의 취합과 분석에 고도의 기술력이 요구
③ 상부경영진의 의사결정이 필요
④ 네트워크, 일정표, 바차트 및 S-Curve 등으로 표시

5. 관리기간(Control Period)

① 진도측정, 진도평가 및 예측에 의한 공정보고 시점 간의 시간적인 간격을 말한다.
② 관리기간의 주기는 비용문제와 연관지어 결정
③ 반복적인 공사는 주기가 길어지는 게 보통임

6. 수정

① 공사의 공기준수를 위하여 목표공정을 수정하는 것이며, 잔여공정에 대한 공정을 다시 계획하는 작업이다.
② 목표공정의 수정이 불가능할 때 수정이 요구되는 시점에서 수행
③ 수정작업 비용과 노력 소요 → 수정간격 결정

- 균등주기(Uniform Intervals)
- 변동주기(Intervals of Decreasing Length)
- 무작위주기(Intervals of Random Nature)

21 건설공사의 진도관리방법

Ⅰ. 진도관리방법

1. 간단한 방법

① 일정 기간마다 검사일을 정하여 그 날짜의 예정진도와 실시진도를 비교

② 실시가 늦어지면 다음 검사일까지 그 지연을 만회하도록 시공속도를 높일 것

③ 실시가 지나치게 빠르면 시공속도를 늦추어 검사일의 결과를 기초로 시공속도를 조정할 것

2. 한계설정에 의한 방법

① 상한선과 하한선 범위에 실시진도곡선이 있도록 공사의 실시를 진행시키면 진도관리상 소기의 목적이 달성됨

② 정산에 의한 예정진도곡선대로 실시되면 이상적임

③ 실시가 약산에 의한 예정진도곡선을 하회하면 지연폭이 점점 더 커짐

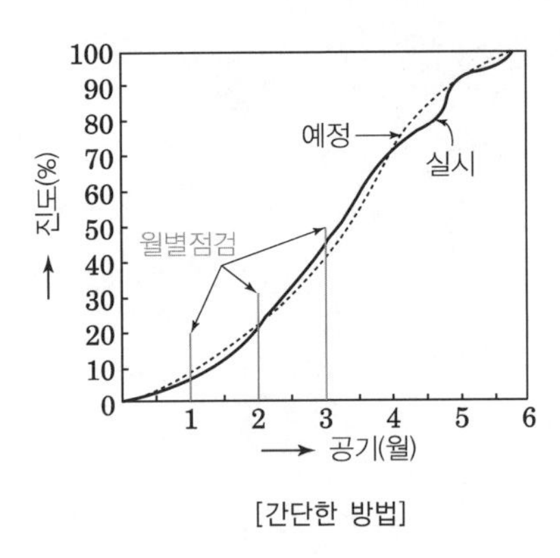

[간단한 방법]

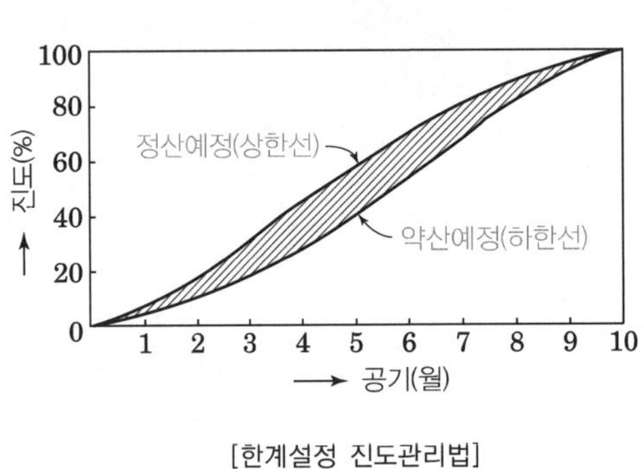

[한계설정 진도관리법]

3. 접선에 의한 방법

① 실시진도곡선의 방향은 공사의 진도와 밀접한 관계가 있음

② 예정진도곡선으로 S(a~b)형을 나타냄

③ a_1점에 대한 접선이 x'축과 만나는 교점 b_1은 b점의 우측에 있음
→ a_1점에 대한 시공속도로 공사를 진행하면 준공기일에 맞출 수 없음

④ a_2점에 대한 접선이 x'축과 만나는 교점 b_2은 b점의 좌측에 있음
→ a_2점에 대한 시공속도로 공사를 진행하면 준공일보다도 빨리 준공됨

⑤ a_2점 이후 진도곡선이 쇄선과 같아짐 $a_4 \rightarrow b_4$
→ a_4점의 시공속도로는 준공기일을 맞출 수 없음

⑥ 각점에 대한 접선이 x'축과 만나는 교점은 항상 b점의 좌측에 있을 것

4. 진도곡선에 의한 방법

1) 공사의 진보상황
   ① 계획보다 일정도 빠르고 비용도 적게 든 경우
   ② 계획보다 일정은 빠르지만 비용이 많이 든 경우
   ③ 계획보다 일정은 늦지만 비용이 적게 든 경우
   ④ 계획보다 일정도 늦고 비용도 많이 든 경우

2) ①의 경우를 예로 들면
   ① Ⓐ~Ⓑ점의 차이가 일정의 차이를 나타내며, (A-B)만큼 시간이 단축
   ② Ⓐ에서 수직으로 그어 비용곡선과 만나는 점과 Ⓓ점의 차이가 비용의 차이를 나타내며, (E-D)만큼 비용이 절감

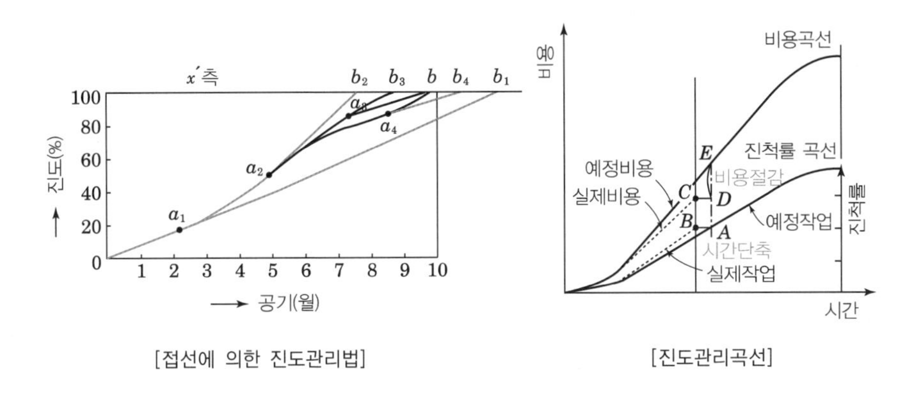

[접선에 의한 진도관리법] [진도관리곡선]

22 EVMS(Earned Value Management System)

Ⅰ. 정의

EVMS는 Project 사업의 실행예산이 초과되는 것을 방지하기 위하여 사업비용과 일정의 계획대비실적을 통합된 기준으로 관리하며, 이를 통하여 현재문제의 분석, 만회대책의 수립, 그리고 향후 예측을 가능하게 한다.

Ⅱ. EVMS의 운용절차 및 구성

1. 운용절차

WBS 설정 → 자원 및 예산 배분 → 일정 계획수립 → 관리기준선의 설정 → 실적데이터의 입력 → 성과측정 → 경영분석

2. 구성

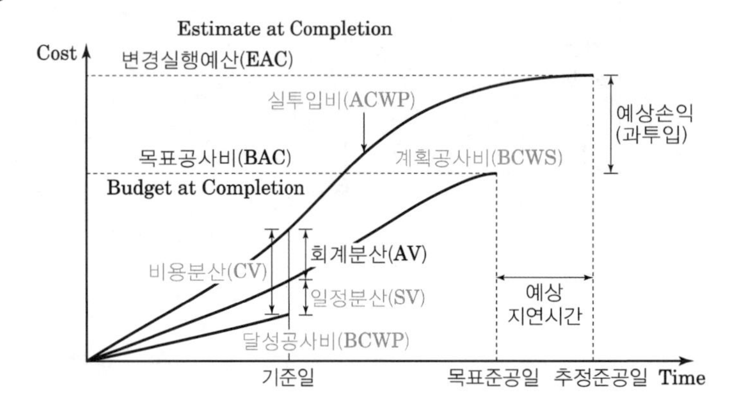

Ⅲ. EVMS의 측정요소

구분	약어	용어	내용	비고
측정요소	BCWS	Budget Cost for Work Schedule (=PV, Planned Value)	계획공사비 Σ(계약단가× 계약물량) +예비비	예산
	BCWP	Budget Cost for Work Performed (=EV, Earned Value)	달성공사비 Σ(계약단가× 기성물량)	기성
	ACWP	Actual Cost for Work Performed (=AC, Actual Cost)	실투입비 Σ(실행단가× 기성물량)	
분석요소	SV	Schedule Variance	일정분산	BCWP-BCWS
	CV	Cost Variance	비용분산	BCWP-ACWP
	SPI	Schedule Performance Index	일정 수행 지수	BCWP/BCWS
	CPI	Cost Performance Index	비용 수행 지수	BCWP/ACWP

Ⅳ. EVMS의 검토결과

CV	SV	평가	비고
+	+	비용 절감 일정 단축	• 가장 이상적인 진행
+	−	비용 절감 일정 지연	• 일정 지연으로 인해 계획 대비 기성금액이 적은 경우 → 일정 단축 및 생산성 향상 필요 • 일정 지연과는 무관하게 생산성 및 기술력 향상 으로 인해 실제로 비용 절감이 이루어진 상태 → 일정 단축 필요
−	+	비용 증가 일정 단축	• 일정 단축으로 인해 계획 대비 기성금액이 많은 경우 → 계획 대비 현금 흐름 확인 필요 • 일정 단축과는 무관하게 실제 투입비용이 계획 보다 증가한 경우 → 생산성 향상 필요
−	−	비용 증가 일정 지연	• 일정 단축 및 생산성 향상 대책 필요

23 EVM(Earned Value Management)에서의 Cost Baseline

Ⅰ. 정의

EVM에서의 Cost Baseline이란 계획공사비로서 Σ (계약단가×계약물량)+예비비를 포함한 이며, WBS, 공정계획, 예산편성을 통하여 적합한 진도 산정 기준을 설정하여야 한다.

Ⅱ. EVM의 구성

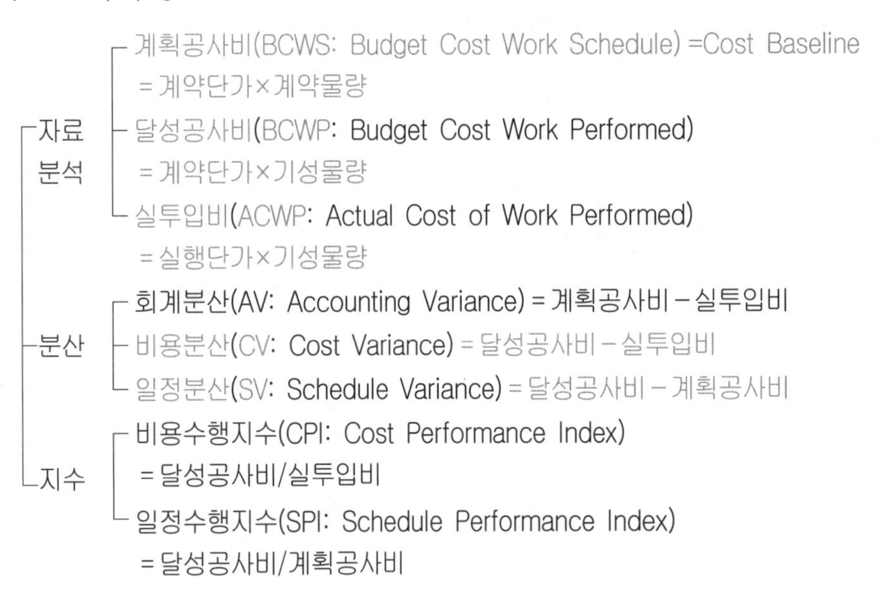

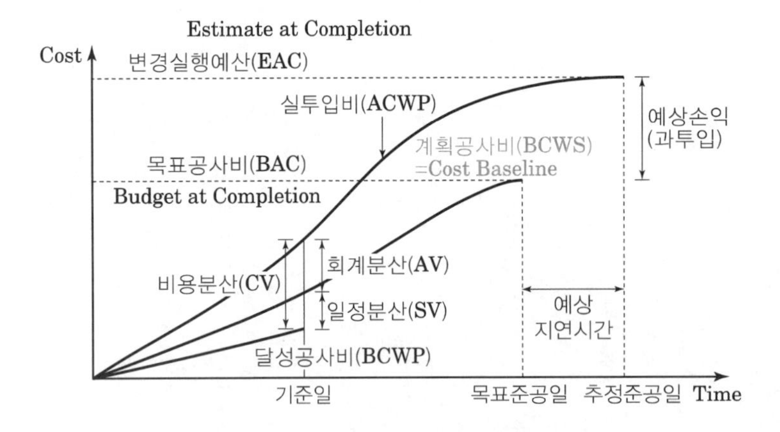

Ⅲ. EVMS의 검토결과

CV	SV	평가	비고
+	+	비용 절감 일정 단축	• 가장 이상적인 진행
+	−	비용 절감 일정 지연	• 일정 지연으로 인해 계획 대비 기성금액이 적은 경우 → 일정 단축 및 생산성 향상 필요 • 일정 지연과는 무관하게 생산성 및 기술력 향상 으로 인해 실제로 비용 절감이 이루어진 상태 → 일정 단축 필요
−	+	비용 증가 일정 단축	• 일정 단축으로 인해 계획 대비 기성금액이 많은 경우 → 계획 대비 현금 흐름 확인 필요 • 일정 단축과는 무관하게 실제 투입비용이 계획 보다 증가한 경우 → 생산성 향상 필요
−	−	비용 증가 일정 지연	• 일정 단축 및 생산성 향상 대책 필요

24 EVMS(Earned Value Management System) 주체별 역할

Ⅰ. 정의

EVMS 주체별 역할은 프로젝트 마다 적용동기, 적용대상, 적용범위에 따라 다르나 주체별 역할을 통해 Project 사업의 실행예산이 초과되는 것을 방지하기 위하여 사업비용과 일정의 계획대비실적을 통합된 기준으로 관리하는 것이다.

Ⅱ. 주체별 역할(운용절차)

1. WBS(Work Breakdown Structure) 설정

① 공사내용을 구성하는 단위시설물, 부위, 작업을 계층적으로 분류하여 공사 진척율과 성과를 측정하기 위한 작업분류 체계

② WBS의 최하위 레벨인 작업 Activity를 기준으로 일정과 비용을 통합 계획

③ 통합건설분류체계는 시설물분류, 공간분류, 부위분류, 공종분류, 자원분류로 구분

2. 자원 및 예산 배분

① 내역서상의 비용을 최하위 작업 Activity까지 소요되는 비용으로 분할하는 일정비용 통합계획의 기초작업

② EVMS에 맞게 내역체계로 편성 필요

3. 일정계획수립

① 각 작업 Activity의 공사기간을 산출하고 작업의 선후행관계를 정의해 서로 연결하여 일정을 수립

② EVMS는 공정관리 시스템을 사용

4. 관리기준선의 설정

수립된 계획을 분석하여 확정하고, 공정 공사비 통합관리의 기본단위가 되는 관리계정을 기초로 관리기준선(Baseline)을 설정

5. 실적데이터의 입력

① 건설공사가 진행되는 과정에서 공사 진척률과 성과를 측정하기 위해 일정에 따라 실투입비용을 정기적으로 파악

② 실적진도 측정방법(Fleming과 Koppleman) 이용: Weighted Milestones, Level of Effort 등

6. 성과측정

① 공정 공사비에 관한 계획대비 실적을 분석하여 EVM에서 제공하는 각종 지표를 산정

② 관리기준선과 실적데이터를 입력한 후 둘을 비교하여 일정, 비용에 대한 투입여부를 확인

③ BCWS, BCWP, SV, CV, EAV 등을 산출

구분	약어	용어	내용	비고
측정요소	BCWS	Budget Cost for Work Schedule (= PV, Planned Value)	계획공사비 Σ(계약단가×계약물량) +예비비	예산
	BCWP	Budget Cost for Work Performed (= EV, Earned Value)	달성공사비 Σ(계약단가×기성물량)	기성
	ACWP	Actual Cost for Work Performed (= AC, Actual Cost)	실투입비 Σ(실행단가×기성물량)	
분석요소	SV	Schedule Variance	일정분산	BCWP-BCWS
	CV	Cost Variance	비용분산	BCWP-ACWP
	SPI	Schedule Performance Index	일정 수행 지수	BCWP/BCWS
	CPI	Cost Performance Index	비용 수행 지수	BCWP/ACWP

7. 경영분석

성과측정 결과를 토대로 일정 및 비용에 대한 예상문제점을 분석하여 대책을 수립

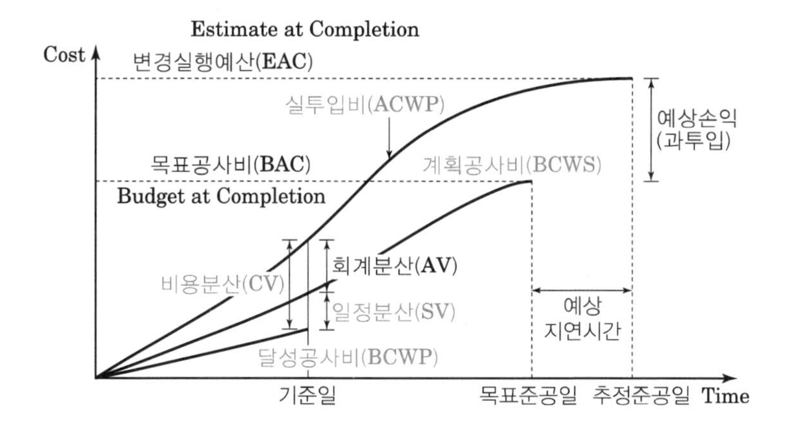

25 SPI(Schedule Performance Index)

Ⅰ. 정의

SPI란 일정수행지수로서 계획공사비에 대한 달성공사비의 비를 말하며, 비용수행지수와 더불어 총사업비의 예측과 통계적 관리가 가능하다.

Ⅱ. EVMS의 구성 및 SPI의 산정식

1. EVMS의 구성

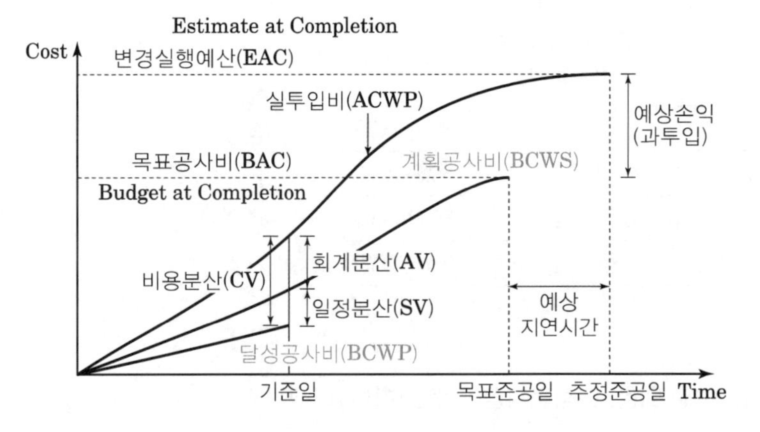

2. SPI의 산정식

SPI = BCWP / BCWS

① BCWP(Budget Cost for Work Performed = EV, Earned Value)
- 달성공사비
- Σ(계약단가×기성물량)

② BCWS(Budget Cost for Work Schedule = PV, Planned Value)
- 계획공사비
- Σ(계약단가×계약물량)+예비비

Ⅲ. EVMS 활용의 효과

① 일정, 비용, 그리고 업무범위의 통합된 성과 측정
② 축적된 실적자료의 활용을 통한 프로젝트 성과 예측
③ 사업비 효율의 지속적 관리
④ 비용지수를 활용한 프로젝트 총사업비의 예측 관리
⑤ 예정공정과 실제 작업공정의 비교 관리
⑥ 잔여 사업관리의 체계적 목표 설정

26 CPI(Cost Performance Index)

Ⅰ. 정의

CPI란 비용수행지수로서 실투입비에 대한 달성공사비의 비를 말하며, 일정수행지수와 더불어 총사업비의 예측과 통계적 관리가 가능하다.

Ⅱ. EVMS의 구성 및 CPI의 산정식

1. EVMS의 구성

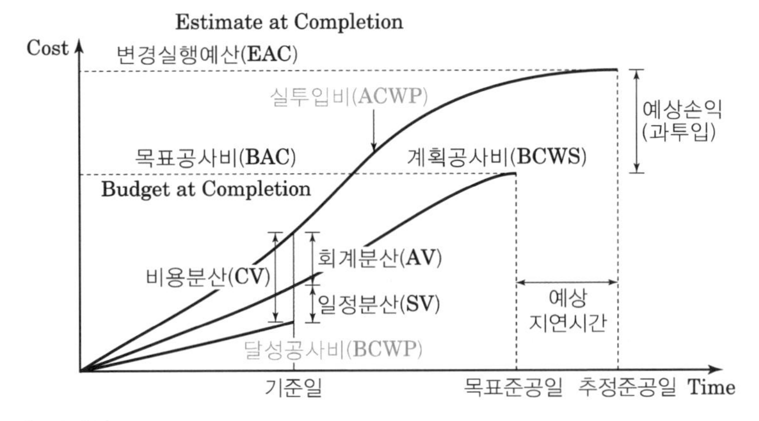

2. CPI의 산정식

$$CPI = BCWP / ACWP$$

① BCWP(Budget Cost for Work Performed = EV, Earned Value)
- 달성공사비
- Σ(계약단가×기성물량)

② ACWP(Actual Cost for Work Performed = AC, Actual Cost)
- 실투입비
- Σ(실행단가×기성물량)

Ⅲ. EVMS 활용의 효과

① 일정, 비용, 그리고 업무범위의 통합된 성과 측정
② 축적된 실적자료의 활용을 통한 프로젝트 성과 예측
③ 사업비 효율의 지속적 관리
④ 비용지수를 활용한 프로젝트 총사업비의 예측 관리
⑤ 예정공정과 실제 작업공정의 비교 관리
⑥ 잔여 사업관리의 체계적 목표 설정

27 시공속도

Ⅰ. 정의

시공속도란 총공사비에 영향을 주는 요소로소 시공속도가 빠르면 직접비가 상승하고 간접비는 감소되나, 시공속도가 느리면 직접비가 감소하고 간접비는 상승하게 되므로 적절한 시공속도로 공사를 진행하는 것이 바람직하다.

Ⅱ. 공기와 매일 기성고(시공속도)

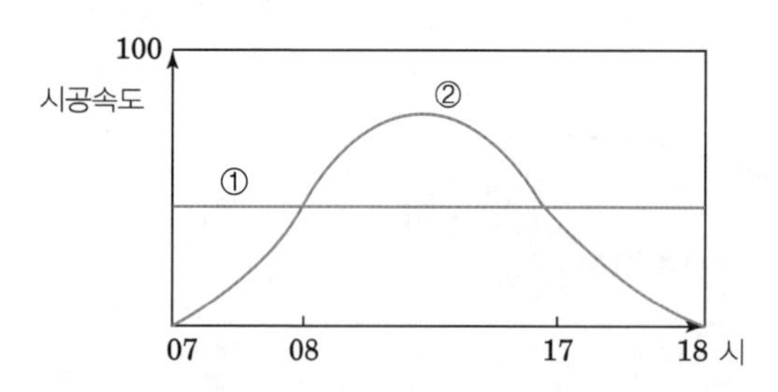

① 그림 ①은 일일 시공속도를 매일 동일한 시공속도로 공사를 진행할 때는 직선
② 그림 ②는 초기에는 안전회의, 작업준비 등으로 작업이 더디고, 중기에는 활발하게 작업을 하며, 후기에는 자재정리 등으로 작업이 느려 일반적으로 산형(山形)
③ ①, ② 선의 하부면적은 전체 공사량을 나타내며, 모두 동일한 면적

Ⅲ. 공기와 누계 기성고

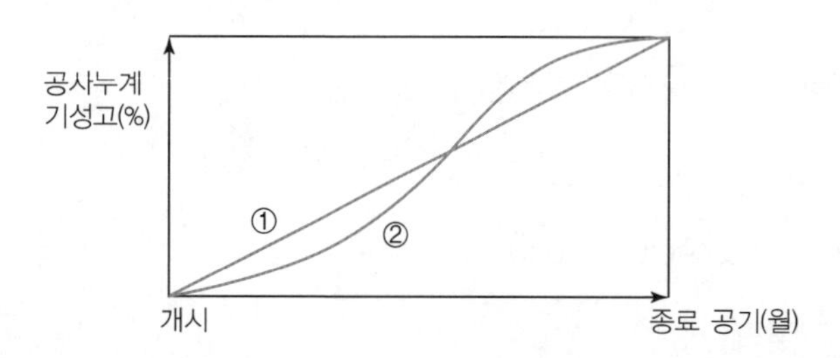

① 그림 ①은 동일한 시공속도로 공사를 진행할 때의 공사누계 기성고
② 그림 ②는 일반적인 공사현장에서 공사를 진행할 때의 공사누계 기성고

Ⅳ. 시공속도의 영향인자

① 자연적 조건
기상, 지형, 지질
② 기계적 조건
기종, 배치, 조합, 정비상태, 장비능력
③ 인위적 조건
시공법, 작업자 경험, 작업환경

28 최적시공속도(경제속도, 최적공기)

Ⅰ. 정의

① 공기는 작업의 연계성을 갖는 네트워크 관계 속에서 주공정선상의 작업시간의 합으로 나타내고, 공사비는 모든 작업들에 소요되는 비용의 합으로 나타낼 수 있다.

② 최적공기란 직접비와 간접비의 합인 총공사비가 최소가 되는 가장 경제적인 공기를 말한다.

Ⅱ. 공기와 공사비 곡선

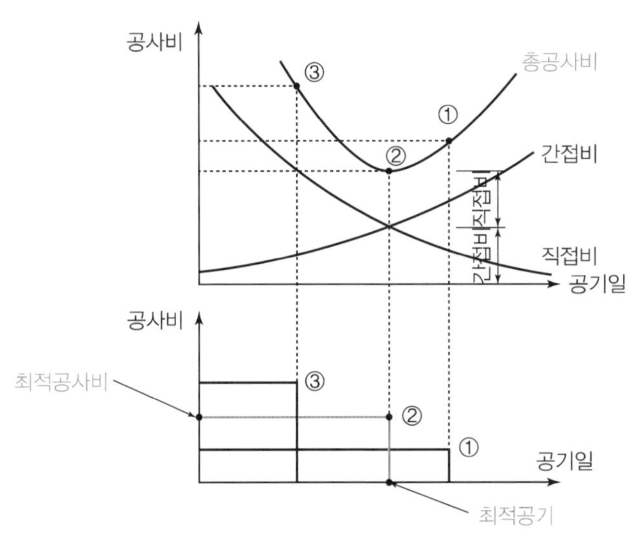

① 총공사비는 직접비와 간접비의 합

② 공기단축 시(③) 직접비는 증가하나, 간접비는 감소

③ 공기연장 시(①) 직접비는 감소하나, 간접비는 증가

④ 총공사비가 최소인 지점(②)이 최적공기 및 최적공사비

Ⅲ. 공사기간과 비용의 관계

① 공사비는 크게 직접비와 간접비로 나누어진다.

② 직접비는 노무비, 재료비, 장비비로 구성

③ 간접비는 설치비, 공사에 필요한 일시적인 사무비, 설치용 기구의 연료 및 본사요원의 급료 등으로 공사 전반에 걸쳐 사용되는 경비

④ 직접비는 공사기간에 반비례

⑤ 간접비는 전 공사기간에 걸쳐 비례적으로 배분되는 것으로 계상하므로 공사기간에 비례

29 총비용(Total Cost)

Ⅰ. 정의

① 공기는 작업의 연계성을 갖는 네트워크 관계 속에서 주공정선상의 작업시간의 합으로 나타내고, 공사비는 모든 작업들에 소요되는 비용의 합으로 나타낼 수 있다.

② 총비용은 직접비와 간접비의 합으로 나타내며, 총비용이 최소가 되는 가장 경제적인 공기를 최적공기라 한다.

Ⅱ. 공사비와 공기 곡선

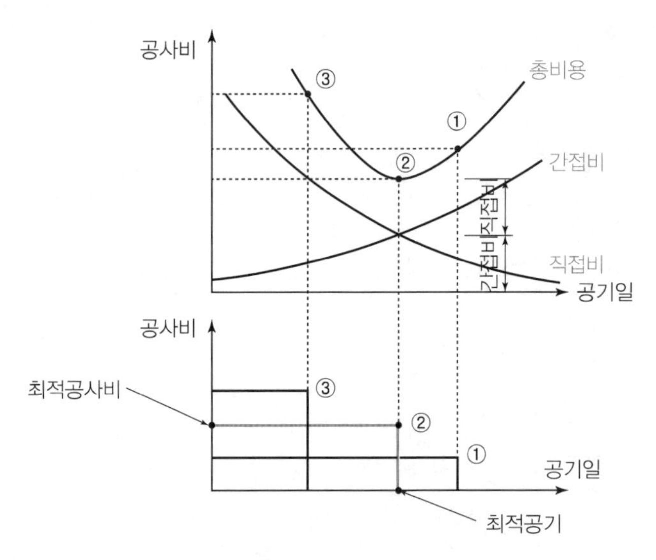

① 총비용은 직접비와 간접비의 합

② 공기단축 시(③) 직접비는 증가하나, 간접비는 감소

③ 공기연장 시(①) 직접비는 감소하나, 간접비는 증가

④ 총비용이 최소인 지점(②)이 최적공기 및 최적공사비

Ⅲ. 공사기간과 비용의 관계

① 공사비는 크게 직접비와 간접비로 나누어진다.

② 직접비는 노무비, 재료비, 장비비로 구성

③ 간접비는 설치비, 공사에 필요한 일시적인 사무비, 설치용 기구의 연료 및 본사요원의 급료 등으로 공사 전반에 걸쳐 사용되는 경비

④ 직접비는 공사기간에 반비례

⑤ 간접비는 전 공사기간에 걸쳐 비례적으로 배분되는 것으로 계상하므로 공사기간에 비례

30 시공속도와 공사비

Ⅰ. 정의

공사 경영이 항상 손익분기점 이상의 시공 기성고를 높이기 위한 시공속도 유지와 그에 대한 적절한 공사비가 이루어져야 한다.

Ⅱ. 시공기성고와 공사원가

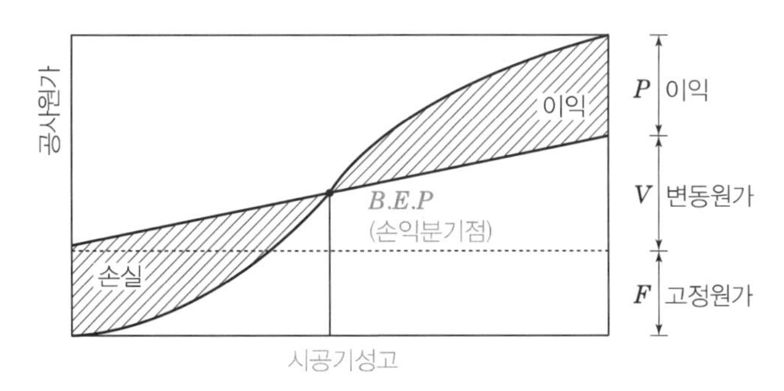

공사원가 ┌ 고정비 : 시공량의 증감에 따라서 영향이 없는 비용
└ 변동비 : 시공량의 증감에 따라 변동하는 비용

Ⅲ. 시공속도와 공사비의 관계

1. 최적공기

공정, 원가, 품질의 관계를 조정하기 위해 공사비가 최소가 되도록 공정을 수립하는 것

2. 채산속도(경제속도)

공사 경영의 이익확보를 위해 손익분기점(Break Event Point) 이상의 시공기성고가 필요하며, 이러한 시공기성고를 높일 때의 시공속도

3. 돌관공사

채산속도에 의한 시공기성고 상승으로 원가가 급증되는 상태

⇒ 공사를 경제적으로 시공하려면 돌관공사를 배제하고 경제속도의 범위 내에서 최대한으로 시공량의 증대를 도모할 수 있는 공사계획을 세워야 한다.

31 공정관리의 Milestone(중간관리일, 중간관리시점)

Ⅰ. 정의

① 중간관리일이란 전체 공사과정 중 관리상 특히 중요한 몇몇 작업의 시작과 종료를 의미하는 특정시점(Event)을 의미한다.

② 중간관리일은 공사 전체에 영향을 미칠 수 있는 작업을 중심으로 관리 목적상 반드시 지켜야 하는 몇 개의 주요 시점을 지정하여 단계별 목표로 이용된다.

Ⅱ. 중간관리일의 종류

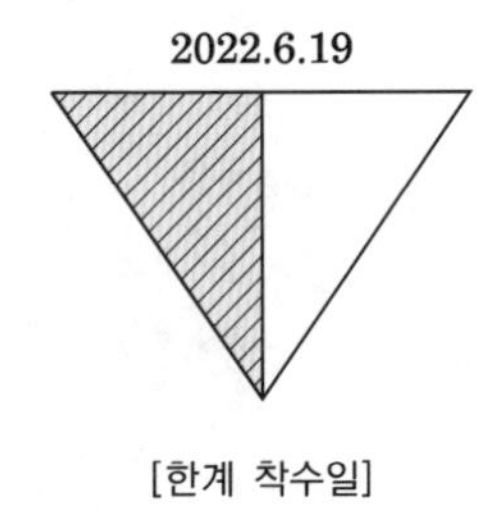

[한계 착수일]

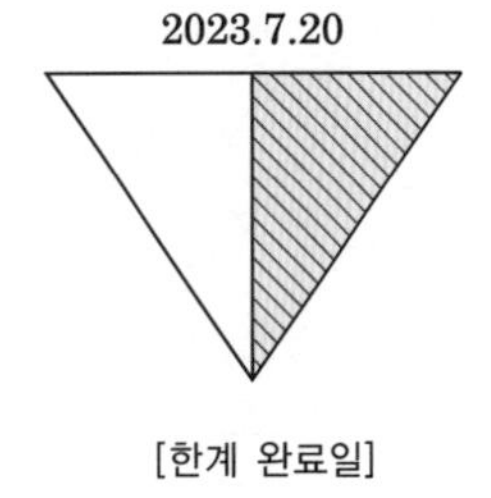

[한계 완료일]

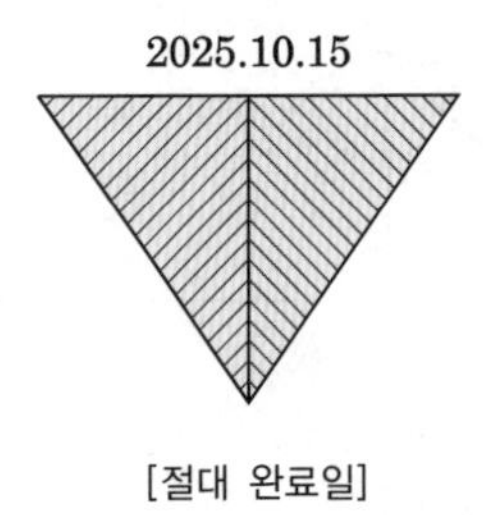

[절대 완료일]

1. 한계착수일

지정된 날짜보다 일찍 작업에 착수할 수 없는 일자

2. 한계완료일

지정된 날짜보다 늦게 완료되어서는 안 되는 일자

3. 절대완료일

정확한 날짜에 완성되어야 하는 일자

4. 표기방법

마일스톤 코드	작업명	마일스톤 일자

Ⅲ. 중간관리의 대상

① 보통 토목과 건축공사 같은 직종 간의 교차부분

② 후속작업의 착수에 크게 영향을 미치는 어떤 작업의 완료시점

③ 사업관리상 제한된 날짜에 완료되어야 하는 시점

④ 부분 네트워크 간의 접합점

32 Lead Time

Ⅰ. 정의

① Lead Time이란 본 작업을 시작하기 전의 사전준비작업으로 선도작업시간이라고 한다.

② 제품의 조달시간 또는 생산을 위한 사전준비를 위하여 필요한 선행기간을 말한다.

Ⅱ. Lead Time의 실례

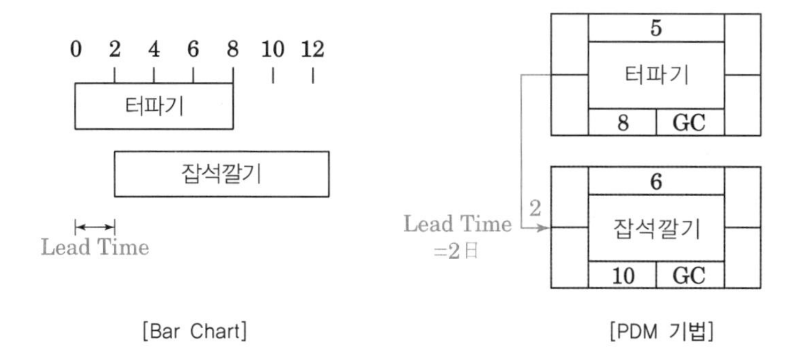

[Bar Chart] [PDM 기법]

Ⅲ. Lead Time의 종류

1. MLT(Manufacturing Lead Time)

① 제조 소요시간

② 제품을 생산하기 위해 소요되는 시간

2. CLT(Cumulative Lead Time)

① 총소요시간

② 제품을 생산하여 고객에게 판매하기 위해 절대적으로 필요한 시간

3. DLT(Delivery Lead Time)

① 납기소요시간

② 고객이 기대하는 납기, 주문을 받고부터 물건을 전달할 때까지 소요되는 시간

Ⅳ. 특징

① Lead Time은 모든 작업에서 발생 가능하다.

② 공사관계자가 공사를 준비하는 데 필요한 시간이다.

③ 공사 준비시간이 Lead Time을 초과해서는 안 된다.

④ Lead Time을 적절히 사용하여 공기와 공정마찰이 발생되지 않도록 한다.

33 Lag Time

Ⅰ. 정의

Lag Time이란 PDM 기법에서 사용되는 지연시간(Lag)을 나타내는 것으로 후속작업의 시작시점을 알기 쉽도록 한 것이다.

Ⅱ. Lag Time의 종류

① Zero Lag: Lag가 0인 경우
② Positive Lag: Lag가 0보다 큰 경우
③ Negative Lag: Lag가 0보다 작은 경우

Ⅲ. 개념도

1. 개시－개시관계에서 2일의 Lag를 갖는 경우

터파기가 시작되고 2일이 지난 후 잡석깔기를 시작할 수 있다는 의미

2. 종료－종료관계에서 1일의 Lag를 갖는 경우

아스팔트방수가 종료되고 1일이 지난 후 누름콘크리트타설을 종료할 수 있다는 의미

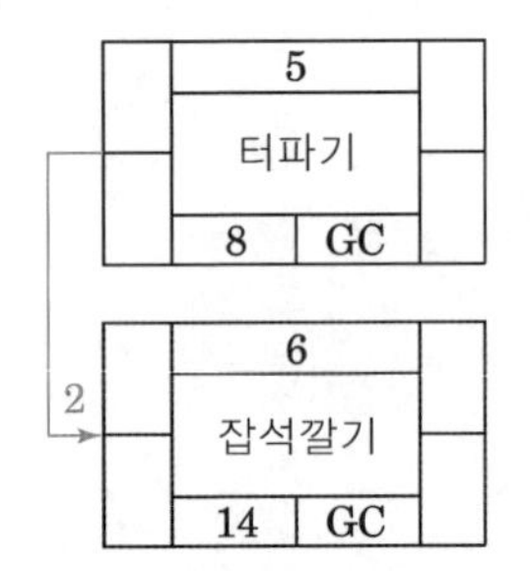

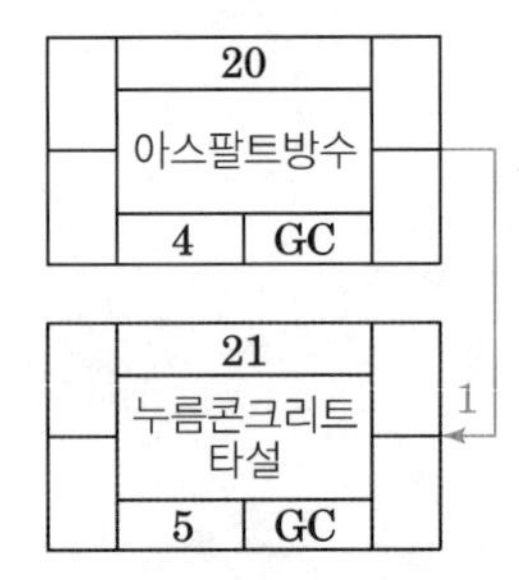

[개시 - 개시관계에서 2일의 Lag를 갖는 경우] [종료 - 종료관계에서 1일의 Lag를 갖는 경우]

Ⅳ. 작업 간의 연결(중첩)관계

① 개시 - 개시(STS)
② 종료 - 종료(FTF)
③ 개시 - 종료(STF)
④ 종료 - 개시(FTS)

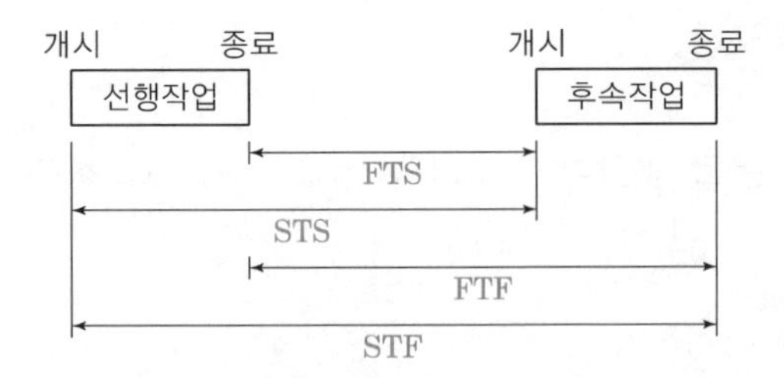

Ⅴ. 특징

① CPM과 같이 Critical Path 이외의 구간에 발생한다.
② PDM 기법에서의 여유시간이다.
③ 한 작업이 끝나고 다른 작업이 시작될 때까지의 여유시간이다.

34 동시지연(Concurrent Delay)

Ⅰ. 정의

동시지연(Concurrent Delay)이란 두 가지 이상의 지연이 발생되고 있는 구간에 해당되는 지연을 말하며, 발주자 책임의 지연사건과 시공자 책임의 지연사건이 동시에 발생하는 상황이면 해결이 쉬우나 쌍방의 귀책이 없다고 하는 경우에는 해결이 난해하다.

Ⅱ. 발생시점에 따른 공기지연 유형별 특성

공기지연 유형	특성
독립적인 공기지연	• 다른 지연과 관련 없이 발생한 지연
동시적인 동시발생 공기지연 (Simultaneous Concurrent Delay)	• 같은 시점 혹은 비슷한 시점에 중첩되어서 발생한 지연
연속적인 동시발생 공기지연 (Consecutive Concurrent Delay)	• 일련의 지연 사건들이 연대순으로 발생하여 서로 영향을 주고받는 지연

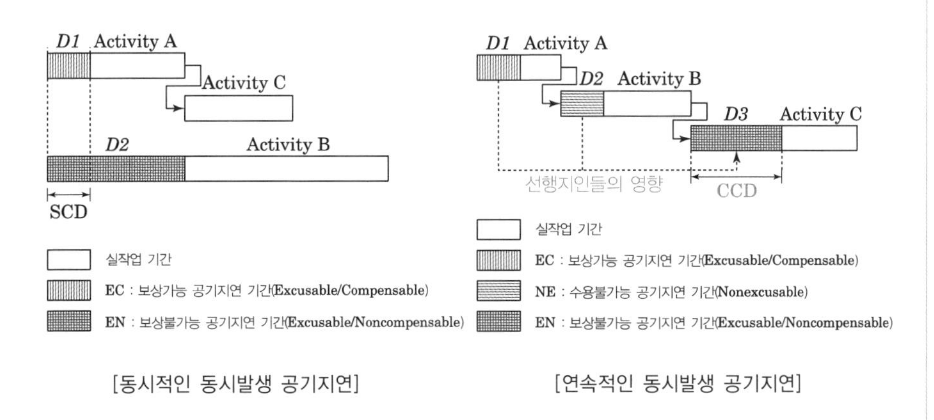

[동시적인 동시발생 공기지연] [연속적인 동시발생 공기지연]

Ⅲ. 동시발생 공기지연 분석방법

1. 연속적인 동시발생 공기지연(CCD)의 분석

① 우선 공기지연의 일반적 유형구분이 필요

② 각 지연 사건들에 대하여 프로젝트 일정에 대한 영향을 분석

③ 프로젝트 전체 일정에 영향을 미친 지연사건의 실제 지연기간을 작업화하여 일정표에 입력

④ 일정표 상에 입력된 지연기간은 선행지연의 영향 여부를 검토하여 CCD 여부 판단

2. 동시적인 동시발생 공기지연(SCD)의 분석

책임별 유형구분이 이루어진 각 지연에 대해 프로젝트의 동일한 시점에서의 발생 여부를 검토

Ⅳ. 공기지연의 보상유형

① 공기연장만이 가능한 공기지연
② 공기연장과 손실비용 보상이 가능한 공기지연
③ 지체보상금을 지불하여야할 공기지연

35 건설공사 공기지연 중에서 보상가능지연(Compensable Delay)

Ⅰ. 정의

보상가능지연이란 공기지연의 원인이 발주자의 통제범위 내에 있든지 또는 발주자의 잘못, 태만 등에 있을 때 시공자는 이에 대한 배상을 청구할 수 있다.

Ⅱ. 공기지연의 유형(공기연장 권한의 유무)

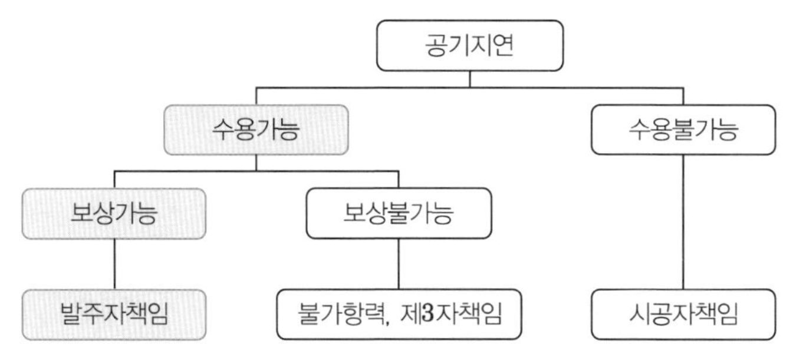

① 시공자 귀책사유로 인한 공기지연(Non-Excusable Delays)
수용불가능 공기지연으로 지연일수에 대한 지체상금이 부과

② 발주자 귀책사유로 인한 공기지연(Excusable Compensable Delays)
수용, 보상가능 공기지연으로 공기연장과 함께 시공자에게 추가적인 공사비를 지급

③ 불가항력, 제3자의 귀책사유로 인한 공기지연(Excusable-Non-Compensable Delays)
공기연장은 가능하나 그에 따른 추가공사비는 지급되지 않는다.

Ⅲ. 공기지연 클레임 해결절차

① 분쟁이 발생한 공사의 계약조건과 문서의 합리성을 검토
② 제반사건에 관계된 사실관계를 분석
③ 건설관련 전문감정인을 활용하거나 전문연구자료를 분석
④ 공사의 특별한 사정을 참작하여 일반인이 납득할 수 있는 범위를 넘는지의 여부를 검토
⑤ 가장 타당성 있는 대안을 결정
⑥ 공사 지연에 해당하는 기간을 산정
⑦ 최종적으로 전체 공사지연 기간에서 시공자의 귀책사유로 인한 문제가 아닌 사항에 해당하는 공사지연 기간을 감하여 지체상금을 부과하게 될 기간을 산정

[시간경과에 따른 분석기법]

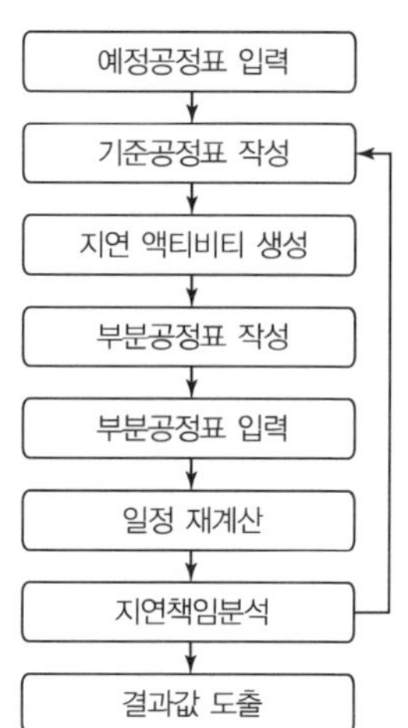

36 공정관리의 Last Planner System

Ⅰ. 정의

공정관리의 Last Planner System이란 린 건설의 대표적인 실행이론으로 공사 지시자의 역할과 체계적인 공사 준비 과정을 강조한 기법을 말한다. 즉 공정상 공사 준비가 100% 완료 된 공정만을 추출하여 지시하므로 공정간 업무절차의 신뢰도와 생산계획을 향상시키는 도구이다.

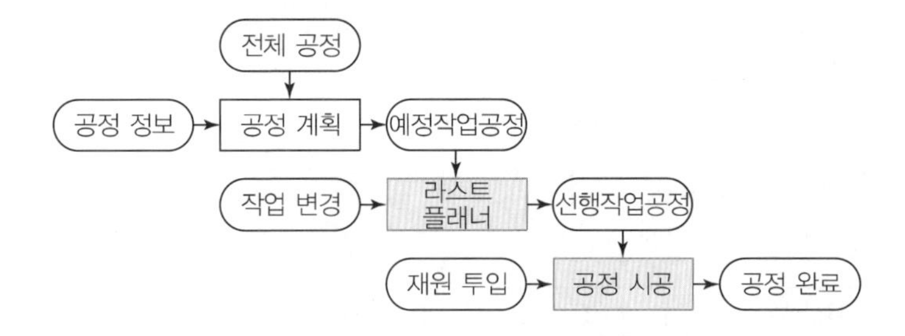

Ⅱ. Last Planner의 업무과정

① 각 공정 중 모든 제약이 해지된 작업만 주간공정으로 선정하여 하위 작업자에 지시

② 공정수행을 위한 기반작업이 100% 구축되지 않을 경우 다시 예정공정으로 선정하여 선행작업으로 분류

③ 하위 작업자는 불확실성을 제거한 상태에서 작업을 기한 내에 실행함으로써 원활한 공사를 진행

Ⅲ. Last Planner System의 관리단계

구분	업무내용
공정스케줄 (Master Schedule)	• 전제공정을 공종별로 분류하여 제시하는 단계로 설계기준을 중심으로 계획
단계별 공정스케줄 (Phase Schedule)	• 각 공정에 참여하는 투입인원 및 자재의 조달계획 등의 공사업무를 구체화 하는 단계
사전작업 공정계획 (Lookahead Schedule)	• 앞에서 계획된 공정을 효율적인 업무 순서로 조합하여 예비 작업준비 및 작업 제반요건을 분석함
주간 작업계획 (Weekly Work Plan)	• 매주 이루어지는 주간 린 생산계획 회의에 의해 결정되는 주간공정현황 및 진도계획 등을 협의

Ⅳ. Last Planner System의 효과

① 공기의 단축
② 원가절감
③ 실패원인의 감소

Ⅴ. Last Planner System의 개선방안

① 최소작업관리의 정의
② 지속적인 교육과 목표의식 고취
③ 국내외 건설현장의 문화적 차이 극복방안 마련

37 초고층공사의 Phased Occupancy

Ⅰ. 정의

초고층공사의 Phased Occupancy란 초고층 공사 시 전체공정이 완료되어 사용승인을 받은 후가 아니면 건축물을 사용하거나 사용하게 할 수 없으나, 공정이 완료되기 전에 일부구간의 완료된 부분을 발주처에게 인계하여 사용이 가능하도록 하는 방법을 말한다.

Ⅱ. 개념도

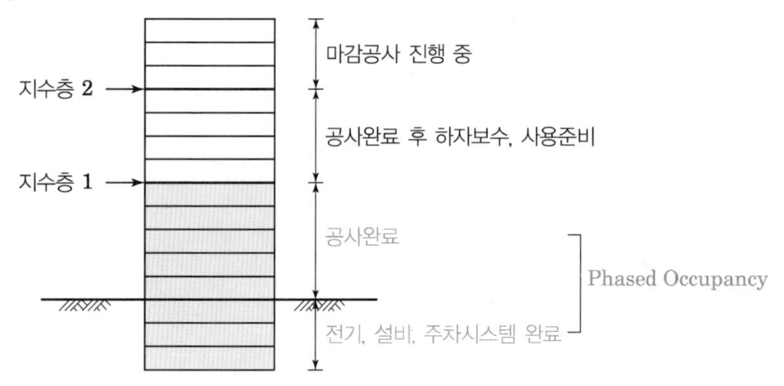

Ⅲ. 특징

1. 장점

① 건물의 일부구간 조기 사용 가능
② 발주처의 빠른 정상업무로 기대효과 상승
③ 조기입주로 인한 시공사의 자금회전의 원활
④ 조기입주로 인한 경제적 이익 창출

2. 단점

① 조기입주로 인한 하자발생 우려
② 일부 공정 진행으로 안전, 소음, 진동 발생
③ 제도적 절차의 개선 필요(일부 사용승인)

Ⅳ. Phased Occupancy 적용 시 유의사항

① 임시 사용승인 부분과 계속공사 부분의 사전 검토
② 계속공사 부분의 소음, 진동 발생 억제를 위한 대책
③ 상층부의 누수방지를 위한 지수층 설치
④ 부지활용 시 공사용 부지와 조기사용 부지의 동선 관리
⑤ 공사용과 입주용 엘리베이터의 사용방안

Professional Engineer
Architectural Execution

10.2장

품질관리

01 품질관리 7가지 관리도구

Ⅰ. 정의

품질관리의 7가지 도구는 데이터의 기초적 정리방법으로 널리 쓰이는 것들로서 품질관리활동을 수행하는 데 있어서 가장 필수적인 통계적 방법들이다.

Ⅱ. 품질관리의 7가지 도구

No	수법	내용	형상	특징
1	파레토도	불량, 결점, 고장, 손실금액 등 개선하고자 하는 것을 상황별이나 원인별 등의 항목으로 분류하여 가장 큰 항목부터 차례로 나열한 막대그래프	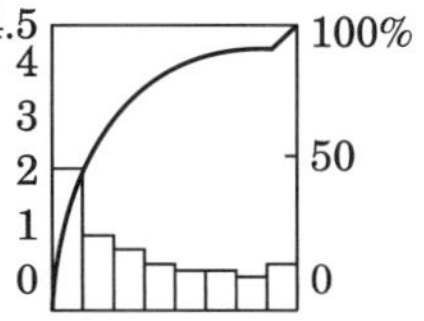 4.5 4 3 2 1 0 100% 50 0	개선해야 할 부분을 명확히 보여주며, 개선 전후의 비교를 용이하게 보여줌
2	특성요인도	어떤 제품의 품질특성을 개선하고자 할 경우, 그 특성에 관련된 여러 가지 요인들의 상호관련 상태를 찾아내어, 그 관계를 명확히 밝혀 품질개선에 이용	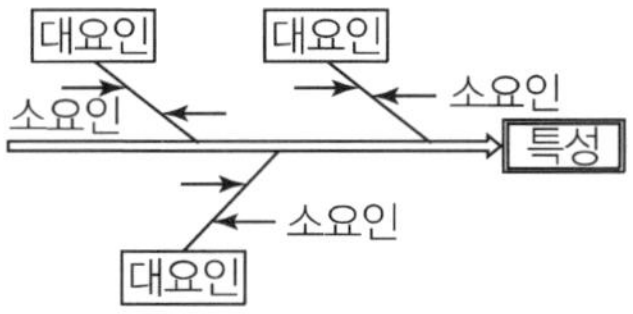 대요인 대요인 소요인 소요인 특성 소요인 대요인	문제에 대한 원인을 여러 각도에서 검토 하는 기법 문제에 미숙한 사람에게 교육시키기에 좋은 도구
3	히스토그램	길이, 무게, 시간 등의 계량값을 나타내는 데이터가 어떤 분포를 하고 있는지 알기 쉽게 나타낸 그림	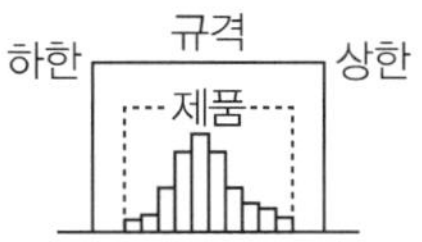 규격 하한 상한 제품	분포의 모습, 평균값, 분산, 최대값, 최소값 등을 일목요연하게 알 수 있다.
4	산포도	상호관계가 있는 두 변수(예로 신장과 체중, 연령과 혈압 등) 사이의 관계를 파악하고자 할 때 사용하며, 원인과 결과가 되는 변수일 경우 더욱 의미가 있다.	 특성값 A 특성값 B	상관관계를 쉽게 파악 하는 것이 가능 관리하기 위한 최적의 범위를 정할 때 사용
5	층별	원인과 결과를 분류해 본 것	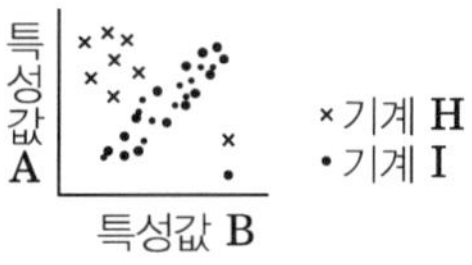 특성값 A 특성값 B ×기계 H •기계 I	2 이상의 원인과 2 이상의 결과에서 데이터처리를 하는데 필요

No	수법	내용	형상	특징
6	그래프	동일한 데이터라도 표시하는 방법에 따라 보는 사람에게 관점이 달리 해석될 수 있다.	12, 1, 2, 3, 4, 5, 6, 7, 8, 9, 10, 11 / 0, 5, 10	추세나 항목별 비교가 용이하다.
7	관리도	중심선 주위에 적절한 관리한계선을 두어 일의 성과를 관리하며 공정이 안정된 상태에 있는지 확인하는 일종의 꺾은선 그래프	상부 관리 한계 / 중심선 / 하부 관리 한계 / ①우연 원인 들쑥 날쑥 / ②관리를 벗어난 이상 원인이 들쑥날쑥	건설공사에서 주로 사용 공정관리나 분석이 용이

02 Pareto도

Ⅰ. 정의

Pareto도란 불량, 결점, 고장, 손실금액 등 개선하고자 하는 것을 상황별이나 원인별 등의 항목으로 분류하여 가장 큰 항목부터 차례로 나열한 막대그래프와 막대크기의 순을 가산한 누적치가 전체에 대한 비율(%)을 꺾은선그래프로 나타낸 그림을 말한다.

Ⅱ. 개념도

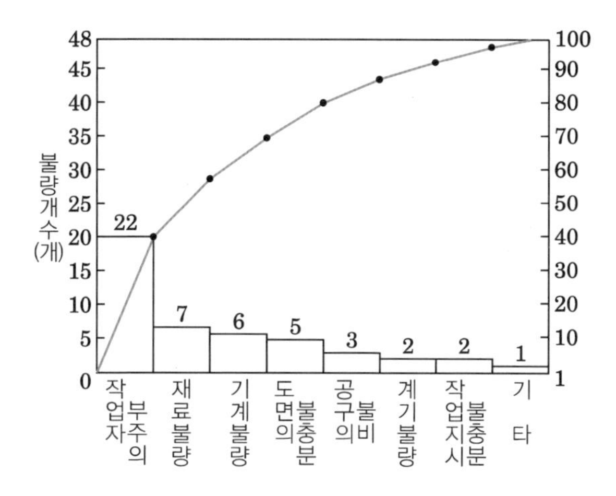

Ⅲ. 목적

① 문제해결을 위한 대책으로서 어느 항목부터 할 것인가를 결정
② 분임조 등 문제해결 팀의 목표(또는 테마)를 결정
③ 불량이나 고장 등의 원인을 조사
④ 보고하거나 또는 기록 관리
⑤ 현재의 상황을 정확하게 파악

Ⅳ. Pareto도 작성 시 고려할 사항

① 세로축은 되도록 금액으로 표시한다.
② 기타항목은 오른편 끝에 위치시킨다.
③ 분류항목의 수는 5~10개로 한다.
④ 짧은 기간 동안 데이터 수집 시 부정확할 수 있으므로 주의할 것
⑤ 오랜 기간 동안 수집한 데이터에는 변경 사항이 포함될 수 있다.
⑥ 빈도수가 높은 문제에 집중하여야 하나 작고 해결하기 쉬운 문제도 무시하면 아니 된다.

[Pareto도 작성방법]
- 데이터의 분류항목을 결정한다.(층별)
- 기간을 정하여 Data를 수집한다.(Check-Sheet).
- 데이터를 항목별로 정리하고 집계한다.
- 불량항목의 수가 많은 순으로 기입하고 누적수, 비율, 누적비율 등을 계산할 수 있는 Data-Sheet를 만든다.
- 그래프의 가로에는 항목, 세로에는 불량수 또는 누적불량비율을 표시한다.
- 막대그래프를 그린다.
- 누적 꺾은선그래프를 그린다.(누계비율을 세로축에 표시)
- 필요한 Data 이력을 분명히 기록한다.

03 히스토그램(Histogram)

Ⅰ. 정의

히스토그램은 데이터의 형상과 산포를 조사하는데 사용되며, 표본 값을 여러 구간으로 나누고 각 구간 내 데이터 값의 빈도를 막대로 나타낸 것을 말한다.

Ⅱ. 실례

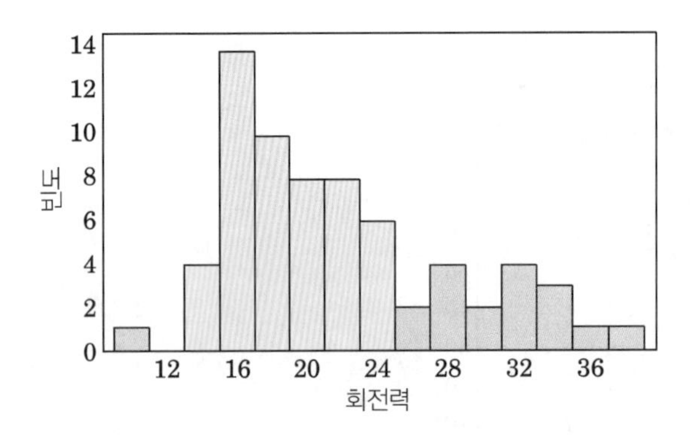

① 대부분의 볼트는 14~24의 회전력으로 잠김

② 하나의 볼트는 볼트가 느슨했으며, 회전력이 11 미만임

③ 24보다 큰 회전력이 필요한 볼트도 있음

Ⅲ. 히스토그램에 대한 데이터의 고려 사항

1. 표본 크기가 약 20 이상

① 히스토그램은 표본 크기가 20 이상일 때 가장 잘 작동

② 표본 크기가 너무 작으면 히스토그램의 각 막대에 데이터 분포를 정확하게 표시하기에 충분한 데이터 점이 포함되지 않을 수 있음

③ 표본 크기가 20보다 작으면 대신 개별 값 그림을 사용

2. 표본 데이터는 랜덤하게 선택

① 랜덤 표본은 모집단에 대한 일반화 또는 추론을 작성하기 위해 사용

② 데이터가 랜덤하게 수집되지 않은 경우에는 결과가 모집단을 나타내지 않을 수 있음

Ⅳ. 비정규 또는 비정상 데이터의 히스토그램

1. 치우친 데이터

① 데이터가 정규 분포를 따르지 않을 수도 있음

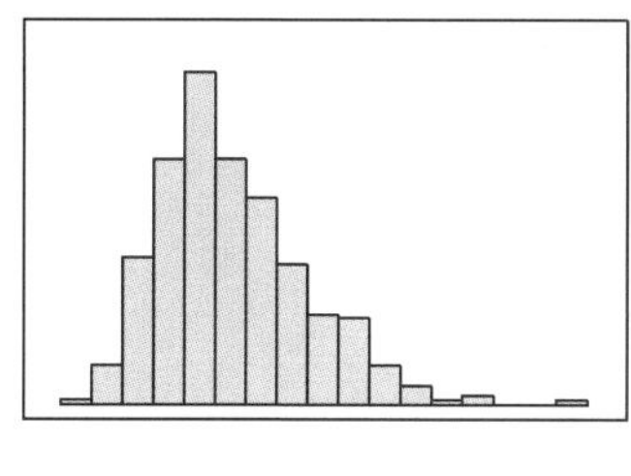

[오른쪽으로 치우침]

[왼쪽으로 치우침]

2. 특이치

① 다른 데이터 값에서 멀리 떨어져 있는 데이터 값은 결과에 크게 영향을 미칠 수 있음

② 식별이 가장 쉬움

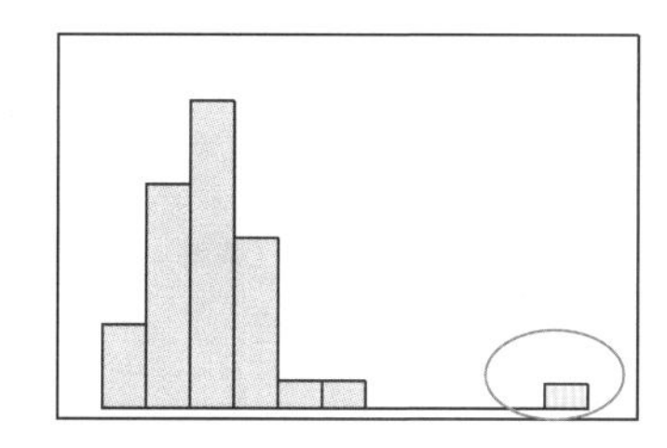

3. 다봉 데이터

① 봉우리가 두 개 이상

② 일반적으로 두 개 이상의 공정이나 조건에서 데이터가 수집되는 경우 발생

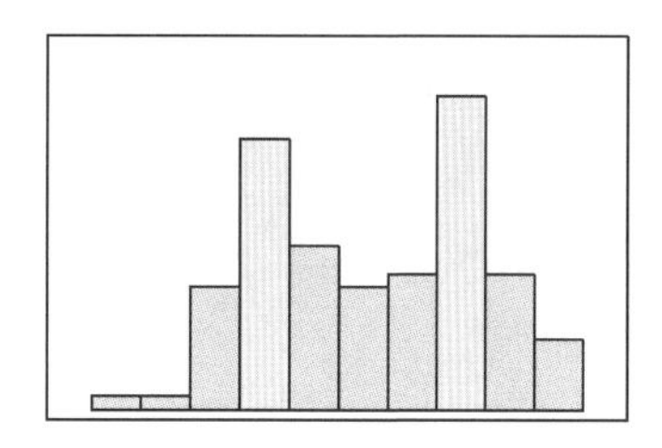

04 산포도(산점도, Scatter Diagram)

Ⅰ. 정의

산포도란 상호관계가 있는 두 변수 사이의 관계를 파악하고자 할 때 사용하며, 좌표 평면에 x와 y 변수의 순서 쌍을 표시하는 것을 말하며, 원인과 결과가 되는 변수일 경우 더욱 의미가 있다.

Ⅱ. 실례

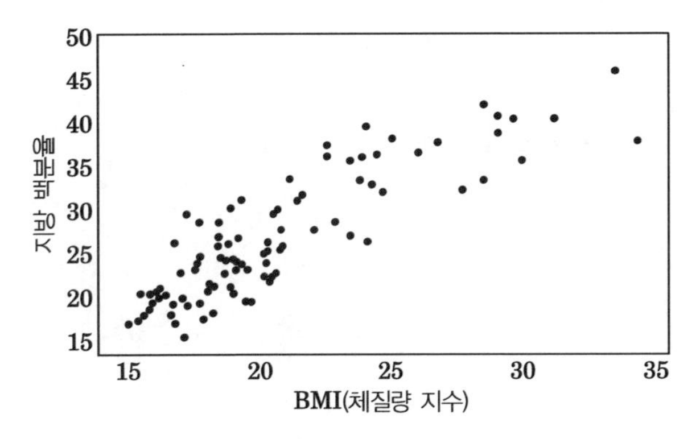

→ BMI 및 체지방 데이터의 산포도는 두 변수 사이에 선형 관계가 있다는 것을 나타냄

Ⅲ. 산포도에 대한 데이터의 고려 사항

① 데이터에는 하나 이상의 숫자 또는 날짜/시간 데이터 열이 포함되어야 한다.

② 표본 크기가 중간 규모에서 대규모여야 한다.(표본 크기가 약 40 이상인 경우 적합)

③ 표본 데이터는 랜덤하게 선택해야 한다.

④ 데이터를 수집된 순서대로 기록

Ⅳ. 산포도의 관계 유형

① 선형: 양

② 선형: 음

③ 곡선: 2차

④ 곡선: 3차

⑤ 아무런 관계가 없음

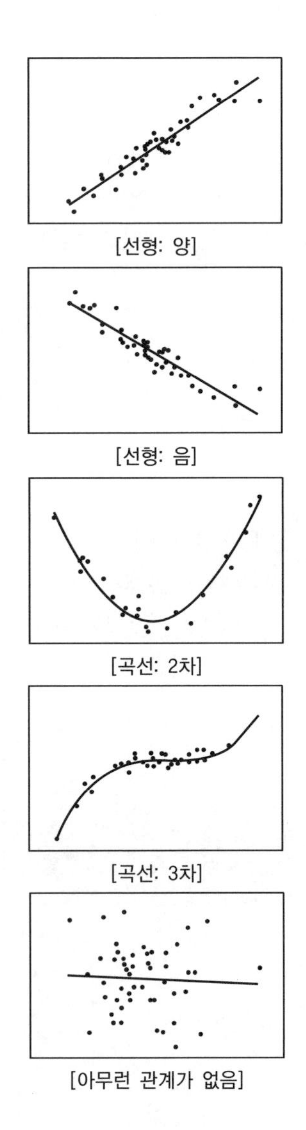

[선형: 양]

[선형: 음]

[곡선: 2차]

[곡선: 3차]

[아무런 관계가 없음]

05 품질특성

Ⅰ. 정의

품질특성이란 품질 평가의 대상이 되는 기준. 품질 관리에 있어 품질을 데이터로서 표시하고 이 데이터에 대해 통계적 방법을 적용하여 해석 관리를 하기 위해 이용되며. 제품의 물성을 나타내는 특성값을 말한다.

Ⅱ. ISO 9126의 품질특성(제조)

기능성	신뢰성	사용성	효율성	유지보수성	이식성
· 적합성 · 정확성 · 상호운용성 · 보안성 · 준수성	· 성숙도 · 오류 허용성 · 회복성 · 준수성	· 이해성 · 교육성 · 운영성 · 친밀성 · 준수성	· 시간반응성 · 자원효율성 · 준수성	· 분석성 · 변경성 · 안정성 · 시험성 · 준수성	· 적응성 · 설치성 · 공존성 · 교체성 · 준수성

Ⅲ. 건설분야의 품질특성 표시(특성요인도)

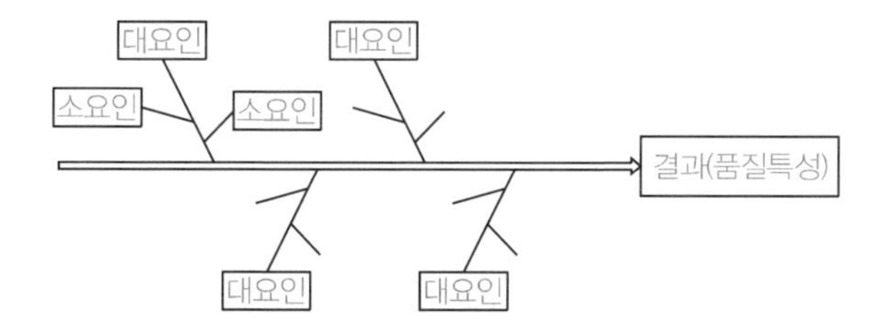

Ⅳ. 건설분야 품질특성의 실례

① 철근콘크리트용 봉강: 인장강도, 항복강도, 연시율, 굽힘성 중 인장강도
② 굳은 콘크리트: 압축강도, 휨강도 중 압축강도
③ 성토용 흙: 함수비, CBR, 직접전단, 3축압축 중 CBR
④ PHC 말뚝: 휨강도, 전단강도 중 휨강도
⑤ PC 강봉: 항복강도, 인장강도, 연신율 중 인장강도
⑥ 일반구조용 압연강재: 항복강도, 인장강도, 연신율, 굽힘성 중 인장강도
⑦ 강판: 항복강도, 인장강도, 연신율, 굽힘성 중 인장강도
⑧ 석재: 밀도, 흡수율, 압축강도 중 압축강도
⑨ 콘크리트벽돌, 점토벽돌: 압축강도, 흡수율 중 압축강도
⑩ 개량 아스팔트 방수시트: 인장강도, 신장률 등 중 인장강도
⑪ 발포폴리스티렌 단열재: 굴곡강도, 흡수량, 연소성, 열전도율 중 열전도율
⑫ 발포폴리에틸렌 보온재: 인장강도, 흡수량, 수축률, 열전도율 중 열전도율

06 품질비용(Quality Cost)

Ⅰ. 정의

품질의 유지 및 개선 그리고 품질의 실패에 따라 야기되는 모든 비용을 말하며, 좋은 품질의 제품을 보다 경제적으로 만들어가기 위한 방법을 도모하고, 품질관리 활동의 효과와 경제성을 평가하기 위한 방법이 품질비용이다.

Ⅱ. 품질비용의 종류와 내용

구분		내용
적합 품질	예방비용	• 하자방지를 위한 수단에 소요되는 비용 • 교육, 진단 및 지도, 제안 등의 비용
	평가비용	• 시험, 검사에 소요되는 비용 • 검사, 실험실 실험, 현장실험 등의 비용
부적합 품질	내부실패 비용	• 제품을 고객에게 전달하기 전에 문제를 발견하여 수정, 조치하는 데 소요되는 비용 • 폐기, 재생산, 품질미달로 염가판매 등의 비용
	외부실패 비용	• 제품을 고객에게 전달한 후에 문제를 발견하여 수정, 조치하는데 소요되는 비용 • A/S, 교환, 환불 등의 비용

Ⅲ. 품질비용의 측정 목적

① 경제성평가 척도를 통해 품질을 경제적이고 종합적으로 관리하는 것
② 품질문제를 돈으로 환산 제시하여 관련부서 또는 관련자에게 품질개선에 대한 동기부여를 하는 것
③ 내외부 실패비용과 평가비용을 예방비용을 통해 품질비용을 절감하는 것
④ 품질향상과 원가절감을 도모

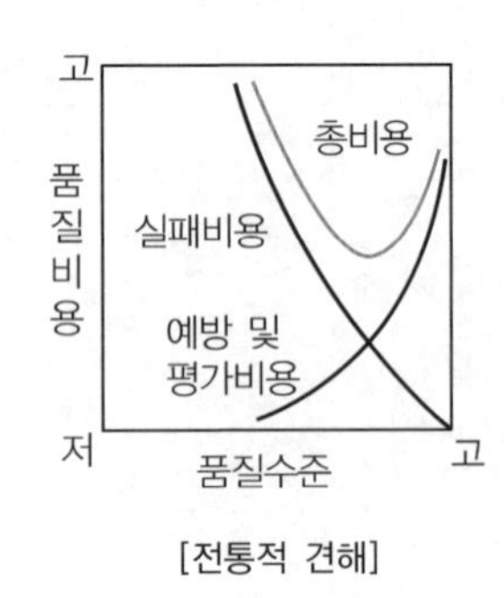

[전통적 견해]

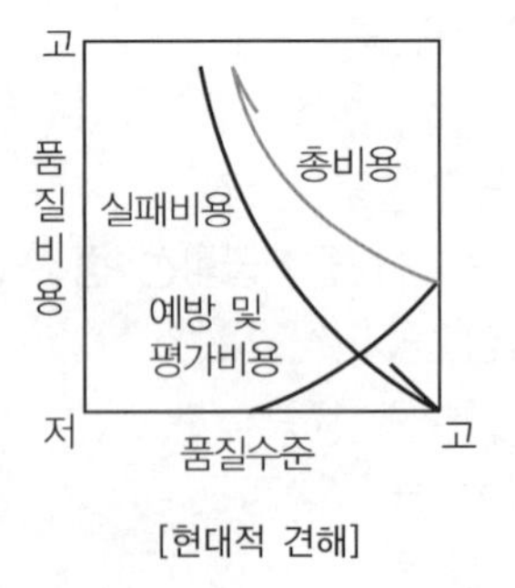

[현대적 견해]

07 TQC(Total Quality Control, 전사적 품질관리)

Ⅰ. 정의

보다 좋은 품질을 경제적으로 생산할 수 있도록 회사 내의 전 조직이 전사적으로 벌이는 활동의 전반적인 품질관리 방법을 말한다.

Ⅱ. TQC의 목적

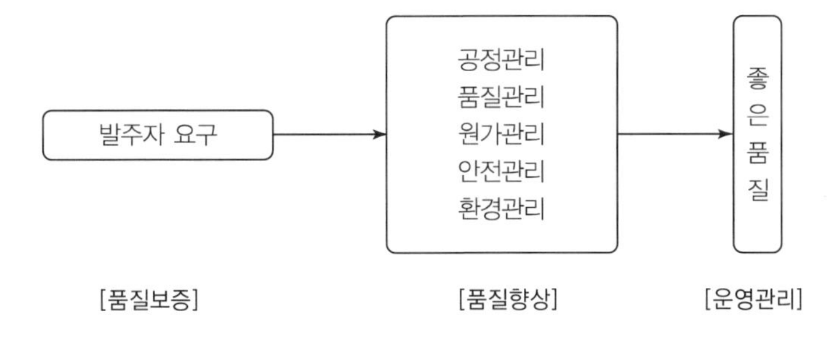

① 소정의 품질을 확보함
② 품질을 개선, 향상시키고 균질한 품질을 생산하여 재시공, 보수를 줄임
③ 품질에 대한 보증과 원가절감 작업방법의 개선 및 검토를 꾀함

Ⅲ. TQC 활동

관리적 측면에서 모든 것을 정하던 것 → 전사적인 체질개선에 의한 품질관리방법

Ⅳ. 기대효과

① 작업자의 주인의식 고취 및 품질의식 향상
② 창조적인 활동 기대
③ 결과 중시에서 과정 중시로 의식전환
④ 부서 간의 협력에 의한 문제개선
⑤ 신뢰성에 따른 품질보증
⑥ 자발적 활동에 따른 기술경쟁력 향상

Ⅴ. 건설현장 TQC 개선방향

① 전 작업 과정에서 실시되어야 하고
② 전 조직원이 동참해야 하며
③ 상호 유기적인 종합관리로 개선되어져야 한다.
④ TQC 7가지 도구의 활성화를 통하여 품질향상을 기해야 한다.

08 TQM(Total Quality Management, 전사적 품질경영)

Ⅰ. 정의

TQM이란 능동적으로 품질을 향상시켜 품질우위를 실현해 나가는 종합적인 활동으로서, 전원참여에 의한 고객만족과 조직구성원의 인간성 존중, 사회에 대한 공헌을 목표로 최고경영자의 리더십과 전 종업원의 끊임없는 혁신과 개혁을 하는 전사적, 종합적 관리체계를 말한다.

Ⅱ. TQM의 개념적 구성

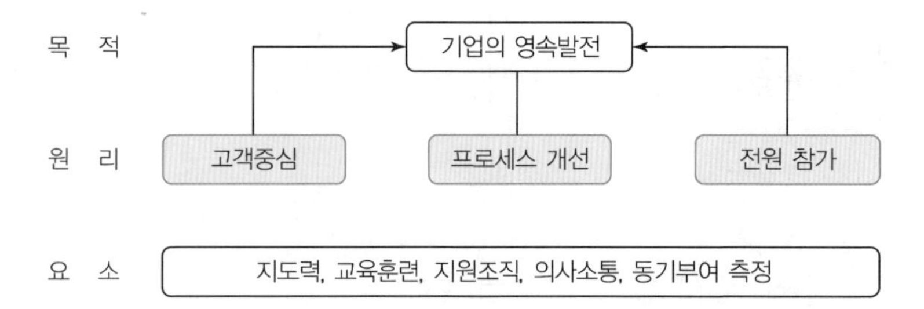

Ⅲ. 목적

① 품질을 통한 경쟁우위의 확보
② 어려운 기업환경을 극복
③ 고객지향적 경영풍토를 조성
④ 기업의 총체적 질을 높이자는 운동

Ⅳ. 기본 사고방식

① 최고 경영자의 확고한 추진의지와 직접 참여로 리더십 발휘
② 회사의 경영전략이 품질우위를 통한 경쟁력 강화에 있음을 확인
→ 종업원에게 주지
③ 모든 업무를 고객의 입장에서 계획하고 수행
④ 인재육성 및 인적자원의 활용
⑤ 기업의 모든 구성원, 협력업체 및 유통업체들이 품질경영활동에 참여
⑥ 각 부서 및 부문 간의 협조가 원활할 것

09 TQC와 TQM의 차이점

Ⅰ. 정의

1. TQC(Total Quality Control)

TQC란 보다 좋은 품질을 경제적으로 생산할 수 있도록 회사 내의 전 조직이 전사적으로 벌이는 활동의 전반적인 품질관리 방법을 말한다.

2. TQM(Total Quality Management)

TQM이란 능동적으로 품질을 향상시켜 품질우위를 실현시켜 나가는 종합적인 활동으로서, 전원참여에 의한 고객만족과 조직구성원의 인간성 존중, 사회에 대한 공헌을 목표로 최고 경영자의 리더십과 전 종업원의 끊임없는 혁신과 개혁을 하는 전사적, 종합적 관리체계를 말한다.

Ⅱ. TQC와 TQM의 차이점

TQC	TQM
Feigenbaum의 주장	국제표준화기구의 공식적인 정의
공급자 입장에서의 일반적인 품질보증시스템	구매자 요구를 충족시키기 위한 품질보증 시스템
설계로부터 서비스 제공까지의 전 단계 QA 시스템	설계로부터 서비스 제공까지의 전 단계 QA 시스템(ISO 9001)
공급자의 품질인증	제3자 품질인증
품질문제(불량률, 클레임률, A/S 건수)의 극소화와 재발방지가 궁극목표	Zero Defect가 궁극 목표(품질문제의 발생 억제)
품질정책의 필요성 강조	품질정책은 필수요건
최고경영자를 비롯한 전원참가를 강조	최고 경영자의 참가를 의무화하고, 전원참가를 강조함
기업의 체질개선	경영목표를 달성의 수단

10 품질보증(Quality Assurance)

Ⅰ. 정의

품질보증이란 소비자가 요구하는 품질이 충분히 만족하는지를 보증하기 위하여 생산자가 실시하는 체계적인 활동. 즉 제품 또는 서비스가 제시된 품질 요건사항을 만족시키고 있다는 것을 적절히 신뢰감을 주기 위하여 실시하는 필요한 모든 계획적이고 체계적인 활동이다.

Ⅱ. 품질경영의 구성도

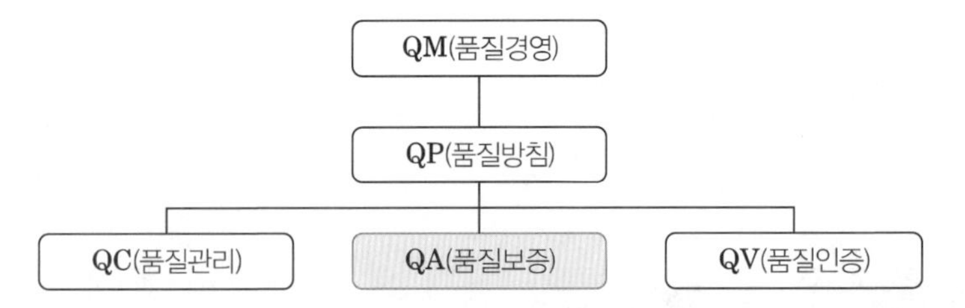

1. 품질관리(Quality Control)

① 설계자는 설계도와 시방서, 계약서의 작성을 효과적으로 수행할 것

② 시공자는 계약서에서 명시한 품질기준에 의하여 시공할 것

③ 과정과 결과를 분석하여 규정된 품질을 현실화할 것

④ 시공담당부서와 별도로 조직된 품질관리부서를 운영할 것

⑤ 품질관리부서는 견본채취, 실험, 실험성적표의 작성 및 품질검사 등을 수행할 것

2. 품질보증(Quality Assurance, 품질감리)

① 품질관리 결과의 관련 계약규정 또는 법규정과 일치 여부를 확인하는 제반 행위

② 사용한 자재 및 시공 결과가 공사 계약서에서 요구한 품질규정에 적합한지 확인할 것

③ 공사 감리자는 모든 기술자료 및 실험 결과를 확보할 것 → 차후에 활용

④ 품질관리의 과정과 결과는 반드시 기록으로 남길 것

3. 품질인증(Quality Verification)

① 품질감리 결과, 규정된 품질의 구현이 의심되거나 품질관리 규정이나 관련 법규정에서 특정한 품질검사나 실험을 요구할 때에 행하는 검사활동이나 실험하는 행위

② 공사의 품질뿐만 아니라 사용재료의 품질이나 특수공법 또는 장비의 성능과 제원을 확인할 것

Ⅲ. 품질보증 방법의 사전대책 및 사후대책

1. 사전대책

① 시장조사(시장정보)
② 기술연구
③ 고객에 대한 PR 및 기술지도
④ 품질설계: 품질표준, 재료규격, 포장규격
⑤ 공정능력 파악 및 공정관리

2. 사후대책

① 제품검사: 검사규정 작성, 검사 실시
② 클레임 처리
③ A/S 및 기술 서비스
④ 보증기간 방법
⑤ 품질 감사: QC 업무 감사, 타사 제품과의 비교

11 품질관리 중 발취검사(Sample Inspection)

Ⅰ. 정의

공장 생산된 제품이나 재료에서 일부를 발취하여 검사하고, 그 결과를 판정기준과 비교하여 전체 품질의 양부를 판정하는 방법으로 주로 생산이 시작되기 전 원재료나 공정이 끝난 후 완제품의 불량정도를 측정하기 위해 이용된다.

Ⅱ. 개념도

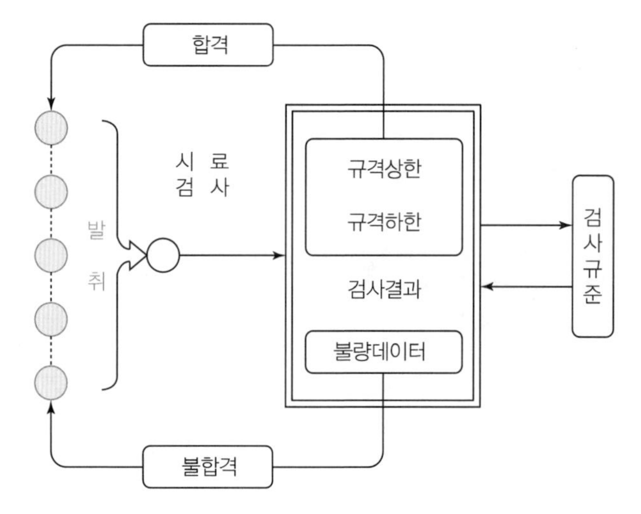

① 시료 검사 결과 불량률이 허용기준치보다 적으면 그 모집단을 합격품으로 판정

② 시료 검사 결과 불량률이 허용기준치보다 많으면 그 모집단을 불합격품으로 판정 하든가 전수검사를 통해 불량품을 제거

Ⅲ. 발취검사의 장점

① 품질보증을 확실하게 할 수 있다.

② 품질에 대한 많은 정보를 얻을 수 있다.

③ 경제적으로 품질보증을 할 수 있다.

④ 전수검사 결과의 Check에 사용할 수 있다.

[발취검사가 필요한 점]
- 파괴검사인 경우: 강재나 건축물의 강도시험 등
- 물품의 수가 많은 경우: 볼트, 너트 등
- 물품이 연속체인 경우: 필름, 코일 등
- 액체, 분체, 입체인 경우: 약품, 석탄, 광석 등

Ⅳ. 발취검사가 유리한 점

① 검사비용을 줄여야 할 경우: 전수검사에 비하여 낮은 검사비용을 가능

② 납품업체에 자극을 주어야 할 경우: 불량품만을 납품업체에 반송시키는 것이 아니라 불합격된 LOT에 양품도 섞어서 보낸다는 인식으로 품질의식 향상을 유도

12 6-시그마(Sigma)

Ⅰ. 정의

① 6-시그마란 불량을 통계적으로 측정, 분석하고 그 원인을 제거함으로써 6-시그마 수준의 품질을 확보하려는 전사차원의 활동을 의미한다.

② 6-시그마 품질수준은 제품100만 개당 불량품이 3.4개 발생하는 경우를 의미하며 기존 품질개선활동이 제조과정에 한정되어 이루어졌던데 반해 6-시그마 경영은 R&D, 마케팅, 관리 등 경영 프로세스 전반을 대상으로 하고 있다.

Ⅱ. 3-시그마와 6-시그마의 DPMO(PPM)

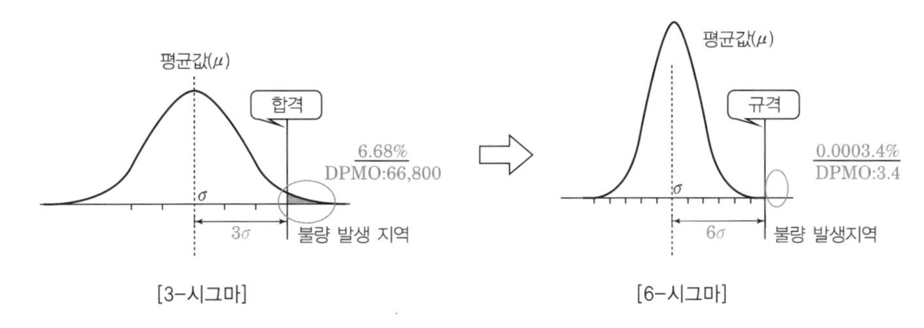

[DPMO]
Defect Per Million Opportunities

[PPM]
Part Per Million

Ⅲ. 6-시그마 경영의 특징

① 통계 데이터에 근거한 철저한 분석
② 불필요한 핵심품질특성(Critical to Quality)을 발견하고 제거
③ 프로세스 중심
④ 6-시그마 경영의 성과는 재무성과로 연결
⑤ 6-시그마 활동은 전문인력이 주도
⑥ 하향식(Top-Down) 전개방식

[3-시그마와 6-시그마의 비교]

3-시그마	6-시그마
불량률이 66,800ppm	불량률이 3.4ppm
불량 검출을 검사에 의존	불량 발생 감소에 초점
고품질=고비용의 인식	고품질=저비용의 인식
품질개선은 경험에 의존	DMAIC의 체계적인 접근
경쟁회사를 벤치마킹	세계 최고를 벤치마킹
내부관점에서 경영	고객의 관점에서 경영

Ⅳ. 6-시그마 프로젝트의 수행절차(DMAIC)

① 프로젝트 선정(Define): 고객의 요구파악
② 측정(Measure): 문제의 현상과 수준을 파악
③ 분석(Analyze): 문제의 원인을 분석
④ 개선(Improve): 문제의 해결
⑤ 관리(Control): 개선내용의 지속적인 관리

13 데이터 마이닝(Data Mining)

Ⅰ. 정의

데이터 마이닝이란 의미 있는 패턴과 규칙을 발견하기 위해서 자동화되거나 반자동화된 도구를 이용하여 대량의 데이터 집합으로부터 유용한 정보를 추출하는 것을 말한다.

Ⅱ. 개념도

실제 경영의 의사결정 등을 위한 정보 활용

⇧

숨겨진 지식, 기대하지 못했던 패턴, 새로운 법치관계 발견

⇧

· 일일거래자료 · 고객자료 · 상품자료	· 외부자료 포함 사용가능 · Data 기반 · 마케팅 활동의 피드백 자료

Ⅲ. 데이터 마이닝의 특징

① 대용량의 관측된 자료를 다룬다.
② 이론보다는 실무위주의 컴퓨터 중심적인 방법이다.
③ 경험적 방법에 근거하고 있다.
④ 일반화된 결과를 도출하는데 초점을 두고 있다.
⑤ 기업의 다양한 경영상황하에서 경쟁력확보를 위한 의사결정을 지원하기 위해서 활용될 수 있다.

Ⅳ. 데이터 마이닝의 수행단계

① 데이터 마이닝 프로젝트의 목적을 확인한다.
② 분석에서 사용될 데이터를 획득한다.
③ 데이터를 탐색, 정제, 그리고 전처리한다.
④ 필요한 경우 데이터를 축소하고 지도학습의 경우 데이터를 학습용, 평가용, 검증용 데이터 집합으로 분할한다.
⑤ 데이터 마이닝의 업무(분류, 예측, 군집 등)를 결정한다.
⑥ 사용할 데이터 마이닝 기법들(회귀분석, 신경망모형, 계층적 군집분석 등)을 선택한다.
⑦ 알고리즘을 적용하여 데이터 마이닝 작업을 수행한다.
⑧ 알고리즘의 결과를 해석한다.
⑨ 모형을 활용한다.

14 ISO 9001

Ⅰ. 정의

ISO 9001 이란 국제표준화기구(ISO)에서 제정한 품질경영과 품질보증에 관한 국제규격으로, 고객에게 제공되는 제품이나 서비스 실현 체계가 규정된 요구사항을 만족하고 있음을 제3자 인증기관에서 객관적으로 평가하여 인증해주는 제도를 말한다.

[ISO 9001]
ISO 9000 ~ ISO 9003 통합

Ⅱ. 품질경영시스템 문서화 과정

피라미드	단계	내용
품질 Manual	1단계	접근방법 및 책임
업무 규정	2단계	누가, 무엇을, 언제, 어떻게를 정의
기타문서/기록	3단계	시스템 운영 기록

Ⅲ. 인증심사 절차

① 1단계: 문서심사
조직 시스템 문서에 ISO 9001 요구사항 적합하게 반영여부를 확인

② 2단계: 현장심사
조직의 개발 및 생산 등 모든 프로세스에서 요구사항을 준수 여부를 심사

③ 인증서 발급

Ⅳ. 인증의 기대효과

① 조직의 성과 관리 및 개선
② 고객에게 신뢰감을 제공
③ 품질경영시스템의 개선
④ 생산성 향상 및 원가 절감
⑤ 기업 이미지의 신장
⑥ 국제경쟁력 강화 및 수출 증대

15 품질관리비

Ⅰ. 정의

품질관리비란 건설공사의 발주자는 건설공사 계약을 체결할 때에는 건설공사의 품질관리에 필요한 비용을 계상하여야 하며, 품질관리비에는 품질시험비와 품질관리활동비가 있다.

Ⅱ. 품질관리비의 일반사항

① 발주자는 품질시험 및 검사의 종목·방법 및 횟수를 설계도서에 명시
② 시공사는 설계도서에 누락된 품질시험 및 검사의 종목·방법 및 횟수를 건설사업관리용역업자 및 발주자와 협의하여 설계도서에 반영
③ 시공사는 설계도서를 검토하여 품질관리계획 또는 품질시험계획을 작성
④ 시공사는 발주자와 협의하여 시험인력을 배치

Ⅲ. 품질관리비의 종류

1. 품질시험비

① 공공요금: 정부고시 공공요금
② 재료비: 인건비 및 공공요금의 1/100
③ 장비손료: $\frac{(\text{상각률}+\text{수리율})\times\text{기계가격}}{\text{연간표준장비가동시간}\times\text{내용연수}}\times\text{장비가동시간}$

또는 품질시험 인건비의 1/100
④ 품질시험에 필요한 시설비용, 시험 및 검사기구의 검정·교정비: 품질시험비의 3/100
⑤ 각종 경비: 실비 계상
⑥ 외부의뢰 시험: 품질시험비의 한도 내, 건설사업관리용역업자와 협의

2. 품질관리활동비

① 품질관리 업무를 수행하는 건설기술인 인건비: 대한건설협회 및 한국엔지니어링진흥협회 노임단가, 시험관리인 인건비 제외
② 품질관련 문서 작성 및 관리에 관련한 비용: 인건비의 1/100
③ 품질관련 교육·훈련비: 인건비의 1/100
④ 품질검사비: 품질시험비의 1/100
⑤ 그 밖의 비용: ①+②+③+④의 1/100 이내

Ⅳ. 품질관리비 사용기준

① 시공사는 품질관리비의 용도 외에는 사용 금지
② 시공사는 품질관리비의 사용명세서 및 증빙서류를 제출
③ 품질관리비는 정산

[기계가격]
구입가격

[연간표준장비가동시간]
2천시간

[내용연수]
기계류 및 계량기는 10년, 유리류 및 금속류 등의 기구는 3년

[상각률 및 수리율]

장비 구분	상각률	수리율
모터 및 기계	0.8	0.6
게이지 기계	0.8	0.6
유리류	1.0	–
금속류	0.9	0.3
게이지	1.0	0.6

Professional Engineer
Architectural Execution

10.3장

원가관리

01 건설원가 구성체계(원가계산방식에 의한 공사비 구성요소) (계약예규) 예정가격작성기준

Ⅰ. 정의

건설원가 구성체계란 원가계산에 의한 가격으로 예정가격을 결정하기 위해서는 원가계산서를 작성하여야 한다.

Ⅱ. 건설원가 구성체계

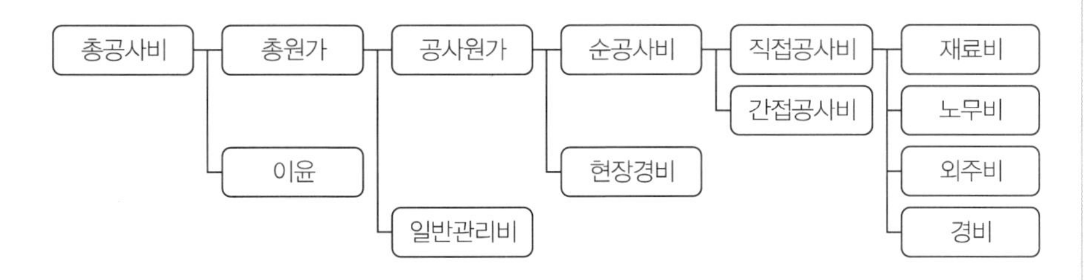

Ⅲ. 원가계산방식에 의한 공사비 구성요소

① 재료비: 규격별 재료량×단위당 가격

② 노무비: 공종별 노무량×노임단가

③ 외주비: 공사재료, 반제품, 제품의 제작공사의 일부를 따로 위탁하고 그 비용을 지급하는 것

④ 경비: 비목별 경비의 합계액

⑤ 간접공사비
- 시공을 위하여 공통적으로 소요되는 법정경비 및 기타 부수적인 비용
- 간접노무비, 산재보험료, 고용보험료, 국민건강보험료, 국민연금보험료, 건설근로자퇴직공제부금비, 산업안전보건관리비, 환경보전비, 법정경비
- 기타간접공사경비: 수도광열비, 복리후생비, 소모품비, 여비, 교통비, 통신비, 세금과 공과, 도서인쇄비 및 지급수수료

⑥ 현장경비
- 전력비, 복리후생비, 세금 및 공과금 등 공사 현장에서 현장 관리에 투입되는 경비.
- 현장 경비와 일반 관리 경비 등을 합한 제경비

⑦ 일반관리비: (재료비+노무비+경비)×일반관리비율

⑧ 이윤: (노무비+경비+일반관리비)×이윤율

⑨ 공사손해보험료: (총공사원가+관급자재대)×요율

Ⅳ. 원가계산 시 단위당 가격의 기준

① 거래실례가격 또는 지정기관이 조사하여 공표한 가격
② 감정가격
③ 유사한 거래실례가격
④ 견적가격

[감정가격]
감정평가법인 또는 감정평가사가 감정평가한 가격

[유사한 거래실례가격]
기능과 용도가 유사한 물품의 거래실례가격

[견적가격]
계약상대자 또는 제3자로부터 직접 제출받은 가격

02 간접공사비(현장관리비)

(계약예규) 예정가격작성기준/(국토교통부) 사회보험의 보험료 적용기준

Ⅰ. 정의

간접공사비(현장관리비)란 공사의 시공을 위하여 공통적으로 소요되는 법정경비 및 기타 부수적인 비용을 말하며, 직접공사비 총액에 비용별로 일정요율을 곱하여 산정한다.

Ⅱ. 간접공사비 항목 [조달청 발주공사]

① 간접노무비: 직접 제조작업에 종사하지는 않으나, 작업현장에서 보조작업에 종사하는 노무자, 종업원과 현장감독자 등의 기본급과 제수당, 상여금, 퇴직급여충당금의 합계액

② 산재보험료: 노무비×3.7%

③ 고용보험료: 노무비×요율

구분	1등급	2등급	3등급	4등급	5등급	6등급	7등급 이하
요율(%)	1.57	1.30	1.13	1.06	1.03	1.02	1.01

[일정요율]
관련법에 의해 각 중앙관서의 장이 정하는 법정요율

④ 국민건강보험료: 직접노무비×3.43%

⑤ 국민연금보험료: 직접노무비×4.5%

⑥ 건설근로자퇴직공제부금비: 직접노무비×2.3%

⑦ 산업안전보건관리비

(재료비+직접노무비+도급자관급)×율과 (재료비+직접노무비)×율×1.2 중 작은값

구분	5억 미만(%)	5억 이상 50억 미만		50억 이상(%)
		적용비율(%)	기초액	
일반건설공사(갑)	2.93%	1.86%	5,349,000원	1.97%
일반건설공사(을)	3.09%	1.99%	5,499,000원	2.10%
중건설공사	3.43%	2.35%	5,400,000원	2.44%
철도,궤도신설공사	2.45%	1.57%	4,411,000원	1.66%
특수및기타건설공사	1.85%	1.20%	4,411,000원	1.27%

⑧ 환경보전비: 직접공사비×요율

구분	주택(재개발, 재건축)	주택(신축)	주택 외 건축
요율(%)	0.7	0.3	0.5

⑨ 기타 관련법령에 규정되어 있거나 의무지원 경비로서 공사원가계산에 반영토록 명시된 법정경비

⑩ 기타간접공사경비: 수도광열비, 복리후생비, 소모품비, 여비, 교통비, 통신비, 세금과 공과, 도서인쇄비 및 지급수수료

03 건축표준시방서상의 현장관리 항목

KCS 41 10 00

Ⅰ. 정의

건축표준시방서상의 현장관리 항목이란 건축공사표준시방서에서 시설물의 안전 및 공사시행의 적정성과 품질확보 등을 위하여 시설물별로 정한 표준적인 시공기준으로서, 공사현장관리는 원칙적으로 수급인의 책임 하에 자주적으로 실시하여야 한다.

Ⅱ. 현장관리 항목

1. 건설기술자 등의 배치

① 수급인은 건설기술인을 공사규모 및 특성에 맞게 적절히 배치하되 기술자격을 증명하는 자료를 제출하여 승인을 받을 것

② 배치된 현장대리인과 건설기술인은 현장에 상주

2. 설계도서 등의 비치

공사현장에는 계약문서, 관계법규, 한국산업표준, 중요가설물의 응력계산서, 공사예정공정표, 시공계획서, 기상표 및 기타 필요한 도서 등을 비치

3. 공사용 가설시설물

① 가설울타리, 비계 및 발판, 현장사무소 및 현장창고, 가설설비 등 기타 공사용 가설시설물의 설치는 가설물설치계획서를 작성하여 승인을 받아 설치

② 가설시설물은 사용하는 동안 유지관리를 철저

4. 용지의 사용

① 수급인은 승인을 받아 발주자의 토지를 무상으로 일시 사용 가능

② 발주자로부터 차용한 용지 이외의 토지를 사용해야 할 때에는 그 토지의 차용, 보상 등은 수급인의 책임과 부담으로 이행

5. 공사용 도로 및 임시 배수로

① 공사용 도로를 사용하는 동안 유지관리를 철저

② 공사용 도로 및 임시 배수로의 신설, 개량 및 보수가 필요한 때에는 그 계획을 사전에 승인을 받아 표지의 설치, 기타 필요한 조치를 수급인 부담으로 이행

③ 공사용 도로 및 임시 배수로의 신설, 개량, 보수 및 유지 시에 가능한 한 일반인들에게 불편이 없도록 또는 공공의 안전을 해치지 않도록 이행

④ 공사용 도로 및 임시 배수로는 사용 완료 후 즉시 시공자 부담으로 원상복구

6. 각종 건설 부산물 및 지장물 처리

① 공사 중에 발생하는 건설 부산물의 처리는 담당원의 지시를 따른다.
② 지장물의 처리는 담당원과 협의하여 처리
③ 건설폐기물 및 산업부산물은 관계법규에 따라 적절히 처분

7. 문화재의 보호

공사 중에 문화재가 발견되면 즉시 보고

8. 주변 구조물의 보호

지하의 기존 시설 또는 가설구조물에 대하여 지장을 주지 않도록 조치

9. 표지설치

표지판의 규격, 자재, 색상, 표기내용 및 설치장소에 맞게 각종 안내 표지판 등을 설치

10. 공사현장의 출입관리

공사현장에서 일반인 및 근로자의 출입시간, 보건위생과 풍기 단속, 화재, 도난, 기타의 사고방지에 대하여 특히 유의

11. 건물 등의 보양

① 기존 건물, 시공완료 부분 및 사용하지 않은 자재는 적절한 방법으로 보양
② 손상된 부분은 신속히 원상태로 복구

12. 정리, 정비, 청소

① 여러 자재 및 기계기구 등의 정리정돈, 정비점검, 청소 등을 철저
② 현장 내부 및 현장 주변을 청결히 유지

13. 민원처리와 비용

① 건설공사로 인하여 발생하는 민원에 대해서는 신속히 대처하여 공사완료 전에 해결
② 이에 소요되는 경비는 수급인이 부담

04 실행예산

Ⅰ. 정의

실행예산이란 공사의 목적물을 계약된 공기 내에 완성하기 위하여 공사현장의 여건 및 시공상의 조건 등을 조사, 검토, 분석한 후 계약내역과는 별도로 작성한 실제 소요공사비를 말한다.

Ⅱ. 실행예산의 종류

종류	내용
가 실행예산	• 계약의 일반조건, 특수조건, 시방서, 공사물량, 설계도서 등을 재검토하여 본 실행예산 편성 시까지의 공사에 대한 가 소요예산
본 실행예산	• 공사계약 체결 후 당해 공사의 현장여건 등을 분석 후 공사 수행을 위하여 세부적으로 작성한 예산
변경 실행예산	• 설계변경, 추가공사 발생, 또는 기타 사유로 인하여 본 실행예산을 변경 수정하는 실행예산

Ⅲ. 실행예산의 구성

1. 직접공사비

① 공사시공을 위해 공사에 직접 투입되는 비용
② 공사별 구분: 공통가설, 건축, 토목, 기계, 전기 등의 공사구분별로 구분
③ 공종별 구분: 공사구분별 도급내역서의 공종에 따라 세분하여 구분
④ 비목별 구분: 공종별 예산을 재료비, 노무비, 외주비, 경비 등 원가항목으로 구분

2. 간접공사비

① 시공을 위하여 공통적으로 소요되는 법정경비 및 기타 부수적인 비용
② 간접노무비, 산재보험료, 고용보험료, 국민건강보험료, 국민연금보험료, 건설근로자퇴직공제부금비, 산업안전보건관리비, 환경보전비, 법정경비
③ 기타간접공사경비: 수도광열비, 복리후생비, 소모품비, 여비, 교통비, 통신비, 세금과 공과, 도서인쇄비 및 지급수수료

3. 본사관리비

① 본사근무 직원의 급료 및 본사 일반관리비
② 연도별로 산출된 매출액에 대한 발생 비율로 계상

Ⅳ. 실행예산의 작성방법

① 실행예산은 계약 체결 후 30일 이내에 작성하여 제출

② 실행예산 기간은 도급계약기간을 원칙

③ 실행예산을 실제시공물량과 실제노임단가를 구하여 재료비, 노무비, 외주비, 경비 등으로 구분 작성

④ 설계도서, 시방서, 물가, 공법, 현장조건, 계약조건 등 관련자료를 충분히 숙지하여 작성

⑤ 공사시공방법, 재료의 등급, 소요물량을 구분하여 취합

⑥ 설계도서에 부합되는 자재를 파악하여 구입단가를 조사

⑦ 창호공사, 철물공사, 유리공사, 가구공사, 지붕공사 및 기타 특수공사에 포함되는 공사에 대하여는 견적 의뢰하여 단가조사

05 원가절감의 방안

Ⅰ. 정의

건설산업에서 추구하는 목표는 사용자의 요구에 부합되는 기능과 품질을 갖는 시설물을 가장 경제적인 방법으로 생산하는 것이다. 따라서 건설공사에서의 원가절감은 기능과 품질을 확보하면서 이루어져야 한다.

Ⅱ. 공사비 절감요소의 파악

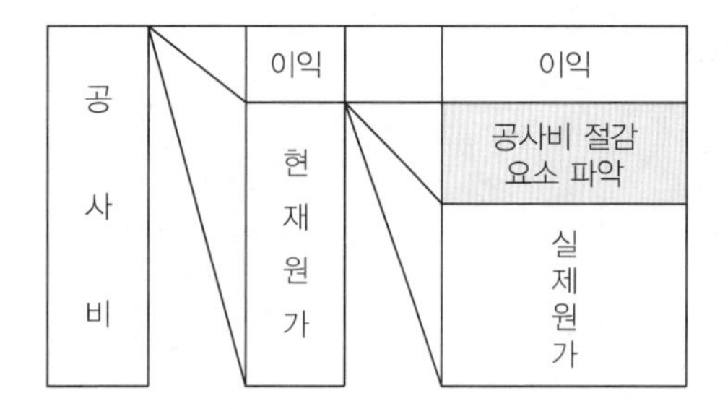

① 시공관리가 불비된 곳이 없는가를 파악하고
② 작업의 비능률 부분을 제거하고
③ 재작업이나 보수를 줄이고
④ 과잉 시방설계된 곳은 설계 변경하고
⑤ 기술정보의 부족에 따른 공사비 증대 부분의 파악

Ⅲ. 원가절감의 방안

1. 공사비 절감 여지의 집중분석

① 공사비 금액이 큰 공종 및 단가가 높은 공종
② 시행실적이 없는 새로운 공종
③ 지하공사 등의 어려움이 많은 공종
④ 구조방식 등에 따른 고도의 기술적 해결이 요구되는 부분

2. 공정관리와의 연계성 추구

공정관리와 원가관리를 연계시켜 공정진도와 부합되는 관리체계 수립

3. 원가관리의 전산화

① CIC(Computer Integrated Construction)의 개발
② 기존의 업무 프로세스에 대한 재설계를 통하여 전체적인 자동화 또는 전산화 추구
③ 작업내역과 원가항목을 상호 연계시킬 수 있는 정보분류체계 확립

4. 생산성 향상

① 노무와 장비에 소요되는 원가는 생산성 향상을 통하여 절감
② 소프트웨어 측면인 관리기술의 개선과 하드웨어 측면의 생산기술 개발
③ 현장여건에 맞는 최적의 생산방식을 선택
④ 새로운 자재와 공법의 도입을 적극적으로 검토

5. 가치공학(Value Engineering)의 적용

설계, 시공단계에서 적용하여 가치의 극대화

6. 기업 경영차원의 검토

장기계획을 수립하고 지속적, 반복적으로 수행

06 VE(Value Engineering)

건설기술 진흥법 시행령/
설계공모, 기본설계 등의 시행 및 설계의 경제성 등 검토에 관한 지침

Ⅰ. 정의

VE란 최소의 생애주기비용으로 시설물의 기능 및 성능, 품질을 향상시키기 위하여 여러 분야의 전문가로 설계VE 검토조직을 구성하고 워크숍을 통하여 설계에 대한 경제성 및 현장 적용의타당성을 기능별, 대안별로 검토하는 것을 말한다.

[생애주기비용]
시설물의 내구연한 동안 투입되는 총 비용을 말한다. 여기에는 기획, 조사, 설계, 조달, 시공, 운영, 유지관리, 철거 등의 비용 및 잔존가치가 포함된다

Ⅱ. VE 분석기준

$$V(가치) = \frac{F(기능/성능/품질)}{C(비용/LCC)}$$

Ⅲ. 기능분석의 핵심요소

1. 기능정의(Define Functions)

① 기능정의(Identify): 명사+동사
② 기능분류(Classify): 기본기능과 보조기능
③ 기능정리(Organize) FAST: How-Why 로직, 기능중심

2. 자원할당(Allocate Resources): 자원을 기능에 할당

3. 우선순위 결정(Prioritize Functions): 가장 큰 기회를 가진 기능을 선택

Ⅳ. 설계VE 검토업무 절차 및 내용

① 준비단계(Pre-Study)
검토조직의 편성, 설계VE대상 선정, 설계VE기간 결정, 오리엔테이션 및 현장답사 수행, 워크숍 계획수립, 사전정보분석, 관련자료의 수집 등을 실시

② 분석단계(VE-Study)

선정한 대상의 정보수집, 기능분석, 아이디어의 창출, 아이디어의 평가, 대안의 구체화, 제안서의 작성 및 발표

③ 실행단계(Post-Study)

설계VE 검토에 따른 비용절감액과 검토과정에서 도출된 모든 관련자료를 발주청에 제출하여야 하며, 발주청은 제안이 기술적으로 곤란하거나 비용을 증가시키는 등 특별한 사유가 없는 한 설계에 반영

Ⅴ. 설계VE의 실시대상공사

① 총공사비 100억 원 이상인 건설공사의 기본설계, 실시설계

② 총공사비 100억 원 이상인 건설공사로서 실시설계 완료 후 3년 이상 지난 뒤 발주하는 건설공사

③ 총공사비 100억 원 이상인 건설공사로서 공사시행 중 총공사비 또는 공종별 공사비 증가가 10% 이상 조정하여 설계를 변경하는 사항

④ 그 밖에 발주청이 설계단계 또는 시공단계에서 설계VE가 필요하다고 인정하는 건설공사

Ⅵ. 설계VE 실시시기 및 횟수

① 기본설계, 실시설계에 대하여 각각 1회 이상(기본설계 및 실시설계를 1건의 용역으로 발주한 경우1회 이상)

② 일괄입찰공사의 경우 실시설계적격자선정 후에 실시설계 단계에서 1회 이상

③ 민간투자사업의 경우 우선협상자 선정 후에 기본설계에 대한 설계VE, 실시계획승인 이전에 실시설계에 대한 설계VE를 각각 1회 이상

④ 기본설계기술제안입찰공사의 경우 입찰 전 기본설계, 실시설계적격자 선정 후 실시설계에 대하여 각각 1회 이상 실시

⑤ 실시설계기술제안입찰공사의 경우 입찰 전 기본설계 및 실시설계에 대하여 설계VE를 각각 1회 이상

⑥ 실시설계 완료 후 3년 이상 경과한 뒤 발주하는 건설공사의 경우 공사 발주 전에 설계VE를 실시하고, 그 결과를 반영한 수정설계로 발주

⑦ 시공단계에서의 설계의 경제성 등 검토는 발주청이나 시공자가 필요하다고 인정하는 시점에 실시

07 VECP(Value Engineering Change Proposal) 제도

Ⅰ. 정의

VECP란 공사계약이후 시공사가 원안설계에 대하여 동등이상의 기능을 발휘하고 원가가 절감되는 대안을 개발하여 시공VE 제안서를 제출하고 기술 및 경제성 검토를 통한 승인을 받은 후 설계변경을 실시하고 절감된 금액에 대하여 계약자와 공유하는 것을 말한다.

Ⅱ. VE의 개념

<table>
<tr><th colspan="3">용어구분</th><th>내용</th></tr>
<tr><td rowspan="3">VE</td><td rowspan="2">설계VE</td><td>정규VE</td><td>설계공보, 기본설계 등의 시행 및 설계의 경제성 등 검토에 관한 지침에 의해 준비단계/분석단계/실행단계를 모두 수행하는 VE</td></tr>
<tr><td>VECP</td><td>제도 상의 언급은 없으나 시공 중 소규모로 상시적으로 발생하는 변경제안</td></tr>
<tr><td colspan="2">기술개발보상</td><td>지침 또는 규정에 의거 시공자가 제안하는 '개선제안공법'에 해당되어 정규VE, VECP 이후에 거치는 후속 절차</td></tr>
</table>

Ⅲ. VECP의 절차

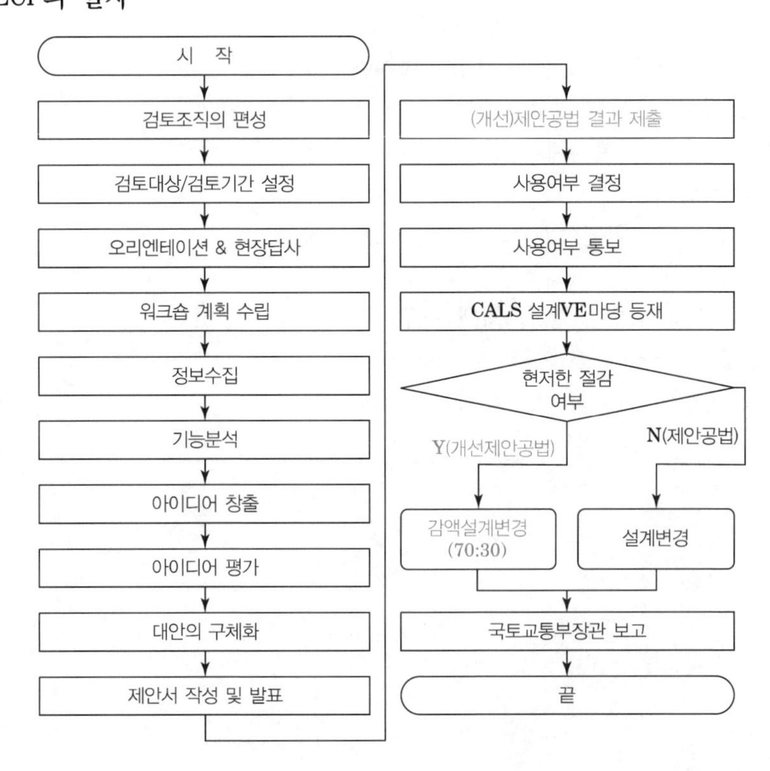

Ⅳ. VECP의 활성화 저해요인

① 절차의 장기화 및 복잡성(기존 VE 절차+기술개발보상제도)
② 다양한 제안상황 수용 미흡
③ 생산주체의 비협조적인 관계
④ VE도입 시(신기술, 신공법) 문제발생 회피
⑤ 감사(설계부실, 설계변경) 부담
⑥ 대안설계의 불확실성

Ⅴ. VECP의 활성화방안

항목	내용
교육	• 현장 전문인력 양성, 인식변화, 기능중심의 VE 수행을 위한 VE전문교육 및 홍보
프로세스	• 간결하며 체계적인 행정절차 마련
적용시기	• 발주자, 시공자 등 공감대 높은 적용시기 도출
매뉴얼화	• 인센티브 지급기준 등을 마련하여 현장적용의 효율성 확보
보상제도	• 아이디어 제안자에 대한 기술보호 및 보상제도 마련
DB 구축 및 리스크관리	• 시공성 및 비용 증감에 대한 정보 필요 • 아이디어 작용 후 발생 가능한 리스크 사전파악 필요
공인기관	• 시공VE 보고서에 대한 공인기관의 검토를 통하여 보고서의 신뢰성 확보

08 FAST(Function Analysis System Technique)

Ⅰ. 정의

FAST란 대상물이 요구하는 기능을 충족시키면서 새로운 견해를 제공하고, 상위레벨기능과 지원기능들을 이해하기 쉬운 로직 다이어그램에 표현하는 방법을 말한다.

Ⅱ. FAST의 종류

1. 전통적인(Classical) FAST Diagram

① 찰스 바이더웨이에 의해 창안된 최초 형태의 FAST Diagram으로 모든 기능들 의 상호 연관성을 Why-How? 로직을 이용하여 표현하는 방법이다.

② 표기방법

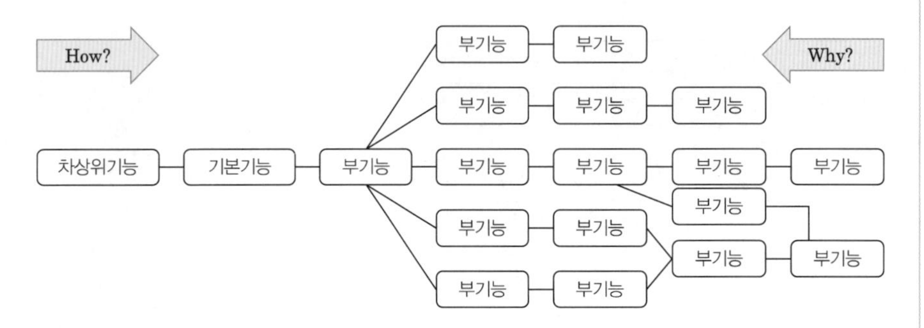

2. 기술적인(Technical) FAST Diagram

① 주 기능정리선(Major Critical Path)을 이용하여 기능들의 상호연관성을 표현하기 위해 사용하는 방법으로 Why-How? 로직과 함께 When?을 사용한다.

② 표기방법

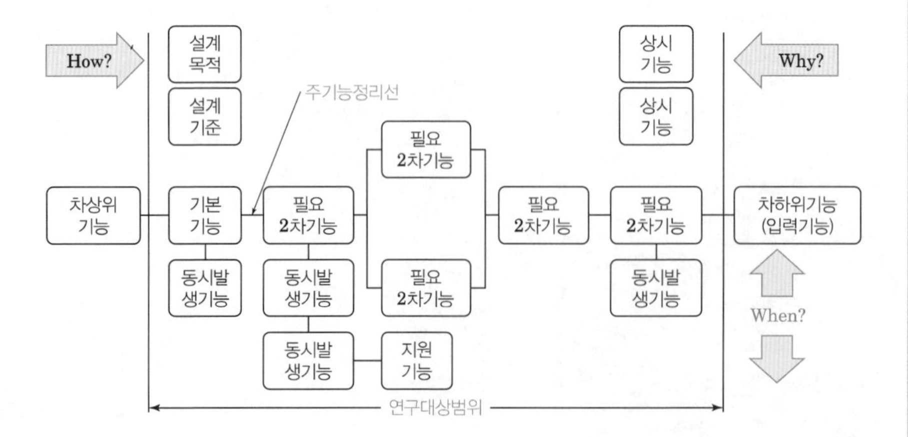

3. 고객중심의(Customer Oriented) FAST Diagram

① 발주자, 사용자 중심의 관점에서 프로젝트에 대한 기능을 총체적으로 검토하기 위한 다이어그램이다.

② 표기방법

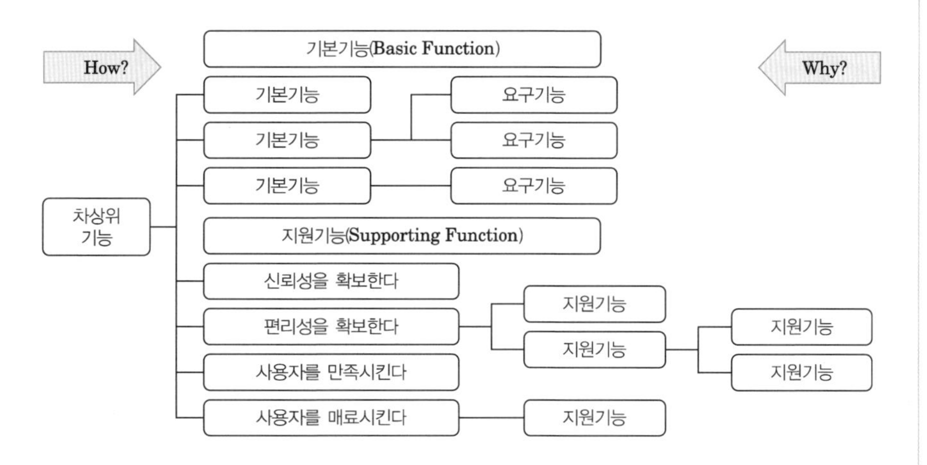

Ⅲ. FAST의 전개방법

① Why-How? 로직을 이용하여 질문을 던지면서 기능을 체계화

② 기능들을 클러스터로 통합하여 FAST Tree로 작성한 후 기능계통도(FAST Diagram)로 완성

③ 기능분석 과정에서 참가자들이 브레인스토밍 기법을 활용

09 브레인스토밍(Brain Storming)의 원칙

Ⅰ. 정의

브레인스토밍이란 창의적인 아이디어를 생산하기 위한 학습 도구이자 회의 기법으로, 집단에 소속된 인원들이 자발적으로 자연스럽게 제시된 아이디어 목록을 통해서 특정한 문제에 대한 해답을 찾고자 노력하는 것을 말한다.

Ⅱ. 브레인스토밍의 원칙(행동규범)

① 모든 아이디어나 제안을 기록한다.
② 현재 프로젝트와 자신을 분리한다.
③ 기존의 지식이나 경험을 무시한다.
④ 엉뚱한 방법을 제안한다.
⑤ 표준과 전통을 무시한다.
⑥ 다른 사람의 아이디어에 편승한다.
⑦ 다른 사람들의 아이디어나 제안에 대한 비평을 금지한다.
⑧ 제안된 아이디어를 개선하기 위해 지속적으로 노력한다.
⑨ 당신이 생각하는 기능의 다른 역할을 유추해본다.
⑩ 가능하다면, 그룹에서 분위기를 흐리는 사람은 제외시킨다.
⑪ 물리학과 생명과학이 어떻게 그 기능을 수행하는지 생각해본다.
⑫ 원초적인 방법과 대량생산의 방법을 고려한다.

Ⅲ. 특징

1. 장점

① 주제의 다양성(Variety of Subject)
② 시너지 효과(Synergy Effect)
③ 표현의 자유(Freedom of Speech)
④ 효율적 시간관리(Time Management)

2. 단점

① 산출 방해(Production Blocking)
② 평가 불안(Evaluation Apprehension)
③ 무임승차/태만(Free Riding/Social Loafing)
④ 시간 낭비(Wasting Time)

10 LCC(Life Cycle Cost)

Ⅰ. 정의

LCC란 시설물의 내구연한 동안 투입되는 총비용을 말한다. 여기에는 기획, 조사, 설계, 조달, 시공, 운영, 유지관리, 철거 등의 비용 및 잔존가치가 포함된다.

Ⅱ. LCC 구성

① 운영 및 일상수선비: 일반관리비, 청소비(오물수거비), 일상수선비, 전기료, 수도료, 난방비 등

② 장기수선비: 건축·토목·조경공사수선비, 전기설비공사수선비, 기계설비공사수선비, 통신공사수선비

Ⅲ. 시설물/시설부품의 내용년수의 종류

① 물리적 내용년수: 물리적인 노후화에 의해 결정

② 기능적 내용년수: 원래의 기능을 충분히 달성하지 못하게 되는 것에 의해 결정

③ 사회적 내용년수: 기술의 발달로 사용가치가 현저히 떨어지는 것에 의해 결정

④ 경제적 내용년수: 지가의 상승, 기술의 발달 등으로 인해 경제성이 현저히 떨어지는 것 에 의해 결정

⑤ 법적 내용년수: 공공의 안전등을 위해 법에 의해 결정

Ⅳ. LCC 기법의 진행절차

① LCC 분석: 분석목표확인, 구성항목별 비용산정, 자료축적 및 Feed Back

② LCC 계획: Total Cost 계산, 초기공사비와 유지관리비 비교 후 최적안 선택

③ LCC 관리: LCC 분석에 유지관리비 절감 후 Data화 → 다음 Project에 적용

Ⅴ. 할인율

① LCC 분석에는 미래의 발생비용을 현재의 가치로 환산하는 과정도 포함한다.

② 환산 시에는 돈의 시간가치의 계산을 위하여 할인율이 이용된다.

③ 이때의 할인율은 대개 은행의 이자율을 사용한다.

④ 정확한 분석을 위해서는 물가상승률을 고려한 실질 할인율을 이용해야 하지만 그 계산과정이 복잡한 관계로 실무에서는 적용하기에는 힘들 것이라 판단된다.

⑤ 따라서 LCC 분석기법에서는 물가상승률을 고려하지 않은 할인율을 사용한다.

Professional Engineer
Architectural Execution

10.4장

안전관리

01 재해율

Ⅰ. 정의

재해율이란 산업재해의 발생빈도와 재해강도를 나타내는 재해통계의 지표이다. 일반적으로 도수율, 강도율, 연천인율 등을 총칭한다. 이 가운데 도수율과 연천인율을 재해발생율이라고도 한다. 재해율은 전체 근로자 중 재해근로자의 비중을 나타낸다. [재해율=(재해자수/근로자수)×100]

Ⅱ. 재해율

1. 재해율

① 근로자수 100명당 발생하는 재해자수의 비율

② 계산식

$$재해율 = \frac{재해자수}{근로자수} \times 100$$

2. 도수율 또는 빈도율(Frequency Rate of injury : FR)

① 산업재해 발생 빈도를 나타내는 것

② 연간 총근로시간 합계 100만 시간당 재해 발생 건수

③ 계산식

$$도수율(FR) = \frac{재해건수}{근로자\ 수 \times 연간근로시간} \times 1,000,000$$

3. 연천인율

① 근로자 1,000인당 1년간 발생하는 재해발생 건수

② 계산식

$$연천인율 = \frac{재해자수}{연평균\ 근로자수} \times 1,000 = 도수율 \times 2.4$$

4. (재해) 강도율(Severity Rate of injury : SR)

① 연간 총근로시간 1,000시간당 재해에 의해 손실된 근로일수

② 계산식

$$강도율(SR) = \frac{근로손실일수}{연평균\ 근로자수} \times 1,000$$

③ 근로손실일수 = 장애등급별 근로손실일수+비장애등급휴업일수×(300/365)

Ⅲ. 환산재해율

① 재해율 계산방법 중 재해자수의 경우 사망자에 대하여 가중치를 부여하여 재해율을 계산하는 것

② 계산식

$$환산재해율 = \frac{환산재해자수}{상시근로자수} \times 100(\%)$$

[상시근로자수]

$$\frac{연간\ 국내\ 공사실적액 \times 노무비율}{건설업\ 월평균임금 \times 12}$$

[106,118회]

02 안전관리의 MSDS(Material Safety Data Sheet)

산업안전보건법 시행규칙

Ⅰ. 정의

MSDS란 방수재 등 화학물질을 안전하게 사용하고 관리하기 위하여 필요한 정보를 기재하고 근로자가 쉽게 볼 수 있도록 현장에 작성 및 비치하는 것을 말한다.

Ⅱ. MSDS의 작성 및 제출

① 제품명
② 품질안전보건자료대상물질을 구성하는 화학물질 중 유해인자의 분류기준에 해당하는 화학물질의 명칭 및 함유량
③ 안전 및 보건상의 취급주의사항
④ 건강 및 환경에 대한 유해성, 물리적 위험성
⑤ 물리·화학적 특성 등 고용노동부령으로 정하는 사항

Ⅲ. MSDS의 게시 · 비치 방법

① 물질안전보건자료대상물질을 취급하는 작업공정이 있는 장소
② 작업장 내 근로자가 가장 보기 쉬운 장소
③ 근로자가 작업 중 쉽게 접근할 수 있는 장소에 설치된 전산장비

Ⅳ. MSDS의 관리 요령 게시

① 제품
② 건강 및 환경에 대한 유해성, 물리적 위험성
③ 안전 및 보건상의 취급주의 사항
④ 적절한 보호구
⑤ 응급조치 요령 및 사고 시 대처방법

Ⅴ. MSDS에 관한 교육의 시기 · 내용 · 방법

① 근로자 교육
- 물질안전보건자료대상물질을 제조 · 사용 · 운반 또는 저장하는 작업에 근로자를 배치하게 된 경우
- 새로운 물질안전보건자료대상물질이 도입된 경우
- 유해성·위험성 정보가 변경된 경우

② 사업주는 교육을 하는 경우에 유해성·위험성이 유사한 물질안전보건자료대상물질을 그룹별로 분류하여 교육 가능
③ 사업주는 교육시간 및 내용 등을 기록하여 보존

03 지하안전영향평가

지하안전관리에 관한 특별법 시행령

Ⅰ. 정의

지하안전평가란 지하안전에 영향을 미치는 사업의 실시계획·시행계획 등의 허가·인가·승인·면허 또는 결정 등을 할 때에 해당 사업이 지하안전에 미치는 영향을 미리 조사·예측·평가하여 지반침하를 예방하거나 감소시킬 수 있는 방안을 마련하는 것을 말한다.

[지하안전영향평가]
지하안전평가로 명칭 변경

Ⅱ. 지하안전평가 대상사업의 규모

① 굴착깊이(최대 굴착깊이-집수정(물저장고), 엘리베이터 피트 및 정화조 등의 굴착부분은 제외) 20m 이상인 굴착공사를 수반하는 사업
② 터널(산악터널 또는 수저(水底)터널은 제외) 공사를 수반하는 사업
③ 소규모 지하안전영향평가 대상사업: 굴착깊이가 10m 이상 20m 미만인 굴착공사를 수반하는 사업

Ⅲ. 지하안전평가의 평가항목 및 방법

평가항목	평가방법
지반 및 지질 현황	• 지하정보통합체계를 통한 정보분석 • 시추조사 • 투수(透水)시험 • 지하물리탐사(지표레이더탐사, 전기비저항탐사, 탄성파탐사 등)
지하수 변화에 의한 영향	• 관측망을 통한 지하수 조사(흐름방향, 유출량 등) • 지하수 조사시험(양수시험, 순간충격시험 등) • 광역 지하수 흐름 분석
지반안전성	• 굴착공사에 따른 지반안전성 분석 • 주변 시설물의 안전성 분석

[시추조사]
시추기계나 기구 등을 사용하여 지반을 시추하여 시료를 조사하는 것을 말한다.

[투수시험]
일정한 수위차에서 일정한 시간 내에 침투하는 물의 양을 측정하여 시험하는 것을 말한다.

[지하물리탐사]
지하의 상태나 변화를 물리적인 특성을 이용하여 조사하는 것을 말한다.

Ⅳ. 착공 후 지하안전조사의 조사항목 및 방법

조사항목	조사방법
지반 및 지질 현황	• 지하안전평가 검토 • 지하물리탐사(지표레이더탐사, 전기비저항탐사, 탄성파탐사 등)
지하수 변화에 의한 영향	• 지하안전평가 검토 • 지하수 관측망 자료, 주변 계측 자료 등 분석
지하안전확보방안의 이행 여부	• 지하안전평가의 지하안전확보방안 적정성 분석 • 지하안전확보방안 이행 여부 검토
지반안전성	• 지중경사계, 지표침하계, 하중센서, 균열측정기 등을 통한 계측 • 계측자료 분석을 통한 지반안전성 및 주변 시설물 영향 분석

Ⅴ. 지반침하위험도평가의 평가항목 및 방법

평가항목	평가방법
지반 및 지질 현황	• 지하정보통합체계를 통한 정보분석 • 시추조사
지층(地層)의 빈 공간	• 지하물리탐사(지표레이더탐사, 전기비저항탐사, 탄성파탐사 등) • 내시경카메라 조사
지반안전성	공동 등으로 인한 지반안전성 분석

04 안전관리계획서 수립대상 공사

건설기술진흥법 시행령

Ⅰ. 정의

안전관리계획은 시공사가 안전관리계획 수립대상 공사에 대해 안전점검 및 안전관리조직 등 건설공사의 안전관리계획을 수립하고, 착공 전에 발주자에게 제출하여 승인을 받아야 한다.

Ⅱ. 수립대상 공사

① 1종시설물 및 2종시설물의 건설공사(유지관리를 위한 건설공사는 제외)
② 지하 10m 이상을 굴착하는 건설공사
③ 폭발물을 사용하는 건설공사로서 20m 안에 시설물이 있거나 100m 안에 사육하는 가축이 있어 해당 건설공사로 인한 영향을 받을 것이 예상되는 건설공사
④ 10층 이상 16층 미만인 건축물의 건설공사
⑤ 10층 이상인 건축물의 리모델링 또는 해체공사
⑥ 수직증축형 리모델링
⑦ 천공기(높이가 10m 이상인 것만 해당)
⑧ 항타 및 항발기
⑨ 타워크레인
⑩ 높이가 31m 이상인 비계
⑪ 브라켓(bracket) 비계
⑫ 작업발판 일체형 거푸집 또는 높이가 5m 이상인 거푸집 및 동바리
⑬ 터널의 지보공(支保工) 또는 높이가 2m 이상인 흙막이 지보공
⑭ 동력을 이용하여 움직이는 가설구조물
⑮ 높이 10m 이상에서 외부작업을 하기 위하여 작업발판 및 안전시설물을 일체화하여 설치하는 가설구조물
⑯ 공사현장에서 제작하여 조립 · 설치하는 복합형 가설구조물
⑰ 발주자가 안전관리가 특히 필요하다고 인정하는 건설공사
⑱ 해당 지방자치단체의 조례로 정하는 건설공사 중에서 인·허가기관의 장이 안전관리가 특히 필요하다고 인정하는 건설공사

Ⅲ. 검토 결과의 구분

① 적정: 안전에 필요한 조치가 구체적이고 명료하게 계획되어 건설공사의 시공상 안전성이 충분히 확보되어 있다고 인정될 때
② 조건부 적정: 안전성 확보에 치명적인 영향을 미치지는 아니하지만 일부 보완이 필요하다고 인정될 때
③ 부적정: 시공 시 안전사고가 발생할 우려가 있거나 계획에 근본적인 결함이 있다고 인정될 때

05 건설공사의 유해위험방지계획서 수립대상 공사

산업안전보건법 시행령

Ⅰ. 정의

유해위험방지계획서는 사업주가 유해위험방지계획서 수립대상 공사에 대해 유해 · 위험 방지에 관한 사항을 적은 계획서를 작성하여 고용노동부장관에게 제출하고 심사를 받아야 한다.

Ⅱ. 수립대상 공사

① 지상높이가 31m 이상인 건축물 또는 인공구조물

② 연면적 30,000m² 이상인 건축물

③ 연면적 5,000m² 이상인 시설로서 다음에 해당하는 시설

- 문화 및 집회시설(전시장 및 동물원 · 식물원은 제외)
- 판매시설, 운수시설(고속철도의 역사 및 집배송시설은 제외)
- 종교시설
- 의료시설 중 종합병원
- 숙박시설 중 관광숙박시설
- 지하도상가
- 냉동 · 냉장 창고시설

④ 연면적 5,000m² 이상인 냉동·냉장 창고시설의 설비공사 및 단열공사

⑤ 최대 지간(支間)길이가 50m 이상인 다리의 건설 등 공사

⑥ 터널의 건설 등 공사

⑦ 다목적댐, 발전용댐, 저수용량 2천만톤 이상의 용수 전용 댐 및 지방상수도 전용 댐의 건설 등 공사

⑧ 깊이 10m 이상인 굴착공사

Ⅲ. 심사 결과의 구분

① 적정: 근로자의 안전과 보건을 위하여 필요한 조치가 구체적으로 확보되었다고 인정되는 경우

② 조건부 적정: 근로자의 안전과 보건을 확보하기 위하여 일부 개선이 필요하다고 인정되는 경우

③ 부적정: 건설물·기계·기구 및 설비 또는 건설공사가 심사기준에 위반되어 공사착공 시 중대한 위험이 발생할 우려가 있거나 해당 계획에 근본적 결함이 있다고 인정되는 경우

06 건설기술진흥법 상 안전관리비

Ⅰ. 정의

① 안전관리비란 건설공사의 발주자는 건설공사 계약을 체결할 때에 건설공사의 안전관리에 필요한 비용을 국토교통부령으로 정하는 공사금액에 계상하여야 한다.

② 시공사는 안전관리비를 해당 목적에만 사용해야 하며, 발주자 또는 건설사업관리용역사업자가 확인한 안전관리 활동실적에 따라 정산해야 한다.

Ⅱ. 안전관리비

구분	공사금액 계상 기준
1. 안전관리계획의 작성 및 검토 비용 또는 소규모안전관리계획의 작성 비용	• 엔지니어링사업 대가기준을 적용하여 계상
2. 안전점검 비용	• 안전점검 대가의 세부 산출기준을 적용하여 계상
3. 발파·굴착 등의 건설공사로 인한 주변 건축물 등의 피해방지대책 비용	• 사전보강, 보수, 임시이전 등에 필요한 비용을 계상
4. 공사장 주변의 통행안전관리대책 비용	• 토목·건축 등 관련 분야의 설계기준 및 인건비기준을 적용하여 계상
5. 계측장비, 폐쇄회로 텔레비전 등 안전 모니터링 장치의 설치·운용 비용	• 안전 모니터링 장치의 설치 및 운용에 필요한 비용을 계상
6. 가설구조물의 구조적 안전성 확인에 필요한 비용	• 관계전문가의 확인에 필요한 비용을 계상
7. 무선설비 및 무선통신을 이용한 건설공사 현장의 안전관리체계 구축·운용 비용	• 무선설비의 구입·대여·유지 등에 필요한 비용과 무선통신의 구축·사용 등에 필요한 비용을 계상

Ⅲ. 추가 안전관리비 계상(발주자 요구 또는 귀책사유)

① 공사기간의 연장

② 설계변경 등으로 인한 건설공사 내용의 추가

③ 안전점검의 추가편성 등 안전관리계획의 변경

④ 그 밖에 발주자가 안전관리비의 증액이 필요하다고 인정하는 사유

07 건설기술진흥법상 가설구조물의 구조적 안전성 확인 대상

건설기술진흥법시행령

Ⅰ. 정의

건설사업자 또는 주택건설등록업자는 동바리, 거푸집, 비계 등 가설구조물 설치를 위한 공사를 할 때 가설구조물의 구조적 안전성을 확인하기에 적합한 분야의 기술사(관계전문가)에게 확인을 받아야 한다.

Ⅱ. 가설구조물의 구조적 안전성 확인 대상

① 높이가 31m 이상인 비계
② 브라켓(bracket) 비계
③ 작업발판 일체형 거푸집 또는 높이가 5m 이상인 거푸집 및 동바리
④ 터널의 지보공(支保工) 또는 높이가 2m 이상인 흙막이 지보공
⑤ 동력을 이용하여 움직이는 가설구조물
⑥ 높이 10m 이상에서 외부작업을 하기 위하여 작업발판 및 안전시설물을 일체화하여 설치하는 가설구조물
⑦ 공사현장에서 제작하여 조립·설치하는 복합형 가설구조물
⑧ 그 밖에 발주자 또는 인·허가기관의 장이 필요하다고 인정하는 가설구조물

[작업발판 일체형 거푸집]

[5m 이상 동바리]

[2m 이상 흙막이 지보공]

Ⅲ. 관계전문가의 요건

① 건축구조, 토목구조, 토질 및 기초와 건설기계 직무 범위 중 공사감독자 또는 건설사업관리기술인이 해당 가설구조물의 구조적 안전성을 확인하기에 적합하다고 인정하는 직무 범위의 기술사일 것
② 해당 가설구조물을 설치하기 위한 공사의 건설사업자나 주택건설등록업자에게 고용되지 않은 기술사일 것

Ⅳ. 제출서류

건설사업자 또는 주택건설등록업자는 가설구조물을 시공하기 전에 공사감독자 또는 건설사업관리기술인에게 제출서류
① 시공상세도면
② 관계전문가가 서명 또는 기명날인한 구조계산서

Ⅰ. 정의

산업안전보건관리비란 건설사업장과 본사 안전전담부서에서 산업재해의 예방을 위하여 법령에 규정된 사항의 이행에 필요한 비용을 말한다.

Ⅱ. 공사종류 및 규모별 산업안전보건관리비의 계상기준

구분	5억원 미만인 경우 적용 비율(%)	5억원 이상 50억원 미만인 경우		50억원 이상인 경우 적용 비율(%)	보건관리자 선임대상 건설공사의 적용비율(%)
		적용비율(%)	기초액		
일반건설공사(갑)	2.93%	1.86%	5,349,000원	1.97%	2.15%
일반건설공사(을)	3.09%	1.99%	5,499,000원	2.10%	2.29%
중건설공사	3.43%	2.35%	5,400,000원	2.44%	2.66%
철도·궤도 신설공사	2.45%	1.57%	4,411,000원	1.66%	1.81%
특수및기타 건설공사	1.85%	1.20%	3,250,000원	1.27%	1.38%

① 하나의 사업장 내에 건설공사 종류가 둘 이상인 경우에는 공사금액이 가장 큰 공사종류를 적용한다.

② 발주자 또는 자기공사자는 설계변경 등으로 대상액의 변동이 있는 경우에 지체 없이 안전보건관리비를 조정 계상하여야 한다.

Ⅲ. 산업안전보건관리비의 계상방법

① 발주자는 원가계산에 의한 예정가격 작성 시 안전관리비를 계상하여야 한다.

② 자기공사자는 원가계산에 의한 예정가격을 작성하거나 자체 사업계획을 수립하는 경우에 안전보건관리비를 계상하여야 한다.

③ 대상액이 구분되어 있지 않은 공사는 도급계약 또는 자체사업계획 상의 총 공사금액의 70%를 대상액으로 하여 안전보건관리비를 계상하여야 한다.

Ⅳ. 산업안전보건관리비의 사용

① 도급금액 또는 사업비에 계상(計上)된 산업안전보건관리비의 범위에서 산업안전보건관리비를 사용

② 산업안전보건관리비를 사용하는 해당 건설공사의 금액이 4천만원 이상인 때에는 매월 사용명세서를 작성하고, 건설공사 종료 후 1년 동안 보존

09 안전점검의 종류

Ⅰ. 정의

안전점검이란 시공사는 건설공사의 공사기간 동안 매일 자체안전점검을 하고, 건설안전점검기관에 정기안전점검 및 정밀안전점검 등을 해야 한다.

Ⅱ. 안전점검의 종류 및 실시시기

안전점검의 종류	실시시기
자체안전점검	• 건설공사의 공사기간동안 매일 공종별 실시
정기안전점검	• 정기안전점검 실시시기를 기준으로 실시
정밀안전점검	• 정기안전점검결과 건설공사의 물리적 · 기능적 결함 등이 발견되어 보수 · 보강 등의 조치를 취하기 위하여 필요한 경우에 실시
초기점검	• 건설공사를 준공하기 전에 실시
공사재개 전 안전점검	• 건설공사를 시행하는 도중 그 공사의 중단으로 1년 이상 방치된 시설물이 있는 경우 그 공사를 재개하기 전에 실시

Ⅲ. 안전점검의 실시

1. 자체안전점검

① 안전관리담당자와 수급인 및 하수급인으로 구성된 협의체는 건설공사 안전관리계획의 자체안전점검표에 따라 실시

② 지적사항을 안전점검일지에 기록하며, 다음날 자체안전점검에서 확인

2. 정기안전점검

① 발주자가 지정한 건설안전점검기관에 의뢰

② 해당 건설공사를 발주·설계·시공 또는 건설사업관리용역사업자와 그 계열회사인 건설안전점검기관에 의뢰 금지

③ 정기안전점검 사항
- 공사 목적물의 안전시공을 위한 임시시설 및 가설공법의 안전성
- 공사목적물의 품질, 시공상태 등의 적정성
- 인접건축물 또는 구조물 등 공사장주변 안전조치의 적정성
- 건설기계의 설치 · 해체 등 작업절차 및 작업 중 건설기계의 전도·붕괴 등을 예방하기 위한 안전조치의 적절성
- 이전 점검에서 지적된 사항에 대한 조치사항

3. 정밀안전점검

① 구조계산 또는 내하력 시험을 실시

② 정밀안전점검 완료 보고서 사항

- 물리적·기능적 결함 현황
- 결함원인 분석
- 구조안전성 분석결과
- 보수·보강 또는 재시공 등 조치대책

4. 초기점검

① 시설물의 안전점검 및 정밀안전진단 실시 등에 관한 지침에 따른 정밀점검 수준의 초기점검을 실시

② 초기점검은 준공 전에 완료

③ 준공 전에 점검을 완료하기 곤란한 공사의 경우에는 발주자의 승인을 얻어 준공 후 3개월 이내에 실시 가능

5. 공사재개 전 안전점검

① 정기안전점검의 수준으로 실시

② 점검결과에 따라 적절한 조치를 취한 후 공사를 재개

10 건설업 기초안전보건교육

산업안전보건법 시행령/시행규칙

Ⅰ. 정의

건설업 기초안전보건교육이란 건설업의 사업주가 건설 일용근로자를 채용할 때에 산업재해를 예방하기 위하여 안전보건교육기관이 실시하는 안전보건교육을 이수하는 것을 말한다.

Ⅱ. 건설업 기초안전보건교육에 대한 내용 및 시간

구분	교육 내용	교육시간
공통	산업안전보건법령 주요 내용	1시간
	안전의식 제고에 관한 사항	
교육 대상별	작업별 위험요인과 안전작업 방법	2시간
	건설 직종별 건강장해 위험요인과 건강관리	1시간
합계		4시간

Ⅲ. 건설업 기초안전보건교육 기관의 기준

구분	기준	
인력 기준	산업안전지도사(건설안전 분야)·산업보건지도사, 건설안전기술사 또는 산업위생관리기술사	1명 이상
	건설안전기사 또는 산업안전기사 + 건설안전 분야 실무경력이 7년 이상인 사람	
	건설안전 분야의 대학 조교수 이상	
	5급 이상 공무원, 산업안전·보건 분야 석사 이상, 산업전문간호사 + 실무경력이 3년 이상	
	산업안전지도사(건설안전 분야)·산업보건지도사, 건설안전기술사 또는 산업위생관리기술사	2명 이상 (건설안전 및 산업보건·위생 분야별로 각 1명 이상)
	건설안전기사 또는 산업위생관리기사 + 실무경력이 1년 이상	
	건설안전산업기사 또는 산업위생관리산업기사 + 실무경력이 3년 이상	
	산업안전산업기사 + 건설안전 실무경력이 산업안전기사 이상의 자격은 1년, 산업안전산업기사 자격은 3년 이상	
	건설 관련 기사 자격을 취득 + 실무경력이 1년 이상	
	특급건설기술인 또는 고급건설기술인	
	4년제 대학의 건설안전 또는 산업보건·위생 관련 분야 학위를 취득 + 해당 실무경력이 1년 이상	
	전문대학의 건설안전 또는 산업보건·위생 관련 분야 학위를 취득 + 해당 실무경력이 3년 이상	
시설	사무실: 연면적 30㎡	
	강의실: 연면적 120㎡	

11 근로자의 안전보건교육

산업안전보건법 시행규칙

Ⅰ. 정의

사업주는 소속 근로자에게 산업재해를 예방하기 위하여 고용노동부령으로 정하는 바에 따라 정기적, 채용할 때, 작업내용을 변경할 때에는 안전보건교육을 시켜야 한다.

Ⅱ. 근로자의 안전보건교육

교육과정	교육대상		교육시간
정기교육	사무직 종사 근로자		매분기 3시간 이상
	사무직 종사 근로자 외의 근로자	판매업무에 직접 종사하는 근로자	매분기 3시간 이상
		판매업무에 직접 종사하는 근로자 외의 근로자	매분기 6시간 이상
	관리감독자의 지위에 있는 사람		연간 16시간 이상
채용 시 교육	일용근로자		1시간 이상
	일용근로자를 제외한 근로자		8시간 이상
작업내용 변경 시 교육	일용근로자		1시간 이상
	일용근로자를 제외한 근로자		2시간 이상
특별교육	타워크레인 신호작업에 종사하는 일용근로자		8시간 이상
	타워크레인 외의 일용근로자		2시간 이상
	일용근로자 제외한 근로자		16시간 이상 (4시간+12시간(3개월 이내)) 단기 또는 간헐작업: 2시간 이상
건설업 기초안전 보건교육	건설 일용근로자		4시간 이상

[정기교육]
해당 사업장의 사무직 종사 근로자, 사무직 종사 근로자 외의 근로자, 관리감독자의 지위에 있는 사람을 대상으로 정기적으로 실시하여야 하는 교육

[채용 시 교육]
해당 사업장에 채용한 근로자를 대상으로 직무 배치 전 실시하여야 하는 교육

[작업내용 변경 시 교육]
해당 사업장의 근로자가 기존에 수행하던 작업내용과 다른 작업을 수행하게 될 경우 변경된 작업을 수행하기 전 의무적으로 실시하여야 하는 교육

[특별교육]
사업주가 특수형태근로종사자를 배치하기 전 또는 작업내용을 변경할 때 실시하여야 하는 교육

12 설계의 안전성 검토(Design For Safety, 건축공사 설계의 안전성검토 수립대상)

건설기술진흥법 시행령

Ⅰ. 정의

발주청은 안전관리계획을 수립해야 하는 건설공사의 실시설계를 할 때에는 시공과정의 안전성 확보 여부를 확인하기 위해 설계의 안전성 검토를 국토안전관리원에 의뢰해야 한다.

Ⅱ. 설계의 안전성 검토가 필요한 안전관리계획 수립대상공사

① 1종시설물 및 2종시설물의 건설공사(유지관리를 위한 건설공사는 제외)
② 지하 10m 이상을 굴착하는 건설공사
③ 폭발물을 사용하는 건설공사로서 20m 안에 시설물이 있거나 100m 안에 사육하는 가축이 있어 해당 건설공사로 인한 영향을 받을 것이 예상되는 건설공사
④ 10층 이상 16층 미만인 건축물의 건설공사
⑤ 10층 이상인 건축물의 리모델링 또는 해체공사
⑥ 수직증축형 리모델링
⑦ 높이가 31m 이상인 비계
⑧ 브라켓(bracket) 비계
⑨ 작업발판 일체형 거푸집 또는 높이가 5m 이상인 거푸집 및 동바리
⑩ 터널의 지보공(支保工) 또는 높이가 2m 이상인 흙막이 지보공
⑪ 동력을 이용하여 움직이는 가설구조물
⑫ 높이 10m 이상에서 외부작업을 하기 위하여 작업발판 및 안전시설물을 일체화하여 설치하는 가설구조물
⑬ 공사현장에서 제작하여 조립·설치하는 복합형 가설구조물
⑭ 발주자가 안전관리가 특히 필요하다고 인정하는 건설공사
⑮ 인·허가기관의 장이 안전관리가 특히 필요하다고 인정하는 건설공사

Ⅲ. 국토안전관리원 제출 보고서

① 시공단계에서 반드시 고려해야 하는 위험 요소, 위험성 및 그에 대한 저감대책에 관한 사항
② 설계에 포함된 각종 시공법과 절차에 관한 사항
③ 그 밖에 시공과정의 안전성 확보를 위하여 국토교통부장관이 정하여 고시하는 사항

Ⅳ. 기타사항

① 국토안전관리원은 의뢰 받은 날부터 20일 이내에 설계안전검토보고서의 내용을 검토하여 발주청에 그 결과를 통보해야 한다.

② 발주청은 개선이 필요하다고 인정하는 경우에는 설계도서의 보완·변경 등 필요한 조치를 하여야 한다.

③ 발주청은 검토 결과를 건설공사를 착공하기 전에 국토교통부장관에게 제출하여야 한다.

13 Tool Box Meeting

Ⅰ. 정의

TBM이란 위험상황을 빨리 감지하고 적절한 대책을 세울 수 있는 능력을 기르기 위하여 잠재되어 있는 재해요인의 성장을 분석함으로써 감응능력을 높이고 판단력을 강화하는 것을 말한다.

Ⅱ. 내용 및 시기

① 내용: 현장이나 작업에 잠재된 위험요소
② 시기: 작업시작 전
③ 인원: 5~6명
④ 소요시간: 5분~10분

Ⅲ. TBM의 4단계

라운드	문제해결의 라운드	위험예지훈련의 라운드	위험예지훈련의 진행방법
1R	사실 파악 (현상 파악)	어떠한 위험이 잠재하고 있는가?	모두의 토론으로 도해의 상황 속에 잠재한 위험요인을 발견한다.
2R	본질(원인)을 조사한다. (본질추구)	이것이 위험의 요점이다.	발견된 위험요인 가운데 이것이 중요하다고 생각되는 위험을 파악하고 ○표, ◎표를 붙인다.
3R	대책을 세운다. (대책 수립)	당신이라면 어떻게 할 것인가?	◎표를 한 중요위험을 해결하기 위해서는 어떻게 하면 좋은가를 생각하여 구체적인 대책을 세운다.
4R	행동계획을 결정한다. (목표 설정)	우리들은 이렇게 한다.	대책 중 중점실시 항목에 ※표를 붙여 그것을 실천하기 위한 팀의 행동목표를 설정한다.

Ⅳ. 토론 시 유의사항

① 토론의 주제 이외는 하지 말 것
② 토론 시 너무 아는 체를 하지 말 것
③ 토론 시 상대방을 무시하는 발언이나 행동을 하지 말 것
④ 말주변이 없는 팀원에게 억지로 말을 시키지 말 것
⑤ 결론을 서두르지 말 것

14 밀폐공간보건작업 프로그램

산업안전보건기준에 관한 규칙/KOSHA GUIDE H-80-2012

Ⅰ. 정의

밀폐공간이란 산소결핍, 유해가스로 인한 질식·화재·폭발 등의 위험이 있는 장소로서 사업주는 밀폐공간에서 근로자에게 작업을 하도록 하는 경우 밀폐공간 작업 프로그램을 수립하여 시행하여야 한다.

Ⅱ. 밀폐공간보건작업 프로그램 흐름도

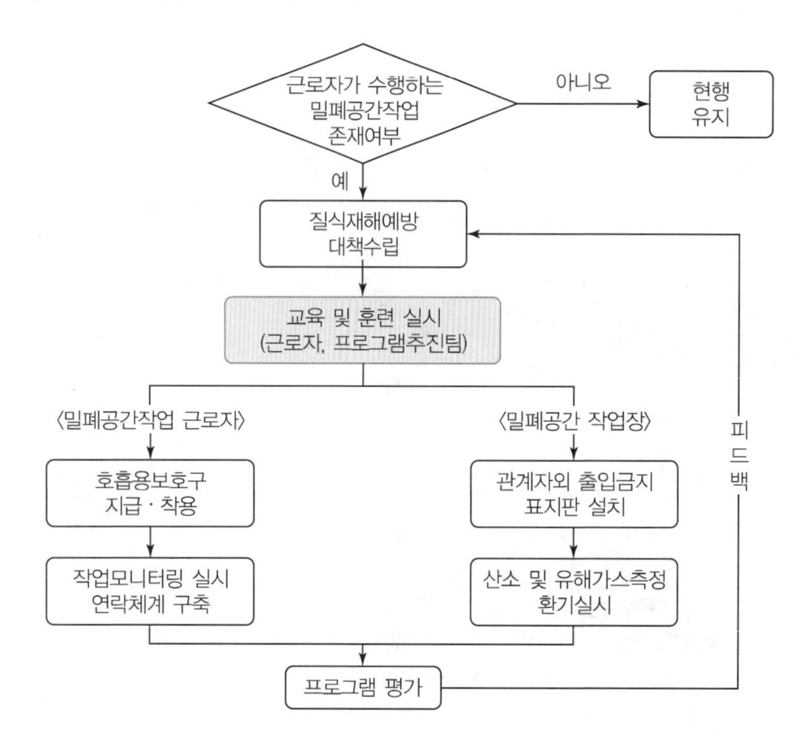

Ⅲ. 밀폐공간 작업 프로그램의 수립·시행

1. 포함될 내용

① 사업장 내 밀폐공간의 위치 파악 및 관리 방안

② 밀폐공간 내 질식·중독 등을 일으킬 수 있는 유해·위험 요인의 파악 및 관리 방안

③ 밀폐공간 작업 시 사전 확인이 필요한 사항에 대한 확인 절차

④ 안전보건교육 및 훈련

⑤ 그 밖에 밀폐공간 작업 근로자의 건강장해 예방에 관한 사항

2. 밀폐공간에서 작업을 시작하기 전 확인사항

① 작업 일시, 기간, 장소 및 내용 등 작업 정보

② 관리감독자, 근로자, 감시인 등 작업자 정보

③ 산소 및 유해가스 농도의 측정결과 및 후속조치 사항

④ 작업 중 불활성가스 또는 유해가스의 누출·유입·발생 가능성 검토 및 후속조치 사항

⑤ 작업 시 착용하여야 할 보호구의 종류

⑥ 비상연락체계

3. **사업주는 밀폐공간에서의 작업이 종료될 때까지 내용을 해당 작업장 출입구에 게시하여야 한다.**

Ⅳ. 작업장 내 유해공기의 기준

① 산소농도 범위가 18% 미만, 23.5% 이상인 공기

② 탄산가스 농도가 1.5% 이상인 공기

③ 황화수소농도가 10ppm 이상인 공기

④ 폭발하한농도의 10%를 초과하는 가연성가스, 증기 및 미스트를 포함하는 공기

⑤ 폭발하한농도에 근접하거나 초과하는 공기와 혼합된 가연성분진을 포함하는 공기

Ⅴ. 산소 및 유해가스 농도의 측정 및 환기

1. 산소 및 유해가스 농도의 측정

① 당일의 작업을 개시하기 전

② 교대제로 작업을 하는 경우, 작업 당일 최초 교대 후 작업이 시작되기 전

③ 작업에 종사하는 전체 근로자가 작업을 하고 있던 장소를 떠난 후 다시 돌아와 작업을 시작하기 전

④ 근로자의 건강, 환기장치 등에 이상이 있을 때

⑤ 측정자: 관리감독자, 안전관리자 또는 보건관리자, 안전관리전문기관 또는 보건관리전문기관, 건설재해예방전문지도기관, 작업환경측정기관, 교육을 이수한 자

2. 환기

① 작업 전에는 유해공기의 농도가 기준농도를 넘어가지 않도록 충분한 환기를 실시

② 정전 등에 의하여 환기가 중단되는 경우에는 즉시 외부로 대피

③ 밀폐공간의 환기 시에는 급기구와 배기구를 적절하게 배치하여 작업장 내 환기가 효과적으로 이루어질 것

④ 급기구는 작업자 가까이 설치할 것

10.5장

총 론

01 시방서의 종류 및 포함되어야할 주요사항

Ⅰ. 정의

시방서란 어떤 프로젝트의 품질에 관한 요구사항들을 규정하는 공사계약문서의 일부분으로서, 공사의 품질과 직접적으로 관련된 문서를 말한다.

Ⅱ. 시방서의 종류 및 특징

구분	종류	특징
내용	기술시방서	공사전반에 걸친 기술적인 사항을 규정한 시방서
	일반시방서	비기술적인 사항을 규정한 시방서
사용목적	표준시방서	모든 공사의 공통적인 사항을 규정한 시방서
	특기시방서	공사의 특징에 따라 특기사항 등을 규정한 시방서
	공사시방서	특정공사를 위해 작성되는 시방서
	가이드시방서	공사시방서를 작성하는데 지침이 되는 시방서
	개요시방서	설계자가 사업주에게 설명용으로 작성하는 시방서
	자재생산업자 시방서	시방서 작성 시 또는 자재구입 시 자재의 사용 및 시공지식에 대한 정보자료로 활용토록 자재생산업자가 작성하는 시방서
작성방법	서술시방서	자재의 성능이나 설치방법을 규정하는 시방서
	성능시방서	제품자체보다는 제품의 성능을 설명하는 시방서
	참조규격	자재 및 시공방법에 대한 표준규격으로서 시방서 작성 시 활용토록 하는 시방서
명세제한	폐쇄형시방서	재료, 공법 또는 공정에 대해 제한된 몇 가지 항목을 기술한 시방서
	개방형시방서	일정한 요구기준을 만족하면 이를 허용하는 시방서

Ⅲ. 공사시방서에 포함되어야할 주요사항

① 표준시방서와 전문시방서의 내용을 기본으로 작성
② 기술적 요건인 기자재, 허용오차, 시공방법, 시공상태 및 이행절차
③ 설계도면에 표기하기 어려운 공사의 범위, 정도, 규모, 배치
④ 해석상 도면에 표시한 것만으로 불충분한 부분에 대해 보완할 내용
⑤ 표준시방서 등의 내용 중 개별공사의 특성에 맞게 정하여야 할 사항
⑥ 표준시방서에서 공사시방서에 위임한 사항
⑦ 표준시방서의 내용을 추가, 변경하는 사항
⑧ 표준시방서 등에서 제시한 다수의 재료, 시공방법 중 해당 공사에 적용되는 사항만을 선택하여 기술

⑨ 각 시설물별 표준시방서의 기술기준 중 서로 상이한 내용은 공사의 특성, 지역여건에 따라 선택 적용
⑩ 행정상의 요구사항 및 조건, 가설물에 대한 규정, 의사전달 방법, 품질보증, 공사계약 범위 등과 같은 시방일반조건
⑪ 수급인이 건설공사의 진행단계별로 작성할 시공상세도면의 목록 등에 관한 사항
⑫ 해당기준에 합당한 시험, 검사에 관한 사항
⑬ 시공목적물의 허용오차
⑭ 발주자가 특별히 필요하여 요구하는 사항
⑮ 필요 시 관련기관의 요구사항

02 성능시방과 공법시방

Ⅰ. 정의

시방서란 어떤 프로젝트의 품질에 관한 요구사항들을 규정하는 공사계약문서의 일부분으로서, 공사의 품질과 직접적으로 관련된 문서를 말한다.

Ⅱ. 시방서의 종류

구분	종류	특징
내용	기술시방서	공사전반에 걸친 기술적인 사항을 규정한 시방서
	일반시방서	비기술적인 사항을 규정한 시방서
사용목적	표준시방서	모든 공사의 공통적인 사항을 규정한 시방서
	특기시방서	공사의 특징에 따라 특기사항 등을 규정한 시방서
	공사시방서	특정공사를 위해 작성되는 시방서
	가이드시방서	공사시방서를 작성하는데 지침이 되는 시방서
	개요시방서	설계자가 사업주에게 설명용으로 작성하는 시방서
	자재생산업자 시방서	시방서 작성 시 또는 자재구입 시 자재의 사용 및 시공지식에 대한 정보자료로 활용토록 자재생산업자가 작성하는 시방서
작성방법	서술시방서	자재의 성능이나 설치방법을 규정하는 시방서
	성능시방서	제품자체보다는 제품의 성능을 설명하는 시방서
	참조규격	자재 및 시공방법에 대한 표준규격으로서 시방서 작성 시 활용토록 하는 시방서
명세제한	폐쇄형시방서	재료, 공법 또는 공정에 대해 제한된 몇 가지 항목을 기술한 시방서
	개방형시방서	일정한 요구기준을 만족하면 이를 허용하는 시방서

Ⅲ. 성능시방

① 제품자체보다는 제품의 성능을 설명하는 시방서
② 설계도면에 표기할 수 없는 설계의도를 설명
③ 발주자는 시공자의 기술력을 신뢰한다는 조건에서 성립
④ 건축 생산 시스템의 변화로 향후 시방의 주류가 될 수도 있는 시방서
⑤ 완성 후의 처음 지시한 대로의 형태, 구조, 마감, 성능, 품질로 되어 있는지의 여부를 검사한 후 인도
⑥ Turn Key에 활용 가능

Ⅳ. 공법시방

① 발주자의 설계의도를 명확히 실현시킬 수 있도록 공사방법을 지시하는 시방서

② 공사 목적물을 위해 결과의 성능을 명시하고, 또는 성능을 얻기 위한 수단을 제시하는 시방서

③ 시공자의 기술향상, 신재료개발 등으로 실정에 맞지 않을 수 있음

④ 결과의 성능 제시로 설계의도대로 정확한 공사 목적물의 실현을 기대하기 어려울 수 있음

03 시공도와 제작도(Shop Drawing)의 차이점

Ⅰ. 정의

① 시공도란 시공단계에서 현장에서 상세한 시공과 품질확보를 위해 작성하는 도면을 말한다.
② 제작도는 공장에서 상세한 시공과 품질확보를 위해 제작하는 부품, 부재에 대해 작성하는 도면을 말한다.

Ⅱ. 시공도와 제작도의 작성방법

① 시공도 및 제작도는 정확하고 보기 쉽게 하여야 한다.
② 설계도서에 나타나지 않은 상세부분에 대해서도 치수, 연결 단면 등을 정확하게 표시하지 않으면 안 된다.
③ 현장의 작업자가 현장에서 바로 이해할 수 있는 간단명료한 표현으로 하여야 한다.
④ RC조, SRC조에서 특히 중요한 시공도는 콘크리트 구체도이다.
→ 각 부의 연결구체와 관련 있는 마감, 설비공사와의 연결 확인 철저

Ⅲ. 시공도와 제작도의 필요성

① 현장 및 공장 시공의 정밀도 확보로 부실시공 방지
② 재시공 방지로 품질향상, 공기단축 및 원가절감
③ 설계자의 의도를 정확하게 전달
④ 건설기술 개발과 Engineering 능력 향상
⑤ 설계도면에 미비한 접합부 등을 시공자에게 정확하게 전달

Ⅳ. 공사계획서와 시공도 및 제작도 위치

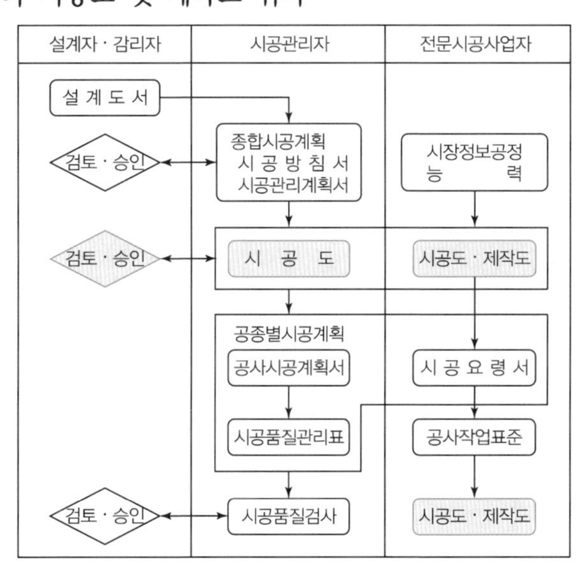

04 관리적 감독 및 감리적 감독

Ⅰ. 정의

① 관리적 감독이란 발주자가 공사목표달성의 필요자원인 6M(Man, Material, Machine, Money, Method, Memory)을 효율적으로 운영하는 것을 말한다.

② 감리적 감독이란 건설사업관리기술인 및 감리자가 전문지식, 전문기술 및 경험으로 바탕으로 설계도서 및 관계법규대로의 시공여부를 확인·검토하며, 공사관리 및 기술지도를 하는 것을 말한다.

Ⅱ. 관리적 감독

1. 개념도

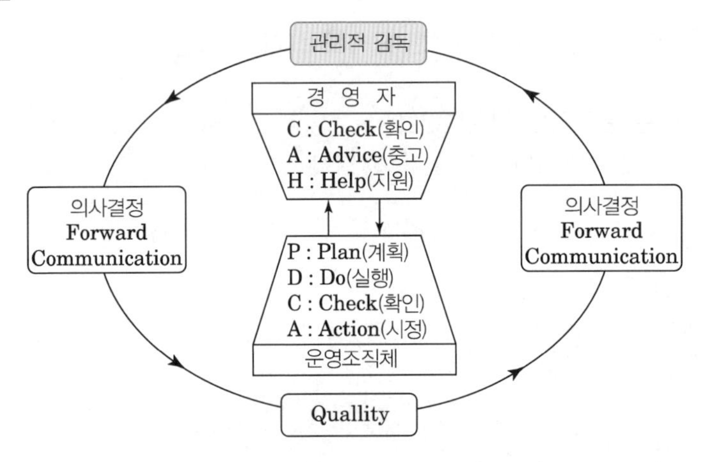

2. 특성

① 필요자원인 6M의 효율적인 운영

② 의사결정, 의사전달 및 통솔 기능

③ 의사결정에 대한 책임과 권한 부여

Ⅲ. 감리적 감독

1. 개념도

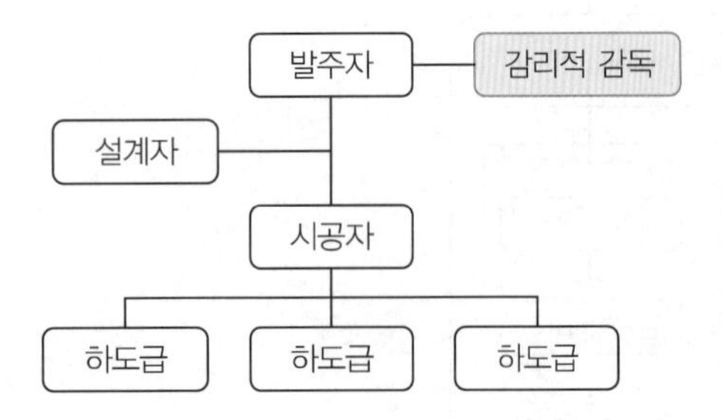

2. 기대효과

① 건설사업 비용의 최소화 및 품질확보
② 프로젝트참여자간 이해상충 최소화
③ 프로젝트 수행상의 상승효과 극대화
④ 수요자 중심의 건설산업 발전
⑤ 건설산업 참여주체의 기술력 확보 등 경쟁력 강화

05 SCM(Supply Chain Management, 공급망 관리)

Ⅰ. 정의

SCM은 고객(발주자, 설계자), 협력업체 및 공급업체와 같은 모든 공급사슬 참여자의 생산활동 전체를 하나의 생산 시스템으로 보고, 이 시스템에서 자원, 정보, 자금의 흐름을 활성화하여 통합 및 최적화함으로써 시스템의 효율성을 향상시키는 것을 말한다.

Ⅱ. 개념도

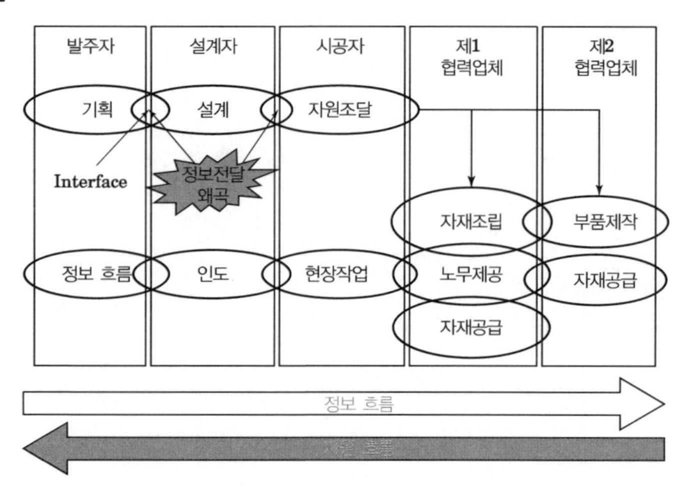

Ⅲ. SCM의 효과

① 재고의 감소
② 각 주체의 역할 분담과 중복 누락 작업 배제로 업무 처리시간의 단축
③ 전략적인 제휴를 통한 관계형성은 상호간 안정된 공급망 구축에 기반
④ 공급망의 네트워크 형성으로 원활한 자금 흐름
⑤ Supply Chain 형성으로 전체적인 최적화를 통해 추가적인 이익 발생

Ⅳ. 건설산업에 적용 시 고려사항

구분	도급업체 중심의 SCM 적용 시 고려사항
수행주체	• 도급업체가 중심
제반사항	• 업무현황분석 철저, 참여주체 간 정보공유 고려, 최고경영자의 확고한 의지
요소기술	• CAO, VMI, CPER, QR
환경변화	• 아웃소싱화, 정보지식화, 품질기준의 변화, 글로벌화에 의한 경영력 확대
불확실성	• 인력중심사업, 외부여건의 영향, 잦은 설계변경, 업무순서의 불명확

06 건설사업관리에서의 RAM(Responsibility Assignment Matrix)

Ⅰ. 정의

건설사업관리에서의 RAM이란 분해된 작업에 프로젝트 이해관계자의 역할과 책임을 부여하여 RAM을 작성하는 기준으로 WBS가 적용된다.

Ⅱ. R&R 매트릭스의 종류

① RAM(Responsibility Assignment Matrix)
② RACI Matrix
③ ARCI Matrix
④ LRC(Linear Responsibility Chart)

Ⅲ. WBS(Work Breakdown Structure)의 주요 사용용도

① 프로젝트 범위를 체계적으로 식별
② 프로젝트 성과관리 기준을 제공
③ 프로젝트 의사소통의 기본도구
④ 자원 소요량 산정의 기준
⑤ 책임 및 역할 분담의 기준
RAM을 작성하는 기준의 실례

구분	A	B	C	D	E	F	...
요구사항	S	R	A	P	P		
기능	S		A	P		P	
설계	S		R	A	I		P
개발	R	S	A		P	P	
시험			S	P	I	A	P

P=참가 A=책임 R=검토요구 I=투입요구 S=승인요구

⑥ 기타 계획수립 기준으로 적용

[RACI Matrix]

1. 정의
RAM에 개개의 개인 또는 부서가 정확히 어떤 역할을 하는지 의미를 부여하는 표기기법

2. RACI의 구성요소
- R(Responsibility): 해당업무를 주도적으로 진행할 책임자
- A(Accountable): 해당업무에 대한 책임을 지며, 결정에 대한 판단을 하는 사람으로서 결정권자
- C(Consult): 해당업무를 진행할 때 같이 논의할 관련부서 담당자
- I(Inform): 해당업무의 진행 및 완료 시 정보를 공유할 부서 및 담당자

구분	공사 1팀	공무팀
설계변경	C	A
CIP	R	I

07 BIM(Building Information Modeling)

Ⅰ. 정의

BIM이란 건축, 토목, 플랜트를 포함한 건설 전 분야에서 시설물 객체의 물리적 또는 기능적 특성에 의하여 시설물 수명주기 동안 의사결정을 하는데 신뢰할 수 있는 근거를 제공하는 디지털 모델을 말한다.

Ⅱ. BIM Data의 활용

영업 / 마케팅	설 계	물량산출	시 공
3D시각화 · 건축주 이해 증진 · 수주 경쟁력 확보	설계도서 · 업무 효율성 증진 · 도면 오류 최소화	기본 물량산출 · 정확성, 신속성 · 설계변경에 용이함	현장관리 · 효율적인 시공관리 · 간섭체크/공정관리

Ⅲ. BIM의 필요성

① 자료의 시각화와 데이터 정보를 통한 신속한 의사결정
② 시공성 및 설계오류 등을 사전 검토하여 공기지연 방지
③ 환경, 구조 등의 분석을 통한 최적화 설계 가능
④ 시공 전·후 비교검토로 시공품질 향상
⑤ 다양한 객체의 분류 및 자재의 정보를 통해 공사비 관리
⑥ 투명한 이력 관리로 업무 프로세스 향상

Ⅳ. 단계별 적용효과

1. 기획단계

① 대표물량 산출을 통한 초기 견적의 정확도 향상
② 3D모델을 활용한 시각적 프리젠테이션 효과 향상

2. 설계단계

① 설계 오류검토 및 휴먼에러로 인한 오류 최소화
② 공종별, 주요 부위별 사전 간섭체크로 재시공 및 설계변경 방지
③ 3D 도면을 자유롭게 추출하여 이해력 향상 및 3D Shop 도면 활용

3. 시공단계

① BIM모델과 공정을 연계하여 계획 및 실행에 대한 시공 시뮬레이션

② 디지털 Mock Up, Pre-Fabrication 활용

③ 현장 정합성 확인 및 시공품질 확보

4. 유지관리단계

① 건물의 유지보수 및 기타정보를 입력하여 데이터 관리

② 리모델링에 BIM을 활용하여 쉽고 빠른 설계 및 시공 가능

08 BIM LOD(Level of Development)

Ⅰ. 정의

BIM LOD란 BIM의 상세수준을 정의하는 것으로 LOD는 미국건축가협회(AIA)의 건설단계에 따른 모델수준 측정에서 시작되었으며 일반적으로 LOD(Level of Development, Level of Detail) 또는 BIL(Building Information Level, 조달청 정보표현수준)로 표현한다.

Ⅱ. BIM 업무범위 비교

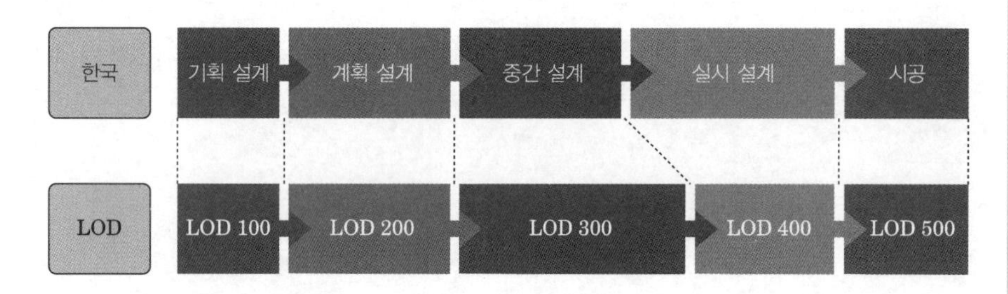

Ⅲ. LOD 상세수준별 적용단계 및 내용

LOD 레벨	적용단계	적용내용
LOD 100	기본계획단계	• 개략면적, 길이, 볼륨 표현 등 개념매스 수준 적용
LOD 200	기본설계단계	• 기본설계의 전체적인 형상을 표현
LOD 300	실시설계단계	• 실시설계(낮음)단계의 외부 및 내부 형상을 모두 모델링
LOD 350	실시설계단계	• 실시설계(높음)단계의 외부 및 내부 형상을 모두 모델링
LOD 400	시공단계	• 시공상세도 수준으로 현장 Shop 도면에 준하여 표현
LOD 500	유지관리단계	• 실제 시공이 발생한 모든 객체를 모델링 (설계 및 시공 관련한 모든 데이터를 포함)

Ⅳ. 조달청 BIL 상세수준별 적용단계 및 내용

BIL 레벨	적용단계	적용내용
BIL 10	기획단계	• 면적, 높이, 볼륨, 위치 및 방향표현 • 지형 및 주변건물 표현
BIL 20	계획설계단계	• 주요 구조부재 표현(기둥, 벽, 슬래브, 지붕) • 간략화 된 계단 및 슬로프
BIL 30	기본설계단계	• 모든 구조부재 표현 • 공간모델 표현
BIL 40	실시설계단계	• 모든 구조, 건축부재 규격 반영
BIL 50	시공단계	• 시공도면 활용 가능한 수준 • 공정관리, 비용관리에 필요한 정보 반영
BIL 60	유지관리단계	• 클라이언트 요구수준에 따라 표현수준이 다양함

09 5D BIM(5 Dimensional Building Information Modeling) 요소기술

Ⅰ. 정의

5D BIM이란 3차원 모델에 다양한 데이터 정보를 연계한 nD(4D, 5D 등)의 개념으로 3D에 일정정보와 비용정보를 추가하여 BIM 적산이나 견적 등 BIM 공사비를 산정하는 것을 말한다.

Ⅱ. 개념도

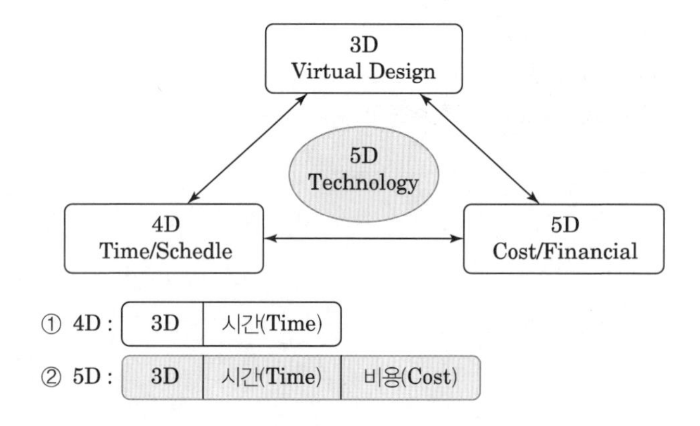

Ⅲ. 문제점

① 5D 적용을 위한 원가체계와 작업체계의 BIM과의 연계가 미흡
② 선·후행 관계 및 원가체계가 없어 관리의 어려움
③ 국내 내역체계의 한계
④ WBS 표준화 미흡
⑤ 프로그램의 다기능, 저효율로 인한 사용성 저하

Ⅳ. 대응방안

① 비용 및 일정을 통합관리 할 수 있는 내역체계 표준화
② 국내 실정에 맞는 통합관리 시스템 구축
③ BIM 정보교환 가이드라인 구축

10 개방형 BIM(Open BIM)과 IFC(Industry Foundation Class)

Ⅰ. 정의

① 개방형 BIM이란 BIM 데이터의 상호 운용성 확보를 위해 ISO 및 Building SMART International에서 제정한 국제표준 규격의 BIM 데이터를 체계적인 절차에 따라 다양한 주체들이 서로 개방적으로 원활한 공유 및 교환으로 다자간의 소통이 가능하도록 하는 것을 말한다.

② IFC란 소프트웨어 간에 BIM 데이터의 상호운용 및 호환을 위하여 Building SMART International이 개발한 국제표준 데이터 포맷을 말한다.

Ⅱ. 개념도

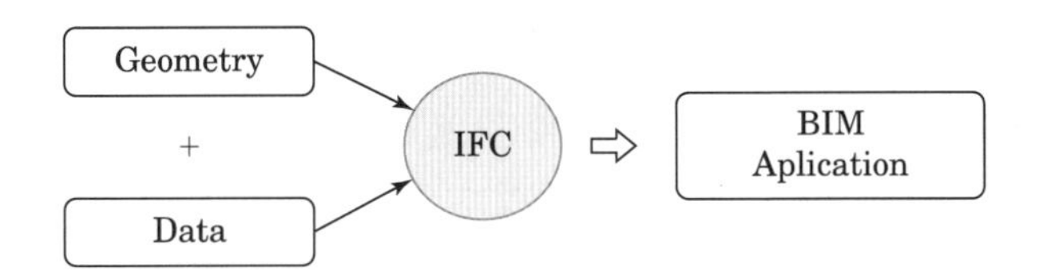

Ⅲ. 문제점

① BIM 기술을 지원하는 응용도구의 표준 포맷과 데이터 접근 방법의 공유 부재
→ BIM 적용 업무 프로세스의 변화 어려움

② 표준적인 품질검토를 수행하는 응용도구 간의 호환성 문제
→ IFC Export/Import 기능의 미지원 및 부정확성

③ 사용자의 모델링 및 속성 정보관리의 정확성 부족

Ⅳ. 대응방안

① 건축부재의 모델링 및 속성관리 지침 마련

② BIM 기반 품질관리의 모델 검증 프로세스 확립

③ BIM 품질관리체계의 확립

④ BIM 데이터간의 호환을 위한 데이터 포맷 활용

11 작업표준

Ⅰ. 정의

작업표준이란 제조현장 운영관리의 기본으로서, 좋은 품질의 제품을 쉽고, 빠르고, 즐겁게 만들기 위해 올바른 작업 방법과 행동을 규정하는 것을 말한다.

Ⅱ. 작업표준의 작성목적

① 작업자의 작업책임과 권한에 대한 명확성
② 기술지도 교육에 대한 적절성
③ 현장작업의 교육에 대한 적절성
④ 단기간에 작업기술 숙련에 대한 용이성
⑤ 신속한 기술의 개량 및 개발

Ⅲ. 작업표준의 요건

① 목적에 대한 요인조건을 중점적으로 결정하여야 한다.
② 실행 가능하여야 한다.
③ 구체적이고 객관적으로 표현하여야 한다.
④ 안전을 고려해서 결정하여야 한다.
⑤ 관련표준과 정합성을 유지하여야 한다.
⑥ 개정관리가 쉬워야 한다.
⑦ 현장관리자 및 작업자의 의견을 수렴하여야 한다.
⑧ 강제력을 가져야 한다.

Ⅳ. 작업표준의 체계

1. 작업표준통칙

일반적이고 공통사항을 규정

2. 공정별 작업표준

① 단위공정별 작업표준사항을 규정
② 작업표준의 중심
③ 적용범위, 가공품의 품질, 사용재료, 사용설비, 작업순서, 공정관리, 작업인원 및 자격, 작업보고 등을 기술

3. 검사작업표준서

① 개념도

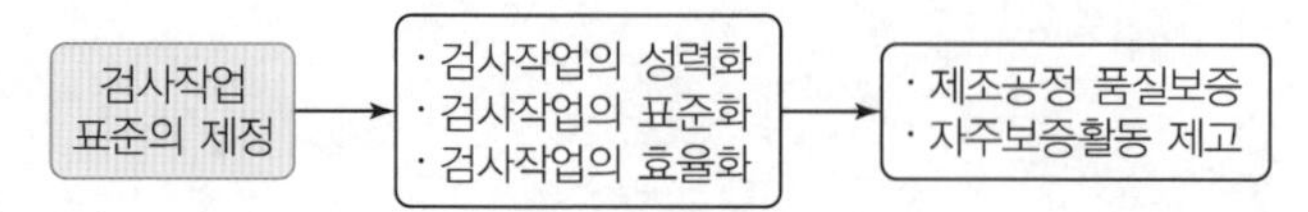

② 자주검사용 검사작업지도서
③ 제조공정 표준작업에 대한 품질정도 확인

12 건설자재 표준화의 필요성

Ⅰ. 정의

건설자재 표준화는 국가 건설산업의 경쟁력 향상 및 생산성 효율을 극대화하기 위한 건설기반기술에 속하는 것으로, 고부가가치 건설산업 구축, 건설산업 수행체계의 선진화와 건설현장 시공 시스템의 혁신을 위한 기반기술로 활용되고 있다.

Ⅱ. 표준화의 필요성

1. 건설생산성 향상
   ① 건설자재의 표준화로 시공 시스템의 혁신으로 생산성 향상
   ② 건설자재 표준화로 건설산업의 경쟁력 향상 및 생산성 향상

2. 품질향상을 도모
   ① 자재의 표준화, 규격화로 품질향상 도모
   ② 공장 생산에 의한 공업화로 자재의 균등 품질 확보

3. 원가 절감
   ① 자재의 호환성으로 자재비 절감
   ② 대량생산에 따른 원가 절감
   ③ 시공의 단순화, 기계화로 노무비 절감

4. 공기단축
   ① 자재 표준화로 조립화 시공이 가능하여 공기단축
   ② 조립식 건식화, 기계화로 공기단축

5. 안전성 확보
   ① 기계화 시공으로 안전성 확보
   ② 기계화 시공으로 안전관리 용이

6. 노무 절감
   ① 공장생산과 현장 조립시공으로 노무 절감
   ② 기계화 시공으로 노무 절감

7. 환경공해 저감
   ① 자재 표준화로 잉여 자재의 불필요 및 재사용 가능
   ② 현장작업의 최소화로 소음, 진동, 비산 등의 저감

8. 공사관리 용이
   ① 조립화, 기계화로 공사관리 용이
   ② 자재 표준화로 공사관리 용이

13 시공실명제(공사실명제)

Ⅰ. 정의

시공실명제는 공사 시공 시 투입되는 수급인, 하수급인, 시공참여건설업자, 건설기술인, 공사기간 등을 실명화하는 제도이다.

Ⅱ. 도입배경

① 1997년 7월 1일 건설산업기본법의 제정 시 법제화함

② 건설업자는 15일 이내에 시공관리대장을 작성하여 발주자에게 통보하여야 한다.

③ 시공관리대장의 기재내용
수급인, 하수급인, 시공참여건설업자, 건설기술인, 부품제작자, 공사종류, 공사기간, 공사대금 등을 기재

④ 건설업자는 건설공사의 시공관리 등을 위해 당해 공사의 공종에 해당하는 건설기술인을 1인 이상 배치하여야 한다.

Ⅲ. 목적

① 시공참여자의 책임의식 고취

② 부실공사 시 책임한계

③ 부실시공의 방지

④ 우수한 시공업체 발굴육성

Ⅳ. 시행방법

① 시공조직도를 작성하여 현장에 부착

② 공사내용 등을 작성하여 현장에 부착

③ 시공관리대장 기재

④ 공사에 참여한 기술자를 작성하여 임시부착 및 석재나 금속 등에 영구 보존

Ⅴ. 문제점

① 기능공의 시공실명제에 대한 인식 부족

② 협력업체의 의식 결여

③ 발주자 및 수급인의 시공실명제에 대한 안일한 사고방식

④ 조선족, 중국인 등으로 인하여 실제 공사 참여자의 준수 여부가 불투명

14 재개발과 재건축의 구분

Ⅰ. 정의

① 재개발이란 정비기반시설이 열악하고 노후·불량건축물이 밀집한 지역에서 주거환경을 개선하거나 상업지역·공업지역 등에서 도시기능의 회복 및 상권활성화 등을 위하여 도시환경을 개선하기 위한 사업을 말한다.

② 재건축이란 정비기반시설은 양호하나 노후·불량건축물에 해당하는 공동주택이 밀집한 지역에서 주거환경을 개선하기 위한 사업을 말한다.

Ⅱ. 사업 추진절차

① 재개발
기본계획 수립 → 구역지정 고시 → 조합설립인가 → 사업시행인가 → 분양신청 → 관리처분계획인가 → 철거 및 착공 → 준공 및 입주 → 청산

② 재건축
기본계획수립 → 안전진단 실시 → 정비구역지정 고시 → 조합설립추진위원회 승인 → 조합설립인가 → 사업시행인가 → 관리처분계획인가 → 공사착수 → 분양 → 준공인가 → 이전고시 → 청산

Ⅲ. 재개발과 재건축의 구분

구분	재개발	재건축
근거법령	• 도시 및 주거환경정비법	• 도시 및 주거환경정비법
안전진단	-	• 건축물 및 그 부속토지의 소유자 1/10 이상
추진위원회	• 토지등소유자 과반수	• 토지등소유자 과반수
조합설립	• 토지등소유자의 3/4 이상 • 토지면적의 1/2 이상의 토지소유자	• 공동주택의 각 동별 구분소유자의 과반수 • 주택단지의 전체 구분소유자의 3/4 이상 • 토지면적의 3/4 이상의 토지소유자
조합인가사항의 변경	• 총회에서 조합원의 2/3 이상의 찬성	• 총회에서 조합원의 2/3 이상의 찬성
조합임원의 임기	• 3년 이하	• 3년 이하
대의원	• 조합원의 1/10 이상	• 조합원의 1/10 이상
공급대상	• 토지등소유자 • 세입자: 임대주택 • 잔여분: 일반분양	• 토지등소유자 • 잔여분: 일반분양
미동의자 토지	• 수용(사업시행인가 이후)	• 매도청구(조합설립 이후)

15 부실공사(不實工事)와 하자(瑕疵)의 차이점

공동주택 하자의 조사, 보수비용 산정 및 하자판정기준

Ⅰ. 정의

① 부실공사(不實工事)

부실공사란 설계도서나 시방서대로 시공하지 않고 임의로 시공한 경우로서, 적정한 재료나 공법 등을 지키지 아니하고 불성실하게 공사를 한 경우를 말한다.

② 하자(瑕疵)

하자란 건축물 또는 시설물을 해당 설계도서대로 시공하였으나, 내구성·내마모성 및 강도 등이 부족하여 품질을 제대로 갖추지 아니하였거나, 끝마무리를 제대로 하지 아니하여 안전상·기능상 또는 미관상 지장을 초래할 정도의 결함이 발생한 것을 말한다.

Ⅱ. 하자 여부 판정

1. 부실공사

① 철근의 항복강도가 다른 경우
② 콘크리트 두께 및 압축강도가 다른 경우
③ 설계도면과 다른 단열재 사용으로 열관류율 및 치수가 부족한 경우
④ 알루미늄 창호의 후레임을 설계도면 및 시방서와 다른 재질을 사용한 경우
⑤ 마감자재가 설계도면 및 시방서와 다른 재질을 사용한 경우

2. 하자

① 콘크리트 균열 폭이 0.3mm 이상인 경우
② 콘크리트 균열 폭이 0.3mm 미만의 다음 각 호
- 누수를 동반하는 균열
- 철근이 배근된 위치에 철근길이 방향으로 발생한 균열
- 관통균열

③ 콘크리트에 철근이 노출된 경우
④ 미장 또는 도장 부위에 발생한 미세균열 또는 망상균열 등이 미관상 지장을 초래하는 경우
⑤ 마감부위에 변색·들뜸·박리·박락·부식 및 탈락 등이 발생하여 안전상, 기능상, 미관상 지장을 초래하는 경우
⑥ 건축물 또는 시설물에서 발생하는 누수 부위
⑦ 벽체에 돌출된 긴결재를 제거하지 아니한 경우
⑧ 급수·오배수 또는 전기 등의 배관이나 배선함 관통부 주위를 밀실하게 채우지 아니하여 냄새·소음 등이 전달되는 등의 문제가 발생하는 경우
⑨ 단열 공간의 벽체, 천장, 바닥 등에서 결로가 발생한 경우

⑩ 타일에서 균열, 파손, 탈락 또는 들뜸 등의 현상이 확인되거나 배부름 또는 처짐 등의 현상이 발생하는 경우
⑪ 옥내에 설치된 지하주차장 등의 바닥 일정 부위에 물이 장시간 고이거나 역물매가 형성되어 배수가 원활하지 아니한 경우
⑫ 창호의 틀과 짝의 수직·수평 및 닫힘 상태가 불량하여 문(門)을 열고 닫는 것이 용이하지 않거나, 기밀성이 현저히 떨어지는 등 기능상 지장을 초래할 경우
⑬ 시공상 결함 등이 원인이 되어 도배지 및 시트지에서 발생한 들뜸, 주름, 이음부 벌어짐 등으로 인해 미관상 지장을 초래하는 경우

Ⅲ. 부실공사(不實工事)와 하자(瑕疵)의 차이점

구분	부실공사	하자
의의	설계도서대로 시공하지 않고, 임의로 시공한 것	설계도서대로 시공하였으나, 결함이 발생한 것
평가자	전문가	사용자
보수비용	많이 소요	적게 소요
문제점	심각	간단
내구성	내구성에 심각한 영향	내구성에 영향 초래

16 건설기술진흥법의 부실벌점 부과항목(건설업자, 건설기술자 대상)

건술기술진흥법 시행령

Ⅰ. 정의

부실벌점이란 부실공사가 발생하였거나 발생할 우려가 있는 경우 및 건설공사에 대한 수요 예측을 고의 또는 과실로 부실하게 하여 발주청에 손해를 끼친 경우에는 부실의 정도를 측정하여 벌점을 주는 제도를 말한다.

Ⅱ. 부실벌점 부과항목(건설업자, 건설기술자 대상)

번호	주요부실내용	벌점
1	토공사의 부실	1~3점
2	콘크리트면의 균열 발생	0.5~3점
3	콘크리트 재료분리의 발생	1~3점
4	철근의 배근 · 조립 및 강구조의 조립 · 용접 · 시공 상태의 불량	1~3점
5	배수상태의 불량	0.5~2점
6	방수불량으로 인한 누수발생	0.5~2점
7	시공 단계별로 건설사업관리기술인의 검토 · 확인을 받지 않고 시공한 경우	1~3점
8	시공상세도면 작성의 소홀	1~3점
9	공정관리의 소홀로 인한 공정부진	0.5~1점
10	가설구조물(비계, 동바리, 거푸집, 흙막이 등) 설치상태의 불량	2~3점
11	건설공사현장 안전관리대책의 소홀	2~3점
12	품질관리계획 또는 품질시험계획의 수립 및 실시의 미흡	1~2점
13	시험실의 규모 · 시험장비 또는 건설기술인 확보의 미흡	0.5~3점
14	건설용 자재 및 기계 · 기구 관리 상태의 불량	1~3점
15	콘크리트의 타설 및 양생과정의 소홀	1,3점
16	레미콘 플랜트(아스콘 플랜트를 포함) 현장관리 상태의 불량	1~3점
17	아스콘의 포설 및 다짐 상태 불량	0.5~2점
18	설계도서와 다른 시공	1~3점
19	계측관리의 불량	0.5~2점

17 건설기술진흥법의 부실벌점 부과항목(건설사업관리용역사업자, 건설사업관리기술인 대상) 건술기술진흥법 시행령

Ⅰ. 정의

부실벌점이란 부실공사가 발생하였거나 발생할 우려가 있는 경우 및 건설공사에 대한 수요 예측을 고의 또는 과실로 부실하게 하여 발주청에 손해를 끼친 경우에는 부실의 정도를 측정하여 벌점을 주는 제도를 말한다.

Ⅱ. 부실벌점 부과항목(건설사업관리용역사업자, 건설사업관리기술인 대상)

번호	주요부실내용	벌점
1	설계도서의 내용대로 시공되었는지에 관한 단계별 확인의 소홀	0.5~3점
2	시공상세도면에 대한 검토의 소홀	1~3점
3	기성 및 예비 준공검사의 소홀	0.5~3점
4	시공자의 건설안전관리에 대한 확인의 소홀	2~3점
5	설계 변경사항 검토 · 확인의 소홀	0.5~2점
6	시공계획 및 공정표 검토의 소홀	0.5~2점
7	품질관리계획 또는 품질시험계획의 수립과 시험 성과에 관한 검토의 불철저	0.5~3점
8	건설용 자재 및 기계 · 기구 적합성의 검토 · 확인의 소홀	0.5~2점
9	시공자 제출서류의 검토 소홀 및 처리 지연	0.5~2점
10	건설사업관리의 업무범위에 대한 기록유지 또는 보고 소홀	1~2점
11	건설사업관리 업무의 소홀 등	2점
12	입찰 참가격 사전심사 시 건설사업관리 업무를 수행하기로 했던 건설사업관리기술인의 임의변경 또는 관리 소홀(건설사업관리용역사업자만 해당)	1~2점
13	공사 수행과 관련한 각종 민원발생대책의 소홀	1~2점
14	발주청 지시사항 이행의 소홀	1~2점
15	가설구조물(동바리, 거푸집, 흙막이 등)에 대한 구조검토 소홀	2~3점
16	공사현장에 상주하는 건설사업관리기술인을 지원하는 건설사업관기술인의 현장시공실태 점검의 소홀	0.5~1점
17	하자담보책임기간 하자 발생	1~2점
18	하도급 관리 소홀	1~3점

18 공동주택성능등급제도(주택성능평가제도(주택성능표시제도))

주택건설기준 등에 관한 규칙/규정/주택법

Ⅰ. 정의

공동주택성능등급제도란 사업주체가 공동주택 500세대 이상을 공급할 때에는 주택의 성능 및 품질을 입주자가 알 수 있도록 공동주택성능에 대한 등급을 발급받아 입주자 모집공고에 표시하는 것을 말한다.

[공동주택성능등급제도]
주택성능평가제도가 명칭 변경

Ⅱ. 공동주택성능등급표시의 위치

공동주택성능등급 인증서는 쉽게 알아볼 수 있는 위치에 쉽게 읽을 수 있는 글자 크기로 표시해야 한다.

Ⅲ. 도입배경

① 국민의 공동주택 선택기회 및 권익보호
② 국민의 공동주택품질 향상요구에 부응
③ 공동주택 건설기술 및 주택부품산업 발전기여
④ 공동주택 장수명화 및 국가에너지 절약 기여
⑤ 객관적 성능인증으로 하자 및 분쟁예방

Ⅳ. 공동주택성능등급의 표시

성능등급	성능항목
소음 관련 등급	• 경량충격음 차단성능, 중량충격음 차단성능, 세대 간 경계벽의 차단성능, 화장실 급배수 소음 등
구조 관련 등급	• 리모델링 등에 대비한 가변성 및 수리 용이성 등
환경 관련 등급	• 조경 · 일조확보율 · 실내공기질 · 에너지절약, 저탄소 자재, 생태면적률 등
생활환경 관련 등급	• 커뮤니티시설, 사회적 약자 배려, 홈네트워크, 방범안전 등
화재 · 소방 관련 등급	• 화재 · 소방 · 피난안전 등

Ⅴ. 공동주택성능등급 표시의 설정

1. 성능표시 설정 원칙

① 평가를 위한 기술이 확립되어 널리 이용될 것
② 설계단계에서 평가가 가능한 것
③ 외견상 용이하게 판단할 수 없는 사항 우선

④ 거주자가 용이하게 변경할 수 있는 설비기기는 원칙적으로 대상 제외
⑤ 객관적으로 평가하기 어려운 사항은 제외
⑥ 국내 실정을 고려한 수준의 설정
⑦ 상황에 따라 변화하는 요소 배제

2. 성능등급 표시

① 성능등급은 평가분야별/항목(사항)별 3~4단계
② 각 항목별 성능등급의 표시
- 성능규정-수치표시: 음, 열, 실내공기질, 내구성, 가변성 등
- 시방규정-나열형식: 수리용이성, 고령자 등 사회적 약자 배려, 화재·소방

19 아파트 성능등급

Ⅰ. 정의

아파트 성능등급이란 사업주체가 공동주택 500세대 이상을 공급할 때에는 주택의 성능 및 품질을 입주자가 알 수 있도록 공동주택성능에 대한 등급을 발급받아 입주자 모집공고에 표시하는 것을 말한다.

Ⅱ. 아파트 성능등급

1. 소음 관련 등급

1) 목적

세대 내 차음성능을 확보하여 거주자에게 쾌적한 주거공간 제공

2) 지표

① 세대 경계바닥의 경량 및 중량충격음 차단성능 평가
② 화장실 소음 저감공법 채택여부, 세대경계벽 두께 평가

3) 등급

① 경량 바닥충격음: 1~4등급
② 중량 바닥충격음: 1~4 등급
③ 화장실 소음: 1~4등급
④ 경계벽 소음: 1~3등급

2. 구조 관련 등급

1) 목적

공동주택 가변성능 및 유지관리, 내구성 계획을 통하여 장수명 주택 유도

2) 지표

① 전용면적내의 내력벽 및 기둥의 길이비율에 따라 평가
② 공동주택 전용 및 공용공간의 점검, 수선, 교환 용이성 등 평가
③ 건축물의 최대 내용년수(물리적 수명)를 통한 내구성 평가

3) 등급

① 가변성: 1~4등급
② 수리용이성(전용, 공용): 1~4 등급
③ 내구성: 1~3등급

3. 환경 관련 등급

1) 목적

단지 생태기능 회복, 건물 채광율, 실내공기환경 개선 및 실내 온열환경 유지

2) 지표

① 전체 단지 면적 중 생태면적 및 자연지반녹지의 비율을 평가

② 방위별 가중치를 적용한 바닥면적에 대한 채광율 비율(일조)

③ 오염 저방출자재, 환기설비 설치여부 및 에너지절약계획서 등 등급 평가

3) 등급

① 조경(생태, 녹지): 1~4등급

② 일조: 1~4등급

③ 실내공기질: 1~3등급

④ 에너지성능: 1~4등급

4. 생활 관련 등급

1) 목적

단지 내 적절한 주민공동시설 설치유도 및 사회적 약자의 생활 안정성 확보

2) 지표

① 세대수별 주민공동시설 설치면적

② 사회적 약자를 배려한 설계요소 채택수 평가

3) 등급

① 주민공동시설: 1~3등급

② 사회적 약자배려: 1~3등급

5. 화재 · 소방 관련 등급

1) 목적

공동주택의 화재에 대한 안전성 확보

2) 지표

화재감지 및 경보설비, 배연 및 피난설비, 내화성능을 구분하여 평가

3) 등급

① 감지 및 경보설비: 1~3등급

② 배연 및 피난설비: 1~3등급

③ 내화성능: 1~3등급

20 생태면적

자연환경보전법 시행규칙

Ⅰ. 정의

생태면적이란 공동주택성능등급제도에서 환경 관련 등급에 속하며, 생태면적률은 도시공간의 생태적 기능 즉, 자연의 순환기능의 유지 및 개선을 유도하기 위한 환경계획 지표를 말한다.

[공동주택성능등급의 표시]

성능등급	성능항목
소음 관련 등급	• 경량충격음 차단성능, 중량충격음 차단성능, 세대 간 경계벽의 차단 성능, 화장실 급배수 소음 등
구조 관련 등급	• 리모델링 등에 대비한 가변성 및 수리 용이성 등
환경 관련 등급	• 조경 · 일조확보율 · 실내공기질 · 에너지절약, 저탄소 자재, 생태면적률 등
생활환경 관련 등급	• 커뮤니티시설, 사회적 약자 배려, 홈네트워크, 방범안전 등
화재 · 소방 관련 등급	• 화재 · 소방 · 피난안전 등

Ⅱ. 생태면적 확보의 필요성

① 도시의 극단적 사막화 방지
② 도시홍수, 열섬현상 등 도시 기후변화 가속화로 발생하는 도시재해를 저감
③ 생물서식 가능공간의 기반을 마련하고 도시 생물다양성 증진을 도모
④ 도시지역 내 인공화된 기개발지에서 시행할 수 있는 생태적 기능 향상 사업
⑤ 자연순환기능의 향상 도모

Ⅲ. 생태면적률 산정식, 포함 면적 및 가중치

1. 산정식

$$\text{생태면적률} = \frac{\Sigma \text{자연순환기능 면적(공간유형별 면적}\times\text{가중치)}}{\text{전체 대상지 면적}} \times 100$$

2. 포함 면적

① 자연지반 녹지 또는 인공지반 녹지 면적
② 하천, 연못 등의 수(水) 공간 면적
③ 옥상 녹화 또는 벽면 녹화 면적
④ 부분포장 또는 투수(透水)포장 면적
⑤ 그 밖에 환경부장관이 생태적 기능 또는 자연순환기능을 갖고 있다고 인정하는 공간의 면적

3. 가중치

자연지반녹지: 1.0, 인공지반녹지: 0.5~0.7, 옥상녹화: 0.5~0.6, 벽면녹화: 0.4

21 CO_2 발생량 분석기법(LCA-Life Cycle Assesment)

Ⅰ. 정의

LCA란 건축물의 전과정에 걸쳐 투입, 배출되는 자원과 에너지 및 CO_2 배출의 정량적인 분석을 통하여 환경부하를 저감할 수 있는지를 파악하는 기법을 말한다.

Ⅱ. 건축물의 Life Cycle 분류

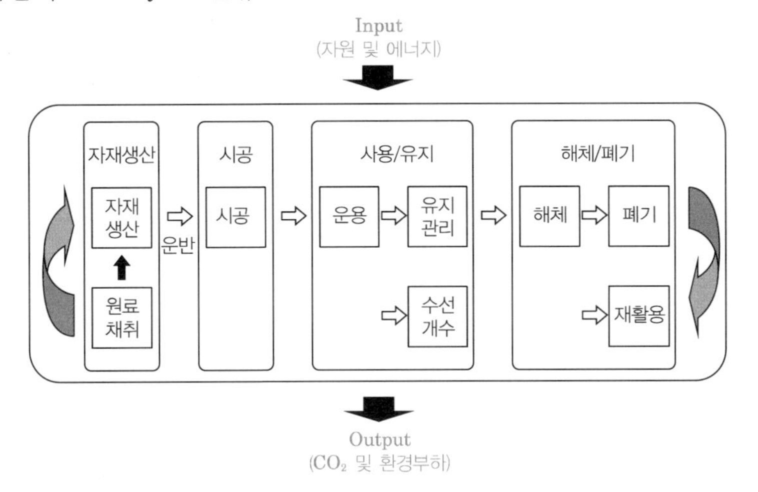

Ⅲ. LCA 방법론의 구분

구분	특징
직접조사법 (Process-based LCA)	• 제품 및 서비스가 생산되고 폐기되는 과정을 직접 상세하게 조사하여 투입물과 배출물을 파악하는 방식 • 시간과 비용, 인력의 소모가 많다. • 평가결과의 신뢰도가 높다.
산업연관분석법 (I-O LCA)	• 산업연관표를 활용하여 제품 및 시스템에 관련 산업부분에서 배출되는 에너지 소비량 및 이산화탄소 배출량 등을 산출하는 방식 • 건축물과 같이 복잡한 구조를 가진 제품 및 시스템에서의 적용에 유리 • 제품 및 시스템 개개의 분석이 어렵다. • 산업연관표에 적절한 산업이 없는 경우 유사 산업을 추론하여 해석하는 문제점 대두
혼합법 (Hybrid LCA)	• 직접조사법과 산업연관분석법의 장점을 절충한 방식 • 다양한 자재와 긴 생애주기기간을 가진 건축물의 경우 많이 적용

Ⅳ. LCA의 수행절차 및 활용

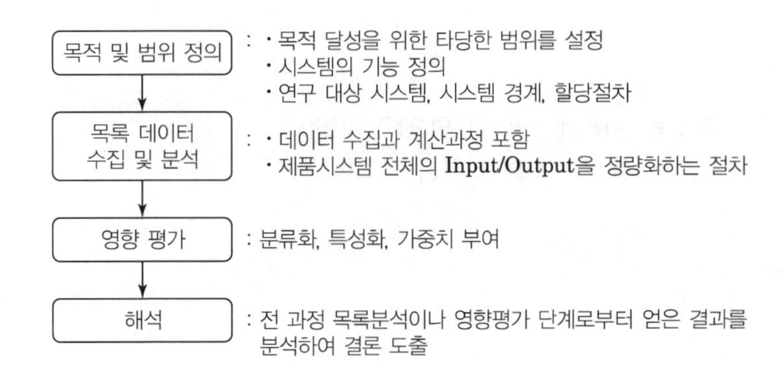

22 탄소포인트제

탄소포인트제 운영에 관한 규정

Ⅰ. 정의

탄소포인트제란 가정, 상업, 아파트 단지 등의 전기, 상수도, 도시가스 및 지역난방 등의 사용량 절감에 따른 온실가스 감축률에 따라 포인트를 부여하고 이에 상응하는 인센티브를 제공하는 전 국민 온실가스 감축 실천프로그램을 말한다.

[온실가스]
적외선 복사열을 흡수하거나 재방출하여 온실효과를 유발하는 대기중의 가스 상태의 물질을 말하며 탄소포인트제에서는 이산화탄소(CO_2)만을 대상으로 한다.

Ⅱ. 탄소포인트제의 개념도

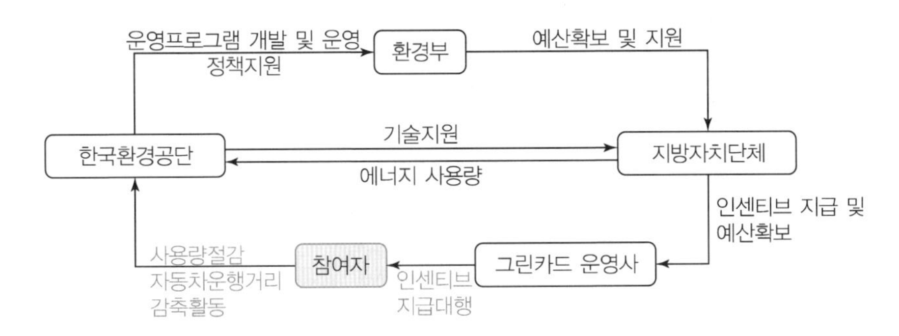

Ⅲ. 참여자의 참여조건

① 참여자의 거주시설에 고유번호가 있는 계량기가 부착
② 자동차 참여자는 차량번호판 사진과 차량계기판 사진을 운영 프로그램에 등록
③ 자동차 참여자는 최종 누적주행거리를 당해연도 10월말까지 입력

Ⅳ. 개인 참여자의 탄소포인트 산정

구분	감축률	탄소포인트의 부여
전기의 경우	5% 이상 10% 미만	반기 5,000포인트
	10% 이상 15% 미만	반기 10,000포인트
	15% 이상	반기 15,000포인트
상수도의 경우	5% 이상 10% 미만	반기 750포인트
	10% 이상 15% 미만	반기 1,500포인트
	15% 이상	반기 2,000포인트
도시가스의 경우	5% 이상 10% 미만	반기 3,000포인트
	10% 이상 15% 미만	반기 6,000포인트
	15% 이상	반기 8,000포인트

※ 탄소포인트는 개별 항목별(전기, 상수도, 도시가스 등)로 반기별 1회 산정

Ⅴ. 자동차 탄소포인트 산정

구분	감축률/감축량	탄소포인트의 부여
주행거리 감축률의 경우	0% 초과 10% 미만	20,000포인트
	10% 이상 20% 미만	40,000포인트
	20% 이상 30% 미만	60,000포인트
	30% 이상 40% 미만	80,000포인트
	40% 이상	100,000포인트
주행거리 감축량의 경우	0 초과 1,000㎞ 미만	20,000포인트
	1,000㎞ 이상 2,000㎞ 미만	40,000포인트
	2,000㎞ 이상 3,000㎞ 미만	60,000포인트
	3,000㎞ 이상 4,000㎞ 미만	80,000포인트
	4,000㎞ 이상	100,000포인트

※ 자동차 탄소포인트는 연 1회 산정하되, 주행거리 감축률 또는 감축량 중 유리한 실적으로 적용

Ⅵ. 탄소포인트 및 인센티브 산정기간

① 개인 참여자의 탄소포인트는 참여시점을 기준으로 다음 월부터 월할 계산하여 산정하는 것을 원칙

② 참여자가 다른 지방자치단체로 이주하는 경우에는 이주 전·후 지방자치단체에서 거주한 기간에 따라 각각 월할 계산하여 산정

③ 탄소포인트는 참여자별로 누적하여 관리하되 누적된 탄소포인트의 유효기간은 5년

④ 탄소포인트에 대한 인센티브를 지급한 경우에는 해당량의 탄소포인트를 삭감

Ⅶ. 탄소포인트제의 개선방향

① 실천의지의 제고

② 기준의 완화

③ 탄소포인트제의 홍보 및 교육

④ 사용자들의 에너지 사용관리가 용이한 체계로의 전환

23 건축물 에너지효율등급 인증제도

건축물 에너지효율등급 인증 및 제로에너지건축물 인증 기준
공공기관 에너지이용 합리화 추진에 관한 규정

Ⅰ. 정의

건축물 에너지효율등급 인증제도란 에너지성능이 높은 건축물을 확대하고, 건축물의 효과적인 에너지관리를 위하여 국토교통부와 산업통상자원부의 공동 부령인「건축물 에너지효율등급 및 제로에너지건축물 인증에 관한 규칙」에 따라 인증을 받는 것을 말한다.

Ⅱ. 건축물 에너지효율등급 인증 기준

① 인증 기준

구분	산정식
단위면적당 에너지소요량	$= + \dfrac{\text{난방에너지소요량}}{\text{난방에너지가 요구되는 공간의 바닥면적}} + \dfrac{\text{냉방에너지소요량}}{\text{냉방에너지가 요구되는 공간의 바닥면적}} + \dfrac{\text{급탕에너지소요량}}{\text{급탕에너지가 요구되는 공간의 바닥면적}} + \dfrac{\text{조명에너지소요량}}{\text{조명에너지가 요구되는 공간의 바닥면적}} + \dfrac{\text{환기에너지소요량}}{\text{환기에너지가 요구되는 공간의 바닥면적}}$
단위면적당 1차 에너지소요량	= 단위면적당 에너지소요량 ×1차 에너지 환산계수

② 냉방설비가 없는 주거용 건축물(단독주택 및 기숙사를 제외한 공동주택)의 경우 냉방 평가 항목을 제외

③ 신재생에너지생산량은 에너지소요량에 반영되어 효율등급 평가에 포함

④ 1차 에너지 환산계수는 연료(가스, 석유): 1.1, 전력: 2.75, 지역난방: 0.728, 지역냉방: 0.937

⑤ 실내 냉방·난방 온도 설정조건은 냉방: 26℃, 난방: 20℃

Ⅲ. 건축물 에너지효율등급 인증등급

① ISO 52016 등 국제규격에 따라 난방, 냉방, 급탕, 조명, 환기 등에 대해 종합적으로 평가하도록 제작된 프로그램으로 산출된 연간 단위면적당 1차 에너지소요량

등급	주거용 건축물	주거용 이외의 건축물
	연간 단위면적당 1차에너지소요량 (kWh/m² · 년)	연간 단위면적당 1차에너지소요량 (kWh/m² · 년)
1+++	60 미만	80 미만
1++	60 이상 90 미만	80 이상 140 미만
1+	90 이상 120 미만	140 이상 200 미만
1	120 이상 150 미만	200 이상 260 미만
2	150 이상 190 미만	260 이상 320 미만
3	190 이상 230 미만	320 이상 380 미만
4	230 이상 270 미만	380 이상 450 미만
5	270 이상 320 미만	450 이상 520 미만
6	320 이상 370 미만	520 이상 610 미만
7	370 이상 420 미만	610 이상 700 미만

※ 주거용 건축물: 단독주택 및 공동주택(기숙사 제외)

※ 비주거용 건축물: 주거용 건축물을 제외한 건축물

※ 등외 등급을 받은 건축물의 인증은 등외로 표기한다.

② 하나의 대지에 둘 이상의 건축물이 있는 경우에 각각의 건축물에 대하여 별도로 인증 가능

③ 건축물 에너지효율등급 인증 유효기간: 10년

Ⅳ. 건축물에너지효율 1등급 이상 의무대상

① 에너지절약계획서 제출대상인 공공기관 건축물

② 친환경주택 에너지절약계획서 제출대상 중 연면적이 1,000m² 이상인 공동주택을 신축·재축·개축하거나 별동으로 증축하는 건축물

24 제로에너지건축물 인증제도

건축물 에너지효율등급 인증 및 제로에너지건축물 인증 기준
공공기관 에너지이용 합리화 추진에 관한 규정

Ⅰ. 정의

제로에너지건축물 인증제도란 건축물에 필요한 에너지 부하를 최소화하고 신에너지 및 재생에너지를 활용하여 에너지 소요량을 최소화하는 녹색건축물로, 국토교통부와 산업통상자원부의 공동부령인 「건축물 에너지효율등급 및 제로에너지건축물 인증에 관한 규칙」에 따라 인증을 받는 것을 말한다.

Ⅱ. 제로에너지건축물 인증 기준

1) 건축물 에너지효율등급: 인증등급 1++ 이상

2) 에너지자립률(%) = $\dfrac{\text{단위면적당 1차에너지생산량}}{\text{단위면적당 1차에너지소비량}} \times 100$

① 단위면적당 1차에너지생산량(kWh/㎡·년)
= 대지 내 단위면적당 1차에너지 순 생산량 + 대지 외 단위면적당 1차 에너지 순 생산량 × 보정계수

② 단위면적당 1차에너지 순 생산량 = ∑[(신재생에너지 생산량 − 신·재생에너지 생산에 필요한 에너지소비량) × 해당 1차에너지 환산계수] / 평가면적

③ 보정계수

대지 내 에너지자립률	10% 미만	10% 이상~15% 미만	15% 이상~20% 미만	20% 이상
대지 외 생산량 가중치	0.7	0.8	0.9	1.0

④ 단위면적당 1차에너지소비량(kWh/m^2·년)

3) 용적률 완화 시 대지 내 에너지자립률을 기준으로 적용한다.

Ⅲ. 제로에너지건축물 인증등급

ZEB 등급	에너지 자립률
1 등급	에너지자립률 100% 이상
2 등급	에너지자립률 80 이상 ~ 100% 미만
3 등급	에너지자립률 60 이상 ~ 80% 미만
4 등급	에너지자립률 40 이상 ~ 60% 미만
5 등급	에너지자립률 20 이상 ~ 40% 미만

Ⅳ. 제로에너지건축물 인증 유효기간

인증 받은 날부터 해당 건축물에 대한 1++등급 이상의 건축물 에너지효율등급 인증 유효기간 만료일까지의 기간

Ⅴ. 설치의무화 대상

① 에너지절약계획서 제출대상 중 연면적 1,000m² 이상이고, 건축물 인증 기준이 마련된 공공기관이 신축·재축하거나 연면적 1,000m² 이상을 별동으로 증축하는 건축물

② 제외 대상: 공동주택

25 녹색건축물 조성의 활성화 대상 건축물 및 완화기준

건축물의 에너지절약설계기준
녹색건축물 조성 지원법 시행령

Ⅰ. 정의

녹색건축물 조성이란 녹색건축물을 건축하거나 녹색건축물의 성능을 유지하기 위한 건축활동 또는 기존 건축물을 녹색건축물로 전환하기 위한 활동이며, 완화기준은 건축물의 용적률 및 높이제한 기준을 적용함에 있어 완화 적용할 수 있는 비율을 정한 기준을 말한다.

Ⅱ. 녹색건축물 조성의 활성화 대상 건축물

① 국토교통부장관이 정하여 고시하는 설계·시공·감리 및 유지·관리에 관한 기준에 맞게 설계된 건축물

② 녹색건축의 인증을 받은 건축물

③ 건축물의 에너지효율등급 인증을 받은 건축물

④ 제로에너지건축물 인증을 받은 건축물

⑤ 녹색건축물 조성 시범사업 대상으로 지정된 건축물

⑥ 건축물의 신축공사를 위한 골조공사에 국토교통부장관이 고시하는 재활용 건축자재를 15/100이상 사용한 건축물

[녹색건축물]
「저탄소 녹색성장 기본법」 제54조에 따른 건축물과 환경에 미치는 영향을 최소화하고 동시에 쾌적하고 건강한 거주환경을 제공하는 건축물을 말한다.

Ⅲ. 완화기준의 적용방법

① 용적률 적용방법: 기준 용적률×[1+완화기준] (115/100 이하)

② 건축물 높이제한 적용방법: 건축물의 최고높이×[1+완화기준] (115/100 이하)

③ 완화기준은 ①내지 ②에 나누어 적용 가능

Ⅳ. 완화비율

① 건축물 에너지효율등급 및 녹색건축 인증에 따른 건축기준 완화비율

건축물 에너지효율 인증 등급	녹색건축 인증 등급	최대완화비율
1+	최우수	9%
1+	우수	6%
1	최우수	6%
1	우수	3%

② 건축물 에너지효율등급 및 제로에너지건축물 인증에 따른 건축기준 완화비율

제로에너지건축물 인증 등급	최대완화비율	비고
ZEB 1	15%	에너지 자립률이 100% 이상인 건축물
ZEB 2	14%	에너지 자립률이 80% 이상 ~ 100% 미만인 건축물
ZEB 3	13%	에너지 자립률이 60% 이상 ~ 80% 미만인 건축물
ZEB 4	12%	에너지 자립률이 40% 이상 ~ 60% 미만인 건축물
ZEB 5	11%	에너지 자립률이 20%이상 ~ 40% 미만인 건축물

③ 건축물 에너지효율등급 인증 1++등급을 획득하고, 에너지 자립률이 20% 미만인 경우 최대 완화비율은 10%

26 건축물 에너지성능지표(EPI: Energy Performance Index)

Ⅰ. 정의

에너지절약 설계 검토서는 에너지절약설계기준 의무사항 및 에너지성능지표, 건축물 에너지소요량 평가서로 구분된다. 에너지절약계획서를 제출하는 자는 에너지절약계획서 및 설계 검토서의 판정자료를 제시하여야 한다.

Ⅱ. 에너지성능지표의 판정

① 평점합계(건축+기계+전기+신재생)가 65점 이상일 경우 적합

② 공공기관이 신축하는 건축물은 평점합계가 74점 이상일 경우 적합

③ 평점=기본배점(a) × 배점(b)

④ 에너지성능지표의 각 항목에 대한 배점의 판단은 에너지절약계획서 제출자가 제시한 설계도면 및 자료에 의하여 판정

⑤ 판정 자료가 제시되지 않을 경우에는 적용되지 않은 것으로 간주

Ⅲ. 건축물에너지 성능지표(EPI)

1. 항목

① 건축부문, 기계설비부문, 전기설비부문, 신재생설비부문으로 구분

② 기본배점과 배점

<table>
<tr><th rowspan="3">항목</th><th colspan="4">기본배점(a)</th><th colspan="5">배점(b)</th><th rowspan="3">평점
(a*b)</th><th rowspan="3">근거</th></tr>
<tr><th colspan="2">비주거</th><th colspan="2">주거</th><th rowspan="2">1점</th><th rowspan="2">0.9점</th><th rowspan="2">0.8점</th><th rowspan="2">0.7점</th><th rowspan="2">0.6점</th></tr>
<tr><th>대형
(3,000m^2
이상)</th><th>소형
(500~
3,000m^2
미만)</th><th>주택1</th><th>주택2</th></tr>
</table>

- 비주거와 주거로 구분
- 주택1: 난방(개별난방, 중앙집중식 난방, 지역난방)적용 공동주택
- 주택2: 주택 1 + 중앙집중식 냉방적용 공동주택

③ 설비 또는 제품의 성능이 일정하지 않을 경우에는 각 성능을 용량 또는 설치 면적에 대하여 가중평균한 값을 적용

2. 평균 열관류율의 계산법

건축물의 구분	계산법
거실의 외벽 (창포함) (Ue)	Ue = [Σ(방위별 외벽의 열관류율 × 방위별 외벽 면적) + Σ(방위별 창 및 문의 열관류율 × 방위별 창 및 문의 면적)] / (Σ방위별 외벽 면적 + Σ방위별 창 및 문의 면적)
최상층에 있는 거실의 반자 또는 지붕 (Ur)	Ur = Σ(지붕 부위별 열관류율 ×부위별 면적) / (Σ지붕 부위별 면적) ☜ 천창 등 투명 외피부위는 포함하지 않음
최하층에 있는 거실의 바닥 (Uf)	Uf = Σ(최하층 거실의 바닥 부위별 열관류율 × 부위별 면적) / (Σ최하층 거실의 바닥 부위별 면적)

평균 열관류율 계산에서 외기에 간접적으로 면한 부위에 대해서는 적용된 열관류율 값에 외벽, 지붕, 바닥부위는 0.7을 곱하고, 창 및 문부위는 0.8을 곱하여 평균 열관류율의 계산에 사용

3. 항목 적용조건

① 기밀성 등급 및 통기량 배점 산정 시, 1~5등급 이외의 경우는 0점으로 적용하고 가중평균 값을 적용

② 거실 외피면적당 평균 태양열취득 = Σ(해당방위의 수직면 일사량×해당방위의 일사조절장치의 태양열취득률×해당방위의 거실 투광부 면적)/거실 외피면적의 합

③ 인동간격비 = (전면부에 위치한 대향동과의 이격거리)/(대향동의 높이)

④ 보일러의 효율은 해당 보일러에 대한 한국산업규격에서 정하는 계산 방법에 따른다

⑤ 펌프의 가중평균 배점 = Σ{토출량(m^3/분)*대수(대)*각 펌프의 배점}/Σ{토출량(m^3/분)*대수(대)}

⑥ 콘덴싱 보일러는 보일러 효율에서 가산점을 받으므로 폐열회수설비에서 별도의 가산점을 받지 못한다.

27 건물 에너지 관리시스템(BEMS, Building Energy Management System)

건축물의 에너지절약설계기준/ 공공기관 에너지이용 합리화 추진에 관한 규정

Ⅰ. 정의

BEMS란 건물의 쾌적한 실내환경 유지와 효율적인 에너지 관리를 위하여 에너지 사용내역을 모니터링하여 최적화된 건물에너지 관리방안을 제공하는 계측·제어·관리·운영 등이 통합된 시스템을 말한다.

Ⅱ. 개념도

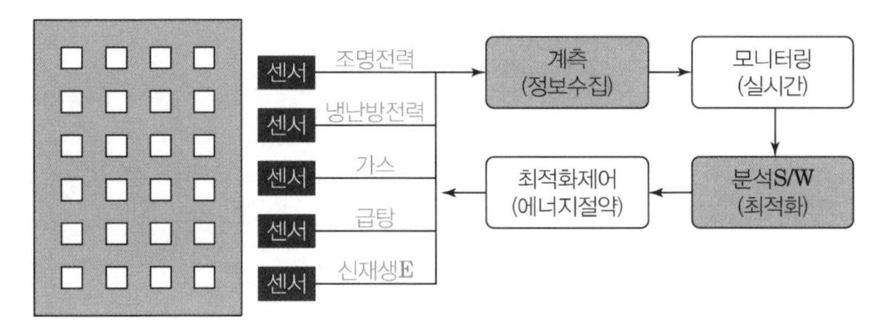

Ⅲ. 건물에너지관리시스템(BEMS) 설치 기준

항 목		설치 기준
1	데이터 수집 및 표시	• 대상건물에서 생산·저장·사용하는 에너지를 에너지원별(전기/연료/열 등)로 데이터 수집 및 표시
2	정보감시	• 에너지 손실, 비용 상승, 쾌적성 저하, 설비 고장 등 에너지관리에 영향을 미치는 관련 관제값 중 5종 이상에 대한 기준값 입력 및 가시화
3	데이터 조회	• 일간, 주간, 월간, 년간 등 정기 및 특정 기간을 설정하여 데이터를 조회
4	에너지소비 현황 분석	• 2종 이상의 에너지원단위와 3종 이상의 에너지용도에 대한 에너지소비 현황 및 증감 분석
5	설비의 성능 및 효율 분석	• 에너지사용량이 전체의 5% 이상인 모든 열원설비 기기별 성능 및 효율 분석
6	실내외 환경 정보 제공	• 온도, 습도 등 실내외 환경정보 제공 및 활용
7	에너지 소비 예측	• 에너지사용량 목표치 설정 및 관리
8	에너지 비용 조회 및 분석	• 에너지원별 사용량에 따른 에너지비용 조회
9	제어시스템 연동	• 1종 이상의 에너지용도에 사용되는 설비의 자동제어 연동

Ⅳ. 건축물에너지 성능지표(EPI) 전기부문

BEMS 적용 시 배점 1점을 받음

항목	기본배점(a)				배점(b)					평점 (a*b)	근거
	비주거		주거								
	대형 (3,000m^2 이상)	소형 (500~ 3,000m^2 미만)	주택 1	주택 2	1점	0.9점	0.8점	0.7점	0.6점		
8. 건물에너지관리시스템(BEMS) 또는 건축물에 상시 공급되는 에너지원(전력, 가스, 지역난방 등)별로 제5조제15호에 따른 원격검침 전자식계량기 설치	3	3	2	2	별표 12에 따른 BEMS 설치	-	3개이상 에너지원별 원격검침 전자식 계량기 설치	2개 에너지원별 원격검침 전자식 계량기 설치	1개 에너지원별 원격검침 전자식 계량기 설치		

Ⅴ. 설치의무화 대상

① 에너지절약계획서 제출대상 중 연면적 10,000m^2 이상의 공공기관이 신축하거나 별동으로 증축하는 건축물

② 제외 대상
- 공동주택
- 오피스텔
- 공장, 발전시설
- 그 밖에 산업통상자원부장관이 인정하는 경우

[97,109,112회]

28 건강친화형 주택 건설기준(대형챔버법, 청정건강주택 건설기준)

Ⅰ. 정의

건강친화형 주택이란 오염물질이 적게 방출되는 건축자재를 사용하고 환기 등을 실시하여 새집증후군 문제를 개선함으로써 거주자에게 건강하고 쾌적한 실내환경을 제공할 수 있도록 일정수준 이상의 실내공기질과 환기성능을 확보한 주택을 말한다.

[건강친화형 주택]
청정건강주택이 명칭변경

Ⅱ. 적용대상 및 기준

① 500세대 이상의 주택건설사업을 시행하거나 500세대 이상의 리모델링을 하는 주택
② 의무기준을 모두 충족하고
③ 권장기준 1호 중 2개 이상, 2호 중 1개 이상의 항목에 적합한 주택

Ⅲ. 적용기준

1. 의무기준

구분	평가내용
1. 친환경 건축자재의 적용	• 실내공기 오염물질 저방출자재 기준에 적합할 것 • 실내마감용 도료에 함유된 납(pb), 카드뮴(Cd), 수은(Hg) 및 6가크롬(Cr+6) 등의 유해원소는 환경표지 인증기준에 적합할 것
2. 각종 공사를 완료한 후 사용검사 신청 전까지 플러쉬아웃(Flush-out) 또는 베이크아웃(Bake-out)을 실시할 것	
3. 적합한 단위세대의 환기성능을 확보할 것	
4. 설치된 환기설비의 성능검증을 시행할 것	
5. 입주 전에 설치하는 친환경 생활제품의 적용	• 빌트-인(Built-in) 가전제품의 성능평가에 적합할 것 • 붙박이가구 등의 성능평가에 적합할 것
6. 일반 시공·관리기준	• 실내공기 오염물질을 실외로 충분히 배기할 수 있는 환기계획을 수립할 것 • 실내마감용 건축 자재는 품질 변화가 없고 오염물질 관리가 가능하도록 보관할 것 • 건설폐기물은 적치장을 확보하고 반출계획을 작성하여 유지관리 계획을 수립할 것

[의무기준]
사업주체가 건강친화형 주택을 건설할 때 오염물질을 줄이기 위해 필수적으로 적용해야 하는 기준을 말한다.

구분	평가내용
7. 접착제의 시공 · 관리기준	• 바닥 등 수분함수율은 4.5% 미만이 되도록 할 것 • 접착제 시공면의 평활도는 2m마다 3mm 이하로 유지할 것 • 실내온도는 5℃ 이상으로 유지할 것 • 접착제를 시공할 때에 발생하는 오염물질의 적절한 외부배출 대책을 수립할 것
8. 유해화학물질 확산방지를 위한 도장공사 시공 · 관리기준	• 도장재의 운반 · 보관 · 저장 및 시공은 제조자 지침을 준수할 것 • 외부 도장공사 시 도료의 비산과 실내로의 유입을 방지할 수 있는 대책을 수립할 것 • 실내 도장공사를 실시할 때에 발생하는 오염물질의 적절한 외부배출 대책을 수립할 것 • 뿜칠 도장공사 시 오일리스 방식 컴프레서, 오일필터 또는 저오염오일 등 오염물질 저방출 장비를 사용할 것

2. 권장기준

[권장기준]
사업주체가 건강친화형 주택을 건설할 때 오염물질을 줄이기 위해 필요한 기준을 말한다.

구분	평가내용
1. 오염물질, 유해미생물 제거	• 흡방습 건축자재는 모든 세대에 거실과 침실 벽체 총면적의 10% 이상을 적용할 것 • 흡착 건축자재는 모든 세대에 거실과 침실 벽체 총 면적의 10% 이상을 적용할 것 • 항곰팡이 건축자재는 모든 세대에 발코니 · 화장실 · 부엌 등과 같이 곰팡이 발생이 우려되는 부위에 총 외피면적의 5% 이상을 적용할 것 • 항균 건축자재는 모든 세대에 발코니 · 화장실 · 부엌 등과 같이 세균 발생이 우려되는 부위에 총 외피면적의 5% 이상을 적용할 것
2. 실내발생 미세먼지 제거	• 주방에 설치되는 레인지후드의 성능을 확보할 것 • 레인지후드는 기계환기설비 또는 보조급기와의 연동제어가 가능할 것

29 장수명 주택 인증기준

Ⅰ. 정의

장수명 주택이란 내구성, 가변성, 수리 용이성에 대하여 장수명 주택 성능등급 인증기관의 장이 장수명 주택의 성능을 확인하여 인증한 주택을 말한다.

Ⅱ. 적용대상

1,000세대 이상의 공동주택

Ⅲ. 장수명 주택 인증기준의 평가

1. 내구성

① 철근의 피복두께와 콘크리트 품질로 평가
② 각 등급별로 정해진 성능등급기준에 따라 평가
③ 4급을 충족한 상태에서 항목별로 등급이 다를 경우 가장 낮은 등급을 기준으로 전체등급을 평가

2. 가변성

① 서포트와 인필 부분의 가변성 공법 등의 적용여부를 평가
② 필수항목을 충족한 상태에서 필수항목과 선택항목 점수의 합으로 평가

3. 수리용이성

① 전용부분은 개보수 및 점검의 용이성, 세대 수평 분리계획을 평가
② 공용부분은 개보수 및 점검의 용이성, 미래수용 및 에너지원의 변화 대응성을 평가
③ 전용부분과 공용부분을 별도로 평가
④ 필수항목을 충족한 상태에서 필수항목과 선택항목 점수의 합으로 평가

Ⅳ. 평가항목에 따른 등급별 점수

구분	내구성	가변성	수리 용이성	
			전용	공용
1급	35점	35점	15점	15점
2급	28점	26점	13점	13점
3급	20점	18점	11점	11점
4급	15점	12점	9점	9점

[내구성]
건축물 또는 그 부위의 열화에 대한 저항성을 말하며, 철근콘크리트 공동주택의 경우 철근의 피복두께와 콘크리트 품질이 우수한 성능을 말한다.

[가변성]
건축물의 구조적인 안정성을 유지하는 범위 내에서 사회적인 변화, 기술변화, 세대변화, 가족구성 변화 및 다양성을 수용할 수 있는 공간성능을 말하며, 서포트의 구조방식과 층고, 내장 벽체의 재료와 설치 구법, 부엌과 욕실 · 화장실 배관 구법과 이동, 이중바닥, 외벽 등에 대한 공간 활용성이 높은 성능을 말한다.

[수리 용이성]
건축물의 구조적인 안정성을 유지하는 범위 내에서 공용부분과 전용부분의 개보수 및 점검이 용이하며, 공간변화와 미래수요변화 및 다양화에 대한 대응성이 높은 성능을 말한다.

[서포트(Support)]
구조체, 공용설비나 시설 등 공공의 의사에 의하여 결정되는 부분으로, 상대적으로 수명이 긴 부분이며 물리적 · 사회적으로 변경이 어려운 부분을 말한다.

[인필(Infill)]
내장 · 전용설비 등 개인의 의사에 의하여 결정되는 부분이며, 물리적 · 사회적으로 변화가 심하며 상대적으로 수명이 짧은 부분을 말한다.

V. 인증등급별 점수기준

등급	표시	심사점수	비고
최우수	★★★★	90점 이상	100점
우수	★★★	80점 이상	
양호	★★	60점 이상	
일반	★	50점 이상	

30 장수명 주택 건설기준

Ⅰ. 정의

장수명 주택이란 내구성, 가변성, 수리 용이성에 대하여 장수명 주택 성능등급 인증기관의 장이 장수명 주택의 성능을 확인하여 인증한 주택을 말한다.

Ⅱ. 적용대상

1,000세대 이상의 공동주택

Ⅲ. 장수명 주택 건설기준

① 물리적인 수명과 기능적인 수명을 높여 계획하고 건설하여야 한다.
② 구조체 등 서포트의 내구성능을 높이는 것을 기본으로 하며, 수명이 짧은 내장과 전용설비 등의 인필은 구조체 속에 매설하지 않고 분리할 수 있도록 한다.
③ 세대내부 공간에 내력벽 등의 가변성에 방해가 되는 구조요소가 적은 기둥을 중심으로 하는 구조방식을 채택하도록 한다.
④ 기능적인 장수명화를 위해서는 유지관리가 쉽게 이루어질 수 있도록 수리 용이성을 갖추어야 한다.
⑤ 공간계획에서도 다양한 평면구성과 단면의 변화형이 생길 수 있도록 고려하며, 수용력이 큰 평면계획으로 한다.
⑥ 가변이 용이한 내장벽체 등의 사용한다.
⑦ 화장실 · 욕실과 부엌 등 물을 사용하는 공간은 가변에 부정적인 영향을 미칠 수 있으므로 이동할 수 있는 공법 등을 채택할 수 있도록 한다.
⑧ 층고에 대한 검토와 배관의 변경 용이성을 고려한 바닥시스템을 검토한다.
⑨ 외관의 다양성을 고려한 외벽의 교체 가능성도 검토한다.
⑩ 점검과 교체를 위하여 공용설비는 공용부분에 배치하여 독립성을 확보하며, 개보수가 용이하도록 한다.
⑪ 1세대 공간의 분할과 2세대 공간의 통합 등을 고려하여 공간의 변화와 설비계획이 연계성을 갖도록 한다.
⑫ 배관공간은 점검·보수·교체가 가능하도록 점검구를 배치한다.
⑬ 수요증가와 변화에 대비하여 배관공간의 용량을 충분히 계획한다.

Ⅳ. 장수명 주택의 인증기준의 평가

① 내구성은 철근의 피복두께와 콘크리트 품질로 평가
② 가변성은 서포트와 인필 부분의 가변성 공법 등의 적용여부를 평가
③ 수리용이성
- 전용부분은 개보수 및 점검의 용이성, 세대 수평 분리계획을 평가
- 공용부분은 개보수 및 점검의 용이성, 미래수용 및 에너지원의 변화 대응성을 평가
- 전용부분과 공용부분을 별도로 평가

31 에너지절약형 친환경주택의 설계조건

Ⅰ. 정의

에너지절약형 친환경주택이란 저에너지 건물 조성기술 등 대통령령으로 정하는 기술을 이용하여 에너지 사용량을 절감하거나 이산화탄소 배출량을 저감할 수 있도록 건설된 주택을 말한다.

Ⅱ. 적용범위

주택건설사업계획의 승인을 얻어 건설하는 공동주택에 대하여 적용

Ⅲ. 친환경주택 구성기술 요소

① 저에너지 건물 조성기술
② 고효율 설비기술
③ 신·재생에너지 이용기술
④ 외부환경 조성기술
⑤ 에너지절감 정보기술

Ⅳ. 친환경주택의 설계조건

① 단위면적당 1차에너지소요량을 건축물 에너지효율등급 1+등급 이상(1차에너지 소요량 120kWh/m^2.yr 미만)으로 설계할 것

② 창의 단열성능 기준

부위 \ 지역		평균열관류율(W/m²K)			
		중부1	중부2	남부	제주
창 (발코니 내측 창호 포함)	외기에 직접면함	0.90 이하	0.90 이하	1.00 이하	1.50 이하
	외기에 간접면함	1.20 이하	1.50 이하	1.70 이하	1.70 이하

③ 벽체 등 단열성능 기준

부위 \ 지역		평균열관류율(W/m²K)			
		중부1	중부2	남부	제주
거실의 외벽	외기에 직접면함	0.15 이하	0.17 이하	0.22 이하	0.25 이하
	외기에 간접면함	0.21 이하	0.24 이하	0.31 이하	0.35 이하
최상층에 있는 거실의 반자 또는 지붕	외기에 직접면함	0.15 이하		0.18 이하	0.25 이하
	외기에 간접면함	0.21 이하		0.26 이하	0.35 이하
최하층에 있는 거실의 바닥	외기에 직접면함	0.15 이하	0.17 이하	0.22 이하	0.29 이하
	외기에 간접면함	0.21 이하	0.24 이하	0.31 이하	0.41 이하
바닥난방인 층간바닥		0.81 이하			

④ 열원설비: 개별난방 주택은 환경표지 인증을 받은 보일러 또는 환경부장관이 고시하는 대상 제품별 인증기준에 적합한 보일러를 설치하도록 설계하거나, 지역난방시설 또는 열병합발전시설에서 공급하는 열을 사용할 것
⑤ 고단열 고기밀 강재문: 거실내의 방화문과 외기에 직접 면하는 세대현관문은 기밀성능 1등급, 외기에 간접 면하는 세대현관문은 기밀성능 2등급 이상을 만족하는 제품을 사용
⑥ 세대 내 강재문 단열성능 기준

부위 \ 지역		평균열관류율(W/m^2K)			
		중부1	중부2	남부	제주
세대 현관문	외기에 직접면함	1.4			
	외기에 간접면함	1.8			
거실 내 방화문		1.4			

⑦ 창면적비 기준

기준	Bay 수	1	2	3	4	5
	창면적비	20% 이하	25% 이하	31% 이하	38% 이하	45% 이하
기타		창면적비[%] = (0.0689×Bay 수 + 0.1044)×100 계산값 이하				

⑧ 발코니외측창 단열: 세대 내에 설치되는 발코니 외측창의 열관류율은 $2.4W/m^2K$ 이하일 것
⑨ 외기에 직접 면하는 창의 기밀성능: 창호의 기밀성 시험방법에 의해 1등급 이상
⑩ 조명밀도: 세대 내 거실에 설치하는 조명기구 용량의 합을 전용면적으로 나눈 값은 $8W/m^2$ 이하로 설계하거나 전면 LED로 설치할 것
⑪ 신·재생 에너지설비 설치 등: 신·재생 에너지설비, 외단열공법에 대하여 각 항목별 평가지표의 합계가 25점 이상을 충족하도록 설계할 것

32 그린 홈(Green Home)

Ⅰ. 정의

태양광, 지열, 풍력, 수소연료 등 신재생 에너지를 이용해 생활에 필요한 에너지를 지급하고 탄소배출 'Zero'로 하는 에너지 절약형 친환경 주택을 말한다.

Ⅱ. 개념도

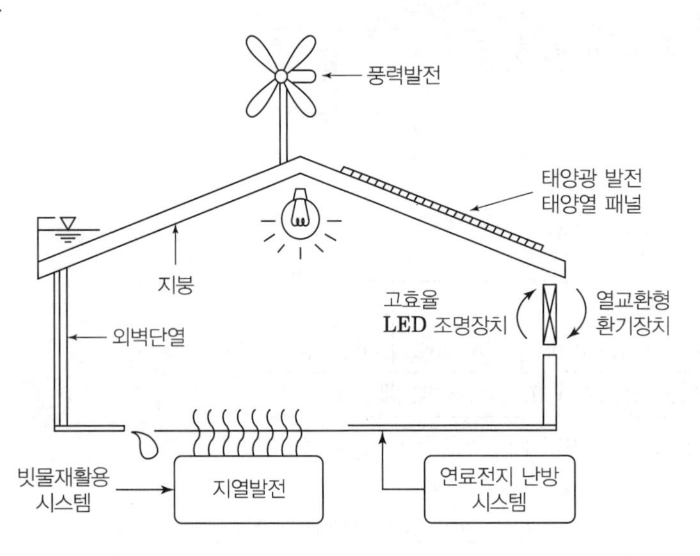

Ⅲ. 요소와 기술내용

요소	기술내용	요소	기술내용
에너지 CO_2	태양광, 재생에너지	생태복원	자연녹지보존, 친수공간확보
수자원	빗물재활용시스템	빛	LED 등 저감형 조명
폐기물	생활폐기물재활용	소리	층간소음 최소화
열	적정온열환경유지	공기	오염물질 저방출 사용

Ⅳ. 향후 시사점

① 산학연 적극적 활성화 참여
② 기술개발과 원천기술 확보
③ 연간투자 활성화를 위해 정부세제혜택 부여

33 건축산업의 정보통합화생산(CIC, Computer Integration Construction)

Ⅰ. 정의

CIC는 건설프로젝트에 관여하는 모든 참여자들로 하여금 프로젝트 수행의 모든 과정에 걸쳐 서로 협조할 수 있는 하나의 팀으로 엮어주고자 하는 목적으로 제안된 개념이다.

Ⅱ. 실무단계 간 정보의 공유(통합 데이터베이스)

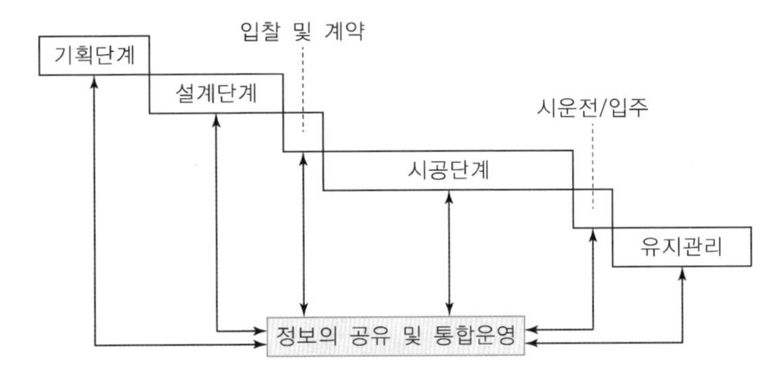

Ⅲ. CIC 구현방안

① 경영주의 적극적인 지원의지 확보
② CIC의 팀 구성 및 기본계획 수립
- 개념 설정단계
- 기능별 요소 설정단계
- 기능별 요소 구현방안 설정단계

Ⅳ. CIC 기반 컴퓨터 기술

① 컴퓨터 이용 디자인/엔지니어링(CAD/CAE)
② 인공지능(Artificial Intelligence)
③ 전문가 시스템(Expert System)
④ 시각 시뮬레이션(Visual Simulation)
⑤ 객체지향형 데이터베이스 관리 시스템(Object-Oriented Database Management System)
⑥ 원거리 데이터 통신

Ⅴ. CIC의 기대효과

① 높은 품질수준의 설계를 신속하게 생성
② 프로젝트의 신속하고 저렴한 건설
③ 프로젝트의 효율적 관리

34 지능형 건축물(IB, Intelligent Building)

Ⅰ. 정의

IBS는 필요한 도구(OA 기기, 정보기기 등)를 갖추고 쾌적한 환경(조명, 온열환경, 공조 등)을 조성하기 위해 통합관리를 통하여 빌딩의 안전성과 보완성을 확보하고 절약적인 운용을 함으로써 최대의 부가가치 창출을 유도하고자 하는 빌딩시스템이다.

Ⅱ. 개념도

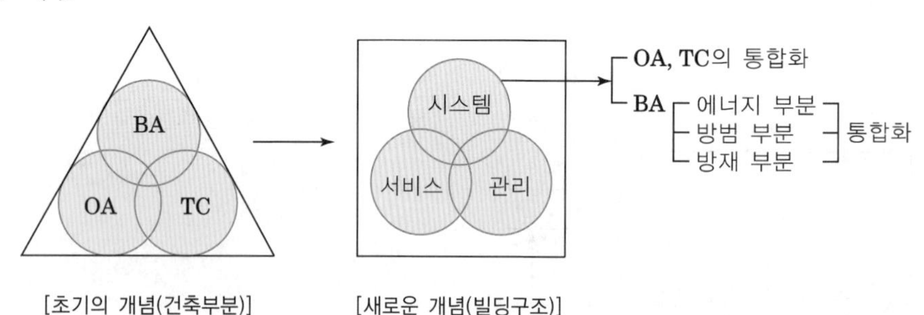

[초기의 개념(건축부분)] [새로운 개념(빌딩구조)]

→ BA, OA, TC 간의 기술적인 기능만을 중요시하던 개념에서 상호보완작용의 기능으로 가야 됨

1. BA(Building Automation)
   1) 빌딩관리 시스템
      ① 공조, 전력, 조명, 엘리베이터 등의 원격감시 및 제어
      ② 컴퓨터에 의한 유지보수, 자료관리 및 전반적인 빌딩운용의 최적화
   2) Security 시스템
      ① 빌딩의 안전성 확보
      ② 방범, 방재, 방화 등의 감시 및 제어, CCTV 등
   3) 에너지 절약 시스템
      ① 냉·난방, 조명, 엘리베이터 운전 등을 최적 제어
      ② 에너지 관리에 효율성 제고
2. OA(Office Automation): PC와 인터넷 등
3. TC(Tele-Communication): Data의 LAN과 Voice의 교환기 등

Ⅲ. 도입효과

① 경제적인 운전관리에 의한 에너지 및 인력 절감
② TC 및 OA와의 Network를 통한 정보통신비용 절감
③ 쾌적한 사무환경 제공 및 생산성 극대화
④ 기업 이미지 제고 및 임대성의 제고

35 PMIS (Project Management Information System, PMDB: Project Management Data Base)

Ⅰ. 정의

건설공사를 효과적으로 관리하기 위하여 활용하는 것으로 발주자, 시공자, 감리자 등 참여자들의 원활한 의사소통을 촉진하며, 내부의 각기 다른 관리 기능들을 유기적으로 연결시키는 구심적 역할을 하는 것을 말한다.

Ⅱ. PMIS의 개념도

1. 수직적 시스템

발주자의 현장정보관리 시스템

2. 수평적 시스템

건설회사 내부의 개별 시스템(견적, 공정관리, 원가관리, 품질관리 등)

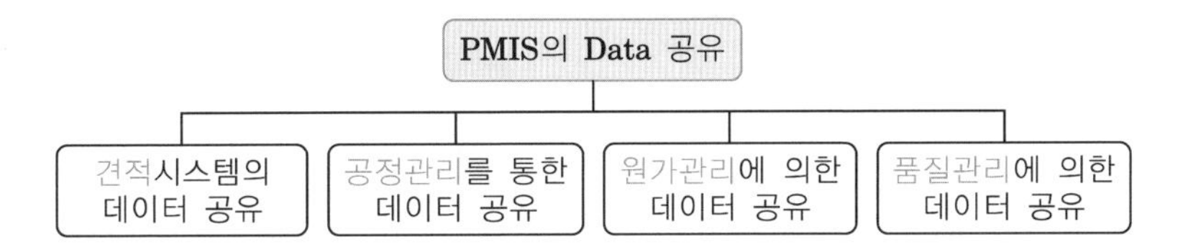

Ⅲ. 문제점

1. 수직적 시스템

① 발주자 측 비용 위주와 현장의 공정관리를 위한 기성항목 간의 차이 발생
→ 공사현황보고서의 이중적인 작업 발생

② 각 발주처별 물량내역서의 기본항목 차이 발생

③ 각 발주처별 물량내역서의 표준화 미비

④ 표준화된 분류체계의 부재

2. 수평적 시스템

① 설계도면과 시방서의 차이 발생
→ 디자인과 견적, 견적과 일정계획, 일정계획과 원가관리 간에 기능적인 단절을 야기

② 축척된 정보의 미비

③ 정보 재활용의 미비

Ⅳ. 대책

① 표준분류체계를 활용한 분류체계의 도입
② 데이터 통합모델의 구축
③ 정보의 재활용과 공유의 활성화
④ 디자인요소중심의 Assembly와 자원중심의 단위작업을 연결
⑤ 발주자, 시공자, 하도급자의 협력 모색
⑥ 설계, 견적, 일정계획, 원가관리 등의 기능을 통합 운영하는 조직구성

36 건설 CALS(Continuous Acquisition & Life Cycle Support)

Ⅰ. 정의

CALS란 건설공사의 기획, 설계, 시공, 유지관리, 철거에 이르기까지 전 과정의 정보를 전자화, 네트워크화를 통하여 데이터베이스에 저장하고 저장된 정보는 전산망으로 연결되어 발주처, 설계자, 시공자, 하수급자 등이 공유하는 통합정보시스템을 말한다.

Ⅱ. 개념도

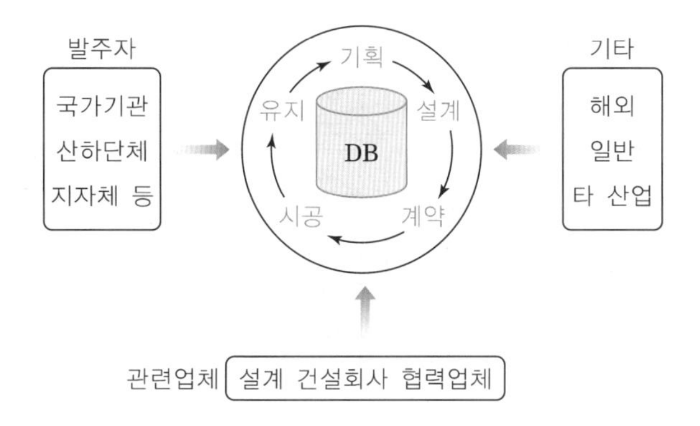

Ⅲ. 필요성

① 입찰, 인·허가 업무 투명성 및 업체의 경쟁우위 확보
② 발주처, 설계자, 시공자, 하수급자 등이 각종 정보 공유
③ 국제경쟁력 확보
④ 업무의 효율적 운영
⑤ 건설업의 생산성 향상

Ⅳ. 효과

① 유사공사의 실적자료 재사용으로 공기단축(15~20%) 및 예산절감(10~20%)
② 종이 없는 문서체계 구축 및 예산절감
③ 입찰, 인·허가 등의 업무시간 단축
④ 정확한 정보교환으로 품질향상

Ⅴ. 추진방향

① CALS 체계의 각종 표준에 맞게 CIC 시스템을 개발
② PMIS 등 다른 정보시스템과 연계를 통해 다양한 정보의 효율성을 향상
③ 지속적인 업데이트를 통한 시스템 활용 폭의 확대

37 WBS(Work Breakdown Structure, 작업분류체계)

Ⅰ. 정의

WBS란 공정표를 효율적으로 작성하고 운영할 수 있도록 공사 및 공정에 관련되는 기초자료의 명백한 범위 및 종류를 정의하고 공정별 위계구조를 분할하는 것이다.

Ⅱ. 개념도

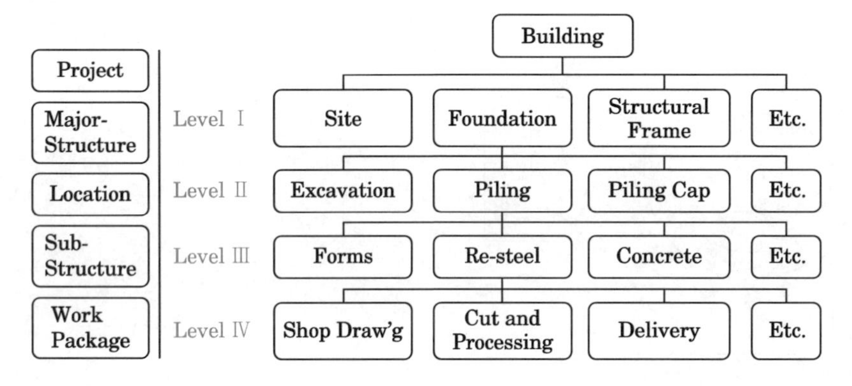

[작업의 특성]

1. 생산 관련 작업
   - 건물을 생산하는데 직접적으로 수행되는 일
   - 설계도면과 시방서
   - 공정표상에 누락되지 않도록 할 것
2. 자원 관련 작업
   - 생산 관련 작업의 착수를 위하여 반드시 고려되어야 할 항목
   - 인원, 자재, 장비에 대한 수급절차, 공사허가, 검사 및 승인 등
3. 관리 관련 작업
   공사의 진행 도중 발생하는 사건에 대한 결정 등 시간을 요하는 관리에 관한 항목

Ⅲ. 작업분할의 방법

① 공정표의 사용목적, 사용자, 관리수준 등을 고려하여 결정
② 생산단계에서는 매우 상세한 분할이 필요
③ 상위관리 단계에서는 집약된 형태의 분할이 필요
④ 인원과 장비를 적절히 조합하여 분할

Ⅳ. 작업분할을 위한 기준

① 관리자들에 의해 관리되는 실질적인 단위로 할 것
② 각 공사마다 상황에 따라 그 관리목적에 맞도록 구축할 것
③ 적정관리 단계(Level)에서 표준화할 것
④ 하위단위에서는 각 현장의 특수성을 반영할 것

[46,54회]

38 UBC(Universal Building Code)

Ⅰ. 정의

UBC란 시공에 관한 시방서만 작성하는 것이 아니라 허가, 재료, 설계, 시공, 유지관리, 구조안전, 설비 등에 관한 내용의 세부기준을 표준화하여 만든 규정집을 말한다.

Ⅱ. 관련 규정집

1. UMC(Uniform Mechanical Code)

   열과 환기, 냉방 및 냉동 시스템의 설치와 유지관리에 관한 지침서

2. UFC(Uniform Fire Code)

   화재예방에 필요한 준비사항에 관한 지침서

3. UHC(Uniform Hosing Code)

   주택의 관리와 재건축에 관한 지침서

Ⅲ. 목적

① 인간의 생명존중 및 기업의 재산보호
② 신소재와 신기술 등의 새로운 구조시스템의 활용
③ 안전성 도모
④ 새롭고 더 나은 건축물의 축조
⑤ 화재 발생 시 안전 확보
⑥ 사회적 기능에 충족한 빌딩의 축조

Ⅳ. 특성

① 매 3년마다 한 번씩 개정하여 발전을 도모
② 각각의 시방서 작성 시 기준으로 활용
③ 설계, 자재구매, 시공 및 시험 등에 활용
④ 견적 시 용이하게 이용
⑤ 화재 시 건물의 안전대책 확보

Ⅴ. 적용분야

① 건축물의 신축과 개축
② 건축물의 대수선에 사용
③ 건축물의 리모델링 및 재건축
④ 건축물의 해체 등

39 전문가 시스템(Expert System)

Ⅰ. 정의

전문가 시스템이란 전문가들의 전문지식 및 문제해결 과정(Process)을 인공지능기법으로 체계화, 기호화하여 컴퓨터 시스템에 입력한 것을 말한다.

Ⅱ. 전문가 시스템의 구조

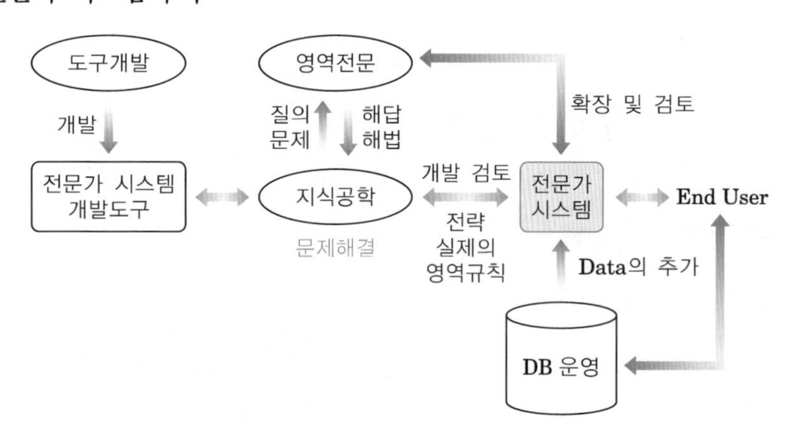

Ⅲ. 전문가 시스템이 해결할 문제의 성격

① 다양성(Variety)
② 불완전성(Incompletion)
③ 불확실성(Uncertainty)
④ 비정형(Ill－Structured)

[적용분야]
- Bidding System
- Cost Estimating System
- Structural Planning
- Scheduling

Ⅳ. 장점

① 분야의 최고 전문가의 지식을 문제해결에 적용
② 문제의 상황이 변함에 따라 해답이 변하는 과정을 추적, 파악하여 새로운 상황에 대한 해답을 추론하는 데 이용가능
③ 전문가들의 지식을 습득하여 제도화된 지식베이스를 구축
④ 주요 전문지식들을 체계화하여 교육, 훈련 목적에 이용

Ⅴ. 기능

① 각 시스템 간의 데이터를 지능적으로 호환하여 주는 기능
② 의사결정의 일관성 유지
③ 의사결정에 관련된 지식의 추출
④ 의사결정 과정 확립 및 사용자 환경 설정

40 건설정보 분류체계

Ⅰ. 정의

건설정보 분류체계는 건설공사 관련자에게 정확한 형태로 정확한 시간에 정보를 제공해 주어 설계, 시공, 유지관리 등의 전 프로세스에서 최소의 비용으로 효율적인 구조물을 짓기 위하여 전 프로젝트 수행기법들이 상호 조정되도록 건설정보를 분류한다.

Ⅱ. CI/SfB와 UCI의 비교

1. CI/SfB(Construction Industry/Samarbet-kskommitten for Byggadfragor)

① 유럽, 아프리카, 중동지역에서 널리 사용
② 영국판 건설분야에 대한 분류체계
③ SfB의 분류표(1: 부위분류표, 2: 공종분류표, 3: 자원분류표)
+분류표 0(물리적 환경 분류표)
+분류표 4(활동, 요구조건 분류표)
④ 파셋(Facet) 분류법에 근거를 두고 작성
⑤ 분류표 0, 1, 2, 3 간에는 순서상의 선후관계가 전체와 부분의 관계를 가진다.

2. Masterformat

① 북미지역에서 널리 사용
② UCI(Uniform Construction Index)의 Division별 단순분류를 토목, 건축, 기계설비, 전기설비 등의 분야별로 묶어서 새로 제시한 것
③ 시방서체계, 자료분류체계, 프로젝트 문서체계 등으로 구성
④ 시방서체계나 자료분류체계는 CSI-16 분할(Division) 방식을 중심으로 형성 및 작성

Ⅲ. 특징

① 일위대가 작성 시 재료비, 노무비, 경비를 구분하므로 원가계산이 확실
② 공종별 하도급계약 및 원가관리가 유리
③ 현장 시공순서와 유사하게 작성되므로 Activity 관리가 유리

Ⅳ. 추진방향

① 법적 제도화에 따른 국가적인 지원의 요구
② 국제 정보분류 표준화 기구에 적극적 참여
③ 실용화, 전산화 및 자동화를 병행 추진

41 의사결정 나무(Decision Tree)

Ⅰ. 정의

① 복잡한 의사결정 문제를 푸는 데 사용되는 도식적인 모형이다.

② 의사결정자가 각각의 대체안에 대한 결과와 위험에 대해서 알 수 있도록 보여주는 도형

Ⅱ. 개념도

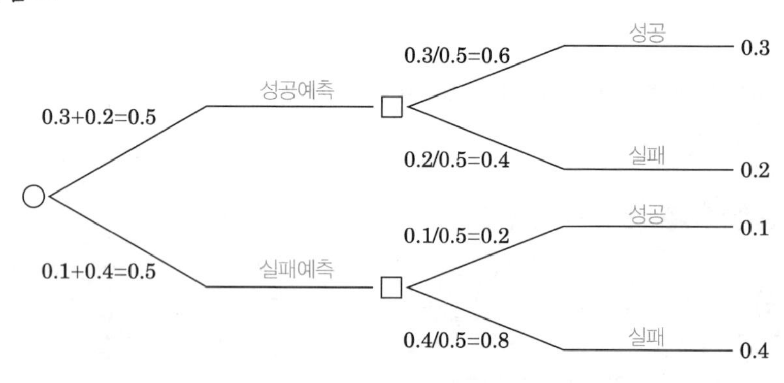

Ⅲ. 특징

① 문제분포에 확률을 도입한다.
→ 위험하에서의 의사결정과 관계된다.

② 다단계결정에 사용

③ 결정노드와 기회노드로 구성

Ⅳ. 위험하에서의 의사결정

① 기대가치에 의한 의사결정

② 정보가치를 고려한 의사결정

③ 몬테카를로 시뮬레이션

④ 의사결정 나무

42 Order Entry System(주문자 생산방식)

Ⅰ. 정의

Order Entry System이란 고객이 요구하는 것을 정확히 파악하여, 현장의 제반여건과 자재의 특성을 고려하여 고객과 공급자 모두에게 알맞은 효율적인 생산 및 공급을 하기 위한 시스템을 말한다.

Ⅱ. 실례

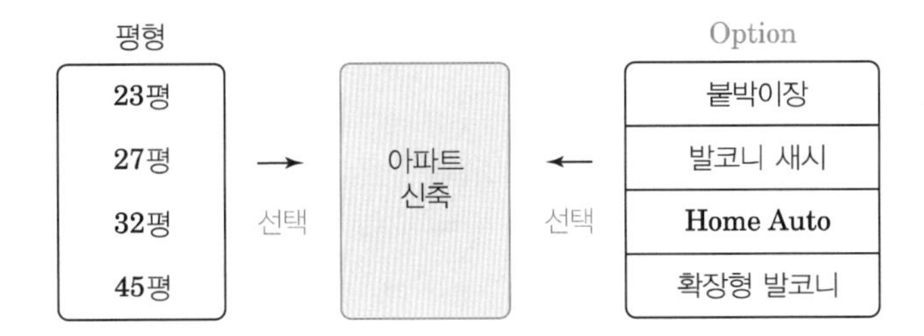

Ⅲ. 목적

① 고객이 요구하는 제품을 필요한 시기에 효율적으로 제조 및 공급
② 고객의 취향에 맞는 제품의 생산 가능
③ 불필요한 자재의 손실을 방지
④ 이중공사의 방지로 공사비 절감
⑤ 판매와 제조에 이르는 전체 시스템의 효율화 도모
⑥ 모든 고객의 기호에 맞추어 타당한 가격으로 제품 생산

Ⅳ. 유의사항

① 고객이 요구하는 것을 정확히 파악할 것
② 오픈 부품과 오픈 시스템의 활용
③ 시스템 용도를 정확히 확인
④ 설계단계에서부터 고객의 요구를 전산화할 것
⑤ 옵션의 다양화를 취할 것

43 건설기술진흥법에서 규정하고 있는 환경관리비

건설기술진흥법 시행규칙/ 환경관리비의 산출기준 및 관리에 관한 지침

Ⅰ. 정의

환경관리비란 건설공사로 인한 환경 훼손 및 오염의 방지 등 환경관리를 위해 공사비에 반영하는 비용을 말하며, '환경보전비'와 '폐기물 처리비'로 구분한다.

Ⅱ. 환경관리비의 산출기준

1. 환경보전비

① 직접공사비와 간접공사비를 병행하여 계상

② 직접공사비의 경비 항목: 환경오염방지시설의 설치 · 운영 · 철거 비용

③ 직접공사비에 반영되는 환경보전비는 표준시장단가, 표준품셈 또는 견적 등에 따라 산출

④ 간접공사비의 경비 항목: 시험검사비, 점검비, 교육·지도·훈련비, 인·허가비, 안내표지 설치·철거비, 환경관리비 사용계획 작성비 등

⑤ 간접공사비에 반영되는 환경보전비는 직접공사비×간접공사비 최저요율 [주택(재개발, 재건축: 0.7%, 주택(신축): 0.3%, 그 밖의 건축공사: 0.5%]

⑥ 하나의 사업장 내에 건설공사 종류가 둘 이상인 경우에는 이 중 공사금액이 큰 공사종류를 적용

[환경보전비]
건설공사 작업 중에 건설현장 주변에 입히는 환경피해를 방지할 목적으로 환경관련 법령에서 정한 기준을 준수하기 위해 환경오염 방지시설 설치 등에 소요되는 비용을 말한다.

2. 폐기물 처리비

① 건설공사현장에서 폐기물 처리비용과 폐기물을 재활용하기 위한 비용

② 철거 대상 구조물을 실측하여 폐기물의 예상발생량을 산출하거나 설계도서 등에 따라 산출

③ 실측 또는 설계도서로 폐기물 처리비를 산출하는 것이 곤란한 경우에는 운반거리, 폐기물의 성질·상태, 지역여건 등을 고려하여 비용을 산출

④ 위탁처리하는 건설폐기물의 양이 100톤 이상인 건설공사를 발주하는 발주자는 건설공사와 건설폐기물 처리용역을 각각 분리하여 발주

[폐기물 처리비]
건설공사현장에서 발생하는 폐기물의 처리에 필요한 비용을 말한다.

3. 환경관리비에 대한 추가 계상

① 환경오염 방지시설을 추가로 설치하거나 총계방식(1식 단가)의 내용이 변경되는 경우 또는 폐기물 수량이 증가하는 경우 시공자는 발주자 또는 건설사업관리용역업자와 협의를 거쳐 환경관리비의 추가 계상 등을 발주자에게 요청 가능

② 시공자가 환경관리비의 추가 계상 등을 발주자에게 요청할 경우 발주자는 그 내용을 확인하고 필요할 경우 설계변경 등 조치할 것

Ⅲ. 환경오염 방지시설

① 비산먼지 방지시설
② 소음·진동 방지시설
③ 폐기물 처리시설
④ 수질오염 방지시설

Ⅳ. 환경관리비의 정산

① 발주자 및 건설사업관리용역업자는 환경관리비 사용내역을 수시 확인할 수 있으며, 시공자는 이에 따라야 한다.
② 시공자는 환경관리비 중 간접공사비의 사용내역에 대하여 공사기성 또는 준공 검사 시 발주자 또는 건설사업관리용역업자의 확인을 받아야 한다.

44 환경영향평가제도

환경영향평가법, 시행령

Ⅰ. 정의

환경영향평가란 환경에 영향을 미치는 실시계획 · 시행계획 등의 허가 · 인가 · 승인 · 면허 또는 결정 등을 할 때에 해당 사업이 환경에 미치는 영향을 미리 조사 · 예측 · 평가하여 해로운 환경영향을 피하거나 제거 또는 감소시킬 수 있는 방안을 마련하는 것을 말한다.

Ⅱ. 환경영향평가제도의 특징

① 환경보전정책의 집행수단으로 운영되어 사회 · 경제부문에 대한 고려가 없음
② 이해 당사자의 참여가 제한되고 행정부 및 전문가 집단 위주로 운영
③ 미래 상황을 현재의 가치기준으로 평가하므로 상이한 결정이 있음
④ 개발과 보전에 대한 판단기준이 매우 모호함
⑤ 복잡성

Ⅲ. 환경영향평가의 대상 및 제외

1. 대상

도시의 개발사업, 산업입지 및 산업단지의 조성사업, 에너지 개발사업, 항만의 건설사업, 도로의 건설사업, 수자원의 개발사업, 철도의 건설사업, 공항의 건설사업, 하천의 이용 및 개발 사업, 개간 및 공유수면의 매립사업, 관광단지의 개발사업, 산지의 개발사업, 특정 지역의 개발사업, 체육시설의 설치사업, 폐기물 처리시설의 설치사업, 국방·군사 시설의 설치사업, 토석 · 모래 · 자갈 · 광물 등의 채취사업

2. 제외

① 응급조치를 위한 사업
② 국방부장관이 군사상 고도의 기밀보호가 필요하거나 군사작전의 긴급한 수행을 위하여 필요하다고 인정하여 환경부장관과 협의한 사업
③ 국가정보원장이 국가안보를 위하여 고도의 기밀보호가 필요하다고 인정하여 환경부장관과 협의한 사업

Ⅳ. 환경영향평가의 분야별 세부평가항목

구분	세부평가항목
자연생태환경 분야	• 동 · 식물상, 자연환경자산
대기환경 분야	• 기상, 대기질, 악취, 온실가스
수환경 분야	• 수질(지표 · 지하), 수리 · 수문, 해양환경
토지환경 분야	• 토지이용, 토양, 지형 · 지질
생활환경 분야	• 친환경적 자원 순환, 소음 · 진동, 위락 · 경관, 위생 · 공중보건, 전파장애, 일조장해
사회환경 · 경제환경 분야	• 인구, 주거, 산업

Ⅴ. 환경영향평가의 순서

대상사업 → 환경영향평가 초안 → 최종환경영향평가 → 의사결정 → 저감대책수립 → 결정의 기록 → 계획의 실행 → 사후관리

Ⅵ. 환경영향평의 실시시기

대상사업의 시행여부에 관한 의사결정이 이루어지기 전에 실시

45 ISO 14000

Ⅰ. 정의

ISO 14000이란 국제 환경표준화 인증규격, 국제적으로 환경관련규격을 통일해 제품 및 이를 생산하는 기업에 환경인증을 주는 것을 말한다.

Ⅱ. ISO 14000 표준 시리즈의 구성

구분	구성
제품에 대한 환경인증	환경성능평가(14030, EPE)
	환경라벨링(14020, EL)
	라이프사이클 평가(14040, LCA)
조직에 대한 인증	환경경영시스템(14001, EMS)
	환경감사 및 조사(14010, EA)

① 환경성능평가: 환경성과지표의 선정, 수립절차 및 방법 결정, 자료수집, 분석 및 평가, 보고 및 개선 등 세부적 관리 방법
② 환경라벨링: 제품의 환경친화적인 인증과 용어의 표시 내용의 확인 방법, 환경마크에 대한 지침을 규정
③ 라이프사이클 평가: 원자재 취득에서부터 제품 생산, 운송, 사용 및 폐기 처리까지의 제품의 전과정에서 환경에 미치는 영향을 평가하는 방법
④ 환경경영시스템: 기업활동에서 발생할 수 있는 부정적 환경영향을 지속적으로 개선하기 위한 체계적인 접근방법을 제시
⑤ 환경감사 및 조사: 환경경영체제 인증심사를 수행하는 기준, 방법, 심사원 및 인증기관에 대한 사항

Ⅲ. ISO 14000의 도입 시 기대효과

① 고객들에게 환경경영을 실행하고 있음을 보증
② 공공 및 지역사회와 좋은 유대관계 유지
③ 제품 판매 및 외부 납품 시 요구되는 인증기준 만족
④ 배상책임이 수반되는 사고 감소
⑤ 인허가 획득 용이
⑥ 기업의 환경이미지 및 환경관리 능력제고
⑦ 개발촉진, 환경문제 해결방법 공유

Ⅳ. ISO 14000 심사 절차

인증 신청 → 예비심사 → 문서심사 → 현장심사 → 시정조치 및 확인심사 → 인증서 발급 → 사후 심사(6개월 또는 1년마다) → 갱신 심사(3년 주기)

46 벽면녹화(壁面綠化)

Ⅰ. 정의

벽면녹화란 각종 건축물 수직 벽면에 다양한 식물을 심는 것으로, 온도 및 습도 조절뿐만 아니라 공기정화 기능까지 효과가 있어 온실가스 감축정책 시행과 친환경 도시 조성이 대두되면서 많이 시행하고 있다.

Ⅱ. 벽면녹화 시스템의 구성요소

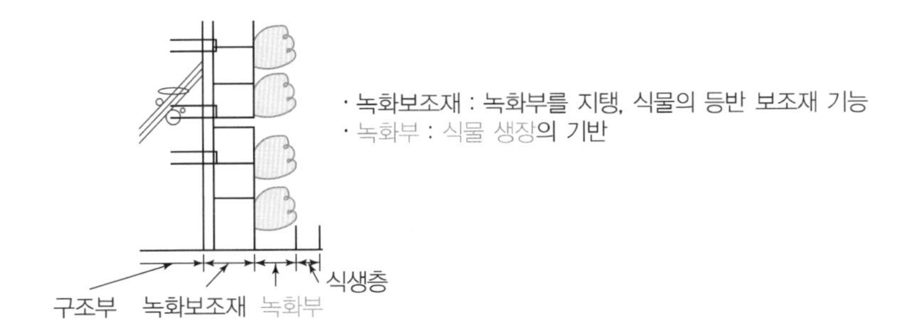

Ⅲ. 벽면녹화의 유형 및 특정

1. 등반부착형

① 식물이 벽면을 따라 등반하면서 자생적으로 부착 생장하는 방법
② 원칙적으로 벽면에 직접 부착으로 보조재가 필요하지 않음
③ 벽면녹화 유형 중 가장 저렴

2. 등반감기형

① 네트 또는 지주 등의 등반보조재를 설치하여 식물이 이를 감아가면서 벽면을 피복하는 방법
② 등반보조재의 설치를 통해 피복면을 조절
③ 경관성을 강조하거나 랜드마크 효과의 기대

3. 하수형

① 벽면의 상부 또는 옥상부에 플랜트 등을 설치하고 여기에 식물을 식재하여 지상방향으로 생육시켜 벽면을 피복하는 방법
② 적용가능한 식물이 다양하지 않음
③ 옥상부 설치 시 구조안전진단을 수행

4. 탈부착형

① 식재모듈, 플랜트, 식재유니트 등에 식물을 식재하여 벽면을 전면 또는 부분적으로 피복시키는 방법

② 벽면에 식재기반을 설치하고 식물을 식재하여 생육시키는 방법

③ 식물이 식재된 식재기반을 벽면에 부착하는 방법

Ⅳ. 벽면녹화 시 고려사항

① 벽면 녹화 보조시설을 적용할 경우 구조의 안전성 확보

② 식물의 생육에 필요한 충분한 배수 및 통기성 확보

③ 벽면녹화공법에 적합한 식물의 선정 및 식재

47 환경친화건축(Green Building)

녹색건축 인증 기준

Ⅰ. 정의

환경친화건축이란 환경오염을 최소화하고 에너지 및 자원의 소비를 최소화하면서 쾌적한 실내환경을 구현하고, 자연경관과의 유기적 연계를 도모하여 자연환경을 보전하면서 인간의 건강과 쾌적성 향상을 가능하게 하는 건축물을 말한다.

Ⅱ. 개념도

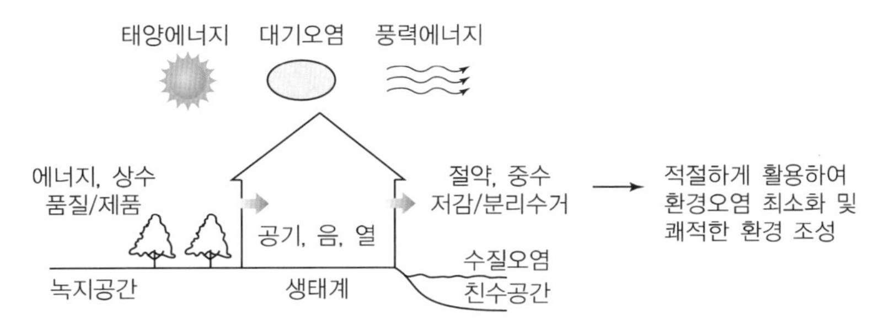

Ⅲ. 환경친화건축의 목표

① 에너지 절약 및 순환 활용
② 자원의 절약 및 순환 활용
③ 주변 환경과의 유기적 연계: 기후 및 지형에의 순응
④ 쾌적성 향상과 주민 참여

Ⅳ. 녹색건축(환경친화건축) 인증심사 기준

전문분야	인증항목
토지이용 및 교통	• 기존대지의 생태학적 가치, 과도한 지하개발 지양, 토공사 절성토량 최소화, 일조권 간섭방지 대책의 타당성, 대중교통의 근접성 등
에너지 및 환경오염	• 에너지 성능, 신 · 재생에너지 이용, 저탄소 에너지원 기술의 적용 등
재료 및 자원	• 저탄소 자재의 사용, 자원순환 자재의 사용, 유해물질 저감 자재의 사용 등
물순환 관리	• 빗물관리, 빗물 및 유출지하수 이용, 절수형 기기 사용, 물 사용량 모니터링
유지관리	• 건설현장의 환경관리 계획, 운영 · 유지관리 문서 및 매뉴얼 제공 등
생태환경	• 연계된 녹지축 조성, 자연지반 녹지율, 생태면적률, 비오톱 조성
실내환경	• 실내공기 오염물질 저방출 제품의 사용, 자연 환기성능 확보, 경량 및 중량충격음 차단성능 등
혁신적인 설계	• 제로에너지건축물, 외피 열교방지 등

48 친환경건축물 인증대상과 평가항목

녹색건축 인증 기준

Ⅰ. 정의

친환경건축물이란 환경오염을 최소화하고 에너지 및 자원의 소비를 최소화하면서 쾌적한 실내환경을 구현하고, 자연경관과의 유기적 연계를 도모하여 자연환경을 보전하면서 인간의 건강과 쾌적성 향상을 가능하게 하는 건축물을 말한다.

Ⅱ. 인증대상

① 신축 주거용 건축물
② 신축 단독주택
③ 신축 비주거용 건축물
④ 기존 주거용 건축물
⑤ 기존 비주거용 건축물
⑥ 그린리모델링 주거용 건축물
⑦ 그린리모델링 비주거용 건축물

Ⅲ. 평가항목

전문분야	인증항목
토지이용 및 교통	• 기존대지의 생태학적 가치, 과도한 지하개발 지양, 토공사 절성토량 최소화, 일조권 간섭방지 대책의 타당성, 대중교통의 근접성 등
에너지 및 환경오염	• 에너지 성능, 신·재생에너지 이용, 저탄소 에너지원 기술의 적용 등
재료 및 자원	• 저탄소 자재의 사용, 자원순환 자재의 사용, 유해물질 저감 자재의 사용 등
물순환 관리	• 빗물관리, 빗물 및 유출지하수 이용, 절수형 기기 사용, 물 사용량 모니터링
유지관리	• 건설현장의 환경관리 계획, 운영·유지관리 문서 및 매뉴얼 제공 등
생태환경	• 연계된 녹지축 조성, 자연지반 녹지율, 생태면적률, 비오톱 조성
실내환경	• 실내공기 오염물질 저방출 제품의 사용, 자연 환기성능 확보, 경량 및 중량충격음 차단성능 등

49 Passive House

Ⅰ. 정의

Passive House란 자연에너지를 적극 활용하고 내부에서 자연 발생한 열의 반출을 차단하기 위해 일반 주택보다 훨씬 두꺼운 단열, 기밀성 유지 등을 통해 열손실을 최소화하는 에너지 절감형 주택을 말한다.

Ⅱ. Passive House의 요소기술

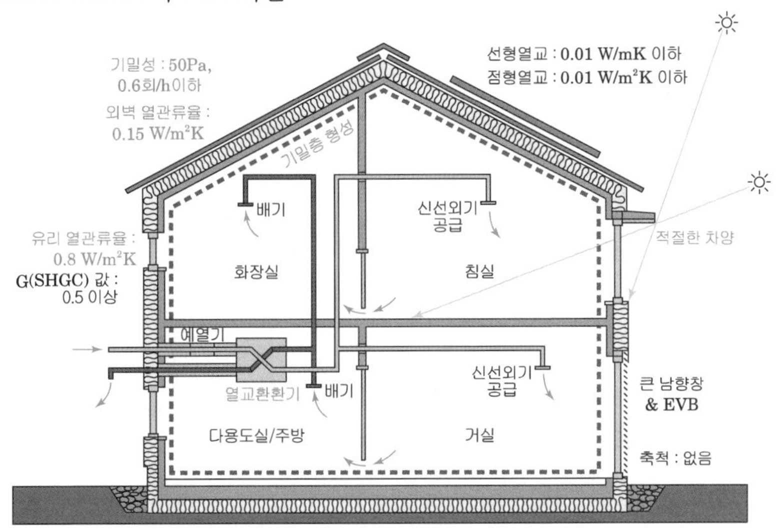

Ⅲ. Passive House의 인증 성능기준

① 난방에너지 요구량
15kWh/m²yr 이하 또는 최대난방부하 10W/m² 이하

② 냉방에너지 요구량
5kWh/m²yr

③ 기밀성능 테스트
n50 조건에서 0.6ACH 이하

④ 급탕, 난방, 냉방, 전열, 조명 등 전체 에너지 소비에 대한 1차 에너지 소요량
120kWh/m²yr 이하

⑤ 전열교환기 효율
75% 이상

⇒ 이상의 요구성능에 대한 모든 계산은 PHPP(Passive House Planning Package)에 의해 이루어져야 함

Ⅳ. Passive House와 SHGC

Passive House는 남면창의 SHGC는 가능하면 높을수록 좋다.

50 제로에너지빌딩(Zero Energy Building)

건축물 에너지효율등급 인증 및 제로 에너지건축물 인증 기준/ 공공기관 에너지이용 합리화 추진에 관한 규정

Ⅰ. 정의

고성능 단열재와 고기밀성 창호 등을 채택, 에너지 손실을 최소화하는 '패시브(Passive)기술'과 고효율기기와 신재생에너지를 적용한 '액티브(Active)기술' 등으로 건물의 에너지 성능을 높여 사용자가 외부로부터 추가적인 에너지 공급 없이 생활을 영위할 수 있도록 건축한 빌딩을 말한다.

Ⅱ. 제로에너지빌딩 기술

1. 건물부하 저감 기술
   ① 건물의 향, 건물형태
   ② 고단열, 고기밀, 고효율 창호, 고효율 전열교환

2. 시스템 효율향상 기술
   각종 설비시스템들의 효율향상

3. 신재생에너지 활용 기술
   태양열, 태양광, 지열, 풍력, 바이오 에너지 활용

4. 통합 유지관리 기술
   설비별 작동시간 최적제어, 종합적인 유지관리

Ⅲ. 에너지절약형 건축물의 구현 전략

전략	목표	기술 개요
건축부문 부하저감	건물의 에너지 요구량을 최소화	• 창면적비 조정, 차양, 고성능단열재, 고효율 창호 등 외피 부하를 최소화하는 건축설계 및 재료의 선정
설비부문 효율향상	건물의 에너지 소요량을 최소화	• 고효율 설비시스템, 고효율 조명기기 등을 이용하여 건물의 에너지 요구량을 효율적으로 해소
신재생부문 에너지 생산	건물의 에너지 소요량을 생산	• 태양열, 지열 등 신재생 에너지를 활용하여 건물의 에너지 소요량을 해결

[에너지 요구량]
특정조건(내/외부온도, 재실자, 조명기구)하에서 실내를 쾌적하게 유지하기 위해 건물이 요구하는 에너지량
① 건축조건만을 고려하며 설비 등의 기계 효율은 계산되지 않음
② 설비가 개입되기 전 건축 자체의 에너지 성능
③ 건축적 대안(Passive Design)을 통해 절감 가능

[에너지 소요량]
건물이 요구하는 에너지요구량을 공급하기 위해 설치된 시스템에서 소요되는 에너지량
① 시스템의 효율, 배관손실, 펌프 동력 계산(시스템에서의 손실)
② 설비적 대안(Active Design) 및 신재생에너지의 설치를 통해 절감 가능

Ⅳ. 제로에너지건축물 인증 기준

1) 건축물 에너지효율등급: 인증등급 1++ 이상

2) $\text{에너지자립률(\%)} = \dfrac{\text{단위면적당 1차에너지생산량}}{\text{단위면적당 1차에너지소비량}} \times 100$

Ⅴ. 제로에너지건축물 인증등급

ZEB 등급	에너지 자립률
1 등급	에너지자립률 100% 이상
2 등급	에너지자립률 80 이상 ~ 100% 미만
3 등급	에너지자립률 60 이상 ~ 80% 미만
4 등급	에너지자립률 40 이상 ~ 60% 미만
5 등급	에너지자립률 20 이상 ~ 40% 미만

51 BIPV(Building Integrated Photovoltaic, 건물일체형 태양광발전)

Ⅰ. 정의

BIPV란 태양광 발전을 건축자재(창호, 외벽, 지붕재 등)로 사용하면서 태양광 발전이 가능하도록 한 것을 말한다.

Ⅱ. 종류

구분	종류
재료에 의한 분류	박막형, 일반 결정형, 컬러 · 빛투과 결정형
	결정형 투과율은 10%, 박막형 투과율은 4%
시공에 의한 분류	Glass to Glass: PV모듈 양면에 유리, 육안으로 투명
	Glass to Tedler: 전면에 투명유리, 후면에 불투명한 금속체
	염료감응형, 미디어 BIPV

[기능]
BIPV 태양전지 모듈이 전기생산과 건축자재 역할 및 기능을 겸한다.

[범위]
창호, 스팬드럴, 커튼월, 파사드, 차양시설, 아트리움, 쉉글, 지붕재, 캐노피, 단열시스템 등

Ⅲ. BIPV의 특징

① 건물외장재로 사용되어 건축자재 비용절감
② 건물과 조화로 건물의 부가가치 향상
③ 조망 확보에 따른 건축적 응용 측면에서 잠재성 우수
④ 실내 온도상승으로 별도 건물설계방안 필요
⑤ 수직으로 설치되어 발전량 일부 감소
⑥ BIPV 태양전지는 염료감응형 태양전지를 주로 사용

Ⅳ. 설계 및 시공 시 고려사항

① BIPV 설치부위 열손실 방지대책 설계 반영
② 태양전지 모듈은 센터에서 인증한 제품 사용
③ 방위각은 그림자 영향을 받지 않는 정남향 설치 원칙
④ 경사각은 현장 여건에 따라 조정
⑤ 지지대는 바람, 적설하중 및 구조하중에 견딜 수 있도록 설치
⑥ 지지대, 연결부, 기초(용접부위 등)는 녹방지 처리
⑦ 전기설비기술기준에 따라 접지공사를 실시

52 신재생에너지

Ⅰ. 정의

신재생에너지란 기존의 화석연료를 변환시켜 이용하거나 햇빛 · 물 · 지열 · 강수 · 생물유기체 등을 포함하여 재생 가능한 에너지를 변환시켜 이용하는 에너지를 말한다.

Ⅱ. 신재생에너지의 종류

1. 신에너지

기존의 화석연료를 변환시켜 이용하거나 수소 · 산소 등의 화학 반응을 통하여 전기 또는 열을 이용하는 에너지

① 수소에너지
② 연료전지
③ 석탄을 액화 · 가스화한 에너지 및 중질잔사유(重質殘渣油)를 가스화한 에너지

2. 재생에너지

햇빛 · 물 · 지열(地熱) · 강수(降水) · 생물유기체 등을 포함하는 재생 가능한 에너지를 변환시켜 이용하는 에너지

① 태양에너지
② 풍력
③ 수력
④ 해양에너지
⑤ 지열에너지
⑥ 생물자원을 변환시켜 이용하는 바이오에너지
⑦ 폐기물에너지

Ⅲ. 신·재생에너지 적용대상 및 공급의무 비율

① 적용대상

문화 및 집회, 종교, 판매, 운수, 의료, 교육연구, 노유자, 수련, 운동, 업무, 숙박, 위락, 교정, 갱신보호, 소년원 및 소년분류심사원, 방송통신, 묘지관련, 관광휴게, 장례시설 용도의 건축물로서 신축 · 증축 또는 개축하는 부분의 연면적이 1,000m² 이상인 건축물

② 적용비율

해당연도	2020～2021	2022～2023	2024～2025	2026～2027	2028～2029	2030 이후
공급의무 비율(%)	30	32	34	36	38	40

53 프로젝트 금융(Project Financing)

Ⅰ. 정의

프로젝트 금융(Project Financing)이란 자본 집중적이며 단일목적적인 경제적 단위(Project)에 대한 투자를 위한 금융으로서, 은행 등 금융기관이 사회간접자본 등 특정 사업의 사업성과 장래의 현금흐름을 보고 자금을 지원하는 금융기법이다.

Ⅱ. 개념도

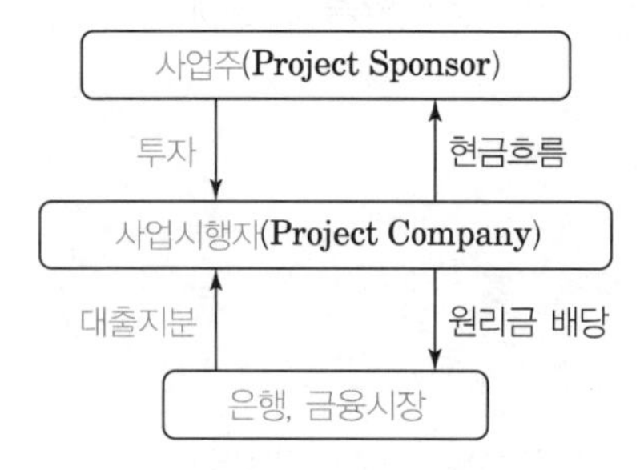

Ⅲ. 프로젝트 현금흐름

1. 현금흐름계획

바차트 → 진도곡선(S 곡선)을 이용한 계획

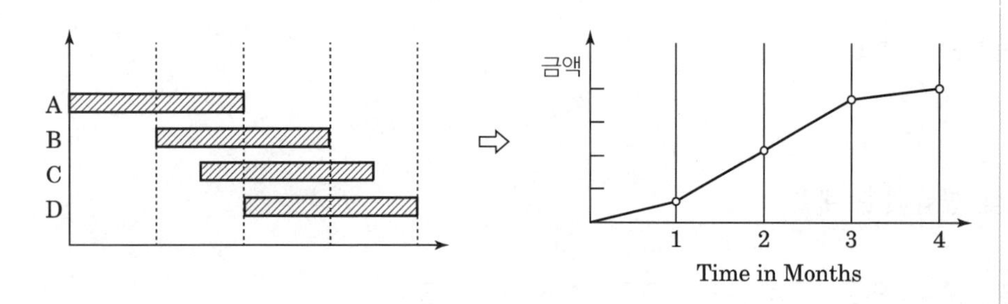

2. 당좌대월 예측

① 은행에서 신용대출 금액을 확인

② 자금에 대한 계획을 미리 작성

3. 시공자의 현금흐름

건축주는 공사의 진행에 따라 공사수량 확인 후 기성금 지급

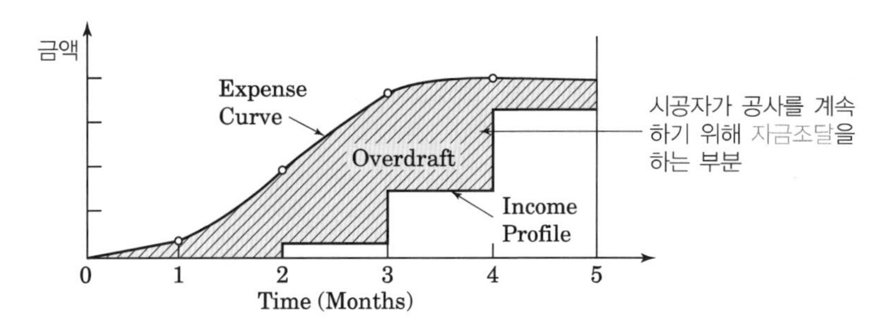

→ 공사비 지출을 나타내는 **S** 곡선에 대해 기성금이 뒤로 뒤쳐져 있음

Ⅳ. 프로젝트 금융이 건설산업에 유리한 점

① 위험배분이 가능하다.

② 해외투자 Project의 경우 정치적 위험의 회피: 대출 금융기관에서 부담

③ 회계처리상의 이점: 사업주의 대차대조표상의 부채 형태로 나타나지 않음

④ 외부차입제한의 회피

⑤ 정부가 각종 세금공제 및 감면혜택 부여

[87,113회]

54 건설위험관리에서 위험약화전략(Risk Mitigation Strategy)

Ⅰ. 정의

위험약화전략(리스크관리)란, 사업이나 프로젝트가 당면한 모든 리스크에 대해서 그 리스크를 어떻게 관리할 것인가에 대한 신중한 의사결정이 가능하도록 리스크를 규정하고 정량화하는 것이다.

Ⅱ. 리스크관리 절차

1. 리스크 규정(식별)

① 리스크의 원인과 효과를 명확히 구분한다.

단계	원인(Source)	사건(Event)	효과(Effect)
예	• 안전장치의 미비 • 안전점검의 부적합 • 결함 있는 장비 등	• 현장 작업자의 부상	• 작업자의 사망 • 작업자의 중상 • 작업의 지연 등

② 특정사업과 관련된 리스크인자의 근원을 파악

③ 조사, 체크리스트 작성

④ 일정한 기준에 따라 체계적으로 분류

⑤ 해당리스크 발생결과의 중요도 판단

⑥ 리스크 분석단계에서 중점적으로 고려할 변수를 산출

2. 리스크 분석

리스크 인자의 결과적 중요도를 파악하여 불확실성을 제거하거나 감소시키는 데 있는 것이 아니라, 리스크를 보다 명확하게 이해하고 대응하기 위한 대안설정이나 전략수립 여부를 판단하는 데 있다.

3. 리스크 대응

① 리스크 전이(Risk Transfer): 다른 집단이나 조직에 리스크를 전이시킨다.

② 리스크 회피(Risk Avoidance): 계획 자체를 포기함으로써 리스크를 회피한다.

③ 리스크 저감(Risk Reduction): 여러 가지 대책을 수립하여 리스크를 저감시킨다.

④ 리스크 보유(Risk Retention): 다소간의 리스크를 감수하는 대신 그에 따른 투기적 효과 즉, 혜택과 기회 등을 기대하며 리스크를 보유한 채 계획을 진행한다.

55 경영혁신 기법으로서의 벤치마킹(Benchmarking)

Ⅰ. 정의

벤치마킹은 초우량기업으로 성장하기 위해 특정 분야에서 뛰어난 업체를 선정하여 그 경쟁력의 차이를 확인하고 그들의 뛰어난 업무 운영 프로세스를 지속적으로 배우면서 자기 혁신을 추구하는 경영기법이다.

Ⅱ. 벤치마킹의 원리

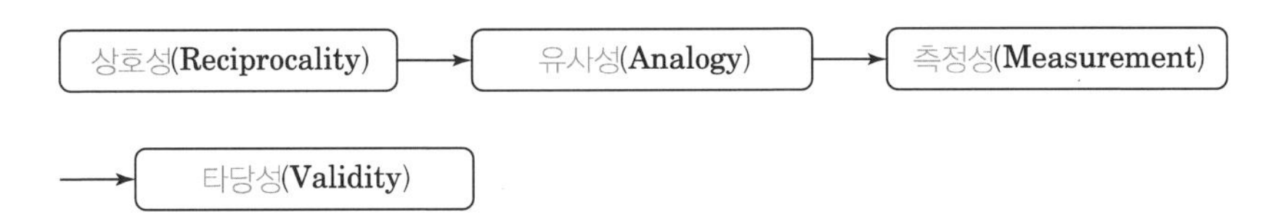

Ⅲ. 벤치마킹의 유형

1. 내부 벤치마킹

자사 내에서 효과적인 성과를 내는 서로 다른 위치의 사업장이나 부서, 사업부 사이에서 일어나는 벤치마킹 활동

2. 경쟁적인 벤치마킹

① 가장 일반적으로 사용되는 방법
② 직접적인 경쟁사를 대상으로 한 벤치마킹 활동
③ 경쟁업체를 적으로 간주하지 않고 상호 신뢰할 수 있어야 가능

3. 기능적인 벤치마킹

① 업종에 관계없이 최신의 제품, 서비스, 프로세스를 가지고 있는 것으로 인식되는 조직을 대상으로 한 벤치마킹
② 벤치마킹 활동에 많은 시간이 걸리는 단점도 발생

Ⅳ. 벤치마킹의 단계

① 1단계: 계획단계(벤치마킹 프로젝트 계획단계)
② 2단계: 자료수집단계(필요정보 및 데이터 수집단계)
③ 3단계: 분석단계(성과차이(Performance Gap) 및 동인(Enabler) 분석단계)
④ 4단계: 개선단계(프로세스 동인 채택으로 인한 개선단계)

56 시공성(Constructability, 시공성 분석)

Ⅰ. 정의

시공성이란 프로젝트 전체의 목적을 달성하기 위해 기획, 설계, 조달 및 현장 작업에 대해서 시공상의 지식과 경험을 최대한으로 이용하는 것이나, 초기단계에 이용하는 것이 바람직하다.

Ⅱ. 개념도

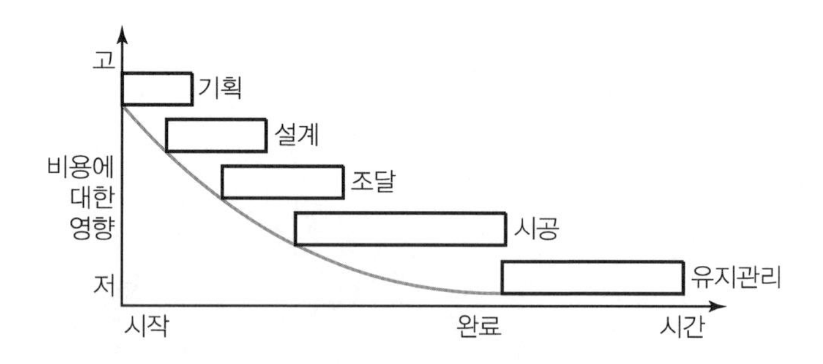

Ⅲ. 시공성의 목표

① 시공요소를 설계에 통합: 설계의 단순화 및 표준화
② 설계의 모듈화
③ 공장생산을 통한 현장 조립화

Ⅳ. 시공성 확보방안

1. 기획단계

① 프로젝트 집행계획의 필수부분이 되어야 한다.
② 시공성을 책임지는 프로젝트팀 참여자들은 초기에 확인되어야 한다.
③ 향상된 정보기술은 프로젝트를 통하여 적용되어야 한다.

2. 설계 및 조달단계

① 설계와 조달일정 등은 시공 지향적이어야 한다.
② 설계의 기본원리는 표준화에 맞추어야 한다.
③ 모듈화에 의한 설계로 제작, 운송 및 설치를 용이하게 할 수 있도록 한다.
④ 인원, 자재 및 장비 등의 현장 접근성을 촉진시키는 설계가 되어야 한다.
⑤ 불리한 날씨조건에서도 시공을 할 수 있는 설계가 되어야 한다.

3. 현장작업 단계

시공성은 혁신적인 시공방법 등이 활용될 때 향상된다.

57 MC(Modular Coordination)

Ⅰ. 정의

MC란 건축산업의 생산성과 효율성을 제고하기 위해 건축생산 전반에 걸쳐 적용될 수 있는 기준을 설정하는 작업을 말하며, 건축산업에 공업화를 정착시키기 위한 기본 수단으로 활용된다.

Ⅱ. MC의 목적

① 시대의 흐름에 맞는 가변형 공간구성
② 내장재 표준치수의 공장생산
③ 설계기준 치수 및 법규 등의 통일
④ 호환성

Ⅲ. 기준 치수 체계

1. 기본모듈(Basic Module)

① 건축물의 전반적인 치수조정 확립에 가장 기본이 되는 치수단위이다.
② 기본단위치수: 1M=10cm
③ 건물높이(수직방향): 2M=20cm
④ 건물의 평면치수: 3M=30cm

2. 증대모듈(Multi-Module)

① 기본모듈(M)의 정배수가 되는 모듈
② MC 설계의 치수 종류를 단순화시키고, 치수를 조정하는 수단으로 활용
③ 주로 3M, 6M, 9M, 12M, 15M, 30M, 60M 등을 사용

3. 보조모듈 증분 값(Sub-Module Increments)

① 기본모듈보다 작은 치수체계, 상세부 및 접합부 등에 활용되는 모듈
② M/2, M/4, M/5 등을 사용

Ⅳ. 문제점

① 자재 및 부품규격화 미진
② 치수체계의 통일이 미정착
③ 인치, 미터, 척관법 등의 혼용

58 린 건설(Lean Construction)

Ⅰ. 정의

린 건설이란 생산과정에서의 작업단계를 운반, 대기, 처리, 검사의 4단계로 나누어 비가치창출작업인 운반, 대기, 검사 과정을 최소화하고, 가치창출작업인 처리과정은 그 효율성을 극대화하여 건설생산 시스템의 효용성을 증가시킬 수 있는 관리기법으로서 최소비용, 최소기간, 무결점, 무사고를 지향하는 것이다.

Ⅱ. 개념도

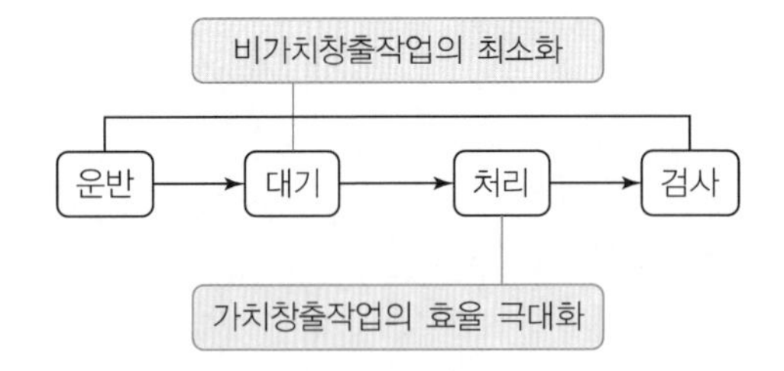

Ⅲ. 린 건설의 필요성

① 국내 건설산업 생산성 향상
② 단위건설비 절감 및 사이클 타임 단축
③ 우리 건설산업의 경쟁력 확보
④ 린 건설을 통한 효용성 제고 및 고객만족 실현

Ⅳ. 린 건설의 목표

① 무결점, 무재고, 무낭비(Zero Defect, Zero Inventory, Zero Waste)
② 고객만족

Ⅴ. 린 건설과 기존 관리방식의 비교

구분	린 건설	기존의 관리방식
생산방식	-당김식 생산방식- 후속작업의 상황을 고려하여 후속작업에 필요한 품질수준에 맞추어 필요로 하는 양만큼만 선작업 시행	-밀어내기식 생산방식- 각 작업에서의 생산량이 전체생산 시스템의 작업량을 최대로 할 수 있는 양으로 결정되고 최대량 생산이 목적
프로세스 개선목표	효용성(질적 생산효율성) 제고	효율성(계량적 생산성) 제고
관리사항	운반, 대기, 처리, 검사 과정에서의 자재,장비, 정보 등의 흐름처리 관리, 변이관리	작업(Activity) 중심의 변환처리 관리 예) PERT, CPM

59 적시생산(Just in Time)

Ⅰ. 정의

JIT System은 재고가 없는 것을 목표로 하는 생산 시스템으로서 작업에 필요한 자재와 인력을 적재적소 및 적시에 공급함으로써 자재의 운반 및 작업대기 과정에서의 효율을 높일 수 있는 생산방식이다.

Ⅱ. 개념도

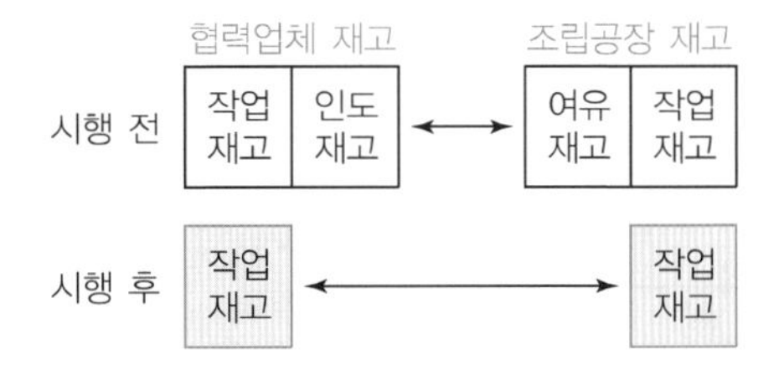

Ⅲ. JIT System의 도구와 기술

1. 작업 표준화
   ① 공정계획과 작업 단위의 축소, 표준화로 수시점검 실시
   ② 관련작업 책임자 간의 의사소통의 원활함을 추구
   ③ 문제발생 시 신속한 대응

2. 평준화 생산
   ① 집중생산방식이 아닌 세분화하여 작업을 진행
   ② 작업 대기시간 및 특정자재의 재고를 줄임

3. 자동화
   ① 협력업체의 자율적인 공정관리 기법도입
   ② 의사소통 프로세스 정립으로 자율적인 문제해결을 유도

4. 자재의 야적
   ① 철골이나 PC 부재에 방향 위치표시를 하거나 용도별 현장 자재 야적장소를 구분
   ② 각각의 위치에 합당한 자재의 야적

Ⅳ. JIT System의 이점

① 후속작업에 대한 신속한 대응 및 신뢰성 제고
② 모든 종류의 재고 감소
③ 불량률 감소로 인한 품질향상
④ 재고 자재 이동을 위한 장비비, 인건비 절감
⑤ 불필요한 작업 제거

60 건설클레임

Ⅰ. 정의

계약 당사자가 그 계약상의 조건에 대하여 계약서의 조정 또는 해석이나 금액의 지급, 공기의 연장 또는 계약서와 관계되는 기타의 구제를 권리로서 요구하는 것 또는 주장하는 것이며, 분쟁(Dispute)의 이전단계를 클레임(Claim)이라고 말하고 있다.

Ⅱ. 건설공사 클레임 처리절차

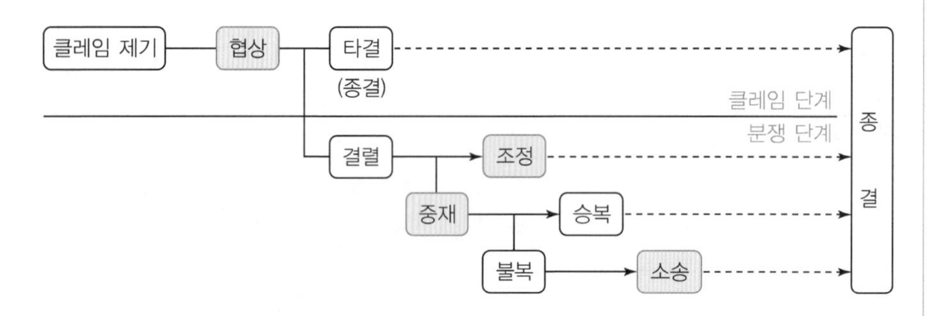

Ⅲ. 클레임 단계

1. 클레임 이전 단계

① 계약내용의 면밀한 검토
② 이행단계에 따른 규정 등을 충분히 검토
③ 단계별 발생 사안에 대한 문서화
④ 클레임 사안에 대한 요구사항의 입증책임 철저
⑤ 발생사안의 발주자에 대한 통지는 반드시 문서로 이행

2. 클레임 단계

① 사전평가 단계
② 근거자료 확보 단계
③ 자료분석 단계
④ 클레임문서 작성 단계
⑤ 청구금액 산출 단계
⑥ 문서제출 단계

3. 클레임 이후 분쟁단계

① 가능한 계약당사자간의 상호이해와 협상에 의해 해결
② 상설 중재기관의 활용
③ 발주자의 계약관련 규정 등의 충분한 이해와 시공사를 계약파트너로 생각
④ 명문화된 계약관련 규정으로 발주자나 감리자를 설득시킬 수 있고 풍부한 지식과 의욕을 가질 것

61 타당성 평가방법(Feasibility)

Ⅰ. 정의

타당성 평가는 제한된 자원의 효율성을 극대화하고 사업의 적정성을 판정하기 위하여 사업의 기술적, 경제적, 재무적 관련효과와 조직의 운영 관리와 감응도를 분석 평가하여야 한다.

Ⅱ. 타당성 평가방법

1. 수요분석 및 예측

① 계획하는 사업의 종합적이고 장기적인 수요를 예측하는 것
② 전문가의 감각에 의한 방법과 계량적 분석에 의한 방법
③ 계량적 분석에 의한 방법이 설득력이 있다.

2. 기술적 평가

① 범위가 광범위하므로 전문성을 요함
② 시기(Timing): 최적시기선정
③ 장소(Location): 최적 장소의 선정
④ 규모(Scale): 최적 확장규모의 고려
⑤ 내용(Content): 가능한 범위 내에서 정보수집과 창조적 사고

3. 경제적 평가

사업의 시행에 따른 국민경제와 사회 전반에 미치는 효과를 검증하는 과정

4. 재무적 평가

① 투자 사업을 시행하는 사업주체의 관점에서 평가하는 것
② 사업주체에게 귀속되는 현금수익만을 비교, 분석

5. 조직, 경영평가

당해 사업을 완성한 후 효율적으로 운영해 나갈 수 있는지를 사전에 평가

6. 감응도 분석(Sensitivity Analysis)

경제, 재무적 평가로 장래의 불확실성과 위험도를 사전에 감안하여 사업에 대한 의사 결정수단을 삼는 것

62 건설공사의 생산성(Productivity) 관리

Ⅰ. 정의

건설공사의 생산성 관리란 생산시스템으로부터 생산된 산출과 그 산출을 생산하기 위해 생산시스템에 제공된 투입의 관계를 말한다.

Ⅱ. 생산성 측정 방법

① 부분 생산성(Partial Productivity): 여러 투입 중 하나의 투입에 대한 산출의 비율

② 총요소 생산성(Total-Factor Productivity): 관련된 투입 노동과 투입 자본의 한계에 대한 순산출량의 비율

③ 종합 생산성(Total Productivity): 모든 투입요서의 합계에 대한 총산출량의 비율

Ⅲ. 생산성정보의 특성

① 생산성정보는 투입 및 산출과 관련한 데이터와 함께 여러 주변요인에 관한 데이터가 조합

② 의사결정을 위해서는 갱신된 생산성정보가 누적되어 관리

③ 생산성정보는 독립적으로 관리하는 것이 효율적

④ 생산성정보 관리 시스템은 원천시스템과 통합

Ⅳ. 생산성관리 절차모델의 개념도

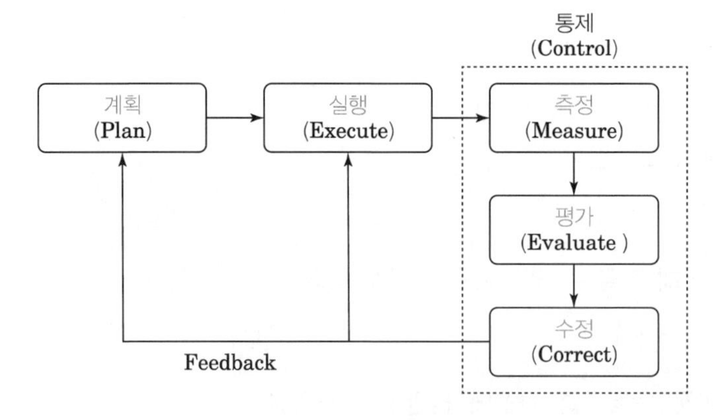

Ⅴ. 건설 생산성정보의 활용 방안

① 목표 생산성의 설정에 활용

② 목표 대 실행 상산성의 평가에 활용

③ 실행오류의 평가에 활용

④ 계획 및 설계오류의 평가에 활용

63 도심지공사의 착공 전 사전조사(事前調査)

Ⅰ. 정의

도심지공사의 착공 전 사전조사는 설계도서, 계약조건, 입지조건, 관계법규 등을 철저히 검토하여 안전하고, 품질이 우수한 건물이 되도록 하여야 한다.

Ⅱ. 도심지공사의 착공 전 사전조사

1. 계약서 검토

① 입찰안내서 등 도급계약조건을 검토
② 사업승인조건, 추가조건 또는 허가조건 및 행정사항 등을 검토

2. 착공신고서 검토

① 공사기간, 계약금액, 도급내역서, 공사기성, 현장대리인 등 검토
② 안전관리자, 품질관리 건설기술인, 공사예정공정표, 품질관리(시험)계획서, 안전관리계획서, 특정공사사전신고서, 각종 보험 등

3. 착수단계 회의

① 착수관련 합동회의 시행
② 검축업무지침을 작성 · 수립하여 발주청의 승인
③ 중점품질관리대상 공종을 선정하여 관리방안 수립
④ 시공계획서를 작성 제출하고 승인

4. 환경영향평가

① 환경영향팡가의 협의내용 등의 관리대장 작성
② 설계도서에 반영 여부 검토

5. 측량 현황

① 준비단계(1단계): 경계 명시 측량도, 좌표 측량도
② 확인단계(2단계): 건물 현황 측량도, 자체 건물 현황 측량도

6. 설계도서 검토

① 설계도서에 대해 기술적 검토사항 등 적정성 검토(설계도면, 시방서, 구조계산서, 내역서 등)
② 지하 흙막이 검토: Slurry Wall, Top Down 등
③ 지하안전평가 작성 및 검토

7. 지하수위 검토

① 지하수위 검토와 지하수 배출방법 등 검토
② 지하수위에 따른 부상방지대책 검토

8. 현지여건 조사

현지 조사와 민원관련 사항 검토

9. 하도급 관련 검토

① 건설산업기본법 및 공사계약일반조건 규정에 따라 하도급의 적정성 여부 검토
② 선급금에 대한 사용계획서 검토

64 강도의 단위로서 Pa(Pascal)

Ⅰ. 정의

① 압력은 단위면적당 작용하는 힘으로 압력의 단위는 [N/m^2]인데 이 유도(조립)단위는 [Pa]로 표시하고 파스칼[Pascal]이라고 한다.

② 압력의 기본적인 단위는 [Pa]인데 비교적 낮은 압력을 표시하기 위해 수주나 수은주가 사용된다.

- 1[mH_2O] = 9.807 × 10^3[Pa] = 9.807[kPa] ≒ 9.81[kPa]
- 1[mHg] = 133.3 × 10^3[Pa] = 133.3[kPa]

Ⅱ. 표준 대기압(atm)

① 대기압은 날마다 변화하는데 수은주 760mm 때를 표준적인 대기압으로 할 것을 정함

② 1[atm] = 760[mmHg] = 10.33[mmH_2O] = 1.0332[kg·f/cm^2] = 101325[Pa]
= 101.325[kPa] = 0.101325[MPa] ≒ 0.1[Mpa] = 1.01325[bar]

③ 1[bar] = 10^5[Pa]

Ⅲ. 공압 기압(at)

① 공학단위 [kg·f/cm^2]가 사용되는데 이를 공학기압이라고 하고 [at]로 나타냄

② 1[at] = 1[kg·f/cm^2] = 98000[Pa] = 98[kPa] = 10[mH_2O]

Ⅳ. 절대압력, 게이지 압력, 진공압

① 절대압력: 완전진공을 기준으로 측정한 압력

② 게이지 압력: 대기압을 기준으로 측정한 압력

③ 진공압력: 대기압 기준으로 대기압보다 낮은 압력

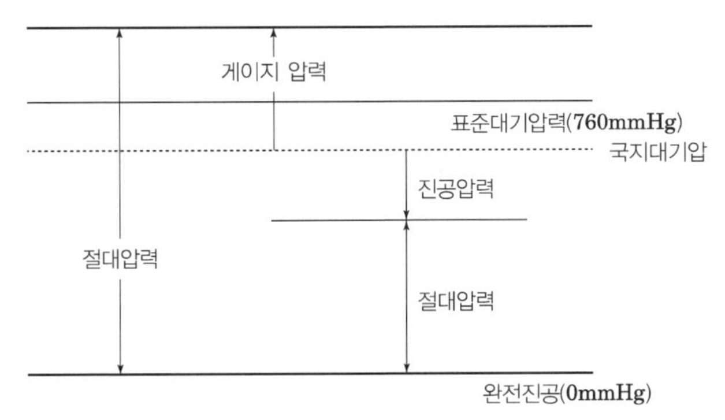

④ 절대압력[MPa] = 게이지 압력[MPa] + 대기압[0.1MPa]

⑤ 절대압력[MPa] = 대기압[MPa] − 진공압[MPa]

⑥ 게이지 압력[MPa] = 절대압력[MPa] − 대기압[0.1MPa]

⑦ 진공도[%] = (진공압/대기압) × 100

65 건축현장에서 시험(Sample)시공

Ⅰ. 정의

시험시공이란 본 공사에 앞서 실시하는 것으로 설계의 적정성, 안전성, 시공성 등을 위해 하는 것을 말한다.

Ⅱ. 시험(Sample) 시공

1. 시험 터파기

토질주상도와의 일치 여부를 확인하기 위해 시험 터파기를 하여 지반의 상태, 지하수위 등을 검토

2. 시험시공말뚝

① 원칙적으로 사용말뚝 중 대표적인 말뚝과 동일 제원으로 사용
② 사용말뚝과는 별도로 계획
③ 시험의 결과분석에 따라 사용말뚝을 설계·시공하는 것을 원칙

3. 공동주택 타입별 Sample 시공

① 모델하우스와 동일한 Sample 시공을 현장 골조공사 완료 후 마감공사 전에 실시
② 티 분야와 간섭 등 문제점 파악

4. 온수온돌공사

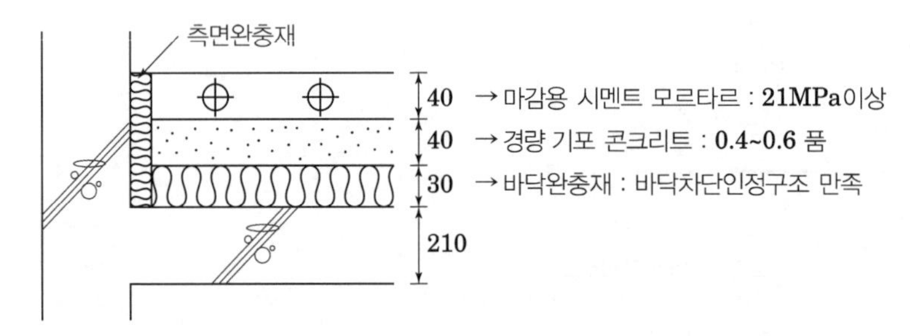

⇒ 중량충격음: 50dB 이하, 경량충격음: 58dB 이하 확인

5. 커튼월 Mock- Up Test

① 기밀시험: 75Pa~299Pa 압력차에서 시행
② 정압수밀시험: 살수는 3.4ℓ/m³·min의 분량으로 15분 동안 시행
③ 동압수밀시험: 살수는 3.4ℓ/m³·min의 분량으로 15분 동안 시행

6. 커튼월의 Field Test

① 기밀시험: 75Pa~299Pa 압력차에서 시행
② 정압수밀시험: 살수는 3.4ℓ/m^3·min의 분량으로 15분 동안 시행
③ 동압수밀시험: 살수는 3.4ℓ/m^3·min의 분량으로 15분 동안 시행

7. 타일공사, 석공사 등 마감공사

① 타일 Sample 시공하여 타일의 크기, 수전위치 등을 검토
② 외부 석공사를 Sample 시공하여 구조적 안전성, 색상 등을 검토
③ 각종 마감공사의 Sample 시공으로 검토

66 건설공사대장 통보제도

건설산업기본법 시행령, 시행규칙

Ⅰ. 정의

건설공사대장 통보제도란 건설공사를 도급받은 건설업자가 건설공사에 관한 주요 내용을 기재한 건설공사대장을 발주자에게 전자적으로 통보하는 제도를 말한다.

Ⅱ. 건설공사대장 통보 흐름도(신규)

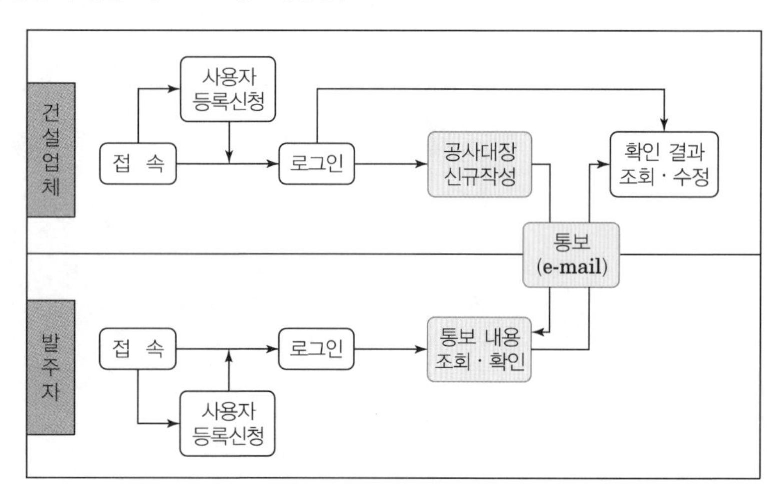

Ⅲ. 건설공사대장 통보 대상

① 도급금액이 1억원 이상인 건설공사를 도급받은 건설사업자
② 건설사업자로부터 4천만원 이상의 건설공사를 하도급받은 건설사업자

Ⅳ. 건설공사대장 통보시기

① 도급계약을 체결한 날부터 30일 이내에 발주자에게 통보
② 하도급계약을 체결한 날부터 30일 이내에 발주자에게 통보
③ 통보한 사항에 변경이 발생하거나 새로 기재해야 할 사항이 발생한 경우에는 발생한 날부터 30일 이내에 발주자에게 통보

Ⅴ. 건설공사대장 기재사항

① 공사개요
② 도급계약: 도급금액, 도급업체
③ 공사대금 및 공사진척사항: 공사대금수령사항, 하도급대금지급사항
④ 공사참여자 현황: 현장 배치 건설기술인, 하도급 계약, 재하도급 계약, 건설기계대여업체

[주요 기능]
- 건설공사의 현황을 실시간으로 파악 가능
- 시공능력 평가 시 제출되는 기성실적 자료를 검증하는 수단으로 이용하여 허위실적 등 부조리를 원천적으로 방지 가능
- 공사실명제 강화
- 향후 자료 축적

67 공공지원민간임대주택

Ⅰ. 정의

공공지원민간임대주택이란 임대사업자가 민간임대주택을 10년 이상 임대할 목적으로 취득하여 법(민간임대주택에 관한 특별법)에 따른 임대료 및 임차인의 자격 제한 등을 받아 임대하는 민간임대주택을 말한다.

Ⅱ. 공공지원민간임대주택에 해당하는 민간임대주택

① 주택도시기금의 출자를 받아 건설 또는 매입하는 민간임대주택

② 공공택지 또는 수의계약 등으로 공급되는 토지 및 종전부동산을 매입 또는 임차하여 건설하는 민간임대주택

③ 용적률을 완화 받거나 용도지역 변경을 통하여 용적률을 완화 받아 건설하는 민간임대주택

④ 공공지원민간임대주택 공급촉진지구에서 건설하는 민간임대주택

⑤ 공공지원을 받아 건설 또는 매입하는 민간임대주택

Ⅲ. 공공지원민간임대주택 등의 임차인 자격 및 선정방법

주택유형	공급비율	임차인 자격
일반공급대상자에게 공급하는 주택	80% 미만	무주택세대구성원
특별공급대상자에게 공급하는 주택	20% 이상	1) 청년 2) 신혼부부 3) 고령자

Ⅳ. 공공지원민간임대주택의 임대료

① 공공지원민간임대주택의 임대사업자는 공공지원민간임대주택의 최초 임대료를 표준 임대료 이하의 금액으로 정하여야 한다.

② 표준임대시세 및 표준임대료

구분	산정방식
표준임대시세	임대시세 × 공급대상 계수
표준임대보증금	표준임대시세 × 임대사업자가 정하는 임대보증금 비율
표준월임대료	[(표준임대시세 - 표준임대보증금) × 시장전환율] ÷ 12

비고

① 가목의 공급대상 계수

- 청년, 신혼부부 또는 고령자에게 공급하는 주택: 0.85 이하
- 그 밖의 주택: 0.95 이하

② 나목의 임대사업자가 정하는 임대보증금 비율은 임대사업자가 정한다.

Ⅴ. 공공지원민간임대주택 촉진지구의 지정(모든 요건 만족)

① 촉진지구에서 건설·공급되는 전체 주택 호수의 50% 이상이 공공지원민간임대주택으로 건설·공급될 것

② 촉진지구의 면적은 5,000m² 이상의 범위에서 아래 면적 이상일 것.
- 도시지역의 경우: 5,000m²
- 도시지역과 인접한 지역의 경우: 20,000m²
- 그 밖의 지역의 경우: 100,000m²

③ 유상공급 토지면적 중 주택건설 용도가 아닌 토지로 공급하는 면적이 유상공급 토지면적의 50%를 초과하지 아니할 것

Ⅵ. 민간임대주택의 비교

구분	공공지원민간임대주택	장기일반민간임대주택
목적	민간임대주택을 10년 이상 임대	공공지원민간임대주택이 아닌 주택을 10년 이상 임대
공급	국토교통부령으로 정하는 기준에 따라 공급	임대사업자가 정한 기준에 따라 공급
공급비율	일반: 80% 미만, 특별: 20% 이상	일반: 80% 미만, 특별: 20% 이상을 일부 또는 전부 적용 가능
임대료	국토교통부령으로 정하는 기준에 따라 임대사업자가 정하는 임대료	임대사업자가 정하는 임대료

68 FM(Facility Management)

Ⅰ. 의의

FM이란 기업 등이 보유하거나 사용하는 모든 업무용 시설설비를 대상으로 그 상태를 최적으로 유지하기 위하여 종합적, 장기적 측면에서 지식이나 기술을 활용하여 행하는 계획 및 관리활동을 말한다.

Ⅱ. 목적

① 기업 등이 보유하고 있는 고정자산(토지, 건축물 등)을 최적의 상태로 유지
② 시설물에 대하여 최소의 비용으로 효율적 운영
③ 사회적 기능의 변화에 대처
④ 환경문제에 대한 시설의 적절한 대응

Ⅲ. 효과

① 설비투자 및 시설운영비의 최소화
② 시설물의 효율성을 극대화
③ 시설물의 과잉, 노후, 부족 등의 배제로 합리성 도모
④ 업무능률, 사용의 용이 등 기능성 확보
⑤ 집무환경의 쾌적성 도모
⑥ 사회적, 환경변화에 대한 유연성

Ⅳ. 업무 범위

1. 빌딩관리

① 빌딩 용역업체의 관리 및 에너지 절감
② 빌딩의 노후화에 대한 관리

2. 사무 지원

① 가구 및 비품의 지원 및 관리
② 부서별 사무공간의 적정 배치 및 운영

3. 임대, 임차관리

① 임대 수익률의 관리
② 임차인의 지원관리

4. 부동산 운영

① 투자 수익률의 분석
② 현금흐름의 관리
③ 부동산 투자 및 개발관리

69 Smart Construction 요소기술

Ⅰ. 정의

Smart Construction 요소기술이란 전통적인 건설기술에 4차산업 혁명기술인 BIM, IoT, Big Data, Drone 등 첨단기술을 융합한 기술혁신으로 인력의 한계를 극복하여 생산성, 안전성을 획기적으로 개선할 수 있는 새로운 건설기술을 말한다.

Ⅱ. Smart Construction 적용

구 분	패러다임 변화	스마트 건설기술 적용
설계 분야	· 2D 설계 · 단계별 정보 분절 ↓ · nD BIM 설계 · 전 단계 정보 융합	· Drone을 활용한 예정지 정보 수집 · Big Data 활용 시설물 계획 · VR기반 대안 검토 · BIM기반 설계자동화
시공 분야	· 현장 생산 · 인력 의존 ↓ · 모듈화, 제조업화 · 자동화, 현장관제	· Drone을 활용한 현장 모니터링 · IoT기반 현장 안전관리 · 장비 로봇화 & 로봇 시공 · 3D프린터를 활용한 급속시공
유지관리 분야	· 정보단정 · 현장방문 · 주관적 ↓ · 정보 피드백 · 원격제어 · 과학적	· 센서활용 예방적 유지관리 · Drone을 활용한 시설물 모니터링 · AI기반 시설물 운영

Ⅲ. 국내 건설현장의 문제점

① 건설 산업의 생산성 저하
② 노령인구의 증가
③ 외국 인력의 증가
④ 스마트 건설기술 정책의 미비

Ⅳ. 건설현장의 스마트 건설기술 확산방안

① 제도적 개선방안: 정부의 지원
② 교육방식의 개선
③ 신기술의 적용
④ 드론을 통한 정보취득 및 설계 자동화
⑤ AI 자율주행 및 ICT를 통한 안전관리
⑥ IoT 센서를 활용한 점검 및 시설물 관리 시스템

70 3D 프린팅 건축

Ⅰ. 정의

3D 프린팅 건축이란 3차 산업혁명의 핵심 기술 중 하나로, 무슨 상품이든 어디서나 소비자가 원하는 맞춤형 내용으로 출력, 생산이 가능한 디지털 제조를 가능하게 하는 기술을 말한다.

Ⅱ. 3D 프린팅 건축의 특성

1. 경제적 측면

3D 프린터를 이용한 건축 설계는 시간과 인력, 비용적인 측면에서 경제적이다.

2. 형태적 측면

비정형의 수요가 많아진 현대사회에서 3D 프린터는 비정형의 건축물을 제작할 수 있는 가장 빠른 방법이다.

3. 환경적 측면

산업폐기물을 재활용한 건축자재의 적극적인 사용과 맞춤형 생산은 자원의 낭비를 줄일 수 있다.

4. 사회적 측면

① 3D 프린터를 이용해 지은 건축물은 저렴하고 신속하게 주택 공급이 가능하기 때문에 사회적 취약계층이나 이재민을 위한 임시 주택으로 활용될 수 있다.

② 소형주택이나 1인 세대를 위한 건축에도 활용될 수 있다.

Ⅲ. 건설분야 적용 시 기술의 개선

① 적절한 강도와 경화 속도를 가진 다루기 쉬운 3D 프린팅 재료

② 효과적인 3D 모델 패널 변환 및 적층 변환 기술

③ 3D 모델링 및 비정형 스크립팅 기반 모델링 기술

④ 3D 프린팅 전·후 검증 기술

⑤ 로보틱스 기술

Ⅳ. 3D 프린팅을 건설에 적용 시 고려사항

① 3D 프린팅 건설의 ROI(Return On Investment: 투자자본수익률)의 고려

② 사용성과 환경의 고려

③ 기술의 전략적인 활용 문제의 고려

71 사물인터넷(IoT: Internet of Things)

Ⅰ. 정의

사물인터넷이란 설계단계에서 현장시공까지 다양한 부재에 대한 계측 데이터를 확보하기 위해 각종 센서와 통신 네트워크를 통해 인터넷에 연결되는 것을 말한다.

Ⅱ. 건설안전관리 실례

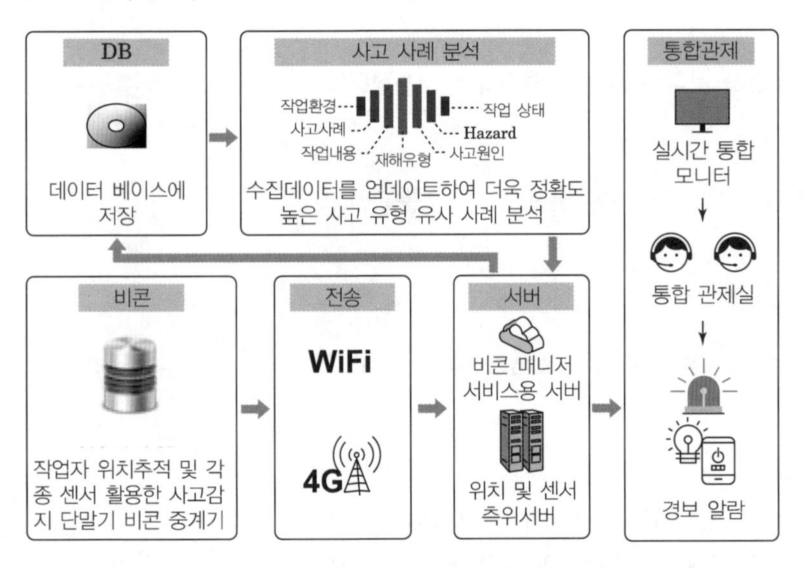

Ⅲ. 도입효과

① 생산성 향상
② 비용절감
③ 편의성 증대
④ 스마트 기술을 활용하여 건설현장 안전을 강화

Ⅳ. 향후 구축방안

① 수요중심 사고와 비즈니스 모델 접근
② 업역간 장벽이 없는 융합 사업으로 개발
③ 사물인터넷 기반의 건설상품 창출
④ 다양한 신규 사업과 수익구조 설계
⑤ 건축 작업관련 정보와 안전관리 관련 정보의 매칭
⑥ 건설현장의 작업별 유해인자 노출 매트릭스(Job Matrix) 구축

[75,91,104회]

72 무선인식기술(RFID: Radio Frequency Identification, 무선인식기술(RFID)을 활용한 현장관리)

Ⅰ. 정의

무선인식기술이란 전자태그에 내장된 정보를 전파를 이용하여 안테나와 리더를 통해 먼 거리에서 비(非)접촉 방식으로 정보를 인식하는 기술을 말한다.

Ⅱ. 개념도

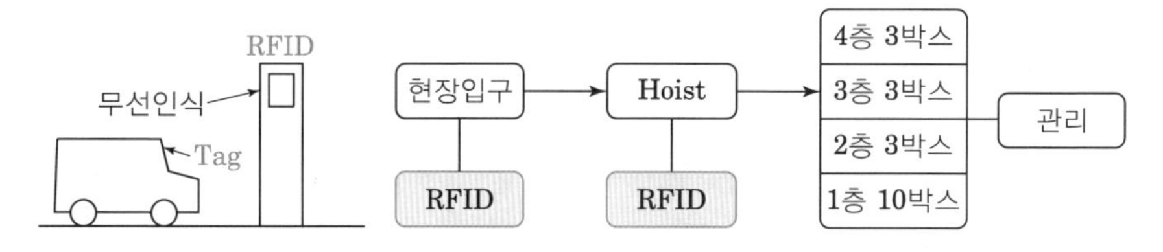

Ⅲ. 특징

① 실시간 정보 파악 가능
② 이동 중 및 원거리 인식 가능
③ 공간 제약 없음
④ 반복적이고 반영구적 사용 가능
⑤ 식별에 걸리는 시간이 짧음
⑥ 뛰어난 보안성
⑦ 다수 태그, 라벨을 동시에 인식 가능
⑧ 판독기 감지 범위 안에서는 여러 각도 상황에서도 인식 가능
⑨ 바코드, 마그네틱 카드에 비해 비싼 가격 및 RFID 설치비용 고가

Ⅳ. 무선인식기술을 활용한 현장관리

① 출역인원관리: 체계적인 생산성 관리
② 노무안전관리: 교육인원파악 및 관리용이
③ 레미콘 물류관리: 운반시간관리
④ 자재물류관리: 재고, 사용부위 확인
⑤ 진도관리: 실시간 공정관리
⑥ 시설물관리: 정확한 하자위치 파악, 주차장 점유상태 모니터링
⑦ 홈 네트워크 서비스: 감지 센서는 24시간 실시간으로 외부인의 침입, 움직임을 감지 등

73 근로시간 단축의 기대효과, 건설업에 미치는 영향 및 대응방안

근로기준법

Ⅰ. 정의

근로시간 단축은 근로자들의 휴식이 있는 삶을 보장하기 위한 목적에서 일과 생활의 균형(Work & Life Balance)을 적극적으로 추진하고, 일자리를 창출할 수 있는 효과가 있다.

Ⅱ. 기대효과

긍정적인 효과	부정적인 효과
① 일자리 창출	① 일자리 감소
② 노동생산성 증대	② 근로소득 감소
③ 산업재해 감소	③ 구인난 심화
④ 근로자의 삶의 질 개선	④ 중소영세업체 부담 가중

Ⅲ. 근로시간 단축이 건설업에 미치는 영향

① 건설현장의 혼란
② 공사기간 연장
③ 공사비 상승
④ 생산성 저하
⑤ 거래비용 증가
⑥ 근로소득 감소
⑦ 숙련근로자 구인난 심화

Ⅳ. 건설업의 대응방안

1. 유연근로제 활용

① 3개월 이내의 탄력적 근로시간제

<table>
<tr><td colspan="2">대상 근로자</td><td>사용자의 취업규칙에 따라 2주 이내의 단위기간을 평균</td><td>사용자와 근로자대표의 서면 합의하고, 3개월 이내의 단위기간을 평균</td></tr>
<tr><td>기본</td><td>1주</td><td>40시간 초과 금지</td><td>40시간 초과 금지</td></tr>
<tr><td rowspan="2">특정 한 주</td><td>기본</td><td>40시간/1주, 8시간/1일 초과 가능</td><td>40시간/1주, 8시간/1일 초과 가능</td></tr>
<tr><td>최대</td><td>48시간/1주 초과 금지</td><td>52시간/1주, 12시간/1일 초과 금지</td></tr>
<tr><td colspan="4">※ 15세 이상 18세 미만의 근로자와 임신 중인 여성 근로자는 제외</td></tr>
</table>

② 3개월을 초과하는 탄력적 근로시간제

대상 근로자		사용자와 근로자대표의 서면 합의하고, 3개월 초과 6개월 이내의 단위기간을 평균
기본	1주	40시간 초과 금지
특정 한 주	기본	40시간/1주, 8시간/1일 초과 가능
	최대	52시간/1주, 12시간/1일 초과 금지

※ 근로일 종료 후 다음 근로일 개시 전까지 연속하여 11시간 이상의 휴식 시간을 보장

※ 각 주의 근로일이 시작되기 2주 전까지 근로자에게 해당 주의 근로일별 근로시간을 통보

※ 15세 이상 18세 미만의 근로자와 임신 중인 여성 근로자는 제외

2. 선택적 근로시간제

대상 근로자		업무시간을 근로자의 결정으로, 사용자와 근로자대표의 서면 합의하고, 1개월 이내의 정산기간을 평균
기본	1주	40시간 초과 금지
특정 한 주	기본	40시간/1주, 8시간/1일 초과 가능

※ 1개월을 초과하는 정산기간을 정하는 경우

① 근로일 종료 후 다음 근로일 개시 전까지 연속하여 11시간 이상의 휴식 시간을 보장

② 매 1개월마다 평균하여 40시간/1주 초과한 시간은 통상임금의 50/100 이상 가산하여 지급

※ 15세 이상 18세 미만의 근로자 제외

3. 사업장 밖 간주근로시간제

근로자가 출장이나 기타 사유로 근로시간의 전부 또는 일부를 사업장 밖에서 근로하여 근로시간을 산정하기 어려운 경우에는 소정근로시간을 근로한 것으로 본다.

4. 재량근로 시간제

업무 수행 방법을 근로자의 재량에 위임할 필요가 있는 업무로서 사용자가 근로자대표와 서면 합의로 정한 시간을 근로한 것으로 본다.

5. 특별연장근로제도 활용

① 일몰기한 연장

② 특별한 사정의 구체화

6. 공기연장 및 공사비 증액 관련 입증책임 전환 및 기준 공개

74 PL(Product Liability, 제작물 책임법)

Ⅰ. 정의

PL법은 제조물의 결함으로 인하여 소비자에게 발생한 신체적, 재산적 또는 정신적인 손해에 대하여 당해 제조물 제조업자 등이 부담하는 손해배상 책임을 말하며, 2002년 7월 1일부터 시행되고 있다.

Ⅱ. 제조물 책임

① 제조업자는 제조물의 결함으로 생명·신체 또는 재산에 손해를 입은 자에게 그 손해를 배상하여야 한다.

② 제조업자가 제조물의 결함을 알고, 중대한 손해를 입은 자가 있는 경우에는 발생한 손해의 3배를 넘지 아니하는 범위에서 배상책임을 진다.

③ 피해자가 제조물의 제조업자를 알 수 없는 경우에 그 제조물을 영리 목적으로 판매·대여 등의 방법으로 공급한 자는 손해를 배상하여야 한다.

Ⅲ. 손해배상책임 자의 면책사유

① 제조업자가 해당 제조물을 공급하지 아니하였다는 사실

② 제조업자가 해당 제조물을 공급한 당시의 과학·기술 수준으로는 결함의 존재를 발견할 수 없었다는 사실

③ 제조물의 결함이 제조업자가 해당 제조물을 공급한 당시의 법령에서 정하는 기준을 준수함으로써 발생하였다는 사실

④ 원재료나 부품의 경우에는 제조물 제조업자의 설계 또는 제작에 관한 지시로 인하여 결함이 발생하였다는 사실

Ⅳ. 연대책임

동일한 손해에 대하여 배상할 책임이 있는 자가 2인 이상인 경우에는 연대하여 그 손해를 배상할 책임이 있다.

Ⅴ. 소멸시효

① 손해배상의 청구권은 피해자 또는 그 법정대리인이 다음 각 호의 사항을 모두 알게 된 날부터 3년간 행사하지 아니하면 시효의 완성으로 소멸한다.
- 손해
- 손해배상책임을 지는 자

② 손해배상의 청구권은 제조업자가 손해를 발생시킨 제조물을 공급한 날부터 10년 이내에 행사하여야 한다.

③ 신체에 누적되어 사람의 건강을 해치는 물질에 의하여 발생한 손해 또는 일정한 잠복기간(潛伏期間)이 지난 후에 증상이 나타나는 손해에 대하여는 그 손해가 발생한 날부터 기산(起算)한다.

Ⅵ. 제조물 책임(PL)과 리콜(Recall)의 비교

구분	제조물책임(PL) 제도	리콜(Recall) 제도
성격	민사책임원칙의 변경	행정적 규제
기능	• 사후적 손해배상 • 손해배상을 통해 간접적으로 소비자 안전 확보	• 사전에 위해제품 회수 • 이를 통해 예방적, 직접적으로 소비자 안전 확보
근거법	제조물책임법	소비자보호법, 품질경영 및 공산품 안전관리법 등
요건	① 제조물의 결함 ② 손해의 발생 ③ 결함과 손해의 인과관계	① 제조물의 결함으로 위해가 발생하였거나 ② 발생할 우려가 있을 때

75 건설근로자 노무비 구분관리 및 지급확인제도

지방자치단체 입찰 및 계약 집행기준

Ⅰ. 정의

노무비 구분관리 및 지급확인제도란 발주기관, 계약당사자 및 하수급인이 노무비를 노무비 이외의 대가와 구분하여 관리하고 근로자 개인계좌로 입금(구분관리제)하고, 발주기관에서 매월 근로자별 노무비 지급여부를 확인(지급확인제)하는 제도로 2012년 1월부터 국가계약법이 적용되는 공사에서 시행(4월 2일부터는 지방계약법 적용) 되고 있다.

Ⅱ. 개념도

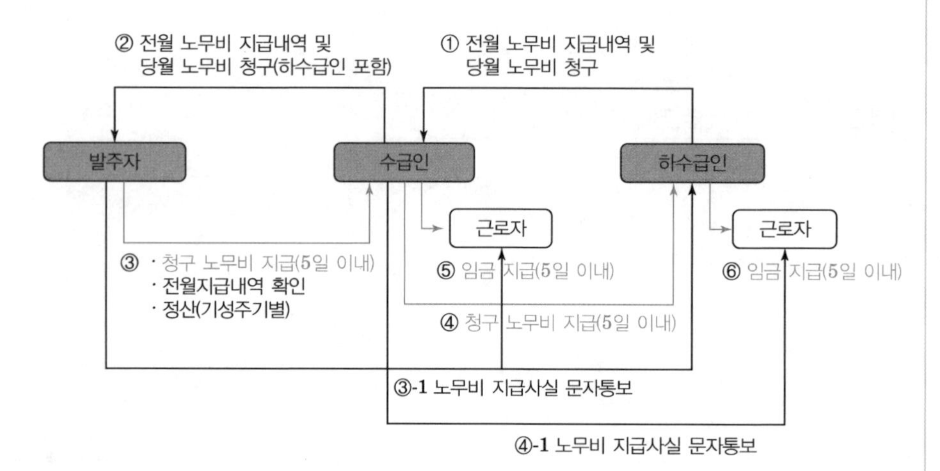

Ⅲ. 문제점

① 적정한 노무비 확보를 전제로 하는 공사비 확보의 문제
② 자금운영 경직성 가중
③ 개별 건설업자의 자금운영과 일정이 다르게 운영되는 문제
④ 건설업자들의 행정적인 업무부담 가중
⑤ 전문건설업자의 경영 Know-how 유출

Ⅳ. 개선방안

① 건설업자의 업무 부담을 경감할 수 있는 방안 도입
② 발주자가 직접 하도급자의 노무비 별도통장으로 노무비 지급
③ 추가적인 건설업자 자금조달 지원방안
④ 노무비가 적기에 지급되고 노무비에 관한 투명성 제고

memo

■ 저자약력

조 민 수
건축시공기술사

현) (주)itm corporation 전무
현) LH 건설안전 자문위원
현) 용산시 건축위원회 위원
현) 인천시 공동주택 품질검수위원
현) 인천시 설계VE 심의위원
현) 한국농어촌공사 설계VE 심의위원
현) 서울시 설계VE 심의위원
현) 한솔아카데미 집필위원
현) QNA 교육원 건축시공기술사 교수
현) (재)건설산업교육원 외래강사

· 국토관리청 기술자문위원회 위원
· 안전행정부 현장점검위원
· SH 서울주택도시공사 품질/안전 전문위원
· 서울시, 인천시 기술심의위원
· 대한산업안전협회 외래강사
· 한국표준협회 외래강사
· 성남도시개발공사 건설자문위원회 자문 및 심의위원
· (주)한일개발 등 국내 · 외 시공 및 감리 등 38년
· 경상국립대학교 건축공학과 공학사
· 부산대학교 대학원 공학석사
· 학원 강의경력 25년
· 건축시공기술사
· 토목시공기술사
· CMP(건설사업관리사)
· CVS(국제공인VE전문가)
· CVP(건설VE전문가)

조기홍
Data Mining

건축시공기술사 용어해설

定價 70,000원

저 자 조 민 수
발행인 이 종 권

2022年 11月 17日 초 판 인 쇄
2022年 11月 24日 초 판 발 행

發行處 (주) 한솔아카데미

(우)06775 서울시 서초구 마방로10길 25 트윈타워 A동 2002호
TEL : (02)575-6144/5 FAX : (02)529-1130
〈1998. 2. 19 登錄 第16-1608號〉

※ 본 교재의 내용 중에서 오타, 오류 등은 발견되는 대로 한솔아카데미 인터넷 홈페이지를 통해 공지하여 드리며 보다 완벽한 교재를 위해 끊임없이 최선의 노력을 다하겠습니다.

※ 파본은 구입하신 서점에서 교환해 드립니다.

www.qna24.co.kr / www.bestbook.co.kr

ISBN 979-11-6654-184-1 13540